U0740733

邵阳纺织机械有限责任公司

SHAOYANG TEXTILE MACHINERY CO., LTD

邵阳纺织机械有限责任公司始创于1968年，现隶属于中央企业中国机械工业集团下属的中国恒天集团公司，是中国纺织机械重点骨干企业、国家化纤重大技术装备国产化和印染后整理设备研制基地。

熔喷纺粘非织造布成套设备是公司主要产品之一，包括熔喷非织造布、纺粘非织造布、熔喷纺粘复合非织造布成套设备及非织造布后整理设备，具有智能、高效、节能、稳定、可靠的特点，生产的非织造布产品广泛用于医疗、卫生、建筑、土工、农业等行业以及家庭生活用材料，已被多家大型非织造布生产企业广泛使用。产品畅销国内30个省、自治区、直辖市，远销日本、韩国、美国、土耳其、巴基斯坦、印度、埃及、俄罗斯等20多个国家和地区，在行业内具有较高的影响力。

地址：湖南省邵阳市双清区邵阳大道与东宝路交汇处 邮编：422000

TEL：0739-5502258 E-mail：syefjxs@syefj.com

NIPPON NOZZLE

SPUNLACE INJECTOR

水刺头 & 水针板
湿法喷丝板
干法喷丝板
干湿法喷丝板
熔融喷丝板
中空喷丝板　　等各种喷丝板及组件

NONWOVEN SPINNERET

熔喷喷丝板
纺粘喷丝板
熔喷生产线
纺粘生产线　　等各种大型喷丝板

FILM&NONWOVEN DIE

流延膜模头
板片材模头
双向拉伸膜模头
涂覆模头
熔喷无纺布模头　　等各种模头及箱体

日本喷丝板株式会社 中华区总代理

<上海前嘉自动化科技有限公司>

地址：上海市长宁区中山西路 1065 号
SOHO 中山广场 B-811 室
手机：+86 139-1876-7507
电话：+86 21-3352 3188
传真：+86 21-5772 6111

<NATIONAL FOX LIMITED.>

UNIT 503, 5/F., SILVERCORD TOWER 2,
30 CANTON ROAD,TSIMSHATSUI,
KOWLOON, HONG KONG
Cell phone: +86 139-1876-7507
Phone: +852-6915 2945

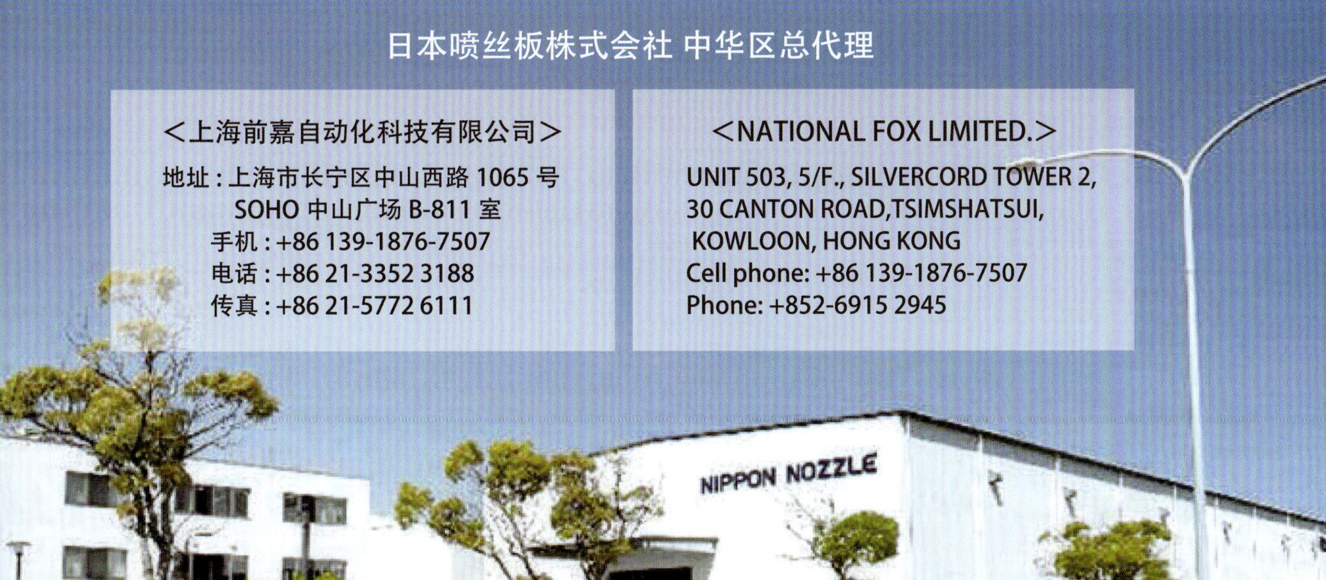

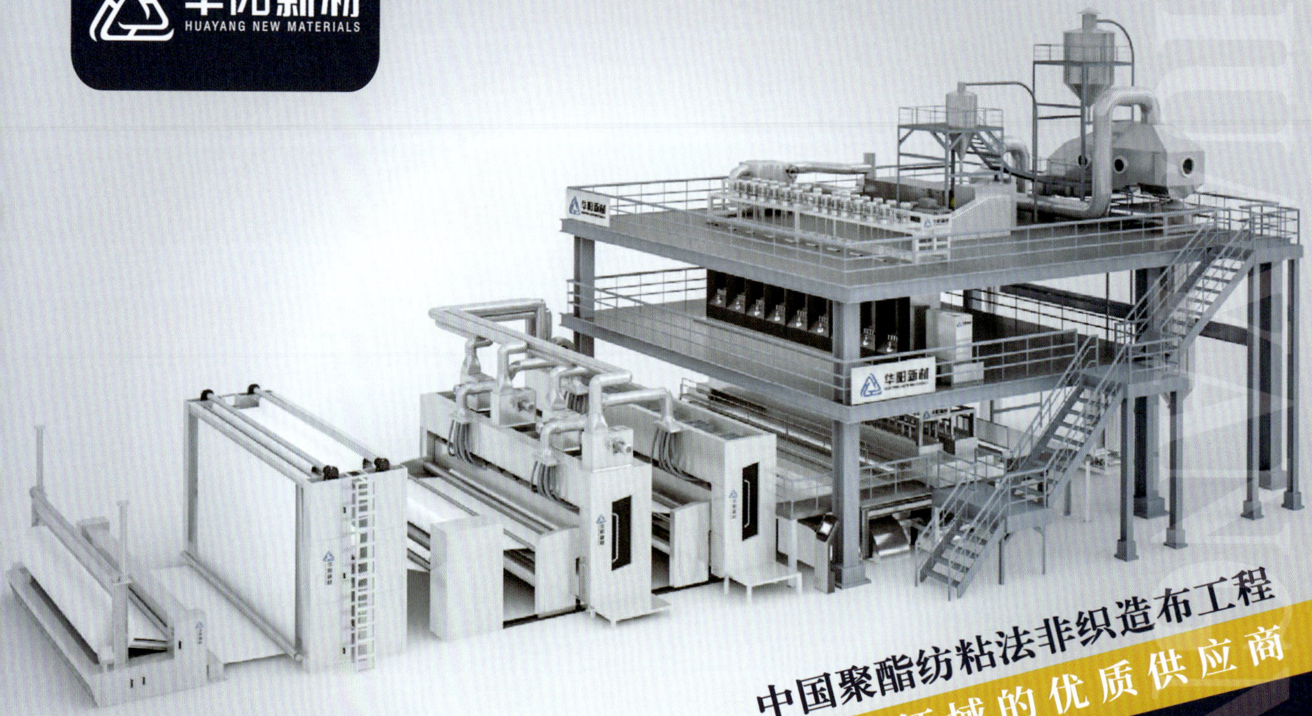

俊富净化

— JOFO Filtration —

功能材料

过滤材料

生产现场

防护口罩滤材

防护服材料

熔喷就是美德龙

MEDLONG IS MELTBLOWN

公司简介

俊富净化科技有限公司是在山东俊富无纺布有限公司基础上转型升级而来，拥有二十余年的无纺布行业研发生产经验，是国内口罩核心熔喷材料龙头企业，熔喷行业标准主办单位。俊富-美德龙专注于健康防护、净化过滤和功能材料的研发生产，产品广泛用于各类口罩、防护服、手术铺单、空气净化、液体过滤、吸油、擦拭、生态建筑、环保家具等领域，为客户提供优质可靠的材料和应用解决方案。

目前，公司已通过“山东高新技术企业”、“国家专精特新小巨人企业”、“山东省单项冠军产品”、“山东省科技领军企业”、“山东省技术创新示范企业”的认定，获得“中国专利优秀奖”、“山东省科学技术奖”、“山东省攻坚克难奖”、“山东省十强产业重点企业新材料领域高质量发展奖”、“山东省五一劳动奖状”等奖项。未来，公司将紧跟行业发展趋势和市场需求，不断加大研发投入，增强自主创新能力，提升产品核心竞争力！

企业荣誉

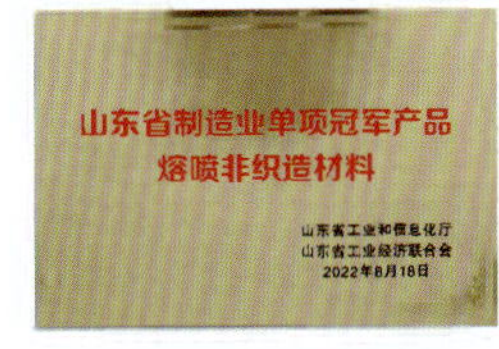

美德龙（广州）控股有限公司

广东省广州市天河北路 233 号中信广场 5602室

电话：020-89814226　　邮箱：medlong@meltblown.com.cn

东营俊富净化科技有限公司

山东省东营市宣州路 160号

电话：0546-7058555　　邮箱：jofo@meltblown.com.cn

网址：www.meltblown.com.cn

精发实业
KINGFO
擦拭领域全新材料
孖纺非织造布
细腻
蝴蝶压花处理
柔软
可降解
25+年行业经验 全新推出
孖纺非织造布生产线
自主研发
多项专利
销售非织造布及生产设备
SMMS
SSMMS
PET
PLA
双组分
MULTIFORM孖纺

JIN CHUN

扫码了解更多

浙江金淳高分子材料

公司优选国内外一批先进设备和与之配套齐全的实验和检测仪器，用于研究、开发新产品，确保质量的优质与控制。采用双螺杆水下切粒，自动控制往复机等先进技术生产各种高浓度色母粒、无纺布色母粒、颜料预分散、改性塑料及功能性母料。

产品通过ISO 9001：2000质量认证、ISO 14001：2015环境管理体系认证。

色母粒

本产品选用优质颜料和助剂，并且采用先进的生产研磨预分散工艺制备，产品具有着色力高以及分散效果好的特点，在使用时无后顾之忧。还可以根据客户的不同需求进行个性化定制。

功能母粒

柔软母粒、亲水母粒、抗菌母粒、香味母粒、阻燃母粒、降温母粒、凉感母粒、抗老化母粒、抗静电母粒、PP纺粘熔喷/PET石墨烯……

透气膜母粒

聚烯烃透气膜是以碳酸钙等无机填料作为致孔剂填充聚烯烃做成的母粒，然后通过压延或流延、吹塑方法制成薄膜，最后经单向或双向拉伸形成可透气的薄膜，多应用在卫生巾、尿不湿以及防护服等产品中。

熔喷驻极母粒

熔喷一代电驻极母粒、二代油驻极母粒、三代水驻极母粒，熔喷弹性体、熔喷亲水母粒，熔喷柔软母粒，熔喷抗菌母粒。

联系电话：13957173655(微信同号)张先生

联系地址：浙江省杭州市临安区高虹镇高乐7号

熔体纺丝成网非织造布技术

SPUNBOND AND MELTBLOWN NONWOVEN TECHNOLOGY

司徒元舜　**主　编**

邵阳　智来宽　李孙辉　**副主编**

中国产业用纺织品行业协会
纺粘法非织造布分会　**组织编写**

中国纺织出版社有限公司

内 容 提 要

本书按照工艺流程系统介绍了纺粘法、熔喷法、纺粘/熔喷/纺粘复合非织造布的工艺原理、生产流程、聚合物原料、设备配置、设备操作、产品生产、产品质量控制等相关知识。并介绍了安全生产、公用工程、职业健康，企业的数字化、智能化管理，绿色低碳可持续发展，最新的主流纺熔技术特点，与闪蒸法、静电纺丝技术相关的内容。

本书适合熔体纺丝成网非织造布企业的管理者、工程技术人员、设备设计制造人员、现场安装调试人员阅读，也可供相关专业院校的师生、有关管理部门及第三方检测机构的工作人员阅读参考。

图书在版编目(CIP)数据

熔体纺丝成网非织造布技术 / 司徒元舜主编；邵阳，智来宽，李孙辉副主编；中国产业用纺织品行业协会纺粘法非织造布分会组织编写. -- 北京：中国纺织出版社有限公司，2024.1

ISBN 978-7-5229-1272-1

Ⅰ.①熔… Ⅱ.①司… ②邵… ③智… ④李… ⑤中… Ⅲ.①熔融纺丝—非织造织物 Ⅳ.①TS17

中国国家版本馆 CIP 数据核字(2023)第 246859 号

RONGTI FANGSI CHENGWANG FEIZHIZAOBU JISHU

责任编辑：孔会云　范雨昕　朱利锋　沈　靖
特约编辑：蒋慧敏　贺　蓉　由笑颖
责任校对：寇晨晨　　责任印制：王艳丽

中国纺织出版社有限公司出版发行
地址：北京市朝阳区百子湾东里 A407 号楼　邮政编码：100124
销售电话：010—67004422　传真：010—87155801
http://www.c-textilep.com
中国纺织出版社天猫旗舰店
官方微博 http://weibo.com/2119887771
北京华联印刷有限公司印刷　各地新华书店经销
2024 年 1 月第 1 版第 1 次印刷
开本：787×1092　1/16　印张：68.5
字数：1645 千字　定价：368.00 元
京朝工商广字第 8172 号

本书编委会

顾　问　李陵申　李桂梅　陈立东　钱晓明

主　编　司徒元舜

副主编　邵　阳　智来宽　李孙辉

编　委　戴家木　康桂田　黄有佩　陈康振
杨卫东　王志忠　王向钦　张鹏龙
李运生　李志辉　邓星就　倪　钧
陈飞宇　吴继发　安茂华　黄景莹

序

熔体纺丝成网非织造布是近年来我国发展速度快、生产效率高、产量大的非织造产品，广泛应用于医疗、卫生、包装、土工、过滤等领域。在新型冠状病毒疫情防控中，以熔体纺丝成网非织造布制成的口罩、防护服、隔离服等防护产品，在保障医护人员生命安全、阻断疫情传播方面起到了至关重要的作用。

我国熔体纺丝成网非织造布工业经过了35年的发展历程，在全行业企业家、科研和技术人员的共同努力下，在生产装备、产品种类、技术创新等方面取得了重大发展，已成为全球生产规模最大、装备类型最齐全的国家。但我国熔体纺丝成网非织造布工业在基础理论研究、核心工艺技术、关键技术装备、数字化和智能化等方面还有很大的提升空间，行业高质量发展面临重大挑战，迫切需要加强专业技术人才培养提升创新能力。

中国产业用纺织品行业协会纺粘法非织造布分会组织撰写的《熔体纺丝成网非织造布技术》，是熔体纺丝成网非织造布领域的一项重要技术成果。该书编写团队包括业内成果丰硕的工程师、教授学者和国内外设备制造企业的技术人员，其内容是行业发展三十多年以来经广泛实践验证的经验浓缩和理论归纳。

该书以熔体纺丝成网非织造布生产流程为主线，结合企业现场管理，整合产业链上下游各种配套技术，对熔体纺丝成网非织造布工艺的原料、装备、公用工程、生产工艺、运行管理、质量控制、发展方向和最新技术成果等方面进行了全面系统地详尽论述，图文并茂、贴近实际，是一本十分难得的、实用价值很高的专业著作，对于熔体纺丝成网非织造行业的专业技术人员培养和水平提升，促进行业技术创新和高质量发展有着现实的指导意义。

中国工程院院士　俞建勇

2023年4月　上海

前言

熔体纺丝成网非织造布,一般是指纺粘法、熔喷法、纺粘/熔喷/纺粘复合(SMS)非织造布三种类型的产品,使用具有可成纤结构的合成高分子聚合物为原料,通过熔体纺丝牵伸成网技术,并利用适当的固结方式将纤网制成非织造布产品,本书主要围绕以上产品进行介绍。由于闪蒸法非织造布、静电纺丝非织造布也应用类似的熔体(或溶体)纺丝成网技术,一般也归入熔体纺丝成网非织造布中,因此,本书也有相关介绍。

在三十多年的生产实践中,我国的非织造布行业从业人员和科技工作者,通过对国外先进技术的引进、消化、吸收、再创新,积累了丰富的经验,并成功开发了许多具有中国特色的新技术。纺熔非织造布产品已在卫生、医疗、包装、建筑、工业、农业、过滤、环境保护等领域获得了广泛应用,为促进国民经济发展、提高人民群众的生活质量,特别是在提高国家应对公共卫生安全事件的反应能力、保证国民安全方面发挥了不可替代的作用。

我国现在已经是全球产量最高、非织造布产品种类最多的国家,已经从非织造布装备、卷材产品进口国,转变为有大量设备和卷材出口到世界各地的出口大国。然而在技术创新能力、先进技术应用等方面,仍有很大的提升空间;在现代企业管理、设备设计制造、产品质量控制、运行过程管理、智能化、数字化应用等方面还需进一步改进。人才是企业的第一生产力,只有提高员工的综合素质,才能走上自主发展的道路。

本书内容是行业以往经验的总结、提炼与升华,旨在为行业提供一部具有参考性、理论与实践紧密结合的实用性技术图书,为优化技术水平、提高产业竞争力、打造非织造布强国提供坚实的基础。

在中国产业用纺织品行业协会纺粘法非织造布分会的组织推动下,2019年9月,成立了《熔体纺丝成网非织造布技术》编辑委员会,第一次编辑会议就本书的名称、内容定位、读者对象、工作计划、时间节点等进行了确定,指定了由分会高级技术顾问牵头，组建了包括本行业中有代表性的专业人员在内的写作团队，并进行了编写工作分工等。

本书的编写工作参照中国纺织出版社有限公司《著译者手册》的要求，统一了文稿编写过程的各项技术细节，启动了实际编写工作。本书的基本框架是依托主编司徒元舜高级工程师奉献的文稿资料为基础搭建起来的，有效加快了书稿的编写工作，并为各章节的编写提供了清晰的思路。

编写工作刚启动，就被突如其来的新冠肺炎疫情打乱，原计划的三次编审会议也不能如期进行。疫情过后，编委们笔耕不辍，为了大家的安全，不能召开面对面的编审会议，就采用分章节邮寄纸质书稿的方式进行审核和修订，最后再由主编将书稿统筹、汇总，虽然过程艰辛，但还是精益求精地完成了全部书稿。

本书以熔体纺丝成网非织造布的工艺流程为主线，从工艺原理、聚合物原料、辅料、设备性能及操作、生产流程、质量控制、后整理、后加工、现场管理、环境保护与职业健康，到技术标准、商业化非织造布生产线性能等角度，进行了全流程、全方位的论述，内容丰富，具有很强的实践性和可操作性。

本书的出版是集体智慧的结晶，国内外有近四十家企业、院校参与了编写或提供了技术资料。因此，本书能较准确全面地反映行业的现状和技术动态，是一部纺熔非织造布行业多年来生产实践、科学研究和技术开发成果的集大成之作。

本书可作为熔体纺丝成网非织造卷材生产企业、设备制造企业的技术培训教材，也可作为管理人员制定管理措施的范本或进行技术创新项目的参考资料。本书理论与生产实践相结合，可作为相关专业师生的教材，还可供相关管理部门、第三方检测机构参考。

本书的基础原稿由司徒元舜提供，前言由邵阳执笔，全书由司徒元舜、邵阳负责统稿。

全书分为 14 章，各章的主要编写人员如下：

第 1 章，司徒元舜、邵阳、戴家木、钱晓明、杨卫东、倪钧、王向钦。

第 2 章，司徒元舜、王振安。

第 3 章，司徒元舜、智来宽、黄有佩、聂松林、戴家木、钱晓明、邵阳。

第 4 章，司徒元舜、李志辉、钱晓明。

第 5 章，司徒元舜、李运生。

第 6 章，司徒元舜、王志忠、康桂田、于树发、胡国钰。

第 7 章，司徒元舜、陈康振、李孙辉、朱光辉、罗俊。

第 8 章，司徒元舜、王志忠。

第 9 章，司徒元舜、陈立东。

第 10 章，司徒元舜、李志辉。

第 11 章，司徒元舜、陈立东。

第 12 章，司徒元舜、王向钦、刘学文。

第 13 章，司徒元舜、杨卫东。

第 14 章，司徒元舜、康桂田。

直接参与本书编写工作的单位有：北京量子金舟无纺技术有限公司、常州市武进广宇花辊机械有限公司、大连华纶无纺设备工程有限公司、大连华阳新材料科技股份有限公司、广东保乐无纺科技有限公司、广东必得福医卫科技股份有限公司、广州检验检测认证集团有限公司、河南安吉塑料机械有限公司、恒天重工股份有限公司、江苏盐城瑞泽色母粒有限公司、南通大学纺织服装学院、邵阳纺织机械有限责任公司、天津工业大学纺织科学与工程学院、温州朝隆纺织机械有限公司、扬州协创智能科技有限公司等。

为本书编写工作提供资料的单位有：安德里茨（无锡）无纺布技术有限公司、欧瑞康非织造布有限公司、北京威瑞亚太科技有限公司、东莞市三众机械公司、佛山市恒辉隆机械有限公司、杭州玉杰化工有限公司、广州盛鹏纺织业专用设备有限公司、江门市蓬江区东洋机械有限公司、江苏东海滤机设备有限公司、江苏晋成空调工程有限公司、盐城杰亚达热能设备有限公司、盐城瑞源加热设备科技有限公司、江苏仪征海润纺织机械有限公司、江苏迎阳无纺机械有限公司、宁波大禾仪器有限公司、山东天鼎丰非织造布有限公司、上海金纬机械制造有限公司、伊斯拉视像设备制造（上海）有限公司、浙江传化智联股份有限公司、浙江纺融机械有限公司、浙江艳鹏无纺布机械有限公司、浙江双峰制冷科技有限公司等。

编写过程中，陈丽建、程清林、邓星就、郭志成、蒋伟民、雷波、楼亦剑、刘鹏宇、宋金成、谭国超、王进、王进伟、汪之光、杨凯、许良、张鹏龙、庄维达等为本书提供了有关的图文资料和信息，在此表示诚挚的感谢。

纺粘熔喷非织造布装备制造和卷材生产在我国是一个新兴的工业体系，参与本书编撰工作的企业数量多，涉及的技术和知识宽、跨学科内容多，因此，难免存在谬误之处，恳请读者批评指正。

《熔体纺丝成网非织造布技术》编辑委员会

2023 年 5 月

目录

第一章　熔体纺丝成网非织造布基础知识

第一节　熔体纺丝成网非织造布概述

一、产业用纺织品

"产业用纺织品"是经专门设计的具有工程结构特点、特定应用领域和特定功能的纺织品，主要应用于工业、农牧渔业、土木工程、建筑、交通运输、医疗卫生、文体休闲、环境保护、新能源、航空航天、国防军工等领域。为了区别于传统的服装和家用纺织品，国际上称为"技术纺织品"。

工程材料是指用于机械、车辆、船舶、建筑、化工、能源、仪器仪表、航空航天等工程领域用的材料，用来制造工程机械的零件和工具的材料，或具有特殊性能的非织造材料。

产业用纺织品技术含量高，应用范围广，市场潜力大，其发展水平是衡量一个国家纺织工业综合实力的重要标志，根据2020年产业用纺织品行业协会统计，规模以上企业（即每年产值在2000万元人民币以上的企业）的产业用纺织品产值为1070亿元。

GB/T 30558—2014将产业用纺织品分为16大类、150个系列，分别是：

农业用（18个系列），建筑用（9个系列），蓬帆类（9个系列），过滤与分离用（9个系列），土工用（10个系列），工业用毡毯（呢）（11个系列），隔离与绝缘用（7个系列），医疗与卫生用（8个系列），包装用（11个系列），安全与防护用（13个系列），结构增强用（10个系列），文体与休闲用（7个系列），合成革（人造革）用（4个系列），线绳（缆）带制品（16个系列），交通工具用（7个系列），其他产业用（4个系列），见表1-1。

表1-1　2019~2020年中国分类产业用纺织品统计

产品类别	2019年产量（万吨）	占比（%）	2020年产量（万吨）	占比（%）
医疗与卫生用纺织品	179.4	11.1	430.0	22.4
过滤与分离用纺织品	151.2	9.3	161.8	8.4
土工用纺织品	110.6	6.8	116.7	6.1
建筑用纺织品	83.7	5.2	88.0	4.6
交通工具用纺织品	73.3	4.5	71.7	3.7
安全与防护用纺织品	42.4	2.6	44.6	2.3
结构增强用纺织品	132.8	8.2	138.8	7.2
农业用纺织品	83.8	5.2	85.7	4.5
包装用纺织品	110.2	6.8	117.0	6.1

续表

产品类别	2019年产量（万吨）	占比（%）	2020年产量（万吨）	占比(%)
文体与休闲用纺织品	43.0	2.7	45.2	2.4
篷帆类纺织品	265.0	16.4	268.0	14.0
合成革用纺织品	111.7	6.9	108.4	5.7
隔离与绝缘用纺织品	48.7	3.0	50.0	2.6
线绳(缆)带类纺织品	82.6	5.1	84.8	4.4
工业用毡毯(呢)类纺织品	50.0	3.1	51.0	2.7
其他	51.8	3.2	53.9	2.8
合计	1620.3	100%	1915.5	100%

数据来源:中国产业用纺织品行业协会。

非织造布是产业用纺织品中最大的一个品类,其总产量占产业用纺织品总量的一半左右,在用各种工艺生产的非织造布总量中,熔体纺丝成网产品约占非织造布总量的50%,而其中又有一半左右的熔体纺丝成网产品是用于卫生、医疗制品材料这个领域。

2019年,中国的非织造布总产量为621.3万吨(注:经过后来的准确统计,该数字曾做了修订),其中“熔体纺丝成网”产品有316.0万吨,占总量的50.86%。2020年初出现新型冠状病毒(COVID-19,即“Corona Virus Disease 2019”的英文缩写)疫情后,熔体纺丝成网非织造布(特别是熔喷法非织造布)成为应对公共卫生安全事件的战略物资,生产能力连续翻番,出现了爆发性增长。

在2019年中国的熔喷法非织造布产量为56328t,而2020年的产量为542712t,是2019年产量的9.63倍。

2020年,包括纺粘法、熔喷法、纺粘/熔喷/纺粘复合(SMS)非织造布在内的熔体纺丝成网非织造布总产量达513.3万吨,比2019年的总产量315.1万吨增长了62.96%,占全国各种非织造布总量878.8万吨的58.42%,说明熔体纺丝成网非织造布已经成为我国非织造布的最大品类(表1-2)。

表1-2　2020年中国各种生产工艺的非织造布产量

序号	生产工艺名称	产量(万吨)	相对2019年增速(%)	占比(%)
1	纺粘	459	+48.34	52.23
2	熔喷	54.3	+728.53	6.18
3	水刺	130	+36.84	14.79
4	针刺	143	+0.37	16.27
5	化学黏合	37	-8.79	4.21

续表

序号	生产工艺名称	产量(万吨)	相对 2019 年增速(%)	占比(%)
6	热黏合	35	+4. 16	3. 98
7	气流成网	16	+4. 63	1. 82
8	湿法	4. 5	+12. 73	0. 51
9	合计	878. 8	+41. 45(修订后 35. 85)	100

注　摘自《中国非织造布与卫生用品产业发展现状及趋势》,中国产业用纺织品行业协会,2021 年 3 月 26 日,佛山。

由于在 2020 年以后,不少进入非织造布领域的跨界企业没有进入统计范围,加上资产重组,合并搬迁及企业易名,设备异地流动等原因影响了数据的准确性,由于数据收集统计过程仍缺乏标准规范等原因,增加了统计工作的难度,也影响了数据的客观性。

2010 年非织造布的产量为 280 万吨,2019 年为 621. 3 万吨,是 2010 年的 2. 22 倍。由于新冠肺炎疫情的暴发,防疫物质需求剧增,2020 年的产量增加至 878. 8 万吨,是 2019 年产量的 1. 41 倍。中国已成为当前全球最大的产业用纺织品生产国。

根据中国产业用纺织品行业协会的统计,2019 年,我国用于卫生、医疗制品领域的熔体纺丝成网非织造布 160. 2 万吨,占熔体纺丝成网非织造布总量的 50. 85%,说明卫生、医疗制品材料是熔体纺丝成网非织造布产品的最大应用领域。

2019 年,熔体纺丝成网非织造布产品在各个领域的应用情况及占比如图 1-1 所示。

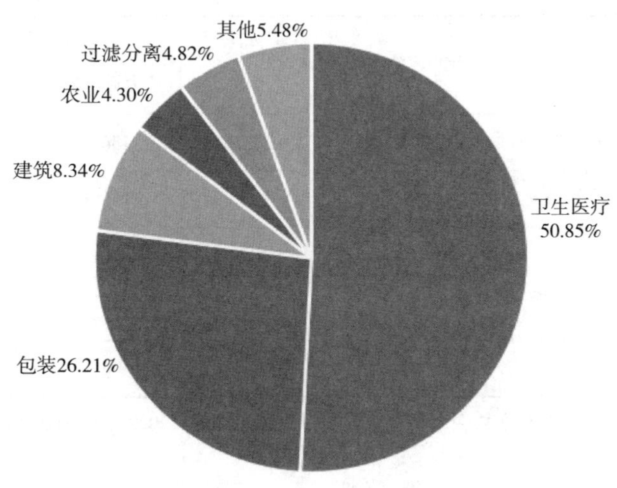

图 1-1　2019 年熔体纺丝成网产品应用领域与占比

熔体纺丝成网非织造布产品主要包括纺粘法非织造布、熔喷法非织造布、纺粘/熔喷纺粘复合法(SMS)非织造布三大类。纺粘法非织造布生产工艺和熔喷法非织造布生产工艺是基础技术,SMS 非织造布则是这两种工艺的有机组合。

经过 2020 年防控新冠肺炎疫情的斗争后,熔体纺丝成网非织造布的生产能力发生了重大变化,生产能力出现大幅度增长,由于产能严重过剩,使全行业进入了产能深度调整期,对行业的健康发展产生了深远的影响。

表 1-3 为中国 2021 年熔体纺丝成网非织造布行业的统计数据,从表中可以看出,设备的产能利用率仅为 49.43%,大量设备闲置,生产能力严重过剩,行业生态劣化,企业的经营压力增加。

表 1-3 2021 年中国熔体纺丝成网非织造布行业统计数据

类型		生产厂家(家)	生产线(条)	生产能力(万吨/年)	实际产量(万吨/年)
纺粘法非织造布	PP 纺粘法非织造布	485	2197	545.5	270.6
	PET 纺粘法非织造布	88	218	98.6	67.9
	SMS 在线复合非织造布	152	358	187	72.3
小计		631	2773	831.1	410.8
熔喷法非织造布		—	—	42.7	23.3

注 资料来自中国产业用纺织品行业协会纺粘法非织造布分会秘书处《2021 年中国纺丝成网非织造布行业发展报告》(2022 年 6 月 13 日)。

新冠肺炎疫情期间新增加的大量设备,在 2022 年后逐渐形成生产能力,导致行业的总产能仍呈增长趋势,进一步增加了产能过剩的风险(表 1-4)。

表 1-4 2022 年中国熔体纺丝成网非织造布行业统计数据

类型		生产厂家(家)	生产线(条)	生产能力(万吨/年)	实际产量(万吨/年)	产能利用(%)
纺粘法非织造布	PP 纺粘法非织造布	465	2227	560	249	44.46
	PET 纺粘法非织造布	88	238	110.6	71	64.19
	SMS 复合非织造布	150	383	202	70.3	34.80
小计		611	2848	872.6	390.3	44.72
熔喷法非织造布		—	—	40	26.8	67.0

注 资料来自中国产业用纺织品行业协会纺粘法非织造布分会秘书处《2022 年中国纺丝成网非织造布行业发展报告》(2023 年 5 月 29 日)。

从表 1-4 可知,随着新冠肺炎疫情的消退,防疫物质的需求锐减,导致行业的设备利用率、企业开工率下降,实际产量连续下降,全行业面临严峻的生存环境,这也是产业进行深度调整、设备结构优化、淘汰落后产能的机遇,使非织造布行业能在更高的水平上实现高质量发展。

在正常情况下,熔体纺丝成网非织造布的总量中,PP 纺粘法非织造布占有举足轻重的地位(62%),使用 PP 聚合物原料的纺粘法非织造布、熔喷法非织造布及纺粘/熔喷复合的 SMS 产品合计总占比为 83%,而使用 PET 原料的产品仅占 17%(图 1-2)。

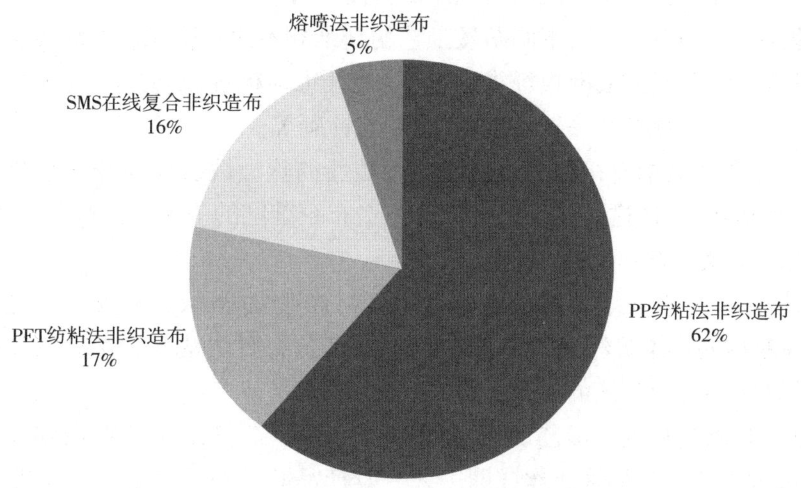

图 1-2　各种非织造布产品及所使用的聚合物原料

二、非织造布的名称与分类

非织造布(nonwoven)也叫无纺布,我国台湾地区称不织布,在技术标准、技术资料及学术文献中一般称为非织造布,企业习惯用无纺布。

非织造布在不同时期和不同地区都有相关标准,如 GB/T 5709—1997《纺织品　非织造布术语》,BS DIN EN ISO 9092:2011,ISO 9092:2019《纺织品无纺布定义》等。

非织造布是产业用纺织品中的一个重要品类,常按成网方法、纤网的固结方法或两种方法相结合的方法来分类,因此,非织造布分为很多种类。纺粘法非织造布、熔喷法非织造布仅是熔体纺丝成网工艺生产的两种基本产品,通过不同成网工艺互相组合或与不同的固结方式组合,可衍生出很多种产品(图 1-3)。

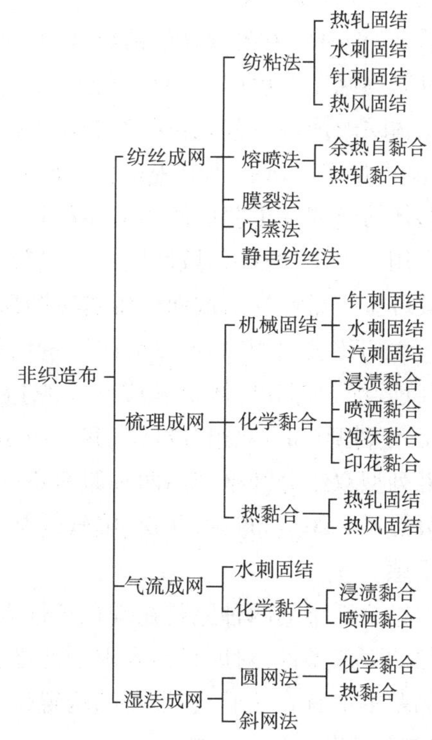

图 1-3　非织造布的成网工艺和纤网固结工艺

非织造布的成网方法主要有:熔体纺丝成网(纺粘法、熔喷法、静电纺丝法等),溶液纺丝成网(闪蒸法、膜裂法、静电纺丝法),短纤梳理成网,气流成网、湿法成网等。

目前常用的纤网固结方法有三大类:机械固结,如水刺固结、针刺固结、汽刺固结等;热黏合,如热风固结、热轧固结;化学黏合,如浸渍黏合、喷洒黏合、印花黏合、泡沫黏合等。

根据聚合物的种类和纤网的特点,可以互相组合,开发出很多创新产品,如不同成网方法的纤网可以互相叠加,其中较典型的是纺粘法纤网与熔喷法纤网叠层复合、纺丝成网的连续纤网与短纤维梳理成网的纤网复合、梳理成网与气流成网复合等。

除了以纤网叠层互相复合外,不同纺丝工艺的纤维和不同成网工艺的纤维还可以插纤方式相互混合,如熔喷纤维与气流成网短纤维混合、熔喷纤维与梳理成网短纤维混合等。不同的纤网固结方式也可以组合应用,如热轧与水刺、热轧与针刺等。

熔体纺丝成网工艺是指直接将具有良好的可纺性的热塑性线性高分子聚合物原料加热熔融,成为黏流态的熔体后,通过纺丝工艺形成非织造布纤维网的一种非织造布生产方法。

(一)纺粘法、熔喷法非织造布

纺粘法非织造布生产工艺(spun bond,S/SB)、熔喷法非织造布生产工艺(melt blown,M/MB),是两种基本的熔体纺丝成网非织造布生产工艺。而纺粘/熔喷/纺粘复合法非织造布生产工艺,则是这两种生产工艺的复合。

因此,纺粘法非织造布生产工艺、熔喷法非织造布生产工艺、纺粘/熔喷/纺粘复合法非织造布生产工艺是最常用的三种熔体纺丝成网工艺。其产品总产量占了各种工艺非织造布总量的一半,是重要的非织造布品类。

用熔体纺丝成网工艺生产的非织造材料主要有纺粘法热轧非织造布(执行标准 FZ/T 64033—2014),纺粘/熔喷/纺粘热轧复合非织造布(执行标准 FZ/T 64034—2014),熔喷法非织造布(执行标准 FZ/T 64078—2019)。

纺粘法热风非织造布、纺粘法水刺非织造布、纺粘法针刺非织造布等是杂化工艺产品,但从工艺本质上讲仍属熔体纺丝成网工艺产品范畴,仅是纺丝工艺与不同纤网固结方法的组合,特别是双组分纺丝工艺与热风固结工艺,双组分纺丝工艺与热轧固结工艺相组合的技术仍处于起步阶段,设备数量较少。

目前,我国应用双组分纺粘与水刺固结工艺相结合的生产线已经投入十几年,用纺粘法纤网与针刺固结工艺生产的产品,在土工、防水领域已应用多年,并已制定了相应的技术标准。

熔体纺丝成网工艺是目前发展速度快、生产效率高,产量大、应用领域广的非织造材料制造工艺,其产量已占所有非织造布总产量的一半。

熔体纺丝成网工艺所使用的原料均为高分子聚合物,多为石油基化工产品,少量为生物基产品。用于卫生、医疗领域使用的非织造布,绝大部分是使用聚丙烯原料生产,纤维均为圆形截面连续纤维。虽然异形截面纤维具有圆形纤维没有的特性,如同样规格的纤维,异形截面纤维具有更大的比表面积等,但目前的用量仍很少。

目前,绝大部分熔体纺丝成网非织造布是单组分纤维,仅有少量的皮芯型(C/S)、并列型(S/S)、分裂型(SP)双组分纤维,我国也引进了有三种组分的纺粘法非织造布生产技术。

并列型双组分纤维利用两种原料不同的收缩性能使纤维产生三维卷曲,用这种纤维生产的双组分热风非织造布具有蓬松、柔软的结构,比一般单组分纤维及皮芯型双组分纤维产品有更好的手感。

双组分纤维的两种原料在理化特性方面差异较大,为了保证两种原料的配比准确,并有稳定可控的工艺条件,对原料的要求较严格,设备较复杂,生产工艺要求较高,生产过程中产生的不良品基本不宜直接回收,设备的购置价、生产成本都会较高。

(二)闪蒸法非织造布

闪蒸法(flash spinning)非织造布生产技术是熔体纺丝技术与纺粘法非织造布技术相结合

的技术，自20世纪60年代问世以来，所生产的聚乙烯(PE)闪蒸法非织造布具有独特的高强度(是同样定量规格PET产品的1.5倍、PP产品的2~3倍)、抗撕裂、抗穿刺、耐老化、表面平整性能，已在医疗、防护、建筑、包装、民用，汽车等领域发挥出其优势。

闪蒸法非织造布可视为纺粘法非织造布的一种，不同的是闪蒸法不是熔融纺丝，而是湿法纺丝，即将高聚物(高密度聚乙烯，HDPE)溶解在特定的溶剂(温度为200℃二氯甲烷)中制成浓度12%~13%的纺丝液，并以二氧化碳在6.9MPa的高压力下饱和处理。

当纺丝液从刀口状喷丝口以很高的速度(1.1×10^4m/min)喷出后，由于压力降低，溶剂瞬间挥发而使高聚物重新固化，溶剂挥发过程产生的牵伸作用使聚合物分裂为超细纤维(0.11~0.17dtex)。在此同时，采用静电分丝技术，使纤维彼此分离，然后在接收装置上凝聚成网，经光辊低温热轧固结后，便成为闪蒸法非织造布。

闪蒸法非织造布也因生产设备与工艺的差异，产品会有两种不同的形态，一种是硬的膜片状产品，另一种是软的布状产品。目前，国内开发的闪蒸法非织造布生产工艺已初露端倪，预计几年内在仅使用PE的基础上，在使用其他聚合物原料方面将取得重大突破。

(三)静电纺丝法非织造布

静电纺丝(electro spinning)法使用的原料不同。应用金属原料或无机物原料时，静电纺丝技术属熔体纺丝成网工艺；应用聚合物原料或有机物原料时，静电纺丝技术属溶体纺丝成网工艺。

静电纺丝技术是指聚合物流体在几千伏至几万伏的高压静电场作用下，使聚合物液滴克服表面张力而产生喷射细流，细流在喷射过程中拉伸固化落在接收装置上，最终形成连续的非织造纤维网的技术，是目前能够直接、连续制备纳米纤维的一种重要方法。

静电纺丝法具有性能稳定、产品质量优越、可纺原料种类多(包括聚合物、有机物、无机物、金属等)、工艺可控等优点。由于纳米纤维具有纤维细、比表面积大、孔隙率高等特性，因而应用广泛。在物理拦截、污染防治、工程材料等方面具有广泛的应用前景，是安全、环保、高效的空气过滤材料。

静电纺丝技术是一项简单方便，而且对环境无污染的纺丝技术，是国内很多科研机构正在研发的一种技术。

第二节 熔体纺丝成网非织造布用原料

熔体纺丝成网非织造布可用原料种类很多，但必须满足两个必要的条件。

第一，必须是热塑性高分子聚合物。热塑性是指聚合物原料在受热后会熔融，温度降低冷却后会固化、并保持一定形状的一种特性，其过程属于物理变化，而且是可逆的，聚合物能反复加热软化熔融和冷却变硬固化。

第二，是要具备可纺性。聚合物的可纺性是指聚合物熔体在单轴向拉伸应力的作用下，能够承受稳定的拉伸作用，在拉伸过程中大幅度出现不可逆伸长形变，并且可以形成连续的细长纤维的能力。聚合物原料的分子形态必须是线性、可纺性的高分子材料。

聚合物的可纺性取决于聚合物熔体的流变性、流体黏度、强度以及流体的热稳定性和化学稳定性。具备这些特性的高分子原料均可用于熔体纺丝成网非织造布生产工艺。但不同的纺丝工艺对所用原料的特性要求是不一样的。

热固性聚合物不能用作熔体纺丝成网非织造布原料。热固性是指聚合物原料在第一次加热时可以软化、流动,但加热到一定温度后,会发生化学变化(交联反应)而固化,再次加热就不再具有流动性了。

一、熔体纺丝成网非织造布的原料种类

目前,可用作熔体纺丝成网非织造布的原料有三大类:聚烯烃类,聚酯类,还有一些可生物降解的新型聚合物等。

不同类型聚合物的熔点及熔体的流变性能不同,具有相应的生产工艺。如在原料预处理(干燥)、螺杆挤出机的性能、纺丝温度、喷丝孔结构、制造设备的材料选用等方面都有不同的要求,特别是在纺丝牵伸速度有较大的差别。

目前,聚丙烯(PP)、聚乙烯(PE)、聚对苯二甲酸乙二醇酯(PET)、聚碳酸酯(PC)、聚对苯二甲酸丁二酯(PBT)、聚对苯二甲酸丙二酯(PTT)、聚乳酸(PLA)、热塑性聚氨酯(TPU)、聚酰胺(PA)6、聚醚胺(PEA)、聚苯硫醚(PPS)、聚甲醛(POM)、聚三氟氯乙烯等聚合物都可用作熔体纺丝成网非织造布的原料。

在熔体纺丝成网非织造布领域,原来使用的聚合物原料品种较少,随着技术的发展,特别是双组分技术的应用,聚合物原料品种增加,实际生产中应用的聚合物主要是 PP、PE、PET、PA 等及其改性聚合物。为了顺应绿色低碳生产的要求,以 PLA 为代表的可生物降解原料的应用逐渐增加。

生产双组分非织造布产品时,常用配对的原料有:PE/PP、PP/CoPP、PP/PET、PET/CoPET、PA6/PET 等(Co 是一个泛义的前缀符号,表示经改性的聚合物)。目前,常用的原料主要为 PP、PET、PE、PA6、PLA。烯烃类和酯类聚合物原料纺粘熔喷工艺的差异见表 1-5。

表 1-5 烯烃类和聚酯类原料纺粘熔喷工艺的差异

原料品种	纺丝温度比熔点	热空气温度比熔点	干燥工艺
烯烃类	高很多	高很多	一般不需要
聚酯类	稍高	稍高	必须

根据原料来源或工艺、产品性能、应用领域、产品价格等因素,目前约 90%的熔体纺丝成网非织造布都是以 PP 为原料生产的。因此,本书主要介绍 PP 纺粘法非织造布技术,也会介绍使用 PET 及其他聚合物原料的非织造布技术。

二、熔体纺丝成网用高分子聚合物材料的基本特性和要求

(一)高分子聚合物材料的基本特性

高分子聚合物具有与低分子物质截然不同的结构特征,归纳如下。

1. 可分割性

低分子物质的分子不能用一般的机械方法分开,如果强行分开,则其性质会发生变化,成为另外的物质。而高分子聚合物则不然,因为其分子量很大,当用外力把分子拉断或切开,变成两

个分子后，高分子聚合物的化学性质一般不会有明显的改变。

在熔体纺丝成网非织造生产过程中，经常会利用高分子聚合物的这种特性，通过加入断链剂（如降温母粒等），使大分子量的聚合物断链，成为低分子量聚合物，使熔体的黏度下降，从而改善熔体的流动性。而在聚合物原料生产企业，则可以将低流动特性的纺粘法工艺用原料，改进成为有高流动性的熔喷法工艺用原料。

2. 高弹性

所谓弹性，是指材料形变的可恢复性，是高分子聚合物的重要特性之一。高分子聚合物在一定外力作用下发生形变，当外力解除，这种形变就可以部分或全部恢复到原状。若外力过大，则会产生不可恢复形变，但仍有部分可恢复形变。

3. 可塑性

高分子聚合物受热达到一定温度后，先是经过一个较长的软化过程，然后才能变为黏流状态，这时的高分子聚合物可以进行可塑加工，这一特点对聚合物的加工成型十分重要。

由于高分子聚合物是由长的大分子链所构成，当温度较低时，大分子链无法获得足够的运动能量，而呈现固体，当温度升高时，链段可以发生旋转和小幅度运动，表现为软化现象，而当温度进一步提高时，链段的能量足以发生大幅运动，从而产生分子链间的相对移动等，则表明这种聚合物已进入“黏流状态”。

因此，在熔体纺丝成网非织造生产过程中，必须使聚合物的温度处于其熔点以上，并处于“黏流状态”后，才能正常纺丝。

4. 绝缘性

大部分高分子聚合物对电、热、声具有优良的绝缘性能，从结构上看这是因为高分子聚合物大都是有机化合物，分子中的化学键都是共价键，不能电离，因此不能传递电子，又因为大分子链呈蜷曲状态，互相纠缠在一起，在热、声作用下，分子不易振动，因而对热、声也具有绝缘性。

聚丙烯材料具有很好的绝缘性能，因而可以应用驻极技术使产品带上电荷，并能长时间保存在材料中不会逸散。因为聚合物这种特性，在纺丝过程中，纤维间的相互摩擦，纤维与高速气流、环境气流摩擦会产生大量静电。

（二）熔融纺丝对聚合物的要求

聚合物熔融纺丝过程中，从喷丝孔挤出的聚合物熔体细化、冷却的同时，伴随有黏度增加的伸长变形过程。对纺丝过程及纤维性能的影响因素主要有以下几点。

1. 含水率

纤维材料中的水分及吸附水的含量，通常用回潮率或含水率表示：

$$回潮率=\frac{湿纤维质量-干纤维质量}{干纤维质量}\times 100\%$$

回潮率指的是纤维所含水分的质量与干燥纤维质量的百分比，表示纤维的吸湿程度。

含水率是指纤维所含水分的质量与纤维实际质量，也就是没有干燥前的湿纤维质量的百分比。含水率太高，将直接影响纺丝的稳定性，少量的水分将引起局部断丝，如水分含量较多，会引起纺丝系统全幅宽出现断丝，导致无法正常纺丝（图 1-4）。

含水率较高的成纤高聚物在熔融纺丝前要经过干燥处理，以防止由于水分引起的高聚物熔体分子降解，黏度下降，从而引起纺丝不连续、纤维性能下降等不良后果。当聚合物原料的分子

图 1-4 含水率高引起的全幅宽断丝现象

结构中含有酯键或酰胺键基团时，这类基团易吸附水分，如 PLA、PET、PA 等。

PE、PP、聚苯乙烯（PS）等烯烃类聚合物大分子中不含酯键、酰胺键基团，水分含量极低，则一般不需要进行除水干燥处理。

2. 黏度

聚合物在进行熔融纺丝前都需要受热融化，变成具有流动性的熔体才可以通过喷丝板纺丝，因此，熔体的流动能力即黏度，是熔融纺丝过程中的重要参数之一，决定聚合物黏度大小的参数主要有温度、分子量及分子量分布。

在熔体纺丝成网非织造布生产工艺中，聚合物熔体的流动指数（MFI）是一个主要的技术指标。其定义为：在一定温度、一定负荷下，熔融状态的高聚物在 10min 内从规定内径和长度的标准毛细管中流出的熔体质量，单位为 g/10min。熔体的流动指数越大，其流动性越好。

除了可用聚合物的熔体流动指数（MFI）来衡量熔体的流动性外，还可用聚合物熔体质量流动速率（MFR）来描述聚合物熔体的流动性能，MFI 或 MFR 数值越大，流动性能越好。纺粘法工艺所用的聚合物原料流动性较小，而熔喷法工艺所用的聚合物原料流动性应较大。

对于聚酯类聚合物原料，常用特性黏度来表征其熔体的流动性，黏度越高的熔体，流动性越低。在双组分纺丝工艺中，各组分熔体的黏度是影响纺丝稳定性的重要因素。因此，黏度是选择配对组分聚合物的一个原则。

熔体的流动特性并不是熔体的黏度，两者的物理定义是不同的，计量单位也不同。但两者之间有一定的相关性，流动性越好的熔体，其黏度越小，而流动性较差的熔体，其黏度则会较大。

3. 温度

由于温度直接决定了聚合物的流动状态，因此，在确定纺丝温度前，需要提前获得以下几个聚合物自身的温度参数：玻璃化转变温度（T_g）、结晶温度（T_c）、熔融温度（T_m）和热分解温度（T_d）。

T_g 为聚合物大分子链段可以移动、材料开始软化的温度；T_c 为软化的分子链通过局部的运动，从原来的无序结构形成更加有序或稳定结构的温度；T_m 为聚合物熔融并可发生流动行为的温度；T_d 为聚合物开始发生分子链断裂或降解的温度。

对于大部分常用聚合物来说，它们之间的关系为 $T_g<T_c<T_m<T_d$，对于不同聚合物来说，由于其分子链结构不同，这几种温度在数值上也是不同的。

聚合物进行熔融纺丝时，要求其加工熔体的温度必须介于 T_m 和 T_d 之间，即聚合物已经熔融，可以发生流动，具有良好的可纺性，但还不会发生降解。因此，在进行熔融纺丝前，需要获得该聚合物的 T_m 和 T_d，通常会利用两种热分析仪器：差式扫描量热仪（DSC）和热重分析仪（TGA）进行具体分析。

纺丝过程中，温度升高会赋予分子链段更强的运动能力，因此有利于高聚物分子的松弛，即温度越高，黏度越低，流动性越好，便于进行纺丝加工，在较小的压力下就可以将熔体从喷丝孔顺利挤出。

黏度并不是越小越好，黏度过小的熔体中，分子链与分子链间的摩擦力较小，因此，已经从喷丝孔喷出的熔体，其分子链无法较好地牵引后续的分子链，从而在外部牵伸力的牵引作用下易发生断丝，或因牵伸速率跟不上熔体喷出速率从而造成纤维粗细不匀等现象，严重影响了纤维成品的质量。

因此，选取适当的温度，使聚合物熔体获得适当的黏度，是保障纺丝过程顺利进行的首要工艺调整工作。

4. 聚合物分子量及其分布

分子量在聚合物中可以用来描述分子链的长短，较大的分子量表现为其分子链较长。分子量的高低会使高聚物表现出不同的性质，在决定聚合物的熔体纺丝特性及纤维力学性能方面，具有重要的作用。必须注意聚合物分子量高低及分子量分布宽度对纺丝过程、产品性能的影响，对指导制订科学、合理的生产工艺具有重要的意义。

高聚物分子量的高低对其黏性流动影响极大，分子量的增加能引起聚合物黏度的急剧增加，使熔体的流动指数大幅下降。但在相同温度下，随着分子量的不断增加，聚合物黏度的增长幅度不断放缓。因此，可用改变分子量的方法来调节熔体黏度，并控制在一个合理范围内。

任何一种聚合物原料中，每一条分子链都有不同的分子量，即分子链有长有短。因此，生产过程中所获得的关于某一批次粒料的分子量的描述其实是平均分子量，这种现象称为聚合物分子量的多分散性。

分子量的分散程度也是需要考虑的因素，例如，A、B 两组 PP 分子链，每组由三条分子链组成，其中 A 组的分子量分别为 4000、5000、6000，B 组的分子量分别为 4500、5000、5500，一般将这种现象称为聚合物的分子量分布。两组聚合物的平均分子量都为 5000，但很明显 B 组的分子量更集中，则称 B 组分子量分布较窄。

在熔体纺丝过程中，分子量分布较窄的原料，更有利于稳定地纺丝，其黏度(或流动性能)受温度影响的变化幅度较低，也就是温度变化对黏度的影响较小。

一般来说，一定结构的聚合物，如其平均分子量 M_r 大，则其 MFI 会较小，聚合物的断裂强度、硬度等性能有所提高；而 MFI 大，表示其平均分子量 M_r 较小，熔体的流动性能较好，见表 1-6。

表 1-6 PP 原料的流动特性与分子量的对应关系

聚合物编号	1	2	3	4	5	6	7
MFI(g/10min)	23	34	43	90	350	750	1500
M_r	201300	184000	117400	157000	98000	50000	41000

另外，聚合物的分子量分布对纤维结构的均一性有很大影响，如在同样工艺条件下纺制的纤维，用分子量分布宽的原料生产的纤维，表面有较多不均匀裂痕，分子量分布较窄的纤维，无论是全拉伸丝(FDY)还是未拉伸丝(UDY)，其表面基本是均一的。

分子量分布宽度会影响熔体的弹性，聚合物的分子量分布越宽，熔体的弹性越显著，在喷丝孔挤出时出现胀大现象(即出口胀大效应)越严重，因此，在高速纺丝或纺制较细的纤维时，要选用分子量分布较窄的原料。

5. 压力

聚合物熔体的压力是由螺杆的进料段、压缩段、熔融段和计量段提供的压力累加形成的，每个区间段都有各自能够承受的最大压力值。在一些不良条件下，可能发生过大的压力而使设备损坏。为了方便理解，可以简单地认为，在纺丝系统正常运行条件下，熔体压力在一定程度上也反映熔体从喷丝孔挤出速率的大小，熔体压力越大，挤出的速率会越大，熔体的挤出量也越大。

聚合物具有分子链很长的线性结构，因此，在一般状况下，其排列方式较杂乱，可以理解为一根无规则排列的单丝，而当大量的无规则单丝糅合在一起时，单丝之间并不能完全紧贴，形成大小不一的孔隙，但当人为施加一个压力后，孔隙的大小则会被压缩变小，单丝之间的摩擦力会增大。

以此类推，聚合物熔体虽然在外观上是一种排列紧密的流体，但分子链之间也同样存在大小不一的孔隙，而当熔体受到外界施加的压力时，分子链之间的间隙也同样会被压缩，从而导致分子链之间的摩擦力增大，发生相对移动的难度增加，最终表现为熔体黏度增大。

也就是熔体压力升高，熔体的流动性会变差。因此，控制压力也是调整黏度的重要方式之一，但在纺丝箱体内，要求全幅宽范围内熔体的压力是均匀一致的，熔体压力的变化会影响熔体分配的均匀性，除了会影响产品的均匀度外，还会影响纤维细度及产品的其他性能。

6. 剪切速率

物料在熔融后会继续在螺杆的螺槽中随着螺杆转动而不断向前输送。在这个过程中，熔体会随着螺杆转动，按照一个固定方向被搅动，这个过程称为剪切。

如上所述，聚合物熔体也可以理解为一个无规则线团，这个无规则线团在剪切作用下被不断打散、重排，最终所有单根分子链的排列方向和运动方向与剪切方向相一致，从而让分子链排列更加柔顺，降低了分子链之间的摩擦力，更加方便分子链的相对运动，直观的表现就是熔体黏度降低，这种现象称为聚合物熔体的剪切变稀，大多数纺丝用聚合物都具有这样的性质。

通过完全剪切的熔体从喷丝孔喷出被牵引成纤维后，其分子链排列方向不再受外力的影响，纤维仍然保持高度的轴向排列，随着牵伸速度的提高，分子链的取向性提高，纤维的物理力学性能也获得改善。因此，这是提高纤维的力学性能，进而改善非织造布产品力学性能的有效方法。

7. 热稳定性

耐热性是成纤高聚物的另一个重要特征，它可以反映纤维在制造过程中或在使用过程中可能发生的热裂解和热氧化裂解的速率。在很多情况下，高聚物是否可采用熔融纺丝工艺，纤维受热处理的条件等，会受到可能发生热裂解或热氧化裂解的限制。

从纤维材料应用的角度来看，聚合物耐高温的要求不仅是能耐温度高低的问题，还必须同时给出耐受高温的时间、使用环境以及性能变化的允许范围。熔融纺丝的加工温度区间应在熔融温度 T_m 与分解温度 T_d 之间，通常情况下 $T_m<T_d$。

在熔体纺丝成网非织造布生产过程中，如果中途发生过停机，而且停机时间较长后再开机，挤出的熔体会发生变化（一般是泛黄色），这是停留在系统内的熔体（包括共混纺丝的改性添加剂）发生了热降解所致。

对于部分聚合物则相反，即 $T_m>T_d$，该类聚合物在熔融之前已经发生了降解。当到达熔融温度时，物料的成分和性能均已发生变化，因此该类聚合物不能采用熔融纺丝法。

(三)聚合物降解现象

聚合物的降解是指聚合物的大分子链由于化学和物理因素而被切断的反应过程,导致聚合物中的碳原子数目减少,分子量降低,聚合物材料的物理性能降低,使聚合物材料失去了使用价值。除了热能以外,聚合物在力、氧、水、光、超声波和射线辐射等作用下,也会发生降解。根据聚合物降解时所受的作用及反应机理不同,通常分为力学降解、氧化与水解降解、光降解、化学降解等。

暴露在氧、水、放射线、化学物质、污染物、机械力、微生物等环境或条件下的高分子链被切断的分解过程称为环境降解。环境降解塑料的过程主要涉及生物降解、光降解和化学降解,而且这三种主要降解过程相互间具有增效、协同和连贯作用。例如,光降解与氧化降解经常同时进行并互相促进,而生物降解更易发生在光降解过程之后。

聚合物的老化降解和聚合物的稳定性有直接关系,聚合物的老化降解会缩短其使用寿命。因此,对产品来说,发生降解是不利的,但引起发生降解的因素几乎是经常存在的,也就是降解是不可避免的。在生产过程中仅是希望不发生过度降解或不均匀降解,避免分子量分布过宽,或导致纺丝熔体的黏度不一致,影响纺丝的稳定性。

从环境保护角度来看,在上述各种条件下,加上微生物的综合作用,希望已废弃在环境中的聚合物产品能快速降解,降低对环境的不利影响。从降解效果来看,又可分为全降解和部分降解。生物降解聚合物属于全降解。而光降解、氧化降解等添加型降解聚合物属于部分降解,它们还不能完全降解为二氧化碳(CO_2)或/和甲烷(CH_4)及水(H_2O)等。

1. 力学降解

聚合物在成型过程中常因粉碎、研磨、高速搅拌、混炼、挤压等而受到剪切和拉伸应力,诱发分子断裂而导致降解,影响因素如下。

(1)聚合物的分子量越大,越容易发生力学降解。

(2)施加的应力越大,降解速率也越大,而最终生成的断裂分子链段则越短。

(3)一定大小的应力,只能使分子断裂到一定的长度,当全部分子链都已断裂到受施加的应力所能降解的长度后,力学降解将不再继续。

(4)聚合物在较高温度及添加有增塑剂的情况下,力学降解的倾向会趋弱。

由于聚合物熔体温度高,力学降解总是伴随着热降解和可能的化学降解。当聚合物熔体处于强烈的力学变形和应变速率不均匀时,局部温度会升高到整体温度以上。

力学降解被看作是由力学应力诱发的分子断裂。这些应力可能是剪切应力、拉伸应力,或是这两种应力的组合。聚合物的力学降解可能发生在固态、熔融态和液态。在螺杆挤出机内,力学应力大多数被施加在熔融聚合物上。

因此,熔体的整体温度也许不能正确地反映实际原料的温度,在螺杆挤出机中可能会出现非常高的局部温度。在这样的状态下,纯力学降解是不可能发生的。因此,含有力学应力的聚合物熔体中的降解过程是相当复杂的。

2. 氧化与水解降解

大多数高聚物在使用过程中,会被空气中的氧逐渐氧化,从而改变产品的化学组成和结构,进一步影响其物理、化学和力学性能。

对氧化作用非常稳定的化合物有四氟乙烯、某些硅有机化合物;对氧化作用稳定的高聚物有聚苯乙烯、聚甲基丙烯酸甲酯等;对氧化作用不稳定的高聚物有聚乙烯醇、天然橡胶等,因为此类物质中含有易氧化的元素。此外结构较松散的高聚物也易氧化。

聚酯类聚合物大多是由多元醇和多元酸缩聚而成,如 PET、PU、PLA、PBAT、PC 等,PET 具有良好的成纤性、力学性能、耐磨性、抗蠕变性能及电绝缘性能;PU 强度高、耐磨、耐油;PLA、PBAT 可生物降解、绿色环保。

聚酯材料普遍容易水解,这导致聚酯产品的使用周期大幅缩减、产品综合性能大幅降低。聚酯分子链中含有大量酯键和端羧基,在端羧基的作用下,酯键容易受到水或湿气的侵蚀,特别是在高温、高湿的环境中,酯键容易与水发生反应,导致分子链断裂,分子量降低。

这种由于水和酸的作用导致聚合物降解或分解,就是通常所说的水解作用。易吸水的聚合物容易发生水解反应。水解作用会影响纺丝熔体的流动性,因此聚酯类聚合物原料在投入纺丝系统使用前,必须进行干燥处理,使其水分含量控制在工艺要求的范围内。这也是在使用这一类聚合物材料时,生产中产生的不良品不容易进行回收循环利用的原因。

3. 光降解

高聚物在使用过程中,多数情况下是不能避免光的,光作用于高聚物时,可发生不同程度的变化,如天然橡胶、纤维素及其酯类对光照很敏感,在光照下,天然橡胶氧化降解得非常快,纤维素及其酯类则容易变色、性能变差,实质上是光氧化的结果。

在常温下,绝大多数聚合物都能和氧气发生极为缓慢的作用,只有在热、紫外线(UV)辐射等联合作用下,氧化作用才比较显著。降解过程很复杂,聚合物的种类不同,反应的性质也不同。光、热、金属氧化物等都能加速高聚物的氧化降解。有效防止氧化降解的方法主要是加入光稳定剂、抗氧剂,防止高温与氧接触。

4. 化学降解

化学降解是由化学作用引起的聚合物降解,常见的化学降解主要指热氧化、自由基取代、水解等。氧化降解是化学降解的一种形式。另一种降解是将原本长链的聚合物分解成短链,甚至是单体形式,这种降解不会发生氧化现象,但同样会改变聚合物的形态和性能。

三、熔体纺丝成网非织造布常用聚合物原料

熔体纺丝成网非织造布大多采用气流牵伸工艺,由于气流产生的牵伸力较小,在生产过程中要选用流动性能和成纤性能好的原料。采用纺粘法或熔喷法生产非织造布时,要选用高熔融指数的聚丙烯切片,其次是要求水分含量低、灰分低、分子量分布窄、等规度高、挥发分少等。

聚合物原料按用途分为扁丝(窄带)、纤维、薄膜、挤塑、吹塑、注塑等多个级别,采用熔体纺丝成网工艺生产非织造布时,要选用纤维级的聚合物原料。

从传统的社会产业链来看,非织造布是用“二步法”生产的,第一步是将石油化工原料制成纺粘法、熔喷法用聚合物切片原料,第二步是用切片原料生产纺粘法非织造布或熔喷法非织造布。很明显,这个过程是在不同的地点、不同的设备上分为两步进行的。

目前,国内的一些石油化工企业已经开发出了“直纺”纺粘法(熔喷法)非织造布生产技术,即直接在石油化工生产企业内部,将聚合后的聚合物熔体直接送去纺丝,不用再经过切片造粒,直接作为纺丝熔体,生产纺粘法(熔喷法)非织造布。

相对“二步法”而言，由于直纺工艺所用的熔体减少了一次加热、降解，缩短了工艺流程。因此，直纺工艺不仅可提高产品质量，还可以降低生产成本。

熔体直纺技术有很大的局限性，而且不容易改用性能不同的聚合物，仅能在石油化工企业或化纤企业内部使用，目前国内使用熔体直纺工艺的纺粘法生产线约有20条，仅占纺粘法非织造布生产线总数的0.8%左右。

目前，我国的纺粘法和熔喷法非织造布基本上是采用“一步法”工艺生产，“一步法”可以根据供应链和下游市场的分布状态更加灵活地把企业设在紧靠市场中心的位置，除了可以降低运营成本外，还可以优选各种社会资源，提高供应链的可靠性，快速响应市场的需求，给企业带来竞争优势。

（一）聚丙烯原料的主要性能

1. 聚丙烯原料的主要性能要求

聚合物原料一般都有相应的国家标准、行业标准和企业标准，如GB/T 30923—2022《塑料　聚丙烯(PP)熔喷专用料》，GB/T 12670—2008《聚丙烯(PP)树脂》，石油化工行业标准SH/T 1828—2020《塑料　纺粘法非织造布用聚丙烯树脂》，中国石油天然气股份有限公司的标准Q/SY LS0187—2015《聚丙烯树脂BL、BH、BS、BE》等。

（1）纺粘法用PP原料的熔融指数(MFI)一般在20～50g/10min，MFI为35g/10min的原料最常用，国内市场纺丝级聚合物原料的MFI≤40g/10min。

熔喷法用的PP原料需要有更好的流动性，原料的MFI一般在800～1500g/10min，目前MFI为1500g/10min(偏差为±100)的原料较常用。

（2）要求切片的等规度≥95%，较好的产品，等规度≥97%。

（3）分子量分布MWD(M_w/M_n)。较窄，一般小于或等于3，要求在2～2.5之间，高速细旦纺丝要求分子量分布宽度小于2。

（4）水分≤0.02%，即水分≤200mg/kg。

（5）灰分含量。粒状原料的灰分≤0.025%，即≤250mg/kg，较好的产品的灰分≤100ppm。粉状原料的含杂量较大，灰分含量可能达到350mg/kg。

（6）挥发分≤0.02%，即挥发分≤200mg/kg。

（7）原料的形态。有粒状或球状、粉状，要求粒度均匀一致，粒状切片在任意方向的尺寸为2～5mm(图1-5)。

图1-5　聚合物切片原料

由于原料有不同的标准(技术要求),如国家标准(GB)、国家推荐标准(GB/T),纺织行业标准(FZ/T),团体标准(TB),企业标准(QB)等。因此,适用的测试方法也要与技术标准对应。

对于一些特定用途的产品,还需要满足该地区或国家的一些特殊要求。如有的产品要满足美国材料与试验协会标准(ASTM)及美国食品药品监督管理局(FDA)标准的要求。

目前,在熔体纺丝成网非织造布领域,较为常用的聚丙烯原料标准主要有 GB/T 12670—2008《聚丙烯(PP)树脂》,GB/T 30923—2022《塑料　聚丙烯(PP)熔喷专用料》。这些标准仅适用于一些特定的生产工艺生产的聚合物原料,在实际的非织造布生产中,并不存在专用原料,由于工艺的灵活性及各种原料的改性有其他大量聚合物原料可供选用,如茂金属催化原料等。

除了粒状的切片原料外,还有粉状的聚丙烯原料,粉料是采用间歇式液相本体法聚合不含添加剂的本色粉末状固体,有时会有微黄色。由于在粉料的生产过程中没有添加助剂(如抗氧剂、除酸剂、润滑剂等),因此,粉料的化学稳定性、制品的透明度、保存期等都不如粒料切片。

粉状原料的价格比粒状切片原料便宜。常用粉料的 MFI 为 30~35,由于其内在质量,如分子量分布宽度、熔点等指标仍有别于正规的粒状切片原料。因此,生产过程中的工艺参数也与粒料有差别,根据实践经验,纺丝熔体的温度一般会比使用粒状切片原料低 5~20℃。

2. 原料或辅料的形态

一般的纺粘法切片原料均为短圆柱状,切片的尺寸也较小(2mm×3mm)。除了圆柱状外,还有细粒状的粉状(25~35 目)、微球颗粒状料、球丸颗粒状等。

由于切片在形态上的差异,对相关设备(如送料装置、多组分装置)的要求也有所不同。在使用粉状料时,输送管道、管道与设备之间的连接不能存在较大的间隙,否则容易出现泄漏、粉料起拱会影响自动供料的可靠性、供料系统的除尘器容易堵塞等现象。

如果是正压送料,料斗内的残压有可能使计量螺杆发生喷料现象,即在计量螺杆已停止转动,原料在残留压力的作用下,会继续沿着计量螺杆的螺槽向前运动,不受控制地自行把原料送入系统的一种现象,严重影响计量精度。发生喷料的相关组分,其实际配比要大于设定值。

3. 杂质对纺丝过程的影响

当纺丝速度提高和纤维直径变细时,由于熔体中杂质粒子会使长丝上出现球状、成块状的疵点,不但会严重影响纤维的粗细不匀,而且会引起纺丝过程中的断丝现象,在普通光和偏振光显微镜下可清楚地观察到。杂质按来源可分为外部杂质和内部杂质两大类。

外部杂质是在聚合物或原料搬运阶段意外地带入的。内部杂质是在生产中应该添加的物质或生产中产生的物质,这些杂质包括化学反应生成的凝胶、聚合物烧焦的碳黑粒子、二氧化钛凝聚块、颜料结块和残余的催化剂或稳定剂。

无论何种杂质,均会导致丝条的粗细不匀,同时会堵塞喷丝孔,缩短喷丝板的使用周期。因此,在纺丝熔体进入纺丝箱体前,必须利用熔体过滤器或配置在纺丝组件内的过滤装置清除这些杂质,提高纺丝稳定性,改善纤维质量,延长喷丝板使用周期。

聚合物原料和添加剂中的铝、钛、铁及灰尘、有机物等都属杂质,除了可以赋予产品特定的性能外,很多添加剂对纺丝稳定性及产品的质量都有负面影响。

纺丝熔体含杂量的增加,将影响纺丝稳定性,增加熔体过滤器更换过滤网(或过滤元件)频率,缩短纺丝组件使用周期,停机时间增加,设备利用率下降,产品力学性能降低,耐候性下降。

4. 熔体的流动性

流动性是聚合物熔体的重要性能，主要与聚合物原料的分子量大小及分子量分布的宽度有关，熔体的流动性能与纺丝工艺、产品的质量有很强的相关性。不同的聚合物，用来表征流动性能的指标也不一样。流动性能是指在特定温度、压力、时间条件下，熔体从额定口模流出的质量，单位为 g。

国家标准 GB/T 3682.1—2018 中规定，熔体质量流动速率（melt mass-flow rate）用 MFR 表示，单位为 g/10min，是熔体的质量流量，指在 10min 内，熔体在规定的温度、负荷条件下，通过特定尺寸（长度与内径）口模的挤出速率。

熔体体积流动速率（melt volume-flow rate）用 MVR 表示，单位为 cm^3/10min，是指在规定的温度、负荷条件下，熔体在 10min 内，通过规定长度和内径的口模的挤出速率。

测量聚合物的熔体流动速率有多种方法，按 GB/T 3682.1—2018 规定，测量 PP 熔体的流动速率时，一般温度为 230℃、标称负荷为 2.16kg，口模的标准长度为 8mm、内径为 2.095mm。

由于加热时间与温度对一些聚合物材料的流变行为有显著影响，即对温度很敏感，当加热温度高于玻璃化转变温度（非结晶塑料）或熔点（半结晶塑料）时，聚合物会发生水解，导致熔体的黏度变小，MRF、MVR 的值增大。

因此，这一类聚合物原料（如 PET 等）不适宜使用这种测量方法，而要按 GB/T 3682.2—2018 规定的方法测试，这时测量的是聚合物的特性黏度，其测试方法、所使用的仪器设备也完全不一样。

PP 原料常用熔体流动指数（MFI）表示其流动性能，原料的分子量越小，熔体越容易流动，MFI 值也越大，越适合采用熔喷法非织造布生产工艺。

熔体的流动性与熔体的温度正相关，即温度越高，MFI 或 MVR 越大，流动性越好，因此，在纺丝过程中，经常通过调整熔体的温度来改变其流动性能（图 1-6）。2000 年以前，国内市场还没有高流动性的熔喷专用原料供应，因此早期的熔喷法非织造布企业还是使用 MFI≤35 的纺粘法非织造布用的聚合物原料。

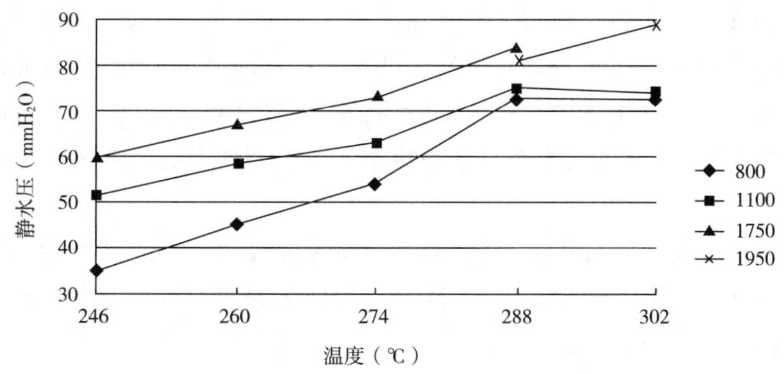

图 1-6　原料 MFI、熔体温度与产品静水压的关系

2020 年，仍有少量小型的简易型熔喷系统，使用这种低熔指原料（如 MFI≈38g/10min，牌号为 S2040 的原料），只不过是熔体的温度设定值很高，有的 PP 系统螺杆挤出机的纺丝模头温度可高达 350℃，目的就是通过提高温度来增加其流动性。

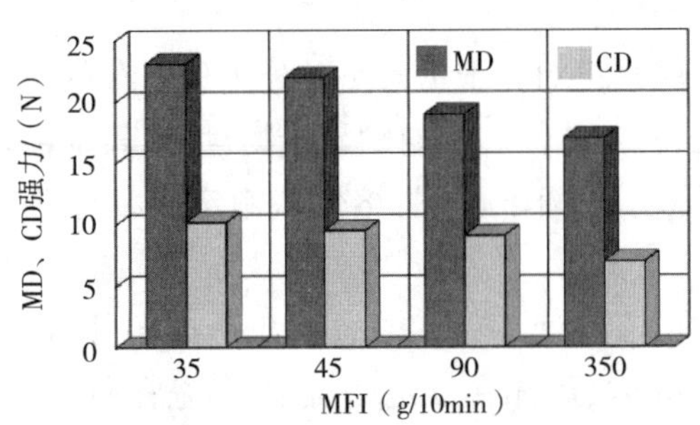

图1-7 产品强力与原料MFI的关系

从图1-7可以看出,产品的强力与原料的MFI存在负相关的关系,即用MFI越大、流动性越好的原料生产的产品,其断裂强力会越小。因此,要生产强力较大的产品,就要选择MFI较小的原料,或采用较低熔体温度的纺丝工艺。

目前,一般纺粘系统使用的PP切片原料的MFI为20~35g/10min,由于一些特殊的纺粘机型有很高的牵伸速度,因此可以使用MFI为350g/10min的原料;熔喷系统使用的PP切片原料的MFI一般为800~1500g/10min(图1-8)。

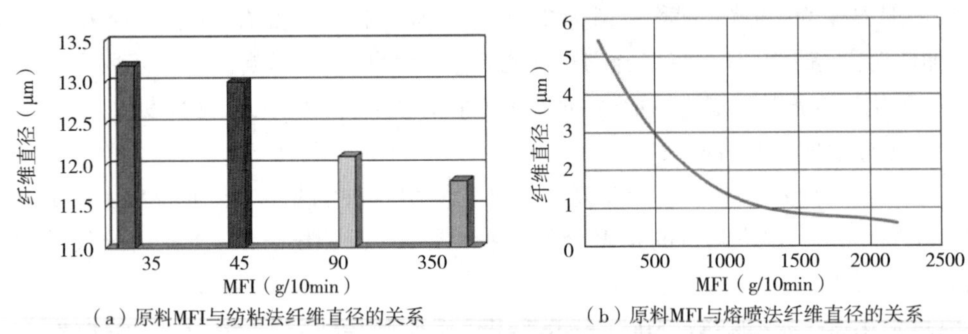

图1-8 原料MFI与纺粘法、熔喷法纤维直径的关系

纺制直径小于1μm的纳米熔喷纤维时,就要使用流动特性更好的切片原料,其MFI为1800~2000g/10min。在相同的螺杆速度或纺丝泵转速下,使用高流动性原料能明显地提高生产线的生产能力,以较低的能耗获得较高的产量,纤维的直径较小,手感较好。

5. 熔体的黏度

虽然熔融指数能很方便表示热塑性聚合物的流动性能。但在测定熔融指数的时候,熔体的剪切速率远低于在熔体制备过程及纺丝过程中的实际剪切速率。因此,仅用熔融指数仍无法客观反映在实际生产工艺条件下聚合物的流动行为,在研究熔体的流动特性或选择双组分纤维的配对聚合物时,经常会用到黏度这个概念。黏度分为动力黏度和运动黏度,纺丝工艺所指的是熔体的动力黏度。

熔体的流动特性不等于熔体的黏度,单位也与熔融指数不一样,黏度的单位是Pa·s。但流动特性与黏度有关,流动特性越好(MFI越大),熔体的黏度越小。熔体的熔融指数越小,黏度越大,流动性越差。

对于MFI为1000~1800g/10min的PP熔喷法用原料,对应的熔体黏度为150~80Pa·s。

动力黏度的定义是使单位距离的单位面积液层产生单位流速时所需的力,单位是Pa·s。纺丝成网工艺使用的熔体黏度一般为100~1000Pa·s,与具体的纺丝工艺有关,其中熔喷法工艺的熔体黏度较小,而纺粘法工艺的熔体黏度则较大。

纺粘法非织造布常用PP原料的黏度为500~1200Pa·s。熔喷法非织造布用PP原料的黏度为 50~300Pa·s。熔体的黏度随温度和剪切速率而变化。温度升高，熔体的黏度下降，流动性增加；随着剪切速率的增加，黏度则呈下降趋势。

6. 双组分系统配对原料

双组分纺丝系统一般要求聚合物熔体在正常纺丝工艺条件下，两种配对组分的黏度不宜相差太大，并具有较好的相容性。否则，在纺丝过程中易发生剥离，导致纺丝过程难以进行。

对于一些最后需要将两种组分互相剥离的分裂型双组分纤维，选择配对组分聚合物的原则不同。其中一个要求是两者间的可分离性，要选择两种在化学结构上完全不同、彼此互不相容的聚合物进行匹配，以利于后续的开纤加工处理，使两种组分较容易互相分离。另一个是可纺性原则，要求两种配对高聚物的纺丝熔体温度不能差异太大，要较为接近，这样才具备进行工程化纺丝的条件。一般认为两种聚合物的熔体温度差异要控制在 20~50℃。

因此，在实际生产过程中，可以利用调整熔体温度的方法来改变熔体的流动性，提高纺丝稳定性或调整产品的均匀度。但纺丝箱体不同位置的熔体温度差异，除了会影响喷丝板的挤出量以外，也将同时影响纤维的细度。温度较高的区域，熔体流动性较好，纤维较细。

在熔体纺丝成网非织造布的生产过程中，要使用流动性能好、分子量低、分子量分布窄的聚合物原料。在相同的工艺条件下，高熔融指数的聚丙烯熔体具有更好的流动性，更容易被气流牵伸成较细的纤维，但产品的拉伸断裂强力会较小。

7. 茂金属催化的聚丙烯原料

为了适应高速纺丝工艺的要求，当纤维细度<1.5 旦，有时会选用分子量分布更窄的茂金属催化的聚丙烯原料，以提高纺丝稳定性。

茂金属催化剂是 20 世纪 90 年代开发的，用于烯烃聚合的一种创新型高效催化剂，利用茂金属催化剂合成的聚丙烯称为茂金属聚丙烯。茂金属催化剂可以精确地定制聚丙烯树脂的分子结构，如分子量及其分布、晶体结构、共聚单体含量及其在分子链上的分布等。

巴塞尔（Basell）公司的 Metocene 系列，埃克森—美孚公司的的 Achieve 系列，陶氏（Dow）的 VERSIFY 系列产品，都是茂金属催化的 PP 原料，但这些产品很少在中国市场销售。中国石油化工股份有限公司生产过的 MJ1H15 系列也是茂金属催化的 PP 原料，主要用于熔喷法非织造布生产。

茂金属等规聚丙烯（mPP）最突出的性质是分子量分布较窄，典型产品的 M_r/M_n 为 2~3。与使用 Z-N（ziegler-natta）催化剂生产的等规聚丙烯相比，其熔点较低。茂金属聚丙烯适合高速纺丝，用茂金属聚丙烯生产的纤维更细、韧性好、不易断裂、均匀性好。

各种茂金属聚丙烯原料的 MFI 为 9.5~1800g/10min，因此，既有适应纺粘法纺丝系统的产品，也有用于熔喷法纺丝系统使用的产品。目前主要在纺丝、非织造布、注塑以及各种膜等领域应用。茂金属聚丙烯非织造布可以用作卫生、医疗制品的材料。

使用茂金属催化的原料可以降低熔体的弹性和出口胀大效应，提高在使用低熔融指数原料时的纺丝稳定性、熔体挤出量，增加产量；可纺制更细的纤维，纤维有较高的拉伸强力，进而改善产品的均匀度，提高遮盖性和阻隔性，产品有柔软触感和悬垂性；减少纺丝过程中单体和烟气的产生量，延长纺丝组件的使用周期。

（二）聚酯原料的主要性能

聚酯类聚合物非织造布生产线常用的原料为聚酯切片。由于熔体纺丝成网非织造布采用气流牵伸工艺,牵伸速度受制于丝束所受到的牵伸力大小,丝束受到的牵伸力越大,牵伸速度越高。如果牵伸速度低于一定程度,纤维未受到足够的牵伸,其力学性能会受到影响,产品会出现很大的热收缩,没有实用价值。

丝束受到的牵伸力大小与纤维表面和空气的摩擦系数有关,摩擦系数越大,纤维受到的牵伸力越大。随着原料中 TiO_2 含量的增加,单丝表面粗糙度增加,纤维表面与空气的摩擦系数也随之增大。在使用聚酯切片作为熔体纺丝成网非织造布原料时,要选用半消光或全消光切片,需符合 GB/T 14189—2015《纤维级聚酯切片(PET)》的要求(表 1-7)。

表 1-7　纤维级聚酯切片(PET)性能指标

序号	项目		有光、半消光			全消光		
			优等品	一等品	合格品	优等品	一等品	合格品
1	特性黏度(dL/g)		M_1±0.010	M_1±0.013	M_1±0.025	M_1±0.010	M_1±0.013	M_1±0.025
2	熔点(℃)		M_2±2	M_2±2	M_2±3	M_2±2	M_2±2	M_2±3
3	羧基含量/(mol/t)		M_3±4	M_3±4	M_3±5	M_3±4	M_3±4	M_3±5
4	色度	*L* 值	报告值	报告值	报告值	报告值	报告值	报告值
		b 值	M_4±2.0	M_4±3.0	M_4±4.0	M_4±2	M_4±3	M_4±4
5	水分(%,质量分数)		≤0.4	≤0.4	≤0.5	≤0.4	≤0.4	≤0.5
6	凝集粒子(个/mg)		≤1.0	≤3.0	≤6.0	≤1.0	≤3.0	≤6.0
7	二甘醇含量(%,质量分数)		M_5±0.15	M_5±0.20	M_5±0.30	M_5±0.15	M_5±0.20	M_5±0.30
8	铁分(mg/kg)		≤2	≤4	≤6	≤2	≤4	≤6
9	粉末(mg/kg)		≤100	≤100	≤100	≤100	≤100	≤100
10	异状切片(%,质量分数)		0.4	0.5	0.6	0.4	0.5	0.6
11	二氧化钛含量(%,质量分数)		M_6±0.03	M_6±0.03	M_6±0.05	M_6±0.2	M_6±0.2	M_6±0.3
12	灰分(%,质量分数)		0.06	0.07	0.08	0.07	0.08	0.09

注　1. M_1 为特性黏度中心值,根据供需双方确定,确定后不得任意变更。

2. M_2 为熔点中心值,由供需双方在 252~262℃范围内确定,确定后不得任意变更。

3. M_3 为羧基含量中心值,由供需双方在 18~36mol/t 范围内确定,确定后不得任意变更。

4. M_4 为色度 *b* 值中心值,由供需双方在≤8 范围内确定,确定后不得任意变更。

5. M_5 为二甘醇含量中心值,由供需双方在 0.80%~2.00%范围内确定,确定后不得任意变更。

6. M_6 为二氧化钛含量中心值,半消光聚酯切片在 0.12%~0.5%范围内确定,全消光聚酯切片在≥1.8%范围内确定,确定后不得任意变更。

1. 特性黏度

特性黏度测试是基于大分子在溶剂中移动产生的摩擦力,高聚物熔体在流动过程中所受阻力越大,熔体黏度越大。黏度是反映聚酯切片分子量大小的一个质量指标,它也是聚酯切片非常重要的质量指标。

纤维级聚酯熔体属于非牛顿假塑性流体,表观黏度随剪切速率和温度的增加而降低。熔体的非牛顿指数均随剪切速率的增加而减小,越来越偏离牛顿流体的流动特性。

聚酯类非织造布生产线中所用的聚酯切片黏度一般为 0.65～0.70dL/g（纺粘法），0.36～0.53dL/g（熔喷法）。特性黏度的波动要尽可能小，黏度波动大，易产生飘丝、并丝、疵点多，严重时会影响可纺性能。而熔体的黏度波动大，纤维强度的波动也会随之增大，会导致成品的质量指标波动。

2. 熔点

熔点表征是高分子链自由运动的温度。熔点高，意味着聚酯中的杂质含量低，要求纺丝温度更高，才能使熔体流动性更好。熔点太低，则杂质含量高，纤维的拉伸性能差，强度和模量会较低。

3. 端羧基含量

端羧基含量高，说明分子量分布宽，在纺丝过程中，受热后大分子降解加剧，可纺性差。纤维级聚酯切片端羧基含量一般在 30mol/t 以下。

4. 灰分

灰分表示聚酯切片中无机成分的含量。其来源除灰尘外，主要来自聚酯生产过程中的各种添加剂，如催化剂、热稳定剂、调色剂以及切片无机杂质。无机成分造成的灰分会使切片的热稳定性和热氧稳定性下降，加工时易导致黏度提高、熔体过滤器和组件的使用周期缩短，产品质量下降。

除了采用聚酯切片为原料外，还有少数厂家直接采用聚酯熔体作为原料生产聚酯非织造布，但这只有石化企业才具备这种条件，一般的非织造布生产企业不具备这种“直纺”条件。采用回收聚酯瓶片、聚酯切片掺杂回收聚酯瓶片、聚酯再生料为原料，国内技术还不完全成熟，生产还不稳定。

（三）聚酰胺原料的主要性能

聚酰胺，俗称尼龙（Nylon）或锦纶，其主链中含有极性酰胺基团（—CO—NH—），可由内酸胺开环聚合制得，也可由二元胺与二元酸缩聚得到。酰胺基团的极性强，使脂肪族聚酰胺有较高的结晶度、熔点和强度。在原料的干燥处理过程中，这一特点使 PA 类聚合物不需要进行预结晶处理，可以直接进行干燥。

与聚酯类似，根据反应原料的不同，聚酰胺也有不同的名称、结构和性能，下面列举几种常见的聚酰胺（图 1-9）。

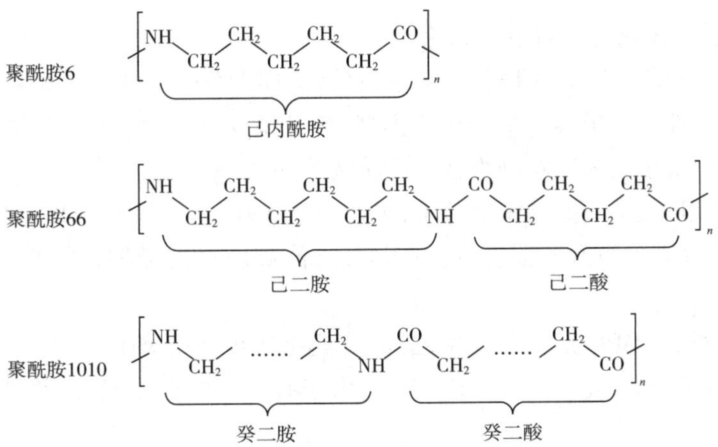

聚酰胺6　$[NH-CH_2-CH_2-CH_2-CH_2-CH_2-CO]_n$
己内酰胺

聚酰胺66　$[NH-CH_2-CH_2-CH_2-CH_2-CH_2-CH_2-NH-CO-CH_2-CH_2-CH_2-CH_2-CO]_n$
己二胺　己二酸

聚酰胺1010　$[NH-CH_2\cdots\cdots CH_2-NH-CO-CH_2\cdots\cdots CH_2-CO]_n$
癸二胺　癸二酸

图 1-9　几种聚酰胺的分子结构

从严格意义上来说，聚酰胺可分为脂肪族和芳香族两类，芳香族聚酰胺的主链当中含有苯环，与聚酯类似，加上强极性的酰胺基团，使其力学性能十分优越，但同时增加了其熔融温度，加工温度十分高，不适合熔融纺丝，一般使用溶液纺丝制备纤维。因此，芳香族聚酰胺纤维也称芳纶。

1. 聚酰胺66(PA66，尼龙66)

由己二胺和己二酸缩聚而成，为半透明或不透明的乳白色结晶聚合物，结晶度中等，熔点高(265℃)，能溶于甲酸、苯酚、甲酚，有高强、柔韧、耐磨、易染色、低摩擦系数、低蠕变、耐溶剂等综合优点，是世界上第二大类合成纤维。

2. 聚酰胺1010(PA1010)

由癸二胺和癸二酸缩聚而成，是我国成功开发的品种，主要用作工程塑料，特点是吸湿性低。

3. 聚酰胺6(PA6，尼龙6)

由己内酰胺开环聚合而成，产量仅次于PA66，化学物理特性也和PA66相似，但熔点较低，工艺温度范围很宽，抗冲击性和抗溶解性比PA66好，但吸湿性更强。

(四)聚乙烯原料的主要性能

聚乙烯是由乙烯单体聚合而成(图1-10)，聚乙烯纤维(乙纶)是指由聚乙烯经熔融纺丝法制得的纤维材料，包括短纤维和长丝，这种纤维的力学性能可通过纺丝工艺参数进行调节，而且湿态强度和伸长与干态相同。

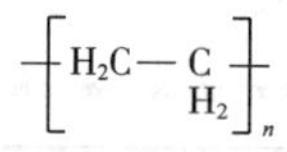

$$\left[H_2C - \underset{H_2}{C} \right]_n$$

图1-10 聚乙烯的分子结构

PE纤维具有强度高、密度低、绝缘性佳等优点，但热承载能力低和冷蠕变限制了其应用，主要用于生产各种工业用纺织品，特别是滤材、篷布以及网带等。纤维性能如下：

(1)纤维强度和伸长率与聚丙烯相接近；

(2)吸湿能力与聚丙烯相似，在通常大气条件下回潮率为0；

(3)具有较稳定的化学性质，有良好的耐化学药品性和耐腐蚀性；

(4)耐热性较差，但耐湿热性能较好，其熔点为110~120℃，较其他纤维低；

(5)有良好的电绝缘性；

(6)耐光性较差，在光的照射下易老化。

PE纤维熔融纺丝所用聚合物原料的分子量较低，即大分子链的长度有限，纤维微细结构上缺陷增加。另外，柔性链分子容易呈折叠状排列，当纤维受外力时，微小缺陷逐步扩大，易被拉断。因此，分子量的大小成为影响纤维强度的重要原因之一。

聚乙烯的品种很多，常根据其密度分类，如高密度(HD)、中密度(MD)、低密度(LD)等，根据制造工艺的压力分别称为低压聚乙烯、中压聚乙烯、高压聚乙烯等。一般有以下三种类型的产品：

(1)HDPE树脂。HDPE是高密度聚乙烯，其典型密度≥0.950g/cm^{3}或更高。闪蒸法纺丝工艺目前主要使用高密度聚乙烯(HDPE)原料，由于有很大的分子量，纤维和产品都有很高的强度。

(2)LDPE树脂。LDPE是低密度聚乙烯，其典型密度为0.910~0.925g/cm^3。

(3)LLDPE 树脂。LLDPE 是线性低密度聚乙烯,其密度范围通常为 0.915~0.930g/cm^3。

生产熔体纺丝成网非织造布时,主要应用纤维级线性低密度聚乙烯,纺粘法和熔喷法纺丝系统都需要使用中等熔体流动速度的 PE 树脂,纺粘法适用的原料 MFR 为 30~80cm^3/10min,熔喷法适用的原料 MFR 为 30~1500cm^3/10min。

熔体黏度是 MFR 和熔体温度的函数,因此,熔体的黏度必须合适,熔体细流不需要过大的牵伸拉力就能被牵伸为较细的纤维,纺粘法纺丝和熔喷法纺丝都需要使用分子量分布相对较窄的树脂。较窄的分子量分布可以降低熔体弹性和熔体强度,太宽的分子量分布则增加了熔体弹性和熔体强度,阻碍纤维拉伸,因此,宽分子量分布树脂容易产生纤维断裂,在纺丝过程出现纺丝不稳定现象。

纤维级茂金属催化聚烯烃树脂可用作纺粘法和熔喷法非织造布原料,与传统树脂相比有以下优点:比传统树脂获得更细的纤维;由于熔点较低,纺丝时熔体温度较低,纤网的热黏合固结温度也较低;非织造布的强度相当;具有优良的纺丝连续性;可在较高的拉伸力下纺丝;能大幅减少挥发性沉积物,延长喷丝板的使用周期;聚合物原料有更广泛的 MFR,可用于熔喷法纺丝系统。

在纺粘法纺丝系统使用 PE 原料时,熔体的温度较低,一般为 180~200℃,热熔黏合温度为 90~110℃。目前,除了国产原料外,在熔体纺丝成网非织造布企业使用的聚乙烯原料,还有美国杜邦(Dupont)公司、陶氏(Dow)公司的产品。表 1-8 为我国台湾塑胶工业公司(简称台塑)的聚乙烯产品的主要性能。

表 1-8　Taisox®线性低密度聚乙烯 7300FL 主要性能

序号	检测项目	性能指标	检测方法
1	MFI(g/10min)	19	ASTM D1238
2	密度(g/cm^3)	0.935	ASTM D1505
3	熔点(℃)	125	FPCDSC
4	脆化温度(℃)	<-70	ASTM D746

注　在通风良好,无阳光直射的 40℃环境中,可存放三年。

(五)聚乳酸的主要性能

生物塑料是生物基塑料和生物降解塑料的统称。根据欧洲生物塑料协会定义,按照原料来源和产品的功能性,生物塑料可分为生物基塑料和生物降解塑料。

生物基塑料是指加工原料来自于可再生资源的塑料,生物降解塑料是指在一定条件下可被自然界中的微生物降解的塑料,并非所有生物降解塑料均来自于可再生资源,也可以来源于石油基。

生物基可降解塑料的原料来自自然界的可再生碳源,在具备一定发酵降解的条件基础上可被微生物降解,如淀粉基塑料、聚乳酸、聚羟基脂肪酸酯(PHA)、聚丁二酸丁二醇酯(PBS)等,是目前生物降解塑料市场中研究最多、市场化规模最大的四个主要品种。

聚乳酸,也称为聚丙交酯,是美国杜邦公司于 20 世纪 30 年代,在真空中将乳酸进行直接缩合所得。PLA 是由可再生的植物如玉米、甘蔗等提炼出的淀粉原料制成,以生物发酵生产的乳酸为主要原料，经化学合成得到的热塑性聚合物，生产过程无污染。

PLA 产品或制品具有良好的生物相容性和生物可降解性。生产聚乳酸的原料来源充分，而且可再生，并可在自然界中循环利用，是一种较理想的绿色高分子材料。但在实现产业化生产前，生产成本很高，直至 2001 年，美国的食品企业 Cargill 与陶氏合资的自然工程（Nature Works）公司进行商业化生产，聚乳酸才大量进入各个应用领域。

1. 聚乳酸的结构

从玉米、木薯等植物中提取的淀粉经酸分解后得到葡萄糖，再经乳酸菌发酵生成乳酸，乳酸分子中的羧基和羟基的反应性较高，在适当条件下容易合成高纯度的聚乳酸，经过熔融纺丝后得到 PLA 纤维。因此，PLA 纤维也被称为玉米纤维。

值得注意的是，乳酸是一种经过发酵得到的原料，在人体中也会产生，是一种能与水互溶的小分子，但在聚合后却不能溶解在水中。

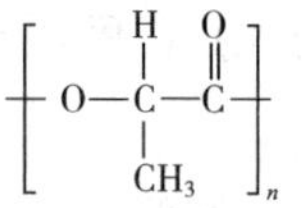

$$\left[-O-\underset{CH_3}{\overset{H}{C}}-\overset{O}{\overset{\|}{C}}- \right]_n$$

图 1-11　聚乳酸的分子结构

根据 PLA 分子中基团排列方式的不同，有左旋（PLLA）和右旋（PDLA）两种，将两者混合可以得到消旋 PLA（PDLLA）（图 1-11）。工业生产中一般以 PLLA 居多。PLA 具有相对较高的结晶能力，熔点较高（175℃左右），实用性好。目前生产的 PLA 纤维中，PLLA 的含量至少为 97%。

当 PLA 用作熔体纺丝成网非织造布的原料时，其生产流程与一般的聚酯类聚合物原料类似，仅具体的工艺条件略有差异，工艺为：

真空干燥→熔融挤压→过滤→计量→喷丝板挤出→冷却→牵伸→铺网→纤网固结→卷绕→非织造布

2. 聚乳酸的基本性能

聚乳酸的热稳定性好，加工温度为 170～230℃，除了易溶于二氯甲烷外，有好的抗溶剂性，可用纺粘法、熔喷法等多种方式加工。聚乳酸是以水解的方式降解，水解生成的低聚物在微生物的代谢作用下，最终产物是水和二氧化碳，不会对环境产生二次污染，即使直接焚烧，也不会释放氮化物、硫化物等有毒有害气体，可在自然界中实现良性循环。

PLA 为疏水性物质，具有与塑料（如聚丙烯、聚酯）类似的基本特性，同时其光泽度、清晰度、可加工性与聚苯乙烯相似。由聚乳酸制成的产品除可生物降解外，其生物相容性、光泽度、透明性、手感和耐热性都较好，可用作各种食品和饮料的包装材料、纤维和非织造材料等。

目前，PLA 主要用于服装、建筑、农业、林业、造纸，医疗、卫生保健等领域。

（1）物理、力学性能（表 1-9）。

Nature Works 公司开发的 PLA 产品的物理、力学性能见表 1-9。

表 1-9　Nature Works 公司的 PLA 产品的物理、力学性能

产品牌号	6060D	6100D	6202D	6252D	6752D
密度（g/cm³）	1. 24	1. 24	1. 24	1. 24	1. 24
相对黏度	3. 3	3. 1	3. 1	2. 5	3. 3

续表

产品牌号	6060D	6100D	6202D	6252D	6752D
流动指数(g/10min)(210℃)	8~10	24	15~30	70~85	15
熔体密度(230℃)(g/cm³)	1.08	1.08	1.08	1.08	1.08
玻璃化转变温度(℃)	55~60	55~60	55~60	55~60	55~60
结晶温度(℃)	125~135	165~180	155~170	155~170	145~160

注　各项性能均按 ASTM 相关方法测试。

京安润公司开发的 JAR210 PLA 熔喷切片，具有熔融指数可调、可控的特点，根据用户要求，MFI 最高可达 1500。具体物理性能见表 1-10。

表 1-10　京安润公司的 JAR210 PLA 熔喷切片物理性能

序号	物理性能	数值	测试标准
1	密度(g/cm³)	1.25	GB/T 1033.1—2008
2	熔融指数(210℃),2.16kg/(g/10min)	400~800	GB/T 3682.1—2018
3	熔点(℃)	170	GB/T 19466.3—2004
4	玻璃化温度(℃)	55~65	GB/T 19466.2—2004
5	水分(%)	<0.05	GB/T 19466.1—2004

由于 PLA 具有较高的结晶度和取向性，因此具有较高的耐热性。虽然 PLA 纤维不能阻燃，但有一定的自熄灭性，续燃时间短，通过简单的阻燃处理即可获得较理想的阻燃性能。由于 PLA 的结晶度高，耐水解性较差，限制了其在生物医学、功能性材料等领域的应用。

PLA 纤维具有优异的力学性能，其断裂比强度和断裂伸长率均与聚酯纤维接近，弹性回复性和卷曲保持性、形态稳定性和抗皱性均较好。

(2)生物降解性。PLA 具有良好的生物相容性和生物降解性，可降解为乳酸，对环境无污染。PLA 的生物降解性可通过多种方法测定，如土埋、在海水或河水中浸渍、通过活性污泥处理以及标准肥料堆制法等。

在土埋实验中，PLA 产品的重量几乎没有变化，但断裂比强度经 8~10 个月后就几乎降为零了。海水中浸渍实验情况与土埋类似，但比强度下降趋势较缓慢。在活性污泥中，PLA 织物强度经 1~2 个月就完全损失，这与污泥中存在大量的微生物有关。在标准肥料堆制试验中，由于试验时有较高的湿度和温度(58℃)，PLA 产品在 40 天内就可完全降解。

影响生物降解过程的因素很多，如微生物、空气、土壤、环境温湿度、酸碱度等。因此，制品使用完废弃以后，其降解过程不可控，降解周期不明确。

(3)吸湿性和染色性。PLA 纤维的吸湿性差，其回潮率与聚酯纤维相近，但导湿性能比聚酯纤维好。PLA 纤维的染色性比一般的纺织纤维要差，通常采用分散染料，但染色过程不需要高温、高压，染色过程的耗能也低于聚酯纤维。由于 PLA 纤维的折射率较低，染料分子容易进入纤维内部，容易染得较深的颜色。

(4)其他性能。PLA 纤维具有很好的抗紫外线功能，在紫外线的长期照射下，其断裂强度和断裂伸长率均变化不大,同时还具有较好的抗污性能和抑菌性能。

根据 PLA 的特性,在纺丝系统使用 PLA 时,需要注意以下问题:

①生产线的硬件配置一般为 PET/PLA 两用设备,如果纺丝系统刚使用过熔点较高的 PET 等聚酯类原料,在投入 PLA 原料使用前,务必要将系统内残留的 PET 切片原料和熔体排放干净,并用低熔融指数(MFI≤10g/10min)的 PP 熔体彻底冲洗。

②PLA 存在一定回潮率,产品用金属箔袋充氮气密封包装,拆包后要及时使用,剩余切片要用密封容器封装,不能将原料暴露在大气中,避免回潮。

③为了防止熔融挤出过程中水解碳化,影响纺丝稳定性,在投入纺丝系统使用前,PLA 原料必须进行严格干燥,含水量在 50×10^{-6} 以下,一般要求含水率不大于 30mg/kg,这样即使在使用过程有少量回潮,仍能满足工艺要求。

④PLA 与 PP 的熔体都是非牛顿流体,但 PLA 熔体的喷丝孔挤出胀大效应更明显、胀大倍数更大,其熔体应力释放更明显,在纺丝过程中,要想获得直径较细的纤维,纺丝泵的挤出量(或转速)要在使用 PP 原料的基础上降低一些,也就是要减少喷丝板的单孔熔体流量,提高牵伸气流的速度(即提高牵伸风机转速、牵伸气流的压力),使熔体细流能获得更高速度的牵伸。如果是在熔喷纺丝系统使用 PLA 原料,还要提高牵伸气流的温度。

⑤一般情形下,可以使用与 PET 纺丝系统类似的喷丝板,选用直径较小的喷丝孔(0.20mm)、喷丝孔的长径比(L/D)也较小(2.5~3.0)的喷丝板。

⑥PLA 很容易热降解,因此熔体的温度不宜太高,一般为 180~220℃。当熔喷系统使用 PLA 原料时,为使纤网得到充分黏结,接收距离(DCD)应在使用 PP 原料的基础上缩小一些,以提高纤维在接收装置上凝集时的温度。

⑦PLA 具有一定的腐蚀性,因此与高温熔体接触的设备、管道要选用防腐蚀性能较好的材料制造。如纺丝泵及轴承要用 SUS440B,纺丝泵体和泵座要用 SUS631,熔体管道及纺丝箱体要用 SUS440C 等。

⑧PLA 要求比 PP 更高的牵伸速度,一般要求牵伸速度>4000m/min,如果牵伸速度偏低,非织造布产品的性能会很差,会产生很大的热收缩(图 1-12),使产品失去使用价值,而一般产品的正常收缩率≤2%。

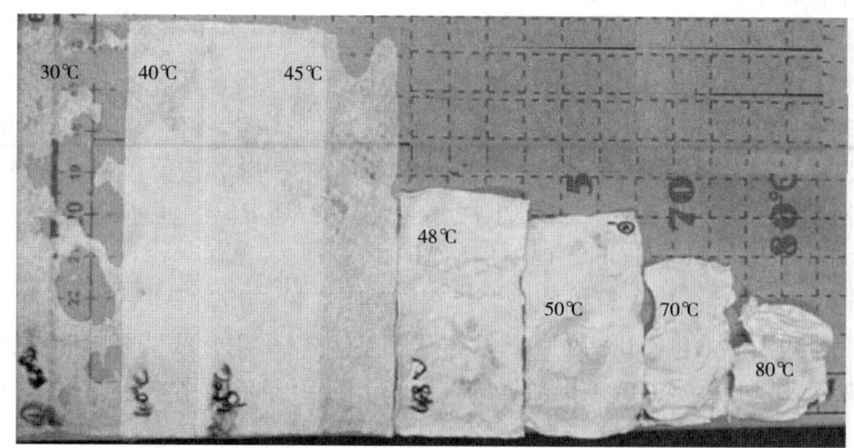

图 1-12 PLA 在不同温度下的热收缩现象(试样原始尺寸 100mm×50mm)

⑨纺丝系统的温度设定(表 1-11)：

表 1-11　PLA 供应商推荐的熔体纺丝工艺温度

温度区位置	螺杆挤出机温区					纺丝泵	纺丝箱体
	进料口	1	2	3	4		
温度(℃)	25	200	220	230	235	235	235

注　1. 当温度高于 250℃后,PLA 将发生过度降解,因此要严格控制熔体温度不能接近或高于 250℃。

2. PLA 熔体的喷丝孔挤出胀大效应更明显、胀大倍数更大,要控制喷丝孔的熔体流量或降低纺丝泵的挤出量(或转速)。

四、原料的安全性及存放

(一)原料的安全性

一般情形下,原料或化学品的供应商会提供一份材料安全数据表,或化学材料安全评估报告(简称 SDS 或 MSDS 报告)给买方,这是一份关于危险化学品的燃烧、爆炸性能,毒性和环境危害,安全使用、泄漏处置、应急救护、主要理化参数,法律、法规等方面信息的重要文件。

所有接触、使用、管理这些物品的员工,都要了解 MSDS 报告的内容,正确、安全地做好本职工作。

PP 是一种可燃烧的物体,但不是易燃物体,在引燃火焰离开后能继续燃烧,火焰的上端呈黄色、下端呈蓝色,有少量黑烟,燃烧熔融后滴落,发出石油气味。这也是用燃烧法鉴别 PP 的方法。

正规企业大批量生产的 PP 原料是无毒的,可用于生产卫生、医疗制品及与食品接触的包装材料。

有的原料还经过皮肤接触致敏、生物兼容性、细胞毒性、溶血性试验,可以在卫生、医疗等领域安全使用。

有的聚合物粉尘会刺激人的皮肤、眼睛、呼吸系统;聚合物在熔融纺丝过程中会发生分解、排放出烟气或异味,污染环境;有的聚合物原料在熔融过程中会对设备产生腐蚀作用,要求设备具备防腐蚀功能;有的添加剂(辅料)含有有害成分,如重金属等,会影响产品的安全性。

粒状的原辅料撒落在地面或操作平台后,如果不及时清理,会成为安全隐患,容易导致人员滑倒,甚至引发高空坠落事故。

(二)原料的存放

纺粘法用切片原料用量较大,在储存和使用期间,一些档次较低的产品,其中还有未反应完的添加剂仍会继续发生作用,使原料的性能处于不稳定状态,时间越久,对可纺性的影响越明显。

原料应贮存在通风、干燥、清洁并有良好设施的仓库内,贮存时,应远离热源,并防止阳光直射,不应该在露天堆放。不同时间购买的多批次产品,除按先到先用的原则外,要关注包装上标注的实际生产时间,要先使用生产时间较早的产品,后使用生产时间较后的产品。

在温度≤40℃的环境中,对于包装完好的纺粘法用聚丙烯切片,其贮存有效期(或质量保证期)较长。GB/T 12670 规定,从生产之日起计,保存期不超过 12 个月。但有的原料稳定性较差,有效期较短,如有的熔喷法用原料,一些粉料的保质期是 4~6 个月,甚至更短。

因此，纺粘法用原料也有贮存时间的要求，超过保存时间的原料，可纺性会变差，在使用过程中要给予充分注意。如果将原料投入生产线使用后，当发生全幅宽范围无法正常纺丝，出现大量“飘丝”“断丝”，出丝以无序状态落下等异常现象时，就可判断是原料变质所致，要及时更换其他原料（图 1-13）。

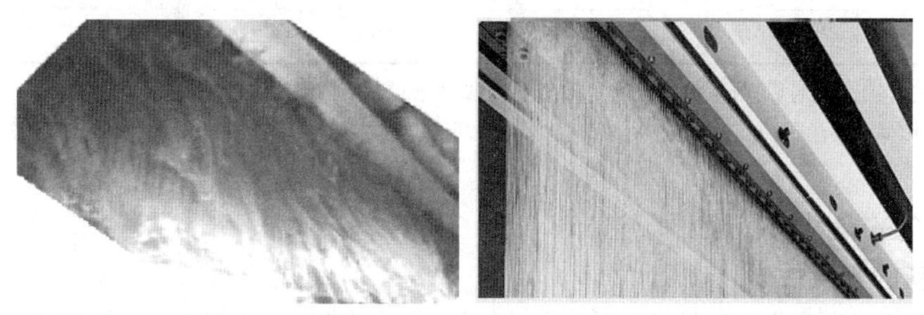

图 1-13　过期原料（左）与正常原料（右）的出丝状态对比

按 QB/T 2893—2007《聚丙烯纤维用色母料》的相关规定，色母料产品应置于通风、干燥的仓库内贮存、远离热源并防止阳光直接照射。贮存期自生产之日起，一般不超过 12 个月。不同厂家、不同性能色母料的保存时间也不同，保存期 1～10 年。

目前，原料切片及辅料都是采用袋子包装的，包装袋一般采用双层结构，外层为强度较高的编织袋，内层一般为聚乙烯防水塑料膜。也有用一层复合防水薄膜编织袋包装的。

对一些容易吸湿、受潮、价格较贵的原料（如 PLA）、添加剂，可采用内层为密封金属箔（或塑料袋），外层为纸箱的包装（图 1-14）。除了阻隔水分渗透，防止原料吸湿、受潮外，内层的金属箔还具有反射光线和热能的作用，避免在保存期内产品发生降解，影响使用。

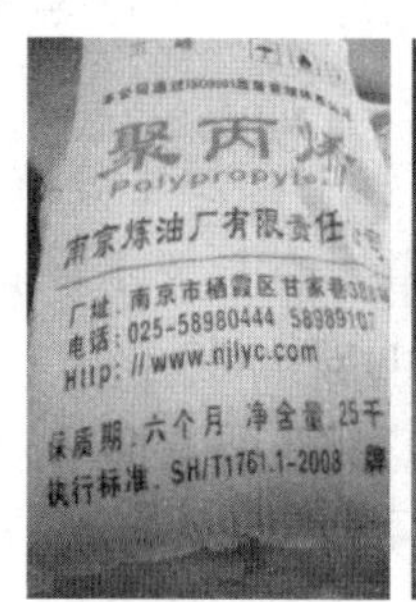

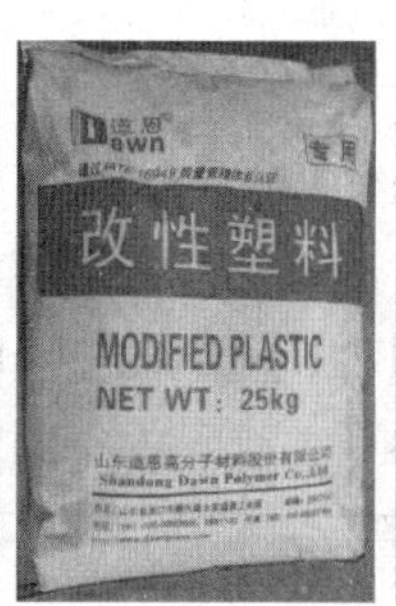

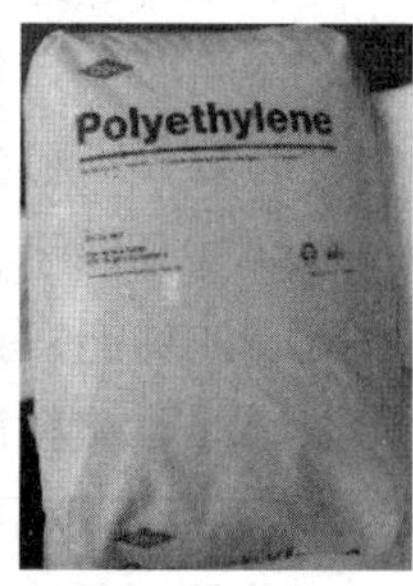

图 1-14　原料的各种包装方式

按包装规格的大小来分，常用小包装规格为每袋 25kg（也有 20kg），大包装的规格并没有规定，常为 500～600kg，有的可达 1000kg。从国外进口的原料，则还会有其他规格的包装，如容量为 2500 磅的包装，改用公制单位标注时为 1100kg。

为了方便运输及投放使用，大包装形式的原料，其包装袋都配有环形吊装带，底部预留有放料口，可以利用起重设备将包装吊起，然后解开放料口，原料将依靠重力自动流入下方的料斗。

对于配备有移动式吸管的供料系统，也可以将吸管直接插入包装袋内吸取原料，而无须配置起重设备。但采用这种吸料方式时，既要注意避免吸料管入口在料面上露空，导致缺料，也不应插入原料太深，导致气料混合比（输送物料量/气流重量）太大，影响吸料。但清理大包装袋内剩余的原料也较麻烦。

第三节　熔体纺丝成网非织造布用添加剂

熔体纺丝成网非织造布用的添加剂，专指在熔体纺丝成网非织造布纺丝系统，通过共混纺丝工艺，用于改变产品颜色、特性、生产成本的添加物。共混纺丝工艺就是除了纺丝用的纤维主体聚合物原料外，还有其他添加物与聚合物原料混合在一起，进入螺杆挤出机熔融成为黏流态纺丝熔体的一种加工方法。

目前，生产过程中使用的添加物一般为固态的高分子聚合物、有机物、无机物等。

一、添加剂的种类与添加方法

除了聚合物切片原料外，在非织造布的生产过程中，还要使用各种固态添加剂，赋予产品特定的颜色、功能或改善纺丝性能，降低生产成本等，要使用各种色母粒、功能改性剂、填充剂等。

一般的添加剂是粒状或粉状，这些固态添加剂一般是利用纺丝系统中的多组分计量混料装置，按一定比例与聚合物原料混合，送入熔体制备系统的螺杆挤出机，以共混纺丝的方式加入纺丝熔体中。因此，对添加剂的一些要求也与聚合物原料相似。

目前，所有的添加剂都是在进入螺杆挤出机前就已混合好，从入料口加入螺杆挤出机内，与原料一起熔融成为纺丝熔体的，这种方法称为共混纺丝工艺。这种添加方法可以使熔体流经的所有设备都被添加剂沾染。因此，转换产品颜色或功能时要耗用较多的时间，并产生较多的过渡性不良品，既占用了有效生产时间，还产生了大量不良品，影响了设备的运行效益。

目前，有一种在线快速换色技术，先用专用的小螺杆挤出机将色母粒熔融成为熔体后，通过计量泵计量、增压后，以熔体的形态注入熔体制备系统专用的混合泵，与纺丝熔体均匀混合后进行正常纺丝。

用这种注入方法可以在 1~5min 内快速完成产品的颜色转换，最大程度减少了不良品的产生量，增加了有效生产时间和产量，效益良好。

图 1-15 中的两卷产品就是使用这种注入方法生产的产品，不同颜色之间的边界层次分明，说明不同颜色的过渡时间很短，过渡性产品也很少。

当纺丝系统配套有三个这样的注入装置后，生产线仅需按照三基色原理储备三种基础色母料，通过调整三者的加入比例，就可以调配出所期望的产品颜色，这样仅需储备三种基本颜色，简化了储备的色母粒品种和管理工作。

图 1-15　用在线快速换色技术生产的布卷

除了常见的固态添加剂外，还有液态添加剂（色母液）。液态添加剂通常是用泵计量、加压后注入熔体制备系统中的，液态添加剂要比固态添加剂更容易扩散，能与熔体均匀混合。

液态添加剂的注入点可选在纺丝泵的入口或出口，相比固态添加剂是从螺杆挤出机的入口加入,被液态色母液沾染的设备较少,系统内的残留量也较少。因此,改变产品颜色时,过渡时间很短,产出的不良品也要少很多,浪费的添加剂也较少,经济效益较好,但目前在非织造布领域还没有得到推广应用。

在生产过程中有时还会用到粉状添加剂或纳米等级的无机添加物,如静电驻极助剂、特殊功能助剂、碳酸钙粉末、活性炭材料等。这些添加物的成分有的是矿物质、无机物、有机物等。由于这些粉状的添加物不容易独立输送和计量,在大批量使用时,经常会采用造粒的方法,先与载体原料混合,制成切片状后再使用。

在熔喷系统用 PP 原料生产空气过滤材料的过程中,有的原料生产商就以优化的比例,将驻极材料(驻极母粒)加入 PP 熔体中,制成含有驻极材料成分的 PP 产品,用户购回后可直接使用,无须另行添加其他驻极添加剂。各种添加剂的形态如图 1-16 所示。

图 1-16　色母粒与驻极母粒、填充母粒

二、对添加剂的要求

在熔体纺丝成网非织造布生产过程中,对添加剂的基本要求是:有效成分的功能明显;有好的分散性;与原体系有良好的兼容性;不会降低原体系的纺丝稳定性;不会降低原体系的可纺性;价格较合适等。

由于熔喷法纺丝过程与纺粘法不同,纺丝设备也不一样,熔喷系统的喷丝孔直径小、长径比大,熔喷纤维比纺粘纤维要细很多,对添加剂的分散性要求特别严格,要使用熔喷法专用的添加剂,而不能使用纺粘法工艺所用的添加剂。

由于水分对聚酯类聚合物原料的可纺性影响很大,除了主要原料要进行干燥处理,使其水分含量符合工艺要求外,配套使用的其他各种添加剂也要经过干燥处理后才能投入系统使用。由于添加剂的添加比例较低,水分的绝对含量不会很高。因此,用比较简单的干燥装置就可满足要求(图 1-17)。

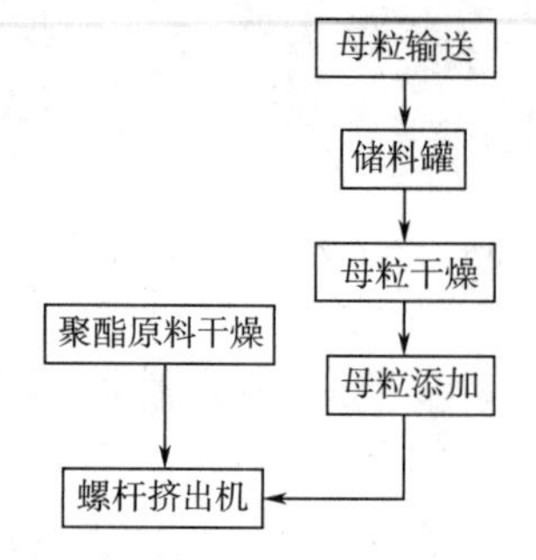

图 1-17　聚酯类纺丝系统原料与添加剂加入方式

除了填充母粒的价格比聚合物原料低外,一般添加剂的价格都比聚合物原料高很多。添加剂加入后,原料的成本上升,增加了产品的成本,而且还会对纺丝稳定性产生负面影响。

(一)对添加剂的基本要求

1. 熔体流动性

色母粒(也称色母料)或功能母粒的载体要与非织造布聚合物原料有较好的相容性,其熔体的流动性(熔融指数)也要相接近。在纺丝速度高、产量高的纺粘法纺丝系统,母粒的熔融指数比原料熔融指数更大。

熔喷法非织造布用的色母粒熔融指数最好接近或高于熔喷法非织造布原料的熔融指数。

2. 有效成分含量

色母粒的有效成分含量一般指色母粒中颜料的含量或浓度,一般 PP 色母粒含量为 2%~50%,要根据颜料的性能和应用来确定色粉的含量(%)。

同一种母粒,添加比例不同,不仅会使产品的颜色深浅不同,还会改变色相。在有效成分固定的情况下,添加母粒比例越高,功能效果显现越快,但有些功能母粒添加过量,除增加成本外,对可纺性的影响也较明显,会降低纤维及产品的强度,加速老化、降解等。

在不考虑成本和对可纺性影响的前提下,聚丙烯纤维用色母粒的有效成分浓度越低,母粒添加比例越多,产品的颜色(或功能)越均匀,质量也就越好。

有效成分的浓度越高,母粒的添加比例应该越小。颜色有饱和性,超过饱和度,即使添加再多的母粒,产品的颜色也不会再加深,除浪费资源外,还会影响可纺性和产品质量。如黑色颜料产品中色粉含量 2.5%和 10.0%显现的颜色是一样的。饱和度是由颜料着色力决定的,如产品中酞青蓝颜料达到 2.5%以后,产品的颜色就趋于稳定,添加再多也不会加深颜色,反而易渗出或发生迁移。

3. 分散性

分散性指色母粒(或其他添加剂)中颜料颗粒的细化程度,一般颜料颗粒直径为 0.2~1.0μm,颗粒越细,越容易分散,着色力越高、遮盖力越强,但价格也越高。当颗粒直径越细时,团聚效应越明显。颗粒团聚是指多个颗粒黏附到一起成为团粒的现象。

团聚的主要原因是颗粒所带的电荷、水分、范德瓦耳斯力等表面能相互作用的结果。颗粒越细,比表面积越大,表面能越大,团聚的概率就越大。因此,颗粒的细度在加工技术方面也是受限制的。

着色剂的极限粒度一般为 0.05μm 左右,色母粒质量的优劣在很大程度上取决于颜料在载体树脂中的分散状况。

4. 灰分含量

一般以灰分含量的高低来反映原料中的杂质含量,灰分越高或凝胶粒子越多,组件中的滤网(或过滤装置)越容易堵塞,会影响正常纺丝,最明显的就是熔体过滤器的滤网使用周期缩短,更换的频率加快,喷丝板的使用周期缩短。

因此,在熔体纺丝成网非织造布生产线纺丝系统使用的添加剂,要求其灰分越低越好,相关的技术标准会提出具体的要求。

5. 压滤值

既然纺丝熔体中的添加剂是外来的“异物”“杂质”,在使用过程中也容易堵塞熔体过滤器或纺丝组件中的滤网,压滤值就是用于反映添加剂对过滤装置影响程度的一个指标。

目前,有两种方法来显示添加剂的这个特性,一种是压滤值(DF)法,也叫压力升法,另一种是过滤压力值(FPV)法。一般情况下,压滤值越小,添加剂的质量越好,说明添加剂对过滤装置的影响较小。

测量添加剂压滤值的方法也叫压力升法,是测定颜料细度的一种方法,也是衡量颜料细度的重要指标。用单位时间(1min),单位质量(1g)的熔体,在单位面积($1cm^2$)滤网流过时所产生的压力降来表示,一般要求 $DF \leq 1.0 Pa \cdot cm^2/g$。

测试添加剂过滤压力值(FPV)是欧洲地区广泛用于评价色母料(或其他添加剂)分散性的一种方法。该测试方法的机理是:如果色母粒的分散性不好,在加工过程中一定会存在团聚的颗粒,当含有色母粒的熔体流经滤网时,将被滤网截留而造成滤网堵塞,导致滤网前的熔体压力升高。色母粒的分散性越差,滤网前压力值的升高速率就越快,压力也越高。

测试过程中,先测试纯料挤出时滤网前的熔体压力,后放入按规定比例配制含有添加剂的试样,测控软件会记录滤网前熔体压力的变化曲线,并分析计算出压力升高值与试样质量的比值,即 FPV 值。此测试方法可定量表征色母粒的分散性能,并具有良好的再现性。

测试结果是指在额定条件下,每 1g 熔体在滤网上产生的压力降,FPV 的物理意义与 *DF* 是类似的。显然,色母粒的 FPV 值也是越小越好。一般规定纺粘法非织造布用色母粒的 FPV<1.5×10^5Pa,熔喷法非织造布用色母粒的 FPV<0.8×10^5/g。由此可见,在熔喷法系统使用色母粒的分散性,要比在纺粘法系统使用色母粒更好。

6. 耐热性

耐热性是色母粒的一项重要性能,以温度的高低来表示,主要包括两方面的意义,一是母粒的热失重,二是颜料的耐高温性能。

尽管目前色母粒行业还没有要求热失重这个指标,但其能够反映母粒在额定温度下损失的挥发分、释放出的气味等,失重越多,对母粒的性能影响也越大。

颜料的耐高温性是指色母粒在使用温度下,颜料的颜色或性能发生变化的程度。添加剂的耐热性同时与温度及受热时间的长短这两个因素紧密相关,也就是说,颜料使用温度与受热时间的长短有关,一般要求颜料的耐热时间为 4~10min,使用温度越高,耐热的时间越短,色调越容易发生变化;而在同样的温度下,受热时间越长,越容易出现变色。

耐热性良好的色母粒,能适应不同的工艺温度,不会因为温度差异而出现明显的色差。这就是在不同的机器(生产线)上,由于色母粒在系统内的停留时间不同,即使用同一比例、同一种色母粒,但产品的颜色却不相同的原因。这就是在生产过程中往往因为中途停机时间较长,重新开机后生产的产品与停机前的产品会出现明显色差的原因。

螺杆挤出机的转速偏低,熔体在系统内的停留时间会延长,除聚合物熔体会产生降解外,添加其中的色母粒颜色也会发生变化,导致产品出现色差。

对用于聚丙烯熔体纺丝的色母粒,一般要求其耐热性为 240~270℃,4~10min。而一般的色母粒,要求其耐热性≥220℃。

7. 耐候性

色母粒的耐候性是指颜料在各种大自然气象条件下(如可见光、紫外光、水分、温度等)颜色的稳定性。耐候性按 GB 250—2008 中染色牢度褪色样卡(灰色 K)评定。颜料的耐候性分为 1-5 级,以 5 级最好,1 级最差。

8. 耐光性

色母粒的耐光性是指产品在光线的作用下色泽发生变化的程度,耐光性共分 8 级,1 级最差,8 级最好。

9. 迁移性

色母粒的迁移性是指着色的产品在使用过程中,颜色从产品内部迁移到产品表面上(起霜),或透过界面迁移到相邻物体或溶剂中(渗色)的现象。

在着色的非织造布产品中,迁移性主要有四种表现形式。

(1)迁移。已着色的非织造布制品与白色或浅色非织造布制品接近贴合时,颜料或添加物由该着色产品迁移至其他物品的现象。

(2)析出。在非织造布的卷绕、分切、包装、牵引过程中,会污染与其接触的热轧机的轧辊、传动辊筒、支承橡胶辊筒和包装材料等。

(3)起霜。已着色的非织造布制品随着时间的消逝,颜料会浮在制品表面,引起发花和起白现象。

(4)脱色。非织造布的表面发生颜色脱落。

耐迁移性共分5级,1级是严重迁移,5级为无迁移现象。一般非织造布产品的色母粒的耐迁移性要控制在5级以内,而用于医疗卫生制品的色母粒则不允许存在颜料迁移现象。

对于一些特殊功能的添加剂,迁移性并不一定是负面的。如生产对柔软性、触感要求较高的卫生制品材料时,就希望所添加的润滑剂能最大限度并尽快地从纤维内部迁移到纤维表面,降低产品表面的摩擦系数,获得爽滑的手感。

10. 水分含量

水分含量是色母粒的关键性指标,水分含量高,会直接影响非织造布的正常纺丝和非织造布成纤性能。最直接的影响是,熔体从喷丝孔喷出时,水分会急剧降压膨胀,导致产生熔体破裂现象,喷丝板会出现断丝及熔体滴落现象。

11. 环境友好性

根据环境保护要求,产品不允许含有某些有害金属元素,产品在使用过程中不污染环境。

12. 毒性

颜料的毒性是指产品在使用过程中可能会有少量迁移至制品表面,并进入周围介质中,最后直接或间接进入人体,并对人体产生的影响。

评价颜料的急性毒性用半数致死量LD_{50}(单位为mg/kg)表示,LD_{50}的剂量越小,毒性越强。欧盟危险品指令(化学品法)对物质的三个急性毒性类别(大鼠口服)下了定义:$LD_{50}\leqslant$25mg/kg为极毒,LD_{50}在25~200mg/kg之间为有毒,LD_{50}在200~2000mg/kg之间为有害。

已有文献指出,大部分颜料的$LD_{50}>$5000mg/kg。虽然镉系颜料是一种含有重金属的无机颜料,使用者对其毒性十分敏感,但实际上重金属只有在以离子状态存在时,也就是呈溶液状态时才具有毒性,因此制作色母粒的颜料是低毒的。添加有色母粒的非织造布产品可以广泛用于各个领域,且不会产生不良后果。

(二)与添加剂相关的技术标准

添加剂是要与产品的用途,特定的聚合物原料或生产工艺配对使用的,根据产品的用途,常分为化纤用母粒和非织造布用母粒;按纺丝系统所使用的聚合物原料或载体树脂品种,可分为聚丙烯用母粒、聚酯用母粒、聚氨酯用母粒等;根据纺丝工艺,可分为纺粘法用母粒、熔喷法用母粒等。

目前,色母料等添加剂产品尚无国家标准,仅有一些行业标准,如轻工行业标准QB/T

2893—2007《聚丙烯纤维用色母料》;纺织行业标准 FZ/T 51019—2021《涤纶纤维色母粒》,FZ/T 51020—2021《锦纶 6 纤维色母粒》等。有些企业是按企业标准进行生产的,其质量要求高于相关的行业标准。

在熔体纺丝成网非织造布行业,主要是使用纺粘法用母粒、熔喷法用母粒。而聚丙烯(PP)纤维用的色母粒及添加剂是最常用而且用量最大的一个品类。

色母粒是将经微细化处理后的颜料、蜡和助剂等,与载体树脂按一定比例混合、经造粒而成的颗粒料,其颜料含量一般不低于 10%。

1. 聚丙烯色母粒的主要性能

(1)色母粒外观为颜色均匀的颗粒,无机械杂质和异色颗粒。

(2)颗粒大小一般为 ϕ3mm×3mm,颗粒均匀度(大粒和小粒)的差异≤3.0g/kg。

(3)密度 0.7~4.2g/m^3。

(4)熔点 150~230℃。

(5)熔融指数 10~180g/10min。

(6)耐热温度≥240℃。

(7)耐光性≥3.5 级。

(8)色差值 $\Delta E \leq 1.2$。

(9)压力升指数(在挤出过程中单位时间内机头熔体压力的变化值):$\Delta P_1 \leq 0.08$MPa/min,$\Delta P_2 \leq 0.10$MPa/min。

(10)水分含量 ≤0.2%。

2. 聚酯色母粒的要求

(1)聚酯(涤纶)的熔点及纺丝温度都较高,树脂与着色剂有很大关系,有些是用染料,有些是用颜料,这样可纺性差异很大,色母粒质量差距也很大。一般聚酯色母粒添加量都比聚丙烯母粒添加量高。颜色的鲜艳度和色母粒的染料有关,也与聚酯原料品种有关。

(2)聚酯色母粒的干燥。聚酯色母粒在使用前,也要像聚酯切片一样进行干燥处理,使其水分含量控制在工艺要求内。干燥温度和工艺与生产品种有关,由于其实际用量较少,一般使用转鼓干燥机或其他较简易的设备进行干燥。

(三)添加剂的兼容性及合理加入量

一般的色母粒或添加剂的价格,要比产品基体聚合物的价格高很多。因此,从生产成本角度,要求其加入量越少越好,对产品的成本影响越小。从另一个角度来看,这些添加剂都可认为是熔体中的“杂质”,会影响熔体的物理或化学性能,或多或少会影响纺丝的稳定性,加入量越多,负面影响也越大。

在大部分情形下,添加剂的加入比例一般为 2%~5%,但也不能太少,除难于显效外,还会导致计量供料操作困难,甚至影响添加比例的稳定性和加入量的均匀性。因为在加入量很少,计量混料装置的相对误差会大,对产品质量的影响会较明显。

不同特性的添加剂会存在一个最佳的加入量,因此,添加剂的加入量也并非越多效果就越好。加入色母粒时,当颜色达到饱和状态后,或加入抗静电母粒,产品已形成静电泄放层以后,增大加入量也不会增加效果,反而增加了生产成本。

有的添加剂,在不考虑成本和纺丝稳定性时,其加入量越多越好,如阻燃剂类添加剂,适当增加加入量，其阻燃功能会更好。

要关注不同种类的添加剂相互之间的影响，存在的协同、增效现象和相克、对抗现象。

第四节　熔体纺丝成网非织造布的主要质量指标

非织造布的应用领域很广，对其性能要求的侧重点也不一样。如用作医疗卫生制品材料时，关注的是其阻隔性能和触感；用作包装材料时，关注的是产品的力学性能等。但有一些指标是通用的，以下是一些常用指标。

一、基础性的物理、力学指标

（一）产品的定量

产品的定量是指每一平方米产品的质量，单位为 g/m^2，是柔性材料产品的主要规格指标。这个产品规格的大小，完全是由市场需要及非织造布生产设备的技术性能确定的，相关的技术标准并没有规定。一般情况下，产品的定量越小，厚度越薄，也叫小定量产品、薄型或轻薄型产品。

对薄型或轻薄型产品的定量规格，并没有明确的标准，根据 FZ/T 64005—2011《卫生用薄型非织造布》，薄型产品一般是指定量 $18 \sim 30g/m^2$ 的产品，但没有严格的界限。因此，行业内将 $\leq 25g/m^2$ 的产品称为薄型产品。

一般用特定面积的定量取样器与天平配合来测定产品的定量，图 1-18 为几种常用的取样器。在纺粘、熔喷、纺粘与熔喷复合非织造布领域，面积为 $100cm^2$ 的取样器较常用，有旋切式及冲压式两种，天平的感量一般要求 $\leq 0.001g$。

根据 GB/T 24218.1《纺织品　非织造布试验方法　第 1 部分：单位面积质量的测定》，规定试样面积为 $50000mm^2$，方形模具的尺寸为 250mm×200mm。

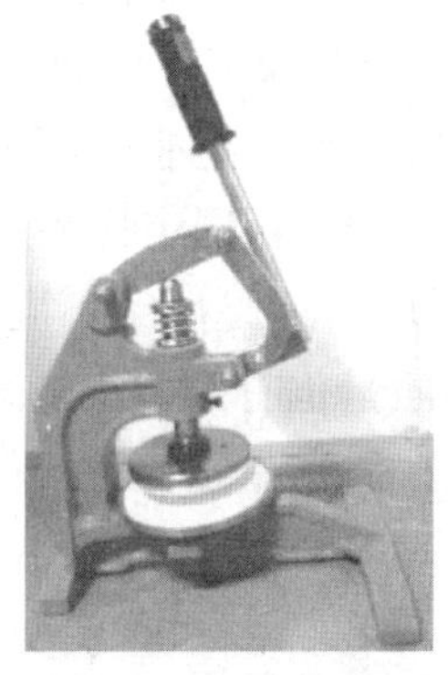

图 1-18　几种常用的取样器和分析天平

虽然产品的厚度一般与定量规格正相关，但纤网固结工艺不同，相同定量的产品，其厚薄悬殊，即体积密度（g/cm^3），也就是蓬松度有很大差异。如果产品采用的是双组分纤维，则产品较厚（密度较小），也就是比单组分产品更蓬松。

同一定量规格的非织造布纤网，用不同纤网固结工艺，从产品的厚至薄来排序，分别是热风—水刺—针刺—热轧。因此，在技术上并没有对其他用途产品的厚薄做出量化的规定，这只能是一个相对的概念和通俗的叫法。

我国相关标准规定,非织造布产品的定量(也称面密度)用 g/m^2 表示,但市场上所用的标记或符号很不规范,常将项目名称与计量单位混淆在一起,如单位面积重量、基重、Basis weight、gsm、GSM 等。

使用英制计量单位时,会用到 oz/yd^2,即每平方码的盎司数(ounces per square yard)。不同计量单位之间的换算关系为:$1g/m^2 = 0.02949oz/yd^2$,$1oz/yd^2 = 33.9074g/m^2$,1lb = 0.454kg = 16oz,1oz = 28.35g。

产品的定量规格是允许有偏差的,因此,卷材出厂状态的实际定量规格,会有不同的取向,但必须控制在允许的偏差范围内,以获得最佳的经济效益。

当产品按质量计价时,对于特定卷长的产品,生产时设定的产品定量规格会趋向正偏差,这样布卷的质量会较大,既有较高的产量,又能增加销售量。

而客户是按面积、开料使用的,对于特定卷重的产品,会趋向负偏差,这样布卷的长度会较大,用户可以获得更大的使用面积,从而增加开料的数量,以降低制品的生产成本。

为了能与国际市场接轨,我国在 GB/T 17639—2008《土工合成材料　长丝纺粘—针刺非织造土工布》中,已经将标称断裂强度作为长丝纺粘针刺非织造土工布规格[1],随着 GB/T 17638—2017《土工合成材料　短纤针刺非织造土工布》标准的实施,我国已经统一采用产品标称断裂强度作为土工布材料的主要规格。这是在土工领域用的非织造布产品型号、规格与一般非织造布产品的差异。

标称断裂强度(kN/m)分为:4.5,7.5,10,15,20,25,30,40,50 等。

(二)产品的均匀度

常用产品的离散系数(又称变异系数,*CV* 值)的大小评价产品的均匀度,*CV* 值是统计学术语,通常,*CV* 值越小、产品越均匀。在统计学中,离散系数表示如下:

$$CV\text{ 值}=\text{标准偏差}/\text{平均值}$$

标准偏差(standard deviation)常用英文简写 St Dev 或 SD 表示,平均值(average value 或 mean)常用英文简写 Avg 表示,这些常见于企业的产品质量检测报告中。

纺粘法非织造布的均匀度比熔喷布差,相同定量的产品,熔喷布的 *CV* 值较小。*CV* 值较小,只能说明产品越均匀,不一定是产品越好,这是两个不同的概念。因为当产品的缺陷是均匀分布时,产品的 *CV* 值会较小,但产品的质量也有可能很差。

产品的 *CV* 值与定量规格、结构有关:定量越大,*CV* 值越小,也就是说不用担心厚型大定量规格产品的均匀度。因此,均匀度主要是针对定量较小的轻薄型产品。由多层纤网复合的产品,其 *CV* 值比层数较少的产品更小。因此,多纺丝系统复合也是提高产品均匀度的一个重要发展方向。

一般情况下,当产品的 *CV* 值≤3.0 时,算是一个较好的水平。薄型纺粘产品的 *CV* 值一般为 3.0~5.0,厚型产品的 *CV* 值较小,一般在 1.0~3.0 之间。

在相关的产品技术要求中,用单个样品的偏差率来表示产品的均匀性,这是一个比 *CV* 值

[1] 我国的非织造土工产品原来也是用产品的定量——单位面积质量(g/m^2)作为产品的规格,而在国际标准及工程设计中,均是以产品的标称断裂强度作为土工材料的规格。

要求更高的指标，产品中不能出现个别偏差特别大的样品，一般应控制在±(4~6)%，但与产品的定量规格有关。产品的定量规格小，允许的偏差会较大，而产品的定量规格较大时，允许的偏差会较小，具体数值在各种产品标准中都有详细规定。

必须注意，产品的 *CV* 值大小与其应用价值未必是相对应的，如上所述，当产品的缺陷是均匀分布的，*CV* 值会较小，但其力学性能会存在较离散的现象；一些有内部缺陷的产品，虽然表面显得较均匀，但 *CV* 值却会较大。

(三)断裂强力

断裂强力表示产品进行强度(拉伸)试验时，对规定尺寸(长度和宽度)试样沿其长度方向施加产生等速伸长的力，拉伸至断裂过程中承受的最大力，单位为 N。断裂强力越大，产品的质量越好。断裂强力的大小除与产品的定量大小有关，即定量越大，断裂强力也越大外，还与产品的受力方向有关。

对不同用途的产品，有多种不同的强力测试，如拉伸断裂强力、撕破强力、胀破强力、顶破强力、刺破强力等。其中拉伸断裂强力是常用的一个基本测量项目。

按 GB/T 24218.3—2010 规定，测试产品的拉伸断裂强力要使用等速伸长型(CRE)强力测试仪。拉伸断裂强力是熔体纺丝成网非织造布常用的一项指标，单位为 N/5cm，其中的 5cm 是进行条形试样测试时规定的样品宽度(图 1-19 左)。而测试胀破强力时，需要使用胀破强力测试仪(图 1-19 右)。

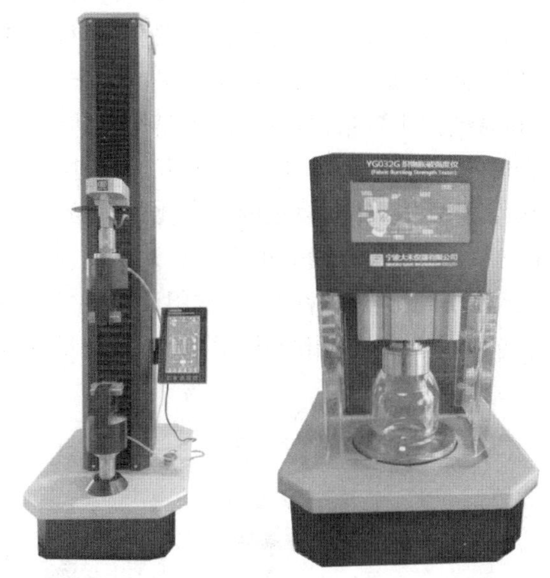

图 1-19　电子强力机与胀破强力测试仪

产品的方向一般分为 MD 方向和 CD 方向两种。随着生产线所采用铺网方式的不同，一般产品存在各向异性现象。

一般情形下，产品 MD 方向的强力会比 CD 方向的强力大，在实际应用中，希望纵、横向强力相接近，使产品表现为各向同性。熔喷布的强力与生产工艺有关，MD/CD 强力比可接近 1，甚至可以小于 1。

不同材质的产品或相同材质而用不同机型生产的产品，其强力是不一样的，如聚酯产品的强力就比聚丙烯产品的强力高。而非织造纤网的固结方式对产品的强力影响很大，水刺法产品的强力最大，热风固结产品的强力最小。

用同一生产设备，产品的强力与纤维的细度及生产工艺有关。纤维牵伸越充分，产品的强力较高；同一定量的产品，因纺丝牵伸工艺不同，强力也有很大差异。

一般非织造布产品并不标注断裂强力，但会作为一个质量控制指标交付接收。对于土工非织造材料，断裂强力是产品的核心质量指标，要明确标注。

(四)断裂伸长率

断裂伸长率是指产品进行拉伸试验时，因力的作用引起的试样长度增量与其初始长度之比,用百分率(%)表示。不同的应用领域,对断裂伸长率的要求也不一样。用作卫生、医疗制品材料时,要求断裂伸长率不能太大,否则会影响使用。质量较好的产品,纤维得到充分牵伸时,其断裂伸长率一般应在40%~60%。

由于产品两个方向的断裂强力不一样,因此*MD*与*CD*方向的断裂伸长也不同。不同的应用领域对断裂伸长率的要求也不同,一般是越小越好,而且不同方向的断裂伸长率要尽量接近。

对于一些要求有良好弹性的特殊产品,则要求有较大的断裂伸长率,可达400%或更大。

产品的拉伸断裂强力和伸长率是在材料试验机上测量的,可以同时获得断裂伸长率与断裂强力两项数据。

(五)纤维细度

通常用纤维的直径或截面面积的大小来表示纤维的粗细程度。测试时,常因纤维截面形状不规则及有中腔、缝隙、孔洞的存在而无法用直径、截面面积等指标准确表达,习惯上使用单位长度的质量(线密度)或单位质量的长度(线密度的倒数)来表示纤维的粗细。

纤维的直径是指其几何尺寸,与材料无关,直径相同的纤维,其粗细是一样的;而纤维细度则是与材料密度有关的,细度相同的纤维,材料密度较大的纤维直径会较细。因此,不同聚合物纤维的直径与细度之间不存在换算关系,而且即使细度一样,其几何直径也不相同。

纤维的细度是纺丝系统技术水平的标志,在大多数应用领域,纤维越细,产品的各项性能会越好,设备的技术含量也越高,这也是熔体纺丝成网非织造布技术的一个重要发展方向。纤维细度会影响产品的基本性能,如纤网的均匀度、遮盖性、力学性能、阻隔性能等指标。

然而这并不意味着较粗的纤维比较容易生产,目前土工产品用的PP纤维细度已达到≥11旦,在技术上也同样要面对很多困难。因此,生产粗旦纤维一直是我国致力攻关的课题。

测量纤维细度有多种方法,常用读数显微镜、纤维细度分析仪、扫描电镜等,而在非织造卷材生产企业,主要是使用纤维细度分析仪测量纤维细度(图1-20)。

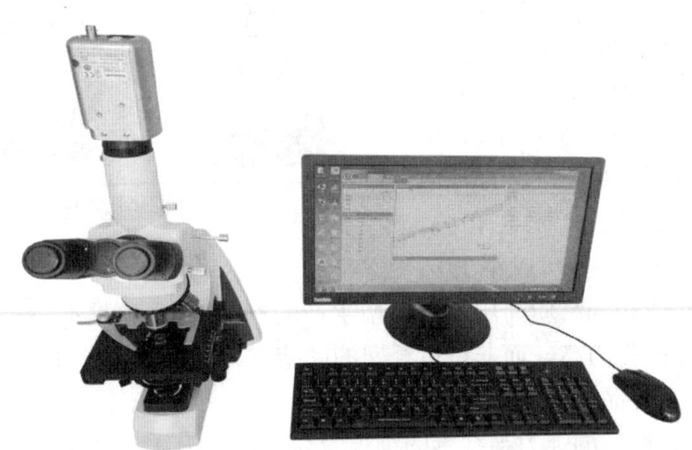

图1-20 纤维细度分析仪

纺粘纤维的截面一般为圆形,因此,可以用直径的大小来表示纤维的粗细,有时也用细度来表示。

纺粘纤维的粗细一般在微米(μm)数量级范围,而且是按一定规律分布的,纺粘纤维的直径分布较集中，直径的离散性较小（*CV* 值较小），测量也较容易。熔喷纤维的直径较细，但分布范围较宽，显示出较大的离散性。熔喷纤维的直径与喷丝板的孔密度（hpi）有较强的关联，孔密度越高，纤维越细，分布范围也越窄（图 1-21）。

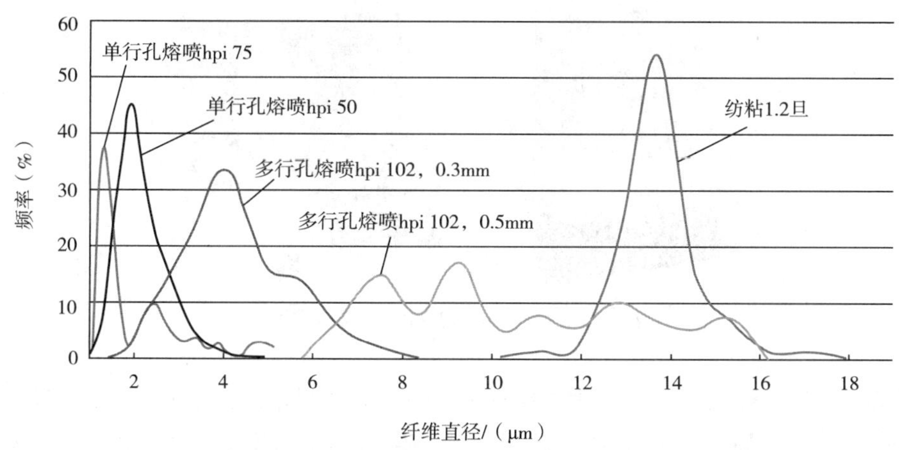

图 1-21　不同纺丝工艺的纤维直径与分布

纤维的细度与具体的用途有关，一般的医疗、卫生制品材料希望有较好的触感、遮盖性能和较大的强力，纤维越细越好，PP 纤维的直径 10～20μm（相当于 0.7～2.6 旦）。但纤维越细、产量越低，生产成本也会越高。

而在地面用品及其他产业用纺织品领域，如地毯基布、防水材料胎基布、土工布领域用的非织造材料等，要求纤维有较大的绝对强力和耐磨性，就要求纤维的直径较大，PP 纤维的直径可达到 35μm（相当于 8.0 旦）或更大。

常用的化学纤维细度单位有旦尼尔，简称旦，是指 9000m 长的纤维，在公定回潮率时的质量克数。国外常用"dpf"表示单根纤维的旦尼尔数。线密度也是衡量纤维粗细的物理量，单位为特克斯（tex）和分特克斯（dtex），分特克斯是指 10000m 长纤维在公定回潮率下的质量克数。

dtex 与旦的换算：

$$1\text{dtex}=\frac{10\text{旦}}{9}=1.11(\text{旦})$$

二、常用的功能性指标

（一）静水压

静水压（hydro static head，HSH）是反映材料抗液体渗透性能的指标，产品的抗渗透性能也叫阻隔能力，常用静水压试验时所承受的静水压值表示，而在测试报告中不应用抗静水压表示。产品承受的静水压越大，其抗渗透性能越好，常用静水压测试仪测量材料的静水压（图 1-22）。

常规纺粘法非织造布的阻隔能力很差，也就是所能承受的静水压值较低，因此，静水压不是纺粘法非织造布的质量指标。但纺粘纤维较细时，会有较明显的阻隔能力。对纺粘与熔喷复合的 SMS 产品，静水压是一项重要考核指标。

静水压的计量单位为 mmH_2O 或 cmH_2O，有时也用 Pa、kPa 表示，值越大越好。同一类型产品，定量越大，静水压也会越高。

图 1-22　YG825G 与 FX3000-IV 静水压测试仪

测量产品的静水压时，水压上升速率（cmH_2O/min）对测量结果影响很大，上升速率越快，测量的数据也会越大，静水压也会越高，因此，一定要同时标注测量时的静水压上升速率。

国内常用的静水压测试标准有 GB/T 4744、GB/T 24218.15、GB/T 24218.16，国外标准有 AATCC 127，ASTM F903C，ASTM F1.670，EN 20811，ISO 811，ISO 9073-16，WSP 80.6 等。

（二）透气性

透气性是非织造布用作气体过滤材料或服装用材料时的一个指标。它反映了产品两侧在规定压力差的条件下透过气体的能力，用单位时间内透过的气体量来表示，透气量越大，表明气体越容易透过非织造布。

纺粘法非织造布一般都没有透气性要求，但对于纺粘与熔喷复合的 SMS 产品，透气性是一个重要的性能指标。

透气性是在规定的压差下，一定时间内气流垂直通过规定试验面积的速率。常用的透气性单位有 mm/s、$L/(m^2 \cdot s)$、$cm^3/(cm^2 \cdot s)$、$m^3/(m^2 \cdot min)$，$m^3/(m^2 \cdot h)$ 等，cfm 是 $ft^3/(ft^2 \cdot min)$的缩写，表示在 1min 内流经 1 平方英尺以立方英尺计量的气体流量，是一个常见的英制计量单位。图 1-23 为透气性、透湿性测试仪器。

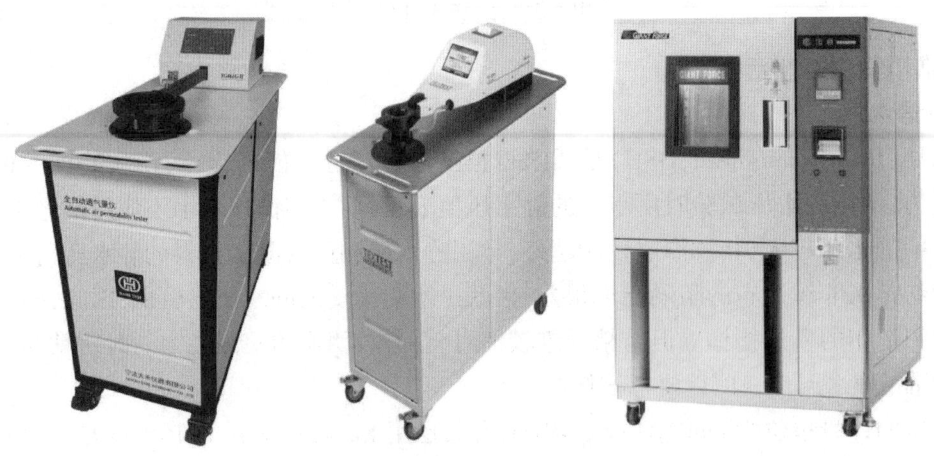

图 1-23　YG461G 与 FX3300 透气性分析仪和透湿性测试仪

透气性与透湿性是两个不同的指标，测试方法及原理也不相同。透湿量是指产品两侧在规定湿度差的条件下，含有水分的湿空气透过非织造布的量，类似人体汗气透过衣服的能力，这是穿着舒适度的一个指标，常用于医用防护服，而透气量是指空气穿透材料的数量，与衣服的保暖性能有关。

由于空气分子与水汽分子的尺寸大小、特性有很大差异，空气分子远比水汽分子小，能透气的材料不一定能透湿，因此，透气性与透湿性是两个不同的概念，测试方法和测试仪器也不同。

（三）过滤效率

空气过滤和液体过滤是熔喷非织造材料的一个重要应用领域，常用过滤精度（μm）、过滤效率（%）、过滤阻力（Pa）等指标衡量熔喷材料的过滤性能，并有相应的定义和测试方法。

透气性是材料透过干净空气的量，过滤精度是指产品阻隔、拦截气流中某一尺度微粒的能力。

过滤效率是指过滤后气体中粒子的浓度变化与过滤前气体中微粒浓度的比例，指产品对空气中的颗粒物滤除的百分数，计算公式为：

$$E=\left(1-\frac{A_{下}}{A_{上}}\right)\times 100\%$$

式中：E——过滤效率；

$A_{上}$——上游颗粒物浓度，个/cm^3；

$A_{下}$——下游颗粒物浓度，个/cm^3；

$\frac{A_{下}}{A_{上}}$——穿透率，%。

过滤阻力是指含有微粒的气体流经过滤材料时所形成的压力降，只有同时综合评价材料的过滤效率和过滤阻力，才能判定材料的过滤性能优劣。

美国的 TSI-8130 自动滤料检测仪是目前检测过滤材料的主要仪器，可以检测材料的过滤效率和过滤阻力。德国帕刺斯（PALAS）仪器公司的 PMFT-1000 过滤效率测试仪，可以满足 GB 2626—2019、42 CFR 84、EN 143、EN 149 和 EN 13274-7 等标准的要求。

我国也开发了不少空气过滤效率测试仪器，在控制产品质量方面发挥了较大作用。图 1-24 从左到右分别为美国 TSI-8130、德国 PMFT-1000 及国产 FT-1406DH 空气过滤效率测试仪。

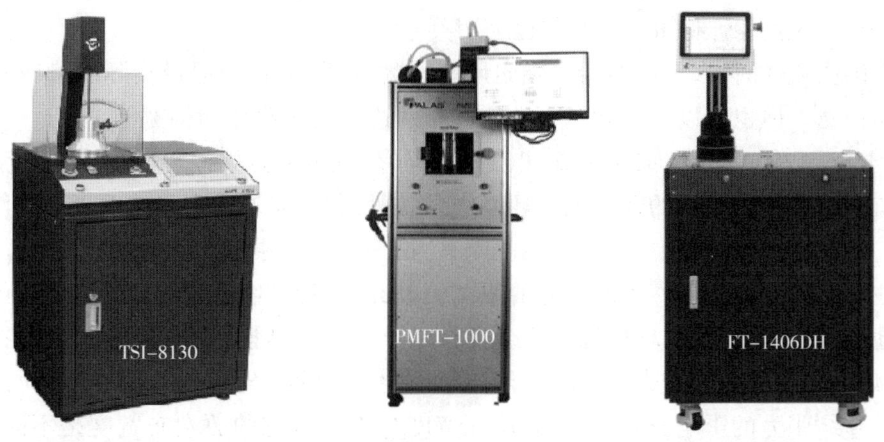

图 1-24　美国 TSI-8130、德国 PMFT-1000 及国产 FT-1406DH 测试仪

虽然测量空气过滤效率的仪器有很多，但因为不同仪器的测试原理不同，具体测试方法也不一样。因此，要注意其测试数据的客观性和精确性，以免发生误判。

（四）抗静电性

抗静电性是表征产品耗散静电能力的指标，指材料能够降低获得静电电荷的倾向或使静电电荷快速逸散的性能。抗静电性能越好，静电就越不容易在产品上积累，产品的使用安全性也越高。抗静电性能常用表面电阻表示，单位为欧姆（Ω）。当表面电阻小于 $10^9\Omega$ 时，产品具有明显的抗静电性。表面电阻越小，则抗静电性能越好。

有时也用静电半衰期（s）或表面电荷量来表示产品的抗静电性能，半衰期越短或表面电荷越小，抗静电性能越好。

三、与交付市场最终产品有关的指标

（一）幅宽

幅宽是指与布长度方向垂直的两端间的距离，即产品的横向（生产线的 CD 方向）宽度，产品的最大宽度由生产线的规格决定。幅宽还分为全幅宽和有效幅宽两个概念，其中：全幅宽是指产品最外两侧边间的宽度，包括产品两侧一定宽度范围内的不良品，如稀网区域、分布不均匀及烂边部分，这个尺寸会接近纺丝系统的铺网宽度，但要比铺网宽度稍小一些。一般情况下，全幅宽仅用于生产线设计及生产过程控制，以及一些还要进行离线分切或离线后加工的中间产品，这时的布卷常称为母卷。

有效幅宽是除去布边等有缺陷区域（稀网区域、分布不均匀、烂边区域、进行后整理加工时留下的有针孔区域）后产品的宽度，也就是正常的合格品区域的产品宽度。产品的最大有效幅宽等于生产线的公称幅宽，这是固定不变的，也是考核生产线生产能力或产量的一个重要依据。而交付给市场的最终产品幅宽则是由市场需求或顾客决定的，这种布卷常称为子卷。

子卷的幅宽可以在有效幅宽范围随意选择，但由同一母卷分切出的各种幅宽子卷，其宽度总和（还包括分切间隙总和）要尽量接近或等于母卷的有效幅宽，以提高合格品率和材料利用率。目前，国内已投入运行的宽狭缝型纺粘法生产线，最大幅宽为 4.2m，而产品的最小宽度则受分切刀具 CD 方向的结构宽度限制。

GB/T 4666—2009《纺织品　织物长度和幅宽的测定》，规定幅宽的单位为米（m），精确至 0.01m。市场上还会用毫米（mm），偶尔也会用英寸。

产品在国内流通时，多是以布卷的轴向尺寸作为幅宽，也就是通过实际测量布卷的轴向尺寸作为产品幅宽。但也有以自由状态下的放卷布两边间的距离作为幅宽的。

GB/T 4666—2009，SN/T 1233—2010《进出口非织造布检验规程》规定，在布处于松弛的无张力状态，在温、湿度较稳定的普通大气环境中，用钢尺测量靠外两边间的垂直距离作为产品的幅宽。

还要注意在不同测量条件下所引起的幅宽偏差，由于卷材生产企业与最终用户可能处于两个不同的地域，特别是所处的环境温湿度会存在差异。由于热胀冷缩是一个普遍存在的物理现象，而聚丙烯的热膨胀系数较大，因此，必须注意由此引起的幅宽偏差。

由于受卷绕张力的影响，布卷的轴向尺寸宽度与松弛状态的放卷布宽度是不同的，一般是松弛状态的放卷布宽度较大。卷绕张力越大、差异也越多，但这种差异会随着布卷存放时间的增加而减少。

(二)卷长

卷长是指将产品展开,在无张力自由状态下的长度。产品的最小卷长及最大卷长均受卷绕机的性能限制。在布卷直径相同的状态下,不同定量的产品,其卷长是不同的。

目前,国产生产线所生产的产品布卷(母卷),其最大卷长与布卷直径和产品定量规格有关。其最小卷长由卷绕杆直径、生产线运行速度、卷绕机的自动换卷周期的长短决定。

一般情况下,同样重量的产品,母卷的卷长越长,在使用过程的接头越少,材料的利用率越高,卷绕机的换卷次数越少,系统的运行可靠性越高,因此,生产线的布卷直径越来越大,纺粘布的布卷直径已达 2000~3200mm。

在下游的制品加工企业,由于受设备结构限制,对使用的最大布卷直径也有限制。因此,也限制了原料布卷的最大长度,如一般卫生制品企业所要求的布卷直径常在 550~700mm,产品的实际卷长就要与这个要求相匹配。

卷长的单位为米(m),精确至 0.01m。有时也用英尺表示。

对于产品布卷的长度,极少采用放卷的方法进行实际测量,因为放卷后的产品会因无法再整齐卷绕而影响使用,而是根据布卷的重量、产品定量、幅宽,用下式计算出理论卷长。

$$卷长(m)=1000\times质量(kg)\div[定量(g/m^2)\times幅宽(m)]$$

(三)卷重

卷重是指每卷产品的净重(即减除包装物的重量),有两种布卷重量计量方法。

一种为理论卷重:名义定量×幅宽×卷长,常用于正常的合格产品。

另一种为实际卷重,即将产品直接用秤称量所得的数值,多用于规格不一致的过渡性产品。

卷重的单位为千克(kg),一般可用机械秤或电子秤称量。

(四)颜色

非织造布产品的颜色五彩缤纷,不同客户的要求很少相同,生产成本也有差异,是典型的以销定产的产品,也就是说绝大多数产品是接到客户订单后才生产的。

产品的颜色一般是由买方(顾客)指定或在卖方现有的产品中选定。添加色母粒等添加剂后,会对纺丝过程产生较大影响,而且也会增加生产成本。

在生产有颜色的非织造布时,同批次产品颜色的一致性和不同批次产品颜色的连续性(或一致性)是一个重要控制指标,否则容易产生色差现象,这是有颜色产品较容易发生质量事故的一个原因。

由于产品的颜色与观察环境的光源特性、观察者的辨别能力有关,在不同的光源下,显现的颜色也不一样,为了准确判断产品的颜色,要使用标准光源。

FZ/T 64034—2014《纺粘/熔喷/纺粘(SMS)法非织造布》规定,评判产品的颜色时,要求在 400~600lx 照度条件下进行。

(五)疵点

产品的疵点一般是指稀网、破洞、针眼,外力损坏;并丝、断丝,飞花;熔体硬块、晶点;蚊虫、苍蝇残骸;产品被污染后的油污痕迹、斑点、污点等。

(六)其他缺陷

内层皱褶,包装内有水珠,布卷纸管霉烂、纸管被压扁、布卷变形、散乱,产品退卷平铺后布面出现凹凸不平现象等。

第五节 非织造布生产线的位置及方向概念

一、生产线的基本方向

生产线有两个重要方向，一个是生产过程中的“物流”方向，也就是产品的运动方向，一般称为纵向，也叫机器方向，用 MD(machine direction)表示。MD 方向只能是从上游到下游。

另一个是与生产过程中物流方向相垂直的方向，一般称为横向，用 CD(cross direction)表示。要确定 CD 方向的具体位置，必须预先选定参照物，或做好定义，如那一边或那一侧。

由于非织造布有明显的各向异性，在检测产品时经常会用到这两个概念。一般希望产品是各向同性的，即 MD/CD=1

二、生产线的边或侧

在生产过程中，经常要在生产线的两侧作业，或在检测产品时，要确认产品的样品位置，就要确定样品在 CD 方向的位置。

一般生产线是用驱动侧和操作侧来定义的，这种定义的优点是无须特别说明，也与观察者所处的位置无关。

驱动侧常用符号 DS(drive side)表示，就是安装有动力装置(电动机)的一侧，一般以成网机或安装有较多动力装置的一侧为准，这一侧会留有人员或检修通道。

操作侧常用符号 OS(operating side)表示，是安装控制台的一侧，这一侧一般会留有较宽的物流通道和人员通道，是进行生产活动的主要通道，一般会较宽。

有的企业会用左(L)、右(R)来表示，因为与观察者的观察方向(或参照物)有关，观察方向不同，左右也就相反了。由于目前还没有统一定位标准，这个方法只能是在本企业内或在特定生产线上使用。

定义方向不同，左右也就不一样。因此，要特别说明(如在设备上注明左、右或 L、R 标志)，否则容易混淆。

三、生产线中的相互位置关系

在生产线中，从产品开始流动的位置称为上游，顺着产品的形成过程，到最后形成产品的位置则称为下游。

而在生产线中间的任何部位，位于参照物 B 上游方向一侧的设备 A(或系统)其位置就是上游，而参照物所处的位置则为下游。即 A 是处于 B 的上游，或说 B 是处于 A 的下游。这个相对位置是随参照物所处位置而变化的。

四、管道、仪表图

生产线的规模较大，而且是在空间里立体布置，为了准确确认系统、设备甚至是零件、附件的位置和相互关系，在进行生产线设计时，都会编制一个管道、仪表图，也称 PID(piping & instrument diagram, process & instrumentation drawing)。

管道、仪表图指的是用统一规定的图形符号和文字代号,表示该系统的全部设备、仪表、管道、阀门的位置,功能、主要技术参数及与其他相关系统的关系的图纸。例如,为了确定某一个仪表的具体位置,在PID图中会有一个位号编码,其中包含系统归属编号、设备归属编号、仪表的功能及编号等。

由于PID图中的位号是唯一的,通过查阅PID图,就能很方便地找到该仪表或设备,并了解其功能及与其他相关系统、设备的关系,为进行管理维护工作提供了极大的便利。

在技术上,PID图中的图形、字母、符号所代表的含义,编制方式都已标准化、通用化。细节可参考HG/T 20505—2014《过程测量与控制仪表的功能标志及图形符号》。

注意:生产线的电气控制系统也会用到PID控制技术,这与上述PID图是完全不同的。PID控制技术是比例(proportional)、积分(integration)、微分(differentiation),是工程控制领域的一种算法。

第六节 熔体纺丝成网非织造布生产线的技术性能

一、熔体纺丝成网非织造布生产线的技术指标

熔体纺丝成网非织造布生产线的技术指标,体现了生产线的技术水平。主要包括技术指标与经济指标两大类,技术指标主要由生产线的硬件配置性能决定,经济指标还与企业管理水平、市场状态、技术水平等有关。

(一)生产线的名称

生产线的名称主要是表达生产线应用的纺丝工艺、生产的产品及其应用领域、加工路线等信息。纺丝工艺主要包括熔喷法(M)、纺粘法(S)、纺粘/熔喷/纺粘复合(SMS)及其他工艺等。

有时也在生产线的型号中描述纤维的特点,如纤维截面形状(圆形、异形)、纤维的组成(单组分、多组分)等(图1-25)。

并列型(S/S)

皮芯型(S/C)

橘瓣型(裂片型SP)

图1-25 非织造布常见的双组分纤维截面形状

除图1-25所示的三种较常见的双组分纤维外,还有海岛型双组分纤维,对于偏心型的皮芯型双组分纤维,用“eC/S”表示,其中“e”表示偏心,与一般的同心型纤维产品相区别(图1-26)。

在实际生产中,有一种共混型纤维,是将两种或多种成纤聚合物原料混合以后,送入普通的纺丝系统,从同一个喷丝孔挤出后纺制的纤维。在共混型纤维中,其他成分是以分散相的不定岛形式、不规则随机分布在主体原料中。如在纺粘系统的低熔指PP原料中加入高熔指的熔喷用PP原料,或加入PE原料后纺制的纤维,就是共混型纤维。

还有一种混纤型纤网,这种纺丝系统的设备配置与普通的双组分系统一样,但两种不同的

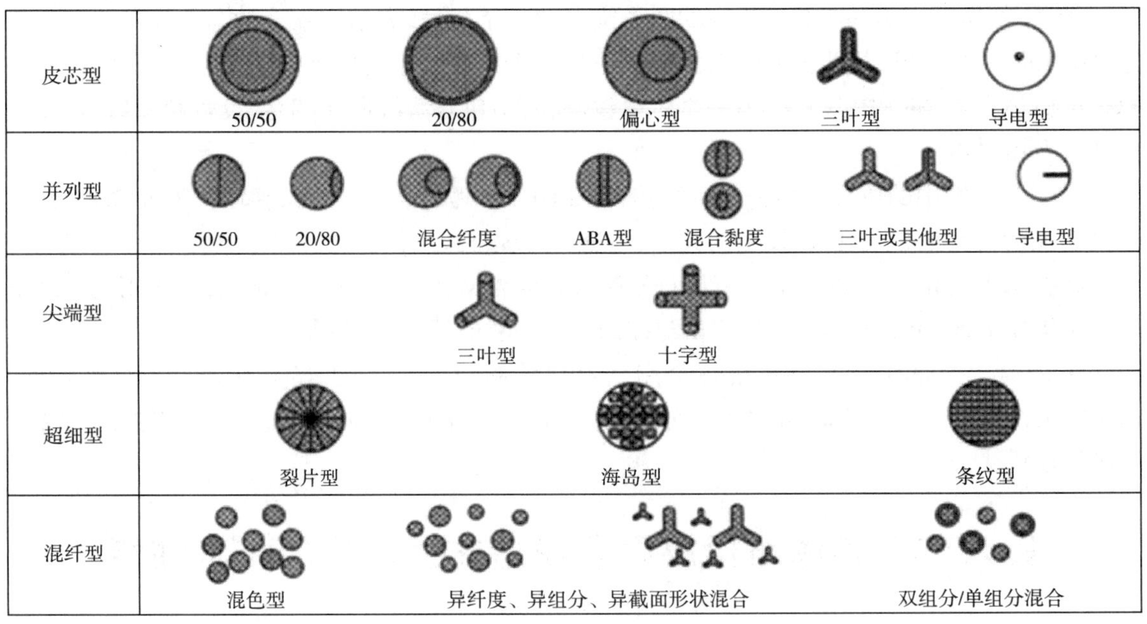

图 1-26　各种双组分纤维的截面形状

聚合物熔体并没有混合，而是各自在同一块喷丝板不同位置的喷丝孔分别喷出，每一根纤维仍是单组分的，而在成网机上的纤网则是由两种不同的聚合物，或不同形状、粗细、颜色的纤维混合而成。

双组分技术发展很快，目前几乎可以生产任何截面结构的纤维，因此纤维有很多截面结构及形状，图 1-26 是化纤行业一些常见的双组分纤维，而在熔体纺丝成网非织造布领域，实际应用的双组分纤维品种还不多，目前应用的主要是皮芯型、并列型和分裂型三种，除双组分产品外，还有混纤型产品。

因此，从传统的双组分纤维定义来看，混纤型纤网并不属双组分的范畴，因为其中不存在双组分纤维，而纤网则是由两种不同纤维混合而成，仅是设备配置与双组分系统类似。

这种方法也用于熔喷法产品，一些企业在生产过程中，将一些其他纤维如三维卷曲的 PET 短纤维加入 PP 熔喷牵伸气流和纤维中，所生产的产品也称是双组分产品，其实仅是纤网含有两种不同纤维，与双组分纤维并无相同之处，有时也称这种产品为混纤、插纤产品，甚至称插层产品。

除了纤维的原料不同外，混纤型纤网还包括不同纤度的纤维混合、不同截面的纤维混合、单组分与双组分纤维混合、不同颜色纤维混合等。

混纤产品主要是指是由多种不同成分的纤维组成的纤网（图 1-27）；而共混是指由多种不同聚合物原料无规则随机混合而成的纤维，这与按一定规律分布的双组分纤维是不一样的。

一般单组分生产线是不标注纤维截面结构和成分的，除了使用中文双组分表示纺丝系统为双组分外，在生产线型号中，经常会在纺丝系统的右上角用指数的形式表示组分数，如用 X^n 的形式表示，其中 X 表示纺丝工艺，n 表示组分数，2 表示双组分，3 表示三组分；S^2 表示纺粘系统为双组分系统；M^2 表示熔喷系统为双组分系统等。

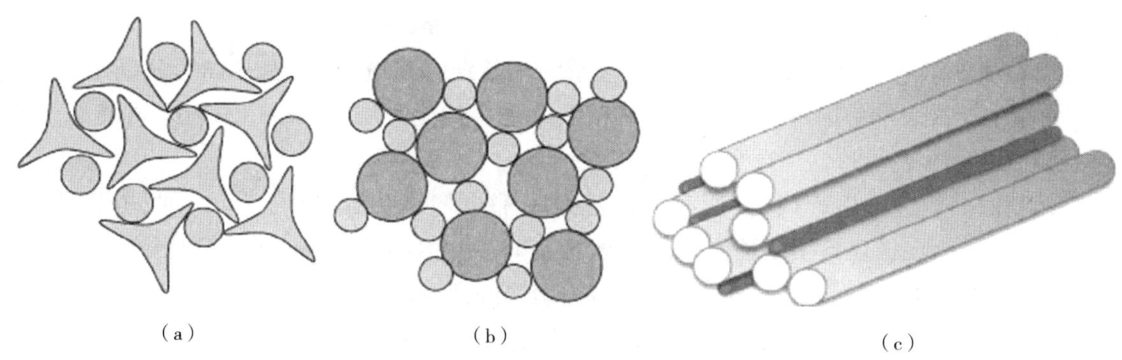

(a) (b) (c)

图 1-27 两种混纤结构的纤网截面图

(二)使用的聚合物原料种类

选用的聚合物原料种类与生产线的硬件配置,生产成本、工艺流程、产品应用领域有关。包括聚合物的品种、原料的形态(切片、粉料)及流动特性要求等。目前,可用于熔体纺丝成网工艺的热塑性聚合物很多,但最常用的原料是 PP、PET、PE、PA、PLA、PPS 等。

对于双组分纤维产品,要将其配对的聚合物原料标识出来,如皮芯型纤维的常用配对聚合物为 PE/PP,并列型为 PP/CoPP、CoPP/PP,橘瓣型为 PET/PA 等。

如果使用聚酯类原料,则要配置有较高速度的牵伸系统,而在生产流程中就必须配置原料干燥处理程序和相关的设备。目前,应用具备自动排气功能的双螺杆挤出机可替代以前独立的原料干燥系统。

还要同时标注所用的聚合物的主要特性,如聚合物的等级、流动特性或黏度等指标。如使用 PP 原料时,要注明是普通的 zPP 还是 mPP,纺丝级(或纤维级),熔体流动指数 MFI 的范围等。

要注意使用回收料或填充料对纺丝稳定性的影响,纺丝速度较低的纺丝系统,能较大比例使用填充料;而纺丝速度较高的纺丝系统或喷丝板孔密度较高的纺丝系统,就不容易大比例添加填充料,甚至无法使用填充剂。

(三)纺丝牵伸工艺

纺丝牵伸工艺是生产线的核心工艺,与选用的聚合物原料和产品质量要求有关,不同纺丝牵伸工艺的最大区别就在于其牵伸速度,对纤维细度、产品的风格、应用领域及设备购置费用、产品的能耗有很大影响。

目前,纺粘法非织造布生产线的纺丝牵伸工艺主要有宽狭缝低压牵伸、宽狭缝正压牵伸、管式牵伸三种。

熔喷法非织造布生产线的纺丝牵伸工艺主要有单行孔的埃克森工艺(SR)及多行孔的双轴工艺(MR)。

(四)纺丝系统的类型及排列方式

所有纺丝系统是按生产流程从上游到下游顺次排列并命名的,生产线交付状态实际配置的纺丝系统数量并不一定是最终配置的数量,可能包括了预留的未定系统,这时生产线的型号中就会出现 X 这个符号,意味着生产线中已经预留了一个未知系统(不一定是纺丝系统)物理空间,在成网机中预留了安装这个未来系统的位置,而生产线中其他设备的性能也会有一些适配性升级空间。

在纺粘法非织造布生产线中，所有的纺丝系统都是纺粘系统（代号为 S）时，分别用 S、SS、SSS 型纺粘生产线表示。国内已在运行的纺粘系统最多的生产线是 SSSS 生产线，共有 4 个纺粘系统，一般用 4S 表示。

在熔喷法非织造布生产线中，所有的纺丝系统都是熔喷系统（代号为 M）时，分别用 M、MM、MMM 表示。在描述熔喷系统应用的纺丝工艺时，用 SR（single row）代表单行孔的埃克森熔喷法工艺，用 MR（multi row）代表多行孔的双轴熔喷法工艺。

$S^2S^2S^2$表示有三个纺丝系统的纺粘生产线，而且三个系统都是双组分系统，每一个纺丝系统都配置有两套功能相同、规格不同的熔体制备设备，如原料预处理设备、计量混料设备、螺杆挤出机、熔体过滤器、纺丝泵等（图 1-28）。

图 1-28　$S^2S^2S^2$型双组分生产线纺丝平台上的设备

当生产线中既有纺粘法系统，又有熔喷法系统时，纺丝系统仍按从上游到下游的物流方向顺序排列，如 SMS 等。目前，国内已投入运行的是有 7 个纺丝系统的生产线，排列方式为 SSMMMMS，国外已开发有 8 个纺丝系统的生产线，排列方式为 SSMMMMSS，还曾出现过有 12 个纺丝系统的熔喷生产线。

（五）纤网接收及成网方式

目前，熔体纺丝成网非织造布生产线的纤网接收方式有两大类，一类是利用网带平面接收的成网机接收，另一类是利用圆形转鼓的圆弧表面接收的转鼓接收，根据转鼓的数量，还可分为单转鼓接收与双转鼓接收，根据接收面的方位还分为水平接收（牵伸气流与水平面垂直）和垂直接收（牵伸气流与水平面平行）两种。

纺粘法与 SMS 生产线仅能使用成网机的平面接收，而独立的熔喷生产线既可以用成网机接收，也可以用转鼓接收。

多纺丝系统生产线基本都是用一次成网工艺，即一条非织造布生产线仅配置一台成网机，这是主流成网工艺。早期曾出现过二次成网工艺，即一条非织造布生产线配置多台成网机。

（六）运行速度

熔体纺丝成网非织造布生产线的主流程中，运行速度（m/min）从成网接收装置开始，顺着 MD 方向依次递增，处于下游位置设备的设计速度一般会比上游设备快 5%～10%。因此，生产线的速度就是指接收成网设备的速度，这是生产线的基准速度，也是进行工艺计算的基础。

由于纺粘法生产线及 SMS 生产线可生产定量较小的产品，因此，生产线的运行速度较快。而熔喷法非织造布无法承受较大的输送张力，一般独立熔喷法生产线的速度，≤100m/min。目前，多纺丝系统的熔喷生产线的速度可达 250m/min。配置在多纺丝系统的复合（SMS）生产线时，运行速度就不受这个限制。

生产线的运行速度越快，生产效率越高。对于以生产轻薄型小定量规格产品为主的生产线，运行速度是影响纺丝稳定性、制约生产线产量和经济效益的技术瓶颈，而对于生产中厚型大定量规格产品的生产线，运行速度并不是其最关注的技术指标。

运行速度分为设计速度和工艺速度。设计速度是按机械传动原理计算的理论速度，是系统所能达到的最高速度极限值，因此，也叫机械速度。工艺速度是指实际可以使用于产品生产的运行速度，是生产企业必须关注的重要技术指标，也叫实用速度。

一般情况下，工艺速度≤90%设计速度，大于此值后，将影响设备的可靠性和调控过程的灵敏度。

从机械传动角度及当今的机械制造技术水平来看，生产线的设计速度能达到的水平并无悬念，其核心问题是要关注在高速运行状态的产品质量，以及在以较低速度运行时的纺丝稳定性。由于非织造布的质量与速度呈负相关，提高运行速度后，产品的质量必然会下降；而纺丝系统的纺丝稳定性则基本上是与速度正相关，生产线的速度越快，越能稳定纺丝。

生产线的速度快慢主要会影响产品的定量规格、产品的均匀度和 MD、CD 方向的性能差异，但在同样的挤出量条件下，不会影响纤维的细度。

只有一个纺粘系统的国产生产线，其运行速度≤120m/min，有两个纺粘系统的 2S 生产线，运行速度>250m/min，有三个纺粘系统的 3S 生产线，运行速度>450m/min。目前，国产的多纺丝系统纺熔复合生产线，最高运行速度已达到 800m/min。

国外早期的主流生产线，只有一个纺粘法纺丝系统的生产线，运行速度≤180m/min，有两个纺粘系统的 2S 生产线，运行速度>300m/min，有三个纺粘系统的 3S 生产线，运行速度>480m/min，有四个纺丝系统的 4S 生产线，最高速度已达到 1000m/min。而随着技术的进步，目前只有一个纺丝系统的新型纺粘法非织造布生产线，其设计运行速度已达到 400m/min。

由于生产线的最高运行速度受最大挤出量的限制，如以生产中厚型大定量规格产品为主的生产线，其最高运行速度就不会受限，也不需要很高。而产品的最小定量规格受纺丝稳定性的限制，运行速度就不允许太慢，因此，以生产薄型小定量规格产品为主的生产线，其最高运行速度就较快，否则会影响纺丝稳定性和生产线的产量。

除了纺丝系统的特性影响外，纤网应用的固结工艺是影响运行速度的主要因素，一般采用针刺固结工艺的生产线，速度很慢。目前，多纺丝系统复合热轧生产线的速度已达 1200m/min，而其中的卷绕设备运行速度约 1400m/min。

（七）纤网固结方法

常用的纤网固结方式有热轧、针刺、水刺、热风等，生产线一般仅配置一种纤网固结设备，但也可能配置有多种纤网固结设备，既可以选用其中的一种，也可能会同时使用其中的两种，如先进行热轧，然后用水刺固结工艺。

纤网固结方法对产品的特性、应用领域、生产线运行速度、运行费用等有很大影响。使用两种或多种复合固结工艺，可以开发性能差异化的产品。

熔喷法非织造纤网主要是利用自身的余热黏结成布的，一般并不需要配置其他专用的纤网固结设备。如果熔喷布还要与其他纤网叠层复合，就需要配置纤网固结设备。

纺粘法纤网的固结方法与产品的定量大小、产品用途、纤维结构有关，不同的纤网固结工艺，生产流程、配套设备、产品生产成本等也有很大差异，在本书第六章将详细介绍。

热轧固结是最常用的方法，目前可以加工 8g/m^{2}规格的薄型纺粘法产品，是运行速度最快的一种固结工艺，设备也较简单，能耗较低，适用于生产卫生和医疗制品、包装材料、建筑材料等生产线，但对纤网的最大定量有限制，如果不是使用特制的花辊，一般仅适合加工定量≤120g/m^{2}的产品，特殊情况下，如果对产品的可分层剥离性能没有严格要求，可加工定量<200g/m^{2}的产品。

用水刺固结纤网时，水针是柔性的，不会损伤纤维，产品有很好的手感和透气性，物理力学性能较好，而对于一些分裂型多组分产品，则必须使用水刺法开纤，把连在一起的较粗纤维打散为细纤维，因此，一定要选择水刺固结工艺。

水刺固结产品主要用于卫生、医疗、美容、擦拭布、服装等领域。但水刺固结工艺对产品的定量有限制。最小定量一般为 25g/m^2。目前，最小定量规格的连续长丝纤网已达到 20g/m^2；最大定量为 250g/m^2，如果定量规格更大的纤网，往往要采用预针刺、后水刺的固结工艺。

水刺系统是一个设备复杂的庞大系统，用短纤梳理成网的水刺生产线，目前最高运行速度约为 300m/min，而纺粘水刺生产线的运行速度则不受成网工序的性能限制，运行速度>300m/min。

由于纤网经过水刺固结工艺处理后含有大量水分，要进行干燥处理，这就导致水刺产品是各种固结工艺中能耗最大的产品，而且存在水处理等环境问题。

针刺是非织造纤网较为常用的一种纤网固结工艺，常用于制造过滤材料、土工材料、革基布、地毯产品、汽车内饰材料及建筑隔热、隔音材料的生产线。

针刺固结工艺可以加工大定量规格的产品，常用产品定量 80～200g/m^2，可大于或等于300g/m^2。由于受针刺机构往复运动惯性的限制，产品的最高运行速度每分钟仅几十米，是运行速度最慢的一种纤网固结工艺，由于刺针是刚性的，在针刺固结过程中可能将连续的纤维刺断，影响产品的强度。

随着双组分技术的发展，双组分纺粘纤网也可以使用热风固结，也称热熔黏合。这种工艺的性能和生产效率都优于传统的短纤维热风技术，是制造新型医疗、卫生制品材料的新工艺。

（八）后整理设备配置状态

生产线不一定需要配置在线后整理系统，如果生产线配置有在线后整理系统，可以生产功能型产品，如卫生制品所需的亲水型材料等。因为在线后整理设备直接串联配置在生产线主流程中，与生产线的性能、厂房和设备布置、能源供应、环境保护措施等都有关联。

产品的在线后整理设备是一个大系统，一般布置在纤网固结设备与卷绕机之间，其基本的子系统包括整理剂配制系统、上液设备、烘燥设备等，这些设备将在第七章专门详细介绍。

在线后整理系统的烘燥设备对产品的质量、生产线的运行速度、设备的购置费、总装机容量、产品的能耗等都有较大的影响。目前，上液方式以“吻液辊”为主，分为单面上液及双面上液两种机型。

后整理系统中的干燥设备有多种机型，而且有多种能源可供选用，其中圆网烘干机的性能较好，水分蒸发量大、节能，产品在加工过程中的缩幅小，对产品的质量影响不明显，运行速度快，占用场地较少，但造价较高。

如果没有特别声明，离线后整理系统是选配设备，通常不属于生产线主流程配套供货范围。

(九)产品分切方式

卷绕分切系统的功能是把非织造布加工成预定长度及宽度的产品，主要包括卷绕机、切边或分切机构等。分切系统是分切机的主要工作机构，其配置对设备性能及价格影响较大。

产品分切主要有在线分切和离线分切两种，技术性能指标包括：分切卷绕方式（被动放卷、主动放卷，张力控制模式）；分切刀的形式，配置数量，对刀调刀方式等；母卷尺寸，分切加工后布卷（子卷）的最大直径，可分切的最小幅宽尺寸等。

分切刀具的性能对加工质量有很大影响，分切速度较慢时，有很多种刀具可供选用，但分切速度较快时，剪切式圆盘刀则是最佳选择，当然也是购置价格最贵的。

小型的或运行速度较低的生产线，一般可采用在线卷绕、分切工艺，这样可以简化加工流程，提高原料的利用率，降低设备购置费用，还可以提高产品的卫生质量。

随着生产线的大型化与高速化，生产效率越来越高，生产能力越来越大，为了提高运行的可靠性，降低故障停机概率，生产线将向大卷径、离线分切的方向发展。离线分切系统是一个较大型的独立加工系统，可以加工一些幅宽较窄、分切数量多或难于在线分切加工的产品，如柔性卫生制品材料。

离线分切机是以间歇、周期性方式运行的，无法连续运转，离线分切机的性能要满足生产线主流程均衡生产的要求，不会影响生产线的产能发挥。因此要求其运行速度一般要比生产线的速度更高，最高运行速度可为生产线速度的两倍。

离线分切系统的运行状态会逆向影响生产线的运行，如果不能同步处理完从生产线下线的产品，这些母卷会占用越来越多的备用卷绕杆，有可能导致生产线的卷绕机无备用卷绕杆使用而被迫停机。因此，要求离线分切系统有较高的可靠性，具有比生产线更高的运行速度，以便能同步处理完生产线生产出来的产品。

由于离线分切机是一个独立的生产系统，要占用较多的厂房空间和资源，加上离线分切机的造价较高，对生产线的总体布置、造价等会有较大影响。

(十)装机容量

装机容量是指生产线中所有主流程设备、辅助设备、公用工程系统的装机功率（kW）或装机容量（kVA）总和，可以直接按设备铭牌标示的功率进行统计，主要与纺丝系统所使用的纺丝工艺、纤网固结工艺和生产能力相关。

生产线的设备装机容量与配套水平有关，配套完备、可靠性较高的生产线，其装机容量会较大。生产线可能会用到多种能源，如电能、蒸汽、燃气等，在统计装机容量时也必须关注这些能源消耗。

装机容量较小，可以节省投资成本，但设备的负载率会较高，可靠性下降，进行工艺调节的余地小，反应慢，调控能力较差。当设备的负载率大于80%，甚至经常满载运行时，就是设备容量偏小的表现。

我国执行两部制电费，即电费由两部分构成，对大工业用电企业（一般是由变压器供电）。这一部分电费是按变压器的铭牌容量，也就是装机容量收费，叫基本电费，其单位为元/kVA，实际单价各地电网也不一样，如有的电网基本电费单价为23元/kVA，但不管用电量多少，变压器投入运行后就要收取。

另一部分是电度电费，是按电能表的实际用电量收取的，目前大工业用电企业都实行了分时计费的峰谷电价制度，在电网不同负荷时段，电费单价也是不一样的。

如果电业部门是按变压器的装机容量收取固定电费，装机容量偏大，会增加投资成本（包括公用工程系统）及供电系统的运行费用。但设备的负载率较低，可靠性增加，工艺调节空间较宽，反应快，调控能力较强，还有潜在的发展空间。

由于生产线的纺丝工艺、技术水平、设备配置、产品的应用领域、生产能力等方面的差异，同样幅宽、品牌不同生产线的装机容量是没有可比性的，单个纺粘系统的生产线装机容量可大于1000kW。

如果当地电业部门可以按报用容量，也就是向电业部门报批的计划用电负荷收取固定电费，在装机容量偏大时，则不会增加向供电系统缴交的运行费用。

装机容量是决定生产线供电系统容量的依据，非织造布生产企业供电系统的容量（或变压器的容量）一般在装机容量的55%～65%。技术含量较高、配套完备的生产线，可能会≤55%，技术含量较低、配置简单的生产线，可能会≥60%。

二、产品规格与质量指标

（一）产品定量范围

产品定量范围是指在正常情形下，生产线可以生产的产品定量规格范围。能生产的产品定量越小，生产线的技术水平越高。

产品的定量范围与应用领域及采用的纤网固结方式相关，但这个范围也会随着技术的发展而不断改变，如用于卫生制品材料时，产品的定量范围在10～30g/m^2；用于医疗制品材料时，产品的定量范围在30～70g/m^2；如果是通用型热轧非织造布材料，产品的定量范围在15～100g/m^2。

由于纺粘法非织造布的拉伸强度较大，可以承受较大的牵引张力，因此，纺粘法非织造布生产线既能生产定量较小的产品，也可以生产定量较大的产品，产品的定量规格一般为8～120g/m^2。

配置在SMS生产线中的纺粘系统，由于最终产品是由多层纤网复合而成，因此各层纤网不用独立承受输送期间的牵引张力，纤网的定量规格不受限制。在保证纺丝稳定性的前提下，能生产定量<1.5g/m^{2}的纤网，目前SMS产品的最小定量为8g/m^2。

熔喷法非织造布的拉伸强度较小，不能承受较大的牵引张力，也容易受静电和环境气流干扰。因此，独立的熔喷法非织造布生产线不能生产较小定量的产品，其定量≥15g/m^2。

熔喷纤网可以生产定量较大的产品，产品的定量一般为15~200g/m²，在一些特定应用领域，如建筑隔音、隔热等，产品的定量可在300~400g/m²，甚至更大。但这时的运行速度会很低，每一分钟仅几米。

配置在SMS生产线中的熔喷系统，其纤网最终并不是以布的形式存在和使用。因此，其定量规格也是不受限制的，目前能生产定量<0.5g/m²的熔喷纤网。

(二)产品名义幅宽

产品的名义幅宽是指在切除非织造布两侧不合格部分后，正常情况下可获得的合格产品宽度，这是必须达到的最小值，有时也叫公称幅宽。实际可获得的产品宽度只能比名义幅宽大，不能小于名义幅宽。

生产线的规格以最终合格产品的宽度来定义，以米(m)为单位，有时也用毫米(mm)。已商品化的生产线的幅宽一般有1.6m、2.4m、3.2m、4.2m、5.2m等规格。目前，国内市场以2.4m、3.2m这两种幅宽规格的设备最多。试验用的生产线幅宽都较小，一般为0.6~1.2m。

由于非织造布产品是典型的以销定产型产品，因此，非织造布生产线的幅宽也是根据客户产品的应用领域而定的，目前还有不少生产线的幅宽与上述规格不同，但基本上比同档次规格稍大一些。

生产线的产品幅宽并不等于纺丝系统的铺网宽度，对于一条特定的生产线而言，产品幅宽应该在任何运行状态都可以满足要求，而铺网宽度则与生产线的运行速度、生产线的机型有关。性能欠佳的生产线，其产品幅宽与产品的定量规格有关，只有在生产定量规格较大的产品时，才能保证幅宽符合要求。当产品的定量较小，也就是生产线的运行速度较快时，则无法获得额定幅宽的产品。在实际生产中，可获得的产品宽度、实际铺网宽度受实际工艺因素影响。

熔喷系统，产品的幅宽与接收距离(纺丝组件与接收装置间的距离，简称DCD)的关联较明显，DCD较大，产品的幅宽会较窄。即使在这种状态，合格产品的实际幅宽都不能小于公称幅宽。

配置在SMS生产线中的纺粘系统，铺网宽度要比单独的纺粘纺丝系统的生产线幅宽大。一般纺粘生产线的产品幅宽是固定不可调节的，当最终产品的宽度比生产线额定幅宽小时，一般是通过切除两侧更多的边料获得，降低了合格品率，损失了产量。

目前，有的熔喷生产线的产品幅宽是可调节的，当最终产品的宽度比生产线的额定幅宽小时，仅需将纺丝系统与成网机相关设备做适当的回转，无须切除两侧更多的边料，保持了生产线的生产效率和产量，单位宽度中的纤维数量增多，既提高了产品的质量，又保持了材料的利用率，但设备构造较复杂。

对于这种可调节幅宽的生产线，除了要标注生产线的最大幅宽以外，还要标注最小幅宽。

(三)纤维直径范围

保证纺丝系统正常稳定生产的纤维有一个直径范围，是生产线技术水平的一个重要特征。一般情形下，纤维越细越好。但在一些应用领域，如地毯材料、土工材料，有时则需要较粗的纤维，以提高纤维的绝对强度和耐磨性。

纤维细度与喷丝板的单孔流量(g/min)和牵伸速度两个工艺条件有关，与生产线的运行速度无关。一般情形下，单孔流量越大，纤维越粗，但并非呈线性关系，因为还受牵伸速度的影响，在同样的单孔流量状态下，牵伸速度越快，纤维越细。

技术指标中所指的纤维直径或纤维细度，是指在喷丝板单孔流量较小、也就是在挤出量较小状态的纤维细度(图 1-29)。

因此纤维细度这个指标必须有限制条件，如果脱离了当时的产量和产品的质量这两个条件约束，刻意去生产特定细度的纤维并不是什么困难的事情，但这样的纤维细度是没有现实意义和经济效益的。图 1-29 清晰地表明在一个特定的纺丝系统，纤维细度与喷丝板单孔熔体流量或熔体挤出量的相关性。

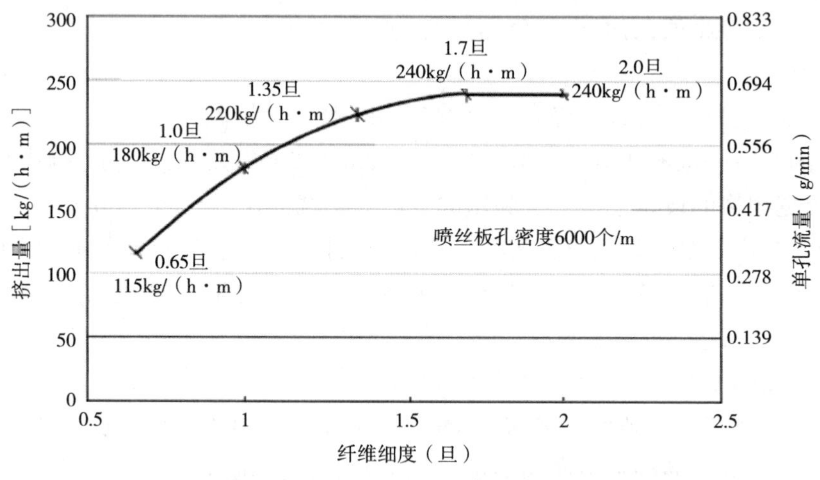

图 1-29　纤维细度与单孔流量、挤出量的关系

从图 1-29 可以看到，纺丝系统的熔体挤出量(近似产量)越大，或喷丝板的单孔流量越大，纤维越粗；而随着纤维细度的增大，熔体的挤出量也随之增加。纤维的粗细直接影响系统的挤出量(产量)和产品质量。

在熔喷法纺丝过程，牵伸气流和牵伸过程并不是在稳态进行的，纤维的直径分布有很大的离散性，一般按正态规律分布。因此，不宜用平均值来表征纤维的粗细，而是以出现概率较高这部分纤维直径的分布宽度或分布范围来表示。

当用平均直径来表示时，随机取样的数量要足够多。例如，用面积为 $100cm^2$ 的圆形取样器在产品的全幅宽选取 10 个样本，每个样本随机测量纪录 30 根纤维的直径 d_i，并计算出其平均值 $\bar{d}$：

$$\bar{d}=\frac{1}{30}\sum_{i=1}^{30}d_i$$

再计算出 10 个样本 $\bar{d}_i$ 的平均值 $\bar{D}$，作为产品中纤维直径的平均值。

$$\bar{D}=\frac{1}{10}\sum_{i=1}^{10}\bar{d}_i$$

如果纤维直径用分布宽度或分布范围来表示，通过随机测量大量纤维的直径，计算出所有样品纤维的直径和标准差，分组画出其纤维分布图，纵坐标为本组纤维占总数的百分比(频率)，横坐标轴为纤维直径(图 1-30)。

一般取距离平均值±一个标准差之内的纤维直径数值，定义熔喷纤维的直径分布范围。在正态分布中，此范围的纤维数量在纤维总量中所占比率为68.26%。

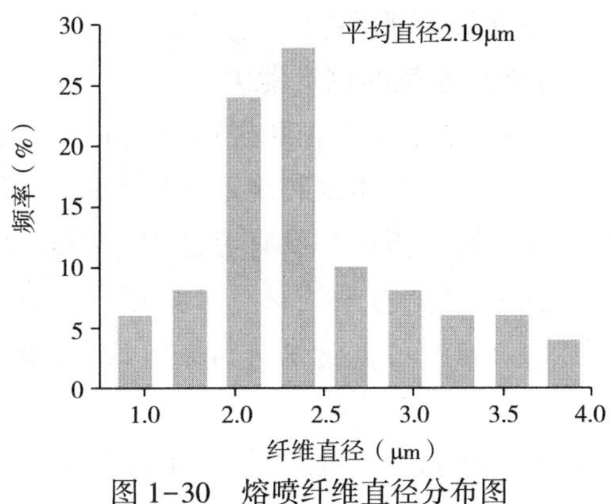

图1-30　熔喷纤维直径分布图

（四）产品均匀度

产品的均匀度主要是评价在非织造布产品平面上纤维分布的均匀性或厚薄的一致性。为了量化产品的均匀度，先按规定的方法在产品的不同部位取样，经过称量样品的质量 X_i，然后计算出其变异系数 CV。用 CV 的大小来表征产品的均匀度。CV 值越小，产品的均匀度越好。具体计算过程如下：

$$CV = \frac{S}{\bar{X}} \times 100\%$$

$$\bar{X} = \frac{\Sigma X_i}{N}, i = 1,2,3,\cdots,N$$

$$S = \sqrt{\frac{\Sigma(X_i - \bar{X})^2}{N - 1}}, N > 30\text{时，用}N\text{代替}N - 1$$

均匀度（离散性）是评价非织造布产品的一个直观指标，与产品的定量规格有关，小定量规格产品的均匀度相对较差，CV 值较大，表示产品的性能较离散，应用性能较差。定量规格较大产品，均匀度较好，CV 值较小。

一般情形下，如果小定量规格产品的均匀度较好，则大定量规格产品的均匀度必然会更好，但反之则不然。小定量规格产品的均匀度是一个受关注的指标，因此，非织造布生产线提供的产品均匀度指标，如果没有指定特定规格的产品，一般是针对较小定量、薄型产品而言的。

（五）产品布卷的最大直径

目前，母卷产品的最大直径一般为2000～3200mm。当产品采用离线分切加工时，待加工布卷（母卷）的直径越大越好，可以提高生产线的可靠性，减少运行管理工作和不良品的产生量，提高原料的利用率。

最终产品布卷（子卷）的直径与顾客的要求有关，分切设备应该具有加工较大直径产品的能力，以便具有较宽的加工范围，目前子卷的最大直径一般为800～1200mm。

卷绕机的卷绕杆直径与布卷的直径、幅宽成正比，并与运行速度对应。大型多纺丝系统生产线配套使用的卷绕杆直径≥150mm，分切机放卷端使用的卷绕杆直径要与之匹配，分切机卷绕端使用的卷绕杆直径一般为75mm（3英寸）。

与产品布卷（母卷）最大直径对应的是产品布卷的最大重量，这是建造生产线时，决定生产厂房内起重运输设备的主要依据。相关起重运输设备的负荷能力必须大于这个重量。

产品布卷的直径与布卷的重量正相关，这是决定卷绕设备中卷绕杆尺寸的一个重要因素。卷绕杆有气胀式和固定式两种，配置形式及数量与分切方式有关。

三、经济及管理指标

(一)纺丝系统的生产能力

生产能力泛指生产一般规格产品时,在额定时间内可以获得的非织造布数量;也有指生产线按特定规格、运行速度和规定运行时间所能生产的非织造布数量。生产能力是在理想状态下计算出来的,这个指标并没有考虑生产线的设备利用率和合格品率,是一个理想化指标。

它是指一个纺丝系统每一米幅宽在一小时内的熔体挤出量,是不考虑产品的合格品率的,单位为[kg/(m·h)],这是进行系统设计、设备选型、生产工艺计算的基础,也便于对不同的系统进行比较。

纺丝系统的总生产能力等于单位幅宽产能乘以幅宽,常用来估算原料的消耗量。生产能力与产品用途有关。国产纺粘系统的生产能力一般为150kg/(m·h),国外纺粘系统生产能力为220~270kg/(m·h),最高可达340kg/(m·h)。

熔喷系统的生产能力较小,与产品的应用领域有很强的相关性,一般单行孔熔喷(SR)系统的生产能力为10~100kg/(m·h),生产阻隔型产品时,生产能力较低,生产吸收型产品时,生产能力较高,通常在50kg/(m·h)左右。多行孔熔喷(MR)系统的生产能力比单行孔熔喷系统高很多。

(二)生产线的生产能力

当一条生产线有多个纺丝系统时,生产线的生产能力就是所有纺丝系统生产能力的总和,是单位时间内全幅宽的生产能力总和。生产能力是一个理论值,是在没有考虑合格品率和设备利用率的前提下,在特定规格、特定运行速度、规定运行时间内的产品总量。

因此,生产能力基本上是一个衡量设备技术水平的理论指标,一般不用作考核或验收设备的指标,因为在生产实践中不可能长时间存在这种理想化的运行状态。

特别是在使用kg/h这个计量单位时,由于时间短,无法涵盖设备可能或必然存在的各种没有实物产出的不利运行工况,如设备故障、工艺性的设备维护与调节等。因此,缺乏代表性,如用于进行考核验收,风险很大,如果在这段时间内设备发生故障,则将无法通过考核。也不能以此为基数,按比例推算每一天的产能或每一个月的产能,因为这基本上是不可能实现的理想化目标。

在技术上除了用kg/h表示生产线的生产能力外,有时还会用一年的生产能力t/a表示,与实际产量是不同的概念。当以t/a表示年生产能力时,将与设备利用率或生产线的有效运行时间有关,更能体现生产线的技术水平。因此,必须注明每一年的有效生产时间及产品的规格,否则就没有实际意义。

目前对年有效运行时间的定义较混乱,一般在7200~8000h之间,导致同样配置的生产线,不同制造商报告的生产能力会有很大差异。国外主流设备制造商的年有效运行时间为8200h。

要注意区分纺丝系统的生产能力是用单位幅宽(m)表示的,而生产线的生产能力则是用纺丝系统的全幅宽表示的。

(三)产量

产量是指纺丝系统或生产线在单位时间内的合格产品数量,在实际生产中,产量会受市场因素、产品结构、管理水平、技术水平、合格品率、设备有效生产运行时间(也就是设备可靠性)、人员素质等因素影响。因此,通常生产线的实际产量要比生产线的额定生产能力小。

纺丝系统的生产能力是由系统的硬件性能决定的，在额定生产能力状态下，系统内所有设备的性能会得到充分发挥、可以有效协调、安全运行。但实际的产量则与产品的用途、质量要求、定量规格、订单批量大小、现场管理水平、产品结构等因素有关。

在大部分情形下，由于纺丝系统纺丝组件有一定的使用周期，更换纺丝组件和进行正常的保养维护都要耗用不少有效的生产时间。因此，纺丝系统或生产线的实际产能会比额定生产能力低，为了提高评审生产能力过程的可操作性，一般考核时会规定所生产产品的定量规格、运行速度、运行时间、产品的质量要求等指标。

一个纺丝系统的产量往往带有一定的主观性，因此，当追求数量时（即数量优先），生产同一定量规格的产品时，会以较快的速度运行，会有较高的产量；当关注质量（即质量优先）时，会以较慢的速度生产同一定量规格的产品，这时产量就会低一些，但产品的质量会较好。

在大部分情形下，纺粘系统的实际产量会比设计的额定产能低，特别是与纤维的细度有很大关联，有的产品允许纤维较粗，则产量有可能比额定产能高；当纤维较细时，产量的降幅会很大，原因是纤维直径较细时，喷丝板的单孔熔体流量较小。

各品牌生产线的产量与纤维细度的关系都服从这一规律，仅是其相关度各不相同。表 1-12 为适用宽狭缝低压牵伸工艺的莱克菲（Reicofil）纺粘法纺丝系统产量与纤维细度的关系。

表 1-12　莱克菲纺粘法系统纤维细度与产量

序号	纤维细度（旦）	机型与单位幅宽产量[kg/（m·h）]	
		RF4 型	RF5 型
1	2.2	240	330
2	1.8	200	270
3	1.5	175	230
4	1.3	150	170
5	1.2	140	160
6	1.1	130	160
7	1.0	120	150
8	0.9	N/A	140

注　N/A 是英文 Not Applicable 的缩写，表示不适用或没有内容填写。

从表 1-12 可以看出，随着纤维直径变细，两种不同机型的产量都呈下降趋势，也就是说，同一个纺丝系统，纤维的直径越小，产量下降越多。因此，纺丝系统的产量与纤维细度是紧密关联的。即在纤维最细的状态，纺丝系统不可能有最高的产量，或在最高产量状态，纤维则必然会较粗。

图 1-31 是一种采用宽狭缝正压牵伸工艺纺丝系统的熔体挤出量与纤维细度的相关性曲线，这条曲线显示了两者间的相关性，即随着挤出量的增加，纤维会变粗。

熔喷法非织造布生产线同样存在这种情况，同一个纺丝系统，产品的产量与产品的用途有关，当产品用作空气过滤材料时，要求纤维较细，产量就较低；当产品用作吸收类材料时，纤维可

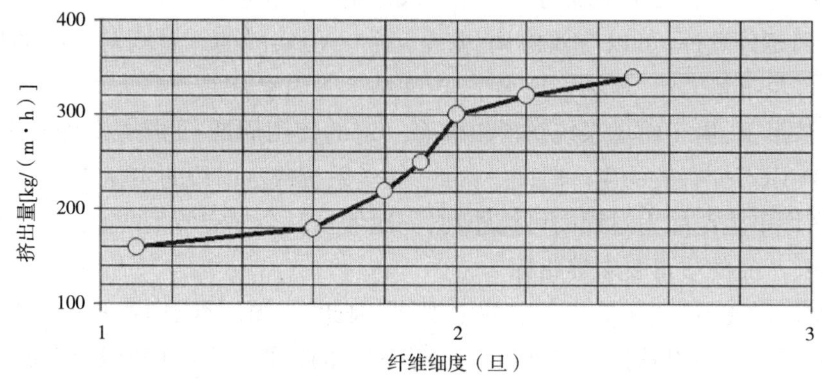

图 1-31　Perfobond 3000 纺丝系统熔体挤出量与纤维细度的关系

以较粗,产量就较高(表 1-13)。

表 1-13　熔喷纺丝系统纤维平均直径与单位幅宽产能关系

纤维平均直径(μm)	0.8	0.9	1.3	1.6	1.8	2.0	2.2	2.4	2.6
产能[kg/(m·h)]	8	10	20	30	40	50	60	70	80

(四)产能利用率

这是生产线正式投入生产运行以后,综合考评生产线技术水平和管理水平的一个指标,而且与同期的市场因素、社会因素关联。生产线的生产能力是按理论挤出量计算的,并没有考核设备利用率和产品合格品率。而产量则是真实的合格产品数量,这才是为企业带来经济效益的实用指标。

生产线的实际产量一般小于生产能力,一般为生产能力的 60%~90%,这个指标称为产能利用率,是反映生产线技术水平、企业管理水平、经营状况的最客观指标。

多年来,我国熔体纺丝成网非织造布行业的平均产能利用率<70%,但对于一条特定的生产线,其产能利用率≥90%,甚至更高。

(五)单位产量能耗

单位产量能耗(kW·h/t)是指在一个统计周期(一个月或一年)内,单位合格品产量的综合能耗,这是一个统计指标。能耗越低,表示生产线的技术水平越高。

将统计周期定为一个月或更长的时间,可以将生产线的各种工况,如启动、停止,故障,正常保养、维护,换喷丝板,转换产品规格、品种,工艺调试等过程包含在内,这样获得的数据才有代表性。不能将统计周期缩短(如 8 个小时或一天),否则所获得的数据是理想化的、没有代表性的、也是没有实用价值的,因为其中没有包括虽消耗能源却没有产品产出的过程。

$$单位产量能耗=总能耗/合格品总数$$

生产线的总能耗包括生产线直接的耗能量和为产品服务的公用工程耗能量总和。能源包括一次能源(如煤炭、石油、天然气)及二次能源(如石油制品、蒸汽、电能、煤气等),但都需要通过规定的换算关系,折算为电能,统一用 kW·h/t 表示,有时可能需要折算为千克标准煤(kgce),此时使用的单位为 kgce/t。

根据 FZ/T 07026—2022《纺熔非织造布企业综合能耗计算办法及基本定额》的规定，各种能源的折算关系如下：

1kW·h=0.1229kgce

1m^3天然气=1.1～1.33kgce

1kg 液化天然气=1.7572kgce

1kg 液化石油气=1.7143kgce

1kg(压力 1.0MPa)蒸汽=0.1086kgce

1kg(压力 0.3MPa)蒸汽=0.0943kgce

1m^3压缩空气=0.0400kgce

1t 软化水=0.4857kgce

1t 新鲜水=0.0857kgce

合格品总数是指在统计期内的合格品总量，统计期一般与财务统计周期相同，常为一个月或一年。统计期太短，获得的数据没有代表性。

在合格品数量相同的情形下，能耗与产品的质量(如纤维细度)有较大关联。因此，要结合产品的质量、工艺路线等指标，而不能仅凭能耗的多少来评价生产线的技术水平。

纺粘法非织造布产品的能耗与聚合物品种、纺丝牵伸工艺有关。由于聚酯原料要经过干燥处理后才能使用，而纺丝熔体的温度又较高，还要求有更快的牵伸速度，因此，聚酯类产品的能耗要比聚烯烃更高。

纺丝牵伸工艺对产品的能耗影响也很大，使用宽狭缝正压牵伸工艺，产品的能耗要比宽狭缝低压牵伸产品高一倍左右，而采用管式牵伸，产品的能耗在两者之间。由于产品的能耗考虑了合格品率，因此，并不代表生产线的实际负荷，供电系统的实际用电负荷还与运行时间相关，因此要比单位产品的耗能量小。

目前，主流的宽狭缝低压牵伸工艺，产品的能源消耗约在 800kW·h/t，如果产品还要进行后整理，则能耗还要多一些，一般在 1000kW·h/t 左右。而新型设备的单位产品能耗也明显比旧机型更小。

然而，随着技术的进步，设备的技术水平和运行可靠性不断提高，生产能力增加，节能技术的推广应用，也使能源利用率获得提高，最终可使产品的能耗呈不断下降的趋势。如此前 PET 产品的能耗>2000kW·h/t，目前有的新机型能耗<2000kW·h/t，有明显的节能效果。

四、能源供应及使用环境

(一)使用的能源种类

目前，生产线主要使用电能，但也会用到蒸汽、燃气等能源，必须根据生产线安装、使用地的能源供应情况来选择能源的种类。一条生产线中可能会同时使用多种能源。

熔体纺丝成网生产线一般都是使用电力驱动和控制，在国内使用的生产线，电源一般要满足如下要求：3×380V+N+PE，50Hz，电压波动≤±5%。由于电源的电压(如电网或供配电变压器的输出电压)比用电设备的电压高，通常所说的电压一般是指用电设备的电压。

由于生产线中有计算机和大量的电子设备，在系统的接线方式方面，应优先选用抗干扰性能较好的 TN-S 系统，也就是三相五线制系统。其次是 3×380V+PEN 的 TN-C 系统，即三相四线制系统。

在国外和欧美地区，一般会使用频率为60Hz的电源，三相电源电压可能是460～480V或其他等级的电压。因此，在引进设备或将设备出口到国外时，要特别关注设备使用地的供电电源频率和电压的要求，否则设备将无法正常运行。

（二）供水、供气条件

供应生产线的水源压力一般为0.30MPa，水质的总硬度≤10mL/kg，pH值6.5～7.5。

设备冷却用水对水的温度并没有特别的要求，温度在15～25℃都能使用；有的热轧机制造商要求冷却辊的水温≤18℃。如果水温更低，就需要配置专用的制冷设备来供应温度较低的冷却水。

压缩空气的压力一般为0.60～0.70MPa，无水、无油。

城市供热蒸汽管网的压力一般为1.6MPa。

管道燃气的压力一般为0.005～0.030MPa。

（三）安装使用环境条件

安装使用环境条件主要是指环境的温度、湿度、海拔高度等。特别是在高寒或高海拔的地方，及在高温、高湿环境下使用的生产线，对配置设备的性能有特别要求。

通常情况下，生产线可以在海拔1000m以下，温度10～45℃，相对湿度≤90%的环境下长期连续安全运行，目前国外一些设备制造企业在商业合同里，将生产线安装使用地的海拔高度定为500m。

我国西部的云贵高原平均海拔高度2000～4000m，黄土高原平均海拔高度800～3000m，这些都超出了一般的海拔高度要求。因此，在这些地区使用的非织造布设备必须考虑使用环境的要求。

与使用环境相关的还有控制系统使用的语言种类，在国内使用的设备，应使用中文。

第七节　生产线的数字化、智能化

一、生产线的数字化、智能化概念

数字化是信息化的基本阶段，而智能化则是信息化的高级阶段。数字化、智能化是生产线的一个亮点，利用数字化、智能化管理平台、物联网技术，数据在线收集，对设备运行状态、产品生产过程进行实时监控，趋势预测，预防性维护。

人机界面（human machine interface，HMI）简单和直观，方便控制生产过程、调整质量和监控生产能力。显示最相关的信息，利用远程控制获得可视化的支持和帮助。

数字助理免除了更多的搜索，通过移动设备可在任何地方访问系统，并提供包括生产线资料、产品描述、维护说明、技术培训等相关的信息，还可以通过视频会议或专家系统支持，利用网络摄像头排除故障。

虚拟传感器监控运行过程，通过测量和评价的过程参数，虚拟传感器能提供最佳调整方案。

智能化使设备成为一个专家系统，能预测设备（如喷丝板的剩余使用时间，传动系统轴承的失效时间，成网机网带的透气性能变化）的运行趋势，参数变化对生产过程或产品质量产生的影响；具有与其他系统通信，自学习的功能；预测设备的磨损和失效、剩余寿命等，以便进行预防性维护，避免发生计划外停机，影响产品质量和生产效率，为智能生产铺平了道路。

收集从产品订单生成、生产指令下达，开始生产、过程控制、产品形成与输出的数据，直接链接到终端客户。非织造布的分级功能，可基于不同地区客户的特点，预测需求，为客户提供量身定制的个性化产品。

利用终端设备对生产线的设备运行状态、生产流程进行直观访问，利用传感器技术、信息化技术、智能化技术、大数据分析技术、云计算分析技术，优化当前的生产过程或服务形式，帮助客户快速诊断、排除故障，提高生产效率和设备管理水平。

智能化生产线是采用智能技术的生产实现模式，以智能系统为载体和平台，代替人的部分活动。智能化强调整体自组织能力与个体的自主性，系统的建模需要大量的基础数据，系统的仿真需要实时数据支持，系统要具备一定的容错能力，并具有学习能力。通过与物联网、移动应用、虚拟现实等新技术结合，不断将智能化生产线的功能扩展。

二、智能化生产线的主要特征

（一）自组织能力

系统具有思维能力，即具有处理和再生信息的能力，通过模型和知识库及相关规则，进行经验思维、逻辑思维或创造性思维，从而使系统具有智能的行动和反应能力，支持快速的智能管理决策，使生产过程的操作更加智能和可控。

（二）自学习和调整

系统可以从专家和知识库直接获取知识，依据指令、状态变化和工作任务，学习和积累相关知识，完善和改进控制策略，在信息不完整或出现误差时，进行自我判断、自我调整，具有容错能力。

（三）广泛的互联互通

通过物联网实现物与物、人与物的互联，通过互联网实现企业内外信息互联互通，通过传感器与工业无线网通信技术、WiFi 无线通信技术（wireless fidelity）、RFID 通信技术（radio frequency identification，即射频识别技术），以及 4G、5G 通信技术相结合，实现信息的实时传递，保证系统运行的有效性，使各级用户得到生产线真实的信息，远程监视现场状态。

（四）全面实时的感知

广泛应用 RFID、传感器等感知设备。由传感器构成信息感知单元，感知物体的信息，RFID 赋予物体电子编码，构成完整的感知网，实现实时自动采集。智能传感器精度更高，具有判断、分析和信息处理能力，具备良好的可靠和稳定性，并能够自我管理。

（五）模拟与预测

模型是智能系统的基础之一，通过模型可以在生产线投产前进行模拟，检查缺陷，完善设计和施工；在生产线运营过程中对生产计划、生产运营、能源消耗等模拟，对生产线的运行状态进行描述和预测，发现存在问题，给出调整和改造建议。

（六）智能维护管理

通过对现场设备的实时监控和建模分析，可以自动生成维修计划，系统自动提醒管理人员及时对设备进行维护，预防事故的发生。设备资产具有唯一的识别码，可以自动跟踪资产的数量和位置，合理安排采购计划和库存。

可见生产线的智能化不仅仅是生产线的硬件配置问题，还需要有软件、企业资源管理等系统的支持，这是智能制造、智慧工厂的一个重要技术基础，详情可参考第十三章公用工程与通用设备的内容。

第八节　国际主流熔体纺丝成网生产线的技术动态

我国的熔体纺丝成网技术基本上是通过引进、消化、吸收、再创新这条道路发展起来的。自20世纪80年代中期进入中国市场后，德国莱芬豪舍公司利用莱克菲（Reicofil，RF）工艺的熔体纺丝成网非织造布生产线，在三十多年的发展过程中，应用工艺经历了从RF1、RF2、RF3、RF4发展到最新一代的RF5，仍是目前全球高端的商业化非织造布生产设备。

目前，市场上主要是应用RF4及RF5这两种工艺的机型，包括各类纺粘法非织造布生产线、熔喷法非织造布生产线、纺粘/熔喷复合（SMS）生产线。

一、基本机型

按运行速度、技术水平和生产能力来分，目前莱芬公司的熔体纺丝成网生产线共有五大系列（含熔喷）。

（一）RF5 1200系列

RF5 1200是运行速度最高的机型，可生产低定量规格（$7g/m^2$）产品，最高运行速度为1200m/min，有较高的产能和产品质量，机型包括了从S至SSMMMMSS全系列纺丝系统配置，生产线的幅宽系列有1000mm、1600mm、2400mm、3200mm、4200（+200）mm、5200（+200）mm等规格。

（二）RF5 1000系列

RF5 1000是运行速度稍低的机型，运行速度最高可达1000m/min，也包括了从S至SSMMMMSS全系列纺丝系统配置，生产线的幅宽系列有1000mm、1600mm、2400mm、3200mm、4200mm、5200mm等规格。

（三）RF5 Tech系列

RF5 Tech系列设备主要面对技术纺织品（产业用非织造材料）市场，可生产定量规格较大的产品（$10 \sim 100g/m^2$），最高运行速度为800m/min，是速度较低的纺粘法机型。

由于产品的纤维比其他机型粗（1.4~2.2旦），因此，这种机型的纺粘系统产能高达330kg/(h·m)；仅有S和SS两种纺丝系统配置方式，生产线的幅宽系列有1000mm、1600mm、2400mm、3200mm、4200mm、5200mm等规格。

用RF5 Tech系列设备生产的非织造布产品，其MD、CD两个方向的强力比较接近，特别是利用双组分技术后，可以使$80g/m^2$以上厚型产品的物理力学性能趋近MD/CD≈1，即接近各向同性（图1-32）。因此，这种非织造材料更适合用作技术纺织品。

但必须注意这种接近各向同性，并非是所有定量规格的产品都存在的，对于定量$\leq 60g/m^2$的产品，其性能出现了明显MD/CD>1的趋势。

从图1-32（左）可以看到，产品的MD/CD一般会随着产品定量的减小而增大，即产品越轻

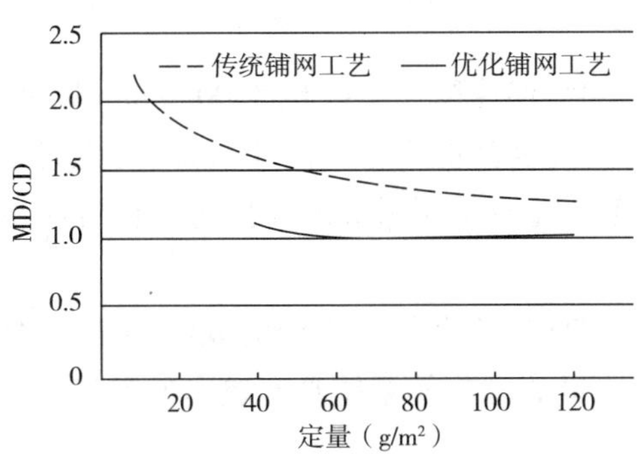

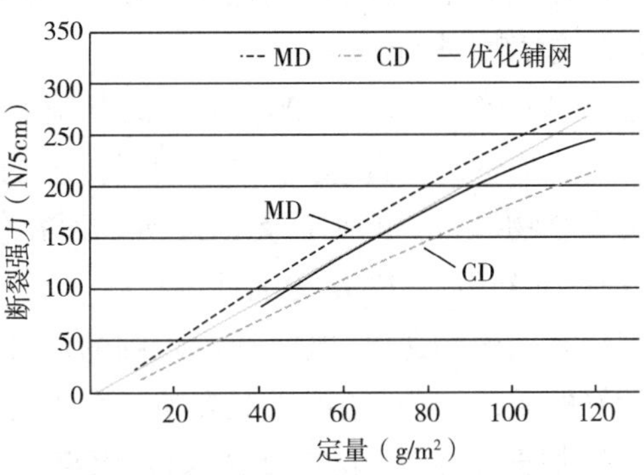

图 1-32　产品定量与物理力学性能关系

薄,其 MD、CD 方向的性能差异也越大。经过改进优化的 RF5 Tech 系列设备,所生产的非织造布产品,其 MD、CD 两个方向的强力比较接近,当产品的定量≥60g/m²时,其 MD、CD 性能已经很接近,明显比传统产品有了改善。

(四)RF Smart 系列

根据报道,RF Smart 系列设备是在 2015 年左右向中国市场推出的产品,是一种简单、配置灵活、价格稍低的经济机型,技术水平介于 RF3~RF4 之间,特点是生产线的两个熔喷系统(M)同在一个纺丝平台上,形成特殊的(MM)配置方式,降低了制造成本和设备购置价格,结构简单、产能较小,但产品质量较高,能满足卫生、医疗制品材料市场的要求。

RF Smart 系列生产线的纺丝系统可按 S、SS、SS(MM)S 和 SS(MM)(MM)S 配置,最高运行速度有 600m/min 和 800m/min(或 400m/min)两档;由于并不追求高产能,生产线的幅宽系列仅有 1600mm、2400mm、3200mm 三个规格。每年有效运行时间为 7200h、幅宽为 3200mm 的 Smart S(MM)S 生产线的最大产能为 10000t/年。

注:该机型的实际装机情况及运行状态尚没有确切的官方报道。

(五)莱芬公司的熔喷技术

独立的熔喷法非织造布生产线仅有 M 和 MM 两种纺丝系统配置,最高运行速度根据产品规格而定,生产线的幅宽系列有 1000mm、1600mm、2400mm、3200mm 等规格,或按需要制造其他幅宽规格的生产线。

莱芬公司的熔喷系统除了有传统的单行孔的埃克森(Exxon)熔喷系统(single row,SR)外,还有多排孔双轴工艺(multi-row,MR)系统,即拥有两种特点不同的熔喷纺丝工艺,而且可以在同一个纺丝箱体使用这两种不同的纺丝组件(纺丝工艺),生产性能各异的熔喷材料。

二、RF5 系列机型的特点

(一)双组分产品的生产能力

RF5 的纺粘系统具备生产双组分产品的能力,能生产皮芯型(S/C)、偏心皮芯型(eS/C),并列型(S/S)产品。

利用并列型双组分 PP/CoPP 纤网,可生产半蓬松、高蓬松型、全蓬松型及超级蓬松柔软型(extra hight loft)四类型产品。为了使产品保持良好的蓬松性、柔软性,使用形状特殊的热轧花辊或利用热风固结纤网，配置低卷绕张力的卷绕机。

(二)较高的牵伸速度

在 RF4 的牵伸速度 4500m/min 的基础上，RF5 的牵伸速度可提高至 5500m/min 以上，拓展了原料的适应性。因此，除了可以使用传统的聚烯烃类聚合物原料，如 PP、PE 外，也可以使用聚酯类聚合物原料，如 PET 及 PLA 等。而在使用茂金属催化原料 mPP 时，可以使纤维变得更细，目前已能纺制 0.70 旦的细纤维。

有较高的牵伸速度，既能获得较细的纤维，又可以使纤维获得较充分的取向和结晶，使产品具有较好的质量，同时还可用提高喷丝孔单孔熔体流量的方法使系统具有较高的产量。

(三)提升了生产线和产品的综合水平

产品疵点大幅度(>90%)减少，熔喷产品的质量可提高 20%；生产线最高运行速度达 1200m/min，相对 RF4 型生产线，速度提高了 30%；纺粘法产品的最高产能 270kg/(m·h)，熔喷法产品的最高产能 70kg/(m·h)，增加 35%；能耗降低了 15%；数字化、智能化水平提高，可靠性提高等。各系列机型的主要性能见表 1-14。

表 1-14　各系列机型性能表

机型			RF51200	RF5 1000	RF5 Tech	RF Smart	MB
产品定量(g/m^2)			7~70	7~70	10~100	≥8~70	取决于产品
适用聚合物原料	主要		PP,PE	PP,PE	PP,PE	PP,PE	PP,PE
	可用		PET,PLA	PET,PLA	PET,PLA	—	PET,PLA
喷丝孔密度(hpi)			SB:150~270; MB:25~75(单排孔),50~125(多排孔)				
速度(m/min)	成网机		1200	1000	800	800	取决于产品
	卷绕机		1400	1100	900	880	
产量[kg/(h·m)]	SB 系统		270	270	330	180	单排孔 100
	MB 系统		70	70	—	50	多排孔 150
纤维细度	zPP	纺粘(旦)	1.2~1.8	1.2~1.8	1.4~2.2	1.5~2.0	单排 1~5
	mPP	熔喷(μm)	0.9~1.2	0.9~1.2	—	1.1~1.5	多排 3~15

注　RF Smart 和 MB 两个系列的设备并不归属 RF5 系列。

三、RF5 与其他机型的差异与兼容性

在生产线性能和产品质量两个方面，RF5 比 RF4 有明显的改进，RF5 的运行速度比 RF4 提高了 30%，高达 1200m/min；PP 产品的生产能力比 RF4 提高了 35%，可达到 270kg/(m·h)。如在纤维细度相同的条件下，RF5 的产量比 RF4 增加了 30%；在产量相同的条件下，RF5 的纤维细度比 RF4 降低了 20%。

(一)早期设备技术升级

莱芬公司不同技术年代的设备，具有一定的兼容性，如用 RF4 或 RF5 技术可将早期的 RF3 或 RF3.1 升级为 RF3.4，使产品的质量达到 RF4 的水平，其中包括：

一个新的冷却牵伸系统和铺网装置,可使原系统实现类似 RF4 非织造布的质量,并具有行业领先的均匀性,减少纤网定量变化及其性能差异。

RF4 铺网系统能在小定量至大定量范围之间,使产品有较好的均匀度,使小定量薄型非织造布获得较佳的性能均衡性,并有更多的可能性影响产品的 MD、CD 两个方向质量指标的比率,减少不同方向的特性差异。

(二)将 RF4 设备升级为 RF4.5

RF5 与 RF4 或 RF4S 在技术上是兼容的,主要改进是在标准化的冷却风单元,如果将 RF4 的冷却单元更换为 RF5,就能将生产线升级为 RF4.5,几乎可以实现无缺陷产品生产(莱芬宣称可以减少 90%以上的疵点缺陷)。由此也可以看到,冷却侧吹风系统对纺丝系统的性能、技术水平有很重要的影响。

在原来 RF4 生产线中的 X 位置安装 RF5 系统,可以使 RF4 生产线具备 RF5 的技术优势;在 SMS 型生产线中将 RF4 型熔喷系统升级至 RF5,可将产能提高 35%,或将能耗降低 15%。

升级的主要项目包括:

(1)全新的、完全重新设计的、几何形状优化的冷却侧吹风箱,可提供更均匀的冷却条件。

(2)通过减少冷却侧吹风箱内的风量分配板(多孔板)数量,降低了维护工作量,从而使系统更稳定,大大加快了清洗分配板时的拆卸速度和重新组装的速度。

(3)冷却风箱侧面的窗口,能方便地观察风箱内部的工作状态。

(4)可以快速更换每个工艺气流入口的过滤网,确保冷却侧吹风箱内腔室的清洁。

新的单体抽吸系统优化了单体吸入口的间隙,减少了抽吸单体时产生的紊流,减少了单体对系统的污染和抽吸气流对喷丝板温度的影响。

RF5 生产线应用了数字化、智能化技术和新的节能技术。具有友好的人机界面,数字辅助显示技术,虚拟传感器管理技术,非织造布产品评级,运行状态检测,纺丝组件自动检测系统,设备预防性维护警示,云分析技术,成网机压辊自动清洁,成网机网带自动清洁等功能。

RF5 生产线还考虑了用户的现场环境,可以配置纺粘系统、熔喷系统防护隔离装置和成网机上方的防护装置等。

第九节　熔体纺丝成网生产线中的通用设备

一、电气控制系统

(一)电气控制系统的功能

电气控制系统担负全生产线的程序控制,速度控制,压力控制,流量控制,温度控制,料位控制,物料配比,卷长计量,网带纠偏,DCD 调节,离线/在线控制和协调等,以及电力分配等工作。熔体纺丝成网非织造布生产线的电气控制系统结构如图 1-33 所示。

从图 1-33 可看出,按照控制系统的结构,可划分为过程控制级、操作维护级和管理层级三个层次。

过程控制级主要由过程控制器、I/O 组件和现场仪表组成,是系统控制功能的主要现场实施部分。

操作维护级包括操作员站、工程师站以及数据维护站,完成系统的操作、组态以及数据的

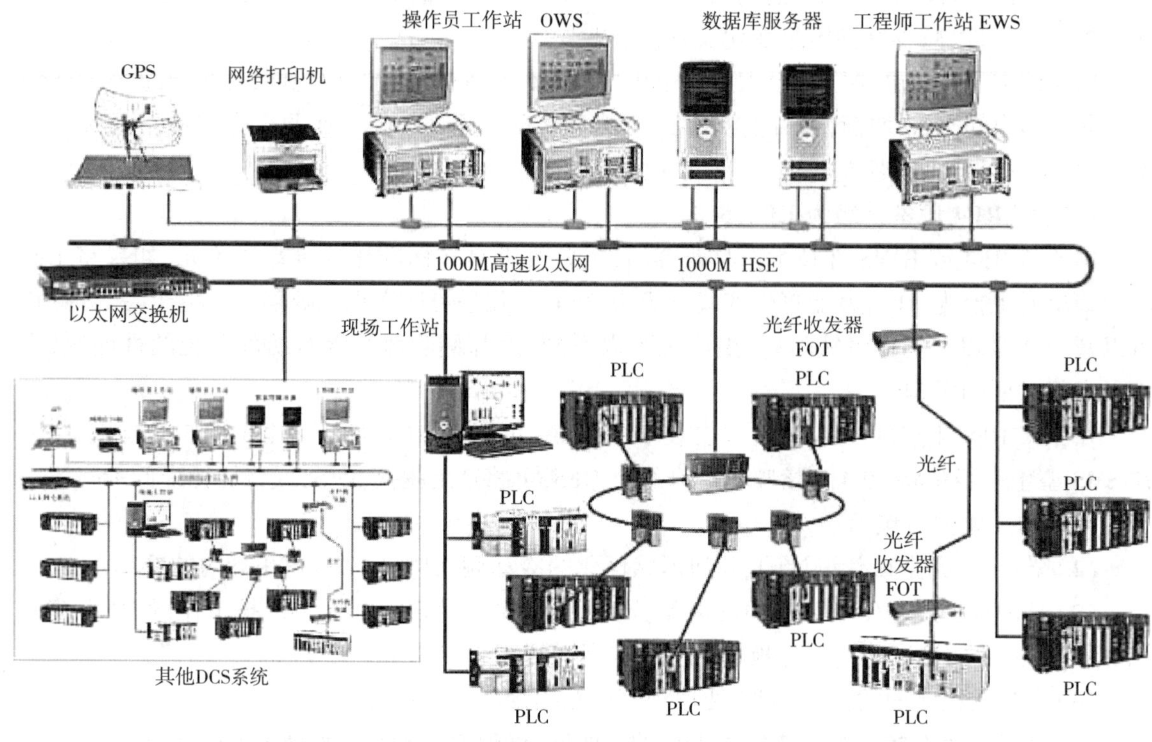

图 1-33　非织造布生产线的电气控制系统

存储。

管理层级主要是指工厂管理信息系统(MIS 系统),企业资源计划即 ERP(enterprise resource planning),作为集散控制系统(distributed control system,DCS)更高层次的应用。

(二)现场控制设备

配置在生产线使用的电气系统控制设备,有的可以直接放在生产现场,便于控制生产线的日常生产运行。根据生产线的规模、结构和工艺,会配置一个主控制操作台和多台控制柜(图 1-34)。

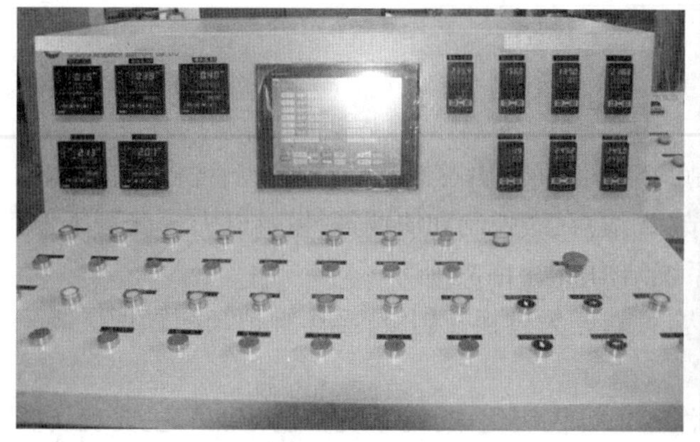

图 1-34　控制台操作面板

(三)电气控制柜箱

有的电气控制柜集中放置在电气控制房内(图 1-35),这个专用的房间常称为马达控制中心(motor control center,MCC)。这类控制柜主要用于电能分配与管理,安装有各种成套低压电气设备。

图 1-35　生产线的电气控制柜

在正常生产期间,需要在这种控制柜上进行的操作频度很低,因此,这个 MCC 可以离生产现场稍远或在不同标高的楼层上。由于配有良好的通风降温及防静电设施,空气洁净,运行环境较好,有效提高了电气系统的可靠性。

生产线的控制系统会用到各种各样的微电子元件和弱电设备,环境温度会直接影响其运行可靠性。由于 MCC 是一个封闭的空间,而设备在运行过程中会释放热量导致温度升高,因此一般会配置一个强制的通风换气系统,有的还会配置空气调节设备。

因为现场空间较大,温升不会很高,因此一些直接安放在生产线现场的电气控制柜也能正常工作,但控制柜内的通风滤网较容易堵塞,要注意检查清理。

二、辅助设备

辅助设备主要是指除了生产线主流程中的设备外,为了实现工艺目标而需要的其他支持性配套设备,如果买方没有特别声明,这些设备一般都是包括在设备供应商的供货清单范围内必须提供的。

当买方已经有多条非织造布生产线时,已经配置有一些辅助设备,就没有必要再重复配置。例如,已经配置有尺寸较大的纺丝组件清洗设备,而且使用率很低,在新的生产线中就没有必要再购置。

(一)纺丝组件清洗设备

经过一段时间运行后,纺丝组件的性能劣化,主要表现为产品的均匀度变差,离散性越来越大,或纺丝箱体压力上升至最高设计值,这时就要将纺丝组件拆换下来进行分解、清理,使其性能恢复到正常水平。

在纺丝过程中,任何一个喷丝孔纺丝不正常,都会使产品形成明显的缺陷,影响产品的质量,甚至导致生产线无法正常运行。纺粘喷丝板的喷丝板孔是以多行多列排列分布的,也容许有一定数量纺丝异常的喷丝孔堵塞,来保证稳定纺丝,因此,纺粘系统喷丝板的使用周期较长,目前一般可以达 30 天以上。

由于熔喷系统喷丝板只有一行喷丝孔,容易受各种工艺因素和管理因素影响,因此熔喷法纺丝组件使用周期比纺粘系统喷丝板更短一些。清理喷丝板的工作量会较大,时间间隔也较短。第十章会专门介绍纺丝组件的清洗工艺和维护工作。

纺丝组件清洗系统的设备包括组件煅烧炉、超声波清洗机、高压水清洗机、检板仪器等,其中组件煅烧炉是系统中的主要设备(图 1-36)。

图 1-36　带加热裂解装置的卧式组件真空煅烧炉

(二)原料储存系统

纺粘法生产线的产量较大,选用的原料品牌会较多,因此,原料储存量较大。企业一般都是利用仓库存放生产用的原料,这是较简单的原料储存方法,投资较省,但占地面积大,不利于自动化管理,还存在大量的二次,甚至三次搬运分发工作,不利于改善生产现场的形象。

一些大型企业,由于聚合物原料的消耗量大,会使用多个大型储罐储存常用的各种原料,一般包括纺粘法纺丝系统和熔喷法纺丝系统用的原料。这样能大幅提高地面的利用率,提高原料管理工作的自动化程度。

原料储存系统一般包括从外购原料到货卸载、原料储存、向纺丝系统分配供料的全过程。由于这个过程都是在管道系统内进行,能减少浪费及消除散包落地损耗,可节省大量的包装费用和人力机械搬运费用。

如有条件使用罐车配送时,原料到货后的卸载过程可以完全机械化、自动化进行,而且一般有较高的卸载效率(≥10000kg/h),还可以提高罐车的周转率,但大型储罐系统的投资较大,系统的设备多,运行管理要求也较高。

图 1-37　大型原料储罐系统

原料储存系统包括储罐、分配管网、风机或压缩机等(图 1-37)。

(三)制冷系统

制冷系统的功能是为冷却吹风系统提供温度较低的空调气流,纺粘系统的冷却风温度一般在 15~20℃之间,并有向更高温度方向发展的趋势。如果熔喷系统也配置有纤维冷却装置,也需要配置冷却系统(图 1-38)。

制冷系统包括制冷压缩机、空气调节器(AHU)、冷冻水泵、冷冻水管路、冷却水泵、冷却水塔、冷却水泵等。其中的制冷压缩机是核心设备,一般使用螺杆式水冷机组。按照标准工况,在冷却水系统的出水温度为 30℃、回水温度为 35℃时,水冷式制冷机组的冷却水出水温度为 7℃，回水温度为 12℃。

图 1-38　冷水机组的制冷机、冷冻水泵和空气处理器

为了确保制冷系统不影响生产线正常运行，早期生产线制冷系统中的制冷压缩机、水泵等设备都有备份，这样便能很快将备份设备投入运行，替代有故障的设备，或在正常情况下，对退出运行的设备进行维护保养工作。

制冷系统是纺粘法生产线必须配备的系统，也是熔喷法生产线可能选配的系统，其性能直接影响纺丝稳定性、产品的质量和纺丝系统的产量，也会影响产品的能耗。

制冷压缩机是制冷系统的核心，目前普遍配置螺杆式冷水机组，由于制冷机要长期连续运行，因此，一定要选购高效节能设备。冷水机组的性能系数（COP）或综合部分负荷性能系数（IPLV）一定要符合 GB 19577—20015《冷水机组能效限定值及能源效率等级》的要求。

制冷系统的运行使用状态与当地的地理气候环境及产品质量要求有很大关联，在南方高温环境使用的制冷系统，制冷能力较大，年运行时间也较长；而在北方温度较低环境使用的制冷系统，制冷能力会较小，年运行时间也较短，当环境温度低于工艺要求温度后，制冷设备也就处于闲置状态，无须启动运行了。

一些对产品质量要求较低的生产线，或在有温度较低的地下水资源的地方，就没有配置独立的制冷设备，直接利用地下水或江湖水源作为冷却侧吹风系统的冷源。

三、公用工程

公用工程泛指非织造布生产企业内公用的设备，也是国民经济生产领域通用的一些设备，主要是一些能源供给设备，如供电系统、压缩空气系统、冷却水系统、燃气供给系统、蒸汽供给系统等。

（一）供电系统

供电系统是为生产线提供能源和动力的系统，由于纺粘生产线的装机容量较大，一般要由 10kV 变压器直接供电。供电系统常包括变压器、高压配电计量系统、低压配电系统及电压配电线缆、接地装置等。

由于熔体纺丝成网生产线的装机容量都较大，因此，按照现行的用电法规，基本没有可能从当地的380V供电系统获得电能，而是作为10kV的高压用户，利用降压变压器受电，再转换为企业所需要的各个电压等级电源。在这个供电、配电系统，变压器就是核心。

随着生产线的大型化及高效、高产能，聚合物原料的多样化，会配置单机功率较大的电力拖动设备，当电动机的功率大于315kW以后，就无法应用380V电压等级的设备，而要使用其他更高电压等级或10kV的电动机，这种生产线就需要有10kV的供电系统。

要选用高效节能型变压器，这对提高供电可靠性、减少变压器损耗、减少用电损耗都有明显的效果。目前，企业有多种高效节能变压器选项（图1-39）。

（a）SCBH15系列非晶合金变压器

（b）S13系列油油浸式变压器

（c）欧式箱式变压器

图1-39　各种变压器

由于生产线中有大量的电子设备，供电系统要选用抗干扰能力较强的三相五线制系统，即TN-S系统，包括三根相线（A，B，C），一条中性线（N），一条保护地线（PE）。

保护接地就是在正常情况下不带电，而在绝缘材料损坏后，或其他情况下可能带电的电器金属部分（即与带电部分相绝缘的金属结构部分）用导线与接地体可靠连接起来的一种保护接线方式。

各条电线都用标准的颜色识别：A相线—黄色，B相线—绿色，C相线—红色，N线—淡蓝色，PE线—黄绿色。

（二）冷却水系统

为了使生产线中的各种设备能正常运行，常利用冷却水将运转过程中产生的多余热量移除，生产线中的螺杆挤出机、热轧机、制冷压缩机、空气压缩机都需要冷却水。一般情况下，要求冷却水系统的出水温度为30℃，从用水设备回来的回水温度为35℃，出水温度比回水温度低5℃。

从企业的消防安全角度，必须配置消防水源系统，而冷却水系统中的蓄水池经常兼作消防系统的备用水源。

冷却水系统是一个循环系统，即使经常进行排污作业，其水质还是较差的，不能用于后整理系统的整理液配制，因此，对于配置有后整理系统的生产线，还必须配置水质符合使用要求的水源。

冷却水系统包括循环水泵、冷却水塔（图1-40）、储水池、管路、阀门及控制系统等（图1-38）。一般企业会将冷却水塔放置在厂房的高层或顶部，这种布置方式有较好的节能效益。

（a）圆形冷却塔

（b）方形横流型冷却塔

图 1-40　冷却水塔

（三）压缩空气系统

生产线中有的设备，如吸料系统、计量混料装置、成网机等设备都配置有气动装置，压缩空气系统就是为这些设备提供干净的压缩空气。纺粘生产线、熔喷生产线消耗的压缩空气量较小，SMS 型生产线的压缩空气消耗量会较大，但对压缩空气的要求都不高，设备的装机容量也不大，一般使用小型空气压缩机就能满足要求（图 1-41）。

（a）小型活塞式空气压缩机

（b）螺杆式空气压缩机

图 1-41　空气压缩机

如果压缩空气是作为动力用气，如用于原料的正压输送或用作 PET 类原料生产线纺丝系统的正压牵伸气流，则其消耗量就较大，装机容量也可达数百千瓦，管理要求也会较高。

压缩空气系统包括空气压缩机、储气罐、空气净化设备等。一般选用运行效率高的通用型螺杆式空气压缩机。

一般压缩空气的压力≥0.6MPa 可满足使用要求，压缩机的排气量则与生产线的规模对应，一般每一个纺丝系统的压缩空气消耗量≥1.0m^3/min，但稍具规模的非织造布生产企业，通常都是建立一个排气量较大的压缩空气站，集中向所有的生产线供气。

（四）燃气供给系统

熔体纺丝成网非织造布生产线中的一些设备，主要是一些加热设备、烘燥设备等，既可以使用电能，也可以使用蒸汽或燃气能源。使用蒸汽或燃气能源时，成本比电能低，经济效益明显，但当地必须具有较稳定的燃气供给，以保证正常生产需要。

生产线中的一些加热装置，如热轧机轧辊加热系统、产品后整理烘干设备都可以使用燃气作为能源。

目前，城市燃气管网日趋完善，覆盖范围越来越宽，只要能接入供气管网，就有可能使用燃气能源。由于燃气管网的燃气压力通常比设备所需的燃气压力高很多，企业必须建设一个燃气计量和调压站及相应的内部管网。

由于燃气是一种易燃易爆气体，其调压装置的建造和燃气使用必须符合 GB 50494《城镇燃气技术规范》的要求。

(五)蒸汽供给系统

由于存在环境污染及安全管理方面的问题，特别是生产过程并不一定需要使用蒸汽，可以使用其他更容易获得的能源替代，非织造布生产企业很少配置蒸汽锅炉，特别是我国南方的非织造企业，由于不存在冬季取暖的要求，基本上都不配置蒸汽锅炉。由于蒸汽锅炉属特种设备，其建造运行都要符合特种设备安全技术规范 TSG 11—2020《锅炉安全技术规程》的要求。

当企业所在地有城市供气管网时，由于管网供应的一般是压力较高的过热蒸汽，企业仅需建造一个计量、降压、加湿系统便可以正常用汽。

第十节 熔体纺丝成网非织造布的应用

目前，市场上的熔体纺丝成网非织造布产品主要指纺粘法非织造布、熔喷法非织造布、纺粘法与熔喷法复合的 SMS 型非织造布。按非织造布的纺丝成网工艺，闪蒸法非织造布和静电纺丝法非织造布，也属熔体纺丝成网或溶体纺丝成网产品。

一、纺粘法非织造布的应用

纺粘法非织造布技术主要应用在两个方面，一个是以独立生产线的形式直接生产纺粘法非织造布产品或材料，以这种方式运行的生产线数量众多；另一个是作为 SMS 生产线的一种纺丝系统，与熔喷系统结合生产 SMS 型复合材料。

目前，纺粘法非织造布主要用于以下几个领域。

(一)卫生、医疗用品

纸尿裤吸收芯层包裹材料、防漏隔边、卫生棉（SMS 或 MB），婴儿和成人尿布的面层及底面防漏层，扣贴、弹性腰围和芯层、侧翼材料，家居生活卫生用品，母婴用品，女性护理，宠物用品，清洁用湿巾、化妆湿巾等。

医疗制品材料：一次性衣物、外科口罩、口罩面料，手术消毒盖布、鞋套，圆帽防护衣，手术衣，隔离衣，病房用品，一次性医用敷料，包扎护理材料，手术和外科类，感染防护类，组合包类，实验服等。

(二)土工产品

高速铁路无砟轨道滑动层，公路与街道、马路建设，垃圾填埋场建设、机场建设，尾矿库堆场、煤粉灰堆场，围海造地工程，堤防水利和港口的侵蚀防护，隧道工程、水土保持工程，防水材料。

（三）旅游用品

一次性衣裤，旅游帽、野营帐篷、铺地布、桑拿服、美容服、西装袋、围裙、一次性拖鞋，礼品袋，桌椅头枕等。

（四）建筑用材料

沥青支撑物、屋顶防水、屋面保温层、防水隔层、室内装饰材料等。

（五）包装材料

商品、工业品包装材料，各式购物袋、文件袋，非织造布信封，茶叶包装袋，箱包制品等。

（六）农业用材料

农作物栽培、茶叶种植、花卉种植，农业大棚、园艺、无土栽培、禽畜舍棚覆盖，果实防护、病虫害防护、除草布，防寒保护等。

（七）家居及生活用品

桌布、床垫、坐垫、床罩、家用电器罩、弹簧包布、一次性床上用品、衣物包装袋，简易橱柜、收纳箱、座椅的软垫背、夹层板、中间层等。

（八）制鞋业材料

人造革基布，地毯基布。

（九）工业用材料

电缆绝缘材料，过滤清洗用布。

二、熔喷法非织造布的应用

由于熔喷法非织造布不耐磨，力学性能较差，一般很少独立使用。为了防止在独立使用过程中有纤维脱落，需要另做加固处理。

（一）卫生用品

婴儿和儿童卫生、女性卫生、成人失禁产品、宠物垫、吸水垫。

（二）保温材料

家纺产品，衣服、防寒产品，建筑、家用电器隔音绝热材料，汽车内饰。

（三）擦拭布

个人护理、美容，婴儿擦拭，厨房、汽车、高铁等行业用工业擦拭等领域用的干巾和湿巾，吸水布和抹布。

（四）环境保护材料

吸油毡，吸油围栏。

（五）气体液体过滤材料

口罩，燃气、空气过滤器，苯、水和血液过滤，石油产品过滤。

三、纺粘/熔喷/纺粘复合（SMS）非织造布的应用

SMS型非织造布整合了纺粘法非织造材料较好的力学性能和熔喷法非织造材料较高的阻隔性能，成为一种阻隔性能和力学性能均良好的新型非织造材料，主要用作卫生、医疗防护制品材料。可用作纸尿片、卫生巾、失禁用品的吸收芯层包裹材料，医用防护服、手术衣、隔离衣、手术洞巾、医疗器械包布等，油漆、装潢、粉尘、油污、下水道等作业场所的防护服等。

四、闪蒸法非织造布的应用

(一)闪蒸法非织造布的基本特性

从20世纪70年代闪蒸法非织造布在美国商业化应用以来,已有50多年历史,产品在不同领域为客户提供了很多解决方案。这种产品将纸、薄膜和纺织品等材料的特点集于一身,显示出了防水、透气、质轻、强韧、耐撕裂、耐穿刺、高反射率、抗紫外线、易加工、环保等方面的优秀特性。

另外,PE闪蒸法非织造材料能承受-75~118℃的温度,不受大多数酸、碱、盐类物质的影响,具有出色的防腐、防霉变特性,而且拒水、防污、易清洗。

通过改变闪蒸纺丝与纤网固结工艺条件,有两种不同形态的材料:一种像纸张一样的片状硬结构材料,另一种是像布料一样的软结构材料,两种材料均呈纯白色,不同型号规格的材料具备不同的物理性能,可满足特定市场需求。

闪蒸法非织造布是用100%高密度聚乙烯(HDPE)纤维制成,因此可以100%回收循环使用。而且是具有极强韧性的材料,适用于多种加工方法,容易进行涂布、击凹凸、折叠、黏合、复合、穿孔打孔、缝纫及热封等加工。

(二)硬结构的闪蒸法非织造布

硬结构的闪蒸法非织造布与纸张一样,表面平整光滑,硬挺度好,易于印刷加工等,有很好的印刷适应性,既可以使用大多数的传统印刷工艺,也可以应用数字印刷技术,包括紫外线喷墨、乳胶和凸版印刷工艺,有很好的印刷效果。适用于包装袋、家居装饰、文创产品、公共艺术空间、建筑维护以及工业包装等领域(图1-42)。

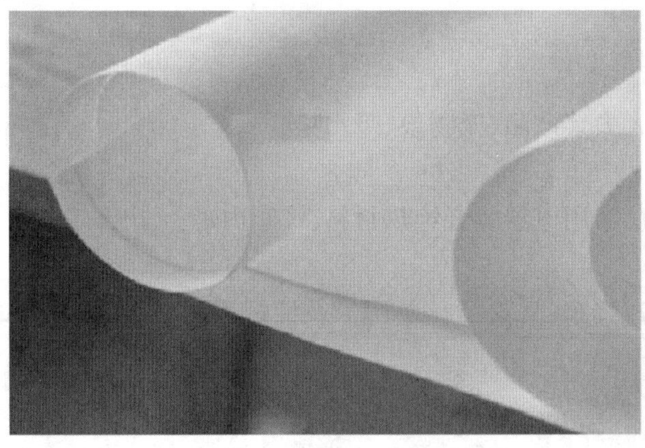

图1-42　硬结构的闪蒸法非织造材料及印刷品

由于闪蒸法非制造材料有良好的抗老化性能和拒水透气性能,经常用作建筑维护材料,图1-43为国外在建造房子时使用闪蒸法非织造材料的案例,图中有Tyvek®标记的材料是杜邦公司的特卫强品牌闪蒸法非织造布,房子用这种材料全部包覆起来,这种材料可以在整个建筑生命周期中(有效使用期限为50年)发挥作用,可加强建筑物的气密性、水密性,保证建筑物不受风雨侵袭,而建筑围护结构及建筑物内部的水汽又能顺畅排出。

在屋顶的坡面中,闪蒸法非织造材料可作为第二道防水屏障用于坡面上,能提高建筑物耐久性,保证建筑物的保温性能,改善居室空气质量,使居住环境更加舒适。

图 1-43　贴在房子外墙上的硬结构闪蒸法非织造材料

(三)软结构的闪蒸法非织造布

软结构的闪蒸法非织造材料,质感更像布料,表面有凸起的纹路,柔软,也如硬结构材料一样具有防水、抗撕裂和质轻特性,同样可以印刷、缝纫、黏合等,适合用于服饰、包装袋、服装、家纺或商品吊牌、食物标签或其他无菌包装用途等,在包装与防护等领域也得到了广泛应用,如个人防护、医疗包装等。图 1-44 为用闪蒸法非织造材料生产的各种防护产品。

图 1-44　用闪蒸法非织造材料生产的各种防护产品

软结构闪蒸法非织造材料还可应用于护套(罩)、剧院布景、帐篷、桌布、装饰材料以及艺术品的包装等。

用 $41g/m^2$ 闪蒸法非织造材料制造的防护服,符合 GB 19082—2009 的要求,厚度约 0.13mm,柔软轻便(每件约 130g),低落絮、不起毛、耐折叠;防水透气性好,透湿量 7154g/(m・d),抗静电;表面抗湿性可达 4 级(GB/T 4745—2012),抗合成血液渗透达 4 级,可防尘、防漆雾。可用伽马射线灭菌,无环氧乙烷残留。

目前,我国也已经开发出了闪蒸法非织造布产品,并进入了应用市场,将为各个应用领域提供新的材料选项。

五、静电纺丝非织造布的应用

通过静电纺丝技术制备纳米纤维材料，是近年来材料科学技术领域的重要的学术与技术活动之一，静电纺丝技术已经制备了种类丰富的纳米纤维，包括有机、有机/无机复合和无机纳米纤维。

由纳米纤维制成的非织造布，具有常规非织造布所没有的性能和特点，主要表现在：很低的定量规格，产品的定量规格一般为 0.01～4g/m^2；纤维直径很小，有纳米材料特有的小尺寸效应，触感柔软，有极大的比表面积，微孔结构、孔径小、透气性好；高孔隙率、大的孔隙容量、过滤、阻隔性能优异、极好的静水压；有吸附、催化作用；有与其定量相对应的优异的力学性能；可与不同的添加剂混合，有自洁净性。

由于强烈的静电作用，纳米非织造布很容易在静电作用下团聚在一起而无法分开。因此，是无法独立存在的，要依附在其他载体表面。

静电纺丝以其制造装置简单、纺丝成本低廉、可纺的物质种类繁多、工艺可控等优点，已成为有效制备纳米纤维材料的主要途径之一。随着纳米技术的发展，静电纺丝作为一种简便有效的纳米纤维生产加工技术，已在机械、化工、生物、医疗、过滤、防护、催化、能源、食品工程等领域发挥了巨大的作用。

无机纳米纤维在高温过滤、高效催化、生物组织工程、光电器件、航空航天器材等领域具有潜在的用途。由于静电纺无机纳米纤维脆性较大，限制了其应用推广。

(一)在生物医学领域应用

在生物医学工程、再生医学领域，纳米纤维可以模拟天然细胞的外基质结构和生物功能，还可用于组织和器官的修复。

一些静电纺原料具有很好的生物相容性及可降解性，可作为载体进入人体，并容易被吸收；加之静电纺纳米纤维有大的比表面积、孔隙率等，因此，在生物医学领域引起了研究者的持续关注，并已在药物控释(药物递送)、创伤修复及敷料、生物组织工程、生物酶固定化、生物传感器及医学诊断等方面得到了很好的应用。

(二)在过滤领域的应用

纤维材料的直径越细，比表面积越大，这些材料的容尘量和过滤效率就越高。高效过滤技术主要体现在提高过滤介质的比表面积和缩小介质材料的孔径尺寸。因而，降低纤维直径成为提高纤维滤材过滤性能的一种有效方法。

静电纺纳米纤维除直径小外，还具有孔径小、孔隙率高、纤维均一性好等优点，作为滤材在大多数应用场合的过滤效果都得到显著提升，同时还可延长滤材的使用寿命，提高对污染物的容量，使其在气体过滤、液体过滤、水处理及个体防护等领域表现出巨大的应用潜力。

静电纺产品可应用于空气净化器、工作场所和洁净房通风设备的过滤、工业用油和燃料的过滤以及汽车用过滤等领域。

(三)在化学工程领域的应用

具有纳米结构的催化剂颗粒容易团聚，从而影响其分散性和利用率，因此静电纺纤维材料可作为模板起到均匀分散作用，同时也可发挥聚合物载体的柔韧性和易操作性，还可以用作催化剂载体，利用催化材料和聚合物微纳米尺寸的表面复合产生较强的协同效应，提高催化反应的效能。

（四）在传感器领域的应用

静电纺纳米纤维具有较高的比表面积和孔隙率，可增大传感材料与被检测物的作用区域，可大幅度提高传感器性能和灵敏度。如用纳米纤维制作的气敏传感器，可在 14s 内测定浓度为 10mg/kg 的乙醇。

（五）在能源、光电、食品工程领域的应用

静电纺纳米纤维可用于能量的收集转化和存储、太阳能电池、超级电容器等，静电纺纳米纤维膜材料在电解质吸收和离子传输方面具有无可比拟的优势，可作为锂电池的隔膜，还可应用于光电（电磁屏蔽、柔性器件领域、智能织物）、食品工程等领域。

（六）在防护领域的应用

纳米纤维材料可用于生产各种防护制品，如防弹服、防伪装置、防生化武器特种服装、医用防护服、烟雾防护面罩等。静电纺丝非织造布还可以生产抗静电、抗紫外线、耐老化服装和隐身服装等。

（七）在环境工程的应用

在环境工程领域，静电纺非织造布可用于有机化合物去除，染料吸附，过滤和分离，液体混合物分离，水收集，单向液体渗透。如废水处理、工业循环用水、空气净化（尤其是高温空气净化）、污水处理、海水淡化及纯净水的制备、催化剂、离子交换系统等。

纳米纤维材料有优异的吸音性能，明显改善材料的吸音效果，广泛用于音乐厅、剧院、电影院、建筑、工程设备、大型体育场馆等的建设以及汽车、飞机等领域，可以达到很高的声学和降噪要求。

参考文献

[1]柯勤飞，靳向煜. 非织造学[M]. 3 版. 上海：东华大学出版社，2016.

[2]谷英姝，汪滨，董振峰，等. 聚乳酸熔喷非织造材料用于空气过滤领域的研究进展[J]. 化工新型材料，2021，49(1)：214-217，222.

[3]常过，邓炳耀，刘庆生，等. PLA 纺粘非织造材料的制备和表征[J]. 纺织学报，2012，33(8)：35-39.

[4]GEUS H G，KLUNTER B，KUNZE B，等. 莱芬豪斯公司 Reicofil 技术-纺粘非织造工艺-技术新进展[C]. //亚洲国际非织造材料研讨会第十届上海国际非织造材料研讨会论文集. 上海，2003：363-371.

[5]杜晨辉，夏磊，刘亚，等. 闪蒸纺超细纤维非织造布应用研究[J]. 非织造布，2008，16(2)：27-30.

[6]中华人民共和国工业和信息化部. 过程测量与控制仪表的功能标志及图形符号：HG/T 20505—2014[S]. 北京：中国计划出版社，2014.

[7]刘延波，孙健，赵雪菲，等. 静电纺纤维在生物医药应用领域的研究进展[J]. 产业用纺织品，2015，33(9)：1-11.

第二章　熔体制备与接收成网系统设备

熔体制备系统是聚合物熔体纺丝成网生产线的重要系统,其功能是为纺丝系统制备纺丝用的熔体。熔体制备系统包含多个子系统,主要包括原料输送系统、原料预处理系统、原料与辅助原料的计量混合系统、螺杆挤压熔融系统、熔体过滤装置、熔体的计量与输送及相应的管道装置、相应的控制系统等(图 2-1)。

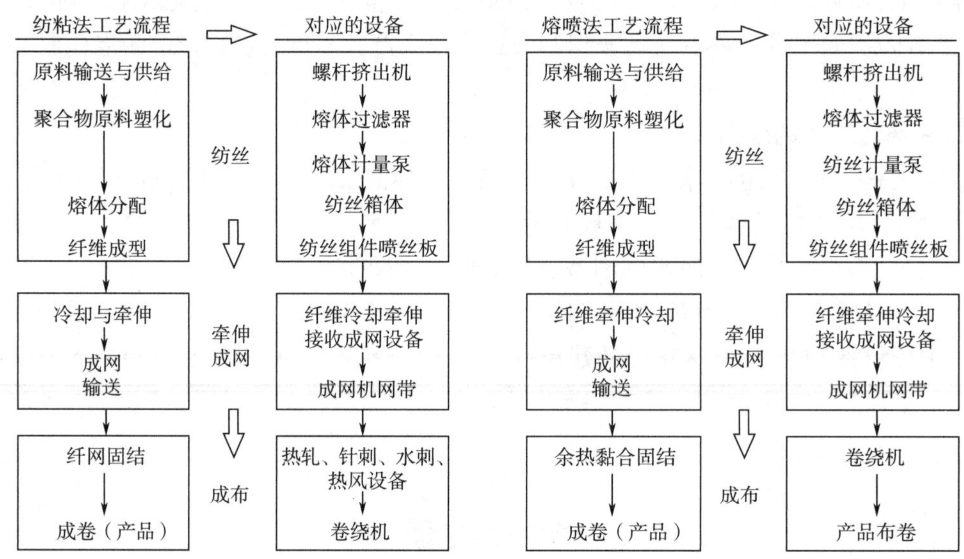

图 2-1　纺粘法(左)和熔喷法(右)的工艺流程与对应的设备

从图 2-1 可以看到,纺粘法非织造布与熔喷法非织造布纺丝系统中的熔体制备系统,其工作过程、设备配置基本上是相同或类似的;同样,它们的接收成网也是类似的。与两种熔体纺丝成网非织造布生产过程对应的设备也是类似的,仅是设备规格及运行状态有所不同。因此,本章介绍的是与这些共性设备相关的内容,至于两种不同纺丝工艺特有的工艺流程及设备,将在第三章、第四章专门阐述。

第一节　原料供给与输送系统设备

原料供给系统处于生产线的上游位置,但其中部分设备会分散布置在厂房的不同位置,甚至是远离生产线主体设备的仓库内或其他露天场所。

原料供给系统的功能有三个,第一个是将外购的原料输送到企业内部的仓库或储存地点;第二个作用是将湿切片原料输送到生产线的干燥系统进行干燥处理;第三个作用是将聚合物原料直接输送到纺丝系统使用。

一般情形下,第一个功能不属生产线设备的供货范畴,大部分情况是企业自行建设的项目,是为企业内不同的生产线服务的。而第二、第三两个功能及设备一般都属生产线供货范围,要作为生产线主流程配套设备同步建设。

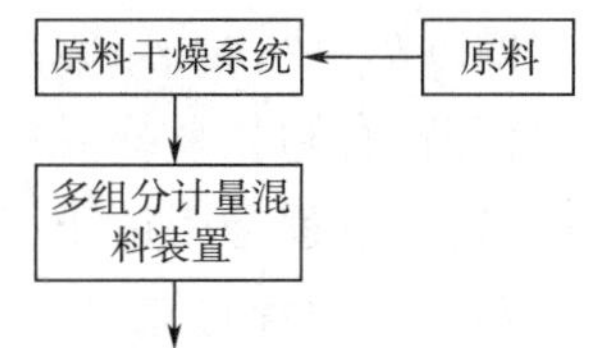

图 2-2　原料供给系统在生产流程中的位置

对于使用聚酯类聚合物原料的生产线,原料供给系统处于生产流程的最上游,把湿切片输送给干燥系统,对于无须干燥就可以投入纺丝系统的聚烯烃类原料,则直接将原料输送到多组分计量混料装置(图 2-2)。

一、原料供给系统的功能及设备

原料供给系统的第一个功能是收纳及储存新购进的原料。原料输送系统包括原料储存系统、原料输送与分配系统、现场料斗等。

(一)收纳及储存新购进的原料

收纳供应商送来的原料及新购进的原料,并作为仓储设备存储原料,普通的非织造布企业一般都是利用仓库内的地面和空间,用堆叠的方法储存袋式包装的原料。卸车过程一般都是依靠人力及搬运机械进行的。

一些大型非织造布企业,原料消耗量很大,往往会在室外建造大型储罐,收纳及储存新购进的原料,储罐的容量一般可达 50~200t,向纺丝系统提供生产过程所需要的固态原料(粒状切片或粉状聚合物)(图 2-3),辅料(色母粒、功能改性母粒或填充母粒等),从远处(或低位)储存仓库送至生产线的高位料斗。

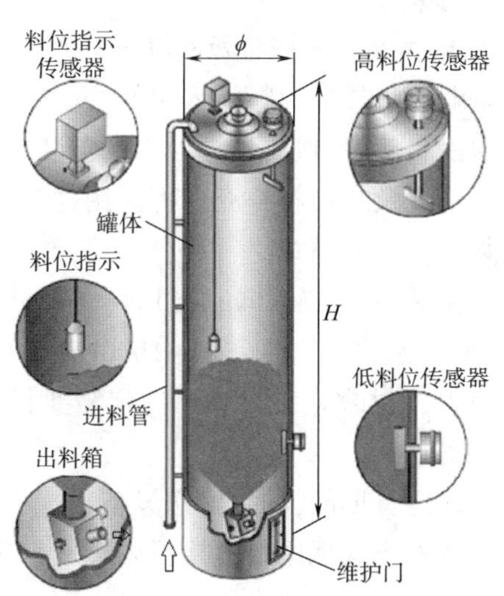

图 2-3　大型储料罐及结构

使用大型储罐能减少企业储存原料占用的仓库面积,大幅度提高库房地面的利用率,还可节省大量的原料包装费用,节省原料卸载及从仓库到生产线之间的垂直运输及水平运输设备、人工费用,提高原料储存及分配、输送过程的机械化、自动化水平,减少在这个过程中的损耗。

只有使用槽罐车供料时,储罐系统的优越性才能充分体现出来。当企业建造有大型储罐群时,一般还同时配置有卸载系统,将由专用罐车送来的散装原料卸下,随后利用管道输送到相应的储罐内存放,这个过程是用正压气力自动输送的。虽然专用槽罐车配置有卸载设备,但有的运载工具自身不一定配置有卸料系统,因此,企业要配置不同的卸载设备。

当原料以袋装形式运抵企业时,会采用人工解包或自动拆包机拆包的方法,依靠重力让原料流入下方专门设置的地面料斗,或将原料拆包后投入地面料斗,随后利用正压气力输送系统将原料送入储罐中存放。

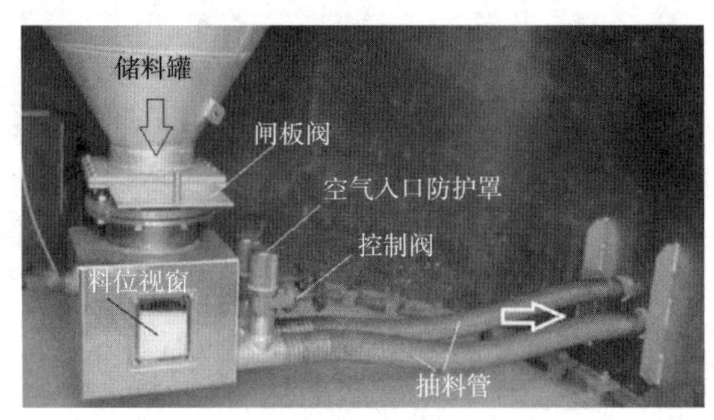

图 2-4　大型储料罐底部的出料装置

大型储料罐都是采用上部进料、底部出料这种方式,既可以保证原料满足先进先用这一原则,避免有旧料积存,储料罐底部的漏斗状结构(图 2-4),能消除原料在罐内起拱,可以依靠重力自动连续出料。

由于大型储料罐都是建造在室外,而且料罐顶部的排气阀(或通风口)使罐内保持与环境压力平衡的状态,在太阳暴晒下温度会较高,空气的湿度也会影响罐内的湿度。因此,大型储罐不适宜存放容易吸湿的原料,也要注意原料在长时间高温作用下可能发生的降解现象。

(二)将原料输送及分配到使用地点

1. 用搬运工具或车辆将原料投放到纺丝系统的地面料斗

一般企业要将袋装原料投入生产线使用时,通常是用人工或搬运工具,将原料从仓库搬到生产线的地面料斗旁,然后根据原料的包装规格、用量,用人工解包投放或起重设备辅助投放,并根据消耗情况及时投料补充。再利用这个地面料斗中的原料供给纺丝系统生产运行,这是目前绝大多数企业用的模式。

采用小包装(一般为 25kg/袋)时,一般是人工搬运、解包投入,也可以利用拆包机自动拆包投入;对重量较大的大包装(500~1000kg/袋)的原料,则需要起重设备配合作业。对于一些用量较少的原料(添加剂)有时就不一定需要投入料斗,把移动式吸料管直接插入料堆中或插入包装袋内即可。

当生产线运行期间,如果输送设备出现突发故障时,为了避免生产线缺料停机,有时会直接利用人扛肩背的方式把原料直接投入螺杆挤出机的机前料斗,以赢取排除故障的时间,当然,这只是短时间内使用的应急措施。

地面料斗有多种形式,小型纺丝系统仅需一个简单的容器即可,而大部分纺丝系统会配置一个容量较大的料斗,利用吸料管从上方直接插入原料中吸料[图 2-5(c)]。

技术水平较高的纺丝系统,会采用底出料结构的倒锥形料斗,原料会在重力作用下从料斗的下方输出[图 2-5(a)],只要料斗内有原料存留,原料的供给过程就不会中断,能最大限度减少运行过程对料斗的巡视次数,仅需在低料位报警时及时补料即可,而大型储罐也是以底出料方式运行的。

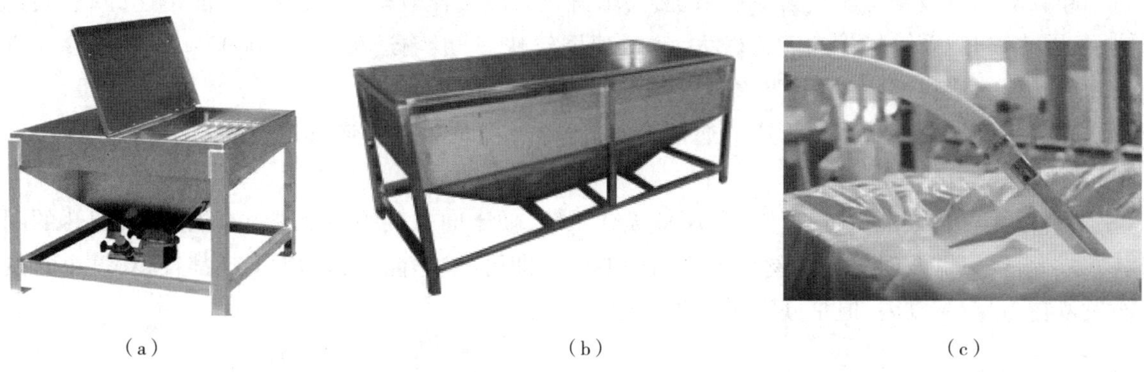

（a）　（b）　（c）

图 2-5　底部出料料斗、普通料斗、直接从包装袋抽料

底出料型料斗的下方安装有低料位传感器，出料口一般会配置有用于调节气力送料气料比的调节阀，防护罩及吸料管道接口。当生产线有多个相同的纺丝系统时，可以共用一个料斗，但料斗的容积也相应增大，其容积最少能在加满原料的状态支持系统连续运行两个小时或更长时间。

目前，有极少数企业将这个地面料斗放置在场地较宽敞的钢结构二层或三层平台上，虽然减少了占用厂房地面的空间，但这个地方温度较高，人员到这个地方巡视或工作都比较麻烦。

2. 直接从大料罐发送到用料点

（1）如果配置有大型储罐系统，则可直接通过气力输送系统将所需要的原料输送给相应纺丝系统计量混料装置或其他用料点。

（2）从大型储罐系统直接通过气力输送系统将所需要的湿切片原料输送给相应干燥系统的高位湿切片料斗，由于输送距离远，高差大，一般用正压输送，这个过程是全自动进行的。

（3）干切片一般是由干燥系统直接用正压气力输送到纺丝系统的计量混料装置，而且必须用干燥空气或其他惰性气体输送。也可以使用负压输送，但必须使用干燥的空气或其他惰性气体作为补充气流。由于负压输送方式的混合比（定义将在稍后解释）较小，要耗用比正压输送更多的气流。

（4）一些小型纺丝系统，从切片干燥系统处理好的原料，也可用密封的不锈钢罐储存，使用时才投放到纺丝系统，要做到即投即用，避免长时间暴露在空气中。

3. 直接在卸车过程中将原料输送并分配到相应系统

建造有储料罐系统的企业，将原料送给纺丝系统有两条路径：

（1）原料从罐车卸载时，将原料送入储料罐；

（2）利用卸车系统的旁路管道，可直接将原料输送、分配到所需要的纺丝系统，很显然，这个时间是短暂的，仅在运输车辆卸载期间才具备操作运行条件。

（三）原料卸载系统与原料输送、分配系统的区别

随着生产线的大型化，纺丝工艺更多样，纺丝系统数量增多，因此，供料系统还应该具有原料分配功能，以便根据不同的纺丝工艺要求，向不同的纺丝系统提供不同特性的原料。这个过程是持续进行的，这个系统会随时自动补充纺丝系统的消耗。显然，输送及分配系统的设备与卸载系统是相互独立的两个系统。

卸载系统一般是正压气力输送系统，要求有较高的工作效率，使运载工具能迅速卸载、周转使用，因此，卸载系统的输送能力较大，卸载速度较快，一般输送量可达 10000～20000kg/h。有关卸载系统的资料，会在第十四章介绍。

卸载系统设备的功率及管道的通径较大，运行过程是短时间连续进行的，直至将原料全部卸完为止。

原料的输送、分配系统一般是负压抽吸式系统，便于向分散的多个用料点供料，以短暂的间歇方式运行，只需及时补充纺丝系统已消耗的原料即可，输送能力和动力消耗都较小，每小时的输送量在 2000kg 以内，但是处于长期间歇运行状态。

二、原料输送系统的要求及技术

(一)输送系统的基本要求

(1)输送方式不会影响被输送物料的性能，原料在输送过程中不受污染，如输送干切片时，要保证原料不会吸湿返潮，输送粉料时，系统有较强的纳污能力和可靠性，连续运行时间长。

(2)有足够的输送能力，既有足够的输送量，又有足够的输送距离(水平距离及垂直高度)，能保障非织造布生产线的长时间连续、稳定运行。

(3)在输送过程中，气流速度低，物料破损率低，产生粉末少，避免粉尘大量累积，清理工作的劳动强度低。

(4)系统阻力小，输送效率高，自动化程度高，输送过程消耗的能量较少。

(5)容易管理，容易拆卸清理，出现故障时容易维护。

(6)运行可靠，故障率低，输送管道与设备耐磨、不容易破损泄漏。

(7)对环境影响小，运行过程没有强烈的噪声，产生的粉尘不会污染环境。

(8)气力输送管路、除尘器及料斗、储料罐等必须加装静电消除装置，并确实做好管道间的电气连接和接地，防止发生尘爆。

(9)系统设备简单，运行可靠性高，造价较低。

(二)原料输送技术

随着原料特性的差异，输送的过程、路径、对输送系统的要求也不同。

由于原料的存放地点与使用这些原料的纺丝系统或干燥设备之间一般都存在高度差和水平距离，如目前大部分纺丝系统离地面的高度达 10m 左右，而干燥设备可能布置在更大标高的平台上，纺丝系统与原料存放点的距离会因设备布置及设计方案的不同有较大差异，最远的水平距离可大于几十米。

1. 常用的原料输送技术

输送固态物料的方法很多，如正压输送、负压输送、正压和负压混合输送、螺旋上料、载货电梯与人力相结合送料等(主要是使用粉状原料的生产线)。由于原料存放点与纺丝系统之间存在物理间隔，因此，非织造布生产线主要是使用气力自动输送。

气力自动输送是利用悬浮输送原理实现原料输送的技术，输送介质一般为空气(或氮气等惰性气体)。根据空气在管道中的压力高低可分为压送式正压输送和抽吸式负压输送两类。

按所输送原料的状态可分为湿切片输送系统和干燥切片输送系统，原料的状态不同，输送工艺会有差异,输送干切片时,系统要保持密封。

当利用气力输送时,要视被输送原料的特性和状态选用不同的输送方式和气体,如在输送PP原料或输送未经干燥处理的湿切片,可以使用一般的环境空气或可暴露在大气环境下输送,既可使用负压输送,也可使用正压输送。

在输送已经干燥处理好的聚酯类原料切片时,必须使用含湿量很低的干燥空气,并在封闭的系统内进行,可选用负压或正压方式输送,防止原料在输送、使用过程吸湿返潮。为了使干切片得到有效保护,有的原料还要使用惰性气体(如氮气)进行输送和保护。

纺丝系统一般还会用到一些固态添加剂类的辅料,由于这些物料的需要量和消耗量较少,有的辅料甚至仅是偶尔使用,用量很小,因此,一些简易型生产线会直接利用人力搬运和输送。

2. 气力输送系统的主要技术参数

(1)输送方式。根据输送过程中气流压力的高低,分为负压输送和正压输送两种。不同的输送方式配置的设备、系统的造价、输送系统的性能、输送成本、运行管理等有较大差异。用正压输送时,气源是在原料的发送端,利用压力把原料推送至受料点;用负压输送时,气源设备是在原料的接收端,利用负压把原料从储存点抽吸到受料点。

虽然有多种输送方式可选,但熔体纺丝成网非织造布生产线一般都是采用气力输送。由于纺丝系统使用的原料有粒状和粉状两种,因此,输送方式也必须满足这两种不同形态物料的特性。

(2)输送距离(m)。指输送过程中,原料从发送点到终点所经过的水平距离与垂直高度。与输送方式及气源设备的性能有关,正压输送距离远,气源设备的压力越高,输送距离也越远。

当气源设备的压力无法克服输送过程的阻力时,气流速度降低,便不能使密集的颗粒均匀分散,颗粒会汇合成柱塞状,在管道内出现拥堵现象,压力将急剧升高。此时气流的速度称为噎塞速度。显然,管道内气流的正常速度要高于此值。

非织造布生产线用漩涡风机产生的负压输送时,气流压力一般为-40~-50kPa,属中压输送,距离约几十米;用罗茨风机产生的负压输送时,气流压力接近-100kPa,属高压输送,距离比中压输送大。

如果要将原料输送到更远的距离,就要使用正压输送,输送距离可达上百米,高度可达几十米。

(3)输送量(kg/h)。也就是输送能力,是指单位时间内输送的原料重量,由于气力输送系统都是以间歇方式运行的,因此,输送能力并非瞬时的输送量,而是在较长时间(一般是1h)内的平均输送量。

气源(风机)流量越大,输送量也越大。输送量要与纺丝系统螺杆挤出机的挤出量匹配,而且一定要大于最大挤出量,一般是挤出量的1.2~1.5倍。

当用于大型储料罐的卸载系统时,原料的输送量会很大,而且系统是连续运行的,因此,配置在系统使用的风机功率可达数十千瓦,管道的通径也较大。

(4)混合比。也称输送浓度(输送量/耗气量),指在单位时间内的物料输送量(kg)与所消耗的空气量(kg)的比例,是衡量输送系统效率的一个指标,混合比越大,表明输送一定量的物料系统消耗的气流量小,效率较高,能耗较低。因此,在一定范围内,混合比越高,输送量越大。

输送同样重量的物料，选用较高的混合比，可选用较小直径的输送管道及较小容量的分离、除尘设备。一般低真空抽吸式的混合比为1~5，即用1m^{3}空气（约1.29kg）可输送1~5kg原料，效率最低；低压压送式的混合比为5~10，即用1m^{3}空气可输送5~10kg原料；脉冲式的混合比>30，即用1m^{3}空气可输送30kg原料，是效率最高的一种输送方式（图2-6）。

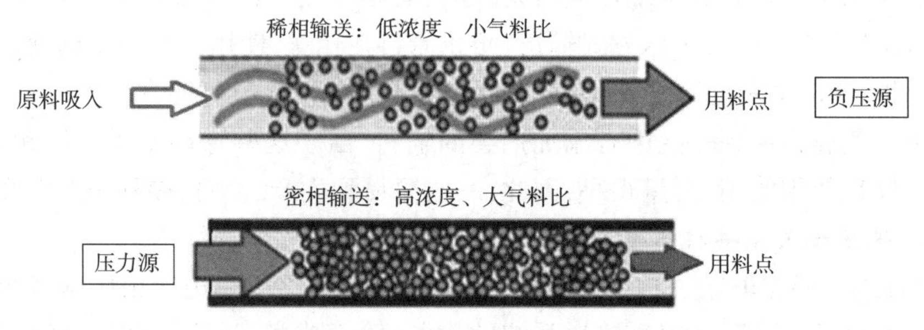

图2-6　物料在不同输送方式管道内的状态

但混合比并非越高越好，因为混合比过大，管道容易拥塞，管道的压力损耗大，需要配置高压力的气源。

按输送时气流与物料的比例（混合比的倒数）可分密相输送系统（即气流量/物料量的比值较小，即气少料多的状态）和稀相输送系统（即气流量/物料量的比值较大，即气多料少的状态）。不同的系统，配置的设备也不同。

（5）输送气流的速度（m/s）。物体在重力作用下从高处以自由落体加速降落时，受空气阻力和浮力的作用，其加速度越来越小，最后以匀速状态下降，这个速度称为物体的沉降速度。当物体置于垂直向上的均匀气流中，在气流的作用下，克服重力的影响处于原处悬浮不动时，此时的气流速度称为悬浮速度。

在气力输送过程中，输送气流的速度必须高于物料的悬浮速度才能保证系统正常运行。悬浮速度与物料的密度、粒径、形状、表面状况等因素有关。

在水平管道中进行稀相输送时，气流速度应较高，使颗粒分散悬浮于气流中，防止物料沉积在管道的下方。气流速度降低到某一临界值时，颗粒将开始在管壁下部沉积，此时气流的速度称为沉降速度。即水平输送时，气流的速度不能低于沉降速度。

在垂直管道中向上气力输送时，气流的速度较高，颗粒物料分散悬浮于气流中。在物料输送量恒定时，降低气流速度，管道中的固体物料含量随之增高，当气流速度降低到某一临界值时，气流已不能将密集的颗粒均匀分散，颗粒汇成柱塞状，出现腾涌现象，管道内的压力降急剧升高，这个临界速度称为噎塞速度，这是稀相垂直向上输送时气流速度的下限。

对于粒径基本一样的均匀物料，物体的沉降速度在数值上与气流的悬浮速度、噎塞速度是相等的。在非织造布生产线的气力输送系统，输送气流速度一般为16~25m/s。但对粒径呈一定规律分布的物料，沉降速度是噎塞速度的2~6倍。

输送气流的速度与输送量相关，在输送量相同的条件下，输送气流的速度越低越好。输送气流的速度越高，消耗的动力越多（约与气流速度的三次方成正比），物料容易发生破损，产生的粉尘量越多，噪声也越大。

第二节　负压输送系统

一、负压输送系统的组成

负压(真空抽吸)输送系统的设备配置包括地面料斗、负压源、抽吸及输送管道、吸入管、除尘装置和电器控制系统。管道的通径一般约在 DN40~65,最大可达到 DN80,较大通径的管道阻力较小,但气流速度偏低,物料容易沉降堆积,会影响输送过程的可靠性。

负压抽吸式送料系统的设备简单、发料端料斗可敞开,吸料嘴能灵活移动,适用于一些不便搬运的大包装规格原料,而受料端的接受料斗在受料期间要处于密封状态。性能较好的负压吸送料系统一般设计为固定式,料斗的容量可支持纺丝系统运行 2~4h,从料斗的底部出料,无移动管道,也不用吸料嘴,控制系统完备,在投料后能以无人照料方式连续向纺丝系统输送原料。

负压吸附料系统管道内的压力低于大气压,自吸进料,输送气流中没有其他杂质混入,但须在负压下受料、在无压力状态卸(排)料,对环境没有粉尘污染,能耗较低,设备简单;但输送距离较近,运行时气流的流速高,管道(特别是管道的弯曲部位)磨损严重,初期磨损后出现的破损漏洞不容易察觉。

(一)现场地面料斗

在一些简单的系统,甚至无须配置大型料斗,仅需配置一个简单的容器盛装原料,把吸料管插入原料中就能正常工作,但这种方式的可靠性差,需要人工不断照料,使吸料管保持在插入原料的状态,稍有疏忽,吸料管暴露在空气中,就有可能发生断料事故,导致生产线停机。

一般会在纺丝系统附近放置一个存放原料的地面料斗,通过适当的方式(一般多为人工解包投料)把原料投入料斗中,纺丝系统再从这个料斗获取生产用的原料。现场的地面料斗要用不锈钢材料制造,其容量一般能支持纺丝系统运行 2h 左右,要优先采用底出料模式(图 2-4)。

设置地面料斗有一定的灵活性,可以随时补充或更换原料,但堆放的原料和空包装袋、散落在地面的原料都会影响现场管理。如果企业配置有大型储料罐,就无须配置地面料斗,直接将储罐内的原料送给相关的纺丝系统。

(二)负压风机

负压源普遍选用漩涡风机(也称漩涡气泵,图 2-7),这种风机结构简单,可靠性高,运动的零部件之间没有接触摩擦,没有磨损,对气流的洁净度要求不高,维护工作量小,原料在负压状态下输送,其中的水分易蒸发,是非织造布生产线最常用的一种设备,并经常以成套设备的形式配置在纺丝系统使用。

常用漩涡气泵所能达到的最高真空较小,如 XGB-14 型仅为 31kPa,故输送距离较短,送料速度较慢,距离及高差都较小,大部分使用漩涡风机的送料系统,其有效输送高度和水平距离分别为 12m 和 15m。当单级漩涡风机无法满足输送距离的要求时,可选用压力较高的双级漩涡风机。

真空泵的结构稍复杂,运动件有磨损,对进气洁净度(即除尘)要求高,但因其最高真空可达 80kPa(如旋片式-XZ 型),故送料速度较快,送料距离也较远(可近百米,高度>20m),有较高的送料效率。在一些早期引进设备上,曾使用过旋片式真空泵,但因很难保证进气的洁净度,后期故障率高,目前在国产生产线已很少使用这类真空泵,而主要选用漩涡气泵(表 2-1)。

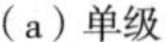

(a)单级

(b)双级

(c)三级

图 2-7 漩涡气泵

表 2-1 纺粘、熔喷系统常用旋涡式气泵性能

型号		XGB-5	XGB-4	XGB-6G	XGB-14
最大流量(m^3/h)		300	330	370	480
最大压力(kPa)		30	34	40	42
工作压力(kPa)		<20	<22	<28	<31
真空度(kPa)		22	26	29	30
电压(V)		$3\phi\times380$			
电动机功率(kW)		3	4	5.5	7.5
Y 系列电动机		100L-2	112M-2	132S1-2	132S2-2
管径(mm)		G2-1/2	G2-1/2	G2-1/2	G3
外型尺寸(mm)	长	442	462	518	520
	宽	414	435	496	505
	高	442	453	530	550

由于熔喷系统的产量较小,需输送的物料量不多,输送距离可能较近,因此,常选用功率 4~5.5kW 的机型。

纺粘系统的产量较大,需输送的物料量较多,输送距离可能较远,常选用功率 4~7.5kW 的机型。随着纺丝系统的大型化,生产能力增大,原料消耗量增加,有的纺丝系统会使用压力和流量更大的风机或多级风机(也称高压风机),驱动电动机的功率可达 11kW。虽然要增加能耗,但可靠性高、维护工作量小,比其他风机更好用。

图 2-8 用 V 形带传动的罗茨风机

一些多纺丝系统生产线,对原料输送的可靠性要求较高,或当输送距离较大时,有时会选用罗茨风机(图 2-8)作为动力。

罗茨风机也是负压输送系统常用的一种负压源,但这种风机传动系统会用到传动带、内部的传动齿轮等,维护管理的要求较高,运行噪声较大,如果除尘器的性能不好,难免有部分带有粉尘的气流进入风机内,容易导致风机发热磨损，发生故障。

（三）吸料斗

主要用于将气力输送的原料与输送气体分离，并将原料储存好备用。吸料斗一般布置在较高的位置，以便原料能依靠重力自动流向下方的用料设备，有时也称为高位料斗。

吸料斗一般用不锈钢材料制造，输送气流与原料从料斗上部沿切线方向进入，原料依靠重力下沉堆积在料斗的下部，而气流则从料斗的顶部进入下游方向的除尘器，实现料气分离。

料斗筒壁一般在底部配置有低料位传感器与排料阀，当低料位传感器检测到料斗内缺料时，便发出信号，使系统投入运行吸料，并同时使排料阀自动关闭，使吸料斗处于密封状态。

大部分吸料斗在筒壁较高的配置有高料位传感器，当高料位传感器发出满料信号后，吸料系统自动停止运行，料斗内的负压消失，排料阀便在原料的重力和大气压的作用下打开，使原料自动流向下游的设备。

有的吸料系统是以运行时间作为控制料斗内的料位高度的，即通过调整吸料系统的运行时间长短来控制料斗内的原料存量，这种料斗没有配置高料位传感器，但其电气控制系统需要配置可以调整吸料时间的继电器。

（四）除尘器

在负压供料系统，为了防止含有切片粉尘的气流进入负压风机，在吸料斗与风机之间专门设置了一个除尘器，这个除尘器一般采用布袋除尘，把粉尘截留在除尘器内，干净的空气才排放到空间中。

由于除尘器布袋的容尘量有限，因此，输送粒状原料和输送粉状原料的除尘装置的结构和性能是不同的，为了延长除尘器的工作时间，输送粉状原料时，要使用容尘量更大的滤袋。

如果使用罗茨风机为负压风机，则对进入风机气流的洁净度要求更高，否则很容易发生事故而损坏风机。

（五）管道

系统的管道分为气流管道和原料输送管道两种。

由于要经常受到高速运动的气流及原料的摩擦，气力输送系统的管道除了要有耐磨性外，还应该具有避免运行过程中产生静电积聚的功能，铝合金或不锈钢管是首选的输送管道材料，既能降低流动阻力，又耐磨，而且还便于静电逸散（图 2-9）。

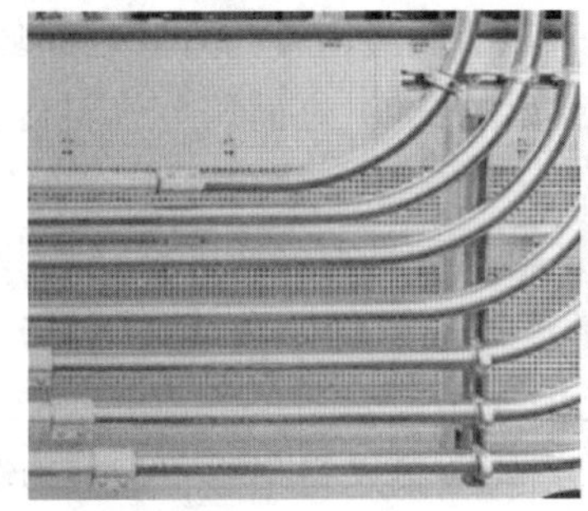

图 2-9　气力原料输送系统的管道

管道的弯曲部位易磨损，应该优先使用曲率较大的不锈钢金属弯管，而一些活动连接要使用钢丝加强的防静电塑料管,并按要求做好相应的防静电措施。由于气力输送过程是以间歇方式进行的,对管道会形成周期性的冲击,管道必须固定好,并要保持管道接头连接的可靠性。

在同样的气源设备配置情形下,管道通径的大小直接影响输送系统的性能。管径越大,输送量较多,但气流的速度越低,运行可靠性较差;管道偏小,气流速度快,摩擦损耗大,会形成大量粉末。目前,常用的吸料管道通径为 DN40~65(表 2-2)。

表 2-2 输送管道与最大输送能力

输送管道通径 DN(mm)	40	50	65
最大输送能力(kg/h)	300	800	1200

二、负压输送系统的工作过程

原料投入地面或低位的底出料型料斗后,原料会依靠重力流向料斗下方的出料口,在漩涡风机(或其他提供负压的设备)启动后产生负压,气流经料斗、出料口和补风阀将原料吸往高位料斗,原料与空气分离后,便在重力作用下沉积在料斗下部,而气流则经过除尘器进入旋涡泵,随后排出至环境大气(图 2-10)。

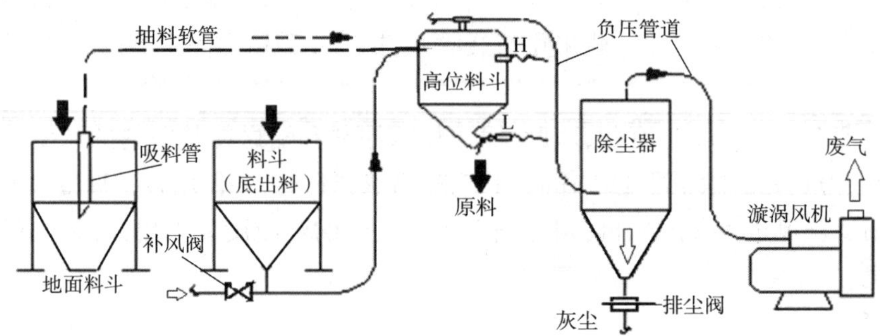

图 2-10 负压供料系统示意图

如果料斗不是从底部出料,可以将与高位料斗连通的吸料管直接插入原料堆内,在漩涡风机启动后,就可以抽取地面料斗内的原料送至高位料斗。

(一)吸料管

有的吸料管采用套管式结构(图 2-11),通过移动外套管,用来调节通过内管与外管之间环形补风通道进入吸料管口的空气流量,同时也改变了内管吸入口露出的长度,进而调节气料比,也就是管道内的物料密度。

气料比是被输送的物料重量与消耗的气流重量的比例,也就是单位重量空气所能输送的物料重量,气料比越大,输送同等重量物料所消耗的空气越少,能量消耗也越少。套管往下移动[图 2-11(a)],气料比变小;套管往上移动[图 2-11(c)],气料比增加。

内管露出的长度越长,从环形气流通道进入内管道的空气流量越少,输送量增多,气料比增大,但气流速度下降,压力升高,系统管道发生拥堵的风险增高;内管露出的长度越短,从环形气流通道进入管道的空气流量越多,气料比变小,输送量越少,但气流速度加快,压力下降,系统管道发生拥堵的风险较低,但将导致物料过度磨损,形成较多粉末。

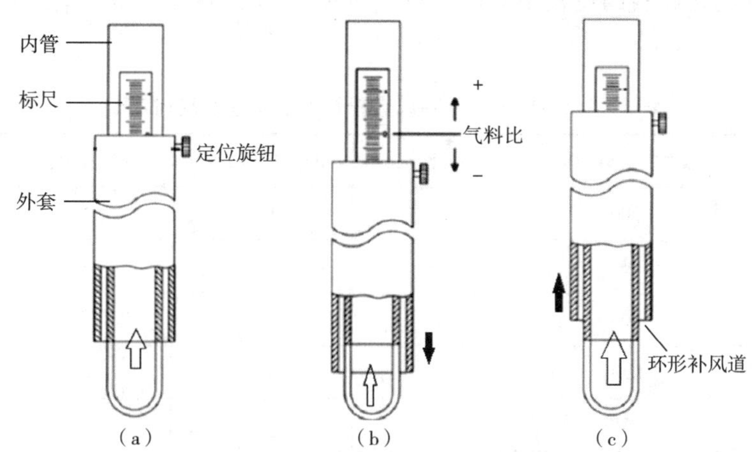

图 2-11　可以调节气料比的吸料管

由于在气流输送过程中，物料相互之间、气流与塑料管道之间会产生强烈的摩擦，形成不利于物料输送的静电，静电会将聚合物原料吸附在管道内或料位传感器表面。因此，相关的管道、设备都要有良好的接地措施，要选用带轴向接地线的塑料抗静电软管，防止静电积聚。

在纺粘、熔喷非织造布生产过程中，原料的流向都是由上而下的。使用聚烯烃（如 PP、PE 等）类聚合物的生产线中，普遍用负压（真空抽吸）气力送料装置，将地面料斗的原、辅料送往钢平台高处的高位料斗，然后在重力作用下向下流动，进入生产流程中的其他设备。

如果生产线使用聚酯类（如 PET、PLA 等）聚合物，原料除了要预先进行干燥处理外，输送干切片时，必须使用干燥气体输送这些已经干燥处理的原料。若采用负压输送，则必须使用干燥空气或其他惰性气体作补充气流，否则系统会吸入大量的环境空气，使已经干燥过的干切片吸湿返潮。

由于纺粘系统的产量较大，消耗的原料较多，当企业设置有大型的储料罐时，生产线各个纺丝系统便可以根据工艺要求，直接从相应储料罐抽取存放的各种牌号和性能的原料，并通过管道输送给纺丝系统使用，而不一定需要再配置地面料斗。即使配置有地面料斗，也仅在应急状态使用。

(二) 成套负压吸料装置

目前，国内也有专业厂家生产成套负压吸料设备（图 2-12），既便于生产线的主机制造商集中精力研制纺丝系统设备，也便于配套设备选型。目前，纺丝系统生产线使用的原料有两种形态：一种是粉状料，常用于一些低端生产线或用于要求不高的产品；另一种是粒状料，是大型生产线及高端生产线常用的原料。由于原料的形态不同，配套的送料设备（主要是除尘装置）也有差异。

图 2-12　生产线中的成套负压送料装置

CAL-GP（其中的 P 代表微粒）系列粉料输送装置适用于粒径大于 1μm 的无黏性粉体的输送转移

(表 2-3),由于在输送粉料的过程中会产生较多的粉尘,粉体料斗配置分离式集尘桶,方便清理粉尘。

表 2-3 CAL-GP 系列成套粉料输送装置性能(摘录)

型号	输送能力(kg/h)	管道通径(mm)	电机功率(kW)	料斗容量(L)	滤袋数量(个)
CAL-1HP-GP	300	40	1.1	12	3
CAL-2HP-GP	400	40	1.5	30	7
CAL-3.5HP-GP	800	50	2.2	60	10
CAL-5HP-GP	1200	50	3.8	60	10
CAL-7.5HP-GP	1500	65	5.5	90	19
CAL-10HP-GP	2000	65	7.5	90	19

注 输送能力是在垂直高度 4m、水平距离 5m 的条件下测试的。

采用布袋过滤粉尘,配置的蓄压罐可以在瞬间提供大流量的气体,在每一个工作循环结束后,应用脉冲除尘技术,用反向气流吹动、抖落聚集在除尘袋表面的灰尘,能大幅延长除尘袋清理周期,除尘效率高,具有透气性好,维护、更换成本低的特点。

CAL-GP 系列输送装置除了可用于粉料输送外,也可用于粒料的输送,这时型号是 CAL-G,其主要性能见表 2-4。

表 2-4 CAL-G 系列成套粒料输送装置性能(摘录)

型号	输送能力(kg/h)	配套料斗型号	料斗容量(L)	管道通径(mm)	电机功率(kW)
CAL-1HP-G	300	CHR-6(或 6E)	6	40	1.1
CAL-2HP-G	500	CHR-12(或 12E)	12	40	1.5
CAL-3.5HP-G	750	CHR-24(或 24E)	24	50	2.2
CAL-5HP-G	1000	CHR-24(或 24E)	24	50	3.8
CAL-7.5HP-G	1200	CHR-36	36	50	5.5
CAL-10HP-G	1600	CHR-36	36	50	7.5
CAL-15HP-G	2000	CHR-48	48	65	12.5

注 输送能力是用堆积密度为 0.65、粒径 3~5mm 的粒料,在垂直高度 4m、水平距离 5m 的条件下测试的。

由于粒料在输送过程中产生的粉尘很少,因此 CAL-G 系列成套输送装置的除尘装置专用于输送粒料,比较简单。而粉料自身就是细粒状或粉状,除尘装置无法有效阻隔这些粉尘,因此,粉料输送只能选用 CAL-GP 系列输送装置。

(三)运行方式

吸料风机的运行受多组分计量混料装置、各组分吸料斗的排料阀传感器控制,当料斗排空缺料时,排料阀关闭后[图 2-13(a)],吸料斗将处于密封状态,并同时触发吸料风机运行,将系统内的空气抽走,使系统呈负压状态,并将料斗中的原料吸入系统,进入相应组分的吸料斗[图

2-13(b)],当原料在吸料斗内的堆积高度到达高料位传感器的感知范围后,吸料风机便会自动停止运行。

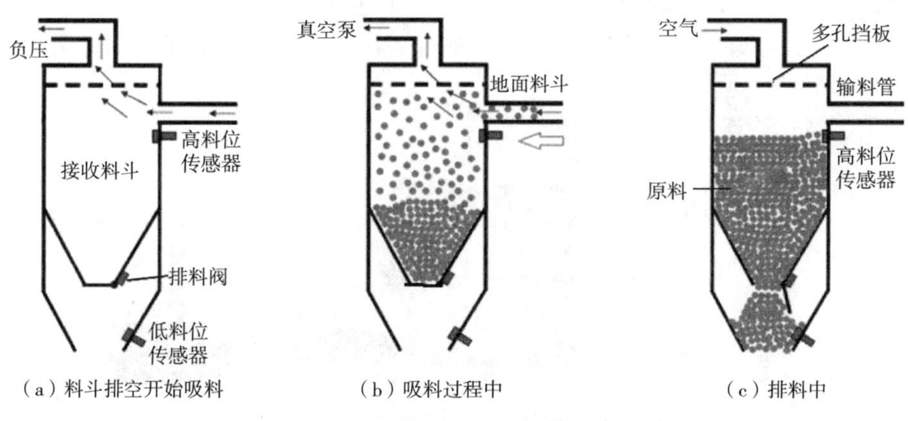

(a)料斗排空开始吸料　(b)吸料过程中　(c)排料中

图 2-13 吸料斗自动吸料过程

风机停止运行后,空气将进入系统内,系统内会迅速恢复至大气压状态,排料阀在原料的重力和大气压作用下被推开[图 2-13(c)],原料将自动进入下方的用料设备,当吸料斗内的原料全部排放干净后,排料阀重新关闭,开始进入下一个循环。

根据吸料装置控制系统的设计方案,有的吸料斗没有高料位传感器,而是按设定的时间长短供料,到达设定时间后,系统便自动停止运行。

为了提高供料的可靠性,有的机器会配置吹气装置,将吸附在传感器上的灰尘和粉末吹离,避免灰尘积聚在传感器的敏感部位,导致传感器发出错误的高料位信息,使系统发生缺料事故;有的系统在停止运行前,会关闭地面料斗下方的出料阀,而风机则继续运行一段时间,直至把管道中留存的全部原料排空为止,避免因为管道内存料太多而发生阻塞,影响下一循环的正常启动运行。

第三节 正压输送系统

正压输送方式更适宜将集中的物料分送至多个用料点,其加料装置较复杂,输送气流中残留的油、水分会污染原料,对一些已干燥或不能接触空气的原料(如 PET、PLA 等干切片)要用干空气或惰性气体密闭循环输送,输送的距离和高度都较远。

一、正压输送技术

1. 正压输送工艺的特点

正压送料是以空气压缩机或高压风机(如罗茨风机)的压力气流为动力输送物料。正压送料具有输送距离远(距离大于几百米,高度大于几十米)、送料容量大、送料快速等特点。但动力消耗较大,系统较复杂,其中的一些容器可能还是受压容器,运行及管理要求较高。

正压送料一般以脉冲方式运行,即在送料时,管道内处于一段是空气、一段是原料这种互相间隔的状态运动,因此,也叫作脉冲送料,PET 生产线较多使用正压脉冲送料。

2. 正压输送系统的设备

正压输送系统所用设备主要有正压发生设备(如高压风机、空气压缩机)、高位原料受料斗(用料目的地点)、发料装置(如回转式供料阀或气刀)、发料罐、管道、岔道(分路)阀、气料分离装置、除尘器、电气控制装置等(图2-14),具体的配置因工作压力的高低而有差异。

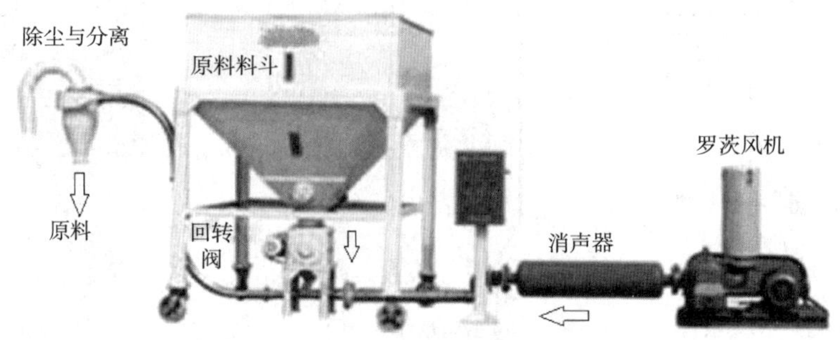

图2-14 回转阀正压输送系统设备配置

当原料要分别输送给多个用料点的设备时,就要用到一种分配阀门,根据需要把系统输出的原料送给指定的设备,这种分配阀就称为岔道(分路)阀,一般是电控气动式遥控阀门。

二、正压输送的工作过程

正压输送有使用回转式供料阀输送与使用发送罐和气刀阀相配合输送两种。

1. 使用回转式供料阀的正压输送

回转式供料阀由阀体和可以转动的星形叶轮组成,在星形叶轮转动时,每转过一个叶片,就会将一侧装载在两个叶片空间内的原料向下排放,并同时将另一侧的通道封闭,防止输送气流向上吹向料斗。

两个叶片与阀体之间的容积越大,旋转的速度越快,排放量就越大。在回转阀转动、向下方排料的同时,还会自动将排料口与入料斗隔断,防止压力气流将料斗中的原料向上吹起。回转供料阀每转过一定的角度,就有一份原料被送走,随着回转阀的不断旋转,便可将原料源源不断地输送出去(图2-15)。

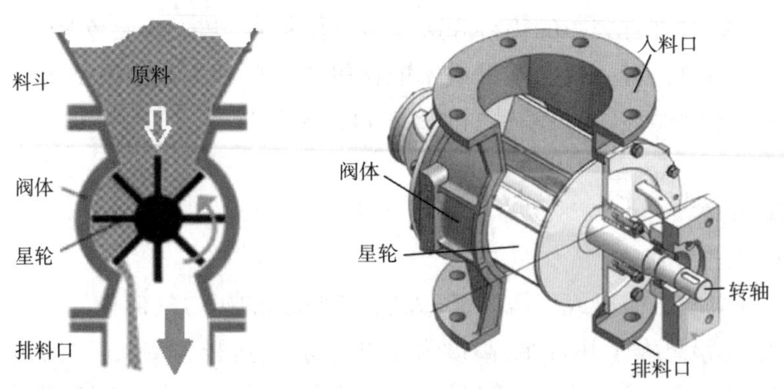

图2-15 回转阀工作原理图

图2-16为一个使用回转式供料阀的正压输送系统流程图。

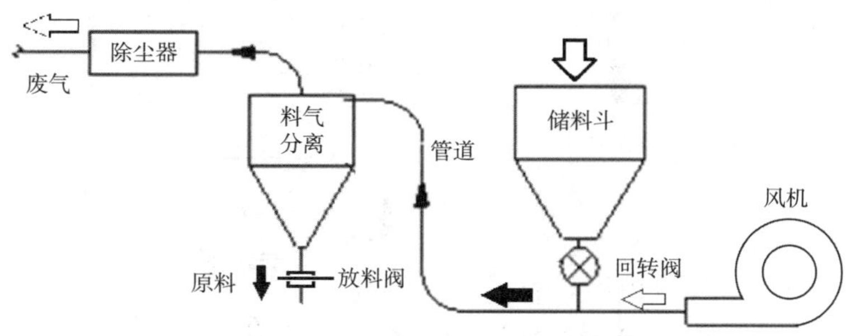

图 2-16　回转式供料阀正压输送流程图

原料投入储料斗后，依靠自重流向料斗的出料口，在风机启动后，气流从回转式供料阀的下方排料口吹过，当回转式供料阀运行至放料状态后，阀体与转子之间的扇形容积积存的原料便从排料口进入送料管，并随即被气流吹向高位的旋风式分离器，切片依靠重力聚集在分离器的下方，并输送到下方的用料点，膨胀降压后的输送气流则通过排气口经除尘器排放至空间。

要停止送料时，回转阀先停止转动供料，使料斗中的原料与风（料）管隔断，在将输送管道内存留的全部原料送到分离器清空后，风机才停机，这样可防止原料堵塞管道，影响下一次送料运行。

使用回转式供料阀的正压输送系统，所用的动力装置与输送压力有关，当气流压力<0.1MPa 时，一般都是使用罗茨风机；当压力>0.1MPa 时，则要使用空气压缩机。

回转式供料阀结构简单，维护管理工作量少，对所输送物料的温度高低、粒度大小没有严格的限制，产生的破损较少，适应性强，具有一定的密封性，可以隔离阀的出口与进入口。

系统的输送量仅与回转阀的转速、阀每一转的几何卸出容积、原料的堆积密度成正比，通过改变回转速度，可以很方便地改变输送量，而料斗内料位的高低变化对供料量的影响较小。

2. 使用气刀阀脉冲气力输送

脉冲气力输送是一个使用发送罐和气刀阀相配合的正压送料系统（图 2-17），原料投入储料斗后，依靠自重流向料斗下方的出料口，当发料罐的料位传感器检测到罐内无料时，便打开供料阀（YV_0）向发料罐供料，直至到达指定料位（一般为罐容积的 80%左右）后，供料阀便关闭；此时充气阀（YV_2）打开，持续向发送罐内加压（压力 60~220kPa），罐内的切片便在自重和压缩空气的共同作用下进入下方的输送管道，形成切片流流向高位料罐。

在控制系统的控制下，装在管道上的气刀阀（YV_3）打开，有一股压力比发送罐压力略高的气流（压力 80~240kPa）像刀闸一样充入送料管道，将切片柱塞流截断，而已流过气刀阀的物料会在压力推动下继续流向高位料罐。这样，物料即被气刀分隔成不连续的固体流（柱塞流）被输送，而这段切片流的长度及气刀阀的动作周期都是受控可调的。

经过一定时间后，气刀关闭，后续的切片又在罐内压力的推动下从气刀阀流过，稍后气刀又动作，重复以上的过程，直至将发料罐内的原料全部发送到高位料斗。

当料位传感器检测到发送罐内的原料已发空后，内部的压缩空气便将管道内的全部物料都压送入高位料斗，直至将管道清空、吹扫干净后才停机。否则下一次开机时，会因管道（主要是垂直管段）内留存有大量的原料而堵塞管道，系统无法正常运行。

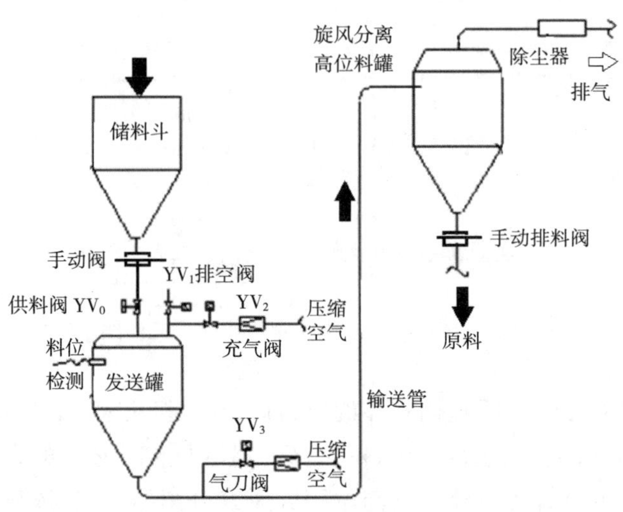

图 2-17　使用发料罐与气刀阀脉冲正压送料流程图

由于管道内已没有原料，系统内的阻力消失，压力急剧下降，装在发料罐上的压力传感器随即发出缺料信号，打开排空阀（YV_1），将压缩空气排放干净，并打开供料阀（YV_0），向发料罐供料。重复上述过程。

切片被气流吹向高位的旋风式分离器或高位料罐，切片依靠重力聚集在分离器的下方，并输送到下方的用料点，膨胀降压后的输送气流则通过除尘器及排气口排放至空间。

使用发送罐和气刀阀的正压输送系统是在 PLC 的控制下自动进行的。虽然脉冲气力输送系统的工作过程较复杂，但具有输送效率高（料气比达 30～300）、输送距离长（达 500m）、耗气量少、输送风机流速低（一般只有 1～2m/s）、管道磨损少、输送过程中物料不易破碎、能耗较低等优点。

3. 正压输送系统的典型技术性能

（1）干切片输送能力 2000kg/h。

（2）输送距离，高度 15m，距离≥50m。

（3）空气消耗量 8Nm^3/min。

（4）压缩空气压力≤0.6Mpa，含油量≤5mg/kg。

（5）空气露点≤-5℃。

第四节　原料干燥系统

原料中的水分主要以两种形式存在，即黏附在切片原料表面的“非结合水”（也称附着水）与存在于原料颗粒分子结构内部的“结合水”。用一般的加热干燥设备就可除去表面的非结合水，但无法除去结合水。要除去结合水则较困难，工艺和设备也较复杂。

一、简易型聚合物原料干燥器

干燥就是将各种原料中的水分去除的过程，所用的干燥方法主要为加热干燥法。就是利用已加热的空气(热能)加热物料,使物料升温,水分气化并被热空气带走,干燥过程是一个传热和传质的过程,传热就是把热量传导给原料使其升温,传质就是利用热风将气化的水分带走,因此,物料的干燥过程要消耗一定的热能。

(一)简易型干燥器的结构和工作原理

简易型干燥器主要包括聚合物原料储罐、空气加热器、风机、电气控制系统等。

原料储罐用于存放待干燥的物料;空气加热器的作用是把空气加热升温;风机使空气流动,并从下往上穿透物料,使湿的原料被加热升温,然后排放到大气中;电气控制系统用于控制干燥气流的温度,干燥的时间和风机的运行。

图 2-18 是几种简易型加热干燥设备,风机将热空气从下部吹入原料中,将热量传递给物料,使物料中的水分升温、气化形成水蒸气,吸收了水分的热空气从上方排出。这种简易型加热干燥设备常用于处理受潮的原料,仅可以排除物料表面的附着水,而无法清除内部的“结合水”。

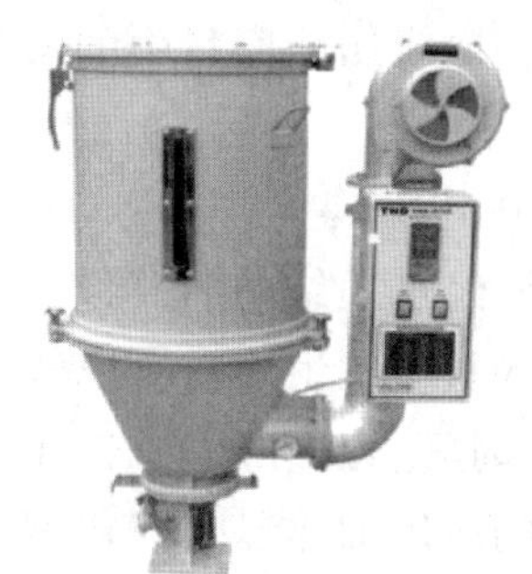

图 2-18　简易型加热干燥器

2020 年,很多小型熔喷法非织造布生产线都配置了这种干燥设备,但实际作用并不大,除了增加设备投资外,还增加了现场的管理工作量。

由于一般 PP 原料的含水量极低(≤200mg/kg),正常条件下不需要进行干燥,就能满足工艺要求,可直接投入纺丝系统使用。在生产线中,上述简易型加热干燥器仅用于干燥因意外受潮的 PP 切片及添加剂。常用的 PHD 系列干燥器性能见表 2-5。

表 2-5　PHD 系列干燥器主要技术性能摘录

设备型号	25	50	75	100	150	200	300	400
装料量(kg)	25	50	75	100	150	200	300	400
干燥功率(kW)	3.5	4.5	6.5	6.5	9.0	12.0	15.0	18.0
风机功率(kW)	0.09	0.10	0.25	0.25	0.35	0.35	0.75	0.75
干燥温度	常规机型为 120,带后缀 H 的为高温型,干燥温度 180							
干燥时间设定(h)	加装定时器的机型带后缀 T,干燥时间设定在 0~99							
设备重量(kg)	34	45	56	68	100	129	160	170
适用电源	1P 230V 50Hz		3P 400V 50Hz					

聚酯类原料具有亲水性,未经干燥处理的 PET 原料含水率可达 0.40%(4000mg/kg),在熔体制备的加热过程中会发生强烈的水解,分子量下降,熔体的黏度降低,影响正常纺丝。生产工艺要求 PET 原料的水分含量要低于 0.003%(30mg/kg)。

要去除物料中的"结合水",通常采用真空干燥或除湿干燥等方法降低"结合水"的含量,使原料的含水率≤30mg/kg。因此,纺丝系统使用聚酯类原料时,必须配置专用的原料干燥系统。

(二)原料干燥系统的主要功能

1. 去除切片中的水分,避免发生水解

切片中的水分含量对纺丝过程和纤维质量影响很大。如在纺丝温度下,PET 的大分子会产生酯键水解;PA6 和 PA66 在熔融状态下极易水解;缩聚类生物可降解塑料,如 PLA、PHA、PBAT、PBT 等,易水解,造成聚合度下降、分子量降低,纺丝困难,水分还会在喷丝孔出口剧烈膨胀汽化,导致发生断丝,影响产品质量。因此,这一类型的聚合物在投入纺丝系统使用前,必须经过干燥处理。

2. 提高切片含水的均匀性

通过在相同条件下的干燥过程,使所有切片原料中的微量水分分布均匀,保证纺丝过程的稳定性,使纤维的质量更均匀。

3. 提高结晶度及软化点,防止粘连

干燥初期,温度升高,切片预结晶,经过预结晶后,可以提高结晶度和软化点,切片变硬,减少了粘连,降低了原料在螺杆挤出机入料口发生环结、阻塞切片原料进入螺杆挤出机的概率。

由于干燥过程要消耗大量能量和时间,在生产以 PET、PLA、PA 等为原料的产品时,因为原料需要进行干燥处理,加上生产过程的熔体加热温度较高,需要较高的牵伸速度等,生产过程会增加较多的能量消耗,单位产品的总能耗要比 PP 产品多很多。

一般用 PP 生产的纺粘产品单位能耗为 0.7~1kW·h/kg,而目前主流 PET 纺粘产品的单位能耗可达 2kW·h/kg 或更多,对产品的生产成本有较大影响。

原料的干燥系统是一个装机容量和占用空间都较大的系统,由于有的聚合物原料带有腐蚀性,为防止切片原料被污染,系统中所有与切片原料接触的所有管道、容器均要用不锈钢制造,制造成本和运行费用会较高。

2000 年前,曾报道过国外应用具备自动排气功能的双螺杆挤出机,替代以前独立的原料干燥系统,使原料的干燥脱水过程在螺杆挤出机中完成,近年国内也曾有企业用近一年时间进行过类似试验,但 PET 原料的水分含量仍在 100mg/kg 左右,很难达到生产工艺对聚合物的要求。

二、切片干燥系统

(一)湿切片干燥系统

由于含水分较多的 PET 切片在 200~280℃时会发生水解,而且含水的 PET 切片在螺杆中熔融时,水分汽化会在熔体内产生气泡,严重影响纺丝稳定性,出现大量断丝现象,导致无法正常纺丝。

目前应用的干燥技术,主要是从 KF 干燥技术及 BM 干燥技术发展改进的第三代干燥装备,结构紧凑实用,输送物料磨损小,粉尘产生少,预结晶器结晶度较佳,除湿效率高,干燥均匀。

在双组分纺丝系统中,如果两种组分都是需要干燥后才能使用的聚酯类原料,就需要配置

两套切片输送、干燥设备，分别用于切片输送及干燥处理。

PET 组分在切片投入纺丝系统使用前要进行干燥处理，但是在干燥过程中，含水的 PET 切片是无定形结构，结晶度低，未充分结晶的 PET 切片在升温时会发生软化，并粘连结块，妨碍干燥过程进行，影响干燥效果，甚至堵塞系统的输送管道，而在进入螺杆挤出机后，还会发生环结，“抱死”螺杆，使生产过程无法进行。

为了解决这一问题，普遍采用预结晶工艺，处理方法是对 PET 组分进行预结晶处理，随着结晶过程的开始，切片的软化点随之升高，在 140℃以上时，PET 切片发生结晶并变硬，使干燥过程能够顺利进行，经过干燥后的切片最终含水率可控制在 30mg/kg 以下。

PA6 原料的吸水性较强，平衡吸水率在 3.5%左右，水中饱和吸水率在 10%左右，所以 PA6 切片一般为 25kg 小包装，包装袋附有铝箔及聚丙烯防护膜。与其他聚酯类原料切片一样，为保证纺丝工艺能够正常进行，在投入系统纺丝前，要对 PA6 切片进行干燥处理，以去除 PA6 切片中的水分，干燥后的 PA6 切片含水率可控制在 100～200mg/kg。

（二）切片干燥系统的设备配置

1. 切片干燥系统的设备基本配置

（1）湿切片发送系统。将湿切片从储存点发送至干燥系统的高位料斗，由于输送距离长、高度差大，虽然也可以用负压输送，但一般都是应用正压输送技术。

（2）高位湿切片料斗。用于存放待干燥处理的湿切片原料，由于干燥过程中的原料是依靠重力由上而下流动的，因此，湿切片料斗一般都是放在干燥系统最高的位置。

（3）预结晶器。在干燥过程中，一些未充分结晶的聚合物切片会在升温时软化，并粘连结块，妨碍干燥过程正常进行。这种原料在预结晶处理过程中，随着结晶度的提高，软化点随之升高，切片的硬度提高，使干燥过程能够顺利进行。

部分结晶度较高的原料，如 PA6 为结晶态聚合物，在干燥过程中，分子链会有序排列并形成晶格结构，切片一般不会出现软化粘连结块现象，故不必进行预结晶处理，因而其干燥系统就不需配置预结晶器，可以直接进入干燥塔进行干燥处理。这一点与 PET 切片的干燥工艺是不同的。

（4）干燥塔。在干燥塔内，湿切片是在重力作用下从上向下流动，而高温的干燥热风是由下向上，与湿切片是逆向流动，利用除湿的低露点热风加热原料并吸收湿切片中的水分，使湿切片升温干燥，干燥好的原料就从干燥塔的底部输出，因此，从底部输出的切片原料是处于较高温度状态的。

（5）吸附式除湿机。吸附式除湿机利用分子筛技术，吸收用作干燥气流的压缩空气中的水分，变成低露点（-50～-80℃）、含水分极少的干燥空气。分子筛是 SiO_2 和 Al_2O_3 的硅铝酸盐混合物，根据两种成分比例的不同，具有不同的孔径，其晶体空穴具有极强的极性，对极性分子（如水）和不饱和分子表现出极强的吸附能力，即具有很好的干燥能力。

（6）干燥热风系统。加热常温空气成为使湿切片实现预结晶的热气流，加热除湿机输出的常温干燥压缩空气，使其升温成为干燥湿切片的热气流。

（7）除尘设备。用于分离、移除干燥空气中的切片微粒和粉尘，并将干燥过程中蒸发出的水分排放，使热空气循环使用，降低能耗。除尘设备一般为旋风式除尘器。

2. 切片干燥系统的设备性能（HD310 型干燥机示例）

（1）干燥原料。聚酯切片，容重 750kg/m³；粒度（mm）：4×4×2.3，3×3，5×4，3×3×2.3；切片

原始湿度 0.4%。

(2)干燥能力。干燥速度 300kg/h;切片最终含水率≤30ppm。

(3)预结晶的条件。热空气入口温度:165~175℃;切片入料温度为环境温度;温度 110~130℃(出口);切片结晶度 30%~50%。

(4)干燥条件。干燥塔中的停留时间 5~6h;进入干燥塔空气露点-80℃,温度 180℃,流量 3Nm³/min;切片出口温度 120~135℃。

(5)系统中各单元机的参数。预结晶风机:全压 5800Pa,风量 6500Nm³/h,工作温度 150℃;结晶加热器:加热风量 6500Nm³/h,温升 140~190℃,额定功率 45kW;干燥用加热器:加热风量 3Nm³/min,温升 0~190℃,额定功率 18kW;回转阀:工作温度 20℃,供料量 300kg/h,无级调速;吸附式除湿机:入口空气温度≤40℃,压力 0.6~0.7MPa,含油量≤5mg/kg;除湿能力(出口流量) 5.4Nm³/min,出口空气露点-80℃。

3. PET/PA 双组分原料干燥系统

图 2-19 是一条双组分生产线的原料干燥系统,由于两种原料(PA6、PET)的特性不同,因此,就需要配置两个干燥系统,而由于被干燥原料的物理化学性能不同,相应干燥系统的结构和配置也有差异。

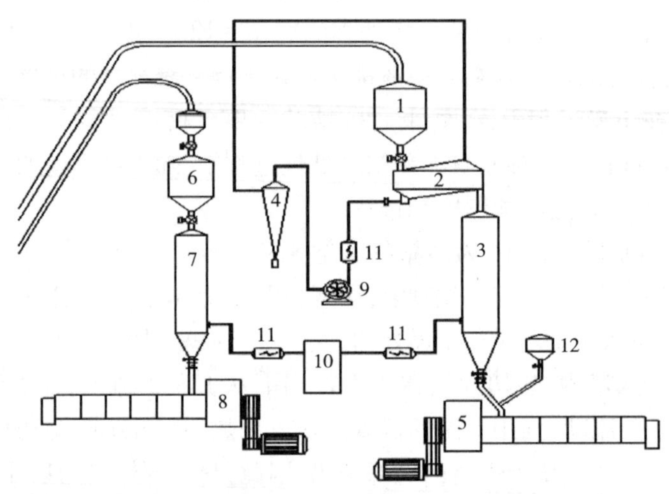

图 2-19 PA6/PET 双组分干燥设备示意图

1—PET 湿切片料罐 2—沸腾床预结晶器 3—PET 干燥塔 4—旋风分离器 5—PET 螺杆挤出机 6—PA6 湿切片料罐 7—PA6 干燥塔 8—PA6 双金属螺杆 9—预结晶风机 10—空气压缩机 11—空气加热器 12—添加剂(色母粒)加注装置

PA6 为结晶态聚合物,无须进行预结晶处理,因而 PA6 原料干燥系统就没有配置预结晶器,比 PET 干燥系统更简单。

在一般情形下,切片干燥系统是一个连续运行的系统,其干燥能力要与纺丝系统的生产能力相匹配,湿的切片经过干燥,合格后随干燥随用,并处于一个动态平衡过程。

在这个过程中,除了用管道输送并分配到各个用料纺丝系统外,还要保持系统的密封性,防止切片返潮,没有其他中间环节,管理较简单。这是目前非织造布生产线干燥系统的主流运行模式。

如果切片干燥设备是间歇式运行，就存在前一批还没有用完原料的储存和二次输送问题，这种二次输送方式增加了中间环节和设备，密封也不容易保证，切片干燥后的品质不稳定，还会在输送过程中产生粉末，这些都会影响纺丝的稳定性和产品的质量。

4. 切片干燥工艺参数

（1）温度。热风温度高，则干燥速度快，干燥时间短，干燥后切片的平衡含水率低。但温度太高，切片易黏结，大分子会降解。PET 切片干燥温度控制在 180℃左右；PA6 切片的干燥温度为 115～130℃，如果温度高于 135℃，切片会泛黄；PA66 易氧化，切片干燥温度为 105～110℃；PLA 切片的结晶温度为 105℃，干燥温度为 100℃。

（2）时间。干燥时间取决于干燥方式、干燥设备机型及干燥温度。对于同样的设备，干燥时间取决于干燥温度。干燥气流的温度越低，需要的干燥时间越长。在同一温度下，干燥时间延长，则切片含水率下降，均匀性较好。但时间过长，在较高温度的状态下，聚合物大分子链会发生降解。

（3）干燥热风的速度。原料的干燥是使用热风进行的，风速越高，切片与气流间的相对流速越大，有较高的干燥效率，可缩短干燥时间；但采用沸腾干燥时，风速太大，切片间的相互摩擦加剧，会产生较多粉尘。

（4）干燥热风的湿度。热风的含湿率越低，干燥速度越快，切片平衡水分越低。因此，必须不断排除循环热风中的部分含湿空气，并不断补充经除湿的低露点空气。

5. PET 干燥工艺

（1）预结晶器的结晶温度 165℃（可在 120～165℃）。

（2）干燥塔的干燥温度 180℃，干燥时间 4～6h。

（3）干切片含水≤30mg/kg。

6. PA6 干燥工艺

（1）干燥塔的干燥温度 70℃。

（2）干燥时间 25～28h。

（3）切片含水 40～80mg/kg。

第五节 计量和混料装置

在向纺丝系统提供聚合物原料（主料）的同时，还会经常添加各种添加剂，如色母粒、功能母粒（改性剂）、填充剂等，然后将这些聚合物原料和添加物混合在一起，再送入下游的螺杆挤出机，这种工艺称为共混纺丝工艺。

为了保证纺丝过程的稳定性和产品的质量，就要对各种添加物进行必要的计量，按工艺要求的配比加入，并均匀混合，保证熔体质量的均匀一致。计量和混料装置包括计量和混合这两个基本功能和配置，而计量功能是必须具备的，并有相应的硬件配置，但混合功能则与具体的设备配置水平有关，高端设备会配置有搅拌桨的可控混合装置，有的设备仅通过不同的原辅料在流动过程进行混合。

计量混合装置一般是以一个总成的形式配置，处于熔体纺丝成网非织造布生产主流程的最上游，也就是生产线的源头位置（图 2-20）。

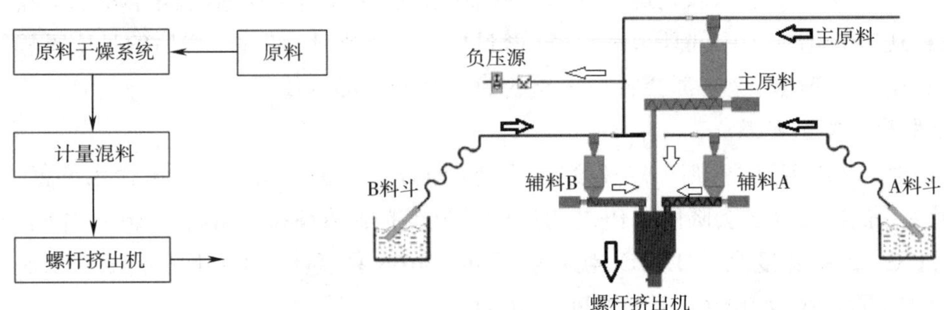

图 2-20　计量和混料装置在生产流程中的位置

一般是配置在螺杆挤出机的进料口上方，有的纺丝系统还在计量混料装置与螺杆挤出机之间设置一个容积较大的料斗（常称为机前料斗），机前料斗的主要作用是缓冲功能，为排除计量混料装置出现的故障提供一定的缓冲处置时间，提高了系统的供料可靠性。

在运行期间，计量混料装置有较大的自重，为了防止这个重量引起螺杆挤出机套筒发生形变，一般不容许由螺杆挤出机直接承受这个负荷。同时为了便于清理螺杆挤出机的入料口，计量混料装置与螺杆挤出机之间一般要设计成可以快速便捷拆卸的结构。

当采用称重式计量装置时，为了隔离设备震动对计量装置的干扰，计量装置是通过减震器安装在机架上的。因此，计量混料装置与螺杆挤出机之间的原料输送管道也会设计成大小套管式的活动结构或柔性连接方式，有的管段则采用透明的有机玻璃材料制造，可以直观地观察原料的运行状态。有的高端设备还在这一管段设置金属检测设备，防止金属等硬质异物进入螺杆挤出机。

一、计量和混料装置的功能及组成

（一）计量混料装置的技术指标

1. 组分数量

在计量混料装置中，每一种原（辅）料称为一个组分，由于纺粘法非织造布产品的特点，特别在生产一些有特殊要求的卫生制品材料时，有时要添加的辅料种类较多。因此，在纺粘系统的计量混料装置中，组分数会较多，一般有 3～5 个。

在生产卫生制品材料时，除了主要聚合物切片外，还会添加弹性体、柔软剂、爽滑剂、色母粒、增白剂等。因此，纺粘法非织造布生产线中经常配套有五个组分的计量混料装置。

2. 计量方式

根据计量机构的工作原理，计量装置分为体积式和称重式两大类。

3. 供料能力

多组分计量混料系统是以间歇方式运行的，供料能力（kg/h）是指在一个小时内，系统的平均供料量，除了与系统的规格有关外，对于称重式计量系统，还与组分数量有关，同一规格的称重式计量系统，组分数量越多，供料能力越小。

4. 各组分的供料配比范围

在多组分计量系统中，各个组分的加入比例是不一样的，其中主要原料的添加比例一般在90%～100%，其他组分的添加比例一般在1%～10%。

5. 多组分计量系统的计量误差（计量精度）

计量误差即指计量精度，是实际添加量与目标添加量的差异，误差越小，计量越准确，误差为零时最准确。目前，关于多组分计量装置的误差，还未见有相关标准规定，设备制造商对多组分计量系统的计量误差（或精度）的定义也较笼统，有如下两种方法。

计量误差（%）=（目标添加量－实际添加量）/目标添加量

或

计量误差（%）=（目标配比－实际配比）/目标配比

这种表示方法较科学合理，计量误差不会随目标添加量的大小而改变，是一个相对值，具有可比性。由于这种计量的本质仍是重量计量，显然添加量越大，允许的误差会较大，而添加量越小，对误差的要求会越严格，否则相对误差会很大。这是最常用的计量误差计算方法。

计量误差（%）= 目标添加比例（%）－实际添加比例（%）

这种表示方法较直观，但无法准确表述误差的真实大小，其计量结果没有可比性，因为按这种方法计算，由于有的组分本来设定的配比范围就较小，这样会导致出现添加比例越小，误差也越小这种假象，是不合理的。

系统的计量精度应与产品的用途相适应，毕竟绝大多数非织造布是短寿命，甚至是一次性使用的用即弃型产品，没必要一定追求很高的计量精度。而设备本身的计量精度与所应用的计量方法有关，采用体积计量时，计量精度<±2%；采用称重式计量时，计量精度<±0.5%。

（二）多组分计量混料系统的基本配置

每一个组分的计量混料系统通常由接收料斗、计量料斗、计量装置、搅拌装置、储料斗等组成。多组分计量混料系统的各种设备都是由上而下设置，便于物料依靠重力自然、向下流动，进入下一工艺流程设备——螺杆挤出机。

1. 接收料斗

接收料斗用于接收从地面料斗输送过来的原料，一般处于计量混料装置的最上端，是处于自动状态运行的。通常与成套的上料机（包括负压风机、除尘过滤器、电气控制系统等）。

2. 计量料斗

用于接收由接收料斗排放出来的原料，并根据料位变化，控制接收料斗的运行。

3. 计量装置

计量装置是核心部分，功能是将计量料斗内的原料按设定的配比投入系统使用，经过计量的原料便进入下方的一个各组分公用储料斗。常用的多组分计量混料装置如图2-21所示。

4. 储料斗

储料斗用于存放接收料斗排出的原料，并供计量装置使用，储料斗下方的排料口与螺杆挤出机的进料口连接，直接把各种混合的原料及添加剂送入螺杆挤出机。大部分计量混料装置的储料斗同时兼为搅拌料斗，带有搅拌功能，有一些储料斗没有搅拌功能，仅作为过渡缓冲的料斗使用。

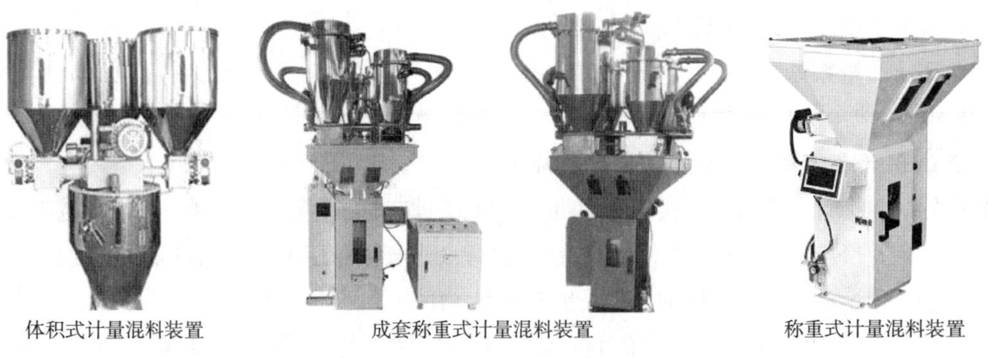

图 2-21　多组分计量混料装置

5. 搅拌装置

搅拌装置是多组分计量混料系统中的一个单元设备,其基本功能是将进入储料斗的各种原辅料搅拌均匀。但并不是基本配置,有的系统会配置搅拌装置,有的系统则没有搅拌装置,仅利用流动过程使原辅料互相混合。搅拌桨的轴线有立式和水平式两种。

6. 电气控制系统

生产线纺丝系统中的多组分计量混料装置,在设定好相关的参数后,一般都是自动运行的,由于控制对象较多,一般还与供料及输送系统联动。因此,要独立配置一个以小型 PLC 为核心的电气控制系统。

二、计量方式

(一)体积式计量

生产过程中各种原料、添加剂的配比实际上就是质量比。根据其工作原理,计量装置分为体积式和称重式两大类。

体积式计量就是将原料或添加剂的质量转换为相应的体积,然后进行计量(图 2-22),各种原料的堆积密度与原料的实体密度及粒径大小有关。

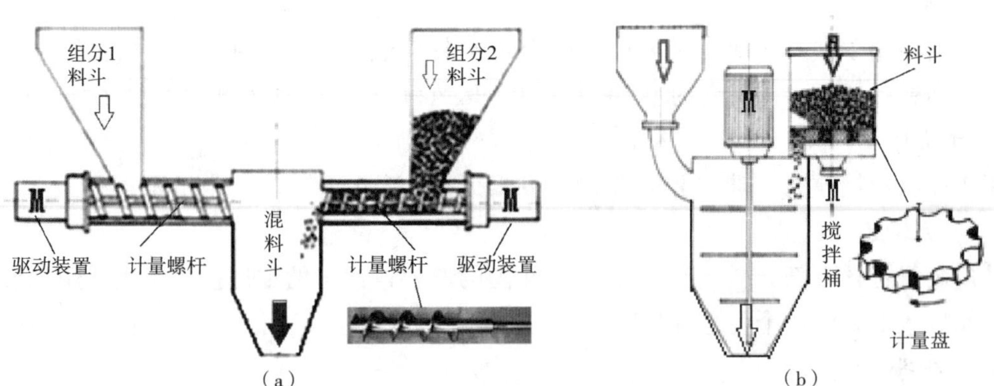

图 2-22　体积式计量系统的两种不同计量方法

$$堆积密度=\frac{材料实体的质量}{材料所占空间体积}$$

因此,同一种原料,颗粒越大,颗粒间的空隙就越多,占用空间体积越大,堆积密度就越小。堆积密度是假密度,并非实体原料的密度。

因此,使用体积式计量装置前,要对每一种原料进行标定,就是测量粒状物料的堆积密度,然后设定各组分的配比。

体积式计量装置结构简单,没有精密零配件,购置费用较低,其计量精度能满足绝大多数应用领域的要求,对安装环境要求低,是应用广泛的一种机型,国外的一些主流品牌生产线至今仍一直在使用。

体积式计量装置曾使用过圆盘计量(量杯式计量),但因为不能无级改变投料比例,而且设定操作过程较麻烦,基本已淘汰[图 2-22(b)]。目前基本上都是使用螺杆计量、供料,通过改变计量螺杆转数来改变挤出量,就可以连续调整物料的配比,一般计量精度≥1.0%,依靠产生的推力,可以把原料加入混料斗内。

(二)称重式计量

称重式计量就是直接称量加入的物料重量来控制配比。称重式计量装置有增重式和减重式两种,增重式计量装置只有一个安装在称重料斗的传感器,通过测量料斗内物料的增量控制新物料的添加量,称重料斗中各种物料的总重量是一个累加的变量。在非织造布生产线中,主要是使用增重式系统。

称重式系统结构复杂。由于使用了高精度的称重传感器,系统的计量精度较高(一般≤0.5%),数字化、智能化水平较高,可自主优化,自动调校补偿,兼有管理、统计功能。但购置费用较高,对安装环境(主要是振动)有一定要求,一般用于对产品成分有严格要求的纺丝系统。

1. 称重式计量系统的计量手段

称重式计量装置会根据不同计量精度的要求,选择使用不同的计量手段,如螺杆、螺旋弹簧、闸门供料等,而且系统具有自主学习、自动补偿功能,智能化程度较高。因此,可保持较高的计量精度,管理、设定也较简单。

螺杆计量是最常用的一种计量方式,根据供料能力和计量精度要求,螺杆有各种形状和结构尺寸,如螺杆的直径、螺距等,当使用步进电动机驱动螺杆时,会有较高的计量精度(图 2-23)。

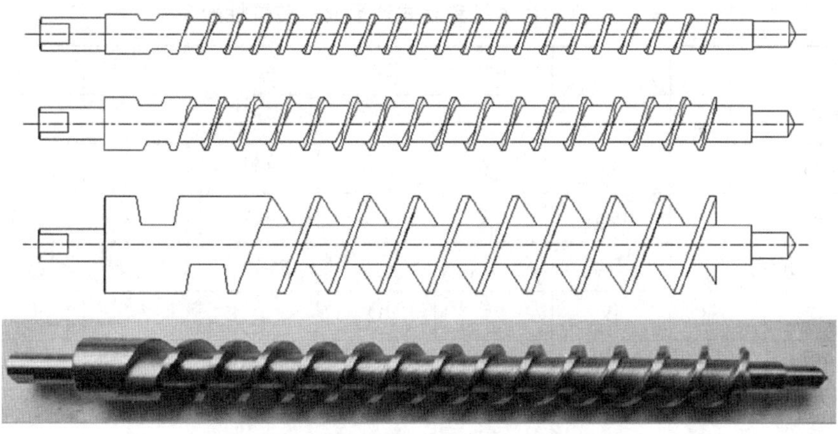

图 2-23　适用不同计量比例的计量螺杆

2. 批次与供料能力

在每批次计量过程,各个组分的原料顺次进入称重料斗,称重料斗内的物料重量是不断增加的,这种机型仅需在其中的称重料斗安装称重传感器,由于各个组分要逐一轮流排队进入称重料斗,都要占用一定的进料时间。组分越多,每批次的执行周期越长,供料能力则越小。

因此,结构尺寸相同的系统,其供料能力与组分数量有关。如一种称重式计量混料装置,只有两个组分时,供料能力达 1000kg/h,三个组分时,减少至 800kg/h,四个组分时,仅有 500kg/h。

批次是指当前所需的所有组分,均已向称重料斗完成供料时,这个过程称为一个批次,而称重料斗内的物料总重量,则称为一个批次的重量或批处理量,其最大值与称重料斗的容积有关,如配置在 3200mm 幅宽纺粘系统时,其批处理量一般为 8~12kg。

3. 称重式计量系统的运行模式

除了以称重方式运行外,称重式计量混料装置一般还能以体积计量方式运行,这时各组分的配比是通过控制进料时间的长短来决定,由于各组分配比是依靠时间模糊控制的,因这时无须执行轮流称重程序,可以较大幅度提高供料能力,这是在称重系统发生故障时的一种备用运行模式,虽然计量误差会增加,但仍可以维持系统正常运行。

除了上述两种运行方式外,称重式计量混料装置还能以混合计量模式运行,即每执行完一个批次的称重计量后,可以接着进行多次的体积计量循环,由于节省了多次称重时间,就可以提高系统的供料能力,以体积计量模式的循环次数可调,最多可达 8 次,显然,这时的计量精度是要降低的。

4. 称重式计量混料装置

在进入非织造布领域之前,称重式多组分计量混料系统主要用于制药、精细化工及其他需要精确控制各种成分比例的产品生产过程,除了可以稳定产品的质量外,往往由于一些小比例添加物都是价格较高的原料,准确控制其添加比例有利于降低生产成本,避免浪费。

除了一部分引进设备外,已有很多国产设备供应市场,并在各种非织造布生产线上获得应用(表 2-6)。

表 2-6 CGB-4 型称重式计量混料装置性能表

<table>
<tr><td>机型</td><td>50</td><td>100</td><td>200</td><td>400</td><td>600</td><td>800</td><td>1200</td></tr>
<tr><td>组分数量</td><td colspan="7">4</td></tr>
<tr><td>供料能力(kg/h)</td><td>50</td><td>100</td><td>200</td><td>400</td><td>600</td><td>800</td><td>1200</td></tr>
<tr><td>批次重量(kg)</td><td>0.6</td><td>1.2</td><td>2.2</td><td>4.5</td><td>6.0</td><td>8.0</td><td>12.0</td></tr>
<tr><td>主料添加比例(%)</td><td colspan="7">5~100</td></tr>
<tr><td>主料斗容积(L)</td><td>18</td><td>25</td><td>32</td><td>45</td><td>70</td><td>100</td><td>130</td></tr>
<tr><td>辅料添加比例(%)</td><td colspan="7">0.5~10</td></tr>
<tr><td>辅料斗容积(L)</td><td>18</td><td>25</td><td>32</td><td>45</td><td>70</td><td>100</td><td>130</td></tr>
<tr><td>搅拌桶容积(L)</td><td colspan="2">6</td><td colspan="2">20</td><td colspan="2">40</td><td>80</td></tr>
<tr><td>配比精度(%)</td><td colspan="7">±(0.3~0.5)</td></tr>
</table>

续表

机型	50	100	200	400	600	800	1200
总功率(kW)	0.12		0.25		0.75		1.5
电源	1P-　230V　50Hz				3P-　400V　50Hz		
压缩空气压力(MPa)	0.6~0.8						
噪声[dB(A)]	<75						

注　1. 配比精度(误差)=设定配比-实际配比。

2. 数据由东莞三众机械公司提供。

三、运行过程

在生产线运行期间,给料装置与多组分系统是自动运行的。

当吸料斗(即接收料斗)缺料时,排料阀自动关闭,而低料位传感器触发给料系统,启动负压风机运行,将低位料斗的原料抽送至高处的吸料斗,直至吸料斗的高料位传感器开关发出满料信号,负压风机停止运行,给料过程终结;随后吸料斗中的原料依靠大气压力和重力,经自动放料阀进入下方的储料斗(图 2-13)。

如果更换原料或添加剂,必须对计量和混料装置进行彻底清理。因此,其结构都是不用工具即能快速拆卸及装配的便捷形式。

(一)多组分系统的运行控制关系

(1)利用混料斗的低料位传感器启动各组分的计量装置运行,向混料斗供料,当料位到达混料斗的高料位时,体积式计量系统的所有组分将停止进料,而在称重式计量系统,相应组分会一直工作至本批次完成后才停止运行,但计量料斗不卸料。

(2)各组分存料斗的低料位传感器监视计量装置的供料状态,到达低料位时发出报警信息。

(3)吸料斗的低料位传感器发出启动送料装置的风机运行的信号,或启动送料装置发料,向吸料斗供料,到达高料位时装置停止运行。

(4)各组分的计量装置能独立设定,也就是可以独立调节各组分的加入比例。

(二)体积式多组分计量混料装置

为了使各种物料能均匀混合,相互分散到输出的原料中,多组分计量系统一般都会配置一个混料装置。当各种物料进入混料斗后,混料搅拌器就开始搅动,使各种原料、添加剂搅拌均匀。在一些较简单的系统,计量系统就经常不配置搅拌装置。

搅拌桨一般都是立式配置,即搅拌桨的轴线是与水平面垂直布置的。体积式多组分计量装置的各个组分是同时把物料送入混料装置的,因此,搅拌桨的运行方式有两种模式。

1. 连续搅拌

系统投入运行使用后就一直保持运转状态,这种模式的控制系统较简单,但长时间连续搅拌,会导致各种不同密度的物料发生有规律的散布状态,如密度较小的添加剂会浮在表面,密度较大的添加剂会沉到底部或受离心力作用散布在贴近搅拌桶壁的外圆附近。

为消除或减轻这种现象,搅拌桨的旋转速度不宜太快,旋转速度太快会产生破碎作用,导致产生很多粉末,影响一些料位传感器的灵敏度或产生误动作。搅拌桨的旋转速度为30~40r/min。

2. 断续搅拌

采用这种模式时,搅拌桨仅在计量装置进料时运转,进料结束后稍作延时就停止转动。这种模式可以避免连续搅拌出现的缺陷,但控制程序稍微复杂,而且搅拌桨驱动电动机要频繁启动、停止,容易出现故障。

(三)称重式多组分计量混料装置

称重式多组分计量装置是按组分排队进料的,只有完成一个批次的计量过程后,这些混合料才在重力作用下流入下方的搅拌装置内,因此搅拌桨的运行模式基本上都是间歇式,就是在混合料进入搅拌容器后,搅拌桨才启动,运转一定时间后便自动停止。

由于称重式多组分计量混料装置的结构特点,在垂直方向无法布置传动机构,搅拌桨的轴线是与水平面平行布置的。其运行模式基本上是每批次进料时启动,进料结束,并经过适当的延时后停止。

第六节 螺杆挤出机

螺杆挤出机是熔体纺丝成网非织造布纺丝系统的重要设备,当原料不需要进行干燥处理时,其上游是开放式的多组分计量混料装置;当原料需要进行干燥处理时,其上游是封闭的干切片料罐。原料将在重力作用下向下自动流入螺杆挤出机,而螺杆挤出机输出的熔体则进入下游的熔体过滤器(图2-24)。

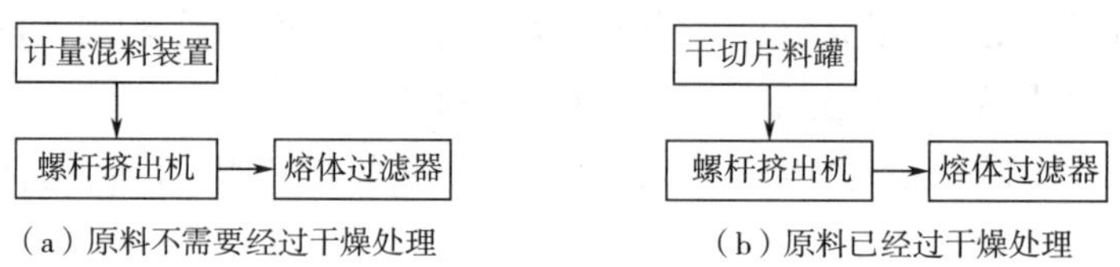

图2-24 螺杆挤出机在生产主流程中的位置

一、按功能分类的螺杆挤出机

在非织造布企业,螺杆挤出机主要是用作纺丝系统的主螺杆挤出机,用量最多。一般每一个纺丝系统会配置一台螺杆挤出机,而在双(多)组分系统,每一个纺丝系统的每一个组分都要独立配置一台螺杆挤出机。因此,一个纺丝系统会有2~3台螺杆挤出机,但每台螺杆挤出机所适用的聚合物种类、技术性能都有差异。

当生产线的纺丝系统配置有回收螺杆挤出机时,相应的主螺杆挤出机在套筒上应该加工有回收螺杆的熔体输入口。这个输入口一般都是螺纹孔,螺纹的规格与熔体的流量有关,如170型螺杆套筒上的熔体输入口螺纹为M42×1.5,并且一般在套筒的两侧(或上部)都加工有这样的螺纹孔,以适应不同方向的回收螺杆布置方案。

另外,纺粘系统在线回收用的回收螺杆挤出机,是生产线的基本配置,由于回收螺杆挤出机是与纺粘系统配套使用的,因此,其最大配置数量可等于纺粘系统的数量,在早期的配置方案中,回收螺杆挤出机仅配置在生产线最下游方向靠近卷绕机端的最后一个纺粘法纺丝系统,以便以最短的输送距离回收卷绕机的切边废料。

为了尽快、及时回收废品和不良品,包括引进设备在内的多纺丝系统生产线,最多可能会为每一个纺粘法纺丝系统配置一台回收螺杆挤出机。其实在正常生产状态,长时间可供回收的不良品数量有限。因此,生产线中有的回收螺杆挤出机会长时间闲置。

回收螺杆与纺丝螺杆的主要差异是螺杆的直径、长径比都较小,但转速要比纺丝螺杆高很多,喂入的原料是废布类不良品,而不是切片原料,因此,必须有良好的自动吃料特性,可以在生产线运行期间随时停机、退出运行而不影响正常生产。

对于一些配置有废料造粒系统的企业,也必须配置螺杆挤出机。

以上三种用途的螺杆挤出机,其性能会有较大差异。

(一)主螺杆挤出机

在熔体纺丝成网法非织造布生产线中,螺杆挤出机一般安装在高层的钢结构平台上。螺杆挤出机与配料装置、熔体过滤器、熔体管道、挤出机转速和温度控制装置组成了熔体制备系统,其功能是将固态的切片熔融、塑化成黏流态的纺丝熔体,提供给纺丝组件纺丝。

影响塑化过程和熔体质量的主要因素有螺杆的线形、螺杆的长径比、压缩比、螺杆出口的熔体压力(背压)、螺杆转速、套筒的加热温度、螺杆与套筒之间的间隙等。

由于螺杆挤出机是在高温、高压、大扭矩、长悬臂的状态下运行,常选用优质的合金钢金属材料制造螺杆和套筒,如 40Cr,20Cr13, 38CrMoAIA(表面经渗氮处理), 高度耐磨、耐腐蚀合金钢 34CrAINi,31CrMo12 等。

有的聚合物原料(如 PA6)具有高磨损特性,为了提高耐磨性,常使用双金属螺杆挤出机,挤出机的螺杆和套筒是在基础金属的表面加衬了一层具有高抗磨损性能的合金,这种螺杆的耐磨性、耐腐蚀性、致密性、使用寿命等指标都较好。德国制造的螺杆和套筒加衬了一层莱洛伊(Reiloy)合金,其使用寿命是普通氮化钢的 4 倍左右。

国产熔体纺丝成网非织造布生产线基本上都是使用结构和线型简单、造价较低的单螺杆型螺杆挤出机,即一台挤出机中仅配置有一条螺杆(图 2-25)。但在实践生产中也可能会用到双螺杆型挤出机,即在每一台挤出机中配置有两条螺杆。

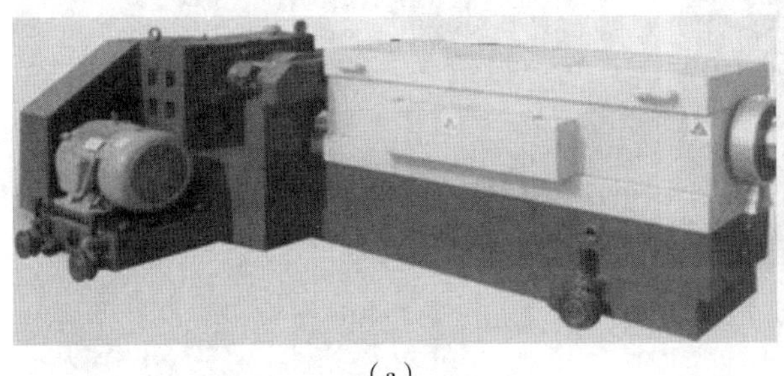

(a)

(b)

图 2-25　螺杆挤出机

双螺杆型挤出机混炼效果好、切变速率低、降解少、熔体均匀,效率高、产量大,还有原料适应性广的特点,既能用于聚烯烃类聚合物,也可用于聚酯类聚合物,但制造维修成本会较高。

螺杆挤出机主要由螺杆与套筒、驱动装置、温度控制系统、压力控制系统四部分组成。对于单组分纺丝系统，每一个纺丝系统仅配置一台螺杆挤出机；对于多组分纺丝系统，每一个组分都配置有一台螺杆挤出机，也就是有多少个组分，就有多少台螺杆挤出机。

螺杆挤出机是一台大型设备，结构、重量、驱动电动机的功率都较大。因此，螺杆挤出机的机座应该直接紧固在钢结构平台的承力钢梁上，避免在运行中发生震动。

（二）回收螺杆挤出机

回收螺杆挤出机是用于回收生产过程中产生的边料、废品或不良品，将这些物料熔融后，送入主螺杆挤出机，循环再用。一般每一条 PP 纺粘法生产线最少会配置一台回收螺杆挤出机，并配置在成网机最下游的一个纺粘系统，回收螺杆挤出机产生的熔体将直接注入主螺杆挤出机进行回收。PET 纺粘法非织造布生产线一般都不配置回收螺杆挤出机。

有多个纺粘系统的生产线，可能会配置多台回收螺杆挤出机。对于双组分生产线，一般不进行回收，因为回收物料的配比变动较大，会干扰配对成分配比的准确性。如果要进行回收，通常是把物料投入熔点较高组分的螺杆挤出机中。

回收螺杆挤出机一般与主螺杆挤出机呈垂直状态布置（图 2-26），并与主螺杆挤出机的熔融段联通，将压力熔体注入主螺杆挤出机套筒内（图 2-27）。由于主螺杆挤出机的套筒及回收螺杆在运行期间有热胀冷缩现象，因此，回收螺杆挤出机是不能固定在钢平台上的，一般采用可自由移动的浮动形式安装。

图 2-26　与主螺杆挤出机（大）在一起的回收螺杆挤出机（小）

图 2-27　回收螺杆挤出机的熔体注入主螺杆挤出机套筒内

二、螺杆的线型与结构

螺杆是螺杆挤出机的核心，聚合物原料就在螺杆与套筒组成的挤压系统中，通过螺杆的剪切、挤压和加热作用,由固态的玻璃态颗粒变成黏流态的纺丝熔体。

一般螺杆的结构有三个分段,分别是输送段、熔融段、计量段(有时也分别称为进料段、压缩段、均化段)(图2-28),这是进行结构设计时确定好固定不变的。但在实际运行过程中,三个分段并没有明显的界线,而是随运行状态而变化。不同分段的功能,螺槽、螺纹结构是不一样的。

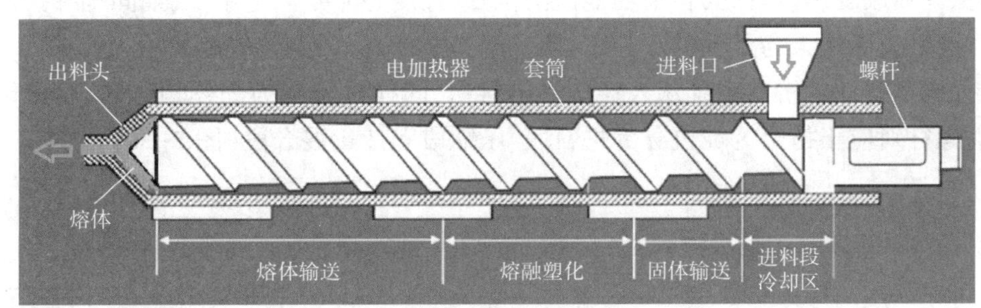

图2-28　螺杆挤出机的原理和功能区图

输送段的功能是输送、推进、挤压与预热切片原料,将原料预热到熔点,并将其输送到熔融段。输送段的螺槽较深,可以容纳更多的原料。其长度与聚合物的结晶特性有关,结晶性原料的输送段会较长,非结晶性原料的输送段稍短,而热敏性原料的输送段最短。在输送段的末端,原料将逐渐到达熔点,并开始熔融。

熔融段有一个螺槽逐渐变浅的通道,以压缩和均匀化熔融的聚合物原料。熔化的聚合物被排放到计量段,在这个区域可以使熔体产生最大的压力,以便向下游输送熔化了的聚合物熔体。

与螺杆进料段位置相对应的螺杆套筒,是一个带有水冷夹套的装置,可以控制物料不会在螺杆进料段过早出现局部熔化、粘连,在入料口发生阻塞螺杆持续进料的环结现象。此外,这段夹套除了将运行时螺杆套筒产生的推力传递给减速机机座外,还可以将高温螺杆套筒与减速机隔离,阻隔加热器的热量向减速机端传导,避免减速机的推力轴承出现异常温升。

螺杆熔融压缩段的特征是螺槽深度变浅,熔融段的功能是将原料熔融、剪切压缩、混炼塑化、压缩与加压排气。原料经过此区域后会完全熔融,体积缩小,成为黏流态熔体,但不一定会均匀混合,此时螺槽体积必须相应下降,以适应熔体体积的减少,避免熔体密度下降、传热慢、排气不良。

熔融段的长度也与聚合物结晶特性有关,对于结晶型聚合物,其长度约为螺杆直径的6~8倍,一般占25%以上螺杆工作长度,由于结构不同(图2-29),螺杆的性能也不一样。

计量段(均化段)的长度一般等于螺杆工作长度的20%~25%,螺杆螺沟固定沟深,其功能是确保原料能全部熔融以及温度均匀,混炼均匀。使压缩段输送过来的温度、密度、黏度都均匀的熔体,以稳定

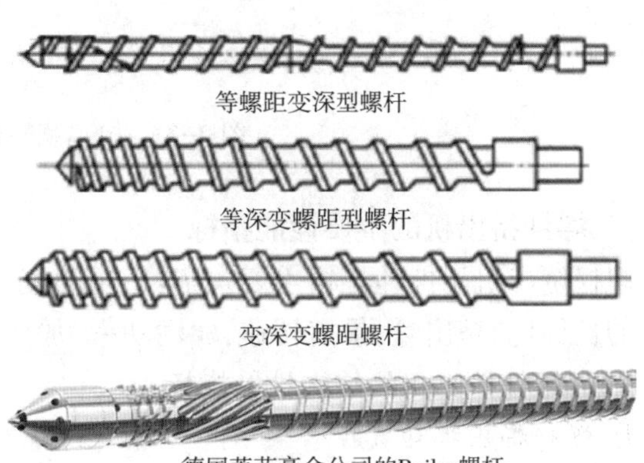

图2-29　各种结构的螺杆

的压力、流量、温度输送到下游设备。

计量段越长,螺杆运行时的漏流和逆流会越小,螺杆的混炼塑化效果越好,但熔体容易因停留时间过长而产生热分解,太短则易使温度不均匀,为了避免热分解,有的热敏性塑料可用较短的计量段或不需要计量段。螺槽较浅时,熔体的塑化效果较好。

在聚合物原料从固态到熔融的过程中,发生的状态变化是随生产工艺条件,如温度、压力、转速等的变化而改变的。因此,各个功能段的位置、长度并非是固定不变,期间螺杆挤出机是处于自动运行状态,无须人为干预的。

采用分离型螺杆的挤出系统从入料口到出料端,同样也分别为固体输送区、熔融区和熔体输送区,而螺杆对应于挤出区域也分为进料段、压缩段和计量混合段(图 2-30)。

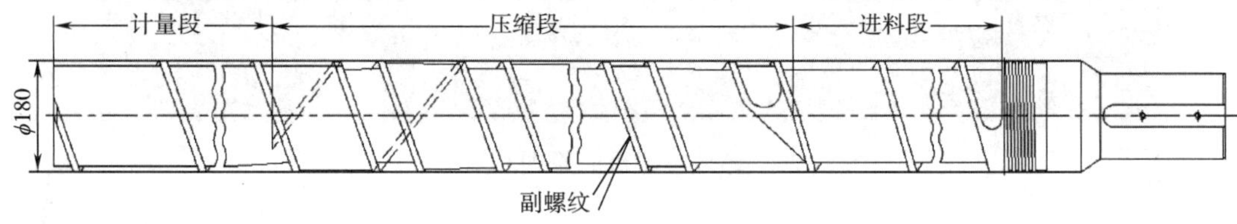

图 2-30　分离型螺杆的结构

进料段螺槽等深,作用是输送固态的聚合物原料,将其送往压缩段。物料在这个区段被预热、升温,并向前输送。压缩段的螺槽容积是逐渐减少的。物料在行进过程中受到螺杆的强烈剪切和压缩,发热而升温,还被加热系统传导的热量升温,逐渐熔融成黏流态液体,到了压缩段的后部已基本熔融。压缩段还有一道起屏障作用的副螺纹,外径较主螺纹小,能有效改善挤出压力的波动,提高熔融速率,相比普通螺杆,能提高螺杆转速,提高挤压机产量。

混合头有效长度约是 3 倍的螺杆直径,作用是强化聚合物熔体混合和均化效果。混合头采用棱形销钉结构(图 2-31),由于混合头是用螺纹与螺杆连接在一起的,螺纹连接有方向,如果螺杆的转向不符合设计要求,这段混合头就有可能松脱,因此,螺杆绝不允许反转。

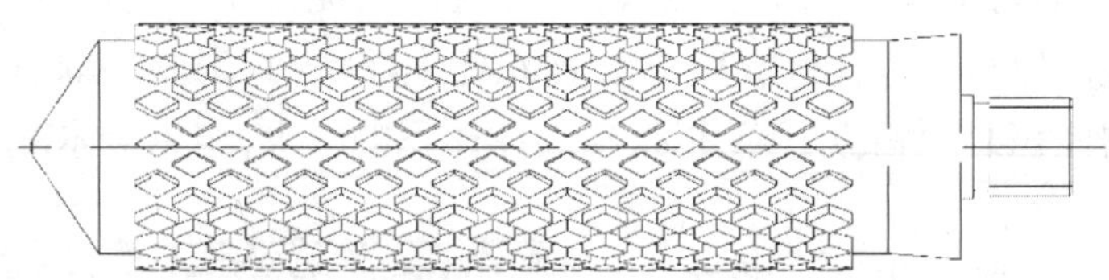

图 2-31　分离型螺杆的混合头结构

三、螺杆挤出机的主要性能指标

螺杆挤出机的性能规格主要包括:适用的聚合物品种,主要用途,螺杆的线型,螺杆的直径,螺杆的长径比,挤出量,最高转速,驱动功率,加热功率,最高工作压力,最高工作温度等。

(一)螺杆挤出机的结构性能指标

1. 螺杆挤出机的直径

螺杆挤出机的直径 D(mm)是指螺杆有螺槽部分的最大直径,也相当于螺杆套筒的内径,是螺杆挤出机的主要规格。螺杆挤出机的挤出量直接与直径相关,直径越大,塑化能力越强,熔体挤出量也越大,螺杆的熔体挤出量与螺杆直径的平方近似成正比。

在引进的生产线上,会用到锥度回收螺杆,即螺杆的外形并不是圆柱形,而是锥形的。这种螺杆的规格一般会使用其“大头直径/小头直径/长径比”表示,如:100/50/20R,表示螺杆的大头直径为 100mm,小头直径为 50mm,长径比为 20。目前配置在 3200mm 幅宽纺粘系统的回收螺杆挤出机的型号为 RS120/70,表示螺杆的大头直径为 120mm,小头直径为 70mm。

非织造布生产线纺丝系统所配置的螺杆挤出机,其直径是根据纺丝系统的产能(或产量)而定的,一般情形下产能越高,螺杆的直径越大。同样幅宽的纺丝系统,纺粘系统的产能要比熔喷系统大,因此,所配置的螺杆挤出机也就更大一些。

同样幅宽、不同品牌的生产线,由于技术水平差异,其纺丝系统的产能会相差很大,例如,有些纺粘系统的产能仅有 100~150kg/(m·h),而有的纺粘系统的产能可达 240~270kg/(m·h),所配套的螺杆挤出机的挤出量也要大很多。

不同幅宽的纺丝系统能使用同一规格的螺杆挤出机,除了螺杆线型、效率等方面的因素影响外,与实际运行的转速有关,也就是实际的挤出量有关。

由于技术的发展,不同纺丝系统单位幅宽每小时的熔体挤出量相差很大,同样幅宽的纺丝系统,配套的螺杆挤出机规格及熔体挤出量也有很大差别。特别是螺杆的线型不同,挤出量会有很大差异,如双线封闭式螺杆的挤出量就比普通线型的螺杆的挤出量大 20%~30%。因此,不能简单对比所配置螺杆挤出机的性能。

螺杆挤出机的直径已经系列化,主流的商品化 PP 纺丝系统,配置的螺杆直径主要有 60mm、65mm、70mm、75mm、80mm、90mm、100mm、110mm、120mm、130mm、135mm、150mm、170mm、180mm、200mm 等规格。

目前,一般国产 PP 纺粘系统的熔体挤出量<150kg/(m·h),1.6m 幅宽纺粘法系统配套的螺杆挤出机的直径一般为 120~130mm,2.4m 幅宽系统的螺杆挤出机的直径为 130~150mm,3.2m 幅宽系统的螺杆挤出机的直径为 150~180mm,4.2m 幅宽系统的螺杆挤出机的直径>200mm。

随着纺丝系统熔体挤出量的增大,目前,幅宽为 3.2m 的新型国产纺粘法纺丝系统,配置 170~180mm 直径的螺杆挤出机即能满足要求;目前国外新型纺丝系统的 PP 熔体挤出量达 270kg/(m·h),PET 最高挤出量达 330kg/(m·h),因而所配置的螺杆挤出机规格、驱动功率等都远比国产系统大很多。如其中一个机型的螺杆挤出机直径为 200mm,驱动电动机的功率达 352kW。

在国内已投入运行使用的非织造布生产线中,纺粘系统的挤出机螺杆最大直径为 225mm,最大挤出量 1230kg/h,驱动功率 596kW,加热功率 213kW。

在幅宽相同的情形下,由于熔喷系统的产量仅相当于纺粘系统产量的 1/5~1/3,比纺粘系统小很多。因此,同样幅宽的熔喷系统,其配套螺杆挤出机的直径也较小。

目前,国产熔喷系统的熔体挤出量<50kg/(m·h),配套在幅宽 1.6m 熔喷系统的螺杆挤出机,直径为 90~105mm;2.4m 幅宽熔喷系统,配套螺杆挤出机的直径为 100~120mm;3.2m 幅宽熔喷系统,配套螺杆挤出机的直径为 120~130mm;4.2m 幅宽熔喷系统,配套螺杆挤出机的直径为 130~150mm。最新引进的 3200mm 熔喷系统,配套的螺杆挤出机直径为 130mm。

鉴于上述多种原因,一些螺杆挤出机生产商或生产线设备制造商,推出了螺杆挤出机与纺丝系统幅宽相对应的资料,实际上这些都是以早期的低端设备水平推算出来的,缺乏先进性,更没有体现技术与时俱进的创新发展,很容易被误导。如20世纪90年代引进的3200mm幅宽纺粘系统配置的螺杆挤出机直径为150mm,到了21世纪初,同样幅宽纺丝系统配置的螺杆挤出机直径已增大到180mm,目前则达到了200mm。

因此,这一类型数据很容易误导初入行者,企业在进行设备选型时,要以螺杆挤出机在额定工况下的熔体挤出量为依据,而不能套用之前市场上的螺杆直径与纺丝系统幅宽对应资料。其次还要关注一些螺杆挤出机制造商的产品动态,避免由于螺杆线型的变化导致生产线无法正常运行,贻误了设备调试工作和正常生产。

2. 螺杆的长径比

螺杆的长度[*L*,指从加料口靠驱动端一侧后壁直至螺杆尾部(含混料头)的有效工作部分长度]与直径(*D*)的比例称为长径比,常用*L/D*表示,是螺杆挤出机的第二个重要性能指标。

*L/D*的比值大小与聚合物的品种有关,也就是加工不同的聚合物,要选用不同长径比的挤出机螺杆。长径比在一定意义上代表了螺杆的塑化能力和塑化质量。

*L/D*越大,螺杆的长度越长,原料在套筒内停留的时间越长,会塑化得更充分均匀,熔体的质量越好。在保证熔体质量相同的前提下,可以用较高的转速运行,从而增大了挤出量。目前螺杆挤出机的长径比也已系列化,其规格有20、22、25、27、28、29、30、32、33、34等。

增加*L/D*后,也要增加驱动功率,由于进料段螺杆的根径较细,处于悬臂状态的螺杆容易发生过度下垂变形(下垂量与长度的四次方成正比),磨损增多,容易发生螺杆折断事故,还会导致熔体停留时间过长,容易发生降解,制造加工的难度也越大,造价也越高。

当加工PP、PE聚合物原料时,纺丝螺杆的长径比为28~32;当加工PET、PA、PLA等聚合物原料时,纺丝螺杆的长径比为25~28;长径比为27的螺杆挤出机主要用于PET瓶片料加工及PA6切片加工。

另外,螺杆的长径比还与用途有关,如当螺杆用于PP边料或不良品回收时,其长径比就比纺丝螺杆小,一般为10~20。

目前,随着工艺技术的发展和生产经验增多,加工不同聚合物的螺杆长径比的要求也逐渐被淡化,一些能使用多种原料的生产线,也不会因改变原料品种就需要更换螺杆。

3. 额定挤出量(产量)

螺杆挤出机的设计挤出量(kg/h)与所加工的聚合物品种、熔体黏度、温度、螺杆直径、长径比、转动速度、驱动电动机的功率等因素相关。

在实际生产过程中,螺杆挤出机的挤出量与熔体的密度成正比。例如,由于PET熔体的密度比PP大,同样直径的螺杆挤出机在加工PET时的挤出量就比加工PP时高;含有较高比例填充料的熔体,密度要比纯聚合物高,因此,挤出量也较大。

熔体的黏度对挤出量有较大影响,熔体的黏度越高,流动性越差,螺杆内部的逆流、漏流较少,螺杆的效率较高,挤出量也较大。由于熔体的温度直接影响熔体的流动性,温度升高,流动性趋好,螺杆内部的逆流、漏流增加,效率降低,挤出量会随之减少。

正因为这个原因,当使用高熔融指数的原料时,熔体的流动性增加,螺杆挤出机的效率降低,在挤出量相同的条件下,螺杆挤出机的转速就要比使用较低熔指的原料时更快。

由于熔喷系统的熔体有很好的流动性,黏度较低,在同样的转速下,同一规格的螺杆挤出机,其熔体挤出量会明显比在黏度较大的纺粘系统时更小一些,这就是有的制造商宣传其产品是熔喷专用挤出机的原因。

由于熔体的挤出量与多个因素有关,因此,有的螺杆挤出机产品说明书没有标注挤出量数据,这样能规避实际挤出量没有达到说明书标示值而被投诉的风险。但在机械行业推荐标准JB/T 8061—2011《单螺杆塑料挤出机》中都有相关规定。

用于加工PP原料的螺杆挤出机,其挤出量的基数就定义为实际转速为最高转速时60%的挤出量。螺杆的直径越大,产量也越高;而在直径相同的条件下,产量还与螺杆的线型有关,如分离型螺杆的产量可比普通线型螺杆挤出机高20%~30%;

同样直径的螺杆,*L/D*值越大,产量也越高,纺粘系统回收螺杆的挤出量会远小于同样直径的纺丝螺杆,主要原因就是*L/D*值比纺丝螺杆小很多。国产回收螺杆的*L/D*值都比引进设备小,挤出量也较小。

用于在线回收废料、边料的国产螺杆挤出机,其直径*D*为105~120,*L/D*为12~18,而国外回收螺杆的直径仅为70,但*L/D*可达20,因此挤出量也较大。正常情况下,生产线产生的边料比例小于总挤出量的10%,而且幅宽越大,占比越小,回收螺杆的挤出量在100kg/h左右就能及时处理生产线产生的不良品。

在正常的速度范围,速度越高,挤出量(纺丝系统的产量)也越大。在速度偏高时,由于挤出机内熔体产生的逆流量和漏流量的影响加大,导致挤出机的效率下降。因此,螺杆挤出机的挤出量随转速增加的趋势会变缓,但并不呈线性关系,即在高速状态,螺杆每一转的挤出量要比低速状态小一些。

螺杆的挤出量会随着熔体压力、滤前压力的升高而减少,这就是生产过程中随着滤前压力的升高,螺杆的转速也随之越来越高的原因。引起压力上升的常见原因是熔体过滤器的滤网发生堵塞,阻力增加所致,这时可发现螺杆的转速会明显比刚换上新滤网时要高很多。

对于新的设备或经过分解、维修的螺杆挤出机,如安装过程不当,导致出料头的间隙不符合设计值,使熔体通道截面积变小,也会引起压力升高,甚至很难启动,导致驱动电动机容易发生过载。

一般情形下,选择螺杆挤出机有两个原则。其一是根据聚合物的特性选择螺杆的长径比,加工聚烯烃类原料螺杆的长径比较大,加工聚酯类原料螺杆的长径比一般会较小;其二是根据纺丝系统的熔体挤出量来选择螺杆挤出机的直径,螺杆挤出机的额定挤出量必须比纺丝系统的挤出量更大,才能满足物流平衡,否则会制约纺丝系统的挤出量,导致纺丝系统或生产线无法达到预定的要求。

闭环的熔体压力—转速控制系统,螺杆挤出机的转速是受纺丝泵入口的压力(控制压力或滤后压力)自动控制的,也就是说螺杆挤出机的转速一直处于自动调节的波动状态。

视控制系统的设计、整定水平,其当前转速可在±(5%~10%)这个幅度范围波动,从这个角度来看,螺杆挤出机只能在额定转速的80%~90%区间运行。也就是说,为了使螺杆挤出机能在控制系统的作用下灵活地调节转速,螺杆挤出机的实际使用速度是额定转速的80%~90%,其实际挤出量也仅相当于额定挤出量的80%~90%。

进行螺杆挤出机选型时,还必须考虑在正常寿命期(一般10~20年)的后一阶段,螺杆已发生自然磨损,效率会下降,仍要保持额定的挤出量,从这个角度选择的螺杆挤出量就必须有一定的冗余,以弥补这个效率下降。

综合考虑这两方面的因素,螺杆挤出机的额定挤出量最少要比系统的额定挤出量更大,至于大多少,还没有相关规范,以 10%~20%为宜。而与之关联的就是选择螺杆的直径。

选择了螺杆的直径和长径比,螺杆挤出机的挤出量就定下来了。

4. 驱动功率

驱动装置主要包括驱动电动机、传动带、减速机等,螺杆挤出机的转速远低于驱动电动机的转速(一般 1480r/min),而又需要较大的力矩驱动。因此,要利用传动装置来降低转动速度,增大扭矩。

在非织造布生产线中,螺杆挤出机的减速机与驱动电动机间有多种连接方式,少量机型采用联轴器直联式,而采用 V 形传动带降速传动则是最常见的方案。减速机不仅为螺杆提供足够的驱动力矩,而且还要承受螺杆在运行时产生的强大推力,对螺杆挤出机的安全运行有重大影响。

目前能在设备说明书提供螺杆推力数据的厂家很少,加上一般螺杆挤出机是与带有推力轴承的减速机配套供货,因此,也很少使用方关注相关的推力数据,如果自己配套减速机,除了要满足传动功率要求外,务必要根据推力的大小选择推力轴承。

交流异步电动机具有结构简单、性能可靠、价格低廉、运行管理费用低等特点,是目前普遍使用的驱动电动机,也是生产线电力传动的发展方向,是螺杆挤出机配套的主流驱动电动机。目前,直流电动机已经逐渐淡出非织造布设备市场,而国家有关部门已有文件规定,在纺织染整机械方面淘汰直流电动机。

新的螺杆挤出机首次投入运行前,必须采用人工盘车方式确认螺杆能自由地、无障碍转动,并在安装与电动机之间的 V 形传动带之前,确认电动机的旋转方向与螺杆的预定转动方向是对应的。

螺杆挤出机的负载特性近似恒转矩,因此,运行时电动机的负荷电流不会随工况有大幅度的变化,而输出功率与转速呈正相关,但功率随转速增加而降低。只要运行电流小于额定电流,就可以判断电动机不存在超负荷运行现象。

当螺杆挤出机的实际挤出量小于设计值时,其实际所需的驱动功率就会比设计值小。由于现阶段非织造布主要的应用市场是在卫生、医疗制品领域,加上受生产线运行速度的限制,挤出机的实际挤出量将比额定值小。因此,螺杆挤出机常处于负荷较轻的状态运行。

(二)与工艺有关的性能指标

1. 额定转速

螺杆挤出机的转速(r/min)与螺杆的直径及长径比有关,直径越细,允许的转速也越快;而在直径相同的条件下,长径比较大的螺杆要比长径比较小的螺杆转速更快一些。非织造布生产线使用的国产纺丝螺杆挤出机,转速一般在 60~100r/min。

螺杆挤出机仅在启动阶段需要人为设定转速,正常运行时的转速是由熔体压力—转速系统自动控制的,无须人工干预。当生产线的产量发生变化时,也就是人为调整、改变纺丝泵的转速时,螺杆的转速也会自动跟着变化,这种变化近似正相关关系,纺丝泵的转速升高,螺杆挤出机的转速也跟着升高。

而当纺丝泵入口的熔体压力变化时,螺杆的转速也会跟着变化,但这种变化则近似负相关关系,即在熔体压力升高时,螺杆挤出机的转速则会自动降低。而在熔体压力下降时,螺杆挤出机会加速,甚至会出现“飞车”现象,即到了最高转速时,系统的压力仍无法恢复到正常状态,螺杆挤出机就一直加速运行,直至控制系统的超速保护功能动作,切断挤出机的电源,强制停止设备运行。

螺杆挤出机的转速与螺杆直径有关,直径较大的螺杆,其转动速度不宜太快,避免塑化不均匀及产生过量的摩擦热。一般是直径越大,所允许使用的最高速度越低,非织造布生产线纺丝用螺杆挤出机的常用转速为 0~70r/min。

引进生产线配套的螺杆挤出机,螺杆的转速普遍比国产设备高,如直径为 150 的国产螺杆挤出机,最高转速为 60r/min,进口的可达 90r/min;直径为 170 的国产螺杆挤出机,最高转速为 60r/min,有的进口机型可达到 100r/min。

配置在生产线中的回收螺杆挤出机的螺杆直径及长径比都较小。因此,允许的转速也较高,国产回收螺杆的转速可大于 100r/min,有的国外品牌回收螺杆,其转速≥250r/min。

螺杆挤出机的最低运行转速与调速精度要求有关,一般情况下,调速比(最高速度/最低速度的比值)在 10 左右,已能满足正常的工艺要求。在更低的速度运行时,会出现转速不稳定现象,由于无法建立正常、稳定的纺丝熔体压力,纺丝系统将无法正常工作。

当使用直流电动机作为螺杆挤出机的驱动电动机时,其调速比比使用交流电动机驱动时更大,对熔体压力的波动反应更快,而允许的最低运行转速也会更低。

螺杆挤出机允许使用的最低运行转速还与减速机的润滑方式有关,当使用由主驱动电动机带动的齿轮泵强制润滑时,为了使处于挤出机减速箱较高位置的齿轮和轴承得到有效润滑,齿轮泵需要有足够的转速来保证润滑系统正常运行。

因此,挤出机不能长时间以低于极限转速的状态运行,否则会导致轴承润滑不足而影响减速机的安全使用。有的螺杆挤出机在润滑油压力低于 0.05MPa 后,控制系统会发出报警信息,如果不能及时处理,螺杆挤出机将会很快断电停机。国产 JWM-C 系列螺杆挤出机是采用油泵强制润滑的,制造商规定的极限转速值为 20r/min。

实际上,除了在进行设备调试或生产准备工作时,螺杆挤出机会以较低速度运行外,正常的生产运行是不会使用最低转速的。如果由于特殊的工艺需要,挤出机要长期低于极限转速运行时,齿轮减速箱必须配备独立的强制润滑装置。

由于驱动电动机既可以布置在螺杆的左侧,也可以布置在螺杆的右侧,不同的布置方法会影响其他设备的布置及操作、维修空间。因此,在订购螺杆挤出机时,一定要指明驱动电动机的位置,如果没有特别声明,一般都是提供右手机,即在减速机一端面对螺杆挤出机,驱动电动机布置在右侧。

有的小型螺杆挤出机的驱动电动机采用立式布置,电动机布置在减速机的上方。

2. 工作温度和加热功率

螺杆挤出机的允许工作温度(℃)受设计限制,实际使用的温度则与所使用的聚合物原料品种、特性及纺丝工艺有关,一般在 250~300℃或更高,可满足一般聚烯烃类或聚酯类聚合物的加工要求。

螺杆挤出机的工作温度主要根据原料的特性而定,原料的熔点越高,螺杆挤出机的工作温度也越高,如 PET 生产线的螺杆挤出机的最高工作温度就比 PP 生产线高许多。

而流动特性不同的原料，其温度设定值也不一样，例如，PP原料的MFI较小时，所需的工作温度就较高。例如，有的熔喷系统使用低熔点的切片原料时，为了改善其流动性，熔体的温度就有可能达到300~320℃，甚至更高。熔体温度较高时，熔体的塑化效果较好。使用粒状切片原料时的螺杆温度就比使用粉状原料时要高一些。

螺杆挤出机的最高工作温度还与纺丝工艺有关，例如，熔喷法系统的工作温度一般比纺粘法纺丝系统高30~60℃；而采用管式牵伸工艺的纺丝系统，其纺丝温度就要比采用宽狭缝低压牵伸的系统更高一些。

而由不同制造商制造的使用同类型工艺的生产线，如同为纺粘法生产线或同为熔喷法生产线，其螺杆挤出机的最高工作温度也会不同，可能会有20~40℃的差异。引进的生产线所使用的熔体温度普遍比国产设备高一些。例如，采用管式牵伸工艺的纺粘系统，其熔体温度一般都比宽狭缝低压牵伸系统的熔体温度高30℃左右。

螺杆挤出机仅容许套筒内的聚合物都处于熔融状态才能启动运行，如果温度太低，物料还没有全部熔融，甚至还没有到达聚合物的熔点，螺杆挤出机是不允许启动运行的，如果在这个状态启动设备运转，就存在较大的安全风险，螺杆的驱动电动机会因负荷太重而引起传动带打滑或超载保护动作而跳闸停机，甚至会导致驱动系统损坏，发生扭断螺杆的严重事故。

因此，螺杆挤出机的控制系统应该有防止低温启动的保护功能，当螺杆挤出机所有加热区及有熔体流通的其他设备（如熔体管道），如熔体过滤器、纺丝泵、纺丝箱体的实际温度，必须到达控制系统的最低温度设定值，并经过一段延时后，才允许螺杆挤出机启动运行。

以PP原料为例，最低温度的设定值要高于熔点（165℃），因此，设定值≥180℃，并在控制系统中预设好。而在实际运行过程中，各加热区的实际温度设定值要比最低温度高很多。

因此，螺杆挤出机允许的启动运转限制条件是：所有加热区的温度均要达到设定值，并有一段不小于30min的恒温延时。

另外，螺杆得到适当冷却时，熔体的塑化效果较好，有的大型螺杆的中心就带有水冷结构，但挤出量会降低。

螺杆挤出机的加热功率直接与螺杆挤出机的熔体挤出量有关，并呈线性关系，其单位熔体挤出量所需要的加热功率（kW/kg）越小，螺杆挤出机的加热效率越高。按照JB/T 8061的要求，国产直径≤120mm的螺杆挤出机，应能在2h内从冷态启动至达到180℃；而对于直径>120mm的螺杆挤出机，应能在3h内从冷态启动至达到180℃。

从国外引进的一些螺杆挤出机，从冷态启动至到达正常工作温度，所需要的加热升温时间约为2h，明显要比国产设备稍快，其加热功率会更大一些。

一般生产工艺都要求螺杆挤出机各温区的温度控制精度在±1℃，这里包括两层意思，一是当前值与设定值之间的差异，二是当前温度的变化幅度。要达到这个温度控制精度，需要相应的硬件配置才有可能实现。

由于螺杆套筒是由导热性能良好的金属材料制造，不同温度的相邻区域热量会流动而互相影响，不同温度区的相互衔接部位就不可能出现一个明显的温度突变分界；套筒内部熔体的流动，实际上也是热量流动，会影响相邻温度区的温度变化。这两个因素的存在，增加了准确控制温度的难度，特别是在当前温度高于设定值的状态。

在套筒加热区配置有冷却风机的螺杆挤出机，当温度超出设定值后，温度控制系统除了减少输入的加热功率，甚至停止加热外，冷却风机也会随即启动运行，用气流将多余的热量移除，直至温度恢复到设定值后才停止运行。

绝大部分用于 PP 原料的国产螺杆挤出机，其加热区都没有配置冷却风机，因此，要把温度准确控制在额定偏差范围是不容易的。

由于聚酯类聚合物对温度很敏感，除了会影响熔体的黏度外，还会导致材料发生降解。因此，近年来使用聚酯原料的纺丝系统，其螺杆挤出机的加热区都趋向配置冷却风机，提高了温度控制的精度。

配置有冷却风机的螺杆挤出机，冷却风机基本布置在螺杆套筒的正下方，冷却风机吸入低温环境气流从下往上吹向加热装置，然后从套筒护罩的正上方通道排出，有的螺杆挤出机还在通道的出口配置有仅向外打开的单向风门，当风机启动运行后，气流的压力将风门打开，然后排出。而在平时，这个风门会依靠自重关闭，可以控制套筒内的热气流散失。

3. 螺杆挤出机的冷却

螺杆挤出机的水冷却主要包括减速机冷却（或油冷却器冷却）和螺杆套筒进料段的冷却两部分。为了避免冷却水套内部结垢，影响冷却效果，对冷却水的水质要求如下：硬度≤12°dh，非碳酸盐硬度≤5°dh，Fe 离子的浓度≤0.04mL/L，pH＝7.5～8，冷却水的压力一般为 0.20～0.40MPa，螺杆直径≥170mm 的冷却水用量约 $4m^3/h$，冷却水温度≤18℃。

冷却水不允许含有藻类和悬浮物，不得含有任何气体成分，如氯、臭氧等，也不能有任何污垢。如果水中有悬浮物，则需在供水管道中安装过滤器。

（三）工作压力（MPa）

一般螺杆挤出机设计的出口熔体压力（也称过滤器前压力）高达 25MPa 左右。但在非织造布纺丝系统中的螺杆挤出机，其实际运行压力远低于设计最高压力。大部分国产纺粘系统螺杆挤出机的出口熔体压力低于 10MPa，一些引进机型的压力会较高。而在熔喷系统使用的螺杆挤出机，其工作压力一般在 5MPa 以下。

由于实际工作压力远低于螺杆挤出机的设计压力，因此，可确保螺杆挤出机能正常、安全运行。为了防止螺杆挤出机或其他设备出现异常的压力，在熔体制备系统要对熔体的压力进行检测和监视，并在出现异常压力时提供安全保护。

提供安全保护的形式一般有两种：一种是当前压力超越设定值时发出报警信息，但系统仍能正常运行；另一种是当前压力较大幅超越设定值时，不仅发出报警信息，而且在经过延时后如仍无法恢复正常值，控制系统会马上切断螺杆挤出机的电源，导致纺丝系统或生产线停机。

纺丝系统使用的聚合物原料不同，纺丝箱体的熔体分流方式也不一样，或品牌不一样的纺丝系统，纺丝工艺不一样，各个部位的熔体压力保护设定值也有很大差异，表 2-7 为使用 PP 原料、纺丝箱体采用衣架式熔体分流时，纺粘法熔体制备系统各个位置的熔体压力保护设定值。

表 2-7　衣架分流型 PP 纺丝系统熔体压力保护设定值

保护级别	主螺杆	回收螺杆	纺丝泵	纺丝箱体
预警设定值（MPa）	20	20	10	10（普通），12（双组分）
切断电源设定值（MPa）	25	25	12	12（普通），14（双组分）

螺杆挤出机出口的实际熔体压力是一个变动值,与过滤器后的压力(即控制压力)设定值、过滤阻力等因素有关,这些都是设定系统保护压力的依据。螺杆出口熔体压力较高时,熔体的塑化效果较好,但挤出量会减少。

在纺粘法非织造布生产线中,螺杆挤出机的最高工作压力设定值一般为 16MPa,设定值太高不仅会影响螺杆挤出机自身的安全,增加能耗,而且还会影响熔体管道、纺丝箱体、纺丝组件的安全,也会增加更换熔体过滤器滤网的操作难度。

但最高压力的设定值偏低时,虽然保护效果较好,但将增加更换熔体过滤器的换滤网或滤芯的频率,而且增加了换网的操作难度。

根据工艺需要,熔体压力要稳定保持在一定范围内,从而保持挤出量的均匀性,这是控制熔体压力的目的。它是通过控制螺杆挤出机的转速,也就是驱动电动机转速这种方法来实现的。

由于在生产过程中不可避免地存在各种扰动因素,如供料过程(包括回收)的不均匀性、熔融过程的随机性、熔体过滤网的堵塞等,使生产过程中的熔体压力一直都存在着出现波动的趋势。因此,电动机要通过不断地调整转动速度来减少这种波动,因此,在运行期间,螺杆挤出机的转动速度一直都是处于反复变动状态。

表 2-8 为在 PP 熔体纺丝成网非织造布生产线中,常用的回收螺杆挤出机和主螺杆挤出机的主要性能。

表 2-8 非织造布生产线常用螺杆挤出机的主要性能

直径(mm)×长径比	转速(r/min)	功率(kW)		加热区(个)	压力(MPa)	挤出量(kg/h)	中心高(mm)
		驱动	加热				
ϕ90×20	20~80	15	15	3	25		回收用
ϕ105×15	20~80	15~18.5	18	4	25		回收用
ϕ105×18	20~80	22	27.6	5	25	100	回收用
ϕ120×15	20~80	30	24	4	25		回收用
ϕ120×30	20~60	75	60	6	25	280	660
ϕ130×30	20~60	75	80	6	25	280	660
ϕ135×30	20~60	75	80	6	25	280	660
ϕ150×30	20~60	110	90	7	25	370	710
ϕ160×30	20~60	132	100	7	25	450	710
ϕ170×30	20~60	132	110	7	25	500	710
ϕ180×30	20~50	160	120	7	25	560	720

注 由于螺杆挤出机的熔体挤出量与熔体的黏度,也就是与具体的运行状态有关,因此,表中的相关数据仅供参考,不可用作设备验收依据,应以设备供应商的资料为准。

四、螺杆挤出机的综合评价指标

为了综合评价螺杆挤出机的性能及先进性,JB/T 8061—2011《单螺杆塑料挤出机》提出了多项评价指标，主要如下。

（一）名义比功率

名义比功率 N 是螺杆挤出机的一项设计指标，指挤出 1kg/h 熔体所需要的驱动功率，即所需电动机功率 N' 与挤出机每小时的熔体挤出量 Q_{max} 的比例，用 P 表示，即 $N=N'/Q_{max}$，单位为 $kW/(kg \cdot h^{-1})$。

螺杆挤出机名义比功率越小越好，用较小的功率就可以实现同样的挤出量，表示螺杆挤出机的效率较高。同一系列螺杆挤出机的名义比功率随着螺杆直径的增加而减少，说明螺杆直径越大，效率越高。螺杆挤出机的名义比功率 P 不得大于相关技术标准的规定值。

螺杆挤出机的电动机功率是按设计挤出量配置的，从比功率的定义可以看到，如果实际的挤出量小于设计挤出量时，所需要的功率也会较小一些。这就是同一品牌、同一规格（直径与长径比）的螺杆挤出机，所配套的电动机功率有较大差异的原因。

加工 PP 的螺杆挤出机，当螺杆直径为 35～70mm 时，名义比功率为 0.40；当螺杆直径为 80～150mm 时，名义比功率为 0.39。名义比功率会随着螺杆直径的增加而减小，即直径较大的螺杆挤出机，有较高的驱动效率，PP 非织造布生产线中常用的螺杆挤出机，其名义比功率 ≤0.39。

（二）比流量 q

比流量是指螺杆每转动一圈所挤出的熔体质量。

比流量 $q=Q_{实测}/n_{实测}$，单位为 kg/（r・h）。

比流量体现挤出机的生产效率，比流量越大越好，表示在同样的转速下，螺杆挤出机有较大的熔体挤出量。同一系列螺杆挤出机的比流量会随着螺杆直径或长径比的增大而增大。同样，比流量不能小于相关技术标准的规定值。

加工 PP 的螺杆挤出机：当螺杆直径为 35～70mm 时，比流量为 0.139～1.046kg/（r・h）；当螺杆直径为 80～150mm 时，比流量为 1.106～5.857kg/（r・h）。

第七节　熔体过滤器

在纺丝系统中，一般会在两个位置配置有熔体过滤功能的设备或零件，其中熔体过滤器是配置在螺杆挤出机与纺丝计量泵之间的设备（图 2-32），主要作用是利用过滤元件的阻隔过滤功能，拦截及滤去熔体中的杂质、保护纺丝泵和纺丝组件，延长喷丝板的使用周期，熔体过滤器（meit filter）有时也称为换网器。熔体过滤器的过滤、元件有较高的过滤精度，是过滤熔体的主要设备。

熔体流经过滤器后，会在过滤元件上产生压力损失（压力降），压力降的大小与熔体的黏度大小、过滤元件的过滤精度高低、熔体的流量大小、过滤器运行时间的长短等因素有关，是一个与时间有关的变量。

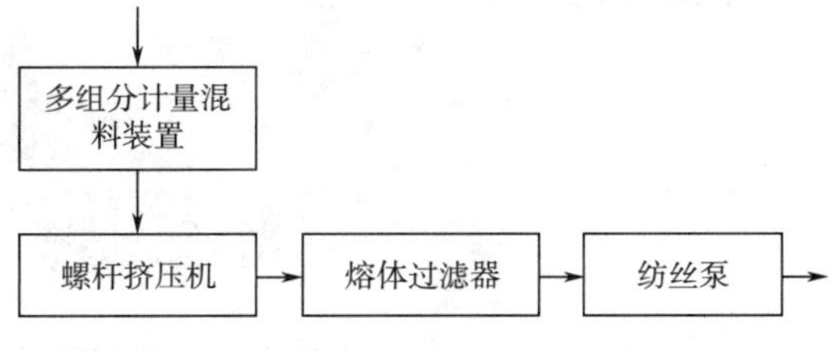

图 2-32　熔体过滤器在生产流程的位置

纺粘系统用的聚合物熔融指数较低，黏度较大，熔体的流动性差，流动阻力较大，产生的压力降也就较大。因此，熔体流经过滤器时会产生较大的压力降，一般为 4~6MPa,在 PET 系统使用时,这个压差设计值一般为 6MPa。

熔喷系统中的聚合物熔融指数较高,黏度很低,熔体具有很好的流动性,流动阻力较低,产生的压力降也较小,一般只有 1~2MPa。

熔体纺丝成网非织造布的生产过程是一个连续不断的过程,因此,必须配置不停机切换式过滤器,在切换过滤元件(滤网或滤芯)时,能保持熔体供应的连续性和稳定性。

熔体过滤器的形式有多种。按过滤元件来分,有滤网式和滤芯式两种;按过滤元件的载体来分,圆柱式、滑板式、套缸式三种为常用的机型;按安装及操作方向,还可分为卧式及立式两种。

液压式熔体过滤器是一种借助液压油缸提供的动力,实现更换过滤元件作业过程的一种过滤器,其过滤元件的载体有圆柱式及滑板(闸板)式两种,随着技术的发展,液压式熔体过滤器还衍生出超大过滤面积的滤筒型熔体过滤器、自动换滤网型熔体过滤器、连续换滤网型熔体过滤器及带反冲洗功能的熔体过滤器。

目前,在熔体纺丝成网非织造布生产线上使用的过滤器与纺丝系统使用的聚合物原料有关。使用 PP 原料的纺丝系统,较多使用的是双柱液压式圆柱型熔体过滤器,而在大量使用回收原料的 PP 纺丝系统和 PET 纺丝系统,套缸式熔体过滤器是常用的机型。

而在另一个位置的过滤元件是配置在纺丝组件内的过滤网(或滤砂),其结构相对简单,过滤精度也较低,设置在纺丝组件喷丝板的上游位置。

一、常用熔体过滤器

(一)滤网式熔体过滤器

1. 圆柱或滑板式熔体过滤器

目前,国产纺丝系统常用双通道、双工位不停机换滤网型熔体过滤器,过滤器使用圆形、长圆形或其他形状的片状多层滤网,配套有液压换过滤网装置和加热系统。双通道就是指熔体过滤器内有两条熔体通道,双工位就是指熔体过滤器内有两个工作位置,也就是有两个过滤元件。

过滤元件的载体有圆柱形截面或板形截面两种,图 2-33 是一种载体为圆柱形的过滤器,也是最常用的机型。板形截面的过滤器载体截面为矩形。

无论采用哪一种形式的熔体过滤器,过滤器必须配置两个熔体通道和两个过滤元件或装置,过滤器既能短时间内仅用其中一个独立运行,也可以长期以双通道并联的形式运行。由于任何时候最少都有一个通道有熔体通过,可以保持纺丝系统正常工作,因此,也称为不停机换网型过滤器。

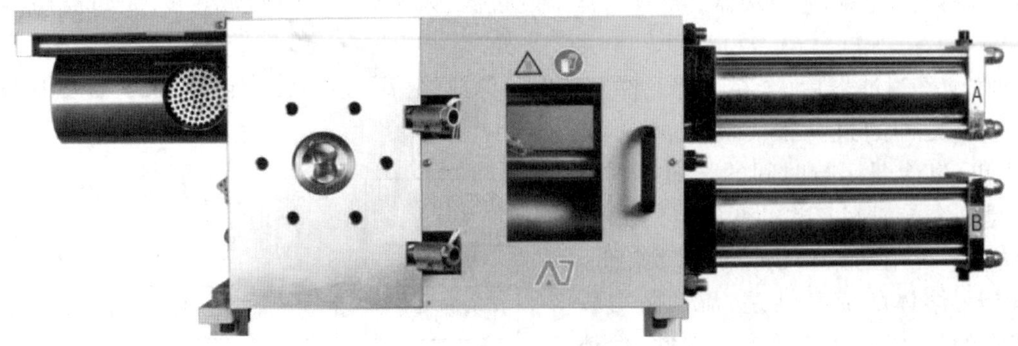

图 2-33 双柱塞式熔体过滤器外观

熔体纺丝成网非织造布生产线是一种长期连续运行的设备，因此，纺丝系统必须配置使用不停机换网型熔体过滤器，否则将造成很大的经济损失，既耽误生产线的有效运行时间，降低了设备利用率，减少了产量，还会产生大量的不良品和废品。

2. 熔体过滤器的工作原理

在双通道、双工位式不停机型熔体过滤器内，有两条熔体通道和两个放置过滤元件的位置。在正常运行期间，两个通道的过滤元件以并联的方式运行，即两个过滤元件都有熔体通过，共同向纺丝系统提供干净的熔体。按照其通过能力，仅依靠其中一个通道也能在短时间内保持向纺丝系统提供额定流量熔体的能力，因此，可以在时间上分先后更换两个过滤网，但不得同时更换两个过滤元件，以免中断熔体供给和生产线发生超压跳停事故。

纺丝系统在运行时，要根据滤前压力的变化，进行人工换滤网作业。更换滤网的频率与聚合物熔体的流量、原料的灰分、添加剂的种类、添加剂的压滤值 DF 等因素有关，总的来说就是与熔体中的杂质含量有关。熔体的流量越大，杂质含量越高，过滤装置的纳污能力越小，换滤网的频率就越高。图 2-34 为熔体过滤器的三种运行状态。

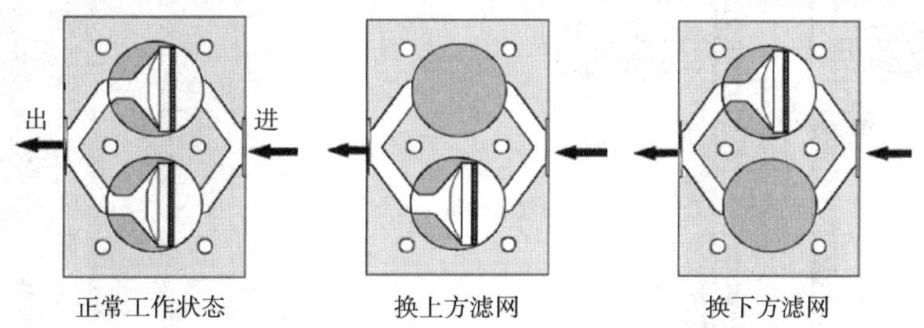

图 2-34　熔体过滤器的正常工作状态与换网状态

在一般的运行条件下，通常每一班次（8h）就要更换一次熔体过滤网。在生产过程中，停机时间较长后要重新开机，或要更换产品的颜色，在投入新的颜色前，也要及时将还正在使用的滤网更换为新的滤网，从而缩短系统的过渡时间，减少过渡期间的不良品产生量。

这种过滤器结构简单，容易操作，因此是熔体纺丝成网非织造布生产线较常用的机型。

（二）套缸式熔体过滤器

圆柱式或滑板式过滤器的滤网面积较小，仅适用于原料较纯净的纺丝系统，如果原料的含杂量多、灰分含量大，就要频繁更换滤网。这时就要使用过滤面积较大的套缸式熔体过滤器（图 2-35）。套缸是一个能承受高温、高压的容器，所有的过滤元件都安装在套缸内。

图 2-35　立式和卧式套缸式熔体过滤器

套缸式过滤器有很大的过滤面积(一般有数平方米),因此,也有很大的纳污能力,因而能连续使用很长时间,对稳定纺丝工艺有好处。但这种过滤器操作较麻烦,还要配置一些专用设备(如吊车),因此,一般不配置在熔喷系统使用,当纺粘系统大量使用回收料或粉状料,或使用PET原料的纺丝系统,就要选用这种过滤器。

套缸式熔体过滤器内部有较多熔体残留,容易发生降解,也不容易清除,因此不宜在频繁转换产品或生产有颜色产品、功能性产品的纺丝系统使用,否则会在转换过程中产生大量不良品。

1. 套缸式过滤器的结构和工作原理

熔体过滤器是在保证纺丝熔体的压力和温度不会发生急剧变化的情况下,进行更换过滤元件(即滤芯)的装置,以联动阀型熔体过滤器为例,其基本结构和工作原理如图2-36所示。

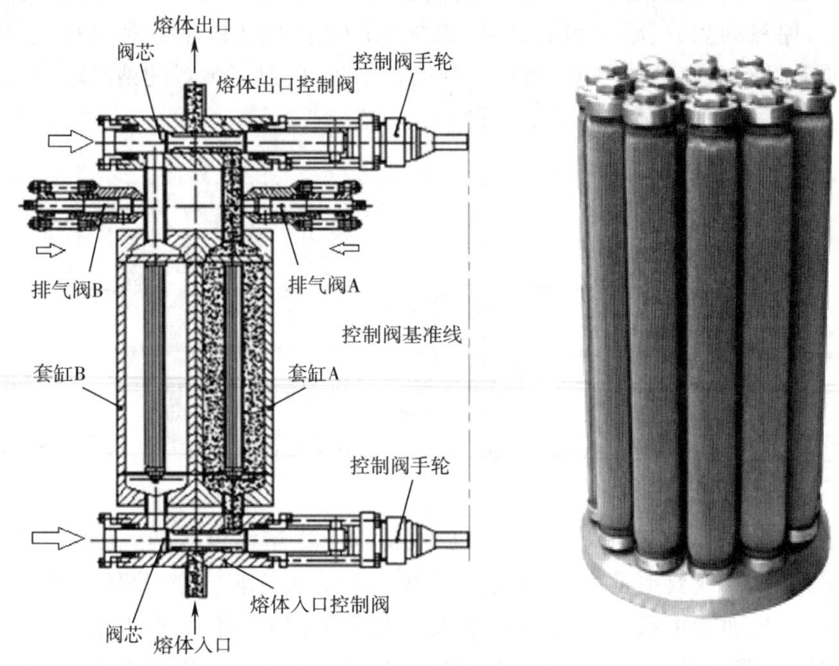

图2-36 套缸式熔体过滤器的工作原理和滤芯

图2-36中,过滤器有两个套缸A和B,每一个套缸上部配置有独立的排气阀A、排气阀B;套缸的下部有一个与熔体供给系统联通的三通型入口控制阀,套缸的上部有一个与纺丝泵联通的干净熔体的三通型出口控制阀。

控制阀有三种运行状态,可以仅与套缸A联通,可以仅与套缸B联通,可以同时与套缸A、B联通。图2-36所示阀芯的位置是流动的熔体正流经套缸A过滤室,也就是A过滤室处于工作状态,而B过滤室此时与系统隔离,没有熔体流动。

当经过一段时间的运行后,套缸A过滤室的过滤元件上的杂物越来越多,这些积聚的污染物堵塞了过滤元件的部分熔体通道,使过滤阻力上升,熔体的入口与熔体出口的压力差也随之升高,一般情形下,当这个压力差接近6MPa,就要进行切换过滤器的套缸工作,将新的套缸投入运行,而将已经使用过的套缸退出运行,并进行清理备用。

2. 切换套缸的操作过程

(1)因为滤室升温需要很长时间,因此,当备用的套缸B过滤室已经清理好以后,要提前放入过滤器内预热升温备用。

(2)进行切换时,旋转入口控制阀手轮,使下端进口的阀芯向左端适量移动(阀芯的移动距离在10mm左右),使入口的少量熔体进入套缸B过滤室,而套缸A过滤室继续保持在运行状态[图2-37(a)]。

(3)熔体出口控制阀仍处于原来的关闭状态,打开套缸B过滤室的排气阀B排气。

(4)当熔体逐渐进入套缸B过滤室,并充满套缸内的空间后,排气阀B便开始排气,到转变为有熔体排出[图2-37(a)]。

(5)当从排气阀排出的熔体中已没有气泡混在其中后,表示套缸内已充满熔体,并已将空气排放干净,此时可关闭排气阀B。

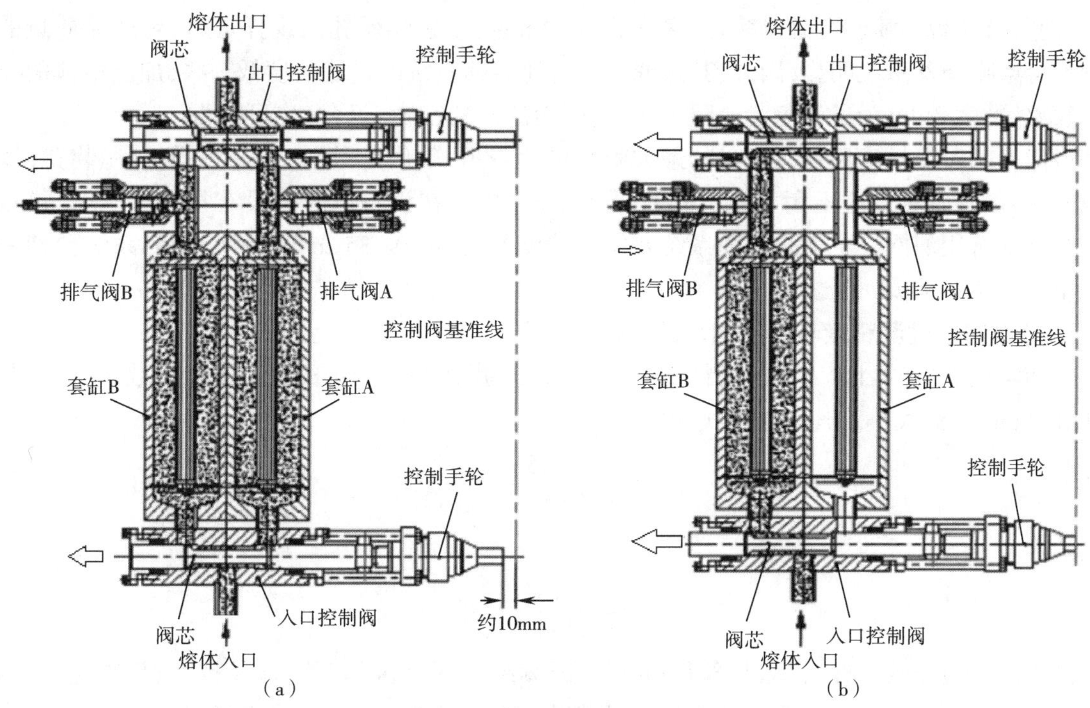

图2-37　套缸式熔体过滤器切换过程

(6)同时转动上方的熔体出口控制阀手轮及下方的熔体入口控制阀手轮,使出口及入口的两个控制阀阀芯同时向左侧移动,使套缸B过滤室的熔体通道逐渐变为全开状态[图2-37(b)],由于阀芯是联动的,因此,也同时使套缸A过滤室的熔体通道逐渐关闭。

(7)至此,套缸B过滤室完全进入工作运行状态,而套缸A过滤室则退出运行。

(8)在打开套缸A过滤室的排气阀,确认已不存在内压后,便可以将套缸A过滤室卸下,进行分解及清理。

拆换下来的套缸式熔体过滤器的蜡烛型滤芯,经过清洗、检测后,可以多次重复使用。

二、熔体过滤器的过滤精度

熔体过滤器仅作为其中过滤元件的载体,因此,熔体过滤器本身并没有过滤精度指标,其实际的过滤精度是由过滤元件决定的。目前使用的过滤元件主要有多片组合的片状过滤网及柱形滤芯两大类。因此,只要配置使用不同过滤精度的过滤元件,就可以满足不同应用领域的要求。

(一)熔体过滤器过滤元件的过滤精度

熔体过滤器的过滤精度要与喷丝板的喷丝孔直径、纺丝组件滤网精度相适应,其过滤精度要高于组件内滤网的精度。喷丝孔的孔径越小,对过滤精度的要求越高。而熔体过滤器的熔体通过能力必须满足最高产量时的流量要求,以免在正常生产时,熔体流过过滤器时产生过大的压力损失。

使用 PP 原料时,用于生产过滤、阻隔性材料的熔喷法喷丝板,其喷丝孔的直径在 0. 30~0. 35mm,呈单行排列,任何一个喷丝孔不能正常纺丝,对产品的质量影响都很大,因此要求熔体过滤器要有较高的过滤精度,才能保证喷丝孔不容易堵塞。

使用 PP 原料时,纺粘法喷丝板的喷丝孔直径在 0. 40~0. 60mm,比熔喷系统的喷丝孔直径更大,而其喷丝板的喷丝孔是以多行、多列的方式布置,个别喷丝孔出现异常时,对产品质量的影响没有熔喷纺丝系统明显,因此,其过滤精度可比熔喷系统的过滤精度低一些,加上熔体的流动性较差,黏度较大,为了避免过滤阻力太大,因而滤网的密度(目数)也可较小。

过滤器的过滤精度用可以通过的最大微粒尺寸表示,单位是微米(μm),一般过滤装置(滤网或滤芯)的过滤精度应不大于喷丝孔直径的十分之一,在设备供应商没有指定要求时,可根据这个原则选用滤网。也就是熔喷系统要使用精度不大于 30~35μm 的滤网,纺粘系统要使用精度不大于 40~60μm 的滤网。

(二)滤网的过滤精度与不锈钢网的目数

以前常用滤网的目数表示过滤精度,目数(目)是指在 25. 4mm 长度内网孔的数量,而不是网孔孔径(mm)的大小。其计算公式为:

$$目数=\frac{25.4}{(孔径+丝径)}$$

或

$$孔径=\frac{25.4}{目数}-丝径$$

从上述计算公式可知,目数与丝径(mm)(即编织滤网材料)有关,丝径越大,目数越小;或丝径越大,孔径越小。因此,用目数来表示过滤精度具有不确定性,以过滤精度(μm)表示较合理,即先计算出过滤精度,再根据这个要求来选择过滤网的目数(表 2-9)。

表 2-9 不锈钢网的目数与过滤精度对照表

目数	40	80	100	120	150	180	200	250	325	425	500	625
精度(μm)	400	200	165	125	100	83	74	61	47	33	25	20

注 筛子过滤精度(μm)≈15000/筛子目数。

由于网孔的尺寸与金属丝的直径有多种组合方式(参见 GB/T 5330—2012),因此,可根据计算结果选用最接近的不锈钢网规格。

在编织网行业,这种与丝径有关的性能指标常用开孔率(%)或筛分率表示,开孔率是指单位面积内,孔的总面积 a 与滤网面积 A 的百分比值($\Phi=a/A$),其中已考虑了编织不锈钢网的丝径的影响;目数相同、开孔率不同的滤网,开孔率较大,则表明丝径较细。

在 GB/T 5330—2012《工业用金属丝编织方孔尺寸》的附录 A 和附录 B 中，有关于工业用金属丝编织方孔筛网结构参数与目数的对照数据。图 2-38 为常用的平纹编织方孔网(a)与斜纹编织方孔网(b)。

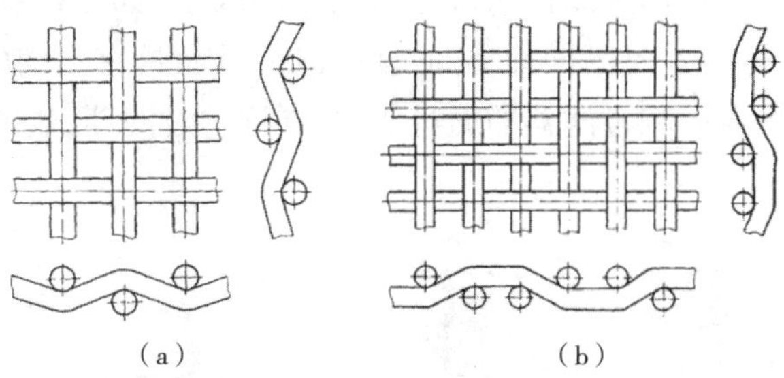

图 2-38　平纹编织方孔网与斜纹编织方孔网

由多层不锈钢网组合而成的滤网，其过滤精度取决于核心层不锈钢网的规格，在核心层滤网上游(按熔体流动方向)的各层滤网主要是起到梯度过滤作用，而在核心层滤网下游的各层滤网仅对上游滤网起支撑作用，并不能提高过滤器的过滤精度。目前使用的滤网最高过滤精度为 20μm，相当于 600 目左右。

熔体过滤器经常使用圆形的多层平面结构滤网，为了延长滤网的使用时间，还有长圆形及套筒形滤网。

(三)纺丝组件内的熔体过滤网

除了在熔体过滤器用到过滤网外，在纺丝组件内还有一个滤网，其主要作用是阻截熔体在流动过程中形成的低分子量凝胶颗粒，由于这些凝胶颗粒尺寸较大，因此，滤网的过滤精度比熔体过滤器中的滤网低很多，结构也较简单。但这个滤网的过滤精度不能太高，否则很容易被堵塞而使喷丝板无法正常纺丝，而要停机更换纺丝组件。

由于熔体流过过滤网时会产生一定的压力降，即会增加纺丝箱体内熔体分配流道的压力，有利于熔体的均匀展开，这对提高箱体内的熔体分配均匀性有好处。

目前，熔喷法纺丝组件中，会用到 160~200 目的滤网(相当于 96~75μm)，由于纺粘法喷丝板的喷丝孔直径较大，组件内滤网的过滤精度稍低一些，为 120~150 目的滤网(相当于 125~150μm)，这些滤网均为用即弃型，换下来的旧滤网不再清洗，也不再重复使用。

三、熔体过滤器的应用

(一)熔体过滤器的主要技术指标

1. 熔体过滤器的通过能力

熔体过滤器的通过能力(kg/h)是指在规定压力降的条件下，每小时通过熔体过滤器的熔体质量，因此，在同样的体积流量状态，熔体的密度越大，过滤器的熔体通过能力也越大，PET 熔体的密度比 PP 大，同一规格的过滤器，用于 PET 系统时的通过能力就要比用于 PP 系统大。

从另一个角度来看，如果熔体通过能力一样，则所通过的 PET 熔体的体积流量会较小，而通过的 PP 熔体的体积流量则会较大，因此在 PP 系统使用时，过滤元件就要求有较大的过滤面积，这是进行熔体过滤器选型时必须注意的。

熔体过滤器的熔体通过能力必须大于上游螺杆挤出机的实际挤出量。这是选择熔体过滤器的一个重要参数,熔体过滤器的熔体通过能力必须满足纺丝系统最大挤出量时的流量要求,以免在正常生产时,熔体流过过滤器时会产生过大的压力损失,并使过滤精度降低,甚至将滤网击穿。

过滤元件的面积是决定熔体过滤器通过能力的核心因素,如在柱塞式过滤器中,同样的柱塞直径,可以使用不同尺寸也就是不同面积的过滤元件,从而具有不同的通过能力(图 2-39)。而过滤元件的过滤精度也会影响过滤器的通过能力,同样的过滤器,过滤精度越高,熔体的通过能力则会越低。

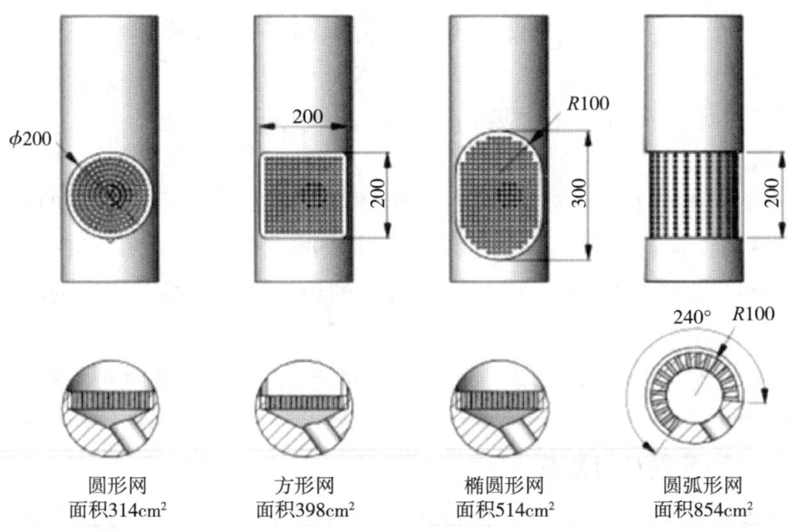

图 2-39　同一直径柱塞不同形状滤网的过滤面积

由图 2-39 可知,利用相同直径的柱塞和同样外型尺寸的换网器本体,经过优化的过滤室设计,可以将单个柱塞的过滤面积从 $314cm^2$ 提高到 $854cm^2$,同时还保持了双柱式过滤器熔体流道短、物料停留时间短的优势,可以实现更大通过量或更高过滤精度熔体的过滤。

由于在更换滤网期间,短时间内熔体过滤器仅有一块滤网工作,过滤面积仅是正常状态的一半,而且有效过滤面积也减少了,使过滤阻力迅速上升、压力降增加,螺杆挤出机的转速随之升高。因为螺杆加速将提高滤网两侧的压力降,可以增加熔体的通过能力,从而弥补由于过滤面积减少而导致的熔体流量损失,保持系统正常运行。

因此,在选择熔体过滤器时,必须考虑在这种工况下的熔体通过能力,也就是熔体过滤器的标称通过能力要接近纺丝系统最大挤出量的 1.5~2 倍。

表 2-10 为双圆柱式熔体过滤器的基本性能参数,其中的挤出机熔体挤出量与螺杆线型、聚合物品种等有关。

表 2-10　双圆柱式熔体过滤器基本性能参数(JB/T 14120—2021 摘录)

支承多孔板直径(mm)	滤网直径(mm)	过滤面积(cm^2)	挤出机挤出量(kg/h)
75	75	88.2	80~270
85	85	113.4	110~330

续表

支承多孔板直径(mm)	滤网直径(mm)	过滤面积(cm^2)	挤出机挤出量(kg/h)
110	110	190	130~370
145	145	330.2	360~890
176	176	486.6	700~1250

2. 熔体过滤器的加热方式

为了保持纺丝熔体的流动性,熔体过滤器要具备加热功能,目前只有两种加热方式,一种是直接采用电加热元件(电加热管或电加热板)加热,另一种是利用热媒(导热油或联苯)加热。

当采用电加热时,熔体过滤器会作为一个独立的加热系统,可以根据工艺要求独立设定和调节温度。当利用导热油加热时,这时熔体制备系统中的熔体过滤器、熔体管道、纺丝泵及纺丝箱体一般也都是利用导热油加热,其中的导热油会在系统以串联的方式,从导热油炉进入纺丝箱体,然后顺次流过纺丝泵、熔体管道、过滤器、螺杆挤出机的出料头返回导热油炉。

采用导热油加热时,熔体过滤器不能独立调节温度,只能通过改变导热油炉的出口温度来调节全加热系统的温度,这种控制方式较简单。当熔体过滤器独立利用热媒(导热油或联苯)加热时,就成为一个独立的温度控制系统,可以灵活调节温度。

利用热媒加热时,要在过滤器中加工出热媒流道,由于热媒有可燃性和一定的毒性,要防止其发生泄漏成为危险源。如果利用联苯加热,还要保持系统的密封性。

3. 工作温度

熔体过滤器的设计工作温度(℃)要与聚合物熔体的温度对应,就是要与螺杆挤出机的出料头温度一样或相近,一般过滤器的工作温度≥300℃。因为柱塞式过滤器是依靠柱塞与本体安装孔的间隙实现密封的,如果温度偏离设计值太多,有可能导致熔体泄漏。

除了与熔体的温度有关外,过滤器的工作温度还与加热方式及加热能力有关。

4. 额定熔体压力

熔体过滤器一般对工作压力是有限制的,在熔体纺丝成网生产线纺丝系统使用的熔体过滤器,其设计工作压力一般为25MPa,相当于过滤器输入侧的熔体压力,即滤前压力不得高于25MPa,这也是与螺杆挤出机的最高工作压力对应的。

在由螺杆挤出机、熔体过滤器、熔体管道、纺丝泵所组成的熔体压力控制系统中,为了能为纺丝泵提供压力和流量都稳定的聚合物熔体,常以熔体过滤器的滤后压力 P_2(也称控制压力,在熔体管道较短的情形下,接近纺丝泵的入口熔体压力)为基准,根据 P_2 的变化来调整螺杆挤出机转速,使滤后压力保持稳定。

当滤网投入工作后,熔体中的杂质、灰分等便开始在滤网的工作面上淤积,使滤网的有效流通面积逐渐减少,过滤阻力增加,流量降低,导致过滤器前的压力(滤前压力)P_1上升,而过滤器后的压力 P_2下降。因此,过滤器的工作压力必须不低于螺杆挤出机的出口熔体压力。

在运行期间,滤前压力是波动的,随着滤网投入运行使用时间的增加,滤前压力会不断升高,这是一个不可控的累积变化量,只有在更换新的滤网以后,升高了的压力才会恢复到较低的状态。

而运行过程是不希望滤后压力发生变化的,滤后压力波动将直接影响纺丝稳定和产品质量。因此,一定要使滤后压力保持稳定。滤后压力是根据熔体的黏度或流动性而人为设定的,熔喷系统的熔体流动性好,滤后压力一般在 2~3MPa;纺粘系统的熔体流动性较差,滤后压力的设定值一般在 5~8MPa。

为了使滤后压力保持稳定,当滤后压力下降时,控制系统就会使螺杆加速,提高滤前压力,增大过滤器两侧的熔体压力降(差)来增加流量,使滤后压力恢复正常设定值;由于螺杆转速会随滤网两侧的压力降而变化,产品的质量稳定性将受到影响。

(二)换过滤网操作要领

为了避免螺杆转速大幅度变化,影响熔体的质量,当过滤器两侧的熔体压力降达到设定值后,就要及时更换滤网(或过滤元件),压力降与纺丝工艺及机型有关,或由设计而定。在熔喷纺丝系统,压力降一般在 1~2MPa;在纺粘纺丝系统,压力降一般在 3~6MPa。

在更换滤网时,由于有一个滤网退出了运行,有效过滤面积减少了一半,过滤阻力发生较大变化(增加了一倍多),熔体通过滤网的流速增加,压力降将变得更大,滤前压力会变得更高,熔体的流动速度加快,并不可避免地引起了系统的压力波动,而且过滤质量也会下降。

特别是在熔体的压力降较大、而操作水平又较低的情况下,这种压力波动尤为严重,会对产品的质量(主要是定量或均匀度)产生明显的影响,如挤出量波动、局部断丝等,同样会对设备的正常运行产生干扰(如使螺杆挤出机的转速大幅度波动),并容易导致系统的熔体失压而停机(注:目前大部分纺丝系统都没有失压停机功能)。

运行时,熔体过滤器两侧的压力降越大,换网时发生停机的风险也越高。因此,要及时更换熔体滤网。使用经验证明:当有一个滤网退出运行,仅用剩下的另一个滤网时,其有效的使用时间将远小于同时用两个滤网的时间的一半,而且由于熔体的流速增加,过滤精度也会变差。因此,每次换滤网时,必须在同一次换滤网的作业过程中,将两个过滤网先后都更换掉,而不能仅更换其中的一个。

在更换滤网的过程中,由于柱塞的过滤腔室向外移动,露出待更换的脏滤网,置换上干净的新滤网,这个过程要进行相应的清理工作,导致原来腔室和通道中的这一部分熔体会流失,并迅速被空气充满。如果在新的滤网投入运行前不能将这部分空气排除,空气将混入熔体中而进入纺丝组件。当这些高压的空气从喷丝孔喷出时,会剧烈膨胀导致发生断丝。因此,必须将熔体通道中的空气移除。另外,从螺杆挤出机输送过来的熔体将短时间内用于填充过滤器内部的空间,而中断了向下游纺丝泵流动,导致出现缺料或断料现象,影响了纺丝系统正常运行。

为此,在柱塞表面加工有与过滤腔室相连的排气槽和引料槽(图 2-40),在柱塞向内移动的过程中,引料槽最先与熔体联通,熔体利用引料槽缓慢充填过滤器内的空间,因为分流的熔体流量很少,减少了压力波动,并同时将空气沿截面较小的排气槽挤出,并在将空气全部排出后保持熔体通道的密封性。

在过滤器中使用的过滤网一般为三层(或更多层)结构和各种结构(有无铝包边等),并有各种外形(图 2-41)。

当更换多片组合式滤网时,必须注意滤网的安装方向,如经常在熔体过滤器使用的组合式滤网,一般由 3~5 块过滤精度各不相同的不锈钢网组合而成,过滤精度最高的一块夹在中间位置。

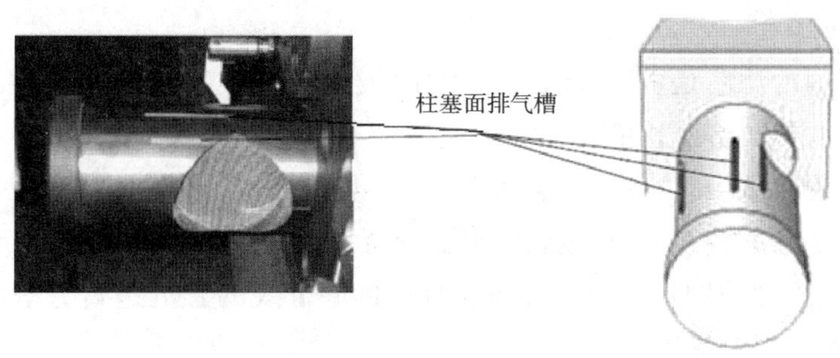

图 2-40　过滤器柱塞表面的排气槽

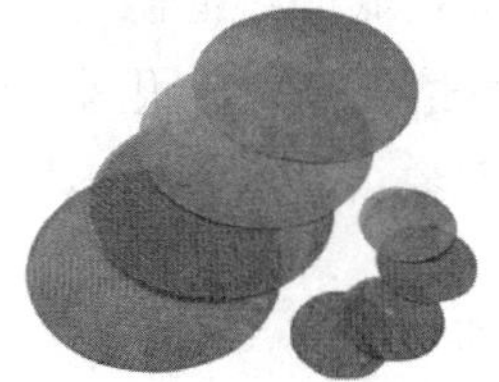
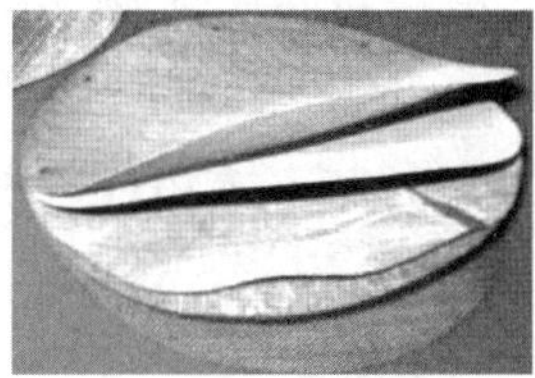

图 2-41　滤网和滤芯

使用多层滤网可以利用梯度过滤原理，利用精度不同的各层滤网拦截不同尺寸的杂物，避免杂物集中淤积在核心层滤网中，增加滤网的纳污量，延长滤网的使用周期。

熔体先经过前面两片精度稍低的滤网，将其中较大尺寸的杂质顺次阻隔在不同精度的滤网上，才由过滤精度最高的中间滤网进行精滤，再后面的是精度最低的滤网，主要是对中间层滤网起支承作用，避免其在高压力作用下严重变形或被击穿，各层滤网的典型排列顺序（以熔体流过的先后）为 60 目/120 目/300 目/35 目。

在实际运行中，有的熔喷系统使用了 500 目或更高密度的过滤网。

在过滤器中，滤网后面是一块厚实多孔的承压板，承压板除了承受熔体通过滤网时所产生的强大压力外，熔体从滤网及承压板的小孔通过后，由于小孔节流效应，熔体的温度会升高（具体数值与压差大小相关），其流动方向也变得较为有序，还可以改善熔体的质量。

每一次移除旧滤网后，也要将承压板表面清理干净后（图 2-42），再更换新的滤网。滤网是用即弃型，废弃的滤网是固态废物，特别是仍处于高温状态的滤网，要按相关规定妥善处置。

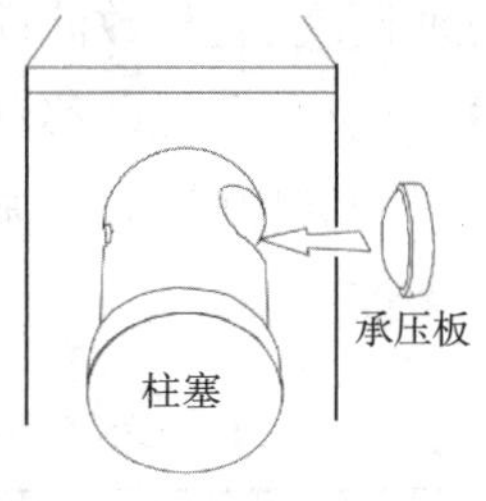

图 2-42　滤网后方的承压多孔板

在 PP 非织造布生产线纺丝系统使用的熔体过滤器，一般都是使用液压为动力进行更换滤网的操作，由于一些小型纺丝系统的换网阻力较小，也有使用人力换网的。使用套缸式过滤器时，每个套缸很重，而且处于高温状态，必须使用人工操作阀门进行转换，拆卸或安装，并需要有起重设备配合。

套缸式过滤器内的滤芯是可以多次重复使用的，对于更换下线的滤芯，目前主要采用高温煅烧、超声波清洗的方式，将残留的熔体和杂质清理干净，滤芯经过检验不存在缺损后，便可以重新使用。如果发现有缺损时，一般也会将其报废，换上新的备件使用。

由于套缸式过滤器的特点，备用的常温套缸是无法马上进入工作状态的，一般要提前5~8h预热才能达到正常的工作温度。因此，必须及时将拆卸下线的套缸进行分解清理，并及时放回过滤器内安装好，加热升温备用。

（三）对熔体过滤器的要求及常用品牌

对熔体过滤器的主要要求有：足够的熔体通过能力，适当的过滤精度，较低的过滤阻力，通道中无残留熔体的死角，滤网有足够的纳污能力，较长的使用时间，切换时熔体压力变化小，能自动排放熔体中的空气，在正常工作压力下有良好的密封性、无熔体渗漏现象，换网时的熔体损耗小等。

1. 圆柱式熔体过滤器

配置在纺丝系统使用的熔体过滤器必须是双工位（有两个过滤元件）、双通道（有两条熔体通道）的不停机换滤网型设备。由于要考虑换网时仅依靠一块滤网工作也能短时间支持系统正常运行，熔体过滤器的额定通过能力一般要按纺丝系统额定挤出量的1.5~2.0倍配置。

柱塞式（或圆柱式）熔体过滤器必须有排气槽，用来将在换滤网过程中进入熔体通道的空气排放出来，以免影响正常纺丝。排气槽必须在柱塞上方表面。因此，熔体过滤器有固定的安装方向，不能倒置安装。在进行纺丝平台设备布置时，必须确定过滤器进行换滤网作业时的位置，并对过滤器的安装方向提出明确要求。

熔体过滤器的安装方位会影响换滤网的操作和安全，在大部分生产线中，换滤网的操作都是在靠近平台通道一侧，有较大避让空间的场所进行的。操作人员既可以远离其他高温设备，又有足够的规避熔体喷溅的避险空间，还能方便清理滴落的熔体和废滤网。

由于过滤器的熔体通道截面较大，而熔体的导热能力很差，要全部彻底熔融需要较长时间。因此，在系统重新启动升温时，必须给予足够的恒温时间，使内部残留的大截面熔体全部熔融，以免造成堵塞，发生意外。而由于一些螺杆挤出机存在设计缺陷，塑化不充分，在进入熔体过滤器的熔体中，仍然有少量没有彻底熔融的温度较低的熔体，这部分熔体无法通过滤网，而是在运行过程中积聚在滤网表面，导致滤前压力异常升高，系统无法正常运行。

为了加快这个过程，在可以移动过滤器的柱塞后，也可以反复进行切换动作，将这些尚未彻底熔融的熔体从过滤器内带出来，并剔除。表2-11所示为AJSZ系列双柱塞式双工位液压换网过滤器的各项参数。

表2-11 AJSZ系列双柱塞式双工位液压换网过滤器的各项参数

型号	90	120	160	200	225	125	175
柱塞直径(mm)	90	120	160	200	225	125	175
网区类型	圆形	圆形	圆形	圆形	圆形	长圆形	长圆形
过滤网尺寸(mm)	64	94	124	149	200	100×145	144×230

续表

型号	90	120	160	200	225	125	175
单滤网面积(cm^2)	32	69	120	176	314	124	287
总过滤面积(cm^2)	64	138	240	352	628	248	574
加热功率(kW)	3.4	5.2	8.0	11.0	15.0	7.8	13.8
通过量(kg/h)	450	600	900	1100	1800	900	1600

在熔体过滤器由常温升高到工作温度的过程中,也会出现热伸长,为了防止产生过大的热应力,在设计及安装时,过滤器的底座应是能沿熔体管道的轴向自由移动的,以便在螺杆挤出机及过滤器受热膨胀时,可以不受约束地自由伸缩,将热膨胀产生的热应力传递给熔体管道,并通过管道的弹性变形将应力吸收掉,从而保障系统的安全。表 2-12 所示为 AJ 系列双柱塞双工位滤筒式大面积液压换网过滤器的各项参数。

表 2-12　AJ 系列双柱塞双工位滤筒式大面积液压换网过滤器的各项参数

型号	滤网尺寸(cm)	滤网面积(cm^2)	熔体压(MPa)	通过量(kg/h)	加热功率(kW)
SZL-500	29.8×8.5	253×2	≤35	≤1500	6
SZL-1200	42.4×13	551×2	≤35	≤2400	8
SZL-1600	47×20	940×2	≤35	≤3000	13
SZL-2000	53×19	1007×2	≤35	≤4500	15
SZL-2250	53×21	1113×2	≤35	≤5000	15.5
SZL-3000	55×26	1430×2	≤35	≤8000	16

2. 套缸式熔体过滤器

套缸式过滤器的过滤面积大、纳污量大,经常用于原料灰分高、杂质多的纺丝系统。虽然过滤器也配置有两个套缸(过滤室),但正常运行时仅能以“一用一备”的形式使用,也就是仅有一个套缸投入运行,另一个则处于预热备用状态。

配置在熔体纺丝成网生产线使用的套缸式熔体过滤器,其设计工作压力 25MPa、设计工作温度 310℃,许用压差高达(熔体出入口的压力差)6MPa,常用液相热媒(如导热油)加热、汽相(联苯)加热循环等。

图 2-43 为 PF2T 系列套缸式熔体过滤器的外形,这种过滤器配置了两个联动阀,过滤器的熔体采用下进上出,套缸内的熔体流向为外进内出,上部排气的布置方式可以较为便捷地完成套缸之间的转换,转换过程连续稳定。

图 2-43　PF2T 系列套缸式熔体过滤器

表 2-13 为 PF2T 系列套缸式熔体过滤器的主要技术性能。

表 2-13 PF2T 系列套缸式熔体过滤器的主要技术性能

型号	吊装高度(mm)	过滤面积(m)	适用螺杆Φ(mm)	设计流量(kg/h)		过滤室外型尺寸(mm)	过滤芯规格	重量(kg)
				25μm	40μm			
PF2T-0.5B	2200	2×0.5	65	30~60	35~70	Φ160×662	Φ35×425×4 芯	660
PF2T-1.05B	2200	2×1.05	90	65~120	80~150	Φ180×662	Φ35×425×7 芯	690
PF2T-1.26B	2240	2×1.26	105	100~150	120~185	Φ180×718	Φ35×485×7 芯	770
PF2T-1.5B	2280	2×1.5	110	120~180	150~220	Φ180×758	Φ35×525×7 芯	880
PF2T-1.8B	2240	2×1.8	120	145~225	180~270	Φ240×692	Φ35×425×12 芯	980
PF2T-1.95B	2240	2×1.95	130	170~260	200~300	Φ240×692	Φ35×425 ×13 芯	990
PF2T-2.34B	2330	2×2.34	135	220~300	270~360	Φ240×762	Φ35×485×13 芯	1290
PF2T-2.7B	2350	2×2.7	140	270~360	320~420	Φ269×782	Φ35×485 ×15 芯	1300
PF2T-3.0B	2400	2×3.0	150	300~400	360~470	Φ269×818	Φ35×525 ×15 芯	1320
PF2T-3.5B	2350	2×3.5	160	330~460	390~550	Φ293×802	Φ35×485 ×19 芯	1450
PF2T-4.0B	2400	2×4.0	170	390~550	470~660	Φ293×842	Φ35×525 ×19 芯	1500
PF2T-4.5B	2400	2×4.5	180	420~660	510~800	293×892	Φ35×575×19 芯	1550
PF2T-5.5B	2350	2×5.5	190	520~750	620~900	Φ355×842	Φ50×500×15 芯	1650

注 1. 表中的数据是供 PP 纺丝系统选型使用，过滤器的规格（过滤面积）要比在 PET 纺丝系统时型号加大 2 个档距选取，如在 PET 系统使用时选 1.05B，则在 PP 系统使用时要选 1.5B。

2. 过滤器的设计流量最大值数据为切片熔体纺丝、过滤精度 25μm、起始压差在 1.0~2.0MPa 时的数据，相当于约 150kg/（h · m^2）。

3. 设计流量最大值约为螺杆挤出机制造厂家提供 PET 最大挤出量的 75%。设计流量是在额定过滤、精度下的熔体通过量。

4. 当纺细旦纤维时，为了提高流速可适当增加设计流量数值。

5. 表中的数据会随聚合物原料品种、流动特性、过滤精度、起始压差等工艺条件的变化而变化，可根据实际工况进行优化调整。

第八节　纺丝泵

纺丝计量泵（FZ/T 92026）也称纺丝泵或计量泵。在熔体纺丝系统的工艺流程中，纺丝泵串联在熔体过滤器与纺丝箱体之间，如果是使用熔体直接纺丝即直纺工艺时，纺丝泵串联在增压泵与纺丝箱体之间（图 2-44）。在行业间曾长期沿用化纤行业的惯例，将纺丝计量泵叫作计量泵。而在非织造布领域更多是称为 Spin Pump，也就是纺丝泵。因此，在本书中而统一使用纺丝泵这个名称。

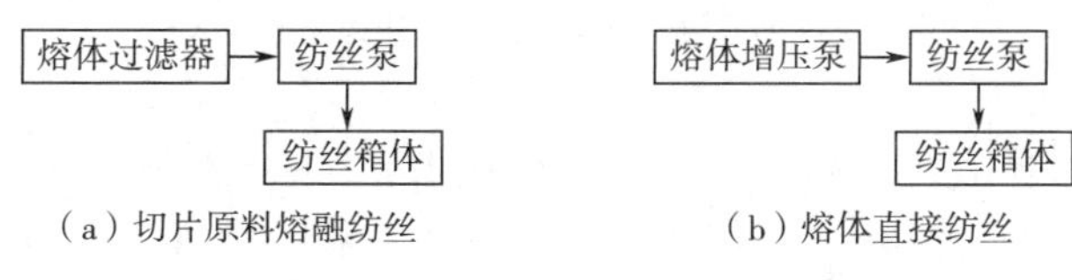

图 2-44　纺丝泵在生产流程中的位置

纺丝泵系统包括纺丝泵、驱动电动机、传动装置、加热系统、压力传感器、熔体管道、静态混合器、控制系统、防护装置等。纺丝泵有多种外形及安装方式(图 2-45)。

图 2-45　各种纺丝泵

纺丝泵是可以输送高温(300~400℃)、高压(≥35MPa)、高黏度介质(≥30000Pa·s)的熔体泵。在非织造布生产线的纺粘法纺丝系统，一般纺丝熔体的黏度≤1000Pa·s，实际工作温度<300℃，熔体压力<15MPa。熔喷法纺丝系统的纺丝熔体黏度较低，一般黏度≤50~300Pa·s，实际工作温度<300℃，熔体压力<5MPa。注意：作为参考，水的黏度仅为 0.0015Pa·s。

一、纺丝泵的主要功能

(一)输送

将螺杆挤出机产生的经过熔体过滤器过滤的洁净熔融聚合物熔体，输送到纺丝箱体。

(二)计量、定量

纺丝泵使输送过程中的熔体流量、质量保持均匀一致，不会随纺丝箱体阻力的增加而发生明显的变化。

(三)稳压、隔离压力波动

纺丝泵可以隔离螺杆挤出机的压力波动，使输送到纺丝箱内的熔体压力保持稳定，免受螺杆挤出机转速及压力变化的影响。

从图 2-46 可以看到，螺杆挤出机出口的压力波动很大，而纺丝泵输出的熔体压力波动幅度很小，这对保持纺丝过程熔体压力的稳定、从而保证喷丝板熔体挤出量的均衡一致、对提高纤维直径的均匀性、非织造布产品的均匀度都有很大的作用。

增加纺丝泵后，不仅可以隔离螺杆挤出机的压力波动，还可以使熔体制备系统的设备(如螺杆挤出机、熔体过滤器、纺丝泵等)组成一个闭环的压力—转速自动控制系统，对提高纺丝稳定性、改善产品的均匀度有很重要的作用。

一些没有配置过滤器和纺丝泵的简单纺丝系统，熔体的压力由一个“开环”系统管理，仅通

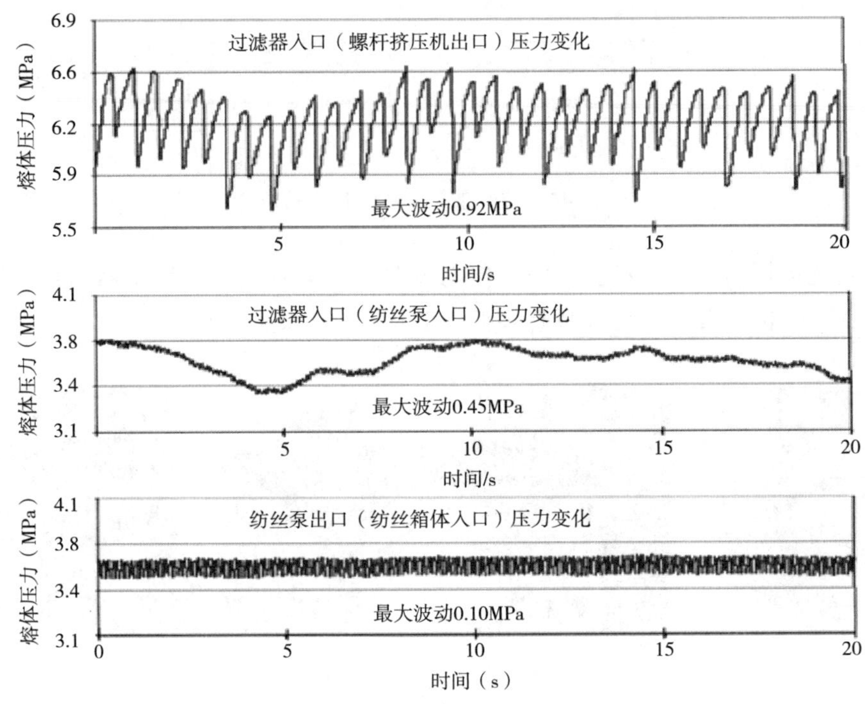

图 2-46　纺丝泵可以隔离螺杆挤出机的压力波动

过调节螺杆挤出机的转速来调控熔体的挤出量，由于无法自动跟踪系统运行时的其他因素变化，因此很难保证产品的均匀度。

纺丝泵还可以使螺杆挤出机在较低的压力下运行，提高螺杆挤出机的效率，增加挤出量，降低能耗；减小螺杆挤出机的磨损，延长设备寿命。纺丝泵消耗的机械能可转换为熔体的内能，使熔体的温度升高，可降低熔体的温度设定值。

二、纺丝泵的配置

一个纺丝系统的纺丝泵配置数量要与纺丝箱体的熔体分流方式匹配。当仅使用衣架分流时，纺丝泵的数量与衣架的数量相同。仅用一块大喷丝板，即大板的国产纺丝系统，大多是仅用一台纺丝泵，只有少数系统会配置两台纺丝泵。

除了德国莱芬豪舍公司一直采用一个纺丝箱体仅配置一台纺丝泵外，从欧美进口的纺丝系统，都采用多台纺丝泵的技术方案。而多组分纺丝系统，则都会配置两台或更多台纺丝泵。

使用小块喷丝板，即小板的纺丝系统及管式牵伸纺丝系统，要使用数量较多的纺丝泵，而且一般会采取上装式的安装方式，即从纺丝箱体的上方安装或拆卸纺丝泵。当市场需要的产品宽度比纺丝系统更小时，为了避免两侧要切除大量的边料，因为纺丝泵的数量较多，而且可以独立控制运行，因此，可以采用停止最外侧两个纺丝泵运行的方法来减少铺网宽度，提高原料的利用率，降低损耗。

纺丝系统用的纺丝泵均为齿轮式（图 2-47），一进一出式接口是纺丝泵的基本型，且纺丝泵仅有一个熔体吸入口和一个熔体排出口。一些直接利用纺丝泵分配熔体的纺丝箱体，会用到一进多出式纺丝泵，即 1 台纺丝泵除了仅有一个入口外，还会有多个排量相同的出口。在一些引进的多组分纺丝系统，还会用到一进八出式纺丝泵。

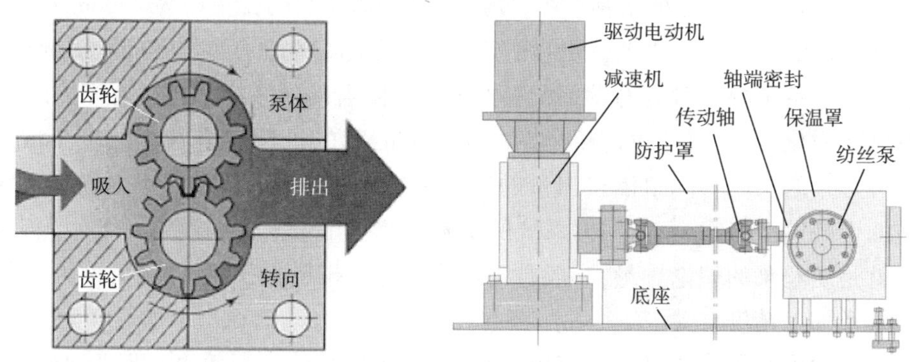

图 2-47　纺丝泵的工作原理与系统配置

在多组分纺丝系统中，每一个组分都有一套独立的、数量相等的纺丝泵。图 2-48 所示为双组分纺粘系统，每一个组分有六台纺丝泵，由于一般的双组分系统两个组分的占比是不同的，体型较大的六台纺丝泵是用于占比较大的组分，体型较小的六台则是用于占比较小的组分。

可以根据熔体接口的大小来识别接口的功能，一般纺丝泵的熔体吸入口尺寸较大，而熔体排出口的尺寸则较小。对于同一台纺丝泵，泵的熔体吸入口、排出口的位置是固定的。因此，纺丝泵的转向同样也是固定不变的，不会随安装方式、泵的方位或熔体管道的连接方式而发生变化。

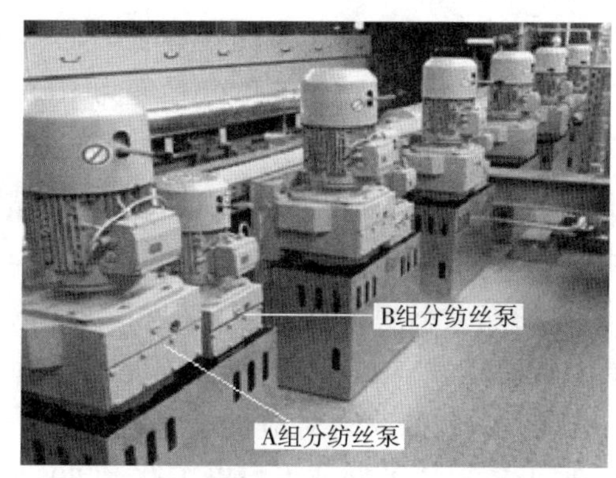

图 2-48　双组分纺粘系统的纺丝泵配置

有的聚合物原料（如 PLA）在高温状态有较强的腐蚀性，因此要求所有内部有熔体流过的设备和金属部件，如干燥聚乳酸聚合物的容器，螺杆挤出机、纺丝泵，纺丝箱体、纺丝组件等设备，都要用耐腐蚀的不锈钢材料制造，而且不应有熔融状态的熔体留存在设备内。使用 PLA 原料的纺丝系统，推荐纺丝泵使用 SUS440B，泵座使用 SUS631，熔体管道和纺丝箱体使用 SUS440C 等牌号的材料制造。

由于纺丝泵的入口是压力较高的熔体，在运行中如果电动机或传动系统发生故障而没有扭矩输出，纺丝泵有可能在螺杆输出的熔体压力推动下继续转动，而熔体则会自行从泵内流过，向纺丝箱体流动，虽然可以维持纺丝，但流量是不稳定的。在一个纺丝箱体配有多个纺丝泵的机型，这种故障很容易被忽视，常误以为纺丝泵还在正常运行。

三、纺丝泵的主要技术性能

（一）纺丝泵的排量与容积效率及排量与熔体黏度的关系

1. 纺丝泵的排量与容积效率

排量是纺丝泵的主要性能指标，表示每一转的容积变化，单位是 cm^3/r，这是由其结构决定的一个固定参数,是用于工艺计算的一个基本参数。纺丝系统的挤出量越大,配置的纺丝泵排量也越大。如在 3200mm 幅宽的纺粘系统,使用的国产纺丝泵的排量约为 400cm³/r。

由于此前使用的纺丝泵多为统一设计的产品,而且最高转速均为 40r/min,因此就出现一些纺丝泵排量与纺丝系统幅宽对应的设备配置方案。但随着纺丝系统单位幅宽产能的成倍增长,纺丝泵的机型多样化,最高转速也远超早期的 40r/min,有的机型甚至可达 150r/min。因此,就有可能用一种排量的泵与不同熔体挤出量的纺丝系统(如纺粘系统或熔喷系统)配对,就不能再套用以往的设备选型方案,只能根据系统的实际熔体挤出量来选纺丝泵。熔体的实际熔体排出量不一定就是纺丝泵的理论排量,一般要比理论计算的排量少,两者的比例称为容积效率,与纺丝泵的结构及加工精度有关。

纺丝泵实际输出的熔体流量与其容积效率有关,纺丝泵的容积效率一般为 93%~98%。纺丝泵的容积效率与加工水平、零件间的装配间隙、转速、熔体黏度、入口与出口的熔体压力差等因素有关。设计、加工水平高的高精度纺丝泵,容积效率≥98%。而精度较低的产品,其容积效率较低。

2. 排量与熔体黏度的关系

纺丝泵实际输出的熔体流量与熔体的黏度有关,黏度越高(MFI 越小)的熔体,流动性越差,允许使用的转速越低,泵的熔体流量也越小。一般高黏度齿轮泵可以适用的熔体黏度为 50~30000Pa·s,常用纺丝熔体的黏度为 100~1000Pa·s。

熔喷法所用 PP 原料的熔融指数 MFI 为 1500~1800,其熔体黏度≤100Pa·s;纺粘法所用的 PP 原料的 MFI 一般小于 40,通常其熔体黏度≥600Pa·s;PET 纺丝熔体的黏度比 PP 小、约为 245Pa·s,流动性较好。

熔体的黏度不同,纺丝泵的挤出量会有很大差异。熔体的黏度越高,纺丝泵的许用转速也越低,导致流量大幅度减少。如用排量为 176cm³/r 的纺丝泵输送黏度为 200Pa·s 的 PP 熔体时,挤出量为 1189kg/h,对应的转速约为 154r/min;当熔体黏度为 5000Pa·s 时,挤出量仅有 624kg/h,此时对应的转速大幅度下降到 80r/min,仅为前者的 52%。表 2-14 所示为瑞士马格公司 ExtreEA 系列齿轮泵的输送能力。

表 2-14 瑞士马格(Maag)公司 ExtrexEA 系列齿轮泵输送能力

输送能力		不同黏度下的最大输送能力(kg/h)					
聚合物		PP(聚丙烯)		PE(聚乙烯)		PET(聚酯)	
熔体密度(g/cm³)		0.73		0.75		1.15	
型号	排量(cm³/r)	200Pa·s	5000Pa·s	200Pa·s	5000Pa·s	150Pa·s	1500Pa·s
45	47	418	220	412	184	531	284
56	94	726	361	699	313	892	480
70	176	1189	624	1120	501	1413	762
90	376	2132	1120	1959	876	2442	1301
110	723	3599	1891	3241	1449	3999	2163

因此，同一型号规格的纺丝泵，在输送黏度不同的熔体时，流量会有很大差异。这个差异并非是泵的排量发生改变或效率发生变化，实质上是允许使用的最高转速发生变化所致。纺丝泵的这个特性刚好与螺杆挤出机相反，在一定的熔体黏度范围内，同一转速下，熔体的黏度越大，螺杆挤出机的挤出量越多。

由于熔体的流动性较差，仅依靠纺丝泵产生的负压很难甚至无法将熔体吸入泵内。因此，纺丝泵的入口侧必须保持一定的压力，使熔体能填充满泵内空间，而且对纺丝泵的最高转速有一定限制，防止入口侧出现真空而发生气蚀。

为了使熔体有更加均匀的质量，有的纺丝系统会仿照化纤行业的做法，在纺丝泵与纺丝箱体这一段熔体管道内配置静态混合器（图 2-49），使熔体在经过静态混合器的曲折通道时发生无序的流动，进一步使熔体混合得更均匀。

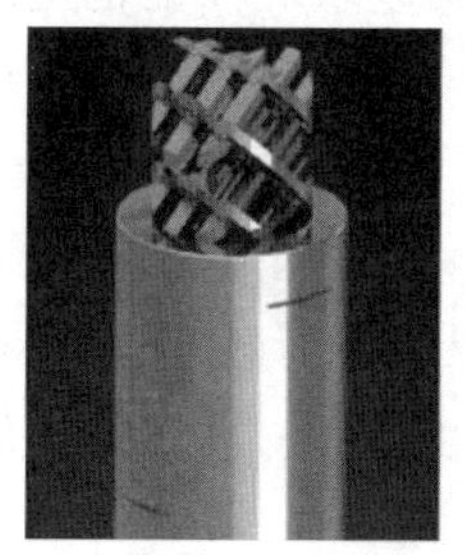
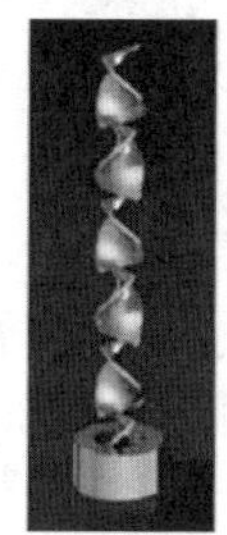
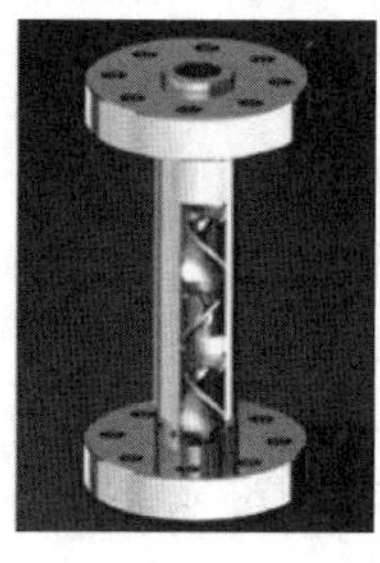
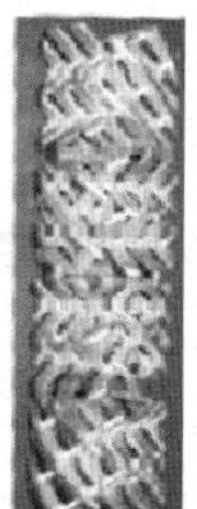

图 2-49　各种熔体静态混合器

静态混合器是化纤领域用于改善熔体质量的一个零件，对于提高熔体的质量和均匀性，缩小每一条纤维之间的差异有较大作用。由于其复杂的结构，会导致不少熔体黏附和残留，这一现象对于需要频繁转换产品颜色或功能的非织造布纺丝系统不利，有可能会延长转换产品的过渡时间，或增加不良品的产生量。而且非织造布较关注布的均匀和一致性，而不考虑其中纤维间的差异，因此，应用并不多。

（二）纺丝泵的转速

一般国产纺丝泵的转速≤40r/min，在转速方面的选择余地不多，而大排量泵在低速运行时的压力脉动大。同样幅宽的纺丝系统，纺粘法系统的熔体挤出量是熔喷法系统的 3～4 倍或更多。因此，同一排量的纺丝泵无法用改变运行速度的方法，分别在纺粘系统和熔喷系统使用。

由于引进纺丝泵的加工精度、材料性能较好，转速要比国产纺丝泵高，转速范围也较宽。如使用较多的马格泵，其中排量为 $176cm^3/r$ 的泵，转速在 39r/min 时，挤出量约 290kg/h，而在转速在 108r/min 时，挤出量达 850kg/h。这样同一规格的泵，通过改变转速，就可以分别用于幅宽 3200～4200mm 生产线的熔喷纺丝系统和纺粘纺丝系统，虽然其设备购置费用不一定合算，但这样不仅可以简化设计工作，也便于运行管理和备件管理。

如在幅宽为 3200mm 的纺粘系统，一般要用排量为 $300～400cm^3/r$ 的国产纺丝泵，而熔喷系统用排量为 $150cm^3/r$ 的泵就可以了。

纺丝泵的转速是由人工设定的，由于纺丝泵的转速会影响喷丝板的喷丝孔熔体流量，对纺丝系统的产量、纤维的细度都有影响。纺丝泵速度越高，熔体的挤出量或产量越大，纤维越粗，产品的强力越低；而纺丝泵速度越慢，产量越低，纤维的直径越细，产品的质量越好（图 2-50）。

这就是在生产过程中为了获得更好的产品质量，纺丝泵要降速运行的内在原因。

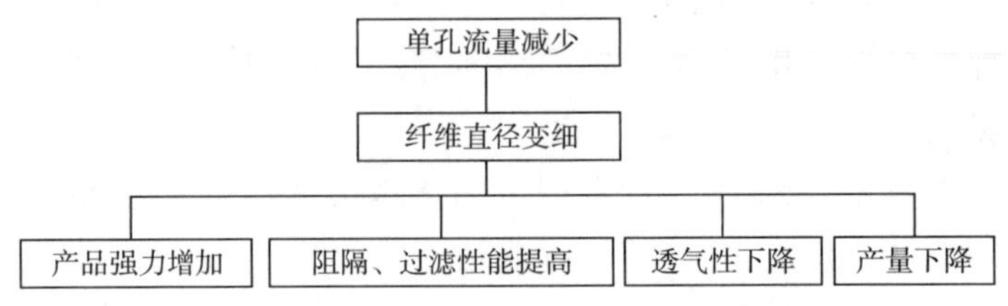

图 2-50 单孔流量与纤维细度、产品强力的关系

设定纺丝泵的转速是生产线运行期间要进行的一项基本操作，纺丝泵的转速设定值一般要求达到小数点后一位。由于纺丝泵的转速稳定性直接影响产品的均匀度，因此，要求调速装置要有较高的调速精度（0.1%~0.2%）和较好的力学性能，因而调速系统往往也是用由带速度反馈装置（如编码器）的电动机组成的闭环控制系统。非织造布与化纤行业不同，纺丝泵调速系统的调速精度可以低一些。

（三）纺丝泵的驱动功率

纺丝泵驱动电动机的功率与熔体的流动特性、泵的排量、最高运行转速、泵入口与出口的熔体压力差、泵的型号等因素有关。一般是泵的排量大、转速高、压差大，输送的熔体黏度高或流动特性差时，所需要的驱动电动机功率也越大。

目前，国产纺丝泵较少提供这一类型的参数，表 2-15 为瑞士马格泵提供的转矩参数，也是纺丝泵输入轴允许使用的最高转矩。

表 2-15 瑞士马格泵的输入轴转矩和加热功率

纺丝泵型号	36	45	56	70	90	110
排量（cm^3/r）	25.2	46.3	92.6	176	371	716
转矩（kN·m）	0.4	0.8	1.6	3.2	6.4	12.8
加热功率（W）	315	900	900	1250	2000	2500

扭矩 T（N·m）、功率 P（kW）、转速 n（r/min）之间的关系如下：

$$T = 9550P/n$$

式中：9550 是换算系数。

可根据表 2-14 提供的扭矩以及工艺所需的转速，便可以计算出驱动电动机允许配置的最大功率，但这个功率是根据材料的强度计算的，而实际运行时的熔体压力、熔体出口与入口的压力差、黏度都小于设计值。因此，实际配置的电动机功率远小于这个数值，运行中的纺丝泵驱动电动机也处于较轻的负载状态。

例如，马格公司 70 型泵的额定转矩为 3200N·m，当泵的转速为 90r/min 时，电动机允许的最大功率为：

$$P = T \cdot n / 9550 = 3200 \times 90/9550 = 30(\text{kW})$$

而实际配置的电动机功率只有 7.5~11kW。

此时纺丝泵的 PP 熔体挤出量 = 176×0.75×90×60×0.001 = 712.8kg/h，已相当于一个幅宽为 3.2m 的纺粘系统熔体挤出量。虽然熔体的黏度较大，但实际的熔体压力比设计最高压力低很多,运行速度也比设计的最高转速低(即实际的熔体挤出量较少),而纺丝泵的负载转矩是恒转矩特性,因此,配置的电动机功率为7.5~11.0kW就能正常运行。这也是在实际使用过程中,绝大部分驱动电动机都处于较轻的负载状态运行的原因。

(四)纺丝泵的工作温度

纺丝泵的工作温度一般与其上下游设备的温度对应,不会有大的差异,也就是与上游的熔体过滤器和下游的纺丝箱体相近,一般其设计加热温度≥300℃。

纺丝泵要配置加热系统,常用的加热方式有电能加热和导热油加热两种,还有少量国产小板线上使用联苯加热两种。在一些引进设备中,特别是在一些引进的双组分纺丝系统中,也会用到联苯加热。

直接使用电加热是一种主流加热方式,系统中一般使用板式或管式电加热元件,而泵的外表面则用耐高温的绝缘保温材料包裹,既可避免热量散失,也可以提高现场的安全性,避免操作人员不慎触碰发生灼伤。使用导热油加热时,熔体制备系统的熔体管道、熔体过滤器及纺丝箱体一般也是用导热油加热。这时要将纺丝泵放置在特殊的导热油加热夹套内,纺粘系统较多使用这种加热方式,而在熔喷系统则不宜使用导热油加热。

为了避免处于高温状态运行纺丝泵的热量传导到动力驱动装置,驱动装置与纺丝泵之间不能采用直联方式传动,两者之间还要用传动装置隔离开。

四、纺丝泵的驱动系统

(一)纺丝泵的驱动系统

纺丝泵一般是安装在独立的底座上,有的则是直接安装在纺丝箱体上或纺丝箱体内。但纺丝泵的驱动系统基本都包括驱动电动机、减速机、传动轴等设备。

纺丝泵的驱动电动机主要是交流变频调速电动机,少量会用到同步电动机,直流电动机基本已被淘汰。常用的电动机功率并不大,幅宽3200mm的纺粘法纺丝系统,电动机的功率一般为7.5~11kW。

纺丝泵的转动方向是固定不变的,也就是纺丝泵的熔体吸入口、排出口不会随安装方式的改变而发生变化,必须根据纺丝泵标示牌指示的方向来决定电动机的回转方向,也可以根据纺丝泵熔体吸入口、排出口位置来推断输入轴的正确转向。

为了弥补纺丝泵与驱动装置间的位置偏差,避免纺丝泵工作时由于温度变化产生热应力,纺丝泵与驱动装置间一般会配置万向传动轴(图2-51),避免产生热应力和因安装误差产生附加应力,由于万向轴较长,还可以避免纺丝泵的高温热量传导到减速机和电动机。

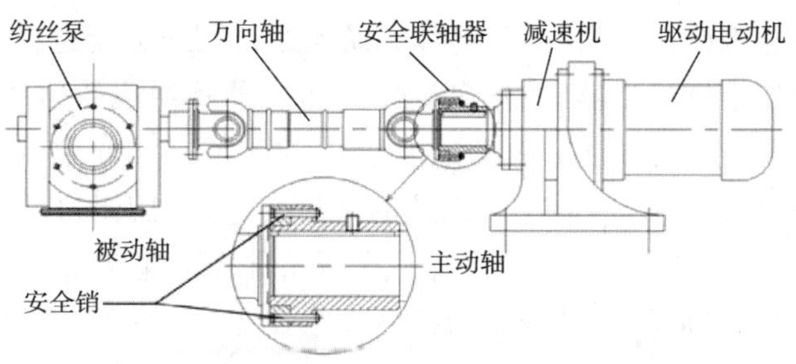

图2-51 驱动装置的万向轴与超载保护安全联轴器

(二)纺丝泵的安全保护

纺丝泵是一台经过精密加工的设备,内部间隙很小,如果熔体不干净,很容易因为超载损坏。其次,可以防止在温度没有到达设定值,而且没有经过预定的保温、恒温时间后,启动纺丝泵所产生的超载损坏。

纺丝泵主动轴上的传动键是泵内强度最低的零件,为了保护纺丝泵,纺丝泵传动轴与驱动装置之间必须装有安全保护销或键,其强度必须低于泵内主动轴上键的强度。

因此,在减速机输出轴与纺丝泵之间一般会有超载保护装置,最常见的就是两半联轴器之间设置有一只安全销,当扭矩大于安全销的强度后,安全销就会被剪断,纺丝泵即自动与驱动装置脱开,保证了安全。为了满足安全运行需要,设备供应商一般会提供一定数量的安全销备件,供用户使用。

(三)纺丝泵的安装

在大部分的大板式非织造布生产线中,纺丝泵一般很少进行拆卸或安装工作,但如采用小板生产线,由于纺丝泵的数量较多,就经常有这方面的工作。按现场工作条件和实际结构,纺丝泵有冷装和热装两种安装方式。

1. 冷装

冷装就是在常温状态进行安装,在纺丝泵装机后须有足够的机上预热和温度平衡时间。由于纺丝泵的型号规格不同,其体积尺寸大小不同,而箱体的加热能力和保温性能也会影响预热和温度平衡时间,需要的机上预热和温度平衡时间也不同,通常需要 6~12h。

2. 热装

热装就是将纺丝泵加热至工艺所需要的温度后才上机安装,纺丝泵在装泵座以后,仍须经过一定时间的温度平衡。纺丝泵的预热温度要比实际纺丝温度更高,一般在纺丝温度基础上提高 10℃左右,所需的预热时间在 8~24h,也与泵的热容量(或重量)大小及预热炉的加热能力有关。

从预热炉中取出纺丝泵时,要用手动盘轴方式检查纺丝泵的转动灵活性,只有确认纺丝泵在额定温度下可以灵活转动以后,才可以上机安装。否则,要进行调整或重新分解,在重新组装时,必须按操作说明书上提供的力矩、方法进行螺栓紧固。

五、熔体压力自动控制系统

由于纺丝熔体的非牛顿流体特性,且熔体具有弹性和可压缩性,其流量会受温度、压力、纺丝泵转速等因素的影响而发生波动。因此,纺丝系统需要有一个稳定熔体压力的自动控制系统,这个控制系统主要有两个功能:一是熔体压力自动控制,保持纺丝泵入口熔体的压力稳定;二是安全连锁保护,防止螺杆挤出机、纺丝箱体和纺丝组件因压力超过设定值而损坏。

这个由螺杆挤出机、熔体过滤器、纺丝泵及压力传感器等组成的熔体压力—速度控制系统如图 2-52 所示。

图 2-52 中的 P_2 是熔体压力自动控制系统的关键传感器,用于自动控制过滤器后的压力,也就是使进入纺丝泵的熔体压力稳定。因此,要选用优质、可靠性高的产品。

P_2 的熔体压力是根据熔体的黏度和流动特性人为设定的,黏度较高的系统(如纺粘系统),设定值较高,一般在 5~6MPa;而黏度较低的系统(如熔喷系统),设定值较低,一般在 1~3MPa。

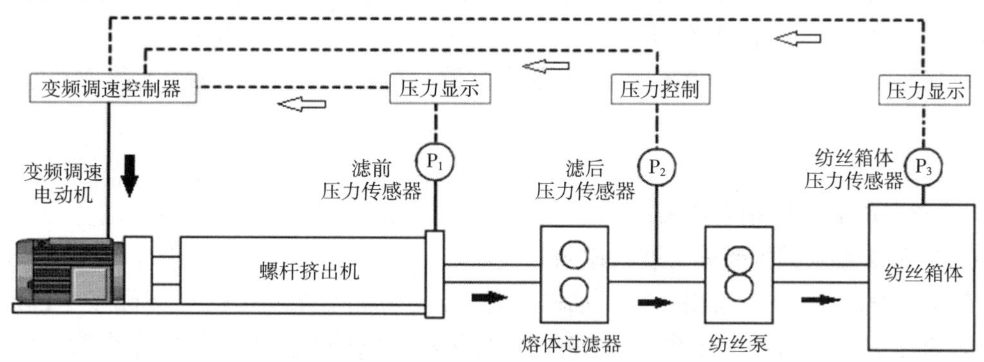

图 2-52　熔体压力控制系统

虽然 P_2是人为设定的，但一般仅在设备调试阶段进行设定，在日常运行管理中，基本上是保持不变的。

而 P_1、P_3（包括喷丝板上的传感器）是连锁保护系统的传感器，分别用于保护螺杆挤出机、纺丝箱体及纺丝组件的安全，并为更换熔体过滤器的滤网（或滤芯）、更换纺丝组件提供提示信息，但并不参与熔体压力控制。

设定纺丝泵的入口熔体压力 P_2后，螺杆挤出机会根据 P_2的变化、自动调整螺杆挤出机的运行速度，使熔体压力 P_2保持稳定。如果人为调整纺丝泵的运行速度，由于熔体挤出量发生了变化，P_2也会跟着发生变化。提高纺丝泵的转速，P_2会降低，螺杆挤出机就需要加速，增加挤出量，使滤后压力上升返回到设定值；如果降低纺丝泵的转速，P_2会升高、螺杆挤出机就会自动降速，使挤出量减少，使滤后压力下降回复到设定值。

其中压力传感器 P_1为滤前压力显示，主要用于螺杆挤出机超压保护，当滤前压力到达设定值时，就会报警或切断电动机电源，防止超压损坏螺杆挤出机。另外，滤前压力传感器输出的信号还被用来作为更换熔体过滤器过滤元件的提示信号，到达预设的换滤网压力后，控制系统便在 HMI 上跳出一个闪烁的换网提示信号。在没有更换滤网前，P_1的压力是随着熔体通过量的增加而呈不可逆转的上升趋势。

P_3为箱体压力传感器，主要用来保护纺丝箱体的安全，防止出现超压而发生熔体泄漏，当压力到达预设值后，经过一定的延时，也会切断螺杆挤出机的电源，这个压力信号还是更换纺丝组件的一个提示信号。在没有更换纺丝组件前，P_3的压力也是随着熔体通过量的增加而呈不可逆转的上升趋势。

有的高端设备还直接在纺丝组件（喷丝板）上安装压力/温度复合传感器，作用是保护喷丝板的安全，防止发生超压损坏事故，输出信号也是用来切断螺杆挤出机电源的。

纺丝泵的运行转速设定值 SV 由人工设定，根据工艺要求输入系统后，便可以使纺丝泵在设定值运行，而螺杆挤出机便会在这个系统的控制下自动运行，无须其他人为干预。

纺丝泵一般是作为一个独立单元安装的，有的体积较小的纺丝泵，可直接以板式连接方式安装在纺丝箱体上，或安装在专用于安装纺丝泵的纺丝箱体的泵井内。

在纺丝系统初次投入运行、为了清理熔体管道时，既不会让还未完全干净的熔体流经纺丝泵，又可以利用这一部分熔体冲洗包括纺丝箱体在内的所有设备，可以将这种系统所有的纺丝泵拆卸下来，在安装基座上安装制造商提供的专用放流泵板，使泵座上的入口与直接出口联通，熔体就可借助这个通道进入纺丝箱体。

当系统冲洗干净后，便可将这块专用泵板拆除，而将纺丝泵装回去，系统就可以恢复正常了。

六、纺丝泵的润滑与轴端的密封

(一)引起纺丝泵轴端熔体泄漏的原因

纺丝泵内有轴承，还有互相啮合运动的齿轮，齿轮两侧与泵体之间的间隙很小，会存在摩擦。由于纺丝泵不能采用其他的润滑材料，因此，纺丝泵只能利用所输送的聚合物熔体进行润滑，这样润滑轴承的熔体就有可能通过驱动轴与轴承之间的间隙从轴端泄漏到外面。

为了阻止轴端的熔体向外泄漏和满足轴承的润滑要求，纺丝泵一般会在内部(轴承和封盖上)加工出一个熔体通道，使向轴端外侧流动的熔体回流进泵内的低压区域，实现循环回流，而不会泄漏流出泵外。

从齿轮泵的工作原理来看，正转、反转都可以工作，减压或增压都能运行。但纺丝泵的轴端密封装置是根据泵的实际工况设计的，不同运行状态的纺丝泵，虽然配套的零件似乎是一样的，但其内部的密封设计、装配方式却是不一样的，如安装状态与实际工况不符，有可能导致用于润滑轴承的熔体从轴端泄漏到外面。

一般处于增压状态运行的纺丝泵，其吸入端就是低压区域，回流的熔体应该引入吸入侧(图 2-53)。而处于减压状态运行的纺丝泵，其输出端就是低压区域，回流的熔体应该引入输出侧。

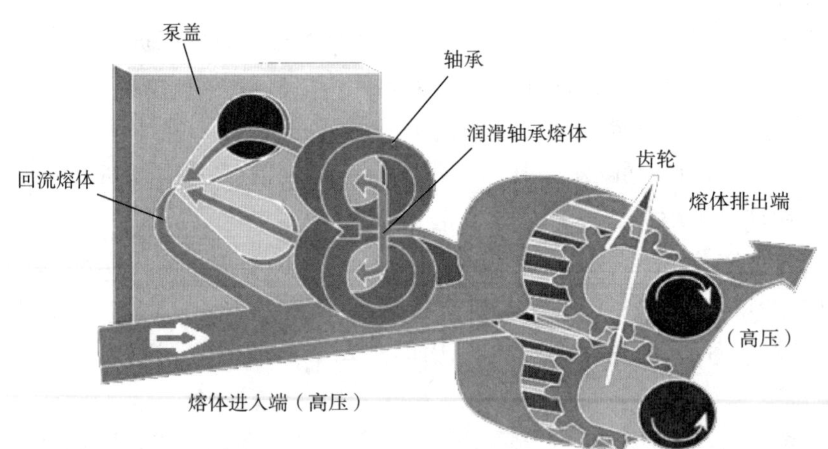

图 2-53　纺丝泵轴承润滑熔体的回流通道

随着运行时间的增加，纺丝箱体的压力，也就是纺丝泵的输出压力也会随之上升，纺丝泵的吸入侧与输出侧的压力差会发生变化，便有可能从减压状态过渡为增压状态，纺丝泵轴端就可能开始有熔体泄漏了。而更换纺丝组件后，恢复为减压状态，熔体就不会泄漏了。

目前，使用管道分流式纺丝箱体的国产纺粘系统，设定的滤后压力(也就是纺丝泵的入口压力)为 4~6MPa，而出口压力(也就是纺丝箱体的熔体压力)只有 2~3MPa，在刚换上新的纺丝组件时甚至更低，这时纺丝泵实际都是处于减压状态运行的。

使用衣架式分流纺丝箱体的纺粘系统，设定的滤后压力（也就是纺丝泵的入口压力）在4~6MPa，但不同产地的纺丝箱体，其箱体压力有较大差异，国产纺丝箱体运行期间的最高熔体压力一般为4~7MPa，纺丝泵始终处于临界状态运行，在刚换上新的纺丝组件时，纺丝泵以减压状态运行，而在纺丝组件使用周期的后段，纺丝泵将转变成增压状态。

引进的纺丝箱体的压力较高，可达6~10MPa，比纺丝泵的入口压力高，纺丝泵便一直处于增压状态运行，因此运行状态较稳定。

（二）防止纺丝泵轴端熔体泄漏的措施

纺丝泵要有防止熔体向外泄漏的密封装置，密封装置主要是依靠三种机理防止熔体向外泄漏。

1. 拦截，增加流动阻力

通过增加熔体向外泄漏过程的阻力，防止熔体向外泄漏，其主要形式为填料密封、密封圈密封、迷宫密封等，这些都是接触式密封，长时间运行后会导致传动轴、密封件产生磨损。

填料密封是非织造布生产线纺丝泵最常用的一种方法，运行期间要定期进行检查、维护，调整填料压盖，既要防止熔体大量泄漏，又不至于将泵轴抱得太紧，使电动机超负荷。

迷宫密封结构复杂，密封效果好，基本免维护，运行成本很低。

2. 降低熔体的流动性使其无法连续流动

用冷却介质降温，使熔体失去流动性，如空气冷却套密封、水或空气冷却腔密封等，这是一种非接触式密封，不会磨损传动轴等零件。

当纺丝泵的轴端采用冷却介质的冷却套密封时，用管道将冷却介质（气体、液体）导入轴端的冷却腔，使冷却腔处于较低温度，从而使熔体降温、凝固，失去流动性，实现对高温熔体的有效密封。这种密封方式已经有很长的应用历史。

水的热容量比空气大，也是一种良好的冷却介质，但要配置回水管路，而且不能随意排放，一旦泄漏会影响纺丝系统运行。同时要注意控制流量，以免冷却过度而产生太大的温差，形成热应力，并增加能耗。

压缩空气是常用的冷却介质，而且废气可以直接排放到环境中，但运行费用较高，国产纺丝泵很少采用这种密封方式，但在引进的纺丝泵上应用较多。

3. 将向外泄漏的熔体反向送回内部

反向螺纹套是一个套筒内部加工有螺纹沟槽的零件，当纺丝泵运行时，附着在传动轴表面、并沿泵轴向外流动的熔体进入螺纹套后，在与泵轴的相互摩擦作用下会产生一个反向推力，阻止熔体向外流动。因此，螺纹的旋向要与泵的转向相匹配。

为了实现有效密封，有的纺丝泵会同时应用多种形式的组合密封。有的外国品牌纺丝泵，根据泵的排量，会有多种不同的密封方式。使用组合式密封，即同时使用多种密封措施，有很好的密封效果。

第九节　接收成网系统

接收装置用来接收喷丝板喷出的纤维，并吸收牵伸气流及冷却气流，使纤维均匀铺设成非织造纤网（图2-54）。熔喷纺丝系统的接收方式有成网机网带接收和辊筒接收两大类，还有多

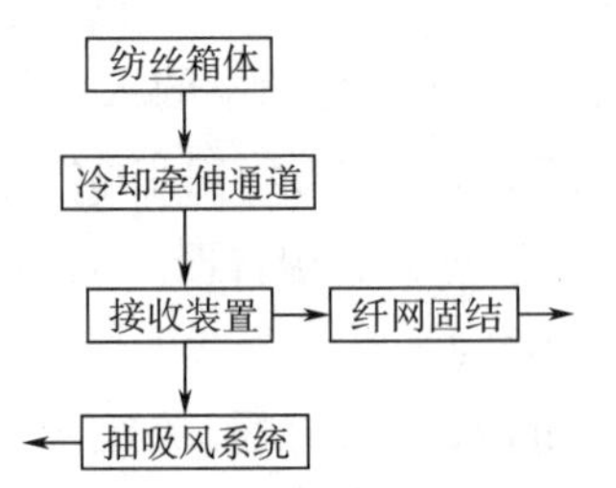

图 2-54 接收成网系统在生产流程中的位置

种方位。

纺粘纺丝系统都是使用成网机的网带表面接收纤网,与熔喷系统的成网机结构大同小异,但运行速度更快,技术要求更高、结构更复杂、驱动功率更大。

一、熔喷纺丝系统的接收方式

熔喷纺丝系统的成网(接收)装置有多种结构和方式,以接收装置的结构来分,有使用网带的平面接收的成网机和使用辊筒的圆弧面或辊筒间的缝隙接收的辊筒接收机。

按照牵伸气流的运动方向,接收装置还分为气流与水平面平行的垂直接收、气流与水平面垂直的水平接收(图 2-55)。采用垂直接收时,生产线无须建造复杂的钢结构,也无须配置网带应急保护装置。全部设备都放置在地面上,建造费用较低,是很多简易型熔喷系统、往复式熔喷系统惯用的接收方式。

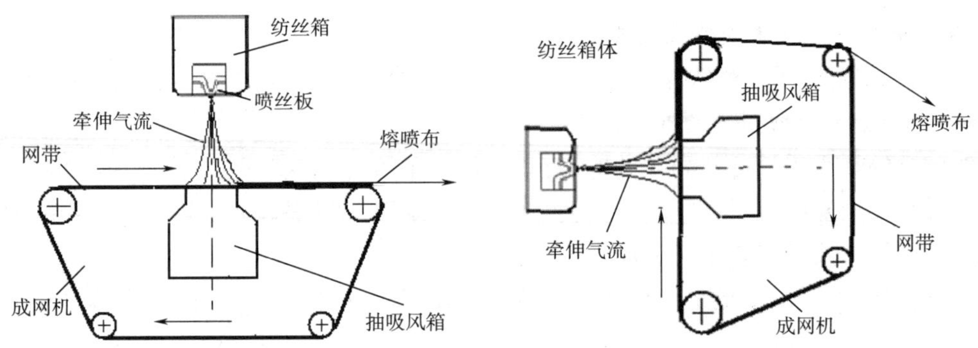

图 2-55 网带式水平接收与垂直接收

采用网带的平面接收时,都配置有网下吸风装置,因为有较大的设备空间,可以布置不同的功能抽吸区,能更有效地控制成网气流和环境气流,有较好的工艺调控性能,可以适应不同应用领域的产品质量要求。当使用成网机的垂直面接收时,纺丝系统的设备不需要安装在高位的钢结构面上,可以直接放在地面上,结构简单、制造成本低。因此,不少小型(幅宽≤1000mm)生产线都采用这种接收方式。

成网机是大型生产线纺丝系统普遍使用的接收装置,用于 SMS 生产线中的熔喷系统,因为还要与其他多个纺丝系统的纤网叠层复合,因此,毫无例外都是用成网机的水平面接收。

但成网机的结构较复杂,制造成本较高,占用的空间也较大,网带容易被熔体污染。成网机是大型纺丝系统普遍使用的接收装置,特别是多纺丝系统生产线,SMS 生产线,多以网带的水平面接收方式较多。

辊筒接收是熔喷纺丝常用的一种接收装置,按使用的辊筒数量来分,可分为只有一个辊筒的单辊筒圆弧面接收,和应用两个辊筒的圆弧面或两者间的缝隙接收的双辊筒接收。接收辊筒有光滑圆柱面的无抽吸风辊筒和网面抽吸风辊筒两种,实际应用主要是网面带抽吸风的辊筒。

辊筒接收机结构简单,占用空间少,布置较灵活,运行管理简单,不存在类似网带接收成网机的走偏、张紧问题,有熔体滴落也容易清理,无须配置网带应急保护装置。

接收辊筒的表面是一个有较高开孔率的多孔板,辊筒还分为内部开放型与内部密封的带抽吸腔两种。小幅宽(幅宽≤800mm)机型多为开放式,牵伸气流到达接收辊筒表面时,有少量穿透纤网和辊筒,但大部分气流则在表面逸散到周边环境中,这种辊筒较容易形成“飞花”。

幅宽较大(≥1000mm)的机型则多为带抽吸腔的密封型,辊筒内腔与抽吸风机的吸入口连接,辊筒内呈负压状态,大部分牵伸气流穿透纤网和辊筒,被抽吸风机抽走,对辊面纤网的控制能力较强,仅有少量气流逸散到周边空间,对纤网的控制能力较强。

辊筒接收也有水平接收与垂直接收两种方式,图 2-56 分别单辊筒水平接收与垂直接收方式。单辊筒接收结构简单,广泛用于小型和实验用熔喷生产线。

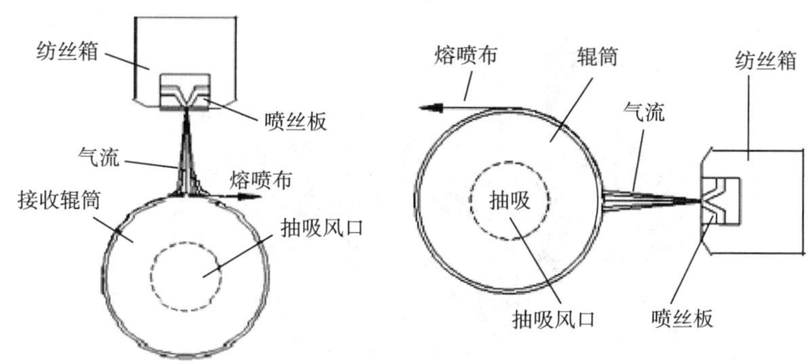

图 2-56　单辊筒水平接收与垂直接收

2020 年以来,有成千上万条简易型小幅宽熔喷生产线及众多大型熔喷生产线都应用了辊筒接收技术。

双辊筒接收也分为水平接收与垂直接收(图 2-57),接收位置既可以选在偏向一侧的圆弧面,也可以选在两者间的对称缝隙,还可以通过调整辊筒间的缝隙宽度,生产高蓬松型产品。

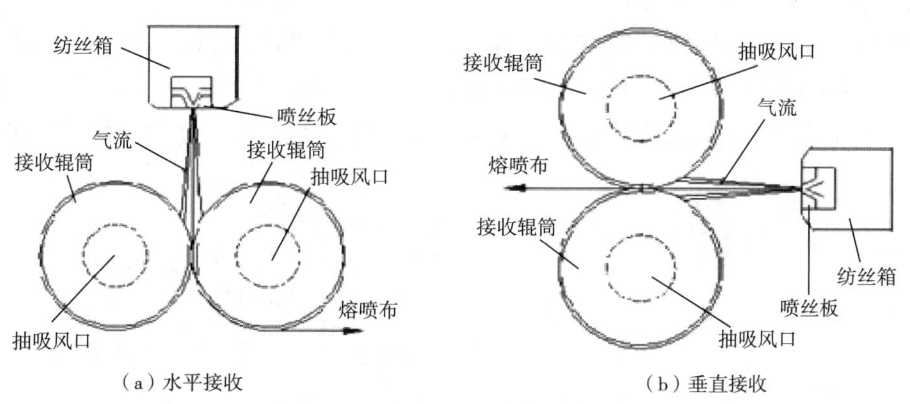

图 2-57　双辊筒水平接收与垂直接收

通过调整辊筒间的中心距,用双辊筒接收可以生产高蓬松结构产品,因此,这种接收方式特别适用于对蓬松性要求较高的保温、隔热、吸收型产品。图 2-58 所示为用双辊筒系统生产的保温隔热材料和环境保护用的水面浮油回收用品。

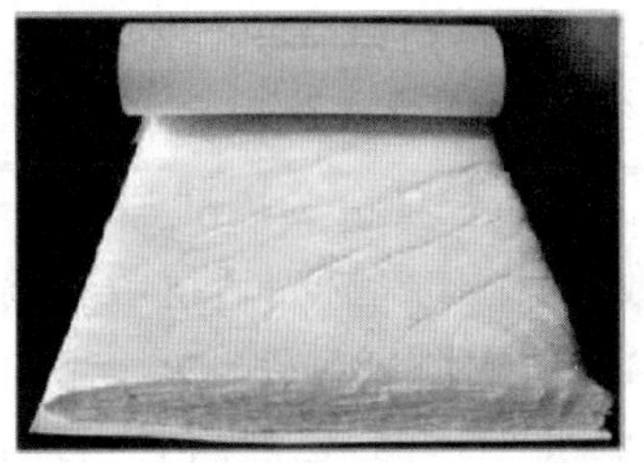
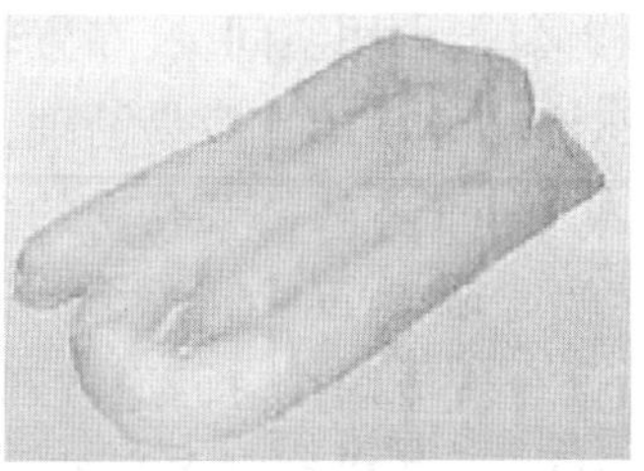

图 2-58　高蓬松性熔喷产品

由不同的接收装置与不同的接收方式,可以组合很多种接收设备,图 2-59 为一条具有单辊筒接收、双辊筒接收与成网机网带接收功能的熔喷生产线纺丝系统,可以根据需要,只要沿地面的轨道将相关的设备移动至纺丝组件的下方,就可以组成一个所需要的接收方式。

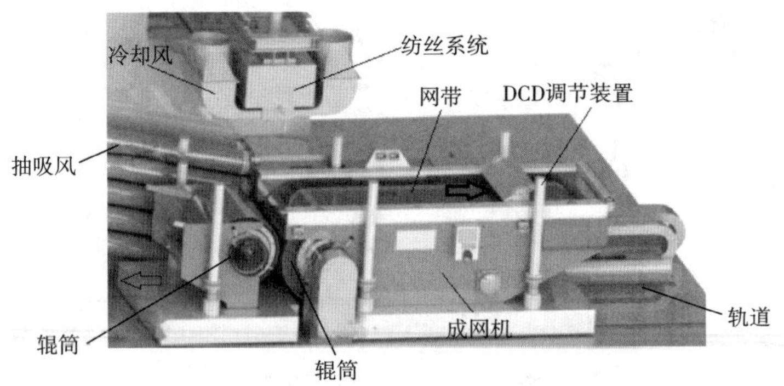

图 2-59　可用单辊筒、双辊筒及网带的多用途熔喷接收系统

德国莱芬豪舍公司的熔喷系统成网机,可绕 CD 方向的水平轴线翻倾,改变气流和纤维喷射到成网机的角度,从而改变纤网的结构和性能。

当以成网机的平面接收纤网时[图 2-60(a)],产品的密度较大,厚度较薄,且平均孔径较小,透气性较低,但有较高的过滤效率,适合生产高阻隔、高过滤效率型产品。

当成网机沿 MD 方向前移,并翻倾一定角度后,就可以用其圆弧面接收纤网[图 2-60(b)],由于圆弧面各个位置接收距离(DCD)大小不同,产品的密度较低、厚度较大、结构蓬松,平均孔径中等,透气性较好,过滤效率中等或较低,适合生产较蓬松的中等阻隔过滤型产品。

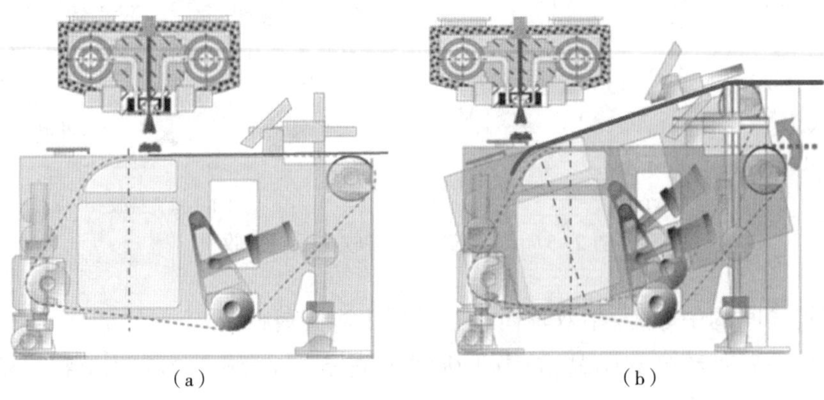

(a)　(b)

图 2-60　可翻倾的成网机

网带接收都需配置网下吸风装置,由不同的接收机构与不同的接收方式可以组合很多种接收装置,由于接收装置的传热特性和结构不同,对产品的物理性能、风格都有影响。

对于有多个熔喷纺丝系统的熔喷生产线,可以利用成网机网带的水平面接收。如果利用升降成网机的方法调节 DCD,并通过移动成网机实现离线运动,则成网机只能与纺丝系统独立配置,而不能共用一台大的成网机,以免彼此产生干扰;如果利用升降、移动纺丝平台的方法调节 DCD,实现离线运动,就可以共用一台位置固定不动的成网机。

二、纺粘纺丝系统和 SMS 生产线的接收方式

纺粘纺丝系统、SMS 生产线只有成网机网带接收这一种方式,除了有个别机型利用成网机的倾斜工作面接收外,只有用网带的水平面接收这一种模式。由于成网机体积较大,还要与纺丝通道匹配,运行速度较快,驱动功率也较大,因此,成网机的机构较多,结构也较复杂。

纺粘纺丝系统的成网机与纺丝牵伸工艺有关,除了采用“宽狭缝低压牵伸”工艺的纺丝系统不需要调节 DCD 外,有的纺丝工艺,如宽狭缝正压牵伸工艺是需要进行 DCD 调节的,但基本都是采用成网机固定不动,纺丝平台及牵伸器做升降运动的方式。

图 2-61 为一条 SMXS 生产线中的成网机,除了配置有纺粘系统(S)和熔喷系统(M)的接收功能外,成网机还预留一个接收装置(备用系统 X)的位置。

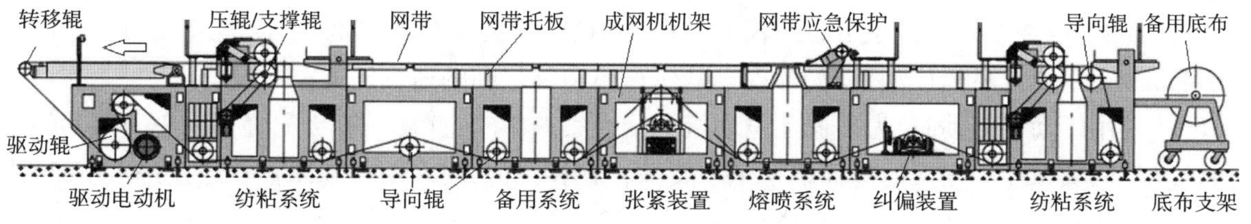

图 2-61 SMXS 型生产线的成网机

在生产运行过程中,进行 DCD 调节和离线运动是熔喷系统的基础工艺操作,由于 SMS 生产线中还有其他纺丝系统,而成网机是公用的,因此,其中的熔喷系统就不能利用升降成网机的方法调节 DCD,也不能通过移动成网机实现离线运动,只能利用升降、移动纺丝平台的方法调节 DCD 及实现离线运动。

三、成网机的结构

(一)成网机的机架结构

成网机的机架有墙板式和框架式两种,一般墙板式较多。具体结构与纺丝系统的 DCD 调节方式和离线运动方式有关,有的成网机机架还配置升降机构和行走装置。

(二)驱动装置

驱动装置的功能是用于驱动网带稳定运行,由于成型网带的线速度是进行产品定量规格计算的基础数据,要求能无级变速,而且还是生产线中其他主流程设备的速度基准,运行过程保持稳定,对其调速精度要求较高。目前,成网机基本都是用交流变频调速电动机驱动,能连续平滑地调整速度。在一些引进设备上,还使用调速精度较高的伺服电动机驱动。

驱动电动机的转速都较快(1500r/min),一般都要经过减速后才将转矩输出给主驱动辊,根据驱动功率的大小,成网机实际速度和设计方案两者之间有多种动力传递方式,当减速机的输出轴与主驱动辊处于同心状态时,可以用驱动轴与主驱动辊直联或利用联轴器直联两种。随着成网机运行速度的提高,有的成网机驱动电动机与主驱动辊之间已经没有减速装置,而是电动机通过联轴器直接与主驱动辊直联(图 2-62)。

图 2-62 驱动电动机利用联轴器与主驱动辊直联传动

当输出轴的轴线与驱动辊轴线处于平行状态时,常用链条、V 形传动带,齿形同步带等柔性传动件连接,这种方式可适应中心距较大的设备,对安装精度要求较低,可以隔离震动和冲击,还可以配用不同直径的传动带轮,实现电动机与驱动辊之间的速度匹配。

当使用传动带传动时,为了避免电动机承受太大的横向负荷,一般会配置一段中间传动轴,传动轴使用负载能力很大的球面滚子轴承支撑,与电动机之间采用联轴器直联连接(图 2-63)。

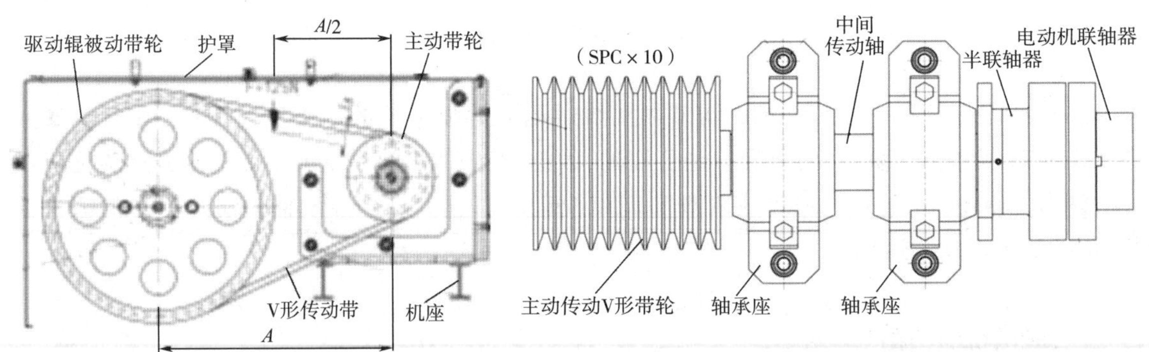

图 2-63 电动机利用传动带向主驱动辊传递扭矩

独立的熔喷系统较难生产较小定量(≤10g/m^2)的产品,网带运行的线速度并不高,一般要求调速精度在±(0.2~0.5)%。单个纺丝系统成网机的最高运行线速度在 100~120m/min,而最低速度会低于 5m/min,一般熔喷系统成网机的驱动电动机的功率≤7.5kW。

因为纺粘法非织造布生产线或纺粘/熔喷复合非织造布生产线的运行速度快,纺丝系统多,运行阻力较大,因此,成网机的驱动电动机的功率会较大,目前,国产成网机的驱动电动机功率≥132kW。当电动机与主驱动辊间采用 V 形传动带时,V 形传动带的数量可达 10 根。

(三)网带张紧系统

网带是依靠摩擦力由驱动辊驱动运行的,摩擦力与材料的摩擦系数和摩擦面的正压力有关。为了能提供足够的摩擦力,网带与驱动辊间就要求有足够的压力,网带张紧机构是通过张紧网带来形成压力的。

除了形成摩擦力外,张紧机构的另一个重要作用是使网带在全幅宽范围保持均匀一致的张力,以免网带在运行期间发生横向偏移和变形(图 2-64)。利用张紧机构可以调整网带两侧的张紧程度,消除导致网带发生偏移的横向力。

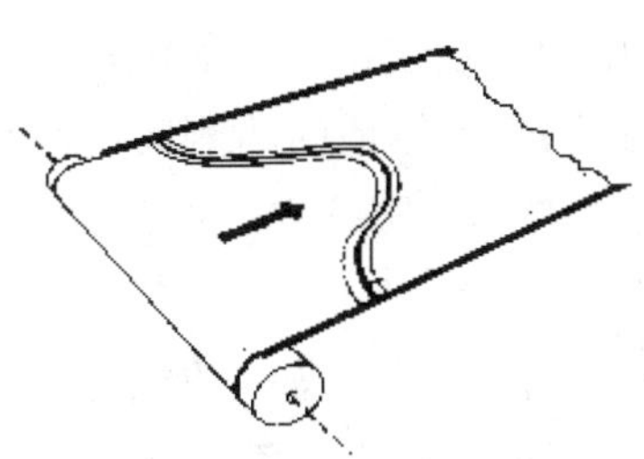

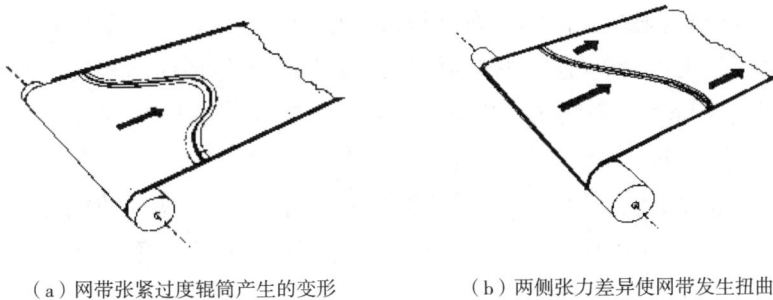

(a)网带张紧过度辊筒产生的变形　　(b)两侧张力差异使网带发生扭曲

图 2-64　由于张力不平衡造成的网带变形现象

网带在制造过程中,不同品牌的长度(周长)必然存在偏差,网带张紧机构可以通过改变成网机辊筒间的相对位置来适应这种差异,为网带的安装、维护工作带来便利。

网带受张紧力和驱动力的影响,会发生一定的变形和伸长,其伸长量与编织网带的聚合物分子量大小有关。在同样的张紧力下,分子量越小的材料,其伸长量会较大。因此,在运行过程中,既要保持一定的张紧力,也必须使其伸长量控制在安全范围内。

熔喷生产线的网带很短,运行速度慢、传递动力小,需要的张紧力不大。因此,张紧机构也较简单,一般都是用人力操作,主要由张紧辊、张紧辊移动机构、操作机构三部分组成。

张紧装置应该既能调整单侧网带的张力,也能两侧同时进行张紧。网带张紧装置的实际有效调节量(即网带的长度变化量)既要大于网带长度允差,以便能装上最短的网带,或将最长的网带张紧,还能在运行过程中进行必要的调整。因此,张紧装置的有效调节量常取网带名义长度的 1.5%~2%。

大型生产线中成网机的网带长度较大,必要时会配置两套张紧装置。其中有一套是刚性张紧,另一套为弹性张紧。当使用气缸张紧时,通过改变压缩空气的压力就能调节张紧力,并在运行过程中自动控制网带的张紧力。

(四)网带自动纠偏系统

由于网带是一种柔性传动件,不能采用强制限位的方法来保持其在规定的位置运行,为了防止在运转期间发生走偏而损坏,成网机需要装设网带走偏检测及越限报警装置,以便自动纠正偏移,并在出现意外时停止成网机的运转。

网带位置检测装置有机械接触式(如挡板、摆杆、触须)、光电非接触式(红外线、超声波、电容接近开关等)、纠偏执行机构(电动式、气动式、液压式等)。

成网机的运行速度越高,对纠偏装置的性能要求(如反应速度,纠偏能力)也越高。熔喷生产线成网机的运行速度较慢,对纠偏装置的要求不高。

纠偏方式以比例控制方式最佳,这种系统具有比例控制功能,可以根据网带发生偏移的速率和偏移量,自动调整纠偏动作速度和纠偏装置(纠偏辊)的运动行程,并能在任何位置稳定停留。具备比例自动控制功能的系统,具有运行稳定、控制精确、纠偏装置可靠性高等特点。

纠偏系统的驱动力有电动式(丝杆螺母或电动推杆)、气动式(气缸或气囊)、液压式(气—液联动)等。大型成网机由于网带较长,可能会在网带回程段的不同位置配置两套纠偏装置,用于加强纠偏效果和反应速度。

由于气动系统不容易在任何位置停止、定位,如果使用单个气缸纠偏,气缸的活塞杆只能在伸出和缩入的两个终端极限位置停留。在运行过程中,气缸会在两个终端间做往复运动,不能在中间位置稳定停留,无法精确控制网带的偏移,导致网带不停地向两侧周期性偏移,增加了铺网宽度,“虚宽”的边料降低了系统的一次合格品率,也增加了压缩空气的消耗量。但因为气缸便宜,系统简单,在速度较低的小型系统仍得到应用。

生产线一般使用单纠偏辊纠偏,即一套纠偏装置仅有一只纠偏辊。网带在纠偏辊面上的包角会影响纠偏力的大小和灵敏度,一般推荐网带在纠偏辊面上的包角≥25°。纠偏效果还与网带的宽度和厚度、纠偏辊与上游导辊(即进入纠偏辊前的辊筒)的距离有关;网带越宽,距离越小,纠偏效果越差。如果不受成网机结构空间限制,上游导辊与纠偏辊之间的距离应该是越大越好,一般应为网带宽度的0.3~0.5倍。

纠偏辊的最大行程和摆动速度与生产线幅宽有关,以3200mm幅宽为例,一般摆动角度≤±1°,行程≤±50mm,而最高摆动速度约30mm/s,驱动力一般为1000~2000N。

纠偏装置也就是纠偏辊的运动方向,既可以是水平的,也可以是垂直的。一般都是沿水平设置的导轨移动的,而纠偏辊的自重则由导轨承受。虽然移动方向所需的驱动力与网带的运动方向有关,同向运动时,网带会有助推作用,反向运动时,网带会阻碍纠偏辊运动,但在两个方向驱动纠偏辊移动的力不会相差很大,基本上仅需克服与导轨的摩擦力即可。

如果是沿垂直方向运动,则纠偏辊的自重会影响驱动力的大小,在向上方移动时,辊子的自重与移动方向相反,驱动力要大于纠偏辊自重(的一半)及与导轨摩擦力的总和。而在向下方移动时,辊子的自重与移动方向一致,会与驱动力叠加,这时驱动力仅需克服与导轨的摩擦力,甚至仅依靠自身的重量就可使纠偏辊自动下降,驱动装置输出的力就会很小。

从上述分析可见,纠偏辊沿垂直方向移动时,上升和下降所需要的驱动力相差很大,纠偏辊是不适宜沿垂直方向移动的。

四、传动辊筒与压辊

成网机中有很多辊筒,主要是用无缝钢管制造,两端轴颈与辊筒之间可采用焊接结构或过盈配合,一些优质辊筒的两端轴颈则是用锻钢件制造的,具有较高的强度。随着成网机运行速度的提高,为了消除振动现象,除了采用增大辊筒直径以降低转动角速度外,对筒体内腔进行镗削加工,也是提高辊筒动平衡精度的重要工艺措施。

辊筒的内壁经过机械加工后,使辊筒的动平衡精度达到G6.3级或更高的要求。一些高端设备已经使用碳纤维制造的辊筒了。按其在成网机中的功能,辊筒可分为以下几种。

(一)驱动辊筒

驱动辊筒一般安装在成网机下游,并靠近纤网固结设备或卷绕机的一端,是成网机中受力最大、直径最大的辊筒,其功能是利用摩擦力将驱动电动机的转矩转换为驱动网带运行的牵引力。

如果辊筒的曲率半径很小,网带要承受太大的弯曲应力,会影响网带编织结构稳定。对于包角较大的主动辊及张紧辊,网带制造商建议的辊筒直径要大于网带厚度的 100 倍,常用网带的厚度约 2mm,主动辊或张紧辊的直径不得小于 200mm。

但这仅是从网带安全使用角度提出的基本要求,而随着网带运行速度的提高和成网机尺寸大型化,驱动功率也越来越大,为了提高摩擦传动的稳定性,防止发生打滑,常通过增加材料间的摩擦系数和网带对辊筒表面的正压力来实现。

由于熔喷系统的运行速度慢,驱动功率小,因此,主驱动辊不需要很高的强度和很大的刚性,结构较简单,而配套在纺粘生产线或 SMS 生产线成网机使用的驱动辊,由于速度快、功率大,就需要较高的强度和较大的刚性。图 2-65 是成网机主驱动辊的结构简图。

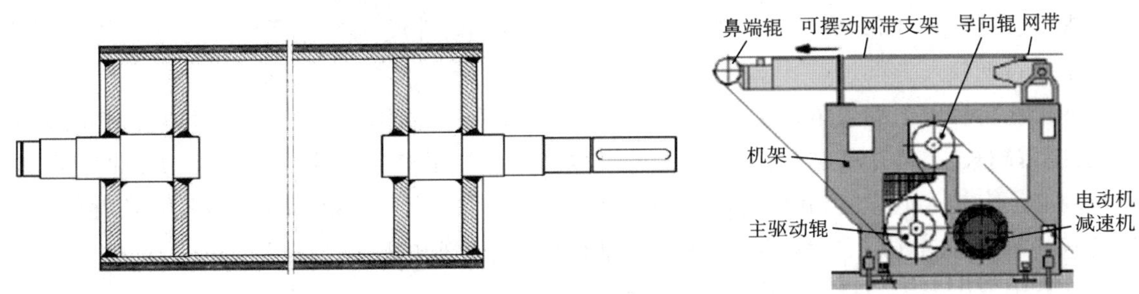

图 2-65　焊接结构的主驱动辊

为了增加摩擦力,钢辊筒的表面经常会包覆一层摩擦系数较大的材料,橡胶是较常用的材料。由于驱动辊是与网带粗糙的底面接触,为了减少橡胶层的磨损,一般选用硬度(80±5) SH. A 的橡胶材料。

通过提高网带的张紧力可以增加网带对辊筒表面的正压力,但张紧力会受网带结构强度的限制,不允许大于网带制造商推荐的许用张力,对于常用结构的网带,这个许用张力≤3000N/m。

在这种情形下,为了降低网带单位面积的负荷,提高传动的可靠性,当需要传动的功率较大时,常用的措施是增加网带在主动辊面上的包角和增加主动辊的直径,增加网带与主动辊的接触面积,以降低网带与驱动辊接触面的单位面积负荷,从而提高传动的功率。

增加网带在主动辊面上的包角也可以降低单位面积的负荷,因此,大型成网机网带在主驱动辊面上的包角可达 180°,视传动功率和运行速度,主动辊的直径可大于 500mm。主驱动辊是接收成网设备中受力最大的辊筒。为了使网带能得到均匀的张紧,要求各种辊筒要有足够的强度和刚性,避免在运行中出现明显的挠曲变形。

(二)转移辊

转移辊也称喂入辊、鼻端辊,是位于成网机网带工作面最下游的辊筒,经过转移辊后,网带便转变运动方向向下方运动，因此，行业也称其为“回头辊”或“转向辊”。转移辊担负着将铺放在成网机网带表面的纤网转移，并传送给下游纤网固结设备的工作。

由于安装位置局限，转移辊的轴头一般都很短（图2-66），经常与调心滚子轴承配套使用。有的成网机转移辊的两个轴承座可以沿水平的导轨移动，既可以调节转移辊轴线与热轧机轧辊轴线的平行度，还可以调节转移辊外圆与轧辊外圆的间隔距离。

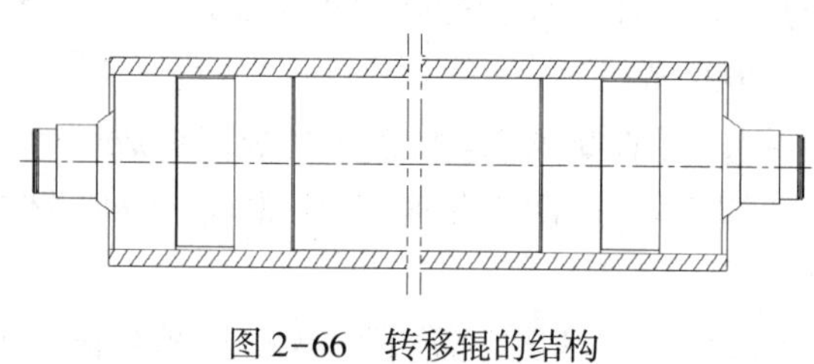

图2-66　转移辊的结构

在熔体纺丝成网非织造布生产线中，热轧机是最常用的纤网固结设备，由于转移辊与热轧机之间的纤网是悬空的，没有任何支承，而没有固结的纤网很容易在牵引张力的作用下发生拉伸变形，幅宽变窄，高速运转的轧辊还会使附着在表面的气流高速运动，沿切向吹向纤网，速度越高，表明产品越轻薄，受这种因素影响也越明显。

为了尽量减少这种负面影响，在网带与轧辊外圆表面之间保持足够的安全距离（≥50mm）的前提下，这段悬空的距离是越短越好，在无法改变其他硬件尺寸的情况下，缩小喂入辊的尺寸是一个可行的技术方案。

网带在转移辊上的包角较大，因此，转移辊受力仅次于主驱动辊，承受的弯矩会很大，幅宽越大，网带越长，驱动功率越大，所承受的弯矩也越大。为了避免辊筒出现太大的挠曲变形，转移辊就必须有较大的强度和刚性，也就是要有较大壁厚和直径，如3200mm幅宽的成网机，转移辊的直径常大于300mm，这就必然增加了与热轧机轧辊之间的距离。

转移辊发生偏大的挠曲变形时，还会导致网带也发生变形，辊筒挠曲意味着中间部位的网带周长相对两侧边的周长变小了，在同样的线速度下，中间部位的网带速度会较快，回转一周的时间会较短，就会趋前运动，出现变形（图2-67），影响网带的张紧度调节和网带的运行稳定性，网带的这种变形现象，与网带张紧不当所导致的结果是类似的。

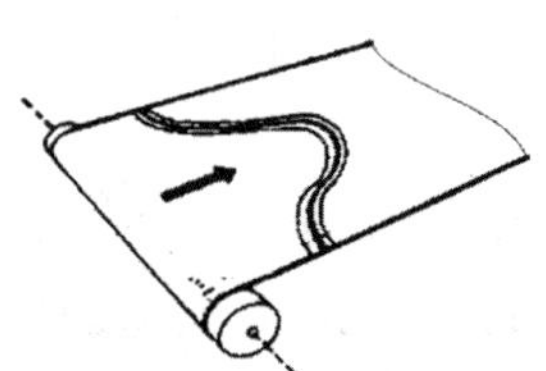

图2-67　转移辊发生挠曲变形时网带的运行状态

目前，有的成网机转移辊采用分段结构，一般被等分为两段（图2-68），每一段都安装在钢梁上，有独立的轴承支承，两个轴承支点间距仅为原来的一半，每一段辊筒产生的最大弯矩仅为原来的四分之一，承载能力大为加强。因此，可以使用较小直径的辊筒。目前经过这样设计的辊筒，直径可以缩小至约210mm，从而缩小与下游方向热轧机轧辊间的距离。

这种辊筒的芯轴是固定不动的，仅筒体转动。为了提高其可靠性，在辊筒的芯轴中设计有润滑油道，使内部的轴承能得到良好的润滑，中间的支承座厚度仅有15mm，与筒体端面的间隙仅有2.5mm，长期的生产实践证明，这种结构有很高的运行可靠性，也不会导致网带发生异常磨损。而芯轴轴承的设计，也能补偿辊筒受温度影响所引起的长度变化。

不同幅宽成网机转移辊的结构参数见表2-16。

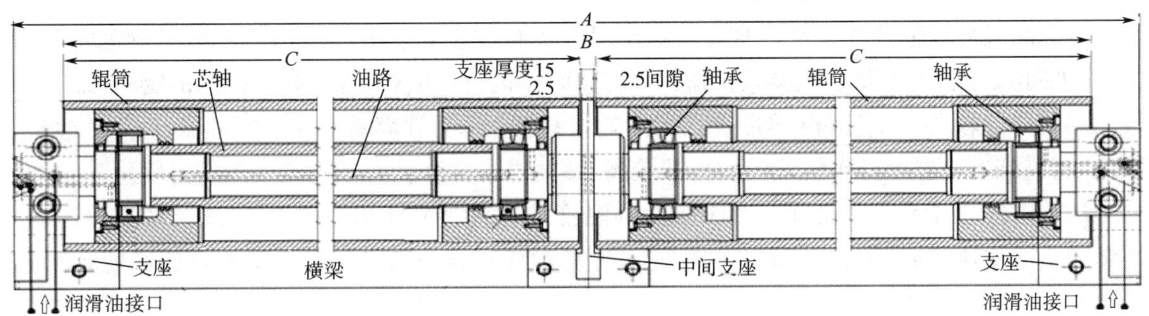

图 2-68　两段式转移辊的结构

表 2-16　不同幅宽成网机转移辊的结构参数

生产线名义幅宽(mm)	2400	3200	4200	5200
结构长度 *A*(mm)	3270	4070	5070	6070
装配后两段辊筒长度 *B*(mm)	3150	3950	4950	5950
半段辊筒长度 *C*(mm)	1565	1965	2465	2965
有效工作面长度(mm)	≥3000	≥3800	≥4800	≥5800

转移辊的结构长度(图 2-68 中的 *A*)要与热轧机的纤网进入侧结构适配,必须小于热轧机墙板内侧的宽度,否则就有可能无法安装。

(三)压辊

纺粘纺丝系统的压辊主要是将蓬松的纤网压紧,增加纤维之间的结合力,便于承受输送过程的张力和抵御气流干扰。早期应用宽狭缝低压牵伸工艺的纺粘纺丝系统,压辊还兼有密封功能,用于实现纺丝扩散通道出口与成网机网带之间的动密封。

但对于蓬松型的纺粘法纤网,由于不能再用压辊来增加纤维之间的结合力,以便进行传输和抵御气流的干扰,有的双组分型纺粘纺丝系统会利用高温热气流,沿全幅宽方向垂直吹向并贯穿蓬松的纤网,使部分低熔点组分熔融,将纤网连接在一起,形成一定的初始强度来满足生产工艺要求。

目前,主流的纺粘纺丝系统已经由密闭式发展为半开放式、开放式。而在开放式纺丝通道,压辊就无须具备密封功能,主要还是用于蓬松的纤网压紧及阻挡逆向气流进入主抽吸区域,干扰铺网过程。由于纺丝过程会有单体和挥发物(如色母粒中的分散剂)产生,这些带黏性的物质与压辊表面接触后,很容易发生纤网缠绕压辊而导致生产线停机。因此,要经常停机清理压辊。

目前,新型生产线已配置了压辊自动清洁装置。压辊的直径越大,转动的角速度越慢,越有利于降低发生缠辊的概率。因此,早期低速机型(≤250m/min)的压辊直径一般小于 250mm,而随着运行速度的提高,目前压辊的直径一般都会在 300~400mm。

热压辊的加热方式主要是导热油加热,辊面的正常温度在 80~120℃。引进设备中有的使用热水加热(辊面最高温度为 140℃),电磁感应加热(辊面常规温度 40~140℃,最高可达

230℃）等。

辊面的温度高低及均匀性会直接影响压辊的防缠辊效果。在低速运行状态，纤网的定量较大，纤维间的结合力较大，发生缠辊的概率很低；而在运行速度较快的状态，纤网的定量较小，纤维间的结合力较弱，与成网机网带表面的附着性较差，纤网就容易黏附在压辊面上发生缠辊。因此，高速机型对温度分布的均匀性要求较高，并要求辊面全长有较均匀一致的温度。

压辊内的导热油流道设计会影响辊面的温度均匀性，图 2-69 为单回路环形油道热压辊。高温导热油从压辊内管进入，流到左端进入环形油腔后反向流动，最后经由内外管的环形腔流出。

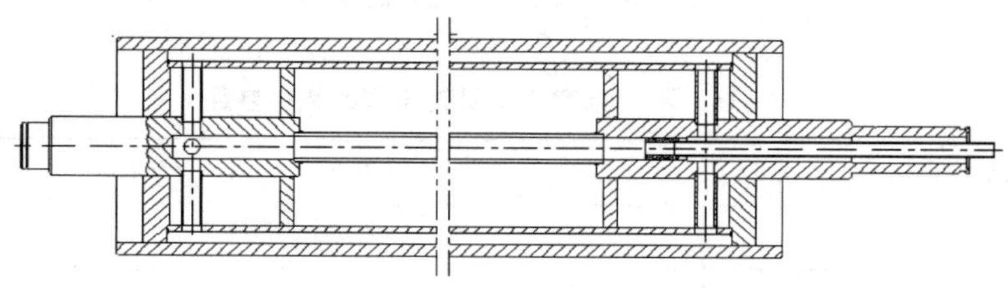

图 2-69　单回路环形油道热压辊

单回路环形油道热压辊结构简单，但由于导热油是单向流动，靠近高温油流入端的温度较高，而在远端的回油端，油流的温度较低，导致压辊两端出现明显的温度差，导热油的流量越小，或流动的速度越慢，温差也会越大，因此这种结构的压辊只能配置在速度较慢的成网机上。

图 2-70 为双向螺旋油道的压辊，由于流道是双线螺旋槽，高温导热油从一条螺旋油道顺向流过，而降温后的导热油沿相邻的另一条螺旋油道逆向返回，使辊面的平均温度趋于相同，这种压辊结构复杂，但对防止出现缠辊有很好的效果，常用于高速机型。

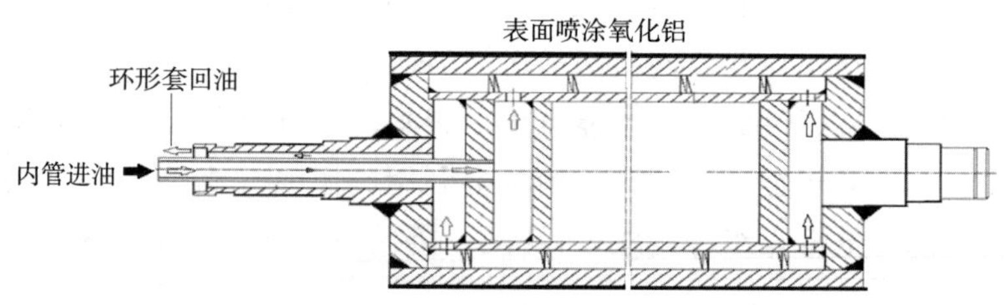

图 2-70　螺旋油道的压辊（单端进出油）

配置在纺粘系统的压辊，要求有较高的表面光洁度和表面硬度，同时要有较好的防缠辊性能。因此，有的压辊会在表面喷涂一层氧化铝（俗称陶瓷），配置在纺丝系统下游出口方向的压辊，一般都是加热辊，这样能像电熨斗一样，使蓬松的纤网更容易屈服，提高其相互之间的结合力，能有效防止纤网缠绕压辊。

不管采用哪种加热方式，辊筒内部的结构都较复杂，当采用导热介质加热时，辊筒内部的流道设计既要有较高的换热效率，还要使辊筒表面有较均匀的温度分布，同时要考虑高速运行时的动平衡问题及压辊两端重量的对称性。

压辊采用导热油加热时，要通过活动（旋转）接头与加热系统的管路连接，由于压辊直径较小，活动接头的旋转角速度较快，密封装置容易磨损，导致接头容易发生导热油泄漏，是一个故障多发环节,会影响设备的可靠性和运行安全性。

在引进的生产线中,有的采用加压热水的压辊加热装置,通过管道和旋转接头把热的压力(0~0.42MPa)水流送入压辊,压辊的温度调节范围80~140℃,最大加热功率48kW,热水泵流量30m³/h,驱动功率7.5kW。

熔喷系统采用升降接收成网装置进行DCD调节时,接收成网装置与下游方向设备(如卷绕机)的高度差发生了变化,为了防止熔喷布提前脱离接收装置,就要配置一根压辊(图2-71)。这根压辊实际上也是导向辊,能使熔喷布始终贴紧在成网机的网带表面,跟随网带同步运行,并在经过压辊后从网带表面剥离。

(a)

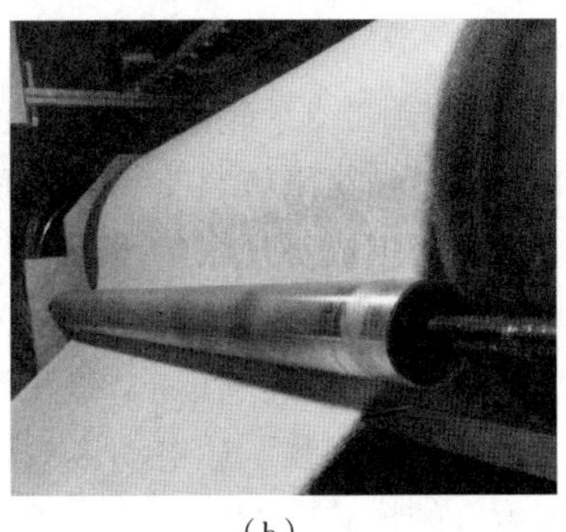

(b)

图2-71　在成网机(a)及接收辊筒(b)下游输出端配置的压辊

由于熔喷布的张力较小,因此,压辊的结构强度可以较小,变形也较小,两端也可以使用自动调心型球轴承。图2-71(a)为轴承装在辊筒内,芯轴固定的压辊,这种设计方案简化了安装工作,仅需在成网机两侧墙板上加工一个小孔,再用两只螺钉(一般为M12)固定即可(图2-72)。

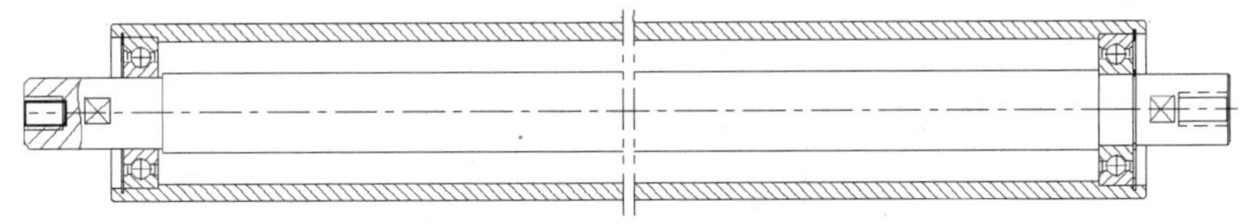

图2-72　熔喷系统接收装置输出端常用的压辊

还有一种压辊是将压辊的轴承外置,芯轴转动的结构[图2-71(b)],这时要在成网机的机架输出端加工安装轴承的平面膛出轴孔及加工多只螺纹孔,工作量较大。

(四)支承辊

支承辊经常与压辊配对使用,用于承受压辊通过网带传递过来的压力。因此,支承辊也需要有足够的强度和刚性,支承辊直径一般比压辊大。如压辊直径为360mm时,支承辊的直径约为390mm。生产线的幅宽越大,辊筒的直径也较大。为了增加与网带间的摩擦力,并适应网带背面较为粗糙的表面,支承辊表面是一层中等硬度[(70±5)SH.A]和有一定弹性的耐磨橡胶层(图2-73)。

为了避免支承辊自重产生的挠曲变形及在压辊放下后的受力变形,使全幅宽能均匀接触,

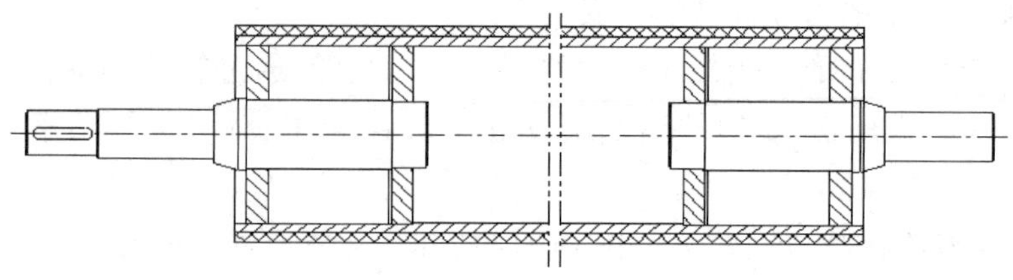

图 2-73 带驱动轴头的橡胶支承辊(主动型)

使压辊与支承辊间保持均匀一致的“线压力”,支承辊一般都加工有一定的“中凸量”,“中凸量”的大小与支承辊的强度和刚性(直径)、工作面宽度,线压力的大小有关,而“线压力”一般为6~8N/mm。

一些简易型生产线,支承辊是依靠压辊放下将网带压紧,在表面所形成的摩擦力,由网带拖动运转的,如果升起压辊,网带与支承辊之间的摩擦力将无法克服阻力拖动支承辊可靠转动,网带会将支承辊表面磨损成不规则的多边形。放下压辊后,将导致压辊产生激烈跳动而无法高速运行。

因此,目前一些速度较高、有多个纺丝系统的生产线,支承辊一般已趋向主动型,即每一根支承辊均由一台独立的变频调速电动机驱动,并可以与主驱动电动机同步驱动网带运行。这样既可以避免支承辊的橡胶层发生不均匀磨损,还可以分摊主驱动电动机的部分负载(因此,有时也称为辅助驱动),降低网带的最大张力,使不同位置网带的透气性能趋向均匀一致。

目前,幅宽为3200mm、运行速度≤600m/min的生产线,支承辊驱动电动机的功率一般不大于7.5kW,而随着运行速度的提高及成网机宽度的增加,支承辊驱动电动机的功率还会增加。

(五)张紧辊

通过移动张紧辊(图 2-74),可以控制网带的张紧力,并使网带与驱动辊间产生足够的摩擦力,保持网带能正常运行。可以用丝杆/螺母机构、气缸或气囊、液压油缸,使张紧辊沿特设的轨道移动,动力可以是手动、电动、压缩空气或液压油等。

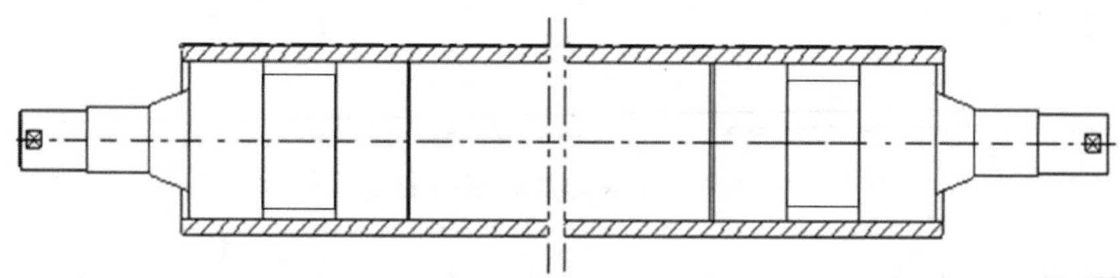

图 2-74 张紧辊(轴头与筒体过盈配合)

张紧辊一般应该配置在成网机网带的松边,这样张紧辊的受力较小,辊筒不需要很强的刚性和强度,如果将张紧辊配置在成网机网带的紧边,张紧辊的受力会很大,调节过程的阻力也较大,辊筒需要很强的刚性和强度,才能防止挠曲变形。

有的机型为了便于设计加工、节省成网机下方回程网带的一只导向辊,都是把张紧辊布置在驱动辊与转移辊之间,这是网带受力最大的位置,导致人工张紧网带时很费劲,相关的调节机构及张紧辊的轴承也容易磨损,影响运行可靠性。

大型成网机的网带较长,往往仅用一个张紧装置不足以满足工艺要求。因此,会在网带的松边配置两个张紧装置。一个是采用丝杆螺母结构的刚性硬张紧，另一个则是采用以气缸或气囊为动力的柔性软张紧，并可以利用调节压缩空气压力的方法使网带的张力处于近似恒定的状态，也称为网带张力自动控制系统。

(六)导向辊

导向辊(图2-75)用于改变网带的运行方向，增加主驱动辊的包角，引导网带规避一些固定设施(如成网机的抽吸风箱底部)等。导向辊一般都布置在网带的松边，随着安装位置的变化，导向辊的受力不同，因此，直径也不一样。

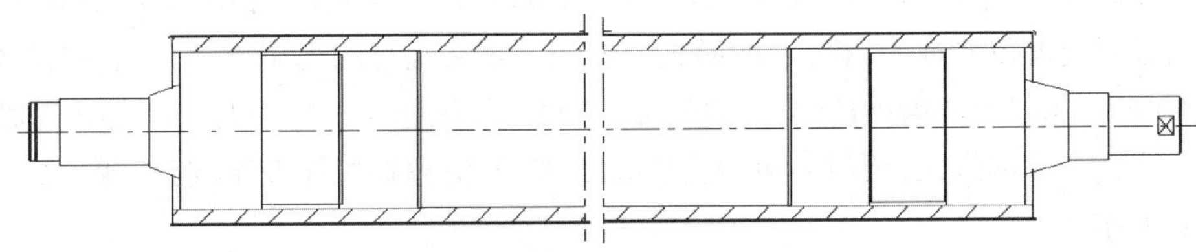

图2-75　导向辊(轴头与筒体过盈配合)

由于安装在网带松边的导向辊受力较小，还受网带离地面空间高度的限制，因此，对强度要求不高，直径一般也较小。但对于高速成网机，则必须考虑其动平衡精度，避免产生振动。加上导向辊是与网带的工作面接触，有时会使用铝合金材料和橡胶面的导向辊。

当网带在导向辊表面的包角较大，而且布置在主驱动辊的进入侧时，导向辊也要承受较大的力矩，这时也需要有足够的强度和刚性，直径也会较大。

(七)纠偏辊

纠偏辊用于纠正网带运行期间出现的横向位置偏移，可以用丝杆/螺母机构，电动推杆，气缸或气囊，液压油缸，使纠偏辊绕另一端的支点做往复摆动，以3200mm幅宽的成网机为例，其往复摆动行程一般在±40mm范围，一般摆动的角度≤±1.5°，因此，纠偏辊的轴承一定要采用自动调心型轴承。

纠偏辊布置在网带的松边，由于包角较小，负荷很轻，结构也较简单，与导向辊的结构类似，只不过纠偏辊的轴承和轴线并不固定，而是来回摆动，结构强度和刚性都要大一些。而作为纠偏辊摆动支点的固定端轴承座，应该设计有纠偏辊中心、线微调机构，以便抵消引起网带走偏的偏移力，减小网带的偏移量。

(八)托辊和托板

托辊主要用于承托网带，主要用于成网机下方网带的回程段，使网带不致产生太大的下挠，与地面保持足够的距离，避免高速运行时扰动地面的灰尘，并被静电吸附到网带上，另外，还可以避免回程段网带不会因张力较小，在高速运行时出现飘动，影响张力稳定。

处于网带松边的托辊受力较小，其结构也与导向辊或压辊一样，可选用较小的直径，一般在200mm左右，但直径太小会容易缠上废丝，影响运行，并难以清理。由于网带松边的托辊表面直接与网带的工作面接触，为了减少对网带工作面的磨损，外圆也可包覆橡胶层，有的托辊会采用铝合金材料制造。

成网机上方的网带较少使用托辊承托，而是使用金属板承托，虽然金属板会与网带的背面(非工作面)产生摩擦，并产生噪声，但可以吸收网带在运行时产生的振动，而且还可以阻隔网带下方环境中的气流穿透网带，流向网面上纺丝系统抽吸风箱入口附近的负压区域，把纤网向上吹起，干扰铺网和纤网输送，这种情形在熔喷系统较多见。

金属托板的另一个重要作用是可以将网带在运行过程中形成的静电，通过托板、机架和接地导线逸散，消除对成网过程的干扰。因为金属托板是静态构件，在运行过程中不存在轴承损坏，避免由于辊筒制造精度偏低引起的振动现象，虽然与网带之间存在一定的摩擦，但可以形成一定的阻尼作用，对提高系统的可靠性有好处。

为了减少网带与金属托板的摩擦，托板支承平面不得高于成网机纺丝系统的支承辊或网带托辊上的圆柱面，而且金属板不能太薄(厚度≥3.0mm)，以免很快被磨损，形成锋利的缺口，损坏网带。托板要安装得对称、平整，不能形成影响网带正常运行的走偏力。目前，有的不锈钢材质托板制作成在CD方向的中间呈微凸的弧形，有利于网带稳定运行并避免局部快速磨损。

使用金属板支承网带，必要时还可以为网带的维护、清理提供作业空间，作业人员可以直接在成网机上工作。

国外曾有机型用厚的聚氨酯塑料板支承网带的工作面，在两块塑料板间设置一条不锈钢圆钢条(轴线沿CD方向布置，外圆柱面标高基本与塑料板面平齐)，这种塑料板既耐磨，摩擦系数也较小，不容易产生堵塞网带和污染产品的碎屑，消耗的动力也较小，而不锈钢则可以将网带产生的静电逸散到地线中，适宜用于运行速度较快的机型。

随着生产线运行速度的提高，由网带与金属托板之间的摩擦产生的发热现象会更明显。因此，现有的一些高速机型也采用托辊或使用低摩擦系数的塑料板来支承网带。

五、网带保护装置

熔喷系统的熔体流动性很好，当其滴落在网带表面时，容易渗透入网带的内部结构，并堵塞网带的气流通道。由于清理十分困难，大面积的熔体滴落会导致网带报废(图2-76)，这是熔喷系统在运行管理过程中亟须注意的问题。

图2-76　由于牵伸风系统故障污染的网带

网带保护装置的功能是在纺丝系统处于异常状态时保护网带的安全。在纺丝泵运行期间，突然中断热牵伸气流的供给，未经牵伸的熔体细流便以熔体状态滴落在网带上，并随即渗透入网带内部，若不能及时终止纺丝泵运转，并将网带停下来，熔体将大面积覆盖在网带面上，会导致网带报废。

同样的原因，熔喷系统在启动及停机阶段，纺丝系统也一定要处于离开网带的离线状态(位置)运行，避免产生的废丝或高温熔体污染网带。

网带应急保护就是纺丝系统一旦出现险情时，迅速遮断喷丝板下方的网带。遮断物可以是刚性的金属盘，也可以是柔性的耐高温编织材料，在应急状态下，还可以用硬纸板、三夹板类的物体放在喷丝板下方承接上方流下来的熔体，避免滴落在网带面上。

网带保护装置是配置熔喷纺丝系统成网机必需的硬件（垂直接收系统不需要），保护装置可装在成网机上，也可以安装在纺丝箱体上，但仅当纺丝系统处于在线位置、并在生产运行时才会作用，而且不能直接用电能为驱动力，一般应以压缩空气为动力，或以重力作为驱动力。在结构上要保证在最小 DCD 状态仍可无障碍动作，不妨碍刮板和维护组件，也不能大面积遮断环境气流进入抽吸风箱的通道。

图 2-77 是一个利用卷装柔性材料作为遮断物的应急保护装置，该装置利用重锤为动力，动作时遮断物被悬挂重锤的钢丝绳拉出，并沿 MD 方向运动，将与抽吸风箱吸入口对应位置的网带遮盖，达到保护目的。

图 2-77　抽吸风箱的入口网带支承和应急保护装置

网带应急保护要自动控制，并同时满足多方面逻辑的“与”关系才能动作，以免发生意外，例如，只有纺丝泵处于在线状态、成网机处于运行状态才能动作，但最基本的要求是必须与牵伸风机运行状态连锁。

在一些简单的系统，网带应急保护装置也可以用手动控制。配置在 SMS 生产线中的熔喷系统，由于熔喷系统的数量较多，岗位人员又远离成网机，因此，必须是自动控制的，否则无法起到应有的防护作用。

六、抽吸风装置

抽吸风装置是成网机中的重要系统，主要由抽吸风机、抽吸风箱、管道及调节机构组成。其功能是吸收纺丝过程产生的牵伸气流和冷却气流，并将纺丝系统形成的新纤维收纳在网带面上形成非织造纤网。

抽吸风的均匀性直接影响纤网或非织造布的质量，抽吸风箱会配置一些流量调节机构，内部设置有相应的分风和导流装置，使全幅宽范围的抽吸气流均匀一致。

由于纺粘系统与熔喷系统的纺丝牵伸过程不同，因此，它们的抽吸风箱的外形和结构也有较大差异。在应用封闭式纺丝牵伸通道的系统，吸入抽吸风机的气流主要是冷却牵伸气流；而应用开放式纺丝通道的系统，吸入抽吸风机的气流主要是牵伸气流和环境气流，流量也较大。

纺粘系统的抽吸风机，主要是吸收冷却气流、牵伸气流和环境气流，把纤网可靠地吸附在网带表面即可。为了降低这些气流对铺网过程的干扰，抽吸风箱的气流入口面积会较大，用来降低气流到达并穿透成网机网带的速度。

熔喷系统也是一个开放式纺丝系统，进入熔喷系统抽吸风箱的气流绝大部分为环境气流，这些气流对纤网的冷却过程和产品质量有至关重要的作用。抽吸风箱的结构会影响熔喷纤网的密度，从而对产品的过滤效率、静水压等性能有明显的影响。

为了适应不同用途产品的要求，独立熔喷系统的抽吸风箱的主入口较宽。而配置在 SMS 生产线的熔喷系统，或生产空气过滤材料的熔喷生产线，要求产品有较高的密度，因此，其抽吸风箱入口较窄。

进入熔喷系统抽吸风箱的气流速度较快，一般为12~25m/s，由于气流中含有单体、灰尘与短纤维，在成网机工作面支承板上积聚的黑色油膏状物质就是这些混合物。它们容易污染、堵塞网带和抽吸风箱内的多孔板及均风机构，导致网带的透气量下降，性能变差，容易产生飞花，影响产品质量。因此，要经常拆洗。

由于抽吸风机会产生很高的负压，网带在大气压力作用下，会在抽吸风箱的入口承受很大的压力而向下弯曲变形，并与抽吸风箱口产生很强的摩擦，除了使网带和风箱入口快速磨损外，还容易使熔喷纤网发生变形、折皱，纠偏装置无法正常发挥作用，导致网带发生不规则走偏。

因此，可在抽吸风箱的入口设置透气的支承隔板，用于防止网带向下弯曲变形（图2-78）。

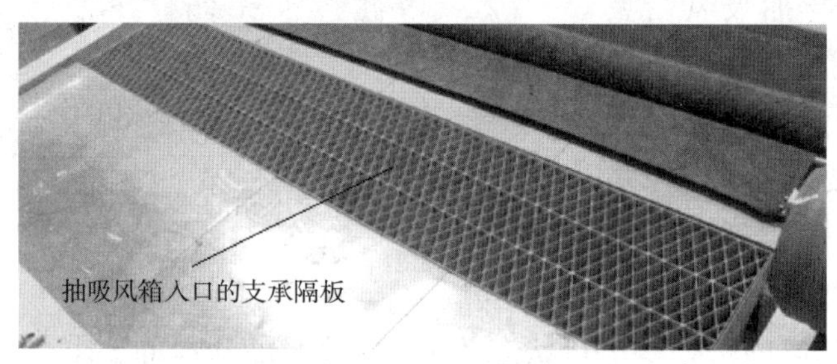

图2-78　抽吸风箱入口的支承板

设置这些支承隔板时，必须注意其长度方向必须与成网机的MD方向成一定夹角，倾斜的角度应保证网带在运行过程中全幅宽都能被支承板遮挡，而不能与MD方向平行，以免形成一条透气量较低的“带状”区域，影响产品的均匀度。

支承板也不能只向一侧倾斜，以免形成使网带偏向一侧移动的外力。一般采用左右对称的V形排列，或互相交叉的网状形式排列。支承板条的厚度一般不宜大于10mm。

除了牵伸气流外，抽吸气流中还有大量环境气流，除了消减牵伸气流的能量，使牵伸气流受阻而减速外，环境气流的一个重要工艺作用是吸收高温牵伸气流的热量，使纤网得到充分冷却而降温，对提高熔喷布的质量有很大影响。

没有受控的环境气流（风）也会干扰成网，影响均匀度，产品容易产生卷边、皱褶。

第十节　网带

配置在成网机中使用的网带，其基本功能就是让冷却气流、牵伸气流、部分环境气流穿透纤网和网带进入抽吸风机，在把气流吸走的同时，将纤网留在网带表面，并顺利输送到下一机台（或工序）。与这一基本功能相关的技术指标主要是网带透气量、剥离性能、附着性能、抗静电性能等。

因为网带是机织品，本身的结构很均匀，即各个部位的性能特别是透气性能的离散性较小。一般情形下，网带与成网质量，特别是与产品均匀度的关系不大。在铺网环节，网带对产品均匀度的影响远小于成网气流的均匀性，也就是说抽吸气流的均匀性才是影响产品均匀度的主要因素。

此外，如果生产线使用水刺固结纤网，或有后整理设备（如熔喷布水驻极）及烘干设备，也会用到网带，由于应用场景不同，对网带的性能与成网机用网带会有较大差异，应该根据工艺要求选用网带。

一、网带的作用与性能

网带是纤维的收集装置，也是纤维的载体，纤维随气流高速落在下方的接收成型装置（网带）上，成为一张均匀连续的纤维网。如果是熔喷纺丝系统，可以依靠自身尚处于高温的余热及热空气的热量，使纤维互相黏合、缠结成布。

网带的主要功能是承载非织造纤维，并使纤维与冷却、牵伸气流分离，其性能对成网质量有重大影响。

普遍使用现场驳接的聚合物（PET）单丝编织网带，还有的用金属材料编织网带。网带的编织方法会影响剥离性能和熔喷布的手感，产品表面会形成网带的纹路。用聚合物单丝编织的网带要具备抗静电性。

使用青铜丝编织的金属网带及不锈钢材料编织的金属网带，由于铜丝较细、布面的质量较平滑细腻，抗静电性能良好。

熔喷系统的纺丝组件喷出的高温气流和温度较高的纤维，到达网带表面时，温度一般为80℃，甚至更高，加上抽吸风机的作用，这些牵伸气流将以很高的速度穿透网带，很容易将强度和刚性都很低的熔喷纤网吸入网带的结构中，导致熔喷布表面出现与网带纹路一样凹凸不平的粗糙表面，影响产品的外观和触感。

为了避免出现这种情况，专用于生产空气过滤材料的熔喷系统，可以使用更细规格的材料用作网带的经纬线材料，并使用特殊的编织工艺，使网带有较平整的表面，改善其应用性能。一般用途的网带，经纬线直径为 0.5mm 或更大，而在熔喷系统使用的网带，其经纬线会更细一些（图 2-79）。

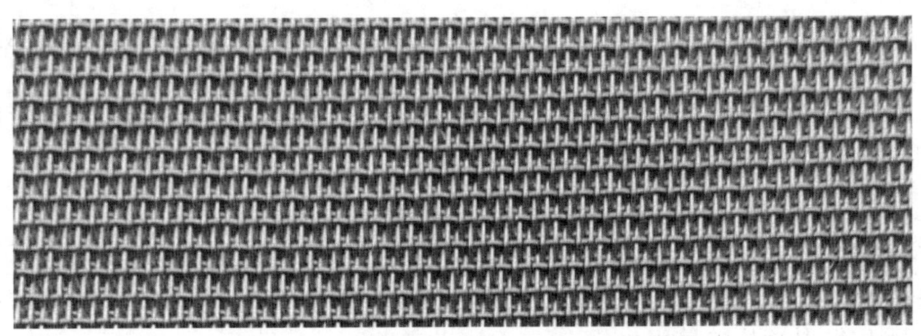

图 2-79　用较细直径经纬线编织的网带

由于熔喷生产线的运行速度较慢，即使用较细规格的经纬线，也有足够的耐磨性和使用寿命。而在配置有熔喷系统的 SMS 生产线，由于有底层纺粘纤网的防护和隔离，而且熔喷纤网的这种表面状态也是看不见的，因此就无须考虑这个问题，但必须考虑网带在高速运行时的耐磨性和使用寿命。

目前，在熔体纺丝成网非织造布生产线成网机中使用的网带，基本上都是用聚合物单丝编织而成,这些聚合物材料的主要性能详见表 2-17。

表 2-17　编织网带的聚合物材料的基本物理性能

材料名称	PA66	PET	PPS	PTFE	PEEK
线密度(dtex)	1480	2680	2770	3350	2540
密度(g/m^3)	1. 14	1. 38	1. 37	2. 10	1. 30
直径(mm)	0. 40	0. 50	0. 50	0. 50	0. 50
强度(cN/tex)	37	32	22	17	33
熔点(℃)	250	260	285	327	335
工作温度(℃)	140~170	150~180	200~220	260	240~250
清理温度(℃)	190	200	235	290	300

成网机网带的性能对成网过程有很大影响,其主要性能指标如下。

1. 透气量

(1)透气量的定义、计量单位及换算关系。透气量是网带的一个核心技术指标,编织方法决定了网带透气量。公制计量单位的定义是每平方米面积的网带在一小时内流过的气流体积,单位是 $m^3/(m^2 \cdot h)$,英制单位为 CFM,即在一分钟时间内流过一平方英尺网带的空气体积,用立方英尺表示。

在测量网带的透气量时,不同的计量体制不仅使用了两种不同的长度计量单位,而且测试时的压力和测试时间也不同。用公制计量单位时,长度单位为 m,压力为 100Pa,时间为 1h;用英制计量单位时,长度为英尺,压力为 127Pa(相当于 1/2 英寸水柱压力),时间为 1min。

基于上述原因,两者之间不能用简单的算术方法换算,即不能仅使用 1 立方英尺 = $0.0283m^3$ 的公英制体积系数进行网带透气量的直接换算。

由于流量 A 在压力 P 变化时,存在 $\frac{A_1}{A_2} = \sqrt{\frac{P_1}{P_2}}$ 的物理关系,再考虑其中的计量制度转换:1 英尺 = 0. 3048m,1 平方英尺 = $0.3048m^2$,1 立方英尺 = $0.0283m^3$,1h = 60min,经分析计算后,可以知道公制、英制网带透气量两者间的换算关系为:

$$1CFM = 16.2m^3/(m^2 \cdot h)$$

由于纺丝过程中会产生一些直径很小的短纤维和飞花,若网带的透气量太大或开孔率太大,纤维容易被吸入网带结构内,加上纺丝过程产生的单体烟气也会穿透污染网带,使网带发生堵塞,透气量下降,从而影响使用。

因此,熔体纺丝成网生产线经常使用开孔率为 0 的网带,这种网带的气流通道是曲折的,不透光但透气,网带的透气量一般为 $8500 \sim 10000m^3/(m^2 \cdot h)$(相当于 520~600CFM)。

在运行过程中,网带会被单体污染、飞花类短纤维堵塞,透气量降低,工艺性能变差。因此,要根据实际使用效果及时清洗网带,恢复其正常的透气性能。

(2)网带选型原则与方法。由于不同的纺丝工艺需要处理的气流量不同,在一般情形下,开放式纺丝系统要处理的气流量要比封闭式纺丝系统多,熔喷系统处理的气流量比纺粘系统多,纤网的气流阻力也更大。而纺丝系统及抽吸风系统的结构又影响到气流穿透网带时的速度,要处理的气流量越大,或抽吸风箱入口的面积越小,要求穿透网带的气体流速也越快。

因此,选用网带时,一定要与纺丝系统的结构和工艺要求相结合,在多纺丝系统生产线中,随着叠层的纤网层数增加,从上游到下游,纤网的定量逐渐递增,阻力也随之递增,而透气量则减小。要提高对成网气流可控性,是无法通过改变网带的透气性能来同时满足不同纺丝系统或不同纺丝工况要求的,因为处于不同位置的纤网透气性能都不一样。

气流要分别穿透产品纤网与成网机网带这个串联系统的两个阻力单元,穿透的气流量是一样的,系统的总阻力则是两者阻力之和。在压差相同的条件下,减少任何一个单元的阻力都可以降低这个串联系统的阻力,提高气流的流量。

根据试验,同样定量规格的 SSS 型产品和 SMS 型产品,两者的透气量差别很大,前者的透气量是后者的 5.6~10.0 倍。因此,不可能有一张网带能同时适应不同纺丝系统的透气量要求。而一般的 SSS 型产品,当其定量规格>15g/m^{2}以后,再增加网带透气量对提高纤网透气量的贡献并不明显。

因此,要使成网过程有较高的质量,只能通过正确选择性能(压力、流量)合适的抽吸风机来满足不同位置纺丝系统的要求。如果纺丝系统的风机配置不合理,仅想通过选用不同透气量的网带来改善铺网质量,特别是要改善多纺丝系统铺网质量的效果是很有限的,因为不管如何改变网带的透气性能,都无法兼顾工况差异很大的不同的纺丝系统的要求,尤其是在网带的质量没有重大缺陷时,这种做法都是徒劳的,唯一的法是通过优化抽吸风机的配置来彻底解决。

目前,主流的宽狭缝低压牵伸生产线的成网机,从 20 世纪 90 年代初至目前,尽管生产线的纺丝系统数量、运行速度、纺丝速度都发生了巨大变化,网带的透气量经历了从 8100 →9000 →10000m^3/(m^2·h)(相当于 500 → 550 → 600CFM)这个变化过程,但多年来,基本上稳定在 9500~10000m^3/(m^2·h)范围, 变化并不大,以 9720m^3/(m^2·h)这个规格最常用,而熔喷生产线用的网带透气量基本也在这个范围。

无论网带的透气量大小、开孔率高低,在运行过程中都会有相当数量的短纤维穿透网带进入抽吸风箱,并污染抽吸风箱、管道和抽吸风机。透气量及开孔率越大,穿透网带的气流速度越高,这种现象越明显,特别有熔喷系统的成网机,更容易污染网带,导致透气量降低,影响纺丝系统正常运行。

2. 附着性能

网带作为纤网的载体,既要求有良好的附着性能,使纤网能吸附在网带面上定位、输送,能抵御牵伸气流的冲击及高速运动时逆向气流的干扰,不会发生飘移。

如果网带的附着性能不佳,纤网很容易受气流干扰,出现“翻网”、皱褶、卷边等现象,均匀度变差。因此,要求网带有良好的附着性能。

改变编织方法可以使网带表面呈较明显的凹凸不平状态,增加网带表面经纬线的粗糙度,可以提高网带的附着性能。但附着性能好的网带,容易在纤网上留下凹凸不平的网带印,影响产品、特别是熔喷产品的手感和外观。

网带的附着性能与剥离性能是两个互相矛盾的性能。在改善网带附着性能的同时,也要兼顾网带的剥离性能,这是一条性能良好的网带应具备的基本特性,对于运行速度较快的 SMS 生产线,附着性能尤为重要。

3. 剥离性能

剥离性能是指纤网从成网机输出端输送到下游设备，如热轧机、卷绕机时，纤网与网带互相分离开的难易程度指标。

剥离性能好的网带，纤网能与网带顺利分离[图 2-80(a)]，纤网所受的附加张力小，对纤网的结构和质量影响小，产品的幅宽缩窄现象也不严重。

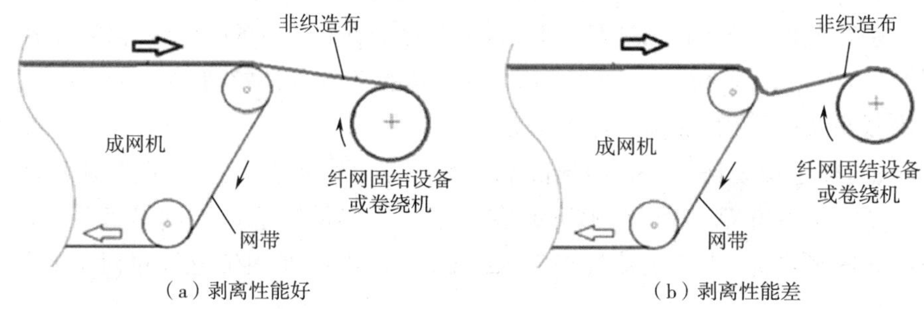

图 2-80 网带的剥离性能

不同的纤网，其剥离性能也不同。仅有当纺粘系统只有一个纺丝系统时，纤维较粗、纤网定量较大、运行速度慢，就容易剥离；随着纺丝系统数量增加，分配给各个系统的纤网定量越来越小，而运行速度则越来越快，多层纤网间的结合力更小，附着在网带表面的最底层纤网就不容易与网带互相分离，或出现与其他面层纤网分离的状况。因此，用于有多个纺粘系统的成网机网带，要特别关注其应用性能。

在只有熔喷纺丝系统的成网机，高温的熔喷纤维喷在网带表面以后，由于温度高、纤维直径小，刚性低，除了会很服帖地覆盖在网带表面外，还很容易在抽吸气流的作用下，被吸入网带凹凸不平的结构中，并在熔喷产品表面"复印"出网带的网纹，这种熔喷纤网就不容易从网带上剥离，这就是在纺丝系统启动阶段，如没有铺放底布时，要用手将熔喷布从网带表面剥离的原因。为了尽量消除产品表面的网带痕迹，就要改进编织工艺，选用尺寸(直径)更小的编织材料(经纬线)。

虽然 SMS 生产线中也有熔喷纺丝系统，但熔喷纤网并没有直接与网带接触，熔喷纤网喷在底层的纺粘纤网上，冷却后，便与纺粘纤网结合成为定量较大、强度和刚性都较大的 SM 型复合纤网，可以较容易地从网带表面整体剥离。

剥离性能差的网带，纤网不能与网带顺利分离，而是附着、跟随网带继续向下方运动，要用较大的张力才能剥离，导致纤网出现轻度断裂、幅宽变窄等，对纤网质量影响很大，最坏的状态就是发生"缠网"而需要停机处理。发生"缠网"时，熔喷布或纤网无法从网带面上剥离，一直附着在网带上循环，导致生产过程被迫中断。

4. 改善附着性能和剥离性能的措施

(1)改变编织工艺和经纬线材料。为了改善网带的剥离性，除了改进编织方法外，还可以用扁形材料代替圆形材料(图 2-81、图 2-82)，以增加网带与纤网的接触面积，防止纤网被抽吸气流吸入网带编织结构而嵌入其中。

(2)使用填充材料。用小直径材料填充编织结构中的间隙等方法，增加支撑面积，减少凹

图 2-81　网带的结构及带导电材料的网带

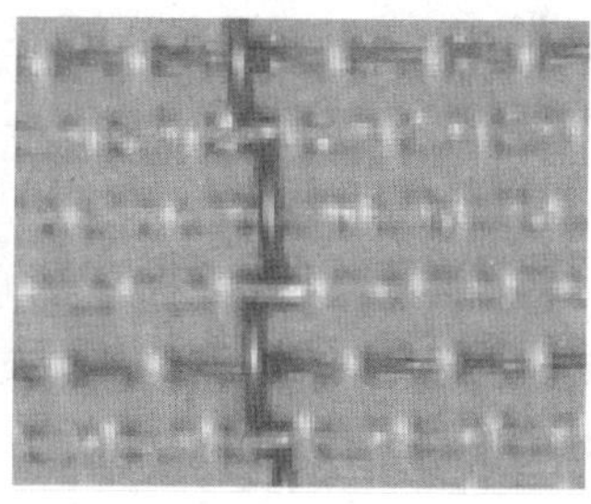

图 2-82　用扁平截面材料(左)及带小支撑线(右)的网带

凸不平的差异。既增加了纤网与网带的接触面积,还可以改善网带表面的平整性。

(3)保持网带表面洁净和清理毛刺、废熔体。网带表面要保持洁净,避免存在污染物和其他引起卡丝缺陷的诱因。可用加有洗涤剂的高压水流冲洗网带,但水的压力不宜超过 6MPa,要控制温度≤120℃,而且不能用集束水流长时间清洗特定区域。清理过程中网带要保持张紧状态,避免发生变形。图 2-83 所示的辅助装置,能使网带在处于张紧状态进行清洗作业,以免发生变形,而且能降低劳动强度。

有的生产线的成网机,曾配置网带在线清洗装置,但应用效果不理想,这种技术也就没有推广。

(4)改变网带表面的粗糙度。在运行过程中的摩擦会使网带表面沿 MD 方向布置而且外露的经线发生磨损(纬线藏在经线内,不会与其他物体接触),并形成毛刺(图 2-84)。这些毛刺会影响网带的剥离性能,并使已经投入使用的网带具有明显的方向性。

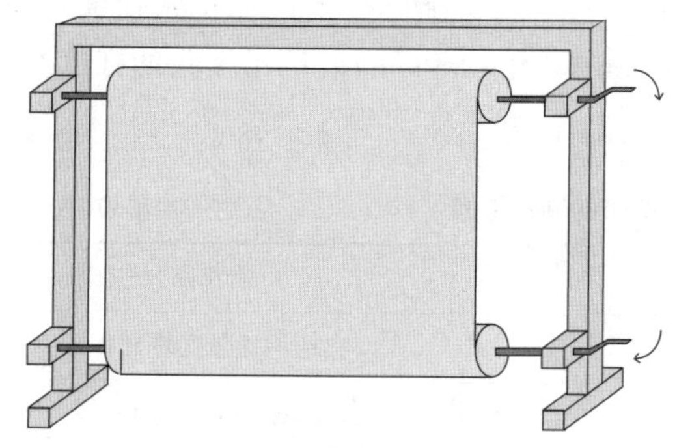

图 2-83　清洗网带时使用的张紧装置

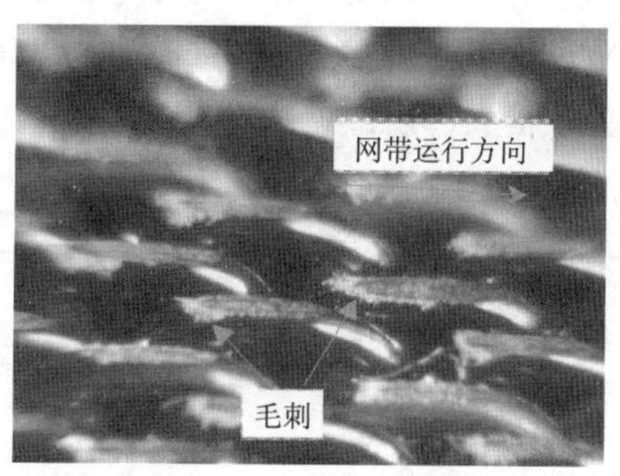

图 2-84　网带表面形成的毛刺

熔喷系统成网机所用的网带，附着性能不是主要问题。如有必要，可用标号 P320 砂纸逆着运行方向轻度打磨附着性能不好的区域，使网带的支承面（经线）形成人为的毛刺，以增加摩擦力。

如果局部网带的剥离性能不佳，则可以用 P500 以上高标号的砂纸进行打磨，消除可能存在的毛刺，使网带变得更光滑。

5. 网带的抗静电性能

常用的 PP 纤维具有很好的电绝缘性，相互摩擦很容易产生静电，静电的电压可高达 25000V，运行期间可见到放电火花及放电声，影响现场作业安全。放电现象会影响产品的均匀度，增加薄型、小定量产品的剥离难度，并干扰输送过程。

一般要求使用抗静电型网带，其体积电阻为 $10^6 \sim 10^7\Omega \cdot cm$，抗静电性能良好的网带，体积电阻为 $10^3 \sim 10^4\Omega \cdot cm$，不容易产生静电，也容易使积聚的静电逸散，静电压会降至 125V 或更低，使铺网过程稳定进行。

6. 网带的颜色

目前，常用的网带主要有原色（白色）、黑色、红色和蓝色，由于网带的颜色会影响对纤网铺网质量的观察，当生产原色或浅颜色的非织造布时，如果也是使用白色的网带，则纤网的颜色与网带相同或相近，两者间基本不存在明显的反差，现场不容易观察到铺网效果。因此，成网机上较少使用原色（白色）的网带，多使用黑色、红色或蓝色网带。

当成网机的纠偏装置使用光学（如红外线传感器等）传感器捡边时，网带的颜色还可能会对传感器产生干扰，导致纠偏装置不能正常运行，这是选购网带时要关注的因素。

二、网带的接头方式

网带的接头不仅仅是将一条展开的网带连接成环形，以便在成网机上使用，要求接头有足够的强度承受网带的张紧力，还要使网带的接头位置保持与网带本体一致的透气量，以免影响产品的均匀度，或使产品在接头部位形成一条 CD 方向的接头痕迹，在大部分情况下，这个部位的网带透气量会较大，因此，接头痕迹是一条明显较厚的缺陷。

另外，网带的接头状态还会影响成网机的安全运行，当网带在接头位置的厚度与网带本体有明显差异时，接头经过成网机各种类型的压辊时，厚度出现突变，会引起压辊跳动和成网机震动，并发出周期性的噪声，使产品出现缺陷并限制成网机的运行速度，特别是无法高速运行。

1. 网带的接头

网带的抗张强度与编织方法、厚度、材料品种有关，一般聚酯网带的网面抗张强度为 900～1000N/cm（厚度 0.61～0.90mm），或 1350～1500N/cm（厚度>0.9mm）。网带接头的强度与编织方法关系很大（表 2-18）。

表 2-18　各种网带接口的断裂强度　　单位：N/cm

接头形式	一等品	合格品
无端	≥ 网面抗张强度的 60%	≥ 网面强度的 55%
自身环	≥ 网面抗张强度的 45%	≥ 网面强度的 40%
螺旋环、钢卡	≥ 网面抗张强度的 55%	≥ 网面强度的 50%

(1)网带的连接方式。网带有两种连接方式,一种是环形的无接头网带,其接头是在网带制造厂内加工好的,成网机的结构要特殊设计;另一种是有端网带,其接头是在使用现场由使用方自行连接,这是非织造布行业用网带的主要形式。

网带的接头部位是网带的薄弱环节,除了会影响透气量,并形成"接头痕迹"(即一条较厚的横向条状痕迹)外,很容易被撕断损坏。加填充线可消除痕迹,填充线仅起填充作用,并不受力。连接线是一条首端带有金属引线的聚合物线条(图 2-85),因为要承受张力,常用耐高温的高强度材料(如聚苯醚酮 PEEK)制造,两者不可混淆。

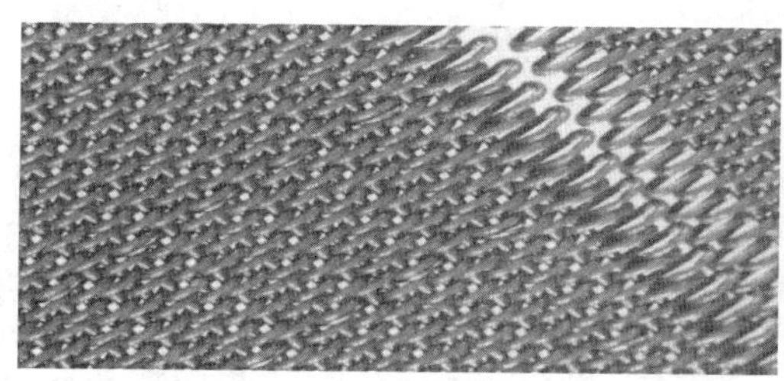

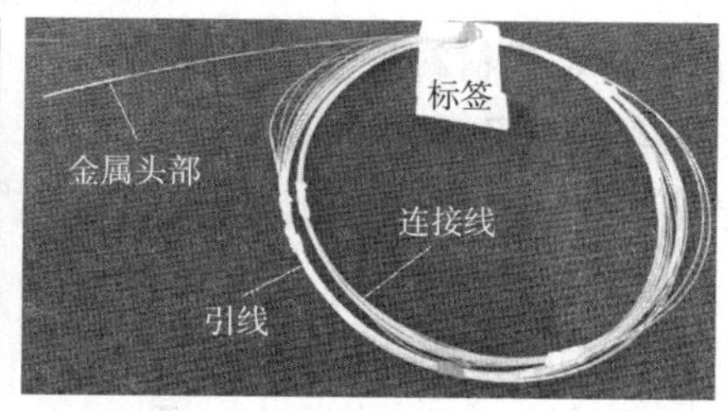

图 2-85　网带的接口和连接线

(2)网带的连接线和填充线。连接线是必需的,连接线的规格受金属引线限制,直径有 0.50mm、0.60mm、0.70mm、0.80mm 等规格。为了在穿连接线时便于观察金属引线的行进状态,使用一些金属头部带荧光的引线,更便于观察与作业。

填充线的规格并无严格限制,而视网带的接头结构而定,其粗细、数量(条数)以使填充后网带的空隙最小为原则(图 2-86 中),按实际需要而定,编织网带的经纬线常用 PET 线材当填充线使用。

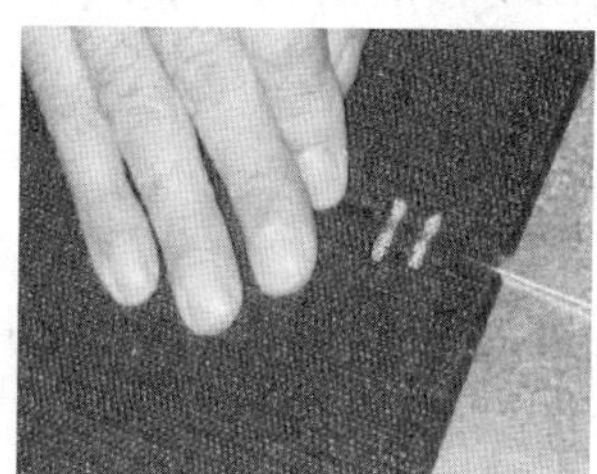

图 2-86　网带的连接与连接线两侧的填充线

2. 网带的尺寸要求

网带的宽度是一个应用数据,它是根据产品的幅宽而定的,而产品的幅宽是根据铺网宽度而定的,最大铺网宽度决定了网带的规格,为了能有效承载纤网,网带的宽度又要比铺网宽度大。一般而言,熔喷系统成型网带的宽度要比产成品的幅宽大 300~400mm。

当网带在运行时,会有一定的偏移,有可能触碰成网机两侧的固定构件而导致损坏,因此对网带的宽度偏差要求是不对称的,常规偏差要求是:-2cm,+1cm,即宁可窄一些,不可太宽。

而对网带长度偏差的要求刚好与宽度相反,因为负偏差太大,就存在着网带难以安装,甚至无法使用的风险;但长度太大又有可能无法张紧而影响使用。目前,国内的非织造布生产线,成网机使用的网带最大长度<80m。

网带长度偏差值与网带的长度有关,长度较短的产品,允许的相对偏差较大,可在±1.0%~

±1.5%；较长的产品，允许的相对偏差较小，可在±0.8%～±1.1%；

网带的长度偏差还与网带的质量有关，质量较好的产品规定的长度偏差为：-0.25%，+0.8%。一般网带的偏差会较大。

有关网带的其他技术要求，可参考 GB/T 64085—2021《非织造布用纤维网帘》和 GB/T 24290—2009《造纸用成形网、干燥网测量方法》。

第十一节　钢结构

一、钢结构常用材料及连接方式

（一）钢结构常用金属材料

钢结构平台和防护栏杆所用金属材料，应具有碳含量合格保证，其力学性能应不低于 Q235-B 牌号的材料。

（二）钢结构的连接方式及防松措施

钢结构构件间的连接方式有三种：

1. 焊接

构件间利用电弧焊接，设备安装好后，所有的构件都是不能拆分的，这种安装方法常见于一些小设备，或档次较低的生产线，好处是不需要大型设备对构件的连接位置进行机加工及钻孔加工，节省机加工时间，不需要辅助零件，结构刚性也较大、整体性好。可以直接在买方所在地购买材料，节省运输费用和加工费用。

这种连接方式的安装精度低，安装要求也不高，现场工作量较大，施工周期也较长，如在拆卸后重装、结构尺寸会发生变化。焊接结构的耐疲劳性能较差，焊缝部位存在热影响区，材料会变脆，在反复的应力作用下，焊路有可能发生裂纹。应参照 GB 50205—2020《钢结构工程施工质量验收规范》的规定，进行设计、施工及工程质量验收。

2. 螺栓连接

这是目前主流的设备安装方式，也是所有高端设备所采用的连接方式。所有连接构件都是在设备制造厂加工好，如构件的接合面、螺栓孔等都是在工厂加工好，并做了底层涂装或完成了最终涂装，到达用户现场后，一般用高强度等级的螺栓和螺母连接紧固。螺栓连接安全可靠，容易施工，现场工作量小，进度也较快。

应参照 JGJ 82—2011《钢结构高强度螺栓连接技术规程》的规定，进行设计、施工及工程质量验收。

3. 螺栓连接与焊接相结合

采用这种连接方式时，钢结构的核心结构和承力构件基本都是采用螺栓连接，如立柱，钢梁等，而在一些非承力部位或仅需做定位处理的构件，就采用焊接方式，如一些钢结构的花纹地板与钢结构的次梁之间，临时增加设备的机座定位等。这种连接方式兼有螺栓连接和焊接的优缺点，一些价格较低的生产线会采用这种方式。

（三）钢结构的涂装防护要求

钢结构平台和防护栏杆最少应有一层防锈底漆和一层（或多层）面漆，或等效的防锈防腐涂装，而且对所使用的涂料有一定的防油、耐热及阻燃性能。

二、设备安装基础

非织造布生产线设备安装基础有两类：一类是固定的混凝土基础，另一类是钢结构平台，而钢结构平台还分为固定式和活动式两种。

(一)混凝土基础

非织造布生产线的布置面积及高度都较大，要浇注体积很大的整体式混凝土基础，来安装生产线的所有设备是不现实的。因此，绝大多数的生产线都是按生产线的主流程，以机台为单元制造基础的。

由于生产线中的设备尺寸(长度及幅宽)都较大，整体刚性较差，因此，同一台设备的各部分必须安装在同一个混凝土基础上，从而保持设备的安装精度和制造精度，保证设备正常运行。生产线中的热轧机、针刺机、水刺机、卷绕机及一些公用工程设备(如风机、泵、制冷压缩机，大型储罐，空气调节系统的冷却塔等)，都选用这种形式的基础。

虽然生产线中的成网机重量很大，但设备也占用很大的面积，成网机的单位面积负荷并不高。因此可以使用分散式基础，即每一个支撑点浇灌一个独立的混凝土基础即可，而不必制备整体式基础。但这样做的前提是厂房地面下的土壤已处于稳定状态，不会再发生沉降，否则就要根据土建要求，进行相应的基础强化处理。

由于成网机的工作面坐标(高度和平面位置)与纺丝系统的有关，也决定了其下游所有主流程设备的安装坐标，因此，必须给予充分的关注，特别要做好防止基础发生断裂、局部沉降的措施。

有的小型成网机或其他设备的重量较轻，经常会采取增加局部厂房混凝土地面强度(厚度)，提高地面的承载能力，直接用膨胀螺栓固定在地面的安装方法。一般情况下，首层地面要满足叉车通行及生产线安装期间移动重型设备的要求，地面也会采用钢筋混凝土结构；而在楼层没有安装设备的部位，其负荷能力经常是按 $500kg/m^2$ 的强度设计。

使用聚酯类需要经过干燥处理才能投入使用的生产线，由于干燥过程中的原料是依靠重力从上而下自动流向下方(游)的设备，因此聚合物原料干燥系统一般也是布置在不同标高的混凝土结构楼层或钢结构上。

非织造布企业的后加工区域经常是混凝土结构多层厂房，因此，布置在楼层上的设备一般也是采用膨胀螺栓固定在楼层地面上。对于一些重量较大、单位面积负荷较大、又有震动发生的设备，必须在进行厂房设计阶段，向土建设计部门提供土建条件要求，其中包括设备类型、运行特点、安装基础尺寸、预留孔洞坐标与尺寸等。以便在进行结构设计时给予综合考虑，而不能随意放置。

设备的混凝土基础必须与建筑物的基础构筑物，如桩基承台、基础梁等结构分离开，避免设备在运行时所产生的动荷载加在厂房基础上。

(二)钢结构类型

由于生产流程是从上而下进行的，因此，熔体纺丝成网非织造布生产线的设备都是分布在不同标高的平台上。除了少数生产线在土建阶段就按设计要求，直接将部分主流程设备及一些公共工程设备装在相应标高的钢筋混凝土楼层上外，大部分生产线还是利用钢结构的方式来布置、安装主体设备的(图 2-87)。

利用钢结构来安装设备，可以节省大量的设备安装时间，也降低厂房的土建设计的难度及

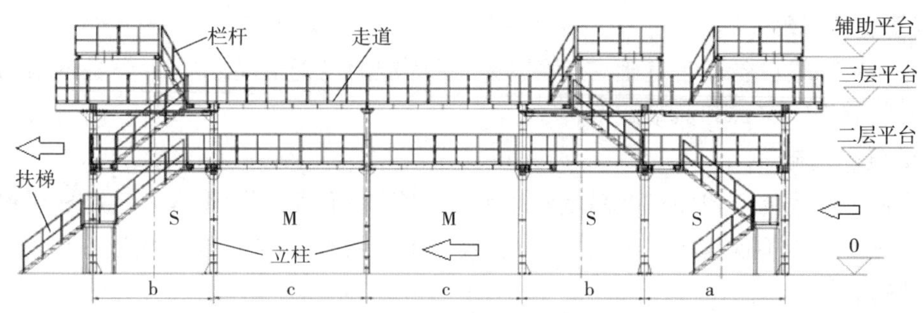

图 2-87 SSMMS 生产线的钢结构

工作量，还可以充分利用现有的厂房资源，进行新生产线的建设。目前，绝大多数熔体纺丝成网非织造布生产线都是采用这种方式，也有少量生产线采用钢结构与多层混凝土相结合的方式安装主流程设备。

图 2-88 为多纺丝系统生产线成网机两侧的操作走廊，用于进行与成网机有关的运行操作或设备维护工作，其中有的走廊护栏是可活动或可拆卸的，以便在必要时让出空间进行设备维护工作，而在高层钢结构的这些活动构件，其设计必须满足相应的安全要求。

图 2-88 多纺丝系统生产线成网机两侧的操作走廊

目前，大部分钢结构都采用工厂预制，现场组装的方法制造。在设备制造厂预制，可以提高制造精度和构件的质量，对减少现场工作量，提高施工过程的安全性，缩减设备安装周期等都有明显的效果。在安装现场，这种钢结构仅需吊车配合，用高强度螺栓将所有构件连接好，而无须进行焊接作业，加快了安装进度。在钢结构上安装设备的方法有：

(1)焊接法。用焊接的方法直接将设备或构件固定在钢结构上。这种方法适用于一些安装好后，不再拆卸、维修的设备或构件，如吊车梁、侧吹风轨道、管道支架等。对于一些在钢结构没有预留安装孔的设备，通常也采用焊接的方法、先将带螺孔的底座固定在钢结构上，然后在底座上安装设备。

(2)螺栓连接。用螺栓将设备或构件固定在钢结构上。这是一种最常用的安装方法，生产线中的大部分设备或构件，如：螺杆挤出机，熔体过滤器支座，纺丝泵，纺丝箱体，纺丝通道等。但一些自重较大的设备，其负荷必须分布在钢结构的承重梁上，也就是其机座必须紧固在钢结构的承重梁上。

钢平台上的花纹钢板也经常用沉头螺钉紧固在钢结构的梁上。

(3)浮动安装。设备没有完全固定在钢结构或基础上,既有一定的自由度、也存在一定的约束。

这是生产线中一些高温设备常用的安装方法,主要是避免由于温度变化所产生的热应力,如:回收螺杆挤出机或主挤出机是装在带滚轮的基座上,滚轮可在钢结构平面上滚动(图 2-89),这样能适应主螺杆挤出机在温度变化时,回收螺杆挤出机的熔体输出管道能跟随主螺杆的热胀冷缩位置变化;

熔体过滤器的本体是安装在支座的 T 形槽,可沿 T 形槽自由移动,这样就可以使主螺杆挤出机的套筒在温度变化时,将形变力通过熔体过滤器,传递到熔体管道,避免产生太大的热应力。

图 2-89 装在带滚轮基座上的螺杆挤出机

熔喷系统的空气加热器的温度变化很大,为了避免在温度变化时产生形变,空气加热器的两个支承底座只能有一个是固定在基础上,而另一个要设计成可以自由伸缩滑动的形式,不会约束加热器的长度变化。有的熔喷纺丝箱体也是利用 T 形槽悬挂在钢平台下方的。

导热油锅炉经常是先放在一个钢盘子上,然后直接放在平台面上,有时可能仅在四周设挡块限位。钢盘子能防止油泵泄漏。拆解管道时,流出的导热油可以汇聚在盘子内,而不会溢散污染,或形成火险隐患。

为了降低设备运行产生的震动对其他设备的负面影响,有的设备可以使用减震器安装,减震器的一端与设备的机座连接,另一端则与钢结构或地面连接,有良好的减震、隔震、隔音作用。

螺杆式空气压缩机,成网风机,牵伸风机、制冷压缩机等设备经常使用这种安装方法(图 2-90、图 2-91)。

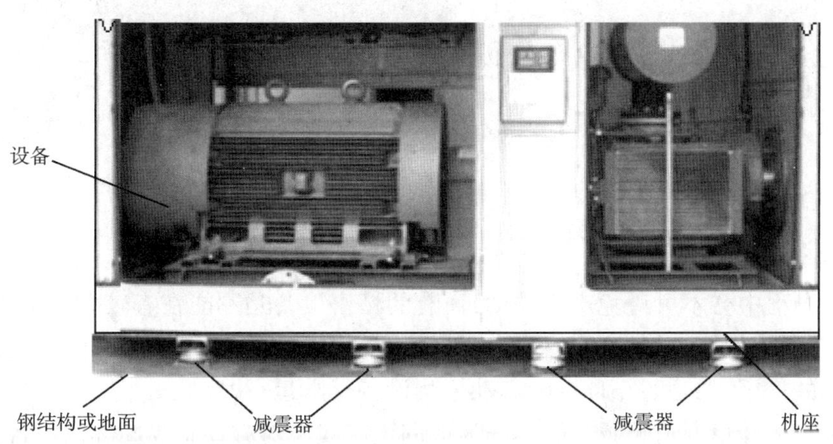

图 2-90 用减震器安装的大型螺杆式风机

图 2-91　装在减震器上的离心式通风机

减震器的型号、规格很多,可根据生产线设备的特性来选用。图 2-91 是一台安装在减震器上大型的离心风机,由于这时风机在空间中存在三个自由度,因此,所有与风机连接的管道和线缆必须利用柔性接头与风机连接,以免约束风机的自由运动,影响减震效果。

1. 钢结构的基础

钢结构的立柱要按土建条件图设计提前制造混凝土基础,其中与立柱底座接触的平面要符合标高要求,基础上要预埋地脚螺栓,用于紧固立柱底座。

混凝土基础的可靠性对设备安装工作的安全性至关重要,必须按规范设计制造。小型基础的地脚螺栓可用"一次灌浆"方法定位,大型基础的地脚螺栓一般要用"二次灌浆"方法定位、埋设。

2. 主要设备的安装位置

对于生产线中一些较为大型的设备,除了在地面要建造混凝土基础外,安装在钢结构上的大型设备,如纺丝箱体、螺杆挤出机、大功率电动机等,一定要安装在钢结构的承力梁上,而不得固定在钢平台表面的花纹钢板面上。

为了保持钢平台的密封性,可以事先根据图纸的定位要求,在与设备底座螺孔对应的位置,将钢花纹板局部开出一个缺口使钢梁表面露出,在设备底座与钢结构梁间加入一块预留有通孔或带螺纹孔的垫板,垫板的厚度与螺栓直径有关,厚度一般不小于螺纹直径,常在 20mm 左右,在将设备准确定位好后,可把垫板直接焊接在钢梁上(图 2-92)。

图 2-92　避开花纹板直接安装在钢梁上的设备

3. 设备减震及钢平台防渗漏

设备运行过程中会不可避免产生震动,而有的精密设备是不能在有较大震动的环境中使用的,设备减震有两个作用:一是防止自身产生的振动太大,影响自身正常运行和其他设备,有消震和隔离震动的作用;二是防止环境的震动干扰设备正常运行。

称重式多组分计量混料装置是熔体纺丝成网生产线上对震动较为敏感的设备,有的设备制造商会对安装、使用环境的震动提出具体要求,因此,要消除其附近的振动源,并落实自身的各项防震减震措施。

在钢结构平台上安装的设备,运行或维护过程中难免会有油、水等流体泄漏出来,如果这些流体沿着结构的缝隙往下渗漏,就会扩大污染范围,污染产品和设备,甚至会影响人员通行安全。因此,钢结构平台要有适当的防渗漏措施。

导热油炉是最容易发生渗漏的设备,除了要将平台表面的缝隙进行密封处理外,常将这类型设备放置在一个金属盘子上,泄漏的油料只能漏到盘子中,而不能扩散到平台上,或进一步渗漏到下一层平台。

4. 螺栓防松脱和焊渣脱落

由于很多钢结构和设备都是采用螺栓紧固,螺栓或螺母松脱除了会使紧固失效,导致设备震动、产生噪音等不良后果,如果处于成网机上方的紧固件松脱,掉在成网机的网带面上,会诱发网带破损,热轧机轧辊损坏等严重事故。

因此,在设计钢结构时,要尽量避免在成网机上方空间(包括纺丝牵伸通道等构件)使用可能会松脱的紧固件,如果必须使用,就须有可靠的防松脱措施,如使用防松脱自紧螺母,开口销防脱落,双螺母防松,紧固钢平台花纹板要在钢结构上加工螺纹孔,而不用螺母等。而加强日常检查、维护工作,及时发现已经松动的连接,并及时进行紧固也是必不可少的。

在钢结构中,必然存在大量的焊接结构,在搭装钢结构前,一定要将焊路表面的焊渣清理干净,防止其受震动后脱落损坏设备。同样,钢结构脱落的铁锈及熔喷系统离线机构在运行中产生的铁锈,也会威胁设备、特别是热轧机的安全。而在钢结构表面涂刷油漆,也是防止残留焊渣脱落及金属材料生锈的好方法。

三、安全防护措施

(一)扶手和防护栅栏

离地面高度小于2m的平台或操作走廊,要设置高度不低于900mm的栏杆;生产线的二层、三层以上(20m以下)的平台或操作走廊,要设置高度不低于1050mm的栏杆。应允许手能沿扶手连续滑动、抓握,扶手外侧与周围其他固定物体的距离不得小于60mm,扶手的末端不得存在突出的结构。

扶手宜用直径在30~50mm,壁厚不小于2.5mm的圆管制造,采用非圆形截面的材料制造扶手时,其周长应在100~160mm,外接圆的直径应不大于57mm。

防护栏杆的顶部栏杆强度应能承受相关规范要求的负荷,在额定载荷下不会发生太大变形。对于一些移动设施,如熔喷系统纺丝平台与固定平台之间通道口,都要设置各自往内开启的安全门,安全门应设计为弹簧自动关闭模式,防止纺丝平台“离线”后,通道口敞开,成为发生高空坠落的隐患。

应在平台、通道或工作面边缘设置带踢脚板的防护栏杆,踢脚板的高度应不小于100mm,底部离平台的间隙不得大于10mm,防止物件掉落。

(二)地面及梯子防滑

钢平台的地面要用厚度不小于4mm(常用6mm)的花纹钢板,或经防滑处理的材料铺装,在整个平台区域内,应能承受不小于$3kN/m^2$的均匀分布或载荷。

钢斜梯与水平面的倾斜角应在30°~75°,由于人员经常要携带重物登梯进行生产活动,因此,优选倾斜角应在30°~35°。单段钢斜梯的长度要符合规范的要求,否则要在中部设置休息平台。

(三)人体工程

经常有人操作的岗位,钢平台与上方的障碍物的距离应≥2000mm,操作时无须弯腰或扬手、仰头作业,或有可靠的垫脚平台站立工作。

第十二节　与生产线主流程设备有关的技术标准

一、各种设备的技术标准

(1)《单螺杆塑料挤出机》JB/T 8061—2011

(2)《塑料挤出机械用换网器》JB/T 14120—2021

(3)《化纤纺丝计量泵》FZ/T 92026—1994

(4)《非织造布喷丝板》FZ/T 92082—2017

(5)《非织造布用纤维网帘》FZ/T 64085—2021

(6)《非织造布热轧机》FZ/T 93075—2011

(7)《水刺机》FZ/T 93083—2012

(8)《针刺机》FZ/T 93047—2011

(9)《非织造布分切复卷机》FZ/T 93120—2019

(10)《一般用途离心通风机　技术条件》JB/T 10563—2006

(11)《固定式钢梯及钢平台安全技术规范》GB 4053.1~3—2009

(12)《熔喷法非织造布生产联合机》FZ/T 94074—2011

(13)《纺粘、熔喷复合法非织造布生产联合机》FZ/T 93091—2014

(14)《纺织机械术语　纺丝成网非织造布设备》FZ/T 90111—2016

二、厂房设计规范与设备安装质量标准

(1)《非织造布工厂技术标准》GB 50514—2020

(2)《钢结构工程施工质量验收规范》GB 50205—2020

(3)《钢结构高强度螺栓连接技术规程》JGJ 82—2011

(4)《设备及管道绝热技术通则》GB/T 4272—2008

(5)《机械设备安装工程施工及验收通用规范》GB 50231—2009

(6)《风机、压缩机、泵工程施工及验收规范》GB 50275—2010

(7)《通风与空调工程施工质量验收规范》GB 50243—2016

第三章　纺粘法非织造布技术

第一节　纺粘法非织造布生产技术

一、纺粘法非织造布的发展历程

非织造布(nonwoven)企业习惯称无纺布,中国台湾地区称不织布。

纺粘法(spun bond)非织造布是熔体纺丝成网非织造布中的一个品类,按非织造纤网的固结方法还可细分为纺粘热轧法非织造布、纺粘针刺法非织造布、纺粘水刺法非织造布、纺粘热风法非织造布等,如图 3-1 所示。

(一)纺粘法非织造布技术的发展历程

20 世纪 50 年代,美国杜邦(DuPont)公司开发了纺粘法技术,1965 年生产出了 PET 纺粘法非织造布产品。1959 年,德国科德宝(Freudenberg)公司申请了纺粘法技术专利,1965 年在欧洲推出了纺粘法工艺。1970 年,鲁奇公司(Lurgi)引进了杜坎(Docon)公司的纺丝工艺,1971 年在美国许可生产。1984 年,德国莱芬豪舍公司(Reifenhauser. GmbH)引进了莱克菲(Reicofil)纺粘法工艺,主要用于聚丙烯非织造布生产。1987 年,商品化的纺粘法非织造布生产线在广东从化投产。纺粘法非织造布生产技术始于美国和德国,此后,意大利、日本等国也有企业从事该技术的开发研究工作。1973 年,日本的旭化成公司、三井石油公司、尤尼吉卡公司等也开始生产纺粘法非织造布。意大利也出现了众多非织造设备制造商,生产的设备基本上都进入了中国市场。

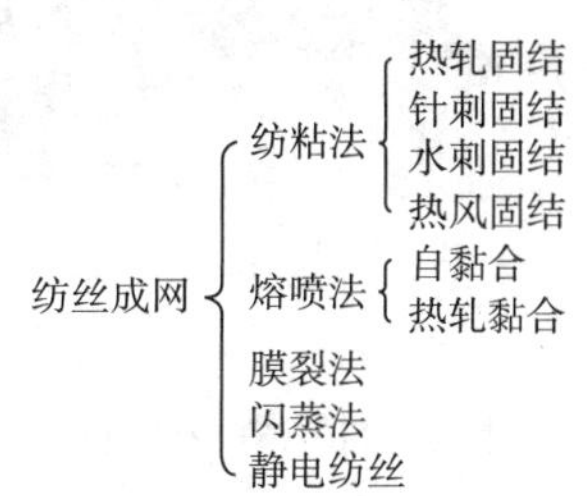

图 3-1　非织造布的成网工艺和纤网固结工艺分类

经过三十多年的发展,在全球众多的设备制造商中,德国莱芬豪舍公司脱颖而出,其 Reicofil 纺粘法工艺(代号 RF)已经从 RF1、RF2、RF3、RF4 发展至 RF5,成为全球的主流纺粘法非织造布生产技术,使用的原料也从初期的聚烯烃发展为聚酯及其他聚合物材料。

纺粘法非织造布生产技术是熔体直接纺丝成网非织造布技术的一种,是加工流程较短的干法非织造布生产工艺。因为是由连续纤维成网,既可以生产高强力的产品,又可以生产超细纤维非织造布产品,而其成网均匀度欠佳的缺陷也随着技术的进步得到了改善。

纺粘法非织造布是目前技术含量高、发展速度和运行速度快、生产能力大、生产效率高、应用范围广的一种非织造布产品,可使用热轧、针刺、水刺纤网固结工艺,双组分产品还可采用热风固结工艺。

中国的纺粘法非织造布产业始于 1986 年,当时广州市从德国莱芬豪舍公司引进了一条纺粘法非织造布生产线,这条在 1987 年投产的非织造布生产线是中国纺粘法非织造布发展史上的一个重要里程碑(图 3-2)。

图 3-2　莱芬豪舍公司的一条纺粘法非织造布生产线

在此后近二十年时间内,我国从美国、日本等引进了各种品牌的非织造布生产装备和技术。其中包括早期从意大利 NEW 公司、S. T. P 公司、NWT 公司、摩登公司(Meccaniche Moderne)引进的使用 PP 原料的纺粘法非织造布生产线。

在这个时期,还从德国吉玛(Zimmer)公司,意大利 ORV 公司、卡蓬玛索(Campomarzio Impianti)公司、法瑞(FARE)公司,日本神户制钢(KOBELCO)公司、卡森(Kasen)公司等引进了使用 PET 原料的纺粘法非织造布生产线或核心设备(表 3-1)。

表 3-1　国外主要的纺粘法非织造布设备

序号	国家或地区	企业	工艺
1	德国	莱芬豪舍(Reifenhauser)	莱克菲(Reicofil),RF1,RF2,RF3,RF4,RF5
2	德国	吉玛(Zimmer)	杜坎 Docan/NST
3	意大利	STP(Impianti)	Modified Docan
4	意大利/瑞士	NWT(Perfobond)	Multiple Slot
5	日本	神户制钢(Kobelco)	Kobelko(NKK)
6	德国/瑞士	Karl Fischer(inventa)	Karl Fischer
7	美国	诺信(Nordson)	MicroFil
8	德国	纽马格(Neumag)	AST
9	瑞士	立达(Rieter)	PERFOBond 3000

此外，还从法国立达(Rieter)公司，日本 NKK 公司、卡森公司，美国诺信(Nordson)公司、希尔斯(Hills)公司，德国莱芬豪舍公司，纽马格(Neumag)公司引进了 PP 或 PET 两用纺粘法生产设备，或 PP/PET、PET/PA、PP/PE 双组分纺粘法生产设备。

改革开放后，中国通过走“引进、消化、吸收、再创新”的道路，引进了使用各种聚合物原料，应用各种纺丝牵伸工艺的十六个品牌非织造布生产技术，博采众长，选择、优化和创造了适合中国国情的纺丝工艺和机型，形成了以使用聚烯烃原料的宽狭缝低压牵伸为主流纺丝工艺、以使用聚酯类原料的管式牵伸为主要工艺的格局，中国的熔体纺丝成网非织造布产业进入了发展的快车道。

(二)我国纺粘法非织造布产业的发展历程与现状

经过三十多年的发展，我国的纺粘法非织造布技术已取得了长足的发展，目前所使用的聚合物原料主要是聚烯烃及聚酯两大类，双组分生产技术也得到了推广应用，使用大板的国产纺粘法非织造布系统幅宽可达 4800mm。

目前的主要机型有：单个纺丝系统的普通单组分 S(或双组分 S^2，三组分 S^3)生产线，两个纺丝系统的 2S(或 S^2S^2)生产线，三个纺丝系统的 3S(或 $S^2S^2S^2$)生产线，四个纺丝系统的 4S 生产线等。图 3-3 为在 2004 年投产的 RF3 型 2S 生产线，图 3-4 为一条在 2019 年投产的 RF5 型 3S 生产线。

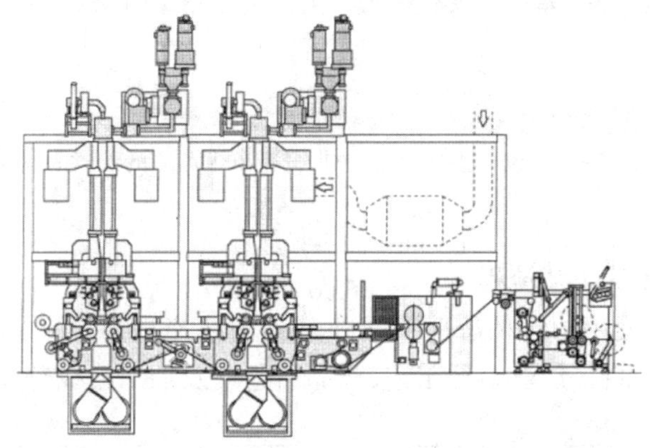

图 3-3　RF3 型 2S 纺粘法非织造布生产线

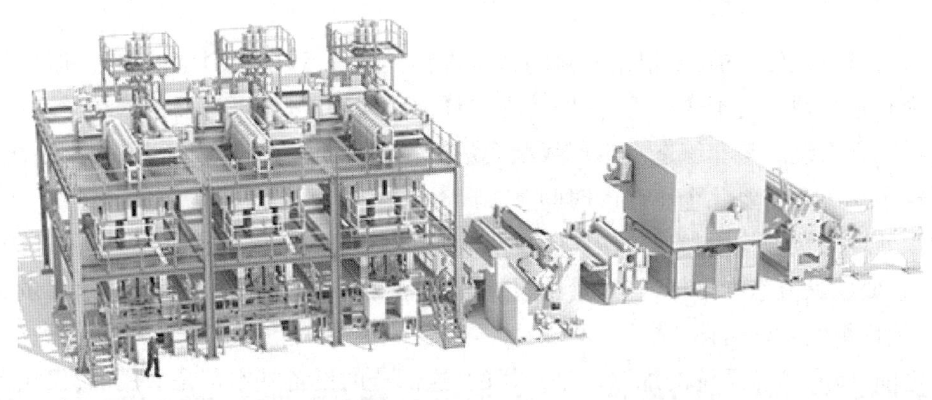

图 3-4　RF5 型 3S 纺粘法非织造布生产线

我国非织造布产量在2000年左右超越日本，位居全球非织造布产量第二名，到2005年，我国熔体纺丝成网非织造布产量已超越美国，成为全球最大的非织造布生产大国，并有大量的非织造布生产设备和非织造布产品供应市场，推动了全球非织造布产业的共同发展。有四个纺粘系统(RF4型4S)的生产线已在2014年投入运行(图3-5)，代表了当代纺粘法非织造布技术较高水平、有三个双组分纺粘系统(RF5型$3S^2$)的生产线已在2019年底投入了运行，为国民经济的各个领域提供了各种新型非织造材料。

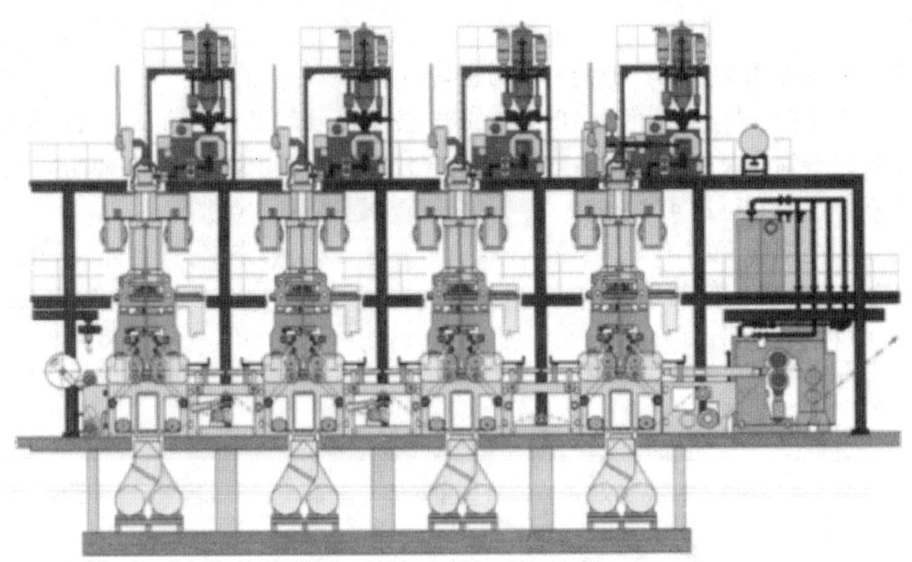

图3-5　RF4型4S纺粘法非织造布生产线的纺丝系统

二、纺粘法非织造布的工艺流程

图3-6所示为一个通用的纺粘法非织造布基本工艺流程，具体的流程和生产线的设备配置则与所使用的聚合物原料、纺丝牵伸工艺、产品后整理及加工路线有关。

原料预处理 → 熔体制备 → 纺丝牵伸 → 接收成网 → 纤网固结 → 卷绕分切 → 产品

图3-6　纺粘法非织造布工艺流程

在投入纺丝系统使用前，要根据原料的特点进行预处理，移除原料中的水分，但只有使用聚酯类聚合物时才必须进行干燥处理，一般的聚烯烃原料无须干燥，可直接投入纺丝系统使用，因此无须配置干燥系统。与非织造布生产线配套的干燥系统是一个连续运行的大型系统，干燥过程要消耗较多能源和需要几个小时的时间。

经过预处理的聚合物原料通过送料装置进入熔体制备系统，经过计量混料后，进入螺杆挤出机，从固态变成黏流态的熔体，经过熔体过滤器滤除熔体中的杂质后，经过纺丝计量后成为压力稳定、流量均衡的纺丝熔体。

在此之前，所有纺丝系统的配置都是一样的，这部分的设备基本都是通用的，仅相关设备的性能规格有所不同而已。如果是双组分纺丝系统，则其中每一种组分都要各自配置一套熔体制备系统。

熔体进入纺丝箱体后，从喷丝板喷出，经过冷却牵伸后便成为有一定结晶和取向的纤维，并在到达接收装置前均匀扩散。纺丝牵伸是纺粘法非织造布生产过程的核心工序，对产品的质量、生产成本都有重大影响，也是不同纺丝工艺的差异所在。

纺粘法非织造技术的发展过程，实际上也是冷却系统和牵伸系统的技术创新发展过程，所有品牌的纺丝技术发展都与这两个系统的技术进步分不开，甚至可以利用现在的新技术将老设备改造成接近现代水平的设备。这两个系统也是不同品牌设备的分水岭，是决定产品质量、产品风格、设备的技术经济性能的技术瓶颈。

纺丝系统产生的纤维铺放在成网机的网带上，有的机型产生的纤维依靠气流扩散作用铺放在网带上，有的机型则利用一些机械装置或电气装置来辅助纤维束扩散铺网。成网接收设备和铺网技术也是不同品牌设备的标志，对产品的均匀度、力学性能、其他质量指标都有影响。

不管是单组分还是双组分纺丝系统，成网机上接收的纤网，都要通过适当的方式固结后，才能成为非织造布产品。根据纺丝工艺和产品的特点、产品的应用领域等，纺粘法非织造布纤网有多种固结方式备选。纺粘法非织造布的主要生产步骤、各个步骤的功能及加工对象的形态如图 3-7 所示。

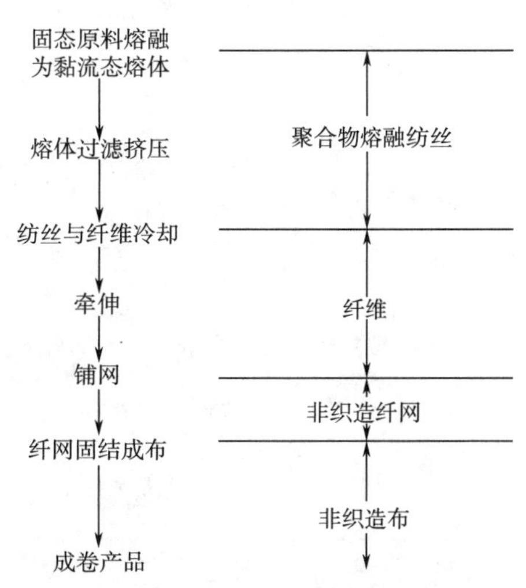

图 3-7　纺粘法非织造布的主要生产步骤、功能和形态

固态的聚合物切片原料被送到螺杆挤出机料斗后，依靠重力自动流入螺杆套筒内，当螺杆在加热的套筒内旋转时，切片原料在螺杆的作用下沿着筒体向前输送，在输送过程中，螺杆的机械剪切作用、相互摩擦加上聚合物与套筒内壁接触过程中受热升温而熔化，便熔融成为黏流态的熔体。

螺杆挤出机熔融段的螺槽深度逐渐变浅，使熔体被压缩和均匀塑化，这些熔体进入螺杆的计量段，产生较大的压力，使熔体能克服流动阻力，被输送到螺杆挤出机下游的熔体过滤器，过滤掉熔体中的杂质污垢和未彻底熔化的聚合物后，输送到纺丝计量泵。

纺丝计量泵可以提供压力稳定、流量均衡的熔体，干净的熔体被送入纺丝箱体，并利用内部的熔体分配流道，将温度、黏度、压力均匀、停留时间一致的熔体通过纺丝组件的喷丝板变成熔体细流。

为了有效控制聚合物降解，生产过程都是在避免聚合物发生剧烈热分解的温度范围内进行的。熔体从分配流道进入喷丝板，并在压力作用下从喷丝孔喷出，这些处于高温状态的熔体细流经过冷却后就成为初生纤维。

由于初生纤维的结晶度不高，取向性不强，而且截面尺寸也较粗，因此，必须进行牵伸，进而提高其结晶度和取向性，并在熔体细流还没有完全冷却固化前，牵伸为直径更细的纤维。

至此，由纺丝系统产生的纤维便被收集在接收成网设备上，铺成一张连续的非织造纤网。

纤网固结成布后，可进入卷绕机，将连续产出的非织造布收集成卷状的产品布卷，根据生产线的运行速度和工艺路线，可配置有分切功能的卷绕机，直接在线将全幅宽的产品分切成客户最终需要的宽度和长度的子卷产品，也可采用离线分切工艺路线，这时生产线的主流程中仅配置有卷绕功能的卷绕机，将产出的非织造布卷绕成全幅宽的母卷。

采用离线分切工艺路线时，需要另行配置离线分切系统，将生产线产出的母卷加工成客户所需要的宽度和长度的最终子卷产品。

三、纺粘法非织造布的特点和性能

（一）纺粘法非织造布的特点

纺粘法非织造布，就是利用纺粘法工艺生产的非织造布，属于熔体纺丝成网产品。常用 SB 或 S 表示纺粘法工艺或非织造布产品。

纺粘法非织造布大多使用高速气流牵伸，纤维取向度较好、强力大；直径分布较窄且均匀，用作卫生制品材料的 PP 纤维直径都较细，目前有的细纤维直径仅有 10μm，用于地毯基布的纤维直径可达 50μm（图 3-8）。

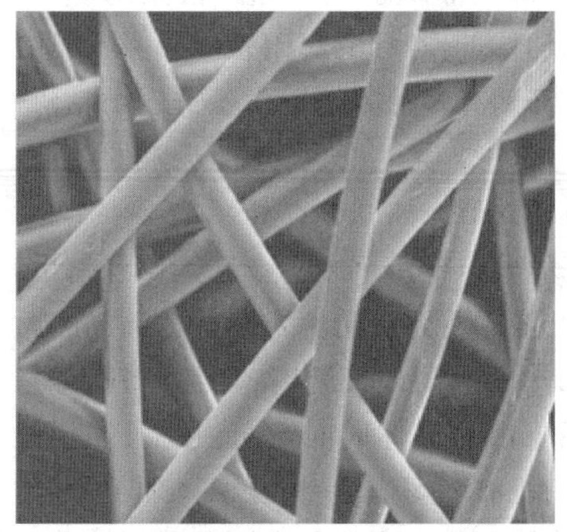

图 3-8　纺粘法非织造布用的纤维

一般的纺粘法非织造纤网主要依靠热轧、水刺或针刺工艺固结成布，双组分非织造布纤网还可采用热风固结。

由于纺粘法工艺具有生产流程短，效率高，生产成本较低，产品有较好的力学性能，纤维较耐磨（表 3-2），纤网的透气性好的特点，特别在用即弃型产品领域得到了广泛的应用。

表 3-2　各种聚丙烯纤维的单丝强度

纤维种类	短纤维	纺粘法纤维	熔喷法纤维
纤维单强（cN/dtex）	3.9~6.4	2.9~4.9	1.5~2.0

纺粘法非织造布产品的能耗、生产成本都较低，是所有非织造布产品中生产效率最高、产量最大的一个品类，其产量接近各种非织造布总产量的一半。表 3-3 是使用不同纺丝工艺生产的纤维特性比较，可以看出，纺粘法生产的纤维直径较粗（目前细的 PP 纺粘纤维直径为

10μm),比表面积较小。

表 3-3　不同纺丝工艺生产的 PP 纤维特性对比

纺丝工艺	纤维平均直径(μm)	1g 纤维的长度(m/g)	1g 纤维的表面积	
			mm^2/g	m^2/g
纺粘	15	6291	296	0.0003
熔喷	2	353857	2222	0.0022
纳米熔喷	0.3	15873015	14952	0.0150

目前,纺粘法非织造布产品在卫生、医疗、防护、日用制品、家居、服装、制鞋、旅游、建筑、土工、农业、广告、汽车内饰、过滤、包装、地毯基布等领域得到了越来越广泛的应用。

由于纺粘法非织造布的断裂强力较大,可独立制成各种产品,还可与其他材料复合制成新型复合材料后拓展应用领域,如纺粘法非织造纤网与熔喷法非织造纤网复合后制成的 SMS 产品,在卫生、医疗领域有很重要的作用和很大的用量。

(二)纺粘法非织造布生产线的典型性能

(1)纺丝系统配置方式。主要是普通的单组分纺丝系统,配置形式有 S、SS、SSS、SSSS,如果是双组分纺丝系统,配置形式有 S^2、S^2S^2、$S^2S^2S^2$。

(2)聚合物原料。如 PP、PE、PET、PLA、PA 等。

(3)纺丝牵伸工艺。根据原料对牵伸速度的要求,可采用宽狭缝低压牵伸(主流工艺)、宽狭缝正压牵伸、管式牵伸(聚酯类聚合物的主要工艺)等工艺。

(4)牵伸速度(m/min)。宽狭缝低压牵伸工艺一般为 3500~5000m/min,宽狭缝正压牵伸、管式牵伸工艺的牵伸速度≥5000m/min。

(5)产品定量范围(g/m^2)。PP 纺粘法产品定量为 8~80g/m^2(卫生、医疗制品领域),一般产品定量≤120g/m^2,涤纶非织造产品定量 10~800g/m^2。

(6)PP 纤维细度。1.2~1.8 旦(使用常规的 ZnPP 原料),0.9~1.2 旦(使用茂金属催化 mPP 原料),最细的纤维 0.7 旦。

(7)生产线幅宽(mm)。1000,1600,2400,3200, 4200,4400,5200,5400。

(8)生产线运行速度(m/min)。1000~1200。

(9)单个纺粘法纺丝系统单位幅宽的最大产能。PP 为 270kg/(m·h),PET 为 340kg/(m·h)。

(10)纺丝系统可选的应用技术。单组分,双组分,其中包括半蓬松(semihigh loft)、高蓬松(high loft)、全蓬松(full high loft)纺丝工艺。

(11)纤网固结工艺。一般的单组分纤网采用热轧、水刺、针刺固结工艺,双组分纤网还可采用水刺或热风固结工艺。

(12)后整理系统配置。可根据产品的应用领域决定是否需要配置在线后整理系统。

(13)卷绕分切加工路线。一般运行速度较低的生产线可采用在线分切,多纺丝系统的高速生产线通常采用大直径布卷下线、离线分切加工。

四、纺粘法非织造布的生产流程

(一)生产流程图

纺粘法非织造布的生产流程与设备配置如图 3-9 所示。

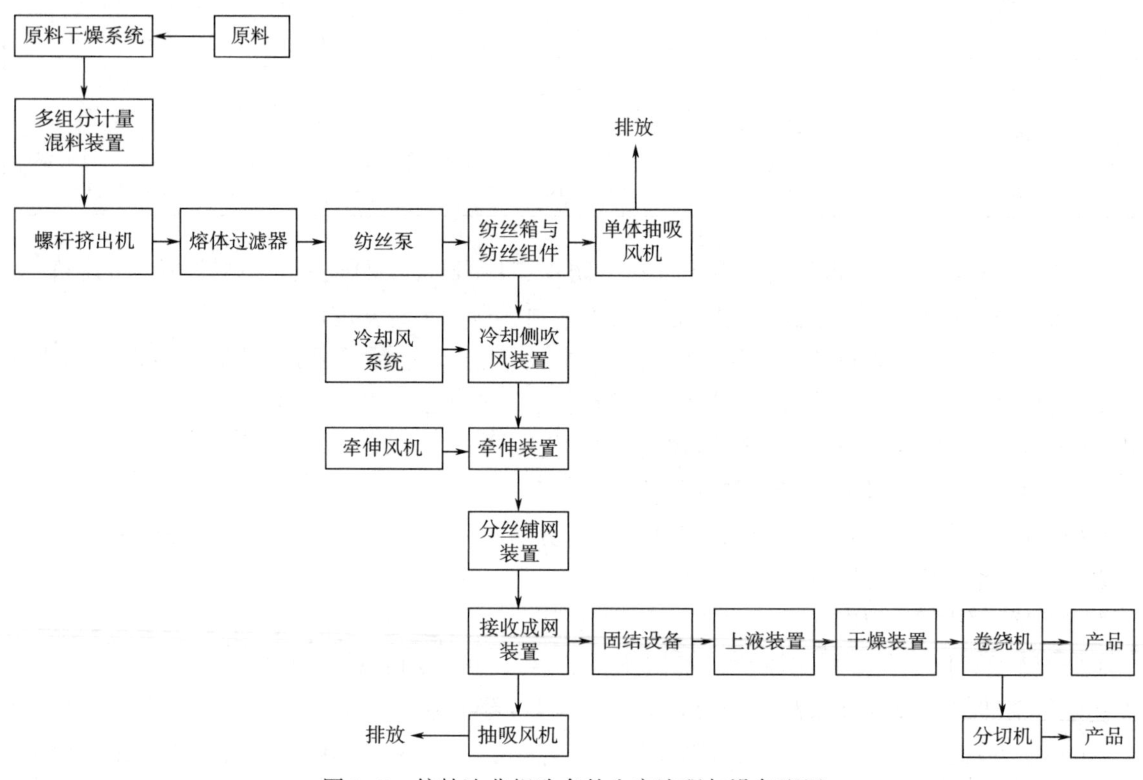

图 3-9　纺粘法非织造布的生产流程与设备配置

纺粘法非织造布的生产流程是从上而下进行的,除了使用聚酯类原料需要提前进行干燥处理,并需要长达几个小时的干燥过程外,使用其他原料时,从将原料投入生产线纺丝系统到生产出非织造布产品,所需要的时间也仅有十多分钟,是一种生产流程短、生产效率高的生产技术。

纺粘法非织造布生产工艺整合了纺织、造纸、塑料、皮革等柔性材料生产技术,并集成了计算机技术、自动控制技术和电力传动技术,使生产线具有较高的数字化、智能化、自动化等各种先进技术。

(二)生产流程简介

热塑性聚合物原料(如 PP、PE 切片)或其他原辅料,由输送装置送入计量混合装置,经过计量,按预定的比例混合后,进入螺杆挤出机经加热剪切熔融成为熔体,再经过熔体过滤器过滤去除杂质后,进入纺丝泵。熔体从纺丝泵输出后,即成为压力稳定、流量稳定、温度分布均匀的熔体,高温熔体进入纺丝箱后,由其内部的熔体通道均匀分配至纺丝组件的喷丝板。

从喷丝板喷出来的熔体细流,进入纺丝通道的冷却腔后,经过适当的冷却,并被高速气流夹持牵伸,便成为有一定结晶度和取向性的纤维,然后降落到成网机的网带上,铺成均匀的纤网。

纤网经过固结后便成为非织造布,经过卷绕、分切加工和包装后,就成为市场所需的纺粘法非织造布产品(图 3-10)。

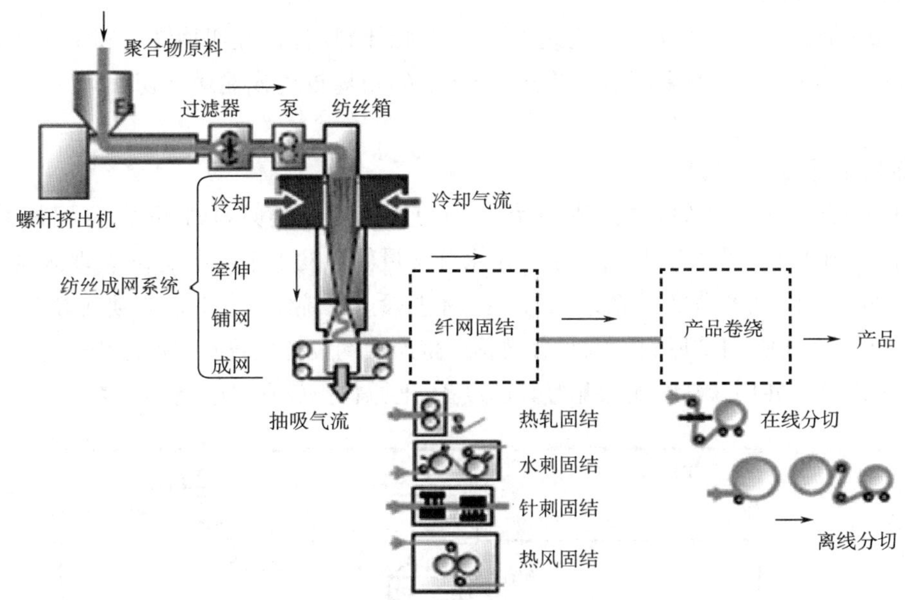

图 3-10　宽狭缝低压牵伸纺粘法非织造布的基本流程

纺粘法纺丝系统的纺丝工艺及过程基本上是稳定的，因此，虽然纺粘纤维的粗细并非均匀一致，但纤维的直径分布范围较窄，一般在±(10%～15%)，这就是在测量纤维直径时，每个样品的测量值虽有差异，但偏差不会很大的原因。

纤维之间的直径偏差值与纤维的平均直径有关，目前一些纺丝系统的纤维平均直径为 16～18μm，同一纺丝系统的纤维直径偏差一般为 2～3μm。

如果产品要进行在线功能整理（如卫生制品材料要进行亲水整理）或加工，已经固结好的非织造布材料，可利用配置在生产线主流程中的在线后整理设备进行功能整理，然后进行卷绕、分切加工，成为市场需要的最终产品。

第二节　纺粘法非织造布生产线的主流程系统

纺粘法非织造布生产线由多种不同功能的系统组成，每个系统所配置设备的规格性能又与生产线所用的聚合物原料品种、产品幅宽、产品应用领域、具体采用的工艺有关，但其基本功能是相同的。

一、聚合物熔体制备系统

聚合物熔体制备系统的功能是：将固态的聚合物原料熔融塑化，成为温度均衡、压力稳定的纺丝熔体。在普通的单组分纺丝系统，仅需一套熔体制备系统，而在双组分纺丝系统，每一个纺丝系统则需配置两套功能“类似”的熔体制备系统。

熔体制备系统的主要设备包括：原料的输送设备、预处理设备、原辅料的计量混合装置、螺杆挤出机、熔体过滤器、纺丝计量泵等。

(一)原料输送设备

非织造布生产线一般都使用气力输送固态聚合物原料,包括湿切片输送和干切片输送。当输送距离较近或较短时,一般采用负压输送;当输送的距离较远或输送干切片时,一般采用正压输送。

(二)原料干燥设备

原料的预处理主要是指原料的干燥过程。当使用聚烯烃类原料时,不需要配置干燥装置;当使用聚酯类(PLA、PA 等)原料时,为了防止水分含量偏高发生水解影响纺丝,原料必须经过干燥处理,使水分含量降低到满足正常纺丝要求后,才能投入系统使用,因此,必须配置干燥装置。

图 3-11 是使用 PP/PET 原料的双组分纺粘法生产线的设备配置及生产流程图,由于 PP 原料不用干燥就可以直接使用,因此,无须配置其他设备,把原料投放到对应组分的螺杆挤出机即可。

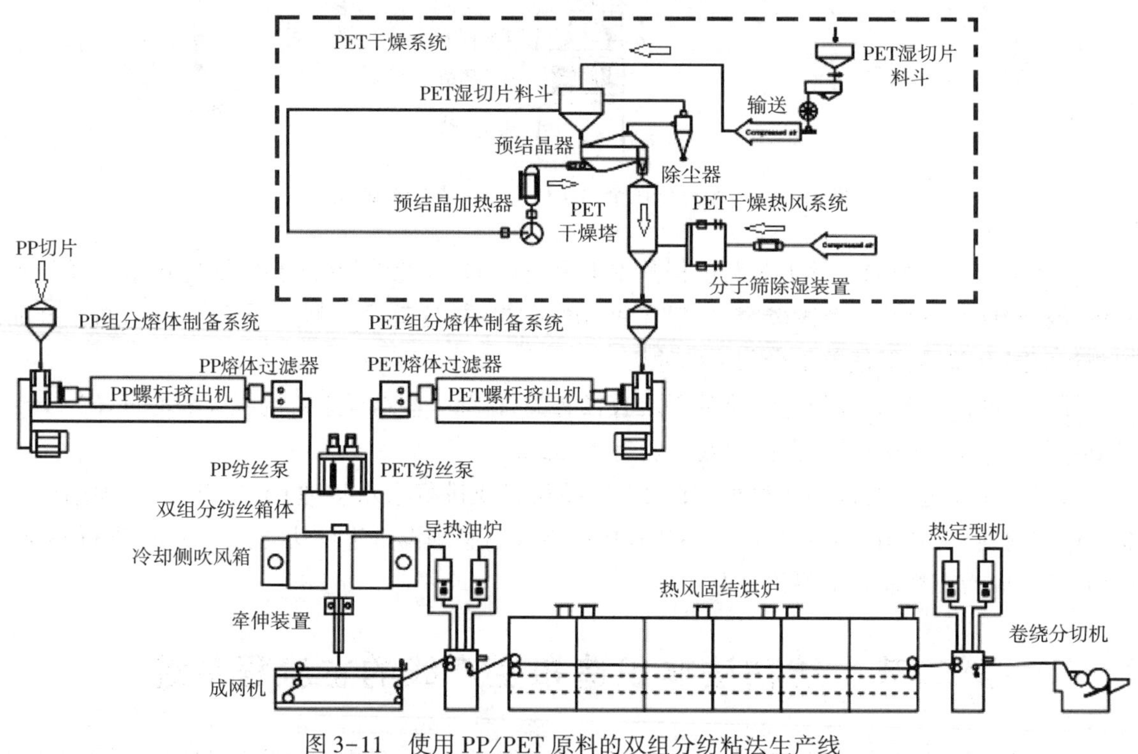

图 3-11　使用 PP/PET 原料的双组分纺粘法生产线

而 PET 原料是不能直接使用的,这种原料称为湿切片,湿切片要经过干燥处理后才能投放到螺杆挤出机中使用。因此,要配置一套复杂的干燥装置,把湿切片中的水分移除,直至水分含量符合工艺要求后才能使用。

(三)原料与辅料的计量混合设备

除了主要的聚合物原料外,生产非织造布时还经常要使用其他辅料,如色母料、改性添加剂等,而加入辅料是要按工艺要求的比例进行的。原料与辅料的计量混合装置就是可以满足这个要求的设备。

(四)螺杆挤出机

螺杆挤出机是熔体制备系统中的核心设备,利用螺杆挤出机的搅拌、剪切、加热作用,使固态的原料熔融塑化，成为纺丝熔体。

（五）熔体过滤器

熔体过滤器的作用是阻隔过滤熔体中的杂物，保持纺丝熔体的洁净，保护纺丝计量泵的安全，延长纺丝组件的使用周期。

（六）纺丝计量泵

纺丝计量泵（简称纺丝泵）的功能是为纺丝组件提供压力稳定、温度均匀、流量稳定的纺丝熔体，确保纺丝过程的稳定性，为了进一步提高熔体的均匀性，有的系统还在纺丝泵前后的管道中设置有静态混合器，纺丝泵还可以隔离螺杆挤出机的压力波动。

（七）不良品回收循环使用

生产过程中必然会有一些不良品产生，如切边、不合格品、布卷的余料等，如果随意废弃就会形成环境污染。这些热塑性物料都是可以回收循环使用的，回收的方法主要有物理回收（将不良品直接返回熔体制备系统）和化学回收（不良品经过化学处理后，重新成为聚合物切片原料）两种。

非织造布生产企业主要是利用回收螺杆进行物理回收，将不良品熔融后，重新注入主螺杆挤出机成为纺丝熔体使用，但这种回收技术仅适用于使用PP、PE等聚合物原料的系统，而不能用于使用PET类原料的系统。

二、纺丝冷却牵伸系统

纺丝冷却牵伸系统的功能是将熔体变成纤维，这是生产线纺丝系统的核心技术所在。主要包括：纺丝箱体与纺丝组件，单体抽吸与排放装置，冷却吹风装置，气流牵伸装置（粗旦纺丝系统会用到机械牵伸）等，这是生产线中重要的系统，也是不同品牌非织造布生产线的主要特征和区别所在。

（一）纺丝箱体与纺丝组件

纺丝箱体的主要作用是将熔体均匀分配到纺丝组件，而纺丝组件的作用是进一步将熔体过滤净化，然后沿CD、MD两个方向均匀分配到喷丝板的每一个喷丝孔，并成为熔体细流从喷丝板喷出。

纺丝箱体与纺丝组件是纺丝系统的技术核心，直接影响纺丝稳定性和产品的均匀度，也是纺丝系统中最昂贵的设备。

（二）单体抽吸与排放装置

在高温作用下，聚合物熔体会发生降解，形成一些妨碍正常纺丝的低分子量单体。单体抽吸与排放装置的作用是用于抽取、收集纺丝过程中产生的低分子量物质，并将其排放出去。单体收集、排放系统的技术水平和运行状态对纺丝稳定性、产品的均匀度有较大的影响。

排放出的单体烟气对环境有一定影响，因此还要配置一些环境保护设施，将烟气净化处理后再排放出去。

（三）冷却吹风装置

冷却吹风装置是一个较大的系统，主要设备包括：侧吹风箱、空气处理器（AHU）、管道、制冷系统、冷冻水循环泵、冷冻水管网及冷却水系统等。其作用是利用低温冷却气流吸收高温熔体细流的热量，使其冷却降温固化，成为有一定结晶度、取向性和强度的细纤维。

冷却吹风装置有单面吹风与双面吹风两种，除了应用管式牵伸工艺的纺丝系统是采用单面吹风冷却方案外，宽狭缝牵伸系统都是采用双面冷却吹风(图 3-12)，只不过是采用宽狭缝低压牵伸工艺时，纺丝通道是封闭或半封闭型，而采用宽狭缝正压牵伸或管式牵伸工艺时，纺丝通道是开放型的。

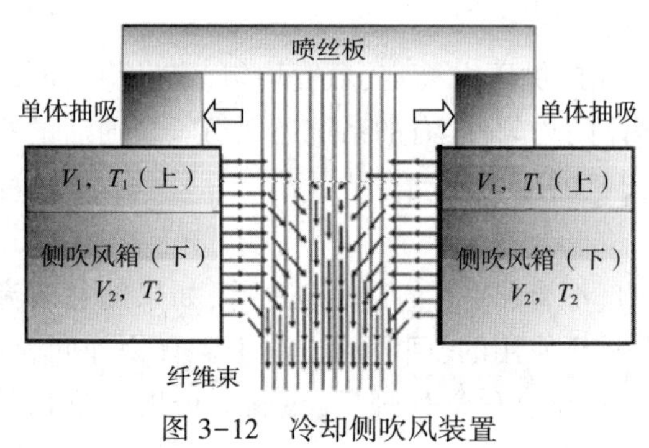

图 3-12　冷却侧吹风装置

V—冷却风速度　T—温度

纺丝通道的形式对冷却风系统的性能和工艺性能影响很大，封闭或半封闭型纺丝通道的冷却气流同时也是纺丝系统的牵伸气流，压力较高，流量的调节要兼顾牵伸速度，而开放型纺丝通道的气流压力较低，冷却气流不参与纤维的牵伸，因此有较大的工艺灵活性。

冷却吹风是纺丝过程的一个重要环节，对纺丝稳定性有很大影响，纺粘法非织造技术的进步过程，也是冷却吹风技术不断改进提高的过程。纺丝系统的技术进步或技术创新，基本上都是通过改进冷却吹风系统获得的。因此，同一品牌而年代不同的纺丝系统，其中的一个重要特征就是冷却吹风系统有较明显的差异。

(四)纤维的牵伸装置

纺粘法纺丝系统的机型或品牌较多，其差异主要体现在纤维的冷却牵伸过程，其他的设备或系统基本大同小异。

1. 宽狭缝低压牵伸系统

宽狭缝低压牵伸工艺的纺粘法纺丝系统是利用高速气流实现纤维牵伸的，由于冷却牵伸过程是在封闭或半封闭的纺丝通道内进行的，冷却气流同时也是牵伸气流。相对其他的开放纺丝通道系统，冷却气流的压力较低，一般为 5~16kPa，由于压力较低，能耗也较低，但也限制了其最高的牵伸速度。

这种纺丝系统的特征是仅用一块大的喷丝板，因此，铺网的连续性好，操作也较简单，加上这种系统都是静态结构，设备有很高的可靠性，能耗也较低。随着技术的进步，宽狭缝低压牵伸系统的牵伸速度已逐渐提高，目前已达到了管式牵伸的速度范围，并有望在一些应用场合能替代管式牵伸系统。

2. 宽狭缝正压牵伸系统

在宽狭缝正压牵伸系统中，纺丝过程是在一个开放的纺丝通道中进行的，冷却纤维的气流会向下从吹风纺丝通道的冷却段与牵伸器的空间逸散到周边环境，并不参与纤维的牵伸。这种纺丝系统的特征是使用一块大的喷丝板和独立的狭缝式牵伸器，有时也将这种系统称为大板系统。

宽狭缝正压牵伸系统需要提供专用的、压力较高的牵伸气流，气流的压力一般为 200~500kPa(0.20~0.50MPa)，因此，较容易获得较高的牵伸速度，也是目前牵伸速度最高的机型，但要获得流量较大、压力较高的牵伸气流，必然要消耗更多的能量，因此，这种工艺也是能耗最大的一种牵伸工艺。

应用宽狭缝正压牵伸技术的纺丝系统，由于纤维离开牵伸器后，沿 MD 方向的运动没有受其他硬件的约束，有较大的自由度，因此，产品在 MD/CD 方向的力学性能比值较大(≥2)，特别在生产薄型小定量规格的产品时，与成网机的运行速度叠加后，MD/CD 的比值会更大、差异会更加明显,限制了产品的实际应用。

3. 管式牵伸系统

管式牵伸系统的纺丝通道也是开放式的,冷却气流与牵伸气流是互不相关的两个独立系统,因此具有较好的工艺调节性能。冷却系统气流是压力和温度都较低、而流量较大的气流;而牵伸系统的气流是压力较高、流量较小的常温气流。

管式牵伸系统牵伸气流的压力与聚合物品种有关,使用PET原料时,气流的压力一般在100~300kPa(0.10~0.30MPa),为了降低产品的能耗,牵伸气流的压力已比早期降低了很多。也曾使用过中压(>600kPa)机型,因为能耗太高,没有获得推广应用。

管式牵伸系统也可以采用一块大的喷丝板,但与采用一块大喷丝板的连续宽狭缝牵伸工艺相比,要将喷出的丝条等分后再分束喂入相互间隔的牵伸管内,喷丝板要分为与牵伸管相应的等分数,以便成为纤维数量相同的纤维束,方便进行分丝操作。

有的管式牵伸纺丝系统也可能使用数量较多的小块喷丝板,这样就要同时配置数量较多的纺丝泵。

为了改善产品的均匀度,管式牵伸纺丝系统一般会配置摆丝机构或静电分丝装置,可以缩小产品的MD/CD比,甚至可以使MD/CD≈1,这是管式牵伸工艺的一个重要技术优势。

4. 机械牵伸

目前,采用气流牵伸技术已能纺制出细度12旦的纺粘法纤维,随着土工非织造布材料和地面非织造产品的技术发展,要求产品的纤维更粗,已超出了气流牵伸的加工能力。为此,在非织造布领域也引进了化学纤维行业应用的机械牵伸工艺。

纤维的机械牵伸过程就是利用高速旋转的牵伸辊,使缠绕在辊外圆面上的纤维运动、加速,实现牵伸。由于纤维牵伸速度与牵伸辊的速度差异远比气流牵伸小。因此,机械牵伸既有足够的牵伸力,也有足够的牵伸速度,可以纺制出高质量的纤维。

但因为非织造布生产线关注的是"布",与化纤行业关注的纤维有较大差异,因此设备配置会有其特色,这也是一种引进、消化的技术,已在实际的生产过程中获得应用。

三、接收成网系统

成网系统的作用是接收纺丝系统产生的纤维,并在接收装置上铺成一层均匀分布的纤网,主要包括:成网装置,网带驱动装置,网下吸风装置,压辊系统,成网风机,风管及附件。

成网技术是伴随纺丝技术的进步而发展的,主要体现在改善铺网均匀性、提高高速运行稳定性的影响、提高运行可靠性、压辊表面清理及防缠辊、网带清洁、蓬松型双组分纤网输送等一系列技术改进。纺粘法生产线的成网装置都是使用网带接收的成网机,成网机的结构,特别是网下吸风的均匀性对成网的均匀性有很大的影响,但其基本结构大同小异。

纺粘法非织造布生产线中的成网机,其纤网输出端结构要与纤网固结设备匹配,如果是使用立式三辊热轧机,则输出端就应该配置可以改变高度的可调节机构,而为了便于高速输送纤网,每一个纺粘系统都会配置一套预压辊及其他相关结构。

四、纤网固结装置

纤网固结装置的功能是将蓬松、散乱、形态不固定的纤网固结为形态固定、有一定强度的非织造布产品。

纺粘法非织造布的纤维是连续的长纤维,可供选择的纤网固结工艺和设备较多。目前较常用的是热轧固结,其次是针刺固结、水刺固结,随着双组分技术的发展和应用,热风固结工艺也开始在纺粘法生产线得到应用,这是生产高蓬松卫生制品非织造材料的一项新技术。

固结工艺主要与产品的定量大小、应用领域、生产线的运行速度等因素相关,对产品的性能有很大影响。当双组分非织造布纤网采用水刺法固结工艺时,除了可生产高性能产品外,还可以实现分裂型(SP)双组分纤维的开纤,这是获得超细纤维的新技术。

五、卷绕分切系统

卷绕切边系统的功能是把纺粘非织造布加工成预定长度及宽度的产品,主要包括卷绕机、切边或分切机构、包装设备等。

目前,在一些运行速度较低的小型生产线中,采用在线卷绕、分切工艺,可以简化加工流程,提高原料的利用率,降低设备购置费用,还可以提高产品的卫生质量。采用这种加工路线时,生产线要配置带分切功能的卷绕分切机,这样从卷绕机下线后的产品就已经是市场所需的最终产品,仅需进行适当包装后就可交付给顾客。

随着生产线的大型化与高速化,生产效率越来越高,生产能力越来越大,生产一个子卷所需的时间越来越短,为了提高生产线运行的可靠性,避免因频繁换卷而导致卷绕机发生故障停机,此外,还因为绝大多数卷绕机未配置价格昂贵的分切刀在线同步调整系统。如果要调整子卷的幅宽,只能停机调整。鉴于这些原因,生产线向大卷径下线、离线分切的方向发展,这样能大幅度降低故障停机概率。

离线分切系统是一个较大型的独立加工系统,可以加工无法在线分切的产品,但离线分切系统的运行结果会逆向影响生产线的运行,要求有较高的可靠性、具有比生产线更高的运行速度,因此,其结构复杂、购置费用较高。

六、后整理装置(备选设备)

当需要赋予产品一些特定功能时,进行后整理是一种常用方法,后整理就是在纤网已经固结成布以后进行的整理工艺。主要设备包括上液设备、烘干设备及整理剂调配系统等。

产品的一些功能可在生产过程中直接以在线后整理方式获得,这时的后整理设备就串联在生产线主流程的固结设备与卷绕机之间。当非织造布用作卫生制品材料时,可通过在线后整理获得所需功能。

当产品的定量较大或上液量较多,由于烘干产品需要较长时间,对主流程的运行影响较大,因此,不适宜(但并非不能)进行在线后整理,而需要进行离线后整理。

离线后整理系统是一个独立的大型生产系统,其运行状态不影响生产线的运行,主要设备包括退卷设备、上液设备、烘干设备、卷绕分切设备及整理剂调配系统等。

七、在线疵点检测装置(备选设备)

随着生产线运行速度的提高,采用传统的方法监测产品的疵点已不现实。因此,技术含量较高或对产品质量要求较严格的生产线,已普遍配置了产品疵点在线检测装置,对全幅宽产品进行100%的检测。

疵点检测装置不是生产线主流程的生产设备，不会影响产品的任何特性，但可以及时发现产品的一些缺陷，以便及时采取应对措施。可及时发现处理疵点，对提高产品的质量，保证有疵点的产品不会流入下一工序有益。在线疵点检测装置通常配置在整理装置的出口下游及与卷绕机的上游之间。

八、产品分拣、包装与存储系统（备选设备）

目前，随着数字化、智能化技术的普及，产品在生产线下线以后的分拣、包装、输送、仓储、出入库管理等工作已成为很多企业的发展方向。这是企业的另外一个物流管理系统，生产线仅是这个系统中的一个子系统。

这个系统可以完成下线产品的分拣、组合及包装工作，输送到仓库，在仓库分类，码垛，或从仓库提货、出库全过程的管理工作。

第三节　纺粘法非织造布用原料

纺粘法非织造布用的原料种类很多，热塑性是原料最基本的要求，还要考虑其可纺性，只有同时满足这两个基本要求的聚合物原料才有可能用于纺粘法纺丝工艺。

一、纺粘法非织造布用原料的种类

目前，可用于生产纺粘法非织造布的原料主要有聚烯烃类、聚酯类及其他一些聚合物。

聚烯烃类原料主要有：聚丙烯（PP）、聚乙烯（PE），这是用量最大的原料。

聚酯类原料主要有：聚酯（PET）、聚对苯二甲酸丁二酯类聚合物（聚酯基PBT）、聚对苯二甲酸丙二醇酯（PTT）、热塑性聚氨酯（TPU）、聚酰胺酯（PEA）、聚酰胺6（PA6）等。

其他类型的聚合物原料还有聚三氟氯乙烯、聚苯硫醚（PPS）、聚甲醛（POM）等，但实际使用量很少。

一些生物质可降解聚合物原料也可用作纺粘法非织造布原料，主要有聚乳酸（PLA）、聚对苯二甲酸丁二醇酯—己二酸丁二醇酯（PBAT）、聚羟基脂肪酸酯（PHA）、聚己内酯（PCL）、聚丁二酸丁二醇酯（PBS）、聚二乙醇酸（PGA）等。

不同类型聚合物的熔点及流变性能也不同，均有对应的纺丝工艺，如在原料干燥工艺、螺杆挤出机的形式、纺丝温度、喷丝板结构、牵伸速度等方面都有一定的差异。

根据原料来源或工艺、产品性能、应用领域、产品价格等因素，目前有90%以上的纺粘法非织造布都是使用PP原料制造的，因此，本书的主要内容也是介绍使用PP原料的纺粘法非织造布技术，也会穿插介绍一些使用其他聚合物原料的工艺技术。

二、纺粘法非织造布对原料的要求

根据纺粘法的工作原理，由于气流产生的牵伸力较小，在生产过程中要选用流动性能较好的原料。因此，要选用高熔融指数的聚丙烯切片，其次是要求原料的水分含量低、灰分低、分子量分布窄、等规度高、挥发分少等。

通常使用普通(znPP)的纺丝级聚丙烯原料就能满足工艺要求,但要纺制细旦(≤1.3旦)纤维时,可选用等规度更高、分子量分布更窄的茂金属催化(如mPP)原料。

(一)纺粘法非织造布用PP原料的主要性能指标

(1)熔融指数(MFI)为20~40g/10min,35g/10min的原料最常用,国内市场原料的MFI≤40g/10min。

(2)要求切片的等规度≥95%,较好的产品的等规度≥97%。

(3)分子量分布MWD(M_w/M_n)较窄,一般MWD≤3,要求在2~2.5,高速细旦纺丝要求分子量分布宽度小于2。

(4)水分含量≤200mg/kg,即≤0.2%。

(5)灰分含量≤250mg/kg,即≤0.25%,较好产品的灰分含量≤100mg/kg。

(6)挥发份含量≤200mg/kg,即≤0.2%。

(7)原料的形态为粒状、球状或粉状,要求粒度均匀一致。

(二)纺丝熔体的黏度

在纺丝工艺中,还经常要关注熔体的动力黏度,熔体的流动特性并不等于熔体的黏度,两者所使用的计量单位不同,动力黏度的单位是Pa·s。但流动特性与黏度有关,流动特性越好,黏度越低。温度对熔体的黏度或流动特性有明显的影响。温度升高,熔体的黏度下降,流动性增加;温度下降,熔体的黏度增加,流动性降低。

纺粘法非织造布用PP原料的MFI一般为20~35g/10min,但其对应黏度在500~1200Pa·s。其他热塑性聚合物原料都可以用作纺粘法非织造布的原料。除PP原料外,目前较常用的有PE、PLA、PET、PBT、PA、PC、PP等。

在纺粘法非织造材料生产过程中,要用分子量低、流动性能好、分子量分布窄的聚合物原料。在相同的工艺条件下,高熔融指数的聚丙烯切片具有更好的流动性,容易被气流牵伸成更细的纤维。

对于非织造布用的PET原料,其特性黏度已从早期的0.65~0.66dL/g提高至目前的0.69~0.70dL/g。

三、双组分纺粘系统对原料的要求

(一)双组分纺丝技术特点

选择双组分纤维中的两种配对聚合物原料时,要考虑纺丝熔体的温度、熔体的黏度、熔体压力、熔体表面张力、拉伸强度、结晶速度、流动性等性能。

双组分复合纤维的两个组分,可以是同一类型或性质不同的聚合物,可以通过用共聚物或相关的复合物达到高温收缩和低熔点。通过恰当的共聚单体的改性,增加纤维的溶胀性,达到提高亲水性。

除了分裂型双组分纤维,两个组分要求能较容易分离外,一般的双组分纤维中的两种配对聚合物,在纺丝温度下的熔体黏度必须相同或接近,同时还需要有良好的相容亲和性,要在后续的所有加工过程中,保持两个组分界面的可靠黏附性。

根据以上要求,在任何情形下,都不能从同分异构的聚合物中选择两个组分,而只能从分子量和聚合度不同的聚合物中选择两个组分。

分裂型纤维的原料必须按照不同要求来选择，经过生产实践，目前认为用 PET/PA 配对是较成熟的技术方案。

双组分纤维是复合纤维的一个泛称，不仅是指只有两个组分的双组分纤维，还包括有三个组分的三组分纤维。目前，我国已建造了三组分纤维纺粘法非织造布生产线。

（二）双组分纤维的聚合物原料配对原则

在纺丝工艺条件下，两个组分熔体黏度应尽可能相近，并具有较好的相容性。用于纺制并列型复合纤维时，两种聚合物材料应当具有较好的相容性，否则在纺丝过程中易发生剥离，导致纺丝过程难以进行，同时两个组分应具有较大的热收缩差异，以形成明显的螺旋状三维立体卷曲结构。

有的纤维刚离开喷丝板就出现较大的弯曲，很容易发生粘喷丝板面现象，影响纺丝的稳定性，还会引起并列型纤维界面层与所要求丝型的偏差。这种配对就不理想。

在纺丝工艺条件下两个组分有较好的相容性，即成纤后皮芯型的两个组分能很好地黏合在一起，不在皮层与芯层之间出现明显的界限或分离现象。两组分熔体的黏度应尽可能相近，避免熔体黏度差别太大，从喷丝孔挤出时发生弯头现象。

纺制皮芯型纤维时，对可纺性的要求比并列型纤维略低，但两种聚合物组分的熔点不宜相差过大，低熔点皮层可用于热黏合，配对的有 PE/PP、PE/PET、CoPET/PET 等。

由于两个组分都要经受同样的牵伸速度，要求两个组分的熔体有较好的拉伸强度，能经受较高的牵伸速度和牵伸拉力，避免其中一个组分在牵伸过程中出现断丝现象。

要求两个组分的聚合物有较好的热稳定性，避免在温度变化过程中、后加工过程中或存放期间形态（如卷曲性）和特性发生改变。

有的配对纤维（产品）会有较好的触感，有的则较差；而且要考虑生产成本（如可回收性），如果成本太高则缺乏实用性。

要考虑后工序的需要，如分裂型纤维，在用 PET/PA6 配对时，较容易分裂，而用 PET/PP 配对时，则不容易分裂；而在 PET/PE 配对的皮芯纤维中，由于皮层 PE 容易剥离，因此较少使用这些配对方案。

如果用 PP/CoPP 配对，由于两个组分基本是同一种聚合物，熔点相差不大，则不能使用热风固结工艺，只能使用热轧固结等，但这种产品的可回收性较好。如果两个组分聚合物的性能差异大，则产品的可回收性就较差。

纺制偏心型纤维时，对可纺性的要求要比同心型略高，仍要求两个组分的熔体在纺丝条件下有相接近的黏度，以避免熔体从喷丝孔挤出时发生弯头现象，影响纺丝稳定性。

由两种不同特性聚合物构成的偏心型复合纤维，可以使纤维产生三维立体螺旋卷曲，使非织造布产品具有较蓬松的手感。

皮芯型纤维的皮层聚合物原料对非织造纤网的固结方式有较大影响，如用低熔点的 PE（LDPE 或 HDPE）做皮层与 PP 配对时，其低温加工性能较好，可用热风固结。

用 CoPP 做皮层与 PP 配对时，可采用热轧固结，非织造布产品具有较高的强度。用 HDPE 做皮层与 PET 配对时，由于两个组分的熔点相差很大，可采用热风固结，使非织造布产品具有较好的耐热性和蓬松性。

用 PP 做皮层与 PET 配对时，可采用超声波固结，使非织造布产品有较高的蓬松性。

第四节 纺丝箱体

纺丝箱体是位于纺丝泵与纺丝冷却通道之间的设备(图 3-13),纺粘法纺丝箱体都是处于水平状态安装,即纺丝组件的出丝面与地平面平行,纺丝过程是垂直向下进行的。

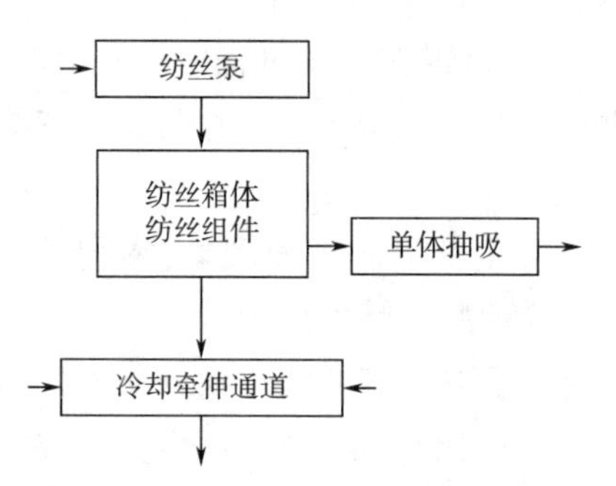

图 3-13 纺丝箱体在生产流程中的位置

纺丝系统包括:安装纺丝组件的纺丝箱体(俗称“模头”),纺丝箱体固定装置,加热系统,熔体通(管)道,纺丝泵,机架,保温隔热材料,纺丝组件等。

由于“模头”是一个外来语,不同的行业会有多种不同的解释,在熔体纺丝成网法非织造布领域很容易产生歧义和混乱,因此在本书中不会使用“模头”这个单词,而统一使用纺丝箱体(spinning box 或 spinning beam)这个术语。

一、纺丝箱体的功能

纺丝系统是生产线中最重要的系统,而纺丝箱体是系统中的核心设备,也是价格较高的设备。纺丝箱体是整个纺丝系统的安装基准,并作为安装纺丝组件的基础。

纺丝箱体的主要技术指标包括:熔体分流方式,加热方式,设计工作温度,装机容量,设计熔体工作压力,适用熔体黏度(或流动性能 MFI)范围,设计熔体流量,与纺丝组件相关的安装方式、结构尺寸等。

纺丝箱体在纺丝成型过程中的作用大致如下。

(1)使纺丝熔体保持正常的温度。熔体在纺丝箱体中被加热保温到工艺需要的温度,并保持温度均匀。

(2)分配纺丝熔体。在一定的纺丝速度下,通过控制纺丝泵的转速控制熔体挤出量,并将熔体均匀分配到全幅宽范围,在稳定的工艺条件下进行纺丝。

(3)进一步净化熔体。利用纺丝组件中的过滤网(或滤砂),可以滤除熔体中的机械杂质和凝胶粒子,并在组件内进一步充分混合,防止温度、黏度的差异,防止堵塞喷丝板喷丝孔,延长喷丝板使用周期(注意:滤砂仅在一些管式牵伸系统使用)。

(4)改善熔体的流动性。熔体是在高压力下通过纺丝组件,如通过阻力较高的过滤网、分配板、喷丝板时,由于压力及速度下降,使熔体产生极高的剪切速率,机械能将变成热能,可瞬时提高熔体的温度,并进一步改善分布均匀性,既能改善熔体的流动性能,还可使喷出的熔体细流保持均匀一致的质量。

(5)提高熔体分配的均匀性。喷丝板是纺丝组件中承受熔体流动阻力最大的零件,有利于提高组件前的熔体压力,并把熔体均匀地分配到喷丝板全幅宽范围的所有喷丝孔中去。图 3-14 为正在运行中的纺粘法系统(左)与熔喷法系统(右)的纺丝状态。

设备制造商一般会提供纺丝箱适用的聚合物种类、熔体流动指数(MFI)、设计工作温度、设

图 3-14　纺粘法系统与熔喷法系统的纺丝状态

计工作压力、额定的熔体流量等应用技术数据。

纺丝熔体是从一个(或多个)入口输入纺丝箱体内的,而纺丝过程是在全幅宽范围内进行的。因此,纺丝箱体的一个重要功能是均匀分配熔体,使纺丝组件在宽度、长度方向能获得温度、压力,流量相同的熔体,从而使所有的喷丝孔能获得质量相同的纺丝熔体。

一般的纺丝箱体仅与一套纺丝组件相匹配,称为一条纺丝梁。但也有一些机型(主要是采用管式牵伸的纺丝系统)在同一个纺丝箱体会配置两套纺丝组件,即一个纺丝箱体中有两条相隔一定距离的纺丝梁,与其他相关设施组成两个相对独立的纺丝、冷却、牵伸、铺网系统(图 3-15)。

在双组分纺丝系统中,两个组分共用同一个纺丝箱体,但每个组分有一个独立的熔体制备系统,在进入喷丝孔前,两个组分的熔体是经由各自的分配流道在纺丝组件内进行分配,各行其道、互不相干,因此在双组分纺丝系统中,每一个纺丝箱体都配置有两个独立的熔体分配流道和加热系统(图 3-16)。

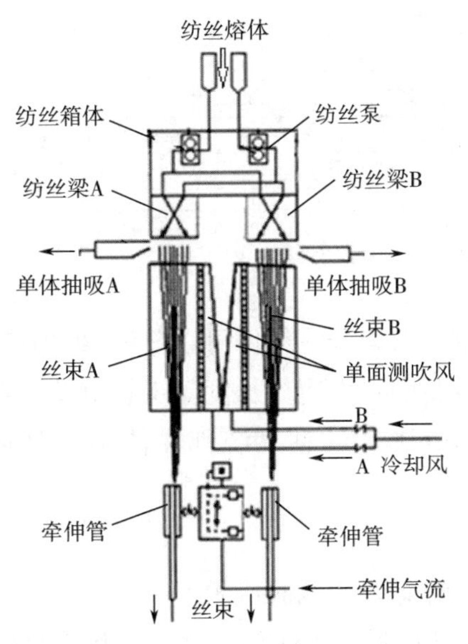

图 3-15　配置有两条纺丝梁的纺丝箱体及纺丝系统

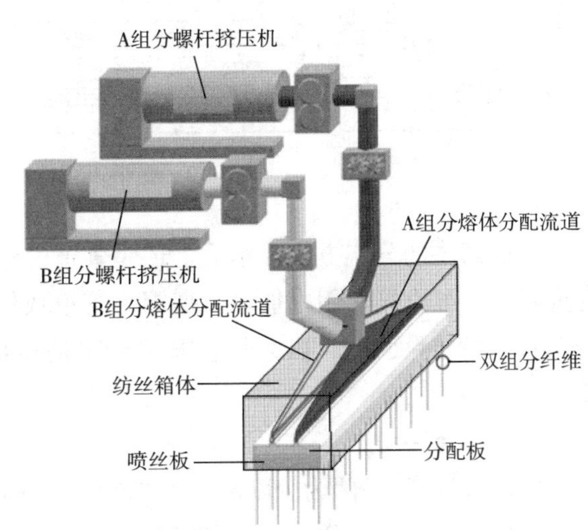

图 3-16　双组分纺丝系统的熔体分配流道

二、纺丝箱体的熔体分流方式

纺丝箱体有多种熔体分配方式,其中最常见的有如下几种。

1. 管道分流

管道分流是利用管道把熔体分配到纺丝箱体的全幅宽范围。国内早期制造的纺丝系统及一些简易型低成本生产线,普遍采用管道分流纺丝箱体,这是从化学纤维行业移植的技术。

(1)基本型管道分流。是国产“大板型”纺丝系统初期较普遍使用的分流方式,是利用纺丝箱体内按一定规律连接的管道将熔体分配到全幅宽范围。

管道分流箱体的结构较简单,使用每一级的大通径管道一分为二成为两个小通径管道的方法,按 2^n 的规律,一般经过 4~5 级(即 $n=4\sim5$)分流,就能将熔体均匀分配到全幅宽范围,而诸多的管道是利用焊接的方法连接起来的,因此,内部有很多粗糙的焊路。

管道分流箱体对制造要求不高,成本也较低。但因为内部管道多、焊路多,管子内壁粗糙,甚至有焊渣残留,有容易积聚熔体的死角,加上最终的两支分支管间的熔体分布是不连续的,对产品的质量有一定影响,常见的就是产品出现与分流管道位置对应的、沿 MD 方向的条形缺陷。

使用管道分流型纺丝箱体生产有颜色的产品时,改换颜色所耗用的褪色和显色时间较长,产生的过渡性不良品较多。由于所有管道的通流截面积较大,熔体的流动阻力较小,因此,箱体的熔体压力也较低,对熔体的均匀分配也是不利的。

经过较长时间的运行使用后,在管道的内壁,特别是熔体不容易流动的位置,会有熔体残留,影响熔体分配的均匀性。另一个常见问题是焊接部分发生熔体泄漏后,会有熔体流入加热介质中或有导热油渗入熔体管道内。由于管道分流型箱体所有的分流管道都被浇注在一块铝铸件中,因此一般企业都不具备现场分解、维修这种箱体的条件,要送回设备制造厂处理。

(2)改进型管道分流。为了克服管道分流箱体只能使用导热油加热,且不能在用户现场进行分解维修这些缺点。市场上还有一种仿制衣架分流箱体结构的管道分流箱体,将分流管道剖分,将管道分别加工在两半箱体的接合面上(图 3-17)。

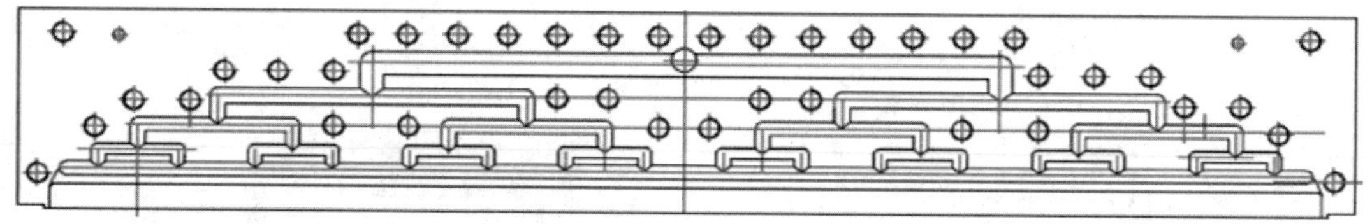

图 3-17　在半边箱体上加工出的半边分流管道

这种箱体的分流方式在本质上还是管道分流,但兼有衣架分流箱体可以分解、维护的特点,更重要的是可直接使用电加热。但因为管道数量多,需要密封的边界长度等于管道总长度的两倍左右,对密封面的加工要求也很高。这是目前大部分国产纺粘系统都在使用的管道分流技术。

2. 衣架式分流

所谓衣架式,是因为分配流道的轮廓与日常晾衣服的衣架相似而得名。

衣架式分流箱体的设计、制造要求高,用耐热不锈钢材料(如 SUS431、SUS630 等)制造,流道是由两半对称的箱体接合面的凹下部分组成,表面都经过精密加工和抛光处理,不容易有熔体残留，转换产品速度快、过渡性不良品少，而且还可以调控产品的均匀度。

纺丝箱内的熔体采用衣架分流方式时，衣架的数量与熔体分配方案有关，一般有单衣架和多衣架两种设计方案（图 3-18、图 3-19）。

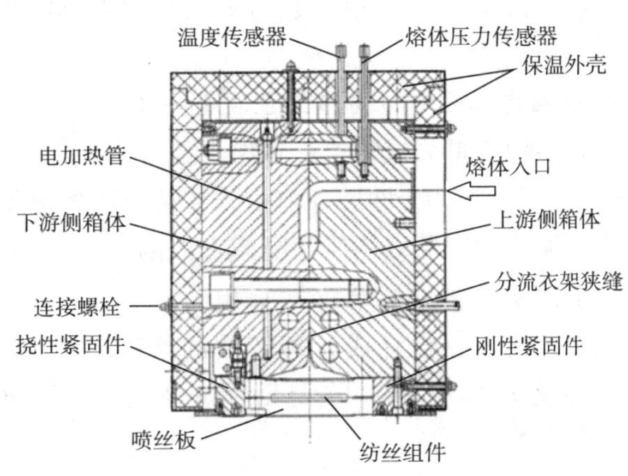

图 3-18　衣架分流型纺粘法纺丝箱体截面图

虽然采用衣架式分流纺丝箱体的购置费用较高，但由于具备良好的工艺性能，高端机型普遍都使用衣架式分流纺丝箱体，也是高端机型的主流。像纺丝箱体这种较大型的部件，在设计时需要考虑力学性能的稳定性、在温度变化后热膨胀等问题的解决方案，一些设计欠佳的纺丝箱体都是在 CD 方向的两个末端出现问题。

另外，尺寸更小的多个分流小衣架的设计比大衣架更容易计算和设计，其流道形状和尺寸都要考虑熔体的停留时间和经受的剪切应力（图 3-19）。

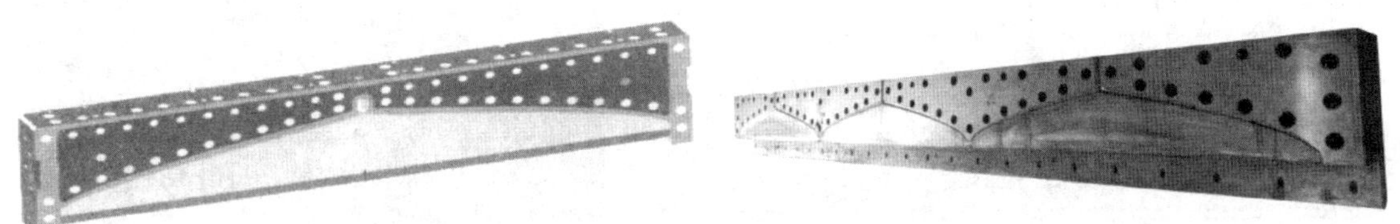

图 3-19　单衣架型和三衣架型纺丝箱体（半侧）

衣架型熔体分配流道是一个复杂的变截面空间结构，其设计过程复杂，而且要使用多轴联动的加工中心加工，加工周期长，价格昂贵。德国莱芬公司的纺粘法及熔喷法纺丝系统均使用单衣架分流型纺丝箱体，国产的高端生产线也大多使用单衣架分流型纺丝箱体。

3. 纺丝泵分流

用纺丝泵分流熔体原来是小板型纺丝系统常用的熔体分流方式，由于这种纺丝系统的纺丝组件（喷丝板）数量很多，因此也采用多纺丝泵分流方案，而且纺丝泵也多是一进多出型。

一般情况下，纺丝箱内一个熔体分流衣架对应一台纺丝泵，也有仅用一台纺丝泵向多个衣架供应纺丝熔体的机型，这时就要使用一进多出型纺丝泵。这种纺丝泵只有一个熔体入口，但会有多个熔体输出口。

我国早期从意大利引进的小板型纺粘法非织造布生产线都采用多纺丝泵分流方式，向全幅宽方向的纺丝组件单元提供纺丝熔体，配置的纺丝泵数量与幅宽有关，产能为 3000t/年的生产线配置一进一出型纺丝泵时，泵的数量可达 24 台或更多。

目前仍在使用的意大利 STP 生产线也是这一类机型。在产品名义幅宽为 3200mm 的纺丝系统中，每个纺丝箱体有两条纺丝梁，每一条纺丝梁配置有 4 台一进三出型纺丝泵，每一路出口对应一个纺丝组件，这样就实现了向全幅宽 12 个纺丝组件的熔体分流。

国产大板型纺丝系统较少使用这种分流方式,只有极少量大板型纺丝系统使用两个纺丝泵分流。除了德国莱芬公司的设备以外,从欧美引进的大板型纺丝系统则普遍使用多纺丝泵、多衣架分流方式。

4. 纺丝箱体外管道与纺丝泵混合分流

还有一种管道分流方式是在纺丝箱体外,利用管道将纺丝熔体从一个(或多个)熔体管道入口送入纺丝箱体内,然后分配给装在纺丝箱体上的多个一进多出型纺丝泵,最后利用这些纺丝泵将熔体分配到纺丝箱体的全幅宽范围。

为了使所有输出的熔体具有相同的压力、流量和经历同样的停留时间,阻力也相同,熔体分配管道会刻意设计成各种弯曲的特殊形状,并呈对称性,使纺丝组件在全宽度、全长度方向的纺丝熔体能保持均匀一致的工艺条件,从而使所有的喷丝孔能获得质量相同的纺丝熔体(图 3-20)。

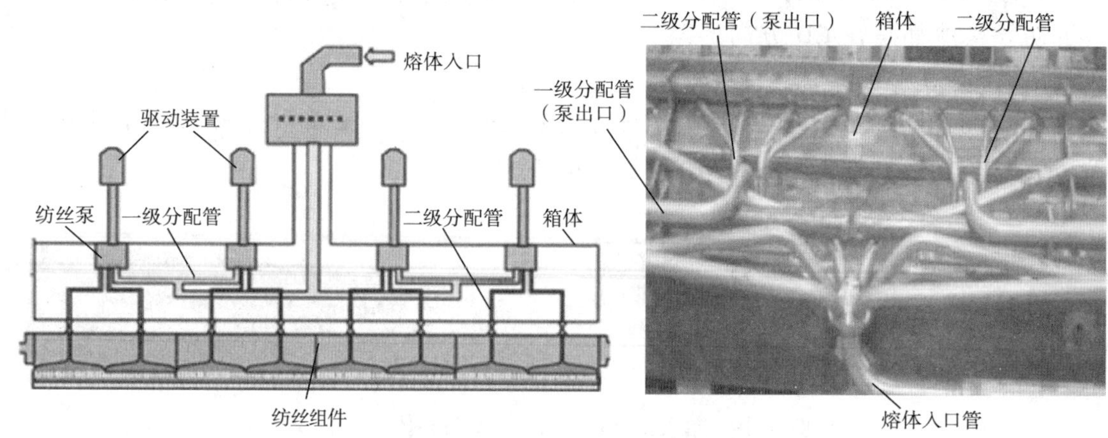

图 3-20　外部管道与多纺丝泵相结合的熔体分流方式

在这种熔体分流系统,第一级是利用四条分支管道将熔体进行一级分流,熔体从较粗的总管进入纺丝箱体前便分为四路,用较细的管道分别供给四台一进二出型纺丝泵,这些分支管既可以是一般的外置式独立管道,也可以是在纺丝箱体内加工出来的熔体通道。

第二级利用多台一进二出型纺丝泵,每一台纺丝泵又将熔体分为两路,再送入纺丝箱体,用最细的管道送入纺丝箱体内部,然后进入纺丝组件。

纺丝组件内与每一路熔体通道相对应的熔体出口均设计有一个小衣架,熔体利用众多连在一起的小衣架沿 CD 方向均匀扩展开后,才进入喷丝板纺丝。

由于纺丝泵分流是强制性的,可以保证全幅宽范围熔体分配的均匀性,并可以通过调整纺丝泵的速度,改变局部区域的熔体流量,从而改变局部区域纤网的定量或均匀度。

国外的纺丝系统较多采用混合分流工艺,也是很多双组分纺丝系统采用的熔体分配方式。美国诺信,法国立达、意大利 STP 及德国纽马格等品牌的纺粘、熔喷系统的纺丝箱体,都是采用多纺丝泵、多衣架混合分流方案。

美国希尔斯双组分纺粘、熔喷系统的纺丝箱体,都是采用一进多出纺丝泵二次分流方案,分流后的各路分支熔体直接进入纺丝组件内,在组件内部进一步分流、扩散。

5. 外部管道一级分流与多只一进多出纺丝泵二级分流、内部管道三级分流

外部采用管道将纺丝熔体分配给四只纺丝泵，进行一级分流，纺丝泵为一进二出型，实现熔体二级分流，在纺丝箱体内再经过两次管道实现熔体三级分流，把熔体均匀分配至纺丝组件的全幅宽（图3-21）。

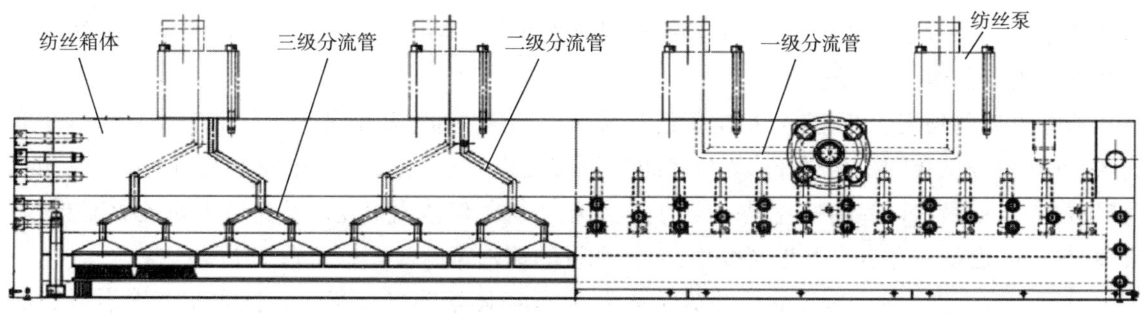

图3-21　外部管道+纺丝泵+管道熔体分流方式

三、纺丝箱体的结构

箱体采用两个半块结构（一般称为哈夫结构，即英文half音译），再用大直径（≥M30）的10.9级或12.9级高强度内六角头螺栓相向连接，接合面相向的凹下部位便形成熔体分配流道。

随着纺丝组件的安装、紧固方法不同，纺丝箱体与纺丝组件的配合结构也有很大差异，通常纺丝箱体只能与特定的纺丝组件配对使用，与其他品牌的产品不一定具有互换性，纺丝箱体的设计、安装水平对产品的质量有关键性的影响。

在双组分纺丝系统中，由于要在箱体加工出两条独立的熔体分配通道，这时就需要三件式结构，即箱体分别由左侧箱体、中间箱体、右侧箱体三部分组成（图3-22）。

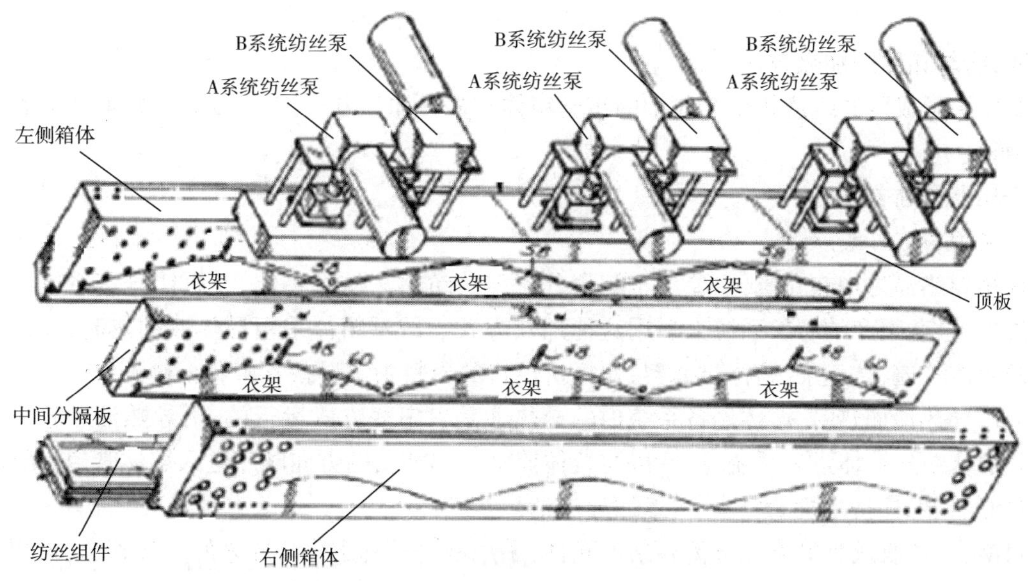

图3-22　双组分纺丝箱体的分解结构图

其中左、右侧箱体的内侧加工有熔体分配流道，中间箱体的两个侧面都加工有与左、右侧箱体对应的分配流道，三个箱体组合起来后，形成两个组分各自的熔体分配流道。

一般情况下，一个衣架对应一台纺丝泵，也有仅用一台纺丝泵向多个衣架供应纺丝熔体的机型，这时要使用一进多出型纺丝泵。这种纺丝泵只有一个熔体入口，有多个熔体输出口。

在一些非织造布纺丝系统中，如采用小板的管式牵伸多纺丝泵、多喷丝板系统，纺丝泵的熔体出口数有 3~4 个；如在分裂片式双组分纺粘系统中，直接用一进四出和一进八出型的纺丝泵实现两个组分的熔体均匀分配。

衣架出口的长度（CD 方向）决定了纺丝系统的铺网宽度，而铺网宽度与生产线的运行速度有关，在运行速度相同的条件下，又与多纺丝系统复合型生产线中的纺丝工艺有关，如在 SMS 生产线中，虽然最终产品的幅宽是一样的，但纺粘系统的熔体出口宽度要比熔喷系统更宽，其差异≤100mm，也就是在复合型生产线中，纺粘系统的铺网宽度要比熔喷系统更宽一些。

从表 3-4 可见，对于特定品牌的纺丝系统，纺丝箱体熔体出口宽度 B 随着生产线运行速度的提高而增大，而且变化很明显。实际上，纺丝箱体的熔体出口宽度 B 是与纺丝组件的熔体通道的 CD 方向长度对应的，而且喷丝板的布孔区宽度也是与熔体通道的长度对应的。

表 3-4　生产线运行速度与纺粘系统箱体熔体出口宽度 *B*

生产线幅宽 W(mm)	2400	3200	4200	5200	$B-W$
运行速度	纺丝箱体熔体出口宽度 B(mm)				
≤150m/min	2490	3290	4290	5290	+90
≥800m/min	2720	3520	4520	5520	+320

除了加工有分配熔体的通道及箱体的加热元件外，有的“一箱体配多纺丝泵”机型，还在纺丝箱体的熔体进入侧内部加工有熔体分配通道，将熔体过滤器输送来的熔体分配给各个纺丝泵。

四、纺丝箱体的加热方式

熔体纺丝成网非织造布生产线中的纺丝箱体有多种加热方式，但主要有热媒加热和直接电加热两种。

(一)热媒加热

1. 导热油(热媒)加热

使用导热油为加热介质，主要用于管道分流型的纺粘法纺丝箱体，其熔体分流系统浸泡在导热油中，早期国产的纺丝系统大多用这种加热方式。纺丝箱体采用导热油加热时，一般还与上游的熔体管道、纺丝泵、熔体过滤器、螺杆挤出机的出料头等设备共用一个热源。

采用导热油加热时，熔体制备系统内的导热油是以串联方式运行的，由导热油炉输出的高温导热油从纺丝箱体进入系统，然后以与熔体流动方向相反的方向顺序进入熔体管道、纺丝泵、熔体过滤器、螺杆挤出机出料头，再返回导热油炉。

目前，一些改进型的管道分流式纺丝箱体，采用剖分型管道代替原来的焊接管道，但仍有采用导热油加热的设计方案。这种纺丝箱体既可以使用电能加热导热油，也可以用燃气加热导热油。业内甚至还曾有非织造布生产线使用煤炭加热导热油，虽然这样可以降低生产成本，但必须面对烟气净化、煤灰处理等环境保护问题。

导热油加热需要配置油泵，使导热油在系统内循环流动，其主要的特点是温度均匀性较好，控制系统相对简单，只有一个温度控制点，一般是用于检测、控制导热油加热器(导热油炉)的出口温度。因此，各区域的温度无法进行差异化调节，也就是无法用调节不同区域温度差异的方法来改善产品的均匀度。

导热油加热系统中的管道要采用夹层结构，加热设备要设置加热油腔，管道接头较多，容易发生泄漏，除了会污染环境外，还存在火灾隐患。

2."道生"加热

也称联苯加热，道生是英文"dow therm"的音译，是联苯与联苯醚的低熔点混合物。联苯也是一种导热介质，工作温度高。加热系统中的联苯采用电能加热，电加热器是浸泡在液相联苯中运行的。

联苯加热系统是一个有压力的封闭系统，系统内的联苯处于气—液共存状态运行，凡是液态联苯和气态联苯所到之处，其温度都是一样的，温度分布很均匀。但联苯的渗透性强、容易泄漏，是一种有轻微毒性和刺激性气味、在工作温度下易燃的物体。

用于纺丝箱体的联苯加热系统是利用重力和气/液相转换的密度变化实现自然循环的，不需要特设循环泵。联苯锅炉一般设置在低于纺丝箱体的位置，其输出的高温气态联苯从纺丝箱体的高位接口进入箱体的加热腔，在放热后会液化，然后依靠重力，从纺丝箱体的低位接口流出，返回联苯锅炉，实现自然循环。纺丝箱体的温度影响熔体的流动性，直接影响产品的均匀度。因此，控温精度一般要达到±1℃。

联苯的特性与导热油不同，导热油一般只能以液态运行，而联苯的运行方式多样，温度较低时可以液相运行，温度较高时既可以气相运行，还可以气、液两相共存运行(图3-23)。

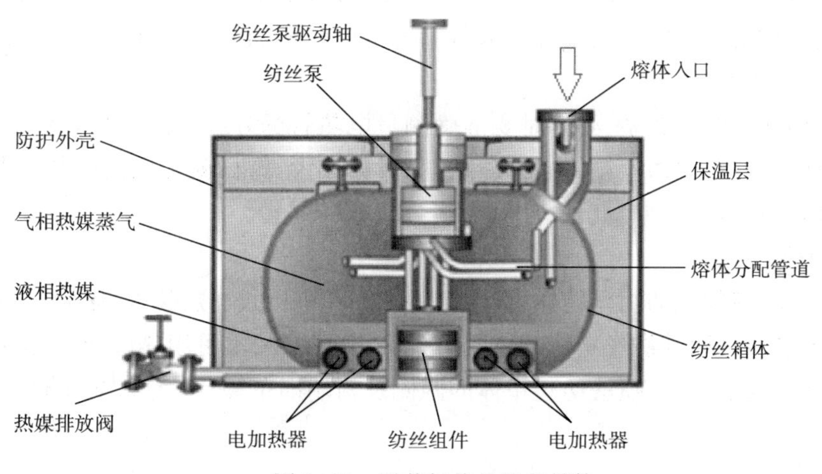

图3-23　联苯加热的纺丝箱体

采用联苯加热的纺丝箱体属受压容器，其设计、制造及运行管理应满足GB/T 150.1~4—2011《压力容器》的要求，并接受有关质量安全部门的监察管理。

出于实用、安全、可靠性、环保、工艺调控灵活性及应用习惯等方面的考虑，国产非织造布纺丝箱体及其他设备较少使用联苯加热,只在一些从德国、美国引进的双组分纺丝系统也在使用,而且仅适用于纺粘法系统的纺丝箱体。

(二)电热管直接加热

加热器是数量众多的管状电加热元件,电加热管都是垂直插入纺丝箱体的安装孔内,并尽量使加热管的发热段延伸到纺丝箱体的下方,常用于衣架分流型纺丝箱体,也可用于改进型剖分式管道分流型纺丝箱体,熔喷纺丝箱体基本都采用这种加热方式。

由于纺丝箱体两端的散热量较多,为了使箱体两端保持均匀的温度,有的纺丝箱体会在两端箱体的外侧贴加板状电加热器进行辅助加热。

常将全幅宽范围的电热管进行分组,成为多个独立的温度控制区,并可根据工艺要求灵活设定温度,用于改变熔体的流动性和熔体的分配,进而改善产品的均匀度。一些技术要求较高、性能较好的纺丝箱体都用这种加热方式。

纺丝箱体采用电加热时,由于温度场是以电加热元件为中心呈一定梯度向外分布的同心圆,因此,用数量较多、单个功率较小的加热原件以较密集的方式分布,相对于用数量少、单个功率较大的加热原件以较大间隔的配置方式,能得到更均匀的温度场分布,一般电加热管在 CD 方向的间距≤75mm。

单个加热元件的布置间隔过大,远离加热元件中心的位置,温度会明显偏低,严重时会直接影响质量,导致产品出现条形状缺陷。

纺丝箱体的管型电加热器与箱体上的安装孔配合精度,对加热效率、电加热器的使用寿命有很大影响。间隙太大,会导致电热管与箱体间的热阻太大,热传导效率降低,电热管容易超温损毁。但间隙太小,增加了安装难度,特别是电热管产品的最终直径尺寸偏差离散,尺寸偏大的电热管将无法顺利插入安装孔内。在维修、更换旧电热管时,会很难顺利拔出,甚至要采用钻削的方法才能取出已经损毁的电热管。

管型电加热器与纺丝箱体上的安装孔一般应采用间隙配合,其冷态松紧程度应可以用手稍微用力就能推进至规定的深度。电热管仅依靠重力就能轻松插入或要加大力才能压入孔内都是不合适的。

为了保证有预期的配合关系,必要时要准确测量电热管的外径,然后进行选配。由于电加热管在运行期间的温度要比纺丝箱体高,其热膨胀量会较大,这样就可以使电热管与安装孔紧密接触,有利于增加热传导效率。

(三)混合加热

有极少数加热功率偏低的纺丝箱体,会在箱体外侧配置板式加热装置,作为辅助加热,既可用热媒,也可用电热板。而其纺丝箱体主体既可直接用电加热,也可用热煤加热,但这种加热方法仅适用于纺粘法系统。而熔喷法纺丝箱体的两侧及两端都布置有其他配置附件,无法再布置其他设备。

五、纺丝箱体的加热功率配置

纺丝箱体的最高工作温度与纺丝工艺及聚合物的品种有关,熔喷法纺丝箱体的设计温度要比纺粘法更高,聚合物原料的熔点越高,纺丝箱体的设计温度也越高。加工 PP、PE 类材料的纺丝箱体的设计温度一般在 300~350℃。纺丝箱体是一个热惯性很大的系统,大部分加热系统都按从室温冷态升至工作温度的时间≤2h来设计配置加热功率。

而有些纺丝箱体的加热功率偏小，升温时间会很长，如用导热油加热的纺丝系统，其熔体制备系统（包括纺丝箱体、纺丝泵、熔体过滤器、熔体管道、螺杆挤出机出料头在内）的总加热功率甚至比一个直接电加热的纺丝箱体还小，因此，这种系统的升温时间可达3～4h，甚至需要更长的时间。

在挤出量相似的两种3200mm幅宽纺丝系统，大部分采用导热油加热的机型，其熔体制备系统的总加热功率一般为48～60kW。而采用直接电加热的系统，仅纺丝箱体的加热功率就达60kW。因此升温速率很高，很快就可以达到开机运行的温度。

纺丝箱体的温度会影响熔体的流动性，温度分布的可控性直接影响产品的均匀度，因此控温精度一般要达到±1℃。

纺丝箱体的装机加热功率主要与产品幅宽及熔体流量（产量）有关，熔体的温度越高，纺丝系统的幅宽越大，熔体流量越大，纺丝箱体的加热功率也越大。

通常所说的加热功率实际上是指装机功率，而并非实际消耗的功率，这是两个不同的概念。装机功率是固定不变的，而实际消耗的功率是一个变量，与加热设备的负载率有关。而负载率与实际温度与设定温度的差异相关，是一个从0～100%的变量。

使用同一种聚合物的不同品牌纺丝系统，其纺丝箱体的加热方式及加热功率会有较大差异；不同品牌的设备，其加热功率差异很大；同一品牌型号不同的纺丝箱体，其加热功率也可能不同（表3-5）。

表3-5　常用品牌纺粘法纺丝箱体的幅宽与电加热功率

纺丝系统幅宽（mm）	1600	2400	3200	4200
箱体加热功率（kW）	45	58～65	31～95	133

除了机型不同及设计要求等方面的原因（如升温速率、电加热元件负载率、可靠性等）外，还与纺丝系统的熔体挤出量[kg/（m·h）]相关，也就是与生产线的运行速度间接有关，因为运行速度越快的生产线，其熔体挤出量、生产能力也必然较大，消耗的能量也必然更多。

早期纺粘法纺丝系统的PP熔体挤出量仅有100kg/（m·h），而新型纺丝系统的熔体挤出量已达240～270kg/（m·h），纺粗旦（≥2.2旦）产品时的挤出量甚至达到330kg/（m·h）。因此纺丝箱体的加热功率差异较大。例如，幅宽同为3.2m的纺粘法纺丝箱体，其最大加热功率为35～95kW，由此可见，在没有弄清其使用运用情况下，不宜仿照其他机型的设计配置。

当采用管状加热元件时，单只管状加热元件的功率为0.55～1.2kW，有的机型会用到最大功率>2kW的管状加热元件，而单只加热元件所使用的电压有220V，也有380V，在更换加热元件时必须注意。

中间区域各加热区一般都是按等功率分布方式配置，即每个加热元件的功率都一样，但两端加热区的功率会较大。由于在运行时的散热状态（或热负荷）不同，相邻加热区之间又互相影响，在实际运行时，温度设定值也有可能不同，各加热区加热元件的实际工作状况（负载率）也不同。

电加热器的使用寿命主要与电热管的设计表面负荷（W/cm^2）有关，同样加热功率和同一种材料制造的电热管，管子的直径越大，发热区的长度越长，表面热负荷越小，使用寿命也越长。而电热管与纺丝箱体安装孔的配合对电热管的寿命影响也很大，正常情形下应该是稍紧的间隙配合，在冷态用力可以压入安装孔。如间隙偏大，电热管很容易烧毁；而安装孔的长度必须保证电热管的发热段能全部插入孔内，否则外露部分会很快因过热而损毁。

纺丝箱体加热区的数量与幅宽有关，幅宽越大，加热分区数量也会越多，如 3.2m 幅宽的纺粘法纺丝箱体有 14 个加热区，每一个加热区由一个温度传感器和多只加热元件组成。温度控制系统可以对所有温区集中群控、统一设定，而无须逐一设定各温区的温度。在具体操作时，只要给定一个设定值，所有加热区的温度就可同时设定好，此外，还可以对个别加热区的温度设定值进行独立调整。

普通的单组分纺丝箱体结构较简单，加热区是沿 CD 方向逐段划分的，而双组分纺丝系统两个组分的熔体是分别从箱体上下游（MD 方向）两侧进入纺丝箱体的，两个组分的熔体温度是不一样的，并且要一直保持到在进入喷丝孔前。因此，双组分纺丝箱体的加热区是先按不同组分分为两个大区，再分小区。两个大区的温度会有明显差异，但温差太大会形成偏大的热应力。

温度控制系统还可以对个别加热区进行个性化设定，根据工艺要求修订设定值。因此，纺丝箱体的温度设定值与实际温度并不一定是相等的，只要不影响产品的均匀度并保持纺丝稳定就可以。

熔体的温度差异会直接影响产品的均匀度，因此，经常通过人为制造温区间的温度差异，用来改善相关区域的熔体流动性，从而调整产品的均匀度。温度较高的区域，熔体流动性较好，相应区域纤网的纤维会较多。

纺丝箱体的电加热系统与其他加热系统一样，只有在冷态启动升温阶段，加热系统才需要投入较大的功率，甚至处于满负荷状态运行，装机功率越大，从冷态升温到工艺要求温度的时间（即处于过渡状态的时间）会越短。

当系统的当前温度已到达设定值并进入正常运行状态后，仅需要补充运行过程散失、消耗的能量，加上流动熔体也带有热量，这时所需要的加热功率是较小的，一般只有额定功率的 40%～60%。这就是装机容量相差很大的加热系统都能正常运行的原因，其差异主要表现在冷态启动耗用过渡时间的长短，温度偏离设定值后恢复正常状态所需时间的长短，也就是控温系统的反应灵敏度。

如有的用导热油加热的系统（包括熔体过滤器、熔体管道、纺丝泵、纺丝箱体在内），其供热导热油炉的总功率还没有一个电加热纺丝箱体大。因此，从冷态升温时间会长达 6h，浪费了大量的生产时间，这是一个容易被忽略的隐形损失，而直接电加热系统的升温时间一般是按 2h 设计的。

六、纺丝箱体的保温措施

纺丝箱体的温度与所加工的聚合物原料有关，纺丝箱体的最高设计温度为 300～350℃。在运行期间，加工 PP、PE 类聚合物时的温度一般都在 230～250℃，加工 PET 等聚酯类聚合物的纺丝箱体的工作温度在 250～300℃。

纺丝箱体的温度要比周边环境及设备的温度高，会以辐射或传导的方式散发大量热能，除了降低能量利用效率外，会影响温度的可控性和纺丝稳定性，污染了车间的工作环境，增加了工人的劳动强度。

在散失的热量中，包括箱体通过支撑结构传导到钢结构平台的热量、与箱体周围空气交换的热量和向空间辐射的热量。纺丝箱体设置保温罩壳后，能最大限度减少后两项热损失，而且还能降低操作环境温度，避免发生灼伤。

为了减少热量损失和对生产过程的影响，一般用厚度较大（≥50mm）的耐高温绝缘材料将高温部位覆盖，并在保温材料的外面设置不锈钢材料制造的防护外层。由于纺粘法纺丝箱体的附件很少，结构也较规整，可以把保温设施制作得很紧凑。

有少数国外机型会将保温材料制作成可以快速"穿着"的"衣服"状，直接将纺丝箱体"包裹"起来。

在纺丝箱体的防护罩内，还布置有大量的电加热器、温度传感器、压力传感器、接线端子盒等电气设施。因此，防护罩内的所有电气连接线必须使用耐高温（≥300℃）的阻燃型绝缘导线和抗氧化性能好的接线端子。

纺粘法纺丝箱体内的保温材料容易被单体污染，影响相邻的电气设备绝缘性能。这些可燃的物质在一定的条件下会发生阴燃或明火燃烧，使运行期间存在安全隐患，要注意做好定期清理。

纺丝箱体也会通过安装、固定装置传导、散失热量，影响纺丝箱体的温度分布，影响纺丝稳定性，目前这个问题已在新型纺丝系统中得到改善。

纺丝箱体只有在冷态启动时，加热系统才需要投入最大的功率，甚至处于满负荷状态运行，一般是在配置有效的保温措施前提下，按 2h 就可达到温度设定值的要求来配置加热功率。纺丝箱体加热系统的装机功率越大，从冷态升温至工艺要求温度的时间会越短。

七、纺丝箱体的固定

纺粘法纺丝系统的纤网接收方式是利用成网机接收，纺丝箱体与成网机之间的纺丝通道中配置有包括单体抽吸、冷却风装置、牵伸装置在内的其他设备。喷丝板至成网机之间的距离（DCD）较大，具体的数值与设备品牌、纺丝工艺有关。不同机型的纺丝箱体固定方式也不同。

（一）纺丝箱体的固定方式

纺丝系统的纺丝箱体有不同的安装方式，大部分机型的接收距离是固定不可调的，有的机型则需要调节 DCD，纺丝箱体可能要做升降运动，但都是以钢结构平台为安装基础的，即在任何状态下，纺丝箱体相对钢平台的位置是固定不变的。

目前，主流的宽狭缝低压牵伸纺粘法纺丝系统，其 DCD>4000mm，而在 SMS 生产线上配套的熔喷系统，其 DCD<350mm，独立使用的熔喷生产线，其接收距离会较大，DCD≥1000mm。纺粘系统的接收距离远大于熔喷系统，两者的安装方法差异较大。

1. 支座安装

采用支座固定纺丝箱体时，支座的结构要能方便调整箱体的中线及水平度，支座既能支承箱体的重量，还要考虑热膨胀和减少通过支座散失的热量。

（1）支座在纺丝箱体 CD 方向两端。大部分纺粘系统的纺丝箱体是固定在较高（一般标高在 6000~7000mm）的钢平台上。此前，纺丝箱体大多是采用支座直接安装在钢平台上，但这种安装方式会有大量的热能通过高温支座传导给钢结构散失（图 3-24）。

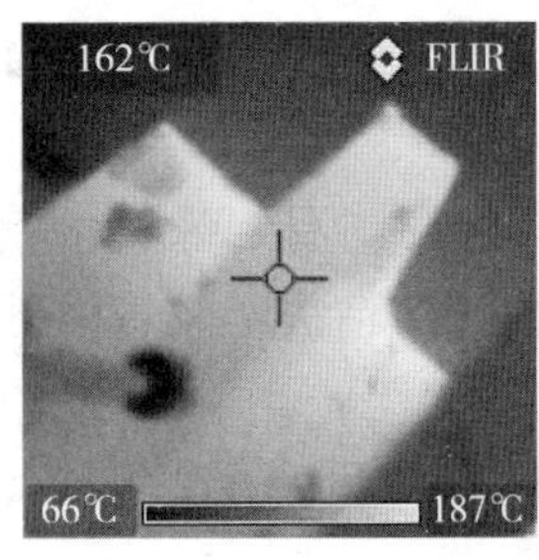

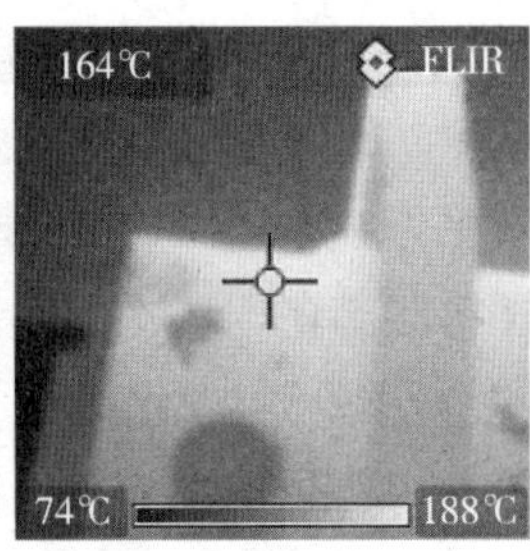

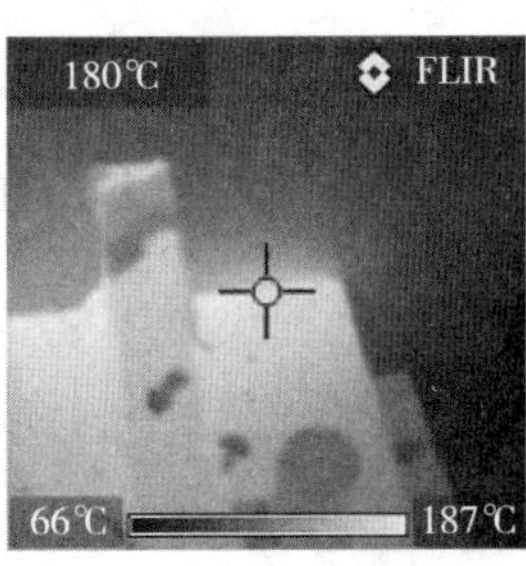

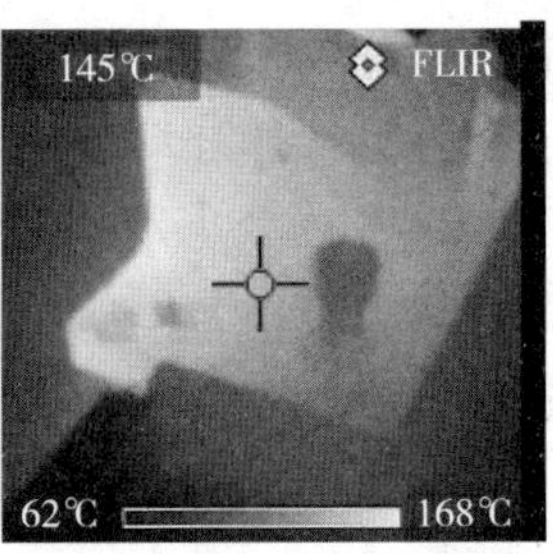

图 3-24　纺丝箱体的热量通过高温支座传导散失

图 3-25　支座式安装的纺丝箱体

如果不能补偿这部分散失的热量，纺丝箱体与安装支座连接部位的温度就会低于相邻区域，影响熔体的流动性和纺丝稳定性。

当支座处于纺丝箱体的两端时(图 3-25)，箱体两端的温度会比其他区域低，熔体的流动性变差，容易出现断丝、熔体滴漏现象。直接电加热箱体可以提高相应温区的温度给予补偿，但在用导热油加热的系统则没有这个功能，只能提高箱体的平均温度(也就是导热油的温度)来改善。因此，在采用导热油加热的系统中，纺丝箱体的两端容易出现纺丝异常情况(表 3-6)。

表 3-6　纺粘系统产品幅宽、纺丝箱体与纺丝组件质量

产品幅宽(mm)	2400	3200	4200	5200
分流衣架出口长度(mm)	2720	3520	4520	5520
纺丝箱体质量(kg)	2250	5000	5400	8000
纺丝组件质量(kg)	220	280	540	800

(2)支座在纺丝箱体 MD 方向两侧。有的纺丝箱体将支腿布置在箱体两侧(上下游方向)，并采用非对称方式配置，如下游侧各在离两端 1/4 长度位置各设置一只支腿，而在上游侧仅在中部设置一支支腿，使散失的热量能稍均匀一点。

2. 用杆件悬吊安装

用杆件悬吊纺丝箱体是熔喷法纺丝系统普遍应用的一种安装方式，目前也是纺粘系统纺丝箱体的一种主流安装方式。利用杆件悬吊安装的纺丝箱体，其稳定性不如支座式固定的纺丝箱体，为了防止在外力冲击下晃动并能保持安装精度，还要设计相应的定位机构。

(1)吊杆布置在纺丝箱体上方。纺丝箱体总成的重量较大，如 3200mm 幅宽的纺丝箱体重量达 5000kg，因此，采用吊杆安装时，常用四只规格为 M30～M36 的长螺栓将箱体悬挂在专用支架的下方，而且可以利用这四只螺栓调节箱体的标高和水平度(图 3-26、图 3-27)。

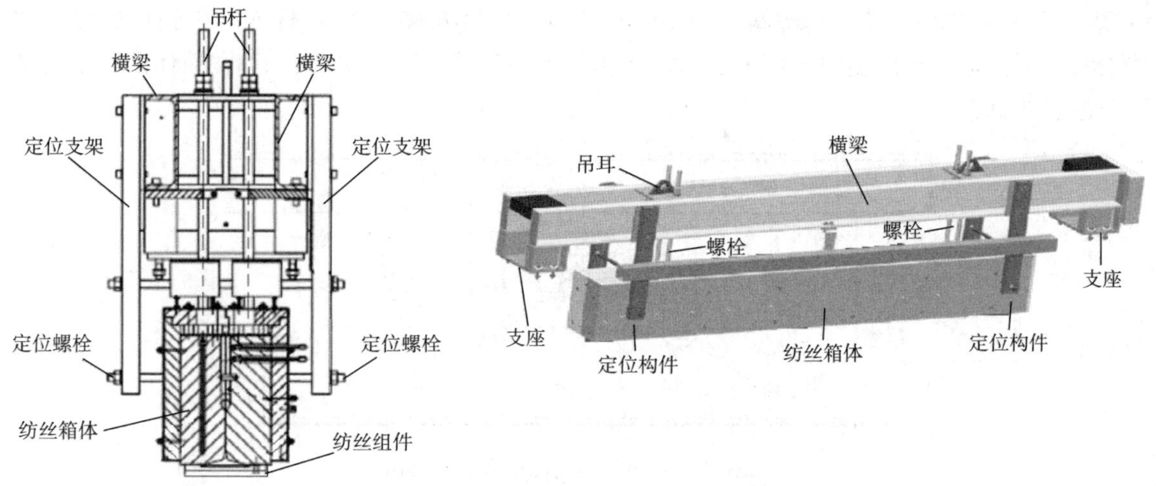

图 3-26　顶部悬挂式安装的纺丝箱体

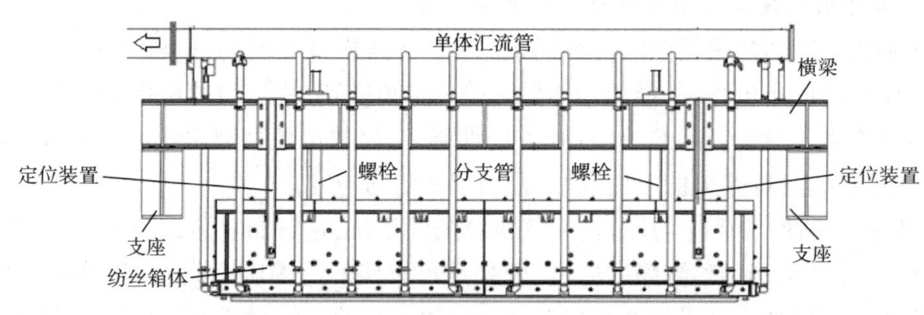

图 3-27　顶部螺栓悬挂式安装的纺丝箱体

以前选择吊装纺丝箱体的螺栓尺寸时，更多是从螺栓的负载能力及安全性来考虑，但目前倾向于提高被吊装纺丝箱体的稳定性和系统的刚性，因此选用的螺栓直径已远大于负载能力要求，这样可以承受闭合侧吹风箱时产生的冲击。

采用这种安装方式，一方面大幅度减少了与纺丝箱体接触的金属构件的截面积，减少了对外传导散失的热量；另一方面，增加了热量往钢结构平台传导的路径，也就是增加了热阻；还有是将支承点（悬挂点）从箱体两端向中部移动，避免了箱体两端热量散失多、温度偏低的情况出现。

在生产过程中，纺丝箱体是纺丝系统的基准，必须保持其位置是固定的。在正常生产过程中，箱体还与纺丝泵的熔体管道、单体抽吸收集管道连接，纺丝箱体还要承受闭合两侧冷却侧吹风箱时所产生的撞击。因此，还需要在箱体两侧设置四个定位装置，防止箱体晃动（图 3-27）。

这种安装方式有较好的工艺性能，保证了纺丝箱体各个位置的温度均匀一致，但结构复杂，而且耗用的金属材料较多，制造成本较高。

（2）吊杆布置在纺丝箱体上下游两侧。上述多种改进的综合效果，能大幅度减少热量的散失，提高箱体两端温区的可控性，有效提高纺丝稳定性，减少甚至杜绝了这两个区域由于温度偏低导致的断丝、出丝不良、熔体滴落等现象。

一些从美国引进生产线，其纺丝箱体采用多条长度固定的吊杆，在箱体上下游的侧面悬吊安装。目前,高端生产线的纺丝箱体采用四螺杆顶面悬吊方式安装,这样能减少箱体的热量散失,提高箱体温度分布的可控性和均匀性,改善纺丝稳定性。图3-28是一种在箱体两侧采用多吊杆悬挂方式。

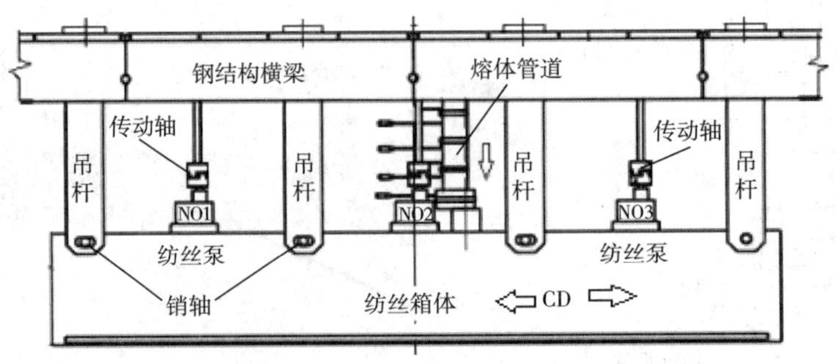

图3-28　纺丝箱体两侧用多吊杆悬吊

(二)纺丝箱体中线与成网机之间的夹角

1. 纺丝箱体的长度方向与成网机CD方向倾斜

绝大多数纺丝箱体的中线是沿与成网机的CD方向平行安装的,但也有一些机型(如早期制造的采用窄狭缝的小板线)的纺丝箱体则是按一定角度倾斜安装的,其倾斜角度为16°~25°,这种安装方法有利于改善产品的MD/CD方向性能差异,并可使相邻两块小喷丝板之间的纤维互相衔接,消除没有纤维覆盖的空白区域,提高产品的均匀度。

2000年前后,国外已有按45°布置的宽狭缝纺丝系统,这种布置方式改变了铺网过程的纤维运动方向,弱化了铺网过程缺陷的影响,好处是可以使产品MD/CD方向性能的比例接近1,也就是接近了各向同性。如果生产线中有两个纺丝系统的中线互成90°布置,也就是呈八字形布置(图3-29),成网过程的互补效应将有更加明显的效果。

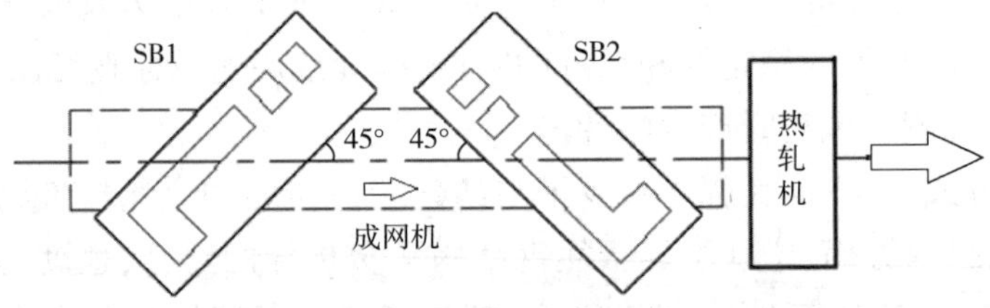

图3-29　两个互成90°布置的纺丝系统示意图

纺丝箱体采用倾斜一个角度的方法固定后,成网机的抽吸风箱也要同步倾斜相同的角度,还要解决纺丝系统下游出口端的压辊成网气流控制问题,系统也会较复杂。

2. 纺丝箱体倾斜安装的效果

近年来,国内已陆续开发出了将纺丝系统倾斜布置的机型,实践证明,这种生产线的产品呈现出明显的各向同性,MD方向的拉伸断裂强力与CD方向的断裂强力差异缩小,主要表现是除MD方向的强力比传统机型增大外,CD方向的强力有较大提升,产品的总体力学性能获得明显改善。

当纺丝系统与成网机以倾斜方式配置时,在喷丝板孔密度相同的条件下,还可使产品单位幅宽的喷丝孔数量比一般纺丝系统增加41.4%($\sqrt{2}-1$),也就是纤维的数量增加了41.4%,从而改善了纤网的遮盖性,弱化了牵伸气流对铺网过程的干扰,使局部铺网不均匀情况得到缓解,明显改善了产品的均匀度和布面观感。

图 3-30 是一条有两个纺丝系统的生产线，在成网机上配置了两个互成 90°布置的纺粘纺丝系统。

图 3-30　两个互成 90°布置的纺粘纺丝系统

3. 与成网机成一定角度倾斜布置的纺丝箱体

在采用小板式管式牵伸工艺的纺丝系统中，由于每两块小喷丝板之间存在没有喷丝板的一定宽度，为了避免产品在对应位置出现稀网缺陷，纺丝箱体与成网机以一定的倾斜角度配置，使喷丝板在 MD 方向的投影互相覆盖，实现无缝衔接。

应用双纺丝梁技术，就是在一个纺丝箱体中配置两条纺丝梁，每一条纺丝梁组成一个独立的纺丝系统，这样一个纺丝箱体就相当于有两个相对独立的纺丝系统(图 3-31)。

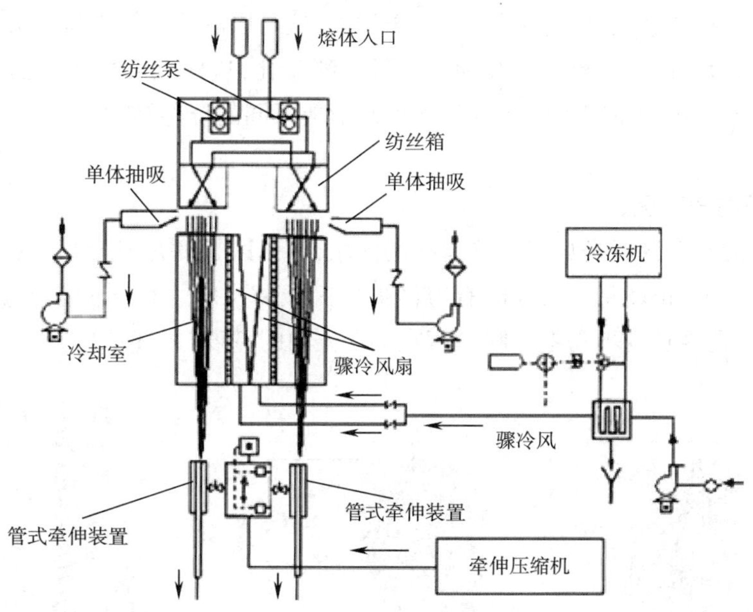

图 3-31　双纺丝梁管式牵伸纺粘法纺丝系统

这两个系统的牵伸管是错位布置的，两条纺丝梁生产的纤维也相当于两个纺丝系统生产的纤维，不仅在机械上具有补偿作用，在成网过程也有一定的互补效应，从而进一步改善铺网的均匀度，再加上应用了机械摆丝技术和静电分丝技术，使产品的 MD/CD 接近于 1，有更好的实用性能。

第五节　纺丝组件

不同纺丝工艺所用纺丝组件的结构、外形有很大差异,适用的聚合物原料也不相同,常分为单组分纺粘法纺丝组件、双组分纺粘法纺丝组件,其外形有圆形、方形、矩形等。根据将纺丝组件往纺丝箱体安装时的作业方向,还可分为上装式和下装式组件等。

虽然纺丝组件应用的纺丝工艺、组件的外形、安装方式、结构细节都有差异,但也存在一些共性的指标。但原理基本大同小异。

一、纺丝组件的基本性能参数

喷丝板是纺丝组件中的核心部件,其作用是将熔体变为熔体细流进行纺丝,并成为细纤维。关于熔体纺丝成网非织造布用的喷丝板,在 FZ/T 92082—2017《非织造布喷丝板》中有相关的定义和要求。

喷丝板上加工有很多微孔(毛细管),其主要技术特征有:喷丝孔数量(也就是纤维的数量)、孔的布置密度、孔间(丝间)距离、喷丝孔大小 D、喷丝孔长度 L 或长径比 L/D、喷丝孔的形状(圆形/非圆形)等。

喷丝孔直径与所用的聚合物原料、可能的牵伸比和要求的纤维细度有关,而且要考虑熔体流经时产生的背压,其被堵塞的概率和进行清洗的可能性,通常都会导致选用更大的喷丝孔直径。

喷丝孔的长径比对喷丝板的加工成本有较大影响,也会影响喷丝板的背压,也就是纺丝箱体的熔体压力。长径比越大,阻力也越大,背压越高,但可以舒缓熔体出口胀大的影响。

大多数喷丝孔是圆形的,也有双叶和三叶形的喷丝孔,这样就可形成表面更平滑的纤维或类似三角形的纤维。这种不同于圆形的纤维可以形成不同的纤网结构,并具有不同的视觉效果和应用特性。

(一)喷丝板的布孔区

纺粘喷丝板的布孔区就是加工有喷丝孔的区域,布孔区长度是专指喷丝板在 CD 方向加工有喷丝孔的区域长度,也就是运行期间有熔体喷出区域的长度。对于长方形喷丝板,有长度和宽度两个方向,布孔区长度不需考虑喷丝板在 MD 方向的宽度(图 3-32)。

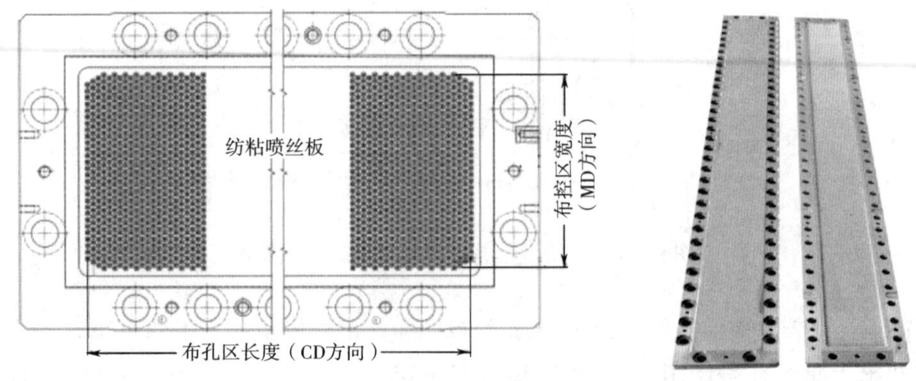

图 3-32　纺粘喷丝板的布孔区定义

在喷丝板的布孔区内,按照一定的分布规律和间隔,加工有很多精密的喷丝孔,纺粘喷丝板的喷丝孔的排和列一般都是错位布置,相邻喷丝孔呈三角形分布,这有利于增加熔体细流与冷却气流之间的热交换,改善冷却效果和产品的均匀度。

喷丝孔的参数和布局受多个因素的影响,孔密度取决于所要求的纤维细度,计算所要求的喷丝孔数,即每一个喷丝孔的单孔熔体流量。在一定的纺丝速度下,单孔熔体流量可以转换成孔的数量与所要求的熔体总挤出量。因此,喷丝孔的密度和分布间距明显与工艺能力有关。

喷丝孔的密度和间距取决于冷却气流和纤维速度的管理和调控,必须保证冷却空气能穿透纤维(长丝)束,并使所有的纤维都能获得相似而均匀的冷却。

对于圆形喷丝板,布孔区就是最外圈喷丝孔分布的圆的直径(图 3-33)。

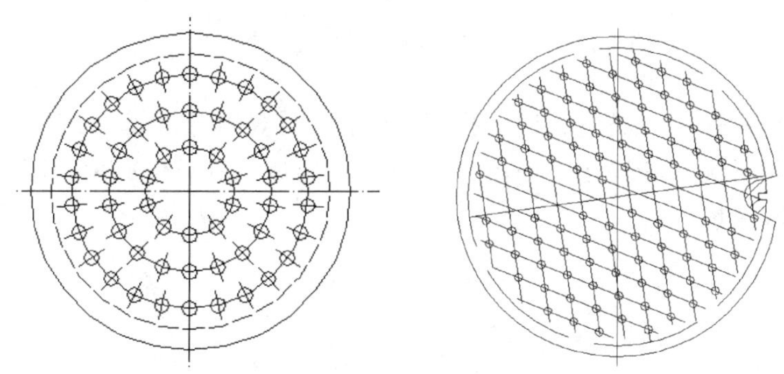

图 3-33　不分区的纺粘喷丝板(左)和分区的纺粘喷丝板(右)

布孔区的大小是喷丝板的一个重要技术指标,决定了纺丝系统的铺网宽度,是可以布置的喷丝孔数量的决定因素,也是产品铺网宽度的一个基础数据。

布孔区的长度是根据生产线的纺丝系统配置、运行速度等因素在设计时决定的,对于纺粘系统,也是设计纺丝通道(包括冷却段、牵伸段、扩散段)抽吸风箱 CD 方向入口宽度的依据。

在同一条 SMS 生产线中,纺粘系统喷丝板布孔区的宽度比熔喷系统一般大 50~100mm,以保证纺粘纤网能完全遮盖熔喷纤网。

除了喷丝板布孔区的长度外,纺丝系统在运行过程中影响铺网幅宽的工艺因素还有成网机抽吸风流量、牵伸气流的流量、生产线运行速度及铺网距离 DCD(对开放式纺丝系统)等,这些工艺参数值增加后,都会使铺网宽度明显变窄。此外,侧(横)向环境气流干扰也会影响铺网宽度。

在纺丝铺网过程中,纤网的两个侧边不可避免存在一定宽度无法使用的“稀网”区域,在交付使用前要切除。因此,布孔区的长度要比产品的名义幅宽大,要比产品幅宽大 200~300mm,这也是纺丝箱体的熔体分配流道宽度一定要比产品幅宽大的原因。

由于成网机的运行速度会影响纤网的最终宽度,同样幅宽的产品,运行速度越快,受张力影响所产生的缩幅越大,要增加的宽度也越大,要求的铺网宽度也越大,以补偿因缩幅所产生的损失。因此,在不同运行速度下使用的喷丝板,不一定能互换使用,原因就是铺网宽度要求不同。

(二)喷丝孔的结构参数

喷丝孔的结构参数主要包括:喷丝孔的形状,喷丝孔的直径 D(mm)、长度 L(mm),长径比

(L/D)。喷丝孔一般是用机械钻孔方式或电火花加工(EDM)方式加工成型的。

喷丝孔的形状有圆形和异形两类,一般纺粘喷丝板的喷丝孔主要是圆形,用直径 d(mm)表示,如果是非圆形的异形喷丝丝孔,则用其主要特征尺寸表示。如三叶形喷丝孔主要用叶宽和叶长表示,见 FZ/T 92082—2017《非织造布喷丝板》的相关规定。异形喷丝孔的主要特征尺寸如图 3-34 所示。

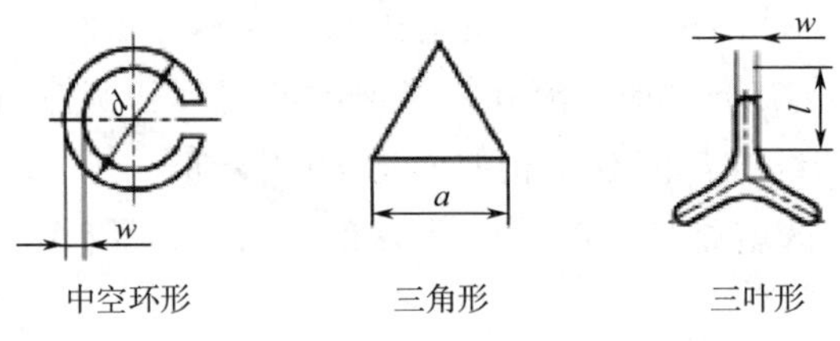

图 3-34 几种异形喷丝孔的主要特征尺寸

一般喷丝板上只有一种规格的喷丝孔,而在混纤型双组分纺丝系统中,一块喷丝板上会同时加工两种不同形状或形状相同而尺寸大小不同的喷丝孔,图 3-35 所示为有圆形和三叶型两种喷丝孔的喷丝板。

图 3-35 三叶形与圆形混纤型喷丝板

圆形喷丝孔的直径主要与聚合物的种类有关,纺丝聚合物熔体具有非牛顿特性,其黏度会随时间和速度梯度变化,熔体在喷丝孔内流动时会发生弹性变形,这种弹性变形将随速度梯度的升高而增大,影响纺丝稳定性。因此,喷丝孔直径的大小还与熔体的黏度有关。

一般情况下,熔体的黏度越大,选用喷丝孔的直径越大;熔体的黏度越小,喷丝孔的直径就较小。PP 熔体的黏度较大,一般喷丝孔的直径为 0.40~0.60mm;而聚酯类聚合物熔体的黏度较小,喷丝孔的直径为 0.25~0.40mm。喷丝板的剖面形状如图 3-36 所示。

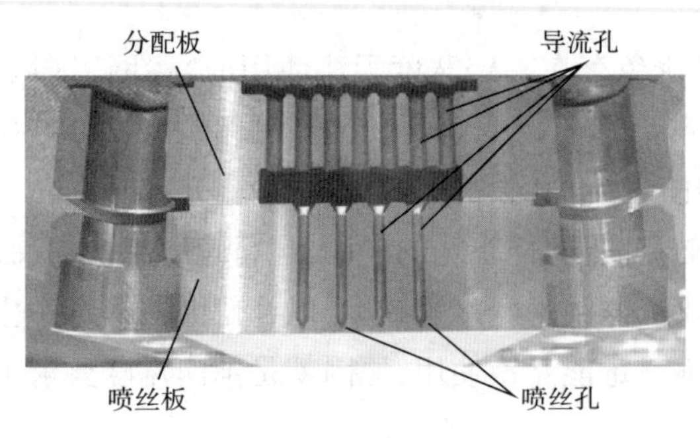

图 3-36 分配板、喷丝板与喷丝孔示意图

熔体从喷丝板挤出后,会发生出口胀大现象,胀大部分的最大直径与喷丝孔的直径比例称为胀大比。如果过分胀大,会发生断丝,影响纺丝稳定性。

在纺粘法纺丝系统中，一般要将胀大比控制在小于 2 的范围内，就能稳定纺丝。

由于喷丝板要承受很大的熔体压力，一般都用很厚的耐高温材料制造，如目前所用的大板厚度可达 30mm，而一般喷丝孔的长度仅有 1～3mm，因此，为了将熔体导入喷丝孔，每一个喷丝孔都会加工出一个直径较大且很长的导流孔，仅在导流孔的末端才加工直径很小的喷丝孔（图 3-37）。

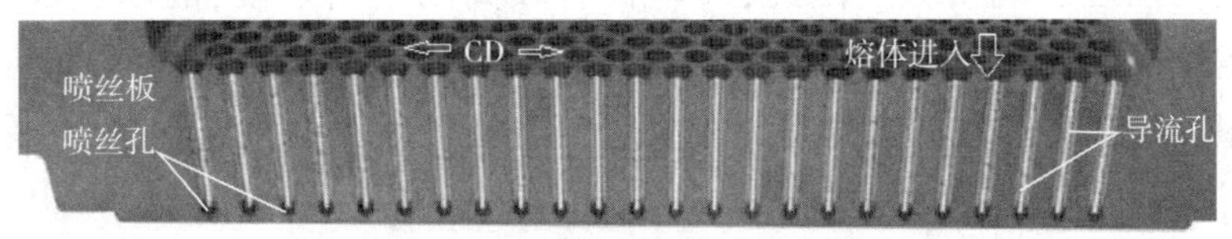

图 3-37　喷丝板的导流孔和喷丝孔

由于不同聚合物熔体的特性不同，对于双组分喷丝板，其喷丝孔的结构参数是按非牛顿性较强的熔体来设计的。如 PP/PE 配对时，PP 熔体的非牛顿性较强，喷丝孔就要按纺 PP 来设计。

喷丝孔的直径越细，意味着在 1min 内，每一个喷丝孔的熔体流量（简称单孔流量，ghm）越小，纤维的牵伸倍数较小，容易获取直径更细的纤维。

增大喷丝孔的直径，有利于降低喷丝板的熔体出口胀大效应，对提高纺丝稳定性有益，但直径较大的喷丝孔，单孔的熔体流量较大，要纺制同样直径的纤维，就需要更大的牵伸倍数或更高的牵伸速度。

目前，新型国产 PP 纺粘设备的牵伸速度≤2500m/min，通常喷丝孔的直径为 0.40～0.50mm，纤维细度 1.5～1.8 旦。国外主流纺粘设备的牵伸速度较高，一般可达 4500m/min，系统有较强的牵伸能力，在喷丝孔直径为 0.60mm 时，除有很好的纺丝稳定性外，纤维细度也较细，可达 1.0～1.2 旦。

喷丝孔的直径大小还与纺丝系统的熔体挤出量有关，如果直径较小，则每一个喷丝孔允许的熔体最大流量也较小，如果喷丝板的孔密度较低，除影响产品的均匀度外，也会降低系统的产量。

喷丝孔内壁的光洁度、中心线与板面的垂直度或所有喷丝孔中心线的平行度都是影响纺丝稳定性的重要因素，也是高质量喷丝板与一般喷丝板的差异所在。

增大喷丝孔的长径比有利于缓解熔体出口胀大现象，改善纺丝稳定性。用于 PP 纺粘系统时，喷丝孔的长径比一般为 4～6；用于 PET 纺丝系统时，喷丝孔的长径比一般为 2～4。

增大喷丝孔的长径比还有利于减少熔体的弹性形变，缓解喷丝孔的出口胀大效应，有利于稳定纺丝。喷丝孔的长径比主要与聚合物的种类及喷丝孔的孔密度有关，孔密度越高或喷丝孔的直径越小，喷丝孔的长径比越大。

喷丝孔间中心距的大小与喷丝孔直径、纺丝速度、聚合物种类有关。喷丝孔的直径越大、纺丝速度越低，要求孔间距越大。在同样条件下，由于 PP 熔体的非牛顿特性较强，熔体在喷丝孔出口的出口胀大效应较大，纺制 PP 纤维时要求孔间距也较大。

当纺粘喷丝板上喷丝孔的孔间距<2mm 后，纤维将很难得到均匀有效的冷却，既容易发生并丝，也容易导致断丝，影响纺丝稳定性。因此，纺丝速度较低的纺粘系统，一般喷丝孔间距>

4. 5mm;纺丝速度较高的系统,一般喷丝孔间距>3. 0mm。

聚合物熔体从熔体通道进入喷丝板后,便从喷丝孔喷出,经过气流牵伸成直径很细的纤维。喷丝板的性能是决定产品质量和生产能力的主要因素。

(三)喷丝板的熔体压力

由于纺粘法喷丝板的喷丝孔间距较大,而且板的厚度较大,一般在 30mm 左右,喷丝孔的布置对喷丝板的结构强度影响不大。因此,喷丝板有较高的结构强度,能承受较高的熔体压力。喷丝板是纺丝组件中熔体流动过程中承受阻力最大的零件,是熔体压力降幅最大的位置。由于喷丝板要承受很大的压力和在较高温度下使用,因此,要使用高强度螺栓紧固,保持良好的密封状态,防止熔体泄漏。

目前,根据具体的机型和熔体分流方式,纺丝箱体的熔体压力有很大差异。使用管道分流的纺粘法纺丝箱体,一般熔体压力≤3. 0MPa,使用衣架分流的纺丝箱体,熔体初始压力一般在6~10MPa。

纺丝箱体的熔体压力会影响熔体的均匀分配,压力偏低会导致一些阻力较大的位置熔体流量偏小,影响纺丝稳定性,而纺丝箱体在 CD 方向的两端离熔体入口的距离最远,熔体流动阻力可能最大。因此,当纺丝泵的转速较低,也就是熔体压力偏低时,发生断丝、熔体滴落等现象也会较多。

随着使用时间的增加,纺丝箱体的熔体压力随之升高,其升高速率与熔体的通过量、杂质含量及组件内滤网的过滤精度有关,到纺丝组件使用周期即将结束前,有的纺丝箱体熔体压力可接近 12. 0MPa。这个数值既是设定纺丝箱体安全运行压力的依据,也是更换纺丝组件的一个依据。

由于纺粘法喷丝板的强度很高,在运行过程中几乎不存在喷丝板损坏的可能性,但熔体压力太高,很容易使密封件失效,导致熔体泄漏,要停机加大力矩进行紧固,或直接更换纺丝组件。

(四)喷丝孔的布置排列方式

纺粘喷丝板的喷丝孔分布在一个平面上,沿 MD 方向排列的各列喷丝孔是并列对齐的,而沿 CD 方向排列的各行喷丝孔起始端则采用错位排列,两行间在 CD 方向的错位量为喷丝孔间隔的一半。

此外,为了改善丝条的冷却条件,避免处于中间位置的丝条被前方的丝条遮挡,有的喷丝板每行喷丝孔的中心线会与 CD 方向成一个倾斜角度,以便冷却气流能透过全部丝束,有的喷丝板倾斜角度约为 1°。

(五)喷丝孔密度

喷丝孔密度是指在布孔区的 CD 方向单位长度内的喷丝孔数量。当采用公制计量单位时,喷丝孔密度的单位是个/m。

$$孔密度=\frac{喷丝孔数量(个)}{布孔区长度(m)}$$

例 1:纺粘喷丝板的布孔区长度为 3. 50m,共有喷丝孔 23800 个,则喷丝孔密度为:23800/3. 5=6800(个/m)。

除采用公制计量单位外,纺粘法喷丝板有时会采用英制计量单位,这时喷丝孔密度的单位用 hpi 表示,是英语“每英寸长度内喷丝孔数量”的缩写,由于数值小、简单易记、方便使用,成为国内外熔喷行业较通用的一个专业术语，有时也用来表示纺粘法喷丝板喷丝孔密度。

公制孔密度(个/m)与英制孔密度(hpi)的换算关系如下：

$$公制孔密度(个/m)=39.37\text{hpi}$$

$$\text{hpi}=\frac{公制孔密度(个/m)}{39.37}$$

例2：纺粘法喷丝板的公制孔密度为6614个/m，则其英制喷丝孔密度为：hpi = 6614/39.37≈168，常用hpi168表示。

喷丝孔密度与聚合物种类、纺丝工艺、纤维的结构及粗细、产品的应用领域等因素有关。由于PP等聚烯烃类聚合物的热传导系数较小，难以降温冷却，喷丝孔密度比聚酯类的喷丝孔密度小。

一般使用一块整板的宽狭缝牵伸系统，其喷丝孔密度比应用管式牵伸工艺的喷丝孔密度大。管式牵伸工艺的纺丝系统一般都采用单面侧吹风，喷丝孔密度大会影响纤维的冷却。宽狭缝牵伸系统采用双面侧吹风，纤维较容易获得均匀有效的冷却。

双组分纺丝系统的喷丝孔密度与纤维结构有关，比单组分喷丝孔占用的空间大，因此，喷丝孔密度比普通单组分系统的低。如近期引进的S/S型双组分喷丝板，其孔密度仅为6700个/m。

喷丝孔直径较大的喷丝板，熔体所带的热量较多，较难冷却散热，因此，喷丝孔密度要比喷丝孔直径较小的低。

早期纺粘系统的喷丝板宽度为216mm，一般喷丝孔密度≤5000个/m。在纺丝泵排量相同(即熔体挤出量一样)或纺丝系统的产量相同的情况下，孔密度越高，意味着喷丝孔的单孔流量越小，用同样的牵伸速度可获得更细的纤维，增加纤维的根数和长度，改善产品的均匀度，提高遮盖性，使产品有更佳的质量。

在保持喷丝板的单孔熔体流量不变的条件下，增加孔密度，也就按比例提高了纺丝系统的熔体挤出量(或产量)，可以获得更大的经济效益。

由于不能通过增加布孔区的长度来增加喷丝孔的数量。因此，要提高孔密度，就只能用增加喷丝板布孔区(MD方向)的宽度来实现。如喷丝板布孔区的宽度由120mm增加至160mm后，喷丝板的孔密度就可由5000个/m增加至7000个/m，而喷丝板的外形宽度也随之由216mm增大至256mm。近期引进的S/S型双组分生产线，纺丝系统的喷丝板宽度已达370mm。

增加喷丝板的宽度并非一定是为了提高孔密度，在孔密度不变的前提下，可以增加喷丝孔间的距离，更有利于冷却气流穿透纤维束，使中部的熔体细流得到充分冷却。如宽度为340mm的喷丝板，其喷丝孔密度仅为6000个/m左右，喷丝孔间的距离明显增加。

目前，纺粘系统较通用的大板宽度有两种主要规格，早期多以216mm(俗称窄板)为主，这是20世纪90年代的主要规格，目前主流纺粘法的喷丝板宽度为256mm(俗称宽板)。此外，国内的纺粘系统中还使用过宽度为235mm、285mm、300mm、340mm等特殊规格的喷丝板。

二、喷丝板对纺丝过程的影响

在机械加工方面，提高喷丝板的孔密度并没有技术问题，关键是能否突破熔体细流的均匀冷却、纺丝稳定性等工艺难题，在特定的技术背景下，喷丝板的孔密度是有极限的，宽度较大的喷丝板,其孔密度并不会随宽度的增加而成比例增大,但有利于熔体细流的均匀冷却,提高纺丝稳定性。

纺粘法喷丝板的孔密度会影响纤维的冷却,提高喷丝孔的布置密度后,在工艺上就要面对喷丝板中部的纤维冷却问题。孔密度越高,喷丝孔间的间隔(也就是熔体细流之间的间隔)越小,冷却气流越难穿透,冷却气流进入中部后,速度降低,温度则明显升高,冷却效率降低,导致喷丝板中部的纤维无法得到均匀有效的冷却,容易产生“飘丝”“断丝”。

如果增加冷却风的流量或速度,可以提高冷却风的穿透能力,但靠近侧吹风箱出风网一侧的纤维,却会因过度冷却而难以牵伸,形成硬丝,同一根纤维的迎风面和背风侧的温差增大,也不利于纤维的均匀牵伸和取向,导致中部纤维的冷却效果下降,无法获得充分冷却。

有两个明显的影响因素:一是增加喷丝板的宽度后,冷却气流的行程、需要冷却的纤维数量、所遇到的阻力增加,要消耗冷却风的动能来克服阻力,速度不断衰减,进入中部后,气流的速度下降、流量减少,穿透能力降低;二是冷却气流在行进过程中会不断吸收纤维的热量,每经过一根纤维,温度随之不断升高,进入中部的气流温度比两侧的温度高,与纤维的温度差缩小,热交换效率下降,导致冷却效果随之降低。

为了解决增加喷丝板宽度后中部的丝束难以充分冷却这个问题,有制造企业干脆取消了喷丝板中部一定宽度范围内的喷丝孔,喷丝板的中部就成为一个没有喷丝孔的空白区域(图 3-38)。

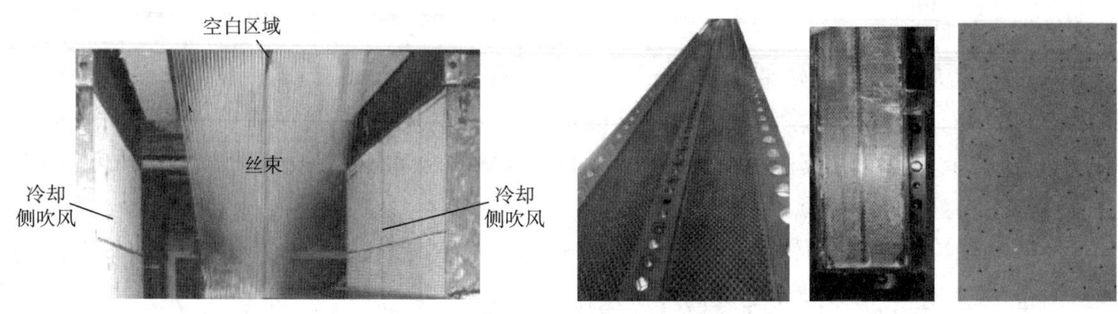

图 3-38　中部取消喷丝孔的喷丝板

采用中部取消喷丝孔这一设计方案,实际上并未解决喷丝孔间距离偏小这个问题,效果并不理想。而只有降低喷丝孔密度,增大喷丝孔间的间距后,才能改善喷丝板中部纤维冷却不充分这个问题。

纤维的冷却效果与纤维的直径有关,纤维的直径越大,冷却越不容易。像聚丙烯这类导热能力较差的纤维,其芯部的热量不容易传导到纤维表面与低温冷却气流进行交换,而且大直径纤维所携带的热量也较多,容易使冷却气流吸收热量后温度升高,与纤维间的温度差减小,降低冷却效果。因此,喷丝板的孔密度不能太高,而且其纺丝通道的冷却长度也会较大。

纤维的直径较小,所携带的热量较少,芯部的热量容易传导到纤维表面并与低温冷却气流进行交换,冷却气流在前进过程中遇到的阻力较小、吸热升温也较小,进入纤维束中部时,仍能与纤维保持较大的温差,有较强的冷却能力,而且其纺丝通道的冷却段长度可以较小。

因此,在纺丝速度较高、纤维较细的纺丝系统中,喷丝板的孔密度可以比一般的喷丝板孔密度高,这样可以获得较高的产量,并改善成网质量。

目前,有的牵伸速度较高的纺丝系统,主要用于生产低定量的产品,喷丝板的单孔流量较小,纤维较细。在使用比 256mm 更宽的喷丝板,如宽度为 300~340mm 的喷丝板时,其孔密度可达 7000~8000 个/m,甚至更高。

实际上,宽度为 300mm 或 340mm 的喷丝板,其布孔区 MD 方向的宽度分别是 256mm 喷丝板的 125%和 150%,在喷丝孔间的距离不变,也就是单位面积的喷丝孔数量(约 4.19 个/cm^2)不变的情况下,其喷丝孔的数量应按比例增加至 8375 个/m 和 10050 个/m。

目前这些特别宽的喷丝板,其最高孔密度只有 8000 个/m,说明这种喷丝板单位面积的喷丝孔数量更少。虽然喷丝孔的总数量增加了,但因为布孔区的面积增加了,单位面积内的喷丝孔数量反而减少了,也就是喷丝孔间距反而增大了,这就为改善纤维冷却效果提供了有利条件。

在一些采用管式牵伸工艺的纺丝系统中,喷丝板宽度较窄,可以加工喷丝孔的区域面积就较小,孔密度也就较低,如图 3-39 所示,为一种长×宽×厚=214mm×170mm×30mm 的喷丝板,有的孔密度为 4500 个/m,有的孔密度只有 2290 个/m。一般管式牵伸纺丝系统使用的喷丝板的孔密度为 2500~3500 个/m。

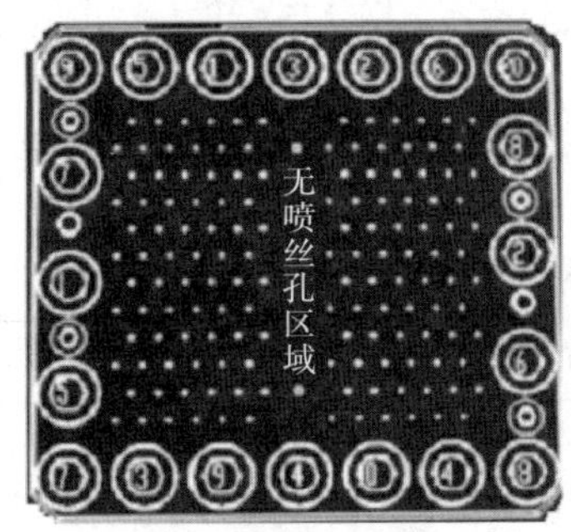

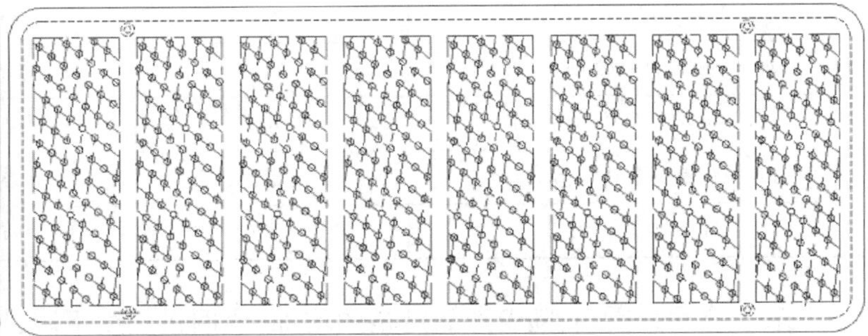

图 3-39　管式牵伸纺丝系统使用的中部没有喷丝孔的喷丝板

在管式牵伸纺丝系统中,为了便于将喷丝板喷出的丝条分为数量相等(如 72 根)的两个丝束并将其引入牵伸管,喷丝板的中部设置有一个没有喷丝孔的区域(图 3-39、图 3-40),这可以使两个区域的丝束间有一个明显的界线,便于在纺丝系统的启动阶段进行分丝操作,而不是为了改善纤维的冷却效果。

图 3-40　中部没有喷丝孔的喷丝板(上方)

在采用管式牵伸的纺丝系统中,由于喷丝板的孔密度较低,纤维数量少,纤维相互间的距离宽,冷却风容易穿透,采用开放的单面冷却吹风,也有较好的冷却效果,这与使用大板纺丝系统的运行条件不同。

双组分纺丝组件的喷丝板结构较复杂,每一个喷丝孔所占用的空间要比普通单组分系统的大,加上其他工艺条件(如纤维冷却)的限制,双组分喷丝板要比单组分喷丝板的孔密度小。

双组分纺粘法喷丝板的孔密度还与纤维的结构有关,如并列型(S/S)双组分喷丝板的孔密度为 4000~5000 个/m,分裂型(SP)双组分喷丝板的孔密度一般较小,为 2000~2500 个/m。

纺丝箱体的长度方向一般与成网机的CD方向平行，在20世纪80~90年代引进及仿制的一些小板型纺粘法纺丝系统，其纺丝梁是与成网机的CD方向倾斜一定角度安装的，倾斜角度为16°~25°，这种安装方法可增加喷丝板的安装空间，消除或减少与喷丝板之间没有喷丝孔的接缝位置对应的稀网现象，增加产品单位宽度的纤维数量，改善产品的均匀度，缩小产品的MD/CD方向的性能差异。

虽然喷丝板本身的孔密度 n 较小，但在纺丝箱体与成网机CD方向倾斜一定角度 α 安装后，换算为产品单位幅宽的喷丝孔数量较多，非织造布产品单位幅宽的喷丝孔数量 N 为：

$$N = n/\cos\alpha$$

由于 $\cos\alpha \leqslant 1$，所以 $N \geqslant n$，如安装角度为45°时，产品单位幅宽的喷丝孔数量可为喷丝孔密度的1.41倍，即纤维的数量也随之增多了，除产品的均匀度得到较大改善外，MD方向和CD方向的拉伸断裂强力也明显比喷丝板按常规布置的产品更大（表3-7）。

表3-7　纺丝系统倾斜45°后的产品质量指标

项目	指标		
产品定量规格（g/m²）	25	35	60
定量规格离散系数 *CV*（%）	3.5	3.5	3.5
MD拉伸断裂强力（N/5cm）	70	85	150
CD拉伸断裂强力（N/5cm）	60	75	140
MD/CD强力比	1.17	1.13	1.07

从表3-7可以看出，随着产品定量的增加，成网机速度下降，铺网过程受成网机运行速度的影响减小，加上喷丝板倾斜安装，各项力学性能更加趋近各向同性，扩展了产品的应用领域。

由于纺粘法纺丝系统的纺丝通道包括了纺丝箱体、单体排放、冷却吹风与牵伸通道、扩散通道、成网机抽吸风箱、相应的工艺气流管道等设备和构件，结构复杂，牵涉的设备较多，倾斜角度不容易设计成活动的可调整式。因此，纺丝系统的倾斜角度一般是固定不变的。

表3-8为不同莱克非纺丝工艺的PP喷丝板孔密度及产品特性。

表3-8　纺丝工艺与喷丝板孔密度及产品特性（莱克非纺丝工艺）

纺丝工艺		单排熔喷MB	多排熔喷MR	纺粘SB
喷丝孔密度	hpi	25~75	50~125	150~170
	个/m	984~2953	1969~4921	5906~6693
纤维直径（μm）		1~5	3~15	10~30
产能[kg/(h·m)]		10~100	40~150	150~270
纤维强度		低	中	高

在纺丝泵的熔体挤出量相同或纺丝系统的产量相同时，孔密度越高，意味着喷丝孔的数量越多，分配到每一个喷丝孔的单孔流量越小，用同样的牵伸速度，可以获得更细的纤维，使产品有更好的质量。在选择喷丝板的孔密度时，首先要考虑纺丝的稳定性，因此，并不能只片面追求

高的孔密度。新型的普通单组分纺粘系统用喷丝板，其孔密度通常为 5900～6700 个/m（hpi 150～170）。

三、纺丝组件的功能与结构

（一）纺丝组件的功能

在熔体纺丝成网非织造布生产线中，纺丝组件的作用是将纺丝泵输送来的聚合物熔体均匀分配到每一个喷丝孔，在压力作用下从喷丝孔喷出，成为有特定截面形状的熔体细流，熔体细流经过冷却、牵伸后，成为有一定力学性能的纤维。

采用宽狭缝牵伸工艺的纺丝系统，因为只有一块大的喷丝板，因此，也就只有一套纺丝组件；采用管式牵伸工艺的纺丝系统，有多个纺丝组件，并配套同样数量的尺寸较小的喷丝板。图 3-41分别为单组分纺粘法纺丝组件（左）及双组分纺粘法纺丝组件（右），显然，两者结构上的差异不仅仅是外形，双组分纺丝组件的结构较复杂，零件数量（层数）明显增多。

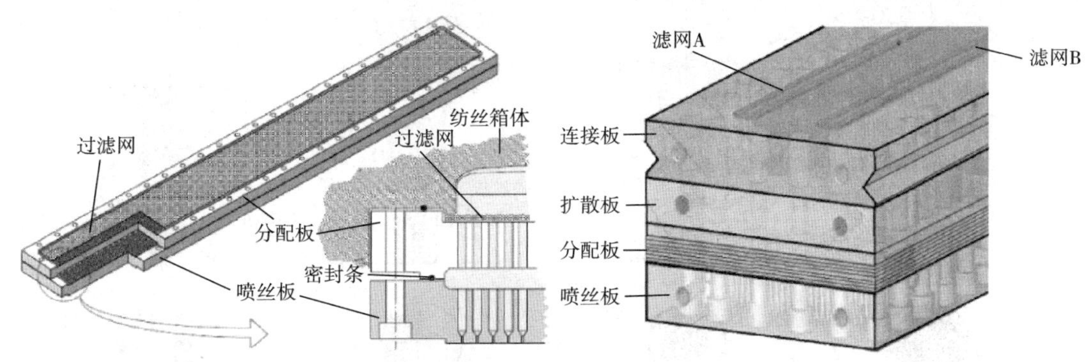

图 3-41　单组分纺粘法纺丝组件（左）与双组分纺丝组件（右）

普通单组分纺粘系统中，一套完整的纺粘法纺丝组件应包括分配板、滤网、喷丝板、密封件等零件。有的纺丝组件还配置有熔体管道或压力/温度传感器、防爆管等相应的附件。但喷丝板是其中一个重要部分，图 3-42 是喷丝板的出丝面（右）。

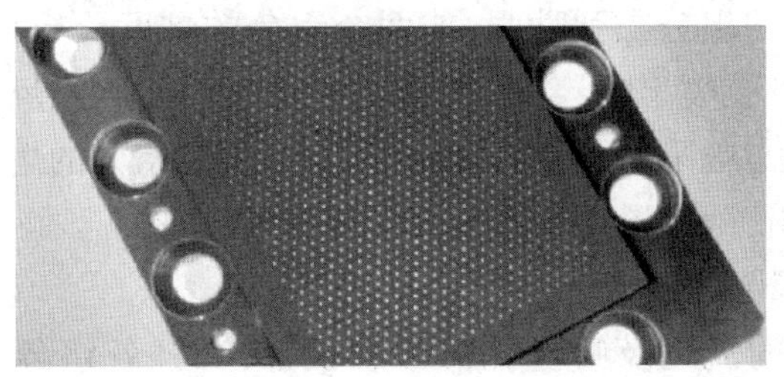

图 3-42　喷丝板的出丝面

多组分纺粘系统中，纺丝组件的结构较复杂，而且各个品牌的差异很大，其中主要表现在分配熔体的分配板上，图 3-43 是其中一种双组分纺丝组件的分配板。一般的单组分分配板结构简单，而且仅有一块，但在双组分纺丝组件中，可能有两块、三块或更多块分配板。喷丝板的结构与双组分纤维的截面有关，与普通单组分喷丝板完全不同。

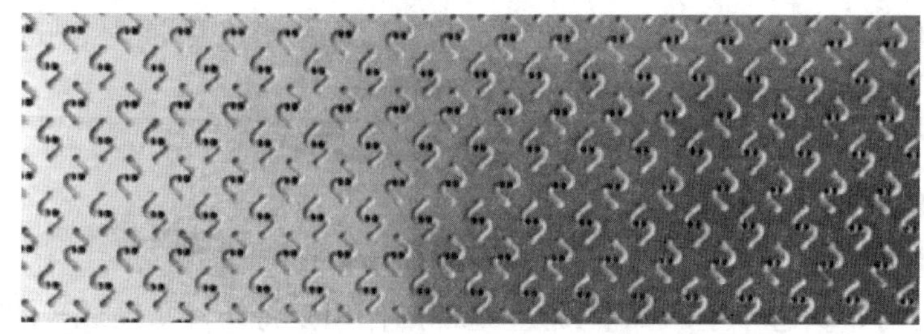

图 3-43　并列型双组分纺丝组件中的一种分配板

单组分纺丝组件中，影响熔体喷出时流动状态的仅是喷丝孔。而双组分的分配板则决定了不同组分熔体的流动和分配，不同组分的熔体在喷丝孔汇聚后再喷出，成为双组分纤维。由不同的分配板与喷丝板组合，可纺制出截面不同的双组分纤维（图 3-44）。

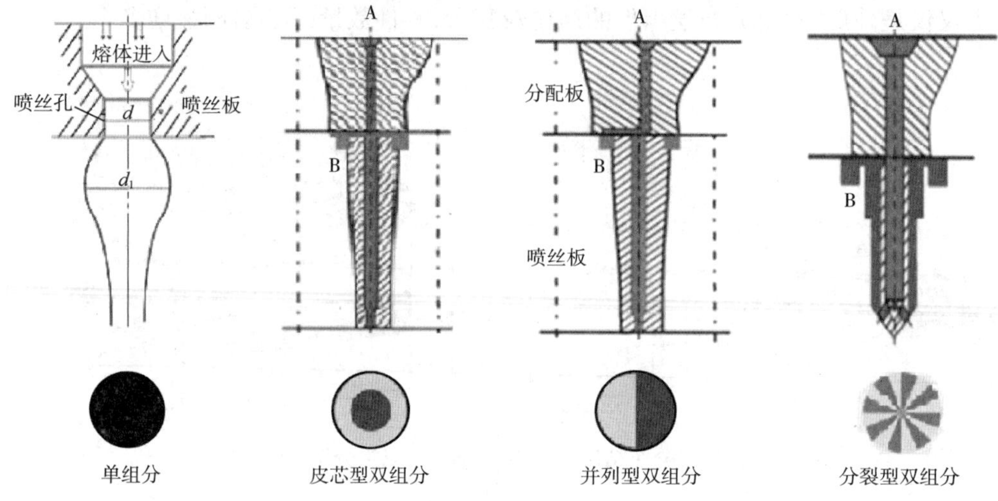

图 3-44　单组分与双组分纺丝组件中的熔体

绝大部分双组分纤维是在纺丝组件内部完成不同组分熔体复合的，喷丝孔喷出的熔体是已经复合了各个组分的熔体，这种形式叫孔内复合。

作为特例，在有的配对聚合物中，有的组分黏弹性强，或两个组分的黏度差异很大，如果采用孔内复合工艺，两种熔体复合后从喷丝孔喷出时，会产生很大的卷曲变形，甚至反向碰触到喷丝板，难以正常纺丝。为了解决这个问题，曾采用孔外复合纺丝工艺，两个组分的熔体分别从两个独立的、呈一定倾斜角度的喷丝孔喷出，两种熔体在离开喷丝板后才汇聚复合在一起，这种双组分纤维的截面就是呈哑铃状的并列纤维。

随着技术的发展，通过改进组件内的流道及喷丝孔的形状设计，加强各组分熔体的温度（黏度）控制，目前的双组分非织造布纺丝系统基本上都应用孔内复合工艺。

纺丝工艺不同，纺丝组件的形状和结构会有很大差异，但其功能及要求是基本相同的。由于纺丝组件在高温、高压状态下工作，其技术状态直接影响纺丝过程的质量，因此，纺丝组件必须与纺丝箱体配对使用，应具有以下功能或满足以下的要求。

（1）能将熔体均匀地分配到每一个喷丝孔，并使熔体有相同的流经（经过的路程及经历的时间等）、温度、流量和压力。

(2)利用纺丝组件中的过滤装置(或滤网)将熔体过滤,去除熔体中可能残留的机械杂质和形成的凝胶粒子,防止堵塞喷丝孔,延长喷丝板使用周期。

(3)使熔体能进一步充分混合,使各处熔体的温度及黏度一致。

(4)喷丝板是纺丝组件中阻力最大的零件,能使组件前的熔体压力升高,有利于把熔体均匀地分配到纺丝板的所有喷丝孔。

(5)熔体通过纺丝组件时,由于压力及速度下降,机械能转变为热能,使熔体的温度升高,增加其流动性并改善温度分布的均匀性,从而提高纤维的均匀性。

(二)纺丝组件的结构

1. 连接板

连接板是纺丝组件与纺丝箱体之间的连接装置,是熔体进入纺丝组件的通道,因此有时也叫进料板。还是有些快装式纺丝组件用于承受螺栓安装紧固力的载体,可避免紧固力导致喷丝板变形。

纺丝组件在纺丝箱体就位后,连接板两侧的V形开口与箱体对应位置的V形开口构成了一个正方形空间,只要在这个空间塞入两条方形定位键,纺丝组件就会卡在箱体上(图3-45、图3-46)。

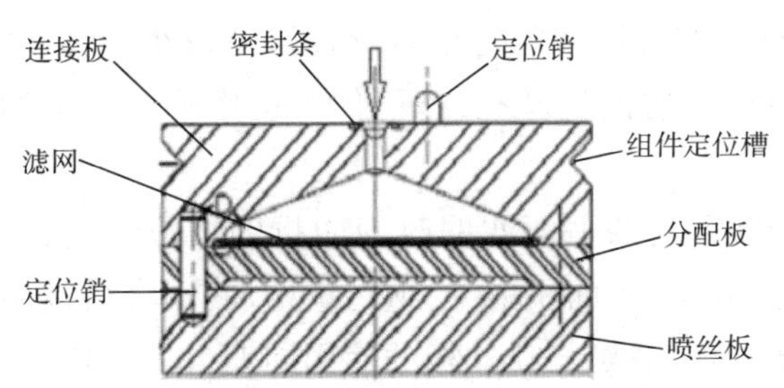

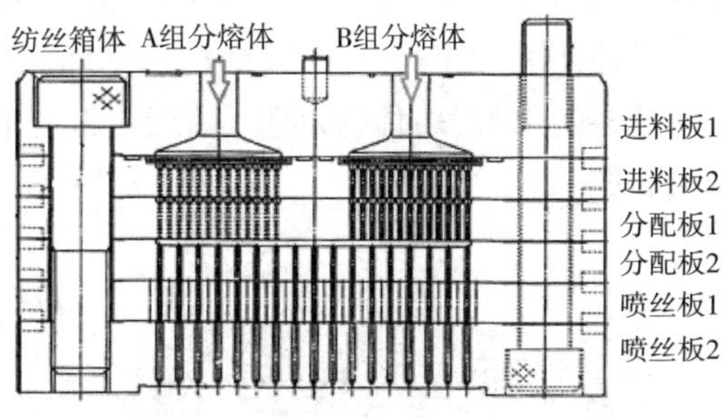

图3-45　单组分(左)与双组分(右)纺丝组件的连接板

除了快速定位外,定位键可以直接承受、传递紧固螺栓的顶紧力,使纺丝组件紧贴在纺丝箱体上,并将箱体的热量传导给纺丝组件,可避免纺丝组件的受力点被紧固螺栓磨损,定位键的长度≥组件的长度,有的机型还会将这条定位键分成两小段,其总长度比纺丝组件长一些,以便可以从两端将其拔出。

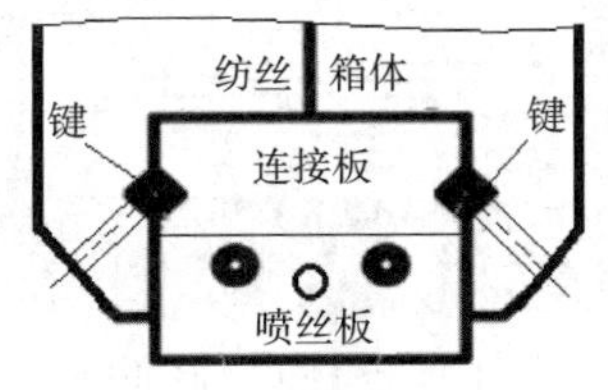

图3-46　纺丝组件的连接板

连接板是一个强度和刚性都较大的大型零件,用于连接纺丝箱体的熔体通道、并将纺丝熔体导入纺丝组件内,同时也把纺丝箱体的热量传递到纺丝组件。

连接板常用于美国、德国制造的纺粘法纺丝组件,国产机型的纺丝组件都没有配置连接板。配置有连接板的纺丝组件,其总重量要远大于普通的组件重量。纺丝组件的重量与设计有关,因此,不同品牌的组件重量差异较大。

如双组分纺丝系统配置有多个分配板,因此,纺丝组件的重量也比单组分纺丝系统的更重,而同一机型纺丝组件的重量则主要与生产线的幅宽有关(也就是铺网宽度)有关。

连接板将纺丝熔体导入纺丝组件前,先在其下方容积较大的稳压腔内扩散、分布均匀后,才进入下方的过滤网、分配板和喷丝板，与此同时，也把纺丝箱体的热量传递到纺丝组件。

2. 过滤装置

过滤装置的功能是滤除熔体中的杂质，将熔体在进入喷丝孔前再过滤一次。过滤网会产生一定的阻力，还能改善熔体分配的均匀性。组件内的滤网并不承担主要的过滤任务，仅滤除熔体中尺寸较大的凝胶粒子。不锈钢网是纺丝组件中常用的过滤元件，此外，在一些上装式纺丝组件中，除滤网外，主要的过滤介质为滤砂。

因此，组件中过滤装置的过滤精度一般比熔体过滤器的滤网要低，当纺粘系统喷丝孔的直径为 0.40~0.50mm 时，熔体过滤器使用的滤网约 300 目（50μm），在纺丝组件中使用 160~180 目（90~100μm）的滤网就够了。

目前，纺粘系统组件中的滤网常采用多层式结构，主过滤网的过滤精度为 90μm（相当于 180 目），承压层为 60 目的不锈钢网，通过铝框包边使两者结合在一起，滤网的铝框包边还兼用作纺丝组件与纺丝箱体间的高压熔体密封件。

组件内滤网的精度不宜太高（或太低），否则会缩短喷丝板的使用周期。从运行过程得知，很多纺丝组件无法正常纺丝并非喷丝孔被堵塞，而是过滤网上沉积的杂质太多，导致相应区域的喷丝孔熔体压力下降，无法正常纺丝。因此，不宜盲目提高组件内滤网的过滤精度。

目前使用的多是 2~3 层结构的平面滤网，这种滤网容纳杂质的能力（纳污量）较小，在杂质沉积较多的部位，熔体流动阻力增加，压力下降，对应位置的喷丝孔纺丝异常，会影响喷丝板的使用周期。

图 3-47 波浪形滤网

当将普通的平面滤网改为曲折的波浪形后，波浪形滤网的过滤面积增大，纳污量增加，不容易被杂质堵塞，能有效延长喷丝板的使用周期（图 3-47）。

但在生产有颜色的产品时，使用这种滤网会增加转换品种所耗用的时间，除占用有效生产时间较多外，形成的不良品数量也较多，对生产线的运行效率会产生一定的影响。

单组分纺丝组件中只有一个滤网。在双组分纺丝系统中，两个组分的熔体是各自独立进入纺丝组件的，每一个组分都需要有一个过滤网，由于两个组分的熔体流量差别较大，因此，过滤网的尺寸、面积也有明显的差异（图 3-48）。

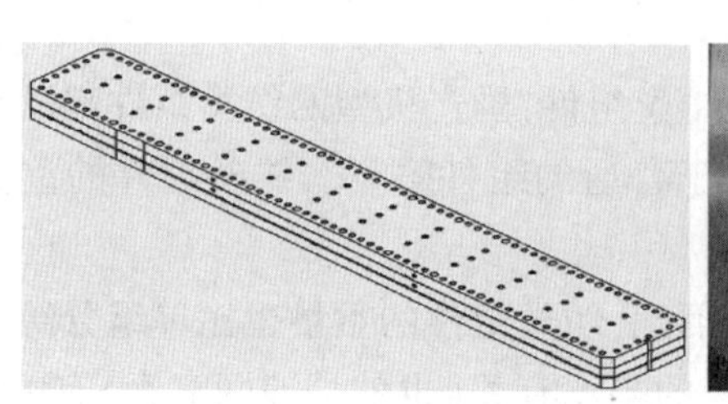

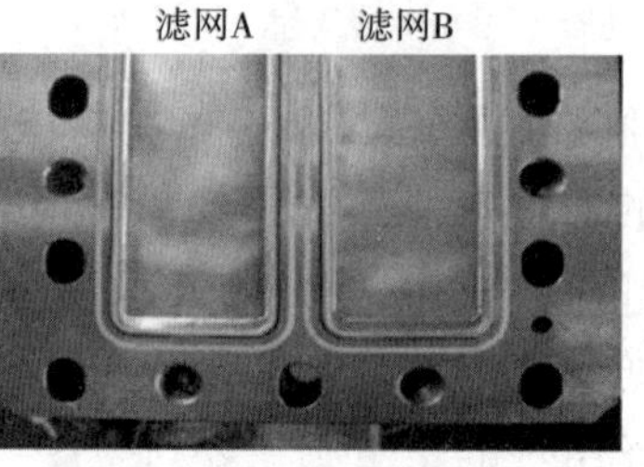

图 3-48 双组分纺丝组件中针对两个组分的过滤网

一些上装式(即纺丝组件从上而下安装)纺丝组件中,常使用滤网与滤砂相结合的过滤方式。图 3-49 是一个上装式双组分纺丝组件,从图中可见,每一个组分都有独立的熔体通道,每一个组分都是使用滤砂过滤熔体的,在滤砂的上方和下方各有一个不锈钢滤网,下方的滤网一般为多层结构。

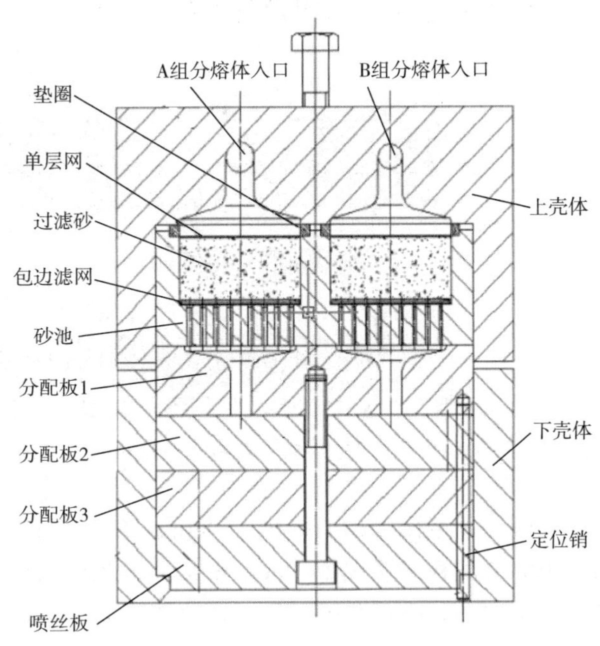

图 3-49　使用滤砂的上装式双组分纺丝组件

在纺丝组件中使用的滤砂主要有海砂、金刚砂、金属砂等。海砂是目前普遍采用的过滤材料,常用规格为 10~40 目,可根据组件压力灵活调整。由于熔体在滤砂内除沿压力传递方向从压力较高的位置流向压力较低的位置外,还可横向流动,有较长的路径这可使组件内的压力均匀分布,对提高纺丝稳定性有好处。

海砂为一次性使用,因为在纺丝组件中经多次使用后,海砂会被压碎,阻力增大,从而使组件压力升高。金属砂和金刚砂可经清洗干燥后多次使用。与过滤网相比,采用过滤砂,熔体在滤砂中会产生径向流动,熔体在组件中的停留时间长,可提高熔体的均匀性,减少毛丝和飘丝,改善熔体的可纺性。

由于在滤砂下游的熔体输出方向还设置有多层金属滤网,因此滤砂不会混入熔体中,滤砂下方的过滤网是多层滤网,中间层的目数大,一般在 200 目以上,其孔隙远比滤砂小,能将滤砂阻隔干净。

采用滤砂作为纺丝组件中的过滤材料已在化纤领域广泛应用,可提高纺丝稳定性和纤维品质,但由于其只能用在尺寸小、强度高的圆形纺丝组件中,因此,在非织造布领域仅用于使用小板的管式牵伸纺丝系统,无法在使用大板为主的纺丝系统中应用。

3. 分配板

普通单组分纺丝系统的纺丝组件中只有一块分配板,是一个相对简单的零件。

纺丝箱体的熔体是沿全幅宽方向进入纺丝组件的,分配板的功能是将熔体沿 MD、CD 方向均匀展开。分配板上加工有大量小孔作为熔体的通道,小孔的节流效应形成了一定的流动阻力,使熔体沿布孔区范围初步展开,一般小孔的直径约为 2mm。

双组分纺丝系统中的分配板则是纺丝组件中较复杂的一个零件,一个纺丝组件中还会配置多块不同的分配板,分配板的结构不仅与纤维的截面结构有关,而且不同品牌的分配板差异较大,分流原理也不同。

双组分纺丝组件的分配板数量较多。由于分配板的两面都加工了大量密集分布的熔体流道(图 3-50),因此,每两块板间只能依靠精密加工的平面密封,无法用其他附加的密封件,这也是其与单组分纺丝组件的一个重要差别。

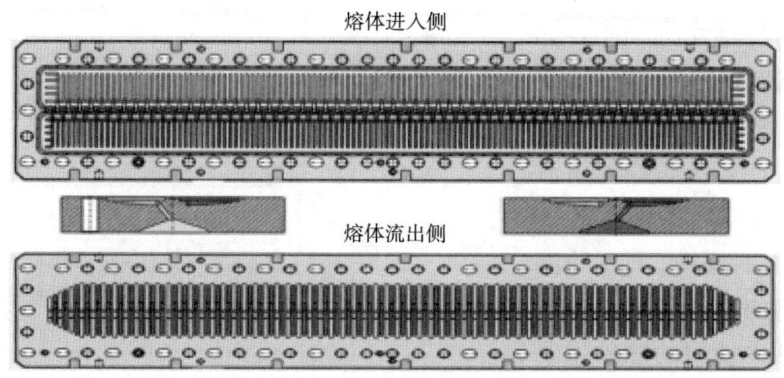

图 3-50　双组分纺粘系统纺丝组件中的一种主分配板

纺制同一种截面结构的纤维，不同品牌纺丝组件中分配板的外型尺寸（如厚度）差异较大。有的品牌的分配板厚度仅 1~2mm，全部分配板的总厚度仅 5~6mm；而有的品牌，一块分配板厚度则有 20~25mm，全部分配板的总厚度为 150~180mm。

双组分纺丝系统中的两个组分，设计的熔体挤出量也不同，除了相关的螺杆挤出机、熔体过滤器、纺丝泵、熔体管道的大小、性能等有差异外，两个组分在分配板上所占用的面积也有很大差异。两个组分的熔体分配比例差异越大，纤维的双组分特性也越明显。设计的分配比例一般为（20∶80）~（30∶70）。因此，分配板上两个组分所占的面积有明显差别，而且必须与纺丝箱体的熔体分配通道对应，而单组分的分配板则可以不分方向随意安装。

目前，双组分纺粘系统的纺丝组件有两种来源，一种是从国外引进的，主要有美国希尔斯（Hills）、日本卡森（Kasen）、德国恩卡（Enka）及纽马格（Neumaga）等；另一种是国产的，有越来越多的企业进入喷丝板制造这一领域，加快了国产双组分纺丝组件的技术进步。

4. 喷丝板

喷丝板是纺丝组件的核心，是价格较昂贵的精密加工件。其具体性能和要求如前所述。

5. 密封件

密封件用于分配板与喷丝板间的熔体密封，常用的密封材料为圆形的聚四氟乙烯条，在喷丝板表面一般都加工有密封件槽。

一般圆形聚四氟乙烯密封条的直径为 2.8~3.2mm，个别可达 3.5mm。如密封条的直径或密封件的厚度太大，虽然可以密封熔体，但会使喷丝板承受额外弯矩，还会增加向喷丝板传导热量的热阻。

在双组分非织造布纺丝组件中，由于不同组分的熔体通道排列紧密，而且数量众多。因此，有的零件间无法使用其他密封材料，只能依靠零件间的精密加工平面实现不同组分熔体的隔离和密封。

6. 其他配件

（1）紧固件。包括螺栓、定位销、定位键、垫板等，用于安装、定位、紧固零件或调整相互关系，都是用高强度的耐高温金属材料制造。

双组分纺丝组件的结构复杂，特别是分配板数量多，两个组分之间、纺丝组件与纺丝箱体之间有严格的对应关系，因此都加工有相应的定位结构。

（2）传感装置。用于直接测量、监视组件内的熔体温度、压力，其测量结果与组件内的实际状态没有差异。除了检测、显示组件的运行状态外，传感器的信号还可以输出至安全保护系统，提供安全保护，特别是超压保护，保障喷丝板的安全。

由于纺丝组件上的安装空间有限，一般都是使用复合型温度/压力传感器。

（3）防护装置。如防爆管，防止组件内产生危害安全的高压力，在压力达到额定值时，防爆管会自动爆破、泄压，保证安全。防爆管是一次性用品，爆破后是硬性物理损坏，无法修理，只能更换。

四、纺丝组件的热量来源

图 3-51 为一种纺粘法纺丝组件安装示意图。

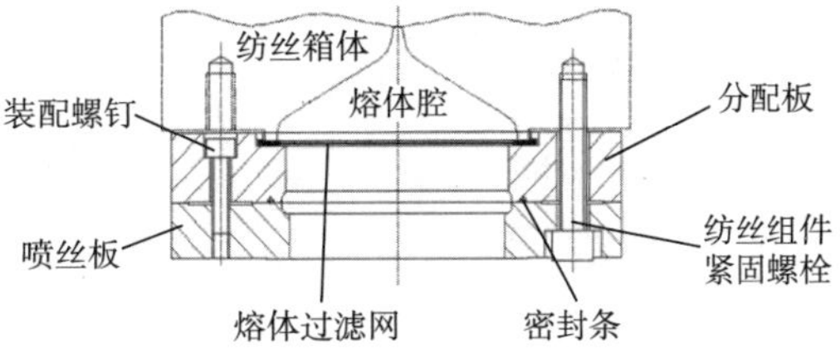

图 3-51　一种纺粘法纺丝组件安装示意图

纺丝组件本身没有专门的加热设备，其热量有多个来源，包括以下几个。

（一）通过紧固螺栓传导的热量

紧固螺栓直接与纺丝箱体及纺丝组件接触，可以将纺丝箱体的热量直接传导到纺丝组件。

（二）箱体通过接触传导热量

纺丝箱体通过与纺丝组件接触，把热量传导给纺丝组件，由于组件与箱体间有密封件，为了保证可靠的密封，必然存在仍可压缩的空气间隙，而空气的导热能力仅为金属材料的几百分之一，热阻很大，所能传导的热量很小，其中部分热量是以辐射的方式传导给纺丝组件的。

组件与箱体之间的接触越不紧密、间隙越大，传导的热量越少；纺丝组件两个垂直侧面间也是间隙配合，存在同样的情况。因此，密封条的尺寸太大，会影响组件的受热程度。

（三）高温熔体带来的热量

流动的高温熔体可以直接传导热量，但熔体在把热量传导到纺丝组件后，自身的温度会降低，传导的热量越多，熔体与组件之间的温度差也越大，会导致熔体的流动性变差，影响纺丝的稳定性。

有些小尺寸窄幅机型的纺丝组件会直接利用精密加工的平面密封，没有独立的密封件。

五、纺丝组件的安装方式

纺丝组件安装在纺丝箱体正下方的开口中，一般都是嵌入在纺丝箱体中，通过与纺丝箱体接触传导热量，并将熔体导入纺丝组件中。

将纺丝组件安装到纺丝箱体中，有从箱体下方往上安装的下装式，作业过程在纺丝箱体的下方完成，这是国产纺粘系统纺丝中组件的主流安装方式。

有的纺丝组件是从箱体上方向下安装的上装式，作业过程在纺丝箱体的上方完成，工作量较小，劳动强度较低（图 3-52）。国内仅有一些采用管式牵伸工艺或使用小板的纺粘法纺丝系统采用上装式，国外也有一些使用大板的机型使用上装式，但上装式主要用在熔喷法纺丝系统中。

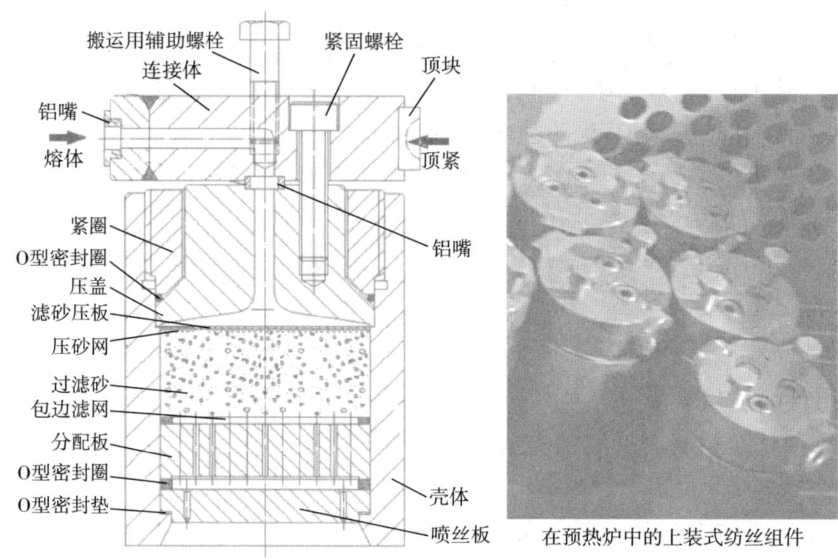

图 3-52　上装式纺粘法纺丝组件及流体的通道

安装或拆卸这种上装式纺丝组件时,一般采用预热安装工艺,将组件安装好后很快就能投入运行使用,在纺丝平台的纺丝箱体一侧,用专用工具卡住搬运用辅助螺栓的六角头,便可将组件放到特定位置并定位好,然后用顶紧螺钉顶紧组件右侧的顶块,使组件左侧的铝嘴抵紧纺丝泵的熔体输出端接口,安装工作就完成了,过程简单便捷。

在将纺丝组件装到纺丝箱体中时,纺丝组件已处于将所有零件装配好的"总成"状态,只需将这个纺丝组件"总成"安装到纺丝箱体中,并紧固好即可,无须进行其他装配和调整工作。因此,纺粘法纺丝组件实际上是一个快装式纺丝组件。快装式纺丝组件降低了作业要求和劳动强度,提高了工作效率。

通常快装式纺丝组件是在室温时、纺丝箱体低于正常纺丝温度状态下安装的,由于纺丝组件与纺丝箱体间存在温度差,两者的螺栓孔与螺纹孔的中线有很大偏移,很多紧固螺栓无法装上去,要等待纺丝组件升温膨胀,消除温差后,才能拧入螺纹孔中,因此,要耗用较长时间。

如果采用预热安装工艺,也就是将纺丝组件预热,升温至比正常纺丝温度稍高的温度进行安装,由于纺丝箱体已处于正常工艺要求的温度,因此,所有的紧固螺栓能一次性安装好,可以节省大量停机、等待升温的时间,一般在两个小时内就能完成换板作业。

纺粘系统使用的纺丝组件都是快装式,具备进行预热安装的条件。但由于预热安装工艺操作技术要求高,而且需要配置专用的组件预热炉。因此预热安装工艺还没有得到普遍应用。

第六节　单体抽吸系统

单体是纺丝过程中聚合物发生降解而产生的低分子量物质,对纺丝过程有负面影响,会污染喷丝板的表面及所接触的冷却风装置,影响纺丝的稳定性和产品的均匀度,滴落的单体还可能引起成网机发生缠辊。

单体抽吸系统用于收集、移除纺丝过程中产生的单体,位于喷丝板与冷却吹风系统之间,为了防止正压的冷却气流外溢,不管纺丝通道是封闭式还是开放式,单体收集装置(图 3-53)都要与纺丝箱体及冷却风箱之间保持密封。

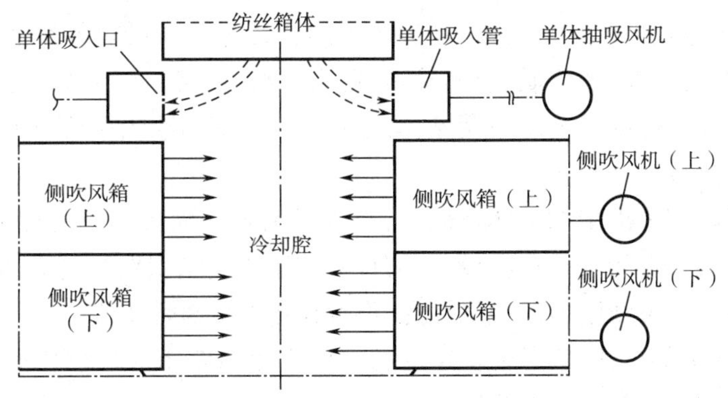

图 3-53　单体收集装置

一、单体及其对纺丝过程的影响

采用熔体纺丝成网工艺生产非织造布时,要使用各种聚合物原料,其中聚丙烯是最常用的一种,它是由分子量较小的丙烯单体在特定工艺条件下聚合成分子量较大的聚丙烯。

在聚合物熔融纺丝过程中,聚丙烯会因受热发生降解和裂解,逆向生成一些分子量较小的气态单体。当熔体中添加色母粒或其他功能添加剂时,也会产生一些其他的挥发性物质或烟气。

这些单体的存在,会污染纤维及其所经过的设备,如纺粘系统的喷丝板、冷却侧吹风装置、冷却牵伸通道、成网机的网带、抽吸风箱及管道、风机等零部件,增加了气流阻力,降低了设备效率,减少了网带的透气量,也就是说会影响正常的纺丝及产品的均匀度。为此,一定要将纺丝过程中产生的单体及时移除。

纺丝系统中专门设置了单体抽吸系统,将单体收集、处理后再排放到周边环境。单体抽吸装置布置在紧贴喷丝板的出丝表面周围,以便及时将产生的单体从喷丝板的两侧及两端抽走,避免污染更多的设备。单体的产生量与熔体挤出量正相关,纺粘系统的熔体挤出量较大,因此,单体的排放浓度也较高,而且存在积累效应。

纺丝过程中产生的单体及其他挥发物会附着在喷丝板面上,当积聚量较多时,处于喷丝板表面的单体会污染板面或污染丝条,产生并丝、断丝;当这些油状单体沿着纺丝通道滴落时,会污染网带或压辊,出现缠网或缠压辊停机现象。

单体对纺丝过程的影响主要表现在污染冷却侧吹风出风网和成网机的网带。

如果这些单体沿着纺丝系统冷却侧吹风箱表面往下流淌,会在温度较低的出风网上冷凝,污染、堵塞侧吹风装置的不锈钢网,被污染位置的风量会减少,影响侧吹风的均匀度,导致产品表面沿 MD 方向出现条状的质量缺陷。

当成网机网带被污染后,网带的透气量下降,工艺调控性能降低,产品的均匀度变差。如果生产线还有熔喷纺丝系统,容易发生飞花,无法满足产品的静水压要求等。因此,需要及时停止生产,将网带拆下进行清洗。

单体烟气的产生量与聚合物的品质有很大关系,高品质的聚合物性能稳定、杂质少,在高温下发生氧化降解时,产生的单体较少。纺丝系统的温度越高,熔体挤出量越大,产生的单体烟气越多。

由于纺丝过程中采用共混纺丝技术,经常要添加各种色母粒或功能添加剂,这些物质的成分较复杂,有有机物、无机物、矿物质、金属元素,还有乙烯、丙烯、乙烯蜡等,虽然这些添加物的比例很小,但对纺丝稳定性的影响却很明显,会导致生产现场产生大量烟雾和异味、纺丝系统发生断丝、成网机缠辊的概率升高等。

从纺丝系统泄漏、扩散出来的单体及烟气,冷凝后附着在周边环境的设备上,会腐蚀橡胶、塑料制品等,还会污染邻近的空气过滤设备,缩短其使用周期。积聚在电线、电缆和电气设备表面的单体,会影响设备和电线电缆的绝缘性能,导致设备的可靠性下降。

积聚在钢平台面上的单体,容易使员工在行走时发生滑跌事故。使用聚酯类原料时,挥发出的单体会在车间内的建筑结构和设备表面积聚,生成着火点较低的固态易燃物,成为火灾隐患。

二、单体抽吸系统的功能

单体抽吸系统的主要功能是将纺丝过程中产生的单体及挥发出来的烟气收集,并排放出去,消除其对纺丝过程的负面影响,保持生产环境的清洁卫生。如果单体抽吸风机在运行过程中流量太小或因故突然停机,会产生大量断丝,并伴随有单体滴落,除影响产品质量外,还有可能发生缠绕成网机压辊的停机故障。

除了对周边环境有负面影响外,如果单体烟气过早降温冷凝,会堵塞单体排放管道。因此,要控制输送过程中的热量损失,在系统中配置的单体冷却器可以降低烟气在进入抽吸风机前的温度,与烟气分离,冷凝析出,还可以提高抽吸风机的效率。

单体抽吸系统虽然简单,但对于纺丝的稳定性、产品的质量、生产线的正常运行都有很大的影响。如果单体排放系统存在缺陷,在排放量较大的位置会带走大量热量,导致喷丝板局部位置温度偏低,诱发断丝、熔体滴落等现象。

三、单体抽吸系统的组成

不同的生产线,其单体抽吸、排放装置的设计和配置不同,通常包括单体吸入管、分支抽吸管、汇流管、冷却器、抽吸风机、单体排放管、排气净化设备等。

(一)单体吸入管

吸入管的作用是将纺丝过程中产生的单体、烟气收集起来,由于这些单体、烟气主要产生于喷丝孔的出口,因此,吸入管设置在贴近喷丝板下方的位置,并对称分布在喷丝板的四周,包括上下游方向的两侧和CD方向的两端,两根吸入管之间的距离要比纺丝组件的宽度大,为安装和拆卸纺丝组件提供足够的空间。

吸入管一般都是用方形或矩形的不锈钢管制造,在其内侧面加工有吸入单体、烟气的小孔或长槽,孔或槽的中线到喷丝板面的高度一般为30~50mm,单体通过这些开孔或狭缝(图3-54)被吸入管内,在管的外侧面则与分支管连接。

抽吸单体气流的均匀性将影响纤维的冷却和牵伸，为了均匀有效地抽吸各处的单体，小孔的孔径、中心距或狭缝大小都要按一定的规律加工。其中吸入口的尺寸、分布变化规律与分支管道的数量、连接方式有关。

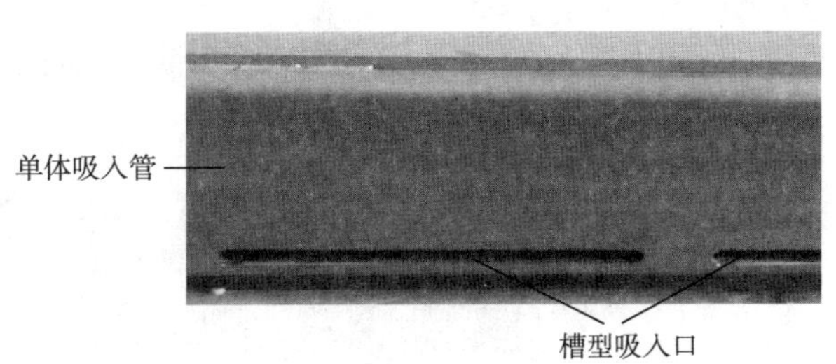

图 3-54　单体吸入管和吸入口

一般吸入管只有一行吸入口，国外有的机型每根单体吸入管在垂直方向加工有大小不同的两行小孔（图 3-55），靠近喷丝板上方的孔径较小，靠近侧吹风箱下方的孔径较大，这种设计能避免在纺丝通道上方产生干扰纺丝的紊流。

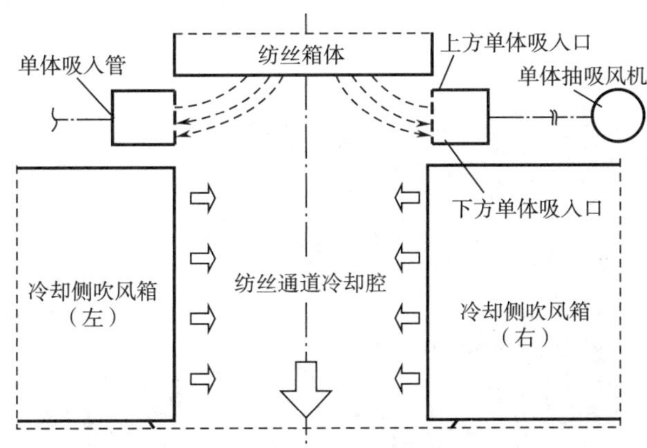

图 3-55　分两行单体入口的抽吸管示意图

除了在纺丝箱体的两侧设置有单体吸入管外，目前还在纺丝箱体的两端也设置了单体吸入管，这样就构成了一个长方形的环形单体吸入管框，可将各个位置产生的单体抽干净。

（二）分支抽吸管

分支抽吸管用于将吸入的单体送至抽吸风机，吸入管和风机间有多种连接方式。目前的主流方式是在纺丝箱的横向两侧多个部位及两端并列设置多支分支抽吸管（图 3-56），以最短的距离将单体输送出去。

分支抽吸管常对称分布在纺丝箱体的外侧，将进入下方吸入管的单体气流输送到汇流管。分支管有镀锌钢管、耐热塑料管。为了便于调节不同部位的气流量，有的分支管道还装有流量调节阀。

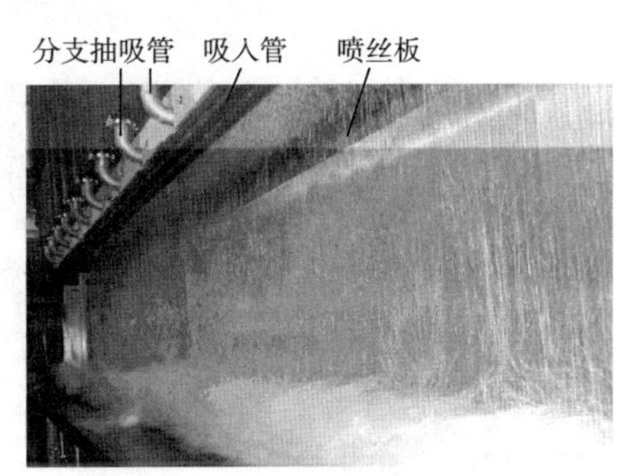

图 3-56　喷丝板下方两侧的分支单体抽吸管

常用的分支管通径与分支管的数量有关，以幅宽 3200mm 的纺丝系统为例，单侧的分支管数量在 12～18 根，通径一般为 DN25～32（图 3-57）。为防止单体在输送过程中散热、降温冷凝，单体分支管要有保温措施，而且便于拆卸清理。

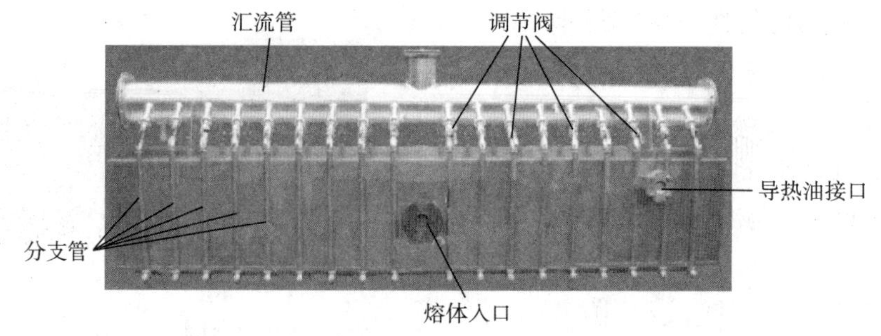

图 3-57　带阀门的分支单体抽吸管(管道分流型箱体)

原美国诺信公司的纺粘系统纺丝组件是全部深嵌入纺丝箱体内,直接在喷丝板下方的纺丝箱体侧壁上下游两侧钻孔,用作单体排出通道(图 3-58),与之相连接的管道则是特殊设计的,其结构保证了在 CD 方向全长单体抽吸的均匀性,单体汇流装置紧贴在箱体上,保持这些小孔的密封性。

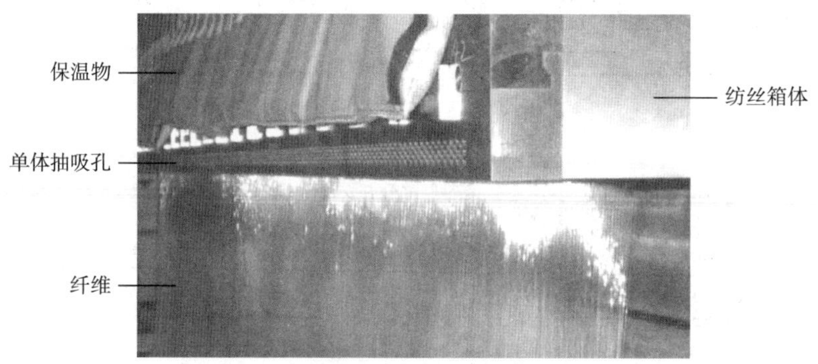

图 3-58　直接在纺丝箱体上加工的单体抽吸孔

(三)汇流管

汇流管可以将沿纺丝箱体 CD 方向全长收集的单体烟气汇集在一起,然后送至冷却装置。为了防止高温烟气在输送过程中过早被冷却降温,分支管与汇流管(图 3-59)都要进行保温处理。

图 3-59　倾斜的单体抽吸分支管及向下的汇流管

为了减少气流的流动阻力,新型纺丝系统的单体分支管与汇流管的气流流动方向呈一定角度倾斜接入汇流管,减少相互间的干扰。当单体冷却器及单体抽吸风机布置在纺丝箱下方标高较低的平台或地面时,汇流管将垂直向下层延伸。

汇流管一般用不锈钢无缝管制造,其外径与纺丝系统幅宽相关,一般为 168~219mm,形成一个容积较大的稳压腔,尽量减少管内不同位置的压力差,大部分汇流管都是等径结构。有的则是按等压设计的变径管,靠近风机吸入口一端的直径较大,远离风机一端的直径较小,汇流管呈锥度状,使所有的分支管在相近的负压条件下吸入单体。

在新型的单体收集系统,上下游方向各设置一条独立的汇流支管,同时各设置一个阀门,控制相应一侧的单体、烟气流量,然后汇流至总管进入单体冷却器。

汇流总管可以一端封闭,另一端与单体抽吸风机连接,其通径应与风机的入口直径对应。有的汇流总管两端封闭,中部上面与单体抽吸风机连接,以减少汇流管两端的压力差。

为了防止汇流管中的液态状单体沿分支管向下倒流,分支管要接在汇流管靠近水平直径偏上的部位。而汇流管的走向与单体冷却器及单体抽吸风机的布置有关。当单体冷却器及单体抽吸风机与纺丝箱布置在同一标高平台时,汇流管沿水平方向延伸(图 3-60)。

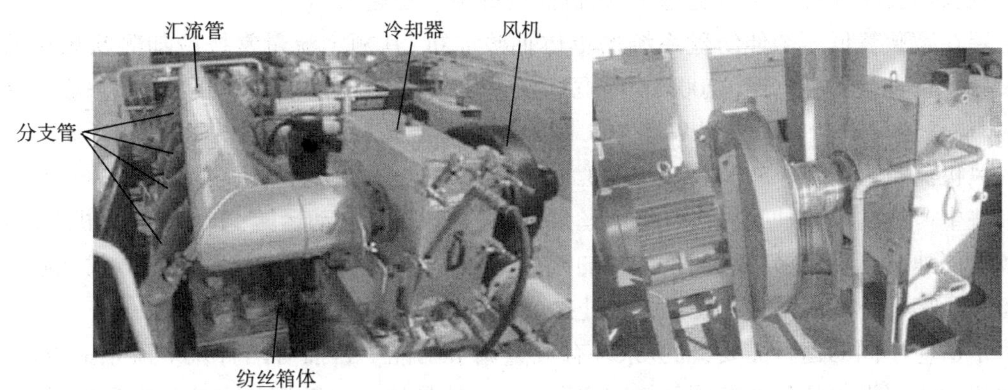

图 3-60　两种单体抽吸系统的分支管、汇流管、冷却器、风机

(四)冷却器

冷却器用水作为冷却介质,通过热交换吸收烟气的热量,将高温(≥120℃)的单体烟气冷却、降温,使其中的单体在冷却器内冷凝、析出,以便集中清理,降低排放浓度,减少对周边环境的污染。

烟气经过冷却器后,降到 60℃以下才进入风机,能改善风机的工作条件,可使风机处于接近设计工况状态运行,因为一般的高压风机仅用于不含黏性物质、温度不超过 80℃的气体。由于离心风机的气压及轴功率都与气流的密度成正比,如果气流的温度高于设计值,气流的密度减小,虽然风机驱动电动机的负荷会变轻,但风机的压力(吸力)也随之下降。

为了保持冷却器的效能,要定期清洗冷却器,并将积聚在冷却装置中的单体清理干净。一些简易型冷却器内会使用片状和蛇形管状换热器,大型冷却器则选用换热面积更大的翅片式换热管,所有与烟气接触的结构都要用耐腐蚀的材料制造(图 3-61)。

单体烟气经过冷却器后,经过冷却降温,使单体冷凝析出,单体烟气进入冷却器的温度一般

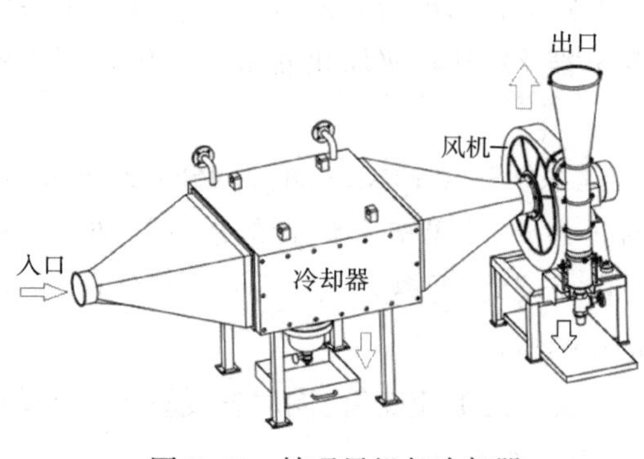

图 3-61　抽吸风机与冷却器

为 100~120℃，冷却器的出口烟气温度≤60℃，而且其结构要方便进行清洗维护，能快速拆卸和装配，方便从底部将析出的单体排放出来。

（五）抽吸风机

抽吸风机的功能是将纺丝过程产生的单体、烟气抽出，并排放出去。由于吸入阻力较大，一般选用压力较高的离心式风机。

抽吸风机的压力与纺丝通道的形式有关，在封闭式纺丝通道中，单体吸入区是一个正压区，即使风机没有运行，单体、烟气也会自行喷出，虽然吸入口截面小、阻力大，但风机的压力仍不需要很高，一般为 4000~5500Pa。如果压力偏低，将无法克服阻力，导致流量降低。

单体抽吸风机的实际流量与纺丝系统的幅宽、熔体挤出量和熔体温度有关，幅宽及挤出量越大，温度越高，单体的产生量也越多，风机需要的流量也越大。

配置在宽狭缝低压牵伸纺丝系统的单体抽吸风机，其额定流量常按冷却侧吹风机流量的6%~8%配置，如配置在国产 3200mm 幅宽纺丝系统使用的单体抽吸风机，流量一般在 2500~3500m^3/h，一般风机功率为 7. 5kW 左右。国外同类型幅宽为 3200mm 的 RF4、RF5 纺丝系统配套抽吸风机流量为 3300~3900m^3/h，压力为 5200~5700Pa，驱动电动机功率为 5. 5~6. 6kW。

一些生产线的单体抽吸风机是与纺丝泵联动的，纺丝泵起动运转，单体抽吸风机跟着起动，并以预设的速度运行，正常生产时，风机的流量（转速）可独立调节。这种运行方式能减少单体对设备和厂房环境的污染。在纺丝泵停止运转后，风机也同时退出运行。

为了适应不同的运行需要，抽吸系统有流量调节功能。目前有两种调节流量的方法：一种是在风机的入口设置流量调节阀（较少使用）；另一种是使用变频调速方法改变风机的转速，这是目前普遍使用的一种流量调节方案。设计性能合理的风机，其正常运行转速应该在额定转速的 60%~80%，相当于在 30~40Hz 运行。

在正常生产状态，单体抽吸管处于正压的冷却气流环境中，即使在抽吸风机已停止运行，单体烟气还是会在冷却腔气流的压力作用下自动通过管道喷出。除了单体烟气外，抽吸风机抽走的气流中大部分仍是冷却气流，风机的排气量越大，冷却风的损失也越大，将增加制冷系统的能耗。

抽吸风机只要能将纺丝过程产生的烟气基本抽走就可满足工艺要求，适当的抽吸风量可以使冷却气流朝喷丝板的方向流动，使熔体细流的冷却点向靠近喷丝板的方向移动，并得到较好的冷却。

过大的单体抽吸风量将影响产品的均匀度，使产品出现条状缺陷，甚至有可能将纤维吸入抽吸系统内，堵塞吸入管，出现挂丝等严重缺陷。

单体抽吸风机运行时，会使冷却气流向上方运动，从喷丝板表面掠过，带走喷丝板的热量，有可能使喷丝板降温而出现冷板现象，发生喷丝孔出丝不畅，如断丝、注头丝、熔体滴落等影响纺丝稳定的情况。

(六)单体排放管

为避免对室内环境产生污染,从单体抽吸风机排出的气流要通过管道排放到室外,管道的通径一般在 DN150 左右,如果管路较长,可适当增大管径。管道要尽量平直,减少拐弯以降低阻力,并要注意密封和保温,一般要在垂直向上的管道最低端设置一个通径较大(≥DN40)的阀门(图 3-62 右),以便随时将管道内存留的单体排放到下方的收集罐,如果阀门的通径太小,则不易将这些膏状的冷凝单体排除,会出现堵塞现象。

图 3-62 单体排放系统保温及管道下方的排放阀

水平走向的管道,要使用耐温材料进行有效保温,避免管内的单体提早冷凝成不能流动的膏状物,堵塞管道;管道要有一定的倾斜度,使管道内已冷凝的油状单体倒流回垂直管道内收集,便于清理。

传统的单体排放管道总体是向上方排出的,如果厂房内配置有梁式吊车,这些垂直向上穿过厂房的管道会妨碍吊车的移动。因此,现有的纺丝系统单体排放管已改为向下方楼层排布。这时会将单体冷却器、单体抽吸风机布置在地面层,水平管道以 3%左右的倾斜度布置,利于单体向下方流动。

管道的通径与纺丝系统的幅宽(或熔体挤出量)、管道长度有关,以 3200mm 幅宽纺丝系统为例,单体汇流总管至单体冷却器之间常使用通径 DN200 管道,而通常单体风机排出端通常管道的通径≥DN200。

(七)排气净化设备

纺丝系统排放的单体烟气中有一些污染物,如果不经过净化处理,排放的污染物将难以达到《大气污染物综合排放标准》(GB 16297—1996)、《恶臭污染物排放标准》(GB 14554—2018)的二级排放要求。常用的废气净化技术可参考本书第十四章第三节的内容。

四、单体抽吸系统的布置方式

早期建造的纺粘单体抽吸系统较简单,没配置有冷却器,或仅配置小型的简易冷却器,也没配置排气净化装置。因此,单体抽吸系统的冷却器、风机等设备都是直接放置在纺丝箱体的上方。

目前,随着配置的高效冷却器体积增大,加上管理的要求,已无法放置在与纺丝箱体同一标高的平台上方。随着环境保护意识的提高,单体抽吸系统配置有多种净化处理设备。在这种情形下,纺丝箱体周边已无法放置这些设备了。

目前,常将冷却器和单体抽吸风机放置在下层钢平台上或厂房的地面上。当主厂房设置有吊车时,为了不影响吊车的运行,风机及排气管会布置在厂房的一侧或辅助厂房内,而烟气净化设备则布置在风机排风侧一端的顶层阳台或结构上,这样可为净化设备提供宽敞的安装场所和作业空间,也能避免进行净化设备正常维护作业时,清理出的废物和废水对生产环境的影响。

第七节　纤维的气流冷却系统

一、纺粘系统冷却气流的作用和机理

纤维冷却系统的技术水平是保证纺丝稳定性的一个基础,改进和提高纤维冷却系统的性能是纺丝系统技术进步的重要体现,甚至可以通过应用新型的冷却吹风装置使老的设备转型升级。

(一)冷却气流及其作用

1. 冷却气流的作用

聚合物熔体从喷丝孔喷出成为熔体细流后,因为温度较高、流动性好、强度较低,容易在牵伸力的作用下发生形变,截面缩小,而随着被逐渐拉长,速度越来越快,利用低温冷却气流吸收高温熔体细流的热量,使其适当冷却、降温,从黏流态转变到高弹态,进而形成固态的纤维。

在牵伸力的作用下,分子链沿纤维的轴向有序取向排列,并出现结晶取向,这时纤维的截面将不再缩小,这个位置称为牵伸点。牵伸点的位置与喷丝孔的熔体挤出量、牵伸速度、冷却速率有关。当冷却速率高、牵伸速度快、熔体挤出量小时,牵伸点会向喷丝板方向靠近。

纤维在冷却过程中的结晶度和取向度对纤维或产品的断裂强力、断裂伸长率有很大影响。

熔体没有得到适当而充分的冷却时,熔体细流还没有固化成纤维前,没有相应的强度,在过大的牵伸力作用下容易发生断丝。但熔体细流也不能冷却得太快,否则其黏度增加、流动性降低,将增加牵伸阻力,降低牵伸气流的效率,无法纺制出更细的纤维。而牵伸变形主要发生在熔体细流还没有固化之前,过早或过度的冷却都会影响纤维的牵伸。

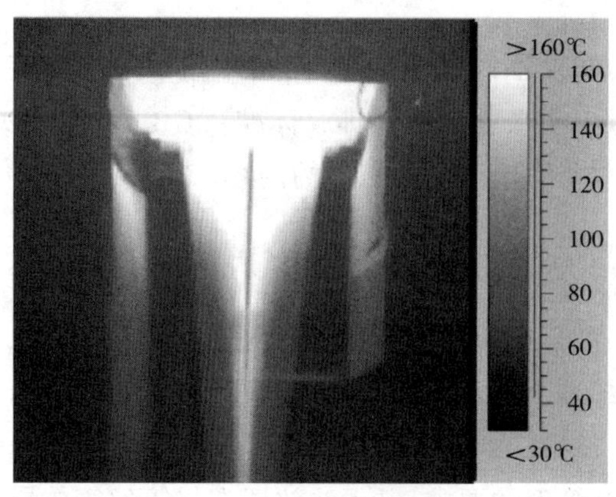

图 3-63　熔体细流在冷却过程的温度变化

在纺丝过程中,从喷丝板喷出的高温熔体细流与冷却气流进行热交换,温度逐渐下降,熔体细流从黏流态转变为高弹态,直至固化,同时释放出凝固热。图 3-63 是熔体细流在纺丝过程中的温度变化。

从图 3-63 中可以看到,从喷丝板喷出的熔体在低温(<30℃)冷却气流的作用下,两侧与侧吹风箱出风面较接近的纤维迅速降温,但中间部位的纤维由于无法得到充分冷却,虽然温度有所降低,但仍一直保持在较高的温度(>130℃)状态(高弹态)。

从冷却侧吹风箱吹出的冷却气流每吹过一根熔体细流或纤维后，都会吸收热量，使温度逐渐升高，导致与后续纤维之间的温差减小，进行热交换的热量减少，冷却效果变差。这是一个累积的过程，冷却气流流经的路程越长，这种温升也越明显，使处于纤维束中部的纤维无法获得恰当的冷却。

适当的冷却可降低聚合物分子的热运动能量，使纤维在牵伸后能保持良好的力学性能。但如果未及时冷却，熔体细流的温度仍很高，聚合物大分子链段仍具有较大的活动能力，解取向趋势很明显，熔体的黏度太低，会影响可纺性，纤维无法耐受气流形成的高速牵伸力，容易发生断丝现象。

如果熔体细流被过度冷却，黏度增加，在温度下降至玻璃化温度以下时，聚合物大分子链段将无法运动，纤维将无法得到有效牵伸，截面积也将无法进一步缩小变细。

2. 影响纤维冷却效果的因素

熔体细流的冷却效果与多个因素有关，其中主要包括冷却气流与熔体细流间的温度差、冷却时间（或冷却路程）、气流的流量等。温差越大、冷却路程越长，流量越大，纤维的冷却效果较好。

适当的空气湿度能增加冷却效果，又能消除纺丝过程的静电影响。聚合物的品种不同，对空气湿度的要求也不一样，纺制 PP 纤维时，要求空气的相对湿度为 65%左右，纺制 PET 纤维时，要求空气的相对湿度为 85%左右。

冷却气流的均匀性会影响产品的质量及均匀度，是影响纺丝稳定性的重要因素，因此，早期的一些纺丝系统用后期的冷却侧吹风技术进行改造后，便可实现技术升级，产品质量能达到明显的改善。

冷却侧吹风出风网的高度与纤维的直径有关，纤维越粗，其内部的热量就越难散发，在纺制粗旦纤维时，要求的冷却路程也越长；而纤维越细，其比表面积也越大，越容易与冷却气流进行热交换而得到充分冷却。因此，牵伸速度越高，纤维越细，所需要的冷却时间和路程会越短。

有的聚合物导热系数较小，不容易进行热交换，所需要的冷却时间就较长，冷却风箱出风网面的高度也较大。如 PP 的导热系数比 PET 小，冷却降温较困难，因此就需延长冷却时间，PP 原料纺丝系统的侧吹风高度就较大，PET 原料纺丝系统的侧吹风出风面高度则较小，一般在 600mm 左右，有的机型在生产 2~3 旦纤维时，侧吹风高度仅 500mm。

纤维细旦化是纺粘法非织造布技术的一个发展趋势，以宽狭缝低压牵伸工艺为例，在 20 世纪 90 年代，纤维细度为 2.5~4 旦，上下两层冷却侧吹风段的总高度可达 1450mm（590mm+860mm）；目前纤维已细至 0.7~2.5 旦，冷却侧吹风段的高度仅 800mm（200mm+600mm），为早期机型高度的 55%左右。

一些专门生产细旦纤维的纺丝系统，其侧吹风出风网高度仅 700mm 左右，纤维细度可达 1.0~1.4 旦。专门纺制粗旦纤维（10 旦）的纺丝系统，由于有较高的牵伸速度（≥5000m/min），冷却段的高度约在 1000mm。

纺制粗旦纤维时，喷丝板的单孔熔体流量较大，熔体在降温冷却及固化过程中放出的热量也较多。特别是纺制 PP 产品时，其导热系数较低，熔体细流或初生纤维内部的热量不容易传导到表面，纤维在直径方向会形成较大的温度梯度，影响成纤的质量，如表面会产生裂纹、取向度与结晶度降低等。

3. 纤维冷却过程中的形变

纤维在纺丝通道的下降段，牵伸气流可使纤维加速。牵伸气流和纤维之间的摩擦力、剪切力导致纤维在加速运动的同时，其截面也随之变小。纤维（或熔体细流）在靠近喷丝板出口开始被拉伸变长、变细，直径减小，直至在牵伸通道的末端，纤维的温度达到固化温度（玻璃化转变温度）后，这个变化过程终止，纤维的直径被牵伸至最终（最小）直径。

纤维的截面开始变化点是在冷却腔靠近喷丝板的某个地方，在这个区域，熔体的温度还很高、流动性好、牵伸阻力小。由于冷却腔的截面积很大，气流向下运动的速度较慢，纤维的运动速度则比周围的气流速度快。因此，必须由有更高速度的牵伸气流产生牵伸力，以克服纤维在牵伸过程中的各种阻力。

使用开放式纺丝牵伸通道的纺丝系统与和封闭式纺丝牵伸通道的系统不同。对于开放式纺丝系统，牵伸气流是一个单独的气源，纤维的冷却和牵伸可以分别独立调节；而封闭通道中的牵伸气流则是利用在骤冷段的冷却空气气流。

在纺丝牵伸过程中，冷却只能在熔体细流离开喷丝板后的一定范围内起作用，过度的冷却会增加牵伸阻力，使纤维的直径难以缩小，而冷却不足又容易发生断丝。

纤维主要是在牵伸段受到牵伸力作用的，而纤维变细主要是在冷却段实现的。当熔体细流进入牵伸通道后，其温度已接近或低于玻璃化温度，分子链和链段都不能运动，已无法发生形变了，但可以将牵伸力沿着纤维向上传递到仍处于高弹态，甚至是黏流态的可变形段，使截面迅速缩小。

为了使在封闭的纺丝通道中纤维的冷却过程与纤维直径变细的过程相互分离，将纺丝通道的冷却腔分为两段：接近喷丝板的一段仅使熔体细流获得适度的冷却，从而形成一定的黏度和强度来经受牵伸并发生变形，避免发生断丝；而在远离喷丝板的下方，已经离开了纤维的变形区，这时要将纤维彻底冷却，固化其拉伸、取向和结晶结果。因此这两段的气流温度和速度是不同的。

在开放式纺丝系统中，如在采用管式牵伸工艺及宽狭缝正压牵伸工艺的纺丝系统中，冷却纤维的气流及牵伸纤维的气流是分开的。由于冷却气流不需要参与纤维牵伸，压力会较低，而牵伸气流的压力一般在100~600kPa。

正压的牵伸气流被注入圆形牵伸管内或宽狭缝牵伸器内，在牵伸过程中，由于牵伸管或牵伸器的牵伸通道截面或宽度很小，纤维束被挤压收缩，而且速度很高。因此，当纤维从牵伸装置排出后，其扩散过程是很难控制的。

在这种类型的牵伸装置中，牵伸气流的速度大约是纤维运动速度的2~3倍，气流的利用率较低。因此，在具有较高的牵伸速度的同时，也导致产品的能耗很高。

在封闭或半封闭的纺丝系统中，冷却气流同时也是牵伸气流，牵伸气流的速度一般不到纤维牵伸速度的两倍，也就是牵伸气流的利用率会更高。因为系统牵伸通道出口的宽度一般为18~30mm，系统的阻力较小，气流速度也较低，压力一般为5~16kPa。

（二）冷却气流的技术指标

1. 冷却气流的速度

在现有的宽狭缝低压牵伸纺丝系统中，冷却气流也是牵伸气流，因此增加流量可提高牵伸速度，但有可能因速度太高而导致断丝。冷却风速度太高还会使纤维束晃动，增加产生并丝的概率。因此，冷却风的速度是有限制的，其最高设计速度≤1.5m/s（有的机型仅为1.0m/s），这个风速是计算、选配冷却风机流量的基础数据。而在实际运行时，一般冷却风速度为1.0~1.2m/s，与这种工况相对应，这时冷却风机应在额定转速的60%~80%运行。

侧吹风箱吹出的冷却气流必须是层流状态，在同一水平面上，各个位置的气流压力、流速、方向、温度应均匀一致；如果是双面侧吹风，还要求两侧吹出的气流是互相对称、平衡的，否则丝束会偏离纺丝通道的中线而大幅度晃动，容易产生并丝，影响铺网均匀性。

因此，在侧吹风箱内部一般会设置3~5块有不同开孔率的不锈钢多孔板，利用多孔板的小孔节流效应，使从侧吹风箱的一侧或中部引入的冷却风机输出气流，能沿垂直方向和水平方向均匀扩散开。冷却风在水平方向的吹风宽度必须覆盖所有的纤维，也就是要比喷丝板的布孔区更宽（≥100mm），保证在全幅宽范围内，所有纤维都能得到均匀一致的冷却。

依靠出风不锈钢网的阻尼作用和蜂窝板的整流作用，使吹出的冷却气流呈互相平行的层流状态，使所有的熔体细流能得到均匀一致的冷却，为改善纤网的均匀性打下良好的基础。

要求冷却区同一水平面不同位置的冷却风速度相对偏差值≤5%，冷却风速度的绝对差异≤±0.1m/s。目前，绝大多数纺丝系统都是以风机的转速作为工艺参数来设定的，由于运行期间设备状态的变化，如风机叶轮蜗壳、管道空气滤网、多孔板、整流蜂窝板被污染、堵塞等，导致在同样的风机转速下，产品的质量会发生变化，工艺的重现性较差，也就是用同样的工艺却无法生产出相同的产品。

一些新型生产线的纺丝系统，风机的转速仅是一个从动参数，而工艺调整则是以风速作为控制目标的，因为冷却侧吹风的速度基本与侧吹风箱的压力（也称室压）正相关，只需保持室压相同，冷却风的速度也就保持在相同的状态。因此，这种系统的两个侧吹风箱都会安装有压力传感器或气压表，控制对象是室压，而不用控制风机的速度。如果将室压与风机的调速控制系统组成一个闭环控制系统，还可以减少压力波动，将风速的波动和相互差异控制在≤±0.02m/s的水平。

冷却气流从侧吹风箱吹出的时候，靠近两端的气流离侧吹风箱的侧壁距离较近，附壁效应会使气流和纤维趋向纺丝通道CD方向侧壁运动，而气流与侧壁之间的摩擦力会使气流降速，流向发生改变，导致喷丝板两端的熔体细流无法得到充分的冷却、丝条发生晃动。

为了避免这种情况发生，侧吹风箱在CD方向的长度一定要比喷丝板的布孔区大，使在布孔区范围内的气流保持足够的速度并流向稳定。因此，侧吹风箱在CD方向的长度一般都比喷丝板布孔区长度大100mm左右。

如果在运行过程中发现产品的均匀度变劣，则要及时清洗出风网，而在停机维护阶段，也要定期检查，或用带清洗剂的热水、蒸汽清理侧吹风箱的出风网及箱内的均压多孔板。

2. 冷却气流的压力

（1）开放式纺丝系统。在管式牵伸、宽狭缝正压牵伸等开放式纺丝系统，纤维的冷却过程及牵伸过程是独立进行的，两者间没有关联。冷却气流的唯一作用是吸收熔体细流的热量，使熔体细流得到适当的冷却。因此，风机的压力可较低，一般仅1500~3000Pa就能满足工艺要求，因此，与风机配套的驱动电动机的功率也较小。由于在这种纺丝系统的冷却气流是独立控制的，没有影响其他工艺过程，因此具有较大的工艺灵活性，容易优化其运行状态。

（2）封闭式或半封闭式纺丝系统。在封闭式宽狭缝低压牵伸纺丝系统中，冷却气流除了要吸收熔体细流的热量、使熔体细流得到适当的冷却外，还有一个重要作用，就是兼作牵伸气流。由于同一气流同时有冷却和牵伸功能，虽然可以节省设备配置和简化控制过程，但工艺调节的灵活性较差，对操作技术水平要求也较高。

由于冷却侧吹风的最高速度一般限制在1.5m/s范围内，也就限制了冷却风机的最大流量，要提高牵伸速度，就只能依靠改变通道的截面尺寸来实现，这就要求风机的压力要能足以克服在通道截面尺寸最小时的阻力，选用流量太大的风机是无用的，只有要求风机的压力能克服在最高牵伸速度状态的系统阻力，才能保证此时还保持有足够流量的冷却气流。

由于纺丝通道的截面是一个文丘里结构，在牵伸通道的气流出口（俗称喇叭口）截面很小，气流的阻力很大。除了要求冷却侧吹风机有能满足冷却熔体细流的流量外，还需要有能克服系统阻力的压力（静压），以获得足够高的牵伸速度。否则在喇叭口调窄后，因风机的压力无法克服系统的阻力会导致流量减少，纤维因冷却不良而在全幅宽出现断丝现象。然而这种现象经常被误认为是牵伸速度太快所致。

当配置风机的流量太大，而压力偏低时，风机在较低运行速度下就能提供足够的流量，但因为风机的压力是与转速变化的平方成正比的，由于转速偏低，将导致风机的排气压力不足，反而无法获得目标的牵伸速度。

在单位幅宽熔体挤出量相同的条件下，使用类似纺丝牵伸工艺的不同系统，其冷却风机的流量差别不大，每一米幅宽的冷却风流量一般为7000～10000m^3/（m·h），但风机的压力却差异很大，这种差异会反映到产品的质量上，在压力较高的系统，纤维得到充分的牵伸和取向，细度较细，产品的拉伸断裂强力会较大，而断裂伸长率则较小。

随着产品向纤维细旦化、轻量化的方向发展，要求牵伸速度越来越高，喇叭口的截面很小，常用的宽度一般在20～25mm，阻力会很大。因此，需要压力更高的风机。

总体来看，主流纺丝系统的风机压力随着技术的发展不断提高，从20世纪90年代初（RF1）的700Pa升高至21世纪初的16000Pa（RF4），而在一些RF3机型中曾一度升高至18000Pa，但到2020年前后，随着纺丝工艺日趋成熟和节能技术的应用，风机的压力又回落到10000～120000Pa。

（3）冷却风的压力测量与显示。为了增加工艺的重现性，现在的生产工艺并不是以相关风机的转速作为工艺目标，而是直接以冷却侧吹风箱的压力（室压）作为控制对象。室压表是用于检测、显示冷却侧吹风箱压力的仪表，可与风机调速装置组成一个闭环的控制系统，提高了过程控制的数字化和智能化水平。

室压越高，意味着冷却风的速度越高，而纤维所受的牵伸力与牵伸气流与纤维之间的相对速度的平方成正比，因此牵伸速度也越高。目前，纺制PP纤维时的牵伸速度≥3500mm/min。一些新型纺丝系统的侧吹风箱室压很高，可达2500～6000Pa，甚至更高。因此，在这些侧吹风箱上要选用量程为10000Pa（或更高）的气压表来显示室压。

在非织造布纺丝系统中，牵伸气流是依靠与纤维间的摩擦力实现对纤维牵伸的，这个摩擦力与气流的密度成正比，气流的压力越高、温度越低，气体的密度就越大，牵伸力也就越大，这能提高牵伸气流的效率。

（4）温度对牵伸气流压力的影响。风机铭牌上显示的流量一般是体积流量（m^3/h），只有在特定气流密度状态才有实际应用价值，因为在热交换过程中起作用的是质量流量（kg/h）。由于温度越低，密度也会越大。

在不同的密度状态下，风机的体积流量没有改变，但质量流量却有明显差异。也就是在同样的转速下，较低的温度不仅可以增加气流与初生纤维间的温度差，还会增加可以进行热交换的气体质量，有更好的冷却效果。而在冷却气流也是牵伸气流的宽狭缝低压牵伸纺丝系统中，牵伸效果还与气流的温度及压力有关，温度越低、压力越高，牵伸效率也越高。

冷却风的压力牵涉到冷却风系统的相关设备，如空气处理器、管道、侧吹风箱的结构强度等，以防止无法承受相应的压力而发生变形甚至损毁。

3. 冷却风的温度

冷却风的温度是冷却风的核心指标，既然是用于熔体细流或纤维的冷却，降低冷却风的温度可以增加冷却风与熔体细流的温度差，提高冷却效率，但并不希望熔体细流被迅速冷却而固化，因为这样将导致熔体黏度升高，增加牵伸阻力，不利于纺制细纤度的纤维。

因此，对熔体细流的冷却既要考虑防止熔体细流没有得到适当冷却、达不到足够的黏度就经受牵伸而产生断丝、并丝，影响纺丝稳定性，又要考虑降低牵伸阻力，以获得牵伸更充分的细纤维。因此，冷却气流的温度并非越低越好。

(1)冷却风温度与纤维直径有关。纺粘法纺丝技术的发展过程其实也是纤维冷却技术的发展过程，以宽狭缝低压牵伸系统为例，20 世纪 90 年代初期，细度在 2.6～3.5 旦的纤维，截面积和热容量都较大，纤维内部的热量较难传导到表面与冷却气流进行热交换，冷却较难。

为了使纤维有效冷却，要求冷却风的温度较低，以增加温度差，提高冷却效果，而且需要较长的冷却段，以增加冷却时间。因此，冷却风的温度较低，如引进的德国生产线，冷却风装置的冷却风温度在 11～15℃，而实际使用的温度多在 13～15℃。

20 世纪 90 年代中后期，纤维细度达 1.0～2.5 旦，随着纤维细度降低，冷却风的温度升高到 16～18℃。21 世纪初，冷却风系统的温度可升高到 18～20℃。

如果纺丝系统是按用于纺制细旦纤维设计，系统的冷却段长度较短，冷却风的温度会较高。如果系统纺制较粗纤维，冷却能力不足，只能用降低冷却风温度来补偿，这就是一些纺丝系统仍使用低至 12～13℃冷却风、且能耗较大的原因。

由于冷却风系统的温度直接影响产品的能耗，温度越低，能耗越大。正是由于冷却风温度的不断升高，加上纺丝系统的产能增加及其他创新技术的应用，使用宽狭缝低压牵伸工艺生产的纺粘法非织造布产品的能耗呈现出不断下降的趋势，如最新机型的产品能耗比前一代机型的能耗下降了近 15%。

(2)冷却风温度与聚合物品种及纺丝牵伸工艺有关。聚合物品种或机型不同，所需要的冷却气流温度差异较大。国内大部分 PP 纺丝系统采用封闭或半封闭型纺丝牵伸通道。一般冷却气流的温度为 14～20℃。目前冷却系统有使用更高温度气流的趋势，有的机型可使用 18～25℃的冷却气流，这样更有利于降低牵伸阻力和减少产品能耗。

对于采用开放式纺丝牵伸通道的纺丝系统，一般冷却风的温度为 10～30℃。冷却气流的温度会影响纤维的结晶行为和光学特性，结晶温度越高，晶粒的半径也越大，纤维的透明度越差；结晶温度越低，结晶的速度越快，晶粒的尺寸越小，纤维的透明度就越好。

从喷丝孔喷出的熔体变成初生纤维时，会同时存在密度较高的结晶区和非晶区，由于材料的折光率与密度有关，晶区与非晶区的密度不同，光线照射到晶区的界面时，会发生反射和折射而无法直接穿透，因此，这种晶态和非晶态同时共存的聚合物纤维，通常呈乳白色，这就是进行刮板作业时纤维呈白色的原因,也是因为冷却风温度不同会使产品容易出现色差的原因。

在开放式纺丝通道,冷却气流仅对熔体细流起冷却作用,而不参与初生纤维的牵伸过程,但在封闭式或半封闭式纺丝系统,冷却气流同时还是牵伸气流,冷却风的温度会影响空气的密度,温度越低,气流的密度越高,在牵伸过程中对纤维的握持力也越大。

冷却侧吹风的温度决定了制冷系统所需要的制冷能力,在不同地域使用同样的生产线,由于气候环境温度的不同,对制冷系统的制冷能力要求也不同。在年平均气温较低的地区,生产线要求的制冷能力较小。

早期从美国诺信公司引进的纺粘法冷却风系统,冷却风温度≤2℃,而常规制冷设备的冷冻水最低温度才7℃。因此,采用普通的一级制冷已无法满足工艺要求,必须使用二级制冷系统。即先用一级制冷设备将冷冻水的温度降至7℃,然后再用二级制冷设备将冷媒的温度降至-2.5℃。由于温度已低于水的结冰点,因此无法用普通的水为冷媒,要用冰点温度更低(-12.9℃)的乙二醇(EG)溶液为冷媒。这种系统较复杂、管理较麻烦,能耗较大。

对于在寒冷地区采用的纺丝系统,冷却吹风系统还应具备加热功能,以防在环境温度太低的状态下,纤维被过分冷却。而在天气特别干燥的季节,为了抑制静电对纺丝过程产生的负面影响,冷却吹风系统还应具备调湿功能,控制冷却气流的湿度。

(3)冷却风温度与纺丝系统的熔体挤出量有关。熔体的挤出量越大,需要冷却的纤维热容量也越大,相应要加强冷却能力。由于熔体纺丝成网非织造布纺丝系统对冷却风的速度上限是有限制的,因此在这个范围内,一般都采用增加冷却风的流量(也就是提高冷却风机的转速)来增加热交换的热量,达到适当而必要的冷却效果,这是现场最常用的方法。

当无法提高冷却风的流量时,一般采用降低冷却风温度来改善冷却效果,但最低温度也有极限,并由制冷系统的能力决定,如常规工业用螺杆冷水机组额定的出水/回水温度分别为7/12℃,可提供10~15℃的冷却气流,温度的降低效果取决于制冷压缩机的制冷能力。

4. 冷却气流的流量

纤维的冷却过程是一个换热过程,交换的热量与多个因素有关,其中包括:气流与纤维间的温度差、冷却气流的流量(或速度)、冷却时间(或冷却段长度)、气流的湿度等。在实际生产过程中,主要是控制冷却风的温度和流量这两个参数。

冷却气流的流量要与纺丝系统的熔体温度、熔体挤出量相对应,纺丝系统的熔体挤出量越大,交换的热量越多,需要的冷却气流的流量就越大。由于对冷却风的速度有一个上限,因此冷却风的流量也存在一个上限,对于宽狭缝低压牵伸系统,一般按单位幅宽流量为7000~10000$m^3/(m \cdot h)$配置。

在冷却风速度受限制的情况下,可以适度降低冷却风的温度使纤维获得充分冷却,在生产实践中,经常会灵活设置冷却风机的转速和冷却风的温度,保持纺丝过程的稳定或调整非织造布产品的力学性能。

5. 冷却气流的洁净度

由于冷却风中的灰尘、微粒会污染并附着在纤维上,影响纤维的结构连续性,过大的颗粒还可引起断丝,因此,冷却气流必须保持一定的洁净度。纤维的直径越小,对气流的洁净度要求越高。冷却风系统中要选用F5~F7等级的中效空气过滤器,过滤精度越高,空气越洁净,但空气阻力也越大。

当选用 F7 进气过滤器时，对粒径为 1.0μm 的微粒过滤效率为 80%～85%，初阻 110Pa。由于过滤器的容尘量有限，当实际阻力达到过滤器的终阻后，就应及时更换或清洗过滤器，避免影响流量和能耗。

6. 冷却时间(冷却段长度)

纤维的冷却效果与纤维和冷却气流的接触时间有关，显然，在一定范围内，两者间的接触时间越长，冷却越充分。而在硬件方面，本质就是冷却段的结构长度。在设计冷却吹风装置时，冷却段的长度与纤维的聚合物种类、纤维直径及熔体挤出量有关。

在早期 PP 宽狭缝低压牵伸系统，由于牵伸速度低，纤维较粗，需要冷却侧吹风装置有较长的冷却距离，其侧吹风装置分为上下两段，合计冷却段长度约 1400mm。随着纺丝速度的提高，纤维直径变小，则不需要长的冷却段，两段合计的冷却段长度仅 800mm。

PET 管式牵伸纺丝系统的侧吹风送风温度一般为 18～24℃，相对湿度>70%，气压<500Pa，单丝一般为 2.5～5.0 旦，风量及侧吹风的出风高度与纺丝系统的产能有关，产能越大，需要的风量也越大，侧吹风冷却长度越长。

如单排纤维的产能为 50kg/h 时，侧吹风高度为 800mm，需要的风量为 $1400m^3/(h \cdot m)$；当单排纤维的产能提高到 100kg/h 时，侧吹风高度为 1350mm，需要的风量增加至 $2500m^3/(h \cdot m)$。

二、冷却侧吹风系统的配置方式

冷却侧吹风系统的配置主要与纤维的牵伸方式相关，一般有单面侧吹风与双面侧吹风两种。

(一)单面侧吹风

单面侧吹风是在纺丝通道中，仅在纤维束的一侧配置有冷却吹风装置，故称为单面侧吹风，目前这种冷却方式主要是与管式牵伸系统匹配，其冷却纺丝通道也是开放型的(图 3-64)，在纺丝系统运行期间，人员可以进入纺丝室内进行相关的工作。

采用单面侧吹风的纺丝系统一般都有较高的牵伸速度，侧吹风装置沿着垂直方向分为多个温度及速度都不同的冷却区，每一个冷却区的冷却气流温度、速度都可以独立调节，使从喷丝板喷出的熔体细流获得适当及合理的冷却，以适应高速牵伸的要求。

图 3-64 是一个采用单面侧吹风的纺丝系统(左)，每一个冷却侧吹风模块(右)在垂直方向还分为三个出风区，每个出风区能独立调节出风的温度 T_i 和速度 V_i，在一般情况下，其工艺参数按以下的规律设定：$T_1>T_2>T_3$，$V_1<V_2<V_3$。

如在靠近喷丝板的上部，冷却风温度 $T_1=20℃$，速度 $V_1=1.3m/s$；在中部，冷却风温度 $T_2=15℃$，速度 $V_2=1.4m/s$；在远离喷丝板的下部，冷却风温度 $T_3=10℃$，速度 $V_3=1.5m/s$。

这种配置方案有利于使丝条得到充分冷却，并使纤维的冷却、牵伸过程趋于稳定。在纤维还处于高温状态时，采用低风速的冷却气流，既能使熔体细流保持合适的黏度，有利于降低牵伸阻力，又能有一定的强度，同时还可减少对丝条的扰动，能有效降低发生并丝的概率。

在远离喷丝板的位置，纤维已经过一定的冷却，温度已下降，为了保持一定的温度差，增加纤维与冷却风间的热量交换，冷却风的温度可降低。而经历了以上行程后，纤维束已收缩到分布密度很高(近似挤在一起)的状态，只有采用更高速度的气流，才能穿透所有的纤维。

显然，这种冷却侧吹风系统的构造较复杂，其原型设备的侧吹风箱并不是一体化的，而是在

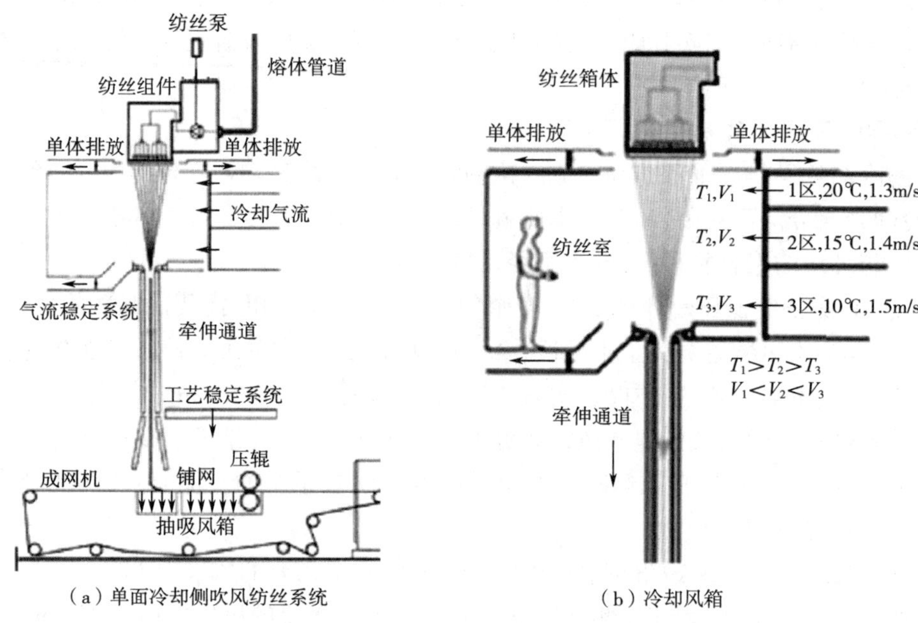

（a）单面冷却侧吹风纺丝系统　　（b）冷却风箱

图 3-64　单面冷却侧吹风纺丝系统和冷却风箱

CD 方向采用了模块式结构，每个模块在 CD 方向的宽度为 500mm，同时每个模块都配置了独立空气调节系统，可以根据本区域纤维的冷却状态独立调节流量及温度。

由于这种冷却侧吹风装置调控手段较多，而且应用了闭环工艺调节技术，即将出风温度及速度等工艺指标作为控制对象，也就是控制系统一直都是以冷却风的温度和速度为控制对象，而与相关设备（如风机，制冷系统）的实际运行状态无关。因此，应用这种工艺调节技术后，其水平断面上的冷却吹风速度偏差≤1%，在风速为 0.5～2m/s 时，可控制风速差异≤±0.02m/s。

图 3-65 为另一种结构较简单的单面冷却侧吹风系统。冷却侧吹风箱在垂直方向也分为三个区域，每个区域的冷却风流量可用调节阀控制，每个区域都有容积较大的气流稳压腔，经过多层阻尼网稳压、均流后，在流出侧吹风箱前经过大长径比的蜂窝板整流，使冷却气流以层流状态吹向纤维，减少对纤维的扰动，第 3 区（也就是远离喷丝板的位置）离风机出口最近，因此，气流的压力最高、流量最大。

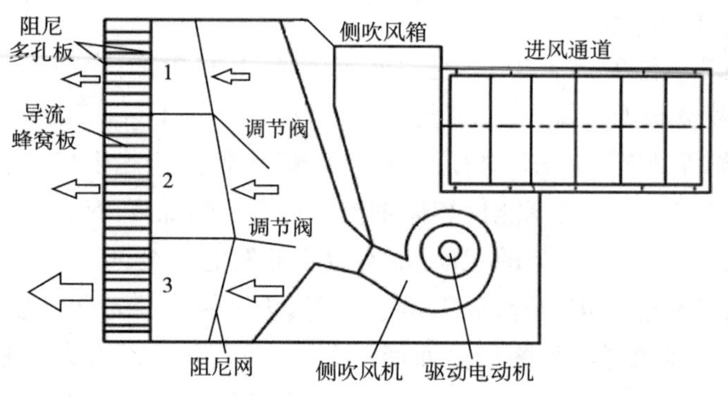

图 3-65　两种单面冷却侧吹风系统

(二)双面侧吹风

在纺丝通道中,在丝束的两侧对称配置有一个结构相同的冷却吹风装置,故称为双面侧吹风,目前主要是与宽狭缝低压牵伸系统和宽狭缝正压牵伸牵伸系统匹配,是应用较广泛的一种冷却方式。

由于宽狭缝低压牵伸系统的纺丝通道是一个封闭或半封闭系统,而宽狭缝正压牵伸系统的纺丝通道是一个开放式系统,因此,两者在结构上略有差异。

图 3-66 是一个用于开放式纺丝通道的双面冷却侧吹风风箱的截面图,侧吹风箱装置为分层分区式结构,侧吹风箱分为结构完全一样的上下两层,每层都装有冷却风温度表和压力表;在 3200mm 幅宽的纺丝系统中,每层还沿水平方向分为四个小区,每个小区都设置有流量控制阀及冷却风压力表。

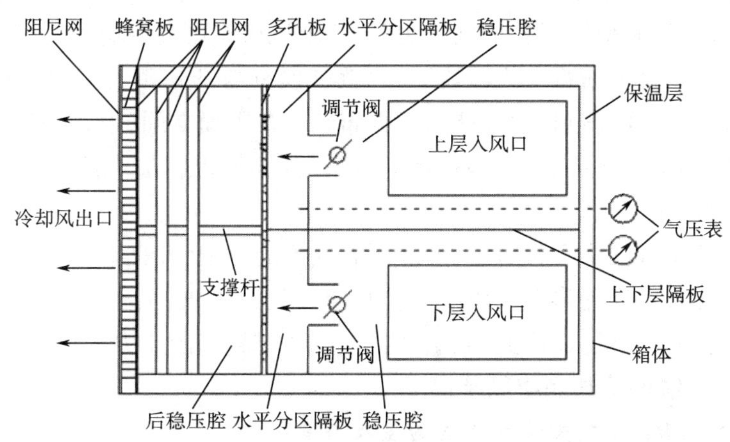

图 3-66　分层式冷却侧吹风装置示意图

冷却气流在总管中分为上、下两路,经百叶窗式进风管道调节阀后进入侧吹风箱中体积很大的稳压腔,然后通过装有小调节阀的 4 个小分区入口进入后稳压腔汇合,再顺次经过多孔板、一级双层阻尼网、二级双层阻尼网、带导流蜂窝板的阻尼网后吹出。

利用冷却气流总管上的百叶窗式调节阀可以调节上下层冷却风的总流量(速度),利用小调节阀可以调节各个小分区进入后稳压腔的冷却风流量和速度,在一定程度上改善了同一层出风面的气流均匀性。因为是一个开放式系统,冷却风机的压力较低,仅有 2kPa,流量为 19700m^3/h,驱动电动机功率约 30kW。

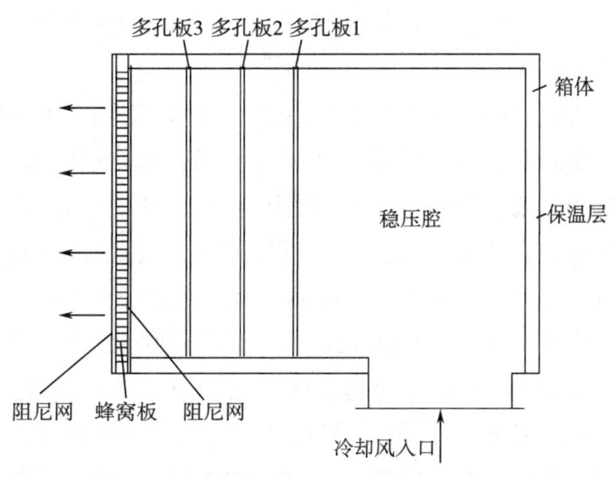

图 3-67　早期的单层冷却侧吹风装置

图 3-67 为一个早期的单层冷却侧吹风装置,普遍采用在箱体下方中部进风,为了使气流能沿全幅宽均匀扩散,

气流首先进入一个容积很大的稳压腔,然后经过多层(一般3~5层)均压均流后,再经过阻尼网的蜂窝板整流,以层流状态吹向纤维束。

这种冷却侧吹风装置是目前保有量很大的一种机型,绝大部分早期制造的国产纺粘系统采用类似的结构,配套的冷却风机压力一般为5~7kPa,风机的流量一般按8000~10000m^3/(m·h)配置。

多孔板是利用小孔节流原理,气流流经多孔板的小孔时将产生局部收缩,流束集中,流速增加,在多孔板前后产生一个静压力差,会产生压力降,流量越大,流速越快,形成的压力差就越大,有限流作用。因此,对多孔板断面各个位置的气流压力具有平衡作用。

但不同位置的每一块多孔板产生的压降是不同样的,而且呈几何级数递减,如当第一块多孔板产生的压差为Δp_1时,第二块多孔板产生的压差为$\Delta p_1/2$,第三块多孔板产生的压差为$\Delta p_1/4$,第$(n+1)$块孔板产生的压差为$\Delta p_1/2^n$。可见,当多孔板增加到一定数量后,其效果已不明显,而且还会增加气流在侧吹风箱内的压力降,要求风机有更高的输出气流压力。

由于多孔板并非全部面积都有气流流通,也就是仅有与开孔率对应的面积有气流通过,气流经过孔板的小孔后,还要经过扩散才能均匀分布到整个平面空间,因此,多孔板之间需要有一定的距离,形成一个新的稳压腔,增加多孔板的数量的同时,也将加大侧吹风箱的结构尺寸,因此,这也是一个限制因素。

当有多层开孔率不同的多孔板时,一般是顺着气流的方向,开孔率由大至小顺序排列,这是进行侧吹风箱维护时要注意的事项。由于多孔板阻碍气体的流动,会消耗气流的能量,当多孔板数量较多时,压力损失也较大,因此,要求风机也需要有较高的压力输出。

(三)主流纺粘系统的冷却侧吹风装置

1. 德国莱芬公司RF工艺侧吹风装置的发展与变化

20世纪90年代初,德国莱芬公司RF1工艺的纺丝系统中侧吹风装置是双层的,靠近喷丝板的上层是温度较低(11~15℃)的强制冷却气流,远离喷丝板的下层是温度较高(18~28℃)的回风,回风是由成网机抽吸风机排放的部分成网气流及部分环境气流混合组成。由于这部分气流是正压气流,能有效降低下层冷却风机的吸气阻力,有一定的节能效果。

20世纪90年代中后期曾出现过只有一层结构的侧吹风系统,并被作为主流的冷却方式。而到了21世纪初,随着RF4工艺的出现,双层侧吹风技术又再次成为主流,成为高端机型的一个发展方向。

虽然RF4纺丝系统侧吹风装置也是双层的,但相比RF1的双层已经发生了质的改变,靠近喷丝板的上层是速度较慢、温度较高的冷却气流,而远离喷丝板的下层则是速度较快、温度较低的冷却气流,风机的压力已提升至16000Pa,远比仅有700Pa的RF1风机压力高。而且在结构上也发生了很大的改变,RF1双层侧吹风装置的冷却腔高度合计为1450mm(上层585mm,下层865mm)左右,RF4双层侧吹风装置的冷却腔高度仅有800mm,产生这种差异的根本原因是RF4系统的牵伸速度≥3500mm/min,纤维较细,而RF1系统的牵伸速度仅1000m/min,纤维较粗。

图3-68为RF4纺丝系统使用的双层冷却侧吹风装置,从图上可以看出,上下两层侧吹风箱都采用端部单侧进风,在具体工艺上,一是按$T_1>T_2$、$V_1<V_2$设置。作为一种典型设定,$T_1=18\sim20$℃,$T_2=16\sim18$℃,而且在最新的RF5纺丝系统,冷却风的设定仍遵循这个原则,即靠近喷丝板的上层冷却风温度较高,远离喷丝板的下层冷却风温度较低。

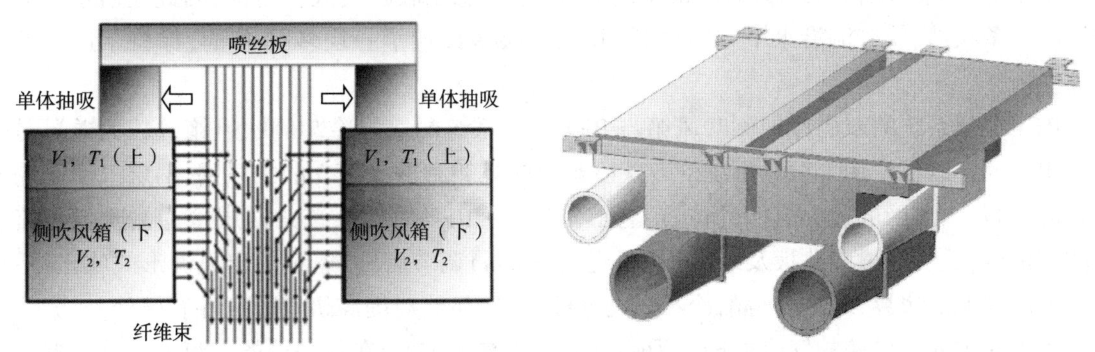

图 3-68　新型双层冷却侧吹风装置原理与外形(端部进风)

V—冷却风速度　T—温度

由于上层是熔体刚从喷丝板喷出,处于高温的黏流态,这是熔体细流最容易发生变形的阶段,既要使熔体细流获得适当的冷却,形成一定的黏度来承受牵伸力,又不能冷却得太快使熔体细流过快冷却定型而难于形变,即使冷却风的温度较高,但与熔体细流之间仍存在较大的温度差,还可以使熔体细流得到适当的冷却成为具有一定强度的纤维。

由于在这一阶段熔体细流仍处于黏流态,如果侧吹风气流的速度太高,容易引起纤维晃动,增加粘连发生并丝的概率,因此,不适宜使用较高的冷却风速度,而且在与上层冷却段对应的位置,纤维之间的相互位置、间隔距离还没有发生太大的改变,冷却气流较容易贯穿全部纤维并使之冷却。

在经过上层的冷却进入下层冷却段时,熔体细流已经全部降温至玻璃化转变温度或更低的温度,为了使纤维能迅速固化取向和结晶,需要使纤维彻底冷却定型,并将牵伸力向上传递,如果想获得更好的冷却效果,就需要温度更低的冷却气流。

2. RF4 纺丝系统的冷却侧吹风箱结构

图 3-69 为 RF4 纺丝系统的双层冷却侧吹风箱截面结构,两台侧吹风机是沿水平方向管道送来的,冷却气流从稳压腔下方的中间位置分别进入各层侧吹风箱内,经过多孔板 a 和 b 的调节后,成为一股压力稳定的气流,然后在混合腔内联通,再经过多孔板 c 及蜂窝板后成为层流吹出。

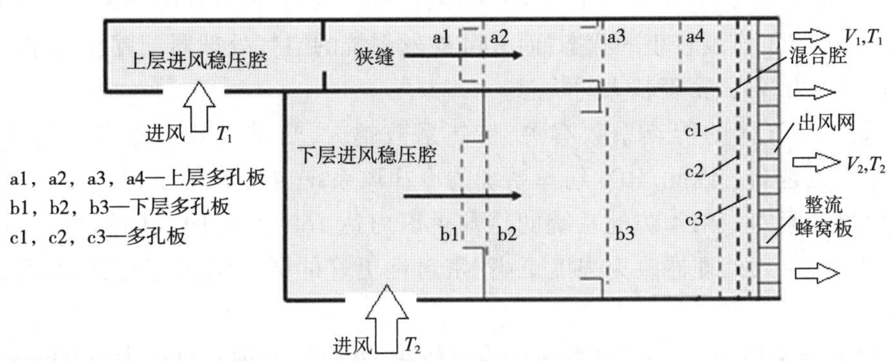

图 3-69　RF4 双层冷却侧吹风箱截面结构

由于上层侧吹风箱的高度(约200mm)较小,进入稳压腔的气流较紊乱,因此还沿水平方向设置了一条狭缝,使气流沿水平方向展开,并比下层多设置了一块多孔板a4,保持了压力的均匀性。

RF4纺丝系统的双层冷却侧吹风箱与RF1纺丝系统的双层冷却侧吹风箱的较大差异是上下层出风的连续性。RF1纺丝系统的双层冷却侧吹风箱有两张独立的出风网,两层气流是完全分开的,两张出风网的边框阻挡的位置是无风区。而RF4纺丝系统的两层冷却侧吹风气流在箱体内汇聚,然后经过多孔板及蜂窝板(厚度约30mm)调节后,以连续的出风面形式吹出,不存在上下层气流的边界,纤维获得的冷却也是连续的,这显然对提高纺丝稳定性有好处。

为了使进入稳压腔的气流能即时沿幅宽方向在空间扩散,在每一层的气流入口会配置一个三角形金字塔状构件,这是一个用多孔板材料制造的四面体(底部是空的),并在其斜面装有五块导流板,使气流沿水平方向扩散,具有明显的分流均压效果,这是在这种侧吹风箱内应用的一种特效装置(图3-70)。

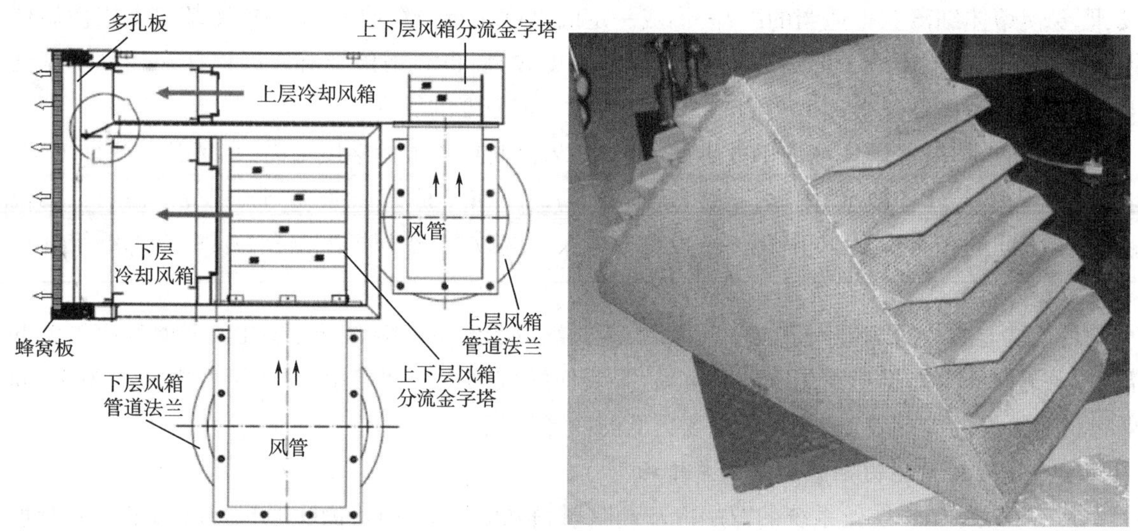

图3-70 双层侧吹风箱的进风分流金字塔装置

RF4纺丝系统的冷却风系统与多数冷却风系统有一个较大差异,多数冷却系统是将内部安装有热交换器(简称表冷器)的空气处理器(AHU,俗称空调柜)配置在冷却风机的吸入口一侧,即气流处于压力较低、密度较小的状态;而RF4纺丝系统的空气处理器配置在冷却风机的排气侧,即气流处于压力较高、密度较大的状态。

热交换效率与气体的传热系数有关,传热系数越大,热交换效率越高。气体的密度越大,热交换效率也越高。因此,RF4纺丝系统的冷却风系统要比其他系统的有更高的热交换效率,设备也更加紧凑。RF4纺丝系统的冷却风压力达16000Pa,旧式的箱柜式结构无法承受该压力。因此,空气处理器改为强度更高、密封性更好的圆形结构,并且用厚度3mm的不锈钢材料制造。

作为一种典型结构,上层冷却风系统的流量较小,其空气处理器直径为1600mm,下层冷却风系统的流量要大很多,其空气处理器直径为2250mm左右,而外表面用疏水性的材料进行绝热处理,防止出现冷凝水。

3. 冷却气流与熔体细流的相对位置

PP熔体细流离开喷丝板后,仍处于黏流态,强度较小,在重力和牵伸力的共同作用下容易变形、变细,此后便要迅速冷却,降温至高弹态,以便传递牵伸力,否则容易发生断丝,而在丝条固化后,牵伸气流再无法使纤维发生形变了。

上层的冷却气流不能离喷丝板太近,因为喷丝板与冷却气流的温度差很大,从喷丝板表面掠过的冷却气流会带走热量,使喷丝板表面的温度下降,除了浪费能量外,还会出现冷板现象(即喷丝板表面温度下降的现象),导致出现断丝、柱头丝、弯头丝,无法稳定纺丝。

目前,侧吹风最上层的冷却气流离喷丝板板面在垂直方向的距离约在100mm,这是熔体细流发生形变、变细的一个区域,也是影响纺丝稳定性的最敏感区域。而侧吹风箱的出风网面在水平方向离丝束外侧的距离一般在50~60mm,有的机型可能还要小一些,但太近会增加熔体细流或纤维迎风侧与背风侧的温差,而且会增加丝束外侧与中间部位的冷却效果差异。

在冷却侧吹风靠近喷丝板出丝面这一个区域,熔体细流与冷却风的温度差最大,有利于提高热交换效率;而熔体细流在这一区域相互之间的间隔距离最大,冷却气流更容易贯透丝束进入内部,使中部的熔体细流也能获得最佳的冷却效果。

开放式纺丝通道冷却风的压力为400~2000Pa。管式牵伸冷却风的风速度为0.3~1.0m/s,风温为18~22℃。狭缝牵伸的风速为0.5~1.0m/s,风温为15~18℃。

第八节 纤维牵伸

一、纤维牵伸的作用

在非织造布生产过程中,主要是依靠气流与纤维表面间的摩擦力实现牵伸的,牵伸过程使纤维的截面越来越小,并达到预期的细度,使纤维结构有更高的取向和结晶,具有可应用的力学性能。

当气流不足以提供直径(或纤度)较大纤维的牵伸力时,要利用机械牵伸的方式,用高速旋转的牵伸辊把缠绕在辊面上的纤维牵伸为细纤维。

(一)纤维在牵伸过程中的变化

在纺丝过程中,熔体从喷丝孔喷出后,要成为很细的纤维。如当喷丝孔的直径为0.40mm(400μm),纤维直径为20μm时,从喷丝孔喷出的熔体成为纤维后的直径缩小为原来的1/20(=400/20),截面积则缩小为原来的1/400,长度大幅度增加,当原料采用PP时,在喷丝孔的单孔流量为0.5g/min时,PP熔体密度为0.75g/cm³,熔体的挤出速度V_m:

$$V_m=0.5/(0.75\times3.14\times0.04\times0.04/4)=530(\mathrm{cm/min})$$

挤出的熔体全部成为纤维,但纤维冷却后的密度增加到0.90g/cm³,这时纤维的最高运动速度V_f为:

$$V_f=0.5\times4/(0.002^2\times3.14\times0.9)=1769(\mathrm{m/min})$$

从上述简单的计算可知,当单孔流量为0.5g/min的熔体从直径为0.40mm的喷丝孔喷出,成为直径为20μm的纤维时,纤维的最高运动速度可达1769m/min,约为熔体喷出速度的334

（=1769/5.3）倍，使纤维加速到该速度的过程就是牵伸过程，而两者的速度比称为牵伸倍数 y。

$$y=\frac{900000\pi R^2\rho}{D}$$

式中：y——纤维牵伸倍数；

R——喷丝板喷丝孔半径，cm；

D——纤维旦数，1 旦=0.11tex；

ρ——熔体密度（与熔体温度有关），g/cm^3。

将以上数据代入上式可得：

$$y=\frac{900000\times0.02\times0.02\times3.14\times0.75}{2.54}=334(\text{倍})$$

实际上，从喷丝板喷出的熔体细流所形成的初生纤维的强力很低，断裂伸长率很大，结构也不稳定，还不具备使用价值，而拉伸（牵伸）是提高纤维或非织造布产品力学性能的重要措施。

经过拉伸的纤维，力学性能取决于拉伸过程中所形成的超分子结构，即拉伸纤维的取向态、结晶态及形态结构。纤维的拉伸取向主要是为了提高纤维的强度、降低其变形。实际上，取向纤维的强度可为未取向纤维的 5~15 倍，纤维是非织造布的基础，纤维获得充分的牵伸，是提高非织造布产品力学性能的必不可少的措施。

在牵伸力的作用下，除了纤维的直径或截面会越来越小，密度比熔体增加外，纤维内部的结晶度会增加，纤维内的大分子会沿拉伸方向取向。纤维细度与牵伸速度成反比，牵伸速度越快，纤维越细。根据纤维细度与喷丝孔熔体流量及牵伸速度的关系：

$$\text{纤维细度（旦）}=\frac{9000\times\text{喷丝孔单孔熔体流量（g/min）}}{\text{牵伸速度（m/min）}}$$

可知，要获得较细的纤维，可以通过降低单孔熔体流量或提高牵伸速度两种途径来实现，或同时利用这两种途径来实现。采用不同途径所获得的纤维质量及非织造布产品的质量不同。

通过改变牵伸速度可以获得预期细度的纤维，这也是牵伸的一个目标。由于高聚物的分子链很长，在没有取向的材料中，分子链无规则排列，大分子链的链段长度差异较大，在受到外力作用时，较短的链段首先受力，在张力作用下发生断裂，纤维的强力降低。

当纤维受到外界牵伸力的作用时，分子链的链段沿应力场的方向有序排列，并且在牵伸力作用下形成微纤晶结构，称为取向态结构。这时晶区间连接链段的长度差异较小，当受到外力作用时，各链段所受的张力差异也较小，可以承受较大的外力，纤维有较高的强度。

取向使大分子的有序性增加，具有一定大分子取向度的纤维具有相应的机械强度，取向程度取决于作用的外力大小，而分子的热运动总是使分子趋向无序（解取向），所以应使熔体温度迅速降到聚合物玻璃化温度以下，以冻结取向结果，防止解取向。

无论是结晶态高聚物或是非晶态高聚物（玻璃态高聚物），在发生取向后，大分子链都将会沿同一方向排列，出现各向异性，沿分子取向方向的强度和模量增高，断裂伸长率下降。

牵伸过程能使纤维中的大分子从自然状态的杂乱排列，成为沿纤维轴向有序排列，即提高了取向度，从而提高纤维的拉伸性能和耐磨性。牵伸还能提高纤维的结晶度，固化纤维的分子取向，减少解取向。牵伸速度达到一定水平后，纤维才能成为全取向纤维。

在化学纤维领域，一般认为只有牵伸速度≥6000m/min，纤维才能成为全取向纤维，不同聚合物的牵伸速度也不同。牵伸速度太快,会在纤维内部产生很大的应力,容易发生断丝,而牵伸速度太慢,产生的应力不足以改变内部的不稳定结构,并随后重建,即使这时拉伸倍数很高,纤维也较细,但取向效果并不明显,力学性能(断裂强力、伸长率)也没有得到较大的改善。

纤维细度的变化仅与牵伸倍数有关,是体现牵伸效果的一个表面现象,与纤维的结晶、取向并没有必然关联。而纤维的结晶、取向与牵伸速度相关。只有提高牵伸速度,才能使纤维大分子承受更大的作用力,使纤维有较高的取向度,并有较大的结构稳定性,这是获得高性能纤维、也是产品有较大的拉伸断裂强力和较小的断裂伸长率的主要因素。

纤维中结晶部分占纤维总体的比例称为结晶度,结晶度是聚合物材料的一个重要性能,与聚合物的很多力学性能直接有关。聚合物不同,结晶度也不同。由于大分子链难以完全规整排列,因此,高分子聚合物很少是完全结晶状态,一般都是半结晶状态或非晶状态存在。

因此,即使纤维很细,如果牵伸速度不足,纤维仍没有较高的结晶和取向,力学性能较差;尽管纤维很粗,如果牵伸速度很高,纤维仍有较高的结晶和取向,有较好的力学性能。

目前有的纺丝系统仅通过降低喷丝板单孔熔体流量的方法,而不是用提高牵伸速度的方法来获得较细的纤维。这种方法无法改变产品强力低、断裂伸长率大的缺陷,是导致纺丝系统单位幅宽产能与主流设备存在很大差距的原因,这是目前不少纺丝系统长期存在的共性问题。

主流设备是在有较大熔体挤出量的基础上,依靠较高的牵伸速度,在获得较高产能的同时,又能获得较细的纤维,使产品有较好的均匀度和力学性能。

(二)牵伸过程的力平衡

纤维的牵伸过程中是多种力的综合作用的结果。

1. 重力

从喷丝孔喷出的熔体会因重力作用向下运动,由于熔体的温度还较高,黏度较小,重力会将熔体细流拉得更细。

2. 表面张力

熔体细流的牵伸过程是一个比表面积增大的过程,而表面张力要使熔体的表面张力趋向最小,这是一个抗拒牵伸的作用力,是一种阻力,其大小与熔体细流与牵伸气流之间的界面张力成正比。但这个力较小,而且仅在丝条表面仍处于熔融状态才存在。

3. 摩擦力

摩擦力主要是丝条在空气中运动时,丝条表面与空气相对运动而产生的,由于丝条在运动过程中不断加速,因此,由此产生的摩擦力也是变化的。摩擦力与丝条和空气之间相对速度的平方成正比。

4. 惯性力

熔体从喷丝孔喷出后,便一直在加速,直至熔体固化到达最高牵伸速度才停止加速,根据牛顿第二定律,有力才会产生加速度。这个惯性力与牵伸速度的平方成正相关。纤维的双折射也与这个惯性力呈线性关系。

5. 流变阻力

流变阻力的大小取决于聚合物熔体离开喷丝板后的流变行为及形变区的速度梯度。

(三)牵伸过程中纤维结构的变化

在各种力的综合作用下,纤维在牵伸过程中截面发生形变,直径逐渐变细,长度增加,运动不断加速，正是这个加速度，才使纤维不断受力。纤维中的大分子从自然状态的杂乱排列[图 3-71(a)]变成沿纤维轴向有序排列[图 3-71(b)]，即取向度不断提高，从而增强纤维的拉伸性能和耐磨性。牵伸还能提高纤维的结晶度，固化纤维的分子取向，减少解取向，稳定纤维的性能。

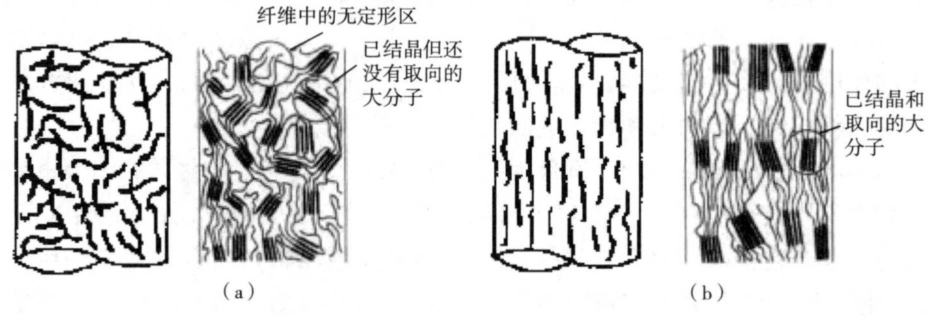

图 3-71　牵伸前后纤维中的大分子取向

经过拉伸后，初生纤维内部的分子链结构发生变化，分子链、晶粒和其他结构单元沿纤维的轴向(也就是牵伸受力的方向)排列、取向，纤维的结晶度提高，密度增大。由于纤维内部承受外加张力的分子链数量增加，从而显著提高了纤维的拉伸断裂强度，降低了拉伸断裂伸长率，改善了耐磨性，对各种形变的疲劳强度也有显著提高，其光学特性(双折射)也出现各向异性。

常用双折射率(Δn)来表示纤维的牵伸程度。牵伸速度越高，双折射率越大，牵伸越充分。双折射率与牵伸速度成正相关，随着牵伸速度的提高，双折射率也随之增大，这种现象在牵伸速度较低时很明显，但当牵伸速度(如 PP 纤维在 2500m/min)到达一定程度后(图 3-72)，这种变化变得很平缓，虽然纤维的性能仍有所提高，但能耗却会大幅度增加。

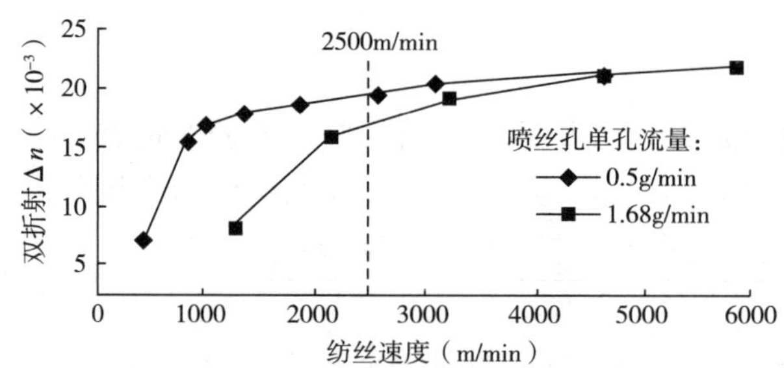

图 3-72　PP 纤维的双折射率与牵伸速度的关系

因此，在正常生产时，要同时兼顾纺丝稳定性、产品质量、能耗、设备可靠性等因素，优选合理的牵伸速度。对于 PP 纤维，当牵伸速度达到 2500m/min 以后，纤维已有较好的质量。表 3-9 为采用不同的牵伸方式时纤维的双折射率与力学性能的关系。

表 3-9　采用不同牵伸工艺制取的聚丙烯纤维的双折射率与力学性能对照

性能指标	牵伸工艺			
	初生丝 UDY	气流牵伸(Reicofil)	高速纺丝 FOY	拉伸丝 FDY
双折射率 Δn($\times10^{-3}$)	5~12	17~19	20~25	30~35

续表

性能指标	牵伸工艺			
	初生丝 UDY	气流牵伸(Reicofil)	高速纺丝 FOY	拉伸丝 FDY
强度(cN/dtex)	0.89~1.34	1.07~1.87	1.6~2.67	4.0~4.9
断裂伸长率(%)	>200	>120	110~200	20~60

注　1. UDY 是 un drawn yarn 的缩写，为初生纤维，牵伸速度<1500m/min；FDY 为 fully drawn yarn 的缩写，是全牵伸纤维，牵伸速度在 4200~5500m/min，纤维充分牵伸，取向度比 FOY 稍低，具有较高的强度；FOY 是 fully oriented yarn 的缩写，为完全取向纤维，牵伸速度>6000m/min。

2. Reicofil 译为“莱克菲”，是德国莱芬豪舍公司应用的非织造布宽狭缝低压牵伸工艺的名称，本表数据是早期纤维的性能，从表中的数据可见，使用莱克菲工艺生产的纤维，其牵伸状态仅接近全取向纤维，还没达到全牵伸，断裂伸长率仍较大。

二、牵伸气流的作用机理

目前，主流的纺粘法非织造布纺丝系统基本上都采用气流牵伸，从喷丝板喷出的熔体细流依靠高速气流牵伸成纤维。不同的聚合物纤维需要不同的牵伸速度，对应有不同的牵伸系统。

通常，牵伸气流的速度≥3000m/min，但必须注意实际的纤维牵伸速度，即纤维的速度 V_f(即牵伸速度)并不等于气流的速度 V_a，而是纤维的牵伸速度 V_f 低于气流的速度 V_a，正是由于两者之间存在的速度差(V_a-V_f)，才会形成对纤维进行牵伸的力。

牵伸气流的流量与牵伸风的速度成正比，因此，牵伸风的流量(或风速)会影响纤维的细度。在风量大(风速高)的工艺条件下，牵伸气流的速度较高，牵伸力较大；熔体的黏度较低，牵伸阻力小，容易生成较细的纤维。牵伸速度与纤维细度的关系如下：

$$\text{纤维细度(旦)}=\frac{9000\times\text{单孔流量(g/min)}}{\text{牵伸速度(m/min)}}$$

纤维细度与喷丝板的单孔熔体流量成正比，当降低喷丝板的单孔流量，也就是降低纺丝泵的速度后，纤维会变细。同样，在纺丝泵挤出量相同的条件下，用孔密度大或喷丝孔数量多的喷丝板，纤维也会变细，其本质是降低了喷丝板单孔的流量。

(一)喷丝孔熔体流量与牵伸速度对纤维性能的影响

采用降低喷丝孔的熔体流量，虽然也能使纤维变细，其最直接的效果是使纤维发生形变，直径变小，但对纤维的微观结构影响并不大，也就是说无法明显提高纤维的力学性能。还有一个负面影响是降低了纺丝系统的生产能力，减少了产量，降低了经济效益。

改变牵伸速度，也能改变纤维细度。随着牵伸气流速度的提高，纤维的牵伸速度也随之加快，纤维的直径迅速减小。在一定范围内，随着牵伸气流的流量(或压力)增大，纤维的直径变细。

提高牵伸风的速度还有一个重要作用，就是只有纤维获得足够高的牵伸速度，才能形成足以改变纤维内部大分子排列和取向的作用力，而高速牵伸能提高结晶度，这是影响纤维力学性能的根本原因。

目前，虽然不少纺丝系统也能获得纤度较细的纤维，但产品的拉伸断裂强度偏小，拉伸断裂伸长率却很大，就是因为这些纺丝系统无法获得较高的牵伸速度，只能通过用降低喷丝孔熔体流量的方法使纤维变细，这样导致的后果是降低了纺丝系统的生产能力，减少了经济效益。

目前,很多纺粘系统的单位幅宽产能仅 100~120kg/(m·h),而先进的纺丝系统的单位幅宽产能已达 240~270kg/(m·h),会产生这么大的差距,根本原因是牵伸速度的差异。

气流的速度越高,纤维的直径越细。与此同时,产品的纵横向强力增大,伸长率变小,但高速牵伸气流对铺网过程的干扰也较大,单位产品消耗的能量也随之增加。

牵伸气流的均匀性和稳定性还会影响铺网的均匀性,对产品的均匀度有很大影响。在生产过程中,对于采用宽狭缝低压牵伸的纺丝系统,可通过局部调整牵伸通道或扩散通道 MD 方向的宽度来调整对应位置的产品均匀度,本质其实是调节通道相应位置的气流速度。

当通道的截面某一位置较窄时,通道的截面积较小,气流的流动阻力大,气流速度降低,相应位置的纤维就较少,容易出现稀网,而其中会有部分纤维向通道较宽、阻力较小的位置扩散。当通道的某一位置截面较宽时,流动阻力小,气流速度较快,两侧的纤维向这个位置移动,这个位置的纤维就较多,容易出现云斑。

(二)不同聚合物的牵伸工艺

由小分子生成高分子化合物的反应叫作聚合反应,聚合反应包括加成聚合反应(加聚反应)和缩合聚合反应(缩聚反应)。由加聚反应和缩聚反应生成的高分子化合物的特性不同,牵伸工艺也有差异。

聚丙烯为加聚型高分子聚合物,其分子链由多个碳原子串联而成,没有活性基团,在牵伸过程中容易发生内聚破坏,而且分子链受力变形后的松弛时间较长,形变消失慢,因此纺丝牵伸速度不能太高。聚丙烯容易结晶,不需要很高的牵伸速度即可获得结晶度较高的结构。

聚丙烯熔体具有典型的非牛顿流体特性,是剪切变稀型,表观黏度随切边速率的增大而减小,其黏度一般为 500~1200Pa·s,黏度大,不容易流动,因此,需要较高的纺丝温度和增加切变速率来降低黏度,维持熔体表面张力的稳定,以免产生熔体破裂而断丝。因此,使用聚丙烯原料时,纺丝温度较高,而且比熔点高很多。

PP 的熔点一般为 165~170℃,而分子量较大,一般为 18 万~30 万。流动性较差,因此,要选用较高的纺丝熔温度,一般为 230~250℃,在化纤领域一般要求牵伸速度>4000m/min,而在纺粘法非织造布的纺丝系统,实际的牵伸速度会低很多。

聚酯为缩聚型高分子聚合物,其分子两端为羟基(—OH),中间是一系列苯环通过酯基与乙烯基相连接而成,有对称性,轴向拉伸性好,是近牛顿型流体,特性黏度较低,对剪切变化不敏感,受力后分子链的松弛时间短,形变消失快,熔体在喷丝孔出口的胀大比较小,一般为 1~1.5,纺丝过程中不容易发生内聚破坏,可以承受较高的牵伸速度和较大的牵伸力。

聚酯的分子量较小,一般为 1.9 万~2.1 万。流动性较好,因此纺丝温度仅比熔点 265℃稍高,为 275~295℃。为了得到较高结晶度和较高分子链取向的稳定纤维,减少纤维产品的热收缩变形,也需要采用较高的牵伸速度,一般要求牵伸速度>4500m/min,目前一些纺丝系统的牵伸速度>6000m/min。

三、牵伸系统

(一)纺丝系统的纤维牵伸

1. 牵伸过程在流程中的位置

纤维的牵伸过程是在熔体细流还没有固化前进行的,牵伸装置处于冷却装置与接收成网装置之间(图 3-73)。在采用气流牵伸工艺的纺丝系统中,牵伸装置仅提供使熔体细流发生形变的牵伸力,而熔体细流发生形变的位置则是还没有下降至玻璃化转变温度前,也就是在熔体细流固化前的冷却段发生的。

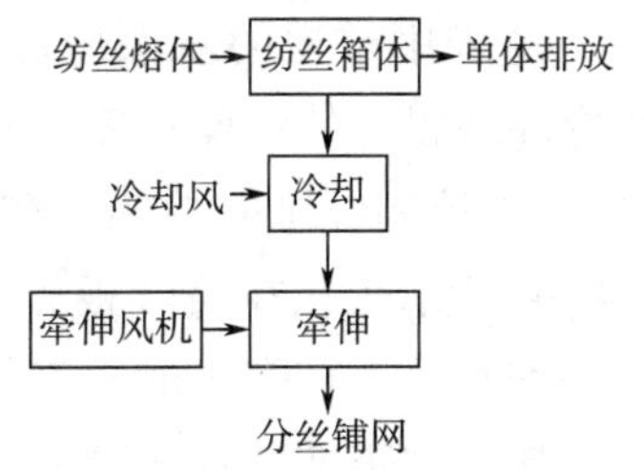

图 3-73　纺粘法牵伸过程在流程中的位置

在一些生产粗旦纤维的纺丝系统中,除了采用传统的气流牵伸技术外,也会采用机械牵伸工艺,这时使熔体细流发生形变的力还是由牵伸装置提供,但熔体细流除了在冷却段发生形变外,在整个牵伸过程都会发生形变。

纺丝系统所采用的牵伸技术,也是不同纺丝工艺的主要特征及区别,对纺丝系统的聚合物原料适应性、产品的力学性能及其他质量指标、经济指标(产品生产成本)都有重要的影响。对设备布置,结构外形都有很大差异。

2. 在非织造布领域采用的牵伸工艺

在熔体纺丝成网非织造布技术的发展过程中,形成了许多纺丝、冷却、牵伸和铺网工艺,并已获得专利并得到商业化应用。每一种工艺都有其特点,常用的四种类型如图 3-74 所示。

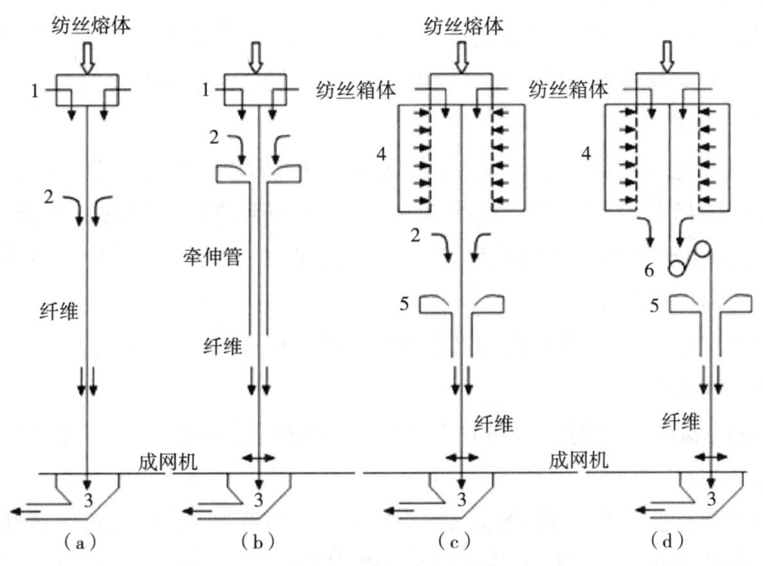

图 3-74　纺粘法非织造布的牵伸系统示意图

图 3-74(a)所示是一个使用纵向喷丝板的系统,喷丝板两侧有空气狭缝,用于排出单体(一次风)。室内空气(工艺风、二次风)2 将纤维挟持并牵伸,纤维铺放好后,用 3 将牵伸气流吸走。这一工艺适用于黏性聚合物,如线型聚氨酯。纤网是真正的纺粘纤网,也就是说,纤网收集好后,由于纤维固有的黏性,在它们的交叉点上实现自黏结。然后开始结晶,在纤网固结后黏性便消除。

图 3-74(b)所示工艺显示了如何实现更高的拉伸比,这导致增加的分子取向丝。细丝是用几种空气或气体流通过牵伸管实现牵伸的。气流在铺网的同时被成网机的抽吸风机 3 去除。该工艺在制备具有织物样外观和手感的含有细丝的轻质纺粘网方面具有优势。

图 3-74(c)采用常规的双面冷却侧吹风装置 4 冷却熔体细流,用气流牵伸装置 5 实现牵伸。拉伸和冷却装置可使纺丝速度非常快,从而使长丝具有高度定向性。控制室内空气 2 的温度和含水率,可以控制纤维的性能。在纤网形成后,通过 3 吸出空气。

图 3-74(d)所示工艺在喷丝板和成网机之间有一个机械牵伸步骤 6。这种牵伸方式对纺制粗旦纤维特别有效。在常规的空气拉伸过程中,粗旦纤维难以获得最佳的分子取向。熔体细流经过 4 的冷却后被牵伸装置 6 牵伸。装置 5 的作用是利用高速气流对纤维的握持作用,使纤维保持张紧状态,并紧密缠绕在牵伸装置表面。成网气流则被 3 抽出,采用这种特殊工艺可以生产强度高、伸长率低的粗旦纤维非织造布产品。

其他实用纺粘法牵伸工艺,都可以在这四种基本工艺的基础上进行适当地改进。除了在一些企业应用的原创技术以及仍在保护期的专利技术外,在熔体纺丝成网非织造布领域,目前已经应用的商品化牵伸工艺主要是宽狭缝低压牵伸工艺、宽狭缝正压牵伸工艺和管式牵伸工艺。这三种牵伸工艺各有特点,相对而言,宽狭缝低压牵伸工艺在生产薄型产品,特别是使用聚烯烃类原料时,产品的均匀度较好,能耗较少,由于系统中的牵伸装置和铺网设备都是静态设备,有很高的运行可靠性,牵伸速度问题近年来也有了较大的进展,有望在一般应用场合覆盖其他两种牵伸方式。

(二)牵伸系统的功能及指标

由于机型、原料特性(主要是流动性能)及工艺不同,不同品牌的纺粘法非织造布生产线或采用不同牵伸工艺的纺丝系统,对牵伸气流的要求也不同,温度和流量也有较大差异。

1. 牵伸系统的功能及要求

牵伸气流也叫工艺气流或一次气流,牵伸过程是在纺丝箱体的下游方向进行的,纺粘系统的牵伸工艺是在熔体离开喷丝板并经过冷却后对熔体细流进行牵伸的。牵伸系统的功能是用气流牵伸的方法,将喷丝板喷出的熔体细流变成预期细度(截面尺寸)和一定取向的细纤维,牵伸系统提供纤维所需的牵伸力。

纺粘系统中独立的牵伸气流设备主要包括:高压风机或空气压缩机,牵伸气流输送、净化装置,分配管道,流量控制装置等。

(1)牵伸气流的温度。视纺丝系统所用的聚合物种类、牵伸工艺,牵伸气流既可以是温度较低的冷却气流,也可以是常温气流。

牵伸气流的温度会影响气流的密度,直接影响气流对纤维的握持力,温度越高,气流密度越低,握持力越少,牵伸效率下降,因此需控制牵伸气流的温度。由于正压牵伸要使用排气温度较高的容积式风机(空气压缩机),这一类型机器一般配置有后冷却器,使牵伸气流的温度降至50℃以下。

应用宽狭缝低压牵伸工艺的牵伸系统,冷却气流同时也是牵伸气流,但进入牵伸通道的气流是吸收了熔体细流及初生纤维热量的气流,温度比进入冷却侧吹风箱的气流温度高,大部分情况下其温度在 30~40℃。

(2)宽狭缝低压牵伸系统的牵伸气流量。纺粘系统中牵伸风的流量与系统的幅宽成正比,与熔体的挤出量成正相关。

封闭或半封闭纺丝通道的宽狭缝低压牵伸的系统中,冷却风也是牵伸风,进行工艺设计时一般按每一米幅宽 8000~10000m^3/min 的流量配置,此时对应的熔体挤出量为 150~240kg/(m·h)。

由于牵伸风机不可能长期在最高转速连续运行，一般要将风机的工作点选在特性曲线较平直的高效区域，也就是在风机额定转速的 60%~80%。因此，进行风机设备选型时，额定流量一般为 10000~12000m^3/(h・m)。

在这种纺丝系统中，纤维的冷却及牵伸与冷却风的流量紧密关联，牵伸气流本身就来自冷却气流，其流量受最高冷却吹风速度的限制，因此，无法通过增加流量来提高气流速度，只能通过缩小牵伸通道截面积的方法来获得高速度。在工艺上的调控性能就不如冷却和牵伸各自独立的开放式纺丝系统灵活，但因能耗低、可靠性高，是一种顺应发展潮流先进工艺。

牵伸系统的牵伸风机装机容量一般都较大，而机型不同差异也很大，如 3.2m 幅宽纺丝系统，牵伸风机的总装机容量可为 90~220kW，这部分的能耗对产品的生产成本影响很大，对产品质量的影响也很明显。

(3)宽狭缝正压牵伸系统的牵伸气流量。对于配置有宽狭缝正压牵伸器的纺丝系统，由于牵伸气流流经的通道截面较小，因此，气流的流量并不大。这种牵伸系统所需要的流量与压力紧密相关，压力越高，流量越大。在一般情况下，使用聚酯类原料时的流量最大。

目前，配置在 1600mm 幅宽的聚酯类纺丝系统使用的牵伸风机，流量为 40~60m^3/min，配置在 3200mm 幅宽的聚酯类纺丝系统的牵伸风机流量为 100~120m^3/min。以上是独立配置牵伸风机时的情况，如果是多纺丝系统共用一台较高性能的牵伸风机，则所需要的流量会少一些。如果是使用聚烯烃类聚合物原料，实际耗用的牵伸气流的流量则要小很多。

(4)管式牵伸纺丝系统的牵伸气流。在管式牵伸纺丝系统中，牵伸气流的流量与牵伸管的数量，也就相当于与纺丝系统的幅宽有关。配置在 1600mm 幅宽的聚烯烃类纺丝系统使用的牵伸风机，其流量为 30~35m^3/min，由于聚酯类产品需要较高的牵伸速度，因此，在 3200mm 幅宽配置双排牵伸管的聚酯类纺丝系统，其牵伸风机流量为 40~60m^3/min，而且风机的功率也更大。

2. 牵伸气流的压力

牵伸气流的压力与聚合物原料的品种及牵伸方式有关，一般使用聚烯烃类原料的纺丝系统，其牵伸气流压力较低，而使用聚酯类聚合物原料时，牵伸气流的压力会较高。

气流产生的牵伸力与气流的密度成正比，与气流与纤维之间的相对速度的平方成正比，但速度差越大，牵伸气流的利用率越低，增加了能耗和产品生产成本。

目前市场上应用的国产宽狭缝低压牵伸工艺的系统，牵伸通道出口的宽度一般为 30~40mm，通道的截面积较大，阻力较小，牵伸风机的压力较低，仅为 5~8kPa，牵伸速度也较低；新一代宽狭缝低压牵伸工艺的系统中，牵伸通道窄位置的宽度一般为 20~25mm，通道的截面积较小，阻力大，牵伸风机的压力为 12~18kPa，牵伸速度较高。

目前，随着冷却侧吹箱技术的进步，减少了在箱体内的阻尼多孔板数量，减少了气流的阻力和压力损失，仅用压力 10~12kPa 的风机就能获得类似以前的牵伸速度，并获得明显的节能降耗效果。

对于配置有宽狭缝正压牵伸器的纺丝系统，牵伸器内部两侧的牵伸气流狭缝宽度很窄(有的机型仅有 0.20mm)，而牵伸通道的宽度也仅有几毫米，因此，阻力很大，就需要压力较高的牵伸气流，一般为 100~600kPa，对气流的洁净度有一定要求。因此，常用螺杆式空气压缩机，如牵伸气流的用量较大，也会用到离心式空气压缩机，这些都是装机功率较大的设备。

使用宽狭缝正压牵伸工艺加工聚烯烃原料时，气流的压力≤0.20MPa，但牵伸气流的流量要比管式牵伸工艺大,因而产品的能耗很高,缺乏竞争优势。

管式牵伸纺丝系统的牵伸气流是在截面积较小而长度较长的圆管内进行的,因此要求有较高的压力。在20世纪末曾引进气流压力达1.6MPa的PET管式牵伸系统,产品的能耗很大。通过不断改进,目前使用PP原料时,牵伸气流压力已降至0.20MPa;使用PET原料时,牵伸气流压力已降至0.60MPa,甚至0.3MPa以下,产品能耗也有大幅度下降。所用的牵伸风机一般为离心式压缩机或螺杆式空气压缩机。

3. 牵伸气流的湿度与洁净度要求

在纺丝牵伸过程中,由于纤维之间、纤维与牵伸气流之间的相对运动,很容易产生静电,这些纤维随机带上静电后,既容易使纤维互相分离,也容易干扰铺网。因此,在纺丝牵伸过程中,不希望有静电现象存在,控制牵伸气流的湿度就能有效控制静电现象。

在宽狭缝低压牵伸系统中,通过在空气处理器内部喷雾加湿,可以调节牵伸气流的湿度,当相对湿度高于70%后,静电现象即可消除,而且因为冷却气流含有较多的水分,这些水分吸热后会气化、蒸发,可以吸收更多的热量,还有利于纤维的冷却。

对于其他牵伸系统,由于牵伸气流是由容积式风机提供的,风机输出的气流温度较高,一般要经过包括汽水分离、油气分离等净化处理,冷却器降温后才输送至牵伸系统。气体在进入牵伸器后会降压膨胀、温度降低,如果这个温度低于当时空气的露点,气流中的水分会形成冷凝水。因此,这些气流一般不需要进行加湿处理。

为了防止牵伸狭缝被异物堵塞,除了在容积式风机的入口设置空气过滤器外,在气流进入牵伸器前,还经常在牵伸气流系统中设置空气粗滤器,使气流再经过一次过滤。在这个过滤器下游的所有管道和设备都需要用不锈钢材料制造,防止产生锈蚀,使铁屑堵塞牵伸器的狭缝。

在宽狭缝低压牵伸系统中,会在冷却吹风系统的空气处理器内设置空气过滤装置,将空气中的灰尘或杂物阻隔滤除,以免影响纤维的牵伸。

在牵伸系统中的这些过滤装置,除了按设备说明书的要求配置外,一般按初效或中效过滤精度配置。

四、牵伸方式对非织造布的影响

(一)牵伸方式对非织造布质量的影响

牵伸方式除了会直接影响纤维细度、纤维材料大分子的结晶和取向,还会直接影响纤维的强度和稳定性,从而影响产品的力学性能,还会对非织造布产品的基本性能,特别是非织造布产品的均匀度、差异,对热稳定性、覆盖性等都有很大的影响。

随着牵伸速度的提高,纤维细度会随之变细。纤维越细,产品均匀性、遮盖性、手感等性能都会得到改善。随着纤维截面变细,产品的断裂强力呈现明显增大的趋势,即纤维牵伸得越充分,产品的强力越高。牵伸速度提高后,纤维的结晶度和取向度也随着提高,纤维的取向和结构趋向更稳定。

不同的牵伸方式,牵伸气流的速度也不同,完成纤维牵伸功能的气流,会随着纤维向接收装置运动,这些气流的速度越快,对铺网过程的干扰也越大,使产品形成与牵伸方式相关的风格,从而会影响产品的应用。

在很多应用领域，要求产品有良好的均匀度，铺放的纤维没有方向性和规律性，没有成束的并丝和明显的稀网或云斑，MD、CD 方向有相近的拉伸强度，因为在很多应用领域，要求非织造布具有各向同性。

由于应用管式牵伸工艺的非织造布产品，其表面会有明显的机械铺网的规律性痕迹，布面的风格稍次，但产品在 MD 方向与 CD 方向的强力较接近，产品呈各向同性，在一些工程应用领域有很好的使用性能。

（二）牵伸方式对非织造布能耗的影响

由于纤维的牵伸是依靠牵伸气流与纤维之间的速度差实现的，没有速度差就没有气流与纤维之间的相对运动，也就不会形成握持纤维运动的摩擦力，纤维就在这个摩擦力的作用下，跟随气流做加速运动。

气流的速度越快，纤维与气流间的速度差越大，但在有效的牵伸距离内，如果气流的加速度太大，而纤维又无法具有相应的加速度，气流与纤维之间就存在较大的打滑现象，即纤维无法跟随气流同步加速运动，气流的利用率也就越低。

这种打滑现象导致不同牵伸方式的能源利用率出现较大差异，也是基于这个原因，牵伸通道侧板与中心线的夹角较小，避免由于夹角太大，通道的截面积变化速率太大，导致气流的加速度太大，利用率下降，增加了能耗。

加上不同聚合物对牵伸速度的要求差异很大，加工工艺也不同，这就导致不同牵伸方式的能耗差异很大。为了提高牵伸气流的效率，可通过延长牵伸段的长度，进而增加气流对纤维的作用时间和距离来实现，这就是新机型钢结构高度比早期机型更高的一个原因，目前的三层钢结构平台高度约为 7m，比早期机型高了近 1m，而且冷却段高度还缩短了 0.6m，表示其纺丝通道的长度增加较多。

用宽狭缝低压牵伸系统生产一般 PP 纺粘法热轧非织造布产品时，单位质量产品的能耗仅为 700～800kW・h/t；如果使用宽狭缝正压牵伸工艺，产品的能耗则会增加至 1400～1800kW・h/t，而应用管式牵伸工艺的产品，其能耗处于前述两种工艺之间，为 1200～1400kW・h/t。

产品的能耗之所以会有如此大的差异，还与产品的质量有关。不同的牵伸工艺，其牵伸气流的效率不同，纤维的细度也不同，也会影响产品的力学性能。但不管采用哪种工艺，牵伸气流的速度（或牵伸速度）越快，其能耗必然越高。

以 3200mm 幅宽的纺丝系统为例，使用宽狭缝低压牵伸工艺的 PP 纺丝系统，牵伸风机（也就是冷却侧吹风风机）的总装机容量<250kW；使用宽狭缝正压牵伸工艺的 PET 或 PLA 纺丝系统，牵伸风机的装机容量达 750kW。而配置在 1600mm 幅宽的双组分 PET/PA 纺丝系统，牵伸风机的装机容量为 355kW。

虽然风机的装机容量不等于产品的实际能耗，但从装机功率的大小可以看出，不同的牵伸方式对产品的能耗是有重大影响的。

五、纺粘系统的牵伸风机

纺粘系统的牵伸风机与纺丝牵伸工艺及聚合物种类有关。

（一）宽狭缝低压牵伸纺丝系统的牵伸风机

目前 PP 宽狭缝低压牵伸工艺的牵伸气流压力较低，一般为 0.005～0.02MPa，用一般的离心式通风机就能满足要求,这是非织造领域大量使用的一种通用型流体输送设备。

新型纺粘系统的牵伸风机压力已达 16kPa,而且采用双层冷却风结构,因此,一个纺丝系统就需要配置两台性能不同的风机,以分别满足不同的工艺需求,其总功率也较大。如幅宽为 3200mm 的纺丝系统,冷却风机的总功率也大于 200kW。

由于风机的压力与空气的密度相关,而空气的密度是与温度有关的,温度升高,密度降低。如在 20℃时,空气的密度约为 1.20kg/m^3,而在 60℃时,空气的密度约为 1.06kg/m^3。因此,空气密度的变化不仅影响风机的质量流量,也会影响风机输出气流的压力。

在宽狭缝低压牵伸系统中,冷却气流同时也是牵伸气流,因此,牵伸风机与冷却风机均是同一台风机。也就是不管牵伸速度如何,冷却气流的流量必须随时都能满足纤维的冷却要求,在这个前提下,要提高牵伸速度,只能通过缩窄牵伸通道出口的宽度,也就是喇叭口的宽度来实现,这样必然会增加气流的流动阻力,因此,必须配置压力更高的冷却风机才能实现这个工艺目标。

在生产实践中,有的配置较低的纺丝系统,在将喇叭口调窄后,由于无法克服流动阻力,风机的工作点会向流量较小的方向移动,这就导致熔体细流无法获得充分的冷却而导致出现断丝现象,无法正常运行。出现这种现象时,有人误以为是牵伸速度太快把纤维拉断了,而没有认识到这是因为熔体细流没有获得充分冷却所致。

目前,在宽狭缝低压牵伸系统中,牵伸风机(或冷却风机)与空气处理器(AHU)两者间有两种安装方式。一种是 AHU 安装在风机的吸入侧,AHU 处于负压状态,气流的密度稍低,其热交换效率也会低一点,但对其结构强度及密封性要求不高,进入风机的气流温度可能会比标准状态(20℃)低,而密度也同时降低了,因此对风机的运行状态影响不大。另一种是 AHU 安装在风机的输出侧,进入风机的是常温气流,AHU 处于正压状态,由于空气密度稍高,有较高的热交换效率,但要求 AHU 的结构强度能承受较高的气流压力,对其结构强度及密封性要求较高,因此已经不能沿用一般的长方体集装箱式结构。

因此,随着气流压力的升高及安装位置的不同,AHU 的形状也有很大差异(图 3-75),其中左侧的箱式结构为常用的压力较低的空气处理器,箱体材料一般为薄彩钢板加绝热材料,右侧为压力较高的圆筒状空气处理器,筒体为不锈钢材料制造,具有较高的强度和刚性。

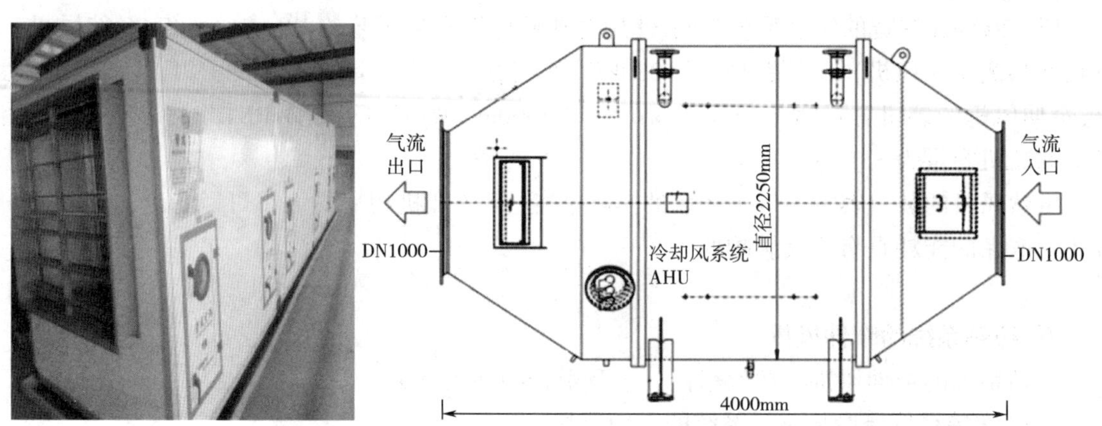

图 3-75　不同工作压力的空气处理器外形

当系统使用双层冷却侧吹风时，上下层的风量相差很大。因此，AHU 的外型尺寸也有较大差异，上层的流量较小，AHU 的直径为 1600mm，而下层的流量较大，AHU 的直径为 2250mm。

（二）正压牵伸系统用的牵伸风机

一般正压牵伸系统的气流压力为 0.10~0.70MPa，要使用容积式风机或空气压缩机，目前螺杆式风机是最常用的机型，大流量系统会用到离心式压缩机，这些都是装机容量较大的设备，有的纺丝系统可能会配置使用 10kV 电压供电的高压电机，对运行管理都有较高的要求。

第九节 牵伸工艺

一、宽狭缝低压牵伸工艺

目前，纺粘法非织造布纺丝系统所使用的牵伸工艺主要有：宽狭缝低压牵伸，管式牵伸，宽狭缝正压牵伸这三种技术。其中的宽狭缝低压牵伸工艺是应用较为广泛的一种工艺。每一种牵伸工艺都匹配相应的纤维冷却方式及铺网方式。

（一）宽狭缝低压牵伸

1. 负压并不能进行牵伸

宽狭缝低压牵伸工艺主要以德国莱芬豪舍公司的莱克菲（Reicofil，常用代号 RF 表示）工艺为典型，以前曾称为负压牵伸工艺。

在 20 世纪 90 年代初出现这种工艺时，采用封闭式纺丝通道的系统，牵伸风机的压力为 0.7kPa，抽吸风机的压力（负压）为 3.4kPa。由于抽吸风机的压力远比牵伸风机的压力高，加上当时有机会深入了解这种生产工艺的机会不多，就被冠以负压牵伸这个名称。

其实在纺丝通道的冷却段和牵伸段，也就是从喷丝板下方至通道的“文丘里”装置最窄位置的喇叭口这一段，都是处于正压状态。而熔体细流的冷却、变形都是在这一段纺丝通道内进行，使纤维发生变形的力也是在这个过程中产生的，纤维也是在这个环境中被牵伸的。

牵伸气流的最高速度就在这个喇叭口位置，由于喇叭口下方纺丝通道扩散段的负压是由抽吸风机形成的，降低了牵伸气流从喇叭口喷出时的背压，有利于提高气流的速度，也就是可以提高牵伸速度，但牵伸过程主要还是在由冷却气流产生的正压区域进行的。因此，这种牵伸工艺仍是依靠正压的气流牵伸，并非负压牵伸。

在采用这种密闭式纺丝牵伸通道的系统中，同时兼为牵伸气流的冷却气流是不可或缺的，但抽吸气流的流量只要能与冷却气流（还包括部分环境气流）保持动态平衡，也就是抽吸风机能将冷却气流吸收掉，纺丝过程就可以正常进行。实际运行过程中，有时甚至可以将密封压辊抬起，纺丝通道扩散段的负压降低，但只要控制好抽吸风机的运行状态，纺丝系统也能正常运行，而由于这时没有抽吸风机所形成的负压的帮助，牵伸气流的最高速度会降低，纤维会变粗。

在目前采用半开放式（或半封闭式）纺丝通道的宽狭缝牵伸系统，牵伸气流的最高压力可达 16kPa，（使用 PET 原料时，冷却风箱内的气流压力可高达 9.3kPa），抽吸风机的压力仅为 4.5~8.0kPa，这时的牵伸气流压力不仅比抽吸气流压力更高，而且扩散通道与成网机之间已经处于完全分离开的状态，抽吸风机的一部分流量仅与牵伸气流处于动态平衡的状态，其余部分流量也由所形成的负压自动吸收环境气流达到总体平衡。

在这时抽吸风机在纺丝通道扩散段所形成的负压就很微小，仅仅是吸纳牵伸气流，减少对成网过程的干扰，而对纤维的牵伸贡献就很小了。因此，莱克菲工艺并非负压牵伸工艺，由于相对其他牵伸工艺，其牵伸气流的压力是较低的。因此，称其为宽狭缝低压牵伸工艺可能更为恰切和准确。

2. 应用宽狭缝低压牵伸工艺的机型

在应用宽狭缝低压牵伸工艺的纺丝系统，纺丝牵伸通道是一个封闭或半封闭型纺丝系统，这时冷却纤维的气流同时也是牵伸气流，对应的牵伸气流压力也较低。经过三十多年的发展，这种系统的结构处于不断的改进、优化，技术水平已有长足的进步，由 20 世纪 80 年代的第一代 RF1 发展到了目前的第五代 RF5。

如表 3-10 所示为莱克菲工艺从 1986~2023 年的发展过程，无论从牵伸速度、纤维细度、生产能力、纤维结构，还是适用加工的聚合物品种等方面，都发生了巨大的变化，也代表了熔体纺丝成网非织造布技术发展的主流。

表 3-10　从 RF1~RF5 的莱克菲工艺特点

工艺	年份	牵伸速度（m/min）	纤维细度（旦）	生产能力［kg/(m·h⁻¹)］	运行速度（m/min）
RF1	1986~1992	500~1000	2.5~4.0(PP)	50~100	75~125
RF2	1992~1995	1500~2000	2.0~3.5(PP)	120~140	125~150
RF3	1995~2002	2500~3500	1.0~2.5(PP)	150~185	150~225
	1997~2002	2750~4000	1.5~3.0(PET)	200~220	—
RF4	2002~2017	≤4000	1.0~2.3(PP)	150~240	300~400
		≥5500	1.2~4.0(PET)	220~340	—
RF5	2017~2003	≥4000	0.9~2.2(PP)	约 270	400
		≥5500	1.2~4.0(PET)	约 340	—

注　运行速度为只有一个纺丝系统的纺粘法非织造布生产线的运行速度。

RF4 纺丝系统是一个已经投入运行使用了二十年的系统，目前仍是一种较为先进的、有代表性的纺粘法非织造布生产系统，由于其纤维冷却、牵伸、铺网过程可以独立调节，除了使用聚烯烃类原料外，还可以使用聚酯类原料。这个工艺既可以生产普通的单组分产品，还可以用来生产双组分非织造布产品。

RF 工艺还可以与其他纺丝成网工艺，如熔喷法、短纤维梳理成网工艺及其他纤网固结技术，如针刺、水刺、热风穿透等技术相结合，组成新型的复合非织造布生产系统，因此具有较好的应用前景。图 3-76 为 RF4 宽狭缝低压牵伸纺丝系统。

这种宽狭缝低压牵伸系统是利用冷却气流进入一个截面越来越小的牵伸通道后，气流的速度不断增加，利用气流与纤维之间的摩擦力（握持力），从而实现对纤维的牵伸的。由于牵伸通道的出口宽度很小（常规宽度 20~25mm），根据流体力学的连续性原理可知，气流可以达到很高的速度，但气流也需要更高的压力才能克服流动阻力，也就是要求冷却风机需要较高的压力。

宽狭缝低压牵伸工艺的牵伸速度也随着技术的进步而不断提高，在 1986~1992 年出现的 RF1 系统，牵伸速度仅为 500~1000m/min，而在 2002 年问世的 RF4 系统，纺 PP 原料的牵伸速

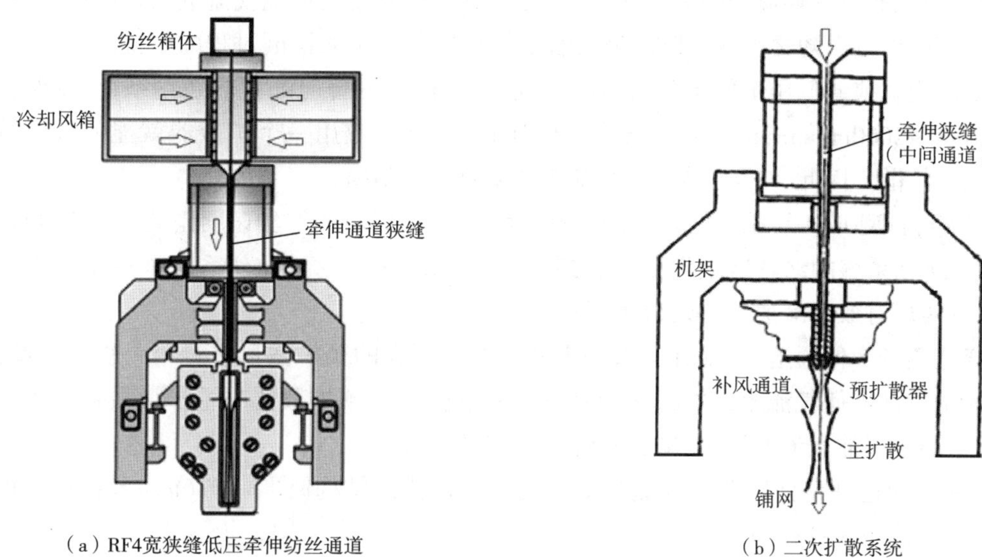

（a）RF4宽狭缝低压牵伸纺丝通道　　（b）二次扩散系统

图 3-76　RF4 宽狭缝低压牵伸纺丝通道及二次扩散系统

度>2500m/min，纺 PET 原料的牵伸速度已达 5000m/min，目前新型的 RF5 系统，其牵伸速度更高。可达 5500m/min，有更好的原料适应性。

这种宽狭缝低压牵伸工艺，是当前熔体纺丝成网非织造布领域应用的主流工艺，其社会保有量占比在 90%以上，而且随着其牵伸速度的提高和总体性能的改善，除了可以使用聚烯烃原料外，还可以使用聚酯类聚合物等原料，如 PET、PA、PLA、PBS 等聚合物，甚至有可能在使用常规聚合物的纺丝系统，覆盖其他形式的牵伸工艺。

对于容易结晶、取向的原料，如聚烯烃类的 PP、PE 等原料，在化纤领域要求的最高牵伸速度为 3500~4000m/min，虽然其在非织造布领域速度低于 2000m/min 已能正常纺丝，但产品的断裂伸长率会较大。由于所需要的牵伸气流压力较低，用一般的高压离心式通风机就可以获得这个压力。

（二）纺丝牵伸气流的扩散与减速

纺粘系统的牵伸气流实现对熔体细流的牵伸后，在牵伸通道出口仍有很高的速度和能量，而生成的纤维也处于这些气流之中，并随气流高速运动，这对纤维在成网机网带表面上的均匀铺网是很不利的，很容易在纤网的表面形成很多沿 MD 方向的条形稀网缺陷，导致产品的表观均匀度很差。

有的纺丝系统由于受结构和配置性能限制，难以在产品的均匀度与纤维细度（也就是牵伸速度）两者之间得到合理的平衡。只能以均匀度为主，而无法兼顾纤维细度了，这种系统的典型特征是其纺丝通道的喇叭口很宽，可达 40~60mm，而纤维也较粗，产品虽然均匀度还可以，但其拉伸断裂伸长率很大（≥100%），因此，限制了其在高端领域的应用，目前社会上有很多这种设备。

纺丝通道下端扩散装置的功能就是使牵伸气流减速，使纤维束均匀扩散开来，并铺放在成网机的网带表面。

扩散通道是依靠流体力学的连续性原理，利用通道由小到大渐变的截面，使通道的截面积逐渐增加，气流便随之减速。此外，还利用通道中截面由大到小、再变大的文丘里装置所产生的负压，通过补风通道从环境中吸入静止气流，这部分原来静止的环境气流进入扩散通道后，会消耗牵伸气流的能量而随之加速，使牵伸气流的速度降低，减少对铺网过程的干扰。

早期使用宽狭缝低压牵伸工艺的纺丝系统，及目前国内普遍配置的纺粘系统，其牵伸速度一般为1000~2000m/min，由于牵伸气流速度还较低，都是应用一个扩散器就能使气流减速和纤维束均匀扩散。因此，结构很简单，对制造精度要求也不高。

2002年，新型RF4纺粘法纺丝系统出现，使用PP原料时的纺丝速度已提高到3500m/min。目前，RF5纺粘系统的纺丝速度则更高，可超过5000m/min。这种纺丝系统采用了二次扩散原理，使气流实现有效的减速、扩散，改善了铺网质量。

在气流离开牵伸通道后，随即进入一个截面上小下大的预扩散器进行第一次扩散减速；随后便进入主扩散器使气流第二次减速，并通过补风通道，在预扩散器与主扩散器之间引入环境气流，用于消减牵伸气流的能量，减少对铺网过程的干扰。

图3-77为这种牵伸装置的气流出口段的预扩散段的结构[图3-77(a)]及扩散段的初始设定调节参数[图3-77(b)]。

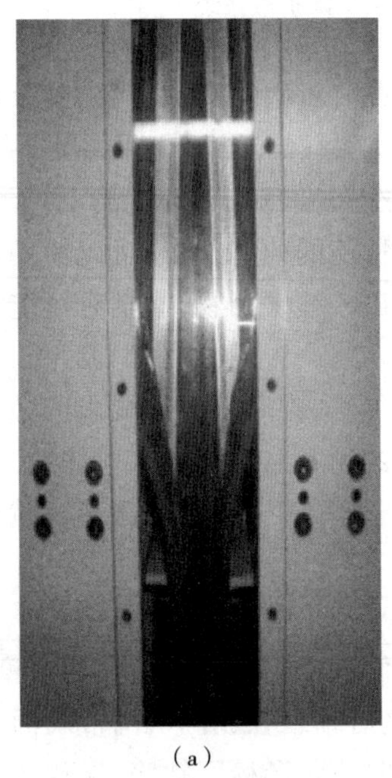

(a)

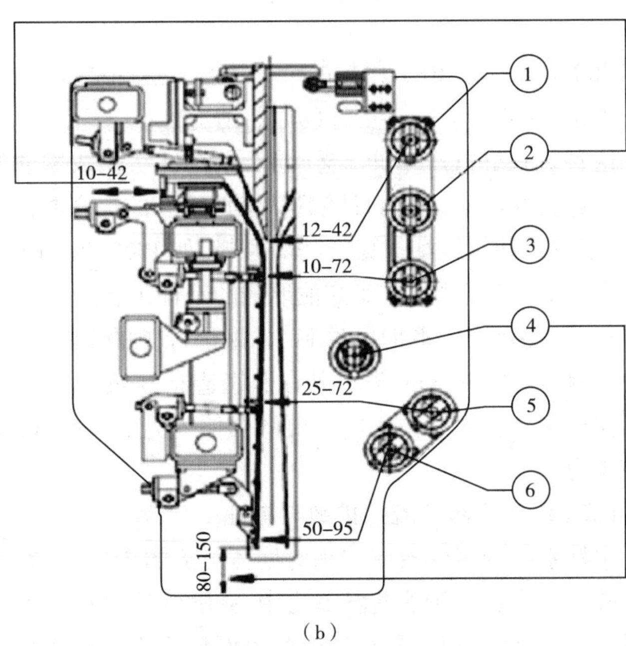

(b)

图3-77　RF4纺丝系统的二次扩散装置

铺网过程要求不能出现纤维束(并丝)，也不能存在有规律的互相平行的纤维，纤网表面没有纤维较少的稀网区域，也没有纤维过分堆积的云斑区。此外，将通过控制纤维的铺放运动方向来控制产品在MD和CD方向的拉伸断裂强力。

(三)宽狭缝低压牵伸系统对产品质量的影响

在封闭或半封闭的纺丝系统中，纤维的分散与铺网是通过空气动力学过程实现的，为了控制铺网气流，通过改变其扩散通道的尺寸与形状，如扩散角度、扩散行程的长度等，可以控制纤维的运动方式，从而改变产品在不同方向的性能。

铺网的均匀性及非织造布产品的质量，除与纤维细度、成网机运行速度、铺网距离等工艺参数有关外，与通道中文丘里装置的喇叭口宽度有更强的关联性。喇叭口的宽度越窄，产品的均匀度会越差。用宽狭缝低压牵伸系统生产的产品，其 MD/CD 方向断裂强力的比率一般为 1.5∶1，大定量规格的厚型产品，其差异会较小，如果产品的定量较小，由于成网及运行速度较快，则 MD/CD≥2。

目前，新型的 RF5 纺丝系统，通过改进铺网过程，薄型产品的 MD/CD 比率有所降低，而当产品的定量≥60g/m^{2}后，其 MD 与 CD 两个方向的力学性能已经较接近，明显比传统产品有了改善。因为对于大多数非织造布产品，都希望产品的性能具备各向同性，即 MD/CD=1。

通过特殊的设计，如纺丝系统的轴线与成网机成一角度，扩散段与成网机之间的距离可调等，及利用多纺丝系统复合技术和其他新技术，在封闭式纺丝系统，也有可能使 MD/CD≈1。

目前，通过不断地改进（包括纺丝系统与成网机成 45°布置等）和利用双组分技术，在较低速度运行时也就是生产定量规格较大的产品时，只有一个或两个纺丝系统的生产线，产品 MD/CD 性能参数比例也可接近 1∶1。

二、管式牵伸工艺

（一）管式牵伸工艺

自 20 世纪 90 年代初从意大利引进多个机型的管式牵伸技术后，经过三十多年的发展，已成为一种成熟的工艺技术。由于管式牵伸装置有较高的牵伸速度，结构简单，制造难度、技术要求和成本都较低，容易安装调试，产品的 MD、CD 方向的力学性能较接近，具有各向同性优点。除了可用于聚烯烃类原料的纺丝系统外，还是目前国内用于聚酯类聚合物原料纺丝系统的主流技术。

圆管式牵伸工艺常简称管式牵伸，采用开放式纺丝牵伸通道，机械（如摆片式）分丝、成网，使用数量众多独立的圆管式（管径 8~16mm，长度可达数米）牵伸装置，用正压的气流作为牵伸动力。牵伸气流（压缩空气）进入牵伸器的环形空间后，从导流腔向下喷入牵伸管内，从下部喷出。下图为采用管式牵伸工艺的纺丝系统［图 3-78（a）］及处于运行状态的牵伸管［图 3-78（b）］。

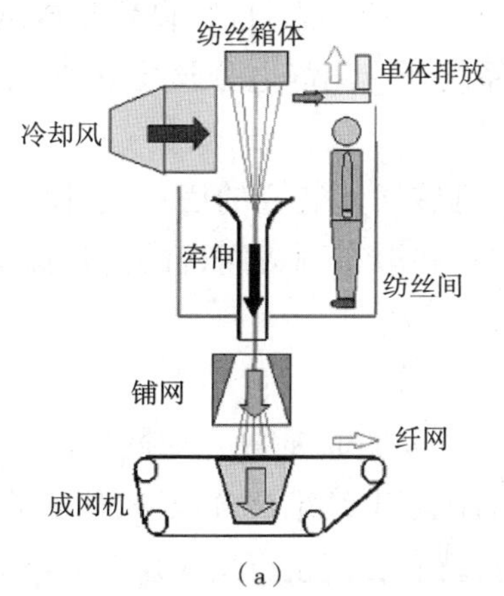

（a）

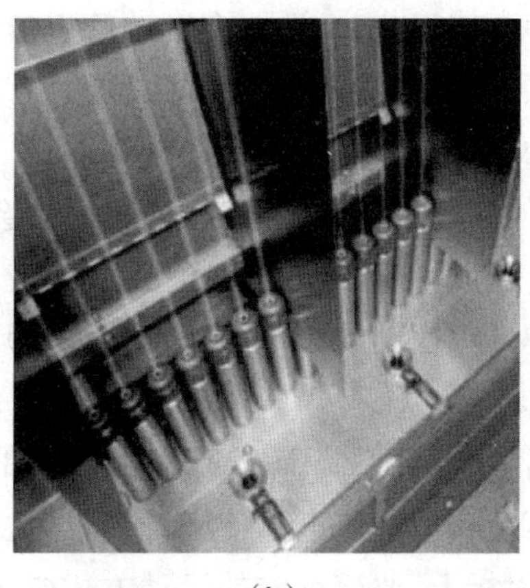
（b）

图 3-78　管式牵伸纺丝系统

高速的牵伸气流在丝束的入口产生负压并将丝束及部分环境空气吸入管内，丝束在通道中被气流夹持加速而被牵伸。这种圆管牵伸方式的牵伸速度可达5000~7000m/min，纤维可获得较充分的牵伸，既可应用于PP纺丝系统，也可用于PET等聚酯非织造布生产线的纺丝系统。

对于聚酯类的PET、PA、PLA等原料，要求的牵伸速度≥4500m/min，因此，管式牵伸工艺是目前国内加工聚酯类原料的主流工艺，属开放式纺丝系统。这些系统的冷却气流仅对高温熔体细流进行冷却，不参与纤维的牵伸，而牵伸纤维的气流压力会较高，是一个独立的系统，不牵涉到纤维的冷却，在工艺上有较大的灵活性。图3-79为一个双纺丝梁管式牵伸系统。

图3-79　双纺丝梁管式牵伸系统

目前，使用的新型管式牵伸工艺的PP纺粘法系统，牵伸风机多为压力在0.25MPa左右的螺旋风机或螺杆式压缩机，明显降低了产品的能耗。而用于PET纺粘法系统的牵伸风机，气压会较高(0.40~0.80MPa)，因此产品的能耗会较多。

(二)管式牵伸系统特有的技术

1. 摆丝技术

由于纤维与牵伸气流离开牵伸器管后，相当于从多个点喷出后，要向全幅宽范围扩散。因此，使用这种牵伸工艺时，还要在牵伸管出口设置反射板把纤维束打散、设置与成网机CD方向呈一定倾角的摆丝机构，使纤维均匀散布，有的纺丝系统还应用静电分丝技术，使纤维尽可能均匀铺放在成网机上。

经过牵伸的纤维从牵伸管喷出后，通常会喷射到机械摆丝装置的摆片上，摆片除了反射气流和纤维外，还以一定的幅度和频率摆动，将纤维打散、并散布到成网机的网带面上，摆片的数量与牵伸管对应，摆动的频率一般每分钟达几百次到上千次。

2. 分丝技术

在有的管式牵伸系统中，从牵伸器出来的纤维，并不是直接铺放在成网机的网带上或冲击到摆片上，而是利用高压电场使纤维带电，在静电力的作用下纤维会分散开，然后撞击在机械摆丝装置的反射板上，改变纤维的运动方式或运动方向，就有可能生产出MD/CD≈1的产品。

虽然这个机械的摆动频率、摆动方向的幅度、相关的机构及距离可调，但由于受运动惯性的影响及摆动频率限制,仍会在布面上形成并丝、云斑等缺陷。图 3-80 为正在运行中的管式牵伸系统机械分丝摆丝装置。

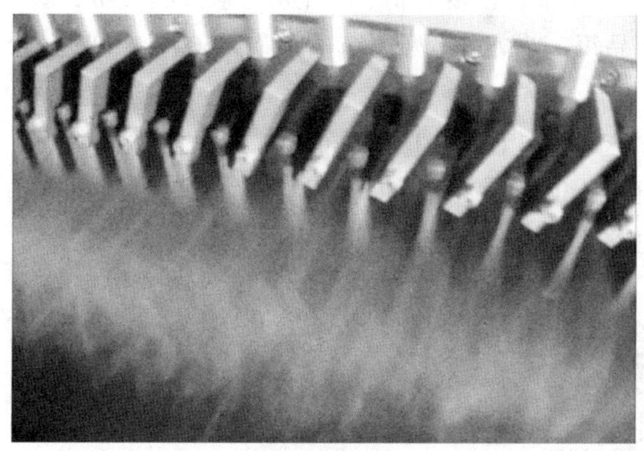

图 3-80　管式牵伸系统的机械分丝摆丝装置

3. 双纺丝梁技术

为了改善产品的均匀度,应用管式牵伸工艺的纺丝系统一般都是采用双纺丝梁结构,即每一个纺丝箱体会配置两列纺丝组件,增加了牵伸管的数量和布置密度(图 3-81)。

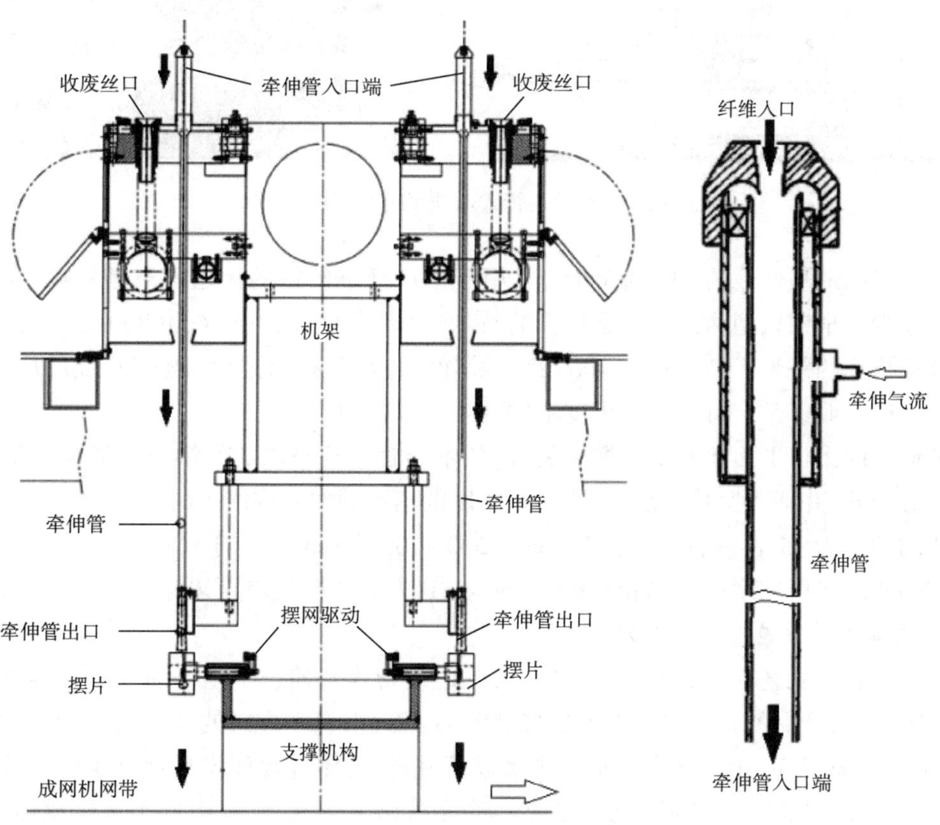

图 3-81　双纺丝梁的管式牵伸装置

每列纺丝组件组成一条独立的纺丝梁,两条纺丝梁的牵伸管是错位布置的,这样就相当于将牵伸管的布置间距减少了一半,能明显改善铺网的质量。由于结构限制,应用管式牵伸技术的纺丝系统,喷丝板的喷丝孔布置密度较低,如引进的意大利设备,每一条纺丝梁的喷丝孔密度为 4800 个/m,对应到产品每一米幅宽,两条纺丝梁有 9600(4800×2)个喷丝孔,可改善产品的均匀度。

两条纺丝梁的设备配置基本上是一样的,布置方式是类似的,采用基本相同纺丝工艺。两条纺丝梁的间隔距离,也就是两排牵伸管的间距一般为 900~1500mm(图 3-82)。距离太近,难于布置设备,这个距离主要是由设备外型尺寸确定的。

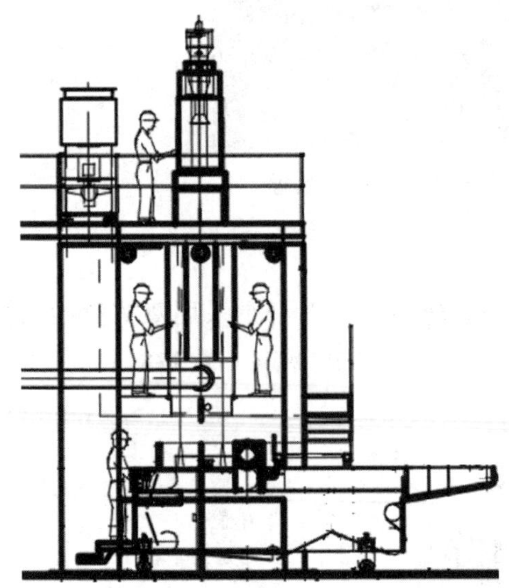

图 3-82　双纺丝梁管式牵伸系统的两排牵伸管道

对于使用圆形喷丝板的 PET 生产线,常用于生产纤维较粗的大定量产品。喷丝板的喷丝孔数量会较少。早期机型两条纺丝梁折算的每米喷丝孔数量仅不到 600(300×2)个,近期机型两条纺丝梁折算的每米不到 2000(1000×2)个喷丝孔。喷丝孔的数量与机型产品的应用领域有关,因此,生产企业经常会有多套孔密度不同的喷丝板备用。

在牵伸管的出口下面还有机械摆丝装置,从牵伸管高速喷出的纤维及气流喷到摆片后,发生撞击并分散开,并随着摆片的摆动,成一定角度的扇形铺放到成网机的网带上。

摆片的角度为 45°左右,摆丝频率一般为 500~700 次/min。由于受摆片运动频率的限制,当提高成网机的运行速度后,产品的 MD 方向与 CD 方向的性能差异又将增大,没有一定规律。

4. 管式牵伸非织造布产品的特点

由于管式牵伸工艺有很高的牵伸速度,因此应用管式牵伸技术生产的产品纤维较细,而且牵伸也较为充分,产品的物理力学性能较好,特别是其 MD、CD 方向的性能差异较小,在产业用领域(如防水卷材基布、土工增强和土工排水板膜材料、气体过滤和膜复合过滤材料、高端簇绒地毯基布、运动鞋补强材料等领域等),有较大竞争优势。因此,管式牵伸工艺也成国内生产聚酯型非织造布的主流工艺,也是防水基布、土工用非织造布的主流生产工艺。

由于应用了机械摆丝技术,因此,布面具有明显的规律性机械铺网痕迹,特别是轻薄型的低定量产品的均匀度较差，并丝较多，布面风格粗糙，故产品的应用领域受到较大限制，特别是在应用量最大的卫生制品材料领域不具备竞争优势，而由于手感偏硬，在医疗制品领域也是较少应用。

为此，也在管式牵伸系统试用过其他分丝技术，但综合效果并不明显。虽然静电分丝技术能改善分丝效果，改善了产品的均匀度，但又导致产品存在 MD、CD 强力差异增大这个缺陷。

管式牵伸技术是我国较早引进的技术，由于管式牵伸纺丝系统存在这些问题，加上这种设备已全部实现了国产化，国产的管式牵伸纺粘法生产线已成为聚酯类聚合物原料的主流机型，停止引进已有二十多年了，而且仅有的以这种纺丝牵伸系统为基础的两条 SMS 生产线，也日渐式微，在卫生产品材料市场的份额几近忽略不计了。

三、宽狭缝正压牵伸工艺

（一）宽狭缝正压牵伸器

宽狭缝正压牵伸有较高的牵伸速度，工艺所使用的气流压力较高，一般为 100~500kPa，因此产品的能耗也较高。图 3-83 是诺信和纽马格的宽狭缝正压牵伸器。

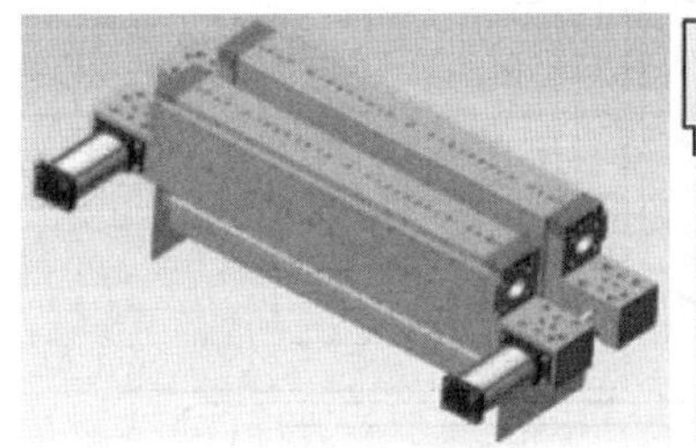

（a）诺信宽狭缝正压牵伸器

（b）纽马格宽狭缝正压牵伸器

图 3-83　诺信和纽马格的宽狭缝正压牵伸器

目前，我国使用的宽狭缝正压牵伸器基本上都是引进产品，或是配套在引进的生产线中使用。曾经使用过的品牌分别来自日本、美国、德国等的制造商。近年来，国内也有一些企业在开发这种牵伸器。图 3-84 为引进的宽狭缝正压牵伸器。

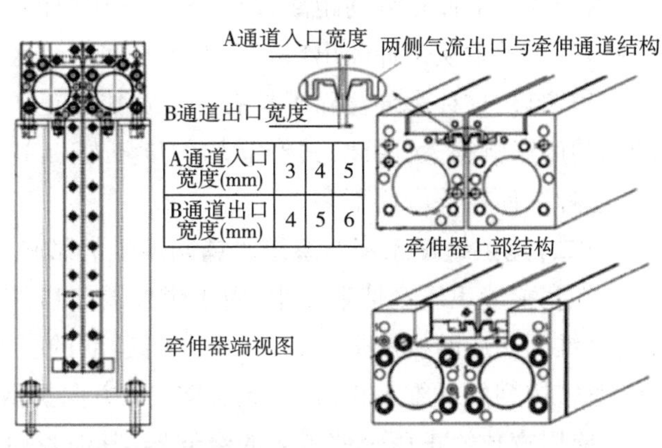

图 3-84　两种引进的宽狭缝正压牵伸器

利用宽狭缝正压牵伸器的高牵伸速度，既可纺制细于 1 旦的细纤维，也可纺制较粗的纤维。在实际生产实践中，可纺制 10 旦的粗纤维。

一般情况下，一个牵伸器只有一条牵伸狭缝，从喷丝板喷出的熔体细流及初生纤维都是从这条狭缝通过而被牵伸的[图 3-85(a)]。在宽狭缝正压牵伸技术的发展过程中，还出现过一个牵伸器有两条牵伸狭缝的牵伸器，从喷丝板喷出的熔体细流及初生纤维被均分为两部分，分别进入下方对应的其中一条狭缝进行牵伸[图 3-85(b)]。

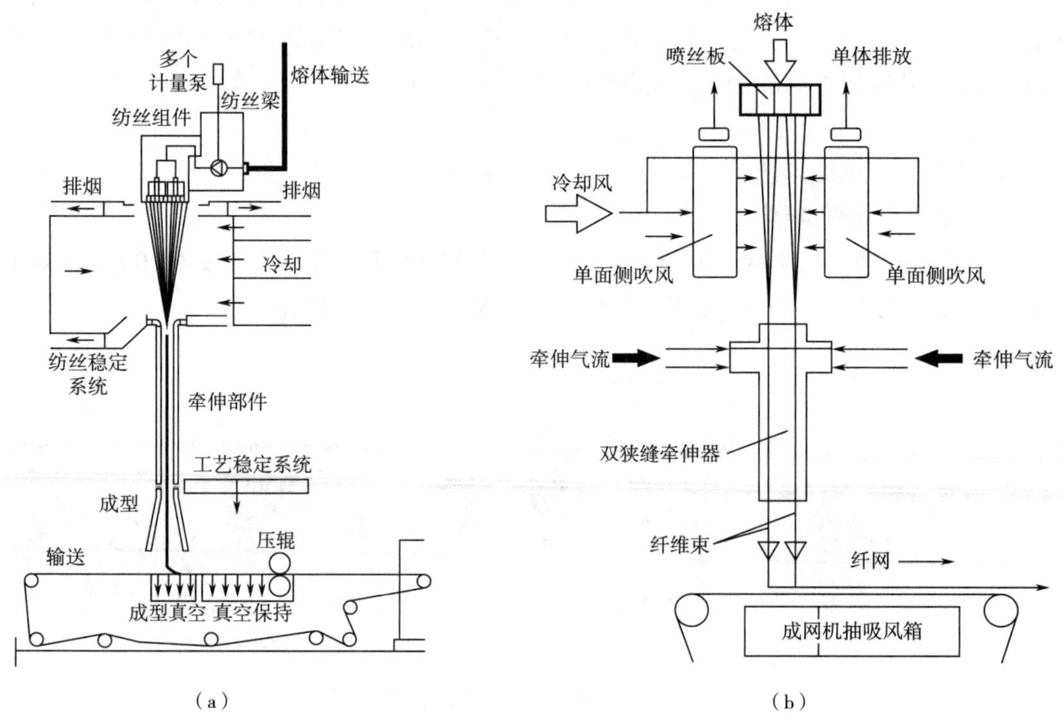

图 3-85 双狭缝正压牵伸器

在这个纺丝系统中，由于两束初生纤维都来自同一块喷丝板，其间隔不可能很宽，因此，只能采用单面冷却侧吹风，而两束纤维的中心正好与双狭缝牵伸器的两条狭缝对应。根据相关报道，由于两条牵伸狭缝的距离较小，牵伸器出口的气流会互相干扰，加上带动环境气流运动所产生的随流，导致从牵伸器出口至成网机之间这一区域的气流很难控制。

很明显，这种牵伸器除了具有一般宽狭缝正压牵伸器的共性特点外，由于牵伸气流对铺网的均匀度影响很大，因此，其产品均匀度不好，MD/CD 比率较大，加上结构限制，布置拥挤，因此，这种牵伸器的应用不多。

(二)宽狭缝正压牵伸系统对铺网质量的影响

在宽狭缝正压牵伸系统中，由于牵伸器出口的气流速度很高，而且气流是全幅宽均匀展开的，纤维到达成网机网带时，在 CD 方向运动的自由度很小，而且总的排列宽度被狭缝长度限制，紧密排列的纤维互相挤压，无法向 CD 方向扩散，只能向 MD 方向运动。

应用宽狭缝正压牵伸工艺的牵伸器，其纺丝牵伸通道(纤维与牵伸气流通过的狭缝)的宽度只有几毫米，纤维与牵伸气流离开牵伸器后，大多会向没有约束的 MD 方向扩散运动，这样就会使产品 MD 方向的拉伸断裂强力偏大，而 CD 方向的偏小，导致产品的 MD/CD 强力比偏大，影响产品的使用性能。

因此，用宽狭缝正压牵伸系统生产的非织造布产品，其 MD 方向的断裂强力较强，而 CD 方向的断裂强力较弱，导致其 MD/CD≥2。由于生产小定量规格的薄型产品时，成网机的运行速度较快，这种速度与纤维在 MD 方向的运动速度叠加，可能会使产品的 MD/CD≥3，甚至更大。

虽然采用在牵伸器出口配置梳型分丝器（也称指形分丝器）等措施能在一定范围内改善这种各向异性现象，但宽狭缝正压牵伸系统生产线仍然不宜生产小定量产品，因纤维牵伸充分，产品的强力大，更适合在产业用领域使用。

2006 年，国内就对引进的宽狭缝正压牵伸纺丝系统尝试各种改进措施，以期改善产品的各向异性现象，如在牵伸器的出口上游方向一侧安装梳型分丝器（又称整流齿条），利用气流的附壁效应干扰牵伸气流的运动方向，虽然有一定的效果，但并不明显。图 3-86 所示为安装在宽狭缝正压牵伸器出口的梳型分丝器。

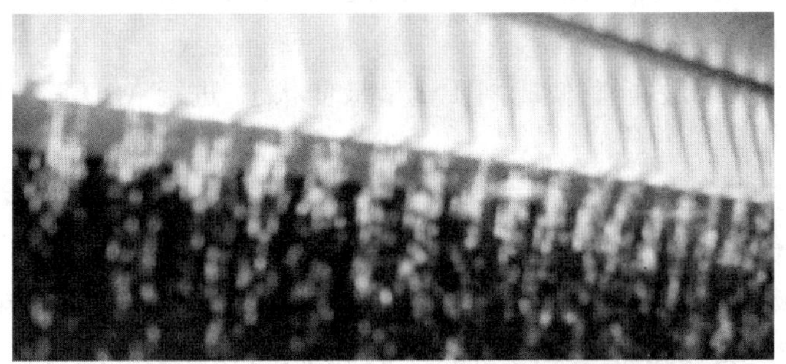

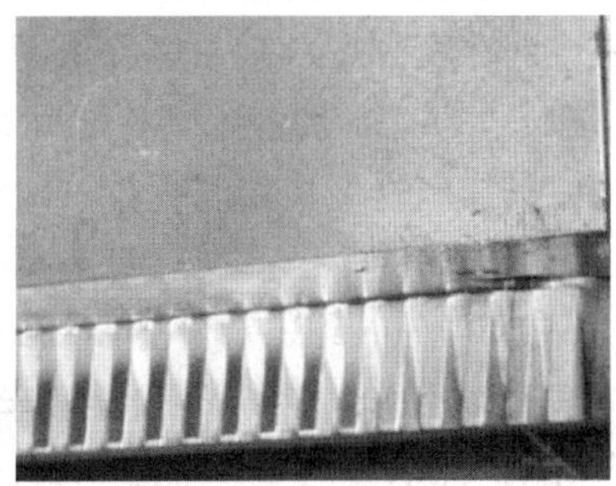

图 3-86　安装在宽狭缝正压牵伸器出口的梳型分丝器

另一种技术方案是将牵伸器与成网机呈一定的倾斜角度安装，其效果较明显，当倾斜角为 45°时效果最好。但这种安装方式相当于将整个纺丝系统都要倾斜安装，在幅宽较大的纺丝系统中，牵伸器的长度很长，在设备配置、制造等方面会遇到新的工程问题。

由于牵伸器两侧喷出气流的狭缝很窄，如有的设计值仅有 0.20mm，因此，对气流的洁净度要求较高。由于气流压力高，流量大，虽然牵伸速度很高，但产品的能耗也很高。

（三）与宽狭缝正压牵伸工艺相应的工艺调节

1. 纺丝距离与铺网距离

在这种应用宽狭缝正压牵伸工艺的机型中，由纺丝组件出口平面至牵伸器入口的距离称为纺丝距离，简称 SPD（spinning distance）；由牵伸器的出口至成网机的距离称为铺网距离，简称 ACD（attenuater to collecter distance）；由喷丝板至成网机之间的距离称为接收距离，统称为 DCD（die to collecter distance）。

由于牵伸器有一定的高度 H，因此，DCD 应为纺丝距离 SPD 与牵伸器高度 H 及铺网距离 ACD 的总和。不同的设备制造商，其定义会略有差异。

$$DCD = SPD + H + ACD$$

2. 纺丝距离与铺网距离对产品质量的影响

在不同情况下的气流成网系统,夹持着纤维从牵伸装置出口喷出的气流速度和流量是不一样的,对铺网过程的影响也不同,因此,要求 ACD 可调,以适应不同的生产工艺要求。此前,能调节 ACD 的生产线机型不多,而且基本都是采用正压牵伸开放式纺丝通道的机型。

目前,在成网装置上普遍有采用 ACD 可调的发展趋势,除传统的机型外,有的抽吸式牵伸系统也具有 ACD 调节功能,只不过是调节范围远比正压牵伸系统小。在一些开放式纺粘法正压纺丝牵伸系统中,铺网距离 ACD 是可调节的,ACD 的大小对产品质量的影响很明显。

当 ACD 值较小时,高速的牵伸气流会对铺网过程产生较大的影响,产品的均匀度会明显变差,沿 MD 方向产生条状缺陷;当 ACD 较大时,周边的环境气流对铺网过程的干扰作用加大,成网宽度变窄,云斑现象明显,产品的均匀度也会变差。

牵伸器出口至成网机的距离 ACD 越小,非织造布产品的 MD/CD 强力比越大;增加牵伸器出口至成网机的距离,非织造布的 MD/CD 强力比减小。增加 ACD 后,牵伸器的出口气流和纤维会受到环境气流的挤压,从两侧向中部运动,影响铺网宽度。因此,还可以适度调整 ACD 来微调成网宽度,ACD 越大,幅宽缩窄得越多。

在最大 ACD 与最小 ACD 之间存在一个最佳值,使成网质量呈最佳状态,进行 ACD 调节的目的就是找出这个最佳值所在的位置。

根据产品对单丝纤度的要求,确定喷丝板距牵伸器的高度及牵伸器出口至成网机的距离,缩小 SPD,可使纤维的单丝纤度变细,但容易发生并丝。

根据产品的性能要求,设定喷丝板距牵伸器入口的距离 SPD,及牵伸器出口至成网机的距离 ACD,产品需要的单丝纤度越细,SPD 及 ACD 也要越小。较小的 SPD,可以减少纤维与空气之间的接触时间和距离,能降低与空气的摩擦力,有利于高速纺丝,与调节牵伸气流的压力相结合,就可以调整牵伸速度。

当应用宽狭缝正压牵伸工艺时,必须根据产品的特点及不同工况的要求,对纺丝距离 SPD 和铺网距离 ACD 进行调节优化。因此,设备的结构必须能满足生产过程中优化生产工艺的调节要求。

通常,安装纺丝箱体的纺丝平台、安装牵伸器的钢结构都设计成可独立升降运动的形式,以便进行相应的工艺调节。但不同品牌的设备,具体结构也有差异,如有的纺丝平台可以升降,进行 DCD 调节,同时还会带动牵伸器钢结构随着升降,而牵伸器又可相对纺丝平台做升降运动,同时调节纺丝距离 SPD 和调节铺网距离 ACD。因此,结构较复杂,制造成本也较高。

3. 纺丝工艺与纺丝距离及铺网距离调节的对应性

图 3-87 为在各种工况下,宽狭缝正压牵伸系统 SPD 及 ACD 的设置示例。

图 3-87(a)是正常高速纺丝状态的工艺设置,纺丝距离 SPD 较小,一般常用于以 5000m/min 的速度纺制 PP 纤维,或用 6000m/min 的速度纺制 PET 纤维,这样可减少纤维与空气的接触时间和距离,有利于减少与空气的摩擦力。

牵伸速度高能提高纤维的大分子取向和结晶,改善产品的性能稳定性,降低 PET 产品的热收缩。ACD 大,可避免牵伸器出口的高速气流对铺网过程的干扰,优化成网质量。

由于 SPD 与 ACD 的设定是独立的,因此可灵活调节和设置。

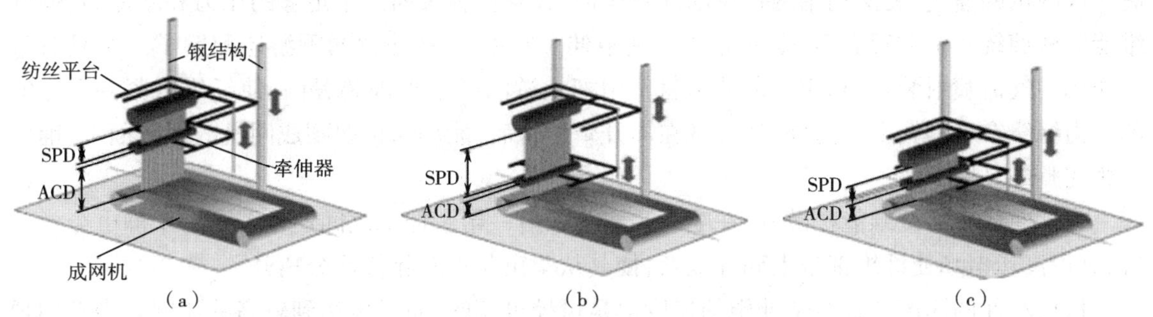

图 3-87　宽狭缝正压牵伸系统 SPD 及 ACD 的设置

图 3-87(b)是适应使用较难冷却聚合物原料时的工艺设置,将纺丝距离 SPD 设置得较大,除纺丝系统固有的冷却侧吹风外,增加了纤维在空气中的冷却时间和距离,以获得更充分的冷却。可根据铺网质量灵活调节 ACD,优化设置,提高成网质量。

图 3-87(c)是纺丝系统在纺制超细旦纤维时的工艺设置方式,由于纤维直径很细,纤维的比表面积增大,较容易冷却,不需要更大的冷却距离,纺丝距离 SPD 很小,这样还能减小高速纺丝时的空气阻力。

尽管喷丝板的单孔熔体挤出量较小,但较高的喷丝板孔密度可以增加纤维的数量,从而补偿了部分产能损失,这个系统可纺制 0.7 旦的超细旦纤维。

四、机械牵伸工艺

一些地毯等地面产品和土工用产品,需要使用直径较粗的粗旦纤维,以提高纤维的绝对强度和耐磨性,使产品有较大的孔径,提高其透水性。

目前,采用气流牵伸的方法可生产 8~10 旦的纤维,除采用气流牵伸外,还会采用机械牵伸工艺,熔体细流固化后缠绕在牵伸辊表面,直接利用高速旋转的牵伸辊对纤维实现有效牵伸。除在熔体细流固化前牵伸外,采用机械牵伸方式还可对已经固化的纤维进行牵伸。

利用牵伸辊对初生纤维进行牵伸是化纤领域最常用的一种机械牵伸工艺,初生纤维缠绕在牵伸辊上后,随着最终卷绕辊收卷,使纤维与卷绕辊表面形成足够的压力和摩擦力,由于牵伸辊有多个(图 3-88 中有 4 个),每一个牵伸辊的速度都独立可调,而且其速度是递增的,从而使纤维被逐渐拉伸,最终成为有预期细度和力学性能的纤维(图 3-88)。

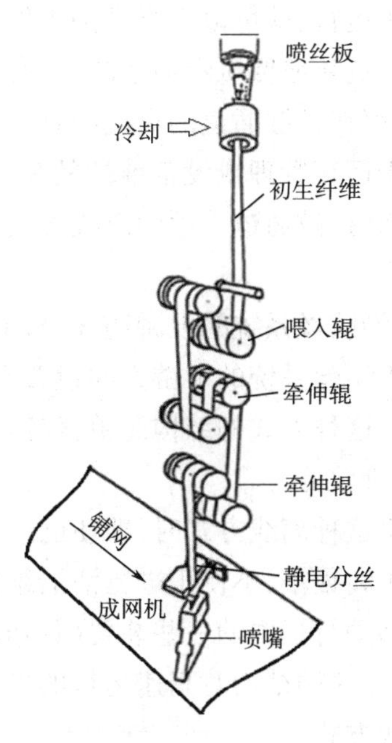

图 3-88　纤维的机械牵伸系统

在纺丝牵伸系统中,如经过机械牵伸后的纤维直接落在成网机的网带面上,由于牵伸速度远高于成网机的速度,无法利用网带拉动纤维运动,在牵伸辊表面产生足够的压力和摩擦力,使纤维能紧密缠绕在牵伸辊表面,也就无法实现牵伸。为此,在牵伸辊的下游还配置了一个具有牵引作用的气流喷射装置,利用气流的引射作用把上游的纤维吸进装置内,使纤维张紧并有足够的压力缠绕在牵伸辊上。另外,使纤维在离开牵伸辊后,能均匀扩散到成网机的网带面上,铺成一张完整的纤网。

为了使成束的纤维能扩散开,在喷射装置与最后一组牵伸辊之间还设置了一个静电分丝装置,利用高压电场使纤维都带上同性电荷,使其从集束状态互相排斥分离开。

机械牵伸的速度及各组牵伸辊的速度都是可控可调的,而且可达到较高的速度。当牵伸辊的直径为470mm,最高转速为2400r/min时,可计算出其表面线速度为3542m/min(0.47×3.14×2400),除去与纤维之间可能存在的打滑,及纤维在离开牵伸辊后发生的回弹收缩,纤维实际获得的牵伸速度≥3300m/min,足以对PP纤维进行充分牵伸。

近年来,这种机械牵伸方法已经在高强粗旦(约6旦)PP针刺土工非织造布生产线上获得应用。

纺制粗旦纤维时,喷丝板的单孔熔体流量较大,熔体在降温冷却及固化过程中放出的热量也较多。因此,对冷却风系统的要求与纺制细旦纤维也不同。

由于一套机械牵伸装置可以覆盖的宽度有限,因此,一个纺丝系统会在全幅宽方向配置多个牵伸装置,结构较复杂,管理工作量也较大,特别是采用较多的高速运转设备,安全性也较低。

第十节　纺粘系统扩散通道的离线方式

由于运行期间有大量气流和纤维通过纺丝系统的纺丝通道,因此,日常需要对通道进行维护、清洁工作。对于宽狭缝正压牵伸系统和管式牵伸系统,由于纺丝通道是开放式的,只要纺丝系统停止运行,就可以进行维护工作。

对于宽狭缝低压牵伸系统,只有纺丝系统停机,并将扩散通道清空后,才能进行清洁维护工作,这就存在扩散通道的离线问题。

由于运行管理或设备维护的需要,宽狭缝低压牵伸系统的扩散通道都设计为可移动的结构。目前,扩散通道采用的离线方式主要有以下几种。

一、沿纺丝系统的上游逆MD方向运动离线

由于纺丝系统的下游方向设置有压辊,因此,扩散通道只能逆MD方向向成网机的上游移动离线。这种方式的结构简单,仅需将抽吸风箱的入口露出即可,移动距离较短,一般采用人力推动,造价较低。

采用这种离线方式时,即使已经处于离线状态,扩散通道仍一直处于成网机的上方,与网带之间的距离很小,不便于进行清洁维护,清理期间产生的杂物都掉在网带面上,还会污染网带。而且在移动行程内的一些装置(如压辊、作业跳板等)要设计为活动式结构,以免妨碍通道的离线运动,而这种结构对高速运行的稳定性是不利的。因此,只是一些低端机型的扩散通道采用这种离线方式。

在一些高端的多纺丝系统生产线中,由于最上游的第一个纺粘系统(SB1)没有妨碍离线运

动的构件,离线后的扩散通道下方是一个宽敞的作业空间。因此,扩散通道也会使用这种离线方式,即逆着 MD 方向向上游离线。

二、沿纺丝系统的下游顺 MD 方向运动离线

由于纺丝系统下游的出口方向一般会配置热压辊,当扩散通道采用这种离线方式时,热压辊就必须设计为可移动式,热压辊两端的支撑装置安装在一条滚珠导轨上。当扩散通道需要离线前,先将热压辊装置解锁,然后向下游方向移动,让出一定的空间,将扩散通道移动到这个空间内。

这种离线运动的行程不大,但一般最少要将成网机抽吸风箱的入口全部暴露出来,才能进行相关的维护管理工作。

这种离线方式具有与向上游离线一样的缺陷,而且因为热轧辊的支撑机构也是活动的,存在定位不准确,轴线平行精度较低,压辊在运行期间容易出现震动、跳动等问题,因此,这种离线方式仅在一些早期运行速度较慢的生产线中使用。

三、沿纺丝系统 CD 方向运动离线

沿 CD 方向即沿生产线的操作侧(OS 侧)或驱动侧(DS 侧)方向运动离线,这种方式的结构复杂,移动行程要比成网机的结构宽度更大,一般要大于成网机的结构宽度,除采用人力推拉移动外,新的机型已采用电力驱动。因此,造价较高,只在高端机型上应用。

由于沿 CD 方向离线后,扩散通道下方离地面的空间高度与成网机的高度一样,有很大的作业空间,人可以站在地面上进行各种作业,便于进行清洁维护工作。由于扩散通道都是静态构件,运动行程内不会有成网机的压辊、作业跳板等构件干涉,更有利于生产线高速运行。

第十一节 非织造布的热定型

熔体经冷却牵伸成纤后,纤维内部一些链段仍处于松弛状态,有一些则仍处于紧张状态,内部存在不均匀的内应力,纤维的结晶结构也存在一些缺陷。

当采用热轧工艺固结纤网时,产品在高温高压状态下经历了熔融、流动、粘连、固化过程,内部形成了内应力。对产品的力学性能、触感等会产生不利影响。

非织造布产品进行热定型处理的主要目的是消除内应力,提高纤维及非织造布产品的稳定性,从而达到提高非织造布产品的形状稳定性和尺寸稳定性,减少其在使用期间出现的热收缩,其次是改善非织造布产品的力学性能,改善触感等,这一点对使用聚酯型聚合物原料的非织造布产品尤为重要。

非织造布的热定型处理是在纤网已经固结成布后、进入卷绕机之前这一阶段,在一定的牵引张力条件下进行的。其主要设备是热定型机,使用的加热介质主要是热空气,设备多为热风穿透式定型或接触式热定型,如使用类似热轧机一样的定型机处理。

热定型工艺中的温度一般是在聚合物的玻璃化温度与熔点之间,但必须高于非织造布产品的正常使用温度。热定型温度与定型时间是对应的,存在一定的温度限制。定型时间短,温度可以较高;定型时间长,温度就要较低。超过定型温度上限,产品将发生损坏,如果低于温度下

限，热定型过程将不起作用。

由于进行热定型处理而产生结晶时，在高温状态生成的结晶较稳定，因此，低温长时间的定型处理效果不及高温短时间的处理效果好。一般认为，热定型的条件越强烈，即温度越高、时间越短，处理后的纤维热收缩也会越小。

在需要改善非织造布产品的形状稳定性、耐热性和耐光性时，则需要进行较长时间的热定型处理。

由于聚烯烃类产品与聚酯类产品在进行热定型处理时，内部微观结构和性质所发生的变化不同，因此，其定型机理也不尽相同。

第十二节　成网过程的互补效应与多纺丝系统生产线

一、成网过程的互补效应

在纺粘法非织造布生产线上，其铺网方式属气流成网，即依靠抽吸风机将纺丝牵伸气流吸收后，把纺丝系统产生的纤维吸附、铺放在成网机的接收网带面上，形成非织造纤网。气流的均匀性决定了所铺纤网的均匀性。对于使用封闭式纺丝通道的生产线，这里所指的气流主要包括冷却牵伸气流和渗透进来的环境气流两部分，并从抽吸风机排放出去。对于开放或半开放式纺丝系统，成网气流包括冷却气流、牵伸气流及环境气流三部分。

由于气流铺网过程的随机性，不管采用哪一种成网方式，铺网均匀度存在差异是必然的，仅是其差异及可控性不同而已。

在多纺丝系统生产线的成网机上，当上游纺丝系统已铺好纤网中，某一个部位纤维较少、出现稀网缺陷时，到了下游纺丝系统后，这个部位会因纤维少、阻力也较小，抽吸气流就会比邻近区域较大，使邻近的纤维随气流迁移过来，在原来纤网较少、较薄的位置就会铺上更厚一些的新纤维；相反，在原来已存在较多纤维的部位，则因阻力较大、气流较小，新铺上的纤维就较少。气流这种填平补齐的作用，称为互补效应。

产生互补效应的动力来自抽吸气流，在使用一次成网工艺时，由于所有的纺丝系统的纤网在同一台成网机上，互补效应能明显改善产品的均匀性。纺丝系统越多，发挥互补效应的概率也越高，其效果也越明显。不同纤网间存在的“厚+薄”互补，使产品的均匀性得到明显改善。

局部的抽吸气流越大，邻近会有更多的新纤维随气流迁移到这个稀网位置，铺上更多的新纤维，弥补了稀网缺陷。而在原来已有较多纤维的部位，则因阻力较大、气流较小，铺上的新纤维就较少，避免了厚上加厚的极端情况出现，使全幅宽各个位置的纤网趋向更加均匀一致。

互补效应是气流成网过程的一个重要物理效应，但要利用互补效应有两个前提条件：一是相关纺丝系统的纤维必须是铺放在同一台成网机的接收网带上；二是所有后续的新生纤维可以随气流随机迁移、运动。

二、多纺丝系统生产线

（一）多纺丝系统生产线的特点

随着纺粘法技术的发展，高速、优质、宽幅、高效、低耗、细纤维、高均匀度已经成为重要的发展目标。在应用宽狭缝低压牵伸工艺的纺粘法非织造布面世后的几年时间里，纺粘法生产线只有一个纺丝系统，直至 1990 年才出现有两个纺丝系统的 RF1 型生产线，1995 年我国引进的有两个纺丝系统的 SS 型生产线投产，产品投放市场后，其质量就表现出了明显的竞争优势。

随着多纺丝系统的 SMS 型生产线的出现（1997 年），SS 或 SSS 仅是这类型生产线可选的一种运行方式。2012~2015 年出现了 3S 或 4S 生产线。特别是在卫生制品材料领域，用多纺丝系统生产线生产的产品，相比其他用较少纺丝系统生产线生产的产品，在纤维细度、产品触感等方面具有明显的质量优势。因此，有三个纺丝系统的 3S 型生产线，在近几年获得了快速发展。多纺丝系统生产线具有如下特点。

1. 在总挤出量相同的条件下，纺丝系统越多，产品的纤维越细

根据相关推导可知，纤维的直径与喷丝孔的熔体挤出量及牵伸速度存在以下关系：

$$d = \sqrt{1.273 \times 10^6 \times q/(\rho \times V_f)}$$

式中：d——纤维直径，μm；

q——喷丝孔单孔流量，g/min；

ρ——熔体密度，g/cm^3；

V_f——纺丝牵伸速度，m/min。

从上述公式可知，只有一个纺丝系统时，喷丝孔的单孔流量为 q，在保持总的熔体挤出量不变，或产品的定量规格不变的条件下，有两个纺丝系统时的单孔流量为 $q/2$，有三个纺丝系统时的单孔流量为 $q/3$，有四个纺丝系统时的单孔流量为 $q/4$。

可见随着纺丝系统数量的增加，喷丝板的喷丝孔熔体流量随之减少，在同样的牵伸速度下，纤维的直径将由原来的 d 顺次降低为 $d/\sqrt{2}=0.707d$，$d/\sqrt{3}=0.577d$，$d/\sqrt{4}=0.50d$，即纤维直径也随之变细了。

纤维是非织造布的基础，纤维直径变细以后，产品的很多力学性能、触感等指标也会发生变化。

2. 纤维变细，产品拉伸模量提高

材料的拉伸强力与拉伸形变（如断裂伸长率）的比例称为拉伸模量，在大部分应用场合，要求拉伸模量越大越好，也就是要求产品有较大的拉伸断裂强力，而拉伸断裂伸长率较小。

这是与纤维的牵伸取向程度有关的问题，在大部分情形下，由于牵伸速度偏低，纤维没有得到充分牵伸，纤维会较粗，强力也会较小；取向程度低，断裂伸长率大，产品的拉伸模量偏小，在使用时容易产生严重的缩幅现象，应用性能不佳，这是很多牵伸速度较低机型生产的非织造布材料难以在一些高速制品生产线（如纸尿裤生产线）使用的内在原因。

如果在牵伸速度保持不变的状态下，降低喷丝孔的熔体流量，就可以降低纤维的细度，有可能降低纤维的刚性，改善产品的触感。

3. 纤维变细，产品的刚性下降，可改善材料的触感

触感（爽滑、柔顺）是卫生医疗制品的一个重要感官指标，而纤维细度对产品的手感影响很大。从材料力学可知，材料的弯曲挠度与材料的惯性矩（也就是圆形截面材料直径）的 4 次方呈反比，即在受力状态，材料的直径越大、刚性越强，挠曲变形越小。即非织造布产品的纤维直径越细小,纤维在受力时的弯曲变形越大,越柔软,产品的手感也越好。

因此,要改善产品的触感,降低纤维细度是一个基础性条件,纤维的直径粗大,即使产品进行了改性整理也不容易取得满意的效果。目前国内卫材市场的一些纺粘产品,其纤维细度大多处于 1.8~2.0 旦,小于 1.5 旦的产品还不多。纤维越细、牵伸越充分、取向性越高,则产品有越高的拉伸强力和越小的断裂伸长率,更有利于在高速的制品生产线上使用。

4. 纤维直径变细,能改善产品的遮盖性

根据基本的数学推导,得知一定重量(质量)的纤维,其直径 d 与纤维的长度 L 和纤维的表面积 S 之间存在如下关系:$d_1 \times S_1 = d_2 \times S_2$,即纤维的表面积与纤维直径呈反比;$d_1^2 \times L_1 = d_2^2 \times L_2$,即纤维直径的平方与纤维的长度呈反比。

随着纤维直径变细,纤维的比表面积增大,长度与纤维直径的平方呈反比增长。由此可知,一定量的纤维,随着直径变细,长度会急剧增长,在同样的面积中,重复覆盖的次数会增加,可以改善产品的遮盖性,加上铺网过程的互补效应,使产品能有更好的均匀度,这就是多纺丝系统生产线的产品有更好均匀度的内在原因。

5. 纤维直径变细,使纤网的平均孔径变小

产品的过滤效率或静水压与纤网的平均孔径有关。纤网的平均孔径越小,过滤效率和静水压也会越高,而纤维的直径会直接影响纤网的平均孔径,纤维的直径越小,平均孔径也会越小,而且分散性也越窄。

因此,对于纺粘纤维而言,如果是用作过滤阻隔材料,纤维直径变细以后,比表面积的增加,纤网的平均孔径会变小,有助于提高过滤效率或静水压。一般情形下,纺粘纤网的阻隔性能并不好,但当纤维细度≤1 旦以后,对静水压的贡献就很明显。

(二)多纺丝系统生产线与运行速度的关系

1. 运行速度会影响产品的质量

从机械传动角度来看,要提高现行生产线的运行速度不存在任何技术瓶颈,而制约生产线运行速度的核心问题是产品的质量。因为一般情况下,提高运行速度以后,产品质量肯定是呈下降趋势的,如产品的均匀度变差、MD/CD 性能差异趋大、纤维变粗等。

多纺丝系统生产线一般用于生产轻薄型小定量的产品,如果生产线没有足够快的运行速度,纺丝稳定性、生产线的产量或经济效益就受影响,因此,运行速度是一个重要的指标。

2. 运行速度会影响纺丝稳定性

纺丝系统的纺丝稳定性与纺丝熔体压力的高低及稳定性紧密关联。熔体的压力(或纺丝泵的转速)低于一个临界值以后,会影响纺丝箱体内熔体的均匀分配,与压力较低部位相对应的喷丝孔,就容易出现断丝及熔体滴漏现象,不能稳定纺丝。

当一条生产线投入运行的纺丝系统数量从 1 个变成 2 个,或从 2 个增加至 3 个,而生产线的产能不变时纺丝稳定性问题还不明显,但当纺丝系统数量增加至 4 个以上,这个问题就凸显了。因为纺丝泵的转速会下降至原来的 1/4,或熔体挤出量仅有原来的 1/4 时,如果生产线还保持原来的运行速度,就基本难以保持正常稳定纺丝了。

为了正常纺丝,纺丝泵的最低转速不宜低于正常速度的 1/3,生产线配置多个纺丝系统后,只有降低了每一个纺丝系统的喷丝板单孔熔体流量,即降低纺丝泵的转速以后,纤维才会变细,但这就产生了纺丝稳定性问题,这时只能用提高纺丝泵转速的方法来解决。

由于产品的定量规格与纺丝泵的转速呈正比，而与成网机的速度呈反比，即产品的定量∝（纺丝泵转速/成网机速度），在提高纺丝泵的速度后，为了保持产品的定量规格（g/m^2）不变，只可同步提高成网机的运行速度。也就是说，增加纺丝系统的数量以后，必须同时提高生产线的运行速度才能保持纺丝稳定，这也是一些4S型生产线的设计运行速度要达到800m/min的原因。

喷丝板的单孔流量增加，纤维变粗，产品质量随之下降。但这是为了获得纺丝稳定性而必须做出的一些让步和牺牲，诸多因素的综合作用，使产品的质量并非是随纺丝系统数量的增加而呈比例上升的，但生产线的产量必然会随速度的提升而呈比例增长。

因此，无论是从纺丝系统的纺丝稳定性这个工艺角度，还是从生产线的产量或经济效益角度来看，多纺丝系统是必须有较高运行速度的。而生产线的运行速度越快，产品质量下降也越明显，对设备的制造精度、运行的可靠性要求也越高，投资费用也更高。

第十三节　纺粘法非织造布生产线的接收成网系统

接收装置是用来承接喷丝板喷出的纤维，并吸收牵伸气流及冷却气流，使纤维均匀铺设成纺粘法非织造纤网，纺粘法纺丝系统形成的纤维都是使用成网机的网带接收的。

纺粘法生产线的接收方式只有用成网机网带接收这一种方式，而且大部分生产线都是采用网带的水平面接收这一种模式。成网机体积较大，需与纺丝通道匹配，运行速度较快，驱动功率也较大，配置的机构较多也较复杂。图3-89所示为国内制造的3S型纺粘法非织造布生产线成网机。

图3-89　3S型纺粘法非织造布生产线的成网机

网带驱动电动机的转速都较高，成网机一般采用同步转速为1500r/min的电动机驱动，为了获得较大的转矩，还要配置减速机减速。而减速机低速轴输出的转矩常利用联轴器直接输送给成网机的网带主驱动辊（图3-90），也有采用齿形同步传动带或多根V形传动带驱动的方式（图3-89）。

除用成网机网带的水平面接收纤维外，采用管式牵伸工艺的纺丝系统配置有机械摆丝装置，利用网带的倾斜面接收摆丝装置反射过来的纤维（图3-91）。显然一台成网机只有一个斜

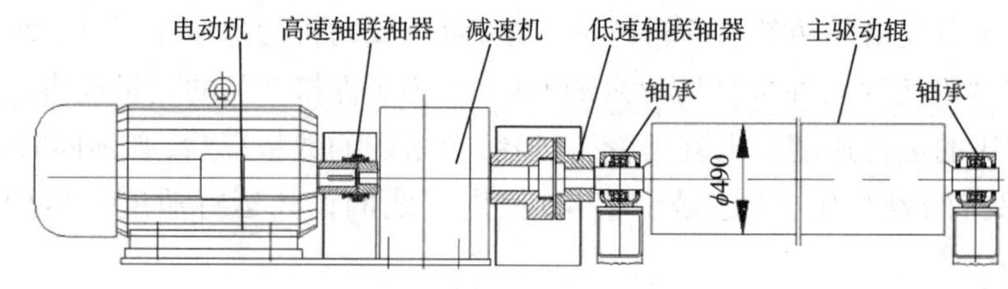

图 3-90　直联型网带驱动方式

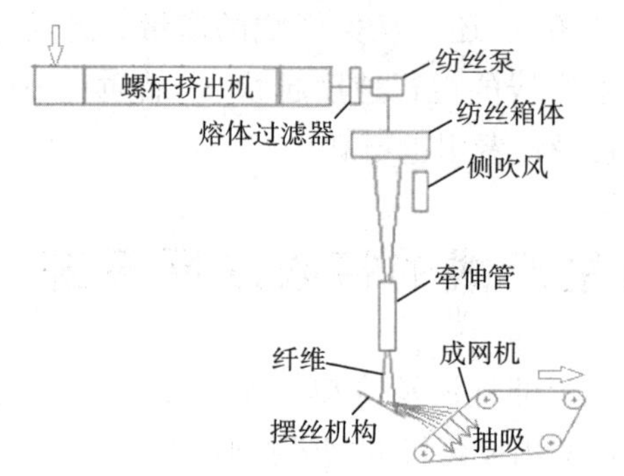

图 3-91　用网带倾斜面接收的管式牵伸纺丝系统

面可供利用，即采用这种接收方式时，成网机只能配置一个纺丝系统。

纺粘法成网机的结构与纺丝牵伸工艺有关，采用宽狭缝低压牵伸工艺的纺丝系统不需要调节接收距离(DCD)，采用宽狭缝正压牵伸工艺则需要调节 DCD，基本都是采用成网机固定不动、纺丝平台及牵伸器做升降运动的方式。

在多纺丝系统的纺粘法非织造布生产线中，成网机是与其他纺丝系统共用的。因此，与一般的成网机相比，纺粘法非织造布生产线有其特点。

一、成网机的热压辊系统

(一)成网机的热压辊装置

纺丝系统的纤维落在网带表面时，结构很松散，纤维之间的结合力很小，容易受气流干扰而难以控制，特别是受高速运行时的逆向气流干扰，容易出现翻网、卷边等现象。

因此，配置有纺粘法纺丝系统的成网机，经常会配置有加热功能的压辊，利用热压辊的热量和压力提高纤网的密度，增加纤维之间的结合力，成为有一定强度和形状的纤网。

由于纺粘法纺丝系统的工艺特点，在每一个纺丝系统下游的纤网出口方向，一般都会配置被动式热压辊，即压辊是由网带通过摩擦力拖动的，热压辊有时也叫预压辊。压辊还可以利用气缸实现上升和下降运动，压辊下降后便压在纤网和网带上，用于将纤网压实、熨平，加强铺放在成网机的纤维间的结合力，形成有一定初始强度的纤网，便于输送。

通过改变气缸的气压，就可以调整压辊的线压力，这个线压力(包括自重)≤7N/mm，一些技术性能较好的压辊，其线压力可在最小值和最大值之间无级调节，也就是可在全浮动状态至最大线压力之间调节，以适应不同规格纤网的工艺要求。

纺丝过程产生的聚合物单体和挥发物很容易黏附在压辊面上，从而诱发缠辊故障，因此，要经常停机清理压辊，目前，新型的生产线已配置了压辊自动清洁装置。

配置在纺粘系统的压辊，要求有较高的表面光洁度和表面硬度，有较好的防缠辊性能。因此，有的压辊表面喷涂一层氧化铝(Al_2O_3，俗称陶瓷)或氧化铬(Cr_2O_3)。配置在纺丝系统下游出口方向的压辊，一般都是有一定温度的加热辊，这样能使蓬松的纤网更容易帖服，提高其相互之间的结合力。

压辊表面的温度均匀性对成网机的稳定运行有很大影响，也是掣肘生产线高速运行的瓶颈，应用双螺旋油道的压辊（图 3-92）有良好的温度均匀性，防缠辊效果明显。

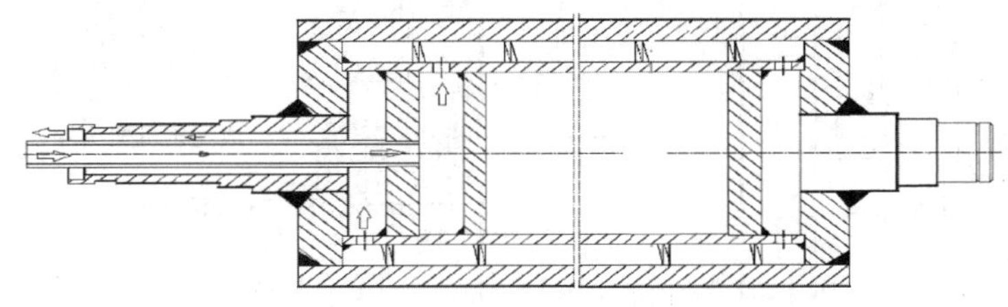

图 3-92　双螺旋油道的压辊

压辊有以下功能：

（1）在使用封闭式纺丝通道的纺丝系统中，如早期的宽狭缝低压牵伸系统，用于实现纺丝通道与接收网带之间的动密封，避免环境气流对铺网过程的干扰。

（2）将较为蓬松的纤网压紧、压密实，提高纤维之间的结合力，便于纤网在运动中传输，特别是高速传输时抵御环境气流的干扰，避免出现翻网、卷边现象。

为了进一步增强纤网间的结合力，目前还普遍应用了热压辊技术，即压辊在向纤网施加压力，增加其密度和结合力的同时，还利用压辊的温度和热量，使纤网被熨平、压紧并附着在网带表面，降低了发生纤网缠绕压辊事故的概率。

热压辊一般还要配置相应的加热设备，压辊的温度一般在 80～130℃。在国产生产线中，普遍应用导热油加热，引进设备还有应用热水加热，温度调节范围为 80～140℃，也有使用电感应加热的机型。

（3）在采用开放式或半开放式纺丝通道的系统中，热压辊具有挡风功能，避免下游的环境气流逆 MD 方向进入抽吸风箱，干扰铺网。

（二）成网机的支承辊装置

支承辊有以下功能：

（1）与压辊配对使用、运行，承受压辊的压力，为了使压辊在全幅宽范围有均匀的线压力，支承辊一般都设计有一定的中凸量，用于补偿压辊的挠曲变形。

（2）在承受压辊压力的同时，还支承网带，使其与抽吸风箱的入口的高度保持相对稳定，支承辊的上表面一般保持在比抽吸风箱入口稍高的位置，减少网带及抽吸风箱的磨损，降低运动阻力。

（3）支承辊与网带下方的抽吸风箱配合，实现抽吸风箱入口的密封。

在设置压辊以后，还必须在与压辊位置对应的网带下方设置橡胶支承辊。支承辊的表面覆盖有中等邵氏硬度[（75±5）HA]和一定弹性的耐磨橡胶层。在速度较快的生产线，支承辊还会配置电动驱动装置，与成网机的主驱动系统同步运行，有时称这个系统为辅助驱动（图 3-93）。

这种设计能避免在压辊升起状态，由于网带与支承辊间的摩擦力不足以克服支承辊的阻力，导致支承辊无法转动，而被运动的网带磨损成不均匀的多边形，影响正常使用（会导致压辊发生跳动）。还可以分摊主驱动电动机的部分负载，降低网带的最大张力，使不同位置网带的透气性能趋向均匀一致。

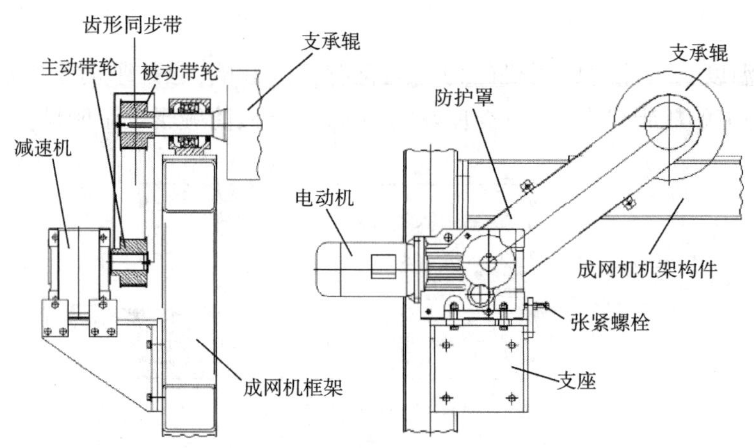

图 3-93　成网机支承辊齿形同步带传动方式

减速装置可选用结构紧凑的电动机减速机，利用高扭矩圆弧形同步带将扭矩输出至支承辊，可根据传动功率选择同步带的节距和宽度。

二、气刀预固结技术

对于一些双组分蓬松型纺粘纤网，其密度及结合强度更低，容易受环境气流的干扰，为了保持纤网的蓬松性，不能再用压辊来碾压纤网，这时会用一股柔和的热气流在全幅宽范围内吹向纤网，利用其中的低熔点组分将纤维互相黏合起来，形成初始强度，就可以抵御环境气流的干扰，顺利传输。

这股热空气常称为气刀，气刀也是生产高蓬松纤网时采用的一种纤网预固结技术。

三、纤网输出端与热轧机的匹配

纺粘生产线的成网机的纤网输出端标高基本上是固定的，布置在成网机下游的纤网固结设备的基础就是以此为依据进行设计的，这也决定了成网机与纤网固结设备之间的相对高度位置及两者间的水平距离，成网机工作面要高于热轧机下辊的上圆柱面，而网带表面与轧辊之间也要保持有 50mm。

为了优化两者间的相对距离，有一些成网机的输出端设计为高度可调型，能利用调节机构在一定范围内进行升降调节（图 3-94）。

图 3-94　纤网输出端高度可调的成网机

当生产线配置立式的三辊热轧机时，随着投入运行的刻花辊位置不同，成网机输出纤网的喂入高度也随之改变，其高度差约相当于热轧机光辊的直径（一般在400~500mm），高度变化较大。配置在这种生产线的成网机，其纤网输出端就应该设计成活动结构，以便根据实际需要进行适应性调整。而可以摆动的纤网输出端是生产线上最常用的配置（图3-95）。

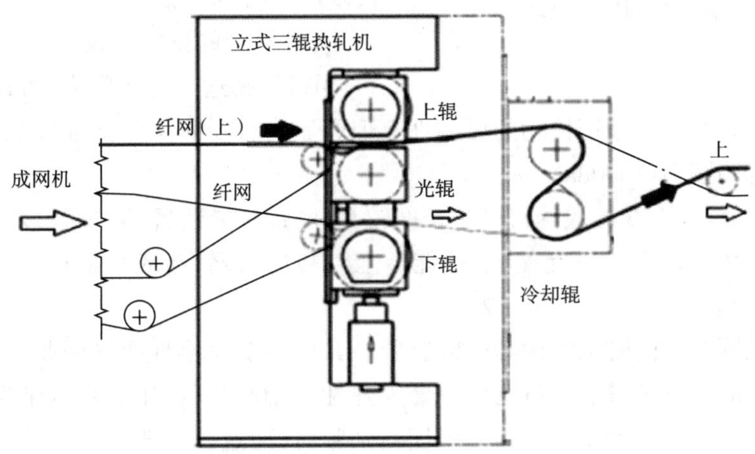

图3-95　与立式三辊热轧机配套的活动纤网输出端

对于幅宽较大的成网机，这段可以摆动的成网机结构重量很大，而且是悬臂结构，因此，一般会设计为电力驱动，利用蜗轮蜗杆机构实现升降运动和在工作位置保持自锁的稳定状态。

四、网带驱动系统

（一）网带驱动装置

驱动装置的功能是用于驱动网带稳定运行，由于成型网带的线速度是进行产品定量计算的基础数据，要求能平滑地无级变速，运行过程保持稳定。目前基本都是用交流变频调速系统，电动机的功率与生产线的幅宽、纺丝系统数量、运行速度呈正相关。

纺丝系统越多的生产线，其运行速度也会越快。国内已在运行的幅宽为3200mm的生产线：有三个纺丝系统纺粘生产线（3S），运行速度≥600m/min，电动机的功率约为75kW；四个纺丝系统纺粘生产线（4S），运行速度≥800m/min，电动机的功率约为110kW。

驱动辊筒一般安装在成网机下游并靠近纤网固结设备的一端，是成网机中受力最大、直径最大的辊筒，其功能是利用摩擦力将驱动电动机的转矩转换为驱动网带运行的牵引力。

为了延长网带的使用寿命，要按照成网机网带的厚度来选择驱动辊的直径，网带制造商一般建议的辊筒直径大于网带厚度的100倍，常用网带的厚度约为2mm，也就是主动辊或张紧辊的直径不得小于200mm。

随着网带运行速度的提高和多纺丝系统宽幅成网机尺寸的大型化，成网机的驱动功率也越来越大。为了提高网带摩擦传动的稳定性，防止发生打滑现象，要尽量降低驱动辊与网带接触表面的负荷，就要尽量增加驱动辊的直径和与网带的接触面积（增大包角）。

增加网带在驱动辊的包角及增加驱动辊的直径，可以增加驱动辊与网带的接触面积，降低单位表面积的传动功率。大型成网机的驱动辊直径可达500mm，网带的包角约为180°。为了

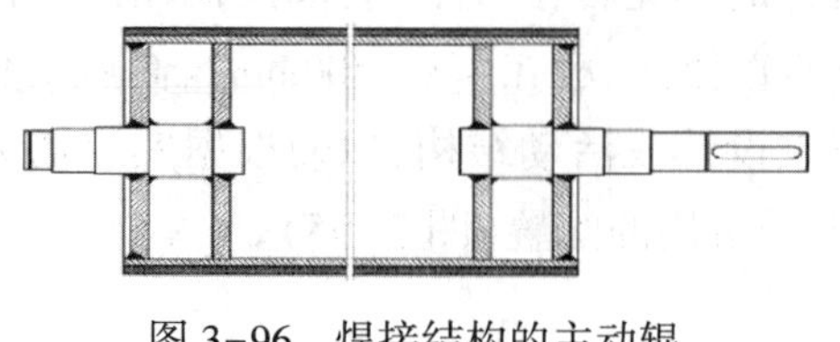

图 3-96　焊接结构的主动辊

增加摩擦力，钢辊筒的表面经常会包覆一层摩擦系数较大的材料，橡胶是最常用的材料。由于驱动辊与网带粗糙的底面接触，为了减少橡胶层的磨损，一般要选用硬度为(80±5) HA 的橡胶材料，以提高耐磨性能(图 3-96)。

(二)网带的张紧装置

网带保持适当的张紧力，可以增加网带对驱动辊筒表面的正压力，提高摩擦传动的可靠性。但张紧力会受网带结构强度的限制，对于常用结构的网带，允许用张力≤300daN/m。

由于多纺丝系统生产线的成网机网带长度较大，网带张紧装置的实际有效调节量(即网带的长度变化量)要大于网带长度允差，以便能装上最短的新网带，或将最长的网带张紧。其有效调节量常取网带名义长度的 1.5%~2%。

有必要时，成网机可同时配置两套张紧装置。其中一套是刚性机械硬张紧，用于调节网带的原始长度，一般应用丝杆/螺母机构；另一套为弹性气动软张紧，用于使网带保持适当的张紧力，气缸或气囊是常用的张紧动力。当使用气缸张紧时，通过改变压缩空气的压力就能调节张紧力，并在运行过程中自动控制网带的张紧力。

(三)网带的纠偏装置

纠偏装置是网带安全运行的技术保障，成网机的运行速度越高，对纠偏装置的性能要求(如反应速度、纠偏能力)也越高。

纠偏方式以比例控制方式最佳，这种系统具有比例控制功能，可以根据网带发生偏移的速率和偏移量，自动调整纠偏动作速度和纠偏装置(纠偏辊)的运动行程，并能在任何位置稳定停留。它具有运行稳定、控制精确、纠偏装置可靠性高等特点。

纠偏系统的驱动力有电动式(丝杆螺母或电动推杆)、气动式(气缸或气囊)、液压式(气—液联动)等。在大型成网机中，由于网带较长，可能会在网带回程段的不同位置配置两套纠偏装置，用于加强纠偏效果和提高反应速度。

由于简单的气缸纠偏系统很难准确定位，难以在任何位置停留，气缸的活塞杆只能在伸出和缩入的两个终端极限位置停留。由于气缸在运行过程中，不能在中间位置稳定停留，导致网带在两个极限位置间做周期性的反复运动，增加了铺网宽度和边料损耗，也增加了压缩空气的消耗量。

网带在纠偏辊面上的包角会影响纠偏力的大小和灵敏度，包角太小，产生的纠偏力偏小，影响灵敏度和可靠性，包角太大，网带回归复位的移动阻力也大。网带在纠偏辊的包角推荐值一般≥25°。纠偏效果还与网带的宽度偏差、厚度及纠偏辊与上游导辊(即网带进入纠偏辊前的辊筒)的距离有关；网带越宽、距离越小，纠偏效果越差。如果不受成网机结构空间限制，上游导辊与纠偏辊之间的距离应该是越大越好，一般应为网带宽度的 0.3~0.5 倍。

纠偏辊的最大行程和摆动速度与生产线幅宽有关。以 3200mm 幅宽为例，一般摆动角度≤±1.5°，行程≤±50mm，而最高摆动速度约 30mm/s，驱动力一般为 1000~2000N。

(四)纺粘法生产线成网机用的网带

网带的性能对成网质量有较大的影响，但其基本功能仅作为纤网的载体，使纺丝系统形成的纤维能稳定铺放在网带面上，并顺利传输到下游的纤网固结设备，因此，其基本的性能指标主要包括透气量、剥离性能、附着性能。

根据纺粘法纺丝系统的特点，与宽狭缝压牵伸系统成网机配套使用的网带，透气量在 9000～10000m^3/(m^2 · h)，在其他机型使用时的透气量在 10000～13000m^3/(m^2 · h)。当生产线中有多个纺丝系统时，从上游到下游，随着纤网层数的增加，纤网的透气阻力也越来越大，这时只能通过在不同位置配置不同性能(主要是风机的压力)的风机，来适应不同纺丝系统的工艺要求。

由于在纺丝过程中难免会有断丝或很细的纤维产生，如果网带的透气量太大，而开孔率又大于 0，气流通道较直、截面又较大，这些短纤维就会穿透网带进入抽吸风箱(图 3-97)，或长期挂在网带上，影响产品的均匀度。

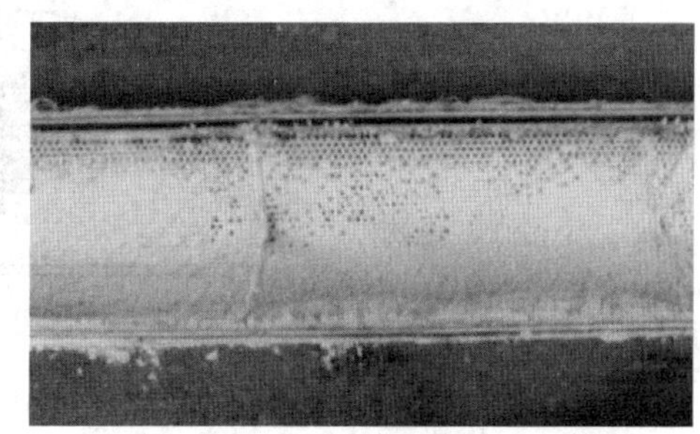

图 3-97　在抽吸风箱内截留的短纤维

在成网机的最上游，纤网仅有一层，阻力最小，抽吸风机的压力也最低，随之不断递增，而实际运行时的流量会较大。

由于多纺丝系统生产线都是用于生产薄型的小定量规格产品，运行速度较高，静电对纺丝过程的影响较大。因此，网带要具备抗静电性能，这时网带的表面电阻小。其次，成网机工作面上的网带托板或支承装置也应该具有抗静电的相应措施，包括使用金属托板，成网机要有有效的接地措施等。

五、抽吸风装置

抽吸风装置是成网机中的重要系统，主要由抽吸风机、抽吸风箱、管道及调节机构组成。其功能是吸收纺丝过程产生的牵伸气流和冷却气流，并将纺丝系统形成的新纤维收纳在网带面上形成非织造纤网。

为了降低这些气流对铺网过程的干扰，抽吸风箱的气流入口面积会较大，用以降低气流到达并穿透成网机网带时的速度。抽吸风的均匀性直接影响纤网或非织造布的质量，抽吸风箱会配置一些流量调节机构，内部设置有相应的分风和导流装置，使全幅宽范围的抽吸气流均匀一致。

目前，随着牵伸速度的提高及半开放式纺丝通道的应用，纺丝系统除了设置主抽吸风箱以外，一般还会设置防止缠压辊的辅助抽吸风箱，这是目前高速纺粘生产线的发展趋势。

六、纺丝距离或接收距离调节

对于应用宽狭缝正压牵伸工艺(或一些管式牵伸)的纺丝系统，要根据产品的生产工艺要求，改变接收装置与纺丝组件之间的距离，这时的成网机就要设计成可以升降的形式，用于改变纺程。显然，利用改变成网机高度的方法调节纺程或铺网距离的方法，仅适用于只有一个纺丝系统的生产线，如果生产线有多个纺丝系统，就不能采用这个技术方案。图 3-98 为只有一个纺丝系统的可调节高度的成网机。

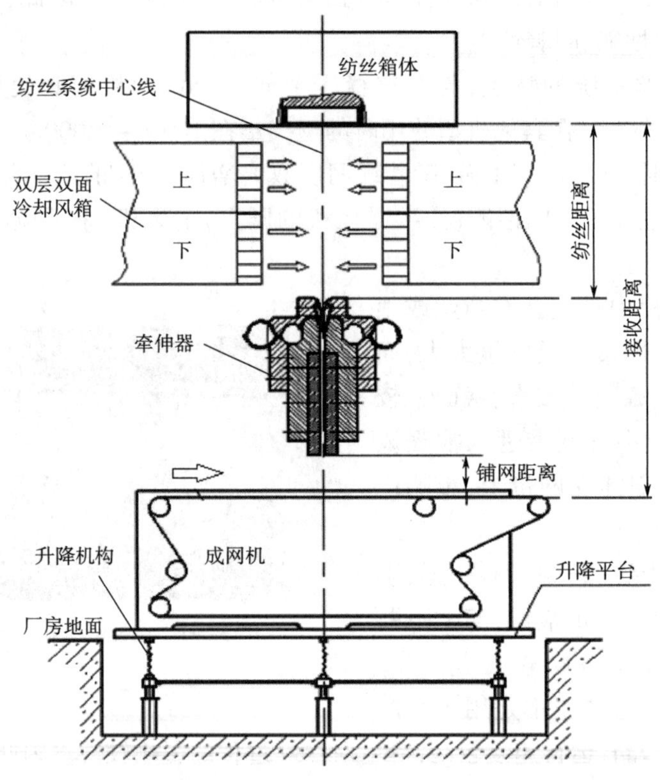

图 3-98　宽狭缝正压牵伸系统成网机的纺丝距离调节

第十四节　非织造布生产线应用实例

一、纺粘法非织造布生产线

(一)PP 纺粘法非织造布生产线

1. 新型纺粘法生产线

(1)生产线的基本性能。

①新型的 3200mm 幅宽纺粘法热轧非织造布生产线(引进设备)。

②生产 PP 纺粘法热轧非织造布。

③纺丝系统配置 1 套纺粘法纺丝系统。

④产品标称宽度 3200mm(切边后)。

⑤PP 热黏合产品定量为 10~70g/m^2。

⑥采用 PP 聚合物原料,纺制细旦纤维产品时用茂金属聚丙烯原料。

⑦纺丝系统生产能力为 270kg/(h · m),864kg/h。

⑧最高生产速度为 400m/min(成网机网带)。

⑨铭牌最大生产能力为 7000t/年。

(2)主要配套设备及性能。

①三组分计量混料装置。额定供料能力为 1200kg/h;三种组分(体积式计量):组分 1 的配比

为 87%~97.3%；组分 2 配比范围 0.5%~3.0%；组分 3 配比范围 2.2%~10.0%；计量精度±2%。

②螺杆挤出机。型号 RHU-58-SP200-30D，螺杆直径 200mm，长径比 30，挤出机中心高度 1150mm；驱动电动机功率 352kW，有 7 个受控的加热区、并配置有空气冷却区，加热功率 172kW，水冷式进料口，出口法兰加热器功率 6.5kW。

③熔体过滤器。型号 K-SWE-180，使用 5 层滤网。

④纺丝泵。型号 EX-90GPX，排量 371mL/r，设计转速 60r/min，驱动功率 8.0kW，加热功率 12kW。

⑤纺丝箱体。衣架式熔体分流。

上层冷却侧吹风（工艺）风机：流量 4600~10300m^3/h，12000Pa，55kW 交流电动机驱动，变频率调速。

下层冷却侧吹风（工艺）风机：流量 11700~25000m^3/h，12000Pa，132kW 交流电动机驱动，变频率调速。

主抽吸风机：体积流量 62100m^3/h，6500Pa，160kW 交流电动机驱动，变频调速控制。

吸网（辅助）风机：体积流量 54800m^3/h，5500Pa，132kW 交流电动机驱动，变频调速控制。

⑥回收（循环）挤出机。型号 RS120/70，最大挤出量 120kg/h，41kW 交流电动机驱动，最高螺杆转速 247r/min，加热功率约 23kW。

喂料机构进给速度 120m/min，驱动电动机功率 4kW（变频控制）。

回收（循环）挤出机 RS120/70 与主挤出机 ϕ200 套筒之间配置止回阀、熔体输出适配器，带两个加热区，加热能力约为 1.6kW。

⑦成网机。成网机的设计运行速度 10~400m/min，网带工作表面高度 2000mm，主驱动辊面宽度 4000mm，网带由橡胶辊驱动，带频率稳定的高扭矩交流电动机，网带带有张力控制和气动纠偏装置。

安装在纤维收集段下方的抽吸风箱采用单侧抽吸，每一个纺粘系统配备一对带有加热功能的压辊，辊面采用陶瓷涂层，压辊采用加压水加热，最大加热能力 48kW，压辊温度 80~140℃，水泵的驱动功率 7.5kW，流量 30m^3/h。

支承辊（下辊）有橡胶包覆，由高扭矩交流电动机驱动，变频调速控制。成网机的两侧配置有走道和安全设备，操作侧有安全围栏。

⑧立式二辊热轧机。型号 3800 HOT-S 200，最大线压力 110N/mm，最大速度 415m/min，安装驱动额定功率 66kW，交流电动机变频调速。

辊面最高温度 200℃，轧辊导热油加热功率 250kW，导热油泵总功率 50.5kW。

S 辊直径 420mm，压花辊直径 500mm，压花点标准图案 U2888，表面硬化和精磨，宽度 3800mm，配有液压系统和压区压力控制系统。

冷却辊（2 个）直径 250mm。

⑨后整理上液装置（加湿器可选）。吻液辊单面上液，将整理液均匀施加到非织造布表面，包括带储液槽、可移动导向辊的辊式涂布机，带加热器和过滤器的整理液循环系统。

涂布辊直径 175mm，驱动交流电动机功率 0.55kW，转速 2~24r/min，连续移动涂布辊，布辊直径 205mm；输出辊驱动交流电动机功率 3.7kW，设计速度 425m/min。

带框架与搅拌器的混合罐和储罐的整理液配制站，每个带搅拌器和泵的储罐体积为 200L；

旋转安装槽;计量体积、温度控制系统。

⑩圆网热风穿透型干燥器(可选)。圆网辊筒直径1600mm,穿孔部位的宽度3600mm,设计速度430m/min,辊筒驱动三相电动机功率7.5kW,变频调速控制。

加热能力300kW,最大水分蒸发量150kg/h,干燥温度95℃,风机驱动功率55kW。送料辊驱动三相电动机功率4kW,变频调速控制。

⑪卷绕系统。用于在线接触卷取非织造布产品,接触辊直径360mm,适用的非织造布定量规格10~100g/m^2,布卷最大直径1200mm,布卷最小直径400mm,最大生产速度440m/min(使用6英寸卷绕杆时)。使用3英寸直径卷绕杆时,生产速度为250m/min,穿布速度10m/min。

卷绕系统包括:6台分切电动机装置(包括边缘修剪),最小分切宽度500mm,配套使用两种直径(3英寸,6英寸)的卷绕杆;具有自动布卷张力控制装置的接触式卷绕机,自动卷取和横切断装置,卷绕杆存储站、卷绕杆预启动系统、辊压力控制系统,操作面板,包括PC、电气柜和安全装置设备,卸料台和竖井提取器系统;手动操作的空卷轴返回装置;分切段配有手动可调纵向切割装置、扩展辊,用于卷绕杆运输的支架;布边吸入系统(强制)。

⑫操作平台。适用于S 3200纺丝系统,设有防滑钢板、栏杆。在生产线的操作侧配置有带栏杆操作的成网机。组件煅烧室的工作平台,计量装置的更换和维护平台。机架涂有醇酸树脂底漆。

(3)生产线运行环境条件。供电系统接线模式为TN-S,三相400V,50Hz(±10%),带中性线,电线电缆能够承载全负荷的电流。控制电压AC230V、DC24V,允许波动+6%~-10%,电气设计符合EN和VDE相关标准要求。在挤出机平台上测得的最大温度为40℃,控制柜室内最高温度为25℃。

2. 三个纺丝系统的3S型纺粘法生产线

(1)产品有效幅宽3200mm。

(2)纺丝系统数量3个。

(3)使用PP聚合物原料,熔融指数25~38g/10min。

(4)产品定量范围10~80g/m^2。

(5)纤维直径范围1.5~1.8旦。

(6)产品均匀度CV≤3%。

(7)生产线运行速度600m/min。

(8)合格品率85%(不回收循环利用),≥95%(回收综合利用)。

(9)生产能力10000t/年,注意:年运行时间8000h,设备利用率88%。

(10)生产线产量≥8600t/年,注意:产能利用率85%。

(11)单产能耗700kW·h/t(常规产品),1000kW·h/t(后整理产品)。

(12)验收状态要求。产品定量规格20g/m^2,纤维直径1.8~2μm。

图3-99为RF3/RF4的3S纺丝系统挤出量与运行速度的关系。

3. 粗旦PP纤维纺粘针刺土工布生产线

图3-100为粗旦PP纤维针刺土工布生产线设备配置。

(1)产品定量≤150g/m^2,有效幅宽5000mm;产品定量>150g/m^2,有效幅宽5500mm。

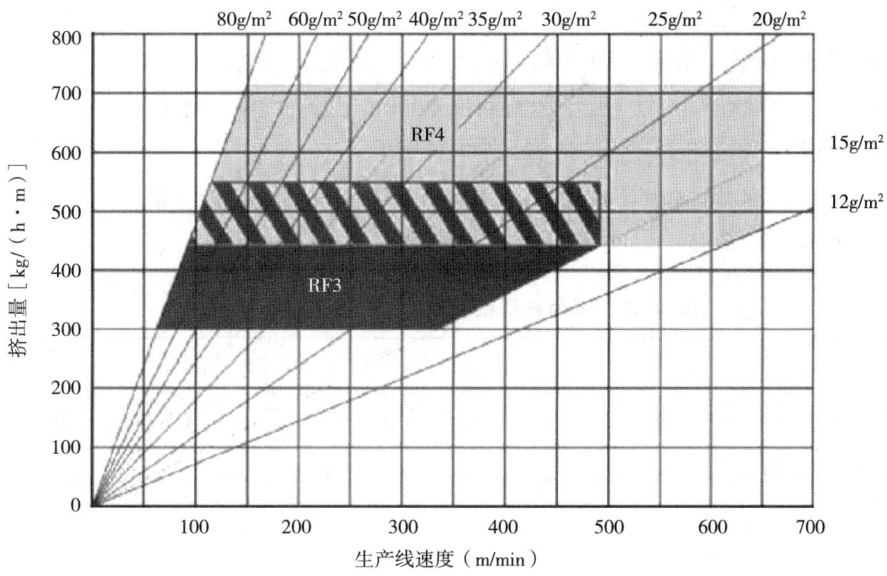

图 3-99　RF3/RF4 的 3S 纺丝系统挤出量与运行速度的关系

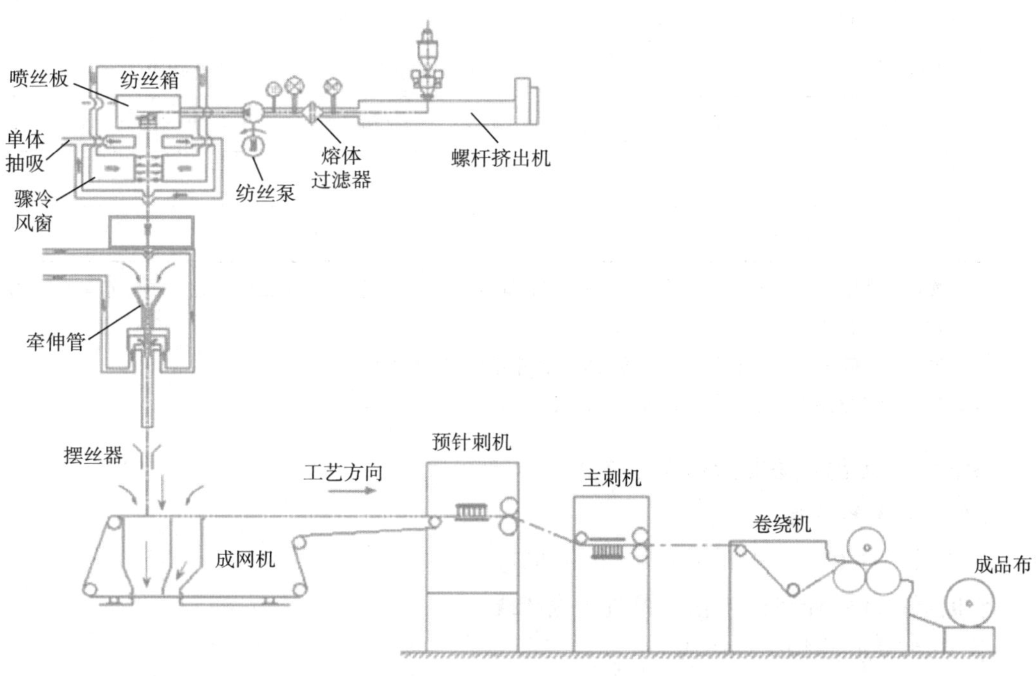

图 3-100　粗旦 PP 纤维针刺土工布生产线设备配置

(2)纺丝位数量 80 个。

(3)使用 PP 聚合物原料,熔融指数 25~38g/10min。

(4)产品定量 80~1000g/m^2。

(5)纤维纤度 4~15 旦。

(6)产品均匀度 $CV\leqslant3\%$。

(7)生产线工艺速度 30m/min。

(8)合格品率≥85%(不回收循环利用),≥95%(回收综合利用)。

(9)生产能力 10000t/年,注意:年运行时间 8000h,设备利用率 88%。

(10)生产线的产量≥8600t/年,注意:产能利用率 85%。

(11)单产能耗 700kW·h/t(常规产品),1000kW·h/t(后整理产品)。

表 3-11 为聚丙烯纺粘针刺土工布基本项技术要求。

表 3-11　聚丙烯纺粘针刺土工布基本项技术要求

项目		指标								
标称断裂强度(kN/m)		4.5	7.5	10	15	20	25	30	40	50
纵横向断裂强度(kN/m)	≥	4.5	7.5	10.0	15.0	20.0	25.0	30.0	40.0	50.0
纵横向标准强度对应伸长率(%)		40~80								
CBR 顶破强力(kN)	≥	0.8	1.6	1.9	2.9	3.9	5.3	6.4	7.9	8.5
纵横向撕破强力(kN)	≥	0.14	0.21	0.28	0.42	0.56	0.70	0.82	1.10	1.25
等效孔径 $O_{90}(O_{95})$(mm)		0.05~0.20								
垂直渗透系数(cm/s)		$K\times(10^{-1}\sim10^{-3})$　其中:$K=1.0\sim9.9$								
厚度(mm)	≥	0.8	1.2	1.6	2.2	2.8	3.4	4.2	5.5	6.87
幅宽偏差(%)		-0.5								
单位面积质量偏差(%)		-5								

注　1. 规格按断裂强度,实际规格介于表中相邻规格之间,按线性内插法计算相应考核指标,超出表中范围时,考核指标由供需双方协商确定。

2. 实际断裂强度低于标准强度时,标准强度对应生产率不作符合性判定。

3. 幅宽偏差、单位面积质量偏差的标准值按设计或协议。

(二)PET/PLA 纺粘法非织造布生产线

1. 生产线的主要性能

(1)生产线型号 HUA YANG FN-X-Ⅱ-3200。

(2)整板宽狭缝牵伸纺粘热轧非织造布生产线。

(3)适用聚合物原料 PET/PLA。

(4)生产线幅宽 3200mm。

(5)产品定量范围 15~150g/m²(PET),20~150g/m²(PLA)。

(6)纤维细度 1.0~3.5 旦。

(7)运行速度 5~130m/min(工艺),150m/min(机械)。

(8)母卷最大直径 1200mm,生产能力 230kg/h。

(9)主流程设备装机容量 1100kW 同,总装机容量 2497kW。

2. 主要配套设备及性能

(1)湿切片输送系统。罗茨风机(11kW)正压输送,3000kg/h,输送距离60m(垂直30m)。

(2)原料干燥。双流道式沸腾床式结晶器,柱塞式主干燥塔,微热再生分子筛除湿。干燥时间4~6h,干燥能力800kg/h,干切片含水量<35mg/kg,压缩空气0.7MPa,消耗1.7Nm³/min[❶]。

(3)干切片。压缩空气输送1000kg/h,输送距离60m(垂直30m),压缩空气0.4MPa,消耗5.5Nm³/min,装机容量163kW。

(4)带干燥塔的多组分计量混料装置。

(5)螺杆挤出机。直径170mm,长径比25,驱动功率160kW, 加热功率103.5kW。

(6)立式双缸熔体过滤器。过滤面积4.0m²,过滤精度25μm,导热油加热。

(7)纺丝计量泵。排量20mL×2(一进两出),8台,同步电动机功率2.2kW。

(8)纺丝箱体。电加热功率87kW,配矩形下装式纺丝组件。

(9)单体抽吸系统。分区调节。

(10)双面冷却侧吹风,冷却段高度400×2mm,用风点静压500Pa,温度20~24℃,相对湿度(70±5)%。

(11)牵伸器。速度5000m/min(纤维细度1.5旦),狭缝宽度可调,牵伸狭缝入口宽度分别为3mm,4mm,5mm(与之对应的狭缝出口宽度分别为4mm,5mm,6mm),牵伸气流压力0.15~0.35MPa,牵伸气流消耗量115Nm³/min,空气压缩机功率750kW。

(12)牵伸器钢制平台。悬挂于纺丝平台下方,既可以跟随纺丝平台升降,还可以相对纺丝平台做升降运动,改变喷丝板与牵伸器之间的纺丝距离,也可以改变牵伸器与成网机之间的铺网距离。上升最大高度300mm,下降最小高度200mm,驱动电动机功率5.5kW。

(13)成网机。网带宽度3800mm,机械速度150m/min(max),工艺速度5~130m/min,驱动电动机功率18.5kW。抽吸风机全压2000Pa,(220+55)kW。

(14)中高+轴线交叉型热轧机。轧辊直径520mm,辊面工作宽度3600mm,驱动功率44kW;冷却辊直径265mm,辊面工作宽度3800mm,驱动功率5.5kW,导热油加热功率约202kW,辊面最高温度265℃,最高线压力120N/mm。

(15)定型机。型号HYDX-HR3200,钢辊直径650mm,辊面工作宽度3700mm,辊面最高温度250℃,导热油加热功率约159kW。

(16)卷绕机。型号HYJR-AW3200,布卷最大直径1200mm,卷绕气胀轴直径152mm(6英寸),装机容量10.5kW。

(17)分切机。型号HYFQ-YQ3200,辊面长度3700mm,机械速度300m/min,工艺速度10~250m/min,最小分切宽度200mm,气胀轴直径76mm(3英寸),配圆盘式分切刀,装机容量13kW。

(三)双组分非织造布生产线

1. 大板型双组分纺粘水刺非织造布生产线

生产线型号DLHL-S²-C/1.6-120M。原料PET、PA,纤维为中空橘瓣形(SP型);生产线幅宽1.60m;产品定量范围50~160g/m²;运行速度5~80m/min;主要工艺流程如下:

---

❶ Nm³表示在0℃ 1个标准大气压下的气体体积,N代表标准条件(normal condition)。

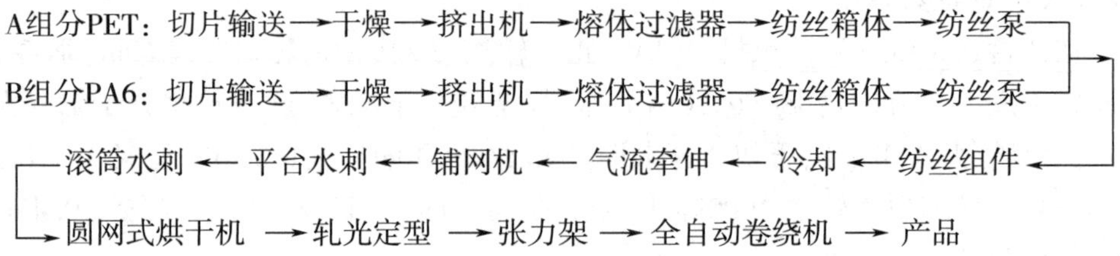

A组分PET：切片输送→干燥→挤出机→熔体过滤器→纺丝箱体→纺丝泵
B组分PA6：切片输送→干燥→挤出机→熔体过滤器→纺丝箱体→纺丝泵
→纺丝组件→冷却→气流牵伸→铺网机→平台水刺→滚筒水刺
→圆网式烘干机→轧光定型→张力架→全自动卷绕机→产品

切片输送干燥装置型号 FBM310-15，干燥能力 600kg/h，PET 干切片水分含量≤30mg/kg。

①PET 熔体制备系统。螺杆挤出机型号 JWM105/25（直径×长径比＝105×25）；工作压力 15～25MPa；驱动电动机功率 55kW；5 个加热区，总加热功率 45kW。

PF2 立式双缸熔体过滤器，最高工作压力 16MPa，滤前滤后最大压差 6MPa，最高工作温度 310℃。

纺丝计量泵，每一个组分有 3 只（一进六出型泵）。

②PA6 熔体制备系统。螺杆挤出机型号 XD90/25（直径×长径比＝90×25）；工作压力 15～25MPa；驱动电动机功率 45kW，5 个加热区，总加热功率 40kW。

PF2 立式双缸熔体过滤器，最高工作压力 16MPa，滤前滤后最大压差 6MPa，最高工作温度 310℃。

纺丝计量泵，每一个组分 3 只（一进六出型泵）。

HILLS 双组分型纺丝箱。纺丝组件采用 HILLS 双组分中空橘瓣形、薄片膜型分配板。

冷却侧吹风为双侧吹风，风速 0.5～0.8m/s，风温 15～25℃。单体抽吸为双侧抽吸风口。

HILLS 长狭缝牵伸器，牵伸速度约 6000m/min。根据纺丝品种，可升降调整到最佳的牵伸高度。

成网机的接收网带宽 2.2m，长 16m，运行速度 5～80m/min；根据工艺条件不同，可升降至不同高度，以获得最佳的纺丝高度和铺网高度。

抽吸风箱采用双侧吸风，包括 1 个主抽吸区、7 个辅助抽吸区，配有风量调节装置，成网机可升降。

配置 DLHL-FNSC-4-11 水刺系统，宽 2000mm。主刺为 4 组圆网，预刺、副刺及修刺为 7 组。

高压水系统配 6 台中低压泵，5 台高压泵；配套水处理系统 1 套，负压脱水系统 3 套。

配置圆网烘燥系统、卷绕分切系统。

各种工艺参数控制精度：温度±1℃，螺杆压力±5%，转速±0.5%，抽吸风机速度±5%。

电源为三相五线制 TN-S 系统，3×380V+N+PE，50Hz，电压波动≤±5%。

2. PE/PP 双组分纺粘热轧非织造布生产线

（1）生产线主要技术指标。

①切片原料，PP，MFI 为 30～35g/10min；PE，MFI 为 18～24g/10min。

②成品布幅宽 1900mm。

③皮芯型双组分纤维，1.6～2.4 旦。

④纺丝系统数量 2 个。

⑤产品定量规格 11～150g/m²。

⑥最高机械速度 300m/min,工艺速度 15~270m/min。

⑦年产量 2800t(20g/m^{2}以上规格的产品,年运行时间按 8000h 计算)。

⑧产品能耗 1200~1700kW · h/t。

⑨装机容量约 1350kW,实际运行平均功率 570kW。

(2)主要配套设备及参数。

①不锈钢贮料仓有效容积 4m^3。

②三组分吸料、计量、混合装置。最大供料能力 450kg/h;添加比例:组分 1 为主料吸料 90%~100%;组分 2 为 2%~10%;组分 3 为 0.5%~3%。

(3)螺杆挤出机。直径 105mm,长径比 30,转速 20~70r/min,驱动功率 55kW,最大挤出量 250kg/h,加热功率 45kW,6 个加热区。

(4)柱塞式熔体过滤器。过滤面积 350mm^2,额定流量 210~290kg/h,过滤精度 60μm。

(5)纺丝计量泵。泵排量 20cm^3/r,数量 4+4 台,同步电动机变频调速,转速 6~35r/min。

(6)纺丝箱体。加热功率 18.8kW,13 个加热区。

(7)纺丝组件。根据设计要求并与纺丝箱体熔体出口匹配。

(8)单体抽吸风机。风全压 3000Pa,流量 4300m^3/h,电动机功率 7.5kW。

(9)冷却、牵伸装置。名义工作宽度 1900mm,空气流量 12000m^3/h,双面侧吹风,有效工作宽度 2050mm,有效工作高度 880mm,牵伸风道有效宽度约 2050mm。

(10)成网机。工艺速度 15~300m/min,宽 2200mm; 交流变频调速电动机功率 22kW,电动机带制动器;网带透气率约 10000m^3/(m^2 · h);气动自动纠偏装置,丝杆张紧。预压辊采用导热油加热。

(11)热轧机。工作幅宽 2100mm(刻花点宽度),工艺速度 15~300m/min。

(12)卷绕机。工作幅宽 2100mm,工艺速度 13~300m/min,布卷最大直径 1200mm,变频电动机张力自动控制系统。

(13)分切卷绕机。工作幅宽 2100mm,速度 10~600m/min。

二、闪蒸法非织造布

闪蒸溶剂纺丝成网工艺(简称闪蒸法),是美国杜邦公司在 1955 年发明的技术,在 1965 年为这种全新片状结构材料注册了 Tyvek®(中文称为“特卫强”)商标,1967 年 4 月,杜邦开始商业化生产 Tyvek®材料。

闪蒸法工艺是一种以聚烯烃聚合物(聚乙烯)为原料生产纤维的技术。闪蒸法非织造布是利用溶液纺丝工艺和纺粘工艺相结合生产的一种非织造材料,杜邦公司称这种材料为纺粘型烯烃(spunbonded olefin)材料。闪蒸法非织造布是较早用高密度聚乙烯(HDPE)制造的一种材料。

20 世纪 60~70 年代,这个技术一直处于高度保密和封锁状态,基本上没有得到推广。到了 20 世纪 80 年代,日本旭化成公司曾取得进展,并进入了工业化生产,其商品在 1994 年被命名为 LUXER,但最终被杜邦公司兼并,全球的闪蒸法产品市场一直为杜邦公司垄断。

经过科技人员的不懈努力,我国已冲破了相关的技术壁垒,在 2019 年开发出了具有中国特色的闪蒸法产品供应市场,而且开发出使用其他聚合物原料,如用聚丙烯(PP)生产的有类似性能的材料。

在 2022 年，我国也将闪蒸法工艺技术攻关列入了产业用纺织品行业高质量发展规划，实现年产能为 3000t 的闪蒸法非织造布技术装备产业化，改变完全依靠进口的局面，满足了我国在医疗包装、防护用品、印刷品等领域的需求。

闪蒸法纺丝采用 HDPE 为原料，溶解于 200℃的二氯甲烷溶剂中（浓度约 13%），并以二氧化碳在 6.9MPa 的压力下作饱和处理，这种纺丝液在溶剂沸点以上高压从刀口状的喷丝孔挤出。

纺丝液的挤出速度在 1.1×10^4 m/min 左右，随着溶剂压力瞬间降低并随即高速挥发后，溶液中的高聚物重新固化，形成聚乙烯细丝变成超细纤维，而由速度梯度产生的牵伸力使纤维被进一步牵伸变细，在纤维的形成过程中，利用静电分丝技术使这些纤维之间尽可能相互分离开，这些随机均匀分布的聚乙烯连续纤维，有利于均匀凝聚铺网。铺网以后，再经过热轧固结，就成了闪蒸法非织造布产品。

图 3-101 为杜邦专利号为 USP 5643525 的闪蒸法示意图，在这个专利技术（图 3-101）中，高压的纺丝溶液进入喷嘴（3，4，5，6）后，从喷嘴（7）喷出，随着溶剂压力瞬间降低、并随即高速挥发后，溶液中的高聚物重新固化，随机形成聚乙烯超细纤维，并喷在转动的圆盘表面，然后在高压电场（8）作用下降落到接收装置（9）的网带表面，凝聚为闪蒸法纤网（10）。从图 3-101 可看到，这个纺丝过程是在一个密闭的装置（1）内进行的，其中挥发的溶剂会通过装置右上角的管子（2）收集回收处理。

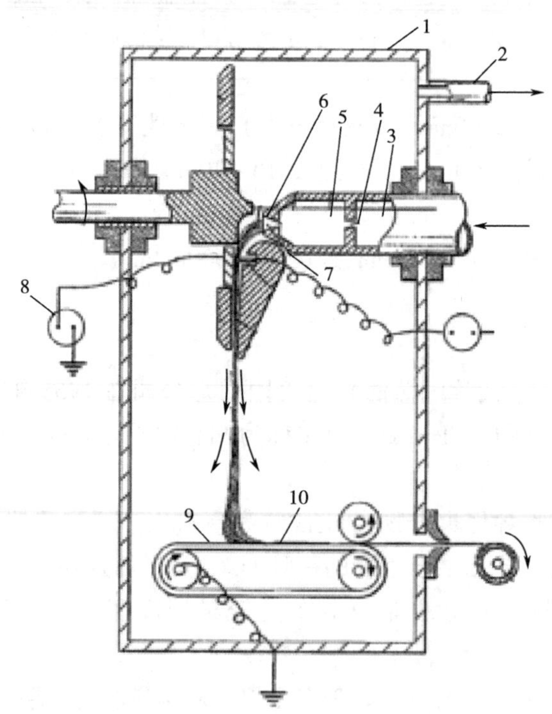

图 3-101　杜邦 USP 5643525 闪蒸法专利示意图

在这个专利技术中，高压的纺丝溶液进入喷嘴（3，4，5，6）后，从喷嘴（7）喷出，随着溶剂压力瞬间降低并随即高速挥发后，溶液中的高聚物重新固化，随机形成聚乙烯超细纤维，并喷在转动的圆盘表面，然后在高压电场作用下降落到接收装置的网带表面，凝聚为闪蒸法纤网。

从图 3-101 可知，这个纺丝过程是在一个密闭的装置 1 内进行的，其中挥发的溶剂会通过装置右上角的管子收集，回收处理。

图 3-102 为这个专利技术的核心部件，即实现闪蒸法纺丝的喷嘴工作原理图。聚合物在高温、高压条件下溶解制备成一定浓度的均相纺丝溶液，送至喷丝口处，经减压节流孔进入减压室 a，此时由于压力降低，聚合物和溶剂产生不完全的相分离，其中一相为富高聚物相，另一相为富溶剂相。

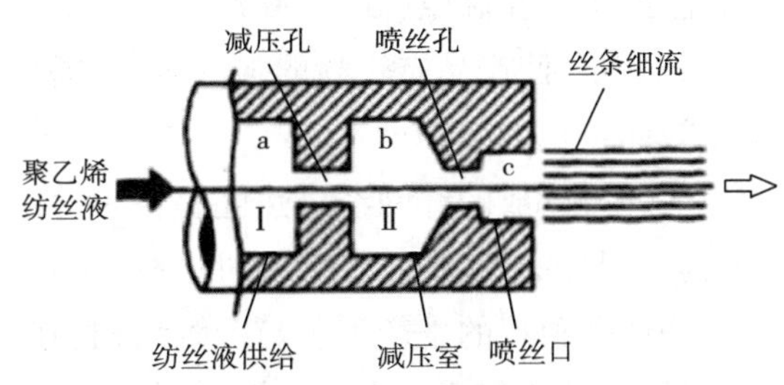

图 3-102　闪蒸法纺丝的喷嘴工作原理图

纺丝液由 b 到 c 时，压力降为常压，溶剂产生相转变，由液态转化为蒸汽，溶剂与聚合物迅速产生相分离，在喷丝口处进入常温常压的空气中后迅速膨胀，形成超音速蒸气流，聚合物由此而产生破裂，且依靠速度梯度被超音速蒸气流高速拉伸。卤代烃是常用闪蒸法溶剂，对大气层中的臭氧层有破坏作用，甚至有毒，因此使用环境友好的溶剂一直是闪蒸法技术的一个重要研究课题。

在纺丝成型过程中，由于是绝热膨胀，溶剂需要吸收大量热量，温度急剧下降，从而使聚合物快速结晶，冷却成高度取向的超细纤维。图 3-103 为闪蒸法非织造布的电镜照片，可见这种闪蒸法纤网经过热轧加工后其结构十分致密。

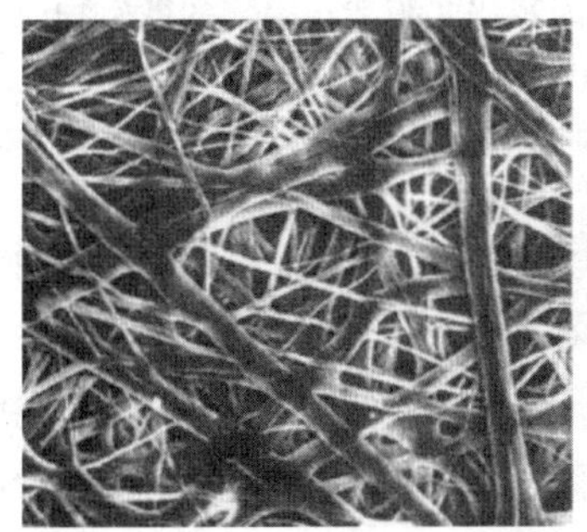
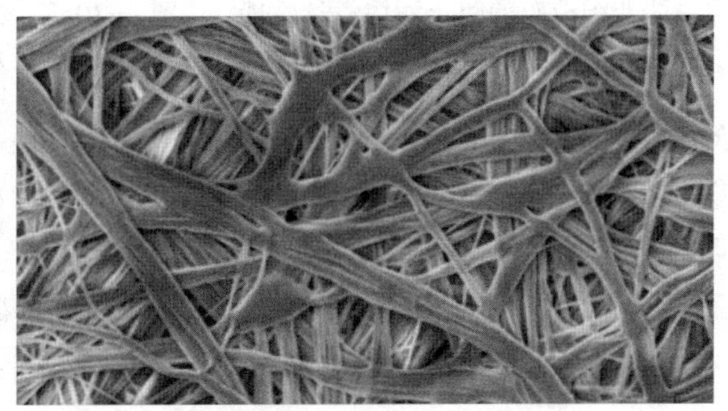
图 3-103　闪蒸法非织造布的电镜照片

闪蒸法纺丝形成的纤维细度呈正态分布，基本分布在 0.5～10μm，其平均直径约为 4μm，远小于一般的纺粘法纤维（12～18μm），已经与熔喷法非织造布的纤维类似。因此，产品具有很好的力学性能和阻隔屏蔽性能。其强力是 PET 产品的 1～2 倍，PP 产品的 2 倍（表 3-12）。

表 3-12　闪蒸法纤维的性能指标

原料	纤维线密度（dtex）	断裂强度（cN/dtex）	断裂伸长率（%）	比表面积（m^2/g）	结晶度（%）	取向度（%）
PE	0.11～0.17	3.5～7.9	20～65	20～60	73～77	82～91
PP	0.28～0.33	1.8～4.1	40～110	5～20	—	73～88

闪蒸法非织造布材料整合了纸张、薄膜和纺织品材料的特点，自然色泽为白色，用不同的工艺可以生产出两种不同结构和形态的产品，一种是像纸一样的硬结构材料，另一种是像布一样的软结构材料。

闪蒸法纤维是在高温、高压、高速条件下形成的，有高度的取向和结晶，加上聚合物原料具有很大的分子量，使产品有较高的强度，可以提供卓越的抗撕裂性、抗拉强度和抗穿刺性能，从而提供有效而持久的保护。

闪蒸法纤维铺成的纤网经过热轧黏合时，热塑性材料恢复到高密度半固态，表面可防止液体渗透，具有很好的拒水、防水性能(图 3-104)。

闪蒸法产品独特的生产工艺与纤维结构，在防止水或其他液体渗透的同时，又可以让水蒸气能够透过，这种透气不透水的特性，使其成为诸多应用领域的最佳材料之选。

闪蒸法非织造布是由连续而不规则的纤维构成，具有抗微生物、细菌、病毒渗透性，也可有效阻隔有害微粒(如石棉、玻璃纤维和铅等)的渗透，具有良好的阻隔防护性能(图 3-105)。

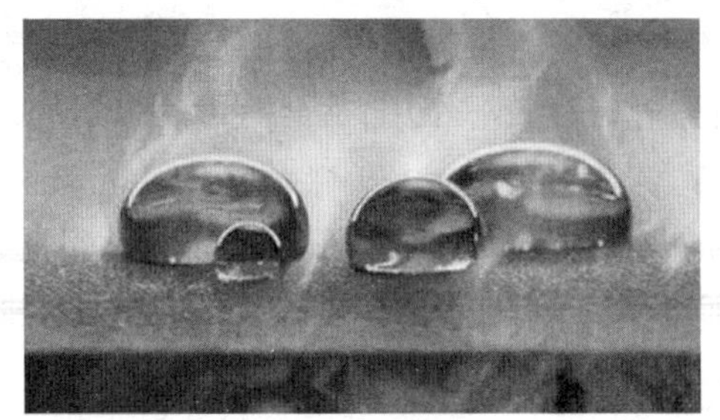

图 3-104　闪蒸法非织造布的防止液体渗透性能

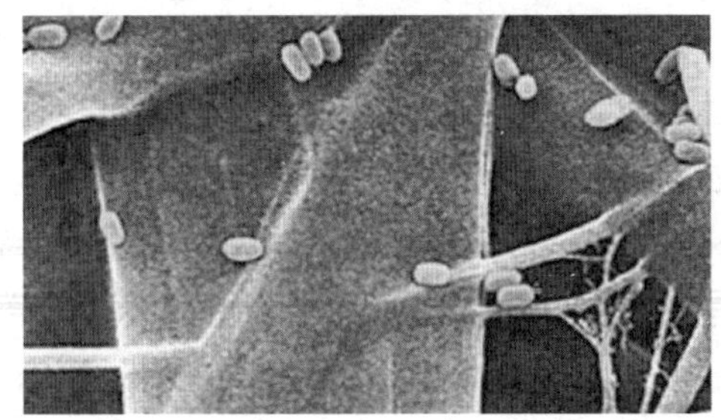

图 3-105　被闪蒸法非织造布阻隔的微生物(放大 500 倍)

三、静电纺丝非织造布

静电纺丝(electrospinning 或 electrostatic spinning)简称静电纺、电纺等。早在 1934 年，国外就有人发明了用静电力制备聚合物纤维的试验装置并申请了专利，被公认是静电纺丝技术制备纤维的开端。长期以来，用注射器(针筒)喷射纺丝液是研究静电纺丝技术的一个主流方式，而采用的纺丝液是有较高黏度的非牛顿流体。静电纺丝过程涉及静电学、电流体力学、流变学、空气动力学等科学技术领域的知识。

(一)静电纺丝的原理

1. 静电纺丝装置

静电纺丝装置主要由静电高压电源、纺丝液体供给装置、纤维收集装置三个部分组成。根据电流变换方式，高压直流电源有 DC/DC 和 AC/DC 两种类型，而且输出电压可以无级调节。液体供给装置的流量是可控的，是一端带有毛细管的容器(类似注射用针筒)，其中盛有聚合物纺丝溶液或熔体，将一金属线的一端伸进容器中，使液体与高压电发生器的正极相连。纤维收集装置是在毛细管相对端设置的金属收集板，可以是金属类平面(如锡纸)或者是旋转的金属滚筒等。收集板用导线接地，作为负极，并与高压电源的负极相连(图 3-106)。

由于静电纺丝系统的电场力比聚合物射流的重力大，射流的方向主要受负极的位置影响，射流的喷射方向既可以水平的，也可以垂直向下，还可以垂直向上，因此，接收装置有多种不同

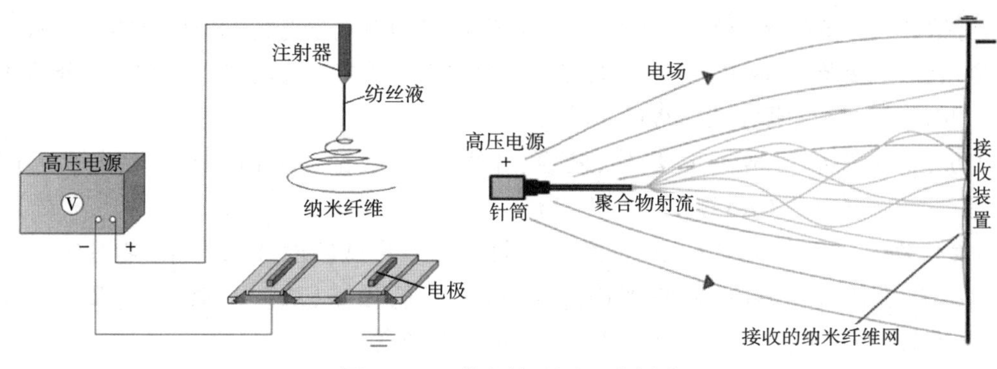

图 3-106 静电纺丝原理示意图

的布置方式。

进行工业生产时,还必须配套有相应的溶剂回收装置,为避免产品被空气污染,静电纺丝生产现场有较为严格的空气洁净度要求。

2. 静电纺丝过程

聚合物溶液或熔体在强电场中从针筒喷射而出,由于电场的作用,聚合物溶液表面会产生电荷,并直接产生一种与液体表面张力相反的力。当电场强度增加时,毛细管口的流体半球表面会被拉成圆锥形,即所谓泰勒锥(Taylor),当电场力足够大时,聚合物液滴克服表面张力形成喷射细流,射流在电场中被加速拉伸,溶剂蒸发及聚合物固化成连续纤维,最终落在接收装置上,形成类似非织造布状的纤维网(毡)。

从圆锥尖端延展可以生产出纳米级直径的聚合物纤维细丝,静电纺丝就是带电的高分子聚合物微小射流在高压电场(几千至上万伏特)作用下,向异极性方向流动时所产生的轴向电场力拉伸的过程,并最终固化成纤维。因此,静电纺丝是一种特殊的纳米纤维制造工艺。除了溶液纺丝外,也可以用聚合物熔体进行的静电纺丝,但均存在复杂的溶剂回收问题。

纳米材料是指三维空间尺度至少有一维是处于纳米量级(1~100nm)的材料,目前常将直径≤500nm 的纤维称为纳米纤维。当粒子的尺寸减小到纳米量级,将导致在声、光、电、磁、热等方面的性能呈现新的特性。主要表现为以下几种效应,使纳米材料显示出异乎寻常的功能。

(1)表面效应。粒子尺寸越小,比表面积越大,材料会因表面能增大而极不稳定,易与其他原子结合,有较强的活性。

(2)小尺寸效应。当微粒的尺寸小到与光波的波长、传导电子的德布罗意波长(De Broglie wave)和超导态的相干长度、透射深度近似或更小时,粒子的声、光、电磁、热力学性质将会改变,如熔点降低、分色变色、吸收紫外线、屏蔽电磁波等。

(3)量子尺寸效应。当粒子的尺寸小到一定程度时,费米能级(Fermi level)附近的电子能级由准连续变为离散能级,原来的导体可能会变为绝缘体,反之,绝缘体也可能变为超导体。

(4)宏观量子的阳隧道效应。隧道效应是指微小粒子在一定情况下,就像里面有隧道一样能穿过物体。

(二)静电纺丝用原料和非织造布

1. 静电纺丝用原料

(1)有机物。PA6、聚酰胺(PA12)、聚丙烯腈(PAN)、聚乙二醇(PEG)、聚醚酰亚胺(PEI)、聚环氧乙烷(PEO)、聚醚砜(PES)、聚酯(PET)、聚丙烯(PP)、聚芳纶(PPTA、PBA、PMTA 等)、聚苯硫醚(PPS)、聚苯乙烯(PS)、聚氨酯(PU)、聚氨酯(PUR)、聚乙烯醇(PVA)、聚偏氟乙烯(PVDF)、聚乙烯吡咯烷酮(PVP、PVP-1)等。

(2)可生物降解物。凝胶、壳聚糖、胶原、纤维素、聚乳酸(PLA)、聚己内酯(PCL)、聚乳酸—羟基乙酸共聚物(PLGA)等。

(3)无机物。硅(Si)、陶瓷(无机非金属材料)、二氧化钛(TiO_2)、二氧化硅(SiO_2)、三氧化二铝(Al_2O_3)、氧化锌(ZnO)、钛酸锂($Li_4Ti_5O_{12}$)、二氧化锆(ZrO_2)、氮化钛(TiN)、氧化镍(NiO)、氧化铜(CuO)以及其他的氧化物、氮化物、碳化物等。

(4)金属。铂(Pt)、铜(Cu)、锰(Mn)等。

2. 静电纺丝非织造布的性能

由于静电纺丝非织造布的纤维多数为纳米级纤维,因此,其纤网的结构和产品的特性也与传统的非织造布有明显的不同,相对静电纺丝的纳米级纤维及结构致密的纤网,熔喷纤维的直径就较粗,纤网的孔隙也较大(图 3-107)。

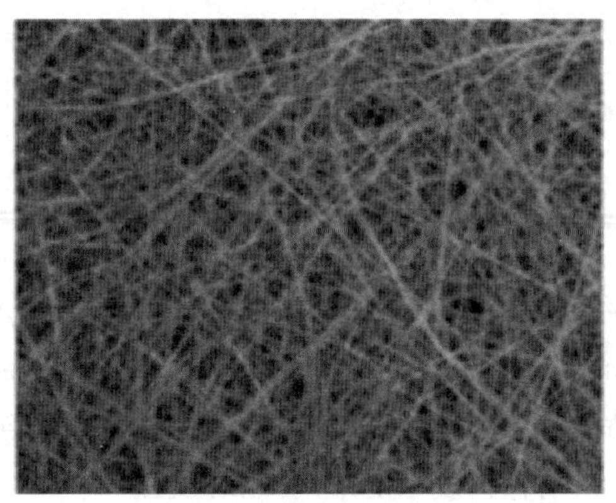

静电纺丝纳米纤维与纤网

常规熔喷纤维与纤网

图 3-107　静电纺丝纳米纤维与熔喷纤维差异

静电纺丝系统有很高的稳定性,图 3-108 为生产 0.063g/m^{2}的产品时,在 24h 内产品的定量偏差及压力损失值变化,可见其波动很小(表 3-13)。

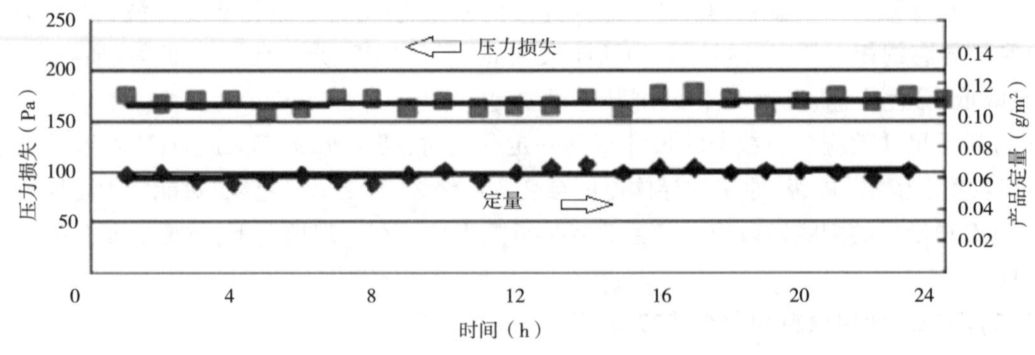

图 3-108　在 24h 内静电纺丝纳米非织造布的性能变化

表 3-13　在 24h 内静电纺丝非织造布的性能变化

项目	指标中心值	标准偏差	变异系数
压力损失(Pa)	169	6	4%
定量(g/m^2)	0.063	0.003	5%

静电纺丝非织造布有很好的均匀度,因此,非织造布的性能差异也很小,图 3-109 为静电纺丝纳米非织造布在全幅宽范围不同位置的压力损失分布状态,除了非织造布的两侧(位置 1 和位置 14)受边界条件影响,出现较大偏差外,位置 2~位置 13 这一区域的偏差很小,表明非织造布有很好的均匀度(表 3-13)。

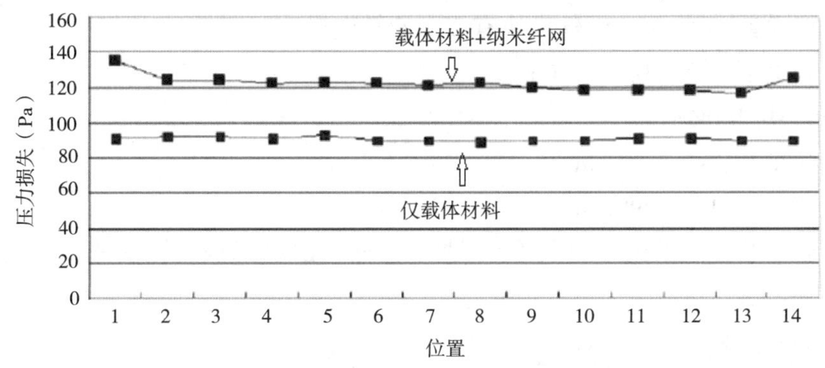

图 3-109　静电纺丝纳米非织造布的均匀度

(三)静电纺丝生产设备

针筒是最常用的静电纺丝装置,为了克服其挤出量低、容易堵塞等缺陷,在纺丝系统中应用了多排针筒,每排有很多个针筒并列,以组成不同幅宽的纺丝系统,而多排针筒可以提高生产线的产能,在配置自动清扫机构后,则可以及时清理发生堵塞的针筒,而无须停机处理。

捷克爱尔马科(Elmarco)公司早期制造的静电纺丝生产线,其中并没有采用传统的针筒型,而是应用了无针的纳米蜘蛛静电纺丝(Nanospider™)技术,图 3-110 为其工作原理和所使用的电极形状。无针筒静电纺丝系统正变得流行起来,它可以通过从自由液体表面产生大量的聚合物射流来大幅提高生产率。

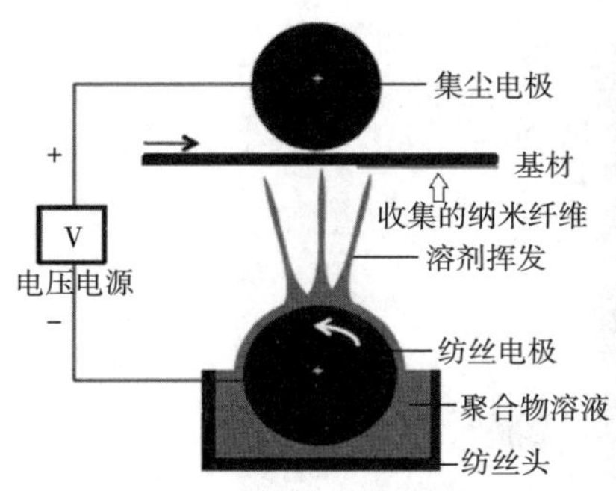

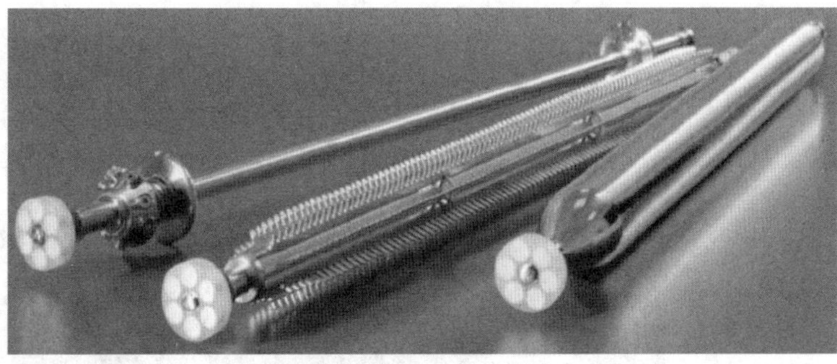

图 3-110　纳米蜘蛛静电纺丝原理和使用的电极

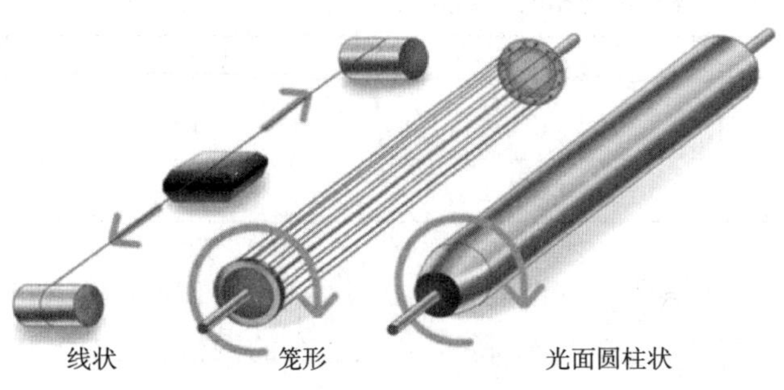

图 3-111 几种静电纺丝用的新型电极

目前,这种技术又有了进展,开始使用线状电极和其他形状的电极(图 3-111),在宽度为 1.6m 和速度高达 60m/min 状态下,用这种线状电极能够生产平均直径低至 50nm 的纤维,纳米纤维网的定量 0.03g/m^2。这是全球为数不多可以实现量产的一款机型。

静电纺丝生产线的主要技术性能如下:

(1)纺丝模块数量 2 个。

(2)纺丝电极总数 4(每一个纺丝模块有 2 个旋转电极)。

(3)纺丝电极宽度 1.0m(0.3~1.0m)。

(4)纺丝电压 0~140kV。

(5)接收层速度 0.2~7.5m/min。

(6)接收距离 DCD 140~290mm。

(7)纤维接收装置使用的载体材料有纸、非织造布、玻璃纤维布等,要求具有必需的强度、厚度和必需的传导性能。

(8)可以使用的原料有 PA、PAN、PES、PSU、PVDF 等。

(9)纤维直径分布范围 80~700μm,分布宽度±30%。

(10)定量范围 0.2~4.0g/m^2。

(11)能耗约 3kW。

(12)产量取决于聚合物种类、接收装置的载体与纤维直径。

例如,在工作温度 22℃,湿度 30%时,用幅宽为 1.0m 的纺丝系统,用 PA 纺粘法非织造布为接收载体层,生产纤维细度为 1.50μm(分布宽度±25%)的 PA6 纳米非织造布,纺丝电压为 100kV,产量为 0.45g/min。按 24h/7d 为一个工作循环,单线最大产能可达 5000×10^{4}m^2/年。

(13)设备启动时间 20min,只需要一名操作人员。

(14)生产现场要按洁净厂房建造,占地 10m×10m。

图 3-112 是 1600mm 幅宽纳米纤维生产线。

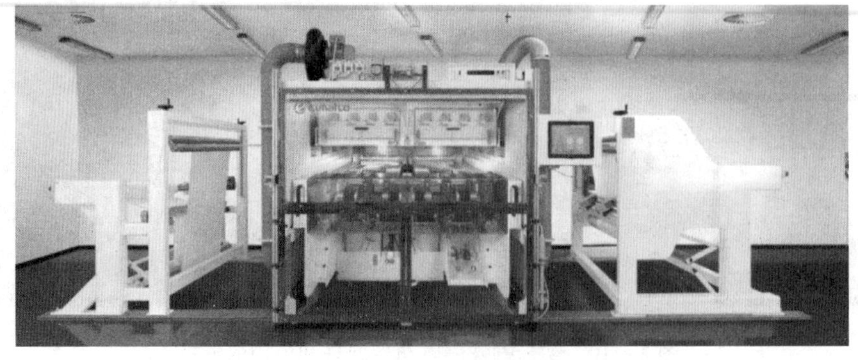
图 3-112 1600mm 幅宽纳米纤维工业生产线

图 3-113 为在接收装置载体织物表面沉积的一层纳米纤维网，可见静电纺丝纳米纤维的直径与载体纤维的直径已不是同一数量级。

图 3-113　覆盖在载体织物表面的静电纺丝纳米纤维

四、静电纺丝技术的发展趋势

20 世纪 30~80 年代，静电纺丝技术发展较为缓慢，尚未引起人们的广泛关注。进入 20 世纪 90 年代，特别是进入 21 世纪后，人们对静电纺丝工艺和应用展开了深入和广泛的研究，取得较多的技术成果。

静电纺丝技术的发展大致经历了四个阶段：第一阶段主要研究不同聚合物的可纺性和纺丝过程中工艺参数对纤维直径及性能的影响，以及工艺参数的优化等；第二阶段主要研究静电纺纳米纤维成分的多样化及结构的精细调控；第三阶段主要研究静电纺纤维在能源、环境、生物医学、光电等领域的应用；第四阶段主要研究静电纺纤维的批量化制造问题。

利用静电纺丝技术制备纳米纤维还面临一些需要解决的问题。首先，在制备有机纳米纤维方面，用于静电纺丝的天然高分子品种还十分有限，对所得产品结构和性能的研究不够完善，聚合物纺丝射流的稳定性、产品力学性能偏低、溶液纺丝的溶剂回收、细化熔体纺丝纤维直径、生产能力偏低、大规模产业化生产等方面，仍存在较多有待研究解决的问题。

参考文献

[1]GEORGE KELLIE. Advances in Technical Nonwovens[M]. Cambridge :Woodlhead Publishing,2016.

[2]董纪震，罗鸿烈，王庆瑞.合成纤维生产工艺学[M].2 版.北京：中国纺织出版社，1993.

[3]徐国伟，陈明智，裴志强. 纺粘法非织造布双狭缝正压牵伸器应用分析 [J]. 非织造布，2010，18(1)：44-47.

[4]孙晓慧，郭秉臣. 闪蒸法非织造布的生产与应用前景 [J]. 非织造布，2006，14(6)：8-11.

第四章　熔喷法非织造布技术

第一节　熔喷法非织造布的生产技术和工艺

一、熔喷法非织造布的生产技术

(一)熔喷法非织造布技术沿革

美国埃克森(Exxon)公司在20世纪60年代开始熔喷技术的研究,并最早取得了专利技术,并在20世纪70年代初将其研究成功的熔喷技术转让给其他企业。埃克森公司作为一家石油化工企业,其转让专利技术的目的并不是收取专利转让费,而是着眼于此技术推广后潜在的熔喷专用切片原料市场,熔喷布生产企业将要采购其开发的熔喷专用切片原料。因为熔喷布的生产过程需要消耗大量专用的聚合物原料,而这一石油化工产品才是埃克森公司的主营业务。目前,埃克森公司仍是高端熔体纺丝成网非织造聚合物原料的主要供应商。

自此,熔喷法非织造布生产技术获得迅速发展,并实现了民用工业化生产,在此期间,美国的埃克森公司、精确公司(Accurate Products)、3M(Minnesota Mining and Manufacturing)公司、金佰利公司(Kimberly-Clark)、捷迈实验室(J&M Laboratory)、诺信(Nordson)公司、双轴公司(Biax Fiberfilm)、田纳西大学纺织及非织造布研发中心(TANDEC),德国的莱芬豪舍公司(Reifenhauser)、科德宝公司(Freudenberg),日本的长野工业株式会社(NKK)等都为熔喷技术做了大量的产业化应用研究工作。

其中,金佰利公司是熔喷技术开发利用过程中的一个实践者,做出了许多重要的创新。利用该公司开发的熔喷纤维与木浆纤维混杂的梻纺(CoForm)专利技术生产的产品,已广泛应用于纸尿片、湿巾等吸收型产品。

目前,在我国市场上流通的成套熔喷设备的生产商主要有:德国莱芬豪舍公司、纽马格公司(Neumage,这是一家传承了美国精确公司、捷迈实验室、诺信公司的熔喷技术的企业)、美国挤压集团公司(Extrusion Group,EG)等。

为我国提供核心设备(纺丝箱体与纺丝组件)的外国供应商主要有:日本株式会社化纤喷丝板制作所(卡森公司,Kasen)、德国安卡(Enka)公司,美国希尔斯(Hills)公司,日本喷丝板株式会社(Nippon)等。

(二)蓬勃发展中的中国熔喷产业

我国对熔喷技术的研究起步较早且有较长的历史,在20世纪50年代末,原核工业部二院、北京合成纤维技术研究所等机构就开始了这方面的研究,至20世纪70年代初,我国的间歇式熔喷设备已达200台以上。20世纪90年代初,中国纺织大学(现东华大学)、北京超纶公司等单位也开发出了间歇式熔喷设备,使熔喷法非织造布实现了工业化规模生产,并在空气过滤、液体过滤、蓄电池隔板、吸油材料、保暖材料等领域获得应用。

但受限于国内当时对熔喷技术的认知和市场规模,熔喷法非织造布技术的进展缓慢,步履蹒跚。早在 1992 年,山东威海就有企业从意大利麦卡尼克·摩登公司(Meccaniche Moderne)引进了一条应用“一步半”工艺的纺粘/熔喷/纺粘(SMS)复合型生产线,其中的熔喷设备是国内第一套连续式纺丝成网生产设备,但由于各种原因,设备在调试结束后就一直被闲置,2004 年流转到广东江门,直至最后被弃置报废,基本没有产品投放市场,也没有产生实际经济效益。

在 1992 年,安徽省阜阳市从美国精确公司引进了一条幅宽为 1600mm 连续式熔喷法非织造布生产线。1993~1994 年,天津也引进了一条美国精确公司生产的幅宽为 1600mm 的独立熔喷线;江苏省江阴市从德国莱芬豪舍公司引进了一条幅宽为 2400mm 的独立熔喷线,虽然这些生产线当时的运营状态并不理想,个别生产线甚至还处于停产状态,但代表了当时熔喷法非织造布生产线的先进水平,开创了我国以连续式工艺生产熔喷材料的新纪元。

几年以后,这些企业获得成长发展的机会,成为我国熔喷市场的骨干企业,而经过近 30 年的历练,我国也成为全球重要的熔喷设备制造和熔喷法非织造布生产的中坚力量。

在 1996 年,北京宝斯特公司成功研制出了幅宽为 1000mm 的第一条国产连续式熔喷法非织造布生产线,实现了我国熔喷法非织造布生产技术的跨越式发展。

由于连续式熔喷生产设备没有往复运动,纺丝设备的可靠性高,连续铺网、产品质量好,生产能力比同幅宽往复式设备高近十倍,劳动效率高,用工少,管理成本低。因此,很快脱颖而出,成为熔喷法非织造布生产技术发展的主流方向。

连续式熔喷法非织造布生产技术的发明还催生了“一步法”纺粘/熔喷/纺粘复合非织造布生产新技术,使非织造布进入医疗卫生等新领域。

目前我国已成为拥有熔喷设备最多的国家,不仅拥有当今所有主流品牌的先进熔喷生产设备,也是熔喷设备制造能力较大的国家,已具备了设计制造全流程设备的能力,在江苏、浙江等地已形成了批量制造熔喷纺丝箱体及纺丝组件的能力,配套的辅助设备也形成了一条可靠完备的产业链,有大量的熔喷法非织造布生产线输出至世界各地。

此外,我国还是熔喷法非织造布生产大国,并在应对公共卫生事件中发挥了中流砥柱的作用。

(三)熔喷法非织造布技术及纤维的属性

熔体纺丝成网非织造布产品,常按图 4-1 进行分类。其中熔喷法非织造布,就是以高分子聚合物为原料,利用熔喷法工艺生产的非织造布,属熔体直接纺丝成网产品。

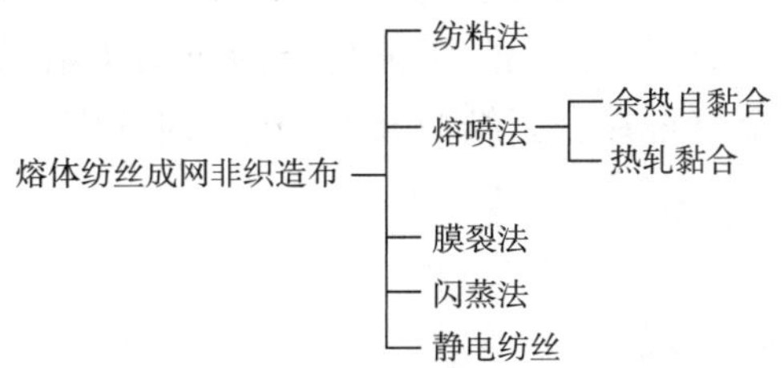

图 4-1　熔喷法非织造布属熔体纺丝成网非织造布

熔喷法非织造布生产工艺是直接利用高速的热空气,将处于熔融状态的聚合物熔体牵伸为各种粗细不一的细纤维,纤维的直径呈近似正态规律分布,然后在接收装置上收集成非织造纤维网,利用聚合物自身的余热和牵伸热气流的能量,使杂乱的纤维在相互交叉点位置热融黏合、并固结成纤网，冷却后即成为熔喷法非织造布。

多年来，有观点认为熔喷法非织造布的纤维是短纤维，但长期的研究和生产实践证明了熔喷纤维是连续的纤维。这个观点已在专业的熔喷技术研究机构、国内外主流的熔喷设备制造商、著名的熔喷法非织造材料生产企业达成共识，熔喷纤维基本属性的这个认识，对指导生产实践有重要的实用意义。

由于熔喷法纺丝过程是非稳态的，牵伸过程的作用力也不是均衡稳定的，因此，纤维不同位置的粗细不一样。但无论在电镜还是纤维分析仪器的视场中，基本无法看到纤维的端头，如果是短纤维，则大概率能看到，这也证明了纤维是连续纤维（图 4-2）。这也彻底改变了熔喷纤维是长度不等、粗细不一的短纤维的观点。

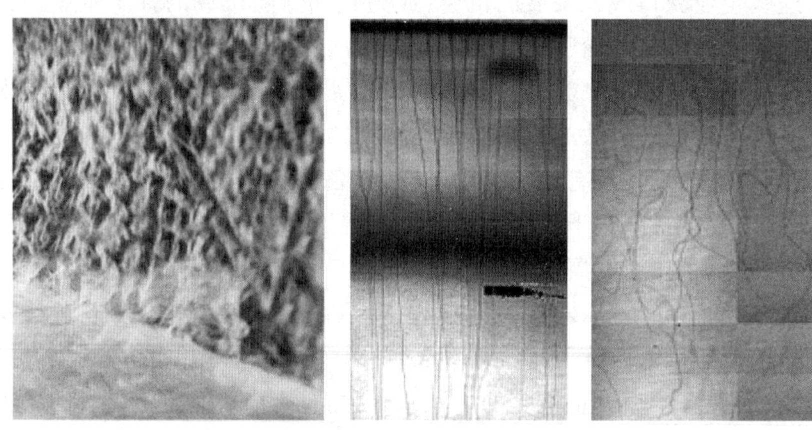

图 4-2　电镜和纤维分析仪器视场下的熔喷纤维

连续纤维观点可以正确指导生产实践，并能形象地解释生产过程出现的飞花、晶点等异常现象的形成机理，可以为解决工艺疑难问题提供清晰的思路和对策。

正常的熔喷纤维是连续的纤维，如果纺丝过程工艺设置不合理，导致纺丝过程不稳定而出现短纤维，这就会成为熔喷产品出现疵点或缺陷的根源，最常见的就是断丝、飞花或晶点等。其主要原因就是纤维被过度牵伸，熔体细流发生断裂。因此，熔喷法非织造布的生产过程控制，应侧重于优化工艺配置，防止短纤维的出现。

熔喷纤维的取向度较差、纤维强力较低、比表面积大；纤维的粗细分布宽，直径主要分布在微米和亚微米范围，在主要侧重材料的过滤、阻隔性能的应用领域，熔喷产品的纤维会较细，直径范围多为 2~6μm；靠自身余热自黏合固结成布、纤网结构蓬松、孔隙度高；生产流程短，但生产过程耗能多，生产过程噪声大。

二、熔喷法非织造布的生产工艺

（一）熔喷法非织造布生产工艺的分类

埃克森公司的熔喷法非织造布生产工艺是目前的主流工艺，也称为单行孔纺丝工艺（图 4-3），绝大多数熔喷法非织造布产品都是采用此工艺生产的。其特征是喷丝板为一个等腰（或等边）三角形构件，喷丝孔布置在三角形的顶部，只有一行喷丝孔，利用高温度、高速度的气流牵伸，牵伸气流从喷丝孔的两侧以一定的角度喷出。相对其他熔喷工艺，其纤维直径分布较窄。

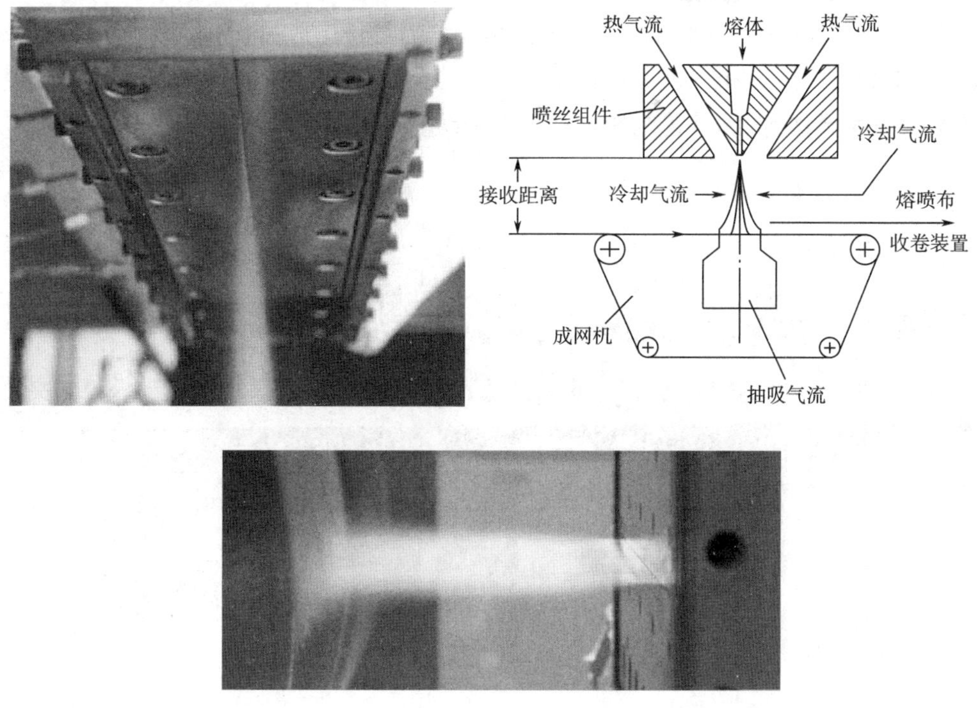

图 4-3　单行孔熔喷法非织造布生产工艺

在 20 世纪末还出现了一种喷丝孔以多行、多列方式分布的熔喷法非织造布生产技术，其每一个喷丝孔是由两个套在一起的同心圆管组成，纺丝熔体从中心管喷出，牵伸气流则是从以熔体管道为中心的环形通道喷出，实现对熔体细流的牵伸，被称作双轴(biax)熔喷法非织造布生产工艺。它是由美国双轴纤维膜公司(Biax Fiberfilm)开发的工艺，目前国外已经有商业化应用，但在国内基本还没有获得应用(图 4-4)。

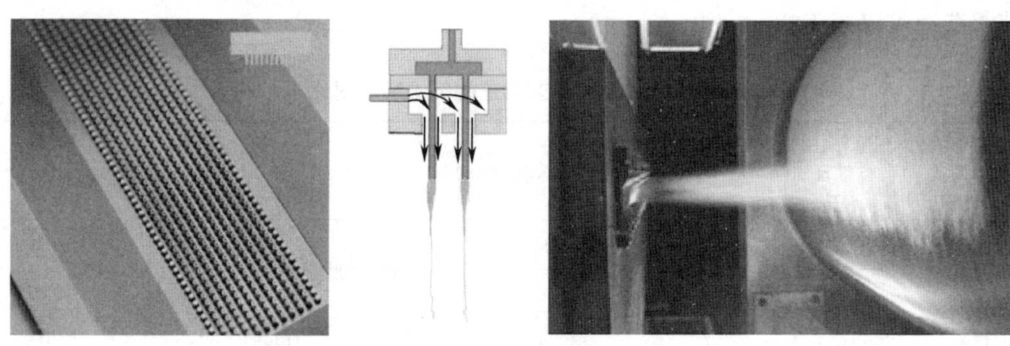

图 4-4　多行孔熔喷法非织造布生产工艺

只有一行喷丝孔的熔喷法工艺及多行喷丝孔的熔喷法工艺，都是熔喷法非织造布生产技术，经常会用“MB”或“M”这两个符号表示熔喷法工艺或熔喷法非织造布产品。为便于区分识别，在技术上常用“SR”(single row)代表单行孔的熔喷法纺丝工艺，用“mr”(multi row)代表多行孔的双轴熔喷法纺丝工艺。

(二)熔喷法非织造布生产线及产品应用

一条熔喷法非织造布生产线可以由一个或多个熔喷系统组成,目前主要采用单个纺丝系统的 M(或 M^2、M^3)生产线、两个纺丝系统的 2M(或 M^2M^2)生产线(图 4-5)以及三个纺丝系统的 3M(或 $M^2M^2M^2$)生产线等,国外曾制造过有更多个纺丝系统的熔喷法非织造布生产线。

图 4-5 有两个纺丝系统的熔喷生产线

在表示纺丝系统的纤维结构时,常用 M^n 或 S^n 的形式表示,其中大写英文字母表示纺丝工艺(S—纺粘法,M—熔喷法),指数数字 n 表示组分数($n=1$ 表示单组分,不用标示;$n=2$ 表示双组分;$n=3$ 表示三组分等)。

实际应用时,主要是利用熔喷纤维的超细纤维特点,由于产品具有较大的比表面积(表 4-1),孔隙小、孔隙率大,其过滤性(阻隔性)、绝热性及吸收性能十分突出,也是目前应用其他工艺生产的非织造布难以媲美的。

表 4-1 不同工艺制造的纤维特性对比

纤维种类	纤维直径(μm)	1g 纤维的长度(m/g)	1g 纤维的表面积	
			mm^2/g	m^2/g
纺粘	15	6291	296	0.0003
熔喷	2	353857	2222	0.0022
纳米熔喷	0.3	15873015	14952	0.0150

在不同领域应用的熔喷法非织造材料,其主要区别在于纤维细度及材料的密度,这种差异也反映到设备配置、设备性能、产品生产成本等方面。用于过滤(阻隔)领域时,纤维应较细,密度应较大(密实),产品质量要求较严格,产量较低,生产成本较高;用于吸收、隔音、隔热领域时,纤维应较粗,密度应较小(蓬松),产品质量要求较低,产量较高,生产成本较低。

由于熔喷非织造布纤维的强度较低(表 4-2),黏结强度也较低,导致产品的拉伸断裂强度和拉伸断裂伸长率较小，产品不耐磨，纤维容易脱落。因此，限制了熔喷法非织造布的应用，而且在大部分领域都不能独立应用。

表 4-2　各种聚丙烯纤维的单丝强度

纤维种类	短纤维	纺粘法纤维	熔喷法纤维
纤维单丝强度(cN/dtex)	3.9~6.4	2.9~4.9	1.5~2.0

因此，熔喷布常与其他材料复合后使用，如在 SMS 生产线中与纺粘纤网复合，其总的使用量比独立使用的熔喷布多很多。熔喷纤网有多种接收方式，可以根据产品的不同应用领域，选用不同的纤网接收设备生产性能各异的产品。

目前，产品在医疗卫生、家纺、服装、制鞋、美容、旅游、土工、农业、广告、汽车内饰、过滤、包装等领域得到越来越广泛的应用，如各种口罩制品的核心过滤层，就用到熔喷法非织造布材料。图 4-6 所示为一条生产空气过滤材料的转鼓接收式熔喷法非织造布生产线。图 4-7 所示为一条应用成网机网带接收的熔喷法非织造布生产线。

图 4-6　转鼓接收式熔喷法非织造布生产线

图 4-7　网带接收式熔喷法非织造布生产线

第二节 熔喷法非织造布的生产流程和主要系统

一、熔喷法非织造布的生产流程

(一)流程图

熔喷法非织造布的生产流程如图 4-8 所示,每一个长方形框内标示的是该流程的设备名称或功能。根据产品的特点,有的生产线还会配置其他的设备或系统,如有的生产线会配置冷却装置,有的会配置进行功能整理的后整理装置或系统,但对于基本型的熔喷法非织造布生产线,这些并不是必需配置。

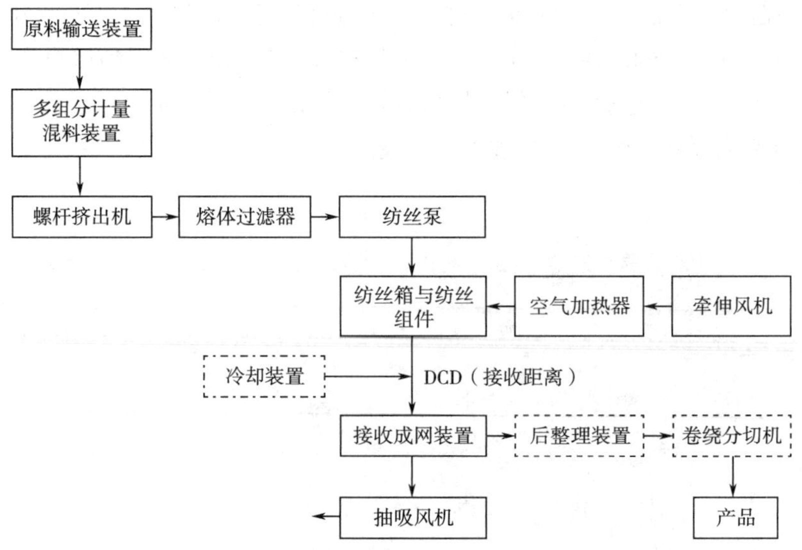

图 4-8 熔喷法非织造布的生产流程与设备配置

(二)生产流程

纺丝用的聚合物(如聚丙烯切片)或其他原辅料由原料输送装置送给计量混料装置,经过计量、混合后,进入螺杆挤出机,在螺杆的剪切、加热作用下熔融为熔体,过滤去除杂质后,进入纺丝泵。

在经过纺丝泵的加压后,即成为压力稳定、流量稳定、温度与质量分布均匀的熔体,这些高温熔体进入纺丝箱后,由其内部的熔体通道均匀分配至纺丝组件(俗称熔喷头)。

另外,由牵伸风机产生的压力气体进入空气加热器后,便成为高温的牵伸气流,由管道送入纺丝箱内的牵伸气流通道,然后经由布置在喷丝板上下游两侧的气流通道对着从熔喷头喷出的熔体喷射。熔体在这种高温、高速气流的作用下,被牵伸成连续的长纤维。

熔喷纤维的粗细并非均匀一致,而是近似呈正态分布,但大多数纤维的直径一般在 2~7μm,有的机型已能生产纤维细度分布很窄、结构相似度很高的产品。

这些纤维随牵伸气流喷射到接收装置(成网机或接收辊筒)后,依靠自身的余热,黏合固结为熔喷布。如果产品无须再进行功能整理,随后就可由卷绕分切机加工成预定长度和宽度的产品。

如果产品要进行功能整理,如用作空气过滤材料时需要进行静电驻极处理或需进行加工,用作擦拭产品时,要进行热轧或压花加工,则熔喷布要经过后整理装置,然后再进入卷绕分切机。

二、熔喷法非织造布生产线的主要系统

熔喷法非织造布生产线由多个功能不同的系统组成,每个系统的设备性能又与生产线的幅宽、产品应用领域、使用的聚合物原料种类、具体生产工艺有关,但其基本功能则是相同的。

1. 聚合物熔体制备系统

聚合物熔体制备系统的功能是将固态的聚合物原料变为黏流态的纺丝熔体。系统中的主要设备包括:原料输送装置、原料预处理装置、原辅料计量装置、混合装置、螺杆挤出机、熔体过滤器、纺丝泵等。

当使用聚烯烃类原料时,原料可以直接投入系统使用;当使用聚酯类原料时,原料必须经过干燥后才能使用。因此,使用聚酯原料的生产线要配置一个原料预处理干燥系统,如果使用带有自动排湿功能的双螺杆挤出机,也可以不用另行配置干燥系统。

添加到聚酯熔喷法非织造布生产线使用的其他助剂,也需要经过干燥处理,才能添加到系统中进行共混纺丝,但干燥装置会相对简单一些。

在普通的单组分纺丝系统中,仅需一套熔体制备系统;而在双组分纺丝系统中,每一个纺丝系统则需配置两套类似的熔体制备系统。即每一组分都需要一套包括原料预处理系统、计量混料装置、螺杆挤出机、熔体过滤器、纺丝泵、熔体管道等设备在内的熔体制备系统。

通常,两个系统中的设备规格、性能等一般是不同的,与所使用的聚合物品种、不同组分在纤维中的占比大小有关。

2. 纺丝牵伸系统

纺丝牵伸系统的功能是将聚合物熔体变成纤维,主要包括:熔体分配流道、纺丝箱体及纺丝组件、箱体悬挂或固定装置、牵伸气流分配管道等。熔喷纺丝系统的纺丝牵伸过程是在一个开放的空间进行的。

纺丝牵伸系统是熔喷纺丝系统的核心,其中的纺丝组件技术性能对产品的质量有关键性的影响。

3. 牵伸气流产生系统

牵伸气流产生系统的主要功能是产生高温、高速的热牵伸气流。由牵伸风机、空气加热器、分流管道组成。这是生产过程中消耗能量较多的一个环节。

在使用聚烯烃类原料时,传统的熔喷纺丝系统中牵伸气流的温度要比聚合物的熔点高很多。目前,有些其他形式的熔喷纺丝系统,可以使用温度较低的牵伸气流,由此降低产品的能耗。

4. 冷却吹风系统(选配)

一般的熔喷纺丝系统没有配置专用的纤维冷却系统,而是依靠环境气流实现纤维的冷却及纤网固结。由于环境气流是变化的、不可控的,配置冷却吹风系统就可以控制纤维的冷却条件和过程,对稳定产品质量有好处。

熔喷纺丝系统利用紧靠在喷丝板出口两侧、对称、相向布置的喷口吹出冷却风,使喷出的牵

伸气流和纤维得到冷却，能稳定纺丝过程和纤维的冷却固结过程，有利于提高产品的质量和产量，但并非工艺所必需。

冷却吹风装置也是一个较大的系统，主要包括：侧吹风喷嘴、空气处理器、管道、制冷系统、冷冻水循环泵、冷冻水管网等。其作用是吸收高温熔体细流的热量，使其冷却降温，成为有一定结晶度和取向性的细纤维。

除了利用空气冷却外，还可以利用喷水雾冷却。

5. 成网系统

成网系统的作用是吸收牵伸及冷却气流，接收纺丝系统的纤维，并凝聚成纤网，主要包括：成网装置、网下吸风装置、风管及附件、离线装置。

成网装置有使用网带接收和辊筒接收两种成网机。而辊筒接收还分为单辊筒接收和双辊筒接收两种形式，纺丝牵伸气流既可以沿垂直方向喷到接收装置，也可以沿水平方向喷到接收装置。

6. DCD（接收距离）调节系统和离线运动系统

DCD 调节系统和离线运动系统是熔喷系统特有的两个基本系统，对产品质量、设备维护及安全都有重要作用。不管使用何种形式或措施来实现，都是必须具备的基本功能。其调节、运动的主体既可以是成网机，也可以是纺丝平台或纺丝箱体，还可以是两者之间的互动。

7. 卷绕切边系统

卷绕切边系统的功能是把熔喷布加工成预定长度及宽度的产品，主要包括：卷绕机、切边或分切机构、包装设备等。

由于熔喷法非织造布生产线的运行速度较慢，因此，一般会配置有分切功能的卷绕机，直接在卷绕机上分切出市场所需要的长度和宽度的产品。

如果生产线采用离线分切加工路线，则卷绕机就不一定需要具备分切功能，而要另行配置一个离线分切系统进行产品加工。

8. 电气控制系统

电气控制系统担负全生产线的程序控制、速度控制、压力控制、流量控制、温度控制、料位控制、物料配比、卷长计量、网带纠偏、DCD 调节、离线/在线控制、系统间的运动协调及电力分配等工作。图 4-9 所示为生产线主控制台和电气控制柜。

图 4-9　生产线主控制台和电气控制柜

生产线配置的控制系统的功能是控制生产线的正常运行。主要分为安装低压电器及成套电气控制系统的电气柜和用于操作的操作台或现场按钮站。熔喷生产线的设备相对较少,所需要的电气系统规模也较小,根据生产线的结构和工艺,需配置控制操作台和多台控制柜(图 4-10)。

图 4-10　控制台操作面板

有的简易型生产线会将各种主令操作电器(按钮、开关等)直接设置在电气柜的门板上,省去了操作控制台,这样的设计使这些电气柜只能放置在生产现场,以便于操作。

第三节　熔喷法非织造布用原料

生产非织造布的聚合物原料种类很多,而在熔体纺丝成网非织造布纺丝系统使用的原料,必须具备两个基本的特性,其一是必须是热塑性聚合物,热塑性是指物体可以在高温下熔融,温度降低以后就固化的一种特性;其二是具有可纺性,是制备纤维的必要条件。用作熔喷法非织造布的聚合物原料也必须同时满足这两个基本条件。

(一)熔喷法非织造布用原料概述

1. 适合熔喷法非织造布使用的原料

目前,可用于生产熔喷布的聚合物原料有两大类,一类是烯烃类,如 PP、PE;另一类是酯类,如 PET、PBT 等。不同类型聚合物的熔点及流变性能也不一样,均有对应的熔喷纺丝工艺,如在原料干燥工艺、纺丝温度、螺杆的形式等方面有一定的差异。

可用于熔喷法非织造布生产的原料有:PP、PE、PET、PBT、聚对苯二甲酸丙二醇酯(PTT)、聚对苯二甲酸环乙二甲酯(PCT)、聚乳酸(PLA)、热塑性聚氨酯(TPU)、聚酰胺 6(PA6)、聚酰胺脂(PEA)、聚三氟氯乙烯(PCTFE)、聚苯硫醚(PPS)、聚甲醛(POM)等热塑性材料。

受原料供应链、生产工艺、产品质量要求、应用领域、市场价格等因素的影响,目前有 90%以上的熔喷法非织造布是使用 PP 原料制造的,其他类型的聚合物原料还很少应用。因此,开发聚酯类熔喷产品,走差异化发展道路,也是避免产品高度同质化的一个突破方向。使用聚烯烃类原料与使用聚酯类原料时,其工艺也有较大差别(表 4-3),本书主要介绍使用 PP 原料的熔喷法非织造布技术。

表 4-3　烯烃类和酯类聚合物原料熔喷工艺的差异

原料品种	纺丝温度相对熔点	热空气温度相对熔点	干燥工艺
烯烃类	较高	较高	一般不需要
酯类	较低	较低	必需

2. 各种聚合物熔喷法非织造布的用途

各种聚合物的特性不同,适用的加工工艺也会有差别,所制成的非织造布产品物理、化学特性也有差异,适用的领域也不同(表 4-4)。

表 4-4　各种聚合物熔喷法非织造布的用途和工艺适应性

聚合物名称	可制造的产品与特性	单行孔工艺	多行孔工艺
PP	高效空气过滤,湿纸巾/细纤维	++	+
PP	湿纸巾/粗纤维	+	++
PPS	热气体过滤/耐热性	+	0
PBT	燃料过滤/化学抗性	++	++
PE	弹性应用/软触感	+	++
PLA	可生物降解/可再生能源	+	0
PA6	液体过滤/高强度+亲水性	0	+
Vistamaxx®	高弹性产品/高回弹	+	++
TPU	弹性材料/透气产品	+	++
PET	高拉伸强度	+	0

注　“+”代表适用,“++”代表最适用,“0”代表不适用。

(二)熔喷法非织造布对原料的要求

1. 对聚合物原料的一些基本要求

根据熔喷法的工作原理,由于气流产生的牵伸力较小,在生产过程中要选用流动性能更好的原料。因此,要选用高熔融指数的聚丙烯切片,其次是要求原料的水分含量低、灰分低、分子量分布窄、等规度高、挥发分少等。

空气过滤是熔喷法非织造布的一个重要应用领域,也是口罩核心过滤层的首选材料,消费者对材料的气味很敏感,因此材料不能含有任何令人不适的异味。

当使用孔密度较高、喷丝孔直径较小的喷丝板时,要使用流动性更高、灰分含量更低的原料。为了适应高速纺丝的要求,可以使用茂金属催化的原料,同时能明显改善产品的性能。

使用茂金属原料后,可以提高产品的断裂强力;可以调和纺丝系统产量与纤维细度两者之间的矛盾,在增加喷丝板的单孔流量与纤维细度之间的平衡,增加单孔流量后,纤维细度的变化比使用普通原料更小一些;可以生产细度更细的纤维;比普通产品有更好的触感和遮盖性能。

茂金属催化的 PP 原料,是通过茂金属催化剂引发聚合反应得到的,其分子结构相对均匀,分子量分布窄,从而降低熔体的黏度和弹性,具有很高的流动性能,满足熔喷法纺丝工艺的要求。如美国埃克森公司的 Achieve 6936G 茂金属催化 PP 原料，德国巴塞尔（Basell）公司的 Metocene 系列产品中的茂金属催化 PP 原料。

在熔喷法非织造布的生产过程中，也可以用共混纺丝工艺，直接添加非过氧化物自由基生成剂，进行可控的降解反应，将低熔体流动指数的常规纺粘法非织造布原料转变为高熔体流动指数的熔喷法非织造布原料。

2. 聚合物熔体流动特性

流动性能是聚合物原料熔体的重要性能，主要与聚合物原料的分子量大小及分子量分布的宽度有关，一般的规律是分子量越大，流动性能越差。不同的聚合物，用以表征流动性能的指标也不一样。

熔体质量流动速率（melt mass flow rate，MFR），是指在额定温度、额定压力下，熔体流经特定尺寸口模的质量克数，单位为 g/10min。

熔体体积流动速率（melt volume-flow rate，MVR），是指在额定温度、额定压力下，熔体在 10min 通过标准口模的体积，单位为 $cm^3/10min$。

PP 原料常用熔体流动指数（melt flow index，MFI）表示其流动性能，原料的分子量越低，熔体越容易流动，MFI 值越大，越适合熔喷工艺使用。MFI 是对聚合物熔体可纺性、熔喷法非织造布产品质量影响最大的因素，而且熔体的温度对熔体的流动性有很明显的影响（图 4-11）。

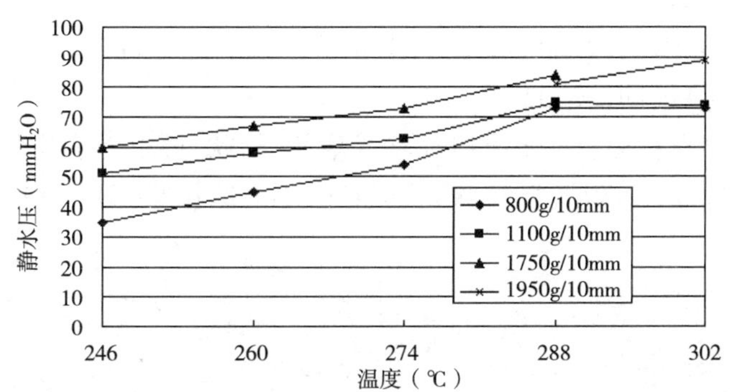

图 4-11　原料 MFI、熔体温度与产品静水压的关系

根据 GB/T 3682.1—2018《塑料　热塑性塑料熔体质量流动速率（MFR）和熔体体积流动速率（MVR）的测定　第一部分：标准方法》相关条款规定，测试条件中的温度与压力可以任意组合。因此这些测试条件会因所执行的标准或测试方法不同而有差异。

对于 PP 原料，常的测试温度为 230℃，有时会用 190℃。而对于 PE 原料，常用的温度为 190℃。

如果使用高孔密度喷丝板时，喷丝孔的直径很小（≤0.20mm），要使用流动性能更好、灰分含量更低、更干净的聚合物原料，防止熔体流动阻力太大或容易堵塞喷丝孔。

在熔喷法非织造布材料（不一定是“布”）生产过程中，要用分子量低、流动性能好、分子量分布窄的聚合物原料。在相同的工艺条件下，高熔体流动指数的聚丙烯切片具有更好的流动性，容易被气流牵伸成超细纤维。

目前，一般熔喷系统使用的切片原料 MFI≥1500g/10mm，使用高流动性原料能显著地提高生产线的生产能力,能以较低的能耗获得较高的产量,纤维的细度较细,手感较好。

除了 PP 原料外,实际用于生产熔喷法非织造布的原料主要有:PE、PLA、PET、PBT、PA、聚碳酸酯(PC)等。

由于在切片原料中加入添加剂后,会改变熔体的流动性和可纺性,而在多数情形下,可纺性会变差,发生断丝、出现晶点等现象,而喷丝板的使用周期也会缩短。因此,熔喷系统一般较少使用功能添加剂,连色母料也是按能不用就不用,或尽量少用的原则来选择。

有的熔喷系统加入粉末状添加剂(如纳米粉末)后,这些添加剂会紧密附着在螺杆挤出机的螺杆表面,由于存在积累效应,将导致螺杆挤出机的性能下降,在同样的熔体挤出量下、螺杆挤出机的转速出现越来越快的趋势,甚至无法正常工作。

3. 熔喷法非织造布用 PP 原料的主要性能指标

(1)熔体流动指数。MFI 是熔喷法非织造布用原料的关键性能指标,熔喷法纺丝工艺要求使用流动性能更好的聚合物原料,虽然仍有纺丝系统在使用低流动性能的原料,但一般原料的 MFI 在 400~3000g/10min,而常用原料的 MFI 范围一般在 800~1500g/10min,偏差为±100g/10min。国内市场可提供的原料的 MFI 已达 1800g/10min。

(2)要求切片原料的等规度≥95%,较好的产品的等规度≥97%。

(3)分子量分布 MWD(M_w/M_n)。较窄,一般要求≤3,正常要求在 2~2.5。

(4)水分≤200mg/kg,即≤0.02%。

(5)灰分含量≤250mg/kg,即≤0.025%,较好的产品≤100mg/kg。

(6)挥发分≤200mg/kg,即≤0.02%。

(7)原料的形态。聚合物原料的形态有粒状或球状、粉状,要求粒度均匀一致,目前熔喷法纺丝系统使用的原料主要是粒状(短圆柱状)或颗粒较小的球状等(图 4-12)。

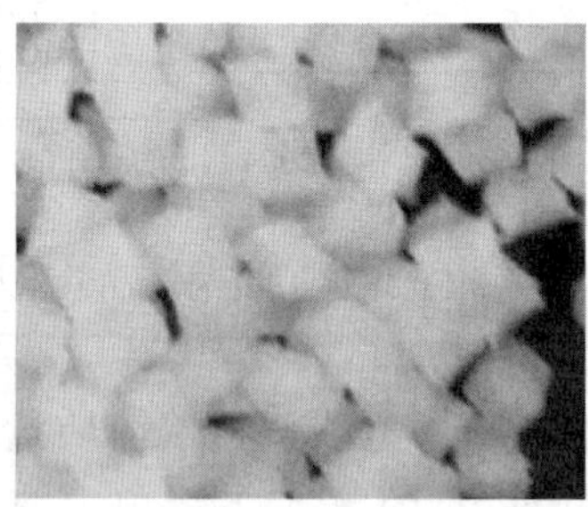

图 4-12 各种形态的聚合物切片原料

一般的熔喷法切片原料、添加剂均为短圆柱状,但有的熔喷法工艺用的切片与纺粘法常用切片在形态上有所不同,切片的尺寸也较小(如 2mm×3mm)。除了圆柱状外,还有细粒状(25~35 目)的粉状料、微球颗粒状料、球丸颗粒状等其他形状的原料。

由于切片在形态上的差异,对相关设备如送料装置、三组分装置的要求也有所不同。在使用粉状料时,输送管道、管道与设备之间的连接不能存在较大的间隙,否则很容易出现固态原料泄漏的现象,供料系统的除尘器也容易堵塞等。

如果是用正压送料,料斗内的残压有可能使计量螺杆发生喷料现象,严重影响计量精度。喷料就是当计量螺杆已停止转动的状态,原料不受控制,在残余压力作用下沿计量螺杆的螺槽自行流出的一种现象。因此，产生喷料的相关组分，其实际加入量会大于工艺要求的设定值。

熔喷法非织造布用原料有不同的标准（技术要求），可分为国家标准（GB）、行业标准（FZ）或企业标准（QB）等。目前，国家推荐标准有 GB/T 30923—2022《塑料　聚丙烯（PP）熔喷专用料》、GB/T 12670—2008《聚丙烯（PP）树脂》等，企业标准会较多。

因此，使用的测试方法也要与技术标准对应，并满足特定用途的要求，有的产品还要满足美国 ASTMD 及 FDA 标准的要求。

聚合物原料中铝、钛、铁及灰尘、有机物等都属于杂质，含杂量的增加，将影响纤维的耐气候性能，同时缩短纺丝组件的使用周期，导致生产线停机时间增加，设备利用率下降，增加生产成本。

一般以灰分含量的高低来反映原料中的杂质含量，灰分越高，或凝胶粒子越多，熔体过滤器的滤网使用时间越短，组件中的滤网也更容易堵塞，进而影响正常纺丝，缩短喷丝板的使用周期，还会影响生产现场的卫生条件。

（三）熔喷法非织造布对辅料的要求

在熔喷法非织造布的生产过程中，可能要用到一些添加剂，以赋予产品特定的性能。辅料一般都是以共混纺丝形式，与原料切片混合成熔体后纺丝。有时也会在成网过程中加入或在后整理过程中添加。

由于熔喷法喷丝板只有一行喷丝孔，纤维也很细，以共混纺丝工艺加入的辅料对纺丝稳定的影响较大，也会对产品的质量产生较大的影响。因此，对各种辅料的质量要求、实际的添加比例也比用于纺粘法的辅料要求更为严格。

分散性是评价辅料性能的一个重要指标，也是评价此辅料能否使用的主要指标。不少辅料制造商不能生产出符合生产工艺要求的产品，其主要原因就是辅料分散性不好。灰分含量及压滤值是反映辅料使用性能的两个较为直观的指标，一般是越小越好。

色母粒是较常用的、用量较大的添加剂，其主要功能是赋予产品特定的颜色。由于熔喷纤维很细，要使用分散性好的熔喷工艺专用色母粒（图 4-13）或功能添加剂。为了减少添加剂对纺丝过程的负面影响，在日常生产中，熔喷系统较少使用添加剂，因为投入添加剂后，对纺丝稳定性有影响，还会明显缩短纺丝组件的使用周期。

图 4-13　熔喷工艺专用色母粒

除了色母粒类添加剂外，常用的功能性添加剂还有以下几种。

（1）原料改性剂。用于将低熔体流动指数的聚合物原料改造成高熔体流动指数的、流动性较好的原料。

(2)改善可纺性的添加剂。用于改善熔体的可纺性、流动性,如降温母粒等,但其改善或调节范围要比原料改性剂小很多、价格也较低。

(3)弹性体原料。用于改善产品的触感、弹性等。

(4)增韧剂。主要用于改善熔喷法非织造布断裂伸长率偏小、硬脆这一现象。

(5)静电驻极添加剂。用于改善静电驻极效果,提高静电捕捉量、延缓静电衰减周期,这是生产口罩类空气过滤材料常用的添加剂。

(6)水驻极添加剂。熔喷法非织造布应用水驻极时,为了改善驻极效果,要在生产熔喷布的纺丝过程中利用共混纺丝工艺,在纺丝熔体中加入水驻极添加剂。

(7)纳米陶瓷粉末。用于提高熔喷材料的空气过滤效率。

(8)吸附剂。增加熔喷空气过滤材料的吸附性能,去除异味或有害物质,常用的吸附剂有活性炭等。

(9)杀菌剂。用于杀灭空气中的细菌活体,常用于空气过滤材料。

第四节 纺丝箱体

纺丝系统是生产线中重要的核心系统,纺丝箱是纺丝系统中重要的设备,也是价格昂贵的设备。对纺丝系统的纺丝稳定性、产品的均匀度有关键性的影响。

在工艺流程中,纺丝箱体位于纺丝泵与接收成网装置之间,在高温高速的牵伸气流作用下,纺丝用的高温熔体被牵伸为纤维,并在接收装置上凝集成为熔喷布(图4-14、图4-15)。

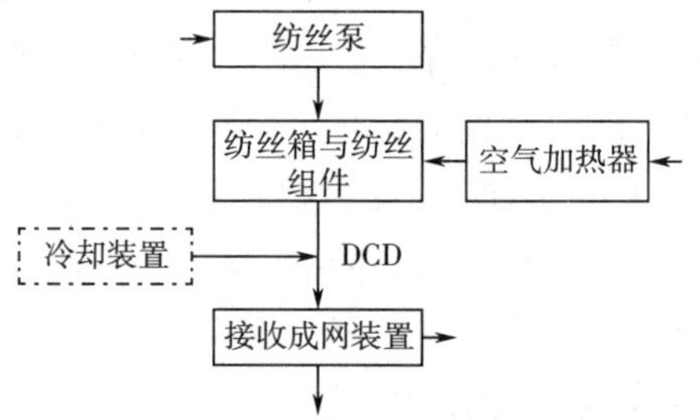

图4-14 纺丝箱体在生产流程中的位置

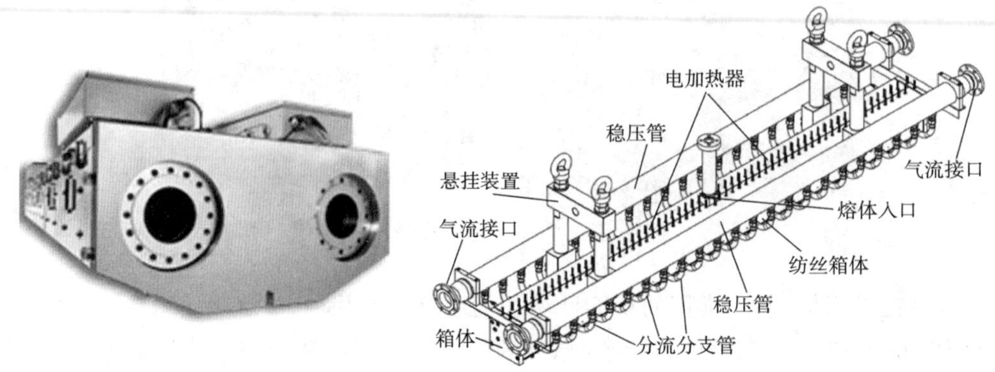

图4-15 熔喷纺丝箱体外观和内部结构

一、纺丝箱体的功能

纺丝箱体是整个纺丝系统的安装基准，并且是安装纺丝组件的基础。纺丝箱体在纺丝过程中的作用大致有以下几个方面。

(1)纺丝箱体是纺丝组件的安装基础，是纺丝系统的核心和安装基准，目前使用的纺丝箱体基本上都是与快装式纺丝组件配套的。

(2)纺丝熔体导入纺丝箱体后，可均匀分配到箱体的全幅宽范围。

(3)熔体在进入纺丝箱体后，能在工艺要求的温度或温度分布状态，保持其流动特性符合工艺要求。

(4)高温牵伸气流导入纺丝箱体后，能通过内部的通道均匀分配到纺丝组件。

(5)配置保温设施以保持纺丝箱体的温度，避免热量散失增加能量消耗和影响厂房的环境温度。

图 4-16　正在纺丝的熔喷法系统

纺丝箱体的主要技术指标包括：制造纺丝箱体的材料牌号、熔体分流方式、加热方式、设计工作温度、加热装机容量、加热区数量、设计工作压力、熔体黏度(或 MFI)范围、设计熔体流量、结构重量、外型尺寸，以及与纺丝组件相关的安装方式、结构尺寸等。

图 4-16 为一个正在纺丝的熔喷法系统，可以看出牵伸气流及熔喷纤维是以一个很小的扩散角度呈集束状态从喷丝板中喷出，经过一个完全开放的空间落在成网机的表面，这是熔喷系统的重要特征。

设备制造商一般会提供纺丝箱适用的聚合物种类、熔体流动指数、设计工作温度、设计工作压力、额定的熔体流量等技术指标(表 4-5)。

表 4-5　不同品牌 PP 熔喷纺丝箱体的技术指标

品牌代号	幅宽(mm)	加热			升温时间(h)	熔体压力(MPa)	适用原料MFI(g/10min)	最大熔体流量(kg/h)
		温度(℃)	功率(kW)	温区(个)				
通用	2400	300	82	15	2	2	2000	124
GE	3200	300	104	18	2	4	2000	165
JK	1600	350	40.4	12	2	2	1500	80
	2400		58	16	2	2	1200	120
	3200		85	22	2	2	700	95

二、纺丝熔体的分流模式

纺丝熔体是从一个(或多个)入口输入纺丝箱体内，而纺丝过程是在全幅宽范围内进行的。因此，纺丝箱体的一个重要功能是均匀分配熔体，使纺丝组件在全宽度、全长度方向能获得温度相同、压力一样、经历一样的熔体，从而使所有的喷丝孔能获得质量相同的纺丝熔体。

在双组分纺丝系统,两个组分共用一个纺丝箱体,但在进入喷丝孔之前,两个组分的熔体经由各自的分配流道进行分配,因此,在双组分纺丝系统,每一个纺丝箱体都配置有两个独立的熔体分配流道和加热系统(图 4-17)。

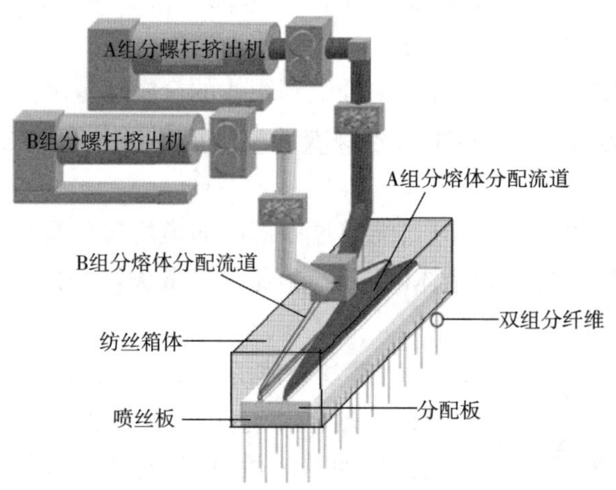

图 4-17 双组分纺丝系统的熔体分配流道

纺丝箱体有多种熔体分配方式,其中最常见的有以下几种。

1. 衣架式分流

衣架式分流就是因为分配流道的轮廓与晾衣服的衣架相似而得名。

衣架式分流时,纺丝箱体的设计、制造要求高,用耐热不锈钢材料(如 SUS431、SUS630 等)制造,流道由两半对称的箱体接合面的凹下部分组成,表面都经过精密加工和抛光处理,不容易有熔体残留,转换产品速度快、过渡性不良品少,而且可以调控产品的均匀度。

纺丝箱体内的熔体采用衣架分流方式时,衣架的数量与熔体分配方案有关,一般有单衣架和多衣架两种设计方案(图 4-18)。

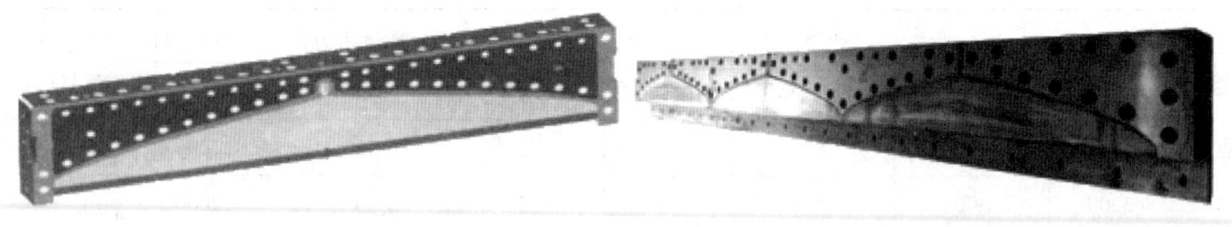

(a) 单衣架式　　(b) 三衣架式

图 4-18 单衣架式和三衣架式纺丝箱体(半侧)

虽然采用衣架式分流纺丝箱体的购置费用较贵,但由于具备良好的工艺性能,高端机型仍有普遍使用衣架式分流纺丝箱体的趋势,也是高端机型的主流。

衣架式熔体分配流道是一个复杂的变截面空间结构,其设计过程复杂。而且要使用多轴联动的加工中心加工,加工周期长、价格较昂贵。德国莱芬公司的纺粘及熔喷系统均使用单衣架式分流纺丝箱体。高端国产生产线也倾向使用衣架式分流纺丝箱体。

熔喷纺丝箱体的外侧除了对称附设牵伸气流的稳压、分配装置外,内部还加工有牵伸气流通道,有的纺丝箱体内还加工有二次稳压腔和节流孔。因此,熔喷法纺丝箱体结构比纺粘法纺丝箱体结构复杂,主流的熔喷纺丝箱体基本上都采用衣架式熔体分配流道。不同机型的主要差异仅在于配置的衣架数量。

国内及从日本、德国引进的熔喷法纺丝箱体都是采用单衣架式熔体分流,其他欧美国家制造的纺丝箱体则是采用多衣架式熔体分流。

2. 纺丝泵分流

用纺丝泵分流熔体原来是小板型纺粘法纺丝系统常用的熔体分流方式,由于这种纺丝系统的纺丝组件(或喷丝板)数量很多,因此,也采用多纺丝泵分流方案,而且纺丝泵也多为一进多出型。

一般情况下,纺丝箱体内一个熔体分流衣架就对应一台纺丝泵,也有仅用一台纺丝泵向多个衣架供应纺丝熔体的机型,这时就要使用一进多出型纺丝泵。虽然这种纺丝泵只有一个熔体入口,但会有多个熔体输出口。

如有一条幅宽为1600mm的双组分熔喷生产线,每一个组分都配置有三台一进四出型纺丝泵,从熔体过滤器输送来的熔体先用外部管道分为三路,供应三个纺丝泵,纺丝泵的12个出口再通过在箱体内部加工的熔体通道,将熔体均分到全幅宽范围。

3. 纺丝箱体外管道与纺丝泵混合分流

还有一种管道分流方式就是在纺丝箱体外,利用管道将纺丝熔体从一个(或多个)熔体管道入口送入纺丝箱体内。熔体分配流道的设计、配置原则是:每根熔体管道单位时间的流量均一致,且熔体在每根管道上的停留时间均一样。即各部位的熔体都是在同一条件下,经历同样的停留时间,产生同样的压力降。

为了达到这个要求,每一根管道的形状都很特殊,并呈对称性,这样就可以使纺丝组件在全宽度、全长度方向能获得温度相同、压力一样、经历一样的熔体,从而使所有的喷丝孔能获得质量相同的纺丝熔体(图4-19)。

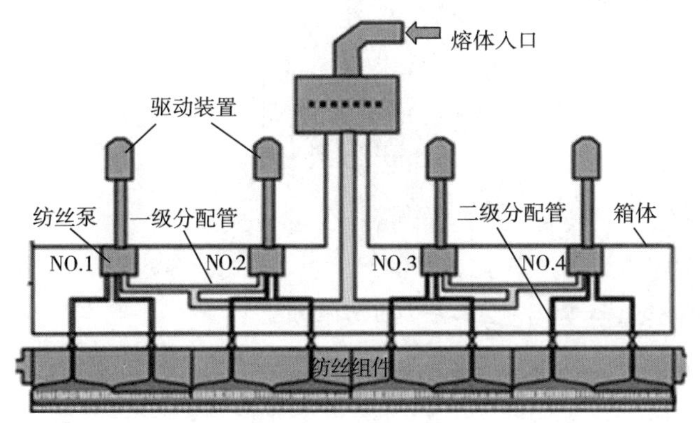

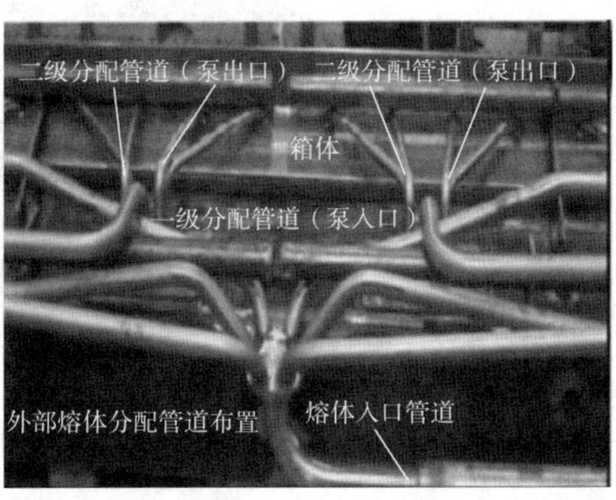

图4-19　外部管道与多纺丝泵相结合的熔体分流方式

在这种熔体分流系统,第一级是利用四条分支管道将熔体做一级分流,熔体从较粗的总管进入纺丝箱体前便分为四路,用较细的管道分别供给四台一进二出型纺丝泵,这些分支管道既可以是一般的外置式独立管道,也可以是在纺丝箱体内加工出来的熔体通道。

第二级则利用多台一进多出型纺丝泵,将熔体再细分为多路送入纺丝箱体,每一台纺丝泵又分为两路，用最细的管道送入纺丝箱体内部，再与纺丝组件熔体管道的入口对接。

纺丝组件内与每一路熔体通道相对应的熔体出口，均设计有一个小衣架形的熔体分配流道，利用众多连在一起的小衣架，就可以将熔体沿 CD 方向均匀扩展开后，分配到喷丝板的全幅宽范围，再进入喷丝板纺丝。

由于纺丝泵分流是强制性的，可以保证全幅宽范围熔体分配的均匀性，并可以通过调整单个纺丝泵的速度，改变相应区域的熔体流量，从而可以改变局部区域纤网的定量或均匀度。

国外的纺丝系统较多采用混合分流工艺，也是很多双组分纺丝系统采用的熔体分配方式。美国诺信、法国立达、意大利 STP 及德国纽马格等品牌的纺粘、熔喷系统的纺丝箱体，都是采用多纺丝泵、多衣架混合分流方案。

美国希尔斯的双组分纺粘、熔喷系统的纺丝箱体，都是采用一进多出纺丝泵二次分流方案，分流后的各路分支熔体直接进入纺丝组件内，在组件内部进一步分流、扩散。

三、纺丝箱体的结构

箱体采用两半块的结构（一般称为哈夫结构，也就是英文"half"音译），再用大直径（≥M30）的 10.9 级或 12.9 级高强度的内六角头螺栓相向连接，接合面相向的凹下部位便形成熔体分配流道。

随着纺丝组件的安装、紧固方法不同，纺丝箱体与纺丝组件的配合结构也有很大差异，通常纺丝箱体只能与纺丝组件配对使用，不一定具有互换件，纺丝箱体的设计、安装水平对产品的质量有关键性的影响。

在双组分纺丝系统，由于要在箱体加工出两条独立的熔体分配流道，这时就需要应用三件式结构，即箱体由左侧箱体、中间箱体、右侧箱体三部分组成（图 4-20、图 4-21）。

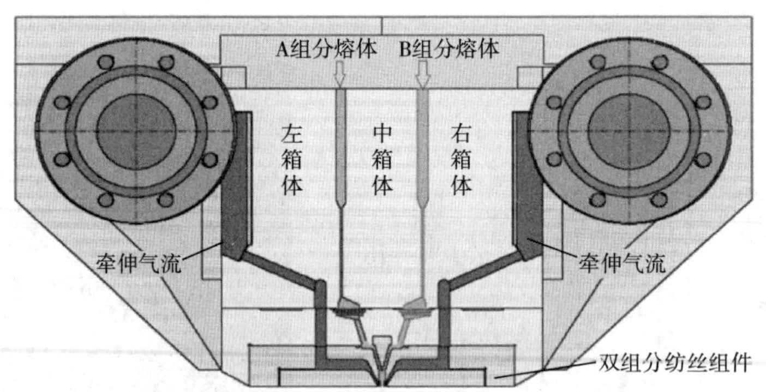

图 4-20 双组分熔喷纺丝箱体的截面结构

其中左侧、右侧箱体的内侧加工有熔体分配流道，而中间箱体的两个侧面都加工有与左侧、右侧箱体对应的分配流道，三件箱体组合起来后，就形成两个组分各自的熔体分配流道。

衣架出口的总宽度决定了纺丝系统的铺网宽度，而铺网宽度主要与生产线的运行速度有关，在运行速度相同的条件下，又与多纺丝系统复合生产线的纺丝工艺有关，如在 SMS 生产线中，虽然最终产品幅宽一样，但其中熔喷系统的出口宽度要比独立的熔喷生产线纺丝系统更宽，用于补偿由于高速运行所导致的幅宽损失。

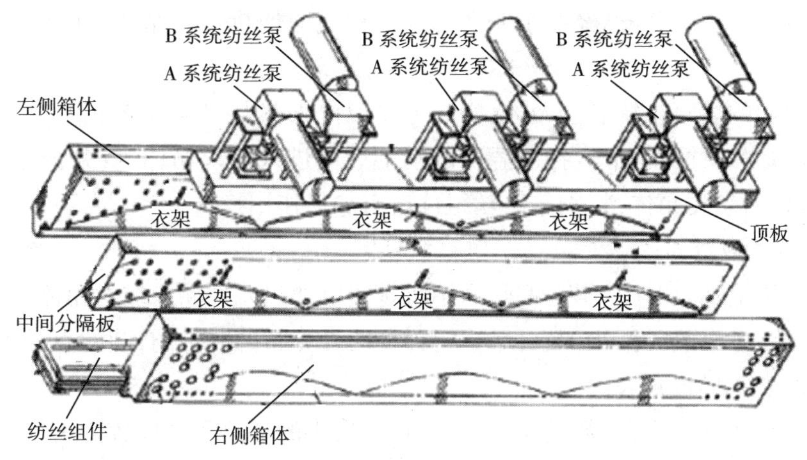

图 4-21　双组分纺丝箱体的分解结构图

纺丝箱体的熔体出口宽度 B(即 CD 方向的长度)随着生产线运行速度的提高而增大,而且变化明显。实际上,纺丝箱体熔体出口宽度 B 还与喷丝板的布孔区宽度对应,而且比布孔区宽度更大一些。

除了加工有分配熔体的通道及箱体的加热元件外,有的一箱体配多纺丝泵机型还在纺丝箱体的熔体进入侧内部加工有一次熔体分配通道,将纺丝泵输送来的熔体分配给各个纺丝泵。

四、纺丝箱体的加热和保温

(一)纺丝箱体的加热

1. 纺丝箱体的加热方式

熔体纺丝成网非织造布生产线中的纺丝箱体有多种加热方式。

(1)电热管直接加热。加热系统有数量众多的管状电加热元件(电热管),加热管垂直插入纺丝箱体内,并要使加热管的发热段延伸到纺丝箱体的下方,这种加热方式常用于衣架分流式纺丝箱体,熔喷法纺丝箱体基本都是采用这种加热方式。

虽然箱体中电加热元件的布置密度、间隔距离均一样,但由于纺丝箱体两端散失的热量较多,为了使箱体两端保持均匀的温度,两端加热区的电加热元件的负载率与中部的加热元件是不同的,有可能会更高,以输出更大的功率弥补散热损失。由于熔喷纺丝箱体两侧布置有牵伸气流输入稳压分流管道,一旦感觉加热功率不足,就不容易另行采用其他的辅助加热措施。

常将全幅宽范围的电热管进行分组,成为多个独立的温度控制区,并可根据工艺要求灵活设定温度,用于改变熔体的流动性和熔体的分配,进而改善产品的均匀度。一些技术要求较高、性能较好的纺丝箱体都用这种加热方式。

(2)气流加热。由于熔喷法纺丝过程要用到比熔体温度(或纺丝箱体)更高的牵伸气流,因此,牵伸气流也可以作为加热纺丝箱体的热源使用,可以直接利用高温牵伸气流的热能加热纺丝箱体,这是熔喷系统特有的一种加热方式。一些简易型熔喷系统、往复式(间歇式)熔喷系统、双轴熔喷系统、美国挤压集团公司的熔喷系统都是直接利用高温的牵伸气流加热纺丝箱体,这种气流加热系统的一个特点是纺丝箱体上没有常见的电加热装置和温度传感器。

采用牵伸气流加热时,由于没有复杂的电加热、温度控制设备,纺丝箱体的结构简单、紧凑,外形及体积都较小,目前国内已经有企业在开发这种气流加热纺丝箱体,并用于连续式熔喷纺丝系统。

目前广泛应用的熔喷系统纺丝箱体,实际上是以电加热与气流加热相结合的方式工作的,但主要是利用电加热,并具有分区控制温度的功能。而进入纺丝箱体内,并分布到纺丝箱体全幅宽的牵伸气流,对纺丝箱体,特别是纺丝组件也有加热作用。

2. 采用电加热的特点

纺丝箱体采用电加热时,基本上都是采用将管式电加热元件插入纺丝箱体内部这种安装方式。由于温度场是以电热元件为中心,呈一定梯度向外分布的同心圆,圆的直径越大,中心位置与外圆位置的温度差异也越大。

在相同装机功率状态下,用数量较多、单个功率较小的加热元件以较为密集的方式分布,相对于用较少数量、但单个功率较大的元件以较大间隔的配置方式,能得到更为均匀的温度场分布,电加热管在 CD 方向的间距一般≤75mm。

单个加热元件的功率及布置间隔过大,远离加热元件中心的位置,温度会明显偏低,熔体的流动性变差,而且流量减少,温度差异太大会直接影响产品的质量,导致产品在 MD 方向出现连续的带状稀网缺陷。

纺丝箱体的管型电加热器与箱体上的安装孔配合精度,对加热效率、电加热器的使用寿命有很大的影响。间隙太大会导致电热管与箱体间的热阻太大,热传导效率降低,电热管容易超温损毁。但间隙太小,增加了安装难度,特别是电热管产品的最终直径尺寸偏差离散,尺寸偏大的电热管将无法顺利插入深孔内。或在维修、更换旧电热管时,很难顺利拔出,甚至要采用钻削的方法才能取出已经损毁失效的电热管。

管型电加热器与纺丝箱体上的安装孔一般应采用间隙配合,其冷态松紧程度应该调节至用手稍微用力就能推进至规定的深度为宜。而电热管仅依靠重力就能轻松插入,或要加大力才能压入孔内都是不合适的。

为了保证有预期的配合关系,必要时要准确测量电热管的外径,然后进行选配。由于电加热管在运行期间的温度要比纺丝箱体高,其热膨胀量会较大,这样就可以使电热管与安装孔紧密接触,有利于增加热传导效率。

纺丝箱体的温度很高,为了减少热量损失,都要用耐高温的保温材料进行保温,并在保温材料外面设置不锈钢材料制造的外层防护。

纺丝箱体只有在冷态启动时,加热系统才需要投入较大的功率,甚至处于短期的满负荷状态运行。一般的纺丝箱体基本都按在室温状态下,2h 就可以达到温度设定值的要求来配置加热功率。纺丝箱体加热系统的装机功率越大,从冷态升温至工艺要求温度的时间越短。

纺丝箱体是一个热惯性很大的系统,但在正常状态下,大部分加热系统都能在 2h 内到达开机运行的条件。当纺丝系统进入正常运行状态后,流动的高温熔体也会带来一定的热量,这时加热系统仅需要补充散失、消耗掉的能量,就能使纺丝箱体的温度保持在设定值,实际所需要的加热功率是较小的,一般只有装机功率的 40%~60%。这就是为何装机容量相差很大的加热系统都能正常运行的原因,其差异主要表现在冷态启动时间的长短及控温过程的灵敏度这两方面。如有的加热系统的冷态升温时间很长,这是一个很大的无形损失。

3. 纺丝箱体的加热功率配置

纺丝箱体的最高工作温度主要与纺丝工艺及聚合物的品种有关,熔喷法纺丝箱体的设计温度要比纺粘法更高,聚合物原料的熔点越高,纺丝箱体的设计温度也越高。加工PP、PE类材料的纺丝箱体的设计温度宜在300~350℃。

由于熔喷纺丝箱体的工作温度较高,离导热油的闪点不远;而有的熔喷系统的纺丝箱体又处于可移动或升降的状态,很容易影响管路或系统的密封性;加上导热油是可燃性油料,一旦发生泄漏,就很容易发生火险,因此,一般不建议在熔喷纺丝系统应用导热油加热技术。

纺丝箱体的温度影响熔体的流动性,温度分布的可控性直接影响产品的均匀度,因此,控温精度一般要达到±1℃。

纺丝箱体的加热功率主要与产品幅宽及熔体流量(产量)有关,熔体的温度越高,纺丝系统的幅宽越大,熔体流量越大,纺丝箱体的加热功率也越大。

通常所说的加热功率实际上是指装机功率,而并非实际消耗的功率,是两个不同的概念。装机功率是固定不变的,而实际消耗的功率是一个变量,与加热设备的负载率有关。负载率是当前实际温度与设定温度的差异大小相关的函数,变化范围在0~100%。

只有在冷态启动阶段,由于实际温度与设定温度的差异很大,系统才会在较长时间内在100%负荷状态运行,待当前温度接近设定值后,系统的加热时间会很短,平均功率也就较低,仅在额定功率的40%~60%。

虽然熔喷系统的熔体挤出量比纺粘系统小很多,但熔体的温度却比纺粘系统高很多,如用于PP熔喷系统的纺丝箱体,其设计的工作温度可达300~350℃。因此,其纺丝箱体的加热功率也要比纺粘系统更大。

使用同一种聚合物的不同品牌的纺丝系统,其纺丝箱体的加热方式及加热功率会有较大差异;不同品牌的设备,其加热功率会有很大差异;同一品牌、不同型号的纺丝箱体,其加热功率也不同(表4-6)。

表4-6 常用品牌纺丝箱体的幅宽与加热功率

纺丝系统幅宽(mm)	1600	2400	3200	4200
装机加热容量(kW)	45	58	85~130	158

除了机型及设计要求不同等方面的原因(如升温速率、电加热元件负载率、可靠性等)外,加热功率的配置还与纺丝系统的熔体挤出量相关,也就是与生产线的运行速度间接有关,因为运行速度越快的生产线,其熔体挤出量、生产能力也较大。因此,有的纺丝箱体制造商,在标注使用的原料和温度的同时,还会标注相应的熔体流量。

早期熔喷系统的熔体挤出量仅有50kg/(m·h),而有的新型纺丝系统的熔体挤出量已达75kg/(m·h)甚至更高。因此,纺丝箱体的加热功率也有较大差异。

当采用棒状加热元件时,在不同品牌或不同幅宽,或同一个纺丝箱体不同位置上使用单只管状加热元件,其加热功率可能也不同,一般在0.55~1.20kW,有的机型会用到最大功率高于2kW的管状加热器,而单只加热器所使用的电压有220V,也有用380V,在更换加热元件时,必须关注上述各种情况。

纺丝箱体中间区域的各加热区，一般都是按等功率分布方式配置，即每个加热器的功率都一样，但两端加热区的加热元件功率较大。由于在运行时的散热状态（或热负荷）不同，相邻加热区之间又互相影响，在实际运行时，温度设定值也有可能不同，各加热区的加热器的实际工作状况（负载率）也不一样。

普通的单组分纺丝箱体结构较简单，加热区是沿 CD 方向逐段划分的，而双组分纺丝系统两个组分的熔体是分别从箱体上、下游（MD 方向）两侧进入纺丝箱体的，两个组分的熔体温度不一样，并且要一直维持到在进入喷丝孔前。

因此，双组分纺丝箱体的加热区是先按不同组分分为两个大区，然后再分小区。两个大区的温度会有明显差异，但温差太大会形成偏大的热应力。

电加热器的使用寿命主要与电热管的设计表面负荷（W/cm^2）有关，同样加热功率和同一种材料制造的电加热管，管子的直径越大，发热段的长度越长，表面热负荷越小，使用寿命也越长。

电热管与纺丝箱体安装孔的配合对电热管的寿命影响也很大，正常情形下应该是稍紧的间隙配合，在冷态用力可以压入安装孔。如间隙偏大，电热管很容易烧毁；而安装孔的长度必须保证电热管的发热段能全部插入孔内，否则外露部分会很快损坏。而加热管的长度要足以并尽量伸入纺丝箱体的下方，使箱体的下方也能获得足够的热量。

纺丝箱体加热区的数量与幅宽有关，幅宽越大，加热分区数量也会越多，如 3200mm 幅宽的熔喷法纺丝箱体一般有 18~22 个加热区，每一个加热区的电热管数量一般不会多于 8 只，这样每一个加热区控制的面积就不会太大，每一个加热区由一只温度传感器和多只加热元件组成，相当于一个加热温区的最大加热功率在 7kW。

温度控制系统可以对所有温区集中群控、统一设定，而无须逐一设定各温区的温度。在具体操作时，只要给定一个设定值，所有加热区的温度就可同时设定好。

温度控制系统还可以对个别加热区进行个性化设定，根据工艺要求修订设定值。因此，纺丝箱体的温度设定值、实际温度并不一定是相等的，只要不影响产品的均匀度和保持纺丝稳定即可。

熔体的温度差异会直接影响产品的均匀度，因此，经常通过人为制造温区间的温度差异，用以改善相关区域的熔体流动性，从而调整产品的均匀度。温度较高的区域，熔体流动性较好，相应区域纤网的纤维会较多。但也要关注由此引起的其他变化和对产品质量的影响，如熔体的流量增加以后，喷丝孔的单孔流量随之增加，纤维变粗后对产品各项质量指标的影响。

（二）纺丝箱体的保温

纺丝箱体的温度与所加工聚合物原料有关，最高设计温度≥300℃。在运行期间的温度一般>250℃。纺丝箱体会以辐射或传导的方式向周边环境散发大量热能，除了降低能量利用效率外，会影响温度的可控性和纺丝稳定性，污染了车间的工作环境，增加了工人的劳动强度。高温的生产环境对产品的质量特别是空气过滤材料的质量会产生很大的负面影响。

由于固定熔喷纺丝箱体的金属构件截面积很小，在散失的热量中，通过支撑结构传导到钢结构平台的热量较少，但箱体与周围空气交换的热量和向空间辐射的热量就很多。纺丝箱体设置保温罩壳后，能最大限度减少这两项热损失，而且还能降低操作环境温度，避免发生灼伤，减少对熔喷产品质量的影响。

为了减少热量损失和对生产过程的影响，一般用较厚（≥50mm）的耐高温的隔热绝缘材料将高温部位包覆，并在保温材料的外面设置不锈钢材料制造的防护外层。由于熔喷法纺丝箱体的附件很多，还有牵伸气流的稳压、分流系统，结构也较为松散。因此，保温设施的罩壳外形就显得较大。有少数外国机型会将保温材料做成可以快速“穿着”的“衣服”状，直接将纺丝箱体包裹起来。

由于在纺丝箱体的防护罩内，还布置有大量的电加热器、温度传感器、压力传感器、接线盒等电气设施。因此，护罩内的所有电气连接线必须使用耐高温（>300℃）的阻燃型绝缘导线和抗氧化性能好的接线端子。

熔喷法纺丝箱体内的保温材料容易被滴漏的熔体和飘落的飞花污染。在长时间的高温作用下，这些可燃的物质，在一定的条件下会发生阴燃或明火燃烧，成为运行期间的一种安全隐患，因此，要经常做好定期清理工作，这也是防护罩一般要设计成可以快速拆卸和安装结构的原因，而现场也必须配备适用的消防器材。

五、纺丝箱体的安装方式

由于熔喷纺丝系统有 DCD 调节和离线、在线运动，因此，纺丝箱体的安装方式也要与这些工艺调节过程相匹配。纺丝箱体的热量也会通过安装、固定装置传导、散失等影响纺丝箱体的温度分布，进而影响纺丝稳定性，目前这个问题已引起了注意，并得到改善。

一些从美国引进的生产线，其纺丝箱体系统则采用了多条长度固定的矩形截面吊杆，在箱体上下游的侧面以悬吊方式安装（图 4-22）。早期，熔喷纺丝箱体普遍采用四螺杆顶面悬吊方式的安装方式，这样能减少箱体的热传导散失，提高箱体温度分布的可控性和均匀性。

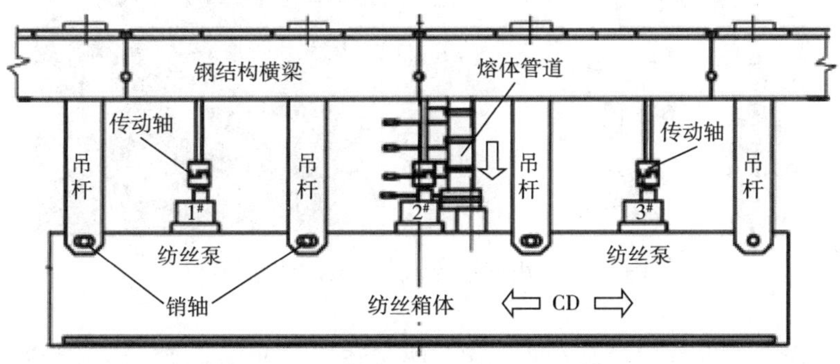

图 4-22　纺丝箱体两侧用多吊杆悬吊

熔喷纺丝箱体都是采用悬吊方式装在钢结构平台的下方，这样在纺丝箱体顶部与平台底下、钢结构与地面间都能保持有足够的操作空间。纺丝箱体总成的重量较大，如 3200mm 幅宽的纺丝箱体重量达 3000kg，因此，一般使用 M30～M36 规格的吊环或螺栓。

除了少数机型的悬吊装置设置在纺丝箱体的两侧外，早期箱体大部分都在顶部设置有四个环状吊耳，利用上方的四个吊钩把箱体悬挂在钢平台的承重结构上，并可以利用吊杆上的螺纹调节箱体的水平度。这种四点活动吊挂方式虽然能减少沿箱体悬挂装置散失的热量，但仍不能将箱体定位，在外力作用下容易发生晃动（图 4-23）。

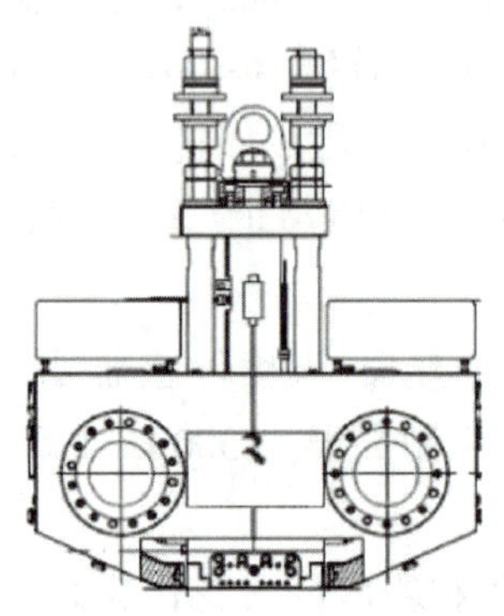

图 4-23　国内常用的熔喷纺丝箱体及吊装方式

曾有采用悬挂式安装的纺丝箱体，还可以在垂直方向相对钢结构平台做升降运动，用于调整 DCD。这时吊钩是固定在 DCD 调节机构的支架上，并能随之做升降运动。采用这种调节 DCD 方式时，为保持熔体的连续供应，熔体管道需要做成柔性或活动结构，以适应纺丝箱体与纺丝泵之间的距离变化，但因为难于解决熔体的密封性及伴热问题，现在已较少应用。

为了避免箱体发生晃动，目前有用固定的钢结构代替长吊杆的箱体固定方案，钢结构的上端固定在纺丝钢平台下方，下端则利用两只很短的螺栓与纺丝箱体紧固在一起（图 4-24），具有很强的刚性，也失去了三个方向的自由度，既消除了纺丝箱体发生晃动的可能性，又使悬挂装置传导热量的面积（螺栓的截面）很小，增加了热阻，减少了热损失。

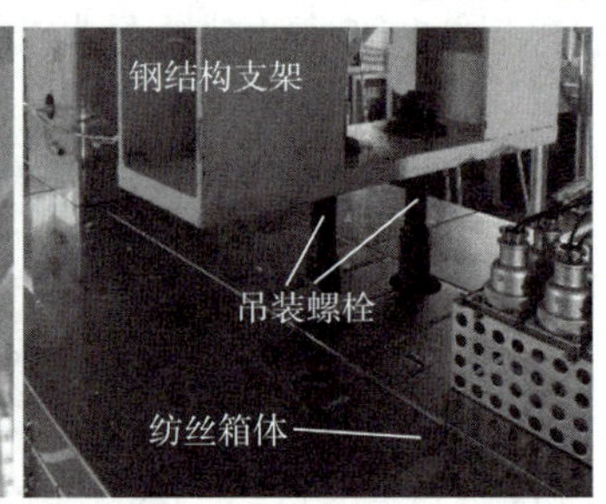

图 4-24　用钢结构固定安装的纺丝箱体

当纺丝系统采用垂直方式接收（即纺丝牵伸气流沿水平方向喷出），而纺丝箱体安装在固定的、并可以沿地面轨道移动的机架上，通过移动机架来调节 DCD，这是一些小型纺丝系统常用的纺丝箱体安装方式。

第五节　熔喷法纺丝组件

在熔喷法纺丝系统，纺丝组件的作用是将纺丝泵输送来的聚合物熔体均匀分配到每一个喷丝孔，然后在压力作用下从喷丝孔喷出，喷出的熔体细流经过高温、高速气流牵伸并冷却后，成为有特定截面形状的纤维。

不同纺丝工艺或不同品牌纺丝系统所用纺丝组件的结构、外形、配置不同，安装方式、结构细节也会有很大的差异，适用的聚合物原料也不相同。因此，常分为：单组分纺丝组件、双组分纺丝组件、埃克森工艺使用的单行孔纺丝组件、双轴工艺使用的多行孔纺丝组件等。

根据往纺丝箱体安装时的作业方向，纺丝组件分为上装式和下装式纺丝组件，国内主要使用下装式纺丝组件，即安装作业是从下往上的方式进行。按照纺丝箱体上安装时的组件状态，则分为散装的现场安装式纺丝组件，以及“总成”状态的快装式纺丝组件。

目前，熔喷纺丝工艺主要有埃克森工艺和双轴工艺两种。其纺丝组件的结构及工作原理也有差异，产品的质量、生产效率、能耗、产品应用领域也都不一样。虽然纺丝组件五花八门，但由于纺丝组件的基本功能是相同的，因此，存在一些共性的性能指标，因此，基本都是大同小异。

由于我国至今还没有采用双轴纺丝工艺的熔喷生产线在商业运行，埃克森工艺仍是目前主流的熔喷法非织造布生产工艺，因此，本节以埃克森工艺为主进行介绍。

一、纺丝组件与纺丝原理

（一）纺丝组件的功能

纺丝工艺不同，纺丝组件的形状和结构会有很大的差异，但其功能及要求基本相同。由于纺丝组件在高温、高压状态下工作，其技术状态直接影响纺丝过程。因此，纺丝组件必须与纺丝箱体配对使用，应具有以下功能、并满足以下要求。

1. 均匀分配熔体

能均匀地分配熔体，使熔体均匀地分配到每一个喷丝孔，并使熔体有相同的流动经历、温度、流量和压力。

在多组分纺丝系统使用的纺丝组件，其结构要比单组分纺丝组件复杂，而且不同品牌的纺丝组件的结构差异会很大，主要体现在分配熔体的分配板上。双组分纺丝组件中的分配板不仅数量比单组分组件多，而且分配板还会有复杂的熔体分配流道，以便将不同组分的熔体独立分配到每一个喷丝孔。

喷丝板的结构与双组分纤维的截面结构有关，与普通单组分喷丝板完全不同，图 4-25 为一种皮芯式纤维的熔体分配及流动状态。

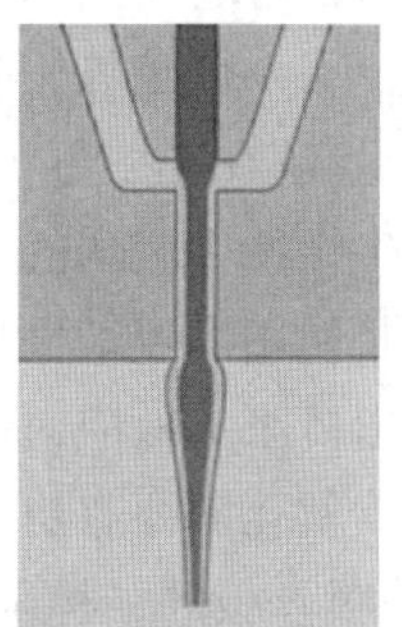

图 4-25　皮芯型双组分纺丝组件中的熔体分配及流动状态

2. 过滤熔体

利用纺丝组件中的滤网将熔体过滤，去除熔体中可能残留的机械杂质和在流动过程中形成的凝胶粒子，防止堵塞喷丝孔，延长喷丝板使用周期。

3. 使熔体的质量更为均匀

在熔体通过滤网、分配板等零件时，由于阻力的存在，使熔体能进一步充分混合，使各处熔体的温度及黏度一致。

4. 改善熔体的流动性和分配均匀性

熔体通过纺丝组件时，由于压力及速度下降，机械能转变成热能，使熔体的温度升高，增加其流动性及改善温度分布均匀性，从而提高纤维的均匀性。

喷丝板是纺丝组件中阻力最大的零件，能使喷丝板前的熔体压力升高，有利于把熔体均匀地分配到喷丝板的所有喷丝孔中。

绝大部分双组分纤维是在纺丝组件内部完成不同组分熔体的复合的，喷丝孔喷出来的熔体，就已经是复合了各个组分的熔体，这种形式叫孔内复合。

作为特例，由于有的配对聚合物中，有的组分黏弹性很强，或两个组分的黏度差异很大，如果采用孔内复合工艺，在两种熔体复合后从喷丝孔喷出时，会产生很大的卷曲变形，甚至反向碰触到喷丝板，难以正常纺丝。

对于这种情况，在双组分纤维技术的发展过程中，国内外曾出现过采用孔外复合的纺丝工艺，即两个组分的熔体，分别从两个独立的、呈一定倾斜角度的喷丝孔喷出，两种熔体在离开喷丝板后才汇聚、复合在一起，显然，这种双组分纤维的截面就是呈哑铃状的并列纤维。

随着技术的发展，通过改进组件内的流道及喷丝孔形状，加强各组分熔体的温度（黏度）控制，目前的双组分非织造布纺丝系统，基本上都是应用孔内复合工艺。

（二）纺丝过程的熔体出口胀大效应

由于聚合物熔体的非牛顿特性，即聚合物熔体有可压缩性，熔体从喷丝孔挤出以后，会发生出口胀大现象，熔体胀大部分的最大直径 D_{max} 与喷丝孔直径 D 比值（D_{max}/D）称为胀大比（图 4-26）。如果过分胀大，就会发生断丝现象，无法稳定纺丝，而且相邻的喷丝孔还有可能发生并丝。

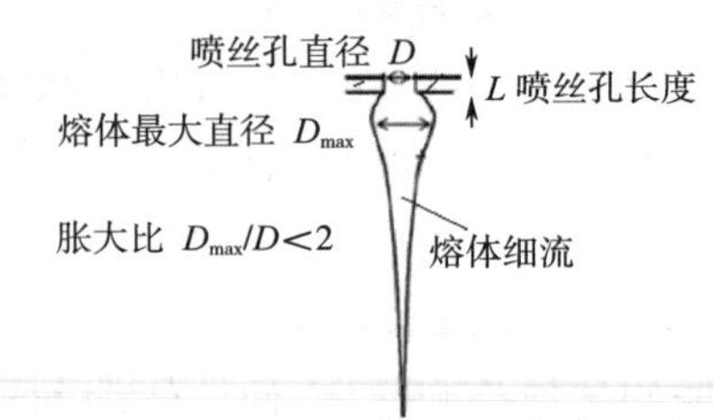

图 4-26 熔体在喷丝孔出口的胀大现象

出口胀大会影响纺丝稳定性，如会发生熔体破裂、熔体滴落、断丝等，由于熔喷喷丝板的喷丝孔之间的距离很小，如果过分胀大，相邻喷丝孔喷出的熔体会发生粘连而形成并丝，对产品质量就会产生很大影响。

在纺粘法纺丝系统中，由于喷丝孔之间的距离几乎为喷丝孔直径的 6~10 倍，因此只要将胀大比控制在<2 的范围，并不会发生并丝，并可以稳定纺丝；而熔喷系统喷丝板的喷丝孔之间的间隔距离很小，一般约等于喷丝孔的直径，即喷丝孔间的中心距约为直径的 2 倍。因此，除了必须将胀大比控制在比 2 更小的范围，还要求喷丝孔有更大的长径比，以及要使用流动性更好、黏度更低、非牛顿特性较弱的聚合物，降低熔体的弹性，以防止出现并丝。

实践证明，使用高流动性的低黏度熔体，增加喷丝孔的直径和长度，即增加喷丝孔的长径比，都能降低出口胀大效应，提高纺丝稳定性。这就是熔喷系统要使用高流动性熔体、设定更高的熔体温度、喷丝孔需要有更大长径比的原因。

由于熔喷喷丝板的结构限制，无法使用直径更大的喷丝孔，除了使用高流动性的低黏度熔体外，要减少出口胀大效应的影响，应采取增大喷丝孔长径比的措施。

早期喷丝孔的长径比仅有 10 左右，随着加工技术的发展，喷丝孔的长径比有越来越大的倾向，在当前国内使用的熔喷喷丝板中，长径比为 12~15 已成为主流；从欧美等地引进的熔喷系统，喷丝孔的长径比为 35~40。

增大喷丝孔的长径比有利于减少熔体的弹性形变，缓解喷丝孔的出口胀大效应，有利于稳定纺丝和消除并丝。因此，熔喷喷丝孔的长径比越大越好。目前，使用 PP 原料时，常用的长径比为 10~12。长径比还应该与喷丝孔的孔密度相关联，孔密度越高的喷丝板，对减少出口胀大效应的要求也越高。因此,要求喷丝孔有更大的长径比(图 4-27)。

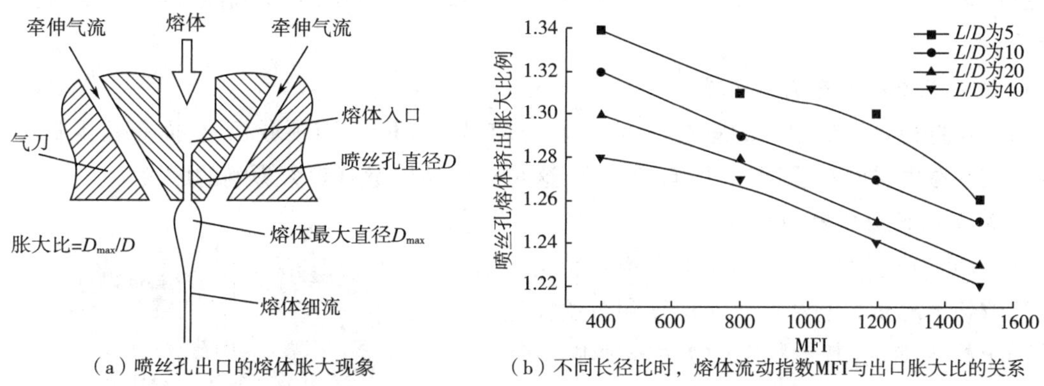

(a)喷丝孔出口的熔体胀大现象　(b)不同长径比时,熔体流动指数MFI与出口胀大比的关系

图 4-27　熔体出口胀大效应与喷丝孔长径比对胀大效应的影响

喷丝孔的长径比越大,加工难度越高,加工喷丝孔时产品报废的风险也越大,因此,喷丝板的价格也越贵。目前,国产喷丝板的喷丝孔最大长径比在 20~25,引进喷丝板喷丝孔的最大长径比为 70。

生产空气过滤材料的小幅宽(≤1000mm)熔喷系统,喷丝孔的直径 0.20~0.25mm,而喷丝孔的长径比一般在 10~12;目前已有的喷丝孔直径在 0.10~0.15mm,最大长径比大于 100 的喷丝板。这种大长径比的喷丝板是应用特殊工艺制造的,虽然喷丝板的结构很复杂,是由 5~7 片元件组合而成,但是可以纺制出纳米尺寸的纤维。

(三)纺丝组件的基本性能参数

喷丝板是纺丝组件中的核心部件,也是价格昂贵的设备,其作用是将聚合物熔体变为熔体细流进行纺丝,并成为细纤维。关于熔体纺丝成网非织造布用的喷丝板,在纺织行业标准 FZ/T 92082—2017《非织造布喷丝板》中,都有相关的定义和要求。

目前,应用的主流熔喷工艺是埃克森工艺,这种工艺使用的成套的基本型熔喷纺丝组件主要包括:喷丝板、气刀(刀板)、熔体分配板、过滤网和调整垫板等基础零件,并在组装以后形成一些特定的与纺丝工艺、产品质量相关的重要尺寸。

纺丝组件的基本技术参数包括以下几方面。

1. 适用纺丝系统的幅宽

适用纺丝系统的幅宽要与纺丝箱体配对使用,纺丝组件适用的纺丝系统幅宽一般与纺丝系统一样,独立熔喷系统的幅宽有 1000mm、1200mm、1600mm、2400mm、3200mm 等,对于配置在 SMS 生产线使用的熔喷纺丝系统,其幅宽更大,如 4200mm、5200mm 等。

但必须注意,由于运行速度不同,同样幅宽的纺丝组件,其内部细节则不一定相同,因而不一定具有互换性。

2. 应用的熔喷法纺丝工艺

按目前的情况,熔喷法纺丝工艺主要是只有一行喷丝孔的埃克森工艺(代号 SR)和有多行喷丝孔的双轴工艺(代号 MR),除了极少数机型以外,一般的熔喷纺丝系统无法同时兼容这两种纺丝组件。

3. 适用的聚合物原料

适用聚合物原料的种类要与纺丝箱体一样，这与纺丝组件的工作温度、熔体压力等运行条件相关。

4. 喷丝孔直径与布孔区长度

喷丝孔直径是纺丝组件的重要技术参数，与熔喷产品的应用领域相关，而布孔区长度直接决定了铺网宽度，即决定了产品的有效宽度，这是对产品质量有较大影响的因素。

5. 纺丝组件的气隙和锥缩

图 4-28 为埃克森熔喷纺丝组件的基本结构。

气隙和锥缩是影响牵伸气流速度和纺丝稳定性的两个技术参数，其中气隙的大小会影响牵伸气流压力的高低，气隙小要求牵伸气流的压力也较高；而锥缩的大小会影响纺丝稳定性，锥缩偏小，纺丝过程产生晶点的概率会较高。

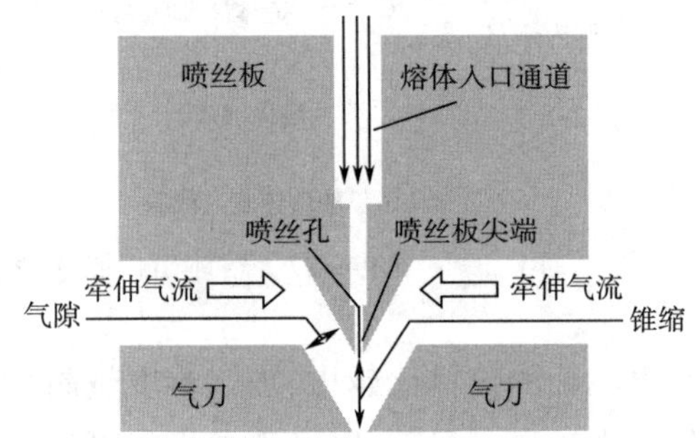

图 4-28　埃克森熔喷纺丝组件的基本结构

纺丝组件气隙和锥缩并不是固定不变的，可以通过改换不同厚度的垫片进行有级调节，一般会有两种尺寸供选择。

经过长期的发展，在基于埃克森工艺原理的基础上，还开发了一些其他机型，随着品牌的不同，纺丝组件的具体结构也有一些差异，有的机型还有连接板、牵伸气流阻尼网、熔体静态混合器、加工有迷宫结构的气流通道以及其他相应的附件等。

二、熔喷法纺丝组件的喷丝板

喷丝板是用耐高温的不锈钢材料制造，而且材料要与纺丝箱体具有相同的热力学性能，常用的材料有 1Cr17Ni2（中国），相当于 431（美国）、SUS431（日本）或 1.4057（德国）；0Cr17NiCu4Nb（中国），相当于 630（美国）、SUS630（日本）或 1.4542（德国）等。

喷丝板是纺丝组件中非常精密、价值较高的核心零件，也是技术含量较高的设备。对产品的质量、纺丝稳定有关键性的影响。喷丝板的主要技术指标包括：喷丝板的角度、喷丝孔的直径、喷丝孔的长度、喷丝孔的密度、喷丝孔的布孔区长度等。

喷丝板的技术指标与产品的用途或应用领域有关，因此，不能仅凭这些数据就评价喷丝板的技术水平。相对而言，生产用于过滤、阻隔领域的材料时，对喷丝板的要求会较高，而配置在以生产保温隔热或吸收型产品为主的生产线使用的喷丝板，其技术要求会较低一些。

（一）喷丝板的外形

1. 喷丝板的角度（埃克森工艺）

应用埃克森熔喷纺丝工艺的喷丝板，其主体部分的外形一般为三角形，三角形的顶角在 60°~90°，目前，60°喷丝板是主流，少量机型的喷丝板角度为 90°。所有的喷丝孔都是加工在三角形顶角位置，其中心线与顶角的平分线相重合。

喷丝板的角度对牵伸气流的运动形态、喷丝板的强度都有影响。喷丝板的角度越小，牵伸气流与喷丝孔中心线平行的分量也越大，牵伸作用也越强，但喷丝板的强度会较低。

图 4-29 是两种较为常用的喷丝板。图 4-29（a）为一种结构较为简单的喷丝板，重量较轻，

较容易进行拆卸、装配作业，但增加了一层与底座之间的密封结构，其代表机型是德国安卡熔喷纺丝组件。

图 4-29(b)是三角形的喷丝板与安装机座连为一体的整体式结构，刚性较强，不容易变形，只有纺丝组件与纺丝箱体之间的一个密封面，可以利用喷丝板两侧的螺纹孔和螺栓对气刀的位置进行微调，保持全幅宽气隙和锥缩的均匀性。但这种整体式结构喷丝板很重，进行拆卸、煅烧、装配作业的难度较大。

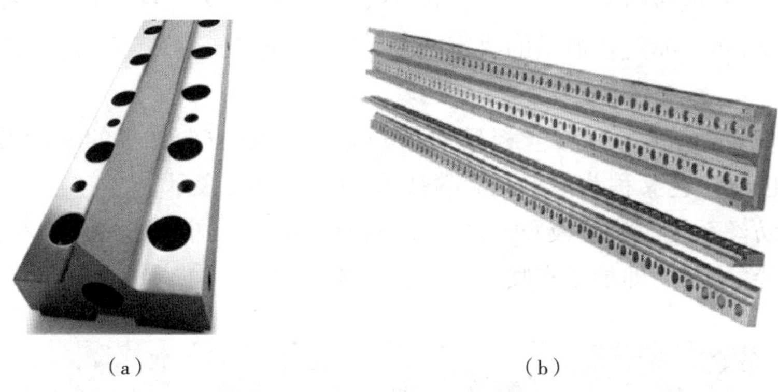

(a)　　　　(b)

图 4-29　喷丝板与气刀

喷丝板的截面为等腰(或等边)三角形，在其山字形的尖端加工有一排精密的喷丝孔，聚合物熔体从熔体通道进入喷丝板，从喷丝孔中喷出后，熔体细流即被两侧的高温、高速气流牵伸，使其成为很细的纤维。

喷丝板两个斜面的夹角，即两股牵伸气流的夹角，一般称为喷丝板角度，也称为热空气喷射角，对气流所形成的牵伸力影响很大。角度较小时会产生较多的平行纤维和束状纤维，而角度较大时气流会使纤维产生较大的振动，同样可以获得较细的纤维，并可以提高纤维的取向度。

喷丝板夹角的大小对喷丝板的强度也有很大的影响，夹角越大，喷丝板的强度越高。国产设备及引进的设备以 60°较多，个别引进设备的喷丝板角度为 90°，也有一些国产品牌使用 90°的喷丝板，使用此类型喷丝板的纺丝组件，体积和重量都较大，因此，其在纺丝箱体上的紧固方式也与 60°喷丝板不一样。

2. 双轴熔喷工艺的喷丝板形状

对于喷丝孔以多行多列形式分布的双轴熔喷系统喷丝板，其喷丝板的外形是平板型，所有的喷丝孔都均匀分布在这个平面上(图 4-30)。德国纽马格公司也有类似的技术，称为 coaxMELT 技术。

图 4-30　双轴熔喷系统喷丝板的喷丝孔

双轴系统的喷丝孔是组装式的，每一个喷丝孔由内外两层圆管组合而成，内管为熔体通道，内外管之间的环形空间为气流通道，由于牵伸气流是环绕熔体细流实现牵伸的，气流会有较高的牵伸效率，而由于喷丝孔是组装式的，因此可以维修更换。

(二)喷丝板的布孔区长度

1. 布孔区的定义

喷丝板的布孔区是指加工布置有喷丝孔的区域长度，在喷丝板的布孔区内，按照一定的分布规律和间隔，加工有很多精密的喷丝孔，布孔区的大小是喷丝板的一个重要技术指标，是决定纺丝系统铺网宽度、布置喷丝孔数量的决定因素，也是决定纺丝系统最大铺网宽度的一个基础数据。

目前使用的埃克森熔喷系统喷丝板只有沿纺丝系统 CD 方向加工的一行喷丝孔，由于只有一行喷丝孔，因此，其工艺又称为单行孔熔喷技术，用符号 SR 表示。

单行孔熔喷纺丝系统的喷丝板布孔区宽度，就是喷丝板最外侧的两个喷丝孔的中心距再加上一个喷丝孔直径的总和，即加工有喷丝孔位置的长度(图 4-31)。

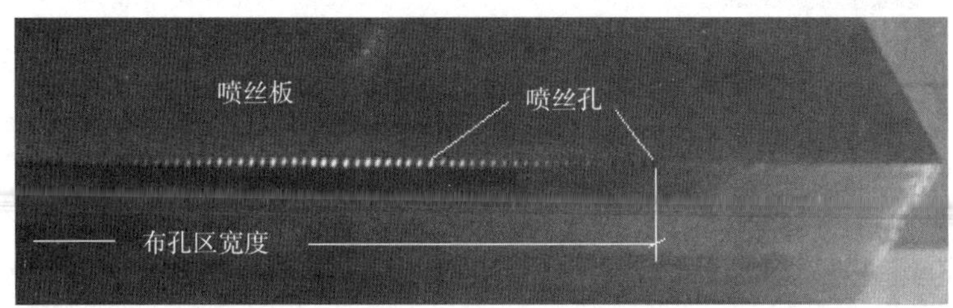

图 4-31　埃克森熔喷系统喷丝板的布孔区宽度

对于双轴熔喷系统，即多行孔熔喷技术，用 MR 表示，其布孔区宽度定义仍为沿喷丝板 CD 方向加工有喷丝孔区域的长度，目前这个机型最多可有 18 行喷丝孔(图 4-30)。

布孔区的计量单位一般为 mm，但双轴熔喷系统也可使用英寸表示。

2. 影响布孔区长度的工艺因素

(1)铺网宽度或产品幅宽。布孔区的长度决定了熔喷系统的最大铺网宽度，是喷丝板的一个基本参数，与生产线中的纺丝系统配置、运行速度等因素有关，是由设计决定的，也是设计接收成网装置的抽吸风入口宽度(CD 方向)的依据。

在熔喷系统的运行过程中，影响铺网幅宽的因素还有很多，如成网机的抽吸风流量、接收距离等，这些工艺参数值增加后，只会使成网宽度变得更窄，而牵伸风的流量大一些，速度高一些，接收装置配置有挡风板，则有可能抵消全部或部分铺网宽度变窄的程度。

而在成网过程中，纤网的两个侧边不可避免存在一定宽度的、无法使用的稀网区域，在交付使用前要将其切除。为了保证切出来的废边能可靠成卷，视运行速度的快慢及布卷直径的大小，单侧的切边宽度要大于 50mm。因此，布孔区的长度一般要比产品的名义宽度大 100~150mm，甚至更多。

因此，同一厂家制造的熔喷喷丝板，有可能在独立的熔喷生产线可互换使用，但不一定能与在 SMS 生产线中熔喷系统使用的喷丝板互换使用，因为 SMS 生产线的运行速度比独立熔喷生产线快很多，同样的产品宽度，其铺网宽度则要求更宽，即喷丝板的布孔区更长，外形长度也更大,导致失去互换性。

布孔区的长度是决定纺丝系统铺网宽度的基本参数,是根据生产线的纺丝系统配置、运行速度等因素在设计时决定的,对于纺粘系统,也是设计纺丝通道(包括冷却段、牵伸段、扩散段)抽吸风箱 CD 方向入口宽度的依据,而对于熔喷纺丝系统,则是设计冷却吹风喷嘴及抽吸风箱 CD 方向入口宽度的依据。

(2)熔喷系统配置使用场景。布孔区的宽度还与熔喷系统的配置使用场景相关,这里所说的配置使用场景主要是作为独立的熔喷生产线使用,或配置在其他生产线(如 SMS 生产线)中使用。独立熔喷生产线的运行速度不快,因此,对铺网宽度影响不大。

在同一条 SMS 生产线中,熔喷系统的布孔区的宽度要比纺粘系统小一些,一般要小 50~100mm,以保证熔喷纤网能完全被纺粘纤网遮盖。此外,侧(横)向环境气流干扰也会影响铺网宽度。

因此,喷丝板布孔区的长度要比产品的幅宽更大一些,其实际宽度要比产品幅宽大 200mm 或更多一些,这也是纺丝箱体的熔体分配流道宽度要比产品幅宽更大的原因。

由于成网机的运行速度会影响纤网的最终宽度,同样幅宽的产品,运行速度越快,受张力影响而产生的缩幅也越明显,要求的铺网宽度也越大,以补偿因缩幅产生的损失。由此可知,在不同运行速度纺丝系统使用的喷丝板不一定能互换使用,其原因就是对铺网宽度要求不同。

(三)喷丝孔

喷丝孔的结构参数主要包括:喷丝孔的形状和喷丝孔的直径、长度 L(mm)及长径比(L/D)等。

1. 喷丝孔的形状

喷丝孔的形状与纤维的性质及形状有关,目前使用的单组分熔喷法喷丝板,喷丝孔的形状一般是圆形,也有其他异型喷丝孔(图 4-32)。

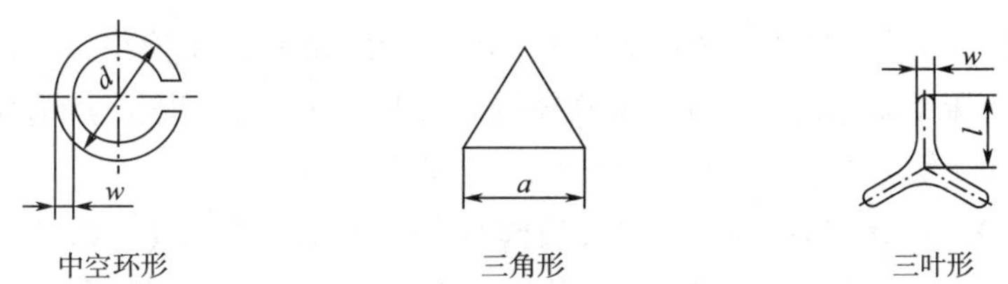

图 4-32　异形喷丝孔主要特征尺寸示意图

如果是非圆形的喷丝孔(异形孔),则用其主要特征尺寸表示。如三叶形喷丝孔主要是用叶宽和叶长表示,详见 FZ/T 92082—2017《非织造布喷丝板》的相关规定。

由于不同聚合物熔体的特性不同,对于双组分喷丝板,其喷丝孔的结构参数是按非牛顿性较强的熔体来设计的。如在 PP/PE 配对时,PP 熔体的非牛顿性较强,喷丝孔就要按纺 PP 来设计。

2. 喷丝孔的结构

(1)喷丝孔的直径。喷丝孔的直径主要与纺丝系统使用的聚合物的品种有关,纺丝熔体具有非牛顿特性,其黏度会随时间和速度梯度而变化,熔体在喷丝孔内流动时会发生弹性变形,这种弹性变形也将随速度梯度的升高而增大，影响纺丝稳定性。因此，喷丝孔直径的大小还与熔体的黏度有关。

一般情况下，黏度越大的熔体，就要选用直径较大的喷丝孔；而黏度较小的熔体，喷丝孔的直径会较小。

为了降低聚合物熔体的黏度，熔喷法纺丝系统都会使用较高的熔体温度，因而可以降低熔体黏度，改善熔体的流动性。PET 熔体的黏度较低，其非牛顿特性较不明显，喷丝孔的直径会较小，一般为 0.20～0.30mm；PP 熔体的黏度较高，其非牛顿特性明显，要使用直径会较大的喷丝孔，以降低熔体出口胀大效应。

喷丝板的喷丝孔直径还与产品的应用领域有较大的相关性，也是决定生产线生产能力的主要因素。生产阻隔型产品时，要求有直径较细的纤维和较好的产品均匀度，因此，喷丝孔的直径要求较细；生产吸收型产品时，要求有较高的产量，允许纤维较粗，对产品的均匀性要求就相对较低，因此，喷丝孔的直径可以较大。

在同样的熔体压力下，喷丝孔的直径越细，每一个喷丝孔在 1min 内的熔体流量（也称单孔流量）就越小，纤维的牵伸倍数较小，在同样的牵伸速度下，有利于获取直径更细或纤度更小的纤维。从国外引进的高孔密度熔喷纺丝组件，喷丝孔直径在 0.15～0.18mm。

在生产阻隔过滤型 PP 熔喷产品时，要求纤维直径较细和较好的均匀度，喷丝孔的直径较小，一般在 0.25～0.40mm，这时的纤维直径分布在 2～5μm，当要生产纳米或亚纳米级纤维时，喷丝孔的直径可能≤0.15mm；当产品用于吸收、保温、隔音、隔热领域时，对产品的均匀度要求不严格，要求有较高的产量，允许纤维可以较粗，纤维的最大直径可在 15～20μm，这时喷丝孔的直径≥0.60mm。而受当时加工技术限制，20 世纪 90 年代还使用过直径为 1.00mm 的喷丝孔。

增大喷丝孔的直径，有利于降低喷丝板的熔体出口胀大效应，对提高纺丝稳定性有好处，但直径较大的喷丝孔，单孔的熔体流量也较大，要纺制同样直径的纤维，就需要更大的牵伸倍数或更高的牵伸速度。

喷丝孔的直径大小还与纺丝系统的熔体挤出量有关，如果直径较小，则允许的最大熔体流量也会较小，小孔的流动阻力大，会使纺丝箱体的熔体压力升高，对安全运行不利。如果喷丝板的孔密度又较低，除了会影响产品的均匀度外，也会降低产量。

当利用熔喷工艺生产纳米纤维产品时，喷丝孔的直径就会很小（≤0.15mm），由于相邻两个喷丝孔的间隔很小，为了防止因熔体出口胀大而影响纺丝稳定性，除了要使用更高流动性的聚合物原料外，还要求喷丝孔有更大的长径比，其 $L/D \geqslant 100$。

喷丝孔内壁的光洁度、中心线与板面的垂直度、所有喷丝孔中心线的平行度都是影响纺丝稳定性的重要因素，也是高质量喷丝板与一般喷丝板的差异所在。

（2）喷丝孔的长径比。在熔喷系统中，喷丝孔密度很高，相邻喷丝孔之间的中心距一般是喷丝孔直径的两倍，间隔距离很小，这个距离一般等于喷丝孔的直径，如果纺丝熔体的出口胀大比接近 2，就相当于相邻喷出的熔体互相粘连起来，发生并丝而无法再进行生产。

但有一些高孔密度的喷丝板，或加工精度较高的喷丝板，其喷丝孔之间的中心距小于两倍孔径，约在 1.67 倍孔径。如喷丝孔直径为 0.15mm 的喷丝板，喷丝孔间的中心距仅为 0.25mm；喷丝孔直径为 0.30mm 的喷丝板，喷丝孔间的中心距仅为 0.50mm；而有的加工水平较低的喷丝板，其喷丝孔间的间距大于两倍孔径，甚至达到三倍孔径。

因此,熔喷系统除了要使用熔体流动性很好、黏度很低的高熔体流动指数原料外,还要求喷丝孔有更大的长径比来消除出口胀大效应的影响。

增大喷丝孔的长径比有利于减少熔体的弹性形变,缓解喷丝孔的出口胀大效应,有利于稳定纺丝。喷丝孔的长径比主要与聚合物的种类及喷丝孔的孔密度相关。孔密度越高的喷丝板,或喷丝孔的直径越小时,就要求喷丝孔有更大的长径比以增加熔体在流过喷丝孔时的停留时间,充分释放其被压缩的能量,减少出口胀大效应产生的影响。

因此,熔喷系统喷丝孔的长径比一般都≥10,常用喷丝孔长径比为10~20,常规机械加工工艺加工的喷丝孔的最大长径比约为25。纺制超细纤维时,喷丝孔的最大长径比可达100。由于大长径比的深孔加工难度较高,有的甚至超出常规机械加工的能力,因而要应用特种技术。因此,长径比越大,喷丝板的造价也会越高。喷丝板的性能是决定产品质量和生产能力的主要因素。

喷丝孔间中心距的大小与喷丝孔直径、纺丝速度、聚合物种类有关。喷丝孔的直径越大,纺丝速度越低,要求孔间的距离越大,在同样的纺丝条件下,与其他聚合物熔体相比较,PP熔体的非牛顿特性较强,熔体在喷丝孔出口的出口胀大效应较大,纺制PP纤维时,要求孔间的距离也最大。

(3)喷丝孔的布置。

①喷丝孔的布置排列方式。目前,大量使用的主流熔喷喷丝板的喷丝孔都布置在其三角形的尖端,而且只有一行喷丝孔。聚合物熔体从熔体通道进入喷丝板后,便从喷丝孔喷出,并被从三角形两侧斜面喷出的高温、高速气流牵伸,成为直径很小的细纤维。

熔喷系统喷丝板的横截面基本都是一个等腰(或等边)三角形,喷丝孔布置在三角形的中线顶尖。目前市场上有两种加工形式,一种是三角形的顶部被加工成一个宽度大于喷丝孔直径的小平面(图4-33左)。使用这种形式的喷丝板的纺丝组件,牵伸气流顺着气隙流动至此,台阶状的平面容易形成涡流,会对气流的规律性流动产生负面影响,加上这一类喷丝板一般是由一些技术能力不强的企业加工制造,喷丝孔的中线的一致性较差,故喷丝孔喷射出来的气流不是集束状,反而影响产品的均匀度和总体质量。在实际运行过程中,证明其纺丝稳定性较差,不宜在高端纺丝系统使用。但由于加工要求低,这种结构仍在一些小型的、简易型喷丝板中使用。

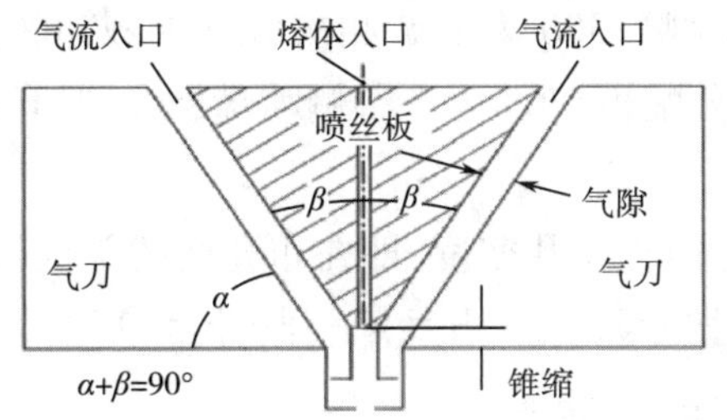

图4-33　喷丝板与工艺相关的各部位尺寸

另一种是喷丝孔直接布置在尖端,每一个喷丝孔的中心基本分布在尖端,但尖端宽度小于喷丝孔直径部分的金属被切削掉,这时喷丝板的顶尖呈交错的锯齿状缺口,虽然加工精度要求高,但牵伸气流的流线较为平顺,主流喷丝孔都为这种形式(图4-34)。

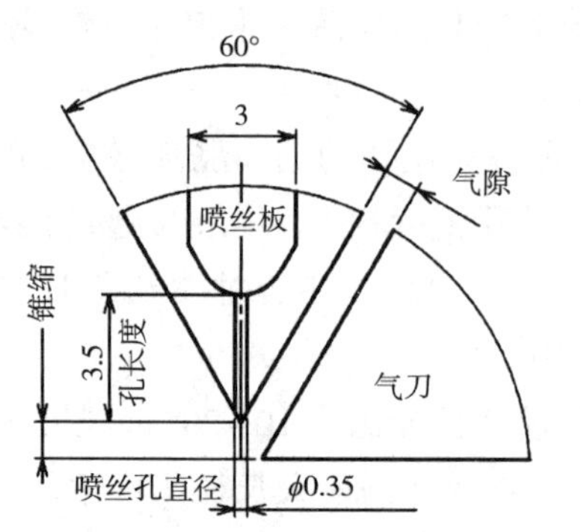

图 4-34 喷丝孔布置在尖端的熔喷喷丝板

一般熔喷法纺丝系统的喷丝板是由一块整体的金属材料加工出来的，是一种不可拆分的固定结构，由于三角形喷丝板的两侧斜边是依靠相邻喷丝孔间的很薄的隔层材料联系起来的，因此其结构强度较低，能承受的压力也较低，如大部分喷丝板内的熔体压力基本都限制在 3MPa 以下，熔体的压力高于此值，喷丝板就有损坏的危险。

美国希尔斯（Hills）公司早期的专利 US 6833104B2 是一种高孔密度的可拆分的组合式喷丝板结构（图 4-35）。

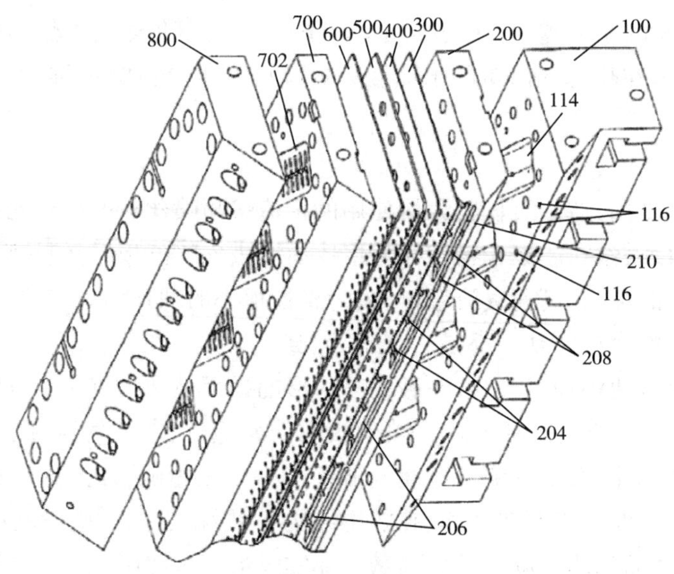

图 4-35 组合式高孔密度熔喷法喷丝板

图中编号 100 为安装块，200 为上游侧喷嘴，300 为上游侧次级分配板，400 为上游侧分配板，500 为下游侧分配板，600 为下游侧次级分配板，700 为下游侧喷嘴，800 为下游侧的夹板，各个零件间用螺栓连接在一起。

②喷丝孔的布置密度。喷丝孔的密度也简称为孔密度，即在布孔区的单位长度内喷丝孔的数量，这是衡量喷丝板技术水平的一个重要技术指标。当采用公制计量单位时，喷丝孔密度的单位为个/米，用个/m 表示，一般为四位数字：

$$\text{孔密度}=\frac{\text{喷丝孔数量}}{\text{布孔区长度}}$$

例：熔喷喷丝板的布孔区长度为 1.75m，共有喷丝孔 3501 个，则喷丝孔密度为：

$$3501/1.75\approx2000(\text{个}/\text{m})$$

除了采用公制计量单位外，熔喷系统经常会采用英制计量单位，这时喷丝孔密度的单位用

hpi 表示,是每英寸长度内喷丝孔数量(holes per inch)的缩写,由于数值小、简单易记、使用方便,成为国内外熔喷行业较为通用的一个专业术语。国外的纺粘系统喷丝板,有时也会使用 hpi 作为孔密度的单位。

例:熔喷喷丝板的布孔区长度为 135 英寸,喷丝孔的总数为 6075 个,则其英制喷丝孔密度 hpi 为:6075/135≈45,即其孔密度 hpi45。

公制孔密度(个/m)与英制孔密度(hpi)的换算关系式如下:

$$\text{公制孔密度(个/m)} = 39.37\times \text{hpi}$$

或

$$\text{hpi} = \text{公制孔密度(个/m)}/39.37$$

例:熔喷喷丝板的公制孔密度为 1654(个/m),则其英制喷丝孔密度 hpi 为:1654/39.37≈42,常用 hpi42 表示。

$$\text{hpi} = \frac{25.4}{\text{孔间中心距(mm)}} \text{ 或 } \text{hpi} = \frac{25.4\times\text{喷丝孔数量(个)}}{\text{布孔区长度(mm)}}\text{(个/英寸)}$$

熔喷喷丝板的喷丝孔密度与聚合物种类、纤维的结构及粗细、产品的应用领域等因素有关,一般在 800~2000 个/m,相当于每英寸长度内有 20~50 个喷丝孔,即 hpi 为 20~50。

孔密度的大小是喷丝板设计、制造技术水平的体现,熔喷技术的发展过程,也是喷丝板孔密度不断提高的过程。这不仅是喷丝孔的布置密度问题,还关系到小孔径、大长径比的深孔加工,即由于孔间距离缩小后所要采取的相关工艺措施。如为了防止因熔体出口胀大而产生的纤维互相粘连现象,喷丝孔要有更大的长径比等。

③孔密度与产品应用领域的关联性。喷丝板的孔密度与产品应用领域有关,即低孔密度的喷丝板、喷丝孔的直径都会较大,允许的单孔流量较大,适用于生产对纤维直径要求不高的产品,而且有较高的产量,如生产隔音隔热用材料时,就可以用这种喷丝板。

但要生产纤维较细的产品,则用较高孔密度的喷丝板更为有利,因此,生产过滤阻隔型产品时,就用高孔密度的喷丝板。目前已有利用特种工艺加工的喷丝板,其孔密度 hpi 可高达 100,这种喷丝板孔径小、长径比可达 100,可以纺制亚微米级的超细纤维。通常喷丝板的长径比一般仅在 20 左右,用常规工艺能加工的极限长径比约为 25。

虽然国内已有 hpi 为 50 的个别机型在运行,也有设备制造商开发出了 hpi 为 64 的喷丝板,但绝大多数熔喷系统喷丝板的 hpi 在 35~42 之间。在生产阻隔、过滤材料的熔喷纺丝系统中,有使用更高孔密度喷丝板的趋势,如在国外引进的商业化熔喷纺丝系统中,已应用 hpi 为 70~75 和 75~100 的喷丝板。

但孔密度与产品的应用领域并不存在绝对的对应关系,若有较高的牵伸速度,低孔密度的喷丝板也能生产纤维较细的产品。虽然目前生产空气过滤用熔喷布时,喷丝板的孔密度 hpi 普遍已经大于 40,但仍有不少 hpi 为 35 的喷丝板还在使用,其产品质量也可达到要求。

由于孔密度较低、喷丝孔的直径较大,喷丝孔的单孔流量较大,纤维的直径较粗,而且直径分布也较宽,纤网的平均孔径较大,要使产品具有更好的过滤、阻隔性能,就需要更好的工艺条件和技术水平。

但这并不代表应用高孔密度喷丝板缺乏迫切性和重要性,高孔密度喷丝板是一个技术创新方向,能更容易地生产出性能更加优异的熔喷产品,而这是低孔密度喷丝板不容易达到的。

双组分纺丝系统喷丝板孔密度与纤维结构有关,由于不同组分的熔体要有互相分隔的流道，要比单组分喷丝孔占用更多的布置空间，因此，喷丝板的孔密度比普通的单组分系统低。

但对纤维直径要求不高，如在建筑、隔音、吸收领域应用的熔喷材料，纤维的直径甚至可以达到20μm，而要求有较高产量的纺丝系统，会用到孔径较大，孔密度较低（hpi<30）的喷丝板，其产能可达到100kg/（m·h）。

在纺丝泵排量相同或纺丝系统产量相同的状态，孔密度越高，就意味着喷丝孔的数量越多，单孔流量越小，用同样的牵伸速度，可以获得更细的纤维，使产品获得更好的均匀度、更高的过滤效率或更好的阻隔性能，并有更佳的质量。

④喷丝孔直径与孔密度的关系。因为熔喷法喷丝板只有一行喷丝孔，而布孔区的长度是确定的，不能通过增加喷丝板布孔区的长度等方法来增加喷丝孔的数量，也不能像纺粘法喷丝板那样用增加布孔区的面积（即增加喷丝板MD方向宽度）的方法来提高喷丝孔密度。因此，只能利用减小喷丝孔直径的方法来提高孔密度。

由于相邻熔喷喷丝孔之间的间隔很小，提高孔密度后，就必须有相应的措施来应对由此带来的纺丝稳定性问题，如通过增加喷丝孔的长径比来消除出口胀大效应的影响。这时喷丝板的结构强度较低，允许的熔体压力、单孔熔体流量会较小，产量也会较低。

孔密度会影响喷丝孔直径的大小，孔密度较高的喷丝板意味着在同样的布孔区范围内，要加工数量更多的喷丝孔，喷丝孔的直径就必然较小。

但喷丝孔直径的大小与喷丝板的孔密度没有必然的关联，也就是说，喷丝孔较小的喷丝板，其孔密度不一定会较大，因为并没有说明其喷丝孔之间的距离。此前就曾有设备制造商标榜可以提供喷丝孔直径为0.25mm，甚至小于0.20mm的喷丝板，为了规避出口胀大风险，只可人为增加喷丝孔间的距离，孔密度仅为35~38。

之所以会出现这种现象，主要是一些设备制造商为了规避大长径比深孔加工的风险或为了节省加工成本，甚至是缺乏深孔加工能力的行为。因此，这种喷丝孔的长径比可能仅在10左右，当喷丝孔直径为D时，只可将相邻喷丝孔的中心距从常规的$2D$增加到$3D$甚至更大。

虽然这种喷丝板可以生产直径较细的纤维，但因为孔密度小，纤维的数量减少很多，既影响了产品的均匀度，也降低了纺丝系统的产量，影响了经济效益。可见这种喷丝板的综合技术水平一般都较低，这是市场上存在的一种概念误导。

喷丝孔直径较大的喷丝板，其孔密度必定比喷丝孔直径较小的喷丝板更低。阻隔、过滤型制品材料要求产品的纤维直径较细，以获得良好的阻隔过滤性能，因此，喷丝板孔密度比用于隔音、隔热及吸收等用途的喷丝板更高，后者会有较大直径的喷丝孔，有利于提高系统的产量（熔体挤出量）。

（四）喷丝板的技术发展

1. 国内在用的熔喷喷丝板技术性能

正常设计的熔喷喷丝板，其喷丝孔间的中心距约为孔径的2倍，而有的喷丝板的孔间的中心距接近孔径的3倍。虽然用这种喷丝板纺出的纤维可能较细，但因为纤维的数量少，将影响产品的均匀度，而在相同喷丝孔熔体流量条件下，还降低了纺丝系统的产能。因此，孔密度是衡量熔喷喷丝板技术水平的重要指标。

目前，国产喷丝板在小孔及大长径比深孔加工方面，还存在技术瓶颈，表4-7为国内一些在用的不同品牌熔喷喷丝板技术参数，从表中数据可见，由于设计理念及应用场景不同，在同样幅宽的纺丝系统,不同品牌喷丝板的数据存在较大的差异。

表 4-7　不同品牌熔喷喷丝板技术参数

产品幅宽(mm)	布孔区长度(mm)	孔径 D(mm)	长径比 L/D	孔密度		总孔数(个)
				hpi	个/m	
1200	1300	0. 25	15	45	1772	2303
	1300	0. 15	22	70	2778	3611
1600	1700	0. 12	100	100	3937	6669
	1800	0. 18	40	70	2756	4961
	1730	0. 28	10	35	1378	2384
	1700	0. 35	10	35	1378	2344
2400	2550	0. 35	10	38	1496	3815
	2550	0. 30	12	42	1654	4217
3200	3350	0. 15	20	100	3937	13190
	3429	0. 25	10	50	1969	6751
	3350	0. 32	10	42	1654	5548
	3420	0. 32	12	42	1654	5854

纤维的冷却与纤维的直径大小有关,纤维的直径越大,越不容易冷却。像聚丙烯这一类导热能力较差的纤维,其芯部的热量不容易传导到纤维表面与低温冷却气流进行热交换,而且大直径纤维所携带的热量也较多,也容易使冷却气流吸收热量后温度升高,与纤维间的温度差减小,影响冷却效果。

因此,喷丝孔直径较大的纺丝系统,需要有较长的冷却距离,也就是要有较长的接收距离。而为了使纤网的结构更为蓬松,生产保温隔热熔喷材料的纺丝系统,也需要有较长的接收距离。综合这两方面的要求,这一类型纺丝系统的显著特征就是接收距离很长。

对于直径较小的纤维,其所携带的热量较少,芯部的热量可以较容易传导到纤维表面,并与低温冷却气流进行交换,而冷却气流很容易使仅有一行的纤维获得较有效的冷却。

在生产空气过滤材料的熔喷系统中,孔密度 hpi 数值的大小是喷丝板制造技术水平高低的体现,这不仅是喷丝孔的布置密度问题,还关系到由于孔间距离缩小后所要采取的相关技术措施。如为了防止因熔体出口胀大而产生的纤维互相粘连、并丝现象,喷丝孔要有更大的长径比等。

在产品定量规格相同的条件下,用高孔密度喷丝板生产的熔喷产品,具有比普通产品更高的过滤效率,但过滤阻力也较大,这就为通过减少产品定量来降低阻力提供了基础,也就是可以用更小定量规格的产品来替代较大定量的普通产品,从而获得相应的经济效益。

2. 国外主流的熔喷喷丝板技术性能

目前,国外的成套熔喷设备制造商有很多,对我国市场影响较大的主要是欧美厂商,其中设备拥有量较多的主要是德国莱芬豪舍公司,除了一些独立的熔喷生产线外,较多数量的熔喷系统主要配置在 SMS 型生产线使用。

表 4-8 为不同纺丝工艺的 PP 喷丝板孔密度概况。

表 4-8　不同纺丝工艺的 PP 喷丝板孔密度

项目	单排熔喷 MB	多排熔喷 MR	纺粘 SB
喷丝孔布置密度	25~75hpi	50~125hpi	150~170hpi
	984~2953(个/m)	1969~4921(个/m)	5906~6693(个/m)
纤维直径(μm)	1~5	3~15	10~30
产能[kg/(h·m)]	10~100	40~150	150~270
纤维强度	低	中	高

在对纤维细度要求不高,而要求有较高产量的纺丝系统或产品,如生产保温、吸收型的熔喷产品时,会用到孔径较大、孔密度较低(hpi<30)的喷丝板,这种低孔密度喷丝板的结构强度大,允许使用较高的熔体压力,单孔熔体流量大,可获得接近或大于 100kg/(m·h)的高产量。虽然这时的纤维较粗,但生产成本也较低,有较好的经济效益。

当使用有多排孔的熔喷喷丝板时,由于喷丝板的结构不同,有较高的强度,既容许有较高的孔密度,又可以有较大的单孔熔体流量,因此,产量明显增加很多。虽然这种产品的纤维直径较粗,分布也较宽,但不影响其在隔音、隔热、保温及吸收领域的应用。

生产阻隔、过滤型的熔喷产品时,为了获得较细的纤维,就要使用孔密度较高、喷丝孔直径较小的喷丝板,以降低单孔熔体流量,这时纺丝系统的生产能力一般小于 50kg/(m·h),甚至更低。因此,产品的能耗较高,但纤维的直径分布宽度会较窄,使产品的性能,如过滤效率、静水压的离散性较小。

在纺丝泵排量相同或纺丝系统的产量相同的状态下,孔密度越高,就意味着喷丝孔的单孔熔体流量越小,用同样的牵伸速度,可以获得更细的纤维,使产品有更好的质量。但在选择喷丝板的孔密度时,首要考虑的是纺丝稳定性,而非片面追求高孔密度。

3. 喷丝板的熔体压力

国内使用的大部分常规结构的喷丝板,若其内部熔体的压力高于 3MPa,就可能危及喷丝板的安全。大部分在运行过程中损坏的熔喷喷丝板,都是沿尖端的喷丝孔中线裂开的,其原因多因操作不当、在喷丝板内形成太高的压力所致。

国外一些利用特殊工艺制造的具有特殊结构的喷丝板,可以承受 9MPa 以上的熔体压力。因此,更有利于熔体的均匀分配及提高喷丝孔的熔体流量,可获得更好的产品质量和更高的产量,并有更高的安全性。

4. 纺丝组件的外形、结构及尺寸变化

(1)纺丝组件的外形变化。随着技术的发展,熔喷法纺丝组件(包括喷丝板在内)的外形也发生了一些改变,传统的熔喷纺丝组件外形为矩形,目前已有锥形纺丝组件在运行使用,除了配置在熔喷系统使用外,已配置在最新型的 SMS 生产线的熔喷系统(图 4-36)。

锥形熔喷纺丝组件的特点是有更为灵活的安装方式,便于空间布置和安装;占用空间小,可以在相同的空间中布置数量更多的纺丝系统,构置一条多纺丝系统的高性能生产线;由于在接

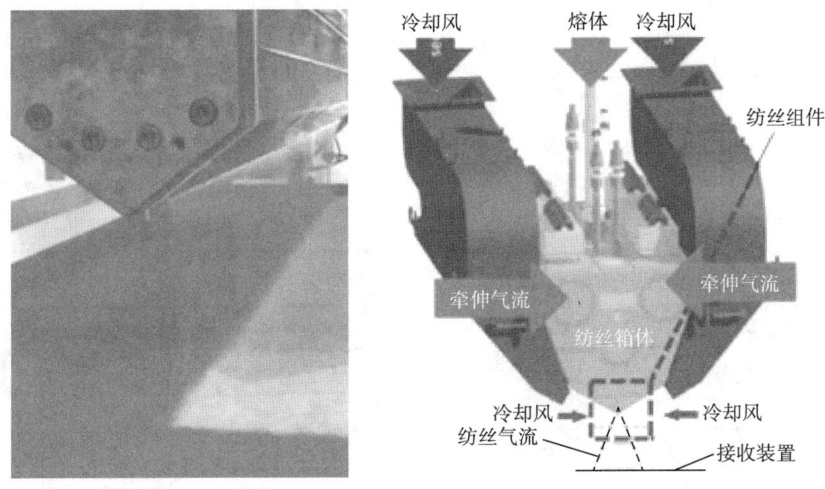

图 4-36　运行中的锥形熔喷纺丝组件

收距离较小的状态，锥形纺丝组件与成网机之间仍有一个开放的三角形空间，便于在布置冷却吹风装置喷嘴后，在组件上下游两侧仍有宽敞的环境气流通道，使牵伸气流及熔喷纤维得到更为有效而充分的冷却，提高了产品的质量。

(2)纺丝组件的结构变化。在熔喷法非织造布技术的发展过程中，各个品牌的设备制造商都在不断改进、优化纺丝组件的结构，以提高其技术性能(图 4-37)。

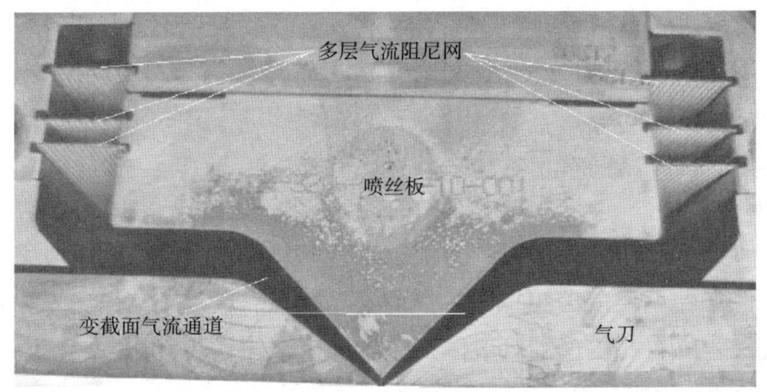

图 4-37　变截面气流通道及多层阻尼网

(3)纺丝组件的尺寸变化。熔喷纺丝组件的外形也在不断地优化过程中，如以 2020 年为界限，德国安卡的熔喷纺丝组件有了较大的变化，2020 年及以前制造的纺丝组件，尺寸及重量较大，称为第 1 代产品；而在 2020 年以后新制造的纺丝组件尺寸较小，重量较轻，称为第 2 代产品。

从图 4-38 可以看到，第 2 代纺丝组件的宽度已经从第 1 代的 280cm 缩小至 224cm，而纺丝箱体的宽度也相应缩小，如其牵伸气流管道的中心距也由第 1 代的 540cm 缩小至 401cm。这种改变使设备的总体外形变小，重量变轻，更容易安装。

从这些尺寸变化可知，两代纺丝系统已经不能互换使用。由于牵伸气流管道的中心距变

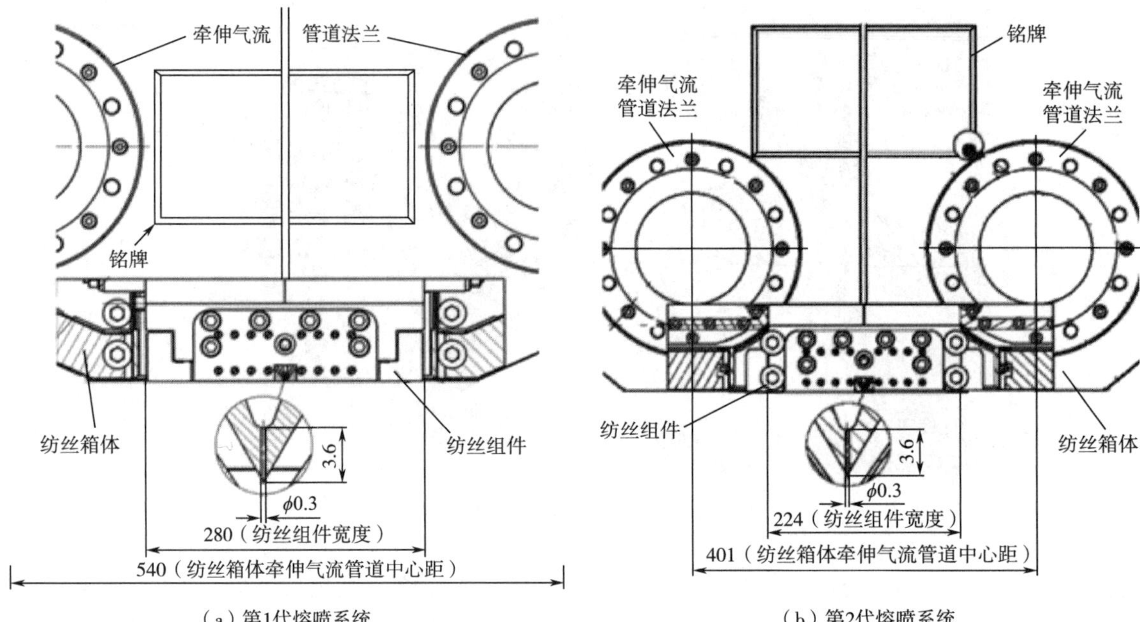

（a）第1代熔喷系统　（b）第2代熔喷系统

图 4-38　安卡第 1 代与第 2 代熔喷法纺丝组件示意图

小，第 2 代机已经无法像第 1 代机那样，将设备铭牌放置在两只牵伸气流法兰之间的空隙中，而要移到上方的位置，可以根据这一特点来识别纺丝系统属于哪一代机型。

三、纺丝组件的结构与安装

（一）纺丝组件的基本组成

除上文介绍的喷丝板外，纺丝组件还包括以下部分。

1. 气刀（刀板）

每一个纺丝组件有两块气刀，气刀的斜面与喷丝板的斜面之间，各构成了一条牵伸气流通道，称为气隙（图 4-39）；两块气刀刃口间的缝隙是牵伸气流和熔体细流的出口，牵伸气流速度高达或超过音速（>340m/s），实现了对熔体细流的高速牵伸，同时也会产生很强的噪声。

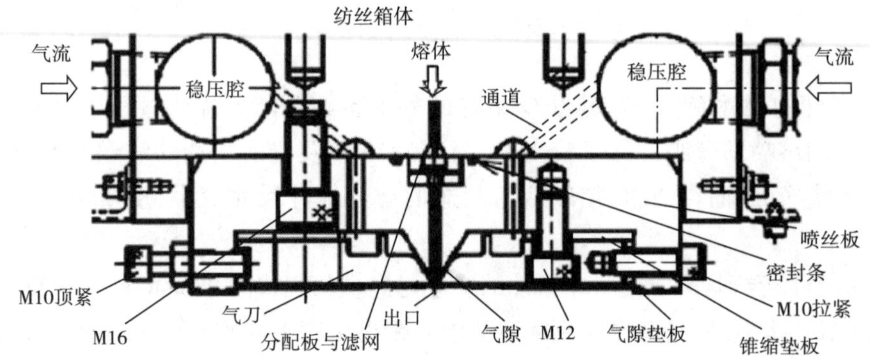

图 4-39　卡森型快装式纺丝组件

气刀的刃口要保持锋利、无缺损。两块气刀尖端刀口间的出风口宽度为1.00~1.60mm，尺寸越小，牵伸气流的速度越快，但阻力越大，越难保证宽度的均匀性，对加工精度、材料热稳定性要求高。有的气刀还在气流通道加工有阻尼挡板，使气流通道形成曲折的迷宫式结构，增加气流的流动阻力，改善全幅宽方向的气流均匀性。

由于牵伸气流的质量流量是与熔体挤出量呈正相关，而气隙的大小与牵伸气流的压力和流量有关，气隙大、牵伸气流通道的阻力较小，需要的牵伸气流压力较低，在同样压力下的流量较大。这就是不同的机型，牵伸气流有较大差异的原因。

纺丝组件的气隙一般在0.80~2.00mm，具体所用的气隙值由设计确定，不同的机型会有较大差异。气隙一般只能在离线状态，通过改换不同规格垫板或改变装配方式来做有级的调整。在装配过程中，纺丝组件上的调整螺栓（拉紧及顶紧用螺栓）并非用于调整气隙宽度，而是用于微调气隙的均匀性。

在绝大部分情形下，纺丝组件两侧的气隙是对称且相等的，这时可保证牵伸气流沿喷丝板中线呈较为收敛、对称的状态喷出，此时产品会有较好的均匀度。如果气隙不对称，牵伸气流会以较为发散，甚至交叉的状态喷出，对产品的质量会有很大影响。

气隙太窄，将很难保持全幅宽范围的均匀一致，同样的偏差值，气隙越小，其相对误差也就越大，对纺丝过程的影响也越明显。

两块气刀的下平面至喷丝板尖端的距离叫锥缩，这是一个对晶点的形成有关键性影响的因素。为了不成为产生晶点结构性的诱因，必须保证锥缩为正值（>0），即喷丝板的尖端是后缩在气刀的平面的内部，这样保证喷丝板的尖端能得到牵伸气流加热，锥缩实际尺寸在0.60~2.00mm。

纺丝组件的锥缩值也是由设计而定，通常可用更换相关垫片（锥缩垫板）或调换气刀的安装位置的方法来改变。不同品牌的纺丝组件，所配的系统也不同，结构尺寸不宜简单仿照，国内常见的国外熔喷纺丝组件的气隙、锥缩值如下：

日本卡森公司：气隙0.70mm（1.00mm、1.60mm），锥缩0.70mm（1.00mm、1.60mm）；

德国安卡公司：气隙0.70mm（1.60mm），锥缩0.70mm（1.60mm）；

美国精确公司：气隙0.51mm，锥缩0.76mm，出风口宽度0.30mm。

两块气刀的刀尖间的狭缝是牵伸气流的出口，其宽度既影响牵伸气流喷出时的阻力，而且是决定气流速度（也相当于牵伸速度）的关键工艺尺寸，大多数纺丝组件这个尺寸一般都≥1mm。

2. 熔体分配板

在普通的单组分纺丝系统中，纺丝组件中只有一块分配板，这是一个相对简单的长条状零件，纺丝箱体的熔体沿全幅宽方向进入纺丝组件，分配板的功能是将熔体均匀展开。因为熔喷系统只有一行喷丝孔，熔体仅需沿CD方向均匀分配即可。因此，分配板上仅加工一些直径约为2mm的小孔，当熔体流过分配板时，由于小孔节流效应会形成一定的流动阻力，使熔体沿喷丝板布置有喷丝孔的区域展开。

在双组分纺丝系统中，分配板则是纺丝组件中较复杂的一个零件，在一个纺丝组件中还会配置多块不一样的分配板，分配板的结构不仅与纤维的截面结构有关，而且不同品牌的分配板会有极大的差异，分流原理也不一样。

在双组分系统的两个组分，设计的熔体挤出量并不一样，除了相关的螺杆挤出机、熔体过滤器、纺丝泵、熔体管道的大小和性能有差异外，两个组分在分配板上所占用的面积也有很大差异。

由于两个组分的熔体分配比例不一定相同，熔体的流量也有差异，因此，分配板上两个组分所占的面积会有明显的大小差别，并必须与纺丝箱体的熔体分配通道对应，而不像单组分的分配板那样，可以不分方向随意安装。目前，国内的双组分熔喷系统很少，其纺丝组件主要是从国外引进的，另一部分是在国内制造的。

分配板的结构一般为整体式，有的大幅宽（≥2400mm）纺丝组件的分配板，可为多段榫卯组合式结构，可以防止产生太大的热变形；有的分配板则与滤网支撑板组成上、下两片组合结构，把滤网夹在中间（图 4-40）。

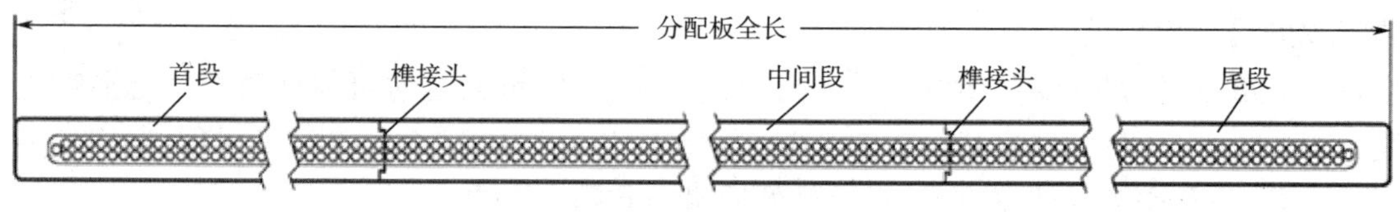

图 4-40 分段式榫卯结构连接的分配板

3. 过滤网

组件内过滤网的功能是滤除熔体在离开熔体过滤器后，在流动到喷丝板过程中形成的凝胶颗粒等杂质，使熔体在进入喷丝孔前再过滤一次。而在熔体经过滤网时，滤网的阻力有利于增加熔体分布的均匀性，而且因节流效应有一定的升温作用，增加流动性。

由于熔体通过过滤网会产生一定的阻力，还能改善熔体分配均匀性。组件内的滤网并不承担主要的过滤任务，仅需滤除熔体中尺寸较大的凝胶粒子。

因此，组件内的滤网过滤精度，一般比熔体过滤器的滤网要低一些，如熔喷系统熔体过滤器使用的滤网约 600 目（相当于过滤精度为 25μm），而在纺丝组件内滤网使用 160~200 目（相当于过滤精度为 90~75μm）即可。

组件内滤网的精度不宜太高（或太低），否则都会缩短喷丝板的使用周期。从生产实践得知，很多纺丝组件无法正常纺丝并非喷丝孔被堵塞，而是由于过滤网上淤积的异物太多，导致相应区域的喷丝孔熔体压力下降，进而无法正常纺丝。因此，不宜盲目提高组件内滤网的过滤精度。

早期还有个别机型仅使用一层的过滤网，尺寸要求不严格。滤网就是在现场直接从一张大的不锈钢网剪下来或手工撕下来，边缘不齐整、扎手，而且容易有钢丝散落。

目前，使用的大多是两层或三层结构的平面滤网，这种滤网容纳杂质的能力（即纳污量）较小，在杂质淤积较多的部位，熔体流动阻力增加，压力下降，对应位置喷丝孔的熔体压力偏低，就会出现纺丝异常，影响喷丝板的使用周期。

由于熔喷系统只有一行喷丝孔，需要过滤的熔体流动性也很好，从纺丝箱体的熔体分配通道进入喷丝板的熔体通道基本上就是一条沿 CD 方向的窄缝，熔体不存在向 MD 方向扩散的问题。因此，纺丝组件内的熔体过滤网，其结构都很简单，有的机型仅是将大规格的卷状不锈钢网展开，然后在现场裁剪下来使用。

有的机型会使用有两层或三层结构的带铝框包边滤网(图 4-41),铝框兼有熔体密封功能,当仅有两层编织网时,过滤精度高的一片为滤网,放在熔体的进入端;过滤精度较低的一片仅作为支撑网使用,置于滤网的下方。

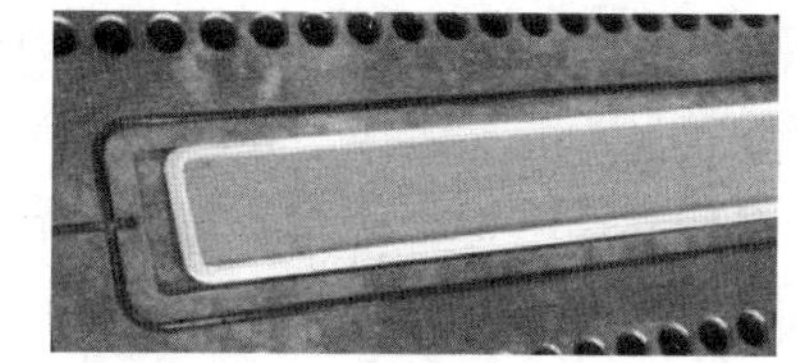

图 4-41　熔喷组件内带铝包边的熔体过滤网

图 4-42 为一种三层结构滤网,及其夹在组件两张分配板间的安装状态。

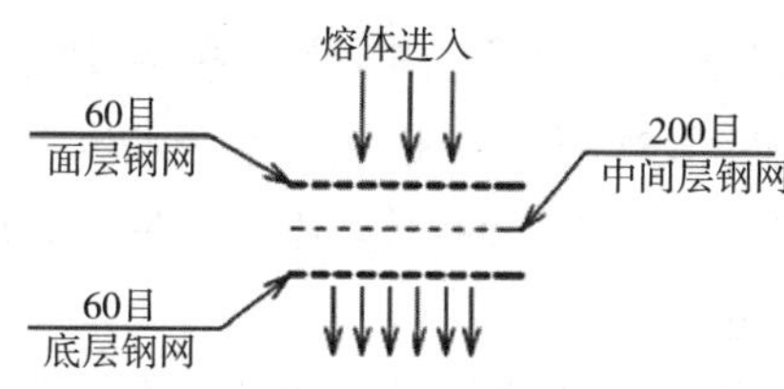

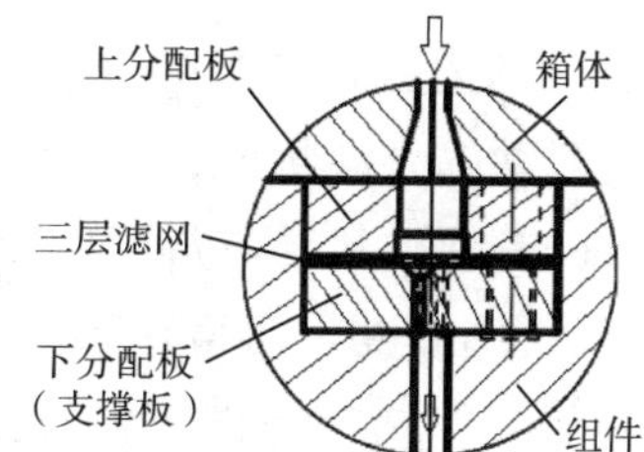

图 4-42　两片式分配板与熔体过滤网

在单组分纺丝系统中,只有一件熔体滤网;在双组分纺丝系统中,两个组分的熔体独立进入纺丝组件,每一个组分都有一个熔体滤网,由于两个组分的熔体流量会有较大差别,因此,滤网的外型尺寸、面积大小也可能有明显的差异。

4. 调整垫片

组件内的垫片一般分为气隙垫片和锥缩垫片两种,分别用于在离线状态调整气隙和锥缩值。有的垫片有多种厚度规格,在使用时还可能与刀板存在配对关系,因此,一般会在垫片刻有永久性标记。但有的机型并不一定需要使用这些垫片,纺丝组件的结构参数在设计、制造时已确定,不可改变。

早期一些品牌的纺丝组件,在喷丝板上加工有一系列高度不同的定位销孔,把刀板固定在不同的定位销孔,就可以同时改变气隙和锥缩值。

由于这些垫片都是厚度较薄的长条状零件,在长期处于高温、受力的状态下使用后,很容易发生变形。

5. 密封件

密封件用于纺丝组件与纺丝箱体间的压力熔体密封,常用的密封材料有:聚四氟乙烯(PTFE)、紫铜、铝等,大部分密封件均为圆形,一些机型曾使用空心的软质金属圆管的专用密封件,而在组件的表面一般加工有密封件槽。

为了使压力熔体得到有效的密封,纺丝组件与纺丝箱体间必须留有尚可以压缩的间隙,这个间隙的存在可以保证熔体得到可靠的密封,但同时也成了牵伸气流的泄漏通道,由于通道的间隙很小,而气流的压力较低,泄漏并不明显。

目前,有的纺丝组件改进了密封设计,采用了两道密封(图 4-43),其中内圈密封材料用于密封

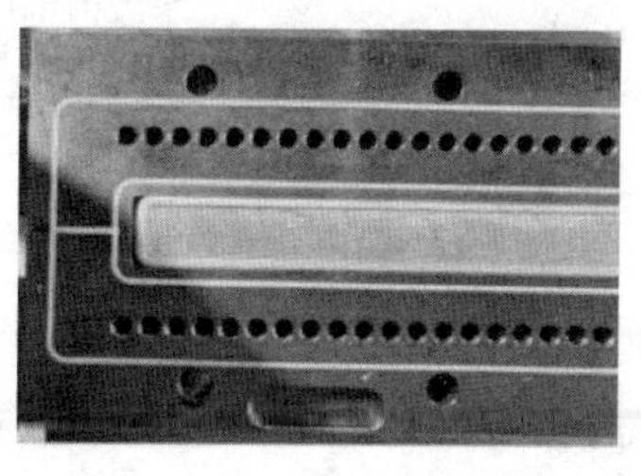

图 4-43　纺丝组件与纺丝箱体间的两道密封

熔体,外圈密封材料用于密封牵伸气流,这样就可以同时实现对纺丝熔体和牵伸气流的有效密封。

圆形聚四氟乙烯密封条是较常用的密封材料,其直径一般在 2.8~3.2mm,如直径或厚度太大,虽然可以提高熔体的密封效果,但会使喷丝板承受额外弯矩,还会增大纺丝组件与纺丝箱体之间的间隙,增加牵伸气流的泄漏量,增加产品的能耗。

熔喷纺丝组件本身没有加热能力,组件升温所需要的热量有以下几个来源。

(1)流动的高温熔体直接传导的热量。但熔体在把热量传导到纺丝组件后,自身的温度会降低,传导的热量越多,熔体与组件两者间的温度差也越大,会导致熔体的流动性变差。

(2)高温牵伸气流直接传导的热量。这是纺丝组件的主要热量来源,特别是在纺丝泵还没有启动、没有熔体流动的升温阶段,纺丝组件的升温过程主要是依靠热风提供的能量。在牵伸气流加热纺丝组件的同时,自身的温度同样也会降低,为了使纺丝组件能保持工艺所需的温度,一般需要把牵伸气流的温度设定得比熔体温度更高。

(3)纺丝箱体通过与纺丝组件接触,把热量传导给纺丝组件。由于组件与箱体间必然存在间隙,其中空气导热能力仅为金属材料的几百分之一,热阻会很大,所能传导的热量就很小。接触越不紧密,传导的热量也越少;纺丝组件两个垂直侧面间也是间隙配合,存在同样的情况。

因此,密封条的尺寸太大,还会影响组件的受热程度。

在双组分系统的纺丝组件中,由于不同组分的熔体通道排列紧密,而且数量众多,因此,有的零件间无法使用其他密封材料,只能依靠零件间精密加工的平面实现密封。有些小尺寸窄幅机型的纺丝组件,会直接利用精密加工的平面密封,可能也没有独立的密封件。

6. 阻尼网

一些纺丝箱体内设计有容积较大的牵伸气流稳压腔,所有从纺丝箱体外部、通过小分支管道进入纺丝箱体的牵伸气流,先进入稳压腔扩张、平衡,再分流到纺丝组件中,这样可使全幅宽范围内的牵伸气流压力更为均衡。

由于一些机型的纺丝箱体内没有稳压腔,多路分支气流经过箱体内的管道直接进入纺丝组件内,而组件内的空间容积有限,阻力较小,不容易在幅宽方向扩散,会影响气流的均匀性。因此,在纺丝组件内的牵伸气流通道中,设置了多层结构的阻尼网(并非过滤网),人为增加纺丝组件内牵伸气流通道的阻力,用于改善沿 CD 方向的牵伸气流均匀性(图 4-44)。

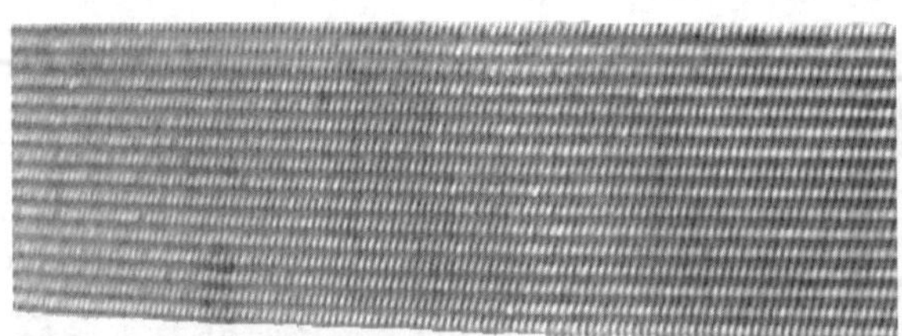

图 4-44　阻尼网

这种阻尼网的宽度约为 22mm,较厚,有较高强度,能承受牵伸气流的压力,可以根据实际需要,从卷状材料中剪裁。在组件已装配好,但还没有安装两端封板前,可从一端的安装槽内插入纺丝组件的气流通道内(图 4-45)。

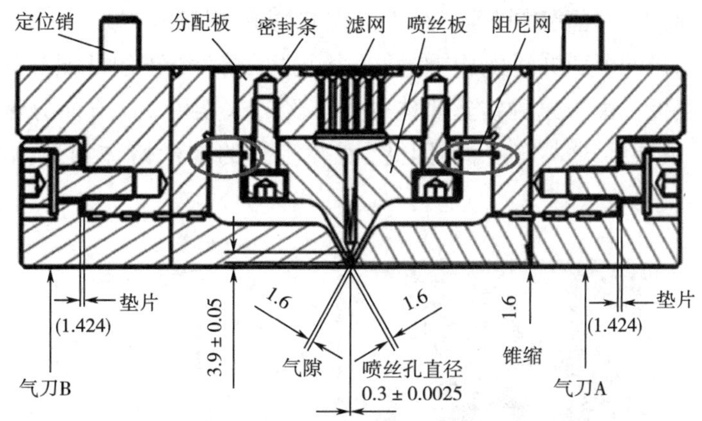

图 4-45　德国安卡公司快装式熔喷纺丝组件

随着技术的进步，除了应用上述平网状结构的阻尼元件外，在德国莱芬公司 RF5 中的锥形熔喷纺丝组件中，用到圆笼形结构的阻尼元件（图 4-46）。

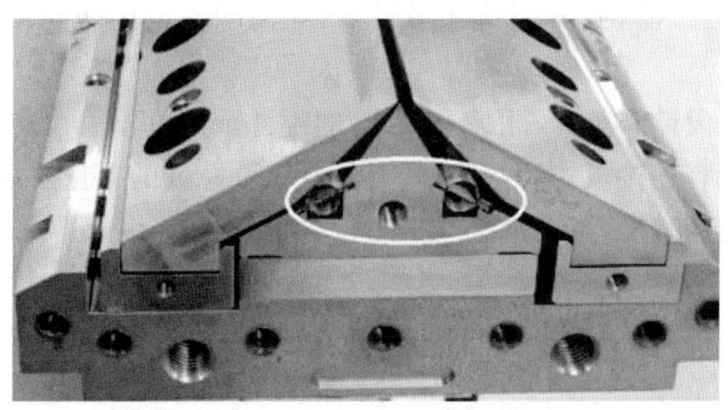

图 4-46　RF 锥形熔喷纺丝组件中圆笼形阻尼元件

7. 连接板

连接板是纺丝组件与纺丝箱体之间的过渡连接件，是熔体和牵伸气流（熔喷系统用）进入纺丝组件的通道，并将纺丝熔体、牵伸气流导入纺丝组件内。因此，有时也叫进料板。此外，连接板同时将纺丝箱体的热量传递给纺丝组件。

连接板是一个较大型的、强度和刚性都较大的零件，因此，能承受螺栓的紧固力，避免喷丝板发生变形。当纺丝组件进入纺丝箱体的安装位置后，在连接板两侧加工的 V 形开口与箱体对应位置的 V 形开口构成了一个正方形的空间，只要在这个空间塞入两条方形定位键，纺丝组件就会快速卡在箱体上。

定位键是一条用耐高温的不锈钢材料制造的零件，其长度与组件的长度一样（一些机型会将其分为等长度的两段）。除了可以快速将纺丝组件在纺丝箱体定位外，定位键还作为垫片使用，直接承受及传递螺栓的安装紧固力，使纺丝组件紧贴在纺丝箱体上，可避免螺栓的头部将连接板压坏。

配置有连接板的纺丝组件还有一个突出的优点，即由于不存在一般纺丝组件的螺栓孔与纺丝箱体螺纹孔的对中问题，就是不管纺丝组件与纺丝箱体间有多少温度差，随时都可以将全部的紧固螺钉拧上去，而无须耗费时间等待组件升温热膨胀。

仅从美国、德国引进的个别机型及国内少数几个企业的熔喷纺丝组件配置有连接板(图4-47)，一般机型都没有连接板。由于这种纺丝箱体的熔体经过衣架沿CD方向分流后，没有沿MD方向扩散，熔体仍从一条狭缝进入连接板，因此，需要密封的纺丝熔体通道面积很小，密封也较可靠。

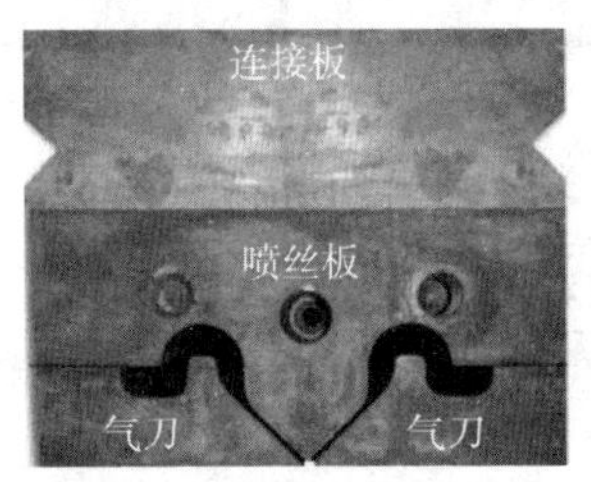

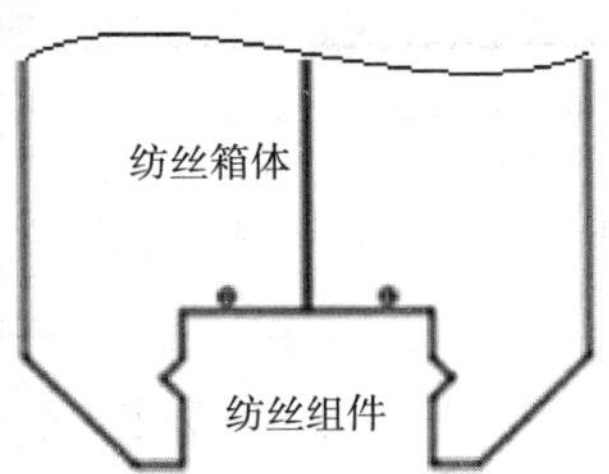

图4-47　带连接板的熔喷纺丝组件与纺丝箱体安装口

连接板将纺丝熔体导入纺丝组件前，先在连接板内部容积较大的稳压腔内扩散，大面积均匀分布后，才进入下方的过滤网、分配板和喷丝板，与此同时也把纺丝箱体的热量传递到纺丝组件。

纺丝组件的重量与设计有关，因此，不同品牌的组件重量差异很大，而同一机型则主要与生产线的幅宽有关。配置有连接板的纺丝组件，其纺丝组件总成的重量要远大于普通的组件。此外，还与运行速度，即铺网宽度有关，常用纺丝组件的重量见表4-9。

表4-9　熔喷系统常用纺丝组件的重量

生产线幅宽(mm)	1600	2400	3200	4200
纺丝组件重量(kg)	约160	约200	约280	约540

注　不同品牌纺丝组件的重量有较大差异，表中数据供参考，即使是同一制造商在不同时期或不同型号的产品，同样幅宽的纺丝组件其重量也有很大差异。如在3200mm系统配套使用的安卡纺丝组件，二代机型的重量就比一代机型少一百多千克。

8. 其他配件

(1)端封板。组件的两端都有两套端封板，端封板一般包括钢压板和用紫铜或黄铜等软质金属制造的垫板，主要用于密封牵伸气流通道(气隙)的两端开口。

(2)紧固件。包括螺栓、定位销、定位键、垫板等。用于安装、定位、紧固零件或调整相互关系，都是用高强度的耐高温金属材料制造，如快装式组件的螺栓垫板、快速定位用方形键、组件与箱体间的定位销等。

双组分纺丝组件结构复杂，特别是分配板数量很多，两个组分之间、纺丝组件与纺丝箱体之间有严格的对应关系，因此，都加工有相应的定位结构。

(3)传感装置。用于直接测量、监视组件内的纺丝熔体及牵伸气流的温度和压力，其测量结果与组件内的实际状态没有差异。除了检测、显示组件的运行状态外，传感器的信号还可以输出至安全保护系统，提供安全保护，特别是超压保护，保障喷丝板的安全。

测量牵伸气流的传感器一般是装在纺丝箱体的每一个牵伸气流入口。由于纺丝组件上的安装空间有限，一般都是使用复合型的温度/压力传感器。这些传感器一般都是对称分布在纺丝组件的两端，便于安装使用，而闲置的一端则用螺塞封堵。

(4)防护装置。防爆管用于防止组件内产生危害安全的高压力，在压力达到额定值时，防爆管会自动爆破、泄压，保证喷丝板的安全。防爆管是一次性使用的专用器材，爆破后是硬性物理损坏，无法修理，只能按照组件的性能选用对应爆破压力的防爆管。这种防爆管多用于从欧美等地引进的纺丝系统，在国产设备上基本没有使用。

(二)纺丝组件的安装方式

在将纺丝组件装到纺丝箱体时，纺丝组件是处于“总成”的状态，即已经将所有零件组装在一起的状态，只需将这个纺丝组件“总成”安装到纺丝箱体，并紧固好即可，无须进行其他装配、调整工作。因此，目前使用的熔喷法非织造布纺丝组件实际上就是一个快装式纺丝组件。

快装式纺丝组件是在日常工作中，就将所有的零件装配为一个纺丝组件“总成”，到需要安装使用时，就可以直接整体装到纺丝箱体上，而无须在现场再进行装配调整。降低了作业要求，提高了工作效率，也降低了劳动强度。

通常快装式纺丝组件是在室温、纺丝箱体低于正常纺丝温度状态安装的，由于纺丝组件与纺丝箱体间存在温度差，两者的螺栓孔与螺纹孔的中线有很大的偏移，很多紧固螺栓无法装上去，要等待纺丝组件升温膨胀、伸长及消除温差后才能拧入螺纹孔中，因此，要耗用较长的时间。

如果采用预热安装工艺，即将纺丝组件预热、升温至比正常纺丝温度稍高的温度进行安装，由于纺丝箱体已处于正常工艺要求温度，因此，所有的紧固螺栓能一次性安装好，可以节省大量停机、等待升温的时间，一般在 2h 内就能完成换板作业。

但由于预热安装工艺操作技术要求高，而且需要配置专用的组件预热炉。因此，预热安装工艺还没有得到普遍应用。

在常温状态安装快装式纺丝组件，仍需要较长的升温时间，浪费了生产线的有效生产时间，降低了产量，虽然其效率已比现场安装式快，但还未能充分发挥其优点。

熔喷系统使用的纺丝组件比纺粘系统更复杂，因此，目前基本上使用无须在现场再做调整的快装式纺丝组件。这样就降低了安装技术要求，也减少了安装工作量和劳动强度，如果配合使用预热安装工艺，可以将等待升温时间缩短至 1h 左右，提高了设备利用率，效益显著。

四、纺丝组件的运行

1. 纺丝组件的工作温度

纺丝组件的工作温度与纺丝箱体是一样的，因为制造纺丝组件的金属材料与制造纺丝箱体的材料也是相同的，通常会选用耐高温的不锈钢材料制造熔喷纺丝组件，如 1Cr17Ni2(相当于日本的 SUS431 或美国的 431)、0Cr17Ni4Cu4Nb(相当于日本的 SUS630 或美国的 630)，用这些材料制造的纺丝组件，可以在 300~350℃温度范围安全使用，并能在≤500℃温度下进行煅烧清理。

由于熔喷喷丝板为只有一行喷丝孔的特殊结构，使其使用周期较短，在其寿命期内，要进行很多次的高温煅烧，导致其不可避免发生一些形变，如一些需要用定位销定位的零件，经过长期运行使用后，定位精度下降，甚至无法再用定位销定位；还有一些长的薄垫片会发生扭曲变形等。但一般并不影响正常使用。

对于社会上存在的一些用级别较低材料制造的喷丝板，其耐高温氧化能力就较差，不仅对正常使用温度有限制，而且不能使用正常的煅烧清洗工艺，否则就容易引起严重的变形，甚至在精密加工面会出现氧化起皮现象，导致喷丝板报废。

2. 喷丝板的熔体压力

喷丝板是纺丝熔体流动过程中阻力较大的零件，也是熔体的压力降幅相当大的位置。由于喷丝板要承受很大的压力和在较高温度下使用，因此，要使用高强度螺栓紧固并保持良好的密封状态，防止熔体泄漏。

目前，视具体的机型和熔体分流方式，纺丝箱体的熔体压力差异并不大。使用衣架分流的熔喷纺丝箱体，熔体压力一般在2~3MPa。

随着使用时间的增加，纺丝箱体的熔体压力会随之升高，其升高速率与熔体的通过量、杂质含量及组件内滤网的过滤精度有关，到纺丝组件使用周期结束时，纺丝箱体压力可接近3MPa。这个数值既是设定纺丝箱体安全运行压力的依据，也是更换纺丝组件的一个依据。

熔喷喷丝孔的直径很小，喷丝孔间的间隔仅是一层很薄的金属层，当喷丝孔的直径为0.30mm时，两个喷丝孔间金属层最薄部位的厚度也仅有0.30mm。喷丝板的两个斜面间仅依靠这些很薄的金属材料以间隔方式联结，导致喷丝板的结构强度较差，不能承受太高的压力。

正常运行期间，熔喷纺丝组件内的熔体压力一般在1~2MPa（或按设备制造商的推荐值），对于大部分熔喷喷丝板，如果其内部熔体的压力高于3MPa，就可能危及喷丝板的安全，这是运行管理中要给予充分注意的问题。

第六节　牵伸气流系统的功能及指标

熔喷法纺丝系统运行时，需要使用高温、高速的牵伸气流系统，牵伸气流系统就是向纺丝系统提供一定流量、一定温度和一定压力的气流，这些气流通过分配流道直接输送给纺丝箱体（图4-48），然后从纺丝组件中喷出，实现对熔体细流的牵伸。

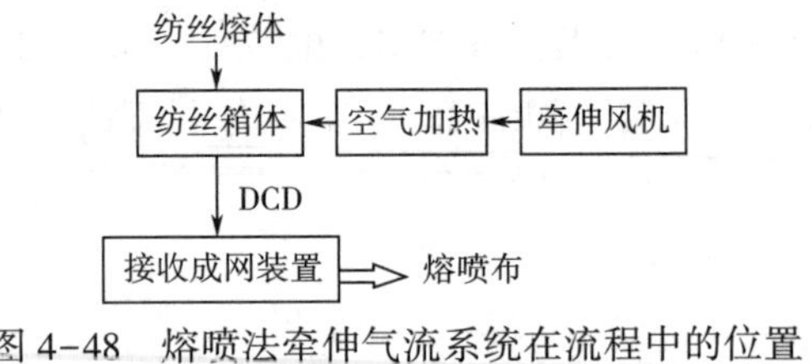

图4-48　熔喷法牵伸气流系统在流程中的位置

牵伸气流也叫工艺气流或一次气流。牵伸系统的功能是用气流牵伸的方法，将喷丝板喷出的熔体细流变成有一定取向的细纤维，牵伸气流系统提供牵伸纤维所需要的高速气流和能量。

熔喷系统的牵伸过程是从纺丝组件内部开始的，熔体从喷丝孔喷出、还没有离开纺丝组件时，随即被从两侧的热气流牵伸。牵伸气流为高温的气流。

由于熔喷系统牵伸气流的速度可以高达音速（20400m/min）或更高，因此，在同一个纺丝系统，既可以使用聚烯烃类聚合物原料，也可以使用聚酯类原料，而无须更换牵伸设备。由于熔喷系统要利用高温、高速的气流牵伸，因此，其牵伸系统设备的装机容量很大，也比纺粘系统大很多。

熔喷系统的牵伸气流设备主要包括：高压风机或鼓风机、空气加热器、气流输送和分配管道、流量和温度控制装置等。

一、牵伸气流系统的作用

(一)牵伸气流系统的功能

1. 纤维的牵伸与取向

在非织造布生产过程中，是依靠气流与纤维间的摩擦力实现牵伸的，牵伸过程使纤维的截面越来越小，并达到所预期的细度。

由于高聚物的分子链很长，在没有取向的材料中，由于分子链无规则排列，纤维强力很低。当纤维受到外界牵伸力的作用时，使分子链的链段沿应力场的方向有序排列，并且在牵伸力作用下形成微纤晶结构，称为取向态结构。

具有一定大分子取向度的纤维具有适当机械强度，还能提高纤维的结晶度。取向使大分子的有序性增加，而分子的热运动总是使分子趋向无序(解取向)；所以取向程度取决于作用的外力大小，应使温度迅速降到聚合物玻璃化温度以下，以冻结取向结果，防止解取向。

无论是结晶态高聚物还是非晶态高聚物(玻璃态高聚物)，在发生取向后，大分子链将会沿受力方向排列，使纤维中的大分子从自然状态的杂乱排列[图 4-49(a)]变成沿纤维轴向的有序排列[图 4-49(b)]，即提高取向度，从而提高纤维的拉伸性能和耐磨性。另外纤维的各向异性、沿分子取向方向的强度、拉伸模量等指标增高，而断裂伸长率下降。

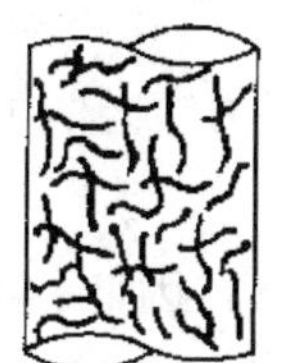

(a) 未取向时的分子链排列状态

(b) 取向后的分子链排列状态

图 4-49　牵伸前后纤维中的分子链取向

纤维的牵伸越充分，其物理性能越好，常用双折射率的大小来表示纤维的牵伸程度。双折射率越大，牵伸越充分。

纤维的双折射与纤维大分子的排列方向有关，当大分子排列与纤维轴平行时，纤维的双折射率最大，此时纤维的强力最大、伸长最小；当大分子任意方向排列时，纤维的双折射率最小。

2. 牵伸气流的作用机理

从喷丝板喷出来的熔体细流是依靠高速的空气牵伸成纤维的。牵伸气流速度 V_a 一般 $\geq$ 20400m/min(达到或超过空气中的音速)，但必须注意，实际牵伸速度即纤维的速度 V_f 并不等同于气流的速度 V_a，而且是 $V_f/V_a<1$，即纤维的牵伸速度 V_f 都低于气流的速度 V_a，正是由两者的速度差(V_a-V_f)所形成的相对速度差，才会产生纤维的牵伸力。气流产生的牵伸力与气流的密度成正比，与气流与纤维之间的相对速度的平方成正比。但速度差越大，牵伸气流的利用率越低，能耗增加，增加了产品生产成本。

牵伸风的风量(或风速)会影响纤维的细度。在风量大(风速高)的工艺条件下，牵伸气流

的速度较高、牵伸力较大;熔体的黏度较低、阻力小,容易生成较细的纤维。牵伸气流速度与纤维细度的关系为:

纤维细度(旦)= 9000×单孔熔体流量(g/min)/牵伸速度(m/min)

随着牵伸气流速度的提高,纤维的牵伸速度也随之加快,纤维的直径迅速减小。在一定的范围内,随着牵伸气流流量(或压力)的增加,纤维的直径会变细。

纤维细度与喷丝板的单孔熔体流量成正比,当减少喷丝孔的单孔熔体流量,也就是降低纺丝泵的速度后,纤维会变细。同样道理,在纺丝泵挤出量相同样的条件下,换用孔密度更大的喷丝板或使用孔数更多的喷丝板时,纤维也会变细,其本质也是降低了喷丝板的单孔熔体流量。但降低喷丝孔的熔体流量仅能改变纤维的几何尺寸(直径的大小),而对改善纤维的物理力学性能贡献不多。

提高牵伸气流的速度,也就是提高牵伸速度才会提高产品的物理力学性能。牵伸气流的速度提高,除了纤维的直径变细外,纤维的大分子取向和结晶度都会提高,熔喷产品的拉伸断裂强力增大,过滤效率或阻隔性能提高,但单位产品消耗的能量增加。牵伸气流的均匀性和稳定性还会影响铺网的均匀性,对产品的均匀度有很大影响。

(二)牵伸气流的技术指标

1. 牵伸气流的技术性能

熔喷系统牵伸气流的技术性能指标包括:气流的温度、气流的压力、气流的流量及加热功率四项。

牵伸风机包括:风机的机型、额定流量、输出气体的压力及驱动风机的电动机功率。对于空气加热器则包括最高工作温度、额定流量、设计的工作压力、加热功率及使用的能源种类等。

2. 牵伸方式对产品能耗的影响

由于熔喷系统使用高温的牵伸气流,而且压力也较高,因此,会消耗较多的能源,对产品的生产成本有较大影响,导致熔喷法非织造布是熔体纺丝成网非织造布中能耗最高的一种产品。

以幅宽为3200mm的熔喷生产线为例,产生牵伸气流设备的驱动电动机功率可达250kW,而空气加热器的装机容量也有450kW,牵伸风机与空气加热器的总装机容量达700kW,几乎占生产线总装机容量的50%。

因此,在熔喷法非织造布生产线中,牵伸热气流会消耗很大部分的电能,根据产品的用途,PP熔喷法非织造布产品的能耗一般在2000~4000kW·h/t,是纺粘法产品的3~5倍。

由于在生产过滤、阻隔型材料时,为了获得更细的纤维、较高的过滤效率和较低的过滤阻力,纺丝泵的速度较低,使喷丝板在单孔熔体流量较小的状态下工作,这时系统产量将大幅度下降,仅为额定产量的1/3~1/2,单位产品的总能耗有可能增加至3500~4500kW·h/t。

产品的能耗之所以会有如此大的差异,还与产品的质量有关,不同的牵伸工艺,其牵伸气流的效率也不同,纤维的细度也不一样,也就影响了产品的物理力学性能。但不管是哪一种工艺,牵伸速度越快,其能耗必然也越高。

但在生产吸收型产品时,由于纤维可以较粗,喷丝板的单孔熔体流量较大,产量较高,而牵伸速度也无须太高,因此,总能耗有可能会下降至2000~2500kW·h/t。

二、熔喷法纺丝系统的牵伸风机

早期的一些熔喷法纺丝系统曾使用罗茨风机作为牵伸风机，这种风机排气压力脉动大、噪声大。因此，已逐渐退出大型或高端的熔喷纺丝系统。不过在特殊的2020年，由于无法购置到其他性能更好的机型，导致又有大量罗茨风机在熔喷系统、特别在小型熔喷系统中使用。

（一）罗茨风机（Rootz）

早期曾有使用空气压缩机（排气压力>0.6MPa）作为牵伸气源的机型，由于排气压力高，要用调压阀降压后使用，加上空气压缩机对排气温度有限制，气流一般要经过冷却降温才能输出使用，浪费了大量热能。由于市场供不应求的特殊情况，虽然在2020年还有生产线使用这个机型，但由于罗茨风机噪声大、能耗高、效率低，仍不宜推广使用。

按转子的形状来分，罗茨风机有两叶形和三叶形两种（图4-50左）。

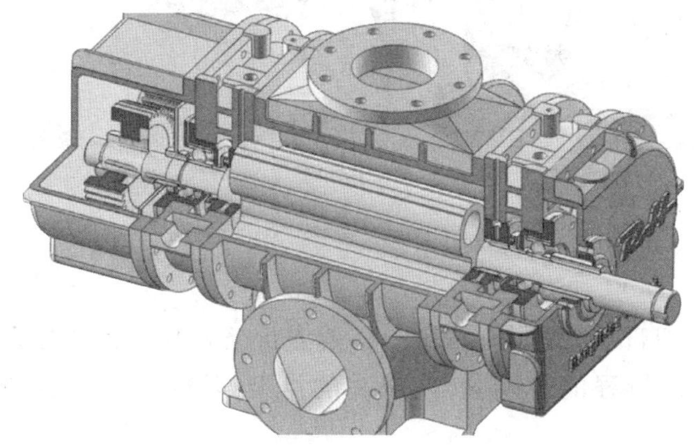

图4-50　罗茨风机

罗茨风机是早期熔喷系统使用的牵伸风机，具有结构简单、造价较低的特点，但其输出压力波动大、最高压力（表压）低（一般≤100kPa）；噪声强度高，而且有很大的波动，不仅影响生产工艺，而且对周边环境干扰大。熔喷系统的牵伸风机是一个高分贝的噪声源，不宜放在生产车间内，在机器附近作业要做好职业安全防护工作，如佩戴耳塞等。

因此，使用罗茨风机时，噪声治理问题较为突出。然而由于价格较低，供应渠道多，仍在一些小型的简易系统或早期制造的熔喷系统使用，且在无法配置螺旋风机的新生产线也有使用。

三叶形罗茨风机的输出压力较平稳，脉动也较小，效率也较高，是目前仍选用的主流机型。目前，罗茨风机的机型、规格较多，除了通过联轴器与驱动电动机同轴直联外，较多采用V型带传动，通过改变传动比，可以衍生很多其他性能的设备。图4-50右为一种电动机与风机直联型罗茨风机。

目前罗茨风机的成套性较完善，配置有入口空气过滤器、入口消声器、出口消声器、安全阀及排气压力表等。

（二）螺旋风机（Cycloblower）

螺旋风机是目前熔喷系统普遍使用的牵伸风机，其实质是螺杆式风机的一种，也属容积式风机（图4-51），其功能是将环境气流增压，提高克服流动阻力的能力，以获得更高的流速。这种风机有较高的可靠性，而且气流干净、不含油，排气温度较高，适合用作熔喷系统牵伸风机。

螺旋风机除了可利用联轴器与驱动电动机同轴直联外，较多采用V型带方式传动，常规机型的最高输出压力为0.14MPa。通过改变传动带轮的直径可以改变传动比，能衍生其他转速及性能不同的机型，最高转速可达4000r/min。可以应用变频调速技术平滑调节排气压力和流量，熔喷纺丝系统常用机型的流量在30~100m³/min，驱动电动机功率在90~250kW。

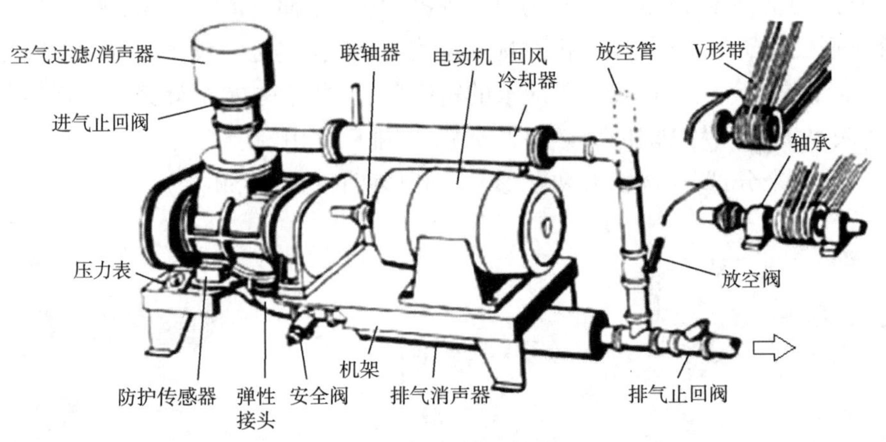

图4-51　螺旋风机典型配置

目前，国内使用的成套螺旋风机的主机部分为国外引进产品，购置价格较高。在进行设备选型时需要注意，螺旋风机也存在噪声较强的弊端，转速越高的机型，其噪声干扰也越强烈。

螺旋风机的说明书或标牌常用到一些非法定计量单位，主要有压力单位和流量单位。

压力单位：

$$1PSI = 6.89kPa$$

$$100kPa = 14.5PSI$$

$$1\text{英寸}\ Hg = 3.385kPa$$

流量单位：

$$1CFM = 0.0283m^3/min$$

(三)多级离心式风机与空气悬浮鼓风机

在罗茨风机及螺旋风机供应链资源匮乏时，多级离心式鼓风机[图4-52(a)]也在熔喷非织造生产线获得应用。这种风机的排气压力<100kPa，最高排气温度≤80℃，噪声比罗茨风机低，在70~80dB(A)之间，驱动电动机的功率也较小。其购置费用比罗茨风机高，但比螺旋风机要低一些。因此，在熔喷纺丝系统也有一定的应用前景。

由于我国熔喷设备市场发展迅猛，空气悬浮式离心鼓风机、磁悬浮式离心鼓风机也进入了熔喷领域[图4-52(b)]，这种风机的特点是轴承采用空气悬浮技术或磁悬浮技术，大幅度减少了摩擦损失，有较高的可靠性，设计工作寿命为20年，高机械效率，高转速，低噪声，驱动功率小，启动电流小，能耗低，可选机型多等，是《国家工业节能技术装备推荐目录》推荐的节能产品，已获得实际应用(表4-10)。

（a）多级离心式风机　　（b）空气悬浮鼓风机

图 4-52　多级离心式风机与空气悬浮鼓风机

表 4-10　螺旋风机与罗茨风机、空气悬浮离心式鼓风机性能

设备名称型号		流量(m^3/min)	压力(kPa)	电动机功率(kW)
螺旋风机 7CDL23R		40~80(最大 116)	120	200
三叶罗茨风机 ZG200-200		79.4	98	160
空气悬浮离心式鼓风机	TB150-0.1	72	100	110
	TB200-0.1	93	100	150

目前,国产熔喷系统有向低牵伸压力方向发展的趋势,2009 年以后制造的设备,其中也包括了使用引进纺丝箱体和纺丝组件的系统,以及配置在 SMS 生产线中的熔喷系统,其牵伸风机的最高压力≤0.14MPa,国外的熔喷系统牵伸风机的最高压力≤0.25MPa。

牵伸风机与工艺有关的性能主要是排气压力和空气流量两项。螺旋风机的压力一般为 0.14~0.25MPa,流量则与纺丝系统的幅宽成正比,用于 3200mm 幅宽系统时,风机的最大流量可达 $100m^3$/min,驱动电动机的功率可达 250kW,能满足熔喷系统的纺丝工艺要求。

应该注意,选购熔喷牵伸风机时,要关注其排气温度。在一般情形下,排气温度往往也是与风机机械效率关联的一个指标。效率较高的风机,其排气温度较低,消耗的电能大部分转化为气体的压力能,而不会消耗为无用的热能,以高温形式排放。但在熔喷系统中,这种高温的气流将成为牵伸气流的基础部分能量,可以减少空气加热器消耗的空气升温能量,是可以利用的。

(四)螺杆风机

在从国外引进的熔喷法非织造布生产线及配置在 SMS 生产线的熔喷系统中,纺丝系统还会用到一种螺杆式风机,这种风机的结构与螺杆式空气压缩机类似,但其压力较低(一般为 0.15MPa,最高为 0.25MPa),而流量较大,其效率和可靠性较高,维护周期长,节能效果明显,特别是其运行噪声较低,配置隔音罩后的噪声≤81dB(A),适合在对噪声敏感的地方使用。

目前使用的这一类风机主要有意大利鲁布斯奇(Robuschi)风机[图 4-53(a)]和德国艾珍(Aerzen)风机[图 4-53(b)],但因购置价格较高,其应用范围还较窄。

(a)鲁布斯奇风机成套设备

(b)艾珍风机主机

图 4-53　鲁布斯奇风机成套设备与艾珍风机主机

三、空气加热器

(一)空气加热器的性能指标

1. 最高工作温度

最高工作温度是在额定工况运行状态,加热器输出的气流可以达到的、允许正常使用的温度。这个温度必须满足纺丝系统的工艺要求,而气流的温度并非是一个独立的指标,还与加热器的功率、气流流量有关。

2. 加热功率

加热功率(kW 或 kcal,1kW=860kcal)一般是指加热器的发热元件装机容量,但在实际使用中,并非所有的发热元件(电热管)都接入线路,而是有一定比例的发热元件作为备件安装在发热器内,但并没有接入线路使用。

在设计加热器时,加热元件的表面热负荷(W/cm^2)是一个重要的指标。表面热负荷越大,电热管表面温度与气流的温度差也越大,电热管的使用寿命也越短。电热管表面热负荷与制造电热元件的材料有关,熔喷系统中的气流是流动的工艺气流,不允许存在其他颗粒杂物或铁锈等,以防堵塞纺丝组件的气流通道。因此,电加热器要用不锈钢材料制造。

电热管表面热负荷还与被加热的介质的种类和运动状态(静止或流动)有关。因此,在运行中对牵伸气流的流量(也是流速)有限制,防止流量太小、更不能在气流不流动的静止状态加热,以免电加热管表面热量无法散发而使温度不断升高,烧毁电热管。

3. 额定工作压力

当气流的压力、温度及加热器的容积符合压力容器的相关规定时,空气加热器要满足相关技术规范的要求,目前国产熔喷系统使用的牵伸风机输出的气流压力一般在 0.1MPa 左右,因此,空气加热器的设计工作压力要比牵伸风机的最高气流压力更高。

4. 能源种类

目前,空气加热器使用的能源主要是电能及燃气,在一般情形下,电能是一种清洁能源,较容易获得,而且使用方便,技术成熟,不存在废气排放问题,对环境友好。因此,大部分空气加热器都以电能为能源。

而随着燃气供应的逐渐普及，城市燃气管网覆盖范围越来越宽，燃气的供应可靠性提高，加上燃气是一次能源，无须进行转换，效率较高，与二次能源的电能相比，其使用成本较低。因此，采用燃气为能源的加热设备越来越多。

虽然燃气空气加热器技术也日趋成熟，自动化程度很高，但其管理比电加热设备要求更高，管道布置较复杂，在使用过程中要考虑废气排放问题。

（二）电空气加热器的功能

空气加热器的功能是将环境空气加热到工艺所需要的温度，也就是升温。如在使用 PP 原料的熔喷法纺丝系统中，牵伸气流的温度一般比熔体温度高 5～10℃，即在 260～300℃。

在熔喷系统中，空气加热器一般都是使用电能加热。在用不锈钢制造的加热器壳体内，装有大量不锈钢材质的电热管，选用带翅片的电热管可增加换热面积，而在内腔设置多道折流板，可以延长气流在加热器内的滞留时间和与电热管的接触时间，这些都是提高换热效率的有效措施（图 4-54）。

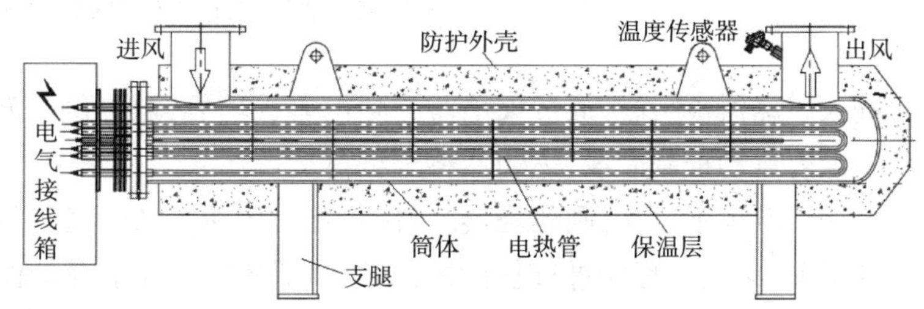

图 4-54　电加热空气加热器

空气加热器的配置功率与纺丝系统幅宽、机型、原料品种、入口空气温度有关，但主要还是与纺丝系统的生产能力相关，而与生产线的运行速度无直接关系。纺丝系统的幅宽越大、产能越高、原料的熔点越高，加热器的功率就越大；而加热器入口气流的温度越高，则加热器将空气加热到工艺要求温度所消耗的功率就可以越小。

因此，当牵伸风机的排气温度较高时，空气加热器的负荷就可以轻一些，这也是同样幅宽的熔喷系统，所配置的加热器功率或加热器的实际负载率有较大差异的主要原因。

（三）燃气空气加热器

图 4-55 是一种燃气空气加热器的剖面图，加热器主要由炉体、炉膛、热交换器、燃气燃烧机、助燃风机、管道、阀门及控制系统组成。控制系统的功能主要包括：燃烧器的控制、助燃鼓风机的控制、热风炉出口温度的控制。

1. 燃气空气加热器的工作原理

由燃气管网或降压站送来的燃气，通过燃气阀组送至燃烧机。燃烧所需的空气，经助燃风机进入炉膛帮助燃烧，高温烟气与冷空气在热风炉内换热后，便成为工艺所需的高温气体，经管道输送到熔喷纺丝系统，而燃烧后的废气经由排烟管道排出，图 4-55 为燃气空气加热器的原理图。

当燃烧机接收来自控制系统的启动信号时，燃烧器在其自身程序控制器的作用下，开启燃烧机鼓风机对炉膛进行吹扫、清理炉膛内可能残留的燃气后，并延时点火，燃气电磁阀开启，燃

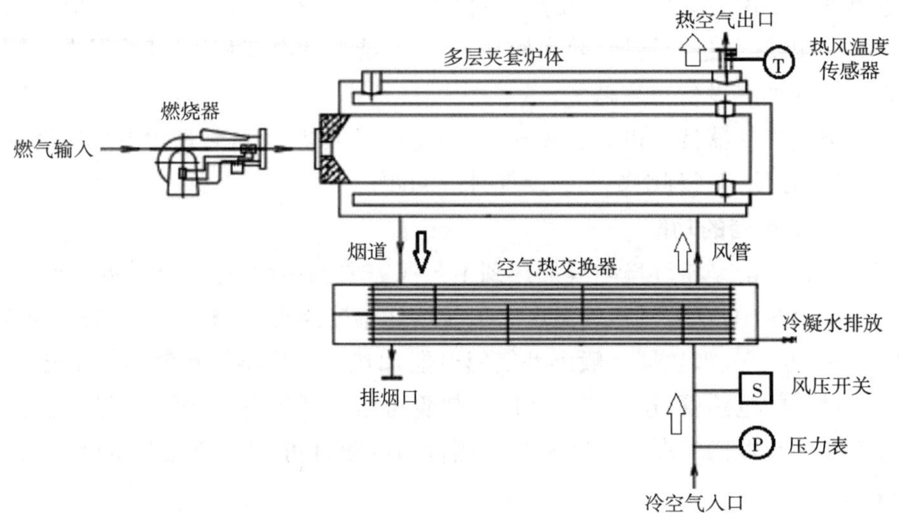

图 4-55　燃气空气加热器的原理图

气进入燃烧器被引燃，通过火焰监测到点火成功后，电磁阀便转换至运行位置，风门自动开大，进入温度自动控制阶段，燃烧器将全负荷运行。

如果点火不成功，则燃烧器会自动停机，切断燃气供气回路，并报警自锁。重新点火或下一次开机前，必须按程序进行复位操作，燃烧器才能重复上面动作过程。

当熔喷系统的牵伸风机转速发生变化时，进入加热器内的空气流量发生变化。当流量增加后，加热器出风口的温度下降，这种变化被热风温度传感器检测到以后，控制系统会增加燃气的输入量，从而增加热量输出，使出风温度上升至设定值，实现温度自动控制。

2. 结构特点

空气加热器的炉膛、热交换器及管道均用不锈钢材料制造，防止发生锈蚀并有铁锈类杂物进入熔喷纺丝组件。由牵伸风机输送的低温气流从加热器上方进入热交换器，利用烟气的热量使气流升温，然后继续向下方的高温炉膛流动，将空气温度加热至工艺要求的温度，这样既能降低排烟温度，又能提高空气的温度，使系统有较高的热效率（图 4-56）。

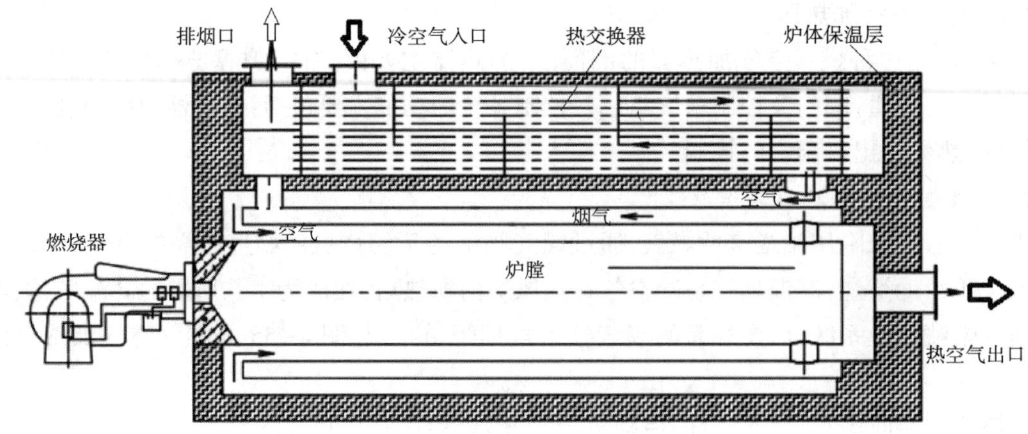

图 4-56　卧式燃气空气加热器

空气加热器配套使用高效节能燃气燃烧器，燃料燃烧充分，热效率高，温度控制系统采用比例调节，可使热风温度变化控制在±3℃。系统的运行是按可编程序控制器预定的程序进行自动吹扫、点火、升温、保温、故障检测，保证了系统运行的安全可靠。

四、牵伸气流分配系统

目前，一般的熔喷纺丝系统只有一套牵伸气流设备，而纺丝箱体有四个牵伸气流接口（个别机型仅有两个接口），而且要求进入四个接口的气流能保持流量、温度、压力都一样，为了实现这个目的，衍生了很多牵伸气流分配方案。目前，国内使用的主流牵伸气流方案基本以对称结构为主，虽然在一些引进设备上也存有一些非对称结构，而国产的纺丝系统则基本没有应用。

（一）纺丝箱体外部对称结构的牵伸气流分配管路

对称结构的牵伸气流分配管路中所有的管道长度、通径，以及管道附件（如三通、弯头）的形状、通径都是一样的，这样构成的管路系统中，每一条分支管道内气流的运动状态、流动阻力都是相等且对称的，保证了进入纺丝箱体的每一路牵伸气流都是一样的。

目前，国内使用的主流牵伸气流方案有两种，一种是以纺丝箱体 CD 方向为对称轴的分配管路［图 4-57（a）］，另一种是以纺丝箱体 MD 方向为对称轴的分配管路［图 4-57（b）］，两种方案有不同的使用环境。

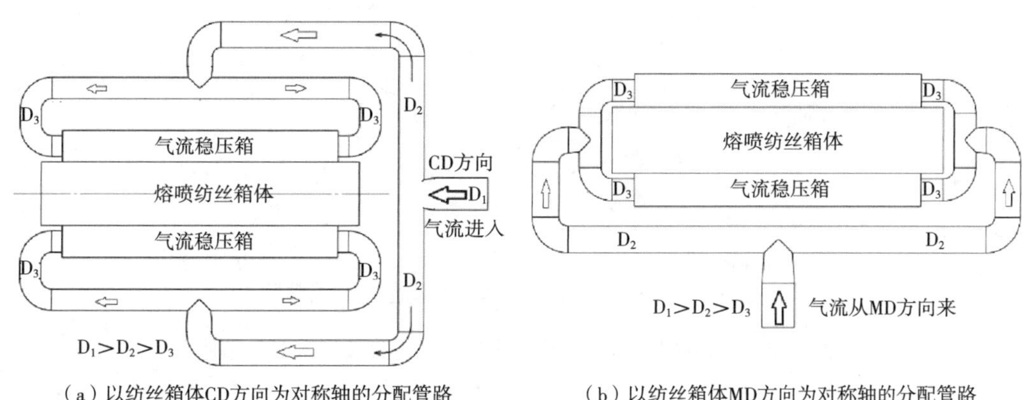

（a）以纺丝箱体CD方向为对称轴的分配管路　　（b）以纺丝箱体MD方向为对称轴的分配管路

图 4-57　两种常见的牵伸气流的输送与分配方式

1. 以纺丝箱体 CD 方向为对称轴的分配管路

以纺丝箱体 CD 方向为对称轴的分配管路中，牵伸气流是从 CD 方向引入，管路较容易布置。一般较适用于有冷却吹风装置的熔喷系统，因为其一次分流管道（D_2）不会妨碍在箱体上下游两侧的吹风喷嘴的布置，如果有必要，纺丝系统还可以相对喷嘴进行离线运动。

如果在上下游的二次分流管道上安装流量控制阀，则可以方便调节纺丝组件两侧气隙的气流流量，从而调节从纺丝组件喷出气流的角度和形态，增加了一个控制铺网过程和产品均匀度的手段。

2. 以纺丝箱体 MD 方向为对称轴的分配管路

以纺丝箱体 MD 方向为对称轴的分配管路，其结构较简单，从气流进入总管开始，至纺丝箱体的牵伸气流接头为止，这个方案比以纺丝箱体 CD 方向为对称轴的分配管路少了一个 90°管道弯头，这就相当于管路的阻力减小，加上管路总长度也较短，散热面积较小，对减少管路损耗(压力降损耗和热量散失)以及提高牵伸气流的效率有利。

如果在这种气流分配管路(D_2)安装阀门，仅有管道启闭功能，而没有调节作用，而且阀门分别位于箱体两端，操作非常不便，也就没有使用价值。其次是这一类型的分流管路会妨碍冷却吹风喷嘴的布置，增加管路布置难度。

(二)箱体上对称配置的牵伸气流稳压及分配装置

一般的熔喷纺丝箱体只有四个点输入牵伸气流，而纺丝箱体的全幅宽范围，要求有均匀一致的气流进入纺丝组件。为了解决这个问题，也有多种稳压分流技术方案。

1. 套管式稳压分流

一般的纺丝箱体外，会在上下游两侧各设置一条通径较大的套管式稳压管，稳压管的两端输入牵伸气流，利用套管上加工的小孔，气流被阻尼降速、在套管内的压力趋于平衡，然后从内腔向外环形腔扩散，使压力达到进一步平衡，再从外环形腔输出。套管一般为两层结构，也有三层结构(图4-58)。

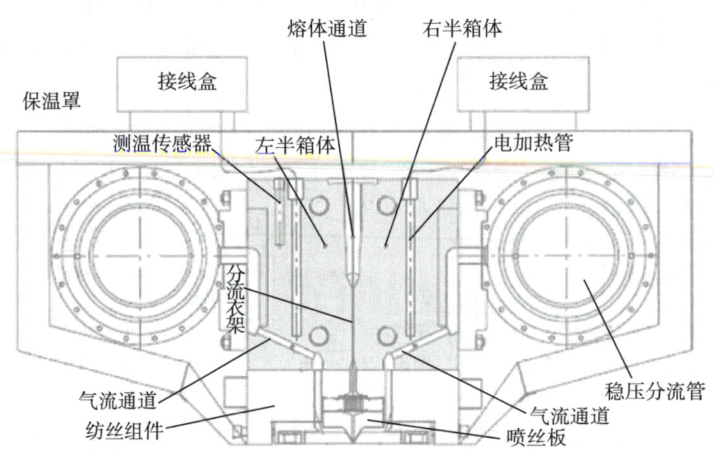

图4-58　套管式稳压分流装置输出的气流直接进入纺丝箱体

外环形腔输出的气流有两种途径进入纺丝箱体，一种是稳压分流套管直接紧贴在纺丝箱体两侧，气流直接通过箱体上的流道进入纺丝组件；另一种方式是利用数量较多的小分支管将气流直接导入纺丝箱体(图4-59)。

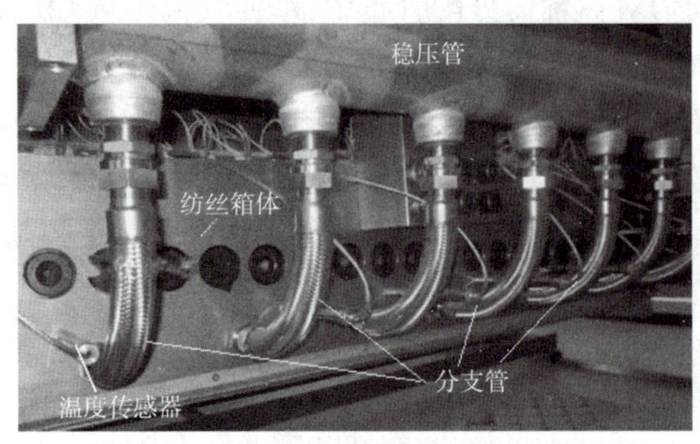

图4-59　利用小分支管将稳压分流套管的气流输入纺丝箱体

2. 迷宫式稳压分流

所谓迷宫就是内部有曲折的通道结构，有的迷宫还具有变截面结构，气流在流经迷宫时，由于阻力增加和反复改变流动方向，就使气流的压力趋于平衡。迷宫式稳压分流装置一般是紧贴在纺丝箱体上下游两侧，也是对称布置，其输出的气流直接通过在箱体上加工的小孔，进入纺丝组件的全幅宽范围（图 4-60）。

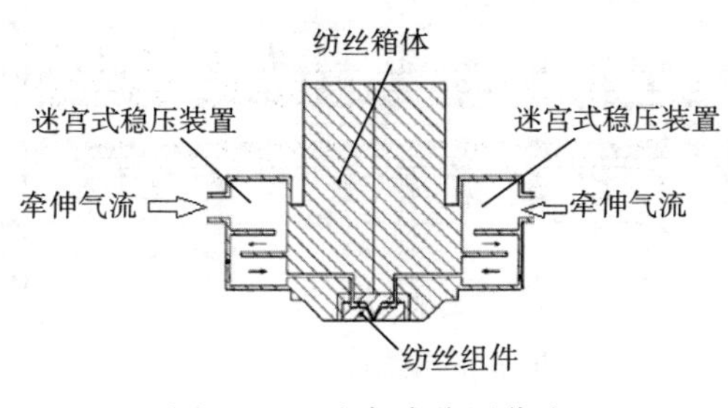

图 4-60　迷宫式稳压分流

3. 组合式稳压分流

组合式稳压分流是套管式稳压分流与迷宫式稳压分流相组合的一种模式，而套管式稳压分流管与迷宫式稳压分流装置之间有两种气流输送方式，一种是通过两者间多支独立的分支管道输送（图 4-61），这种方式可以灵活布置套管式稳压分流管，但由于仅用数量有限的分支管道，进入迷宫式稳压分流装置的气流还要进行一次扩散及稳压才输送到纺丝组件。

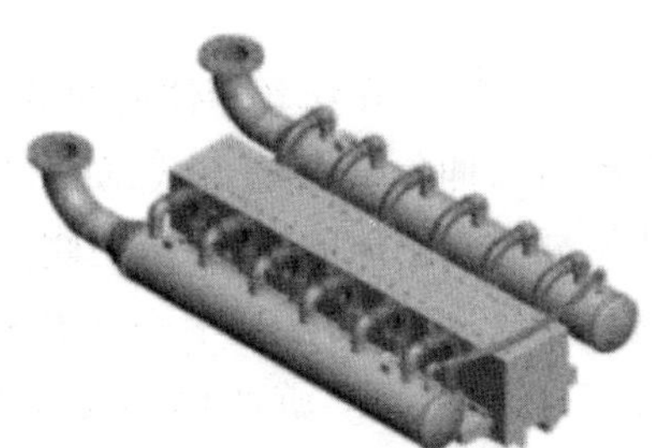
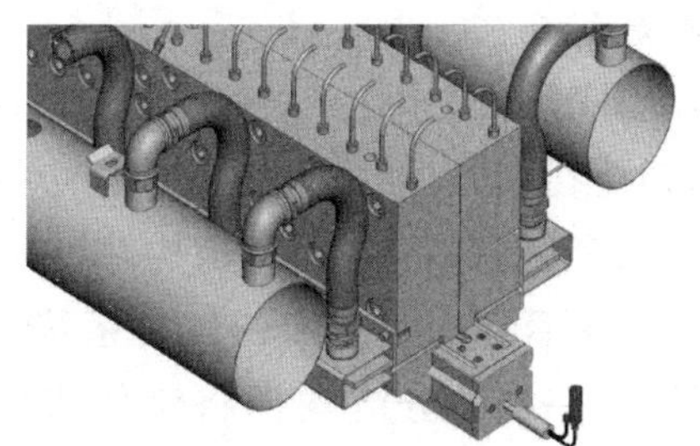
图 4-61　用小分支管道连接套管式稳压分流装置与迷宫式稳压分流装置

另一种是套管式稳压分流装置直接安装在迷宫式稳压分流装置上，从套管式稳压分流装置输出的气流在全幅宽范围内进入迷宫式稳压分流装置，然后在全幅宽范围内送入纺丝箱体（图 4-62）。

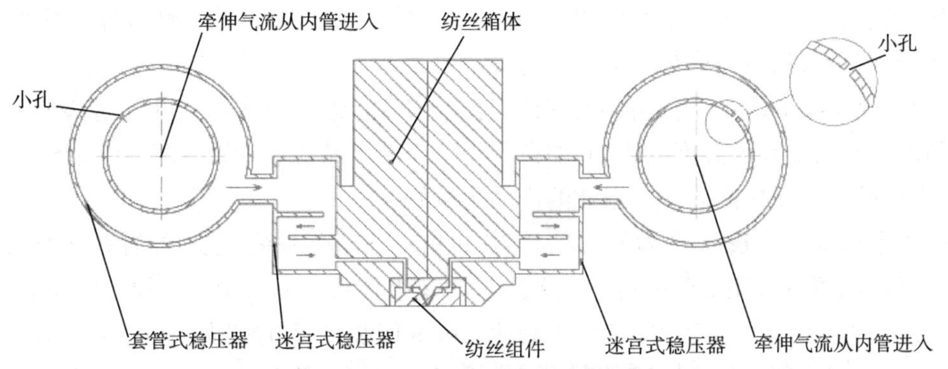

图 4-62　套管式稳压分流直接与迷宫式稳压分流组合的稳压分流

4. 主流机型内部的牵伸气流分流设施

目前,国内的熔喷系统较多从日本、德国引进,或国内制造的类似形式的纺丝箱体和纺丝组件,与其纺丝箱体的保温罩内的气流分配系统类似,都是利用套管式稳压后,利用较多数量沿CD方向布置的小通径分支管将气流直接输送到纺丝箱体(图4-63)。

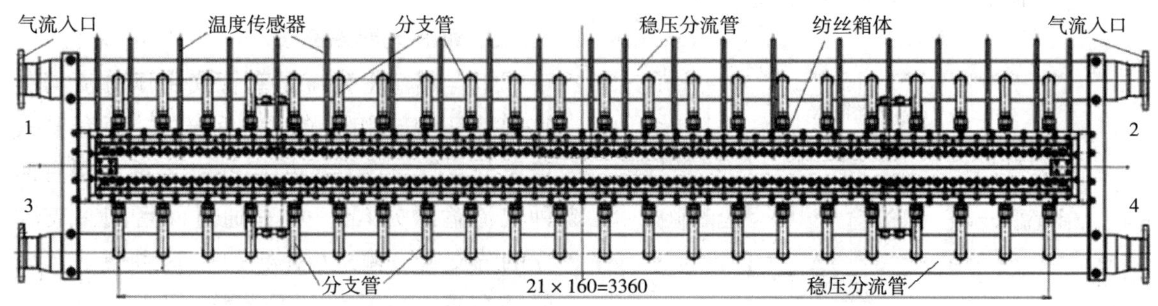

图4-63 幅宽为3200mm的熔喷牵伸气流分配系统

图4-63为一个幅宽为3200mm的纺丝箱体的仰视图,可以很清楚地看到以CD方向及MD方向对称配置的套管式稳压分流管及数量众多的分支管。

5. 其他分流方式

以上各种牵伸气流的分流方式都要配置较多的分流管路,在纺丝箱体的两端一般都有两个牵伸气流引入口。在国外(如日本)还有一些对称性的牵伸气流分配方式,如纺丝箱体两端仅有一个气流接口,利用箱体两端的分流构件将牵伸气流分到箱体的上、下游两侧。

美国还有一种不对称型的牵伸气流系统,这种纺丝箱体仅在其中一端有一个气流引入接口,利用箱体这一端的分流构件将牵伸气流分到箱体上、下游两侧的全幅宽,管路甚为简单。

第七节 熔喷法纺丝系统冷却气流的作用和机理

一、熔喷法纺丝系统纤维的冷却

熔喷法纺丝系统的高温熔体细流离开喷丝板以后,并不是像纺粘法纺丝系统那样先经过冷却装置,然后进入牵伸装置,而是刚好相反,趁熔体还处于较高温度、流动性较好的状态时,先用高温、高速气流牵伸,然后才进行冷却。

大部分熔喷系统的纤维是利用环境气流自然冷却的[图4-64(a)],不需要专用的冷却设备,但产品的质量会受环境温度的影响,如在冬天生产的产品要比夏天生产的产品质量好,北方地区企业生产的产品要比南方地区企业的产品质量好。

因此,为了稳定生产条件,提高产品的质量,也有一些熔喷系统(包括配置在SMS生产线使用的熔喷系统)配置有专用的强制冷却装置。从纺丝组件喷出的气流及纤维,先经过较低温度的强制冷却后,再被环境气流冷却,最后才到达接收成网装置,其原理如图4-64所示。

熔喷系统配置强制冷却系统后(图4-65),由于冷却气流的温度比环境气流低,而流动速度又较高,能吸收喷丝板喷出的高温牵伸气流及纤维的热量,降低了熔喷纤网的温度,稳定了纤网

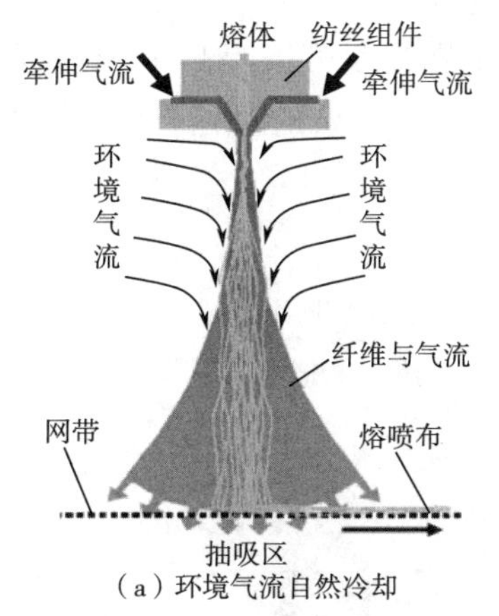

（a）环境气流自然冷却

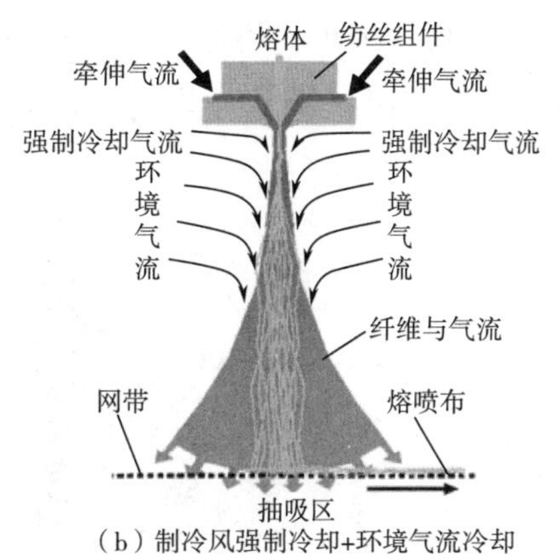

（b）制冷风强制冷却+环境气流冷却

图 4-64　熔喷系统纤维的冷却原理

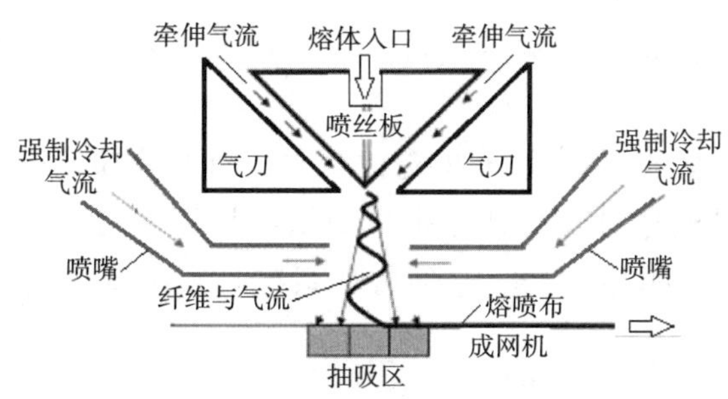

图 4-65　强制冷却吹风装置示意图

的冷却条件，使生产过程的产品质量处于可控状态，不会因昼、夜或春、夏、秋、冬季节的气温变化而出现波动。

运行经验证明，即使冷却系统使用温度较高的冷却风，甚至直接使用环境气流，其运行效果都比没有配置强制冷却系统好。主要原因是配置强制冷却系统的气流是主动可控的，而且吹风速度远比自然状态高，流量也更大，可以带走更多的热量（图 4-66）。

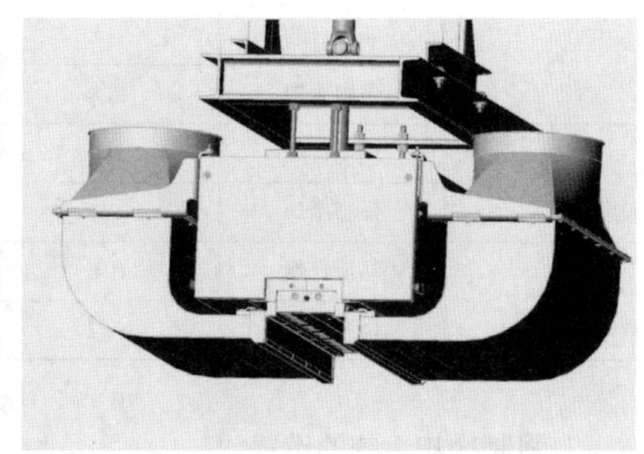

图 4-66　熔喷系统的强制冷却吹风装置

不管是独立的熔喷生产线，还是配置在 SMS 生产线使用的熔喷系统，配置强制冷却系统后，在同样的工艺条件下，当冷却气流的温度较低时，能有效抑制、降低飞花、晶点出现的概率，这就等于间接提高了静水压。此外，为进一步优化各项运行参数提供了条件，如增加单孔熔体流量，提高牵伸风的温度和速度等，从而在保证产品质量的前提下，将生产线的产量提高

10%~15%。

在同样的喷丝板单孔熔体挤出量状态，配置强制冷却装置后可以提高牵伸速度，设定更高的风温，有可能使纤维变得更细，纤网的孔径更小，提高了产品的过滤、阻隔性能和质量（图4-67）。

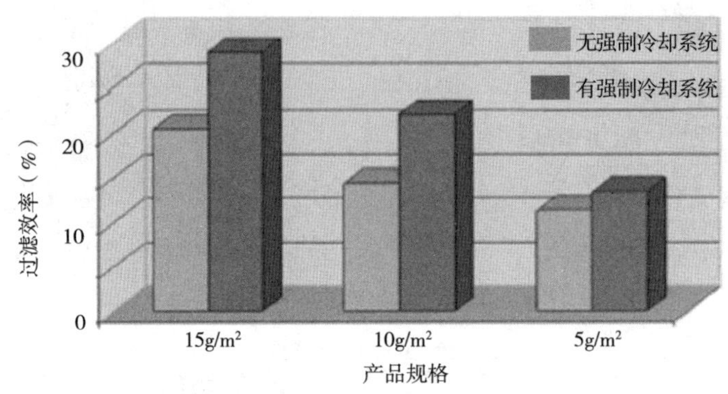

图4-67　熔喷布在不同冷却状态的过滤效率

从表4-11可以看到，在增加强制冷却吹风装置后，熔喷布的过滤阻力比自然冷却状态变得更大，但过滤效率则明显提高，大定量厚型产品的这种变化比小定量薄型产品更为明显。这种现象在生产高滤效、低阻力空气过滤材料时会很明显，因此，这种熔喷系统必须配置强制冷却系统。

表4-11　熔喷布在不同冷却状态的过滤效率变化（未驻极）

产品规格（g/m^2）	冷却状态	过滤阻力（mmH_2O）	过滤效率（%）	强制冷却后过滤效率的增加值（%）
15	环境自然	1.8	20.6	41
	强制冷却	2.8	29.0	
10	环境自然	1.0	14.4	54
	强制冷却	1.7	22.2	
5	环境自然	0.6	11.4	17
	强制冷却	0.7	13.4	

二、强制冷却系统的设置

（一）冷却风喷嘴的布置

冷却风的喷嘴在靠近喷丝板的上、下游方向对称布置，并在纺丝系统进行DCD调节时，始终跟随纺丝系统运动，保持两者间的相对位置不变。

安装冷却喷嘴要占用纺丝箱体至成网机间的空间，也就是DCD的有效调节行程，因此，限制了喷嘴的结构高度。喷嘴的结构高度一般只有50~100mm，截面积也很小，还不到纺粘法纺丝系统冷却侧吹风出风网面积的1/10。

两个冷却喷嘴之间的距离与具体的机型有关，而且差异很大，有的机型两个喷嘴之间的最小距离仅有70mm，而最大的距离可达500mm。距离越大，冷却风机的压力也要越大，冷却气流才会有足够的贯通能力，以保证有预期的冷却效果。

有的熔喷系统冷却喷嘴的下端设计为可快速拆装式(图4-68)，当需要更换纺丝组件时，可将下端喷嘴移除，便可以腾出足够的操作空间，但喷嘴的重量有一百多千克，要小心搬运。而且这个设计方案在系统进行离线运动前，还必须拆卸与冷风箱连接的冷却风管。

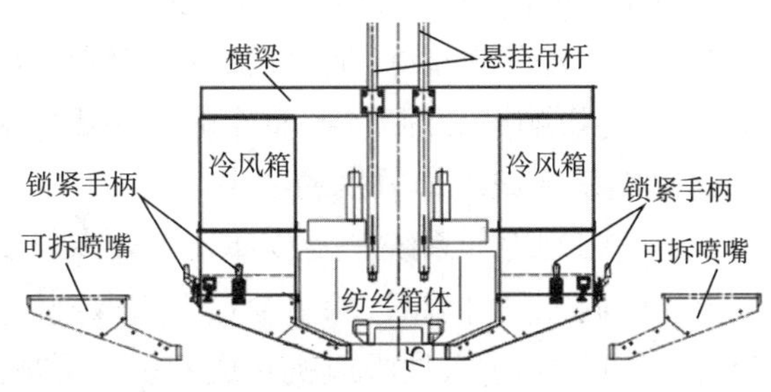

图4-68 可拆卸的冷却风喷嘴

冷却吹风系统的管道、喷嘴的外表面都要进行适当的隔热处理(图4-69)。

图4-69 冷却吹风系统的管道和喷嘴的隔热防护

熔喷系统配置了强制冷却装置后，冷却喷嘴不随纺丝箱体做离线运动，如果纺丝系统采用升降纺丝箱体的方式调节DCD，则在进行DCD调节时，冷却喷嘴会随纺丝箱体一起升降，任何状态都与纺丝组件间保持固定不变的相对位置。

由于喷嘴在纺丝组件的下方，对日常的刮板作业和其他维护工作，如纺丝箱体上方的加热系统维护工作，都有一定的影响。因此，有的机型两个喷嘴之间的距离会较大，便于进行刮板作业等。

由于在较小的DCD状态，常规结构熔喷系统的喷嘴与成网机之间的距离很小，增加了环境气流到成网机抽吸区的阻力，除了影响纤维的冷却效果外，这些气流还可能影响铺网的均匀性。而锥形结构的熔喷系统，增加了环境气流进入成网机抽吸区的通道面积，降低了气流的速度，减少了对铺网过程的干扰，从而改善冷却效果和铺网均匀性。

(二)对冷却介质的要求

冷却系统一般使用的介质为空气，冷却风温度一般高于15℃，流量是牵伸风的6~8倍，可达10000m^3/(m·h)，一般吹风喷嘴的出风口高度在50~100mm，此时对应的气流速度一般大于20m/s。由于冷却系统中的制冷设备、水泵、风机要消耗能量，因此，采用强制空气冷却后，产品的能耗会增加10%左右。

有的熔喷系统会利用水为冷却介质，将水雾化后，用喷水雾的方法进行冷却，由于水的热容量远大于空气，所消耗的水量较少，且有更好的冷却效果。冷却水的温度一般高于4℃，而所需的流量一般是产量[一般在30~50kg/(m·h)]的0.4~0.8倍，最大为40kg/(m·h)。

虽然用水冷却的效果好，但普通的水容易使设备生锈和积垢，有可能污染产品，当熔喷纤网含有水分时，会影响产品的质量，而要移除这部分水分，不仅要增设干燥设备，还会增加能耗。

(三)对熔喷系统冷却风机的要求

由于熔喷强制冷却系统是要冷却处于较高温度状态的高速牵伸气流和熔体细流，而喷出的冷却气流在吸收热量升温后，除了少量会溢散到周边环境外，绝大多数冷却风会与牵伸气流、环境气流混合，并一起进入抽吸风机在成网机上形成的负压区域，因此，排气背压很小。

由于喷嘴的截面积很小，设计的出风速度在20~30m/s，使其具有较大的贯穿能力和足够大的流量。设计的最大流量等于牵伸风流量的6~10倍，流量偏低时也会降低冷却风的速度，影响冷却效果。如果冷却气流直接取自车间内的环境空气，而抽吸风的排气是排往室外，会导致车间内部形成较大的负压，这是现场管理应该关注的问题。

由于冷却喷嘴内部没有复杂的分风结构，气流阻力很小，因此，风机的压力较低，一般在2000~3000Pa。冷却气流在CD方向的均匀性也会影响产品的均匀度，如果喷嘴出口的多孔板出现局部堵塞，产品就可能存在条状的缺陷，因此，在运行过程中，要经常关注喷嘴出口的状态。

熔喷系统是一个完全开放的系统，高温、高速的牵伸气流和熔体细流从纺丝组件喷出后，进入环境空气中，会受到空气的阻尼和冷却而迅速降速、降温，并在空气中扩散、到达接收装置的表面。

由于从纺丝组件喷出的气流速度很高，可高达音速，甚至更高，因此，会产生很强的噪声，并释放出大量的热能，对生产车间的环境影响很大。

第八节　接收成网系统

接收成网装置是用来承接从纺丝箱体喷出的纤维，并吸收牵伸气流及冷却气流，使纤维均匀铺设成非织造纤网，并使纤网冷却固结成熔喷法非织造布。接收成网装置处于主生产流程的纺丝箱体与后整理装置(或卷绕设备)之间(图4-70)。熔喷法纺丝系统的接收方式有多种，除了使用成网机的网带接收外，还可以使用辊筒接收。

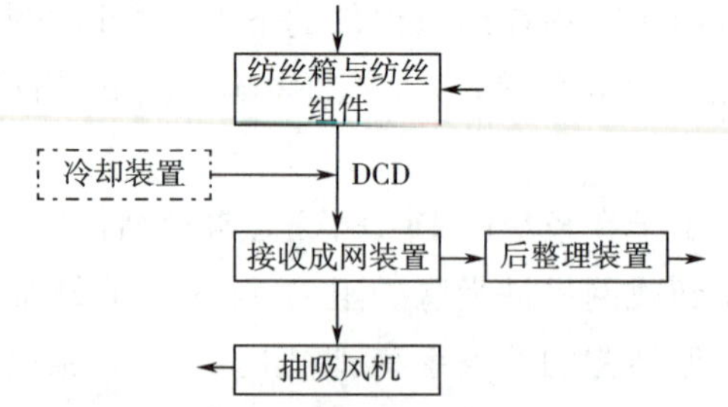

图4-70　接收成网装置在生产流程中的位置

一、熔喷法纺丝系统的成网接收方式

(一)网带接收系统

熔喷纺丝系统可以使用成网机网带的平面接收，根据接收平面的方位，还可以分为网带水平面接收和网带垂直面接收两种。

用转鼓接收时，接收面是一个圆弧面，为了准确描述接收方式，常按照牵伸气流的运动方向来定义接收方式。当气流喷射方向与水平面平行时，称为垂直接收；当气流喷射方向与水平面垂直时，则称为水平接收（图 4-71）。

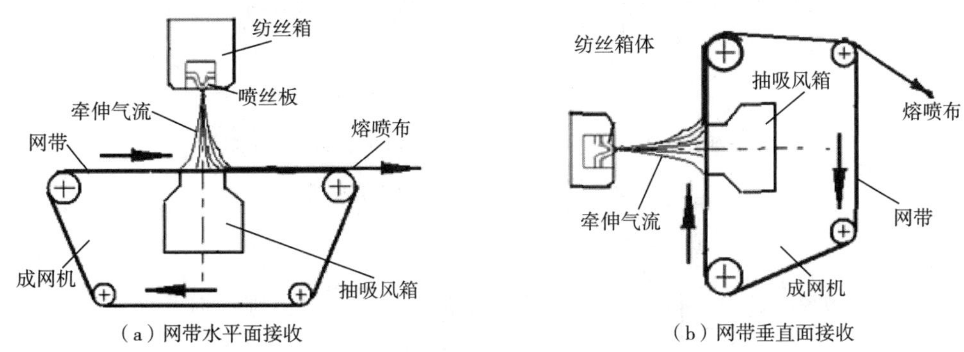

（a）网带水平面接收　　（b）网带垂直面接收

图 4-71　成网机的两种网带接收方式

采用网带垂直面接收时，生产线无须建造复杂的钢结构，也无须配置网带应急保护装置。全部设备都是放置在同一平面（或地面）上，建造费用较低，是很多简易型熔喷系统、往复式熔喷系统惯用的接收方式。

采用网带水平面接收时，生产线都配置有网下吸风装置，因为有较大的设备配置空间，可以布置不同的功能抽吸区，能更有效地控制成网气流和环境气流，有较好的工艺调控性能，可以满足不同应用领域的产品质量要求。当使用网带垂直面接收时，纺丝系统的设备不需要安装在高位的钢结构面上，可以直接放在地面上，结构简单，制造成本低。因此，一些小型（幅宽≤1000mm）生产线都采用这种接收方式。

成网机是大型生产线普遍使用的接收装置，在 SMS 生产线的熔喷系统中，因为还要与其他多个纺丝系统的纤网叠层复合，因此，都采用网带水平面接收方式。

（二）辊筒接收系统

辊筒接收是熔喷纺丝常用的一种接收装置，按使用的辊筒数量来分，辊筒接收可以分为只有一个辊筒的单辊筒圆弧面接收和应用两个辊筒的圆弧面或两者间的缝隙接收的双辊筒接收。接收辊筒有光滑圆柱面的无抽吸风辊筒和网面透风并带抽吸风辊筒两种。实际生产中主要采用网面透风的辊筒，以及使用辊筒的圆弧面或辊筒间的缝隙接收的辊筒接收机（图 4-72）。

辊筒接收机结构简单，占用空间少，布置较为灵活，运行管理简单，不存在类似网带接收成网机的走偏问题、张紧问题，有熔体滴落也容易清理，无须配置网带应急保护装置。辊筒接收也有水平接收与垂直接收两种方式，图 4-72 分别单辊筒水平接收和垂直接收方式。

接收辊筒的表面是一个有较高开孔率的多孔板，辊筒还分为内部开放型与带抽吸腔的密封型两种形式。小幅宽（幅宽≤800mm）机型多为开放型，牵伸气流到达接收辊筒表面时，有少量气流穿透纤网和辊筒，但大部分气流则在表面逸散到周边环境中，这种辊筒较容易形成飞花。

而幅宽较大的机型（幅宽≥1000mm）则多为带抽吸腔的密封型辊筒，辊筒内腔与抽吸风机的吸入口连接，辊筒内呈负压状态，大部分牵伸气流穿透纤网和辊筒，被抽吸风机抽走，对辊面纤网的控制能力较强，仅有少量气流逸散到周边空间，对纤网的控制能力较强（图 4-73）。

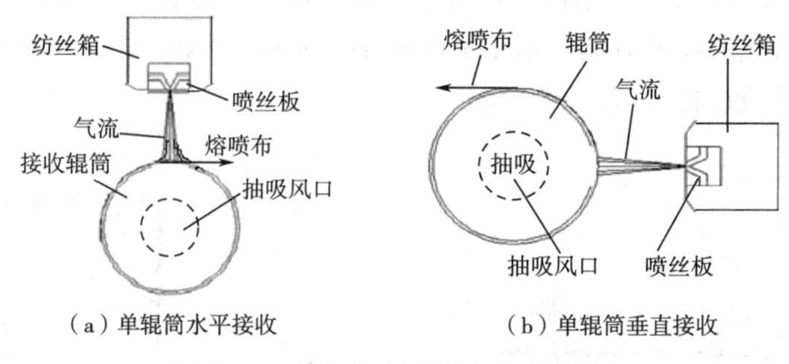

（a）单辊筒水平接收　　（b）单辊筒垂直接收

图 4-72　单辊筒水平接收与垂直接收

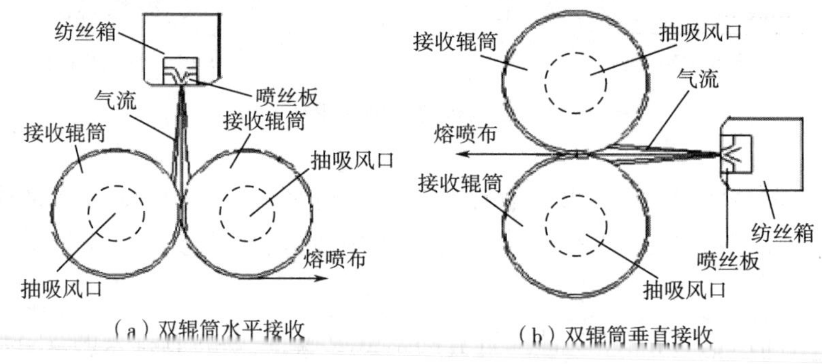

（a）双辊筒水平接收　　（b）双辊筒垂直接收

图 4-73　双辊筒水平接收与垂直接收

图 4-73 分别为双辊筒水平接收和垂直接收方式，接收位置既可以选在偏向一侧的圆弧面，也可以选在两者间的对称缝隙，还可以通过调整辊筒间的缝隙宽度，用于生产高蓬松型产品（图 4-74）。

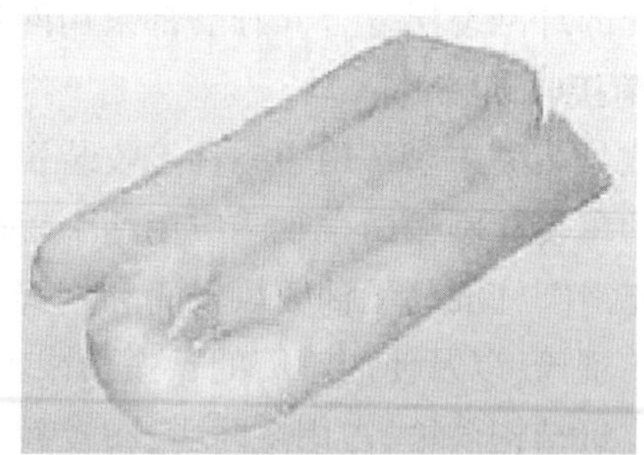

图 4-74　高蓬松型熔喷产品

单辊筒接收机结构简单，广泛用于小型熔喷生产线和试验熔喷生产线。用双辊筒接收时，产品有很好的蓬松性。

由不同的接收装置与不同的接收方式，可以组合出很多种接收设备。由于接收装置的传热特性和结构不同，对产品的物理性能有一定的影响，如辊筒的弯曲表面使产品的接收距离分布较宽，用辊筒接收的空气过滤材料手感较好、较蓬松，过滤阻力也较低。

(三)网带和辊筒组合接收系统

图 4-75 是一个由成网机网带和辊筒组成的多用途熔喷接收系统。只要沿地面布置的轨道,将相应的接收装置移动到纺丝箱的下方,就可以根据需要,整合为网带和辊筒组合的多用途接收系统,具有很大的工艺灵活性。

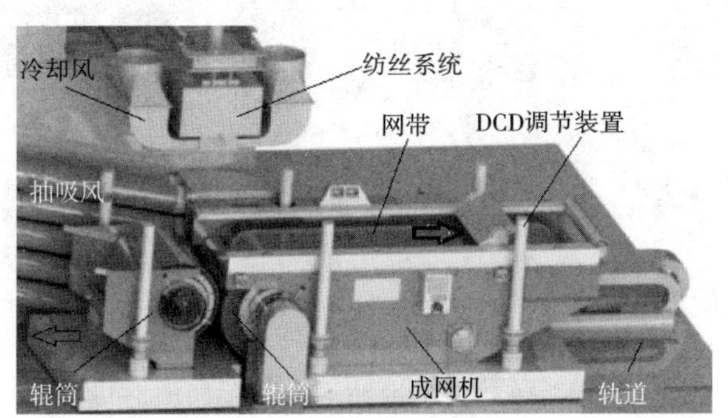

图 4-75　可用网带及单辊筒、双辊筒的多用途熔喷接收系统

德国莱芬豪舍公司的熔喷系统成网机,可绕 CD 方向的水平轴线翻倾,通过改变翻倾的角度改变气流及纤维喷射到成网机的角度和距离,从而改变纤网的结构和性能(图 4-76)。

当成网机处于水平状态时,就以成网机的水平面接收纤网[图 4-76(a)]。产品的密度较高,厚度较薄,而纤网的平均孔径较小,透气性较低,但有较高的过滤效率,适宜用于生产高阻隔、高过滤效率的产品。

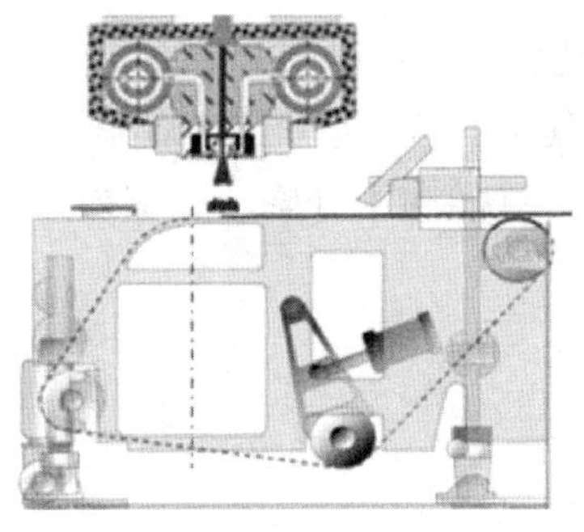

(a)水平面接收

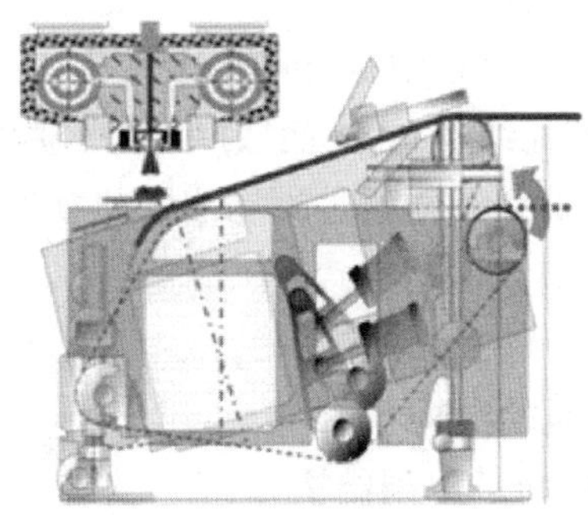

(b)圆弧面接收

图 4-76　可翻倾的成网机

当成网机翻倾并沿 MD 方向移动以后,纺丝组件喷出的气流和纤维会落在成网机的圆弧面,并成一定角度接收纤网[图 4-76(b)]。产品的密度较低,厚度较厚,结构蓬松,纤网具有中等的平均孔径,透气性较好,有中等或较低的过滤效率,适宜于生产较蓬松的中等阻隔、过滤型产品。

二、有多个熔喷法纺丝系统时的成网接收方式

对于有多个熔喷法纺丝系统的熔喷生产线,可以利用成网机同一网带的水平面接收,而利用升降纺丝箱体(纺丝平台)的方式调节 DCD,并利用纺丝系统沿 CD 方向实现离线运动,这时就可以共用一台位置固定的成网机。

如果是利用升降成网机的方法调节 DCD，并通过移动成网机实现离线运动，则成网机只能与纺丝系统独立配置，每一个纺丝系统独立匹配一台成网机，而不能共用一台大的成网机，以免彼此产生干扰（图 4-77）。

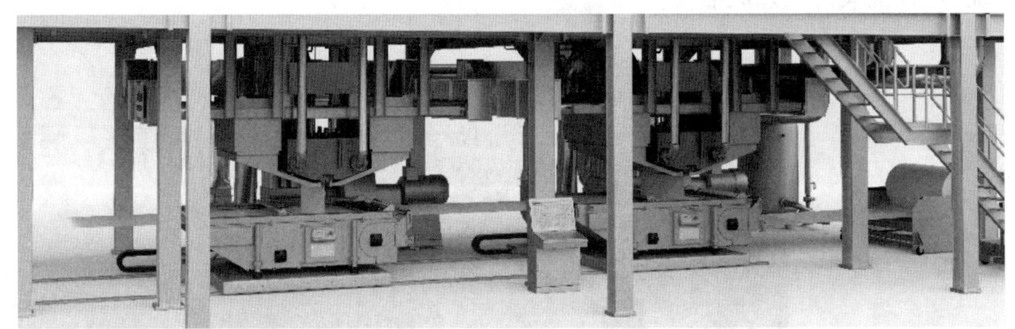

图 4-77　MM 型熔喷生产线两个熔喷系统成网机配置方式

图 4-77 所示两台成网机间再也没有任何硬件连接，而是将上游纺丝系统产生的熔喷布牵引到下游的成网机上，使上、下游的纺丝系统联系起来，而成网机则逆 MD 方向做离线运动。

三、SMS 生产线中熔喷法纺丝系统的成网接收方式

SMS 生产线只有使用成网机网带接收这一种方式，而且只有用网带的水平面接收这一种方式。由于成网机体积较大，还要与纺丝通道匹配，运行速度较快，驱动功率也较大，因此，成网机的机构较多、较复杂。

在生产运行过程中，进行 DCD 调节和离线运动是熔喷系统的基础工艺动作，由于 SMS 生产线中还有其他纺丝系统，而成网机是公用的，因此，其中的熔喷系统就不能利用升降成网机的方法调节 DCD，也不能通过移动成网机实现离线运动，只能利用升降、移动纺丝平台的方法调节 DCD，实现离线运动。

四、成网机的结构

（一）成网机的机架结构

成网机的机架有墙板式和框架式两种，一般较多采用墙板式。具体结构与纺丝系统的 DCD 调节方式和离线运动方式有关，有的成网机机架还配置升降机构和行走装置。

（二）驱动装置

驱动装置的功能是用于驱动网带稳定运行，由于成型网带的线速度是进行产品定量计算的基础数据，要求可以无级变速，运行过程保持稳定。目前基本都是用交流变频系统调速，能连续平滑地调整速度，熔喷系统成网机驱动电动机的功率一般≤7.5kW。

独立的熔喷系统较难生产较小定量（≤10g/m^2）的产品，网带运行的线速度并不高，一般要求调速精度在±(0.2%～0.5%)。单个纺丝系统成网机的最高运行线速度可达 120m/min，而最低速度会低于 5m/min。

（三）网带

网带是熔喷纤维的收集装置，也是纤维的载体，纤维随气流高速落在熔喷纺丝组件下方的

成型网带上,依靠自身尚处于高温的余热及热空气的热量,使纤维互相黏合、缠结成网。网带的性能对成网质量有很大的影响。

网带的主要性能指标包括:透气量、剥离性能、附着性能、抗静电性能等。普遍使用现场驳接的聚合物(如PET)单丝编织网带,还可用金属材料编织网带。网带的编织方法会影响剥离性能和熔喷布的手感,产品表面会形成网带的纹路;用聚合物单丝编织的网带要具备抗静电性能。

使用青铜丝编织的金属网带及用不锈钢材料编织的金属网带的机型,由于铜丝较细、布面的质量较平滑细腻,抗静电性能良好。

熔喷纺丝组件喷出的高温气流和温度较高的纤维到达网带表面时,温度一般仍在80℃左右,甚至更高,加上抽吸风机的作用,这些牵伸气流将以很高的速度穿透网带,很容易将强度和刚性都很低的熔喷纤网吸入网带结构中,导致熔喷布表面出现与网带纹路一样的粗糙表面,影响外观和触感(图4-78)。

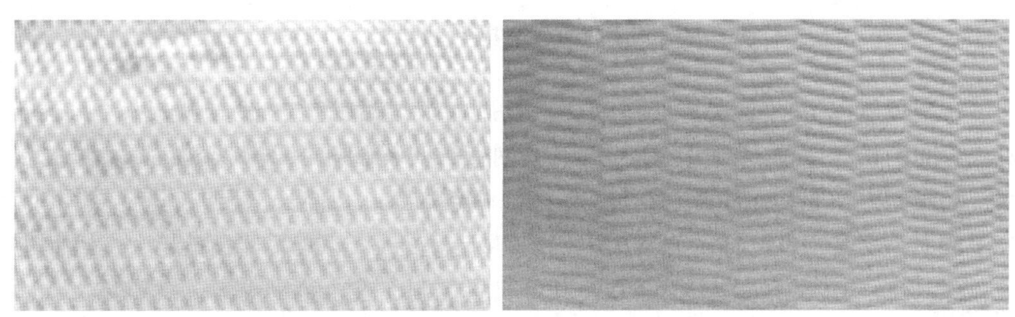

图4-78　熔喷布表面的网带印痕

为了避免出现这种情况,在专门用于生产空气过滤材料的熔喷系统中,可以使用更细规格的材料,用作编织网带的经纬线材料,并使用特殊的编织工艺,使网带有较为平整的表面,改善其应用性能(图4-79)。由于熔喷生产线的运行速度较慢,即使用较细规格的经纬线,也有较好的耐磨性和较长的使用寿命。

图4-79　用细经纬线编织的网带

(四)网带张紧系统

网带是依靠摩擦力由驱动辊驱动运行的,摩擦力与材料的摩擦系数和摩擦面的正压力有关。为了能提供足够的摩擦力,网带与驱动辊间就要求有足够的压力,网带张紧机构就是通过张紧网带来形成这个压力的。

除了形成摩擦力外,网带张紧机构的另一个重要作用是使网带在全幅宽范围保持均匀一致的张力,以免网带在运行期间发生横向偏移。利用网带张紧机构可以调整网带两侧的张紧程度,消除导致网带发生偏移的横向力及变形(图 4-80)。

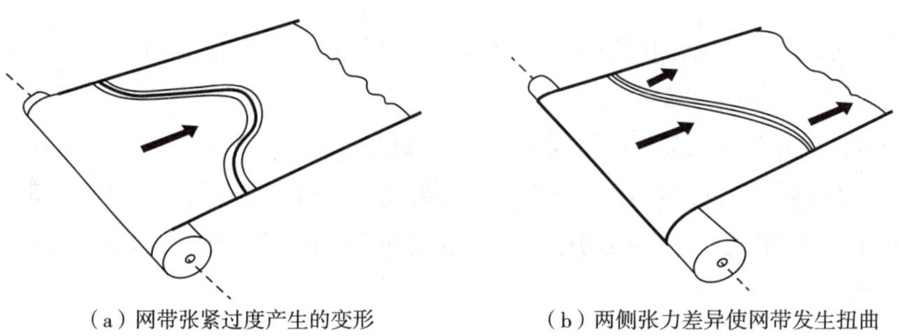

（a）网带张紧过度产生的变形　　（b）两侧张力差异使网带发生扭曲

图 4-80　由于张力不平衡造成的网带变形现象

网带在制造过程中,不同品牌必然会存在长度(周长)偏差。网带张紧机构可以通过改变成网机辊筒间的相对位置,来适应这种差异,为网带的安装、维护工作带来便利。

网带受张紧力和驱动力的影响,必然会发生一定的变形和伸长,其伸长量与编织网带的聚合物分子量大小有关。在同样的张紧力下,分子量越小的聚合物,其伸长量越大。因此,在运行过程中,既要保持一定的张紧力,又必须使其伸长量控制在安全范围内。

熔喷生产线的网带很短,运行速度慢,传递动力小,需要的张紧力不大。因此,网带张紧机构也较为简单,一般都是用人力操作,主要由张紧辊、张紧辊移动机构、操作机构三个部分组成。

网带张紧机构应该既能调整单侧网带的张力,又能两侧同时进行张紧。网带张紧机构的实际有效调节量(即网带的长度变化量)既要大于网带长度允差,以便能装上出厂长度最短的网带,或可以将最长的网带张紧;又能在运行过程中进行必要的调整。因此,网带张紧机构的有效调节量常取网带名义长度的 1.5%~2%。

大型生产线的成网机的网带长度较大,必要时会配置两套张紧装置。其中一套为刚性张紧装置,另一套为弹性张紧装置。当配置有气缸装置时,通过改变压缩空气的压力就能调节张紧力,并在运行过程中自动控制网带的张紧力。由于熔喷生产线的成网机较小,网带较短,而且可以利用的安装空间有限,一般仅有一套张紧装置就可满足运行要求。

(五)网带自动纠偏系统

由于网带是一种柔性传动件,不能采用强制限位的方法来保持其在规定的位置运行,为了防止在运转期间发生走偏而损坏,成网机需要装设网带走偏检测及越限报警装置,以便自动纠正偏移,并在出现意外时停止成网机的运转。

网带位置检测装置有机械接触式(如挡板、摆杆、触须)、光电非接触式(红外线、超声波、电容接近开关)等。纠偏执行机构有电动式、气动式和液压式等。

成网机的运行速度越高,对纠偏装置的性能要求(如反应速度、纠偏能力)也越高。熔喷生产线成网机的运行速度较慢,对纠偏装置的要求也不高。

纠偏方式以比例控制方式较佳，这种系统具有比例控制功能，可以根据网带发生偏移的速率和偏移量，自动调整纠偏动作速度和纠偏装置（纠偏辊）的运动行程，并能在纠偏装置有效行程的任何位置稳定停留。具备比例自动控制功能的系统，具有运行稳定、控制精确、纠偏装置可靠性高等特点。

纠偏系统的驱动力有电动式（丝杆螺母或电动推杆）、气动式（气缸或气囊）、液压式（气—液联动）等。在大型成网机中，由于网带较长，可能会在网带回程段的不同位置配置两套纠偏装置，用于加强纠偏效果和反应速度。

由于气动系统不容易在任何位置停止、定位，如果使用单个气缸纠偏，气缸的活塞杆只能在伸出和缩入的两个终端极限位置停留。在运行过程中，气缸会在两个终端间做往复运动，不能在中间位置稳定停留，无法精确控制网带的偏移。导致网带不停地向两侧周期性偏移，增加了铺网宽度，虚宽的边料降低了系统的一次合格品率，也增加了压缩空气的消耗量。但因为气缸价格便宜，系统简单，在速度较低的小型系统中仍得到应用。

生产线一般使用单纠偏辊纠偏，即一套纠偏装置仅有一只纠偏辊。网带在纠偏辊面上的包角会影响纠偏力的大小和灵敏度，包角推荐值一般≥25°。纠偏效果还与网带的宽度和厚度以及纠偏辊与上游导辊（即进入纠偏辊前的辊筒）的距离有关；网带越宽、距离越小，纠偏效果越差。如果不受成网机结构空间限制，上游导辊与纠偏辊之间的距离应该是越大越好，一般应为网带宽度的0.3~0.5倍。

纠偏辊的最大行程和摆动速度与生产线幅宽有关，以幅宽为3200mm的生产线为例，摆动角度一般≤±1°，行程一般≤±50mm，而最高摆动速度约30mm/s，驱动力一般在1000N左右。

纠偏辊的运动方向，既可以是水平的，也可以是垂直的。但一般都是沿水平设置的导轨移动，而纠偏辊的自重则由导轨承受。虽然移动方向所需的驱动力与网带的运动方向有关，同向运动时，网带会有助推作用；反向运动时，网带会阻碍纠偏辊运动，但在两个方向驱动纠偏辊移动的力相差不会很大，基本上仅需克服与导轨的摩擦力即可。

如果是沿垂直方向运动，则纠偏辊的自重会影响驱动力的大小，在向上方移动时，辊子的自重与移动方向相反，驱动力要大于纠偏辊自重及与导轨摩擦力的总和。而在向下方移动时，辊子的自重与移动方向一致，会与驱动力叠加，这时驱动力仅需要克服与导轨摩擦力，甚至仅依靠自身的重量就可使纠偏辊自动下降，驱动装置输出的力就会很小。

从上述分析可见，纠偏辊沿垂直方向移动时，上升和下降所需要的驱动力相差很大，纠偏辊不适宜沿垂直方向移动。

（六）辊筒

成网机中有很多辊筒，主要是用无缝钢管制造，两端轴颈一般采用焊接结构，一些优质辊筒的两端轴颈则是用锻钢件制造的，具有较高的强度。随着成网机运行速度的提高，为了消除震动现象，除了采用增大辊筒直径以降低转动角速度外，对筒体内腔进行镗削加工也是提高辊筒动平衡精度的重要工艺措施。

辊筒的内壁经过机械加工后，使辊筒的动平衡精度达到G6.3级或更高的要求。一些高端设备已经使用铝合金或碳纤维制造的辊筒。按其在成网机中的功能，辊筒可分为以下几种。

1. 驱动辊筒

驱动辊筒一般安装在成网机下游，并靠近卷绕机的一端，其功能是利用摩擦力将驱动电动机的转矩转换为驱动提供网带运行的牵引力。

如果辊筒的曲率半径很小，网带要承受很大的弯曲应力，从而影响网带编织结构的稳定。对于包角较大的主动辊及张紧辊，网带制造商建议的辊筒直径要大于网带厚度的 100 倍，常用网带的厚度约为 2mm，即主动辊或张紧辊的直径不得小于 200mm。因此，熔喷生产线成网机的驱动辊筒直径一般在 200~250mm。

但这仅是从网带安全使用角度提出的基本要求，而随着网带运行速度的提高和成网机尺寸大型化，驱动功率也越来越大。为了提高摩擦传动的稳定性，防止发生打滑，常通过增加材料间的摩擦系数和网带对辊筒表面的正压力来实现。

为了增加摩擦力，钢辊筒的表面经常会包覆一层摩擦系数较大的材料，橡胶是较常用的材料。由于驱动辊是与网带粗糙的底面接触，为了减少橡胶层的磨损，一般要选用邵氏硬度在(80±5)A 的橡胶材料(图 4-81)。

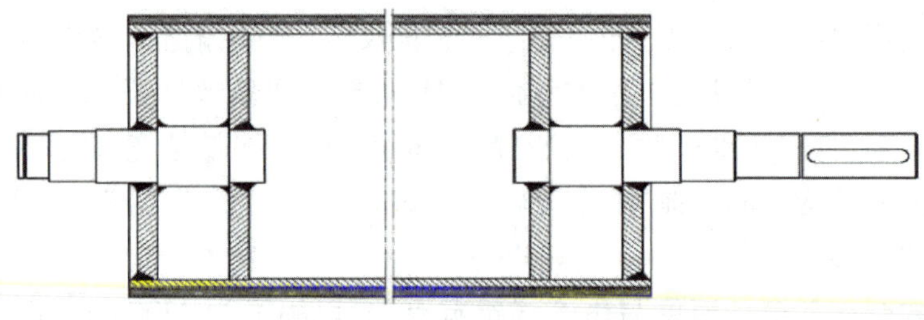

图 4-81　焊接结构的主动辊

通过提高网带的张紧力可以增加网带对辊筒表面的正压力，但张紧力会受网带结构强度的限制，不允许大于网带制造商推荐的许用张力。

在这种情形下，为了降低网带单位面积的负荷，提高传动的可靠性，当需要传动的功率较大时，常用的措施是增加网带在主动辊面上的包角和增加主动辊的直径，从而增加网带与主动辊的接触面积，以降低网带与驱动辊接触面的单位面积负荷，进而提高传动的功率。

增加网带在主动辊面的包角也可以降低单位面积的负荷，因此，大型成网机网带在驱动辊的包角可达 180°，视传动功率和运行速度而定，如在 SMS 生产线中成网机主动辊的直径可大于 500mm。主驱动辊是接收成网设备中受力最大的辊筒。为了使网带能得到均匀的张紧，要求各种辊筒要有足够的强度和刚性，避免在运行中出现明显的挠曲变形。

2. 压辊(导向辊)

熔喷系统采用升降成网机进行 DCD 调节时，成网机与下游方向设备(如卷绕机)的高度差发生了变化，如果压辊配置在网带的工作面下游方向，其作用就是使新形成的熔喷布始终贴紧在网带表面。

如果压辊配置在接收装置下游非工作面的熔喷布输出端，其作用就是使熔喷布与接收装置剥离，并改变运动方向进入下游的设备，这时压辊实际上就是导向辊，但其控制对象不是成网机的网带，而是附着在网带表面的熔喷布，这是大部分熔喷生产线的压辊安装方式(图 4-82)。

3. 张紧辊

熔喷生产线的成网机较小，幅宽不会很大，网带的长度也较短，驱动功率也较小，张紧力不

图 4-82　熔喷生产线接收装置纤网输出端的压辊

大，张紧距离也较小。因此，常利用人力移动张紧辊来控制网带的张紧力，结构简单，基本是利用丝杆或螺母机构，使张紧辊沿特设的轨道移动，实现网带的张紧和两侧的张紧度调节。

配置在 SMS 生产线的纺丝系统较多，成网机的网带较长，驱动功率大，因此，网带张紧机构的受力较大，除了采用人工张紧外，有的生产线会配用电动张紧，降低劳动强度。当网带很长时，往往一个张紧装置的行程不足以满足要求，因此，有时会配置两个网带张紧装置。

4. 导向辊

导向辊用于改变网带的运行方向，增加主驱动辊的包角，引导网带规避一些固定设施（如成网机的抽吸风箱）等。当网带在导向辊上的包角较大时，导向辊也会受到较大的力，这时也需要有足够的强度和刚性，直径也会较大。熔喷系统成网机驱动功率较小，因此，导向辊的结构相对简单。

5. 纠偏辊

纠偏辊用于纠正网带运行期间出现的横向位置偏移，可以用丝杆或螺母机构、电动推杆、气缸或气囊、液压油缸，使纠偏辊绕另一端的支点做往复摆动。以 3200mm 幅宽的成网机为例，其往复摆动行程一般在±40mm，摆动的角度一般≤±1.5°。

6. 托辊、托板

托辊主要用于承托网带，主要用于成网机下方网带的回程段，使网带不致产生太大的下挠，与地面保持足够的距离，避免高速运行时扰动地面的灰尘，并被静电吸附到网带上，另外还可以避免回程段网带不会因张力较小，在高速运行时出现飘动，影响张力稳定。

处于网带松边的托辊受力较小，可选用较小的直径，一般为 200mm，但直径太小会容易缠上废丝，影响运行，并难于清理。由于网带松边托辊表面直接与网带的工作面接触，为了减少对网带工作面的磨损，外圆也可包覆橡胶层。

成网机上方的网带较少使用托辊承托，而是使用金属板承托，虽然金属板会与网带的背面（非工作面）产生摩擦，并产生噪声，但可以吸收网带在运行时产生的振动，而且可以阻隔网带下方的环境气流穿透网带，流向网面上方抽吸风箱入口附近的负压区域，把纤网往上吹起、干扰铺网和纤网输送，这种情形在熔喷系统较为多见。

金属托板的另一个重要作用是可以将网带在运行过程中形成的静电，通过托板、机架和接地导线逸散，消除对成网过程的干扰。因为金属托板是静态构件，在运行过程中不存在轴承损坏,或由于辊筒制造精度偏低所引起的振动现象,对提高系统的可靠性有好处。

为了减少网带与金属托板的摩擦,托板支承平面不得高于成网机纺丝系统的抽吸风箱入风口标高或网带导向辊的上圆柱面,而且金属板的厚度不能太薄(厚度≥3.0mm),以免很快发生磨损,损坏网带。托板的安装要求对称、平整,不能形成影响网带正常运行的走偏力。目前,有的不锈钢材质的托板,制作成中间微凸的弧形,有利于网带稳定运行和防止局部快速磨损。

使用金属板支承网带时,还可以在必要时为网带的维护、清理提供作业空间,作业人员可以直接在成网机上工作。

国外曾有机型用厚的聚氨酯塑料板支承网带的工作面,而两块塑料板间设置了一条不锈钢圆钢条(轴线沿 CD 方向布置,外圆柱面标高基本与塑料板面平齐),这种塑料板既耐磨、摩擦系数小,不容易产生堵塞网带和污染产品的碎屑,消耗的动力也较小;不锈钢又可以将网带产生的静电逸散到地线中,适宜于运行速度较快的机型。

然而随着生产线运行速度的提高,网带与金属托板之间的摩擦及由此引起的发热现象更明显。因此,有的高速机型也采用托辊,或使用低摩擦系数的塑料板来支承网带。

(七)网带保护装置

熔喷系统的熔体流动性很好,当其滴落在网面时,极易渗透入网带的内部结构,并堵塞网带的气流通道。由于清理十分困难,大面积的熔体滴落会导致网带报废,这是熔喷系统在运行管理过程中需要注意的问题。

网带保护装置的功能是在纺丝系统处于异常状态时,保护网带的安全。在纺丝泵运行期间,如突然中断热牵伸气流的供给,未经牵伸的熔体细流便以熔体状态滴落在网带上,并随即渗透入网带内部,若未能及时终止纺丝泵的运转,并即时停止网带运行,熔体将大面积覆盖在网带面上,从而导致网带报废(图 4-83)。

同样的原因,熔喷系统在启动及停机阶段,纺丝系统也一定要处于离开网带的离线状态(位置)运行,避免产生的废丝或高温熔体污染网带。

图 4-83　由于牵伸吹风系统故障污染的网带

网带应急保护就是当出现险情时,要迅速动作,遮盖喷丝板下方的网带。遮盖物可以是刚性的金属盘,也可以是柔性的耐高温编织材料,而在应急状态下,还可以将硬纸板、三夹板类的物体放在喷丝板下方承接流下来的熔体,避免直接滴落在网带上。

网带保护装置可装在成网机或纺丝箱体上,但仅当纺丝系统处于在线位置生产运行时才起作用,应以压缩空气为动力,结构要保证在 DCD 值最小时,仍可无障碍动作,不妨碍刮板和组件维护。网带应急保护装置要安装在纺丝系统的上游方向(图 4-84)。

网带应急保护要自动控制,并同时满足多方面的逻辑关系才能动作,以免发生意外。如只有纺丝泵处于运行状态、成网机处于在线状态时,才能动作,但最基本的要求就是必须与牵伸风机运行状态连锁。

在一些简单的系统,网带应急保护装置也可以用手动控制。而配置在 SMS 生产线中的熔

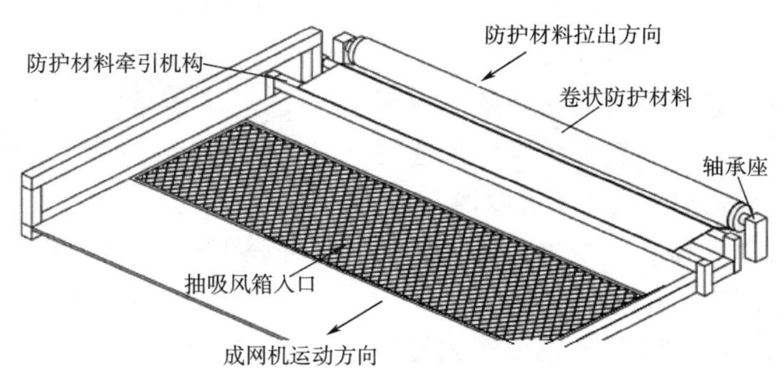

图 4-84　抽吸风箱的入口网带支承和应急保护装置

喷系统，由于熔喷系统的数量较多，岗位人员又远离成网机，因此，必须是自动控制的，否则无法起到应有的防护作用。

(八)抽吸风装置

抽吸风装置是成网机中的重要系统，主要由抽吸风机、抽吸风箱、管道及调节机构组成。其功能是吸收纺丝过程产生的牵伸气流和冷却气流，并将纺丝系统形成的新纤维收集在网带面上形成熔喷非织造纤网。

1. 抽吸风箱

抽吸风的均匀性直接影响纤网或非织造布的质量，抽吸风箱会配置一些流量调节机构，内部设置有相应的分风和导流装置，使全幅宽范围的抽吸气流均匀一致。

由于熔喷系统与纺粘系统的纺丝牵伸过程不同，因此，其抽吸风箱的外形和结构也有较大差异。在应用封闭式纺丝牵伸通道的系统中，吸入抽吸风机的气流主要是冷却牵伸气流；而熔喷纺丝牵伸通道是一个开放的系统，吸入抽吸风机的是流量较大的牵伸气流和环境气流，流量也较大。

熔喷系统也是一个开放式纺丝系统，进入熔喷系统抽吸风箱的气流绝大部分为环境气流，这些气流对纤网的冷却过程和产品质量有至关重要的作用。抽吸风箱的结构会影响熔喷纤网的密度，从而对产品的过滤效率、静水压等性能有明显的影响。

为了适应生产不同用途产品的要求，独立熔喷系统的抽吸风箱的主入口较宽；而配置在SMS生产线的熔喷系统，或生产空气过滤材料的熔喷系统，要求产品有较高的密度，因此，其抽吸风箱的主入口较窄。

抽吸风箱气流吸入口的CD方向长度必须大于喷丝板的布孔区长度，而成网机网带的宽度必须比抽吸风箱入口长度多100mm以上，防止在生产运行期间网带走偏，无法覆盖抽吸风箱入口，导致抽吸风箱入口外露。

进入熔喷系统抽吸风箱的气流速度较快，一般在12~25m/s，由于气流中含有单体、灰尘与短纤维，容易污染、堵塞网带和抽吸风箱内的多孔板及均风机构，使透气量下降，性能变差。因此，要经常拆洗。

由于抽吸风机会产生很高的负压，网带在大气压力作用下，会在抽吸风箱的入口承受很大的压力而向下弯曲变形，并与抽吸风箱口产生很强的摩擦，除了使网带和风箱入口快速磨损外，还容易使熔喷纤网发生变形、褶皱，纠偏装置无法正常发挥作用，导致网带发生不规则的走偏等。

因此,可在抽吸风箱的入口设置可以透气的支承隔板,用于防止网带向下弯曲变形。设置这些支承隔板时,必须注意其长度方向必须与成网机的 MD 方向成一定夹角,倾斜的角度应保证网带在运行过程中,全幅宽都能被支承板遮挡,而不能与 MD 方向平行,以免形成一条透气量较低的带状区域,影响产品的均匀度(图 4-85)。

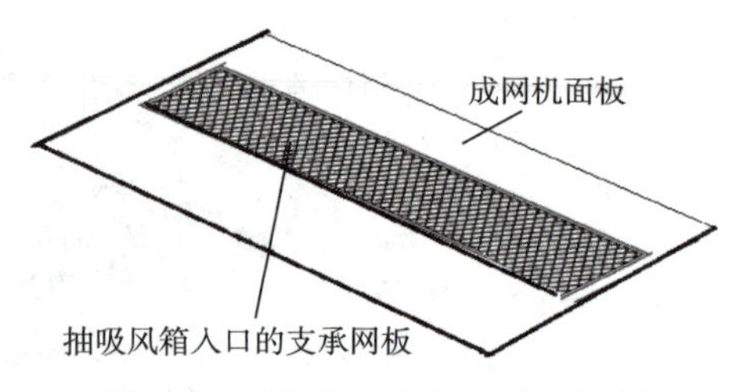

图 4-85　抽吸风箱入口的支承板

支承板也不能只向一侧倾斜,以免形成使网带偏向一侧移动的外力。一般采用左右对称的 V 形排列,或互相交叉的网状形式排列。支承板条的厚度(与网带接触面)一般不宜大于 10mm,以免影响网带的有效透气面积。

除了牵伸气流外,抽吸气流中还有大量环境气流。除了消减牵伸气流的能量,使牵伸气流受阻尼并减速外,环境气流的一个重要工艺作用是吸收高温牵伸气流的热量,使熔喷纤网得到充分的冷却、降温,可较大程度提高熔喷布的质量。没有受控的环境气流还会干扰成网,影响纤网均匀度,产品容易产生卷边、褶皱。

2. 抽吸风机

在熔喷法纺丝系统使用的抽吸风机的工况与在纺粘法系统中的不同,其吸入的气流温度较高,对风机的性能有一定的影响。熔喷纤网的纤维直径细,孔径小,阻力较大,透气性能较差。与同样定量规格的纺粘法非织造纤网比较,在同样的压力差条件下,其实际透气量较小,为了吸收同样流量的纺丝牵伸气流,熔喷系统成网机就要配套压力更高的抽吸风机。

在熔喷法纺丝系统中,纺丝过程是在开放的环境中进行的,在抽吸风机吸入的气流中,牵伸气流仅占较小的比例,视机型而异,一般在 10%~20%,其余的都是环境气流及冷却气流,因此,抽吸风机的流量也会较大。

目前,气体的标准状态有几种,通常气体的标准状况是温度为 0℃(273.15K),压强为 101.325kPa(一个标准大气压),这是科学技术领域较多采用的标准,常在计量单位前冠以 N,以示区别,如“××Nm^3/h”就是在 0℃、一个标准大气压下的标准流量。

设备铭牌标示的技术性能是在规定工况状态下通风机的性能。标准状态即指风机进口处气体压力为 101.325Pa(相当于 1 标准大气压或 760mmHg),温度为 20℃(293.15K),密度为 1.205g/m^3,相对湿度为 50%,这是应用工程领域常用的标准,如“××m^3/h”是在上述规定状态下的流量。

每一个系列的风机都有其适用进风条件,通风机输送的介质为空气,如常用的 9-19,9-26,9-28 系列一般的进风温度为 50℃,最高温度不超过 80℃,而引风机输送的介质为烟气,最高温度不得超过 250℃。

离心通风机的压力与气流的密度有关,温度会影响气流的密度。当风机设计工作温度低于吸入气流的实际温度时,由于气流的密度低于设计温度,在同样的工况下,风机的压力也随之下降,在运行过程中会感到吸力降低,对成网气流的控制能力也会变差。

由于一般风机是在 20℃标准状态下标定其参数的,将这种风机用作熔喷成网机抽吸风机时,由于抽吸风温度可能大于 60℃,比标准状态的温度更高,这时气体的密度低于标准工况,将导致实际压力低于铭牌压力,在使用过程中导致吸力不够,容易发生飞花。

而这类型风机在用作熔喷系统的冷却吹风机时,由于介质的温度会低于20℃,空气的密度增加,在同样的转速和体积流量状态,风机的质量流量增加,驱动电动机的负荷较重。

因此,在进行风机设备选型时必须进行修正,或根据实际工况的气流温度进行风机选型。如在气流温度较高的熔喷系统可以选引风机,就是风机牌号中带有Y字的机型,或制造商说明或标注可在较高气体温度工作的机型。

抽吸风机所需要的压力取决于系统的管网阻力,但主要是要考虑抽吸风箱的入口设计。在需要处理的空气流量相同的情形下,当抽吸风箱的入口较宽时,气流穿透纤网和接收装置时的速度较慢,就可以选用压力较低的风机,这时风机的压力一般不大于8kPa,驱动电动机的功率也较小,其外形的显著特征是风机的蜗壳较厚、较宽[图4-86(a)]。

(a)低压大流量

(b)高压大流量

图4-86　低压大流量及高压大流量通风机的外形特征

而对于抽吸风箱的入口较窄的系统,气流穿透纤网和接收装置时的速度较快,就要选用压力(全压)较高的风机,才能克服系统的阻力。风机的压力≥10kPa。驱动电动机的功率也较大,这种风机的外形显著特征是风机蜗壳的轴向尺寸较窄[图4-86(b)]。

熔喷系统抽吸风箱入口尺寸,会由于产品应用领域的不同而有较大差异,最大宽度可能是最小宽度的3~4倍,甚至更大。当抽吸风箱的入口较窄时,主要用于生产高阻隔型或高过滤效率的熔喷产品,风机的压力较高(≥10kPa),个别机型可达25kPa。

由于抽吸风机要处理的气流量相差不多,因此,与抽吸风箱入口较宽的机型比较,入口较窄机型的气流速度较快,配置的抽吸风机就需要有更高的压力,驱动电动机的功率也会较大。如在3200mm幅宽的国产熔喷纺丝系统中,抽吸风机的功率大于160kW,最大可达280kW。

有的熔喷系统的抽吸风箱入口宽度可以在线调节,这样便增加了一个工艺调节措施,以获得适应市场需求的最佳品质的产品。

进入抽吸风机的气流通常包括牵伸气流、冷却气流、环境气流三部分,在开放式熔喷纺丝系统,进入抽吸风机的气流主要是环境气流、冷却气流及流量较小的牵伸气流。

抽吸风机的流量与牵伸气流流量呈正相关,即牵伸气流流量越大,抽吸气流流量也要越大。在熔喷系统,抽吸气流的流量一般为牵伸气流流量的5~10倍,因此,牵伸气流仅占抽吸气流的很小一部分,而熔喷纤网的透气阻力又较大,要求风机有较高的压力。

3. 成网机抽吸气流的冷却功能

由于熔喷纤网是依靠余热自黏合成网的,纤维能得到快速、充分的冷却,可以改善纤网的力学性能和手感。因此,抽吸风的流量越大,抽取的冷却气流也越多,冷却效果也越好。

抽吸风机的排气温度反映了熔喷纤网的冷却效果,排气温度越高,说明冷却效果越差,产品的质量也越不稳定。熔喷抽吸风机吸入口的气流温度一般在45~55℃,这是高温牵伸气流与环境气流、冷却气流混合以后的温度,在冬天环境温度较低或抽吸风流量较大时,则排气温度较低。

当两侧的环境气流被吸入抽吸风箱时,会向中部挤压铺网气流。因此,偏大的抽吸气流会使成网宽度缩窄,尤其是在较大的DCD时会特别严重。

从两侧吹向成网装置的横向环境气流,还有可能使网带上的熔喷布出现卷边(翻边)现象,如果网带工作面的负压区太大,而网带没有托板支撑,网带下方的气流会从下往上穿透网带将熔喷布吹起,而形成褶皱。

为了避免两侧横向气流干扰成网过程,可以在成网机的两侧设置一定高度的挡板,使环境气流改变流动方向,从以水平状态进入抽吸风箱改为翻越挡板后,以近似垂直的方向进入抽吸风箱,用以防止幅宽变窄和发生翻边。

抽吸气流偏小可能是由于设备选型不当所致,这样就不能有效控制和吸收牵伸气流,生产过程就容易产生飞花,导致系统要降速运行,既减少产量,也影响产品的质量,还会污染设备和环境。

熔喷系统是一个开放式纺丝系统,抽吸风机除了要吸收纺丝组件喷出的牵伸气流及冷却气流外,还要将大量的环境空气吸走,并排放到室外。因此,会使车间内形成负压,对保持生产环境的清洁卫生不利,还会影响厂房的门窗启闭。

由于气流进入风机后压力升高,内能增加,温度会升高。因此,抽吸风机的排气温度要比吸气温度高4~6℃。风机的全压或转速越高,由于这种升压作用而引起的温升也越大。

尽管有环境空气冷却,熔喷系统牵伸气流到达接收装置时的温度仍可能超过80℃,进入抽吸风机后的排气温度仍可接近60℃,气流、管道和风机辐射的热量对车间内环境影响较大,还会影响产品的质量,一般将这些热气流直接排到室外,由于气流中含有单体和短纤维,这种废气可能成为一个污染源,要妥善处置。

(九)纺丝过程的单体及其影响

聚合物在有加热、氧气和水分存在的环境中,不可避免地会发生一定程度的降解,产生一些分子量较小的气态单体。当熔体中含有色母粒或功能母粒等添加剂时,还会产生一些其他的挥发物或烟气。

单体烟气的产生量与聚合物的质量有很大关系,高质量的聚合物原料的性能稳定、杂质少,产生的单体也较少。而一些质量较差、性能不稳定的聚合物原料,特别是一些应用过氧化物降解工艺生产的原料,在纺丝过程中不仅会产生大量烟气,还会产生异味。纺丝系统的温度越高、熔体挤出量越大,产生的单体烟气也会越多。

由于熔喷系统的生产工艺和设备结构特点,没有配置单体处理系统。纺丝过程产生的单体烟气与牵伸气流一起穿过成网机的网带后,被抽吸风机吸走,并被排放到室外环境中。

熔喷系统的熔体挤出量较小,而抽吸风量又很大,因此,气体中的单体含量(浓度)较低,排放总量也很小,但长年累月地运行,烟气仍会在温度较低的管道中冷凝、积聚,甚至在水平管道接头的下方泄漏出来。单体也会污染成网机和网带,使网带的透气量减少,网带容易堵塞,需频繁清洗。

单体烟气还会在风机的叶轮、蜗壳内积聚，增加气流的流动阻力，改变风机的特性，运行效率下降，能耗增大。因此，在纺丝系统运行一段时间后，如果觉得生产同样规格的产品，风机的设定转速有越来越高的变化趋势时，就要对风机或相关管道进行检查和清理。

第九节　熔喷法非织造布生产线的主要技术指标和规格

一、熔喷法非织造布生产线的主要技术指标

(一)生产线的名称

生产线的名称主要是表达生产线的纺丝工艺、生产的产品和用途。目前的熔喷法纺丝工艺主要包括：只有一行喷丝孔的埃克森熔喷纺丝工艺(代号 SR)和有多行喷丝孔的双轴熔喷法纺丝工艺(代号 MR)。

有时也在生产线的型号中描述纤维的特点，如纤维截面形状(圆形、异形)、纤维的成分(单组分、多组分)、多组分纤维的结构(皮芯型、并列型)等，或直接用双组分来概述。

目前，在生产保暖、隔音类产品时，为了保持产品的蓬松性及尺寸稳定性，经常会利用插纤工艺，在纺丝组件喷出的熔喷纤维中，加入一些三维卷曲的 PET 短纤维，成为由两种不同纤维混合的产品，有时在商业上也称双组分产品。其实这种产品仅是由多种不同的纤维混杂而成，并不具有“双组分”纤维产品的属性，应该是混纤型纤网。

(二)纺丝系统数量及组合

在熔喷法非织造布生产线中，所有的纺丝系统都是熔喷系统(代号为 M)。一条熔喷生产线可以配置多个纺丝系统，纺丝系统越多，在生产产品时的工艺调控手段也越多，可以获得均匀度更好，质量综合水平更高的产品，但设备也越复杂，造价也越高。目前，国内已能制造配置有三个纺丝系统的 MMM 型熔喷生产线。

在熔喷生产线中，还可能配置有其他类型的纺丝系统或成网设备，这时的生产线就是一条复合型生产线。当配置有短纤梳理成网设备(C)或浆粕气流成网设备(P)时，就会成为 MC、MCM 或 MP、MPM 型生产线，最终产品也是复合型产品。

当生产线还有其他类型的纺丝系统时，要关注不同纺丝系统的纤网是惯常的叠层复合还是不同纺丝系统纤维的混杂，因为不同的组合和成网方式会对最终产品的特性、质量产生很大的影响。而从纤网结构、不同纤维的分布、产品性能等方面来看，这是两种不同类型的产品。

(三)使用的原料种类

使用的原料与硬件配置，生产成本、工艺流程、产品应用领域有关。目前，熔喷法工艺较常用的原料是 PP、PET，还可用 PE、TPU、PBT 等。

对于双组分纺丝系统，两个组分所使用的原料一般都是不相同的，有可能既包括聚烯烃类原料，还有包括聚酯类原料。

由于聚酯类原料的水分含量较高，如果使用聚酯类原料，则在生产流程中必须配置有原料干燥处理程序和相关的设备。

(四)产品名义幅宽规格

生产线的规格以最终合格产品的宽度来定义，以米为单位，独立熔喷法生产线的幅宽一般较小，常见的有 800mm、1000mm、1600mm、2400mm、3200mm 等规格。采用 1600mm、2400mm 两

种幅宽规格的设备最多。

配置在 SMS 生产线中的熔喷系统幅宽要与生产线的幅宽匹配，其宽度可达 4200mm 或更宽。熔喷生产线的产品幅宽一般是固定、不可调节的，当市场所需最终产品的宽度比生产线额定幅宽更小时，只能通过切除两侧更多的边料来实现，降低了合格品率和产量。

当最终产品的幅宽比生产线的名义幅宽更小时，为了避免切除多余边料、增加废品损失，有一种方法是采用可在一定范围改变产品幅宽的可变幅宽熔喷生产线（图 4-87），通过旋转纺丝—接收系统的方法（最大可旋转 45°），可以在不改变合格品率和产量的前提下，改变最终产品的宽度。这种方法还能改善产品的均匀度及调整产品的 MD/CD 性能差异。

图 4-87　可变幅宽熔喷生产线

（五）产品定量范围

产品的定量是指每一平方米产品的重量，单位为 g/m^2。

由于熔喷法非织造布的拉伸强度较小，无法承受较大的牵引张力，加上较容易受静电的影响和环境气流的干扰，因此，熔喷法非织造布生产线无法生产定量较小的轻薄型产品，但可以生产定量较大的产品，产品的定量规格一般为 $15\sim200g/m^2$。产品的定量越小，生产线的技术水平和对生产环境的要求也越高。

配置在 SMS 生产线中的熔喷系统，由于得到纺粘层纤网的保护，其纤网的规格可以不受限制，能生产定量小于 $0.5g/m^2$ 的纤网（不是熔喷布），但一般是以熔喷纤网在 SMS 产品中的占比来表示。

（六）运行速度

生产线的运行速度一般是指成网设备的运行线速度，这个速度是稳定的，常用的计量单位为 m/min。生产线中的卷绕机运行速度是波动的，相对成网机会有±5%或更大的变化，因此，不作为生产线的运行速度指标。

由于熔喷布的拉伸断裂强力和断裂伸长率都较小，无法承受较大的输送张力，加上小定量规格的熔喷布不容易从成网设备上剥离，易受横向气流和静电干扰。因此，独立的熔喷法生产线无法生产运行速度较快的较小定量产品。

因此,熔喷法非织造布生产线的运行线速度较慢,只有一个熔喷纺丝系统的生产线,其最高运行速度低于120m/min;当产品的定量较大时,速度仅有2~3m/min。但随着技术的发展,运行速度还是有提升空间的,如有两个纺丝系统时的运行速度可达250m/min。

配置在SMS生产线中的熔喷系统,由于熔喷纤网得到了纺粘纤网的保护,输送张力也由纺粘纤网承受。因此,其运行速度不受熔喷层纤网定量规格的限制,最高运行速度已达1200m/min。

(七)装机容量

装机容量是指生产线中主流程设备、辅助设备、公用工程系统的装机功率(kW)或装机容量(kVA)的总和,可以直接按设备铭牌标示的功率进行计算,与所使用的纺丝工艺和生产能力相关。

装机容量较小,可以节省投资成本,但设备的负载率会较高,可靠性下降,进行工艺调节的余地小,反应慢、调控能力较差。当设备的负载率大于80%,甚至经常满载运行时,就是设备容量偏小的表现。

装机容量偏大,会增加投资成本(包括公用工程系统)及供电系统的运行费用。但设备的负载率较低,可靠性上升,工艺调节空间较宽,反应快、调控能力较强。如一条幅宽为1600mm,只有一个纺丝系统的熔喷生产线的装机容量可大于1000kW。

装机容量与纺丝工艺、聚合物种类、产品幅宽、配套设备技术水平等因素有关。有时产品的后整理工序会对装机容量有很大的影响,如配置有静电驻极设备的熔喷生产线,其装机容量与一般生产线无异;但配置有水摩擦驻极系统的熔喷生产线,其最大装机容量可能比普通熔喷生产线大很多,因此会对产品的能耗产生很大的影响。

装机容量是决定生产线供电系统容量的依据,供电系统的容量(或变压器的容量)一般在实际装机容量的55%~65%。

生产线的装机容量或供电系统的容量都不等于实际耗电量,同一条生产线,其实际耗电量与生产工艺或产品的规格、质量或应用领域有关。如生产用于空气过滤或阻隔型产品时,其耗电量就比生产吸收型产品多。

(八)纺丝系统的生产能力

纺丝系统的生产能力指一个纺丝系统每一米幅宽在一小时内的熔体挤出量,是不考虑产品的合格品率的理论值。计量单位为kg/(m·h),这是进行系统设计、生产工艺计算的基础,也便于对不同的系统进行比较。

纺丝系统的总生产能力等于单位幅宽产能乘以名义幅宽,常用来估算原料的消耗量。显然这个生产能力并没有将产品两侧的不合格边料计算在内,因此,原料的实际消耗量要更大一些。

生产能力与产品用途和应用领域有关,其实质是与熔喷纤维的细度有关。纤维直径较细,生产能力也较小;纤维直径较粗,就有较大的生产能力。如果没有特别声明,一般所说的生产能力均是相对纤维较粗的产品,如果纤维变得更细,其生产能力必然降低,这也是在日常生产时,较少达到纺丝系统标称生产能力的原因。

由于不同应用领域对产品的质量要求不同,因此生产能力也有很大差异。生产一般产品时,熔喷系统的生产能力在50kg/(m·h);生产空气过滤或阻隔型产品时,其生产能力在20~40kg/(m·h),应用静电驻极工艺时,系统的产量会更低;生产保暖、吸收型产品或建筑材料时,其生产能力可达100~120kg/(m·h)。

如果熔喷系统配在SMS生产线使用,其实际生产能力还与熔喷层纤网在产品中的占比有关,而且受其他纺粘系统生产能力的掣肘。

(九)生产线的生产能力

当一条生产线有多个纺丝系统时,生产线的生产能力就是所有纺丝系统全幅宽生产能力的总和(也可以是单位时间内生产线单位幅宽的生产能力总和),这个全幅宽仅仅是生产线的名义宽度,而不是铺网宽度。

生产能力是一个理论值,是在没有考虑合格品率和设备利用率的前提下,按特定运行速度、生产特定规格产品,在规定运行时间内生产的产品总量。

在技术上除了用“kg/h”表示外,有时还会用一年的生产能力“t/a”表示,与实际产量是不同的概念。由于熔喷纺丝组件使用周期短,频繁更换组件降低了有效生产时间利用率。

当以“t/a”表示年生产能力时,与设备利用率或生产线的有效运行时间有关,更能体现生产线的技术水平。因此,必须注明每一年的有效生产时间及产品的规格,否则没有实际意义。

目前对年有效运行时间定义较为混乱,一般在7200~8000h,导致同样配置的生产线,不同制造商报告的生产能力有很大差异。

(十)产量

产量是指纺丝系统或生产线在单位时间内的合格产品量,实际产量会受市场因素、产品结构、管理水平、技术水平、合格品率、设备有效运行时间、人员素质等因素的影响。

纺丝系统的生产能力是由系统的硬件性能决定的,在额定生产能力状态下,系统的所有设备的性能得到充分发挥,可以协调并安全运行。但实际的产量则与产品的用途、质量要求、定量规格、现场管理水平有关。

在大多情形下,熔喷系统的实际产量会比额定产能低,如生产阻隔型产品时,实际产量可能仅为额定产能的一半左右;而在生产保温隔热型产品时,由于产品容许纤维较粗,则产量有可能比额定产能更高。

(十一)产能利用率

产能利用率反映了生产线的技术水平、设备利用率、企业管理水平、经营状况等客观指标,也与产品的结构、订单规模大小有关。

多年来,我国全行业的产能利用率均处于低于70%的水平,而熔喷生产线近几年的产能利用率仅在60%左右。

(十二)单位产量能耗

单位产量能耗=总能耗/合格品总数,生产线的总能耗为生产线直接的耗能量及为产品服务的公用工程系统耗能量的总和。

生产线所使用的能源包括一次能源(如煤炭、石油、天然气)及二次能源(如石油制品、蒸汽、电能、煤气等),但都需要通过规定的换算关系,折算为电能,统一用kW·h/t单位表示,有时可能需要折算为标准煤(ce),此时的计量单位为tce/t(或kgce),1kW·h/t=0.1229(tce/t)。

合格品总数是指在统计期内的合格品总量,统计期一般与财务统计周期相同,常为一个月或一年。统计期太短,获得的数据没有代表性。

在合格品数量相同的情形下,能耗与产品的质量(如纤维细度)有较大关联。因此,要结合产品的质量而不能仅凭能耗的多少来评价生产线的技术水平。

熔喷法非织造布的产量较小，加上是用热气流牵伸，消耗的能量较多。因此，产品的能耗很高，一般产品的能耗在 2000～4000kW·h/t，水驻极空气过滤材料的能耗可接近 5000kW·h/t。

仅从纺丝工艺来比较，不同纺丝工艺的生产线，产品的能耗也会有较大差异，如用多行孔双轴工艺生产的熔喷产品能耗要比单行孔埃克森工艺生产的产品能耗低一些，但由于两种工艺的产品质量有差异，需综合考虑。

二、典型熔喷法非织造布生产线的技术规格

(一)国产转鼓接收型熔喷生产线的技术规格

(1)产品有效幅宽为 1600mm。

(2)纺丝系统数量为 1 个。

(3)产品定量范围为 15～100g/m^2。

(4)纤维直径范围为 2～5μm。

(5)适用原料为 PP；MFI 为 1200～1500g/10min。

(6)生产线速度为 10～60m/min。

(7)产品均匀度 *CV* 值≤5%。

(8)接收方式为单转鼓接收，转鼓配置有抽吸风机，单边抽吸。

(9)生产能力为 60～100kg/h。

(10)产品能耗与产品应用领域有关，一般在 2500～4000kW·h/t。

(11)设备总装机容量约 500kW。

(二)国产 MM 型熔喷生产线的技术规格

(1)产品有效幅宽为 1600mm。

(2)纺丝系统数量为 2 个。

(3)适用原料为 PP；MFI 为 1000～1500g/10min。

(4)产品定量范围为 10～150g/m^2。

(5)纤维直径范围为 1.5～10μm。

(6)产品均匀度 *CV* 值≤4%。

(7)生产线运行速度为 2～80m/min。

(8)接收方式为成网机接收式。

(9)生产能力为 450t/a(1.5～5μm)、600t/a(2.0～6.0μm)。

(10)单产能耗为 3000～4000kW·h/t。

(11)验收状态产量为 1.5t/24h(验收条件：产品定量范围为 20g/m^2，纤维直径范围为 2～5μm)。

(12)产品能耗≤4000kW·h/t。

(三)带冷却吹风装置的熔喷法空气过滤材料生产线的技术规格

1. 生产线的性能

(1)产品幅宽为 1600mm(带毛边的布面宽度为 1700mm)。

(2)产品定量范围为 15～80g/m^2。

(3)适用原料为 PP;MFI 为 1200~1800g/10min,常用 1500g/10min。

(4)生产线的机械速度为 80m/min,工艺速度为 8~60m/min。

(5)产量为 15~50kg/(h·m)。

(6)纤维直径范围为 2~5μm。

(7)生产线装机功率约 750kW。

(8)安装环境要求为:长≥30m、宽≥16m、高≥8m。

2. 主要配套设备

(1)储料斗容量为 $1m^3$(主料用)、$0.25m^3$(辅料用)。

(2)三组分吸料、增重式称重计量、混合装置最大处理能力为 400kg/h,计量精度为±0.5%。

(3)螺杆挤出机直径×长径比为 90mm×30,挤出量为 130kg/h,转速为 20~75r/min,驱动功率为 45kW,加热区加热功率为 42kW。

(4)连续式熔体过滤器,过滤网直径为 124mm,过滤精度为 30μm。

(5)纺丝泵排量为 $47cm^3/r$,驱动电动机功率为 3kW。

(6)牵伸风机配置。流量为 $45m^3/h$,风压为 110kPa,加热功率为 230kW。

(7)单衣架分流电加热纺丝箱体。喷丝板孔直径为 0.3mm,长径比为 12,孔密度为 hpi42,布孔区长度为 1700mm。

(8)转鼓接收装置。机械速度为 80m/min,工艺速度为 8~60m/min,单侧抽吸,DCD 调节范围为 100~350mm。

(9)抽吸风机配置。流量为 $18477m^3/h$,全压为 9310Pa,功率为 75kW。

(10)双面冷却侧吹风系统。送风温度为 18~25℃,风机流量为 $20000m^3/h$,全压为 1500Pa,一级中效过滤(F8)。

(11)静电驻极装置。输入电压为 220V,输出电压为 60kV,线状电极,处理宽度为 1800mm。

(12)单辊表面摩擦式卷绕机。机械速度为 100m/min,工艺速度为 8~60m/min,工作幅宽为 2000mm,气胀轴直径为 76mm,配直径 90mm 圆盘剪切刀,布卷最大直径为 1000mm。

(13)制冷系统。制冷量为 162kW(15×10^4kcal/h),出水温度为 7℃,回水温度为 12℃,冷冻水泵流量为 $29m^3/h$,冷却水泵流量为 $35m^3/h$,冷却水塔流量为 $50m^3/h$。

(14)压缩空气系统。排气压力为 0.8MPa,排气量为 $1m^3/min$ 螺杆式空气压缩机;设计压力为 1.0MPa,容积为 $1m^3$ 储气罐;冷冻干燥机;过滤器过滤精度为 1μm。

(四)双组分高孔密度熔喷生产线的技术规格

(1)生产线幅宽为 1700mm。

(2)运行速度为 10~100m/min。

(3)产品定量范围为 $10\sim40g/m^2$。

(4)生产能力为 80~107kg/h。

(5)螺杆挤出机规格。直径×长径比为 50.8mm×30,每一个组分一套;挤出量为 56kg/h(PP);工作压力为 5~15MPa;工作温度为(200~320℃)±2℃,加热区为 4 个(带吹风冷却)。

(6)熔体过滤器。连续式;加热功率为 1.4×2kW;出料段管道带静态混合器,加热功率为 0.5kW;滤后压力为 2.4MPa。

（7）纺丝箱体。双组分型；工作温度 320℃；加热区数量为 41×0.25kW＝10.25kW。

（8）纺丝泵数量。共 6 只，每一个组分三套；单泵每转排量 $3cm^3/r$×4（一进四出型泵）；转速为 0～35r/min；驱动功率为 0.75kW；单泵加热功率为 0.6kW；熔体总管与分流箱加热功率为 4kW（每一个组分）；泵分流底板加热功率为 2×2kW（每一个组分）。

（9）喷丝板。本生产线使用两种孔密度的喷丝板，一般的低孔密度、大孔径的喷丝板生产常规熔喷产品；而高孔密度、小孔径的喷丝板可生产纳米级的熔喷产品。

孔密度 hpi 为 35（相当于 1378 个/m），喷丝孔总数为 2234 个；孔区宽度为 1694mm；设计流量为 0.8g/m；产量为 107kg/h。

孔密度 hpi 为 100（相当于 3937 个/m），喷丝孔总数为 6669 个；孔区宽度为 1694mm；设计流量为 0.2g/m，产量为 80kg/h。

（10）牵伸风机。流量为 $45Nm^3/min$；功率为 180kW；空气过滤器过滤精度为 3μm，过滤效率为 99.9%。

（11）空气加热器。入口温度为 50～200℃；出口最高温度为（400±5）℃；流量为 $45Nm^3/min$；功率为 255kW。

（12）成网机速度为 5.5～93m/min；网带驱动电动机功率为 7.5kW。

（13）成网抽吸风箱。

①上游溢流区。流量为 $11400Nm^3/min$；风机功率为 12kW。

②主成网区。流量为 $27000Nm^3/min$；风机功率为 75kW。

③下游溢流区。流量为 $11400Nm^3/min$；风机功率为 23kW。

（14）DCD 调节范围为 100～1000mm。

（15）冷却侧吹风。温度为 15℃；流量为 $44m^3/min$；出风口高度为 50mm；风机功率为 4kW。

（16）控制精度要求温度为±1℃；螺杆压力为±5%；转速为±0.5%；抽吸风机速度为±5%。

（17）电源。三相 380V、60Hz，单相 230V、60Hz（国外供电系统使用）。

（18）压缩空气消耗量为 $0.15m^3/min$。

（五）2700mm 可变幅宽双组分熔喷生产线的技术规格

（1）产品幅宽为 1900～2700mm。

（2）成网机最大变幅偏转角度为 45°。

（3）螺杆挤出机直径（A、B 组分）为 63mm。

（4）纺丝泵为 0.56kW×4。

（5）纺丝组件。喷丝孔孔径为 0.35mm，组件内滤网为 100 目。

（6）牵伸风机。流量为 $86m^3/min$，压力为 0.2MPa，电动机功率为 261kW。

（7）成网机。网带宽为 3950mm、长为 16000mm，驱动电动机功率为 22kW；成网机可绕垂直轴线水平旋转。

（8）抽吸风机。风量为 $55500m^3/h$，静压为 10.4kPa，电动机功率为 261kW。

（9）DCD 行程调节为 914mm，用整体升降纺丝平台的方式调节 DCD，平台升降电动机功率为 15kW。

（10）成网机在线/离线轨道总长为 11.5m；离线驱动减速比为 750，功率为 0.55kW。

（11）冷却侧吹风系统。风机流量为 $40582Nm^3/h$，静压力为 1140Pa，温度为 9.4℃，冷冻水消耗量为300t、3.9℃。冷却侧吹风喷嘴能与纺丝系统同步运转。

(六)国外1600mm幅宽MM熔喷生产线的技术规格

1. 生产线的主要性能

(1)生产线有两个结构相同的熔喷系统,共用一台成网机和一个抽吸风箱,并配置一台热轧机进行压花加工,每一个系统的原料输送能力>300kg/h。

(2)产品布卷宽度。分切后产品布卷幅宽为1600mm。

(3)产品布卷最大直径为1200mm;布卷最大重量≥500kg。

(4)切片原料流动特性MFI为500~1800g/10min。

(5)运行速度为250m/min。

(6)生产线年生产能力为1400t/a,具体产量(kg/h)与纤维细度有关。

(7)DCD及在线/离线方式均是纺丝平台升降、移动。

(8)组件使用周期及更换时间。纺丝组件使用周期为8~12周,更换操作时间小于30min。纺丝组件的正常寿命超过十年。

2. 配套设备的主要性能

(1)原料干燥系统(2套)。每台螺杆挤出机配套一台原料干燥机,容量为450kg,最短干燥器时间为2h,干燥热空气温度为100℃。空气露点为-40℃,最低流量为420m^3/h。

(2)原料输送系统(2套)。每个系统切片输送能力为300kg/h,垂直输送距离为8m,水平输送距离为40m,输送速度不超过25m/s。

(3)三组分辅料添加系统(2套)。每套添加能力为40kg/h,其中:A组分添加量为3~30kg/h,B组分添加量为0~6kg/h,C组分添加量为0~3kg/h。

(4)挤出系统(2个)。螺杆挤出机。单线螺纹,直径×长径比为120mm×32,挤出量为225~260kg/h,驱动电动机功率为75kW,转速为20~70r/min,加热功率共80kW,温区最高温度为80~295℃,防爆膜爆破压力为34MPa。

(5)熔体过滤器(2台)。形式为双柱塞不停机连续换网型,常规过滤精度为74μm。

(6)纺丝泵(2台)。机型为一出一入型齿轮泵,变频调速驱动,速度为45r/min,防爆膜爆破压力为6.8MPa。

(7)熔体管道(2套)。设计温度范围为235~295℃,设计压力为20MPa(最高69MPa)。

(8)牵伸风机(2台)。牵伸风机9CDL18(GD风机),流量为63Nm^3/min,压力为69kPa(最高100kPa),驱动电动机功率约为101kW。

(9)空气加热器(2台)。空气最高温度为293℃,功率约为265kW。

(10)喷丝板。喷丝孔密度hpi为30~50,一般为hpi为35(即1400个/m),喷丝孔直径为0.1~0.3,长径比为10~15,一般为10。

(11)成网机。网带宽度为1800mm,长度为8000mm,速度范围为50~250m/min。

(12)抽吸风机。流量为15000~42000m^3/h,压力为2500Pa,抽吸风箱两端吸风,每侧分五个区,每个区都带有独立的流量调节阀。

(13)热黏合设备。辊面宽为1750mm,刻花点宽为1650mm,速度为50~275m/min,线压力范围为26~175N/mm,黏合温度为(93~175)℃±1℃(导热油炉加热)。

(14)卷绕机。布卷宽为1700mm,最大直径为1200mm(可增加到1500~2300mm),速度为

50～300m/min。

(15)供电。主电源输入电压 380V/AC、50Hz、TN-S 系统，次级电压为 220V/AC(1 相线、中性线、地线)，控制电压为 24V/DC。

(七)MPM 型复合生产线的技术规格

MPM 型复合就是熔喷与木浆复合，是在两个熔喷系统间设置一个气流成网系统，将粉碎的木浆短纤维与两个熔喷系统的纤维混杂在一起，这是一种有异于普通 M+P+M 叠层复合的材料，具有良好吸收性能的产品，主要用于生产纸尿裤等卫生制品。当 M 系统使用可降解的聚合物原料时，这种 MPM 材料是一种可完全降解的环境友好型材料。

该技术最早由美国推出，并已使用多年，德国近年也推出类似的生产线和产品。我国的第一条 MPM 型生产线已在 2019 年投产，至 2023 年年底，仍有多条引进的生产线处于安装调试状态。

对于 MPM 技术，国外的设备制造商都对其产品起了一个名字，如美国就称为 MultiForm™。

(1)每台螺杆挤出机的挤出量为 225kg/h。

(2)两个 M 系统总挤出量为 450kg/h。

(3)木浆纤维加工能力约为 550kg/h。

(4)产品布卷宽度(分切后)为 1600mm，产品最大直径为 1200mm。

(5)运行速度为 250m/min。

(6)布卷质量直到 500kg 或更大，取决于布卷的直径。

(7)最大热黏合压力为 290000N，黏合温度为 175℃±1℃。

(8)牵伸风机流量为 950～3800Nm^3/h，最高压力为 100kPa。

(9)空气加热器最小功率约为 265kW，牵伸气流最高温度为 290℃。

(10)成网机网带宽度为 1800mm。

(11)年产量约为 8000t(按生产 45g/m^{2}产品，年运行 8000h)。

由于 MPM 产品中的木浆占比很大，一般可占 50%，有的机型可以达到 83%，甚至还可添加其他短纤维。因此，生产线会有较高的产能和较低的能耗。

图 4-88 为一条 MPM 型生产线的纺丝成网系统外形图。

图 4-88　MPM 型生产线的纺丝成网系统外形图

第十节 熔喷非织造布的用途

熔喷法非织造技术主要应用在两个方面，一个是以独立生产线的形式直接生产熔喷法非织造布材料（或制品）；另一个是作为多纺丝系统生产线的组成部分，生产含有熔喷纤网的复合型材料等。

熔喷法非织造布的应用市场主要是在过滤、吸附、保温隔热、隔音、擦拭及其他领域，但最主要的市场是在空气过滤和液体过滤领域，特别是在2020年，应用于空气过滤材料领域的熔喷法非织造布份额获得进一步扩张。图4-89为2019年美国熔喷法非织造布主要应用市场及份额占比。

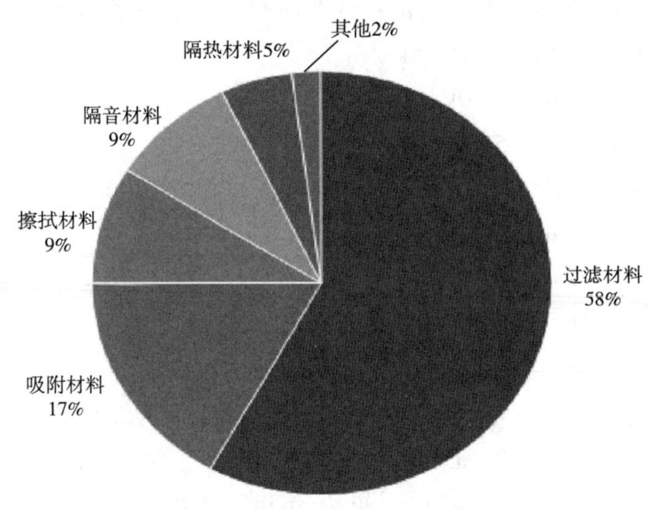

图4-89 2019年美国熔喷法非织造布主要应用市场及份额占比

一、以独立熔喷生产线的方式生产熔喷材料或产品

（1）以熔喷布的方式当作基本材料使用。这些熔喷布材料在直接进行深加工后，成为各种产品，如擦拭布、湿巾，空气或液体过滤产品，环境保护用品，电池隔板。

（2）作为其他制品中的一种材料，如口罩中的核心滤料，汽车内饰中隔音、隔热层等。

（3）在生产过程中添加其他材料成为特殊功能材料，如在纺丝过程中添加三维卷曲短纤维，便成为保温性能及尺寸稳定性好的保温材料；添加活性炭便成为具有吸附性能的空气过滤材料；添加浆粕短纤维便成为有良好吸收性能的卫生产品材料。

（4）与其他材料叠层复合成新的材料，主要是采用二步法叠层复合工艺，利用热轧、热熔胶、超声波黏合等方法，与其他非织造布、纺织品、金属箔及其他柔性材料复合，成为一种新型材料。

（5）直接制造成其他形式的产品，如气体、液体滤芯。

二、用于SMS型多纺丝系统复合生产线

熔喷纤网作为提供阻隔、过滤功能的材料，配套在各种多纺丝系统生产线中，产品主要用作

医疗卫生制品材料，这是熔喷法非织造材料应用量最大的一个领域。其中较为典型的是SMS型产品。

三、典型的熔喷产品

(1)擦拭材料（MB、MPM）。如卸妆湿巾、湿面巾、个人清洁湿巾、玻璃擦拭巾、家具擦拭湿巾、消毒湿巾、清洁用耐用抹布、生物降解擦拭巾、仪器擦拭布。

(2)卫生用品。如纸尿裤（SMS、MPM)包芯层材料、防漏隔边、吸收芯体；卫生棉（SMS或MB)底面防漏层材料、芯体材料、吸收垫。

(3)医用材料（SMS或MB)。如防护衣、手术衣、隔离衣。

(4)空气过滤材料（MB)。如口罩、空气过滤器、气体净化装置、除尘设备中的过滤材料。

(5)液体过滤材料。如水过滤、油过滤、血液过滤材料。

(6)吸附材料、环境保护材料。如吸油毡、吸油围栏、高温烟气过滤、材料。

(7)复合材料。如SMS、SMSF、MPM、MC、MCM等。

(8)隔音材料。如汽车隔音、家用电器隔音材料。

(9)保温隔热材料。如保温棉、防寒服装、高寒地区的军工用品。

(10)建筑用保温隔热材料。

(11)汽车内饰材料。

(12)电池隔板。

(13)植物栽培及农用大棚保温材料。

附：相关技术标准

《大气污染物综合排放标准》(GB 16297—1996)

《恶臭污染物排放标准》(GB 14554—1993)

参考文献

[1]司徒元舜，李志辉.熔喷法非织造布技术[M].北京：中国纺织出版社有限公司，2022.

[2]刘玉军，张军胜，司徒元舜.纺粘与熔喷非织造布手册[M].北京：中国纺织出版社，2014.

[3]ANGELO LONARDO，吴英. 采用茂金属聚丙烯生产的非织造布［J］. 产业用纺织品，2004，22(11)：25-34.

第五章　纺粘法和熔喷法(SMS)复合非织造布技术

第一节　纺粘法和熔喷法(SMS)复合非织造布概述

一、纺粘法和熔喷法(SMS)复合非织造布技术发展概况

纺粘法/熔喷法/纺粘法复合非织造布(spunbond meltblown spunbond nonwoven)技术简称为SMS生产技术,是20世纪90年代才兴起的新技术。SMS产品是以纺粘法纺丝技术和熔喷法纺丝技术相融合的新材料,是熔体纺丝成网技术水平的综合反映,也是熔体纺丝成网技术的结晶。纺粘法纺丝技术,熔喷法纺丝技术及成网技术的不断创新,为SMS生产技术提供了一个可靠的持续发展平台。

SMS专利技术的出现,为医用织物和外科包裹材料的应用开辟了广阔的市场,这个专利技术在20世纪90年代被允许公开使用后,迅速在全球范围内被推广应用,成为了卫生、医疗制品的一种重要材料,对提高人类的生活质量和健康水平发挥了重要作用。

纺粘法和熔喷法(SMS)复合型非织造布,就是将纺粘法非织造纤网(或非织造布)与熔喷法非织造纤网(或非织造布)顺次叠层复合制造的产品,SMS非织造材料整合了纺粘法非织造材料及熔喷法非织造材料的特点,成为一种新型的复合材料。

SMS复合非织造布技术源于20世纪90年代,1991年欧洲建造了第一条SMMS生产线,1992~1994年,美国建造了第一条SMMS生产线,这条生产线在后来的2009年被我国引进,经过改造后于2012年正式恢复运行。在1998年我国从德国莱芬豪舍公司(Reifenhauser)引进的第一条SMS生产线,也于2000年在广东省投入了运行。图5-1是一条由两个纺粘法纺丝系统和一个熔喷法纺丝系统组成的基本型SMS生产线上游的部分设备。

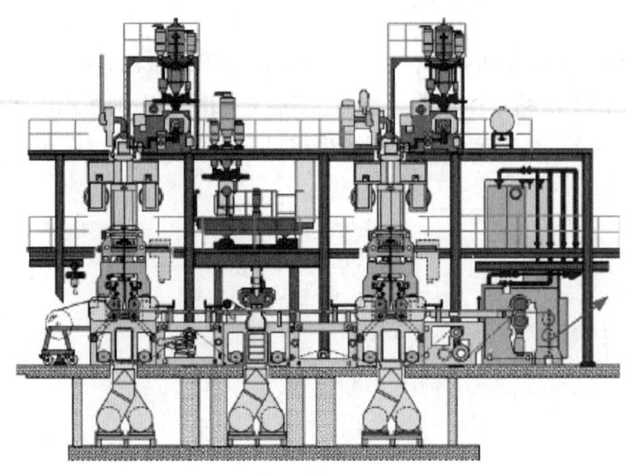

图5-1　SMS生产线的纺丝系统(RF4型)

由于当时国内大部分设备制造企业、卷材生产企业和应用市场对 SMS 技术缺乏了解，不具备熔喷系统设计、制造能力，加上对 SMS 产品的应用市场环境认识不清晰，因此，自 2006 年第一条国产 SMS 生产线问世，其发展速度缓慢。直至 2010 年以后，我国的 SMS 复合型非织造布生产装备制造技术才获得长足的发展，奋力前行。

在 2009 年末，我国只有 5 条国产的商品 SMS 生产线在运行，至 2019 年底已有总产能为 100 万吨的 148 条 SMS 生产线。但到了 2022 年，我国在运行的 SMS 生产线数量已达 383 条，年产能已达 202 万吨，并有大量中国制造的生产线出口到国外市场。这足以表明我国在 SMS 生产技术方面已经取得了突破，与国外先进水平的差距正在逐步缩小，也昭示国外设备垄断中国市场的时代已一去不复返了。

目前，SMS 技术正向着高运行速度，产品低定量，纤维细纤度，纤维结构双组分，高质量，高产能，低能耗，多纺丝系统，多种成网技术混杂，自动化、信息化、数字化、智能化的方向发展。

SMS 非织造布的截面呈三明治式的多层结构，外层是纺粘法纤网，中间层为熔喷纤网。由于产品是由多层纤网构成的，产品的均匀度会较好(图 5-2)。

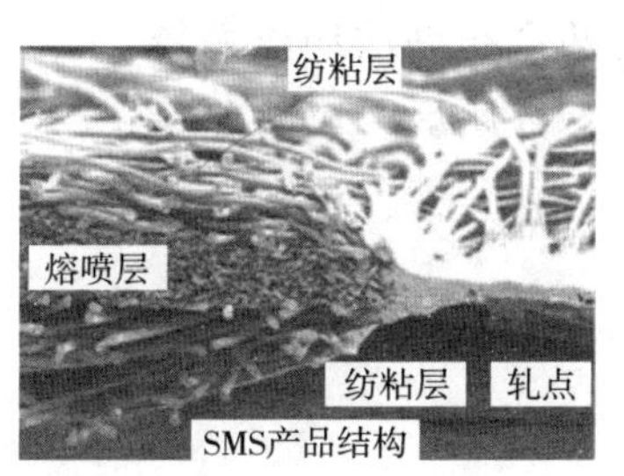

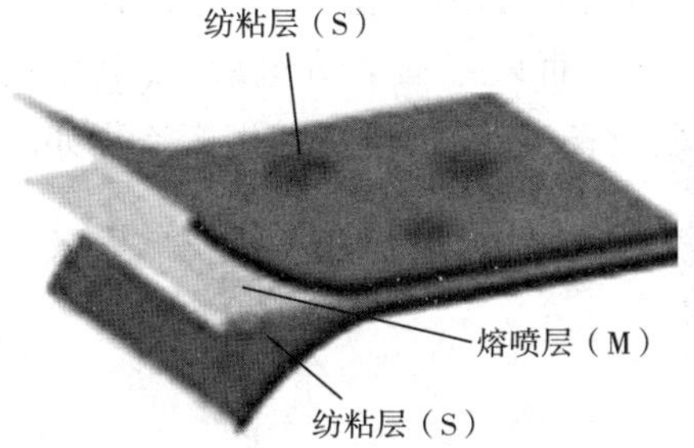

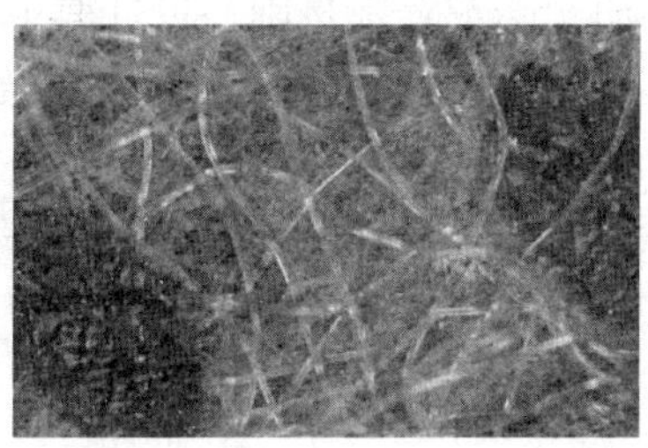

图 5-2　SMS 产品的截面及平面结构

纺粘法纤维粗大、强度高、伸长率大、耐磨，但纤网间隙大；熔喷纤维细、结构致密、阻隔性能好，但强度低，不耐磨。SMS 产品整合了两种非织造布的优点，扬长避短，优势互补，使产品具有更好的应用特性，拓展了应用领域。

近十年以来，我国进入了 SMS 设备发展快车道，至 2022 年 SMS 设备的总生产能力为 202 万吨，约占当年熔体纺丝成网设备生产能力 872 万吨的 23%。而实际产量为 70.3 万吨，仅占当年熔体纺丝成网非织造布总产量 390.3 万吨的 18%，生产能力利用率仅为 34.8%。

与历史上产能利用率最高(79.86%)的 2014 年比较，我国至少还有近 45%的 SMS 产能没有释放，这也展示了我国 SMS 设备仍存在很大的结构调整优化压力。在国外一些非织造布技术较为发达的地区，SMS 产品在熔体纺丝成网非织造布总量中所占的比例已达到 30%左右，而我国目前的占比为 18%，则显示出 SMS 产品还有庞大市场发展空间。

现在，仅有三个纺丝系统的 SMS 生产线仅是其中最基本的组合模式，但无论在生产能力协调，还是产品质量方面，这种纺丝系统组合模式存在明显的不足。因此，新建造的生产线大多都有四个或更多个纺丝系统。

随着技术的发展和非织造布生产企业的扩大，一个企业拥有的 SMS 生产设备越来越多，生产经验积淀更加丰厚，早期的企业拥有的生产线数量少，资源有限，渴望一条生产线既能生产 SMS 产品，又可以生产纺粘法产品，还可以生产熔喷产品，甚至还可以与旁边邻近的生产线共享熔喷纺丝系统等的万能生产线思路，使生产线的结构及运行方式甚为复杂，操作空间拥挤。现在的设备配置更加务实，目标更明确，更加专业化。

如SSMMS生产线是早期国内制造数量较多和引进数量较多的一个机型，主要是这种生产线既能以SSS模式运行生产卫生制品材料，又能以SMMS模式生产医疗防护制品材料。如果企业内已有SSS生产线，则无须SSMMS这个机型，有SMMS就可以达到要求，这样可以提高设备利用率和节省投资，因此，近年引进的设备以SMMS这个机型较多。

在SMS技术发展的初始阶段，由于投资能力限制或对生产线的功能定位犹豫不决，就有一些生产线预留了一个X系统，而随着技术进步和对SMS技术的理解，目前还建造预留X系统的案例已经很少了。因此，上述诸多机型中，有的将会被淘汰，最终会简化成为少量的主流机型。

二、SMS生产线的主要技术指标

顾名思义，SMS型生产线就是纺粘法纺丝系统及熔喷法纺丝系统相组合的一种非织造布生产方式。各个纺丝系统产生的纤网在同一台成网机顺次叠层成为一张复合纤网，利用适当的纤网固结工艺，便成为SMS型复合材料。在SMS生产线中必需配置有纺粘法和熔喷法纺丝系统，而实际配置数量则与设计要求有关，而只有三个纺丝系统(其中有两个纺粘法纺丝系统，一个熔喷法纺丝系统)，是一种基本型设备，其设备配置和生产流程如图5-3所示。

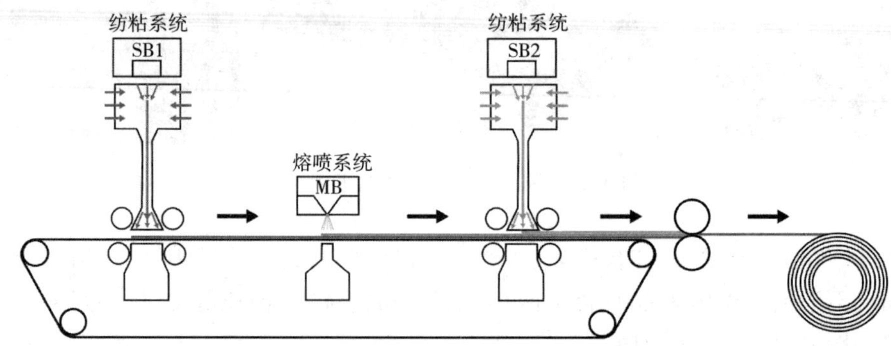

图5-3　基本型SMS设备配置和生产流程图

SMS生产线的主要技术指标整合了纺粘法非织造布生产线及熔喷法非织造布生产线的特点，其共性部分的技术指标与这两种生产线类似，下面仅是一些SMS型生产线(包括引进设备)，较为典型的技能指标。

(一)纺丝系统使用的聚合物原料

目前，在SMS生产线中会同时配置有纺粘法系统和熔喷法系统两种不同的系统，因此，所使用的原料也分为纺粘法系统用和熔喷系统用的两大类，但基本都是使用同一类型的聚合物原料，而且主要是使用聚烯烃类原料。两种纺丝系统对原料的性能要求是不同的，主要体现在熔体流动特性方面的差异，纺粘法系统使用流动性能较低的原料，而熔喷法系统要使用流动性能很好的原料。

理论上所有的具有可纺性的热塑性聚合物都可用作SMS生产线的原料，虽然可用作纺粘法的原料有很多，鉴于SMS产品的主要是应用在卫生、医疗制品领域，因此，目前国内SMS生产线纺粘法系统,所使用的聚合物原料主要是:PP、PE,其中的 PE 主要是用作双组分产品的配对组分。

可生物降解材料(如 PLA)是目前一个发展趋势,但由于受纺粘法纺丝系统牵伸速度的掣肘,国产 SMS 生产线的纺粘系统还无法使用聚酯及聚乳酸类的原料,虽然近年引进设备的牵伸速度已具备使用聚酯及聚乳酸类原料的能力,但基本上还没有实际应用案例,仅作为一个选项提供给客户。

每一个纺丝系统的生产流程都是由上而下进行的,因此,纺丝系统的设备都是安装在标高不同的平台上,其设备配置与独立的纺粘生产线或熔喷生产线基本都是一样的。因此,生产线都会建造一个体积和尺寸都很大的钢结构。

而各纺丝系统形成的纤网都落在同一台成网机的网带表面,并顺次叠层成为一张复合纤网。经过纤网固结设备(一般是热轧机)加工后,便成为连续的 SMS 材料。可以利用卷绕机将产品收集成卷状。

一般从 SMS 生产线下线的产品还不是交付给市场的最终产品,目前会有两种加工路线:一种是采用在线卷绕和在线分切工艺,加工成顾客所要求幅宽及卷长的布卷,这是一些低端低速生产线可以应用的加工路线;另一种是布卷(母卷)以长卷长、大卷径从生产线下线,然后转移到一台离线分切机,加工成顾客所要求幅宽及卷长的子卷,这是目前高端高速生产线应用的主流加工路线。

图 5-3 所示的是 SMS 生产线基本的、必不可少的设备配置和生产流程,但在实际使用的生产线中可能还有一些选配设备,如熔喷系统的冷却吹风系统、生产线中的在线后整理系统、在线疵点检测系统、产品分拣包装设备等,其配置与一般的纺粘法非织造布生产线类似。

而熔喷系统使用的聚合物原料主要是:PP、PE,其中的 PE 主要是用作双组分产品的其中一个组分的,但迄今在国内的 SMS 生产线中还没有配置双组分熔喷系统。

(二)纺粘法系统应用的纺丝工艺

目前,纺粘法纺丝系统应用的纺丝牵伸工艺有三类,主要是宽狭缝低压牵伸工艺,其次是宽狭缝正压牵伸和管式牵伸工艺(详见本书第三章)。

国外主流的宽狭缝低压牵伸工艺,牵伸速度≥4000m/min,一般国产纺粘法纺丝系统的牵伸速度≤2500m/min,适用于对牵伸速度要求不高的聚烯烃类聚合物,产品的风格适合在卫生医疗制品领域使用,这是目前的技术主流,绝大部分国产纺丝系统都应用这个工艺。

目前,国外新型宽狭缝低压牵伸纺丝系统,其牵伸速度达 5000m/min(最高已经达到 5500m/min),已经可以加工聚酯类聚合物原料,已成为全球的主流技术。

宽狭缝正压牵伸工艺具有较高的牵伸速度,可达 4500~6000m/min,最高可达 8000m/min,除了适用于聚烯烃类原料外,主要用于聚酯类等对牵伸速度要求较高的聚合物。但能耗较高,而且产品的风格及物理力学性能不能满足卫生医疗制品领域的要求,其中产品的 MD/CD 强力比太大是一个较为突出的短板,加上产品的能耗大,导致生产成本居高不下,在市场上缺乏竞争优势。

因此,应用宽狭缝正压牵伸工艺生产的非织造布产品,在卫生、医疗制品材料应用领域的生存空间狭小,国内原有为数不多的几条宽狭缝正压牵伸工艺的 SMS 型生产线已日渐式微。但因其牵伸速度高,纤维牵伸充分,产品更适合在工程、工业等产业领域,也就是在产业用纺织品领域应用。

目前，相比宽狭缝正压牵伸，管式牵伸技术在SMS生产线上的应用也较少，由于这个技术的一些固有的特点，如设备复杂、可靠性较低，产品的风格无法迎合卫生医疗制品材料要求、产品的生产成本较高等问题，国内应用这种管式牵伸工艺的SMS生产线的存量已极少，估计仅有少量类似的生产线仍在运行。

（三）熔喷法系统应用的纺丝工艺

熔喷系统主要是使用只有一排喷丝孔的埃克森（Exxon）熔喷工艺（代号SR），这是目前熔喷系统的主流工艺。另外，具有多排喷丝孔、产能较大的双轴（Biax）熔喷工艺（代号MR），由于所生产的产品纤维较粗，而且直径分布离散，不适宜在以阻隔性能为主要目标的SMS生产线应用。

（四）纤维截面结构

目前，生产的SMS产品，其纤维截面主要为圆形的单组分纤维产品，而皮芯型（S/C）、并列型（S/S）、橘瓣形（SP）等双组分纤维产品，及异形截面纤维也开始进入实用阶段，并呈现了较好的发展态势。

但在目前国内的SMS产品中，应用双组分技术主要是为了应对产品的柔软蓬松要求，早期认为影响产品柔软性及蓬松性的主要因素是热轧固结的温度，受这一观点影响，因此，就选用皮层为熔点较低的PE材料，而双组分纤维主要是PE/PP的皮芯型（S/C）结构。

经过多年的实践后发现，只有纤维出现卷曲，产品的结构才会蓬松，因此，生产卫生制品材料的双组分纺粘法系统，其纤维基本都是具有自卷曲性能的PE/PP并列型，由于纤网又可以用较低热熔比和热轧温度固结，产品就会有较好的触感，因此，SMS生产线的纺粘法系统，有向并列型这个方向发展的趋势。而在SMS生产线的熔喷系统纤网是夹在两层或多层纺粘纤网之间，其物理性能或形态并不直接影响触感，也就没有必要应用双组分技术，目前配置在SMS生产线中的熔喷纺丝系统基本还是清一色的单组分纤维。

（五）纤维细度

目前，国外新型的主流SMS生产线中，PP纺粘法纤维的细度可达1.0~1.2旦，最细为0.7旦，熔喷纤维的直径在2~5μm。而大部分国产纺粘法系统的纤维细度在1.8~2.0旦，少数可以稳定达到1.5~1.8旦。

由于卫生、医疗制品材料的核心技术要求是阻隔性能，这也是SMS产品的主要应用领域，纺粘法纤维越细，不仅能为熔喷层纤网提供更好的防护和加强，而纺粘法纤网对产品阻隔性能的贡献也更为明显，两个因素的综合结果，就使产品具有更出色的阻隔性能和较高的抗液体渗透性能。

而较细的纤维还是产品获得较好手感、柔软性的基础。因此，纤维细度是衡量SMS产品技术水平的一个重要指标。

（六）纺丝系统的排列与组合方式

已知目前最大型的SMS生产线有8个纺丝系统数量，但其排列组合方式并非简单的数学计算，而是要遵循相关的工艺原理、还要关注产品特色和质量、设备制造成本等因素，排列组合方式实际上并不多。如其中一个基本排列原则是不管生产线中有多少个纺丝系统，其中成网机最上游和最下游的纺丝系统必须是纺粘法系统。

目前已经投入商业使用的 SMS 生产线,其纺丝系统的排列组合方式有多种,包括 SMS、SSMS、SMMS、SSMMS、SSMMSS、SMMMS、SSMMMS、SSMMMMS、SSMMMMSS 等机型,并衍生了一些包括未知纺丝系统 X 的机型,还包括少量的纺粘双组分机型(S^2)和极少数采用其他成网工艺的机型。

显然,纺丝系统的数量和组合方式会影响产品的结构、性能、质量、工艺调控的灵活性,产品的差异化程度、安装场地面积、投资规模等,但实际上应用较多的机型主要有如下几个:

SMS 生产线是一种基本的纺粘法与熔喷复合生产设备,价格最低,运行速度慢,只能生产对阻隔性能要求不高的卫生制品及防护等级较低的防护服材料,因为纺粘法系统的产能与熔喷系统的产能没有达到较佳匹配,生产高阻隔性能产品时,工艺灵活性和产量都较低。

SMMS 生产线比基本型增加了一个熔喷系统,纺粘法系统的产能与熔喷系统的产能匹配趋好,不仅提高了产能,产品具有较高的阻隔性能,可用作一般等级的防护服或手术服材料,但其阻隔性能仍未满足高等级防护制品材料的要求。

SMMMS 生产线有三个熔喷系统,其中纺粘法系统的产能与熔喷系统的产能匹配更好,可以通过调节三个熔喷系统的运行状态,同时兼顾了阻隔性能与透气性能两者间的平衡。不仅提高了产能,还提高了产品的阻隔性能,可用作高等级的防护服或手术服材料,这是目前生产医疗防护制品材料的高端机型。

SSMMS 生产线增加了一个纺粘法系统,具有 SMMS 生产线所有性能,产品的均匀度也会有所改善,而且具有更多的运行模式,主要是可以以 SSS 状态生产纺粘法产品,提高了生产线的设备利用率,但在生产一般产品时,或不考虑生产线既能生产卫生制品材料,又能生产医疗防护制品材料时,多增加的一个纺粘法系统就会显得冗余。

SSMMMS 生产线具有 SSMMS 生产线所有的性能,还具有 SMMMS 生产线所有的性能,具有更多的运行模式,有更好的工艺灵活性,主要是可以以 SSS 状态生产纺粘法产品,提高了生产线的运行灵活性,适合一些要求生产线具有多种用途的企业和订单规模较小的市场。但这种生产线需要更大的设备安装空间,更大的物流处理能力,装机容量也较大。

与此同时,生产线中的纺丝系统数量越多投资规模会越大,运行速度也会越快,生产能力和产量也会越大,这类型的设备更适用于大批量、大订单的生产。产品的质量较稳定,会有较高的运行效益和经济效益,而不适用于小批量、小订单的市场。

SSMMMMS 生产线具有 SSMMMS 生产线所有的性能和特点,具有更多、更灵活的运行模式,可以生产高质量的医疗防护制品材料,这是目前配置较高的一个机型,造价高昂,管理要求也较严格,由于产品的能耗较高,装机容量很大,对供电系统会有更高的要求,由于这个机型一般都是宽幅(≥3200mm)。因此产能很大,更适合订单批量大的市场,适宜作为专业生产线使用,更不能经常仅利用其中的部分纺丝系统进行生产,否则会影响运营效益和投资回报周期。

图 5-4 为一条 SMS 型生产线的视图。

(七)纤网固结方式

纤网固结方式对生产线及产品的性能有很大影响,热轧固结是目前主流的纤网固结工艺,可以加工的产品定量规格较小,运行速度较快,是目前较为广泛应用的纤网固结工艺。

水刺固结可用于纺粘法纤网的固结,然而 SMS 非织造布产品的核心功能是阻隔性能,在水刺固结过程中,水针的穿刺会对纤网的结构产生影响,因此,SMS 纤网也不适用水刺固结。

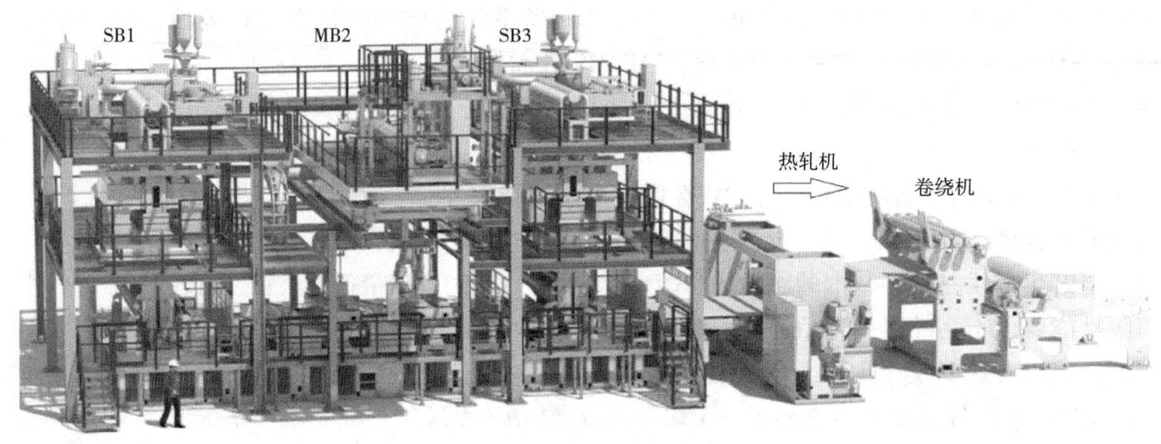

图 5-4　SMS 生产线的视图(RF5 型)

虽然可以使用热风固结工艺处理双组分纺粘法纤网,但由于 SMS 产品中的 M(熔喷)纤网气流阻力很大,不容易穿透。因此,热风需要有更高的压力才能将纤网固结好,至今在 SMS 生产线中尚无实际应用案例,仅在纺粘法非织造布生产线中用于生产高蓬松型产品。

(八)产品的定量规格

产品的定量规格与产品的应用领域有关。目前,卫生、医疗制品材料仍是 SMS 产品的主要应用领域,其用量占了熔体纺丝成网非织造布总产量的四分之一左右。因此,SMS 产品的规格主要还是根据这个市场需要定位的。

SMS 生产线的产品定量一般为 8~80g/m^2,这是目前绝大多数设备制造商可以承诺的产品定量范围,但实际的产品定量还与产品最常用的应用领域有关,但最大定量≤100g/m^2。卫生制品材料一般为轻薄型的产品,定量规格为 8~25g/m^2;医疗制品材料的规格一般为中厚型产品,定量规格为 30~70g/m^2。

(九)产品的幅宽

商品化生产线的幅宽在 1600~5200mm,极个别机型的最大幅宽为 7000mm。

在一个纺丝箱体使用多块小规格喷丝板(小板)时,可组合成有很大幅宽的纺丝系统,但这仅适用与管式牵伸工艺匹配;而仅使用一块大喷丝板(大板)要达到较大幅宽在技术上有难度,在已流行使用的商品化生产线,其最大幅宽≤5200mm,国产的最大幅宽为 4800mm。

一般情况下,当喷丝板的长度方向与成网机的 CD 方向平行时,纺丝系统的喷丝板布孔区的 CD 方向长度与纺丝系统的铺网宽度相近,由于布孔区长度包括了铺网范围内的两侧废边,因此,要比产品幅宽更大,其差异与 SMS 生产线的运行速度有关,其差异一般在 300~400mm 范围内。

当喷丝板的长度方向与成网机的 CD 方向倾斜 45°时,纺丝系统的喷丝板布孔区的 CD 方向长度要比产品幅宽大很多,喷丝板的布孔区长度是产品幅宽的$\sqrt{2}$倍以上。因此,一般情形下就不能仅凭喷丝板的长度来判断产品的实际幅宽,国内已有喷丝板与成网机成 45°倾斜布置的机型。

(十)纺丝系统单位幅宽产能

SMS 生产线的产能由纺粘法纺丝系统和熔喷法纺丝系统两个部分的产能组成,PP 纺粘法系统的一般产能为120~240kg/(h·m),最高产能已达270kg/(h·m),由于PET的密度比PP更高,因此,PET纺粘法系统的产能会更高,可达320kg/(h·m),不过至今还没有使用PET原料的SMS产品;熔喷法系统的产能为50~70kg/(h·m)。

SMS型产品的实际产能除了与纺丝系统的熔体挤出能力有关以外,还与产品中熔喷层纤网的定量占比有关,除了在刚好等于其自然占比这个状态可以达到最大产能外,偏离这个状态时的产能都会减少。

纺丝系统单位幅宽产能对生产线的总产能影响很大,还涉及生产线的运行经济效益,诸如产品的产量、产品的能耗等。

(十一)生产线的运行速度

生产线的速度分为设计速度和工艺速度两种,其中设计速度是在设计阶段,根据机械传动原理计算出来的速度,这是机械传动系统的极限指标,而工艺速度则是在实际生产过程可以正常运行使用的速度,因此,也叫使用速度或实用速度,一般要满足如下要求:

工艺速度≤设计速度×90%

在运行期间,生产线主流程设备的运行速度是以成网机为基准,然后顺次,向下游逐渐递增的,到了卷绕机时的速度最快,日常所说的生产线运行速度一般都是指成网机的运行速度,这也是生产线的基准速度。因此,生产线的速度是指成网接收装置的速度,其他设备的速度都是以此为基准设计的。

由于SMS生产线中有较多的纺丝系统,其运行速度是各种熔体纺丝成网非织造布生产线中速度最快的一个机型,目前最高运行速度为1200m/min,而配套热轧机的运行速度则>1300m/min,卷绕机的运行速度>1400m/min。

生产线的运行速度与产品的应用领域、纤网固结方式有关。当产品主要应用在卫生医疗制品领域时,会经常生产小定量(≤12g/m^2)的薄型产品,生产线要有较高的生产速度才能保持纺丝稳定,才有较高的产量和经济效益。因此,要求生产线有较高的运行速度;当产品应用于其他产业领域时,如生产医疗防护制品材料时,多以较大定量规格的中、厚型产品(≥35g/m^2)为主,对生产线的运行速度要求不高。运行速度是衡量生产线技术水平的一个指标,但却不能以运行速度来评价生产线的技术水平,因为在一些应用场合,并不需要有很高的运行速度。

(十二)生产线的生产能力

单条生产线的生产能力(t/a)与生产线的幅宽规格、纺丝系统的产能、配置纺丝系统的数量等因素有关。随着技术的进步,纺丝系统的单位幅宽生产能力不断增加,为提高生产线生产能力提供了稳定的技术基础。而配置有更多纺丝系统、更大幅宽、运行速度更快生产线的出现,使生产线的生产能力发生了较大变化。以往传统SMS生产线的单线最大产能约20000t/a,目前,新型生产线的单线最大产能>35000t/a。

生产线的生产能力是一个固定的理论值,并不等于实际的产量,实际产量还与很多因素相关,是一个变量。

(十三)在线后整理系统配置

生产卫生制品材料的SMS生产线,一般都采用在线后整理工艺。其上液设备大多趋向应用"吻液辊"(kiss roll),并使用有更高运行速度、更高干燥效率、干燥以后产品触感更好、缩幅量较小的圆网热风穿透干燥设备。

由于医疗制品材料的上液量很大，要采用液下浸轧上液工艺及需要较长时间的干燥处理。故难于直接配置在生产线主流程中使用。因此，当需要功能性的医疗制品非织造布材料时，要另行配置一个离线后整理系统，而如果没有特别声明，这个离线后整理系统一般不包括在生产线的供货合同范围内。

（十四）产品加工路线

SMS 生产线普遍使用在线不分切，大直径布卷下线、离线分切的加工路线，提高了生产线的可靠性和运行效率，布卷的直径一般大于 2000mm，最大可以达到 3200mm，布卷的最大质量≥6000kg。因此，离线分切系统是大型生产线必须配套，不可或缺的重要设备。

离线配置的分切机普遍采用恒张力主动放卷，恒张力（或变张力）卷绕；运行速度要比生产线的速度更高，一般为 1000～1500m/min；母卷的直径一般为 2000～3200mm，子卷直径一般为 800～1200mm，最小分切宽度约为 70mm。

（十五）产品的综合能耗

单位产量的综合能耗与纺丝牵伸工艺、聚合物原料的品种、产品质量及所处的地理环境有很大关联。一般情形下，投入运行的纺丝系统数量越多，能耗也越大。传统 SMS 型产品的能耗为 1300kW · h/t，而 SMMMS 产品的能耗约为 1700kW · h/t。一般规律是生产线中的熔喷系统越多，产品的能耗也会越大。

而随着技术进步，在能耗增加不多的情况下，产量有较大的提升，加上高效节能设备和技术的应用，因此，新型生产线的产品能耗要比旧式生产线还低一些。如目前最新的主流机型，其产品的综合能耗要比以前的机型降低 15%。

（十六）使用能源的种类

生产线中的电力拖动装置都需要使用电力为能源，除了使用电力能源（二次能源）外，生产线的一些加热系统趋向使用成本更低的一次能源（如燃气）或蒸汽等。生产线使用其他能源后可以减少电力设备的装机容量，而装机容量与生产线的规模、生产能力、配置水平有关，最大型生产线的装机容量≥12000kW。

（十七）生产线的数字化、信息化、智能化水平

生产线应用现代的传感器技术、信息技术、互联网技术和自动控制技术，在自动化、信息化、数字化、智能化等方面有了长足的发展。移动终端、工艺方面的专家系统、智能管理、运行的自诊断、远程服务等功能得到了应用和发展。

三、SMS 生产线典型的技术参数

（1）纺丝系统的数量及配置方式。从只有 3 个纺丝系统的 SMS，到有 8 个纺丝系统的 SSMMMMSS。

（2）使用的聚合物原料品种。如 PP、PE（可选 PET、PLA 等）。

（3）纺粘法纺丝系统可供选择应用的纺丝技术。普通单组分纤维，双组分纤维，应用宽狭缝低压牵伸纺丝工艺（俗称大板工艺）。

（4）纺粘法纤维细度（旦）。使用常规 zPP 原料时一般为 1.2～1.8 旦（按需要可生产更细）；而使用茂金属催化 mPP 原料时的纤维细度（旦）为 0.9～1.2 旦。

（5）PP 纺粘法纺丝系统的单位幅宽最大生产能力为 270kg/（h · m）。

(6)熔喷系统可供选择的纺丝工艺。只有单行喷丝孔的埃克森工艺(代号 SR)或具有多排喷丝孔的双轴工艺(代号 MR)两种,目前在 SMS 生产线主要是应用埃克森熔喷法纺丝工艺。

(7)单个埃克森熔喷法纺丝系统单位幅宽的最大产能为 70kg/(h·m)。

(8)产品的定量范围 7~70g/m^2,但一般为 10~70g/m^2。

(9)纤网固结方式。热轧机固结。

(10)生产线幅宽 1000mm、1600mm、2400mm、3200mm、4200mm、4400mm、5200mm、5400mm,其中以 3200mm 和 4200mm 较多。

(11)最高运行速度为 1200m/min。

(12)一条生产线的最大产能为 40000t/a(生产大定量规格的厚型产品)。

第二节　SMS 复合技术基础知识

一、基本定义

(一)SMS 非织造布的定义

SMS 是 Spun Bond/Melt Blown/Spun bond 的缩写,即纺粘法/熔喷法/纺粘法复合式非织造布的统称,在表述产品时并不考虑其中的产品层数及结构,而不同结构及层次产品的质量或性能是不一样的,一般情况下,层次较多的产品质量,要比层次较少的产品要好一些。

在纺织行业标准 FZ/T 64034—2014《纺粘法/熔喷/纺粘法(SMS)法非织造布》中,规定了 SMS 型非织造布产品的一些通用性技术指标。

(二)符号的意义

S 是 spun bond 的缩写,即纺粘法纺丝系统的代号,有时用“S”或 “SB”表示。纺粘法纺丝系统是 SMS 生产线中的基本纺丝系统。

M 是 melt blown 的缩写,即熔喷法纺丝系统的代号,有时用“M”或“MB”表示。熔喷法纺丝系统也是 SMS 生产线中的基本纺丝系统。

(三)纺粘法/熔喷法复合(SMS)及纺粘法与其他成网技术复合

实际上,具有多层纤网结构的叠层复合式非织造布产品,不仅仅是纺粘法/熔喷法复合的 SMS 型,即中间层纤网除了最常见的熔喷纤网(M)以外,随着技术的发展,还可以是其他纤网,如短纤维梳理成网(carding)的纤网(C),或是气流成网(air lace)的纤网(A)或木浆纤维 P(pulp)等,从而组合成 SCS、SAS、SPS 型复合式非织造布产品。

不同纺丝工艺及不同成网工艺的混杂,或不同纤网固结工艺混杂,是开发新型非织造材料的一个重要技术工具。

(四)SMS 生产线

生产 SMS 类非织造布产品的设备叫 SMS 型生产线,目前,SMS 生产线中最多有 4 个 S 系统和 4 个 M 系统。生产线中的纺丝系统的数量也就是生产线可以生产的复合型产品的纤网最多的层数,如 SSMMMMS 生产线,一共有 7 层纤网,其中包括 3 层纺粘法纤网和 4 层熔喷纤网。

因此,在描述生产线的结构时,必须将当前配置的所有纺丝系统及其排列方式详细列出。但在实际生产运行时,产品的纤网层数就不一定是纺丝系统的配置数,而是与实际投入运行的纺丝系统数量对应。图 5-5 为不同时期的 SMS 生产线的纺丝系统。

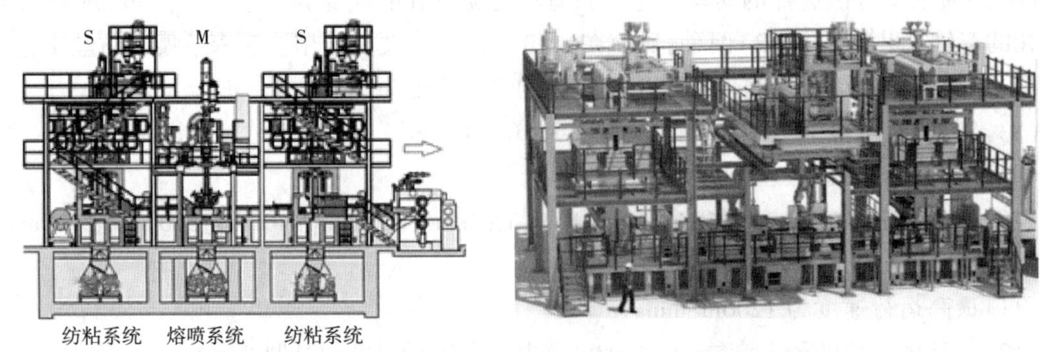

图 5-5　早期(左)与近代(右)SMS 生产线的纺丝系统

1. 生产线纺丝系统的代号与定义规则

至今尚没有相关技术标准对生产线纺丝系统的编号规则做出规定,纺丝系统的代号一般由纺丝工艺代号(英文字母)及位置顺序号数字两部分构成:

纺丝系统的代号=纺丝工艺代号(S,M,X)+位号(从上游到下游,数字顺序 1,2,3,…)。

描述生产线时,要将所有实际配置的系统,及预留的未定系统 X 按顺序列出。因为有没有这个 X,生产线的实际配置,对安装场地的要求、设备的购置价格都是不同的。符号后面的数字是纺丝系统按由上游至下游的顺序编号。

位置顺序有两种编号方法:一种是按同类工艺分别编号,此时的位号数字容许重复出现;另一种从上游到下游,不分纺丝工艺,仅按流水顺序编号,此时的位号数字是唯一的,这种编号方法更便于管理,是一种常用的编号方法。

如一条有六个纺丝系统的 SSMMMS 生产线,从上游的第一个纺粘法系统开始,各纺丝系统的编号就分别为:SB1、SB2、MB3、MB4、MB5、SB6。

2. X 代表的意义

有的生产线会预留有一个位置,以便在后期多配置一个新的纺丝系统,由于还不确定以后这个新的系统应用何种纺丝工艺。因此,会用 X 来表示。X 是生产线中的一个未定系统,只有在描述设备配置时才出现 X,而 X 的存在并不影响产品的结构和质量,但对设备配置及运行状态有影响。图 5-6 为一条带有 X 系统的 SSXMMS 生产线纺丝成网系统的侧视图。

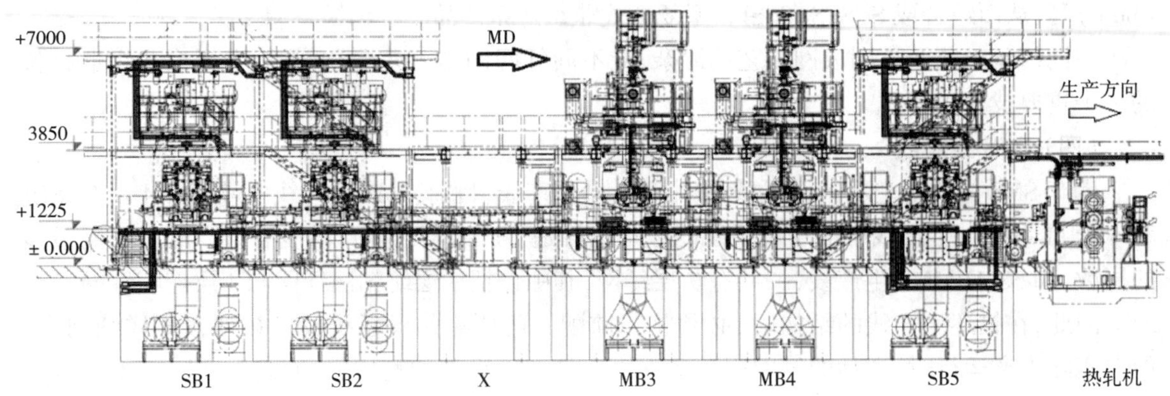

图 5-6　SSXMMS 生产线纺丝成网系统的侧视图

虽然生产线预留了一个 X 系统不会影响产品的质量,但会影响设备的总体布置及运行管理工作量,特别是增加了成网机的长度,增加占用厂房的面积和空间,还要考虑在高速运行时,纤网在经过这一个空置段时的传输稳定性问题,可能还要增加吸网风机来提高纤网在网带面上的附着性能,防止被气流干扰发生翻网,增加了产品的能耗。因此,在描述生产线设备的时候,就必须将这个 X 包括在内。

而在描述 SMS 非织造布产品时,是不能带上这个 X 的,如用 SMXXS 生产线制造的产品仍是 SMS。但在描述生产线的设备时,则必须将这个 X 写出来,因为这种生产线会预留出一个 X 的安装空间,其主要特征是成网机的纺丝系统之间会有一个较大的设备空置段,其成网机的长度会较大,图 5-7 是 SSMMS 生产线(隐去了钢结构)的纺丝系统编号示例。

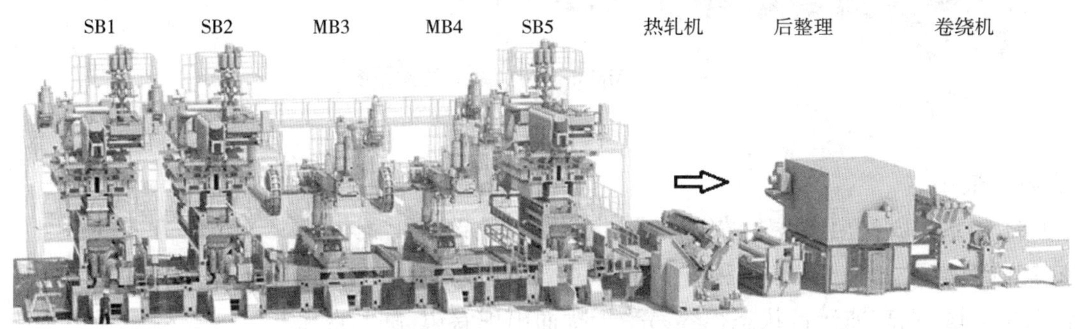

图 5-7　SSMMS 生产线的纺丝系统编号示例

根据技术发展或市场需要,X 并不局限于是熔体纺丝成网工艺,可以是纺粘法(S)、熔喷(M)、短纤梳理(C)、气流成网(A)等,组成多种纺丝系统混杂的生产线。

3. 纺丝系统的排列与组合方式

SMS 生产线的纺丝系统数量可以有很多个,纺丝系统的排列方式也有多种方案。如果纤网使用热轧机固结,则第一个与最后一个纺丝系统必须是纺粘法系统,也就是最底层纤网及表面层纤网必须是纺粘法纤网,以免熔喷纤网接触高温轧辊时发生缠辊,这是最基本的排列原则。

目前,世界上曾流行的机型主要有:SMS,SMXS,SMMS,SSMMS,SSM-MS,SSMMSS,SSMMXS,SMMMS,SMMM-S,SMMMXS,SSMMMS,SSMMMMS,SSMMMMSS 等,虽然没有固定的组合模式,但必须遵循上述这个规律。早期引进的生产线以 SSMMS 较多,而近年引进的主要是 SMMS 这个机型。图 5-8 为一条 SSMMMSS 生产线的纺丝系统部分。

二、关于生产线中的 X 系统

(一)预留 X 系统的原因

一些投资者因受投资能力限制,无法做到"一步到位"实现其发展规划,或未能准确做好产品的市场定位,或未能准确判断行业发展动向,或考虑一些技术的成熟度等原因,便采用预留发展位置的措施,在生产线中会预留一个 X 系统,待时机成熟后再添加、发展。

(二)X 系统的位置

预留 X 系统的位置要考虑在后期改造工程对现有生产线的影响,及连带的改造范围、工作量等。当 X 系统预留在生产线下游倒数第二或第三位置时,改造工程仅涉及 X 下游的纺丝系

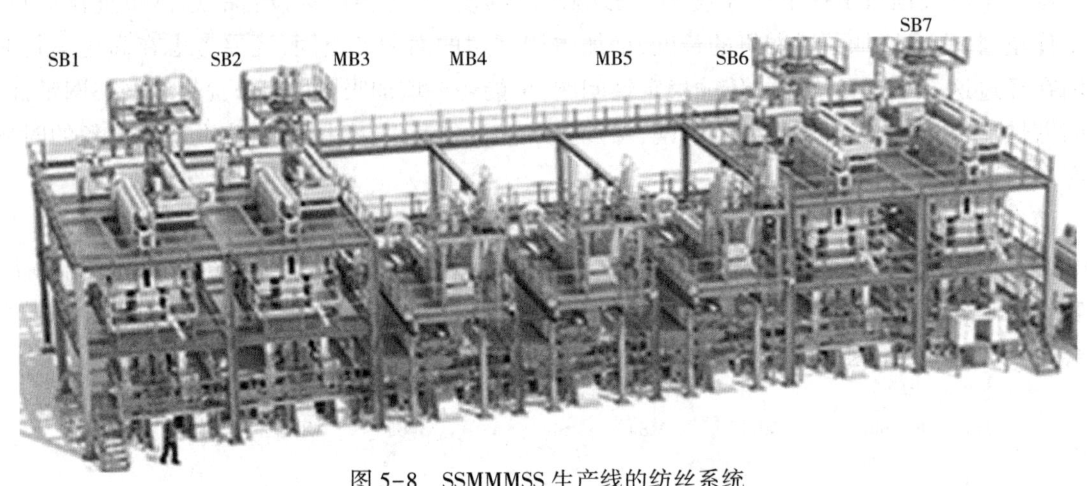

图 5-8 SSMMMSS 生产线的纺丝系统

统,影响面最小。

如将 X 系统放在生产线上游第二或第三位置时,改造工程将涉及 X 下游方向的所有纺丝系统,影响面最大。生产线按这种方式布置时,上游第一个纺粘法系统的纤网要经过一段很长的空置 X 区域,在高速运行状态很容易受干扰而出现卷边、翻网现象。

(三)预留 X 系统后的生产线特点

一般相邻纺丝系统的中线间距离在 5m 左右(有的机型可达 7.5m),预留一个 X 系统后,就相当于增加了一个纺丝系统,生产线就需要占用更多的厂房空间和场地。成网机较大,网带较长,驱动功率也较大,系统更复杂。

在 X 下游纺丝系统的成网抽吸风机,一般都要按多一个 X 系统,也就是以后要增多一层纤网,阻力更大的工况来配置,功率也较大,这增加了供电系统的容量,也增了运行损耗。如仅按现行的设备实际配置较小规格的风机,则在改造 X 系统后,这些风机就很有可能再也无法继续使用,要更换性能更强、功率更大的风机。

这个 X 系统离上游位置越近,则处于其下游位置,并受其影响的纺丝系统会越多,因此如有必要预留 X 系统,应该尽量将其配置在成网机的下游位置,届时进行改造时,受其影响的其他纺丝系统的匹配性改造工作量会较小。

(四)预留 X 系统生产线现状

在国内早期曾有一些预留 X 的生产线中(含引进设备),仅有少数几条将 X 变为 M,实现了升级,大部分生产线的 X 系统仍一直空置,浪费了资源,也增加了运行费用。随着对 SMS 技术和市场的了解,目前,还考虑预留 X 的新生产线已不多了。

由于技术的更新换代周期越来越短,就存在不同年代技术兼容问题,虽然不存在排斥现象,但这种在一条生产线存在迭代技术的状态,显然无法体现新技术的优势。因此,如果没有很明确的目标,就没有必要留下一个 X。在近年引进的 RF5 系列的 6 条各型 SMS 生产线,已经没有一条是预留有 X 系统了,可见投资者也更为理性了。

三、SMS 纤网的固结工艺

SMS 生产线的纤网固结工艺与纺粘法系统基本一样,具体所采用的工艺与产品的用途有关。由于 SMS 产品一般是阻隔型产品,要避免纤网的结构在固结过程发生变化,加上 SMS 型生产线的运行速度很快。因此,在现阶段热轧固结是 SMS 生产线很常见的纤网固结工艺。

当产品主要用作卫生、医疗制品材料,并采用针刺、水刺等固结工艺时,会在产品中形成针孔,影响产品的阻隔性能,加上其速度也无法与高速成网系统匹配,因此,针刺、水刺固结工艺是无法在 SMS 生产线使用的。

高温热风固结技术仅可以用于固结双组分纤网,但在一般 SMS 生产线中,仅纺粘法系统是双组分的,而熔喷纤网还是单组分,而且基本上都是熔点相近,甚至一样的同类型聚合物,因此是不可能采用热风固结工艺的。加上 SMS 纤网由多层不同特性的纤网叠层复合,热风的温度和能量仍不足以将多层纤网可靠固结在一起。

其次是产品中的熔喷纤网层具有较高的阻隔能力,如果要使用热风固结含有熔喷层的双组分 SMS 型纤网,就需要有更高的压力才能使大量热风的穿透纤网,提供纤网固结所需的热量。

对于采用"二步法"工艺制造的、由多层柔性材料(如非织造材料,膜、箔、纺织品等)叠层复合的其他类型纤网或材料,还可以使用其他多种固结方法,如热熔胶复合、超声波复合等进行固结,但这已属产品的后加工范畴了。

第三节　SMS 生产线中应用的基本工艺

一、利用铺网过程的互补性提高产品的均匀度

(一)铺网过程的互补效应

在纺丝铺网过程中,抽吸气流会影响纤维的运动,由于抽吸气流自身的均匀性和偶然性的变化,在纤网中必然会使出现有较多纤维堆积的云斑区和纤维相对较少的稀网区,影响了纤网的均匀性。一个纺丝系统的纤维总量是一定的,有的地方纤维多了,其他处的纤维就必然会减少一些。

抽吸气流的不均匀性是必然存在的,仅是程度上有差异。在抽吸气流较小、速度减慢的区域,气流的压强会较大,而在气流较多、速度较快的区域,气流的压强会较小。这种压力差异就导致气流从压力较高的区域向压力较低区域移动,达到压力平衡。

在这种环境下,纤维会离开气流较弱的区域,向抽吸气流较强的这个位置迁移,使纤网的密度增加。但这种现象仅存在于同一台成网机上,如果纺丝系统配置在不同的成网机上,两台成网机的纤网仅是迭层复合,这时就不存在这个互补效应。

当生产线中有多个纺丝系统时,如在上游纺丝系统铺成的纤网中,会存在纤维较多、密度较高的云斑区或纤维较少的稀网区。到了下游的纺丝系统,因云斑区纤维多、阻力大、流量偏小;而稀网区的纤维少、阻力小、流量较大,新的纤维会随着气流趋向稀网区运动,而较少覆盖在云斑区表面。

成网过程中的填平补齐效果,改善了纤网的均匀度,这就是铺网过程的互补现象。因此,有多个 S 或多个 M 系统的生产线生产出的产品会有较好的外观,并且对个别纺丝系统的铺网缺陷也不敏感。

(二)SMS 产品中纺粘法纤网与熔喷纤网互补

在 SMS 产品中,存在两类功能不同的纤网,纺粘法纤网主要提供产品的强力和加强熔喷纤网,而熔喷纤网主要是提供阻隔性能。同类型纤网之间的互补能改善产品的性能,然而不同类型纤网的互补仅能提高产品的重量均匀度,但却可能增加产品性能的离散性,有负面作用。

纺粘法纤网与熔喷纤网是两种特性不同的纤网。如果纺粘法纤网有稀网缺陷、而用熔喷纤网去填平补齐,或熔喷纤网存在稀网缺陷,而用纺粘法纤网去填平补齐,这时只能是在纤网质量(重量或密度)上的互补,而在产品的功能性方面无法具有互补效应。

因为这种互补客观上会造成熔喷纤网的分布不均匀,在熔喷纤网较密集的区域,产品的静水压会较高、而强力变小,导致物理性能出现较大的离散性。

根据上述原因,会要求 SMS 纤网的最底层,也就时生产线成网机最上游的(即第一个)纺粘法系统要有较好均匀度,或在配置纺丝系统时,经常刻意在上游方向连续配置两个纺粘法系统,用于改善底层纺粘法层纤网的均匀性,对提高产品的总体质量是有好处的。

因为在同样的纺粘法纤网占比条件下,用两个纺粘法系统生产的纤维会比仅用一个纺丝系统时更细、均匀度也肯定要比只有一层纤网更加均匀,这样就为下游的纺丝系统提供了一个较为均匀的底层纤网基础。

而对处于成网机最下游位置的纺粘法纤网,由于已经有多层纺粘法纤网和熔喷纤网形成的复合纤网,成网过程的互补效应已经不明显,加上复合纤网的透气阻力很大,需要配置功率很大、压力很高的成网抽吸风机,会增加产品的能耗。因此,大多数生产线在下游方向仅配置一个纺粘法系统,只有少数生产线会配置两个纺粘法系统。

而仅从产能匹配角度,在上游方向多增加一个纺粘法系统,将本来用一个系统就可以生产的纤网分由两个系统去完成,这样做会增加产品能耗和管理工作量,还增加了设备的磨损,并没有太大的实际意义,这就是 SSMMS 生产线在生产一些产品时,经常仅以 SMMS 形式运行的原因。

二、利用多纺丝系统改善产品的质量和增加产量

(一)纺丝系统数量与产品质量的关系

1. 纺丝系统数量越多,产品的均匀度越好

生产线的纺丝系统数量越多,不仅可以提高生产线的生产能力,还可以利用成网过程中纤网的互补性,使上下游间的纺丝系统在铺网过程实现填平补齐的作用,从而减少纤网中的稀网和云斑两种缺陷间的差异,产品的均匀度越好,产品的质量分布离散系数 CV 值会越小,这就有利于减少产品的其他性能指标的离散性。

根据德国学者在 *Nonwoven Fabrics* 中发表的研究成果表明,同样定量规格的非织造布材料,其分层数量 n 越多,则其质量分布离散系数 CV_n 值越小,其与只有 1 层时的离散系数 CV_1 两者间存在如下近似的数学关系:

$$CV_n = CV_1 / \sqrt{n}$$

式中:CV_n——有 n 层纤网时的质量分布离散系数;

CV_1——只有 1 层纤网时的质量分布离散系数;

n——纤网的层数。

图 5-9 表示纤网质量分布离散系数与纤网层数存在明显的相关性，当产品只有一层纤网时，*CV* 值最大，分布最不均匀，但随着纤网层数增多，产品的 *CV* 值会呈下降趋势，即产品的 *CV* 值下降，均匀度趋好。这也表明了生产线中的纺丝系统数量越多，即纤网的层数越多，产品的均匀度也越好。

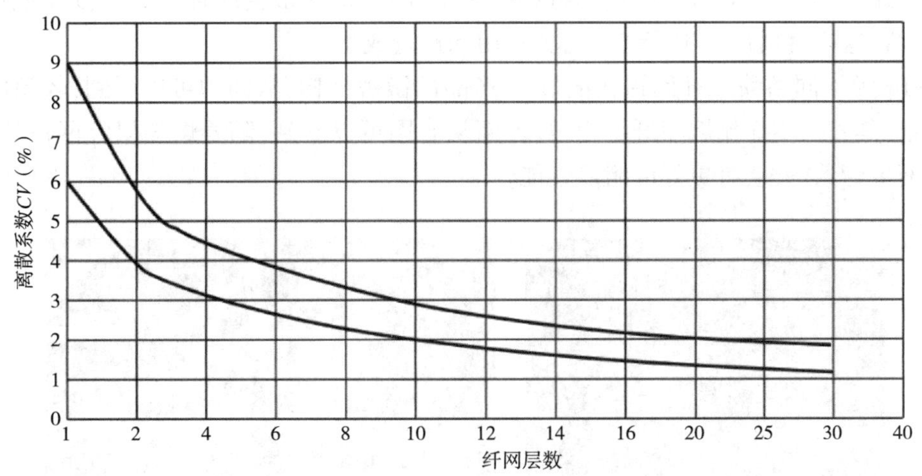

图 5-9　产品离散系数与纤网层数的相关性

从图 5-9 中还可以看到，当产品结构从单层纤网变为 2 层时 *CV* 值下降很明显，即均匀度明显变好，但如果再增加纤网的数量，虽然仍有改变，但这种变化就不明显，而且要大量增加设备投资，因此，很多 SMS 生产线的纺丝系统数量一般在 4~6 个之间。

2. 熔喷层纤网的占比越大，产品的阻隔性能越好

熔喷纤网占比的定义是全部熔喷纤网质量（$\sum M_i$）在 SMS 全部纤网总质量（$\sum S_i+\sum M_i$）中所占的比例，其计算方法如下：

$$熔喷层占比 = \sum M_i / (\sum S_i + \sum M_i)$$

当纺丝系统处于额定挤出量运行时，这时的熔喷层纤网占比最大，一般称为自然占比，表 5-1为不同生产线的最大挤出量和熔喷层自然占比。

表 5-1　不同生产线的最大挤出量和熔喷层纤网的占比

生产线机型	SMS	SMMS	SSMMS	SSMMMS	SSMMMMS
最大挤出量[kg/(m·h)]	350	400	550	600	650
熔喷层自然占比(%)	14.3	25.0	18.2	25.0	30.8

注　纺丝系统的最大挤出量会随着技术进步而不断增加，本表是按纺粘系统 150kg/(m·h)，熔喷系统为 50kg/(m·h)进行计算的。

阻隔性能是 SMS 产品的核心质量指标，而阻隔性能主要是由熔喷层纤网贡献的，生产线中熔喷系统的数量越多，或熔喷层纤网的所占比例越大，SMS 非织造布产品的阻隔性能也越好，更适合生产对产品的阻隔性能有更高要求医疗制品材料。

例如,按照美国 AAMI 标准的要求,医用防护材料的阻隔性能分为 1、2、3、4 级,级数越大,具备的防护性能也越好。通常只有 1 个熔喷系统的 SMS 生产线,其产品一般情形下仅可满足 1 级防护要求;而配置有 2 个熔喷系统的 SMMS 生产线,其产品一般可满足 2 级防护要求,技术水平较高的生产线有可能达到 3 级要求;而配置有 3 个熔喷系统的 SMMMS 生产线,其产品可满足 3 级防护要求。

基于上述原因,生产高端医疗制品材料的 SMS 生产线,一般会配置有 2 个、3 个或更多个熔喷系统,当然,这样会增加了生产线的购置费用和运行成本。

图 5-10 为不同熔喷层纤网占比的 SMS 产品的微观结构,从图中可以看到,较粗的纤维为纺粘法纤维,其直径明显比熔喷纤维粗很多,而从右图可以看到,随着熔喷层纤网占比的提高,熔喷层纤网更为致密,会有更好的阻隔性能。

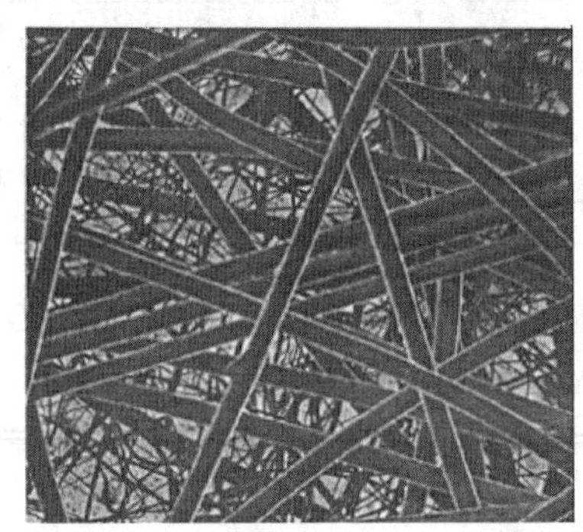

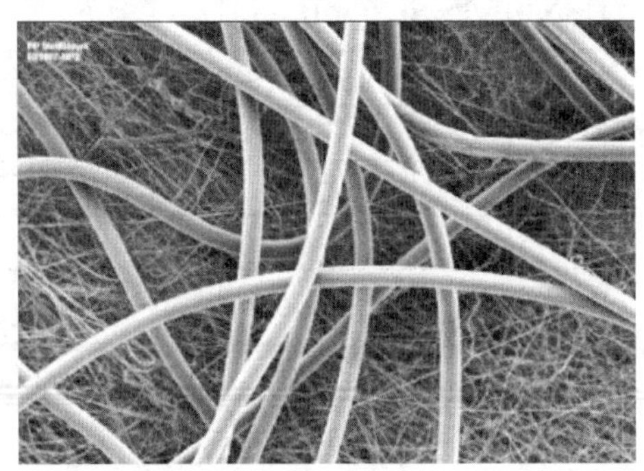

图 5-10　熔喷纤网较少(左)与熔喷纤网较多(右)的产品

而熔喷纺丝系统数量较少的生产线,所生产的非织造布产品或熔喷纤网占比较小的 SMS 产品,其阻隔性能(静水压)较低,只能用作低端医疗制品材料或一般的卫生制品材料。

3. 纺丝系统数量与纤维细度、物理力学性能的关系

在纤网占比相同的条件下,纺丝系统数量越多,分配到每一个同类纺丝系统的纤网定量(g/m^2)也越少,喷丝板的喷丝孔的单孔流量也会越小,在同样的牵伸速度下,纤维就越细、越长,产品的均匀性都会获得改善。

由于降低纤维的细度后,会改善产品的均匀度,这就有可能使用较小定量规格的产品替代较大定量的产品,能节省生产成本,是一个竞争优势,这也是非织造布市场的一个发展趋势,是新型生产线技术水平的一个重要标志。

不管是纺粘法纤网还是熔喷纤网,纤维细度降低后,产品各方面的技术指标都会得到改善。在纺粘法层纤维较粗的 SMS 产品,静水压主要是依靠熔喷层贡献的,如果纺粘法层纤维变得较细,则纺粘法层纤网的阻隔性能会逐渐显现,两种纤网阻隔性能的叠加,就使产品的静水压获得明显的改善。这也是在纤网结构、层数占比相类似的条件下,新一代生产线的产品有较好性能的原因。

在一定程度上,纤维细度可理解为纤维被牵伸的程度,纤维越细就说明已得到较为充分的牵伸。而纤维细度会影响产品的强力与伸长率,高速牵伸能提高聚合物的结晶度,提高大分子的取向性,使分子结构趋向稳定,取向和结晶都较好,残余牵伸少,纤维的强力大,伸长率小。就能为生产具有较大强力与和较小伸长率的产品提供基础。

纤维变细以后,其刚性变小,更为柔软,这是产品获得更好触感的基础,比采用其他改性措施更为简单、直观。在目前的卫生制品材料领域,经常是将产品的触感作为评判产品应用性能的首要因素,而纤维细度是直接与触感相关的。

注意:产品的强力及伸长率还与聚合物的分子量,纤网的固结工艺有关。

4. 改善产品的遮盖性

纤维越细,单位质量的纤维长度也越长。例如:对于质量为 1g 的纤维,纤度为 2 旦的纤维长度为 4500m,而纤度为 1 旦的纤维长度可达 9000m。纤维长度的增加,就意味着在同样面积上可以重复覆盖的次数增加,有利于改善纤网的均匀度和遮盖性。

双折射是评价纤维牵伸程度的指标,双折射越大,表示纤维的牵伸就越充分;纤维的牵伸程度不同,对光的反射、折射特性也不同,得到充分牵伸的纤维,表面较光亮,纤网也较透明,颜色也较浅,遮盖性变差。因此在生产过程中,纺粘法系统常采用添加增白剂的办法,降低纤维的透明度,用于改善产品的遮盖性。

由于熔喷纤维的直径比纺粘法纤维细很多,透明度也就更高,因此,要生产色调和色饱和度相同的产品,熔喷系统添加色母粒的比例要更大,或添加有效成分更浓的色母粒,才能得到与纺粘法产品相同的色调。

5. 相同的纤网占比,纺丝系统数量越多,阻隔性越好

纤网的占比是指同一类型纺丝工艺的纤网定量与产品总定量的比例,自然占比则是在纺丝系统处于最大挤出量时的占比,对于一条特定的 SMS 型生产线,自然占比与纺丝系统的生产能力有关。

例如在纺粘系统的生产能力为 150kg/(m·h),熔喷系统的产能为 50kg/(m·h)时,类似 SMMS,SSMMMS 两种生产线,其熔喷纤网的自然占比都是 25%,但两种材料的阻隔性能却会有较大差异。因为 SSMMMS 生产线有更多的纺粘法纺丝系统和熔喷纺丝系统,同样定量的纤网被分配到多个纺丝系统,对应纺丝泵的转速会较低,喷丝板的单孔流量降低,纤维会更细,其产品质量必然要比 SMMS 优异。经过分析可以知道,产品的静水压 P_n 与熔喷纺丝系统数量 n 之间,存在以下数学关系:

$$P_n = \sqrt{n} \times P_1 (n = 1,2,3,4,\cdots)$$

因此,要生产高阻隔性能的医疗制品材料,必须利用纺丝系统较多的生产线,这也是在同样的熔喷层占比条件下,用较多纺丝系统生产线生产的产品质量,要比较少纺丝系统生产线的产品更好的一个内在原因。

注意:纤维越细说明生产线的技术含量越高,但并不意味生产较粗纤维没有难度,相反,生产粗旦(6~12 旦)纺粘法纤维仍是目前国内的攻关目标,但在 SMS 产品的应用领域,都是要求有较细的纤维。

(二)纺丝系统数量与产量的关系

生产线的生产能力(产量)是每一个纺丝系统的生产能力的总和,很明显,纺丝系统越多,生产能力肯定会越大。因此,高生产能力的生产线一般会有较多的纺丝系统。

在 SMS 生产线中的纺丝系统越多,就有较宽的工艺窗口调节纺粘法层纤网与熔喷纤网的占比,就能最大限度地发挥每一个纺丝系统的潜力,有利于使生产能力最大化,增加产量。

然而生产线的实际产量不仅与产品的定量规格有关,如一般的规律是:生产定量较大的产品,此时生产线的运行速度比不是主要矛盾,生产线必然会有较大的产量。但在SMS型生产线,实际产量还受产品中的熔喷纤网占比有关,也就是生产线的实际产量不仅受产品的定量规格限制,还同时受产品中的熔喷纤网占比约束,这是SMS生产线的一个特点,在后续章节将有详细解释。

第四节　SMS非织造布的生产

一、一步法SMS非织造布生产工艺与生产流程

(一)一步法SMS非织造布生产工艺及其特点

一步法SMS非织造布生产工艺的特点是使用聚合物原料切片,利用纺粘法、熔喷法两种纺丝工艺,直接将原料熔融后纺丝成网,产品是由各种纤网顺次叠层复合、固结而成,简称熔体纺丝成网工艺。图5-11为一步法SMMS非织造布生产线示意图。

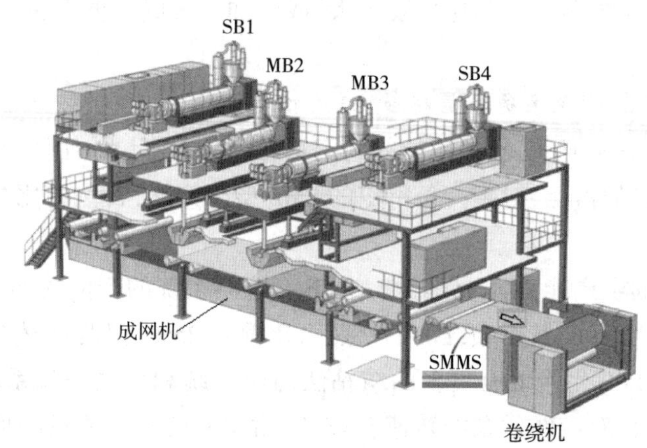

图5-11　一步法SMMS非织造布生产线

由于生产过程是用聚合物原料切片直接纺丝成网,并成为SMS产品的,其中没有经过其他环节,因而称为一步法生产工艺。这是目前的主流工艺,也是熔体纺丝成网工艺中技术含量最高的一种工艺。

既然SMS复合型非织造布是纺粘法与熔喷法纤网叠层复合的产品,也就是每一种纺丝系统的工艺流程还是不变的,但所形成的纤网是在成网机上顺次叠层、复合在一起,然后固结成SMS型产品的。

(二)一步法SMS非织造布生产流程(图5-12)

从一步法SMS工艺流程图可以看到,每一种纺丝系统,其工艺流程与独立的纺丝系统没有任何差异,在成网机上方的设备配置种类,设备的性能都是一样的。

因为各个纺丝系统是共用同一台成网机,越往下游方向,堆叠的纤网层数也越来越多,透气阻力随之递增,为了克服复合纤网越来越大的透气阻力,从上游到下游,同类型纺丝系统的抽吸

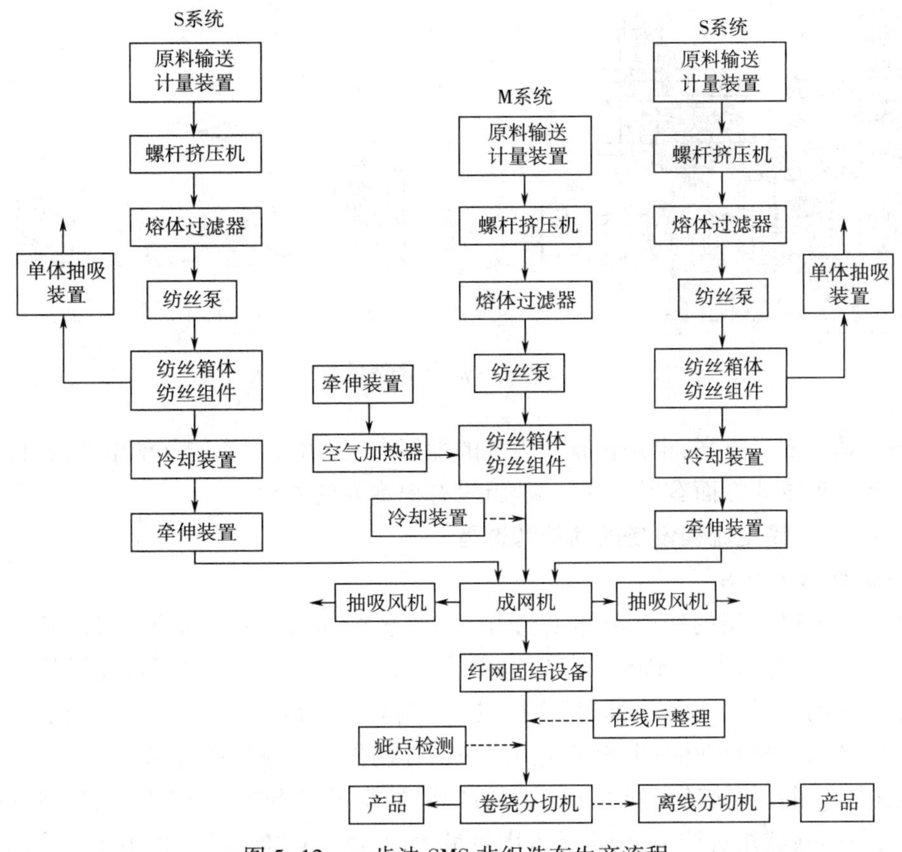

图 5-12　一步法 SMS 非织造布生产流程

风机压力会越来越高,特别是处于熔喷系统下游的纺丝系统,其抽吸风机的压力会明显比上游的纺粘法系统更高,装机容量也更大。

因此,处于不同位置的同一纺丝工艺的纺丝系统,其成网抽吸风机的配置会有较大差异,而且与独立运行纺丝系统的差异会更大。

二、SMS 非织造布生产线的主要设备配置

(一)SMS 生产线的基本设备配置

在 SMS 生产线中的设备配置与纺粘法非织造布生产线基本是一样的,仅是在纺粘法纺丝系统之间,增加了一些熔喷系统 M,生产线主流程的设备基本上也是一样的。图 5-13 是一条基本型 SMS 生产线的典型配置。

从图 5-13 可以看出,除了增加了一个熔喷纺丝系统外,这条 SMS 生产线的配置与纺粘法非织造布生产线是类似的。其中有两个纺粘法纺丝系统 S 和一个熔喷法纺丝系统 M,纤网采用热轧固结工艺,配置有在线后整理装置。

由于采用离线分切加工路线,因此,配置有离线分切设备,当生产线仅配置一个熔喷纺丝系统时,并配置有在线后整理系统时,可知是一条侧重于生产卫生制品材料的生产线,也可以用于生产一些要求不高的医疗防护制品材料。

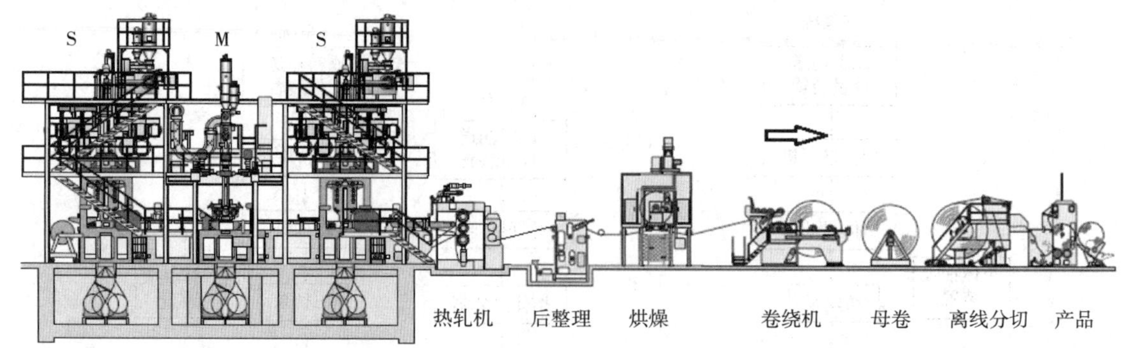

图 5-13 基本型 SMS 生产线的典型配置

这是一个基本配置方案,也是较有代表性的配置方案,由此衍生的其他生产线,仅是在纺丝系统的数量及排列方式方面有所不同,其他就没有根本性的差异。

(二)SMS 生产线主流程设备的功能和选型

1. 纺粘法纺丝系统 S

纺粘法系统可以应用的纺丝牵伸工艺有:宽狭缝低(负)压牵伸系统、宽狭缝正压牵伸系统、管式牵伸系统三种。由于 SMS 型产品主要是用作卫生、医疗制品材料,经过长期的实践和市场对产品的认同度,绝大多数 SMS 型生产线都是应用宽狭缝低(负)压牵伸工艺,因为应用这种工艺生产的产品风格及性能,更能满足卫生及医疗防护制品领域的要求。

因此,国内应用其他纺丝牵伸工艺生产的产品,如应用宽狭缝正压牵伸工艺、管式牵伸工艺生产的产品,应用领域相对较窄,较难进入用量最大的、也是竞争最剧烈的卫生医疗制品材料市场。由于缺乏基本的竞争能力,导致采用管式牵伸和宽狭缝正压牵伸工艺的 SMS 生产线,其生存空间被挤压,现存的一些纺丝系统被拆解,甚至连企业也转型了。

在 SMS 生产线中,最少要配置有 2 个或更多个纺粘法纺丝系统,而 M 系统的数量一般为 1~4 个。

2. 熔喷法纺丝系统 M

在 SMS 生产线中,最少要配置有 1 个或更多个熔喷法纺丝系统。除了独立配置、独立操作运行的熔喷系统外,还出现过有两个熔喷系统连在一起的作为一个熔喷法纺丝单元的设计方案,在这种生产线,两个熔喷系统共用一个纺丝平台,仅由一套熔体制备系统通过两台纺丝泵向两个纺丝箱体提供纺丝熔体,而其热牵伸气流也是两个系统公用的(图 5-14)。

这样的两个熔喷系统用符号(MM)表示,也曾用 TwinM 表示,目前这类型生产线有 S(MM)S、SS(MM)S 和 SS(MM)(MM)S 等机型(图 5-12)。设备制造商也将这一类型生产线称为智能生产线(smart line),主要是针对一些产品批量小,技术要求高,但设备购置费用较低的应用市场。

目前应用的主流熔喷法纺丝工艺主要是只有单行孔的埃克森系统(Exxon 代号 SR),这个工艺成熟、业内也很熟悉,多行孔的双轴系统(Biax 代号 MR)还处于推广阶段,供应链不清晰,产品的特点、应用前景还有待认识。

3. 成网机

目前,商品化的 SMS 型生产线,主要是应用成网机的网带水平面,接收所有纺丝系统的纤

图 5-14 S(MM)S 生产线

维,技术成熟,运行可靠,管理容易,安全性好。

成网机是生产线中最大的设备,由于既有纺粘法纺丝系统,又有熔喷法纺丝系统,因此,SMS 生产线的成网机整合了两种纺丝工艺的特点,结构较为复杂。由于与每一个纺丝系统都对应配置有相应的抽吸风箱及抽吸风机,这也是一个占用空间很多的系统。

成网机的 MD 方向长度与纺丝系统间的中心线距离及纺丝系统数量有关,纺丝系统的中心距一般在 4500~5000mm,如果小于这个距离,将增加在二层平台的冷却风箱布置难度,而如果尺寸更大(如有的引进机型达 7500mm),将会占用太多厂房空间,成网机的网带也会很长。如一条 SSMMS 生产线的成网机带长度为 52000mm,而一条 SSMMMMS 生产线成网机的网带长度可达 77000mm。

除了在地面上布置这些设备外,有的生产线会将与成网机设备的设备布置在地下室中,缩短了管道,地面上也就没有妨碍通行的管道,现场条件会较好,这种布置方式可以在抽吸风机与成网机抽吸风箱之间,容易布置两端抽吸的管道,有利于改善抽吸气流的均匀性,对提高产品的均匀度更为有利。

但设置地下室要增加基本建设费用和运行管理费用,因此,并不是所有的生产线都要建造地下室来布置抽吸风机和相应的管路。目前,国外主流设备只有幅宽较大(>3200mm)的生产线才需建造地下室,而幅宽≤3200mm 生产线的抽吸风机及相应的抽吸风管路,则都是直接布置在与成网机同一标高的地面上,无须再建造地下室及相应的地面下结构,可以便于管理和节省大量费用。

而国产生产线则主要采用挖管沟的方式,把抽吸风管放置在管沟内,由于这种布置方式较为省事,节省不少费用,而为了避免管道在管沟中发生腐蚀泄漏后难于维护,放置在管沟内的管段要用不锈钢材料制造。

4. 纤网固结设备

在 SMS 生产线中,热轧机是主要纤网固结设备。

(1)热轧机几乎是唯一可选的纤网固结设备,因为只有热轧机的运行速度才可以与高速运行的生产线匹配,而且技术成熟、系统较为简单,不存在环保问题。热轧机的机型有两辊式、三辊式(立式三辊、Y 型三辊)等(详细资料可参考本书第六章内容)。

为了能及时反映市场的需要,热轧机会经常需要更换性能不同的花辊,对于传统的热轧机,更换花辊是一个繁重、安全风险较高、而又耗用时间较多的专业性工作。Y 型三辊热轧机就是一个应运而生,可以快速更换花辊的机型,尽管其造价很高,但由于可以提高更换花辊的安全性和工作效率,因此,仍是一些要频繁在卫生制品材料和医疗制品材料间转换的生产线首选的机型。

(2)热轧机的供应市场。目前,国内的高速生产线(≥600m/min),基本都是采用 S 辊自动补偿轧辊挠曲变形这个机型,在现有的生产线中,还有少量机型采用中凸+轴线交叉补偿型或外加弯矩补偿型热轧机等。

虽然国产的热轧机已在运行速度较低的 SMS 生产线成功运行了十几年,但高速生产线对设备的可靠性和加工精度要求较高。因此,在高速(≥600m/min)生产线配置的国产热轧机仍处于试验阶段。尽管引进设备的价格高昂,目前仍是大型高速生产线的主要采购配套对象。

5. 在线后整理系统

在线后整理系统是生产卫生医疗制品材料的重要配套设备,也是基本设备。在线后整理系统包括了上液系统,整理液配剂系统和烘燥设备三个部分,其中的上液装置和烘燥系统是串联在生产线主流程中的设备。

(1)整理剂配制系统。主要用于将整理油剂稀释、配制成工艺要求浓度的整理液。

(2)上液装置。带轧液辊的 kiss roll 是目前的主流上液装置。在早期,喷盘上液系统曾在一些纺粘法系统应用,目前已极少在生产线配置。

(3)干燥系统。干燥方式有热风干燥、红外干燥、热风穿透干燥、圆网热风干燥等,当产品用作卫生制品材料时,生产线的运行速度高,一般趋向配置高效的圆网热风穿透干燥机,以提高干燥效率和降低产品所受的附加张力,减少缩幅和缩短设备占用的场地长度。

6. 卷绕机

卷绕机是生产线的基本配置,一般采用恒张力(或变张力)卷绕,全自动更换卷绕杆,母卷的直径都较大,一般在 1.6~3.2m 这个范围,在运行速度较快(≥250m/min)的生产线,配套的卷绕机一般不具备纵向分切功能。

SMS 生产线是一套高效生产设备,为了减少因为产品分切故障及横切断失败而导致生产线停机的概率,配置在 SMS 生产线中的卷绕机一般都不具备进行纵向分切的功能,但其产品布卷的直径都会较大。这样既能提高材料的利用率,又能减少横切断次数,还可以大幅度降低岗位人员的操作频度和劳动强度。

7. 分切包装系统

当生产线的卷绕机不具备纵向分切功能时,还必须配置一台(或多台)离线分切机及其他辅助设备,组成一个离线分切系统,离线分切系统的加工处理能力必须大于生产线的生产能力,以免无法及时将下线后的母卷产品同步加工好,导致生产线因为没有备用卷绕杆循环使用而停机等待。

目前,生产线的智能化水平很多是在离线分切系统下游的加工流程中体现的,其工作包括产品分拣、组合、称重、贴标签、包装、成品运输、产品仓储、产品堆垛等。

(三)在SMS生产线中的选配系统或设备

1. 在线检测装置

用于检测产品的表面疵点、定量规格、水分含量等。因为迄今还没有可以兼顾全部日常检测项目的在线检测设备,因此,其配置要根据检测项目而定,可能要配置不止一种检测设备。但目前基本都要配置在线疵点检测装置。

在线检测装置并非是产品形成过程的基本配置,是一种产品质量监控设备,主要用于检测产品的表面疵点、定量规格、水分含量等。由于SMS生产线运行速度快,对产品的质量要求也较严格,因此,也就成了SMS生产线的标准配置。

由于SMS生产线一般都是大幅宽、高速运行的,而且既生产薄型的卫生制品材料,也生产较大定量的厚型医疗制品材料,产品结构的多样性增加了对在线检测设备的性能要求。

2. 离线分切机

是否需要配置离线分切机这与生产线的产品加工路线有关。因此,对于有的生产线离线分切机是必配设备,而有的生产线可能是选配设备。离线分切机一般都是主动放卷型,母卷直径及使用的卷绕杆规格要与生产线的卷绕机对应。

目前国产离线分切机的母卷直径一般≥2000mm,子卷直径一般≤1200mm,最小分切宽度在100mm左右,剪切式圆盘刀是最常用的分切刀具。

根据购置价格的差异,分切机也会有不同的功能,特别是可以在线调整圆盘剪切式分切刀位置,也就是可以在运行期间调整分切间距的系统,会增加设备的不少造价。因此,配套完善的高性能分切机是一台造价不菲的设备。根据分切机的加工能力,一条生产线可能要配置1~2台分切机。

3. 不良品回收系统

有多种方式可以处理或回收不良品,在SMS生产线的纺粘法系统,一般会配置有回收螺杆挤出机,可以利用这台挤出机及时处理生产过程产生的不良品,并将所产生的熔体注入纺粘法系统的主螺杆挤出机进行回收,实现循环利用。实际配置的回收挤出机数量可以根据需要而定,但至少要有一个纺粘法系统要配置回收系统。由于熔喷系统的特点,回收会影响纺丝稳定性,因此,是不配置回收装置的。

对于一些无法即时回收循环利用的不良品或废料,或避免回收料对产品质量或纺丝稳定性的负面影响,有些企业会将不良品集中、压缩打包后另行处置,而采用造粒回收则是一个常用方法。

4. 离线后整理生产线

这是一个较为大型的选配项目,通常不在SMS生产线设备配套及供应范围,而是买方根据产品的应用要求自行选配的设备。

当产品用作医疗制品材料时,经常要求产品具有抗静电、拒体液渗透、拒酒精渗透等多种功能。而在进行功能整理时,一般采用了液下浸轧的后整理上液工艺,产品的上液量较大,要烘干的水分很多,运行速度较慢,这个过程是无法在生产线的主流程中实现的。

因此,一般要使用离线后整理加工路线,这是在生产线以外场地配置的一个独立运行、独立管理的生产系统。当非织造材料用于生产高端医疗防护用品时,一般要配置拉幅定型生产线或其他形式的后整理系统,以便准确控制产品的幅宽,特别是可以避免在加工过程中产品发生严重的缩幅。

由于后整理工艺会产生一些废气、废水和异味,而且还要消耗大量的能量来干燥产品,这不仅增加产品的成本,而且占用大量的场地和管理资源,还会带来环境保护问题。因此,有条件可以用共混纺丝工艺实现产品的改性,就尽量不应用后整理工艺,这样能缩短生产流程,简化运行管理。

能否应用共混纺丝工艺代替后整理来实现产品的改性。有赖于功能添加剂的研究、开发及供应,及生产成本等问题,但这是一个重要的发展方向,国外医疗制品材料的三抗功能,已经可以应用共混纺丝工艺实现了。

三、SMS生产线纺丝系统/设备的配置原则

在SMS生产线中的纺丝系统/设备既有原来的共性特点,也有在SMS生产线中配置使用时的特点。

(一)SMS生产线中的纺丝系统的配置原则

生产线中的纺丝系统,可有多种组合方式,以适应不同工况的要求,这时产品的结构,特性也是不一样的。而在保障生产线正常运行这个角度,其基本配置原则就是熔喷系统的纤网不能与热轧机接触。

要遵循这一个原则,在纺丝系统的配置方面要做到以下两点:其一是生产线中的上游第一个纺丝系统与下游最后一个纺丝系统都必须是纺粘法纺丝系统,也就是顺次叠层复合后纤网的面层和底层必须为纺粘法纤网。

其次就是纺粘法纺丝系统的铺网宽度一定要比熔喷层的铺网更宽,使纺粘法纤网能全部遮盖住熔喷纤网,避免熔喷纤网外露,与高温的热轧机轧辊接触而诱发缠轧辊故障。例如,在3200mm幅宽的生产线,熔喷法纺丝系统的铺网宽度在3400mm时,纺粘法纺丝系统的铺网宽度一般≥3500mm。

SMS生产线的纺丝系统配置主要还是根据产品的应用领域,也就是产品的质量要求及产能匹配这两个原则来配置的。目前,虽然SMS型生产线的纺丝系统有很多排列组合方案,但主要有以下几个机型,每一个机型的产品质量、主要应用领域、工艺调节性能、设备造价也有很大差异。

SMS是一个最基本的机型,只能生产最低端的卫生、医疗防护产品,工艺调节空间很窄,调整熔喷层纤网比例时对生产能力影响很大。这是SMS技术发展初期社会保有量较多的一个机型。

SMMS这是一个比较通用的机型,同样定量规格产品的质量要比上一机型好,产品可用于要求较高的卫生、医疗、防护制品,两种纺丝系统的产能匹配较灵活,有较高的产量和较好的质量,这是近年引进较多的一个机型。还可以利用其中的一个熔喷系统在离线位置生产熔喷布产品。

SSMMS是目前较为通用的机型,同样定量规格产品的质量要比上一机型稍好,实际是上一机型的改进型,有更高的生产能力,产品的用途可全面覆盖上一个机型。除可以生产SSS型纺粘法非织造布产品,甚至还可以利用其中的离线熔喷系统在生产线一侧的离线位置生产熔喷布

产品。

而随着社会及企业的发展,企业内生产线数量的增加,生产线进行专业化分工的趋向明显。因此,这一机型就无须是一个万能机型了,基本就是一个 SMMS 机型。

SMMMS 是用于生产高阻隔性能医疗防护制品材料的一个机型,具有较好的工艺调节性能,可以兼顾产品的阻隔性能和透气性能。

SSMMMS 这个机型比上一个机型有更高的产量,既能生产优质的卫生制品材料,也能生产具有更高阻隔性能的医疗防护制品材料,产品的能耗也较低。还可以根据产品质量要求,改变投入运行的纺丝系统数量,生产多种不同结构的产品,如 SSMMS、SMMS 及 SSS 的形式生产 SMS 型产品和优质的纺粘法非织造布产品。

SSMMMMS 是目前配置较高的一个机型,产品主要用于高端的医疗防护制品,具有较好的工艺调节灵活性,因为有较多的 M 系统,每一个系统分配的纤网定量会较少,意味着喷丝板的单孔熔体流量较小,纤维直径会更细,更容易获得较高性能的产品,可以同时兼顾到产品的静水压和透气性,这是其他形式生产线难于具备的优势,但设备的购置价格及运行费用也最高。

(二)SMS 生产线设备的配置原则

1. 成网机

(1)成网机的机型。成网机的结构有三大类,一是墙板式式结构,成网机的主体是用厚钢板制造,二是框架型结构,成网机的主体是用大截面的型钢制造,使用的型钢主要是方管、槽型钢等;三是混合结构,就是在核心部位(如纺丝系统)采用墙板结构,而纺丝系统之间则使用型钢联结,将所有的机构连成一体。

墙板式结构的机架侧板是用厚钢板(厚度≥40mm,运行速度越高、墙板的厚度也越大)制成,成网机的两侧板之间则由管型(多为方管)的杆件间隔、支撑,整体性较强,刚性好,结构及外形紧凑,成网机的传动件大都是直接安装在墙板上已预先加工好的基准(平面或圆孔)上,有较高的加工和安装精度。因此,国外的主流 SMS 生产线,多采用这种结构(图 5-15)。

图 5-15　SMS 生产线墙板式成网机

一般会将成网机的机架墙板分成首段(带纠偏或张紧装置)、纺丝成网段(带成网风箱)、中间段(用于调整系统间的中心距)、末段(带驱动装置或网带调整装置)等多种模块式结构,在使用上有很大的灵活性和互换性。通过不同的组合,能十分方便地从单个纺丝系统的成网机扩展为有多个纺丝系统的成网机。

墙板式结构的防护性能好，结构稳定，安装维修后的重复精度高，但制造成本较高，设备维修空间小，不易进行卫生清洁，在使用过程中难于做进一步的调整、变动或进行技术改造。

框架式结构的成网机全部由型钢（较多用方型管）构件组成，结构较为简单，单件重量小，有很宽的安装空间，但安装后的调整工作量较大，由于空间距离大，又有大型设备或构件阻隔，很难用常规手段测量各种传动件的轴线安装精度。当纺丝系统较多时，积累误差较大，在现场难于控制和检测安装质量（图 5-16）。

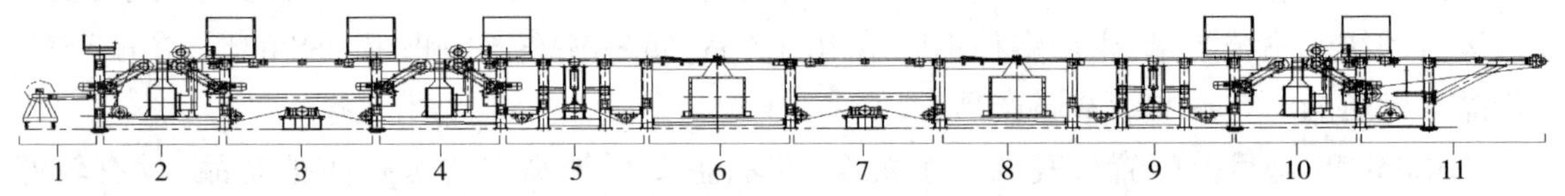

图 5-16　国产 SSMMS 型生产线框架式成网机

1—引布机构　2—纺粘法系统 SB1　3—纠偏装置　4—纺粘法系统 SB2　5—张紧装置　6—熔喷系统 MB3　7—纠偏装置　8—熔喷系统 MB4　9—张紧装置　10—纺粘法系统 SB5　11—驱动装置与纤网输出

桁架式结构的成网机较容易制造、安装及维修，容易变更其中设备或构件的安装位置（安装基准面都是外露的水平面）或进行技术改造。但这种结构的成网机有大量运动机构外露，需要加装防护网来改善防护性能，由于连接的节点多，安装精度的保持性也较差。

图 5-17 是一台引进的使用宽狭缝正压牵伸工艺的 SMXS 生产线框架式成网机。

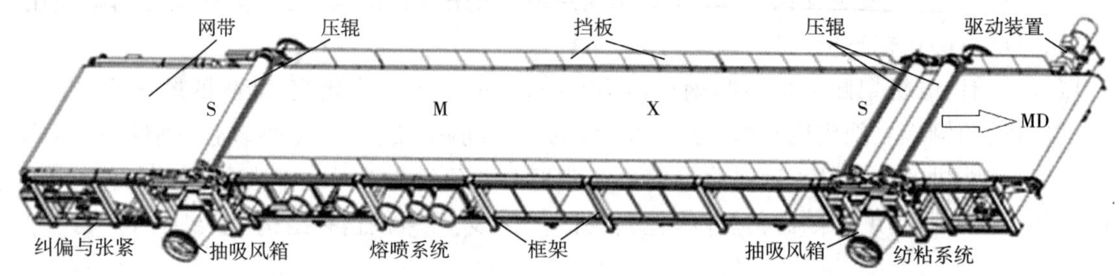

图 5-17　SMXS 生产线框架式成网机

混合型结构的成网机，整合了前述两种结构的特点，具有较多的灵活性，在国产的 SMS 生产线较多见。

（2）SMS 生产线纤网的特点。在 SMS 生产线中，既有纺粘法系统，又有熔喷法系统，而且随着运行模式的变化，投入运行的纺丝系统种类、数量都会随之改变。而纺丝系统的数量又较多，所有纺丝系统产生的纤网，都是在同一成网机的网带表面顺次叠层铺网复合的，成网机网带的性能对成网过程，也就是对产品质量有一定的影响。

SMS 生产线一般只有一台成网机，所有纺丝系统所生成的纤网是在这台成网机的网带上顺次叠层复合的，也就是应用一次成网工艺。实际上，配套在 SMS 生产线成网机上使用的网带，与独立的纺粘法生产线或熔喷法生产线没有本质性区别，要求也是基本一样的。

由于生产线中含有透气性能较差的熔喷纤网。因此，叠层复合后的纤网，其透气性能也随着投入运行纺丝系统数量的增加，而从上游到下游逐渐递增、透气阻力会越来越大，透气性能变得越来越差。

在多纺丝系统生产线中,不仅纺丝工艺有纺粘法和熔喷法这两种差别,而且在成网机上,处于不同位置的纺丝系统,其纤网的层数、透气阻力也不同。网带的主要性能是其透气性。因此,不可能存在这样的一条网带,其透气性可以同时适应不同纺丝系统悬殊的工艺要求的。

由于纺丝系统数量多,而且纺丝工艺也不相同,不可能为了迁就某一个纺丝系统的要求来选择成网机的网带,在进行工艺设计及配套设备设计时,一般都是通过配置性能(主要是风机的全压)不同的抽吸风机,来满足不同位置纺丝系统的工艺要求,使生产线的性能不受网带性能的掣肘,具有更高的工艺灵活性。

因此,除了成网机最上游的第一个纺丝系统外,下游其余的每个纺丝系统成网抽吸风机的性能,都要比独立使用时更高,同一类型纺丝系统的抽吸风机的压力,也会从上游到下游逐渐递增。

(3)SMS 生产线成网机网带的性能及选用。成网机网带的基本功能是为纺丝系统铺网提供一个基础,并使纤网能排除气流的干扰,在网带表面可靠定位,也就是说,只需网带具有一定的透气性能、附着性能和剥离性能就可以了,而可以利用在不同的纺丝系统,配置性能不同的抽吸风机这个方法,来满足相应的纺丝成网工艺要求。

根据实际运行经验,目前在 SMS 生产线上用的成网机网带的透气量,基本与独立的纺粘法生产线一样,经常是使用开孔率为 0,透气量一般为 9000~10000$m^3/(m^2 \cdot h)$的产品。

由于生产线中含有熔喷系统,网带容易被熔喷纤维污染、堵塞,透气量下降,增加工艺调控的难度,影响产品质量。因此,要根据运行使用情况,及时清洗网带,恢复其正常的透气性能。

SMS 生产线的运行速度都较快,纺丝牵伸速度也较高,纤维在牵伸铺网过程中的高速运动和相互摩擦,将不可避免的产生大量的静电。在生产定量规格较小的产品时,大量的静电不仅会影响铺网的质量,还将影响纤网与网带的分离,使操作人员产生恐惧心理,影响安全生产。

因此,在 SMS 生产线使用的成网机网带,一般都要求网带具有抗静电性能。要求其表面电阻在$\leqslant 10^6\Omega$。

相对于一般的纺粘法生产线的纤网,SMS 生产线的纤网,特别当上游的第一个纺丝系统为纺粘法系统(S),第二个纺丝系统为熔喷法纺丝系统(M)时,熔喷纤维是直接喷在纺粘法层纤网表面,结合成一体的 SM 型纤网复合体,这就可以很容易从网带面上剥离的。因此,对网带的剥离性能要求并不会太高。相对之下,如果第一个、第二个纺丝系统都是纺粘法系统,则第一层纤网是直接附着在网带表面,其剥离难度就要高一些,而且两层纤网的结合力较小,在运动过程中容易出现分层。

2. 纤网固结设备

虽然纤网的固结工艺有很多,但由于 SMS 生产线的纺丝系统数量多,运行速度快,生产能力较大。目前,热轧机是 SMS 生产线不二选的纤网固结设备,特别是高速(≥600m/min)生产线唯一可选的机型。

现阶段,我国产品市场的订单规模一般不会很大,生产线的专业化分工不明显,为了满足经常转换产品规格及生产不同应用领域产品的要求,提高市场反应能力,增加产品的多样性结构,经常会配置可以快速更换花辊的 Y 型三辊热轧机。这种热轧机一般会配置两种不同热熔比或不同花纹的花辊,以便分别用于生产卫生制品材料或医疗制品材料。

由于 SMS 纤网中含有透气性能较差的熔喷层纤网，即使是双组分 SMS 生产线，纤网也不能采用热风固结技术。

3. 分切机

SMS 生产线一般都采用离线分切工艺，为了适应产品定量小，布卷直径大的特点，分切机都是采用主动放卷，恒张力(或变张力)卷绕，而且运行速度很高(约为生产线速度的两倍)；为了应对高速分切加工稳定性和连续性要求，避免分切端面起毛和落絮，特别是在低张力条件下分切柔软型卫生制品用的材料，分切装置基本都是使用剪切式圆盘刀具。

分切机还必须配置一些母卷的临时存放装置，以便放置或存放一些从生产线卷绕机送来的、还来不及加工的母卷。

4. 钢结构

由于熔体纺丝成网非织造布的生产流程是从上而下进行的，因此，SMS 型生产线的各个纺丝系统的熔体制备系统设备，纺丝牵伸设备都是安装在钢结构不同标高的平台上。钢结构是设备安装基础，也是进行操作的平台，这是一个大型的复杂的金属结构，既有固定不动的设施，也有活动的机构(图 5-18)。

图 5-18　SMS 生产线的钢结构(熔喷系统部分)

钢机构一般分为 3~4 层，其高度与所应用的纺丝牵伸工艺及成网机的工作面高度有关，不同品牌的生产线及同一品牌不同时期的设备，其钢机构各层的标高也有差异。

目前，主流 SMS 生产线的成网机工作面标高约为 1800mm，地面操作走廊的标高约为 1250mm，纺粘法系统的二层钢平台(用于安装纺丝牵伸通道系统设备)的标高约为 3850mm，熔喷法系统固定钢平台的高度也是 3850mm，这样两种纺丝系统的平台都处于同一标高，便于进行管理。

纺粘法系统三层钢平台(用于安装熔体制备系统设备)的标高约为 7000mm，四层钢平台(是计量混料装置的操作平台)的标高约为 9450mm。当配置有地下室时，地下室的地面标高为-3200mm。

钢结构的标高基本上也决定了厂房的净空高度，也是配置在厂房内梁式吊车轨道梁标高的参考尺寸。如操作人员(身高 1700mm)站在上述的四层钢平台后，其头顶的离地高度就会>

11000mm,这是一个主流 SMS 生产线设备的基本高度。

钢结构是 SMS 生产线纺丝系统的安装基础,体积很大,占用空间和场地也很多。其中主流纺粘法纺丝系统的钢结构基本都是固定不动的,只有少量应用管式牵伸或宽狭缝正压牵伸的纺丝系统,其中部分钢结构也是活动的。

熔喷系统的钢结构则较为复杂,为了满足工艺调节的要求,一般都是可以做垂直升降运动及可以水平移动的。

5. 原料储存及物流管理系统(详见第十一章及第十三章)

SMS 生产线的纺丝系统较多,幅宽较大,产量也会较高,一条幅宽为 3200mm 只有三个纺丝系统的 SMS 生产线,每一年的生产能力一般可达一万吨,物流量很大。实际上新建造的生产线会配置有更多数量的纺丝系统,而且一个非织造布企业会配置有多条生产线,每年消耗的聚合物原料数量就更多,原料的品种牌号也会有多种,对原料的储存、使用管理系统会提出更高的要求。

目前,规模较大的非织造布生产企业,会建造大型的储罐系统,配置多个容量在百吨左右的大储罐,这样可以以减少仓库的占地面积和库房空间,节省包装费用和运行管理费用。原料储存系统包括三个部分:

(1)卸载系统。主要用于将切片供应商运送来的原料进行卸车,并将原料装入储罐,具体的卸载方式与运载工具有关,如果使用罐车运载,则卸车过程是自动进行的,而且还可以在卸车过程中,直接将原料发送给有需要的相关纺丝系统使用;如果原料是以袋包装形式送达,就只能采用传统的人力方式卸载。

(2)储存系统。主要功能是将采购回来的原料储存备用,如果原料是用罐车送货,则可直接利用卸载系统将原料送入储罐,如果原料是以小袋包装形式送达,除了采用传统的人力方式拆包外,还可以利用输送带将包装原料送至破包机拆包,然后利用气力输送装置把原料送入储罐。

由于不同纺丝工艺所使用的原料有较大差别,因此,一般会分为纺粘法用原料和熔喷法用原料两个不同的储罐系统。而大部分情形,每一个储罐能存储的原料最大质量一般在 100t 左右,因此每一种原料会用多个储罐储存,可以供应生产线连续运行多天。

(3)分配和使用。根据生产线的运行需要,将储存的原料发送给需要用料的纺丝系统。

6. 环境保护设备

SMS 生产线纺丝系统多,生产能力大,但装机容量也很大,因此,能量消耗也较多,必须配置高效节能设备,降低产品能耗。

在 SMS 生产线运行期间,不可避免地会产生一些废气、废水、异味、噪声等,要配置相应的环境保护设施,使“三废”(废气、废水、废料)的排放能满足相关环境保护法规的要求。

噪声治理的设备主要是熔喷牵伸风机,抽吸风机的排气管道;废气治理措施主要是针对纺粘法纺丝系统的单体排放和纺丝组件煅烧装置排放的废气;异味消除装置只要是用于后整理干燥系统排放的烟气治理。

要应用绿色、环保、低碳技术,使用可生物降解的聚合物原料,可以减少或消除产品在使用后对环境的负面影响。

7. 数字化、自动化和智能化管理系统

SMS生产线的设备多,操作及运行管理复杂,因此,要提高生产线的数字化、自动化和智能化管理水平。将生产线的订单安排,生产线运行、产品生产、质量控制、故障预测等工作与企业经营管理及市场联系在一起。

物流管理系统主要用于产品管理,包括了产品的进仓入库,库存及发货管理,这个系统是企业规模这一级别的,生产线仅作为其中的一个产品来源进行管理。而这条生产线的子系统一般是由生产线的卷绕机、分切机及自动分拣包装系统,产品输送与堆叠等系统组成。

四、SMS生产线纺丝系统的DCD调节和离线方式

(一)纺丝系统的DCD调节方式

1. 纺粘法系统的DCD调节方式

对于一些使用宽狭缝正压牵伸工艺的纺粘法系统,在运行过程中也要进行DCD(或纺丝距离)调节,但因调节期间涉及单体抽吸系统和冷却侧吹风系统等的设备,可选的调节方式只有一个,就是采用整体升降纺丝平台的方法来实现DCD调节,包括牵伸器的铺网距离调节,与独立的纺粘法系统是一样的。

由于主流SMS生产线的纺粘法系统是应用宽狭缝低压牵伸工艺,不存在进行DCD调节这一需求。

2. 熔喷法系统的DCD调节方式

在SMS生产线中,多个纺丝系统共用同一台成网机,故当熔喷纺丝系统需要调节DCD时,就不能使用升降成网机这种方法。仅可用升降纺丝系统或仅升降纺丝箱体这两种技术方案。

SMS生产线主要是用于生产阻隔型产品,因此,其DCD的调节范围较小,一般≤250mm,实际的DCD值为80~350mm。

当纺丝系统配置有冷却吹风装置时,冷却吹风装置要跟随纺丝系统作升降运动,保持两者间的相对位置不变。

(1)仅纺丝箱体升降而其他设备不动。采用这种调节方案时,纺丝钢平台的高度固定不变,仅纺丝箱体升降而其他设备不动。调节过程中,纺丝箱体相对纺丝平台的距离发生变化。

因此,与纺丝箱体连接的熔体管道、热牵伸气流管道、与纺丝箱体连接的各种电线、电缆都要使用活动(或软)连接。早期的独立熔喷线和在SMS生产线中的熔喷系统曾使用过这种方式,其中的熔体管道曾使用过钢丝编织的高压不锈钢波纹管,也曾使用过关节式刚性管道。

由于这些管道难于解决伴热问题,柔性管道,特别是其关节容易发生泄漏及熔体残留,现在国内已逐渐少用,而在国外的一些两个熔喷系统共用一个纺丝平台的生产线,如STwinMS或S(MM)S生产线,仍会采用类似的方式来解决调节DCD期间的管道长度变化问题。

(2)纺丝系统整体相对成网机运动。纺丝系统整体相对成网机运动(升降或水平移动),调整接收距离DCD。此时,低温的牵伸气流管道,原料输送管道都要使用软连接,独立熔喷生产线和在SMS生产线中的熔喷系统常用这种方式。

较为常用的方式是利用四台螺杆升降机将纺丝平台安装在一个可以水平移动的机座(小车)上,纺丝平台可以相对机座做升降运动,也就是进行DCD调节,而机座可以沿固定高度的高位轨道、沿CD方向水平移动实现离线运动。这是目前SMS生产线熔喷系统主流的DCD及离

线运动模式。

另外一种是纺丝平台是一个带有轮子的机构,可以沿两条高度可调的轨道做离线运动。而轨道是由多根长度可伸缩变化的立柱支承,利用轨道的升降进行DCD调节。纺丝泵与纺丝箱体间的熔体管道,空气加热器与纺丝箱体间的高温牵伸气流管道都是固定的,有可靠的密封。

由于纺丝平台的支腿都是可以自由伸缩的、传动机构复杂,结构体积较大,传动链很长,稳定性和可靠性较低,驱动功率也较大,造价也较高。仅有少数机型(如采用宽狭缝正压牵伸工艺的纺粘法系统)选用这种方式,早期主要用于SMS生产线的熔喷系统,目前已逐渐淡出主流机型。

(二)纺丝系统的离线方式

1. SMS生产线中熔喷系统离线方式

SMS生产线中的熔喷系统只有一种离线运动方式,就是只能沿成网机的CD方向离线。有的企业为了改善产品结构,在生产线旁边另行配置接收成网装置和卷绕设备,利用生产线处于离线状态熔喷系统,在离线位置进行熔喷法非织造布生产。

不过这种方案仅是一种权宜之计,仅对一些临时有熔喷布需求的企业适用,或在行业发展初期使用的一种模式。因为这是建立在这个熔喷系统是处于闲置状态这个基础上的,当这个熔喷系统移为他用后,主生产线的产品就少了一层熔喷纤网或没有熔喷纤网了,没有达到其设计初衷和运行效益,并非最佳的熔喷布生产模式,而且设备布置及操作空间拥挤,妨碍纺丝组件的维护工作。

根据目前的技术水平,建造一条专用的熔喷法非织造布生产线已经是很容易的事情,建造这种多用途熔喷系统的必要性就不强了,何况还要配置利用率很低的成网接收装置和卷绕分切设备,并使熔喷系统在离线位置的操作空间变得十分拥挤,不便于进行优化设备及管路配置和现场管理工作等。

2. 纺粘法系统扩散通道的离线方式

只有应用宽狭缝低压牵伸工艺纺粘法纺丝系统的扩散通道需要做离线运动,以便进行必要的调整及清洁、维护工作。要对牵伸通道进行维护时,也需要扩散通道离线,腾出进行作业的空间。

纺粘法系统扩散通道的离线方式有两种,应该优选沿成网机的CD方向离线,虽然这种离线方式机构稍为复杂,造价也较高,但能提供宽敞的作业空间,而且不存在安全风险,特别便于网带的安装与日常维护,抽吸风箱的清理维护工作,适合运行速度较快的生产线。

目前,主流机型的扩散通道是沿CD方向离线,也有一些老机型是沿MD方向上游离线。对于一台成网机上不同位置的纺粘法纺丝系统,可以采用因地制宜的离线运动方式,对处于生产线最上游位置的纺粘法系统,其扩散通道就可以逆MD方向沿轨道向上游离线。

而位于成网机其他位置的纺粘法系统,如果采用往MD方向移动离线,在行程范围内有可能妨碍运动的机构或固定的构件都要避让,避免发生干涉,或要设计成可快速拆卸式或可移动式。采用这种离线方式后,会因扩散通道一直处于成网机上方,除非生产线停机,否则无法在运行过程中进行任何维护作业。

由于SMS生产线的成网机运行速度较快,为了提高设备可靠性和运行稳定性,一般不希望成网机上的一些机构(如压辊)安装在活动的基座上,防止高速运行时发生振动或跳动。

因此,高速机型的纺粘法系统扩散通道不宜沿MD方向离线。目前,主流的纺粘法系统扩散通道,都采用沿 CD 方向运动的离线方式,除了可以利用人力推动扩散通道移动外,幅宽较大的纺丝系统都采用电动机驱动扩散通道移动。

五、SMS 生产线的运行模式

(一)SMS 型生产线的常规运行模式

SMS 型复合非织造布生产线是由多个独立的纺丝系统组成,通过成网机将其组合成一条非织造布生产线。随着组合的形式不同,各系统的状态也不一样,可有多种运行模式来灵活适应不同的应用场景。因此,也有人将这种性能称作柔性,除了操作方法要遵循一定的程序外,各系统间的硬件并不存在逻辑关系,可行的运行模式有以下几种:

1. SMS 复合非织造布生产线

在这种模式下,生产 SMS 型产品,组成生产线的所有纺丝系统和主要设备都投入运行,这是生产线的一种极佳运行模式,所有的纺丝系统都得到利用,所有资源都得到了充分的发挥,图 5-19为一条有五个纺丝系统的 SMMMS 生产线。

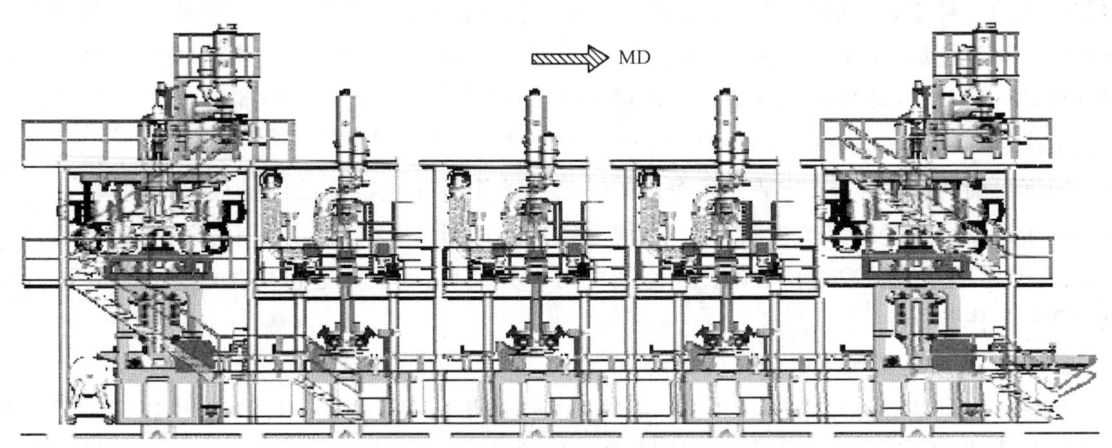

图 5-19　SMMMS 生产线

当生产线有较多的纺丝系统时,也有很多方式可以生产 SMS 型产品,这时既可以利用其中的一部分纺丝系统,也可以利用全部纺丝系统。这是生产过程中经常会遇到的问题,当有的纺丝系统要进行正常的维护或出现故障退出运行后,就会出现这种运行模式。显然,只有全部纺丝系统都利用起来,资源才不会闲置,才能达到效益最大化。

2. 多纺丝系统的纺粘法生产线

SMS 生产线一般有不少于两个的纺粘法系统。因此,可以利用这些系统组成一条多纺粘法系统(SS 或 SSS 等)的纺粘法非织造布生产线。

在这种模式下,可以组成一条有两个(三个或更多)纺粘法系统(SB1 和 SB3)和其他下游设备(如热轧机、卷绕机)组成的生产线,生产 SS、SSS 或 SSSS 型纺粘法非织造布产品。

当生产线以这种模式运行时,所有的熔喷系统 MB 都要退出,并停留在离线位置。这是熔喷系统进行维护、更换纺丝组件时经常使用的运行模式。显然,如果不是设备维护或特殊市场所需,将熔喷纺丝系统停机闲置是不划算的。

在行业发展的初级阶段,一个非织造布企业内配置的生产线数量很少,很难使生产线实现专业分工和进行专业化生产。而为了适应市场的需要,就把能想得到的纺丝系统组合方式都整合到一条生产线中,使生产线成为一条万能型生产线,能够解决一些燃眉之急。

虽然SMS生产线也可以仅利用其中的一个纺粘法系统组成一条单纺丝系统(S型)生产线,用于生产纺粘法非织造布。但在这种模式下生产S型纺粘法产品,生产线中的只有其中一个纺粘法系统和主要设备(如热轧机、卷绕机)都投入运行。而其他纺丝系统都处于停机闲置状态。

但在这种运行模式下,虽然生产线还可以生产产品,由于纤网失去了互补性,产品的质量会较差,这是一种仅比停产好一点的运行模式,因为尽管大部分设备没有参加生产,但并不一定是退出了运行,因为在纺粘法纤网经过其下游已经退出运行的其他系统时,为了保持纤网能贴附在网带表面传送,这些系统的抽吸风机也要开机低速运转,这样除了会增加产品的能耗以外,还会增加设备的磨损。

而随着行业的发展,企业拥有的生产线数量越来越多,就不应该再将上述这种结构的生产线或运行模式推而广之,而是应该根据不同设备的特点和市场需求,将生产线进行专业化分工,这样做无论在节省投资成本,方便管理、提高设备运行可靠性都有好处。

3. 多纺丝系统熔喷法生产线

SMS生产线会有多个熔喷纺丝系统,因此可以利用这些系统组成一条有一个(或多个)纺丝系统(M)的熔喷法非织造布生产线。在2020年初,很多拥有SMS生产线的企业,就是以这种模式运行,向市场供应极其短缺的熔喷布产品。

在这种模式下,生产M型产品,生产线中只有熔喷系统MB和主要设备(如卷绕机)投入运行,两个(或其他)纺粘法系统(SB)均处于停机状态;而热轧机则有多种运行模式:

当生产线配置有多个熔喷系统时,则可以以M、MM或MMM等模式运行,生产熔喷法非织造布产品。由于熔喷法纺丝系统是一个开放式纺丝系统,在运行期间会吸入大量的环境气流,使生产厂房内呈现负压状态。因此,尽管其他纺丝系统都已停机,但其抽吸风机仍是大概率要开机运转,以免在室内负压的作用下风机倒转,室外气流通过排风管道倒灌进厂房内,并在抽吸风箱的吸入口位置将熔喷布吹起。

(1)生产一般的熔喷布时,热轧机既可处于随机运转状态(但不工作,即上下轧辊不闭合),而且速度可手动随意设定,也可以处于停机状态。

(2)一般的熔喷布是自黏合固结的,但当生产热轧型熔喷布时,轧辊闭合,热轧机处于与成网机同步运转的工作状态。

注意:由于在生产纺粘法非织造布时,热轧机轧辊需要有较高的工作温度,而在这个温度下,熔喷布又很容易产生缠辊现象。因此,生产线很少用来生产SM型或MS型产品,因为没有进行有效的纤网固结处理,纺粘法纤网与熔喷纤网间的结合强度并不一定能满足使用要求。

(二)利用离线的熔喷系统生产熔喷布

实际上SMS生产线一般都具有生产熔喷法非织造布的功能,只不过在这种运行状态,生产线中的其他系统就无法运行使用,浪费了资源。但当企业没有独立的熔喷生产线,这种运行模式可以提供一些临时的应急生产能力。

在生产线数量较少的企业,希望生产线有较强的市场适应性,能生产各种产品,因此有的SMS生产线就利用熔喷系统的离线位置独立生产熔喷布,这时就需要在离线位置配置相应的接收成网设备、后整理设备、卷绕分切设备及其他配套设备(如成网风机、冷却风系统等),事实上就是在与主流程设备旁边并列的位置建造了另外一条没有熔喷纺丝系统的生产线。

在这种缺少熔喷系统的状态,原来的SMS生产线主流程中的其他设备仍可正常运行,但实际上是处于降级状态使用。对于一条多纺丝系统的生产线,企业必然会根据当时的产品质量要求及设备状态,因地制宜地去选择一种合理的运行模式,但如果仅利用其中的一部分纺丝系统而将其他设备闲置,显然并不是一个最佳方法,也不一定能有较好的综合效益,但总比束手无策好得多。

而随着企业生产线数量的增加和纺丝工艺多样化,市场渐趋成熟,很多企业对各种功能的生产线进行了专业分工,设备利用率也得到提高,就不需要万能型的生产线了,加上这种利用离线位置进行熔喷布生产的方式,作业空间受限,并不是最佳的生产方式。

六、SMS生产线的操作方法

(一)SMS生产线的操作特点

SMS生产线中所有纺丝系统在成网机上方的熔体制备系统、纺丝、牵伸系统的硬件配置,性能与独立使用时基本都是一样的,但在成网机上与纺丝系统对应的成网机构,特别是配置的抽吸风机性能则有较大差异。

在SMS生产线中的纺丝系统,其工艺流程、配置设备的性能,基本与普通的独立纺丝系统一样,不存在差异。因此,每一种纺丝系统的操作方法基本也与独立生产线是一样的,但投入运行的次序则有特定要求。

(二)具体操作方法和原则

1. 按纺丝工艺投入运行的顺序

按纺丝工艺来分,应先将生产线的所有纺粘法系统投入运行,然后才将熔喷系统投入运行。这样就能将熔喷纤网与高温的热轧机轧辊隔离,避免出现缠轧辊而顺利开机。先将纺粘法系统投入运行,还可以使操作过程在温度较低、噪声较小、没有熔喷飞花的干净环境中进行。

这是与生产线投入运行的安全性、可靠性有关的作业原则,如果违反了这个原则,将会发生热轧机缠轧辊,或出现熔喷纤网难于从网带表面剥离等问题,导致现场混乱,要停机处理,然后再从头开始重新进行启动操作。

2. 按投入运行所需要准备时间的长短

一般情形下,熔喷纺丝系统的冷态启动过程较复杂,程序也较多,消耗的时间也较长(≥2h)。因此,熔喷系统从冷态启动需用的时间要比纺粘法系统更长,为了使所有的纺丝系统能以近似同步的时间投入生产运行,节省等待时间和同期消耗的原料。在实际操作过程中,熔喷系统可能先要在离线位置启动,做好在线投入运行的准备。

在生产线准备启动运行以后,各个纺丝系统、加热系统一直都在消耗能源和原料,这个时间越长,资源的消耗也会越多。因此,这是与生产线投入运行的资源消耗有关的作业原则,如果不遵循这个原则,将会因为各纺丝系统加热升温不同步,而要耗费大量的等待时间,并浪费较多的原料和电能。

当纺粘法系统的纺丝箱体使用导热油加热时,其冷态启动升温一般都要比熔喷系统耗费更长的时间,视具体机型,一般可≥4h或更长。因此,对于这一类生产线,则要先启动纺粘法系统升温。总而言之,就是根据不同纺丝系统所需启动时间的差异,先将耗时最长的系统启动为原则。

3. 按生产流程从上游到下游的顺序投入运行

根据生产流程,也就是物流的上、下游顺序,要按从上游到下游的顺序,逐个将纺丝系统投入运行,这个操作方法的相关操作最少,特别能避免一些重复性操作,纺丝系统间的互相干扰少,可以提高工作效率,减少操作失误。

这是与生产线投入运行过程的操作便捷性、时效性有关的作业原则,如果违反了这个原则,将会产生很多重复性操作,甚至是无效操作。还有可能使生产线进入无序的混乱状态。

综上所述,SMS 生产线冷态启动时,先启动耗用升温时间最多的系统;在具备开机运行条件后,将所有的纺粘法系统先投入运行后,再将熔喷系统投入运行;而每一种纺丝工艺,则要按先上游纺丝系统、再下游纺丝系统的顺序操作。

除此以外,生产线的启动与运行管理操作,也必须遵循纺粘法纺丝系统、熔喷法纺丝系统的各种操作方法和作业要求,特别是那些存在有顺序关系或逻辑关系的作业方法,与独立的纺丝系统也是一样的。

当生产线配置有后整理系统时,要在生产线开始正式运行前,做好整理液配制及干燥装置的启动运行准备工作。只有生产线的纺丝系统都已到达工艺要求的运行状态,并能稳定运行以后,才将后整理系统投入运行。图 5-20 为一条带有在线后整理系统的 SMMS 生产线。

图 5-20　带有在线后整理系统的 SMMS 生产线

七、SMS 生产线的基本技术指标

生产线的性能指标有两类,一类是由硬件配置和技术水平决定的基本技术指标,但基本都是固定的理论值,与使用管理及企业的营运状态无关,体现了生产线的技术水平;另一类是经济指标,与生产线的利用率、企业的工艺技术水平(员工素质、设备水平、工艺水平)、综合管理(现场管理、设备管理、成本管理)水平、市场营销(产品结构)有关,体现了生产线的实际营运效益,是一个动态指标。

生产线的基本技术指标有以下几项:

(一)使用的聚合物原料

目前,国内 SMS 生产线所使用的原料主要是聚丙烯(PP),一些双组分生产线会用到聚乙烯(PE),还有少量生产线使用聚酯(PET)、聚乳酸(PLA)等。

(二)纤维的截面形状

虽然聚合物熔体纺丝系统的纤维截面有圆形、三叶形、橘瓣形等。但在目前的 SMS 生产线中,不管是纺粘法纺丝系统、还是熔喷法纺丝系统,其纤维的截面均为圆形。

(三)纤维的成分

在同一个纺丝系统,组成纤网的纤维可以是单一组分的(所有纤维都是同一种聚合物),也可以是双组分的(所有纤维都包括有两种聚合物成分),也可以是三组分的(所有纤维都包括有三种聚合物成分)。这种由多种聚合物组成的纤维称为复合纤维,按成分的数量,还细分为双组分纤维、三组分纤维等。

当不同聚合物熔体从同一个喷丝孔(或分别从不同喷丝孔)喷出后,合成为一根纤维,每一种聚合物在纤维中是按一定规律分布,并有清晰的边界的。这时纤网中的所有纤维都是一样,非织造布产品就是双组分非织造布产品。

在 SMS 生产线中应用的复合纤维技术,目前还仅限于纺粘法纺丝系统,而熔喷法纺丝系统还是传统的单组分纺丝系统。配对聚合物原料品种主要有:PE、PP 及或具有不同性质的改性聚合物(用前缀“co+聚合物代号”的形式表示)等,如 PP 与 coPP 配对等。

按不同组分在纤维中的分布形式,复合纤维常分为并列(S/S)、皮芯(S/C)、分裂型或橘瓣型(SP)三类等,目前在我国的 SMS 生产线的双组分纤维主要有皮芯(S/C)及并列(S/S)这两种,其中的 S/S 型纤维是目前的一种潮流趋势。

(四)纺丝系统数量及排列方式

目前,我国已能制造有 5~6 个纺丝系统的生产线(SSMMS、SSMMMS),引进生产线已有 7 个(SSMMMMS)纺丝系统,国外最新的机型为 SSMMMMSS,有 8 个纺丝系统。

从这种排列方式可以看到一些规律性,其一是上游(底层纤网)及下游(面层纤网)的纺丝系统均为纺粘法系统(S),这样能防止熔喷纤网与热轧机的高温轧辊接触,避免出现缠辊。

其二是在纺丝系统较多的机型,上游会连续有两个纺丝系统(S),这样可以利用成网过程的互补效应,提高底层纺粘法纤网的均匀度,为其他下游纺丝系统提供一个较好的铺网基础。

其三是生产线中部的多个熔喷系统(M)一般是连续配置的,由于熔喷纤网是利用自身余热固结的,而且还可以将其下层纤网连成一体,这样配置能提高多层纤网的抗干扰能力,有利于高速运行。

(五)产品的定量范围

国产 SMS 设备可以正常生产的产品定量一般为 10~80g/m^2,引进设备一般为 10~70g/m^2。由于 SMS 产品主要用作卫生及医疗制品材料,产品的轻量化趋势较为明显,也就是市场对小定量规格产品的要求较旺盛,因此,生产线可以生产的产品的最低定量也代表了生产线的技术水平,最新的机型已能稳定生产 8g/m^{2}的产品。

(六)运行速度

运行速度分为设计速度(或机械速度)和工艺速度(或实际运行速度)两种,这是与其他类型生产线的概念是一致的。但实际都是指成网机的运行速度。设计速度是根据机械传动原理,计算出来的速度,也是设备可以运行的速度极限,实际上是不宜使用的,因为这时所有的设备都处于极限状态运行,可靠性下降,调速精度下降,工艺调节空间缩小。因此,设计速度主要用于传动系统的设计和传动设备选型。

而工艺速度则是实际生产时可以使用的速度,其最大值一般相当于设计速度的90%,这个也是使用企业应该非常关注的一项性能指标。

生产线的速度与产品的应用领域有很大的关联性,以生产卫生制品材料为主的生产线,因为产品的定量较小(≤30g/m^2),要求有较高的速度才能有较高的产量,才有较大经济效益方面。而在工艺方面,为了有较好的纺丝稳定性,也要求生产线能高速运行。因此,这类生产线要求有较高的运行速度。

以生产医疗制品材料为主的生产线,因为产品的定量较大(≥35g/m^2),在较低的速度下就能有较高的产量,而在工艺方面,由于纺丝泵处于较高的速度运行,系统有较好的纺丝稳定性。因此,这类生产线的运行速度要求不高。

如果生产线的产品覆盖这两个典型的应用领域,就只能按生产卫生制品材料的要求来设计。

国产SMS型设备的运行速度为250~800m/min,近年引进设备的运行速度为600~1000m/min,国外最新的主流机型的运行速度可达1200m/min。在生产线中,以成网机为基础,从上游到下游,主流程中各机台的速度是顺次递增的。因此,所说的生产线速度就是指成网机的速度。

(七)产品名义幅宽规格

生产线的规格以最终能获得的合格产品的宽度来定义,也叫名义幅宽、公称宽度等。有时为了准确表达其具体含义,会说明是切边后可以获得的合格产品宽度。生产线常用的系列化幅宽规格有1.00m、1.60m、2.40m、3.20m、4.20m、4.40m、5.20m、5.40m等。

名义幅宽与铺网宽度是两个不同的概念,铺网宽度是名义幅宽内的合格品宽度与两侧的不良品宽度的总和,可见设计的铺网宽度要大于合格品的宽度。

由于铺网宽度与生产线的运行速度有关,为了在生产一些轻薄型小定量规格的产品时,生产线仍有足够的产量,生产线的运行速度会很快,在这种情形下,纤网或非织造布的幅宽缩窄现象(缩幅)会较大,为了补偿这种损失,生产线就要增加铺网宽度。

近年国产使用大板的SMS生产线的最大幅宽为4.80m,引进国内使用的SMS生产线的最大幅宽为7.00m。由于非织造布生产线基本上都是个性化的定制产品。虽然相关行业标准(FZ/T 93091—2014)推荐了1.60,2.40,3.20,4.20m等规格,但仍有不少与上述幅宽规格相近的生产线,除了少量小幅宽(≤1.60m)生产线外,国产SMS生产线的主流幅宽为3.20m,而引进设备有向4.20m这个规格靠近的趋势。

SMS生产线的幅宽与生产线的铺网宽度相关,但并不等同,实际铺网宽度必须比名义幅宽更大,这与纺丝系统配置模式、数量、运行速度等因素相关。因此,品牌和幅宽相同的纺丝组件,其实际尺寸可能有较大差异,在不同的生产线并不一定能通用或互换。

也就是说,像SMS生产线这一类型设备,几乎是个性化定制的产品,其标准化、通用化程度相对很低,几乎都是按照客户的要求制造的,这个问题在国产设备中尤为突出。

(八)薄型产品的均匀度

产品的均匀度与产品的定量规格有关,大定量规格产品的均匀度都会较好,*CV* 值较小。因此,产品的均匀度指标主要是针对轻薄型产品。轻薄型产品的定量规格并没有一个统一的规定,一般是指定量规格≤30g/m²的产品,但并没有一个很严格的界限。

技术上也没有对其他用途产品的厚、薄做出量化的规定。因此,只能是一个相对的叫法。一般情形下,只要薄型产品的均匀度达到要求,则厚型产品的均匀度只会更好。

由于 SMS 产品是由多层纤网叠层复合而成,加上熔喷层纤网的均匀度又比纺粘法纤网好。因此,SMS 产品的均匀度会比一般的纺粘法布好,*CV* 值可达到≤3%的水平。

有时还用单个样品的最大偏差率来表示,一般应控制在±(4%~6%),这是一个更为严格的要求,多了一个限制性约束条件,既要求有接近目标值的平均值,同时不允许存在偏离平均值较多的个体样本出现。

第五节　SMS 生产线的生产能力

由于 SMS 生产线中有两种不同纺丝工艺的纺丝系统,因此,其技术指标是受两种纺丝工艺的影响,不仅受产品定量规格的影响,同时还受熔喷纤网在产品中的占比制约,也就是存在纺粘法纤网与熔喷法纤网的匹配关系制约,这是决定 SMS 生产线生产能力的一个重要特征。

一、概述

按照考核对象的不同,生产能力[kg/h, kg/(m·h)]分为:纺丝系统的生产能力、纺丝系统单位幅宽生产能力、生产线的生产能力三类。

(一)纺丝系统的生产能力

由于以 1h 作为考核纺丝系统生产能力的时间太短,因为没有考虑在正常生产过程中的各种工况,既没有考虑产品的质量,也没有考虑合格品率和设备利用率,因此没有代表性,只是用于在理论上评价纺丝系统技术水平的一个指标,常用的计量单位是 kg/h。

除了以上这个单位外,有时会用 1 年的生产能力(t/a)表示纺丝系统的生产能力,使用这个指标时,必须同时规定每年的运行时间、产品的规格(g/m²)、运行速度等数据,否则也是一个不可复核的指标,即使这样,生产能力同样还是一个理论值。

目前,每年的有效运行时间并没有统一规定,都是由设备制造商选取,常在 7000~8000h 这个范围,如 8000h/a。这时相当于生产线每年的时间利用率为:

$$92.59\% = 8000/(24\times30\times12)$$

纺丝系统的总生产能力等于单位幅宽产能乘以幅宽,常用来计算原料的消耗量。

(二)纺丝系统单位幅宽的生产能力

生产能力也叫产能,还可以用一个纺丝系统每一米幅宽在 1h 内的熔体挤出量表示,这是不考虑产品的合格品率的,常用的计量单位为 kg/(m·h)来表示。由于纺丝系统的幅宽不同,生产能力就没有可比性,但换算为单位幅宽就可以进行比较了。这样便于对不同纺丝系统,或不同幅宽纺丝系统的性能进行比较。

纺丝系统的生产能力与纤维细度正相关,即纤维越粗,产能越大,在纤维细度为 1.8~2.0

旦的状态,对于单个 PP 纺粘法系统的最大产能,国内外设备的水平有较大差异,国外主流设备为 240~270kg/(m·h),国产纺粘法系统最高约为 120~180kg/(m·h),而绝大多数系统仍处于<150kg/(m·h)的水平。

实际上熔喷系统的产能也是与纤维细度正相关,在生产一般的熔喷产品时,熔喷纤维的平均直径较粗,国外熔喷系统的产能已接近 60~70kg/(m·h);国产熔喷系统为 40~50kg/(m·h),而生产过滤、阻隔型产品时,纤维直径会较细,熔喷系统的产能仅有 20~30kg/(m·h)。

(三)生产线的生产能力

生产线的生产能力(kg/h)是按理论挤出量计算的,所有纺丝系统生产能力的总和就是生产线的生产能力,除了用 kg/h 表示外,有时用 t/a 表示生产线每年的生产能力,但这时要注明每年的有效运行时间。

二、SMS 产品熔喷层占比及其对生产能力的影响

(一)SMS 产品熔喷层占比

SMS 生产线的产能匹配关系是指根据产品质量要求而设计的纺粘法纤网及熔喷纤网在产品中的重量占比,这也是设定纺丝泵运行速度的依据。在最佳匹配状态,各纺丝系统的产能可以达到最大化,而匹配关系与产品的具体定量规格大小是无关的。

产能匹配关系一般以熔喷层纤网在 SMS 产品中所占的比例来表示,但并不是硬性规定,要依据产品的质量要求。SMS 生产线的产能仅与熔喷层的占比有关,即与纤网的分配比例有关,只有在最佳匹配状态才有最高的产能。

生产线中熔喷纤网的自然占比是由硬件配置及当时的技术水平决定的,而产品中熔喷纤网的实际占比则是根据产品质量要求设计的,是一个变量,因此,并无硬性规定,可以根据产品的实际质量指标随时进行调整的,这也是“一步法”复合工艺的特点和优势所在。

但是熔喷纤网的实际占比会影响生产线的总挤出量(或产量)。当熔喷纤网的实际占比偏离自然占比时,不管是偏高还是偏低,产量都会降低。当设计好熔喷纤网的实际占比后,便可以计算生产线的实际挤出量和分配给各纺丝系统挤出量(纺丝泵转速)了。

一般的国产纺粘法系统,单位幅宽的最大生产能力约为 150kg/h,熔喷系统的最大生产能力约为 50kg/h,当所有纺丝系统均以最大生产能力运行时,此时熔喷层纤网在产品中的占比称为自然占比,可用下述方法分别计算出来。

根据以上两种纺丝系统的生产能力,在只有三个纺丝系统的 SMS 生产线中,在最大生产能力状态,熔喷层的自然占比仅为:

$$14.3\% = 50/(150+50+150)$$

在有四个纺丝系统的 SMMS 生产线中,在最大生产能力状态,熔喷层的自然占比为:

$$25.0\% = (50+50)/(150+50+50+150)$$

在有五个纺丝系统的 SSMMS 生产线中,在最大生产能力状态,熔喷层的自然占比仅为:

$$18.2\% = (50+50)/(150+150+50+50+150)$$

依此类推,各种国产 SMS 型生产线的最大生产能力和自然占比见表 5-1。

显然,当生产线有多个 S、M 系统时,特别是 M 系统较多时,自然占比就较大,进行产品生产时的工艺选择余地也就较多。这就是一般的 SMS 生产线会多个 S、M 系统的原因,当然还有其

他与设备及工艺相关因素的原因,如可以按需要的不同比例分配各个纺丝系统的纤网定量,生产具有梯度结构的产品,增加阻隔性能及透气性能之间的协调性,而不是较常用的平均分配方式,有较宽的工艺调节窗口等。

(二)SMS 产品的熔喷层占比对挤出量的影响

不管熔喷纤网的实际占比是比自然占比更大或更小,只要是偏离自然占比,就意味着有的纺丝系统产能过剩或产能欠缺,限制了产能的最大化,总体挤出量都会下降,也就是会减少产量。

当产品的熔喷纤网占比小于自然占比时,熔喷系统的产能过剩,决定生产线最大挤出量的是纺粘法系统的总产能。

当实际占比大于自然占比时,这时熔喷系统的产能不足,而纺粘法系统产能过剩,这时就应以熔喷系统的总挤出量作为计算生产线挤出量的依据。

SMS 生产线的实际生产能力还与投入运行的纺丝系统数量等因素有关。决定产能的本质是纺丝泵的实际转速。不管做什么规格的产品,只要纺丝泵的转速一样,其产能也是一样的,这才是决定产能的根本。

一般情形下,SMS 型生产线的实际生产能力与产品的定量规格是没有直接关系的,因为在相同的纺丝泵转速条件下,影响产品定量规格的主要因素是成网机的速度快慢,更多是与熔喷层的占比大小有关,这是 SMS 生产线的特点。

但在生产一些轻薄型产品时,为了使纺丝箱体有较高的熔体压力来保证纺丝稳定性,或要保持有额定的产能,就要求生产线有较高的运行速度,如果速度上不去,产能就受制约了。在这种状态,SMS 型生产线的实际生产能力就与产品的定量规格有关。

三、产能计算示例

(一)熔喷层实际占比大于自然占比时的产能计算

如果产品熔喷层的占比大于自然占比,则表明熔喷系统的挤出量欠缺,这时可以有两个选择来解决。

其一就是增加熔喷系统的数量,提高熔喷纤网的占比,此时总产能增加,如果生产线还有熔喷系统没有投入运行,可以使用这个方法,这就是生产线会配置有多个熔喷系统的原因。但增加投入运行的熔喷系统数量,会增加运行管理费用,最直接的影响是增加了产品的能耗。

如果此时生产线的全部熔喷系统已经投入运行,就只能采用第二个方法,就是让纺粘法系统的纺丝泵降速运行,减少纺粘法纤网的挤出量,以此方法来相对提高熔喷层的占比,由于纺粘法系统的熔体挤出量减少了,此时生产线的实际挤出量就必然小于理论挤出量。

当产品中熔喷层纤网的占比大于生产线的自然占比时,熔喷系统产能不足,纺粘法系统的挤出量过剩,生产线的实际挤出量受熔喷系统的最大挤出量限制。因此,应以熔喷系统的挤出量作为计算依据。这是产品的熔喷纤网占比大于自然占比时,计算生产线挤出量的方法。

同样的道理,由于纺粘法系统降速运行,生产线的挤出量也必定会小于最大挤出量。由于纺粘法系统是以几倍的关系与熔喷系统匹配的,熔喷产能的不足还同时减少了与其匹配的几倍纺粘法产能,这时损失的产量会很大。

如当 SSMMS 生产线的最高产量为 550kg/(h·m),熔喷系统的产能为 50kg/(h·m),生产医疗防护制品材料时,要求材料有较高的阻隔性能,设计的熔喷层纤网的占比为 25%(>自然占

比 18.2%),这时生产线的最大挤出量为:

$$(50\times2)/(25\%)=400<550\text{kg}/(\text{h}\cdot\text{m})$$

这时的实际挤出量仅为最大挤出量的 72.7%(=400/550),减少了 27.3%,相当于减少了一个纺粘法系统的熔体挤出量,即相当于一条 SMMS 生产线的挤出量(150×2)+(50×2)=400。

这例子就说明,如果仅从产量最大化来考虑,长期生产医疗防护制品材料的生产线,采用 SMMS 生产线就比 SSMMS 生产线更合适,可以节省投资规模和降低产品生产成本,其主要体现在产品的能耗会较低,虽然这时纺粘法纤维直径会稍大,导致产品的静水压会比 SSMMS 型产品稍低一点,但实际上的影响不会太大。

(二)熔喷层实际占比小于自然占比时的产能计算

在产品的熔喷占比小于生产线的自然占比时,熔喷系统的产能就有富余,纺粘法系统的实际挤出量就成为增加产能的瓶颈,若纺丝系统的纺丝泵不能以更高的速度使纺粘法系统满载运行,生产线的实际挤出量仍会小于理论挤出量,这也是一些生产线由于无法高速运行而导致产能偏低的原因。

由于在这种状态下,纺粘法系统的产能全部得到充分发挥,损失的仅是比例较少的熔喷产量,因此,这种情形导致的产量损失会较少。

当 SMMMS 生产线的最大生产能力为(150×2)+(50×3)=450kg/(h·m),熔喷层纤网自然占比为(50×3)/450=33.3%,如果用于生产熔喷层占比 12%的卫生制品材料,计算生产线的实际挤出量时,就要以纺粘法系统的产能为依据:

$$(150\times2)/(100\%-12\%)=341<450\text{kg}/(\text{h}\cdot\text{m})$$

生产这种产品时,生产线的实际挤出量为最大生产能力的 75.7%,减少了 24.3%,此时熔喷纤网的挤出量为 341×12%=41(kg),仅相当于一个熔喷系统的挤出量,另两个熔喷系统的挤出量就显得多余了,虽然三个熔喷系统也可以投入运行,以提高产品的质量,但能耗会明显增加。可见,有的生产线以万能方式多配置熔喷纺丝系统,在实际上并不合算。

以上两个案例是生产中可能经常遇到的情况,特别是在熔喷层占比大于自然占比这种状态,这是生产医疗防护制品材料的常态化运行状态,生产线损失的产量会很多,而且还会导致产品的物理性能也随之降低,这也是一般 SMS 型生产线很难以最大生产能力状态运行的一个原因。

虽然 SMS 生产线有很多种运行模式,在特殊情况下,可提供多种可选方案,为适应市场变化提供了灵活而及时的解决手段,但作为常态化措施就不一定是优化方案。

四、SMS 生产线的产量与产能利用率

(一)生产线的产量

产量是指纺丝系统或生产线在统计时间段内的合格产品数量,计量单位为(kg/h 或 t/a)。生产线的实际产量会受市场因素、产品结构、管理水平、技术水平、合格品率、设备有效运行时间等因素的影响。因此,一般会小于系统或生产线的生产能力。

考核生产线的合格产品数量时,不能以瞬时或很短时间内的产量,通过比例计算,折算为生产线每一小时或一天的产量。因为瞬时或短时间内的实物量没有代表性,这仅代表在最理想状态下的实物流量极限值。

在生产线的运行过程中，一般会存在各种工况，如生产线启动，设备及工艺调试，正常运行，工艺性故障，设备故障，更换纺丝组件，正常的停机维护，市场因素及企业管理因素等，如果统计时段更长，甚至还有可能包括一些意外情况及不可抗力事件。

如果不将这些工况的资源消耗也统计在内，所产生的费用及成本就无法摊销，这是正常企业管理不容许存在的情况。一般企业都是以一个会计统计月份作为考核产量的时间，而上述计算产能的方法仅是停留在理论层面的计算，其数据都是虚的，而企业要进行统计的是实物产量数据。因此，这些数据只能用于评估设备设计水平和在理想状态下的生产能力。

由于在进行设备验收时，生产能力(或产量)是一个不可或缺的重要项目，但验收过程不可能有很长的验收运行时间，也无法复制、模拟生产线的各种运行工况，也只能是按双方认可的验收方案，进行设备验收时采用的一个方法，可以肯定，试验的时间越长，其结果也就越接近实际。

(二)生产线的产能利用率

生产线的生产能力是按理论挤出量计算的，因此也是固定不变的，而产量与生产线的实际运行状态及企业的运营状态有关。因此，生产线的实际产量一般小于生产能力，一般为后者的60%~90%，这个指标称为产能利用率。这是反映生产线技术水平、企业管理水平、市场对产品的质量要求、经营状况的客观指标。

目前，我国全行业的产能利用率多年来均处于低于70%的水平，但对于一个企业，其产能利用率可能大于80%；而对于特定的生产线，其产能利用率可能大于90%，甚至更高。产能利用率是反映生产线(或企业)经营状况的一个直观指标，产能利用率高，说明企业的订单饱满，经营状态良好，有增加生产能力的基础；如果产能利用率偏低，就说明企业的订单不足或生产能力过剩，或设备技术水平已经不适应市场要求。

影响产能利用率的主要因素有：

(1)由于SMS生产线的纺丝系统较多，系统复杂，可靠性会比其他较为简单的生产线低，故障也较多，停机时间增加。也就是说在正常情况下的设备用于正常生产的有效运行时间会少一些，设备利用率会比纺丝系统较少的生产线低。

(2)由于熔喷法系统喷丝板的使用周期要比纺粘法系统短很多，需要频繁更换纺丝组件(喷丝板)，这样会占用生产线较多的有效生产时间，也就是SMS生产线的有效生产时间会较少，时间利用率较低。

(3)运行速度较快、设备容易发生故障，影响纺丝稳定性的因素会较明显，导致生产线停机停产的概率增加。

(4)生产线的合格品率与产能利用率呈正相关的关系，合格品率较低时，产能利用率则必然偏低，因为生产线的合格品实物数量减少了。

但产能利用率偏低并不意味合格品率一定偏低，例如，在生产线的利用率偏低，开机运行时间较少时，产量必然减少，但不排除在正常生产时有较高的合格品率。因此，两者之间并不存在对应关系。

(5)有一些产品(如纸尿片和一些应节性产品)市场具有明显的季节性变化，当进入淡季以后，一些设备可能要降速限产运行、甚至停产。

第六节　SMS 生产线合格品率的主要影响因素

产品一次合格品率的定义:在统计时间段(一般为生产企业一个会计月份),合格品总数与投料总量的比例。合格品率越高、意味着在付出同样的生产成本,如原料、辅料、能源、包装、人力资源、管理费用等条件下,能获得更多产品,这是衡量一条生产线运行效益的一个很重要的经济技术指标。

一、工艺因素

(一)运行速度

(1)SMS 生产线的运行速度较快,而纺丝系统的设计铺网宽度是与运行速度正相关的,速度越快,铺网宽度越宽,以补偿在高速传送期间产生的缩幅。对于同一条生产线当运行速度为150m/min 时,铺网宽度=产品幅宽+200 即可,但当速度提高到 250m/min 后,两侧的边料宽度就明显偏窄,很难切边并成卷了。以幅宽 3200mm 的生产线为例,各种运行速度对应的设计铺网宽度要求见表 5-2。

表 5-2　3200mm 幅宽生产线运行速度与铺网宽度

生产线运行速度(m/min)	150	300	600	≥600
铺网宽度(mm)	3400	≥3450	≥3500	≥3600

(2)在生产小定量薄型产品时,生产线的运行速度最高,而生产大定量中厚型产品时,生产线的运行速度则较低。为了补偿生产薄型小定量产品时的幅宽缩窄,纺丝系统只能按以高速生产小定量规格产品的要求来设计铺网宽度,如果系统用于生产中厚型产品,两侧要切除的边料就明显太多了,降低了原料的利用率。

这个现象是既能生产卫生制品材料,又可以生产医疗防护制品材料这一类生产线的共性问题,无法回避。

(二)产品结构的影响

(1)为了避免熔喷层纤网外露,SMS 生产线纺粘法系统的铺网宽度要比熔喷系统更宽,也比独立的纺粘法系统更宽。因此,要切除的边料较多,原料的一次利用率(在不回收状态的合格品数量/投料量)偏低,生产线或产品的幅宽越窄,原料的利用率越低;按边料总幅宽均为250mm 计算,不同幅宽生产线的边料损耗率见表 5-3。

表 5-3　不同幅宽生产线的边料损耗率

生产线幅宽(mm)	1600	2400	3200	4200	5200	7000
损耗率(%)	13.51	9.43	7.25	5.62	4.59	3.45
原料利用率(%)	86.49	90.57	92.75	94.38	95.41	96.55

从表 5-3 可知,幅宽越小的生产线,其材料损耗也越大,原料的利用率,合格品率也越低,

经济效益也越差。因此,在适应市场需求的前提下,要尽量选用幅宽较大的生产线。

(2)投入使用的纺丝系统数量。由于SMS生产线的纺丝系统较多,只要有一个系统出现故障,生产线生产出的产品就可能存在缺陷。正常情况下的一次合格品率(在没有进行回收的状态)会较低。生产线中的纺丝系统数量越多,合格品率也会越低,但并不是成比例减少的;生产线的技术水平越低,合格品率也会越低。

如果一条多纺丝系统生产线停用了部分纺丝系统,则生产线的总生产能力(或产量)就会减少。

SMS生产线有较多纺丝系统,每次开机、停机所需的时间较长,因为在此期间,除了本系统外,其他的系统仍处于运行状态,在开机或停机过程产生的不良品数量较多。同样的原因,每次转换产品的颜色或定量规格所产生的过渡性不良品数量较多。

(3)纺丝组件使用周期差异所产生的影响。每一个纺丝组件都有一定的正常使用周期,而且会因运行工况不同而有差异,纺丝系统越多,更换纺丝组件的次数也越多。虽然更换其中一个纺丝系统的组件不一定会导致全生产线都停产,但每一个纺丝系统停机换组件,不仅损失了本系统的产量,更重要的是影响了产品的纤网占比,其损失的产量会更多。

二、产品加工路线

(一)采用离线分切,产生废、次品的概率增加

由于SMS型生产线的运行速度快,生产能力高,因此,普遍应用离线分切加工路线。而很多分切装置没有配置有边料吸边功能,为了防止切除的边料无法稳定成卷干扰正常的分切加工,只可人为增加边料的宽度、以保证两侧切除的边料能可靠、稳定成卷,这些都增加了不良品的数量。

母卷在转移、存放过程中,增加了被污染、破损的机会,在开始加工前,要移除母卷表层的产品,也增加了损耗。因卷长计量误差或预留量太多,导致母卷的余(剩)料偏多。

(二)生产过程产生的边料及不良品无法同步回收

如果非织造布母卷的要进行离线分切加工,在时间上最少会滞后于生产线生产一个母卷的耗用的时间,当开始分切同批产品的最终一个母卷时,生产线已经转产其他产品了,这就可能失去了进行实时回收的机会,导致分切过程产生的不良品无法与生产线进行同步回收。

在此期间产生的边、废料有可能会积压,或另寻机会进行回收,有的甚至失去了再进行在线回收的机会,从而增加不良品数量。

三、市场及管理因素

(一)批产量较小,废品率上升

批产量较小时,因开、停机,转产调整设备所产生的废品、过渡布所占比例会上升,因此,多纺丝系统生产线要尽量优化订单的组合,将加工工艺相同或接近的订单汇聚在一起,这样可以减少开、停机及转产的次数。

(二)产品质量要求严格,废品率上升

SMS生产线的产品,都用于对质量要求较高的卫生制品或医疗制品材料,相对普通用途的产品,其质量要求会较高。质量要求越严格,合格品率就越低,废品率也会较高。相对而言,虽

然产品会有相应的技术标准和要求,但这些质量要求也并非绝对的,会受市场供求关系的影响,当产品供不应求时,市场成为卖方市场,顾客为了获得这些稀缺的资源,会适度放松接收要求,这时就会有较高的合格品率。

当产品供过于求时,顾客不用担心买不到所需的产品,这时的市场就变成了完全的买方市场,除了对产品的质量要求会更为严格,甚至会无原则地增加质量要求的冗余,增加了生产难度,降低了合格品率,甚至还会压低产品的价格,使生产企业感到无利可图而放弃这些商业机会。

(三)SMS 产品生产需要较高的现场管理水平

相对来说,SMS 生产线是一种技术含量较高的设备,对现场管理水平、工艺技术水平,设备管理维护工作的要求都较高,管理水平低就必然会导致合格品率也会偏低。

综合以上多个因素,以 3.2m 幅宽为例,在不计算回收的条件下,一般的纺粘法系统(S)实际的合格品率可达 95%,而 SMS 生产线的合格品率一般≤90%,纺丝系统较多的生产线,或批量较小时,合格品率还要低一些。

第七节　SMS 生产线的产量

一、产量与质量的相关性

产品的产量与产品的质量是生产线的两项重要的技术指标,但生产线的产量与产品的质量是紧密关联的,并具有明显的互补性,两项指标不可能同时达到最大或最优。既不可能在有最高产量同时又能有最好的产品质量。或者从另一个角度就是要获得较高的产量,必须以牺牲部分质量,也就是降低产品质量为代价;而要获得优质的产品,就必须以减少产量为代价。

在日常的生产管理及工艺设计工作中,就是要根据市场的需要,在生产出满足顾客质量要求的产品时,就不要再去追求冗余的功能,而争取产量最大化,也就是经济效益最大化。

表 5-4 显示一条幅宽 3200mm 的 SMMS 生产线仅因运行速度不同,生产线的产量及产品的质量出现了明显的差异。

表 5-4　优先考虑目标不同时的 SMMS 产品性能对比

序号	项目	计量单位	SMMS 产品			
			质量优先	产量优先	质量优先	产量优先
1	产品定量规格	g/m²	35		45	
2	纺粘纤网定量	g/m²	28	28	34.5	35.5
3	纺粘纤网占比	%	80	80	77	79
4	熔喷纤网定量	g/m²	7	7	10.5	9.5
5	熔喷纤网占比	%	20	20	23	21
6	生产线速度	m/min	210	320	175	235
7	总挤出量	kg/h	1499	2285	1607	2157
8	MD 方向断裂强力	N/5cm	80	63	100	81

续表

序号	项目	计量单位	SMMS 产品			
			质量优先	产量优先	质量优先	产量优先
9	CD 方向断裂强力	N/5cm	46	35	58	45
10	MD、CD 方向伸长率	%	40~80		40~80	
11	产品静水压	mmH_2O	750	550	1000	750
12	纺粘系统产能	kg/(m·h)	176	269	181	250
13	熔喷系统产能	kg/(m·h)	44	67	55	67

生产同一定量规格(如 $35g/m^2$),熔喷纤网的占比均为 20%,在要求有较高产量时,成网机要以较快的速度运行(320m/min),产量才会更高(2285kg/h),由于纺粘法系统与熔喷法系统的纺丝泵的转速也要同步加快,喷丝孔的单孔熔体流量增加,纤维就会变粗,导致产品的静水压较低($550mmH_2O$),强力会偏小(63N/5cm)。

当要求产品有较好的质量时,成网机的运行速度会较慢(210m/min),产量会降低(1499kg/h),由于纺丝泵的转速也会随成网机的速度同步变慢,喷丝孔的单孔熔体流量减少,纤维就会变细,牵伸和取向更为充分,导致产品的静水压明显升高($750mmH_2O$),强力也较大(80N/5cm)。

而另两种定量规格($45g/m^2$)相同,但熔喷纤网占比不一样和运行速度不一样,导致了生产线的产量及产品的质量出现了明显的差异。

当要追求较高产量时,熔喷纤网的占比较小(21%),这样能充分发挥纺粘法系统的潜在生产能力,运行速度加快(235m/min),产量高(2157kg/h),但产品的静水压较低($750mmH_2O$),强力偏小(81N/5cm)。

在要求产品有较好的质量(静水压)时,要增加熔喷纤网的占比(23%),由于运行速度较慢(175m/min),产量也必然降低(1607kg/h),由于纺丝泵的转速也会随成网机同步变慢,喷丝孔的单孔熔体流量减少,纤维就会变细,两个因素的综合作用,使产品的静水压获得提高($1000mmH_2O$),强力也较大(100N/5cm),产品有较好的质量。

二、纤维细度是控制产品质量与产量的核心因素

纤维细度会影响产品的质量,纤维越细,产品的性能也会越好,但同时也会影响生产线的产量。这是非织造布生产线多年来的一个重要发展方向,以德国莱芬豪舍公司的莱克菲工艺(Reicofil)为例,三十多年来,产品的纤维细度已从早期的 4 旦降低到目前的 1 旦左右,成为一个技术水平的标志(表 5-5)。

表 5-5　不同年代莱克菲纺丝系统的性能

项目计量单位	工艺名称				
	RF1	RF2	RF3	RF4	RF5
出现年份	1985—1994	1994—1995	1997	2002	2017
牵伸速度(m/min)	1000	2000	≤3500	≤4000	≥4500

续表

项目计量单位		工艺名称				
		RF1	RF2	RF3	RF4	RF5
纤维细度(旦)		2.6/3.5	2.2/2.5	1.0/2.5	0.7/2.5	0.9/1.8
挤出量[kg/(m·h)]		80/100	130/150	100/180	160/240	150/270
运行速度(m/min)	S 生产线	75/125	125/150	150/225	225/260	400
	SS 生产线	250	250	320	600	—
	SSS 线	—	—	480	750	1200
	SSSS 线	—	—	—	800	1200
	SMS 型线	—	—	400	750	1200

从表 5-5 还可以看到,除了纤维越来越细意外,随着技术进步,纺丝系统的熔体挤出量(可近似理解为生产能力或产量)也随之增加,从当初的 100kg/(m·h)增加至现在的 270kg/(m·h),这也为提高 SMS 生产线的生产能力奠定了基础。上述的产量是在纤维最粗(约 2 旦)时的产量。

在 SMS 生产线中,存在纺粘法与熔喷法两种不同的纺丝工艺,其工艺及产品的性能也存在较大的差异,而且还会互相影响,这是与独立的纺粘法系统或独立的熔喷系统不一样的地方(表 5-6)。

表 5-6　PP 纺粘法与熔喷法工艺对照

项目名称	单位	纺粘法	熔喷法
原料 MFI	g/10min	20~35	1000~1500
熔体温度	℃	200~250	250~280
牵伸速度	m/min	1000~5000	≥20400
牵伸风温度	℃	15~20	260~300
冷却气流温度	℃	15~20	自然或强制冷却
纤维属性	—	均匀、连续	不均匀、连续
纤维细度	μm	15~25	2~5 随机
产品强力	—	较高	较低
产品均匀度	—	一般,CV 小	较好,CV 较小
覆盖率	—	较低	较高
固结方法	—	热轧	余热自黏结
纤维长度	m/g	6291	353857
纤维表面积	mm^2/g	296	2222

续表

项目名称	单位	纺粘法	熔喷法
产能	kg/(m·h)	150~270	50~80
单产能耗	kW·h/t	800~1000	2500~3500
喷丝板使用周期	—	长	短

注 PP 纺粘法产品为目前主流的宽狭缝低压牵伸工艺;熔喷法的参数为主流的 PP 埃克森工艺,强制冷却风的温度 15~20℃。

三、纤维细度对 SMS 生产线产量的影响

纺丝系统的产量与纺丝泵的挤出量成正比,也与纤维的细度相关。为了获取更细的纤维,除了提高牵伸速度外,降低纺丝泵转速也是可行实施的一个方法,随着纤维细度下降,纺丝系统(或生产线)的产量会呈下降趋势,但并不是呈线性关系的。

在谈及纤维细度时,必须确定当时的产量状态;而谈及纺丝系统或生产线的产量时则必须与质量挂钩。表 5-7 为德国莱芬豪舍公司 RF4、RF5 两个机型的纺粘法系统产量与纤维细度的对应关系。从表中数据可以看出,无论是哪种机型,生产能力或产量都会随着纤维细度的降低而下降,不仅纺粘法系统是这样,熔喷法系统也是如此,SMS 生产线也遵循这个普遍性规律。

表 5-7 纺粘法纺丝系统产量与纤维细度的相关性

纤维细度(旦)		1.8	1.5	1.3	1,2	1.1	1.0	0.9
单位幅宽产量 [kg/(h·m)]	RF4	200	175	150	140	130	120	N/A
	RF5	270	230	170	160	160	150	140

与纺粘法纺丝系统一样,纤维细度也会影响熔喷系统的产量。因此,SMS 生产线的产量会同时受纺粘法纤维细度和熔喷纤维细度的影响,纤维越细,产量也会越低。

四、生产线速度对产品质量的影响

(一)生产线速度对纺丝稳定性的影响

生产线的运行速度是与纺丝泵的转速或挤出量成正比的,因此,在生产同一规格的产品时,生产线的速度也可以理解为纺丝泵速度,直接影响纺丝箱体内的熔体压力高低和熔体的分配。当纺丝泵的转速或挤出量偏低时,熔体的流量减少,纺丝箱体内的熔体压力必然会下降。由于纺丝箱体内的熔体分配流道是按额定压力和流量进行计算及设计的,当实际流量低于额定流量时,箱体内的熔体压力分配就会出现差异,压力偏低的部位(一般是离熔体入口最远的纺丝箱体两端)会发生断丝或熔体滴落,导致纺丝系统无法稳定纺丝和正常运行。

纺丝泵的转速太低,还会导致熔体在系统内的停留时间(停留时间=系统总容积/泵的排量)延长,聚合物产生降解、添加剂品质发生变化、产品出现色差等缺陷的概率增加。

纺丝泵的转速,或成网机的速度是不能太低的。如纺丝泵的实际转速低于额定转速 30%~

40%后,就容易出现纺丝不稳定现象。因此,生产线的速度太低会影响纺丝稳定性,这就是如果生产线无法高速运行,就难以生产小定量、薄型产品的技术瓶颈。

而生产线提速运行会将系统的潜在、缺陷放大,最明显的就是产品的均匀度变差,MD/CD的性能差异增大,拉伸断裂模量下降,缩幅现象严重等,直接影响了产品的使用性能。

(二)纺丝泵转速对产品质量的影响

纺丝泵的转速或挤出量直接决定了喷丝板的单孔熔体流量,也就是纤维的细度会随着挤出量的增大而变粗,对纺粘法产品就会影响均匀度,强力、断裂伸长率和触感等指标。对 SMS 产品,熔喷系统纺丝泵的转速对产品的阻隔性能(静水压)和透气性影响会很明显。

生产线在高速运行状态生产的产品质量,一般不如用较低速度生产的产品,这是一个已经获得共识的规律。在生产实践中,如果产品的这些指标偏离质量要求,通常将运行速度降低一些都有可能奏效,并获得改善的。这是现场工艺员常用的一种调控手段,但降速会影响产量,也会影响纺丝稳定性。

生产线无法高速运行,也是导致纺丝不稳定的因素。因此,多纺丝系统的生产线(如 SS、SSS、SSSS 等)的出现,本身就是为了在生产薄型产品时既能有较好的均匀度,又能获得较高的产量这个目标的。但随着纺丝系统数量的增多,分配到每一个系统的纤网定量(或熔体挤出量)也会越少,导致每个系统纺丝泵的运行转速更低,纺丝箱体内的熔体压力就会偏低,如果生产线不能高速运行,则无法稳定纺丝的风险也越高。

(三)生产线速度限制了薄型产品的产量

在产品定量规格不变的条件下,生产线或成网机的运行速度越快,纺丝泵的挤出量(相当于产量)也越大;而在纺丝泵的挤出量保持在较大状态时,就要求生产线要有更快的运行速度,这就是目前主流生产线的运行速度越来越快的一个原因。

从另一个角度,由于大部分前期制造的成网机、热轧机及卷绕机的设计速度仅在 400m/min 左右,受这些设备的性能限制,不仅影响了纺丝稳定性,还导致以生产薄型卫生制品材料为主的生产线产量一直在低位徘徊。

生产线速度不仅限制了薄型产品的产量,而且直接影响纺丝稳定性。

(四)生产线速度影响产品在不同方向的性能差异

采用宽狭缝低压牵伸工艺的纺丝系统,纤维在扩散通道降落到网带面的过程中,会沿 CD、MD 方向运动铺网。

当成网机以较快的速度运行时,这个 MD 方向的运动与纤维的 MD 方向运动分量是同向的,会叠加一起、增加了纤维在 MD 方向运动的概率,使产品的 MD 性能上升,而 CD 方向的性能下降,导致产品的 MD/CD 性能差异增大。

如生产薄型的卫生制品材料时,由于速度很快,有的机型的 MD/CD 方向强力比会大于 3,在实际应用中,材料都是从性能较差的方向或部位丧失了功能而失效的,过大的 MD 方向强力并不能提高使用价值,反而把材料都浪费了。

在大部分应用领域,都希望 MD/CD 的比值趋于 1,即达到各向同性,而一般产品的 MD/CD 方向强力比均小于 2。为了改善这种情况,就要限制纤维在纺丝扩散通道在 MD 方向的运动幅度。因此,新型扩散通道出口的宽度要比早期机型窄了很多。

在 20 世纪 90 年代初,纺丝系统扩散通道出口的宽度在 200mm,而采用类似工艺的最新型纺丝系统,扩散通道出口的宽度在50~95mm,通道出口离网带表面的高度也由50mm左右变成了目前的80~150mm。这些都对改善产品的MD/CD强力比有一定的作用。

第八节 SMS生产线产品生产运行程序

以只有三个纺丝系统的SMS生产线为例,启动生产线时,应按以下的大程序操作,每个大程序的具体操作方法可参见上述相关章节内容。

一、开机主要操作程序

(一)常规开机程序

先将上游的纺粘法系统投入运行→下游的纺粘法系统投入运行;然后上游的熔喷系统投入运行→下游的熔喷系统投入运行。具体操作过程如下:

熔喷系统MB2离线升温→纺粘法系统升温→SB1投入运行→SB3投入运行→MB2在线→MB2投入运行→设定运行参数→根据产品质量要求调整工艺参数。

按照这一程序将纺丝系统投入运行有几个优点:

(1)工艺调整操作次数较少,可简化开机运行的操作工作量,下游的纺丝系统投入运行不影响正在运行的上游纺丝系统,也就无须对上游纺丝系统做跟随性调整。

(2)由于底层纤网为纺粘法纤网,纺丝系统刚开机纺丝时速度较慢,容易从成网机的网带表面剥离,热轧机的轧辊就可以闭合投入运行,使纺粘法纺丝系统的纤网成为有一定强度的纺粘法非织造布,支持生产线运行。

(3)可以较早切除引布(底布),减少底布的消耗量,这样还可以免除在生产线刚启动的工作繁忙阶段,还要分心照料底布的铺放运行状态。同时能使纺丝系统的抽吸风机较早进入真实的运行状态。

(4)熔喷层纤网有底层纺粘法纤网的承托,不存在难于剥离问题;而熔喷纤网还可以将下层的纺粘法纤网联结成一体,这层复合的SM型纤网具有更大的刚性,更容易从网带表面剥离。

(5)在底层及面层纺粘法纤网的隔离防护作用下,熔喷纤网不会与热轧机轧辊接触,防止出现缠辊现象。

(二)自动开机

对于一些性能较好、智能化程度较高的生产线,利用主控制台(HMI)上的开机按钮,就可以按预定的投入运行顺序和需要满足的不同设备之间的逻辑关系,自动执行上述相关的开机操作,实现自动开机。相对于具备一键自动开机功能的生产线,同样也会具备一键自动停机功能。

自动开机功能简化了开机作业过程,降低了对现场管理人员的要求,也减少了操作的差错率。对于一些配置有菜单系统的高端生产线,在选定菜单后,就可以控制生产线进入菜单指定的工艺环境,生产出目标产品。

(三)启动过程的注意事项

(1)由于熔喷系统冷态升温时间较长,熔喷系统一般要比纺粘法系统提前(2~4h)进行升温。

(2)哪一个纺粘法系统先投入运行并无逻辑关系,但最先将上游的SB1投入运行,可以承托下游所有纺丝系统的纤网顺利进入、经过热轧机,而且在后续纺丝系统(如SB3)投入运行时无须进行跟随性调节,互相干扰少,操作最简单,工作量最少。

(3)如果成网机上游有新的系统投入运行,由于增加了一层纤网,抽吸气流阻力增加,下游纺丝系统的成网抽吸风机都要做适应性调整,将转速提高,保持成网过程的稳定性。

(4)开机前要做好工艺计划,分配好各纺丝系统的定量,确定纺丝泵的转速,开机时一般采用先固定纺丝泵转速,然后按调温度、调风量、调DCD、调压力的顺序使各纺丝系统进入稳定状态,最后才调整产品的定量(成网机速度)、调热轧机参数(轧辊温度,线压力)的顺序或方法作业。

由于温度设定或调整存在滞后现象,即输入温度设定值后,系统要延迟一段时间才会接近或到达设定目标值。因此,要将温度设定放在第一位,而其他工艺参数的调整基本上是即时反应的。

(5)在各个纺丝系统进入稳定运行状态后,如果成网机提速或降速,必须提前调整热轧机的轧辊温度及线压力等参数,避免在调整温度过程中产生大量的不良品。

二、生产线的停机模式

运行过程中难免会出现各种故障,有的故障(如成网机发生缠网、热轧机发生缠辊)需要停机处理,有的故障则不一定需要停机处理。因此,就有了相应的不同的停机操作方法。实际上,SMS生产线的停机方法都是在独立的纺粘法生产线及熔喷法生产线的基础上,根据SMS生产线的特点而衍生出来的一种方法,并不存在根本性差异。

由于急停会对生产线及供电系统产生较大的冲击,很容易引发次生事故。因此,只要不是危及人员及设备安全,就不要滥用急停手段!

(一)生产过程中临时停机

若系统是短时间的临时停机(如处理其他小故障),则系统要继续保持低速纺丝状态,保持成网机、热轧机、卷绕机继续低速运转,这时就可以在满足安全的条件下进行故障处理工作。虽然这时所有的设备或系统仍在运行,但生产出来的产品都是不良品。

(二)成网机要停机时的处置方法

如果要停止成网机运转(例如要处理热轧机缠轧辊故障),则要升起纺丝系统的压辊,停止所有纺粘法系统冷却风机和抽吸风机,分开冷却侧吹风箱,遮盖好牵伸通道,纺丝泵保持在低速纺丝状态;熔喷系统则要处于离线状态,牵伸热风系统和纺丝泵保持低速纺丝,否则要做好成网机网带的防护措施。

在处理好所有纺丝系统后,才能停止成网机运行,并适时将网带表面的废丝清理干净。特殊情形下,也可以保持成网机低速(≤15m/min)运行,但需要在成网机下游的纤网输出端用人工收集纤网,如在网带表面将纤网卷成卷状收集在一起,不让纤网进入热轧机等下游设备。

(三)生产过程中的短时停机

若系统是需要短时(如数小时或更长)停机,要分开冷却侧吹风箱,遮盖好纺丝牵伸通道。先关闭螺杆挤出机的进料口阀门,系统则继续以低泵速状态纺丝,在将系统内的熔体全部排放干净后,终止纺丝泵的运转,并将温度降至160~170℃保温,然后停止其他设备的运转。

拆卸、更换纺丝组件时就经常采用这种方法停机。

短时停机时采用这种方法操作,能减少存留在系统内发生降解的聚合物数量,在重新起动时,较为容易升温,能使纺丝组件保持有较正常的技术状态再次投入运行。如果在熔体管道内部充满熔体的状态下停机,在熔体已冷却固化后再开机,要花费很长的加热、升温时间,这些熔体才再次熔融。

如停机时间不是太长,也可采用直接停止纺丝泵运转的方法,让纺丝系统停止运行。由于纺丝泵与螺杆挤出机是由一个闭环的熔体压力及螺杆转速控制系统控制,当停止纺丝泵运转后,螺杆挤出机也就自动停止运转。当然随后要停止冷却侧吹风机运转,并分开侧吹风箱,并做好相应的防护工作。

(四)紧急停机步骤

当出现可能危及人员或设备安全的情况,来不及用常规方法停机时,必须采取紧急停机措施,可直接压下在控制台上的急停按钮,或设备上的急停按钮,或拉动急停拉索使全线停止运行。然后在处理现场情况的同时,以使设备不受损、或受损最小的原则使设备恢复正常状态。

如熔喷系统在运行期间出现牵伸风机跳停征兆或已经发生跳停时,必须马上按下急停开关,停止熔喷系统纺丝泵(或生产线)的运行,然后加大 DCD,系统迅速离线。

系统发生紧急停机后,在没有排除导致停机的原因前,系统不得恢复运行。紧急停机时,是用生产线的紧急停止装置实现的,如带蘑菇头的红色按钮,安全拉索,安全保护连锁装置等实现的。

因为紧急停机与正常的停机过程是完全不同的,正常的停机只能通过一般的停止按钮或在控制界面上输入停机指令进行,所有的设备是以在与电源脱离后,以自然减速的惯性运动方式停止转动,这个过程可能会较长。

而输入紧急停机指令后,会触发系统的制动功能,并切断系统的电源,使设备在很短时间内停止运行。而生产线中一些有潜在安全风险的设备会自动转换到较为安全的状态,如热轧机的轧辊会自动分离开,成网机的压辊会自动升起,分切刀具会退出工作状态,同时会发出相应的声光报警信号等,而熔喷系统的网带保护装置应及时动作进入保护状态。

只有系统配置有相应的硬件,如各式制动器及相应的控制系统(如能耗制动系统),各种有潜在安全风险的设备才能在接收到紧急停机指令后,自动作出响应。但紧急停机会对供电系统产生很大的冲击,容易诱发次生事故。有的惯性较大的设备(如离心、风机等)不宜采用急停措施。

(五)正常停机程序

当系统完成了生产计划,准备停机时,先将纺丝泵速度下降到还能保持正常纺丝的状态,成网机降速,熔喷系统增大 DCD,将纺丝系统转移到离线位置,然后根据实际需要进行以下相应的操作。

若系统要终止生产运行,则要将螺杆挤出机的进料口阀门关闭,采用先自动、后手动的方式操作,将系统内的熔体全部排放干净后,终止纺丝泵的运转。然后切断加热系统电源,降温停机。

使用这种方法停机时,残留在系统内的熔体会发生降解(变黄)或炭化,容易堵塞喷丝孔。因此,在经历长时间停机后,纺粘法系统和熔喷系统都有可能要更换纺丝组件,才能恢复生产。

如果要在停机后随即更换纺丝组件,则要趁熔体温度还在熔点以上(≥180℃)时就要开始作业。一旦内部的熔体凝固了,纺粘法系统的纺丝组件将无法拆下来,而熔喷纺丝组件与纺丝箱体间的熔体很少,影响不会太大。由于纺丝组件的螺栓都曾做过热紧固,从纺丝箱体卸下纺丝组件后,最好趁高温状态将这些紧固螺栓拆卸下来。

正常停机时,要按规定的程序操作,是使用生产线上的停止按钮实现的。

(六)有关停机的具体操作

正常停机的操作程序:

卷绕机产品下卷→成网机分段降速,最后降至基速(15~20m/min)→冷却风机、牵伸风机降速→放底布(有必要时)→成网风机降速→纺丝泵降速→ MB 系统增加 DCD → MB 系统高位离线→ MB 系统离线纺丝→ SB 系统低速纺丝→升起成网机压辊→停 SB 系统冷却、牵伸风机→打开侧吹风箱→遮盖纺丝牵伸通道入口→ SB、MB 系统降温(不一定需要)→ SB 停纺丝泵→停成网机→热轧机分开→卷绕机停机→现场清理。

对于一些性能较好,智能化程度较高的生产线,利用主控制台(HMI)上的停机按钮,就可以自动执行上述相关停机操作,实现自动停机。

(1)准备停机时,MB 系统必须首先离线,但要降低牵伸风机和纺丝泵的转速,避免产生大量飞花,系统可在离线位置继续保持低速纺丝,并做好废丝、熔体收集工作,也可在系统排空后停机、降温(或保温)。

(2)在 MB 系统还没有完全离线前,SB 系统一定要继续纺丝(但可适当降低纺丝泵的转速),使网带表面一直有一层纺粘法纤网覆盖,防止网带被熔喷系统的熔体污染。在 MB 系统完全离线后,SB 系统便可停止纺丝。

(3)当 SB 系统要长时间停止纺丝或准备更换纺丝组件时,要提前关闭螺杆挤出机的进料阀;在冷却侧风机停机后,可打开侧吹风箱,并在牵伸通道入口加盖护板,做好废丝收集工作。

(4)将留存在成网机网带表面上的纤网清理干净。

(5)将缠绕在热轧机轧辊面上的废丝,特别是轧辊两端位置清理干净。

(6)处理好卷绕机上的废布。

(7)为了降低能耗,在决定停机时,可将除 MB 空气加热器以外的所有的加热系统电源切断,或将温度设定值降低。

(8)停止制冷系统运行,当每一个纺丝系统配置独立制冷系统时,制冷系统一般与侧吹风风机联动,无须另行操作,冷却风机停机后,制冷系统的制冷压缩机会延时自动卸载或自动停机。

(9)清理现场。

(10)空气压缩机停机。

(11)在所有与冷却水相关的设备停机后,停止冷却水系统运行。

(12)按先分支路,后主回路的次序,切断所有设备的供电电源。

(七)紧急停机后恢复生产的程序

排查急停原因→清理现场→急停装置复位→恢复电力供应→控制系统供电 →主回路供电→ MB 系统高位离线→熔体加热系统重新设定,恢复运行、升温→热轧机启动→热轧机升温→生产准备。

在系统排除引起发生急停的原因后，才能将急停装置复位，必要时要重复验证、确认。

（1）要利用系统重新升温的停机时间，对成网机的网带、热轧机、卷绕机、纺丝通道等设备及现场环境进行清理。

（2）紧急停机时会对供电产生冲击，经常会诱发二次设备故障，因此在恢复供电后，要对每一台设备进行检查和试验，在生产线恢复正常运行前，使所有设备都处于正常的技术状态。

（3）一般生产线的紧急停机对公共工程设备没有影响，但有时会诱发总电源开关跳闸，导致全面停电。因此，生产现场要配置应急照明系统或相应的照明设备。

（4）生产线恢复生产运行前，要对还在卷绕机上的布卷进行检查，如其规格（主要是卷长）已接近要求，可将其下线处理。

如布卷的规格还没有达到要求，可继续留在卷绕机上，用作开机时的“卷绕杆”使用，收卷重新开机时间段的开机布，直到这些开机布符合质量要求后，不管是否已达到设定值，可利用手动操作功能人工下卷，换卷后即可进入正式生产运行，并及时检查、修正卷绕机的各种工艺参数，如产品卷长设定值、卷绕张力等。

第九节　非织造材料的静水压及相关机理

在 SMS 产品的各项质量指标中，静水压是一个重要的核心指标，而且与产品的很多基础质量指标，如产品定量、均匀度、纤网结构与不同纤网的定量分配、纤维细度等关联，对产品的实际用途影响很大。在生产过程中，经常也是围绕静水压这个指标进行相应的工艺调整的。

一、非织造材料的阻隔性能及影响因素

（一）非织造材料的阻隔性能

非织造材料的阻隔性能也称抵抗液体渗透的性能，一般是指 SMS 材料抵御液体透过的能力，是卫生、医疗制品材料的一项基本性能指标。

检测材料阻隔性能的方法有多种，如抗渗透试验、冲水试验等，具体所用的方法与产品的用途有关，并都有相关的技术标准。材料的抗液体渗透性能常以材料可以经受的最大静水压来表示，而并非一些文件所指的材料抗静水压性能。

静水压（hydro static head，HSH）。常用计量单位为水柱高度（mmH_2O，cmH_2O）或压力（mbar，Pa，kPa）。

除了用 H_2O 表示水柱外，有时会用 W. C 或 Aq（拉丁文）表示，如 mmW. C，cmAq 等。

1mbar = 10mmH_2O，1Pa = 0. 1mmH_2O，1kPa = 10mbar

（二）不同应用领域对材料阻隔性能的要求

应用领域不同，对材料的阻隔性能要求也不一样。例如，纸尿裤防侧漏隔边材料要求的静水压≥15cmH_2O，当 SMS 产品用作医疗防护制品材料时，一般按美国 AAMI-PB-70 标准，对不同防护等级的产品提出对应的要求，其中：

第一级：对静水压没要求，抗冲击渗透测试的渗水量≤4. 5g。

第二级：进行冲击渗透防水测试的渗水量≤1. 0g；静水压≥20cmH_2O 以上。

第三级:除了渗水量≤1.0g 外,静水压≥50cmH_2O。

第四级:对于手术防护衣用的第四级材料,必须通过抗合成血液与病毒渗透两项试验。测试方法也不是静水压试验了,仅靠 SMS 材料已经无法满足要求,要使用 SMS 非织造布再与透气膜复合的(SMS+F)材料,或使用纺粘法非织造布与透气膜复合的(S+F)材料。

(三)拒水与防水是两个不同的概念

拒水材料是用共混纺丝或后整理(表面改性)等方法,赋予非织造布表面具有拒水性,使水不能浸润材料,对液态水有一定抵御能力,但并不具备防水性能。因为时间长了,在压力和毛细管作用下,水仍可以渗透过去。由于纤网结构中有空隙,空气和水汽仍可透过。

防水材料则是利用涂层后加工方式,用涂料填充材料中的空隙堵塞液体渗透通道,或与防水的材料复合,使液态水不能透过。由于不存在空隙或通道,空气、水汽均无法通过,也就不具备透气性了。

(四)影响非织造材料静水压的因素

非织造材料的静水压 P 可用下式表示:

$$P=\frac{-2\gamma_L\cdot\cos\theta}{\rho\cdot g\cdot r}$$

式中:γ_L——材料的表面能;

θ——微孔内壁与水的接触角;

r——微孔半径;

ρ——水的密度;

g——重力加速度。

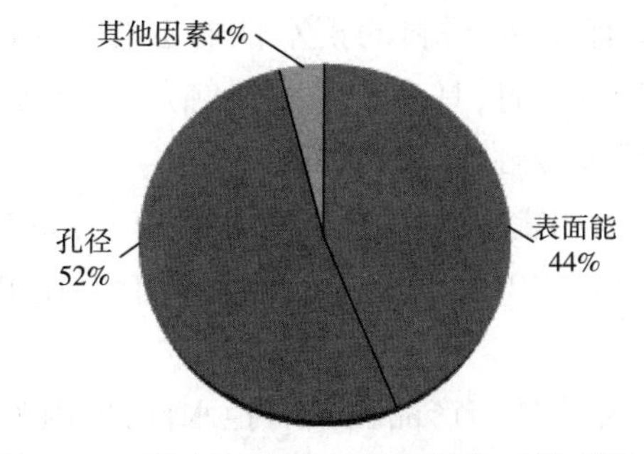

图 5-21 影响 SMS 产品静水压的三类因素

从上式可以看到,静水压与材料的表面能,接触角的余弦 $\cos\theta$ 成正比,与微孔的孔径大小成反比。前两项与材料的表面能有关,后一项则与材料的孔径大小有关。

有研究指出,SMS 产品的静水压与三类因素有关,有 44%是受材料的表面能影响,有 52%是受纤网的孔径影响,其他因素占 4%(图 5-21)。

因此,要提高产品的静水压,减少材料的孔径和降低材料的表面能是两个主要措施,但也要关注其他次要因素的影响。材料的孔径与生产工艺有较强的关联,如纤维的细度、纤网的体积密度(g/cm^3)等有较直接的关系。而在生产现场的工艺调控过程中,主要是以控制纤网的孔径和密度为主。

二、表面能对静水压的影响

接触角是指在气、液、固三相交点处所作的气—液界面的切线 γ_{LG},此切线在液体一方的与固—液交界线 γ_{SL}之间的夹角 θ。接触角是衡量固体被润湿程度的指标,夹角 θ 越大,固体就越不容易被润湿。

当接触角在 90°<θ<180°范围时，cosθ<0(是负值)，静水压 P>0，液体不能润湿材料表面，材料具有拒水性。也就是说，要保证固体不被液体润湿，就必须使接触角>90°(图 5-22)。只有产品呈现拒水性时，液体才不会润湿材料表面，产品才会有较高的静水压。

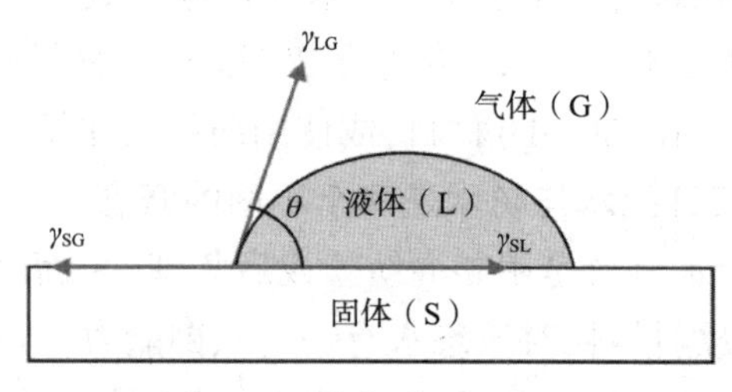

图 5-22　接触角 θ 示意图

表面能主要与聚合物原料的品种，表面张力，接触角，改性整理等有关。表面能越低或表面张力越小，材料的疏水、拒水能力越好、静水压也会越高。

(一)接触角会影响产品的拒水能力

PP 纤维的接触角最大，具有天然的拒水特性(表 5-8)。因此，要提高产品的静水压，就必须选用接触角较大的材料或聚合物原料。这样产品才具有良好的拒水性能，或者不容易被其他影响拒水性能的材料污染。

表 5-8　各种纤维与水的接触角

纤维种类	黏胶	聚丙烯腈	棉	聚酰胺	聚酯	羊毛	聚丙烯
接触角 θ(°)	38	53	59	64	67	81	90

(二)表面粗糙度会影响接触角

接触角不仅和表面张力有关，也与表面粗糙度有关，对材料的拒水性能也有很大的影响。表面光滑的材料接触角较小。表面的微观结构较为粗糙时，具有较大的接触角，其拒水特性就很明显。增加表面的微观(纳米级)粗糙度有利于增加接触角，提高静水压。

显然，非织造布的表面要比光滑的纤维表面更为粗糙，因此，其接触角就较大，如 PP 非织造布的接触角为 133. 30°，而 PP 纤维的接触角仅 90°，PP 非织造布的拒水性能要比 PP 纤维更好。

而 PE 非织造布的接触角为 130. 58°，因此，PE 非织造布产品也具有拒水性，但因为其接触角比 PP 的 133. 30°略小，因此，其拒水性能就不如 PP 好，静水压也稍低一些，但两者的差异不大。

产品受摩擦、触摸，会被污染，折叠后都会改变其表面状态，会影响其静水压。因此，一定要保存好采集的样品，以免因为表面状态改变而影响检测结果。

表面张力是液体产生的使表面尽可能缩小的力，是分子力的一种表现。它发生在液体和气体接触，或液体与固体接触时的边界部分，其大小仅与液体的性质和温度有关，温度越高，表面张力则越小。

水的表面张力为 73mN/m，当材料的表面张力比水更小时，这种材料就具有拒水性。表 5-9 为常用纤维的表面张力数据，在生产过程中进行拒水处理，实际上就是用表面张力更小的整理剂来降低材料的表面张力。

表 5-9　常用纤维的表面张力

纤维种类	聚丙烯	聚酯	棉花	丙烯酸纤维	羊毛	聚酰胺
表面张力(mN/m)	约 28	约 43	约 44	约 45	约 45	约 46

注　材料的表面张力与测试方法有关,不同测试者的数据会有差异。

(三)功能整理会影响产品的静水压

产品进行后整理也会影响产品的阻隔性能。

(1)进行抗静电整理的目的,就是要求产品表面能形成亲水基团,使其具有亲水功能,而产品的抗液体渗透性能则是要求材料表面是拒水的,抗静电产品会使基布的拒水性下降,静水压的降低幅度可在 5%~10%。

(2)表面张力由材料的化学成分决定,医疗制品材料进行拒水、拒酒精渗透、拒血液渗透(俗称“三抗”)功能整理后,“三抗”整理剂降低了基布的表面张力,呈较高拒液性,会增加材料的静水压,其幅度一般可达 10%。

(3)具有“三抗”+抗静电功能的产品,由于抗静电表面具有亲水功能,因此,产品的静水压会受抗静电表面的影响,静水压会降低,最大降幅一般可达 10%。

(4)整理剂的迁移和污染都会影响产品的静水压,如整理剂污染了熔喷层,将导致阻隔性能下降,甚至消失。还会影响产品的物理性能,如断裂强力下降,伸长率变小,手感变差等。

(5)在生产卫生制品材料时,为了降低材料的刚性和弯曲模量,经常会添加弹性体威达美™进行柔软整理,威达美弹性体是以丙烯为主体和乙烯半结晶的共聚物。加入威达美™后,对产品的静水压的影响甚为明显,添加的比例越大,阻隔性能下降越明显,静水压下降越多(表 5-10)。

表 5-10　用威达美™改性前后的静水压变化(15g/m² SMMS)

纤维细度					
1.4 旦			1.8 旦		
改性前	改性后	对比	改性前	改性后	对比
260	190	降低 27%	200	160	降低 20%

纤维细度及威达美的添加量对静水压的影响如图 5-23 所示,在同一添加量下,两种不同纤维细度产品的静水压变化曲线斜率也不同,纤维较细产品的变化曲线的斜率较大。说明纤维越细,静水压的下降幅度越大。

三、非织造材料的孔径与静水压的关联性

材料的孔径主要与纤维细度,纤网均匀度,产品定量,纤网密度,熔喷纤网占比,纤网的层数等因素有关。纤维越细、直径分布越窄、孔径越小、密度越大,则静水压会越高。

(一)熔喷纤网的孔径

熔喷层纤网是形成 SMS 产品静水压的主体,主要由熔喷纤网孔径的大小决定的。熔喷纤网的孔径是按一定规律分布的,对静水压影响较大的是最大孔径,在进行产品的抗渗透性测试

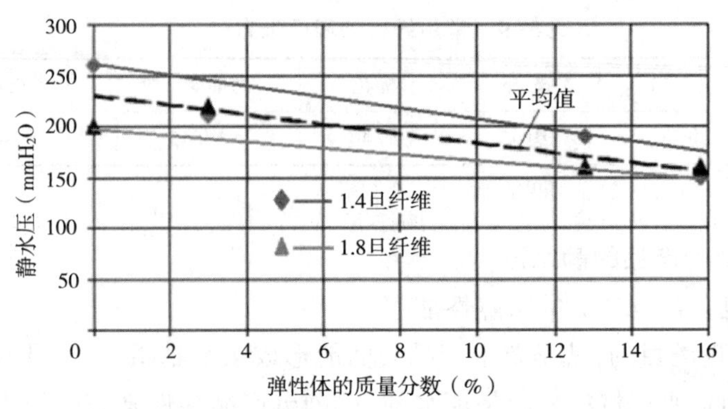

图 5-23　威达美弹性体对产品静水压的影响

时，可以见到水珠总是先从稀网部位或从较大的孔中冒出。

纤网的平均孔径与最大孔径有关：最大孔径越小，孔径的分布会变窄，平均孔径也会较小，产品的阻隔性能就越好。

（二）与产品孔径相关的因素

纤网密度函数 $g(\alpha)$ 与纤网定量（g/m^2）、密度（g/m^3）等有关。纤网平均孔径 D 与纤维的直径 d_f 成正比，纤维越粗，孔径越大；与纤网密度函数 $g(\alpha)$ 成反比，纤网密度函数值越大，孔径也越小。

这个关系可用如下孔径方程表示：

$$D=\frac{d_f}{g(\alpha)}$$

（三）与静水压有关的纤网结构因素

产品的静水压 P 与纤网平均孔径 D 成反比，即与纤网密度函数 $g(\alpha)$ 成正比，而与纤维的直径 d_f 成反比。为了提高产品的静水压，生产过程中所有工艺措施，都是围绕着调整熔喷纤网的定量（g/m^2）、堆积密度（g/m^3）、纤维细度（或直径 μm）这几个目标进行的。

在产品静水压 P 方程中，γ 为纤网的堆积密度：

$$P=\frac{4\gamma\cdot g(\alpha)}{d_f}$$

从上述静水压方程可以看到，产品的静水压除了与产品定量、纤网的堆积密度及纤维细度有关外，与其他因素如与成网方法是不存在因果关系的，更不存在由于成网抽吸气流穿透而导致静水压下降这个现象。

（四）影响产品纤网孔径的工艺因素

1. 产品定量

产品的定量越大，堆积的纤维数量会更多，平均孔径就越小，静水压也就越高（表 5-11），这是一个基本的工艺常识，为了提高产品的静水压，增加产品的定量是最简单的方法，但这样会增加产品的材料成本。

表 5-11　静水压与熔喷纤网定量的关系

定量（g/m^2）	8	10	12	20
静水压（mmH_2O）	300	450	530	840

2. 熔喷层纤网层数

纤网的层数越多,表明纺丝系统的数量也会越多,在熔喷纤维占比相同的条件下,纤维会越细,平均孔径也越小。

3. 熔喷纤网分配占比

SMS 产品中的熔喷层纤网的纤维最细,增加熔喷纤网的占比以后,熔喷层纤网增多,平均孔径会变得更小。

4. 纤网的堆积密度

产品的堆积密度越大,纤维间的空隙被压缩,纤网的平均孔径也就越小。

5. 纤维细度

纤维越细,纤维间的间隔也越小,平均孔径也越小。

6. 抽吸风箱入口结构

抽吸风箱的入口宽度(mm)越窄,气流速度提高,纤网的堆积密度增大,平均孔径也越小。

7. DCD 的影响

DCD 越小,纤网的堆积密度越大,平均孔径则越小,静水压会越高。

8. SMS 产品中纺粘法纤网的结构

在纺粘法纤网的支撑和加强作用下,熔喷纤网的阻隔性能增加,结构更稳定。纺粘法纤维越细,分布越均匀,对产品静水压的贡献也越大,越明显。

(五)静水压与熔喷系统数量的关系

熔喷纤网是提供静水压的核心,随着熔喷纤网定量或占比的增加,孔径变小,静水压 P_n 升高。在熔喷纤网占比不变的情形下,静水压也将随着熔喷系统数量 n 的增加而升高,其本质是在牵伸速度 v 不变的条件下,喷丝板的单孔熔体流量 q 减少,纤维变得更细所致。

$$\text{PP 纤维直径 } d(\mu\text{m}) = 1183 \times \sqrt{q/v}$$

产品的静水压与配置熔喷系统数量 n 的平方根成正比:

$$\text{静水压 } P_n = \sqrt{n} \times P_1 \qquad (n = 1,2,3,4,\cdots)$$

表 5-12 为在熔喷层占比一样的条件下,产品的静水压与投入运行熔喷系统数量的相关性。但在生产实践中,由于还存在其他影响因素。因此,产品的静水压并不是严格遵循这个定量关系,但这种规律还是存在明显倾向的。

表 5-12　产品静水压与熔喷系统数量的关系

纤网结构	SMS	SMMS	SMMMS	SMMMMS
静水压	P_1	$1.414P_1$	$1.732P_1$	$2P_1$
P_n/P_1	1	1.414	1.732	2.0

注　各层熔喷纤网是平均分配的,由于随着投入运行纺丝系统数量的改变,实际的工艺也会发生变化,因此,产品的静水压并不会很严格呈现上述这种有规律的变化,但随着投入运行熔喷系统数量的增加,产品的静水压呈上升趋势则是必然的。

生产线中投入运行的熔喷系统越多,产品的阻隔性能也会越好,但产品的能耗也随之增加。在生产过程中,可以根据产品对静水压、透气性的要求,合理控制投入运行的熔喷系统数量,降低产品能耗。

生产线中的多个熔喷系统，一般并不均分熔喷纤网的占比，增加上游位置熔喷系统纤网的占比，有利于缓解成网机网带被堵塞的这个现象，有利于延长网带使用周期。各个熔喷系统的纤网定量占比，一般按从上游到下游递减的规律分配，最上游系统可为最下游系统的1.2~1.4倍。

（六）接收距离及对产品性能的影响

接收距离DCD是指喷丝板（或纺丝组件）出口至接收装置间的距离，为熔喷技术领域的一个重要工艺参数。

熔喷系统的DCD值与产品用途有关，SMS生产线主要用于生产阻隔型产品，DCD的变化范围较小，一般在80~300mm。DCD值的大小会影响铺网幅宽，均匀度、强力、断裂伸长率、静水压、透气性、手感，纤网密度等性能（图5-24）。

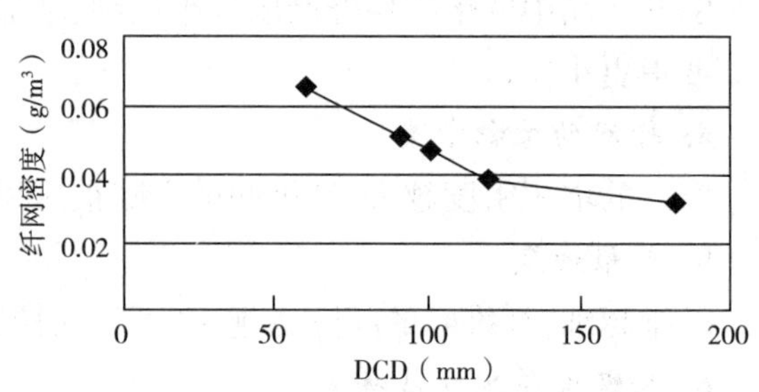

图5-24　纤网密度与DCD的关系

DCD增加，纤网的密度呈减小的趋势，纤网变得更为蓬松，透气量会增大，手感也会变好，但静水压下降，铺网宽度会变窄，产品的拉伸断裂强力降低，纤网的均匀度变差，发生并丝的数量增加等。

DCD对纤网密度影响很敏感，而纤网密度是对产品阻隔性能影响很大的因素。因此，调节DCD是生产过程常用的、重要的工艺措施。由于机型不同且还要兼顾产品的透气性，静水压的峰值一般出现在DCD为110~160mm这个范围。

四、产品的静水压与透气性

产品的静水压与透气性两者间存在此消彼长的关系，静水压上升、透气性就降低。随着熔喷层纤网密度的增加，或纤维变细，产品的透气性都会变小（图5-25）。

通过调节DCD或改变投入运行的熔喷系统数量、调整熔喷纤网的占比、纤维细度等，都可以使同样定量规格的产品却能满足不同用途的要求，如在生产医疗制品材料时，用作手术衣的材料要偏重于静水压，而用作医疗器械包布材料时则还要关注透气性。

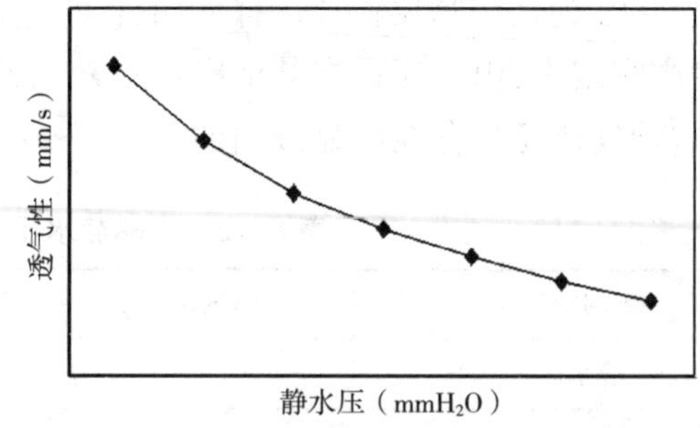

图5-25　静水压与透气性间的互补关系

所有与静水压有关的工艺因素都可以用于调节产品的透气性，但调节方向及变化趋势刚好与静水压相反，如增加纤维细度，降低纤网堆积密度等，但在所有这些措施中，一般以增加DCD这个方法最为常用。

仅有一个熔喷系统的SMS生产线是很难同时兼顾产品的静水压和透气性的，无法改变其互补关系，特别其难于获得较高的静水压。因此，一般以保证静水压要求作为首要任务，在这个前提下才考虑改善其透气性。但对于配置有多个熔喷系统的生产线,就有条件灵活地调整两者间的关系。

例如,每一个熔喷系统都以较大的 DCD 进行纺丝,使纤网较为蓬松,但因为每一个系统的单孔流量较小,纤维较细,多层这样的纤网叠加后,既可以获得较高静水压、又有较大透气量的产品。

五、纺粘法纤网对 SMS 产品静水压的影响

(一)纺粘法纤网在 SMS 产品中的作用

1. 纺粘法纤网对熔喷纤网的加强支撑作用

由于熔喷纤网的定量小,强度低、容易断裂,在测量静水压时,独立的熔喷纤网很容易发生破裂或被击穿。在 SMS 产品中,增强了纺粘法纤网对熔喷层纤网的防护作用后,除了可以改善产品的耐磨性以外,对熔喷纤网具有加强支撑作用,从而使 SMS 产品具有更高的静水压(图 5-26)。

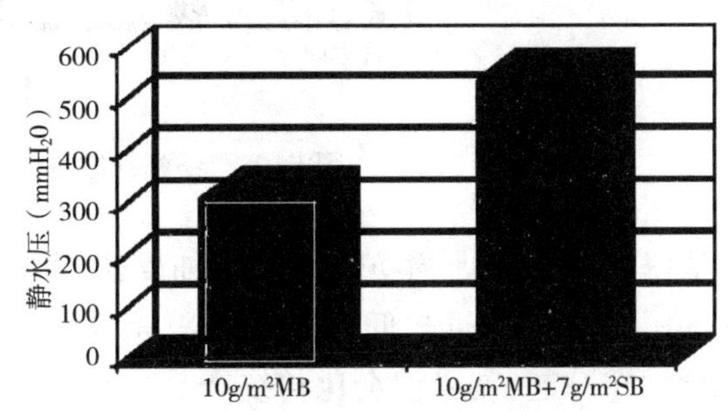

图 5-26　纺粘法纤网对熔喷纤网的加强作用

纺粘法纤网对熔喷纤网的加强支撑作用,能明显提高 SMS 产品的静水压,图 5-26 显示 $10g/m^2$ 的熔喷布,在没有纺粘法纤网时的静水压为 $320mmH_2O$,而增加一层 $7g/m^2$ 的纺粘法布防护后,复合纤网的静水压上升到 $560mmH_2O$。说明 SMS 产品中的纺粘法层纤网对提高静水压有很大贡献。

2. 纺粘法纤网的阻隔性能

随着纺粘法纤网定量的增加或纤维细度降低,纺粘布的静水压也随之升高;同一定量规格的产品,其静水压与产品的结构存在 SSS>SS>S 这个规律。这主要是纺丝系统越多,纤维也会越细,均匀度越好,静水压也就越高。

从图 5-27 的静水压曲线可看到,$13g/m^2$ 纺粘法产品的静水压值在 $80\sim90mmH_2O$,这是日常进行静水压测试时,较为常见的静水压值。也就是当 SMS 产品刚开始进行静水压测试时,由于质量较差,试样开始冒出水珠时对应的静水压值。

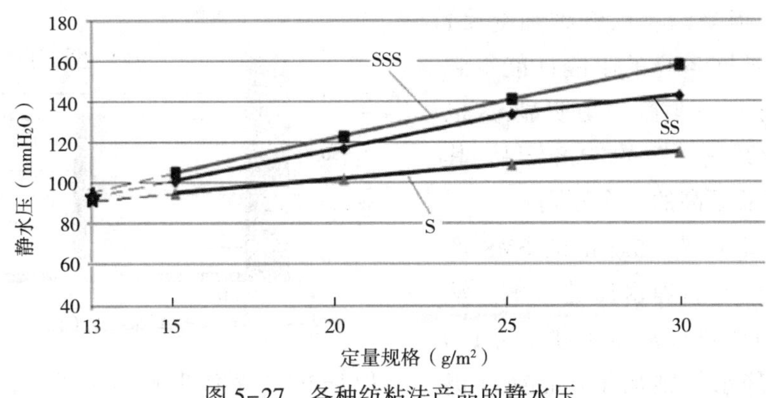

图 5-27　各种纺粘法产品的静水压

虽然纺粘法纤网的纤维较粗，结构没有熔喷纤网致密，空隙也较大，但仍会具备一定的阻隔性能。因此，除了对熔喷纤网有支撑加强作用外，也具备一定的阻隔性能，对SMS产品的静水压也有一定的贡献。特别是当纺粘法纤网的纤维较细时，纺粘法纤网自身形成的静水压也会很可观，与熔喷纤网的阻隔性能叠加在一起，能明显提高SMS产品的静水压(图5-28)。

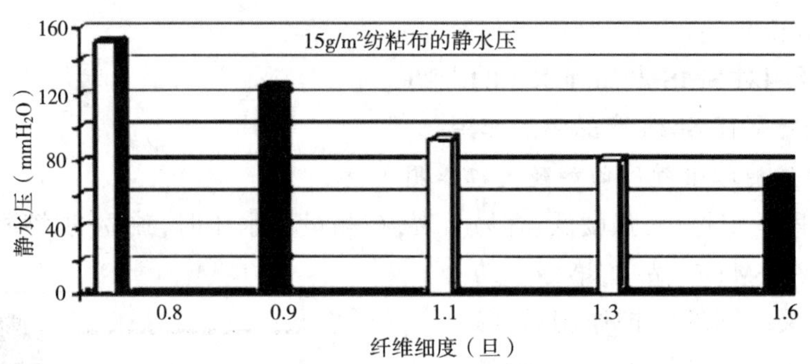

图5-28　纺粘纤维细度与产品静水压的关系

从图5-28可见，当纺粘法纤维细度达到0.8旦以后，15g/m²纺粘布的静水压值也达到150mmH_2O，几乎接近较低水平的15g/m²SMS产品的静水压，这种纺粘纤网与熔喷纤网的静水压叠加在一起，就必然会比传统产品更高，这也是新型生产线的产品有较高静水压的一个原因。

(二)SMS产品中的纺粘法纤网对静水压的影响

在SMS产品中，熔喷层纤网是形成产品阻隔性能的核心，但熔喷纤网层的定量占比较小，如一般用作卫生制品材料的SMS产品，其占比一般≤15%，如果没有纺粘法层纤网的贡献和加强作用，是很难使产品具备所需要的静水压。

1. 纺粘法纤网的静水压

纺粘法纤网的均匀度对产品的阻隔性能影响很大，均匀度越差，其稀网部位的静水压会较低，成为产品的一个静水压短板，产品的静水压分布也越离散；而纤维细度决定纤网的遮盖性和平均孔径，纤维直径越小，纤网的平均孔径也会越小，产品的阻隔性能会较好。

一般情形下，纺粘法纤网的纤维较粗，空隙较大，因此，阻隔性能不突出，对SMS产品的静水压贡献不大，其主要作用还是对熔喷层纤网的承托和加强，这时材料的静水压主要是由熔喷层纤网贡献的。但当纺粘法纤维细度≤1旦以后，纺粘法纤网自身的阻隔性能得到改善，对材料静水压的贡献将更明显，这也是一些新型纺丝系统生产的SMS产品，其静水压比传统产品更高的一个原因。

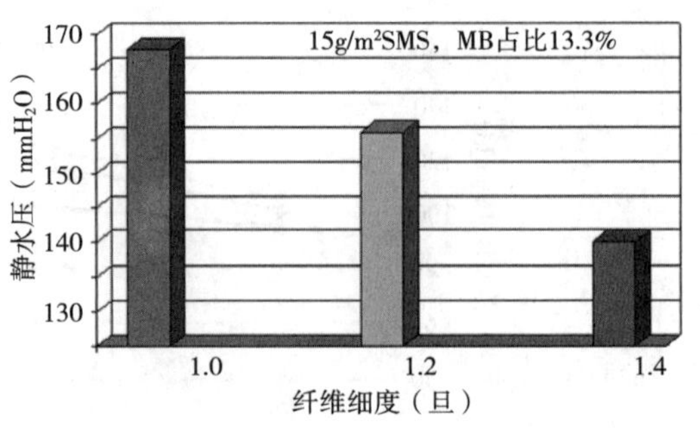

图5-29　纺粘法纤维细度对产品静水压的影响

图5-29为定量为15g/m²的SMS产品，其纤维细度对产品静水压的影响。从图中可见，随着纤维细度从1.4旦变为1.0旦以后，产品的静水压则从140mmH_2O提

高到 168mmH_2O 左右。表明产品的静水压会随着纺粘法纤维变细而获得明显的提高。

虽然提高纺粘法喷丝板的孔密度有利于降低喷丝板的单孔熔体流量,提高产品的均匀度,但会影响熔体细流或纤维的冷却,即会影响纺丝稳定性。国内常用规格(宽度为 216~256mm)的纺粘法喷丝板,其喷丝板孔密度为 5000~7000 个/m,纤维细度一般为 1.6~2.0 旦。

而目前新型纺粘法纺丝系统的喷丝板,其孔密度一般为 6500 个/m,喷丝孔的直径也较大(0.60mm)。目前最新纺丝系统的喷丝板宽度为 345mm,孔密度约为 6700 个/m,喷丝孔直径为 0.5mm。但因为系统有足够高的牵伸速度和纺丝稳定性,PP 纤维的细度可达到 0.7 旦这一水平,产品的质量也有明显的提升。

2. 纺粘法纤网的纤维细度对 SMS 产品静水压的影响

随着纺粘法层纤维细度的降低,均匀度趋好,对熔喷纤网的防护支撑作用更有效,加上纺粘法纤网本身所形成的阻隔作用,两种作用的叠加,使 SMS 产品的静水压也随之增加。因此,通过降低纺粘法纤维细度,改善纤网的均匀度,是提高 SMS 产品静水压的一个途径。

纤维细度及纤网的均匀性决定纤网的遮盖性和平均孔径,纤维直径越小、越均匀,产品的阻隔性能会越好。目前,一些较好的国产设备,其纺粘法纤维细度可以达到 1.5~2.0 旦,而国外最新机型的纤维细度一般在 1.0~1.5 旦,较细的纤维细度已达 0.7 旦,用配置有这种纺粘法系统的 SMS 生产线生产的产品,纺粘法纤网对静水压的贡献就更为明显,产品的静水压就明显比早期的机型更高(图 5-30)。

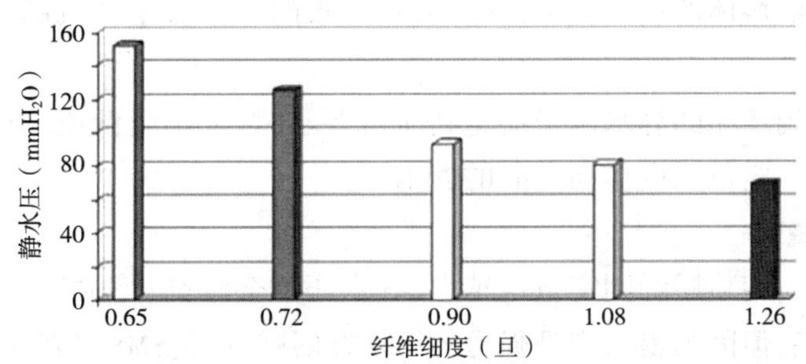

图 5-30　SMS 产品的静水压与纺粘法纤维细度的关系

如一条 SMMS 生产线在单个纺粘法系统的产能为 176kg/(m·h)状态,以熔喷层占比为 20%,生产定量为 35g/m^{2}的 SMMS 产品,在对应的纺粘法纤维细度约为 1.3 旦,产品的静水压即可达到 750mmH_2O,这是以前同样定量规格产品不容易做到的。

当将单个纺粘法系统的产能提高至 181kg/(m·h)状态,纺粘法纤维细度仍为 1.3 旦,以熔喷层占比为 23%生产 45g/m^{2}SMMS 产品时,由于产品的定量规格增加,熔喷纤网占比提高,静水压即可达到 1000mmH_2O,具有很好的阻隔性能。

由于纺粘法纤网的纤维细度会影响产品静水压,当纤维直径较细时,纺粘法层纤网对产品静水压的贡献就很明显。因此,在生产过程中不仅要关注熔喷层纤网的质量,也要关注纺粘法纤网,特别是底层纤网的纤维细度和均匀度。

3. 不同成网工艺产品静水压对比

在熔喷系统结构及设备配置相同的情形下,使用不同成网方法生产的 SMS 产品,其静水压存在一个相互覆盖区域,产品具有相近,甚至相同的阻隔性能,说明产品的静水压与成网工艺无关(图 5-31)。

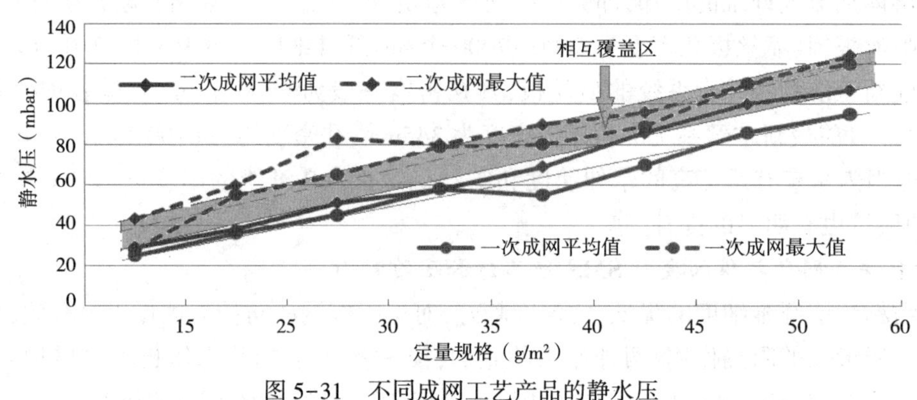

图 5-31　不同成网工艺产品的静水压

六、影响产品静水压的其他因素

(一)成网速度

在生产同样定量规格的产品时,熔体的挤出量与成网机的速度呈线性关系。在熔体的挤出量相同状态,成网机的速度越低,产品的定量规格就越大,静水压会越高;同样定量规格的产品,成网机的线速度越低,熔体的挤出量也会越小,喷丝板的单孔流量也就越小,纤维会较细,产品的静水压越高。

在生产过程中,当产品的静水压未能达到质量要求时,采用降低成网机速度并同步降低纺丝泵的速度,就能在一定范围内提高产品的静水压。

(二)产品的定量

产品的定量越大,熔喷层纤网定量也越大,静水压就会越高;熔喷层纤网所占的比例越大,产品的静水压也越高,但因为提供产品强力的纺粘纤网减少了,SMS 产品的强力会下降,产品的原料成本增加、能源消耗也越多,生产成本也升高。

(三)热轧固结工艺

花辊的热容比越大,纤网中不透水的薄膜化面积增加,静水压也越高;选择恰当的、均匀的线压力和温度,在避免发生局部穿孔的前提下,提高温度和线压力,有利于提高产品的强力和产品的静水压。

(四)产品加工路线

卷绕张力会影响纤网的结构,产品被卷绕加工的次数越多,纤网被牵扯的次数增加,结构会发生变化,静水压的损失也就越大;离线加工的加工次数越多,产品受污染及张力的影响也越明显,静水压就会较低。

在卷绕张力的作用下,靠近布卷芯部产品受到的挤压较明显,密度会增加,产品的静水压会升高,但这会导致在同一布卷中,不同位置产品的静水压及透气性会有差异。

(五)组件维护

提高熔喷纺丝组件的清洗、检测、装配、安装质量,及时刮板、更换喷丝板等,都可以充分发挥纺丝组件的技术性能。纺丝组件的技术状态越好,产品的质量就越稳定,就容易获得较好的静水压。

(六)纺丝系统的产量

纺丝系统的产量与熔体流量或纺丝泵的速度呈线性关系,在生产同一规格的产品时,纺丝泵的转速越快,纺丝系统的熔体挤出量(产量)也会越大,而静水压也会越低,降低生产线的速度可以提高产品的阻隔性,即产量较低时,产品会有较高的静水压,这是生产过程中经常采用的工艺措施。

改变熔体的流量、纺丝泵的转速或产量,实质上就是改变喷丝板的喷丝孔熔体流量,直接影响纤维细度,对产品质量的影响是多方位的。表5-13表明,随着纺丝系统产量的增加,产品的静水压也随之降低。

表5-13　产品的静水压与纺丝系统产量的关系

产量[kg/(m·h)]	60	50	40	20
静水压(mmH_2O)	330	420	460	550

纺丝系统的产量会对产品静水压产生影响,其本质还是喷丝孔的熔体流量,也就是纤维细度对静水压的影响。如果要提高产量,必然要提高纺丝泵的转速,也就是要增加喷丝孔的熔体流量,纤维必然会变粗,产品的静水压就必然下降。而在减少产量时,纤维会变细,静水压就提高,这是一个不可逾越的规律(图5-32)。

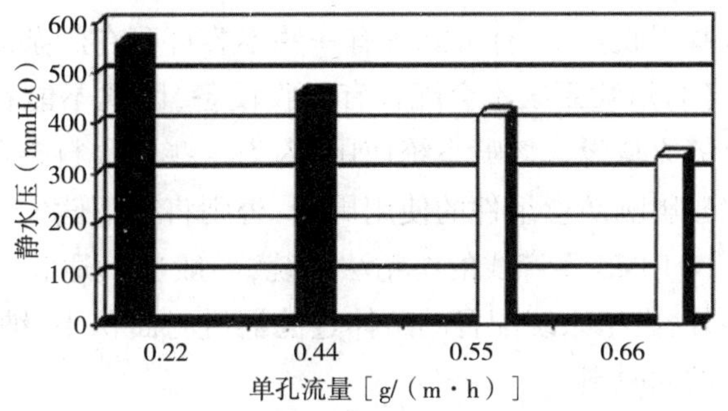

图5-32　喷丝板单孔流量与产品的静水压

图5-32表明,随着喷丝板的喷丝孔熔体流量的增加,纤维变粗,平均孔径增大,产品的静水压也就随之降低。这也表明,产品要获得较高的静水压,必须控制喷丝孔的熔体流量,或者是控制纺丝泵及成网机的速度。

(七)后整理

产品在进行离线整理或离线分切时,非织造材料要多经历一次放卷、卷绕加工过程,过大的卷绕张力会破坏产品的结构和阻隔性能。进行后整理也会影响产品的阻隔性能,如在进行抗静电整理时,如整理剂污染了熔喷层,将导致阻隔性能下降、甚至消失。

如前所述,当聚合物熔体中含有弹性体材料时,对产品的静水压和物理性能都会产生负面影响,如断裂强力下降,伸长率变小,手感变差等。

(八)原料

原料的流动特性会影响产品的质量。MFI越大,熔体的流动性越好,熔体细流越容易被牵伸成较细的纤维,产品的阻隔性能会越好。因此,要生产阻隔性能良好的SMS产品,要选用流动性较好的聚合物原料。目前,熔喷系统常用的聚丙烯原料的MFI为1200~1500之间。

当然,在原料的MFI较小状态,为了获得较高的流动性,采用更高的熔体温度也能补偿原料流动性的不足。

(九)环境

熔喷纤网是依靠自身余热自黏合成为熔喷布的,环境的温度会影响熔喷纤网的冷却效果,环境温度越低,熔喷布的冷却较快,产品的质量较好,特别是不容易出现晶点,其阻隔性能会越好。

因此,有的SMS型生产线的熔喷系统会配置强制的冷却吹风装置,使熔喷纤维的冷却过程在受控状态下进行,保证了产品的质量及质量的稳定性、可重现性。

七、回收对产品质量的影响及回收量的控制

在SMS生产线中进行回收,其对纺丝过程及产品质量的影响与独立的纺粘生产线类似,但对产品静水压的影响是一个需要特别关注的事情。

(一)SMS不良品的可回收性

(1)虽然SMS材料中含有流动性很好的熔喷层纤网,但实践证明,SMS材料及不良品是可以进行回收循环利用的,但只能利用纺粘法系统进行回收。

(2)在生产卫生、医疗制品材料的SMS生产线,不宜回收含有碳酸钙类填充料的物料,因为在这些回收料中,有可能含有一些不容许存在的杂质或污染物。

(3)熔喷系统不会配置有回收设备,因此不能在熔喷系统进行不良品回收,也不要将造粒回收的原料投入熔喷系统使用,因为这些回收料杂质多、灰分高,对纺丝稳定性影响很大,而且会明显影响纺丝组件的使用周期,否则将得不偿失。

(4)SMS生产线的纺粘法系统,一般也不适宜使用再生的回收料,除了避免不良成分混入产品外,由于系统配置的熔体过滤器过滤面积小,纳污能力低,无法适应这类型灰分含量高、杂质多的回收料。

(二)回收对纺丝过程及产品质量的影响

(1)因喂料不均匀而导致熔体压力波动。

(2)回收容易引起产品色差。日常的纺丝熔体加入回收料以后,由于回收比例的波动和回收料的颜色差异,加上经过二次熔融加热后,回收料中的色调会发生变化,导致产品很容易出现随机性的色差。

(3)除了SMS不良品外,回收的物料还可能来自其他途径,其中可能含有各种不可控的杂质和灰分,熔体过滤器滤前压力上升速率会较快,回收会缩短熔体过滤器滤网的使用周期,明显增加了更换过滤网的次数,也增加了熔体压力的波动。

(4)回收过程会使纺丝板组件中滤网的堵塞速度加快,使纺丝过程异常,最终也缩短了喷丝板的使用周期。

(5)如果回收物料中的杂质会影响SMS材料的表面能,导致材料表现有亲水性时,会对产品的静水压产生负面影响。表面能越高,静水压越低。

(6)如回收物料中含有过量的水分、润滑油等物质,将导致发生大面积的严重断丝,导致生产中断、停机,如果发生在上游的系统,还会严重污染成网机的网带。

(三)回收量的控制

因回收螺杆挤出机输出的熔体比主螺杆挤出机增加多了一次熔融过程,会发生不可避免的

降解,分子量下降,导致其 MFI 会比正常切片原料高,过量回收实际上是增加了分子量分布宽度,容易出现断丝、滴熔体现象,产品的力学性能也会下降,产品的强力降低。

在保障产品质量的前提下,可以回收 SMS 类的边料、废料、次品等不良品,回收比例一般控制在 10%~15%。

第十节　与纤维细度相关的因素

一、纤维细度

根据纤维细度的定义,当以旦(denier)表示时,其实就是每 9000m 纤维的质量,其计量单位为克(g),在数值上等同纤维的旦数,其计算公式为:

$$纤维细度(旦)= 9000\times q/V_f$$

式中:V_f为纺丝牵伸速度(m/min),q 为对应 1min 内从单个喷丝孔喷出的熔体质量(g),也就是冷却后的纤维质量,其单位为 g/min。

对于直径为 d(μm),材料密度 ρ(g/cm^3)的纤维为可以推导出:

$$纤维的质量(g)= 密度\rho(g/cm^3)\times纤维截面积(cm^2)\times(9000\times10^2)(cm)$$

$$=\rho\times(3.14\times d^2\times10^{-8}/4)\times(9\times10^5)=\rho\times0.007065\times d^2$$

纤维细度与纤维原料的密度有关,将 PP 纤维的密度 ρ=0.90 代入上式,可得:

$$PP 纤维细度(旦)= 0.006359\times d^2$$

例如:在单孔流量为 0.5g/min,纤维直径为 18μm,相当于 2 旦时,V_f=2184m/min,这是目前国产宽狭缝纺粘法系统可达到的纺丝速度。当熔喷纤维的平均直径为 5μm 时,V_f = 28306m/min,可见熔喷法的纺丝速度远比纺粘法高,纤维也更细。

从上述的纤维细度计算公式及生产实践可以知道,在纺丝速度 V_f保持不变的状态,降低单孔流量 q 时可以获得更细的纤维:或者在喷丝孔的熔体流量 q 保持不变的状态,提高纺丝牵伸速度 V_f也可以获得更细的纤维。而用不同的方法对产品质量的影响是不一样的。

在纺丝系统有足够的牵伸速度情况下,用提高牵伸速度的方法可以在不减少产量的前提下,使纤维得到充分的牵伸和取向,能获得更高质量的纤维和产品,而用减少喷丝孔熔体流量的方法虽然也能获得较细的纤维,不仅减少了纺丝系统的产量,纤维可能也没有得到充分的牵伸和取向,无法获得较高质量的产品。

熔喷纤维直径的大小影响产品的过滤、阻隔性能,同样重量的纤维,纤维的表面积与纤维的直径成反比,即直径越大,表面积越小,如直径为 20μm 的纤维,其表面积为 1m^2,而同样质量直径为 2μm 的纤维,其表面积增加 10 倍,为 10m^2。即直径缩小至 1/10,而表面积则增加 10 倍。

空气过滤介质的过滤效率取决于材料的表面积,表面积越大,其过滤效率越高,也就是纤维的直径越小,产品的过滤效率也越高。

在纤网的密度相同的条件下,纤网的孔径与纤维直径成正比,纤维越粗,孔径越大。而纤网的静水压是与纤网的孔径成反比的,孔径越小,静水压也就越高,也就是纤维的直径越小,产品的静水压也越高。

二、影响产品纤维细度的因素

在SMS产品中,同时存在纺粘法纤维和熔喷法纤维,而这两种纤维的粗细都会影响产品的质量,而影响纤维细度的很多因素是共性的。但在一般的产品中,纺粘法纤维主要是影响产品的力学性能,而熔喷纤维对产品的静水压影响最大,而且影响熔喷纤维细度的工艺因素也比纺粘法系统更多。

(1)原料MFI(g/10min)。MFI越大,熔体的流动性越好、越容易纺制出直径更细的纤维。

(2)喷丝板孔密度(hpi)。孔密度越大,在同样的纺丝泵挤出量状态,喷丝板单孔流量越小,纤维越细;在同一个熔喷纺丝系统,使用高孔密度的喷丝板可以将纤维直径降至亚微米级,产品的静水压会比使用常规孔密度的喷丝板更好。

(3)纺丝泵的转速(r/min)。在保持纺丝稳定性的基础上,纺丝泵的转速越低,喷丝板单孔熔体流量(ghm)流量越小,纤维会越细,但产量也会越小。

(4)产品的定量规格(g/m^2)对纤维细度的影响。同一定量(g/m^2)规格的产品,成网机的速度越慢,纺丝泵的转速也要按比例降低,熔体挤出量同步减少,纤维会变越细,但其本质还是受纺丝泵转速的影响,使喷丝板单孔流量减少所致。

(5)纺丝熔体温度(℃)。熔体的温度越高,熔体细流越容易牵伸为细纤维,纤维的直径越小,纤维越细,产品的平均孔径越小,静水压越高。

(6)牵伸速度(m/min)。速度越快,纤维越细。

(7)熔喷牵伸气流温度(℃)。温度越高,牵伸纤维的能量越多,纤维越细。

(8)熔喷纤网的占比(%)。在占比不变的条件下,投入运行的熔喷系统越多,分配给每个纺丝系统的纤网定量越小,喷丝板的单孔流量降低,纤维越细。

三、熔喷系统与纤维细度的关系

(一)牵伸气流速度与纤维细度的关系

熔喷纤维的牵伸效果主要是由气流的温度和速度两个因素决定的,提高气流的压力或流量相当于提高了牵伸速度,两者的效果是相同的,都可以降低纤维细度,提高产品静水压。通常是通过提高牵伸风机的转速或增加牵伸气流调节阀门的开度来实现。表5-14为早期进行熔喷纺丝试验的数据。

表5-14　牵伸气流压力与纤维细度的关系

气流压力(MPa)	0.3	0.35	0.42	0.44	0.56
纤维细度(μm)	5.3	3.2	2.8	2.6	9

随着牵伸气流的压力或流量增加,纤维的直径变细,静水压上升,但这个变化是受限制的,当压力增加到一定值后,或牵伸速度提高到一定值后,容易产生晶点、断丝及并丝,纤维反而变粗,影响产品的质量,静水压反而会下降。

保持纤维的直径不变,牵伸速度越高,纺丝泵的速度可更快,产量也越高;在产量相同的条件下,牵伸速度越快,纤维直径越细。

(二)熔喷系统牵伸气流温度与纤维细度的关系

牵伸气流的温度可以影响熔体的流动性和牵伸阻力,常比纺丝熔体的温度高5~10℃,PP

系统的牵伸气流温度一般在260~280℃。温度越高,熔体的流动性越好,纤维也越细,产品的静水压也会提高。

牵伸气流对喷丝板还有加热作用,温度偏低会影响喷丝板安全,而随着牵伸气流温度的上升,在高于一个临界值后,纺丝稳定性会变差,容易出现晶点,影响静水压。

在熔体的纺丝、牵伸过程中,牵伸气流的温度、速度与熔体温度这几个工艺参数对纤维细度的影响是类似的。在相同的条件下,牵伸气流及熔体的温度越高,牵伸气流的速度越快,纤维就越容易牵伸,直径也越小,产品的静水压也会越高(表5-15)。

表5-15　静水压与牵伸气流温度的关系

气流温度(℃)	270	290	310	330
静水压(mmH_2O)	180	275	290	370

在牵伸风量大、风速(压力)高、风温高的工艺条件下,可生成较细的纤维。气流速度取决于风机的压力和流量,也与牵伸气流管网阻力,如管道布置,稳压、分流方式,纺丝组件气隙大小,纺丝组件的气流与纤维出口间隙宽度等有关。

熔喷牵伸风机的压力一般≤0.14MPa,而纺丝系统每分钟单位幅宽的牵伸气流流量在25~33m^3/(m·min)。

(三)熔体流动性、熔体温度对纤维细度的影响

聚合物原料的MFI越大,流动性越好;原料MFI与熔体温度对静水压的影响效果是类似的,温度越高,流动性越好,牵伸阻力会较小,越容易纺出更细的纤维,可使产品获得更高的静水压,具有更好的阻隔性能。

熔喷系统常用MFI1500的PP原料,如要求纤维较细,可考虑选用茂金属催化切片原料,这对提高纺丝稳定性有较大的好处。如Achieve 6936G1、PP6936G2、PP6035G1、Achieve 3854(纺粘法用)。

为了改善熔体的流动性,用添加剂改性也是一个常用措施,如添加威达美8880后,随着添加比例的增加,产品中会出现更高比例的细直径纤维,产品的静水压也随之升高,而透气性保持不变。

熔体温度一般比聚合物的熔点高100℃或更多,一般在250~280℃之间,国外纺丝系统的熔体温度要比国内的习惯工艺更高,使用较高MFI原料,可用较低的熔体温度,有明显的节能效益(图5-33)。

添加色母粒会改变熔体的流动性能,会增加熔体的黏度,所含的分散剂会影响纺丝稳定性,限制了牵伸速度,产品容易出现颗粒状缺陷(晶点),导致静水压降低,并缩短喷丝板的使用周期。

通常情况下,纺粘层纤网的纤维细度对产品的静水压影响不大,但随着纺粘层的纤维越来越细,对产品静水压的贡献会越来越大、越明显。纺粘纤维变细以后,自身所形成的阻隔性能提高,其次是纺粘法纤维越细以后,会改善纤网的均匀度。对熔喷层纤网的保护、加强作用越大。

当纺粘法纤维细度<1旦以后,SMS产品的静水压会在上述多个因素的加持下,产品的静水压会有明显的提高。这就是同一定量规格的SMS产品,用新机型生产的产品静水压,会明显大

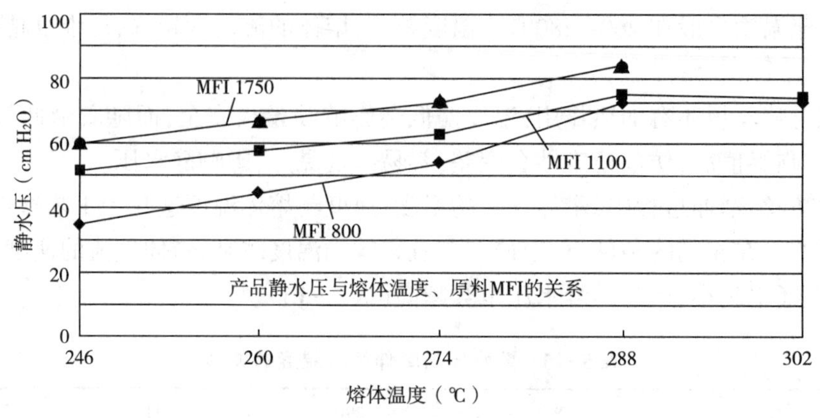

图 5-33　产品静水压与熔体流动性的关系

于旧机型产品的内在原因。用早期 SMMS 生产线生产的 45g/m²产品，其静水压约在 80cmH_2O，而用最新机型生产的同一规格产品，其最高的静水压可达 100cmH_2O。

（四）熔喷系统 DCD 对纤维细度的影响

在一定的初速度下及在一定范围内，纤维细度会随着 DCD 的增加而变细，但其变细的趋势将逐渐减少，一般认为当 DCD≥110mm 时，纤维所达到的速度与气流的速度基本相等，加速度趋近 0，纤维不再受力被牵伸，直径尺寸也趋稳定，纤度最细，而产品的透气量则呈增大趋势（图 5-34）。

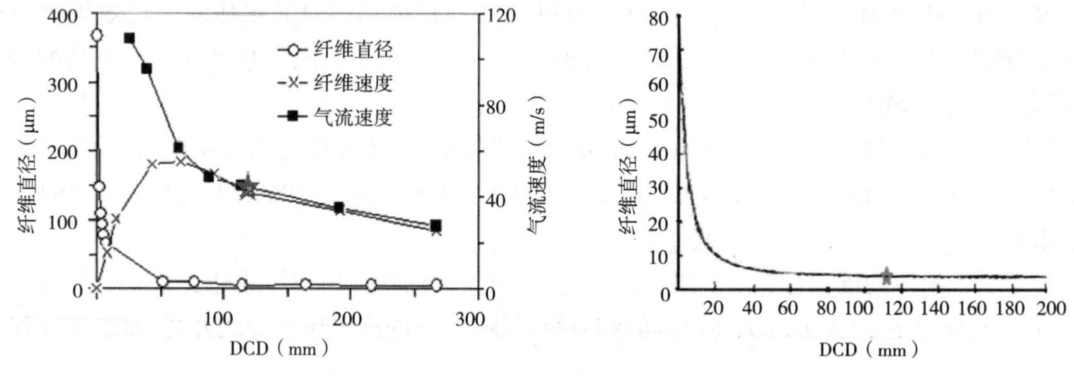

图 5-34　纤维直径与气流速度、DCD 的关系

DCD 的大小会影响纤维的牵伸、冷却和产品的密度。DCD 较小时，产品的均匀度好，密度高、结构密实，阻隔性能好、静水压升高，透气性差，产品的拉伸断裂强力升高、伸长率变小，产品变得脆硬。

DCD 较大时产品的均匀度差、并丝多、密度低，结构蓬松，阻隔性能差、静水压降低，透气性好，手感好。

生产阻隔型产品时，DCD 有一个最佳值，一般为 150~250mm。

（五）喷丝板的孔密度对静水压的影响

喷丝板孔密度是指沿喷丝板 CD 方向，单位长度的喷丝孔数量，即：

$$孔密度（个/m 或 hpi）=\frac{喷丝孔总数（个）}{布孔区长度（m 或 in）}$$

单孔流量是指每一个喷丝孔在1min内的熔体流量,即:

$$单孔流量[g/(h \cdot m)]=\frac{纺丝泵挤出量(g/min)}{喷丝孔总数(h)}$$

纤维细度与喷丝板的单孔熔体流量存在以下关系:

$$纤维细度=K\times单孔流量/牵伸速度$$

其中K值与计量单位有关。

当纤维细度单位为旦时,与单孔流量的关系:

$$纤维细度(旦)=\frac{9000\times单孔流量}{牵伸速度(m/min)}$$

较小的单孔流量能获得更细的纤维,使产品有更高静水压,因此,用高孔密度喷丝板生产的产品静水压,要比用孔密度较低的喷丝板生产的产品有更高的静水压。熔喷系统的喷丝板的孔密度有越来越高的趋势。其本质就是因为在同样的纺丝泵速度,高孔密度喷丝板的单孔流量较小,纤维较细所致。

曾用hpi70的熔喷喷丝板做过比对实验,其样品的静水压要比用市场上的常规喷丝板(hpi45)生产的产品提高20%~30%,效果很明显。

这个原则同样适用于纺粘法纺丝系统,但在提高孔密度以后,相对熔喷系统、纺粘法系统的熔体细流或纤维的冷却问题较为突出,会影响纺丝稳定性。因此,在纺粘法系统就无须追求更高的孔密度的喷丝板。

国内SMS生产线熔喷系统喷丝板的hpi为35~42,最高为50;即相当于1378~1654个/m,最高为1969个/m。

(六)单孔流量与产品静水压的关系

喷丝板单孔流量越小,也就是纺丝泵的转速越低,产品的静水压会越高。生产过程中经常会利用纺丝泵或成网机降速的方法来改善产品的静水压,其本质就是降低喷丝板的单孔流量。但降低单孔流量会减少产量,能耗增加,经济效益会下降(表5-16)。

表5-16　单孔流量与静水压的关系(样品的定量为10g/m²)

单孔流量[g/(h·m)]	0.22	0.44	0.55	0.66
产量(%)	100	200	250	300
静水压(cmH_2O)	55	45	40	32

喷丝板的孔密度与SMS产品静水压存在较强的相关性,用孔密度较高的喷丝板生产的SMS产品具有较高的静水压(表5-17)。如用hpi70喷丝板生产的SMS产品,其静水压会比用hpi42喷丝板生产的产品提高了近30%。

表5-17　喷丝板孔密度,产量与静水压的关系

孔密度(hpi)	不同产量条件下产品的静水压(mmH_2O)	
	产量56[kg/(m·h)]	产量60[kg/(m·h)]
35	400	300
50	540	460

同一块喷丝板,单孔流量越大,产量也越高,但静水压越低;产量相同,喷丝板的孔密度越高、单孔流量越小、纤维越细、静水压越高。

(七)熔喷纤维的冷却

熔喷系统是在开放的空间纺丝,纤维在车间环境的空气中冷却并固结成网。产品质量会随现场环境温度变化而波动,产品下线后质量仍会出现变化,一些性能存在明显的衰减现象。

环境温度越高,对产品的负面影响越大,如强力下降、容易出现晶点等,使产品在存放期的静水压降低。当纤维得到充分的冷却时,产品的拉伸、撕裂强力变大,断裂伸长率增加,纤维的刚性较强,而对产品的阻隔性、透气性没有明显影响,产品质量稳定。

配置强制气流(或水雾)冷却装置能显著降低晶点的出现概率,间接提高了静水压。纺丝过程更为稳定,除了能改善产品质量外,还可以提高近20%的产量。熔喷系统冷却侧吹风的流量一般为牵伸气流量的6~8倍;喷嘴出口的冷却风速度约10~20m/s,温度在15~25℃。

第十一节　抽吸风箱结构对纤网堆积密度的影响

一、抽吸风箱入口的气流

抽吸风机的性能要与熔喷系统抽吸风箱入口宽度匹配,对产品的质量有很大的影响。一些熔喷系统仅配置一个抽吸风箱,没有设置辅助抽吸区,而风机的流量太大,压力偏低,工艺适应性差,纺丝过程受环境气流干扰较大,产品均匀性差,静水压也就偏低。

当入口较窄时,吸入的环境气流相对较少,进入抽吸风箱的气流速度较快,纤网堆积面积较小,较集中,阻力较大,风机要有较高的压;而入口较宽时,气流速度较慢,风机压力可较低,但可以吸入更多的环境气流多,需要有较大的流量。抽吸风箱入口宽度一般在115~325mm,最大宽度约是最窄宽度的3倍。

流体的能量等于动能+势能+压力能的总和,是一个衡量,而且可以相互转换。穿透非织造纤网和成网机网带的气流速度,以及到达网带表面以前的纤维运动速度,是决定了纤网堆积密度的重要因素。图5-35为熔喷系统的成网气流示意图。

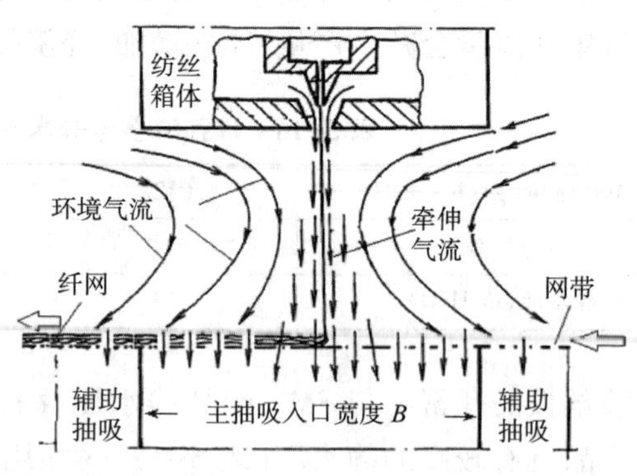

图5-35　成网机抽吸风箱结构和入口的气流

气流与纤维的速度越快,气流受阻尼降速后由动能转换为势能的能量也越多;由于纤维到达网带表面后停止了运动,相对纤维的速度为0,全部动能都转换为势能,加上抽吸风机的负压吸附等综合作用,使纤网厚度变小,密度升高,平均孔径会缩小。

在目前的国产SMS生产线中,熔喷系统配置使用的纺丝箱体、纺丝组件、牵伸风机等核心设备或关键设备,基本都是外购自几个相同的制造商品牌,技术性能近似雷同。仅因设备配置方案上的差异,加上抽吸风箱结构的不同,配置抽吸风机的特性也不一样,才形成了产品质量的差异,但这是与纺丝系统的成网形式是没有直接关联的。

目前,广泛应用的一次成网工艺是通过大量的生产实践而不断优化的接收成网工艺,是一种较成熟的成网工艺,设备较简单、工艺原理简洁、流程较短、可靠性较高、对纤维的铺网过程的干扰及影响较小、是熔体纺丝成网非织造布成网技术的主流。

而其他的成网形式都是将本来可以"一气呵成"的成网过程人为割裂为多个环节,将简单的事情复杂化,至于有关抽吸气流会破坏纤网结构这种解释是牵强附会的,这种多次成网过程除了增加对成网过程的干扰外,不会对提高成网质量有正面的贡献,因为连成网过程基本的互补效应都无法利用了。

二、抽吸风箱的设计影响产品的静水压

由于在同样的熔体挤出量条件下,成网机要处理的成网气流差不多是一样的,抽吸风箱入口的宽度决定了气流透过纤网和网带时的截面面积大小。也就是影响了气流穿透网带时的速度。

抽吸风箱入口 B 较窄(≤150mm),截面积较小,穿透纤网和网带的气流速度较快,转变为压力能的动能增加,纤网密度提高,静水压的最大值可达定量值的 1.6~2.2 倍。当然,这还与熔喷层纤网占比有关,同时要配置压力较高(10~14kPa)的抽吸风机。因此,风机的功率和能耗会较大。图 5-36 为不同的成网机抽吸风箱结构。

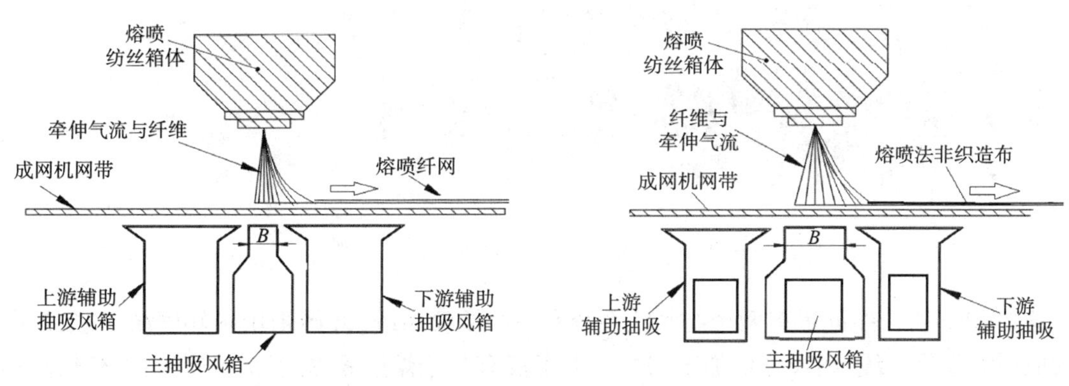

图 5-36　不同的成网机抽吸风箱结构对产品的静水压

抽吸风箱入口 B 较宽(>200mm),截面积较大,穿透纤网和网带的气流速度会较低,转变为压力能的动能较少,纤网密度较小,产品较蓬松,静水压的最大值约为定量的 1.2~1.6 倍。抽吸风机所需的压力较低(≤6.5kPa),在相同的流量下,但风机配置的电动机功率较小,能耗也会较低。不少国产机型及 RF 设备的抽吸风箱都是采用这个型式。

美国精确(APCO)、诺信公司及德国纽马格公司的熔喷系统,部分国产的熔喷系统,其抽吸风入口都较窄。因此,同等定量和结构 SMS 产品的最高静水压,可为入口较宽机型的 1.3 倍左右。

产生这种差异的主要原因还是熔喷纺丝系统抽吸风箱的结构,而与成网方式关联不大,特别是国外最新的主流机型,由于使用了较高孔密度的熔喷喷丝板,加上纺粘纤维也较细,使这种机型在熔喷层占比为 23%的情况下,45g/m^2 的 SMMS 产品的静水压也能达到 100cmH_2O,而产能也达 236kg/(m·h)。

第十二节　复合型非织造布生产线

纺粘法技术与熔喷法技术相结合，用"一步法"生产 SMS 复合型非织造布产品，是熔体纺丝成网非织造布技术的一个重要发展方向，其主要机型包括：

一、SMS 复合型生产线

只有三个纺丝系统的 SMS 复合型非织造布生产线，是 SMS 生产线系列中结构和配置较为简单的基本型设备，也是早期建造数量较多的机型，但由于产品结构简单，产品的质量较为一般，不容易进入高端市场，竞争对手多，适应性不强。因此，现在已较少建造了，但仍是设备制造商保留的基本型产品，图 5-37 为配置了较新型纺丝系统的 SMS 生产线。

图 5-37　SMS 复合非织造布生产线外观

这条 SMS 生产线配置有两个纺粘法系统和一个熔喷系统，纤网采用热轧固结工艺，产品布卷则应用大卷径下线，离线分切加工路线。由于仅有一个熔喷系统，生产的产品没有较高的阻隔能力，只能用作卫生制品材料，及对阻隔性能要求不高的医疗制品材料。

二、SMMS 复合型生产线

SMMS 生产线中配置有两个纺粘法纺丝系统（SB）和两个熔喷法纺丝系统（MB），既可以生产有较好品质的 SS 型纺粘法卫生制品材料，也可以生产有较好阻隔性能的 SMMS 医疗防护制品材料，在一些应用领域，其产品可覆盖 SSMMS 生产线的产品，但设备造价要稍低一些，这是目前国内拥有量较多的一种复合型非织造布生产设备，也是近年引进较多的一个机型（图 5-38）。

这条 SMMS 生产线配置有两个纺粘法系统和两个熔喷系统，纤网采用热轧固结工艺，配置有在线功能整理系统和效率较高的圆网烘干机，产品布卷也是应用大直径布卷下线，离线分切加工路线（图中没有显示有离线分切机）。

为了提高对产品质量的监控能力，在圆网干燥设备与卷绕机之间，一般还配置有在线疵点检测系统，以便为离线分切加工及后续的产品分拣、组合、包装系统提供基础的数据支持。

图 5-38　SMMS 复合型生产线

由于国内大部分企业都希望所配置的大型生产线都具备既能生产卫生制品材料,又能生产医疗制品材料的能力,都会配置可以快速更换花辊的三辊式热轧机。虽然 SMMS 生产线的产品已基本满足一般的市场要求,因此一些主打医疗制品材料市场的企业也会使用或引进这个机型。

但因这种生产线仅有两个纺粘法系统,无法生产卫生制品材料所需的 SSS 产品,因此,具有更多纺粘法系统的 SSMMS 生产线受到了较多的关注。

三、SSMMS 复合型生产线

SSMMS 生产线配置有三个纺粘法纺丝系统(SB)和两个熔喷法纺丝系统(MB),具有较大的运行灵活性。既可以 SSS 形式生产卫生制品材料,也可以 SMMS 或 SSMMS 生产医疗防护制品材料,因此,在企业的设备拥有量不多的状态下,这个似乎具有更强灵活性的机型,曾一度成为引进及国内竞相发展的一种主流的非织造布生产设备(图 5-39),其产品全面覆盖了前述的 SMS 及 SMMS 生产线产品应用领域。

图 5-39　SSMMS 复合型非织造布生产线

(一)生产线的名称及加工路线

SSMMS,热轧固结,在线后整理,离线分切。

(二)适用原料

聚丙烯(PP)切片,SB 系统使用的原料 MFI 为 35~40;MB 系统使用的原料 MFI 为 1200~1500。

(三)产品幅宽

产品幅宽为 3200mm。

(四)产品定量范围

产品定量范围为 10~80g/m^2。

(五)生产能力

每个纺粘法纺丝系统的生产能力为 160kg/(m·h),每一个熔喷法纺丝系统的生产能力为 60kg/(m·h)。

(六)生产线工艺速度

生产线工艺速度为 600m/min。

(七)纺粘法系统

(1)纺丝工艺为整体喷丝板,宽狭缝低压、半开放式纺丝牵伸通道。

(2)供料系统为负压抽吸式自动供料,输送能力 800kg/h;称重式四组分计量、混料装置,配置小螺杆计量,供料能力≤800kg/h。

(3)螺杆挤出机的直径×长径比 = 180mm×30,驱动电动机功率 200kW,螺杆最高转速 60r/min。

(4)边料回收螺杆挤出机的直径×长径比=105mm×18,驱动电动机功率 22kW,螺杆最高转速 80r/min,最大挤出量 100kg/h。

(5)双柱双工位熔体过滤器,长圆形滤网尺寸 144mm×230mm;最大通过能力 1500kg/h,过滤器工作温度≤300℃,最大工作压力 30MPa。

(6)纺丝计量泵排量 178CC/r,最高转速 85r/min,工作温度 300℃,出口熔体压力≤25MPa,变频调速驱动电机功率 5.5kW。

(7)纺丝箱体熔体为单泵、单衣架方式分流,箱体工作压力 10MPa,工作温度 280℃;共有 23 个加热区。

(8)纺丝组件喷丝板布孔区宽度 3500mm,孔密度为 6600 个/m, 喷丝孔直径×长径比=0.50×4。

(9)单体抽吸装置为双排并列多管式,带单体冷却器,风机流量 3963m^3/h;风机压力 4661Pa,功率 7.5kW。

(10)双层冷却侧吹风结构,风箱 CD 方向出风宽度 3550mm,设计最高风速为 1.5m/s;冷却风出风温度 15~22℃。

(11)牵伸装置牵伸风道结构带保温,风道内腔 CD 方向有效宽度 3600mm;风道下出风口调整范围 20~30mm(MD 方向)。

(12)扩散通道入口切向补风,扩散通道牵伸气流入口宽度 30~40mm(MD 方向),通道 CD

方向宽度 3600mm,风道下出风口宽度 90mm。

(八)熔喷系统

(1)应用埃克森纺丝工艺。

(2)供料系统为负压抽吸式自动供料,输送能力 400kg/h;称重式三组分计量、混料装置,配置小螺杆计量,供料能力≤400kg/h。

(3)螺杆挤出机的直径×长径比 = 130mm×30,驱动电动机功率 90kW,螺杆最高转速 75r/min,工作温度 300℃。

(4)双柱双工位熔体过滤器,长圆形滤网尺寸 100mm×145mm;最大通过能力 800kg/h,过滤器工作温度≤300℃,最大工作压力 30MPa。

(5)纺丝计量泵排量 94CC/r,最高转速 65r/min,工作温度 300℃,出口熔体压力≤15MPa,变频调速驱动电动机功率 3.0kW。

(6)纺丝箱体熔体分流方式为单泵、单衣架式,箱体工作压力 10MPa,工作温度 300℃,共有 21 个加热区。

(7)喷丝板的布孔区宽度 3400mm(CD 方向),孔密度为 hpi 42, 喷丝孔直径×长径比 = 0.30×12。

(8)热牵伸风系统风机压力 124kPa,流量 81.8m^3/min,风机功率 220kW。

(9)空气加热器功率 450kW,温度 300℃,流量 5000m^3/h,压力 124kPa。

(10)双侧冷却吹风结构,喷嘴在 CD 方向出风窗宽度 3600mm;风速 15~20m/s。出风温度在 15~22℃,制冷系统的制冷量 10×10^4kcal/h;冷却风流量 40000m^3/h。

(11)DCD 调节方式。熔喷系统为双平台结构,纺丝平台由下方支承机架支承,用改变纺丝平台与支承机架间的高度实现 DCD 调节,其最大调节行程在 350mm 左右,调节速度一般约在 250mm/min。

(12)离线运动方式。熔喷系统为双平台结构,纺丝平台下方的支承机架带有承重及电动行走机构,在需要进行离线运动时,纺丝平台会随同支承机架在轨道上沿 CD 方向运动离线,其最大行程要大于纺丝箱体的长度或成网机的宽度,一般会大于 5000mm,运动速度约 3000mm/min。

如在生产线一侧另行配置接收成网设备和卷绕机以后,有的生产线可以利用处于离线位置的熔喷纺丝系统,独立进行熔喷法非织造布生产。

(九)钢结构平台

钢结构平台是用于安装各个纺丝系统熔体制备设备的基础,纺粘法系统一般有三层固定的钢结构,用于安装纺丝、冷却牵伸装置和其他附属设备;熔喷系统是两层结构,而且其上层钢结构是活动的,用于满足熔喷纺丝系统运行时的 DCD 调节和进行离线/在线运动要求。

各个纺丝系统的固定钢平台之间是相互联通的,或配置有操作走廊联通,钢结构都是由各种规格的型钢,如 H 形、工形、槽型及角钢构建,平台表面为防滑的花纹钢板。高端的平台构件之间、地板与骨架之间一般采用螺钉固定。

由于大型生产线平台的高度一般为 4~7m,平台要设置符合安全规范要求的护栏及踢脚板(高度不小于 100mm)防止物品和人员滑落。

(十)成网机

成网机是生产线中的一台大型设备,一般为墙板式结构,两侧墙板用厚钢板制造,刚性、稳定性都较好。成网机利用网带来接收纺丝系统的纤维,并在网带面上依次叠层成为复合型纤网,成网机选用透气量 $10000m^3/(m^2 \cdot h)$,宽度为 3800mm 的网带。

网带由变频调速电动机驱动,运行速度为 600m/min,配置有各种传动辊筒:网带张紧机构,纠偏系统;在与纺粘法系统对应位置还配置有由导热油加热的热压辊;而与压辊相对的网带下方,还配置有由电动机驱动的橡胶支承辊。成网机最下游采用两段结构的纤网转移辊(鼻端辊),缩小了辊筒的直径,可以使复合纤网尽量靠近热轧机,有效控制了纤网的缩幅和变形。

在成网机内,与每个纺粘法系统纺丝通道对应的位置,都配置有成网抽吸风箱,还配置有防止环境气流干扰及防止发生缠辊的辅助抽吸风箱;熔喷系统虽然只有一个抽吸风箱,但在主抽吸口的上下游方向,一般也设有辅助抽吸区,以便更有效地控制成网气流和环境气流。

(十一)热轧机

热轧机用于固结非织造纤维网,使纤维固结成非织造布。

热轧机是可以快速更换花辊的 Y 型三辊轧机,花辊直径 520mm,刻花点宽度 3700mm,加热功率 120kW;光辊(S 辊)直径 420mm,工作面宽度 3800mm,加热功率 100kW;最大线压力 110N/mm,轧辊最高温度 180℃;机械速度 650m/min,工艺速度 600m/min。

(十二)在线后整理系统

在线后整理系统是利用上液装置,使非织造布表面涂敷一层整理剂,对非织造布进行功能整理,赋予产品一定的功能。

在线后整理系统包括两个部分,一个是将整理液施加到非织造布产品上去的上液装置及与其配套使用的整理液制备系统,另一个就是干燥系统。由于设计的运行速度较快(700m/min),生产线配置的上液装置为带有轧液机构的双面 Kiss Roll 型设备,而干燥系统则选用干燥效率较高,对产品结构影响较小的热风穿透干燥机,使用天然气为能源,循环风机功率 75kW,水分蒸发能力大于 200kg/h。

(十三)在线疵点检测机构

卫生保健制品与医疗防护制品对材料的质量要求较严,因而必须配置在线疵点检测装置,用于发现、检测产品存在的各种疵点。生产线配置了光学照相在线检测系统,可以及时发现疵点,并对超出阈值的缺陷报警提示。

(十四)卷绕机

卷绕机用于收卷生产线所生产的非织造布产品,并以圆形母卷的状态下线。卷绕机运行模式:张力自动控制,自动换卷,工艺速度 700m/min。接触辊工作面宽 3700mm,母卷最大直径 2000mm,与分切机之间配置双轨电动吊车转运母卷,另配 A 型储布架。

(十五)分切机

分切机以恒线速度主动退卷,恒张力卷绕。工艺速度 1200m/min,母卷最大直径 2000mm,子卷最大直径 1200mm,辊面最大宽度 3700mm,卷绕轴直径 200mm,最小分切宽度 110mm,配套 32 把直径 150mm 圆盘剪切刀。

退卷端母卷卷绕轴直径 200mm,卷绕端卷绕杆直径 75mm。

四、PERFOBONG—SMS 生产线

PERFOBONG—SMS 是立达(Rieter)公司在 21 世纪初开发的一个 SMS 非织造布生产线机型，由两个纺粘法纺丝系统和一个熔喷法纺丝系统组成，纺粘法纺丝系统应用 Perfobond 3000 工艺和熔喷法纺丝系统应用 EMBLO 工艺，具有与众不同的特色。

(一)PERFOBONG—SMS 生产线的主要特点

(1)纺粘法纺丝系统的纺丝箱体与熔喷法纺丝系统的纺丝箱体，均应用管道分流及用“一进多出”型多纺丝泵相结合的熔体分流模式。

(2)熔喷法纺丝系统采用上装式纺丝组件，这种安装方式能降低安装或拆卸纺丝组件的劳动强度，提高了作业过程的便捷性(图 5-40)。

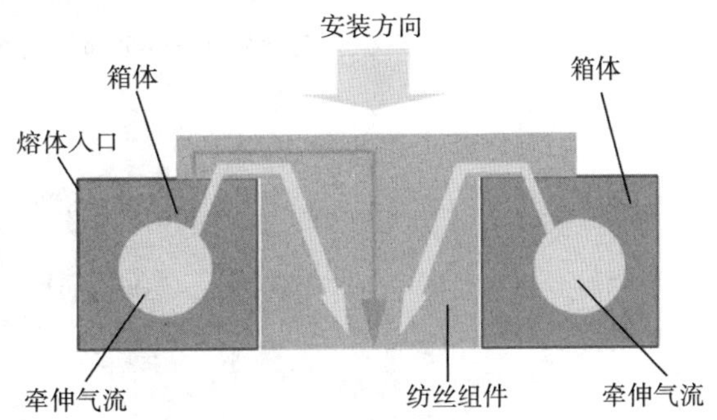

图 5-40　吊装中的上装式熔喷纺丝组件及原理图

(3)采用开放式纺丝通道，单面冷却吹风，冷却侧吹风为模块式结构，沿 CD 方向分为六个各自独立的温控单元，每一个单元又在垂直方向分为三个控制区，均可以独立调节冷却风的温度和速度。

(4)控制系统以工艺参数作为调节目标，而不是将设备运行状态为控制对象，实现了真正的工艺控制。使冷却风系统有较高的控制精度，在水平断面范围的冷却风速度偏差值≤1%，风速偏差≤±0.02m/s，风温偏差≤±0.2℃。

(5)Perfobond 3000 纺粘法系统是一个纺丝箱体中线与成网机 CD 方向呈 45°倾斜配置的系统，在喷丝板的孔密度都相同的条件下，产品单位幅宽的喷丝孔数量比常规安装方式增加了 40%，也就是将纺丝系统的产能提高了 40%，还可以使产品的 MD/CD 方向拉伸断裂强力的比率控制在等于 1 的水平，使产品具备接近各向同性的物理性能。

在应用宽狭缝正压牵伸工艺时，产品的 MD/CD 性能差异一般都会较大，而且会随着成网机运行速度的升高而增大，也就是说生产小定量规格产品时，由于运行速度较快，产品性能的各向异性现象越加明显，当纺丝箱体，以及与之对应的牵伸器也与成网机呈 45°配置后，可缩小 MD/CD性能差异。

从图 5-41 可以看到在生产线的三层钢结构平台上，纺粘法纺丝系统的 6 只纺丝泵、纺丝箱体是与成网机倾斜成一个角度布置的。

(6)应用宽狭缝正压牵伸器(图 5-42)，由于有较高的牵伸速度，可以纺制细度为 0.8 旦的纤维，牵伸速度在 CD 方向的差异只有±(2%~3%)。

图 5-41　与成网机呈 45°布置的纺粘法纺丝系统

图 5-42　立达公司早期使用过的宽狭缝正压牵伸器

这是立达公司在 20 世纪 90 年代曾使用过的宽狭缝正压牵伸器，随着气流牵伸技术的迭代发展，在后期使用的类似性能（包括其他品牌）牵伸器，其结构会更为简单轻量化，在结构、高度、重量、体积等方面都有了很大变化，目前使用的牵伸器仅为这种牵伸器的几分之一。

（7）在这条生产线中应用了工艺控制这一个理念，传统的控制目标是控制设备的运行状态，而没有直接控制对应的工艺参数。如冷却侧吹风系统的工艺目标是冷却风的温度和速度，传统的控制方法是通过改变制冷系统的温度设定值和冷却风机的转速，无法监视冷却风的实际温度和速度，而这些工艺参数会随着冷却负荷的变化，冷却风过滤装置阻力变化而改变。

采用工艺控制代替设备控制后，工艺参数是目标、是主动的，设备只能以这个目标去调整运行状态、是被动的。例如，仅需设定所需要的冷却风温度和速度，制冷压缩机及冷却风机就要自动调整运行状态，满足工艺要求。这时关注的是工艺参数，而不关注设备的运行状态，可以在不同的运行条件下，始终能保证工艺过程的稳定性。

(二)SMS 生产线及配套设备主要性能

(1)纺丝系统数量。纺粘法系统 2 个,熔喷法系统 1 个。

(2)适用原料 PP。

(3)产品定量范围为 12~150g/m^2。

(4)切边后产品幅宽为 3200mm,热轧机进入端纤网宽度为 3500mm。

(5)生产线最高运行速度为 700m/min。

(6)一个纺粘法系统单位幅宽生产能力为 250kg/(h · m),螺杆挤出机的最大挤出量为 1000kg/h。

(7)熔喷系统单位幅宽生产能力为 60kg/(h · m)。

(8)纤网采用热轧固结工艺,配置使用 S 辊热轧机。

(9)切边后的产品产量与纤维细度相关。

1000kg/h,纤维细度为 0. 8~1. 0 旦,产品定量为 12~30g/m^2。

1400kg/h,纤维细度为 1. 6~2. 0 旦,产品定量为 12~30g/m^2。

1600kg/h,纤维细度>2. 0 旦,产品定量>30g/m^2。

(10)两个纺粘法系统装机容量约 3600kW。

(11)热轧机与卷绕机装机容量约 400kW。

(12)生产线总装机容量约 5400kW。

(13)生产线高度 10m。

(14)钢结构立柱混凝土地面负荷 30t。

环境温度-10/+38℃;环境湿度 50%~80%;室内最低温度 15℃;电源频率 50Hz±0. 5Hz;电源电压 400V,三相,波动范围+10%,-6%。

参考文献

[1]曹牧昕, 赵斌, N. DHARMARAJAN, 等. 威达美 TM 丙烯基弹性体在吸水性卫生产品中的应用[J]. 纺织导报, 2010(10): 66-68, 70.

第六章　纺粘法非织造布纤网固结

第一节　纤网固结概述

一、纤网固结在生产流程中的位置和功能

在非织造布生产流程中，纤网固结是处于成网机的下游、卷绕机上游之间的一个重要环节，如果生产线配置有在线后整理装置，则纤网固结是处于成网机的下游、在线后整理装置的上游之间的一个工序，即纤网固结好以后，才进入后整理工序（图 6-1）。

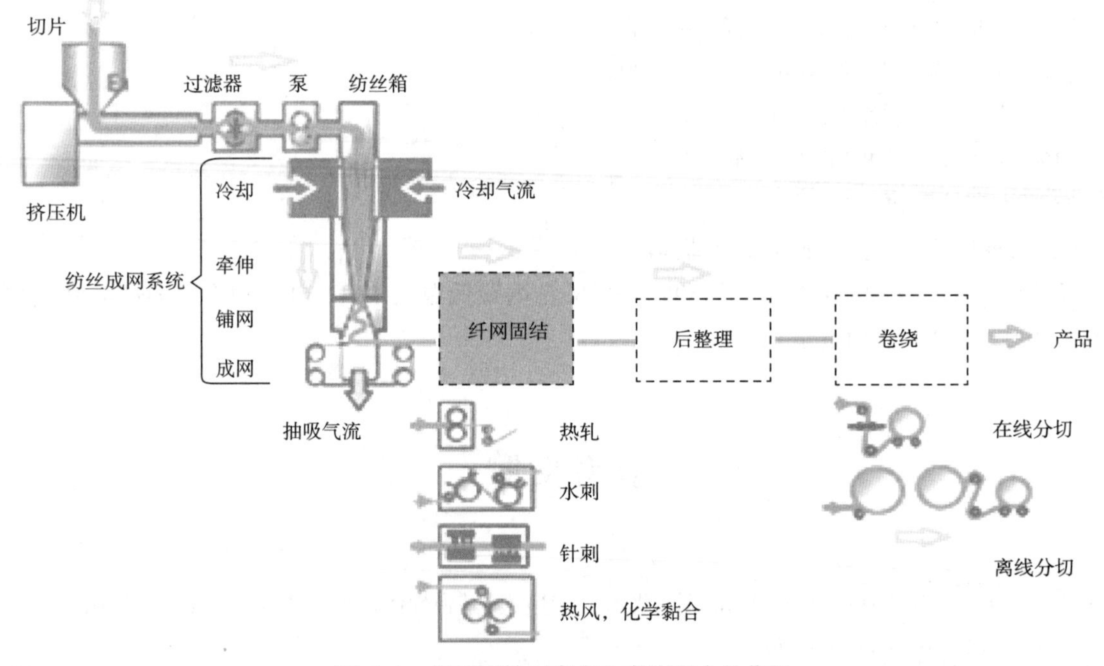

图 6-1　纤网固结工序在生产流程中的位置

在纺粘法非织造布生产线成网机上形成的纤网，纤维相互之间主要是在平面重叠在一起，在垂直方向相互之间的结合力非常低，几乎不能承受来自任何方向的外力作用，并不具备实际应用价值。因此，必须采取适当的纤网固结工艺来加强纤维之间的缠结，使纤网成为一张形态尺寸稳定、具有一定力学性能的非织造布产品。

二、熔体纺丝成网非织造纤网的固结方式

在非织造布生产技术中，固结纤网的方法有很多，但适用于纺粘法纤网的常用方法只有热风固结、热轧法、针刺法、水刺法四种，或其中的两种固结方式的组合。如在生产中厚型的 PET

产品时，采用先热轧后针刺的固结工艺。

（一）热风固结

热风固结是传统双组分短纤维（ES 纤维）纤网的固结工艺，用于生产热风法短纤非织造布。热风固结也可用于纺粘法双组分长纤维，主要用于皮芯型或并列型双组分纺粘纤网的固结，这是目前制造手感柔软、蓬松卫生制品材料的一个重要加工工艺。

热风固结仅适用于定量规格在 15～500g/m^2 双组分纺粘纤网的固结。

（二）热轧固结

目前生产轻薄型产品的大多数生产线都是采用热轧法固结。聚合物纤网在热轧机轧辊的高温热量和两轧辊间产生的高压力的共同作用下，在轧花点位置发生形变，使热塑性聚合物变得黏稠或熔融。在压力作用下，通过表面张力和毛细管作用流动，在纤维的交叉点形成黏合区域，这些黏合区域经过随后的冷却便被定型、互相黏合。松散的纤网就被固结成有一定强度的非织造布。

热轧机是纺粘法非织造布生产线中的重要设备，对产品的力学性能、透气性能、感官指标等有关键性影响。热轧机的性能决定了生产线可以生产的产品定量范围，也决定了产品的应用领域。热轧机也是对生产线购置价格有重大影响的一台设备。

在非织造布领域，热轧机主要用于热熔黏合（点黏合、面黏合），通过改变热轧机轧辊的表面状态和工艺，还有其他拓展用途。例如，可以用于压花（平面压花、凸面压花、图案反复压花、热移印），压紧（压紧、压实、校正），开孔（压印凹痕使材料弱化、烧灼腐蚀、针刺穿孔、摩擦穿孔），复合（多层材料点状复合、面状复合）等。

（三）针刺固结

生产中厚型产品的 PET 生产线则多采用针刺法，当产品定量在 150～200g/m^2 时，基本都是采用针刺固结。

（四）水刺固结

我国在 20 世纪 90 年代引进水刺技术，而采用水刺（射流喷网）技术加固纺粘法纤网是近年来才开发的新工艺。

在 PP 纺粘法生产线，除了使用传统的热轧方法固结纤网外，还可以配置的水刺系统，用水刺法固结纤网，尚可以同时采用两种不同的固结方法，如先热轧后水刺的两步固结工艺。

除了根据纤网的定量规格（g/m^2）、纤网的特性及产品的用途选择固结方式外，生产线的运行速度也是决定纤网固结方式的依据。按运行速度从慢到快的顺序排列，顺次是：针刺、热风、水刺、热轧等，当运行速度高于 300m/min 以后，热轧是目前唯一可选的纤网固结工艺。

三、纤网固结方式对产品性能和生产成本的影响

（一）纤网固结方式对产品性能的影响

除了产品的均匀度以外，纤网固结工艺还可以影响产品的力学性能、质量，甚至生产成本等指标；在生产卫生、医疗制品材料时，正确选择固结设备和加工工艺是一个非常重要的程序。

不同的固结方式对产品的性能，特别是力学性能有重大的影响。对定量相同的纺粘法非织造布，当采用针刺方法固结时，由于在针刺过程中，有部分纤维会被刺针刺断，因此，产品的断裂

强力较低。

在采用水刺固结时，由于纤维保持完好，加上水流是连续的，纤网的缠结点会比针刺法多很多。因此，其拉伸断裂强度也会高很多，生产线的运行速度也较快。

当采用热轧固结时，纤网在轧点周围的纤维存在应力集中现象，而且因为受高温的作用，纤维也存在一定程度的脆化、硬化，或局部塑化成片状。因此，纺粘法热轧布的断裂强力要比纺粘水刺布低，拉伸断裂伸长率比水刺布大。

在针刺或水刺固结过程中，由于纤网没有受到高强度的轧压和高温的影响，密度较小，产品仍较为蓬松，手感及透气性也比热轧法好。

热风固结工艺仅适用于双组分熔体纺丝成网非织造布生产线，热风固结的双组分纺粘产品有较好的蓬松性、手感和透气性，但产品的力学性能较低。

当同时使用两种工艺固结纤网时，产品会综合两种工艺的优点，具备与众不同的特性。如使用先热轧后水刺的两步固结工艺时，既可以使产品有较高的强力，又可利用水针将一部分已塑化的热轧点刺开打散，使产品具有超柔软的手感。

(二)纤网固结方式对生产成本的影响

固结方式不同，工艺也不一样，设备的购置费用，安装费用和运行、管理费用，对环境的影响也有很大的差异，因而对产品的成本会有较大的影响，产品的附加值、销售价格也是不同的。

在电力(或能源)消耗方面，纺粘针刺布的耗电量为300~500kW·h/t，纺粘热轧布的耗电量为700~1200kW·h/t(与纺丝工艺有关)。

当使用水刺固结纤网时，水刺过程的能耗与纺粘法相差不多，但还需要将纤网吸收的水分除去，这是一个耗能很多的工艺过程，其中仅干燥产品的耗电就需1200~1800kW·h/t，若还要用水刺对分裂型纤维开纤，则要使用更高的压力，能耗会更高。

一般单组分纺粘水刺布的总耗电量为2000~2500kW·h/t，而分裂型双组分纺粘水刺布的总能耗可达4000~5000kW·h/t，甚至更多。

热风固结的能耗要比热轧固结高一些，由于运行速度、生产效率都比短纤热风布高。因此，其能耗也会相对低一些，但一般能耗≥1000kW·h/t。由此可见，仅从纤网固结的耗电(能)量来看，固结方式对产品成本的影响是很大的。

生产线采用热轧固结工艺时，设备配置较简单，工艺成熟，运行速度较高，加工能力较大(可达12000~40000t/a)，维护管理费用也较少，是较为广泛应用的一种纤网固结工艺。根据黏合面积的不同，产品可以具有不同的手感，由于黏合过程不需要使用化学黏合剂，产品不会被污染，而且可以全部回收循环利用。

采用针刺固结工艺时，受刺针往复运动惯性力的影响，限制了针刺频率和生产线的速度。针刺机的运动机构较多，易损件也较多，要比热轧工艺占用更多的车间场地。由于纺粘法纺丝系统是连续纺丝的，采用针刺固结工艺时，还要解决在生产线不停机的状态更换针板问题，运行管理费用较大。

当采用水刺固结工艺时，设备最多，系统复杂，配置装机容量大，干燥水分要消耗大量能源，设备购置费用最高，生产线要占用较多的场地，其中的水处理装置还存在环境保护问题，易损件也较多，运行管理费用最大。

第二节　热轧固结

一、热轧固结的概述

(一)热轧固结的机理

纤网的热轧固结是利用热轧机进行的。以生产薄型产品(6~120g/m^2)为主的生产线,大多是采用热轧固结工艺。

热轧固结黏合是利用热塑性材料在压力和温度的作用下材料会发生形变和熔融这个特性进行的。热塑性是指材料可以加热熔融,冷却后又能固化的一种特性,用于非织造布的聚合物材料都具有热塑性,一般也可以进行回收。

纤网热轧黏合是一个复杂的工艺过程,当两只轧辊闭合并互相接触后,由于弹性变形及轧辊间纤网的分隔,轧辊间并非是以线状接触的,而是呈一定宽度的带状接触的,这条带称为接触带(图6-2),带的实际宽度与很多因素有关,并不是固定的,一般认为接触带的宽度 b 在 10mm 左右。

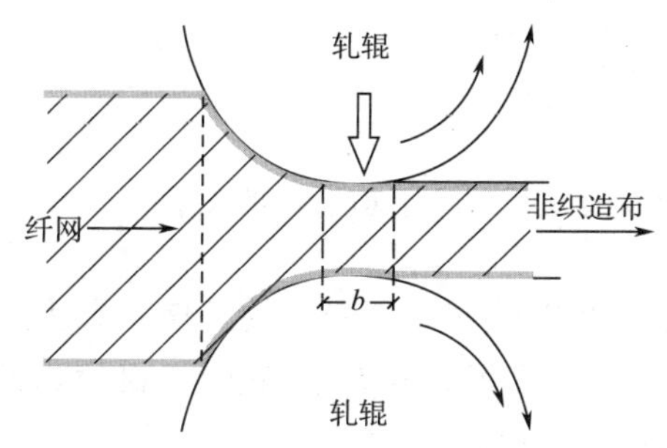

图 6-2　热轧固结工艺原理图

蓬松的聚合物纤网在轧辊的高温热量及两轧辊间产生的高压的共同作用下,被压紧并产生形变、厚度变薄、密度增加,提高了热传导性能,部分纤维在高温作用下熔融、互相粘连;在轧花点位置发生形变、熔融,熔体会发生流动、扩散,与相邻的纤维互相粘连,冷却后纤网就被固结、定形,成为有一定强度的非织造布产品。

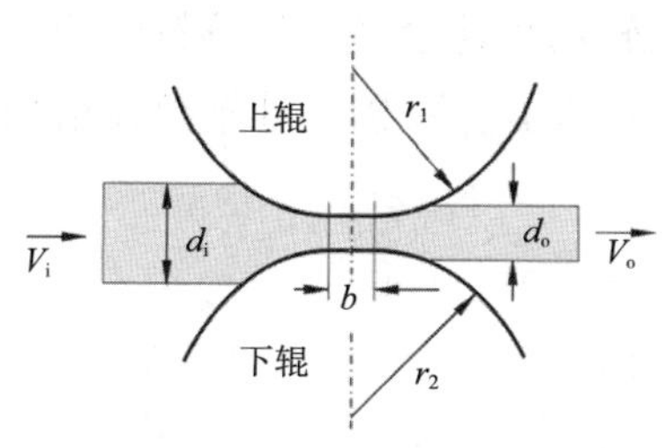

图 6-3　热轧过程的接触带及相关因素

接触带的宽度 b 与轧辊的直径、轧辊材料的弹性模量、产品的定量(g/m^2)大小、线压力等因素有关。纤网的定量和线压力、轧辊直径越大,接触带也越宽,而轧辊材料的弹性模量越大,则接触带的宽度会越窄;纤网被压及受热的时间一般只有毫秒级(ms),时间越长,固结效果越好(图6-3)。

接触带的宽度 b 与相关因素的关系可用下式表示:

$$b = 3.04 \times \sqrt[2]{(P \times R)/(E \times L)}$$

式中：b——接触带的宽度，mm；

P——轧辊压力，kPa；

E——轧辊材料的弹性模量，kPa/mm²；

L——纤网宽度，mm；

R——直径系数，$R=(r_1 \times r_2)/(r_1+r_2)$，$r_1$、$r_2$ 分别为上、下轧辊半径(mm)。

纤网在热轧机轧辊互相接触的接触带上的停留时间，与轧辊的直径、轧辊间的线压力及运行速度有关，不同的轧辊直径，在直径较大时的停留时间会较长，同一热轧机，运行速度越慢，线压力越大，停留时间越长(图6-4)。

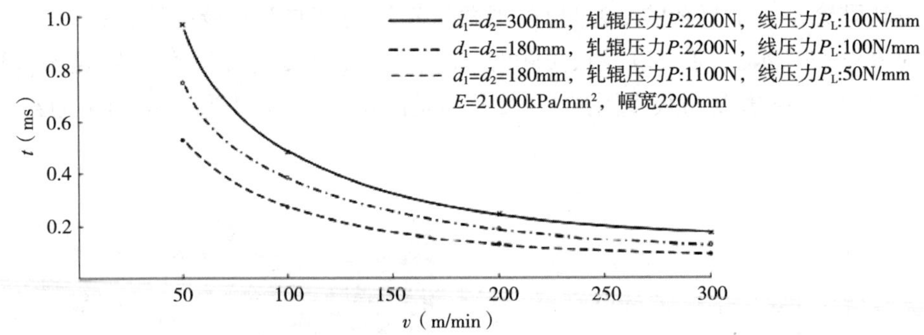

图6-4　纤网与轧辊接触时间(t)与轧辊直径(d)及纤网运行速度(v)的关系

以上关于接触带的计算是在热轧机的上下辊闭合，并以纤网处于受压的工作状态为前提进行分析计算的。在受压状态，轧辊会发生变形，而变形量与线压力的大小、轧辊材料的弹性模量有关。如果轧机的上下辊没有闭合，线压力为0，这个接触带就不存在了。

从图6-4可以看到，同一轧辊，运行速度越快，纤网的停留时间越短；同一轧辊，在同样的运行速度下，线压力越大，纤网的停留时间越长；在同样的运行速度下，直径较大的压辊，纤网的停留时间会较长。

因此，相对而言，以生产轻薄型小定量产品为主的生产线，在满足强度和刚性要求的前提下，热轧机应选直径尺寸较小的轧辊，可以降低纤网的受热程度，并选用较小的线压力，而从保证纤网热轧固结质量。从这方面考虑，生产轻薄型产品时，轧机的运行速度会较快，为了使纤网获得充足的热量，则要求使用较大直径的轧辊，用于降低转动角速度和增加接触时间。

而对强力要求较高的产品，要使用较大的线压力和较高的温度，因为轧辊负荷增加较多，就要选用直径较大的轧辊，而且还要增加花辊的热熔比。

纤网在轧辊间的热轧停留时间 t 可用下式表示：

$$t = b/v$$

式中：t——纤网在轧辊中的停留时间，s；

b——接触带宽度，mm；

v——轧辊线速度，mm/s。

由于热传导与材料的密度及温度正相关，材料的密度越大，其导热系数也越大。在接触带区域,纤网中的空气被挤出,密度增加,更容易受热,温度也较高,更容易把热量传到纤网内部。因此,纤网的固结过程主要是在接触带这个区域完成的。热轧固结除了不能改变产品的均匀度外,热轧固结过程几乎可以影响产品的其他物理、力学性能,如断裂强力、伸长率、蓬松度、柔软度、透气性等指标。

热轧机的两支轧辊在非工作状态是互相分离开的,在生产运行期间,热轧机的两支轧辊要处于相互闭合抵紧的状态。对大部分热轧机,其上辊的位置是固定不动的,通过下辊的移(运)动与上辊接触,通常是利用液压油缸使下辊上升并与上辊接触而进入工作状态,通过改变液压油缸的液压油压力,就能根据工艺要求调整轧辊线压力的大小。

(二)黏结纤网的热量和压力

1. 固结纤网的热量

(1)由高温轧辊传导和辐射的热量。轧辊主要是通过接触传导的方式将热量提供给纤网,所传导的热量与温度差、接触面积、停留时间呈比例,还与纤维的导热性能有关,这是黏结纤网的主要热量来源,而通过对流和辐射传递的热量就较少。不同聚合物的熔点也不一样,因此,轧辊的温度设定值也不同。

在日常运行管理中,利用提高轧辊温度可以增加温差,降低运行速度可以延长停留时间,而改变纤网在热轧机的穿绕路径,则能改变接触面积,这些措施都能改善纤网的黏结效果,改变产品的物理性能和手感。

(2)由克莱帕伦(Clapeyron)效应产生的宏观放热现象。轧辊间所形成的高压,会使高分子材料自身产生宏观放热现象,这种放热现象称克莱帕伦效应,也称为变形致热现象,可以使材料的温度升高。放热量与聚合物种类有关,压力越大,放热量也越多,这个热量与轧辊的热量叠加在一起后,就足以使聚合物熔融。

这就是在轧辊的实际设定温度低于聚合物熔点的状态下,仍能使聚合物纤网熔融黏合的机理。在轧辊的压力作用下,纤网被压缩,厚度变薄,这种压缩形变会引发克莱帕伦效应而放热,产生的热量可使纤网内层的温度上升30~35℃。

在高压力状态,聚合物材料的熔融温度会升高,如对PP材料,其增加值为30~40℃/100MPa。在线压力为100N/mm,接触带宽度为10mm时,相当于承压面积为10mm^2,实际的压力为10N/mm^2,相当于10MPa左右。因此,引起的熔融温度升高值3~4℃,即在高压力状态,聚合物熔融要比常压状态多消耗部分热量。但仅占热变形放出热量的1/10左右,影响较小。

2. 固结纤网的压力及其与固结过程中温度的相关性

(1)固结纤网的压力。固结纤网时,热轧机的两支轧辊是处于互相闭合接触的状态,外加的压力是施加在两支轧辊之间的。一般情况下,这个压力就是由轧辊的两端液压油缸提供的,轧辊的两端分别由两个液压油缸支承,当油缸充油以后,轧辊升起并互相接触,并在接触面形成一定的压力。

在纤网热轧固结工艺中,常用产品单位长度(mm或cm)所受的压力(N或daN)大小来表征纤网的受力,称为线压力,常用的计量单位是N/mm或daN/cm,线压力是一个与纤网的聚合物种类有关而与产品幅宽无关的单位,是设计热轧机的一个基础数据。

调节液压系统的液压油压力就能改变两只轧辊间的接触压力,配置在幅宽为3.2m的PP生产线中的热轧机,其接触压力一般可达490500N(即相当于50t),其线压力一般为110N/mm。

而在同样幅宽的PET生产线使用的热轧机,其接触压力还要更大,一般为150N/mm。对于一些加工特殊聚合物材料的热轧机,其最大线压力可达300N/mm。

(2)纤网固结过程中温度与压力的相关性。轧辊的温度与轧辊间的压力(线压力)是热轧固结过程的两个主要工艺参数,在一定的范围内,两者间具有一定的可替代性或互补性,即在保持相同或相近固结效果的前提下,用较高的温度和较小的压力,与用较低的温度和较大的压力所产生的效果是接近的,但这仅是在较小范围内所具有的特性,而在大部分情形下通过改变温度的方式对热轧效果的影响更加明显,还会对产品的其他特性产生一定的影响。

(三)热轧固结工艺的局限性

用热轧方法固结纤网时,也存在局限性,因为聚合物纤维的导热性较差,能传导的热量小,轧辊的热量是从纤网的表面沿厚度方向向内部传导的,因此,传导的热量或纤网的温度呈一定梯度分布,越往纤网的中间部位,获得的热量越少,温度也越低,结果就导致纤网表面的纤维之间得到较好的黏结,具有较高的强度,而内部的黏结强度会较低,这就可能导致会出现分层现象。

由于这种分层现象是与纤网的厚度正相关的,因此,这种局限性限制了热轧固结工艺所适用的纤网厚度或纤网定量(g/m^2)范围,在大部分情形下,当纤网的定量大于120g/m^2以后,分层现象就越来越明显。

为了减少这种分层,有时就要采用更高温度、更高压力的工艺进行加工,导致材料表面发亮、纸板化。即使采用了这些措施,由于热量无法传导到纤网的内部,内部的纤网无法得到有效的熔融固结,难免仍会发生可剥离分层现象。当然,在技术上还可以通过选用刻花点更高(更深)的花辊来缓解这种现象。

由于热轧固结过程是在温度和压力的综合作用下进行的,如果要生产密度(g/cm^3)较低蓬松型产品,纤网在轧辊的作用下密度会增加,会失去蓬松性,因此,热轧固结工艺也不适宜用于高蓬松产品的生产。

二、热轧机及主要组成部分

(一)工作机构轧辊数量与布置

1. 轧辊的数量及材料

轧辊是热轧机的主要部件,每台热轧机至少要有一对轧辊(共两只),其中包括一只刻花辊(简称花辊)和一只光面辊(简称光辊),组成一台两辊热轧机;或两只花辊和一只光辊(共三只),组成一台三辊热轧机;目前,已经有由四只花辊和一只光辊(共五只)组成的一台五辊热轧机。

轧辊用耐热合金钢材料精密加工而成,常用的合金钢材料牌号有38CrMoAl、42CrMo、42CrMo4V、60CrMoV、9Cr2Mo等。经过热处理后,花辊表面的硬度可达HRC 55~58,光辊表面的硬度可达HRC 58~62。目前,对于花辊与光辊两者间的硬度匹配关系还有其他观点,诸如要求两者的硬度要相等,或花辊要比光辊更硬一点等。

这些不同的观点是根据使用经验而论的,并没有获得广泛认同,因此,轧辊的实际硬度也因设备品牌而异,但有一点是取得共识的,就是轧辊的硬度不能偏低,否则将影响使用。

有一些熔体纺丝成网非织造布生产线,如纺粘法、闪蒸法非织造布生产线,在生产特殊的膜型非织造材料，如墙纸、电池隔膜产品时，热轧机所配置的两条轧辊都是光辊。

有的用于定型整理加工的轧机，只有两只钢辊，在运行期间这两只轧辊间并不互相接触，而是留有一定的可控间隙，这种轧机主要用于产品的厚度整理定型和表面整理（压光），因此也叫定型机。

在一些熔体纺丝成网生产线，由于产品的用途特殊，所配置的热轧机也有两只配对的轧辊，但其中只有一只是可以加热的光面钢辊，另一只则是耐高温的光面橡胶辊（图 6-5），由于这类型纤网的定量和厚度都较大，热量不容易传递进内部，轧辊仅能对表面的材料进行加热、固结（图 6-5）。

图 6-5　光面橡胶辊与光面钢辊配合的热轧机

根据固结黏合的面积来分，热轧固结黏合还分为点黏合和面黏合两种，点黏合是用一只刻花辊和一只光面辊组成的热轧机加工的（图 6-6），在一些特殊场合（如立体压花），两只轧辊都是刻花辊。

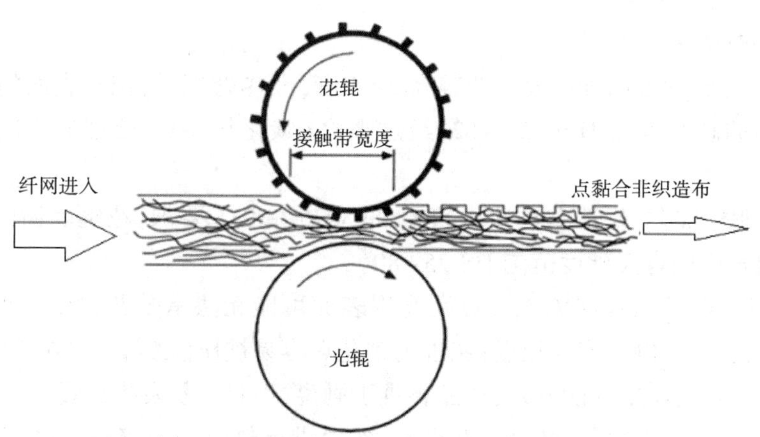

图 6-6　点黏合热轧固结纤网

当纤网进入两只轧辊之间时，纤网受热升温呈黏流态和熔化态，导致在刻花顶点尖端和光辊表面间的纤维被黏结在一起。根据产品特点或工艺要求，下辊可能被加热，也可能不被加热。

纤网的黏合效果与刻花点的分布密度、大小和图案有关。

除了固结效果与黏合面积有关外，还曾用粘连频度作为热轧固结的一个工艺指标，粘连频度是指纤维之间被黏结的点数与纤维交叉点总数的比例。而在实际生产中，“粘连频度”也是与黏合面积成比例的。纤网的粘连频度越高，强度也越高，产品的手感会偏硬。

黏合面积一般占产品面积的 10%~40%，这个比例值也称为“热熔比”。对于卫生医疗制品材料，黏合面积较小，一般为 8%~25%，而在加工产业用纺织品材料的热轧机上，轧辊的黏合面积会较大。

点黏合可使这种产品的非黏合区域之间保持柔软和舒适，并具有一定的渗透性。在点黏合非织造布产品中，纤维的取向与热轧点图案的几何排列和刻花点的形状会影响最终的产品性能。

面黏合是使用两只(或两只以上)的光面轧辊加工全幅宽纤网的表面，在被加工纤网纤维之间的所有交叉点都产生黏结。因此，这种产品又薄又硬，可获得最大强度和最小厚度，具有与纸一样的手感，但透气性极小。

如果同时使用两只加热的钢辊加工，产品的两个表面的纤维就会同时被固结黏合，纤网被强力压缩、密度增加、表面光亮，成为纸一样的产品。当用于纤网表面黏合加工时，传统的花辊可能被没有加热的橡胶辊代替，与光辊配对使用(图 6-5)。

用这种轧机固结的纤网，仅是实现了纤网表面的固结黏合，强度还很低，只能当作有一定初始强度的基布使用，还必须在后工序采用其他加固工艺(如浸渍或上胶)处理，才能成为具有更高强力的合格产品。

如果轧辊中有一只是刻有花纹的花辊，则在纤网固结过程中，凸起的刻花点可以嵌(插)入纤网内，使纤网在刻花点位置得到固结，目前的非织造布产品，大多是使用这种点黏合。

使用点黏合方式固结的非织造布纤网，其最大定量规格一般≤120g/m^2，规格更大的纤网则需要配置刻花点更高(更深)的花辊，而且还要使用更高的线压力和温度，否则纤网将被热轧机加工成密度很大的硬纸板状产品，但即使在这种状态，由于热量难以传递到纤网内部，产品仍会存在可人工剥离的分层现象。

2. 轧辊的表面硬度

一般情形下，光辊的表面硬度要比花辊高 2~4 度，经热处理后，花辊表面的硬度可达 HRC 55~58，光辊表面的硬度可达 HRC 58~62，经过喷涂(碳化钨 WC)处理的光辊表面硬度可达 HRC 70。

纺织机械行业标准《非织造布热轧机》FZ/T 93075—2011 要求：花辊表面的肖氏硬度范围 HS 73~78，光辊表面的肖氏硬度范围 HS 75~80。

当轧辊表面硬度下降到<HRC 52 以后，光辊表面可能无法承受花辊刻花点的压力和冲击发生变形，花纹的表面及侧壁变得粗糙；花辊的刻花点容易被压溃变形(图 6-7)，表面积越来越大，轧辊的热熔比增加，使用性能变差，产品将难于剥离，而且容易发生缠辊。

由于轧辊的表面硬度是通过热处理获得的，然而进行热处理的淬硬层厚度是有限的，如经氮化淬火工艺处理后，淬硬层厚度 0.50~0.70mm；应用感应淬火工艺时，淬硬层硬度层可达 3~5mm。经过几次维修、磨削加工后，轧辊表面的淬硬层将逐渐被磨去，硬度也随之降低。对于花辊而言，经过磨削后，压花点的表面积将增大，压辊的热熔比会增大，会对产品的性能产生明显的影响，如强力增大、手感硬挺等。

图 6-7　轧辊硬度降低后的光辊(左)、花辊(右)表面

轧辊特别是花辊的使用寿命与加工对象有很大关系,当纤网的硬度较大,或纤维中含有硬度较高的填充物(如填充了碳酸钙等)时,会加剧轧辊的磨损。

3. 轧辊的布置形式

(1)立式布置。在非织造布生产线使用的热轧机,其轧辊一般以立式布置为多,即所有轧辊的轴线一般都是在同一个垂直面上,其中以两辊热轧机最为常见用,也是使用量最多的一个机型(图 6-8)。

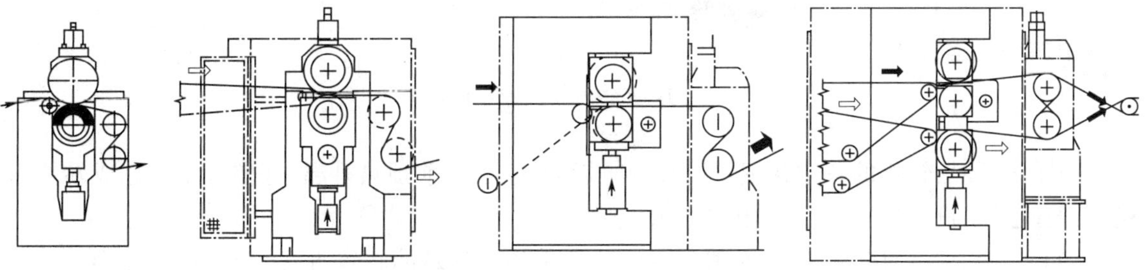

图 6-8　立式布置的两辊和三辊热轧机

①立式三辊热轧机。三辊或四辊热轧机的轧辊一般也是立式布置(图 6-9),三辊热轧机的上辊、下辊均为花辊,而光辊处于上、下花辊之间。这种轧机在更换花辊时,生产线要中断生产过程,并对上下游的设备进行适应性调整,如上游成网机的纤网输出端的高度调整,改变产品在下游冷却辊穿绕路径,而且花纹还会因所使用的花辊而变化,有可能在产品表面,也有可能是在产品底面。

图 6-9　立式三辊热轧机

三辊热轧机的备用花辊可以在待机期间,适当提前预热升温,这样可以在完成转换过程操作后,便可以及时投入运行,而无须停机等待升温,由于要为两只花辊提供热量,因而这一类型热轧机的花辊加热系统的加热功率会较大,以满足在换辊期间的热量需求。

②立式加回转机构布置。在一些三辊或四辊热轧机,光辊与花辊基本为立式布置,但为了实现快速转换花辊,还有一种回转换辊方式,就是两只或三只花辊安装在同一个可回转的机构上,通过转动这个机构,就可以快速选择所要使用的花辊和花纹(图 6-10),而生产线无须停机和将产品剪断、重新穿布,从而节省大量的换辊时间,并避免由于换辊产生的大量废品。

图 6-10 回转方式快速更换花辊

同样,这种热轧机的备用花辊可以在待机期间,适当提前预热升温,这样可以在完成转换过程后,便能及时投入运行,而无须停机等待升温。

(2)Y 形布置。轧辊按 Y 形布置是三辊热轧机的一种新的布置方式,光辊布置在中间下方的位置,两只花辊分别处于光辊上、下游两侧的上方,而且是处于纤网的同一表面的位置,由于在非工作状态时三只轧辊呈 Y 形而得名(图 6-11)。

图 6-11 Y 形三辊热轧机

Y 形三辊轧机的最大优点是可以快速更换花辊,以便根据产品的质量要求选用不同的花辊,仅需降速运行就可以完成换辊的全过程,而且换辊期间,无须进行其他适配性调整工作,加上备用花辊已经提前预热升温，而且不管使用哪一条花辊，刻花点始终都是在产品的同一表面上，无须将纤网剪断重新穿绕，可以减少大量的停机时间，提高劳动效率和安全性。

(3)双Y形布置。当轧辊以Y形方式布置，但在光辊的上下游各布置两只花辊时，就组成一台双Y形布置的五辊热轧机，这种机器具备普通Y形热轧机的特点，但配置了4只花辊（花型)可供选用，适用于需要频繁更换轧辊的生产线。

这是国外设备制造商推出的新机型，除了结构复杂，造价高昂外，其功能仍有待开发，而随着非织造布生产企业拥有的生产线数量增加，生产线进行专业分工已成为一个新的趋势，对提高设备利用率和原料利用率都有好处(图6-12)。

图6-12　双Y形五辊热轧机

(4)光辊与花辊的相对位置。轧辊的布置并没有固定的模式，但与轧辊挠曲变形补偿方式有关(主要是使用外加弯矩补偿轧辊挠曲变形的机型)。大部分两辊热轧机是以光辊在下，花辊在上的形式布置，这是最常见的一种布置方式，也是最易进行维护管理的一种布置方式。也有少量热轧机的光辊布置在上方，而花辊在下方的布置方式，主要用于外加弯矩型轧机。

立式三辊热轧机的光辊在中部，两只花辊分别在其上方和下方。Y形三辊热轧机实际上也是光辊处于下方的位置，两只花辊分别处于光辊上方两侧的位置。

轧辊安装在墙板式的厚钢板(40～80mm)机架上，两侧墙板用大截面的方形定距杆件支撑并连接。对于大部分的双辊热轧机，花辊通常固定安装在光辊上方的墙板上，光辊一般处于花辊的下方，并由两只液压油缸支承，在液压油缸的控制下，可以使光辊升起至与花辊压紧，或从压紧状态分离开。

花辊的花纹形状、大小、深浅、分布密度，轧点面积百分比(热熔比)等参数与产品的应用领域、定量大小、力学性能紧密相关。

光辊具有硬度很高的平滑表面，根据热轧机所采用的轧辊变形补偿方案，光辊的表面不一定是等直径的圆柱体。如采用中凸辊及轴线交叉方式补偿时，轧辊呈中部直径稍大的中凸状，因此，也称为中凸辊，其实际的中凸量与轧辊直径、幅宽、最大线压力相关(表6-1)。

表 6-1 热轧机光辊的中凸量参考值

纤网定量范围(g/m^2)	20~120					
产品幅宽(mm)	1600		2400		3200	
光辊直径(mm)	450	480	480	500	600	680
中凸量(mm)	0.15	0.15	0.60	0.45	0.60	0.45
交叉量范围(mm)	0~15	0~15	0~20		0~25	

注 中凸量=轧辊中部直径-端部直径。

由于热轧机需要长时间连续运行,为了防止液压系统的温度太高,一般都配置有液压油冷却装置。常用的冷却方式是水冷却,也有个别机型使用空气冷却(风冷)。

在采用调节轴线交叉量补偿压辊挠曲变形的热轧机,上、下两只轧辊的轴线并不是像一般机械设备那样要保持平行的,下辊的两个轴承还能沿前后方向(即生产线的 MD 方向)移动,人为造成与上辊轴线产生交叉,用以补偿轧辊受力后产生的挠曲变形,消除全幅宽范围线压力的差异。

(二)工作线压力调节机构

线压力是指轧辊闭合后每单位接触长度(mm 或 cm)所受的压力(N)。单位是 N/mm 或 daN/cm。线压力调节机构主要由液压站、油缸、控制系统组成。

1. 线压力调节机构的功能

(1)控制下辊的升降,也就是进入工作状态或是退出工作状态,当轧辊互相分离开后,就相当于线压力等于 0。油缸的有效行程就是轧辊分开后上下辊之间的最大距离,而油缸在结构上的设计行程必须比这个有效行程更大一些。

(2)用于根据工艺要求,调节轧辊闭合后工艺所需要的线压力,除了可以调节线压力的大小以外,有的机型还可以调节线压力在幅宽方向的分布或均匀性。

(3)与轧辊的超载保护系统连锁,当轧辊驱动电动机发生超载,或在运行期间有异物进入两轧辊之间时或负载突然增大时使轧辊自动分离。

2. 立式三辊热轧机的线压力调节机构特点

立式三辊热轧机的线压力调节机构较特别,虽然仅有两个液压油缸支持下辊(花辊),而位于其上方的光辊是处于可以升降移动的浮动状态,但利用特殊的垫块可以将光辊定位,与下方花辊配合运行;也可以变换垫块的位置,使光辊做升降运动,与上方花辊配合运行(图 6-13)。

由于垫块的位置不同,油缸的负荷不一样,也就是使用不同位置的花辊时,对应同样的线压力,油缸需要举升的重量是不同的。

使用下方花辊时,油缸仅需将花辊顶升,其负荷近似一只花辊的重量;而在使用上方花辊时,油缸需要同时顶升下方花辊和光辊的总重量,其负荷是一只花辊与光辊的总重量。因此,在同样的线压力下,液压油的压力也是不一样的。在使用上方花辊时,需要更高的油压。

当使用下方花辊时,垫块放在光辊轴承座上方并与上辊的轴承座接触,通过上辊将光辊所承受的压力传递给机架,并将光辊定位。

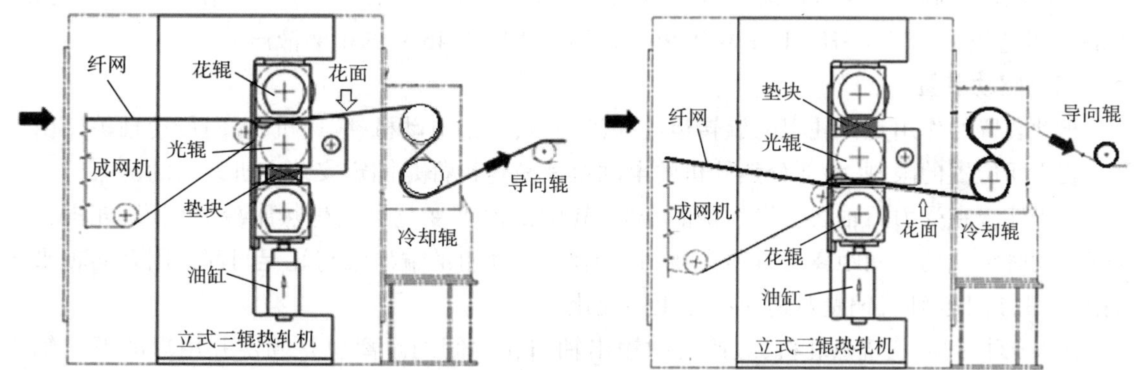

图 6-13　立式三辊热轧机在不同状态的线压力

当使用上方花辊工作时，垫块放在下辊轴承座上方、并与光辊的轴承座接触，油缸将升降动作通过下辊轴承座传递给光辊，使光辊随下辊一起升降。

根据油缸的直径、轧辊重量（与轧辊直径、产品的幅宽相关）、所需的线压力，液压系统的压力一般在 6.3～16MPa 范围，通过调节下辊支承油缸的液压油压力就能改变轧辊间的线压力大小。在相同的线压力和升降速度条件下，压力较高的液压系统，可以使用较小直径的液压油缸和流量较小的液压油泵，但对液压元件的可靠性要求也越高。

对于设计压力为 16MPa 的系统，液压油的压力波动在±0.25MPa 以内，相当于额定工作压力的 1.56%左右。由于轧辊要做升降运动或摆动，因此，所有与轧辊连接的管道、线缆都要是可以随意弯曲变化的挠性管道，可以跟随轧辊运动而不妨碍、约束其动作。

3. 液压站

液压站的功能是为轧辊的升降、移动及线压力调整机构提供操作动力，因此，只要热轧机要运行，液压站就必须先行启动运转。如果液压站出现异常，连锁保护系统就会动作，切断轧辊的动力，使热轧机停止转动，并自动使上下分离开。

液压站的性能决定了轧辊的上升速度、正常下降速度、紧急状态的下降速度，轧辊分离后的最大距离，线压力的最大值，线压力的波动值，闭合、加压及卸压分离的程序等性能指标。

液压油缸的运动速度与油缸的直径及液压泵的流量有关，在流量一定的状态，油缸直径越大，升降速度也越慢；而对于一个特定直径的油缸，液压油的流量越大，升、降速度也越快。国产热轧机一般是大缸径、低油压；引进设备多为小缸径、高油压。

在一般情形下，轧辊的上升速度≤5mm/s、正常下降速度≥10mm/s、紧急状态下能在 1s 内互相分离开，轧辊分离后的最小距离≥75mm（引进设备一般≥120mm），线压力的波动值≤2%。轧辊的闭合或分离会导致设备负载发生突变，对设备造成冲击，因此，其动作速度不宜太快。

热轧机投入/退出运行的过程，并不是简单的闭合/分离动作，一般应该按闭合—加压—调压；降（卸）压—分离这个程序进行，否则，会对设备产生冲击。

热轧机投入运行后，液压系统将一直处于运行状态，油泵电动机的机械能将转化为液压油的热能，使温度随之升高。为保证机器正常运行，热轧机的液压系统一般都要配置液压油冷却器，控制液压油的温度≤60℃。

液压油冷却装置一般为水冷式，也可以是风冷式。

要按照设备制造商推荐的牌号选用液压油品，热轧机液压系统的额定工作压力一般在 8～16MPa，可选用 L-HH、L-HL、L-HM 等级，黏度为 32 号或 46 号的抗磨液压油。

（三）驱动装置

驱动装置的作用是为轧辊的旋转运动提供动力，包括电动机、减速机、万向传动轴等。由于受安装空间位置的限制，大部分热轧机的电动机和减速机都是固定安装在机架上的。

由于轧辊在受力后轴线会发生挠曲变形、轧辊的温度变化会产生热胀冷缩变形、轧辊在做升降运动时轴线的空间距离会有很大变动。因此，减速机的输出轴与轧辊间都采用万向轴来传递扭矩，用于补偿轴线偏差及适应中心距的变化。

在 Y 形排列的三辊热轧机，减速机的输出轴与花辊间的距离也是固定并用短的万向轴连接的，而且能跟随花辊一起摆动、改变位置和工作状态，这样能补偿在系统不同位置时减速机与轧辊间的轴线偏差（图 6-14）。

由于花辊从待命状态转变为工作状态时的摆动幅度很大，与之相连接的管道都是使用柔性的钢丝编织波纹管，而驱动装置（减速机与电动机）也是跟随花辊一起摆动，而并不是固定在热轧机的机架上的。

有的热轧机采用液压马达驱动时，由于体积较小，驱动装置可直接安装在轧辊的传动轴端。因此，无须使用万向轴传动，而液压马达的油管都是挠性软管，并不会约束轧辊的升降运动。

驱动系统应能保证热轧机与生产线中的上下游设备同步运行，设计速度应为生产线设计速度的 1.1 倍左右，并能做±10%的相对调节，最高速度时的调速精度应小于±1.0%。

（四）轧辊变形补偿机构

其作用是保持全幅宽线压力的均匀一致，根据不同的设计，补偿轧辊变形的机理有多种，具体机构也不一样。轧辊变形补偿系统的有效性是热轧机性能的重要特征，特别是在加工轻薄型小定量产品时，这种性能对产品的力学性能的均匀性就尤为明显，是热轧机的技术水平的具体表现。

当轧辊的挠曲变形不能得到均匀的补偿时，就会导致产品在幅宽方向的线压力存在明显的差异，在线压力偏大的部位，产品的强力较大，断裂伸长率下降，触感脆硬，甚至可能将产品轧穿而出现小孔；而在线压力偏小的部位，产品的强力偏低，断裂伸长率较大，纤网没有得到充分固结，耐磨性差、容易起毛。

目前配置在熔体纺丝成网非织造布领域使用的热轧机，主要应用如下几种轧辊变形补偿方式：增加轧辊的直径；大直径轧辊+中凸；光辊中凸+轴线交叉；光辊中凸+外加弯矩；液压自动补偿。

由于不同的轧辊变形补偿方式会牵涉到设备的结构、造价等方面的技术、经济问题，还与产品应用领域、纤网的定量规格、产品幅宽、运行速度等因素有关，因此，不能笼统地说是哪一种方式最好。

（五）加热系统

加热系统的功能是为轧辊提供固结纤网所需要的能量，热轧机的加热方式主要有电感应加热和导热油加热两种，所使用的能源主要是电能，目前还有以天然气燃料为能源的加热系统。

轧辊的温度直接影响产品的质量，并与聚合物的熔点、纤网的定量规格、运行速度、产品应用领域等因素相关，而且还与热轧机线压力的大小存在一定的互补关系。因此，加工同一规格的产品，轧辊的温度可以在一定范围有多个选项（表 6-2）。

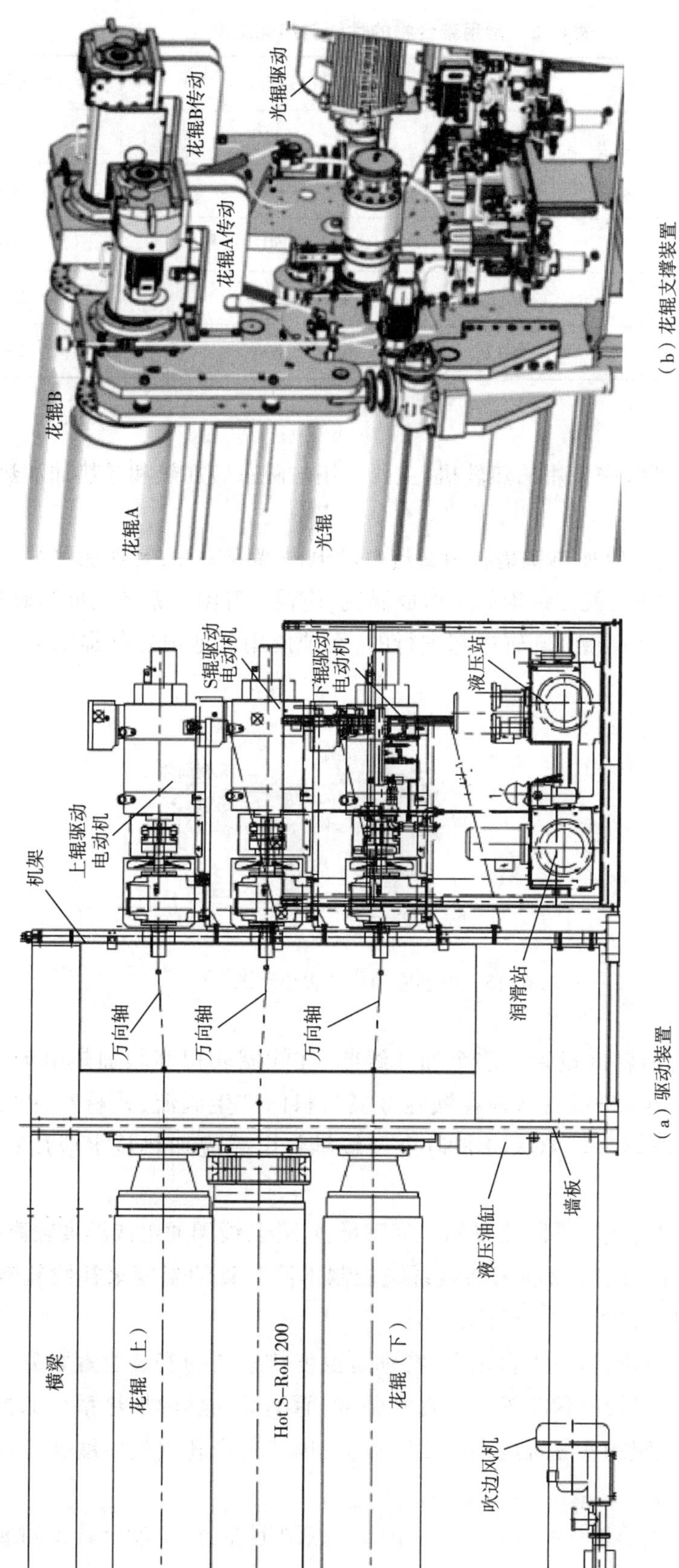

（a）驱动装置

（b）花辊支撑装置

图 6-14　Y型三辊热轧机驱动装置及花辊支撑装置

表 6-2　常用聚合物的性能与热轧温度

聚合物名称	熔点(℃)	玻璃化转变温度(℃)	轧辊温度(℃)
高密度聚乙烯(HDPE)	115	-110	126~135
聚丙烯(PP)	160~170	-18	140~170
聚酰胺 6(PA6)	210~230	50	170~225
聚酰胺 66(PA66)	250~270	55~58	220~260
聚酯(PET)	245~265	69	230~260

1. 轧辊加热方式

目前在非织造布生产线中使用的热轧机，主要应用电磁感应加热和导热油加热这两种轧辊的加热方式。

(1)电感应加热。电感应加热就是利用交流电的电磁感应原理，实现加热的。当布置在轧辊内部的线圈通上交流电时，就在钢辊筒上形成涡流，使辊筒升温。系统的能量转换过程，即由电能转变为热能的过程，是直接在轧辊内部进行的，无须使用其他由外部提供的中间载热介质(图 6-15)。

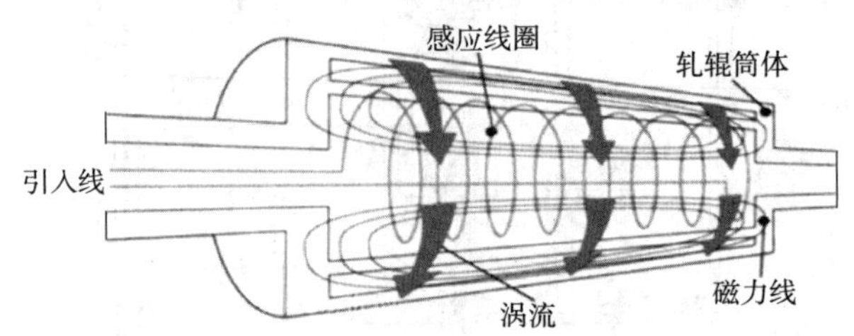

图 6-15　电感应加热轧辊原理图

在这种轧辊的内部沿轴向设置了多个加热线圈，在线圈获得高频加热电流以后，产生的高频磁力线会反复切割金属材料，从而在铁磁金属材料内产生涡流，使材料加热升温，因此，有较高的加热效率。日本东电(TOKUDEN)公司较早将电感应加热技术应用在热轧机轧辊的加热。

当出现轴向温度差时，轧辊不同位置的热膨胀量也不同，线圈通电或温度较高的位置，直径方向的膨胀量会较大。因此，可以利用加热系统控制不同位置的温度来补偿轧辊的热膨胀变形，保持全幅宽范围线压力的均匀性(图 6-16)。

这种轧辊内部结构复杂，其技术含量高，特别是温度传感器的安装位置紧靠轧辊表面。因此，所显示的温度几乎就是没有偏差的轧辊真实温度，而不像导热油加热系统那样所显示的仅是导热油的温度，要比轧辊的实际温度高出 20~30℃，也就是说轧辊的温度要比仪表显示值低很多。

但这个系统的配置很简单，除了外部有一个电气控制柜外，再也没有其他附属的加热设备和复杂的管道、接头等(图 6-17)。

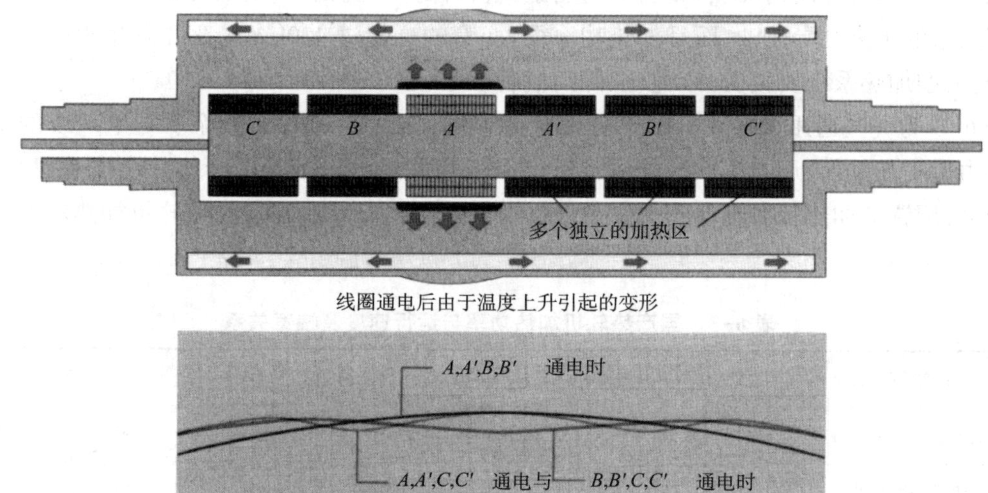

图 6-16　温度差异引起的轧辊表面形状变化

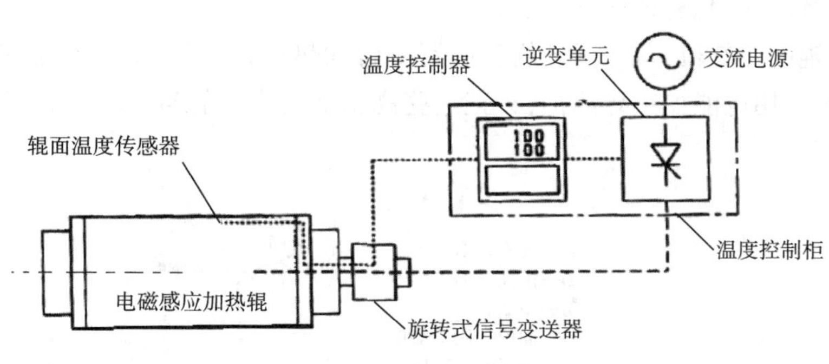

图 6-17　电磁感应加热系统

由于电感应加热轧辊没有使用其他类似导热油的可燃性热媒，消除了发生火险的隐患和环境污染风险，也不存在导热油内部的结垢及积碳问题，省却了安装导热油加热系统的设备和管道空间。其缺点是加热均匀性不如导热油，加上分解后的组装工作要在特殊的环境中进行，一般企业难以在现场进行分解、维护工作等。

在一些引进生产线中的成网机纺丝系统的热压辊，也采用这种加热方式，有很好的使用性能，升温迅速。导热油系统无须提前几个小时预热、升温，一般仅需要提前几分钟时间加热升温即可，电能利用率和控温精度都较高。

由于结构复杂，造价高，维护困难，虽然国内已有企业能制造这种轧辊，但在非织造布生产线使用的热轧机上还很少应用这种加热方式。

(2)导热油加热。目前，纺粘法非织造布生产线的热轧机都是采用导热油加热的，一般是每一只轧辊配一个加热系统。导热油加热系统主要包括：导热油加热装置、高温油泵、高位膨胀油箱、管道与活动(旋转)接头、自动控温装置、加油泵、储油箱等。

国产的热轧机一般配置通用型的加热系统，结构较为简单，仅具备一般的保护功能；引进的热轧机一般会配置专用的加热系统,结构复杂,各种保护功能完备,安全可靠。由于轧辊加热系统中有大量的可燃性导热油,而且加热功率很大(有的可超过400kW),存在发生火险隐患。因此,一些大型加热系统要接受劳动安全部门监管。

表6-3为一些通用型热轧机加热功率配置概况,实际的功率配置除了与生产线的幅宽及生产能力呈正相关外,还与生产线的运行速度呈正相关。由于不同聚合物的熔点有很大差异,熔点越高,配置的加热功率也会越大。因此,同样幅宽的生产线,配置的热轧机加热功率会有很大差异。

表6-3 国产热轧机加热功率与运行速度及幅宽关系

产品幅宽(mm)	1600		2400		3200	
运行速度(m/min)	250	350	250	350	250	350
加热功率(kW)	72	96	96	120	144	180

对于配置使用S辊或Nipco辊的热轧机,都要配置专用的导热油加热系统。前者的S辊要使用二次加热增压系统,后者则需要有多路可控油流输出,在其芯轴的内部加工有很多条互相独立的油路,并配置有一套复杂的连接装置。

早期使用S辊的热轧机,每一只轧辊都配置一台加热设备,其中的花辊加热系统与普通机型基本相同,就是先用电能加热导热油,再把这些高温油流供给轧辊,图6-18为S辊加热系统的原理图。

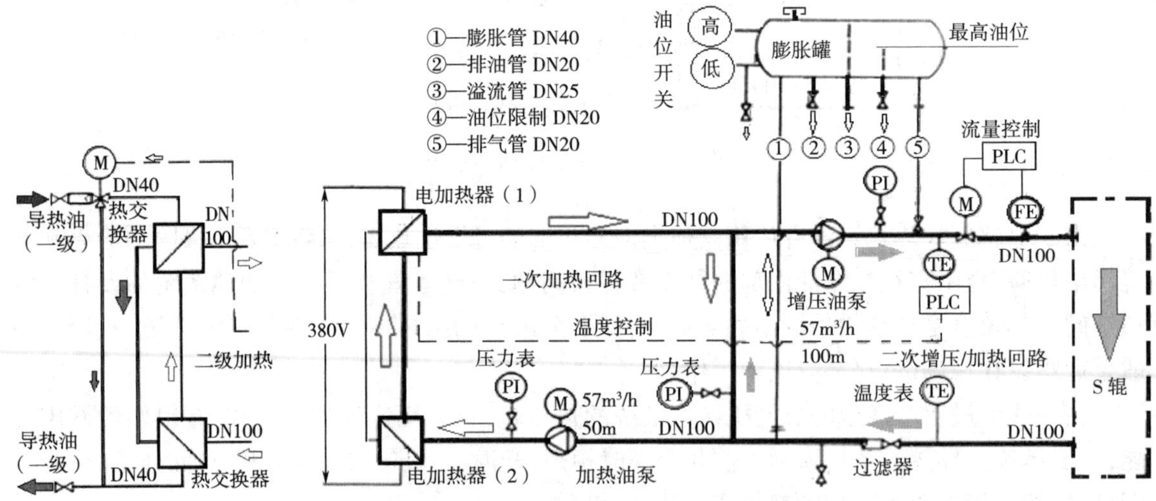

图6-18 S辊导热油加热系统原理图

S辊加热系统分为两个回路,先在一次回路用电加热低黏度导热油,再用这些高温导热油加热二次回路内的高黏度导热油,并利用二次回路的油泵将其压力增至0.60~1.00MPa,这些导热油既作为S辊的加热介质,又是S辊补偿挠曲变形的动力源,还是机械密封的润滑介质。显然,在这个加热系统中,同时使用了两种流动特性差异很大的导热介质。

常规结构热轧机的花辊表面刻有花纹，光辊表面光滑，花辊及光辊的差异仅是表面状态不同，其内部的加热回路及配置基本都是一样的。因此，花辊的设计温度基本是与光辊一样的，同为一个温度级别，加热系统的结构和性能（工作温度、加热功率）也基本是一样的，可以互换使用。

但在使用S辊的热轧机，光辊与花辊的结构是不一样的，光辊（即S辊）内部有大量的机械密封结构，为了保证密封件的可靠性，光辊的最高设计温度要比花辊稍低一些。如花辊的最高设计温度可达300℃，而光辊仅为275℃，而且两个加热系统的结构和功能也不一样。

普通轧辊加热系统的导热油压力<0.6MP，但在补偿轧辊挠曲变形的时候，S辊需要更高的导热油压力（≈1MPa）。因此，S辊的加热装置还兼有增压功能，用于控制其挠曲变形（图6-19），这是花辊加热系统与S辊加热系统的较大差异。

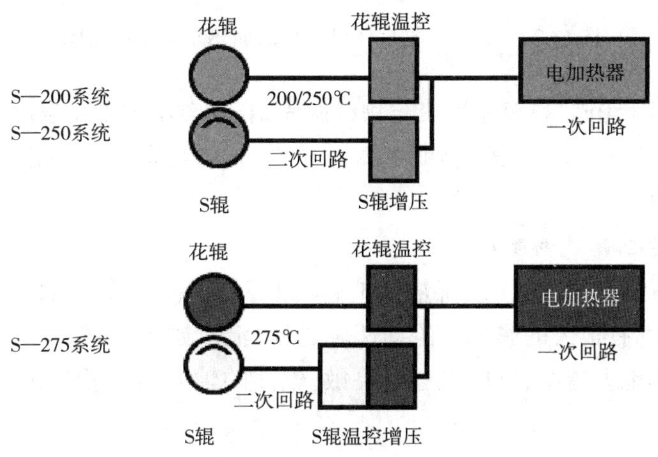

图6-19　设计运行温度不同时的两种导热油加热系统

Y形三辊热轧机具有可以快速更换花辊的特点，虽然可以在很短的时间内完成两只花辊的转换，但能否及时恢复正常运行，则与备用花辊的温度有关。若要求在完成位置转换后备用花辊能即时投入运行，花辊当前的温度就必须达到正常生产工艺要求的温度，因此，其导热油加热系统应能提前对备用花辊进行预热升温（图6-20）。

由导热油加热系统输出的高温导热油进入电控三通阀后，可以根据需要分配给正在运行的花辊A（或花辊B），经过花辊内部油路后，返回导热油加热系统实现内部循环。在这个运行状态，电控三通阀可以将全部高温导热油分配给花辊A，这样可以避免处于待机状态的花辊B仍消耗热量，这是较常用的供油状态。

电控三通阀在向运行中的花辊A供油的同时，还可以将一部分高温油流分配给花辊B，以便使花辊B保持一定的温度，或进行预热升温，这样备用的花辊B便可以快速投入运行。另外，系统中还配置有一个电控旁路阀，可以利用其启闭的开度，将运行中的高温导热油分配给处于待机状态的另一只花辊。显然加热系统的加热能力就要比仅使用一只花辊时更大一些。

根据设备制造商提供的资料，目前使用S辊的热轧机，其轧辊加热系统已有较大的改进，结构更为简单。工作温度分别为200℃、250℃的两个机型，花辊和光辊的加热系统都是使用同一种导热油。

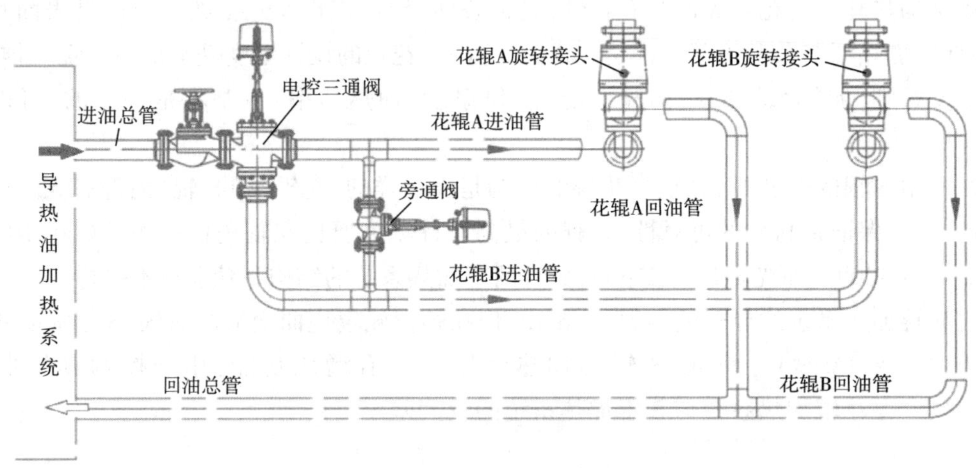

图 6-20　Y 形三辊热轧机导热油加热系统主油路图

只有在热轧机用于 PET 等聚酯类聚合物纤网固结，才会用到工作温度≥275℃的机型，其 S 辊的二次回路才使用另一种牌号的、黏度更高的导热油，就是在一台热轧机中需要同时使用两种性能不同的导热油。

2. 轧辊内部的导热油流动路径

轧辊内部的导热油流动速度（或流量）和流动路径（油路）对轧辊表面温度的均匀性、温度差、温度控制灵敏度都有很大的影响。流动速度越快，流量越大，可以传导的热量越多，进油的温度与出油的温度差也会越小，反应也会越灵敏，辊面的轴向温度差异也越小。常见的油路有如下几种方案。

（1）中空内胆、导热油一次回流。这种轧辊的内腔有一个中空的圆筒（内胆），导热油以一次回流方式从内胆中进入，流至轧辊的另一端，然后从内胆与轧辊内腔的环形腔流出，由于高温油流离辊面距离较大，而且只有一次性流动，先后与辊筒接触的油流本身就存在温度差异（图 6-21）。

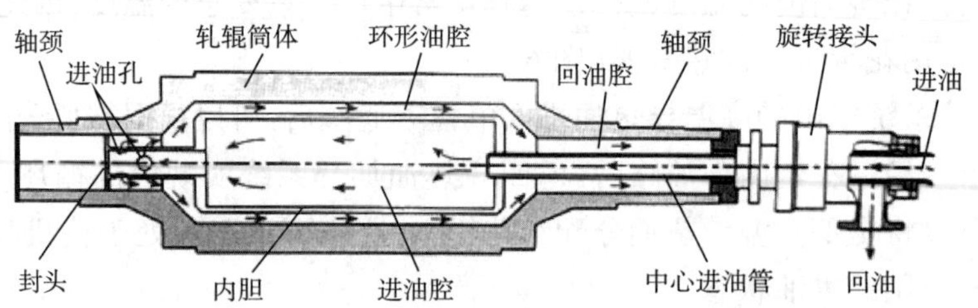

图 6-21　带内胆的轧辊导热油一次逆向回流示意图

这种回流方式可以使轧辊轴向每一位置的导热油温度近似为内胆进油温度与环形腔的回油温度的平均值，环形腔内的油流会被内胆较高温度的油流加热，可以缩小轧辊轴向的温度差异。但因为环形腔的截面大油流的速度慢，使轧辊进油口与出油口的温差变大，轧辊表面的实际温度与油温差异较大，导致辊面的温差也会变大，采用这种油路的辊面温差≤±1.5℃。

另外，这种辊筒内的油流速度较慢，若有空气就不容易排出，这种轧辊会在外圆的非工作面加工有排气螺钉，用于排出空气。而内胆的支承比较简单，幅宽较大时支点距离很远，无法承受在转动角速度较快时的偏心离心力，可靠性差，因此这种方案仅适用于线速度低于 400m/min 的生产线。

(2)轧辊的厚壁圆周钻孔多次回流。这种油路是在轧辊的厚壁圆周中钻孔，就是在轧辊的厚壁上直接钻出轴向通孔和斜向连接油路。根据设计方案，导热油可有多种流径在孔内流动，如二次同向、二次逆向、三次回流等方式(图 6-22、图 6-23)。

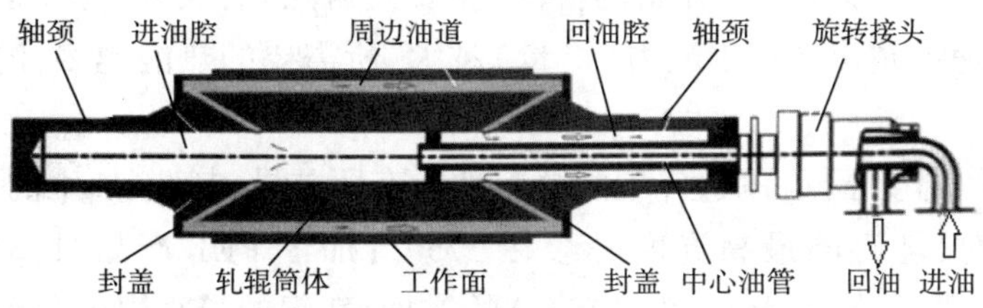

图 6-22　轧辊圆周钻孔、导热油一次回流油流示意图

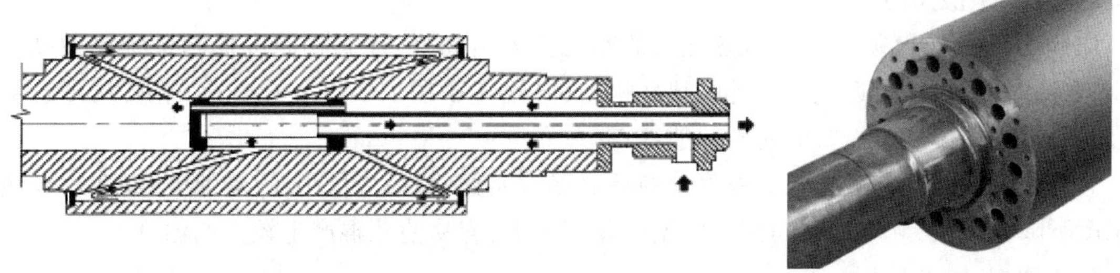

图 6-23　轧辊圆周钻孔、导热油二次回流油流示意图

由于导热油在离轧辊表面更近的地方流动，流速较快、换热效率更高，反应更迅速，加上不同流道中的导热油温度平均值更为均匀一致。因此，温度差异较小，辊面温差≤±1.0℃，适用于线速度高于 400m/min 的生产线。

图 6-24 为轧辊圆周钻孔、导热油三次回流的油流示意图。

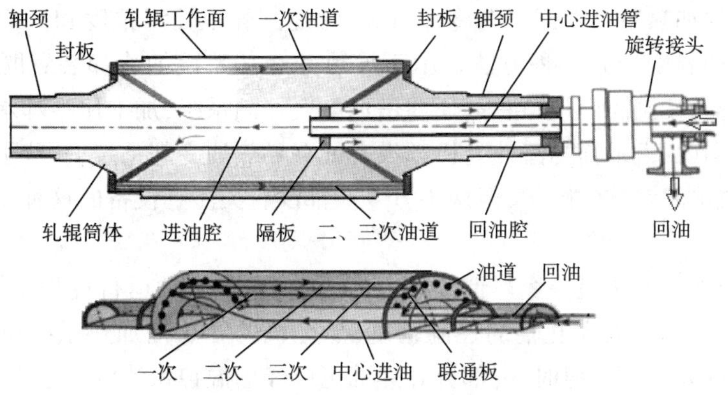

图 6-24　轧辊圆周钻孔、导热油三次回流油流示意图

正常工作条件下，加热系统的供油温度与回油温度的差异应控制在小于 15℃的范围，温差

大,表示回油温度低,加热系统不能补充轧辊消耗的热量,负荷较重。

3. 轧辊的温度

在导热油加热系统,无论温度传感器是安装在加热器出口,还是轧辊的回油出口,其显示的温度仅是测量点的导热油温度,而不是轧辊的表面温度,轧辊表面的实际温度要比显示的温度低很多,其差异有 20~30℃。因为如果轧辊与导热油之间没有温度差,就不可能存在热传导,导热油的热量就没有办法传导给轧辊。

热轧机轧辊的工作温度除了与原料的特性(主要是熔点)有关外,还与运行速度、加工能力(产量)有关。运行速度越快或加工能力(产量)越大,所需要的热能越多,温度也越高,需要的加热功率也越大。

由于轧辊的工作温度不同,制造轧辊的材料性能有所差异,制造、加工的工艺也有较大的差异。加工 PP 产品时,轧辊的最高温度一般在 175℃;加工 PET 产品时,轧辊的最高温度在 250℃。随着运行速度(与加工能力、产量有关)的增加,轧辊的最高温度也随之提高。目前,加工 PP 产品的热轧机,轧辊温度可达 200℃;加工 PET 产品时,轧辊的温度升至 275℃左右,加热系统的功率也随之增加。

加热功率的大小,除了会影响热轧机的冷态升温时间外,还影响温度控制系统灵敏度。功率小、升温时间长、反应迟钝。国外的热轧机,其升温速率在 1.2~1.6℃/min 范围,从冷态室温升高至正常工作温度所需要的时间一般在 2h 左右。

导热油流量的大小对轧辊的温度分布差异影响明显,如果流量小,流动速度会较慢,导热油的温度下降会较大,轧辊入口与出口的温度差就较大,容易使轧辊产生较大的温度差。

4. 导热油冷却系统

导热油加热系统有两种方法控制加热温度,其一是控制加热导热油的输入功率,从而调节导热油的温度,在温度降低时增加输入功率,温度偏高时减少输入功率,甚至停止输入;其二是改变进入轧辊的导热油流量,在同样的导热油温度下,进入轧辊的导热油流量越大,轧辊的温度也会越高,而减少流量会使温度下降。这是很多导热油加热系统所采用的温度控制模式,尤其是第一种更为普遍,而高端机型则会同时采用这两种方式。

导热油冷却系统实际上是导热油加热系统中的一个附属系统,20 世纪 90 年代从德国引进的热轧机,其导热油加热系统就配置有冷却系统,对提高轧辊控温精度和反应灵敏度有很大作用,这是控制导热油温度的第三种方法。由于导热油冷却系统的冷却装置既要增加配套的硬件,如热交换冷却器、控制阀门、管路等,还要增加电气控制系统,加上用冷却水带走导热油的热量也会浪费能源,因此,大量简易型热轧机都没有配置导热油冷却系统,一些引进的所谓低配型热轧机也因设备成本问题被省略了,但购买方一般都没有关注到设备的这种变化所带来的负面后果。

热轧机的轧辊加热系统是一个热惯性很大的系统,在正常的运行过程中,温度不会发生较大幅度的快速变化。为了提高轧辊的控温精度,热轧机的导热油加热系统也会设置水冷却系统,以便在当前温度高于设定值时,一部分导热油可以经由温控系统的三通电磁阀,自动旁路进入水冷却热交换器,利用温度较低的冷却水将部分热量带走,使导热油降温。

如果导热油温度高于设定温度时,除了按照一般的温度控制原理,通过减少输入的加热功率、甚至停止加热外,导热油会自动进入热交换器,利用冷却水带走导热油的热量,而不是依靠负荷及向周边环境自然消耗系统过多的热量降温，因此，可以使轧辊快速冷却、降温，提高了反应速度和控温精度。这一功能还可以缩短检修设备时的降温排油时间，提高了工作效率。

在温控系统正常运行状态，三通电磁阀处于直通状态，高温导热油直接进入轧辊，而不会分流进入热交换器，冷却水也是不流动的，否则将浪费大量热能，增加能耗。在进水温度为 20℃时，热交换器的排水温度一般在 40～50℃。

5. 加热温度偏差对线压力的影响

轧辊加热系统的控温精度一般都可达到±1℃。温度差不仅影响了轧辊表面的温度差异，温度不同、轧辊的热膨胀变形量也不一样，温度较高的位置，变形量就较大，导致线压力也较大，影响了线压力的均匀性（图 6-25）。

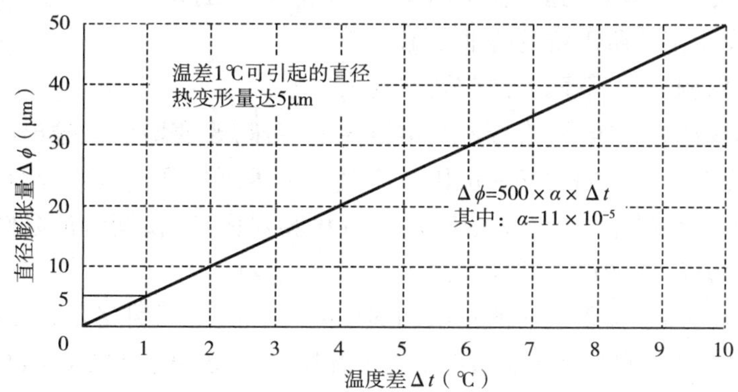

图 6-25　ϕ500mm 轧辊轴向温度差异引起的直径变化

如直径为 500mm 的轧辊，每 1℃的变化可引起的热变形量达 5μm，相当于一般薄型卫生制品材料厚度的 3%～5%。在大部分情形下，为了使轧辊全幅宽范围有均匀一致的线压力，就要求轧辊在全幅宽范围内的温度差异控制在±1℃内。

对于使用导热油加热的轧辊，除了要有合理的轧辊油路设计外，要减少在幅宽方向的温度差，就要尽量减少进入轧辊的导热油与从轧辊排出回流的导热油温度差，也就是要求导热油在轧辊内部有较高的流动速度。在一些特殊机型（如电磁感应加热轧辊），轧辊在幅宽方向的温度是分区可调的，通过调节不同温度控制区的温度，就可以有效调节线压力。

为了避免轧辊在温度升高后，由于温度分布不均匀，不同部位的直径因膨胀量不同而产生差异，一些高端轧机的轧辊会在制造时，采用高温磨削加工工艺，模拟在正常的工作温度状态磨削轧辊外圆，可使轧辊的外圆跳动控制在≤10μm。

由于花辊的热熔比一般在 15%～25%，也就是与纤网的接触面积仅有 15%～25%或稍大的范围，而在接触带范围内，光辊是 100%与纤网接触的，光辊与纤网的接触面积是花辊的 4.0～6.7 倍，光辊的热量更容易传导给纤网。因此，在实际生产运行时，上、下辊的温度是有差异的，为了使纤网两面都能获得相接近的热量，花辊的温度一般会比光辊高 3～5℃，用于弥补接触面积较小、传导的热量较少这个缺陷。

由于导热油加热系统使用了大量可燃的导热油，因此，在进行系统设计和运行管理时，对运行安全等方面都有相应的要求，并有多种安全保护措施。如防止导热油沸腾的泄油措施，危急状态时的快速排油、储油的技术措施等。

6. 加热系统的导热油功能

在一般的轧辊加热系统,导热油仅是一种传热介质,把从加热器输出的高温油流所带的热量传导给轧辊,就再也没有其他功能了。因此对导热油就没有其他特别要求,只需按使用温度选择通用的导热油就可以。

但进入轧辊的导热油温度与从轧辊流出的导热油温度的差异不能太大,否则会增加轧辊的温度分布差异,对于较大幅宽的热轧机特别要注意。而要做到这一点,必须保持进入轧辊的导热油流量足够大,以使轧辊内部的导热油有较快的流速,减少在流动过程中与轧辊的热量交换和温度下降。

在使用S型轧辊的热轧机,导热油不仅作为传热介质,向轧辊传导所需要的热量,在S辊内部的导热油流还有另一个核心功能,就是用作辊筒挠曲变形的动力,利用上、下两个油腔所形成的压力差,使辊筒发生工艺所需要的挠曲变形。

有多种方法可以调节上、下两个油腔之间的压力差:

第一种是使用调速型增压泵,直接调节增压泵的转速,改变增压泵输出的导热油流量和压力,便可以调节压力差。由于同时存在增压泵流量及调压阀的开度这两个可调变量,对操作水平要求较高。国产系统多采用调压阀人工控制、开度相对固定、仅调节油泵转速的方法控制压力差。因系统造价低廉,国产设备多使用这种方案。

当采用这种调压方式时,系统内的一次加热回路与二次增压回路是直接联通的,为了适应S辊的工作特点,要使用高黏度的导热油,而这个黏度已超出一般离心式油泵的可以正常输送的介质黏度,在低温环境的启动过程较困难。而且这种系统的智能化程度低,不能与线压力调节过程联动。

早期引进的设备,S辊的二次回路是与一次加热隔离的,一次回路的导热油黏度低,可以使用通用的离心式导热油泵输送;而二次油路的导热油黏度很高,曾使用过螺杆泵、齿轮泵输送,并有专用于冷态低温启动的加热运行程序。

第二种是用S辊轴端的气动薄膜调节阀,通过改变调节阀的开度,便可以直接调节压力差。增压泵是以恒定转速运行的,调节阀的开度与压力差有固定的对应关系。因此,可以利用线压力的设定信息同步调节压力差,在设定线压力的同时,也自动完成了轧辊挠曲变形补偿调节,智能化水平较高,操作过程简单,引进设备大部分使用这种方案。

根据传递热量的要求,导热油泵有足够的流量就可以了,但要使辊筒产生足够的变形,并能输送更高黏度的导热油,油泵就需要有较高的压力。因此,S辊加热系统就需要配置两台导热油泵,两台油泵的流量基本相同,但扬程有较大差异,加热用油泵的扬程约≤50m,而增压油泵的扬程≥100m,由于导热油的密度<1,因此,这个扬程产生<1.0MPa的压力。

S辊内有很长的轴向密封和端面密封,因此,导热油还具有润滑密封面、减少磨损、延长密封件使用寿命的作用;使用较高的黏度还有利于减少密封件内泄漏,提高系统可靠性的功能。

因轴向密封件具有方向性,因此,相对于固定不动的芯轴而言,S辊内所形成的高压力腔(进油侧)和低压力腔(回油侧)的位置是固定不变的。也就是说,要改变高压腔的位置,就必须同时改变芯轴的状态。

由于S辊内的轴向密封是借助腔内的压力实现自密封的,密封结构具有方向性。因此,立式三辊热轧机,在使用不同位置的花辊时,S辊要利用专门的回转机构进行180°的换向调整,将

S 辊的高压腔调整至与投入使用的花辊相对方向,而不能采用改变进油、出油管道的方法。

因为 S 辊的导热油不仅要为轧辊提供热量,还要提供轧辊挠曲变形的压力,并为密封装置提供润滑。因此,S 辊的导热油加热系统要比花辊复杂,还要根据工作温度、运行速度选用黏度较高、价格昂贵的合成导热油,以提高密封装置的可靠性,减少摩擦阻力。

7. 导热油加热系统的安全运行与保护

热轧机的导热油加热系统的装机容量可达几百千瓦,功率很大。为了防止发生意外,导热油加热系统必须有完善的安全保护装置。

(1)低油位报警。这是为了防止电热管在缺油时露出油面,发生意外的干烧事故,系统中设置了一个大容积的高位膨胀油箱,足以收纳温度升高时体积膨胀增加的导热油,填充温度降低时体积收缩而减少的空间。只要高位油箱有足够的存油量,就可随时依靠重力向加热器充油,使电热管始终保持在被导热油浸没的状态(图 6-26)。

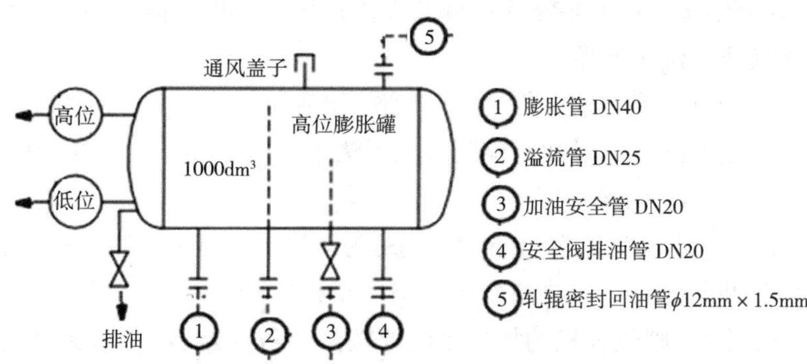

图 6-26　热轧机导热油加热系统的高位膨胀油罐

由此可见,膨胀管道中的导热油,在运行状态会根据导热油的体积变化双向流动的,因此,高位膨胀油罐的补油管道不能安装阀门,或不能安装只有单向流动功能的阀门,除了在检修状态可以关闭外,这个阀门必须保持常开状态。

除了低油位检测与报警装置外,有的导热油加热系统还具有高油位检测与报警功能,这个功能主要适用于防止系统充油量太多,受热膨胀后发生溢流。这些油位检测传感器(或开关)一般都是装在高位膨胀油箱上,在出现低油位时发出报警信号。

(2)油泵故障报警。为了防止在油流处于静止状态进行加热,导致部分导热油发生超温过热、焦化。当油泵未启动前,加热系统被联锁而不能加热。在运行期间若油泵出现故障跳停,则所有加热电源将会被自动切断。

当油泵发生故障停机时,必然还会同时触发低油压报警及低流量报警,从而切断加热电源。

(3)导热油超温报警。当系统检测出导热油的温度超过安全设定值(比正常的最高温度波动值高很多)时,往往是系统内部发生故障了,这时所有加热器的电源都将被切断,并发出报警信号(报警信号灯发亮)。

在系统运行过程中,导热油的温度会在以设定值为中心,以一定的偏差上下波动,这是温度控制系统的正常状态。当温度高于设定值时,控制系统会自动降低加热功率,使温度自动恢复正常。而这里所说的超温并不是温度控制过程出现的正常温度波动现象,而是一种当前温度高于设定值，并仍呈升高趋势的一种故障现象。

（4）低流量报警。当系统发出低流量报警时，意味着系统出现故障，导热油的流量低于设定值，这时将出现两个异常现象：一个是导热油无法将电加热管产生的热量带走，导致电加热管的温度持续升高，发生类似干烧事故，威胁电加热管的安全运行；另一个是导热油流量减少，无法为轧辊提供充足的热量，令轧辊温度失控而下降，影响产品的质量。

为了防止出现这种情况，会在导热油的主管道中配置孔板流量计，通过检测流量计的压力差，检测系统的流量，当压差超过设定值时，装置就会发出报警信号，或将加热系统电源切断。例如，有一个机型压差保护的预警设定值为 0.9bar❶，如果压差继续增加，到达 1.26bar 的设定值时，说明系统的流量更小，便会切断加热系统的电源。

（5）油压偏高报警。一般导热油系统的正常工作压力在 0.30~0.50MPa（3.0~5.0bar），油压偏高，说明导热油系统的管网阻力变大，甚至堵塞，油流不畅，当系统中配置有导热油过滤器时，就很容易出现这种情况。此时控制系统即会发出油压偏高报警信号，或切断加热器的电源，这时就需要及时更换或清洗过滤器。

注意：若油压太低，有可能是油泵停转，或管路（如活动接头）脱开，油泵入口过滤器堵塞，造成油不流动或油大量泄漏。此时油压检测系统无法正常工作，但低油位检测装置及流量异常检测装置仍会正常工作，保护系统的安全。

（6）轧辊停转联锁。当轧辊在停止转动状态，为了防止处于静态的高温轧辊发生挠曲变形，加热系统应及时中断加热，但导热油循环泵仍应正常运转，使轧辊降温。一般情况下，如果生产线要长时间停止生产，则热轧机的加热系统要按降温程序运行，一直到系统的温度下降至安全温度（一般为 80℃）才能将循环油泵停下来，这个功能可有效延长导热油的使用周期，并保护加热系统的安全。

但在短时间停止生产时，没必要切断加热系统的电源，从而节省生产线再启动升温运转时间。

8. 导热油活动接头

导热油活动接头也叫旋转接头，用于将导热油系统输送到旋转的轧辊内，一般每一只轧辊都配有一只旋转接头，而且都是双通道型（双向型）（图 6-27）。在使用 S 辊的热轧机时，由于 S 辊的芯轴是不转动的，因此，两辊热轧机中的 S 辊就不需要旋转接头；在立式三辊热轧机中，由于与不同的花辊配对运行，压力腔要面对配对的花辊，因此，在这种形式的热轧机中，S 辊也需要配置旋转接头。

图 6-27　轧辊的导热油活动接头

❶ $1bar=10^5Pa=10^2kPa=10^{-1}MPa$。

导热油旋转接头的接管方向与油路设计有关，除了设备制造商有规定外，并没有固定的进出油接口规定，但一般多是采用中心管轴向进油，环形腔径向回油这种连接方法。即中心管与导热油加热系统的高温出油管连接，环形腔则与加热系统的回油管连接，这样可使接头的动密封处于回油管的低压侧，降低旋转接头活动密封的工作压力，对防止接头漏油，提高其可靠性有利。

虽然旋转接头仅是导热油加热系统的一个管道附件，但对热轧机的可靠性、安全运行有较大影响。发生漏油会污染设备周边地面，泄漏出的高温导热油还容易成为火险隐患。

由于设计不当，一些轧机的旋转接头安装不合理，没有合理配置。利用止转机构和承重装置，来限制旋转接头本体的运动，导致在运行期间来回大幅度扭摆。

目前，大部分机器没有设置旋转接头悬吊装置，导致由旋转接头自重所形成的偏心力和波纹管产生的拖拽力，形成一个偏心负荷，加快了旋转接头内部轴承、密封件的磨损，影响了旋转接头的使用寿命。

一些热轧机设计不合理，与导热油旋转接头连接的金属波纹管太短而且安装位置不正确，不仅使金属波纹管发生折弯，而且导致旋转接头要承受很大的偏心力矩，严重影响接头的安全运行。常用的金属波纹软管的工作压力一般为 1.6MPa，最高工作温度 320℃。

（六）热轧机的冷却系统

1. 热轧机的冷却系统的作用和组成

热轧机的冷却系统是指使产品冷却、降温的工艺装置，产品冷却速率的高低直接影响其物理性能。得到充分冷却的产品，其力学指标、触感都较好，表面状态平顺，质量也较稳定。

冷却辊系统包括冷却辊、驱动装置、冷却水管路与冷却水温度控制系统。

2. 冷却辊的结构与布置

冷却辊长期与冷却水接触，因此，需要用不锈钢材料制造，而且表面要进行镀铬抛光处理，以提高耐磨性。冷却系统由两只水冷式冷却辊组成，冷却辊一般为中空的夹套式结构，夹套内部是一个螺旋形冷却水流道，冷却水在贴近辊筒表层流动，带走辊筒的热量，增加辊筒表面与产品间的温差，提高冷却效果。

为了增加产品与冷却辊的接触面积，延长进行热交换的时间，热轧机的产品冷却系统都配置有两只转动方向相反的冷却辊，产品在每一只冷却辊上的包角接近 180°（图 6-28）。

图 6-28　热轧机的两只冷却辊

冷却辊的直径一般在250mm左右,高速机型的冷却辊直径可达350mm。使用直径较大的冷却辊可以增加与产品接触、换热的时间,提高冷却效果,同时可以降低冷却辊的转动角速度,避免高速运转期间发生剧烈的震动,减少密封件磨损,还能延长冷却水旋转接头的使用寿命。

冷却辊的结构会影响产品的冷却效果,以使用螺旋形水道的冷却辊冷却效率较高,而简单的直流形水道效果较差。在使用水质较硬的冷却水,或长期在水温较高的状态运行,冷却辊的冷却水腔内部很容易结垢、堵塞,影响冷却效果。

在每一只冷却辊的两个轴端,都配置有一只单通道型(单向型)冷却水旋转接头,用于将冷却水导入冷却辊和从冷却辊引出。由于相对的旋转方向不同,同一只冷却辊两端的两只旋转接头的螺纹旋向刚好相反,防止在运转过程中自行松脱。

3. 产品在冷却辊上的串绕路径

两只冷却辊的冷却水是以“串联”方式流动的,对于立式双辊热轧机,低温的冷却水先从下方(产品的输出端)的冷却辊进入,从下方冷却辊排出的冷却水已经吸收了一部分产品的热量,温度已升高,然后进入上方(产品进入端)的冷却辊,最后经过温度调节阀排放出去。

当冷却水以这种方式流动时,下方冷却辊的温度会较低,而上方冷却辊的温度会较高,这种路径能使两只冷却辊与非织造布之间保持有最大的温度差,有最佳的冷却效果,使产品得到最有效的冷却,迅速降温、冷却定型。

一般情形下,从两只轧辊间出来的高温非织造布先缠绕在上方冷却辊上,然后缠绕在下方的冷却辊面上(图6-29)。一般的两辊热轧机和Y形三辊热轧机,产品从轧辊间输出的水平标高是不变的,产品在两只冷却辊之间的穿绕路径也是固定的,这是常规的穿绕路径。

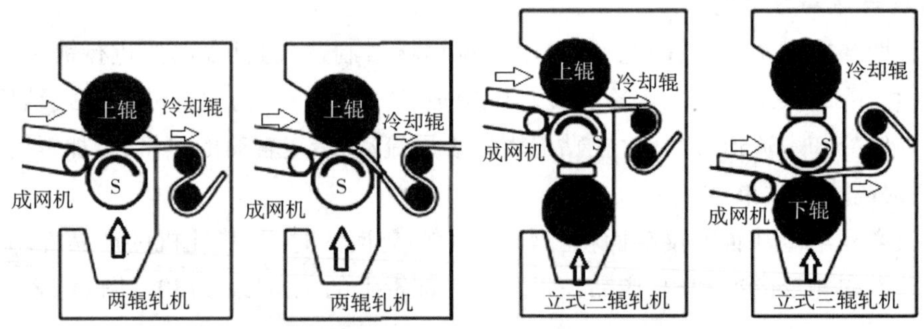

图6-29 产品在热轧机冷却系统的穿绕路径

但也可以先缠绕在下方冷却辊,然后反向缠绕到上方的冷却辊面上。显然,不同的缠绕路径会影响非织造产品的冷却效果。按这种非常规穿绕路径,产品在下冷却辊与冷却水的温差最大,冷却水吸收的热量也较多,温升较大,进入上方冷却辊后,其与产品的温差较小,冷却效果就较差。

如在两辊热轧机采用这种穿绕路径时,非织造布产品离开上下轧辊的接触带位置后,会继续与下辊保持接触,增大了与下轧辊的包角,接触时间延长,受热量增多,产品的手感会明显变差。

而在立式三辊热轧机上,产品在两只冷却辊间的穿绕路径是随所使用的花辊而变化的,缠绕路径刚好相反。使用下方花辊时,产品先缠绕在下方冷却辊,然后向上,并从上方的冷却辊输送至下游设备；使用上方花辊时，产品先缠绕在上方冷却辊，然后向下，并从下方的冷却辊输送至下游设备（图 6-29 右）。

而在 Y 形三辊式热轧机上，产品在冷却辊间的穿绕路径基本是固定不变的（图 6-30）。

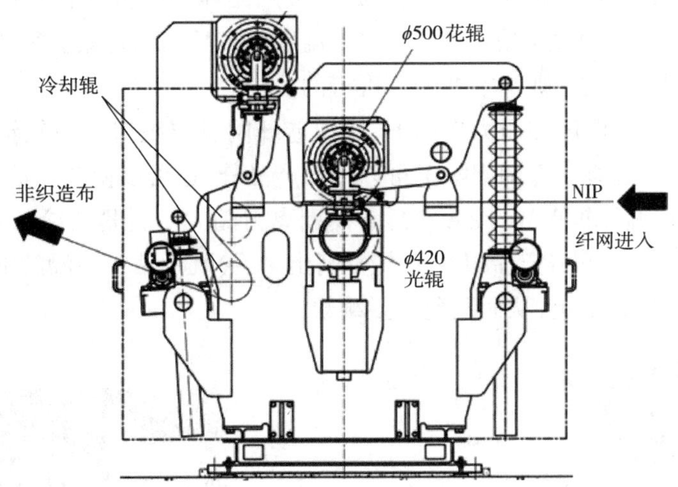

图 6-30　产品在 Y 形三辊热轧机冷却系统的穿绕路径

由于不同的串绕方式会影响冷却效果，也会对产品质量有一定的影响。在使用不同位置的花辊时，立式三辊轧机一般没有再去变换冷却水的运行方向。因此，对产品的冷却效果也是不同的，导致产品的物理性能也会出现微小差异。

4. 冷却辊的驱动

目前，冷却辊有如下两种驱动方式：

（1）冷却辊由独立的电动机驱动。当冷却辊由一台独立的电动机驱动，虽然基本速度与轧辊保持同步，但还可以根据产品定量的大小、运行速度等运行工况灵活调节冷却辊相对轧辊的线速度差，其调节范围一般在±10%，以便将非织造布从轧辊上顺利剥离。

两只冷却辊一般由同一台调速电动机驱动，有的幅宽较大的大型热轧机，会采用独立电动机传动，即每一只冷却辊各由一台电动机驱动。而在一些简易型热轧机，由于上辊的位置是固定不变的，其冷却辊则是由上辊以固定的速比传动，常用的传动件是滚子链条或齿形同步带，省去了一台冷却辊驱动电动机。

（2）冷却辊由轧辊驱动。当冷却辊没有配置专用的驱动电动机，而是由位置固定的轧辊（一般是上辊）驱动，传动装置为链条和齿轮，轧辊与冷却辊间以固定的速比关系运转。因此，无法调整冷却辊与轧辊之间的相对线速度差，也就无法使用改变冷却辊速度的方法，来调整非织造布从轧辊表面剥离的状态。

由于此时的非织造布仍处于高温状态，强度较低，其幅宽很容易受张力的影响而发生变化，这是一些低端、低速机型经常使用的传动方式。

热轧机的两只冷却辊的转动方向是相反的，采用单电动机驱动时，就需要配置合适的换向机构，使两只冷却辊的运转方向相反。一般是用一对齿轮或用两面都可以使用的六角形截面传动带、双面齿形同步带、滚子链条换向（图 6-31）。

冷却辊要与轧辊保持同步运行，并能在相对轧辊当前速度的 90%～110%调节运行线速度，避免产品经受太大的张力而引起结构变形、缩幅，影响产品的质量。如果产品经受太大的牵引张力，纤网的结构会被破坏，容易影响 SMS 类产品的静水压。

当驱动装置处于故障状态时，冷却辊是以处于被产品拖动的被动状态运行，表面上似乎还能维持生产线运行，但由于张力增加，仍处于较高温度的产品缩幅现象会很严重，对于轻薄型产品，将使产品的质量受到影响，则基本上是不可行的。

在热轧固结过程中的温度和压力作用下，非织造纤网及非织造布与轧辊结合得较为紧密，并有贴紧在轧辊表面的趋势。冷却辊除了可以冷却产品外，还可以使非织造布更容易从轧辊表面顺利剥离，防止出现缠轧辊事故（图 6-32）。而剥离力的大小就是由冷却辊与轧辊间的速度差控制的。适当的速度差，可使产品从两只轧辊间出来后，既不贴在高温的下辊表面向下运动，也不会跟随上辊（花辊）往上走，从而避免发生缠辊。

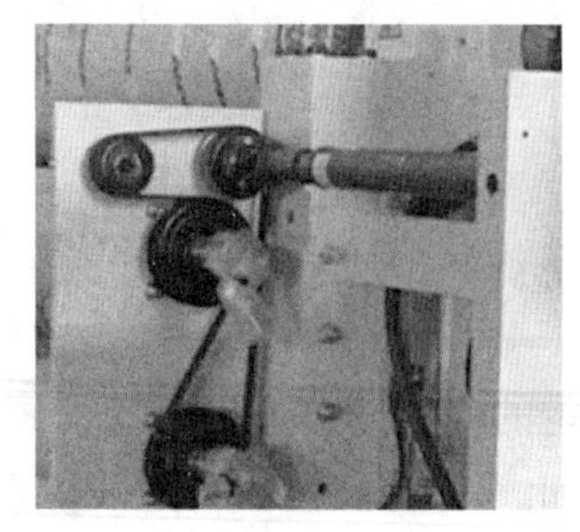

图 6-31　用滚子链或双面齿形带驱动的两只冷却辊

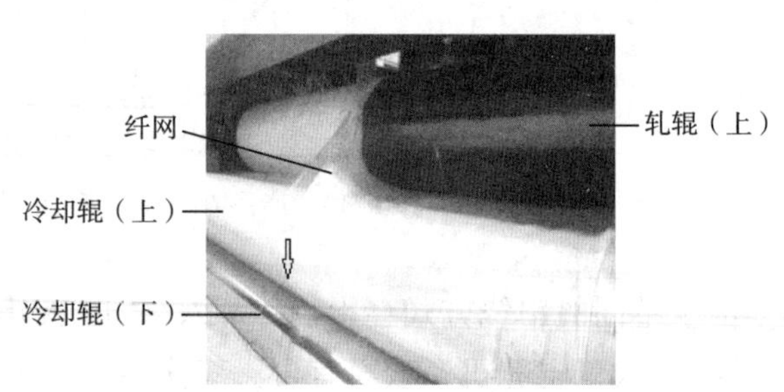

图 6-32　热轧机的缠辊现象

5. 冷却辊温度控制

性能较好的热轧机，冷却水系统一般都有温度自动控制装置，利用温度调节阀、自动调节冷却水的流量来控制冷却系统的出水温度，从而控制冷却效果。早期设备较常用的控制方法是在冷却水的出口端装设一个自力式温度控制阀，通过检测出水温度，自动改变冷却水流量，保持有稳定的冷却效果。水温偏高时，就增加水流量，使温度降低。冷却水出水温度一般设定在 45～50℃，具体温度则与机型有关。温度太高，冷却水中的固形物或盐分容易析出，导致系统结垢，影响冷却效果。

正常运行状态，冷却辊的表面温度≤60℃。如果冷却水的供水温度偏高，冷却水流量不足，或辊内水腔发生堵塞等异常状态，在生产厚型大定量产品时，冷却辊的温度有可能上升至 100℃左右，不慎碰触就很容易发生灼伤事故。

在冷却辊冷却水流量不足，甚至供应中断状态下，冷却辊的温度会上升至很高，产品无法得到冷却，直至卷绕成布卷后，芯部的热量难以散发，布便在这些高温热能的作用下变得很松弛，而布卷两端（侧）的热量容易散发，受温度的影响较小，保持在稍为张紧的状态，如果这时将布卷退卷平铺，就会看到布的中部存在凹凸不平现

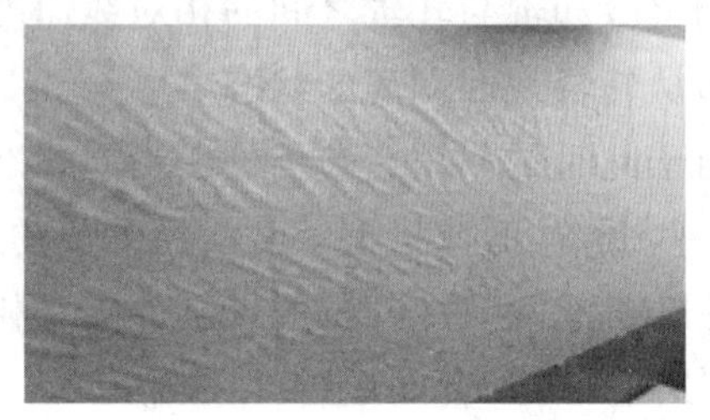

图 6-33　冷却辊温度偏高引起的产品变形

象(图 6-33)。

目前使用的很多热轧机基本不具备冷却辊温度自动调温功能,也鲜有冷却水温度显示仪表,一般是用人工调节阀门开度的方法,调节冷却水的流量来控制冷却效果。另外,很多热轧机都是直接使用一般的常温水源作为冷却水,而现场人员也较少关注冷却效果对产品质量的影响。

(七)润滑系统

润滑系统除了为轧辊提供足够的润滑外,还能控制轧辊轴承的温度,将其部分热量带走,使其能在高负荷、高温的状态下安全运转。

润滑系统包括润滑站、油位及油量指示、控制装置、润滑油的加热/冷却装置等。齿轮式油泵是润滑站(图 6-34)常用的一种油泵。加热装置仅在低温状态启动时才投入运行,使润滑油在低温状态下保持合适的流动黏度。

图 6-34　热轧机的液压站和润滑站

1. 热轧机用润滑油的特点

热轧机主要有两种类型设备需要进行润滑,其一是驱动轧辊运动的减速机,减速机一般采用油浸+飞溅润滑方式,其运行状态及对润滑油的要求与其他通用设备是一样的。

轧辊轴承是要重点关注的润滑对象,润滑系统采用强制方式为轧辊轴承提供连续的压力润滑油流。由于轴承的工作温度很高(与轧辊温度相近),因此,要求润滑油有良好的高温稳定性和足够的黏度,使轴承内能形成有效的油膜,保障设备安全运行。

润滑油除了保证轴承得到良好的润滑外,还可以利用润滑油流带走轴承的部分热量、控制轴承温度,并将运行期间产生的杂质从轴承内移除。因此,轧辊轴承润滑油还兼有冷却和清洁功能。

热轧机轴承要使用高温型润滑油,常温下的黏度较大(≥220cSt❶),由于一些配置有 S 辊的热轧机,轴承用的润滑油有可能会与从辊筒内渗漏出的导热油混合。因此,润滑油要能与导热油兼容,以免变质失效,引进的机型常使用与导热油同一型号系列但黏度不同的高温型合成油(如 MOLSYN-220,460 等)。

热轧机使用 S 辊时,因为芯轴是固定不动的,而且两个轴端还要安装导热油接头和调节阀,因此,不能采用与轴头直联的方式传动,而要采用多排齿形链条传动。链条和链轮有多种润滑

❶ cSt 即运动黏度的单位厘斯,1cSt = $1mm^2/s$。

方式,低速时可采用油池+定时人工润滑或油池+自动润滑。

由于S辊温度很高,同样要使用黏度较高的高温导热油,以形成较厚的黏稠油膜,防止飞溅散失,低位的传动链防护罩可收集飞溅或因重力流下来的润滑油,形成一个油池。

热轧机的减速机一般采用油池+飞溅润滑方式,在引进设备上,经常选用的润滑油的牌号为 Mobile SHC632 或 Shell Omala(可耐压)HD320 齿轮油,也可以选用性能(主要是黏度和温度)接近的国产品牌。

其他轴承、旋转接头、开式齿轮传动等,则使用润滑脂润滑。

2. 润滑系统的安全连锁功能

热轧机的轧辊轴承处于高温、重载的工况运行,很短时间的缺油都会酿成严重的后果,导致轴承损毁。因此,为保障热轧机的安全运行,润滑系统与轧辊驱动系统必须存在连锁关系,只有当润滑系统技术状态正常时,热轧机才能启动、投入运行。

润滑系统对保证热轧机的安全运行有非常重要的作用,因此,润滑系统必须与主传动装置连锁,润滑系统将先于主驱动电机启动,在润滑系统建立正常的油压后(一般在2~4bar),轧辊才能开始转动,而在润滑系统不正常的状态下,热轧机是无法运转的。因此,油压保护是较基本的连锁保护功能。

一些性能较好的机型,润滑系统还具有油箱低油位(或缺油)报警功能,当润滑站油箱出现低油位时,会发出报警信号,或直接终止轧辊的运转。

润滑站输出至每一个轧辊轴承或重要润滑点的润滑油,都有独立的流量指示及调节装置,并具有低流量保护功能,任何一个油路的流量低于设定值都会发出报警信号。

热轧机是长时间连续运行的设备,润滑系统的循环油路中设置双联式润滑油过滤器,可以根据过滤器的油污指示,在热轧机运行期间,利用换向阀进行切换操作,用于清除油中的杂质,或清洗、更换过滤器的滤芯,而不影响热轧机正常运行。

进行切换操作前,要根据换向阀指示的标记,务必要准确识别、判断两个过滤器的工作状态,只能切换处于离线状态的滤芯,否则,分解有压力和高温油流的过滤器时,将会造成严重的安全事故。

3. 润滑油冷却系统

润滑油冷却系统是润滑油循环系统的一个子系统。热轧机的轴承润滑系统也要配置冷却装置,控制润滑油的温度,使润滑油保持合适的黏度,并带走轴承的部分热量,保证轴承的正常运行。

润滑油在润滑轴承的同时,还吸收了大量的热量,使温度升高,黏度下降,影响润滑效果。冷却系统能自动控制油温,使润滑油保持良好的黏度特性。

热轧机基本都是使用水冷式润滑油冷却系统,并具有润滑油超温报警功能。个别引进机型则使用风冷式冷却器。大型热轧机会使用外附的水冷式机油冷却器,能有效控制润滑油的温度。

(八)热轧机的机架

热轧机的轧辊重量很大,一只3.2m幅宽热轧机的轧辊重量可达59~98kN(6~10t),轴承安装跨度宽、重心高、压力大、转动速度快,因此,需要一个强度和刚性都很大的机架。热轧机的机架墙板用厚度在50~80mm的高强度钢板制造,墙板之间用多条大截面尺寸的型钢(方管、槽钢等)定距杆件连为一体。

轧辊轴承、液压油缸和驱动装置直接安装在墙板上，机架一般分为驱动侧和非驱动侧，所有的轧辊驱动电动机、减速机都布置在驱动侧，热轧机的操作控制系统一般也布置在非驱动侧。

非驱动侧主要用于布置轧辊的导热油加热系统管路及其他附件，由于这些管路与导热油加热系统相关。一般情形下，导热油管路布置在那一侧，热轧机的导热油加热系统的设备也布置在这一侧。

通常要求加热装置布置在比热轧机更高标高的场所，而热轧机轧辊的油路、冷水管路走向都是向上的，以便自动排除轧辊内部可能残留的气体。因此，安放加热设备的场所必须与热轧机的非驱动侧对应，否则管路走向、布置会较麻烦，还会增加不少费用。

热轧机的冷却辊系统常与轧辊共用同一机架，部分高速机型的冷却辊系统与轧辊是分开的，这样能隔离高速运行时产生的震动。

一台热轧机的总质量可达几十吨，为了保证安全运行，热轧机必须安装在一个符合要求的水泥混凝土基础上，这是全生产线对安装条件要求较高的设备。以配置在 3.2m 幅宽生产线使用的热轧机为例，一些设备制造商要求热轧机水泥混凝土基础，机座位置的局部混凝土的强度等级要相当于为 C35～C45。

（九）热轧机的控制系统

对热轧机运行状态进行控制、管理，协调与生产线的运行状态，其中包括了各种安全装置及信号装置。

由于在生产线运行期间，热轧机是在生产线的控制指令下工作的，热轧机一般都没有单独的调速操作。因此，在正常生产时，现场的基本管理控制操作仅包括：

（1）启动/停止。启动设备运转/机器停止运行。

（2）下辊的升/降。上、下辊闭合、进入加工状态/退出加工。

（3）线压力调节。加压，调节线压力的大小或分布状态。

（4）速度微调。微量（一般在±5%～±10%）调整热轧机与上、下游设备的相对速度差。

（5）紧急停机。遇到突发事故或出现安全风险时，迅速切断热轧机的电源，并制动停止。

（6）轧辊温度设定。设定轧辊的工作温度。

（7）显示。运行线速度，轧辊温度、线压力，故障记录。

（十）热轧机的附件

1. 安全防护设施

热轧机是一台具有较大安全风险的设备，因此，必须配置相应的安全防护设施，包括防护栅栏、急停拉索（安全绳）等。

在热轧机的纤网进入端必须配置防护装置，如沿 CD 方向设置的急停拉索，两侧设置防护栅栏等。其中急停拉索离上、下轧辊的咬入口距离必须大于以基础运行（基速）速度运行时的安全防护距离，否则将没有防护作用（图 6-35）。

因为只有在生产线以基速运行的启动生头阶段，才允许操作人员接近热轧机进行作业，根据要求的制动时间 t（s），按基速 V（m/s）计算 Z，即安全拉索 a、b 与轧辊轴线的距离（m）：

$$Z > t \times V + \text{轧辊半径}$$

当轧辊半径为 0.3m，基速 12m/min，要求制动时间为 3s 时，则安全拉索的安装位置 $Z>3\times 12/60+0.3=0.9$（m），即只有安全拉索安装在离轧辊轴线 0.9m 以外的位置，才能保证轧辊及物

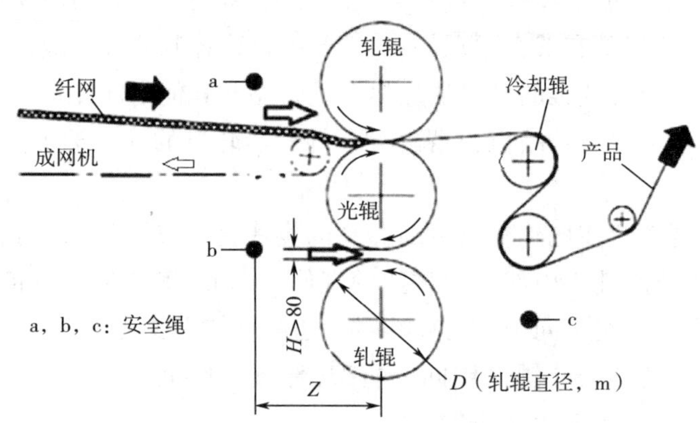

图 6-35　热轧机咬入侧安全拉索的安装位置

体的安全。

而这仅是在出现险情时触碰拉索马上反应，才可以保证的安全距离。由于反应滞后，要确保安全，安全拉索必须安装在更远的位置。

2. 吹边喷嘴

热轧机的附件主要有吹边喷嘴，依靠从喷嘴喷出的高速气流，用来清理黏附在轧辊两端表面的稀薄纤网，避免形成积碳污染产品，或导致成为引发缠辊故障的隐患。

由于轧辊与喷嘴相对这个位置长时间、连续被高速气流喷出，会带走大量的热能，使这个位置形成一个温度较低的环形带，其与辊筒相邻部位的温差可达 50℃，不仅会形成很大的热应力，还会增加能耗。因此，必须适当调整气流的速度，能将残留物吹除即可。

3. 轧辊表面清洁装置

热轧机在运行过程中，由于温度与压力的作用，难免会在轧辊表面黏附一些异物，嵌在花辊刻花点间的聚合物会影响纤网的固结，产品相应位置的刻花点模糊不清，对产品的断裂强力、伸长率、静水压、耐磨性都有负面影响。

清理运行中轧辊表面的异物是一件极其危险的工作，因此，在运行过程中是不允许进行清理工作的。但当有异物粘连在轧辊表面时，会影响产品的质量，按常规只能停机清理，会造成较大的损失。目前，有的热轧机设置了轧辊表面清扫装置（图 6-36），这样就能很好地解决产品质量与安全生产这两个问题。

图 6-36　热轧机配置的轧辊工作面自动清扫装置

清扫装置由两部分组成：一是可回转的清扫装置，对轧辊表面进行清理；二是可沿热轧机CD方向铺设的轨道运动的机构，能牵引清扫部分做横向运动，从而完成对轧辊全部工作表面的清洁工作。

一般情况下，热轧机的每一只轧辊要配置一个这样的清扫装置。

4. 维护及操作平台

随着Y形三辊热轧机的出现，很多有关设备巡视、维护的工作已无法在地面进行了。因此，必须配置一个满足作业要求的操作平台（图6-37、图6-38）。平台的结构会因设备品牌而异，一般应该包括扶梯、通道、防护栏杆等设施。可以利用这个平台对热轧机进行必要的设备巡视及维护管理作业。

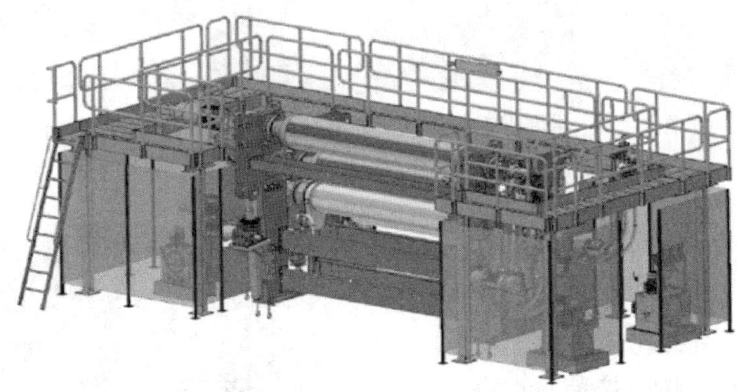

图6-37　Y形三辊热轧机的操作平台（一）

图6-38　Y形三辊热轧机的操作平台（二）

5. 保温护罩

热轧机的高温轧辊都是暴露在环境空气中的，运行过程中会散失很多热量，除了增加能量消耗外，还提高了环境温度，增加了工人的劳动强度。由于热气流是向上流动，并带走轧辊的热量的，近年来有的热轧机在轧辊的上方设置了保温罩，阻隔了部分热量散失。

轧辊轴承的体积较大，也暴露在空气中，还会通过机架和环境散发不少热量，通过绝缘处理，阻断热流通过机架传输、散失，两项措施能有效控制热量的散失，有的机型可以节能43%，效果明显(图6-39)。

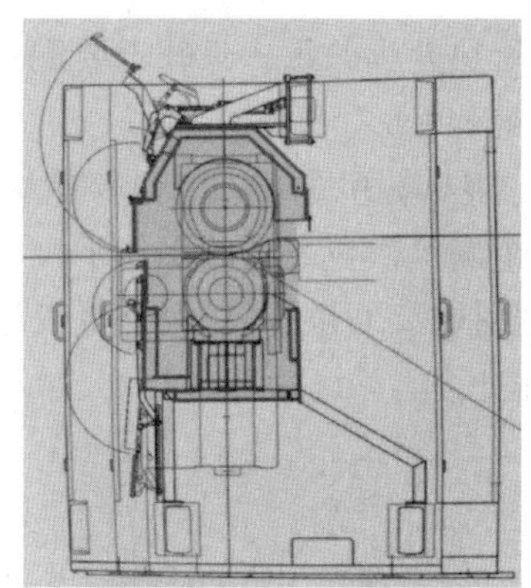

图6-39　带有保温护罩的轧辊和隔热层轴承座的热轧机

6. 视频监控系统

随着热轧机运行速度的提高，设备也日趋大型化，靠近高速运行设备的安全风险较大。目前，有的轧机在关键部位会配置有照明和视频监控装置(图6-40)，这样就可以实时观察热轧机的运行状况，而无须到现场巡视，提高了管理维护工作的便捷性和安全性。

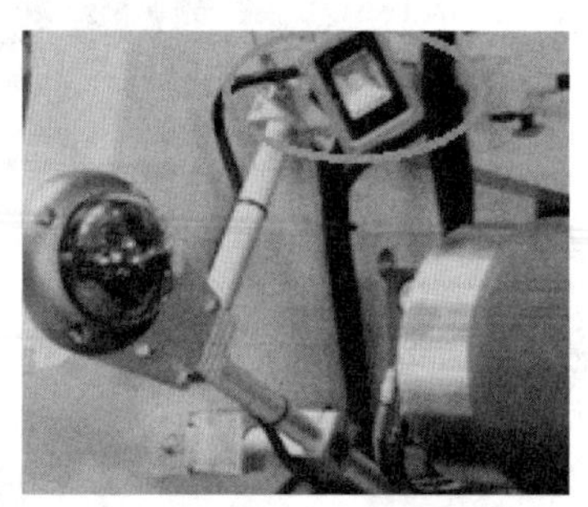

图6-40　装在热轧机内部的照明及摄像装置

三、热轧机用导热油

导热油(heat transferoil)又称传热油，在国家标准GB/T 23791—2009中称为热载体油。导热油分为矿物油(mineral oils)和合成油(synthetic oils)两类。合成油的性能稳定，使用寿命长(5~10年)，但价格很高，一般为矿物油的2~3倍。

(一)普通热轧机使用的导热油

目前，热轧机普遍都是使用导热油加热，在普通的热轧机上，导热油仅是一种传热介质，因此，按照最高工作温度或热轧机制造商推荐的品牌购置使用就可以了。在大部分情形下，选用容易采购的矿物油即可，如果有需要，则可以购置价格较贵的合成油。而一般热轧机的花辊与光辊都是使用同一牌号的导热油。

在大部分加热系统及常规结构的花辊中，都是选择价格较低的矿物型导热油。如选用工作温度在300~350℃的油品。可选择如L-QB(工作温度280~300℃)、L-QC(工作温度310~320℃)、L-QD(工作温度330~350℃)等国产牌号油品，或选Exxon Mobil 603、605、610等外资品牌矿物型油品，也可以选THERMINOL® 55等外资品牌的合成油。

当温度较高(如275℃)时，可用黏度为485cSt的Mobiltherm 611，及使用温度≥310℃的THERMINOL® 66等。这种导热油的黏度低(20~30~89cSt)、流动阻力较小，油膜较薄，容易传导热量，电加热系统可以使用较高的功率密度（>6W/cm²）。可用一般的热油泵输送，而油泵所需的驱动电动机功率则与流量有关，但都较小。生产线导热油加热系统用的油泵功率≤11kW，扬程40~55m，流量30~50m³/h。

（二）配置S辊热轧机使用的导热油

在引进使用S辊（也称均匀辊）的热轧机上，导热油不仅是一种传热介质，还是传递压力、控制轧辊挠曲变形的动力。在温度≤250℃的加热系统，仅使用一种牌号的导热油就可以了，如Exxon Mobil 610（黏度89cSt）；如果温度≥275℃的加热系统，还是要使用两种牌号的导热油，其中的高温增压回路，设备制造商推荐使用黏度较高（485cSt）的Exxon Mobil 611导热油。

配置有S辊的非织造布热轧机在我国已使用了三十多年，目前仍有不少早期制造的、运行速度较慢的机型还在使用，设备制造商曾推荐S辊使用过种类繁多的导热油。一般会指定用高黏度（1000cSt）导热油，如德国Molsyn 1000M（即德国摩星1000）或克虏伯Syntheso D 1000两种合成导热油。

安德里兹公司是较早应用S辊技术的设备制造商，根据近年来在中国使用的均匀辊热轧机的实际使用情况，趋向推荐使用德国摩星Molson 980导热油，而轧辊轴承润滑油则使用可以与Molson 980兼容的Molson 100。

由于Molson 980的黏度较高，油膜厚，热量难传导，电加热系统只能使用较低的功率密度，一般在2.5W/cm²左右。

随着运行速度的提高，S辊用的导热油黏度也随之降低，对于速度在600m/min左右的H-S-Roll 200，推荐使用Mobiltherm 610（89cSt）、Molson 100（97cSt）；速度更快的机型则基本都是使用黏度100cSt左右的导热油。

对于温度较高的H-S-Rool 250型S辊导热油系统，为了保持高温状态导热油的黏度，仍要使用高黏度的Mobiltherm 611（485cSt）、Molson 980（475cSt）。

因此，一个加热系统要同时使用两个不同特性的导热油，有的使用厂家不理解其工作机理，自行换用普通的价格低廉的导热油，虽然短期内也能运行使用，但当发现热轧机性能下降时，S辊内部已发生严重磨损，需要付出长时间停产及高昂的备件费和修理费了。

导热油的使用、存放、管理要满足GB 24747—2023《有机热载体安全技术条件》的要求，或导热油供应商的要求。

四、影响热轧产品质量的工艺因素和设备因素

（一）工艺因素

影响热轧产品质量的工艺因素有很多，但主要是轧辊的温度、轧辊间的线压力和热轧机的运行速度（或停留时间）这三个因素，这也是生产过程中经常可以在线调节的三个技术参数。此外，还有其他方面的因素，但都是只能在离线状态才能改变的，只能通过更换相关的硬件来实现。

1. 轧点（刻花点）

（1）花辊的刻花点几何形状。花辊的刻花点参数主要包括花纹图案形状、面积大小、高度、侧面状态等，这些都是与产品的使用领域（卫生、医疗、防护、保健，产业用）、定量大小、力学性能紧密相关。

花辊的刻花点几何形状，是指单个轧点的图案形状，常有方形、矩形、菱形、椭圆形、圆形、长

圆形、十字形、一字形等,目前的加工技术,基本上已达到想要什么花纹,就能加工出所期望的图案。

目前有不少热轧机轧点图案趋向采用椭圆形(又称米粒形、芝麻点),因为椭圆形的长轴与轧辊轴线方向有不同的布置方式,当其长轴与轧辊轴线方向平行时,由于产品在 CD 方向被轧压黏合的长度大于 MD 方向,能使产品 CD 方向的强力得到改善,从而使产品的纵横向强力比缩小。

以上是一些较为常见的刻花点几何形状,其实还可以根据每一种形状的尺寸大小,主要尺寸(如边长、长短轴)的配对而衍生很多其他形状,在进行排列方式设计时,还可以根据刻花点的主要尺寸线与轧辊的夹角而变化,如将一组轧点排列成一个正方形、菱形、多边形、圆形等(图 6-41)。

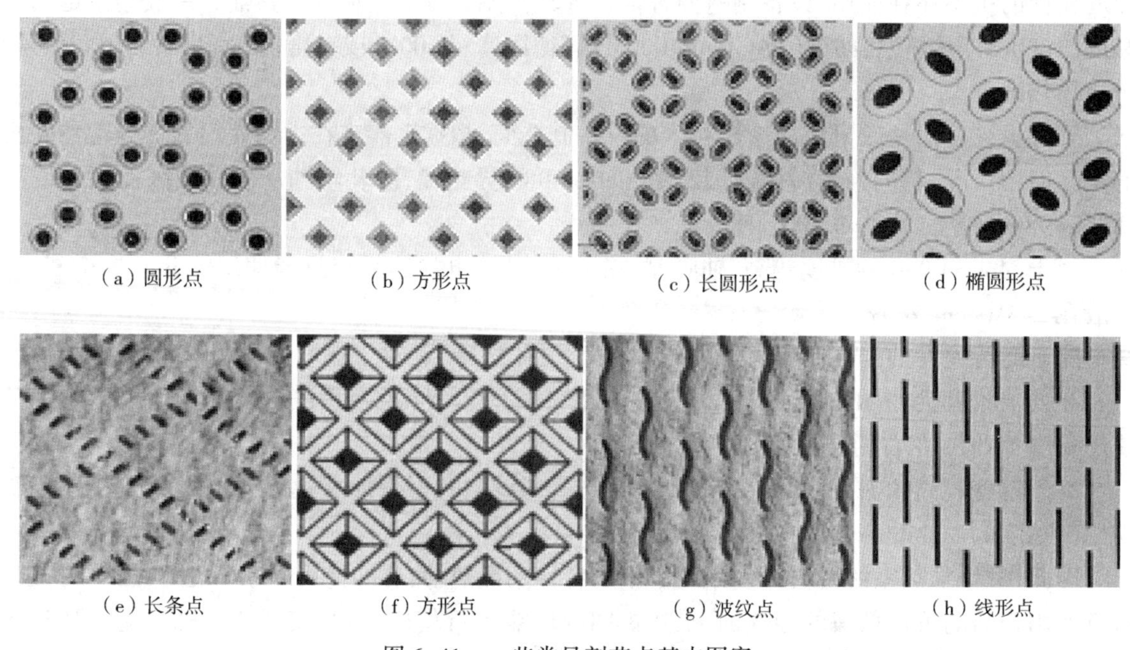
(a) 圆形点　(b) 方形点　(c) 长圆形点　(d) 椭圆形点

(e) 长条点　(f) 方形点　(g) 波纹点　(h) 线形点

图 6-41　一些常见刻花点基本图案

(2)轧点高度 h(mm)及表面积 S(mm^2)。轧点的高度决定了热轧机可以加工纤网的最大定量和产品的厚度(图 6-42),刻花点的高度越高,能加工的产品的定量也越大,同一定量的产品会感觉有较大的厚度,但刻花点抵御外力破坏的能力会下降,较容易起毛。

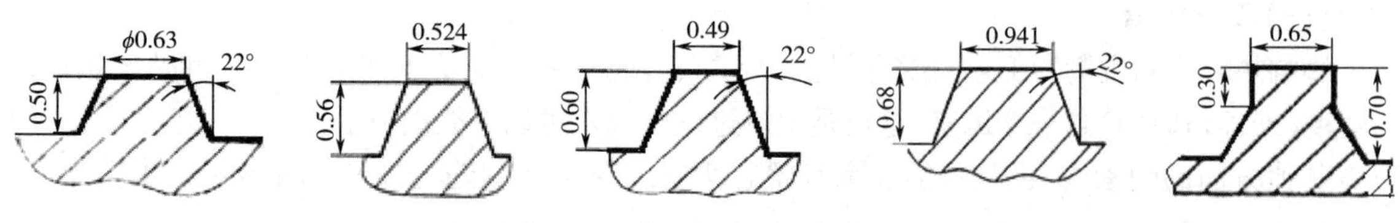

图 6-42　常用轧点剖面与高度

为了保持轧点的机械强度和刚性,轧点的面积也不能太小。因此,加工大定量产品时要选用轧点面积较大的花纹,从而可以选用较大的线压力,使产品能得到完整的加工。

加工轻薄型的小定量产品时,往往要求产品具有柔软的手感、较好的透气性能,此时可选用轧点面积较小、花纹较浅的图案。

特定花纹的花辊有一定的产品定量适用范围和较佳的适用规格。在超过这个范围后，要获得更佳的纤网固结效果，就要更换花辊。有的制造商推荐以定量 $80g/m^2$ 产品为分界。

目前，配置在非织造布生产线的热轧机，当纤网定量≤$80g/m^2$ 时，轧点高度在 0.50～0.80mm（图 6-43）；当纤网定量在 80～$150g/m^2$，轧点高度在 1.10～1.20mm。

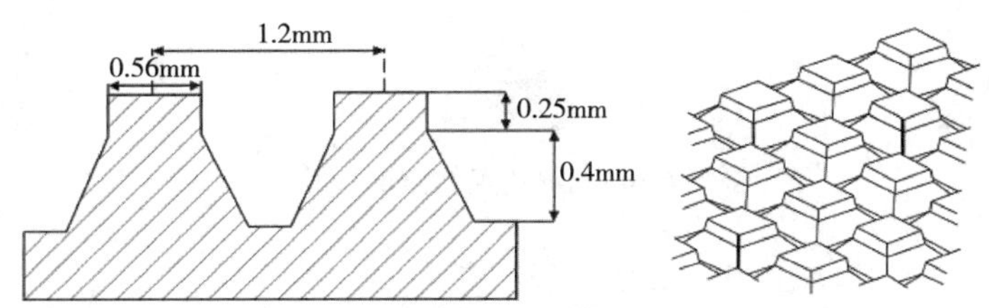

图 6-43　热熔比为 18.8%、密度为 60 个/cm^2 的方形轧点结构

在加工大定量、厚型产品，或蓬松型产品时，如仍使用轧点高度较小的轧辊，产品的厚度就被限制在花辊刻花点高度内，更大定量规格产品的厚度也无明显差异，如蓬松型产品的厚度仅有 0.70mm。

当产品定量>$120g/m^2$，如果不选用轧点更高的花辊，尽管可以采用加大线压力、提高轧辊温度、降低运行速度的方法生产，但产品仍不容易轧透，表面发亮，还会出现分层现象，密度增加，伸长率很大，基本失去了“布”的蓬松感，而是表面光亮，形态就更像“板”的产品了。

轧点的高度要与轧点的面积对应，高度越大，对应的面积也要越大，否则轧点的结构稳定性、刚性较差，无法承受较大的线压力。单个轧点的面积一般在 0.30～$0.50mm^2$；加工定量≤$80g/m^2$ 的卫生、医疗制品材料时，轧点面积一般在 0.25～$0.50mm^2$。

常用刻花点面积 S 计算公式：

圆形面积：$S=\pi r^2$ 或 $A=\pi D^2/4$，D 为刻花点直径，r 为刻花点半径。

正方形面积：$A=a^2$，a 为正方形的边长。

菱形面积：$A=a\times b/2$，a、b 为菱形的两条对角线长度。

矩形或长条形面积：$S=a\times b$，a、b 分别为矩形或长条形刻花点的长边和宽边。

平行四边形面积：$S=a\times h$，a、h 分别为底边长及底边上的高。

椭圆形面积：$S=\pi\times a\times b/4$，a、b 分别为刻花点的长轴和短轴。

（3）刻花点的侧面结构。刻花点的侧壁结构会影响产品的手感，刻花点截面两侧的夹角大，根部得到加强，轧点有较大的强度，对周围纤网的挤压力及加热作用较大。由于被熔融黏合面积多，产品手感差，经过使用或维修磨削后，刻花点的面积会明显增大。

刻花点截面两侧的夹角较小，对纤网的挤压及加热作用也较小，被熔融黏合面积小，产品手感好，修磨后面积增大不多，采用图 6-44 中右面的两种结构时，刻花点的根部有较大的强度。

采用激光雕刻+化学腐蚀工艺时，由于要进行多次腐蚀加工，因此，刻花点的侧壁呈明显的多台阶状（图 6-45 左），台阶数与腐蚀次数对应，腐蚀次数越多，相邻台阶间的尺寸变化会越小，这种台阶现象就越不明显。

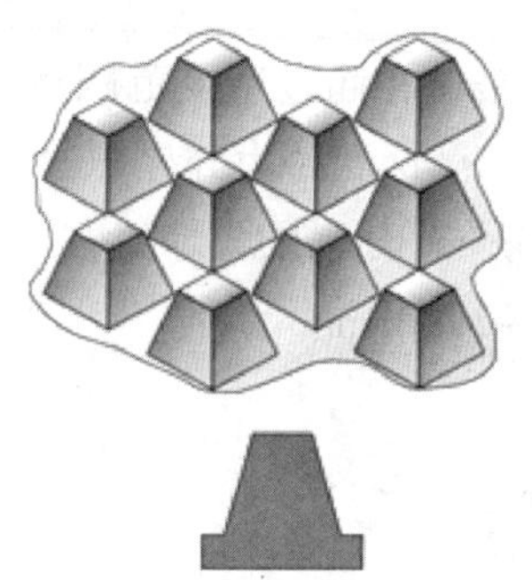
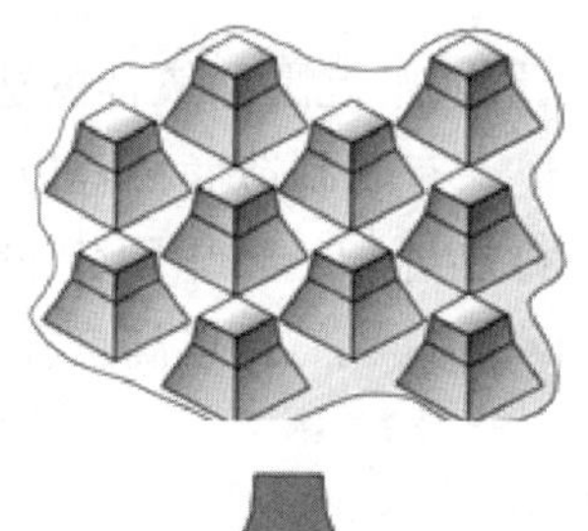
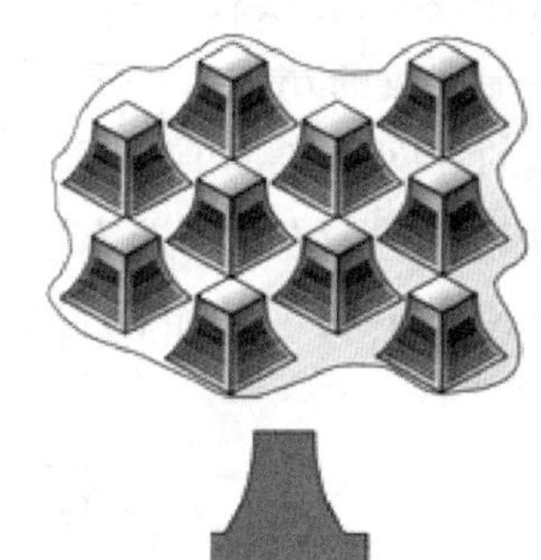

图 6-44　刻花点的侧面形状

图 6-45　用激光雕刻+化学腐蚀时滚压加工的刻花点侧面形状

刻花点侧壁存在的这种台阶，使刻花点从纤网内脱离出来时，会将与之接触的一些纤维牵扯带起或将一些熔融的熔体拉成很细的纤维，从而出现轻度的起毛现象（图 6-46）。但在绝大部分的应用场合，这种起毛不影响产品的实际使用。

虽然已有直接利用激光加工出刻花点的技术和设备，但目前的花辊刻花点主要还是应用激光雕刻+化学腐蚀工艺，通过多次化学腐蚀制造出来的。由于模压滚花（冷挤压）加工工艺的加工周期长、费用高，还可能存在刻花点表面积、高度、硬度有差异的问题，目前已较少应用（图 6-45 右）。

图 6-46　在刻花点位置形成的绒毛

一些对产品的落絮有严格要求的产品，如用作医疗防护制品材料时，就要关注这种起毛现象，以免制品不符合使用要求而造成损失。但应用冷挤压工艺加工的花辊，也只能较大程度减少由刻花点粗糙侧壁所形成的绒毛，还是无法彻底消除由于刻花点将熔融的熔体拉起所形成的细纤维。

刻花点的高度一定要比非织造布的厚度更大，在加工过程中才能避免出现纤网顶底现象。如出现顶底现象时，产品因板硬化而失去蓬松感，表面发亮，而且仍可以人力手撕分层。一般纺粘产品的厚度见表 6-4。由于受花辊刻花点高度的限制，定量规格大于 100g/m^{2}以后，产品的厚度变化并不明显。

表 6-4　不同定量规格纺粘产品的厚度

序号	定量规格（g/m^2）	厚度（mm）	序号	定量规格（g/m^2）	厚度（mm）	序号	定量规格（g/m^2）	厚度（mm）
1	10	约 0.12	9	45	约 0.40	17	85	约 0.55
2	12	约 0.13	10	50	约 0.44	18	90	约 0.57
3	15	约 0.18	11	55	约 0.48	19	95	约 0.58
4	20	约 0.22	12	60	约 0.55	20	100	约 0.58
5	25	约 0.28	13	65	约 0.50	21	105	约 0.60
6	30	约 0.32	14	70	约 0.52	22	110	约 0.61
7	35	约 0.35	15	75	约 0.53	23	150	约 0.67
8	40	约 0.37	16	80	约 0.54	24	200	约 0.71

采用模压工艺加工时，刻花点的侧壁呈连续的、平滑的曲面（或平面）状，不会有起毛现象，这对于一些需要严格控制产品起毛、落絮的应用领域，是非常重要的。

（4）轧点密度（点/cm^2）。轧点的密度就是每平方厘米单位面积中的轧点数量，与产品的用途有关。常用轧辊轧点密度在 20～50 点/cm^2，刻花点的面积小，在单位面积内可布置、加工的刻花点就较多；如刻花点面积大，能布置的刻花点数量就较少。

当产品要求有较好的手感、较好的透气性能时（如一般用于直接与身体接触的制品），则宜选择较疏的轧点密度（或较小的轧点面积百分比）。

当产品要求有较高的强力、手感硬挺时，则要选择较大的轧点密度（或较大的轧点面积百分比）。

（5）刻花点的排列组合方式。刻花点的排列方式主要是指刻花点及其组合的主要几何特征，如长轴、对角线等与花辊轴线间的夹角等，排列方向不同，会影响不同方向纤网被固结的面积，对产品的 MD/CD 方向强力比有一定的影响。大部分刻花点与花辊轴线的夹角在 25°～35°，一些方形花点的夹角为 45°，但一般以 30°较为通用。

以每一个刻花点为最小单元，一组刻花点可以组合排列成尺寸更大的图案或几何形状。如圆形、菱形、三角形、多边形，梅花形等几何形状，及错位排列、间隔排列、中线呈角度间隔排列等（图 6-47）。

刻花点组合方式包括同样形状的一组刻花点组合；形状相同但大小不同的刻花点组合；形状相同但方向交错的一组刻花点组合，如大小圆形、大小芝麻点、长短一字形等；一组不同形状刻花点的组合，如圆形+长圆形、椭圆形+小圆形等。

（6）热熔比 A。热熔比 A（%）的定义是：花辊外圆表面积中所包括的全部轧点面积总和与布置有轧点的外圆表面积的比例，也称刻花点面积百分比 A。热熔比的大小主要影响非织造布产品的强力、手感、产品的定量范围和应用领域等，是花辊设计中的一个重要参数。

$$\text{热熔比}A(\%)=\text{单个轧点面积}\times\text{轧点密度}$$

花辊的热熔比越大，产品的强力越高，透气性越差，手感越硬挺。热熔比 A 的大小还决定了许用线压力的高低，热熔比越大，允许使用的线压力也越高。当热熔比等于 100%时，轧辊实际

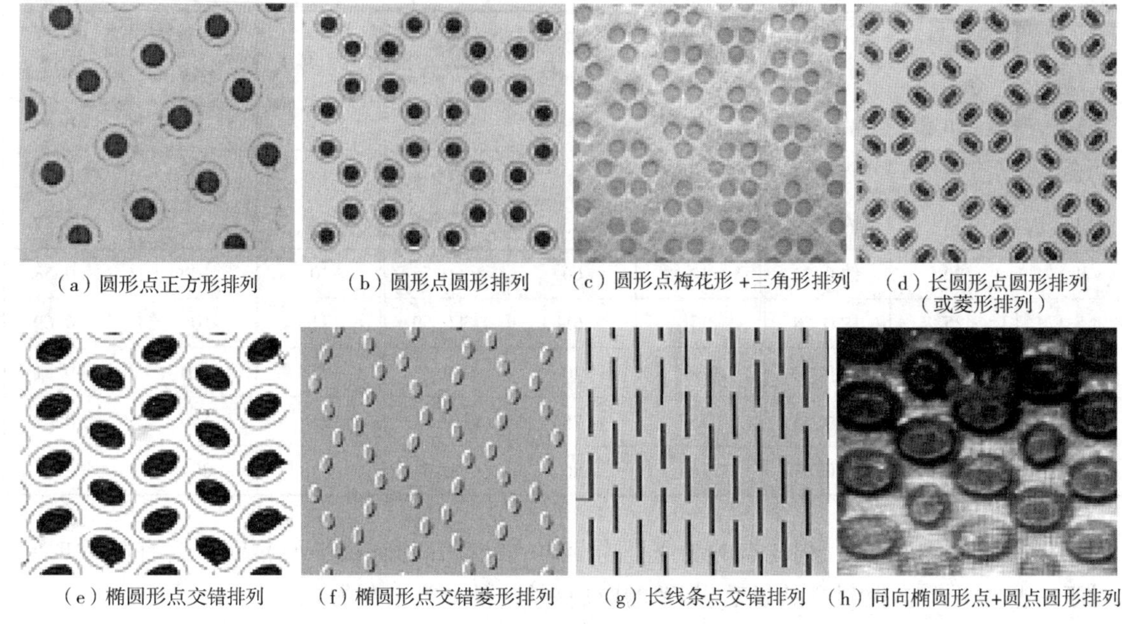

（a）圆形点正方形排列　（b）圆形点圆形排列　（c）圆形点梅花形+三角形排列　（d）长圆形点圆形排列（或菱形排列）

（e）椭圆形点交错排列　（f）椭圆形点交错菱形排列　（g）长线条点交错排列　（h）同向椭圆形点+圆点圆形排列

图 6-47　常用的刻花点组合排列方式

上已变成表面没有花纹的光辊。

目前，通用型非织造布热轧机花辊热熔比 A 为 15%～22%，早期引进机型的花辊热熔比 A 为 17%～20%；生产卫生制品材料时，热熔比 10%～15%，以取得较好的手感；生产医疗制品材料时，热熔比 A 为 16%～20%，使产品有较大的强力和较高的阻隔性能。

（7）典型的刻花点案例。图 6-48 所示的正方形刻花点图案是国内目前已知的、热熔比较小的花辊图案，由于热熔比很小，纤网被固结的面积很小，产品可保持较好的蓬松感和透气性，但不耐摩擦，容易起毛，产品主要用于卫生制品材料。

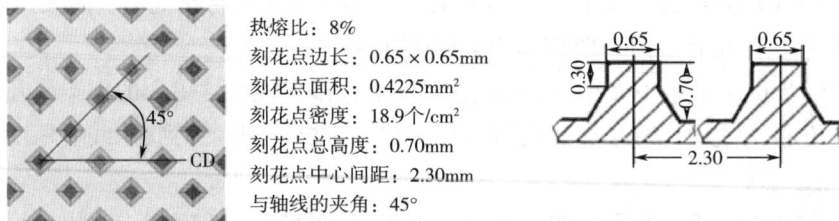

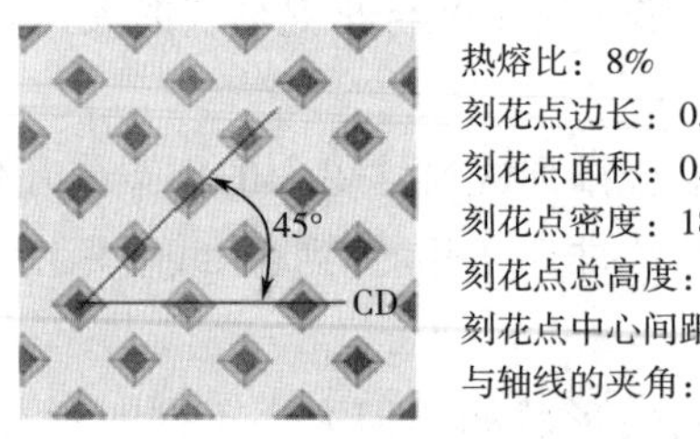

图 6-48　方（棱）形刻花点形状

椭圆形是目前较为流行的花辊刻花点图案，也是医疗制品材料常用的一种图案。由于椭圆结构的长轴、短轴不相等，沿长轴方向黏结的纤维较多，而沿短轴方向黏结的纤维较少，通过调整长轴与轧辊轴线的夹角，可以在一定程度上调整产品的 MD/CD 性能差异（图 6-49）。

2. 轧辊的温度

纤网是通过轧辊获得熔融黏合的热量，实现黏合固结的，但获得热量的主要方式是接触热传导，因此，纤维的导热性能也很重要，而通过对流和辐射方式获得的热量很少。轧辊的温度直

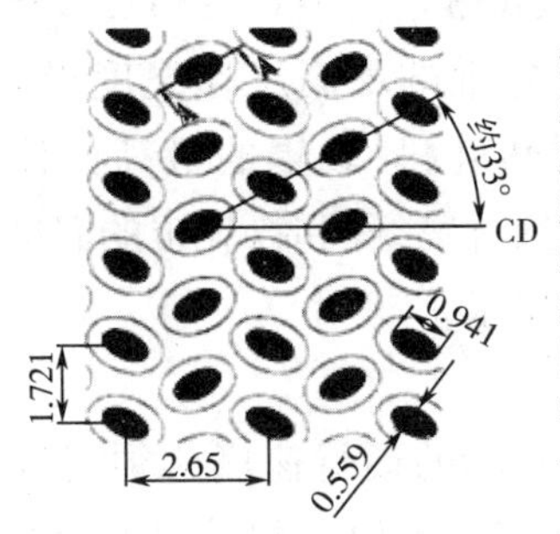

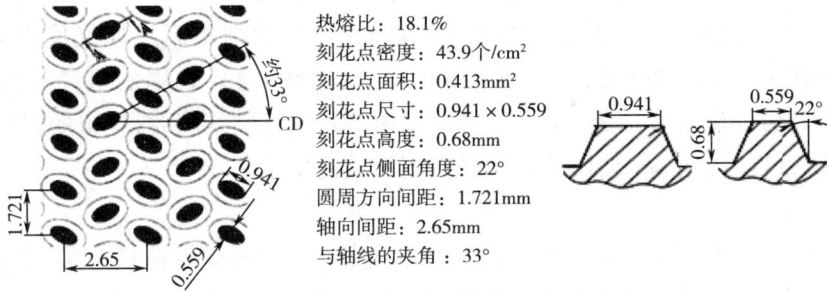

热熔比：18.1%
刻花点密度：43.9个/cm²
刻花点面积：0.413mm²
刻花点尺寸：0.941×0.559
刻花点高度：0.68mm
刻花点侧面角度：22°
圆周方向间距：1.721mm
轴向间距：2.65mm
与轴线的夹角：33°

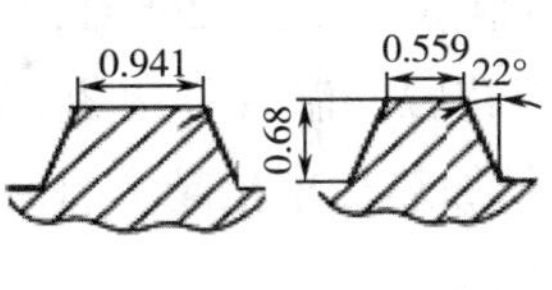

图 6-49　椭圆形刻花点形状

接影响产品的力学性能和触感，在一定范围内，温度越高，产品的强力越大，断裂伸长率越小，越趋向脆性，耐摩擦，不容易起毛，触感硬挺。但太高的温度会使产品的质量下降。

在加工卫生制品材料时，产品的触感是一个重要性能。因此，热轧机的温度会较低。

光辊与纤网是面接触，而花辊则仅是点接触。虽然刻花点的侧面也与纤网接触，但接触压力很小，热阻很大，传导的热量很有限。因此，花辊与纤网接触的表面积远小于光辊，仅相当于花辊的热熔比，虽然刻花点的侧面也与纤网接触，会传导一些热量，但因为压力小、纤网的密度低、热阻大，因此，传导的热量较少。

为了使产品的两个表面都能获得相同的热量，热轧机的花辊温度一般要比光辊稍高，其差异在 3～5℃，这样可以提高温差、增加传导给纤网的热量。由于花辊的温度较高，也能降低纤网缠绕光辊的概率。

轧辊的温度主要根据聚合物的熔点而定。聚合物的熔点越高，轧辊的温度也要越高；由于在不同的温度状态，制造轧辊的金属材料性能也不一样，因此，也会牵涉到轧辊材料的选择和设备的价格。

轧辊的温度与纤网的定量规格（g/m²）有关，定量越大，轧辊的温度也越高；轧辊的温度还与生产线的运行速度相关，运行速度越快，轧辊的实际温度也越高。

当轧辊的表面温度接近聚合物的熔点后，纤网就很容易粘在轧辊上，从而导致发生缠轧辊停机故障（图 6-50）。一旦发生缠辊，聚合物会在轧辊表面熔融，很难清理。因此，在操作过程中要特别注意。

图 6-50　高温缠辊现象

基于上述各种情况，加热系统的设计温度要比聚合物的熔点高很多，还要留有足够的工艺调节空间，以适应不同运行工况的需求。因此，不同品牌的设备，其轧辊的设计温度会有差异。

目前,热轧机加热系统(或轧辊)的工作温度一般按175℃、200℃、250℃、275℃分档。如PP的熔点为165~170℃,用于加工PP纤网的热轧机,轧辊的最高工作温度设计值在175~200℃;PET的熔点为255~265℃,用于加工PET纤网的热轧机,轧辊的最高设计工作温度在250~275℃,而花辊的温度可达300℃。当加工其他特种聚合物纤网时,轧辊的温度≥300℃。

温度越高,加热功率也越大,以适应不同应用领域的要求。

3. 运行速度

热轧机的设计速度必须高于生产线的运行速度,而实际的运行速度必须与成网机协调同步,否则纤网会被过分拉伸而发生断裂、稀网,或牵引不足形成褶皱。热轧机的运行速度还会影响纤网与两只轧辊的接触时间,也就影响了轧辊传导给纤网热量的多少,从而影响了纤网的固结状态和产品的质量。

热轧机的运行速度慢、纤网与轧辊的接触时间长,传导的热量就会更多,产品的强力就会较大,触感也较硬挺。

纤网与轧辊接触的时间 t 主要与纤网和轧辊接触的弧形长度及运行速度,纤网或产品的厚度等因素有关。在纤网与轧辊相接触的这段时间,相当于轧辊对纤网进行预热,接触时间与轧辊直径 D 的平方根呈正比,而与运行速度 V 呈反比,与纤网及产品的厚度(或定量规格 g/m^2)正相关。

对于一些常用机型,热轧机的上下辊直径基本上是一样的,因此,纤网的下底面与上表面与热轧机轧辊的接触时间是一样的。而有一些机型,热轧机的两只轧辊直径不同,因此,纤网的两个表面与上下轧辊间的接触时间也是不同的,受热情况也有差异。

以上分析仅仅是通过纤网与轧辊的接触状态分析热量的传递情况,由于热轧机的上下辊处于分离状态($T \geq 0$),因此,就不存在前面所讲到的接触带,也就与轧辊的材料变形及线压力不相关了。此时,热轧机就相当于处于对产品厚度进行定型处理状态运行(图6-51)。

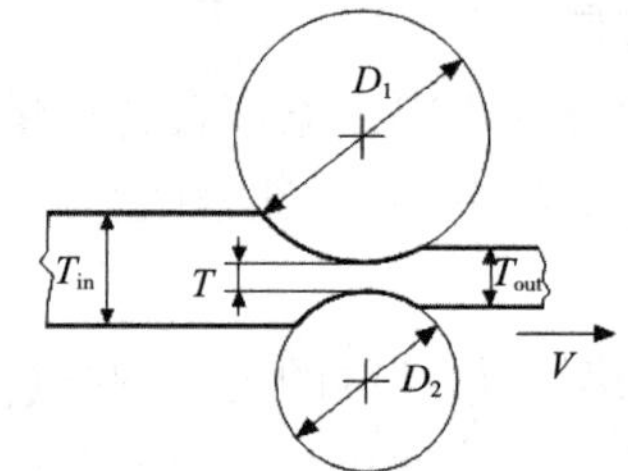

图6-51 纤网与热轧机轧辊的接触时间计算

$$t = \frac{\text{纤网与轧辊外圆表面接触的弧长度(mm)}}{\text{运行速度(mm/s)}}$$

$$= 0.7071(\sqrt{T_{in}-T}+\sqrt{T_{out}-T})\frac{\sqrt{D}}{V}\ (s)$$

式中:t——接触时间,也就是纤网与轧辊的接触时间,s;

T_{in}——轧辊进入侧的纤网厚度,也就是热轧前的纤网厚度,mm;

T_{out}——轧辊输出侧的纤网厚度,也就是热轧后的纤网厚度,mm;

T——热轧机上下辊之间的间隙,最小可为0,mm;

D——轧辊的直径,指与纤网表面相接触的轧辊直径,mm。

例:已知热轧机上辊的直径为 $D_{上辊}=505$mm,下辊直径为 $D_{下辊}=420$mm,进入热轧机的纺粘纤网厚度为1.80mm,经过热轧后的产品厚度为0.75mm,热轧机上下辊之间的间隙为0.10mm,热轧机的运行速度为180m/min,相当于3m/s或3000mm/s。将这些数据带入以上公式,可以分别计算出纤网与上下轧辊的接触时间。

$$t_{上辊}=0.7071(\sqrt{1.80-0.1}+\sqrt{0.75-0.10})\frac{\sqrt{505}}{3000}$$

$$=0.7071(\sqrt{1.70}+\sqrt{0.65})\frac{22.47}{3000}=0.7071\times2.11\times0.00749\approx0.011(s)$$

$$t_{下辊}=0.7071(\sqrt{1.80-0.1}+\sqrt{0.75-0.10})\frac{\sqrt{420}}{3000}$$

$$=0.7071(\sqrt{1.70}+\sqrt{0.65})\frac{20.49}{3000}=0.7071\times2.11\times0.00683\approx0.010(s)$$

对于一些应用均匀辊(S 辊)自动补偿轧辊挠曲变形的热轧机(这是一种与高端、高速生产线配套使用的主流机型),其下辊一般是直径较小的光辊,其停留时间会比直径较大的上辊(花辊)短一点。从上例可知,上辊的停留时间为 0.011s(相当于 11ms),而下辊的停留时间为 0.010s(相当于 10ms)。从停留时间来看,下辊(光辊)的停留时间会比上辊短一些,也就是通过热传导传递热量的时间会短一些。

但因为纤网与光辊表面是面接触,热传导的面积比以点接触形式的上辊大很多,虽然上辊的刻花点侧壁也与纤网接触,也可以传导一定的热量,但接触压力较小,热阻大,纤网所获得的总热量还不足以满足工艺要求。

为了弥补这个差异,将上辊的温度设定至比下辊更高的状态,通过增加花辊与纤网间的温度差的方式来增加纤网接收的热量。这就是一般热轧机的花辊温度设定值要比光辊高 3~5℃的原因。

随着热轧机运行速度的加快,产品的强力呈明显的下降趋势,产品表面容易起毛,不耐磨。为了弥补这个损失,当计划提高运行速度时,就要提前升高轧辊的温度,利用轧辊与纤网间更大的温度差,增加传导的热量,弥补运行速度升高后的损失。

而在选配设备时,运行速度较高的热轧机就要选用直径较大的轧辊,因为在同样的线速度下,轧辊的直径越大,角速度就越慢,与纤网接触的时间也越长,传导的热量也越多。而不宜仅将在低速生产线使用的热轧机,通过降低传动速比,增加传动功率后,配置在较高速度的生产线使用。

按负载阻力特性分类,热轧机属恒转矩负载,而根据纤网的定量规格来分,生产大定量产品时,由于线压力较大,则需要较大的转矩,反映在驱动电动机方面,其负载电流会很大,但因为速度较低,也就是变频器输出的电压较低,所需要的驱动功率就会较小。

而在生产较小定量产品时,由于线压力较小,则需要的转矩也较小,虽然电动机的负载电流会较小,但因为运行速度较快,变频器输出的电压较高,所需要的驱动功率就会较大。

4. 冷却速率

冷却速率会影响纤维的微观结构及产品的物理性能,提高冷却速率可以提高产品的强力,但存在一个临界值,再增加冷却速率,内部的应力来不及松弛,将存在应力集中现象,产品的强力会不升反降,而且产品的手感会变硬、变脆。

加快热轧黏合后纤网的冷却速度,有利于改善产品的强度和手感,在高湿度环境下生产的产品,充分的冷却还可以防止产品在较高温度状态下密封包装后,在存放期间的降温过程中有水分析出，在包装内部出现水雾。

要提高冷却速率，通常有如下措施：

(1)在产品的包角相同情形下，增加冷却辊直径，可以增加非织造布与冷却辊缠绕接触的长度，从而增加产品与冷却辊的接触面积，使冷却水能吸收产品更多的热量。配置在热轧机的冷却辊直径一般在250mm左右，有的机型则达350mm。

(2)使用温度更低的冷却水，可以增加非织造布产品与冷却辊间的温度差，使产品的热量更快转移给冷却水，快速降温。因此，有的热轧机对冷却水的水质和温度都有具体要求，要求冷却水的温度≤18~20℃，在大部分时间，特别是在南方地区，自来水的温度都高于这个温度，因此，要使用经过制冷系统处理的冷却水。

(3)产品有一个最佳的冷却速率，冷却不足或过分冷却都会使产品的物理性能下降。因此，冷却水的温度不宜太低，因为这不仅会增加使冷却水降温的能源消耗，还会因水温低于车间环境空气的露点，导致空气中的水分冷凝析出，在设备上形成悬附在表面的水珠或形成水珠滴落，使金属材料发生锈蚀。

(4)增加冷却水的流量，也能获得类似的效果，这是冷却水温控系统常用的控制方法。

5. 热轧机的线压力

(1)线压力与热熔比A(或花辊轧点百分比)的相关性。花辊的热熔比(花辊的轧点百分比)A与热轧机的加工性能有直接的关系，为了保证轧点在工作时不超过其材料机械强度极限，一定的轧点百分比只能对应一定的最大线压力，A越大，允许使用的线压力也越高，所能加工的产品定量也越大。

许用线压力是保障花辊安全使用的重要依据，因此，一些热轧机会在其操作面板上提供一个允许使用线压力与轧辊热熔比对应的图表，用于设定线压力时参考，确保设备安全。

热轧机是通过液压油缸上升使轧辊闭合、加压形成线压力的，液压系统的油缸直径和液压油的压力决定了热轧机的最大线压力。然而，热轧机的许用线压力与制造轧辊材料的力学性能、机架机械强度、花辊的热熔比、轧辊轴承的许用载荷及使用寿命等因素有关，并非可随意加大液压系统的工作压力就能提高热轧机的最高线压力(图6-52)。

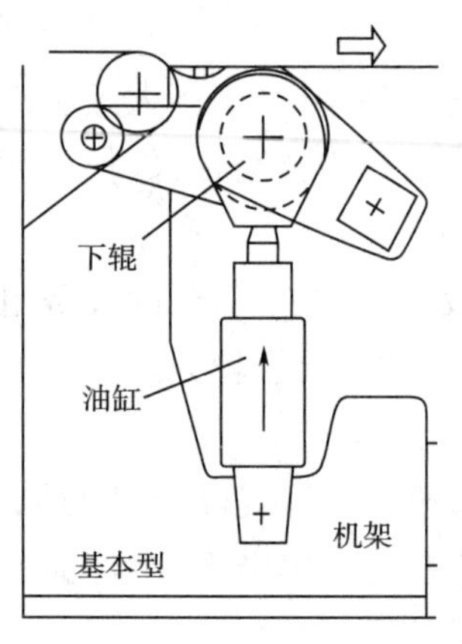

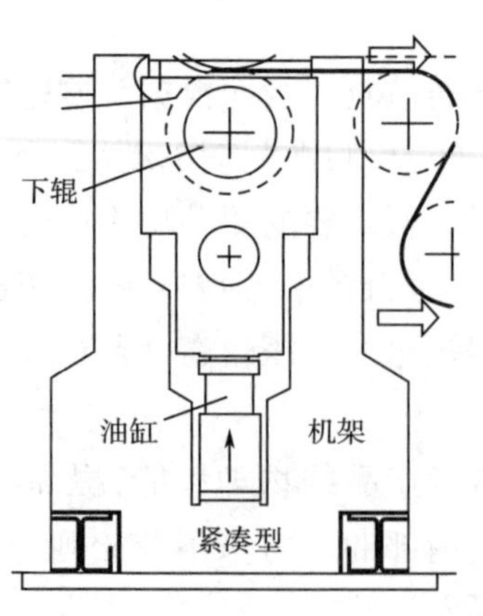

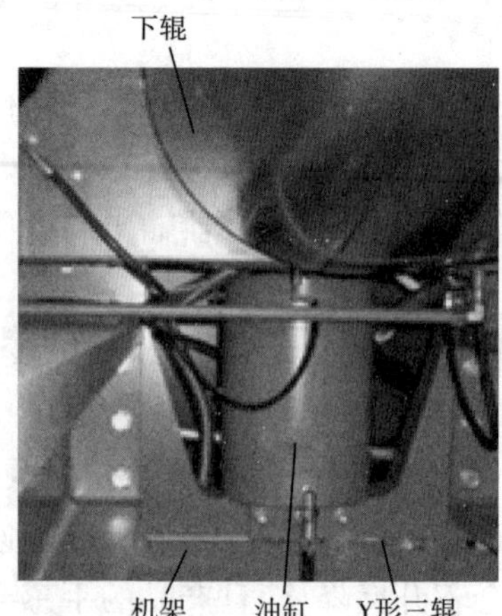

图6-52　各种机型热轧机支撑下轧辊的液压油缸

目前,PP 非织造布生产线热轧机的最高线压力一般为 110N/mm,按特殊要求设计的机型,如 PET 生产线中的热轧机,其线压力可达 150N/mm,对于一些用于加工特殊聚合物的热轧机,其许用线压力则更高,可达 300N/mm。

(2)线压力对产品质量的影响。线压力对产品质量有很大影响,线压力的高低直接影响产品的力学性能:线压力高、产品的强力大、断裂伸长率小,手感会变得硬挺,产品会较薄。合适的线压力,可以使产品在获得较大强度的同时,又能兼顾其他质量指标,如产品的柔软度和手感等。随着压力的增加,纤网会被压缩,其中的纤维会变形,将有碍热传导的空气从非织造布纤网中挤出,密度增加可以提高从轧辊到纤网的传热速率,还会较大限度地增加纤网与轧辊的接触面积,使纤网获得更多的热量。

如果在幅宽方向的线压力不均匀,会影响产品布卷卷绕的密实度,布卷与较小线压力对应的部位,产品较蓬松、较厚,直径会较大,而在布卷与较大线压力对应的部位,产品的密度较大,产品较薄,直径会较小,在布卷外圆会出现扭曲现象。图 6-53 是一卷热轧机中部线压力较大、两端线压力较小的布卷外形。如果喷丝板中部的熔体挤出量偏小,布卷也会出现同类型的外观缺陷。

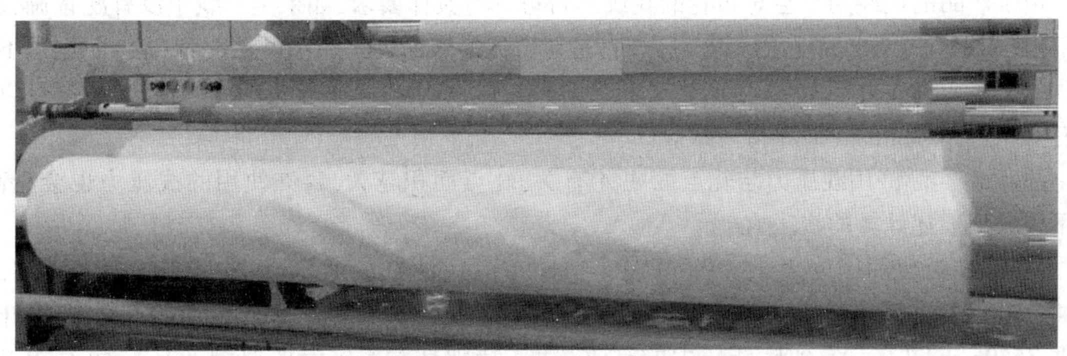

图 6-53　布卷出现的扭曲现象

轧辊的温度与线压力对产品质量的影响类似,但其机理是不同的,虽然在一定范围内,热轧机的线压力的大小与轧辊温度存在互补关系,即较大线压力+较低温度与较小线压力+较高温度的纤网固结效果是相类似的,但温度的变化会比线压力的变化对产品的影响更为敏感。

如果两只轧辊之间没有足够的压力,纤维和热轧机轧辊只是呈一条直线的线接触,这意味着接触带宽度趋于零,理论上就不会有热量传递。因此,在热轧机的加压合辊装置中,必须使纤维与轧辊表面之间有足够的压力,增加其接触面积,才能获得足够的热量和实现有效黏结。

(3)热轧机的线压力计算。

线压力 P_L = (油缸总推力 F − 下辊及附件自重 W) / 花辊有效工作面宽度 W_{OB}

式中:W_{OB}——花辊刻花面的轴向宽度,也称有效工作面宽度,脚注 OB 是英文 operation breadth 的缩写,是热轧机图纸上常用的一个术语。

因为油缸的总推力 F 是两个油缸推力的合力,因此:

$$F = \pi \times d^2 \times P \times 2/4 = \pi \times d^2 \times P/2 \text{ (N)}$$

式中：d——油缸直径，mm；

P——液压油的压力，MPa。

下辊及附件自重 W 中，附件包括轴承座重量、轴承座与导轨的摩擦力、导热油接头重量、安装在辊端的调节装置重量等。

注意 1：对于不同形式的热轧机，其轧辊间的线压力定义是一样的，但计算线压力的过程要根据热轧机的结构特点进行。

对立式三辊热轧机，W 应包括油缸所举升的所有负荷，由于使用不同位置的花辊时，油缸举升的负荷不同。在使用下方花辊时，W 主要是下方花辊重量；而在使用上方的花辊时，W 则为下方花辊重量和光辊重量的总和。

在立式三辊热轧机中，使用不同位置的花辊时，产品布卷表面的花纹的位置也随之改变，即在使用下方的花辊时，刻花点的花纹在布卷的下表面，产品的光面在布的上表面；而在使用上方的花辊时，刻花点的花纹将在布的表面见到，至于花纹在布卷的外圆表面还是内侧面，则与卷绕方式有关。

由于产品的最终用户会对布卷的花纹是否可见有具体要求，如果生产线中没有配置调头设备（即反向退卷设备），布卷的刻花点方向，是在可见的表面还是在不可见的背（底）面也是不同的。如果采用离线分切工艺，生产线又配置调头装置，不管使用热轧机的哪一根轧辊，都可以使所有非织造布产品的花面保持一致。

注意 2：实际许用线压力与轧点面积 A 有关，轧点面积越大，容许使用的线压力也会越高，但不得大于上述计算的线压力。

例：已知液压油压力 $P=5\text{MPa}$（$1\text{MPa}=1\text{N/mm}^2$）；油缸的活塞直径 $d=200\text{mm}$；S 辊自重约 49050N（相当于 5000kg，其中包括轴承座等附件重量，1kgf = 9.81N）；通过热轧机的纤网宽度 3550mm，这是计算实际线压力的有效宽度（特别是对大定量的厚型产品），而不能以轧辊加工有花纹的宽度为依据（有的热轧机厂家是以刻花点花纹的宽度作为计算铭牌线压力的依据）。

线压力计算：

$$\begin{aligned} P_L &= [(200\times200\times3.14/2)\times5-49050]/3550 \\ &= 264950\div3550 = 75\text{ (N/mm)} \end{aligned}$$

虽然上述计算方法和过程具有普遍性，但必须注意以下式子是根据特定直径油缸及特定重量的光辊推算出来的，因此，也仅适用于本案例的各种条件。整理后可得这台热轧机的线压力与液压系统液压油压力的相关性计算公式。

$$P_L = 62800P/3550-13.82 = 17.69P-13.82$$

从上述线性方程可知，这是一条没有通过原点、斜率为 17.69 的直线。当 $17.69P-13.82=0$ 时，就是油缸的推力恰好与下辊的重力平衡，下辊处于刚可以升起的浮动状态，也就是上、下轧辊处于刚接触的临界状态，对应的液压油压力 $P=13.82/17.69=0.78$。

当 $P<0.78\text{MPa}$ 时，下辊便下降，并与上辊分离；当 $P>0.78\text{MPa}$ 时，下辊便升起，并与上辊保持相接触的状态，这就是与热轧机最小线压力对应的液压油压力。

热轧机仪表显示的线压力是根据液压系统的油缸推力，按照轧辊的有效工作面宽度推算出来的，而进入热轧机的纤网实际宽度都比轧辊的有效工作面宽度小。在同样的油缸推力作用下，由于受力的长度缩小，因此，实际的线压力要比仪表的显示更大一些。这种现象在熔体纺丝成网非织造布生产线上并不明显，因为在不同工况下，纺丝系统的铺网宽度，也就是进入热轧机的纤网宽度并没有太大差异。然而对配置在后整理或后加工系统的热轧机，其加工材料的宽度会有较大变化，因此，必须注意由此引起的线压力变化。

通过上述的热轧机线压力计算过程，可以明显看到，热轧机的线压力 P_L 与液压系统的液压油压力是两个完全不同的概念，线压力的计量单位是 N/mm，而液压油压力的计量单位是 MPa 或 N/mm^2。值得注意的是，目前工厂使用的绝大多数热轧机，都将这两个不同的物理量混为一谈，以液压油的压力充当线压力，并误导了使用者。

为了确保花辊的安全，热轧机一般都会提供一个热熔比 A 与许用线压力 F_L 图表（图 6-54），用于查找特定花辊所允许使用的线压力。

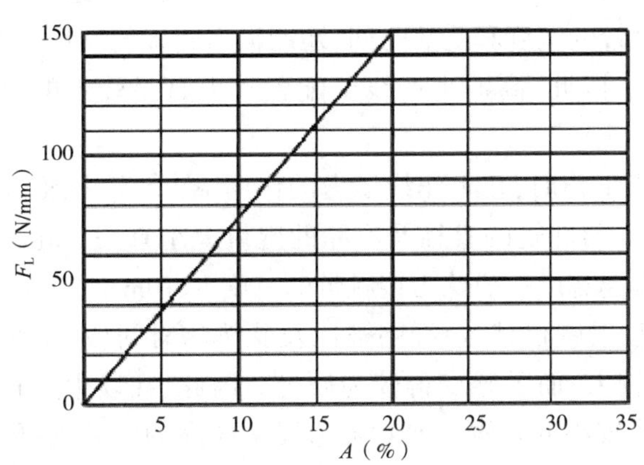

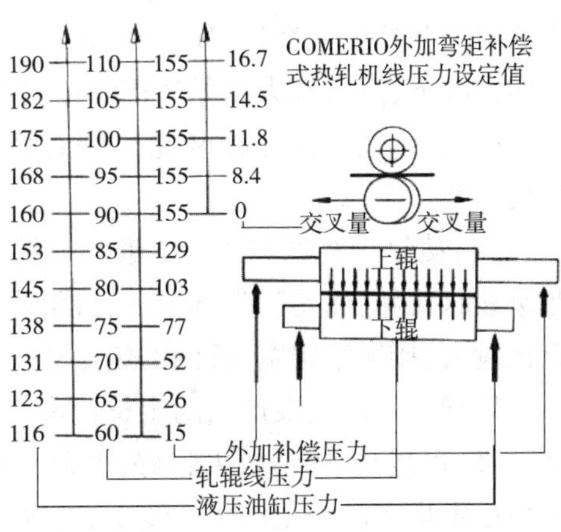

图 6-54　热熔比与许用线压力 F_L 与线压力相关的参数

另外，根据机型的特点，除了线压力（N/mm）、热熔比（%）外，还要提供与线压力相关的其他工艺参数，如轧辊轴线的交叉量（mm）、油缸的液压油压力、补偿压力等数据，便于设定操作。

（二）设备因素

1. 轧辊直径

（1）轧辊直径与产品宽度的关系。轧辊的直径主要与热轧机可以加工的纤网宽度有关。轧辊受力均匀，轧辊的弯曲变形量与纤网的宽度（实际上应是轴承间距）的四次方呈正比，在控制挠曲变形量不变的条件下，加工纤网的宽度越大，轧辊的直径也越大。

而在纤网宽度相同的情形下，轧辊的弯曲变形量与线压力呈正比，线压力越高，变形量越大。因此，线压力越高的热轧机，轧辊的直径或强度也要越大。

（2）轧辊直径与工作温度的关系。轧辊的工作温度会影响材料的强度，同一种材料制造的轧辊，在温度升高以后强度下降，为了使轧辊保持足够的强度，除了会选用高温性能更好的金属材料外，还要考虑轧辊的设计温度与线压力。由于轧辊的工作温度与加工纤网的聚合物材料有关，如加工 PP 纤网时，压辊的设计温度≤200℃，线压力≤110N/mm；而加工 PET 纤网时，压辊的设计温度≥250℃，线压力约 150N/mm。

基于上述原因，为了应对更高的线压力，工作温度越高的热轧机，其轧辊的直径也会更大。

(3)轧辊直径与轧辊挠曲变形补偿方式的关系。轧辊的直径与轧辊挠曲变形补偿方式有关，如果仅依靠加大轧辊直径的方法补偿挠曲变形，轧辊的直径就较大；而应用均匀辊技术补偿挠曲变形时，轧辊的直径就较小。

在幅宽为 3200mm 的熔体纺丝成网非织造布生产线中，应用中凸辊与轴线交叉补偿挠曲变形的热轧机，光辊最大直径为 ϕ680mm；应用外加弯矩补偿挠曲变形的热轧机，光辊最大直径为 ϕ660mm；应用 NIPCO 辊技术补偿挠曲变形的热轧机，光辊最大直径为 ϕ530mm；应用均匀辊技术补偿轧辊挠曲变形的热轧机，对于最高工作温度≤200℃的热轧机，光辊最大直径为 ϕ420mm，对于最高工作温度>200℃的高温型热轧机，光辊最大直径为 ϕ505mm。

(4)轧辊直径与运行速度的关系。当热轧机的线速度为 V 时，纤网的受热时间为 $t=b/V$，即受热时间与速度呈反比，如 $V=10\text{m/s}$，$b=0.01\text{m}$ 时，$t=0.001\text{s}$(即 1ms)。在生产线运行速度较快的情况下，选用较大直径轧辊既可以增加接触带的宽度和受热时间，还能提高轧辊的刚性，减少挠曲变形，从而保证纤网能得到有效的加工。因此，高速生产线要配置较大直径轧辊的热轧机。

(5)接触带宽度与产品定量的关系。热轧机工作时，在工作线压力的作用下，上、下压辊并非呈线状接触，而是呈带状接触，接触带的宽度 b 与轧辊的直径及产品的定量大小有关。轧辊直径越大，接触带越宽；纤网的定量越大，接触带越宽。一般认为接触带的宽度 b<10mm。

轧辊直径越大或产品的定量(厚度)越大，接触带也越宽，纤网被压及受热的时间(一般是毫秒级)也越长，固结效果越好，产品的强度会较大，而手感变得较为硬挺。因此，在以生产轻薄型小定量产品为主的生产线上，应选直径尺寸较小的轧辊。而对强力要求较高的产品，就要选用直径较大的轧辊。

(6)轧辊间的直径关系。因为两只轧辊是互相接触工作的，而且两者的硬度也不同，要避免硬度较高的花辊将花纹刻在硬度较低的光辊表面，就必须避免两只轧辊上任意一点发生重复接触的概率，避免光辊被花辊“克隆”的情况出现。这就要求两只轧辊的直径不能呈简单的整数倍关系，也就是要使轧辊间的直径“最小公倍数”达到最大。

实际上最大的最小公倍数就是两只轧辊直径的乘积，这样光辊的磨损就会较为均匀，而不会出现与花辊相似的表面，导致无法正常运行。一旦出现这种现象，产品就容易“起毛”或纤网容易发生缠辊。对于采用单电动机传动(即两只轧辊仅由同一电动机驱动)的机型，特别要给予关注。因此，两只轧辊间必有一只轧辊的直径是一个无法分解的质因数，这时两只轧辊直径的最小公倍数可为最大值。

当热轧机采用多电动机传动时，即每一只轧辊均由电动机独立驱动时，可以基本消除这种“克隆”现象，但必须控制两只轧辊间存在的表面线速度差异，避免速度较慢的轧辊成为速度较快轧辊的负载而被拖动，否则存在偏大的线速度差，不仅会影响产品的结构，还将导致轧辊意外磨损，缩短使用寿命。值得注意的是，目前市场上存在一些只有一台主驱动电动机的所谓低配型热轧机。

一般通过检测两只轧辊驱动电动机的电流或输出转矩，只要让两台电动机的负载尽量接近，就能控制其速度差保持在正常范围。

2. 决定轧辊工作面宽度(W_{OB})的各种因素

(1)W_{OB}必须大于成网机的铺网宽度。无论轧辊的工作面宽度如何计算，在任何时候，轧辊的工作面宽度都必须大于铺网宽度，而且要留有足够的裕度，用于弥补进行工艺调试时设备铺网宽度的变化及成网机网带在运行过程中沿 CD 方向的偏移所增加的宽度。

成网机的网带是纤网的载体，在运行过程中，网带必然会存在左右摆动的偏移现象，导致进入热轧机的纤网实际宽度比铺网宽度更大。目前，一些设计水平较高的成网机，这个偏移量可控制在 10~20mm，而一些技术水平低的成网机，这个偏移量可达 50mm。因此，轧辊的工作面宽度务必要预留这个偏移量。

(2)W_{OB}与运行速度 V 的关系。纺丝系统的设计铺网宽度是根据产品的定量规格或成网机的运行速度决定的。生产大定量规格产品时，由于运行速度低，纤网及产品在输送过程中的缩幅就较少，就不需要更宽的铺网宽度来补偿这一损失。

而在生产小定量规格产品时，运行速度必然较快，纤网及产品在输送过程中的缩幅就较多，就需要更宽的铺网宽度来补偿这一损失。虽然铺网宽度较大，但进入热轧机时就明显变小了。

换言之，纺丝系统的铺网宽度是按生产小定量规格产品来设计的，这样可以保证在最不利条件下，仍能获得规定幅宽的产品。然而用这个系统在生产厚型产品时，生产线的运行速度较慢，进入热轧机的纤网缩幅很小，纤网的宽度就会显得太大，导致要切除太宽的边料，影响材料利用率，尽管如此，轧辊的工作面宽度仍必须按这种工况设计。

轧辊的工作面宽度与生产线的运行速度 V 有关。因为生产同样幅宽规格的产品，生产线的运行速度 V 越快，则要求纺丝系统的铺网宽度也越大，因此要求轧辊的工作面也越宽。否则在切除两边的不合格废边后，无法取得等于生产线名义幅宽尺寸的产品。

当 $V<300$m/min 时，$W_{OB}\approx$产品幅宽 $W+2\times(100\sim150)$mm；

当 $V>300$m/min 时，$W_{OB}\approx$产品的幅宽 $W+2\times(150\sim250)$mm。

花辊的工作面太宽，容易导致外露部分的花纹直接与光辊接触，加上轧辊两端的线压力一般都会较高，上、下辊间不可避免存在一定的速度差，会导致花辊的花纹更容易发生磨损、起毛，容易出现纤网缠辊，妨碍正常运行。

但花辊的工作面太窄，会导致纤网两个存在稀网的侧边没有得到固结而粘在花辊两端，既污染了辊面，也容易发生缠辊。

(3)热轧机中各种辊筒的工作面宽度。在热轧机中，各种辊筒的工作面宽度一般遵循如下的关系：

冷却辊工作面宽度>光辊工作面宽度>花辊刻花点宽度>纤网的最大宽度(图 6-55)。

如配置在一条速度为 600m/min、幅宽为 3200mm 生产线使用的热轧机，进入热轧机的纤网最大宽度为 3600mm，花辊的工作面(刻花部分)为 3700mm，光辊的工作面宽度为 3800mm。

有的品牌热轧机(包括引进设备)，其花辊刻花点工作面宽度>光辊工作面宽度，经过长时间运行后，花辊与光辊间长期与纤网接触部分的花纹会发生一定的磨损、直径变小，两端多余部

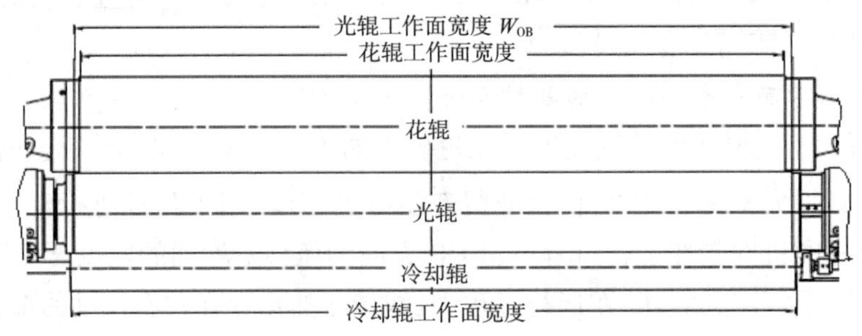

图 6-55　热轧机花辊、光辊、冷却辊的工作面宽度

分的花纹没有磨损，仍保持原来较大的原始直径，而平时没有纤网覆盖的两端花纹将会直接与光辊接触，而发生损坏。使花辊表面呈台阶状，这种不均匀磨损很容易增加纤网缠绕轧辊的概率（图 6-56）。

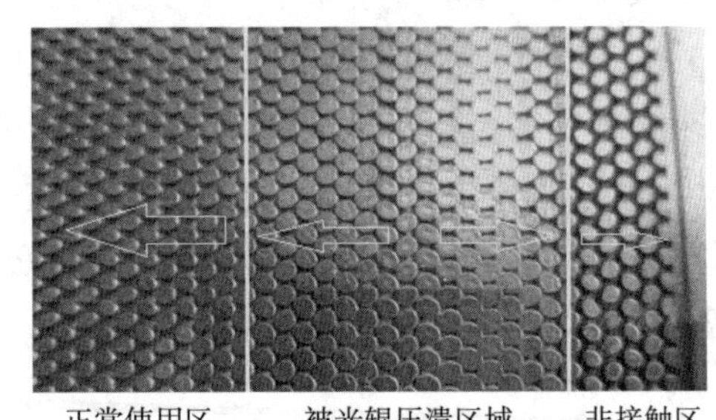

图 6-56　花辊工作面宽度比光辊更宽的运行后果

如配置在 3200mm 生产线使用的一台热轧机，其光辊工作面宽度 3700mm，花辊工作面宽度 3800mm，经过长时间运行后，由于花辊两端外侧的刻花点没有纤网覆盖而线压力较又大，结果这部分刻花点几乎全都被光辊压溃损坏，运行时经常引起缠辊。

然而花辊的刻花点宽度不能比纤网的宽度有太大的差异，否则经过长时间运行后，花辊中间部分的刻花点发生自然磨损后直径会变细，但一般热轧机两端的变形较小，导致两端这些没有纤网覆盖区域的刻花点与光辊直接接触而损坏。

为了避免发生纤网粘连、缠辊等问题，除了要定期人工清理积聚在轧辊两端的炭化聚合物外，在运行期间，还要使用压缩空气将粘连的纤网吹除，因此，要消耗大量的压缩空气和电能。

目前，已改用能耗较少（≤7.5kW）的高压风机，气流的消耗量约 100Nm^3/h。而喷嘴也已成了一些品牌热轧机的标准配套附件，每一只轧辊要配两只。

喷嘴喷出的气流会带走轧辊对应位置的大量热量，使这个圆环状区域形成一个温度比邻近区域低很多的低温带（图 6-57），使轧辊表面局部产生温差，其最大温度差可大于 50℃，会形成对轧辊不利的热应力。因此，要适当控制喷嘴的气流速度（流量），这样还可以减少能量损失。

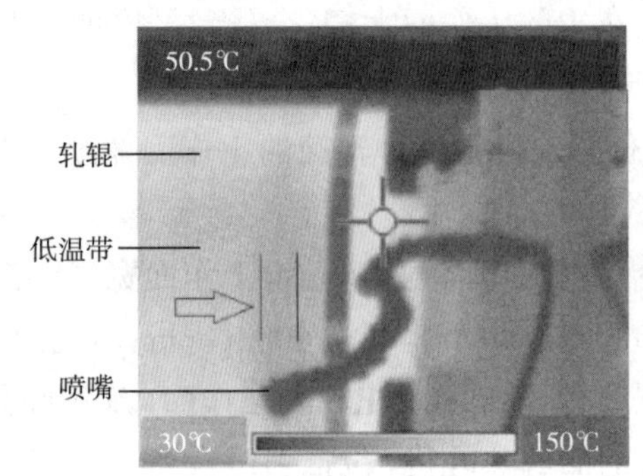

图 6-57　与喷嘴对应部位形成的低温带

（4）工作面宽度 W_{OB} 与纤网的结构有关。纤网的层次越多，工作面宽度 W_{OB} 越大，同样幅宽的复合纤网（SMS 型生产线），如含有熔喷纤网时，为了避免纤维很细，而熔体流动性

很好的熔喷纤网与轧辊接触而发生缠辊，纺粘纤网必须能将熔喷层覆盖，这时的铺网宽度比单纯的纺粘系统更宽。因此，W_{OB}比仅有纺粘纤网时要大 50～100mm。

故在产品幅宽相同、运行速度一样的情形下，SMS 生产线热轧机轧辊的工作面宽度要比其他机型（如 SSS 型）生产线更宽一些，这也是用 SMS 生产线仅生产纺粘产品时，两侧要切除的边料显得太多的原因。

（5）接触时间与轧辊直径、线压力及运行速度的关系。纤网在与轧辊接触（停留）的时间，直接影响了纤网接收到的热量，一般情形下，同一台热轧机，线压力越高，停留时间越长；运行速度越快，停留时间越短；不同直径的轧辊，直径越大，停留时间越长。

实际上，由于受纤网的定量规格、产品的应用领域、运行速度、产品质量要求等方面的影响，对于同一定量规格的纤网，相对应的热轧工艺并不是固定不变的，而是可以在一定范围内变动。表 6-5 为运行速度为 250m/min、生产通用型产品的工艺示例。

表 6-5　一般用途 PP 产品热轧的应用工艺（例）

定量（g/m²）	线压力（N/mm）	温度（℃）		定量（g/m²）	线压力（N/mm）	温度（℃）	
		光辊	花辊			光辊	花辊
10	60	135	138	65	90	148	151
12	65	136	139	70	90	149	152
15	70	138	141	75	90	149	152
20	70	140	143	80	95	150	153
25	70	141	144	85	95	150	153
30	75	142	145	90	95	151	154
35	75	143	146	95	100	152	155
40	80	144	147	100	100	153	156
45	80	145	148	105	100	154	157
50	80	146	149	110	105	155	158
55	85	147	150	115	105	156	159
60	85	148	151	120	105	157	160

注　由于线压力与轧辊的温度之间具有一定的可替代性，加上机型、产品的应用领域不同，实际的应用工艺会有差异。

五、热轧机的轧辊变形与补偿

由于热轧机在工作时工作压力是由轧辊两端的支承油缸施加的，因此，轧辊会在自重和工作压力的作用下产生弯曲变形。工作宽度越大或压力越大，变形量也越大。

由于轧辊一般都是布置在同一个垂直平面内，对于处于下方的轧辊（一般为光辊），由于在加工产品时的受力变形方向与轧辊自重所产生的向下挠曲方向相同，两者叠加后的总体变形量将加大，导致上、下轧辊之间的接触面（工作面）的线压力产生很大的差异。轧辊的这种变形，使两轧辊之间靠近轴承的两端压力会比中间位置的压力高，使纤网无法得到均匀一致的固结，产品的质量会受到严重的影响。

轧辊挠曲变形补偿是热轧机的一项非常重要的技术。目前，有多种类型的轧辊变形补偿方案可供选择。

（一）加大直径+中凸辊相结合补偿变形

在一些产品幅宽<2m的生产线中，传统的方法是采用加大直径的方法来增加轧辊刚性，减小形变，或采用中凸辊来补偿变形，但这两种方法所适用的线压力调节范围也就是适宜加工的产品定量范围较小。因此，在幅宽较大，特别是对一些较大幅宽的生产线很难有较满意的加工质量。

（二）中凸辊+轴线交叉相结合补偿变形

在国产的生产线中，较多使用辊筒本体中间部分直径稍大的中高型光辊（一般称为中凸辊）及与调节上、下轧辊轴线交叉量相结合的方式来补偿轧辊的变形。

采用这种补偿方法的机型将布置在下方的光辊加工成中间部位的直径比两端稍大的中凸形，一般直径差（也称中凸量）在0.20~0.50mm，具体的数值则视有效工作宽度、轧辊直径及最高线压力而定。

另外，中凸辊两端的轴承座能沿各自的水平方向导轨，在生产线的MD方向前、后移动，从而使上、下辊的轴线在水平面上的投影呈交叉状，人为地使两端线压力最大（变形最小）的工作区域离开一定的间隙，使轧辊中部变形最大的部分的线压力增加，从而使轧辊工作面全宽的线压力趋向均匀。

产品的定量越大，或所用的线压力越大，交叉量也要增大，才能保持线压力的均匀一致。对于特定的中凸辊，只能对应一定的产品加工范围，偏离这个范围后，线压力就无法保持均匀。

中凸辊一般为辊面没有刻花的光辊。为了尽量减少轧辊的变形量，采用这种补偿方案的热轧机还普遍同时采用加大轧辊直径的方法来提高轧辊的刚性，因此，轧辊的直径也较大。

这种机型的轧辊结构简单、容易加工，但机架和轴承座较为复杂。大部分商品机型除了要增加供下辊升降的垂直导轨外，还要在下辊的支座上设置轴承座的水平移动导轨及调节机构，以便用于调节交叉量。

采用这种调节机构时，一般不能在上、下辊处于闭合的工作状态下进行交叉量调节，不便在生产过程中根据线压力的大小调整轴线的交叉量。

采用中凸辊与轴线水平交叉相结合补偿变形的热轧机加工的产品往往存在中央部位线压力偏大、两端线压力偏小的现象，而且因为轴线交叉，当产品在通过热轧机时，由于轧辊表面的法向与生产线的MD方向存在一个倾角，使纤网及非织造布在CD和MD方向都存在产品被牵扯的情况（图6-58）。

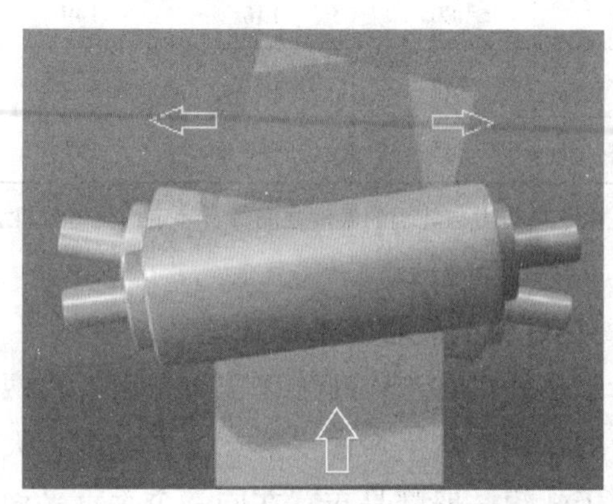

图6-58　中凸辊与轴线交叉式热轧机及对产品的撕扯作用

而由于使用中凸辊时，在全幅宽范围内形成几个人为的高压力部位，会加剧轧辊发生不均匀的磨损，影响了轧辊的使用寿命。

由于这种热轧机的线压力不均匀，在两端压力较大的位置产品的拉伸断裂强力较大（图 6-59），而轧辊的磨损也较为严重，特别是两只轧辊间的速度矢量（方向和大小）存在差异，这种相对运动也是加快轧辊磨损的一个原因，这些都是这个机型较为明显的缺点。

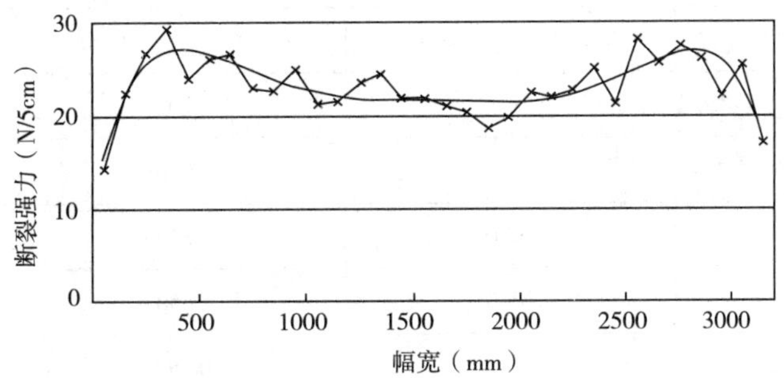

图 6-59　中凸辊及轴线水平交叉补偿变形，产品强力分布图

试样：幅宽 3200mm、定量 15g/m² 的纺粘法非织造布

当产品从卷绕机下线后，可以在布卷的外圆见到明显的凹凸不平现象，其中两端较平整密实，中部则明显突出而且蓬松。这是由于两端线压力较大，产品较薄，而中部压力偏小，产品较厚所致，这与铺网不均匀所造成的凹凸不平现象的机理是不一样的。

前者是产品的纤维分布不均匀，导致不同位置的纤网定量（g/m^2）发生差异，而这种差异的分布基本上是随机的，除非是存在明显的缺陷（有规律分布的稀网或云斑），否则在布卷的外圆上没有更为清晰的特征。

而后者则是因为纤网在固结过程中，由于线压力不均匀，导致产品的密度（g/m^3）发生差异，也就是厚薄不同，其主要特征是这种厚薄差异都是发生在相对固定的位置，并在产品布卷的卷绕密实度方面有所表现。与线压力偏高部位对应的产品会较薄，布卷较蓬松，而与线压力偏低部位对应的产品会较厚，布卷更为密实。

大部分国产热轧机，特别是在 2010 年前制造的产品，基本上都是应用这种中凸辊+轴线水平交叉方式补偿轧辊的挠曲变形（表 6-6），具有很大的社会保有量。

表 6-6　部分国产热轧机主要性能

项目	机型					
适用原料	PP 纺粘法、SMS 复合非织造布					
轧辊挠曲补偿	中凸辊+轴线水平交叉					
幅宽（mm）	1600		2400		3200	
运行速度（m/min）	250	350	250	350	250	350
调速精度（m/min）	≤0.10（<20m/min），≤0.15（>20m/min）					

续表

<table>
<tr><td>项目</td><td colspan="6">机型</td></tr>
<tr><td>驱动功率(kW)</td><td>15×2</td><td>22×2</td><td>22×2</td><td>30×2</td><td>30×2</td><td>37×2</td></tr>
<tr><td>轧辊直径(mm)</td><td>420</td><td>480</td><td>450</td><td>500</td><td>480</td><td>560</td></tr>
<tr><td>轧辊表面硬度(HRC)</td><td colspan="6">花辊 HRC58~60　　光辊 HRC55~58</td></tr>
<tr><td>中凸量(mm)</td><td>0.15</td><td>0.15</td><td>0.60</td><td>0.45</td><td>0.60</td><td>0.45</td></tr>
<tr><td>最大交叉量(mm)</td><td>15</td><td>15</td><td colspan="2">20</td><td colspan="2">30</td></tr>
<tr><td>热变形量(mm)</td><td colspan="6">≤0.03</td></tr>
<tr><td>有效宽度(mm)</td><td colspan="2">1970</td><td colspan="2">2820</td><td colspan="2">3560</td></tr>
<tr><td>辊面总宽(mm)</td><td colspan="2">2000</td><td colspan="2">2850</td><td colspan="2">3600</td></tr>
<tr><td>线压力(N/mm)</td><td colspan="6">30~120</td></tr>
<tr><td>液压系统压力(MPa)</td><td>11</td><td>14</td><td>11</td><td>14</td><td>11</td><td>14</td></tr>
<tr><td>液压站功率(kW)</td><td colspan="6">3.7</td></tr>
<tr><td>工作温度(℃)</td><td colspan="6"><200</td></tr>
<tr><td>加热功率(kW)</td><td>36×2</td><td>48×2</td><td>48×2</td><td>60×2</td><td>72×2</td><td>90×2</td></tr>
<tr><td>导热油牌号</td><td colspan="6">T66</td></tr>
<tr><td>活动接头通径(DN)</td><td>76</td><td>76</td><td>76</td><td>100</td><td>100</td><td>100</td></tr>
<tr><td>冷却辊直径(mm)</td><td colspan="4">265</td><td colspan="2">315</td></tr>
<tr><td>驱动功率(kW)</td><td colspan="2">4.0</td><td colspan="2">5.5</td><td colspan="2">7.5</td></tr>
<tr><td>润滑站功率(kW)</td><td colspan="6">1.1</td></tr>
<tr><td>总装机容量(kW)</td><td>106.8</td><td>148.8</td><td>160.8</td><td>190.3</td><td>208.8</td><td>285.3</td></tr>
</table>

(三)轧辊外加弯矩补偿变形

在从国外引进的生产线中,有采用在轧辊轴承外侧施加反向弯矩,使轧辊产生预期反变形的补偿方案,如意大利考梅利奥(Comerio)公司热轧机、美国菲尔维(Fairview)公司热轧机就属这种机型。

采用中凸辊与在轴承外侧施加附加弯矩相结合的方法可以补偿轧辊挠曲变形,这种变形补偿方案的机型,两只轧辊仍为上下布置,视施加弯矩的具体方法,可有两种布置方案:

1. 上辊为带中凸量的光辊,下辊为刻花辊

这种机型下辊为刻花辊,上辊为中凸辊(图 6-60),最大中凸量与轧辊直径及工作面宽度、最大线压力等因素有关,约为 0.40mm,外加弯矩是施加在中凸辊上。

在光辊轴承的两端外侧,安装有两个液压油缸,通过施加外力,以机架上的轴承为支点,使轧辊的中部产生与外力方向相反的变形(图 6-60),用于补偿上、下辊在运行时的受力挠曲变形。

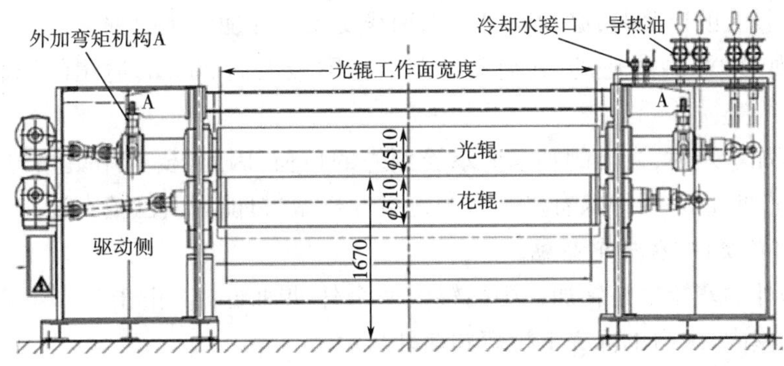

图 6-60　外加弯矩补偿轧辊挠曲变形的两辊热轧机(油缸在上方)

此外,还有一些机型将液压油缸布置在机架底座的面上,油缸既可以向上推,也可以向下拉,从而改变光辊的受力变形方向,用于适应不同定量规格纤网的加工要求。由于油缸中线与上辊之间还有其他机构(如传动轴、导热油活动接头等),因此油缸与上辊之间的传动构件呈方框状,较为复杂(图 6-61)。

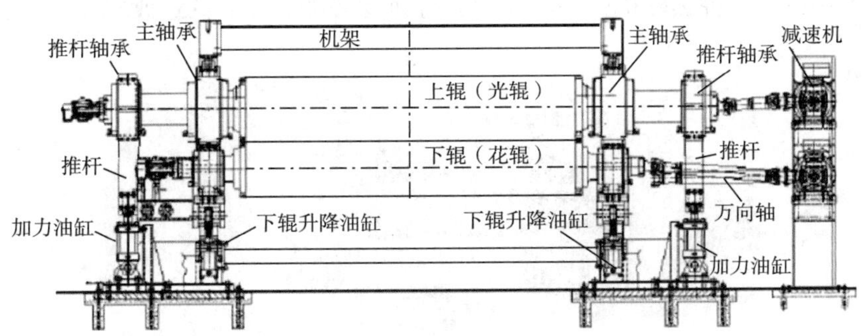

图 6-61　外加弯矩补偿变形的热轧机(油缸在下方)

采用这种变形补偿方案的热轧机的两只轧辊的轴线是平行且固定的,由于上辊的总体变形曲线无法与下辊的变形曲线相吻合,因此,这种机型所加工出来的产品质量虽然比轴线交叉机型有所改进,但仍存在不均匀的现象。

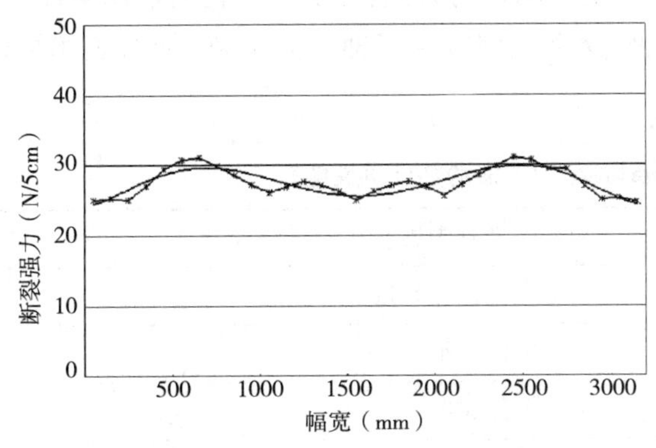

图 6-62　中凸辊与外加弯矩补偿变形产品强力分布图

试样:幅宽 3200mm、定量 15g/m² 的纺粘法非织造布

在加工小定量产品时,所需的线压力较小,无须使用轴线交叉,仅用外加弯矩的方法就能补偿轧辊的变形。因此,产品不会受到其他方向分力的牵扯,对产品质量没有负面影响。国内曾有一些速度较高的生产线也配套了这种热轧机。

这种补偿机构能在运行期间进行调节,容易优化加工工艺。但因不能在全幅宽范围均匀补偿,这种机型所加工出来的产品同样还是不均匀的,在使用轴线交叉功能后,产品仍然会受到横向牵扯,但其拉伸断裂强力变异情况比仅有中凸辊型改进了很多(图 6-62)。

在加工定量较大的产品时,必须同时使用轴线交叉及外加弯矩两种补偿方式。轴线的交叉量与幅宽相关,如3600型热轧机,其交叉量调节范围最大达20mm,适用的原料包括PE、PP、PET等。

由于使用外加弯矩时,光辊的轴承要承受额外的负荷,因此,要选用更大规格的、负荷能力更强的轴承,在早期,这是一种保有量不多的过渡性机型,目前国内已基本没有厂家制造了。

2. 上辊为刻花辊,下辊为中凸辊

这种机型的外加弯矩也是施加在中凸辊的两个外伸轴端的。由于其产生弯矩的液压系统布置在下方的机座内,国内也称为下拉弯式热轧机。

这种机型能在运行期间调节变形补偿量及两辊轴线的交叉量,使用较为方便,但因为是在光辊(或花辊)轴承外侧施加补偿力,要求机座有较高的强度和刚性,而由于这种外加补偿力与工作线压力所产生的反力在大部分范围内是相同的(注意:在小定量产品范围内则是相反的),使轧辊轴承要承受额外的负荷,对轴承的寿命有较大的影响,设备的传动功率也较大,能耗偏高。

还有一些机型的两只轧辊的轴线是可调的,还可以调节交叉量,如意大利制造的热轧机就是这种机型(图6-63)。这种热轧机曾一度作为运行速度>300m/min的过渡机型,目前已很少生产。

图6-63 意大利制造的热轧机

采用在轧辊轴承外侧施加反向弯矩,或采用轴线交叉与外加弯矩相结合的轧辊挠曲变形补偿方式,都可以在一定程度上改善热轧机在全幅宽方向的线压力均匀性。但同时也会在全幅宽范围内形成几个人为的高压力部位,会加剧轧辊发生不均匀的磨损,影响了轧辊的使用寿命。

表6-7为早期从意大利引进的热轧机性能表,这个机型应用了轴线交叉+外加弯矩相结合补偿轧辊的挠曲变形。

表6-7 意大利考梅利奥(Comerio)公司早期的热轧机性能表

项目	性能参数		
适用原料	PP纺粘法非织造布		
轧辊挠曲补偿方式	中凸辊+外加弯矩		
产品名义幅宽(mm)	1600	3200	3200
变形补偿方式	中高轧辊,轧辊预弯曲、轴线交叉补偿技术		
运行速度(m/min)	250	350	800

续表

项目	性能参数		
驱动功率(kW)	25×2	34×2	41×2
花辊直径(mm)	360	480	510
光辊直径(mm)	360	480	510
有效工作宽度(mm)	1800	3600	3650
线压力(N/mm)	50~100		110
工作温度(℃)	200	200	200
加热功率(kW)	90	200	>200
冷却辊直径(mm)	—	—	—
冷却辊驱动功率(kW)	3	3	6

(四)均匀辊(S辊)自动补偿

应用均匀辊自动补偿挠曲变形的热轧机,仍为上、下辊设置,上辊为刻花辊,下辊为特殊设计的S辊,这是这种热轧机的核心技术。S辊是英文swimmingroll的简称。

S辊由辊筒、芯轴及密封装置、轴承等组成,芯轴固定不动,利用两个轴承支承辊筒旋转。沿芯轴的轴向全长设置有两套机械密封装置,将芯轴与辊筒分隔为两个互相独立的半环形油腔。与进油管连接的一侧为高压腔,与回油管连接的一侧为低压腔。S辊的挠曲补偿功能就是利用两个半环形油腔之间的压力差实现的(图6-64)。

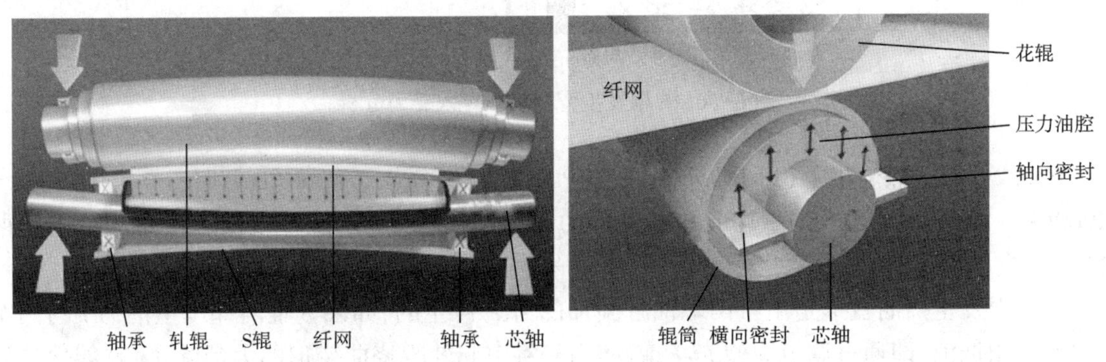

图6-64 S辊工作原理与结构图

辊筒和芯轴是同时发生弯曲形变的,但两者的弯曲变形方向相反,固定不动的芯轴承受辊筒变形的反向力。必须注意,两个油腔之间的压力差仅引起辊筒的弯曲变形,而绝不是辊筒中部鼓起、直径膨胀变形。因为S辊的辊筒单边壁厚约40mm,而增压油泵的最高压力才1MPa(10bar),辊筒在这种压力下是绝对不会发生明显变形的。导热油在S辊内的流动过程如图6-65所示。

高温油流先从芯轴左侧的油道进入高压腔,并从芯轴右侧流出到调节阀,然后进入芯轴右端流入低压腔,最后从芯轴左端流出。

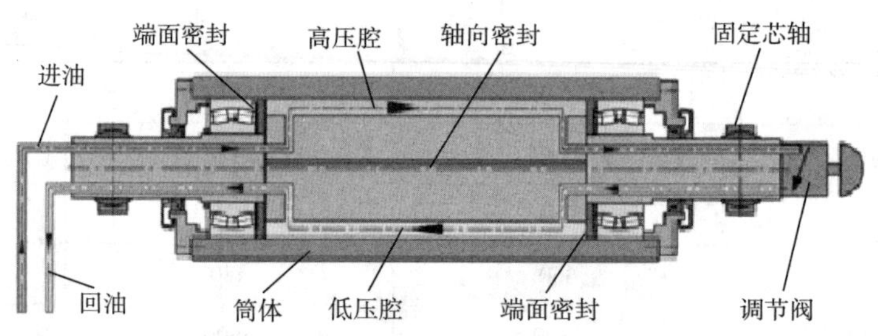

图 6-65　S 辊内的导热油流动过程

在这个过程中，调节阀的开度直接影响了高压腔的压力，从而达到控制 S 辊发生挠曲变形的程度。在调节阀的开度较小状态，油流经过调节阀的阻力增加，高压腔的压力升高，与低压腔的压力差增大，S 辊就会发生较大的挠曲变形。

高压腔与低压腔之间的压力差，会形成一个使辊筒变形的合力 F（图 6-66），F 的大小与压力差 p（bar）、辊筒内腔的直径 D（cm）及内腔的长度 L（cm）呈正比。

$$F = p \cdot D \cdot L$$

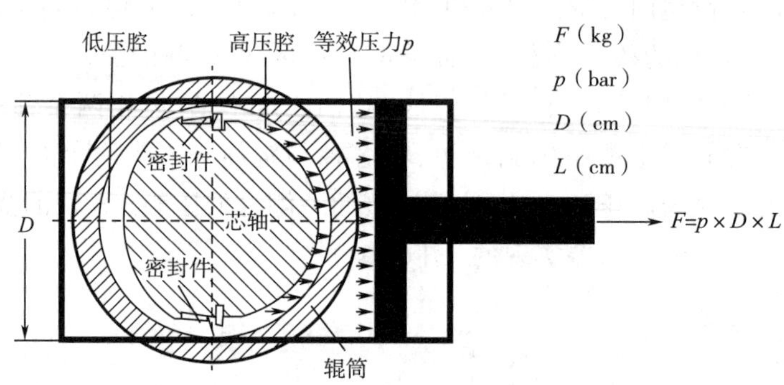

图 6-66　S 辊发生弯曲变形等效受力分析

在 3.2m 幅宽热轧机上，当 $P=5$bar（0.5MPa），$D=40$（cm），$L=360$（cm）时，$F=5\times40\times360=72000$（kg），这是一个很大的平均分布的变形力（均布负荷），足以使 S 辊发生一定程度的挠曲变形。

而轧辊发生挠曲变形是由于两端油缸施加的力 F 产生的，如果 S 辊内部产生的力 f 与两个油缸的力相抵消，即通过调节 p 使 $f=F$，就相当于将引起轧辊挠曲变形的力消除了，就能保持轧辊在全幅宽范围内的线压力均匀一致。由于线压力 $F_L=F/L$，也就是 $F=F_L \cdot L=p \cdot D \cdot L$，将前式中的 L 约简后，便可以得出：

$$F_L = p \cdot D$$

即在使用 S 辊的热轧机中，线压力仅与 S 辊的内径 D 及两个油腔的压力差 p 相关，而与幅宽无关，因为对于一台特定的设备，S 辊的内径是固定不变的，因此，线压力仅与 p 正相关，改变 p 就可以调节线压力，但必须注意，由于幅宽不同，为了保持 S 辊的强度和刚性，其直径也是不一样的，幅宽越大，S 辊的直径也会越大。

一般情形下，要避免光辊在正常的受力状态发生挠曲变形，光辊就必须要有足够的强度和刚性，而要使光辊在内部压力差的作用下容易发生挠曲变形，则希望光辊的强度和刚性又不能太大。因此,应用S辊技术补偿轧辊挠曲变形的热轧机,S辊要兼顾这两方面的要求,S辊的直径都比应用其他补偿技术的机型更小。

在3200mm幅宽PP生产线上,S辊的直径一般在420mm左右。早期的低速机型,S辊的直径才365mm;而花辊的直径一般大于500mm。在PET生产线上,S辊的直径一般在505mm左右。

辊筒和芯轴的弯曲变形量是与两个油腔的压力差呈线性关系的。因此,控制进油腔一侧的压力,便可改变、控制辊筒的变形。而这种形变刚好补偿了S辊因自身重量及工作线压力所产生的挠曲变形,使上、下辊的工作线压力在轧辊工作宽度范围内保持均匀一致。

S辊自动调节系统可使加工过程中的线压力很均匀,从图6-67的曲线可以看出,用配置S辊热轧机加工的产品,在全幅宽范围的各个部分,产品的拉伸断裂强力几乎是均匀一致的,能满足高端产品的质量要求。

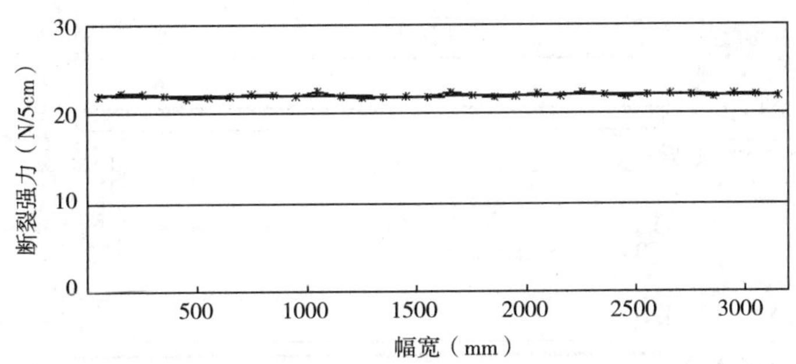

图6-67　S辊变形补偿时产品强力分布图

试样:幅宽3200mm、定量15g/m² 的纺粘法非织造布

一般S辊的增压油泵的输出压力≥1MPa,因此,在高压腔的最高压力≤0.70MPa(7bar),而低压腔的最高压力<0.05MPa(0.5bar)时,高、低压腔之间的压力差约0.60MPa(6bar),在自由状态(即上、下轧辊没有闭合接触的状态),3.2m幅宽热轧机S辊的最大弯曲变形可达2~3mm,足以补偿轧辊受力后的挠曲变形(图6-68)。

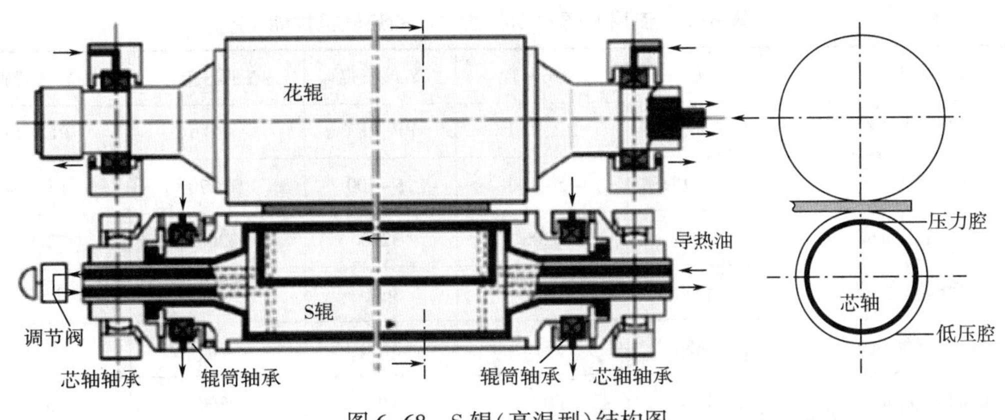

图6-68　S辊(高温型)结构图

S 辊的自动补偿调节过程是随线压力的变化而连续、自动同步进行的。自动调节系统使 S 辊的形变量能随线压力的变化而变化，在加工不同定量的产品时，轧辊各点的线压力都能保持均匀一致。在运行过程中，利用 S 辊技术，配合对 S 辊两轴端压力的独立调节，可以十分方便地使线压力控制在工艺要求的状态，或纠正所出现的偏差(图 6-68)。

根据运行的温度，应用 S 辊的热轧机分为低温型(≤200℃)和高温型(≥250℃)两种，其外形特点是低温型热轧机的轧辊轴承是在 S 辊筒内部，热轧机的轴向长度较小；高温型热轧机的轧辊轴承是在辊筒外部，热轧机的轴向长度较大。图 6-68 所示为高温型(≥250℃)热轧机的 S 辊结构及油流示意图，为了提高轴承的可靠性，每一个轴承都有独立的润滑/冷却装置。

在从国外引进的生产线中，以配套德国安德里兹[ANDRITZ，以前使用的名称叫寇司德(Kusters)]公司制造的、带 S 辊的 Y 形三辊热轧机所采用的变形补偿方案效果较好(图 6-69)。目前，国内已有多家企业开发了应用这种轧辊挠曲补偿机理的热轧机，并已成功投入市场使用。

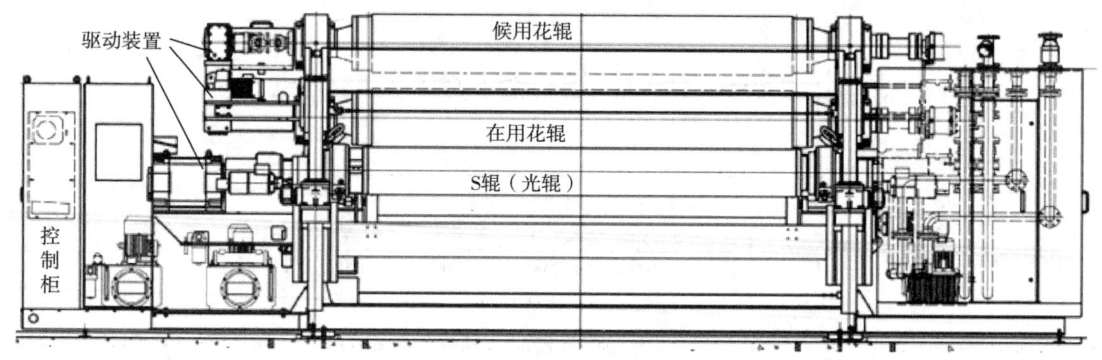

图 6-69　应用 S 辊补偿轧辊挠曲变形的 Y 形三辊热轧机

一般幅宽不大的热轧机，仅光辊为 S 辊，就可以获得均匀度很好的线压力，既保证了产品的质量，又能降低制造成本。对于一些幅宽特别大的机型，还有将花辊也设计成 S 辊结构，以保证全幅宽范围线压力的均匀性。在这种机型中，所有的轧辊都是采用 S 辊结构。表 6-8 为使用 S 辊自动补偿轧辊挠曲变形的热轧机性能。

表 6-8　使用 S 辊自动补偿变形的热轧机性能

项目	双辊	立式三辊	Y 形三辊	Y 形三辊	Y 形三辊
适用加工原料	PP	PP、PET	PP、PET	PP	PET、PP
产品定量范围(g/m^2)	70	15~100	15~100	10~70	15~100
产品幅宽(mm)	3200	3200	3200	3200	2800
入口纤网宽度(mm)	3650	3500	3600	3600	2900
刻花面宽度(mm)	3850	3510	3700	3700	—
辊面宽度(mm)	3850	4000	3800	3800	3100
设计速度(m/min)	550	500	600/15	600	350

续表

项目	双辊	立式三辊	Y 形三辊	Y 形三辊	Y 形三辊
运行速度(m/min)	500	460	550	550	10~260
生产能力(kg/h)	—	—	1500	1850	—
线压力(N/mm)	110	150	110/30	110/30	150/10
花辊直径(mm)	520	560	520	520	510
花辊驱动功率(kW)	30	56	1.5×2	基速 1.5	30
光辊直径(mm)	420	505	420	420	420
光辊驱动功率(kW)	30	41	75	75	30
轧辊可调间隙(mm)	—	—	—	—	0~3
轧辊分离距离(mm)	120	120	120	120	120
冷却辊直径(mm)	350	320	250	350	300
冷却辊驱动(kW)	7.5	7.5	4.0	7.5	4
最高工作温度(℃)	220	300	250	250	280
加热功率(kW)	350	400	300(总)	300	150
S 辊工作温度(℃)	220	250	230	230	250
S 辊加热功率(kW)	—	—	120	—	100
吹边风机功率(kW)	—	—	7.5	压缩空气	压缩空气

由于 S 辊是有工作方向的,只能以其高压腔一侧与另一只轧辊配合工作,如果是立式三辊式热轧机,在转换花辊时,就必须进行工作面方向调整,将 S 辊的芯轴回转 180°,使其高压腔与即将配对使用的花辊相对。

对于普通的 Y 形三辊热轧机,不管使用哪一只在花辊,S 辊(光辊)的位置是固定的,其高压腔都是朝向上方并与花辊相对应的。因此,在转换花辊时无须进行调整。一般的热轧机仅是光辊应用 S 辊挠曲补偿技术,对于一些幅度特别宽的机型,为了补偿花辊的挠曲变形,花辊也会采用类似 S 辊的结构,在花辊回转进入工作位置时,会有相应的机构使 S 辊(花辊)的芯轴随之回转,使上方花辊的高压腔与下方光辊的高压腔相对应,此时花辊的导热油加热系统及回转驱动装置就较为复杂。

对于使用轴线交叉补偿轧辊挠曲变形的立式三辊热轧机,转换花辊时,可能需要调整光辊的交叉方向或交叉量,使之与新的花辊相对应。

(五)其他轧辊挠曲变形补偿技术

用内置液压油缸控制及补偿变形的技术称尼普可技术,国内有不少纺织企业使用这些机器进行纺织品的定型整理,但在非织造布领域则较少应用。意大利雷米许(Ramisch)公司拥有该技术的知识产权,也叫 Thermo-Hydrein 技术或自由活塞、可控中高辊技术。

在可控中高辊的固定芯轴上，沿轴向排列有一列活塞[图6-70(a)]，当向活塞充入压力油后，活塞上升抵紧辊筒内壁[图6-70(b)]，可以使辊筒向上挠曲变形。轧辊中部区域分为多个独立的调节区，通过改变不同区域活塞的油压，就可以控制辊筒的弯曲变形量，用于补偿工作期间的受力挠曲。而芯轴则承受辊筒变形的反力，向下挠曲。

(a)

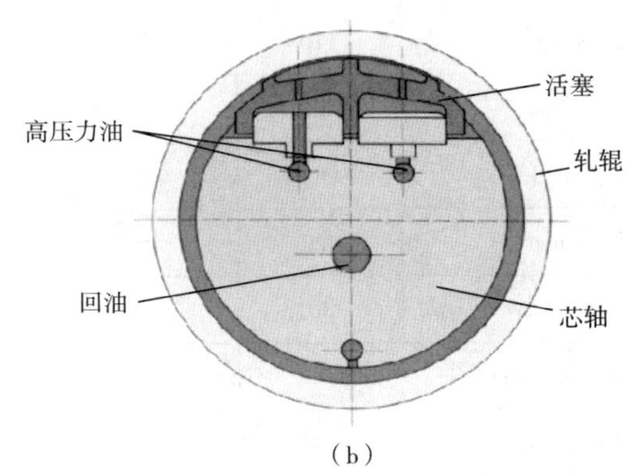

(b)

图6-70 尼普可自由活塞式补偿技术

压力油流从芯轴进入自由活塞下部，并将活塞顶起，使辊筒发生挠曲变形，而辊筒变形所产生的反作用力则由芯轴承受，因而能补偿辊筒在工作时所发生的挠曲变形，使有效幅宽范围内的线压力均匀一致。

油流既提供变形压力，也是传热介质。油流从活塞上部的小孔流出，在支撑元件与辊筒内表面的间隙形成均匀的油膜，避免活塞与辊筒内壁直接接触而发生摩擦、磨损[图6-71(a)]。

热轧机的主轧辊使用尼普可(NIPCO)技术时，在旋转的高弹性轧辊尼龙套内，在主轴上按长度方向配有上下两排加压活塞单元，根据纤网的宽度可任意调节轧点间压力，使轧辊的受压区域刚好与被加工纤网的宽度相对应，而轧辊其他没有纤网覆盖的部位则与上辊脱离接触。芯轴两端最外侧的活塞是反向安装的，因此，轧辊两端还可以反向(向下方)挠曲[图6-71(b)]，使非工作区域的光辊离开花辊，避免接触及发生磨损，以适应加工不同宽度的产品，这是这个机型的重要特点和优势。

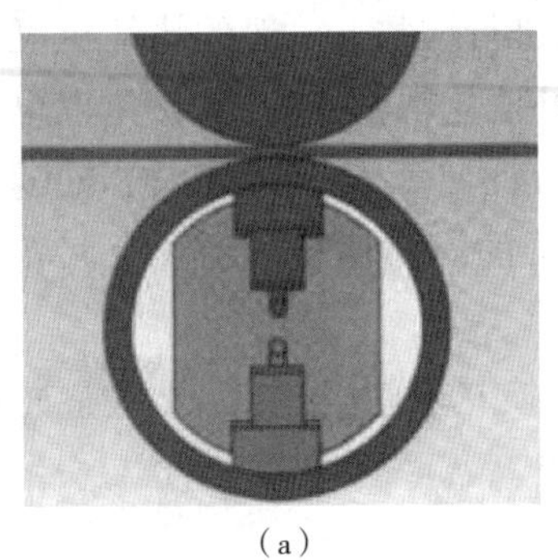
(a)

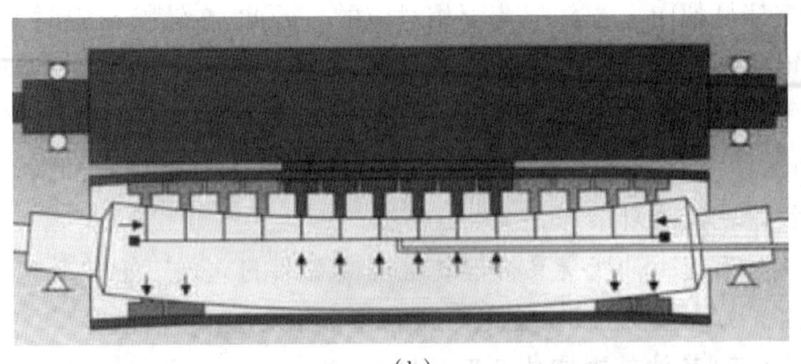
(b)

图6-71 尼普可自由活塞式补偿技术工作原理

尼普可技术的主要优点是轧辊的轧点压力高、轧点的总工作宽度可以调节，并能与纤网的宽度对应，可以避免两侧没有纤网遮盖部分的轧辊相互直接接触，从而防止发生磨损。

由于可以局部调整光辊的变形量，从而可以调节局部区域的线压力，这个特性是其他热轧机不具备的。一般的热轧机，在靠近两端轴承位置的线压力都会较大，上下轧辊容易互相接触而发生磨损。而应用尼普可技术的热轧机，其光辊的下方配置了反向活塞（图 6-72），使辊筒两端可以反向变形，与上辊脱离接触而避免磨损。

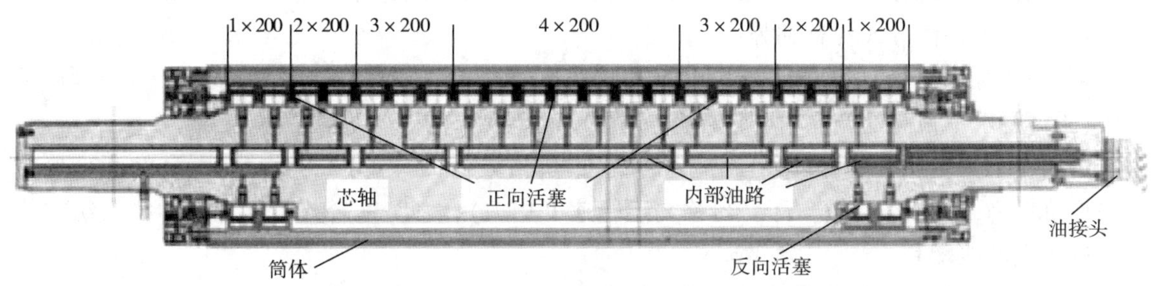

图 6-72　利用尼普可补偿技术的芯轴上的活塞分区

通常情况下，非织造纤网的宽度等于轴向两端最外侧两个活塞的中心距，也就等于辊面有效宽度 W_{OB}-200mm。由于在固定芯轴上沿轴向配置了很多活塞，因此，在芯轴上也加工有众多的导热油通道，并与相应的活塞联通，因此，导热油加热装置也配置有同等数量的导热油输出通道，结构较为复杂（图 6-73）。

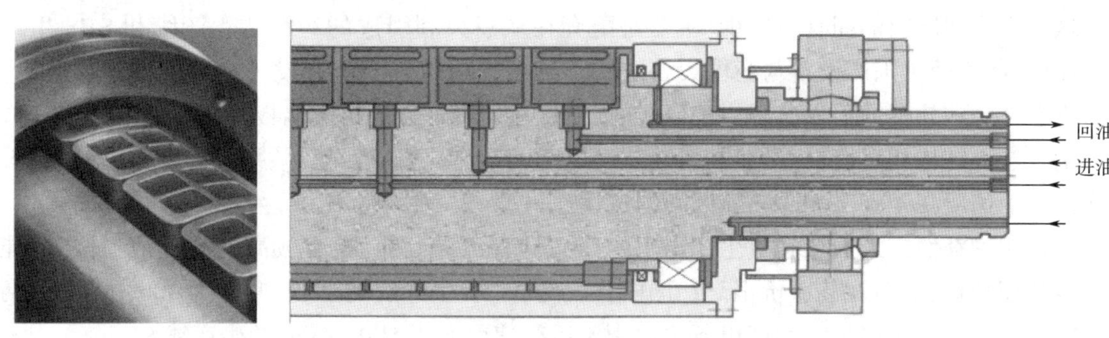

图 6-73　利用尼普可补偿技术的芯轴上的活塞及分区油路

以下是型号为 NipcoTex-HT roll IS-3000 的尼普可热轧机的主要技术参数：

（1）辊面宽度 3000mm。

（2）纤网宽度范围 500～2800mm。

（3）每次对称的辊面宽度调节范围 2×300mm。

（4）全辊面的最大挠曲范围±10mm。

（5）纤网速度 5～50m/min。

（6）线压力 50～400N/mm。

（7）分区数量 9 个（每一个分区的活塞数量 3/3/3/3/5/3/3/3/3）。

（8）反向挠曲区数量为两端各一个（每一个分区有 2 只活塞）。

(9)光辊直径(外套筒外径)530mm。

(10)套筒内直径(内套筒内径)450mm。

对于应用电磁感应加热技术的轧辊,可以采用控制不同区域的温度,使轧辊直径发生人为变形,从而补偿轧辊的挠曲变形,并使全幅宽方向的线压力趋向均匀一致。

(六)不同的轧辊挠曲变形补偿方式比较

采用前四种轧辊挠曲变形补偿方式的热轧机,是国内非织造布行业较为常见的机型,从分析可知,这四种补偿方式各有利弊:

第一种"加大直径+中凸辊"方式由于其结构比较简单、技术要求不高,而且在生产幅宽不太大、质量要求不很高的产品时,其性能还是可以满足要求的。

国内有不少企业有能力设计、制造这种设备,价格较低,如为3.2m生产线配套的两辊热轧机的报价仅为RMB120~170万元(价格与运行速度相关),因此,适合与价格低廉的国产纺粘法非织造布生产线配套。

采用这种补偿方式的热轧机是目前使用量最多的机型,特别是在小幅宽、低速度的生产线及在包装材料、农用材料为主的应用领域有很好的性价比优势。这种机型也是国内较为通用的机型,制造厂家多,每年的产量都在几百台(套)左右。

第二种"中凸辊+轴线交叉"相结合补偿方式,其结构相比第一种要复杂,加上国内还没有形成生产能力,所以造价也较高。

第三种"轧辊外加弯矩"变形补偿技术可以减少全幅宽的线压力差异,性能要比第二种补偿方式好。这种机型比其他引进机型价格低一些,生产出来的产品的质量也比第二种好。

这种机型在国内的拥有量较少,主要是配套在从意大利引进的纺粘法生产线和SMS生产线上使用,造价处于国产设备与德国设备之间。早期国内曾有企业开发过这种机型,其外加力矩的支点不是在轧辊的下方,而是将液压油缸布置在轧辊上方的机架墙板外侧。

由于这种结构相对简单,虽然技术性能稍好于国产热轧机,但运行效果仍有待提高。因此,仅作为一个速度在400~600m/min区间的过渡性机型。

用第四种补偿方式的热轧机生产出来的产品具有优异的品质,有较高的附加值,是高性能生产线的配套首选,但设备造价很高。国内开发的3.2m生产线配套的、速度为300m/min的两辊热轧机已经运行了多年。类似设备主要用于运行速度低于500m/min的生产线。

这一类机型主要用于速度高于400m/min的大型多纺丝系统生产线,但配置在运行速度≥600m/min生产线使用的热轧机,目前基本上还是使用引进的设备。国内近年引进的SMS型生产线基本上都采用了这种热轧技术。

由于热轧机的体积和质量较大(有的机型总质量达40t),是生产线中对安装基础要求较高的一台设备,而且必须考虑更换或维修轧辊时所需的作业空间,及要配套相应的起重吊装设施。

六、热轧机的主要性能指标及通用工作条件

(一)热轧机的主要性能指标

1. 轧辊数量及布置方式

目前,配套在纺粘法非织造布生产线使用的热轧机,有两辊式和三辊式两类,其中绝大多数均为两辊式(图6-74),仅有少量立式三辊热轧机。

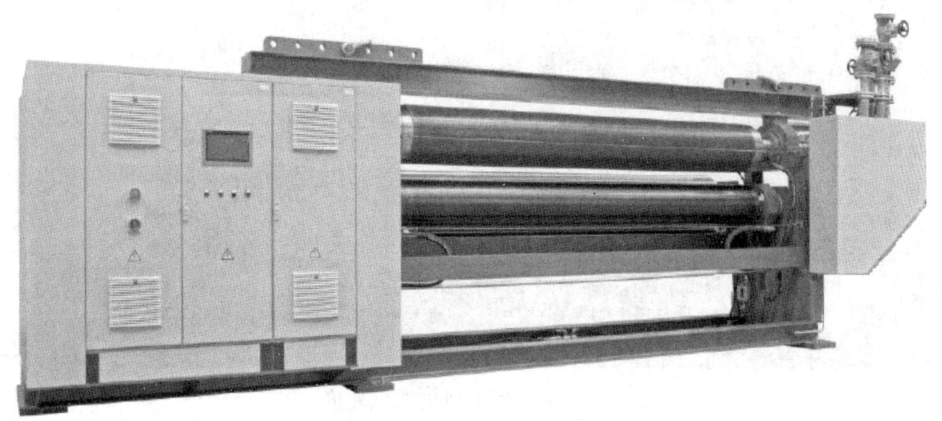

图 6-74　两辊热轧机(光辊在下方)

两辊式热轧机的轧辊都是立式布置,即两只轧辊的轴线是处于同一垂直面上,而一般将花辊布置在上方,将光辊布置在下方。也有个别的机型将花辊布置在下方,而将光辊布置在上方(图 6-75)。

图 6-75　光辊布置在上方、花辊在下方的热轧机

轧辊的布置方式一般与轧辊的挠曲变形方式相关联,还会与刻花点在产品布卷上的位置有关,一种是刻花点的花纹外露在产品上表面,另一种是刻花点的花纹不可见,是产品的光面外露在表面。

值得注意的是,市场上出现了标配型和简配型两种机型,所谓标配就是按常规标准配套齐备的机型,而所谓简配型,有的企业则称为紧凑型,实则为减配型或低配型(图 6-76)。

这种紧凑型设备是在保证产品基本功能的前提下的一种价格较低的机型,通过降低设备配置水平、精度,或减少设备配置来降低制造成本,以满足低端市场要求。因此,这是两种在技术性能及设备配置均存在差异,甚至外形也不一样,购置价格也不同的机型。

随着市场的快速增长,要求企业能对市场需求有较快的反应速度,因此,对于一些生产线数量较少,而又要经常改变花辊(花纹)的企业,配置三辊热轧机的趋势较为明显,以减少停产换辊的时间,提高生产线的运行效率。

对于三辊式热轧机,较常见的设计方案是将两只花辊分别布置在光辊的上、下方,三只轧辊

图 6-76　紧凑型热轧机外形

轴线处于同一垂直平面。这是普通型的立式结构。

轧辊的数量及布置方式决定了热轧机与上、下游设备的衔接方式，如果是普通型三辊立式结构，上游成网机的输出端应能上、下摆动调节（图 6-77），以便在最合理的位置将纤网喂入两只工作轧辊之间。

而在改换使用另一只花辊的同时，生产线必须停止生产运行，把非织造布剪断，改变产品的穿绕路线，包括冷却辊的穿绕路线（图 6-77 右）。如果热轧机是配套使用 S 辊，则还要将其芯轴回转 180°，使其压力腔面对即将投入运行的花辊，及其他一系列设备调整工作。

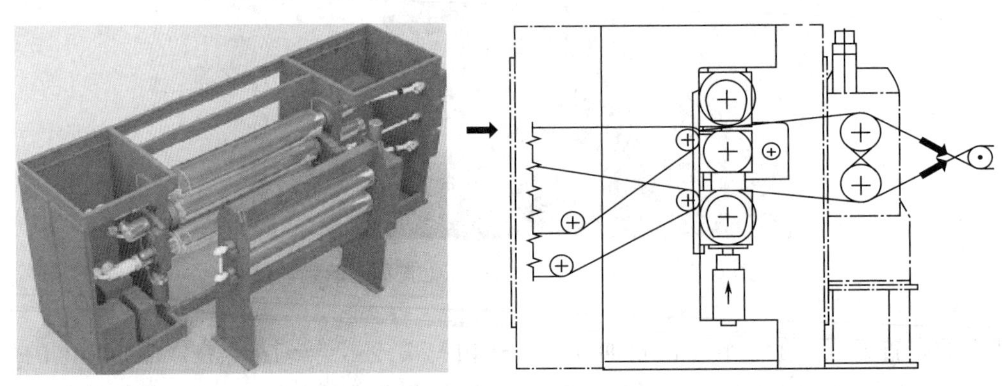

图 6-77　三辊立式热轧机的两种工作方式

三辊热轧机还有将两只花辊均布置在光辊上方的 Y 形快换式结构（图 6-78）。目前，除了曾有两家德国公司（目前仅有一家）曾向我国提供这种机器外，国内也已有多个厂家制造这种设备。在 Y 形三辊热轧机的原型设备中，其下辊是使用可以自动补偿轧辊挠曲变形的 S 辊。目前，国内也有企业将普通的中凸辊作为 Y 形三辊热轧机的下辊；为适应特大幅宽（7000mm）的应用环境，国外曾开发了三只轧辊均为 S 辊的 Y 形三辊热轧机。

由于 Y 形三辊热轧机 S 辊的工作面标高不随花辊而变化，因此，在使用不同的花辊时，成网机的纤网输出端仍可以按固定的标高运行，无须将产品剪断重新穿绕（图 6-79），而待用花辊又可在备用期间（位置）进行预热、升温，因而能在很短时间内（约 15min）完成改用不同花纹花辊的作业。Y 形三辊热轧机的出现，大量缩短了转换花辊的停机时间，极大减少了工作量，也消

图 6-78　Y 形三辊热轧机

除了安全风险。用 Y 形热轧机加工的产品，其刻花点始终是在产品的同一个表面上，可为后续工序提供很大的方便。

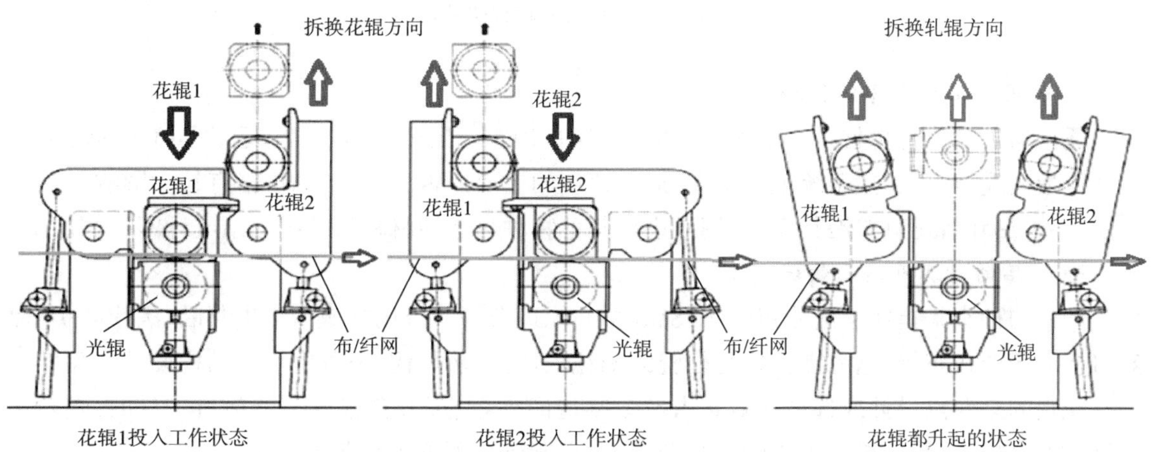

图 6-79　Y 形三辊热轧机的运行状态

在双 Y 形五辊热轧机中，下辊同样是可以自动补偿轧辊挠曲变形的 S 辊，四只都是花纹不一样的花辊，对称分布在下辊上下游两侧，运行时纤网的穿绕路径与普通 Y 形三辊热轧机一样，可以根据工艺要求选用四种不同性能的花辊，而无须将纤网剪断另行穿绕，有更高的运行灵活性。图 6-80 为双 Y 形四辊热轧机的四种运行状态。

图 6-80　双 Y 形四辊热轧机的四种运行状态

意大利的设备制造商开发了一种回转式换花辊技术，两只或三只花辊共同安装在一个可回转的机座上，通过回转机座，就可以选用所需使用的花辊（图6-81），并与布置在下方的光辊配对运行。这种转换花辊方式结构简单，过程快捷，由于两只花辊都是处于待固结纤网的上方，同样在转换花辊时无须剪断纤网重新穿绕产品。

图6-81 回转式换花辊热轧机

2. 适用加工的聚合物材料

适用加工的聚合物材料有聚丙烯（PP）、聚酯（PET）、聚酰胺（PA）、聚乳酸（PLA）等，是决定轧辊最大线压力、加热系统最高温度、运行速度的主要因素，对设备的价格有较大影响。

此外，热轧机还可扩展其功能，用来进行其他特种热塑性材料的纤维固结或纤网整理加工。

3. 产品的种类及应用领域

产品的种类是指纺粘法非织造布、SMS型非织造布等。应用领域为卫生制品、医疗防护、保健、包装、产业用布等，这一点主要与轧辊的刻花点选型、热熔比、布置密度及结构设计有关。

花辊的刻花点设计或选型一般是由设备制造商推荐、买方自选的一个项目。目前，随着产品结构的多样化，热轧机除了必配一只花辊外，可能还会配置多只花辊备用。

4. 产品定量范围

产品定量范围（单位为g/m^2）指所能加工的产品规格，一般在$10 \sim 120g/m^2$，与刻花点的高度、所需的线压力调节范围有关，而刻花点的高度及密度又与许用的最大线压力相关，刻花点的高度还影响产品的蓬松性。在一些特殊应用领域，热轧产品的定量$\geqslant 200g/m^2$。

用普通的热轧机也能加工定量$\geqslant 150g/m^2$的产品，为了将纤网固结，除了使用最高的线压力外，还要使用更高的温度。因此，产品的形态会与常规产品不同，如产品的厚度较大，表面发亮，断裂强力较小，伸长率较大，而且产品仍可以人工剥离分层等。

由于受刻花点高度的限制，产品的厚度并不是与纤网的定量呈线性关系，一般刻花点的最大高度$\leqslant 0.80$mm。因此，即使产品的定量很大，产品的厚度也不会大于此值，但纤网被压实，密度增加，已呈板状了。

纤网（或产品）的定量越小，意味着运行速度越快，对热轧机加工精度、控制性能的要求也越高，对线压力的均匀度要求也越苛刻。

5. 最大工作线压力

最大工作线压力（单位为N/mm或daN/cm）表示轧辊在工作时单位长度上可以达到的最

高压力,热轧机的最大线压力应与产品的定量规格及聚合物原料品种相对应。

一般加工 PP 纤网的机型的设计最大工作线压力在 110N/mm,加工 PET 纤网的机型为 150N/mm,加工特殊材料的机型可达 300N/mm 或更大。

热轧机的线压力与液压系统液压油的压力相关,但这是两个完全不同的概念。线压力同时与支撑油缸的直径和液压油压力、轧辊的自重等因素相关,不同的机型,即使液压油的压力相同,其线压力也不一定一样。

最大线压力是设计热轧机液压系统的重要依据,由系统的硬件配置决定,决定好配置后,最大线压力也就不再改变,也决定了所能加工的产品的最大定量。

但实际允许使用的最大线压力(许用线压力)则与花辊的热熔比相关,热熔比越大,许用的最大线压力也大。因此,热熔比不一样的花辊,许用线压力也是不一样的,否则容易使花辊的刻花点受损。

6. 加工能力(产量)

加工能力也常称为质量流量(单位为 kg/h),与产品的幅宽、定量规格、加工的材料种类、运行速度有关。产品的幅宽越宽、定量规格越大、材料的密度越高、运行速度越快,加工能力也就越大。

加工能力直接与轧辊驱动功率、加热功率有关,加工能力越大,所配置的功率也要越大,这也是现代的热轧机装机容量要比早期设备大很多的一个原因。

生产小定量的薄型产品时,速度是决定加工能力的主要因素。因此,以生产薄型产品为主的生产线,都需要有较高的速度。但这并不是必然的,当生产大定量的厚型产品时,并不需要很高的速度,却也会有很高的产量。

7. 工作面宽度

工作面宽度(单位为 mm)表示可加工的产品最大宽度,一般是指花辊表面有刻花点的圆柱面轴向宽度。工作面宽度与生产线的名义规格相对应,还与运行速度相关,要根据进入端的纤网宽度而定,一般比成网机的最大铺网宽度还要大 100mm 以上。

在产品幅宽相同的情形下,不同的生产线,运行速度越高,要求纺丝系统的铺(成)网宽度也越宽,轧辊的工作面宽度也要越宽。但在同一条生产线上,其铺网宽度在低速的启动阶段最大,此时所有的纤网应在轧辊的有效工作宽度内。

目前,国内使用的热轧机轧辊的最大工作面宽度≥7000mm。

8. 最高工作温度

最高工作温度(单位为℃)表示加热系统可以达到的最高温度,与所加工产品材料的熔点相关,还与运行速度及生产能力有关。加工 PP 材料的常用温度在 170~200℃,加工 PET 材料的温度在 250~300℃。材料的熔点越高、运行速度越快,工作温度也越高。

热轧机的轧辊结构与工作温度有很大的关联,当与其配套使用的光辊用能自动补偿挠曲变形的 S 辊时,如果轴承是安装在 S 辊的辊筒内部,则运行温度会较低(≤200℃);而运行温度较高(>200℃)的机型,其 S 辊轴承是安装在其辊筒外部,以降低轴承的运行温度,结构就较长。因此,设备的轴向外型尺寸也有明显的差异。

运行温度不同,制造轧辊的材料性能也不一样,温度越高,要求金属材料就需要有更好的高温性能。

9. 运行速度

运行速度(单位为 m/min)有设计速度(或机械速度)与工艺速度之分。设计速度是指按机械传动原理计算的速度,也是设备理论上可能达到的最高速度,有时设备会预留后期改型、升速的空间,其设计速度会较高。而工艺速度则表示可供实际使用的最高速度,一般为设计速度的90%左右,并不得低于所配置的生产线运行速度。运行速度应能在成网机速度的90%~110%范围内连续、平稳地调整。

由于不同聚合物的热力学性能差异,同一机型的热轧机,加工不同材质的纤网时,所能达到的最高生产速度是不同的,主要与成网机的运行速度有关。运行速度与设备的制造精度、机架结构、传动功率配置、加热功率配置相关联,对设备的价格也有较大的影响。

使用 PP 原料的生产线可以有多个纺丝系统,因此在生产较薄的小定量产品时有较高的速度,因此,加工 PP 产品时热轧机的最高运行速度≥1200m/min;但用于加工 PET 类产品时,生产线往往仅有一个或两个纺丝系统,因此,运行速度较慢,最高运行速度仅在 400m/min 左右。因此,热轧机的运行速度是与加工的聚合物种类有关的。

运行速度还与轧辊内部加热油路结构有关。当速度提高后,要求能更快地反应温度的变化,如在速度 300m/min 时,轧辊可以采用较简单的一次回流油路,油路布置在轧辊空腔与中空内胆之间。当速度≥300m/min 时,轧辊主要采用较复杂的圆周钻孔回流油路,油路布置在紧靠工作面的圆周筒壁内。

10. 轧辊变形补偿方式

这是评价热轧机性能的一项重要的技术指标。轧辊变形补偿方式有多种,与幅宽、轧辊直径、线压力大小、运行速度等因素有关。无论采用哪一种补偿方式,其最终目的都是保证在生产额定定量范围内的各种规格产品时,在全幅宽线压力的均匀性。

目前国内使用的热轧机轧辊变形补偿方式主要有以下几种:

(1)加大轧辊直径补偿轧辊挠曲变形,这种方式主要用于要求不高、幅宽≤1800mm 的热轧机。

(2)中凸辊+轴线交叉补偿轧辊挠曲变形,这种方式主要用于产品质量要求不高、运行速度≤300m/min 的热轧机,这是国内用量较多的一个机型。

(3)外加弯矩+中凸辊补偿轧辊挠曲变形,这种方式主要用于要求较高,运行速度≤500m/min 的热轧机,主要配置在意大利引进的生产线,国内曾有制造过,目前已应用不多。

(4)浮动辊(S 辊)自动补偿轧辊挠曲变形,这种方式可用于各种速度、幅宽的生产线,其补偿效果较好,是目前国际上的主流机型,最高运行速度 1200m/min,产品最小定量 8g/m^2,国内已有多家企业制造这个机型的热轧机,发展前景良好。

11. 冷却装置

在纺粘法非织造布生产线使用的热轧机上,产品冷却系统是标准配置设备,以便对已固结好的非织造布实施可控的冷却。冷却系统的温度、冷却速率对产品的强力、手感,CD 方向的幅宽都有一定的影响。冷却系统一般与轧辊安装在同一机座墙板上(图 6-82)。

冷却辊的直径一般只有 250~350mm,比热轧机的轧辊直径小。在相同的线速度下,冷却辊的转动角速度要比轧辊高很多。因此,与其配套的冷却水旋转接头的故障率会较高,其中的密封件较容易磨损及损坏。

图 6-82　热轧机的两只冷却辊

随着运行速度的提高,为了避免冷却辊高速运行时产生的震动,影响热轧机正常工作,一些高速机型的冷却装置有与轧辊的机座墙板分离、独立安装的趋势(图 6-83)。

图 6-83　冷却辊系统与主机分离基座互相分离

每一台热轧机的冷却系统都配置有两只冷却辊,而且两只冷却辊的转动方向是相反的。冷却辊一般均为主动式,并与轧辊的速度保持同步。

如果驱动装置故障,冷却辊将变成由非织造布拖动的被动状态运行,并产生很大的牵引张力,导致产品发生严重的缩幅,甚至将小定量的轻薄型产品扯断。

12. 轧辊驱动方式

驱动方式对热轧机的性能有很大影响,热轧机的轧辊有多种驱动方式。驱动电动机有直流电动机和交流电动机两类,目前已普遍采用交流变频调速电动机驱动,大大提高了设备可靠性,简化了维护工作要求,降低了设备价格和运行费用。

(1)单电动机驱动。单电动机驱动,即仅使用一台电动机驱动两只轧辊与冷却辊,这是一些低端机型使用的驱动方式,而在高端、高速机型则很少使用。

为了补偿上下轧辊间的表面线速度差,电动机与两只轧辊减速机之间,必须有一只要使用摩擦传动件,如 V 形带驱动(也有尝试使用超越离合器)。当存在较大的速度差时,V 形带与带轮间会发生打滑,减少轧辊间的速度差,可避免轧辊产生太大的磨损。

在 2017 年前后,由于中国巨大的热轧机需求,市场出现了一种花辊无动力配置,依靠光辊摩擦传动的所谓低配型热轧机,其实质就是单电动机驱动。为了使花辊与光辊分离后还能保持转动，仅配置了一台功率约 1.5kW 的小电动机通过一个超越离合器与花辊连接，在与光辊分离状态，花辊便是这个电动机要驱动的负载，使花辊保持低速自转。而在正常运行状态，花辊仅依靠与光辊接触后的摩擦力驱动。为防止这个小电动机在热轧机正常运行时超速运转，便利用这个超越离合器使其相互分离。值得注意的是，这种机型可能仅在中国市场才大量出现。

(2)双电动机驱动。双电动机驱动，即使用一台电动机用于驱动热轧机的下辊，另一台电机驱动热轧机的上辊与冷却辊；或使用一台功率较大的电动机驱动热轧机的上辊和下辊，另一台功率较小的电动机驱动冷却辊。

(3)多电动机驱动。多电动机驱动，即每一只轧辊配用一台功率较大电动机，另用一台功率较小的电动机驱动冷却辊。这是目前热轧机的主流驱动方式，也是多辊热轧机常用的驱动方式。

近年来，热轧机的轧辊又出现了一种驱动方式，即轧机的光辊用一台功率较大(如 75kW)的主电动机驱动，靠与花辊接触后的摩擦力驱动，而这个摩擦力又与线压力的大小相关。而花辊仅配置一台功率较小(如 1.5kW)的电动机，用于在与光辊分离后，驱动花辊低速旋转(图 6-84)，在花辊的驱动装置与花辊之间配置有一个超越离合器，当花辊被光辊带动的速度比这个小电动机的速度更快时，花辊的驱动装置就自动与花辊分离，防止驱动装置发生超速而损坏。这个方案已在引进的 Y 形热轧机上出现多年。

图 6-84　三辊轧机的驱动光辊的大电动机与驱动花辊的小电动机

电动机与减速机的高速输入轴之间，有带传动及联轴器直联型驱动两种，而减速机的低速输出轴与轧辊之间一般都是使用万向轴传动。

(二)热轧机的通用工作条件

1. 环境

车间环境温度 20~40℃(24h 内的平均温度<35℃)，最大湿度 75%。

2. 供电

三相四线，400V(±10%)，230V(±10%)，50Hz(±2%)；优先选用 TN-S+N+PE 三相五线系统。

3. 压缩空气

(1)一般工业用气。压力 6~8bar，露点-10℃，含油量≤25mg/m^3，过滤器精度 50μm。

(2)仪表用压缩空气。压力 6~7bar,露点-20℃,含油量≤$1mg/m^3$,过滤器精度 1μm。

4. 冷却水

温度 15~25℃(≤18℃),压力 2.5~3.5bar,pH 值 7~9。

热轧机的冷却水消耗量与机型有关,各系统耗用的冷却水量一般如下:冷却辊系统 $9m^3/h$,导热油冷却系统 $6m^3/h$,润滑油冷却系统 $2m^3/h$,液压油冷却系统 $0.5m^3/h$。

第三节　针刺固结

一、针刺固结工艺与设备

用针刺方法固结纤网是一种较为成熟的非织造技术(图 6-85),原来多用于加工短纤维梳理成网的产品。近年来,也开始在纺粘法非织造布生产中应用,主要是用于加工定量规格较大的产品。

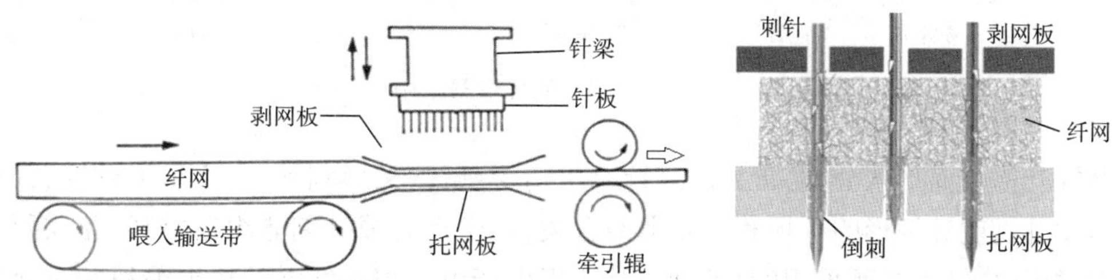

图 6-85　针刺固结工艺原理图

目前,针刺加固的产品定量范围在 $80\sim200g/m^2$ 以上,主要用于厚型产品加工。由于受针刺频率和植针密度的限制(密度在 3000 枚/m 以上),针刺机的走布速度都在 200m/min 以下(一般<10m/min),而纺粘法成网系统在生产小定量的纤网时速度较高。因此,针刺机无法与高速的(200~600m/min)生产线成网机相配合。

在针刺机的针板上装有很多三角形截面或其他形状截面的带钩刺的刺针(英文 Stinger,在本章内容中会用"S"表示"针"),在针梁的带动下,刺针对蓬松的纤网进行反复穿刺,刺针刺入纤网时,钩刺将纤网表面及局部的芯部纤维强迫刺入内部,刺针上的钩刺在刺针往复运动时带着纤维上下反复运动,从而达到将纤网加固的目的。由于纤维间的牵拉和摩擦,原来蓬松的纤网被压缩。当刺针从纤网中退出时,被挤入纤网中的纤维束脱离钩刺而留在纤网中。

利用带钩刺的刺针对纤网进行反复的穿刺,使部分纤维互相缠结,不能恢复原来的蓬松状态,纤网便得到有效的固结,从而形成具有一定强力和厚度的非织造布。在一些针刺密度较低的产品上,可以看到刺针加工后留下的针孔(图 6-86)。

刺针是实现针刺功能、执行针刺动作的零件,刺针包括针叶、针腰和针柄三部分,三部分的规格分别以针叶号、针腰号和针柄号来表示。生产中经常提到的针号指的是针叶号,针号越大,表示刺针越细,刺针强度越低,加工时刺针越容易断裂。

刺针的选择非常关键,一般需要考虑刺针的针号和针形。要根据纤维特性(纤维细度、短纤维还是连续纤维),产品的性能要求以及针刺工艺来选择针号。针号常用两位数字表示,数字越大,刺针则越细。对于较细的纤维,可选用针号较大的刺针,当纤维较粗时,一般要选用较小针号的刺针。纺粘法纤网的纤维是连续纤维,阻力较大,一般要选用较小针号,也就是较粗的刺针。

图 6-86　针刺固结的纤网

刺针的形式有很多,图 6-87 为刺针的一种基本结构形式,刺针的结构及规格与被加工的纤网用途有关,要根据所加工纤维的特性或产品的不同用途来选择刺针及配置针刺机。

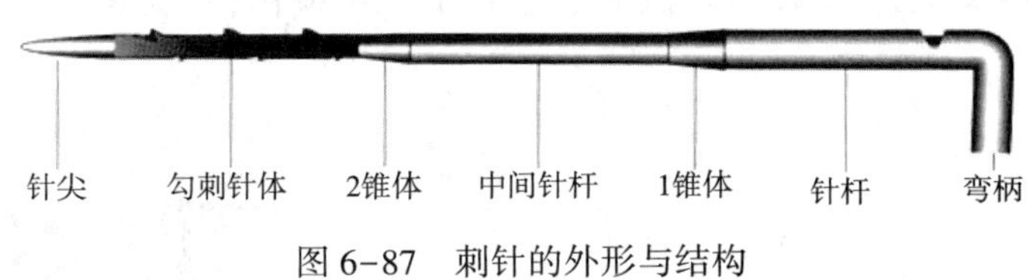

图 6-87　刺针的外形与结构

按照针叶横截面形状分类,常见的刺针有三角形刺针、叉形刺针、十字星形刺针、锥形刺针和水滴形刺针。刺针针形的选择和产品类型有关,如生产起绒针刺非织造材料、花纹及毛圈针刺非织造材料时,针刺机所采用的是叉形刺针;当生产由机织物增强的造纸毛毯和过滤针刺非织造材料时,则通常采用水滴形刺针,以减轻对机织物增强材料的损伤。图 6-88 是刺针的钩刺部位结构和一些常用刺针。

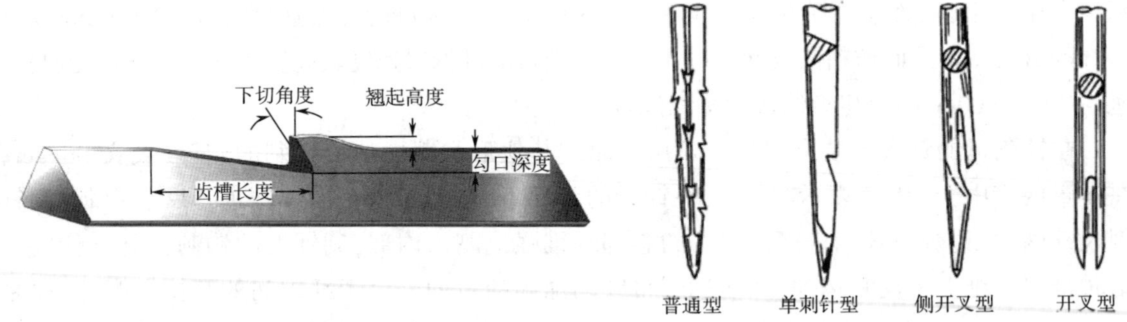

图 6-88　刺针的钩刺部位结构和各式刺针

三角形刺针是较为广泛应用的一个针型,生产大多数针刺非织造材料时都可采用。锥形刺针较相同针号的三角形刺针强度更高,不容易断针,所以可在生产大定量规格纤网及高强度纤维材料时采用。

目前,国外已有性能较高的设备,如德国 DILO 公司的 DI-LOOMHSC 型针刺机的最高频率已超过 3500 次/min,最高走布速度可达 50m/min(图 6-89)。

在实际生产过程中,往往需要几台不同方式的针刺机共同配合,才能将纤网固结好。由于在针刺过程中,长纤维被刺断的概率较高,对产品的强力有影响。与梳理成网的短纤维纤网不

图 6-89　DILO 公司的针刺机(幅宽 4m)

同,在纺粘针刺生产线中,配置的针刺机数量不能太多,以免大量纤维被刺断,导致产品强力下降。

在加工连续的纺粘纤网时,负荷较重,或在长期的运行过程中,会不可避免地出现断针现象。如果产品是用于与人体接触的领域,混在产品中的金属断针将是一个严重的安全隐患。因此,在生产流程中要增设断针检测工序。

目前,国内有相当数量的中厚型纺粘法非织造布生产线,其中主要是 PET 土工布生产线,也有部分是 PP 土工布生产线,都是采用针刺固结工艺。

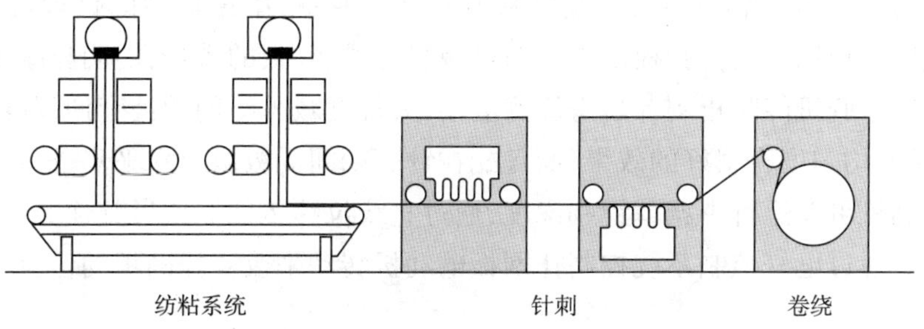

图 6-90　纺粘/针刺生产线示意图

当纺粘纤网用针刺方法固结时,其设备配置方案如图 6-90 所示,这是一般纺粘针刺非织造布生产线的典型配置,配置两台针刺机,其中一台为上刺式(刺针从纤网的上方往下刺),另一台为下刺式(刺针从纤网的下方往上刺)。

二、针刺机的结构

由于用途不同及加工对象不一样,针刺机有很多种类,但其结构基本上都包括如下几个部分:

(一)机架

机架是针刺机的结构基础,包括针刺机构在内的其他系统都是安装在机架上,而机架则放置在地面的基础上。

针刺机底座部分与地面的设备基础之间,通常会放置一种外层是橡胶、内部为钢板的减震垫,将针刺机底座的中部及四个角支撑起来,以减轻针刺机上下运动对地面的冲击。

(二)入网机构

将待加工的纤网送(喂)入针刺机,一般为连续喂料,对特殊的低针刺频率(≤400 次/min)机型,应采用间歇、步进方式送进。

预针刺机的剥网板与托网板之间的距离较大,剥网板在入口处呈倾斜状,配有导网装置

(导网条或导网帘),有利于压持着蓬松纤网喂入预刺机。

在针刺机的诸多入网机构中,一些制造商都有独特的喂入系统,如德国DILO公司的CBF机构,欧瑞康—纽马格菲勒公司的编织出网带(RDF)、平板出网带(FFS)、直接输送系统(DFS)等。

(三)牵拉机构

牵拉机构通常采用双罗拉辊夹持式牵拉,双罗拉辊在电动机减速机的驱动下进行转动,上罗拉辊在气缸的作用下将两辊之间的纤网压紧。通过双罗拉辊的主动牵引将纤网牵引出来,并且牵引辊速度变频可调,一方面可以根据不同的生产工艺调整纤网的牵伸系数,另一方面也可以根据产能来调整纤网输出速度。牵引已经过针刺的纤网,将其从针刺区牵引出来。

(四)针刺机构

针刺机构是针刺机的核心,利用针刺机构的动作对纤网进行固结。

针刺机构一般包括:主传动装置(主轴、偏心轮、连杆、导杆、针梁、针板、刺针等),平衡机构(飞轮、平衡块等),托网装置,剥网装置等,另外还包括电气控制系统。

高速机型的针板用镁铝等轻质合金材料或碳纤维制造,中速机型的针板用铝合金材料制造,对低速机型,针板用环氧树脂板制造。通过减轻针梁、针板的重量,能明显减少冲击和振动。

椭圆形轨迹针刺机能防止刺针阻碍纤网运动,大幅度减少纤网的被牵伸程度和减少针孔痕迹,对提高产品的均匀度有很好的效果,而且能在针刺期间无级调节水平步进量。

最新的针刺机可在运行中调节针刺深度,通过直线位移传感器或者其他类型传感器来测出实际针刺深度。通过电气控制系统控制托网板电动机转动来改变托网板的位置,从而改变针刺深度。

(五)传动机构

传动机构为针刺过程提供动力,包括电动机、减速机等,一般采用交流变频调速。

(六)附属装置

为针刺机的正常运行或工艺调节提供保障的装置,如升降装置、润滑装置等。

三、针刺机的主要性能指标

(一)适于加工的纤维材料

用针刺机可以加工聚丙烯(PP)、聚酯(PET)、聚酰胺(PA)、黏胶纤维、天然纤维、碳纤维、玻璃纤维、高性能纤维(如芳纶、PPS、不锈钢、聚四氟乙烯、聚酰亚胺)等,但用于加工纺粘法纤网时,主要是聚丙烯(PP)、聚酯(PET)两种。

(二)产品使用领域

产品可使用在卫生、防护、保健和产业用布等领域。

(三)产品定量范围

产品定量范围(单位为g/m^2)指所能加工的产品规格,因为针刺非织造布的定量规格越小,纺丝过程越困难,产品的均匀度较差,生产效率也越低。所以,针刺产品的定量规格都较大,一般在80~200g/m^2或更大,而产品的最小定量约为18g/m^2。目前,国外已能在纤网输送速度高达100m/min的工况下,加工30g/m^2的设备。

(四)加工能力(产量)

加工能力(单位为 kg/h)与产品幅宽、加工的材料种类及运行速度有关。

(五)工作面宽度

工作面宽度(单位为 mm)表示可加工的产品最大宽度,与生产线的名义规格相对应,并与运行速度相关,一般要比成网宽度大,目前,国内外的纺粘法生产线的最大幅宽为 7200mm。常用针刺机的幅宽范围在 700~5600mm,最大工作面宽度可达 16000mm。

在非织造纤网的针刺固结过程中,随着针刺道数的增加和针刺机之间的正牵伸,纤网会出现明显幅宽收缩(缩幅)现象,纤网的纤维越细,幅宽收缩就会越严重。在加工短纤维纤网时,由于可能要经历 5~8 道针刺过程,经过针刺后,原来最大宽度为 3600mm 的纤网最后可能会收缩至 3100mm。

虽然在加工纺粘法纤网时所使用的针刺道数会较少,但同样也会存在这种缩幅现象,而且在 MD 方向也会受到针刺过程中刺针的牵拉作用。

针刺机的购置价格与幅宽及速度呈线性关系,幅宽越大,造价也会越高。

(六)走布运行速度

走布运行速度(单位为 m/min)表示生产线可以使用的最高速度,目前的走步运行速度已高于 100m/min,如 DILO 公司的 DI-LOOMHSC 型针刺机的最高走布速度可达 150m/min;DILO 公司的 Hyperlacing 技术采用新型动力学原理,使针板和针梁以圆形轨迹运动,生产速度超过 110m/min。

(七)针刺频率

针刺频率(单位为刺/min)是针刺机技术水平的重要标志,是指刺针每分钟的往复运动次数。频率越高,产品的质量越好,机器的技术水平也越高。首先,针刺频率与动程大小相关,动程大的针刺机,频率会较低。其次,与针刺机的加工对象有关,如预针刺机的针刺频率较低,而主针刺机的针刺频率较高,针刺动程较小。

目前,针刺机的针刺频率一般在 800~1500 刺/min。我国已开发出针刺频率 1800 刺/min 的机型,德国 DILO 公司已有频率达到 3500 刺/min 的机型。

同样幅宽的针刺机,其购置价格与针刺频率正相关,针刺频率越高,价格也越高。

(八)植针密度

植针密度(单位为枚/m)是指沿产品的 CD 方向,针板每 1m 长度中的刺针数量,对针刺机的运行载荷有较大影响,在一定范围内,植针密度越大,产品的强力也越高。但当纤网达到一定密度后,再增加针刺密度只会使纤维过度损伤,甚至发生断针,反而使强度降低。

纤网进入预针刺机时,仍处于非常蓬松的状态,纤维间的相互作用力较小,在加固过程中纤网结构易遭到破坏,预针刺机可以使纤维产生一定程度的缠结加固,可以获得一定的初始纤网强力。

预针刺机的针板植针密度较小,刺针较长较粗,一般为 1000~4000 枚/m。主刺针刺机一般配置 4000~8000 枚/m,双针板针刺机则达到 8000~16000 枚/m。

DILO 公司的 Hyperlacing 针刺机,植针密度为 20000 枚/m,最新的 Micropunch 针刺机达 45000 枚/m。

(九)针刺密度

针刺密度(单位为刺/cm^2)是指纤网单位面积上被针刺的次数,对产品的固结效果,质量都有很大影响。针刺密度与植针密度是两个不同的概念，前者是指纤网被针刺的次数，是一个随运行工艺而变化的工艺参数，后者则是针板的设计技术指标，对一块特定的针板则是固定不变的。

一般情形下，针刺密度越高，产品的强力也越大。但当针刺密度达到一定值后，纤网的密度已经很高，再增加针刺密度的效果不大，不仅容易断针，而且纤网中的纤维受损增多，强力反而下降。预针刺机的针刺密度较小，而主针刺机针板的针刺密度较大。

针刺密度与植针密度、针刺频率、走布速度有关。

$$D_n = N\frac{n}{10000V}$$

式中：D_n——针刺密度，刺/cm^2；

N——植针密度，枚/m；

n——针刺频率，次/min；

V——走布运行速度，m/min。

（十）针刺动程

针刺动程（单位为 mm）是指刺针在最高点到最低点之间的最大位移行程，其值等于主传动装置曲轴偏心距的两倍，是针刺机的一项非常重要的参数。其与加工的纤网厚度、针刺频率及布针密度相关，动程大，可加工的纤网也越厚，或适用高密度针刺，但针刺频率会较低。纤网定量规格越大，要求动程也越大，一般常规机型的针刺动程在 30~70mm。

预针刺机是对蓬松的纤网进行初次针刺，以便形成初始的结合强度，由于纤网的厚度较大，为防止出现拥塞，预针刺机的动程都较大，而主针刺机的动程都较小。在加工短纤维梳理成网的纤网时，动程在 50~70mm，而纺粘法纤网的厚度较小，加工纺粘法纤网的针刺机动程在 25~45mm。

（十一）针刺深度

针刺深度（单位为 mm）是指刺针的针尖穿过托网板后，与托网板上表面的距离，是针刺工艺的一个重要参数，对产品的强力和刺针的安全性有很大影响。

适当的针刺深度可以增加刺钩带动纤维的移动距离、加强纤维间的抱合缠结，可以提高产品的强力，但太大的针刺深度会使纤维受到太大的损伤，强力反而会降低，而且会增加设备负荷，容易发生断针。

一般情形下，对较粗的纤维、定量较大的纤网或厚度较大的纤网，要有较大的针刺深度。预针刺机的针刺深度较大，刺针较粗、较长，而主针刺机的针刺深度较小，刺针较细、较短。

（十二）针板布置方式

1. 按针刺方向分

按针刺方向可分为：垂直刺、斜向刺；下刺、上刺（图 6-91）。

2. 按相互运动方向分

按相互运动方向可分为正对刺、异位对刺、同位对刺等多种方式。

3. 按针板数量分

按针板数量可分为单针板、双针板、多针板等（图 6-92）。

各种不同形式的针刺机如图 6-93 所示。

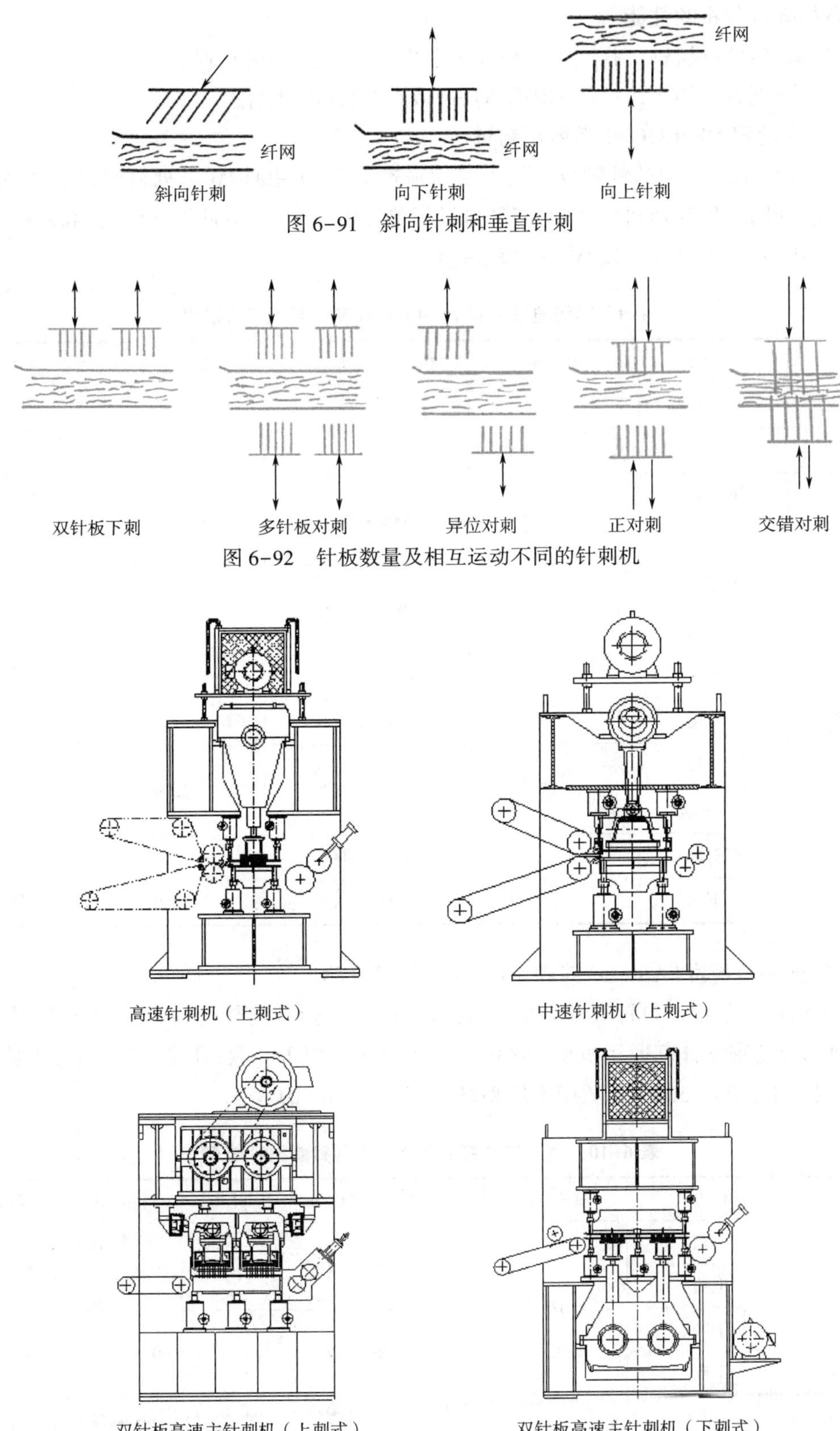

图 6-91　斜向针刺和垂直针刺

图 6-92　针板数量及相互运动不同的针刺机

图 6-93　不同形式的针刺机

四、各品牌针刺机的性能

从国外引进针刺设备后，我国不少企业也开发了这一类型的产品，其技术水平已经有了重大进展，下面是现有适用于纺粘纤网固结的一些针刺机性能介绍。

（一）德国迪罗 DI-LOOM 系列针刺机

目前，德国 DILO 公司的针刺技术处于国际领先水平，DI-LOOM 系列针刺机是迪罗公司的主流产品，有纤网的预针刺和主针刺，产品包括了单针板上刺式、单针板下刺式；双针板上刺式、双针板下刺式；对刺式、异位对刺式等（表 6-9）。

表 6-9 德国迪罗公司 DI-LOOM 系列针刺机性能表

<table>
<tr><th>型号</th><th>针刺方式</th><th>幅宽（m）</th><th>植针密度（枚/m）</th><th>针刺频率（刺/min）</th><th>动程（mm）</th></tr>
<tr><td>OD-1</td><td>上刺</td><td rowspan="2">1.5~7.5</td><td rowspan="2">2000~5000</td><td rowspan="2">1200</td><td rowspan="2">40/50/60</td></tr>
<tr><td>UD-1</td><td>下刺</td></tr>
<tr><td>OD-Ⅱ</td><td>双下刺</td><td rowspan="2">1.5~7.5</td><td rowspan="2">4000~10000</td><td rowspan="2">1200</td><td rowspan="2">40/50/60</td></tr>
<tr><td>UD-Ⅱ</td><td>双上刺</td></tr>
<tr><td>OD-ⅡS</td><td>双下刺</td><td rowspan="2">2.5~6.0</td><td rowspan="2">4000~10000</td><td rowspan="2">1200</td><td rowspan="2">25~60</td></tr>
<tr><td>UD-ⅡS</td><td>双上刺</td></tr>
<tr><td>OUG-Ⅰ</td><td>对刺</td><td rowspan="2">1.5~7.5</td><td>4000~10000</td><td rowspan="2">1200</td><td rowspan="2">60</td></tr>
<tr><td>OUG-Ⅱ</td><td>双对刺</td><td>8000~20000</td></tr>
<tr><td>OU-Ⅱ</td><td>异位对刺</td><td rowspan="2">1.5~7.5</td><td rowspan="2">4000~10000</td><td rowspan="2">1200</td><td rowspan="2">40/50/60</td></tr>
<tr><td>UO-Ⅱ</td><td>异位对刺</td></tr>
<tr><td>UOG-ⅡS</td><td>双对刺</td><td rowspan="2">2.5~6.0</td><td>5000~30000</td><td>1500</td><td>60</td></tr>
<tr><td>OD-ⅡSC</td><td>双下刺</td><td>4000~15000</td><td>3000</td><td>25~60</td></tr>
</table>

（二）恒天—奥特发（Autefa）菲勒（Fehrer）公司产品

菲勒公司产品包括了单针板针刺机、多针板针刺机、提花针刺机、特种针刺机等，其中 9/S、9/RS 是预刺与高密度针刺通用机型；2000/S、2000/RS 可用于高频、高速工况，适用于特种纤网与纺粘纤网加工；3000、3000/R 适用于纺粘纤网加工（表 6-10）。

表 6-10 用于纺粘纤网的 NL 系列针刺机性能表

<table>
<tr><th>型号</th><th>针刺方式</th><th>幅宽（m）</th><th>植针密度（枚/m）</th><th>针刺频率（刺/min）</th><th>动程（mm）</th></tr>
<tr><td>9/S</td><td>下刺</td><td rowspan="4">1.0/8.1</td><td rowspan="2">1500~7500</td><td rowspan="2">1800</td><td rowspan="2">30~70</td></tr>
<tr><td>9/RS</td><td>上刺</td></tr>
<tr><td>2000/S</td><td>下刺</td><td rowspan="2">2000~7500</td><td rowspan="2">2300</td><td rowspan="2">30~60</td></tr>
<tr><td>2000/RS</td><td>上刺</td></tr>
<tr><td>3000</td><td>下刺</td><td rowspan="2">0.7/6.2</td><td rowspan="2">5000</td><td rowspan="2">3050</td><td rowspan="2">25~45</td></tr>
<tr><td>3000/R</td><td>上刺</td></tr>
</table>

(三)用于纺粘法纤网固结的国产针刺机

图 6-94 为用于纺粘法纤网固结的国产针刺机。

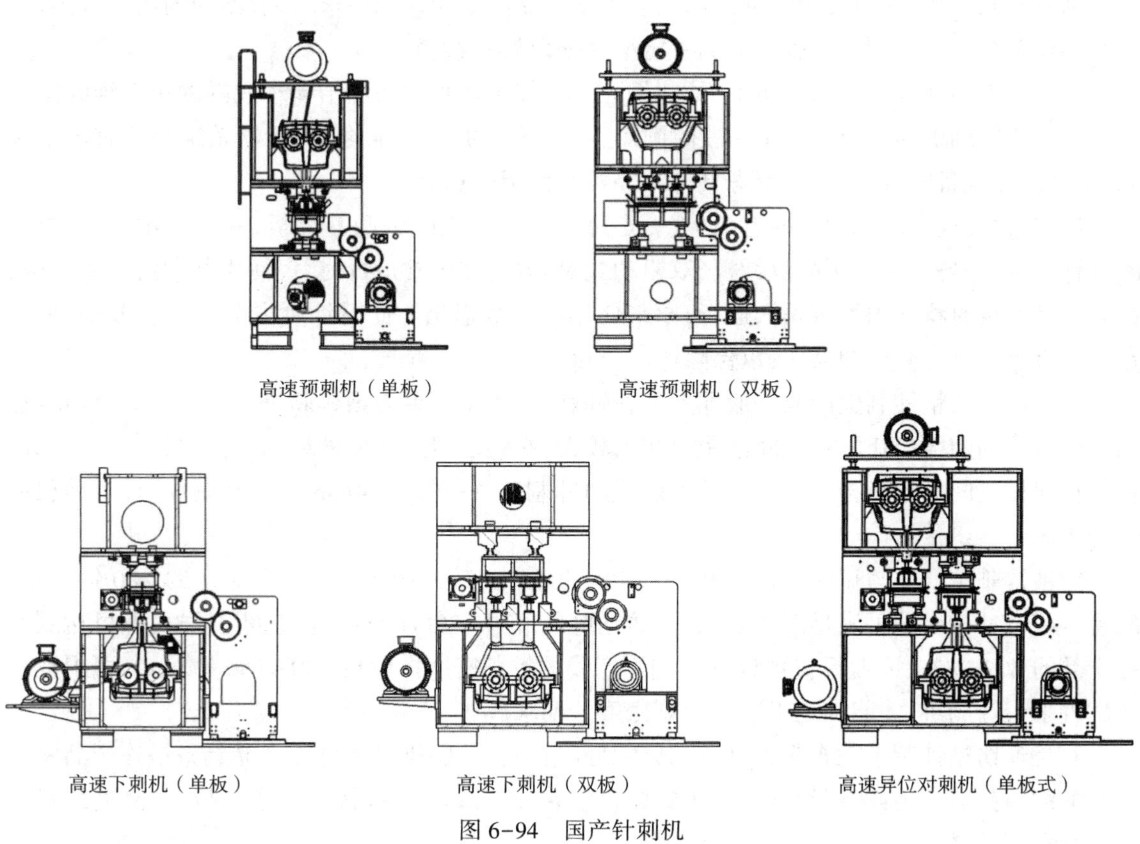

高速预刺机（单板）　高速预刺机（双板）

高速下刺机（单板）　高速下刺机（双板）　高速异位对刺机（单板式）

图 6-94　国产针刺机

国产针刺机包括单针板针刺机、多针板针刺机、提花针刺机、起绒针刺机、特种针刺机等。纺粘用针刺机目前采用双针板较多,适用于纺粘法纤网固结的国产针刺机性能见表 6-11。

表 6-11　适用于纺粘纤网的国产针刺机性能表

<table>
<tr><th>型号</th><th>针刺方式</th><th>幅宽(m)</th><th>植针密度(枚/m)</th><th>针刺频率(刺/min)</th><th>动程(mm)</th></tr>
<tr><td>YZ400YD</td><td>单板上刺</td><td rowspan="4">2.5/7.4</td><td rowspan="2">1500~8000</td><td rowspan="2">1800</td><td rowspan="2">25~45</td></tr>
<tr><td>YZ400XD</td><td>单板下刺</td></tr>
<tr><td>YZ740YD</td><td>单板上刺</td><td rowspan="2">1500~8000</td><td rowspan="2">1800</td><td rowspan="2">25~45</td></tr>
<tr><td>YZ740XD</td><td>单板下刺</td></tr>
<tr><td>YZ400YE</td><td>双板上刺</td><td rowspan="4">2.5/7.4</td><td rowspan="2">1500~8000</td><td rowspan="2">1800</td><td rowspan="2">25~45</td></tr>
<tr><td>YZ400XE</td><td>双板下刺</td></tr>
<tr><td>YZ740YE</td><td>双板上刺</td><td rowspan="2">1500~8000</td><td rowspan="2">1800</td><td rowspan="2">25~45</td></tr>
<tr><td>YZ740XE</td><td>双板下刺</td></tr>
</table>

五、纺粘法针刺非织造布生产线的设备组合方式

在熔体纺丝成网非织造布生产线上，当用针刺方法固结纤网时，一般要使用多台性能不同的针刺机共同工作，才能实现纤网的固结。根据产品的不同性能要求，常有不同的组合方案。

纺丝系统—预针刺—上刺—下刺—定型—张力架—卷绕 ……

生产线在用针刺方法固结纺粘纤网时的工况，与用针刺方法固结梳理成网的短纤维纤网是不一样的。针刺机的针板在使用一段时间后，必须停机更换或维修，但纺丝系统是不宜停下来的。因此，在设备配置方面，要考虑具有不停机换针板的功能。

目前，解决这个问题的途径有两个，一是每一台针刺机配备两套针板，一备一用；二是配置两台针刺机，一备一用。例如双针板、双驱动式对刺机，在正常运行时，仅使用其中的一套针板，在需要换针板时将备用针板投入运行，原来使用的针板退出。此时针刺方向可能会改变，另一台针刺机也要进行同样的操作，以保障产品质量。

由于长丝纺粘针刺生产线一般配置两台针刺机，其中一台为预针刺机，另一台为主针刺机。预针刺机的剥网板与托网板之间的距离相对较大，有利于喂入蓬松的纤网。而主针刺机的剥网板与托网板之间的距离相对较小。预针刺机的针刺动程一般为 40mm，主针刺机的针刺动程一般为 30mm。

纺粘针刺生产线与短纤梳理成网针刺生产线相比，其针刺密度低，一般为 50～80 针/cm^2，配置有两台针刺机即可满足工艺要求，而纺粘纤网经过一台针刺机后，其断裂强力即可达到最终产品的 80%左右，而短纤梳理成网针刺生产线的针刺密度一般在 100～150 针/cm^2，可根据需要配置多台针刺机，才能满足工艺对针刺密度的要求。

对长丝纺粘针刺土工布来说，由于其产品经过一台针刺机后即可使产品具备最终产品 80%左右的断裂强力。因此，即使现有的主针刺机能在生产线不停机状态更换针板，产品的质量指标也会有所下降。

对于下刺式主针刺机，在运行过程中需要换针板时，先降低针梁，直到针尖低于剥网板下表面，使刺针不会刺到布面，然后关闭针板的气锁，依次勾出每块针板，然后换上新针板，打开气锁，升高针梁至针深后便可满足工艺要求。对于上刺式针刺机，也可以借鉴以上类似的方法，进行换针板作业。

另外，纺粘纤网的蓬松度不如短纤维纤网，也就是在定量相同的情形下，纺粘纤网的厚度较小，因而，可以使用动程较小的针刺机，并以较高的频率运行。

由于在针刺过程中，刺针会将连续的长丝刺断，使产品的强力下降，生产线中配置的针刺机越多，产品的强力损失也越大，这是与加工短纤产品不一样的地方。因此，在纺粘法针刺生产线中，配置的针刺机数量并非是越多越好。

如在生产纺粘法土工布的生产线中，一般仅配两台针刺机，一台是动程较大的预针刺机，另一台为主针刺机。

由于纤网受传输张力和针刺作用的影响，在生产过程中，纤网的幅宽也会出现变窄现象。

六、纺粘法针刺非织造土工布生产线

在工程领域，纺粘针刺法土工布和热轧法土工布都有广泛的应用，针刺法土工布有很大的孔隙率和高强度的结构特性，获得了广泛的应用。针刺法土工布再经过热轧固结，可消除非织

造布表面的浮丝，并进一步提高了产品的强力，这种纺粘针刺热轧法土工布主要应用于过滤排水领域，作为排水板使用。

（一）纺粘法针刺土工布生产线的特点

预针刺机有向下刺和向上刺两种，一般都采用向下刺的机型。为了提高纺粘长丝土工布的力学性能，生产线采用两台德国 DILO 高频针刺机对其进行加固（预针刺机为下刺，主针刺机为上刺），针刺频率能稳定运行至 1600 刺/min。

国内针刺机的针刺频率最大只能工作到 1000 刺/min，工作幅宽 4.5m，植针密度 4500 枚/m，针刺密度 25～40 针/cm^2，主针刺机为下刺，这样可进一步对预针刺机下层加固不充分的纤维进行进一步加固，使纤网两面都得到充分固结，提高了产品性能。

由于长丝纺粘成网法的纤网是由连续长丝制成，因此，用针刺法加工时刺针所受的穿刺阻力要比一般干法纤网大，所以用于长丝纺粘成网法的针刺机要求针粗些，如预针刺采用 M 型针，主针刺采用 C 型针（图 6-95）。

为了解决在纺粘法非织造布长丝纤网针刺加工时出现的纤维碎屑堆积问题，在针刺机的托网板下面加装了旋涡式除尘系统。

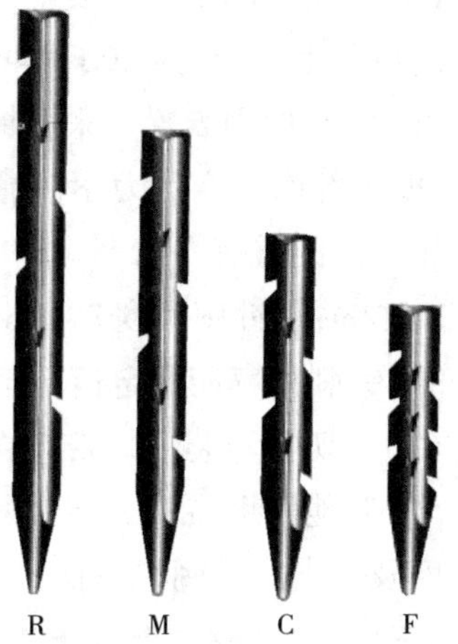

R　M　C　F

图 6-95　不同型号的刺针

（二）聚丙烯纺粘法土工布生产线

1. 工艺流程

聚丙烯纺粘法针刺土工布的生产工艺流程如图 6-96 所示。

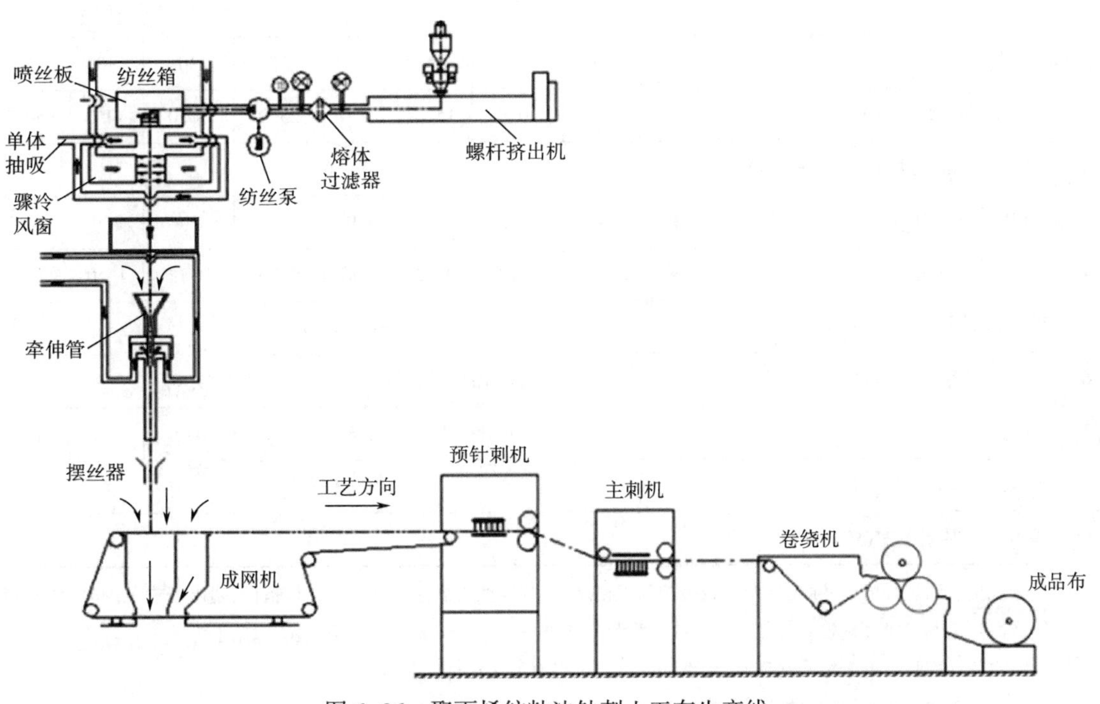

图 6-96　聚丙烯纺粘法针刺土工布生产线

2. 主要设备配置

(1)熔体制备系统。熔体制备系统主要包括上料及混料系统(包括上料装置和混料装置)、螺杆挤出机、熔体过滤器、纺丝泵等。其主要功能与普通的纺粘法非织造布生产线类似。

(2)纺丝箱体与纺丝组件。

(3)冷却装置。单面冷却侧吹风。

(4)牵伸装置。应用管式牵伸工艺。

(5)分丝摆网及成网装置。采用机械分丝法,即通过摆片的来回摆动使纤维均匀地铺在成网机的网带上,摆频为200~1400摆/min,位距为30~70cm。

(6)纤网加固装置。采用针刺加固工艺,通过刺针的反复穿刺,使纤网中的纤维相互勾连缠结,赋予纤网一定的力学性能,形成长丝土工布。

生产线配置有一台预刺和两台主刺共三台迪罗公司(DILO)的针刺机,植针密度5036~10072枚/m,预针刺深度8~12mm,主针刺深度6~12mm,网板隔距10~18mm,针刺密度30~120刺/cm^2,针刺频率能稳定运行至1900f/min,可生产定量在80~1000g/m^2,产品幅宽≤6m。

(7)分切收卷装置。带有在线分切功能的卷绕机。

(8)其他辅助装置。在针刺加固生产过程中,最主要的是合理分配针刺密度、严格控制针刺深度及适当的针刺机速比等。

(三)聚酯纺粘法针刺土工布和聚丙烯纺粘法针刺土工布质量

聚酯纺粘法针刺土工布和聚丙烯纺粘法针刺土工布均执行GB/T 17639—2008《土工合成材料 长丝纺粘针刺非织造土工布》标准。产品指标见表6-12和表6-13。

表6-12 聚酯纺粘法针刺非织造土工布基本项技术要求

项目			指标								
标称断裂强度(kN/m)			4.5	7.5	10	15	20	25	30	40	50
1	纵横向断裂强度(kN/m)	≥	4.5	7.5	10.0	15.0	20.0	25.0	30.0	40.0	50.0
2	纵横向标准强度对应伸长率(%)		40~80								
3	CBR顶破强力(kN)	≥	0.8	1.6	1.9	2.9	3.9	5.3	6.4	7.9	8.5
4	纵横向撕破强力(kN)	≥	0.14	0.21	0.28	0.42	0.56	0.70	0.82	1.10	1.25
5	等效孔径 $O_{90}(O_{95})$(mm)		0.05~0.20								
6	垂直渗透系数(cm/s)		$K\times(10^{-1}\sim10^{-3})$ 其中:K=1.0~9.9								
7	厚度(mm)	≥	0.8	1.2	1.6	2.2	2.8	3.4	4.2	5.5	6.8
8	幅宽偏差(%)		-0.5								
9	单位面积质量偏差(%)		-5								

注 1. 规格按断裂强度,实际规格介于表中相邻规格之间,按线性内插法计算相应考核指标;超出表中范围时,考核指标由供需双方协商确定。

2. 实际断裂强度低于标准强度时,标准强度对应生产率不作符合性判定。

3. 第8项和第9项标准值按设计或协议。

表 6-13　聚丙烯纺粘法针刺土工布基本项技术要求

项目		指标								
标称断裂强度/(kN/m)		4.5	7.5	10	15	20	25	30	40	50
1	纵横向断裂强度/(kN/m)　≥	4.5	7.5	10.0	15.0	20.0	25.0	30.0	40.0	50.0
2	纵横向标准强度对应伸长率(%)	40~80								
3	CBR 顶破强力/kN　≥	0.8	1.6	1.9	2.9	3.9	5.3	6.4	7.9	8.5
4	纵横向撕破强力/kN　≥	0.14	0.21	0.28	0.42	0.56	0.70	0.82	1.10	1.25
5	等效孔径 $O_{90}(O_{95})$(mm)	0.05~0.20								
6	垂直渗透系数/(cm/s)	K×(10^{-1}~10^{-3})　其中:K=1.0~9.9								
7	厚度(mm)　≥	0.8	1.2	1.6	2.2	2.8	3.4	4.2	5.5	6.8
8	幅宽偏差(%)	-0.5								
9	单位面积质量偏差(%)	-5								

注　1. 规格按断裂强度,实际规格介于表中相邻规格之间,按线性内插法计算相应考核指标;超出表中范围时,考核指标由供需双方协商确定。

2. 实际断裂强度低于标准强度时,标准强度对应生产率不作符合性判定。

3. 第 8 项和第 9 项标准值按设计或协议。

(四)影响针刺产品质量的主要因素,常见缺陷分析与对策

1. 针刺深度

根据以下原则选择针刺深度。

(1)由粗长纤维组成的纤网,针刺深度可深些,反之则浅些。

(2)对于由单纤强度较高纤维组成的纤网,针刺深度可深些,反之则浅些。

(3)定量规格(g/m^2)较大的纤网,针刺深度可深些,反之则浅些。

(4)较蓬松的纤网,针刺深度可深些,反之则浅些。

(5)要求硬实、密度较高的产品,针刺深度可深些,反之则浅些。

(6)要求针刺密度较高的产品,先深后浅。

(7)预针刺比主针刺深。

2. 针刺密度

针刺密度与产品性能有如下的相关性:

(1)针刺密度↑→纤维缠结程度↑→针刺非织造材料强度↑。

(2)针刺密度↑→纤维断裂↓→针刺非织造材料强度↓。

3. 针刺密度与针刺遍数的关系

经过针刺固结后的产品,如果在下线后退卷,再在同一生产线进行针刺加工,则针刺密度可增加一倍。因此,当生产线中配置的针刺机数量较少时,也可以用这种方法生产高针刺密度的产品。很明显,由于以这种方式生产高针刺密度产品时,要占用生产线两倍的运行时间,不仅设

备利用率下降，损耗会增加，而且生产效率较低。

这是短纤梳理成网针刺生产线可以应用的一种变通加工方法，而对于纺粘法针刺生产线就不一定适用，除了增加针刺次数会影响产品的质量外，此时还要终止纺丝系统运行，导致设备闲置，也会增加产品的材料消耗和能源消耗。

4. 针刺力

针刺过程中，刺针的钩刺带着一小束纤维刺入纤网，这个拖动纤维运动的过程会增加刺针的运动阻力，这个阻力常称为针刺力。相对短纤维纤网，纺粘纤网是由连续纤维制成，钩刺带动的纤维束长度及受影响的区域会更大，这个阻力也就更大，这是加工纺粘纤网时设备负荷较重的一个原因。影响针刺力的因素及其相关性：

(1)纤维长度↑或线密度↑→针刺力↑。

(2)纤维材料的摩擦系数↑→针刺力↑。

(3)纤网定量(单位面积质量)↑→针刺力↑。

(4)铺设底布→针刺力↑(纺粘系统仅在启动阶段会铺放底布，而在正常运行时不用铺放底布)。

(5)纤网密度↑→针刺力↑。

(6)针刺频率↑→针刺力↑。

(7)针刺深度↑→针刺力↑。

(8)针刺密度↑→针刺力↑。

5. 针板的材料及结构

针板的材料及结构对针板的重量有很大的影响，针板的重量越大，运行时的惯性力也越大，不利于提高针刺频率及动程。在满足结构强度要求的前提下，针板的结构越简单，自重较轻越好。因此，针板都会尽量选用密度较低的轻质高强度材料制造。针板结构如图6-97所示。

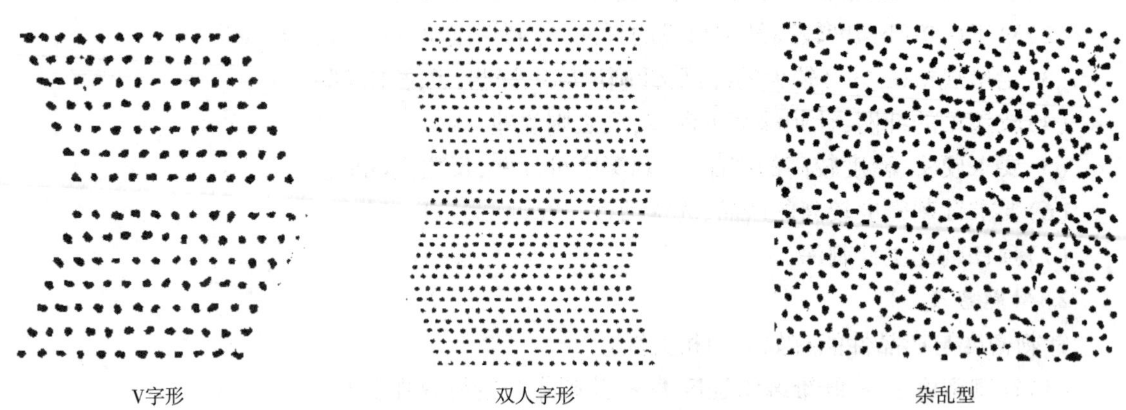

图6-97　针板的刺针排列方式

图6-98为安装在针梁上备用的针板。

图 6-98　安装在针梁上的针板

第四节　水刺固结

一、水刺固结工艺

水刺(spunlace)固结工艺是利用高压水形成的微细高压水针射流,对非织造布纤网进行连续喷射,在水针直接冲击力和反射水流作用力的双重作用下,纤网中的纤维发生位移、穿插、相互缠结抱合,形成无数的机械结合,从而使纤网被固结为有一定强度、形态稳定的水刺法非织造布产品。

由水泵产生压力高达 40MPa 的高压水流,通过直径 0.08～0.18mm 的水针板喷水孔喷出后,形成一个沿纤网全幅宽分布的水针帘,水针以高速(可达 350m/s)冲击还没有固结的纤网,水针在穿透纤网时和通过纤网后反射,使纤维互相缠结而形成形状固定、有一定强度的非织造布(图 6-99)。

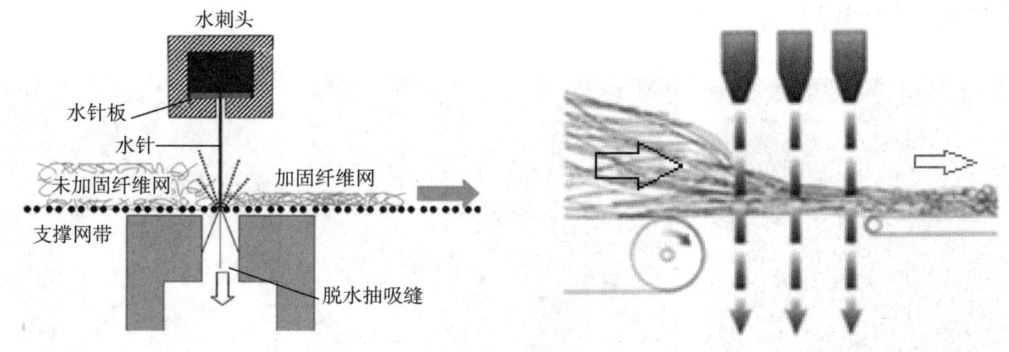

图 6-99　水刺固结纤网工艺示意图

在水刺过程中,纤网被水湿润,因此,在水刺固结以后,还要将纤网中的水分移除,经过十燥处埋后,便成为水刺布产品。水刺水流在穿透纤网后,进入过滤系统,经过处理后可以循环使用。

应用水刺固结工艺的生产线有较高的速度，水刺布手感蓬松、透气性好、强力高、表面平整、各向同性好，还可以加工平纹、打孔和提花产品。

在20世纪90年代，我国引进了水刺非织造技术，主要用于以短纤维为原料的非织造布生产。将水刺技术用于固结纺粘纤网是近年开发的新技术，而将水刺技术用于固结双组分纺粘纤网还是少数国家能掌握的新技术，图6-100为各种形式的水刺系统。

图6-100　各种形式水刺系统

连续长丝纤网经水刺固结后，长丝受损概率很低，纤网没有像热轧工艺所形成的强轧点或强压区，也不会像针刺那样损伤纤维，非织造布具有近似纺织品的手感和柔软度。因此，有很好的发展前景。

二、纺粘法水刺非织造布的特点及生产流程

（一）纺粘法水刺非织造布的特点

与纺粘法热轧非织造布比较，纺粘法水刺非织造布有如下特点：

1. 纤维网保持完整

用水刺方法固结的纺粘法非织造纤网，固结点由纤维的弯曲、互相缠绕形成，纤维保持连续，而纤维网未被破坏；用热轧固结的纤网，固结点的纤维被轧断、熔融、塑化，纤网已形成不透气的薄片状（图6-101）。

水刺

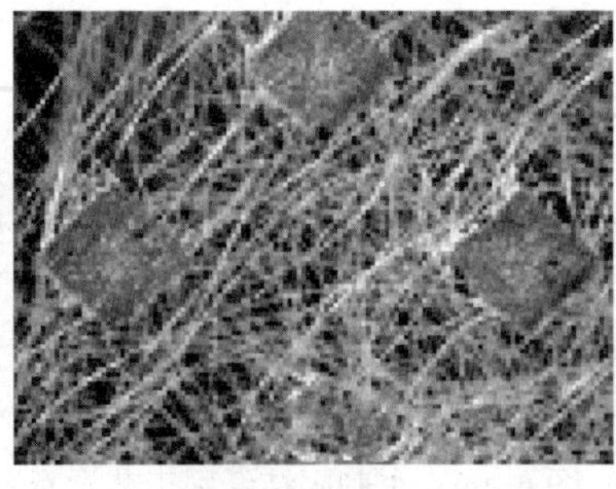

热轧

针刺

图6-101　水刺、热轧和针刺固结的纺粘法纤网结构

与针刺固结的纤网比较，水刺固结的纤网的纤维不会被水针损坏，纤维保持连续，具有较高

的强力;而用针刺固结时,纤维会被刚性的刺针卡断,使连续的长纤维变为短纤维,其强力下降(图6-102);水针是连续的,可以实现纤网的高效缠结,而刺针是断续作用的,缠结效果不如水针。

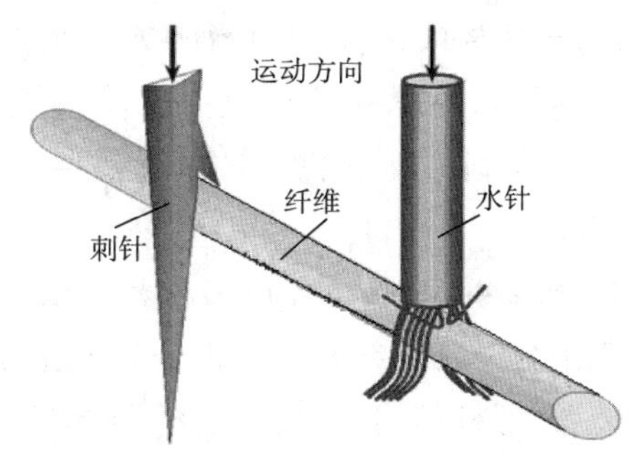

图 6-102 水刺过程不会损伤纤维

2. 结构蓬松,手感良好

由于纤网没有受到类似轧辊的轧压,规格相同的产品,水刺布的厚度比热轧布增加 30%~50%(图 6-103),因此手感较为蓬松,透气性也较好。

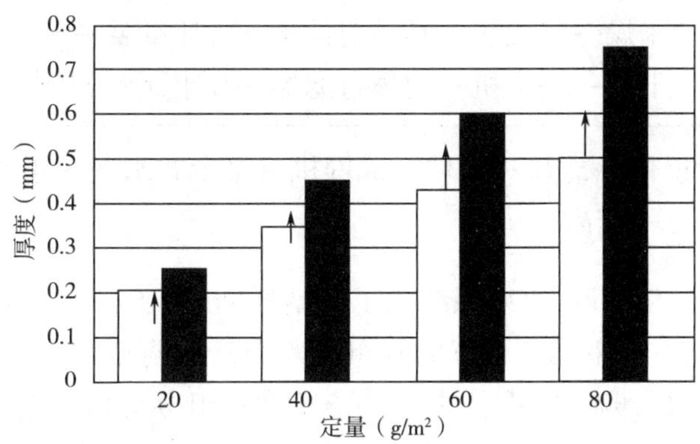

图 6-103 热轧布和水刺布的厚度对照(黑色为水刺布)

3. 产品强力较大

在图 6-104 中,深色的为纺粘法水刺固结非织造布的参数,浅色的为纺粘法热轧固结非织造布的参数。由于纤维没有受到损伤,水刺布的拉伸断裂强力要热轧布增大 16%~25%[图 6-104(a)],撕破强力要高 50%~75%[图 6-104(b)]。

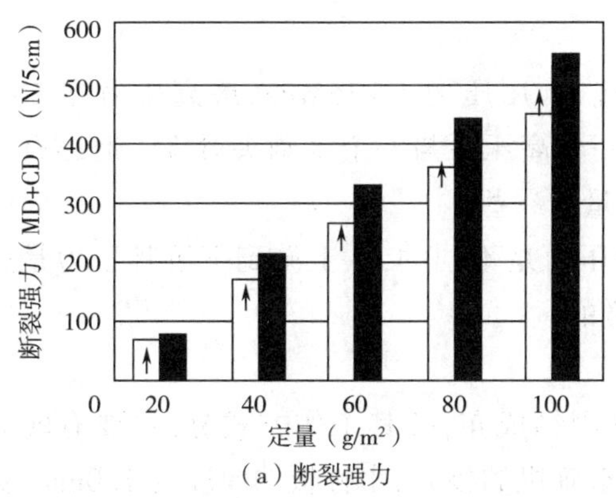

(a)断裂强力

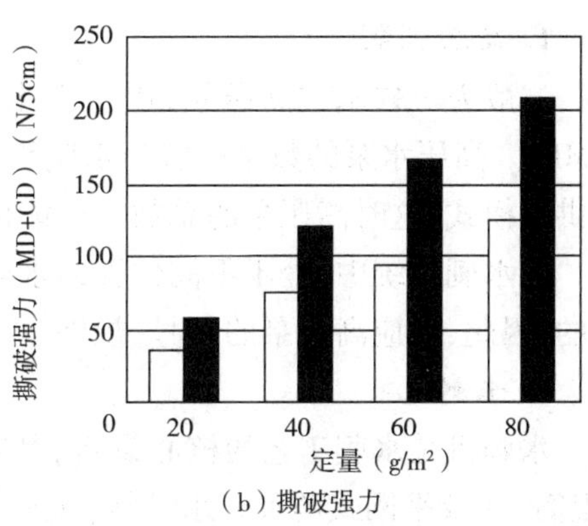

(b)撕破强力

图 6-104 纺粘热轧布与纺粘水刺布的拉伸断裂强力和撕破强力对照

(二)纺粘法纤网用水刺固结生产流程

用水刺方法固结纺粘法纤网时,其成网以前的流程及设备与一般的使用热轧方法固结纺粘法纤网的生产线一样,仅使用水刺系统、干燥系统替代了热轧机。

1. 一般单组分、纺粘法纤网用水刺固结时的生产流程

原料供给—螺杆挤出机—熔体过滤—纺丝泵—纺丝箱—熔体纺丝成网—预湿—正面水刺—反面水刺—真空脱水—预干燥—后整理—加热干燥、定型—在线检测—分切、卷绕—包装—产品。

2. 双组分、纺粘法纤网用水刺固结时的生产流程

双组分纺粘法纤网与单组分系统比较,在硬件方面,仅是每一个纺丝系统增加了一套原料供给装置、螺杆挤出机、熔体过滤器、纺丝泵。纺丝箱及纺丝组件均为双组分型,其他的配置与单组分生产线一样。下面为国内所用的双组分、纺粘水刺非织造布生产流程:

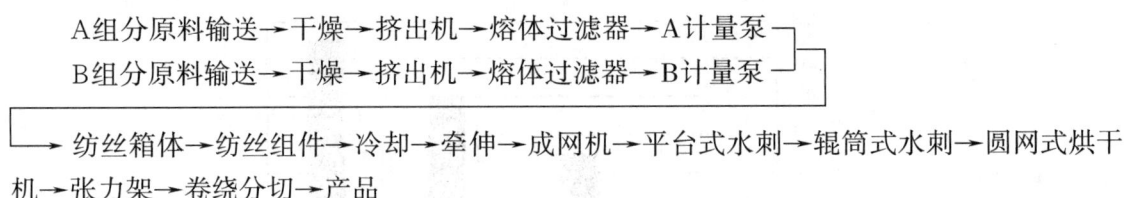

A组分原料输送→干燥→挤出机→熔体过滤器→A计量泵

B组分原料输送→干燥→挤出机→熔体过滤器→B计量泵

→纺丝箱体→纺丝组件→冷却→牵伸→成网机→平台式水刺→辊筒式水刺→圆网式烘干机→张力架→卷绕分切→产品

对于分裂型双组分纺粘纤网,水刺系统除了固结纤网外,还有一个重要的功能,就是开纤。即利用高压水针将橘瓣型(也称裂片型)的双组分复合纤维打散、成为纤度很小的超细纤维。目前开纤率在70%~98%,可将开纤前的1.5~3旦[1]双组分纤维分裂成0.0175(或更细)~0.0312旦的纤维,这是获取超细纤维的一个重要方法。

对于并列型双组分纺粘纤网,水刺系统除了固结纤网外,还可以使双组分纤维在加热烘干、冷却的过程中实现卷曲,这是制造较高强度蓬松型非织造产品的一个重要方法。

三、水刺系统的基本组成与设备配置方式

(一)水刺系统的基本组成

水刺系统是一个较为复杂的系统,主要包括以下几种设备:

1. 高压水泵

一般为三柱塞式高压泵,用于产生高压力的水流,常用压力1~15MPa,最高压力在20~40MPa。高压水泵的数量一般与水刺头数量对应,即一台高压泵与一个水刺头对应。但还有并泵供水模式,这时高压泵的总数有可能比水刺头的数量少一些。

在水刺系统中,处于不同位置的水刺头所需要的压力是不同的,从上游到下游其压力是递增的,因此,对应高压泵的型号、规格、性能也是不一样的。

2. 水刺机

水刺机是水刺工艺的核心设备,其功能是将纤网固结成布,按其工作方式分,主要有转鼓(辊筒)式及平网式两种。水针板(也称水射流板)是水刺机的核心,水针板的厚度为1.0mm,宽度在25.4mm,除了在起网阶段会使用孔径为0.30mm的针板外,其他喷嘴孔径在0.10~0.12mm,其排列有单行、两行错位及三行错位三种方式(图6-105)。喷嘴孔的形状、精度不仅影响到水刺布的质量,还和水刺机的耗水量、耗电量密切相关。

[1] 1旦=1/9tex。

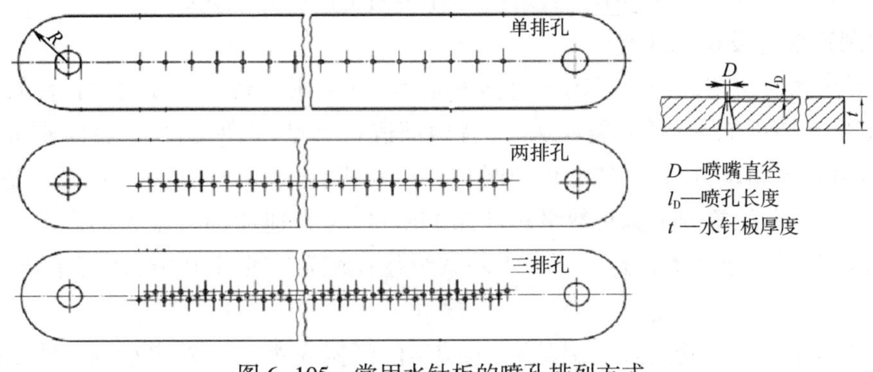

图 6-105 常用水针板的喷孔排列方式

3. 水处理设备

水刺生产线在运行过程中,需要大流量(100~200m^3/h)的工艺用水,水处理系统就是要将工艺用水回收,经净化处理后循环使用。一般的补水量为循环水量的 5%~15%;由于纺粘纤网是连续的长丝,不像加工短纤维纤网时,会有纤维碎屑进入水中。因此,纺粘—水刺生产线的水处理系统的要求相对较低。

在水刺系统中,水处理系统也是一个重要的系统,由较多设备组成(图 6-106)。

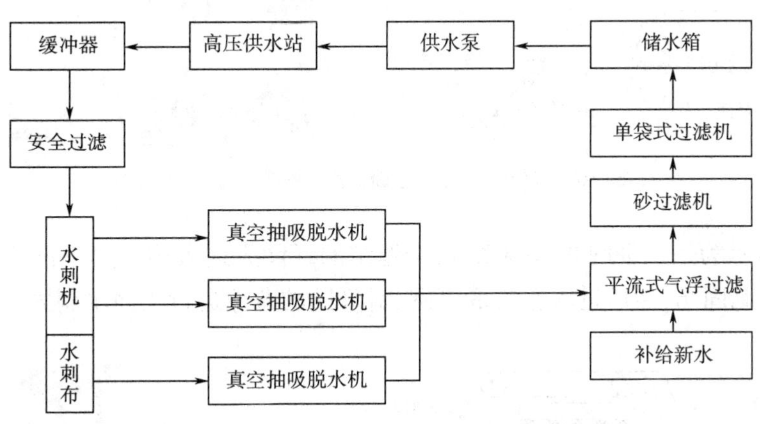

图 6-106 水刺系统的水处理系统

4. 干燥系统

干燥系统包括机械脱水与加热干燥两部分。

(1)机械脱水。机械脱水一般采用负压抽吸的方式,将刚从水刺系统出来而含水量很高的产品的大部分非结合水分除去。

(2)加热干燥。要用加热方法除去产品中的结合水。热风穿透型干燥机是最常用的干燥设备,通过用加热干燥的方法可将纤网中的水分除去。当生产线的运行速度较快时,经常采用多台圆网干燥机以串联方式运行,延长干燥时间,使水分充分蒸发。

由于干燥水分要消耗大量的热量,因此,水刺布消耗的能量也较高,是目前生产成本最高的非织造布产品。但产品的质量,特别是触感、透气性、蓬松度等指标则优于热轧纺粘布。

当纤网采用水刺固结工艺时,纺粘生产线的平面布置、立面布置、能源供应、厂房面积、投资规模、生产成本、运行管理等方面都与普通的热轧纺粘生产线有很大的差异。

(二)水刺系统的设备配置方式

用水刺方法固结纺粘纤网的工艺可有多种选择:可采用平台(网)式水刺、转鼓式水刺、平台(网)式与转鼓式相结合。纤网需要从正、背两面进行缠结,以保证两个表面质量的一致性。因此,多采用两套水刺设备,并配备能将纤网"翻身"的机构,以便分别从正面、反面进行缠结。

每个水刺转鼓所配置的水刺头数量对产品的质量、走布速度都有很大的影响。数量越多,产品的质量越好,运行速度也越高。一个水刺系统往往配置有多个转鼓,而每个转鼓又配置有多个水刺头。

图 6-107 所示为一个转鼓式水刺系统,未缠结的纤网先进入转鼓式水刺系统下方的转鼓,对背面进行水刺,然后进入上方的转鼓,对正面进行水刺。由于在加工过程中,纤网与转鼓间没有相对运动,纤维不会受剪切、被扯断,产品的质量较好,但由于转鼓外圆可供使用的位置不多,能布置的水刺头数量受到限制。

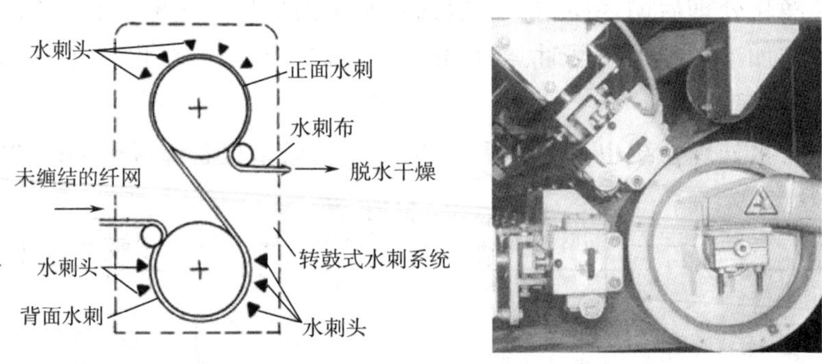

图 6-107 转鼓式(正、背面)水刺系统示意图及设备

图 6-108 所示为一个平网式水刺系统,未缠结的纤网先进入第一套平网式水刺系统,对纤网的正面进行水刺固结,然后进入上方的平网,对纤网的背面进行正面水刺固结。

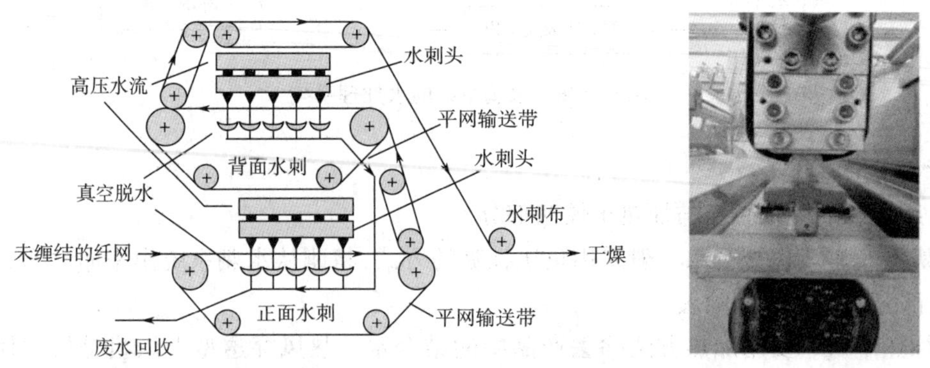

图 6-108 正、背面平网水刺系统示意图与设备

在加工过程中,用平网式水刺系统加工的水刺布会出现与所用平网的结构相对应的花纹。改变平网编织材料的尺寸和编织方法便可形成不同的花纹图案,还可以生产有网孔的水刺布(图 6-109)。

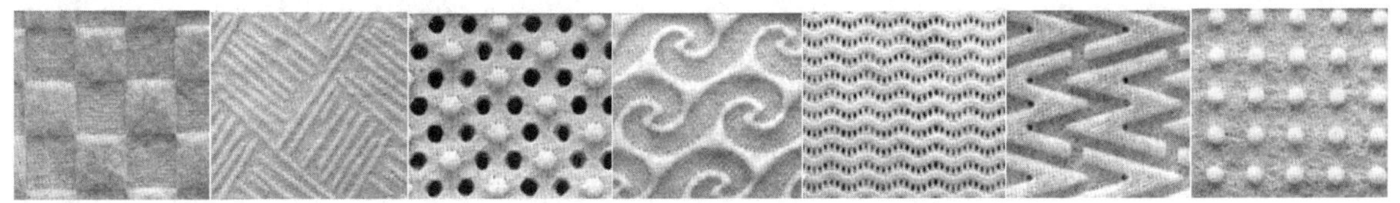

图 6-109　水刺非织造布的图案和花纹

虽然在平网及转鼓水刺系统都能形成花纹，但在转鼓系统改变图案更为方便，效能也更高。因此，转鼓式水刺系统是加工有花纹产品的主要方法。

当转鼓的目数较小时，网孔会较大，水刺布会在圆网的经、纬线交汇点形成孔，而在圆网凹陷的部位置形成布。但网孔增大时，会影响产品的强力。

图 6-110 是一个平网水刺与转鼓式相结合水刺系统，可以将两种工艺的优点结合起来。

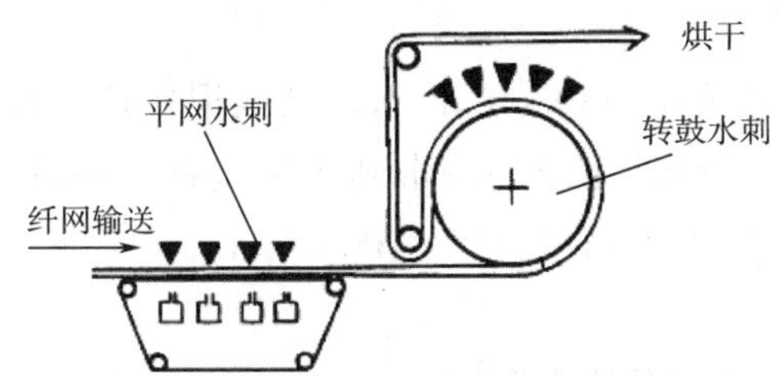

图 6-110　平网水刺与转鼓式相结合水刺系统

在实际应用中，水刺系统、干燥系统可有多种组合方式，以适应加工不同产品的需要。图 6-111为一个平网式水刺系统，使用两套平网水刺机，干燥系统为热风干燥型。

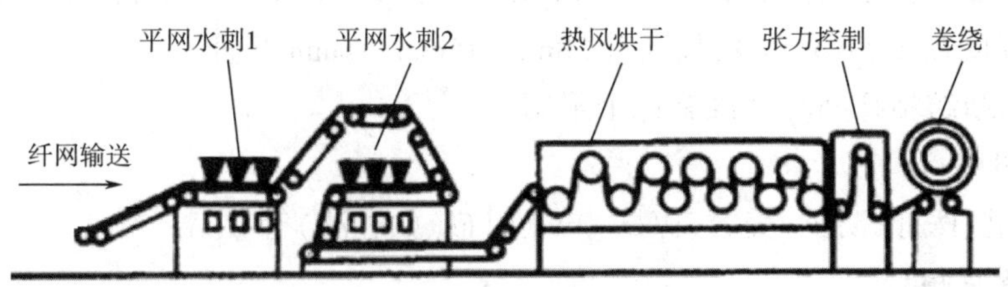

图 6-111　平台式水刺系统工艺流程图

图 6-112 为一个转鼓式水刺系统，配置了两个水刺转鼓，每一个转鼓上配置有四个水刺头，纤网被送到第一个转鼓进行正面水刺后，在输送过程中纤网被反转，在第二个转鼓上进行反面水刺，湿的水刺布便进入热风穿透式干燥机干燥，成为纺粘法水刺固结产品。

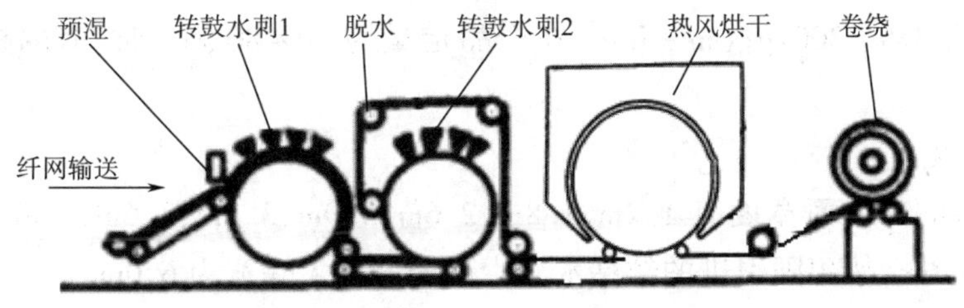

图 6-112　转鼓式水刺系统工艺流程图

目前已有采用水刺技术固结PP或PET纺粘纤网的生产线，其适合加工的非织造布定量范围为90~300g/m²，能加工的产品最小定量为30g/m²，最大定量达500g/m²。生产线的最大幅宽为6.6m，年生产能力为19000t。

国内利用水刺实现双组分纤维的开纤和纤网固结的工艺已较为成熟，例如，用水针将橘瓣形双组分纤维打散（开纤），成为纤度在0.15~0.05旦的超细纤维，同时将纤网缠结，制造出双组分纺粘法水刺超细纤维非织造布。

由于纺粘纤网的成网过程不像短纤梳理成网工艺，要受梳理设备的限制。因此，纺粘水刺生产线的运行速度可以比一般的短纤水刺生产线更快。水刺系统可以配置在纺粘生产线中，组成一条纺粘水刺生产线。

目前，纺粘水刺设备的运行速度已达500~600m/min，产品的定量范围在18~600g/m²，产品幅宽可达6000mm，最高工作水压可达60MPa（600bar），一般定量为40~150g/m²，产品的密度在0.10~0.25g/cm³。

水刺系统的单位幅宽产量可达300kg/（m·h），已能很好地与新一代的高速度纺粘法非织造布生产线配套，在生产小定量轻薄型纺粘法水刺非织造布产品时，德国安德里兹（ANDRITZ）公司的水刺法非织造布生产线的运行速度已达900m/min。

四、水刺系统的主要性能指标及设备配置

（一）水刺系统的性能指标

1. 适合加工的材料

在使用短纤梳理成网工艺时，纤网中要有亲水性纤维（如黏胶纤维）或其与其他品种短纤维混合（混纤）等，如黏胶纤维、聚酯（PET）纤维、聚丙烯（PP）纤维、植物纤维（棉、麻、竹、木浆纤维）等，纤维纤度在1.5~3.5旦，长度有38mm、45mm、51mm几种。

当用水刺固结纺粘纤网时就没有这个限制。

2. 产品使用领域

如卫生、保健、医疗、防护、美容、擦拭、产业用布（如过滤）等。

3. 产品定量范围

产品定量范围一般在18~600g/m²，常规产品的定量规格在20~80g/m²。

当纤网的定量较大时，需要将水压提高，对设备的要求更为严格，生产成本会增加。因此，一般认为用水刺加固工艺生产的产品，其最大经济定量在220g/m²。

4. 加工能力（产量）

加工能力（单位为kg/h或t/a）与产品的定量、幅宽、加工的材料种类及运行速度有关，水刺系统单位幅宽产量高达300kg/（m·h）。在产品定量为30~80g/m²时，有的机型的产能可达2700kg/h。

5. 工作面宽度

目前，水刺机的工作面宽度有1.2m、1.8m、2.6m、3.0m、3.2m、3.6m、3.8m、4.5m、5.4m等规格，最大可达6.6m，从德国引进的纺粘水刺生产线的最大幅宽为6.0m。

与梳理成网的短纤水刺系统不同，在纺粘水刺系统中，由于纤维是连续纤维，在水针的作用

下会互相牵扯，引起的缩幅尺寸较大；加上纺粘法连续纤维未能像短纤一样已经得到了充分的牵伸，在干燥过程中会出现更大的缩幅、变形。纺粘纤网在水刺加工过程的幅宽变小现象更为明显。在最终产品幅宽相同的情形下，其中的纺粘系统的铺网宽度要比通常的热轧纺粘系统宽得多。例如，1.6m 幅宽的纺粘热轧生产线的铺网宽度一般在 1.80～1.85m，而纺粘水刺生产线的铺网宽度在 1.90～1.95m。

6. 走布运行速度

由于受梳理设备的速度限制，一般短纤梳理成网水刺生产线的速度仅有 60～150m/min，最高速度也仅有 300m/min。

但在纺粘水刺生产线，运行速度不受成网速度限制，因此，运行速度要比梳理成网生产线快很多。一般的纺粘水刺生产线的运行速度在 500～600m/min，而最高运行速度已达 900m/min。

7. 水刺压力

水刺压力（单位为 MPa 或 bar）与纤网的定量大小有关，定量越大，所需的压力也越高。如纤网的定量大于 600g/m^2 时，压力≥40MPa（400bar），压力越高，产品的质量越好，但能耗也越高。

在水刺系统中水刺头所使用的压力与所处的位置有关，预水刺时的压力较低，顺着生产流程而逐渐增大，但到流程后端的压力又较小。

8. 水针直径

常用的水针直径一般在 0.10～0.12mm（最大为 0.30mm），具体所用的水针直径与纤维种类、纤网定量、水刺头所处的位置有关。定量越大，所用的水针直径也越大；处于系统上游的水刺头所用的水针直径较大，而处于下游的水刺头所用的水针直径较小。

9. 水针密度

水针密度（单位为个/cm）对产品的强力有较大影响，与排列方式有关。单排的密度一般在 10～24 个/cm；两排的密度一般在 16～36 个/cm；三排的密度一般在 24～48 个/cm。

10. 水刺头布置方式

水刺头布置方式有上刺、下刺两种方式，一条水刺法生产线会布置有 6～10 个水刺头。

11. 水刺机的类型

水刺机有平网式水刺机、转鼓式水刺机、平网与转鼓相结合式水刺机等。

（二）纺粘水刺系统的主要性能

用于纺粘纤网固结的水刺系统主要性能如下：

（1）适用范围。可用于纺粘系统的纤网固结，还可以利用水针实现分裂型双组分纤维的开纤，是一种制造超细纤维纤网的固结工艺。

（2）机器幅宽为 1.8m。

（3）产品定量范围为 50～200g/m^2。

（4）非织造布产品的幅宽为 1.6m（切边后）。

（5）生产线最高运行速度 60m/min（设备运行频率 50Hz）。

（6）水刺头数量为 11 套，其中圆网水刺 4 套，镍网直径 ϕ518mm，宽 2000mm。平网水刺 7 套。

（7）产品干燥形式为四圆网热风穿透型烘燥系统。

(8)供水系统水源供水能力>20t/h，水质要求：细菌<1000 个/mL，无藻类和霉菌，不含任何化学腐蚀剂；杀菌处理必须控制生物体(细菌、霉菌、藻类等)。

浊度<2NTU，固体颗粒<2mg/L，最后级过滤精度<10μm，总硬度<210mg/L，pH 值为 6.5~7.5，氯化物含量<100mg/L，铁含量<0.10mg/L，硫酸盐含量<250mg/L，锰含量<0.050mg/L，硅(固体)含量为 0。

(9)装机容量约 1400kVA、380V、50Hz。

(10)压缩气源为 0.6MPa 的无油无水压缩空气，配 $2m^3$ 储气罐。

(三)水刺系统设备配置

水刺系统配置在纺丝系统的成网机下游，以恒天重工的水质系统为例(设备型号为企业自定的)，配置的典型设备包括：

1. W1574M-180 型四辊筒式水刺机

本机采用四辊筒模式(含 11 个水刺头)。辊筒式水刺机的转鼓采用镍网或不锈钢丝网，两种网可按工艺进行互换，具有较强的反射力度，缠结效果好，可生产不同定量规格(g/m^2)和不同风格的水刺布。采用辊筒预湿。

采用四辊筒式，辊筒外网为镍网，托持网为钢板冲孔网结构。每个辊筒上配不锈钢丝网一个。另外多配 4 个镍网(含底网，开孔率 8%~9%和开孔率 12%各 2 个)供工艺选择用，镍网和不锈钢丝网可互换。第 3 和第 4 辊筒可正反转。

水刺头采用不锈钢材料，水压密封形式，共配 11 个水刺头，11 根水针板，水刺头侧面配有飞溅水抽吸，第 10 号水刺头具有横向移动功能。各位置水刺头水压力设定见表 6-14。

表 6-14　各位置水刺头水压力设定(bar)

编号	1	2	3	4	5	6	7	8	9	10	11
压力	80	80	180	220	300	300	300	300	250	180	180

2. TW17-180 型水针板清洗机

用于水针板清洗，利用高压水流的冲击作用和剪切作用，清除在运行过程中积聚在针孔内的杂物，如纤维碎屑、微生物、泥沙、油污、水垢等，使水针板恢复正常的性能。

3. W2729-180(4)型圆网烘燥机(图 6-113)

采用热风穿透烘干技术烘干水刺布产品，采用不锈钢冲孔网外套不锈钢丝网结构，开孔率大，热风穿透力强，转鼓圆网热风均匀；整机采用交流变频调速技术；本机采用天然气直燃式，效率高，能耗低；特殊的单元结构设计保证运转稳定，设计时考虑了风机侧石墨轴承更换方便。

四圆网热风穿透式；机器幅宽 1800mm；圆网直径 ϕ1900mm；烘房最高温度 180℃，四个可单独调节的测温区；适用天然气直燃方式。

4. ZW2825-180 型自动卷绕机(图 6-114)

用于将已干燥的水刺非织造布自动卷绕成卷。采用 PLC 和变频控制技术，以恒张力卷绕模式运行，确保卷绕工艺过程的稳定可靠。

机器幅宽 1800mm；产品布卷最大直径 ϕ1500mm；具有自动生头、切断、卸卷下线功能，可以横切断 $200g/m^2$ 的纺粘水刺布；移动小车不回位有报警功能；总装机功率：16.3kW。

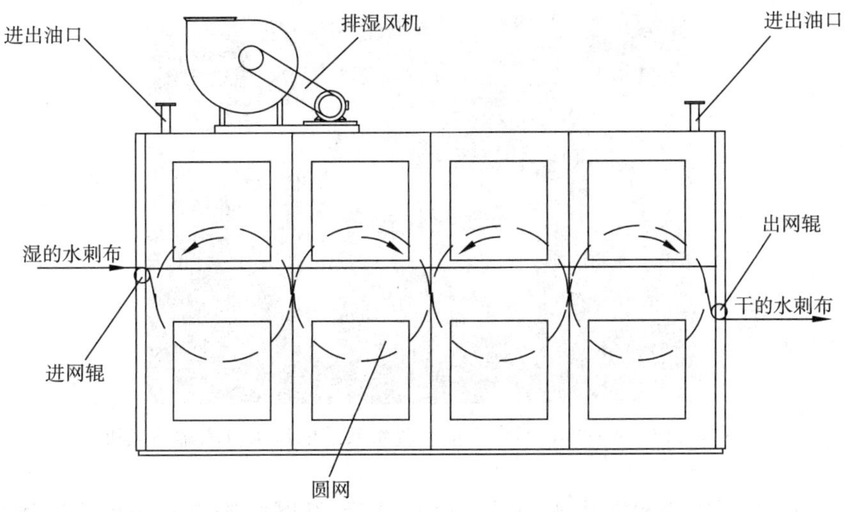

图 6-113　W2729-180(4)型圆网烘燥机示意图

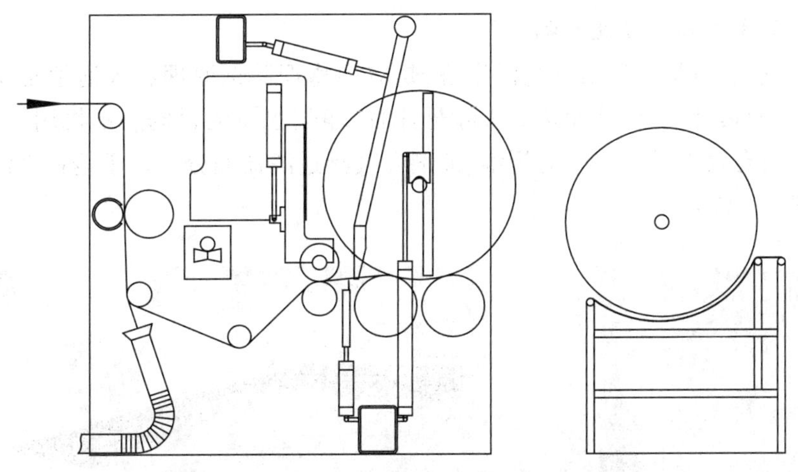

图 6-114　ZW2825-180 型自动卷绕机示意图

5. TW66 系列球型蓄能器

装设蓄能器用来吸收高压泵的压力脉动、降低噪声，吸收系统中产生的液压冲击压力，存储能量，其配置数量与水刺头数量对应。

6. W1924C 型真空抽吸脱水机(图 6-115)

该设备主要由汽水分离罐、风机、管道排污泵、管路等组成。用于吸入水刺头喷射出的水，利用高速旋转实现汽水分离，排出气体，回收水分，分离出的水由水泵输送到过滤系统中，经过过滤后循环使用。第 1、第 2 辊筒单独使用一个抽吸风机，其余部分使用另一个抽吸风机。

在主纤网固结区的纤网密度较低，气流阻力较小，抽吸风机的负压在 12000~14000Pa，抽吸风机采用变频调速调整负压。负压抽吸管平稳向下流，中间不能存水。

7. W1925C 型真空抽吸脱水机

本机用于抽吸水刺布上的水分，为产品的烘干做准备，提高烘燥效率，已经过抽吸水分的水

图 6-115　W1924C 型真空抽吸脱水系统的汽水分离罐与风机

刺布经烘干后,手感柔软、蓬松。由于经过多道水刺后,纤网的密度和强度不断增加,气流透过阻力增大,为了提高脱水效率,抽吸风机要选用负压更高的多级离心风机,其压力达-25000Pa(图 6-116)。

8. W1935 型平流式气浮过滤机

平流式气浮过滤机是一种溶气气浮设备,是应用物理浮选原理和气泡絮凝现象,使比重小于水或略大于水的絮凝上浮,从而达到去除悬浮物、净化水质的目的。本机用于水刺工艺循环水预处理设备,能有效将循环水中的纤维、油剂经气浮过滤器而分离。不锈钢平流型式,过滤能力 200m^3/h(图 6-117)。

图 6-116　W1925C 型真空抽吸脱水系统的汽水分离罐与多级风机

图 6-117　W1935C 型平流式气浮过滤机

9. W1941 型砂过滤机

砂滤主要用作循环水系统,当原水悬浮物含量大于 20mg 时的预处理设备,过滤截留水中的悬浮物,过滤精度一般为 25μm 左右。过滤器的滤料为石英砂,压力式不锈钢罐体,罐体直径 2800mm,4 只过滤罐,过滤能力 60m^3/(h · 只),生产中多将 4 只过滤罐并联使用(图 6-118)。

10. W1929 型金属过滤机

金属过滤机的过滤原件是金属材料,相比砂过滤器具有较高的过滤精度,一般小于或等于 5μm。

图 6-118　W1941 型砂过滤机

11. W1928 型单袋式过滤机

用于水刺工艺循环水的过滤，将工艺水作进一步精细过滤，达到满足水刺机所需水质要求，并将过滤后的水送往储水箱。可选择不同精度的过滤袋，过滤精度≤10μm。每只不锈钢罐的进出口均设有开启阀门，共有 24 只滤罐，过滤能力 $25m^3$/(h·只)(图 6-119)。

图 6-119　W1928 型单袋式过滤机

12. W1923 型储水箱

储水箱一般是不锈钢材质的圆柱形罐体，专为水刺生产线中高压供水系统配套设计，以满足高压水泵的供水需求。水箱采用不锈钢结构，容积 $20m^3$。

13. W1926 型高压供水站

供水站用于水刺生产线中的水循环系统中，经过滤的水由储水箱、供水泵经过管路输送到高压供水站中，由高压泵产生稳定的高压的水源，再输送到水刺机上。配有蓄能器稳定系统压力，并设有安全阀，保证系统安全，采用变频器调整电动机转速，调整所需水流压力，满足不同水刺布产品的需要。

水泵的压力可根据水刺布的定量(g/m^2)进行选择。水泵与电动机、管路采用柔性连接，高压泵出水端使用高压软管连接(图 6-120)。

图 6-120　W1926 型高压供水站的水泵

14. 水刺电气控制系统

水刺机采用多单元变频调速同步控制，人机界面实现自动化连续生产，可显示水刺机速度、牵伸比，工作压力等运行情况，并可进行工作参数的修改和设定。可进行单动或联动操作。

采用人机界面、PLC、变频器等控制水刺机的同步运行，高压泵控制系统采用变频器达到控制压力的目的，有压力检测及反馈系统，可设定并自动稳定系统压力，人机界面显示有关参数。

采用操作台集中控制,触摸屏、PLC保障了电气工作的可靠性及智能化,工艺调整方便并可储存工艺参数,可建立工艺数据库,方便提供上机工艺。各控制单元在满足各单元机工艺控制功能的前提下,实现速度、张力等工艺参数的同步信号反馈和控制,保证了整个生产线的自动化连续生产及工艺调整的灵活、方便、可靠。

五、纺粘法水刺生产线设备配置方案

纺粘纤网除了可直接用水刺方法固结外,还可以在与其他纤网(如梳理成网、气流成网的纤网)复合后,再用水刺方法固结,制造出新型的产品,其中的纺粘法纺丝系统既可以是普通的单组分系统,也可以是双组分系统。

具体的组合方式有纺粘/纺粘、纺粘/气流成网/纺粘、纺粘/气流成网/梳理成网等。

(一)纺粘水刺生产线

图6-121是一条有两个纺粘法纺丝系统(S)的水刺生产线,所形成的SS纤网用水刺法固结,然后经过干燥处理后便成为纺粘法水刺布。这种产品结构蓬松,有良好的触感,强力较高。

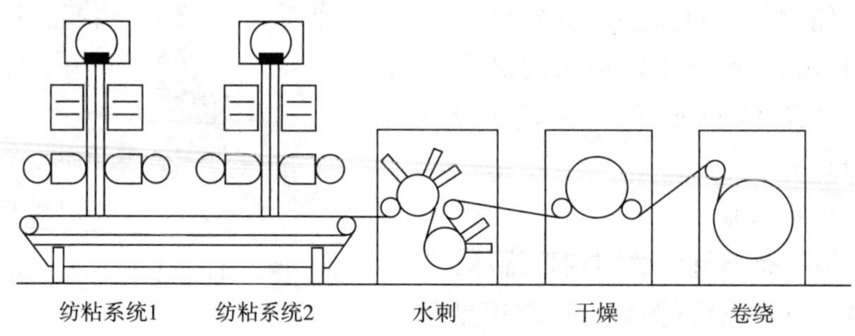

图6-121　纺粘/纺粘/水刺生产线

(二)纺粘/气流成网/纺粘/水刺生产线

图6-122的生产线中有两个纺粘系统(S)和一个气流成网系统(A),是一个"一步法"SAS型生产系统,复合的纤网用水刺固结,经过干燥处理后便成为手感蓬松、吸收性能良好的SAS型水刺非织造布产品。

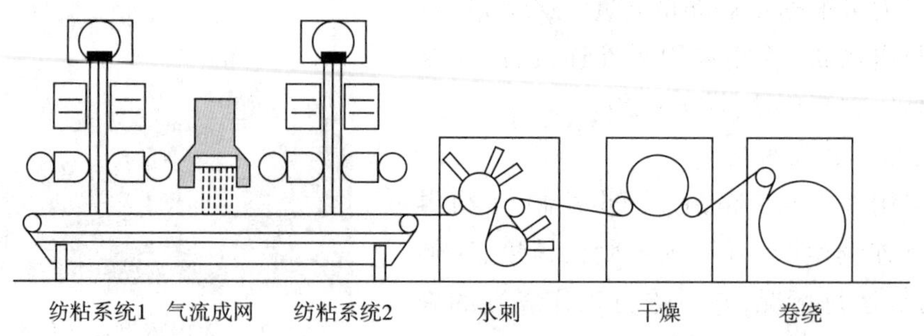

图6-122　纺粘/气流成网/纺粘/水刺生产线

图6-123是一条由一个纺粘系统(S)和两个气流成网系统(A)及一个纺粘布S(或其他非织造材料)退卷机构组成的生产线,应用类似"一步半法"复合工艺形成SPS型纤网(P为木浆

纤维)，采用水刺固结，经过干燥处理后便成为手感蓬松、吸收性能良好的 SAS 型水刺非织造布产品。

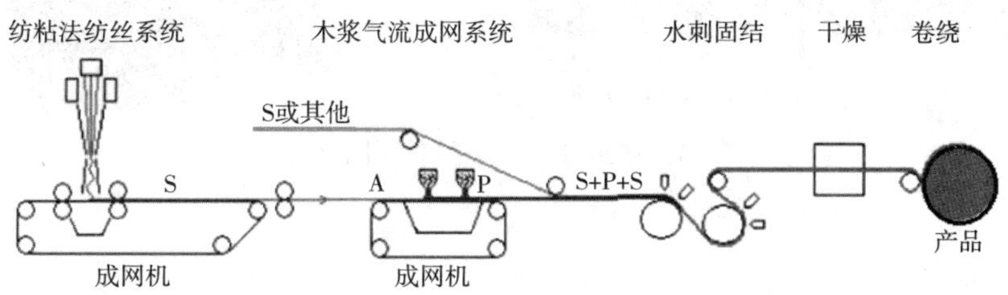

图 6-123　纺粘/气流成网/纺粘/水刺生产线

这个技术方案中的底层是直接用熔体纺丝工艺形成的纤网，用于承载气流成网(如木浆)形成的纤网，而为了避免这层木浆纤网受下游纺丝牵伸气流干扰，面层则是利用现成的纺粘布覆盖，然后利用水刺工艺将其复合在一起成为 SAS 型产品。

第五节　热风固结

一、热风固结工艺

热风固结(hot-air bonding)工艺原来是用于短纤梳理成网的双组分纤网固结工艺，应用这个工艺的前提是纤网中必须含有熔点相对较低的成分，通常都是双组纤维，如 PE/PP，CoPP/PP，PP/PET 等。

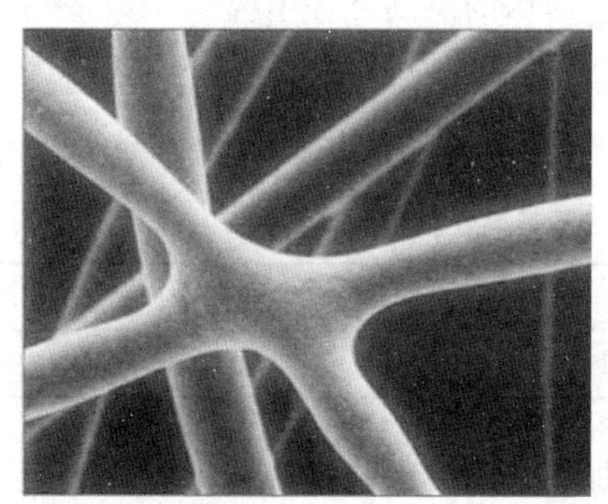

图 6-124　已经在交叉点熔融和粘连在一起的纤维

热黏接或熔化黏接是一个热量传递流动过程，实际上是纤网熔融，在纤维相互交叉点发生黏接。在这个过程中，热源(如加压蒸汽或热空气)提供的热量在纤网间传递，当温度超过纤网的聚合物熔点后，在纤维的交叉点发生熔融和流动，互相粘连在一起，实现纤网的固结(图 6-124)。

应用热风固结工艺的纤网必须含有熔点较低的成分，如作为黏合剂添加进去的热熔胶，或双组分纤维的低熔点组分。这种工艺既适用于固结短纤维梳理成网的纤网，也可以用于固结连续纤网。而在熔体纺丝成网非织造布生产线上，主要是用于双组分纤网的固结，而不能用于只有一种聚合物成分的常规单组分纤网的固结。

随着纺粘双组分技术的发展，目前已开发出了 PE/PP、CoPP/PP、PP/PET 配对的皮芯型(C/S)、并列型(S/S)双组分纤维。因此，使纺粘纤网应用热风固结成为可能(图 6-125)。

热风固结是非接触式纤网固结技术，热量是通过气流传递给纤网，对产品的密度影响不大，保持了产品的蓬松性。当热风穿透纤网时，纤维的低熔点皮层或组分会受热熔融，并呈黏流态，在表面张力和毛细效应共同作用下，向纤维的相互接触点流动，并互相粘接在一起，固结成热

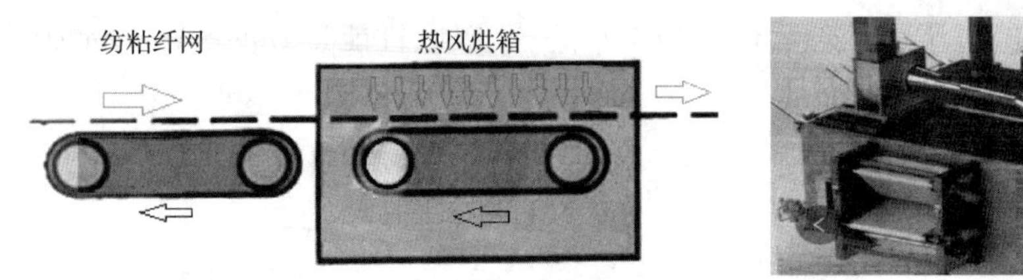

图 6-125 双组分纺粘纤网热风固结与设备

风布。

目前,热风固结是生产高蓬松型纺粘法非织造布产品的主要方法,但由于高蓬松型产品的密度小、断裂强力低,难以承受较大的输送、卷绕张力。因此,适宜加工较大定量的纤网,也就是以较低速度生产的双组分产品。

应用热风固结的纺粘法非织造布具有密度低、手感蓬松、MD/CD 方向的性能较接近,特别是比短纤热风产品有更高的 CD 方向强力,生产效率也更高;纺粘法纤维是连续纤维,不存在短纤维的毛头,当产品用作卫生制品材料时,也就不会存在对皮肤的刺激,不会引起过敏。也不像短纤维原料还含有其他的化学成分(主要是短纤维在生产过程中添加的油剂),不存在引起皮肤过敏的诱因。

由于受梳理技术的限制,传统的短纤热风产品的最小定量约在 $18g/m^2$,而纺粘法热风产品可以生产小至 $8g/m^2$的产品。而且运行速度可以更快,生产效率更高。生产纺粘法纤维的聚合物原料来源广泛,供应充裕,有很大的选择余地。因此,有很好的应用前景。

热风固结工艺就是利用热空气穿透含有低熔点纤维的纤网时,使纤维熔融,在纤维的交叉点相互粘连固结,成为非织造布产品。在熔融高聚物熔体的流动过程中,高聚物的分子还会向与之接触的其他纤维表面扩散,虽然扩散距离仅有 1μm 左右,但对黏合过程有很大作用。表 6-15 为一些常用的热黏合纤维及其黏合温度。

表 6-15 常用热黏合纤维及其黏合温度

纤维品种	LDPE	HDPE	PP	PA6	PA66	PET
黏合温度(℃)	85/115	126/135	140/170	170/225	220/260	230/260

产品离开热熔区域以后,一般还利用一对轧辊加压,改善纤网的固结效果,另外,还要对产品进行厚度整理,提高产品结构和尺寸的稳定性。

二、热风固结设备

热风固结设备有热风穿透式和热风喷射式两种,这些设备的基本性能和工作原理与非织造布后整理系统所用的干燥设备大同小异,是热风与纤网之间两种基本的接触方式。下面介绍几种常见的热风固结设备。

(一)平网热风穿透式

热风穿透式就是固结纤网的高温热气流是穿透纤网的,适用于较小密度纤网的固结,运行速度会较快,圆网热风穿透式设备就是较常用的热风固结设备。

平网式热风固结设备的运行速度较低，纤网在固结过程中处于较为自由的状态，所受的传输张力很小，适宜用于加工密度≤20kg/m³或定量规格较小的纤网。但设备占用的面积较多，生产效率也较低，不容易与高效的纺丝系统匹配。

平网式热风固结是短纤热风非织造布生产线较常用的固结工艺。

1. 单层平网式

这是一种较为成熟的热熔黏合工艺，只使用单层网带承载纤网，由于纤网没有受压，热熔黏合后的冷却时间较长，产品有较好的蓬松性，弹性较好（图 6-126）。

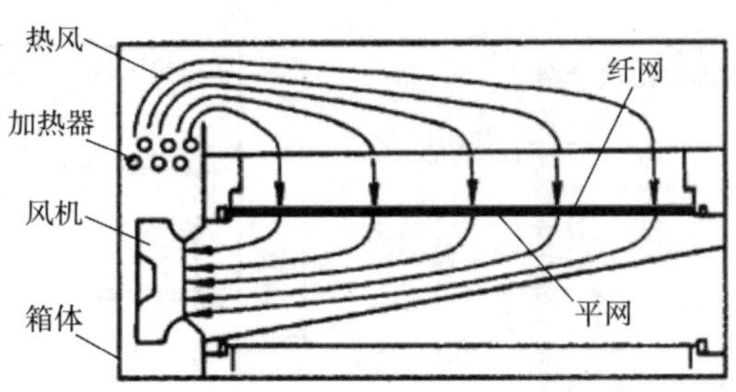

图 6-126　单层平网热风穿透式黏合工艺

2. 双层平网夹持式

非织造纤网在上、下两层网带夹持下被热风固结，可以控制产品的厚度和密度，纤网经过热熔黏合后，可以再经过一次热轧整理（图 6-127），以精确控制产品的厚度，使产品表面较为光洁，经过热轧整理后，产品还需要冷却处理。

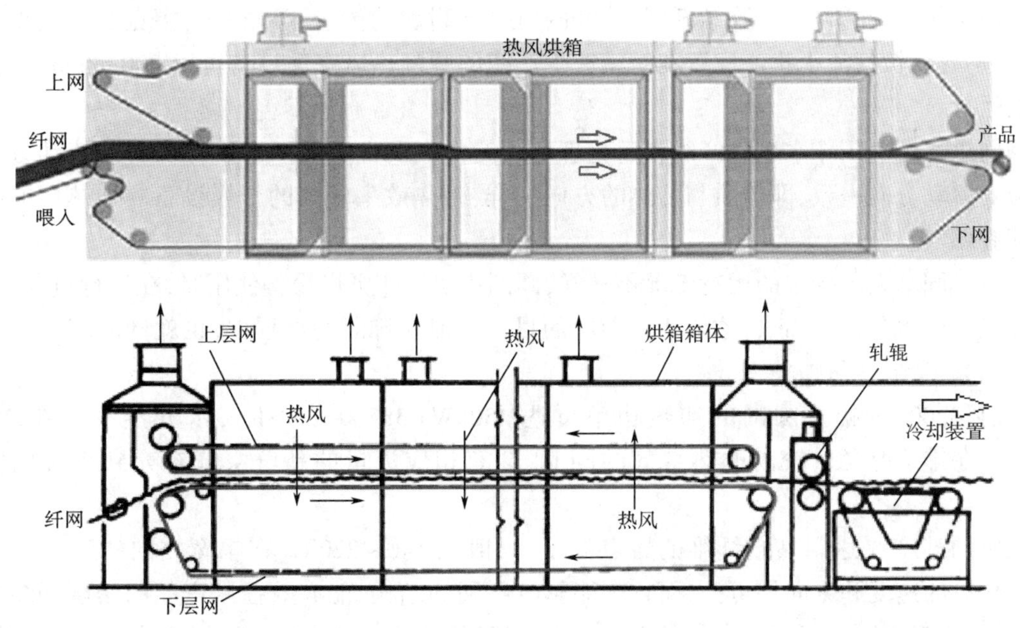

图 6-127　双层平网夹持热风穿透式黏合工艺

由于在使用平网固结时，平网会承载着纤网前行，而纤网并不承受输送过程的张力，因而能使纤网保持较好的蓬松度，还可以控制热风非织造布的厚度。由于不受设备布置空间的限制，在烘箱的出口还设置有冷却段,使热风布能在受控状态冷却降温定型。

(二)圆网热风穿透式

纤网进入圆网烘房后,热风从圆网四周热风腔沿径向穿透纤网被吸入圆网内,在热气流穿透过程中纤网被加热、升温,使其中的低熔点组分熔融,将纤网固结好。

纤网则在圆网外热风的压力和内部负压的综合作用下,呈 Ω 状被吸附,覆盖在金属圆网表面上。纤网在转鼓表面的包角可大于 300°,与高温的圆网表面有很大的接触面积,与热风接触换热时间也较长。图 6-128 就是一个燃气直接或间接加热的圆网烘房。

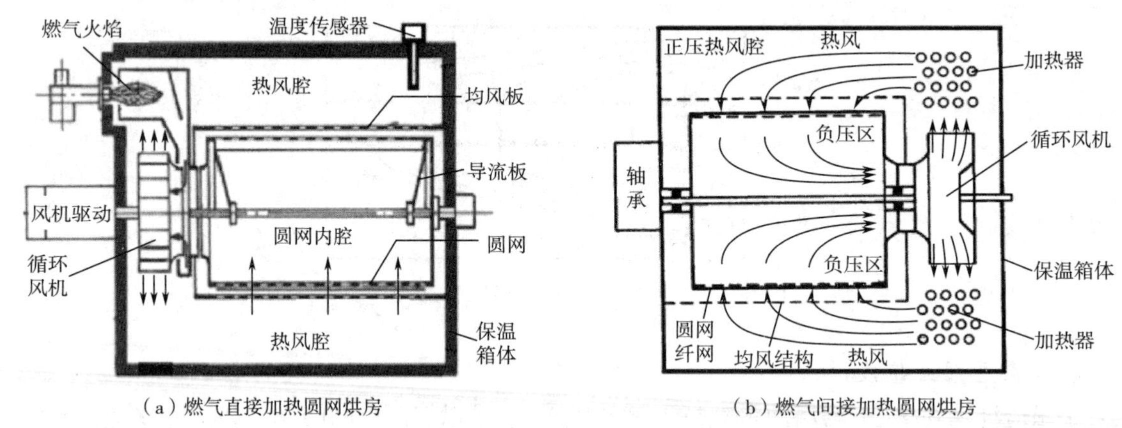

(a)燃气直接加热圆网烘房　(b)燃气间接加热圆网烘房

图 6-128　燃气直接加热和间接加热圆网烘房

在圆网热风穿透设备上固结纤网时,纤网所受到附加的传输张力很小,幅宽变窄现象不明显,而且不容易被气流干扰。配置在纺粘法生产线的圆网热风穿透设备可以 800m/min 或更高的速度运行。

圆网烘房还可用作水刺生产线或后整理产品的干燥设备。由于水分(蒸汽)的流动方向与热气流的流动方向一致,即传质与传热的方向一样,是热效率较高的干燥设备。加热用的能源有电能和燃气。

与热风固结无须排湿的运行工况不一样,圆网烘房用作干燥设备使用时,在运行过程中,必须将热风中的水分排放出去,才能达到干燥的目标。但在排湿的过程中,也就同时将一部分热风排放出去,造成能量损失。

目前,3200mm 幅宽圆网的加热功率可达 450kW(387000kcal/h),水分蒸发量在 200~300kg/h,在排出湿含量较高的热空气的同时,会有相应流量的新鲜空气补充到系统内实现循环。

热风的温度要达到黏结纤维的熔点温度,一般在 140~220℃,在幅宽方向的温度误差≤1.5℃;热风的速度和方向均可控,而且不能影响纤网的结构,能有效控制产品的密度和缩幅程度;圆网的直径会随运行线速度的升高而增大,以降低转动的角速度,从而保证纤网有足够的受热时间。

配置在熔体纺丝成网非织造布生产线中的圆网热风穿透设备,其圆网直径一般在 1600~2000mm。

三、蓬松性纺粘纤网固结技术

为了适应卫生制品材料市场的要求，目前已开发出蓬松性非织造布产品，这些产品都是用双组分纺粘系统生产的，其纤维多为并列型的。而根据产品的蓬松度，常分为半蓬松型（semi high loft，SHL）、高蓬松型（high loft，HL）、完全蓬松型（full loft，FHL）和超级蓬松柔软型（extra high loft，XHL）几种。

而不同蓬松度的产品是利用不同的生产线生产的，设备配置、纤网固结工艺及运行工况也有很大差异。

（一）半蓬松（SHL）型产品的纤网固结

半蓬松型（SHL）产品是由 SS^2 或 SS^2S^2 型生产线生产的，这种生产线由一个普通的单组分纺粘系统（SB1）及一个或两个双组分纺粘系统组成。普通纺粘系统的纤网密度较高，纤维间的结合力也较大，可以作为多层复合纤网的底层载体，能像普通的纺粘生产线一样，可以用较高的速度运行。如生产 25g/m² 产品时，生产线的运行速度可达 600m/min。

由于双组分纤维有自卷曲的特性，纤网会比普通的纤网更为蓬松，但纤网采用热轧固结工艺，密度会增加，蓬松度降低，但仍是一种比常规纺粘产品更为蓬松一些的产品，并且有较高的运行速度和较高的生产能力（图 6-129）。如普通 25g/m² 产品的厚度约为 0.27mm，而 SHL 型产品的厚度可达 0.70mm。

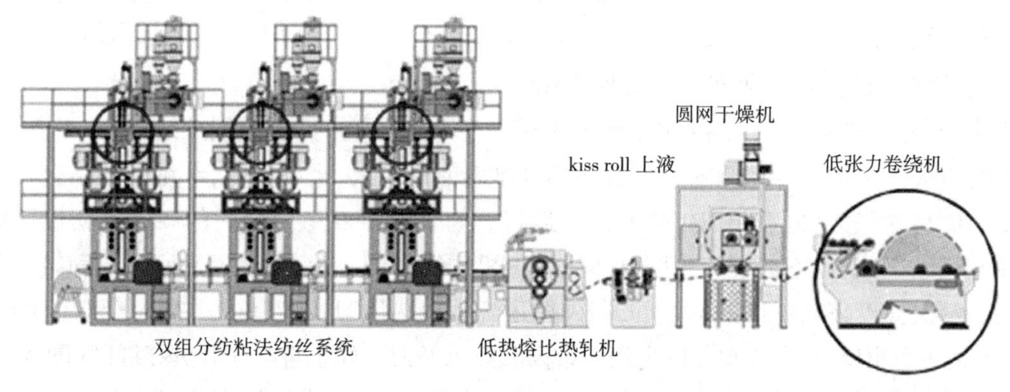

图 6-129　半蓬松纺粘法非织造布生产线

在这种生产线主流程中配套使用的其他设备，与普通的单组分生产线并没有大差异，仅是其运行工艺要围绕保持产品的蓬松性和柔软性这个核心目标，如热轧机的花辊热熔比较低，卷绕机可以在卷绕张力较小的状态稳定运行，如果产品要进行后整理，烘干设备要选用附加张力较小的圆网热风穿透机型等。

（二）高蓬松（HL）型产品的纤网固结

高蓬松型（HL）产品是由 S^2S^2 或 $S^2S^2S^2$ 型生产线生产的，这种生产线一般配置 2~3 个双组分系统。由于这种蓬松的纤网密度较低，纤维间的结合力弱，无法承受大的传输张力，不能用较高的速度运行。

为了保持双组分纤维卷曲及纤网的蓬松性，就不能采用热轧固结工艺，因为经过热轧固结的纤网，厚度变薄、密度增大、手感变差，会失去蓬松性，这时一般会配置有较高的运行速度，生产能力和效率都较高的圆网热风穿透机型,用于纤网固结。

生产高蓬松型产品的生产线设备配置与生产半蓬松产品类似,主要差异有两个,一是纺粘系统都是双组分系统,二是用圆网热风烘箱代替了热轧机。而产品的蓬松性、手感则会更好(图6-130)。

图6-130 热风固结的高蓬松型(HL)产品

圆网式热风固结设备的运行速度较快,纤网在固结过程被热风压紧、约束在圆网表面,不容易发生缩幅变形,热效率也较高,适宜用于加工体积密度>20kg/m^{3}或规格更大的纤网,也可以与高效的纺粘系统匹配。圆网设备占地面积较少,但设备复杂,造价较高。

为了避免产品在卷绕过程中,由于受卷绕张力的影响而导致密度增大,蓬松性受到太大的影响,要配置卷绕张力较小的卷绕机。

(三)完全蓬松(FHL)型产品的纤网固结

完全蓬松型(FHL)产品是由S^2S^2或$S^2S^2S^2$型生产线生产的,这种生产线由2~3个双组分纺粘系统组成。由于这种完全蓬松型纤网的纤维卷曲度较大,密度更低,纤维间的结合力弱,无法承受大的传输张力,也不能用较高的速度运行。为了保持双组分纤网的高度蓬松性,既不能采用热轧固结工艺,也不适宜应用圆网热风穿透机固结纤网,而只能采用平网热风固结工艺。

为了解决高度蓬松纤网的输送问题,外国还开发出热风刀技术,就是在每一个双组分纺粘法纺丝系统的下游出口,在全幅宽范围先用一束高温热风像刀一样垂直吹向并贯穿纤网(图6-131),使蓬松的双组分纤网中的低熔点组分得到初步的熔融黏合,形成初始强度,然后进入下游的热风固结设备,进行主要固结。

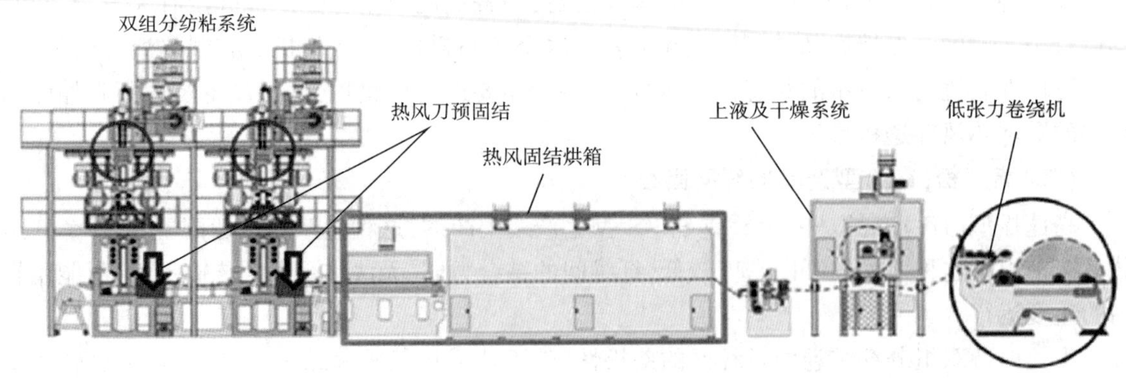

图6-131 使用热风刀的全柔软双组分热风布生产线

由于蓬松的纤网在热风刀的作用下被初步固结，并获得了一定强度，便能承受高速运行时，由成网机转移到热风箱输送网带时的张力，适应了纺粘系统运行速度较快的工况。

在这个用热风刀预固结的双组分热风布生产线上，可以配合有两个纺粘系统的 $2S^2$ 生产线，能以较高的速度制造完全蓬松双组分纺粘产品，还可以再进行 3D 压花加工，使纤网获得进一步的固结，成为有 3D 花纹的完全蓬松卫生制品材料（图 6-132）。

图 6-132 有 3D 花纹的完全蓬松双组分纺粘热风布

由于完全蓬松型产品的密度很低，为了避免产品在卷绕过程中，因受卷绕张力的影响而导致密度增大，厚度变薄，蓬松性受到太大的影响，同样要配置卷绕张力较小的卷绕机。

$25g/m^2$ 的完全蓬松型产品厚度可达 0.7mm，而同样定量的普通热轧产品厚度仅为 0.27mm，差不多是普通产品厚度的 2.6 倍，明显蓬松很多。

（四）超级蓬松柔软（XHL）型产品的纤网固结

超级蓬松柔软非织造布技术（XHL），是国外刚推出的新技术，这种非织造布具有比任何梳理成网短纤产品更好的柔软性、蓬松性及垂坠性。在保持高柔软性的同时，其耐磨性优于市场其他产品水平；具有可印刷性，有很好的视觉外观；在不损失厚度的情况下可以用 700m/min 的生产速度运行，具有更高的生产效率。

该技术还可以进一步减轻非织造材料的定量，并可以在线回收，实现绿色可持续发展。

四、影响热风黏合非织造布性能的主要因素

（一）热熔纤维的特性

要保证热风固结的效果，热风的温度必须接近纤维的熔点，对于双组分的 PE/PP 纤维，热风的温度要达到 120～150℃。

（二）热熔纤维的配比

只有双组分纤维才能应用热风黏合工艺，常用 S/C、S/S 纤维的低熔点成分的比例不会大于 50%，比例越小，产品的强度越低。

（三）热风的温度和速度

在一定范围内，提高热风温度能提高产品的强力，而过分提高温度，则会破坏纤维结构，强力降低；热风穿透速度越高，产品的强力越高；但速度太快，则会破坏纤维结构，强力降低。

（四）穿透和加热时间

增加加热时间，或降低纤网的运行速度，都能提高产品的强力。但加热时间太长会影响产

品的手感，而且会降低生产效率。

加热时间与热风温度、热风穿透速度三者间存在互补关系。缩短加热时间(也就是提高纤网的运行速度)后，可以通过提高热风温度或增加热风的穿透速度进行补偿，使产品的强力保持不变。

(五)冷却速率

冷却速率存在一个最佳范围，在这个范围以外，急剧的冷却或缓慢的冷却都会降低产品的物理性能。

第六节　复合固结

复合固结就是在生产过程中，同时使用两种或多种不同的工艺固结纤网，目前主要有纺粘热轧+水刺、纺粘针刺+水刺等。利用复合固结工艺能明显改善产品的特性，提高产品的附加值。

如生产 PET 土工布或油毡基布时，传统的工艺是使用针刺固结。由于这类产品的强力是最重要的使用指标，其中的针刺工艺，如刺针结构、针刺频率(密度)、步进量等对强度影响很大。

当采用纺粘纤网预针刺+水刺工艺时，针刺过程仅是起预固结作用，使纤网初步固结成布，便于传输加工，而主要利用水刺完成纤网的最终固结。采用这种工艺时，针刺对纤网的损坏较少，而水刺则可以使纤网得到充分的缠结。有试验证明，可以使产品的 MD 方向的强力提高 30%以上，CD 方向的强力提高 20%以上，并且还能提高布面平整性。

一、纺粘法纤网先热轧、后水刺固结非织造布生产线

纺粘纤网还可以使用热轧+水刺的方式固结，利用水刺可以将热轧所形成的薄膜状轧点刺穿，既提高了产品的强力和透气性，又能改善产品的手感(图 6-133)。

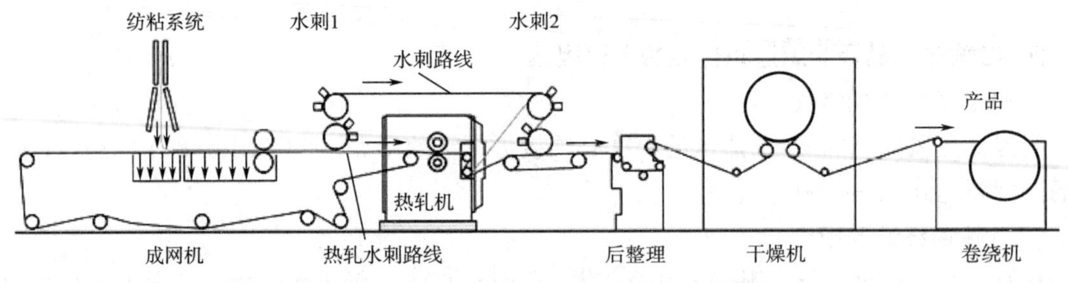

图 6-133　先热轧、后水刺固结的纺粘生产线

这种生产线有三种纤网固结方式可供选择：

(1)仅用其中的热轧机，生产普通的纺粘热轧非织造布，这时水刺系统、干燥设备无须投入运行。

(2)仅用其中的水刺系统，生产普通的纺粘水刺非织造布，这时热轧机无须投入运行，纤网跨越热轧机后直接进入下一工序。

(3)纤网先用热轧机固结,再进入下游的水刺系统进行水刺,经过干燥处理后便成为纺粘热轧水刺非织造布。

当纺粘纤网的纤维是并列式双组分纤维时,经过水刺固结后,具有较高强度。而在干燥过程中,在将水分干燥移除的同时,双组分纤维再经历了一次升温与冷却过程,可以增加其卷曲变形,使产品具有更好的蓬松性。

但这种生产线设备配置复杂,要增加一套水刺系统和干燥系统,除了设备布置难度较高以外,占用的生产场地较多,投资较大,产品的成本也较高。

二、纺粘法热轧+水刺+针刺生产线

这是一条双组分纺粘法非织造布生产线,其中配置有热轧机、转鼓水刺机、针刺机等纤网固结设备,还配置了两种在线后整理设备,其中的吻液辊(Kiss Roll)上液装置可用于生产薄型非织造布产品,而液下浸轧可用于上液量较大的厚型产品(图 6-134)。

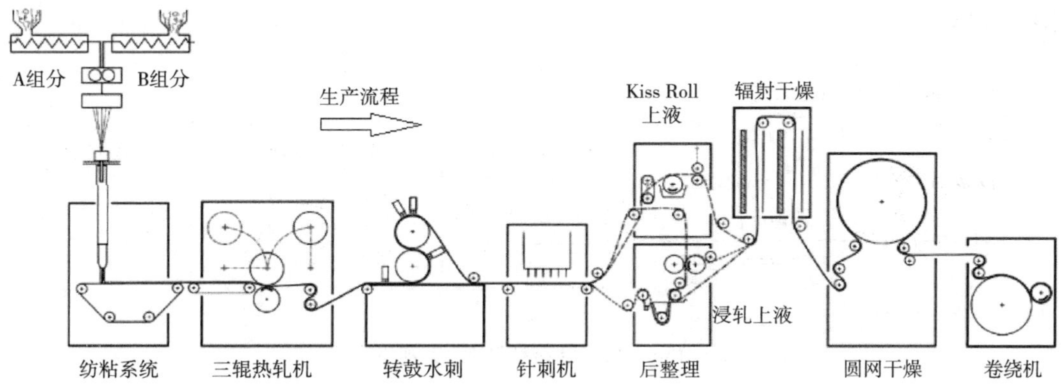

图 6-134　柔性纺粘热轧水刺针刺生产线

这是一条柔性生产线,可以有很多种运行模式,能适应不同定量规格纤网和不同应用领域的产品加工,热轧机是一台可以快速更换花辊的 Y 形三辊轧机,而后整理产品的干燥也配置了两套系统,一套为远红外辐射预干燥装置,另一套为热风穿透型高效干燥设备,这样就能保证不同上液量的产品或在不同运行速度下的产品,都能获得有效的干燥。

三、双组分纺粘法圆网热风+热轧非织造布生产线

这是一条多用途双组分纺粘法非织造布生产线,配置有多种纤网固结设备。由于使用 PET/CoPET 原料,而且是皮芯型纤维,因此,可以根据需要生产双组分过滤材料、鞋材、地毯基布等类型产品,产品的应用领域不同,所应用的纤网固结方式也不一样。其中配置了预定型机、预热轧机、圆网热风固结机、热轧机这四台设备。

在实际生产过程中,并不是所有的设备都要同时运行使用,也是根据产品要求选择其中一种或多种设备。热风固结仅对双组分纤网是有效的,产品密度较小、触感较好,但强度较低;热轧固结不仅能加工双组分纤网,也能加工普通的单组分纤网,产品有较高的密度和强度,但手感会变得硬挺;预热轧的目的是提高纤网的初始强度,有利于提高生产线的运行速度和生产效率

(图 6-135)。

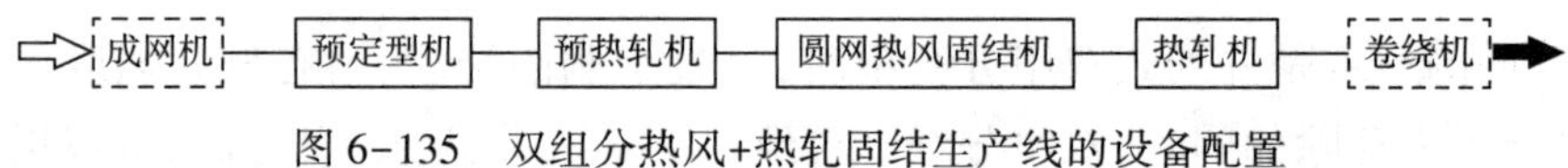

图 6-135　双组分热风+热轧固结生产线的设备配置

这些设备在生产 60g/m^{2}皮芯型双组分纺粘法非织造布产品的工艺参数:定型机由上下排列两根光面钢辊组成,工作温度为 200℃;预热轧机的轧辊是一对光面轧辊,采用交叉+中凸补偿轧辊挠曲变形,轧辊温度 178/178℃,线压力 32N/mm;圆网温度 245℃;主热轧机的光辊为 S 均匀辊,与花辊配套,以保证线压力的均匀性,轧辊温度 127℃,线压力 32N/mm。

四、双组分纺粘法针刺+水刺非织造布生产线

对于橘瓣型、中空橘瓣型或海岛型双组分复合纤维,水刺是传统的纤网固结工艺,高压水针不仅可以使纤维互相缠结,更重要的一个功能是使复合纤维开纤,分散为线密度很小的超细纤维(图 6-136)。

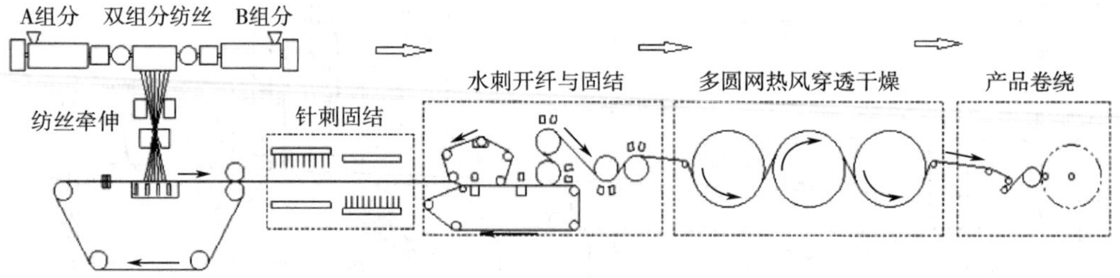

图 6-136　双组分纺粘针刺、水刺生产线

利用针刺使双组分纤网得到初步固结,并获得一定的强度,能提高生产线的运行速度和效率,这种加工纺粘双组分超细纤维非织造材料的工艺,不需要消耗其他化学试剂,对环境没有影响,而且有较高的开纤率(>80%),配对聚合物原料品种多,如 CoPET/PA6、PET/PA6、PA6/PE、PLA/PA6 等。

这种双组分纺粘法针刺+水刺非织造布产品,在超纤革、美容面膜、液体或气体过滤领域获得了越来越多的应用,是一种生产超细纤维非织造材料的绿色制造技术。

参考文献

[1]柯勤飞, 靳向煜. 非织造学[M]. 上海: 东华大学出版社, 2004.

[2]ABRECHT W,FUCHS H,KILTELAMNN W .Nonwoven Fabrics:Raw Materials,Manufacture,Applications , Characteristics , Testing Processes [M]. Weinheim :WILEY-VCH Verlag GmbH &Co. KGaA,2002.

[3]冯学本. 针刺法非织造布工艺技术与质量控制 [M]. 北京: 中国纺织出版社, 2008.

[4]中华人民共和国工业和信息化部. 非织造布热轧机: FZ/T 93075—2011 [S]. 北京: 中国标准出版

社，2012.
[5]赵艳利，王晓雨. 典型水刺法非织造布工艺流程的配置与应用［J］. 产业用纺织品，2015，33(2)：35-40.
[6]钱晓明，张恒. 基于组合技术的先进非织造材料创新方法及其应用［J］. 纺织导报，2020(1)：65-72.

第七章　非织造布产品的后整理与后加工

第一节　非织造布功能性整理工艺

一、非织造布后整理概述

后整理(finish 或 after finish)一词来源于纺织工业的印染行业,以印染工序为中心,印花工序前的加工过程称为前处理(或预处理),这一过程主要是采用化学方法去除纤维上的各种杂质,为染色和印花等后加工工序做准备。在染色、印花工序后的加工过程称为后整理,这一过程主要是通过化学或物理化学方法改进外观的形态稳定性,提高纺织品的使用性能,赋予纺织品特殊的功能。

非织造布后整理涵盖了印染加工前处理(预处理)、染色、印花和后整理等全流程。从广义上讲,非织造布后整理是指对非织造布产品进行深加工的过程,是纤维网固结成非织造布后,再经过一系列意在改善产品外观、表面状态和内在质量,提高产品使用性能,赋予产品特殊功能的加工过程。

产品经过后整理以后,其性能发生了变化,因此后整理也称为功能整理或改性整理。卫生制品材料及医疗防护制品材料是熔体纺丝成网非织造布的主要应用领域。因此,其产品的后整理加工主要也是围绕这些具体应用而展开的。从国内外的实际应用来看,非织造布后整理更侧重于亲水整理、防液体渗透整理、防水整理、抗菌或微生物整理、抗静电整理、阻燃整理、防紫外线整理、防电磁波整理等。

二、非织造布后整理的内容及目的

(一)共混纺丝改性

在熔体纺丝成网非织造布的生产过程中,有两种方法可以赋予产品一些特定功能或特性,即共混纺丝和后整理。

共混纺丝是将一些特殊添加剂与聚合物切片原料混合在一起,成为含有一种或多种特定成分和比例的混合物,然后利用熔融纺丝工艺制备成纤维,使纤维和产品具备某些预定性能,共混纺丝工艺是在纺丝阶段使纤维具备预期的特定性能的工艺过程,这个过程既可以在聚合物原料生产过程中实现,也可以在非织造布生产过程中实现。例如,在生产 PP 切片原料过程中,按一定比例加入驻极添加剂,主要用于生产空气过滤材料;在生产纤维用 PP 原料时,加入抗菌助剂,可直接用这种切片原料生产出抗菌 PP 纤维。

共混纺丝工艺是非织造布卷材生产企业常用的技术,通过在原料中添加改性助剂,使非织造布产品具备特定的功能。例如,加入色母粒生产有颜色的产品;加入弹性体、柔软母粒、爽滑剂生产柔软、顺滑的卫材用产品;加入抗静电剂生产抗静电产品;加入阻燃母粒生产具有良好的阻燃特性的产品。

共混纺丝法改性具有耐洗涤、耐摩擦、功能效果持久、使用方法简单、不需要添加专用设备、能量消耗很低等优点。只有共混纺丝改性中的功能整理剂分子从纤维内部迁移至表面，共混纺丝改性的非织制造材料的效果才得以呈现。因此，应用共混纺丝工艺生产的功能性非织造材料，其显效时间滞后，即产品的功能并不一定是即时显现的，要滞后一段时间才会呈现。

（二）非织造布后整理工艺

后整理工艺是在非织造布纤网固结成布以后才进行的过程，产品经过后整理后便被赋予特定性能，后整理工艺也称涂布法工艺。这个过程可以是物理过程，也可以是化学过程。

非织造布的后整理具有改性功能见效快、用料省等优点，但其改性效果不能持久，经过水洗、摩擦后整理剂涂层会消失，功能会消退，需要配置专用设备和场地，而且在烘干过程需要消耗较多的能量。

非织造布后整理就是将普通的非织造布加上各种助剂然后烘干，使其具有亲水、抗静电、抗菌、抗酒精、抗血液、抗汽油、抗微生物、抗紫外线、防霉、抗病毒、抗水、抗油、阻燃、防虫、防异味及香味等各种不同性能。

非制造布后整理的内容包括改善产品品质、提高产品内在质量的物理性整理，如轧光、轧花、磨绒、收缩、打孔、烧毛、机械柔软整理、化学柔软整理、吸尘防尘整理、防紫外线整理、抗菌整理、芳香整理等。有改善非织造布外观的染色、印花、轧光、轧花整理；改善非织造布手感的柔软、硬挺整理；改善非织造布表面状态的涂层、烧毛、磨绒整理；还有发挥两种或多种材料综合功能的复合加工。

（三）其他功能整理工艺

随着其他领域技术的发展，非织造布后整理方法引入很多高科技的成果。例如，目前使用的 PE/PP 双组分纺粘法的亲水整理，用等离子体对纤维改性等。微波技术与超声波技术、红外与远红外整理、紫外线技术、驻极体技术和纳米技术等高新技术，也在非织造布后整理领域获得应用，使非织造布产品具有更丰富的应用功能。

（四）常用的熔体纺丝成网非织造布后整理项目

目前，熔体纺丝成网非织造布（主要包括纺粘法非织造布、熔喷法非织造布及 SMS 型非织造布）的后整理主要包括亲水、抗水、抗油、抗酒精、抗血液、抗静电、抗菌防霉、防臭、阻燃、柔软等，其中尤以亲水、抗静电、“三抗”（没有统一的定义，常指抗酒精、抗血液、抗油）最为常用。

非织造布后整理设备和整理剂的不断创新，也为非织造布后整理的发展带来日新月异的变化，可以使普通的非织造布产品成为功能优异的新材料、新产品。

三、非织造布后整理的分类

（一）按加工工艺分类

非织造布的后整理加工工艺有很多种，按整理机理进行分类，主要分为物理机械整理、化学整理、物理机械化学整理等。

1. 物理机械整理

物理机械整理是指利用水分、热量、压力、拉力、摩擦、电磁波、电子束、纳米材料等物理机械作用对非织造布进行整理，包括轧光、轧花、打孔、印刷、拉辐、磨绒、收缩定型整理等。这类整理的特点是：非织造布在整理过程中，其纤维不与化学试剂发生作用。

纺粘法非织造布经过打孔或压花加工后，产品的手感会变得蓬松，具有导流作用；PET 材料经过热定型处理后，其尺寸会趋于稳定，应用性能提高；熔喷法非织造布材料经过压花或超声波处理以后，纤维就不容易脱落，可以用作擦拭材料使用。

针刺过滤非织造布通过轧光整理，可以明显改善非织造布的过滤性能；超声波轧花工艺不但可以加固纤网，而且可以使布面形成凹凸有致的图案效果，提高其视觉感受和商品价值。

2. 化学整理

化学整理是非织造布领域应用最多的一种整理方式，它是利用化学整理剂对非织造布进行整理，如柔软整理、硬挺整理、阻燃整理、防水防油整理等。这种整理方法的特点是：非织造布在整理过程中，其纤维与整理剂发生化学反应或物理吸附作用，改变了产品的表面性能，从而达到预期的整理的效果。例如，对服装上使用的非织造黏合衬采用硬挺整理，可以使非织造布具有耐久定型、良好的抗褶皱性和一定的硬挺度；对于抽油烟机过滤网、公共场所空气过滤器所用的过滤材料等非织造布制品，需要用阻燃整理剂对非织造布进行阻燃整理，使其具有阻燃的功能。

3. 物理机械+化学整理

在实际生产过程中，有的后整理过程是多种机理协同作用，其中既运用了物理机械整理，也应用了化学整理，两种方法同时实施，从而使非织造布同时具有这两种方法整理的效果。例如，柔软整理、防静电整理等。防静电整理可采用物理和化学方法防止纤维上积聚静电，改善非织造布的防静电性能。医疗用的一次性手术服和易燃、易爆场所所用的非织造材料均需抗静电整理。

（二）按后整理系统在生产线中的位置分类

根据后整理系统在生产线中的位置，产品的后整理分为在线后整理及离线后整理两种。

1. 在线后整理

在线后整理（on line after finish）工艺的后整理设备直接配置在生产线的主流程中，与非织造产品的生产同步进行（图 7-1），其运行状态既可能受生产线的影响，也可能影响生产线的运行。在线后整理是熔体纺丝成网非织造布生产过程中较为普遍应用的工艺。

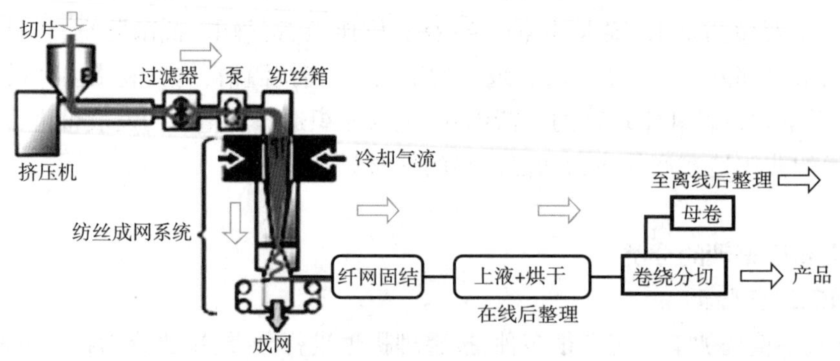

图 7-1　在线后整理在生产流程中的位置

配置在主流程中的在线后整理设备仅有上液和烘干两个系统，另外还需要一个配制整理剂溶液的辅助系统，为上液装置供应后整理用溶液。产品需要进行功能整理时，这几个系统就要同步投入运行。

在产品无须进行后整理加工时，这些系统就停用闲置，非织造布可以直接穿越（或跨越）上液和烘干两个系统，但这时上液和烘干设备并不是处于完全静止状态，其中可能还有部分机构运转，带动非织造布以与生产线同步的速度运行，以降低产品在运行时的牵引张力，尽量减少对产品幅宽和结构的影响。

在线后整理的设备配置在非织造布生产线的纤网固结设备（热轧机）与卷绕机之间，或在纤网固结设备与在线检测设备之间。图 7-2 是配置在一条应用离线分切工艺路线的非织造布生产线的在线后整理设备。

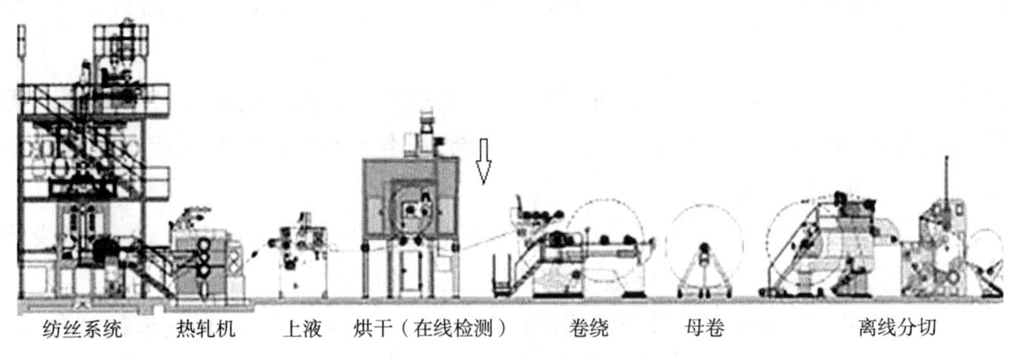

图 7-2　在线后整理设备配置图

2. 离线后整理

离线（off line）表示设备或系统处于非正常运行的状态或位置，离线整理（off line after finish）指后整理设备是配置在离开非织造布生产线的其他场所。

离线后整理系统是一个独立的生产系统，离线后整理生产线的配置较多，包括母卷退（放）卷设备、布卷驳接设备、整理液配制系统、上液装置与轧液装置、干燥装置及驱动系统、冷却装置、卷绕分切设备等，要占用较大的场地（图 7-3）。

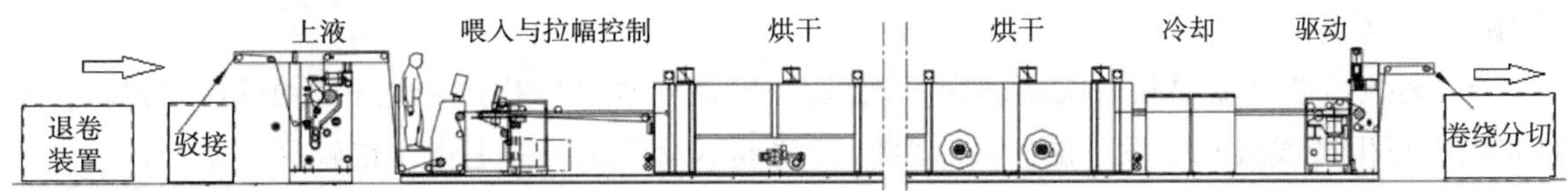

图 7-3　离线后整理生产线侧视图

3. 在线整理与离线整理的特点

（1）在线后整理设备配置和特点。在线后整理系统的设备较为简单，一般采用 kiss roll 上液，其上液量较少，运行过程与生产线同步，可以在高速状态运行，由于受干燥系统干燥能力的影响，适宜整理轻薄型小定量规格的产品。

设备仅包括整理液配制系统、上液装置、干燥装置三部分。由于在线后整理系统的设备是串联在生产线的主流程中，其设备可靠性、工艺稳定性会掣肘，影响生产线的运行，而且不适宜整理需要较长停留时间的产品，对生产线的产量有较大限制。相对于离线后整理系统，在线后整理系统不需要增加更多的编制外的岗位员工，劳动成本较低。

（2）离线后整理工艺的设备配置和特点。离线后整理工艺的后整理设备则设置在生产线主流程设备以外的其他场所中,后整理系统自成一条后整理生产线,与非织造产品的生产过程没有直接关联,其整理加工过程是滞后于非织造布生产线的。

离线后整理一般采用液下浸轧的工艺上液,因此,上液量很大,水分蒸发量也很大,运行速度一般在 100~150m/min,适宜加工一些大定量厚型产品,主要用于整理医疗用制品材料,因此,也是生产医疗防护制品材料企业的基本配置。离线后整理系统是独立运行的,因此,需要增加专门编制的岗位员工,劳动成本较高。

4. 在线后整理与离线后整理的差异

(1)在线后整理的设备简单,占用场地少;离线后整理的配置设备多,系统较复杂,占用场地多。

(2)在线后整理与生产线主流程设备同步运行,后整理设备的运行状态会牵制生产线主流程的运行;而离线后整理是一个相对独立的生产系统,基本上不会影响非织造布生产线主流程的运行,具有较大的运行灵活性。

(3)在线后整理所整理的产品定量较小,多为卫生制品材料,运行速度较高;而离线后整理所整理的产品定量较大,以医疗防护制品材料为主,运行速度较慢。

(4)在线后整理一般采用在整理液的液面以上上液,上液量较少,整理剂消耗量、干燥产品的能源消耗也较少;而离线后整理一般采用液面以下浸轧上液,上液量很多,整理剂消耗量、干燥产品的能源消耗也较多。

5. 后整理对生产成本的影响

(1)采用离线后整理路线时,由于母卷产品要进行反复的运输和加工,其过程容易产生污染,每一次都会有生头消耗、尾料消耗、边料不可回收等,会损耗较多的非织造布材料。

(2)离线后整理的上液量较大,整理剂损耗要比在线后整理多很多,对成本的影响较大。

(3)由于离线后整理采用液下浸轧工艺,非织造布材料的带液量很多,需要干燥蒸发的水分多,消耗的能源也较多,对加工费用影响很大,但与在线后整理的加工范围具有互补性,各有适用的加工对象。

(4)离线后整理需要独立编制的岗位人员,一般需要独立的生产场地和环境这样可以减少对非织造布生产线或其他设备的影响,因此,劳动成本及产品的固定费用也较高。

(5)在线后整理的上液量较少,产品两侧的边料具有可回收性,可提高原料的投入产出率;因受场地条件限制,大部分后整理干燥装置的热效率不如离线后整理的干燥系统。

第二节　后整理应用的基本原理和工艺

一、表面张力与接触角

(一)固体与液体的表面张力

固体的表面张力是决定固体对特定液体的亲和或抗拒的根本因素,只要固体的表面张力小于液体的表面张力,固体就会呈拒液性,差距越大(固体的表面张力越低),阻隔性能越好。相反,如果固体的表面张力大于液体的表面张力,固体就会被液体浸润、渗透而不具备阻隔性。常见纤维的表面张力见表 7-1。

表 7-1　常见纤维的表面张力(mN/m)

纤维种类	聚酯	聚酰胺	聚丙烯	丙烯酸纤维	棉花	羊毛
表面张力	~43	~46	25~28	~45	~44	~45

常用的表面张力的单位有:10^{-3}N/m,mN/m,dynes/cm(达因/厘米)等,计量单位虽然不同,但所表示的数值都是等同的。

当材料需要具备抗酒精或抗血液渗透性能时,只要固体的表面张力小于两种液体中表面张力最小的那一种,则固体就会同时具备抗两种液体浸润、渗透的阻隔性。

(二)浸润与接触角

用接触角来解释液体与固体表面的浸润状态,理论上叫作杨氏方程($\delta_s-\delta_{s1}=\delta_1\times\cos\theta$)。固体、液体的接触与浸润状态如图 7-4 所示。

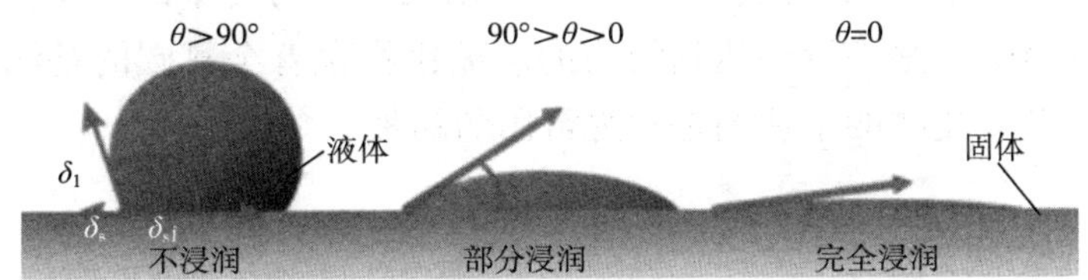

图 7-4　固体、液体的接触角与浸润状态

θ—接触角　δ_1—液体表面张力　δ_s—固体表面张力　δ_{s1}—固体/液体间的表面张力

当接触角 $\theta=0$ 时,液体能完全浸润固体,固体具有亲液性;当 $0<\theta<90°$时,液体能部分浸润固体;当接触角 $\theta>90°$时,液体无法浸润固体,固体具有抗液性。例如,人造血浆表面张力 42~60mN/m,酒精表面张力 24.3mN/m。常见液体临界表面张力见表 7-2。只要表面张力小于 24.3mN/m,SMS 材料就会同时具备抗酒精和抗血液的功能。材料的表面张力与温度、纯度、相邻物质的性质有关。常见固体材料的临界表面张力见表 7-3。

表 7-2　常见液体临界表面张力

液体名称	温度(℃)	临界表面张力(mN/m)
乙醇(酒精)	0	24.3
橄榄油	20	35.8
人造血浆	25	42~60
纯水		72.8
雨水		53
食用油		32~35

表 7-3　常见固体材料的临界表面张力

固体材料	表面成分	临界表面张力(mN/m)	测定的化合物
氟化物	—CF_3	6	全氟月桂酸
	—CF_2H	15	氢化全氟十一酸

续表

固体材料	表面成分	临界表面张力(mN/m)	测定的化合物
氟化物	—CF_2CF_2—	18.5	聚四氟乙烯
	—CF_2CFCl—	31	聚氯三氟乙烯
碳氢化合物	—CH_3—	24	脂肪胺
	—CH_3CH_2—	31	聚乙烯
有机硅	—$Si(CH_3)_2O$—	24	聚二甲基硅氧酸
氯化物	—$CClHCH_2$—	39	聚氯乙烯
	—CCl_2CH_2—	40	聚偏氯乙烯
聚酰胺	己二酸己二胺	46	锦纶 66

当固体(如纤维)固有的表面张力偏大时,可以用表面张力更小的物质覆盖在固体表面,使固体呈现抗液性,这就是后整理所要达到的目的。氟化物含有全氟碳的基团,这些基团有很低的表面张力。因此,含氟化物的整理剂是较为常用的品种。

二、纤维表面后整理改性

纤维表面的亲水改性后整理是对纤维或织物的表面进行亲水性整理。整理的实质是要在纤维或织物表面加上一层亲水性化合物,在基本保持纤维原有特性的情况下,能够增加纤维的吸湿性和吸水性,达到提高纤维表面亲水性能的目的。

目前经常使用的后整理方法主要包括亲水性整理剂吸附固着成膜法、亲水性单体的表面接枝聚合法等。

(一)亲水整理剂吸附固着成膜法

这是一种将亲水整理剂均匀而牢固地附着在纤维表面从而形成亲水性的整理方法,是近年来对非织造布产品进行亲水性整理的主要加工方法。

在这种方法中,一般是选择既含有亲水基团又含有交联反应官能团的整理剂,其中的亲水链段提供亲水性能,交联反应官能团则在纤维表面形成薄膜,从而提高整理剂的耐久性能。

此外,也可以选择让含有亲水基团的水溶性聚合物与一个合适的交联剂组成一个体系,控制交联剂与水溶性高聚物的反应程度,从而使水溶性高聚物的一部分亲水基团保留在纤维表面,使纤维的亲水性得到改善。

常用水溶性聚合物一般为聚丙烯酸、聚乙烯醇、水溶性纤维素、可溶性淀粉等,交联剂则是一些能够与活泼性基团如氨基、羟基等发生反应而交联的物质,如 2D 树脂等。这种方法除了用于常规亲水整理外,更多地用于高吸水性产品的整理加工。

(二)表面接枝聚合法

表面接枝共聚法是利用各种方法使亲水性单体在合成纤维的表面进行接枝聚合,以改善合成纤维的亲水性。

接枝聚合是利用引发剂引发或高能辐射(电子束、紫外线)照射,或用等离子体整理,使纤维表面产生游离基,然后使亲水性单体游离在游离基上进行接枝聚合,从而形成持久的吸水性和抗静电性的新表面层。

三、一步同浴后整理技术

（一）SMS 复合材料的特性

一步同浴后整理工艺就是通过一次功能整理，就可以使产品同时获得多种特性，甚至其中会包括一些相矛盾的特性的工艺。例如，当 SMS 产品用作医疗防护制品材料时，要求同时具有抗静电、抗水、抗酒精渗透、抗血液渗透等多项功能。

虽然用 PP 原料生产的 SMS 产品具有天然的抗液性，但其等级仍偏低，仅有 4~5 级，而防护服要求的防护等级为 8 级或更高，只有通过后整理才能满足这个要求。为了提高穿戴的舒适性和安全性，要求材料还具备良好的抗静电性能（俗称强抗），表面电阻要 $<10^9\Omega\cdot cm$，但一般未经整理的 SMS 产品的表面电阻 $\geqslant 10^{14}\Omega\cdot cm$，无法满足抗静电性能要求，这就必须进行功能整理。

生产 SMS 产品的原料是聚丙烯（PP），其临界表面张力为 25~28mN/m，由于比纯水的临界表面张力（72.8mN/m）小很多，因此 PP 具有良好的抗水性能。但与酒精（乙醇）的临界表面张力（24.3mN/m）很接近，因此，其抗酒精渗透性能就很差，必须通过后整理予以加强。

在防护服、手术衣的使用环境中，会遇到人的体液或血液，而人的血液的临界表面张力为 42~60mN/m，大于 PP 材料的表面张力，所以具备一定的抗渗透性能。为确保防护制品的抗感染能力，其抗血液渗透性能也有待进一步提高。

综上所述，要求用于制作医疗防护制品的 SMS 材料同时具备抗静电、抗油、抗酒精渗透、抗血液渗透的性能。实际上，在这诸多的抗渗透性能要求中，只要能防止临界表面张力最小的液体渗透，那就必然对其他表面张力更大的液体具有更好的防止性能。

（二）SMS 材料具备“三抗”性能的机理

一般有两个途径可以提高防护制品材料的抗静电性能。一个是降低材料的表面电阻，使静电不容易积聚而逸散；另一个是提高材料表面的湿度，以便形成一个电阻较低的静电泄放通道。因此，实际应用的抗静电整理剂就是一种亲水性物质，使非织造布材料具有亲水性，能吸收空气中的水分，形成一个较低电阻的表层。

经过抗静电整理后，材料的表面电阻会明显降低，当表面电阻为 $10^8\Omega\cdot cm$ 时，就有很好的抗静电效果。

而要提高防护制品材料的抗油、抗酒精渗透、抗血液渗透性能，其本质就是要降低材料的表面张力，增加材料表面与液体的表面张力差异，使其呈现良好的抗液性。显然，这个结果是与抗静电整理的结果（要求亲水）是互相矛盾的。因此，进行抗静电整理时，容易影响产品的阻隔性能。

（三）一步同浴功能整理工艺

一步同浴后整理工艺，是一个使两个互相矛盾的性能在同一个物体上获得统一的后整理技术。其关键就在于整理剂的选用及具体实施的整理工艺。采用一步同浴工艺进行功能整理时，SMS 材料的 PP 纤维浸泡在有多种功能的整理剂共存溶液中，由于抗液整理剂具有较强的极性及亲和力，其分子会率先吸附在 SMS 材料的纤维表面，从而形成连续的防护性膜，并具有良好的阻隔性能，防止液体接触纤维及渗透到产品纤网的内部。

优先生成的防护性膜有较强的结合力，而且其成膜临界表面张力比上述各种液体（水、油、酒精、血液等）都更小，因此，材料就有良好的抗液性能。

而抗静电剂分子中的亲油基则吸附在抗水、抗油整理剂分子及纤维的表面，抗静电剂中的亲水基则面向整理液中水分子的一面。在随后加热干燥、定型的过程中，这些在整理液中浸渍过的SMS材料，其纤维表面优先与抗水、抗油整理剂分子结合，形成严密的抗液膜，使材料具备抗水、抗油性能。

而抗静电剂分子的亲油基则依靠吸附作用和亲油基分子间的范德瓦耳斯力覆盖在抗液膜的外层，抗静电剂大分子由于体积较大及吸附力的作用排列于膜层的最外侧（空气侧），其中抗静电剂分子的亲水基则会顺应水蒸气的挥发方向，排列在抗液膜层的最外侧，使材料表面呈亲水性。

由于表层的抗静电剂大分子很容易吸收空气中的水分，而比大分子抗静电剂小得多的阳离子抗静电剂分子在自己不断吸收水分子的同时，不断从大分子抗静电剂分子上吸收水分子，形成连续的离子层，表面即呈现弱阳离子性，遇到电子后迅速将电子中和，也就是具有一定的导电性能并能及时逸散电荷，使纤维表面很难产生和积累电荷，实现抗静电性。

这样就使SMS材料同时具备了抗静电，抗水、抗酒精渗透、抗血液渗透性能。由于在SMS纤维表面含有抗静电剂，并且吸收了环境大气中的水分，因此，经过“三抗”整理后，纤维的刚性下降，手感也会感到更为柔顺。

第三节　后整理用溶液

一、整理液分类

根据整理剂在整理液中的分布状态，可分为以下三类：

（1）能完全溶解的溶液型。

（2）整理剂是不溶于溶剂的液体，但可以在乳化剂或分散剂的作用下，能在溶剂中均匀分布的乳浊液型，其中还分为水包油型和油包水型。

（3）不溶于溶剂，但在外力作用下（如搅拌）或加入分散剂后，可在溶剂中均匀分布的悬浊液型。

注意：乳浊液和悬浊液在静置后，会出现沉淀或分层现象，要根据整理液的特性来合理确定施加方案和选择施加设备。

二、表面活性剂

表面活性剂是指能使目标溶液表面张力显著下降的物质，具有固定的亲水亲油基团，在溶液的表面能定向排列。表面活性剂的分子结构具有两性：一端为亲水基团，另一端为疏水基团。表面活性剂分为离子型表面活性剂（包括阳离子表面活性剂与阴离子表面活性剂）、非离子型表面活性剂、两性表面活性剂、复配表面活性剂、其他表面活性剂等。

表面活性剂由于具有润湿或抗黏、乳化或破乳、起泡或消泡以及增溶、分散、洗涤、防腐、抗静电等一系列物理化学作用及相应的实际应用，成为一类灵活多样、用途广泛的精细化工产品。表面活性剂除了在日常生活中作为洗涤剂，其他应用几乎可以覆盖所有的精细化工领域。

在非织造布的后整理加工过程中，常使用各种类型的表面活性剂。为了合理地选择和使用表面活性剂,必须对它的结构、性质、作用原理用途有所了解。

(一)表面活性定义

若是一种物质(A)能降低另一种物质(B)的表面张力,就说 A 对 B 有表面活性。

(二)表面活性剂定义

表面活性剂是指能吸附在表(界)面上,加入量很少时即能大大降低溶液表面张力,改变体系界面状态,从而产生润湿、乳化、起泡以及增溶等一系列作用,或起反作用,以达到实际应用要求的一类物质。

表面活性剂通过分子中不同部分分别对两相亲和,使两相均将其看作本相的成分,分子排列在两相之间,使两相的表面相当于转入分子内部。从而降低表面张力。由于两相都将其看作本相的一个组分,就相当于相与表面活性分子都没有形成界面,通过这种方式消灭两个相的界面,降低张力和表面自由能。

按照物质水溶液的表面张力与该物质浓度的关系,物质可以分为以下三种类型。

(1)低浓度时表面张力随浓度的增加而急剧下降。

(2)表面张力随浓度的增加而逐渐下降。

(3)表面张力随浓度的增加而稍有上升。

(三)表面活性剂的结构

表面活性剂的分子是由非极性的疏水基和极性的亲水基两部分构成。硬脂酸皂($C_{17}H_{35}COONa$)的疏水基为:$CH_3—CH_2—CH_2\cdots CH_2—$,亲水基为$—COONa$,其结构示意图如图 7-5 所示。

(四)表面活性剂的特性

表面活性剂溶解于水,亲水基被水分子吸引而留在水中,疏水基则被水排斥,疏水而指向空气,使其分子在水的表面定向排列,并且在水(溶液)的表面(或界面)形成单分子层。表面活性剂在水中的状态如图 7-6 所示。

图 7-5　表面活性剂的结构示意图

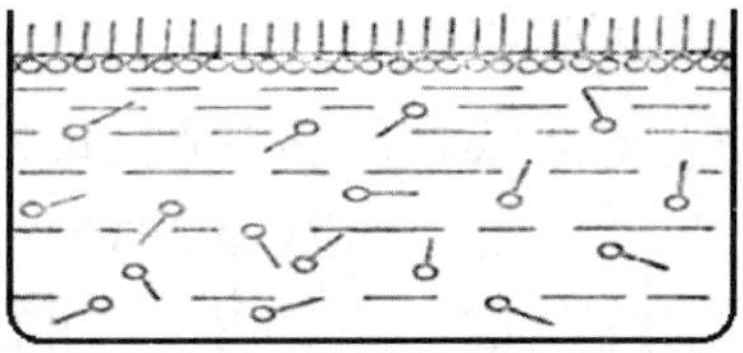

图 7-6　表面活性剂在水中的状态

(五)表面活性剂在非织造布后整理中的应用

当一种固体或液体能完全溶解于另一种液体(如水)时,就能得到这种固体的水溶液或稀释了的液体溶液,在溶液中的两种不同特性的物体互相均匀分布,并且不会出现分离、沉淀或絮凝现象。

根据表面活性剂的不同特性(溶液、乳状液、悬浊液、泡沫)及浓度、黏度,所适用的整理工艺不一样,如溶液型可使用喷淋、kiss roll 等,乳状液适合使用浸渍、涂布,泡沫只能采用涂布法等,但没有绝对的、唯一的选择,在实际生产中有很多变通的方法。

(六)表面活性剂的分类

按照离子特性分类,表面活性剂可分为离子型活性剂和非离子型活性剂两大类,而离子型活性剂还分为阴离子型、阳离子型、两性离子型三种(图 7-7)。

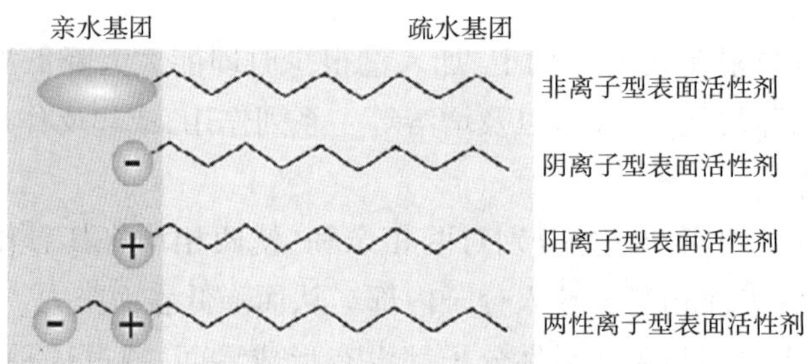

图 7-7　各种表面活性剂分子

1. 非离子型表面活性剂

非离子型表面活性剂是一种在水溶液中不产生离子的表面活性剂,大多为液态和浆状态。它在水中的溶解是由于它具有对水亲和力很强的官能团,但在水中的溶解度随温度升高而降低。

非离子表面活性剂和阴离子类型相比较,乳化能力更高,并具有一定的耐硬水能力,具有良好的洗涤、分散、乳化、润湿、增溶、匀染、防腐蚀和保护胶体等多种性能,是净洗剂、乳化剂配方中不可或缺的成分,广泛用于化纤、纺织、塑料、皮革、毛皮、造纸、金属加工等领域。与阴离子表面活性剂相比,非离子表面活性剂也存在一些缺陷,例如,浊点限制、不耐碱、价格较高等。

非离子型表面活性剂的疏水基一般是以脂肪醇(R—OH)、烷基酚、脂肪酸(R—COOH)、脂肪胺(R—NH_2)等为基础结构。

按照亲水基分类,非离子表面活性剂可分为聚氧乙烯型、多元醇型。绝大部分是有机胺的衍生物。

2. 阴离子型表面活性剂

阴离子型表面活性剂的特点是在水中能生成憎水性的阴离子,常用作洗涤剂、润湿剂、乳化剂和分散剂。不可与阳离子型表面活性剂一同使用,因在水溶液中将生成沉淀而失去效力,但可与非离子型表面活性剂一起使用。常用的阴离子型表面活性剂有:

(1)肥皂,即高级脂肪酸钠盐,通式:RCOONa。

(2)脂肪醇硫酸酯钠盐,通式:R—O—SO_3Na ($R=C_nH_{2n+1}$,$n=12\sim18$)。

(3)烷基磺酸钠(AS),通式:R—SO_3Na($R=C_nH_{2n+1}$,$n=15\sim20$)。

(4)烷基苯磺酸钠(ABS),通式:($R=C_nH_{2n+1}$,$n=10\sim16$)。

3. 阳离子型表面活性剂

阳离子型表面活性剂因在水中能生成憎水性的阳离子而得名。生产品种绝大部分是有机胺的衍生物。它具有强杀菌力、柔软、抗静电、抗腐蚀等作用和一定的乳化、润湿性能,也常常用作相转移催化剂。除此之外,阴离子型表面活性剂还广泛用作杀菌剂和消毒剂,具有强吸附力,能在表面生成亲油性薄膜产生阳电性,可用作纺织品的柔软剂和抗静电剂等。它不可与阴离子型表面活性一同使用，因在水溶液中将生成沉淀失去效力，但可与非离子型表面活性剂一同使用。

4. 两性离子型表面活性剂

两性离子型表面活性剂是指同时具有两种离子性质的表面活性剂，但绝非阴离子型、阳离子型的混合。这类表面活性剂，生产品种绝大部分是羧基盐类。其中阴离子部分是羧酸基，阳离子部分由胺盐构成的称为氨基酸型两性表面活性剂，阳离子部分由季铵盐构成的称为甜菜碱型两性表面活性剂。

氨基酸型两性表面活性剂，当阳离子性和阴离子性正好在平衡的等电点时，亲水性变小，就生成沉淀；甜菜碱型两性表面活性剂，最大的特点是在酸性、中性或碱性的水溶液中都能溶解。

通常所说的两性离子型表面活性剂，是指由阴离子和阳离子所组成的表面活性剂，即在亲水基一端有阳离子和阴离子，是二者结合在一起的表面活性剂。两性表面活性剂分子中，在分子的一端不是酸性基就是碱性基，二者不能同时存在。两性离子表面活性剂不是它本身能具有或表现几种离子性质，而是在不同的使用环境中体现不同离子。

两性离子型表面活性剂，在使用上有这样一个特点：在不同 pH 值介质中可表现出阳离子或阴离子表面活性剂的性质，如在酸性溶液中呈阳离子性质，在中性浴中呈非电离子型性质。在印染工业上主要用作织物柔软剂、渗透剂、净洗剂、抗静电剂等。

（七）表面活性剂在后整理中的作用

1. 润湿作用

润湿是液体在固体表面铺展的现象，根据液体与固体的特性，液体在固体表面会呈现不同的形态（图 7-8）。

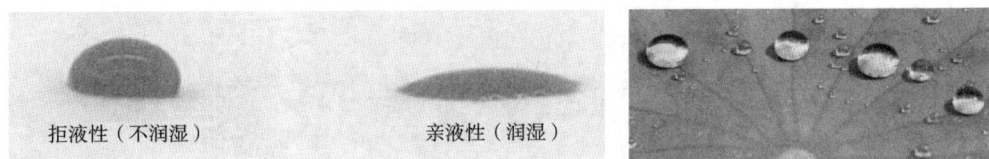

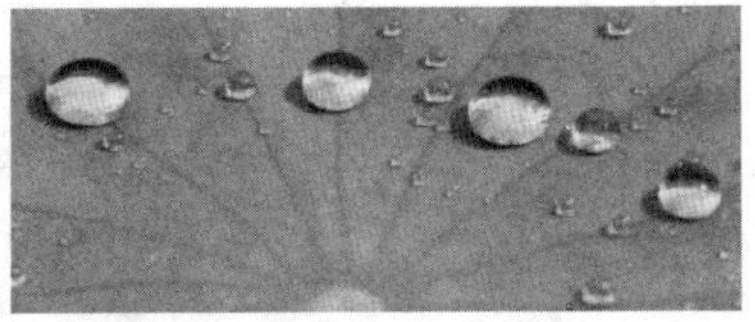

图 7-8 溶液的浸润作用和荷叶上的水珠

从图 7-8 可以看出，液体对固体的润湿程度不同，液体在固体表面可以呈现从完全展开到呈珠状之间的各种状态。当液体把固体表面润湿并完全展开时，这就是通常所说的亲液性，当液体不能把固体表面润湿并展开时，这就是通常所说的拒液性，这时液体就如荷叶上的水珠一样的状态。

2. 乳化作用

将一种液体以微小的液滴均匀分散在另一种与其互不相溶的液体中所形成的体系称为乳状液或乳液，这种分散的过程就是乳化（图 7-9）。

在没有外力（如搅拌）作用下，“乳状液”会失去稳定性，其中的两种液体会出现分层现象，或出现絮状沉淀，或絮凝状（图 7-10）。

乳状液通常有两种结构类型：

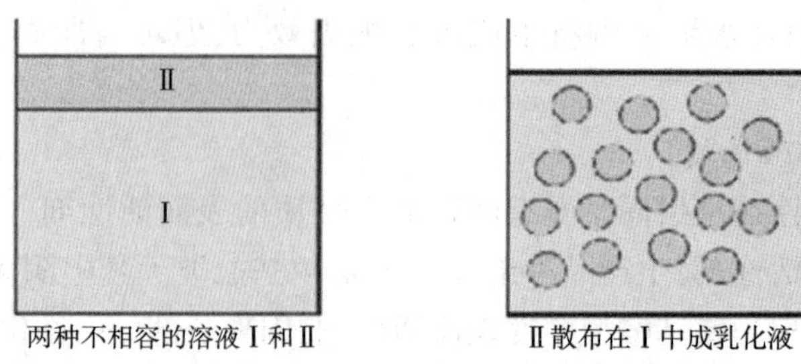

图 7-9　由两种互不相溶的溶液Ⅰ和Ⅱ形成的乳化液

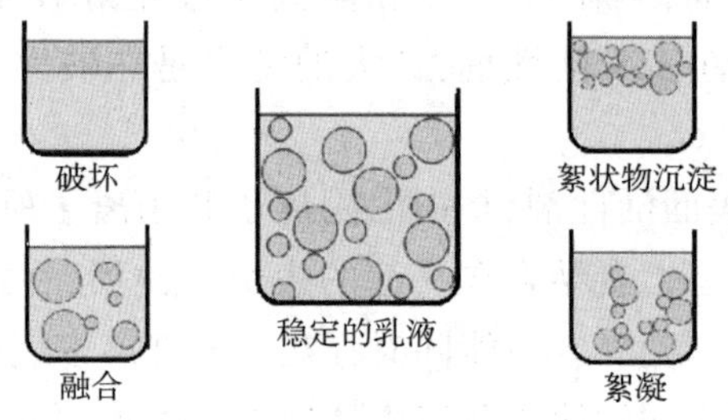

图 7-10　乳液的各种状态

(1)水包油型(油/水,O/W,oil in water)乳液,油分散在水中,水是连续相(外相),而油是不连续相(内相)。当水比油多时,或将油冲入水中时,就会形成水包油型乳液,如图 7-11(a)所示。

(2)油包水型(水/油,W/O,water in oil)乳液,水分散在油中,油是连续相(外相),而水是不连续相(内相)。当油比水多时,或将水冲入油中时,就会形成油包水型乳液,如图 7-11(b)所示。

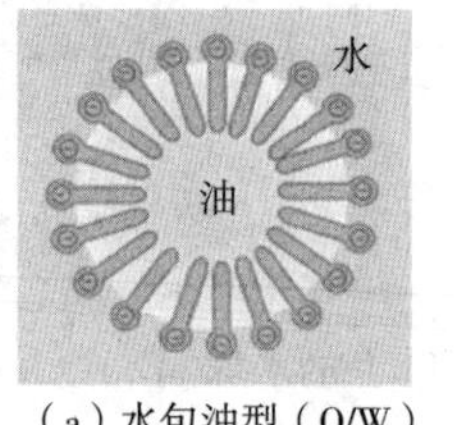

(a)水包油型(O/W)

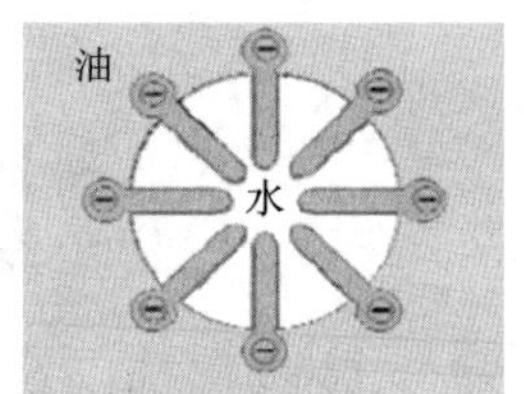

(b)油包水型(W/O)

图 7-11　乳液的两种结构类型

两种不同类型的乳液可以相互转化,这种变化称为转相。

3. 分散作用

将一种固体以微小的颗粒均匀分散在另一种与其互不相容的液体中所形成的体系则称为分散液或悬浮液、悬浊液,这种过程就是分散。

在没有外力(如搅拌)作用下静置,分散液中的固态颗粒会出现沉淀分离现象。

4. 发泡作用

气体分散在液体中形成的体系称为泡沫(图 7-12)。泡沫是稳定存在的,泡沫的稳定性和膜的表面黏度、表面弹性、表面电荷的斥力以及温度等因素有关。

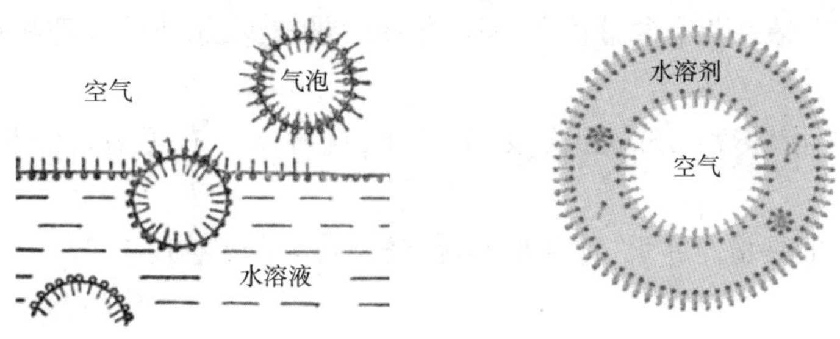

图 7-12　水溶液中的气泡

5. 洗涤作用

(1)润湿作用。使织物在洗液中充分润湿,并使不溶于水的油性污垢与纤维的附着力减弱。

(2)乳化、分散作用。借机械搅动或揉搓,使污垢从织物上脱落并均匀地分散在洗液中。

(八)表面活性剂化学结构与性能的关系

1. 表面活性剂亲水性与其性质的关系

表面活性剂亲水性的强弱主要决定于疏水基的疏水性大小和亲水基的亲水性大小。疏水基的疏水性可用它的分子量大小来间接表示。聚氧乙烯型的非离子表面活性剂的亲水性可用亲水基的分子量大小来表示。

2. 表面活性剂疏水基种类与性能的关系

各种疏水基的疏水性大小大致可排列成下列顺序:脂肪族烷基>脂肪族烯基>脂肪烃接芳香烃基>芳香烃基>有弱亲水基的烃基。

选择乳化剂、分散剂和净洗剂时,还要考虑表面活性剂的疏水基与被作用物的相容性。

3. 表面活性剂亲水基相对位置对其性能的影响

表面活性剂分子中亲水基所在的位置也影响表面活性剂的性能:亲水基在分子中间的比在末端的润湿能力强,亲水基在末端的则比在中间的去污力强。

4. 表面活性剂疏水基支链对其性能的影响

如果表面活性剂的种类相同,分子量大小相同,则有分支结构的表面活性剂具有较好的润湿、渗透性能,而直链烃基的表面活性剂净洗作用较有分支结构的好。

5. 表面活性剂分子量对其性能的影响

同一品种的表面活性剂,若亲水基相同,则随着疏水基中碳原子数的增加,溶解度、临界胶束浓度等皆有规律地减小,但降低水的表面张力,这一性质则明显增强。

三、后整理用水

(一)水源

为了不影响整理剂的性能,在配制整理溶液时,一定要使用符合工艺要求的软水或纯净水。在条件限制时,最低要求也要使用水质硬度较低的干净水,而不能使用含钙、镁、重金属离子的硬水。目前的水源有以下三种。

1. 地面水

江、河、湖泊等,水中携带一些有机和无机物质,其杂质含量随气候、雨量和地质环境的改变而差异较大,地面水中悬浮杂质含量较高,而矿物质含量较少,水质的处理相对较容易。

2. 地下水

(1)浅地下水是指深度<15m 的浅泉水、井水,这种水中有可溶性有机物和较多的二氧化碳。

(2)深地下水一般是指深井水,这种水不含有机物,但含矿物质。

3. 自来水

由地面水与地下水经处理而成的,质量较高,它是经过加工后的天然水。

(二)水质

水质一般以水中所含有的悬浮物(泥沙)、水溶性杂质,如胶体物(较少硅、铝等化合物)的多少来评价,即硬度。水中的悬浮物可以通过静置、过滤等方法去除。而可溶性杂质如 Ca、Mg、Fe、Mn 离子及盐等是较难处理的成分。

在非织造布整理加工过程中,整理剂、染料占主导地位,但水是载体,是溶剂,水质对整理产品质量、消耗等具有很大影响。

1. 水的硬度

(1)硬度评价。目前,水质的硬度定义仍未得到统一,不同国家的定义都不同,因此,用硬度来评价水质时,必须注明所执行的标准。

①硬度的定义及分类。水的硬度是指水中离子沉淀肥皂水的能力,取决于水中钙、镁盐的总含量。水的硬度分为暂时硬度与永久硬度。

暂时硬度是由水中的酸式碳酸盐衡量的,由于水中的酸式碳酸盐可以通过将水煮沸后除去,即钙、镁离子通过加热能以碳酸盐形式沉淀下来,从而将硬度降低,故称为暂时硬度。

永久硬度是由钙、镁等的氯化物($CaCl_2$、$MgCl_2$)、硫酸盐($CaSO_4$、$MgSO_4$)或硝酸盐[$Ca(NO_3)_2$、$Mg(NO_3)_2$]等引起的,成为非碳酸盐硬度。在加热煮沸过程中不发生沉淀并从水中析出的那部分钙、镁离子仍保留在水中。因此,这种硬度称为永久硬度。

$$Ca(HCO_3)_2 = CaCO_3\downarrow + CO_2\uparrow + H_2O$$

$$Mg(HCO_3)_2 = MgCO_3\downarrow + CO_2\uparrow + H_2O$$

$$MgCO_3 + 2H_2O = Mg(OH)_2\downarrow + CO_2\uparrow$$

由于 $Mg(OH)_2$ 的溶解度远小于 $MgCO_3$,较容易从水中沉淀析出。

②硬度表示方法。水中 Ca^{2+} 的含量称为钙硬度;水中 Mg^{2+} 的含量称为镁硬度。碳酸盐硬度和非碳酸盐硬度之和称为总硬度。一般以水中的 Ca^{2+}、Mg^{2+} 总量作为硬度的定义,以 100 万份水中 Ca、Mg 盐含量换算成 $CaCO_3$ 的份数来表示。1L 水中所含 Ca、Mg 盐类相当于 1mg $CaCO_3$ 称 1mg/L,或 1 度(美国度)。硬度 1 度(德国度)相当于每升水中含有 10mg CaO(氧化钙),1 法国度等于 10mg/L 的 $CaCO_3$,我国以往所采用的水硬度单位度等于德国度。

若水中含有 10mg/L 的镁离子(Mg^{2+}),以及 15mg/L 的钙离子(Ca^{2+}),则它的总硬度值计算如下(计算公式中的 24.4、40.0 分别为镁和钙的摩尔质量)。

在不同的水中,这两种硬度所占的比例有所不同,通常以两者的综合表示,即总硬度。总硬度的单位:mmol/L,mg/L。

$$总硬度 = 镁硬度 + 钙硬度$$

$$镁硬度=10mg/L\times100/24.4=41.0mg/L$$

$$钙硬度=15mg/L\times100/40.0=37.5mg/L$$

$$总硬度=41.0mg/L+37.5mg/L=78.5mg/L$$

(2)根据硬度的水质分类。水的质量一般按其钙、镁离子含量，也就是硬度进行分类，常分为硬水和软水两类。在自然界存在的一般为硬水，只有经过纯化处理的自然界的水，才有可能成为软水。根据硬度进行水质分类的方法并不是很严格，表 7-4 为一种常用的分类方法。

表 7-4　根据硬度的水质分类

名称	极软水	软水	略硬水	硬水	极硬水
硬度(mg/L)	<15	15~57	50~100	100~286	>286

其中软水含较少的钙、镁盐，硬水含较多的钙、镁盐。

生活饮用水卫生标准(GB 5749—2022)规定硬度不得超过 450mg/L，饮用净水水质标准(CJ 94—2005)中规定硬度不超过 300mg/L。

(3)硬水对整理加工的影响。含钙、镁离子的水能与阴离子表面活性剂(如肥皂或某些染化料)结合形成沉淀物，这不仅增加了肥皂或染化物和耗用量，还由于形成的沉淀物会沉积于织物表面，而对织物的手感、色泽产生不良影响。

含钙、镁离子的水由于能与某些染化料形成沉淀，致使过滤性染色加工过程不能顺利进行(如筒子纱染色、经轴染色)。

含 Fe、Mn 的水，会使织物表面泛黄甚至产生锈斑，铁盐也能催化双氧水分解，影响氧漂效果，并使棉纤维脆化。

若煮练过程中使用硬水，则煮练后织物的吸水性明显降低。总之，影响产品质量，增加染化料用量，延长生产周期，增加生产成本。

硬水会使某些阴离子型表面活性剂生成不溶性物质(如钙皂、镁皂)而沉积在布面上，不仅会浪费整理乳液，还会在布面上形成斑迹，影响产品的外观和手感。

2. 水的电导率

水的电导率是用于表示水溶液传导电流的能力，与水中矿物质含量有密切的关系，表示水中溶解性矿物质浓度的变化和水中离子化合物的数量，是溶解于水中的总固体量 TDS(total dissolved solids)，也称总含盐量，间接反映水的总硬度。固体量越多，水受污染的程度越严重，电导率也越大。因此，电导率也用于表示水的纯净度。

因为水是一种很弱的电解质，能电离出少量的氢和氢氧根离子，所以即使理想的纯水也有一定的导电能力，而溶于水中的固体物质(含盐量)越多，导电性能越好。这种导电能力常用电导率表示，其实质则是溶解性总固体量。

电导率的计量单位为 S/cm(西门子/厘米)，因为这是一个较大的单位，常用其乘以 10^{-6} 即 μS/cm 表示，或用其乘以 10^{-3} 即 mS/cm 表示。25℃时纯水的极限电导率为 0.0547μS/cm。

水的导电能力与水的温度、pH 和杂质含量等因素有关。而电导率是水的电阻值的倒数，表示水传送电流的能力，电导率越大或 TDS 值越大，也即是电阻越小，传导电流的能力也越强。

TDS 值与水的温度变化有关，一般以 25℃ 为标准，此时的电导率用 EC25 表示。水温升高，水的黏度降低，离子热运动加剧，迁移速度加快，电导率随水的温度升高而增大，反之就降低。纯水的温度每升高 1℃，电导率增加 1%～2%。

电导率与含盐量呈比例关系：1μS/cm＝(0.55～0.75)mg/L。温度每变化 1℃，含盐量变化 1.5%～2.0%，高于 25℃ 用负值，低于 25℃ 用正值。

水的电导率与硬度是两个相同的概念，都是表示水的纯净度，但表示方法和计量单位都不同，就是 TDS 或电导率越高，则硬度也会越大，存在正相关关系，可近似认为：1μS/cm＝2×TDS(mg/L)。

在熔体纺丝成网非织造布的后整理加工中，用水的电导率在 5μS/cm 左右，而一般自来水的电导率在 50～500μS/cm，这是无法达到后整理工艺要求的。因此，在配制整理液前，要对普通的水(主要是自来水)进行软化整理，降低其硬度。

通常可用煮沸或蒸馏的方法来降低水的硬度，目前民用、工业领域会应用反渗透技术制备去离子水，也就是所谓纯净水。

3. 水的 pH

pH 是指氢离子浓度的负对数值，有时也称为氢离子指数或酸碱度，是水溶液的酸碱性强弱程度，根据水中的氢离子浓度可以知道水溶液是呈碱性、中性还是酸性。由于氢离子浓度的数值往往很小，在应用上很不方便，所以就用 pH 这一概念来作为水溶液酸碱性的判断指标。而且，水中的氢离子浓度的负对数值大小就恰能表现出酸碱性的变化幅度的数量及大小，这样应用起来就十分方便。

pH 在 0～14 范围，$pH=-lg[H^+]=-lg10^{-7}=7$，即 pH＝7 时水溶液呈中性。

(1)中性水溶液。pH＝6.5～8.0 属中性水溶液。

(2)酸性水溶液。pH<7，pH 越小酸性越强；pH<5.0，是强酸性水溶液。

(3)碱性水溶液。pH>7，pH 越大碱性越强；pH>10.0 为强碱性水溶液；pH＝8.1～10.1 是弱碱性水溶液。

(三)水质要求

1. 水质指标

水质的指标一般分为物理指标、化学指标、生物指标三大类。物理指标主要包括温度、颜色、混浊度和透明度、总固体量、电导率等。化学指标主要包括硬度、pH、无机物等。生物指标是指细菌总数、大肠菌群、藻类数量等。

其他相关的水质指标还包括：无色、透明、无臭；pH＝6.5～7.4；总硬度 0～60mg/L；铁<0.1mg/L，锰<0.1mg/L；碱度(35～64)mg/L；溶解的固体物质(65～150)mg/L。

我国生活饮用水国家标准(GB 5749—2022)规定溶解性总固体不得超过 1000mg/L，饮用净水水质标准(CJ 94—2005)中规定溶解性总固体不超过 500mg/L。

在非织造布的后整理过程中，由于整理剂存在一定的离子特性，其可能与水中的离子相互发生反应而降低功能效果，影响后整理的产品质量，因此，在非织造布的后整理加工过程中，会对配液的水质有一定的要求，一般会选用经过净化处理的去离子水。

2. 后整理水质标准

熔体纺丝成网非织造布企业后整理用水的质量要求见表 7-5。

表 7-5　非织造布企业后整理用水的质量要求

项目	指标	项目	指标
颜色	无色、透明	铁(mg/L)	0.02~0.1
气味	无异味	锰(mg/L)	0.02
pH	6.5~7.4	碱度(甲基橙为指示剂,用酸滴定)(mg/L)	35~64
总硬度(以 $CaCO_3$ 计)(mg/L)	0~25	溶解的固体物质(mg/L)	65~150
电导率(μS/cm)	5~10(根据用途)		

四、水的软化与去离子水制备

水的软化是通过采用适当的工艺来降低水中钙、镁离子的含量,从而降低水的硬度。在不同的后整理应用场景中,对水质的要求是不同的,如水洗用水硬度中等即可;而纺织品煮练液和后整理用水以软水为宜。

多介质过滤法是采用两种以上的介质作为滤层,对水体进行过滤、软化,其软化程度有限,一般作为纯水制备的前级预处理等。

通常用煮沸的方法降低水的硬度,而在实验室中,则可以用蒸馏的方法,这种方法最简单,但软化程度较低。

常用软化水的方法主要有使用软水剂(沉淀法、络合法)化学软化、使钙、镁离子沉淀下来。

离子交换法是通过离子交换剂与水中钙、镁离子进行交换,达到去除水硬度的目的,其软化程度较高。

反渗透技术的核心组件是一种称作反渗透膜的人工合成材料,能够去除了水中各种离子,降低水的硬度,生产出去离子水、也就是所谓纯净水。

不同的软化水方法各有适用的场景,在非织造布后整理及熔喷布水驻极系统中,一般都是通过搭配上述多种不同类型的净化设备,制备出不同纯度的去离子水和纯水。

(一)制备去离子水的几项应用技术

1. 多介质过滤技术

石英砂和活性炭是常用的过滤介质,利用石英砂过滤器、活性炭过滤器和精密过滤器(0.2~0.5μm)的阻隔、过滤作用,顺次将各种粒径的较粗颗粒状杂质滤除。随着运行时间延长,杂质会在过滤器内积累,影响过滤效率,因此,要根据其运行效果,及时进行清洗或更换。

这些过滤器是反渗透水处理系统的原水预处理装置,主要是为了将原水的污染指数和余氯等其他杂质降到最低,可以提高进入后道净化装置的原水洁净度。

2. 离子交换树脂(离子交换柱)软化整理技术

离子交换树脂是常用的软水剂,先将硬水经过阳离子交换树脂软化整理,离子交换法就是使用含钠离子的物质或离子交换树脂,利用其中所含的钠离子交换水中的水溶性杂质的离子,从而降低水的硬度。

离子交换树脂是在合成树脂中引进酸性或碱性基团制成的。引进酸性基团的称为阳离子交换树脂,阳离子交换树脂可以交换水中的各种阳离子(如 Ca^{2+}、Mg^{2+}),树脂上的阳离子 H^+ 被置换到水中,并和水中的阴离子组成相应的无机酸,去除了水中的各种阳离子;

引进碱性基团的称为阴离子交换树脂，然后再经过阴离子交换树脂软化整理，阴离子交换树脂可以交换去除水中的各种阴离子（如 HCO_3^-、SO_4^{2-}），含这种无机酸的水再通过阴离子交换树脂 OH^- 被置换到水中，并和水中的 H^+ 结合成水，此即去离子水。从而使水得到纯化，这样制取的水就是去离子水。

一般复床（阳离子交换柱、阴离子交换柱）出水的电导率可达 10μS/cm 以下，若水源水质较好，其产水电导率可达 5μS/cm 以下，混合离子交换柱一般作为后整理工序，放置于复床后或反渗透系统后，可使产水电导率达到 18MΩ · cm，成为高纯水。

3. 反渗透技术

反渗透（reverse osmosis），用 RO 表示，其关键部件就是反渗透膜，其孔径在 5～10Å[1]。

当把相同体积的稀溶液（例如淡水）和浓溶液（例如盐水）分别置于半透膜的两侧时，稀溶液中的溶剂将自然穿过半透膜而自发地向浓溶液一侧流动，直到半透膜两边水分子达到动态平衡，这一种物理现象称为渗透。

当渗透达到平衡时，浓溶液侧的液面会比稀溶液侧的液面高出一定高度，即形成一个压力差，此压力差为渗透压。渗透压的大小取决于溶液的固有性质，即与浓溶液的种类、浓度和温度有关，而与半透膜的性质无关。

若在浓溶液（原水）一侧也就是含盐量高的一侧，施加一个大于渗透压的压力时（RO 系统前的增压泵就是提供这个反渗透压），溶剂的流动方向将与原来的渗透方向相反，开始从浓溶液向稀溶液一侧流动，这一过程称为反渗透。通过借助外加压力的作用使溶液中的溶剂透过半透膜，压到膜的另一边，将盐分截留，而达到除去水中杂质、盐分的目的，变成洁净的水。

反渗透（RO）是相对渗透的一种反向迁移运动，也是一种在压力驱使下借助于半透膜的选择截留作用将溶液中的溶质与溶剂分开的分离方法，用于各种液体的提纯与浓缩，可将原水中的溶解盐、无机离子、细菌、病毒、有机物及胶体等杂质去除，以获得高质量的纯净水。

反渗透系统由多级增压泵、反渗透膜元件、膜壳（压力容器）、支架等组成，可去除水中的杂质，脱盐率在 96%～99%。因此，可供对水质要求不太高的用水负荷使用，如果有必要，可再增加一级电去离子技术，进一步提高水的纯度。

设备经过运行之后，当出水的水质没有到达标准要求时，就需要对一些器件进行清洗，使反渗透系统恢复功效。清洗部分由清洗水箱、清洗水泵、精密过滤器组成。

如果水质仍未达到工艺要求，则还可以再增加一级电去离子技术进行后处理。后处理装置应用了阴床、阳床、混床、杀菌、超滤、电去离子技术等水处理技术。

4. 反渗透设备与电去离子（EDI）技术

EDI（electrideionization）是电去离子的英文简称，是一种将离子交换技术、离子交换膜技术和离子电迁移技术相结合的纯水或超纯水制备技术。

EDI 技术将电渗析技术和离子交换技术相融合，在两端直流电场的作用下实现离子的定向迁移，通过阴、阳离子交换膜对阴、阳离子的选择性透过作用与离子交换树脂对离子的交换作

---

[1] Å 是光波长度和分子直径大小的常用计量单位，$1Å=10^{-10}m$，比纳米还小一个数量级。

用，从而完成水的深度除盐，能把 RO 处理不了的金属离子，通过电极吸附出来，从而达到除盐效果，达到水纯化的目的，得到超纯水。

EDI 系统的出水水质，能基本稳定在 15～18MΩ·cm。在进行除盐的同时，水电离产生的氢离子和氢氧根离子对离子交换树脂进行再生，因此不需酸碱化学再生而能连续制取超纯水。

（二）去离子水制备系统

根据对水质的纯度要求，用自来水制备常用等级的去离子水，会有较多技术方案。目前，去离子水制备系统已经商品化，不同品牌的配置大同小异，在市场上可以有较大的选择空间，图 7-13 为去离子水制备流程图。

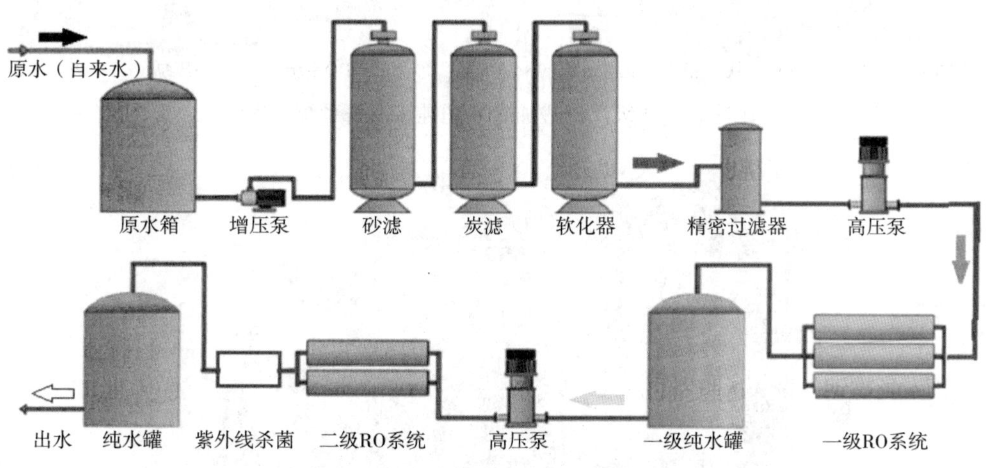

图 7-13　去离子水制备流程图

这个系统可以制备电阻率为 15MΩ·cm，相当于极限电导率为 0.0666μS/cm 的去离子水。非织造布后整理（包括熔喷法非织造布驻极整理）用水的电导一般要求在 5μS/cm 左右，因此，用这种系统制备的去离子水完全可以满足工艺要求。

由于水的纯度与运行成本有关，电导率越低，运行费越高，因此，有的企业要求水的电导率≤10μS/cm就能使用。如果去离子水的电阻率还没有达到要求，可以在经过两级反渗透后，再增加一次 EDI 处理，使水的电阻率提高至 18MΩ·cm，相当于极限电导率为 0.0555μS/cm，这样的去离子水水质就达到了超纯水的水平（图 7-14、图 7-15）。

去离子水中仍然存在可溶性的有机物，也容易引起细菌的繁殖，因此制备好的纯水要及时使用，如放置时间较久，会吸收空气中的二氧化碳和氧，电导率会增加。如新鲜的去离子水的电导率为 0.2～2.0μS/cm，而在放置一段时间后，有可能会上升到 2～4μS/cm，水质明显变差。

因此，在进行去离子水设备选型时，应根据后整理加工过程的用水量来选择设备的去离子水制备能力，随制随用、动态平衡，而不宜选用能力偏大的设备，制备并储存大量去离子水，长时间使用。

五、后整理剂及其溶液配制

在非织造布的后整理工艺中，准备后整理溶液是一件重要的工作，其中包括整理剂的选择、工艺计算、配制、使用、剩余溶液的处理、环境保护等方面的工作。

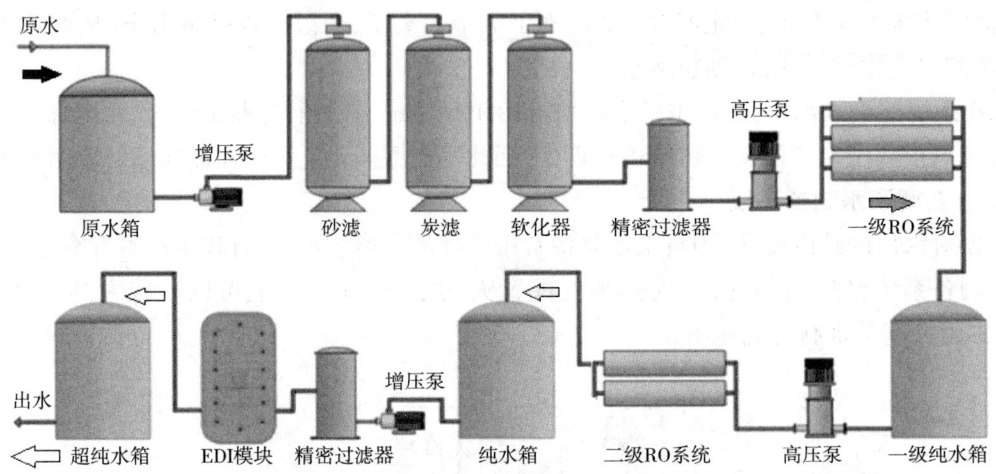

图 7-14　两级反渗透加 EDI 超纯水制备系统流程图

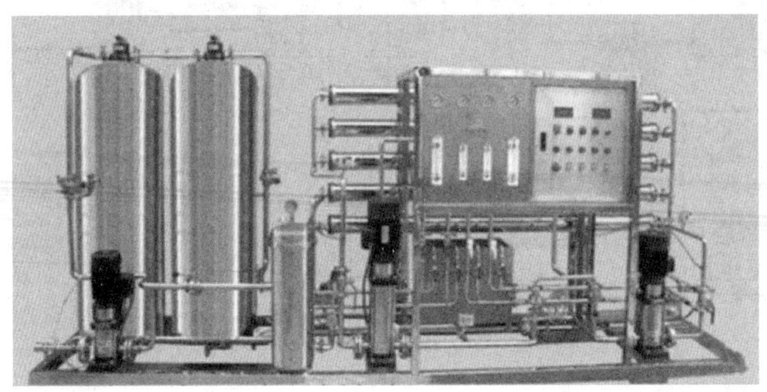

图 7-15　去离子水制备系统外观图

(一)整理剂

1. 整理剂选用

(1)通用性要求。目前,可用于产品后整理的整理剂有很多,功能效果、价格也各不相同,一般要根据产品的需要,结合自身后整理设备的特点来选择。

常用的整理剂按其化学成分来分,有氟系列、硅系列等;按离子极性来分,有阴离子型、阳离子型、两性离子型、非离子型等。按其溶解状态来分,有水溶液型、乳液型、溶剂型等。一般的溶剂型整理剂的燃点较低,具有可燃性,在使用时要特别注意防止发生火险。

为了改善整理的结果和控制产品的质量,在整理过程中还会用到一些助剂,如消泡剂(用于消除整理过程中产生影响上液率的泡沫)、发泡剂(人为产生泡沫)、交联剂(提高整理剂与被整理物的附着、黏合能力)等。

目前市场上的整理剂供应商有很多,其产品的性能各异,使用方法也有所不同。

(2)选择整理剂的要点。整理剂的功能有很多,而同一功能的整理剂品牌也很多,在选择整理剂时,首先就需要按照其功能及实际的整理效果,其次要考虑其安全性和储存使用的便捷性,与其他整理剂的兼容性,对产品或环境的影响,价格高低和供应链的可靠性等。

(3)各种整理剂。

①抗静电剂。抗静电剂加到水里成为溶液后,抗静电剂分子中的亲水基就插入水里,而亲油基就伸向空气。当用此溶液浸渍或涂布在高分子材料时,抗静电剂分子中的亲油基就会吸附于材料表面,经过干燥后,脱除水分后的高分子材料表面上,抗静电剂分子中的亲水基都向着空气一侧排列,易吸收环境水分,或通过氢键与空气中的水分相结合,形成一个单分子导电层,使材料上形成的静电荷迅速泄漏逸散而达到抗静电目的。

为了提高材料的抗静电性能,选择的抗静电剂大分子要有较好的吸附性和吸湿性,但用量不宜太多,以免影响非织造布表面抗拒膜的效果,导致拒水、拒油性能降低。

抗静电剂可分为阳离子型、阴离子型和非离子型三类,中小分子抗静电剂应选择离子型化合物,这样能在纤维表面抗拒膜的外侧同时形成大、小阳离子的复合导电层,充分降低了纤维的表面电阻,加速电荷的泄漏和电子的中和,即使在较低湿度下,也能保证抗静电的效果。

为了保障整理效果,待整理的材料应该没有其他浆料或印染助剂、柔软剂和湿润剂,特殊情形下,待整理的材料、混合液及工艺设备必须不含硅。

②亲水剂。亲水基团,又称疏油基团,具有溶于水或容易与水亲和的原子团,可能吸引水分子或溶解于水,具有这类官能团的固体表面易被水润湿。疏水基团又称亲油基团,是对水无亲和力,不溶于水或溶解度极小的基团,比如磷脂基团。

要使非织造布具有亲水性,首先就要在纤维中引进各种亲水基团,通过它们建立氢键与水分子缔合,使水分子失去热运动的能力,暂时留存在纤维中。其次要使纤维中出现孔隙、微孔、裂缝,以成倍地增加比表面积,通过表面能效应吸附水分子,同时又可以通过毛细管效应吸附和传递水分。

纤维表面亲水处理的实质是在纤维或织物表面上加一层亲水性化合物(也称亲水整理剂),使用的亲水整理剂有两类:一类是丙烯酸系单体,另一类是结构为亲水部分和固着部分的表面活性剂,采用浸渍法和浸轧法加工处理。

表面活性亲水剂有离子型(阴离子、阳离子和两性)表面活性剂和非离子型表面活性剂两大类,容易与水形成氢键而结合的性质称亲水性。

亲水性在材料表面为水分所润湿的性质,是一种界面现象,润湿过程的实质是物质界面发生性质和能量的变化。当水分子之间的内聚力小于水分子与固体材料分子间的相互吸引力时,材料被水润湿,此种材料为亲水性的,称为亲水性材料;而水分子之间的内聚力大于水分子与材料分子间的吸引力时,则材料表面不能被水所润湿,此种材料是疏水性的(或称憎水性),称为疏水性材料。

③“三抗”整理油剂。在进行非织造布的“三抗”整理时,第一步就是要求正确选择拒水、抗油剂,并注意抗水、抗油剂的离子特性(阳离子型、阴离子型、两性型),以便能与抗静电剂很好地兼容、混合;选择的抗拒膜必须能抵抗中小型抗静电剂分子的渗透,避免降低拒液、阻隔效果。

抗静电剂有阳离子型、阴离子型。进行“三抗”整理时必须选择中小分子的阳离子型抗静电剂时,分子结构不能太小,吸湿电离性能要好。

选择大分子抗静电剂时,必须考虑其吸湿后的导湿能力。如果能选择非吸湿性的抗静电剂,是一种较好的选择。

对于一些难以润湿的材料，可以添加适当的渗透剂，能加快整理液的浸渍和渗透，但要确认材料未用含硅整理剂进行过预整理，否则有可能与含氟碳的抗水剂无法兼容而发生排斥作用。

2. 后整理剂的SDS及性能资料

后整理剂是化学制品，一般情形下供应商会提供一份材料安全数据表（SDS），或化学材料安全评估报告（MSDS报告）给买方，这是一份关于危险化学品的燃烧、爆炸性能，毒性和环境危害，以及安全使用、泄漏处置、应急救护、主要理化参数，法律、法规等方面信息的重要文件，本书第一章已经有与SDS有关的描述和解释。

所有接触、使用、管理这些物品的员工，都要了解MSDS报告的内容，正确、安全地做好本职工作。以下为一些整理油剂的SDS信息。

（1）抗静电剂TF-W605B。

①成分为改性有机磷酸酯化合物。

②技术指标。外观：无色到浅黄色液体；含固量：50.0%～52.0%；pH（10%水溶液）：5.0～7.0；离子性：非离子。

③性能及特点。优异的抗静电性能，优良的导电性和防污防尘性；可与防水剂同浴使用，基本不影响防水性能；不影响织物色牢度，色变、黄变极小；性价比高，极小的用量即可拥有优良的抗静电性能。

④适用范围。适用于聚丙烯、聚酯、聚氨酯等各种合成纤维织物、丝、线及非织造布的抗静电整理；适用于各种合成纤维、纤维素纤维及其混纺织物防水、防油整理时的抗静电整理，也适用于SMS非织造布材料“三抗”后整理加工，作为抗静电配套助剂；特别适用于生产PP纺粘法非织造布强抗覆膜防护服面料的抗静电生产加工。

⑤使用方法。

a. 浸轧工艺。W605B 4～10g/L配液→浸轧（带液率70%～80%）→焙烘（100～130℃）。与防水防油剂同浴使用时W605B用量应小于10g/L。

b. 吻液辊工艺（kiss roll）。W605B 30～100g/L，必要时才添加防水专用渗透剂TF-501S 5～10g/L，具体工艺可通过检测试样进行调整。

⑥包装与贮存。120kg塑料桶，密封避光贮存，常温下保质期6个月。

⑦抗静电效果。测试标准AATCC 76—2018表面电阻法，温度（21±1）℃，湿度50%±5%。经过整理后的PP纺粘法非织造布表面电阻可达到10^6～$10^8\Omega$，满足高抗静电性要求，所加工的纺粘布可用于后期复膜加工，制造医用隔离衣等防护用产品。

（2）亲水整理剂W1253。

①型号及成分。亲水剂W1253，主要成分为表面活性剂复配物。

②技术指标。外观：浅色黏稠液体，含量74.0%～76.0%，pH为（1%水溶液）6.0～8.0，离子性：阴离子/非离子。

③性能及特点。

a. 提供多次亲水性能，多次渗透且穿透时间小于5s，且反渗极小。

b. 对于卫生产品有很好的皮肤亲和性、无刺激。

c. 与非离子、阴离子均具有良好的复配稳定性。

d. 不会对黏合剂产生负面影响。

e. 不迁移,可有效防止侧漏。

④适用范围。

a. 适用于其他防水材料的亲水整理。

b. 适用于婴儿纸尿裤、卫生巾表层材料 PP 纺粘布或 ES 热风布的亲水整理。

⑤乳液的配制。把 W1253 在搅拌下加入 25~35℃的去离子水中,充分搅拌均匀,成乳白色乳液状。

⑥使用方法。喷雾,浸轧上液方式。

a. 采用 kiss roll,油剂乳液的浓度取决于生产速度及烘干能力,一般的参考乳液浓度 5%~12%,并依据具体生产设备情况及工艺相应调整达到所需的上油率。建议婴儿纸尿裤用 PP 纺粘法非织造布上油率 0.4%~0.7%;宠物垫用 PP 纺粘法非织造布的上油率一般需要比纸尿裤用途加工时上调一点,要求吸水速度更快些。

b. 采用喷雾工艺均匀喷涂纺粘法非织造布,一般每吨 PP 纺粘布用 5~8kg 亲水剂(与上液率有关)。

c. 其他非织造布浸轧工艺,建议用量 0.3%~1.0%,可按实际效果进行调整。

具体的工艺应根据亲水效果的要求,并根据试样的检测效果进行优化调整工艺流程。

⑦包装与贮存。120kg 塑料桶,密封避光贮存,0~35℃保质期 6 个月。

(3)亲水整理剂 SILASTOL H001。

①应用领域适用范围。用于生产永久性亲水聚丙烯非织造布或纤维的低发泡整理剂,聚丙烯纺粘法非织造布及纤维低泡沫多次亲水处理剂。

②主要成分。亲水剂及浸润剂的混合物。

③物理指标。外观清澈、透明、黄色油液;离子特征:阴离子;pH(10%):7.0±1.0;有效成分含量:(96±2)%。

④使用方法。SILASTOL H001 通过用油轮、kiss roll、喷涂或浸渍的方式上油;上油率:0.5%~0.8%;推荐的溶液浓度:2%~8%(有效成分)。

⑤乳液配制方法。将 SILASTOL H001 缓慢加入所需量的 40℃脱盐水中,同时进行搅拌,形成乳状乳液,这种乳液的稳定性为 24h。

⑥储存条件和保质期。最佳储存温度:15~35℃,不要暴露在高温和霜冻中,勿遇热和遇冷;在规定的条件下密封容器中保存,保质期在交货日期后起算至少 12 个月。如果产品变得混浊或形成沉积物,在使用前必须将其加热到大约 40℃,并在使用前彻底搅拌。

(4)SMS“三抗”功能整理剂 W209。

①主要成分。氟碳化合物共聚物。

②技术指标。外观为白色乳液,含固量 29.0%~31.0%,原液 pH 为 3.0~6.0,离子性:弱阳性。

③性能及特点。

a. 可赋予各种材料良好的拒水拒油性能。

b. 处理后的聚丙烯 SMS 非织造布具有优异的抗酒精和静水压性能。

c. 具有良好的低温定型性。

d. C6 产品,不含全氟辛酸盐(PFOS)和全氟辛酸(PFOA),无烷基酚聚乙烯醚(APEO)类环境激素物质。

④适用范围。适用于各类材料的防水防油及耐水压加工，特别是低温（130℃左右）定型材料的加工。

⑤使用方法。以“三抗”整理加工浸轧工艺为例。

“三抗”整理剂 W209（5~15g/L）+抗静电剂 W605B（1~3g/L）+渗透剂 W291A（1~2g/L）。

烘干温度 120~135℃，烘干时间 45~120s，一浸一轧处理（为了保证渗透质量，也有工厂采用两浸两轧），带液率 130%~150%。具体工艺通过试样酌情调整。

⑥包装与贮存。60kg 铁桶密封避光贮存，在-5~30℃环境下的保质期为 12 个月。

3. 后整理剂的选择

（1）根据非织造材料或制品的最终使用地域的相关法规。目前市场上供应的后整理剂有不少品种含有对人体和生态环境有害的化学物质，当人们使用和穿着这些制品时，残留在制品上的有害物质就会对人体健康造成危害。因此，国际上不少国家和组织对各种后整理剂进行了细致的生态学和毒理学研究，并颁布了禁用和限制使用的纺织品后整理剂的法规。

禁用就是不允许使用，而限制使用则主要是限制其适用范围及其添加比例。例如，国际生态纺织品研究和检验协会的 Oeko-Tex Standard 100 和欧盟的生态标签（Eco-Label），中国国家标准 GB/T 18885—2002《生态纺织品技术要求》、GB 18401—2003《国家纺织产品基本安全技术规范》等。

后整理剂对人体和环境的影响取决于它的安全性和生物降解性。安全性是使用前需考虑的首要问题，包括急性和慢性毒性、致癌性、致畸性、致变异性、皮肤刺激性，对水生物毒性和激素生理效应等。近年来，生物降解性受到重视，生物降解性差的后整理剂积聚后，会对环境产生严重影响。在选择后整理剂时必须满足这些生态要求，否则技术质量再高的非织造材料或产品，仍然是无使用价值的产品。

除了明确地禁用阻燃整理剂和生物活性整理剂外，对其他整理剂中含有的有害化学物质如甲醛、可萃取重金属、五（四）氯苯酚、邻苯二甲酸酯类增塑剂、致癌芳香胺、氯化苯和氯化甲苯、邻苯基苯酚、可挥发物和气味等的量做了规定。

PFOS 对环境和人体具有多种危害，是目前尚难以降解的有机污染物，PFOA 也是类似于 PFOS 的物质，相比 PFOS 而言，PFOA 的半衰期要稍短，但也具有比 PFOS 稍小的各种生物毒性。

防水防油整理和“三防”整理应用较多的是含氟整理剂，C8 防水剂中 PFOA 和 PFOS 的严重超标，这便面临着整理后的产品含有 PFOS 和 PFOA 的风险，欧美等国家地区已禁止在市场销售。

C6 防水剂中 PFOA、PFOS 含量无法被检测到，远低于 2015 最新版 Oeko-Tex Standard 100 规定的检测极限要求，不会威胁环境与人体安全。

（2）根据产品所需要的功能。在满足政策法规的前提下，要根据后整理的工艺要求，选购适合使用的功能性整理油剂。从生产成本来考虑，同样功能的不同品牌后整理油剂，宜选用添加比例较低的产品。

（3）根据上液设备的特点。在熔体纺丝成网非织造布领域，上液方式主要有 kiss roll、液下浸轧两种，还有使用离心喷雾上液。前两种上液方式对整理液的黏度没有太高要求，但应用离心喷雾上液需要使用黏度较低的整理液，才能有较好的雾化效果。

由于应用在线后整理工艺时,不能选用对干燥时间有较高或较长要求的整理油剂,以免影响生产线的运行,而应用离线后整理工艺时,则不受这个限制,可以有较大工艺灵活性。

(4)根据供应链的情况。从来源产地分,目前国内使用的后整理油剂有进口和国产两条渠道,在国产品中还有本地及外地之分。由于后整理油剂是化学品,其运输、储存都有一定的限制。因此,要考虑其供应链的情况,除了考虑性价比外,还要考虑对市场需求的反应速度,避免延误商机。

(二)后整理溶液配制

1. 整理剂的使用与配制注意事项

(1)整理剂及溶液通用的存放要求。要按照供应商的要求储存、放置、使用整理剂,如没有特别要求,则可按照如下通用条件处置:

①供应商一般都会随货提供整理油剂(化学品)的 SDS,即化学品安全说明书,在使用前首先要熟悉供应商提供的 SDS 资料,了解整理剂的特性,运输、操作方法、储存和应急处置等方面的要求。

②整理剂通常只能放置在 5～40℃ 的环境中,当温度低于 5℃ 时,整理剂有发生冻结的可能。

③整理剂不能放在有太阳照射的场所,应避免阳光直射。

④整理剂在存放时,要保持包装完好,保持密封状态,防止异物混入和挥发损失;不能与其他整理剂混合使用。

⑤整理液应随配、随用,尽量按照所需用量配制,避免储存已稀释的溶液,因为有的稀释的溶液储存时间很短。

⑥必须注意整理剂的生产日期和有效保存期,并优先使用接近到期的产品,目前供应商提供的有效保存时间一般在 6～12 个月。

⑦有的整理剂的燃点较低,属可燃物品,使用及存放必须按照相关法规要求,落实防火措施。

⑧整理剂在一般的工业用途是安全的,但如果产品将用于医疗、食品等领域时,事前必须与供应商沟通、确认适用后才能实施作业。

⑨未使用过的原装油剂(或乳液)要保持在密封状态存放。按说明书要求,原装乳液不能在温度高于 45℃,或低于 5℃ 的环境中储存。在 20℃ 的条件下,可以稳定存放 12 个月。

(2)配制整理溶液的安全须知。

①后整理油剂一般是用密封容器灌装,在使用前应检查并确认其牌号、规格、出厂日期、质量等,确认符合要求后才使用。

②配制整理液时要做好个人防护,戴上护目镜、耐酸碱手套和口罩。避免将整理液溅到皮肤、眼睛上,或将其吸入体内。

③注意生产场所的通风换气,保持生产环境的空气新鲜、流通,用电设备要有漏电保护功能。

④在将容器内的油剂倒出之前,要先将其轻轻搅拌均匀,注意避免使用强烈的高速搅拌,以免损坏乳液。

⑤在 20～25℃ 的温度下(或按说明书要求),一边搅拌一边将油剂加入洁净的软水中,水温

要控制在≤25℃的范围,而乳液的温度要与水温接近,但不能比水温低。

⑥要注意整理剂与其他油剂的兼容性,有的油剂是可以兼容并一起使用的,有的是不允许混合使用的,这些在其 SDS 中会有说明,也可以根据其离子特性来判断。

⑦要保持所用容器及设备的清洁,转换整理剂品种前或完成生产任务后,必须对后整理系统的容器、管道及设备进行彻底的清理,避免发生污染及滋生细菌。

⑧所用容器及设备、工具都要用不锈钢材料制造,被处理的非织造布材料都不能含有其他不兼容的成分,如含有硅成分等。

⑨要根据生产任务和整理液的实际消耗情况,合理控制配制的整理液数量,要随配随用,避免储存大量已稀释了的溶液。

⑩在后整理加工过程中,处理液一般都是在现场循环使用。本次未使用完的处理液,如果时间不长(一般不宜超过 2 天)或质量仍满足要求,可以留在下次加工时使用。

⑪整理剂的价格较高,因此必须合理使用,应尽量减少剩余量,以便控制成本。尚有使用价值的余液不能与原装油剂混合,在存放时要标明其牌号和实际浓度。

⑫不能直接排放在配制和使用过程产生的废水、余液、废液,要集中收集,经处置并符合相关环境保护法规要求后,才能排放到下水道系统。否则要交由专业机构处置。

2. 整理剂配制工艺计算与案例

配制特定浓度整理液所需油剂量的计算公式:

(要求的浓度×100%)÷油剂活性物质含量=所需油剂量

而所需的去离子水重量计算公式:

整理溶液的重量-油剂重量=所需的去离子水重量

(1)用特定油剂配制预定重量和浓度整理液的方法。

例 1:要配制 100kg 浓度为 8%的整理溶液,已知油剂的活性物质含量为 98%。配制溶液所需油剂和水的重量计算式如下:

所需油剂的重量为:8×100%÷98%=8. 16(kg)。

所需软水的重量为:100-8. 16=91. 84 (kg)。

即用 8. 16kg 油剂与 91. 84kg 去离子水,便可配制出 100kg 浓度为 8%的整理溶液。具体的配制程序如下:

第一步:先把 20~35℃的去离子水 91. 84kg 倒入带有搅拌装置容器中,开动搅拌器。

第二步:将称量好的 8. 16kg、含量为 98%的油剂慢慢加入水中,在 10min 内加完,加完后继续搅拌 30min 作用,保证整理液得到充分的乳化。

(2)用特定油剂配制特定浓度整理液的方法。

例 2:已知油剂的活性物质含量为 100%,计算配制浓度为 6%的整理液所需油剂的重量,因为配比是相对的,只要计量单位一样,其浓度也是一样的,下面先以 g 为单位计算:

所需要的油剂重量:6×100%÷100%=6(g)。

所需要的去离子水重量:100-6=94(g)。

即用 94kg 的去离子水与 6g 油剂,就可以配制出浓度为 6%的整理溶液。在实际操作时,将上述计量单位改换为 kg,或同时乘以一个相同的数值,其浓度仍保持不变,如乘以 2,则水的重量为 188kg,油剂的重量为 12kg,溶液的浓度仍保持在 6%。则整理溶液的配制程序如下:

第一步：把94kg温度为20~25℃的去离子水倒入带搅拌装置的容器中，并开动搅拌器。

第二步：加入6kg含100%活性物质的油剂，一边添加一边慢慢的搅拌。注意加入的油剂的温度不能低于水的温度，经过10min搅拌就可完成。

但是实际的生产过程中，因为不同功能、不同生产厂家的油剂活性物质的含量不同，为了避免烦琐的计算，油剂的用量通常都是按供应商推荐的整理液浓度取整数来配制，然后根据产品的整理效果进行调整，使产品达到工艺所需要的含油率。

例3：用有效成分浓度为30%的油剂，配制有效成分浓度为1%（质量分数），计算油剂与水的比例。

解：溶液的有效成分浓度为1%，相当于每1L溶液中有10g有效物质（=1000×1%），先计算每升溶液所需的油剂量：10g÷30%=33（g）。

即每升溶液所需的油剂乳液用量为33g，则加水量为：1000－33=967（g）。

即33（FC80）+967（水）=1000g溶液。

例4：有效成分浓度为30%的油剂，配制有效成分浓度为10%的整理溶液时，计算油剂与水的比例。

解：先计算每升溶液所需的油剂乳液量：100÷30%=333（g）。

则加水量为：1000－333=667（g）。

即333（油剂）+667（水）= 1000g溶液。

例5：已知油剂的活性物质含量为20%，配制浓度为6%的整理液，计算所需油剂量。

解：以100g整理溶液为例，计算其活性物质含量为20%的油剂量：（6×100%）÷20% = 30（g）。

所需要的纯水量为：100－30=70（g）。

整理溶液的配比为70g水+30g油剂。同样道理，只要保持水与油剂的比例为70：30这个关系，就可以配置出任意数量的整理溶液。

配制6%活性乳化液程序：

第一步：把350kg温度为20~25℃的软化水倒入带有搅拌装置容器中后，开动搅拌器。

第二步：向容器缓慢加入150kg油剂，注意油剂的温度不能低于水的温度，并同时低速搅拌，经10min后，便制备好500kg浓度为6%的后整理溶液。

搅拌好的后整理溶液要尽快使用，没用完的剩余整理液仍要保存在以后继续使用，建议在20~30℃温度下存放，但保存时间不宜超过两天。

六、后整理配液、上液系统及生产实例

后整理溶液制备系统是非织造布后整理系统不可或缺的重要组成部分，无论是在线后整理，还是离线后整理，都需要配置这样的系统，其配置方式是一样的，仅是设备的处理能力不同而已。离线后整理是采用液下浸轧上液，整理溶液的消耗量要比在线系统大很多。因此，系统内的容器、水泵、管路等的规格和性能也要大一些。

整理液配制系统内的所有容器、管路、阀门、泵、搅拌装置等，都要用耐酸碱的不锈钢材料制造，而且这些装置或配件都要设计成便于拆卸清理的连接模式，输送泵则一般都是使用不会发生泄漏的磁力耦合泵。由于整理液是可以导电的离子型溶液，加上工作环境高温潮湿。因此，

要特别注意安全用电,一些移动式用电设备要使用加强型的绝缘结构,供配电系统必须配置有漏电保护功能。

(一)基础配液系统

后整理乳液制备系统的主要功能是储存、配制及输送后整理所使用的溶液,其中较为典型的系统有三个容器,分别是:

(1)用于稀释油剂的预稀释罐。油剂的原液先倒入这个罐内存放,并初步稀释、溶解、分散,有的系统仅用来储存油剂原液。

(2)用于按比例配制整理溶液的稀释罐。经过计量的油剂及去离子水在这里混合稀释,成为后整理加工使用的溶液。

(3)供给罐。因为配制整理溶液的工作是间歇进行的,供给罐的作用是存放已经稀释好的溶液,并提供给上液装置;另外,可以腾空稀释罐内已调配好的溶液,以便使稀释罐进行下一个工作循环。图 7-16 是早期国外推荐的整理乳液制备储存输送系统原理图。

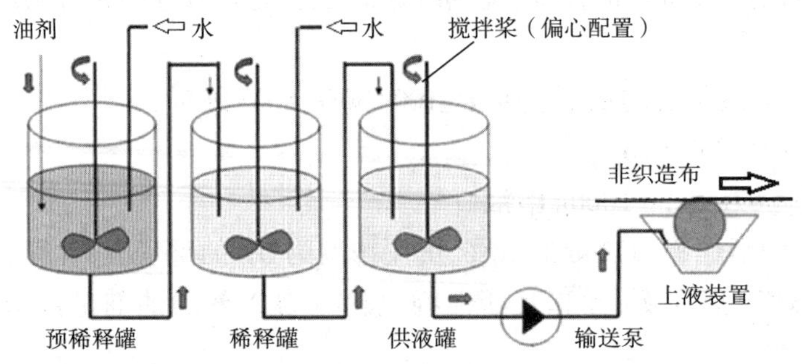

图 7-16 整理乳液制备储存输送系统原理图

为了使各种油剂、溶液和去离子水的温度能保持在工艺要求的温度,除了去离子水会用热水器加热外,其他的容器都有加热控温功能,并设置有保温层。此外,每一个容器都配置有独立的搅拌装置,防止溶液在静态发生分层或出现絮状沉淀。搅拌桨的轴线一般会偏离容器的中心线,并与容器的中心线成一个倾斜角度,这样可以避免容器内的溶液形成旋涡。

这个溶液制备系统离生产线的上液装置较远。由于上液辊长时间与温度仍较高的非织造布接触,热量会传导给上液辊,并使上液装置储液槽内的整理溶液温度发生变化。而这种温度的变化会影响溶液的黏度,并导致有少量水分蒸发,使溶液的浓度升高,从而导致影响上液量。

因此,一般还会在上液装置旁边设置一个泵站,制备系统的溶液直接输送到这个泵站,泵站还同时接收从上液装置溢流出来的整理液,再用水泵将混合的溶液送给上液装置循环使用,并利用这个过程准确控制整理溶液的温度和浓度。

(二)通用型双面上液后整理系统

通用型后整理上液系统包括:去离子水制备系统、整理液配制系统、现场泵站、上液设备等。系统的具体配置及组合模式、设备结构性能等会随机型而异,但其基本流程及工作原理都是一样的。

后整理上液系统的核心是在整理溶液配制及现场上液设备,图 7-17 是国内较为普遍使用

TB3 型在线后整理系统,在不少 PP 纺粘法非织造布生产线或 SMS 复合型非织造布生产线上获得应用,其特点是将整理剂配制系统与现场泵站整合在一起,具有管理容易、工艺适应性强、占地较少、造价较低的特点。

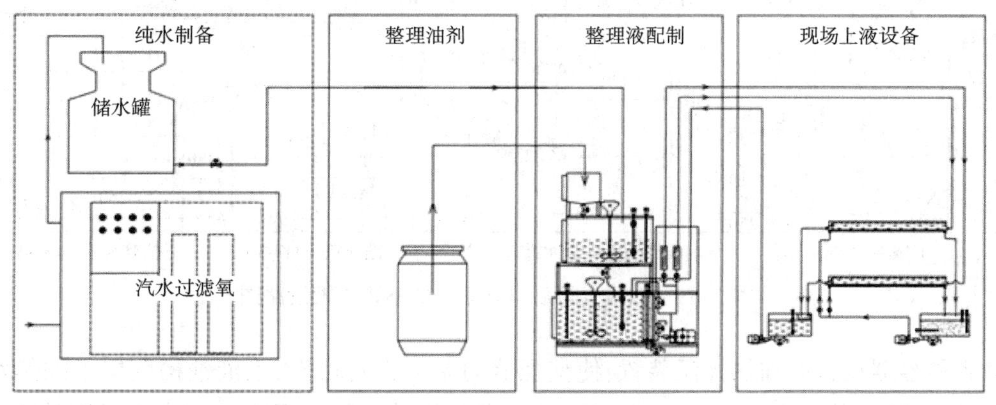

图 7-17　TB3 双面上液在线后整理系统示意图

在这个系统中,将整理油剂罐、整理液配制罐及供液罐叠放在一起,供液罐中的整理溶液由泵吸出加压,经过两个流量控制阀输送到上液装置的两个油槽中,油槽的液位通过溢流口控制,而溢流的整理溶液流回下方的收集罐,由回收泵加压送回供液罐循环使用。系统中还设置了一个内循环小系统,使油槽中的整理液一直处于流动状态,保持其温度、浓度均匀一致(图 7-18)。

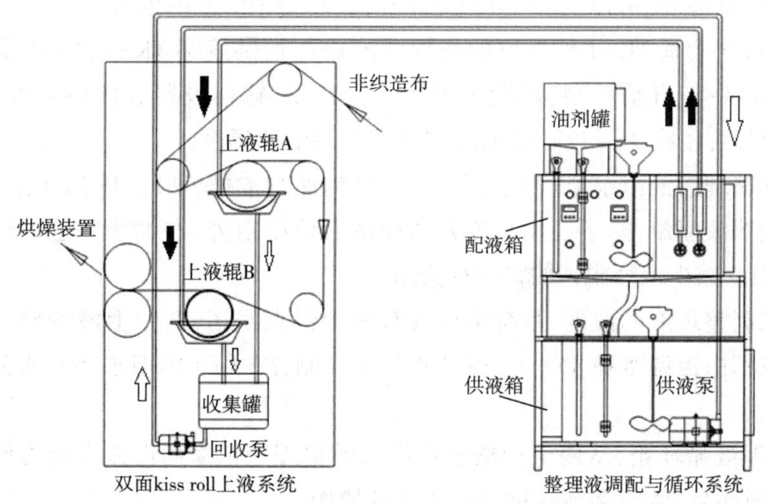

图 7-18　TB3 双面上液在线后整理系统管路示意图

(三)实用的双面上液后整理系统

图 7-19 是一种用于双面上液后整理系统的整理溶液管路图。这个系统的设计充分考虑了影响 kiss roll 上液效果的各种因素,并采取了相应的措施,结构及配置较为合理,每一个循环调配的溶液量可供 3200mm 幅宽后整理系统连续运行 2~3h。

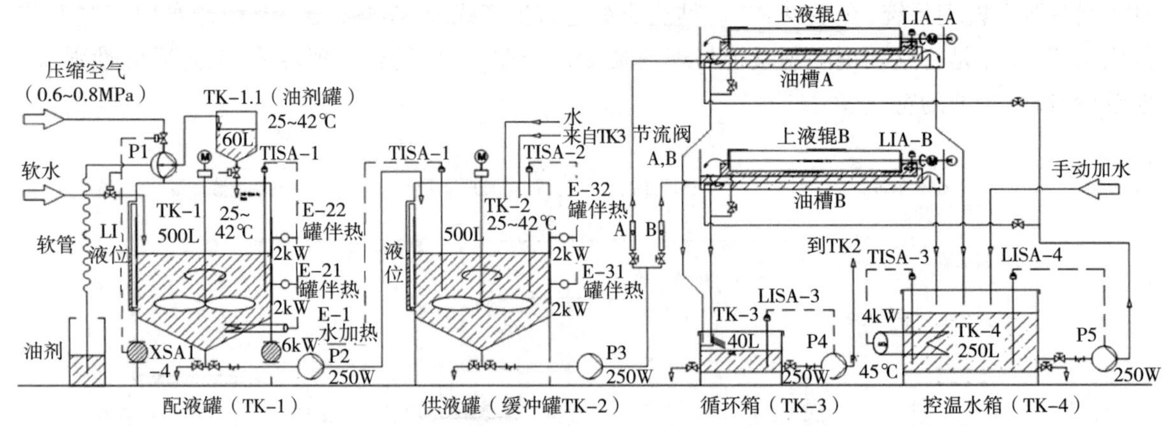

图 7-19　双面上液后整理系统的整理溶液管路图

如各种容器设置有加热控温装置,使整理液的温度稳定可控,上液油槽配置了加热水浴保持整理液的温度、黏度均匀恒定,降低了环境温度变化及运行过程中由于热量积累对整理液的影响;除了采用溢流方式控制油槽的液位以外,还使用节流阀精细控制进入油槽的流量,另外,还在油槽入口采用了可以减少油槽进液端与溢流端的液位差异的液位控制措施。

系统中还专门设置整理液的循环使用系统,提高了整理液的利用率,避免浓度发生变化。系统内各装置的作用及运行过程如下:

整理油剂从地面用气动泵 P1 输送至油剂罐 TK-1.1,经过计量后流到下方的配液罐 TK-1,配液罐配置有搅拌桨、液位观察窗,罐体设置有伴热装置,内部还配置了水加热装置,由传感器 TISA-1 自动控制温度,可以在 25~42℃范围内控制整理溶液的温度。

用水泵 P2 将配液罐 TK-1 调配好的整理溶液输送到供液罐 TK-2,P2 的运行由供液罐的液位检测装置 TISA-1 自动控制,供液罐配置有搅拌桨,罐体设置有伴热装置,由温度传感器 TISA-2 自动控制,可以在 25~42℃范围内调节整理溶液的温度。

供液罐内的整理溶液由泵 P3 输送至双面上液的两个油槽,期间可用节流阀 A、B 调节进入两个油槽的整理溶液流量,除了使用溢流方法保持液位稳定外,在油槽的进油口还设置有自动液位开关 LIA,用以减少上液辊两端的液位差异。

为了精确控制整理液的温度,系统中设置有两个恒温水浴,两个上液油槽都是浸泡在水浴中。水浴的水温则由恒温水箱 TK-4 中的 TISA-3 控制,P5 用于恒温水箱与水浴之间温水的动态循环。

TK-3 是整理液循环箱,从两个油槽溢流出来的整理液依靠高度差和重力回流到 TK-3,经过过滤后,溢流循环泵 P4 将溶液送回 TK-2 循环使用。

(四)后整理溶液配制及生产实例

1. 亲水整理溶液实际配制过程说明

(1)油剂的制备。计算放入容器中水的质量,添加 0.2%浓度为 30%的活性双氧水溶液,开动搅拌器,搅拌 15min;计算乳化剂添加量,并缓慢加入,继续搅拌 15~30min。溶液用于婴儿纸尿裤的芯体包覆层的亲水整理。

(2)乳化液的储存。储存前需向乳化液中加入 0.2%浓度为 30%的活性双氧水溶液,同时搅拌,在搅拌和储存时,要保持容器密封,在 20~30℃温度下最多保存 2 天。

(3)亲水剂的选择。根据德国 Schill+Seilacher 推荐,其型号为 Silastol H001 的亲水油剂具有多方面的优点。比如,穿透性好,可满足 8 次穿透时间均小于 5s;回渗量低;滑漏量接近 0;时效性好,亲水效果可以保持在 3 年时间以上;干、湿状态下迁移量小等,可以用于 SS 纺粘法面层材料、SMS 型芯体包覆层材料和大定量规格的 SS 型纺粘法医用吸水垫材料的生产。

因为 SSMMS 产品中包括熔喷层纤网,拒水性很好,本来是用于婴儿纸尿裤防漏隔边防水用的,而由于熔喷层纤网结构致密,比此前使用的纺粘包覆材料更有效防止纸尿裤芯体的高分子吸收材料(SAP)散漏。

因此,很多纸尿裤选用 SMS 材料作为芯体包覆层,但要求芯体的包覆层具有良好的亲水效果、回渗量低、效果持久的特性。为了消除 SSMMS 材料的拒水性,就需要进行亲水整理,使其成为良好的包覆层材料,因此,对亲水剂的要求也很高。德国 Schill+Seilacher 公司型号为 H001 的油剂,可用于规格为 10g/m^{2}的 SSMMS 材料的亲水整理。

(4)亲水剂溶液的配备。

①根据使用 H001 整理过产品的产品检测报告(certificate of analysis,COA)提供的数据,H001 的有效成分,即固含量的比例是 93.5%~98.5%,一般在 96.5%左右。供应商推荐,在应用单辊上油时,溶液的配比为 8%,选用双 Kiss roller 上液时,推荐的溶液浓度配比为 6%。

②根据实际情况,溶液配制罐一次可配 200kg 溶液,配液的步骤如下:

a. 打开 H001 的原装桶,先用搅拌器把原桶油剂搅拌 5min(这个目的是保证亲水乳液原浆浓度的均匀,因为该油剂浓度较高,有些工厂在实际操作中没有预搅拌也影响不大,但对于一些原浆固含量比较低的油剂,必须在配溶液前先搅拌均匀)。

b. 从搅拌好的原液桶中称取 12kg 的亲水油剂,放到配油系统的高位槽中。

c. 在搅拌桶中放入 188kg 的纯水,先加热到 35℃(因为四季的温差较大,最好每次配液用同样的温度),然后开动搅拌器,一边搅拌,一边从高位槽中将计量好的亲水油剂慢慢放入水中,10min 左右把 12kg 亲水剂原液放完。

d. 在 12kg 亲水油剂原液全部倒进搅拌桶后,继续搅拌 30min(搅拌速度不用太快,大约 30r/min 就可以了),得到均匀的含固 5.8%左右的溶液,可以用烘干法或光折射仪测量实际的含固量。

2. 10g/m^2 SSMMS 亲水产品的生产

(1)将调配好的整理溶液输入储液槽。将前面按 6%油剂浓度配好的固含量约 5.8%的溶液输送到 kiss roll 上液设备的储液槽中,保证两个 kiss roll 装置储液槽中的液位处于溢流状态,使 kiss roll 浸入液槽内的液位高度保持恒定。

(2)kiss roll 系统预运行。在正式开始生产前,先开动 kiss roll 装置,让上油辊空转 15~30min,保证上油辊表面浸润良好、油膜均匀。

(3)生产线进入正常生产状态。参照生产 10g/m^2 SSMMS 产品的主生产线工艺,设定好所有相关设备的运行参数并运行到位。

(4)设定 kiss roll 的转动速度。把两个 kiss roller 上液辊的转速设定为 9r/min。这个转速是一个经验数据,应该是在前期不同转速的试验中,筛选优化的最佳转速。不同的生产速度、不同 kiss roll 的表面材质、不同产品的现场条件是不同的,应根据检测数据进行修正。

(5)调整轧液系统的压力或轧液率。当非织造布已经上液后，调整轧液辊的压力，调整轧液率。

(6)烘干系统设备投入运行。当生产线启动以后，圆网热风穿透烘箱的转鼓便以生产线同步的速度运行，此时应将圆网热风穿透烘箱的温度和烘箱排湿风机的速度调整到最佳设定状态。

(7)转入正常生产运行状态。再次检查非织造布生产线、kiss roll 上液装置和烘干、抽湿设备的运行工况，并确认满足工艺要求后，卷绕机换卷，按标准的操作规程取样到实验室，分析产品的质量是否符合目标产品的要求。

3. 产品亲水指标的测试与时效性跟踪测试

(1)单次穿透时间、回渗量、滑漏等亲水指标的测试。

沿 CD 方向等距离取 12 个样品测试，结果见表 7-6。

表 7-6 样品亲水性能测试结果

性能	测试结果												
	1	2	3	4	5	6	7	8	9	10	11	12	平均
穿透时间(s)	2.8	2.71	2.53	2.64	2.26	2.37	2.2	2.41	2.79	2.32	2.44	2.7	2.51
回渗量(g)	0.85	0.65	0.76	0.55	0.64	0.91	—	—	—	—	—	—	0.73
滑漏量(%)	0	0	0	0	0	0	0	0	0	0	0	0	0

注 1. 穿透性能测试方法：WSP 70.3(05)。
2. 回渗量测试方法：WSP 80.10(05)。
3. 滑漏量测试方法：WSP 90.3。

(2)多次渗透，穿透时间和回渗量的测试。从左、中、右三个位置各取一个样品进行测试，结果见表 7-7。

表 7-7 多次渗透，穿透时间和回渗量的测试

项目	左	中	右	平均
第 1 次穿透时间(10 层纸)(s)	1.77	1.65	1.72	1.71
第 2 次穿透时间(10 层纸)(s)	2.20	2.17	2.29	2.22
第 3 次穿透时间(10 层纸)(s)	2.08	2.50	2.42	2.33
第 4 次穿透时间(10 层纸)(s)	2.67	2.42	2.92	2.67
第 5 次穿透时间(10 层纸)(s)	2.57	2.62	3.28	2.82
5 次穿透+4 次额外各加 5mL 后回渗量(g)	0.14	0.31	0.17	0.21

注 根据顾客户提供的方法。

(3)实际含油率的测试。从左、中、右各取 2~3g 的非织造布样品，每个位置的样品按以下步骤测试：

①取全幅宽测试样品 2~3g，称其重量，记为 W_1。

②将该样品放进 100℃烘箱干燥，10min 后取出，然后称其重量，记为 W_2。

③将经过干燥后的样品放到烧杯中，然后放 250mL 丙酮浸泡 3min。

④取出样品，用干净的纱布吸收丙酮，然后将它放到通风橱中，让丙酮自然蒸发约 10min。

⑤再将样品放进 100℃烘箱中干燥，10min 后取出，称其重量，记为 W_3。

⑥计算含油率 $=(W_2-W_3)/W_2\times100\%$。

⑦记录含油率测试结果，左、中、右三个位置的含油率见表 7-8。

表 7-8　样品含油率测试结果

位置	左	中	右	平均	测试方法
含油率(%)	0.63	0.58	0.61	0.61	萃取法

(4)时效性的跟踪测试。产品在常温的仓库中保存 18 个月后，从左、中、右三个位置各取一个样品，测试连续 5 次的穿透时间、滑漏和回渗量，结果见表 7-9。

表 7-9　亲水产品的时效性测试数据

性能	平均值	最小值	最大值	测试方法
第 1 次穿透时间(s)	1.75	1.52	2.05	WSP 70.3(05)
第 2 次穿透时间(s)	2.83	2.66	3.03	
第 3 次穿透时间(s)	3.32	3.18	3.50	
第 4 次穿透时间(s)	4.37	3.57	3.85	
第 5 次穿透时间(s)	4.85	3.17	4.53	
回渗量(g)	1.13	0.89	1.42	WSP 80.10(05)
滑漏量(%)	0	0	0	WSP 90.3

根据以上自然老化跟踪测试的结果，可以看到这个产品经过 18 个月以后，穿透时间比刚生产出来的产品略有变化，但仍维持在良好的水平，经过 18 个月后还能很好满足客户的要求。

(5)结论。目标产品是定量规格为 10g/m^{2}的 SSMMS 型复合非织造布，经过亲水处理以后的质量要求是：按客户提供的测试方法，要求前 5 次穿透时间小于 5s，回渗量小于 2g，滑漏量小于 2%，1 年后老化测试亲水效果良好，同时满足在干、湿状态低迁移的要求。从测试数据可见各项指标都能满足顾客的要求。

以上案例介绍了非织造布在线或离线后整理的工艺操作流程，及质量控制过程需要关注的事项，可作为日常功能整理作业借鉴和参考，而在生产实践过程中，则要根据实际情况灵活应用如下几项工艺条件：根据产品质量要求选择功能整理油剂、优选供应商和品牌的整理油剂；根据设备特点和产品质量检测结果，调整油剂配比和浓度、上油率烘干条件，运行速度等生产工艺。

4. 在线亲水整理设备性能

(1)生产线。SSS 纺粘非织造布生产线，设计速度 650m/min，工艺速度 600m/min，产品宽度(未切边)3500mm。

(2)上液设备。双面 kiss roll 在线整理上液。

(3)烘干设备。热风穿透型圆网(转鼓)烘干机(图 7-20)，圆网(转鼓)直径 1600mm，工作速度 5~600m/min(变频调速控制)；转鼓驱动电动机功率 5.5kW(变频调速)。

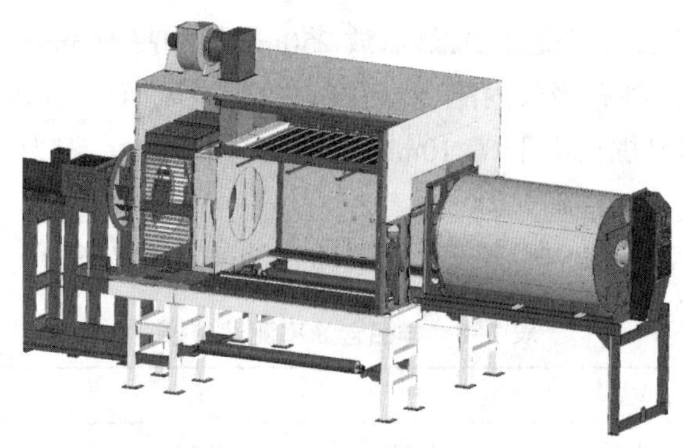

图 7-20　转鼓式热风穿透干燥机(转鼓已沿 CD 方向抽出)

转鼓表面开孔宽度 3600mm,加工能力 1600kg/h,进布端材料含水率≤8%,最大水分蒸发量 200kg/h;进布端导辊直径 ϕ200mm,出布端导辊直径 ϕ200mm,导辊驱动电动机功率 2.2kW×2。

电能源加热,加热功率 200kW×2(344000kcal/h),最高温度 200℃,工作温度 90~120℃,热交换器后热风与设定温度偏差±1℃。

循环风机功率 75kW,排湿风机功率 11kW。

外型尺寸(mm):4160(MD 方向长)×4800(高)×12700(CD 方向宽,含转鼓抽出时轨道占用空间)。

第四节　后整理设备

一、后整理退卷与上液设备

非织造布产品的后整理设备种类繁多,但主要是退卷、储布、驳接、上液、(染色、印花、涂层)、烘干、定型(烫平、轧光)、冷却、收卷分切这些基本单元设备,并以这些单元设备为基础组合成各种功能的离线后整理生产线。

熔喷法非织造布的静电驻极、水驻极、压花等加工也属后整理这个范畴。

由于受设备布置场地和生产线运行条件限制,在线后整理系统的设备相对简单,仅包括上液设备和烘干设备,及与其配套的整理溶液配制系统,因此可以实现的功能也较少。根据后整理的工艺目的、需要实现的具体功能和产品的应用领域,离线后整理生产线会有很多组合形式,以下章节将简要介绍在熔体纺丝成网非织造布领域应用较多的后整理单元设备功能。

(一)退卷设备

在线后整理系统是不需要退卷设备的,但在离线后整理系统则是必需的,因此退卷设备是离线后整理系统中默认的配套设备。退卷设备的主要功能是:将非织造布生产线产品母卷中的非织造布退出,供后整理生产线进行加工,这是离线后整理生产线最上游的设备。图 7-21 是一条熔喷法非织造布的离线水驻极生产线工艺流程图,可以看到退卷装置就处于生产线最上游的位置。

为了减少中途的停机时间和不良品率,保持生产的连续性,退卷装置一般为双工位退卷,即设备上有两个待加工的母卷,在其中的一个即将完全退卷前,另一个备用母卷的首端将与这个

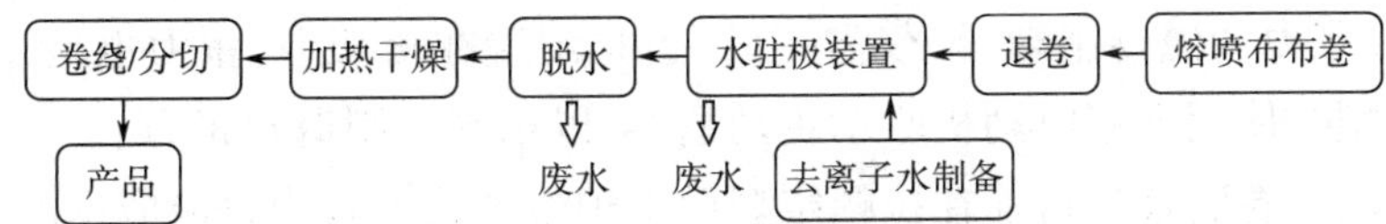

图 7-21　退卷装置在熔喷法非织造布的离线水驻极生产线的位置

在用母卷的末端驳接起来，接替这个母卷继续向后整理生产线输出待加工的非织造布。

退卷装置一般多为恒张力被动退卷，也有液压驱动主动中心退卷机等。

1. 双工位退卷机

机架由型钢或钢板折边制成，可以同时放置两个母卷，也就是有两个工位，在后整理生产线运行期间，母卷的位置是固定不变的。一般采用被动退卷形式运行，每个工位各设置有一只磁粉制动器，用于控制退卷张力，张力的大小有手动或自动控制两种模式（图 7-22）。

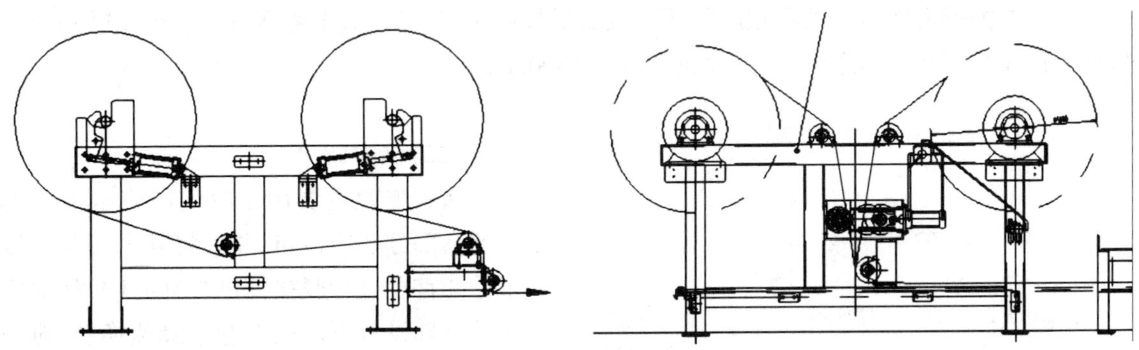

图 7-22　双工位被动退卷的两种穿布路径

适用的母卷最大直径为 1800mm，心轴直径为通用的 75mm 或 150mm（3 英寸或 6 英寸气胀轴）。为了吊装运输母卷及卷绕芯轴，一般要设置一台单梁吊车配合退卷机工作。单梁悬挂式吊车可以灵活调整母卷的回转方向，但在起吊期间布卷不容易稳定；而双梁吊车可以避免母卷在起吊过程中在水平方向回转，并更容易准确放置定位。

2. 回转架双工位退卷机

这种退卷设备的回转式机架上可以同时水平并列放置两个母卷，其中下游位置的母卷是处于运行工作状态，称为工作母卷，而上游位置的母卷则处于备用状态，称为备用母卷。当工作母卷即将全部非织造布退出前，备用母卷的首端会与工作母卷的末端驳接在一起，接替其连续向后整理设备提供非织造材料（图 7-23）。

当备用母卷进入工作状态后，回转机架会绕水平轴旋转 180°，使原来的备用母卷进入下游的工作位置，与此同时，原来已经全部退卷完的卷绕轴即进入上游的位置，以便卸下卷绕轴并装上后续的备用布卷，使退卷过程能在不停机的状态连续进行。

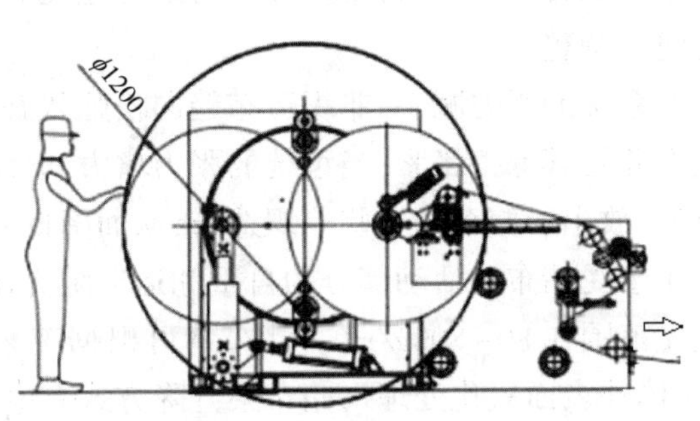

图 7-23　回转架双工位退卷

机架的回转运动一般是自动进行、并自动定位的，退卷过程多用恒张力被动退卷方式运行，控制退卷张力的磁粉制动器（仅需一只）也是配置在机架上，张力也是人工设定自动控制。有的高端机型会使用伺服电动机驱动主动退卷，以精密控制退卷张力。

回转架双工位退卷装置是目前在拉幅定型后整理生产线上较为普遍应用的退卷设备，适用的布卷直径一般在 1000~1200mm，幅宽一般都不大于 3400mm。有的回转机架还具有能沿布卷轴向（CD 方向）移动的功能，以便在出现错位时能给予纠正，使从各工位退出的材料能准确叠层复合。

3. 液压驱动主动中心退卷机

这个退卷系统由中心驱动型退卷机和储布架两部分组成（图 7-24），退卷机为墙板式结构，是由液压马达驱动的主动型中心退卷，储布架用于收纳或吐出非织造布，可以对退卷期间出现的张力波动或设备间的速度变化起缓冲作用，储布架的导辊采用“上五下四”的立式布置，储布长度 5m 左右。油泵由电机组、退卷马达组成的液压系统等组成。

退卷机配置有液压泵站和相应的压力及流量控制装置，通过调节液压马达的输出转矩可以自动控制非织造布的退卷张力，最大退卷直径 1500mm。

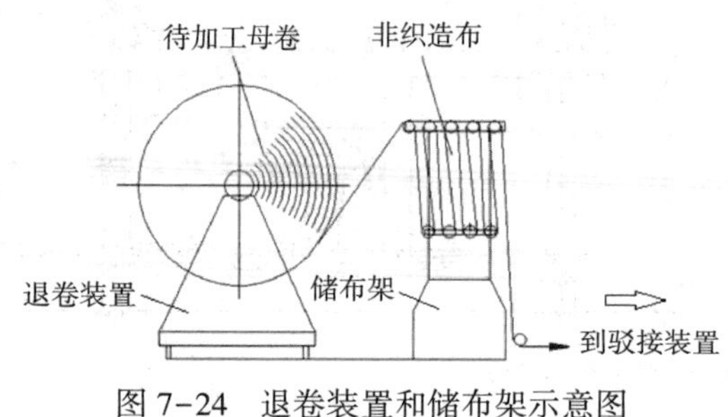

图 7-24　退卷装置和储布架示意图

（二）储布架

储布装置主要用于收纳即将全部退卷的剩余部分非织造布，并为将其末端与后续布卷的首段进行驳接提供缓冲时间，从而实现后整理设备不停机换卷或降速换卷，避免生产过程中断，减少在停机换卷时造成非织造布损耗。主要有 J 形储布斗、导辊式储布架等以下几种形式。

1. J 形储布斗

优点是储布量大，设备成本低廉，缺点是非织造布尤其是低克重非织造布在 J 形储布斗中堆放不整齐，并有跑偏、漂移、叠压等现象，后道工序还需要增加展幅、对中装置。J 形储布斗其实就是一个简单的用于堆放收纳非织造布的斗状容器。

2. 导辊式储布架

该储布架由机架、升降机构、储布机构、电气控制等组成，形式为上、下导辊升降式。图 7-25 为一个下辊浮动式储布架，在运行期间由多只浮动辊组成的浮动辊组，会在张力发生变动时上下浮动，从而保持张力稳定。除了与运行速度有关外，张力的大小还可以通过改变配重装置的重量进行调整。

当系统的张力减小，非织造布趋向松弛状态时，在重力作用下浮动辊会下降，收储更多的非织造布并使其保持张紧；当系统的张力增大，非织造布趋向绷紧状态时，浮动辊会在张力的作用下升起，放出所储存的一些非织造布，从而降低张力并保持张力稳定。

由于受储布架活动部分的自重和运动阻力限制，不能收纳定量规格较小的产品，较为适应的定量范围在 80~800g/m^2。储布量可根据工艺需要按 40~120m 选择配置，采用铝合金导布辊，辊体外表面氧化处理。储布架升降方式有电动机结合链条驱动、液压油缸结合链条驱动、气缸结合链条驱动等。

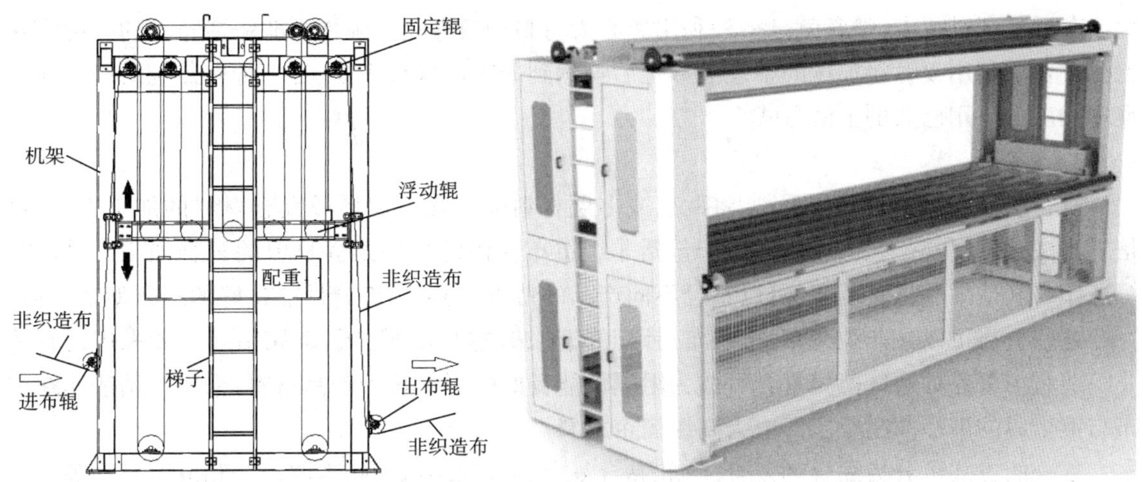

图 7-25 导辊式储布架

通过张力控制器来控制储布架升降速度,带动上辊升降。可保证非织造布在恒张力状态运行,保持产品性能的稳定。由于受浮动辊的惯性限制,储布架无法对张力变化做出快速反应,因此,仅用于运行速度较慢、加工的材料定量较大的系统。

(三)上液方式

在后整理生产过程中,要将整理剂施加到非织造布上,以实现其功能整理。施加整理剂的方法可以分为五类,分别是浸渍法、浸轧法、涂层法、喷雾法、复合法。

1. 浸渍法

浸渍法是指将非织造布浸渍在整理剂溶液中,使非织造布吸附整理剂,通过整理剂的作用达到整理的目的。这种上液方式的带液量很大,在熔体纺丝成网非织造布产品后整理中用得不多。

2. 浸轧法

浸轧法将非织造布浸在整理剂溶液中,吸附了整理液的非织造布在经过轧液装置时,调整压辊的压力便可以控制滞留在非织造布上的整理液量,并使整理液渗入非织造布内部,整理液和非织造布内的纤维发生物理或化学作用,便达到非织造布的改性目标。

在压辊的挤压作用下,使整理液沿幅宽方向均匀展开,改善了全幅宽产品带液的均匀性,从而也提高了产品后整理的质量。压辊将多余的整理液挤出后,既减少了整理液的消耗量,还可以降低后工序的干燥能耗。

3. 涂层法

涂层法是在非织造布表面涂或敷以一层化学材料,使之形成膜,以改善或赋予非织造布新的功能。按涂层形成膜的方式,可分为烘干(蒸发)成膜涂层整理、热熔成膜涂层整理以及凝固浴成膜涂层整理。

涂层的方式有很多,在熔体纺丝成网非织造布的后整理过程中,kiss roll(吻液辊)上液就是一种接触式辊筒涂层上液工艺。

涂层不仅可以单独作为后整理方法,而且在涂层基础上还可以进行静电植绒等后整理加工。

4. 喷雾法

喷雾法就是利用雾化装置将整理液喷洒在非织造布表面的一种后整理工艺,在熔体成网非织造布后整理过程中,喷盘就是一种利用离心力将整理液雾化后施加到非织造布上的一种雾化上液设备。利用喷嘴将加压的整理液雾化后喷洒到非织造材料表面,是一种在传统纺织行业后整理加工中应用已久的上液方式。

5. 复合法

复合法是利用各种黏合手段,将两层或多层材料叠合在一起形成复合材料的加工方式,这是二步法叠层复合工艺。可以适用于包括非织造布在内的各种柔性材料的复合加工。采用非织造布与其他柔性材料复合,可以整合不同产品的特点,制造出综合性能良好的复合型新材料。

这些材料可以是非织造布、机织布、针织布、泡沫塑料、薄膜、纸、金属箔等。如采用纺粘法非织造布与聚乙烯透气薄膜复合可成为阻隔性能良好的医疗防护制品材料;采用纺粘法非织造布与镀金属的聚酯薄膜叠层即成为高级窗帘材料。

复合的方式可分为黏合剂复合、热轧黏合复合、热熔胶复合、超声波复合和淋膜复合等。

(四)上液设备

根据加工要求和产品的特点,后整理技术有很多种上液工艺,以下为熔体纺丝成网产品常用的几种技术和设备。

1. kiss roll 上液

kiss roll 上液也称为辊筒涂层上液,这是纺粘法非织造布和 SMS 复合非织造布在线后整理最为常用的上液技术,可在运行速度高达 1000m/min 的非织造布生产线使用,也是目前运行速度最快的主流上液技术。

(1)kiss roll 上液的原理及基本方式。kiss roll 上液是指通过旋转辊筒进行施涂上液。当浸入整理液中的辊筒旋转时,就会将其表面所黏附的整理液转移涂布在与其接触的非织造布全幅宽表面(图 7-26)。显然,这种上液方式不能用于黏度较大的整理液。

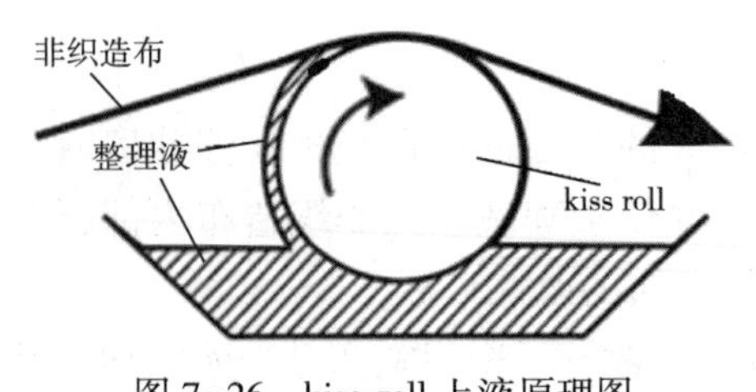

图 7-26 kiss roll 上液原理图

kiss roll 上液系统很简单,一般包括吻液辊、导辊、整理液槽三个部分,有的系统还在基本型的基础上衍生出其他机型。kiss roll 一般由变频调速装置驱动,方向可正转或反转,但一般都是与非织造布同向运动,导辊是可以自由升降的,整理液槽用于存放整理液,一般采用溢流方式控制液位,以控制吻液辊浸入整理液中的深度。图 7-27 为几种常用的 kiss roll 上液方式原理图。

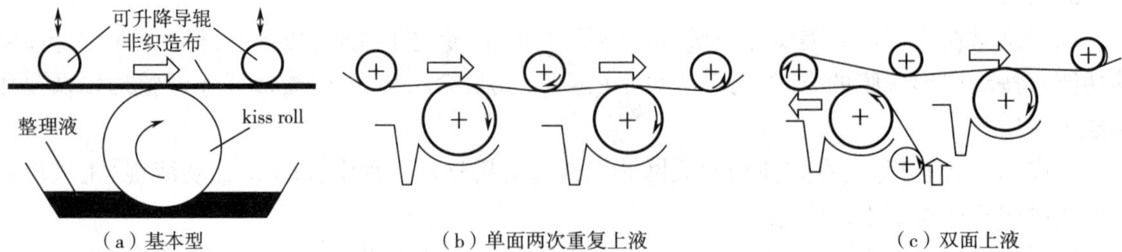

(a)基本型　(b)单面两次重复上液　(c)双面上液

图 7-27 几种常用的 kiss roll 上液方式原理图

当只用一只 kiss roll 辊筒时，只能把整理液施加到非织造布的一个表面，称为单面上液，是低速的生产线常用的上液方式。根据非织造材料的不同运行路径，在有两只辊筒时，既可以对同一个表面重复两次上液，也可以把整理液分别施加到非织造布的两个表面，称为双面上液。

双面上液是高速生产线较为常用的上液方式，由于非织造布的两个表面都能涂上溶液，会有更好的均匀性。各种实用的 kiss roll 上液设备如图 7-28 所示。

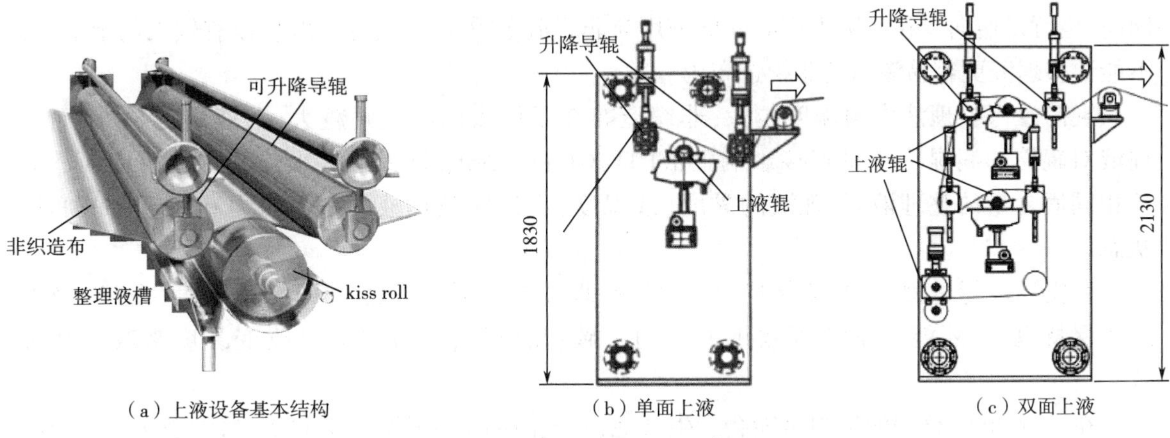

（a）上液设备基本结构　（b）单面上液　（c）双面上液

图 7-28　kiss roll 上液设备

在双辊双面上液设备上，可以根据工艺需要采用单面或双面上液，如果仅需单面上液，则停止其中一个上液辊运转即可。这种上液设备一般会在 kiss roll 的上下游方向设置可升降的导辊，在导辊升起后，非织造布就会与 kiss roll 分离开，避免非织造布与辊面发生摩擦受损。

在 kiss roll 上液装置的下游通常都配有一对轧液辊，非织造布经过轧液辊挤压，一方面把布面上的溶液均匀展开，另一方面把布内的空气挤出而把溶液挤到布的内部，加强了上液的效果，并通过调节轧液辊的压力，控制留在产品中的整理液量（轧液量），这样可以减少干燥环节的水分蒸发量。

以下为用于 3200mm 幅宽生产线的 kiss roll 上液系统的主要性能，其中括号内的数据适用于运行速度为 425m/min 的机型：

涂布辊直径 245（175）mm；涂布辊转速 2～24r/min；涂布辊驱动电机功率 0.55kW；最大涂布宽度 3500mm；最高运行速度 600（425）m/min。

（2）影响上液质量的因素。影响 kiss roll 上液量的因素很多，主要有溶液的浓度、温度，液槽中溶液的深度，上液辊的转速、转动方向，非织造布在上液辊表面的包角，溶液对上液辊表面材料的浸润性，主生产线（产品）的运行速度等。因此，在生产同一种产品时，要尽量保持工艺的稳定，才能保证产品质量的重现性。

在首次选用不同功能的整理液，或者用同一种整理液生产不同规格的非织造布时，都要通过试生产来进行工艺验证、标定。标定的方法是在稳定的溶液浓度、温度、油槽中溶液的深度和生产速度的情况下，调整在不同上液辊速度下生产的产品样本，然后测算样本的实际含油率，选取一个合适的含油率作为该产品的控制标准，然后把工艺固化，作为以后生产的工艺基础。

上液量的多少与辊筒的转动速度、相对非织造布的转动方向、辊筒浸入整理液中的深度、整理液对辊筒的润湿状态、整理液的黏度(或温度)等有关。在正常运行过程中,都是通过调节辊筒的转动速度来调整上液量的。

辊筒的转动速度(表面线速度)既可以与非织造布的速度同步,也可以更慢,但一般都是比非织造布的运动线速度慢很多。因为应用这种工艺进行整理时,上液量都不大,较慢的速度还可以防止整理液被离心力甩离辊筒表面。此外,辊筒的转动方向既可以与非织造布的运动方向同向,也可以逆向。在实际生产时一般采用与非织造布同向运动,这样既可以有较大的上液量,不能让整理液更容易渗透到非织造布内。

辊筒浸入整理液中的深度越大,非织造布在辊筒表面的包角越大,上液量也越大;而整理液对辊筒的润湿状态将直接影响上液的均匀性。因此,整理液必须能润湿辊筒表面。对于相同固含量的整理液,整理液的黏度(或温度)会影响整理液的表面张力和对辊筒的润湿状态。

在实际运行过程中,必须保持辊筒浸入整理液中的深度不变,整理液的浓度(黏度)及温度要保持恒定,才能保证整理效果的均匀一致;相应地,也可以通过改变黏度来改变整理效果。

在运行期间,整理液槽中可能会产生气泡,有气泡部位的整理液会很少,气泡破裂后将影响上液的均匀性,因此,要及时消除整理溶液中的气泡。

(3)上液工艺计算。因为离线后整理的产品一般为定量较大的中厚型产品,溶液难以穿透,所以配方选择很重要,一般需要在功能配方中增加易于穿透的渗透剂,加快穿透的速度。另外,为了保证横向上液的均匀性,轧液辊横向的均匀性也很重要。非织造布经过轧辊后,仍留在非织造布材料上的整理溶液质量,也就是实际的上液量,常用轧液率表示:

$$轧液率=\frac{W_{湿}-W_{干}}{W_{干}}\times 100\%$$

式中:$W_{干}$——特定面积的布进入液槽前的质量,g;

$W_{湿}$——特定面积的布经过轧辊后的质量,g。

从上式可见,轧液率越大,留在非织造材料上的整理溶液也会越多,相对而言,其有效成分也会越多。轧液率的大小根据设备的特点、产品不同的功能要求而异,但是横向的轧液率要求尽量接近,以保证横向上液的均匀,最终保证整理后非织造材料横向质量的均一。

2. 旋转喷盘上液

喷盘是由轴承支承在一个开有缺口的罩壳内,可由电动机驱动高速转动,整理液受离心力的作用呈片状液滴向外高速甩出,并与空气碰撞雾化,从罩壳的缺口处以扇形雾状喷射到非织造布表面。旋转喷盘后整理上液设备如图 7-29 所示。

由于在设计相邻转盘间的中心距及转盘中心至非织造布表面的距离时,除了每个扇形的雾状整理液喷洒到正前方的产品表面外,还覆盖了相邻转盘一半的宽度(约 112mm),而且在高度上相互间是错开一定高度的。因此,喷出的雾状液滴在空间上不会有交集,使产品的每一个表面都经过两次整理溶液的喷淋,提高了可靠性。喷盘液雾覆盖范围示意图如图 7-30 所示。

非织造布从与盘面垂直的方向通过时,布面上的有效宽度内都经历了两次液滴喷射(最外

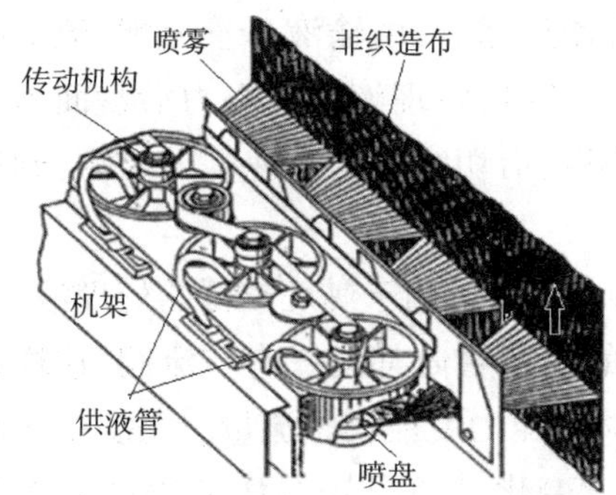

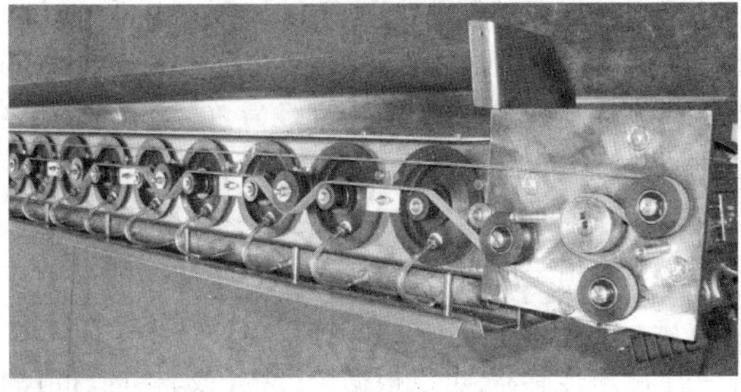

图 7-29　旋转喷盘后整理上液设备

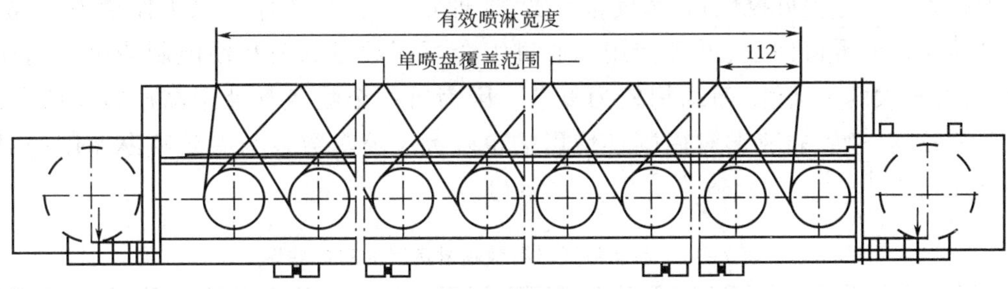

图 7-30　喷盘液雾覆盖范围示意图

侧的除外)，液滴可依靠其动能渗透到内部，有少量甚至可穿透薄型产品。这种喷淋设备可以将雾化的整理液均匀地喷洒在非织造布的表面(根据工艺需要，也有单面或双面喷淋机型)。旋转喷盘双面上液系统原理图如图 7-31 所示。

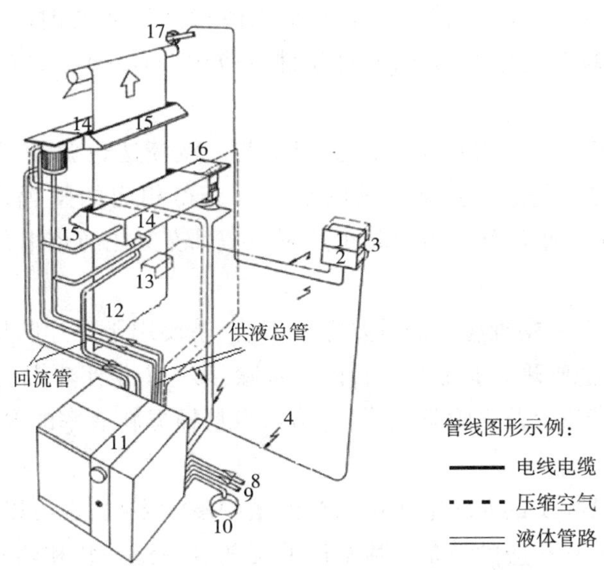

图 7-31　旋转喷盘双面上液系统原理图

1—电源开关　2—调节装置　3—控制器　4—控制电缆　8—纯水供给　9—整理液供给
11—整理溶液泵站　12—非织造布　13—湿度检测　14—喷盘组合总成　15—喷雾回收装置
16—压力传感器　17—测速传感器

供液泵抽取泵站贮液箱 11 内的后整理溶液，经过过滤器过滤后，由输液总管分配、流入喷盘组总成 14 的各个喷盘中，当喷盘以高速度(5000r/min)旋转时，整理液被离心力沿盘面甩至转盘的外圆周，与空气碰撞成为直径为 30~70μm 的小液滴后，沿切线方向高速向外喷洒，到达非织造布 12 的表面，达到上液的目的。

从其工作原理可知，整理液的黏度会影响雾化效果，该方法仅适用于黏度较低的处理液。

系统是以恒定压力的方式工作的，而且在每一个转盘的供液管内都配置有节流阀，这样就能保证每一个转盘喷出的整理液流量是均匀一致的，通过调节压力就能调整流量。系统中还配置了一个测速传感器，可以根据生产线(或非织造布)的速度变化自动调节压力，保持每一个喷盘喷出的整理液量与非织造布的运行速度保持同步。

这种设备运行过程可控性强，浓度范围宽，处理效果好，后工序干燥工作量小，溢散的及穿透产品的整理液雾可回收、循环使用。通过组合不同数量的喷盘便能制造出不同加工宽度的设备，有较大的灵活性，但结构较为复杂。因为每一个喷盘都处于高速转动状态，对管理维护要求较高，逸散的液雾对周围环境影响也较大。喷盘数量与有效喷淋宽度的对应关系见表 7-10。

表 7-10 喷盘数量与有效喷淋宽度的对应关系

喷盘数量(个)	11	12	16	23	30	39
有效喷淋宽度(mm)	1120	1232	1680	2464	3248	4256

3. 轧车上液(浸轧法)

离线后整理的加工对象一般都是定量规格较大的厚型非织造布产品，如按在线后整理的方法是不容易达到所需的上油率，整理溶液不足以渗透到产品的内部的非织造布产品。因此，离线后整理就不能像在线整理那样，通过喷淋或应用 kiss roll 上液的方式，而是要应用浸渍法和浸轧法工艺。

浸渍法和浸轧法工艺是后整理常用的上液工艺。浸渍法也就是浸泡法，直接将非织造布浸泡在整理液中，然后通过自然晾干或烘干即可获得相应的整理效果。由于产品触感硬挺，这种工艺主要用于加工产业用的非织造材料，而较少在纺熔非织造布的后整理加工中应用。

浸轧工艺是非织造布后整理应用的重要上液工艺，主要用于医疗防护制品材料的纺粘法、SMS 复合非织造布的功能整理。其流程包括两个步骤，第一步是使非织造材料完全浸没在储液槽的后整理溶液中，使其沾上及吸附整理溶液；第二步是根据轧液率的要求利用轧辊将多余的溶液轧出。

根据产品的特点，被加工的非织造布可以在液槽中浸没多次，也可以利用轧辊进行多次轧液，因而有多种加工工艺和相应的设备。最常用的工艺有一浸一轧和两浸两轧两种，但对于纺熔非织造布，主要还是应用一浸一轧工艺。

(1)浸轧上液技术。浸轧装置盛装整理溶液的液槽一般用不锈钢材料制造，非织造布被压辊压进溶液中，沾满并吸收了整理溶液的非织造布离开溶液后，经过一对轧液辊筒挤轧，将多余的溶液挤出，然后进入干燥工序烘干。浸轧上液系统原理如图 7-32 所示。

评价浸轧系统的一个重要技术指标是轧液率及其均匀性,其定义是非织造布所带的整理溶液的重量与非织造布本身重量的百分比。

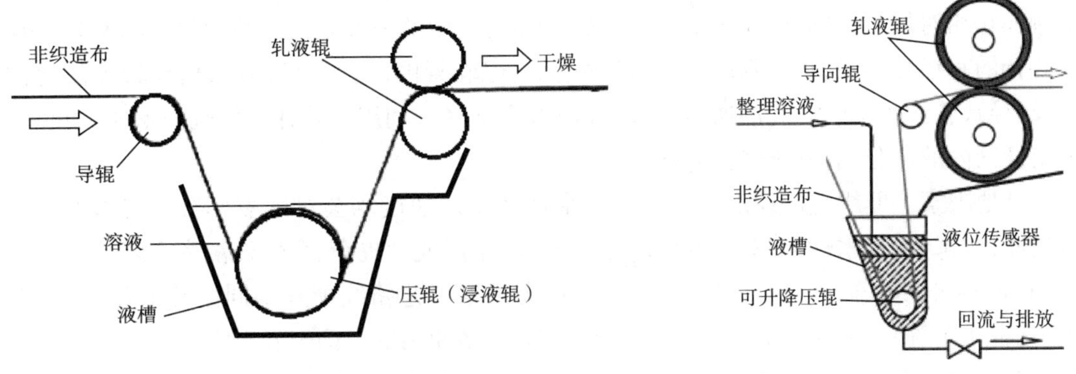

图 7-32　浸轧上液系统原理图

$$轧液率=\frac{轧后湿布的质量-轧前的干布质量}{轧前的干布质量}\times 100\%$$

轧液率的大小与工艺要求在非织造布留下的有效物质含量有关,在整理液浓度相同的条件下,轧液量小、有效物质含量也少,产品的整理效果会下降,轧液率太小还会损坏非织造纤网的结构,但轧液量偏大不仅会浪费整理液,而且因为水分太多而增加烘干产品的能耗。

(2)影响轧液率及其均匀性的因素。

①整理液。整理液的黏度下降,流变性增强,轧液率下降;整理液的黏度会随着浓度的增加而上升,浓度增加,轧液率上升;温度会影响溶液的黏度,温度上升,黏度下降,轧液率降低。因此,在生产过程中要保持溶液的温度恒定。非织造布浸入液槽的次数增加,轧液率上升。

②液槽结构。液槽容积不宜太大,这样有利于槽中的溶液更新和减少残液量,而液槽有一定的深度,可形成较大的静压,便于溶液渗透。因此,储液槽会制成开口面积较小、而深度较大的形状。为保持液槽内溶液的温度恒定和液位稳定,有的液槽会配置自动加热控温系统和液位控制装置。

③轧辊。在非织造布的浸轧整理过程中,工艺的关键是要保证轧液均匀、保持轧液率恒定。实际生产过程一般要求轧液均匀度应控制≤2%。如均匀度偏差处于2%～5%时,可通过调整其他工艺参数予以弥补,如果差异>5%,将会明显影响产品的质量。

普通轧辊的两端是受集中载荷,而辊筒是受均布载荷,容易发生挠曲变形而导致轧液不均匀。因此,轧辊是影响轧液率及其均匀性的关键因素,目前在纺熔非织造布后整理系统中,常用的轧辊一般是造价较低的中凸辊、中支辊、中固辊3种,但这3种通过调整压辊挠度来保证轧余率恒定的作用是有限的。

在高端后整理生产线,会用到油压自动补偿轧辊挠度变形的浮动辊(S辊)和应用尼普可(NIPCO)技术的均匀轧辊,由于这两种轧辊都具有自动补偿受力而产生的挠曲变形,可使全幅宽(或有效幅宽)范围内有均匀一致的线压力,从而获得轧液均匀、轧液率恒定的轧液效果。

这些设备的结构、工作原理与热轧机类似(参见本书第六章有关纤网固结的内容),其差异仅是在后整理系统使用的轧机是不用加热的常温设备。

配对轧辊中有一只是橡胶辊，另一只是钢面辊（也可以是硬度不同的橡胶辊）。橡胶表面层的厚度与硬度都会影响轧液率。在相同压力下，橡胶层越薄，接触带的宽度越小，轧点压强越高，轧液率越低。轧辊的表面硬度高，刚度越大。在合辊受压时，轧辊表面形变较小，则与布面的接触面积相对较少，此时的压强变大，轧液率下降；轧辊的表面硬度一般为邵氏 HA 90~100。

轧辊的直径越小，轧点压强越大，轧液率越低，但轧辊的刚性下降，容易出现较大的挠曲变形，容易导致轧液不均匀。轧的次数增加，轧液率会下降。利用微孔弹性轧辊内形成的负压，可以吸走纤网内的水分，有利于降低轧液率。

④其他因素。非织造的厚度、亲水性、吸水性及生产速度均会对轧液率有一定影响。非织造布越厚，亲水性、吸水性能越好，轧液率会上升；而生产速度提高，会使轧液率下降。

（3）两辊卧式轧车。在后整理加工过程中，会根据工艺路线配置不同的轧液设备，如两辊轧车、三辊轧车等，但在纺熔非织造布后整理系统，较多使用的是两辊轧车。

两辊卧式轧车为一浸一轧方式，采用气缸加压方式控制轧辊间的压力，轧辊间压力通过杠杆放大，加压放大杠杆比为 1∶4，在压缩空气压力为 0.4MPa 时，最大工作压力为 100kN，可用于幅宽在 1800~3600mm 的非织造材料浸轧整理（图 7-33）。

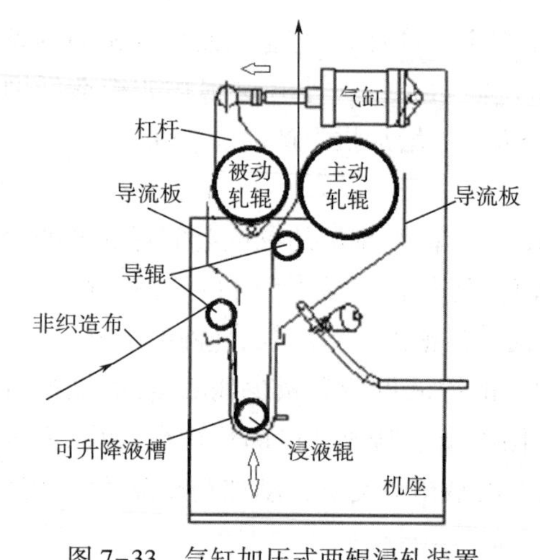

图 7-33　气缸加压式两辊浸轧装置

在可升降的不锈钢液槽中装有液位自动控制装置，当液槽升起并充满整理溶液后，浸液辊及非织造布便浸没在整理溶液中，由于液槽有较大的深度，可保证非织造布有充分的浸渍时间。液槽可上下升降并翻转，方便穿布和进行清洁工作。

轧辊为两根丁腈橡胶材料轧辊，主动轧辊是硬度为邵氏 100 度的中凸辊，其中的中凸辊与轧辊受压后弯曲变形的挠度值相等。被动轧辊是硬度为邵氏 90 度的中固辊，中固辊的辊体及辊轴仅在中间几百毫米的一段固紧连接，中固辊的挠度仅为普通辊的 1/3 ~ 1/4，橡胶层厚度为 22mm（图 7-34）。

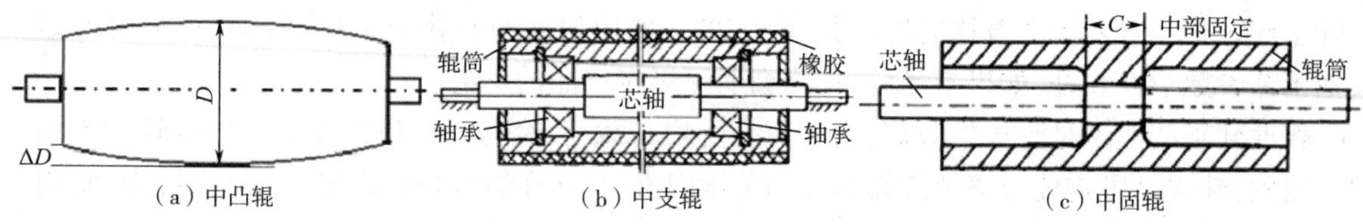

图 7-34　浸轧系统三种常用轧辊的结构

中凸辊和中固辊的合理配对使用，既可使辊体工作表面均匀接触，又可将非织造布全幅宽的轧液率差异控制在≤4%，提高了轧液率的均匀性。

图 7-35 为一个使用浮动辊的一浸一轧上液系统结构，采用气囊加压方式，轧辊间的压力通过杠杆放大。轧辊为可以自动补偿弯曲挠度的浮动辊（均匀辊），注意其变形方向是对着另一只轧辊的。因此，能减少全幅宽非织造布的轧液率差异，是一种性能较好的高端浸轧设备。

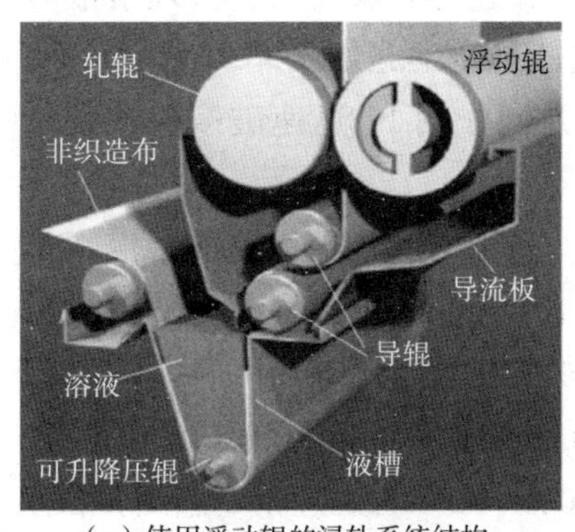

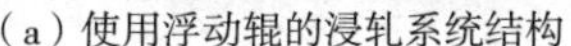
（a）使用浮动辊的浸轧系统结构

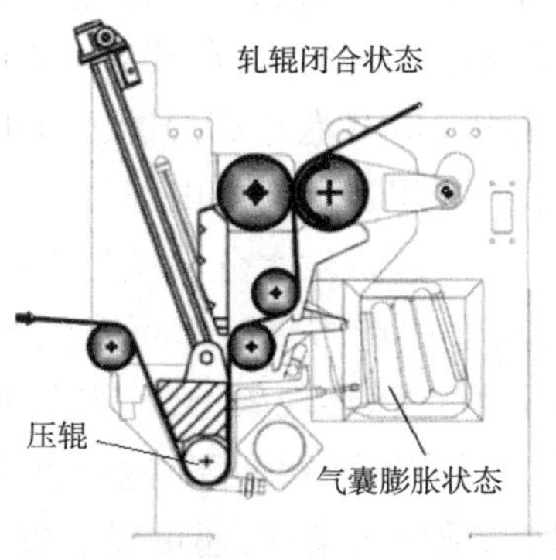

（b）布浸在液中的运行状态

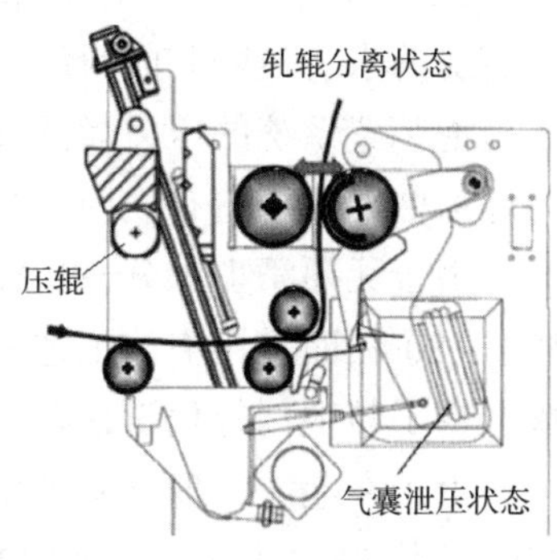

（c）压辊升起布离开溶液状态

图 7-35　使用浮动辊的一浸一轧上液系统结构

不锈钢液槽装有液位自动控制装置，可以翻倾，便于清理液槽的残液及清洁液槽，液槽结构较深，液下的容布量较大，能保证非织造布有充分的浸渍时间。系统中有一只可以升降的压布辊，正常运行时，压布辊将非织造布压入溶液中，当材料不需要进行整理时，压布辊升起，非织造布就离开溶液。

4. 泡沫上液

（1）泡沫及泡沫的特性。泡沫是不溶性气体在外力作用下，进入低表面张力的液体中，并被液体隔离所产生的，是气体在液体中的分散体系。在液体泡沫中，泡沫膜称为液体薄膜（简称液膜），是液体和气体的界面，对气泡的稳定性起着重要的作用。内相（气体）的体积分数一般大于 90%，仅有一个界面的称为气泡，具有多个界面的气泡的聚集体则称为泡沫。

泡沫的破裂有两种方式，一是气泡内部的气体通过液膜向外界扩散，另一种是液膜排液。泡沫形成后，气泡壁间夹带上来的液体在重力作用下向下流失，液膜逐渐变薄，气泡互相接近而变形。在此过程中，如果液膜强度不够，则液膜破裂，泡沫逐渐消失。泡沫稳定性是指泡沫静置在空气中长时间不破裂的性质，也就是泡沫的寿命。泡沫稳定性用半衰期（min）表示，半衰期越长，泡沫越稳定。

泡沫破坏的过程与液体的表面张力有关，表面张力越小，越有利于泡沫的形成和稳定。液膜强度是决定泡沫稳定性的关键因素，而液膜强度取决于表面黏度、液膜弹性和膜内液体的黏度。高的表面黏度、高黏度和高弹性的凝聚膜及较大的膜内液体的黏度都有利于泡沫的稳定。

表面张力的修复作用越强、表面弹性越大，越容易形成稳定泡沫；液膜的分子排列越紧密，表面黏度越高，气体透过液膜扩散越少，气泡排气越慢，泡沫的稳定性越好；泡沫液膜表面带有相同符号的电荷时，当液膜要变薄时，两个表面将会产生静电斥力作用，以阻止继续减薄，延缓液膜变薄，提高泡沫稳定性。泡沫的稳定性会随温度的升高而降低。

泡沫的特性会影响非织造布的整理效果，表征泡沫的特性指标包括泡沫密度、泡沫强度、气泡平均直径和直径分布、起泡能力、泡沫稳定性等。

不稳定泡沫容易提前破裂，引起非织造布不均匀湿润，而稳定性过高的泡沫在经过轧辊时往往不会破裂；在无压力状态施加时，需要泡沫在布面滞留较长时间，对泡沫的稳定性和布的渗透性要求较高。

(2)泡沫整理技术。泡沫整理技术是一种特殊的涂布技术,用空气来取代配制整理溶液时所需要的水,将整理剂稀释为一定发泡比的泡沫,在其半衰期内能稳定地施加到非织造布表面,在施泡装置系统的压力、纤网的毛细效应及泡沫润湿能力等的共同作用下,迅速破裂排液并均匀地涂敷于非织造布表面,并渗透到非织造材料的内部。

由于无须添加水分,也就减少了后续蒸发水分消耗的能量。采用浸轧工艺织物的带液率为50%~80%,而采用泡沫工艺整理的非织造布带液率可降低到10%左右。因此,泡沫整理技术既减少了整理剂等化学品在干燥过程的泳移现象,又可节省50%的干燥能耗。

由于在泡沫整理过程中用大量的空气取代了配制整理液所需的水和化学药剂,除了可节省20%用水,减少了污水排放对环境造成的污染外,还可以节省10%~30%的处理剂,是国家推荐的整理技术。

用泡沫整理工艺还可以控制整理溶剂渗透到材料的内部(但不容易渗入厚型产品的内部),甚至可以生产一种两个表面性能完全不同的功能性材料,如一块非织造布的一个表面具备亲水性,而另一个表面却具备拒水性。但泡沫整理对整理均匀性要求高,渗透性较差,设备结构复杂,造价很高。

(3)泡沫整理系统和设备。应用泡沫施加系统的后处理生产线一般包括控制器、发泡器、放卷设备、施泡机、轧水车、干燥设备、收卷机等,但其核心技术是在泡沫发生器。

目前,在非织造布泡沫整理工艺中,采用的发泡方法主要有空气注入法、机械搅拌法和注入搅拌联合法等。产生气泡有三个必须的条件,其一是气体与液体必须有连续的充分接触,才能产生气泡;其二是气体、液体的密度要相差很大,才能使液体中的泡沫上升至液面形成气泡;其三是液体的表面张力越小,越容易起泡。泡沫整理系统的原理示意图如图7-36所示。

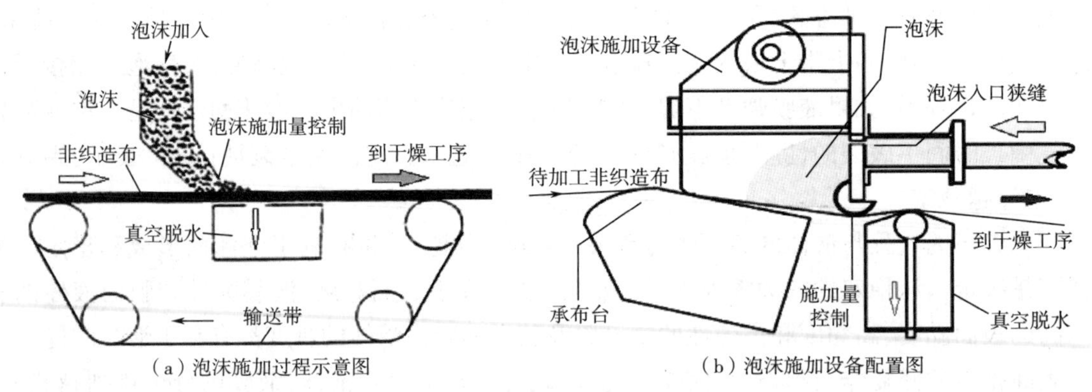

(a)泡沫施加过程示意图　　(b)泡沫施加设备配置图

图7-36　泡沫整理系统的原理示意图

控制系统能准确控制发泡比(或发泡倍数)及带液量,能调节泡沫的半衰期,有的机型能在1∶(0.5~80)的范围准确控制发泡比;施泡机使用的泡沫刮棒能保证施加气泡的均匀性;利用调整轧水车的工作压力可以控制非织造布的轧液率,加强整理剂沿垂直于布面方向的渗透,即沿材料的内部渗透。

泡沫发泡倍数是指泡沫在液态状态下的密度与发泡后的密度之比,也可以指在一定条件下,泡沫体积与原液体积之比。它反映了液体发泡后的体积变化程度,是表征泡沫材料发泡程度的一个重要指标。发泡倍数越大,说明发泡程度越高,所得到的泡沫材料的体积越大,密度越低。

通过控制发泡剂用量、功能整理液输入量（黏合剂质量浓度、涂料液质量浓度）、空气输入量、搅拌速度、泡沫产生量、泡沫整理液输出量与挤压辊间距、生产线速度等工艺参数，可达到相应的产品风格和性能要求。

泡沫施加系统改善了浸轧工艺中由于液槽中处理液浓度变化所带来的施加量差异，也比刮刀涂层法有更均匀的施加量和更好的渗透性；泡沫施加系统大幅度减少了废液的排放量，更有利于环境保护。

利用泡沫整理技术可进行非织造布的拒水、亲水、柔软、抗菌、抗紫外线整理等。

5. 涂层法上液

(1)平板刮刀式涂层机。该设备适用于浮刀法直接涂层，是将涂层剂直接涂在非织造布上形成连续膜，从而改变涂层面功能。所用的涂层剂可以是溶液型、乳液型、乳液泡沫体、增塑糊或溶剂稀释的增塑糊，平板刮刀式涂层机如图 7-37 所示。

主要特点：涂层系统控制精度高，平板刮刀式涂层机精密微调系统设计先进，涂刀复位精度为 0.005mm。

(2)双面滚涂机。该设备适用非织造布的双面涂层工艺，双面液涂机如图 7-38 所示。

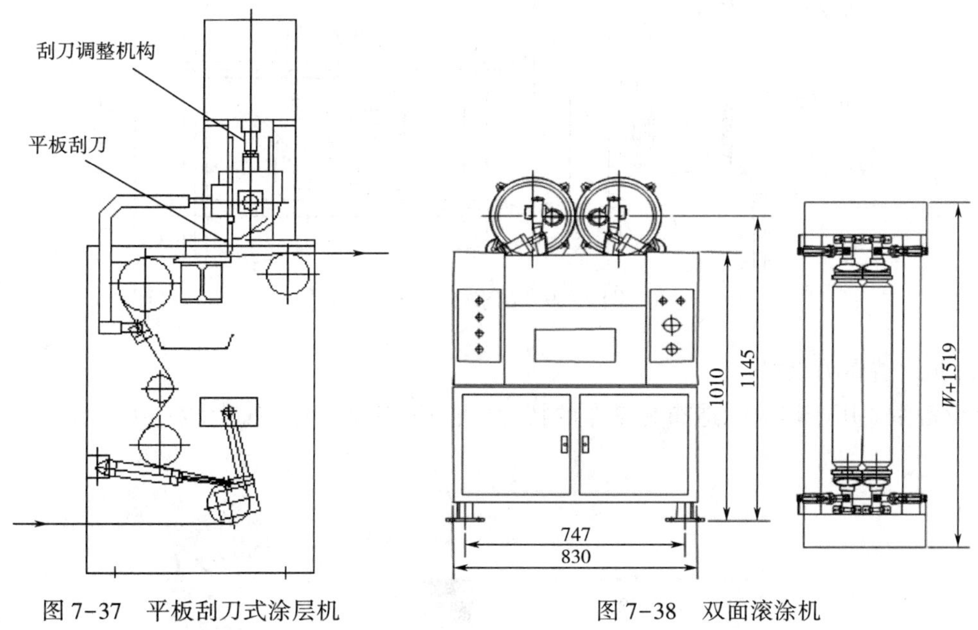

图 7-37　平板刮刀式涂层机　　　　图 7-38　双面滚涂机

主要规格与技术特征：

公称宽度 1800～2600mm；

车速 8～80m/min；

镍网辊周长基本配置 914mm；

传动方式为交流变频电动机同步传动；

供浆装置为气动泵或齿轮泵。

(3)刮浆杆式浸涂机。两把刮浆杆固定在机架上，刮浆杆调整成带有一定的弧度，把非织造布在浸渍过程中两个面上多余的浆料刮除，保证涂层均匀，刮浆杆式浸涂机如图 7-39 所示。

浸液槽可由气缸升降，设有液位自动检测系统、浆料自动添加系统。

浸涂机主要技术参数如下：

①设备主要由浸涂辊，浸液槽及刮浆杆等组成。

②浸涂辊为中空密封铝辊，表面经硬化处理，直径是 100mm。

③浸液槽有进出料口，确保浆料在浸液槽中始终处于循环状态，以免有沉淀物产生。浸液槽可由气缸升降，浸液槽举起时，有机械安全锁定装置自动将其锁定。浸液槽完全降下时，浸涂辊下边沿高出浸液槽口 100mm；浸液槽完全抬升时，浆料液位高出浸涂辊上边缘 100mm。

④浸涂机下设有移动小车，便于清洁。

⑤刮浆杆固定在机架上，可被调整成带有一定的弯度。

⑥浆料盘中设置液位自动检测系统，配有浆料自动添加系统及贮浆料桶。

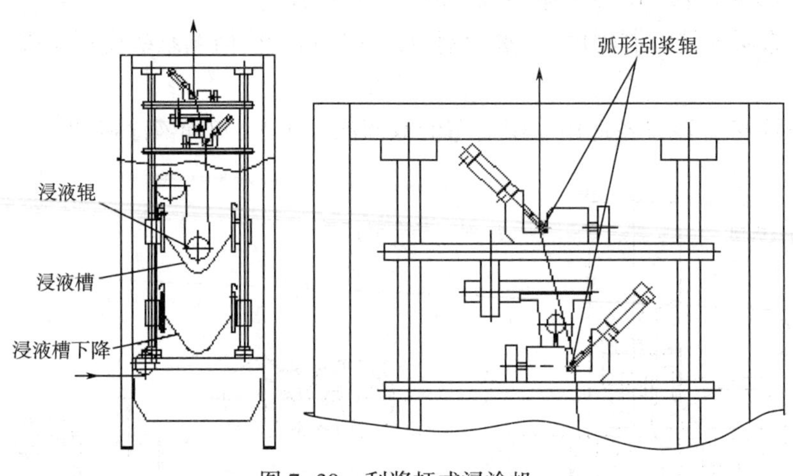

图 7-39　刮浆杆式浸涂机

(4)非织造布喷涂机

该设备主要用于以非织造布为基布的特种后整理，其基本原理如图 7-40 所示。

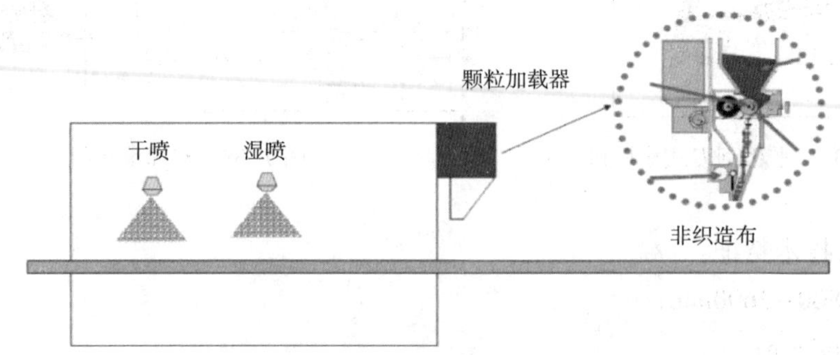

图 7-40　非织造布喷涂机基本原理

主要技术参数：

①有效输出纤网宽度为 600mm。

②喷涂原料。水溶性胶,丙烯酸类;橡胶,酚醛树脂;矿物、研磨颗粒及其他固体颗粒。

③线速度最大为 10m/min,通常为 3~5m/min。

④颗粒大小 4~1500μm,干喷颗粒半径为 4~300μm;湿喷颗粒半径为 4~1500μm。

⑤(湿态)黏度为 400~500cps,喷涂量为 80~500g/m^2。

⑥气枪压力 0.6MPa,喷嘴至纤网距离在 100~600mm。喷射角度 0~180°,喷枪往复次数为 60 次/min。

⑦工作方式。干喷、湿喷外加颗粒加载装置。

⑧喷涂机应灵活移动并且易于清理。

⑨喷涂室内部及外部(风管除外)宜采用 SUS304 不锈钢材质。

⑩ 喷涂室内部配置 SS304 不锈钢传送网,传送带张紧程度和传动速度可调,并可与非织造布生产线及其他设备联动,配备联动信号输入输出界面。

二、后整理烘燥与定型设备

(一)烘燥、定型的功能

与非织造布烘燥相关的功能包括非织造材料的高温定型,其中包括烘干、平衡、定型、烘焙等过程。在非织造布后整理加工过程中,都需要对上液后含有大量水分的非织造材料进行烘干,移除多余的水分,使非织造材料成为符合质量要求的、尺寸稳定的产品。

有的后整理工艺,还会利用烘干过程,使非织造布形成预定的功能,这也是后整理的一个重要功能。

1. 常用的干燥方法

机械脱水和加热干燥是移除材料中水分的两个常用方法,但机械干燥只能移除部分的水分,而加热干燥用于产品的最终干燥,可使产品的水分含量降至很低水平,干燥温度的高低和干燥时间的长短对产品质量有很大影响。

在非织造布领域常用的加热干燥工艺有辐射式干燥、远红外干燥、热风(气流)干燥、热风穿透式干燥、接触式干燥。而离线后整理的烘干设备有热风拉幅定型烘干机、烘筒烘干机、导辊式烘干机、圆网烘干机、远红外烘干机等,也可以几种烘干方式组合应用。

烘干设备使用的加热能源有电能加热、蒸汽加热、燃油、煤、天然气加热等多种。

机械脱水适用于加热干燥前使用,可减少加热烘干的水分,节省大量热能,脱水的均匀性会影响产品的功能一致性。虽然有很多机械脱水工艺,但根据非织造布的特点,目前常用的脱水方法只有真空(负压)脱水、轧水车脱水两种。

2. 烘干的作用

非织造布在经过上液整理或其他形式的整理后,要将水分烘干移除后,或将溶剂挥发后才能包装、储存、运输、使用。烘干过程对产品的质量影响很大,除了利用加热作用使产品形成特定的功能外,没烘干的、水分含量超标的非织造布,容易滋生细菌、发霉、变质、产生异味等,还导致布卷的包装内出现水雾、纸筒管霉烂、无法穿插卷绕杆退卷使用等情况出现。

因为离线后整理是液下浸轧上液,非织造布的带液量大,采用类似于在线后整理的烘干方式已经不能满足烘干的要求。另外,由于工艺所需烘干时间较长,非织造布产品横向容易收缩,所以在烘干过程中要把布的两边固定,因此,离线后整理的烘箱多采用拉幅定型的方式。

烘箱形式有平面烘箱式(含多重来回穿布、多层反复绕行的方法,用以加长烘干距离和延长烘干时间等方式)、圆网Ω形等类形。气流是传递热能的主要介质,辐射加热则是一种高效烘干方式,在熔体纺丝成网非织造布后整理干燥系统中较少使用接触式加热。根据当地能源供应情况,使用的能源主要有电能、蒸汽或天然气等。

因为烘干过程是一个传热和传质同时进行的过程,在将热能传递给产品,使产品中的水分受热升温、蒸发的同时,如果不能及时将蒸发出来的水分移除,降低烘干装置内的湿度,就无法达到传质的目的,也就是将水分移除,实现干燥的工艺目标。因此,烘干系统的排湿也很重要,足够而适当的抽风排湿可以保证生产过程蒸发出来的水蒸气被及时排走,加强烘干的效果。

在实际生产选择烘干机时要根据产品的特性、后整理质量要求,以及产品的最终质量要求,选择合适的烘干方式。如速度≤400m/min的生产线,选用平面式的加热方式就可以了,而对于产能较大、效率较高的的生产线,因为生产过程中需要蒸发的水蒸气量也大,就要选用干燥效率较高的热风穿透式干燥工艺和设备。

(二)后整理干燥设备

1. 平网干燥机

平网干燥机的特点是以一条透气性良好的耐热网带为载体,支撑要干燥处理的非织造布材料,在运行期间,网带既作为载体使非织造布材料在设备内连续向前运动,又承受了拖动非织造布运动的张力,水分会在设备内的高温气流作用下被加热升温、蒸发。

干燥热风采用循环加热干燥方式,对于PP非织造布材料,热风的温度一般≤150℃。干燥的热风与非织造布之间的传热过程有两种方式。一种是喷射式,热风分别喷向非织造布的两个表面把热量传到给非织造布;另一种是穿透式,热风从非织造布的一个表面吹入,在穿透非织造布后从另一面吹出,把热量传到给非织造布。单层平网干燥机示意图如图7-41所示。

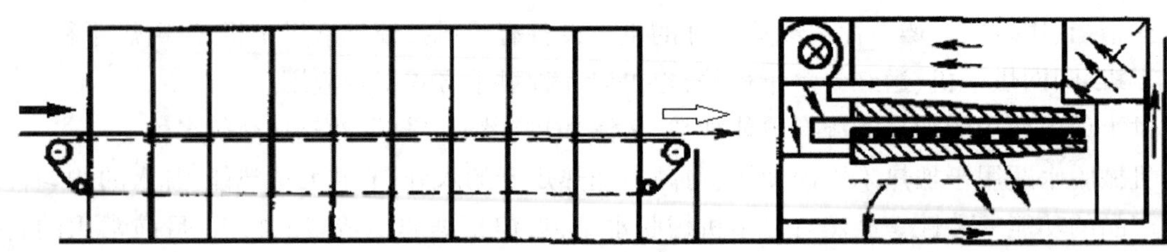

图7-41 单层平网干燥机示意图

这种设备可根据需要将整个工作长度分为几个不同的温度区域,以满足工艺上的要求,适合厚型纤网的热风黏合,但设备占地面积大。也有采用双层或多层平网式烘房,多层平网式烘房的特点是节省占地面积,在保持一定的生产速度的同时,还能延长纤网受热时间,从而使水分更容易蒸发。

平网干燥机的结构与热风法非织造布的纤网固结设备类似,但干燥机的工作温度会较低,而热风法非织造布的纤网固结设备加热温度会较高,而且要与聚合物的熔点相对应,一般要比纤网中的低熔点成分的熔点更高,使纤维能熔融黏合成布。平网干燥机所使用的能源主要有电能、燃气、蒸汽等。

此外,红外线辐射烘燥机已广泛应用于非织造布生产和热定型,其特点是加热速度快,热损失小,加热温度高达400~800℃(热源温度会更高)。控制纤网的加热温度,可通过改变辐射器与非织造布的距离或运行速度的方法实现。由于这个温度已超过一般聚合物的熔点,因此,采用这种加热方式时必须有相应的保护措施,防止在低速甚至停机状态还继续进行加热,把非织布损毁或发生熔融着火事故。

红外线对纺织材料与薄水膜有贯穿特性。红外线可以穿透到织物中心加热,也就是织物的内部与表面同时加热,与传导、对流等传热方式相比,红外线辐射加热迅速而均匀,烘燥产品质量好,可以防止织物表面过分烘燥和添加剂发生泳移,特别适合用于大定量规格的厚型、高密度产品的加工。

非织造布的应用领域很广,因此,后整理及烘干的方式也有很多,而熔体纺丝成网非织造材料有一半的产品是用作卫生、医疗制品材料。因此,大部分需要进行后整理的都是较低定量规格(≤80g/m^2)的产品。由于熔体纺丝成网非织造布的特性与纺织品不一样,相应的后整理工艺与一般的纺织品及其他种类的非织造布有差异,而且种类也较少。因此,本节仅介绍一些常用的后整理工艺和设备。

平网和圆网热风穿透型烘干设备是常用的高效烘干设备,可以适用于不同产品规格、不同运行速度的生产线,操作也比较简单。平网热风穿透型烘干设备的结构简单,造价较低,但占用的厂房场地较多,适宜用于加工定量规格较大、运行速度较慢的产品,因此,常用作离线后整理生产线的干燥设备,如水驻极熔喷布一般都是应用平网干燥的。

圆网热风穿透型烘干设备的体积较小(但高度较大),有很高的热效率,运行速度高,产品承受的附加张力小,除了可用于离线后整理系统外,还是受场地条件严格限制的在线后整理系统的干燥设备首选,但其价格较高。圆网烘箱的穿布方式和结构如图7-42所示。

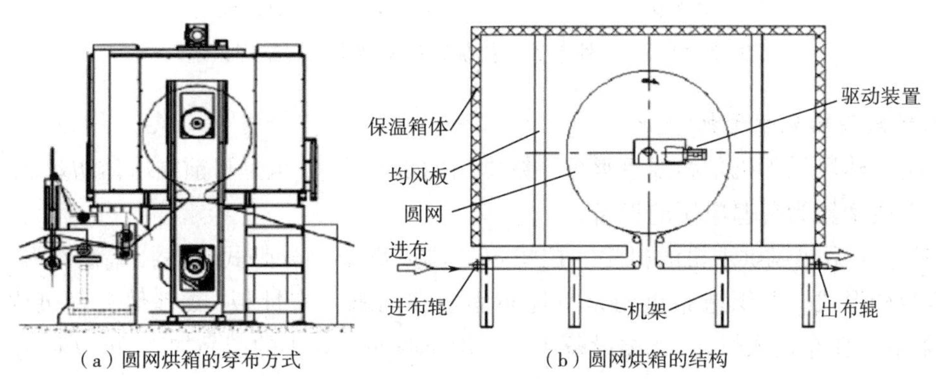

(a)圆网烘箱的穿布方式　　(b)圆网烘箱的结构

图7-42　圆网烘箱的穿布方式和结构

国产圆网的直径一般有1500mm、1900mm、2100mm、2800mm等几种。由于非织造布是以Ω形包覆在圆网的表面,因此,业内也有称为Ω形干燥机,其包角一般≥300°。当需要较大的水分蒸发能力时,可以采用多圆网式干燥机,非织造材料在干燥机内的穿绕路线如图7-43(a)所示。在这种干燥机中会并列布置有多个圆网,增加了非织造布与圆网的接触面积,缩短了干燥时间,具备更大的水分蒸发能力。在熔体纺丝成网非织造布后整理系统,以单圆网干燥机较为常用,截面结构如图7-43(b)所示。

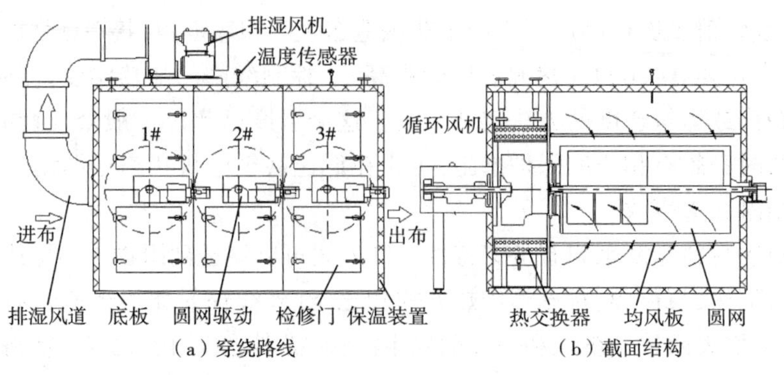

图 7-43　多圆网式干燥机

为了充分发挥远红外烘干有较高干燥效率的优势，有的后整理系统会在主干燥设备的上游位置配置一个远红外干燥装置，这时非织造布的水分含量很高，利用远红外装置可以移除较多的水分，从而可以减少主干燥装置的水分蒸发量，降低能量消耗。一个有两种加热干燥方式的后整理生产线示意图如图 7-44 所示。

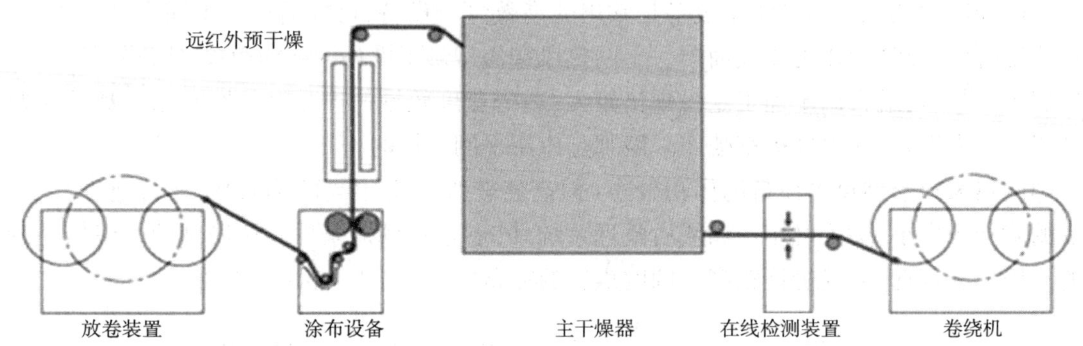

图 7-44　远红外干燥与传统烘箱相结合的后整理系统

2. 拉幅定型热风烘干机

拉幅定型热风烘干机是离线后整理系统常用的烘干设备，也是目前在熔体纺丝成网产品离线后整生产线中较为普遍应用的设备。

(1)拉幅定型热风烘干机的机型。拉幅定型热风烘干机分卧式链条拉幅烘箱和立式链条拉幅烘箱两种形式。非织造布烘箱是将坯布固定在两侧带有针板(或其他夹紧机构)的链条上，由链条带着坯布进入烘箱，此类设备还适宜用于收缩率较小的产品加工，可以利用拉幅机构调节控制产品的幅宽。

拉幅定型热风烘干机除了可以把经过后整理的非织造布中的水分烘干以外，还可以控制非织造布在受热过程中发生的幅宽变窄现象，即缩幅现象，甚至还可以在一定范围内将非织造布的辐宽扩大一些。显然，为了使拉幅机构能固定好布的两侧边缘，与固定(夹紧)机构接触的产品已发生变形或损坏(如有大量针孔)是无法使用的。

由于这类型烘干设备配置有拉幅机构，而且是可以调整的，因此，可以加工的基布宽度有较大范围，如公称宽度为 3600mm 的设备，其可以加工的材料宽度在 600~3400mm。

烘箱是由多个单元组合而成，每一个单元段的长度一般在 3000mm，单元数量越多，烘箱也就越长，运行速度也越快，加工效率也会越高。目前，有 8~10 个单元段的烘箱较为常见。

(2)烘房采用的加热能源。

①蒸汽加热。加热水可产生一定压力的蒸汽，把蒸汽通入热交换器，再通过一套散热系统来加热整个烘箱。烘箱可以达到的加热温度与蒸汽的压力有关，蒸汽的压力越高，温度也会越高。一般情况下，0.6MPa 的蒸汽压力可使烘箱温度达到 130~160℃。因此，蒸汽的压力波动也会影响烘箱温度的稳定性。表 7-11 所示为饱和蒸汽绝对压力与温度对照表。

表 7-11　饱和蒸汽绝对压力与温度对照表

绝对压力(MPa)	0.1	0.2	0.3	0.4	0.5	0.6	0.7	0.8	0.9	1.0
温度(℃)	100	120	134	144	152	159	165	170	175	180

蒸汽可以用锅炉直接产生，但一般的非织造布企业，特别是南方的企业，很少有锅炉，而且使用蒸汽锅炉还有相应的安全运行监管要求和环境保护要求，在有条件的地方，也可以利用当地的公共供热系统提供。

②导热油加热。这种烘箱的载热介质为导热油，可用原煤、天然气或电加热，利用热油泵使高温导热油在加热系统中的热交换器循环，使空气加热升温，用作干燥产品的介质。导热油的特点是储热量大，烘箱内温度变化较小，温度容易控制，运行压力低，导热油一般可加热到 300℃，因此，烘箱的温度可达 220℃或更高。

原煤、天然气属一次能源，因为不存在中间的能源转换，理论上的能量转换效率较高，能源费用较低，而实际费用则与当地的市场价格有关。由于使用原煤加热存在环境保护问题(如烟气排放、原煤堆放及煤渣处理等)，已基本退出熔体纺丝成网非织造布行业。

实际上蒸汽加热和导热油加热仅是载热体不同，加热的对象都是流过热交换器的空气，在具体管路结构方面也会有差异(图 7-45)。

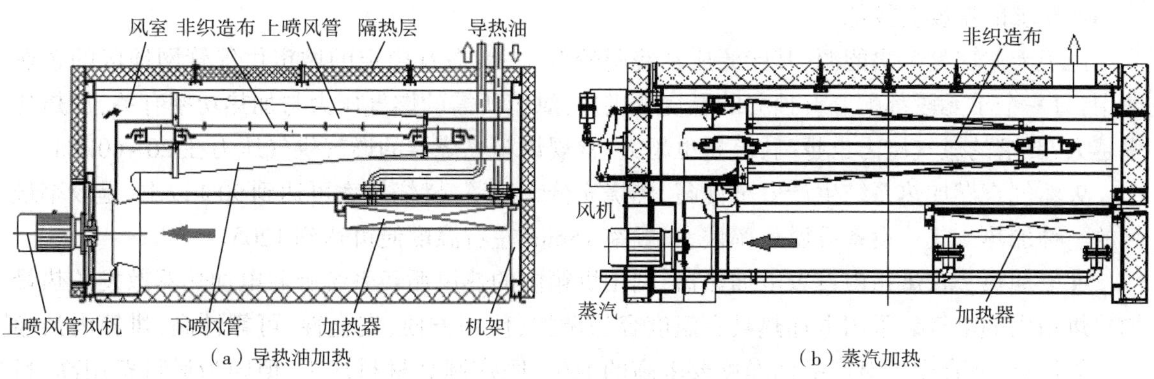

(a) 导热油加热　　(b) 蒸汽加热

图 7-45　蒸气和导热油加热的热风烘箱

③天然气直燃式加热。在烘箱内燃烧的介质可以是天然气或其他燃气，在有条件的地区，可以使用管道供应的压缩天然气(CNG)，在没有管道燃气供应的企业，可以利用罐装液化天然气(LNG)或使用罐装的液化石油气(LPG)。

在这种干燥器中，除直接利用燃气燃烧时产生的热空气外，还加热了使燃气完全燃烧的部分过量空气(最大过量空气比例可达 50%)，这些热空气混合在一起，就成为干燥非织造布产品的高温气流。因此，烘箱的温度较高，可加热至250℃以上，一般用于生产硬质棉、喷胶棉、隔音隔热毡以及一些轻质的建材，这类型产品都含有不同比例的低熔点纤维，利用高温使这些纤维熔融，实现产品纤网的固结。图7-46分别为使用燃气直接加热的平网烘箱机及圆网烘箱。

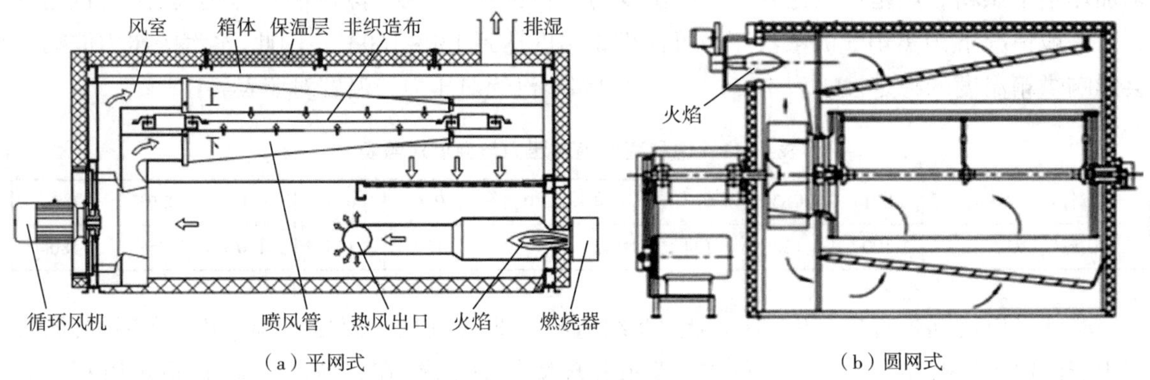

（a）平网式　　（b）圆网式

图7-46　燃气直接加热式热风烘箱

由于燃气燃烧后的气体直接接触非织造布产品，有可能会产生污染，因此，使用这种直燃方式加工卫生医疗防护制品材料时，就必须关注这个问题。如液化气的成分复杂，燃烧时易产生煤气和炭黑等杂质，会影响职业卫生安全，会污染产品、设备和环境，还会影响燃烧器的使用寿命。

由于管道输送的天然气都经过过滤和干燥处理，除去了杂质和水分，因此可以充分燃烧，不会产生任何残留物，可以保证产品的卫生和洁净。

当设备用于纤网固结时，有些低熔点纤维的熔融温度较高，烘箱需要较高的温度才能使这些低熔点纤维完全熔融，使产品能在低密度的情况下仍具有很好的弹性和尺寸稳定性，此类烘箱是通过可调节厚度的夹持式输送铁板链输送。而在PP非织造布后整理系统的干燥设备中，实际所要求的温度会较低。

由于天然气是一次能源，其能源成本费用较低，一般在有稳定的城市供气管网地区的企业使用，每一个单元段都配置有独立的燃烧器供热，烘箱所需的燃气压力与加热功率有关，加热功率越大，要求的燃气压力也越高，流量也越大，常规烘箱燃烧器的燃气供气压力在20～60kPa。

天然气直燃加热系统生产安全性高、燃烧充分无残留、燃烧效率可达到90%以上，是效率最高的一种加热方式。设备升温速率快，一般在15min左右温度便可达到120℃。

④电加热。在烘箱内设置电加热器，利用烘箱内的热风循环系统吸收电加热器散发的热量加热烘箱内的空气。采用电加热具有温度容易调控，使用方便，安全性、可靠性高，烘箱内洁净度高等优点，适合用于对产品洁净度要求高的卫生、医疗制品材料加工，但因为运行费用高，目前较少采用。

由于自身结构的特点，热风穿透式烘燥设备烘燥的热效率较高，经过烘燥后的非织造布手感柔软，表面无极光，符合卫生用品的要求。烘燥阶段最重要的工艺参数就是烘燥温度（一般为120～160℃），其烘燥速率与烘箱内的温度呈正相关关系。

在熔体纺丝成网非织造布的后整理过程中，烘干不仅是为了移除水分，而且需要在这个温度气氛下形成一些特定功能。烘燥温度过高除了会影响非织造布的尺寸变化（缩幅）造成定量规格的变化，布面发硬、变脆、变色引起力学性能变化等，从而严重影响非织造布的质量外，还会直接影响后整理的效果。

因此，在后整理加工过程中，不能单纯地用提高烘燥温度的方法来提高运行速度，还必须关注产品在烘箱内的停留时间，停留时间偏短，会影响产品的功能。

3. 热风穿透式圆网干燥机

在熔体纺丝成网非织造布生产线的在线后整理系统中，热风穿透式圆网干燥机是较常用的设备。由于在烘燥过程中，加热气流从圆网外穿透覆盖在表面的非织造材料向内流动，蒸发的水分也是从圆网外向内流动，传热与传质是在同一个方向进行，因此，热风穿透式圆网干燥机是一种比烘箱或滚筒烘干设备有更高干燥效率的设备，特别是运行速度较快的生产线，几乎是首选及必选的机型。目前，不少运行速度较快（≥400m/min）的非织造布生产线，基本趋向选用热风穿透式圆网干燥机。图 7-47（a）为系统的工艺流程及产品穿绕路径，图 7-47（b）为圆网干燥器外观。目前我国已有多家企业可以设计制造这种设备。

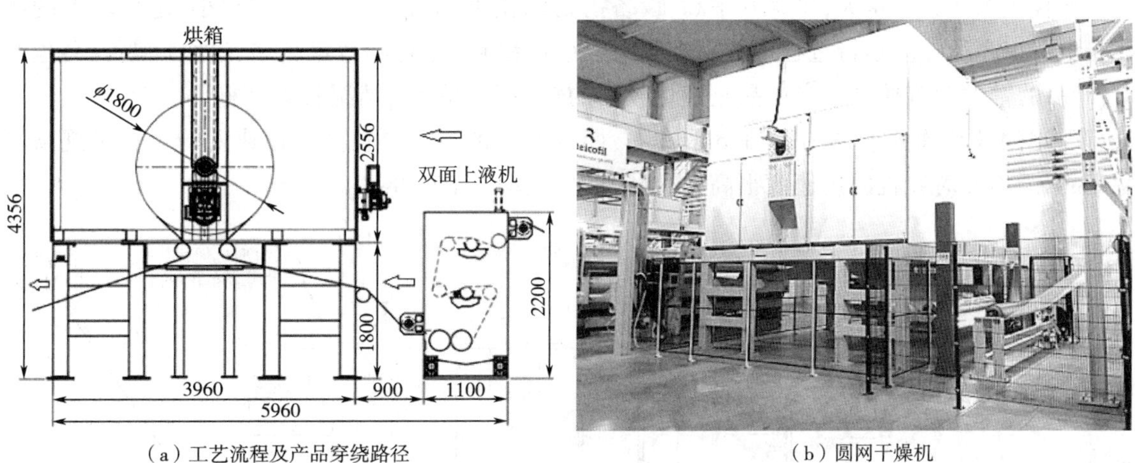

（a）工艺流程及产品穿绕路径　　（b）圆网干燥机

图 7-47　双面上液圆网干燥在线后整理系统

4. 滚筒烘干机

滚筒（烘筒）烘干机是一种接触式干燥设备，利用覆盖在滚筒表面的非织造布直接与滚筒表面紧密接触，把辊筒热量传导给非织造布，使非织造布升温，将水分蒸发，达到烘干的目的。滚筒的热量来自内部的高温蒸汽（或导热油），而传热效果与非织造布和滚筒间的接触压力、包覆在滚筒表面的圆弧长度有关，因此，滚筒烘干机一般都配置有数量较多的滚筒。

蒸汽滚筒分上、下两排卧式排列，顶部有排气罩，蒸汽滚筒辊体表面喷涂特氟龙。

蒸汽滚筒直径为 570mm 或 800mm。

滚筒数量：每组 8 只，可 16 只、24 只、32 只，根据需要组合。

热源：0.6MPa 饱和蒸汽，蒸汽滚筒表面最高温度 150℃。

传动方式：变频电机通过减速器传动烘筒，烘筒间可选用齿轮、链条或同步带传动，每组蒸汽滚筒间用张力架保持同步。

由于材料直接与高温滚筒表面的接触时间较长，适宜用于上胶量较大、定量规格较大的产业用非织造制品材料，如防水基材等的烘燥，而在用于卫生医疗制品材料的熔体纺丝成网非织造后整理系统,很少使用滚筒式烘干机。

5. 导辊式烘干机

(1)导辊式热风烘干机。

①型式。导辊分上、下两排卧式排列,上排 14 根主动、下排 14 根被动,实配数量与机型有关。

②导布辊。直径为 150mm,铝合金导布辊外表面氧化处理。

③加热方式。利用热风加热产品,使用导热油或饱和蒸汽能源。

④烘房温度。载热油 $T_{max}=200℃$,饱和蒸汽 $T_{max}=150℃$。

⑤热循环风机。功率为 7.5kW。

⑥穿布长度。40m、80m、120m 可选配(根据导布辊的数量)。

⑦传动方式。变频电动机通过减速器传动上排导布辊,下排导布辊为被动,每组导布辊之间用张力架保持同步。

导辊式烘箱容布量大,烘燥效率高,设备占地面积小,适宜加工收缩率较小、定量较大的纺熔非织造布产品。但运行过程中的附加张力会引起缩幅,导辊的数量越多,这个问题也会越突出,产品的幅宽较难控制。当产品是定量较小的轻薄型产品时,情况较为严重。

因此,上排导辊的数量一般在 6 只左右,而且不宜加工需要较高运行速度的小定量规格薄型产品,因为此时导辊的角速度很高,很容易产生震动(图 7-48)。

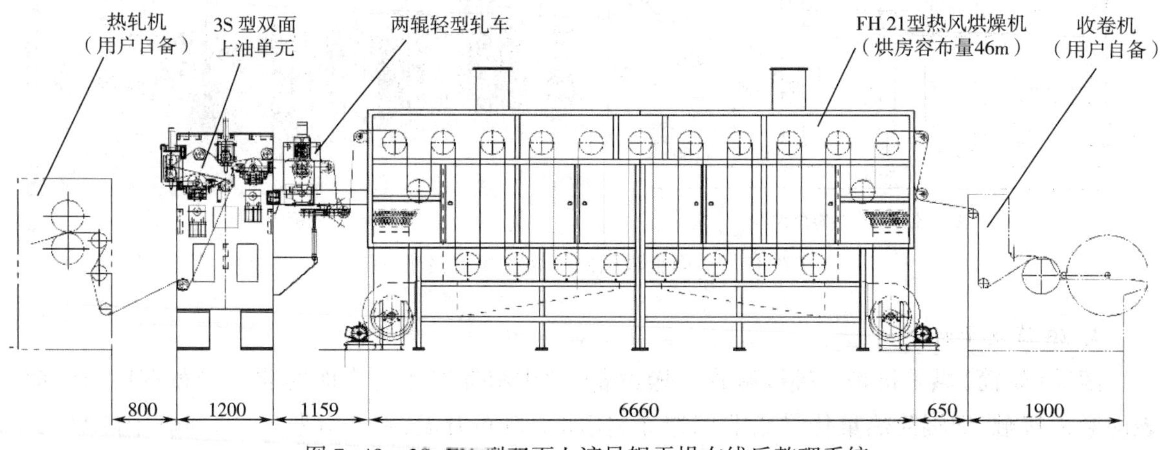

图 7-48　3S-FH 型双面上液导辊干燥在线后整理系统

同样温度条件下,由于原材料纤维的物性不同及定量差异,产生的幅宽缩窄程度也不同,而在两只导布辊之间的产品容易被干燥气流扰动,增加了控制幅宽的难度。

(2)导辊式远红外线烘干机

导辊式远红外线烘干机的结构与导辊式热风干燥机类似,只是由红外线提供干燥能量而不是热风。由于远红外线的频率(波长)容易与水分子共振,有较高的干燥效率。因此,其导辊数量会较少。为了能及时将干燥过程产生的水汽移除,降低烘干机内的湿度,提高干燥效率,机器还配置有排气风机。

导辊式远红外线烘干机可配置在纺粘法非织造布生产线和 SMS 复合型非织造布生产线中,作为在线后整理系统的烘干设备。

这种烘干机是利用乳白石英电热管发出的远红外线，通过辐射的方式传输热量的，在运行期间石英管的表面温度在 600～800℃，这已远超聚合物的熔点，加上与产品的距离较小，一旦生产线突然意外停机，非织造布很容易被熔融损坏，甚至发生会发生火险。

同样道理，这种导辊的角速度不能太高，否则会产生振动，特别在幅宽较大的生产线，石英玻璃管容易在振动状态损坏。因此，一般不宜配置在运行速度>400m/min 的生产线使用。因此，针对上述可能存在的隐患，除了要在控制系统有安全联锁功能外，在硬件方面也要有相应防护措施。

虽然远红外线有较高的干燥效率，但因为与产品的接触时间很短，加热电能的利用率也不高。因此，烘干机的装机容量较大。

（三）整理与定型设备

1. 非织造布产品的整理与定型作用

在非织造布生产中，定型是指纤网或非织造布经过一定的热处理后，获得某种需要的形式（包括形状、尺寸或结构），并且其加工过程具有良好的稳定性。经过热定型的非织造布在后续加工和应用过程中，遇到湿、热和机械的单独或联合作用后，都能保持较好的定型状态。

首先，聚合物纤维在纺丝成型过程中的受热时间短，温度变化大，冷却后会存在内应力；其次，在纺丝成网过程中，纤维还受到拉伸和扭曲等机械力的反复作用，发生一定程度的变形，同样存在内应力；纺粘法纺丝系统的牵伸速度较低，纤维的结构还没有到达稳定的取向和结晶状态。

受上述诸多因素的影响，聚合物纤维及非织造材料遇热仍会发生皱褶或收缩，尺寸稳定性较差，断裂伸长率大，材料较软，横向刚性、初始模量偏小，强度偏低。因此，需对其进行热定型处理。一般聚烯烃类非织造布生产线较少配置定型设备，而聚酯类非织造布生产线要配置定型设备。

定型机的热定型过程，就是在设定的温度和张力下对先期生产的非织造材料进行处理，使非织造材料的纤维微观结构进行重塑，经过定型整理后的非织造布材料，其力学性能、尺寸及外观等性能均得到改善。

因此，温度是定型整理的最重要工艺参数，与聚合物的种类、特性有关，热定型温度一般选在聚合物的玻璃化温度与熔点温度之间。对于无定形聚合物，定型温度通常在聚合物的玻璃化温度附近，对于结晶聚合物，通常在最高结晶温度以下。

定型工艺的本质是聚合物纤维大分子链段的重构，使拉伸后的纤维获得应力松弛并且消除了非织造材料的内应力，有利于提高纤维的结晶度，结晶结构也可得到改善，特别是可以提高非织造材料的力学性能，如强度、模量和收缩率等性能，提高强力并降低其沸水收缩率。

定型机有热风穿透式与接触式两类机型。热风定型机是利用热风的能量对非织造材料进行热定型处理的设备。热风定型机的原理是利用聚合物纤维受热融化的热塑性，用外力将织物保持在一定的尺寸和形态后加热到所需温度，此时纤维分子链运动加剧，大分子链段松弛并在张力作用下聚合物分子链形成取向结构，然后在维持一定张力的条件下快速冷却，受热后发生晶体分子熔融变化的纤维微结构快速凝固下来，使织物的尺寸和形态达到稳定。

热风穿透定型机是较为常用的非织造材料定型整理设备，其结构与热风穿透干燥机类似，因此，也有圆网和平网两种机型。为了避免在定型过程中，材料受热收缩导致幅宽缩小变窄，有的定型机还会配置拉幅机构,控制材料在整理定型过程中发生幅宽变化。

而接触式定型机与热轧机类似,通过轧辊把热量传导给非织造布。但除了配置都是硬度较高的钢辊外,还会用到表面富有弹性的非金属轧辊(如棉辊、羊毛辊、尼龙辊、纸辊等)与钢辊配对使用。

金属辊硬度高,还可以加热,视所整理的材料特性,温度常在100~200℃,整理后的非织造布结构紧密、平滑,与钢辊接触的一面富有光泽,厚度尺寸一致,但手感偏硬。而用非金属辊筒整理后的非织造布手感柔软,光泽柔和自然。以下为一种配套在3200mm幅宽的PET/PLA生产线使用的定型机数据。

(1)设备型号:3200mm幅宽双辊定型机;

(2)适用加工产品定量范围:15~150g/m^2;

(3)钢辊长度:3700mm;

(4)机械速度:250m/min;

(5)生产速度:5~200m/min;

(6)钢辊规格(mm):ϕ650×3700;

(7)最高使用温度:(250±1)℃;

(8)冷却辊数量:2根;

(9)装机功率:180kW。

2. 烫平

"烫"的确切含义是赋予非织造布平整细腻的表面,其中包括收缩定型、消除针刺布的刺针痕迹等。一般对表观平整度要求较高的产品,则需要通过烫光机来完成,烫光机有单辊、双辊、三辊,它是将非织造布在高温滚筒的作用下将表面烫平,同时调整滚筒之间的间隙又能控制产品厚度;它的加热方式通常是用导热油作为热载体,用导热油循环加热,也有不循环的形式。

3. 轧光

轧光的目的是使非织造布厚度保持在一定范围内,一般适用于密度较高的非织造布产品。当采用针刺工艺固结纤网时,仅依靠针刺方法很难准确控制产品的厚度。像过滤材料和一些特殊用途的厚毡,可利用定型机的热轧辊的压力,将非织造布的厚度控制在工艺要求的尺寸。

轧光整理用的轧光机与热轧机类似,按轧辊的数量分为两辊、三辊和多辊等机型,一般为两只光面辊,利用定型机轧辊的电热熨烫作用和上下轧辊间的压紧力,可以使非织造布表面平整、光洁、光亮,厚度均匀一致,这个过程也被称为烫光、烫平。

轧光整理借助机械压力和温度的作用,利用纤维在湿热条件下具有一定可塑性的特性,使纤维间的孔隙减小,并对突出的和弯曲的纤维做轧平处理,改善非织造布表面的光滑度、厚度、平整性以及尺寸稳定性等。

整理的效果受到运行速度、温度、轧辊压力以及材料的含湿率等因素的影响。光泽效果要求高可选择热辊(150~200℃)和较大的给湿程度。一般情况下,压力越大整理效果也就越好,但整理后布的手感较差。在一定范围内,轧光的效果通过调节两只轧辊间的距离或压力来调节。

相对热轧固结所需要的轧辊线压力,定型机的线压力会低一些,一般线压力在490~1470N/cm。

当轧光机中配对的钢辊具有花纹图案的花辊时，轧光机就变成了轧花机，可以在非织造布表面获得浮雕状或其他立体效果的花纹图案，除了有较好的视觉效果外，还能改善产品的手感、透气性、回弹性等性能，还可以减少纤维脱落。

4. 冷却

非织造布经过前道工艺的烘燥处理后，布面温度较高，在收好的布卷内部仍残留大量的热量及水汽尚未散发，这些水分会在温度下降后析出，在密封包装内形成水雾或水珠，影响产品的质量，这对于用作卫生医疗防护制品材料来说，是一种不允许存在的缺陷，会导致非织造布产品无法正常使用。因此，需要在卷绕包装前进行降温冷却处理，把非织造布的温度降到室温才可进行卷装。

一般会在拉辐定型干燥设备的出口端设置一个冷却段，用流量较大的、温度较低的室内气流吹向非织造布的一个或两个表面，使其降温冷却。也可以专门配置一个冷却装置，使缠绕在冷却辊上的产品迅速冷却。

冷却辊是一个夹套式结构的辊筒，运行期间在夹套内部通入冷却水，通过热交换带走辊筒的热量，使辊筒表面保持在较低的温度，这是冷却装置的核心。为了提高冷却效果，非织造布要以大包角包覆贴合在冷却辊的表面。

冷却辊结构：夹套式，直径 570mm。

冷却辊数量：根据需要选配，一般 2~4 只（偶数）。

冷却辊传动：链条或同步带传动。

第五节　收卷分切

收卷分切（也称卷绕分切）设备处于后整理生产线最下游的位置，其功能是将产品收卷为卷状材料。

经过后整理的材料便成为最终产品，提供给产业链下游的制品企业使用。因为在后整理生产线的基布基本上都是还没有切边的全幅宽材料，其宽度及长度还不一定是市场所需的规格尺寸，特别是在拉幅定型生产线整理过的产品，其两侧被拉幅夹紧装置施力的区域，材料的结构已被破坏（如有大量针孔），在出厂前也必须将这一部分不良品切除。因此，卷绕机还必须具备切边或分切功能。

在工作原理方面，配置在后整理生产线中，或其他后加工生产线中使用的卷绕机，其结构及工作原理与非织造布生产线中的卷绕机是一样的，也要具备同样或相类似的功能，其主要差异是后整理生产线中的卷绕机的运行速度要慢很多，结构更简单，有的速度较慢的低端设备，甚至还不一定具备自动换卷绕杆这个基本功能。

因此，关于这些设备的详细情况，可参考本书第八章非织造布产品卷绕分切的内容，本节不再赘述。

第六节　非织造布后整理生产线

非织造布后整理技术是提高非织造布附加值的关键技术之一，研究开发非织造布后整理新技术、新工艺,对于提高我国非织造布的技术水平和产品附加值,促进非织造布产业转型升级具有重要意义。

非织造布技术的高速发展过程,也具备事物发展的普遍性规律:既从简单到复杂,又从复杂到更高形式的简单。非织造布后整理设备也就是将传统纺织后整理设备在功能、配备、规格上做必要的简化,去除某些多余的配置,形成实用的结构组合。

印染行业的后整理设备和非织造布后整理设备比较相近,尤其像印染行业的烘燥设备稍作改动,就可满足非织造布的后整理需要。只要了解非织造布的特点及最终产品的用途和技术指标,配置合理的后整理设备,并在工艺上进行摸索,就能达到产品所要求的质量。可以增加非织造布的许多花色品种,大大提高产品的差异化程度及使用性能,后整理设备在非织造布生产中已经显示出越来越重要的作用。

非织造布后整理源自传统纺织品的印染后整理,有些甚至可以直接沿用。但非织造布的结构,特别是纺粘法、纺粘/熔喷/纺粘复合非织造布的力学性能都与传统的纺织品有很大的差异。因此,所使用的后整理设备也要做一些适应性的改进,才能满足工艺要求。

目前,常说的非织造布后整理范围宽泛,包括很多整理工艺,如热定型、浸渍烘燥、涂层、不同柔性材料叠层复合、表面轧光、轧花、印花等,此外还包括基本的非织造布工艺流程中的纤网固结,如热轧黏合、热风黏合、水刺固结、针刺固结等。

随着技术的创新发展和既有技术的整合交融,传统纺织品与非织造布及其后整理工艺的技术共享、优势互补,成网技术与纤网固结技术的混杂,可以开发出很多功能新颖的新型非织造材料。

随着人们生活水平的不断提高,对非织造布产品的功能性要求也在提高。目前,卫生保健及医疗防护制品材料,是熔体纺丝成网非织造布产品的重要应用领域。因此,非织造布产品的功能性整理主要体现在卫生保健和医疗防护方面,如“三抗”+抗静电、阻燃、亲水、硬挺、抗菌等。

我国是目前最大的一次性手术服、防护服的生产和加工基地,全球使用的一次性手术服,其中60%都是在中国生产加工,各类材料如聚丙烯纺粘法非织造布及SMS非织造布性能差异较大,出口的手术服通常需要进行氟化物后整理,使其具有拒水、抗静电、拒血液、拒酒精渗透、抗菌、抗微生物及拒污等功能,达到屏蔽防护的效果。

根据非织造材料强力小、收缩性大、各向异性,易变形、接触的化学助剂黏性大等特征,目前国内生产的非织造材料专用多功能后整理生产线,成功解决了以前非织造布加工配伍性差、整理效果差、耗能大、功能单一的问题。从整理油剂生产、后整理设备制造、后整理工艺技术应用到产品功能检测等全产业链技术日趋成熟。

以下按照非织造布后整理大致的工艺类型,选择一些具有代表性的典型生产线进行简要介绍。

一、拉幅定型后整理生产线

拉幅定型生产线是目前国内较为普遍应用的离线后整理设备,制造厂家很多,常用于医疗防护制品材料的“三抗”功能整理(图7-49)。

国内目前使用最多的非织造布“三抗”后整理生产线是拉幅定型烘箱模式,主要配置及性

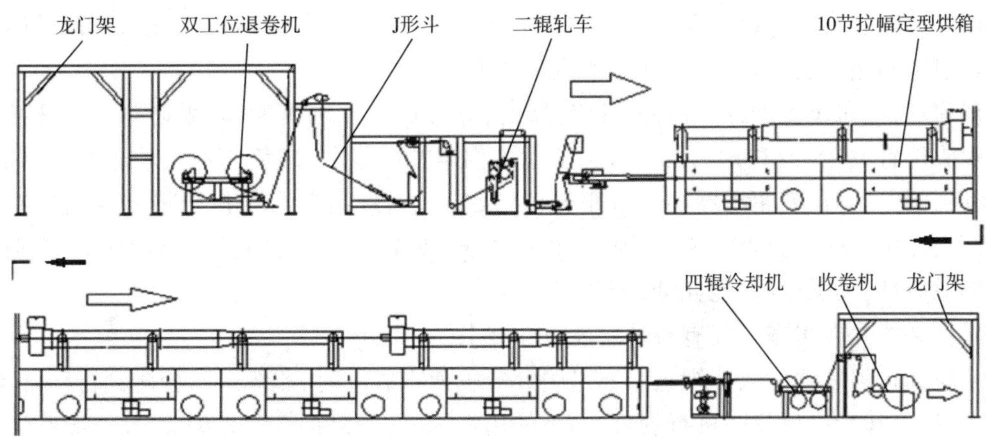

图 7-49　拉幅定型烘箱式后整理生产线

能参数如下：

(一)工艺流程与主要技术参数

1. 工艺流程

被动退卷(双工位)→进布架→储布槽或储布架→低张力横动对中→二辊卧式轧车→超喂→平板展边→红外探边→上针→10节拉幅定型烘箱→脱针→四只冷水辊冷却→自动卷取机

2. 主要技术参数

(1)烘房型式为热风循环,单层卧式。

(2)操作侧为左手或右手。

(3)公称宽度 2600~3600mm,调幅范围 700~3400mm。

(4)设计速度 100m/min(速度范围 10~100m/min),交流变频调速。

(5)加工的非织造布定量范围 15~200g/m^2。

(6)烘房节数 8~10 节,温度 120~200℃,加热能源可选天然气、导热油、饱和蒸汽、电能。

(7)烘箱持布型式为针板导轨型式,无油润滑的钢板导轨。

(8)高精度红外传感器探边。

(二)各单元机主要配置

1. 退卷

双工位被动退卷,退卷直径最大为 1500mm。

2. 上液

液下浸渍上液,两辊卧式轧车轧液。

3. 拉幅定型烘箱

(1)超喂。在非织造布的烘燥过程中,让布喂入烘箱的速度比烘箱内链条(针板链)运行的速度更高,这个现象称为超喂。超喂辊直径为 150mm,根据产品的定量规格和工艺要求,超喂率一般在 1%~5%。可以使产品在纵向张力很小,甚至没有张力的状态下进行烘燥,避免非织造布产生纵向拉伸。

(2)上布装置。包括红外探边导布装置、上针装置、脱针装置、未上针自停装置等。

①探边导布装置。非织造布在进布过程中，当布边发生左右偏移时，探边导布装置可使第一节导轨追随布边左右移动，以保证非织造布准确上针。

工作原理：当布边处于红外探头中间位置时，红外放大器输出为零，驱动器停止转动；当布边偏离探头位置或左（或右）时，红外放大器输出相应的正信号（或负信号），信号经控制器处理推动驱动器的电动机，使驱动器输出轴正转（或反转），通过齿轮齿条机构带动导轨左右移动，使布边回到探头的中间位置。该装置抗干扰能力强，对非织造布的颜色和厚度没有特别要求，有很好的适应性，灵敏度高，能耗低，调节范围宽等。

②脱针装置。在出布处装有脱针铝轮，使非织造布脱针。

③未脱针自停装置。当非织造布通过脱针装置而未脱针时，非织造布会碰到行程开关的碰杆，使主机停止运行以便及时进行处理，当不使用针铗时，可以将行程开关碰杆转动 90°。

（3）拉幅调幅装置。包括导轨、链条张力调节装置、针铗及拉幅链条、调幅装置：

①导轨。拉幅导轨由 6mm 钢板折边成型，槽内与链条滚子接触处衬有耐磨钢板，导轨上与针铗或布铗接触处装有特制石墨条，使用时不需要润滑剂，石墨衬条寿命在 7200h 以上，磨损后可以更换。

进布第一节导轨由探边装置控制，追随布边可以左右摆动 100mm，烘房内每 6m 处导轨及出布导轨均可以相对转动，这几处导轨接头设有链条导向机构，使链条通过时无撞击，保证链条高速下的平稳运行。

②链条张力调节装置。进布导轨通过滑块与第二节导轨相连，并可相对第二节导轨滑动，气缸给进布导轨施加推力与链条拉力平衡，通过调节气缸的气压来调节链条的张力。

③针铗及拉幅链条（图 7-50）。针铗材料用铝合金，针板采用透风性良好的梳子形针板。

链条外链板用 4mm 钢板冷压成型，内链节滚子采用滚动轴承，轴承内加有进口高温润滑脂，可以使用一年。以后可以用随机供应的加油装置给链条加同种牌号的润滑脂，销轴与销套之间装有特殊材料的轴承，不需要另加润滑剂，轴承使用寿命在 7200h 以上，磨损后可以更换。

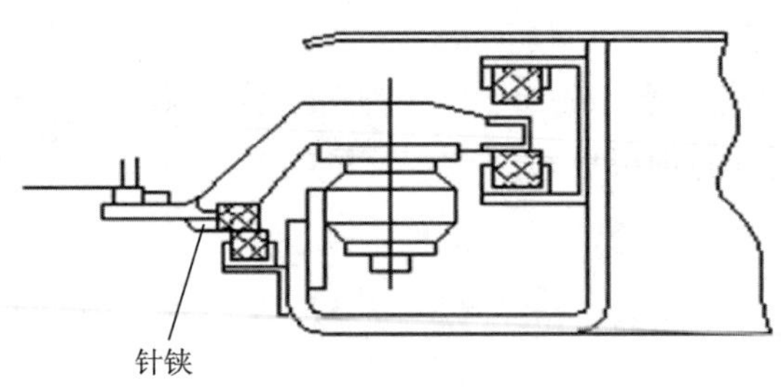

图 7-50　拉幅定型生产线的针铗及拉幅链条

④调幅装置。在进布导轨 3m 处及烘房每 6m 处设有电动调幅系统，均用数字显示。每处电动调幅处均可单独调节移动导轨，整机调幅时，各调幅装置联动，完成调幅。各调幅装置 6m 长度每根导轨可相对转动调节范围 ±200mm。超过时，电气保护起作用，使其停止。每处单独调幅超出极限调幅范围时电气保护也起作用，使其停止。

（4）烘房。采用落地小循环的模块式烘房，每个模块长度 3m，由机架、隔热板、喷风管、循环风机、加热装置等组成，具有体积小、循环风量大、温度均匀等优点。

①机架、隔热板。烘房机架由 4mm 钢板扳边成型后联接而成，整个机架安装在烘房底座上。为适应烘房冷热伸缩，机架传动侧中间立柱与底座固定，其他各立柱均可在底座上滑动。隔热板厚 150mm，里面填充隔热材料，隔热门密封处衬有可拆卸的硅橡胶密封条。

②热风循环系统。烘房内采用高效节能的双风道热风循环系统，上下气流量可设定为任何

需要的比例。气流量大小由变频器控制,独特设计的喷嘴系统能提供良好的定型效果及获得良好的残余缩水率,独特的喷嘴排列与喷嘴结构能使气流均匀地作用在整段非织造布上,喷出的气流能产生特殊的气垫效果,保证非织造布产生均匀的漂浮效果,从而在定型过程中使非织造布产生永久的松弛效果,任何时候都可获得理想的定型效果。

③加热装置。有天然气直燃加热、导热油或饱和蒸汽间接加热、电加热器加热 4 种加热方式。

a. 天然气直燃加热。每节烘房为一个加热区,每区配天然气燃烧器一套,使用时燃烧器能通过烘房测温元件将风门、蝶阀连杆机构连续调节,连续无级调节控制燃烧器的火力来调节烘房温度。

b. 导热油或饱和蒸汽间接加热。每节烘房为一个加热区,每区配有一个翅片式热交换器,通过电动调节阀调节导热油或蒸汽的流量来调节烘房温度。

c. 电加热器加热。每节烘房为一个加热区,在烘箱内设置电加热器,利用烘箱内的热风循环系统吸收电加热器散发的热量加热烘箱。

(5)排湿风机。设有三组排湿风机,每个风机最大排风量约 10000m^3/h,每节烘房操作侧及烘房两端气封室上分别设置一个排风口,各排风口均设有流量调节装置。排风管下端设有接油装置。

(6)出布装置。

①出布机架由 6mm 钢板扳边成型。

②出布传动。采用三相永磁同步电动机通过圆柱齿轮减速器传动出布辊。

4. 冷却

四辊冷却机。

5. 卷取

自动换卷一体式卷取机,收卷直径 300~1200mm。

6. 生产线主要优点

(1)温度控制精度高。被加工非织造布的质量,很大程度上依赖于在定型时对温度的控制精度,采取特殊设计的拉幅定型烘箱,以选用天然气、导热油、蒸汽、电为热源,通过加热器加热烘房内空气,以空气为媒介,每节烘房配备两台电动机,分别控制上、下风道风量,每两节烘房的上、下风道电动机各由一台 15kW 变频器控制,可随意控制上、下风道的风量和风量差。

循环风机可手动或随主机自动启动、停止,并设有电气快速刹车装置,以保证非织造布加工质量。通过循环风机热空气在烘房内产生高速循环气流,再把热量传给非织造布。为提高温度控制精度,每节烘房均设置了温度控制系统,系统由检测组件铂热电阻、温度控制器组成。

经过实测,烘房温控精度≤±2℃,烘房左、中、右温差±1%(第一节、第十节烘房除外)。

(2)调速范围大。速度可在 10~100m/min 调节,设计速度为 100m/min,最低工艺速度 10m/min,超喂率为-10%~+60%。

(3)自动化控制程度高。布边控制采用红外探边检测控制器。进布处采用桥架显示及操作,利用视频监控出布状况。

每节烘房温度单独自动控制,采用铂热电阻为温度检测组件,温度控制器与精密电控阀配合,实现温度自动控制。

控制系统采用触摸屏 2 台(前后各 1 台),西门子 S7-300C-2DP 系列 PLC 1 台,数字量输入模块 1 台,模拟量输出模块 2 台,高速计数器模块 1 台,主传动变频器 10 台,风机变频 10 台,温度控制器 10 台,测速编码器 1 个,宽幅计数编码器 7 个,组成整机的控制核心,触摸屏上可完成主传动控制、幅宽控制及实时报警。

采用多段幅宽调节,每 6m 为一段,每段均可独立调节,每段都有一个旋转编码器作为现场传感器,将实际幅宽信息传送给 PLC,以达到工艺要求的幅宽。触摸屏上设有调宽、调窄按钮,对于关键的前段、后段、主幅宽调节,分别在桥架、机尾操作盒上设有调宽、调窄按钮,各段幅宽在触摸屏上显示。同时为了保护各段导轨,PLC 程序设有各段幅宽的最大值、最小值限制和幅宽偏差最大值、最小值限制。

(4)全机同步性好。主传动系统采用交流变频分电源调速系统,以主链条传动电动机为主电动机,由编码器测速作为下超喂、上超喂、毛刷轮、出布辊等单元(这些单元为永磁式同步电机)的速度基准,经 PLC 计算处理后各单元很好地同步运行。

(5)操作简便。为了方便定型机进布侧和出布侧操作的工作联系,设有监视系统、音响电铃和联系按钮。

全机在进布架、两侧进布按钮盒、机尾操作盒等多处都设有停车按钮,在紧急情况下可方便停车。另外,当主传动系统电气故障、未上针、未脱针、气压过低、链条伸长限位等情况发生时,机器会自动停车,以保护非织造布和机器的安全。

二、蒸汽烘筒式离线后整理生产线

蒸汽烘筒式非织造布后整理生产线较多用于产业用非织造布材料的后整理,对于用作卫生、医疗制品材料的熔体纺丝成网非织造布产品,其应用则较少,而且基本都是用作离线后整理生产线,其主要配置及性能参数如下:

(一)工艺流程

被动退卷(双工位)→两浸两轧三辊轧车→蒸气烘筒烘燥(卧式)→冷水辊冷却→收卷

蒸汽烘筒模式的"三抗"功能性后整理生产线如图 7-51 所示。

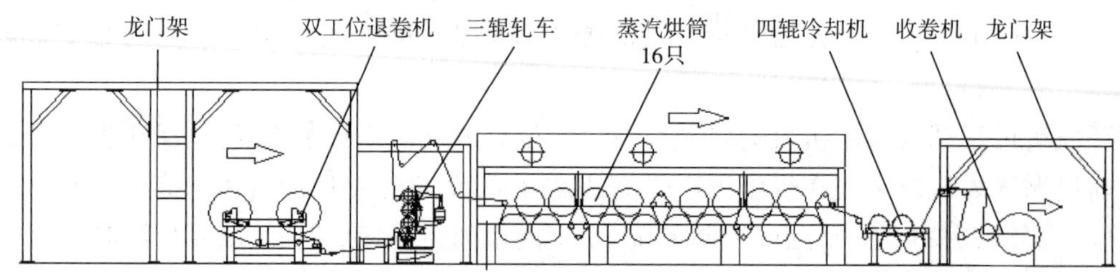

图 7-51　蒸汽烘筒式后整理生产线

(二)主要技术参数

(1)公称宽度 2800~3600mm。

(2)机械速度 100m/min(速度范围 10~100m/min),交流变频同步控制。

(3)加工非织造布定量 10~200g/m^2。

(4)热源为0.6MPa饱和蒸汽,使用压力0.4MPa,表面最高温度150℃。

(5)烘燥形式为卧式烘筒烘燥,烘筒直径为570mm或800mm,数量根据需要,一般有16只、24只或32只。

(三)配套设备性能

(1)双工位被动退卷,最大退卷直径为1500mm。

(2)上液采用两浸两轧三辊轧车。

①三辊立式轧车最大压力110kN,上、下轧辊外表面包覆硅橡胶。

②上辊为直径为390mm的包硅橡胶中支辊,橡胶硬度SHA型(80±1.5)度。

③中辊直径为345mm,外表面镀铬。

④下辊为中支辊,直径为390mm,包覆硅橡胶,橡胶硬度SHA型(80±1.5)度。

(3)蒸汽烘筒烘燥机。蒸汽滚筒分上、下两排卧式排列,顶部有排气罩,蒸汽滚筒辊体表面喷涂特氟龙。可配置直径为570mm或800mm蒸汽滚筒,配置数量可根据要求为16只、24只或32只。

(4)冷却采用四辊冷却机。

(5)卷取采用自动换卷一体式卷取机,收卷直径300~1200mm

(6)生产线主要优、缺点。本生产线集张力控制、收卷、计长、横切、自动换卷于一体,具有体积紧凑、功能齐全、高速高效等优点,可实现不停机换卷。生产的成品布面平挺度好,静水压容易保证。缺点是非织造布在烘燥过程中处于自由收缩状态,横向收缩率较大,且横向收缩率及产品的幅宽难以控制。

三、拉幅定型烘箱+导辊式烘箱式后整理生产线

以拉幅定型烘箱+导辊式烘箱模式的“三抗”功能性后整理生产线为例,该生产线有功能多样化的配置,同时配置有远红外烘干设备、拉幅定型平网干燥设备和导辊式烘干设备,具有良好的工艺适应性,可满足纺粘法非织造布、水刺木浆复合非织造布等产品的“三抗”功能后整理、各种特殊功能性整理及染色等需求(图7-52)。

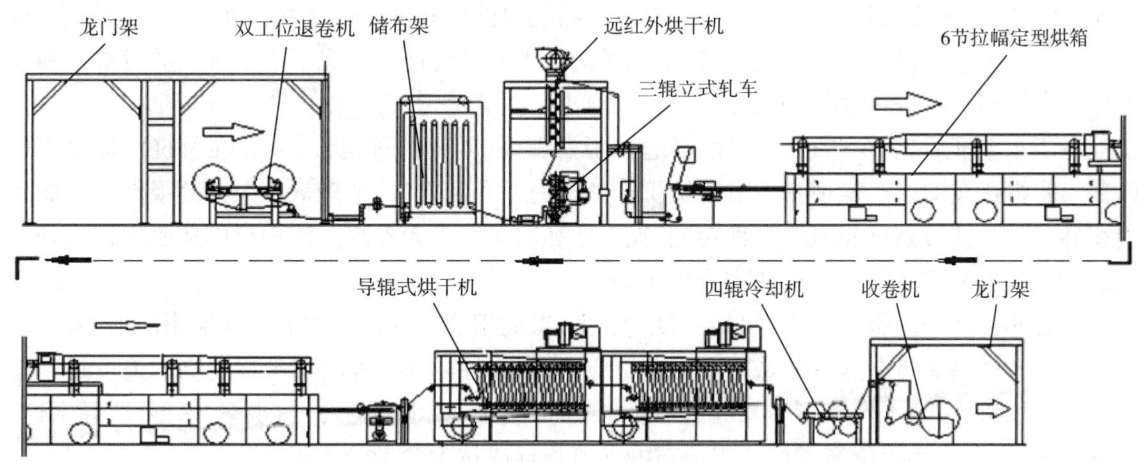

图7-52　多种烘燥方式相结合的拉幅定型生产线

(一)工艺流程

被动退卷(双工位)→储布架→三辊轧车→远红外烘燥→扩福对中装→上超喂→平板展边→红外探边→上针→6节拉幅定型烘箱→脱针→2节导辊式烘燥机→冷水辊冷却→收卷机

(二)主要技术参数

(1)烘房形式。拉幅定型单层卧式,热风循环,6节;上、下导辊式,热风循环,容布量80m。

(2)公称宽度2600~3600mm,可加工非织造布幅宽900~3400mm。

(3)非织造布定量范围20~200g/m^2。

(4)工艺速度100m/min(10~100m/min),交流变频同步控制。

(5)烘房温度120~200℃,可选能源天然气、导热油、饱和蒸汽、电能。

(6)导轨形式为无油润滑的钢板导轨,高精度红外传感器探边。

(7)烘箱持布形式是针板。

(三)各单元机主要配置

(1)双工位被动退卷,最大退卷直径为1500mm。

(2)储布架形式为上导辊升降式,采用直径为150mm铝合金导布辊,辊体外表面氧化处理。储布量60~120m可选配。

(3)上液采用两浸两轧三辊立式轧车。

(4)远红外烘燥机。

①加热器平移式,配排气罩和排湿风机。

②加热器功率15kW/只。9只加热器数量,全机共135kW。

(5)拉幅定型机。烘房节数6节,每节3m,主要结构同前述同类设备。

(6)四辊冷却机。

(7)自动换卷一体式卷取机,布卷直径300~1200mm。

四、亲水、导湿、抗静电整理生产线

亲水整理的工作原理是将亲水剂覆盖于纤维表面,使其形成一层亲水薄膜,提高它的亲水性能。此外,亲水薄膜有一定的导电性,可以提高材料的抗静电性。亲水整理具有方法简便、成本低廉和经济效益显著等特点,能够在基本保持纤维原有特性的情况下增加纤维的吸湿性和吸水性,是一种较为普遍应用的方法。

经亲水整理后,非织造布亲水性、舒适性明显提高,同时抗静电性、柔软性及抗污性也有所改善。非织造布的亲水整理基本沿用纺织品整理的原理和方法,整理剂从单一的吸水性发展到现在具有吸水、防污、抗静电等多种功能,吸水性和耐久性大大提高。整理范围从服用扩展到医用、卫生用、家庭用各类擦拭布及产业用布等。

随着非织造布在服装、室内用品、医疗、卫生、保健用品以及产业用品方面应用的增加,亲水性非织造布产品必将在这些领域得到更广泛应用,亲水性非织造布必将会以更高的速度得到发展。与此相对应,亲水性能指标及测试手段,如瞬时吸水、吸水均匀性、保水率、保湿性、导水性、透湿性等,也会作为评价亲水性非织造布的性能指标或技术含量的体现。

非织造布亲水后整理同样可分为在线后整理和离线后整理两种生产模式,设备的组成有一些差别。目前大部分的卫生医疗制品材料基本都是采用在线亲水后整理生产模式。由于受系统干燥能力限制,这种在线后整理只能加工一些较小定量的轻薄型产品。

(一)红外线烘干在线亲水后整理设备

1. 工艺流程及描述

非织造布导入(热轧机)→ kiss roll 上液→轧车→远红外线+热风烘干系统→非织造布导出→(在线疵点检测)→卷绕机

在生产线主流程中配置的后整理单元设备有 kiss roll 上液及轧液装置、烘干系统三部分,另外还配置有一个整理液配制系统(图 7-53)。

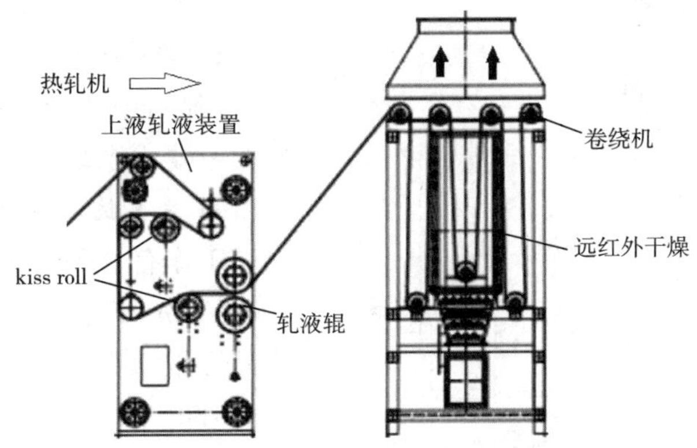

图 7-53　红外线烘干在线后整理设备

从热轧机输出的非织造布先进入上液设备,可单面上液或双面上液,控制压辊升降,便可使非织造布与上液辊(kiss roll)接触,上液辊表面的液体便传移到非织造布产品表面。

上液后的非织造布随即进入轧液装置的两只轧辊之间,在轧辊的压力作用下,非织造布表面的整理液被挤压扩散、均匀分布到全幅宽,并挤入布的内部,多余的整理液将滴落下方循环使用。非织造布进入热风烘干系统移除水分,最后进入收卷机整理成卷。

2. 主要技术参数

(1)设备功能。纺粘法非织造布亲水、SMS 亲水抗静电整理等;

(2)设备最大幅宽:3600mm;

(3)最高机械速度:400m/min;

(4)上液形式:吻液辊转移上液;

(5)上液量不均匀性:1%~8%(与非织造布的均匀度有关);

(6)适用产品定量范围:8~30g/m^2;

(7)液位控制:上液系统液位自动控制,采用溢流槽控制液位;

(8)烘干方式:远红外线+热风循环烘干。(红外线烘干在线后整理设备功率配置见表 7-12。)

表 7-12　红外线烘干在线后整理设备功率配置

生产线幅宽(mm)	1600	2400	3200
加热功率(kW)	136	192	252
总装机功率(kW)	138	228	288

3. 上液机(含配液系统)

上液辊直径 230mm(辊面经特殊处理使上液更均匀),匀水辊直径 210mm(轻质铝合金),导布辊直径 210mm(轻质铝合金)。

4. 远红外线烘干系统(18 组)

远红外线烘干器定向烘干;烘干功率 252kW(18 组×14kW)。

(二)圆网烘干在线亲水后整理设备

圆网烘干在线亲水后整理系统主要由双面上液机、轧液机构、圆网热风穿透干燥机组成(图 7-54),这些设备串联配置在非织造布生产线主流程的纤网固结设备与卷绕机之间,此外,还要配置一个整理剂配制系统。

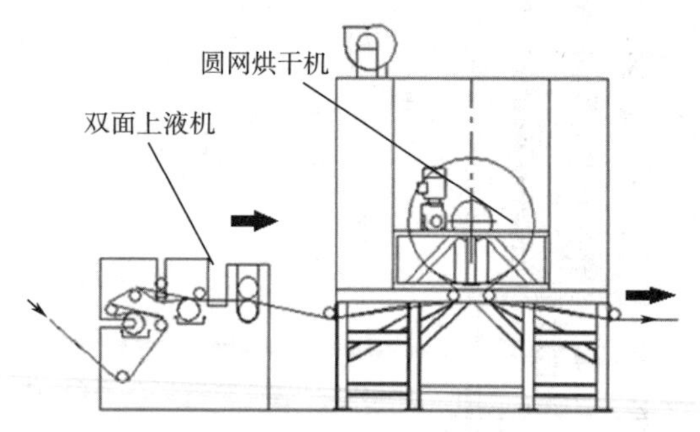

图 7-54　圆网热风穿透干燥双面上液在线后整理系统

1. 工艺流程

产品导入(热轧机)→双面转移上液→轧车→烘干系统→导出(收卷机)

2. 主要技术参数

工作有效幅宽 3600mm;最高机械速度 800m/min,工艺速度 720m/min;非织造布产品定量:亲水产品 8~80g/m^2,抗静电产品 8~80g/m^2。

烘箱外型尺寸:长×宽×高 = 7335mm×4410mm×5800mm。

烘干单元:电加热器 3 组共 200kW,电压 380V。

烘箱装机总功率 316kW(其中风机驱动 90kW,圆网驱动 15kW,导辊驱动 4kW×2,排湿风机 3kW);烘干方式:热风烘干;烘箱蒸发能力 350kg/h。

3. 上液机(含配液系统)

上液辊直径×辊面长度:210mm×3600mm(辊面经特殊处理);匀水辊直径×辊面长度:260mm×3600mm(轻质铝合金);导布辊直径×辊面长度:210mm×3700mm(轻质铝合金)。

4. 烘干系统

热风穿透型圆网干燥机烘干,非织造布按 Ω 形路径穿绕,烘箱内胆全部为不锈钢材料;最高机械速度 800m/min;烘干功率 200kW;排湿形式为可控式 (风机功率 3kW)。

5. 转鼓结构及材料

圆网转鼓直径 1910mm;有效幅宽 3590mm,圆网材质:除芯轴、丝杆外,其他均采用 304 不锈钢制作,圆网内配置分流装置,确保全幅气流均匀。外包不锈钢丝孔板,防止布面出现损伤。

圆网采用高温轴承,配冷却轴承座。

转鼓采用 15kW 变频电动机 V 形带轮驱动。

6. 加热及热风循环系统

采用电加热形式,220V 的加热棒,总功率 200kW,分 3 组调节。

测温元件采用铂热电阻测温,设备温度范围最高可满足 120℃。

循环风机功率 90kW,流量大于 140000m^3/h,均匀混合循环,确保热风温度均匀。变频控制风机转速,变频范围 20~50Hz。采用 2 台循环风机。循环风机材质为不锈钢。

排风采用一台 4-72 型离心风机，驱动电动机功率 3kW，采用变频控制，可根据工艺要求调整排风流量。

7. 烘箱结构

保温材料采用积木盒子填充高密度保温材料，表面喷漆处理，内部采用不锈钢材料衬。采用 4 条直径为 230mm 铝合金导辊（其中转鼓下方的两条导辊为主动辊，驱动电动机功率 4kW）。

（三）单面上液圆网热风穿透干燥在线后整理系统

圆网烘干在线亲水后整理系统主要由单面上液机、轧液机构、圆网热风穿透干燥机组成，这些设备串联配置在非织造布生产线主流程的热轧机与卷绕机（或在线疵点检测装置）之间，同时还要另行配置一个整理剂配制系统（图 7-55）。

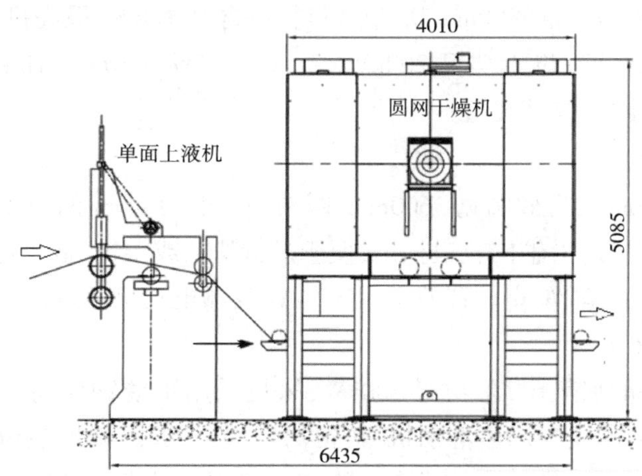

图 7-55　单面上液圆网热风穿透干燥在线后整理系统

1. 工艺流程

产品导入（热轧机）→单面转移上液→轧车→烘干系统→导出（收卷机）

2. 主要技术参数

加工的产品种类：轻薄型 PP 纺粘法非织造布或纺粘/熔喷/纺粘复合（SMS）非织造布；工作有效幅宽（圆网穿孔宽度）3600mm；机械速度 600m/min；运行速度 5～550m/min；非织造布定量范围：亲水产品 8～30g/m^2；加工能力 1600kg/h；烘干方式：热风烘干，烘箱蒸发能力：200kg/h；烘箱装机总功率 500kW（其中加热 400kW，风机驱动 75kW，圆网驱动 5.5kW，导辊驱动 2.2kW×2，排湿风机 15kW）。

3. 上液机（含配液系统）

上液辊直径×辊面长度：210mm×3600mm（辊面经特殊处理）；匀水辊直径×辊面长度：260mm×3600mm（轻质铝合金）；入口、出口导布辊直径×辊面长度：200mm×3700mm（轻质铝合金），分别由两台 2.2kW 电动机驱动。

4. 烘干系统

烘箱形式：热风穿透型圆网干燥机，非织造布按 Ω 形路径穿绕，烘箱内胆全部为不锈钢材料（图 7-56）。

电加热器总功率为 200kW×2＝400kW，电压 380V；烘箱外型尺寸：长×宽×高＝6235mm（含

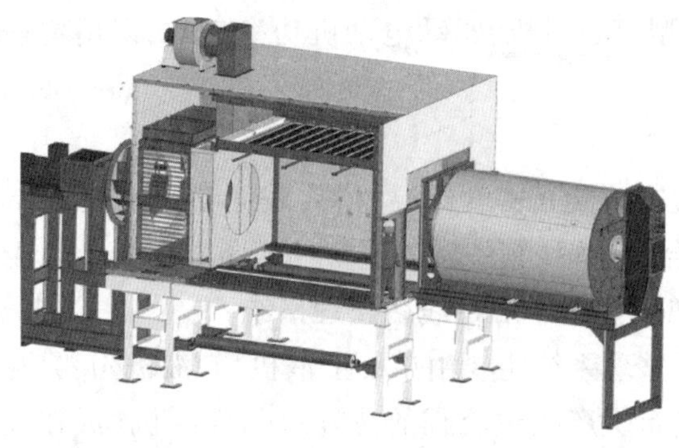

图 7-56 SICAM 圆网热风穿透干燥

轨道时为 11265mm)×4010mm×5800mm;烘箱入口材料含水率 8%;最高机械速度 600m/min;工作温度(90±1)~(120±1)℃;烘干功率 200kW×2,400V±5%,(50±1)Hz;排湿形式:风机功率 11kW,可根据工艺要求调整排风流量。

5. 转鼓结构及材料

圆网转鼓直径 1600mm;有效幅宽 3600mm,圆网用厚度为 3mm 的 304#不锈钢制作,用冲孔板制造风道。圆网转鼓可以沿轴向轨道抽出,便于进行清洁或维护,这是这种设备的一个特点。圆网配用高温轴承,配冷却轴承座。转鼓采用 5.5kW 变频电动机通过链条驱动。

6. 加热及热风循环系统

电加热形式,220V 的加热棒,总功率 400kW;风机采用不锈钢前向式叶轮,具有较高的压力,驱动电动机为 75kW 的变频调速电动机,转速均匀混合循环,确保热风温度均匀;烘箱采用厚度为 90mm 的矿物棉保温材料,表面喷漆处理,内部采用不锈钢材料衬。

(四)微波烘干离线亲水后整理设备

1. 工艺流程及描述

退卷机→双面转移上液→轧机→热风烘干系统→收卷机(图 7-57)

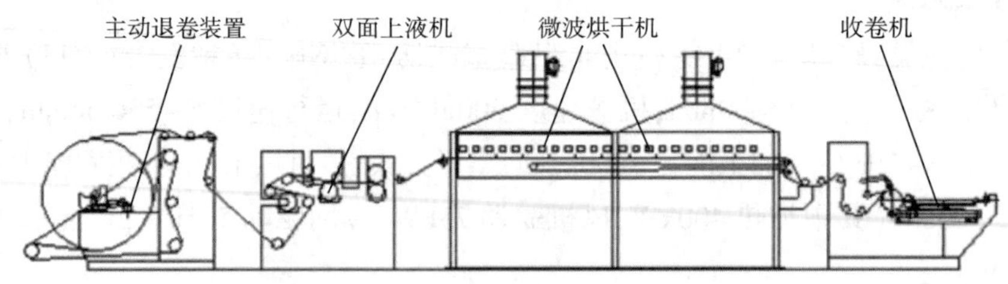

图 7-57 微波烘干离线后整理生产线

产品经退卷机进入上液设备后通过一条上液辊将液体均匀转移到产品上。上液后由于液体的表面张力原因,可能部分液体在布的表面出现液膜破裂而造成部分位置上液不均匀。本设备上配备一台轧车,可以将液体轧匀,进而保证上液更均匀,然后进入微波烘干系统,最后进入收卷机。

2. 主要技术参数

产品适用范围:纺粘布亲水整理、SMS 亲水抗静电整理等;可加工产品的幅宽为 2600~3600mm;最高机械速度为 400m/min;上液形式:吻液辊转移上液;上液范围为 3~30g/m²;液位控制:上液系统液位自控,采用溢流槽控制液位;上浆克重不均匀性为 1%~8%(与布面均匀度有关);烘干方式为热风循环烘干。

3. 各单元机主要配置

(1)退卷机。有效工作宽度为 3600mm;机械速度 25~400m/min;最大退卷直径为 1600mm。放卷机构由放卷架、传动、张力控制等组成;装机功率:退卷 5.5kW;气涨卷绕轴;放布 6 英寸(2 根),与收卷机卷绕轴相同。

(2)上液机(含配液系统)。上液辊直径×辊面长度:210mm×3600mm(辊面经特殊处理);匀水辊直径×辊面长度:260mm×3600mm(轻质铝合金);导布辊直径×辊面长度:210mm×3700mm(轻质铝合金)。

(3)微波烘干系统(18 组)。烘箱形式:微波烘干器定向烘干;烘干功率 252kW(18 组×14kW)。

(4)收卷机。摩擦式收卷;收卷辊规格:450mm×3600mm。最大收卷直径 1200mm;最小换卷直径 200mm。最高收卷速度 0~400m/min。收卷张力由传感器及张力辊控制(可调张力)。装机功率 10.5kW(收卷 7.5kW,放轴等 2×1.5kW)。横切装置为气动旋转飞刀横切。换卷形式为自动横切翻转换卷。收卷轴直径 76mm,实心轴 3 根,气涨轴 2 根。

(五)微波烘干在线亲水后整理设备

由于微波干燥系统有很高的干燥效率,因而可以有较高的运行速度,既可以用于离线后整理,也能用作在线后整理。因此,图 7-57 所示的在线后整理生产线,实际上就是图 7-58 微波烘干离线后整理生产线的其中一段,其主要性能也是一样的。

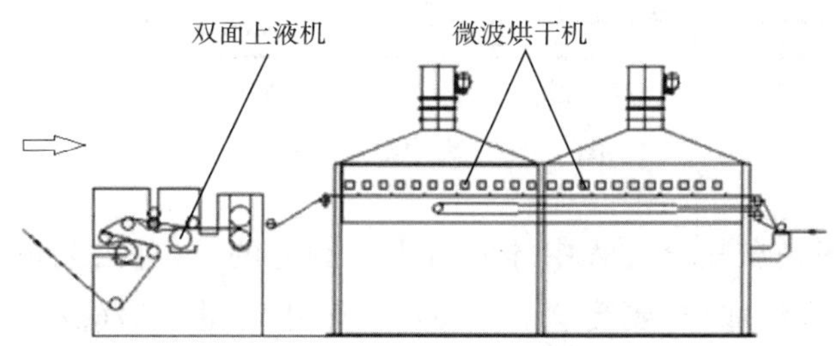

图 7-58 微波烘干在线后整理系统

一般情况下,在线后整理系统的设备配置仅包括上液设备、烘干设备和整理溶液配制三部分,其上、下游设备(如热轧机和卷绕机)都是生产线主流程必须配置的。

1. 工艺流程及描述

非织造布导入(热轧机)→转移上液→轧车→热风烘干系统→非织造布导出(收卷机)

本设备由液转移、均匀轧液及热风烘干系统三部分构成。

非织造布经热轧机进入上液设备,上液设备可根据工艺要求,可以单面上液或双面上液。非织造布进入设备后由一条压辊控制平稳地通过液体转移辊,使上液辊所带液体均匀转移到产品上。上液后由于液体的表面张力原因,可能部分液体在布的表面出现液膜破裂而造成部分位置上液不均匀,在轧辊的压力作用下,可以将整理溶液沿轴向展开,并渗透到材料内部,保证上液的均匀性,然后进入热风烘干系统,最后进入收卷机。

2. 主要技术参数

产品适用范围：纺粘非织造布、SMS复合非织造布的亲水、抗静电整理等；产品工作幅宽2600～3600mm；最高机械速度400m/min；上液形式：吻辊转移上液(kiss roll)；上液范围3～30g/m^2；液位控制：上液系统液位自控，采用溢流槽控制液位；上液量不均匀性1%～8%(布面定量偏差有关)；烘干方式：热风循环微波烘干。

第七节　非织造布后加工

卫生、医疗制品领域是熔体纺丝成网非织造布产品的重要应用领域，其材料耗用量几乎占了熔体纺丝成网产品总量的50%，其中除了一部分是直接以纺粘法非织造布、熔喷法非织造布及纺粘/熔喷/纺粘复合法(SMS)材料的形式使用外，还经常以这些材料为基础，进行深加工，或再与其他柔性材料进行复合加工，成为满足特定制品要求的新型复合材料。

常见的深加工包括卫生制品用的打孔、轧花加工、驻极整理；医疗防护制品用的淋膜复合、热熔胶复合加工等。所使用的工艺基本上都是二步法的叠层复合工艺，第一步是准备要进行复合加工的材料，第二步是将各层材料固结在一起成为新的复合材料(图7-59)。

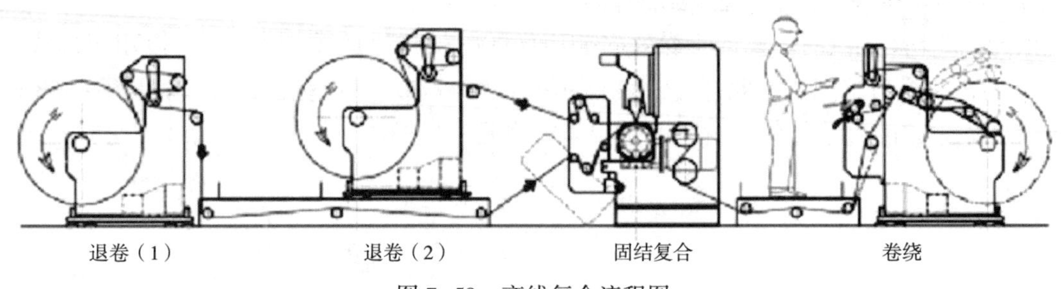

图7-59　离线复合流程图

当其中有一层材料是在复合过程中才实时生产制造的，这种工艺也称为一步半法复合工艺，其主要优点不像二步法那样，要受这一层材料的最小定量规格(g/m^2)限制，具有更大的工艺灵活性和生产效率，如一步半法SMS工艺、淋膜复合工艺等，但设备的价格要贵一些。

目前，为了将各层材料有机地固结联系在一起，根据材料的特性和产品的应用要求，常用的可选固结方法有热轧黏合、热熔黏合、淋膜复合、热熔胶黏合、超声波熔接等。

利用这种方法，可以制造出不便于用一步法生产的材料，目前已经制造出有良好清洁能力、污垢及碎屑捕获能力大、液体吸收率高的耐用轧花擦拭产品，其材料为MSM及M(SMS)M结构。

一、卫生制品材料的打孔、轧花与印花加工

对材料进行打孔及轧花加工，可以改善卫生制品材料的液体渗透和导流性能，还可以提高产品的商业观赏价值，是非织造材料常用的增值加工工艺。

(一)打孔加工

目前，打孔加工有用针辊刺穿孔及配对凹凸辊打孔两种方式，机型也有很多，有的打孔过程

是在加热状态进行的(图 7-60)。

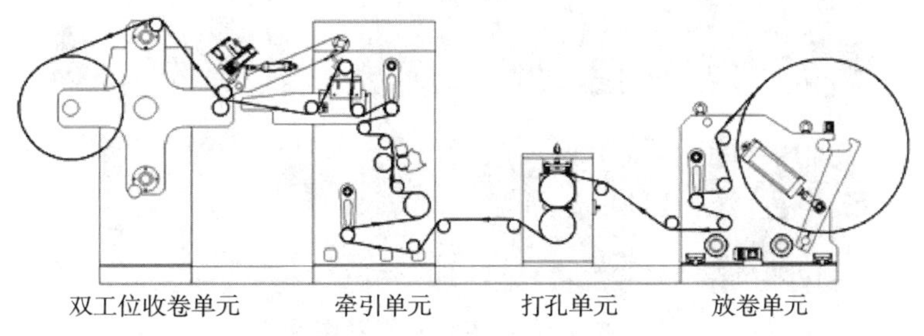

图 7-60　DK3 型打孔机流程图

从图 7-60 可知,打孔流程按非织造布放卷→打孔→牵引→收卷四个步骤进行。放卷设备一般为单工位放卷,一卷直径较大的母卷会变成多卷直径较小的打孔产品,以满足下游制品企业的使用要求。由于经过打孔后非织造布变得蓬松了,因此,收卷设备是双工位的,可以减少停机换卷的次数和材料损耗,图 7-61 为 DK3 型打孔机。

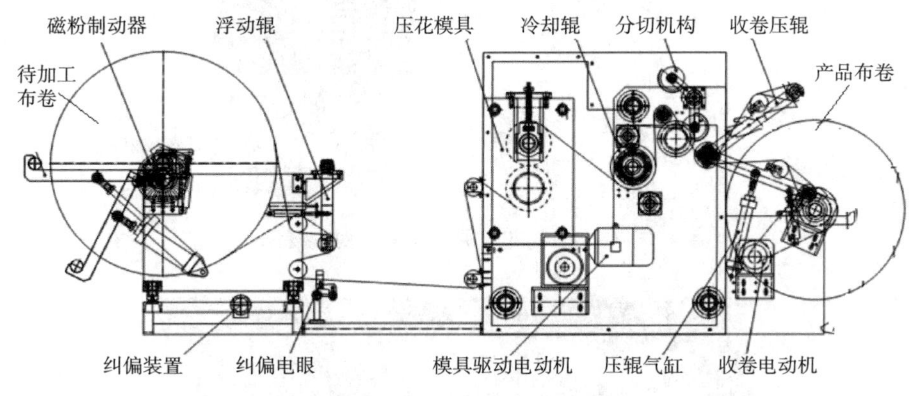

图 7-61　DK3 型打孔机

(1)用于纺粘法、热风法非织造布材料打孔分切加工。

(2)材料的定量范围 15~25g/m^2。

(3)最高运行速度 80m/min,交流伺服电动机驱动。

(4)放卷布卷直径×幅宽为 1000mm×1200mm,使用直径为 75mm(3 英寸)纸筒管。

(5)收卷端布卷直径×幅宽为 800mm×1200mm,使用直径为 75mm(3 英寸)纸筒管。

(6)放卷方式为被动放卷,锥度张力控制,光电自动纠偏。

(7)配有 12 套剪切式圆盘式分切刀。

(8)电源与装机功率 50Hz,380×3+N+PE,23kW。

(9)压缩空气 0.6MPa,无水、无油,耗气量 0.5m^3/h。

(10)设备质量(2000+600)kg。

图 7-62 为常见打孔材料图片。

(二)轧花加工

使用配对凹凸辊进行轧花加工是常用的加工工艺,加工过程一般都是在常温状态下进行,

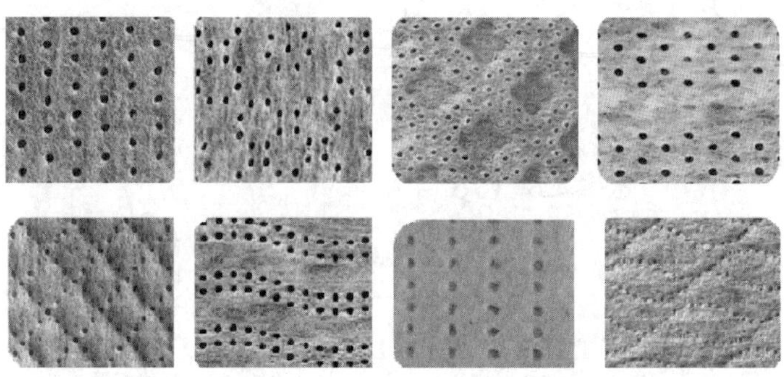

图 7-62　常见打孔材料图片

可以加工出具有 3D 立体感的复杂图案。轧花对辊中的一根为凹辊(一般布置在下方),另一根为凸辊(一般布置在上方),轧花机原理和轧花辊视图如图 7-63 所示。但在结构上两辊布局没有特别要求(图 7-64)。

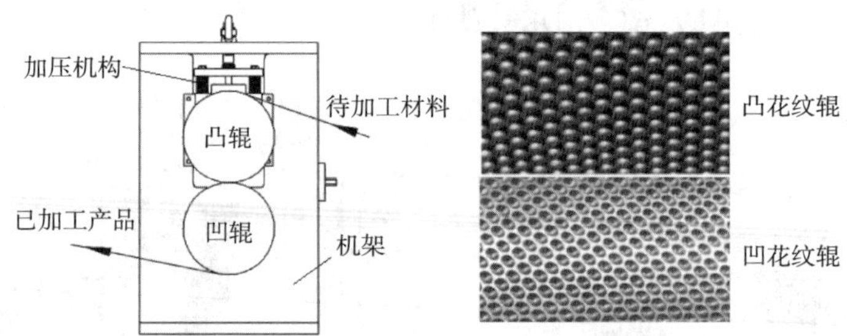

图 7-63　轧花机原理和轧花对辊视图

图 7-64　轧花机配套使用的压花辊外形

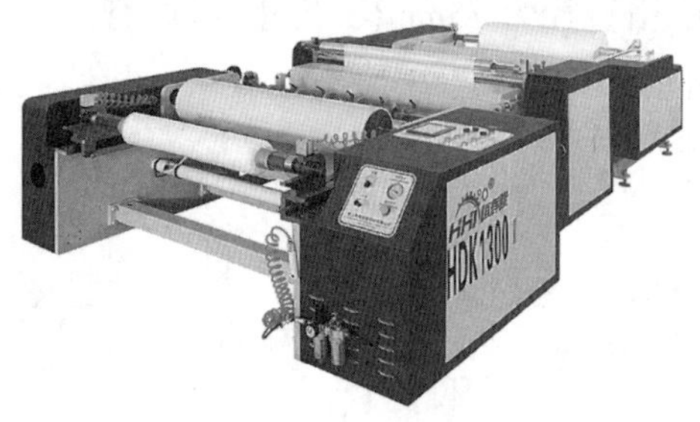

图 7-65　HDK1300 型打孔轧花机

打孔轧花机主要适用于纸尿裤、纸尿片面层的非织造材料的打孔分切加工。该机由单工位放卷单元、打孔单元、分切、收卷单元组成,采用独立伺服电动机控制。配置有光电自动跟踪纠偏系统,自动张力控制系统。该机具有打孔成型好、性能稳定可靠、生产效率高、操作简便等特点(图 7-65)。

主要性能:

(1)设备辊面宽幅 1300mm。

(2)打孔模具宽度 1350mm,(铜质辊、花纹定制),导热油循环加热。

(3)纺粘非织造布打孔速度 70~80 m/min(与材料规格、特性有关),水冷定型+风冷定型。

(4)张力 30~250N/全幅宽,全宽幅控制精度:±5N。

(5)布卷最大直径 900mm,双气缸气动上下料。

(6)气动圆盘分切刀,布卷端面偏差为±1mm,带边料收卷回收功能。

(7)整机功率 38kW。

以下为各种形式的轧花产品图片(图 7-66)。

图 7-66　各种形式的轧花产品图片

(三)印花加工

非织造布的印花整理也是染料在纤维上发生染着的过程,印花是使非织造布表面局部染色,形成各种花纹图案的加工过程。

1. 数码喷墨印花

喷墨印花是一种无须制作网版,应用计算机技术进行图案设计、处理和数字化控制的新型印花技术。这种技术可以在任何织物、非织造材料表面印花,工艺简单灵活,即使再复杂的图案都可以一次印制出来。喷墨印花特别适用于一些小批量、个性化、定制式的产品加工;因为它无须进行配色操作,使用几种基本色就能得到所需要的颜色;然而,目前喷墨印花的速度较慢,这是它的一个不足之处。

目前,数码喷墨印花已广泛应用于高级时装、运动服、工服、家纺、家装配饰和特殊材料等领域,在欧美特别是意大利、法国、西班牙等国得到迅速普及。而非织造布领域几乎都是采用数码喷墨印花,喷墨打印头的选择呈多样化,墨水的使用也从专供形式趋向于开放。

2. 转移印花

非织造布的热转印技术是一种具有工业规模的织物印花技术,20 世纪 60 年代后期开始用于织物印花。转移印花的特点是印版图文不是直接印制在织物上,而是先印到中间体,再在一定的条件下(温度、真空度)转移到承印物上,中间体可以是纸张或塑料薄膜。转移印花与直接印花技术相比具有以下优点:

(1)花纹富有艺术性,层次丰富,形态逼真,图案精细,超越传统印花水平,特别是平印花纸所转印的图案细腻、清晰、质量高。

(2)由于转移印花在生产过程中消除了湿处理工序,无废水排放,符合绿色生产的要求。

(3)工艺简单、交货迅速,适应个性化的定制性要求,生产高度灵活。

(4)投资少、占地小,项目容易建设。

(5)非织造布印花无废品,转移印花纸的废品已被剔除。

尽管转移印花具有这些优点,但都必须制作网版,如果采用网印制作转移印花纸,则每印一种颜色就需制一块网版。制网版不仅费工耗时,而且使成本增加。

数字转移印花在非织造布印花市场中有着重要的作用,由于无版数字化转移印花产品的原稿为图文数字信息,而数字化印花图像的获取方法灵活多样,可利用电视、摄像机来捕获图像,摄像机可通过数字化板与计算机相连,数字化板的作用是将摄像机的模拟信号转换成数字信号,计算机接收数据后,以一定的文件格式存储,供用户进一步处理;还可采用彩色扫描仪、数字照相机等,更适合于采用网上出版技术,从网上下载图像进行印花。

数字转移印花适应了当前市场变化快、批量小、周期短的发展趋势,而且设备简单,投资小,是一种可用于需求量小、品种变化快的非织造布的装饰印刷技术。

转移或热转移印花方法,是在热和压力的作用下,将图形或文字染料从离型纸转移到非织造布上。染料与非织造布的结合非常牢固,并具有良好的整体耐晒性。虽然在轻质非织造布和大多数黏合剂上转移印花没有问题,但它们需要在200℃左右的温度下处理30~60s,以便染料充分扩散到非织造布的内部,热转印一般是在转印压延机上进行的(图7-67)。

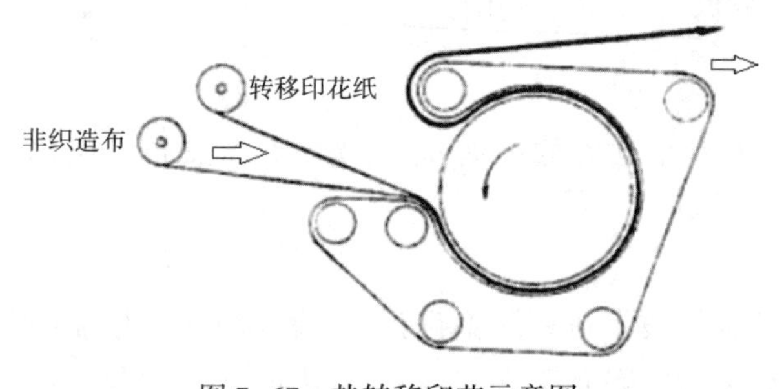

图7-67　热转移印花示意图

3. 凹版印刷涂层

凹版印刷简称凹印,是四大印刷方式中的一种。凹版印刷是一种直接的印刷方法,它将凹版凹坑中所含的油墨直接压印到承印物上,所印画面的浓淡层次是由凹坑的大小及深浅决定的。如果凹坑较深,则含的油墨较多,压印后承印物上留下的墨层就较厚;相反,如果凹坑较浅,则含的油墨量就较少,压印后承印物上留下的墨层就较薄。

利用凹版印刷技术也可以用凹版印刷辊生产图案涂层。这通常是通过加热辊进行的,加热辊用于热熔胶,即熔融热塑性原料。在大多数情况下,热熔胶的作用就是作为黏合剂,把基材与第二种柔性材料黏合在一起。如果在塑料熔体还没有固化前立即送入其他柔性材料,经过加压后,便可成为新的层压复合材料,赋予原来的非织造布基材一种新的功能和特性。

4. 筛网印花

筛网印花是一种较为普遍应用的印花技术。筛网是主要的印花工具,有花纹图案的位置是漏空的网眼,而没有花纹处的网眼被涂复。进行印花时,色浆被刮过网眼而转移到非织造布面上,便在非织造布面上形成特定的图案,而色浆无法透过被涂覆的网眼,对应的部位就保留原来的状态。

非织造材料筛网印花既可以使用染料,也可以使用涂料。一般的非织造材料都可以使用涂料印花,可使用平网或圆网印花机、辊筒印花机等。这种工艺的特点是:容易上色,色泽鲜艳,对纤维没有特别要求，但经过印花处理的轻薄型非织造材料的印花区发硬，手感变差。

二、非织造布的复合加工

（一）复合工艺

非织造材料的复合加工就是利用特定的固结方法，将非织造材料及其他材料以叠层的方式组合成一种新材料的工艺，利用复合技术可以加工出具有不同特性的新材料。目前主要是非织造材料与其他柔性材料的复合，如与用其他工艺制造的非织造材料、纺织品、纸张、塑料膜、金属箔等。

1. 淋膜复合

利用淋膜工艺可以将多层材料进行固结复合，是制造高阻隔性能材料的重要方法。其主要过程是将聚合物原料挤压熔融成为熔体后，在全幅宽范围淋在已准备好的另一种材料（底布）面上，如果是满幅淋膜，在轧辊的压力作用下，熔体冷却后便成为膜与布复合的材料；如果是条状间隔淋膜，则这些熔体就可以充当黏合剂，将其他材料复合在底布上（图 7-68）。

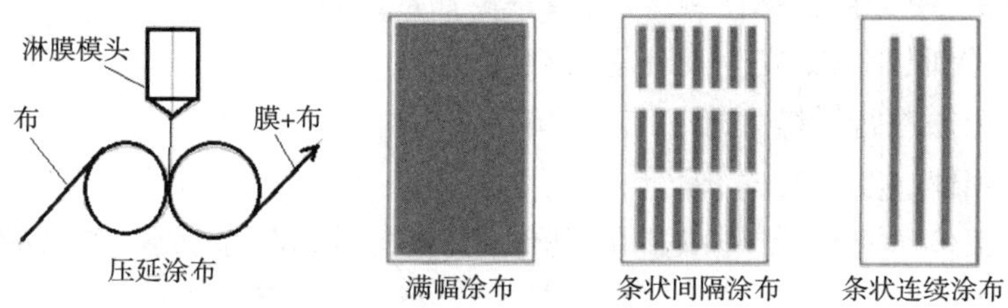

图 7-68　光辊淋膜涂布工艺

在实际生产中可有“一布一膜”“两布一膜”及“三布两膜”等复合方式。通过工艺调节，可以在一定范围内随意调整、控制淋膜层的定量（g/m^2）规格，淋膜复合时可有较高的生产速度（～100m/min），工艺成熟，膜层的厚度可控性强，运行管理也较为简单，产品有较高的强力和很好的阻隔性能。

采用淋膜复合工艺时，膜层材料一般为熔点较低的 PE，而常用的 PP、PET 非织造布基材的熔点都较高，PE 熔体的温度不会导致其他材料受损。因此对各层材料的熔点要求不严格，但对基材的均匀度要求较严，不允许有破洞或严重的稀网缺陷，以免在加工过程中发生漏浆现象。一般情况下，采用淋膜复合的基材定量宜≥$18g/m^2$。

淋膜复合系统较为复杂，流程也较多，主要由上料系统、螺杆挤出机、挤出箱体（模头）、冷却装置、退卷装置、卷绕装置等组成。其主要生产流程如图 7-69 所示。

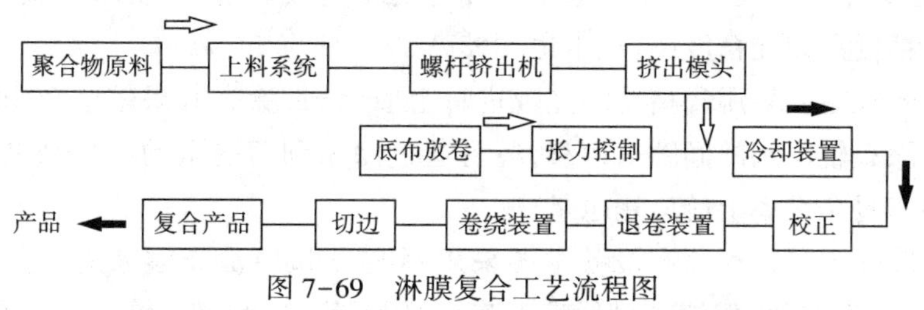

图 7-69　淋膜复合工艺流程图

2. 热熔胶复合

热熔胶复合是卫生、保健用品行业广泛使用的黏合工艺，通过在两种相复合的材料表面喷洒或涂布热熔胶，经加热或加压，在热熔胶冷却后便将两种材料复合在一起。

热熔胶复合工艺可用于纺粘法非织造布与熔喷法非织造布，纺粘非织造布与气流成网非织造布，纺粘非织造布与薄膜，纺粘非织造布与透气薄膜，非织造布与纸类、电化铝、布料、皮革、无尘纸、珍珠棉等卷材之间的复合，已在卫生、医疗制品材料及包装领域获得广泛应用，有着广阔的发展前景。

热熔胶涂布是近十几年来发展起来的新技术，热熔胶涂布不需要烘干设备，耗能低；热熔胶为100%的固态胶成分，不含有毒的有机溶剂。而普通的上胶涂布多采用有毒的有机溶剂（如苯等）来稀释胶，这些有毒气体对产品及环境都是不友好的，也不利于职业健康。

热熔胶不仅可用作黏结剂来将多层材料进行涂布复合，其本身也可作为另一层材料与基材复合成新的产品。

热熔胶是一种无溶剂的热塑性固体胶黏剂，在使用时通过加热熔融后具有流动性，能浸润被粘物品的表面，降温冷却后会固化或反应固化而实现黏合。热熔胶复合工艺的主要特点有：

（1）黏结速度快，便于自动化连续生产，效率高而成本低。

（2）不含溶剂，无职业健康安全及环境污染问题。

（3）生产过程无须进行干燥处理，工艺简单。

（4）热熔胶是固体，包装、运输、保管方便。

（5）可以黏结很多种材料，如非织造布、纺织品、衣料、纸张、金属膜、塑料膜、包装材料等柔性材料。

（6）已涂在被黏物体上的热塑性热熔胶，若出现固化后不黏合现象，或黏合位置发生变化时，可重新加热进行黏合作业。

常用的热塑性热熔胶黏合剂有PA（聚酰胺）、EVA（乙烯—醋酸乙烯共聚物）、PU（聚氨酯）、TPU（聚氨酯）等，典型的工作温度在180~230℃，黏度在3000~150000cps。

热熔型湿固化胶黏合剂在受潮后固化，常用的品种有：PUR（聚氨酯），典型的工作温度为90~130℃，黏度在3000~35000cps这个范围。

涂布复合设备一般分光辊上胶涂布、网纹辊上胶涂布和热熔胶喷挤涂布三种。

（1）热熔胶涂布复合。当采用涂布复合时，生产速度较快，但因涂布头要与材料直接接触，增加了材料的卷绕张力，对张力控制要求较高，容易导致产品变形、起皱。前述的涂层设备都可用于涂胶复合，采用涂布方法的施胶量较多，生产成本较高。

①光辊上胶涂布。这种上胶涂布通常采用两辊转移涂布。调整其上胶辊和涂布辊之间的间隙，就可以调整涂布量的大小。整个涂布头部分的结构较为复杂，要求上胶辊、涂布辊、牵引辊及刮刀的加工精度和装配精度高，成本也比较高。

由于这种涂布机主要采用高精度的光辊进行上胶涂布，涂布效果较好，涂布量大小除了通过改变上胶辊和涂布辊之间的间隙来调整，还可通过涂布刮刀的微动调节来灵活控制，涂布精度高。目前在涂布复合设备上的应用也最广。

②网纹辊上胶涂布。这种涂布设备主要采用网纹（凹眼）涂布辊来进行上胶涂布，其涂布均匀，而且涂布量比较准确（但涂布量很难调节）。用网纹辊涂布时，涂布量主要与网纹辊的凹眼深度的加工精度和胶水种类有关。网纹辊的凹眼深度越深，胶从凹眼中转移到基材上去的量相应也越多；反之，网纹辊网凹眼深度越浅，转移到基材上的胶的量也相应减小（图7-70）。

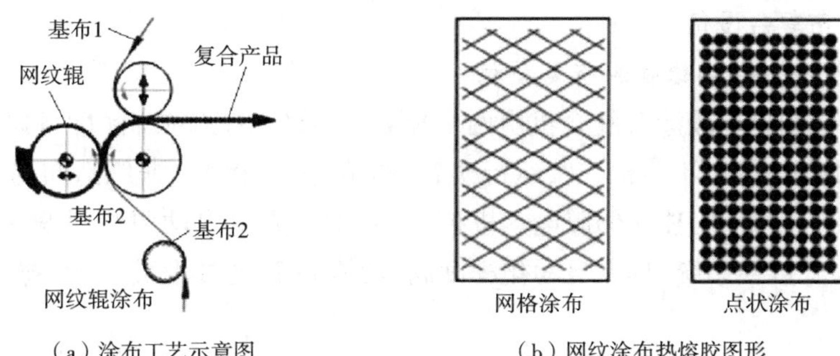

（a）涂布工艺示意图　　（b）网纹涂布热熔胶图形

图 7-70　网纹涂布工艺

转移到基材上的胶的量与胶的黏度也有很大关系。胶水黏度太大和太小都不利于胶的正常转移。胶水黏度大易转移,太稀则易流淌,使上胶不均匀,易产生纵向或横向流水纹。所以,一旦涂布网纹辊和胶的种类定下来后,就很难调节其涂布量,这也是网纹辊上胶的一个缺点。

③网辊悬浮刮涂。这种涂布工艺为网辊转移涂布改良版,是一种专利涂布工艺。这种涂布工艺解决了涂布施胶量取决于网辊雕刻深度而无法调节的问题,可进行在线调节施胶量,该工艺不仅解决了工厂在日常生产中改变施胶量就需要换网辊的困境,也极大地降低了由于施胶量过大、材料过薄所产生的透胶现象。此外,该工艺还大大地延长了挡胶板及刮刀片的使用寿命。该工艺在上胶量上也更加节省,用比网辊转移涂布工艺更少的施胶量就能产生同样的黏合效果,是对传统网点转移涂布工艺的进一步创新。

(2)热熔胶喷涂。热熔胶喷涂工艺过程主要是将固态胶加热熔化,经加压后通过涂布模头(喷枪)将熔融的胶液以纤维状直接喷涂到要复合的基材表面,在热熔胶冷却后,便可将两种材料复合在一起(图 7-71)。

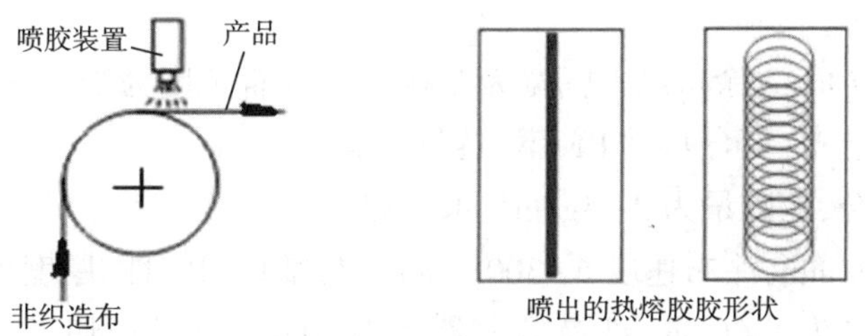

图 7-71　热熔胶喷涂示意图

热熔胶喷胶复合产品具有手感柔软、屏蔽性强、阻隔能力强、透气性能好、透气不透液等特点,而且断裂强力比传统复合工艺大,是制作防护用品、婴儿尿布、妇女卫生巾等的优质材料,还广泛用于包装、医药、汽车、服装、电子等领域。

热熔胶喷涂与涂布法相比,具有生产速度快、效率高、施胶量小、调节容易、成本低、设备占地小、投资回收期短等优点。

热熔胶喷胶复合是非接触型复合,即喷胶设备与复合的基材间没有直接接触,对基材的最小定量、均匀度及退卷张力要求较低;由于喷胶量很少,对基材的透气性能影响小,耐温要求较低。

热熔胶复合生产线主要由退卷装置(2 套)、喷胶设备(2 套)、复合装置、分切卷绕装置组成,装机容量较小。

(二)非织造布复合设备

1. HGFW2800-300 热熔胶涂布复合机

HGFW2800-300 热熔胶涂布复合机由两个独立纠偏的双工位放料(即可以复合两种材料)和一个双工位卷绕机(可以不停机连续运行换卷)组成,适合将 PP 非织造布与 PE 塑料膜用热熔胶涂布复合加工。均采用独立伺服电动机控制,并配有光电自动跟踪纠偏系统、自动张力控制系统,采用集中式数控系统,具有自动化程度高、功能齐全、性能稳定可靠、操作简便及生产效率高等优点。

本机由放卷一单元、放卷二单元、(刮涂)涂布复合单元、收卷单元、电气控制系统及相应气动控制系统等组成(图 7-72)。

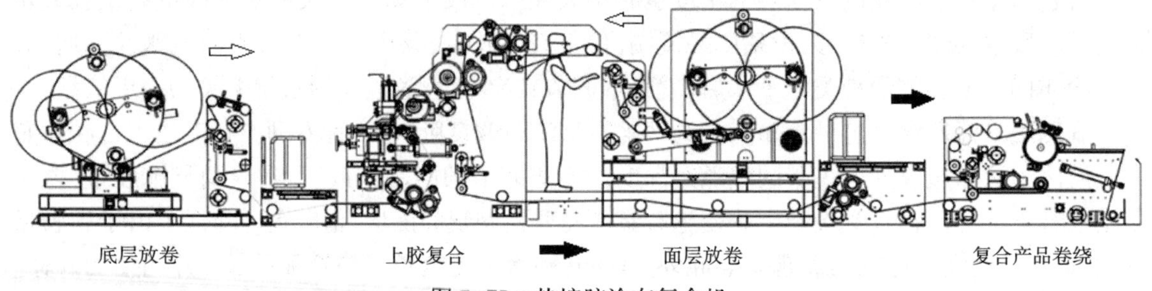

图 7-72 热熔胶涂布复合机

张力控制配置:浮辊式矢量变频电动机联动张力控制系统,多段张力控制、采用低摩擦气缸摆动辊检测,具有高精度、高灵敏度的稳定张力控制。

可选择加减速斜率、加减速是否响铃示警、长度达到设定值是否自动减速停机等个性化功能。充分体现科技以人为本的人性化设计理念。

(1)主要技术参数。

①基材幅宽为 2650mm,涂布最大幅宽为 2600mm,导辊宽度为 2800mm。

②上胶基材非织造布,复合基材 PE 膜(透气刮)。

③热熔压敏胶复合,上胶量为 2~5g/m^2,水冷却。

④机械速度 350m/min,涂布速度 6~300m/min(与基材的特性、厚度均匀性特性有关)。

⑤收放卷最大直径为 1000mm,纸筒最大长度 2650mm,气动压切刀分切,气胀轴直径 3 英寸(ϕ75mm)。

⑥张力控制范围 20~250N/全幅宽,控制精度±5N/全幅宽。

⑦整机机械总功率是 240kW。

(2)PE 放卷(复合基材)。

①双工位伺服电动机主动放卷,放卷张力为(20~200)±5N/全幅宽。

②PE 膜卷最大直径为 600mm,最大宽度为 2650mm,基材质量为 500kg。

③3 英寸(ϕ75mm)气胀轴,纸筒 ϕ76mm×ϕ92mm×2650mm。

④翻转自动定位,布卷直径自动检测,自动检测粘胶带贴合位置。

(3)入料牵引单元。

①摆臂式主动牵引式。

②高精度镀铬钢牵引辊，邵氏硬度 A 70°～72°丁腈橡胶牵引辊。

③张力控制(10～400)±5N/全幅宽。

(4)非织造布放卷(上胶基材)。

①双工位伺服电动机主动恒张力放卷，放卷张力(20～200)±5N/全幅宽，能有效抑制卷材失圆引起的张力扰动。

②非织造布卷最大直径为 1200mm，最大宽度为 2650mm，基材重量为 500kg。

③3 英寸(ϕ75mm)气胀轴，纸筒 ϕ76mm×ϕ92mm×2650mm。

④翻转自动定位，布卷直径自动检测，自动检测粘胶带贴合位置。

(5)涂布单元组。

涂布方式为透气涂布，涂布基材为非织造布，上胶量为 3～5g/m^2。

(6)涂布复合单元。

①涂布复合胶辊：防粘硅胶辊，硬度为邵氏 A78°。

②复合冷却镜面钢辊，冷冻水表面循环快速冷却，独立水冷机。

③复合压力：气压为 0～0.5MPa，气缸直径为 100mm。

④入料整理：弯辊展开(视材料而定)。

(7)双工位表面收卷单元。

①全自动表面摩擦伺服电动机驱动主动收卷，保证收卷张力稳定不拉伸，收卷方向：布在外面，膜在里面。

②锯齿刀自动断料。

③收卷最大直径为 1000mm，气胀轴直径为 3 英寸(ϕ75mm)，纸筒内径 76mm×外径 92mm×2650mm。

④气缸驱动收卷，气胀轴沿双导轨导向移动，齿轮齿条同步，电控比例阀控制。

⑤摆臂旋转式卸料。

(8)机架及走料单元。

①墙板厚度为 25～50mm。

②导辊幅宽为 2800mm，直径为 120～150mm(表面阳极整理，动衡量≤5g)。

2. QF400L 涂布复合试验机

该机为试验设备，可以根据市场需求进行工艺及新产品的研发试验，拥有多种涂布工艺，能适应多种主流胶水的涂布，也便于进行新工艺开发试验和制作新产品样板。该设备具有小巧方便、功能多样、耗料极少、便于操控、运行稳定等特点，适合实验室需求。

涂布复合试验机控制系统采用 PLC 集中控制、彩色人机界面中文显示操作系统。机、电、光、气一体化设计，具有完善的安全保护功能。

试验机配置有三个放卷工位，两个涂布装置，一个收卷装置(图 7-73)。

复合的材料有多种组合方式：非织造布+网布+非织造布；非织造布+木浆纸+非织造布；纸+网布+纸；非织造布+流延膜+非织造布等。依据使用场景和市场要求，可进行多种组合，使三层材料能够在线一次成型。

这种复合工艺大大增强了产品的拉伸、拉断强度，生产的材料多用作加强型手术护垫、铺单、医用转移床单等。

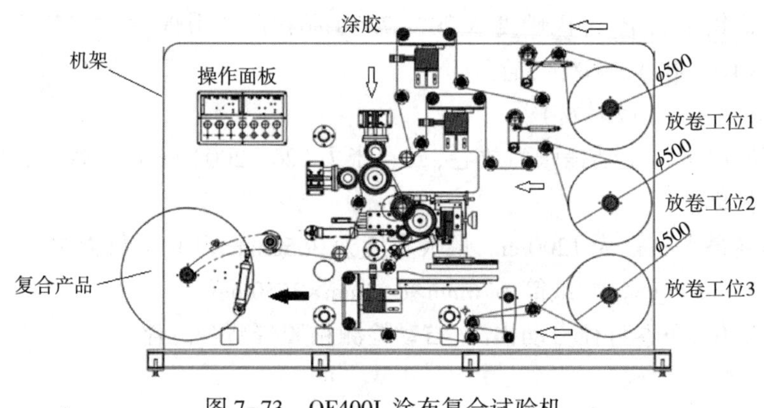

图 7-73　QF400L 涂布复合试验机

设备的主要性能如下：

(1)设备辊面宽度为 400mm。

(2)材料宽幅为 250mm。

(3)材料种类为各种柔性材料，如纺粘法非织造布、热风非织造无纺布、弹力非织造布、PET 膜、镀铝膜等。

(4)胶水类型为热熔压敏胶、UV 胶、PUR 胶、EVA 胶。

(5)涂布速度为 800m/min。

(6)上胶量为 0.1~300g/m^2，涂布复合试验机配置有多种涂布头，实际的上胶量要根据所采用涂布方式而定。

(7)涂布工艺：网纹辊悬浮刮涂、模头刮枪涂布(包括狭缝式涂布、无刮痕涂布、透气涂布等)。

(8)收卷方式为单工位表面卷取。

(9)张力控制：浮动辊式矢量变频电动机联动张力控制，多段张力，采用低摩擦气缸摆动辊检测，具有高精度、高灵敏度的稳定张力控制。

(10)装机功率 30kW。

3. QF1300PUR 胶涂布复合机

设备适用于镀铝膜+非织造布复合。总机由两个独立单工位放料架与一个独立双工位收料架组成，并配有光电自动跟踪纠偏系统、自动张力控制系统，采用高精度模具及高精度网纹辊的涂布头，可适应不同胶料的上胶工艺。该机具有复合速度快、能耗低、空气污染小等优点。

本机由镀铝膜放卷单元、非织造布放卷单元、涂胶复合单元、收卷单元、电气控制系统及相应气动控制仪表等组成。采用先进的集中式数控系统，具有自动化程度高、功能齐全、性能稳定可靠、操作简便及生产效率高等优点(图 7-74)。

该复合机主要用于 PUR 热熔胶涂布，设备的运行速度比用 PSA 压敏胶涂料时要慢，但该设备在同属于 PUR 热熔胶涂布设备中，其涂布速度属于较快的一个型号，国内 PUR 热熔胶涂设备的运行速度大多在 50m/min 左右，该 QF1300PUR 胶涂布复合机运行速度可达到 150m/min。该设备是用于生产遮光窗帘、汽车挡风玻璃、遮阳板等复合型材料的胶涂布复合机。此设备主要用镀铝膜与水刺非织造布进行复合，适应材料多样，设备已经满足三种材料与镀铝膜进行复

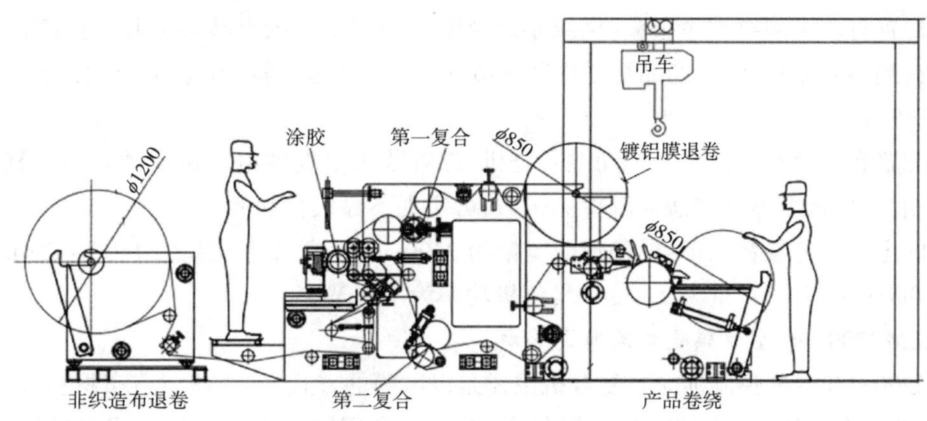

图 7-74　PUR 胶涂布复合机

合,有较好的市场评价。

该设备配备了行吊架,目的是解决镀铝膜上料困难的问题,由于镀铝膜比较脆弱,行程及穿绕路径不宜过远,故将镀铝膜放置在离复合机组较近位置。设备的主要参数如下:

(1)设备辊面宽幅为 1300mm。

(2)有效涂布宽幅为 750~1150mm。

(3)机械速度为 200m/min。

(4)上胶量为 6~10g/m^2。

(5)整机装机功率为 40kW。

4. HWGF3400W-B 型热熔胶涂布复合机组

HWGF3400W-B 型热熔胶涂布复合机组可以生产由四层不同柔性材料复合的产品,产品的结构为:非织造布+离型纸+PE 膜+非织造布。这是目前国内生产防护服、加强型防护服、手术铺单、加强型手术铺单、防水卷材较多使用的涂布复合工艺。HWGF3400W-B 型热熔胶涂布复合机流程和外观分别如图 7-75 和图 7-76 所示。

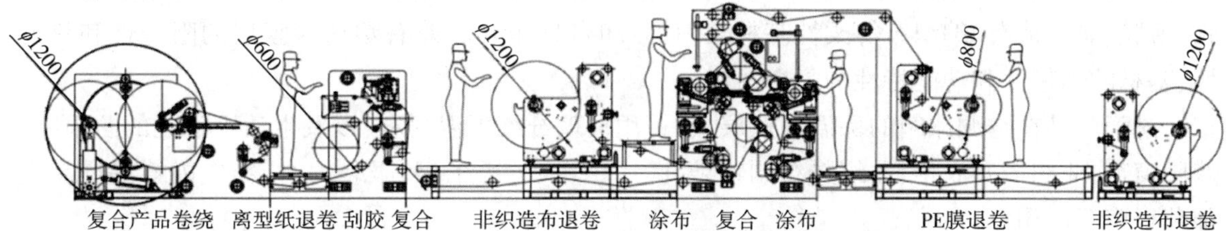

图 7-75　HWGF3400W-B 型热熔胶涂布复合机流程图

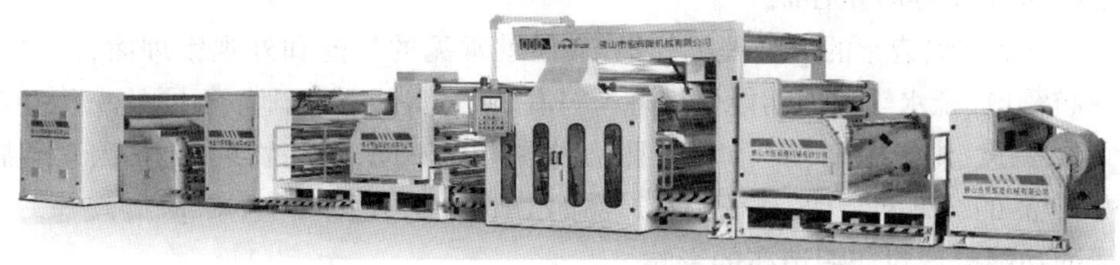

图 7-76　HWGF3400W-B 型热熔胶涂布复合机外观

机组配置有两个网纹辊涂布头(网纹辊悬浮刮胶和网纹辊胶点转移上胶,可以转换使用),一组刮枪头热熔胶涂布装置,产品可用作防水卷材、空气过滤材料、墙布、防护服、手术衣、隔离衣、手术床单、铺单等。

机组配置有一台双工位中心驱动型卷绕机,浮辊式矢量变频电动机联动张力控制系统,多段张力控制,采用低摩擦气缸摆动辊检测张力,可实现不停机自动换卷。

设备的主要工艺参数如下:设备辊面宽幅为3400mm,有效涂布宽幅为1600~3200mm,机械速度为250m/min,上胶克重为2~5g/m^2,整机功率为180kW。

5. HLM3200-00型淋膜流延涂布复合机

HLM3200-00型淋膜流延涂布复合机主要是以淋膜的方式,先在非织造布材料表面淋上一层熔体膜,成为非织造布+流延膜的两层复合结构,再利用网纹辊涂胶的方式将已经形成的两层复合结构与PE膜黏合在一起,形成PE膜+非织造布+流延膜的三层复合材料。

根据基材层数不同,可分为单模头淋膜机(又称为单联机)、双模头淋膜机(又称两联机)和多层淋膜机等。淋膜流延涂布复合机具有自动化程度高、操作简便、生产速度高、涂层厚度均匀、黏合牢度高、卷取平整、环保无污染、节省人工及原料成本等优点。淋膜流延涂布复合机是替代干式复合、热熔胶涂布复合的必然趋势(图7-77)。

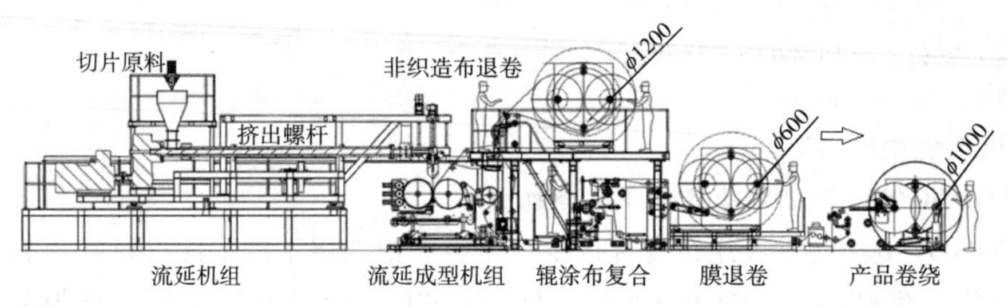

图7-77　淋膜流延涂布复合机

淋膜机的主要系统包含:放卷系统、挤出系统、成型牵引系统和收卷系统等。挤出淋膜机工艺流程是将塑料切片原料经螺杆塑化后由平模头模口呈流线型熔融状态挤出,拉伸后附着于纸张、薄膜、非织造布、编织布等柔性基材表面,冷却定型压合成兼有塑料薄膜层的阻隔性和热封性、基材的强韧度和功能特性的复合材料。

淋膜产品在空调冰箱的保温隔热层,建筑用玻璃纤维保温材料,以及生活中常见的防雨布、遮阳窗帘、非织造布衣柜、非织造布购物袋、医用手术衣、手术帽、服装内衬、箱包内衬等产品上都获得广泛应用。

三、非织造布后整理质量控制

可应用于纺粘非织造布的后整理工艺很多,但就常见的功能和外观整理而言,主要有抗静电、"三抗"+抗静电、亲水等表面功能性整理与打孔、轧光等机械整理。不同的功能整理工艺涉及的助剂、配液温度、烘干温度、烘干时间、张力控制等也不同,这些物理、化学因素会影响材料的分子结构、产品的纤维网结构,从而影响产品的力学性能、阻隔性能、手感、外观等。

(一)表面功能整理对非织造布的影响

表面功能整理是通过辊涂、喷涂、浸轧、涂层等形式,使按一定工艺要求配制的配液均匀附着在非织造布表面，再经电加热、红外加热或燃烧天然气加热等干燥方式使非织造布上多余的水分被移除，以形成具备特定功能的产品，如防静电非织造布、“三抗”+防静电非织造布、亲水非织造布等。

使用功能整理剂时，配制整理溶液用的去离子水的电导率与温度、配液浓度、配液方法等均需要遵循相关助剂的说明书的指引或要求，根据产品的应用与要求控制上油率，并结合生产设备的实际情况，不断优化工艺，这样才能在获得较佳新功能特性的同时，尽量降低功能整理剂对非织造布原来的力学性能、阻隔性能的影响。

1. 抗静电整理

聚丙烯材料几乎不吸湿回潮，使用该材料生产的纺熔非织造布本身就具有良好的拒水特性，但也容易带静电，吸附空气中的尘埃或工作环境中的干态微细脏污物，因此，在空气湿度较低的区域或手术室等环境中，需要对非织造布进行抗静电整理。

对非织造布进行抗静电整理一般是选用阴离子型的抗静电整理剂，有效含量约 50%，上油率为 0.1%~0.5%，可采用在线或离线整理的方式进行，具体的上油率控制可根据产品的应用与要求进行设定。例如，当用于 SMS 产品后整理时，为了让静水压得到较高的维持率，上油率则应当控制在较低的水平；而当要求产品有较低的表面比电阻时，上油率可以适当提高。

在采用在线抗静电整理工艺时，一般是采用 kiss roll 进行上液，可根据产品的应用与要求，对非织造布表面进行单面或双面上液，并通过调整 kiss roll 的浸液深度、转速控制上液量。采用这种上液方式时，非织造布的带液量比较少，对烘干温度与烘干时间的要求也相对低，故可采用电红外或天然气加热空气的方式对非织造布进行烘干，获得较高的生产效率。

非织造布的抗静电整理除了可选用在线整理工艺外，还可选用离线整理工艺，当对 SMS 产品进行在线或离线抗静电整理时，产品的静水压会受抗静电油剂的上油率、烘燥温度、干燥程度、传送张力等因素的影响而出现一定程度的下降。

当采用离线整理工艺时，如果纤维在成网前的纺丝过程中牵伸不足，经浸轧与拉幅定型烘干后，产品的拉伸强力、伸长率都将会出现明显的下降，尤其是伸长率，下降的幅度可能超 50%，而胀破性能则由于高聚物分子的再结晶有一定程度的上升。

在对 SMS 产品进行抗静电整理时，只要上油率控制得当，整理结果并不会明显改变非织造布的表面能，产品的拒水特性能得到较好的保持；产品下线后的表面比电阻会逐渐降低到一个较为稳定的状态，而对应的产品静水压则是一个上升的过程，直到平衡，这个过程所需的时间与生产环境的温湿度相关，故而没有一个固定的周期。

因为进行在线抗静电整理与进行离线抗静电整理可选用同样的抗静电油剂，所得到的产品抗静电效果也基本一致。因此，在设备条件允许的情况下，大部分的抗静电非织造布都采用了在线整理工艺，这样对产品静水压的影响更小，而且生产效率高，既有利于减少加热烘燥对非织造布力学性能的影响，也能大幅降低生产成本。

2. “三抗”+抗静电整理

“三抗”整理，一般是指使用含氟聚合物的防水防油加工剂（又称三抗剂）对非织造布进行浸轧法整理，使产品具备抗酒精、抗血液、抗油的效果。因为需要将非织造布的表面张力降低至比酒精含量为 60%~80%溶液的表面张力更低的状态，才能使产品具备抗高浓度酒精浸润渗透的能力。

在目前的技术条件下，只有在纤维表面形成一层含氟聚合物才能满足这种要求。为降低对生态环境的影响，行业已经禁止使用 C_8 的含氟聚合物，普遍在使用的是 C_6 含氟聚合物，当技术条件成熟后，未来甚至可能升级到使用 C_4 含氟聚合物。

非织造布行业在使用的“三抗”整理剂或国产“三抗”整理剂的单体，大部分是从日本进口，其中以旭硝子、大金的产品较多。“三抗”整理剂一般是两性离子的助剂，其含氟聚合物的固含量为25%左右。在对非织造布进行“三抗”整理时，在配液中还需要加入润湿剂（又称渗透剂），以使“三抗”整理剂可以均匀附着于非织造布的每一根纤维表面。

“三抗”整理工艺对烘干过程有特定的要求，如烘干温度不低于120℃，烘燥的时间一般≥30s，在这过程中，“三抗”整理剂会在非织造布纤维表面发生交联反应形成膜层，而渗透剂则会随水汽被带走。因此，采用在线后整理是难以满足这个时间要求的，只能采用离线后整理的方式对非织造布进行“三抗”整理。

手术衣用的SMS复合非织造材料，除了要求抗酒精、抗血液、抗油外，一般会同时要求具备一定的抗静电性能。因此，“三抗”与抗静电整理是同时进行的，即应用“一步同浴”工艺。在这种情况下，“三抗”整理剂、抗静电整理剂、渗透剂同浴使用。

“三抗”+抗静电整理采用浸轧法上液，因上液量大，工艺需要的烘干时间比较长，行业内多是采用拉幅定型设备对产品进行干燥。在上液、干燥的过程中，产品的力学性能、静水压变化与烘干温度、烘燥时间以及基布的纤维牵伸情况有关。在烘干温度与生产速度设置得当的情况下，如果基布纤维在成网前牵伸不足，经整理后，产品的拉伸强力与伸长率都有较大幅度的下降，但胀破性能上升；而当基布纤维在成网前牵伸充分时，经整理后，产品的拉伸性能与胀破性能的变化则会相对较小。

除了影响常见的力学性能外，“三抗”+抗静电整理还会导致SMS非织造布的静水压下降，而下降的幅度会与轧液率、烘燥温度、烘燥时间等工艺有关。例如，当抗静电剂的比例较高、烘燥温度偏低或干燥不充分时都会导致产品的静水压严重下降，甚至无法满足应用标准的要求。

“三抗”+抗静电非织造布的“三抗”性能一般用抗酒精的等级进行表征，常规要求是6~8级。实际生产时，产品的抗酒精性能可以做到8~9级；而抗静电指标一般用表面比电阻进行表征，因“三抗”整理剂的影响，在维持一定的静水压性能时，产品的表面比电阻只能做到 10^{10} ~ 10^{11} 级。

采用拉幅定型设备烘干，还会对非织造布产品的布面平整度产生影响，在产品放卷铺叠时，容易产生波浪边或荷叶边，进而影响裁片工序的开料工作，这可以通过提高基布纤维的牵伸比与成网均匀度，减少拉幅，烘干后对布进行骤冷等方法改善。

3. 亲水整理

与“三抗”产品的拒油、抗酒精整理相反，为了改变聚丙烯非织造布固有的拒水特性，需要增大非织造布的表面能，对非织造布进行亲水整理。应用于非织造布的亲水整理剂一般为不含硅的阴离子型多次亲水性油剂，其有效成分在95%或以上，常见的配液浓度为8%~10%，配液所采用的去离子水温度为30~40℃，上油率为0.6%~0.8%。

亲水的表面整理工艺与抗静电整理类似，可选用在线整理或离线后整理的方式进行。目前，用作卫生制品材料的亲水非织造布产品，其定量规格一般≤20g/m²，一般都是采用一步法——在线辊涂上液+电加热或燃气加热烘干的方式进行亲水整理；而当应用于手术衣或其他对吸水量要求较高的产品时，因产品的定量较大，带液量也较大，在线干燥设备的烘干能力不足，则需要考虑在离线后整理生产线上进行亲水整理。

经亲水整理后，非织造布的表面张力可提高到大于水表面张力（72×10^{-5}N/cm），使非织造布具备了快速亲水的效果。在实际的应用中可根据要求选用合适的亲水油剂，并配备适当的整理溶液浓度与上液量，从而得到不同亲水扩散类型（垂直渗透、平面扩散+渗透）、不同亲水穿透速度的产品。

在进行亲水整理时，尤其要注意产品的上油率控制，上油率偏低会容易导致产品的亲水性能下降较快，放置时间较长后，产品会变成弱亲水甚至拒水；而当上油率偏高时，产品上的亲水油剂会容易迁移，如果用于纸尿裤，这种迁移会导致防漏隔边亲水，使纸尿裤出现侧漏。另外，当上油率较高时，个别品牌的亲水油剂可能会导致产品存在细胞毒性的问题，因此，要注意对亲水产品进行毒理性测试。

因在线亲水整理的生产速度高，烘干时间短，故对产品的力学性能影响不大，但当采用离线后整理的方式进行时，则会导致产品拉伸强力与伸长率发生一定幅度的下降。

4. 其他表面功能性整理

除上述常见的抗静电、“三抗”+抗静电、亲水整理外，还可以对非织造布进行抗菌、防紫外、凉感、防虫等一种或多种功能组合的表面改性整理。在工艺与设备允许的情况下，非织造布生产企业一般都会优先采用在线方式对产品进行表面改性，但当工艺要求的带液（药剂）量较大时或订单量较小时，则会选用离线后整理的方式。

进行抗菌整理时，需要注意抗菌剂的类型、耐温性及其对产品的外观颜色影响，进而在工艺设定的时候注意烘干温度是否合适，并注意产品的颜色变化。当抗菌剂与亲水油剂共浴使用时，需要注意这两个药剂是否为同一极性的离子，否则可能会导致亲水或抗菌效果无法达到预期。

当采用无机类的铜离子、银离子或天然提取的百里香油等对白色非织造布进行整理时，如果药剂的生产工艺技术处理不当，非织造布会有黄变（色调发黄）的风险。另外，基于抗菌剂的特性，产品也可能会带上药剂的气味。

抗菌剂在抑制有害细菌生长的同时，也可能会抑制有益菌种的生长，因此，抗菌剂固有的副作用又会在心理上打消了消费者对一次性抗菌产品的需求意愿，这是导致抗菌剂在直接接触皮肤的一次性卫生产品（如卫生巾、纸尿裤等）中一直未能大量推广使用的重要原因之一。

（二）常见机械整理对非织造布的影响

为了使非织造布在平面花纹、立面感观上呈现不一样的效果，赋予新的触感以及其他物理特性，除了对非织造布进行表面功能改性外，还可结合产品的应用场景，通过进行打孔、轧光等机械整理，改变产品的外观与结构，从而进一步提升终端产品的使用感受。

1. 打孔

为了提升纸尿裤或卫生巾面层用亲水非织造布的干爽性、触感、立体感、质感，采用一组或多组表面有特定立体花纹的辊筒，在一定的温度下对亲水非织造布进行打孔定型，使非织造布带上特定的立体图案，并具备一定的厚度。在纸尿裤竞争白热化的市场环境下，也有越来越多的纸尿裤生产企业为了提高非织造布材料的立体感与蓬松效果，对纸尿裤底膜复合用的拒水非织造布进行打孔整理。

打孔并不一定将非织造布打穿孔，可采用一组金属辊筒与橡胶辊筒进行组合，也可采用一组金属辊筒进行配对组合。不同的辊筒组合，做出来的产品花纹效果与立体感差异较大；另外，打孔后的产品因结构蓬松，在收卷时需要注意张力的控制，否则打孔整理的效果会打折扣。

非织造布打孔后，原来的纤维网结构受到破坏，有部分纤维甚至可能断裂，因此，打孔整理对非织造布的影响存在两面性，打孔整理可以提升产品的立体感与触感，增强视觉效果，但产品的力学性能会下降；如果是对亲水产品进行打孔，亲水渗透时间也会变长一些。

2. 轧光

使用一组或多组光辊，在一定的温度与压力下对非织造布进行轧光整理，可使非织造布的表面纤维被烫压光滑、厚度下降、表面光滑、不易起毛、有硬挺感。

SMS 产品经轧光后，根据轧光的程度，静水压会有不同程度的下降，这可能与在轧光过程中熔喷层受到纺粘层的挤压受损有关。

第八节　非织造布产品的后整理技术发展

随着非织造布后整理新技术、新工艺的不断取得突破以及多样化、多功能的产品市场需求，迫使我们必须不断地进行设备创新，开发新一代的非织造布后整理设备。未来各种新颖的非织造布后整理设备会出现并投入使用，使得非织造布产品市场不断拓展。

随着纳米材料、辐射技术、等离子体、超声波、生物酶等新技术在非织造布后整理中的应用，非织造布后整理产品的质量和性能将不断提升。未来，研究和开发高效率、多功能、智能化的后整理工艺设备并进行成果转化，具有重要意义和广阔前景。

一、非织造布后整理设备的开发和应用

（一）国内外非织造布后整理技术的发展趋势

现阶段，欧洲的非织造布技术代表了国际最先进水平，而我国的新技术、新产品也充分体现了我国非织造技术的发展和进步，其与国外先进水平的差距正在日益缩小。从非织造装备的发展情况来看，国内外非织造技术主要呈现出如下发展趋势。

非织造布机械的产品是以“生产线”为主线来考虑的，涉及很多具体的设备配置及厂房布局，不像其他纺织机械那样是以“单机”来考虑。因此，不可能有同型号的批量机台出厂。相反，其体现的是量体裁衣的个性化“非标线”。正由于是以生产线面向客户，因此非织造产品向深层次智能化、模块化、网络化、系统化等方向发展的趋势显得格外突出。

非织造布后整理主要是对非织造布进行一些功能性整理。如对非织造布进行染色处理，对医用非织造布无菌处理，对箱包用鞋类用非织造布涂层处理等。通过后整理可以增强产品的差异性，改善产品结构，增强企业的市场竞争能力，由于对非织造布进行功能性整理后能大幅提高产品附加值，因而该类设备正为越来越多的非织造布生产厂家所青睐。

非织造布后整理设备与纺织印染后整理设备有许多相近之处，因而此类设备通常是由纺织机械厂承担设计制造，或由此扩散至其他应用领域的。非织造布后整理主要分湿法整理和干法整理两大类。

湿法整理主要对非织造布进行拒水整理、亲水整理、吸尘整理、阻燃整理、抗静电整理、卫生整理，其主要用于箱包用料、鞋类用料、服装面料、日常家用非织造布、医用非织造布、土工布、装饰布等各方面。

干法整理主要对非织造布进行定型整理、热收缩整理、柔软整理、轧光轧花整理、磨光磨绒整理。

大多非织造布后整理设备是根据企业的工艺要求特殊设计制造的，每家企业都有不同的工艺特点，并非一条固定工艺流程的生产线，因而对生产企业的研发制造能力有很高的要求。目前国内生产非织造布后整理设备的制造厂家很少，国际上以欧州企业开发、制造的产品较有代表性，其生产的非织造布后整理设备代表着国际先进水平，但其价格昂贵，非一般企业能承担得起。

（二）非织造布后整理设备新进展

近年来，我国非织造布后整理借鉴机织布后整理工艺设备的基础上，通过对引进设备的消化、吸收，充分吸取了非织造布领域的生产实践经验，使设备不断改进完善，大幅提高了设备的适用性和运行稳定性。

由于非织造布与纺织品的很多性能是不同的，而且应用领域更为广泛，对产品性能的要求也千差万别，因此需依据产品所需特性选择组合工艺及设备，包括轧光、轧花、减量、磨毛、剖层、烧毛、印花、发泡、浸渍、轧辊、拉幅定型、波辐射、烘箱、热源等设备。

非织造布后整理的另一个功能是舒解非织造布内应力、使尺寸稳定，改善非织造布的外观、手感，赋予非织造布所需的功能等。主要的整理工艺涉及烫压、轧液/轧胶、烘燥等。

此外，随着其他领域技术的发展，非织造布后整理方法引入很多高科技的成果。例如，目前使用的 PE/PP 双组分纺粘法的亲水整理、用等离子体方法对纤维改性等。除此之外，微波技术与超声波技术、红外与远红外整理、紫外线技术、驻极体技术和纳米技术等高新技术，被应用到非织造布后整理领域，使非织造布产品的功能呈现多样化。

另外，非织造布后整理设备和整理剂的不断更新，也为非织造布后整理的发展带来日新月异的变化。

二、产品后整理的职业安全及对环境的影响

由于碳氟化合物的表面能非常低，如 C_8 含氟聚合物的表面自由能仅为 10～15mN/m。因此，具有良好的防污、拒水和拒油性能，是非织造布“三防”后整理中不可少的助剂之一，广泛用于耐气候服装、化学防护服、手术衣用布和服装、台布和餐饮工作服等。

C_8 是一类分子结构中有 8 个碳（C）的全氟化合物，主要是指全氟辛酸及其盐类（PFOA）和全氟辛基磺酸及其盐类（PFOS）。接触 PFOA 能够引起皮肤刺激反应，并可透过皮肤进入人体引起体重和肝脏的变化，对人类基因也产生影响，C_8 中这两种产物被认为是具有持久性和生物累积性的物质，对人类健康具有潜在的危害性。

在环境保护压力下与可持续发展的趋势中，世界各国已经出台了限制纺织品 PFOS 和 PFOA 的法规，C_8 防水剂已经到了退出历史舞台的边缘。目前，欧美等西方国家和地区已经逐步淘汰 C_8 防水剂。

IPC-PFFA-6 的中文名称为全氟己酸，简称 C_6，经用 C_6 处理过的非织造布具备较大接触角，具有优异的防水防油及易去污性能，可耐 30 次以上重复洗涤，同时符合 Oeko-Tex Standard 100 最新法规和 GB 18401-2010 等标准的要求，是一种替代 C_8 的产品。

因为 C_6 仍含有 PFOA 和 PFOS，近年欧盟又开始了对 IPC-PFFA-6（C_6）的规定。预计短链 IPC-PFFA-6（C_6）禁令将于 2025 年中期生效。届时 C_6 产品也将被禁止使用，只能使用无氟防水剂或更短全氟碳链的防水防油剂。

三、非织造布后整理常用技术标准

产品的应用领域决定了产品的性能指标，因此，后整理产品的质量是由制品的性能决定的。目前后整理产品的质量指标、检测试验方法也有很多，执行的技术标准既有国家标准或行业标准，也有国外的标准。

如在卫生、医疗制品材料应用领域，常用的标准有：中华人民共和国国家标准（GB）、中华人民共和国纺织行业标准（FZ）、中华人民共和国医药行业标准（YY）、国际标准化组织标准（ISO）、美国材料与试验协会标准（ASTMD）、美国医疗器械促进协会（AAMI）、美国纺织化学师与印染师协会标准（AATCC）、欧洲联盟标准（EN）、欧洲用即弃材料及非织造布协会标准（ERT）、国际非织造织物和用即弃物品协会标准（NWSP）、美国消防协会标准（NFPA）等。

参考文献

[1]张万智，赵耀明．SMS 非织造布一步同浴多功能整理的探讨[J]．化纤与纺织技术，2007，36（3）：27-30.

[2]焦晓宁，刘建勇．非织造布后整理[M]．2 版．北京：中国纺织出版社，2015.

[3]恒天重工股份有限公司．水刺法非织造布手册[M]．北京：中国纺织出版社有限公司，2023.

第八章　非织造布的卷绕、分切与包装

第一节　非织造布生产线中的卷绕机

生产线中的卷绕机是实现对已定型的非织造布进行收卷的设备，因此，一定是处于纤网固结设备下游，也是生产线的主流程设备中处于最下游的设备（图 8-1）。

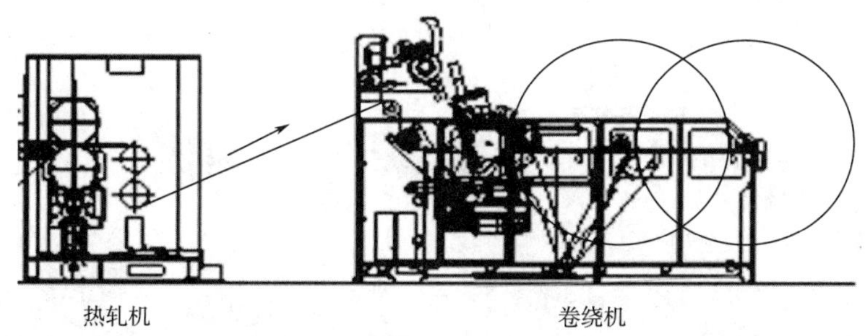

图 8-1　卷绕机处于热轧机下游位置

在纤网固结设备与卷绕机之间还可能选配在线后整理系统、在线疵点检测装置（图 8-2）。除了收卷产品外，有的卷绕机还具有产品幅宽分切、布卷定长度或布卷定直径的加工功能。

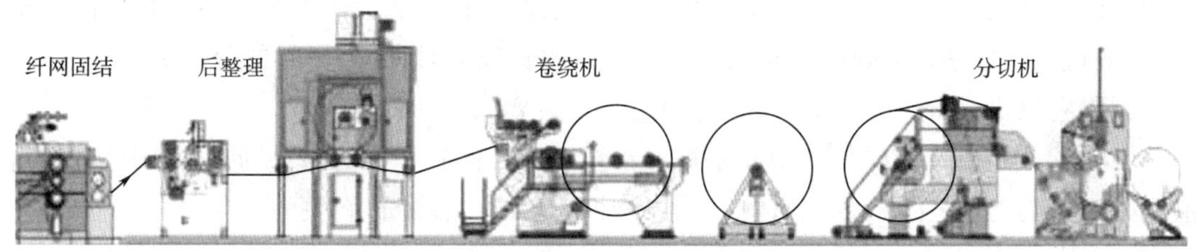

图 8-2　卷绕分切机及在生产流程中的位置

卷绕机是生产线中所有机器中机构最多、动作最复杂的设备。在不同制造商的非织造布生产线中，特别是运行速度不同的生产线，配置的卷绕机的机型也不一样。随着技术的进步和生产线性能的变化，相同制造商的生产线，在不同时期配套的卷绕机也是不同的。

由于非织造布生产线是一个高效率的连续运行系统，随着生产速度的不断提高，采取人工换卷或将机器停下来后才进行换卷已不可能。因此，不论卷绕机是否具有分切功能，具备能在不停机的状态进行自动换卷的功能则是必需的。因为卷绕机每次短暂的停机都可能导致生产线全线停机，从而失去一部分生产时间，并会产生大量的废布及废丝，造成经济损失。因此。卷绕机的最基本功能是收集由生产线生产出的非织造布材料,并卷绕成卷状,使生产线能连续稳定运行。

随着纺粘法非织造布及SMS复合非织造布生产技术的快速发展,卷绕机的制造技术也在同步发展,并使卷绕机成为生产线中技术含量很高的设备。

一、卷绕机的主要作用

(1)收卷产品。将生产线中已定型、固结的非织造布收卷成卷状的产品。

(2)按一定的长度切断。当收卷的非织造布到达预期目标时,将卷状布卷与后续产品分离开,也就是沿CD方向切断。预期目标可以是长度,也可以是布卷的直径。

(3)纵向(沿MD方向)分切。将全幅宽的非织造布分切为宽度更小的最终产品,是利用众多的沿幅宽方向配置的分切刀实现的,如果卷绕机具备这种功能,则称为在线分切(图8-3)。

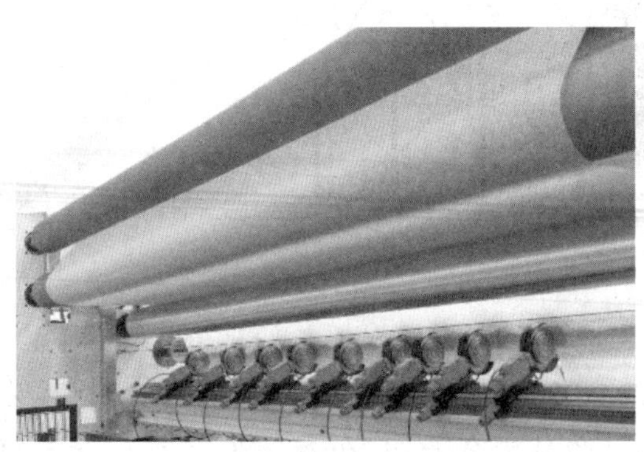

图8-3 配置在线分切装置的卷绕机

当运行速度较慢(≤300m/min),生产线的幅宽较窄时,一般会配置有在线分切功能的卷绕机;如果运行速度较快(≥300m/min),或生产线的幅宽较大时,产品子卷的分切数量会较多,这时仅会配置卷绕机,而分切产品的工作将会由另一台离线分切机来完成。

其中收卷产品按一定的长度切断是每一台卷绕机必备的基本功能,纵向(沿MD)分切这个功能则是可选功能,与生产线的总体性能、卷绕机下游的设备配置有关。

二、卷绕机的工作原理

为了保证产品的质量,大部分卷绕机是以恒张力卷绕方式工作的,即对一定规格、定量的非织造布,从开始卷绕直到换卷后下线为止,要求其在收卷全过程的张力保持在设定值范围内。

1. 表面驱动型卷绕机

在非织造布生产线中,目前使用的主流机型,卷绕过程都是以表面驱动收卷方式工作的,即驱动辊通过表面的摩擦力传递电动机的机械能收卷产品(图8-4)。以这种方式运行时,卷绕机经常是以恒转矩的特性工作。

也有人将这种卷绕方式称为被动收卷,意思是布卷的卷绕芯轴在工作过程中是被动的,仅

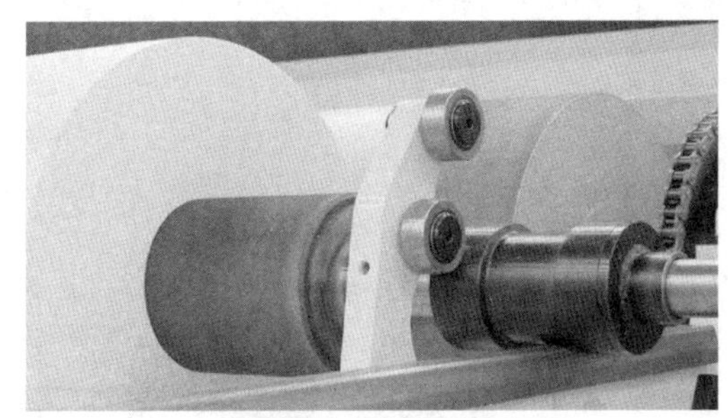

图 8-4　布卷依靠与驱动辊表面的摩擦力进行卷绕

起到使布卷定位的作用，并不传递驱动布卷转动并收卷产品的转矩，而且其转动速度会随布卷直径的增大而变慢，但布卷的线速度基本是恒定的。

随着收卷时间的延长，产品布卷的直径会越来越大。为了保持卷绕张力恒定，卷绕芯轴（也称卷绕杆）在外力（一般都是气缸）的推动下，一方面与由电动机驱动的驱动辊筒表面保持接触，保持一定的压力，依靠两者之间的摩擦力带动布卷（及卷绕杆）旋转，将产品卷取到装在芯轴的纸筒管上（特殊情况下，也可直接卷绕在没装纸管的卷绕轴上）；另一方面，卷绕芯轴还会自动向远离驱动辊的方向移动，以适应布卷直径的变化。

由于卷绕过程都是以摩擦传动的方式进行的，自始至终布卷与驱动辊筒之间必须保持一个压力，使布卷能紧贴在驱动辊表面，并产生足够的摩擦力带动布卷转动。当依靠摩擦传动来传递电动机的转矩时，这个压力是必需的，但这个压力同时也会影响产品的密度和结构，从而影响产品的质量。

在这种状态，产品就必然会受到挤压，结构和密度都会发生变化，尤其是对蓬松型纺粘法非织造布产品、熔喷法非织造布产品和含有熔喷层的 SMS 型产品影响会很大。而在卷绕的全过程，产品就自始至终一直受到这种挤压作用。除了尽量减少卷绕张力和压力以外，这种影响是无法消除的，而且其影响的程度是从布卷外表面向布卷的芯部递增的，因此，也导致同一布卷位置不同的产品质量，会出现较大差异的原因。

2. 中心驱动型卷绕机

如果采用中心驱动型卷绕机，就是驱动系统通过直接驱动卷绕芯轴旋转的方法收卷产品，这样除了必需的卷绕张力以外，无须利用摩擦力来传递驱动装置的转矩使布卷转动，也就无须产生摩擦力的压力了，显然这种中心驱动型卷绕机对产品产生质量的负面影响就要小很多。

国内非织造行业也有极少量的中心驱动型卷绕机，这种机型的卷绕杆是由动力直接驱动卷绕产品的，也称主动卷绕（图 8-5～图 8-7）。

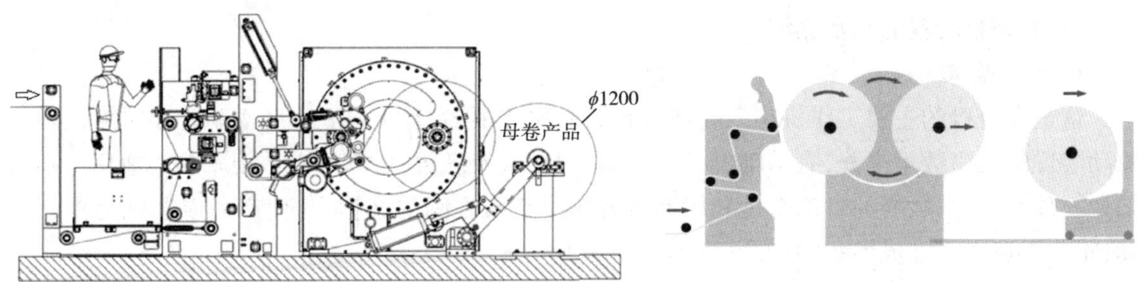

图 8-5　中心驱动型分切卷绕机 1

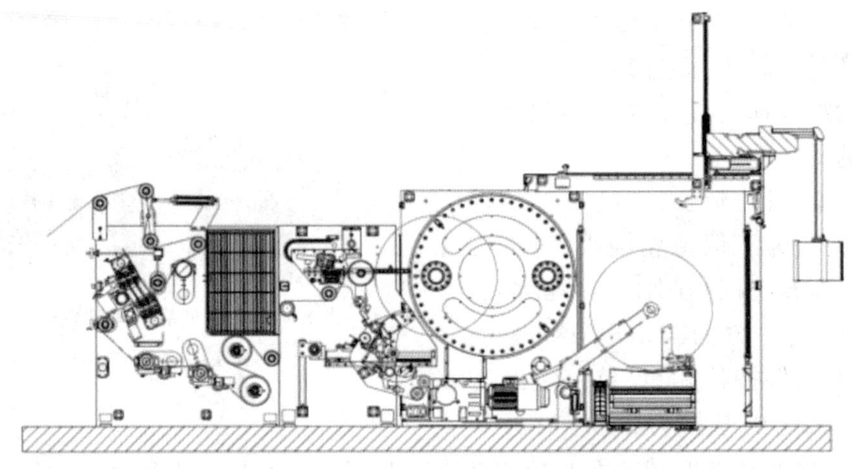

图 8-6 中心驱动型分切卷绕机 2

图 8-7 中心驱动型卷绕机

在运行过程中,虽然卷绕产品的线速度基本保持在一定范围,但卷绕杆的角速度是变化的。即随着生产过程地进行,收卷的产品越来越多,布卷的直径随之递增,卷绕杆转动的角速度则逐渐递减,扭矩也随着增大。

典型中心驱动型卷绕机主要技术性能:产品定量范围 10~150 g/m^2;产品最大幅宽 3600mm;母卷最大直径 1500mm;最高运行速度 400m/min、800m/min;卷绕杆直径 7.6cm(3 英寸)、15.2cm(6 英寸)、14.1cm(6.75 英寸)。

第二节 卷绕机的基本组成

一、卷绕机配置的基本系统

1. 卷绕装置

这是卷绕机的主要工作机构。卷绕装置的形式有很多,其中以表面摩擦驱动型居多。根据驱动装置的辊筒数量来分,有单辊式(图 8-8)、两辊式及三辊式,其中以单辊式最为通用。不管是哪一种类型,其最终的目的都是利用辊筒与非织造布之间的摩擦力,使产品以芯轴为中心转动,将非织造布收卷成卷状的产品。

驱动辊筒也称接触辊或摩擦辊,其动力由电动机提供。随着变频调速技术的日益发展,交流电动机在速度调节、转矩控制等方面已能满足卷绕机的工作特性要求,并将成为卷绕机电力

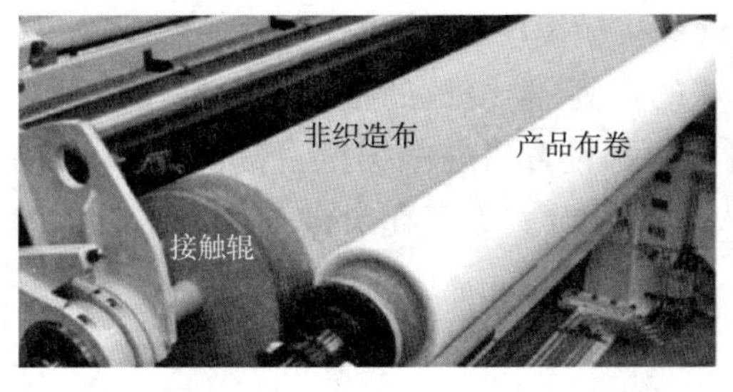

图 8-8　单辊式卷绕机

拖动的发展趋势。用交流变频调速电动机作为驱动电动机，对提高设备运行可靠性，降低运行、管理、维护成本都有明显的优势。

为了提高接触辊的耐磨性和摩擦力，接触辊的表面经常会覆盖有一层耐磨、耐酸碱的橡胶层或其他特殊涂层，有的会采用特殊的表面处理技术，提高辊面的金属层硬度和摩擦系数。

2. 张力控制系统

在非织造布生产线上，大部分卷绕机是以恒张力卷绕方式工作的，有的卷绕机除了可以以恒张力方式运行外，还可以以变张力模式运行，运行时的张力会随布卷的直径而变化。如以锥度张力、阶梯张力方式运行，可避免产品在卷绕张力的拉伸和挤压作用下结构发生变化，对提高产品的质量有明显效果。

张力控制系统包括张力辊（浮动辊）、张力检测装置、张力控制装置等。张力控制系统的最终控制对象是卷绕装置的电动机运行速度或输出力矩。

3. 自动换卷系统

这是保证卷绕机能连续运行的重要系统，也是卷绕机中结构及动作最复杂的系统。自动换卷系统包括备用卷绕杆库、卷绕杆输送机构、卷绕位置变换机构、横切断机构、产品布卷移动机构、卸布卷装置、控制系统等，对于高速卷绕机，还配置有备用卷绕杆在即将投入运行前的预加速系统。

自动换卷系统的动作过程可以由电动机、气缸或液压油缸、电动推杆等驱动，或是由几种动力相结合的方式驱动。一般以电动与气缸相结合的方式居多。

自动换卷系统是卷绕机的一个基本配置，但在实际生产中，有的运行速度较慢的生产线，不具备自动换卷功能，仍保留了人工换卷这种操作方式。

4. 计量检测装置

计量检测装置主要用于检测产品的长度，有的卷绕机还可以测量布卷的直径，为自动换卷绕杆系统提供换卷动作触发信号。常用的检测装置有滚轮式卷长计数器、接近开关、脉冲发生器、编码器、位移传感器、线性电位器等。

不同的卷绕机具体配置的检测装置是不一样的，但卷长测量是最基本的检测项目，是不可或缺的。

5. 安全设施

卷绕机是生产线工人最频繁接触的设备，也是一个安全事故隐患较多的岗位。目前，虽然国产卷绕机在安全防护措施方面的已有明显的进步，但与先进设备的差距还较大，而且有一定的普遍性。设备基本上没有像先进机型那样的系统性防护，使各种危险源与作业人员之间有硬件隔离,岗位人员仍可以在设备运行期间近距离靠近或接触运动部件。

目前,随着卷绕机的数字化、自动化、智能化水平的提高,卷绕机的很多日常操作都可以在控制系统的人机界面 HMI 上进行。因此,卷绕机的周边都设置了安全栅栏,将机器与人员彻底隔离,并有诸多的连锁保护功能,防止人员违章进入危险区域。除了在关键部位设置紧急停止按钮以外,还在一些开放性岗位设置急停拉索等。

因此,安全防护设施是卷绕机必须配置的硬件。

6. 控制系统

控制系统能对卷绕机的运行过程实施有效的控制,保障动作的准确性和协调性,包括电气控制系统、气动控制系统、液压控制系统等。由于卷绕机较为复杂,为了提高可靠性,控制系统已普遍采用 PLC 作为核心控制元件,并以触摸屏为人机界面,操作较为方便。

卷绕机一般都有一个独立的操作站(或控制台),可在其上完成卷绕机的全部运行管理工作。

二、卷绕机选配的系统

1. 分切系统

分切系统是指将全幅宽的非织造布沿纵向(即 MD 方向)分切开,成为幅宽较小的最终产品的机构(图 8-9)。分切系统并非卷绕机的基础配置系统,因此,有的卷绕机并不配置分切系统,而是根据运行速度及最小分切宽度等条件进行选配。

图 8-9　进行纵向分切加工的分切刀

分切系统包括以下两个基本功能。

(1)用于将产品最大幅宽两侧不符合要求的边料切除,这个功能称为切边,切边装置安装在卷绕机 CD 方向的两外侧,包括两套分切刀具,用于将两侧一定宽度的不良品切除,与合格区域的产品分离开。

切出的不良品既可以独立成卷,也可以在边料不能成卷的状态,利用气力输送装置将其移除,避免妨碍设备正常运行。利用气力输送装置还有另一个重要作用,就是利用气流产生的牵引力,使切出的边料始终处于张紧状态,既能使边料顺利切开,又能保持两端产品布卷外侧分切面的平整性。

(2)将全幅宽产品加工为幅宽更小产品的分切装置,实际上这两种装置的结构与功能都是一样的,仅是安装位置及分切的对象不同而已。

分切装置布置在非织造布全幅宽的合格品区域,刀具的数量与最终产品的宽度有关,但最小的宽度则受分切刀具的结构尺寸限制,一般在 70~100mm。由于受实际配置刀具的数量,对卷绕机横切断可靠性的影响等因素,宽度太小的产品是不宜直接在卷绕机上加工的。

当卷绕机配置了在线分切系统后,视所使用的分切方式,如采用刀片悬空分切时,可以在线调整分切刀的横向位置,也就是可以调整所分切产品的宽度;采用剪切式圆盘刀时,如果底刀不具备随上刀同步移动功能,则在运行期间是不能调节产品的分切宽度的。由于底刀同步移动机构造价很高,大部分国产分切系统都没有配置。

为了提高运行可靠性，特别是频繁更换卷绕杆时的横切断可靠性，对最高运行速度及产品的最大直径都会有限制，因此，卷绕分切机的最高运行速度会较慢，对生产线的生产能力影响较大。

目前不带在线分切系统的卷绕机，其最高运行速度为1400m/min，母卷的最大直径达3500mm，最大幅宽≥5800mm，生产效率很高；带分切系统的一般卷绕机，其最高运行速度在400m/min，而高端机型（如意大利亚赛利公司的NEXUS）的最高运行速度已达800m/min。分切后的子卷产品的最大直径1500mm，最大幅宽≥3600mm，相对于不带在线分切功能的机型，其生产效率较低。

并不是每一台卷绕机都配置分切机构，或同时配置这两种装置的。目前，大型、高速卷绕机趋向于“大直径、不分切、离线加工”的加工路线，这样的卷绕机就没有配置分切系统，也就不存在由于分切系统故障导致的生产线停机这种现象，生产线的可靠性、设备利用率也就获得较大提高。

分切机构由数量较多的分切刀具及相应的调整、定位机构、支承导轨等组成。由于不同的卷绕机所使用的分切方式不一样，其分切机构的形式、技术含量、设备购置价格也会有很大的差异。

2. 切边处理系统

卷绕机配置的切边处理系统，主要功能是移除卷绕分切机切除的废边料，使分切加工过程不受这些废边料的干扰，并使分切过程顺利进行。

卷绕分切机及分切机切除的废边料有两种处置方案，一种是即时送至回收螺杆挤出机进行回收处理、循环使用，另一种是送至预定的收集点，收集整理后处置。当生产线使用聚烯烃类聚合物原料时，这些废边料可以送至回收螺杆挤出机进行回收利用；如果纺丝系统使用聚酯类聚合物，加工过程中产生的不良品是无法进行回收的，只能是送至预定的收集点，收集后处置。

切边处置系统的吸入口通常都布置在切边刀外侧的下方，以便将切下的边料吸入并沿管道吹走。气力输送装置产生的牵引力，使切出的边料一直处于张紧状态，使边料更容易稳定分切，有利于提高切边过程的稳定性，还能将分切过程产生的粉尘吸走，对保证布卷两个分切端面的平整度、保持机台现场工作环境的清洁卫生有很大的作用。

切边处置系统普遍采用气力吸边及输送，主要包括高压风机，文丘里式负压发生器、吸入口、管道等。当风机启动后，只需将切出的边料送入吸入口，回收的边料就可以通过管道直接送至回收螺杆挤出机，或输送到指定场所进行收集。

3. 扩幅装置

扩幅装置是用来消除在卷绕张力作用下产品出现的横向收缩现象及皱褶，使布面在横向适度展开张紧，有利于准确控制幅宽和增加分切张力，保证分切断面的平整性和分切后的子卷能彻底互相分离开。

常用的扩幅装置有扩幅器、固定的弯辊（弓形辊）、表面带双向螺纹或螺旋槽的扩幅辊、弯曲弧度或弯曲方向均可调的展开辊（香蕉辊）等，在有的卷绕机上用到了橄榄型的扩幅辊，即中部直径较大，而两端直径较小的辊筒。

扩幅器一般装在卷绕机与上游设备之间的入口端，利用其产生的拉力将产品往外侧拉开，而其他扩幅装置则多装在分切装置与卷绕驱动辊之间，这样能有助于分切后的子卷之间互相分离。

4. 备用卷绕杆的预启动装置

在运行速度较快生产线，卷绕机必然会使用直径和转动惯量都较大的卷绕杆，在刚开始换卷时，不容易从静态加速到生产线当前速度，由于在这个加速过程中，与生产线也就是与非织造布的速度仍存在速度差，这就导致布卷芯部的产品出现皱褶，影响使用。

备用卷绕杆的预启动功能，可以在卷绕机即将进入自动换卷程序时，自动启动加速，使卷绕杆在备用位置就达到了当前速度，进入换卷位置后就与非织造布产品的速度同步了。

备用卷绕杆的预启动装置是高速生产（≥300m/min）要配置的机构，对于一些速度较慢的卷绕机，则没必要配置。

5. 吊装卷绕杆及产品布卷设备

随着卷绕机的大型化、高速化，继续沿用一些小型设备所用的人工放置备用卷绕杆及装卸产品的方法已经不现实，有的操作也已经无法在地面进行了。因此，每一台卷绕机都必须配套相应的专用起重设备，用于吊放备用卷绕杆，或兼作装卸产品布卷工作（图 8-10）。大型卷绕机配套的起重设备有较高的自动化水平，而且是专用于吊放卷绕杆的双钩吊车，可以自动移动、升降、对位及装夹、放置卷绕杆。其起重能力与产品的幅宽及卷绕杆自重（或直径）有关，最大负载会大于 2t。

由于大型生产线的布卷直径较大，而且还不是最终产品，还要转移到其他设备上加工，但卷绕杆专用吊车不具备这个能力，除了设置专用的滚道将产品输送或转移到下一工序（如离线分切机）加工外，一般还要另外配置大型的双梁吊车，用于吊装转移产品布卷（图 8-11）。

图 8-10　吊装卷绕杆的专用设备

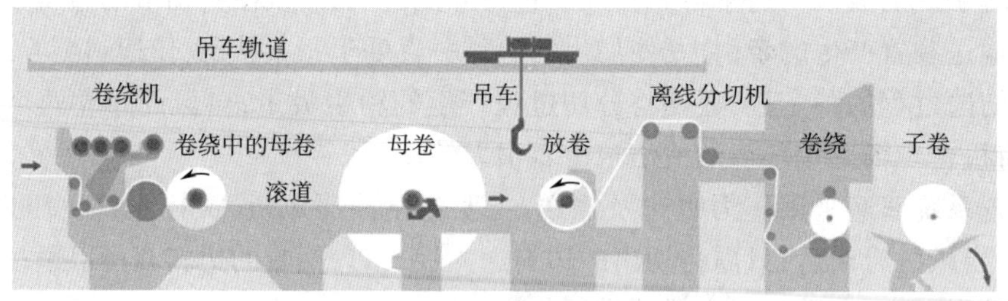

图 8-11　用滚道与吊车辅助产品的转移

目前，这种配置在生产车间使用的吊车，其额定负载可达 10t，可将产品布卷移送到吊车所覆盖的范围。

6. 拔卷绕杆设备

有的卷绕分切机会配置自动拔卷绕杆装置和自动套纸筒管装置等，如果没有分切功能，则无须配置拔卷绕杆设备。

7. 除尘装置

带有分切功能的卷绕机在进行分切加工时，会有一定的粉尘产生，这些粉尘既会污染环境、设备和产品，又会影响分切刀具运行。一些应用领域对非织造材料的“落絮”有严格限制，更显得配置除尘装置的必要性和重要性。如果卷绕机没有在线分切功能,就没有必要配置这些设备。

8. 产品转移系统

产品母卷从卷绕机“下线后”,要送到下一工序的其他设备加工,除了可以用吊车直接移送到其他设备外,有的产品母卷可能暂时还无须进行分切加工,就要移出主生产流程另行放置,这时就要将母卷吊放在一些A形小车上(图8-12),然后利用小车移送到其他位置,特别是吊车无法覆盖的地方存放。

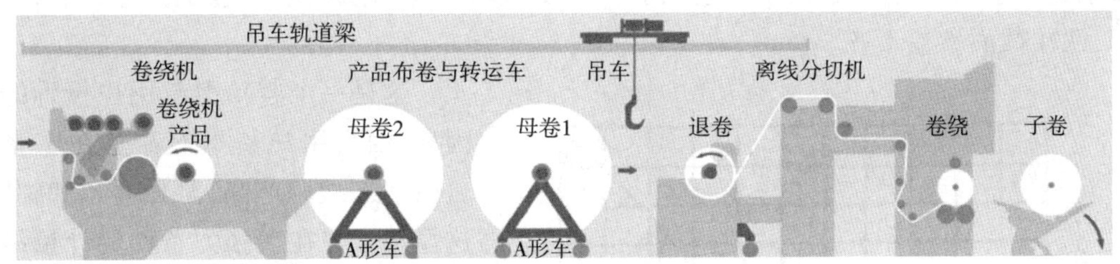

图8-12　用A形小车与吊车辅助产品的转移

根据卷绕机与分切机之间的具体布置方式,吊车除了可以沿MD方向运动外,有时还需要沿CD方向横移,以便将产品吊放到生产线旁边一侧放置。

第三节　卷绕机的主要功能

一、恒张力卷绕

由于卷绕过程是依靠摩擦力进行的,而摩擦力又与摩擦系数及压力有关。因此,恒张力卷绕就是要保持卷绕过程摩擦力的恒定。

为了有较大的摩擦系数,在双驱动辊或三辊卷绕机中,主驱动辊的工作表面常用高摩擦系数的材料(如橡胶)制造。为了使布卷能有足够的压力与驱动辊接触,各种卷绕机除了在卷绕杆两端有气缸施加稳定的压力外,有的机型还设置了专门的压紧装置,用压在布卷外圆上方的气动压辊另行向布卷加压,调整压缩空气压力的大小便能改变压辊的压力。压辊的压力可在最大值至接近浮动状态(相当于0压力或压辊升起)的范围内调节。

压辊的另一作用是限制布卷在刚开始进入卷绕状态时的径向跳动(主要是由于引布在幅宽方向分布不均匀,气胀轴充气过度,卷绕杆弯曲等原因引起),还可以限制卷绕杆的弯曲变形,消除产品在布卷的起始段可能出现的折皱,对改善产品质量有一定的好处。

随着布卷直径增加,自重会增大,驱动辊所受的压力也会增加,为了保证卷绕过程摩擦力的恒定,压紧装置要根据布卷直径测量机构提供的卷径参数,或预设的张力变化曲线,通过运算后调整(降低)气缸的气压,自动减少对布卷的压紧力,使布卷在直径增大的变化过程中,保持与最小直径时相一致的合成压力。即卷绕杆两端压力、布卷自重、压紧装置压力三种力的合力保持稳定,使卷绕过程能正常进行。

一般情形下,摩擦系数是稳定不变的,但在实际生产中,往往由于非织造布进行在线后处理时后,表面被覆盖上了一层油状的功能性处理液,特别在水分残留量较大时,会大大降低布卷与驱动辊之间的摩擦系数。此时若仍采用与未加处理液的相同定量产品的压力,在布卷与驱动辊之间,就很容易出现无规律的打滑现象,使实际的卷绕速度明显低于机器的线速度。

在这种情形下,不仅布卷的卷绕质量(紧密性、齐整性)受影响,而且卷长计量也会出现无法接受的大误差,严重时甚至还会造成自动换卷过程无法正常进行。

对于定量规格不相同的非织造布,其要求的卷绕张力是不一样的,张力的大小与产品定量值正相关(图 8-13),即定量大,张力也大。而张力的大小,除影响成品布的卷径大小外,还会对卷长及幅宽产生明显的影响。张力过大,会将非织造布拉长,增加卷长计量的误差,同时导致幅宽变窄,两端截面参差不齐。

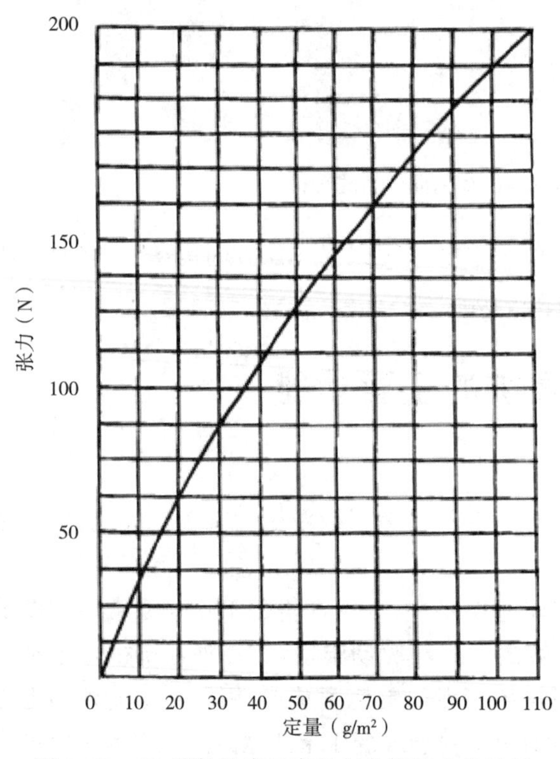

图 8-13　PP 纺粘法产品定量与卷绕张力的关系

这是一个容易引起用户投诉的潜在因素,因为用户基本上都是在零张力的自由状态检验产品、测量卷长和幅宽的,这显然会与在大张力条件的计量结果存在差异,而这个差异不仅可能超出产品技术标准的允许范围,在一些要求较严格的使用场合(如自动生产线),还可能会因布卷无法放置在机器上正常使用而被退货。

张力还与纺丝工艺有关。由于熔喷法非织造布的力学性能与纺粘法非织造布相比有很大的差异,其断裂强力和断裂伸长率都比纺粘法非织造布小很多,是一种低拉伸强力和低断裂伸长率的张力敏感材料;而同样是熔喷非织造布,在纺丝工艺参数不同时,也就是产品的应用领域不同时,其力学性能也会有差异。如生产过滤、阻隔型产品时,产品的卷绕张力就比生产吸收或隔音隔热型产品时的卷绕张力大。

当纺粘系统生产高强力产品时,卷绕张力就会比生产卫生制品的蓬松型材料大,而在生产蓬松型非织造材料时,就要刻意降低卷绕张力,可以减少对产品质量的影响。

因此,即使是同一定量,但用不同工艺生产的产品,其特性也有很大的差别,所能承受的卷绕张力也是不一样的,在实际操作中要给予充分注意。

正确设定产品的卷绕张力值是卷绕机运行过程中的一项重要工作,要根据产品的定量、特性来合理设定和调整张力。一般的原则是定量越大,所需的卷绕张力也越大。

在卷绕机中,一般都装有测量张力的装置,常用的张力测量装置有角位移传感器(浮动辊)、张力传感器等。前者仅用于速度较低的生产线,而后者可以直接感知和连续测量非织造布所受的张力,其输出的信号反馈回卷绕机驱动电动机的控制系统,通过改变卷绕速度或电动机的输出转矩来调节卷绕张力。卷线张力有全幅宽张力和单位幅宽张力两种表示方式。

在生产线中,卷绕机的运行速度除了接受以成网机为基准的速度指令控制外,还受张力反馈信号控制,使卷绕机既能与生产线的速度保持同步,又能以恒张力的模式运行。因此,卷绕机的运行速度并不是恒定不变的。

在一些性能较好的设备中,张力控制系统可以识别断布情况,即在运行过程中,如果张力突然消失,机器不是加速,而是自动减速停机。

在一些较为简易的生产线中使用的卷绕机,自身没有直接调节张力的功能,而是依靠在卷绕机上游独立布置的补偿机构(常称为张力架或储布架),来消除设备间的速度差异及控制卷绕张力。

储布架是一台有上、下两组辊筒的设备,每一组辊筒都有多只辊筒,其中一组是固定不动的,而另一组则是可以在一定行程内上下浮动。一般是上方辊筒固定、下方辊筒浮动(图 8-14),或上方辊筒浮动,下方辊筒固定这两种方案。但每一种方案都是利用两组辊筒间的中心距变化,改变储布架内的产品长度,从而控制产品所受的张力。

非织造布来回往复地穿绕在上下辊之间,可以储存相当长度的产品(最多有几十米)。当卷绕机的速度出现变化时,特别是在卷绕机进入换卷绕杆程序后,下辊便上下升降浮动,将布放出,或将布储存起来,保持张力的稳定性。

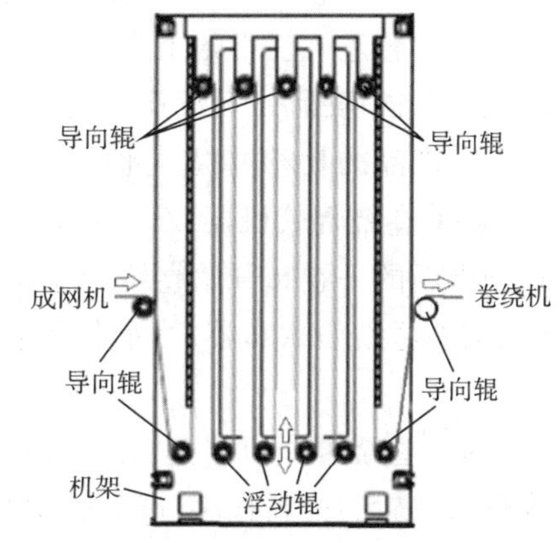

图 8-14 储布架及补偿机构

由于储布架有很多辊筒,而这些辊筒都是由非织造布拖动的,这样就会增加产品所受的附加张力,对于薄型产品,或断裂强力较低的产品是很不利的。在生产薄型产品时,运行速度会较快,储布架的缓冲功能不足,因此,仅用于一些运行速度较慢、产品定量规格较大、断裂强力较大的生产线。

补偿机构的辊筒数量较少,可通过改变补偿机构上的砝码重量来调节张力,或利用检测补偿机构重力调节辊的位置信号,再利用这个信号调节卷绕速度,就能有效地调整非织造布的张力。

当检测到浮动辊处于上方时,表示卷绕机的速度偏快,要降速;当检测到浮动辊处于下方时,表示卷绕机的速度偏慢,要加速。显然,这种结构在低速运行时可以有效调节张力,但在速度较快的运行状态下,由于浮动辊的惯性和产品具有的拉伸弹性,导致这个系统无法快速反映张力的变化,更无法反映瞬时张力波动。因此,很少在高速生产线使用。

张力控制系统的技术水平对卷绕机的技术性能有重大影响,这也是在卷绕机的设计、制造和使用过程中需要关注的问题。在一些高性能卷绕机中,具有张力控制模式选择功能,可以根据生产要求选择“恒张力”“线性张力”(或“锥度张力”)、“分段张力”(或“阶梯张力”)等控制模式。常用 3200mm 幅宽卷绕设备的张力为 100~1000N。

这样可根据产品的特点来选择张力控制模式,改善了张力对产品质量的负面影响,提高了成卷过程的质量,避免布卷发生挤压变形、密度变化,芯部产品出现皱褶,产品触感变差等问题出现。当然,这应与机器的应用领域、产品特性、设备档次、性价比等因素紧密相关。

对特定用途的产品,专用型卷绕机的性能可比通用型设备更实用、更专业些。这样机器也会更简单、更可靠、更容易使用。

二、卷绕机的自动换卷功能

由于卷绕机是配置在生产线中的一台连续运转设备,当产品到达预定的设定值(卷长或卷径)时,就需要将产品从机器上卸下,并换上备用的卷绕芯轴继续收卷产品。这应该是一个不停机、自动进行的过程,也就是自动换卷过程。

卷绕机的自动换卷过程是生产线所有设备中动作最多,关系最复杂的一个过程,一般是由电动机、气缸装置来执行,有的机器还使用了液压油缸和电动推杆等装置。

不同机型的自动换卷过程是有很大的差异的,动作的程序、运动方式、所需的时间、动作的可靠性也是不同的。

卷绕机自动换卷所需进行的基本动作一般包括:备用的卷绕杆进入待用位置→卷绕杆启动加速→备用卷绕杆进入换卷位置并将布压紧→横切刀动作,将布切断后复位→后续产品由新换上的卷绕杆收卷→已收卷好的产品布卷离开工作位置,让出后续布卷的运行空间→后续布卷从换卷位置进入正常的工作位置→卷绕杆夹持机构复位→产品下线。

非织造布被切断后,后续产品的首端会被已缠绕在备用卷绕杆上的黏胶带粘到卷绕杆上,开始新一卷产品的收卷过程。此后这卷产品的位置会因卷绕机的结构差异而有不同。

(1)对单卷绕辊式机器,新的布卷会随着旧布卷的离开而取而代之,进入正常工作位置,一直运行到更新的一卷布开始卷绕时才离开。

(2)对双卷绕辊式机器,当前位置就是正常工作位置,直到开始执行新一轮的换卷程序时才离开。

(3)对三卷绕辊式机器,会在当前位置收卷至设定的直径后,才转移到正常工作位置,直到开始执行新一轮的换卷程序,产品被切断后时才离开。

不同机型所要进行的动作步骤会有差异,但其中将产品横向(CD 方向)切断的动作是必不可少的。

传统的产品横向(CD 方向)切断动作有横向飞刀式、齿形刀垂直插断(一般为由下向上)式、齿形刀回转插断式、多回转刀切断(由上向下)式等。不同的切断方式有不同的速度适用范围,其可靠性和安全性,所形成的切口形状、废品数量也是不一样的。

随着生产线运行速度的提高,对横向切断装置的要求也越来越高,因为任何一次的横向切断动作失败,都会导致生产线全线停机,造成重大的经济损失。

目前,在速度高于 300m/min 的卷绕机中,传统使用的飞刀式的可靠性变差,故障概率高,经常无法可靠完成规定动作,产品仅依靠张力强行扯断,产生较多不良品。因此,运行速度较高的机器,目前普遍使用锯齿形刀来执行横切断动作(图 8-15),当接到执行横切断指令后,锯齿形刀将在与产品垂直的方向高速插向产品,锋利的刀齿可在瞬间在全幅宽范围同时将非织造布切断。

一般机型的自动换卷动作多由气缸驱动和控制,由于在短时间内要消耗大量的压缩空气,为了减少对压缩空气系统的影响,卷绕机自身经常会配置一个储气罐,可以在瞬间、短距离范围内提供较多的压缩空气,保证换卷动作的正常进行,还能减少因系统的压力波动对其他设备形成干扰。

为了适应高速生产线的要求，国外已开发了高压水流喷射横向切断系统，可以实现对换卷状态的准确控制。与此相反，在一些速度很低的生产线中，配置的卷绕机技术含量较低，甚至仍然有用人工持刀将产品切断的机器，虽然省去了复杂的自动换卷机构，降低了设备成本，但安全性较差。

图 8-15　执行横切断动作的锯齿形刀

在卷绕机的换卷阶段进行人工作业，其安全风险很高。因此，一些高端机型会配置不同的安全防护措施，防止任何人员在这个时候接近机器，否则将导致防护设备动作，生产线全线紧急停机。

三、运行速度与卷绕机配置的相关性

随着运行速度的提高，除了上述的横切断方式与刀具的变化外，卷绕机也有相应的配置变化。

1. 备用卷绕杆的预加速装置

当卷绕机进入自动换卷程序后，备用卷绕杆即将替代正在运行使用的卷绕杆，这时的备用卷绕杆是处于静止状态的，而要加速到生产线的当前速度是需要滞后一定时间的，卷绕杆的惯性越大，滞后的时间越长，并呈阻碍产品前进的状态，导致布卷芯部的产品出现严重的皱褶而无法使用。

卷绕杆的预加速装置的功能：主要是使备用卷绕杆在卷绕机开始进入自动换卷程序时，就马上启动，并加速直至与设备当前速度一样的状态。由于备用卷绕杆是在没有速度差的状态进入工作位置，布卷芯部的产品就不会出现皱褶，提高了合格品率。

卷绕杆的预加速装置一般都是用变频调速电动机驱动，其转速能保证卷绕杆的表面线速度与卷绕机的当前速度相一致。驱动电动机的功率与卷绕杆直径、产品幅宽、卷绕速度有关，一般为 1.1~4.0kW。

2. 产品布卷的减速机构

在执行完自动换卷程序后，产品布卷的表面线速度是与生产线当前运行速度一样的。随着运行速度越来越快，布卷的直径越来越大，产品布卷的转动惯性很大，如果没有外力作用，将在自由减速状态下继续旋转很长时间才能停止下来，无法及时将布卷卸下，影响生产过程的稳定连续进行。

为了减少等待布卷自由减速的时间，高速卷绕机要配置布卷减速装置，其主要措施有两个：一是在卷绕杆的两端配置一个专供布卷制动的制动轮(图 8-16)；二是在卷绕杆的下游方向设置一个气动制动装置，两者配合使用。

当布卷的卷绕杆沿着导轨向外侧移动至特定位置后，气动制动装置升起并将制动轮抱紧，使布卷进入制动状态。通过调节气缸的压缩空气压力，便能控制制动时间的长短，当布卷处于静止状态后，并可以移送至下一工序。

图 8-16　产品布卷的气动制动装置

3. 产品起重运输设备

高速卷绕机的布卷直径一般都较大,加上生产线一般采取大直径卷绕、离线分切的加工路线,因此,产品布卷的直径一般都在 2000mm 以上,甚至可达到 4000mm。以 3200mm 幅宽的 SMS 产品为例,布卷加上卷绕杆的最大质量可达 8000kg。因此,车间内一般要配置一台额定负荷为 10t 的梁式吊车,以便把产品移离卷绕机。

4. 布卷存储设备

大直径的产品从生产线下线后,由于还没有切边,还要进行切边加工后才能出厂。但大直径的产品一般无法马上进行分切加工,这时会有两种处置方法,其一是利用卷绕机与分切机之间的滚道存放;其二是将产品吊出,放置在专用的 A 型储布架上。

但不管采用那一种方法存放,都必须保持布卷一直处于转动状态,避免由于长时间的静止,导致布卷在重力作用下发生挠曲、偏心变形,无法在下一工序进行加工。

布卷转动的线速度控制在≤5m/min 范围,一般都是采用摩擦传动,既可以驱动布卷表面,也可以直接驱动卷绕轴。当卷绕杆直径较小时,也可以通过卷绕杆上的小齿轮驱动布卷转动。

第四节　卷绕过程对产品质量的影响

产品在卷绕过程中,由于张力的作用使质量发生变化,其主要表现是幅宽变窄、产品出现严重的缩幅。因此,在一些具有在线分切功能的卷绕机分切产品时,分切刀间的设定距离要比最终产品的幅宽大,而这个修正量又与产品的定量大小、卷绕张力的高低有关。在刀具已定好位置的情况下,如果较大幅度调节张力,就有可能使分切出产品的实际幅宽出现市场不能接受的偏差。同样原因,当改变所生产的产品定量时,如果未能及时调整张力,就有可能发生张力太大将布拉断,或出现布卷松弛、幅宽变大的现象,还有可能使产品的实际卷长与设定值出现较大的差异。

卷绕张力还会影响产品的力学性能,卷绕张力可以抵消产品的一些松弛现象,可以明显降低产品的断裂伸长率,每多一次卷绕过程,这些影响都会积累叠加,这些都是卷绕过程对各种产品的共性影响。

一、卷绕机对产品的一般影响

配置在生产线主流程中的卷绕机,其运行指令是由两个部分组成,其主要速度指令是以生产线成网机的速度为基准,这是一个很稳定的信号。另一个部分则是由自身张力控制系统的反馈信号自动控制的，这是一个随机变动的信号。卷绕机的运行速度除了接受以成网机为基准的速度指令控制，并与其保持联动同步运行外，还会根据运行过程中产品的张力系统进行自动调整。因此，卷绕机的速度一直是处于自动运行的波动状态。

由于卷绕机的设计运行速度一般为成网机速度的110%左右，因此，非织造布材料一直都处于张紧状态，如果这个张紧力不稳定，将会导致产品的定量规格发生额外的波动，增加了产品定量规格离散性。如果成网机与卷绕机之间没有这个联动控制关系，必然会影响产品定量的均匀性。

卷绕机的张力控制系统，会自动保持卷绕机与成网机之间的非织造布产品的张力，还会对瞬时出现的张力变化，如自动更换卷绕杆时出现的张力突变做出应对，既能保证自动换卷系统有适当的张力进行切断，又可以避免产品因为张力剧烈变化而被拉断，导致生产线停机处理，产生大量废品。

如果卷绕机的张力控制系统无法对出现的张力波动快速反应，甚至没有自动张力控制功能，卷绕机的运行只能通过频繁的人为干预来适应工况的变化，既增加了岗位人员的工作压力，也增加了产品质量的不确定性。

如果卷绕机带有在线分切功能，虽然可以节省离线分切工序，但目前绝大多数应用剪切式圆盘刀的设备，都不具备在线调整分切宽度的功能，而且在分切数量较多的状态下，很容易影响横切断的成功率，会增加不良品的数量。

二、卷绕过程对蓬松型非织造布的影响

在熔体纺丝成网非织造布的总产量中，有近一半的产量是用作卫生、医疗制品材料。用作卫生、护理制品材料的主要特点是有较好的触感、爽滑、柔软、蓬松；而用作医疗防护制品的材料，其核心指标是阻隔性能，具体指标是材料的抗液体渗透性，即“静水压”，这些性能都与材料的结构有关。

由于在生产卫生、护理制品材料时，添加爽滑剂、弹性体等改性添加剂，降低了材料的表面摩擦系数，在卷绕这一类产品时，层与层间材料的摩擦力减少，容易产生滑移。

如果在生产线运行期间较大幅度地调整卷绕张力，产品的分切断面就会出现参差不齐的现象；在产品进行在线后处理后，如果非织造布的水分还没有完全干燥，会在卷绕过程发生无规则的打滑现象，导致张力处于不断变化的状态，这时不仅分切断面不平整，而且会导致卷长计量失准，卷长也可能存在较大的误差。

随着双组分技术的推广应用，蓬松型产品对卷绕张力很敏感，传统的卷绕设备会严重影响产品的蓬松性。如果卷绕张力偏大，导致产品的密度增加、厚度变小、触感变差，将使产品失去蓬松性这个特色。因此，生产这一类蓬松型产品时，就要使用低张力卷绕工艺。专用的低张力卷绕运行速度慢，此外还要减少蓬松纤网在经过各种设备时的阻力，减少纤网在传送过程中所形成的附加张力，使产品能在较小的张力作用下正常卷绕。这就要求从成网机至卷绕机这一个环节，所有传动件都要处于一个低转动惯量及低阻力状态，避免产品承受额外的附加张力，而且要求机台间应该保持较小的速度差，也就是要求卷绕机的张力控制系统有更高的控制精度和稳定性，更灵敏的反应能力。

张力会明显影响SMS型产品的阻隔性能（静水压），由于SMS产品中含有断裂伸长率较小

的熔喷层,张力偏大会影响产品的微观结构,甚至使产品的熔喷层发生肉眼难以发现的微断裂现象,导致产品的阻隔性能降低。

由于生产医疗、卫生材料时,产品可能要进行后整理,而整理剂的化学性能并不是中性的,对金属材料有一定的腐蚀性。因此,卷绕机中与产品接触的金属辊筒要有防锈蚀性能,如用普通的金属材料制造时,则要经过表面处理。橡胶辊的表面材料要能耐酸碱腐蚀,硬度适当,耐磨,避免污染产品。

三、卷绕过程对熔喷法非织造布的影响

由于熔喷布的断裂强力和断裂伸长率这两项指标都比纺粘布小很多(仅为纺粘布的20%~30%)。因此,在卷绕过程中,要求能较为准确地控制卷绕张力,保持与成网机同步运转,避免产品出现可见的断裂,或不容易察觉的微断裂现象,影响产品的质量。

如果熔喷生产线在开机前没有铺放底布,则在开始生产的时候,要用人工将附着在成网机网带上的熔喷布剥落下来,纺丝系统一边运行,一边将剥下来的熔喷布按规定的路径牵引,并在卷绕机中穿绕,最后将布的首端缠绕在卷绕杆上,才启动卷绕机运转。

因此,在留有足够操作位置的前提下,熔喷法非织造布生产线的卷绕机与成网机之间的距离不宜太大,这样能最大限度地减少熔喷布在传输过程中受静电及室内气流的干扰。穿绕路径也要尽量简单,以减少附加张力对熔喷布质量的影响。图8-17是配置在熔喷生产线使用的卷绕分切机。

图8-17 熔喷生产线使用的卷绕分切机

同样的原因,单独的熔喷生产线的运行速度也不能太高。若产品的定量太小,除了由于静电及抽吸气流的影响纤网难与网带分离外,还容易受环境气流的干扰而发生飘动,出现折皱,也容易被波动过大的卷绕张力拉断。

空气过滤是熔喷法非织造材料的一个重要应用领域,而空气过滤材料的主要技术指标是过滤效率和过滤阻力,而卷绕张力对这两个指标的影响很明显,熔喷材料在卷绕成卷前,太大的张力会破坏产品的结构,过滤效率损失很大。

在成卷以后的卷绕过程中,处于布卷芯部的产品受到的由卷绕张力形成的"抱紧压力"越来越大,除了布卷可能在芯部出现"菊花形"的变形外,由于芯部产品的被压缩、密度增加,过滤效率上升,而过滤阻力也增大。

一旦发生这个情况,这个布卷不同位置的产品,其质量就出现较大的差异,很容易会影响下

游制品的生产,造成经济损失。由于SMS型复合非织造布中含有熔喷层纤网,因此,在卷绕过程中产生的这种影响,同样也会从其核心质量指标——静水压的变化体现出来,靠近布卷芯部的产品由于被压缩,密度增加,其静水压就要比布卷外层产品更高一些,而透气性则要低一些。

当最终产品的幅宽比系统的名义幅宽窄时,要尽量利用机器配套的纵向分切装置进行在线分切,这样可以减少反复卷绕对产品质量的负面影响,不仅可以提高劳动效率和材料利用率,对保持产品的卫生清洁也有很大的好处。

第五节 卷绕机的类型和特点

按卷绕机所配置驱动辊筒的数量来分,有单驱动辊式卷绕机、双驱动辊式卷绕机、三驱动辊式卷绕机三种。

一、单驱动辊式卷绕机

机型不同,布卷的工作位置与驱动辊的相对位置也不一样。对单驱动辊式卷绕机(几乎所有的国产机型,大部分意大利机型都是这个形式),刚开始自动换卷期间,产品布卷一般在驱动辊的垂直正上方,而在正常工作期间,布卷则处于驱动辊水平方向的外侧位置,由驱动辊带动收卷产品(图8-18)。

这种机型的驱动辊直径一般都较大(≥450mm,产品的幅宽越大,驱动辊的直径也会越大),是目前大型卷绕机的主流结构形式。

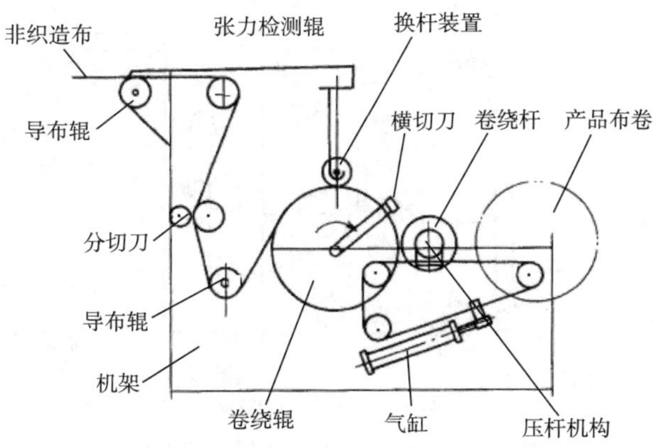

图8-18 单驱动辊式卷绕机示意图

由于单驱动辊式卷绕机的产品布卷是在驱动辊的水平方向的一侧位置收卷的,布卷的重量全部由机架的导轨支撑。在卷绕过程中,产品的重量变化对张力的影响较小,也不会造成驱动辊轴线的挠曲变形(图8-19)。

因此,这种机型的幅宽可较大,如意大利Acelli公司(亚赛利)已有切边后产品有效幅宽为6800mm的卷绕机,机械速度为800m/min,产品布卷的最大直径为3500mm。对3.2m幅宽的机型,母卷的重量可达6000~7000kg。

为了防止在布卷重量较大的情形下,卷绕杆出现过大的挠曲,有的卷绕机设置了布卷支撑

图 8-19　单驱动辊式卷绕机

机构，在布卷的直径增大到设定值时，支撑机构会自动升起，承托布卷的部分重量，避免卷绕杆发生过大的变形而影响卷绕质量。布卷支撑机构应能根据卷径的变化（越来越大），自动调整支撑距离，并使支撑力保持在设定值范围，以免将布卷顶离工作位置。这种机型，产品的最小卷径主要受卷绕杆换卷机构的限制，在没有完全脱离机构的约束前，产品是无法下卷的。

二、双驱动辊式卷绕机

在 20 世纪 90 年代从德国引进的纺粘法生产线上，所配套的卷绕机都是双驱动辊式卷绕机，布卷轴中心处于两个驱动辊轴线连线的垂直平分线正上方位置，布卷同时被两个驱动辊驱动（图 8-20），而两只驱动辊是由独立的直流电动机传动。

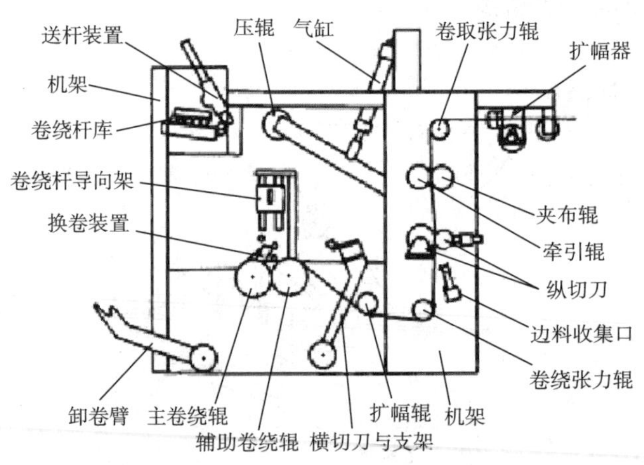

图 8-20　双驱动辊式卷绕机示意图

两只驱动辊的轴线可以布置在同一水平面（图 8-21），这时两只驱动辊不仅要驱动布卷旋转，还要承受产品布卷的重量。

为了保持足够的驱动摩擦力，除了通过卷绕杆定位装置施加压力，使布卷始终压紧在驱动辊表面外，还要设置专用的压辊，使布卷压紧在两只驱动辊表面。

主动辊表面为包覆耐磨、耐酸碱腐蚀的橡胶层，具有较大的摩擦系数，驱动功率较大；而辅助辊为光面辊，非织造布可以相对辊面滑动，驱动功率较小；而压辊都是被动的光面钢辊，但压辊的压力会随着布卷直径的增大而自动减少，使布卷与驱动辊之间的合成压力保持恒定。

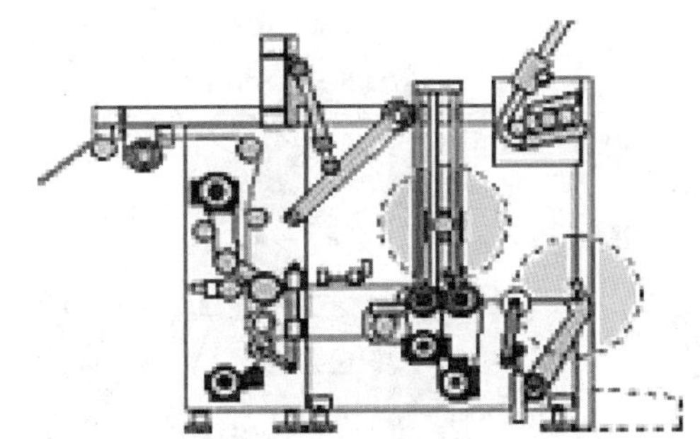

图 8-21　莱芬 I 型生产线中配套的改进型双驱动辊式卷绕机

这种机型的驱动辊直径一般都较小(250~350mm),在重力作用下容易发生挠曲变形,不能承受太大的重量;而且在布卷直径较大的情况下,中心较高,稳定性变差,容易与相邻的机构发生干涉。因而产品布卷的最大直径在 1200~1500mm,3.2m 幅宽机型的 PP 布卷的重量(未切边)在 1200~1500kg。

在这种机型中,两只辊的运行线速度常有两种设计方案,一种是两只辊的线速度都按固定的关系运转,另一种是辅助辊的速度相对主驱动辊可调,两者间的速度可相对变化,一般为辅助辊的速度较慢。

当两只辊的线速度可相对变化时,利用这种线速度差,可以在两辊间的产品上产生一定的卷绕张力,利用这个张力既可控制布卷的卷绕密实度,从而控制产品布卷直径的大小,还能使已经分切出来的窄幅产品在 CD 方向产生一定量的收缩,即产生缩幅,从而互相分离开。

无论布卷处在哪个位置,布卷的外圆表面与驱动辊的外圆表面都是以相切的状态接触的。在卷取非织造布的过程中,卷绕速度的快慢取决于主动接触辊外圆周的线速度。

成品布卷的密实程度则与加在卷绕杆上的压力及卷绕张力有关。对双驱动辊式卷绕机,则还与两辊筒间的线速度差相关。在这种机器中,卷绕张力与卷取张力是不同的。卷绕张力是指卷绕机内部的布的张力,而卷取张力则主要由卷绕机的卷取速度与热轧机(或热轧机的冷却辊)速度的差异所形成的张力。

在进入换卷状态时,双驱动辊式卷绕机的两只卷绕辊筒及其他机构,要按程序进行一系列复杂的动作,要耗用一分多钟的时间,因此,限制了产品的最小卷径(或卷长)不能短于在当前运行速度下产品的长度。

对于幅宽>2400mm 的双驱动辊式卷绕机,设置有防止布卷重量较大导致卷绕杆出现过大挠曲变形的布卷支撑机构,在布卷的直径增大到设定值时,液压的支撑机构会自动升起,承托布卷的部分重量,并能自动调整支撑距离以免将布卷顶起。

两支驱动辊还可以布置在不同的水平面上,处于下方的驱动辊还兼作支撑辊,分担布卷的部分重量。按这种方式布置的两支驱动辊,会对产品布卷形成一定的夹持力并使产品布卷定位,无须另行配置压辊并将布卷压在两支驱动辊表面。其中上方主驱动辊的位置是固定不动的,而下方的驱动辊随布卷直径的增大,会随着卷绕杆向外侧摆动和向下运动,两只驱动辊均带独立的同步驱动装置,驱动布卷旋转(图 8-22)。

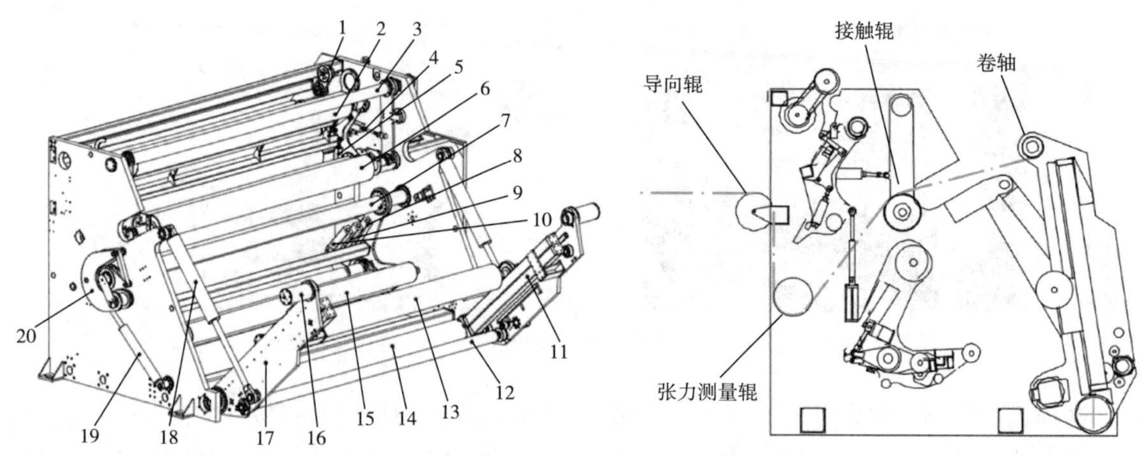

图 8-22　德国艾德曼(Edlemann)公司双驱动辊卷绕机示意图

图 8-22 中卷绕机的各种零部件名称见表 8-1。

表 8-1　德国艾德曼公司双驱动辊卷绕机各零部件名称

编号	名称	编号	名称
1	卷绕杆加速装置	11	支承辊线性导轨与气缸
2	卷绕杆输送装置	12	直线导轨同步轴
3	Rider unit	13	支承辊
4	气缸 for rider unit	14	卷绕臂同步轴
5	卷绕杆锁紧气缸	15	换卷导向辊
6	主接触辊	16	卷绕杆定位用电动推杆
7	压辊回转轴	17	卷绕臂
8	横切刀驱动气缸	18	卷绕臂液压油缸
9	进给臂驱动气缸	19	换卷装置回转驱动油缸
10	压辊驱动气缸	20	换卷装置驱动臂

德国艾德曼公司双驱动辊卷绕机主要技术性能:适用加工材料 PP 纺粘法非织造布;产品定量范围 10~70g/m^2;设备宽度 4600mm;上驱动辊工作面宽度 3800mm;产品布卷最大直径 3200mm;卷绕杆外径 318.5mm;最高运行速度 800m/min;卷绕张力 100~1000N(全幅宽);电源为 50Hz,三相 400V,TN-S 系统,装机容量 60kW,平均功率 40kW;压缩空气为 6.5×10^{5}Pa 无油压缩空气,500L/h;液压系统(大泵)压力 12MPa,(小泵)压力 13MPa;工作环境温度 5~35℃;设备重量 20000kg。

这种卷绕机的卷绕杆同样具有产品布卷的定位功能,并可以随着布卷直径的变化而浮动,而随着运行状态的不同,产品布卷部分或全部的重量由卷绕杆两端的定位装置承受。

以德国艾德曼公司的卷绕机较有代表性,主要配套在引进的德国非织造布生产线使用,在国内有一定的应用。由于机器的结构、动作过程复杂,配套设备也较多,价格也较高,目前已较少应用。

三、三驱动辊式卷绕机

目前，在国内非织造布企业使用的三驱动辊式卷绕机很少，其技术原型较为接近 21 世纪初从美国帕金森（Parkinson）公司引进的产品（图 8-23）。

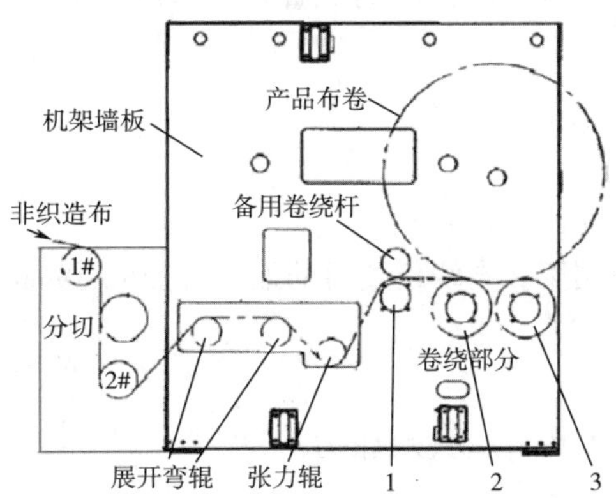

图 8-23　帕金森公司两种三驱动辊式卷绕机示意图

三驱动辊式卷绕机的三只辊筒分为两个功能，最上游位置的一只辊筒是换卷辊筒（常称为第 1 位置辊筒），在这个位置，备用卷绕杆进入工作状态前，会自动加速至工作线速度，新形成的布卷仅在这个位置收卷到直径为 300mm 左右，便开始转移到第 2 个工作位置；下游的两只辊筒（分别称为第 2 位置，第 3 位置辊筒）之间是正常的卷绕位置，在这个位置，布卷将一直工作到换卷（图 8-24）。

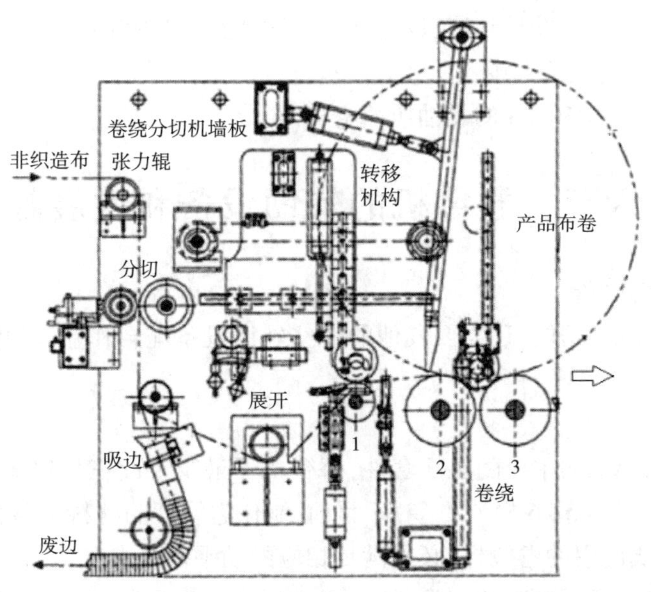

图 8-24　美国 Parkinson 型（三驱动辊式）卷绕机

要将布卷从第一位置移动到第 2 位置与第 3 位置之间，需要一个复杂的转移机构（专利技术），布卷的直径必须大于两辊之间的空隙，而且不能掉进两辊之间的空隙，或陷入两辊之间（图 8-24）。因此，产品的最小卷径（或相对应的卷长）必须远大于 300mm，否则无法转移到下一个程序。

说明:图 8-24 左侧的三只辊筒中,最右侧的一只为换卷时才运行的辅助辊,左侧的两只是正常工作的卷绕辊,中部的两只为可调展开弯辊。

国内有这种类型的仿制设备,主要用于与水刺法生产线配套,而配置在熔体纺丝成网生产线上很少,其主要技术性能如下:

产品最大幅宽 3500mm(切边前),3200mm(切边后);

产品定量范围 10~150g/m^2;

运行速度 40~400m/min;

布卷的最大直径 1200mm,从第 1 卷绕位置过渡到第 2 卷绕位置时的最小直径>300mm;

布卷最大重量 1500kg;

张力调节范围 25~250N/m;

可选的张力控制模式有恒张力、锥度(比例)张力、阶梯(分段)张力;

驱动辊直径 202mm(第 1 位置),323mm(工作位置);

驱动辊工作面宽度 3658mm(辊面经等离子喷涂处理);

驱动辊驱动电动机总功率 18.5kW;

卷绕杆直径 76mm(3 英寸)气胀轴;

卷绕杆预加速装置功率 0.37kW;

分切刀形式及数量为 10 套剪切式圆盘刀;

下分切刀直径及驱动功率为 254mm,2.2kW;

横切断方式为锯齿刀插断;

横切断触发模式有设定卷长到达、设定卷径到达、随机切断指令;

电源为三相 380V 的交流电源;

压缩空气为压力 5.5×10^5Pa 的无油压缩空气。

第六节　卷绕机的辅助设备和发展趋势

一、卷绕机的辅助设备

一台卷绕机要实现其功能,还需要其他的一些辅助设备配合作业,其中包括以下一些必配或选配的设备。

(一)卷绕杆

卷绕杆是卷绕机必配的主要随机配套件,每台机器最少要配三根以上,卷绕机的运行速度越高,配套数量越多(可达 5~6 根或更多)。目前,制作卷绕杆的材料主要有碳纤维、铝合金、碳钢,对于在高速生产线使用的卷绕杆,必须满足相应的动平衡要求等。

当卷绕杆有可能与经后处理的产品,如经亲水处理的卫生制品材料,或经过抗静电、拒油、拒水处理的医疗制品材料接触时,制造卷绕杆的材料就要具备拒油、防腐蚀、防锈蚀性能,避免对产品发生污染。

卷绕杆所选用的材料除了根据设计要求而定外,还直接关系到工人的劳动强度。如一根在 3200mm 生产线上使用的直径为 76mm(3 英寸)的卷绕杆,用碳纤维和铝合金材料制造时，质量约为 15kg；而用碳钢制造时，质量可达 90kg。当卷绕杆的直径和长度都较大时，重量已不适宜用人力搬运，而有的卷绕杆库可能是人员不能到达的位置，因此要配置专用的起重、搬运设备。

在实际应用过程中，产品有时要卷绕在纸筒管上，这时就要使用气胀式自动张紧卷绕杆，通过充入压缩空气，可以将纸筒管快速定位、张紧。当产品从卷绕机上下线后，只需将卷绕杆内的气囊压力泄放，在卷绕杆与纸筒管分离后抽出，便可以继续循环使用。而布卷既可作为最终产品出厂，也可以继续在企业内部流转加工。

气胀式卷绕杆的结构较复杂，因杆内要布置气胀零件，壁厚较小，机械强度和刚性也较低，在运行中容易发生挠曲、变形和震动；而抽出卷绕杆的产品布卷，特别是直径较大的布卷很容易在存放期间发生变形，影响后续加工和使用。

图 8-25 中上方为一条基本型的气胀轴，而轴头会有各种结构，以满足配套设备的适配性要求，或吊装要求，但轴头的外径不得大于气胀轴的外径。轴头一般是气胀轴的定位基准，并支承自身和产品的重量。因此，要同时承受径向力和轴向力，结构较复杂。

图 8-25 中下方为一根在德国艾德曼卷绕分切系统使用的光面卷绕杆结构和尺寸图，卷绕杆工作位置的直径为 318.3mm，在 3200mm 幅宽的生产线使用时，可以在 800～1500m/min 的速度下，生产收卷宽度为 3600mm 的未切边毛坯布，布卷直径为 3200mm，最大负载能力可达 8000kg。

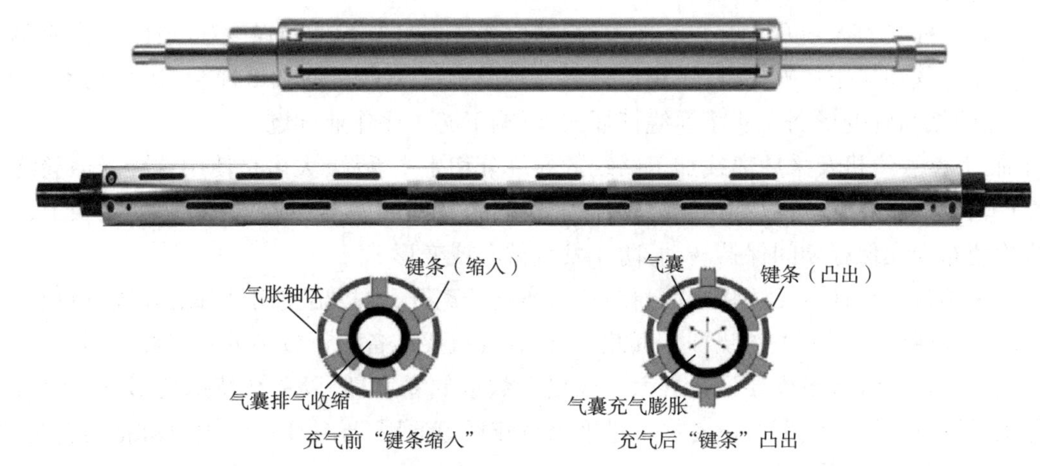

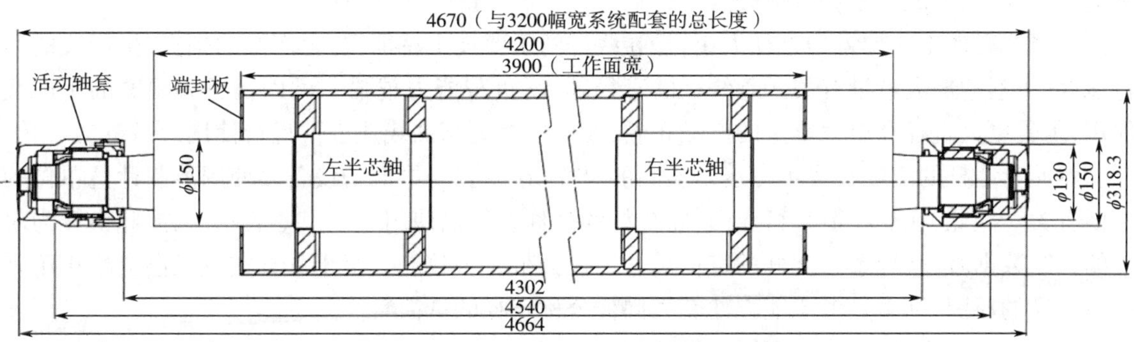

图 8-25　气胀式卷绕杆（上）及大型光面卷绕杆（下）（单位：mm）

图 8-26　带制动轮的光面卷绕杆

在运行期间，芯轴也就是气胀轴是转动的，而轴头通常是静止不动的，但也有机型的轴头是跟着芯轴转动的。有的卷绕杆的轴头可能还有安装在芯轴上的齿轮，用于控制放卷张力或传递扭矩，有的卷绕杆的端部还安装有制动轮（图 8-26），使完成换卷后仍在高速转动的布卷能快速停下来。

使用这种气胀式卷绕杆操作简便，较少数量即可满足生产线运行需求。但因为布卷与卷绕杆之间被绝缘的纸筒管分隔开，运行时间产生的静电难以通过金属的卷绕杆溢散，会有较高的静电电位，当操作者接近时，由于电位差很高，容易通过人体发生放电而被电击。

在使用纸筒管时，还可以使用卡环和螺纹套，快速用螺纹将纸筒管顶紧。这种卷绕杆常用于速度较慢的机型。这类型卷绕杆是有方向性的，如果在安装和使用过程中方向反了，螺纹紧固装置有可能在运行期间发生松脱而无法使用。

有的卷绕机会配套一些光面卷绕杆，在卷绕机上使用时不用再套纸筒管，当产品还需要在企业内部流转加工时，就可以使用光面卷绕杆，直接将非织造布卷绕在杆上。在产品下线后，将产品和卷绕杆一起送到下一个工序进行加工，而不用像使用气胀卷绕杆那样要将其拔出，到了下工序再将另一支卷绕杆插进去。

这种卷绕杆表面无须开孔安装其他配件，结构连续而且有较大的强度和刚性，操作简单，无须消耗压缩空气和使用特殊工具；不用反复装、拔卷绕轴，不存在消耗纸筒管、运行成本高等问题，也不会因纸筒管变形而无法将卷绕杆插入，影响下游工序作业问题。

目前，大型卷绕机及采用离线加工路线的卷绕分切生产系统，大多是使用这种光面卷绕杆。对于直径较大的布卷，还可以利用卷绕轴作为支撑件，用吊机运送，或放在特制的支架上，通过回转机构使布卷在保存期间保持转动，防止发生偏心或变形。

由于无须将卷绕杆也无法将光面卷绕杆与布卷分离开，并拔出使用，因此，卷绕机每有一个母卷产品下线就要占用一条卷绕杆。因此，一台卷绕机要准备数量较多的卷绕杆。

一般每一台卷绕机最少要配置五六支或更多数量的卷绕杆，以免在特殊情形下，如生产线中途停机、转换产品规格、下游设备加工进度因故滞后等原因，导致生产线因没有备用卷绕杆而被迫停机等待，造成严重经济损失。

卷绕杆有效工作位置的直径大小，是卷绕杆的主要技术特征，与生产线的幅宽、生产线的运行速度、布卷的最大重量有关。卷绕杠的直径越大，负载能力越强。可以在更大幅宽的生产线使用，承受更大直径和更大重量的产品布卷，还可以在更高的线速度下运行使用。

然而卷绕杆的实际直径不一定是实测的尺寸，这主要与早期的设备多使用英制计量单位的习惯有关。因此，在非织造布行业内，卷绕杆的公称直径仍使用英制尺寸表示，当据此换算为对应的公制数据时，就导致卷绕杆的直径尺寸往往会带有小数点。至于其真实直径还会略小于其公称直径的原因，则多是考虑能方便套入同样公称直径的纸筒管。

在一般的卷绕机上，较为通用的卷绕杆直径是 76mm（3 英寸），当布卷（母卷）的直径和幅宽都较大时，卷绕杆直径可达 150mm（6 英寸）或更大，目前国产 3200mm 幅宽生产线的布卷直径大多在2000mm左右，使用的卷绕杆直径≤200mm，而与幅宽为5800mm的卷绕机配套的卷绕杆，其直径可达350~450mm。

除了应根据卷绕机的幅宽、母卷的重量或子卷的纸筒管直径来选择不同规格的直径杆外，卷绕杆的直径还应该与运行速度相匹配。在卷绕设备刚启动时，卷绕杆上没有产品缠绕，直径最小，或在放卷端的布卷即将全部放尽时，直径也是越来越小，在这两种情况下，卷绕杆的旋转角速度处于最快的状态，这种在力学方面属细长杆件的零件就很容易在离心力的作用下发生挠曲变形，发生强烈的跳动或剧烈的震动，影响卷绕机的安全运行。

因此，有的卷绕机会根据所使用的卷绕杆直径，对运行速度做出限制。例如，在使用直径为152mm（相当于6英寸）的卷绕杆时，最大的运行速度可达440m/min，而在使用直径为76mm（相当于3英寸）的卷绕杆时，最大的运行速度只有250m/min。除了在以相对稳定的速度运行的卷绕机外，这种情况同样也适用于经常变速运行的分切设备，或由操作者采取提前减速措施，防止因转动角速度太快，导致卷绕杆发生强烈的跳动或引起设备剧烈震动。

当要求最终产品的纸筒管内径比卷绕杆的直径更大，或更小的时候，便须在企业内设置的复卷分切机上另行加工，转换为最终产品所需要的规格。

由于卷绕杆要在卷绕机或分切机上通用，因此，其结构也必须同时满足这些要求，卷绕杆上还经常配置有其他功能的配件，例如，与放卷装置张力控制系统连接的齿轮，或传递慢动机构转矩的齿轮，与输送轨道链条配对的链轮等（图8-27）。

图8-27　带有齿轮的卷绕轴

为了方便使用，这些配件一般都是对称配置在两端。所有这些配件的外径都不得大于卷绕杆中部的直径，否则只能配置在其中的一端。

（二）边料接收及移除装置

一台配套完善的卷绕机，应该能处理、加工最常见规格的产品。如果布卷不是全幅宽下机，就必须进行纵向分切。因为窄幅、大卷径的布边很难保持稳定，容易在运行过程中散乱、塌落，缠绕分切刀具，干扰设备正常运行。因此，布边是很难以收卷方式处理的，只有配套了边料接收装置才能使布卷的两边保持足够的张力，使分切过程稳定进行，加工出端面平整的产品。

另外，边料接收装置还可将产生的边料布条送往卷绕机外的收集点，消除边料对卷绕过程的干扰，免除停机清理的麻烦，对提高运行效率有很大的经济意义。

边料接收装置一般包括吸入口、金属管道（软）、负压发生器（常用文丘里装置）、风机等基本设备。

（三）布卷接收装置

随着布卷直径的增加，产品下卷时的重量也越来越大。由于产品在离开卷绕机的摩擦辊时，仍以生产线当前的运行速度旋转，具有很大的转动惯量或冲击力，对于双驱动辊式或三驱动辊式的卷绕机，必须要有相应的设备来接收产品布卷，吸收布卷的能量，承受布卷的冲击，使其减速并停止运动，减少出现意外的风险。

布卷接收装置是大型卷绕机必配的辅助装置，现代的布卷接收装置是一个由液压及气动系统控制的设备，除了能承受布卷的转动惯量和冲击力外，还能将布卷放下到所需的装卸高度，以便用搬运工具将产品布卷从机器上卸下并运走。当产品的重量不大时，布卷接收装置可用压缩空气驱动。

（四）布卷吊装、运输设备

在大型、高速非织造布生产线，产品布卷下线时的重量可大于1t，其搬运、装卸工作已非人力可及。因此，有的卷绕机在机架上（或在生产车间里）设置了起重设备，有的则在地面上设置了横移滚道，以便及时将产品从卷绕机的前方搬走。

（五）拔杆系统

将卷绕杆从产品布卷中拔出，然后循环使用，这是生产线运行过程中要经常进行的工作。当布卷的幅宽较大或直径较大时，由于卷绕杆的自重及卷绕杆与纸筒管间的摩擦力，使用人力拔杆的作业难度大为增加，拔杆作业已成了生产线运行过程中一件强度很高的重复性体力劳动。在长度和直径都较大的情形下，用人力拔杆是不现实的。

因此，有的卷绕机配套了拔杆系统，可自动将卷绕杆与布卷分离开。图8-28为其中的一种拔杆设备，其动作过程如下：

图8-28　拔杆与卸布装置

当布卷离开卷绕位置后，下方的升降平台会自动升起，将还穿着卷绕杆的产品布卷托持住，相关的机构会自动将卷绕杆的一端（左端）刚性锁紧，而使另一端（右端）处于悬空状态。

随即升降平台的止推挡板推着布卷沿轴向（即CD方向）的右方运动，使布卷与卷绕杆分离，此时卷绕杆将处于悬臂状态。完成拔杆动作后，卷绕杆便可重新进入备用状态，而布卷从卷绕杆移出后，平台可下降至所需的高度，以便将产品布卷卸下或搬运至其他位置。

幅宽较大、卷绕杆较长的拔杆系统，拔杆装置仅是将卷绕杆的一端卡住定位，当卷绕杆从产品布卷拔出一定长度后，会有机构自动把已外露部分的卷绕杆（中部）支撑，在将卷绕杆全部拔出后，仅有一半的长度处于悬臂状态，从而避免拔杆机构发生超载。

（六）备用卷绕杆吊装设备

备用卷绕杆在重新装上纸筒管后，要放回卷绕机上备用，由于有的卷绕杆很重，或放置卷绕杆的位置很高，再用人工操作已不可能。因此，有的卷绕机配置了备用卷绕杆吊装设备，用以完成上述作业。

有的产品卷径较大的大型卷绕机还设置了梯子和操作平台，方便进行有关的操作，以及对设备的运行状态进行监测。

(七)安全保护及操作平台

大型卷绕机的体积很大,运行速度会较快,布卷的直径也较大,很重,一些日常的操作或维护工作已无法站在地面上完成,因此,要配置相应的高位作业平台(图 8-29)。

图 8-29　大型卷绕机前方的防护及两侧的钢梯

由于运行过程中的速度很快,快速转动的大直径产品具有很大的转动惯性,布卷具有较大的危险性,除了必需的电气安全联锁保护外,在卷绕机的前方要设置防护装置,防止人员接近运转中的设备和产品。

二、卷绕机品牌

(一)国产卷绕机

国内的卷绕机制造企业有很多,不少非织造布生产线制造商都能自行配套卷绕机。江苏省常州市、嘉兴等地是国内非织造布卷绕机和分切机设备制造企业较为集中的地区,制造的产品主要为单驱动辊式,可与运行速度为 800m/min 的生产线配套,市场覆盖面较大。其中,广宇花辊机械有限公司卷绕机的技术性能见表 8-2。

表 8-2　广宇花辊机械有限公司卷绕机的技术性能

项目	技术性能					
	幅宽 1600mm		幅宽 2400mm		幅宽 3200mm	
有效工作宽度(mm)	2000		2850		3600	
产品定量范围(g/m^2)	20~135					
最高运行速度(m/min)	100	450	100	650	100	900
张力调节范围(N/m)	300	300	500	500	1000	1000
最大布卷直径(m)	1.5	2.0	1.5	2.5	1.5	2.5
驱动功率(kW)	4.0	7.5	5.5	11.0	7.5	15.0
总装机容量(kW)	5.3	11.05	6.8	14.75	8.8	43.68
卷绕杆直径(mm)	76	160	76	235	76	345
横切刀类型	飞刀	锯齿刀	飞刀	锯齿刀	飞刀	锯齿刀
纵切刀类型	IT90	—	IT90	—	IT90	—

(二)国外的卷绕机

意大利亚赛利(A. Celli)公司是目前全球著名的卷绕、分切设备制造商,在近年从德国莱芬豪斯公司及意大利 STP 公司引进的纺粘法、SMS 型非织造布生产线中,大多是配备了意大利亚赛利公司制造的卷绕机,其技术性能代表了当今卷绕机的主流水平与发展趋势(图 8-30)。

图 8-30　亚赛利公司带导引功能(左侧)卷绕机入布端

1. 亚赛利公司卷绕机的基本性能(表 8-3)

表 8-3　亚赛利公司卷绕机的基本性能

项目	基本性能			
	Stream	Streamin line	Wave	AC Zero
产品定量范围(g/m^2)	10~150	10~150	10~150	8~70
分切后最大幅宽(mm)	3600	3600	4600	5800
布卷最大直径(mm)	2500	2500	3500	3500
最高运行速度(m/min)	400/600	400/600	1100	1400
卷绕轴直径(mm)	200,220	200,220	350	450
最小分切宽度(mm)	—	130	—	—
驱动方式	表面驱动	表面驱动	轴/表面驱动	表面驱动
自动穿引布功能	有	有	有	有

在早期配套的机型(表 8-4)中,Windy 适用于小直径布卷产品卷取,Windy Custom 为在线分切卷绕机,Axial Jumby 为中心驱动型卷绕机,适合大卷径、大幅宽产品卷取,Acqua 为水刀切断式卷绕机,最高速度可达 1000m/min。

表 8-4　亚赛利公司早期卷绕机的基本性能

项目	基本性能			
	Windy	Axial Jumby	Acqua	Windy Custom
产品定量范围(g/m^2)	10~150	10~200	10~150	10~200
分切后最大幅宽(mm)	4200	6000	8000	3800
布卷最大直径(mm)	1800/2500	3500	3500/4000	1500
最高运行速度(m/min)	400	800	1000	400
卷绕轴直径(mm)	76,152,220	350	350,450	76,152
下卷方式	自动	自动	自动	自动
驱动方式	表面驱动	表面驱动	表面驱动	表面驱动
自动穿布功能	无	有	有	无

续表

项目	基本性能			
	Windy	Axial Jumby	Acqua	Windy Custom
布卷支撑装置	无	有	有	有
分切刀	无	无	无	可在线调刀
横切刀	有	有	水喷射	有

注　表中的 Acqua 机型是目前在 SMS 非织造布生产线中已投入运行的幅宽最大的机型，其自动换卷系统使用的是横切断水刀 Waterjet cross-cutting 。

2. 亚赛利公司卷绕机选配功能

除了上述的基本功能外，亚赛利公司的卷绕机还有多种选配功能。但选配功能并不是每一型号的机器都适用的，要根据具体的机型来选择适配的功能。

(1)自动起吊系统。起吊设备安装有自动识别系统，能根据程序将产品布卷吊运至指定位置，或将备用的卷绕杆吊放在待用位置。

(2)备用卷绕杆预启动系统。在换卷前，备用卷绕杆将自动进入工作位置，并启动加速至系统当前的线速度运转，这个功能既可避免在换卷时，卷绕杆从静态突然加速所引起的冲击，又能有效消除在卷绕杆加速过程中所收卷的产品出现的褶皱。

(3)备用卷绕杆(或气胀卷绕杆)储存系统。可将多条备用的卷绕杆存放在杆库中，避免由于杆库没有备用卷绕杆，出现卷绕机无法进入自动换卷程序这种现象。

(4)气胀卷绕杆拔出系统。将放在卸布卷台上的布卷的气胀卷绕杆拔出来，循环使用。

(5)复卷分切功能。卷绕机与特定的离线分切装置组合后，便组成一个卷绕分切系统，直接将非织造布加工成为市场所需的最终产品。

(6)分切刀自动调整定位功能。分切系统的分切刀可以根据指令，自动调整相互间隔并可靠定位，还可以在运行期间调整刀具(包括底刀)的位置。

(7)切边系统。包括切边系统和布边移除系统，并能将切下的边料移除。

三、卷绕机的发展趋势

随着非织造布生产线向多纺丝系统、大幅宽、高速度、高产能、高效率的方向发展，卷绕机则向着大幅宽、大卷径、高速度、高可靠性、高度自动化、数字化、智能化，卷绕与分切两个功能分离的方向发展。

目前已有配置在七个纺丝系统的大型生产线的卷绕机，商品化的生产线幅宽已经大于5200mm，卷绕机的运行速度可达 1400m/min，产品布卷的最大直径已达 3500mm，生产线的最高产能为 35000t/a，运行过程高度自动化，可以自动导引穿绕底布(引布)、断布自动停机、自动吊放备用卷绕杆、自动换卷等。

第七节　离线分切机

当最终产品(子卷)的幅宽较窄，或分切的数量较多时，一般不在生产线的卷绕机上进行分切加工,而是采用离线分切,就是将生产线生产的较大直径和全幅宽的布卷(称为母卷),转移到另外一台专用分切机上进行离线分切加工,这是生产无需分切的全幅宽产品时的一种运行模式。

在非织造布领域,把较宽产品加工为较窄产品时,也可以同时将较长的产品加工为较短的产品,这个加工过程称为“分切”。仅改变布卷的幅宽,而长度保持不变的加工过程,既可以用分切方法,也可以用分条的方法。分条加工是类似锯断圆木的方法,用大型圆盘刀直接将母卷切断为一段一段的布卷。

进行分切加工时,要把母卷完全退卷展开,而分条加工过程无须把母卷展开,显然,两种加工工艺所用的设备和工艺是完全不同的,在非织造布卷材生产企业,主要是应用分切机进行分切加工。而分条加工主要是在制品后加工中应用。

一、分切机的主要功能

(一)切边

切边是将产品 CD 方向两边,也就是母卷两端外侧的不合格部分材料或多余的材料切除,留下符合质量要求的产品或规定幅宽的产品。这时仅使用分切机两外侧的边刀进行加工。

如果每一侧切除出的边料还可以独立稳定成卷,除了这些边料布卷较容易处理(如用于回收)外,还可以使材料保持较大的张力,获得较好的分切断面质量。如果这些边料无法稳定成卷,分切机构可能要配置边料移除系统,以便处置不能稳定成卷的散乱边料。

常用的边料移除系统是一个负压系统,利用负压将边料吸入管道,再用气流送至预定地点。

(二)分卷

将幅宽较大的母卷进行分切加工,成为幅宽较窄的产品(子卷),当子卷的幅宽尺寸较小时,就需要很多分切刀同时工作。

(三)复卷

将卷长较长的布卷变为长度较短的产品。

(四)转换布卷纸筒管(芯轴)的规格

将子卷的纸筒管卷绕芯轴转换为与母卷芯轴规格不同的其他尺寸。母卷的芯轴直径都会较大,一般直径≥75mm;而一般子卷的芯轴都较小,直径 75mm 是最常用的尺寸。

(五)调整布面的热轧刻花点方位

由于热轧机花辊位置的布置方式不同,产品布面的刻花点有可能在布卷的外表面,也有可能在布的底面,而有的终端客户会对刻花点所处的方位有具体要求,因此,分切机要具有调整布面热轧刻花点的方位这个功能。

对于采用以被动放卷方式运行的分切机,仅需在放卷端将母卷的轴线沿水平面回转 180°,就可以变换热轧刻花点的方位了。

对于采用以主动放卷方式运行的分切机,除了在放卷端将母卷的轴线沿水平面回转 180°外,还需要同时改变驱动装置(如靠轮、平形带)的运行方向,并改变非织造布在放卷端的串绕方式,才能变换热轧刻花点的方位(图 8-31)。

在一些不便于利用吊车将母卷的轴线沿水平面回转 180°的场合,就需要配置一些专用设备,如有的引进的大型分切机,在其放卷端就配置了专用的调头回转装置(图 8-32),可以很方

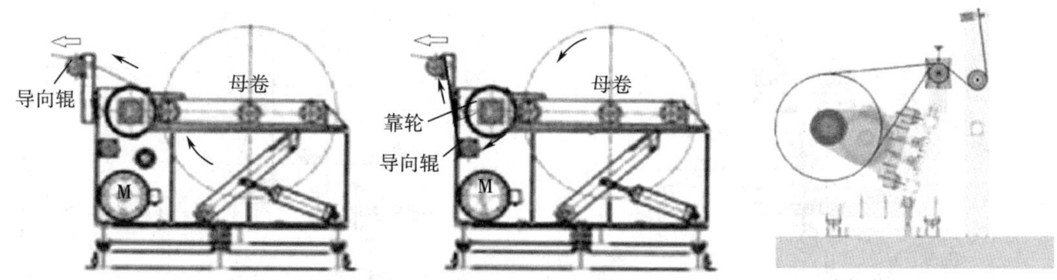

图 8-31　两种可以变换非织造布布面刻花点方位的分切机

便地使布卷的轴线随意回转，以满足客户要求。

由于这种设备要用到液压、气动及机械传动机构，而且能与其上下游设备衔接匹配，结构复杂，体积也很大，目前未见有类似的国产设备。而国产卷绕—分切系统，一般是使用单吊钩梁式吊车就能方便地完成母卷的调头工作。

图 8-32　正在专用装置做水平回转的非织造布母卷

（六）产品检验

利用分切机的退卷功能，将产品布卷展开进行质量检测。

分切机可以上述的其中一种或多种形式运行，但一般都是同时进行多种形式的加工，而分切复卷则是其主要运行模式。

二、分切机的基本组成和工作原理

分切机主要由退卷（放卷）系统、卷绕系统、压辊系统、纵向分切装置、张力控制系统、卷长计量装置、横切断机构、操作及控制装置等组成，有的分切系统还配置有卸下布卷的装置和进行布卷驳接的装置。

按照分切机的工作原理，一般母卷的放卷（或退卷）方式分为主动放卷、恒张力卷绕和被动放卷、恒张力卷绕两种。工作模式主要与材料的特性、母卷直径的大小及运行速度等因素有关。

一般小型分切机的母卷直径≤1200mm，大多是被动放卷、恒张力卷绕，运行速度较慢，设备较简单，造价也较低（图 8-33）；而大型分切机的母卷直径>3000mm，启动及停止时的惯性力较大，适宜用主动放卷、恒张力卷绕，系统较复杂，造价也较高（图 8-34）。

纺粘布的拉伸断裂强力和断裂伸长率都较大，可经受较大的卷绕张力，对于卷长较小的厚型产品，运行速度较慢，可在被动放卷型分切机加工，有较高的加工效率。对直径较大的母卷和子卷，则更适合在高速的主动放卷、恒张力卷绕的分切机上加工。

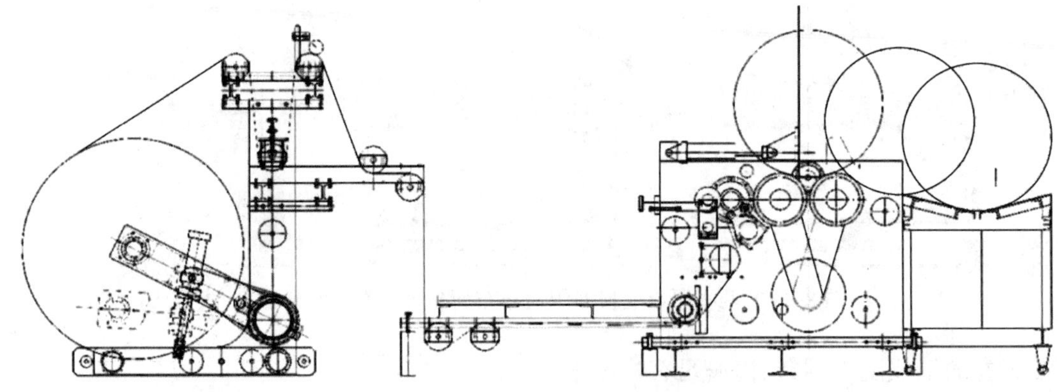
图 8-33　一种被动放卷型分切机

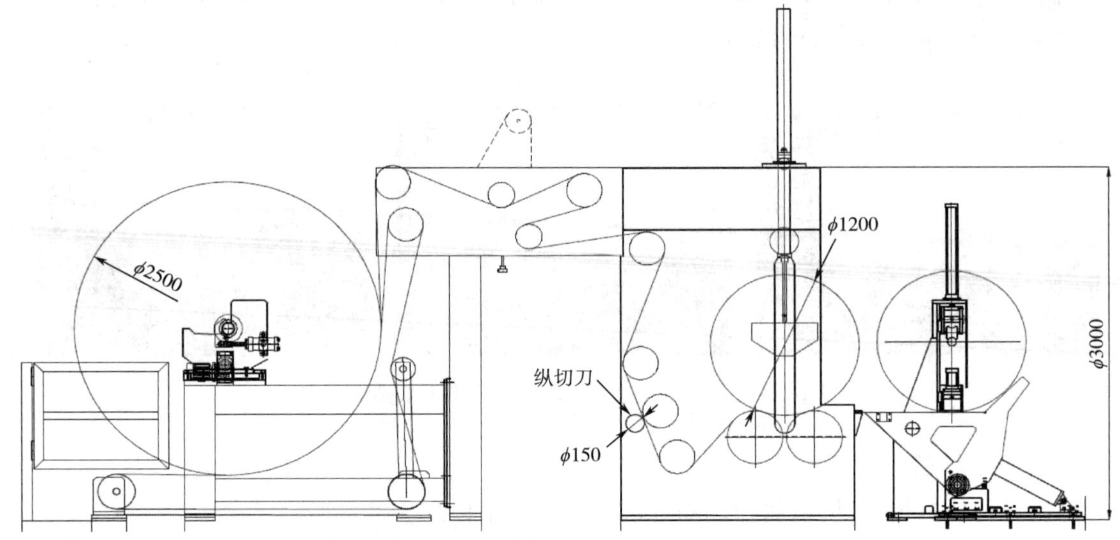

图 8-34　一种主动放卷分切复卷机

目前,有的分切机会同时配置主动放卷装置和被动放卷装置,以便根据被加工对象的特性灵活选择相应的放卷模式。这种分切机以主动放卷模式运行时,一般是以靠轮的方式,将被加工布卷紧靠在放卷橡胶辊(或光辊)表面,利用摩擦力将布放出,放卷辊是由电动机驱动的。

而以被动放卷模式运行时,一般是利用卷绕杆带动磁粉制动器转动的方式,由磁粉制动器提供并控制放卷张力,将被加工布卷的布拉出,而通过调节磁粉制动器的励磁电流就能改变放卷阻力(张力)的大小。采用这种方式放卷时,其卷绕杆上需配置有传动齿轮,或可以快速连接或拆卸的联轴机构,将卷绕杆与磁粉制动器连接起来传递制动张力。

还有一种中心驱动型分切机,同时应用了摩擦驱动和中心驱动的双驱动卷绕方案,可以保障卷绕质量。

三、分切机与卷绕机的主要差异

(一)运行模式不同

卷绕机的运行速度是以生产线的成网机速度为基准,以张力控制系统的输出信号自动控制的,实际速度基本上是围绕一个中心值波动,一直处于稳定状态长时间连续运行;分切机的运行速度是自主设定的,而且是周期性的加速、恒速、减速、停机状态运行,频繁开机运行及停机。在生产过程中,处于主流程最下游的卷绕机停机,就意味着全生产线要终止运行,会产生大量不良品;而分切机是单机,一般不会牵连其他设备,但中间停机可能会导致正在分切的这一部分产品报废。当然,如果分切机长时间停机,等待加工的母卷会占用越来越多的卷绕杆,极端状态会导致卷绕机无备用卷绕杆进行换卷,生产线会因此而被逼停机。

(二)到达设定值时的状态不同

当卷长或布卷直径到达设定值时,卷绕机仍然以生产线当前的速度继续正常运行;但分切机则会自动减速停机。

(三)换卷绕杆时的状态不同

卷绕机是在不停机状态自动更换卷绕杆,分切机是在停机状态更换卷绕杆,而且一般是由人工换卷绕杆。

分切机的卷绕杆是随着机器一起同步加速、减速,而卷绕机的卷绕杆要从静态加速到生产线当前的运行速度,高速卷绕机需要配置备用卷绕杆的预启动加速装置,使其加速到生产线当前速度才进行自动换卷。

(四)上游供给的产品不同

卷绕机收卷的是纺丝系统或生产线生产的源源不断的产品,除非发生故障,否则是不存在等待或中断问题;而分切机母卷是有限量的,母卷退卷完后,就必须停机更换新的母卷。

(五)横向切断方式不同

卷绕机是在动态下实现横切断的,不管是采用飞刀切断还是锯齿刀插断,切断口的形状是横切刀运动速度与产品运动速度合成的一条斜线(或直线),而且在切断时张力会增大,切断口前后都可能存在一段质量异常的产品。如果不能可靠切断,会导致生产线停机处理。而分切机是在停机状态下静态切断,切口都是整齐的,是与 MD 方向垂直的直线,对切断方式的可靠性要求较低,甚至可以采用电热线通电加热的方式熔断。

第八节　分切刀具与分切工艺

一、分切刀具分类

分切系统是分切机的主要工作机构,分切柔性材料的方法有很多,按刀具的工作方式来分,基本的分切方式有割切、剪切、压切三种。

割切是最为简单和经济的分切方式,仅用一片刀片就能完成分切加工,适合用于在较低速度下分切薄型材料(图 8-35)。

剪切式分切系统由上、下分切刀组成,上刀一般为被动式的圆盘刀,而下刀则为主动的刀盘,兼有支承非织造布的作用,其线速度与非织造布材料的线速度同步,是目前效率最高、运行速度最快的一种分切方式,适用的分切材料范围较广(图 8-36)。

压切式分切由一个刀片和一条刀辊组成,刀片加压后把非织造布材料在刀辊上分切开,刀辊是主动型的,其线速度与非织造布的运动线速度一样,一般是利用气缸的压力压在刀辊上,其压力可以通过改变压缩空气的压力进行调整,并保持恒定(图 8-37)。

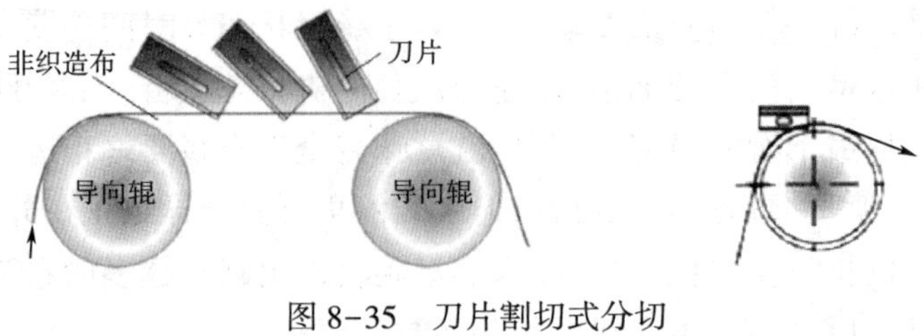

图 8-35　刀片割切式分切

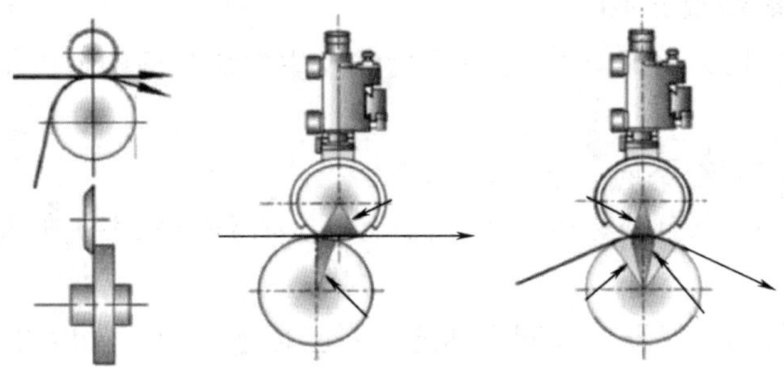

图 8-36　圆盘刀剪切式分切

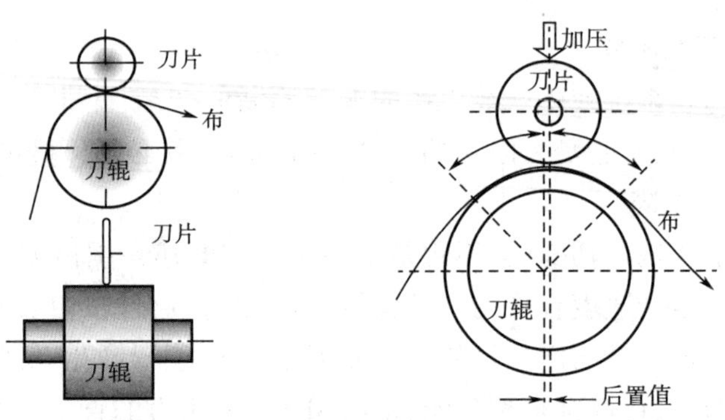

图 8-37　压切式分切

按刀具的实际配置还细分为圆盘刀剪切、圆盘刀压(顶或挤压)切、刀槽分切、悬空切、刀片分切等(图 8-38)。分切方式还与材料的性能、规格及运行速度相关,在分切纺粘法、熔喷法或纺粘/熔喷复合(SMS)非织造布产品时,大部分用刀片割切式、压切式和剪切式三类。

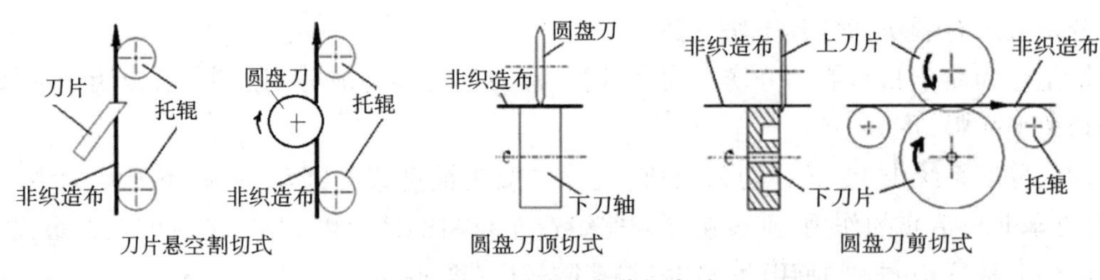

图 8-38　三种基本分切方式

在高速分切系统,则主要使用圆盘刀剪切这种方式。按所使用的刀具来分,有刀片和圆盘刀两种,这是目前较为普遍使用的两种分切刀具。使用刀片分切时,分切点长时间固定在刀片一个位置的刃口，在高速运行或分切力较大时，容易发热、变钝，如遇到产品中的熔体硬块，容易折断。

使用圆盘刀时，分切刃口是圆盘刀的外圆周，散热条件好，不容易磨损，使用寿命长，一般还有多种优化分切工艺的调整措施，分切质量好，常用于高速分切系统，但价格较贵，对配套分切设备的要求也较高。

在剪切式圆盘刀配对的刀具中，上刀常设置在容易操作的位置，一般是在布的表面上，而底刀则设置在布的底面（或背面）。绝大多数配对的刀具中，底刀是有动力驱动的，而上刀则是被动的，也有一些上刀是有电动机驱动的，称为电动分切刀，多应用在引进设备上。

电动分切刀是由特别设计的扁平型专用电动机直接驱动的，电动机的轴向长度很短，因此，刀具的轴向结构较短，可以分切出宽度较小的子卷产品。

而在压（顶）切式配对刀具中，刀轴一般是由动力驱动，分切刀则是被刀轴带动转动，刀片应该是气动的，以便控制刀片的压力，避免压力太大影响刀片的使用寿命。

分切刀具的质量和性能会影响布卷端面的平整性，容易导致边缘起毛，影响子卷间的可分离性；而且还会产生大量的分切粉尘，污染产品、设备和环境。在产品用作卫生、医疗制品材料时，将会成为影响产品质量的落絮。因此，要及时更换已变钝的刀具。

二、分切刀具的结构尺寸

分切机所用的刀具有多种形式，但高端分切机基本上都是使用圆盘式剪切刀。圆盘式剪切刀的直径与运行速度相关，运行速度越快，直径也越大。当运行速度低于1500m/min时，刀片的直径为150mm左右。圆盘式剪切刀常用于高端设备，通过合理调整、设定各种参数，可获得良好的分切效果。图8-39为一些圆盘剪切刀的刃部结构示例。

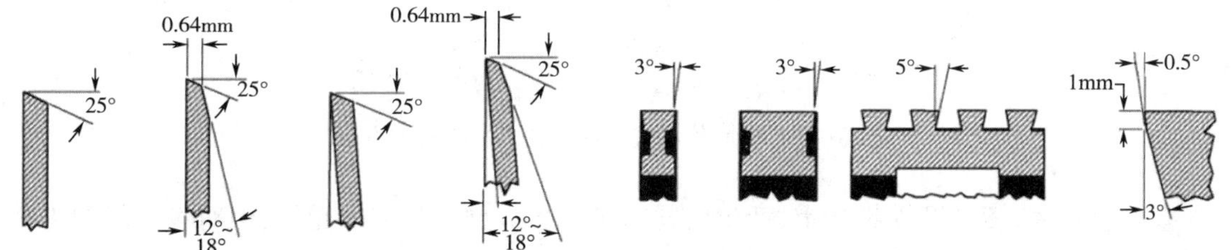

图8-39　剪切式圆盘刀上刀（左）及下刀（右）刃部结构尺寸

三、影响分切质量的参数

（一）非织造布与下刀间的距离

分切刀应该设置在非织造布有较大张力的位置，在正切状态，非织造布在分切刀前后两个导向辊外圆的切线应该比下刀的外圆矮一些，这样配置在分切加工时，下刀可以将非织造布稍为顶起一些，既增加张力，又能避免出现让刀现象，能提高分切过程的稳定性。

有的分切设备制造商根据分切材料的厚薄，推荐这个数值一般在0.40~1.5mm，厚型材料取较大值，而脆性材料取较小值。实际上由于非织造布分切机的两支导向辊的中心距较大，而非织造布的刚性差、比较柔软，这个数值可以取较大值（图8-40）。

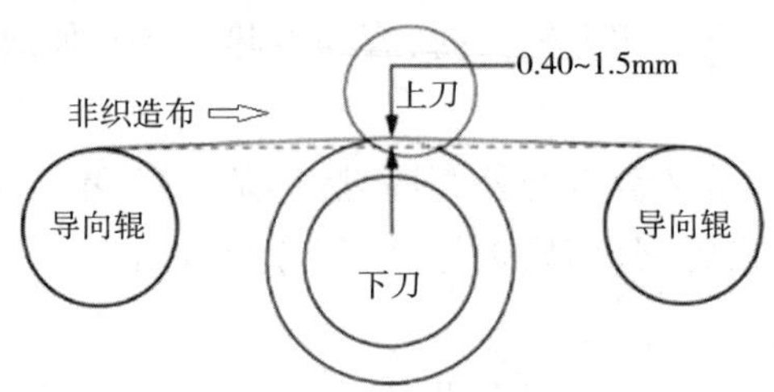

图 8-40　导向辊外圆切线与下刀的关系

(二)刀具安装或设定

1. 刀片在垂直面上的倾斜度

使上刀片呈倾斜状、与下刀仅保持有一个接触点,即实现近似的点接触,这个角度最大调节范围在 0°~3.00°。合理的倾斜角度能避免刀具间的摩擦,减少发热,延长使用周期,避免产生粉末。

2. 上、下刀的叠刀量(重叠量)

叠刀量是指上、下刀在工作状态时的相互重叠量,也叫重叠量(图 8-41),与产品的定量大小呈正相关关系,即定量越大,叠刀量也越大。叠刀量还与材料的特性有关,产品越难分切,要求叠刀量也越大。

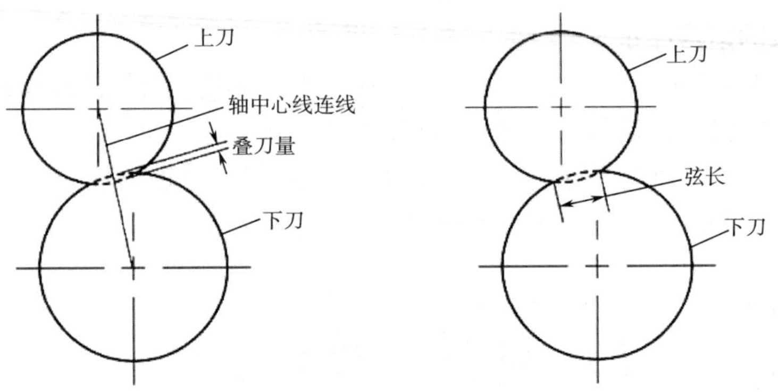

图 8-41　测量剪切式圆盘刀叠刀量的两种方法

叠刀量越大,刀具磨损越严重,产生的粉末也越多。叠刀量越小越好,但对设备的加工精度(如径向跳动量)要求也越高,高速机型的叠刀量仅有 0.20~0.80mm。由于一些分切机的加工精度无法达到要求,刀轴、刀片的径向跳动及轴向窜动大,为了防止脱刀(上、下刀互相分离)和撞刀,只可人为加大叠刀量。

3. 后置值

当被分切的非织造布与下刀处于相切状态时,剪切式分切刀的上、下刀的中心轴线并不是在一条垂直线上重合的,而是上刀沿着非织造布的运动方向后移,此时,上下刀轴线偏移的距离称为后置值,后置值的大小一般与上刀的直径大小呈正相关,使非织造布被剪切位置(剪切点)基本处于下刀盘的直径方向。如果被分切的非织造布与下刀呈一定包角时,上刀就不用后置,其中线与下刀的中线重合(图 8-42)。

4. 剪切力

剪切力就是指圆盘式剪切刀的上刀贴在下刀上的力,分切非织造布产品时,一般推荐值在

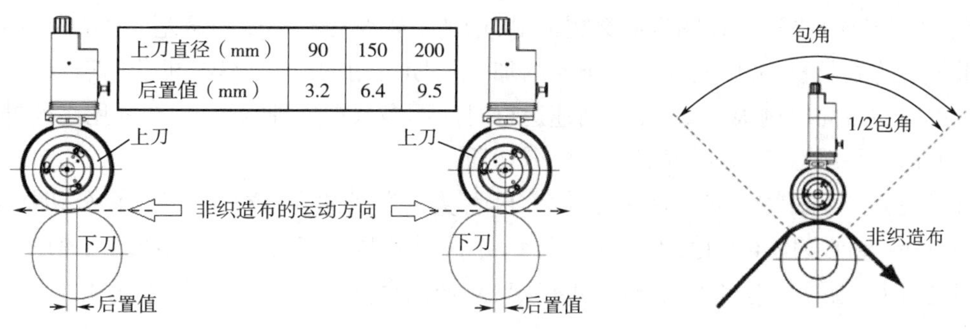

图 8-42 剪切式分切刀的后置值

15~35N,常用值为 20N(约 2kgf)。如剪切力太小,将无法进行有效分切,除了布卷端面不平整外,还会有大量可能脱落的绒毛;但剪切力太大,刀具容易发热及磨损变钝,而且容易产生大量粉末。

(三)张力控制

张力控制的精度直接影响分切的质量,在生产过程中,经常可以见到子卷之间的间隙呈周期性的"宽—窄—宽—窄"变化,这就是张力不稳定的表现;而在变速(加速或减速)过程中,分切断面出现的密度及幅宽变化,就是张力波动所致。

在分切非织造布产品时,张力一般控制在材料断裂强力的 10%~20%。除了因为放卷与卷绕的速度差产生张力外,产品在运行过程中还要拖动所接触的所有(被动式)辊筒旋转。各种辊筒的转动惯量越大,由速度变化引起的附加张力变化也越大,分切断面的平整性也就越差,也限制了所能分切产品的最小定量,因为这时会产生很大的缩幅,从而影响使用。

在启动加速阶段、停机降速阶段都会引起附加张力,因此,不宜将加速或减速的时间设定太短,速度变化速率越大,对产品分切加工质量的影响也越明显。

对于较为蓬松的产品,如熔喷布、双组分纺粘蓬松产品、SMS 复合非织造布,在卷绕张力的作用下,处于(或靠近)布卷芯部的产品会不断受到挤压,密度会增大,产品会出现皱褶,断裂伸长率下降等,从而导致产品的性能发生变异。

如 SMS 产品的静水压上升、透气性下降,熔喷布的过滤效率会上升,过滤阻力增加,蓬松型纺粘产品的蓬松性消失,由于张力是在卷绕过程中形成的,过大的卷绕张力会破坏产品的微观结构,导致 SMS 型产品的阻隔性能(静水压)下降等。

(四)运行速度

分切机的运行速度是影响分切质量和经济效益的重要因素,因此要根据分切的质量来选择运行速度,如果顾客对分切质量要求不高,甚至没有要求(如分切过渡布、回收布),用较高的速度运行可获得较高的生产效率。如果对产品的幅宽偏差、分切断面的平整性、起毛落絮等指标有严格要求,就宜用较低的分切速度。

还可以根据产品的定量(g/m^2)大小来确定运行速度,一般是小定量产品用高速,大定量产品用低速,特别是分切有缺陷的调试产品或过渡产品时,更不能用太高的速度,否则容易损坏刀具。

由于张力会造成缩幅——产品的幅宽变窄现象,使子卷的幅宽难于控制,而缩幅现象又与子卷的幅宽有关,当产品的定量较小,拉伸模量(拉伸断裂强力与拉伸断裂伸长率的比值)较低，子卷幅宽又较窄时，这种缩幅现象会更明显，增加了幅宽控制难度和偏差，影响了产品质量。

如果子卷的卷长较小，以完成一个子卷的加工周期所用的时间比较，机器的启动加速和降速过程所占用的时间比例很大，实际的高速运行时间不多。在这种情形下，与其用高速冲刺，倒不如用较低速度平缓运行，更能保障产品的分切质量。

还可以根据产品的特性来选择速度，因为母卷从生产线的卷绕机下线后，在分切加工过程中，产品的一些性能会发生变化，如断裂伸长率变小、静水压下降等。一般情形下，速度越快，摩擦阻力随之增大，卷绕张力也越大，也越不稳定，对产品性能的影响也越大，应根据这个原则来设定速度。

有些产品（如较柔软的产品、水分含量仍较高的后整理产品）的表面摩擦力较小，在高速运行状态，层与层间的产品不容易保持稳定而发生滑移，导致分切断面参差不齐，影响质量，在这时就要适当降低加工速度。

在加工卫生制品材料时，经常会利用共混纺丝工艺，添加一些用于改善产品触感的添加剂，如弹性体、爽滑剂等，这一类产品在生产线下线以后，必须及时进行分切加工，而且只能用较低速度加工。由于这些添加物与制造纤维的聚合物不兼容，如果未能及时分切，时间稍长，这些添加物会从纤维内部大量迁移到表面，导致产品表面的摩擦力降低，在张力作用下容易发生层间滑移，难于进行分切加工，甚至无法加工。

当两侧子卷的边料幅宽较少，尤其是SMS类产品，在幅宽方向，边料子卷的密度变化很大，越往外侧越小，存在一个向两侧滑移的水平分力。特别是在压辊的压力下，高速状态容易发生侧向滑移甚至无法成卷而散塌，干扰正常运行，这时就只能用较慢的速度进行加工。

分切速度越快，产品在运行时带动的气流也越多，当产品的透气能力很低（如薄膜或与薄膜复合的产品）时，如不及时将随产品进入卷绕端布卷的气流排出，会在产品和布卷表面形成气垫，影响子卷的密实性和端面平整性。

为了提高分切机的效率，在大型生产线中，可能会配置1~2台分切设备，避免由于分切机发生故障时，产品来不及分切，卷绕机因为没有备用卷绕杆替换使用而导致生产线被迫停机。

目前，分切机的运行过程趋向自动化和智能化，大型生产线的卷绕机与分切机会组成一个卷绕—储存—分切系统，减少了一些中转环节和损耗，提高了运行效益。

四、分切机的运行管理

（一）安全风险

分切机有很多敞开的运转设备，因此，其主要的安全风险是被设备拖拽、卷绕、挤夹，其中的卷绕端是事故多发点；其次是被锋利的分切刀具切割，主要发生在更换、调整刀具时，或因没有妥善处置报废的刀具所引发。

在分切机运行期间，会有很多机会使用起重运输设备，进行安装母卷及卷绕杆、卸下子卷卷绕杆及母卷卷绕杆等作业。在这个过程中，容易发生被重物碰撞、挤压、砸击等类型伤害。

（二）安全防护措施

（1）分切机必须划出安全区域，在地面用画出黄色的警告线条。

（2）要在主要的危险源附近设置停机按钮或急停装置。

（3）分切机必须用适当、有效的防护设施，将一些危险源屏蔽、隔离，如电动机与传动装置，卷绕端的子卷装卸空间。如在卷绕端的子卷出布侧，要设置防护栅栏，防止在运行期间操作人员接触运转中的设备和布卷。

(4)要提高分切机操作人员的安全生产意识，遵守安全操作规程。

第九节　分切机辅助设备及总体技术性能

在分切机的发展过程中，会根据使用过程中发现的问题，利用最新的技术成果进行不断改进和完善，在工艺性能、智能化、运行效率、加工质量等方面都有长足的进步，很多新的辅助设备提高了操作的便捷性，也改善了作业环境。

一、激光对刀

在分切加工过程中，每一个工作循环都要进行对刀工作，就是校准套在卷绕杆的纸筒管接缝与分切刀的对应位置。虽然目前高端分切机可以在计算机上设定和调整(移动)分切刀具，但仍无法取代对刀这个工作。

便携式激光对刀装置可以很方便地检查刀片与纸筒管的对应关系及偏差，操作者仅需把纸筒管调整至激光亮点指示的位置，就可完成对刀工作。

二、除尘装置

在非织造布分切过程中会不可避免地产生粉尘，粉尘的产生量与产品类型、分切工艺及刀具的技术状态有关。在分切区域积聚灰尘会降低切割效率，污染产品和环境，降低设备的可靠性。大型高速分切机分切过程产生的粉尘污染问题备受关注。除尘装置的作用如下：

(一)保持产品卫生和质量

在产品的分切过程，会产生、释放一些的细粉尘，卷绕产品时，灰尘便会落在产品上污染产品，影响产品的整体质量。当产品用于卫生、医疗制品材料时，这些粉尘就会成为使用过程中影响产品安全的落絮。除了影响环境卫生外，还容易引发交叉污染。

(二)改善工人健康

当灰尘被散布到空气中时，在劳动过程中工人就容易吸入灰尘，会成为影响工人呼吸系统健康的安全隐患。此外，在任何区域积聚大量灰尘都有可能引起火灾或成为爆炸隐患。

(三)提高分切刀具的效率

当灰尘聚集在分切区域时，会成为一种磨料，容易使分切刀片变钝，影响其分切加工效率。

(四)避免污染设备和环境

灰尘会污染分切刀的导轨，影响分切刀的定位精度，被污染的机器会产生额外的摩擦和机械磨损，因而容易发生故障，降低了设备可靠性，还会增加清洁机器和更换相关设备空气过滤器的维护工作量。

用于分切刀片系统的除尘装置包括：位于刀片上方的吸尘头，用于吹扫分切刀上积聚灰尘的喷嘴，与鼓风机或除尘过滤器连接的柔性管道等(图8-43)。捕获的灰尘将通过管道从每个吸尘头输送至过滤器，并与空气分离。

配置除尘装置后，可以收集浓度为3~5mg/m^{3}的粉尘，可避免这些粉尘逸散到厂房中，将生

图 8-43　分切机的除尘装置

产线的分切区域变成干净的无尘区。

三、磨刀机

经过使用后，锋利的分切刀具会变钝，继续使用会影响分切质量，主要表现在分切断面不平整、断面严重起毛、分切过程的粉尘量增加等。因此，要根据分切产品的质量要求，及时更换分切机刀。除了圆盘式剪切刀具可以重复多次使用外，一般的刀片没有修磨价值，都是以用即弃的方法处理。有的刀具制造商还开发了一些在线磨刀装置，可以很方便地在分切机上完成刀片的修磨工作。

四、纸筒管分切机

大型分切系统一般会随机配置纸筒管分切设备，及时将长纸筒管分切为当前要使用的规格。目前大部分的分切设备都没有配置纸筒管分切设备。

配置纸筒管分切机的目的，主要是解决生产现场所需的异形规格纸筒管的供应问题，并将可以再生使用的旧纸筒管翻新使用。

在生产实践过程中，经常要用到各种不同规格的纸筒管，其规格差异主要表现在纸筒管的长度。对于一些常用规格的纸筒管，一般是由纸筒管供应商提供的，但一些临时性的小批量异型规格纸筒管，一般要在现场加工。另外，企业在生产加工过程中，经常会有一些使用过的纸筒管存留，而这些纸筒管很多都是还有利用价值的。

五、先进分切机应具备的性能

(一)有较高的分切速度，以提高运行效益

目前，国产分切机的最高运行速度在 1200～1600m/min。但具体的运行速度则与母卷的直径、子卷的长度(或直径)有关。

如果母卷的直径、子卷的长度(或直径)较小，则在运行过程中的高速运行时间很短，分切机的大部分时间都处于加速和减速运行状态，而且安装备用卷绕杆、卸下子卷所占用的非运行时间比例增加，对提高分切系统的效率作用不大，无法体现高速度分切机的技术优势，而高速分切机的造价是较高的。

(二)有适合产品特点的张力控制模式

在大部分情形下，分切机是以恒张力卷绕模式运行的。但对于一些密度较低的、较为蓬松的产品(如熔喷布、热风布、SMS 产品)，恒张力卷绕模式将使布卷靠近芯部的产品受到过分挤压，不仅布卷会发生变形，而且产品的质量也会受到影响，容易发生皱褶的缺陷。

因此，一台性能良好的分切机除了具备基本的恒张力卷绕功能外，还应该有其他的卷绕模式可选择，如锥度张力控制，就是随着子卷直径的增加，张力逐渐按一定的梯度连续减小；阶梯张力控制，就是随着子卷直径的增加，张力将按阶梯形式逐渐分级减小。

无论采用何种张力控制模式，当运行期间出现张力突然消失这种情况时，也就是产品出现断裂时，分切机都应该迅速制动、停机，避免母卷继续主动放卷，或在惯性作用下自动放卷，导致

现场混乱不堪。

(三)母卷的快速定位和微调

除了母卷可以在放卷端快速锁紧定位外,母卷应该具有在放卷装置上沿轴向(CD方向)移动的功能,用于调节、改变母卷与分切刀间的相对位置,避开母卷的缺陷部位,获得一个最佳的分切效率,提高材料的利用率和合格品率。

非织造材料从母卷退出后,应该能沿幅宽方向全面展开,在这个基础上,配合适当的卷绕张力,可以使分切后的子卷产品形成均匀的缩幅,子卷相互之间就不会存在相互重叠而难以自然分离现象,对改善分切端面的质量有很大影响。

(四)卷绕辊转矩控制

当分切机卷绕系统的两只卷绕辊分别由两只电动机驱动时(高端机型一般都采用这种设计方案),通过控制两只电动机的输出转矩或卷绕辊间的速度差,可以控制子卷的卷绕密实度。

为更为准确控制转矩和卷绕张力,有的卷绕装置会使用交流伺服电动机驱动,提高了控制精度。

(五)布卷直径检测

布卷包括待加工的母卷和分切后的子卷。

在分切机测量母卷直径的目的是当母卷即将退(放)卷完,直径很小时,为了防止母卷的转速(角速度)太快而发生震动等风险,当母卷的直径缩小到达设定值后,分切机将逐渐自动降低速度,使母卷限制在安全转速范围内运行。

测量子卷直径的目的是掌握子卷直径的动态变化,以满足有最大直径限制的产品加工要求,并能在子卷直径接近设定值时自动减速停机。测量子卷直径的另一个功能是为张力控制系统提供实时的子卷直径信息,作为锥度张力或阶梯张力控制信号,实现在相应的张力控制模式运行。子卷直径信息还是能控制压辊(或骑辊)压力的信号。由于作用在卷绕装置上的合成正压力是与布卷自重+加压装置的压力的合力正相关,随着子卷直径增加,自重也随之增大,为了保持正压力恒定,压辊的压力必须随布卷直径递增而随之减少,使合成正压力保持不变,否则卷绕张力将越来越大,导致布卷芯部变形,产品的质量也会出现差异。

子卷直径信息还可以用来控制子卷的最大直径,也就是压辊升起的最大高度,避免分切好的产品难以卸出这种情况出现。

(六)子卷长度测量

长度是绝大部分子卷的主要指标,因此,布卷长度测量应该是卷绕、分切设备的基本功能。一般都将卷长信号作为控制分切机自动提前降速、停机的信号。

(七)子卷设定值选择

子卷的设定值包括了卷长选择和直径选择,以便生产出预定卷长或预定直径规格的产品布卷(子卷)。

(八)便捷的对刀功能

每一次更换卷绕杆后,分切机必须在机器上进行对刀操作,就是使套在卷绕杆上的纸筒管间的间隙与分切刀位置对应。除了一些高端机型具有自动对刀功能外,一般的分切机要能在手持工具的辅助下,快速完成这个工作。

具有全自动对刀功能的系统,上刀和下刀配备有两套独立的移动刀座的自动定位机械手,在自动对刀过程中，无须剪断或移除上下刀之间的非织造布材料，目前的对刀精度可达±0.20mm。

(九) 放置或插拔卷绕杆操作

除了一些高端机型具备自动放置或插拔卷绕杆的功能外，一般的卷绕机应该具备在设备处于运行状态时，用人工将备用卷绕杆安全地放置到对应位置的功能。图 8-44 为生产过程中卷绕杆的循环使用示意图。

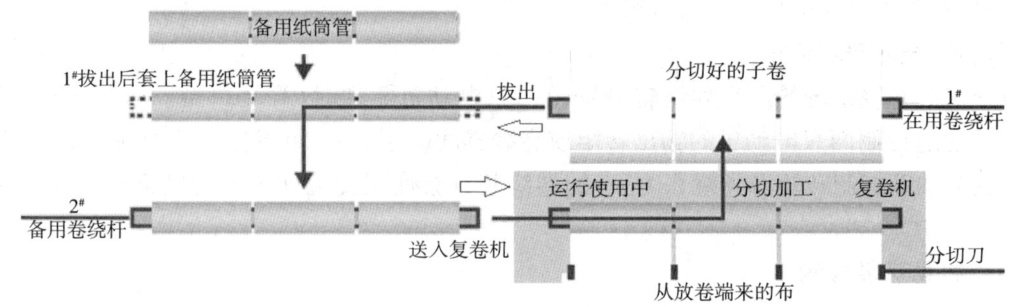

图 8-44 卷绕杆的循环使用示意图

视设备的自动化程度，备用气胀式卷绕杆可以自动套上各种长度规格的纸筒管，并在卷绕杆上与对应的分切刀对应（两只纸筒管的接缝与分切刀对应），然后定位、充气张紧（图 8-45），期间有的动作可能要由人力辅助进行。

有的分切机配置有激光辅助纸筒管定位系统，可帮助操作人员方便、快速地将每一个纸筒管准确放置在卷绕轴上。

图 8-45 卷绕杆自动套纸筒管设备

(十) 将子卷移离分切机

当子卷到达设定值，机器停止运行后，分切机应该具有将子卷从工作位置推出，并自动切断的功能。

母卷的材料经过分切、卷绕，成为子卷产品后，应该将一串子卷快速从设备上移离，以便进行下一循环的加工作业。大型分切机应该配置接收子卷，并将其快速移离、卸下的装置，承受子卷从机器内推出产生的冲击，将卷绕杆拔出，将子卷交到下一工序。

(十一) 废边移除系统

在分切加工过程中，必然需要切除两侧的废边。由于在成网或后整理加工过程中，产品两侧必然存在铺网不均匀或存在缺陷的区域，在分切加工过程中要切除。如果废边的宽度较大，还可以稳定成卷，则对运行过程影响不大。

如果废边的宽度较小，难以稳定成卷，特别在子卷直径较大的状态，则对运行过程影响很大。一旦在运行过程中不能稳定成卷而导致坍塌，将迫使分切机中途停机，已经分切、卷绕的产品也可能要报废了，或当成次品处理了。如分切机配置有废边移除系统，就无须考虑其废边的成卷问题，可及时将分切出的废边移除，保证生产过程稳定进行。如果没有配置废边移除系统，就只能牺牲产品的有效幅宽，人为增加废边的宽度来保证稳定成卷。

（十二）母卷首尾驳接装置

大型分切系统的产品穿绕路径会较长也较复杂，花费很多时间。高性能分切机会配置母卷首尾驳接装置，可以方便地将即将退卷完的母卷尾部与备用新母卷的首端连接起来，提高了工作效率。

母卷首尾驳接装置一般使用热黏合压接、超声波熔接，也有使用双面胶粘接的。

（十三）共享在线检测的信息，识别不良品

当主生产线配置有在线疵点检测装置时，高端分切系统具有缺陷管理功能，可以利用在线疵点检测提供的信息，将存在瑕疵的子卷予以识别，以便在子卷下线后剔除、处置。

（十四）安全性提高

分切机上有大量的分切刀具，维护设备或进行日常生产时，工人有很多机会近距离接触这些锋利的分切刀片，为了防止发生伤害，在设计分切机时，已做了不少改进，如对分切刀进行了接近 360°的防护，避免有太多刀刃外露，有的分切刀在退出工作位置后，刀刃全部缩回防护装置内（图 8-46）。

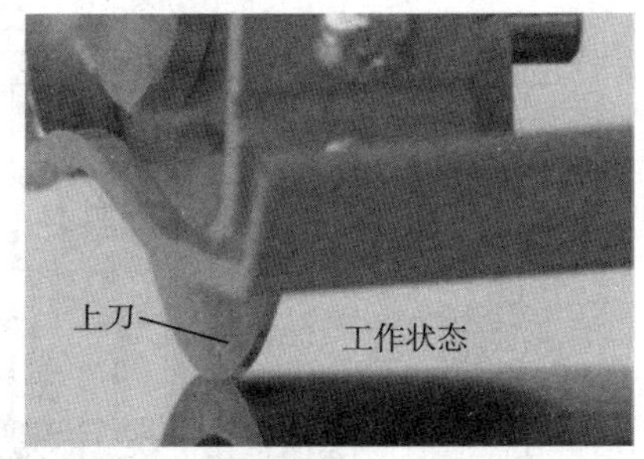

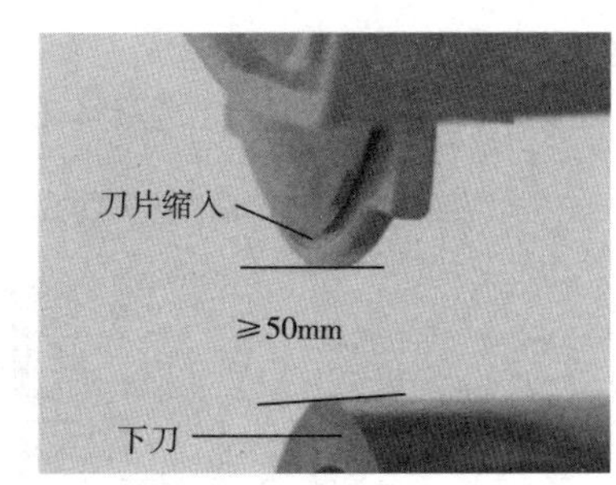

图 8-46　刀片的防护及增加上下刀之间的距离

另外，增加刀具退出后的行程，在进行穿引布作业过程中，使上下刀之间留有足够大的空间（≥50mm），从而最大限度避免了人手触碰刀具的机会，提高了安全性。

（十五）连锁保护功能

分切机是现场作业人员经常接触的设备，存在各种各样的安全风险，由于离线分切系统所占用的场地很大，还有各种类型的设备，危险源很多，而采用惯常的局部防护又会影响作业过程。

因此，大型分切机多采用隔离防护措施，用栅栏将机器围起来，在运行期间无法接触设备，一旦发生闯入行为，安全连锁保护动作，机器随即被强制停止运行，确保人员安全。

对于分切系统的卷绕端，同样要设置防护栅栏，只有栅栏处于防护状态机器才能启动运转，而在防护栅栏被打开状态，设备是不能运转的，这也可以避免由于一些不良工作习惯而产生的事故，最典型的是在运行期间用手去触摸、检查产品，这是有很多事故案例的。

六、离线分切机的技术性能

国内目前引进的分切机主要有德国、意大利制造的设备，而与大型、高速生产线配套的离线分切设备主要有意大利亚赛利公司（表 8-5）和德国艾德曼公司的产品。

表 8-5　意大利亚赛利离线分切复卷机技术性能

项目	技术性能				
	TANDEM 型	RAPID 型	SUPER RAPID 型	SONIC 型	SUPER RAPID 型
产品定量范围（g/m^2）	10～150	10～150	10～150	8～70	8～70
最大幅宽（mm）	2600	3600	3600	4600	5800
母卷最大直径（mm）	1500	2500	2500	3500	3500
子卷最大直径（mm）	1200	1200/1500	1200	1500	1500
运行速度（m/min）	500	800	1200	1500	2000
最小分切宽度（mm）	60	60	60	60	60

（一）典型的离线分切系统配置与性能

德国艾德曼公司早期的离线卷绕分切系统，主要包括布卷换位、母卷退卷、母卷首尾驳接、分切复卷、子卷装卸平台、拔卷绕杆、纸筒管分切等设备（图 8-47）。

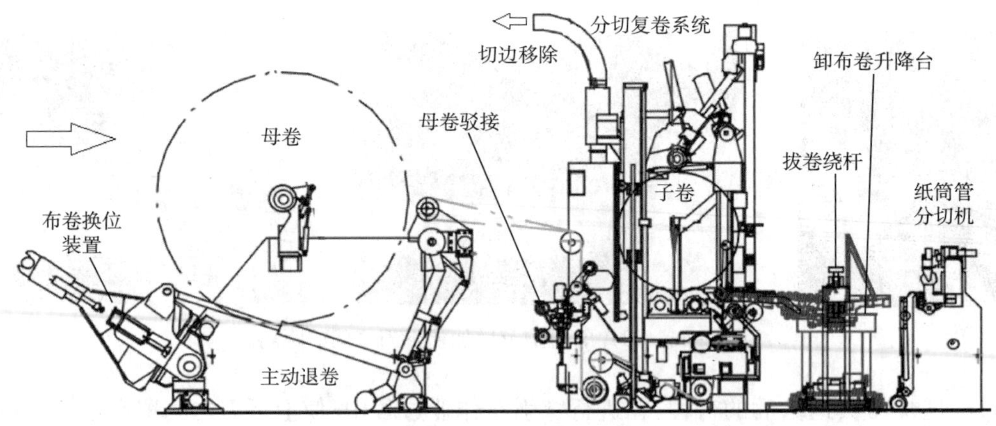

图 8-47　德国艾德曼离线卷绕分切系统

艾德曼分切系统的基本性能如下：

加工非织造布定量范围 10～120g/m^2；

非织造布材料宽度 3500mm；

母卷最大直径 3700mm，卷绕杆直径 171mm（6.75 英寸）、318.5mm（12.54 英寸）；

子卷最大直径 1200mm，卷绕杆直径 76mm（3 英寸）、152mm（6 英寸）、171mm（6.75 英寸）；

加工速度 1500m/min；

卷绕张力 200~1000N；

分切刀数量 55 片；

纸筒管分切刀直径 200mm；

装卸平台载荷 4000kg，升程 900mm；

切边移除系统抽吸风机功率 43kW×2；

总装机容量 280kW，实际平均功率消耗 80~140kW；

压缩空气压力 0.60~0.70MPa，平均消耗 2000L/h，1000L/卷；

设备工作的环境温度 10~40℃。

（二）离线分切系统设备的功能

1. 布卷换位装置

当待加工母卷在换位装置定位好以后，可以根据顾客对最终产品的要求，如将材料带有的热轧机刻花点的一面放置在子卷的外面，还是将材料的光面放置在子卷的外圆表面，利用这个装置将母卷回转 180°，从而改变了母卷的出布方向，布的两个表面就反过来了。布卷进行换位后，才转移到退卷装置上定位。

2. 母卷退卷装置

这是一个主动退卷设备，利用两根与布卷表面接触的平形传动带，通过摩擦力驱动母卷旋转退卷，两根平形带都带有独立的张紧调节机构，使两根传动带保持一致的张紧度。

3. 母卷首尾驳接装置

由于这个系统较大，每一次作业开始时，或每一卷布要进行加工时，都要进行一次复杂的穿布工作。设置这个母卷首尾驳接装置后，在前一卷布即将全部退卷完成前，将其尾部留在驳接装置中，然后将后一卷待加工布卷的首部拉出至驳接装置中，利用超声波或热熔的方法，可以快速将其连接在一起。

而利用双面黏胶带进行驳接也是一种较为常用的、经济实用的方法，但当母卷幅宽较大时，操作效率较低。

4. 分切复卷

这是离线分切系统的核心，产品在这里完成了分切加工，并成为预定长度（或直径）的子卷产品。分切出来的边料，可以通过切边移除系统，利用气力输送到指定地点收集。

5. 子卷装卸平台

完成加工的子卷（带着卷绕杆）被从机器内部推出至子卷装卸平台，这是一个既可以沿轨道移动，又具有与拔卷绕杆的设备中心高进行升降的自适应功能。拔出卷绕杆后，可装载着产品自动移动到自动分拣系统，或由人工装卸。

6. 拔卷绕杆

从分切系统推出的产品移动到拔卷绕杆装置后，杠的头部被夹住，装卸平台便沿 CD 方向的轨道移动，当卷绕杆露出一半以后，中间支承机构会将卷绕杆的中部支承，平台继续移动，卷绕杆便以悬臂状态固定，为后面使用人工套纸筒管做准备。

7. 纸筒管分切

纸筒管分切机可以根据指令，将一条长的纸筒管分切成所要求的各种尺寸的短纸管备用。

第十节　卷绕—分切系统

从生产线卷绕机下线的布卷,要在离线分切机上进行加工,两台设备之间有较大的空间距离。卷绕机是连续不断运行的,而分切机是以间歇状态运行的,虽然分切机以比卷绕机更快的速度(一般为2倍)运行,但难免不能及时处置完卷绕机下线的产品,两者之间就需要一个“缓存”的空间,临时放置来不及加工的布卷,因此,由卷绕机和分切机组成的加工系统就需要考虑到这些要求。

卷绕分切系统主要包括卷绕机、分切机、母卷输送或转移设施、起重搬运设备、母卷临时存放装置、产品包装设备等。

一、母卷的输送与放置

为了将卷绕机生产的母卷转移到分切机,或其他指定地点,常用的方式有以下五种。

(一)使用车间的吊车转移

用车间的梁式吊车把从卷绕机下线的母卷吊离,直接转移到分切机的放卷端,或放置在备用的临时存放装置上。

(二)利用自身配置的转移装置转移

在使用艾德曼卷绕—分切系统的生产线,可以利用配置在卷绕机和分切机放卷端之间液压转移装置,将布卷从卷绕机转移到分切机。特殊情形下,在转移装置上可以临时存放一个布卷,但必须在卷绕机即将有一个新的布卷要下线时,转移装置要卸下旧的布卷,进入待命状态开始下一轮的工作循环(图8-48)。

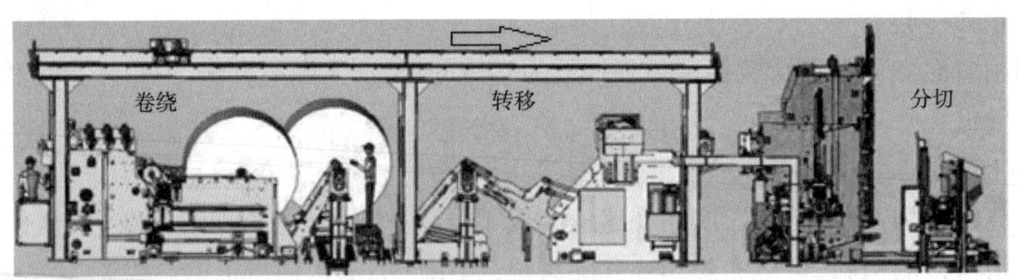

图8-48　德国艾德曼的卷绕—转移—分切系统

(三)利用卷绕机与分切机之间的轨道转移

利用架设在卷绕机和分切机放卷端之间的输送滚(轨)道,将母卷直接转移到分切机上。为了避免放置在辊道上的布卷长时间受重力作用发生挠曲变形,辊道上的每一个固定的停放位置,都配置有使布卷慢速回转的驱动装置,以便在停放期间使布卷一直保持回转状态。图8-49是一个卷绕机与分切机之间的母卷转移机构。

从图8-49中可以看出,这个机构主要有沿生产线MD方向铺设的两条滚道,三个结构相同的母卷储存站,可容纳三个从卷绕机下线的母卷,母卷的卷绕杆可沿轨道从卷绕机向分切机单向滚动。一般情形下轨道上的每一个母卷每次会向前移动一个储存站间隔距离,然后被定位机构锁紧。

母卷在这个储存站的位置停留好以后,设置在下方的慢动装置会自动升起,使其驱动辊压紧

图 8-49　卷绕机与分切机之间的母卷转移机构

母卷外圆,并驱动布卷使其保持缓慢转动状态,以防止在重力作用下布卷发生单向的挠曲变形。

当母卷需要移动时,锁紧机构的气缸动作,在解锁的同时杠杆会推动母卷向前滚动至下一个储存站位置。图 8-50 是意大利亚赛利卷绕—储存—转移—分切系统。

图 8-50　意大利亚赛利卷绕—储存—转移—分切系统

(四)来不及加工的或多余的母卷存放

当分切机无法同步将母卷加工时,来不及加工而积累的布卷数量会越来越多,如果超出卷绕机与分切机之间输送轨道的空间容量(一般可容纳 3~4 个母卷),就要用吊车把多余的带着卷绕杆的母卷横移,然后吊放在临时存放装置(俗称 A 形架)上。为了防止布卷在存放期间受重力作用发生挠曲变形,有的 A 形架小车带有驱动装置,可以驱动布卷一直处于慢速旋转状态(图 8-51、图 8-52)。

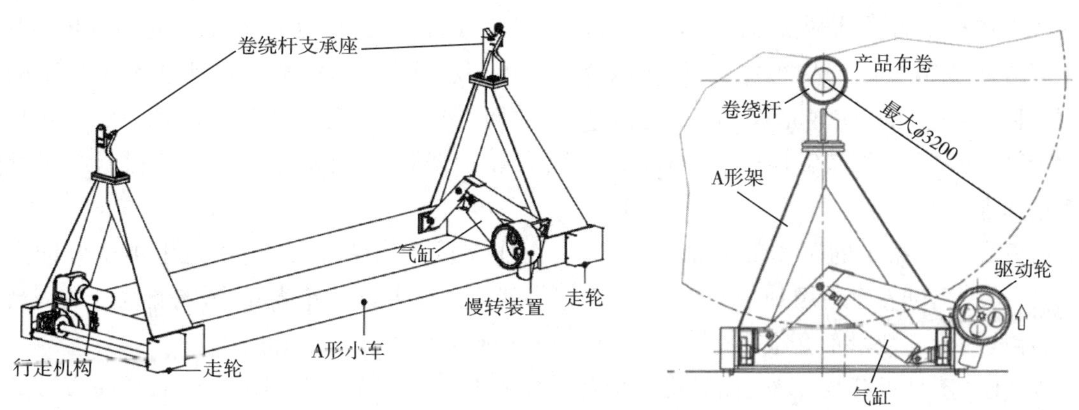

图 8-51　储存待加工布卷的 A 形架

驱动布卷慢转的技术方案有多种,有的驱动装置是利用一个滚轮与布卷外圆表面的摩擦力驱动布卷转动,有的则是直接驱动卷绕杆旋转,使母卷在存放期间保持低速状态(约 3.5m/min)不断旋转。由于有的 A 形架小车带有四个由电动机驱动的轮子,可以沿专用轨道移动,还可以将待加工布卷移动到其他吊车覆盖不到区域的分切设备上加工。

(五)A 形架或装载平台与自动引导车辆相结合的产品布卷运输及放置

随着自动化技术的应用,还可以利用由计算机控制的自动引导车(automated guided vehicle, AGV)承载的 A 形架小车来运输及放置待加工母卷。图 8-52 为承载着 A 形架的 AGV。

图 8-52　承载着 A 形架的自动导引车

AGV 是指以电池为动力,可利用磁条、轨道或者激光等设备自动导引,沿规划好的路径移动、转弯行驶的智能型设备,并且装备安全保护以及各种辅助机构(例如移载、装配机构)的无人驾驶的自动化车辆。AGV 可以按照指令自动选择行车路径自主巡航,将布卷或加工好的产品送到指定地点放置。自动导引车已有国家标准 GB/T 20721—2022《自动导引车　通用技术条件》。目前,这种 AGV 的最大荷载为 20t,行走速度 75m/min,车辆连续自主运行的时间可达 10h。

AGV 与控制计算机(控制台)、导航设备、充电设备以及周边附属设备组成 AGV 系统,在控制计算机的监控及任务调度下,AGV 可以准确地按照规定的路径行走,到达任务指定位置,或完成一系列的作业任务后,控制计算机可根据 AGV 自身电量决定是否到充电区进行自动充电。在完成工作指令后,用激光或磁铁制导的自动导引车 AGV,会自动返回基站,并进行充电备用。

当 A 形架放置好产品布卷后,依靠四个支架停留在地面上,AGV 会自动进入 A 形架的下方,并自动定位升起,使 A 形架的四个支架离开地面,便可以将布卷送到目的地,然后 AGV 下降,A 形架的四个支架接触地面后,AGV 便可以与 A 形架脱离,然后根据任务安排自行离开进行其他作业。

放置在 A 形架上的布卷都要带着卷绕杆,用作支承或吊装受力点,还是未加工好的大母卷,这样每一个母卷会占用一根卷绕杆,时间长了就会占用大量的卷绕杆,影响卷绕杆的周转使用,故存放的母卷数量不会很多。

当 AGV 不是承载 A 形架,而是带支架及吊耳的 V 形装载平台时(图 8-53),就可以装载已加工好的产品,自动输送到指定地点放置。

图 8-53　装载平台与自动导引车

二、产品包装机

当分切机将产品分切好后，一般都是采用手工包装，而且是不带运输托盘的。在大型分切机上，常配套有自动包装机对产品进行包装处理。包装机有布卷处于竖立状态的立式包装和布卷处于水平状态的卧式两种机型(图 8-54)。

(a) 卧室包装　　(b) 立式包装

图 8-54　产品的卧式包装和立式包装

采用立式缠绕包装时，布卷的中轴线处于与地面垂直的稳定状态，不会滚动，较容易定位。但当布卷的幅宽较大时，立式包装机的高度也会较高，将布卷由水平状态翻转到竖直状态也不易，而在包装好后又要将其放至水平状态，否则不好运输。因此，在自动分拣包装系统，立式缠绕膜包装机主要用于幅宽较小的产品包装。

产品布卷的中心轴线呈与地面水平的状态时，包装过程比较简单，包装膜既可以沿布卷外圆周做卷绕式包装，还可以沿布卷的轴线做缠绕式包装。卧式的缠绕包装机则适宜用于包装大幅宽的产品。

产品的包装有两种形式，一种是产品与承载托盘一起进行包装，另外一种是不带托盘的包装。前者一般使用立式缠绕包装机包装，后者既可以用立式，也可以用卧式包装及包装。

产品采用卧式径向卷绕包装时[图 8-54(a)]布卷一边在平台的支承机构上绕水平轴线自转，而缠绕薄膜在布卷的表面缠绕的同时，还沿水平方向平移，将布卷全面包裹。

采用立式轴向缠绕包装时[图 8-54(b)]，布卷会在绕垂直轴线回转的同时，还会绕自身的轴线转动，缠绕膜便在水平方向缠绕布卷，三种运动的结果，便可将产品布卷全部包裹，进行密封包装。

三、产品布卷的堆叠存放

如果是已经加工包装好的最终产品，会由另外一种自动导引叉车进行运输、堆叠（图 8-55），这个过程也是在计算机的控制下自动进行的，其过程无须人工干预，而且相关数据都会进入企业的管理系统。

图 8-55　用自动引导叉车将产品放在专用货架卧式存放

如果产品要在架子上水平放置，就用叉车运输布卷并将布卷放置到架子上（图 8-55）；如果产品要垂直堆叠，就可以用带抱夹的车子运输和堆叠（图 8-56）。这样可以实现产品的高密度存储。

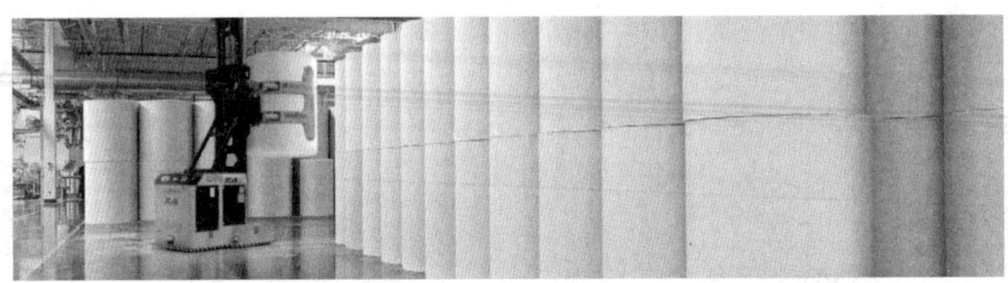

图 8-56　用抱夹将产品立式堆叠的产品

第十一节　自动分拣、包装和仓储系统

使用自动分拣系统和自动包装机，可以提高工作效率，保证产品的质量，减少人为污染，实现无菌生产。提高工作场所安全性，降低劳动力成本，提高库存的准确性，有利于过程控制和工艺优化。

自动分拣、包装系统已经配套在一些引进的生产线使用，国内也有企业能设计制造这种卷材包装系统。但自动分拣系统和自动包装机是价格较高的设备，如国产的自动分拣、包装系统的价格约为数百万元，引进设备的价格则更高，因此，在短期内尚无法在国产的生产线上普及使用（图 8-57）。

图 8-57　封闭的自动分拣系统工作区域和控制室

由于在自动分拣包装系统的工作区域，有很多设备都是在计算机的协调下运行，具有较大的危险性。因此，这个区域是一个由防护栅栏封闭的安全区域。并有相应的安全联锁保护，其系统的控制室设置在防护栅栏以外，可以很方便地观察设备运行状态的位置。

一、自动分拣、包装系统的功能

在大型分切机产品的下游出口方向，常配套有产品自动分拣系统，自动分拣包装系统由布卷输送辊道、机器人（机械手）系统、产品变位装置、产品称重装置、标签生成及贴标装置、产品包装、产品进库存放等设备或系统组成。自动分拣包装系统包括八种基本功能：

（一）子卷产品分拣

根据在线疵点检测设备提供的信息，将有缺陷的子卷产品剔除出来。

（二）布卷状态翻转

将子卷产品的中心轴线由水平状态改变为垂直状态。

（三）子卷产品堆叠组合

根据产品包装要求，按顺序将各种幅宽规格和数量的子卷产品堆叠、组合在一起，成为一个大的包装单元。

（四）自动包装

将堆叠组合在一起的包装单元产品进行缠绕包装，在进行包装前垫放底部和顶部的圆纸板。

（五）产品称重

对一个独立包装好的产品单元进行称重。

（六）贴标签

生成产品标签，并把标签贴到产品上。

（七）产品输送

把产品送到指定地点存放。

（八）产品入库信息

将产品入库信息输入企业相应的管理系统。

二、各种装置的工作过程

（一）自动分拣

自动分拣系统是根据在线疵点检测装置提供的疵点的坐标位置（MD 方向的长度，CD 方向的位置）等信息，进行自动分拣工作。自动分拣系统是大型自动化分切系统中的基本配置设备。

在将分切好的子卷串中的卷绕杆拔出后，分拣装置的机械手可将分切好的各种规格的布卷进行分类整理，并按客户的要求组合、堆叠成一个大的包装单元，再进入其他后续工序（图 8-58）。

分拣过程大多是子卷串处于水平状态或倾斜状态进行的，分拣系统可以共享在线检测装置的管理信息，根据母卷的缺陷坐标信息，将分切后存在缺陷的子卷进行识别，并挑拣出来，而这些缺陷产品由专用滚道输送到指定位置收集、放置。

自动分拣系统是一个由计算机控制的机械手，利用真空所形成的负压（或其他机构）把持

图 8-58　工作中的分拣机械手(机器人)

产品布卷的端面,将分切出来的布卷按幅宽规格分类,并按预定的数量堆叠整理好,成为一个基本的包装单元,而堆叠过程是在垂直状态进行的(图 8-59)。

(a)

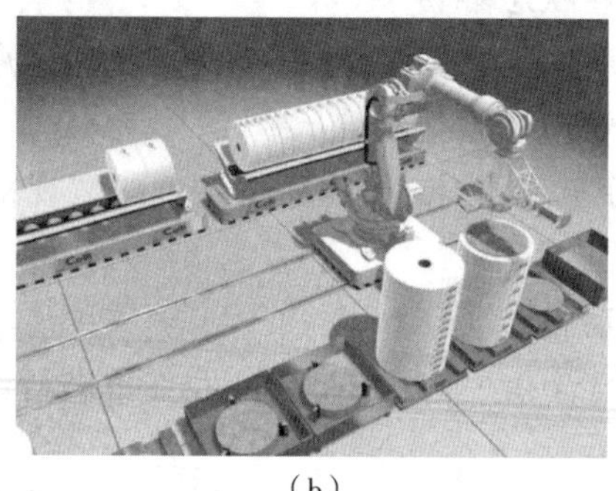

(b)

图 8-59　各种形式的布卷自动分拣组合系统

在进行组合堆叠前,还可以在托盘上放置最底层布卷的端面,垫上防护用的硬纸板封头,在布卷的顶端盖上封头[图 8-59(b)],为进行下一工序的包装工作做好准备。

(二)产品称重

产品堆叠好以后,会进入称重设备,系统会区别出这个包装单元的毛重和净重,并自动生成产品标签。在分切机上加工好的产品就是将要交付给顾客使用的最终产品,每一个子卷产品,或每一个独立包装的产品必须给予明确的标识,其内容应包括生产信息、质量信息等,如产品的定量、产品幅宽、卷长、重量、生产时间、顺序号等。

标签生成系统也是在共享在线检测装置的信息及分切机的运行管理信息的基础上工作的。因此,自动分拣包装系统会设置专门的通信接口,以便于第三方的数据进行通信。

(三)产品缠绕包装

由自动分拣系统处理好的产品通过输送滚道进入包装工位后,包装机随即将产品及承载产品的托盘一起包装好,一般都采用缠绕形式进行包装。线性低密度聚乙烯(LLDPE)拉伸缠绕薄膜是常用的缠绕包装材料。

但在独立使用这种包装机时,如产品的幅宽很大,若没有配置特殊的专用工具(如带旋转抱夹的叉车),要将处于水平状态的布卷竖立起来也不容易。卧式的缠绕包装机则适宜用于包装大幅宽的产品。

产品的包装有两种形式,一种是产品与承载托盘一起进行包装,另一种是不带托盘的包装。前者一般使用立式缠绕包装机包装,后者既可以用立式包装机,也可以用卧式包装机包装。这个过程及所使用的设备与前面已经介绍过的内容基本是一样的。

(四)变位装置(翻转机)

由于布卷轴线处于水平状态时,很容易发生滚动,难以准确定位。变位装置的作用是用于在输送过程中改变布卷的状态,如从水平状态变为垂直状态,或从垂直状态变为水平状态等。在自动分拣包装系统,有专用的翻转装置,可以轻松地将处于水平状态的布卷翻转至垂直状态(图 8-60)。

图 8-60　布卷由水平状态翻倾至垂直状态

(五)输送滚道

输送滚道主要用于系统不同单元设备之间的产品输送,如自动分拣系统和自动包装机之间,自动包装机与储存仓库之间,机台与机台之间的产品输送工作。按照滚道的功能还分为直线输送滚道、转弯(转向、转移负载)滚道、分配(分支)滚道、输出滚道等(图 8-61)。

图 8-61　利用转向滚道布卷从一侧的直行滚道转移到另一滚道示意图

(六)标签验证

包装好的产品会自动贴上标签,然后经过沿包装线安装的摄像机进行验证,能够扫描及打印标签中包含的信息,并与在包装线计算机数据库中输入的信息进行比较,以验证其实际符合性。系统可以及时识别标签内容与数据库中输入的订单信息的匹配状态,降低或排除了人为的错误或标签打印时出现错误的可能性,节省了纠正不符合要求包装所花费的时间,也降低了发生顾客投诉的概率。

三、最终产品布卷的堆叠与存放

经过包装验证的产品,就可以进入仓库存放了,而相关的产品信息也会进入企业的 ERP 系统(enterprise resource planning,企业资源计划系统),使营销部门能及时掌握订单的执行动态。有多种手段可以将最终产品送到仓库,对于配置有自动分拣、包装系统的生产线,会根据产品的包装方式,如是否带托盘等,选用的方法基本与前述的相应的方法一样。

(一)人工叉车搬运

这是最常用的方法,用叉车将产品从包装现场送入仓库,根据在仓库内的放置方式,可以选用货叉或抱夹的电动叉车完成输送及堆叠任务。这个过程是由叉车驾驶员完成的,与产品相关的信息(如产品数量、放置点坐标、时间等)都需要人工生成。

在搬运过程中之所以要选用抱夹式工具,一是便于转运大直径、长幅宽的大型卷材;二是有些布卷的两端可能有防护用硬纸板,这样端面就没有供机械手(气胀式)伸入的纸管通孔而无法搬运,用抱夹就可以解决这个问题;除此之外,就是使用抱夹时,可以更方便地搬运以轴心垂直的姿态码垛或分拣布卷。

(二)AGV 叉车搬运

对于有 AGV 的企业和场地,可以选用 AGV 搬运叉车,将产品从包装现场送入仓库,并进行堆叠。根据在仓库内的放置方式,可以选用货叉或抱夹的电动叉车,完成输送及堆叠任务。

这是一个自动化、智能化的执行过程,与产品相关的信息(如产品数量、放置点坐标,时间等)都是在计算机内生成,并可以为后期这些产品出货、装卸车提供方便。

(三)RGV 叉车搬运

RGV 是轨道引导车(rail guided vehicle),又称有轨穿梭小车,RGV 可用于各类高密度储存方式的仓库,小车轨道可设计任意长,可提高整个仓库储存量,并且在操作时无须叉车驶入巷道,使其安全性更高。虽然 RGV 也是一种智能化设备,但仅限于在现有的轨道上运行。RGV 的系统相对较为简单,价格比 AGV 低很多。

四、简易型产品分拣、包装、储存智能化系统

该系统是一个与 3200mm 幅宽非织造布生产线配套的国产系统,用于非织造布卷材(或纸张、塑料膜等柔性材料)的自动化包装、输送、储存。产品分拣包装储存智能系统包括了各种自动化设备,由多个相关功能模块组成,是一种较为简单的、过程需要人工参与的、造价较低的简易系统。

这个产品分拣包装储存智能化自动化系统由多个分布在生产线主厂房及产品储存仓库内的功能模块组成。该系统流程如图 8-62 所示。

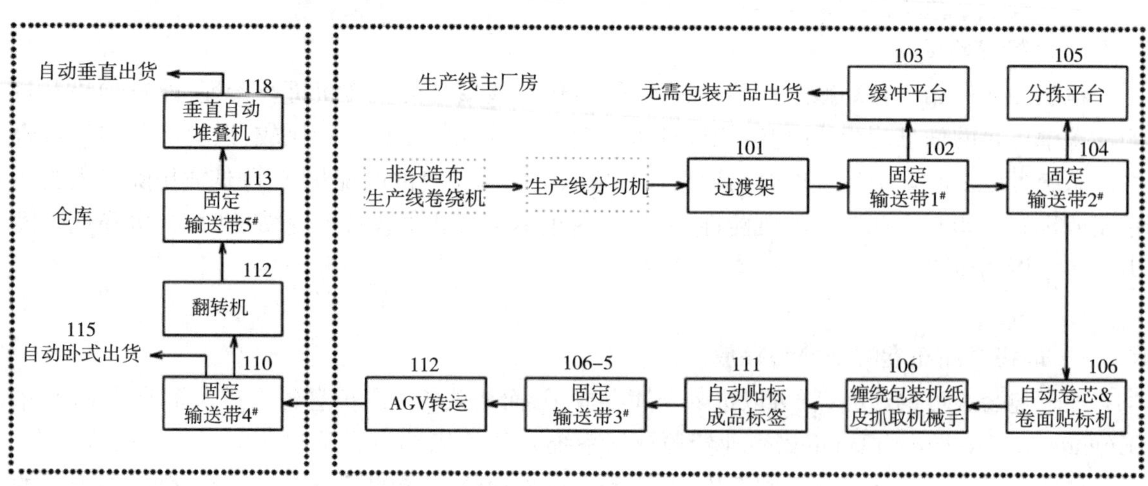

图 8-62 产品分拣包装储存智能化自动化系统流程图

(一)系统的主要技术性能

1. 系统的主要功能

系统的主要功能是将非织造布生产线上分切机分切出的子卷产品进行分拣,剔除不良品;根据任务要求组合堆叠成一个大的包装单元,并在这个单元的两端垫上封板,在完成包装后进行称重、贴标签;然后输送到指定的地点,以适当的方式堆叠储存。

2. 适用的布卷规格

布卷直径范围 500~1219mm,幅宽范围 400~3350mm,最大重量 1000kg,纸筒管长度范围 500~3450 mm

3. 布卷水平状态(卧式)输送带性能

输送带内宽 610mm,适用布卷直径 400~1500mm,重量 600kg/m(制品质量/制品长度),运行速度 10~20m/min(可调)。

4. 布卷垂直状态(立式)输送带性能

输送辊筒最大长度 1500mm,适用布卷直径 400~1500mm,重量 2000kg/m(直径为 1500mm 时),运行速度 10~20m/min(可调)。

5. 自动堆叠(堆垛机)

最大上升后避空高度 2000mm,最大夹紧直径 1200mm,最大夹紧和升降重量 1500kg,最大堆叠高度 4000mm。抱夹在 X、Y 轴方向有两个自由度,可完成布卷的堆垛任务。相对使用机械手(机器人)进行分拣堆叠,这种堆垛机是一个成本较低的配置方案。

6. 缠绕包装速度

每一个规格为 ϕ600mm×1600mm 的卷材包装耗用时间为 65s,相当于 55 包/h(不包括人工辅助作业时间)。

7. 系统最大加工能力

2.5min/卷(分切 4 卷×800mm 幅宽,7 层缠绕包装膜)。

8. 运行制度

设备能满足 24h 连续运转 300 天。

(二)主要设备编号、名称与功能(表 8-6)

表 8-6　主要设备编号、名称与功能

顺序号	设备编号	设备名称	设备特征与功能
1	101	过渡架	布卷由分切机到输送带平稳过渡 1#输送带
2	102	1#输送带	V 形输送带+辊筒
3	103	挡卷缓冲平台	阻挡滚动的布卷和未包装布卷
4	104	2#输送带	V 形输送带+辊筒
5	105	分拣平台	对前工序输送来的布卷进行包装前分拣
6	106-1	贴标机(包装前)	在布卷芯部或布卷表面自动贴标
7	106-2	缠绕膜包装机	采用缠绕 PE 收缩膜全自动径向包装
8	106-3	自动扣纸盖装置	用自动机械手抓取布卷两端纸封板

续表

顺序号	设备编号	设备名称	设备特征与功能
9	106-4	称重系统	包装前/后自动称重及数据传输至贴标机
10	106-5	3#固定输送线	大长径比材料出货支线
11	110	固定输送带	标准材料运输线
12	111	成品贴标	全自动贴 A4 规格标签
13	112-1	AGV 小车	将在车间已包装好的产品输送至仓库
14	112-2	翻转机	在输送过程中布卷轴线翻转 90°
15	113	固定输送线	标准材料运输线
16	115	自动卧式出货	将成品材料推送至出货平台或小车上
17	118	垂直自动堆叠机	将两卷包好的材料进行垂直堆叠存放

(三)主要工作过程描述

(1)分切机把卷材转移到卸料小车上。

(2)分切机卸料小车在轨道上行走到过渡架 101 处停止,翻转落料经过过渡架 101 到输送带 102,挡布卷缓冲平台 103 挡住布卷,并使其停止在输送带 102。

(3)需要包装的全幅宽布卷或多个分切后的子卷组合从输送带 102 被输送到输送带 104。

(4)当需要分卷成组的材料被分拣成包,可以被输送回输送带 102,操作人员可以手动把需要分拣的布卷推到分拣台 105,也可以通过气动推杆助力材料返回到输送带 104。

(5)布卷来到标签打印机 106,自动测试布卷直径后,将在这里自动完成卷芯和卷面贴标签动作。

(6)布卷或成卷包输送到包裹机中心位置被称重 106;包裹机自动缠绕膜 AFS(automatic film start)从膜座中自动引膜,且用胶带自动贴在包裹表面。根据包装设置指令执行缠绕包裹工作。包裹完成后,自动断膜启动,切断缠绕膜并允许驱动辊使包裹转动进而使缠绕膜的末端与膜本身充分压紧,如果有必要再次接头,AFS 可以被相应设置并配合胶带应用。

(7)在缠绕动作开始前,两侧纸盖将通过机械手分别自动抓取到布卷两端,并配合缠绕膜包裹动作,一起完成纸盖的包裹。

(8)包好的料卷移至输送带 116-5,在这里将被贴上成品标签 111,然后等待 AGV(112)接料。

(9)AGV(112)接收成品后,沿着轨迹移动到仓库区输送带处,并送料到输送带 113,然后返回输送带 106-5 处继续下一个周期。

(10)包好的布卷移动到输送带 106-5 处,当产品宽度大于 2200mm,或长径比大于 3 的材料被自动识别出来后,通过输送带气动推杆转送料到卧式材料出料站,这里可以储存 3 个满卷成品卷等待叉车取料。

(11)其他规格的包好的布卷会移动到翻转台,并且从水平方向翻转到垂直方向,翻转后的布卷通过对中后在堆叠架 118 中处垂直堆放,并输送到输送带末端由叉车取料。

(四)各功能模块的技术性能

1. 布卷水平输送带

(1)功能。用于布卷包装前后的水平状态(布卷中心处于水平状态)输送。

(2)配置。结构机架+宽平皮带+无动力滚筒。

(3)配套皮带规格及材质。宽度 500 厚度 3mm 的 PVC 柔性平皮带。

(4)配套滚筒规格。ϕ60mm×250mm 热镀锌(或锈钢材质)无动力滚筒。

(5)输送带长度。根据项目需要配置,最长 5000mm,最短 1000mm。

(6)输送带宽度。内宽 610mm。

(7)适用布卷直径:400~1500mm。

(8)输送重量(布卷质量/布卷长度):600kg/m。

(9)输送速度。10~20m/min 变频可调。

(10)输送带动力配置。三相异步电动机 1.5kW+高精度蜗轮蜗杆减速器。

2. 布卷垂直输送线

(1)功能。用于布卷中心垂直于水平面状态时的输送。

(2)配置。结构机架+双链轮热镀锌(或不锈钢)无动力滚筒。

(3)滚筒规格及材质。ϕ76mm×1300mm 热镀锌双链轮动力滚筒,滚筒长度根据制品直径变化,最大长度 1500mm。

(4)输送线长度。根据项目配置需要,最大 2000mm,最小 1200mm;

(5)输送线宽度。根据制品直径确定,最大滚筒宽度 1500mm。

(6)适用制品直径。400~1500mm。

(7)动力配置。1.5kW 三相异步电动机+精密蜗轮蜗杆减速器。

(8)输送速度。10~20m/min 可调。

(9)输送重量。直径 1500mm 时,重量不得大于 2000kg。

(10)链条规格。10A-1 单排链。

3. 产品布卷自动翻转机

(1)功能。用于将水平状态的布卷不停机自动翻转成垂直状态。

(2)配置。结构机架+输入端无动力滚筒+输出端双链轮动力输送滚筒。

(3)滚筒规格及材质。输入端 ϕ60mm×250mm 热镀锌(或不锈钢)无动力滚筒;输出端 ϕ76mm×1300mm 热镀锌(或不锈钢)双链轮动力滚筒。

(4)翻转方式。液压油缸驱动,1.5kW 三相异步电动机+精密斜齿轮减速器。

(5)油缸规格。ϕ100mm×500mm 标准液压缸,油缸压力 7MPa。

(6)输出端滚筒动力配置。1.5kW 三相异步电动机+精密硬齿面斜齿轮减速器。

(7)套筒滚子链规格。10A-1 单排链。

(8)适用制品直径和长度。直径 400~1500mm,长度 1000~2500mm。

(9)翻转质量。在布卷直径最大时,翻转质量≤2000kg。

4. 垂直布卷自动转向器

(1)功能。用于将垂直布卷的输送方向原地旋转 90°。

(2)配置。结构机架+双链轮动力滚筒+专用输送链条。

(3)滚筒规格及材质。ϕ76mm×1300mm 热镀锌双链轮动力滚筒,滚筒长度根据制品直径变化,最大长度 1500mm。

(4)输送链规格及材质。10B-U2 双排 U 形盖板链条(可选碳钢或不锈钢材质)。

(5)驱动方式。输送驱动 1.5kW 三相异步电动机 2 台+精密蜗轮蜗杆减速器 2 台。

(6)升降方式。气动升降。

(7)适用布卷直径和高度。直径 400~1500mm,高度 500~1500mm。

(8)布卷质量。最大直径 1500mm 时,布卷质量 2000kg。

5. 布卷自动堆叠机械手(堆垛机)

(1)功能。将垂直输送到本机位的布卷,中心重合堆叠成一摞,方便包装和存贮。

(2)配置。设备机架+对中机构+夹紧系统+升降系统。

(3)对中机构配置。伺服电动机定位,气动推动制品使其居中。

(4)夹紧系统。两侧 0.75kW 伺服电动机配高精度减速器独立驱动精密滚珠丝杠,力矩模式同步控制,精密直线导向机构,将制品自动夹紧。

(5)升降系统。7.5kW 交流矢量变频电动机配精密减速器驱动,两侧同步传动,通过特殊传动链,将夹紧后的制品升高到堆叠位置。制品可根据控制需要,在任意高度停留。

(6)直线单元。超大翻转力矩滑块配置,导向精密,运行灵活。

(7)最大上升后避空高度 2000mm。

(8)最大夹紧直径 1200mm。

(9)最大堆叠高度 4000mm。

(10)最大夹紧和升降质量 1500kg。

6. 卧式缠绕包装机

(1)功能。用于将 1 个或多个卧式放置的布卷称重,并在两端部加入防护纸板,整体缠绕包装膜,形成独立包装。

(2)配置。结构机架+平台+输送称重系统+推料系统+放膜包装系统

(3)输送带组成。恒辉隆标准皮带滚筒输送带长 4400mm,1.5kW 交流矢量变频电动机配精密蜗轮蜗杆减速器驱动;皮带宽度 500mm,厚度 3mm,PVC 强力平皮带;ϕ60mm×250mm 热镀锌无动力滚筒,带 1100kg 模拟量输出称重传感器 4 件。

(4)包装推料动力。液压驱动型。

(5)包装制品旋转驱动。1.5kW 交流矢量变频电动机配精密斜齿轮减速电动机。

(6)端部纸板放置。2 台 6 轴机器人辅助放置端部纸板。

(7)端部纸板夹紧方式。气动夹紧。

(8)制品辅助压紧方式。气动辊压紧。

(9)缠绕膜释放包装。0.75kW 伺服电动机配精密行星减速器驱动横向移动机构;0.75kW 伺服电动机配精密行星减速器驱动包装膜;1kW 伺服电动机配精密行星减速器驱动引膜头升降。完成一系列包装动作。

7. 贴标机

(1)功能。根据客户需要配置布卷贴标机、小卷产品表面贴标,以及包装成品表面贴标。

(2)配置。结构机架+标签打印机+贴标机构。

(3)打印机功能。带自主打印及自动剥离机构。

(4)根据客户生产订单及相应编码系统,自动生产相应的标签,实时打印,完成贴标。

8. 轨道自动循环小车

(1)功能。灵活高效地完成布卷的转运。

(2)配置。机构车体+行走动力系统 1.5kW 三相异步电动机配精密斜齿轮减速器+制品双向输送系统(皮带+无动力滚筒)

(3)输送带。宽度:610mm(内宽),皮带宽度 500mm。长度 3250mm(可根据制品长度调整,最大长度 4000mm)。

(4)滚筒规格及材质。ϕ60mm×250mm 热镀锌无动力滚筒。

(5)自动升降系统。选配。

(6)皮带驱动。1.5kW 三相异步电动机配精密蜗轮蜗杆减速器。

(7)小车行走速度。2~10m/min 可调。

(8)皮带输送速度。5~10m/min 可调。

9. 卧式布卷 90°转向机(掉头机)

(1)功能。用于将卧式放置或输送中的布卷转向 90°或 180°。

(2)配置。功能机架+转向系统+输送带

(3)输送带皮带规格及材质。宽度 500mm,厚度 3mm,PVC 强力平皮带。

(4)输送带滚筒规格材质。ϕ60mm×250mm 热镀锌无动力滚筒。

(5)输送带动力驱动。1.5kW 三相异步电动机配精密行星减速器。

(6)输送速度。5~30m/min 可调。

(7)转向驱动方式。气动驱动(标准配置)或电动机驱动(可选)。

(8)转向角度。90°/180°。

(9)适用布卷直径和长度。直径 400~1200mm,长度 1000~2500mm。

(10)最大回转负荷。1500kg。

10. 小幅宽布卷翻转机

(1)功能。用于将长度尺寸远小于直径尺寸的布卷从中心水平状态翻转成中心垂直状态,提高输送稳定性。

(2)配置。功能机架+翻转系统。

(3)布卷规格。最大直径 800mm,最大重量 200kg。

(4)翻转动作驱动方式。气动驱动。

11. 双层立体库

(1)功能。立体仓库是由多个小库组成,根据实际需要有的小库仅用于放置一个布卷,这种小库称为单库。立体库用于临时或中长期存贮中间产品或最终产品。具备自动控制管理系统,可按一定的编码规则,具备自动出入库功能和计时、计数功能。

(2)配置。功能机架+计数计时传感系统。

(3)单库存储布卷的最大规格。ϕ1200mm×2500mm。

(4)最大层数。2 层。

(5)最大库容。根据项目需要配置。

12. 出入库自动轨道车(RGV)

(1)功能。用于立体库内布卷的出入库及沿轨道自动搬运物品。

(2)配置。功能机架+伺服行走系统+液压升降系统+伺服伸缩臂+皮带滚筒输送机。

(3)伺服行走系统。2kW 伺服电动机(西门子)配精密蜗轮蜗杆减速器,驱动整车往返行走定位。轮式轨道行走,行走速度 2~5m/min。

(4)液压升降机构。特制液压缸驱动,最大升降行程 1000mm,功率 1500W。

(5)伺服伸缩臂。2kW 伺服电动机配精密行星减速器驱动精密滚珠丝杠,推动装卸臂向车体两侧伸缩,进行出入库搬运。最大伸缩行程 1500mm。

(6)皮带滚筒输送机。1kW 独立伺服电动机配精密行星减速器独立驱动,正反转双向运行。皮带宽度 250mm,厚度 3mm;特制腰型支撑滚筒,宽度 250mm。

(7)输送布卷规格。最大直径 1000mm,最大长度 2500mm,最大质量 1500kg。

(8)最大举升高度。1000mm。

13. 布卷水平横向过渡输送带

(1)功能。用于布卷中心线水平状态的横向输送。

(2)配置。功能机架+动力平皮带+无动力滚筒。

(3)输送带规格。强力 PVC 平型皮带,宽度 150mm,厚度 3mm。

(4)皮带总数。2~5 条(可选,最少 2 条,最多 5 条)。

(5)滚筒规格。ϕ60mm×150mm 热镀锌无动力滚筒。

(6)输送速度。5~15m/min 变频可调。

(7)布卷规格。最大直径 1200mm,最大长度 2500mm,最大质量 1500kg。

14. 安全设施

产品分拣包装储存系统是一个自动化、智能化系统,生产过程是自动连续进行的,基本无须人工参与,因此,生产区域是全面围蔽防护的。操作岗位均设置有符合安全规范的防护栏(高度 1150mm,立柱间距 1000mm,中间两道横档,直径为 DN40 圆管),有完善的安全连锁保护,防止人员误入。固定式防护装置应始终使用工具才能进行拆卸或打开。

安全门设置有机械式锁定,有安全限位开关并与主控系统连锁,若误操作进入,系统将降低速度运行或停机。在打开或拆除这些防护装置时,会自动切断所有存在危险动作部位的电源。在更换好防护装置,且手动重启设备后,机器才可进行工作循环。

人员操作岗位需要设置急停按钮、急停绳、光栅或安全扫描仪等,紧急停止开关必须是容易识别的,有别于任何其他控制按钮或机构。所有急停、限位信号均需在主控制显示屏有信号显示与报警提示。

15. 控制系统

(1)功能。控制系统内所有单元设备,功能模块的运行过程的启动、停止,速度调节,联锁控制及安全保护。

(2)系统配置。主控系统:SIEMENS PLC 控制,17 英寸显示屏及标准操控台,中/英文操作界面切换。所有模块设备均配置操作控制器,可以进行手动/远程控制模式切换,方便维修及调试作业。控制系统应具有防设备重启功能,以确保设备在电源接通/恢复时不会自动重启。所有驱动单元入线端均需配置隔离开关并可以锁定,锁定信号需在主控屏幕报警显示。

五、基本型非织造布自动包装码垛生产线

该生产线主要应用于非织造布生产线的后段产品包装，实现成品布卷的 PE 缠绕膜外包装、分拣及码垛等工作。与上述的简易型产品分拣包装储存智能化系统比较，该生产线配置较为完备，应用了自动分拣机械手后，功能获得了提升，已在非织造布企业获得实际应用，提高了企业的智能化、自动化水平。

（一）系统的设备配置及构成

实际配置可根据工厂的不同包装工艺要求增减或者调整。

如果按照其功能分类可分为自动上料系统、自动称重与贴标系统、缠绕包装系统、自动分拣码垛系统以及主控制系统；各部分之间虽然功能相对独立，但是通过一套完整的控制系统将其有机地联系在一起。另外，在码垛系统后端还可对接 AGV 以及立体仓库等自动化系统。基本型非织造布自动包装码垛生产线如图 8-63 所示。

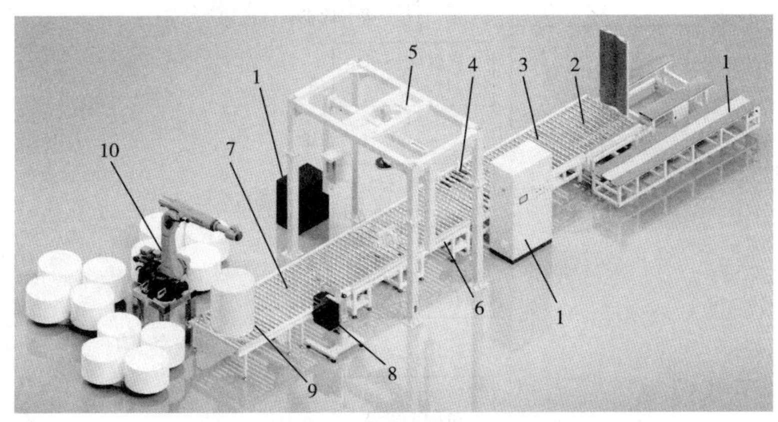

图 8-63　基本型非织造布自动包装码垛生产线

1—链板式移布车　2—翻转机　3—称重输送机　4—自动对中输送机　5—摇臂式高效缠绕机
6—自动缠绕输送线　7—自动贴标输送机　8—即时打印贴标机　9—下货输送机　10—自动码垛机械手

（二）工艺流程

1. 工艺流程图

工艺流程图如图 8-64 所示。

2. 工艺流程介绍

（1）产品从分切机下卷。非织造布经分切机完成分切加工后，移动工作台通过铺设在地面的导轨人工推至分切机位置，由人工将整卷放置在移动工作台上，人工将布头处理好，抽出气胀轴。

（2）产品转移到翻转机。将移动工作台推至翻转机位置，手工将布卷推至翻转机上，并在布卷前后放置纸板。一个包装码好后，按动启动按钮，翻转机启动，将布卷翻转至垂直状态。同时人工按动移动工作台的按钮，将剩余布卷横向移动至翻转机位置，准备下次工作。

（3）自动转向暂存输送。布卷翻起到垂直状态，如果前段转向暂存输送线上没有布卷，则启动称重翻转机上的输送滚筒，将布卷输送至转向暂存输送线上。如果缠绕包装机暂时空闲，则链条输送线升起，将布卷回转 90°输送到缠绕包装机输送线上。若缠绕包装机在工作，则暂

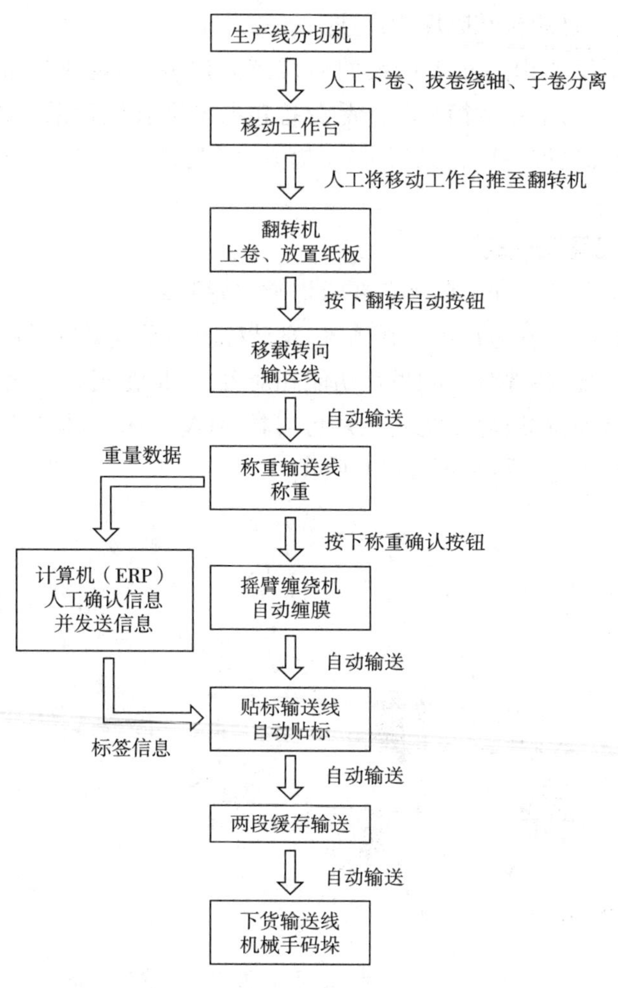

图 8-64　工艺流程图

停运行，等待缠绕包装机工作完成后，自动将布卷输送过去。

(4)称重输送。布卷从暂存移载输送线上输送过来，到达指定位置后，输送线停止运行，并将重量信息传送给计算机。人工核对重量信息，并由客户自己的管理软件生产标签信息，人工确认无误后，将信息发给贴标机。然后按下称重确认按钮，如果缠绕包装机暂时空闲，则启动称重输送线上面的辊筒，将布卷输送到缠绕包装机输送线上。若缠绕包装机在工作，则处于等待状态，待缠绕包装机工作完成后，自动将布卷输送过去。

(5)自动缠绕。布卷自动输送到缠绕机包装位置，将布卷顶起≥150mm，以保证缠绕膜上下折边。同时缠绕机悬臂压紧机构启动，将布卷固定好。摇臂缠绕机自动上膜，根据设定的层数自动进行薄膜缠绕(薄膜拉伸比 1~3 倍可调)，包装完成后自动切断薄膜，并做好下一次包装的准备。顶起平台将货物放回到输送线，输送线启动，输出货物。

(6)自动贴标。包装好的布卷自动进入贴标输送线上，即时打印机打印出标签，贴标机将标签粘贴在布卷上，完成贴标动作，并等待输送。

(7)自动缓存。本设备设有三段缓存输送线(不含贴标段)。经过自动缠绕膜和贴标后的成品，会在最后三段输送线上进行缓存，加上贴标段总共可以缓存 4 个成品。当最后一段货物被移走后，各个缓存段上的货物会逐一自动向后段移动，直至到达最后一段。

（8）机械手码垛。根据货物直径及高度，机械手自动判断抓取坐标并进行抓取，并根据系统分发的码垛位置进行码垛。

（三）各部分的基本工作原理

1. 自动上料系统

目前国内市场上的自动包装线，其上料系统按照自动化程度的高低，基本分为两种方式：

（1）机械手自动上料系统。系统基本工作原理：布卷完成分切后，在分切机的翻转机上进行人工布卷分离、封端面、贴端面标签、贴卷芯标签、拔卷绕轴等工作。人工按呼叫键呼叫移载小车，小车到位后做翻转接布卷动作，接到布卷后小车自动沿轨道运输到码垛机工位，做翻转动作将布卷翻到码垛机工位。机械手自动上料系统如图 8-65 所示。

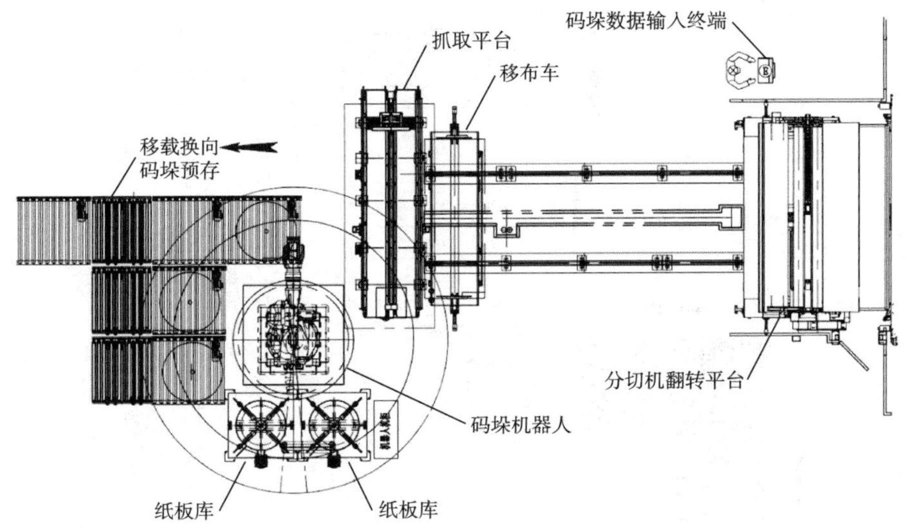

图 8-65 机械手自动上料系统

码垛机自动接到布卷后单侧升起，等待码垛机械手动作，抓取完成后自动输送，等待下次机械手抓取。

码垛机械手通过触摸屏输入产品相关参数（分切子卷数、各子卷幅宽、规格、不良品位置等），机械手通过视觉识别布卷的圆心坐标，根据数据进行单个布卷的抓取，然后根据事先输入的每个布卷的规格及订单信息进行码放，码垛顺序为：先放置底纸板→放置布卷→放置面纸板。

系统的特点：自动化程度较高，通过机械手将产品布卷放置在不同位置，可实现对货物的分拣，以及不良品的剔除，取代了人工分拣及不良品的剔除工作，节省人力。但机械手每次只抓取一个布卷，所以当布卷的幅宽小时，上料的效率会降低很多，有时无法满足出布效率。

由于拔轴、布卷分离、封尾、贴尾标、贴卷芯标等工作尚需人工完成，另外还需要人工输入分切布卷的相关数据，此工序仍需 2~3 人，所以在人员数量上并没有减少。

由于使用机械手码垛需增加视觉系统、RGV 及抓取平台，所以造价及维护成本较高、稳定性较差。由于单片布卷抓取使用了中心孔抓取的方式，对夹具抓取时的定位精度要求很高。虽使用了视觉辅助定位，但难免有定位不准的时候，造成布卷损坏。此种上料方式是使用中心夹取的方式,并且是卧式夹取、立式放置,所以对单片布卷重量有一定限制,不可过重。

由于目前主流厂商所使用的大型分切机大部分为进口或国产一线品牌,而这些厂商尚未将某些程序资源对外开放,不同品牌的设备之间还不能完全兼容。因此,仍有一些上游工序的数据(分切子卷数、每个子卷幅宽、规格、不良品位置等)还是需要人工输入。如果将来上游厂商可以开放这些资源给 MES 或者 ERP 系统,系统将这些数据与订单数据整合后分发给上料系统进行抓取,将省掉人工输入的环节,这是将来的发展趋势。

(2)竖身机式上料系统(图 8-66)。该系统由链板式移布车和翻转机构成。由于包装系统是采用立式包装的方式,所以上料系统的主要工作是将货物由分切机平台接入,并以直立的方式输出到自动包装系统。

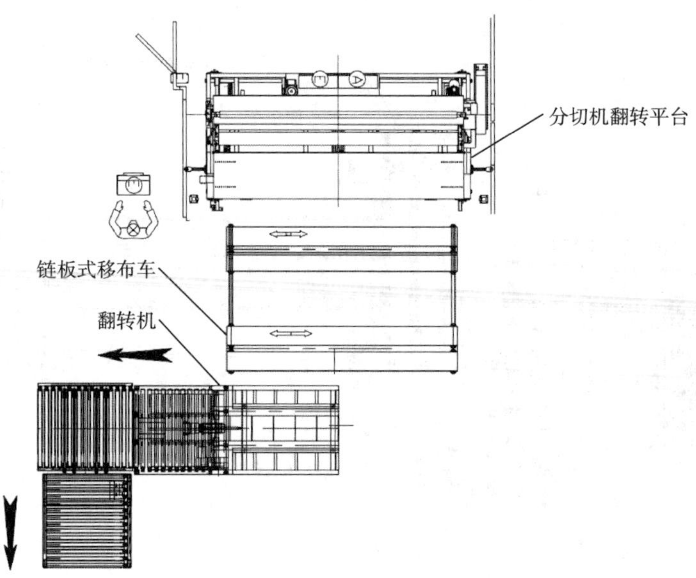

图 8-66　竖身机式上料系统

链板式移布车与前端分切机翻转平台进行衔接,移布车的高度需与前端设备相匹配,长度则与生产线的幅宽相匹配。移布车沿 V 形导轨行走,无动力滚轮,可在导轨上自由滑动,上方链板为点动控制,可根据需要将布卷在小车上做平移运动。

非织造布经分切机分切加工后,人工完成拔轴、分卷等工作,把需要包装的布卷放置到链板输送移布车上,人工推动移布车到翻转机位置,按移布车输送按钮,把布卷调节到合适位置,将布卷推入翻转机内,人工放好纸板,按按钮翻转竖身机启动,将布卷翻转至垂直状态,准备进入下一段包装工序。

主要特点:一次上料可推入一包装单元的布卷,因此上料效率相对机械手的方式要高很多。仅使用了移布车与翻转机即完成上料工作,结构简单,造价低,稳定可靠且便于维护。相比机械手的方式虽然自动化程度较低,但性价比要高很多。

翻转机上料对布卷重量无限制,只要符合包装规格的布卷均可一次翻转完成。

由于拔轴、分卷、推车、推布等工作均由人工完成(2 人),所以此处未能减少人工。自动化程度较低,结构简单。

2. 自动称重与贴标系统

该系统由称重输送机、贴标输送机与即时打印贴标机组成。

在生产线上计量布卷净重或毛重，将重量信息传递给生产管理系统，并按需要打印信息标签，粘贴在布卷最外层表面。

用户可根据需要选择称重输送机放置的位置，比如，当需要称净重时可放置在包装段的前端，这样只需在打印标签时扣除纸管及纸板的重量即可；如需称毛重，则可以将称重段放置在包装段之后，并与贴标机放在一起，这样可在称重后在系统中去除皮重来生成净重；当然，如果需要也可以在包装段前后各放置一台称重输送机，以获得更加精确的重量数据。

不管称重段被放置在什么位置，当货物到达称重段时，系统会记录当前货物的重量，并与其绑定，跟随货物到达贴标段。此时，ERP 软件可自动获取这些信息，并生成标签发送给贴标机。贴标机收到标签信息后，自动完成标签的打印及粘贴贴标的动作，并发送贴标完成信号给系统，完成当前动作，继续后面的流程。

3. 缠绕包装系统

缠绕包装系统（图 8-67）主要由摇臂式缠绕机、缠绕输送机及自动上断膜系统组成。该系统将塑料薄膜包裹在布卷外表面，进行包装防护，可以防尘、防潮、防污染、防破损。

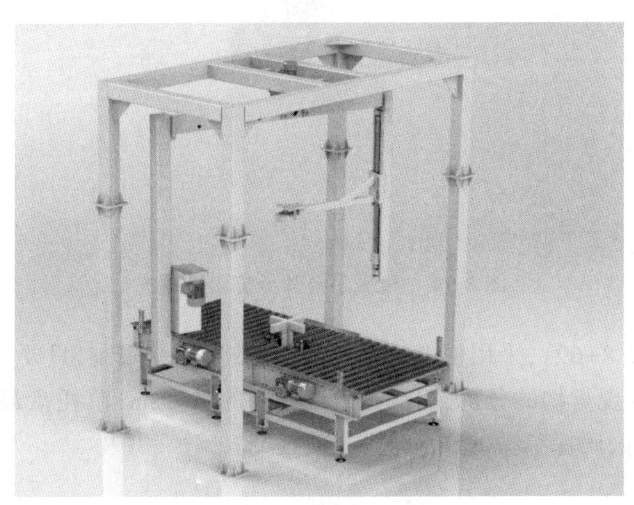

图 8-67　立式缠绕包装系统

摇臂式缠绕机采用全伺服设计，可使摇臂旋转更加平稳，启动或停止的反应速度更快；膜架升降距离按照货物尺寸进行精确控制，误差在毫米以内；膜架可根据货物直径自动调整出膜速度，无须人工调整。伺服电机相比传统的三相异步电机加变频器的控制方式，其速度曲线更加平稳，响应速度快、精度高，速度控制刚性强，大大提升了包装效果。

缠绕输送机中部带有顶起机构，可在包装时将货物顶起，以便符合包装要求。

自动上断膜系统可完成自动上膜，自动断膜，不留膜头，膜尾自动粘贴。自适应货物直径变化（550～1200mm），无须人工调整。

目前的高效缠绕包装系统，可实现膜架相对货物包装速度控制，将每一个包装周期控制在 90s 以内（含自动上断膜）。包装直径在 550～1200mm，高度 500～1600mm。总包装效率可满足两台分切机 50t/天的产量(单包平均重量按照 70kg 计算,包含更换膜卷及打印耗材的时间)。

4. 自动分拣码垛系统

自动分拣码垛系统分为三种:机械手码垛机、桁架式码垛机以及地轨式码垛机。该系统可按照要求将包装好的布卷通过机械装置搬运到周转托盘上,可做到按规格、批次不同,放置到不同托盘上,实现分拣、码放的自动化。

机械手码垛机(图 8-68),可根据需要选择国产或进口品牌机械手,最多可放置三个托盘,可实现三种不同规格货物的分拣,可码放 2 层,总高度≤2m。单托盘最多可放置 8 个布卷,最大抓取质量为 150kg,码垛节拍约 50s/包装。

图 8-68 机械手自动分拣码垛系统

桁架式码垛机(图 8-69),采用框架式结构,托盘数量不受限制,只要空间允许,可根据需要码放多个托盘,从而实现货物的分拣,可码放 2 层,总高度≤2m,单托盘最多可放置 8 个布卷,最大抓取质量为 150kg,码垛节拍约 90s/包装(最远端)。

图 8-69 桁架式布卷码垛机

地轨式码垛机（图 8-70），采用地轨式结构，托盘数量不受限制，只要空间允许，可根据需要码放多个托盘，从而实现货物的分拣，设备总高度较低，适用于高度受限的场合，可码放 2 层，总高度≤2m，单托盘最多可放置 8 个布卷，最大抓取质量为 150kg，码垛节拍约 90s/包装（最远端）。

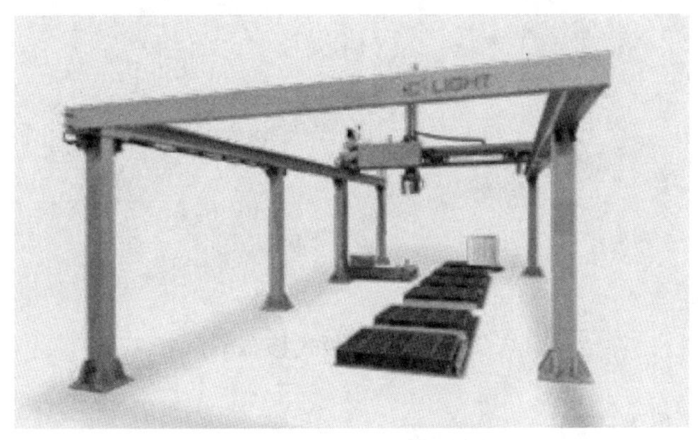

图 8-70　地轨式码垛机

以上三种码垛方式，均可根据布卷直径、高度自动判断抓取坐标，并根据布卷的直径和高度判断码垛板型及层数，均带有托盘检测及满垛报警功能。

5. 主控制系统

该系统通过工控技术实现对全包装生产线的控制，除了负责各个部分逻辑动作的控制，其更重要的功能是数据的采集与分发，为此，首先需要建立与各个部分的通信，包括称重系统，ERP 管理软件，机械手，贴标机等。比如，主控系统可以在上料端从 ERP 系统获取当前布卷的订单信息（人工选单或扫码生成），并以识别码的形式绑定当前布卷，当布卷到达贴标段时再把此信息分发给贴标系统，系统会根据此信息来检索标签样式；从称重段获取当前布卷重量，当布卷到达贴标段时再将重量信息分发给贴标系统，以生成标签上的重量。

在缠绕段自动测量获得布卷的直径及高度数据，会在下一流程被分发给机械手，以使机械手自动计算抓取及放置坐标。另外直径与高度数据还会被分发给缠绕机，用来精确控制膜架上升高度及薄膜张力。

整个过程中可通过触摸屏实时监控每一段的数据信息，采集及分发过程，并可在线修改。

（四）单元设备功能与技术参数

1. 链板式移布车（图 8-71）

（1）下卷输送。将移载车移动到翻转机位置，自动（或手动）将移载车沿地面导轨移动，链板车手动（或自动）前进、后退至合适位置，人工把布卷推至翻转机上，并在布卷前后放置纸板。扫码枪每一卷扫码后，待系统生成 ID 号码，人工码垛完毕。

（2）主要技术参数。承载布卷直径 500～1200mm，最大幅宽≤3500mm。

（3）布卷输送方式。不锈钢链板，车辆移动方式为手动或自动可选。

（4）电源功率。1.1～6kW（按不同需求）。

（5）外型尺寸。3900mm×700mm×650mm。

(6)不锈钢链板横向输送,保证布卷和翻转机在同一位置,点动控制,不锈钢台面,地面铺设导轨,沿导轨行走。

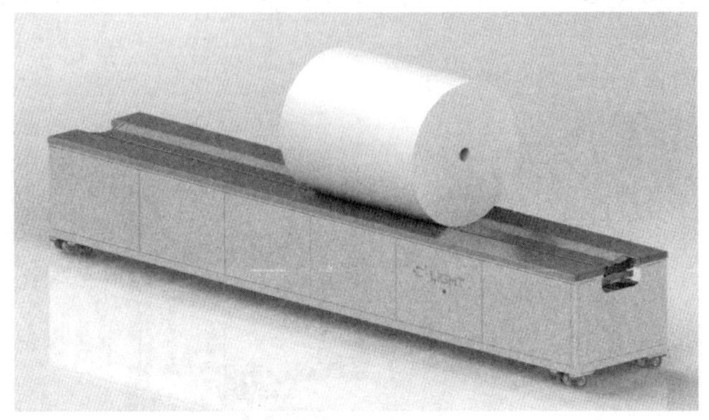

图 8-71 链板式移布车

2. 液压式翻转机(图 8-72)

布卷在翻转机上经人工放置在顶部与底部纸板,点动按钮翻转竖身机启动,将布卷翻转至垂直状态,将布卷立式输送。翻转机采用液压翻转方式,液压油缸驱动,负载高、结构简单、易维护。

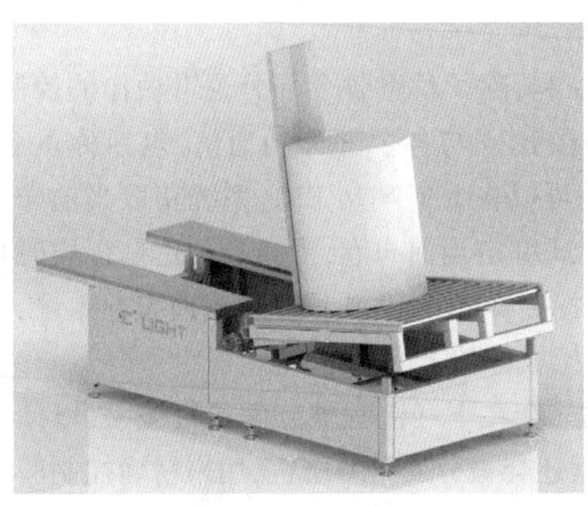

图 8-72 液压式翻转机

主要技术参数:

翻转重量≤300kg,翻转角度 90°,翻转速率约 50s/次,60 个/h(最大);

翻转驱动方式采用液压驱动;

输送方式为不锈钢辊筒;

电源功率 4kW;

外型尺寸 3500mm×1400mm×2100mm。

3. 暂存输送线(图 8-73)

暂存输送线如图 8-73 所示,机架表面采用不锈钢输送辊,保证与货物底部的纸板不打滑。通过光电开关判断货物的位置,起到衔接不同工序的作用。

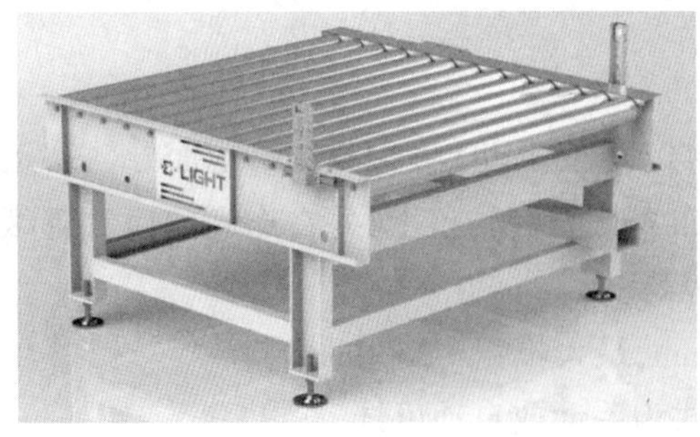

图 8-73 暂存输送线

主要技术参数:输送线最大负荷 300kg;输送线长度 1420mm;输送线速度 15m/min;电源功率 0. 55kW;外型尺寸 1420mm×1400mm×700mm。

4. 称重输送线(图 8-74)

布卷自动到达称重段后,自动停止。待称重稳定后,称重系统自动记录布卷毛重。采用不锈钢哑光输送辊,保证与货物底部的纸板不打滑。

图 8-74　称重输送线

主要技术参数：称重范围≤300kg，计量精度 1/2000；输送线最大负荷 500kg；输送线长度 1500mm，输送线速度 15m/min；输送方式采用不锈钢辊筒；电源功率 0.6kW；外型尺寸 1500mm×1400mm×700mm。

5. 机械对中输送(图 8-75)

机架表面采用不锈钢输送辊，保证与货物底部的纸板不打滑。布卷在输送线中段停止输送，气动装置带动四角的尼龙棒向中心合拢，同时把货物移动到输送线的中心，以保证货物在输送线上处于中心位置。

图 8-75　机械对中输送机

主要技术参数：输送线最大承重 300kg；输送线长度 1470mm，输送线速度 15m/min；对中动力源为气动 0.5～0.8mPa；电源功率 0.8kW；外型尺寸 1470mm×1600mm×700mm。

6. 摇臂式缠绕机(图 8-76)

采用不锈钢哑光输送辊，保证与布卷底(端)部的纸板不打滑。机架采用优质钢材焊接，表面喷塑。压顶采用悬臂式结构，稳定可靠，压顶升降采用无杆气缸。

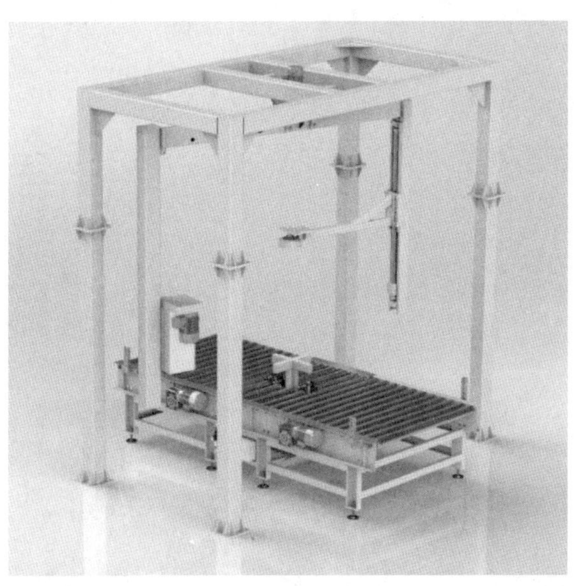
图 8-76　摇臂式缠绕机

主要技术参数：摇臂回转直径最大 3000mm，旋转速度 6～25r/min，变频可调；整机质量

1300kg；整机功率 3. 0kW/380V；外型尺寸 3500mm×1900mm×3800mm；包装材料为厚度 17~35μm 的低密度聚乙烯拉伸缠绕膜，幅宽 500mm，膜卷内芯直径 76. 2mm，膜卷最大外径 260mm。

7. 即时打印贴标机（图 8-77）

外部接口：R232 串口/Parallel 并口/USB2. 0/网口；

操作方式：触摸屏操作；

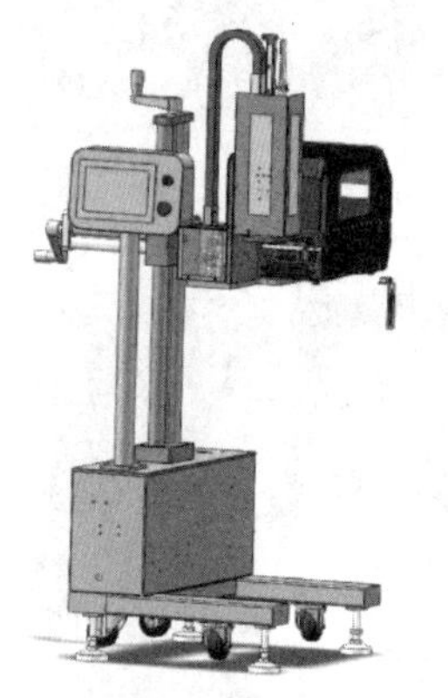

图 8-77 即时打印贴标机

报警设置：缺标签报警，缺色带报警，传感器失效报警；

贴标速度：15~25 件/min；

贴标精度：±3mm；

标贴样式：按实际需求定制。

8. 码垛机械手

型号 SF210-K3200；

机械手额定最大载重 165kg，最大回转半径 3200mm，重复定位精度±0. 5mm；

抓取范围（按夹具性能或按需求设计）：布卷高度为 500~1600mm，直径为 500~1200mm；

机械手高度 2463mm，机械手本体重量 1950kg。

第九章　非织造布设备操作管理

第一节　生产线运行操作

生产线的开机、停机都要遵循基本原则，首先是在确认安全、具备开机运行的前提下，再按程序进行。

生产线准备开机生产前，先要启动公用工程设备，具体次序是：供电系统→燃气或蒸汽供给系统→冷却水系统→制冷系统→压缩空气系统。

一、供电系统

（一）供电系统的功能及要求

供电系统的功能是向所有用电设备提供电力能源，供电作业要由有资质的人员进行，特别是进行 10kV、35kV 高压侧的操作，需要由有资质人员持特种作业操作证（电工）作业，而且所有的操作规程必须符合安全用电要求。

在确认高压侧已经合闸、变压器已经正常运行的条件下，才能进行低压侧的合闸供电操作，其原则是使各种开关在最轻负荷状态合闸。合闸供电顺序是：配电室低压侧总开关→分路开关→车间现场开关→设备电源开关。

停止供电时，分闸、停电则按倒序作业，原则也是使开关在最轻负荷状态分闸。即从最末端的用电负荷（设备）开始，逐级向供电端进行，即按从单台用电设备→生产线→车间→配电室的次序进行，其中有的大电流、高负载设备的倒闸操作要由有资质人员进行。

开始供电后，要注意检查电源的电压是否符合要求，根据 GB/T 12325—2008，在正常情形下，低压侧的三相电压应该为 380V，偏差为标称电压的±7%，220V 单相供电电压偏差为标称电压的+7%、-10%。

三相线电压间的差异为 2%，短时不得大于 4%。三相电源的相序要符合要求，即电动机的转动方向应与负载的运动方向或旋转方向相对应。首次用电运行期间输出线路进行维修后恢复用电，务必要核对电源的相序，保证设备的运动方向没有发生改变。

当企业使用自备电源供电时，一般都是使用柴油发电机组供电，由于与大电网近似的无限功率相比较，自备电源的功率较小。因此，系统的频率、电压稳定性波动会较大，对弱电设备会有一定的影响，在运行管理过程要充分注意。

如果设备在国外使用，在设备投入运行前，就必须核对供电系统的电源频率、电压，系统的接线方式、相序、供电系统的容量等技术指标，并与生产线中的用电设备匹配。

（二）用电侧设备检查

在正式将设备接入供电系统使用前，必须对包括公用工程系统中用电设备在内的所有电气设备进行相应的检查，确保用电设备的性能符合供电系统的要求，电源容量及线路规格、控制设备等满足安全用电及运行要求。

1. 首次供电或进行检修维护后的设备检查

(1)根据设备铭牌数据,检查并确认设备所规定使用的电源种类(交流、直流)、电源频率、电源电压、装机容量等数据,是否与供电系统适配。

(2)检查用电设备外观,应该完好无损,并已安全接地,接地系统线路及接地电阻满足安全用电规范要求。

(3)与用电设备连接的电线电缆应该外观完好,绝缘防护及负载能力满足相应电压等级的用电规范要求,与设备或开关的电接触可靠。

(4)在与系统断开的状态下,各相的绝缘电阻应符合相应电压等级的要求,而且不应小于1MΩ,必要时要经过耐压试验,合格后才能投入使用。

(5)设备供电后,相应的指示灯、仪表应有正常显示,控制画面(HMI)也应该显示初始画面,如出现故障信息或报警,应立即断电检查,排除异常情况。

(6)首次供电,有条件的情况下,电动机最好能与所拖动的设备分离,确认电源电压无误后,用点动方式单独启动电动机,确认其转动方向符合被拖动设备的正常运行转向,否则要停机、断电,处理好后并用同样方法再确认一次。

(7)当供电系统进行过维修作业时,恢复正常供电重新开机,也要注意设备的运转方向,发现异常后要及时给予纠正。

(8)确认电动机的旋转方向(也就是接线的相序)准确无误后,才能将电动机与被拖动设备连接起来,在确认设备已具备安全运行条件后,再进行空载试运行。

(9)未经通过预定程序审批,绝对禁止向处于检修维护状态的设备供电或提供动力。

2. 正常状态下对用电设备的要求

(1)正常状态下,要启动设备前,务必要确认人员及设备是处于安全状态,不存在任何影响安全运行的各种危险因素。

(2)在设备启动前,必须确认设备本身已具备正常运行的条件,如润滑,冷却水及压缩空气供给,通风状态正常,报警已复位,故障已消除,各种控制装置(如阀门、开关)处于正常(正确)的状态。

(3)当设备具有可调整功能时,设备在启动时要设定处于轻载、轻负荷、低转速、低输出状态,以减少冲击和对供电系统的干扰。

二、燃气或蒸汽供给系统

有的熔喷法生产线及后加工设备,如水驻极系统,会配置使用燃气、蒸汽能源的空气加热器或干燥设备。在使用城市的公共燃气、蒸汽系统时,一般都要求使用企业要建造一个降压、调压站,使燃气的压力或蒸汽的压力与用气(汽)设备对应。生产线投入运行前,要检查这些能源供给系统的供应情况。

要注意不同燃气的特性差异,燃烧的效果也不一样,设备使用的燃气种类必须与供气系统相一致,不得直接使用其他非规定使用的燃气品种。

首次使用蒸汽的系统,在通入蒸汽时要严格按照规程进行相应的操作,避免发生水击。

三、冷却水系统

在熔体纺丝成网非织造布生产线中，要使用冷却水的设备主要是螺杆挤出机、纺丝系统配置的水冷型制冷压缩机组、热轧机、烫光机、定型机、水冷型空气压缩机等。

为了节省能源，避免浪费水资源，生产线的冷却水要循环利用，不能只使用一次（称直流冷却水系统）就当作废水排放掉。冷却水循环系统主要由冷却水塔、冷却水泵和管道组成。

冷却水系统投入运行的次序：开启供水阀向系统充水→管网系统排气→启动水泵→启动冷却塔→向用水设备供水。如冷却水系统建造有储水池，要保持储水池有足够的储水量。

对于大部分冷却水系统，水泵的出水压力一般在 0.3MPa 左右，这可以保证生产线中处于最高位置的设备能得到充分的冷却水供应。如果水泵是由变频调速电动机驱动，可调整电动机的速度，将出水压力控制在规定的范围。如果水泵出口安装有阀门，可利用改变阀门的开度来调节出水压力和电动机的负荷。

冷却水的温度与天气及负载情况、冷却塔的机型有关，从设备的回水温度（也就是进入冷却塔的水流温度）约 37℃，冷却塔的出水温度约 32℃，出水温度一般应比回水温度低 5℃左右。

由于冷却水是循环使用的，其水质较差，必须进行适当的排污、净化处理，并及时补水（一般是自动补水）。当生产线配套有在线后整理设备、离线后整理设备、水驻极设备时，一般也是以自来水为制备去离子水系统的水源，而不能将冷却水用作工艺用水源或用作去离子水制备系统的水源。

四、制冷系统

（一）制冷系统的开机程序

制冷系统的开机程序：系统补水→供冷却水→开机→控制出水温度。

起动冷水机组前，要先将冷冻水泵启动，使载冷剂开始循环，然后启动冷却水系统（冷却水泵，冷却水塔），待两个循环系统正常运行后才启动制冷压缩机。

目前，非织造布生产线纺丝系统一般配置的制冷设备是冷水机组，当冷冻水的容量较大时，要提前启动制冷系统运行，使冷冻水降温，一般情形下，视系统内的水容量，从室温下降至设定温度所需的时间在半个小时内。

当冷冻水系统有两套设备、并以“一用一备”方式运行时，仅需启用一套设备。在标准工况下，规定在冷却水回水（即冷却塔的进水）温度为 37℃，供水（即冷却塔的出水）温度 32℃，在温差为 5℃的状态下运行，冷冻水回水（进水）温度为 12℃，供水（出水）温度 7℃，在温差为 5℃的状态下运行。

对使用直冷型制冷设备的冷却吹风系统，由于这种系统的热容量较小，可以不用提前开机运行，与冷却侧吹风机同步动作即可。

（二）制冷系统的启动操作

启动制冷系统前，必须熟悉系统的结构，按照设备说明书的要求进行相关操作。

（1）检查机组供电电源电压是否稳定且符合使用标准。

（2）向冷冻水系统注入规定使用的载冷剂（普通自来水、去离子水或低温冷冻液等），其容量或液位应符合规定。

（3）适度开启冷冻水进水阀、出水阀门，启动冷冻水循环泵，通过调节阀门的开度调整水泵的运行状态，检查负载电流是否正常。如系统采用变频调速，应以较低的频率或速度启动，然后根据负荷情况进行调整。

(4)适度开启冷却水进/出水阀门，启动冷却水循环泵，通过调节阀门的开度调整水泵的运行状态，检查负载电流是否正常。如系统采用变频调速，应在较低的频率或速度启动，然后根据负荷情况进行调整。

(5)检查冷冻水水流开关功能是否正常，缺水或低流量时应有信号输出；冷冻水进/出口压差是否正常；确认冷冻水系统已能正常循环。

(6)启动机组，待机组完成启动过程、进入稳定运行状态后，检查机组运行电压、电流，应符合设备说明书的要求。

(7)检查蒸发器冷冻水的进/出水温度，检查冷凝器的冷却水进/出水温度。

(8)检查蒸发器/冷凝器的制冷剂压力。

(9)根据控制面板显示的电动机负载电流，变频器显示的冷冻水循环水泵、冷却水循环水泵的负载电流，判断驱动电动机的负载状态，而且不应存在超载现象。

(10)检查机组运行声音，机组应该有正常的自动加载/卸载状态转换，判断机组是否处于正常状态。

(11)根据冷凝器进水温度决定是否开启冷却塔。在冷却水水温较低的状态下，冷却水塔的风机不一定运转；在实际气温低于设定冷风温度时，制冷压缩机也不一定要投入运行。

(三)螺杆式冷水机组停机步骤

(1)确认机组本次运行时间大于30min。

(2)机组正常停机，待机组完全停止，经过5~10min后，停止冷却循环泵；关闭冷却水进/出水阀门。如果系统内或生产线中仍有其他设备需要使用冷却水，则要保持冷却水循环泵继续运行。

(3)如果冷却水系统仅供制冷压缩机使用，可关闭冷却水塔风扇(一般与循环泵连锁)。如果系统内或生产线中仍有其他设备需要使用冷却水，则要根据当时的环境条件和水温，决定可否关闭冷却水塔风扇。

(4)经过10~30min后，停止冷冻水循环泵，关闭冷冻水进/出水阀门。

(5)在寒冷地区使用的制冷设备，要做好停机后的防冻工作，避免管道或设备发生冰冻，要将室外冷却水塔、管道等中的存水排放干净。

五、压缩空气系统

(一)非织造布生产线中的用气负荷

在熔体纺丝成网非织造布生产线中，要使用压缩空气的设备会很多，例如：多组分计量配料系统、空气冷却(轴端密封)的纺丝泵、冷却侧出风的气动操作机构、成网机纠偏或网带张紧机构、卷绕机、分切机、后整理系统、组件煅烧清理设备、检验室的一些仪器、设备维修等，这些都属于仪表用压缩空气。

有的生产线的原料干燥系统、纺丝牵伸系统也会用到压缩空气，而且是连续用气，耗气量较大，压缩机的功率也会较大，这些都属于工艺用压缩空气。

在生产线的纺丝系统应用管式牵伸工艺，或用宽狭缝正压牵伸工艺时，如使用PET、PA或

PLA类原料时，会用到最高压力0.60~0.70MPa的牵伸气流，这时会用到大功率(450~1000kW)的螺杆式或离心式空气压缩机，这些设备要使用10kV的高压电源。要操作、管理这个高压系统，岗位人员需要具备相关的资质和能力。

还有少数熔喷法非织造布生产线也会使用压缩空气作为牵伸气源，其配套压缩机的功率也会较大。

(二)压缩空气系统的启动运行

压缩空气系统的启动程序：供电→供冷却水(风冷式压缩机无须供水)→排污→净化系统→供气。

在启动空气压缩机前，要检查压缩机的润滑油是否在规定的油位高度，然后打开储气罐底部的排污阀，将罐内的油水混合物排放干净，用同样的方法将空气冷却器、油水分离器、干燥器等空气净化装置内的存液排放干净。

第二节　生产线主体设备的操作程序

一、原料的输送和预处理

熔体纺丝成网非织造布生产线要使用各种聚合物原料，当使用聚丙烯、聚乙烯等聚烯烃类原料时，一般都不需要进行干燥处理就可以直接投入生产线使用。

如果使用聚酯、聚氨酯、聚酰胺、聚乳酸等聚合物原料时，必须经过干燥处理，使原料的水分含量符合工艺要求后，才能投入纺丝系统使用。

原料干燥过程要耗费的时间与聚合物品种、具体的干燥工艺有关，一般需要经过几个小时才能完成，因此，必须提前完成，为纺丝系统投入运行做好准备。但不能提前太多时间进行，以免干切片在长时间的存放期吸湿返潮。

二、纺丝系统投入运行的程序

如果生产线有多个同类型的纺丝系统，一般按从上游到下游的次序投入运行，这样工作量最少，系统间的互相影响最小。

但SMS生产线则要先将所有纺粘系统投入运行后，才能将熔喷系统投入运行。当有两个或多个熔喷系统时，仍要按先上游后下游的顺序逐个投入运行，次序如下：

离线→送料装置→计量、混料系统→纺丝泵→螺杆挤出机→熔体过滤器→牵伸风机→成网机铺底布→抽吸风机→成网机→DCD调节→冷却风机→卷绕机

启动生产线时的次序：

启动单台设备的加热系统升温→单机设备试运行→生产线联动

(一)加热系统升温

由于各个加热系统从冷态(或室温)加热至工艺设定温度所需的时间不同，一般情况下，直接用电加热的熔体制备系统设备，升温所需的时间约2h；而用导热油加热的系统，升温所需的时间则较长，为4~6h。

对内部有熔体残留的可运动、可转动设备，如螺杆挤出机、熔体过滤器、纺丝泵及纺丝箱、熔体管道等，在启动加热系统时，先使熔体升温，在到达设定温度后，还要经过0.5~1.0h的恒温

时间,使内部的熔体彻底熔融后,才能启动设备运行或动作。

一般情形下,只要向系统供电,熔体制备系统中的所有设备、管道加热装置都会同时供电,设定好温度后,便开始加热。

(1)先启动纺丝箱体加热系统,使箱体升温,待内部熔体彻底熔融,并开始有熔体(或单体)流出后,再启动其他上游设备。这个操作顺序,可以为升温过程中固态聚合物熔融为熔体时,气体受热膨胀所形成的压力提供一个释放通道。

(2)启动螺杆挤出机加热升温,确认设备内的熔体已彻底熔融,并确认纺丝系统的所有设备已升温,所有下游设备已允许投入运行后,启动螺杆挤出机低速转动,这段时间一般约 2h。

同样,这个操作顺序,可以为升温过程中固态聚合物熔融为熔体时,气体受热膨胀所形成的压力提供一个释放通道。

(3)启动熔体过滤器加热系统,使熔体过滤器升温,待内部熔体彻底熔融后,才能启动熔体过滤器的液压装置,进行切换滤网的作业,将熔体过滤器内部残留清理干净。

(4)启动纺丝泵和熔体管道加热系统,使熔体升温,待内部熔体彻底熔融后,启动纺丝泵低速转动。

(二)运行过程中存在逻辑关系的操作或因素

(1)生产线从冷态启动时,必须先将冷却水系统启动,使各种需要冷却水冷却的设备,如螺杆挤出机、热轧机、制冷压缩机、空气压缩机、导热油炉、组件清洗设备等,得到充裕的冷却水供应后,才能启用相关的设备。

(2)熔体温度未到达熔点以上的设定温度,而且没有达到额定的保温时间前,不得启动(而且也无法启动,因为控制系统具有相应的连锁保护功能)螺杆挤出机和纺丝泵运转,熔体过滤器也不要进行换网操作。

(3)纺丝泵没有启动运转,不得启动螺杆挤出机,否则很容易导致螺杆挤出机的超压保护动作,导致螺杆挤出机跳停。

(4)纺丝系统必须配置使用不停机型熔体过滤器,不能同时更换过滤器上的两片熔体滤网,否则生产线将因螺杆挤出机的超压保护动作或滤后压力太低而导致全生产线停机。

(5)不能同时更换套缸式过滤器上的两个套缸,而且要确认各个转换阀门是处于正确的状态,否则生产线将因螺杆挤出机的超压保护动作停机,或滤后压力太低而导致全生产线停机。

(6)纺丝系统在投丝前,要启动成网机的抽吸风机运转,否则丝束很难通过牵伸通道的喇叭口而发生拥堵。

(7)在纺丝系统向成网机投丝前,要将纺丝系统下游方向的压辊升起,这样即使有熔体滴落在网带面上,也不至于被压辊压入网带内,较容易清理。

(8)闭合两个冷却侧吹风箱前,要及时启动单体抽吸风机,并跟随纺丝泵速度同步变化。在两个冷却侧吹风箱互相分开后,单体抽吸风机可以继续运行,也可以停机。

(9)闭合两个冷却侧吹风箱,并相互锁紧,将管道连接好,并保持密封后,才能启动冷却风机。在分离开两个冷却侧吹风箱前,冷却风机要提前停机。

(10)采用气囊密封的冷却侧吹风箱,只有当冷却侧吹风箱已准确定位后,才能向气囊充气。而在移动冷却侧吹风箱前,必须将气囊泄压、排气,否则可能损坏气囊。

(11)要根据系统的压力和密封位置来选择密封气囊的充气压力。

(12)只有备用杆库位置已放置好备用卷绕杆,卷绕机才能进入自动换卷绕杆程序,否则将引起卷绕机报警,无法进入下一个程序运行。

(13)只有在纺粘系统已处于正常运行状态后,才能启动回收挤出机进行在线回收作业;而当生产线或纺丝系统即将停机前,回收挤出机就要提前停机,终止回收作业。

(三)运行过程中不可进行的操作

(1)螺杆挤出机不允许在空载(没有投料或没有熔体)的状态长时间空转,调试状态的空转运行时间不能多于10min,否则容易导致设备过度磨损。

(2)纺丝泵不允许在空载(没有投料或没有熔体)的状态长时间空转,调试状态的空转运行时间不能多于10min,否则容易导致设备过度磨损。

(3)有的螺杆挤出机不允许长时间处于低于设备说明书规定的速度运行,因为设备有可能无法得到正常润滑而发生事故。

(4)在成网机停机状态,不宜长时间启动抽吸风机运行,否则容易导致局部网带严重堵塞。

(5)在没有安装网带的状态,抽吸风机不得长时间以额定转速运行,因为在这种状态下,风机电动机很容易发生超负荷。

(6)在生产线已处于高速运行状态时,不得放下压辊或抬起压辊,否则有可能引起网带走偏,甚至断裂。升降压辊的操作只能在基速或低速状态进行。

(7)纺丝系统正常运行期间,不允许打开纺丝通道冷却腔和扩散通道的观察窗,否则将产生严重的向外飘丝现象,并产生大量废品,甚至发生缠压辊停机。

(8)有的成网机自动纠偏系统配置有手动/自动转换功能,但这个转换操作只能在成网机处于停止运行的状态进行,否则将引起成网机停机。

第三节　投料与原料的预处理安全操作规程

一、投料岗位安全操作规程

投料岗位的职责是按制度规定的程序、方法,把生产需用的切片原料投放到生产线中使用。

(1)投料岗位员工要根据生产计划通知单指定的原料牌号领取原料,并核对现场的原料,将出现差异的情况及时向当班管理者反映,经确认后才开始投料。

(2)投放色母粒及其他添加剂时,首先要确认对应的料斗编号,其次要核准色母粒的型号、规格及批次。不同牌号、同牌号不同批次的添加剂不能混杂使用。

(3)投料时,应根据切片袋的不同封口方式采用相应的开包方法,用缝纫线封口的包装要采取拆线方法投料,其他的可直接用刀割开。

多人在同一岗位同时作业时,要做好自我防护,避免误伤他人。

(4)使用起重设备搬运大包装的原料时,只有确认已吊起的物料不会下坠后,才能在料包的一侧解开下方包装袋口投料。

(5)人工搬运原料时,要注意搬运姿势,保障腰部安全。要控制在料斗上堆叠的切片数量,注意保护料斗的格栅,原料应逐包投放。

(6)当准备将原料投入系统使用前,必须确认新投入原料与存留在系统中原料的兼容性,否则就要按更换原料的作业程序,先将存留在料斗内的原料、辅料清空后,或全部使用完后,才能投入新的原料或辅料。

(7)投料前,要确认包装袋外部和底部无灰尘、泥沙等杂物;投料后,应注意料斗的切片是否混有连粒、并粒,防止阻塞供料;及时拣出类似袋口缝纫线、扎带,特别是金属物等杂质,并收集好。

(8)正常的PP切片不能含有水分,一旦发现外包装有水迹,应立即将这些切片清除或更换、隔离。若已将含有水分的切片倒入料斗,要迅速进行彻底清理,避免湿料进入系统。要对含水分的原料进行标识,以防再被误用。

(9)投料时,料斗中的切片不能装得太满,以免切片散落地面。而散落在地面上的切片要及时清理干净,防止发生人员滑跌事故。

(10)要及时清理发料系统除尘器内的粉尘,定期检验料斗的料位检测装置(如缺料传感器)的灵敏度和有效性。

(11)当直接使用吸料管吸料时,必须保证吸料管的吸入口随时都处于插入并被原料“淹没”的状态,要及时替换、补充已被吸空的料斗或包装。

(12)如采用在料斗底部抽取原料时,要根据送料情况适当调节补气阀的开度,并注意清理空气过滤网上的异物,防止堵塞。

(13)如果用人力往钢平台上的纺丝系统直接投料时,搬运物料的重量应量力而行,上、下楼梯要握紧栏杆扶手。并应注意纺丝系统在离线/在线、DCD调节的不同状态时,固定通道与纺丝平台间通行条件的变化,避免踏空;禁止攀爬护栏,避免高空坠落危险。

(14)投料岗位员工要知道各种料斗的容量和可供正常生产的使用时间,并按一定时间间隔投料。一旦缺料报警,应立即投料补充。

(15)投料人员要文明操作,取料时要从上到下逐层取用,注意避开在料堆的倒塌方向停留或操作。在用叉车搬运原料时,现场人员不得在没有避让空间的区域停留,确保安全。

(16)投料人员在操作时不得携带任何金属物品,所用的金属工具必须妥善放置,严防遗落在料斗内,投料人员不得直接站在料斗上投料。

(17)如需进行计量称重时,必须按规定在投料前及在完成本批次产品生产后进行称量,或按生产进度称量,计算出实际用量,逆向核对、反馈多组分装置的工作状况。

(18)投料岗位兼负责用搅拌机混料时,要按搅拌机的操作规程作业,在搅拌机运转期间,不得打开设备的防护装置进行相关的检查工作。

(19)做好交接班工作和耗料记录,对本班剩余而下一班次仍暂不使用的切片或色母粒、添加剂等,必须给予标识,并及时办理退库手续,不得长期堆放在现场。

(20)完成下料工作后,要对料斗进行适当的防护遮盖,预防异物进入原料中。

(21)完成本批(班)次产品的投料工作后,要记录投料的数量;清点空切片袋的数量,并将切片袋按规定数量扎捆,写上班别、日期,送到指定地点有序放置;搞好作业现场的清洁卫生,落地切片要集中存放。

(22)攀爬、进入大型储料罐,或进入放置储料罐的地下室时,要按规定做好安全防护工作,并需要有人监护,进行必需的辅助工作和提供支持。

(23)要遵守起重设备安全操作规程,正确使用起重设备和其他辅助搬运设施,确保安全生产。

二、切片干燥系统安全操作规程

切片干燥岗位的职责是按制度规定的程序和方法管理干燥系统，按要求把湿切片干燥为符合工艺要求的干切片。大型干燥系统主要用于对产品含水量有严格要求的聚酯类原料加工，用于去除原料中的结合水。

目前，熔喷系统基本都是使用PP原料，而PP原料不需要进行干燥处理，可以直接使用。有时为了稳定生产条件，也可能用一些简易型干燥机对原料进行干燥处理，这种设备只能去除附着在原料表面的水分，其操作过程很简单，参照说明书操作即可。

（一）小型干燥系统安全操作规程

小型的原料干燥装置仅是使用热风提供的能量，使切片原料中的水分升温、蒸发，并被热风带走，使含湿量超过工艺要求的原料得到干燥，这种干燥设备结构简单，仅能去除原料表面的附着水，适用于疏水性原料的干燥。

（1）按照说明书要求的装料量，将湿切片装入干燥机内。

（2）根据原料的品种，设定热风温度，启动风机吹热风。

（3）这种干燥机一般会提供干燥工艺（温度、时间）资料，可根据原料的种类和实际含湿量，根据所提供的信息设定干燥温度和处理时间。

（4）到达预定干燥时间后，将符合质量要求的原料放出使用，注意高温原料潜在的安全风险。

（5）干燥好的原料要存放好，防止原料在降温过程中或在存放过程中吸湿回潮。

（二）大型干燥系统安全操作规程

常规大型湿切片干燥系统，不仅可以除去附着在原料表面的水分，还可以除去内部的结合水，使原料的水分含量符合工艺要求，常用于干燥聚酯类聚合物原料。不同的干燥系统，其操作方法大同小异，具体的安全操作规程如下：

（1）运行过程中，要注意监测高位料罐的料位，供料阀门要处于打开状态；要经常检查、清理高位料斗的排气管或除尘滤网，保持排气畅通。

（2）在旋转供料阀运行工作期间，不得使用工具或直接用手清理切片中的异物。

（3）各种热风设备的电加热器要与风机连锁，一定要按先开动风机，然后启动加热器，或按先关闭加热器，然后才能停止风机运转的次序操作。

（4）要根据原料的品种和干燥工艺设定各个流程或设备的温度。

（5）要及时清理振动筛筛分出来的粉状料、连粒料或杂物。

（6）要及时清理从除尘器收集、排出来的粉尘。

（7）按规定将已干燥好的切片原料发送到指定的储罐，在干燥器出料期间，要注意规避高温切片的潜在危险。

（8）储存已经过干燥处理、水分含量合格的干切片原料时，要有相应的保护措施（如用惰性气体保护、金属箔包装袋包装等），防止干切片在保存期内回潮、变质。

（9）注意正压脉冲送料系统中各种压力的协调性，并按工艺要求进行设定，每个送料过程结束时，必须将系统内的存料吹扫干净。

（10）要加强压缩空气管路、空气净化装置、空气干燥除湿设备和各种气动装置的检查维护工作。

(11)要加强送料管路连接的密封性检查,防止发生泄漏;加强管路的固定装置维护工作,避免产生振动。

(12)出现喷料故障时,要及时停止系统运行。

(13)在干燥系统的高位料罐作业时,要注意高空作业安全。

(三)大型干燥系统的操作程序

开机前检查各单元机及电气连接无误后,合上总电源开关,按工艺要求通过仪表键盘设定输入所需的温度值。在手动操作状态下,按以下顺序启动系统中的各台单元设备:

湿切片→高位料罐→开料阀→预结晶→调节→脉动电动机→电加热器→回转阀→蝶阀→空气干燥→调节阀→电加热器→湿切片料阀

确认各单元设备已正常运行后,可将操作状态由手动转换为自动,当热空气的温度、露点到达工艺要求后,检查下列各项:

(1)高位湿切片料仓是否有料;

(2)预结晶风机的旋转方向是否符合要求;

(3)结晶加热器是否正常;

(4)脉动阀是否转动;

(5)主干燥器出料口处插板阀是否关闭;

(6)调压阀是否在设定值内;

(7)干燥电加热器是否正常;

(8)空气干燥机是否正常;

(9)粉尘分离器出料口蝶阀是否打开。

在上述各项运行正常后,打开湿切片料阀,湿切片将在重力作用下由上而下经过回转供料阀进入预结晶设备,系统开始运行。

当设备需要停车(非紧急停车)或排空时,需将手动/自动转换开关置于手动位置,并按以下顺序停车:

湿切片料阀→回转阀→加热器→预结晶风机→脉动电动机→蝶阀→电加热器→空气干燥机

(四)生产过程中的注意事项及调整

(1)通过预结晶及干燥过程的控制,最终目的是使切片的含水率降到30mg/kg以下,同时减少切片的黏度降,使黏度降≤0.02dL/g,以保证正常稳定纺丝。在正常生产过程中,要根据设备负荷变化和切片含水率的变化,及时调整相应的干燥工艺。

(2)及时检测切片的含水率及黏度,及时调整工艺,调整的原则是首先考虑干燥温度。在选择干燥温度时,一方面要考虑去除水分,另一方面要考虑含水量较高时,避免原料在高温下水解。在满足生产的前提下温度越低越好,这样还可以降低能耗。

其次才是考虑干燥风量[m^3/(kg·h)],在满足生产过程中切片原料需求和干燥质量的前提下,风速越低越好,一方面可降低能耗,另一方面可减少粉末的产生,减少切片消耗,最后考虑停留时间的调整。

典型的PLA干燥工艺:空气流量≥0.94m^3/(kg·h),空气露点-40℃;干燥气流温度80℃,干燥时间4h;干燥气流温度100℃,干燥时间3h,如图9-1所示。

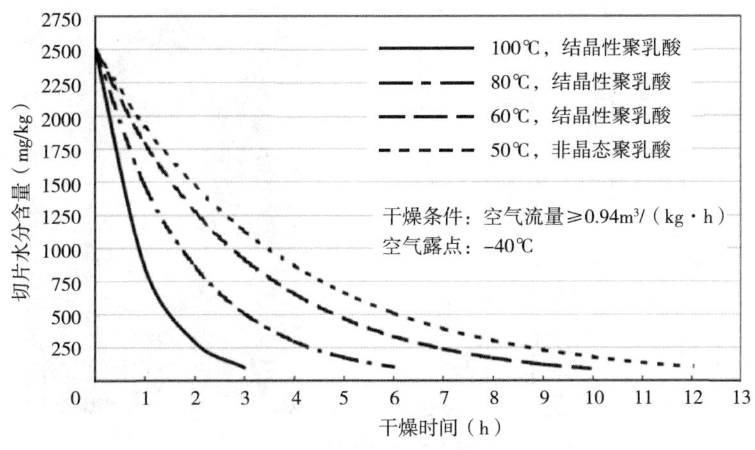

图 9-1　PLA 切片原料的干燥温度与干燥时间的关系

(3)注意随时观察干燥空气露点的变化,控制压缩空气的含油、含水率,防止出现分子筛失效情况,如果在负荷不变的情况下,露点不断升高,就要及时更换分子筛。露点温度越低越好,在同样负荷的生产条件下,露点越低,干燥温度越低,风量越低,相应的能耗越低,切片的损耗也越少。

(4)从原料进入生产线开始,保证生产系统与外界环境相对隔离,减少环境对生产系统的影响。在将干燥后的切片从干燥塔出口输送到螺杆挤出机进料口的过程中,需注意保温,并保证密封,尽可能杜绝同空气接触,防止干切片吸湿返潮,影响正常纺丝。

(五)除湿干燥机的维护保养

结晶干燥系统使用的除湿机一般为无热(或有热)吸附式再生干燥机,在日常使用过程中,应经常注意观察各过滤器的压差,当压差表的指示进入红色区,就应对该滤芯进行清理,没有固定的周期,与压缩空气的质量有直接关系。分子筛除湿机如图 9-2 所示。

当再生塔的压力表不为零时,应及时清理或更换相应的消声器。

1. 更换分子筛的技术指标

除湿后的空气露点一般可以达到-40℃,而当除湿后的空气露点高于干燥工艺的要求时(一般为-30℃),就应考虑全部更换分子筛。

分子筛是一种颗粒状原料,使用中会吸收水分而减低效能,除湿机本身具有再生功能,可使分子筛恢复其吸湿性。当无法通过再生的方法恢复其功能后,就要更换分子筛。

2. 排出失效分子筛的操作方法

无热(或有热)吸附式干燥机每年应补充分子筛的消耗,停机并彻底卸压后,先打开压力罐体顶部的堵头,再打开下部的堵头,排出旧的失效分子筛,将旧的分子筛排放干净后,重新装回罐体下部的堵头,将底部的出口封堵好。

3. 充装新分子筛的操作方法

通过罐体上部的堵头开口加入新的分子筛,可边加边用木棒敲击压力罐,让分子筛填满装实,然后重新堵上堵头准备开机。

4. 新分子筛的再生操作方法

充填好新的分子筛后,先开机让其再生,然后投入使用,再生的时间不小于 8h,同时观察干

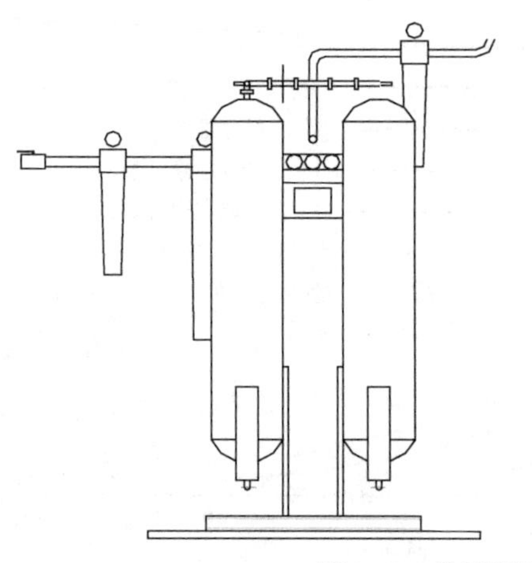

图 9-2　分子筛除湿机

空气露点能否满足干燥要求,若露点还不能满足正常干燥或工艺纺丝要求,还要增加再生的时间。

(六)维修及保养

结晶干燥系统的维护与保养主要包括结晶风机、脉动板、脉动板减速机、回转阀、回转阀减速机等运转单元机及结晶加热器、干燥加热器、结晶网板、除湿机等非运转单元机的维护与保养,以及零部件的更换。

第四节　熔体制备系统安全操作规程

一、多组分计量混料系统安全操作规程

多组分计量系统的功能是将各种辅料与原料按规定的比例混合后,供应给螺杆挤出机。

(一)多组分系统通用安全操作规程

(1)对于使用体积式计量的系统,要提前测量聚合物切片和辅料(如色母粒、功能母粒等)的容重(或堆积密度)等参数,核对领料量(或仓库的存料量),并确认能满足本批产品需要。

(2)正常情形下,对于同一品牌供应商,不同批号的原料或色母粒,宜以生产日期为依据,早期生产出厂的先用,晚期生产出厂的后用,安排领料、投料使用。

(3)对于库存的同一品牌添加剂(色母料、功能母料、填充料等),最好是按批次使用,如果单批次已不足以支持本批次产品订单生产的需要,在投入系统使用前,最好将不同批次的添加剂搅拌均匀后再投入生产,防止不同批次色母粒的配比差异、颜色差异导致产品色差。

(4)不同品牌供应商的母粒,最好不要混用,因为不同母粒供应商的生产工艺、原辅材料的选择、质量检查要求不一样。

(5)按工艺要求计算并在操作界面上设定各组分的配比(如计量装置转速、运行频率),核对料斗存放的物料是否与纺丝系统编号及相关组分的编号对应。

(6)当设定过程中出现计量装置的设定值远小于额定值,或接近、大于额定值的情况时,要更换小一级或大一级的计量装置(如计量盘、计量螺杆等)。

(7)转换产品时,要将系统清理干净,清除残存的母粒及其他添加物,要及时清理散落在设

备周围的物料，防止人员滑跌，发生事故。

(8)定期或及时清理(负压吸料系统)除尘装置内的积尘及各组分的物料粉末，清理各种滤网。注意清除原料中存在的连粒、并粒，防止物料在系统内结桥、起拱，阻塞供料。

(9)如果多组分计量装置在机旁及总控制台都有操作设定装置，应分工协调好，刚开机或刚完成换料时，宜在机旁设定、操作，正常运行时，则主要是在总控制台监控。

(10)运行期间要注意各组分的工作状态是否正常，不同的机型会有不同的运行模式。系统的计量装置一般是以断续(间歇)供料方式运行的。

(11)当某一个组分计量装置的运转时间明显长于常规状态时，要及时检查本组分料斗的存料量或供料系统的运行状态。

(12)当出现缺料故障报警时，要及时检查、排除相应的故障，必要时，可用人工供料的方法维持系统继续运行。

(13)系统运行期间，不能用工具或直接用手处理运动设备的故障，不得把手伸入搅拌器内清理杂物。处理故障时，要断开设备电源，防止计量装置或搅拌桨突然运转，发生事故。

(14)在计量混料系统上工作时，要注意放置好所用的工具，保管好随身携带的物品，防止高空坠物掉下地面或进入设备内。

(15)准备转换产品颜色或品种前，在确认预留余量足以满足本批次剩余产品的生产需求后，可提前清理本组分的料斗容器。

(16)要按规定将清理出的物料或本班次剩余的物料包装、标识处理好，不得大量堆放在设备现场。

(17)当产品颜色出现异变时，必须迅速查找原因或通知维修工处理。

(18)攀爬或上下楼梯、在高位钢平台工作时，要注意安全，防止发生滑跌或高空坠落事故。

(二)体积计量式多组分装置的基本设定过程

体积式多组分计量装置基本是用螺杆进行计量的，设定各组分配比的过程实际就是计算螺杆的转速，由于计量螺杆是用变频调速电动机驱动，因此，也可以是计算变频器的输出频率。基本原理性操作次序如下。

(1)测定本组分所用物料的容重 G_{vi}(g/cm^3或 kg/L)。

(2)根据本纺丝系统的挤出量 Q_t 和本组分的配比 B_i(工艺要求)计算本组分的投料量 Q_{ti}(kg /min)：

$$Q_{ti}=Q_t\times B_i$$

(3)根据各料斗的供料能力选定料斗，每一个多组分计量装置都有一个配比范围及最大的供料能力，除了供料能力最大的主料斗用来输送聚合物切片原料外，可根据实际需要的供料量选定对应组分的料斗。

(4)根据容重 G_{vi}，投料量 Q_{ti}，计算与本组分的投料量对应的物料容积 V_{ti}(L/min)：

$$V_{ti}=Q_{ti}/G_{vi}$$

(5)根据 V_{ti}和预先测量得到的对应单位频率单位时间的体积排量 V_i[L/(Hz · min)]，计算出对应料斗计量螺杆电动机的运行频率 F_i(Hz)：

$$F_i=V_{ti}/V_i$$

(6)根据以上方法,计算出其他各组分计量螺杆电动机的运行频率 F_i,但必须满足 $F_i<$最高频率,实际运行频率宜为 35~55Hz。一般变频器的频率设定值可取至小数点后一位。

当运行频率偏高时,还可以通过换用挤出量更大的计量螺杆来解决。

(7)验算所有组分的供料能力总和,必须是本纺丝系统挤出量的 1.2~1.5 倍。

如供料能力偏小,各组分的计量螺杆将会长时间连续运行,容易造成供料不足;如偏大,则有可能使搅拌料斗的料位产生较大的波动,影响搅拌的均匀度。

(8)根据产品的定量调整配比。各组分的实际运行频率还要根据产品的检测结果进行修正。

产品的颜色还与定量有关,不能用同一加入配比生产定量变化范围很大的产品。用同一加入配比生产定量较大产品的颜色会较深。因此,当产品的定量变小时,增加色母粒的加入量,或适当增加计量螺杆的设定频率;当产品的定量变大时,可减少色母粒的加入量,或适当减少计量螺杆的设定频率。

(三)体积计量式多组分装置作业指导书

目前,很多体积计量式多组分装置已将上述一些计算、设定过程固化到系统中,使设定过程大为简化。

(1)按照设备说明书的操作方法,对各种物料的容重进行标定。

(2)将原料容重数据输入系统。

(3)输入相应组分原料的添加比例。

(4)验算,各组分的添加比例总和要刚好等于 100%。

(四)称重式多组分装置作业指导书

称重式多组分计量混料装置的数字化、智能化水平较高,因此,设定过程较简单,设备的操作界面如图 9-3 所示。

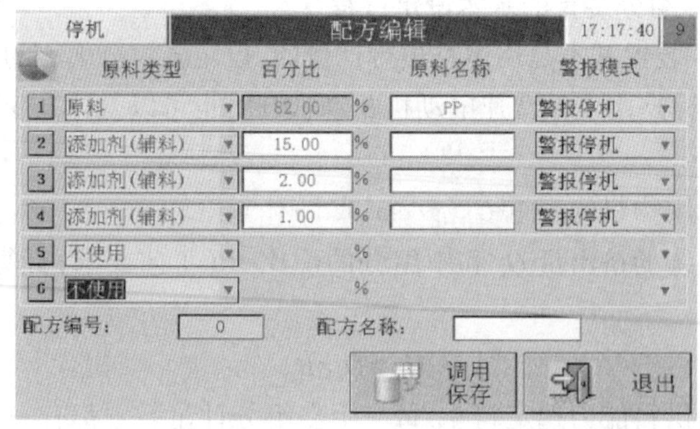

图 9-3　称重式多组分计量混料装置的操作界面

(1)如果是生产以前已生产过的产品,可按编号或名称选择、调出配方,确认即可,务必注意当前料斗的原料要与原配方相对应。

(2)如果是生产新产品,调出配方设定画面(示例),进行相应的设定,确认即可。

(3)可逐个组分进行编辑、设定,一般料斗 1 是用于原料切片,设定范围可在 5%~100%,其他组分(2~5)为添加剂,设定比例可在 0.5%~10%。

(4)所有原料、添加剂的添加比例总和必须等于 100%,否则系统会报警,需要重新设定。

(5)系统除了可以称重方式运行外,一般还能以体积计量方式运行,这时各组分是按进料时间控制配比。表9-1是供料与计量混料装置发生故障时的可能原因和排除方法,虽然系统在这种状态的计量精度会降低,但仍可以维持系统正常运行。

表9-1　供料与计量混料装置的故障及排除方法

故障现象	可能原因	排除方法
挤出机速度不断升高,熔体压力波动 料斗低料位报警	1. 料斗内已没有原料 2. 抽料管道堵塞或漏气 3. 料位传感器故障 4. 排料阀板复位不严密 5. 时间设定值不当 6. 电磁阀故障 7. 送料风机故障	1. 添加原料 2. 检查清理管道 3. 检查料位传感器 4. 检查排料阀板动作 5. 增加送料时间设定值 6. 检查并排除电磁阀故障 7. 检查送料风机
混料机故障,报警停机	1. 搅拌桶内原料太多 2. 搅拌桨叶被异物缠绕 3. 减速机故障 4. 驱动电动机故障	1. 检查搅拌桶内的料位 2. 清理缠绕搅拌桨的异物 3. 检查减速机 4. 检查驱动电动机及电路

二、螺杆挤出机的管理和安全操作规程

(一)螺杆挤出机的日常管理工作

螺杆挤出机的功能是将混合好的原料加工成合格的聚合物熔体。螺杆挤出机是处于自动状态运行的,无须人为干预。因此,本岗位的主要工作是对设备的外部进行巡视、管理。

(1)在生产期间,每一班次最少要对螺杆挤出机进行两次巡视、检查。

(2)供料阀在运行期间要处于全开状态,长时间停止运行时前或需要排干净系统内的熔体时,供料阀要处于关闭状态,发现进料段的磁性拦截器吸附有金属物品时,要及时清理。

(3)传动装置的传动带张紧度适宜,无打滑现象,无异常声音和震动,传动带及带轮无温升过高的现象,技术状态正常。当传动带失效后,必须一次性更换全组传动带。

(4)减速机温升正常,油位正常,管道、接头、箱体无润滑油泄漏现象。要按规定的周期添加或更换润滑油,在运行状态加油时,要防止异物掉入减速机内部。

(5)螺杆挤出机的各种配套设施紧固可靠,防护设施完好、正常、有效,禁止在没有防护罩的状态启动螺杆挤出机运行。

(6)螺杆进料段及减速机要有充足的冷却水供应,并得到合理的冷却;对使用油泵强制润滑的螺杆挤出机,在初次投产一个月后,就要清理一次过滤器,以后每年最少要清理一次机油冷却器和过滤器的滤芯。

(7)禁止在运行状态对有熔体的压力部位进行任何维护工作,出料头及熔体管道、压力传感器接头等位置应无熔体泄漏现象,熔体管道的保温设施完好。

(8)螺杆挤出机和驱动电动机的机座应可靠紧固,防止产生异常的震动和移位,但安装紧固方式不应该约束机器的热胀冷缩变形。当出料头采用导热油加热时,管道和接头不得存在泄漏现象。

(9)当螺杆挤出机的套筒加热系统配置有冷却风机时,风机应以间歇状态运行,应保持排

风路径畅通无阻。

(10)要在停电状态检查螺杆挤出机内电线、电缆的连接可靠性,并按规定力矩进行紧固。要定期检查电加热器的工作状态,并与螺杆套筒保持良好紧密的接触。

(11)机器及周边环境保持清洁卫生,不放置无关的杂物,要及时清理散落在设备周围及面板上的物料,防止人员滑跌,发生事故。

(二)螺杆挤出机安全操作规程

(1)按生产工艺要求,在控制系统操作面板上设定好螺杆出料口(滤前)及熔体过滤器后的熔体压力值。

(2)按生产工艺要求,在控制面板上设定好螺杆套筒各加热区的温度。

(3)打开套筒进料段的冷却水阀门,水量的大小可根据运行工况而定,但不一定要将水量调节阀开到最大状态,使进料段得到适当的冷却即可。

(4)螺杆挤出机首次投入运行时,为了及时发现及处理故障,减少温度过冲现象,可采取分段设定加热方法升温。

先接通加热系统电源,以不大于 50℃/h 的升温速率,将各加热区的温度升至 100℃,然后保温 30min,再按每升高 20~50℃、保温 30min 的方法升温,直至到达设定工艺温度。

升温期间应每间隔一小时进行手动盘车,转动螺杆,使螺杆均匀受热。对已投入使用的机器,可直接按工艺要求设定工作温度升温。

(5)各温度控制区达到设定温度后,要进一步紧固与套筒相连的螺栓(仅在新设备首次运行时才需要),然后以手动操作方法低速启动驱动电动机,并缓慢打开进料阀门,约 5min 后将阀门全部打开。

(6)先启动纺丝泵低速(约为额定转速的十分之一)运转,然后以手动控制方式使螺杆挤出机升速,一旦熔体过滤器后的熔体压力指示值(控制压力)接近设定值,便让螺杆电动机从手动状态进入自动运行状态。

注意:在正常操作时,要先将纺丝泵启动,然后根据控制压力的变化提高纺丝泵转速,配合螺杆挤出机的升速操作。

当控制压力升高时,可提高纺丝泵的转速,使控制压力趋向稳定;然后提高螺杆转速,使控制压力在新的稳定点继续上升。反复进行上述操作,可使控制压力平稳到达设定值。如压力升高太快,则可以将螺杆降速,避免发生超压保护停机。

(7)正常停机(适用于短时间停机),进料阀仍可保持打开状态,降低纺丝泵的转速,让螺杆挤出机继续运行 2~3min。

(8)停止纺丝泵转动,螺杆挤出机会在自动状态停机。

(9)螺杆挤出机降速停机后,停止加热(不一定需要)。

(10)排料停机(适用于长时间停机),关闭进料阀,降低纺丝泵的转速,让螺杆挤出机继续运行。

(11)在滤后压力开始出现下降趋势时,将螺杆挤出机由自动状态运行转为手动操作,纺丝泵与螺杆挤出机均以低速状态运行。

(12)不断降低纺丝泵的转速,将系统内存留的熔体全部挤出,直到滤后压力下降为 0,停止纺丝泵转动。

(13)螺杆挤出机降速后停机,关闭螺杆电动机电源,停止加热。

(三)常见故障、原因及处理方法

螺杆挤出机常见故障与排除方法见表9-2。

表9-2　螺杆挤出机常见故障与排除方法

故障现象	原因	排除方法
熔体压力波动过大	1. 切片熔融指数不稳定 2. 切片熔融指数偏小 3. 切片杂质多,堵塞滤网 4. 压力控制系统故障 5. 电动机或传动装置故障 6. 压力传感器安装位置不当 7. 回收物料不均衡(熔喷不回收)	1. 更换聚合物原料 2. 更换原料,升温,加降温剂 3. 更换原料,勤换滤网 4. 检查,维修 5. 检查,修理,排除故障 6. 应安装在靠近过滤器出口位置 7. 调整回收量,均衡喂料
加热区低温报警	1. 电加热器损坏 2. 传感器故障,接触不良 3. 加热器损坏 4. 对应加热区熔断器损坏 5. 控温系统异常	1. 检查、更换电加热器 2. 检查、更换温度传感器 3. 更换加热器 4. 更换熔断器 5. 检查、修复控温系统
加热区温度过高超温报警	1. 传感器故障 2. 固态继电器或控温模块失控 3. 受相邻加热区温度影响	1. 更换温度传感器 2. 更换失效控温元器件 3. 调整相邻加热区的温度设定值
加热区温度异常、偏高、偏低或失控	1. 冷却水量供应不正常 2. 加热区冷却风机故障 3. 加热器故障 4. 传感器故障 5. 温控系统故障 6. 相邻温区设定值不当 7. 电源故障	1. 检查原因,调整冷却水流量 2. 检查、修理,排除风机故障 3. 检查、修理,排除加热器故障 4. 检查、修理,更换新传感器 5. 检查、维修或更换控温系统 6. 重新设定 7. 检查、修复供电电源
压力异常报警	1. 原料熔指太低,熔体压力太高 2. 滤网严重堵塞 3. 部分加热器损坏,加热功率不够 4. 用一片滤网状态运行时间太长	1. 换原料或升高螺杆温度 2. 适时更换熔体过滤器滤网 3. 修复加热器 4. 适当缩短换滤网操作时间
	1. 多组分混料装置缺料 2. 入料口环结,阻塞螺杆进料 3. 纺丝系统的挤出量大于螺杆挤出机的额定挤出量	1. 消除起拱,排除管道漏气,检查多组分装置供料系统 2. 处理入料口环结 3. 降低计量纺丝泵转速
	负荷过重(升速速率太快,原料流动性差,熔体温度太低,熔体通道堵塞)	1. 修改升速斜率,改进操作方法 2. 更换原料或添加降温母粒 3. 升高熔体温度或修理 4. 清理通道

续表

故障现象	原因	排除方法
转速变化波动偏大	1. 传动带打滑 2. 滤网堵塞,滤前压力太大 3. 进料阻塞 4. 纺丝泵故障 5. 驱动及控制系统故障 6. 回收喂入量不均匀	1. 检查超载原因,张紧传动带 2. 及时更换滤网 3. 清理入口区 4. 维修纺丝泵 5. 检查、维修驱动及控制器 6. 调整回收量
入料口环结	1. 冷却水流量太小 2. 进料段温度太高 3. 进料段温度太低 4. 螺杆转速太低 5. 螺杆出口熔体压力太高 6. 长时间停机没有降温和关闭进料阀	1. 增加阀门开度增加流量 2. 适当降低进料段温度 3. 适当提高进料段温度 4. 提高运行速度 5. 及时更换过滤器过滤元件 6. 长时间停机要降温和关闭进料阀
螺杆喂料口有熔体溢出	1. 操作程序错误,主螺杆没启动运行就开动回收挤出机 2. 主挤出机停机后没有及时停止回收挤出机	1. 按正确次序启动设备,先启动主螺杆,然后再启动回收螺杆 2. 停止主螺杆挤出机前,要先停止回收螺杆挤出机
传动装置噪声异常	1. 齿轮啮合部位损伤 2. 减速器轴承损坏 3. 传动带打滑 4. 设备松动没有固紧	1. 检查、维修失效传动部件 2. 检查或更换损坏的轴承 3. 张紧或更换全组传动带 4. 检查紧固设备
轴承或润滑油温升偏高	1. 减速器中润滑油位不当 2. 使用时间太长没换油,机油已老化或被污染,一般累计运行 12 个月要换油 3. 机油过滤器堵塞或油泵损坏 4. 轴承损坏 5. 冷却水流量不足	1. 通过补充或排放,使室温下的油位符合规定要求 2. 检查或更换指定牌号机油,可选用壳牌可耐压 220#齿轮油 3. 修理机油泵,清洗过滤器 4. 检查或更换轴承 5. 检查并增加冷却水流量
螺杆驱动电动机过载报警或跳闸	1. 电网供电电压异常 2. 电动机过载运行,电流过大 3. 熔体温度设定值偏低 4. 挤出量超产能 5. 断路器损坏 6. 变频器故障 7. 电缆线松动引起缺相	1. 检查供电电压 2. 查找电流过大原因 3. 调整、提高加热温度 4. 降低计量纺丝泵转速 5. 更换新的断路器 6. 修复或更换变频器 7. 检查各相电源和缆线

(四)清洗或更换机油过滤器的方法

安装有机油过滤器的螺杆挤出机,要定时清理(清洗)机油过滤器,首次使用 12h 后,就应清洗过滤器的滤芯。每三个月必须清洗滤网,防止滤网堵塞。拆卸滤芯器具体操作步骤如下:

(1)拧开机油过滤器的盖子,用大号一字螺丝刀插入端盖的长槽,逆时针撬动机油过滤芯的外部端盖。

(2)卸下端盖,用手旋动端盖,并将其旋出。

(3)拔出过滤器滤芯,用手拉出过滤器内的滤芯。

(4)清洗滤芯,将抽出来的滤芯放进柴油中浸泡,用柴油冲洗,清洗过程要防止损坏。

更换螺杆挤出机的传动减速机机油过滤器的具体操作过程如图9-4所示,不同机型的螺杆挤出机,其减速机的润滑系统也不一样,如果配置有机油过滤器,必须按照制造商提供的方法进行维护。

(a)

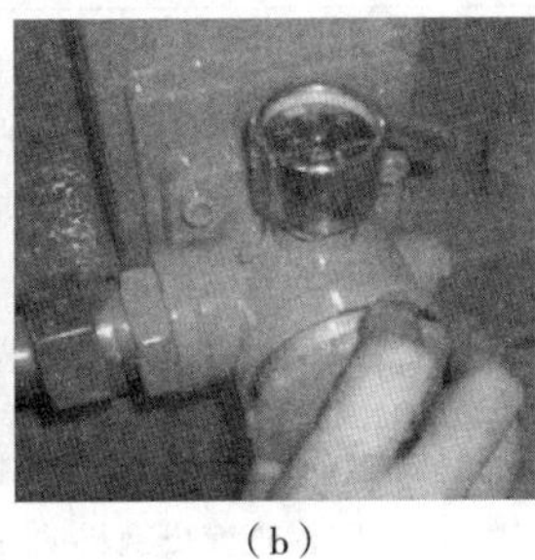
(b)

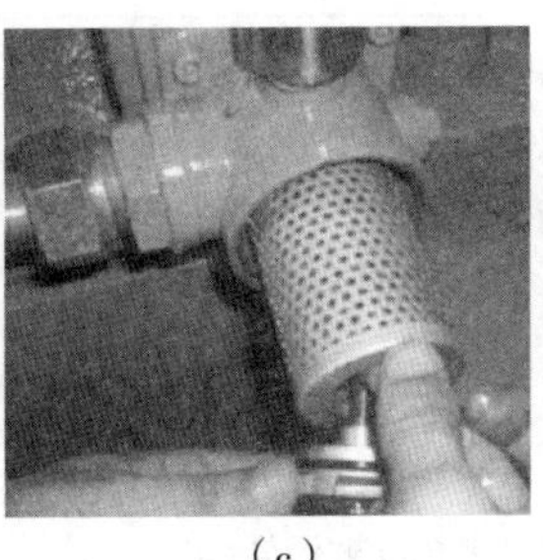
(c)

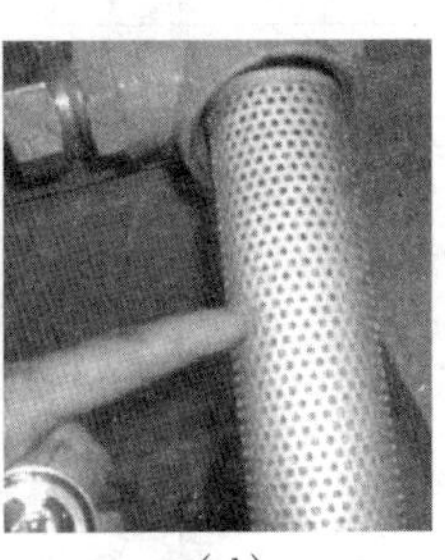
(d)

图9-4　清洗减速机机油过滤器的操作步骤

(五)回收螺杆挤出机安全操作规程

回收螺杆挤出机是一台与主螺杆挤出机并联运行的设备,其主要功能是回收不良品、废料或废丝等物料,实现循环利用。

(1)只有当主螺杆挤出机处于正常运行状态,才允许启动回收螺杆挤出机运行;在主螺杆挤出机即将停止运行前,要先停止回收螺杆挤出机运行。

(2)要按照生产指令决定回收螺杆挤出机投入运行使用的时机,不得随意开机或回收布料。

(3)要保持回收螺杆挤出机周边整洁卫生,要将设备周边所有的杂物清理干净,或从现场移除,防止被缠绕或被卷入机器内。

(4)回收螺杆挤出机要保持良好的技术状态,润滑、冷却正常,安全防护装置完好有效,检查或更换传动带前务必要关断电源。

(5)当回收挤出机利用水冷却减速机时,必须保持冷却水有足够的压力和流量,使减速机获得适当而充分的冷却。

(6)只能回收指定颜色、形态的物料,不得自行添加其他回收料,要防止被污染(油污、受潮)的不良品混入回收料中。

(7)要注意对喂料装置的运行状况监视,合理调整喂料量,避免发生超载停机,要及时清理缠绕在传动机构上的废布或废丝,保持设备有良好的润滑。

(8)在进行人工喂料或进行额外回收时,要尽量保持喂料量的均匀、稳定,避免引起主螺杆挤出机转速及熔体压力发生大幅度波动,或引起超载保护停机。

(9)对于具有边料自动回收功能的系统,要注意巡查其运行情况,发现边料无法自动喂入螺杆时,要及时辅助纠正,并清理好堆积在现场的边料。同时要注意送料风机的保养维护,保持其吸风口畅通。

(10)注意发现和清除混在回收物料(废布或废丝)中的异物(包括不同颜色的布料)及包装物等(塑料膜、标签、纸筒管)。

(11)严禁直接用手或其他硬质金属工具将布料插入回收螺杆的喂料口。

(12)回收螺杆挤出机在运行过程中发生故障,在停机修理后,不得随意搬动螺杆转动,更不能随意开动机器运转,以免生产线产生大量有色差的废品。

回收螺杆挤出机常见故障与排除方法见表9-3。

表9-3 回收螺杆挤出机常见故障与排除方法

故障现象	可能原因	排除方法
传动装置噪声变化	1. 齿轮啮合部位损伤 2. 减速器轴承损坏 3. 传动带打滑 4. 设备松动没有固紧 5. 喂料装置传动机构故障	1. 检查啮合部件,维修、更换损伤部件 2. 检查或更换损坏的轴承 3. 张紧或更换传动带 4. 检查紧固设备 5. 检查并排除喂料装置故障
轴承或润滑油温度升高	1. 减速器中润滑油位太低或太高 2. 机油已老化或被污染 3. 润滑油泵损坏或机油过滤器堵塞 4. 轴承损坏 5. 冷却水流量不足	1. 通过补充或排放,使室温下的油位符合规定 2. 检查或更换机油 3. 清洗过滤器,检查油泵 4. 检查或更换轴承 5. 检查并增加冷却水流量
加热区温度过低	1. 电加热器损坏 2. 传感器故障,接触不良 3. 加热器损坏 4. 对应加热区熔断器损坏 5. 控温系统异常	1. 检查、更换电加热器 2. 检查、更换温度传感器 3. 更换加热器 4. 更换熔断器 5. 检查、修复控温系统
加热区温度过高	1. 传感器故障 2. 固态继电器或控温模块失控 3. 受相邻加热区温度影响	1. 更换温度传感器 2. 更换失效控温原件 3. 调整相邻加热区的温度设定值
熔体压力剧烈波动	1. 部分加热器损坏,加热功率不够 2. 手动喂料操作不当 3. 喂料量太大 4. 螺杆挤出机驱动器故障	1. 检查更换加热器 2. 均衡喂料 3. 减少喂料量 4. 检查并排除驱动器故障
螺杆驱动电动机过载报警或跳闸	1. 电网供电电压异常 2. 电动机过载,运行电流过大 3. 熔体温度设定值偏低或加热功率不足 4. 挤出量超产能 5. 断路器损坏 6. 变频器故障 7. 电缆线松动引起缺相	1. 检查供电电压 2. 查找电流过大原因 3. 调整、提高温度设定值或更换损坏的加热器 4. 减少喂料量 5. 更换新的断路器 6. 修复或更换变频器 7. 检查各相电源和线缆接头
喂料口有熔体溢出	1. 挤出机熔体出口被堵塞 2. 熔体出口单向阀失效,主螺杆熔体倒流	1. 清理挤出机出口管道 2. 检查清理单向阀,检查主螺杆套筒的熔体主入口位置是否合理

三、熔体过滤器安全操作规程

熔体过滤器的功能是阻隔、滤除熔体中的杂质。更换熔体过滤器的过滤装置(滤网或滤芯),是经常进行的工作,对生产线的正常运行、安全生产都有重要意义。

(一)圆柱式熔体过滤器更换滤网操作(滑板式可参照使用)

(1)更换熔体过滤器过滤装置的工作应由有经验的员工执行,并要正确使用劳动保护用品,如耐高温手套、护目镜、高温工作服等。

(2)正常情况下,熔体过滤器的两个过滤装置是并联使用,短时只使用其中的一个也能满足生产要求。因此,在需要更换滤网时,可逐个更换。当新的过滤网重新进入工作位置后,便可更换另一个滤网,一般是先更换处于上方位置的滤网。

(3)切换滤芯(网)的依据是熔体过滤器压力降(压差)大小,也就是滤器前(滤前)的压力(或设计允许最大压差值)来决定,当滤前压力到达设定值时,就要进行换网操作,滤前的熔体压力值一般比滤后压力值高 0~3MPa(或设定值)。

(4)不同纺丝工艺或不同品牌的螺杆挤出机,允许的螺杆出口压力(也就是滤前压力)是人为确定,而且是不可控的,会有很大的差异。通常 PP 熔喷系统的滤前压力≤6MPa,纺粘系统的滤前压力≤8~10MPa,最高的滤前压力可达 10~14MPa。

(5)启动液压油泵电动机,将上方柱塞 A 完全推出(图 9-5),用工具将旧滤网移除,清除安装槽内及承压板上残留的熔体,换上新滤网,要注意滤网的安装方向,将目数较小一侧的面朝内放置。清理柱体外圆的积炭后,涂抹一层薄的二硫化钼,然后将柱塞复位。

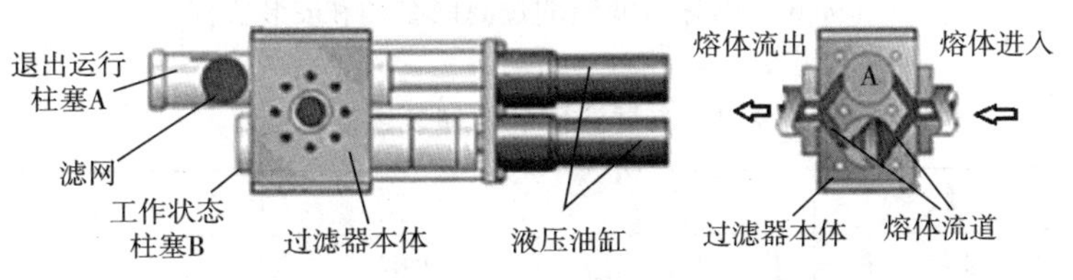

图 9-5　更换上方滤网时的熔体流通状态

(6)上方柱塞回复工作位置后,要经过预热、升温才能具有足够的通过能力,所需的时间约一分钟,当滤前压力已开始降低,并趋于稳定为准。

可用相同的方法更换下方柱塞 B 的滤网,切换下方的滤网时,滤前压力已降低,切换过程会较顺利。

(7)将柱塞推出时,动作可以分阶段进行。柱塞从工作位置移动至滤网与熔体通道的边界标记这一段,速度不能太快,以免引起压力冲击;当排气槽有熔体流出时,不得停留,可快速退出。在此过程,一定要放下过滤器的防护罩。

边界标记是柱塞表面的排气槽即将与熔体压力系统分离的一个临界位置,继续往外退出,排气槽将完全与熔体系统隔离,推入时则表明排气槽即将与熔体压力系统联通。

(8)将柱塞拉回正常工作位置这个操作很关键,开始可以用较快速度拉入,到滤网安装槽即将与熔体通道联通时,便有少量熔体不断在排气槽溢出,直至溢出的熔体不含气泡后,便可以连续动作,将柱塞拉回正常工作位置。在此过程,要放下过滤器的防护罩。

如有大量熔体从排气槽涌出,要及时将柱塞反向推出少许。

(9)由于上方滤网推出后,过滤面积减少了一半,移动速度太快会形成一个压力峰值,容易导致超压保护动作,螺杆挤出机跳停。

作业过程中,也可根据螺杆挤出机的运转音调变化适当调整操作速度,如将柱塞拉回时出现越来越高的音调,就说明动作速度太快。

(10)由于过滤器的结构限制,更换下方的滤网时,在已经换好上层滤网后,滤前压力已降低,因此,更换下方滤网的难度较低。由于在换网过程中滑板式过滤器滤网的容器变化较小,流失的熔体较少,因此也容易操作。

(11)使用有多层(最多可达五层)结构的滤网时,要注意辨别滤网的安装方向,熔体应该从密度较高(目数较大)的滤网一侧进入,从密度较低(目数较小)的一侧排出(图 9-6,表 9-4)。

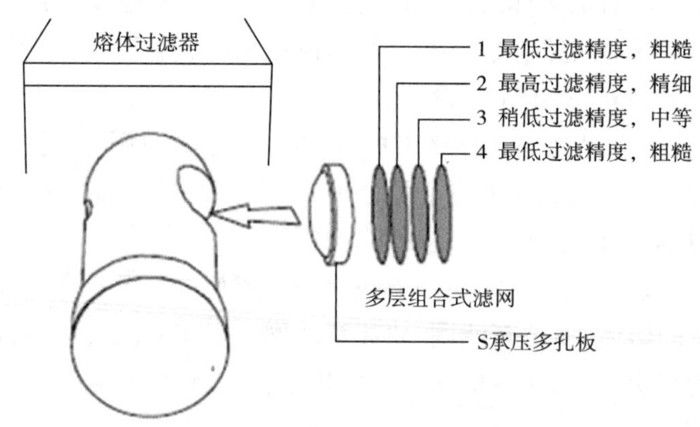

图 9-6　熔体过滤器的过滤网结构和安装方向

表 9-4　多层滤网的功能及过滤精度

滤网编号	1	2	3	4	S
功能	支撑	精滤	中滤	粗滤	多孔板

(12)由于过滤器有不同的结构,因此,一定要按熔体的流向来正确安装过滤网,而不宜凭经验或按习惯决定滤网的安装方向,这一点对于一些不熟悉的特殊机型尤为重要。

(13)当换网过程失败,导致纺丝系统或生产线停机时,要及时利用停机的时间将滤网更换好,以便迅速恢复运行。

(14)要平缓地进行更换滤网的操作,避免滤后熔体压力发生大幅度波动,甚至出现失压或超压现象,造成断丝、滴熔体,影响纺丝稳定性。

(15)必须佩戴高温手套和防护服进行换滤网作业,操作者尽可能远离过滤器,身体不得正对柱塞轴线方向,以避开气体或熔体的喷溅方向。除了取下和放置滤网外,其他操作过程要放下防护罩。

(16)换网过程中,要注意从过滤器流淌下来的高温熔体所造成的危险,要防止熔体从平台的间隙滴落到平台下层造成伤害。

(17)日常要做好液压换网系统的维护工作,消除管道存在的泄漏现象,防止渗漏到下一层设备和污染地面,及时清除收集的液压油,定期检查油箱的液位,并保持在要求的高度。

(18)完成更换滤网的工作后,要及时关闭液压系统电源,处理废滤网,清理过滤器及现场。尚处于高温状态的,带有熔体的废滤网不得与可燃物体混放在一起,以免成为火险隐患。

柱塞式熔体过滤器的常见故障及排除方法见表9-5。

表9-5　柱塞式熔体过滤器的常见故障及排除方法

故障现象	可能原因	排除方法
活塞杆无法移动	1. 活塞杆与设备摩擦太大 2. 活塞杆表面污染或润滑不够 3. 管道法兰紧固螺杆力矩太大 4. 柱塞表面发生烧蚀	1. 清洁、清除积碳 2. 用高温润滑脂涂抹 3. 控制螺栓扭紧力矩,防止变形 4. 修理柱塞
活塞杆移动不顺畅	1. 液压系统缺油,油箱油位过低 2. 熔体或积碳污染活塞杆 3. 活塞杆受损 4. 液压系统有空气 5. 液压油缸内泄漏,油缸故障 6. 液压系统压力偏低 7. 液压配件或管道泄漏 8. 电控换向系统故障	1. 加油至额定油位高度 2. 清除积碳并加二硫化钼润滑 3. 修理活塞杆 4. 按操作规程进行排气 5. 检查、修理或更换油缸 6. 调整液压油压力 7. 更换油封或管道配件 8. 修理电气控制系统
柱塞有熔体泄漏	1. 柱塞磨损间隙太大 2. 熔体黏度太低,温度偏高 3. 柱塞停留位置不当,温度太高,熔体黏度太低 4. 法兰密封件损坏或柱塞磨损	1. 更换柱塞或压紧密封机构 2. 降低加热温度,提高熔体黏度 3. 柱塞恢复在正常位置,调整加热温度 4. 联系供应商维修
升温时间太长或无法达到设定温度	1. 温度设定值偏低 2. 电加热器损坏,加热功率不足 3. 没有使用规定长度加热器,与安装孔配合太松 4. 传感器故障 5. 对应加热区熔断器损坏 6. 对应加热区接触器或控温元件损坏 7. 保温材料失效,热量损失过大	1. 提高温度设定值 2. 更换电加热器 3. 使用合格的加热器 4. 检查、更换温度传感器 5. 更换熔断器 6. 检查控制系统,更换接触器或控温原件 7. 改善保温措施,避免空气流动

(二)套缸熔体过滤器更换套缸(滤芯)操作(卧式套缸可参照)

套缸式熔体过滤器有立式、卧式两种,结构也有一定的差异,虽然品牌较多,但换滤网操作原则是一样的,仅因结构的不同存在微小差异,除了参照设备说明书的指导进行操作外,也可以参照以下的规程进行作业。

目前,所有的套缸式过滤器都是利用高压阀门与熔体系统及纺丝系统联通的,因此,切换套缸的过程实际也是通过操作这些阀门进行的。

1. 切换过程遵循的原则

(1)操作过程接触的都是高温设备和高温、高压的熔体,因此,必须做好劳动保护工作,操作过程要穿戴耐高温石棉手套、护目镜、长袖棉布工作服等,以免被意外灼伤。

(2)操作过程要保持熔体供给的连续性,即在任何时候,要保证有一个套缸处于工作状态,并尽量减少熔体压力波动，保持纺丝过程能连续稳定进行。

（3）套缸的熔体通过能力与温度有关，由于这种过滤器的传热过程较慢，备用套缸必须有足够的预热时间，并确认已达到正常工作温度后才能进行转换操作。

（4）转换套缸的过程要缓慢稳定进行，避免由于转换熔体压力的波动产生大幅度波动。

（5）拆卸套缸前，可利用排气阀检查并释放套缸内的残压，必须确认这个套缸已经完全与熔体压力管道脱离，并已没有残余压力，绝对不允许在有压力存在的状态拆卸套缸。

2. 套缸式熔体过滤器的投入使用

（1）首次投入使用运行条件。熔体过滤器升温至工艺温度 24h 以后，套缸过滤室在工艺温度保温 4h 以上，拟投入运行的套缸过滤室 A 一侧切换阀、排气阀开，另一侧套缸过滤室 B 则完全关闭。

（2）启动开车。

①熔体进入过滤室 A 后，内部的空气将从已经打开的排气阀排出，当气体已排放干净，并有熔体均匀、连续流出后，关闭排气阀。该过程要注意规避排气放料口的潜在安全风险。

②此时过滤器的进、出口熔体压力值应趋近工艺要求，如果没有发现阀门、管道存在熔体泄漏现象，即可判断过滤器的过滤室 A 已进入工作状态，如有必要，可进行适当的热紧固。

3. 需要进行切换过滤室条件

（1）经过一段时间运行后，过滤室 A 的滤芯会被杂质堵塞，过滤阻力增加，当熔体过滤器的熔体进口、出口间的压差值接近 6MPa 时（或根据设备说明书的要求），就要进行更换过滤室的准备，把另一个备用过滤室 B 投入运行使用。

（2）备用过滤室 B 除了可以在安装前提前进行预热外，装进过滤器后仍需提前预热、并经过 4h 以上恒温。滤室进出口顶紧杆要进行热紧固，准备利用阀门改变熔体通道，进行切换操作。

4. 切换步骤（以使用联动阀的机型为例）

（1）检查备用过滤室是否已预热及滤室顶紧杆是否已热紧固，如图 9-7（a）所示。

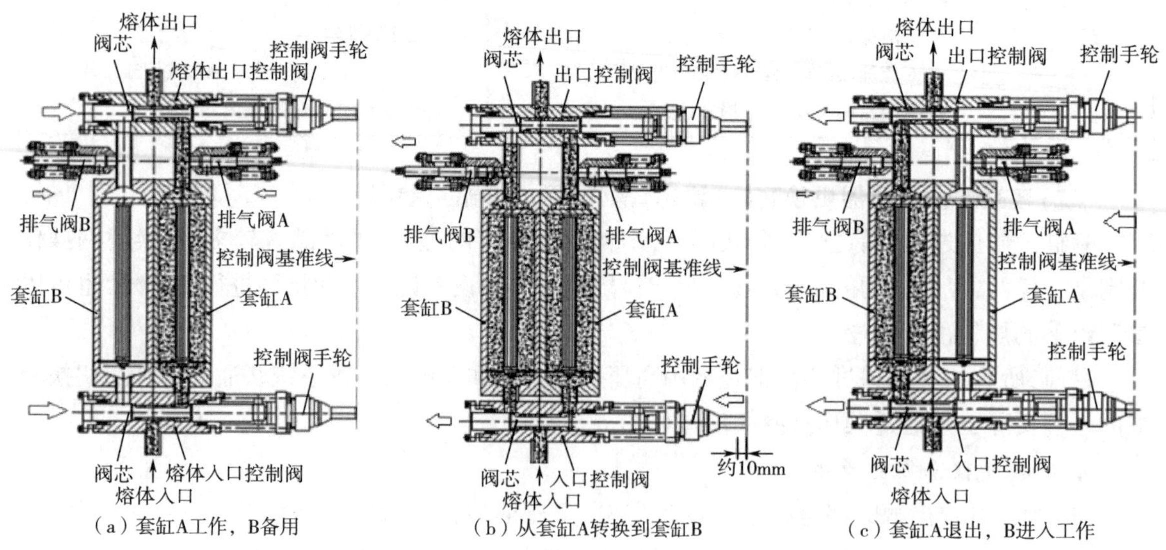

（a）套缸A工作，B备用　（b）从套缸A转换到套缸B　（c）套缸A退出，B进入工作

图 9-7　套缸式熔体过滤器的套缸切换过程

(2)参照滤前滤后压力表的压力显示值,缓慢扳动进料切换阀手轮,将运行使用中的过滤室 A 向使用过滤室 B 切换,阀杆向左移动,反之相同,阀杆的最大移动行程 10mm。

注意:切换期间,一般工艺规定滤前压力及滤后压力的波动数值≤1MPa。

(3)缓慢扳动进料切换阀手轮,此时熔体在继续通过还在运行的工作过滤室 A,维持纺丝系统正常工作以外,部分熔体将进入备用滤室 B,并将残留的空气挤出(图 9-7)。

(4)打开备用过滤室 B 的排气放料阀。

(5)当备用过滤室 B 的排气放料阀料口由仅排放气体变为兼有熔体排出后,继续排熔体,直至从备用过滤室 B 内排出的熔体已没有气泡后,可认为过滤室 B 内的空气已排放干净。

(6)随即可关闭备用过滤室 B 的排气放料阀。

(7)此时开始缓慢扳动进料阀和出料阀的手轮。

(8)当进出料切换阀都到达全开或全关状态时,进出料切换阀都向左移动,如图 9-7(c)所示,两过滤室同时在使用,备用滤室 B 进入工作状态,原来使用的过滤室 A 完全脱离工作状态。

(9)经过一段时间运行后,要及时检查处于运行状态的套缸过滤室及各阀们是否能正常工作。

注意:如果过滤器不是使用联动阀,而是独立进出料阀,可参考上述操作过程,进行相同功能的操作。

5. 使用过的套缸过滤室的拆卸分解工作

(1)打开已退出运行使用的过滤室 A 的排气放料阀排气,经过一段时间,直至排气阀没有空气或熔体流出后,即可确认过滤室 A 已经没有内压存在。要注意在进行排气作业时,规避排气阀出口熔体喷溅的风险。

(2)移除保温盖,在热态下松开过滤室上端盖锁紧螺栓、上端盖和上下两只顶紧杆,使用专用吊具吊出套缸过滤室。

(3)吊起上端盖,取出铝垫圈,吊出滤芯组件,拆下滤芯定位板,卸下滤芯,用专用搬运工具将滤芯运往清洗间清洗。

(4)现场清理,将在现场使用的各种工具、杂物清理干净,至此,切换工作完成。

(三)套缸式滤芯的高温煅烧清理

套缸式熔体过滤器的滤芯,是一种可重复多次使用的过滤元件,经过清理后可将积聚在过滤元件中的杂质清除,恢复正常的性能。目前主要是利用高温煅烧法进行清理,滤芯的高温煅烧清理工艺与纺丝组件的清理工艺相似,可结合纺丝组件的清理工作一起进行,如果进行独立处理,宜利用小型煅烧炉进行。

(1)使用真空煅烧炉进行清洗时,要利用放在炉内的专用架,将滤芯以直立状态放置在炉膛中进行煅烧处理。

(2)使用真空煅烧炉进行滤芯清洗时,炉膛的最高温度<510℃(这是一般煅烧炉的最高设计工作温度),太高的温度将大大缩短滤芯使用寿命。

(3)炉温升至 300~350℃,保持 2~3h,使蜡烛形滤芯上已经固化的熔体熔融流出。

(4)将煅烧炉温度设定在 450~500℃,处理 5~7h。

(5)滤芯在炉内自然冷却至接近 100℃后取出,轻轻拍打和震荡重复几次,震下滤芯内灰尘,再用压缩空气从内向外吹,最后用高压水冲洗干净,注意控制水压,避免将滤芯吹鼓。

(6)将滤芯放在超声波清洗槽内温度≤60℃脱盐水中,连续清洗过滤芯,排掉每次循环用过的脱盐水,直至超声波清洗槽里不再有任何剩余滤渣,即一直循环到将污水排干净为止。

(7)检查滤芯外部是否存在变形或机械损伤,必要时可将滤芯水平放在水中,用低压空气进行气泡试验,正常状态只有小气泡均匀冒出,而没有大的气泡溢出,即可认为滤芯没有破损,仍能继续使用。如有的位置有大气泡溢出,说明滤芯已经损坏,不能再使用了。

(8)注意滤芯有不同的过滤精度,更换新的滤芯时,必须使用与原来精度相同的产品。

(9)用无水无油的压缩空气吹干过滤芯后,再在温度为120℃条件下的干燥炉中处理3h,将滤芯内的水分彻底清除。

(10)将经过干燥处理后的好过滤芯包装好备用。

注意:此前曾用三甘醇/醇解法清洗滤芯,但在非织造布领域已较少用。

(四)设备的日常维护

1. 检查套缸筒体内有无熔体泄漏现象(每班例行)

打开保温盖,仔细观察套缸筒体和过滤室之间有无熔体,如发现有熔体,则说明顶紧力不足,应立即将顶紧螺杆顶紧,直到完全密封为止。如果有泄漏的熔体滞留炭化,会把套缸筒体和滤室嵌住。同样检查未工作缸,如有物料泄漏,则说明切换阀未关紧,应紧固相应位置的阀杆。

2. 检查各切换阀的密封状态(每班例行)

从手轮处向内部观察,如有泄漏,则说明密封填料没压紧到位,或是填料已经老化。可用专用扳手从手轮方向适当拧紧填料压盖螺栓,填料压盖不宜过紧,否则阀杆将会无法运动。

如果拧紧后仍有泄漏现象,而且填料已使用了较长时间,则应更换填料。

3. 检查热媒密封性及液位(每班例行)

非织造布纺丝系统的过滤器大部分是使用导热油为热媒,检查各热媒接口是否有热媒泄漏,如有泄漏,则应马上进行相应的处理,如果液位偏低,则要及时补充。

4. 阀杆和顶紧螺杆维护(每个月两次)

对各阀杆和顶紧螺杆等活动部件进行表面清洁,清理污染物,并涂抹耐高温(≥500℃)润滑脂,每次切换前都要在运动部位涂抹高温润滑脂。

5. 检查阀门与滤室的密封状态

切换后应注意连续观察各切换阀、排气阀、过滤室等部位是否泄漏,如有泄漏,及时采取相应的措施。

6. 及时处理刚换下来的滤室

完成切换过程操作后,应及时把切换下来的过滤室吊出处理。如果套缸滤室未及时吊出,在长时间的高温作用下,存留在套缸内的高聚物熔体会发生降解反应,导致压力升高,严重的会引起设备事故。如过滤室取出后未趁熔体仍呈熔融状态及时分解,降温后会整体凝固,给下一工序的处理工作带来麻烦,同时还会影响过滤室的使用寿命。

7. 过滤器投入运行前要保证达到工艺温度和保温时间

在纺丝时突然停车或停电后,如系统温度降到正常工艺温度(与聚合物品种有关,如PP为230℃,PET为250℃)以下时,纺丝系统重新开机前,一定要保证过滤器有足够的加热升温及恒温时间,待熔体完全熔化后再启动螺杆挤出机。

在挤出机启动运行后,应注意滤前压力与滤后压力的差异不允许超过6MPa,如果压差太大，说明熔体还没完全融化，不允许强行开机，应延长一段时间再开机，以免发生设备事故和滤芯压弯等现象。

8. 切换阀维护修理

在对切换阀进行维修时，为延长密封填料使用寿命，在拆卸时，必须注意每组密封圈的原装配位置，以便下次组装时仍按原位置组合。密封填料应进行外观检查，没有把握满足工作要求时，则应更换新的备件。

9. 清洗组装及换密封件

在分解的零件维护好以后，进行组装前必须修整合格，并清洗干净。组装时，铝制密封圈一般均应更换新件。

10. 关注热媒的液位

过滤器采用独立的导热油电加热时，要经常关注过滤器的导热油油位，并及时为过滤器添加导热油。如果过滤器是与熔体制备系统内的其他设备共用一个加热系统时，要参照导热油炉的操作规程进行管理。

四、纺丝泵与熔体管道安全操作规程

一般情况下，纺丝泵在运行时是不需要进行特别管理的。纺丝泵在运行时很平稳，噪声也很低，驱动电动机的温升在正常范围内。泵后(或箱体内熔体)压力稳定、产品的均匀度没有异常变化是纺丝泵正常运行的表现。

(1)利用生产线的停机时间，定期对熔体管道、传动装置等进行检查、紧固，排除异常情况。

(2)检查传动系统的减速机，万向轴的润滑情况，必要时补充、灌注润滑油和脂。要保持安全防护罩的完好和有效。

(3)当传动系统的安全保险销被切断或电动机过载保护动作后，要注意检查故障原因，在确认已没有机械故障存在后，才可换上合格的新备件，并使系统复位。

(4)检查各种传感器、加热器的安装、紧固和连接状态，清理接线盒和变送器上的杂物。

(5)对有轴端密封压盖的机型，如发现传动轴密封位置有熔体漏出，可将填料压盖适度压紧，以不再有熔体泄漏即可，但不能过分压紧，操作过程要通过监视电动机的负载电流进行，以免过度压紧将传动轴抱死，导致驱动电动机超负荷跳停。要适时清理从轴封位置漏出的熔体。

(6)对使用流体(空气或水)密封的纺丝泵，要保持流体的正常供给，并能调节流量，避免过度冷却。对使用翅片冷却套密封的纺丝泵，要注意保持冷却套的清洁。

(7)纺丝泵的出口压力(也就是纺丝箱体的熔体压力)太高，也是导致轴端密封出现异常熔体泄漏的一个原因，必要时要更换纺丝组件。

(8)如滤前压力稳定，而滤后压力出现波动时，往往是纺丝泵已经磨损或发生故障的征兆，要及时进行维修或更换。

(9)由于纺丝泵内有熔体残留，很难分解冷态的纺丝泵。如进行煅烧处理，要注意高温会损坏纺丝泵内一些密封件。

(10)备用纺丝泵必须做好防锈处理，必须将备用纺丝泵的熔体通道密封好，避免异物进入泵体内。

(11)保持纺丝泵保温装置的完好和有效。

纺丝计量泵的常见故障及排除方法见表9-6,常见润滑油脂见表9-7。

表9-6 纺丝计量泵的常见故障及排除方法

故障现象	可能原因	排除方法
计量泵安全销折断	1. 计量泵预热温度不够 2. 组件预热温度不够 3. 泵机械故障	1. 延长预热时间 2. 更换安全销 3. 排除机械故障
计量泵轴头折断	1. 泵机械故障卡死 2. 泵温度太低	1. 确认并排出故障或换泵 2. 重新预热后换泵头
加热区显示温度过低	1. 温度设定值偏低 2. 电加热器损坏,加热功率不足 3. 传感器故障,接触不良 4. 对应加热区熔断器损坏 5. 对应加热区接触器或控温原件损坏	1. 提高温度设定值 2. 更换电加热器 3. 检查、更换温度传感器 4. 更换熔断器 5. 更换接触器或控温原件
驱动电动机超负荷跳停	1. 纺丝泵损坏 2. 密封填料太紧 3. 熔体温度偏低 4. 熔体有杂质 5. 传动机构故障或超载保险装置已损坏 6. 变频器故障 7. 冷却风机故障 8. 轴承损坏或缺润滑脂 9. 电源故障或缺相	1. 维修更换纺丝泵 2. 调整填料压紧力 3. 提高熔体温度 4. 检查熔体过滤器 5. 维修传动机构,更换合格的超载保险装置 6. 修理、更换变频器 7. 修复冷却风机 8. 检查轴承及添加润滑脂 9. 排除电源故障
轴端熔体泄漏	1. 机械密封调整不当或失效 2. 采用流体冷却密封的纺丝泵流量不足 3. 纺丝泵出口压力太高,纺丝组件阻力太大 4. 熔体管道温度偏低,有低温熔体堵塞	1. 调整机械密封 2. 调整、增加冷却流体流量 3. 更换纺丝组件 4. 提高熔体温度,延长保温平衡时间

表9-7 纺丝计量泵常用润滑油脂

序号	维修与保养内容	周期	维修保养方法及注意事项
1	220#润滑油补加	三月一次	用注油枪注油
2	锂基润滑脂更换	半年一次	拆洗后注油(减速机)
3	密封圈更换	一年一次	也可根据损伤情况定
4	计量泵电动机轴承加油	一年一次	—

第五节 纺丝箱体与纺丝组件安全操作规程

一、纺粘系统纺丝箱体与纺丝组件的管理

纺丝箱体是纺丝系统中的重要设备,是均匀分流纺丝熔体、安装纺丝组件的基础。通过纺

丝组件的作用,使熔体成为熔体细流,并随之被牵伸成为细纤维,纺丝箱体及纺丝组件的技术状态对产品质量影响很大。

(一)纺丝箱体与纺丝组件的日常维护管理

(1)只有在生产线停止运行状态,才能进行纺丝箱体的维护保养工作。要定期检查纺丝箱体的固定、悬挂机构,将箱体上方的积炭和飞花、废丝清理干净,消除火灾隐患。

(2)首次加热升温的纺丝箱体,要进行热紧固工作,要在不同的温度阶段,根据所使用的螺栓规格(直径及强度等级),按规定的力矩、次数、次序进行全面紧固,由于力矩较大,必须使用增力扭矩扳手作业。

(3)要定期打开纺丝箱体的保温罩,对加热管、传感器、线缆接头进行检查、维护,通过检测每一根加热管的负载电流,确认其工作状态;要定期进行密封性检查,防止存在熔体泄漏现象。

(4)在纺丝箱体运行期间,不得对加热系统进行维护作业,特别是不能将温度传感器拔出,以免发生超温,甚至火灾事故。

(5)安装纺丝组件前,要将系统内残留的熔体排空,彻底清理箱体与组件的接合面及熔体通道残留的熔体和碳化物,所有的螺纹孔要保持完好,否则要使用丝攻(丝锥)进行修整。

(6)纺丝组件中及安装纺丝组件用的螺栓都是专用高强度螺栓,在安装和使用前,要在螺纹部位涂抹一层薄的防胶合剂或高温润滑脂(如二硫化钼)。

(7)要使用专用的纺丝组件运输工具和专用的组件安装工具进行安装作业。

(8)可以在室温状态或在预热状态进行组件安装工作,预热安装能节省大量的升温等待时间,视环境温度和技术水平,预热温度应比正常工艺温度高几十度。

(9)安装纺丝组件时,要使用手动的力矩扳手,按额定的次序、规定的力矩分多次紧固,一般情形下,紧固次数不少于三次,间隔时间在30~60min,扭紧力矩分别为额定力矩的60%、80%、100%。

(10)首次将螺栓拧入箱体的螺纹孔时,应能徒手轻松拧入。人工拧紧螺栓有利于组件升温和自由膨胀。扭紧螺栓的工作应在中部开始,沿幅宽方向,向两侧及上下游方向对称、交叉进行。

(11)不宜使用电动或气动扳手进行纺丝组件的安装工作,所有的螺栓应按规定拧紧。不得使用套管加力的方法增加扭矩,防止螺栓在运行过程中断裂掉下,损坏成网机和热轧机等设备。

(12)组件安装好后,应将现场清理干净,并在到达设定温度以后,务必还要经过一段温度平衡时间(约1h)才能启动纺丝泵纺丝。

(13)如果单体抽吸系统没有与纺丝泵联动,则在启动纺丝泵运行后,要及时启动单体抽吸系统低速运行。

(14)进行刮板作业时,务必要做好个人的安全防护工作,合理穿戴,使用合格的防护用品,并做好牵伸通道入口的遮蔽、防护工作。

(15)刚开始进行刮板作业时,纺丝泵应低速(≤20%额定转速)运行,应沿单一方向刮板,不得使用钢制的刮板工具。使用雾化硅油时,周围不得有明火或火花产生的作业。

(16)应使用符合安全用电规定的移动照明设备。

(17)在纺丝泵以正常速度运行、所有的喷丝孔都能正常纺丝后,便可以进入开机生产程序，开动抽吸风机低速运行，并进行投丝或引丝操作。

(18)根据不同纺丝牵伸工艺，闭合冷却侧吹风箱，启动冷却侧吹风装置投入运行。

(19)彻底清理干净现场遗留的所有工具、用品、废丝及垃圾。

(二)刮板操作

刮板是纺丝系统启动运行阶段及在运行过程中经常要进行的操作，作用是清除喷丝板面积聚的单体及其他污染物，避免影响喷丝孔正常纺丝及产品出现缺陷。

(1)进行刮板作业时，必须穿戴有效的劳动保护用品，包括保护服、耐高温手套、护目镜等，防止被高温灼伤。

(2)每次更换新的纺丝组件，或纺丝系统经过停机要恢复生产前，必须进行刮板，直至模拟生产状态能正常纺丝为止。

(3)在正常生产运行时，如发现产品出现断丝、熔体滴落现象，或频繁发生缠辊停机现象时，就应进行刮板作业。在大部分情形下，通过刮板能消除这些缺陷。

(4)进行刮板作业时，纺丝泵要降速，冷却侧吹风机随即停止运行，使侧吹风箱处于离线的分离状态，并要做好冷却侧吹风箱出风网和牵伸通道入口的防护工作，防止出风网受外物碰撞和熔体滴落到成网机上(图9-8)。

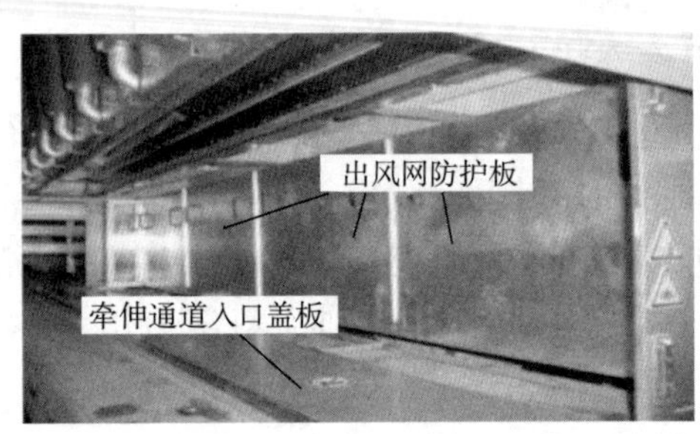

图9-8　刮板或拆装纺丝组件时的防护措施

(5)纺丝系统进行刮板作业时，必须将压辊升起，避免滴落的熔体污染网带。做好成网机网带的防护措施，遮盖好牵伸通道的入口，防止有熔体、工具、物件掉落到成网机上，进行刮板作业时，必须有专人监护。

(6)如果生产线只有一个纺丝系统，可将热轧机泄压或将上下轧辊分离开，防止不慎有硬物掉在网带后进入热轧机。

(7)必须使用由软质金属(如黄铜、紫铜)制造的工具进行刮板作业，刮板要顺着喷丝板面的一个方向进行。

(8)为了避免熔体沾污刮刀和板面，要在开始作业或作业期间向板面、刮刀喷洒雾化硅油。

(9)模拟正常生产时的工艺条件，检查、验证刮板的效果，有时需要进行多次刮板，并需要用铅笔尖将无法正常出丝的喷丝孔堵塞后才能消除缺陷。

(10)如果用铅笔尖(一般用H1、H2铅笔)堵塞的喷丝孔数量较多，特别是集中在同一区域，影响产品的均匀度，就只能停机更换纺丝组件。

纺丝箱体与纺丝组件常见故障与排除方法见表9-8。

表9-8　纺丝箱体与纺丝组件常见故障与排除方法

故障现象	可能原因	排除方法
加热区显示温度过高，超温报警	1. 传感器故障 2. 固态继电器或控温装置失控 3. 受相邻加热区影响	1. 检查、更换传感器 2. 更换固态继电器或控温装置 3. 检查邻近加热区传感器

续表

故障现象	可能原因	排除方法
加热区显示温度过低	1. 电加热器损坏 2. 传感器故障，接触不良 3. 对应加热区的熔断器损坏 4. 相对应加热区接触器损坏	1. 检查、更换电加热器 2. 检查、更换传感器及安装状态 3. 更换熔断器 4. 更换接触器
纺丝箱体熔体压力过高	1. 压力传感器或变送器故障 2. 纺丝组件滤网堵塞 3. 熔体温度偏低	1. 更换压力变送器 2. 更换纺丝组件 3. 调整熔体温度
纺丝箱体密封面漏熔体	1. 熔体密封条或过滤网移位 2. 密封条直径偏小 3. 纺丝组件紧固力矩不足	1. 重新装配纺丝组件 2. 增大密封条直径 3. 按规定力矩重新热紧固

二、纺粘法纺丝系统单体排放系统的运行管理

在影响纺丝的诸多关联因素中，牵伸气流与抽吸气流之间的配合，冷却气流及熔体温度的选择，单体抽吸等，是影响纺丝系统能否正常稳定纺丝的主要原因，所以对单体抽吸系统的设计及运行管理必须给予充分重视。

一个性能良好的单体抽吸系统，在合理的使用和管理下，可使纺丝过程保持稳定，降低由此引起的成网机缠辊概率；非织造布布面均匀，侧吹风的出风网网面干净；喷丝板板面干爽、无油状物黏附，并呈浅褐色；设备运行期间无烟气泄漏，周边环境及设备干净，表面无油腻的单体积聚，车间空气清新。

(1)单体排放系统的功能。单体排放系统的功能是将纺丝过程产生的单体排放出去，风机排放出的气体是纺丝系统的低温冷却气流及单体烟气两部分混合物。因此，从节能的角度，只要能将单体抽干净，气流量就不宜太大，以免损失太多的低温气流，增加制冷系统能耗。

(2)单体抽吸风流量会影响产品均匀度。过高的抽吸风量会导致大量冷却气流上窜，吹冷喷丝板的表面，导致纺丝困难；抽吸风量太大还会影响非织造布的均匀度，布面容易形成条状缺陷；还有可能将丝条吸入管内堵塞管道或引起断丝。

(3)单体抽吸会影响纺丝稳定性。由于单体的产生量与原料的品种、纺丝泵的挤出量相关，因此单体抽吸风机的流量要与之对应。适度的抽吸既可将单体排放干净、稳定纺丝工况，还可使冷却气流向上方流动，增加纤维的冷却机会，降低断丝出现的概率。

(4)泄漏的单体会污染设备，影响纺丝稳定性。要注意及时清理单体收集罐内的单体，处理管道接口出现的泄漏物。不管是开放式的纺丝系统还是封闭式的纺丝系统，都必须保持单体抽吸装置与纺丝箱体、单体抽吸装置与冷却侧吹风箱之间的可靠密封。任何泄漏都可能是导致不能稳定纺丝的诱因。

(5)要避免单体在输送过程中降温冷凝。从纺丝箱体的单体分支管到单体抽吸风机吸入口的所有管道，必须保持有效的保温措施，避免单体在输送过程中降温，冷凝析出，堵塞管道。

(6)纺丝箱体单体分支管温度与内部的单体流量有关，如发现有的分支管温度明显偏低，这是流量偏小，可能已经发生堵塞的迹象，要及时处理。

为了有效控制单体抽吸流量,常在风机的入口设置蝶阀控制流量,或使用变频调速的方法来改变风机的转速,从而达到控制流量的目的。

(7)单体在冷却器里降温冷凝可以减少排放量。要保持单体冷却器有足够的冷却水流量,及时清理已凝聚的单体。要经常检查汇流管内积聚的单体,并及时进行清理。

(8)单体会污染设备和环境。纺丝系统排放出的单体烟气会污染设备和周边环境,要将烟气进行净化处理后再排放,要经常检查净化设备的运行状态,及时进行清理积聚的单体。

(9)要减少排放管道的阻力。为避免对室内环境产生污染,从单体抽吸风机排出的气流要用管道排放到室外,管道要尽量平直、少拐弯,以降低阻力,并保持一定的坡度,同时要注意密封和保温。

(10)经常清理管道内积淀的单体,保持管道畅通。定期清理分支抽吸管、汇流管、冷却器及单体抽吸风机内的油状物或已冷凝的单体,要集中存放清理出的油状物及冷凝的单体,定期交由专业部门处理。

三、纺丝组件安全操作规程

纺丝组件是一种昂贵、精密的设备,纺丝组件的正常维护、使用对生产线的正常运行、经济效益都有很大影响。其相关工作包括纺丝组件的安装、拆卸、煅烧清洗、分解、超声波清洗、高压水清洗、检查、维修、组装等。详细情况可参阅本书第十章《纺丝组件安装、使用和维护》。

从事纺丝组件装卸、清理、维护工作的人员,要有相应的钳工技能和起重、运输经验,还要有一丝不苟的工作态度。

(1)熟悉本岗位的工作职责,遵守各项规章制度,熟悉工作的程序,操作方法及要求,提高安全意识,努力做好本职工作,实现安全生产。

(2)参加组件维护的人员必须是经过学习、培训的专职员工。

(3)工作期间,有关人员要根据分工协调作业,科学安排工作,保障工作过程的人身安全和设备安全。

(4)严格执行起重、运输设备安全操作规程,使用专用的吊装索具、工具。在装卸、吊装纺丝组件时,必须做好吊运途径策划及吊装升降现场的清场、警戒工作,防止无关人员进入危险区域。

(5)严格执行组件的拆卸、清洗、安装工艺,不得随意改变有关工艺参数,如加热温度、加热时间、工作时机、扭紧力矩等。

(6)正确穿戴及使用劳动保护用品,避免高温烫灼、熔体滴落、重物碰撞、不良气体、高压射流、超声被、高电压、腐蚀性液体所造成的伤害,保障人身、设备和环境的安全。

(7)及时按规定方法处置溅射到身上的腐蚀性液体,如情况严重,要迅速到医疗机构诊治。

(8)保持工作现场的清洁卫生,清除所有无关杂物,按规定妥善处置作业过程中产生的废弃物品。

(9)保持个人良好的卫生习惯,不要随意触摸组件,所用的劳动保护用品、材料不得存在污染组件的隐患,如手套或擦拭布有纤维、碎屑脱落等。

(10)注意专用工具的使用维护,定期检查各种工具的有效性和安全性,发现异常要及时检查和处理;工具在使用后,要按规定的方法妥善存放,操作时要注意保护周围设备的安全。

（11）保持工作现场的整洁，必须彻底清理在作业时遗落在现场的废弃物品，查明在工作现场散失的工具、金属物件的去向，并及时进行处理。

（12）妥善保管本岗位所用的专用物料，如高强度螺栓、银针、高温润滑脂、洗涤剂，密封材料等，防止流失或改变用途，并做好识别标志。

（13）及时清理煅烧炉中的铁锈、废熔体，清理预热炉中的灰尘，保持设备的清洁；煅烧炉排出的废水、废气，超声波清洗机中的污垢和积液，要按环境保护要求进行处置（图9-9）。

（14）当需要使用三甘醇清洗机时，周围环境不得有明火存在；在作业现场使用气雾剂、柴油或其他可燃挥发性物料时，必须保持现场消防设备的完好和有效，防止发生火灾危险。

注意：不推荐使用三甘醇清洗机。

（15）在装卸纺丝组件时，本岗位的有关人员不得自行启用生产线的纺丝系统或其他设备，工作期间如需生产线或设备维修部门协调工作，要及时向主管领导请示汇报。

图9-9　煅烧炉烟气处理催化加热器

四、纺丝系统的DCD调节及离线运动系统的管理

纺丝系统的DCD调节及离线运动系统并不是所有的纺丝系统必需的，但是熔喷纺丝系统、宽狭缝正压牵伸系统、部分管式牵伸系统必须具备的功能，也是这些系统进行工艺调节和运行管理必需的功能。

（1）纺丝系统的DCD调节是熔喷系统最基本也是最常用的一个工艺调节措施，对于绝大多数纺丝系统，DCD调节是在垂直方向进行的，由于调节行程有限，因此，必须保证系统超越行程时的安全保护有效性。

（2）当纺丝系统应用宽狭缝正压牵伸工艺时，纺丝系统也要进行相应的DCD调节，在只有一个纺丝系统的生产线中，可以用升降成网机或纺丝箱体的方法进行调节，但在多纺丝系统生产线，由于成网机是公用固定的，一般是采用牵伸器升降与纺丝箱体升降相结合的方式进行调节。

（3）一些传动链较长的DCD调节系统，传动环节多，要经常检查各种联轴器、传动轴的连接可靠性及紧固状态，特别要加强对安装在隐蔽部位的传动机构的保养、维护。

（4）采用手动控制模式的DCD调节系统，控制系统只能设计为“点动”功能，也就是只有操作者连续按压按钮，系统才会运动，手一离开按钮，系统就马上停止运动。

（5）采用自动控制模式的DCD调节系统，控制系统除了在输入DCD值以后，系统还会自动选择运动方向，并在到达设定值时自动停止外，还必须具有越限“软保护”功能及“硬保护”功能，也就是要配置有越限保护开关。

（6）要注意跟随系统一起进行DCD调节运动的管路、电线、电缆及机构的状态，及时发现存在的隐患，纠正发现的问题，避免发生干涉和碰撞。

（7）离线运动一般多为水平方向运动，而且行程会较长，要在行程的两个终端设置行程开关，防止发生强烈的碰撞，在日常的操作中不得将这些行程开关当作停止开关使用。

(8)要注意在系统作离线运动期间相关的大型管线、电线、电缆及机构的状态,及时发现存在的隐患或磨损,纠正发现的问题,避免发生干涉和碰撞。

(9)熔喷系统的牵伸气流管道是一条通径较大、刚性较强的柔性管道,而有的与成网机连接的抽吸风机风管,也是大口径管道,在系统进行离线运动时会产生拖拽阻力,也会影响设备的可靠定位,因此,在纺丝系统运行期间,要关注这些状态与变化。

(10)在系统进行 DCD 调节或离线运动时,会有一些活动连接,要注意这些连接的可靠性、密封性和灵活性。

(11)注意加热系统的安全,要在机器附近放置一定数量的灭火器材。

第六节　牵伸气流系统安全操作规程

在熔体纺丝成网生产线中,牵伸气流系统的设备配置与纺丝牵伸工艺有关,其中最重要的差异是纺粘法系统的牵伸气流是常温的或温度较低、流量较大的气流,而熔喷系统的牵伸气流则是高温的、压力较高、流量较小的气流,因此,系统的运行管理会有较大差异。

一、宽狭缝低压牵伸系统安全操作规程

(1)宽狭缝低压牵伸系统的纺丝牵伸通道是密封式或半密封式,系统冷却纤维的气流也是牵伸气流,因此,在纺丝系统的运行过程中,实际的操作管理工作是相对冷却气流系统而言。

(2)宽狭缝低压牵伸系统的纺丝牵伸通道宽度(MD 方向)一般是可以调节的,在大部分情形下,这个调节工作是在停机状态进行的,经过调整后的通道要保持可靠的密封性。

(3)通道的宽度形状要保持上大下小的状态,也就是通道的截面积上大下小,以达到气流不断加速的目的,并与纤维保持足够的速度差,为纤维提供牵伸动力。

(4)要小心维护牵伸通道,保持牵伸通道侧壁的粗糙度和洁净度,及时清理附着在侧壁的单体。

(5)根据牵伸器的制造工艺和安装方式,要定期检查牵伸通道与纺丝系统的对中状态,并及时纠正牵伸通道存在的移位或变形。

二、宽狭缝正压牵伸系统及管式牵伸系统安全操作规程

(1)宽狭缝正压牵伸系统及管式牵伸系统的牵伸气流都是压力较高的压缩空气,系统的主要设备包括空气压缩机、空气净化装置、气流输送及分配管路、牵伸器等。

(2)牵伸用的空气压缩机性能与牵伸工艺、加工的聚合物品种、纺丝系统的幅宽有关,一般是一台功率较大的设备,配套的驱动电动机可能是使用 10kV 高压电源的电动机,其管理维护作业要由有相关资质的人员进行。

(3)空气压缩机是通用型设备,其使用、管理、维护要按照操作手册或设备说明书的规定进行。

(4)用作牵伸气源的压缩空气要保持应有的洁净度,要注意及时更换已经失效的压缩机入口空气滤清器,当牵伸器入口前配置有空气过滤器时,如果压力降已达到或超过工艺要求,应按

工艺要求更换新的滤芯。

(5)经常注意系统中空气净化装置及储气罐的运行状态,如果这些设备没有自动排放功能,要及时排放其中的积液。

(6)经常检查管路系统的连接可靠性和密封性,消除气体泄漏现象。

(7)按相关法规或设备运行检测规程,对系统中的压力容器、安全阀等设备进行检测检定,保证系统的运行安全。

三、熔喷牵伸气流系统安全操作规程

熔喷法纺丝系统运行时,需要使用高温、高速的牵伸气流系统,牵伸气流系统向纺丝系统提供一定流量、一定温度和压力的气流,这些气流通过分配管道直接输送给纺丝箱体,然后从纺丝组件中喷出,实现对熔体细流的牵伸。

熔喷牵伸气流系统的设备包括牵伸风机、空气加热器、加热器与纺丝箱体间的牵伸气流输送及分配管网、纺丝箱体内的气流分配装置等。

(1)本岗位的操作人员必须经过培训,熟悉设备的基本性能和工艺要求,并经考核合格后才能独立上岗操作。

(2)保持系统中各种设备有良好的技术状态,紧固可靠,润滑良好,防护正常,操控有效,排气出口要安装排气安全阀,按规定的周期检查安全阀的动作压力。

(3)要注意牵伸风机与空气加热器之间的安全运行连锁关系、牵伸气流温度与纺丝箱熔体温度之间的相互关系,正确操作。绝对禁止在运行过程中向处于高温状态的纺丝箱体吹冷风,避免出现设备损坏事故。牵伸热风的温度一般应比熔体温度(或纺丝箱体温度)高5~10℃。

(4)在解除安全连锁状态运行时,务必要保证只有在牵伸风机处于运行状态才能启动空气加热器运行。当牵伸风机要退出运行前,必须先将空气加热器停止运行,并经过一分钟或稍长时间的吹风降温冷却后,牵伸风机才能停机。

(5)在纺丝系统正常运行期间,绝对不允许仅开动牵伸风机,而空气加热器处于停机状态,因为这等同向高温的纺丝箱体吹冷风,会使纺丝箱体产生危及安全的热应力。

(6)由于牵伸风机的转速及空气加热器的温度上升速率很快,实际温度将很快超越已经提前升温的纺丝箱体。必须严格控制牵伸气流的温度与纺丝箱体的温度差,而且不能超过设计值。如温差太大,应降低牵伸气流的温度上升速率和流量,确保安全。

(7)在运行过程中,牵伸气流有最小流量限制,即牵伸风机在设定的最低转速状态,必须保证有足够的气流带走空气加热器产生的热量,否则将引起空气加热器超温报警而跳闸,导致生产系统混乱。

如果没有迅速发现及处理空气加热器的跳闸故障,并及时终止牵伸风机运行,在几分钟内,牵伸系统会从向纺丝箱体吹热风的状态转变为吹冷风,引发严重的设备事故,特别对于幅宽较大的纺丝系统,切不可掉以轻心。

(8)当牵伸气流系统在运行期间突发异常情况时,如牵伸风机跳闸停机、空气加热器故障跳闸,要及时按下急停按钮,终止纺丝泵运行,并使成网机停机。如果网带应急保护装置未能及时反应,要迅速用耐高温材料(如胶合板等)将网带与纺丝箱体(或喷丝板)分隔开。

(9)检查纺丝组件的出丝状态或进行刮板时,要注意控制牵伸风速,牵伸风机要尽量降速运行,以降低作业难度,保障操作人员的安全。

(10)保持牵伸气流管道、空气加热器、气流分配装置的保温和隔热措施的有效性,减少能量浪费,改善生产环境,避免出现高温伤害。

(11)注意活动的管道、柔性连接在系统进行DCD调节或作离线运动时的工作状况,避免发生异常牵拉、缠绕,要及时发现,纠正异常现象。

(12)牵伸风机一般为容积式风机,不允许排气出口的阻力太大。如果在牵伸气流系统中安装有平衡流量阀门,则在运行期间绝对不允许将阀门关闭,否则风机将发生安全阀动作甚至发生超载跳闸事故。

(13)在离线位置纺丝时,要适度控制牵伸气流的流量,做好废丝收集工作,避免飞花污染车间环境。即使在纺丝系统已处于停机状态,也要在喷丝板下方的危险区域设置相应的警戒、防护措施,防止其他人员误入,被滴落的高温熔体灼伤。

(14)要定期检查,并按规定的过滤精度更换牵伸风机入口的空气过滤器,注意容积式牵伸风机安全保护装置的有效性,定期校准安全阀,确认空气加热器超温保护装置的有效性。

(15)注意检查牵伸风机传动系统的技术状态,如传动带张紧度,轴线的平行度、同心度,轴承温升等,按设备说明书要求,定期添加或更换指定牌号的润滑脂、润滑油。

(16)注意确认牵伸风机与空气加热器、牵伸风系统与网带应急保护之间的连锁有效性。要定期进行模拟试验,验证成网机网带应急保护装置动作的有效性,确保安全。

在运行管理工作中,热牵伸风系统(牵伸风机与空气加热器)的常见故障与排除方法见表9-9。

表9-9 热牵伸风系统(牵伸风机与空气加热器)的常见故障与排除方法

故障现象	可能原因	排除方法
牵伸风系统无法加热升温	1. 电源开关没有合上 2. 紧急停止装置没有复位 3. 加热器故障 4. 温度控制系统故障 5. 牵伸风机没有先行启动	1. 检查电源并合上开关 2. 将紧急停止装置复位 3. 排查加热器故障 4. 排查温度控制系统故障 5. 按程序先启动牵伸风机
热牵伸风温度显示值过高,超温报警	1. 温度传感器故障 2. 固态继电器故障 3. 温度控制系统故障 4. 风机流量太小	1. 检查、更换传感器 2. 检查、更换固态继电器 3. 检查、维修温度控制系统 4. 提高风机转速或加大风门开度
热牵伸风温度大幅波动	1. 控制系统PID参数设置不当 2. 温度传感器故障 3. 基本加热组功率与控制加热组功率分配不合理 4. 总加热功率偏小 5. 牵伸风机转速波动	1. 重新整定PID参数 2. 检查、维修温度传感器和线路 3. 增加基本组加热功率 4. 增加总加热功率 5. 检查牵伸风机的变频器

续表

故障现象	可能原因	排除方法
风机转速波动,温度不稳定	1. 供电电源电压波动 2. 牵伸风机故障 3. 传动装置故障(轴承损坏、联轴器故障或传动带打滑) 4. 电动机故障 5. 控制线路和电源线路故障 6. 变频器故障	1. 检查供电电源的电压频率 2. 检查风机运行情况 3. 检查传动装置的温升、震动、噪声等,并排除异常 4. 检查电动机运行状态 5. 检查控制线路和强电线路 6. 检查或更换变频器
电动机负载电流过大,温升高	1. 风机的流量超过规定值 2. 风门开度偏大或运行频率偏高 3. 电动机性能与风机不匹配 4. 电源电压过低或缺相运行 5. 变频器电动机参数设置不当 6. 风机进风侧过滤装置阻力太大	1. 降低风机转速 2. 减小风门开度或降低运行频率 3. 合理匹配电动机与风机 4. 检查、恢复电源 5. 合理设置变频器电动机运行参数 6. 清理或更换吸风侧的空气过滤装置
牵伸风机停机,报警	1. 电动机运行电流过大 2. 断路器故障 3. 变频器故障 4. 供电系统断电或故障	1. 电动机过载 2. 维修或更换断路器 3. 维修或更换变频器 4. 检查供电系统、排除故障

第七节　冷却侧吹风装置安全操作规程

一、纺粘系统冷却侧吹风装置安全操作规程

冷却侧吹风装置是安装于纺丝箱体下方的设备,由于侧吹风装置是静态设施,没有运动机构,因此,在生产线的各种运行工况下,只有起动及调节制冷风温度和流量两方面的操作。

(1)本岗位的工作人员要参加培训,熟悉基本的安全操作要求,熟悉设备的结构,具备基本的作业技能。

(2)定期检查冷却风管与侧吹风箱的软连接可靠性和密封性,注意低温管道和构件的绝热、保冷防护,防止出现冷凝水导致设备冷量散失,设备发生锈蚀。

(3)冷却侧吹风箱要能在导轨上平滑移动,合拢后要及时锁紧,并保持可靠密封;要注意检查箱体上气压表的技术状态,能准确指示箱体内的气流压力。

(4)移动侧吹风箱时,用力要平稳,避免发生冲击。在侧吹风箱已分开后,要迅速对下方的牵伸通道入口作有效的防护,防止熔体、废丝落在牵伸装置或落在成网机的网带上,同时还要遮盖好敞开的风管活动接头。

(5)运行过程中出现停机故障时,冷却风机要迅速减速、停机,及时将侧吹风箱打开,并将全部丝束剪断,将丝束收拢处理、放置,然后将牵伸通道入口遮盖好。

(6)安装拆卸纺丝组件时,务必做好侧吹风箱出风网的防护措施,放置好防护盖板。

(7)当产品的均匀度变差,特别是产品表面出现条状缺陷时,要及时清理侧吹风箱出风网,

清除表面的单体。

(8)要注意清理侧吹风箱出风网上的废丝、单体或熔体,保持滤网的干净清洁。根据工艺要求清洗侧吹风出风滤网时,要有多人分工合作,以正确的方法小心搬运,可靠放置。

(9)每个月要定期将侧吹风装置的出风窗拆下,用含清洁剂的水浸泡,清洗侧吹风出风滤网,要注意控制清洗水流的压力,只能用开花水枪进行清洗,使用集束水流会损坏导流蜂窝网结构。

(10)当发现局部出风窗的不锈钢网被单体污染时,可以用热风或蒸汽进行清理,注意控制风温不得高于110℃,并不能长时间固定加热局部小区域,以免引起不锈钢网局部变形。

(11)当发现出风网局部发生破损、有孔洞时要及时修补,如果孔洞出现在上部距离喷丝板约100mm以内敏感区域,则要更换不锈钢网,或在有条件时,将出风装置上下调换方向使用,把孔洞置于下方。

(12)发现侧吹风机的运行速度有越来越高的趋势或空气处理器(俗称空调器)滤网的压差显示值达到终阻值时,要及时清理或更换空气处理器内部的过滤装置。

生产线空气处理器的过滤装置一般属初效过滤,初始阻力约50Pa,如果制造厂家没有给出终阻力指标,当终阻力等于初阻力的2~4倍时,就要更换滤网。

(13)要定期检查和清理侧吹风箱内部的各种稳压装置,定期清理箱内的阻尼多孔板和其他设施。

(14)定期巡视制冷系统的运行状态,检查低水压报警装置的有效性,确保制冷压缩机正常运行。

(15)及时排除冷却水泵、冷冻水泵轴端密封的泄漏现象,及时向系统内补水,保持系统内的存水量符合技术要求,注意利用排气阀排放系统内的空气。

(16)注意保持冷却风系统中各种低温气流管道、箱体的绝热、防护层的完好有效,减少冷量耗散,防止凝露产生。

(17)经常清理空气处理器内表冷器集水盘中的积水,检查存水弯头的水封效果,防止环境气流通过排水管窜入内部,或内部低温气流通过排水管泄漏。

(18)注意冷却水系统的排污工作,清理冷却水塔内的青苔等杂物,定期清理水塔构件上的水垢。冬天气温较低时,可部分或全部使用室外的低温环境风代替制冷风,这样可降低运行成本。

(19)要做好室外露天设备、管道或处于低温环境设施的冬季防冻工作,避免管道、冷却水塔及其他设备被冻坏。

二、熔喷系统冷却侧吹风装置安全操作规程

冷却侧吹风装置是安装于纺丝箱体下方的设备,由于侧吹风装置是固定设施,没有运动机构。因此,在生产线的各种运行工况下,只有起动及调节制冷风温度和冷却气流的流量两种类型的操作。

(1)本岗位的工作人员要参加培训,熟悉基本的安全操作要求,具备基本的作业技能。

(2)定期检查冷却风管软连接的可靠性和密封性,当熔喷系统采用升降纺丝箱体的方法调节DCD时,冷却侧吹风箱应能跟随纺丝箱同步运动,活动接头或伸缩软管的运动能保持畅通和

密封。

(3)要根据侧吹风机的运行状态或空气处理器(俗称空调器)过滤装置(滤网或滤袋)的压差显示,及时清理或更换空气处理器内部的过滤装置(滤袋)。

熔喷系统冷却风空气处理器的过滤装置一般为初效过滤器,其初始阻力约50Pa,如果制造厂家没有给出终阻力指标,当终阻力等于初阻力的2~4倍时,就要更换滤网。

(4)由于不同机型的冷却风喷嘴结构有较大差异,当进行刮板作业或更换纺丝组件时,要按设备制造商提供的操作方法拆卸或移开冷却风喷嘴。

(5)及时清理出风口多孔板或防护网上的废丝、污染物,保持吹风嘴防护网的通畅,以免产品表面出现条状缺陷。

(6)定期巡视制冷系统的运行状态,确保制冷压缩机正常运行,及时排除冷却水泵、冷冻水泵的轴端密封泄漏故障。利用停机时间清理空气处理器表冷器内接水盘的积水和杂物。

(7)注意保持冷却风系统中各种低温气流管道、箱体的绝热,防护层的完好有效,减少冷量耗散,防止凝露产生。

(8)为了避免车间内产生过大的负压,冷却风系统的风源应取自室外的环境空气。在冬天气温较低时,可直接使用环境风,这时不用制冷设备投入运行就能提供满足工艺要求的冷却气流,可以降低运行成本。

(9)要做好室外露天设备、管道或处于低温环境设施的冬季防冻工作,避免管道、冷却水塔及其他设备结冰,被冻坏。

(10)除了可以利用制冷气流实现熔喷牵伸气流和纤维的冷却外,还可用喷水雾的方法实现冷却功能。要注意加压水泵的运行状态,只有纺丝系统已能正常工作后,冷却系统才投入运行,纺丝系统停止工作或已经离线后,喷雾系统就要停止运行。

(11)注意喷雾喷嘴的工作状态,及时调校雾化不良的喷嘴,要注意控制喷雾流量,以免因流量太大影响产品的均匀度,或使产品的含水量超过规定值。

第八节　成网机及网带安全操作规程

一、成网机安全操作规程

(1)操作人员必须严格按照安全操作规程作业,要定期检查各种安全装置的有效性。成网机是员工频繁靠近作业的一台设备,也是一个事故多发点,因此,应该在经常较多停留或操作的位置配备紧急停机控制装置。

(2)在启动成网机运行前,要确认周边环境没有任何妨碍安全运行的物件、人员已处于安全位置、设备的技术状态正常、安全系统正常有效。

(3)成网机运行时,网带纠偏装置必须处于自动工作状态,注意检查网带的偏移及复位情况,发现异常时,要及时处理。

(4)根据设备运行情况和产品质量,及时调整网带的张紧状态或网带的张力,防止张力偏大,影响网带的使用寿命。

(5)在成网机上方工作时,要有可靠的防护措施,操作者身上不得携带任何可脱落的物件,使用的工具要有可靠的防跌落措施。

(6)只允许岗位人员在成网机后部(上游),并处于低速运行状态时清理网带,清理网带时不要使用硬质锋利的工具,清理时务必小心,防止被卷绕、拖拽或工具脱手,发生人身伤害或损坏网带。当运行速度较快时,不允许进行任何清理工作。

(7)严禁用手触摸成网机的运动部件,严禁用手推拉已处于运动状态的网带,以防不测。要注意成网机网带在运行过程的偏移状态,保持纠偏装置动作的灵活性和可靠性。

(8)成网机的操作人员以及维修人员进入岗位工作前,要清除身上携带的金属物品及容易脱落的硬质物品,维修人员要妥善保管、清点所带工具和物品,以免遗忘、脱落,损坏设备。

(9)注意成网机传动系统的维护工作,紧固各种传动装置;当使用带传动时,要及时检查,并使其保持适当的张力;定期检查润滑状态,使减速机、轴承座、传动装置保持良好的润滑状态。

(10)成网机的维修工作只能在设备处于停止运行状态时进行,不得随意践踏或污损网带;要及时清理缠绕在各种辊筒上的废丝、杂物,保持辊筒表面的清洁;注意清理传动装置泄漏在成网机机架上的油脂及污垢,避免污染网带。

(11)要经常注意纺丝系统压辊的清理工作,只能在成网机停机或处于基速状态时进行,可使用有机溶剂或专用的压辊清洗液进行清理,如果使用有机溶剂,务必做好防火措施。如果配置有压辊自动清洗装置,要及时更换已经沾满污垢的羊毛毡或抹布。

(12)只有成网机处于低速(≤20m/min)状态运行时,才允许将压辊放在网带面上,或将压辊从网带面上升起。如果压辊是由网带拖动,则压辊的温度>80℃时,是不能升起压辊停机的。

(13)在纺丝系统未能正常稳定纺丝前,包括在进行刮板或安装、拆卸纺丝组件时,必须将相关纺丝系统下游出口的压辊升起;而在压辊没有放下之前,成网机不得提速。

(14)如果生产线停机时间较长或供电系统停电时,若在网带工作面上配置有气动升降的压辊(冷辊或热辊),必须有防止在失去压缩空气后,压辊自动下降,长时间压在网带面上或支承橡胶辊上的可靠措施,以免网带或橡胶辊发生变形。

(15)要经常关注网带纠偏装置的工作状况,当使用气动纠偏装置时,压缩空气管路、接头要保持良好的密封状态。

(16)当热轧机已经升温,轧辊温度高于80℃后,成网机应一直保持在运转状态,以免在轧辊的高温热量辐射下,成网机靠近热轧机的局部网带发生变形损坏。

(17)在生产线启动运行前,若工艺要求铺放底布时,宜选用定量在30~60g/m^{2}的纺粘布作底布,铺放过程只能在基速状态下进行,并可以启动抽吸风机低速运行辅助牵拉底布,铺放过程需要多人配合协调进行,特别注意在穿越狭小空间(如扩散通道下方)或高温设备(如热轧辊、热轧机)时,容易发生切割,伤害机台(如卷绕分切机)的安全。

(18)注意各种成网风机的日常管理维护工作,定期检查、紧固各种螺栓;检查传动件的技术状态,润滑状态;经常关注各种活动连接的可靠性。

(19)用高压水流冲洗用聚酯材料制造的网带时,必须严格控制水流的压力不得高于10MPa,而且不得长时间用集束水枪冲洗同一部位,网带在清理过程一直要处于张紧状态,避免产生结构变形。

(20)用热风枪清理网带上的熔体时,必须由有经验者实施,并严格控制热风枪的出风温度不得高于170℃,热气流不得长时间固定吹向一个小范围,防止发生变形,甚至被烧穿。

(21)要及时检查、调整网带与成网风箱的密封结构,必要时进行调整或给予修理,及时清理抽吸风箱和管道内的污染物。

(22)要经常检查抽吸风管道上的各种流量控制阀,检查其密封和紧固状态,防止出现松动甚至脱落,影响抽吸风机的安全。

(23)要经常注意和检查成网机上方空间的各种构件、紧固件、照明设备的状态,排除各种隐患,预防脱落在成网机上发生安全事故或损坏下游的设备。

二、网带的安装、维护及安全操作规程

成网机使用的网带是一种消耗品,在运行过程中其透气性能会逐渐变差,经过长时间的使用会发生损坏。因此,要经常进行网带维护或更换网带的工作。

(1)安装新的网带之前,要对成网机及场地作一次彻底的清理,把各种杂物、污染物清理干净,处置好成网机机架上会危及网带安全的尖锐棱边,并在成网机下方的地面铺上干净的非织造布,使网带与地面隔离开,防止网带被污染。

(2)将网带张紧机构调至最松状态,将网带纠偏系统的检边机构移离正常工作位置,直至在不妨碍更换网带操作的位置固定好。

(3)使用正确的运输、开箱方法,从包装箱取出网带,防止网带受损害,清理附件,确认穿绕方向;一般情形下,可在成网机最上游方向的地面放置备用网带支架,用于将卷状的网带退出。

(4)网带的编织结构是前后对称、没有方向的,首次投入使用的新网带,在技术上及使用性能方面,并没有运行方向限制。但在使用过程中会产生带方向性的磨损和形成毛刺,因此,已经使用过的网带是有运行方向的,如果改变运行方向,这些毛刺的朝向也同时改变,将使网带剥离性能变差。

(5)网带在编织过程中,其工作面与背面的结构是完全不同的,特别是在接头部位,所有经线的端头都是置于底部。因此,相对网带的工作面,底面较粗糙,绝对不能混淆。

一般以标注有网带牌号、尺寸(宽度×长度)、运行方向的一面为工作面(图 9-10),以后也要参照这一原则,重新安装或更换其他新的网带。

(6)按先穿绕下方回程网带的次序,确认卷状网带在支架上的放置方法,在成网机的工作面上选择较为平整的部位作为连接网带的作业点。

(7)在网带的端部接上由制造商提供的三角形牵引段(熔喷系统的网带较短,可免除本项及相关工作,国产网带也无此随货同行附件,可免除相关操作,下同),然后在三角形的顶端连接一条长的塑料绳,并将绳子沿正常运行路径穿好。确认好进行网带接头连接的位置(一般是在成网机工作面上有支撑的平直段)。

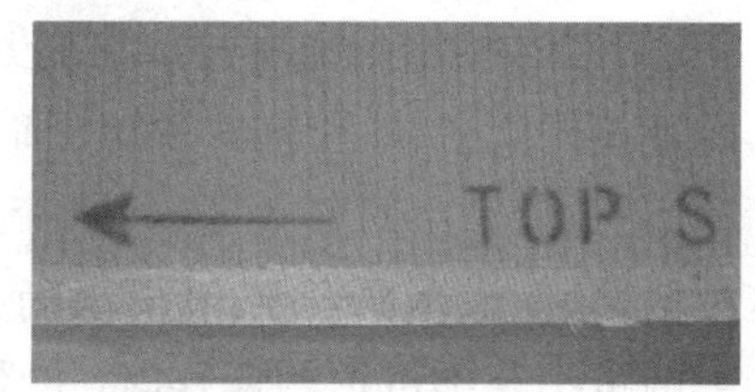

图 9-10　网带的工作面及运行方向标记

(8)适当分配好人员的工作岗位,分别负责作业过程的指挥,网带退卷,在成网机两侧导引、防护,拖拉牵引塑料绳等工作。所有在网带面上的人员均不得穿戴硬底鞋作业。

(9)确认生产线已断电,停止运行后,在统一的指挥下,沿与正常运行方向相反的方向将网

带牵引到成网机，注意排除妨碍网带运动的物件，并使网带始终处于接近中线的位置，直至将网带的牵引段在预定的接头位置用适当的方法固定好。

(10)拆除网带的三角形牵引段后，将支架上剩余的网带全部退出，沿正常运行方向将这部分网带穿绕在成网机上，并在预定的接头位置与另一端接头对齐，或对中穿插好。

(11)按照网带的编织方法，将连接线穿在已交织在一起的接头环内；如果有必要，可在接头环的空隙内穿入填充线，填充线的粗细及数量并无限制，只要能最大限度消除空隙即可；妥善处理好连接线和填充线的首尾端后，解除网带的所有约束。

如果有必要，还可以使用快干胶水将连接线的两个端头固定。图 9-11 所示为带金属头的塑料连接线。

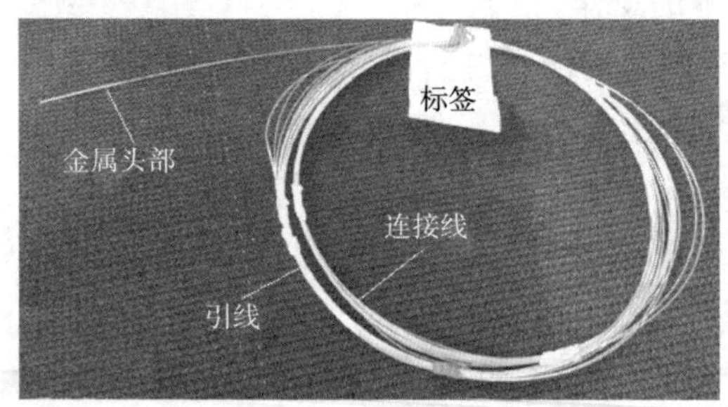

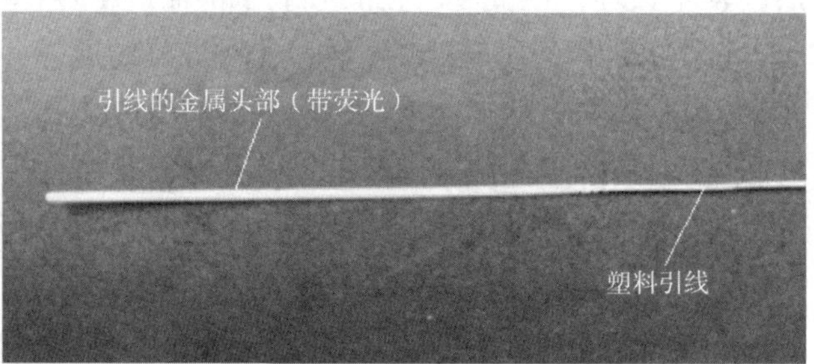

图 9-11　带金属头的塑料连接线

(12)将现场清理干净，确认无物件遗留后，将网带以 50%张力预张紧，然后将纠偏机构复位，以基速启动成网机低速试运行，观察运行期间网带连接线的形状，调整两侧的张力，使连接线呈与 CD 方向平行的形状。

(13)在确认网带纠偏装置能正常工作后，继续逐步张紧网带，分阶段升速运行半小时左右，最后按 100%张力张紧，按正常工艺速度试运行，可确认网带已具备正常运行条件后便可投入生产。

注意：非织造布成网机常用的各种编织工艺制造的网带，其最大许用张力≤300daN/m，一般情形下能将网带张紧，并正常运行即可，不一定要按最大许用张力张紧。

三、网带的纠偏系统及异常状况处置

网带离开其中线，偏向一侧运行时，很容易磕碰邻近的固定构件而损坏。由于设备结构、安装精度、运行受力不对称等原因，网带必然会受到向一侧偏移的外力。网带纠偏装置能自动纠正这种偏移，使成网机安全、正常运行。

当网带出现不可控的偏移时，主要原因如下：

(1)成网机的辊筒上缠绕有废丝或废布，导致这一端的网带张力较大。

(2)纠偏系统的网带位置传感器异常，无法检测和反馈网带的实时位置状态。特别是使用非接触式传感器时，容易受环境的电磁干扰，光学传感器受网带或产品颜色的干扰，无法检测及识别网带的位置。

(3)网带的张紧度不当，特别是张紧不足时，容易打滑而影响运行稳定，导致发生偏移；而两侧张力的不平衡，会形成一个固定方向的横向(CD 方向)力，使网带固定向一侧偏移。

(4)网带纠偏装置的气缸或气囊压缩空气压力异常,导致纠偏辊反应迟滞,无法对网带发生的偏移及时作出反应。

(5)网带纠偏系统失效、损坏,要重新调整、设定网带纠偏系统的纠偏辊轴线和网带的包角,调整与上下游导向辊的轴线距离,重新设定纠偏系统。

(6)检查传动辊筒的安装精度(主要是辊筒间轴线的平行度)。

(7)网带边缘破损或连接线损坏,将导致网带难以正常张紧,使网带向张力较小一侧偏移。

(7)网带存在质量缺陷,热定型处理不好,结构不稳定,这时只能换用质量更好的产品。

(8)传动辊筒的强度或刚性不足,发生挠曲变形,尤其是网带包角较大,负荷较重的辊筒,如鼻端辊、主驱动辊上游方向的导向辊等,容易因设计缺陷而发生挠曲变形。

(9)成网机工作面的网带支承装置结构不对称或抽吸气流偏差大,导致网带运行阻力不对称,形成明显的阻力差异。

成网机常见故障与排除方法见表9-10。

表9-10　成网机常见故障与排除方法

故障现象	可能原因	排除方法
网带偏移,超越极限报警后停机	1. 网带纠偏机构失灵 2. 检边传感装置故障 3. 网带边缘的废丝导致误动作 4. 纠偏装置动力(气缸、电动推杆)故障 5. 气源压力或电源电压异常 6. 传动辊轴线不平行度太大 7. 网带两侧的张力差异太大 8. 网带质量欠佳 9. 网带两边长度差异过大 10. 成网机两侧托网机构的阻力差异太大	1. 检查、维修纠偏机构及控制系统 2. 检查、更换失效传感装置 3. 清理网带上的废丝 4. 检查、维修气缸或电动推杆等 5. 检查、修复气源或电源 6. 调整各传动辊的轴线平行度 7. 调整网带两侧的张紧度 8. 更换性能合格的网带 9. 更换定型质量好的网带 10. 纠正托网装置,保持阻力平衡
网带传动电动机负载电流过大	1. 电源缺相或三相电压不平衡 2. 驱动电动机故障 3. 减速机及传动装置故障 4. 传动辊轴承故障 5. 带有制动装置的系统,制动装置没有完全分离 6. 网带张力太大 7. 抽吸风负压形成的摩擦力太大 8. 变频器故障	1. 检查电源、排除故障 2. 检查电动机空载三相电流 3. 检查减速及机械传动装置 4. 检查轴承温升和灵活性,更换已损坏的轴承 5. 检查制动装置的动作 6. 调整网带的张力 7. 调整网带承托机构,降低摩擦力 8. 检查、修复变频器
传动变频器报警后停机	1. 电动机运行电流过大 2. 过热保护动作 3. 供电电网电压异常 4. 变频器故障 5. 其他原因	1. 参见电流过大原因 2. 检查温升太大的原因 3. 检查电网电压 4. 根据变频器报警代码排除故障 5. 利用变频器说明书查找故障

续表

故障现象	可能原因	排除方法
主传动装置噪声	1. 电动机、减速器与主驱动辊轴中心线偏移 2. 联轴器磨损,轴承损坏 3. 设备紧固装置松动 4. 传动装置与辊筒动平衡精度太低,超速运行 5. 设备基础不符合要求	1. 校正电动机、减速器与主驱动辊轴中心线 2. 检查联轴器,更换缓冲件和磨损的轴承 3. 检查与重新紧固好设备 4. 提高传动装置与辊筒动平衡精度,按设计速度运行 5. 按要求制备合格的设备基础
轴承温升过高	1. 轴承损坏,内圈磨损 2. 润滑不良或润滑剂不符合要求 3. 轴承座松动,轴线偏移 4. 负载太大	1. 更换滚动轴承,修复轴颈 2. 更换适用牌号的润滑剂 3. 重新校正轴线,紧固轴承座 4. 检查并排除超载原因
抽吸风机超载,跳停报警停机	1. 供电电压异常,三相不平衡 2. 电动机转速太高,运行电流过大 3. 风机流量太大 4. 变频器故障 5. 其他故障	1. 检查供电电压,排除故障 2. 电动机应在合适的转速运行 3. 降低风机的流量 4. 检查或更换变频器 5. 根据变频器故障代码,查找并排除故障

第九节 纤网固结设备安全操作规程

一、热轧机安全操作规程

(一)热轧机基本操作规程

(1)检查机器周边环境,清理所有妨碍设备正常运行的物体,防止金属物件进入热轧机,确认所有的人员已处于安全状态。热轧机是生产线中的一个危险源,应具备紧急制动功能。

(2)启动生产系统的冷却水供给装置,向设备正常供应冷却用水。

(3)检查润滑站、液压站、导热油高位油罐的油位,各种管道接头的密封性,确认旋转接头的止转装置正常有效、设备已具备安全开机条件。

(4)按产品生产工艺要求,选择投入运行使用的花辊,如果是立式三辊热轧机,还要调整成网机纤网输出端高度,使之相互匹配。与立式三辊热轧机配合的成网机,其输出端的高度是可以调整的,以适应使用不同花辊时的高度变化。

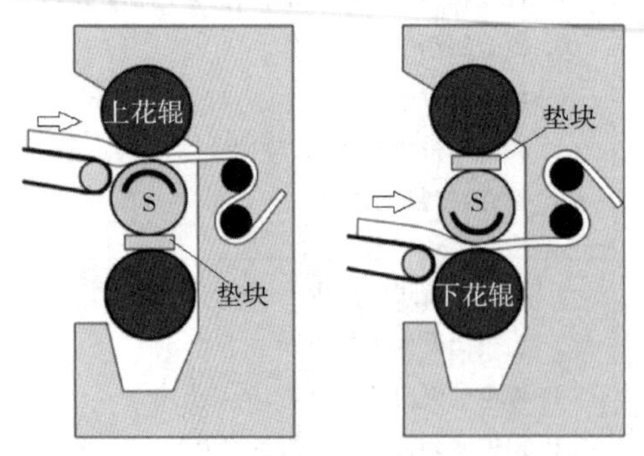

图 9-12 立式三辊热轧机 S 辊与花辊的配合

(5)转换立式三辊热轧机的花辊时,如果热轧机的光辊是 S 辊,则要同时调整 S 辊的高压腔方位(图 9-12),使之与待用的花辊相对,同时转换垫块的位置。

(6)转换 Y 形三辊热轧机的花辊时,一般无须调整轧辊的方位。如果热轧机的光辊和花辊都是 S 辊,则还要同时调整花辊的高压腔方位,使之与光辊相对。

(7)向热轧机供电,启动轧辊加热系统提前加热、升温,先启动加热系统导热油循环油泵,然后接通加热电源,并根据工艺要求设定加热温度(注意:对正常的加热系统,从室温冷态至到达设定温度一般需要 2h 左右)。

(8)启动液压系统的液压泵,使上下轧辊分离开(正常停机后,上下轧辊间应该处于自然分离状态);启动润滑油泵(在接通热轧电源后,润滑油泵会自动启动运转),注意观察润滑油的压力是否符合要求(一般为 0.30MPa);检查各润滑点的润滑油的流量是否符合要求,并对相关的流量进行调节(注意:如果轧辊润滑系统的油压没有达到设定值轧辊将无法启动)。

(9)选用本地或单动控制模式,设定热轧机的速度,启动主电动机,让上下轧辊以 10m/min(或基速)低速转动。控制系统这个功能仅用于热轧机进行单机调试,一般情况下很少使用。

(10)生产线铺放底布(引布),按规定路径从热轧机的上下辊之间穿过,并在两只冷却辊之间穿绕好,然后牵引至下游设备。如果是立式三辊轧机,要注意使用不同的花辊时,在冷却辊上的穿绕路径是不同的,正常情形下,应遵循经过热轧的产品与轧辊接触面积最少这个原则。

(11)当纺丝箱体开始纺丝,并通过纺丝牵伸通道放丝(投丝),纺丝系统开始纺丝铺网后,将上下辊闭合,热轧机便自动按初始的线压力运行(一般无须根据产品定量调整线压力,如轧机没有这个功能,可设定较低的线压力)。

(12)将控制模式改为远程或联动控制,机器将转为由中央控制台控制,并与全生产线联动运行。对于大部分生产线,热轧机与生产线之间一直是处于联动状态,因此,无须进行这个操作。

(13)当纺丝系统可以正常纺丝,剪断底布后,生产线升速运行,根据产品的检测结果或按工艺要求,对轧辊加压,调整好热轧机的线压力及挠曲变形补偿系统的参数,使产品符合要求。

(14)如遇紧急情况(如发生缠辊或安全事故),应立即按下最近的急停开关,机器应能立即降速、停机,待故障消除后,才进行复位,恢复热轧机的转动。

(15)生产线短时间停机时,先降低转速,热轧辊先降压卸载,然后将两辊分开。如长时间停车,应停止轧辊加热,待轧辊温度下降至 80℃后,才能完全停止轧辊转动。

(二)安全注意事项

(1)机器运行时,禁止人员进入热轧机与成网机相交接的空间,禁止人员进入驱动端的防护网内进行检查工作。

(2)机器运行期间,特别是在生产小定量产品时,禁止人员从产品下面的空间(通道)穿越行走,以免影响产品的稳定运行。

(3)机器运行时,必须注意对机器的防护,防止上游的硬物进入热轧机损坏轧辊。若发生此种情况,要迅速按下急停开关,停止热轧机的运转,上下辊应马上停止转动,并自动分开。

(4)当有人员对热轧机进行维修时,应关闭液压油泵的电源,并挂上警示牌,防止轧辊意外闭合,这样还可以降低液压油的温升和减少油泵磨损。

(5)出现缠辊故障或需要清理辊面的异物时,只能使用软质金属材料制作的工具,禁止用硬质工具清理或撞击轧辊表面。

(6)若突然停电或其他故障使高温的轧辊停止转动时,必须每隔 10min 用人工盘车的方法,使轧辊转动 180°,防止轧辊产生永久性挠曲变形。

(7)利用双联式润滑油、导热油过滤器的换向阀进行切换滤芯操作时,操作人员必须熟悉换向阀指示标记的含义,准确识别、判断两个过滤器的工作状态。只能切换处于离线状态的滤芯,否则有压力的高温油流将会造成严重的安全事故。

(8)要经常清理加热系统和机器滴漏出来的油料,保持设备的清洁,避免污染车间环境,消除安全隐患。

(9)要保持高温设备、管道的保温层及外层金属防护完好,正常情形下,防护层温度不得高于设备所处环境25℃,要及时清除被导热油污染的保温材料,以免成为火灾隐患。

(10)经常关注和检查热轧机上游方向及上方空间的状态,防止有金属物品脱落,损坏机器。

(11)注意加热系统的安全,在机器附近要放置一定数量的灭火器材。

注意:配置在生产线中的双辊式定型机,其操作规程可参照热轧机的规程实施。

二、针刺机安全操作规程

针刺机的品牌很多,其性能、结构特点及安装、使用、维护、保养工作也会因品牌不同而异,因此,相关的工作应以设备制造厂家的说明书为准,下面仅提出一些有共性的资料,供参考执行。

(一)针刺机的安装及运行环境要求

(1)针刺机必须放置于平整的混凝土地面上,混凝土层厚度200mm以上,地面必须水平、干净、无油脂。

(2)以箱体安装面为基准面,调校机台处于水平状态;机台开动5min后检查四个地脚螺栓是否顶紧垫铁,然后拧紧紧固螺母。

(3)针刺机的供电电源必须符合针刺机的设计要求,接线正确无误。

(4)启动针刺机前,必须确认润滑系统或需要润滑的位置都已按规定加注了润滑油或润滑脂。

(5)设备安装好后,必须经专业技术人员全面检查,验收合格后方可投入正常运行。

(6)在设备空载连续正常运转2h后,方可投料生产,即负载运行。

(7)新针刺机运行使用100h后,必须紧固一次针刺机上的全部螺栓。

(二)针刺机运行

(1)操作人员必须经过技术培训,熟悉针刺机的工作原理及操作方法,根据要求调节各工艺参数。

(2)每次开机前,必须进行安全检查,确认设备的技术状态满足生产运行要求。

(3)开机前,应遵守开机程序,先启动润滑油泵,待油压正常后再启动其他设备。

(4)在未装针板前,应进行空载运转,根据仪表或控制界面的显示值,确认正常后,再停机使用专用工具安装针板。

(5)空载低速运行时,若有金属碰撞声,说明针板中有弯针,必须卸下针板,退掉弯针,换上新针,更换新针后同样要进行检查。同一台针刺机尽可能选用同一品牌的刺针。

(6)润滑油循环一段时间后,管道和油箱中存在的垃圾、杂质会堵塞吸油过滤网,导致供油量减少,油压下降,应及时拆洗和清理过滤网杂物。

(7)单机试运转,检查噪声、振动等是否正常。

(三)针梁针板的装卸

(1)安装针梁时,让主轴处于上止点位置,再调节剥网板位置,把针梁推入,再转动主轴伸出推杆,对准针梁垫板定位孔,然后锁紧针梁。拧针梁紧固螺栓时,必须对称均匀地用力,并使法兰盘与针梁背面平行,螺栓不能拧得太紧,参考拧紧扭矩为145N·m。

(2)安装植针板时,让主轴处于上止点位置,将转阀转至"松开"位置,调节好剥网板位置,使针梁与剥网板间隙不小于刺针长度,然后插入针板,到位后插上定位销,把转阀转至"夹紧"位置。

(3)拆卸针板和针梁时,让主轴处于上止点位置,并调节好剥网板位置,使针梁与剥网板间隙不小于刺针长度,先松脱定位销,再把转阀转至"松开"位置,把针板抽出,然后在剥网板上面垫上二至三段枕木,转动主轴,使针梁压着枕木,松开推杆锁圈固定螺钉,再让主轴转至上止点,把针梁拉出。

(4)不可随便调换针刺机的针板梁,针刺机针板梁必须打上记号,与针刺机匹配使用,混用将影响针刺机频率。

(5)针刺机连续使用22h后必须用压缩空气清一次花,每星期必须将针板拆下更换断针和清花。必须按原位置对号入座,不可随便更换。

(四)安全操作规程

(1)针刺机要编制安全操作规程,建立设备运行台账,及时做好操作记录,做好交接班记录工作。

(2)本机只能由专业人员进行操作、保养和维修。

(3)机器运转时,不准用手直接在输出压辊入口处操作,特别是戴着手套递布或清除辊上杂物,要远离移动或转动着的机器部件。

(4)不准让硬物进入针刺区,或用手直接在针刺区工作,否则会造成断针和人身事故。

(5)在调节蜗轮升降器时,注意上下限的设定,防止丝杆下降过度造成蜗轮损坏。常检查托网、剥网板之间的三只限位行程开关,确保运行安全。

(6)工作频率不能超过设备额定的针刺频率。

(7)要先关闭各电动机开关才能关闭主开关,只有在机器停止运行后,才能关闭主电源开关。

(8)进行设备保养或维修前,必须关闭机器的主电源开关,操作手柄或开关柜要上锁并挂上警示牌。

(9)不要改变或拆除安全防护装置,保持安全防护装置完好有效。

(10)发生突发事故时,必须就近按下触摸屏或机台侧面的紧急停止按钮,在没有彻底排除故障前,不得恢复机器运转。

(五)保养与维修

1. 润滑

可靠的润滑是针刺机安全运转的保障,运行期间必须经常观察供油系统的油压与流量,当油压低于0.1MPa(1bar),就必须停机检查,同时必须调好进、出油量,使之保持平衡。

(1)主轴箱一般使用46#抗磨液压油当作润滑油,运行满500h后需第一次更换润滑油,半年后第二次更换润滑油,以后每年更换一次。加油量为润滑站玻璃油标中间位置以上。具体用油型号必须符合使用说明书的规定。

(2)减速机里的润滑油使用320#齿轮油,主要对轴承及齿轮进行润滑。工作500h需第一次更换润滑油,以后每年更换一次。加油量为齿轮箱油标中间位置。

(3)定期检查各传动减速机的油面,按设备制造商说明书的要求和指引,选好油品,进行补充或更换,正常运行后的换油周期一般为2年。

(4)每工作60h要给链条加一次润滑油,每600h要给齿轮添加润滑油。

(5)剥网板、托床的蜗轮升降器已经加足了润滑脂,可供长时间使用,如果因某种原因拆下了蜗轮升降器,再安装时必须重新涂上润滑脂(MP-3)。

2. 保养

(1)定期清除吸油口过滤网上的杂质,否则会造成油压下降而使供油不足。

(2)定期清除电动机冷却风扇罩上的灰尘,定期清除电器控制柜上过滤网和排气扇上的灰尘,定期清除变频器冷却风扇或散热片上的灰尘。

(3)定期清除机台上的灰尘,特别是推杆处的灰尘,要注意防止灰尘进入推杆上的油封,否则会造成油封磨损而漏油。

(4)定期清除针板上的积花和刺针上的纤维结以及弯针断针。

(5)定期清理蜗轮升降器丝杆上的灰尘,灰尘被丝杆带入会造成丝杆导向套和丝杆蜗轮螺母的磨损,使丝杆的径向、轴向发生窜动,从而造成剥网板、托床升降不稳,严重时造成断针等现象。

(6)定期清除托床格板上的灰尘,清除剥网板孔里缠结的纤维束。

(7)定期检查油路是否通畅,油压是否足够,油温是否异常。

(8)每隔600h检查传动皮带的松紧度及松紧度的均匀性。

(9)要经常检查针刺机托网板与剥网板上的链条张紧度,并及时调整托网板、剥网板。必须经常检查、调整托网板、剥网板与提升减速器之间的联轴节。

(10)定期排放压缩空气过滤器的冷凝水,定期更换过滤器的过滤液。

(11)若针刺机短期内不投入运行使用,必须对刺针进行防锈处理。

(六)纺粘法纤网的针刺工艺计算

(1)针刺密度计算方法。纺粘法连续纤网的针刺密度一般为40~60s/cm^2。可按下列公式计算:

针密(s/cm^2)= 针刺机植针密度(n/m)×针频(f/min)÷ 10^4×出布速度(m/min)

两台针刺机均为4000针/m。

当生产厚克重产品时,且出布速度在4m/min以下时,可以仅用1台。

(2)布面出现横向条纹的应对方法。当针刺机生产过程中发现布面上有横向条纹时,可以将针刺机的频率调高或调低来改变、消除,调整的幅度一般在20~30f/min。

三、水刺系统安全操作规程

(一)水刺头的使用注意事项

(1)正式开机前,反复冲洗水处理管道,冲洗水刺头及抽吸辊筒和抽吸箱内的杂物灰尘,期间先不装水针板,待所有管道内冲洗干净无杂质后,再装入试机用水针板,准备进行全线调试运行。

试机用水针板是指已经被淘汰的旧水针板,针孔已经磨损,不能再正常生产水刺布的水针板。

(2)待试车结束后,准备生产样或直接正式生产正品水刺布前,更换新的水针板。

(3)生产线正常开车生产后,随时观察水针情况,发现有漏针、斜针、连针等异常情况后,尽快更换水针板并清洗滤芯。根据生产情况,定期更换、清洗,做好清洗和交接班记录。

(4)抽拔水针板感觉阻力大时,不能强行抽拔或硬塞,可尝试用短距离多次抽拔和插入进行作业。如阻力太大,就需打开水刺头腔体和压板进行检查,是否密封圈损坏或脱落。更换安装密封圈时不能拉伸,保证密封圈在槽外的尺寸和形状尽量一致,保证密封效果。

(二)水针板使用的注意事项

1. 水针板的搬运

(1)在搬运水针板时,不要触摸水针板孔,用指头夹住针板最外侧。

(2)徒手触摸针孔可能会划伤皮肤,堵塞针孔造成横飞。

(3)最好戴上干净的橡胶手套搬运针板。

(4)将水针板直接放在桌面上可能会划伤针板表面。

2. 水针板的装卸

(1)拿放水针板时,请沿针板最外侧夹持,不要触碰针孔。

(2)最好是连带保管水针板的管子一起拿到水针板插入口装卸。

(3)注意水针板的插入角度,使其与喷射方向垂直。

(4)检查水针板的正反面,确保小孔朝下插入。

(5)确保洗净后水针板的全部针孔畅通,经目测检查能正常透光。

3. 水针板的清洗

(1)使用后的针板不用干燥,直接投入洗净机水槽中。

(2)干燥后的针板不能再投入水槽中,否则原来已清洗干净的针板会被污染。

(3)使用超声波清洗机进行清洗时,连续清洗时间应控制在 10min 以内。

(4)使用清洗液(水溶性剥离剂)时,要将残留的清洗液彻底清理干净。

(5)清洗干净的水针板要尽快用风吹干,而且不得触碰针孔。

4. 水针板的保管

(1)最好存放在比水针板宽度稍大的管子(包装防护用)内。

(2)一根管子放一根针板,不要几根针板重叠放在一根管子里。

(3)重叠放置或放在桌子上时,可能会导致水针板表面划伤。

(4)存放前一定要清洗干净再晾干,脏的状态不可以直接存放。

(5)很多根针板一起清洗,还未清洗的针板可暂时浸泡在水中放置。

(三)国产高压水泵的运行

设备的正常操作程序主要包括启动前的检查、启动升压、正常运行及降压关机四个步骤。

1. 启动前的检查

为避免设备发生故障,要做好启动运行前的检查工作,主要包括下列几项。

(1)检查润滑油的油位是否符合规定并无变质。

(2)手动盘车 3~5 圈,检查泵运转有无卡阻现象或存在异常响声。

(3)检查水泵缸柱塞连接及管路、阀等设备之间紧固连接的可靠性。

(4)正常运行时,输入轴轴承、曲轴轴承的温度≤75℃,机油温度≤75℃,电动机温度≤90℃。

(5)泵头内如还没加油,禁止启动泵运行。

(6)检查进出水管路是否畅通,对进水应保证过滤装置完好,水源清洁,并能正常供给,如采用前置泵供给时,还应检查前置泵能否正常工作,对出水应保证各控制阀均处于开启状态,即确保泵是处于空载状态起动开机,同时检查高压软管有无因被压或磨损等引起的破坏,有无因内部破裂引起的鼓包等。

(7)检查电器部分的各连接部位有无松动、脱落,各旋钮、仪器、仪表有无损坏,电缆绝缘层是否完好,接通电源后,点动按钮,观察电动机转向是否符合规定,如不符必须重新接线。

(8)启动升压,正常运行。在检查设备时,应做好其他作业准备工作,作业人员均已就位后,才可启动设备。

(9)设备首次启动后,应保持系统在空载状态下运行5~15min。在此时间内应对设备进行进一步观察,检查设备有无异常噪声与撞击声,进出水是否通畅,有无泄漏现象等。确定一切正常后,则可调节控制阀或调压阀,将泵压升至工作压力,应注意最高工作压力不得大于泵的额定压力;首次启动、升压过程不应过快,应逐级升压,每升压力一个等级,一般需运行5~10min。

升压过程中,应认真观察设备各部分有无异常情况出现,主要是异常噪声和管路及连接处的泄漏等,当泵压升至工作压力后,不要立即进行作业,应首先检查各控制装置,如喷枪、控制阀或脚踏阀等是否能正常开关,操作是否灵敏,一切正常后才可开始正常作业。

2. 水泵正常运行期间的检查巡视

正常运行时,泵的岗位操作者应在每次升压前确认喷头和工件的校对位置正确,喷头操作者处于安全位置并已控制喷头,其他人员也已就位。另外,泵操作者在升压时应缓慢调节,视喷头随射流反冲力的变化,一旦达到工作压力后,没有调压指令则不应再做大幅度调节。

当设备处于带压负载状态下,除阀的调节外,其他零部件都应处于正常工作状态,不得对紧固件、连接件等进行紧固调节。在正常运行作业过程中,设备操作人员应始终细观察、勤检查,发现异常立即降压,停机检查、分析、找原因,及时解决。

3. 降压、停机

在正常运行中,如非突发事故,不应在泵机组仍处于高压下直接关机。正常的停机,应先利用控制阀或调压阀卸压后再关机,降压时应动作缓慢,同时应检查管路中应无剩余压力。

4. 结束作业后的设备维修保养

作业后,对设备的维修保养直接影响设备的使用寿命及设备的正常运行,对日常使用的设备,每次作业后都应按设备使用说明书的要求做好维修保养工作,一般应做到以下几点。

(1)周边设备摆放整齐,保持所有设备内外清洁。

(2)检查润滑油的油质,新泵所加润滑油在工作40h后应全部更换,以后就可按质换油;每次换油时,必须用汽油或煤油将曲轴箱内清洗干净,并对润滑油做三次过滤。

(3)检查各主要连接件是否有松动,特别是柱塞及泵头连接处。

(4)检查进出水管路,尤其应检查软管有无因被压或磨损等引起的损坏,进水过滤器是否被堵或损坏。

(5)检查密封的完好性。

(6)设备每运行500h进行一级保养,1500h进行二级保养,4500h进行三级保养,连续运行时间达到12000h后要进行大修。

(四)水刺机的安全操作

1. 水刺主机的安全操作

(1)提供符合本设备要求的供电电源及其他资源供给,如供水、供汽等。在开机之前,必须警告并清理仍在机器危险区域内的人员,在其离开该区域前不得启动设备运行。

(2)任何时候,只允许一位操作人员在控制台操控设备。以免在有人正处于非安全位置或状态时,其他不知情者却擅自启动设备的开车按钮而发生安全生产事故。为了避免发生错误操作,在控制台上要有防止误操作的红圈白底警示标记,禁止启动设备的警示标记如图9-13所示。

(3)初次开机的新设备,或经过保全或维修的设备,必须经由技术人员进行仔细检查,确认机器已具备安全运转的条件后,才能启动设备运行。

图9-13　禁止启动设备的警示标记

(4)除更换滤芯和水针板外,在机器正常运转的任何时候都不能打开防护罩门。如需对机器进行维修保养,必须等机器完全停止后,才能由专业技术人员打开防护罩门进行维护。本设备安装和移动时,须小心轻放,不得碰撞。

(5)当设备发生故障时,应由专业维修人员进行检修,请务必在断电及停机状态下进行,以免造成人身与设备安全事故。

(6)设备工作区域内禁止吸烟,禁止戴手套,女工必须戴防护帽,进行设备保全清洁时必须戴防尘口罩。水刺机安全标示如图9-14所示。

图9-14　水刺机安全标示

(7)机器的任何调整、保全工作以及故障的维修,仅能在切断电源(电控柜上主开关需旋至“0”位置)且机器静止不动时才可执行,而且检修工作周围需设有安全预防措施(如悬挂警示牌或其他警示标志),以防止机器在任何未经许可、粗心大意或疏忽的状况下送电开机。

(8)机器运转中禁止在机器上行走,如需在机器的上方、下方或上面工作(如天花板或照明施工、保全、调整及维修工作)时,必须采取安全防护措施。

(9)所有的电气控制箱都装有可上锁的门,这些门必须锁好,钥匙应有专业人员(电气主管)保管。只有受过专业训练的人员才可接触控制箱,这些人应熟悉电气设备及其危险性。电源接线者必须持有相应资质及安全证书,无证者不得接线或接电源,不得开启电源。控制箱和电气设备的维护工作仅可由有资质的人员去实施。

(10)当进行清洁、润滑或设备调整工作时,必须切断所有机器传动装置及相关机组的电源。保全工作只有在整个机器系统都静止不动时,才可开始。润滑工作完成后,须清除在润滑点或机件上的多余油液或油脂,滴落在地板上的油液或油脂也需马上清除。

2. 风机的安全操作

(1)注意风机周边环境安全,注意移除在2m的安全区域内所有会影响安全运行的零散物品,防止这些散件物品被吸入风机内。

(2)准备开机运行前,所有人员务必要远离敞开的风机进风口或出风口,相关操作人员必须处于安全距离以外的区域活动,否则不能启动风机,人员也不能在正对风机排气口的方向经过或滞留。

(3)风机如果已连接管网系统使用,要注意检查各种阀门的状态是否符合安全运行要求,管道的软连接是否安全可靠,只有在确认无误后才能投入运行。

(4)无论是直联式还是带传动型风机,务必要确认传动装置的技术状态符合相关要求,保持其安全防护装置符合规范要求,并能提供有效的安全保护。

(5)当风机在运行过程中出现剐蹭声响或异常震动,必须立即停止风机运转,直至确认已排除影响安全运行的隐患后才能恢复正常运行。

(6)正式供电运行前,应确认风机的轴承已按说明书要求加注好润滑油脂,还应手动盘车,确认风机能无障碍转动。

(7)风机在进行初次检查前不可以启动。

风机只允许在无技术缺陷的状态下操作,新购置的风机及修理的风机,必须经过专业检查,并确定其技术状态符合要求后才能投入使用。

(五)常见故障、产生原因及排除方法

水刺主机常见故障、产生原因及排除方法见表9-11。

表9-11 水刺主机常见故障、产生原因及处理方法

序号	故障现象	产生故障可能的原因	故障排除方法
1	水针板漏水	水腔条内密封条损坏	更换密封条
2	水针不连续	水针板孔堵塞	抽出水针板清洗,查水处理系统工作是否正常
		水刺头内过滤网堵塞	抽出过滤网清洗
3	水针倾斜交叉	水针孔磨损严重	更换水针板
4	气缸升降不同步	单向节流阀调整不当	调整单向节流阀,使两边气缸同步
5	托网电动机上下游动	电动机与辊体轴不同心	拆下联轴节,调整电动机与辊体轴的同轴度
6	托网不运转	接近开关调整不当	调整接近开关在挡板范围之内
7	托网跑偏	纠偏失灵	检查机控阀是否正常工作
		托网辊不平行,张紧托网气缸的压力不足	调整各辊体的平行度,调整气压至气缸工作压力

续表

序号	故障现象	产生故障可能的原因	故障排除方法
8	气囊两边都进气，纠偏失灵	机控阀漏气，密封面密封不好	更换机控阀
9	轴承、减速器温升过大	润滑油老化或有杂质、缺油	清除杂质，彻底更换润滑油
10	抽吸辊筒转动不灵活	传动侧轴承损坏	更换轴承
		传动侧两端唇形密封圈损坏	更换唇形密封圈
		传动侧轴承内少润滑油	加满润滑油
		操作侧轴承少润滑油	加满润滑油
		操作侧轴承损坏	更换轴承
		外网与内支撑架摩擦	调整外网与内支撑架间隙

(六)风机的使用与维护

1. 风机的定期维护保养制度

为保证风机良好，安全运行，需要定期(最长六个月)对风机的外观和性能进行例行检查。如果风机是暴露在重尘、腐蚀的环境中，这样的例行检查的周期则要相应缩短。

风机的维修检查要由专业的维修人员或维修公司，根据设备制造商的说明、通用的技术规范及适用的实施手册(EN 60079—19)来操作。为防止风机损坏，用户需定期例行检查。温度、震动的检测需每周检查，以免出现异常。例行常规检查时，要根据供应商提供的相应文件来操作执行。

2. 风机叶轮的动平衡精度

风机的叶轮都经过严格的平衡测试，所以要严格遵守设备制造商提出的各种运行管理措施，并满足相关技术要求，进口风机可参照 ISO 14694 和 ISO 10816:3 的要求。叶轮不平衡的可能是叶轮受灰尘、磨损、腐蚀或积聚污染物所致，风机运行时会产生异常的震动。

按保养周期对叶轮紧固状态进行检查，紧固时要保证风机处于静止状态，风机的叶轮紧固工作是人工通过进风口或清洁口进行的。如果叶轮没有根据此准则紧固，轴承和电动机会对风机造成永久的损害，且对轴承和电动机的使用担保也不再适用。

3. 风机的维护

只有具备相应资质要求的人才能进行风机的维护工作。

(1)风机的维修需由专业技术人员根据实施规程(EN 60079—19)进行。维护过程中使用的保护用品如图 9-15 所示。

(2)只有风机处于停机状态，并有相应的措施确保风机在维修过程中不会自动启动，其中包括在电源开关或控制设备上悬挂警示牌、控制柜上锁等，才能进行维护工作。

图 9-15　风机维修用劳动保护用品

(3)在进行风机维护时,要防止检修中的风机可能会受环境气流(室内外压力差)或被其他风机的气流通过一些公用管网带动而自行发生旋转。

(4)正确使用随机供给的专用工具和设备进行风机维修工作。

注意:确保风机不会因固定叶轮发生机械旋转;必须遵守国家相关的安全法规。

4. 叶轮的清洁

(1)在清洁叶轮前,完全停止风机的运转,并确保风机不会自动启动。可以通过切断风机控制系统的电源,移除控制系统的熔断器,然后将控制柜上锁来提供安全保障,另外还要按下紧急停止按钮来增加安全性。

(2)拆卸吸入口管道或卸下风机蜗壳上的清洁口,就可以进行叶轮的清洁工作。在清理叶轮的同时,如果有条件也可以清理风机蜗壳的内壁。

(3)可以用高压水冲洗叶轮,或用软质金属刮刀和涂层刮擦剂来清理叶轮表面的污垢。完成清理工作后,确保将留存在蜗壳内的污垢和积水完全排出。

(4)风机重新启动前,请务必确认叶轮已完全清理干净,卸掉的部件已重新安装牢固,没有任何物品遗留在风机内部,并手动盘车确认风机能无障碍顺利转动。

注意:如果叶轮未完全清理干净,残渣可能会导致风机不平衡,进而使风机产生异常震动,如果异常震动超过风机最高震动水平,会导致风机的损坏。

5. 叶轮的拆卸(适用于直联式风机)

(1)完全停止风机并确保风机不会自动启动。

(2)拆卸风机入口端的接管后,卸除将前侧板固定在蜗壳侧壁上的全部螺帽。

(3)利用起重搬运装置或索具将前板从蜗壳移开。

(4)卸掉轴头螺栓,取相似的短螺栓代替。

(5)装上卸轮器(和轮毂相连的叶轮上配有 M10 的小孔),拧紧卸轮器直到叶轮变松弛。

(6)卸下卸轮器和转头螺栓,最后可从风机壳体中取出叶轮。

6. 风机的存储管理

(1)在出厂前已经注有适当数量和特定型号的润滑油,轴承已进行例行的运转测试运转,这样,润滑油已在转动部件上匀称分布。

(2)如果风机发货后是存放在客户的仓库/施工场地,请注意在风机交付后,实际启动前检查轴承状况是否良好。风机和轴承最适宜的储存温度是 15℃。

(3)风机和电动机应该存储在温暖且通风良好的仓库内,以最大限度减小凝结的风险。如果周围环境温暖且通风,无须任何操作。但要定期进行绝缘检测,每隔三个月,对电动机的绝缘进行测试,并保持在一兆欧以上。

(4)风机在处于高于 35℃ 和低于-5℃ 的温度储存时,会对润滑油脂产生不利影响。当风机长期不使用时,叶轮应至少每隔 14 天转动一次。如果风机叶轮没有按照本准则要求去做,轴承和电动机可能会发生永久性变形甚至损坏,而风机、轴承和电动机的质保维修将被撤销。

对于还没有安装使用的风机,可以通过进风口或清洁口手动旋转叶轮。

(5)在风机处于静止不用时,轴承箱内的润滑油脂存在凝结的风险是一直潜在的(因此也增加了轴承部件生锈的风险),这也是轴承几个月不用后,在启动的时候需要检查润滑油脂的原因。为防止轴承箱内发生凝结,须更换润滑油脂并使轴承箱干燥。对于长久闲置不用的风机，也要注意检查轴承内的润滑油脂情况。

(6)风机启动正常使用后，说明书、维修方案、润滑图表提供的润滑时间间隔等资料可用于风机的维护管理工作。

(7)风机和电动机均配有出水孔，出水孔必须保持打开、清洁的状态。在仓库中，电动机应保持站立放置，这样出水孔位于最低点，以便凝结物流出。

第十节　后整理系统安全操作规程

一、后整理液配制系统安全操作规程

(1)在后整理液配制系统岗位的员工，要掌握基本的化工知识，了解各种整理剂的基本特性、化学品的安全使用知识。

(2)保持工作场所的清洁，防止发生滑跌、触电、毒害事故，管道、容器要保持干净，更换整理液时要进行彻底清洗，妥善处理污水，防止污染环境。

(3)配剂系统要有可靠的安全用电措施，最好使用压缩空气驱动的搅拌器，若使用电力驱动，其防护等级必须符合使用环境的要求。

(4)按规定领用及保管现场的整理油剂，妥善处理剩余的整理液。一般存放时间超过24h的整理液不宜再使用。

(5)注意检查去离子水的纯度，注意更换制水设备内部的易耗件。

(6)按规定的方法、次序、温度、用量、时限配制整理剂，保持生产过程整理剂性能的稳定性和一致性。

(7)配剂期间，不得伸手到搅拌桶内进行任何工作，及时清理溅到身体上的整理液。

二、Kiss Roll型上液装置安全操作规程

(1)严格保持设备的清洁卫生，使用前后都要及时进行清洗，清理设备，防止积聚污垢和滋生微生物。

(2)注意检查及排除设备上的滴漏现象，防止污染整理液和生产环境，及时清理运行过程形成的泡沫。

(3)对于转向不固定的上液辊，要核对、确认其转向符合工艺要求，上液辊的转向一般与产品的运动方向相同，如果方向相反，上液量将大为减少。

(4)要保持上液辊表面的洁净，保持运行期间储液槽内整理液的液面高度，控制整理液的温度。

(5)注意控制压液辊两端压力的一致性，控制上液量的均匀性。

(6)禁止在运行期间打开防护栅栏进行任何工作。

(7)定期对传动系统进行维护，张紧传动带或传动链；检查传动装置的润滑效果，并在必需时进行补充。

三、喷盘式后整理喷淋装置安全操作规程

(1)保持设备的完好，注意清理管道、容器、储液箱中的污物，保持清洁卫生。

(2)定期检查电气设备、线路的绝缘状况,确认漏电保护装置功能正常、有效。

(3)按工艺要求,核对并确认整理剂的牌号符合要求,功能有效。

(4)按工艺要求,用规定的方法和用具稀释、配制整理液。

(5)及时检查及调整传动带的张紧度,检查喷盘的旋转灵活性,确保系统内所有喷盘都能正常工作。

(6)注意检查及紧固每个喷盘的供液管,防止运行期间发生滑脱或堵塞,确保产品的同一区域有两个喷盘的液滴覆盖。

(7)注意检查储液箱的液位,及时清理泡沫及补充整理剂。

(8)根据产品的检测结果,对于性能异常部位对应的喷盘或管路进行检查,确保后整理产品的质量符合要求。

(9)合理使用劳动保护用品,及时将溅射到身体上的整理液清洗干净。

(10)按工艺要求,妥善处置好尚未使用完的整理剂及已稀释的整理液。

(11)注意保持地面及周边工作环境的清洁工作,及时将散发或溅落的整理液清理干净,避免腐蚀设备及发生人员滑跌事故。

(12)散发到周边环境的整理液雾滴具有腐蚀性,会腐蚀周边设备的防护涂层,腐蚀设备,使绝缘电阻下降,影响安全,要注意做好相关的防护工作。

四、烘燥装置安全操作规程

(1)根据烘燥装置的机型所使用的能源种类,制定相应的安全操作规程。

(2)当使用导热油或燃气加热时,要遵循相关的法律、法规要求,做好安全工作,特别是防火防爆工作。

(3)根据所使用的加热源的特点,按规定的程序升温、加热或停止加热。

(4)保持装置内各种运动件,特别是处于高温环境运行的传动装置有良好的润滑状态。

(5)根据产品的特性设定烘燥的温度和产品运行速度,在操作过程中要注意高温对产品质量的影响或危害。

(6)按规定路径穿绕好产品,穿绕过程中要防止有产品触碰高温加热元件,使用牵引绳时要注意协调动作,保障操作安全。

(7)合理控制排湿装置的运行状态,排除挥发出的水分,要注意避免排气量太大带走大量热能。

(8)根据产品的含湿量和功能,调整设备的加热温度、运行速度、排湿量、冷却温度等运行参数。

(9)排气要经过净化处理,回收冷凝的整理剂,减少对周边环境的污染。

第十一节　驻极系统安全操作规程

一、静电驻极装置安全操作规程

静电驻极装置是生产空气过滤熔喷材料的常用设备,由于涉及高达50~100kV的高压电源,在生产运行过程中,要做好防电击工作。

(1)静电驻极装置的电极所处位置要设置有效的隔离围栏或防护,防止人员进入危险区域或触碰到高电压设备。

(2)设备运行期间,禁止进行任何维护作业,如触碰高压电缆或接近驻极装置的高压电极等。

(3)设备运行期间,要注意控制驻极电压的高低或适度调整好驻极距离,避免频繁发生电弧放电。

(4)使用线状电极时,如电极线被烧断,要及时停机处置,防止产生大量不良品并危及产品安全。

(5)进行维修作业前,必须关闭电源,并按安全生产规定挂上“禁止合闸”等警示牌。关闭电源后不得马上接触原来带电的设备,要等待一段时间,确认系统储存的静电已全部泄放完,不存在危险电压后,才能触摸原来带电的设备。

(6)保持接地装置的有效性,并经常检查接地线和接地极的技术状态。

(7)停止设备运行时,先将输出电压降至最低后才关闭电源。长时间不使用驻极设备时,要拔出电源插头,与电源插座间有明显可见的物理断开。

(8)设备停止运行期间,要及时清理电极上的废丝、杂物,经过长时间使用后,电极会因为电蚀而发生损耗,要经常检查电极的损耗状态,及时更换直径变细或针尖已钝化缩短的电极。

二、水摩擦驻极系统安全操作规程

(一)去离子水制备系统运行管理

去离子水制备系统已经商品化,市面上的机型很多,按照不同应用领域对水质的要求及产水量,也有不同的配置和流程,但操作管理方法大同小异,应参照设备制造商提供的作业指导书进行运行管理。以下以 JF-CS2RO 系列去离子水设备为例,介绍一些典型的管理操作规程。

1. 去离子水制备系统的构成

设备由原水箱、前置泵、砂滤器、碳滤器、保安过滤器、一级高压泵、一级反渗透器、一级纯水箱、加药装置、二级高压泵、二级反渗透器、紫外线、二级纯水箱、供水泵、显示仪表、流量计、电源控制箱等组成(图 9-16)。

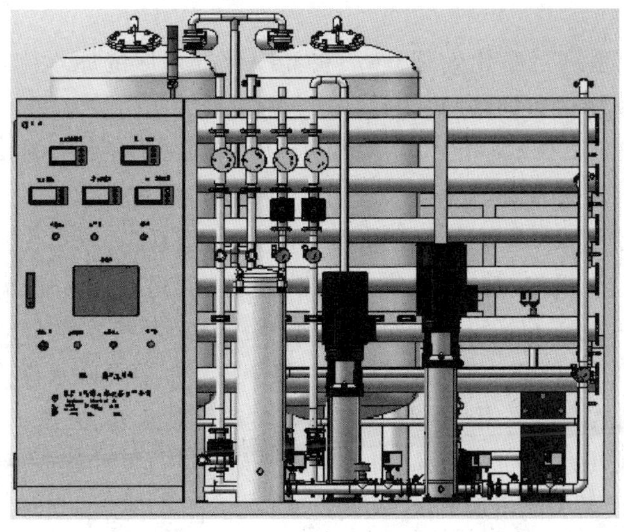

图 9-16　JF-CS2RO-1000 型去离子水设备

2. 去离子水系统工作流程图(图 9-17)

原水箱→原水泵→预处理单元(多介质过滤器→活性炭过滤器→保安过滤器)→一级高压泵→级 RO(反渗透)膜→一级纯水箱→二级高压泵→二级 RO(反渗透)膜→紫外线→二级纯水箱→供水泵→用水点。

在非织造布企业,一般经过二级 RO(反渗透)膜和紫外线杀菌处理后,就可以成为日常生产的工艺用水(0~5μS/cm)。

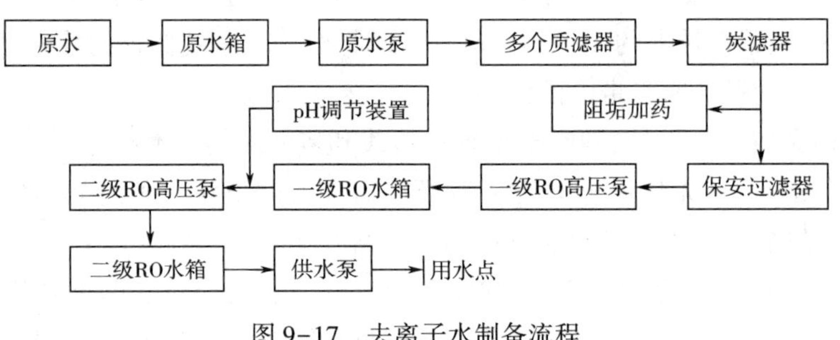

图 9-17 去离子水制备流程

3. 开机前的准备工作

(1)在去离子水装置投入运行前,要清理现场,检查设备或系统的完好性,各台水泵的性能正常,过滤器已充填好合格的过滤介质。

(2)打开自来水进水阀门,检查确认水源供给正常,水质符合要求。

(3)各种阀门的性能符合要求,指示正确,操作便捷。按工艺流程,检查各阀门的启闭状态。

(4)供电电源符合设备要求,仪表已经过校核,准确度及显示读数符合要求,合上总电源开关后,检查确认供电系统正常。

(5)检查控制系统的功能,按下红色急停按钮或扳下电源开关,系统应停止工作;在急停开关打开、系统处于自动状态时,按下启动按钮,系统能正常工作。

4. 开机顺序

(1)开机按先将原水进行净化处理,然后将经净化处理后的原水制备去离子水的顺序操作。开机时应先打开下游位置的阀门,然后打开上游位置的阀门。

(2)利用反渗透膜分离技术净化水质,移除水中的杂质,可将水中的胶体、铁锈、悬浮物、泥沙、大分子有机物截留,经过处理的净化水送到“产水箱”存放好。

(3)将预处理输出的原水送入反渗透(RO 膜)纯水处理系统,原水在经过反渗透膜时,其中的无机盐、重金属离子、有机物、胶体、细菌、病毒被阻截。经过处理后输出去离子水。

(4)在运行过程中,为了保证设备安全运行,在多个环节都有水位自动控制功能,使超滤设备内部保持充满水的状态,保证水泵的安全运行,每个班次都要提取水样检查水质。

(5)除了在启动调试阶段采用“手动”模式进行生产性制水外,去离子水设备应该在“自动”状态运行。要经常检测出水的质量,及时对各种过滤装置进行反冲洗或更换过滤介质。

(6)正常停机时,仅需关闭电源开关,关闭进水阀,关闭反洗泵进水阀即可。关机时应该按先关闭上游位置的阀门,然后顺次关闭下游的阀门。

5. 制水流程中各种设备的功能及操作要点

(1)原水箱用来贮存自来水供系统使用。原水箱有液位自动控制功能，系统正式进入制水运行前，要打开水箱的进水阀，使水箱充水至规定水位，在水箱缺水状态，启动原水泵和一级高压泵运行会导致设备损坏。

(2)石英砂过滤器用于截留原水中的机械杂质和部分凝结的有机杂质，使自来水的浊度≤5。

打开原水管道阀门，启动前置水泵，使原水自上而下通过石英砂过滤器的砂层。为保证过滤效果，要定时对砂滤器进行自动反冲洗，砂滤器的反冲洗时间根据进水水质和连续工作时间进行设定。

(3)活性炭过滤器的功能是除去水中有机物、色度、余氯，保证供给使用水色度<5。

打开原水管道阀门，启动原水泵，使原水通过石英砂过滤器后进入活性炭过滤器，使水自上而下通过活性炭层。为保证过滤效果，要定时、自动对炭滤器进行冲洗，可根据进水水质和工作时间设定活性炭过滤器的正反冲洗时间。

为了使出水量和水质达到下游后级设备的要求，每 3～5 天要对石英砂过滤器和活性炭过滤器进行反冲洗，反洗时间为 10min。

在原水通过石英砂过滤器、活性炭过滤器时，管道压力升至 0.2～0.3MPa 时，启动一级高压泵，注意在调节一级反渗透装置时，要保持在此压力范围。正常情况下，设备运行 12 个月需更换石英砂、8～10 个月更换活性炭。

(4)保安过滤器的作用是除去水中的破碎石英砂、活性炭和粒径>5μm 的机械杂质，防止堵塞反渗透膜。保安过滤器的滤芯每 7～10 天更换一次。正常运行中，当过滤器滤前压力大于 0.35MPa、滤后压力小于 0.1MPa 时，需及时更换滤芯，并做好记录。

正常运行压力：滤前 0.05～0.35 MPa、滤后 0.1～0.35MPa，更换后需排出内部的空气。

(5)一级反渗透器的功能是在一定压力下，反渗透膜使水源中的水与金属离子进行分离，从而得到一定电导率(<15μS/cm)的纯水。

接通总电源后，一级反渗透装置上浓水阀和压力调节阀可处于全开状态，待前置工作压力升到正常压力时启动一级高压泵，如未发现异常现象，可逐渐关小调节阀和浓水阀，使水压及流量随之缓慢升起，直至升到技术要求数据。

逐渐关小压力调节阀，使保安过滤器的滤前和滤后压力为设备要求压力。逐渐减小浓水阀开度，使水压及流量达到工艺要求：一级纯水流量为 1300～1600L/h，浓水流量为 800～1000L/h；一级进水(工作)压力 0.5～1.3MPa，浓水(废水)压力 0.5～1.3MPa。

先用手动装置调整一级反渗透装置，调整好后转为自动运行，如压力偏离设定值，装置会自动停机，压力正常后自动运行；正常运行时，每 2h 自动对反渗透膜进行清洗，时间是 1min 内。一级反渗透膜正常更换时间为 12～18 个月。

(6)pH 加药装置用于调节二级反渗透进水的 pH。用超纯水和氢氧化钠进行配制(用 500g 的 NaOH 配 100L 水)，存放在加药桶内备用。这个过程可设为自动运行，当水的 pH 低于 6.5 时，设备自动加药，待 pH 为 9 时，设备自动停止加药。

(7)还原剂加药装置，加入还原剂可进一步去除自来水中的游离氯，防止反渗透膜和电去离子(EDI)不被氧化。用清水和还原剂按比例(5L 还原剂与 100L 纯水)配置好，存放在加药桶内使用。此操作设置为自动运行,设备自动加药。

(8)一级纯水箱用于贮存一级反渗透产水,供下游后段处理系统使用。该水箱运行设置为自动运行,控制一级反渗透产水,防止水位过高溢流。当液位低于设定低值,自动打开源水泵和一级高压泵,达到高液位时关闭源水泵和一级高压泵,停止补水。

一级纯水箱还控制二级高压泵运行,防止缺水空转损坏水泵。当液位低于设定值时,自动关闭二级高压泵,当液位达到或高于设定值时,启动二级高压泵运行。

(9)二级反渗透是对前置一级处理的水再次进行溶剂与溶质的分离,从而得到电导率更低(<5μS/cm)的超纯水。

启动二级高压泵,如未发现异常现象,可逐渐关小调节阀和浓水阀,使水压及流量缓慢升起,直至水压及流量达到技术要求:二级纯水流量为900~1100L/h,二级浓水流量为400~500L/h;二级进水(工作)压力0.5~1.5MPa;浓水(废水)压力0.5~1.5MPa。

先用手动调整二级反渗透装置,调整好后转为自动在运行,如压力超过或低于设定工作压力时,装置会自动停机,压力恢复正常后自动运行。正常运行时,每2h自动对反渗透膜进行清洗,时间在1min内。

(10)紫外线装置可以对流动的二级纯水进行杀菌,防止管道内部纯水产生细菌。每次使用紫外线灯,要详细记录使用情况,当紫外线杀菌器累计运行到5000min后,予以更换。

(11)二级纯水箱用于贮存二级反渗透产水,供生产线后整理系统使用。该水箱设置为自动运行,控制二级反渗透产水,防止水泵在缺水状态空转:当液位低于设定低值时,自动启动二级高压泵向水箱供水,当到达高液位时,二级高压泵自动关闭,停止补水。

(12)由于二级储水箱的水压较低,要用供水泵增压后再向用水点供水。增压泵的运行受水箱的液位自动控制,只有水箱的水位高于低水位时,增压泵才能启动运行,若处于低水位状态,增压泵会自动停机。

(二)放卷装置管理

放卷装置是一个被动放卷设备,是离线水驻极系统的最上游设备(也是离线静电驻极系统的最上游设备),利用磁粉离合器控制放卷张力,在放置待加工布卷时,要注意可靠定位、紧固,卷绕杆与磁粉离合器之间应有可靠的连接(如齿轮或联轴器),以便传递扭矩和控制放卷张力。

要根据熔喷布的定量规格和系统的运行速度正确设定放卷张力,由于偏大的牵引张力会改变熔喷布的结构,降低产品的过滤效率,要尽量设定较小的张力。

(三)水驻极系统管理

水驻极系统是驻极生产线的核心设备,包括高压水泵、分流管道、喷嘴、网带传动装置等。高压水泵要提供流量足够、压力稳定的去离子水;管路及附件要用不锈钢材料制造,避免在输水过程中水被污染;要保持每一个喷嘴都有良好的雾化效果,并覆盖熔喷布的全幅宽范围。

抽吸风机要有足够的负压,使水雾(或水流)能有效穿透熔喷布,并有效控制水雾的扩散。要注意汽水分离装置的运行状态,防止大量水分进入抽吸风机。

(四)负压脱水系统管理

负压脱水系统是一种节能脱水装置,主要是利用风机产生的负压将经过驻极处理后附着在材料表面的附着水吸走。运行期间,风机的转速要与产品的定量规格及运行(走布)速度相适应,由于气流中含有很多水分,密度会增大,风机的负荷也会随之加重,要关注风机的负荷变化,并及时处理汽水分离装置内的积水。

(五)烘干系统管理

目前,水驻极生产线的干燥设备主要是单层网的长烘箱,烘干系统包括了熔喷布载体网带及其驱动装置,热风循环系统的风机及加热装置等。

烘干系统的管理包括:网带的运行速度要与下游的卷绕机和上游的驻极装置保持同步,尽量减少产品所经受的张力,注意网带在运行中的偏移状态,并及时进行干预,避免网带剐碰其他设备和构件。

适当设定各加热区的温度,控制产品的最终水分含量在工艺要求以内,烘干温度一般在100℃左右,在能可靠控制水分含量的前提下,尽量使用较低的温度,这样既能节省能量和干燥成本,还可以使产品保持较好的手感和断裂伸长率。

在烘干系统的出口设置有专门的冷却段,可以避免产品在自然降温过程中返潮,冷却段风机的转速应该与产品的冷却效果关联。如果产品的温度仍较高,就要加大冷却风的流量。

(六)卷绕分切机运行管理

离线水驻极生产线的卷绕分切机是最下游的设备,担负了拖动熔喷布向前运动这个功能,其运行状态与熔喷布生产线中的卷绕机不同,卷绕机的速度影响全生产线的运行状态和产品质量,其速度与水驻极效果(产品的过滤效率)、干燥效果(产品的水分含量)相关联,最终会影响生产线的产量和经济效益。

如果产品的过滤效率已较高,而产品的水分含量也较低,就可以设定更高一点的运行速度。配置在驻极生产线中的卷绕分切设备很简单,其运行管理工作可以参考上一节的内容。

第十二节 卷绕机、分切设备安全操作规程

一、卷绕机安全操作规程

卷绕机的机型很多,技术含量差异很大,操作规程是通用的、原则性的,应根据设备说明书的指引进行作业。卷绕机的运行程序复杂,操作人员必须熟悉本岗位设备的基本性能,经过培训,并经考核合格后才能独立上岗操作。

(1)检查和确认机器的技术状态、安全保护装置有效,周边环境符合安全要求。

(2)确认电源供应正常,检查并确认压缩空气的压力符合要求,启动设备时,要按先供电、后供气的顺序操作,避免压缩空气大量泄漏。

(3)在进行准备工作期间,直至机器开始运转前,横切刀要处于闭锁状态(有的机型设置有横切刀闭锁按钮)。将所需的纸筒管、包装物、工具准备好,按规定路线将引布穿绕好,不能在运动状态冒险用手将引布的端部固定在卷绕杆上。

(4)根据生产通知单的内容调整设定好纵向分切刀的间距。

(5)将要使用的气胀式卷绕杆套入纸管,并充气定位,然后放置到正确位置,其他卷绕杆则放置在备用位置。使用专用索具吊放备用卷绕杆时,注意避免碰撞正在运行的设备,防止发生

跌杆事故。

(6)根据生产任务和产品特点选择卷绕机的自动换卷方式(如卷长、布卷直径等),并输入相应设定值(一般选卷长)。

(7)查看控制面板的相关信息,调整并确认卷绕机当前状态,合理设定运行速度。当卷绕机配套使用多种不同直径的卷绕杆时,务必要根据当前使用的卷绕杆直径大小,设定许用的运行速度。

(8)根据产品规格及对布卷的具体要求和机器的功能选择张力控制模式,如恒张力、锥度张力、分段张力等,一般选恒张力,并设定相应的数值,但在开机前宜取较小的张力。

(9)在进行生产准备或检修设备时,要防止横切刀误动作造成的伤害,要将有关控制装置处于安全状态,直至开机后才解除这个安全防护状态。

(10)大部分带有在线分切功能的卷绕分切机,都无法在运行状态同步移动下刀。因此,应在机器停止运转的状态将分切刀(上下刀)设定好。高端设备则随时都能调整上下刀的位置,并与卷绕杆上的纸筒管位置对应。

(11)产品即将下卷时,要将卸卷台推至待用状态,由卸卷设备承接产品,并将产品布卷转移到运输工具上。仅允许人员在侧面工作,不准在卷绕机的正前方停留。

(12)布卷落卷后,拔除卷绕杆。如由多人作业,要注意协同动作,防止发生被冲撞或卷绕杆脱落事故,做好产品的标识,并根据后续加工要求进行相应的包装,及时做好记录。

(13)当产品采用离线分切工艺时,可直接使用普通的固定型实心卷绕杆收卷产品。产品下卷后,卷绕杆随着母卷流转,一般情形下不允许将布卷放置在地面上,防止发生偏心、变形及污染。

(14)当运行期间发生故障停机,需要更换卷绕杆、重新开机卷绕时,要及时对当前的布卷长度进行复位操作,确保后续产品的卷长满足客户需求。

(15)当机器处于手动状态时,必须在发出的指令已完成动作后,才能发出下一步动作的新指令,否则极易损坏设备。

(16)要确保各种安全防护装置的有效性,机器处于运行状态时,特别是处于自动换卷状态时,人员绝对不得进入卷绕机的防护戒备范围。

(17)在卷绕机运行期间,禁止在转动的布卷上从事任何操作,要杜绝直接用手触摸的方法检查处于转动状态的布卷质量。

(18)在卷绕机运行期间,不得在现场进行维护保养工作,必须有人监视运行状态,当出现危及人身、设备、财产安全的风险时,应及时按下急停开关,确保安全生产。

(19)在自动换卷过程,虽然横切断动作失败,但没有发生缠绕设备现象,且后续产品已进入正常卷绕状态,则可以继续运行。如出现缠绕设备或布卷散乱现象,只能停机处理,不得在运行状态涉险处置。

(20)在生产过程中及产品布卷从设备卸下时,非织造布产品,特别是熔喷布都带有很强的静电,除了会使作业人员有轻微的电击感觉外,强烈的静电会吸附附近的灰尘及杂物,从而污染产品。因此,要随时保持现场的清洁卫生。

卷绕机常见故障及排除方法见表9-12。

表 9–12　卷绕机常见故障及排除方法

故障现象	可能原因	排除方法
无法启动运行	1. 电源开关没有合上或跳闸 2. 电网停电 3. 急停按钮仍处于停止状态 4. 变频器故障	1. 检查电源开关 2. 检查电网电源 3. 将急停按钮复位 4. 按变频器显示的故障代码排除故障
无法正常换卷	1. 卷长计量装置无信号输出 2. 备用卷绕杆没放到正确位置 3. 换卷机构没有处于正确位置,传感器没有输出 4. 换卷机构传动装置故障 5. 没有压缩空气供给或压力偏低	1. 检查卷长计量装置 2. 将备用卷绕杆放到正确位置 3. 检查换卷机构应处于正确位置,传感器的LED 灯应发亮 4. 检查并排除传动故障 5. 检查并调整压缩空气
无法进行有效分切,质量差	1. 卷绕张力偏低 2. 分切刀片已钝 3. 分切刀初始安装角度和参数不当 4. 剪切式分切刀分切压力偏小	1. 适当增加卷绕张力 2. 更换锋利的刀片 3. 调整刀具的安装角度和分切点 4. 适当增加剪切式圆盘刀的分切压力

二、分切设备安全操作规程

(1)操作人员必须经过培训,考核合格后才能上岗工作,并要严格按照安全生产规程操作。除了与分切机相关的技术外,培训、考核的内容还应包括起重运输设备的相关知识。

(2)操作人员必须熟悉机器的性能,严格按照设备说明书规定的方法进行生产操作,分切机各部位严禁放置生活用品及其他物品。

(3)必须在机器停止转动、关闭电源后,才能安装或更换分切刀,应合理使用有效的安全防护用品。如果可以在运行期间调整分切刀的位置,必须要有人在操作台上监护。

(4)主操作员要和其他岗位人员密切配合,进行母卷空卷绕杆下机及子卷卸卷等作业,以及进行母卷放置安装、母卷端部引布穿绕及安装子卷卷绕杆作业。在进行生产准备(如装刀)阶段,要将急停按钮按下,确保安全。

(5)必须确认人员及设备均处于安全状态后,才能启动分切机。要合理设定机器的加、减速参数(如开始加减速的时间、卷长等),操作人员和岗位人员要互相沟通、协调工作。

(6)运行期间,分切机的所有安全防护装置必须处于工作状态。放置备用卷绕杆时,要避免碰撞正在运行的设备,防止发生跌杆事故。

(7)根据产品的特点,合理设定退卷张力和卷绕张力,使分切好的子卷产品之间能自然相互分离。要尽量降低张力对产品结构的负面影响。

(8)在分切机运行期间,禁止在设备的咬入区域作业,人员要避开刀片破碎后残体的甩出区域。

(9)运行期间不得用手触摸运动中的产品,特别禁止在卷绕端的压辊已放下的状态触摸母卷。禁止员工在运行期间用手持刀具处置无法自然分离开的子卷。

(10)根据产品的特点,合理设定运行速度。分切系统(或分切机)许用的卷绕速度与卷绕端的卷绕杆直径大小有关,直径越小,许用的最高运行速度越慢。工作期间要注意观察退卷端母卷及子卷的运行状态,在机器发生剧烈震动时要降速运行;在母卷即将全部放尽前,要提前降速,停机。

(11)卸卷时,操作人员应注意规避运动机构的运动轨迹和区域,防止出现机械伤害。分切机是在停机状态卸卷的,停机后一定要按下急停按钮。要在布卷的两端(也可在外侧)进行卸卷操作,使产品(子卷)平稳卸下。

(12)合理设定和调节分切刀具的刃口角度、吃刀量、倾角、分切压力等运行参数,提高产品的分切质量。及时更换已钝化的刀片,安装、拆卸分切刀时,必须穿戴劳动手套,但在运行过程禁止穿戴劳动手套。

(13)吊运大幅宽、大直径的母卷时,要两人协同作业;或利用滚道滚动到放卷端以后,要确认其轴向位置基本对称,然后可靠锁紧定位。

(14)注意保持边料气动输送装置的效能,及时处置边料断开或出现拥堵的异常状态,保持系统畅通。

(15)保持现场的清洁卫生,及时清理分切过程产生的布屑或粉末,要在指定地点妥善放置好分切刀具和报废、失效的刀片。

(16)分切机运行期间,现场要保持有人管理设备,遇到危险情况或机器发生强烈震动时,应及时采取紧急措施,调整速度或停止机器运转,防止发生事故。

(17)岗位人员要注意产品的分切质量,核对宽度、卷长等指标,并按要求做好标识。

(18)修磨分切刀时,必须按照磨刀工艺调整磨刀机,按工艺要求操作设备。磨削过程要控制进刀量,要使用切削液,防止刀片退火、烧蚀。

(19)保持生产现场的清洁卫生工作,填写好各种记录,做好交接班工作。

(20)遵守起重运输设备的安全操作规程,母卷到达预定位置后,要及时摘除起重索具、吊钩。

第十三节 起重、运输设备及风机安全操作规程

一、起重、运输设备安全操作规程

非织造布企业使用的起重、运输设备主要有叉车、升降机、行车、液压搬运车、手拉葫芦、千斤顶,装卸物品的升降平台等通用设备及专用设备,如安装拆卸纺丝组件的升降搬运车,配属生产线用于装卸布卷、卷绕杆的起重设备、仓库码垛产品布卷的专用叉车,AGV 或 RGV 车、输送滚道、自动分拣设备、物流设备等。

上述各种设备中,有的是受国家劳动安全部门监察管理的设备,这部分设备的购置、建设、运行、维护、检验都要强制执行相关规定;有的则是企业自行管理的设备设施,企业也需要制订相关的管理制度,确保安全生产。

(1)企业要加强安全生产的领导和管理,加强安全生产的教育培训工作,提高全员安全生产意识与技能。

(2)行车及起重搬运设备的操作人员或使用人员必须经过专业的培训,并经考核及格后才能独立上岗作业,叉车操作人员、专用电梯的司机必须持证上岗,严禁酒后上班、作业。

(3)设备必须保持完好，在无载荷的情况下，接通电源，启动各运转机构，检查并确认控制系统和安全装置，均应正常有效、安全、可靠。禁止将设备的限位开关当作停止按钮使用。

(4)要指定专人负责公用起重、搬运设备的日常维护和保养工作，并保持相关记录。禁止超负荷使用各种起吊用具。对于受安全生产部门备案及监管设备(如电梯等)的维护保养工作，必须由有资质的机构或人员负责。

(5)必须使用合格的索具、吊具，不得超过各种起重、运输设备所规定的负荷能力作业，不得偏离垂直方向斜拉、斜吊物品，不得吊运情况不明或重量不明的物品。

(6)吊运棱角锋利的物品或高温物品时，要对所使用的索具、吊具或起重、搬运设备进行有效的防护。

(7)吊运物品时，要保持重心平稳，物体的重心必须处于受力点的下方，防止在作业过程中发生翻倾、颠覆事故。

(8)吊运较重物品，特别是接近设备额定负载的物品时，必须先将物体吊离地面300mm，经检查确认安全后，才能继续提升或移动。

(9)在吊运作业过程中，不得频繁改变物体的运动方向，不要使用容易产生冲击、导致重物发生摇摆、晃动的不良操作方法，如连续点动、同时进行两种运动操作(升、降或横移、纵移等)。

(10)在进行吊运作业时，操作人员必须处于能见到被吊物品及其周边环境动态的位置。在能见度受限制时，操作人员必须与指定的现场人员协调、沟通，并听从其指挥，要使用标准、规范的信号和手势传递作业指令。

(11)在吊装(或叉运)的物品上或吊装物下方有人时，不得进行吊运作业。禁止人员在重物下方停留或穿行，在起吊及移动物品时，要主动避开有人员活动或有贵重物品放置的场所。要注意周围的动态，防止发生碰撞事故，确保安全。

(12)在起重运输设备工作期间，要设置警戒线或指派专人负责警戒。对于工作地点固定的专用设备(如机械手、产品分拣、堆叠设备)，要在设备动作覆盖范围设置刚性的安全围栏，防止人员误入。安全围栏要与设备安全连锁。

(13)吊运刚从过滤器更换出来的熔体过滤器滤芯或刚拆下来的纺丝组件时，必须选用耐高温的索具、吊具。在作业过程中要佩戴、使用耐高温手套和其他防护用品，要警惕高温熔体的潜在危险。

(14)必须由有经验的熟练工人进行贵重设备(如纺丝组件、热轧机轧辊等)的起重、运输工作，为了防止物品发生晃动，必要时要安排人员使用绳索牵拉控制及定位。

(15)禁止设备带病运行，要加强起重、运输设备的维护和保养工作，保持良好的润滑状态；要经常检查设备的紧固情况，由有资质人员检查、调整好制动系统。

(16)正常生产期间，以柴油或汽油为燃料的起重运输设备不宜进入生产车间或产品仓库，避免污染产品。禁止利用起重、运输设备进行嬉戏行为。

(17)有关设备要定期接受国家劳动安全部门的检验，并对存在的问题落实好整改措施，必须保管好设备的各种文档和记录。

(18)在完成作业任务后，行车的吊钩必须起升至离地面2m以上的高度，并切断设备的电源。要关闭遥控装置的电源并按规定放置、保管好遥控器。叉车等机动车辆要按规定的安全姿态存放在指定的安全场所，拔出起动开关钥匙，并按规定放置、保管好。

(19)要妥善保管设备附属吊具,行车的起重装置(如电动葫芦)不得在产品布卷存放地点上方或生产线上方长期停留,以免因设备漏油而发生产品污染事故。

二、风机安全操作规程

在熔体纺丝成网非织造布生产线中,会用到各种类型的风机,如在原料输送系统使用的漩涡风机、罗茨风机;冷却风系统及成网抽吸系统、原料干燥系统中用的离心通风机,在水刺系统脱水用的多级离心风机,熔喷牵伸风系统中用的螺旋风机和离心风机等,虽然风机的特性会有差异,但有的操作规程是共性的。

(1)保持工作环境的清洁,特别是要降低灰尘的浓度,防止机器的零部件被污染、腐蚀、磕碰伤,严禁在风机厂房内存放易燃易爆气体。

(2)刚安装好或经过检修的风机,在投入运行前,要检查叶轮的转向是否与标牌方向一致,相关的接管、接线、仪表、机座是否连接可靠,蜗壳或管道内一定要进行彻底检查和清理,并将传动装置的防护罩、盖安装好。

(3)风机在额定工况下正常运转时,风机轴承的表面温度一般不超过85℃,温升不得超过周围环境60℃。轴承部位的均方根振动速度值不得大于6.3mm/s。

(4)新风机要求首次运行1000h后,按设备说明书要求更换指定牌号的润滑油或润滑脂,在没有特别声明的情形下,建议使用3#锂基脂或其他耐高温润滑脂,以后每运行4000h更换一次润滑脂。

(5)要控制润滑剂的加入量,特别是高转速风机,润滑油脂加入量过多会导致轴承出现异常温升。润滑油的油位一般应处于视油镜的油位线,或在最高油位与最低油位之间,润滑脂只能充填至轴承座的1/3~1/2空间,水冷型轴承座要保持冷却水流量稳定,水温符合要求。

(6)经常测听风机及风机轴承的运行噪声、震动,应无异常的声响及震动,轴承座的温升应在规定范围内,若发现异常,应立即停机查找原因,在排除故障后才能恢复运行。

(7)在风机运行期间,如发现风机有剧烈的异常噪声、轴承的温度急剧上升、风机发生剧烈震动、发生剐碰、撞击声响时,必须马上停机检查。

(8)必须在风机已停止转动、切断电源开关、并按规定悬挂警示标牌后,才能在确保人身、设备安全的前提下,进行风机的维修工作。

风机常见故障及排除方法见表9-13。

表9-13 风机常见故障及排除方法

故障或异常现象	原因	排除方法
风量偏小	风机的设计静压偏低 管网泄漏或阻力太大 风门开度偏小 叶轮转向错误 传动带打滑	重新选型或更换风机 排除泄漏,减小管网阻力 增加风门开度 检查纠正叶轮的转向 张紧或更换传动带

续表

故障或异常现象	原因	排除方法
电动机超载	三相电源不平衡或缺相 配套电动机功率偏低 风机静压太高 风门开度过大 气流的温度过低	检查电源,排除异常 重新核对负荷或更换电动机 降低转速 调节风门,减少开度 调整气流温度或更换风机
噪声异常	轴承有水分或杂质 轴承损坏,断裂或有伤痕 轴磨损,与轴承配合间隙大 叶轮刮碰 叶轮轴窜动 系统存在震动或喘振 风机或系统混入异物 风速太大	维护更换 维护更换 维护更换 修理 修理 加固管网或更换风机 清理 降低气流速度或增大管径
设备温升太大	轴承故障发热 轴承安装精度差 轴承压盖过度压紧 叶轮动平衡不良 轴承润滑油脂太多 润滑剂有异物或牌号不当 电动机超载 密封装置不当	调整轴承游隙或更换轴承 调整校正轴线和配合间隙 调整轴承端盖的间隙 叶轮重做动平衡测试 调整润滑脂的填充量 更换润滑油脂 调整负荷或更换电动机 调整或重新安装密封装置
振动和噪声	基础不符合要求 风机紧固不到位或螺栓松动 轴承损坏 轴颈磨损或主轴弯曲。 电动机与风机的中心线平移 传动带打滑 联轴器缓冲胶圈或销轴磨损 叶轮附着有灰尘污染物 管路震动	加固、改造基础 紧固好风机和地脚螺栓 更换轴承 修理轴颈或更换主轴 重新校正风机与电极中心线 张紧或更换传动带 检查、更换缓冲件或销轴 清理叶轮 管路与风机间要配置柔性连接

第十四节　生产现场5S管理

5S指整理(seiri)、整顿(seiton)、清扫(seiso)、清洁(seikeetsu)和修身(shitsuke)这五项活动,开展以整理、整顿、清扫、清洁和修身为内容的活动,称为5S活动。

5S活动起源于日本,并在日本企业中广泛推行,它相当于我国企业开展的文明生产活动。5S活动的对象是现场的环境,它对生产现场环境全局进行综合考虑,并制订切实可行的计划与措施,从而达到规范化管理。5S 活动的核心和精髓是修身,如果没有职工队伍修身的相应提高,5S 活动就难以开展和坚持下去。

一、生产现场 5S 活动的内容

(一)整理

把生产过程中要与不要的人、事、物分开,再将不需要的人、事、物加以处理,这是开始改善生产现场的第一步。其要点是对生产现场的现实摆放和停滞的各种物品进行分类,区分什么是现场需要的,什么是现场不需要的。

其次,对于现场不需要的物品,如用剩的材料、多余的半成品、切下的边料、垃圾、废品、多余的工具、报废的设备、工人的个人生活用品等,要坚决清理出生产现场,这项工作的重点在于坚决把现场不需要的东西清理掉。

对于车间里各个工位或设备的前后、通道左右、厂房上下、工具箱内外,以及车间的各个死角,都要彻底清理,达到现场无不用之物。坚决做好这一步,是树立好作风的开始。有的企业认为:效率和安全始于整理。整理的目的是:

(1)改善和增加作业面积;

(2)现场无杂物,行道通畅,提高工作效率;

(3)减少磕碰的机会,保障安全,提高质量;

(4)消除管理上的混放、混料等差错事故;

(5)有利于减少库存量,节约资金;

(6)改变作风,提高工作情绪。

(二)整顿

把需要的人、事、物加以定量、定位。通过前一步整理后,对生产现场需要留下的物品进行科学合理的布置和摆放,以便用最快的速度取得所需之物,在最有效的规章制度和最简捷的流程下完成作业。整顿活动的要点如下。

(1)物品摆放要有固定的地点和区域,以便于寻找,消除因混放而造成的差错。

(2)物品摆放地点要科学合理。例如,根据物品使用的频率,经常使用的东西应摆放在近处(如放在作业区内),偶尔使用或不常使用的东西则应放在远处(如集中放在车间某处)。

(3)物品摆放目视化,使定量装载的物品做到一目了然,摆放不同物品的区域采用不同的色彩和标记加以区别。

生产现场物品的合理摆放有利于提高工作效率和产品质量,保障生产安全。这项工作已发展成一项专门的现场管理方法——定置管理。

(三)清扫

把工作场所打扫干净,设备异常时马上修理,使之恢复正常。生产现场在生产过程中会产生灰尘、油污、废布、废丝、垃圾等,从而使现场变脏。脏的现场会使设备精度降低,故障多发,影响产品质量,使安全事故防不胜防;脏的现场也会影响人们的工作情绪,使人不愿久留。因此,必须通过清扫活动来清除脏物,创建一个干净舒适的工作环境。清扫活动的要点如下。

(1)自己使用的物品,如设备、工具等,要自己清扫,不依赖他人,不增加专门的清扫工。

(2)对设备的清扫,着眼于对设备的维护保养。但清扫设备要在确保安全的前提下进行,清扫设备要同设备的点检结合起来,清扫即点检;清扫设备要同时做设备的润滑工作,清扫也是保养。

(3)清扫也是为了改善。当清扫地面发现有废布、废丝或原料颗粒和油水、整理溶液泄漏时,要查明原因,并采取措施加以改进。

(四)清洁

整理、整顿、清扫之后要认真维护,使现场保持最佳状态。清洁是对前三项活动的坚持与深入,从而消除发生安全事故的根源。创造一个良好的工作环境,使职工能愉快地工作。清洁活动的要点如下。

(1)车间环境不仅要整齐,而且要清洁卫生,保证工人身体健康,提高工人劳动热情,避免产品被污染。

(2)不仅物品要清洁,而且工人本身也要清洁,如工作服要清洁,仪表要整洁,及时理发、刮须、修指甲、洗澡等。

(3)工人不仅要做到形体上的清洁,而且要做到精神上的清洁,待人要有礼貌、尊重别人。

(4)要使环境不受污染,进一步消除混浊的空气、粉尘、噪声和污染源,消灭职业病。

(五)修身

修身即教养,努力提高员工的素养,养成严格遵守规章制度的习惯和作风,这是5S活动的核心。没有人员素质的提高,各项活动就不能顺利开展,开展了也难于长期坚持。所以,开展5S活动,要始终着眼于提高人的素质。

二、开展5S活动的原则

(一)自我管理的原则

良好的工作环境,不能单靠添置设备,也不能希望别人来创造。应充分依靠现场人员,由现场的当事人员自己动手为自己创造一个整齐、清洁、方便、安全的工作环境,使他们在改造客观环境的同时,改造自己的主观世界,产生美的意识,养成现代化大生产所要求的遵章守纪、严格要求的风气和习惯。因为是自己动手创造的成果,也就容易保持和坚持下去。

(二)勤俭办企业的原则

开展5S活动,要从生产现场清理出很多无用之物,其中,有的只是在现场无用,但可用于其他地方;有的虽然是废物,但应本着废物利用、变废为宝的原则,能利用的应千方百计地利用,需要报废的也应按报废手续办理,并收回其残值,千万不可不分青红皂白地当作垃圾一扔了之。应避免不爱惜企业财产、浪费资源的不良作风。

(三)持之以恒原则

5S活动开展起来容易,但要持之以恒、不断优化却不太容易。

因此,开展5S活动贵在坚持,为将这项活动坚持下去,企业首先应将5S活动纳入岗位责任制,使每个部门、每位员工都有明确的岗位责任和工作标准。

其次,要严格、认真地做好检查、评比和考核工作,将考核结果同各部门和每位员工的经济利益挂钩。

最后,要坚持计划、行动、检查、处理循环,即PDCA循环,不断提高现场的5S水平,即要通过检查,不断发现问题,不断解决问题。因此,在检查考核后,还必须针对问题,提出改进的措施和计划,使5S活动坚持不断地开展下去。

第十章　纺丝组件的安装、使用和维护

第一节　纺丝组件的安装与拆卸

纺丝组件是纺粘法、熔喷法非织造布纺丝系统的核心部件，对纺丝稳定性、产品质量有很大影响。在纺丝系统运行一个阶段以后，纺丝组件的技术性能会下降，除了影响纺丝稳定性和产品质量外，还会引起纺丝箱体压力升高，危及纺丝箱体的安全。

因此，在运行使用一段时间后，要将纺丝组件从纺丝箱体上卸下来，换上技术性能正常的纺丝组件，使纺丝系统恢复正常运行。而拆卸下来的纺丝组件要进行清理维护工作，恢复其正常技术性能备用。为了保持生产过程的连续性，一般纺丝系统都配置有两套纺丝组件，以“一用一备”的方式使用。

不同品牌的纺丝系统，虽然所配套的纺丝组件的功能是一样的，但其结构、性能指标会有较大差异。不同纺丝工艺，如纺粘法系统与熔喷法系统的纺丝组件工作原理、结构是完全不同的。

相对而言，熔喷法系统的纺丝组件要比纺粘法系统的纺丝组件更复杂，要求也更高。但它们清理维护工作的程序、方法、工艺参数则大同小异。

因此，本章的内容基本上以熔喷法纺丝组件为对象展开，但其中也会穿插一些与纺粘法纺丝组件有关的内容。

一、纺丝组件的安装

将纺丝组件安装到纺丝箱体上的方式有两种，现场安装式和快装式。现场安装式是以散件的形式，将纺丝组件的各种零件逐一装到纺丝箱体上；而快装式则是以纺丝组件总成的形式，整体一次性装到纺丝箱体上。

按组件在安装时的温度来分，纺丝组件有常温安装式和预热式两种。采取预热工艺安装时，纺丝组件必须是快装式，但快装式也可采用常温安装工艺；而现场安装式则必须采用常温安装工艺。

目前基本都是使用快装式纺丝组件（图 10-1），使用快装式纺丝组件能减少纺丝系统的停机时间，降低装配工作的技术要求和难度，如果同时应用预热工艺，可以大幅度提高安装效率，有一定的经济效益。因为应用这种预热安装工艺需要增加专用的预热设备（组件预热炉），对安装过程的技术要求也较高，而节省的时间也有限，还要提前预热组件，因此，大部分企业仍以常温安装为主。

应用快装式工艺时，熔喷纺丝组件已经提前组装好，外型和重量都很大，必须有相应的专用工具，如组件运输车、组件安装车等。

当现场具备安装条件后，使用组件安装车将纺丝组件从专用的作业间运输到已经离线的纺丝系统正下方，然后利用安装车的升降装置，将组件送入纺丝箱体对应的安装基面，调整好

MD、CD 方向的位置后，便可进行相应的紧固工作。

当安装熔喷系统的纺丝组件时，还可以利用系统的 DCD 调节功能，降低纺丝箱体的高度，以便进行安装作业。

安装纺粘系统的纺丝组件的方法、路径较多，难度较低。使用大板式的纺粘系统，其纺丝组件一般都是在三层纺丝钢平台的下方，已无法在地面开展作业，安装或拆卸过程基本是在二层平台上进行。

图 10-1　安装中的快装式熔喷纺丝组件

主流的纺粘系统基本都采用下装式，即纺丝组件是从纺丝箱体的下方往上装。只有少量纺丝系统是采用上装式工艺，即从纺丝平台的上方往下装，有一些采用小板线的纺丝系统会使用这种安装方式。

有的纺丝系统配置了专用装拆纺丝组件的吊车，先用组件运输车将组件连同专用工装送至吊车下方，然后用吊车调运至三层平台的开口位置，通过临时架设的专用轨道送至纺丝箱体的正下方，再利用专用工装把纺丝组件送入上方的箱体安装基面。

有的国产纺丝系统，把组件清洗设备直接放置在钢结构平台的二层，这样只需要把组件搬运到纺丝箱体附近，然后把组件转移到箱体下方的升降装置上，利用升降装置将组件送入纺丝箱体的安装基面。但在这个过程中，可能需要直接用人力将纺丝组件从搬运车转移到升降装置上，劳动强度和安全风险都较大。

(一) 纺丝组件与纺丝箱体温度

1. 安装纺丝组件时的纺丝箱体温度

当纺丝箱体到达正常工作温度后，可安装已预热好的快装式纺丝组件，或在稍低温度下安装常温的纺丝组件。

对 PP 熔喷生产线，要求纺丝箱体的温度为 250~280℃。对现场组装式纺丝组件，要求纺丝箱体的温度≤160℃，温度超过熔点后，箱体会有高温的熔体或降解物滴落，增加作业的危险性，劳动强度也加大。

安装 PP 纺粘系统纺丝组件时，一般纺丝箱体温度为 220~230℃，而拆卸纺丝组件时，纺丝箱体的温度必须在聚合物的熔点以上，否则无法将纺丝组件拆卸下来。

2. 纺丝组件预热温度

目前在新建造的生产线中，所使用的纺丝组件基本都是快装式，既可在常温状态安装快装式组件，也可采用预热工艺安装。视当时的环境温度及安装技能的高低，组件的预热温度可比箱体温度或正常工作温度高 30~50℃，冬天的预热温度要比夏天高一些。

对现场组装式组件，为了方便工作，节省升温时间，组件都不预热。在箱体温度到达 160℃后便可以开始装组件，并进行初步调整。在系统开始纺丝后，还要根据纺丝状态对组件进行热态调整。因此，对安装工的技术要求较高，目前大型生产线已基本淘汰这种组件。

(二) 组件紧固方法

不管是普通的组件，还是快装式组件，在纺丝组件装到纺丝箱体后，必须要有一段平衡温度的时间,特别是现场安装式组件或常温安装的快装式组件,由于组件、螺栓与纺丝箱体的温差很大,难以一次性将所有的紧固螺栓都装上,因而所需的平衡时间也较长。

紧固纺丝组件时,应从中间开始,然后向 CD 方向的两端、MD 方向的两侧对称、交叉进行,尽量使组件与纺丝箱体的安装面保持在互相平行的状态(图 10-2~图 10-4)。

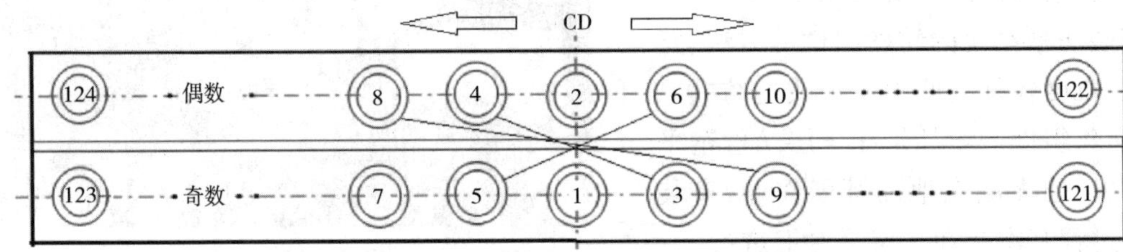

图 10-2　纺丝组件螺栓拧紧次序示意图

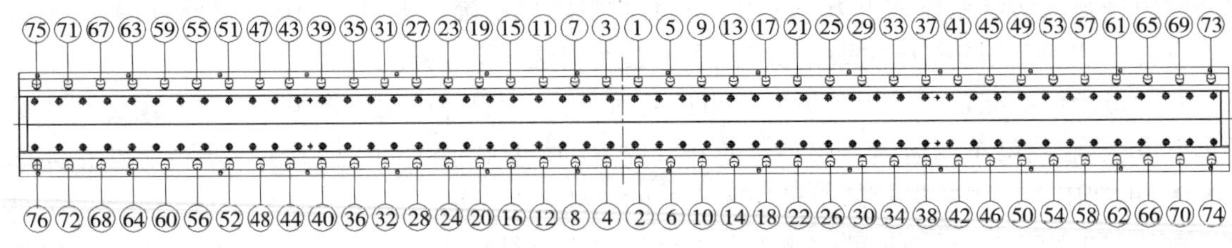

图 10-3　熔喷纺丝组件的安装螺栓紧固顺序

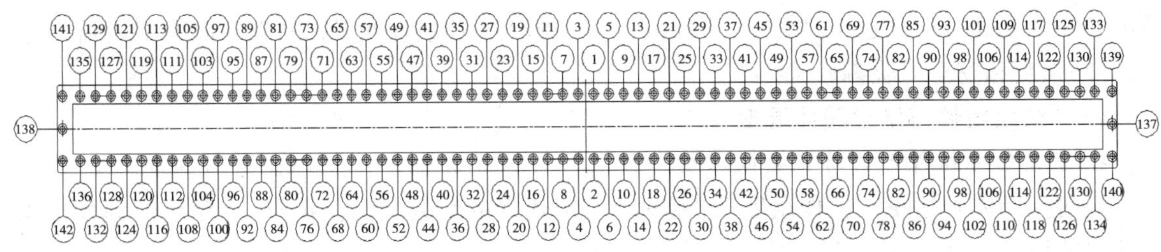

图 10-4　纺粘法纺丝组件的安装螺栓紧固顺序

在组件的温度与箱体温度平衡后,还要用规定的力矩将所有的螺栓做最后一次紧固。除了会使纺丝组件产生应力、发生变形外,紧固不当所引起的常见问题是熔体泄漏,使组件无法正常使用。

对于一些配置有连接板的纺丝组件(图 10-5),是依靠紧固螺钉顶紧长条形的方形键固定的,在任何温差下,螺钉都能顶紧方形键,因此,并不需要等待组件的温度趋向与箱体的温度相同的情形下才能紧固全部螺钉,可以节省大量时间。

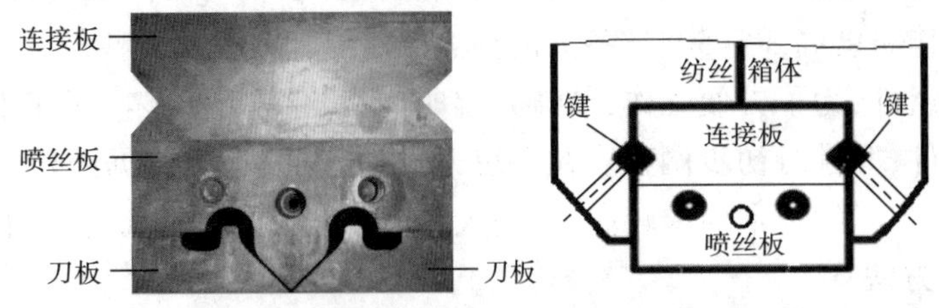

图 10-5　纺丝组件的连接板

一般按规定扭矩分三次拧紧,实际的操作时机应按组件当时的温度而定,扭矩值可按以下比例,分别设定为额定值的60%、80%、100%三个档次。

螺栓的紧固扭矩值是按强度等级计算的,同样直径但强度等级不同的螺栓,其扭矩值是不一样的,强度等级越高,可承受的扭矩也越大。表10-1是螺栓的最大扭矩值,但要注意实际紧固纺丝组件时,所需的力矩不是一定要达到这个最大值。实际使用的紧固力矩可参考设备制造商的推荐值,也可根据运行经验确定。

表10-1 常用高强度(12.9级)螺栓拧紧力矩推荐值

螺纹规格	M8	M10	M12	M16	M18
最大扭矩/(N·m)	30	55	98	245	315

拧紧力矩并非越大越好,因为除了存在螺纹损坏的风险外,太大的力矩也容易使螺栓屈服、失效。为了避免螺栓在使用过程中受各种应力作用而发生松动,导致发生熔体泄漏,可利用生产线的停机间隙对螺栓进行检查并再紧固。对于带有热轧机的生产线,如果在运行期间有螺栓断裂或脱落,将会酿成损坏轧辊的重大设备事故。

拆卸螺栓时可使用电、气动工具。但安装过程不宜使用,因为安装过程越快,组件与箱体间的温差会越大,出现错位的螺栓孔数量也越多,已经拧紧的螺栓对纺丝组件的热膨胀约束也越强。

仅用手工工具拧紧螺栓时,由于操作过程耗用的时间较多,可使组件获得足够的升温时间并自由膨胀,避免受已经拧上去的螺栓约束,并形成太大的热应力,特别是对现场安装式熔喷纺丝组件。安装纺丝组件时,要使用专用的工装,合格的扭矩扳手,操作过程应平稳进行。

(三)熔喷系统开始纺丝的条件

当已经把组件安装好,系统的温度到达设定值,并经过一段时间平衡后,要及时启动纺丝泵低速纺丝。当组件采用预热安装工艺时,在装好组件的半小时内就能进入生产状态;当组件采用常温冷态安装工艺时,一般要经过2h,温度才会到达设定值,而且还要增加多于半小时的平衡时间。

当系统的温度上升至接近聚合物熔点后,熔喷系统的牵伸气流也要启动参与运行,与纺丝箱体协同升温。若使用现场组装式组件的系统,则还要根据纺丝状态对组件进行热态调整和最后紧固。

对于3.2m幅宽的纺丝组件及牵伸气流分配箱,在升温后的膨胀伸长量较大,虽然气流分配箱也会通过热传导缓慢升温,但如仍采取在纺丝箱体到达工作温度后,再从冷态启动牵伸风系统,则由于两者间的温差较大,虽然时间很短,特别是在温度较低而流量又较大的工况下,仍会存在很大的热应力,要给予充分注意。

二、纺丝组件的拆卸

从纺丝箱体卸下纺丝组件的顺序和过程,基本上是按照安装纺丝组件的逆序进行的,不过有一些作业是与安装过程不一样的。

(一)熔喷纺丝组件的使用周期和影响因素

纺丝组件安装到纺丝系统上后,随着使用时间的增加,其技术性能将逐渐下降,纺丝过程的稳定性降低,会有一些部位出丝不良,产品的质量指标全面劣化,如均匀度变差、出现条形缺陷、有晶点出现,并呈增加趋势、静水压、过滤性能下降。

反映在设备上的现象是纺丝箱体压力上升,在工艺调控方面,产品出现缺陷后,无法通过刮板或调整工艺参数等措施得到改善,此时应考虑更换纺丝组件。

熔喷法纺丝组件的使用周期长短与很多因素有关,首先是纺丝组件本身的技术性能,孔径小、孔密度高、长径比大的喷丝板;设计水平低,制造质量差的产品,使用周期较短。

为了减少熔体出口胀大效应的影响,孔密度高的喷丝板一般要采用更大长径比的喷丝孔,这就增加了喷丝孔发生堵塞的概率。即使孔密度不是很高,但喷丝孔直径较小的喷丝板也同样存在这个问题。在原料中加有添加剂,如色母粒、功能母粒(驻极母粒)时,特别是分散性不好的添加剂,这种影响会更明显。

纺丝组件的安装、维护水平,纺丝系统中熔体过滤装置的过滤元件规格(过滤精度)、组件内滤网的规格等也有很大的影响。

如果原料的灰分大,添加剂的分散性差;经常生产有添加剂的产品,或添加比例较大;质量差的原料,将大幅度缩短组件的使用周期。

纺丝组件的使用周期还与生产线的运行状态,操作水平有关,操作不规范,如工艺温度设定不合理、停机方法不当等。与生产管理也有关,生产线连续运行、稳定生产时,组件会有较长的使用周期;生产过程断断续续、不断转换产品,频繁停机,而且停机时间长等,都会缩短纺丝组件的使用周期。

纺丝组件的使用周期还与产品的应用领域、质量要求有关,生产质量要求严格的产品,纺丝组件的使用周期就较短,如果产品的质量要求低,纺丝组件的使用周期就可以较长。

根据目前的设备、原料、工艺技术水平,生产阻隔、过滤型产品的熔喷纺丝组件,其使用周期通常为3~4周。而在最不利的情形下,组件仅使用几天,甚至有刚换上去就无法使用的情况。

如果纺丝组件已无法继续使用,就要将其拆卸下来,进行清理维护,恢复其正常技术状态。

(二)从纺丝箱体拆卸纺丝组件的程序

1. 纺丝系统离线

如果生产线是从生产状态转为停机状态,纺丝系统要运行至离线状态(位置)停机后,才能进行拆换纺丝组件工作。

2. 排空熔体

为了避免在作业过程中有熔体滴落,影响安全,在决定要更换喷丝板时,要将存留在系统内的熔体排放干净,这样还可以避免由于长时间停机,导致系统内的熔体降解、炭化,影响下次开机。

排空系统内熔体的操作一般是在关闭螺杆挤出机的进料阀后,用手动方法控制纺丝泵进行的。

3. 降温

降温的目的主要是改善操作条件,同时也可避免熔体长时间在高温下滞留,导致在系统内的熔体降解、炭化。但降温幅度不能太大,而且必须保持在聚合物的熔点以上,否则将难以使纺丝组件与箱体分离。

熔喷纺丝组件与箱体的熔体通道接触面很小,在温度稍低时也能依靠自重与箱体分离,但要尽量避免在低温强力拆卸。

如拆下旧组件后马上换上新组件恢复生产，则温度不宜下降太多，以免延长降温及升温的时间，耽误生产。要注意降温的幅度，以免在恢复生产时消耗更多的时间和能量。

4. 拆卸作业用的工装准备

可以自由升降的组件安装车是熔喷法纺丝系统的专用设备，不仅可以用来搬运纺丝组件，更加主要的是用于把纺丝组件升起，装到纺丝箱体上，或承载从纺丝箱体拆卸下来的纺丝组件（图 10-6）。

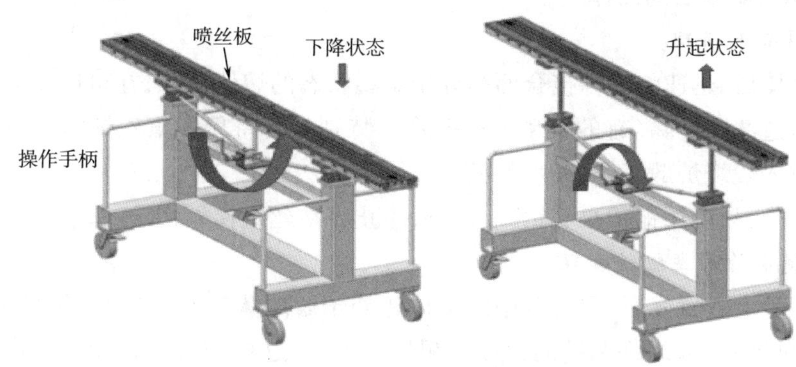

图 10-6 手动升降式熔喷纺丝组件安装车

熔喷纺丝组件安装车的承载能力必须大于纺丝组件总成的重量，承载能力与纺丝组件的品牌、纺丝系统幅宽等有关，一般不小于 500kg，而升起的最大高度必须能抵近纺丝箱体（在最小 DCD 状态）的下底面。

除了少数较大型的组件安装车是由液压油缸控制升降运动外，大部分升降车是由带自锁功能的蜗轮蜗杆驱动升降。升降车的操作动力既可以是电力，也可以是人工手动，包括人力液压（手动或脚动）。虽然气缸也可以承重，而且不怕发生过载，但因为其同步性能差，升降运动过程的安全风险较高，特别是在负荷较重、升降行程大、纺丝组件（系统）的重心较高的状态下，不宜使用气动升降车。

拆卸快装式熔喷纺丝组件需要专用的组件安装车配合作业，作业过程还要用到各种规格的内六角扳手、盛装螺栓的容器、气动（或电动）扳手及其他工具，还要配备相应的各种劳动保护用品。

5. 拆卸紧固螺栓

根据安装车两个支承点的位置和间隔距离，预先将组件与支承点对应位置的螺栓卸除，以免在安装车的支承机构抵紧纺丝组件后，将螺栓遮挡而无法拆卸。

除了留下中部和两端的四只紧固螺栓外，将其余紧固纺丝组件的高强度螺栓全部卸下，并集中收集保管好。拆卸过程可以借助气动扳手（或电动扳手）进行，以提高效率，降低劳动强度。

6. 卸下纺丝组件

把组件安装车移动至纺丝箱体的正下方，并与上方组件对准，调节 DCD，使纺丝箱体下降至抵近安装车，将组件安装车升起抵紧纺丝组件，仅抵紧即可，以免安装车超载，并在支承构件上定位固定。

拆除纺丝组件其余尚未卸下的四只紧固螺栓,稍作冲击、摇晃,纺丝组件便会在自重作用下与纺丝箱体分离,平稳落在组件安装车的支承机构上。

组件安装车稍作下降运动,确认纺丝组件已在安装车上可靠定位后,方能继续下降,并与纺丝箱体彻底分离。有的双组分纺丝组件体积和重量都较大,在拆卸时要充分注意。

7. 现场清理

按照作业流程,将组件移送至专业的清洗室,等待进行下一步的清理工作。然后做好作业现场的卫生清洁工作。

(三)拆下纺丝组件后的工作

1. 纺丝组件表面清理

组件离开箱体后,迅速将组件接合面尚处于熔融状态的熔体清除,在可以作业的条件下,将组件面上的熔体过滤网拆除(有的机型无法拆除),特别是要将聚四氟乙烯密封条及时移除,避免不慎随组件进入煅烧炉煅烧,污染喷丝板。

在清理过程中,只能用铜铲小心铲刮、清理,防止将纺丝组件划伤。

2. 整体煅烧前的纺丝组件处理

组件在安全地点放置好后,要趁其中的熔体还处于熔融状态时,迅速将组件表面的熔体清理干净,拆卸各种零件(如组件两端的封板及铜垫片等)。这样做可以减少下一步煅烧、清洗的工作量。

如果组件采用整体煅烧工艺,就无须进行分解,整体煅烧能减少构件的变形,但同时会导致一些不需要进行煅烧处理的零件(如各种紧固螺钉、定位销、调整垫片等)要经受高温处理,对延长其使用寿命是不利的。

当采用整体煅烧工艺时,要妥善放置组件,将组件按内部存留的熔体能较易自然流出的方位放置,如将纺丝组件按进料板或熔体通道向下、出丝面朝上的方位放置。

纺丝组件在分解状态放置在炉内煅烧处理时,为了充分利用炉膛的空间,可以将要处理的工件适当堆叠,要将精度最高的零件(如喷丝板)放在最上方,将精度较低的零件(如分配板)放在下方,这样可以防止从上方流下的熔体对下方工件的小孔造成二次污染(图 10-7)。

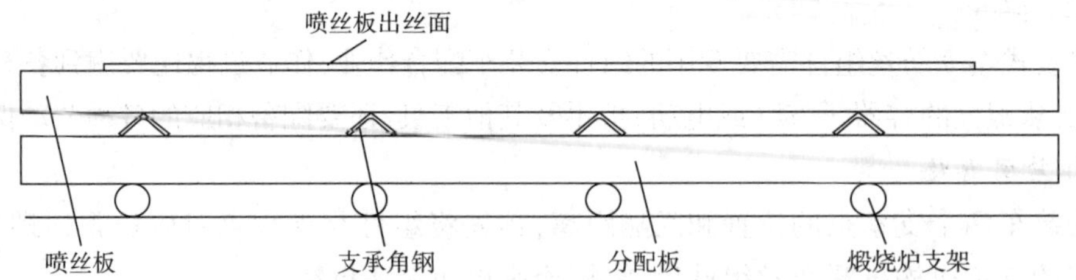

图 10-7 纺粘法喷丝板与分配板在煅烧炉中的放置

3. 煅烧前组件的分解

必须趁熔体的温度仍处于熔点以上的状态拆卸、分解纺丝组件。宜在熔体还没有固化前,及时将组件分解,将组件内腔中的熔体清理出来,这样能减少煅烧处理的工作量。如果纹丝组件采用整体煅烧,则分解工作可在煅烧处理后进行。

拆卸前必须做好安全防护措施,包括人身安全和设备安全,佩戴隔热防护手套和使用专用拆卸工具。

(1)纺丝组件从箱体上拆下后,用行车吊起组件,慢慢将组件放在工作台或地面上,要在组件下方两端和中部垫上木头,移除组件上的聚四氟乙烯密封条,卸下组件两端的封板。

(2)将组件内的分配板和过滤网从纺丝组件上取出、拆下,用专用的刮刀尽可能将残留的熔体刮净。注意,由于机型不同,在不分解组件的状态,有的机型的分配板及过滤网是无法取出的。

(3)将纺丝组件反转,喷丝孔向上。拧松气隙调整螺栓,除了在两端留下两只气刀(刀板)紧固螺栓不要拆除外,将其余螺栓全部拆下,留下的两只气刀紧固螺栓用于保持其稳定状态,否则刀板会在偏心重力作用下磕碰相邻部件。

(4)在刀板上的特定螺纹孔装上专用吊环,用吊机将刀板吊住并保持其平衡状态,随即卸除剩余的两只螺栓,把刀板移送到安全位置放好。对于小幅宽的刀板,可直接用人力搬运移出。

(5)在刀板和喷丝板上装好专用防护罩、盖板等,防止在后续作业过程中发生意外碰撞受损。

(6)将安装螺栓、分配板收集好,准备与组件一起放入炉内煅烧,如果螺栓没有受到污染,可不需煅烧。

第二节　纺丝组件的清理维护基础知识

在熔体纺丝成网非织造布生产线中,不同的纺丝工艺或不同的品牌,所用的纺丝组件结构也有所不同,但就零件在组件中的作用来看,也有很多功能相似的零件,主要有喷出熔体细流的喷丝板、分配熔体的分配板、过滤熔体的过滤网、密封压力熔体的密封件等。

组件在使用过程中,会因为喷丝孔堵塞、过滤网污物淤积、密封件失效等原因,影响正常纺丝或熔体均匀分配,出现纺丝箱体压力偏高、熔体泄漏及产品质量下降等现象。这时只有将纺丝组件拆卸下来,换上技术状态良好的纺丝组件才能恢复正常生产。

由于拆换下来的纺丝组件沾满了熔体及沉积物,只有经过清理、维护后才能恢复技术状态备用。组件的清理维护工作过程就是使纺丝组件恢复技术性能的过程。

熔体纺丝成网非织造布的纺丝组件过滤网、密封件都是用即弃的一次性用品,使用过后就弃之不用了。因此,纺丝组件的清理维护工作主要是针对喷丝板和分配板这两个带有大量小孔、微孔的核心零件进行的。

进行组件煅烧处理前,务必要确认组件上的聚四氟乙烯密封条已经移除,否则在煅烧后会增加很多处理工作量。煅烧温度一般为 450℃,最高不得超过 480℃,否则将增加组件发生变形,甚至损坏的风险。

目前,纺丝组件的维护工作主要包括:利用高温煅烧清理残存的熔体,用超声波清洗表面和小孔内壁,高压水冲洗黏附的污染物,检查性能异常的部位,并进行修理、维护等。

一、真空煅烧处理

(一)煅烧炉的工作原理

非织造布生产线所用的高分子聚合物主要有 PP 和 PET 两类,目前多于 92%以上的生产线都是使用PP原料,因此,现有的组件清洗工艺及设备也是根据PP的特点制造的。虽然PET的特性与PP不同,但清洗工艺基本相同。

PP为结晶性聚合物,具有较明显的熔点,熔点为164~170℃,在与氧气接触的情况下,在260℃左右颜色开始发黄,高于300℃后就会发生热分解。

PP的化学稳定性好,除能被浓硫酸、浓硝酸侵蚀外,对其他各种化学试剂都比较稳定,因此,高温煅烧是一种有效的清洗方法。

PP的主要化学成分是碳和氢,在与氧反应并充分燃烧后,所形成的产物是气态的二氧化碳和水,是没有毒性的;在不充分燃烧时,容易产生一些有毒的一氧化碳气体和少量黑色的碳。

由于PP含有一些其他杂质,在氧化反应过程中还会形成一些其他成分复杂的产物,主要有甲醛、乙醛、丙酮、甲醇、叔丁醇及其他的醛和酮等。因此,煅烧过程会产生有刺激性的气味,这些烟气要经过净化处理后,才能排放到环境大气中。

利用聚合物这种物理化学性能,可以通过加热、升温、煅烧,使残留在纺丝组件上的聚合物裂解、气化,恢复纺丝组件的技术性能。目前,主要是利用真空煅烧炉来实现这个清洗过程。

一般熔体纺丝成网非织造布原料的熔点≤300℃,在待清洗的纺丝组件放入炉膛后,先将煅烧炉的炉膛(工作室)温度升高到300℃左右,此时黏附在工件上的聚合物会熔融,流入下部的收集罐中。

当温度继续上升到达320℃后,聚合物将裂解并产生大量烟气,此时开动真空泵将炉膛内的空气抽出,形成一个低压缺氧的真空环境,可以防止这些烟气发生自燃或炭化。

炉膛的温度继续升至480℃左右,组件表面和内部的所有聚合物将全部裂解完,在这个温度下向炉膛内充入少量空气,这时残留的聚合物就会裂解成二氧化碳和灰分,二氧化碳排出到环境大气中,而灰分则被喷淋洗涤器的水带走,从而达到清洗的目的。

PET等高聚物在高温状态可溶于三甘醇(TEG)溶液,根据这个原理,把三甘醇加热(275℃)后,浸在清洗槽内的零件上的高聚物就会发生醇解和溶解,从而达到清洗的目的。由于受清洗机容积限制,目前仅在清洗小型PET组件、蜡烛形熔体滤芯时,会用到三甘醇清洗机和三甘醇溶剂。

严格控制炉膛的最高温度是保障纺丝组件安全的主要事项,一些双组分纺丝组件的分配板厚度仅有几毫米,而表面又加工了高密度的熔体分配流道,超温煅烧有可能导致变形甚至损坏。

(二)组件煅烧工艺

用加热升温的方法使纺丝组件上残留的熔体裂解,清除纺丝组件上的熔体残留物,常用的设备有煅烧炉、真空煅烧炉、惰性气体保护煅烧炉等,煅烧温度可达480~500℃,而真空煅烧炉是目前性能较好,又在国内普遍使用的一种设备。

煅烧程序一般都由设备制造商设定好,煅烧清洗过程分三个阶段进行。各阶段时间的长短不同企业会稍有差异,但其作用及原理是相同的,也可以根据实际情况作调整。

1. 组件在煅烧炉中的放置

并不是熔喷纺丝组件的每一个零部件都需要煅烧处理,如刀板、垫板、紧固件等,如果没有被污染,就可以不进行煅烧处理,而使用其他方法处理即可。因为毕竟在高温状态下,一些零部件,特别是一些薄型、长条状零部件难免会发生变形。除此之外,不得将用铝材或铜材制造的零部件放入煅烧炉内。

喷丝板是必须进行煅烧处理的,喷丝板应该均匀支承,防止高温变形,并以残留熔体最容易自然流出的方位放置,一般应以熔体进入通道在下、喷丝孔在上的方位水平放置,这时组件的重心最低,稳定性最好。

在煅烧炉的炉膛空间有限的条件下,为了提高煅烧炉的利用率,增加清理工件的数量,允许将喷丝板侧立并排放置,但喷丝板的重心高、稳定性较差,务必保证喷丝板不会发生侧翻。这一点对于卧式煅烧炉尤为重要,因为将组件送入炉内,或将组件从炉膛取出时难免会产生震动,影响喷丝板的稳定性。

2. 煅烧过程的各个阶段特点(图 10-8)

(1)升温段 A。在煅烧炉由室温开始加热升温过程中,当温度高于聚合物的熔点后,残留在纺丝组件上的聚合物开始熔融,呈流动状态,并受重力作用向下流动,滴落到煅烧炉下方的熔体收集罐内。

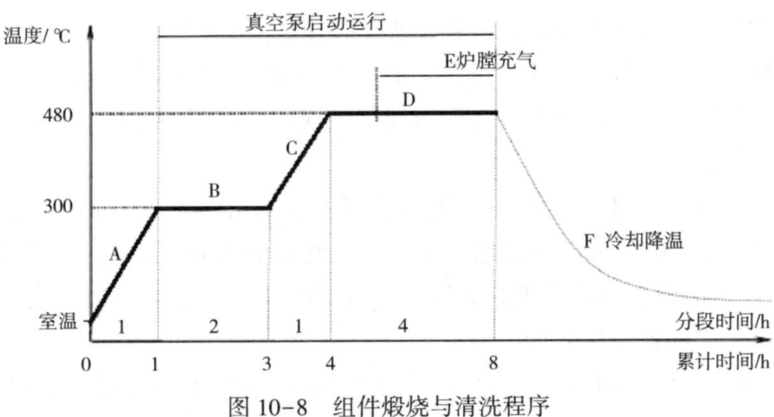

图 10-8　组件煅烧与清洗程序

延长升温段的时间,可使残留的聚合物熔体最大限度地流走,可减少下一阶段的处理量,还可减少废气、废水及异味向环境的排放量。

(2)熔融段 B。在这一阶段煅烧炉的温度设定值一般为 300~320℃,此时的熔体具有很好的流动性,开始降解并伴随少量烟气产生。为了尽量减少纺丝组件表面的残留物,在到达设定温度后,熔融段的时间一般不少于 1h。

为了减少熔融段的熔体处理量,当将纺丝组件从纺丝箱体上拆卸下来后,应在熔体仍处于熔融状态时,尽最大可能将可以清除的熔体清除。

(3)裂解段 C。当经过熔融段处理后,炉膛温度将上升至 450~480℃,在升温过程中,当温度达到 330~350℃后,仍存留在纺丝组件上的少量聚合物便发生强烈的裂解,分解为一氧化碳、二氧化碳和水汽,并产生大量的烟气。

为了避免炉膛内发生明火燃烧,煅烧炉的真空泵应在到达裂解温度前启动,使炉膛内处于缺氧的真空状态,此时炉膛内的真空度将逐渐达到-0.08~-0.06MPa,如果真空度偏低(真空度的绝对值偏小),会在组件表面形成较多黑色的灰分。

如果炉膛内的真空度不足,尚有一定浓度的空气存在,聚合物可能发生不完全燃烧,分解为碳黑、一氧化碳和水汽,并产生大量的烟气。一氧化碳的燃点为 641~658℃,当炉膛温度升至450℃后,炉内电热管的表面温度有可能已达到燃点,因而有可能点燃易燃的一氧化碳而在炉膛内发生闪燃。为了防止炉膛内的气体由于闪燃突然膨胀，导致压力急剧升高，甚至发生爆炸，因此，在炉膛上都会设置泄放压力的安全阀。

炉膛温度从熔融段的设定值上升至450~480℃的时间一般设定为1h，在这个阶段，由熔体的裂解所产生大量的气体及灰分，会被水环式真空泵抽走，在进入喷淋器后被喷淋水流吸收并随真空泵排出。

因为二氧化碳溶于水并成为碳酸(H_2CO_3)，裂解过程还会产生少量其他挥发性气体，因此有强烈的刺激性气味，并对环境有一定的影响。

为了消除这些烟气对环境的污染，有的真空煅烧炉则在排气系统串联了一个电加热高温裂解装置，也可以使煅烧烟气变为无公害气体达标排放。有的煅烧炉自带后燃烧器，利用燃气能产生的高温(≥700℃)，当这些烟气进入后燃烧器后便被彻底燃烧裂解，成为对环境无害的气体。

(4)氧化段D、E。组件上绝大部分残留聚合物已在分解阶段裂解气化，但仍有极少量残留，此时可通过阀门送入少量空气进入炉膛，使空气与高温的残留物发生氧化反应，生成二氧化碳和水，至此纺丝组件上的全部残留物就被清理干净了。

经过上述阶段的处理，残留在纺丝组件上的聚合物除了以气态挥发外，极少量会以白色粉末的形态黏附在组件表面，这种粉末容易用压缩空气或高压水流清除掉。有时在零件的表面也会存在容易清除的微量炭黑。

(5)降温冷却段F。经过上述处理后，煅烧清理工作就完成了，但这时纺丝组件的温度仍处于480℃高温状态，为了避免由于温度急剧变化产生热应力和形变，此时不能直接将组件从炉内取出进行下一工序处理。煅烧炉便进入降温程序，随着空气进入炉膛吸收热量后排出，及炉体向周边环境散热，温度便缓慢降低。

当温度降低至100℃后，便可打开炉膛，将组件取出，进行下一清理工序的工作，降温冷却过程所需要的时间与煅烧炉的性能有关，炉膛保温、隔热好的设备，可能需要6~8h，甚至更长时间。

二、高压水冲洗

经过煅烧处理的纺丝组件上还会附着一些煅烧后的生成物、灰烬等。用高压水流的冲击作用可以清除纺丝组件表面这些残留物，高压水流冲洗是一种物理清洗工艺，高压水清洗机可以产生压力3~20MPa的水流，而用添加有清洗剂的高温水流的清洗效果更好，能将类似单体、油脂类物质清除干净。

由于熔喷喷丝板的结构强度较低，使用高压水清洗时，一般要控制水流的压力≤6MPa，而且不要用集束水枪水流喷射喷丝孔。当使用带加热功能的高压清洗机时，所使用的温度越高，清洗效果越好，水温一般在100℃以上。

高压水清洗过程、操作方法也较简单，只要将纺丝组件放置好，并能在水流的冲击力作用下不会移动即可，清洗过程中，要不断变换水流的角度，对组件的表面、内壁进行全面清理。在有条件的地方，也可以使用高温蒸汽对纺丝组件清洗。

组件清洗干净后，要及时用压缩空气将残留的水分吹走。高压水流具有潜在的危险，必须做好作业过程的安全防护工作。

三、超声波清洗

(一)超声波清洗的机理

超声波在本质上和声波是一样的,超声波和声波的区别仅在于频率范围的不同。人耳能听到的声波频率为 20~20000Hz,而频率在 20000Hz 以上的声波则称为超声波。

当超声波能量足够高时,就产生超声空化现象,即存在于液体中的微小气泡(空化核)在超声场的作用下振动、生长,并不断聚集声场能量,当能量达到某个阈值时,空化气泡急剧崩溃闭合的过程。

空化气泡的寿命约 0.1μs,它在急剧崩溃时可释放出巨大的能量,并产生速度约 110m/s 具有强大冲击力的微射流,空化气泡在急剧崩溃的瞬间产生局部高温(5000K)和高压(1800atm)。

这就是平常所说的超声空化。超声清洗就是利用空化作用产生的冲击波能量,实现对工件的清洗,清洗过程包括下面三个方面作用。

(1)因气泡破灭时产生强大的冲击波,污垢层的一部分在冲击波的作用下被剥离下来,即分散、乳化及脱落。

(2)因空化现象产生如图 10-9(a)所示的气泡。由冲击形成的污垢层与表面之间的间隙和空隙渗透,由于这种小气泡与声压同步膨胀、收缩,像剥皮那样的物理力重复作用于污垢层,一层层被剥离,如图 10-9(b)所示,小气泡继续前进,直到污垢层被完全剥离为止,这就是空化二次效应。

(3)超声波清洗时,会产生超声空化效应。在超声波的作用下,机械振动传到清洗槽内的清洗液中,液体内部受超声波的振动而频繁地拉伸和压缩,出现疏密相间的振动,形成微气泡(空穴);微气泡破裂时产生强大的冲击波,污垢层在冲击波的作用下被剥离下来。

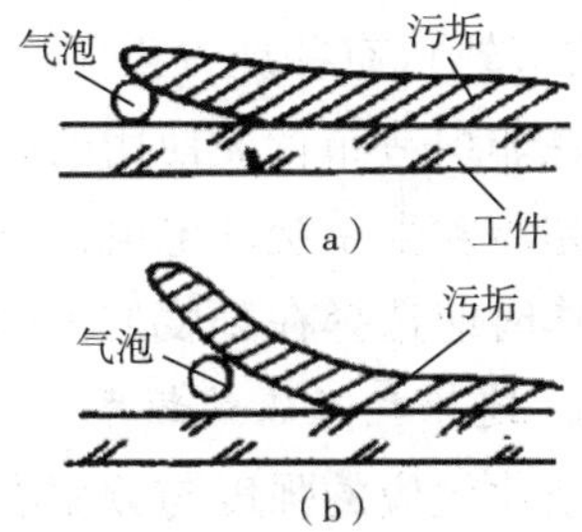

图 10-9　气泡剥离污垢的过程

空化效应或空穴效应还会产生空化二次效应,将污垢一层层剥离,直至污垢层被剥下;清洗剂会溶解一些污垢,产生乳化分散的化学力;超声冲击波能在液体中产生微冲流,具有搅拌作用和乳化作用。

在超声空化的作用下,经过一定时间后,被清洗件上的污垢逐渐脱落(当然也有清洗液本身的作用在内),这就是超声波清洗的基本原理。较长时间的超声空化作用会使被清洗件表面的基体金属有一定程度的剥落,称为空化的浸蚀(空蚀)作用。

利用清洗液的浸润、浸透、乳化、分散及溶解等作用,大大加速了清洗过程,提高了清洗效果。超声波清洗是超声空化作用、浸蚀作用、搅拌作用、乳化作用及空化核作用的综合表现。

(4)超声波清洗的效果主要与以下因素有关。

清洗介质:清洗介质是化学作用,而超声波清洗是物理作用,两种作用相结合,可以对物体进行充分、彻底的清洗。

功率密度:超声波的功率密度越高,空化效果越强,清洗速度越快,清洗效果就越好。但对于精密的、表面光洁度很高的物体,进行长时间的高功率密度清洗,会对物体表面产生空化浸蚀(空蚀)作用。

超声波频率:超声波频率越低,在液体中产生空化越容易,作用也越强。频率高,则超声波方向性强,适合于精细物体的清洗。

一般来说,超声波清洗是物理清洗,在30~40℃下空化效果最好,清洗作用最强。清洗剂是依靠化学反应作用,温度越高,反应越强烈,清洗效果越显著。

因此,在兼顾物理作用及化学反应两种不同清洗机理的清洗效果后,超声波清洗液的温度应在60~70℃之间。

(二)超声波清洗工艺

1. 选择超声波的功率

超声波清洗效果不一定与“功率×清洗时间”成正比,有时用小功率,花费很长时间也不能清除污垢。而如果功率达到一定数值,很快便能将污垢去除。若选择功率太大,空化强度将大大增加,虽然提高了清洗效果,但会使较精密的零件表面也产生蚀点,得不偿失。因此,不要盲目加大超声波的功率。

在采用水或水溶性清洗液时,如功率太大,还会使清洗机底部振动板位置发生严重空化,水点腐蚀也增大,如果振动板表面已受到侵蚀,强功率下水底产生空化腐蚀会更严重,因此,要按实际使用情况选择超声波的功率。

利用超声波清理纺丝组件时,功率密度一般为0.6~1.0W/cm^2。过高的强度会加速辐射板表面的空化腐蚀,同时过于剧烈的空化所产生的气泡会影响能量传递,使远离辐射面的液体空间声强变弱而达不到均匀清洗的目的。

在普通清洗槽中,由于液面的反射,在清洗槽中会产生驻波,使液体空间中有些区域声压最小(波节处),有些地方声压最大(波腹处),从而导致不同位置的清洁效果出现差异。

在非织造布行业使用的超声波发生设备,大都没有直接的功率显示,其功率选择旋钮调节的是超声发生系统的电流,以电流值间接显示功率的大小。电流表的最大量程一般为10A,正常工作时应选择在刻度的中间位置(或按设备说明书的推荐值)。

2. 选择超声波的频率

空化效应的强度与频率有关,频率越高,空化气泡越小,空化强度越弱,且随着频率的增加而迅速减弱。因此,超声波的频率会影响清洗效果。

在使用水或水基清洗剂时,低频会增加由空穴作用形成的物理清洗力,适宜清洗零件表面;而在清洗带有小间隙、狭缝、深孔的精密零件时,高频的清洗效果会较好,而且对精密加工面影响较小。

在清洗纺丝组件时,大部分清洗机的工作频率在20~30000Hz范围,而且基本是不可调的。目前使用的超声波清洗机大部分都没有频率调节功能,其工作频率在出厂时已设定好。工作频率越高,消耗的功率也会越多。

3. 选择合适的清洗液

所选择的清洗溶剂必须达到清洗效果,并应与所清洗的工件材料相容。水为最普通的清洗液,故使用水基溶液的工艺、操作简便、使用成本低、应用广泛。

在组件清洗过程中,主要使用加有烧碱(氢氧化钠NaOH)的碱性水基清洗液,但这种清洗液不能清洗铝和铝合金制品。

清洗液的表面张力大,不容易发生空化;蒸汽压偏高会降低空化的强度;黏度大的清洗液不容易发生空化;清洗槽内的清洗液流动速度过快也会影响清洗效果。

纺丝组件是经过高温(450~480℃)煅烧,并经过高压水流冲洗后才进行超声波处理的,因此,进行超声波清洗时,组件表面可见的残留物已很少,主要是一些碳化物和金属氧化物。

使用碱性清洗液时,强碱会与一些分子量较小、质量较轻的物质发生化学反应,并使之分解,如生成氢氧化镁、氢氧化铝等,增加超声波清洗的效果,对于分子量较大、质量较重的物质,强碱也是很难,甚至无法将其分解的。除了碱性清洗液,还可以使用专用的喷丝板超声波清洗剂,但这种清洗剂的价格较高,国内的非织造布企业较少使用。

4. 碱性清洗液的配制方法

要通过试验、根据清洗效率来决定清洗液的浓度,常用的碱液浓度可在5%~15%选择,再根据清洗效果进行调整。可以使用 pH 试纸测试清洗液的浓度。

配制清洗液时,只能将碱加入水中稀释,并不断搅拌,不能将水倒入碱液中。由于氢氧化钠溶解于水的过程是放热反应,因此配制过程中溶液出现发热升温是正常现象。

5. 清洗液温度的选择

化学反应的速度与温度成正相关,温度越高,反应速度越快。适宜的水基清洗液温度为40~60℃,若清洗液的温度偏低,空化效应则较弱,清洗效果就较差。当温度升高后,空化效应易发生,有利于提高清洁效果。

当温度继续升高,空泡内气体压力增加,引起冲击声压下降,反映出这两个因素间此消彼长的关系,因此,并不是温度越高越好,高温也不利于换能设备的安全运行。

在兼顾化学反应与超声波空化作用的情形下,一般控制清洗液的温度≤70℃。在清洗液到达设定温度前,一般不宜开启超声波发生设备。

6. 清洗液的液位控制和清洗零件的位置确定

清洗液的液面一般应高于换能器振动子表面 100mm 以上,而被清洗的工件必须全部浸没在清洗液面以下约 50mm。由于单频清洗机受驻波场的影响,波节处振幅很小,波幅处振幅较大,会造成清洗不均匀。因此清洗物品的位置应放在波幅处。

7. 零件在清洗槽内的放置

一般纺丝组件的零件只要能在清洗槽内平稳放置即可,对放置的方位没有特别要求。喷丝板可以先以喷丝孔在下(向下)的方位进行第一阶段的清洗,然后将喷丝板翻转,以喷丝孔向上的方位进行第二阶段的清洗。

8. 超声波清洗时间

对于精密的、表面光洁度很高的物体,采用长时间的高功率密度清洗会对物体表面产生空化腐蚀。因此,较高强度、较长时间的超声空化作用,会使被清洗件表面的基体金属产生一定程度的剥落,导致空化空蚀。

当材料暴露于空化流体中时,就会发生空蚀。破裂的空化气泡会引起强烈的冲击波和微射流,进而引起高度局部化的表面应力。由于反复的气泡破裂造成的这种载荷重复,会导致局部金属材料表面疲劳失效,并伴随有材料的脱落或剥落,使材料表面发生空蚀。

图 10-10 是零件在超声频率为 25000Hz、振幅 44.5μm、24℃水中,随着清洗时间的延长,材料表面发生的空蚀进程。从图中可以明显看到,当清洗时间超过 80min 后,空蚀程度更加严重。

在日常清洗过程中,可以发现组件有明显的生锈现象,这就是组件发生浸蚀的结果,长此以往,喷丝板的精密加工面(如喷丝孔内壁)将发生不可逆转的损伤。

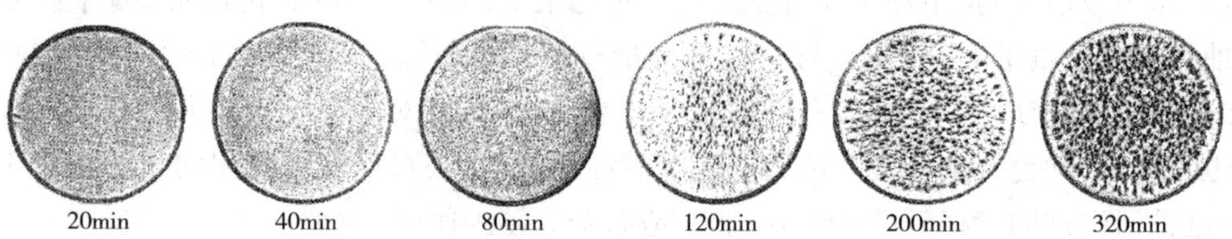

图 10-10 超声波清洗时间与材料表面的空蚀程度

因此,用超声波清洗纺丝组件的时间并不是越长越好,一般为 0.5~1.5h,有的设备制造商推荐的清洗时间在 0.5h 左右。

9. 喷丝板清洗后的处理

用碱液清洗后的喷丝板表面会有清洗液残留,因此,有时可用稀草酸溶液中和,或放在漂洗桶内用热水清洗干净,也可以用清水反复多次冲洗。冲洗熔喷纺丝组件时水压不得超过 6MPa,而且仅适用开花水流冲洗。而纺粘组件可使用 12MPa 的高压水冲洗。

当用试纸测量清洗液的 pH=7 时,表示残留的碱液已全部被草酸中和。

洗干净的工件表面不再有黏滑的感觉,应及时用干净的无油、无水的压缩空气(最好是热气流)将工件吹干。特别要将喷丝孔内的水分彻底清除,防止表面形成水渍。

(三)超声波清洗的安全性

1. 氢氧化钠对人体的伤害风险

氢氧化钠也称苛性钠、烧碱或火碱,是一种白色固体,具有强烈的吸水性;能够溶解蛋白质而形成碱性蛋白化合物,对人体组织有明显的腐蚀作用,特别是黏膜,能够形成不能阻碍碱液更深地进入组织中的软痂,所以接触皮肤时会引起烧伤。碱溶液的浓度越大,温度越高,引起的烧伤也越严重。

即使是极少量的氢氧化钠进入眼睛也是非常危险的,由于碱液迅速进入内部,不仅危害眼的表面部分(如角膜混浊),还能深入内部使虹膜受损,使用时一定要注意。

2. 使用氢氧化钠清洗液的安全措施

氢氧化钠一般为固体,但同样具有安全风险而不得疏忽。开启氢氧化钠桶时,必须穿工作服,戴橡皮手套和防护眼镜,并使用专门工具。破碎大块的固态氢氧化钠时,要用废布包裹或在无盖大桶内进行,以防碎块飞溅伤人。要用专门的车子搬运盛有氢氧化钠浓溶液的容器,在任何情况下都绝对禁止把容器放在肩上或抱在怀中搬运。

3. 被碱性清洗液沾染后的处理方法

碱性清洗液万一溅到皮肤上或眼睛中,应立即用清水冲洗,或用硼酸水冲洗,严重者需送医院治疗。

(四)超声波清洗安全操作规程

(1)超声波发生器应单独使用一路 380/220V/50Hz 电源,并安装可靠的保护装置。超声波清洗机及所用的电器设备必须有良好的接地保护装置。

(2)进行清洗作业时,要戴耐酸碱的橡皮手套和防护眼镜,并使用专门工具。

(3)禁止直接将工件放置在换能器表面,以免损坏换能器。

(4)在清洗液的液面没有将电加热管全部浸没前,禁止接通加热系统的电源进行清洗液加热升温。

(5)严禁在无清洗液状态启动超声波清洗机工作,清洗槽内必须有一定数量(浸没换能器表面100mm以上)的清洗液,才能启动超声波发生系统,投入运行。

(6)在清洗设备运行期间,不得把手伸入清洗液中。

(7)超声波清洗机的清洗液可循环使用,每次使用完清洗机后,要将清洗液放入容器中,下次使用时再倒入清洗槽中,余下的沉淀物可处理掉。

(8)清洗液可重复使用,如浓度不够,可适量加入稀释好的碱液。碱液的浓度一般控制在15%~20%(质量分数)。

(9)配制清洗液时,只能将碱加入水中稀释,并不断搅拌,不能将水倒入碱液中。配制过程中溶液发热升温是正常现象。

(10)要定期冲洗清机内部,清理杂物或污垢;要及时清洗溅落在设备或地面上的清洗液。

四、纺丝组件的检查和维护

(一)喷丝板的检查和维修

(1)进行组装前,可用01号以上的金相砂纸将喷丝板的两个斜面抛光,然后用高压水冲洗干净,再用压缩空气吹干。

(2)要对喷丝板的全部喷丝孔做透光检查,保证所有的喷丝孔都透光,且视场清晰,否则要用与孔径规格相符的银针通孔,直至全部喷丝孔都符合要求为止。

透光检查是最基本的检查,一般是将喷丝板放在灯箱上目测检查,灯箱的光源应该是连续均匀的光源。

(3)有条件时,还可在喷丝板检查仪上对所有的喷丝孔进行扫描检查,排除所发现的异常状态(图10-11)。

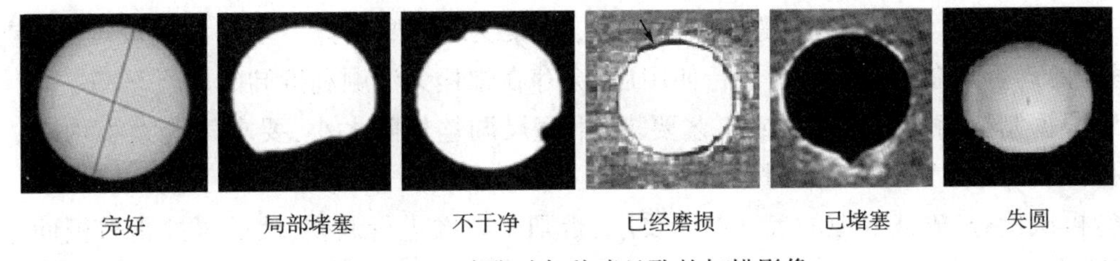

图10-11　验孔时各种喷丝孔的扫描影像

(4)检查完后,可用干净的压缩空气将所有的喷丝孔再吹洗一次,使喷丝孔保持畅通。

(二)气刀检查及清理

(1)安装前,要仔细检查气刀的刃口,如发现有轻微的磕碰现象,可用细油石将卷边修磨好,保持刀口平整。

(2)要彻底将气刀与垫板接触的两个平面清理干净,并使刀刃斜面保持高度洁净、光滑状态,必要时可用不加磨料的布轮抛光。

第三节　纺丝组件的装配方法

相对纺粘法纺丝组件，熔喷法纺丝组件的结构较复杂，零件数量较多，对其要求也较高，下面介绍的各种作业，基本上都是以熔喷法纺丝组件为主。

熔喷法纺丝组件的具体结构与品牌有关，品牌不同，结构及工艺参数也不相同。因此，要根据制造商提供的装配方法进行纺丝组件的维护工作。虽然不同品牌的纺丝组件会有差异，但原理一样，基本都是大同小异，以下是一些具有共性的原则性要求。

一、装配前的准备工作

(1)组装前，要做好作业现场和装配操作台的清洁，清除可能存在的污染源。

(2)清理可能影响作业环境及作业现场的潜在危险源，保证作业过程的安全。

(3)注意检查起重、搬运设施、吊具、索具的可靠性和专用工装的性能。

(4)准备好装配过程所使用的专用工具、量具及辅助用品。

(5)准备好装配过程中使用的易耗品、材料。

(6)确认纺丝组件的各个零部件都已符合技术要求，可以安装使用。

二、熔喷法纺丝组件的装配工作

(1)把喷丝板以喷丝孔向上的方位在工作台上放置好，喷丝板的下方用干净的软质材料垫好，要在与其他零件的接合面喷涂一层薄的雾化硅油。

(2)将锥缩垫板在喷丝板底面放好，然后将一侧的气刀垫板放在喷丝板一侧。

(3)将一侧的气刀放在喷丝板一侧，随即用两只(或更多)螺栓将其定位；顺次将其他的紧固螺栓拧上，但不用拧紧。注意要尽量利用辅助工具控制气刀的姿态，避免磕碰喷丝板。

(4)在喷丝板一侧装上刀板的调整螺栓(拉紧螺栓及顶紧螺钉)，但不要拧紧。

注意：所有在组件上使用的螺栓及紧固件，其螺纹部位要涂抹一层高温抗咬合脂(或二硫化钼润滑脂)，否则在经过长时间运行使用后，会存在螺栓无法顺利拆卸的风险。

(5)根据制造商推荐的数据或工艺要求，用塞尺调整气隙大小，要求气缝大小均一。气隙检查调整好后，先锁紧所有调整螺栓。

(6)再次检查、确认气隙的尺寸符合要求，否则要再次进行调整，然后再拧紧刀板面上的全部紧固螺栓。

要使用扭力扳手拧紧刀板与喷丝板的连接螺栓，根据螺栓的规格确定拧紧力矩，对于强度为12.9级的M12高强度螺栓，最大拧紧力矩为98N·m，分两遍拧紧，拧紧力矩第一遍为40N·m，第二遍为70N·m。

(7)按照同样的次序和方法，将另一块刀板安装好。

(8)翻转组件，喷丝孔向下，装入大、小分配板和过滤网，分配板的小孔端应靠近喷丝孔，过滤网目数较少的一面靠近喷丝孔的熔体导入孔。

(9)用橡胶锤或木锤将聚四氟乙烯密封条敲入或压入喷丝板表面的凹槽内，密封条的接口应布置在密封槽的平直位置，并以45°的斜切口对接，要求平整、无缝隙。

在放置聚四氟乙烯密封条时，必须使其进入安装凹槽内并贴紧在槽底，在槽内使其呈自然伸展状态，在接头位置用小刀将其切断，要及时用压缩空气将切出的密封材料清理干净。

(10)组装结束，确认纺丝组件符合技术要求后，喷洒一层薄的雾化硅油，然后用 PVC 塑料薄膜或缠绕膜将组件包裹、封闭好，防止被污染，外层再用厚的非织造布包裹好。

(11)将装配、包装好的纺丝组件放置在有盖板的木箱中存放，木箱要放置在安全、无污染且方便搬运的场所。

三、纺粘法纺丝组件的装配工作

纺粘法纺丝组件是一种快装式组件，其结构相对简单，零配件数量较少，安全风险较低，装配工作的难度及技术要求也较低。因为设备品牌或机型不同，纺粘法纺丝组件的结构也有差异，图 10-12 为普遍应用的大板式纺丝组件的结构。

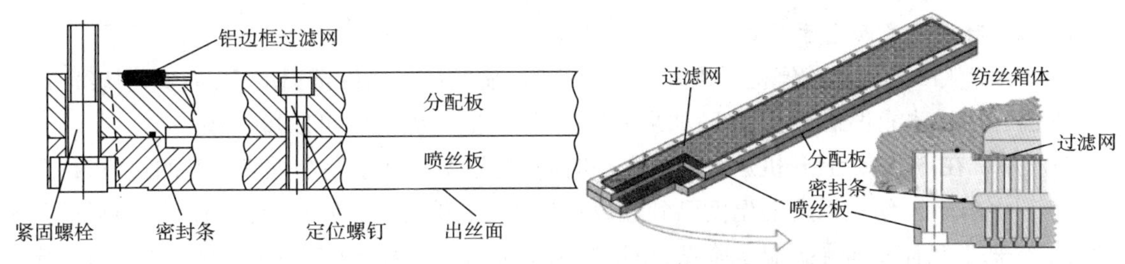

图 10-12　纺粘法纺丝组件的结构和组装

这种纺丝组件有两个需要密封的高压熔体腔，一个是分配板与纺丝箱体之间的密封，一般是依靠带有铝包边的熔体过滤网利用压缩高出分配板的铝包边实现；另一个是分配板与喷丝板之间的密封，常用圆形的聚四氟乙烯作为密封材料。由于纺粘法纺丝组件的零件数量少，结构简单，仅需按照设备制造商装配图的提示即可完成装配工作。

四、纺丝组件的维护注意事项

(1)所有从纺丝箱体拆下的安装螺丝必须清洗、检查、上油(二硫化钼高温脂)、封装。要逐个检查螺栓的螺纹、内六方孔，剔除螺纹已乱扣(俗称“滑牙”)或内六方孔已变形的螺栓，防止损坏箱体上的螺纹孔或增加作业的难度，保证装配质量。

(2)操作过程中，不要在组件上方传递工具，以防不小心掉落，砸伤喷丝板和刀板。

(3)拆卸、装配操作中，独立的喷丝板、刀板要安装防护装置，防止与其他物体发生触碰。

(4)熔喷法喷丝板上喷丝孔间的金属材料很薄、强度很低，在外力作用下容易变形。在进行检孔、通孔作业时，必须使用比孔径稍小的银针，不允许使用其他材质的器物或采用强力手段穿透，否则很容易使喷丝孔被外力挤压变形。

(5)作业过程中必须使用没有纤维脱落的劳动手套及擦拭材料，保证按规定力矩紧固螺栓，在拧入螺纹孔前，所有螺栓的螺纹部位必须涂抹高温抗咬合脂或高温二硫化钼润滑脂。

(6)纺丝组件上所有的螺栓或螺钉，应该都能徒手拧入螺纹孔内。如果螺栓不能徒手拧入,则要检查原因,否则要修理螺纹孔或不使用这类螺栓。

第四节 影响纺丝组件安全的因素

由于纺丝组件的特殊结构,在熔喷法非织造布的生产过程中,纺丝组件容易受损,特别是喷丝板会发生不可逆转、不能修复的事故,造成重大损失。在生产实践中,这些事故多是由于管理、操作不当引起,由于制造质量引发的事故概率较低。

一、喷丝板损坏的主要原因

喷丝板损坏主要表现为喷丝孔损坏、喷丝板爆裂等。运行中的喷丝板损坏的根本原因,主要是喷丝板实际受力超过了材料的强度极限所致。因此,超压损坏是发生事故的内因和本质,发生事故的原因如下。

1. 保温时间不足而急于开机

纺丝系统从冷态启动或停机后恢复生产运行时,喷丝板到达设定温度后,最少要持续0.5~1h的保温、恒温,才能正式开机纺丝,如果采用热装工艺,保温时间可以短一些。

纺丝系统在冷态启动、开机运行的半个小时内,熔体温度处于一个先降后升的过渡过程。

在开始纺丝前,纺丝系统的温度已到达设定值,但在开机后,随着熔体的流动,消耗的热能增加,系统来不及补充而导致温度降低,根据控制系统的性能及加热功率的大小,要经过一定时间(15~30min)后才能恢复到稳定状态。

这段时间由于温度下降,熔体的流动性降低,流动阻力增加,喷丝板内部的熔体压力上升,这是喷丝板发生爆裂事故的高发时段,大部分损坏事故是在这一时段发生的。

2. 纺丝熔体温度设定偏低

正常的纺丝工艺,除根据原料流动特性(MFI)决定熔体的温度外,纺丝熔体的温度还与挤出量,也就是纺丝泵的转速有关,一般与熔体的流动性是负相关,而与挤出量正相关。即原料流动特性好,熔体温度可以低一些;挤出量增加,熔体温度要高一些。温度越低,熔体流动越困难,会产生较大的压力。如果原料流动性差,挤出量又大,但熔体的温度却偏低,就容易发生超压而影响喷丝板的安全使用。

纺丝箱体加热系统发生故障时,熔体温度下降,熔体流动困难,不容易从喷丝孔挤出,容易导致超压,发生爆裂损坏。正常情形下,对于MFI约为1500的PP原料,熔体的温度不可低于250℃。

3. 牵伸气流温度偏低

喷丝板尖端离纺丝箱体的距离最远,因此仅依靠金属热传导的热量不足以使其温度达到设定值而偏低,熔体的流动阻力增加,难以从喷丝孔流出,会在喷丝板内引起较高的熔体压力。

牵伸气流的主要功能是对纤维进行牵伸,但同时还有加热喷丝板尖端的作用。由于牵伸气流的温度一般要比熔体温度高5~10℃,因此,在喷丝板两侧斜面流过的牵伸气流就对尖端区域有加热作用,使其升温。如果牵伸风加热系统发生故障,喷丝板尖端温度下降,熔体流动阻力增加,不容易从喷丝孔挤出,就容易出现超压,使喷丝板爆裂损坏。

由此可见，如果牵伸气流的温度低于熔体温度，则不仅无法加热喷丝板的尖端，反而会起到冷却作用，这是不允许的。

这就是开机纺丝前，一定要提前吹热风的原因。如果吹热风的时间短，温度又偏低，将成为一个潜在风险。

4. 不同流动特性的原料混杂

转换切片原料时，不同流动特性的原料或不同熔点的原料混杂，将出现熔体流动困难或部分原料无法熔融的情况，使喷丝板内压力上升，发生超压现象。

5. 纺丝泵大幅度快速升速

在调整（提高）纺丝泵的速度时，转速上升速率太快，特别是提升速度幅度很大时，容易发生压力冲击，会出现高于 3MPa 的尖峰压力，对喷丝板的安全造成威胁。

当纺丝泵调速控制器的加速时间设定值偏小时，就容易出现这个问题，不少喷丝板就是在纺丝泵升速后不久发生事故的。但加速时间的设定值太大，会延长速度过渡调节过程，增加不良品的数量。

6. 超压保护系统失灵、喷丝板保护传感器被拆除

有的机型在喷丝板的熔体腔装有压力/温度传感器，可以直接测量和显示喷丝板内的真实熔体温度和压力，并在压力出现异常，危及喷丝板安全时，切断螺杆挤出机电源，避免压力持续上升，消除安全风险，保护喷丝板的安全。

有的纺丝组件的喷丝板还配置有防止超压损坏的防爆管，当熔体压力趋近防爆管设定的爆破压力时，与喷丝板熔体腔联通的防爆管就会爆破泄压，保证了喷丝板的安全。防爆管是一次性使用的，其外形及连接螺纹规格与一般的压力传感器类似（但没有连接线）。

目前，大部分纺丝组件没有安装这种传感器，也没有相应的保护系统，运行时一旦熔体压力发生异常，就缺乏保证喷丝板安全的有效措施。

一般的纺丝系统都在纺丝箱体上配置有熔体压力传感器，用于检测箱体的熔体压力，并在超压时提供安全保护。传感器检测的是纺丝箱熔体入口直至喷丝板这段距离的沿程总压力降，包括箱体内熔体分配流道、纺丝组件内的分配板、过滤网及喷丝板的压力降。

在这一系列串联的压力降中，最大的压力降还是在喷丝板上，因此，在熔体流动性较好、组件内滤网较新的状态下，压力降都会较小，压力主要集中在喷丝板上。

这种状态下，总的压力降（也就是纺丝箱体的熔体压力）可能还没有达到设定值，但喷丝板上的压力可能已经威胁到喷丝板的安全了。在生产实践中，喷丝板已经开裂损坏了，但箱体的压力保护系统仍然没有动作，直至发现纺丝异常后才会人为停机处置。

因此，不要过分相信箱体的压力保护，它只能为喷丝板提供间接的保护，因为这个传感器检测的不是喷丝板内部的压力，而这个压力是与箱体压力有差别的，因此保护效果就不如直接安装在喷丝板上的传感器。

7. 使用维护过程管理不当

安装、运行、维护、搬运过程中，如果违反操作规程或缺乏防护装置时，喷丝板很容易受外力损坏。损坏原因包括：用不当的方式或不合格的工具通孔，导致喷丝孔变形损坏；违反操作规程或保管不当，喷丝板的尖端、刀板的刃口被碰撞，喷丝孔被砸坏等。没有使用专用工具和装备，也容易导致纺丝组件受损。

8. 喷丝板材料存在缺陷

喷丝板是用价格较贵的耐热不锈钢材料制造，造价高昂，从材料选择到加工过程都有一套严格的流程，因材料质量出问题的概率很低，但在生产实践中也发生过在喷丝板斜面出现裂缝，导致熔体泄漏故障。

二、喷丝板的防护措施

1. 熔体温度对组件安全的影响

在生产过程中，通过调节纺丝箱体的加热温度，能改变熔体的流动性，从而改变喷丝孔的熔体喷出量或调节熔喷布的定量分布均匀性。箱体各加热区的温度与原料的 MFI 有关，在同样的成网质量要求下，MFI 较高的原料，可采用较低的纺丝温度，纺丝箱体的温度通常为 250～300℃。

由于熔体的流动性较好，纺丝组件内的熔体压力也远比纺粘系统低，另外，由于喷丝板的尖端喷丝孔间的强度较低，限制了熔体的最高压力。如果熔体温度低、熔体流动阻力大，在喷丝板内会形成危及喷丝板安全的压力降，很容易导致喷丝板损坏。

在纺丝系统刚开始运行时，喷丝板尖端的温度较低，要用牵伸气流进行辅助加热、升温，如果加热时间不足，熔体流经尖端的喷丝孔时阻力增加，很容易因压力太高导致喷丝板损坏。

一些机型的喷丝板内（喷丝孔上方的入口端），正常的熔体压力仅在 1MPa 左右，而通常允许的最高压力≤2MPa。

2. 喷丝板单孔熔体流量

由于纺丝组件的特殊结构以及高温、高压的牵伸气流对纺丝组件尖端的冲击，喷丝孔若采用单线排列的方式，则喷丝板的强度较低，容易因为超压而损坏。

喷丝板的强度与熔体的流动特性、喷丝孔的流量、孔密度，喷丝孔的长径比有关，如果喷丝孔的单孔流量超过设计值，喷丝板就有爆裂、损坏的危险。

如果纺丝泵的升速速率太高，单孔流量很快增加，通过喷丝孔的阻力迅速上升，形成很高的冲击压力，会导致喷丝板损坏。为了避免这种情况出现，控制系统应该有一个升速速率限制，也就是从输入设定值至到达设定值的时间不能太快。

3. 喷丝板的结构对强度的影响

喷丝板的角度越大，强度就较高；喷丝孔的长径比越大，纺丝过程会越稳定，纺丝组件的强度也越大，允许的熔体工作压力也越高。

三、纺丝组件的防护措施

在纺丝组件的安装、运行、拆卸、维护、搬运过程中，会存在各种各样的不可预见的隐患和风险，容易发生磕碰而损伤纺丝组件的各种零件。因此，有必要在容易损坏的零件上加装适当的防护装置，做好防护工作。

一般都是利用纺丝组件上的各种螺纹孔，在需要防护的位置装上用软质金属制作的防护装置，以下为常用的防护装置应用案例（图 10-13、图 10-14）。

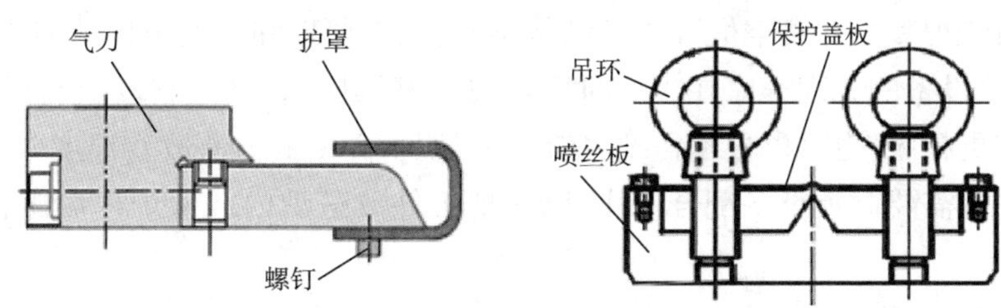

图 10-13 纺丝组件的刀板及喷丝板的防护

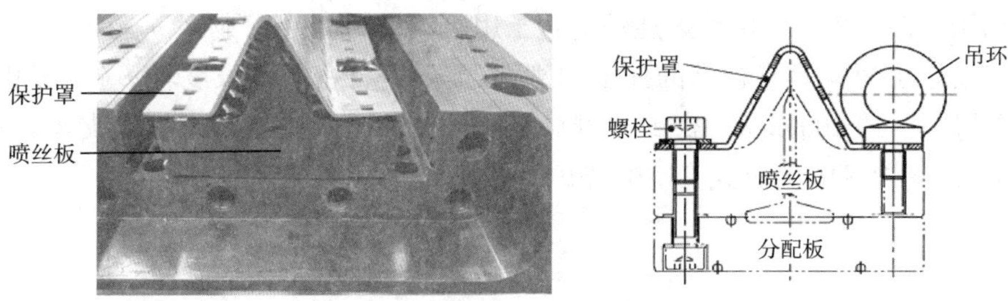

图 10-14 不同形式喷丝板的防护

第五节 常用纺丝组件的清洗设备

一、煅烧炉

按炉膛的压力来分，有普通常压的煅烧炉、真空煅烧炉两种。在要求不高的条件下，可以选用普通煅烧炉(图 10-15)。

图 10-15 普通煅烧炉

目前在熔体纺丝成网非织造布行业，已经很少用炉膛压力为常压的煅烧炉了，特别因为纺丝组件是高价值设备，煅烧清理质量对生产线的运行效益影响很大，因此，新建设的企业基本上都是选用煅烧效果好的真空煅烧炉。

虽然这种煅烧炉结构简单，容易操作，而且造价低廉，也曾有一些企业早期应用过。仅需掀起炉盖把待处理的工件放置好，然后设定好煅烧温度和时间就可以了。

按照把纺丝组件放进炉膛的方式，煅烧炉还分为垂直放入工件的立式煅烧炉和水平放入工件的卧式煅烧炉两种。常压煅烧炉基本上都是立式的。

立式煅烧炉容易放置纺丝组件，而且组件较平稳，也容易观察组件的煅烧效果，占用空间较小。但炉盖的强度及刚性、密封可靠性都较差，会影响炉膛可以达到的最高真空度。

卧式真空煅烧炉和立式真空煅烧炉仅结构不同,工作原理和纺丝组件的煅烧处理程序是一样的,而且大部分设备的处理程序在出厂时已经设定好,其过程都是自动进行的。如果在使用过程中有必要变更程序,也可以根据需要,按设备说明书介绍的方法改变温度或时间的设定值。

各种煅烧炉都需要起重设备配合工作,以便把工件放进炉内或从炉内取出,一般起重设备的负载能力≤1t。

(一)卧式真空煅烧炉

卧式煅烧炉的炉膛呈圆筒状,具有结构强度高、真空度高(≤-0.08MPa)、处理效果好的特点,是一种选用较多的机型。这种煅烧炉的盖子用厚钢板制造,置于圆筒炉膛的一端,并与炉膛的支架(小车)连为一体,具有较高的强度和刚性,需要进行密封的长度较短(一般相当于圆形盖子密封圈的周长,约2000mm),密封性可靠。盖子及炉膛的支架则由轨道支承其重量,并可以沿轨道移动。图10-16为卧式真空煅烧炉的外观。

图10-16 卧式真空煅烧炉

由于炉膛支架本身的长度要大于工件的长度才能放下工件,而外露轨道的长度要大于工件的长度才能将工件全部拉出,因此,煅烧炉的结构长度是工件长度的2倍多,占用的安装空间较多。有的煅烧炉会配置电动或气动系统移动炉盖和小车(图10-17),可降低劳动强度。

图10-17 带电驱动炉盖的真空煅烧炉

在将载件小车推进或拉出炉膛时必然会产生震动或冲击,影响工件的稳定,因此,在操作过程中要特别注意。而采用气动电动机驱动时,则无须担心盖子闭合后会产生冲击和过载。但大部分卧式煅烧炉是依靠人力将工件沿水平方向推入或拉出炉膛的,作业过程较费力。

为了满足废气排放要求,避免污染环境,目前很多卧式煅烧炉配置有高温裂解加热器,废气经过加热器时,高温(>700℃)将废气裂解为无害的气体排放。

(二)立式真空煅烧炉

立式真空煅烧炉的炉膛盖子在炉膛的上方,向上翻起后可把工件放入炉膛内(或从炉膛内取出),在这个过程中工件是沿垂直方向移动的,容易观察工件的位置和状态,而且工件一直处于静态,炉盖的开闭过程不会影响工件的稳定,操作较方便(图 10-18)。

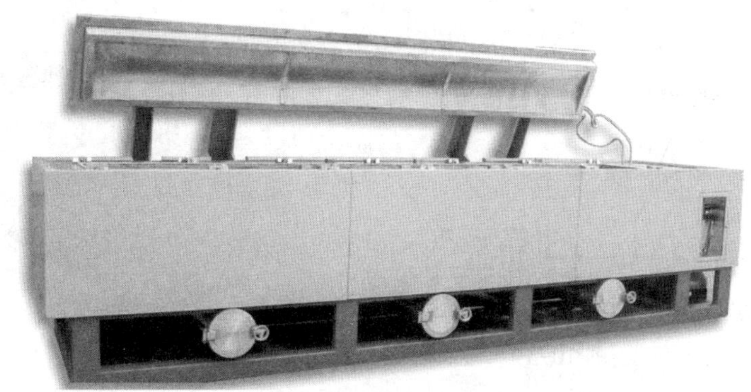

图 10-18 立式真空煅烧炉

由于煅烧炉的炉盖长度必须比炉膛长度长,炉盖需要密封的长度很长,处理同样规格喷丝板的立式煅烧炉,其密封长度等于长方形盖子的周长,是卧式煅烧炉的 2 倍或更多,加上炉盖本身的结构及煅烧炉本体的刚性不是很强,在大气压力作用下,较容易发生变形,出现密封不严现象。

这时就会发现在煅烧过程的抽真空阶段,炉膛真空度的下降速率缓慢,极限真空度无法达到设计要求(一般不小于-0.06MPa),而在已煅烧过的工件表面会存在一层黑色的碳化物。因此,这种形式的煅烧炉在企业中的使用量不多。

与幅宽 3200mm 的生产线配套使用的立式煅烧炉技术性能如下。

(1)卧式炉,打开炉盖后,由上而下垂直吊放工件。

(2)煅烧炉的炉膛内径,长 700mm,宽 3800mm;炉膛支架尺寸,长 3760mm,宽 600mm(能并排放置两块喷丝板)。

(3)适用处理的纺丝组件最大长度 3600mm。

(4)加热功率 60kW,热电偶分度号 K,设计温度 600℃,最高工作温度 500℃,温控精度±1℃,温度均匀性±2℃。

(5)水环式真空泵功率 4.0kW。

(6)炉膛最高真空度-0.08MPa。

(7)供水压力 0.25MPa,耗水量 60~100L/h,平均 80L/h。

(8)废气排放要配置废气处理裂解装置。

(三)带后燃烧器的气体保护煅烧炉

在引进的熔体纺丝成网非织造布生产线中,经常会配置带后燃烧器的惰性气体保护煅烧炉(图 10-19)。这是一种立式煅烧炉,炉盖可以向上翻起,运行期间会向炉膛充入二氧化碳(CO_2)或氮气(N_2)等惰性气体,保护零件不会在高温煅烧处理过程中发生氧化,炉膛处于微负压(-10~-2Pa)状态,虽然炉盖密封长度很长,但因为炉膛内外的压力差很小,密封较可靠。

在加热升温过程中产生的气体会随惰性保护气体进入后燃烧器,利用燃气的高温再使废气燃烧裂解,成为无害气体后才排放到环境大气中。由于有惰性气体保护,喷丝板的煅烧效果很好,效率也较高,表面很少有碳化物残留,也不会发生锈蚀。煅烧处理时间与喷丝板的污染状态

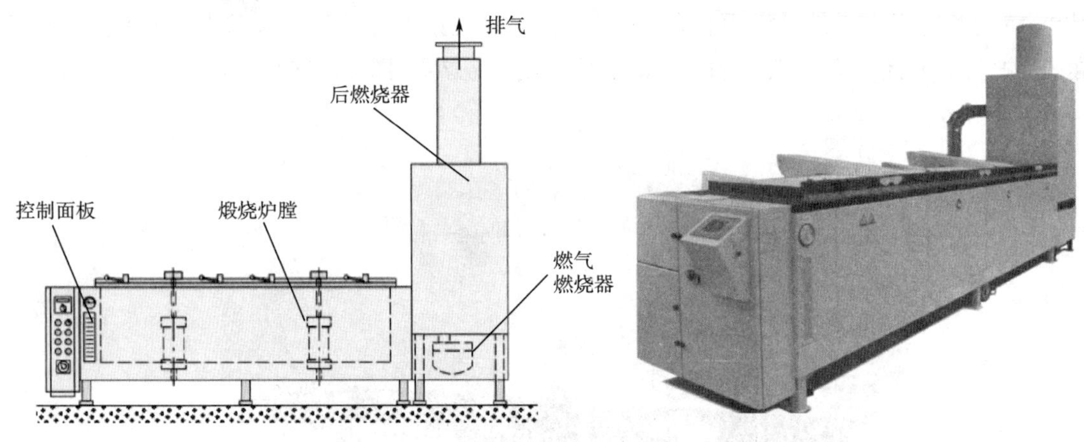

图 10-19　带后燃烧器的纺丝组件煅烧炉

有关,从开始加热到停止加热这段时间一般在 6h 左右,对于一些孔径较小的零件,这段处理时间可能要更长一些。

炉盖的启闭是由气缸驱动的,而且与系统连锁,因此,从炉膛上方将喷丝板放入炉膛支架,或取出喷丝板的过程较方便,便于观察和操作。在炉膛支架上放置喷丝板时,必须使喷丝板的出丝面朝上。只有在温度下降至<200℃时,才能打开煅烧炉的盖子,让喷丝板与炉膛一起散热降温冷却,待温度进一步降低后才将喷丝板取出。在高温状态下取出喷丝板,会因冷却不均匀而导致发生可见的弯曲变形。

由于这种煅烧炉的工作原理与真空煅烧炉略有不同,因此其运行过程也与真空煅烧炉有较大差异,而且后燃烧器的运行是与煅烧炉的运行相配合的,如图 10-20 所示。

这种煅烧炉的另一个特点是运行全过程不产生废水,形成的废气也在后燃烧器中被裂解成无害、无味的气体后才排放,能满足越来越严格的环境保护要求。

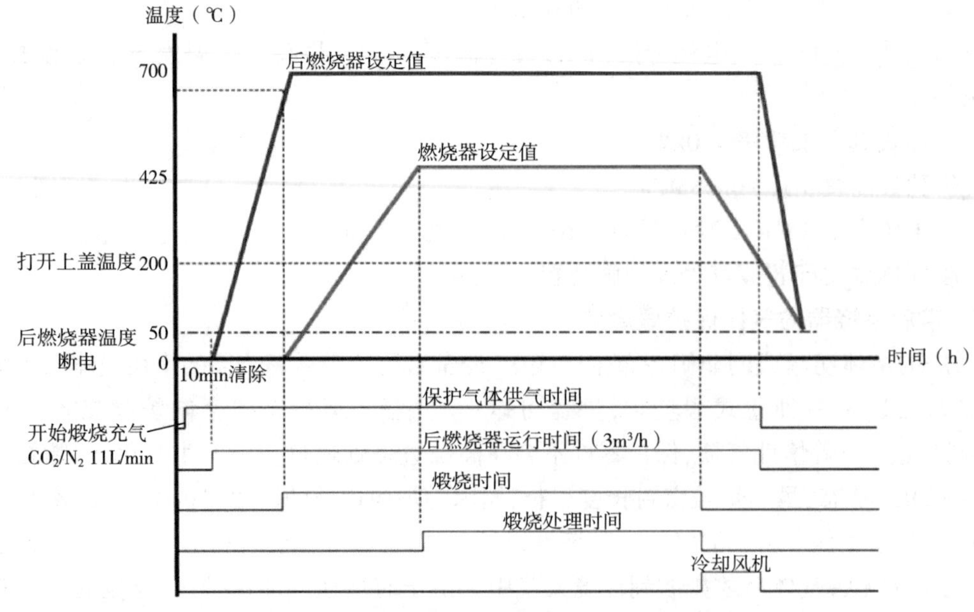

图 10-20　带后燃烧器的组件煅烧炉运行程序

表 10-2 所示为与 3200mm 幅宽非织造布生产线配套的气体保护煅烧炉主要性能参数。

表 10-2　气体保护煅烧炉主要性能参数

项目		性能参数
炉膛(内部)长度(mm)		4000(配套 1600mm 幅宽的生产线时为 2200mm)
炉膛(内部)宽度(mm)		600
加热功率(kW)		33(配套 1600mm 幅宽的生产线时为 26kW)
温度范围(℃)		450
保护气体		CO_2或 N_2,压力 0.25MPa
后燃烧器	温度(℃)	750
	输出功率(kW)	7~70
压力(kPa)	燃气	3~5
	气源	5~50
流量(L/min)	11	
燃气消耗量(m^3/h)	0.5	

注　煅烧一套纺丝组件平均消耗的燃气量为 6~8Nm^3。

二、超声波清洗机

超声波清洗机(图 10-21)是利用超声波的“空化”现象,实现对精密零件的精细清洗的,清洗过程是在充灌了清洗液的清洗槽内进行,被清洗的喷丝板放在槽中的支架上,而超声波发生器就配置在清洗槽底部。

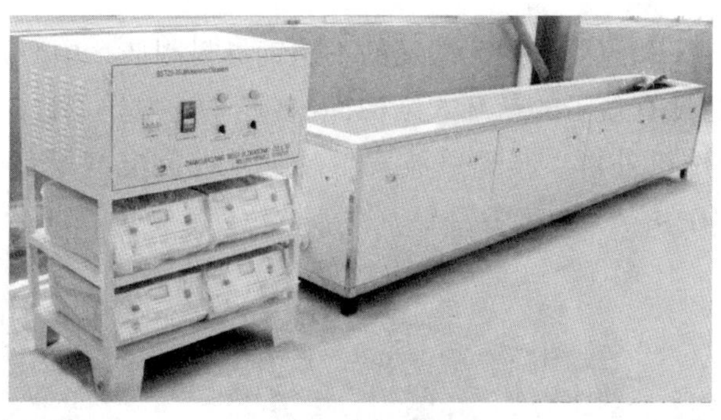

图 10-21　超声波清洗机

超声波清洗液一般要用纯净水(脱盐水),可以添加专用的喷丝板清洗剂,水性清洗液的浓度一般在 2%~5%。也可以使用氢氧化钠水溶液(质量配比为 1 ∶ 10),水的温度可控,工作温度一般设置在 60~70℃,超声波清洗过程使用的清洗液、清洗槽应保持干净,不能含有任何固态微粒,这样才能保证清洗的效果。目前很多清洗机无盖子,清洗槽内会积聚灰尘或污垢,不利于精密零件的清洗。

因此,清洗槽的盖子很重要,可以防止灰尘或其他杂物进入清洗槽,还可防止清洗液的热量散失,在使用碱性清洗液时,还具有安全防护作用,防止操作人员接触清洗液,并防止清洗液蒸发。一种国产超声波清洗机的性能参数见表10-3。

表10-3 国产超声波清洗机的性能参数

项目	性能参数	项目	性能参数
清洗槽尺寸(mm)	3800(长)×500(宽)×500(深)	超声波功率(kW)	6
清洗液温度(℃)	≤70	超声波频率(kHz)	20~25

当有多类工件需要清洗时,为了保证清洗的质量,要先清洗精密零件(如喷丝板),再清洗其他精度较低的零件(如分配板)。清洗槽内的液位必须能使工件浸没在液面以下,有的机型还必须将电加热管完全浸没,也有机型的电加热管布置在清洗槽两侧的较高位置。因此,液位还必须将电加热管完全浸没,有的机型液位则要求到达溢流口。

无论何种情况,清洗槽内的清洗液必须将底部的超声波换能装置完全淹没,否则不允许超声波发生器投入运行。更不允许在清洗槽中没有清洗液的情况下给超声波发生器供电。

首次加注好清洗液后,应将清洗液进行加热脱气处理,如果长时间没有使用,应重复进行脱气处理程序。经过约半小时加热,待清洗槽的液体温度达到70℃后,才将喷丝板或其他需要清洗的零件放入清洗液中。再经过20~30min,直至喷丝板的温度板达到设定的水温后,才可以合上超声波发生器电源供电,并将清洗槽的盖子盖好。

清洗过程的持续时间取决于被清洁零件上的污垢状态、零件的精密程度(如小孔的直径大小、孔的长径比大小等)、清洗液的温度和清洁添加剂的浓度。使用超声波清洗的时间一般在30min左右,如果清洗时间太长,容易发生"空蚀",工件的精密加工面会在超声波的作用下发生腐蚀。

清洗槽及相关的管道、阀门要选用耐酸碱的不锈钢材料制造。国产超声波清洗设备配置较为简单,清洗槽基本都是没有盖子的敞开式结构,散热多、防护差。图10-22为一台与引进生产线配套使用的超声波清洗机外形。其超声波发生装置及控制电气设备安装在一起,外形较紧凑,主要性能参数见表10-4。

图10-22 盖子打开(左)与盖子盖上(右)的超声波清洗机

表 10-4　引进超声波清洗机的主要性能参数

项目	性能参数
用途	利用超声波清洗非织造布纺丝系统纺丝组件的喷丝板、分配板及其他精密零件
应用清洗介质	软化水或水基清洗液
清洗室的尺寸(mm)	2260(长)×550(宽),与1600mm幅宽纺丝配套;4000(长)×550(宽),与3200mm幅宽纺丝配套
工件放置方式	带有安装支架,采用上装式(从上而下)放置工件
超声波发生装置	工作频率30kHz,3200mm幅宽生产线配套的超声波清洗机配有3个功率1.5kW的发生器,总功率为4.5kW
清洗介质加热	温控范围20~70℃
清洗液容量(m^3)	0.4(1600mm幅宽),0.8(3200mm幅宽)
总装机容量(kW)	16(与1600mm幅宽纺丝配套),25(与3200mm幅宽纺丝配套)

三、高压水清洗机

电动热水型高温清洗机的主要性能参数见表10-5,外形如图10-23所示。

表 10-5　电动热水型高温清洗机的主要性能参数

项目	性能参数	项目	性能参数
水流最高压力(MPa)	20	驱动功率(kW)	7.5
水流量(L/min)	15	加热方式	柴油或电
额定水温(℃)	≤120		

图 10-23　带喷枪的高压水清洗机

四、组件预热炉

组件预热炉用于预热组件,当快装式纺丝组件采用预热安装工艺时,就要使用到这种设备。预热炉配置有热风循环系统,使炉膛内的温度均匀一致,可以保证纺丝组件加热均匀。预热炉的规格必须与纺丝系统的纺丝组件尺寸匹配。

组件预热炉是使用多组小尺寸纺丝组件的小板型生产线,如应用管式牵伸工艺的纺粘法非织造布生产线的标准配套设备,可以使备用的纺丝组件处于随时可用的状态。而在使用多只小排量纺丝泵进行熔体分流的纺丝系统中，预热炉可对备用纺丝泵进行预热，减少停机等待升温的时间。

为了防止纺丝组件在预热过程中被污染，预热炉的炉膛、盖子、循环风系统的所有设备和管道都是用耐热不起皮的不锈钢材料制造的。预热炉的主要性能参数见表 10-6。

组件装卸方式为立式(组件从垂直方向吊进/吊出炉膛)。

表 10-6 预热炉的主要性能参数

项目	性能参数	项目	性能参数
最高预热温度(℃)	350	循环风机功率(kW)	2.2
加热器类型	电加热	炉膛尺寸(mm)	4050(长)×650(宽)×720(深)
加热器总功率(kW)	36	压缩空气压力(MPa)	0.5

五、熔喷纺丝组件清洗工艺示例

相对于纺粘法纺丝系统中的纺丝组件，熔喷法纺丝系统的纺丝组件的结构和强度更脆弱，使用周期更短，因此清洗更频繁。在工作实践中，应该根据纺丝组件的结构特点和企业的装备技术水平进行纺丝组件的维护和清洗工作。

以下为设备制造商推荐的熔喷法纺丝系统中纺丝组件的清洗工艺，供参考。

1. 煅烧工艺

在熔喷法纺丝组件中，一般仅需对一些有小孔的零件进行煅烧处理，表 10-7 为熔喷纺丝组件的典型煅烧工艺。

表 10-7 熔喷纺丝组件的典型煅烧工艺

零件名称	煅烧温度(℃)	煅烧清理时间(h)
分配板	450	4.5
喷丝板(HPI≤45)	450	>6.0
喷丝板(HPI>45)	450	>10.0

2. 超声波清洗工艺(表 10-8)

表 10-8 熔喷纺丝组件的超声波清洗工艺

零件名称	清洗液温度(℃)	加热时间(min)	超声波清理时间(min)
分配板	60~70	20~30	>30
喷丝板	60~70	20~30	>30

第六节 常用的工具与物料

作业过程必须使用合格的专用工具、装备和物料。

一、专用工具

(1)工作台,台面为软质材料,承重能力不小于 500kg。

(2)专用起重横担,荷载能力不小于 500kg,用于装配、清洗煅烧处理过程中纺丝组件或喷丝板的吊装、运输、转移,其荷载能力与生产线幅宽及组件的结构有关,荷载能力不能小于组件的实际重量。

(3)组件安装车,荷载能力不小于 500kg(3200mm 幅宽纺丝组件的重量,如果幅宽更大,则负载能力也需要按实际情况增加),有效升降高度要满足具体安装要求。

(4)T 字型内六角扳手,每一种规格(M10,M12,M16)两把。

(5)灯箱,用木质自制,透光性检查用。

(6)手持式显微镜,带刻度。

(7)喷丝板检查仪或投影仪。

(8)针灸用银针,直径 0. 28mm,0. 30mm,0. 35mm,0. 40mm,0. 45mm,0. 55mm 等(根据喷丝孔的直径选用)。

(9)冲击式拔销器,自制,如图 10-24 所示。

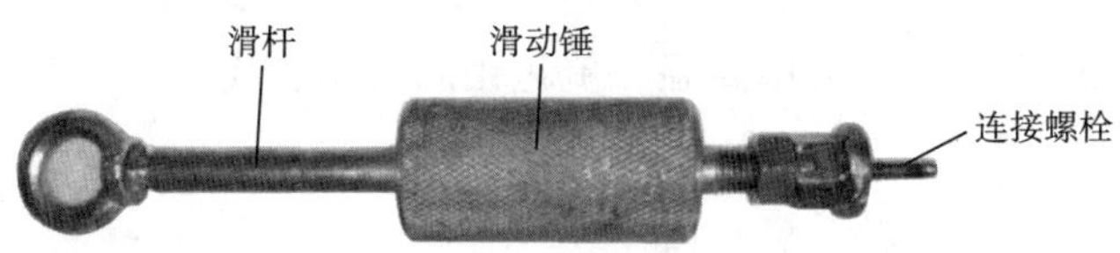

图 10-24　冲击式拔销器

二、通用工具

(1)内六角扳手,每一种规格两支,规格为 3(M4),4(M5),5(M6),6(M8),8(M10),10(M12),14(M16),17(M20),22(M30),如有英制紧固件,则按需要配置。

(2)双头呆扳手或梅花扳手,每一种规格两支,规格为 13(M8),16(M10),18(M12)。

(3)套筒扳手,12 件套装,带棘轮手柄。

(4)扭力扳手,规格为 200N · m,配加长杆。

(5)风动或电动扳手,仅在拆卸、分解设备时使用。

(6)铜锤及橡胶锤各一只。

(7)铜丝刷四把。

(8)铜刮刀、铲刀各两把。

(9)丝锥、板牙(配扳手),常用规格为 M6,M8,M10,M12,M16,如有英制紧固件,则按需要配置。

(10)一字形螺丝刀,长度 200mm。

(11)金相砂纸,细度不小于 01 号。

(12)细标号油石。

(13)手提式抛光机及抛光布轮。

(14)常用起重吊具(卸扣,吊环)、索具(起重链条,尼龙吊带等),其负荷能力应满足被吊运物体的安全要求。

(15)常用钳工工具。

(16)压缩空气喷枪。

(17)强光手电筒。

(18)大功率电吹风筒。

三、量具与仪器

(1)钢卷尺,长度 5m。

(2)钢直尺,规格 150mm、300mm 各一把。

(3)黄铜塞尺(厚薄规)一把,长度 100mm。

(4)游标卡尺一把,规格 150mm,带测深尺。

(5)便携式带显示屏 500 倍数字显微镜。

四、其他物料

(1)圆形聚四氟乙烯密封条,最常用的直径规格为 3.0~3.2mm。

(2)抗咬合剂,耐 500℃温高(可用高温二硫化钼润滑脂替代)。

(3)雾化硅油。

(4)除锈喷雾剂。

(5)溶剂(柴油、工业酒精或丙酮等)。

(6)润滑油。

(7)擦拭布。

(8)木条,≥50mm×50mm×350mm。

(9)包装用纺粘法非织造布及塑料薄膜。

第十一章　熔体纺丝成网非织造布生产线的运行管理

第一节　熔体纺丝成网非织造布生产线的生产准备

一、生产线的基本操作流程

(一)开机前的准备工作

(1)岗位人员的素质和能力符合要求,编制人员足额到岗,明确岗位职责和生产任务、产品质量要求。

(2)检查所有关键点及危险区域,排除所有妨碍设备运行、安全生产的因素,做好生产线各部位的清洁,安全防护措施完好、有效。

(3)所有投入运行使用的新设备都已经过启动/停止、紧急制动、独立操作、联动操作、自动模式、手动模式等程序的调试并得到确认。

(4)确认各种能源供给系统运行,检验和确认有关水、电、气线路、管路连接无误;开启生产线各部位电源,启动冷却水、压缩空气等公用工程。

(5)确认所有设备技术状态正常无故障。设备的运转方向,机器的噪声、震动、温度和温升满足生产运行要求。

(6)纺丝组件、工具及其他生产用品齐备。生产过程所需的各种原料、包装材料已准备好,确认各料斗内已投放有符合工艺要求的原料(干切片)和辅料。

(二)开机运行操作程序

1. 纺丝系统及设备状态

熔喷纺丝系统处于离线状态,纺粘系统的冷却吹风装置处于分开状态,牵伸、扩散通道已按工艺要求的尺寸预设好,热轧机的轧辊处于分离状态,辅助设备(如冷却水系统、制冷系统等)已投入运行。

2. 操作程序

备料→投料→各系统升温→铺放引布(适用利用于纺丝系统离线的系统)→挤熔体→装组件→刮板→纺丝→(成网机)移动在线→引布(适用于成网机离线的系统)→卷绕机启动→纺丝泵升速→DCD 调整→成网机速度调整→取样检验→工艺参数调整→产品下线

3. 工艺参数设定

目前,在控制系统的人机对话界面(HMI)会有各种文字或对应的字母、符号、信号表示各种物理量或设备状态,除了直接用中文显示外,还经常使用国际通用的符号,常见的有:开——ON(或绿色),关——OFF(或红色);设定值——SV,当前值——PV,报警——AL 等。岗位人员必须清楚显示界面的各种信息才能进行工艺参数设定。

(1)熔体过滤器的滤后压力,熔喷系统预设值 1~3MPa,纺粘系统预设值 5~6MPa,根据设计要求启动阶段可在这个范围内随机设定。

(2)纺丝泵转速范围为额定转速的50%~100%。

(3)螺杆挤出机温度设定范围为180~250℃。

(4)熔体温度设定范围为250~280℃。

(5)熔喷系统牵伸气流温度为250~280℃,流量(即风机转速)50%。

(6)纺粘系统冷却侧吹风温度为15~18℃,流量(即风机转速)50%。

(7)DCD处于不妨碍在线运动而且稍大位置;

(8)对于首次投入运行的系统,要注意仪表或控制系统界面显示值与设备的实际状态是否对应,其中包括显示的计量单位、数值等,必要时应进行测量校准或重新设定。

4. 新生产线在试生产时的设备状态

(1)纺丝箱体已装好纺丝组件,熔体过滤器已换好干净的新滤网。

(2)成网机(或纺丝系统)从离线位置(状态)移动到在线位置(状态),并完成各种管线相应的连接后,投入运行。

(3)牵伸风系统(牵伸风机、空气加热器)已投入运行。

(4)纺粘系统的冷却侧吹风装置合拢、锁紧,冷却侧吹风箱处于正常工作位置,冷却侧吹风系统投入运行。

(5)纤网固结设备(如热轧机)已经升温运行,并已到达设定温度。

(6)卷绕机投入运行。

(7)在卷绕机上收集和处理产品。

(三)主要操作过程

1. 各加热、冷却系统的温度设定

(1)如纺丝组件采用预热安装工艺,纺丝组件要提前预热升温。

(2)按纺丝箱体、熔体过滤器、螺杆挤出机、纺丝泵、熔体管道的顺序先后将各系统升温,温度按正常生产工艺设定。

(3)配置有冷却侧吹风系统的生产线,其冷水机组要提前启动运行,温度按正常生产工艺设定。对于使用导热油加热的串联型系统,可以提前启动系统加热升温。

(4)为了节省升温过程所消耗的能量,避免浪费时间,在温度设定完成后,从加热升温耗用时间最长的设备开始。先启动箱体加热,开始升温;约1h后,启动螺杆挤出机、熔体过滤器、纺丝泵和管道进行加热升温。

(5)按正规设计,在正常室温条件,螺杆挤出机、熔体过滤器、纺丝泵和管道、热轧机一般可在2h内从冷态开始加热,并升温到工艺所需的温度。对一些非标设计,特别是使用导热油加热或内部有熔体残留的设备或系统,特别是已经使用过、内部有大量熔体残留的熔体过滤器、熔体管道等,这些设备或系统所需的加热升温时间会很长。

2. 升温过程中的注意事项

在新设备首次供电升温时,由于温度控制系统的功能还没有实际整定调节好,仍存在失控的风险和安全隐患,必须按预定的加热曲线逐段升温,避免采用一次到位的升温方法,因为升温幅度较大时易产生局部超温(温度过冲),造成过热。升温过程中注意观察温度和压力的变化,发现异常应迅速停止加热。但对于已经正常使用的设备,则无须采用这种升温方式。

在升温过程中,要注意观察各加热区的负载电流值,若系统长时间保持通电状态或实际温度没有变化,要断电检查。

在升温和加热过程中,熔喷纺丝组件不可吹入冷风或与纺丝箱体当前温度差异太大的气流。牵伸风机没有启动前,不允许空气加热器供电加热。而纺粘系统的单体抽吸风机,即使纺丝系统还没有正式进入生产运行状态,也可在适当时间开机运行,将单体烟气抽走。

3. 排料

开启供料系统,地面料斗或计量装置的料斗不要加入色母粒及其他添加剂,供料系统随即向计量装置供料。

各区温度达到工艺值后,打开螺杆挤出机入料口的进料阀。

螺杆挤出机的转速控制选择手动状态。

启动计量泵,速度设定 5r/min。

启动螺杆挤出机,螺杆速度设定为 20%(或更低)。

手动调节螺杆速度,滤后压力趋近设定压力后,将螺杆转速由手动控制转为自动控制模式。

在此阶段,滤后熔体压力允许在±0. 3MPa 波动。观察箱体出口的熔体情况,当排出的熔体分布均匀、透明无杂物时,停止螺杆挤出机和计量泵。

使用铜铲清理箱体出口流道部位及纺丝组件安装结合面部位的熔体,清理完成后可喷涂少量硅油。

4. 排料过程中的注意事项

排料是在未安装纺丝组件的状态下进行,主要目的是将螺杆挤出机、熔体管道和纺丝箱体内存留的熔体,特别是已裂解、碳化的熔体排放干净,以便正常出丝并延长纺丝组件的使用周期。

进行排料操作时,原料中不要添加色母粒及其他功能添加剂,除避免浪费外,可以降低开机的难度,延长喷丝板的使用周期。

新的纺丝系统首次开机时,应将纺丝泵与熔体管道分离开,使排料过程的熔体直接从纺丝泵的入口管道排出,直至确认熔体内无杂质后,再将纺丝泵重新连接好,使熔体进入纺丝箱体。

在排料期间,采用板式连接的纺丝泵,可在移除纺丝泵后,安装由制造商提供的专用排料连接板,将原来纺丝泵的进、出口连接起来,使熔体直接进入纺丝箱体后排出。

纺丝泵不能在无熔体状态长时间空载运行,因此,在首次排料前,可以将纺丝泵与驱动电动机脱离,让电动机空转(或停止运转),待滤后熔体压力达到一定值时,表示管道内已充满熔体,此时螺杆挤出机和纺丝泵电动机可以停机,然后将纺丝泵与驱动电动机连接好后,使纺丝泵在低速状态运转,通过纺丝箱体进行排料。

在纺丝泵没有恢复正常状态运转前,螺杆挤出机只能以手动模式控制速度,期间要密切注意各部位熔体压力。

地面的人员要远离箱体正下方和周围,以免上方管道熔体泄漏、滴漏时发生安全事故,清理熔体时要戴好高温手套,防止烫伤。

5. 成网机的升降(DCD 调节)机构

在熔喷法纺丝系统及一些纺粘纺丝系统中,需要用改变喷丝板与成网机之间的距离(即DCD)的方法来控制产品的质量。常用的 DCD 调节方法有多种,但其最终结果都是改变喷丝板与接收装置(成网机)之间的距离。

进行DCD调节时,纺丝系统的高度(或距离)、成网机的高度(或距离)与下游设备间的高度差随时都在变化。因此,在进行DCD调节前,要关注纺丝系统或成网机与其他设备之间是否存在约束或限制因素,避免发生干涉现象。

由于DCD调节一般是在运行状态进行的,因此,必须保证各种管线活动连接能保持正常的能源供应、物流供给、信息传递、流体密封等,并保持对所有设备的有效控制,实现无障碍运动。

设备的技术含量不同,设定调节DCD的方法也不一样。技术含量低的机型,只能在控制台上进行定性的操作,增大或减少DCD,而且这个过程一直需要操控者保持操作状态。除了观察产品的质量变化外,至于具体的DCD值,要用尺子在现场量度,或到设备上观察随DCD运动的标尺指示值。

技术含量较高的纺丝系统,工艺人员可在控制系统的操作界面上读取当前的DCD值,或直接输入所要求的DCD值,随后系统可以自动识别运动方向(增加或减少),运动至所要求的位置,操控者不必保持在操作状态,给管理工作带来极大的便利。

此外,这个系统还能提供超行程的软保护,可在DCD的有效行程范围内随意设定保护范围,为系统增加了一层安全保障,确保运动机构不会出现越限,保证了系统的安全运行。

6. 熔喷系统的离线运动

为了保护网带并为维修工作提供所需的空间,在纺丝系统的预热升温阶段、纺丝系统试运行阶段、纺丝组件的刮板作业、纺丝系统准备停止运行前后、安装、拆卸纺丝组件、纺丝系统维护等,都必须在离线位置进行。

离线运动的本质就是使纺丝箱体与接收装置互相分离开,离线方案要与纺丝系统的DCD调节方式相结合。

7. 纺粘系统中的离线运动

(1)纺粘系统的主要离线运动。主要包括:冷却侧吹风箱的离线运动,是在纺丝系统要停止纺丝或要进行刮板、更换纺丝组件时必须做的工作,其主要目的是避免废丝堆积、污染牵伸装置,或为刮板和更换纺丝组件提供作业空间。

扩散通道的离线运动,是在纺丝系统停止纺丝后,要对扩散通道进行调整、维护,或为了清洁牵伸通道和扩散通道时要进行的工作。扩散通道的离线运动有两个方向:一个是沿MD方向,扩散通道始终都在成网机网带上方;另一个是沿CD方向,扩散通道完全离开成网机,这是高速和高端设备较常用的离线方法,这样能提供一个更大的维护作业空间,便于进行成网机及纺丝通道的清理工作。

(2)离线运动的驱动方案。小型设备可应用人力推动离线,而较大型的纺丝系统,离线运动都要采用电力驱动。主流的离线方式是用轨道面上的支承轮直接驱动,纺丝平台的支承轮既是承重轮也是驱动轮,但仅需利用其中的两个承重轮作为主动的驱动轮,其他承重轮可自由转动。

由于离线运动的行程较长,牵涉的设备、电线、电缆、管道(如原料供应管道、冷却水管道、压缩空气管道等)多,特别是有的电力电缆截面很大,牵伸气流管道的通径很大,它们的移动和弯曲都不容易。因此,在离线过程中,要关注这些管线的状态,避免受到强力牵拉或刮碰相邻的设备构件。

(3)离线运动的注意事项。在离线运动的过程中,要关注各种活动管线的运动状态或解除相关设备、管线的连接,确保能在不发生干涉、刮碰的情形下正常工作。对于一些已经敞开的管道接口,一定要做好防护,防止有异物进入。

由于离线后现场设备的相对位置发生了变化,发生事故的风险增大,对于一些容易发生挤夹、碾压、碰撞、坠落事故的部位,必须设置可靠的警示和防护。

二、安装纺丝组件

(一)熔喷纺丝组件的安装程序

目前国内熔喷纺丝系统使用的纺丝组件都采用下装式。以下作业程序是以下装式纺丝组件为例,相关内容还可以参考第十章纺丝组件维护的相关内容。

(1)纺丝系统在离线位置完成排料后,纺丝泵停机,清理纺丝箱体接合面和熔体分配流道的出口。

(2)将组装好的纺丝组件放到换板小车上,搬运到生产线上的纺丝系统,并置于熔喷纺丝箱体的正下方。

(3)利用安装车的升降功能与系统的 DCD 调节功能相配合,将纺丝组件顶入箱体内。

(4)调整纺丝组件位置,使纺丝组件的定位销准确进入定位销孔,若纺丝组件没有定位销,则要按间隙均匀、位置对称的原则在箱体上的组件安装面放置好。

(5)从中间位置开始,将涂抹了抗咬合脂(如高温二硫化钼)的螺栓,用内六角扳手拧入箱体的螺孔内,稍微拧紧即可,由于常温的纺丝组件与纺丝箱体存在很大温度差,此时两端会有很多螺栓仍无法顺利拧到纺丝箱体的螺纹孔内,要等待纺丝组件受热膨胀、中线对准后再拧入。

(6)螺栓的热紧力矩和时间间隔(12.9 级,M16 螺栓):第一次热紧固力矩 80N·m;第一次热紧固后 1h,第二次紧固力矩 120N·m;第二次热紧固后 0.5~1h,第三次热紧力矩 150N·m,热紧固完成。

(7)全部螺栓拧入后,使用扭矩扳手按顺序进行热紧固。紧固过程从中部开始,分别按左右对称、交叉进行(图 11-1)。

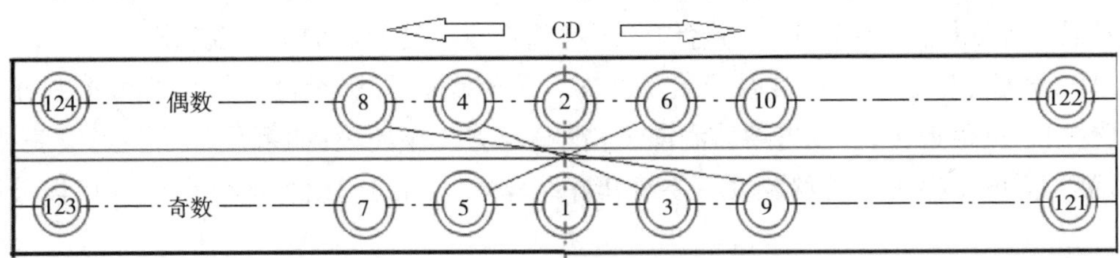

图 11-1　纺丝组件紧固螺栓拧紧顺序

(8)试验纺丝。待纺丝组件的温度已达到工艺要求的温度,并经过约 0.5h 的恒温后,可按照正常程序,纺丝系统继续停留在离线位置进行纺丝及刮板操作,检查纺丝组件的安装质量。

由于试验纺丝过程会有飞花产生,要做好飞花的控制和收集工作。如果情况正常,便可以准备纺丝系统移动在线,进行正常生产运行。

(二)纺粘法纺丝组件的安装程序

1. 纺粘法纺丝组件的安装方式

纺粘法纺丝组件的安装方式较多,一些配置简单的或幅宽较窄的生产线,组件的安装或拆卸工作基本都是依靠人力。目前,主流生产线的纺丝组件大多数采用下装式,即在纺丝箱体的下方作业,将纺丝组件装到上方的纺丝箱体中。

有少量使用小块喷丝板的小板纺丝系统,其纺丝组件大多数仍采用上装式,即在纺丝箱体的上方作业,将纺丝组件装到下方的纺丝箱体中,作业过程相对较简单,而且大多采用预热安装,加上一个小组件的重量较小,作业过程基本都是利用人力进行。

目前,国外应用莱克菲(RF)工艺的纺粘法纺丝系统已成为主流,其纺丝组件是从第三层平台经过预留的开口、向下输送到二层空间的纺丝箱体正下方,然后向上安装到纺丝箱体中或从纺丝箱体拆卸下来,放置在已经停留在正下方的专用装置上。这种方法的安全性较高、劳动强度低、操作人员少。国内也有多个品牌的生产线采用这种安装工艺。

但这种安装方式需要在钢结构平台上配置专用的起重设备,在三层平台上也要预留吊运纺丝组件的窗口,在地面上同样要配置运送组件的专用小车,因此,造价也较高。

目前一些简易型生产线没有专用的纺丝组件清洗室,而是直接将组件清洗设备放在生产线钢结构的第二层,组件的清洗工作全都在现场进行。组装好的组件直接平移搬运到纺丝箱体的下方,然后依靠人力将纺丝组件放置在纺丝箱体正下方的提升装置上,再利用这种提升装置把纺丝组件送到纺丝箱体的安装面上。

有些提升装置是利用四套蜗轮蜗杆机构实现升降运动的,提升力大,同步性、安全性好。但仍有少量采用四支长行程气缸的提升机构,虽然结构简单,动作速度快,但无法规避一般气动装置不容易同步运行的固有缺陷,而且稳定性差,升降过程中稍不留意就容易出现安全风险。

2. 纺粘法纺丝组件的安装程序

由于纺粘法纺丝系统有多种纺丝牵伸工艺,纺丝组件又有大板式和小板式两种,组件的运输路径及所使用的专用装备又不相同,纺丝组件还有预热安装和常温安装两种状态。因此,纺粘法纺丝组件的安装工作应该因地制宜,根据设备制造商提供的作业指导文件进行具体作业。但基本包括以下几个步骤。

(1)纺丝组件准备。准备工作包括已经过检查合格并组装好的纺丝组件,如果采用预热安装,则要根据计划提前(时间 5~6h)将纺丝组件放在专用的预热炉中升温备用。

(2)纺丝箱体准备。采用常温安装工艺时,一般情形下,纺丝箱体的温度可控制在接近聚合物原料的熔点附近,这样没有熔体滴漏,有较安全的工作环境;如果是采用预热安装,则纺丝箱体的温度要设定在正常纺丝温度。要清理好纺丝箱体与纺丝组件的结合面及熔体分配流道的出口。

(3)组件运输路径准备与清理。根据具体的安装方式,要清理或临时拆除妨碍组件运输或安装工作的设备或零件,对于一些国产机型,可能还要拆除冷却段的其中一端观察窗;拆除三层平台组件吊装口的护栏,并在冷却侧吹风箱离线后,在其轨道缺口装上临时的过桥短接轨道。

(4)有关设备的防护。检查并清理牵伸通道的防护盖板及盖板上的废丝和熔体,做好侧吹风箱出风不锈钢网的防护。

(5)运输起重准备。纺粘法生产线一般会配备一辆适用的组件搬运车,以便把纺丝组件从组件清洗室搬到相应的纺丝系统，而此时的纺丝组件是定位放置在安装小车上的，安装小车有吊耳，可吊运，还有可以沿轨道移动的轮子。

(6)纺丝组件就位。将纺丝组件搬至纺丝箱体的正下方，并利用相应的方法将纺丝组件抵紧纺丝箱体，大部分纺丝组件是依靠熔体过滤网的铝包边实现与纺丝箱体的熔体密封，在纺丝组件抵近纺丝箱体前，必须防止熔体过滤网发生移位，特别是采用预热安装时要更加小心。调整对准后，可及时在中部尽可能拧入更多的螺栓，并进行初步紧固。

(7)螺栓紧固。采用常温安装工艺时，经常要等待一段时间后，才能将全部螺栓拧入纺丝箱体的螺纹孔中；如果采用预热安装，则可以一次性将所有的螺栓装上去。

待纺丝组件的两端可以拧入螺栓后，要及时将升降机构或安装小车撤离，并补充拧入其余的螺栓。

紧固螺栓的方法仍可参照图 11-1，由于纺粘法纺丝组件所用的紧固螺栓规格与熔喷系统的螺栓规格基本相同，一般都是强度为 12.9 级的 M16 高强度螺栓(仍有极少数早期机型使用 M18 螺栓)。因此，紧固力矩也可参照熔喷系统适用的数据。

(8)清理及恢复现场。安装完纺丝组件后，要将现场的设备复位，由于纺粘法生产线的纤网一般使用热轧机固结，任何金属材料或零件进入热轧机都会损伤热轧机的轧辊，酿成重大设备事故。因此，这是一项十分重要的工作。

(9)试验纺丝。待纺丝组件的温度已达到工艺要求的温度，并经过约 0.5h 的恒温后，可按照正常程序进行纺丝及刮板操作，检查纺丝组件的安装质量。

3. 安装中的注意事项

(1)纺丝组件放入换板小车时，要注意避免损伤板面。

(2)初次将螺栓拧入螺纹孔时不可过分用力，若不能徒手拧入的螺栓，不得用工具强行拧入，待组件受热膨胀后，组件的螺栓孔就会与纺丝箱体的螺纹孔对正，便可顺次将已对准好的螺栓拧入螺纹孔中。虽然螺栓数量很多，但任何一只没有紧固好的螺栓都可能导致熔体泄露。

(3)如果纺丝组件配置有定位销，要确保能进入定位销孔；如果纺丝组件没有配置定位销，则应使组件外形轮廓与纺丝箱体尽可能保持对称，间隙保持一致。

(4)完成组件安装工作后，所用的各种装备、工具要及时撤离，做好现场清理和清洁工作。

(5)完成纺丝组件全部热紧固后，做好开机纺丝准备，纺粘系统要将牵伸通道入口防护好，而熔喷系统则要将废丝收集车置于纺丝组件下方，并做好组件下方环境的警示、防护措施。

三、非织造布生产线生产的基本操作

(一)熔喷系统生产准备

(1)成网机或纺丝系统继续位于离线位置。

(2)各加热系统到达额定温度(如 250℃)，并经约 1h 平衡后，计量混料系统投料，纺丝泵启动，开始低速(30%)挤熔体。

(3)在熔体加热系统温度高于熔点后，可启动牵伸热气流以低速(≤30%)同步投入运行，纺丝泵启动后，以额定值 30%~50%的速度低速纺丝，但应保持系统能正常纺丝。

(4)调整(一般是降低)牵伸气流速度，用薄铜片进行刮板，清理纺丝组件两侧气隙。

(5)纺丝期间，注意控制牵伸风机转速，以免气流太大，产生大量飞花，污染环境。

(二)开机生产

在纺丝组件进行第二次热紧固前,将螺杆、管道温度设定到正常工艺值,开始加热。开机前螺杆和管道温度要在工艺温度下保温至少0.5h。

启动牵伸风机、空气加热器同时开始加热,转速为500r/min,风机的转速不宜低于500r/min,以免空气加热器超温报警,甚至烧坏加热器,热风温度到达工艺值后,再顺次开启纺丝泵和螺杆挤出机。

当有丝从喷丝板喷出后,提高纺丝泵和牵伸风机转速,检查全幅宽方向能否均匀喷丝。在全幅宽可以正常喷丝后,降低牵伸风机转速至500r/min,纺丝泵转速降至5r/min,减少在线过程中的牵伸风流量和熔体挤出量。

如果成网机两侧有气流挡板并妨碍系统的在线运动,要及时将这部分挡板拆除,在正常纺丝后再装好,做好系统在线准备。

开启成网机和抽吸风机,将成网机或纺丝系统移动到在线位置(注:在一些SMS生产线中的熔喷系统,可以在离线位置生产熔喷布,牵伸风机应同时开启),调整DCD,提高纺丝泵转速和各风机的转速至工艺要求值。

(1)将成网机(或纺丝系统)DCD调整至最大(或较大)状态,移动到在线位置,并低速(10%)启动成网机网带。

(2)成网机的抽吸风机(及溢流风机)启动,其速度以能控制没有飞花或产生量最少为宜,并在启动过程中根据产品的定量、与之配合的牵伸风的流量要做匹配性调整。

(3)如没有铺放引布,此时可用手将熔喷布从网带面上剥离,并导引卷绕机与卷绕杆连接好后,启动卷绕机、冷却侧吹风装置以低速(额定转速的30%左右)投入运行。

(4)纺丝泵升速,调整DCD,调整成网机速度,调整上、下游抽吸区风速(和溢流区风速);根据喷出的气流形态,调整纺丝箱体上、下游两侧的牵伸风速和温度,使气流成一小束对称喷出。

在调节DCD时,有冷却侧吹风装置的熔喷系统与没有冷却风系统的最小DCD值是不同的,后者的DCD值会较小。

注意:当熔喷系统的管线不能保障系统在在线过程中正常工作时,则必须进行相应的管线拆卸及连接工作、网带防护装置的就位及撤离工作,然后才能投入生产运行。

(三)产品生产

1. 生产产品的相关工作

(1)按工艺要求设定纺丝泵的转速及成网机的速度后,取样检验。

(2)根据检测结果,调整相关工艺参数,再次取样确认。

(3)在备用卷绕杆(轴)上放置好纸筒管,然后将卷绕杆放在卷绕机的备用位置。

(4)按要求设定卷绕机的布卷长度(或布卷的直径),设定在线分切刀位置。

(5)选择张力控制模式,调整好卷绕张力。

(6)卷长或布卷直径达到后,产品下线,计量、检测、包装、产品入库。

2. 启动运行过程

生产线的开机操作包括从冷态启动至生产产品的全过程,或从临时停机状态恢复到产品生产的过程。

前者包括了生产过程的全部操作,即从开机准备(如准备纺丝组件)、系统预热、升温开始、装纺丝组件、投料，直到所有设备具备正常运行条件，可全线联动运行，生产出合格产品为止。

生产线纺丝系统的正常开机操作包括以下几个步骤：

(1)原料准备及投料的相关设备包括原料输送系统、干燥系统、多组分计量混料系统。

(2)纺丝系统从冷态加热升温，相关的设备主要有螺杆挤出机、熔体过滤器、纺丝泵、纺丝箱体和熔体管道等。

(3)熔体制备系统所有设备到达温度设定值后，启动螺杆挤出机和纺丝泵。

一般是先用手动方法将纺丝泵和螺杆挤出机启动，并低速运行，反复、交替用提高螺杆速度和纺丝泵速度的方法，使熔体压力先稳定再平稳升高，在接近设定的压力控制值后，便可以使系统进入自动状态运行。

(4)由于纺丝系统从冷态升温所需的时间最长(2～4h)，故生产线的开机操作是从纺丝系统升温开始，当温度到达并经过一定时间(0.5～1h)的热平衡后，可根据纺丝系统的特点进行相应的产品生产操作。

熔喷系统的升温过程应在离线位置进行。在升温过程中，按安全操作规程指引，启动牵伸风装置同步运行。在温度到达工艺设定值后，系统以较大的DCD开始低速纺丝，处理出丝异常的部位，清理气隙、刮板面，收集废丝。

启动成网机和卷绕机、成网风机，纺丝系统移动至在线位置或将成网机移至在线位置，将管线连接好后，启动成网机的风机。

当熔喷布(或纤网)进入卷绕机后，剪断底(引)布。如果没有使用底(引)布，则可直接将纤网从成网机上剥离，并按规定路径牵引、穿绕到卷绕机上，确认安全后可启动卷绕机运行，调整工艺参数后生产产品。

(四)生产线停机

按停止运行时间的长短来分，生产线有短时间中断生产的临时停机及终止生产的长时间停机两类；从引起停机的原因来分，有因工艺要求的临时停机和由于安全原因的紧急停机两种。因此，停机的方法及恢复生产运行的方法也是不同的。

1. 正常停机方法

当生产线完成了生产任务后，便可终止生产，进入长时间停机状态，在这种情形下，一般要将系统中的熔体全部排干净，然后切断加热系统的电源。

熔喷系统(包括SMS生产线中的熔喷系统)进入停机程序时，先将纺丝泵速度降低到还能保持正常纺丝的状态，增大DCD，系统进入离线状态，然后根据实际需要进行以下相应的操作。

(1)系统离线。进入停机模式后，熔喷系统离线，并做好废丝收集工作。

(2)停止进料。若熔喷系统要终止生产运行，要将螺杆挤出机的进料口阀门关闭，将纺丝泵速度降至5r/min以下。

(3)螺杆挤出机和纺丝泵停机。先以“自动”模式将系统内的熔体排放出来，在滤前熔体压力开始下降后，转换为手动方式操作，将全部熔体排放干净，关闭螺杆挤出机，终止纺丝泵的运转，最后切断加热系统的电源，降温停机。

使用这种方法停机时，残留在系统内的熔体会发生降解(变黄)或碳化，容易堵塞喷丝孔。因此，在长时间停机后重新开机时，有可能需更换纺丝组件后才能恢复正常生产。

如果要在停机后更换纺丝组件，则要趁熔体温度还在熔点以上(≥180℃)时就要开始作业，一旦熔体凝固，组件则不容易拆卸。

(4)成网机降速停机。纺丝系统离线后，抽吸风机降速、停机，成网机降速、停机。

(5)纺丝箱体降温、停止加热。当系统内的熔体基本排放干净后，纺丝箱体降温，停止加热。

(6)牵伸风系统降速。牵伸风机降速，但速度不宜低于500r/min，因防风机输出的流量太小，无法带走加热器的热量，会产生高温报警跳闸，甚至把加热器烧坏。在降低牵伸风机速度时，要适时降低热风温度设定值，减少加热系统的功率，避免空气加热器温度过高，但切记不能关闭加热电源。

经过约10min，当热风温度开始下降后，要防止与箱体形成较大的温差，应及时停止牵伸风机，空气加热器也随之自动停止加热，纺丝箱体处于自然降温冷却状态。

(7)系统清理。生产线停止运行后，要及时清理成网机和卷绕机上的废丝和废布。

2. 中途临时停机方法

生产线的临时停机大都是因为工艺方面的原因引起的，其目的是排除影响工艺过程正常进行的技术障碍，或进行必要的设备调整，这种停机都是主动的而且是短时间的。

在这种情形下，纺丝系统一般都保持在低速运转状态，其他设备则可能处于非工作状态。如卷绕机、风机、成网机停机或以低速运行，熔喷系统处于离线状态等，否则要做好网带的防护措施。

若系统是需要短时(数小时或更长)停机，先关闭螺杆挤出机的进料口阀门，系统则继续以低泵速状态纺丝，在将系统内的熔体全部排放干净后(如时间较短，则不用排空螺杆)，终止纺丝泵的运转，并将温度降至160~170℃保温，然后停止其他设备的运转。

短时停机时采用这种方法操作，系统内的熔体温度保留在熔点附近，既能减少存留在系统内熔体发生的热降解，在重新起动时，较容易升温，也能使纺丝组件保持有较正常的技术状态再次投入运行。

如果停机时间不是太长，也可采用直接停止纺丝泵运转的方法操作，使螺杆挤出机随之自动停机。

3. 特殊情况紧急停机

生产线的应急停机大都是因为人身或设备安全方面的原因引起的，是被动停机，其目的是避免发生安全事故。如果发现熔喷系统的牵伸风机出现故障停机后，必须及时按下急停开关，停止纺丝系统运行，然后加大DCD，迅速离线，否则成网机的网带就可能被熔体大面积污染，甚至报废。

一些性能较好的生产线，其紧急状态停机是分等级的，人身安全的等级最高，紧急停机时会切断所有的动力供给，全生产线都会进入紧急停机状态，运转中的一些设备(如成网机、卷绕机)便进入制动状态而迅速停止运动。在这种生产线中，一些关键的电力驱动装置都具备制动功能。

生产线中带有大蘑菇头的红色按钮都是紧急停机按钮，急停按钮都具备自锁功能，按下以后就一直保持，只能人为旋动才会弹起复位。

普通的停止按钮与急停按钮不同，普通停止按钮按下后会自动弹起复位，日常操作只能用停止按钮，只有在紧急情况下才使用急停按钮。

生产线中的其他设备在接收到紧急停机指令后，会自动由工作状态恢复到安全状态。例如，成网机的压辊自动升起，分切刀具会自动退出，后整理系统中的轧液辊、热轧机的轧辊在停转后自动分离等。

由于全生产线的用电负荷在瞬间退出运行，会对设备和电网引起较大冲击，有时还会引发一些次生事故。

在安全装置动作时，一些安全等级稍低的生产线，仅是相关的设备紧急停止运转，而不一定有制动过程，其他设备可能也会跟着停止运行，但其过程是按正常程序以惯性运动形式自由停机的，由于影响面较小，对设备和电网引起的冲击也较小。

当设备的保护装置自动动作时，也会使设备突然停止运行。因此，当发生紧急停机后，在没有排除导致发生停机的原因或相关控制装置没有复位前，系统不得恢复运行。

第二节　生产过程中的常用操作方法

一、转换产品

在生产线运行期间，会根据生产调度计划安排，在完成一种产品的生产任务后，就要按新的任务生产另一种产品，随着生产线技术性能的不同，这种转换包括了产品的定量规格(g/m^2)、产品的幅宽、产品的颜色、多纺丝系统生产线产品的纤网结构、功能性要求、转换聚合物原料的牌号等，这些转换有时仅为其中的一种，有时则可能会同时存在多种转换，有多种转换方法。

（一）转换产品的纤网结构

这种转换方式主要存在于有多个纺丝系统的生产线，这是为了生产线中有个别纺丝系统要进行维护（如更换纺丝组件）或为了满足市场需要而进行的变换，如正在运行生产 SSS 型纺粘法生产线，要改为生产 SS 型产品，或 SMS 型生产线用于生产 SS 型或 M 型产品等。

由于生产线中有纺丝系统退出运行或投入运行，要进行一系列的操作和工艺参数设置，这个转换过程不能在瞬时完成，必然会产生一些过渡性的不良品，生产线的运行状态也会发生变化。因此，进行这种转换时必然存在一个过渡过程和时间，首先要求生产线减速运行，具体的速度是要保证相关设备能正常操作，如纺粘法纺丝系统的压辊不能在高速状态放下或抬起，热轧机的轧辊也不能在高速状态闭合或分离等。

如果不牵涉以上或类似的操作速度禁区，可以在原来的运行速度上稍作调整（一般是降速），如果牵涉这些设备，一般将生产线的运行速度降低至允许操作的速度，甚至降低至基速运行。此后便可将对应的纺丝系统退出运行。

如果是纺粘法纺丝系统，可按照正常的停机程序，降低热轧机的线压力后，终止纺丝系统运行，并将纺丝牵伸通道入口遮盖好，并按照产品的要求调整热轧机的温度和线压力、纺丝泵的转速和成网机速度、卷绕机的卷绕张力、换卷指令（一般为卷长）等。如果采用在线分切，则按要求调整分切刀的间隔距离。

如果原来生产的产品是进行在线后整理，改变纤网结构后，若产品仍需进行功能整理，则无须改变产品的穿绕路径，若产品无须继续进行后整理，则有两种处置方案：如果不希望增加产品的附加张力，就要在基速状态下将非织造布在热轧机下游处剪断，以最简单的路径跨越后整理系统,引导至卷绕机。

若完成本批订单后的产品仍需进行后整理,而本批订单数量不多,附加张力对产品的影响不大,则可保留原来的穿绕方式继续使用,但要及时做好后整理设备的清理和清洁工作。

在生产线已经具备正常生产条件后,便可全面调整相关的运行参数,适时用手动方法使卷绕机进行换卷,便可进行新产品的生产。

(二)转换产品的定量规格

由于热轧机轧辊的温度具有热惯性,不能迅速到达设定温度,因此,对于利用热轧机固结纤网的纺粘法生产线或SMS生产线,在转换产品定量规格时,要提前做好轧辊温度的调整工作。

从当前的大定量产品转换为较小定量的产品时,轧辊要从原来较高的温度降低到较低的温度运行,不然在转换规格时会有较大概率发生纤网缠轧辊现象,要停机处理。因此,要适当提前降温,并及时降低热轧机的线压力和卷绕机的卷绕张力,避免把布拉断。对于配置有冷却功能的加热系统,降温过程会较短。

从当前的小定量产品转换为较大定量的产品时,轧辊要从原来较低的温度调整到较高的温度运行,不然在转换规格后将产出大量固结不好的不良产品。因此,要适当提前升温,并适时增加热轧机的线压力和卷绕机的卷绕张力。对于装机容量较大的热轧机轧辊加热系统,升温过程会较快。

无论是哪一种转换方式,在轧辊当前温度没有达到工艺要求的设定之前,这个过渡阶段所生产的产品都可能是不良产品,因此,必须加强对产品的质量检测工作,到满足要求后,卷绕机要及时换卷并修改卷长设定值,如果是在线分切,也要把已重新设定好的分切装置投入运行,正式进入产品。

熔喷系统转换产品的定量时,除了需根据工艺计算结果调整成网机的速度和成网风机速度外,有时还要调整DCD、牵伸气流的流量和温度等参数。

在转换定量的过程中,会生产少量定量变化的过渡产品。当产品的卷径较小而无法在卷绕机上下卷时,可用放标记的方法在产品已符合要求的位置留下记号,并按当前产品的要求设定好卷长,在下卷后再作退卷处理。

为了便于调整设备和减少过渡产品,在转变产品的定量规格时,要按照从大到小或从小到大的顺序逐步操作,设定产品的定量值。如果以较大的幅度改变产品定量,容易产生大量废品。

(三)转换产品的颜色

要根据生产线所需的显色时间和褪色时间,提前终止多组分计量混料系统运行,并进行清理,根据工艺计算结果设定各组分配比,重新将系统投入运行。

多纺丝系统生产线,要先将耗用显色时间最多的系统投入运行,力求达到各系统基本同步显色,色母粒用量最少的目的。

由于色母粒(添加剂)的特性差异,转色后可能要对熔体温度、牵伸、抽吸气流作相应的调整。

在转换颜色的过程中,会生产一定数量颜色变化的过渡产品。如果过渡产品的卷径已经大于允许下卷的最小直径,一旦产品的颜色符合要求,要迅速换卷;如果卷径较小,无法下卷时,可用放标记的方法留下记号,并设定好卷长,下卷后再作退卷处理。

由于转色过渡产品数量较多,而价格又较低,因此,转色产品的定量要根据市场要求来确定。但工艺参数以尽量靠近下批次产品的工艺为宜，这样能减少不良品的产生量。

（四）转换产品的功能

如果产品需要进行在线后整理，则产品必须按正常的路径穿绕并经过后整理系统的上液装置和干燥装置，如果产品此前没有经过上液装置和干燥装置，则要将生产线降速甚至停机，重新进行穿绕，并按功能要求配置整理液。

如果产品已经过上液装置和干燥装置穿绕，则将系统清理干净后，加入按功能要求配置的整理液即可。

二、更换原料

随着技术的发展，目前已有可能在同一条生产线使用不同种类的聚合物原料，生产不同特性的非织造布产品。目前使用的聚合物原料有两大类，一类是熔点较低的、不用干燥就可以直接使用的聚烯烃类原料，如 PP、PE 等；另一类是需要经过干燥才能使用的聚酯类原料，如 PET、PA、PLA 等。

在转换原料时，如果两种原料的特性不兼容，就必须确保在生产线的料斗、输送管道、多组分装置中没有原来的原料残留；螺杆挤出机、熔体过滤器、熔体管道、纺丝泵、纺丝箱体、纺丝组件中没有原来的熔体残留。

当转换的原料仍属同一类聚合物，仅是特性有所差异，例如，同是 PP，仅是熔融指数不同，或同是 PET，仅是特性黏度不同，在这种情形下转换，仅需将原来料斗中的原料全部用完后，将新的原料加入料斗，并对相应的工艺进行调整即可。

有时两种原料虽然同属聚酯，如 PET、PA 或 PLA，但因为两者不兼容，因此转换原料品种时，就需要用第三种原料做中间过渡，把有可能存留在系统中的旧原料替换干净。

然而，由于两种原料的 MFI 不同，意味着纺丝温度要随之改变，但由于存在两种原料在系统内共存这个过渡阶段，因此，不能马上将温度设定到位，应分几步进行。一般每一次的温度变化量控制在 3~5℃，待温度到达设定值后，再经过一定的时间间隔才能进行下一步调整，这个时间间隔不少于 10min。

不同品种的聚合物原料混在一起，不仅会影响正常纺丝，而且会引发设备事故，特别是由原来使用高熔点原料转为使用较低熔点的原料时，清理工作和温度调整过程尤为重要。如果温度改变幅度太大，可能原来高熔点的原料还没有全部排出，由于温度下降而流动性能变差，从而导致熔体压力太高，引起超压报警。

虽然有的生产线硬件具有使用多种原料的性能，但由于转换原料时必须进行清理工作，需要更换一些设备，如纺丝组件等。生产线在转换过程中要停产，并消耗冲洗系统、原料品种过渡用的原料。因此，不宜频繁更换生产线原料，特别是在产品批量较小的情况下，如频繁转更换原料，会增加生产成本。

在各种情况下，更换原料的操作过程如下。

（一）系统冲洗与投料运行操作程序

1. 熔体纺丝成网纺丝系统的冲洗

当新的生产线或经过拆卸维护的熔体制备系统和纺丝系统要投入运行前，必须对系统进行清理和冲洗，其操作方法及程序如下。

(1)系统清理。在投料前,要对设备及周边环境进行彻底清理,排除所有会影响设备安全运行的因素。而在重新连接、安装熔体管道、附件或设备前,务必要确认管道及设备内部已经清理干净、没有杂物残留及任何影响熔体流动的物件,特别要注意管道或设备接口上的封头、盲板、滤网或其他防护物品。

(2)如果是首次投入运行的新设备或经过修理维护的系统,纺丝箱体不需要装纺丝组件,处于开放的熔体放流状态即可。

(3)合理正确使用劳动保护用品,及时做好放流期间的熔体收集及处置工作,要做好纺丝通道或牵伸器的防护措施,防止熔体进入纺丝通道,或滴落到成网机的网带面上。

(4)升温至 PP 聚合物熔点以上(200~220℃),投入较低熔指(MFI≤10)的 PP 原料后,启动熔体制备低速运行,对系统进行冲洗,期间务必要控制纺丝泵的转速,防止熔体压力太高而报警跳停。

(5)新设备首次进行冲洗时,熔体不得进入纺丝泵及其下游方向的其他设备,如纺丝箱体等。只有从熔体过滤器流出的熔体已看不到有异物,而且熔体呈透明浅色状后,才允许熔体流入纺丝泵,并从纺丝箱体排出。

(6)冲洗过程历时 30~60min,直至从纺丝箱体排出的熔体均匀透明,而且已有一段时间观察不到有杂质存留在熔体中为止,此时要关闭螺杆挤出机的进料阀,将料斗清理干净,最后以手动方式尽量将系统内的熔体全部挤出,便完成了系统的冲洗工作。

2. 正常生产运行状态的工作程序

(1)在完成系统的冲洗或清理后,可按正常生产工艺要求设定好各个系统或设备的温度,如果系统是使用熔点比 PP 更高的原料(如 PET、PLA 等),在将这些原料加入系统后,重复进行一次熔体放流状态试验。

(2)在满足工艺要求的条件后,安装新的纺丝组件,准备开机生产。

(3)按正常的开机运行操作程序进行纺丝试验,如果喷丝板能正常纺丝,则可以进入正常开机生产程序。

(4)如果系统是使用熔点比 PP 更低的原料时,则在停机前要进行原料转换,在排空料斗的存料后,加入 PP 原料,对系统进行冲洗,把系统内存留的高熔点聚合物熔体置换干净后,才能降温停机,这样做有利于下一次开机生产。

(二)由低熔点原料转为高熔点原料

1. 由低熔点原料转为高熔点原料的原则

由低熔点原料转为高熔点原料时,因为系统的温度升高后,只会使留存的“旧”原料更容易流动,因此,熔点较低的残留物不会形成技术风险,工作较简单。

(1)如有必要,在拆除纺丝组件后,先用较低熔指(MFI=10~15)的 PP 原料将纺丝系统冲洗干净后,停止供料。

(2)继续在手动状态下使螺杆挤出机和纺丝泵在低速下运行,直至将系统内所有残留的低熔点熔体挤干净为止。

(3)按新聚合物的熔点修改系统的温度设定值,安装新的纺丝板组件(如有必要),按新聚合物的工艺开机生产。

2. 将 PP 改为 PLA 的清理及投料操作过程示例

(1)将留存在料斗输送管道中的所有切片原料彻底清理干净。

(2)在投入 PLA 原料前,按使用 PLA 原料的工艺要求设定熔体制备系统所有加热设备的温度。

(3)向系统投入低熔指(MFI=10~15)的 PP 切片,清洗螺杆挤出机和纺丝箱体的熔体通道,直到排出的熔体中没有其他污染物为止。

(4)停止向系统投入 PP 切片,让螺杆挤出机运行到挤出量下降为零,把系统内所有的 PP 熔体排放干净。

(5)向系统投入 PLA 切片,并将温度调整到加工 PLA 所要求的温度。

(6)安装纺丝组件,继续运行,进行正常生产。

(三)由高熔点原料转为低熔点原料

1. 由高熔点原料转为低熔点原料的原则

由使用高熔点原料(例如 PET)转为使用低熔点的原料(例如 PP)时,如果残留的原料没有清理干净,在降低温度后有可能无法熔融、流动,存在堵塞管道或喷丝孔的风险,因此,要分多步进行转换工作,把所有留存的高熔点原料清除干净。

本原则也适用于转换两种不相容的聚合物。

(1)首先将纺丝组件拆除,保持原来的温度设定值,开机将纺丝系统冲洗干净。因为低熔点原料的熔体温度较低,系统降低温度后,残留的高熔点原料将无法熔融,导致系统发生堵塞。

(2)先用较低熔指(MFI=5~10)的 PP 原料对纺丝系统进行冲洗,直至将残存在系统内的 PET 全部清理干净。

(3)将系统温度设定为纺 PP 的状态,再换用熔指稍高(MFI=5~15)的 PP 原料对纺丝系统进行冲洗,停止供料。继续在手动状态下使螺杆挤出机和纺丝泵低速运行,直至将所有的熔体挤出干净为止。

(4)按新聚合物的熔点修改系统的温度设定值,安装新的纺丝组件,按用新聚合物的工艺开机生产。

2. 由使用高熔点原料转为低熔点原料的操作方法

从熔体制备系统的设备开始,对系统进行冲洗。

(1)最好能在拆卸纺丝组件的情况下进行清洗。

(2)挤出机保持在正常使用 PET 原料时的纺丝温度运行,将系统内的残留熔体排放干净。

(3)使用低熔指(MFI<1,如果有)PP 原料继续对系统进行冲洗,直至排出的熔体中已没有 PET。

(4)改用熔指稍高(MFI=5~15)的 PP 原料继续进行冲洗。

(5)停止投料,按将使用的新聚合物原料(如 PLA)工艺设定各设备的温度。

(6)让螺杆挤出机(自动或手动)排空系统内的所有 PP 熔体。

(7)完成系统的冲洗工作,向系统投入将要使用的 PLA 原料。

(8)按使用 PLA 原料的正常工艺优化各加热设备的温度。

(9)启动熔体制备系统的设备,运行状态正常后,安装新的纺丝组件。

至此,完成了从高熔点原料转为较低熔点原料的全部操作,纺丝系统可以开始正常生产。

该操作方法也适用于转换两种不相容的聚合物。

三、产品回收

回收是一种节约措施，由于回收过程要消耗资源（约 500kW · h/t 电能），因此，并非回收得越多效益就越好，减少废次品的产生量，提高合格品率才是提高原料利用率和降低产品能耗的正确方法。

（一）常用的回收方法

1. 离线造粒回收

将废品、边料及不良品在专用的造粒生产线上熔融造粒，再以粒状原料的形态循环使用。除了可回收一般的废品、边料、不良品、废丝外，还可回收经初步粉碎的块状熔体。但这种方法要占用较多的生产场地，独立的人员编制，回收物料中所含的色母粒难以充分利用，能源消耗也较多，平均每回收 1t 物料耗电约 500kW · h。

由于熔喷法非织造布原料的流动性极好，熔融指数可达 1500，因此，不易在造粒过程中水下铸条，加上回收料的灰分高，也无法再在熔喷系统中作原料使用，但可以一定的比例与其他回收的废料混合，进行造粒回收。

2. 螺杆挤出机现场同步回收

将废品、边料及不良品投入生产线中专用的回收螺杆挤出机熔融，以熔体的方式重新注入主螺杆挤出机中，与原料所形成的熔体混合、循环使用。现场回收可处理废料、废丝等形态的物料，但不能回收熔体硬块。图 11-2 所示为主螺杆挤出机与回收螺杆挤出机。

利用专用的输送系统（一般采用管道“风送”系统），将生产线运行过程中产生的边料、废料即时喂入回收螺杆挤出机回收，过程可在自动状态下连续进行，再没有其他中间储存、处理、分拣环节。可将分切出来的边料同步处理完，这种回收方式与生产线的运行状态不存在时间差。

如果还要回收其他不良品、物料，则还要对不良品分切为适合回收的宽度，再用人工投入回收挤出机。现场同步回收适用于运行速度较低的在线分切系统。

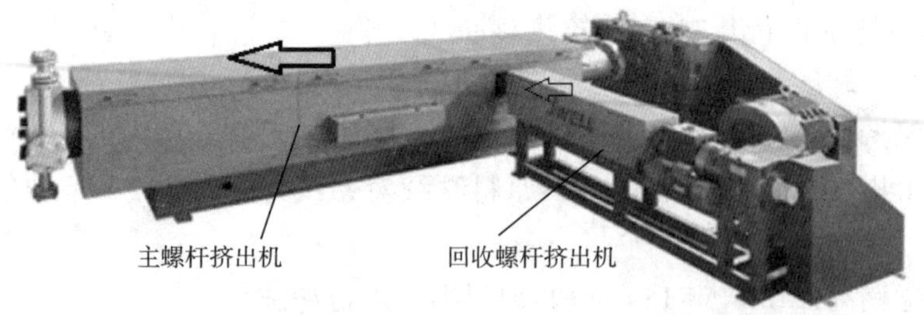

图 11-2 主螺杆挤出机与回收螺杆挤出机

3. 现场异步回收

采用人工方式将生产过程中产生的边料、废料集中，然后等待合适的时机喂入回收螺杆挤出机回收，而来不及处理完的物料仍要进行分类、储存，然后选择合适的时机进行回收。这时回收的物料既有即时产生的，也有仓库储存的，甚至还有从其他渠道获得的。

回收的物料一般为卷状物，回收过程是不连续的，需要人工干预，剔除其中的杂物和纸筒管、包装物等。现场异步回收适用于运行速度较快的离线分切系统。这种回收方式与生产线的主流程并不同步，最少滞后了一个母卷的生产时间，因此，最后一个母卷在后续加工过程产生的不良品就无法在生产线中回收，也就是不能同时将生产出的不良品及时回收完。

4. 压片回收

将卷装不良品投入生产线中专用的压片机中折叠、压紧、切断，成为小块的片状原料后，即可以原料的形式通过输送系统投入生产线的料斗循环使用，这种回收方式既可以在线方式，也可以离线方式进行，能耗最少（仅为造粒的十分之一），物料的性能没有改变。

压片回收没有改变物料的特性，仅改变了物料的形态，但增加了一个压片工序，而且这些片状物料的堆积密度比粒状切片原料低、受静电作用的影响较大，经常会吸附在料位传感器上，影响系统的正常运行，而且也不易与切片原料均匀混合。

（二）回收时机

只有在原料市场的价格较高而不良品废料的价格较低时，进行回收才能获益，因为进行回收要消耗人力成本、能源和管理费用。如果原料市场的价格较低，而不良品废料的价格又较高这时就没有必要进行回收，但实际上市场上也不会有这种态势。

回收有一个重要原则，就是不能因为回收产生新的不良品。因此，要妥善选择回收的时机，以下是一些原则。

（1）纺丝系统处于调试状态不回收，在系统进入稳定运行状态才进行回收。

（2）在生产有颜色的产品时，只能回收色调相同的不良品，并且要在调色阶段进行回收。在转换颜色的过渡阶段，要停止原来的回收，但可以回收与即将生产的产品兼容的物料。

（3）回收螺杆挤出机可以随时停机，但不能随意开机。如果螺杆挤出机曾因故中途停机，而且时间较短，生产线仍在生产停机前的产品，则可以进行回收。否则最好是在转换产品颜色阶段才能重新投入运行。

（4）如果生产线正在生产对含杂量要求严格的产品，要慎重考虑是否回收，因为有些来源不明的回收料可能含有不可接受的杂质或污染物。

（三）回收对纺丝过程的影响

（1）因喂料不均匀，特别是采用人工喂料时，容易导致熔体压力波动。

（2）因回收料熔体比正规切片多经历了一次熔融，其 MFI 比正常切片原料高，过量回收将会产生断丝、滴熔体现象，产品的力学性能也会下降，产品的强力降低。

（3）当回收有颜色的物料，或在生产线正常运行状态启动已停止较长时间的回收螺杆运行时，很容易引起产品色差。

（4）回收物料中的杂质较多，滤前压力上升较快，回收会缩短熔体过滤器滤网的使用周期，明显增加过滤网的更换次数。因此，大量使用回收料的系统，经常会配置使用套缸式过滤器。

（5）回收会使纺丝板组件中滤网的堵塞速度加快，使纺丝过程异常，最终缩短喷丝板的使用周期。

（6）如回收物料中含有过量的水分、润滑油等物质，将会导致发生严重的大面积断丝，导致生产中断、停机，如果发生在系统的最上游，还会严重污染网带。

(四)回收工艺

1. 可回收性

实践证明,SMS 产品也是热塑性(加热后会熔融)材料,是可以回收并循环利用的。在生产医疗、卫生制品材料的 SMS 生产线,不宜回收含有碳酸钙类填充料的物料,回收装置常配置在 SMS 生产线最下游的纺粘系统。

不宜也不能在熔喷系统回收,否则将得不偿失,只能用生产线中的纺粘系统进行回收。

对于双组分产品,一般不在双组分生产线进行回收,因为回收将使两个组分的比例难以控制。对于皮层聚合物比例较低(≤5%)的产品,有的设备制造商推荐芯部的组分可使用回收料。

对于两个组分基本为同一种聚合物,仅其中一种是改性原料的,如 PP/CoPP,这时可以进行回收,但一定要用于熔点较高这个组分。

由于 PET 原料容易发生热降解和水解,特性黏度有较大的下降,而回收料的水分含量较多,且不可控,影响纺丝稳定性,目前企业基本上不做回收利用。

2. 回收量的控制

在保障产品质量的前提下,可回收的纺粘、熔喷及 SMS 的边、废、次品的最大比例一般控制在 15%~20%。

回收量太大会影响主螺杆挤出机的运行,引起压力波动;而由于回收的物料已经过多次熔融,黏度及流动性能发生了变化,会影响纺丝的稳定性,容易发生大范围断丝、熔体滴落。

3. 在回收螺杆出口加装熔体过滤器

在回收螺杆出口加装熔体过滤器,等于将输出的熔体过滤后再进入主螺杆,可减少回收熔体中的杂质对纺丝稳定性的影响,能在一定程度上延长喷丝板的使用周期,但增加了系统的管理工作量。在回收螺杆挤出机与主螺杆挤出机之间安装过滤器前,还必须考虑操作的可行性和对生产过程的影响。

因为回收挤出机一般是手动控制回收速度的,是一个开环的速度控制系统,如果回收过程熔体挤出量出现较大波动,必然会影响主挤出机的运行状态,而回收量的变化还会导致产品出现色差等,对产品的质量影响较大。加上现场设备的布置已很拥挤,因此,这个技术方案没有获得应用。

第十二章　非织造布产品质量控制

第一节　影响产品质量的因素

质量管理包括建立质量体系，制定质量方针和质量目标，以及通过质量策划、质量保证、质量控制和质量改进来实现质量目标。质量控制是实现企业质量方针和质量目标过程中的一个环节，致力于使产品满足质量要求，降低质量成本。

因此，要实现企业的质量方针和质量目标，就要建立、运行、持续改进企业的质量管理体系。质量管理体系是一个系统工程，仅是企业管理中的一个重要系统，要发挥作用正常运作，还需要其他系统的支持。

一、影响产品形成过程的"5M1E"因素

影响产品质量的因素有很多，可归纳为"5M1E"六个因素，这是在质量管理工作中常用的分析方法，其中的字母为各种相关因素英文单词的首个字母，所代表的意义如下：

人(men)：操作者对质量的意识、文化程度、职业道德、技能、身体状况、体能、精神状态、心理素质等；

机器(machine)：机器设备、工装夹具的性能、水平、技术状态、维护保养状况等；

材料、原料(material)：材料的品种，成分、牌号、批号(生产时间)、产地、物理性能和化学性能等；

工艺、方法(method)：包括加工工艺理论、流程，软件、工装选择、操作规程、作业指导等；

测量、检查(measurement)：测量仪器的测试原理、技术标准、采样规定、测试方法、仪器校准或验证、必要的调整或维修、工具的有效性、质量判定、检测结果反馈等；

环境(environment)：环境因素包括物理、社会、大气及生产环境等因素(如气候、季节、昼夜、时间、温度、湿度、光照、气压、气流、气味、电源电压、震动、照明和卫生条件、职场压力等)。

这六个因素只要有一个发生改变，都可能对产品的质量产生影响，但不同的因素对产品质量的影响程度也是不一样的，有的可能没有很强的相关性。因此，当产品质量发生异常时，要善于使用统计工具(方法)，找出主要矛盾，获得解决问题的方法。

"5M1E"就像一辆汽车，其中的"机""料""法""环"就是四个轮子，汽车的仪表就是"测"，驾驶员这个"人"的因素才是最重要的，没有驾驶员，这辆车就无法开动，不能体现其功能。

二、影响产品质量的两类因素

从过程质量控制的角度来看，通常又把上述造成质量波动的六个因素，归纳为偶然性因素和系统性因素两个类型。

(一)偶然性因素

偶然性因素是不可避免的因素,一定程度上又称为正常因素。如原料性能、成分的微小差异,电源电压的正常波动,压力、温度及周围环境的微小变化,设备的正常磨损,突发的自然因素,测试手段的微小误差,检测人员读数值的微小差异等。

一般来说,这类影响因素很多,不易识别,其大小和作用方向,发生时机都不固定,也难以确定。它们对质量特性值波动的影响较小,使变量特性值的波动呈现典型的分布规律。

(二)系统性因素

系统性因素是指在生产过程中少量存在的,并且对产品质量不经常起作用的影响因素。一旦在生产过程中存在这类因素,就必然使产品质量发生显著的变化,并呈现有一定的规律性。

这类因素包括岗位人员不遵守操作规程,或操作规程有重大缺陷,工人技能欠缺,原材料规格不符、材质不对,设备状态异常、过度磨损或损坏,使用未经检定过的测量工具,测试方法不当,测量读数值带有主观倾向性等。

一般来说,这类影响因素较少,容易识别,其大小和作用方向在一定的时间和范围内,表现为有一定周期性和倾向性的有规律的变化。

三、按调整时机分类的工艺参数

按调整或改变系统工艺参数时的设备运行状态,工艺参数常分为两类,如图 12-1 所示,一种是在运行期间可以调整或改变的工艺参数,称为在线调节参数;另一种则是必须在系统停止运行后才能改变或调整的参数,称为离线调节参数。

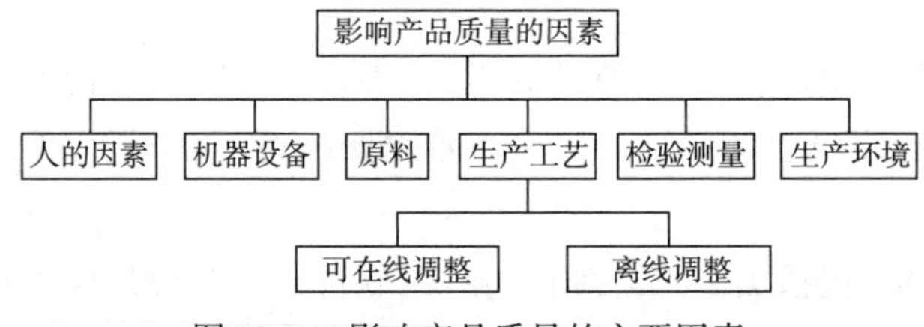

图 12-1　影响产品质量的主要因素

以纺熔非织造布为例,产品的性能主要指物理机械性能,如产品的强力、伸长率、透气性、静水压、过滤效率、纤维直径等。非织造布的生产过程复杂,影响因素较多,但主要有以下几类。

(一)可在线调整的参数

可在线调整的参数是指可在纺丝系统运行过程中进行调整或改变的参数,如:

1. 原、辅料及添加剂

原料或辅料的品种、原辅料的配比、熔体挤出量、后整理液的品种、浓度等。

2. 温度

熔体及设备的温度、冷却气流温度、牵伸气流温度、轧辊温度、热风固结温度、后整理干燥温度、组件煅烧温度、超声波清洗液温度、环境温度等。

3. 压力

熔体过滤器的滤前、滤后熔体压力、熔体压力、牵伸气流压力、冷却气流压力、冷却侧吹风箱压力、水刺水流压力、驻极水流压力、成网机压辊压力、热轧机轧辊压力、卷绕装置压辊压力、后整理轧液装置压力、后整理负压脱水压力、液压系统压力、分切刀具压力等。

4. 力

退卷张力、卷绕张力、成网机网带张力、热轧机线压力，由机台间速度差形成的牵引张力，热轧机轧辊与冷却辊间速度差、机械牵伸辊间速度差等所形成的力等。

5. 流量与速度

牵伸速度、牵伸气流的速度或流量、抽吸气流的速度或流量、单体排放速度、干燥气流流量、冷却水流量、冷冻水流量、水驻极系统用的去离子水流量。

纺丝计量泵的转速、成网机运行线速度、热轧机线速度、卷绕线速度、上液装置转动速度、分切机线速度、边料回收喂料速度、各种气动或液压装置的运动速度、各种风机的转动速度等。

6. 尺寸与距离

纺丝距离 SPD、铺网距离 ACD、接收距离 DCD、牵伸通道宽度、扩散通道宽度、扩散通道出口与成网机间的距离、分切刀具间距（只有高端机型才能在线调整）、产品布卷的直径、水驻极系统的驻极距离等。

（二）离线参数

离线参数是指必须在设备停止运转时，或要离开正常运行位置才能改变或调节的参数。

1. 更换设备

更换纺丝组件的喷丝板、喷丝孔的密度、纺丝组件内滤网的过滤精度、热轧机的花辊、卷绕装置的芯轴、分切刀具、静电驻极系统的电极或水驻极系统的喷嘴等。

2. 工艺尺寸调整

熔喷系统纺丝组件的气隙调整、锥缩尺寸调整、牵伸器狭缝宽度调整、分切刀间距调整（一般机型需要离线调整）。

3. 力或力矩

纺丝组件紧固螺栓的力（矩）等。

第二节　原辅料对产品质量的影响

一、聚合物原料对产品质量的影响

（一）聚合物的熔融指数对产品性能的影响

熔体的流动性能用熔融指数 MFI 表示（聚酯类原料的流动性能用特性黏度 IV 表示），MFI 值越大，熔体越容易流动，黏度也越低，容易被牵伸为较细的纤维，产品的均匀度、阻隔性能、过滤效率都会越好。但 MFI 值越大，产品的物理力学性能会越差，强力会越小。

聚合物原料的流动性能取决于分子量的大小，分子量大的原料，流动性能差；分子量小的原料，流动性能好。

熔融指数较小的切片原料，流动性较差，在生产时要消耗较多的能量。有试验数据指出，在产品的技术性能要求相同的条件下，用 MFI＝20 的原料比用 MFI＝35 的原料需要更高的熔体温度，因而会增加产品的能耗，而且产量也较低。但在纤维细度相当的情况下，产品的强力会得到加强。

但当产品的纤维细度（或直径）一样时，用 MFI＝20 的原料，比用 MFI＝35 的原料生产的产品有更高的断裂强力。

随着聚合物熔融指数的增加，所生产的纤维细度会变小，产品纵向、横向断裂强力下降，断裂伸长率也会降低。对于熔喷产品，熔体的流动特性对产品的静水压有明显的影响，在同样的熔体温度下，熔体流动性能越好，产品的静水压也越高；同一种聚合物，在一定范围内，静水压也会随着熔体温度的升高而升高（表 12-1）。

表 12-1　原料 MFI 和熔体温度对静水压的影响（产品克重：20g/m²）

原料 MFI	产品的静水压（mmH_2O）				
	246℃	260℃	274℃	288℃	302℃
800	35	45	54	73	73
1100	51	58	63	75	74
1750	60	67	73	84	—
1950	—	—	—	81	89

除了熔融指数外，熔体温度是对聚合物熔体流动性影响最大的因素，随着温度的升高，不同特性的聚合物熔体的流动性增加，黏度呈明显的下降趋势（图 12-2）。为了进一步降低熔体的黏度，熔喷法纺丝工艺除了要使用高流动性的低黏度原料外，还要用到更高一些的熔体温度。

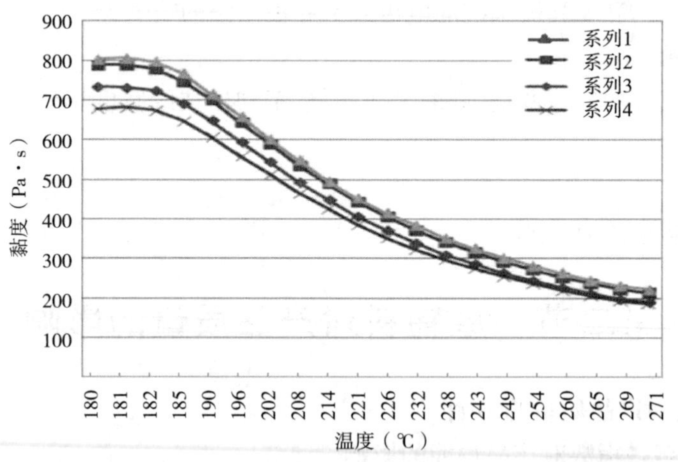

图 12-2　不同流动特性聚合物熔体黏度与温度的相关性

（二）聚合物的分子量分布宽度对产品性能的影响

聚合物的分子量分布宽度 MWD 越窄，纺丝越稳定。

原料的 MWD 决定了聚合物的加工性能，纤维结构，熔体的弹性，拉伸黏度和松弛时间。生产优质熔喷产品时，需要聚合物具有较窄的分子量分布。

聚合物的熔融指数增大后，分子量会变小，其分子量分布 MWD 会变窄，更容易选择生产工艺。

一般等规聚丙烯的平均分子量在 180000～300000 之间，纺丝级聚丙烯原料的分子量在 100000～250000 之间。分子量越小，熔体的流动性越好。在纺丝过程中，聚合物会发生一定程度的降解，分子量会降低。

熔喷系统用的PP原料，其分子量M_W（重均分子量）约为80000，在经过牵伸成为纤维后，其分子量M_W下降到60000左右。

分子量分布MWD较宽时，熔体的切变速率下降，出口胀大和纺丝应力、熔体的弹性增加，对纤维的牵伸较为困难。使用MWD过宽的切片在纺丝过程中在布面容易形成小硬块。因此，在进行高速纺丝或纺制细旦（≤1.5旦）纤维时，经常会使用等规度较高，分子量分布较窄的茂金属催化原料（mPP）。

随着纺丝技术、特别是纤维冷却技术的发展，目前，可以用普通的PP原料（zPP）稳定纺制出纤度小于1.2旦甚至更细的纤维。

（三）熔体黏度对双组分配对聚合物原料的影响

熔体的黏度是一个与聚合物流动特性相关的物理量，熔体的流动性越好，即MFI越大，则黏度越小。而黏度与熔体的温度是负相关的，温度越高，黏度则越小，因此，在工艺上可以通过改变温度调整熔体的黏度。

由于双组分纤维两个组分的熔体是相互接触的，因此，熔体的黏度是考虑纺丝工艺的主要因素。对于双组分配对的聚合物原料，要求两个组分在纺丝工艺条件下，熔体黏度应该尽可能相近，并具有较好的相容性，而对熔体的流动特性并不特别关注。

用于纺制并列型复合纤维时，两种聚合物材料应当具有较好的相容性，即成纤后能很好地黏合在一起，不在两个组分之间出现明显的界限或分离现象。否则在纺丝过程中易发生剥离，导致纺丝过程难以进行。

同样，在纺制偏心皮芯型产品时，除了对可纺性能的要求比同心型略高些，仍要求两个组分的熔体在纺丝条件下有相接近的黏度。

要考虑两个组分原料间有较好的相容性，在纺丝工艺条件下，两组分熔体的黏度应尽可能相近，以避免熔体黏度差别太大，刚离开喷丝板就出现较大的弯曲，发生弯头粘喷丝板面现象，影响纺丝稳定性。

熔体的黏度还与拉伸强度相关联，要求两个组分的熔体有较好的拉伸强度，能经受较高的牵伸速度和牵伸拉力，避免其中一个组分在牵伸过程中出现断丝现象。

有的配对形式纤维（产品）会有较好的触感，而有的会较差；而且要考虑生产成本（如可回收性），如果成本太高就缺乏实用性。

（四）聚合物的熔点决定双组分纤网的固结方式

聚合物的熔点影响双组分纤网固结方式的选择范围，皮芯型纤维的皮层聚合物原料对非织造纤网的固结方式有较大影响，如用低熔点的PE（LDPE或HDPE）做皮层与PP配对时，其低温加工性能较好，可以用热风固结。

如果两个组分聚合物的熔点太接近，在应用热风固结纤网时，两个组分都可能会发生熔融，固结点和固结面积增加，影响产品的触感。如用CoPP做皮层与PP配对时，由于两个组分原料的熔点相近，在高温热风的作用下，两个组分的聚合物都可能发生熔融，而导致固结点太多，影响产品的触感。因此，只能用热轧固结，这时非织造布产品就有较高的拉伸强度。

用HDPE做皮层与PET配对时，由于两个组分的熔点相差很大，当热风的温度达到使PE开始熔融粘接时，还远没有达到使PET软化、熔融。因此，可以用热风固结纤网，这种非织造布产品就有较好的耐热性和蓬松性。

纺制皮芯型纤维时,对可纺性的要求比并列型纤维略低,但两种聚合物组分的熔点会相差较大,低熔点皮层可用于热黏合,配对如PE/PP、PE/PET、CoPET/PET等。如ES纤维的皮层是熔点较低的PE(熔点为$T_m=107℃$),而芯部则为熔点较高的PP(熔点为$T_m=167℃$)。

由两种不同化学结构和特性的聚合物构成的偏心型复合纤维,可以使纤维产生三维立体螺旋卷曲,使非织造布产品具有较为蓬松的手感。

(五)原料含水量对纺丝稳定性的影响

当切片原料的水分含量偏高时,将会产生严重的断丝现象(图12-3),无法正常纺丝。在这种情形下,将出现全幅宽范围断丝及熔体滴落现象,只能彻底将这些原料从系统中清理干净,更换水分含量符合工艺要求的原料后,才能恢复正常生产。

图12-3 切片水分含量太高时的全幅宽断丝现象

由于聚酯类聚合物的分子结构中存在酯基(—COOR),在熔融的高温状态下,除了酯基会产生热裂解、热氧化外,水分还会引起水解反应,使聚合物的分子量降低,会影响熔体的黏度或流动特性,对纺丝稳定性、纤维的质量产生负面影响。而原料中的水分受热会汽化、蒸发,形成严重的断丝或熔体滴落现象,使纺丝过程无法正常进行。

二、添加剂对产品质量的影响

相对纯净的聚合物而言,各种添加物(色母料、功能改性剂、填充剂等)都可认为是熔体中的杂质,都会影响熔体的物理或化学性能,会影响纤维及产品的强度,加速产品老化、降解等。而且大部分添加物会随着加入比例的提高,对可纺性和纺丝稳定性的影响越明显,加入量越多,其负面影响也越大。

对添加剂的基本要求:要有好的分散性,要与原来纺丝体系有良好的兼容性,不能影响原料的可纺性或降低原纺丝体系的稳定性等。纺丝系统加入一定量的添加剂后,会影响熔体的流动性和产品的性能,如果添加剂的有效成分是有机物,会增加熔体的流动性。如果是无机物,会降低熔体的流动性。在加入功能性添加剂后,如加入降温母粒后可以提高熔体的流动性,加入柔软母粒后可以提高产品的柔软度,加入增韧剂后可以提高产品的断裂伸长率等,其改性效果都是正面的。加入其他添加剂以后,对产品的性能影响多是负面的。

在所有的添加剂中,除了填充料以外,色母粒、功能母粒的价格一般都要比聚合物原料更高,加入添加剂后,不仅增加了产品的生产成本,还增加了管理工作,而且多了一个影响产品质量的因素。

(一)色母粒对产品性能的影响

1. 色母粒的流动性能

色母粒的载体一般选用与所着色的非织造布聚合物原料相同,或者有较好相容性的载体树脂,对应不同的非织造布聚合物原料,要选用不同的色母粒载体树脂。如在生产PE、PP非织造布时,要选择LDPE或PP为载体;生产PET非织造布时,要选择PET或PBT为载体。

而在相同温度下，载体的熔体流动性，要高于所需要着色的非织造布聚合物原料的熔体流动性，即载体树脂的熔融指数要高于非织造布原料的熔融指数。如用于纺粘法纺丝系统的色母粒熔体流动速率，一般为所需要着色的纺粘布聚合物熔体流动速率的 2 倍以上。而在熔喷法纺丝系统用的色母粒，其熔体流动速率最好要接近或高于熔喷布聚合物熔体的流动速率。

色母粒的熔融指数大小会影响到原料的可纺性和系统的纺丝稳定性，其熔融指数以载体树脂为依据。当色母粒的熔融指数过低时，不容易分散，容易堵塞熔体过滤元件和喷丝板，影响可纺性和产品的质量，还会缩短喷丝板的使用周期。但色母粒的熔融指数过高，则容易引起熔体滴落，影响纺丝稳定性，而且会增加成网机压辊被纤网缠绕导致停机的概率。纺粘法非织造布所使用原料的熔融指数一般≤40g/10min，而熔喷法非织造布所使用原料的熔融指数可达1200~1500g/10min，甚至更大。因此，两种色母粒或添加剂是不能混用的。

2. 色母粒的熔点温度(℃)

色母粒的熔点直接影响原料的可纺性和非织造布的强度。一般情况下，色母粒的熔点温度以比聚丙烯(PP)原料熔点温度低 20~50℃为宜。若色母粒的熔点温度过低，在纺丝过程中的流动性更高，会发生熔体滴落而影响可纺性，当添加比例过大时会导致整体熔点温度降低，从而降低纺丝工艺温度，同时丝的强度会下降。

当色母粒的熔点温度高于聚丙烯(PP)熔点温度时，由于在纺丝温度下色母粒仍无法完全熔融，导致堵塞熔体过滤器及纺丝组件的滤网，还会堵塞喷丝孔，如果要提升纺丝系统的整体温度，将严重影响可纺性。

3. 色母粒的密度(g/m^3)

常规聚丙烯的密度在 0.9g/m^3(不是堆积密度)左右，而颗粒的大小与母粒的外观尺寸相差不多，但色母粒的密度与聚丙烯不同，一般会较大，如果两者的密度相差太大，在搅拌或混合过程中就不容易均匀散布，熔体的均匀性就有差异，对纺丝稳定性的影响比较大，因此，两者的密度越接近越好。

但有些色粉的密度差异比较大，就要求在制造母粒时控制色粉含量，把密度控制在 0.7~1.8g/m^3 范围内。在使用过程中，要注意调整添加量，通过改变添加比例的方法来解决母粒密度对可纺性的影响和应对可能出现的色差问题。

4. 色母粒的灰分含量(%)

色母粒的灰分含量对纺丝稳定性有明显的影响，色母粒灰分一般与色粉或分散剂的纯度有关，色粉或分散剂的纯度越高，色母粒的灰分含量就越低；反之，纯度越低，色母粒的灰分含量就会越高。同一种颜色母粒的添加比例相同，但价格却存在较大差异的原因，就是色粉的纯度不同所致。灰分含量越高，产品的颜色会越暗，可纺性越差，纤维强度会越低。

5. 色母粒的挥发分含量(%)

挥发分是指色母粒中的分散剂和润滑剂中的低分子物质含量。低分子助剂含量越高、挥发分就越多，过量的挥发分在纺丝过程时会产生大量烟气。在产品的温度降低后，或放置一段时间后，挥发分含量太高的产品表面会产生一层薄霜，喷丝板或熔体管道有低分子量的液体析出，这些挥发分会在高温管道及设备上炭化，会污染纺丝通道内的纤维，冷凝后会滴落在成网机的纤网表面，导致发生缠辊现象。

日常生产清理纺丝通道或成网机的压辊时,设备表面的蜡状油腻物质就是这种挥发分,对纺丝系统稳定纺丝和设备高速运行都有很大影响。

6. 色母粒的添加比例

添加比例肯定会影响最终产品的效果,在不考虑成本及可纺性的前提下,同一种色母粒的添加比例不同,不仅会形成深浅不同的颜色,有些还会改变色相。每一种有颜色的产品,其色母粒的添加比例都存在饱和度或饱和添加比例问题,超过这个饱和度或添加比例临界值,不会产生进一步的效果,就会造成浪费;而添加量偏少,产品则会达不到所需颜色的色调和饱和度。

对于多数功能母粒,添加量越高效果越好,如柔软母粒,添加量越高则柔软性能越好,阻燃母粒添加量越高阻燃效果越明显。但对于类似抗静电母粒,当添加量超过临界值以后,其效果就不会再有什么变化。

然而不管是色母粒还是功能性添加剂,或填充料,添加量越多对系统的可纺性影响也会越大,纤维的强度也会降低较多。大量添加填充剂会影响产品的物理力学性能,使耐候性能下降。

7. 色母粒加速产品的老化和降解

颜色是靠颜料吸收自然光中的相应波长的光线后,反射到人眼后才产生的视觉感受。聚丙烯纺丝熔体加入色母粒后,相当于在聚丙烯原料中加入杂质,而为了提高颜料的分散性,在母料的生产过程中要适当加入分散剂和润滑剂,这些都会对聚丙烯产生老化作用,有些使聚丙烯产生降解。聚丙烯本身放置时间过久会发生老化色变(黄变),而低分子量物质的表面析出,会加速聚丙烯老化黄变。

产品黄变主要表现在白色非织造布产品,主要原因是非织造布抗氧化性能不佳和增白母粒所选用的钛白粉存在质量问题。为了控制聚丙烯非织造布产品的变黄现象,提高其抗老化性能,在色母粒生产过程都加入相应的抗氧剂,并选择合适的钛白粉。这也是同一品牌有两种颜色相同的色母粒,添加量(比例)也一样,但其价格却有差异的原因。

除了熔喷布聚合物原料的抗氧化性能差,导致产品黄变以外,在熔喷布生产过程中添加的驻极母粒,也是产品发生黄变的一个根源。

(二)功能母粒(改性添加剂)对产品性能的影响

1. 功能母粒会影响产品性能和质量

功能母粒的作用就是改变产品的一些性能,或者是赋予产品一些特别要求的性能,因此添加功能母粒后,必然会对产品的性能产生影响。与色母粒一样会对熔体的可纺性、纺丝稳定性及产品质量产生一定的负面影响。

常用的功能母粒主要有:降温母粒、亲水母粒、柔软母粒、抗静电母粒、抗老化母粒、阻燃母粒、驻极母粒、抗菌母粒等。这些添加剂的相关指标(如流动性、熔点、密度、灰分等)所产生的影响也与色母料相类似,在适当范围内影响不大。但添加量过多或添加比例偏大时,都会影响熔体的可纺性和非织造布的性能。

为了提高熔体的流动性能而添加降温母粒时,会引起聚合物降解、分子链断裂、分子量降低,在流动性能获得改善的同时,还有利于提高产量。但会影响非织造布产品的断裂强度、断裂伸长率和耐老化性能。

在生产静电驻极熔喷法非织造布时,要添加的驻极母粒,在提高静电驻极效果,和产品的过滤效率的同时，如果添加比例偏大，会明显影响可纺性，还会使产品的表面产生绒毛，影响产品使用。

2. 功能母粒的挥发分

挥发分是指色母粒或功能母粒中分散剂和润滑剂中的低分子物质，各种聚丙烯用功能母粒，如抗静电母粒、抗老化母粒、柔软母粒、亲水母粒等，其低分子量挥发分含量都比较大，正是依靠这些低分子量材料，才使其具有特定的功能。

温度对挥发分的影响较明显，挥发是不可避免的，温度越高这些成分就越容易挥发。因此，在生产功能性非织造布产品时，现场的烟气比较大，还可能产生异味。要减少挥发分的损失，就要尽量降低纺丝温度，减少挥发损失使其利用率和功能最大化。纺丝温度偏高，纺丝过程中的挥发分损失会很大，最高约达 8.0%，对产品的功能就有明显的影响。

3. 功能母粒的时效性

功能添加剂的时效性表现在如下两个方面：

(1)时效性的第一个概念是将功能母料以共混纺丝工艺加入纺丝熔体后，其功能不会马上在非织造布产品上体现或完全体现，而是要经过一段时间的等待后，待这些有效成分从纤维内部析出并迁移至纤维表面，才能逐渐体现其功能效果。

这种现象在生产亲水产品、抗静电产品、柔软产品时就能观察到。等待时间的长短与功能母料的特性有关，快的可能仅需 2 个小时，而慢的可能长达 1~2 周，才能达到预期效果，也就是开始显效有时效性。

时效性与产品中功能助剂的含量有关，与天气(环境)温度有关，有效成分含量浓度高，析出表面快。夏季温度高、湿度大，时效快。效果显现与 PP 树脂结晶成核有很大关系。

(2)时效性的第二个概念是指有些功能母粒加入产品后，其表现出的功能是有时效的，也就是有时间限制的，这种功能不会永久存在，经过一定时间后会消失。这个时间短的可能只有一年，以后就会因为发生衰减而慢慢失效。

如应用驻极工艺生产高效熔喷空气过滤材料时，所添加的驻极母粒有利于延缓静电的衰减速率，可以使熔喷布的过滤效率在正常的货架期(或保存期)内保持在要求的范围内，这个有效期一般是在 2~3 年，也就是显现出来的功能有时间限制。

4. 不同类型添加剂间的兼容性

当一个产品同时添加有多种不同类型的添加剂，或不同形态的原料(如粉料、回收料)时，与功能添加剂、填充母粒之间就存在兼容性问题。即不同的添加剂间会存在相生的协同效应，或存在相克的现象。

在一个产品中同时添加两种或两种以上的添加剂时，会产生不同的效果，如果产生相生的协同效应，则对改善产品的性能是有利的，例如在生产有颜色的卫生制品非织造布材料时，除了加有色母粒外，同时还加入有柔软母粒，则生产出的非织造布既柔软、颜色又鲜艳，还能提高可纺性和纺丝速度。

(1)阻燃母粒和抗老化母粒。有卤阻燃母粒添加后会影响抗老化性能，在添加有抗老化母粒的熔体中，再添加入有卤阻燃母粒，会影响抗老化效果；如果加入的是无卤阻燃母粒，则不会影响其抗老化性能。

(2)色母粒和碳酸钙填充母粒。填充母粒会对不同颜色产生吸色反应，会导致色泽变暗，色相转移。

(3)功能母粒与回收料及填充料。添加亲水、抗老化、抗静电、阻燃等功能母粒时,最好不要添加回收料和填充料,这样功能母粒才能达到最佳的功能效果。

而在产品中添加有可能"相克"的添加剂时,对产品质量的影响是负面的。例如在生产有颜色的非织造布时,如果原料中还含有类似碳酸钙类的填充料,则纺丝稳定性会受影响,会降低纺丝速度,同时还会影响产品的颜色鲜艳度,甚至会有褪色等负面作用。

(4)抗老化母粒和聚丙烯粉料、降温母粒、回收料。抗老化效果无法在产品下线后直接检测到,其他原料如聚丙烯粉料、降温母粒、回收料会影响非织造布的抗老化效果。

5. 颜料或功能添加剂发生迁移

颜料或功能添加剂在非织造布中发生迁移的主要原因有:

(1)在非织造布着色系统中存在颜料的过饱和现象。

(2)在非织造布着色系统中存在仍能够自由运动的颜料分子。

(3)在非织造布着色系统中存在不能充分结晶的颜料。

6. 对纺丝过程及产品的其他影响

(1)大部分的产品在加入色母粒后,在铺网过程中产生的静电会明显增加,甚至影响铺网均匀性及与成网机网带的剥离。静电还会降低纤网间的结合力,使纤网变得更蓬松,影响纤网从成网机向热轧机之间的传送。在热轧以后,产品的带电情况会更加剧烈,严重时会发出放电声,甚至可看到清晰的放电火花,操作人员有遭受电击的危险。

(2)色母粒或添加剂中含有的杂质及灰分较多时,或者颜料颗粒偏大、分散性较差时,都会使熔体过滤器及纺丝组件内滤网的淤塞速度加快,缩短纺丝组件的使用周期,并可能引起熔体压力波动。

(3)一般在添加色母粒后,生产现场的烟气会增大,对环境有不利的影响。纺丝稳定性会变差,容易出现断丝、滴熔体的现象,或成网机缠压辊的概率会提高。

(4)由于添加剂的密度与主要原料(PP)不同,加入添加剂后,熔体的密度发生了变化,由于大部分添加物的密度都比 PP 高,因此这些熔体的密度要比纯 PP 熔体高一些,如果纺丝泵的转速保持不变,也就是泵的体积流量不变,实际的熔体挤出量(或产量)会增加,产品的定量规格就会出现正偏差。必须注意添加剂对熔体密度或纺丝泵每一转质量排量的影响。

(三)功能性母粒在卫生制品材料中的应用

卫生制品材料是熔体纺丝成网非织造布的一个重要应用领域,而产品的柔软性、蓬松性、爽滑性等则是卫生制品材料的重要性能指标。

目前,除了尽量降低纤维细度,以降低材料的刚性以外,卫生制品材料都是通过添加功能改性剂来改善产品的触感,如爽滑性、柔软性、悬垂性、附着性等,添加柔软剂就是一个常用的措施。

纺粘法纺丝系统的纺丝熔体添加柔软剂后,随着添加比例的增加,聚合物的降解加速,熔体的黏度下降,而流动性(MFI)提高,有利于纺出更细的纤维,纤网会变薄,纤维的硬度、刚性变小(表 12-2),使产品的手感更柔软、更富弹性。

表 12-2 添加柔软剂后产品厚度及刚性的变化

序号	柔软剂添加比例	纤网厚度(mm)	MD 方向刚性(g·mm)	CD 方向刚性(g·mm)
1	0	0.3724	2.64	0.31
2	2%	0.2932	1.76	0.28
3	4%	0.2912	1.79	0.15

除了添加柔软剂外,在生产卫生制品材料时,还经常通过添加弹性体来实现聚合物的改性,使产品获得较好触感,这已是目前一个重要的聚合物原料改性方案。

威达美™(Vistamaxx™)特种弹性体是采用埃克森美孚公司的 Exxpol™茂金属催化工艺合成的特种烯烃共聚物,是以丙烯为主体的乙烯、丙烯半结晶共聚物。根据不同要求,其结晶度可以通过改变共聚单体的含量加以控制,乙烯的含量为 9%~16%弹性体的结构由全同立构聚丙烯微晶区及松散的无定形区构成。

威达美™丙烯基弹性体与 PP、PE 有很好的相容性,可以质量分数为 10%~30%的添加比例加入(牌号 6202),作为分散相添加到 PP 中进行共混纺丝,能降低 PP 的挠曲模量,改变 PP 非织造布的性能,可制造出具有更高柔软性、悬垂性、附着性和舒适触感的非织造布。

由于这种威达美™丙烯基弹性体与 PP 有良好相容性,其颗粒可以亚微米级的粒度分散于 PP 基材中的无定形态区域结晶。电子显微镜显示,该弹性体主要在 PP 的无定形态区域中结晶,因而阻碍了等规聚丙烯(IPP)结晶的长大(注:HPP 为均聚聚丙烯,RCP 为无规共聚物)。

在这类共混物中,由于 IPP 本身的结晶度较小,加入弹性体后降低了共混材料的总结晶度,材料的模量是与结晶度相关的。共混物的拉伸强度下降,而断裂伸长率增加,导致弯曲模量明显降低。因此,纤维的弯曲模量较未改性的 IPP 要低,非织造布就具有较好的柔软性。

用牌号 7050FL 这种弹性体为主要原料(占比 80%~97%),还可以制造高弹性的聚丙烯弹性非织造布。

但添加弹性体以后,随着添加量的增多(一般≤30%),对产品的物理力学性能有较大影响。弹性体与 PP 共混物的拉伸强度下降,断裂伸长率增加,弯曲模量明显降低(图 12-4),SMS 产品的静水压的下降趋势很明显。

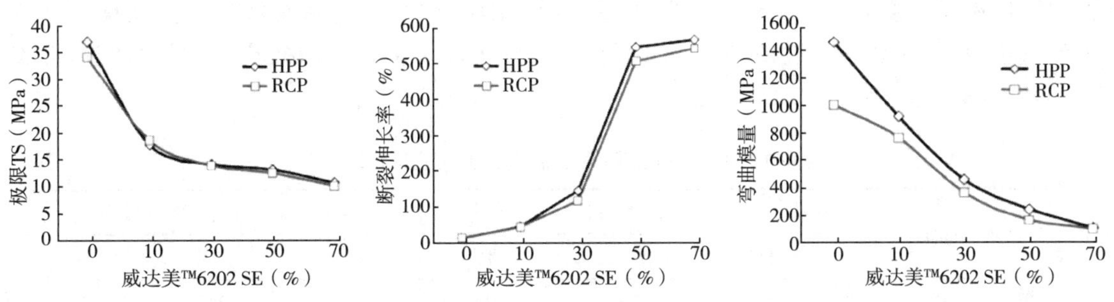

图 12-4 添加威达美™弹性体后拉伸强力、伸长率、弯曲模量的变化

爽滑剂是一种化学性质与聚丙烯和弹性体均不相容的小分子,所以它被从基材中挤出,迁移到纤维表面。时间越长,被挤出到产品表面的爽滑剂也越多,从而改善了产品的表面特性,使产品表面的摩擦系数下降,感觉就较为爽滑。

但爽滑剂这个特性也降低了布卷层与层间的摩擦力，在加工张力的影响下，布卷的层间容易丧失稳定而产生横向滑动、错位，增加了分切加工的难度，导致在分切过程无法高速运行，也难于控制分切断面的平整性。而放置时间越久，从内部迁移到纤维表面的爽滑剂也越多，也就越难分切，这也是爽滑剂的一个时效性表现。对于这类型产品，应该抓紧时机，在母卷从生产线下线后，在其显效前就要及时进行后续的分切加工。

第三节　物理因素对产品质量的影响

一、温度对产品质量的影响

在纺粘法非织造布的生产过程中，熔体的温度，冷却气流的温度，热轧温度以及环境温度等，对产品质量有较大影响。

（一）熔体温度（T_m，℃）

聚合物的熔点会随着分子量的增大而升高，熔体的温度与聚合物的熔点有关，

如 PP 纺粘法纺丝系统纺丝熔体温度一般在 220～240℃，对产品性能有很明显的影响。熔体的温度越高，流动性会越好，越容易牵伸为较细的纤维，但高温容易引起聚合物降解，还影响产品的机械性能，如拉伸强力会下降等。

如在熔体的温度高于 250℃后，将引起 PLA 发生过分降解，因此，在纺丝过程中要严格控制熔体温度不能接近、更不能高于 250℃，这是 PLA 与 PET 等聚合物原料不一样的特性，表 12-3 为美国 PLA 供应商推荐的熔体纺丝温度。

表 12-3　美国 PLA 供应商推荐的熔体纺丝温度（℃）

温度区	螺杆挤出机					纺丝计量泵	纺丝箱体
	进料口	1	2	3	4		
温度	25	200	220	230	235	235	235

熔体的温度直接影响聚合物熔体的黏度，影响聚合物的可纺性，但同一种纺丝工艺，不同品牌设备的熔体温度设定值会有很大差异。如同是 PP 纺粘法系统，国产宽狭缝低压牵伸系统的熔体温度一般在 225～235℃，要比国外同类型纺丝系统的温度低很多。而在一些管式牵伸系统，熔体的温度可达 260℃。下面就是国外主流设备制造商推荐的纺丝系统温度设定值（表 12-4）。

表 12-4　RF4 纺粘系统推荐的工艺温度（℃）

温度区域名称	螺杆挤出机			出料头连接器	纺丝箱体	
	进料区	第二区	其他区		中部	两端
普通原料 zPP	180	200	245	245	245	255
茂金属催化 mPP	180	200	255	266	255	265

而从另一个角度，如果使用高流动性原料，就可以用较低的温度生产出相同质量的产品，从而减少产品的能耗。

从图 12-5 可看出，在同样的熔体温度下，用 MFI 较高的原料所制造的熔喷产品具有较高的静水压；而同一种原料，随着熔体温度的升高，产品的静水压会呈现了上升的趋势。但这种趋势并不会一直延续，而会出现一个拐点，因为温度太高，纺丝过程就容易出现飞花或晶点，产品的静水压就不升反降。

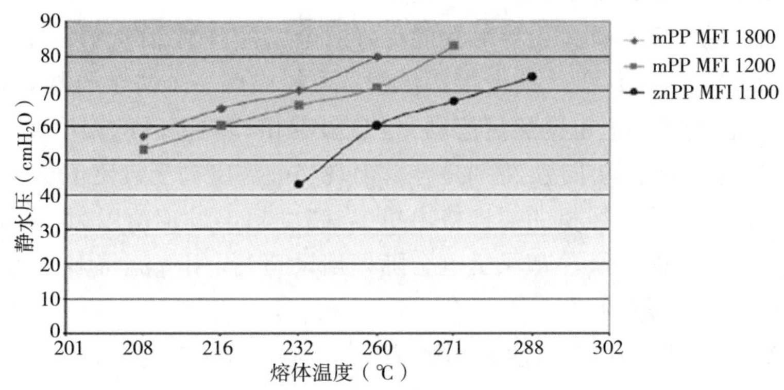

图 12-5　熔体温度对静水压的影响

另外，从图中还可以看到，相对于普通的 zPP 原料，在同样的熔体温度条件下，茂金属催化的 mPP 原料具有更高的静水压，其主要原因是使用 mPP 原料可以提高纺丝稳定性，而且流动性更好，容易纺制出更细的纤维。

从表 12-5 可看出，在同样的熔体温度下，用较高 MFI 原料生产的熔喷布产品，其 MD 方向的断裂强力较小；而同一种原料，随着熔体温度的升高，产品在 MD 方向的断裂强力存在一个最大值，过后便呈现了下降的趋势。

表 12-5　原料 MFI、熔体温度与熔喷产品断裂强力的关系（产品克重：20g/m²）

原料 MFI	产品 MD 方向的断裂强力(kg)				
	246℃	260℃	274℃	288℃	302℃
800	1.45	1.68	1.55	1.35	1.35
1100	1.50	1.58	1.35	1.15	1.27
1750	1.42	1.32	1.18	1.18	—
1950	1.35	1.32	1.30	1.18	1.10

注　表中数据是根据 Basell 的图表整理的。

由于熔喷系统使用的是高流动性原料，熔体的温度又较高，影响了各种密封装置的效能，在实际运行过程中，较容易导致纺丝箱体出现熔体泄漏现象，除了影响产品的质量外，熔体还会滴落到成网机，污染成网机的网带。

在纺粘法非织造布的生产过程中，熔体温度同样会对产品性能产生影响。因此，当要生产拉伸断裂强力较高的纺粘法非织造布产品时，除了要选用分子量较大的聚合物原料外，一般都会应用较低熔体温度和较低冷却风温度的纺丝工艺。

一般生产工艺都要求各加热温区的温度控制精度在±1℃，这里包括了两层意思，一个是当前值与设定值之间的差异,另一个是当前温度的变化幅度。要达到这个温度控制精度,需要相应的硬件配置才有可能实现。

在聚合物熔体纺丝系统,与熔体温度有关的设备主要是熔体制备系统和纺丝箱体,但影响较大的主要是有较多加热温区的螺杆挤出机及纺丝箱体这两类设备。而在运行期间,两种设备所出现的温度控制精度下降现象的机理则基本是一样的。

由于螺杆套筒及纺丝箱体都是由导热性能良好的金属材料制造的,温度不同的相邻温区的热量会流动而互相影响,不同温度区的衔接部位就不可能出现一个明显的温度分界。由于套筒或箱体内部熔体的流动,实际上也是热量流动,也会影响相邻温度区的温度变化。这两个因素的存在,增加了准确控制温度的难度,特别是容易出现当前温度高于设定值这种状态。

在套筒加热区配置有冷却风机的螺杆挤出机,当温度超出设定值以后,温度控制系统除了降低加热功率,甚至停止加热外,冷却风机也会随即启动运行,用气流将多余的热量移除,直至温度恢复到设定值后才停止运行。

虽然 PP 等聚烯烃类聚合物对温度并不敏感,然而绝大部分用于 PP 原料的国产螺杆挤出机,其加热区都没有配置冷却风机,因此,要把温度准确控制在额定偏差范围内是不容易的。

由于聚酯类聚合物对温度很敏感,除了会影响熔体的黏度外,还会导致材料发生降解。因此,在使用聚酯原料的纺丝系统,其螺杆挤出机的加热区都会配置冷却风机,提高了温度控制精度。

由于纺丝箱体没有配置有冷却风机,加上相邻区域间都是导热性能好、截面积很大的金属材料,也就是热惯性很大的材料。因此,会观察到有的温区当前温度偏离(高)设定值较多的现象。这会使熔体的黏度降低、流动性较好,导致与较高温度对应部位的喷丝孔,熔体的挤出量较大,影响纤网的均匀度,还会影响纤维细度,增加了产品的物理性能差异。

(二)冷却气流的温度(℃)

在使用封闭式纺丝通道的纺丝系统,冷却气流同时也是牵伸气流。一般情形下,冷却气流的温度(T_a)与聚合物的熔点、纺丝通道冷却腔的高度、纤维细度有关。如 PP 纺丝系统的冷却气流温度一般在 15~20℃之间,具体温度则与机型及当前的熔体挤出量有关,熔体的温度越高、熔体的挤出量越大,纤维越粗,就需要温度更低一些的冷却风。

冷却风的温度越低,越能增加冷却气流与纤维(或熔体细流)之间的温度差,冷却效果也越好,但消耗的能量也会增加,而且熔体细流过快冷却固化,也会影响纤维的牵伸与质量。因此,冷却风温度也不是越低越好,目前的冷却风温度还有向更高温度提升的趋势,甚至比 20℃更高,目前,在主流的 RF4 纺粘法纺丝系统,常用的冷却风温度在 18~25℃。

PP 是目前导热系数最小的一种聚合物材料,因此也较难冷却,所需的冷却风温度也较低。冷却的时间(或路程)也较长。对于使用其他聚合物的纺丝系统,其冷却风温度可以比 PP 系统更高一些,一般在 20~22℃,甚至还可以更高一些。

纤维的冷却对纤维的牵伸、产品的物理力学性能有很大的影响,然而除了浪费能量以外,过分的冷却也会影响纤维的牵伸,对产品质量产生负面影响,因此要适可而止。虽然降低冷却风温度可以提高产品的强力,但过度冷却将增加纤维的牵伸阻力,使纤维难于牵伸。

PP 的结晶速率随结晶温度而变化,结晶过程必须在聚合物的熔点与玻璃化温度之间进行,温度越高,结晶速率越小,而温度越低,结晶又难于进行,在此温度范围内,存在一个结晶速率最大的温度区域。因此，纤维也是不宜过快冷却的。

牵伸能提高纤维的结晶度，在温度 120～130℃之间，初生 PP 纤维的结晶度为 33%～40%，而经过牵伸以后，结晶度会提高到 37%～48%，甚至更高。结晶能使纤维的大分子排列紧密有序，取向趋向稳定。

纤维的结晶度越高，非织造布产品的拉伸断裂强力、拉伸模量、刚性、双折射率、光泽都会增加，而断裂伸长率会降低。因此，可以通过优化冷却风温度，提高纤维的结晶度，来达到降低产品断裂伸长率这个目标。

（三）环境空气的温度（℃）和相对湿度（*RH*，%）

由于纺粘法纺丝过程是在强制的冷却环境下进行，环境温度（℃）对纺粘法非织造布的生产过程没有太大的影响，但会明显影响产品的能耗。环境温度较低时，冷却系统与环境的温差缩小，散失的冷量和耗能也随之减少，在冬天或北方，甚至无须启动制冷设备就能正常生产。

当环境空气温度较高，制冷系统负荷增大，甚至可能无法获得工艺所需的低温冷却风，熔体细流得不到有效的冷却，生产线的纺丝泵要降低速度运行，减少熔体挤出量，导致产量减少。产品的强力下降、断裂伸长率增大等。

环境空气的湿度（用相对湿度 *RH* 表示—relative humidity）对纺丝稳定性影响较大，当环境空气的湿度≤*RH*70%以后，纺丝过程容易产生大量静电，甚至发生可见的火花放电现象，对于使用聚酯类原料或 PLA 原料的纺丝系统尤为严重，使产品形成疵点等缺陷。在环境湿度较高时，由于冷却气流中的水分蒸发时会吸收更多的热能，可以提高冷却风的冷却效果，而且可以消除静电的影响。

熔喷法非织造布的纤网是依靠自身余热固结、利用环境空气冷却的，熔喷法非织造布的质量对环境温度很敏感，环境温度上升，产品的性能则明显下降，而且在保存期间发生的变异也越大、越不稳定。

一些简易型辊筒接收熔喷系统，由于接收辊筒没有配置抽吸风系统，大量高温气流直接逸散到厂房内，导致环境温度很高，很难生产出高品质产品。另外，室内温度还会受大气环境影响，白天的温度比晚上高，中午的温度比早上或傍晚高，夏天的温度比冬天高等，导致熔喷产品的质量产生规律性的波动。

环境温度越高，纤网的冷却过程越长，对产品质量的负面影响越大，如强力下降、容易出现晶点，手感变差等。当纺丝系统配置有强制的冷却风装置时，虽然产品的能耗会增加一些（约 10%），但可以稳定冷却过程的温度，从而稳定并提高产品的质量，特别是对降低晶点的出现概率有明显的效果，还可以提高产量。在生产空气过滤材料时，可以获得高过滤效率、低流动阻力的优良产品。

环境温度越低，对纤维的冷却越有利，能提高产品的质量，降低晶点的出现概率，纺丝泵便可以提高运行速度，从而增加产量，提高材料的静水压或过滤效率。

牵伸风的温度和抽吸风机的流量都会影响熔喷纤网的冷却过程，牵伸风温度越高、流量越大，越难冷却；抽吸风流量越大，相当于参与熔喷纤网冷却过程的环境气流也越多，而环境气流温度较低，也有利提高纤网的冷却效果。

二、流量对产品质量的影响

在纺粘法非织造布的生产过程中，产品的质量与聚合物熔体的温度、流量，牵伸气流的流量，冷却风温度及抽吸风流量有关。一般的生产线没有配置流量计量装置，无法直接测量当前的流量状态，只能通过相关设备的运行速度间接地定性知道流量的状态。

由于流量基本与风机转速呈线性关系，因此，相关的流量都可以用设备的转速来表示。如纺丝泵的转速控制熔体流量，风机的转速控制风量等，但这种控制方法不能反映运行过程中工艺条件的变化，因此，其工艺重现性较差。

如随着使用时间的增加，冷却风系统的空气过滤装置会逐渐堵塞，阻力增加，同样的风机转速，其实际流量就会减少，再用以前的工艺就不能生产出同样的产品。为了避免出现这种情况，目前，很多纺粘系统的侧吹风箱安装有气压表，由于气压表指示的是接近侧吹风箱冷却气流出口的压力，影响气流压力（流量）的因素较少，只要保持压力相同，冷却侧吹风的流量和速度就基本保持一样，提高了工艺的重现性。

（一）熔体挤出量对产品物理性能的影响

螺杆的转速一般受纺丝泵的转速控制，并同时受滤前熔体压力影响，一般情形下，螺杆挤出机的转速是不能、也无须人工干预的，会自动跟随纺丝泵的转速和滤前压力变化。而在一些简易型熔喷纺丝系统，由于没有配置纺丝泵，螺杆的转速是直接由人工控制的。

螺杆转速提高，挤出量增多，喷丝孔的单孔流量也增加，纤维的直径会增大，生产同样定量的产品时，接收装置的速度也同步提高，产品的纵横向强力比也会增大。

同样定量规格的产品，螺杆的转速增加，喷丝孔的单孔流量增大，纤维直径变粗，散热困难，冷却不足会增加并丝概率，阻隔性能下降。螺杆转速太高，会导致熔体的停留时间太短，聚合物受热不足，熔体的流动性、温度、质量的均匀性变差，会影响纺丝稳定性。

如果螺杆的速度太慢，熔体会因停留时间太长而发生降解，导致产品变色，强力下降。但速度下降至一定程度后，将无法正常纺丝。

在成网机速度一样时，螺杆转速升高，产品的定量规格会增加，产品也越厚，纤网的重叠层数更多，其平均孔径变小，阻隔性能会变好。

（二）熔体流量（g/min，ghm）

熔体的流量实际就是纺丝泵的总流量，与纺丝泵的转速（r/min）成正比，也决定了每个喷丝孔的熔体流量——单孔流量，有时用符号 ghm 表示。

$$\text{单孔流量(g/min)}=\frac{\text{纺丝系统总挤出量(g/min)}}{\text{喷丝孔总数(h)}}$$

$$\text{单孔流量(g/min)}=\frac{\text{每米幅宽挤出量}\times1000}{\text{喷丝孔密度}\times60}$$

式中：每米幅宽每小时的挤出量单位为 kg/(h · m)；喷丝孔密度的单位为 h/m。

喷丝孔的单孔熔体流量是对产品质量有重要影响的一个基础因素，喷丝板的最大单孔熔体流量与喷丝孔的直径有关，直径较大的喷丝孔，强度也较高，可以允许有较高的熔体压力和较大的单孔流量，但在同样的牵伸速度下，纤维必然也较粗。

使用 PP 原料的纺粘法喷丝板，其喷丝孔直径在 0.40~0.60mm，行列之间错位排列，喷丝板的孔间距离相对很大，一般在 4.0~6.0mm，是喷丝孔直径的 10 倍，孔之间的金属材料很厚。因此，喷丝孔直径大小对纺粘喷丝板的强度影响很小，可以承受较高的熔体压力，不可能发生超压损坏事故。

而熔喷喷丝板的喷丝孔的直径较小，又是单行孔排列，三角形喷丝板的两个斜面间仅靠孔之间的金属连接，常用喷丝孔直径仅为 0. 30～0. 35mm，而孔间的中心距一般是按 2 倍孔径设计，即孔间金属材料的厚度仅为 0. 30～0. 35mm，厚度很薄、强度很低，对熔喷喷丝板的强度影响较大。喷丝孔的直径越小，喷丝板的强度就越低，允许的单孔流量也越小，熔体通过时产生的压力降也越大，可以承受的工作压力也就越低。

在同样的牵伸速度下，单孔流量越小，纤维越细，熔喷产品的阻隔性能越好，静水压或过滤效率也越高，但产量则较低。对纺粘产品而言，纤维越细，产品的均匀度会有所改善，遮盖性较好，物理力学性能也会有所提高，但系统的产量和经济效益都会降低。

虽然通过降低喷丝板的单孔流量可以获得较细的纤维，但仍无法明显改善纤维的结晶质量和提高取向性能，虽然有的纺粘纤维的细度会较细，但产品的断裂强力偏小，断裂伸长率却较大，这是纤维牵伸不足的表现，说明纺丝系统的牵伸速度仍偏低，因此，牵伸速度才是衡量纺丝系统技术性能的重要指标。

当纺粘喷丝板的喷丝孔直径在 0. 40～0. 60mm 范围时，生产一般产品的喷丝板单孔流量≈0. 5g/min，如果生产细旦纤维产品，就要降低单孔流量，一般在 0. 2～0. 4g/min 范围，这也是纺丝系统的产量与纤维细度相关的原因。

熔体的流量同时也是纺丝系统的挤出量，虽然产量要考虑合格品率，但产量（kg/h）是与挤出量成正比的。因此，当挤出量较小时，同一喷丝板的产量（或纺丝泵速度）越低，单孔流量也越小，纤维越细，因此，熔体的流量会影响产品的各项质量指标。

在非织造布的正常生产过程中，如果受当时的工艺条件限制而无法进一步提高产品的质量时，降低生产线的运行速度是一个有效的手段，尽管会损失一部分产量，但却能确保产品的质量满足要求。

但单孔流量或纺丝泵的转速不能太低，否则因熔体压力下降而影响纺丝箱体内的熔体分配，会出现局部断丝，甚至大面积无法正常纺丝现象。

国产纺粘系统的正常产量为 120～150kg/（h · m），实际产量与生产线的最高运行速度有关。当生产薄型产品时，纺丝系统处于较小挤出量状态运行，单孔熔体流量与生产线的最高运行速度有关。在产品定量规格不变的前提下，运行速度越快、熔体的流量越大、生产线就会有更高的纺丝稳定性和产量。

而在生产定量规格较大的厚型产品时，纺丝系统已处于较大，甚至接近最大的熔体挤出量状态运行，产量会较高。此时喷丝板的单孔熔体流量提升空间已不大，因而提高生产线运行速度的空间很小，运行速度与产量的关联性不大，这一类型生产线也就不需要有很高的设计速度。

而实际产量与产品的定量规格大小，纤维粗细有关，生产大定量规格的产品，或纤维较粗的产品时，单孔流量会较大，系统就有较高的产量熔体的流量。表 12-6 为一个宽狭缝正压牵伸纺粘法纺丝系统产量与产品定量规格、纤维细度的相关性，可见其生产能力或产量是较大的。

表 12-6　纺粘法纺丝系统产量与产品定量规格、纤维细度的相关性

序号	产品定量(g/m^2)	纤维细度(旦)	纺粘系统产量[kg/(h · m)]
1	10~15	0.8~1.2	140~160
2	12~30	1.6~1.8	200~220
3	15~30	1.8~2.2	220~250
4	≥30	>2.0	250~300

目前,纺丝系统的单位幅宽每小时的熔体挤出量(或产量)是国内外纺粘技术存在的主要差异之一,在纤维细度为 1.8 旦状态,国外主流纺粘技术的 PP 产量已达到 240~270kg/(h · m),而使用 PET 原料时,纺丝系统的产量可达到 320kg/(h · m)的水平。虽然最新国产设备的产量可接近 200kg/(h · m)的水平,但很多国产设备的单位幅宽产量仍≤120kg/(h · m)。

(三)喷丝板的孔密度

喷丝板的孔密度就是在布孔区单位长度(m)内喷丝孔的数量(个)。根据 PP 纤维的直径 d (μm)= $1183\times\sqrt{q/v}$ 可知,在同样的纺丝泵挤出量下,喷丝板的孔密度越大,喷丝孔的数量也越多,分配到每个喷丝孔的熔体流量 q 也就较小,在同样的牵伸速度 v 时,纤维直径 d 会较细,产品的均匀度、遮盖性、物理力学性能会较好,阻隔、过滤性能提高。

纺粘法喷丝板的喷丝孔之间的距离较大,一般都大于 4mm,主要是使纤维能得到充分的、均匀的冷却,并不是为了避免熔体出口胀大效应而发生并丝。纺粘系统出现的并丝,更多原因是高温的熔体细流没有获得充分冷却,而冷却气流又不稳定,导致丝条晃动而产生的。

要增加孔密度,纺粘喷丝板只能通过加宽布孔区 MD 方向的宽度来实现。因此,提高孔密度以后,意味着冷却气流要贯穿的熔体细流(或纤维)数量增加,路程更长,气流到达丝束中部时的温度升高、流动速度变缓,热交换效率降低,纤维不容易得到均匀、有效的冷却,会影响纺丝稳定性,容易发生断丝等现象。

而在熔喷系统,喷丝孔是紧密排列的,喷丝孔间的中心距等于或稍大于两倍孔径。增加孔密度就意味着喷丝孔间的距离缩小,喷丝孔的直径也要随之变小。在孔径较小、孔密度较高的情况下,喷丝孔之间的金属材料很薄,因此强度会较低,无法承受较高的熔体压力,这也是熔喷喷丝板较容易损坏的一个原因。而由于从喷丝孔喷出的熔体细流的互相间隔很小,对熔体出口胀大效应就很敏感,由于出口胀大效应引起的并丝概率增大。

在喷丝板设计时,喷丝孔就需要有更大的长径比,而在工艺上还要使用流动性更好(或 MFI 更高)的聚合物原料,使用更高的温度和流动性更好或黏度更低的纺丝熔体。

(四)冷却(牵伸)气流的流量(m^3/min)

在封闭式纺粘法纺丝系统,牵伸气流的流量实际就是冷却(牵伸)风机的转速,转速越快,流量越大,牵伸速度越高,纤维越细,取向越好。

在气流流量较大(风速较高)的工艺条件下,可生成较细的纤维。气流速度首先取决于风机的压力和流量,也与牵伸气流管网阻力(如管道布置、冷却侧吹风箱内均风装置的阻力、牵伸通道喇叭口宽度的大小等)有关。如果风机没有足够的压力来克服管网阻力,再大的铭牌流量也是没有作用的。

随着牵伸气流的流量增加，纤维的直径变细，纵横向强力增大，断裂伸长率下降，但高速牵伸气流对成网过程的干扰会较大。因此，提高牵伸速度以后，成网质量有可能随之变劣，均匀度变差，而且产品的能耗也增加。

这是目前困扰一些国产设备进一步降低纤维细度的技术瓶颈，这些纺丝系统只能侧重产品的均匀度和纺丝稳定性，而无法更多考虑纤维细度，最终导致产品的断裂强力降低，断裂伸长率较大（有的会大于 100%）。

这类型的纺丝系统出现这些问题的根源在于冷却风机选型不当，偏重流量而忽视压力，配置流量较大［>10000m^3/(h·m)］，而压力偏低（<5000Pa）的风机。这种纺丝系统在运行时的显著特征就是牵伸通道下方的喇叭口很宽（45~60mm，甚至更宽），风机的运行频率偏低（<20Hz，甚至更低）。

如果将这种系统的喇叭口稍调窄一些，就很快出现断丝，会误认为是牵伸速度太高把丝拉断了，其实则是将喇叭口调窄以后，风机无法克服阻力，导致流量下降，纤维冷却不足所致，这时系统会有一个明显特征，就是冷却风机的负载电流反而变得更小，负荷变轻了。

熔喷系统是一个开放式纺丝系统，生产过程是在开放的空间纺丝成网，一般都是利用车间环境气流作为冷却气流，使牵伸气流或纤维降温冷却、并固结成网的。因此，环境气流的温度对成网过程及成网质量有极其重要的作用。

产品质量会随环境温度而波动，即使产品下线后，一些性能指标仍会出现变化，一般会出现明显的衰减现象。在炎热的夏天，这种现象尤为明显，早上与傍晚的产品质量就比中午好，晚间一般要比昼间好，而冬天生产的产品质量就明显比夏天好。

熔喷系统配置强制冷却系统后，由于冷却气流的温度比环境气流低，而且稳定可控，又有较高流动速度，能吸收从纺丝组件喷出的高温牵伸气流及纤维的热量，降低熔喷纤网的温度，稳定了纤网的冷却条件，使生产过程的产品质量处于可控状态，不会随环境气温的变化而出现波动。

（五）成网气流

成网气流实际上就是进入抽吸风机的气流，与抽吸风机的转速（r/min）成正比。成网气流的均匀性影响产品的均匀度，与抽吸风箱的设计有关。

流量的大小会影响产品的密度（g/m^3），成网气流的流量越大，抽吸风箱入口越窄，则气流的速度会越高，纤网的密度也越大。纺粘系统的抽吸风箱入口一般都较宽，因此，流量都较大，但因纺粘纤网的透气阻力小，抽吸风机的压力并不高、气流的速度也较小，对纤网的密度影响就不大。

成网气流的大小要与牵伸气流匹配，以能全部吸收牵伸气流，并保持稳定纺丝为准。对于早期带毛刷和密封辊的封闭式纺丝系统，抽吸气流的流量一般等于牵伸气流的 1.1~1.2 倍，如抽吸气流的流量偏大，则很容易出现断丝。

对半封闭式或半开放式纺丝系统，虽然冷却牵伸气流仍是抽吸气流的主要成分，但要从扩散通道出口与成网机之间的开口吸入部分环境气流，因此，抽吸气流的流量一般等于牵伸气流的 1.3~1.5 倍。值得注意的是，市场上仍存在一些冷却牵伸气流的流量比抽吸气流流量更大的机型。

对于开放式纺丝系统，如管式牵伸系统、宽狭缝正压牵伸系统，由于吸入风机的气流主要是大量的环境气流，因此，抽吸风的流量要比牵伸气流量大很多。

太大的抽吸气流不仅会增加能耗，而且会在纺丝系统的下游形成一个与成网机运行方向相反的干扰气流，这个干扰气流会影响铺网的均匀性，甚至导致发生翻网。因此，要在纺丝系统的出口端设置压辊来阻截这些逆向气流。这时的压辊就不需要密封功能，而是将蓬松的纤网压紧，增加纤维间的结合力，并阻挡干扰铺网过程的逆向环境气流。

在成网机设置压辊后，能阻止环境气流干扰成网，但随之而来的就是产生了缠辊这一弊端。因此，在成网机这一区域，还要设置相应的防止发生缠辊的技术措施，如加大轧辊直径，采用特殊表面的压辊，采用热轧辊，设置辅助抽吸区等。

三、压力对产品质量的影响

在纺粘法非织造布的生产过程中，产品的质量与聚合物熔体的压力、牵伸气流的压力及抽吸风的压力有关，但这些流体的压力多以流体的流量反映出来，压力高，流量就大。而流量一般是与设备的速度相关的，速度越快，压力就越高。

压力更多体现在系统的安全运行方面，滤前压力显示螺杆挤出机的出口压力，用于保证螺杆挤出机安全运行，也是更换熔体过滤器滤网的根据；纺丝泵的入口压力一般称为滤后压力或控制压力，是熔体压力控制系统的基准，对纺丝泵的正常运行至关重要。

滤后压力一般是由设备制造商推荐设定，这个压力不能太低，以免熔体无法及时流入、并充满纺丝泵的吸入端，导致纺丝泵在高速、大挤出量状态运行时压力发生波动，或有空气混入熔体中引发断丝；如果滤后压力设定值太高，会导致螺杆挤出机的转速上升，效率降低，能耗增加。

滤后压力的设定值主要与熔体的流动性（或黏度）有关，熔体的流动性好或黏度较低，在较低压力状态，熔体就能流入并充满纺丝泵的吸入侧，不会发生气蚀现象。由于纺粘系统的熔体流动性比熔喷系统差很多，因此，纺粘系统的控制压力的设定值一般在 5~6MPa，在其波动幅度≤0.1MPa 的状态下，对纺丝稳定性就没有明显的影响。

螺杆挤出机与纺丝箱体之间的熔体被纺丝泵及熔体过滤器分隔开，正常状态下，螺杆挤出机的压力不会直接传递到纺丝箱体。但在纺丝泵发生故障，如传动轴发生故障时，熔体就有可能直接从纺丝泵流过而到达纺丝箱体。熔喷系统纺丝组件（喷丝板）的强度较低，如果这个压力偏高，就会威胁喷丝板的安全。

考虑到熔喷系统熔体流动性很好，因此，大部分熔喷系统的滤后压力（控制压力）设定值较低，一般都是≤3MPa 经常设定在 2~3MPa，要比纺粘系统低很多。

纺丝箱体的压力对熔体的均匀分配，保证稳定纺丝，及纺丝箱体、纺丝组件安全运行至关重要。一般情形下，纺丝箱体的熔体压力与纺丝泵的转速正相关，转速越快，熔体压力越高，这是保证熔体均匀分配和纺丝稳定性的关键。纺丝箱体的熔体压力是随着纺丝组件使用时间的增长而不可逆地积累升高的。当压力达到设定值以后，就应该更换纺丝组件了，否则将影响纺丝箱体的安全使用。

纺丝箱体允许的最高工作压力与熔体分流方式有关，根据设计而定，国产管道分流纺粘箱体的设计压力一般≤10MPa，实际运行压力大都<3MPa；国产衣架分流箱体的设计压力约10MPa，实际运行压力大都<8MPa。由于引进设备的纺丝箱体内，其衣架的截面尺寸远小于国产箱体，因此，熔体的流动阻力较大，压力会较高，有利于熔体的均匀分配。

实践证明，纺丝箱体的熔体压力较高，有利于熔体的均匀分配，对改善产品的均匀度有好处。如果箱体内的熔体压力偏低，就会影响熔体在幅宽方向的均匀分布，在阻力较大的位置流量偏低，导致相应位置的喷丝板压力降低，容易发生断丝、熔体滴落，大部分情况是发生在离箱体熔体入口的远端，也就是纺丝箱体的两端先出现。

牵伸气流的压力越高，就越容易克服管网的阻力而获得较高的气流速度，这是提高牵伸速度的硬件基础。

目前，采用宽狭缝低压牵伸工艺的纺丝系统，为获得更高的牵伸速度，其牵伸风机压力呈不断升高的态势。在 20 世纪 90 年代初期，纺粘系统牵伸风机的压力仅有 700Pa，目前已升高至 16000Pa，是前者的 23 倍；以前冷却侧吹风箱压力（即室压）仅有 400Pa 左右，目前有的机型可达到 2000～5000Pa，甚至更高，提高了 10 倍左右。

提高牵伸气流的压力，必然要选配功率更大的设备，从而会影响产品的能耗。而随着包括节能技术在内的新技术应用，目前最新机型的牵伸气流压力已降至 10000～12000Pa，产品的能耗也随之降低了。

冷却侧吹风箱室压的增大，使牵伸速度也有大幅度的提升，从早期的 1000m/min，提高到目前 3500m/min（最高可>5000m/min）。而 PP 纤维细度也随之从 4 旦降低至目前<1 旦（最小约 0.7 旦）的水平。

而其他采用正压牵伸的机型（如管式牵伸及宽狭缝正压牵伸），随着技术创新的加强，牵伸气流的压力也呈逐步降低的趋势，其目标是在保证有足够牵伸速度的前提下，降低产品的能耗，提高产品的市场竞争能力。如有一个管式牵伸机型，此前纺 PP 产品的能耗为 1400kW · h/t，降低牵伸气流压力后，能耗随之降低至≤1200kW · h/t 的水平。

而由于熔喷技术的发展，特别是高流动特性（MFI>1500）聚合物原料的应用，使应用高孔密度（hpi>50）、小孔径喷丝板和可以有更高的熔体压力、更大的喷丝板单孔流量成为可能，单位幅宽每小时的产能也由 50kg 提高到 70kg 左右，能耗也减少了。

四、成网机速度对产品质量的影响

成网机的速度（m/min）是决定产品定量（g/m^2）大小的一个因素，在相同的熔体挤出量下，成网机的线速度越低，产品的定量会增大，均匀度会越好，各项技术指标也越好。生产同一定量规格的产品，降低成网机的速度以后，纺丝泵的转速也要同步降低，喷丝板的单孔流量随之减少，产品的纤维会越细，各项性能特别是纤网的均匀度也会较好，MD/CD 方向的性能差异也会变小。

在生产过程中，如果通过其他措施无法提高产品的质量，采用成网机降速的方法一般都可以获得明显的改进。当不改变产品的定量规格时，成网机降速也就意味着纺丝泵也要同步降速，有利于提高产品的质量。但因为熔体挤出量减少，生产线的产量和经济效益下降，而且会影响纺丝稳定性。

对于用于空气过滤的熔喷产品，由于一般都要经过驻极处理，使产品带上静电荷，带上的电荷越多，产品的过滤效率也越高。而产品进行驻极处理的时间越长，纤维越细，驻极的效果也会越好。成网机降速后，既延长了驻极处理时间，也使纤维变得更细了，使产品的过滤效率获得了明显的改善，这也是生产空气过滤材料时，生产线的产量一般都较低的原因。

生产 SMS 类产品时，为了使产品具有更高的阻隔性能，也就是具有更高的静水压时，通过降低成网机（或生产线）的运行速度，也可以在一定程度上提高产品的静水压。

目前，纺粘法产品和 SMS 产品有向更轻、更薄方向发展的趋势，成网机的速度是制约薄型小定量产品产量和纺丝稳定性的一个瓶颈，随着技术的进步，成网速度会越来越高。因此，生产线的运行速度也越来越快，可生产 7g/m^2 规格产品的成网机，其最高速度已达 1200m/min。

五、接收距离对产品质量的影响

（一）接收距离 DCD

接收距离，是指喷丝板出口至接收装置间的距离（die to collector distance，DCD），是纺丝系统的一个非常重要的工艺参数，也是熔喷专业常用的术语。

DCD 调节是熔喷纺丝系统、宽狭缝正压牵伸纺粘系统运行过程中，使用频度较高的操作，DCD 可以影响产品多项基本性能，如纤维直径、纤网密度、纤网平均孔径、均匀度、强力、断裂伸长率等物理性能，产品的手感及成网宽度等，从而对产品的阻隔性能，如静水压、过滤效率等特性产生很大的影响。

（二）纤维牵伸与 DCD 的关联性

DCD 的大小直接影响熔喷纤维的牵伸，也就是纤维直径的大小。牵伸气流及熔体细流刚从纺丝组件喷出后，两者间还存在很大的速度差，气流对熔体细流所形成的握持力最大，而仍处于较高温度的熔体细流仍具有较好的流动性，黏度也较低。因此，牵伸气流具有很强的牵伸作用，纤维会很快变细。

气流与纤维离开喷丝板的距离增加以后，随着空气的阻尼作用，气流会很快减速，与纤维间的相对速度差越来越小；而随着熔体细流被周边空气迅速冷却，温度随之降低，流动性变差，需要的形变力增加。两个因素的综合结果，使牵伸作用越来越不明显，纤维的直径变化速率变得很缓慢，到一定距离后气流就不再具备牵伸功能，纤维直径也不再发生变化了（图 12-6）。

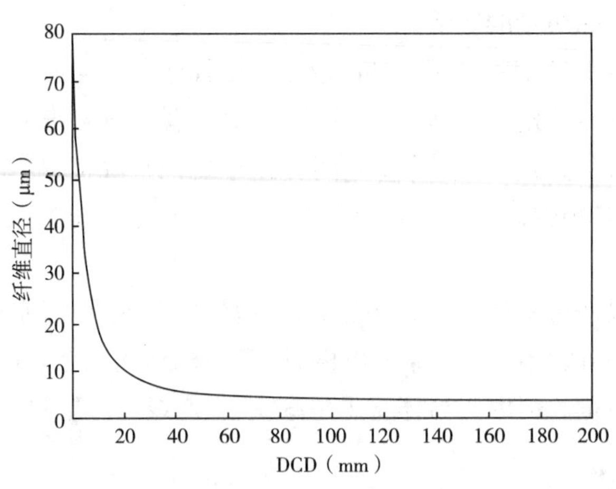

图 12-6　纤维直径与 DCD 的关系

在 DCD>200mm 时，纤维所达到的速度与气流的速度基本相等，不存在速度差了，加速度接近为 0。再增加 DCD，纤维也不再被牵伸，直径变化也趋稳定，纤度最细。纤维的最小直径一般出现在 DCD＝110～200mm 这一范围。如在这个情形下继续增加 DCD，只会改变纤网的堆积密度和增加透气性。

（三）DCD 大小对产品其他性能的影响

DCD 增加，牵伸气流和纤维受环境空气的阻尼，到达网带表面时的速度较低，由动能转换为压力的能量减少，纤网会变得更为蓬松，纤网的密度呈减小的趋势。

纤网密度减小，空隙率就增加，透气量会增大（图 12－7），手感也会变好，但纤网的平均孔径会较大，产品的阻隔性能或过滤效率下降，而在两侧环境气流的挤压下，产品的幅宽还会缩窄。

在 DCD 较大的情况下，纤维的运动形态紊乱，纤维的长度方向会与气流前进方向不平行。甚至会出现以横向姿态前进，容易出现大量并丝，DCD 越大，纤网出现的并丝也越多，纤网的均匀度随之变差。

随着 DCD 增大，强力增加，但这种趋势是有极限的，如再增加 DCD 值，纤网结构蓬松，纤维间的黏合减少，强力反而下降。而在 DCD 增大后，产品的 MD/CD 强力比率下降，即 CD 强力下降较缓，甚至会出现 MD≤CD 的情况，这是熔喷法非织造布特有的一种现象（图 12－8）。

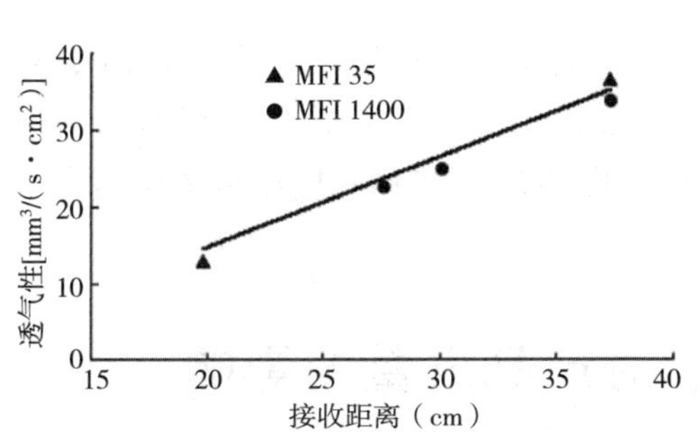

图 12－7　DCD 对产品透气性能的影响

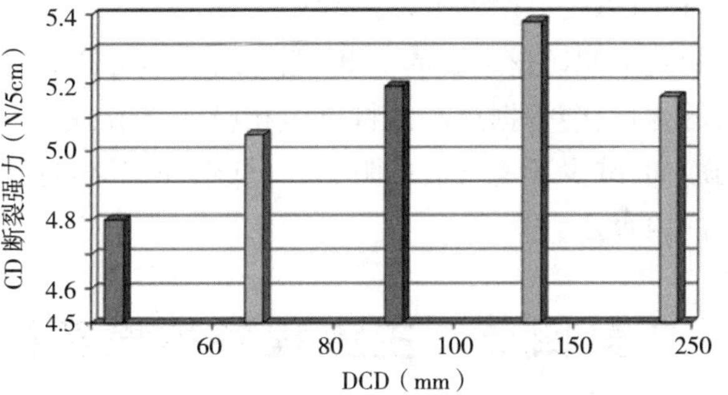

图 12－8　DCD 对纤维断裂强力的影响

在 DCD 较小的情况下，纤维以相互平行的形态有规律运动，纤网的均匀度会较好，而且并丝少。由于到达成网机网带表面前的速度较高，这部分动能就变成压力能，使熔喷布的结构更密实，阻隔性增大，透气性下降，手感变硬，断裂伸长率缩小（图 12－9）。

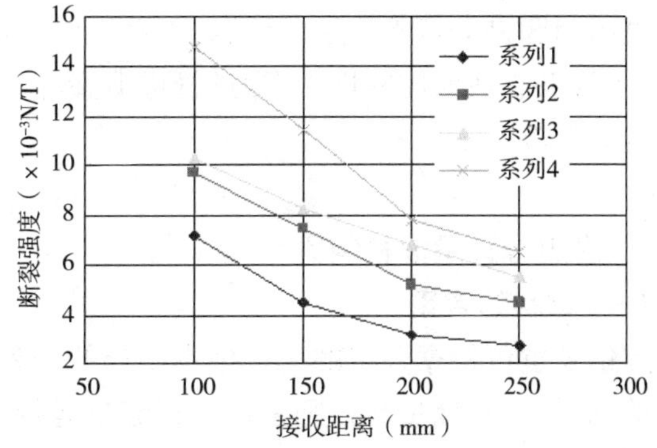

图 12－9　不同原料产品的断裂强度与 DCD 的关系

（四）选择熔喷系统 DCD 值的原则

熔喷系统的 DCD 值会直接影响熔喷纤网的密度，因此与产品的应用领域有关。用于阻隔、过滤领域时，如生产空气过滤材料，或卫生、医疗制品材料时，应用较小的 DCD 值，这时纤网的密度较高；当产品要求有较好的手感或蓬松性时，如用于保温、隔声、吸收领域时，用较大的 DCD 值，这时产品的密度会较小。

因产品应用领域不同,设备设计的 DCD 调节范围也会有很大差异,一般独立的熔喷生产线,常用的 DCD 调节范围在 100~700mm,最大可达 1000mm。而在熔喷系统没有配置冷却吹风装置的情形下,最小 DCD 值可接近 50mm。

在 SMS 生产线中的熔喷系统,主要用于生产高阻隔性产品。因此,常用的 DCD 调节范围较小,一般在 100~300mm。而当生产线配置有多个熔喷系统时,还可以通过改变各个系统的熔体挤出量和使用不同的 DCD,从而控制产品的静水压和透气性能。

熔喷系统的最小 DCD 还受其他工艺条件限制,如 DCD 太小,由于牵伸气流的速度很高而难以控制,很容易产生飞花;其次是纤网无法得到充分的冷却,温度会很高,产品质量很差,已缺乏应用价值。此外,还要考虑为维护喷丝板提供作业空间及为网带应急保护装置提供无障碍的动作空间。

(五)纺粘系统的 DCD 值

对于应用宽狭缝低压牵伸工艺的纺粘法纺丝系统,其 DCD 值是固定不变的,虽然第三层钢结构平台的高度从早期的平台标高 6300mm 增加至目前的 7000mm 左右,其变化包括了成网机高度的变化,但纺丝通道的高度变化不大,而且是不可调整的。加长纺丝通道更有利于纤维的冷却,还可以提高牵伸气流的利用效率。

管式牵伸纺丝系统的 DCD 也是固定不可调的,只有宽狭缝正压牵伸纺丝系统的 DCD 会有较大的变化,会根据产品的特点做相应的调节,以适应不同工况的纺丝工艺要求,使纤维获得适当的冷却,减少环境气流的阻力,降低牵伸气流对铺网过程的干扰,其机理和应用可参见本书第三章的内容。

第四节 主流程各种设备性能对产品质量的影响

一、供料系统

只要供料系统能正常运行,为纺丝系统提供充足的原料,对产品的质量就不会产生影响。其常见的问题是运行不稳定,导致纺丝系统供料不足,甚至缺料停机。其原因包括:地面料斗缺料、吸入管没有插入原料堆中、输送管道泄漏、除尘器堵塞、吸料风机故障、料位传感器异常、控制系统故障等。

二、多组分计量混料装置

(一)物料的容重

计量装置可根据预定的比例把本组分的物料送入下方的搅拌装置。物料的配比是按质量计算的,而体积式计量装置则是按体积流量运行、计算的,对特定的一种物料,质量与体积之间存在一个正比例关系,这个比值就是物料的容重。

散装物料的容重并不是物理学中的比重或密度,不能混淆,与纺丝熔体的空度也是不同的。容重是单位容积中包括大量空隙在内的堆积物的物料质量,除了与物料的密度相关外,还与物料颗粒大小、均匀性有关。同一种物料,颗粒大,堆积密度会较小;颗粒小,堆积密度会较大。

大部分聚合物原料和辅料的技术标准中,都会对切片的形状(直径、长度)、尺寸偏差有具体要求。但同一种类型物料的容重并不是唯一的,不同供应商、不同批次产品的容重也可能是不一样的。而在同一地点的同一种物质的比重或密度则基本上是固定不变的。

PP 的密度为 0.91g/cm^3,而 PP 切片的容重仅为 0.55g/cm^{3}左右;PET 的密度为 1.38g/cm^3,而 PET 切片的容重仅为 0.80~0.85g/cm^3。

在聚合物原料中,不可避免地存在一些并粒(两粒或多粒粘连在一起的粗粒)和连粒(没有被彻底切断,而在长度方向连接在一起的长粒)。并粒对计量过程有影响,但不明显,而长粒会明显影响计量,还会使原料起拱、阻断供料,导致发生断料、产品性能波动、产生色差等。

(二)计量混料装置对产品质量的影响

纺粘纺丝系统普遍用共混纺丝的工艺,对产品进行改性整理,生产过程会添加色母粒,功能整理剂。计量混料装置常见的是计量不准确、缺料这两种故障现象,对产品质量的影响是出现色差或性能出现差异。

纺粘系统的纤维较粗,因此对添加剂的要求也稍低一点,如果功能性添加剂、色母粒的质量有问题,例如分散性不好,将会影响正常纺丝,容易产生断丝,熔体滴漏,布面存在大量粒状物等,不仅降低了熔喷或 SMS 类产品的静水压,还可能使产品失去应用价值。

三、螺杆挤出机

螺杆挤出机的速度会影响聚合物熔体的质量,螺杆挤出机的速度是受纺丝泵控制,并受滤前压力的影响,滤前压力会随着熔体通过量的增加而不断升高。

螺杆挤出机的速度是被动的、无须人为设定的。纺丝泵的速度越快、滤前压力越高、滤后压力(控制压力)设定值越高,螺杆挤出机的速度也越高。

纺粘系统原料的 MFI 较小,熔体的温度较低,熔体黏度较大。而螺杆挤出机的挤出量是与熔体黏度相关的,黏度高,挤出效率上升,挤出量增加。因此,在同样的纺丝泵速度下,螺杆的转速会比熔体黏度较小时慢一些,增加了熔体在螺杆套筒内的停留时间,有利于改善熔体的质量。

螺杆挤出机是处于变速状态运行的,正常情况会有 2~3r/min 的波动。因此,必须留有足够的调速空间,也就是螺杆的实际转速不宜高于额定速度的 90%,否则压力自动控制过程反应迟钝,将引起熔体压力波动,影响产品的质量。在有的生产线现场,会听到运行中的螺杆挤出机发出周期性加速或减速的噪声,就是由于其熔体压力—转速自动控制系统没有整定好,或螺杆挤出机的运行速度太快。

在使用不同的原料或添加剂时,同样的纺丝泵速度下,螺杆挤出机的转速有时会出现越来越快的趋势。出现这种情形时,可以尝试通过更换原料或添加剂的方法解决。

四、熔体过滤器

在运行过程中,随着熔体过滤器的过滤元件(滤网或滤芯)上积聚的杂质越来越多,过滤阻力增加,熔体过滤器的滤前压力会不断升高,导致螺杆挤出机的速度也随之上升,消耗的能量增多。

过滤元件使用的时间越长,积聚的杂质越来越多,实际孔径会变小,过滤精度会升高,熔体会更干净,有利于稳定纺丝。这就是临近更换滤网前,纺丝系统的运行较为稳定的原因。

但滤前压力升高以后,会增加换网操作的难度,特别是刚开始换网,第一个脏滤网退出以后,过滤面积突然减少了一半,阻力急剧增大,会形成一个压力尖峰,容易引起超压保护系统动作而导致全线停机。因此,要及时换网。

熔体过滤器的过滤元件(滤网或滤芯)有一定的纳污量,存留在过滤元件中的污物有可能从过滤元件中脱落,而使熔体受污染,影响产品质量。为了避免出现这个情况,当更换产品的颜色、改变产品的功能时,必须在投入新的添加剂前,就要将正在使用的过滤元件换为新的过滤元件。

由于套缸式过滤器的滤芯是不容易更换的,因此,这一类型的过滤器不适用于频繁转换产品颜色或功能的纺丝系统,否则将产生过量的不良品。

如果预热升温时间不足,新换上滤网的温度还较低,熔体流过时因热量传导给滤网,自身的温度会降低,流动性变差,使过滤器的熔体通过能力降低;滤后压力随之下降,导致纺丝泵挤出量减少,纺丝箱体内的熔体压力下降,影响了熔体的均匀分布,很容易导致断丝、熔体滴落。

五、纺丝泵

(一)纺丝泵的转速决定了产量

纺丝系统的熔体挤出量与纺丝泵的排量和转速成正比,计算挤出量时是没有考虑合格品率和原料利用率的,其基本关系:

$$纺丝系统的挤出量\ Q(\mathrm{kg/h})=k_1\times纺丝泵的转速\ n(\mathrm{r/min})$$

式中:系数 k_1 与熔体的密度($\mathrm{g/cm^3}$),纺丝泵的每转排量($\mathrm{cm^3/r}$)有关。

$$k_1=纺丝泵的每转排量(\mathrm{cm^3/r})\times熔体的密度(\mathrm{g/cm^3})\times60$$

如图 12-10 所示,熔体的密度与熔体的温度 t(℃)有关:

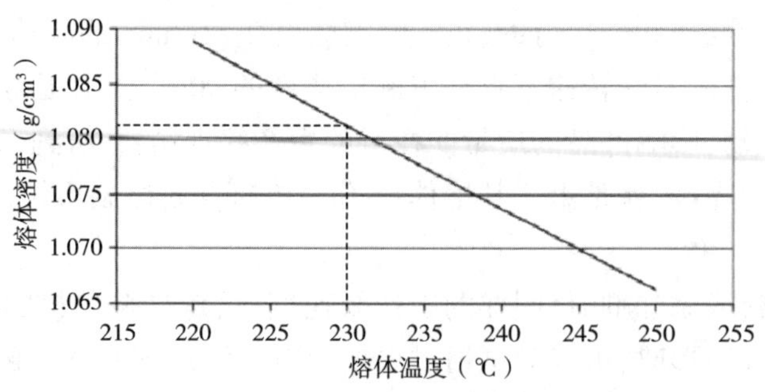

图 12-10　PLA 熔体密度与温度的关系

PP 熔体:

$$\rho_{\mathrm{PP}}=0.897-5.99\times10^{-4}t \tag{12-1}$$

PET 熔体:

$$\rho_{\mathrm{PET}}=1.35-5.00\times10^{-4}t$$

在同一个纺丝系统，k_1基本是固定的，在生产线稳定运行后，可通过实测产品的定量或单位时间内的产量平均值，再利用式(12-1)分析、倒算，就能确定k_1的数值，方便以后的工艺计算。

例：已知，纺丝泵排量$q=50cm^3/r$，纺丝泵转速$n=40r/min$，PP 熔体温度为 240℃。

PP 熔体温度在 240℃时的熔体密度：

$$\rho_{240}=0.897-5.99\times10^{-4}\times250=0.75(g/cm^3)$$

$$k_1=q\times\rho=50\times0.75\times60=2250[g/(r\cdot h)]$$

纺丝系统的挤出量：

$$Q_{240}=2250[g/(r\cdot h)]\times40(r/min)=90000(g/h)$$

相当于：

$$90000(g/h)\times0.001(kg/g)=90(kg/h)$$

(二)纺丝泵转速与单孔流量

纺丝泵的转动速度决定了喷丝板的单孔熔体流量(ghm)，速度越低，单孔流量越小，纤维的直径也越细。因此，同样的定量规格的产品，纺丝泵的速度越低，静水压就越高，阻隔性能越好。

对于用作空气过滤的高滤效、低滤阻熔喷材料，常采用静电驻极工艺来使其实现高滤效、低滤阻要求，而静电驻极的效果与纤维细度是负相关的。单孔流量越小，纤维细度也越小，静电驻极的效果会越好。因此，在应用静电驻极工艺生产空气过滤用的熔喷布时，纺丝泵的运行速度都会较低，产量也会减少，因此，产品的能耗会增加。

但降低纺丝泵的转速后，纺丝箱体的熔体压力也会降低，影响熔体的均匀分配，会影响纺丝稳定性，很容易产生断丝、熔体滴落等问题。因此，降低纺丝泵的转速也是有限度的，而且降速也降低了产量。相对而言，纺丝泵的转速高一些，纺丝稳定性也会更好一些。

(三)熔体的压力

纺丝泵的进口熔体压力(即滤后压力，也称控制压力)设定较高，有利于纺丝泵高速运行和防止发生气蚀现象，但会使螺杆挤出机的速度升高，容易引起压力波动，而且会增加能耗，而对于熔喷系统，偏高的滤后压力还会影响喷丝板的安全。

滤后压力的设定值会影响纺丝泵的工作状态，当设定值偏低时，纺丝泵会一直处于出口压力比入口高的增压状态运行，而且这个压力差会随着纺丝组件使用时间的延长而提高，因此，这个系统要配置增压型纺丝泵，否则纺丝泵轴端密封容易发生熔体泄漏。

在刚换上新的纺丝组件初期，如纺丝泵的滤后压力设定值较高，纺丝泵就可能会以出口压力比入口低的降压状态运转，但随着运行时间的增加，直至到了要更换纺丝组件前，箱体压力达到最高值，纺丝泵则可能进入增压状态运行。

由于纺丝泵的内部结构，如轴承润滑、轴端熔体密封是与纺丝泵的运行状态有关的，一般纺丝泵是以增压状态出厂的，如果改变了工作状态，就容易导致轴承润滑不良，轴端出现熔体泄漏等问题。

熔喷系统使用的原料流动性很好，温度也较高，熔体黏度较低。因此，螺杆挤出机的效率下降，挤出量减少，在同样的纺丝泵速度下，螺杆的转速会比熔体黏度较高时更快，影响压力稳定。

滤后压力设定值越高，螺杆挤出机的转速也越快。因此，滤后压力(也就是纺丝泵的入口的熔体压力)不宜偏高。熔喷系统的熔体流动性好，滤后压力的设定值会较低，一般在 2～3MPa。相对而言，纺粘系统的熔体流动性较差，黏度较大，因此，需要较高的滤后压力，一般在

5~6MPa,有的机型可能还会更高一点。

(四)多纺丝系统的纺丝泵转速分配

在成网机速度一定的条件下,产品(或纤网)的定量与纺丝泵的转速成正比。在有多个熔喷系统的生产线,为了便于工艺计算,一般可以将产品的定量平均分配到各个纺丝系统,也可以人为有差别地分配各纺丝系统的纤网定量,使产品中的各层纤网具有不同的特性,制造出新型的功能性产品。

对于配置有多个熔喷系统的生产线,增加上游熔喷系统的纺丝泵转速,或纤网的定量,能明显改善成网机网带容易堵塞、透气量下降这个问题,可以稳定产品质量,延长网带清洗周期。

六、纺丝箱体

纺丝箱体的功能主要是将熔体均匀分配到喷丝板的全幅宽位置,使所有的喷丝孔能获得温度一样、压力均匀的纺丝熔体。熔体分配不均匀,会影响产品的均匀度,在极限状态,局部区域的熔体压力偏低会影响正常纺丝,甚至使产品出现缺陷。

电加热的纺丝箱体都是应用分区电加热技术,一般会沿 CD 方向将纺丝箱体划分为很多个独立的温度控制区(简称为温区),通过调整特定温区的温度,能改变相应区域的熔体流动性,也就可以改善熔体分配的均匀性,保证产品质量的均匀性。

由于纺丝箱体是用导热性能良好的金属材料制造,相邻温区间的温度差会导致热量流动,使温差缩小。因此,相邻温区不可能存在很大的温差。

在运行过程中,即使纺丝箱体某一温区的加热系统失效,内部流动的熔体也会向相邻近的温区提供相应的热量,使这个区域温度不会下降太多,而相邻温区的热量也会通过金属材料的热传导,使这个温区仍保持在较高的状态,并在稍低的温度状态维持纺丝,但熔体的流动性会稍差。

虽然纺丝系统是在纺丝箱体已达到温度设定值后才开机运行,这时的熔体流量很小,开机以后,熔体流量增大,消耗的热量也随即增加,由于纺丝箱体是一个热惯性很大的金属体,这部分增加消耗的热量无法得到及时的补充,导致箱体的实际温度降低,并可能大幅度偏离设定值,使纺丝系统处于一个不稳定的过渡过程。

这个过渡过程的长短与加热系统的装机容量,控制系统的 PID 调节性能有关。装机容量大,PID 调节性能灵敏,过渡过程就会较短,对纺丝稳定性的影响时间就较短。这就是一般纺丝系统在刚开机运行初期,纺丝系统会出现较多问题的内在原因(图 12-11)。

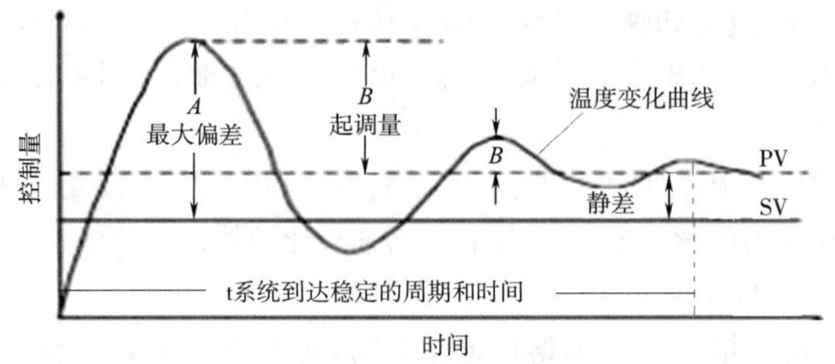

图 12-11 纺丝系统开机阶段的温度变化

基于存在这个过程，刚开机的半个小内，系统还处于一个渐趋稳定的过程，因此，不宜大幅度调整工艺参数，特别是不宜很快增加纺丝泵的转速，因为这样会导致流动的熔体增多，需要补充、消耗更多的热量来加热熔体，系统原来的稳定状态将被破坏，温度会明显降低，而且会发生较大的波动，重新进入新的过渡过程。

系统温度的变化，将影响熔体的流动性。温度下降、流动性变差，会影响纺丝箱体内的熔体均匀分配，在熔体压力偏低的部位就很容易发生断丝、熔体滴落现象。当系统温度偏低时，还会威胁熔喷喷丝板的安全，实际上不少熔喷系统的喷丝板就是在这一阶段损坏的。因此，冷态升温必须有足够的平衡时间。

纺丝箱是一个高温的静态组件，在运行中要注意避免出现超过设计的工作压力，由于熔喷系统纺丝组件的最高熔体压力一般在 2MPa 左右，因此，熔喷纺丝箱体入口的熔体压力一般≤3MPa。

而纺粘系统的纺丝组件结构强度大，可以耐受较高的压力，因此，纺粘系统纺丝箱体设计的最高熔体压力一般在 10MPa 或更高，但一些采用管道分流熔体的纺粘纺丝箱体，运行期间的熔体压力较低，一般仅有 1~3MPa。

更换组件时，要注意清理箱体熔体分配流道的积炭和污垢，这些积炭和污垢会影响熔体的均匀分配。熔喷箱体上会有飞花和或泄漏出的熔体积累，长期在高温作用下后会炭化、冒烟、产生阴燃或明火燃烧，必须及时清理。

七、纺丝组件与喷丝板

（一）纺粘喷丝板

纺粘法非织造布喷丝板的喷丝孔布置在一个平面上，相互之间的距离较大，喷丝板有较高的强度，因此，与产品质量有关的因素主要有：喷丝孔的直径、喷丝孔的长径比、喷丝板布孔区长度、喷丝板的孔密度等。

1. 喷丝孔的直径

由于纺丝聚合物熔体的非牛顿特性，熔体从喷丝孔喷出时，存在影响纺丝稳定性的出口胀大现象，喷丝孔的直径越大，越有利于降低熔体在喷丝孔内的剪切速率，有利于提高纺丝稳定性。但增加喷丝孔的直径以后，喷丝孔的单孔流量也会随之增加，由于喷丝孔的截面积增大，熔体流动阻力降低，会导致纺丝箱体内的熔体压力下降，影响熔体分配的均匀性，从而影响纺丝稳定性。

增加单孔流量后，为了获得同样细度的纤维，必然需要更高的牵伸速度。目前，国外主流 PP 纺粘系统之所以能使用直径为 0.60mm 的喷丝孔，就是因为有很高（≥4000m/min）的牵伸速度，这样既能提高纺丝稳定性，同时还可以获得小于 1 旦的细纤维。而喷丝孔的直径越小，对纺丝熔体的流动性和洁净要求也越高。

而目前国内大部分应用宽狭缝低压牵伸工艺的设备，其牵伸速度仍在 1500~2000m/min，至今仍未突破这个技术瓶颈。为了获得更细的纤维，只能选用直径为 0.40mm 的喷丝孔，通过降低喷丝孔的熔体流量，来减小纤维细度，这时纤维细度大都在 1.8~2.2 旦。

只有少数有较高牵伸速度的机型，才选用直径为 0.50mm 的喷丝孔，既能改善纺丝稳定性，又能获得较细的纤维。

虽然有的纺丝系统可以在极限状态纺制出更细的纤维，但在实际生产过程中，既要关注产品质量（纤维细度），还必须考虑运行效益（合格品率和产量），因此，纺丝系统很难获得这种极限状态运行条件，这就是市场上流通的一些产品，其纤维细度无法达到设备说明书数值的原因。

当纺丝系统使用聚酯类聚合物原料时，喷丝孔的直径一般在 0.20~0.30mm。

2. 喷丝孔的长径比

理论研究和生产实践表明：增加喷丝孔的长径比 *L/D*，有利于减少纺丝过程的出口胀大现象，长径比越大，纺丝过程也会越稳定。但较大长径比喷丝孔的加工难度和制造成本也更高，而且对熔体的流动性和洁净度要求也更高。目前纺粘法喷丝板的喷丝孔之间的距离较大，对出口胀大不敏感，因此，喷丝孔的长径比不大（≤6），可用常规的机械加工工艺加工。

而熔喷法喷丝板的喷丝孔之间的距离很小，对出口胀大很敏感，因此，要求喷丝孔的长径较大，常用喷丝孔的长径比一般≥10，对于高孔密度的喷丝板，长径比≥20，更大的长径比已经难以用常规的机械加工工艺加工。

在纺粘法纺丝系统中，使用聚烯烃类聚合物原料时，喷丝孔的长径比一般在 4~6，使用聚酯类聚合物原料时，喷丝孔的长径比一般在 2~4。

3. 喷丝孔直径与长径比的关联性

喷丝孔的直径与长径比有一定的关联性，同样直径的喷丝孔，长径比较大的喷丝孔有较好的纺丝稳定性和结构强度，可以获得更细的纤维，也可以有更大的单孔流量，能增加纺丝系统的挤出量（产量）。在同一纤维细度，长径比较大的喷丝孔直径可以更大一些，可以进一步减少熔体的出口胀大，提高纺丝稳定性（图 12-12）。

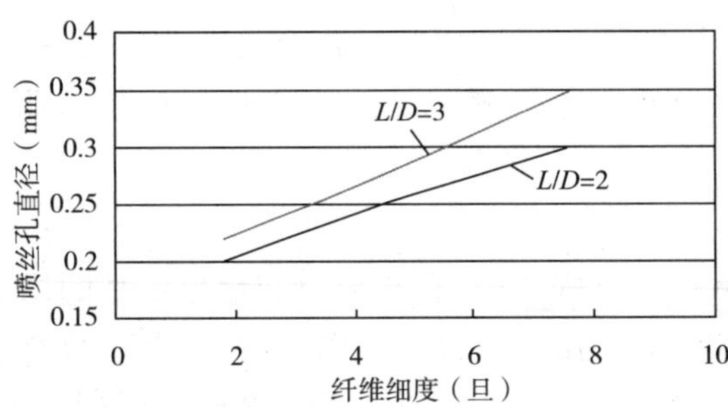

图 12-12　PLA 喷丝孔直径、长径比与纤维细度

4. 喷丝板的布孔区长度

喷丝板的布孔区长度会影响纺丝系统的铺网宽度，布孔区太大，除了会增加纺丝系统及相关设备的 CD 方向的尺寸外，还会增加边料损耗，影响合格品率，增加产品的能耗。

而布孔区偏小，铺网宽度也就偏窄，在切除不合格的边料后，会影响合格产品的宽度，还会增加切边加工过程的难度。也会影响合格品率，增加产品的能耗。

相对而言，限制纺粘系统铺网宽度的主要因素是喷丝板布孔区长度，其次是产品的定量规格。如果纺丝系统主要是用于生产轻薄型产品，则要求喷丝板有较大的布孔区长度，以补偿纤网及非织造布在传输过程中的缩幅。如果纺丝系统主要是用于生产中厚型产品，喷丝板就不需要较大的布孔区长度，因为这一类型的纤网及非织造布在传输过程中的缩幅并不多。

而在熔喷法纺丝系统，由于是采用开放式纺丝通道，除了喷丝板布孔区长度会影响铺网宽度外，其他工艺因素，如纺丝系统 DCD 大小，抽吸风机的风量大小，成网机两侧是否设置挡板等，都对实际铺网宽度有较明显的影响。

5. 喷丝板的孔密度

喷丝板的孔密度主要是影响纤维细度和铺网均匀度，在喷丝板的结构强度方面，纺粘系统喷丝板的孔密度与喷丝孔直径不存在约束关系。孔密度越高,表示在单位幅宽范围内的纤维数量增多,除了可以改善纤网的均匀度外,还可以提高系统的产量。但偏高的孔密度会影响纤维的冷却,处于中心位置的纤维难于获得均匀一致的冷却,容易影响纺丝稳定,也会成为掣肘系统生产能力的一个瓶颈。

(二)熔喷纺丝组件

喷丝板是熔喷系统的核心,在其"山"字形的尖端加工有一排精密的喷丝孔,喷丝孔的孔径的大小与产品的用途有关,长径比与孔密度及工作压力有关,也是决定产品质量和生产能力的主要因素。

刀板:一个纺丝组件有两件刀板,其斜面与喷丝板组成牵伸气流通道(气隙,air gap),气隙的大小与牵伸气流的压力和流量有关,为 0.80~2.00mm,不同品牌或不同纺丝系统,这些数值会有差异。

由于高温难免导致相关的零部件发生变形,因此,在同样的变形量条件下,如气隙宽度越小,则其相对误差会变大,更难保持全幅宽长度的均匀性。气隙宽度的均匀性决定了产品的均匀度。

气隙大、阻力小,在较低压力下可以通过较大的流量,可获得较高的牵伸速度。刀板的刃口要保持锋利、无缺损。纤维的直径与气隙宽度有关:在刀板刀尖相对距离不变的条件下,气隙较大,牵伸气流的流量会较大,在纺丝组件出口喷出的牵伸气流速度会较快,纤维的直径也会越细(图 12-13)。但气隙越宽,牵伸气流的消耗量也越多,会增加产品的能耗。

喷丝板两个斜面的角度会影响牵伸力的大小,常用夹角 60°~90°,国产设备以 60°角较多,引进设备中也有 90°的机型。

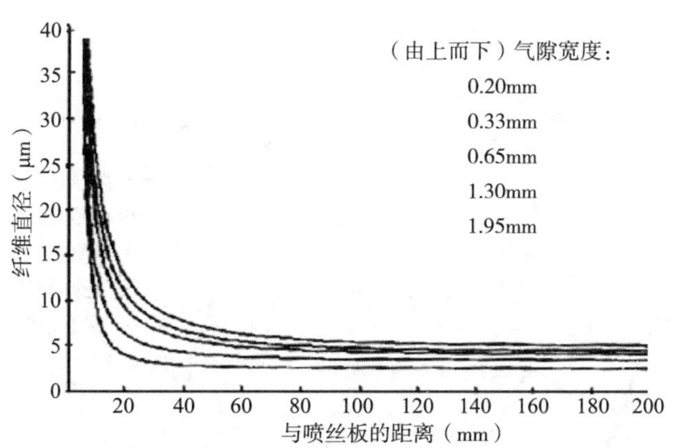

图 12-13　熔喷纤维直径与气隙宽度的相关性

两块刀板的下平面至喷丝板山顶的距离称为锥缩,锥缩的大小对晶点的形成有重大影响,锥缩必须为正值,即喷丝板必须处于刀板平面的下方,这样喷丝板的尖端及喷出的熔体一直可以处于两侧热气流之中,能获得充分的加热,使熔体能畅顺流出。

锥缩太小,甚至是负值(即喷丝板的尖端高出刀板平面)时,喷丝板的尖端温度会偏低,就容易产生晶点。为不产生此类型的系统性的缺陷,在绝大多数熔喷纺丝系统中,必须保证锥缩(set back)值为正值(>0),实际尺寸在 0.6~2.0mm,也就是喷丝板的尖端必须处于刀板平面的下方，缩入刀板平面下。

快装式纺丝组件都配备有不同厚度的垫板，可分别用于调整锥缩和气隙的尺寸。但两者间会存在一定的关联：在仅改变锥缩值时，同时也改变刀板与喷丝板斜面的垂直距离，气隙也会发生变化；而仅改变气隙值时，刀板仅作水平移动，锥缩一般不会发生变化。

两件刀板刃口的相对间隙宽度，也就是纺丝组件的熔体和牵伸气流出口，这是决定牵伸速度的重要因素，其宽度一般在 1.0～1.6mm。间隙的宽度较大时，牵伸气流的速度较低，但阻力小，可使用压力较低的牵伸气流，能耗会较少，在全幅宽范围的相对误差也较小。

间隙的宽度较窄时，牵伸气流的喷射速度，也就是牵伸速度会较快，但阻力大，要使用压力较高的牵伸气流，能耗也会较大。对于幅宽较大的纺丝组件，会更难保证在全幅宽范围内这个间隙宽度的均匀一致性。对加工精度、材料热稳定性的要求也会更高。

纺丝组件不同，纺丝系统的配置也不一样。因此，纺丝结构的尺寸不宜盲目照搬。在调整纺丝组件的气隙宽度时，出风口的间隙宽度（两刀板刀尖间的间隙）也会跟着改变，会影响喷出的气流速度，因而会与牵伸速度有关。因此，对产品的质量影响较大。

常用喷丝孔的直径约为 0.25～0.50mm，也有直径为 0.15mm 的喷丝板在使用。喷丝孔直径的大小，对纤维细度有直接的影响：喷丝孔直径大，容许的单孔熔体流量也大，产量高，纤维粗、直径分布宽，产品均匀度会较差。孔径较小的喷丝板，可以纺制直径较细的纤维，而且纤维的直径分布宽度也较窄，产品的离散性也较小，有利于提高产品的质量。

图 12-14 为用不同孔密度喷丝板生产的熔喷纤维分布状态，可见用 hpi75 喷丝板生产的熔喷纤维直径较小，较多分布在直径<1μm 的范围；而用 hpi35 喷丝板生产的熔喷纤维直径较大，直径较多分布在 1～3μm 的范围。因此，用这两种喷丝板生产的熔喷布产品质量就有较大的差异。

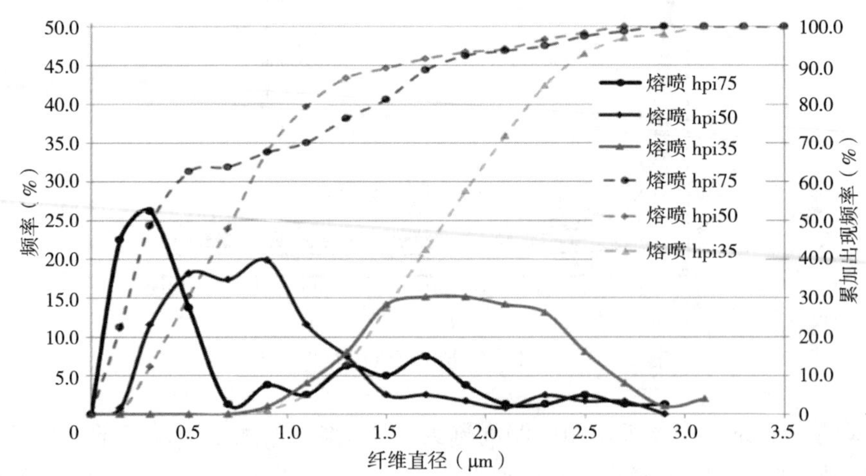

图 12-14　不同孔密度的熔喷纤维分布状态

根据产品应用领域的不同，喷丝孔的长径比 $L/D \geqslant 10 \sim 15 \sim 30$，对纺丝箱体的工作压力、喷丝孔布置密度、纺丝稳定性和造价有影响，还会影响喷丝板清洗工作的难度。目前用于纺制纳米纤维的熔喷法喷丝板，其 L/D 最大达 100。喷丝孔的孔密度越高，喷丝孔的直径必然越小，相邻喷丝孔的距离越小,因熔体的出口胀大引起发生并丝的风险越高。因此,喷丝孔就必须有更大的长径比。

目前,在喷丝板的 CD 方向,在每 1mm 长度内有 0.8~2 个喷丝孔,即相当于排列密度为 hpi20~50(英制每一英寸长度内的喷丝孔数量缩写),对纤维细度、喷丝板的强度和生产线的生产能力有关键性影响。在国内独立熔喷系统使用的喷丝板,其孔密度绝大部分为 hpi35~42,也有极少量 hpi60~70 的喷丝板在使用,国外已有 hpi100 的喷丝板在使用。

SMS 生产线的产品侧重其阻隔性能,要求纤维有较细的直径,熔喷系统用的喷丝板的孔密度一般在 hpi40~50,在最新型的 SMS 生产线,其熔喷系统已开始配置 hpi75 的喷丝板。

使用同一喷丝板生产时,产量越高,纤维越粗,静水压或空气过滤效率会越低;在产量相同的条件下,不同孔密度的喷丝板,孔密度较高的喷丝板,纤维会较细、静水压和过滤效率也会越高。

熔喷纤维的细度除了与喷丝孔的孔径大小有关外,还与喷丝孔的熔体流量有关,其实质是每个喷丝孔的熔体流量越大,纤维越粗。ghm 是一个行业常用术语,表示单个喷丝孔每分钟的流量(以克为单位),称为单孔流量,喷丝孔的直径一般为 0.3~0.4mm,单孔流量为 0.4~0.6g/min。

实际 ghm 的大小与产品用途有关,在生产阻隔型产品时,喷丝孔的单孔流量<0.4g/min。单孔流量越小,静水压越高,但产量也越低;生产过滤、阻隔产品或要进行静电驻极处理的产品时,宜使用较小值,一般 ghm 为 0.20~0.25g/min,因此,生产线的产量较低,而能耗会较大。

在生产吸收型的保温、隔热、隔音产品或建筑用材料时,喷丝孔的直径较大,单孔流量>0.6g,可获得较高的产量。但单孔流量偏大、熔体流动性偏低都会在喷丝板内产生过高的压力,会危及喷丝板的安全。

对于特定的喷丝板,单孔流量的本质就是纺丝泵转速的高低,直接影响纤维的粗细、产品质量和系统的产量。纺丝泵的转速成了生产线取得质量与产量关键平衡点,对系统的经济效益影响很大。

在运行过程中,纺丝组件中的气隙有可能被污染,导致纺丝异常,产品出现缺陷,一般可通过刮板得到改善。在刮板过程中,工具只能小心插入气隙内,顺着喷丝板的倾斜度反复铲刮,而不要剐碰、损坏喷丝孔。

八、牵伸气流系统

(一)熔喷法纺丝系统的牵伸气流

1. 牵伸风机

牵伸气流的流量越大,产品的静水压越高,但过大会产生飞花。在大部分生产线,牵伸气流的流量是以牵伸风机的转速来表示的,生产过程的控制方式仅停留在设备控制层面,还不是真正的工艺控制,即通过控制设备的运行状态来达到工艺目的,而不是设定工艺目标后,设备会根据这个目标来调整运行状态。

牵伸气流的流量主要是与熔体挤出量相关的,熔体挤出量越大,所需牵伸气流的流量也越大。牵伸气流的流量还与纤维细度有关,并要与抽吸风机的流量相匹配,否则将影响纺丝稳定性。

牵伸气流的流量越大，纤维会越细，产品的阻隔性能会越好，但风机的能耗会增多。但其流量是有上限的，气流太大，将产生大量断丝、晶点，并形成严重的飞花，破坏纺丝稳定性。

一般设计合理的纺丝系统，牵伸风机的运行转速应该处于额定转速的60%～85%。在纺丝系统正常运行期间，是绝对不容许突然中断牵伸气流系统运行的，否则将损坏成网机的网带。

但牵伸气流的流量，也就是风机的转速不能太低，不然将因低于空气加热器的最小流量限制，无法将发出的热量带走，导致气流温度升高而引起连锁保护系统动作，使空气加热器自动退出运行。如果不能及时发现这个问题，牵伸气流系统将在空气加热器退出运行情形下，向仍处于高温状态的纺丝系统吹冷风，会在设备上形成危险的热应力。

牵伸风机的运行状态与空气加热器、纺丝箱体间有严格的逻辑关系，这是安全生产的基本保证，其关系如下：

空气加热器要投入运行前，牵伸风机一定要先投入运行；空气加热器要退出运行，牵伸风机一定要在加热器后退出运行，并经过延时后才能停机。

在纺丝系统运行期间，空气加热器和牵伸风机都要保持正常运行；只有纺丝系统停止运行（系统已离线或纺丝泵已停止运转），才允许空气加热器和牵伸风机退出运行。

2. 空气加热器

牵伸气流温度越高，产品的静水压也越高，但温度太高，易产生晶点和飞花，静水压反而会呈下降趋势，并污染产品。

空气加热器的出口气流温度一般要比熔体温度高5～10℃，否则经过管道输送到纺丝箱体后，会低于熔体温度，因而失去对喷丝板的加热作用。如果在纺丝组件出口的气流温度低于熔体温度，则牵伸气流将失去对熔体细流的加热功能，变成起冷却、降温作用。

喷丝板的尖端离纺丝箱体的距离最远，传导热量的路程最长。因此，喷丝板尖端的温度会较低，会导致喷丝孔内的熔体流动性降低，压力升高。这是影响喷丝板安全使用的重要因素。很多喷丝板就是因为开始纺丝前预热（包括牵伸风加热时间）不足，导致熔体压力超过了喷丝板材料的强度而发生爆裂损坏事故。

在正常纺丝过程中，绝对不容许空气加热器退出运行，这时就相当于向纺丝箱体吹冷风，形成的大温差将产生很大的热应力，威胁纺丝组件或纺丝箱体的安全。

在冷态启动的升温阶段，要尽量控制箱体温度与牵伸气流温度的差异，一般要求30～70℃，其中小幅宽生产线允许较大温差，大幅宽生产线则取较小值。

（二）纺粘法纺丝系统的牵伸气流

纺粘法纺丝系统的牵伸气流与所应用的纺丝牵伸工艺及所使用的聚合物原料特性有关。对于应用宽狭缝低压牵伸工艺的纺丝系统，是利用冷却气流兼做牵伸气流的，会在稍后的章节介绍。

在应用管式牵伸工艺和宽狭缝正压牵伸的纺丝系统，牵伸气流系统是一个独立系统，牵伸气流的压力和流量直接影响纺丝系统的牵伸速度、纤维细度、产品的物理力学性能、产品的能耗、生产线的装机容量等技术经济指标。

如果牵伸速度达不到要求，将直接影响纤维的取向性和结晶度，导致纤维的强力下降，断裂伸长率偏大，非织造布产品的拉伸断裂小，断裂伸长率大，性能不稳定，热收缩大。

九、DCD 调节机构

DCD 调节是熔喷生产工艺的一个重要调控手段，对产品的质量、物理力学性能有很大影响。调节 DCD 是纺丝系统工艺优化过程中，使用频度较大的一种作业。

在一定范围内，增大的 DCD 能减小纤维的直径，可以提高产品的过滤性能和阻隔能力，在生产空气过滤材料，或在 SMS 生产线上生产阻隔型产品时，一般是 100mm≤DCD≤300mm，而更多是处于 150～250mm 内运行。

但再增加 DCD，纤维直径不会再减少，而产品会变得更为蓬松，密度下降，有更好的手感和透气性能。在生产保暖、隔音、隔热材料时，就要用较大的接收距离，此时的 DCD 有可能在 500～1000mm，甚至更大。在这种运行状态，生产过程受环境气流的影响会很明显，产品在两侧环境气流的挤压下，宽度会明显变小（表 12-7）。

表 12-7　纤网密度与接收距离 DCD 的关系

接收距离 DCD（mm）	60	90	100	120	180
纤网密度（g/cm^3）	0. 066	0. 051	0. 048	0. 038	0. 033

在较小 DCD 的状态下，纤网得不到足够的冷却，产品及接收装置的温度会很高，控制牵伸气流的难度也随之增大，如果成网机的设计水平不高，或抽吸风机的性能不匹配，就很容易产生飞花。国外一些主流机型的 DCD 就经常在 125mm 左右，产品就会有较好的性能。

由于设备结构限制，如要考虑给网带应急保护装置提供无障碍运动空间时，DCD 的最小值一般都≥80mm，使环境气流很难从纺丝箱体与网带之间的通道进入抽吸风箱，在这种状态下，纤维没有得到足够的冷却、降温，纤维粗大，产品的手感、物理力学指标都会很差，一般很少应用。

当用升降纺丝箱体的方法调节 DCD 时，要注意一些活动连接的可靠性，防止出现熔体泄漏和小零件掉落到成网机上的情况。

十、冷却风系统

（一）纺粘系统的冷却风

纺粘系统的冷却风是影响纺丝稳定性的主要因素。主流的纺粘法非织造布纺丝系统，冷却风都采用双面冷却侧吹风，冷却风的温度、速度、两侧速度的对称性、稳定性都对纺丝稳定性有重大影响。纺粘法非织造布技术的发展过程与冷却吹风系统的技术进步过程是分不开的。

冷却风的温度、速度、温度分布的均匀性、速度分布的对称性，直接影响了熔体细流的冷却过程、熔体细流冷却的充分性和均匀性，对纺丝牵伸过程的稳定性有至关重要的作用。

冷却气流的速度是一个矢量，既有数值的大小，还有流动的方向性。因此，在双面冷却侧吹风系统，要求从相对方向吹出的冷却气流不仅大小要一样，其流动方向一定要保持相对、平行的对称关系。如果冷却风喷嘴的出口有多孔板，要保持多孔板的清洁，防止局部被堵塞而影响出风的均匀性。否则，熔体细流就无法获得均匀一致的冷却，还会产生不规则的晃动，影响产品的均匀度或导致发生并丝。

冷却不充分的纤维难于经受高速气流的牵伸力，容易发生断丝，为了避免出现断丝，只能人为降低牵伸速度,这样会使纤维无法得到充分的牵伸和取向,导致纤维粗大、断裂强力下降、断裂伸长率偏大,产品的物理力学性能下降。

而在纤维表面的温度还没有降低到玻璃化温度以下时,将会因不规则的大幅度晃动而产生并丝,导致产品出现大量的疵点,而且影响铺网的均匀性。

(二)熔喷系统的冷却风

熔喷法非织造布的纺丝牵伸过程是在开放的空间喷丝成网,纤维是在车间环境的空气中冷却并固结成布的。因此,环境气流的温度对成网过程、成网质量有极其重要的作用,还会影响熔喷产品的性能蠕变及衰减过程。

当纤维得到较为充分的冷却时,产品的拉伸、撕裂强力变大,断裂伸长率增加,纤维的刚性较强,产品的物理性能(阻隔性、透气性)不会随时间出现明显变化。

在同样的工艺条件下,环境温度较低时,能显著降低出现晶点(spot)的概率,间接提高了静水压,产品质量较好。

一般熔喷系统没有配置冷却设备,仅依靠环境空气自然冷却,产品质量会随温度而波动,产品下线后质量仍会出现变化,温度还会影响熔喷纤维的再结晶过程,使产品的性能存在明显的衰减现象。熔喷系统配置强制冷却系统的主要作用是稳定冷却条件,使生产过程处于可控状态,不会因昼夜,四季的环境气候(温度、湿度)的变化出现波动,当空气中的水分含量较高时,会有更好的冷却效果。

在同样的单孔流量状态下,使用冷却装置后可以提高牵伸速度(更高风温和流量),使纤维变得更细,使产品的质量得到提高。

使用冷却风以后,能有效抑制飞花、晶点的出现,可以提高各项运行参数(如单孔流量、牵伸风的温度和流量)从而提高产量,一般可提高10%~15%的产量。

冷却喷口设在紧贴喷丝板的上、下游位置,视具体机型,其相对间隔距离有很大差异,可从70~500mm,冷却系统所使用的介质一般为空气,一般冷却风温度≥12℃,有的机型则≥20℃,流量是牵伸风流量的7~10倍,可达10000m^3/(m·h),气流的速度一般在10~20m/s,压力一般≤3000Pa。

也可以将水加压雾化后喷水雾冷却,因为水的热容量、热焓远大于空气,加上水在受热后会蒸发汽化而发生相变,这个过程会吸收更多的热量,消耗较少的水量就会有更好的冷却效果。如果冷却水不是天然水或自来水,而是经过净化处理的不含离子的去离子水,冷却喷雾与高速运动的熔喷纤维互相摩擦,使熔喷产品带上静电荷,不仅具有水摩擦驻极的效果,提高了熔喷空气过滤材料的过滤效率,还具有纤维冷却功能,但要求的水流量会更大,水压也要更高。

冷却水的温度一般≥4℃,流量是熔喷布产量[一般在30~50kg/(m·h)]的0.4~0.8倍,可达20kg/(m·h)。用水冷却的效果好,但容易使设备生锈和积垢,有可能污染产品,当熔喷纤网含有水分时,会影响后续的静电驻极处理的效果。因此,应用水雾冷却,或应用水摩擦驻极时,还要配置相应的干燥系统,控制产品的残留水分含量。

十一、成网机

(一)成网机

在熔体的挤出量相同,即纺丝泵转速一样的状态时,成网机的线速度越低,产品的定量会越大，过滤效率和静水压也越高；同样的产品定量规格，成网机的线速度越低，产品的质量会越好，静水压也越高。

成网机的线速度直接决定了生产线的产量，产量与速度成正比，速度越快，产量也越高。其关系如下式所示：

$$产品的定量(g/m^2)=\frac{熔体挤出量(g/min)}{铺网宽度(m)\times成网速度(m/min)}$$

生产同样定量规格（g/m^2）的产品时，改变成网机的速度能改变产品质量的本质是改变了纺丝泵的转速，即喷丝板的单孔流量，也就是改变了纤网纤维的细度。但这一调节过程会直接影响生产线的经济效益，必须全面兼顾。

（二）网带

熔喷系统抽吸风箱的入口较窄，气流速度一般在12~25m/s，入口越窄气流速度越快，熔喷纤网的密度也越高。

相比于熔喷纤网对气流的阻力，网带本身所形成的阻力还是较小的。因此，不同透气量的网带对产品质量的影响并不明显，主要是影响剥离性能，但对一张特定的网带，如果透气量明显变得太小时，纺丝过程的可控性较差，容易产生飞花，牵伸速度也会受限制，纤维直径增大，产品质量下降。

网带在使用过程中有大量的气流通过，经过长时间运行后，抽吸气流中的单体、短纤维及灰尘会在网带的气流通道中积聚、污染、堵塞网带的气流通道，导致透气性能降低；网带表面也经常会有滴落的熔体残留，堵塞网带，导致相应区域的产品出现稀网。

在经过一定时间运行后，网带的透气量必然会出现下降现象，其表现为难以控制牵伸气流，容易发生飞花，均匀度明显下降；而生产同样规格的产品，抽吸风机的转速有越来越快的趋势。这是网带被污染，透气性能变差的反映。因此，要经常拆卸、清洁网带，使其保持良好的技术状态。在配置有熔喷系统的成网机，其网带清洗周期要比没有配置熔喷系统的成网机更短一些。

网带工作面上残留的熔体，可利用热风枪加热软化后剔除，对于用PET材料编织的网带，热风的温度要控制在160~180℃，而在作业期间热风枪应一直处于摆动状态，不得长时间在同一位置停留。

对于已被单体烟气污染的网带，可将网带拆下，在有张力的张紧状态下，用带洗涤剂的高温（100℃左右）、高压（6~8MPa）水流冲洗干净，但禁止将网带直接放在热水中浸泡、漂洗，否则网带将会发生严重变形而报废。

对已替换下来但仍有使用价值的网带，要适时进行清理、包装、保存好备用。

（三）熔喷法纺丝系统的抽吸风系统

熔喷系统是一个开放式纺丝系统，成网机的抽吸风机除了要“吃掉”纺丝组件喷出的牵伸气流、冷却装置的冷却风外，还要吸走大量的环境空气（简称“野风”），并在车间内部形成干扰生产过程的、不规则的横向气流。

抽吸风的流量必须大于牵伸气流、冷却风、野风的总流量，抽吸风机的流量一般为牵伸风流量的5~10倍；当抽吸风箱的入口宽度较窄时，阻力很大，风机需要较高的压力才能克服系统的阻力，稳定控制牵伸气流。因此，抽吸风机不仅有较大的流量，也有较高的压力（可达20kPa），功率也很大。在3.2m幅宽的熔喷系统,抽吸风机的电机功率可达250kW。

抽吸风箱的入口宽度较窄,抽吸气流通过网带时的速度很高,纤维到达网带后,其动能都转变为势能(压力能),增加了纤网的密度,有利于降低纤网的平均孔径,可使熔喷产品具有较高的静水压或过滤性能。

牵伸气流到达接收装置时的温度仍高于80℃,即使与环境气流混合了,抽吸风机的排气温度仍可接近60℃(其中包括了风机增压升温的温度),管道和风机辐射的热量对车间内环境影响较大,一般将热气流直接排到室外。

如抽吸气流偏大,会在熔喷系统抽吸风箱入口周围环境形成一个大范围的负压空间,除了会吸入大量的网面环境气流外,还会吸入没有金属板承托的网带下方气流,这些气流由下而上反向穿透网带和纤网,使纤网向上鼓起,形成皱褶。

抽吸气流偏小容易生飞花,抽吸气流还会影响产品的幅宽,偏大的抽吸气流会使铺网宽度缩窄,这种现象随着DCD的增大而变得更明显。

野风还有一个很重要的工艺作用,就是消减牵伸气流的能量,吸收高温牵伸气流的热量,使纤网得到充分的冷却、降温,并使牵伸气流减速。

由于熔喷纤网是依靠余热自粘合成熔喷布的,纤维得到快速、充分的冷却可以改善纤网的质量和手感。因此,野风的流量越大,冷却效果越好。

抽吸风机的排气气流温度也从另一个角度反映了纤维的冷却效果,排气温度越高,冷却效果越差。一般抽吸风机的吸入口温度在45~55℃,在冬天或流量较大时温度较低;而排气温度一般比吸气温度高4~6℃,风机的全压或转速越高,这种温升也越大。

抽吸气流会使车间内形成负压,会通过门窗及厂房建筑物的缝隙,从室外吸入环境气流,影响生产环境的清洁卫生;没有受控的野风会干扰成网,导致产品发生卷边、污染等现象。

(四)纺粘法纺丝系统的抽吸风系统

纺粘法纺丝系统的纺丝通道有开放式、封闭式和半封闭式,无论是哪一种纺丝通道,抽吸风系统主要是影响铺网的均匀性,由于开放式系统在运行期间会吸入大量的环境气流,对生产环境的影响与熔喷系统是一样的,而封闭式或半封闭式对环境没有影响或影响很小。

在纺粘法纺丝系统中,抽吸风系统必须将牵伸气流和部分环境气流全部吸收,才会使纺丝系统处于动态平衡的稳定状态,进行正常纺丝。如果抽吸风流量偏小,就会有牵伸气流外逸影响铺网的均匀性。抽吸气流穿越成网机的网带时,在全幅宽范围内应该是均匀一致的,不仅流量大小应该一样,流动的方向也应该与网带表面垂直,否则纤维就会发生横向流动,成为产品表面出现稀网或云斑缺陷的原因。

十二、卷绕分切机

(一)配置在熔喷法非织造布生产线的卷绕分切机

熔喷法非织造布的断裂强力和断裂伸长率都较小,呈现较明显的脆裂性,在稍大的卷绕张力的作用下,结构容易发生变化,轻者可以出现不容易看到的微断裂现象,导致阻隔性能下降。如果产品还要进行离线加工,对阻隔性能的影响会更为明显。

当卷绕张力太大时,则会直接将布拉断,在运行速度较高,或卷绕机在自动换卷过程中,由于张力的突然变化,就较容易出现这一情况。

由于卷绕机与成网机之间有一段距离的熔喷布是悬空的，很容易在穿堂风的影响下发生飘动；在生产过程中，熔喷布会产生强烈的静电，如果附近有人员走动，也会使熔喷布发生飘动。这两种外来干扰会影响分切过程的子卷幅宽和端面平整，甚至使熔喷布发生断裂。

但卷绕机与成网机之间的这一段距离产生的影响并非都是负面的，因为这段距离可以使熔喷布得到更有效的冷却降温，而厂房环境的温度会影响这个冷却过程。若在温度较高状态下收卷熔喷布，残留的热量会使其性能发生明显的下降，过滤效率降低而过滤阻力升高。

由于熔喷法非织造布是一种密度较小的蓬松产品，卷绕及运行过程所需的卷绕张力（牵引力）是由布卷与卷绕机的驱动辊之间的摩擦力产生的，而要产生这个摩擦力的前提是布卷必须压紧在卷绕辊表面，才能把布从上游设备拉到卷绕机卷绕成布卷。因此，产品布卷一直要经受这个压力。

因为芯部布卷直径小，与卷绕辊接触的表面积也较小，压强就会较大，熔喷布的厚度会变薄，导致体积密度（g/cm^3）增加，而产品的一些性能如过滤效率、静水压等是与密度正相关的。随着布卷的直径增大，承受这个压力的布卷外圆面积越来越大，单位面积的受力，也就是压强会越来越小，产品被挤压的程度也变得较轻，也就是密度变化较小。

而卷绕张力是有积累效应的，越靠近芯部的产品会在这个力的作用下不断被挤压，使芯部的产品被紧密卷绕，密度也会增大，甚至发生挤压变形呈菊花状。在这两种力的作用下产品体积密度所发生的变化，就会导致芯部产品的过滤效率比布卷外面（表层）的过滤效率更高，而阻力则更大。因此，这是一种常见的现象，要改善这种现象，就是尽量降低卷绕机的卷绕张力（或速度）和施加在布卷上的压力。

在生产蓬松型产品或含有熔喷层纤网的阻隔型产品时，同样会出现类似现象。如果采用中心驱动型卷绕机，卷绕张力是直接由卷绕杆的转矩产生的，则不存在这个压力，布卷不同部位产品的质量差异会小一点，但不可能完全消除。

如果产品采用离线分切加工，则一般不在熔喷生产线上直接进行切边及分切，这样可为后工序离线分切加工提供更大的幅宽调整空间。还要在略有余地的前提下，准确控制母卷的总长度，避免产生太多的尾料。

产品采用离线分切加工时，由于产品要经受退（放）卷拉力、卷绕张力和压辊压力的多种影响，如果在这个综合作用下，产品的结构被破坏、出现微小的断裂现象，其过滤性能、静水压会下降，而断裂伸长率则会缩小。

一般的熔喷布在生产过程中，会带有很强的静电，容易吸附异物而发生污染。在生产卫生、医疗制品用材料时，一定要保持现场的清洁卫生。

（二）配置在纺粘法非织造布生产线的卷绕分切机

纺粘法非织造布的密度较高，拉伸断裂强力比熔喷法非织造布更大，生产运行速度也更快，因此，配置在纺粘法非织造布生产线中的卷绕分切机，要比配置在熔喷法非织造布使用的卷绕分切机更为复杂。其对产品质量的影响也与熔喷布相类似。卷绕分切机对一般的纺粘法产品影响并不大，但对蓬松型纺粘法产品及纺粘/熔喷复合（SMS）非织造布产品的影响会较大。

卷绕张力对于蓬松型纺粘法非织造布产品的影响较大，偏大的卷绕张力会使传输过程中的产品被过分拉伸，结构发生变化，发生缩幅，而在卷绕成卷时，蓬松的纺粘法产品会被压缩，厚度变小,密度增加,蓬松性和手感变差。

卷绕张力主要是影响产品的静水压和透气性,偏大的卷绕张力会使传输过程中的产品被过分拉伸,结构发生变化,断裂伸长率下降,发生缩幅;而在卷绕成卷时,靠近布卷芯部的蓬松产品会被过度压缩,密度增加,静水压增加,透气性下降。布卷外表面的产品静水压会较低,透气性较好。

卷绕分切机的这种影响还与卷绕机的工作原理有关,一般的卷绕机只有一只直径较大的橡胶主驱动辊,依靠摩擦力传递卷绕张力,在这个过程中,产品布卷对主驱动辊的压力是保证卷绕过程能可靠进行的关键,而布卷的芯轴是被动的、随着布卷的直径越来越大,芯轴的转动速度也越来越慢。

在这种状态,产品就必然会压缩,结构就发生变化,尤其是对蓬松型产品和含有熔喷层的SMS型产品的影响会很大。而在卷绕的全过程,产品就自始至终受到这种挤压作用。除了尽量减小卷绕张力和压力以外,这种影响是无法消除的。

如果采用中心驱动型卷绕机,就是驱动系统通过直接驱动卷绕芯轴旋转的方法收卷产品,这样除了必需的卷绕张力以外,再也无须利用摩擦力来传递驱动装置的转矩使布卷转动,也就无须产生摩擦力的压力了,显然这种中心驱动型卷绕机对产品产生质量的负面影响就要小很多。

十三、分切机

分切机是将生产线制造出来的全幅宽产品加工为幅宽较小、长度较短的产品。由于产品增加了一次放卷、卷绕过程,对产品的质量会带来一些负面影响。

加工时产品的张力对质量影响最大,过大的张力会破坏产品的结构,导致严重缩幅,使产品的过滤性能、阻隔性能降低,甚至将产品拉断。

张力会影响子卷分切端面的平整性,张力波动导致子卷产品的幅宽难于控制,还可能使相邻的子卷之间难以相互分离,甚至因无法分离而报废。

锋利的分切刀可以顺利将产品切开,如果刀刃变钝,将会使布卷的切边起毛;刀具的安装角度不合理,吃刀量太大,压力太大都会在加工过程产生大量粉尘,污染产品和设备。

在离线分切过程中,每一批的子卷到达设定值就需要停机下卷,频繁的开机、停机会消耗掉一些产品;母卷的全部卷长也可能无法恰好得到充分利用,以致不可避免地产生一些无法利用的尾料。

如果用户对子卷的最大直径或长度没有严格限制,可将这部分尾料添加到子卷中,成为合格的产品。否则不仅降低了生产线的合格品率,还增加了合格产品的能耗。

第五节　边、废料回收对生产过程的影响

目前非织造布企业的规模越来越大,一家规模为年产量 1 万吨的企业,即使废品仅占 1%,也会达到 100t,废品造成的经济损失可达 100 万元。对生产过程必然产生的边料、废料、不良品进行回收,循环再用,是企业减少资金占用,加强资金流通,提高经济效益的重要手段,也是一项提高资源利用率的环保措施。

通过将生产过程产生的边料、废料、不良品进行回收,循环利用,有可能将企业的原料利用率提高到99%或更高,而对于一些普通用途产品,如消毒湿巾、家居用品和床上用品,屋面材料和地面制品,其中可循环利用原料占比可高达90%,这样能减少对原生聚合物原料的依赖和环境资源消耗,提高非织造布产品的可循环性。

虽然将不良品回收,再生利用也消耗能源,但使用工业回收料生产非织造布的过程,将比使用原生石化资源的产品减少近70%的 CO_2 温室气体排放量,减少能源消耗、水资源消耗,也减少垃圾填埋量。因此,进行回收并循环利用,是一件重要的、有经济效益、有环境效益的可持续发展的事情。

不良品回收还仅限于使用聚烯烃类(如PP、PE等)聚合物原料生产过程所产生的物料,对聚酯类聚合物原料生产线在运行过程中所形成的不良品,目前主要还是外销给专业回收机构。

一、回收的技术方案

在非织造布的生产过程中产生的不良品、废品、废料,除了在企业内部进行回收处理外,有些物料并不一定都能在非织造布生产企业内部处理消化,并进行回收循环利用的,这一类废料可以交给有资质的回收机构进行专业处理,而不容许将这些固态废物随意弃置,影响环境安全。

废弃塑料的处理方式有化学原料回收、物理填埋、复合改性、燃烧能源回收和机械物理回收等。常用的回收技术方案包括化学回收和机械回收,化学回收是最有发展前景的回收处理方法之一,其最有价值的是可以将废塑料转化成其他应用。

化学回收可以将废弃的非织造材料或塑料制品通过隔绝空气加热裂解、催化裂解或生物酶分解等方法,使其分解转化为小分子单体或低聚物的形式,从而作为新的化工原料使用。如使用裂解方法可以将废塑料转化为碳氢化合物、苯乙烯、乙烯、丙烯或乙二醇等单体,甚至转化为石脑油等化学原料。

例如可以将PE、PP和PS的混合物在固定床中进行热裂解,分离后主要得到烷烃类气体和芳香烃类化合物及少量的蒸馏残余物和焦炭。废塑料也可以直接催化裂解为燃油,还可以通过塑料生物分解酶将其分解为小分子化合物而重新利用。

虽然化学回收有明显的优点,但需要配置一个较为复杂的回收系统,或建造专业的回收工厂,而一般的非织造布企业并不具备这样的能力。因此,更多是采用机械回收,机械回收是一种传统回收方法,在回收过程中聚合物的结构未被改变。因此,机械回收也是一种物理回收方式。

但一些机械回收方法难免会导致聚合物在回收过程发生一定程度的降解,而有的聚合物原料(如用聚酯类、PLA类原料生产的材料)是不能用这个方法回收的。同时,机械回收很难将混在回收物料中的杂质分拣干净,因此,回收物料中会含有其他杂质,熔体的灰分也会较高。

非织造布企业常用的回收方法有以下几种。

(一)现场挤出机回收

利用生产线中纺粘系统配置的回收螺杆挤出机,直接将布料熔融后注入主螺杆挤出机中进行回收——“在线”回收。这个回收过程是与生产过程同步进行的,回收的物料包括即时分切出的废边料及与在产产品相同的不良品,因此,不会产生色差,也不会影响纺丝稳定性和产品的质量。

由于熔喷法喷丝板只有一行喷丝孔这个特殊结构,任何一个喷丝孔出现异常,都会影响产品的质量，因此，熔喷纺丝系统不会配置回收装置，无法进行现场回收。

（二）造粒回收

利用另行配置的造粒系统，将布料投入螺杆挤出机，经熔融—挤出—铸条—冷却—切片—造粒—干燥处理后，将这些粒状回收料按一定的比例与正常的切片原料混合，加入主螺杆挤出机中使用，这个过程是离开生产线进行的，属于“离线”回收。可以在造粒过程中加入一定比例的熔喷布不良品，与其他流动性较低的物料（如纺粘法非织造布废料）混合在一起，进行回收，但这种造粒回收的原料，只能在纺粘法系统中使用。

用造粒方法回收的原料，由于经过多次熔融，流动特性发生了较大的变化，成分复杂，灰分也较高，因此会对纺丝稳定性有较大影响。由于含有较多的杂质和灰分，使用这种回收料的熔体过滤器，要求有较大的过滤面积和纳污能力。

由于熔喷法非织造布所使用的原料流动性很好，强度也较低，单独进行造粒回收时，不容易在水下铸条及进行切粒，因此，缺乏可行性。

（三）压片回收

在常温下利用压片机将布料压扁、切断成片状，然后将这种片装料与切片原料混合使用——压片回收。这是一种纯物理回收，物料在回收过程中的分子量基本没有发生变化。

（四）综合回收

当一个企业内拥有较多数量的生产线时，会同时利用上述两三种方法进行回收——综合回收。

（五）PET 材料回收

由于暴露在环境中的 PET 材料含有较高的水分，这些水分的存在将导致 PET 材料在挤压熔融过程中发生水解，影响纺丝稳定性。而且经过加热的 PET 回收材料黏度也会下降。虽然有不少企业曾进行过各种尝试，但在非织造布企业，基本上还是无法像 PP 材料那样，在现场进行回收的。

二、回收对工艺过程的影响

适度回收能降低生产成本，减少碳排放，在大部分场合都不会影响产品的质量和使用。无论采用哪一种方案进行回收，都必须注意因回收给生产过程、产品质量所带来的影响。

（一）对设备运行状态的影响

1. 回收比例过大会影响正常纺丝

回收的产品或材料经过一次（或多次）加热熔融后，聚合物都会发生一定程度的降解，分子量降低，熔融指数会有所增加而黏度降低。当回收量较大时，这些已经过二次（或反复多次）熔融的熔体与直接由原始切片原料制备的熔体相比较，在流变性能方面存在明显差异，特别是由于分子量分布宽度增加，会对纺丝过程的稳定性产生负面影响。

如果纺丝系统仍按原来的工艺运行，就容易出现熔体滴落和断丝现象，导致网带被污染或发生缠压辊停机问题。如果出现这种情况，惯常的方法是降低回收物料的比例，甚至用停止回收的方法判断异常情况是否是由回收所引起。

影响纺丝稳定性的并不是回收物料的绝对数量，而是与正常原料切片的相对比例。因此，在生产薄型、小定量产品时就要减少回收量。首次使用回收物料时，可用循序渐进的方法，由小到大加大比例。只有确认当前比例能稳定纺丝后，才能增加回收比例。

2. 主螺杆挤出机转速下降，波动变大

当在线回收的布料比例较大时，由于回收物料以熔体的状态注入主螺杆挤出机的入料段，代替了相应数量的原料切片，主螺杆挤出机无须以原来的喂料速度运行就能保持滤后熔体压力的稳定，这会明显降低主螺杆的平均转速，还会使主螺杆的转速随着回收量的变化而波动，这种现象在手工喂料时最为明显。

稳定纺丝时，主螺杆的转速有1~3r/min的波动是正常的。如果波动幅度增加，甚至能明显听到主螺杆不断发生速度升、降的噪声，就要改进喂料的操作方法。

3. 熔体压力控制过程反应滞后，压力波动大

在螺杆直径和长径比都较大的生产线，因为从回收熔体注入口到控制螺杆转速的压力测量点（一般为熔体过滤器的出口端）有4~5m的距离，由于熔体的非牛顿特性，流动速度慢、压力传导迟缓，导致熔体压力测量滞后于回收投料量的变化。

在连续稳定供料状态下，熔体充满了通道，这种滞后现象是不明显的，生产也能稳定运行。而在人工喂料状态下，当回收量突变时，控制压力并未即时发生变化，无法使螺杆的转速即时做出跟随性变化，容易造成主螺杆熔体压力波动，特别是用人工喂料进行额外回收，其波动幅度更大。

当回收量突然从最大值急剧减少（如停止喂料）时，因测压点的熔体压力还没有发生变化，主螺杆在短时间内仍按原来的状态（转速）运行，而当滤后压力出现下降时，即使螺杆挤出机马上加速也无法弥补这部分减少了的熔体，会导致熔体压力继续下降，进而使纺丝泵的挤出量下降，螺杆挤出机便处于连续加速状态，直到新增加部分的熔体到达测压点为止。

由于此时的螺杆转速已高于正常速度，熔体的压力也高于正常值，当这个压力传递到下游滤后压力传感器，熔体压力—转速自动控制系统便发出信号，使螺杆立即转为以减速状态运行，熔体压力将处于下降状态，导致压力出现大幅波动。

如果此时主螺杆已在接近最高转速状态运行，剩下的加速空间会很少。当超过设定时间仍无法恢复正常压力时，主螺杆就会发生跳停（是否会发生跳停与控制系统的设计有关）。即使机器没有跳停（如转为手动控制），但这种时间较长的压力大幅度波动，将造成喷丝板出丝量变化，从而影响了产品的均匀度，使这一时段生产的产品定量变小。

4. 熔体过滤器滤网的使用周期缩短

在回收的物料中，不可避免地会存在更多的杂质（灰尘、沙、黏胶带、牛皮纸屑，填充料等），甚至混入一些金属硬物，这些杂质进入系统后，滤前压力的上升速率会较快，会缩短熔体过滤器的使用周期，明显增加了更换过滤网（或滤芯）的次数。对于有多个纺丝系统的生产线，其中使用回收料的纺丝系统的换网频度会高于其他没有使用回收料的系统。

在使用过滤面积较小的圆柱形过滤器时，这种现象较为明显。如果经常大量使用回收料，或其他含杂量较高的原料时（如粉料），纺丝系统适宜使用过滤面积更大的套缸式过滤器，这样能大幅度延长过滤器的使用周期，降低现场工作量，最大的好处就是减少了熔体压力波动，提高了纺丝稳定性。

金属硬物还可能损坏机器，或堵塞回收螺杆的熔体通道，使熔体压力升高，或出现熔体倒灌、喂料口溢出的现象，使回收螺杆无法正常工作。

5. 喷丝板的使用周期缩短

进行回收会使纺丝组件中滤网的堵塞速度加快，由于滤网的堵塞是不均匀的，这就影响了熔体的均匀分配，引起纺丝过程异常，如局部区域会发生断丝、熔体滴落现象，最终也缩短了纺丝组件的使用周期。

为了延长喷丝板的使用周期，有必要考虑在熔体过滤器中使用精度更高一些的滤网或滤芯，截留熔体中的杂质，或采取勤换滤网的方法来保持熔体的洁净度。

（二）产品质量风险

1. 使用回收料后，产品的物理性能下降

使用回收料后，会导致产品的物理性能下降，最明显的是拉伸断裂强力变小，这是聚合物经过多次熔融后发生降解，聚合物的分子量减少，流动性能提高所致。因此，在生产对强力要求较高的产品时，要尽量控制回收比例，或暂时停止额外回收，特别注意不要回收含有填充剂的物料。

图 12-15 显示 PP 原料的熔融指数与加热次数的关系，不管哪一个品牌的原料，经过多次熔融后，流动性能 MFI 都提高了，这是熔体的分子量都发生了不同程度的下降所致。相对而言，一些口碑较好品牌的原料，经过多次加热后，其分子量发生降解的程度较小，说明其热稳定较好。

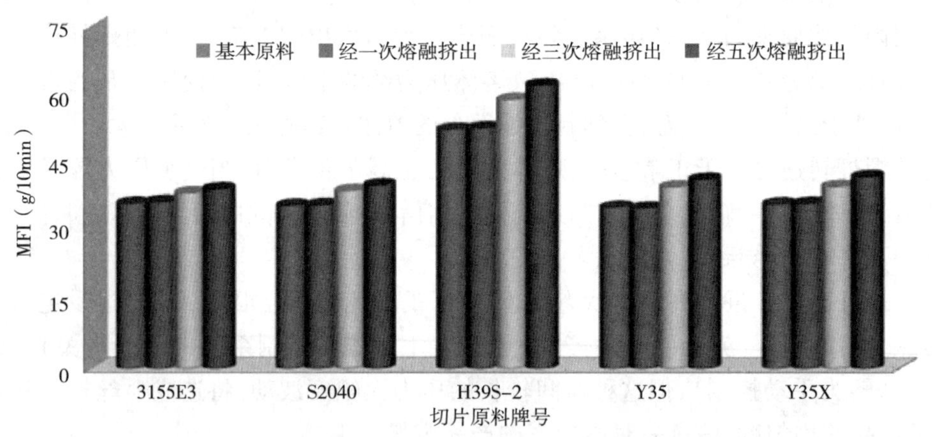

图 12-15　PP 原料的熔融指数与加热次数的关系

从图 12-15 还可以观察到，所有试样有一个共性，就是经过第三次熔融后，熔体的流动性能出现了较大幅度的变化。因此，也说明对不良品的回收是不宜无限次进行的。

2. 回收料中的杂质会影响产品的环保、生态安全性

对于大部分工业产品来说，可以不考虑产品的环保、生态安全性。因为企业在回收内部产生的物料中，来源清晰、杂质含量很低，产品标准也没有相应的技术要求。

当产品用作卫生、医疗制品材料，而回收料来源较为复杂时，就要根据产品的用途来评估由此带来的风险，并在回收工艺、管理方面做出相应措施。如回收料中所含的阻燃整理剂、禁用染料、重金属、含量很高的填充剂会影响产品的应用、环保、生态安全性。

3. 回收过程会增加出现色差的风险

回收会对非织造布的颜色产生影响，当投入回收物料的颜色与在产的产品颜色存在差异时,必然会产生色差。即使回收物料的颜色与产品相同,但对一些热稳定性较差的着色剂,由于经过多次加热熔融,其色调也可能产生变化,从而对产品的颜色产生影响。

即使回收的物料也是原色的产品,但如果已出现降解,或在回收挤出机中存留时间太长,也会导致原色的产品出现焦黄色调,影响产品质量。

因此,在进行额外回收时,一定要尽量选择与产品相同的回收物,并要保持回收速度及数量的均匀一致,若加入了其他颜色的回收物料,即使数量不多,也会对产品的主体颜色产生影响,与没有加入回收物料的产品相比较,仍会出现较为明显的色差,有可能影响产品的正常使用。

如果在生产过程中,回收螺杆因故障停机,则在修理过程中,不得随意转动螺杆。特别是在生产线已完成转色,过渡到正常生产时,转动螺杆会将残存的不同颜色的熔体注入螺杆挤出机,造成大批产品因色差而报废。

如果出现回收螺杆故障停机状况,则必须等待下一轮转色机会,在开始进行排色时就可以投入运行,这样既能节省原料切片,又能为下阶段调色提供稳定的纺丝条件。

(三)回收对非织造布颜色的影响及对策

除了可以提高原料的利用率外,回收有颜色的不良品还可以回收其中远高于聚合物原料价值的色母粒成分,节省产品的色母粒添加量,但回收过程对非织造布的颜色是有影响的,处理不当会出现明显的色差,产生更多的不良品。

当投入回收物料的颜色与在产产品颜色有差异时,必然会引起产品颜色产生变异。即使回收物料的颜色与产品相同,但对一些热稳定性较差的着色剂,由于经过多次加热熔融,其色调也可能产生变化,从而对产品的颜色产生影响。

1. 回收原色物料对色差的影响

原色产品也叫本色产品,即没有添加过任何着色剂的产品,如果是采用造粒方法回收,就可以当普通的原料切片使用,对色差是没有影响的;如果采用在线回收,就要注意对产品的影响。

由于现实中很少生产原色产品,一般的产品都加有增白剂(或其他色母粒),用于改善产品的遮盖性,这时加入原色布料就相当于减小了色母粒的加入比例,稀释了产品的颜色(会变浅),加入的原色布料越多,影响越明显。为了防止出现色差,这时就要提高色母粒的加入比例。

2. 白色物料对产品色差的影响

无论是采用在线回收,还是离线回收,添加有增白剂的白色回收料都会对产品的色调产生干扰,其中的白色成分会增加产品的灰度,使产品的明(亮)度和饱和度受到影响。有时在回收料的加入比例较大的情况下,即使加大色母粒的用量也不一定得到未使用回收料前的产品色调,会产生明显的色差,这时只能用减少回收料的用量来缓解。

3. 杂色回收料加入黑色产品中所产生的影响

在处理零散、杂色的边废料时,因难以遇到生产同样色调产品的回收机会,往常都会将这一类型的物料加入黑色的产品中。对于不存在批次色差风险的订单,或要求不严格的应用领域,这种做法是可行的。

如果是经常生产的产品,这种措施就存在批次色差风险,因为回收料颜色(色调或色光)是随意形成的,其不具有可复制、再现性,将导致不同批次的产品之间存在色差而影响正常使用。

4. 产生色差的其他因素

由于产品的颜色与纤维细度、纤维的牵伸程度、产品定量的大小、轧机温度高低、轧辊热熔比、产品存放时间长短、色母粒品牌等因素有关。因此,即使由不同生产线生产色调相同的产品,将其熔体混合后仍会与目标样品存在色差风险。

因此,在条件许可的情形下,生产线应及时回收,处理完自身产生的边、废料。

5. 比对样品的形式及表面状态对颜色的影响

进行比对的不同产品,必须具有相同或相近的状态,其中包括产品的定量大小、堆叠层次、样品的表面状态,如与热轧机花辊接触的压花面、与热轧机光辊接触的光面等。

在色母粒的添加比例相同的条件下,定量较大的产品,或堆叠层次较多的产品的色调会较深;而同一个样品,花面的色调就比光面的色调更深,而表面光滑的光面的色调会较浅。如果在对色过程中不注意这些细节,也容易出现色差。

三、特殊产品的回收

(一)SMS 型产品回收与回收量的控制

1. 熔体中的高熔指熔喷层分布状态

以往人们对 SMS 生产技术还不了解,对含有高熔指熔喷层产品的回收有疑虑,主要原因是对高熔指物料在熔体中的存在状态有误解。实际上高熔指的原料在进入螺杆挤出机熔融后,并不是独立存在,而是分散在熔体中,对正常的熔体起了“稀释”作用,除了会使熔体的流动指数变得更大一些外,对纺丝过程的影响是不明显的。

2. 高熔指熔喷料在熔体中的含量

在 SMS 生产线的边料中,MB 原料所占的比例很小的。通过计算可知,3. 2m SMS 生产线,MB 原料在边料中所占的比例为 14%左右(在正品中的比例一般为 20%~30%),全部同步回收到生产线中的一个纺粘系统,MB 原料所占的比例仅为 2. 9%,与一般的色母粒的加入量相当。

因此,SMS 生产线进行边料在线回收,或进行额外回收是完全可行的,很多企业已在这方面积累了丰富的经验。

3. SMS 生产线的边料回收方式和回收量的控制

(1)SMS 生产线的边料回收方式。由于 SMS 生产线的运行速度一般都在 250m/min 以上,在这种速度下,要进行在线边料回收的关键是边料的连续高速输送问题,对一些简单的生产线,在技术上是有一定难度的。

目前,SMS 生产线都朝着离线分切的加工路线发展,因此,生产过程形成的边料、废料就不可能即时、同步回收,只能使用人工方法在生产线配置的小螺杆回收,或另行造粒回收。

(2)回收量的控制。实际的运行经验证明,不仅可以回收实时产生的 SMS 边料,而且完全可以回收单纯的 SMS 型产品,其回收比例可达 30%左右。总的原则是:宁少勿多,力求平稳,适量均衡回收。

实际容许的回收比例(即回收部分的熔体重量与生产线各纺丝系统挤出量总和的比例)会因生产线的性能而异,主要是根据对产品质量的影响、纺丝过程的稳定性等因素,特别是以不断丝、无熔体滴落现象来判定。

一般 3. 2m SMS 生产线的边料与正品的比例在 8%左右,当系统以 20%的比例进行回收时,不仅能处理全部边料,还有 12%的能力“消化”生产过程中形成的其他不良品。除了处于调试过程的新生产线外,在正常生产状态,生产线不会有这么多的不良品。因此,回收系统能处理完生产过程形成的全部可回收物料。

(二)功能性产品回收

生产功能性产品过程中,也会产生一些经过功能整理的不良品,如亲水型产品、抗静电型产品等。由于这些功能性产品添加有功能性改性材料,或含有水分,进行回收时,会对纺丝稳定性、产品质量产生负面影响。

一些利用在线后整理技术加工的产品,即使从表面上觉得这些产品已经很干燥,但其实际水分含量仍在0.4%~0.8%之间,要比正常使用的PP切片的含水量(0.02%)高很多,这些水分将影响纺丝稳定性。因此,要慎重处置这些废品,要将这部分含水分较多的材料分拣剔除后才用于回收,而且一定要控制回收比例,以免产生断丝等影响纺丝稳定性。

另外,非织造布的拒水与亲水是两个对立的、不能同时共存的功能,一般的SMS产品要求具备阻隔性能,也就是拒水性能。因此,如果在生产SMS产品时进行亲水性产品回收,就会影响产品的静水压,必须小心评审其风险。

(三)熔喷布回收

由于熔喷纺丝系统的喷丝板仅有一行喷丝孔,而且喷丝孔的直径也比一般的纺粘系统更小,任何一个喷丝孔的纺丝状态出现异常,都会影响产品的质量,熔喷系统对原料的洁净度要求较高。因此,熔喷纺丝系统一般是不配置回收装置的,也就是不具备回收不良品或边料的能力。

但熔喷法非织造材料的不良品也是可以回收的,可以一定的比例与纺粘布混合在一起,利用纺粘系统进行额外回收,但因熔喷布强力低、容易断裂,不容易连续均衡回收,回收过程经常需要人工辅助,操作较为麻烦。

熔喷原料的熔体有极高的流动性,如果单独造粒回收,其熔体的水下铸条过程较为困难,而且即使能成功铸条、冷却、切粒。但因为其灰分、杂质较多,也不宜再在熔喷系统使用。

因此,熔喷系统产生的不良品一般是与纺粘不良品混合后,用离线的造粒生产线进行造粒回收,然后放在纺粘系统使用。

将熔喷布废品出售给专业的回收机构,也是常用的一个处置方法。

(四)聚酯类产品回收

随着PET,PLA原料的推广应用,也必然有不良品产生,但这类型聚合物的废料是不能马上回收的。与水分含量很低,而且不亲水的PP不一样,由于PET有亲水基团,其切片含水率在0.4%,在加热状态容易发生水解,黏度下降,无法正常纺丝,其不良品也存在同样的问题,不能像PP非织造布一样,可以直接回收利用。

聚酯类产品或其生产过程中产生的废边、废料等,暴露在空气中后,由于含有亲水基团,会吸收空气中的水分,导致水分含量大幅度增加,远大于工艺要求的≤0.005%,未经干燥处理就直接投入纺丝系统的螺杆挤出机回收时,未经预结晶的回收料软化点低,会黏结在螺杆口;含水率高会产生剧烈水解,造成断丝严重,从而影响纺丝稳定性。

因此,切片原料在投入纺丝系统使用前,必须要进行预结晶处理,并干燥至含水率低于50mg/kg才能正常纺丝。否则会影响纺丝稳定性,工艺不容易优化,甚至难以正常纺丝。

曾有企业将在生产PET非织造布过程中形成的不良品进行粉碎或造粒加工,以期能再生利用,然而在将这些不良品破碎、造粒时,会产生高结晶度的、在正常纺丝温度下难于熔融的微粒,导致会堵塞熔体过滤器过滤元件;其次是这些不良品多经历了一次熔融造粒,会因为发生降解而黏度下降，在影响纺丝稳定性和产品质量同时，还影响了生产效率，因此，目前业内已很少考虑 PET 不良品的回收使用问题。

由于上述各种原因，在非织造布生产企业，生产过程中形成的 PET 不良品不直接在生产线上回收使用。目前 PET 的回收利用有两种方式进行处理，一种是当作废品处理，回收后用来制作聚酯油漆或黏合剂等。另一种是回收后再造粒，用于纺丝或掺到 PET 切片中制作非织造布。

但经过生产实践后，除了回收造粒的 PET 同样要经过干燥处理以后才能使用外，其分子量分布太宽，可纺性太差，容易出现飘丝，导致组件使用周期缩短。考虑到对纺丝工艺的影响和经济效益，仍很少用于非织造布生产。

在理论上，这些要回收的酯类物料，在经过醇解后再聚合，可以使分子量分布变窄，会有较好的使用性能。醇解（alcoholysis）是指酯、酰氯、酸酐、酰胺、腈等化合物在醇作用下发生的分解反应，酯的醇解也称酯交换反应，得到一个新酯和一个新醇。一般非织造布企业不具备进行醇解和再聚合这种能力，以前国内曾有厂家做过实验，由于市场原因，就没有进行深一步地开发研究，后来也不做了，也就是说这种回收方法也没有付至现实了。

用瓶片（flakes）回收料为原料可用于生产土工布，国内曾制造过使用瓶片的生产线，既可以使用回收的瓶片，也可以采用常规的切片。因为瓶片的堆积密度小，在输送和使用过程中容易出现“搭桥”，加上黏度高，而且不均匀，不能利用常规的输送和干燥设备。在我国限制废旧塑料进口后，回收瓶片价格上涨，市场需求也随之下降。考虑原料来源、生产成本和产品质量，及对纺丝组件使用周期的影响，同样也没有获得广泛应用。

（五）双组分产品回收

双组分产品一般是不进行回收的，因为很难保证组分配比的精确性，但对于一些要求不高的产品，是有可能进行回收的。回收的双组分产品，必须在熔点较高的纺丝系统进行，或在占比较大的组分的纺丝系统进行。

能否回收双组分产品，与组分的聚合物原料有关，当两个组分都是聚烯烃类聚合物时，是可以进行回收的。如果纤维含有聚酯类聚合物时，由于不良品中的水分含量远高于干切片原料，未经过干燥处理就投入系统回收，将影响纺丝稳定性，因此不宜回收。

第六节　测试仪器对产品质量的影响

测试仪器不仅是指在产品质量检验过程中用到的各种检验、测量、试验仪器和设备，也包括在产品形成过程中，在现场使用的各种类型的检验、测量、试验仪表仪器，这些仪器的测量精度、准确度、可靠性、稳定性都会影响产品的质量。

一般企业很少配置有高精度的标准仪器，根据质量管理体系的要求，必须定期将这些仪器送交有资质的计量检测部门进行检查、校准、检定，也是一项常态化的工作。而在企业内部，除了在使用前要按程序进行校验外，也可以将同一批样品在不同类型的仪器上进行检测，发现其中存在的差异，或将样品送到等级较高的仪器上检测，比对两者测量结果的差异，查找原因，纠正偏差。

每一种测试仪器都有一定的应用范围，或适用的技术标准，但同一类仪器则会因测试机理的不同，对测试数据的客观性也会产生不同的影响。这种现象在空气过滤材料的检测过程中尤为突出,用不同品牌的空气过滤效率测试仪器检测同一样品时,数据会出现较大的差异。

目前,具备相关资质的第三方检测认证机构,在测量空气过滤材料的过滤效率和过滤阻力时,基本都是用国内外具有权威性的牌号 TSI-8130、TSI-8130A 这类仪器,这也是一些专业生产空气过滤材料的企业会不惜花重金购置这种仪器的原因。而大部分熔喷空气过滤材料生产企业,则基本上使用各种牌号的国产检测设备。

由于这两类仪器的测试原理不同,误差也不一样。对于质量较好的产品,两者的测试数据相差不大,而产品的质量越差,两者检测数据的差异也会越大,导致在应用市场上发生了不少质量纠纷。

而在发生纠纷后,一般需要委托第三方进行检测、鉴定。鉴定过程获得的分析意见和相关数据都会被仲裁机构采信。因此,企业质量管理工作必须注意不同检测设备这些特点,其差异主要表现在如下各个方面。

在发尘原理方面,国产的各种过滤效率检测仪器与美国的 TSI-8130 过滤效率测试仪的差异是:国产仪器的发尘装置发的多分散的粒子,而 TSI-8130 发的是准单分散的粒子。这就是 TSI-8130 的检测报告仅有一个过滤效率检测数据,而国产仪器会列出各种不同规格粒子的过滤效率检测数据的原因。

在测试原理上存在差异:国产设备是测试粒子个数,8130 测试的是粒子质量浓度。

在测试对象方面的差异是:TSI-8130 是用光度计测量滤料上、下游颗粒浓度,而国产设备是用粒子计数器测试粒子个数的。

相关技术标准(主要是各种空气过滤产品的标准)对颗粒的粒径要求是:计数中位径约 0.075μm(相当于计重中位径约 0.3μm),几何标准偏差不超过 1.86。TSI-8130 显示的过滤效率(efficiency)测试数据就只有 0.3μm 这一项;而一般国产过滤效率测试设备的气溶胶粒径较分散。因此,国产设备一般是显示分等级粒径的过滤效率,这就是在这类仪器的检测报告中,常出现 0.3、0.5、1.0、3.0、5.0、10μm 这六档的过滤效率显示值的原因。

综上所述,由于气溶胶发生器和计数器的差异,同一个样品,用 TSI-8130 测试的结果与用国产设备测试的数据会有较大差异,而且大多数数据都是用其他设备显示的结果会较佳,导致一些企业被误导。

当然不同品牌的国产设备的测试数据与 TSI-8130 的差异也是不同的。一些经过精细校准的仪器,虽然仍存在偏差,但有的机型的测试结果会较为接近 TSI-8130。

由于国产仪器的造价较为低廉,供应链较短,因此,使用国产仪器作为过程质量控制,发现质量变异趋势还是有效的,但作为出厂产品的最终质量检测,最好还是以使用经过高端仪器校准的设备较为可靠。

第七节　产品后整理质量控制

一、影响后整理产品质量的因素

(一)与产品的后整理过程有关的因素

非织造布基材本身的质量,如产品的均匀度、表面状态等。

后整理溶液:溶液的特性,浓度、温度、有效成分的一致性。

设备:设备本身的技术性能,运行速度、温度、溶液与上液辊表面的亲和性、轧液压力的均匀性、上液均匀性。

工艺:整理液选择、整理液配制、整理液的温度、不同整理液的兼容性。

环境条件:环境温度、湿度。

(二)影响产品质量的主要因素

上油率(OPU):是后整理工艺中的一个重要指标,是指经过上液处理及干燥后的产品中,最终的有效物质含量与产品重量的比例。

轧液率:是指留在基布上的液体重量与基布干重的比例。

产品的干燥:干燥温度、干燥处理的时间,如加热的温度偏高时,有可能造成化学试剂分解、变质,使产品的功能下降。

二、后整理工艺计算

(一)上油率(OPU)计算

上油率是产品在经过后处理并干燥后,在最终产品中有效物质的含量与产品重量的比例(%),这是一个与处理剂浓度无关的工艺参数,它确定了产品的最终功能。

上油率(OPU)控制是产品后处理质量的关键,主要与以下的因素有关:处理剂的浓度(计量单位:g/1000g)、温度、黏度、环境温度、浸轧率、干燥温度、干燥时间,残余湿度(残余水分含量)。

如一块经过处理的上油率为2%的50g/m^{2}的SMS布,其有效物质的含量为:

$$50\times2\%=1(\text{g})$$

基布的重量为:

$$50-1=49(\text{g})$$

即上油率的计算方法:

$$\text{OPU}=(\text{处理后的重量}-\text{处理前的重量})\div\text{处理后的重量}\times100\%$$

(二)轧余率(pick-up ratio)计算

为了使基布在经过浸轧处理后能准确控制有效物质的含量,并将多余的处理液移除,提高生产效率,降低干燥处理的能耗,常使用一对压辊对加湿后的基布施压,使多余的处理液流走,这个过程就称为轧液,轧余率表征的是经轧液后非织造布带液量的多少。

轧余率就是留在基布上的液体重量与基布干重的比例,有时也称轧液率、带液率,轧液率的大小直接影响了上油率的高低。轧余率的计算公式如下:

$$\text{轧余率}=[(B-A)/A]\times100\%$$

式中:A——浸轧前的非织造布重,g;

B——浸轧后的非织造布重,g。

如:浸轧前的非织造布重100g,经过浸轧后,重180g,则轧余率为:

$$\text{轧余率}=[(180-100)/100]\times100\%=80\%$$

例:要求一块49g/m^{2}的SMS基布上油率为2%,用浓度为4%的处理液,则轧余率应为多少?

有效成分的含量为:

$$49\times2\%\div(1-2\%)=1(\text{g})$$

含有 1g 有效成分的浓度为 4%的处理液的量为：

$$1 \div 4\% = 25(\text{g})$$

即基布要添加上 25g 处理液，并使其干燥后才能得到 1g 有效成分，实现上油率为 2%的要求。

则轧余率为：

$$25 \div 49 \times 100\% = 0.5102 \times 100\% \approx 51\%$$

通过推导可以得出轧余率计算公式：

$$\text{轧余率} = \text{上油率} / [\text{处理液浓度} \times (1 - \text{上油率})]$$

三、后整理的产品质量控制

为获得最佳效果，用于整理加工的非织造布，不得含有其他加工助剂，如润湿剂、染色助剂、浆料残留物、柔软剂及其他表面活性剂。后整理过程有可能影响如染色、印花及其牢度、白度、布匹特性、手感、防滑、黏合强力、产品强力、抗老化性能，还有可能使产品且有特殊的气味。

整理油剂（助剂）供应商提供的产品说明只是共性知识，而不一定都能满足所有的应用场景。因此，在应用一些新的油剂时，必须进行一些试验和测试，避免由于使用不当而导致损失。

不管产品是采取在线后整理还是离线后整理，目的都是把一些特定功能的添加剂加到非织造布，赋予非织造布相应的功能。在检测经后整理的非织造布产品的对应功能指标时，除了产品的性能指标外，还要检测这些功能添加剂是否按工艺要求添加到预定的质和量，是否对非织造布原有的性能造成负面的影响。所以，对于后整理的产品质量控制，一般要注意以下几方面：

（一）功能性指标的检测项目

功能性指标检测是指检测经后整理的产品是否达到预期的效果。比如亲水产品，要检测产品表征亲水效果的指标，如穿透时间、回渗量、滑渗量、吸水倍率、吸收时间、扩散速度等；抗静电产品要检测产品的表面电阻、衰减时间、电荷的停留时间等；三防产品要检测产品防酒精、防油、防血的效果等。

（二）含油率

含油率是指实际添加到非织造布上的活性物质的含量。因为非织造布本身没有这些功能，所以要经过后整理把含这些功能的活性物质加到布里让它具备这些功能，经过后整理后，这些活性物质是否按要求加到位，或者是否按要求加到目标的比例，这样只能通过测试非织造布中这些活性物质的比例来判断。

含油率的测试通常选用萃取的办法，可以按如下公式计算含油率：

$$\text{含油率} = (W_{\text{萃取前}} - W_{\text{萃取后}}) / W_{\text{萃取前}} \times 100\%$$

式中：$W_{\text{萃取前}}$——后整理完所取布样的干重，g；

$W_{\text{萃取后}}$——所取布样萃取后的干重，g。

选择合适的乳化剂是保证经后整理的非织造布能达到预期功能的关键，而足够的含油率是保证这些功能能够显现的前提，所以在进行功能后整理的质量控制过程中，不能忽略含油率的测试。

（三）后整理对非织造布原有性能的负面影响

对非织造布进行功能后整理，选择合适的乳化剂非常重要。很多乳化剂中的活性物质，确实能够赋予非织造布预期的功能效果,但是也可能对非织造布原有的一些性能指标造成影响。如有些抗静电类的乳化剂,经过后整理后,能够使非织造布具有很好的抗静电效果,但同时也会破坏非织造布的拒水性能。

如果使用这种抗静电剂对 SMS 产品进行后整理,经过整理后的 SMS 产品的静水压就会下降,甚至出现完全没有静水压的现象。所以整理不同的产品,要进行详细的工艺设计,选择不同的乳化剂,从而确定优化的工艺。

(四)后整理产品性能时效性的跟踪

所谓时效性,是指非织造布的性能或者功能经过一段时间后发生变化的情况。很多乳化剂都可以赋予非织造布相应的功能,但是这些功能会随时间的推移而慢慢减弱,经过一段时间后这些功能会完全消失。这种现象十分普遍。

比如很多亲水剂,在刚经过后整理的一段短时间内,非织造布的亲水效果是很好的,但经过不到半年,甚至 2~3 个月,亲水性能指标变得很差,甚至连亲水的特征都会消失。

又比如抗静电油剂,在经过后整理的短时间内,抗静电性能是很好的,但经过一段时间性能变得很差,甚至没效果。

另一种情况是,如果使用某些牌号的乳化剂对单独组分的非织造布进行后整理,整理效果可能不会具有时效性,但如果非织造布在整理前已经通过共混纺丝工艺加入了一些其他添加剂,再经过后整理,产品很可能就会出现时效性的问题。

因为无论是用油剂进行后整理,还是利用改性母粒进行共混纺丝,这些添加剂大部分都是表面活性剂,不同的表面活性剂在纤维表面都会对产品的表面张力产生影响,当两种作用互相矛盾的表面活性物质同时加到同一种非织造布中的时候,产品就会出现时效性的问题。

因此,对后整理的产品,在开发产品初始阶段,除了要关注刚下线产品的质量指标外,还要在产品的保质期限内,制定产品性能的老化跟踪检测计划,最后固化产品的工艺和配方,以免在后续的生产过程中发生质量变异。

四、后整理过程对产品其他性能的影响

(一)后整理对纺熔非织造布的影响

可应用于纺熔非织造布的后整理工艺很多,在卫生、医疗防护制品材料领域,常见的表面功能性整理主要有:抗静电整理、三抗+抗静电整理、亲水整理等。表面功能整理是通过辊涂(kiss roll)、喷涂(spray)、浸轧、涂层等形式,将配制好的整理液或其他功能助剂均匀附着在非织造布表面,经加热干燥(如电加热或燃气加热等)移除非织造布上多余的水分,从而形成具备特定功能的产品。

不同的功能整理工艺与使用的助剂、配液用的去离子水的电导率、配液浓度、配液温度、上油率、烘干温度、烘干时间、张力控制等有关,这些因素可能会影响材料的分子结构、产品的纤维网结构、非织造布的表面特性等,也必然会影响产品的力学性能、表面张力、抗液体渗透性能、抗静电性能、手感、微生物的生存环境、外观颜色等。

经过化学剂整理后的非织造材料,其外观及形态一般不会有重大变化,整理的效果是通过微观的性能变化体现的。

在本书的第七章,已对非织造布的功能性后整理做了详细阐述。

(二)机械整理对非织造布的影响

除了利用化学剂进行后整理,在生产中还经常使用机械整理,常见的工艺有打孔、压花、轧光等。经过机械整理的非织造布,表面形态发生了改变,整理的效果即时可见,可以改变液体的流动状态、渗透时间、触感等。此外还能改变非织造布的观感、触感,增加其商业附加值。

打孔、压花、轧光可以使非织造布在平面花样、立面感观上呈现不一样的效果,赋予其新的触感以及其他物理特性,如液体的渗透与流动形态等,从而进一步提升终端产品的使用感受。在进行机械整理的过程中,非织造布会受到机械挤压、穿刺、温度的作用,其结构、密度、表面形态都发生了改变,因此会对非织造布性能产生不同的影响。

机械整理的生产节奏与非织造布生产线有较大的差异,因此,不能进行在线机械整理,只能进行离线后整理,加之机械整理的效率较低,因此,整理过程往往需要配置较多台同样的设备,以提高加工能力。打孔设备的幅宽较小,运行速度较慢,一般都会有多台设备同时运行。

1. 打孔

打孔是卫生制品材料的加工工艺之一,目的是提升纸尿裤或卫生巾面层的干爽性、触感、立体感和蓬松感,除传统产品的面层亲水非织造布外,有的品牌产品还对纸尿裤底膜复合用的拒水非织造布进行打孔整理。采用一组或多组表面有特定立体花纹的辊筒,在一定的温度下对非织造布进行打孔定型,使非织造布带上特定的立体图案,厚度增加,并具备一定的蓬松性。

打孔并不一定将非织造布打穿孔,可采用一组金属辊筒与橡胶辊筒进行组合,也可采用一组金属辊筒以子母辊的形式进行组合,不同的辊筒组合,得到的产品花纹效果与立体感差异较大;另外,打孔后的产品因结构蓬松,在收卷时需要注意张力的控制,否则打孔的效果会打折扣。

非织造布打孔后,原来纤维网的结构和连续性受到破坏,甚至有部分纤维可能断裂,因此,要用一分为二的观点来分析打孔整理工艺。一方面,经过打孔整理的材料提升了产品的立体感与触感,提高了经济效益价值;另一方面,打孔降低了产品的力学性能,如果对亲水产品进行打孔,则液体穿透时间也会变短一些。

2. 压花

压花是一种用机械外力使材料形状产生变化的机械后整理工艺。其核心设备是一对刻有一定深度花纹的凹凸匹配的压花辊,在一定温度、压力下轧压非织造布,使其变形并形成凹凸花纹并具有浮雕风格的立体图案。

经过压花整理的产品,表面会形成立体的图案,提升了产品的外观,从而提高产品的经济价值。经压花整理后,材料的厚度增大,还可以改善触感,避免使用期间因摩擦而导致的纤维脱落,因此,也是擦拭类非织造布常用的后整理工艺。但压花过程也改变了材料的结构,会降低材料的力学性能。

3. 轧光

进行轧光后整理的设备是一台类似热轧机的装置,配置一组或多组光面轧辊,在一定的温度与压力下对材料进行轧光整理,可消除非织造布表面的浮丝、纤维,被烫压后的非织造布表面平滑、厚度均匀、密度增加,赋予产品一定的光泽,不易起毛、有挺感。

五、后整理工艺参数对产品质量的影响

温度偏高、加热的时间太长时,会使产品的手感变差、颜色泛黄;而温度偏低、加热的时间太

短时,产品的一些附加功能可能没有被激活而没有达到后整理的工艺目标。

一些纤维牵伸不足的非织造布产品,在加热时其尺寸容易出现收缩现象,但干燥过程可消除产品内部的应力,使结构更为稳定。

泳移现象,是指在后整理的烘干过程中,整理剂会因水分蒸发,随水分向受热面迁移的现象。泳移改变了整理液原来的均匀分布状态,导致产生色差、功能差异等缺陷。如果非织造布在烘干时的水分含量超过其临界水分率,就会出现泳移现象。

烘干速度、热风的速度越快,烘干的温度越高,就越容易产生泳移现象,其次是非织造布的厚度和密度也会影响泳移,厚型大定量规格的高密度非织造布的泳移现象,会比轻薄型小定量规格的非织造布更显著。

非织造布基布经过后整理后,力学性能、表观、感官及化学成分都会发生变化,对产品的质量存在一定的影响。

(一)后整理对产品触感的影响

产品的手感与整理剂的种类有关,使用一般的整理剂时,产品的手感会变硬,而有些整理剂可以使基布变得柔软。

(二)整理温度对产品强力的影响

产品的强力会受温度的影响,温度上升,强力会下降,最大降低幅度可达 5 个百分点。

(三)整理温度对产品伸长率的影响

经过整理后,由于温度的影响,产品的伸长率会明显下降,最大降幅可达 30~40 个百分点,产品变脆。产品同时还会出现较为明显的幅宽变窄现象,即出现较大尺寸的缩幅。

(四)卷绕分切张力对产品性能的影响

产品进行离线分切后,由于卷绕分切张力有预拉伸的效果,即使没有经过整理,也会使产品的断裂伸长率降低,幅度可达 10~20 个百分点。

此外,卷绕张力(包括离线分切加工时的卷绕张力)会影响产品的功能性指标及指标的均匀性,在较大的卷绕张力作用下,产品的静水压、过滤效率会降低,而布卷芯部的产品性能与布卷表层的差异会变大,蓬松度变差。

(五)产品的黄变现象

经过较高温度的烘干定型处理后,有的产品的颜色会变黄,发生黄变现象的原因是有的整理剂耐高温性能较差,抗氧化性能较差,或产品的 pH 值较高。在应用共混纺丝工艺进行改性整理时,所添加的一些功能性助剂、弹性体等也会出现这种现象。如在水驻极熔喷布的干燥过程中,因为所添加的驻极母粒抗氧化性能差,即使应用低温(<100℃)干燥工艺,产品仍容易会出现黄变。

(六)后整理对产品静水压的影响

经过处理后,最终产品的静水压会发生变化,这与产品的功能有关:

1. 对于抗静电产品

由于抗静电的机理就是在基布表面形成亲水基团,因此会消减基布的拒水性,而导致抗静电产品的静水压下降,降低的幅度一般在 5%~10%。

2. 对于三抗产品

由于三抗的机理就是通过整理剂改变基布的表面张力,使其张力比其他液体更低,呈较高的拒液性，但由于主要提供阻隔性能的熔喷层受到整理液、烘干温度、牵引张力的影响，静水压会有所下降，有时下降的幅度可达 10%。

3. 对于三抗+抗静电产品

由于抗静电材料表面具有亲水倾向，而抗静电产品需要材料具有拒水特性，因此，产品的阻隔性能会下降，静水压降低的幅度一般可达 10%~15%。

（七）后整理会影响叠层复合时的层间黏合强度

材料经过后整理以后，表面会存在一层后整理油剂，改变了材料的表面特性，在后续的加工过程中，会影响材料的复合强度，甚至难于复合。

（八）后整理剂会影响产品的安全性

由于后整理过程要把一些后整理剂施加到产品中去，这些整理剂都是化学品，对产品的安全性有一定的影响。因此，整理过程所用到的整理剂必须满足产品的安全性要求，和环境保护要求，要注意其 MSDS 或 SDS 报告中是否存在影响产品正常使用的有害成分。

六、后整理工艺的职业安全及对环境的影响

非织造布的后整理过程要用到各种助剂，不同程度上会存在影响职业健康的因素，排放出的废气和废水也会存在对环境不友好的成分。

当采用喷雾方法上液时，逸散的整理溶液气雾对人体健康有潜在风险，而且会腐蚀邻近的设备，导致防护涂层脱落和影响电气绝缘；污染地面后增加了人员行走时发生滑跌的安全风险。因此，要保障生产加工场所的空气流通，并配置相应的通风设备，有条件时最好是在密闭系统内进行喷雾加工，防止气雾扩散传播到车间。

有部分功能性乳化剂产品，除有效的活性物质外，或多或少含有一些挥发性的其他成分，或者在后整理的配方中加入的一些用于加强效果的成分，也可能带有挥发性，所以在后整理过程中经过抽风机排出的尾气可能会有刺激性气味，对周围的环境造成一定的影响。所以，后整理过程中排出的尾气不要直接排放到周围的环境中，最好根据当地环保部门的要求进行净化处理再排放。

第八节　影响产品幅宽的因素

一、生产线的硬件性能对产品幅宽的影响

（一）喷丝板的布孔区宽度

喷丝板在 CD 方向的布孔区宽度决定了铺网宽度，在正常工况，实际的铺网宽度与布孔区宽度接近，但无论是纺粘系统还是熔喷系统，实际铺网宽度还要受其他工艺因素的影响，有时候会较宽，而有时候会较窄。

喷丝板的布孔区宽度一定要比生产线的名义幅宽更大一些，以保证在切除两侧的不合格边料后，仍能获得规定宽度的合格产品。布孔区宽度一般是等于，或略大于所要求的铺网宽度。

不同纺丝工艺，其喷丝板布孔区宽度也不同，既要考虑保证获得规定宽度的合格产品，也要考虑被切除出的两侧边料的成卷的稳定性，产品的子卷直径越大，对这一要求也越高。因此，布孔区宽度一般要比名义幅宽大 150~300mm。

(二)冷却、牵伸、扩散通道在 CD 方向的长度

纺粘法纺丝系统的冷却、牵伸、扩散通道在 CD 方向的长度,是一个限制铺网宽度的硬件尺寸。虽然气流存在有附壁效应,但实际铺网宽度是不能等于通道的长度的。也就是冷却通道、牵伸通道(或宽狭缝正压牵伸器的牵伸通道)、扩散通道在 CD 方向的长度一定要比喷丝板的布孔区宽度更大,实际的长度与产品的定量规格、生产线的运行速度有关。

早期生产线的运行速度慢,只有 300m/min,以幅宽 3200mm 的宽狭缝低压牵伸系统为例,通道的长度只有 3500mm;目前,国产设备的运行速度已达 800m/min,通道的长度已经是 3600mm 了,因此,通道的 CD 方向长度一般比喷丝板的布孔区长度(也相当于设计铺网宽度)大 100mm 左右。如果通道的长度偏窄,两侧很容易出现烂边。

(三)成网机抽吸风箱吸入口在 CD 方向的长度

抽吸风箱吸入口的长度一般不小于扩散通道在 CD 方向的长度,对于封闭式纺丝通道,要求不能大于扩散通道结构的外轮廓的长度,以免在扩散通道外侧外露出来的抽吸风箱吸入口无法密封。

对于开放式纺丝通道,由于不存在密封问题,可以稍大于扩散通道结构的外轮廓的长度,但不宜太大,以免两侧所形成的稀网区,也就是要切除的边料太宽,降低原料利用率和合格品率。

然而,抽吸风箱入口的长度决定了纺丝系统的铺网最大宽度,同时也决定了成网机网带的宽度,因为在任何时候,包括在网带出现不可避免的偏移时,网带必须时刻覆盖住抽吸风箱入口,由于网带的宽度也决定了成网机的结构尺寸,因此,太宽的网带也是没有必要的。

(四)网带的剥离性能

纤网在成网机与纤网固结机台之间传输时,发生缩幅(即幅宽变窄现象)是不可避免的,由于未经固结的纤网还没有定型,很容易产生较大的缩幅。这是生产过程中最容易发生缩幅,而且也是缩幅量最大的环节。

成网机网带的剥离性能会直接影响进入下游的热轧机,或其他纤网固结设备的纤网宽度。在最不利的条件下,纤网产生的缩幅值可达全幅宽的 4%或更多,以 3400mm 宽度的纤网为例,最大缩幅量相当于 136mm,正常的缩幅量应控制在 1%~2%。

对于轻薄型非织造纤网(如卫生制品材料)、以较快速度运行的纤网,网带的剥离性能对缩幅影响很大,而对中厚型纤网(如医疗制品材料)、运行速度较慢纤网的影响就相对较小。

(五)设备技术状态会影响产品的宽度

非织造布是一种柔性材料,只能使用牵引力来拖动和输送,此牵引力是利用设备之间的速度差形成的,主流程设备以成网机的线速度为基准,下游设备的速度要比上游设备的速度更高一些,在这个过程中速度的提升量一般按高于 10%设计。

如生产线中成网机的运行速度为 600m/min 时,最下游的卷绕机的运行速度一般都高于 660m/min,在这个速度差的作用下,产品将沿 MD 方向被拉伸,并同时在 CD 方向发生缩幅。

当设备出现异常,如张力波动,辊筒的轴承损坏,纺丝牵伸通道密封不良,都会影响产品宽度或铺网宽度。其中以与纤网或产品接触的辊筒轴承影响最为明显,这些轴承的故障会明显增加产品的缩幅。

在纺粘法纺丝系统或熔喷法纺丝系统中,成网抽吸风机的运行状态都会影响铺网宽度,风机的转速越高,或抽吸气流越大,铺网宽度一般都会较小。这是环境气流在抽吸风机的负压吸

引下流向成网抽吸区，将纤维往中部压缩所致。

二、生产线产品结构与铺网宽度的关系

（一）同类型的多纺丝系统生产线

凡由同类型纺丝系统（如同是 SB 系统或同是 MB 系统）组成的生产线，铺网宽度可按常规设计，只要留足切边余量即可。多纺丝系统生产线的运行速度都会较快，特别是以生产轻薄型产品为主的多纺丝系统生产线，在高速运行时的缩幅现象会更明显，因此，要求其铺网宽度也会较大。

（二）SMS 类复合型生产线

SMS 类复合型生产线，由于 MB 纤网不能外露与热轧机的轧辊接触，SB 系统的铺网宽度要比 MB 系统更宽，也就是要比普通的独立 SB 系统更宽一些。以 3200mm 幅宽为例（下同），MB 系统的铺网宽度要>3400mm，因此 SB 系统的铺网宽度要>（3400+100）= 3500mm。

三、生产工艺对铺网宽度的影响

产品的生产工艺对铺网宽度有很大的影响，而产品的技术状态也会影响产品的幅宽，如经后处理的产品如果水分含量较多，容易在卷绕时出现滑移，难于准确控制幅宽。

（一）产品的定量规格

同一条生产线，生产小定量（g/m^2）的轻薄型产品时，由于受传输张力的影响，都会出现幅宽变窄的缩幅现象，定量越小，缩幅现象越明显，小定量规格的产品，实际的幅宽要比大定量的中厚型产品更窄一些。

因此，为了能获得规定幅宽的产品，如果纺丝系统是用于生产薄型小定量规格的产品，要人为增加铺网宽度，以补偿这一部分的缩幅损失。

（二）生产线的运行速度

为了使非织造纤网能在成网机与纤网固结设备，如热轧机、针刺机、水刺系统之间顺利传输，必须使机台之间存在一定的牵引张力。因此，各机台的速度是从上游到下游逐渐递增的，机台间的速度差既是牵引纤网（或非织造布产品）运动的动力，也是导致纤网宽度变窄的力，速度越快，这种缩幅现象越明显。由于设备内部传动件的摩擦力是与运行速度正相关的，由此所形成的附加张力也会随着运行速度的提高而变大，这些都是导致纤网或产品发生缩幅的主要原因。

生产线运行速度越快、产品的定量规格越小，在生产线主流程中配置的设备越多，对产品幅宽的影响也越明显。因此，为了获得同样宽度的产品，运行速度越快的生产线，纺丝系统的铺网宽度也要越宽，以补偿由于速度增加所导致的幅宽损失。

生产线的速度对成布宽度的影响很大，同样的铺网幅宽，运行速度越高，未切边前的成布宽度则会越窄。在最终产品幅宽相同的条件下，运行速度越快，要求纺丝系统的铺网宽度也越大。

以 3200mm 纺粘产品为例，当速度≤150m/min 时，铺网的宽度约 3400mm；当速度≤250m/min 时，铺网的宽度要增加一些，约 3450mm；当速度≥350m/min 时，铺网宽度要更宽，要增加到 3500mm。

正因为铺网宽度与速度有关，如生产线以薄型产品（如以卫生制品材料）为主，运行速度高，要人为增加铺网宽度，以补偿在生产过程中产生的缩幅；而在生产厚型产品时，由于运行速度很慢，缩幅现象不明显，铺网宽度就没有必要增加。

如果一条生产线既要生产卫生制品材料，又要生产医疗防护制品材料，则铺网宽度只能以满足生产卫生制品材料的要求来设计，也就是按最大铺网宽度来设计。但当用于生产医疗防护制品材料，其边料就明显偏大，切边损失会较多。这两种运行状态不能兼顾，只能以缩幅量最大的产品来考虑纺丝系统的铺网宽度。

（三）成网抽吸气流的影响

成网抽吸气流的大小会影响铺网宽度，这一现象对开放式纺丝系统（如 MB 系统或正压牵伸系统）影响特别明显，抽吸气流越大，两侧环境气流对纤网的挤压作用越明显，铺网幅宽会越窄。

这一现象同样存在于封闭式纺丝系统，其抽吸气流要与冷却牵伸气流保持稳定的平衡关系，在冷却牵伸气流保持不变的状态下，抽吸风机的转速越高，实际铺网的宽度也会越窄。在生产线的运行过程中，如果希望稍微增加铺网宽度，就可以用适度降低抽吸风机转速的方法来实现。

（四）牵伸气流的影响

纺丝系统的牵伸气流的大小也会影响铺网宽度，这一现象对开放式纺丝系统（如 MB 系统）影响特别明显，牵伸气流越大，抽吸气流也随之增加，幅宽也会越窄，主要是周边的环境气流从两侧流向成网区域，将纤网向中部压缩所致。在熔喷法纺丝系统，特别容易观察到这种现象，为了避免受这种环境气流干扰，在成网机两侧设置气流挡板是一个行之有效的措施。

在封闭式纺丝系统，冷却侧吹风机的转速越高，实际铺网的宽度也会越大，但纤维束不会触碰纺丝通道 CD 方向两端的结构挡板（或观察窗），也就是有效铺网宽度肯定会小于通道 CD 方向的长度，两者的差异会大于 100mm（或更多）。

（五）冷却（牵伸）气流与抽吸风机流量的匹配状态

冷却气流的流量与成网机抽吸风机流量的匹配状态，不仅会影响纺丝稳定性，还会影响铺网宽度。在正常运行状态，封闭式或半封闭式纺丝系统，必须始终保持抽吸风流量大于冷却风流量，系统才能正常纺丝，并有较快的牵伸速度。两者间的流量差异越大，则铺网宽度越窄。

如果出现气流不匹配、抽吸风流量小于冷却风现象，熔体细流也随气流的附壁效应而趋向 CD 方向外侧扩散。实际的铺网宽度会比喷丝板的布孔区更大，而且两侧会形成比预期更宽的稀网带，而附壁效应会导致靠近侧壁的牵伸气流降速，很容易产生熔体滴落或断丝。

为了避免这种情况发生，侧吹风箱在 CD 方向的长度一定要比喷丝板的布孔区更大，使在布孔区范围内的气流保持足够的速度和流向稳定。因此，侧吹风箱在 CD 方向的长度一般都比喷丝板布孔区长度长 100mm 左右。

（六）熔喷系统的 DCD 值

熔喷系统的 DCD 越大，成网宽度受环境气流的影响越明显，铺网宽度也越窄；在 DCD 一样的情形下，抽吸气流越强，吸入的环境风越多，对纤网的挤压作用越明显，铺网也越窄。而在较大的 DCD 状态，牵伸气流会有较大衰减，环境气流对铺网宽度影响会更明显；在较小的 DCD 状态,铺网宽度会较宽,其最大值可趋近于抽吸风箱入口的CD方向长度。

四、卷绕张力对产品幅宽的影响

(一)热轧机与成网机的速度差会影响纤网宽度

热轧(包括针刺、水刺)固结是对产品幅宽影响较大的一个环节,在热轧机入口一侧,成网机输出的纤网强度很低,是依靠热轧机将其牵引到轧辊的,热轧机的速度一般要比成网机稍快,这个速度差所形成的张力会使纤网幅宽明显变窄。

当热轧机的速度比成网机的速度快很多时,由于速度差所形成的偏大张力就容易使还没有固结的纤网发生较大的幅宽损失,这种现象除了与网带的剥离性能相关外,主要还与热轧机的速度设定不当有关,速度差越大,即热轧机的速度越快,幅宽变窄越严重。

偏大的速度差还会改变纤网的结构,甚至发生破坏,最常见的现象是把纤网过度拉伸,甚至发生沿CD方向的断裂;而速度差太小则容易使产品产生皱褶。

(二)热轧机冷却辊与轧辊线速度差的影响

在热轧机与冷却辊之间,经过热轧固结的非织造布是依靠冷却辊产生的牵引力把非织造布从轧辊表面剥离的,因此,正常的热轧机冷却辊调速系统,都可以使冷却辊以相对轧辊速度95%~110%的区间调节。

当热轧机的冷却辊速度比轧辊的线速度大很多时,就容易发生较大的幅宽损失,由于非织造布刚离开轧辊,温度很高,而强度较低,处于高温状态的非织造布本身就有缩幅倾向,加上这个张力的牵拉作用,就会产生较大的缩幅,而导致幅宽变窄。

(三)附加张力引起产品的缩幅

当卷绕机至热轧机之间的产品传输阻力很大(如配置的设备或辊筒很多)时,卷绕张力会较大,非织造布的幅宽将明显变窄。在配置有在线后整理系统的生产线,其中有的干燥装置有很多导向辊筒,而这些辊筒大部分是利用非织造布去拖动旋转的,辊筒轴承的摩擦力会形成较大的附加张力,而这时产品刚好又处于高温状态,除了自身受热产生缩幅外,还会与附加张力所产生的缩幅叠加在一起,实际的缩幅量会较大。

为了减少这种幅宽损失,有的在线后整理系统,会将全部或部分被动的导向辊筒设计为电机驱动的主动型,使这些辊筒与生产线同步运动,降低非织造布所承受的附加张力,能有效改善产品的缩幅现象。

在产品使用离线分切工艺时,为了弥补刀具钝化后的分切难度,经常会人为增加卷绕张力,以便降低分切的难度,提高分切质量,并使分切后的子卷之间能自然分离。这时不仅会产生较大的缩幅,而且还会降低SMS类产品的阻隔性能。

(四)纤网固结过程引起产品的缩幅

除了热轧固结过程会引起缩幅以外,在使用针刺工艺、水刺工艺或热风固结纤网时,纤维在刺针、水针或热风的作用下,会跟随刺针或水针运动而被牵扯、收缩,互相发生缠绕,使纤网的宽度缩小,出现明显的缩幅。详情可参考本书第六章内容。

(五)高温引起产品的缩幅

高分子聚合物原料在高温作用下获得产生形变的能量,都会产生一个使表面积最小的趋势,也就是会产生与一般物体热胀冷缩现象不一样的热收缩,这是聚合物的一个特性。

纤网在热轧机、后整理系统烘干装置的高温的作用下，特别是经过烘燥装置处理后，由于受热收缩与张力引起的缩幅两种作用叠加，产品的幅宽变窄会很严重。

五、分切机的性能、配置与产品幅宽的关系

(一)与退卷方式有关

如果分切机使用被动放卷方式工作，其幅宽缩窄量会比主动放卷型分切机大。

分切机的张力控制系统精度越高，张力波动范围也就越小，用较小的张力即能保证子卷互相分离，幅宽缩窄量也会较小。

(二)分切过程的缩幅损失

在分切产品时，分切刀具间要预留缩幅值(刀具的间隔距离要比所要求的实际幅宽更大一些)，才能使分切后的子卷顺利分离，并补偿子卷缩幅的幅宽损失，这个缩幅值耗用了部分正常幅宽，子卷数量越多，累计的缩幅损失也越多，这种现象在离线分切系统尤为突出。

(三)与分切刀的技术状态有关

因为分切效果与产品的张力有关，因此，分切刀具都要布置在张力较大的位置。当分切刀具变钝以后，为了能将产品分切开来，有时会采取增加张力的方法作业，这时就会产生过大的缩幅。

使用剪切式圆盘刀时，需要的张力较小，因而产生的缩幅损失会比使用其他形式的刀具时少一些。

(四)与是否配置吸边系统有关

以名义或公称幅宽为3200mm的生产线为例，一般情形下，生产线生产的产品幅宽都会大于3200mm，而能否分切出3200mm幅宽的产品，其关键在于进行分切加工时，两侧的边料能否稳定成卷，如果不能稳定成卷，又没有配置适用的吸边装置，则要求母卷每一侧边料的宽度要更宽，以增加边料布卷在高速运行时的稳定性，因为边料布卷一旦发生散塌，将导致设备无法继续运行，而产生大量的废品。

在大部分工况下，切边的宽度不宜小于80mm，特别是含有MB层的大卷径SMS边料，其中的MB层纤网的宽度务必能保障稳定成卷；由于卫生制品材料定量小，伸长率大，手感柔软、爽滑，摩擦系数较小，层与层间的产品很容易发生滑移，如果边料的宽度偏窄，会影响正常的分切加工。

如果不能满足这些要求，除了在分切过程中会由于张力变动太大而影响端面的平整性外，还可能因两侧边料散塌而导致整个子卷报废。子卷的直径越大，卷绕速度越快，这种风险也越高。

六、产品的后加工路线

(一)产品是在线分切还是离线分切

当产品采用在线分切时，需要的铺网宽度(也就是母卷的幅宽)可以窄一些；而采用离线分切时，如果产品采用离线分切工艺，则在分切加工过程中还要再经历一次母卷退卷、子卷产品卷绕过程，又会产生缩幅，产生的缩幅损失要比在线分切更大。因此，在生产线生产非织造布产品时，铺网宽度就要考虑这个影响因素，用于补偿离线加工时产生的缩幅损失。

如果产品采用离线后整理工艺，在后整理生产线的烘干设备运行时，产品在高温的影响下，很容易发生缩幅，导致产品的幅宽变窄。因此，一般企业都是将全幅宽不切边的母卷送去进行离线后整理，尽管这样会浪费一些后整理剂，或无法回收利用切边不良品，但可以保证能获得足够幅宽的产品。

有的企业的烘干设备就选用拉幅定型系统，用于控制产品在加工过程的幅宽。有的企业在进行离线后整理时，系统没有分切功能，因而还要再进行一次离线分切，母卷的幅宽还会进一步缩窄。因此，要求母卷的幅宽要更宽一些。

（二）是否需要进行离线后整理

产品在进行后整理时，附加的退卷张力、卷绕张力必然导致发生缩幅，而聚合物产品在烘燥过程中，受加热温度的影响，必然会引起产品幅宽变窄，如果纤维没有得到充分的牵伸和取向、定型，非织造布的缩幅现象会很严重。

而由于非织造布（尤其是小定量的轻薄型产品）两个侧边一般是稀网区域，很难承受拉幅机构的拉力来控制幅宽。因此，特别对采用离线后整理的产品，要求其幅宽必须有较大的余量。

因为经过后整理的非织造布不能（宜）回收，有时为了回收这一部分边料，会先行切除后再进行后整理，这样就要求原布有更大的幅宽来弥补这个损失。

即使是定量较大的中厚型产品，经过后整理以后，有拉幅针孔区域的产品变成了不良品，还是要切除这部分布边，所以也要求边料有足够的宽度，以保障在切边后能获得足尺幅宽的产品。

七、小结

当产品的定量较小，又需要进行离线后整理、离线分切时，要求产品比一般厚型产品有较大的铺网宽度。如果是SMS型复合产品，要求的铺网幅宽要比常规型产品的幅宽更大。

纤网的最大铺网宽度或非织造布产品的最大幅宽受生产线的硬件配置限制，这是前提条件，但具体所能获得的产品宽度则是受诸多工艺因素影响的，不可能达到最大的铺网宽度。因此，在设计生产线时，必须考虑在一般的不利工艺条件下，能保证获得规定幅宽的合格产品。

在熔体纺丝成网生产线，纺丝系统喷丝板的布孔区宽度是决定铺网宽度的关键控制点，也是决定纺丝系统铺网宽度的关键。

第九节　纺熔非织造产品的常见质量缺陷与对策

一、纺熔非织造产品的缺陷类型

由于受各种因素的影响，熔体纺丝成网非织造布难免存在各式各样的疵点及质量缺陷。这些缺陷的产生与纺丝原理，设备硬件水平，原料、辅料选用，操作与工艺，现场管理，生产环境等有关。

由于纺丝工艺、纤网固结方式不同，缺陷的表现形式也有差别；产品的应用领域不同，对缺陷的容忍度也不同。虽然生产过程一直都在通过优化工艺、改进工艺消除缺陷，但要杜绝缺陷出现还是不容易做到的，而且要付出很大的质量成本。

因此，只要缺陷的程度、大小、数量、出现的频度都可控，如不超过检测装置的阈值，而且不影响产品的使用,这种缺陷还是允许存在的。目前,纺织行业标准 FZ/T 01153—2019《非织造布　疵点的描述　术语》已对非织造布的各种疵点做出具体的定义和描述。

熔体纺丝成网非织造布产品,有下面四大类型的常见质量缺陷。

(一)疵点

疵点是生产过程中,在产品表面形成的熔体硬块,并丝、硬丝、孔洞、稀网、云斑、横向断裂痕、网带接头痕、晶点、针孔、飞花、熔点、翻边挂丝、皱褶、色差、热轧机轧点缺损、起毛、分层等,这些疵点都是在纺丝成网、纤网输送、固结过程中形成的,但这些缺陷都是存在于产品上的。

(二)异物

异物是指外来的物质,如昆虫、油污、毛发、粉尘等固形物,或在生产、加工、储存过程中产生的其他污染物。

(三)破损及变质

破损及变质是指产品受外力作用而产生的损毁、刺穿、纸筒管变形,存放过程中发生变质、存在异味、被污染等现象。

(四)产品尺寸与外观

产品尺寸与外观缺陷是指幅宽、卷长、布卷直径超差,分切端面不平整、布卷变形等。

二、常见表面疵点缺陷

(一)反向“眉毛”

首先检查“眉毛”出现的位置,一般多见于纺丝系统下游压辊的出口侧,是主抽吸风机与压辊吸网风机转速不协调导致,可根据“眉毛”的弯曲方向对设备做相应的调整。

如果“眉毛”的弯曲方向与 MD 方向相反(图 12-16 左),说明主抽吸气流太强,要降低主抽吸风机转速,而提高辅助吸网风机转速;如果“眉毛”的弯曲方向与 MD 方向相同(图 12-16 右),要提高主抽吸风机转速,而降低辅助吸网风机转速。但要注意在改变主抽吸风机的转速时,会影响纺丝稳定性、成网过程和产品的 MD/CD 强力比。

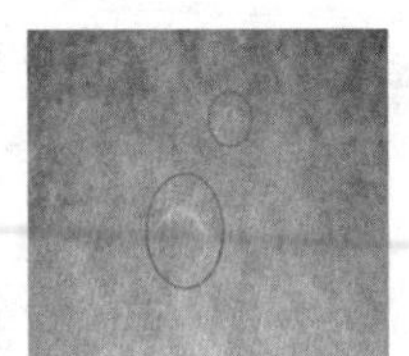

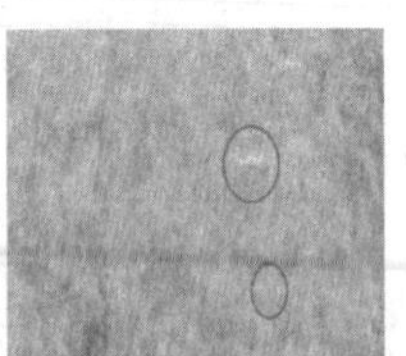

图 12-16　产品上的疵点—“眉毛”

原因:抽吸风箱堵塞、网带被污染、压辊接触不良、压力设定不当、压辊温度偏高或偏低、压辊表面不干净、存在发生缠辊的趋势。

对策:降低冷却风流量(速度)和侧吹风箱室压,提高抽吸风机速度。

(二)产品上的孔洞

破洞、稀网的成因与对策:

成网机压辊表面损坏、压辊表面粘有单体、被污染压辊发黏、压辊温度偏低或成网机速度太快,部分纤网被压辊扯起,要清理压辊表面或调整温度。

有单体或熔体滴落在纤网，并在压辊作用下与网带粘连在一起，无法剥离而形成破洞（图 12-17），要消除纺丝系统的单体或熔体滴落现象，必要时要将纺丝异常的喷丝孔堵掉。

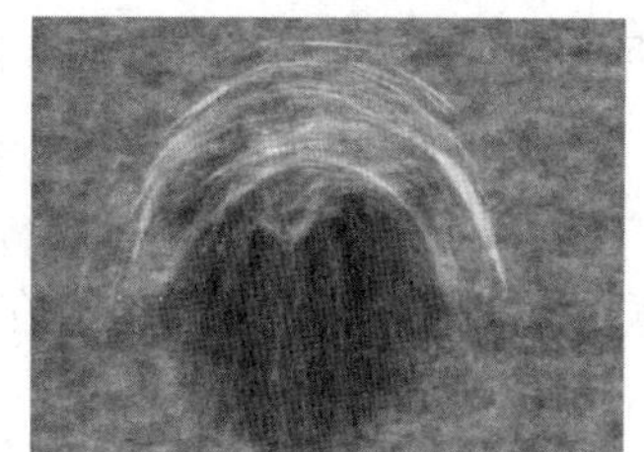

图 12-17　产品上的疵点—破洞

网带有毛刺、挂丝，在剥离过程中局部纤网被破坏，网带损坏，网带有孔洞，网带太粗糙。要清除毛刺，修补破洞，或用 800#砂纸打磨，予以改善。

网带编织工艺不好、目数（孔眼）太大，为剥离性能不好所致，出现这种情况时，只有通过更换网带才会改善。

（三）熔体滴落

熔体滴落是有纺丝熔体直接从喷丝板（或纺丝组件）滴落在纤网表面形成的（图 12-18），其特点是存在一个面积较大的主体。

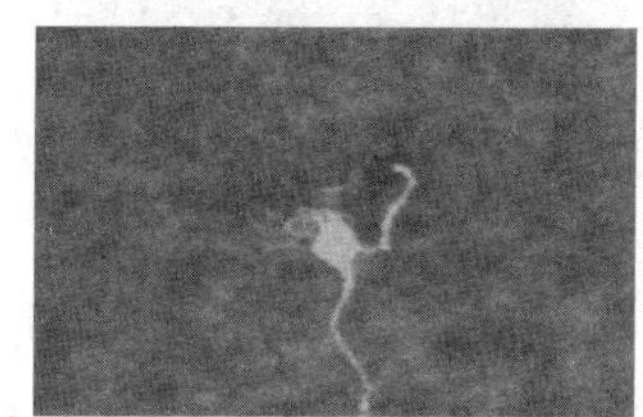

图 12-18　产品上的疵点—硬块（熔体滴落）

这种缺陷是由纺丝系统不稳定，局部或个别喷丝孔无法正常纺丝所致，对于纺粘系统，只能通过发现硬块的部位，寻找喷丝板上相近坐标的异常喷丝孔，然后用削尖的 1H~2H 号铅笔尖堵塞。

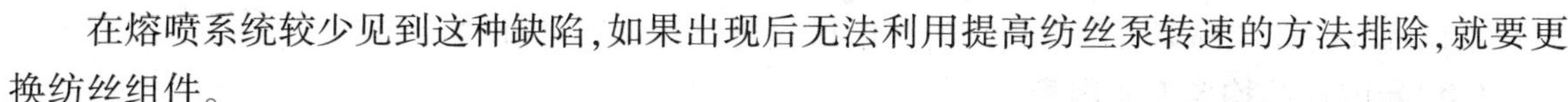

在熔喷系统较少见到这种缺陷，如果出现后无法利用提高纺丝泵转速的方法排除，就要更换纺丝组件。

（四）硬丝

硬丝（粗丝）（图 12-19）的成因：喷丝孔异常（用 2H 硬度的铅笔尖堵塞），侧吹风箱出风网蜂窝板脏（进行清洗），不锈钢网穿孔，补风口脏（清洗补风通道和扩散器），牵伸通道侧板脏（清理），调整扩散器（纠正扩散器设定值）。

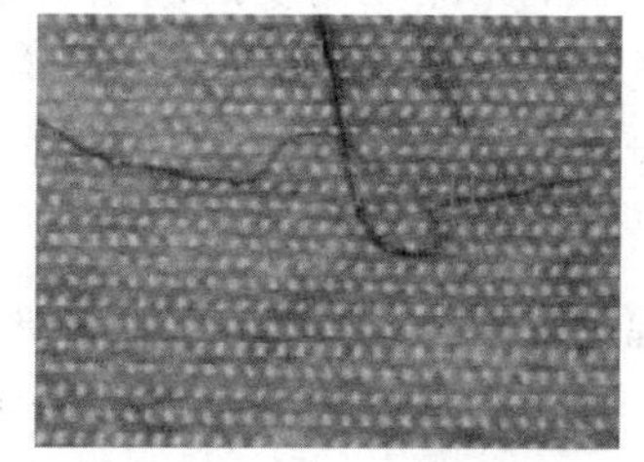

图 12-19　产品上的疵点—硬丝

（五）成网宽度太窄

纺丝系统的运行状态改变，如设计用于生产较厚的、大定量（$>30g/m^2$）产品的纺丝系统，改变为生产较薄的、小定量（$\leqslant 30g/m^2$）产品时，成网宽度就会偏小。

纺丝牵伸系统硬件设计不合理，如喷丝板的布孔区偏小，牵伸、扩散通道 CD 方向长度偏短，成网机抽吸风箱 CD 方向长度偏短等。

纺丝系统的 DCD 值太大，或抽吸风机转速偏高，横向气流干扰。

成网机与热轧机，后整理 kiss roll、烘干机与卷绕机的张力太高。检查各机台之间驱动装置的速比，保持同步，检查卷绕张力。

（六）成网宽度太宽

纺丝系统的运行状态改变，如设计用于生产较薄的小定量（$\leqslant 30g/m^2$）产品的纺丝系统，改变为生产较厚的大定量（$>30g/m^2$）产品时，由于运行速度下降，铺网宽度会偏大，导致切边太多。

纺丝牵伸系统硬件设计不合理，如喷丝板的布孔区偏大，牵伸、扩散通道 CD 方向长度太长,成网机抽吸风箱 CD 方向长度太长等。

纺丝系统的 DCD 值太小,或抽吸风机转速偏低。

成网机纠偏系统性能不好,运行期间网带往两侧发生较大幅度的周期性偏移、摆动,导致成网宽度增加,纺丝牵伸通道存在漏风现象。

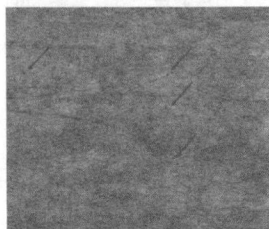

图 12-20 产品上的小硬块疵点

(七)熔体硬块

熔体硬块(图 12-20)的成因:上部蜂窝板损伤,蜂窝板有污垢(上部蜂窝板更敏感),充气密封泄漏,单体抽吸框架密封泄漏。

熔体硬块的对策:开动单体排放设备;降低螺杆挤出机和纺丝箱体的温度;降低上下层冷却侧吹风温度;将牵伸通道侧板加宽,引入更多冷却气流,但要注意对纺丝稳定性的影响。

(八)产品表面有条纹

产品表面有条纹的成因:密封装置没有放好,密封面脏,密封条损坏(进行水密性检查),牵伸通道(RF 纺丝通道的 SAS 板)端面密封故障,预扩散器(RF4)损坏,单体排放装置脏污堵塞、排气量不足,纺丝箱体加热器故障,纺丝箱体保温层损坏,出现局部的冷点。

侧吹风箱蜂窝板损坏或污染,抽吸风箱脏(RF3),抽吸风箱抽屉板脏(RF4),支撑辊损坏,成网机压辊没有在全幅宽范围保持均匀接触或运行过程有跳动,网带污染。

(九)影响产品均匀度的因素

影响产品均匀度的因素有很多,首先是纺丝箱体的安装精度,包括对中状态,水平度误差,纺丝牵伸通道的安装精度,通道中线与纺丝箱体中线的重合精度,需要密封的机构有没有可靠密封等。

从产生纺丝熔体源头开始,要求原料有较好的可纺性,就是纺丝组件挤出的熔体流量要在全幅宽保持均匀一致,这里牵涉纺丝箱体温度、纺丝箱体熔体压力、喷丝孔的技术状态等。

从冷却牵伸气流的均匀性来分析,包括两侧冷却吹风气流的温度一致性、流量的均匀性、速度和流向的对称性等,与侧吹风箱出风网及导流蜂窝网的洁净度、通道表面的平整性和对称性等有关。单体抽吸流量不适当(太大或太小)也会影响产品的均匀度。

成网的均匀性与成网抽吸气流的均匀性关系很大,要求在全幅宽范围,抽吸气流的流量要均匀一致,流动方向应该相互平行,网带的透气均匀性也会影响铺网均匀性,但这种情况主要是在网带被污染后产生。

一些配置有分丝、摆丝设备的纺丝系统,其技术状态也会影响产品的均匀度。冷却牵伸气流会对成网过程产生干扰,牵伸速度越高,干扰越大,使纤网不能可靠稳定地附着在网带表面、定位成网。牵伸器与接收成网装置间的铺网距离,对成网均匀性影响很大,应该根据不同的牵伸速度,优化铺网距离。

(十)云斑与稀网

云斑是产品表面的局部小区域有太多的纤维堆积,与此同时,相邻周边必定会出现纤网较少的稀网区域,其原因与纺丝牵伸工艺、铺网工艺有关,是铺网不均匀的一种典型表现。

当纺丝箱体采用管道分流熔体时,在两个管道的熔体覆盖区域的结合部,就很容易出现纵向的条状稀网现象,其典型的特征就是出现条状纤网数量与分流熔体的管道数量是对应的,这种缺陷最容易在转变产品的颜色时观察到。

对于宽狭缝低压牵伸系统，牵伸通道的喇叭口宽度，扩散通道的形状，出口与网带之间的距离也会影响产品的均匀性，其缺陷主要表现为严重云斑与稀网，另一种表现为沿 MD 方向分布的间隔条状连续稀网带。

当喇叭口宽度太小时，纺丝通道会出现阻塞现象，纤网就会形成沿 CD 方向的条状缺陷。这种现象仅在调试过程中发生。

对于采用宽狭缝正压牵伸系统，牵伸器的出口与成网机之间的距离（ACD）对铺网均匀度影响很大，主要是铺网过程被牵伸器出口的高速气流干扰所致，当 ACD 较大时，产品的均匀度变差，云斑与稀网现象较严重，但 CD 方向的强力升高，MD/CD 差异缩小；而当 ACD 较小时，产品的条状缺陷会越来越明显，但在宏观层面，产品全幅宽的均匀度会趋好，因为缺陷的分布呈现较有规律性。

成网机的剥离性能不好，导致纤网不能从成网机顺利转移到热轧机时，纤网的结构将被破坏，也容易出现稀网、断裂甚至破洞。

（十一）皱褶

成因：机台间的速度差。检查速度同步及速度的稳定性，主要是检查成网机与热轧机之间，热轧机轧辊与冷却辊之间的速度同步协调性。

成网机与热轧机的相对位置：成网机纤网输出端的辊筒中线与热轧机轧辊中心线不平行时容易出现这个情况。

纺丝系统的压辊温度太高，容易发生轻度的粘辊现象，纤网会随着压辊向上粘起至一定高度后再落下，就会形成皱褶，如温度更高，就会发生缠辊。

当成网机的压辊是依靠网带拖动时，如果压辊的压力偏低，而纤网又较厚时，压辊与纤网间的摩擦力不足以克服压辊的阻力时，压辊会相对网带产生滑移，使两者间的纤网出现局部堆积而形成皱褶。

对策：如果皱褶是周期性出现，可检查网带的接头。

观察纤网在机台之间的传输状态，在保障纤网已经可以顺利输送时，机台之间的速度差则是越小越好。检查辊筒的位置、平行度等。

横向气流干扰会引起纤网发生翻边和皱褶。而逆向气流也会导致局部的纤网翻起而形成皱褶。

（十二）纤网缠绕成网机压辊

成因：压辊表面损坏，粗糙、有划痕就容易发生缠压辊现象。

当纺丝过程有单体滴落在纤网面上，导致压辊表面被污染，则应清理压辊，清理单体抽吸系统。

有熔体滴落在纤网表面，到达压辊位置后，容易黏附在辊表面，并将纤网拽起导致发生缠辊，这种情况最容易在纺丝系统尚未进入稳定状态的启动阶段出现，因此在纺丝初期，系统还没有进入稳定状态前，不宜过早放下压辊。发现有熔点滴落时，检查、寻找上方滴熔体的位置。

原料中的挥发分太多（如抗老化产品、弹性体等），添加剂含有太多的分散剂等。压辊表面附着的蜡状物质，就是色母粒或添加剂中的分散剂，是引起缠辊的一个诱因。

压辊的温度偏低或偏高都会引起缠辊，而且要与成网机的运行速度对应。压辊的最低温度一般不要低于 110℃，而压辊表面的真实温度（不一定是生产线仪表显示的温度）不要高于聚合物材料的玻璃化转变温度，对于 PP 原料，压辊表面的最高温度要控制在 130℃以下。

一些成网机压辊下方设置有辅助抽吸区，对防止发生缠辊有较好的效果，如果网下吸风不足，特别是压辊辅助抽吸区的负压不足，就容易发生缠辊。

（十三）非织造布缠热轧机轧辊

发生缠辊的原因主要是热轧机的光辊（S 辊）、花辊的设定温度太高。

纤网进入热轧机轧辊的两侧冷却效果不好，即热轧机的吹边效果不好，有熔融的废丝持续黏附并积聚在轧辊两端。进入热轧机的纤网两侧太薄太宽，容易黏附在轧辊两端表面。

热轧机的冷却辊与花辊间的张力太小，不能及时将产品从轧辊表面剥离，如果冷却辊的线速度比轧辊慢很多，就容易发生缠轧辊现象。

纤网的张力发生波动，在其速度降低时，导致产品或纤网在短时间发生松弛，就容易发生缠轧辊现象。如一些生产线的卷绕机进入自动换卷绕杆过程时，就容易出现这个现象。

轧辊（光辊、花辊）的表面硬度下降，粗糙度增加，容易卡丝而导致缠辊。

轧辊辊面被污染，线压力太小，热轧机速度太慢，原料中的挥发分太多（如抗老化产品、弹性体等），添加剂中含有太多的分散剂等，都容易引起缠轧辊。

（十四）拉伸断裂强力偏小，伸长率太大

纺丝牵伸速度太低，纤维没有得到充分牵伸；热轧机的温度偏低或线压力偏小，运行速度太快；热轧机的轧辊热熔比太低，产品就会出现拉伸断裂强力偏小，伸长率太大这种现象，也就是产品的拉伸模量太小，会影响产品的应用。

如果牵伸气流量或侧吹风箱的室压太低，则要尽可能增加流量，提高室压和牵伸速度；牵伸速度太低，要缩小牵伸通道的宽度，对于 RF4 型或类似机型的纺丝系统，也要同时减少纺丝系统预扩散器的出口宽度。

冷却风温度太低，适当提高冷却风温度，降低熔体流变阻力，提高牵伸效率；但冷却风温度太高也会导致拉伸断裂强力下降，伸长率太大。

选用不同特性的聚合物原料和添加剂，选用分子量更大，熔融指数更小的聚合物原料，可以提高拉伸断裂强力。根据聚合物原料的流动特性（MFI）优化熔体制备系统的温度。

热轧固结工艺不合理，要优化热轧机的线压力，优化轧辊温度，选用热熔比更大的花辊。

熔体挤出量太大，要降低纺丝泵的转速。

（十五）厚型产品（>50g/m²）收缩量太大

由于喷丝板单孔熔体流量大，纤维冷却、牵伸不充分，压辊温度太高，也会导致缩幅，而且还容易引起缠压辊，因此，要尽量降低压辊温度。

压辊的压力偏低，纤网的初始结合强度偏低，纤网结构蓬松，在传输张力作用下容易变窄，因此，对于定量较大的厚型产品，成网机压辊要设定较高压力值。

（十六）网带走偏

成网机的辊筒上缠绕有废丝或废布，纠偏系统的网带位置传感器异常。

网带的张紧度、两侧张力不平衡；传动辊筒的强度或刚性不足，发生挠曲变形；网带边缘破损，或连接部位损坏，网带本身存在质量缺陷，出厂前定型处理不好，结构不稳定；网带纠偏系统损坏，网带纠偏装置的气缸或气囊压缩空气压力异常等。

重新调整、设定网带纠偏系统的纠偏辊轴线和包角(一般≥25°),调整与上、下游导向辊的轴线距离,重新设定纠偏系统,检查传动辊筒的安装精度(主要是辊筒间轴线的平行度)。纠偏辊固定端轴承存在较大偏差时,会诱使网带向一侧偏移。

成网机表面的网带托板安装偏差偏大时会产生走偏力,网带工作面没有获得有效的承托等也会使网带的运行状态不稳定。

有的成网机在低速运行时,网带的偏移量很小,但在提高运行速度后,网带会出现较大的偏移,这是纠偏装置灵敏度偏低、反应迟钝所致。

(十七)缠网带

网带与热轧机速度不协调,热轧机速度相对较慢,无法及时将纤网从网带面上剥离;成网机的网带剥离性能差,网带有毛刺,纤网不容易剥离;纺丝过程有熔体滴落,连纤网一起被压辊压紧网带表面,并与网带黏连在一起无法剥离。

PE 材料经常会呈现一定的黏滞性,当纤维含有 PE 成分时,如双组分纤维的纤网,就不容易与网带分离。

原料流动性差(MFI 偏小),喷丝板温度偏低,喷丝孔出丝不畅,纺丝通道漏风,纺丝通道面被污染,纺丝通道凹凸不平,观察窗漏风,单体流量控制不当,都会导致缠网带。冷却风温度太高,原料含水分等,会导致有熔体滴落在纤网面上,并被压辊连同纤网一起压在网带上,纤网不容易从网带剥离而缠在网带表面。

(十八)翻边原因

当纤网表面有小的熔体滴漏,扩散通道挂丝,网带与热轧机速度不协调,网带附着性能差,成网机横向或逆向环境气流干扰等。

三、物理力学性能缺陷

(一)断裂强力偏低,断裂伸长率偏大

影响产品断裂强力和断裂伸长率的因素有很多,其中包括:

产品的定量规格,原料的分子量或熔体流动特性 MFI,纺丝温度,牵伸速度,冷却风的温度和流量,抽吸风量,网带的透气性,轧机线压力,轧辊温度,运行速度,轧辊直径等。

产品的定量规格越大,原料的分子量越大,熔体流动特性 MFI 越小;纺丝温度较低,牵伸速度较高,冷却风的温度较低,抽吸风量较大;轧机线压力较大,轧辊温度较高,纤网在轧机的停留时间较长,轧辊直径较大等,都可以提高产品的拉伸断裂强力,降低产品的断裂伸长率。

牵伸速度和纤网固结工艺对产品的断裂强力和伸长率影响最大,牵伸速度越高,纤维的大分子取向越好,结晶度越高,纤维的强力也越大,伸长率则越小。不同的纤网固结工艺对产品的拉伸断裂强力影响很大,同样定量的产品,采用不同的固结方式,其强力由大至小顺序是:水刺固结—热轧固结—针刺固结—热风固结。

(二)胀破强力偏小

胀破强力仅是强力的一种,也可以参照提高产品拉伸断裂强力和降低伸长率的方法来应对。

(三)色差

色差的特征是同批产品的颜色与样品或目标颜色不同,不同批次产品有差异;同一批次产

品前后出现差异;布面不同部位颜色有差异等。

引起产品出现色差的原因有多种,常见的原因主要有:

(1)聚合物切片中催化剂残留量过高,有可能导致颜色变化;粉状原料的保存期太长(三个月以上),其中的 $CaCO_3$,钛白粉中所含的金属杂质偏高,都会使产品的颜色发生变化。有的添加剂会有发生黄变趋势,就是加入这些添加剂后,产品会出现原来没有的泛黄色变化。

出现这种情况时,更换供应商或更换添加剂的品牌是最有效的解决方法。

(2)色母粒标定不准确,加入量偏差,供料异常、存在间歇性轻度断料;色母粒质量变异,色母粒牌号、批号不同;混料装置不干净,有其他颜色母粒残留。

(3)转换产品颜色前没有更换滤网,熔体过滤器内有旧的颜色熔体残留;熔体制备系统的管道、纺丝箱体内的熔体分配流道中有旧熔体残留,残留物在运行期间突然脱落混入当前的熔体中。

(4)生产线在运行过程中曾短时停机,残留在系统内的熔体发生了降解;生产线运行期间回收螺杆曾长时间停机,而在内部有残留熔体状态再开机(正常状态应该在调试阶段开机,将内部残留熔体挤干净)。回收布料投入比例大幅度变化,有其他颜色布料混入回收系统等。

(5)使用同样的原料和添加剂,但改变了纺丝工艺,产品的颜色也会发生变化。其中由于纤维细度的改变,会导致产品光学特性的变化,同样也会使产品出现色差。纤维较细的产品,其色饱和度会变低(颜色会稍微浅一些)。

(6)在比对产品的颜色时,产品的表面状态与样品的表面状态不同,也会出现色差,就是同纺丝系统生产的产品,与热轧机花辊接触一面的颜色,就与光辊接触一面的颜色不一样,产品的花面较为粗糙,颜色就会较深。这是调色、比色时必须掌握的基本知识。

(7)产品长期在通风不畅的库房存放,又使用柴油、汽油的内燃叉车运载、整理产品时,空气中会含有过量的不稳定氮氧化合物 NO_x,这些物质本身就是有高度活性的气态着色物质,非织造布产品吸附了这些物质后,就会引起布卷的边缘或外表面变色,产品与其他产品接触发生迁移而被污染。

四、功能性缺陷

纺粘法非织造布、熔喷法非织造布、纺粘法/熔喷法复合(SMS)非织造布的功能性缺陷与应用领域有关,主要是指:抗静电性能、亲水性能、抗液体渗透性能、过滤效率、透气性等。

五、尺寸与外观缺陷

尺寸与外观类型的缺陷有很多,常见的有:规格不符(定量偏差、卷长不足、幅宽超差等),重量偏差,包装内有水汽,产品发霉、有异味,老化,产品被污染,包装破损,布卷变形,布卷散乱,纸管变形,标签错误等。

第十节　产品在线检测技术

一、产品在线疵点检测

由于市场终端用户对产品质量要求的日益提高,生产线的运行速度越来越快,先进的纺熔生产线的速度已达到1200m/min，而生产线物流速率也达到了2~4t/h，如此高的速度和流量，再也无法利用传统的人工检测方式进行产品质量监测，目前专业和熟练的技工短缺，生产过程向数字化、智能化发展，也要求操作员能够精准检测、快速判别产品的质量缺陷。

随着纺熔非织造布生产线运行速度的提升，对检测系统的要求也越来越高。除了发现疵点并将其检测出来以后，对疵点如何处理也很重要，德国伊斯拉的检测系统有一个子卷质量等级判断功能，全幅宽检测之后的疵点会按照设定的分切要求被系统自动分配到对应的子卷上，然后系统会自动统计疵点数量，并按照剔除要求对整个子卷的质量进行判定，这样既减少了报废产品的数量，同时也极大提升了工作效率，能创造更好的经济效益。

除了配置在非织造布生产线上使用外，在线检测装置还可以配置在后整理或后加工过程中应用。

（一）产品在线检测系统可以检测的物理量

目前，随着传感器技术的发展，扫描式质量控制系统可以检测运行过程中的多种物理量，如产品定量（g/m^2）、湿度或含水量（%）、产品厚度（mm）、涂层厚度（mm）、透气性（mm/s）、灰分含量（%）、产品的温度（℃）等数据。

所检测物理量的特征不同，对应所使用的测量方法也不一样，主要有：

1. 厚度或定量（g/m^2）测量方法

β射线穿透式（所使用的射线有：氪^{85}Kr、锶^{90}Sr、钷^{147}Pm）、X射线穿透式、红外线穿透式、红外线反射式、近红外光反射式。

2. 厚度或层厚度（mm，μm）测量方法

激光，白光干涉，LED测微技术。

3. 湿度（%）测量方法

红外线穿透式、红外线反射式、近红外线反射式、微波。

4. 温度测量方法

β射线穿透式（所使用的射线有：氪^{85}Kr、锶^{90}Sr、钷^{147}Pm）、X射线穿透式、红外线穿透式、红外线反射式、近红外线反射式、微波、激光、LED、白光干涉。

5. 透气率（mm/s）测量方法

压力降测量。

（二）产品疵点在线检测技术

在非织造布领域，在线检测的目的是实时、连续监控运行中的生产线产品质量状态，检测对象是正在生产的产品表面疵点。在熔体纺丝成网非织造布领域中，在线疵点检测的典型应用是卫生制品（如婴儿纸尿裤、卫生巾等）材料和医疗防护制品（如防护服、手术服等）材料，检测精度在0.1~0.3mm之间。

卫生制品所使用的纺熔非织造布材料以原色或白色产品为主，定量较小，一般在8~35g/m^2，由于产品轻薄，生产线的运行速度较快，国外主流设备已达到1000~1200m/min，国产设备的线速度也达到在600~800m/min。检测的表面疵点缺陷主要包括：蚊虫、黑点、熔体滴落、断丝、并丝、油污、孔洞等。

医疗防护制品所使用的纺熔非织造布材料，以白色（原色）、蓝色、绿色、粉色居多，定量规

格在 35~75g/m^2,多是中厚型产品,生产线的运行速度较慢,基本都是在 300~600m/min。要检测的表面疵点与卫生制品材料基本相同,包括:蚊虫、黑点、熔滴、油污、孔洞、撕裂、硬丝、并丝、轧点缺陷(穿孔)等。高端的检测系统还可以对材料的均匀度趋势进行监控。

在线检测装置一般安装在非织造布生产线卷绕机的上游、纤网固结设备的下游之间,如果生产线配置有在线后整理系统,在线检测装置就布置在后整理干燥设备与卷绕机之间,非织造布产品经过检测后才进入卷绕机,这样就可以避免一些可能产生疵点的环节漏检。

检测装置可以在不同的工序安装。可以检测卷绕机上游产品的质量,也可以检测卷绕设备下游方向的产品质量,包括在线分切后的产品缺陷,以及离线后加工的产品。

(三)在线检测系统的具体应用

随着检测技术的进步和发展,在线疵点检测有采用高速彩色相机的趋势,这样的检测效果就与人眼观察的效果相近,更有利于对有颜色特性缺陷的检出,还可以对具备颜色特性缺陷进行更精准的分类。

除了发现产品中的疵点,使缺陷产品具有可追溯性外,还可与工厂数据库对接后,做成各种定制化的质量报表,便于产品质量管理和监控。在线疵点检测系统还有很多可以拓展的应用功能,目前主流的检测技术主要有以下几个特点:

1. 产品智能分类

可以对相似的缺陷进行更准确的区分,如果是在生产过程中产生的新缺陷,系统会自动识别并自动归类。

2. 子卷判等功能

根据系统检测到的缺陷数据,系统会按照后道分切设定的位置,将缺陷在对应的子卷中的数量进行统计,并且按照客户的要求标准设定质量等级。

3. 自动追边功能

在生产过程中,非织造布材料的边缘位置可能会发生变化,这个追边功能可以快速捕捉到缺陷边缘的变化位置,使检测的定位准确。

4. 二次扫描检测技术

智能相机可以在光源亮度不变的情况下,通过自动控制光圈的大小,从而创造出高亮度的检测模式和低亮度的检测模式,缺陷在这两种状态的检测和对比之下,更容易区分。

5. 分切位置监控功能

在分切后安装检测系统,可以实时监控到每个子卷的分切位置。由于分切作业要有工人手动输入每个子卷的分切宽度,而且存在较大出错概率,这个分切位置的监控功能可以有效防止工人的误操作。

6. 孔径监控功能

与打孔设备配套使用的在线疵点检测装置,可以对打孔的孔径进行实时监控。

二、在线疵点检测系统的配置

(一)在线疵点检测系统的原理与组成

配置在纺粘法,纺粘法/熔喷法复合(SMS)型非织造布生产线上的在线疵点检测系统,主要是利用光学成像原理的一个光学检测系统,检测系统的配置与功能如图 12-21 所示。

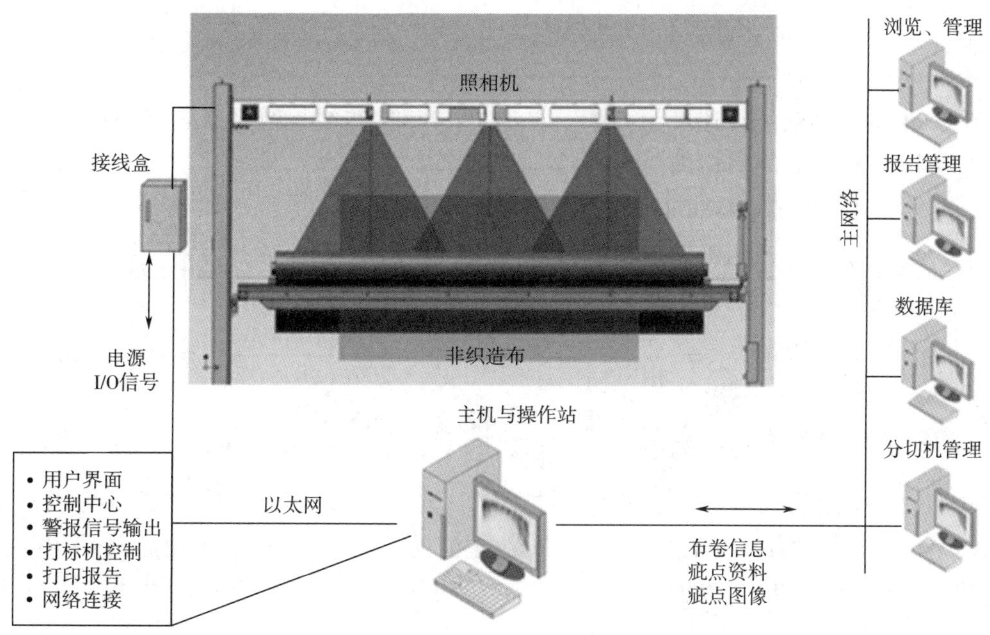

图 12-21　在线疵点检测系统的功能

利用工业照相机对被检测材料进行高速扫描,将获得的图像信号传送给工业电脑工作站,由专用软件将获取的像素、亮度、颜色等信息转变成数字化信号,并通过多种运算来提取目标特征,再根据预设条件进行判断并输出检查结果。

对于检测中发现材料表面质量存在缺陷,可通过警报部件进行报警提示,并将缺陷信息及图像保存。

构成在线疵点检测系统的主要因素是:照相机的像素和扫描频率,检测精度,检测疵点的类型等。

1. 照相机性能对缺陷分辨率的影响

照相机是光学照相检测系统的核心,照相机本身的技术水平,以及在系统中配置的照相机数量,将直接影响系统的性能和购置价格。根据光学照相检测系统的特点,分辨率是一项重要指标,分辨率数值越小,分辨能力越高。分辨率还分为 MD 方向分辨率 R_{MD} 和 CD 方向分辨率 R_{CD} 两类,其中:

$$相机扫描速率=\frac{相机扫描频率(Hz)}{相机像素值}$$

$$MD 方向分辨率 R_{MD}(mm)=\frac{产品运动速度(mm/s)}{相机扫描速率(1/s)}=\frac{产品运动速度(mm/s)\times相机像素值}{相机时钟频率(Hz)}$$

$$CD 方向分辨率 R_{CD}(mm)=\frac{产品宽度(mm)}{相机数量\times像素}$$

从上述关于分辨率的计算公式可知,要提高 CD 方向的分辨率,就要选用高像素的照相机;要提高 MD 方向分辨率,就要选用扫描频率更快的照相机。

目前按照相机的像素有 4K、8K、16K 等规格;按照相机的扫描频率有 320MHz、640MHz、1280MHz 等规格。相机的像素和扫描频率越高,其技术性能也越好,处理速度也越快,有更高的分辨率,更清晰的图像,当然其价格也会越贵。

2. 分辨率计算示例

如在3200mm幅宽,运行速度为600m/min的生产线,在线检测系统配置3台扫描频率为120MHz,像素值为4096的照相机,其各个数据的计算如下:

运行速度:600m/min=10000mm/s

$$\text{其中:相机扫描速率}=\frac{\text{相机扫描频率(Hz)}}{\text{相机像素值}}=\frac{120\times1000000(\text{Hz})}{4096}=29296.875(1/\text{s})$$

$$\text{MD 方向分辨率 } R_{\text{MD}}=\frac{\text{产品运动速度(mm/s)}}{\text{相机扫描速率(1/s)}}=\frac{10000(\text{mm/s})}{29296.875(1/\text{s})}=0.34(\text{mm})$$

$$\text{CD 方向分辨率 } R_{\text{CD}}=\frac{\text{产品宽度(mm)}}{\text{相机数量}\times\text{像素}}=\frac{3200(\text{mm})}{3\times4096}=0.26(\text{mm})$$

不同品牌的检测系统间的区别在于硬件(相机、光源、处理卡)配置、软件处理以及光学布局。如作为传感器的照相机,目前在线检测行业主流的检测系统,都是采用黑白8K相机,相机频率不超过320MHz。相机采集的图像信号需要传到分离的工业电脑上处理,由于传输距离较远,影响了数据处理速度。

行业内最新型的检测系统,已经采用了彩色8K相机,相机频率可达到1280MHz,相机和图像处理卡集成在一起,相机采集的图像信号可以迅速在处理卡上完成,由于信号传输距离很近,可以大大地提高高速纺熔非织造布生产线对产品疵点检测的要求。

在熔体纺丝成网非织造布领域,疵点检测系统主要分为采用黑白相机的检测系统和彩色相机的检测系统。行业的趋势是已经开始使用彩色相机的检测系统,原因有两点:

(1)行业存在对具备颜色特征缺陷的检测要求,如浅色油污、黄点等。

(2)为了更精准地缺陷分类,即使配置黑白相机的检测系统能够检测到具有颜色特征的缺陷,它也不能准确地将其分类。而使用彩色相机的检测系统不仅能够检测到具有颜色特征的缺陷,还能准确地分类,这可为生产线的现场管理人员带来非常大的便捷性(图12-22)。

图12-22 德国伊斯拉公司新一代集成式高速彩色相机

因为检测越准确,分类越准确,操作人员就能够更快速地找到缺陷产生的原因,并进行对应的工艺调整,从而避免已经发现的缺陷变成连续性质量问题,因此,检测系统采用彩色照相机是一个发展趋势。

(二)在线检测系统配置与生产线的关系

检测系统的相机的配置数量主要受三个因素影响:

1. 被检测材料的幅宽

目前,主流纺熔非织造材料的幅宽为3200mm,少数可达4200~5000mm,还有一些幅宽为1600~2400mm的非织造材料。

2. 设备或非织造材料的运行速度

目前国产纺熔生产线的最高产线速度已经达到800m/min,而国外主流商品生产线的运行速度可以达到1200m/min。

3. 客户对质量精度的要求

客户或应用领域对产品的质量的要求越苛刻,对检测分辨率的要求也越高。检测精度常用疵点的线尺寸(mm)大小表示,实际上是指疵点的横向精度和纵向精度,也可以用面积(mm^2)

表示。目前照相检测的分辨率基本在 0.10~0.30mm 之间。与检测系统的光学布局有关，以 3200mm 幅宽生产线为例，配置的照相机数量有 4~8 个。

检测精度主要与三个因素相关：

（1）材料幅宽和相机本身的像素决定了横向检测精度，例如与现在主流配置的 8K 相机和 4K 相机相比，横向精度是它的两倍。

（2）生产线的运行速度和相机的扫描频率决定了纵向的检测精度。

（3）终端客户对于疵点的检测质量要求。

厚型产品多采用双面检测配置；像具有颜色特征的油渍，有颜色产品与原色（无色）产品多使用彩色相机配置；纺粘法非织造布材料多采用简单的单组反射或透射配置，由于纺粘法/熔喷法复合 SMS 产品含有遮盖性能较好的熔喷层纤网，因此，检测设备配置与纺粘法产品也不同，多采用（单或双）反射+透射配置。

（三）在线检测系统的光学布局

在线检测系统的光学布局与疵点的物理特性有关，主要有反射型，透射型，反射与透射混合型三种基本布局方式。还可以根据检测对象运行速度的不同及疵点的特殊属性，衍生出各种布局方式以满足不同应用场景的要求。

1. 反射型布局

反射型的布局特点是光源与照相机都是布置在被检测对象的一侧，照相机接收的是从产品表面反射的光线。这种布局主要针对表面污染类疵点的检测，像蚊虫、黑点、异物等，可配彩色相机或者背景光源，如图 12-23（a）所示。

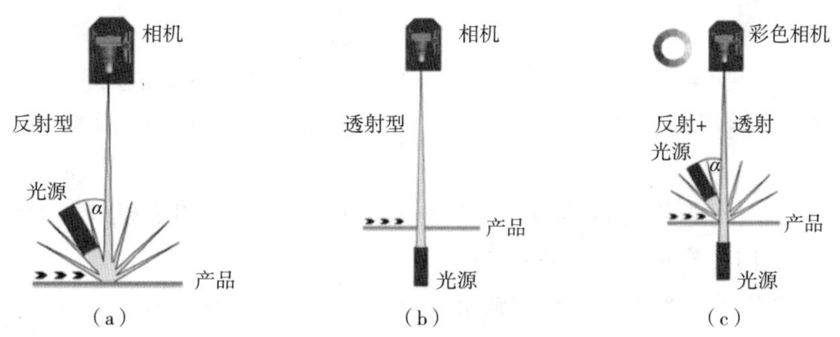

图 12-23　在线检测系统常见的三种光学布局方式

2. 透射型布局

透射型的布局特点是光源、照相机分别布置在被检测对象的两侧，照相机接收的是穿透产品的光线。主要是针对孔洞和稀网类疵点，可配二次扫描。二次扫描技术主要是针对纺熔非织造布上的孔洞检测，并做出精准分类。它可以在不同投射光强度下进行两次扫描检测，如图 12-23（b）所示。

3. 反射与透射混合布局

反射与透射混合型的布局特点是有两个分别布置在检测对象两侧的光源，照相机既接收的是从产品表面反射的光线，也接收穿透产品的光线。

其中还会配置有一组或多组反射光源，和一组或多组透射光源。这种采用多光源（双光源)布局方式兼有反射型及透射型的布局特点,可以增强对浅色或淡色疵点的检测,因此既可以检测表面污染类疵点,也可以检测孔洞和稀网类疵点,如图 12-23(c)所示。

4. 彩色相机+频闪模式

对于速度≤275m/min 的低速生产线,采用彩色相机+频闪模式配置(图 12-24)。这种配置主要针对有颜色特性的缺陷,孔洞类缺陷和表面污染类的缺陷进行检测。实际上其系统属反射与透射混合方式布局,但相机为彩色相机,光源为频闪光源。

5. 彩色相机反射模式+黑白相机透射二次扫描模式

对于速度>275m/min 运行速度较快的生产线,建议采用彩色相机反射模式+黑白相机透射二次扫描模式配置(图 12-25)。这种配置主要针对有颜色特性的缺陷,针孔类缺陷和异物点区分,对表面污染类缺陷进行检测。

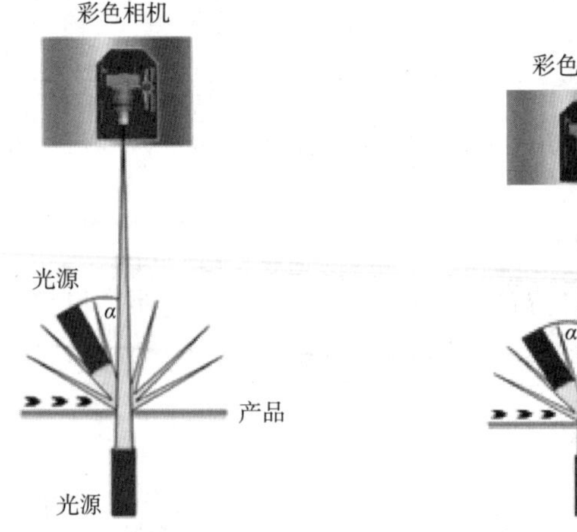

图 12-24 在线检测系统的彩色相机+频闪模式配置

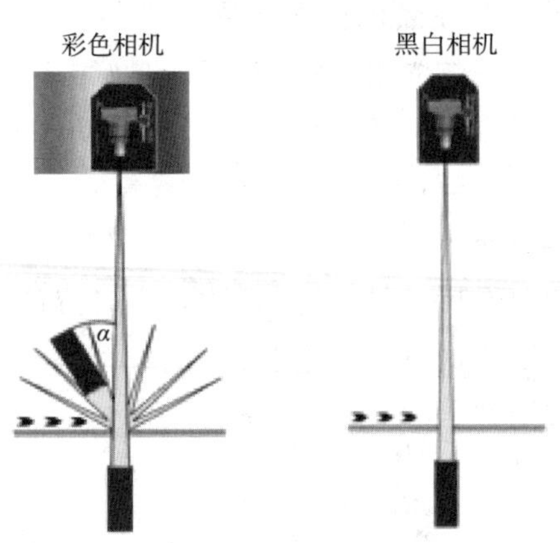

图 12-25 彩色相机反射模式+黑白相机透射二次扫描模式配置

这个系统除了以反射+透射混合方式布局进行一次彩色相机扫描以外,还增加了一组透射型布局系统,采用黑白相机进行第二次扫描。

6. 安装在现场使用的各种在线检测装置

照相检测系统曾使用过荧光光源等多种光源,现在已基本被淘汰,趋向使用高亮度、长寿命的稳定的 LED 光源。

LED 光源采用模块化设计,更换成本低且便捷,无须水冷或风冷,使用寿命可达 5~8 年。像德国伊斯拉的检测系统就具有散光型、聚光型和自调节智能型光源(图 12-26)。

(四)疵点缺陷标记

对于在检测过程中发现的疵点缺陷,以前曾采用打印标记的方法进行标记,以便在后加工过程中查找或识别。由于纺粘或者纺熔生产线的运行速度越来越快,采用打标的方式已经不能满足生产要求,行业最好的打标设备最快也就可以满足 600m/min 左右的生产速度,而且打标之后的人工处理效率太低,也不便于疵点的追溯。

德国伊斯拉研发了一个子卷质量等级判定功能,全幅面检测之后的疵点会按照设定的分切要求被系统自动分配到对应的子卷上,然后系统会自动统计疵点数量,并按照剔除要求对整个

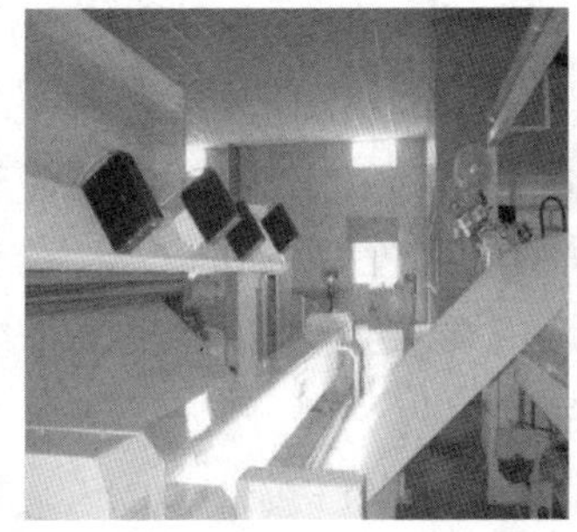

图 12-26　在生产线中安装使用的在线疵点检测系统

子卷的质量进行判定,这样既减少了产品报废的数量,同时也极大提升了工艺效率。

在纺熔非织造布行业,检测系统的智能化最直观的表现就是系统操作的简单便捷。举两个例子,德国伊斯拉的检测系统有一种智能型光源,它可以根据不同的材料特性对应不同的光源亮度,在做不同产品时提前预设好各种光源亮度,切换产品时也就选择了对应的光源亮度,无须重新去建模调节,极其方便。

目前,很多在线疵点检测系统都有疵点特征自学习功能,对于新产生的疵点或相似的疵点,它可以自动学习疵点特征,精准分类,这就极大减少了操作人员的工作量。

三、纺熔非织造布生产线选择疵点检测装置的原则

(一)与应用在线疵点检测技术有关的因素

在线疵点检测系统并不是万能的,应根据检测对象的特性和应用要求进行合理配置,在购置在线检测设备时,需要考虑到以下几个方面的问题。

1. 生产线的性能

检测系统的相机的配置数量与生产线三个因素有关:材料的幅宽,运行速度,及生产线现场的设备安装空间。目前,纺熔非织造布行业的材料幅宽多数在 3200~4200mm,最高运行速度可以达到 1200m/min,检测分辨率基本在 0.1~0.3mm 之间。不同品牌的设备制造商有不同的光学布局,一般相机数量有 4~8 个。

客户对产品的疵点检测精度要求也会影响系统的布局及配置设备的性能。

2. 产品类型

产品的类型主要分为纺粘法非织造布、熔喷法非织造布、纺粘/熔喷复合非织造布等,不同类型的产品,其光学特性不一样,纺粘产品多采用简单的单组反射或透射,纺熔产品多采用(单或双)反射+透射配置。对于一些有多个纺丝系统的生产线,通过改变运行模式,可能会在不同状态生产出上述各种产品,这时配套的在线检测设备就需要具备检测各种产品的功能。

3. 产品特点

产品的定量规格(g/m^2)或颜色会影响其光学特性,光线不容易穿透厚型大定量产品。因此,这类型材料多采用双面检测配置;像具有颜色特征的油渍,有颜色产品与原色(无色)产品多使用彩色相机配置。

小定量规格薄型产品、浅颜色、没有颜色的产品,光线容易穿透而很少反射,生产薄型产品时,生产线的运行速度会较快。因此,在布局光学系统时就必须关注这些特点。

4. 对疵点的检测要求

不同类型或不同应用领域的产品，对检测对象的疵点类别、类型，疵点的大小、尺寸、颜色等要求均不一定相同，这些要求会影响设备布局方式和设备配置方案、检测精度等。

由于对疵点的检测要求会影响系统的购置费用和管理工作量，因此，一定要根据产品的特点对疵点类型、检测精度提出切合实际的要求，合理选择检测系统的配置。

(二)典型在线疵点检测设备的性能

以下是一个高性能的在线疵点检测系统，与一条SSMMS型复合非织造布生产线配套使用，可胜任常见疵点的检测工作，其主要的性能配置为：生产线的纺丝系统组合方式为SSMMS，幅宽3200mm；产品定量范围10~80g/m^2；运行速度600m/min；检测系统配置。

(1)在线检测系统配置有两组检测单元，一组为反射式，安装在材料有花纹的一侧表面上方，也就是与热轧机花辊相接触的表面，另一组为透射式。

(2)反射系统配置有2~3个彩色相机，检测精度为0.13~0.20mm，主要针对材料表面污染类型的缺陷。

(3)透射系统配置有2~3个黑白相机，检测精度为0.13~0.20mm，主要针对产品存在的孔洞、稀网类型的缺陷。

(4)如果对材料的非使用面(即与热轧机光辊相接触的表面)也有非常高的要求，则可在该面也增加一组反射配置的检测单元。

(三)纺熔非织造布产品的典型疵点

在纺熔非织造布表面常见的疵点有：断丝、并丝、蚊虫、黑点、异物、熔体滴落、油污、孔洞、稀网、皱褶等，图12-27是纺熔非织造布产品表面上常见的各种疵点图样。

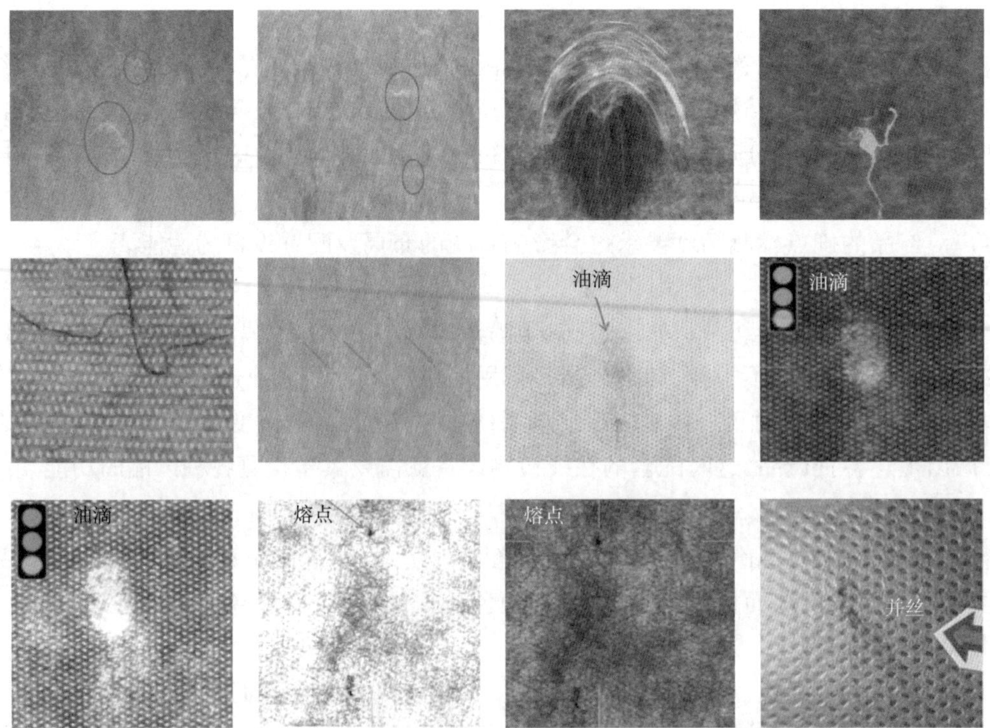

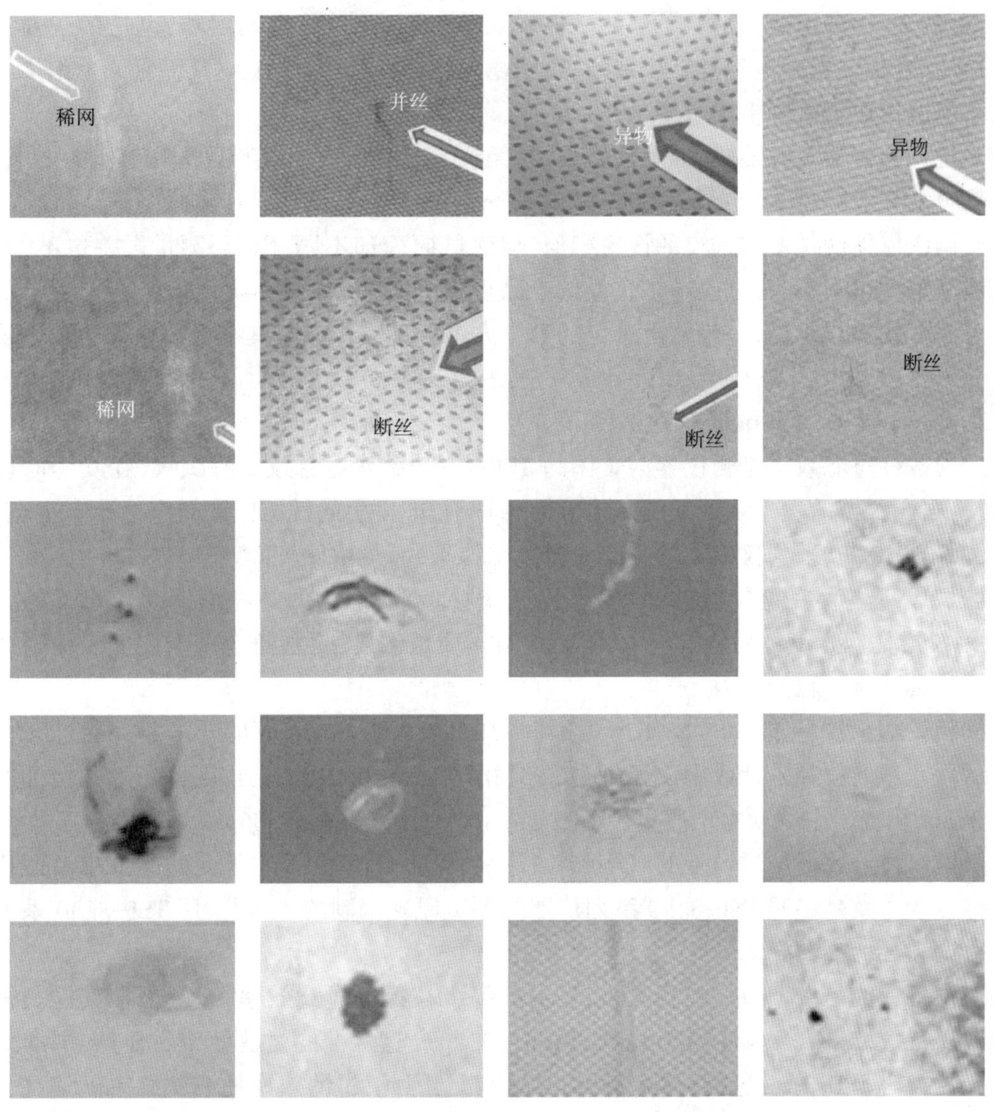

图 12-27 纺熔非织造布产品常见疵点图样

第十一节 测试过程对产品质量的影响

一、测试仪器对产品质量评判的影响

一般的检测仪器是根据相关技术标准的要求制造的,仪器的测试原理、技术性能及测试方法要满足相关标准的要求。但同一类型的仪器,则会因测试机理的不同,对测试数据的客观性也会产生不同的影响。这种现象在空气过滤材料的检测过程中尤为突出,用不同品牌的空气过滤效率测试仪器检测同一样品时,数据会出现较大的差异。

(一)常用的空气过滤效率检测仪器

例如在 2020 年防控新冠疫情期间,在测量口罩用空气过滤材料时,会用到一些国产仪器和引进的仪器,由于测试原理、计算方法、制造精度方面的差异,对检测数据有很大影响。

初期国内使用的主要是进口美国的 TSI-8130 或 TSI-8130A 系列仪器，也是第三方检测认证机构使用的仪器，在国内外具有权威性，后期德国帕刺斯公司（PALAS），型号为 PMFT1000 的过滤效率测试仪也进入了中国市场。

由于进口的仪器货源短缺，加上价格昂贵，无法应对疫情防控对产品检测工作的要求，大部分生产熔喷空气过滤材料的企业，则基本上都是使用各种牌号的国产检测设备。

虽然国产仪器的外形与进口的设备相似，但测试原理却不同，因此，测量误差也不一样，检测数据的客观性也不同，甚至误导了企业对产品质量的判定，导致在应用市场上发生了不少质量纠纷。而在发生纠纷后，一般要由选定的第三方进行检测、鉴定，其结果数据都会被仲裁机构采信。

（二）不同仪器的检测数据差异

国产的各种过滤效率检测仪器与美国的 TSI-8130 系列过滤效率测试仪，在发尘原理方面的差异是：国产仪器的发尘装置发的是多分散的粒子，即发生的气溶胶颗粒直径分布很宽，而浓度较低；而 TSI-8130 系列仪器发的是准单分散的粒子，而且浓度较高。

在测试原理上存在差异：过滤效率是以过滤材料上、下游的颗粒浓度变化定义的。TSI-8130 系列仪器是用光度计测量滤料上、下游的粒子质量浓度，更加符合基本定义。而国产设备是用粒子计数器测试粒子个数。

根据相关的口罩标准，如 GB 2626、GB/T 32160、GB/T 19083 等的要求，检测过滤效率时，要求测试用颗粒的粒径是计数中位径（CMD）约 0.075μm±0.020μm，粒度分布的几何标准偏差不超过 1.86，相当于空气动力学质量中值直径（MMAD）0.24μm±0.06μm。

由于国产过滤效率测试设备的气溶胶粒径一般呈多分散性，难以满足这个要求。而相关口罩技术标准本身就是参照 TSI-8130 系列仪器的测试原理编制的。因此，用 TSI-8130 系列仪器来测试可以满足标准的要求。

国产设备一般是按颗粒的粒径大小，显示分等级粒径的过滤效率，这就是在其检测报告中常见的 0.3μm、0.5μm、1.0μm、3.0μm、5.0μm、10.0μm 这六档的过滤效率。显然，国产仪器并没有计算粒径小于 0.3μm 这部分颗粒物的穿透状况，因此，过滤效率的测试结果就偏高、偏好。TSI-8130 系列仪器显示的过滤效率测试数据就只有一项，其测试结果更接近实际情况。

由于 TSI-8130 系列仪器的气溶胶浓度高，经过测试后的样品，会有较多的测试介质颗粒残留、积累，使滤材的孔径结构变得越来越小，通道变得更加弯曲、复杂，颗粒物会增加材料对气流中颗粒的阻隔、拦截作用，测试的时间越长，这种过滤效率提高、过滤阻力上升的变化也将越明显。而国产仪器气溶胶浓度低，对测试结果影响就不明显，若测试时间长了，这个变化也会更明显。这个现象是与仪器的稳定性或测试结果的可重现性无关的，因为测试的样品状态已经发生了变化。

综上所述，由于两种仪器在发尘原理、微粒大小及分布、浓度、计数方法等方面存在差异，导致出现企业用国产仪器检测时，过滤效率合格，送至第三方检测机构用 TSI 8130 系列仪器测试时，其过滤效率却不合格的情况，使企业在贸易活动，特别是在外贸业务中产生纠纷或造成损失。

同一个样品，用 TSI-8130 系列仪器测试的结果与用国产设备测试的数据会有较大差异，而且都是国产设备显示的结果会较佳，导致一些企业被误导，当然不同品牌的国产设备的测试数据与 TSI-8130 系列仪器的差异也是不同的。一些经过精细校准过的仪器,虽然仍存在一定偏差,但其测试结果会较为接近 TSI-8130 系列仪器。

由于国产仪器的造价较为低廉,供应链较短。容易获得售后技术服务。因此,使用国产仪器作为过程质量控制,发现产品质量的变异趋势还是很有效的,但作为出厂产品的最终质量检测,最好还是使用经过高端仪器校准的设备较为可靠。基于这种实际情况,有的企业就在生产现场配置国产检测仪器,而在产品质量控制中心则配置较高精度的检测设备。

二、不同检测方法(标准)数据的可比性

检测方法、所执行的技术标准不同,其检测结果就不一定有可比性。

(一)测试仪器的设定值不同,结果会产生差异

为了满足不同技术标准和不同产品的检测要求,很多测试仪器都有多档测试方案可供选用。如进行拉伸断裂强力测试时,强力机会有多档的夹具运动速度可选,有的仪器甚至是在一定范围内(如 10~1000mm/min)连续可调的;测量材料的透气性时,仪器的测试压力可在 20~2500Pa 范围内设定;如测量 SMS 产品的静水压时,静水压测试仪器一般有三档水压上升速率可选,分别是 100mm/min、600mm/min、1000mm/min。

同一个样品,同样是按照 AATCC 127 的方法,用 100mm/min 这一档测量时,样品的静水压可能会很低;而用 600mm/min 这一档测量时,静水压就会较高;而用 1000mm/min 这一档测量时,静水压就很高。因此,显示测量数据时,必须标注所执行的技术标准,以及具体所使用的检测条件。

在检测空气过滤材料时也有类似的情况,同一个样品,测量用的介质不同,过滤效率也不同:当用盐性气溶胶作为测试介质时,样品的过滤效率会比用油性气溶胶时更高,过滤阻力更小。当使用同一种介质时,也会因测试时的流量不同而有很大差异,在 32L/min 流量状态测量颗粒过滤效率(PFE)时,样品的过滤效率就要比在 85L/min 流量状态测量的颗粒过滤效率更高。

因此,仅提出对样品的过滤效率要求,而不明确测试条件,则样品的质量也是不确定的。因为随着测试条件(测试用的介质,气体流量等)的变化,可以有多种差异很大的测试结果。

(二)测试样品的处理方法不同,结果也没有可比性

在国家标准 GB 2626—2019《呼吸防护 自吸过滤式防颗粒物呼吸器》和 GB 19083—2010《医用防护口罩技术要求》中都有过滤效率要求的项目,但两个标准的样品预处理条件和测试终点判定均不同。

按照 GB 2626 标准的要求,进行测试前,样品需要依次在以下三种条件下进行预处理:

第一步,在(38±2.5)℃和(85±5)%相对湿度环境放置(24+1)h;第二步,在(70±3)℃干燥环境放置(24+1)h;第三步,在(−30±3)℃环境放置(24±1)h;使样品温度恢复至室温后至少 4h,再进行后续检测。在检测过滤元件的过滤效率时,应在过滤元件上持续加载颗粒物,累积加载量以(200±5)mg 为基本要求。

按照 GB 19083 标准的要求,进行测试前样品需要依次进行如下预处理:

第一步,在(70±3)℃环境试验箱放置(24±1)h;第二步,在(−30±3)℃环境试验箱放置(24±1)h;第三步,样品温度恢复至室温后至少 4h 再进行测试,测试时对颗粒物的加载量没有

要求。

按照 GB 2626 标准的要求，样品的放置时间为 72h，加上样品经过加载处理后，加载后的颗粒会在样品上残留，影响了产品的结构和性能。而按照 GB 19083 要求准备的样品，放置时间少了 24h，而且不用加载，其过滤效率测试数据一般会高于按照 GB 2626 要求准备的样品，过滤阻力也会更小。

对于用于 KN95 等级口罩的过滤材料，如果按照 GB 2626—2006 标准的要求，呼气阻力≤250Pa，吸气阻力≤350Pa 就符合要求。按照 GB 2626—2019 标准的要求，呼气阻力≤150Pa，吸气阻力≤210Pa 才符合要求。可见不同时期的标准要求也是不一样的，必须根据适用的标准要求来判断产品的质量。

因此，如果执行的标准不同，则其测量结果及对产品的等级判断结果也是没有可比性的。

（三）样品的结构形式会影响测试结果

在与口罩相关的各个技术标准中，都没有对核心过滤元件应用的材料、规格、形式提出具体要求，这样可以为口罩制造过程提供了更灵活的选材空间，但也导致按同一标准制造的口罩，其过滤层结构（材料的种类、规格、形式）可能会有较大差异。

如在制造防护口罩时，既可以用双层 25g/m^{2}熔喷布，也可以用单层 50g/m^{2}熔喷布，虽然两种结构耗用的材料重量都一样，但用双层 25g/m^{2}熔喷布时的过滤效率会比使用单层 50g/m^{2}熔喷布有所提高（但不是线性关系），虽然使用双层材料时的气流阻力会明显增大一些。

因此，即使是按同一标准制造的口罩，因结构不同其检测结果也会有差异。

（四）进行产品检测的时机与时效性

在非织造布产品的形成过程中，除了物理变化外，还有一定的化学变化，因此，刚从生产线下线的产品，特别是熔喷布或含有熔喷层纤网的产品，其物理性能还不是很稳定，仍处于一个变化过程。而产品在保存的环境中，也会在温度、湿度、光线、电磁环境的影响下发生变化。因此，产品的取样时机及检测过程都会具有明显的时效性。

1. 抽样时机与地点

根据检测的目的，抽样时机与地点也可以是不同的，进行过程控制时，取样的地点可以是生产、加工流程中的一个环节，也可以是产品包装出厂前的分切工序。

如在生产线刚开机运行时，需要尽快测量产品的定量（g/m^2），以便将检测结果反馈给工艺控制环节，调整纺丝泵或成网机的速度，减少不良品的产生量，这时就可以在产品的卷绕环节取样。

如果要检查产品的静水压，则取样就必须在所有的加工工作完成以后，至少也要在完成离线分切工作以后，其质量指标才最接近交给顾客使用时的状态。因为分切过程的卷绕张力会影响产品的结构，也有可能使产品被污染，这些都是影响静水压的负面因素，只有经过最后的分切，完成了全部加工过程后的产品，其质量才最接近交付给顾客时的状态。

但在生产线刚开机运行这个阶段，系统中的很多设备都处于趋向稳定，但仍未稳定的过渡过程，如系统的温度就经历了降低—上升—稳定这样一个过程，其实际的工艺参数、性能还处于变化过程，如果在这时取样，有的数据是不可靠的。因此，一般最少在开机运行半小时以后取样，检测数据才有代表性。

产品的质量与设备技术状态是相关联的，如在纺丝组件使用周期即将终止阶段，或成网机网带已经运行了很长时间，而又没有及时清理的状态，产品的质量就会较差。

2. 检测结果的时效性

非织造布产品的一些性能指标，会随着时间的推移而发生蠕变、甚至是很明显的变化。如熔喷法非织造布的长效热稳定性就比纺粘法非织造布差，在刚从生产线上下线的产品取样检测，与在库存产品中取样，其性能会有明显的差异，而纺粘法非织造布的这种变化或差异则会小一些，这是正常现象。

熔喷纤网是依靠自身余热黏结成布的，熔喷纤维到达接收装置表面时的温度仍可达 80℃甚至更高，而纤维内部的温度可能还要更高一些，高温的熔体细流从纺丝组件喷出后形成纤维的时间极短，仅经过不到 0.5ms 的时间就成为熔喷布了。此后熔喷布内部的热量就更难向外散发降温，并在存放阶段继续发生变化，在这个变化过程中，产品的质量指标都是处于衰减状态的。

如果能改善熔喷系统冷却条件，可以使熔喷纤网得到充分的冷却，从而使纤维内部的大分子运动状态被冻结，产品便更快进入稳定状态，能明显降低其性能的衰减速率，这就是熔喷纺丝要配置强制的冷却风装置的原因。

在过了一周时间以后，虽然这个衰减速率变慢了，但仍一直在变！包括其空气过滤效率也是按照这个规律变化。这个现象还与原料质量呈现强相关，如果选用了一些用过氧化物降解 PP 料，由于这些过氧化物未能在纺丝过程全部反应完，成为熔喷布产品后还会继续发生作用，最明显的是过滤效率下降严重，产品变脆，聚合物原料的结晶质量（结晶速度、结晶度、晶粒大小等）也会产生类似的影响。

如一些经过静电驻极工艺处理的空气过滤材料，由于在存放过程中，所带的静电会发生衰减，其空气过滤效率下降，而过滤阻力上升。这些现象是导致在非织造布卷材生产企业的检测结果，会与下游用户取样的检测结果出现较大差异的原因。

因此，卷材企业的检测数据是有时效性的，也就是说，熔体纺丝成网非织造产品也是有有效期的，经过一定的时间以后，样品的检测结果就无法重现出厂时的数据。

一些用共混纺丝工艺生产的亲水产品、抗静电产品，柔软卫生制品材料，由于改性剂从纤维内部迁移到纤维的表面需要一个过程，产品刚从生产线下线时，其改性功能并不会很明显，需要放置一段时间才显现这些功能，

可见在不同时间段取样，样品的相关指标会有差异。

如有的产品暴露在强光下，会发生老化现象，经过一定时间后，其物理性能，特别是力学性能会迅速下降而失去使用价值。因此，非织造产品的质量与存放、使用环境有很大的关系，存放在较差环境中的产品，质量下降趋势明显，有的甚至在存放过程中就变成了废品，这种现象较容易发生在一些在线后整理产品中，如果水分含量偏高，而又存放在高温、高湿的环境，产品就可能因发生霉变而报废。

第十二节　熔体纺丝成网产品质量分析案例

熔体纺丝成网产品的质量也会存在各种异常情况，当出现质量变异时，除了按 5M1E 的原则进行分析外，还应该充分利用各种统计工具，对纷繁复杂的多种因素进行排查，找出导致产品

质量出现异常的主要原因,并迅速找到解决方案。

常用的统计工具包括:排列图、散布图、直方图、折线图、柱状图、饼分图、雷达图、控制图、调查表、亲和图、树图(系统图)、因果图(鱼骨图)、流程图、水品对比、头脑风暴法等。

充分利用统计工具,可以加强分析过程的逻辑性和条理性,增加理论的指导作用,并与实践经验相结合,发挥团队的智慧,快速寻找出一个行之有效的解决方案。

一、纺粘法、熔喷法非织造布的均匀度

(一)非织造布产品的均匀度

1. 非织造布产品的均匀度概念

产品的均匀度是熔体纺丝成网非织造布的一个基础性质量指标,常用定量值(g/m^2)的离散系数 *CV* 值的大小表示,均匀度好的产品,其 *CV* 值会较小。*CV* 值会影响产品的其他物理力学性能或功能,如果 *CV* 值太大,产品有可能失去应用价值。因此,降低 *CV* 值、改善产品均匀度一直都是非织造布生产过程重点关注的事项。

除了产品的物理力学性能存在离散性现象外,产品的均匀度的核心还是纤维的质量分布均匀性,影响均匀度的典型缺陷是由过多纤维堆积形成的云斑和纤维分布偏少而出现的稀网,这是不均匀缺陷的两个主要表现。

2. 稀网或云斑的形成机理

与纺织品相比较,提高非织造布的均匀度是非织造布生产过程中一个永恒的课题,不管是短纤梳理成网还是气流成网产品,这都是一个很重要的技术指标和基础性质量要求,可见均匀度都是一个共性的问题。

相对而言,梳理成网产品的成网过程是机械的,具有规律性,其可控性较强,加上短纤梳理成网产品一般都是定量规格较大的产品,因此,其布面的均匀度看起来较好,但如果后面没有采用交叉铺网,其 MD 方向与 CD 方向的性能差异会很大,在这方面是不如气流成网(注:并不是严格意义上的无尘纸那类成网方式,仅是相对梳理成网而言),像纺粘法、熔喷法这两种非织造布产品,其成网过程都是伴随着牵伸气流进行的,而且与成网抽吸气流紧密相关。其影响因素较多,而且有的是不容易控制的,改善纤网(产品)的均匀度一直是技术发展过程中的一个重要目标。

在铺网过程中,速度很高的牵伸气流对铺网过程的干扰很大,同样,抽吸气流的均匀性也是会影响铺网过程的。气流的运动是一个矢量,包括了数值的大小和方向性两个内容。以上两种气流的均匀性也就包括了在幅宽方向的流量均匀性,和运动方向的一致性(要求气流的速度方向都是互相平行,而且都与接收装置垂直),也就是要求这些气流是层流,而不是紊流。

只要存在流量或矢量方向的差异,就会成为紊流,就存在横向(或水平方向)运动,将本来均匀喷出的气流及纤维搞乱,在气流较大的位置就有较多的纤维堆积而形成云斑,而在气流较少的位置纤维则较少,形成稀网,由于纤维的总量是不变的,云斑位置较多的纤维就是在稀网位置迁移过来的。

要想牵伸气流和抽吸气流同时满足这两个方面要求,在技术上的难度很大,其中包括了纺丝通道在同一水平截面上 MD 方向的宽度均匀性,运行过程中由于通道内部温度与外部环境温

度的差异产生的热变形等。从这个角度来看云斑或稀网不可避免，这就是云斑或稀网的形成机理，但随着纤网定量（g/m^2）的增加，这种影响就没有这么明显，因此，云斑或稀网缺陷主要是在定量较小的薄型产品较为突出。

（二）与云斑或稀网缺陷相关的因素

影响云斑或稀网的内在原因只有两个，一个是完成纤维牵伸后，牵伸气流的均匀扩散；另一个就是通过成网机网带的抽吸气流均匀性。

1. 牵伸气流对产品均匀度的影响

在纺粘法纺丝系统，牵伸气流离开纺丝通道的牵伸段以后，就进入扩散减速状态，无论采用哪种牵伸方式，气流的初速度还是很高的，要降低其对铺网过程的干扰，就需要尽量降低其到达成网机网带表面时的速度，在技术上常有以下几个措施，包括：

（1）应用二次扩散技术降低牵伸气流速度。对于采用封闭或半封闭扩散通道的纺丝系统，应优化牵伸气流的出口速度，而牵伸通道出口的宽度直接影响气流的速度，宽度越小，对铺网过程的干扰越大，如果出口太窄，纤维会在纺丝通道的这个位置发生阻塞，导致产品出现间隔的、沿 CD 方向的条状云斑及稀网缺陷。

有的纺丝系统为了降低这个影响，就把通道出口宽度加大，铺网均匀度会趋好，但因为牵伸速度降低了，纤维变粗，产品的物理力学性能会变差。虽然新型纺丝系统的牵伸速度很高（≥4000m/min），但应用二次扩散技术，降低了牵伸气流速度，能明显减少对铺网过程的干扰。

（2）引入补风使牵伸气流减速。从环境中引入补风，消减牵伸气流的能量，这个措施在宽狭缝低压牵伸纺丝系统已获得应用，就是在牵伸通道出口和扩散通道入口的交接段，利用文丘里效应吸入静态的环境气流，利用这些气流的加速过程来消减牵伸气流的能量，达到降低牵伸气流速度的目的。

（3）保持纺丝通道宽度的一致性。对于采用封闭或半封闭扩散通道的纺丝系统，就是要提高通道水平截面的结构尺寸一致性，在截面 MD 方向的宽度尺寸较小的位置，阻力较大，气流的流量会较少，会形成稀网，而在截面较大的位置，气流的流量会较大，会形成云斑，因此，扩散通道的两侧壁板，一般都要配置相应的调节机构。

（4）优化扩散段的距离，使气流得到均匀的阻尼降速。气流离开牵伸器或牵伸通道出口以后就开始减速扩散，这段到成网机的距离称为铺网距离（ACD），ACD 的长短会影响牵伸气流的最终速度，也会影响铺网的形态或均匀度。

ACD 越大，产品上的云斑现象会越严重，布面的形象不好，但产品的横向强力会变大；而 ACD 越小，产品表面会出现沿 MD 方向的、间隔分布的条状云斑或稀网缺陷，但产品的 *CV* 值会变小。

（5）控制气流的扩散角度，避免急剧扩散产生紊流。牵伸气流的扩散角度，或扩散通道的角度偏大，会增加气流及纤维的无序运动，虽有利于纤维互相分离及扩散运动，但同时会产生更大的紊流，影响铺网的均匀度，还会增加产品的 MD/CD 性能差异。

为了降低此因素对均匀铺网的负面影响，可以采用封闭或半封闭扩散通道的纺丝系统，其扩散通道的气流扩散角度有变窄的趋势。其主要特征是扩散通道出口的宽度明显变窄了，已经从早期机型的 200mm 变为目前的≤100mm。

2. 成网机抽吸气流对产品均匀性的影响

成网机抽吸气流的均匀性对铺网均匀度的影响很明显,是影响产品均匀度的一个重要因素,也是控制铺网均匀度的最后一个关键环节,是评价成网机技术水平的重要指标。

影响产品均匀度的因素或环节很多,仅依靠提高成网机抽吸风的均匀性只能使铺网过程不会变得更差,而不能改善或提高铺网的均匀性,因为有些缺陷在上游已经形成,如喷丝板在全幅宽的熔体流量均匀性,牵伸气流的均匀性,纺丝通道尺寸一致性等,都会影响纤维分布的均匀性,这是抽吸气流这个环节无法调控的。

但抽吸风系统必须尽量使网带收集的纤维能保持原有均匀分布状态,并将其稳定吸附在网带表面定位、传输。而不均匀的抽吸气流,则会破坏本来就是均匀分布的纤网,使均匀度变差。

抽吸气流的均匀性包括气流的流量均匀性与气流流动方向的一致性,也就是要求穿透成网机网带(或熔喷系统的接收转鼓)的气流必须是垂直于网带表面的层流,要改善产品的均匀度,尽量减轻其云斑或稀网现象,就是要关注与抽吸气流有关的硬件配置。

(1)抽吸风箱的设计。抽吸风箱的功能是用于吸收牵伸、冷却气流,使纤维能在网带上可靠定位。往往实现第一个功能是很容易的,而核心问题则在于如何保持气流均匀性,由于纤维仅趋向负压较大的区域,如果抽吸气流不均匀,纤维就会向流量较大的位置移动而形成云斑,而在气流偏小的位置则会形成稀网。

抽吸风箱要处理全幅宽范围内的气流,而抽吸风箱只有一端的接口(或两端)与抽吸风机相连,由于风箱内不同的成网位置与抽吸风接口的距离不一样,不同位置的压力降也不一样,因此抽吸风箱内的负压也是有差异的。因此,成网机的抽吸风箱必须按等压的原则设计。就是要使抽吸风箱的内腔保持有均匀一致的压力,才能使全幅宽范围内的气流流量保持一致。

要使箱内实现等压的措施有很多,幅宽较大的纺丝系统都是采用两端同时抽吸的方式,而且抽吸风箱有足够的高度和容积以形成稳压腔,抽吸风箱内部不能存在引起涡流的结构。另外在箱体内会设置导流板、分流挡板、节流多孔板等,有的机型在风箱与抽吸风机的接口还设置有分区流量控制阀等。合理应用这些措施,可以提高全幅宽方向气流的均匀性。

类似的措施也可以在熔喷系统的转鼓接收辊筒的固定内胆中应用,以改善全幅宽抽吸气流的均匀性。在一些接收辊筒内,由于没有设置任何气流分配及均流、均压构件,导致接近抽吸风机吸入口一端的抽吸气流较强,而远端的抽吸气流较弱。

在同样的牵伸速度下,可以发现靠近抽吸风机的一端纺丝稳定,纤维在转鼓表面的分布较窄,没有逸散气流。而在远端的纺丝不稳定,纤维在转鼓表面的分布较离散,铺网范围扩大,由于无法完全吸收牵伸气流,有较多的牵伸气流会在转鼓表面向上下游逸散,这些逸散到环境空间的气流还会引起熔喷布大幅度飘动,影响了产品的质量。

(2)控制进入抽吸风箱气流的方向和流量。在抽吸风箱的入口除了设置有阻尼(兼支承)的多孔板,进一步改善流量的均匀性以外,在多孔板的下方还会配置一层长径比很大的蜂窝板,用于控制和调整进入抽吸风箱的气流方向,使进入抽吸风箱的气流成为互相平行的、与网带表面垂直的层流,最大限度地用硬件配置来消除产生不均匀的因素。

(3)管网的设计与安装。为了使气流能有序流动,必须合理设计管网,包括合理设计管路的走向和路径,管道的直径要使气流速度限制在规范的要求以内,抽吸风机的吸入口与成网机抽吸风箱入口之间要有足够长的直段管路,避免急速拐弯或大斜度变径。

管道的变径和弯头的设计要符合规范要求,管壁厚度要能承受额定的工作压力,软连接要有足够的强度,以免产生变形、增加气流的流动阻力和影响气流的稳定,只有这样才能降低阻力,避免出现紊流而导致流量波动和影响产品的均匀度,消耗能量。

(4)风机的正确选型。熔体纺丝成网非织造布是利用气流牵伸和铺网的,而风机则是产生气流的流体输送机械,是处于系统的源头位置,要提高产品的均匀度就必须选择压力波动小、流量稳定的风机。

目前市场上的风机产品质量良莠不一,有的风机虽然购置价格低,但质量无法适应高端使用要求。主要的问题是风机的蜗壳材料单薄,强度不足,叶轮虽然经过了平衡试验,但结构并不一定能保持压力和流量的稳定性,从而引起气流压力波动和管网产生震动等。风机的性能随机波动,直接影响了纺丝气流的稳定性,干扰了铺网过程。

(三)影响纺粘法非织造布均匀度的其他因素

1. 产品的定量规格与结构

(1)产品定量规格的大小对均匀度的影响。定量规格(g/m^2)的大小对产品的均匀度影响很大,在一般情形下,定量规格越大,产品的均匀度会越好,*CV* 值会越小。而定量规格较小的产品,其均匀度一般会较差,也就是 *CV* 值会较大,这是一个具有普遍性的现象。

在大部分情形下,应该将关注重点放在轻薄型(定量规格≤$25g/m^2$)产品,只要这一范围内产品的均匀度较好(*CV*≤3),则其他更大定量规格产品的均匀度通常是会更好的。

(2)产品的结构会影响产品的均匀度。由有多个纺丝系统生产线生产的产品,由于具有多层纤网,铺网过程中的互补效应会使纤网更为均匀,纺丝系统的数量越多,产品的均匀度也会越好,这也是纺粘法非织造布技术的一个发展方向。目前,已经有 4 个纺丝系统的纺粘法非织造布生产线在运行。

由于熔喷纤网的均匀度较好,如果在多层纺粘纤网中含有熔喷纤网,形成类似的 SMS 结构,产品的均匀度会明显较好。

2. 牵伸速度和纤维细度对均匀度的影响

(1)牵伸速度对产品均匀度的影响。纺丝系统的牵伸速度越高,意味着牵伸气流的速度也越快,对铺网过程的影响也越大,会影响产品均匀度。

对于应用宽狭缝低压牵伸工艺的纺丝系统,在侧吹风机有足够压力的情况下,缩小牵伸通道出口的喇叭口宽度可以提高牵伸速度,但可能会干扰铺网过程,纤网会出现 MD 方向的条状稀网缺陷,而增加喇叭口的宽度,就会减少稀网或云斑现象,产品会有较好的均匀度。

因此,对于这一类机型,只能在这两个极限宽度之间,优选一个既没有条状缺陷,也没有严重云斑的喇叭口宽度。目前,不少机型由于存在设计缺陷,只能采用通过扩大喇叭口宽度这个方法来获得较好的均匀度,但牺牲了牵伸速度,纤维粗大,产品的强力低、断裂伸长率很大。

对于可以调节牵伸器气流出口与成网机之间铺网距离的正压牵伸机型,改变铺网距离可以调整气流对铺网均匀度的影响,减少这个距离,气流干扰的影响明显,纤网会出现 MD 方向的条状稀网缺陷,而增加铺网距离,就会出现较严重的稀网或云斑现象。因此,对于这一类机型,只能在这两个极限距离中间,优选一个既没有条状缺陷,也没有严重云斑的铺网距离。

(2)纤维细度对均匀度的影响。纤维越细,意味着同样重量的纤维,直径较细的纤维有更长的长度,在同样的面积中,可以重复覆盖的次数增加,产品的遮盖性,均匀度会得到改善。用多纺丝系统生产线生产的产品,其均匀度较好的另一个内在原因就是纤维会更细。

例如,当 PP 纤维细度为 0.22tex(2 旦)时,每克纤维的长度为 4500m,而当纤维细度为 1 旦时,每克纤维的长度就有 9000m,显然要比纤维细度为 2 旦时长了很多,在同样的面积中,重复覆盖的次数增加了,就能明显改善产品的遮盖性和提高产品均匀度。

同样的道理,在纤维细度相同的情形下,纤维的长度与产品的定量规格成正比,产品的定量规格越大,纤维的长度也越长,在单位面积(m^2)内的纤维长度(km)也越长,更有利于提高产品的均匀度。这个单位面积内的纤维长度称为面积分布长度(km/m^2),常用来分析纤维细度对产品均匀度的影响,计算方法如下:

$$面积分布长度(km/m^2)=产品定量(g/m^2)\times 10(km)/纤维质量(g)$$

当用 dtex(分特)为纤维细度单位时,其定义是 10km 纤维的质量(g)。定量为 $15g/m^2$的 PP 产品,纤维细度为 2dtex 时,纤维面积分布长度为 $75km/m^2$;当纤维细度为 1dtex 时,定量为 $10g/m^2$的 PP 产品,纤维面积分布长度为 $100km/m^2$。

从上述两个例子可知,虽然 $10g/m^2$的产品比 $15g/m^2$的产品的定量规格小,但因为纤维更细,纤维的分布长度反而更大,就有可能获得更好的均匀度。因此,降低纤维细度是提高小定量规格产品均匀度的一个重要措施。

3. 单体对产品均匀度的影响

(1)单体抽吸风流量的影响。单体抽吸风的流量会影响产品的均匀度,当单体抽吸风流量偏小时,无法将纺丝通道内的单体移除干净,单体烟气会在纺丝冷却通道内积聚,导致无法正常纺丝;而当单体抽吸风流量偏大时,会在产品表面与单体抽吸管吸入口对应的位置,形成 MD 方向的条形稀网缺陷。

如果风量太大,有可能将丝束吸入抽吸管内,导致产品形成严重的稀网缺陷。

单体抽吸系统的运行状态必须要将保持纺丝稳定性放在第一位,并与冷却吹风系统,成网机抽吸系统合理协调,将纺丝过程中产生的单体烟气移除。过量的单体抽吸不仅会影响产品的均匀度,还会使冷却气流上窜,带走喷丝板的热量,导致出现影响正常纺丝的冷板现象。由于喷丝板面温度下降,影响了熔体的流动性,导致纺丝不畅,还会带走过量的冷却气流,增加产品的能耗。

(2)单体污染的影响。如果单体的产生量很大,或单体抽吸系统出现故障时,单体烟气会在纺丝通道凝聚,并在重力作用下向下流淌,污染、堵塞冷却侧吹风装置的出风网,导致产品在相应位置出现 MD 方向的条形稀网缺陷。

而在喷丝板表面凝聚的单体会污染喷丝板表面,影响正常纺丝,或随机滴漏在纤网上,导致发生纺丝系统的缠辊故障,轻者会使产品表面产生破洞或皱褶,重则会缠辊停机。

4. 纺丝箱体对均匀度的影响

纺丝箱体处于纺丝牵伸系统的源头位置,其熔体分配的均匀性,分配过程的可控性等,都对产品的均匀度有关键性影响。

(1)熔体分流方式对产品均匀度的影响。相对而言,采用衣架式熔体分流的纺丝箱体,在全幅宽范围的熔体是连续的、较为均匀的,而采用管道分流熔体的纺丝箱体,在相邻的两条分流管道的熔体扩散衔接区域,难免会存在明显的边界,往往导致在产品的表面形成与分流管道数量对应的、有规律分布的稀网缺陷带,影响产品的均匀度。

在生产有颜色的产品时,就很容易观察到这种现象。

(2)纺丝箱体温度对产品均匀度的影响。纺丝箱体的加热方式会有相应的温度调控方式,采用电热管分区加热时,可以在一定范围内调控相应温区的温度,从而改变熔体的流动性,用于调整非织造布品对应区域的熔体流量,达到改变该区域产品均匀度的工艺目标。当采用调节温区温度的方法调整产品的均匀度时,还必须关注由于温度差异对产品其他物理性能的影响。

因为在相关温度控制区的温度较高的状态,熔体的流动性会更好,在同样的牵伸速度下,纤维可能会较细,这个部位产品的静水压、透气性、过滤效率、过滤阻力就可能与相邻区域的产品存在较大的差异。

而采用热媒(如导热油、联苯等)加热的纺丝箱体,由于难于改变局部热媒的温度或流量,因而无法通过采用改变纺丝箱体局部温度的方法来调整产品的均匀度。

由于热量会通过纺丝箱体的支承机构或悬挂装置散失,通常在这个位置的温度会较低,导致箱体出现温度差,影响了熔体的流动性,如果无法补偿这种差异,不仅会影响纺丝稳定性,还会导致产品与这个位置对应的部位出现纤维较少,定量偏小的现象。

5. 纺丝牵伸通道对产品均匀度的影响

对于宽狭缝低压牵伸系统,纺丝牵伸通道 MD 方向同一水平截面宽度的一致性,会影响产品的均匀度,在宽度较大的位置,阻力较小,会有较多的气流和纤维,而在宽度较窄的位置,由于阻力较大,在这个截面流动的气流和纤维就较少,此外,还要关注纺丝通道的中线偏移及对称性。

宽狭缝低压牵伸系统的纺丝通道大部分处于与环境隔离的封闭状态,牵伸气流被限制在一定的空间内,特别是位于通道 CD 方向两端封板之间就会存在附壁效应,附壁效应使靠近封板的气流受到额外的摩擦力而消耗能量,气流的速度会变慢,会导致流体向封板表面流动。这种现象也导致了铺网后纤网两侧出现明显的稀网带,如果通道 CD 方向两端封板之间的距离较小时,不仅会出现稀网,还会发生烂边现象。为了避免出现这种情况,通道 CD 方向的长度必须要比喷丝板布孔区长度更大,这个差异一般都≥100mm。当布孔区长度为 3500mm 时,通道 CD 方向的长度一般在 3600mm 左右。

对于应用宽狭缝正压牵伸工艺的纺丝系统,如果局部喷气狭缝较宽,则进入牵伸通道的气流量会较多,通道内的气流速度会较快,其形成的牵引力会较大,被吸入这个位置的纤维会较多,而且牵伸器出口的气流速度会较快,对铺网过程的干扰也会越明显。

6. 环境温度变化对产品均匀度的影响

在宽狭缝低压牵伸系统的纺丝牵伸通道内,是温度较低的冷却气流,在靠近冷却段的牵伸通道上部,气流的温度在 20℃或稍高的状态,而在牵伸通道外侧的环境温度有可能大于 35℃或更高,牵伸通道的两块壁板是一块面积很大的厚金属材料,牵伸气流的温度与环境温度的差异会产生热应力,使通道壁板发生热变形,导致在通道同一水平截面的通道宽度出现差异,使产品的均匀度发生了变化。

虽然这种形变的绝对值不大,但随着牵伸通道的设计宽度越来越小,这个形变量的相对值就较大,会对产品的均匀度产生明显的影响,原来均匀的水平截面尺寸会发生变化而变得不均匀了,一般的规律是温度较高一侧会膨胀伸长,而温度较低的一侧会收缩变短,就会使通道壁板发生像图 12-28 的形变。在较宽位置气流阻力小纤维就较多,而在较窄的位置因为阻力大纤维就较少,导致铺网的均匀性改变。

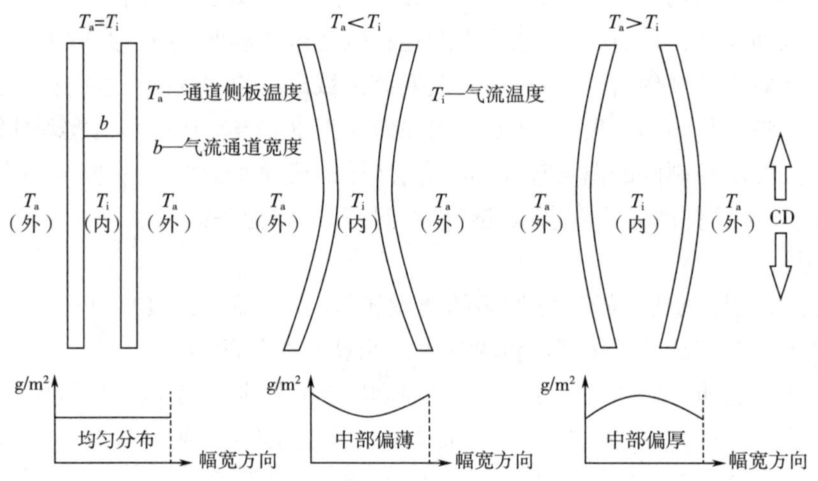

图 12-28　牵伸通道在不同温度差出现的热变形及对产品均匀度的影响

为了应对这种热变形,有的机型在牵伸通道壁板上附加了一种热变形补偿装置,自动减少壁板两侧的温度差,从而消除这种热变形对产品均匀度的影响。

二、熔喷法空气过滤材料的均匀度与过滤效率

空气过滤是熔喷法非织造布的一个重要应用领域,由于要兼顾材料的过滤效率和过滤阻力这是两个存在同消同长伴生关系的指标,及随着材料过滤效率的提高,过滤阻力也会随之增大。这两个指标也是在实际使用中要同时关注和满足的指标。因此,常用来评价熔喷法非织造布的质量。

(一)影响熔喷法非织造布均匀度的因素

影响熔喷法非织造布均匀度的因素,基本上与纺粘法非织造布类似,但因为纺丝过程及设备配置方面的差异,导致影响产品均匀度的因素也有所不同。

1. 纺丝组件的气隙对均匀度的影响

在熔喷系统,牵伸气流是从喷丝板两侧喷出的,两股气流的对称性会影响从纺丝组件喷出的气流与纤维的形态,影响产品的均匀度。在正常的对称状态,从纺丝组件气隙中喷出的牵伸气流在喷丝板的尖端交汇后,两股气流会合成为一股垂直于纺丝组件的集束气流,以极小的角度扩散,然后喷向接收成网装置,形成一张均匀性较好的熔喷纤网。

但有的纺丝组件两侧喷出的气流并不是对称的,气流是呈交叉状喷出的,由于无法沿 CD 方向扩散,就只有往 MD 方向自由扩散了,这就在接收装置表面形成 MD 方向铺网宽度相差较大的纤网,也形成了沿 CD 方向分布不均匀的熔喷纤网。

导致出现这种现象的主要原因包括了两侧气隙尺寸差异太大及牵伸气流分配不均匀这两个方面,前者可以通过提高装配精度予以改善,但如果是因为刀板或喷丝板发生了变形,就很难纠正。而后者则可以通过在分配管道安装流量调节阀,或重新调整管道来解决。

喷丝板的加工精度较差，喷丝孔的中心线与喷丝板的中线偏差较大，则是产生这种现象的另一个重要原因。

2. DCD 对产品均匀度的影响

接收距离 DCD 对产品的均匀度影响很大，随着 DCD 值的增加，不仅产品的均匀度随之变差，其他物理力学性能也随之下降。因此，生产空气过滤材料时，纺丝系统的 DCD 不能太大，对于大部分纺丝系统而言，DCD 一般在 150～250mm 这个范围。

而配置在 SMS 生产线的熔喷系统，也是要为产品提供与过滤效率类似机理的阻隔性能（用静水压表示）。因此，在大部分情形下，系统的 DCD 取值一般也在 150～250mm 这个范围。如果生产线中有多个熔喷系统，为了平衡静水压与透气性这两个指标，其 DCD 取值会稍大一些，但一般<300mm。

（二）熔喷法空气过滤材料的过滤效率

1. 聚合物原料对过滤效率的影响

目前使用的聚丙烯熔喷法非织造布原料，一般都是利用氢调法、降解法工艺，将大分子量、低熔体流动特性的原料变成小分子量、高熔体流动特性的原料。

用氢调法工艺生产的原料分子量分布会变宽，高速纺丝稳定性差，熔喷布强度不均匀等，但引入的杂质少，能有效消除产品的气味。

用可控降解法生产的聚丙烯原料，可使分子量的分布变窄，产品均匀性较好。但在原料中会有过氧化物残留，在生产过程中过氧化物会使聚合物继续发生降解，影响熔体的流动性能及纺丝的稳定性，影响产品的均匀度，产品容易发脆，还会带有偏酸的异味。

茂金属等规聚丙烯（mPP）最突出的特点是分子量分布较窄，熔点也较低，适宜用于高速纺丝。茂金属聚丙烯纤维具有分子链段规整，纤维细，韧性好，不易断裂，均匀性好等特点。

用茂金属催化原料可纺制更细的纤维，可改善产品的均匀度，改善遮盖性和提高阻隔性，纤维有较高的拉伸强力和韧性，有利于提高产品的过滤效率。

2. 聚合物原料的性能

（1）聚合物原料的熔体流动性。熔体的流动性会影响熔喷纤维的细度，熔体的熔融指数 MFI 值越大，熔体越容易流动，黏度也越低，牵伸阻力也会越小，容易被牵伸为较细的纤维，产品的均匀度、物理力学性能、阻隔性能、过滤效率都会越好。生产空气过滤材料时，一般都选用 MFI≥1500 流动性好的原料。

熔喷纤维的细度是影响过滤效率的基础性因素，熔喷纤维越细，直径分布会越窄，纤网的平均孔径会越小，会有较高的阻隔性能和过滤效率。

（2）聚合物原料的分子量分布宽度和等规度。聚合物的分子量分布宽度（MWD）越窄，纺丝越稳定。生产熔喷法非织造布要使用分子量分布（MWD）较窄的原料，一般要求 MWD≤2～2.5。MWD 较宽的原料在纺丝过程中容易形成凝胶，在产品中形成破洞、硬块等疵点，影响产品的阻隔过滤性能。

在同样的牵伸速度下，如果聚合物原料的分子量分布宽，其中低分子量部分的熔体容易被过度牵伸，而使产品表面出现大量茸毛，而高分子量部分的链段则还没有得到充分牵伸，产品的强度会偏低。

（3）聚合物的结晶性能。聚合物原料的结晶性包括结晶度、结晶速度和结晶质量三个方面,主要会影响产品的拉伸断裂强度,拉伸断裂伸长率,过滤效率和触感等指标。

PP 原料(树脂)的结晶度越高,熔喷纤维的拉伸断裂强度越高,越有利于提高空气过滤材料的驻极效果,从而提升熔喷材料的过滤效率。

PP 原料的结晶速率越快,产品下线后的后结晶就越少,熔喷非织造材料就不易变硬、变脆,熔体的结晶速率越快,可以提高熔喷纺丝速度,熔体温度也可以降低 20~30℃,有利于节能。

PP 纤维的结晶质量越高,结晶颗粒尺寸越细,将提高空气过滤材料的油性过滤效率,熔喷布产品的手感也会越柔软。

(4)驻极添加剂。聚合物内部会存在不定型的分子结构,经过驻极处理后,结构会发生改变。因此,驻极体会受各种因素的影响而带有时效性,会发生缓慢衰减,影响产品的过滤效率。根据驻极工艺,驻极添加剂分为早期为了提高盐性颗粒过滤效率的静电驻极添加剂,提高油性过滤效率的静电驻极添加剂,以及目前专用于水摩擦驻极的添加剂。

早期静电驻极添加剂的主要成分为一些天然带电的矿物质,如电气石这一类物质,利用其本身激发的电荷来提高材料的电荷量,但这种电荷主要分布在纤维的表面或浅表层,容易受周围环境,如温度、湿度、电磁场的影响而逸散,导致材料的过滤效率不容易长期维持在初始状态。

目前,用于水摩擦驻极添加剂的核心成分是一些大分子量的有机化合物,可以使驻极电荷从材料的浅阱移动到深阱中,使更多的电荷存储到材料内部,提高电荷存储量,使电荷存储更加稳定,也能延缓电荷衰减,使材料的过滤效率能长时间保持在较高的水平。

通过添加驻极改性剂改性,可以提高熔喷过滤材料的驻极效果,延长电荷的驻留时间,可以延缓电荷衰减的速度。但添加比例有一个最佳值,添加比例太大不仅会增加生产成本,最重要的是会影响纺丝稳定性。

随着驻极技术的进步和驻极添加剂性能的提高,目前驻极产品的过滤效率越来越高,而过滤阻力也比 2020 年的产品有了较明显下降,使熔喷过滤材料具备了真正的高效、低阻性能。

(三)生产工艺对过滤效率的影响

1. 熔喷法纺丝组件

纺丝组件是影响过滤效率的重要因素,要求组件有较高的制造精度和较好的装配质量,并保持其结构对称性,以提高产品的均匀度,避免由于纤网质量分布离散导致过滤效率离散。

喷丝板的喷丝孔布置密度直接影响到喷丝孔的直径,孔密度越高,喷丝孔的直径也会越细。在同样的纺丝泵流量,也就是在相同的产量条件下,喷丝板的孔密度越高,喷丝孔的直径也会越小,每一个喷丝孔的流量也会越小。由于纤维细度与熔体流量呈正相关,喷丝孔的熔体流量越小,纤维的直径就会越细,而且较高的孔密度还意味着有较多数量的纤维,有利于进一步改善和提高产品的均匀度。

这两个结果的综合作用,就可以提高熔喷产品的过滤效率,或用比原来更小定量规格的产品,就可以达到以前用较低孔密度喷丝板生产的熔喷布的过滤效率。

因此,要生产高过滤效率的熔喷空气过滤材料,就要选用有较高孔密度的喷丝板,一般熔喷喷丝板的孔密度为 1654h/m(hpi42)。目前,孔密度为 2756h/m(hpi70)的喷丝板已在市场上获得了应用。当然,在增加孔密度的同时,还需要有其他的措施配合,如增加喷丝孔的长径比($L/D \geqslant 20$),选用更高流动性能(MFI≥1800)和更洁净的纺丝熔体。

2. 牵伸气流

牵伸气流的速度(流量)、温度会影响熔喷纤维的细度,也会影响熔喷纤网的密度和平均孔径。牵伸气流的速度越高或流量越大,温度越高,聚合物熔体就越容易被牵伸为更细的纤维,有利于提高产品的过滤效率。

而牵伸气流的速度越高,赋予熔喷纤维运动的能量也越多,纤维到达接收装置时的速度也越快,具有的动能也越大,这部分能量转换为势能后可以增加熔喷产品的体积密度,减小纤网的平均孔径,有利于提高产品的过滤效率。

3. 驻极工艺

驻极工艺是制取高效低阻空气过滤材料的重要工艺,驻极处理过程可以使纤维带上大量的静电荷,由这些电荷所形成的强静电场,可以吸附、捕捉空气中的带电微粒,或使微粒被极化后被捕捉,可以在不增加过滤阻力的状态下,大幅度提高熔喷空气过滤材料的过滤效率。

当应用水摩擦驻极工艺时,驻极效果与水流的纯度、压力、流量,喷嘴数量与排列数,纤网停留时间的长短正相关,而与纤维细度、驻极距离负相关,此外还与喷嘴水雾的均匀性、覆盖范围、驻极添加剂的质量、最高烘干温度等因素有关。

当应用静电驻极工艺时,驻极效果与驻极电压、驻极电流、电极数量、停留时间正相关,而与纤维细度、驻极距离、车间环境温度、驻极设备环境的臭氧含量负相关,此外还与电极的形状、驻极添加剂的质量有关。

(四)检测方法对过滤效率的影响

1. 检测标准或检测方法

测试方法对测量结果有很大的影响,只有采用同一个测量方法,其测试数据才有可比性。因此,产品的每一项性能指标,都有规定的测试方法或标准。

空气过滤是熔喷非织造布材料的重要应用领域,除了规定使用的测试介质属性(如非油性、油性、颗粒还是细菌、大小、浓度等)外,测试时使用的气体流量对过滤效率的影响很大。因此,每一个产品,对测试时使用的流量都有具体规定。

虽然油性及非油性颗粒都是中性的,但非油性气溶胶颗粒更容易在电场的作用下被极化,更容易被过滤材料中的电场捕获,穿透率较小,材料就有较高的过滤效率。而油性颗粒不容易被极化,因此,同一种材料的油性过滤效率会较低,而且阻力也较大。

一般情形下,随着测试气流的流量(m^3/min 或 L/min)增加,同一样品的过滤效率会随之下降,而过滤阻力增加,两者与流量之间均呈近似线性关系。在测试面积不变的条件下,气体的流量越大,颗粒物的运动速度就越快,具有更大的动能,穿透过滤材料的概率就越高,穿透率升高也就降低了过滤效率。而微粒的运动速度越快,其运动阻力也随之增大,导致过滤阻力也随之升高。

2. 检测仪器

每一种测试仪器都有一定的应用范围,或适用的技术标准,但同一类仪器,则会因测试机理的不同,对测试数据的客观性产生不同的影响。这种现象在空气过滤材料的检测过程中表现得尤为突出,用不同品牌的空气过滤效率测试仪器检测同一样品时,数据会出现较大的差异。

由于不同仪器的测试原理不同,误差也不一样,导致在应用市场上发生了不少质量纠纷。

而在发生纠纷后，一般要由第三方进行检测、鉴定，其结果数据都会被仲裁机构采信。

三、SMS产品的静水压

SMS产品是常用的卫生制品材料与医疗防护制品材料，在这两个应用领域，主要是利用SMS产品的阻隔性能。SMS产品的阻隔性能主要是指其防止液体渗透的能力，一般用静水压（SHS）表示，静水压越高，产品的阻隔性能就越好。

（一）熔喷层的质量对产品静水压的影响

1. 熔喷层的占比对产品均匀度的影响

SMS产品的静水压除了与产品的定量规格（g/m^2）呈正相关外，即产品的定量规格越大，静水压也越高，由于SMS产品的静水压主要是由熔喷层纤网贡献的，因此，同一定量规格SMS产品的静水压，主要与产品中的熔喷层纤网有关，熔喷层纤网的占比越大，其静水压会越高。

用作卫生保健制品材料的SMS产品静水压会较低，其熔喷层纤网的占比一般在10%～15%。而用作医疗防护制品材料的SMS产品静水压会较高，其熔喷层纤网的占比一般在20%～25%，甚至更高，其相关机理可参考本书第四章内容。

2. 熔喷层的结构对产品静水压的影响

熔喷层是SMS产品静水压的主要贡献者，也是产品静水压的核心结构层，其质量及性能决定了SMS产品静水压的水平。

（1）熔喷层的结构。在熔喷纤网占比相同的前提下，熔喷纤网的结构会影响产品的静水压。熔喷纤网的层数越多，也就是投入运行的熔喷纺丝系统越多，产品的静水压会越高。因为投入运行的纺丝系统越多，分配给每一个系统的纤网定量会较小，喷丝孔的单孔流量也较小，纤维的直径就会较细。

（2）熔喷纤网的纤维细度。熔喷纤网的纤维细度是决定SMS产品静水压的基础性条件，熔喷纤维的直径越小，其直径的分布宽度越窄，纤网的平均孔径也越小，产品就会具有较高的静水压，这也是在同样的熔喷纤网占比条件下，投入运行的纺丝系统越多，喷丝孔的单孔流量就越小，纤维会越细，产品的静水压会越高的内在原因。

（3）熔喷纤网的密度。SMS产品的静水压与熔喷纤网的体积密度（g/cm^3）正相关，密度越大，静水压也会越高。在生产工艺方面则与熔喷系统的DCD大小有关，DCD越小，产品的密度也会越大。这也是不同品牌SMS生产线所生产的产品，其静水压会有较大差异的原因。

（二）设备因素对产品静水压的影响

1. 熔喷系统喷丝板的结构参数对产品静水压的影响

（1）熔喷纺丝工艺。不同的纺丝工艺，纤维的直径分布规律有很大差异，单行孔的埃克森熔喷工艺（SR）的纤维直径较小、分布较窄，纤网的平均孔径较小，具有较高的静水压；而多行孔的双轴熔喷工艺（MR）的纤维直径较粗、分布较宽，纤网的平均孔径较大，阻隔性能较低，静水压也会较低。

要生产高静水压的SMS产品，应选用埃克森熔喷工艺。

（2）喷丝板的孔密度。喷丝板的孔密度对纤维的直径有较明显的影响，在同样的纺丝泵挤出量状态下，喷丝板的孔密度越高，说明喷丝孔的数量也越多，单孔熔体流量也就越小，纤维会越细，直径分布则越窄，产品的平均孔径随之越小，产品会具有较高的静水压。较高的孔密度也意味着纤维的数量较多，有利于提高产品的均匀度，因此，要生产高静水压的SMS产品，要尽量使用较高孔密度的喷丝板。

如用HPI70喷丝板生产的产品，其静水压会比用传统的HPI42喷丝板生产的产品提高20%甚至更多。

2. 熔喷冷却风系统对产品静水压的影响

熔喷纺丝系统增设强制的冷却风，除可以稳定纺丝过程，避免晶点出现外，还可以使纺丝系统以更快的牵伸速度和温度更高的牵伸气流运行，就有助于获取直径更细的纤维，从而提高产品的静水压。

3. 熔喷纺丝系统的抽吸风装置对产品静水压的影响

(1)抽吸风箱结构对产品密度的影响。由于熔喷系统的牵伸气流是与熔体挤出量相关的，在同样的熔体挤出量条件下，抽吸风箱入口的截面积大小，会影响吸入的气流速度，截面积越小，穿透熔喷纤网和成网机网带的气流速度也会越快。气流可以穿透纤网被抽吸风机抽走，但随气流高速运动的熔喷纤维却被成网机的网带拦截，其所有的动能将转变成势能，使熔喷纤网变得更为密实，SMS产品也因此会具有更高的静水压。

(2)抽吸风机性能对产品静水压的影响。抽吸风机的主要性能包括了额定流量和额定压力两项，风机的流量与熔体挤出量正相关，而风机的压力则与抽吸风箱的结构相关联，抽吸风箱入口截面积越小，风机就需要更高的压力，以便克服纤网与网带的阻力，使纤维有更高的末段运动速度，有利于增加产品的密度。

(三)其他工艺因素对产品静水压的影响

影响产品静水压的因素还有很多，诸如成网机网带的透气性能变化，纺丝组件的维护工作水平等。

1. 纺粘层纤网

(1)纺粘层纤网的均匀度。在SMS型复合非织造布中，纺粘层纤网的主要作用是对熔喷层纤网的加强和防护作用，在纺粘层纤网的防护下，熔喷纤网能经受更高的静水压而不会被击穿冒水，纺粘层纤网的均匀度越好，出现稀网、特别是大面积稀网的区域会减少，熔喷布得到的防护更有效，可以提高抵御水渗透的能力。

(2)纺粘层纤维细度。一般情形下，SMS产品中的纺粘层纤网的纤维细度≥1.6旦(其直径约为16μm)，相对于纤维直径在2~6μm的致密熔喷纤网而言，其结构较为松散，对产品静水压的直接贡献并不大。但在纺粘纤维细度≤1.0旦以后，对产品静水压的直接贡献就较明显，除了纤维变得更细可以改善产品的遮盖性和均匀度，使熔喷纤网得到更为有效的防护外，纺粘层纤网自身的阻隔性能已越来越明显，可以有效地提高SMS产品的静水压。

因此，降低纺粘层纤维细度，也是提高SMS产品静水压的一个途径，目前新型生产线的纺粘纤维细度≤1.0旦，最细已达0.6~0.7旦，这也是其生产的SMS产品比传统生产线具有更高静水压的原因。

2. 产品后整理对静水压的影响

只有当产品或材料具有拒水性时，才不容易被水浸润渗透，而后整理过程就是要改变产品的表面特性,因而会影响产品的静水压,如卫生制品材料进行柔软处理后,由于添加的整理剂具有亲水性,因而会使产品的静水压受损;同样的机理,产品进行抗静电整理后,产品中形成的亲水基团也会降低静水压。

3. 加工路线对产品静水压的影响

加工路线对产品的静水压也有影响,离线加工会使产品多经历一次或多次的退(放)卷和卷绕过程,退卷和卷绕张力会影响 SMS 产品的结构,使纤网被拉伸、孔径变大,导致静水压下降。而在卷绕张力的影响下,布卷芯部的产品会受到更多、更高强度的挤压,密度升高,导致芯部产品比布卷外部的产品具有更高的静水压、但透气性会更低。

4. 检测方法对静水压的影响

为了适应不同的测试要求,对于测试期间的水压上升速率,静水压测试仪器会有多个档次可供选择,一般会有的 1.0kPa/min(相当于 10cmH_2O/min),6.0kPa/min(相当于 60cmH_2O/min),10.0kPa/min(相当于 100cmH_2O/min)这三个档次。同一个样品,选择的水压上升速率越大,测试结果也会越大,即样品的静水压也会越高。因此,在相关的技术标准中对静水压上升速率都有具体的要求。

如在 FZ/T 64034 规定,静水压测量方法参照 GB/T 4744,水压上升速率为 600mmH_2O/min;美国标准 AATCC 127,规定的水压上升速率 60mbar/min。其实两个标准的水压上升速率都是一样的,只是计量单位不同而已(1mbar=1.02cmH_2O)。

与试样接触的水必须是新鲜蒸馏水或去离子水,测试用水的温度要保持在 20℃±2℃或 27℃±2℃这一范围,同一非织造布样品,用较高温度的水进行静水压试验,会得出较低的静水压值。

由于 SMS 产品的多层纺粘纤网的结构不一定是对称分布在熔喷纤网两侧的,因此,样品的正面(与热轧机花辊接触的一面)与水接触,或背面(与热轧机光辊接触的一面)与水接触所得到的检测结果也是不同的。

四、熔体纺丝成网非织造布产品的色差

(一)有关颜色的基本知识

1. 有色产品的生产工艺

为了满足市场的要求,熔体纺丝成网非织造布常利用共混纺丝工艺,通过在原料中添加色母粒的方法,使产品呈现特定的颜色。由于各种原因,同批次产品的颜色与目标颜色不一样;同一批次产品不同时段或局部的颜色出现差异;或不同批产品的颜色必然会出现一定的差异,当这种差异的程度已经影响产品的正常使用时,这种现象一般称为色差,色差是生产管理过程中始终要关注的一个管理项目。

2. 有关颜色的一些基本概念

由于颜色并不是物体的物理性质,物体本身是没有颜色的,颜色是光线作用在人眼的视网膜感觉细胞后所产生的一种感觉,是一种人的生理感受,这是人的视觉神经对光的反映。因此,颜色是由照明光源,被观察物体的光学特性和人的视觉特性这三大因素综合所决定。这三个因素中任何因素的改变,都会导致物体颜色发生变化。

(1)颜色的三个特征。

物体的颜色有三种特性,即色调(或色相)、明度(或称亮度)和饱和度(或彩度)。这三个特性的差异便导致色差。

色调(hue,也称色相)是指色彩的种类和名称,由物体反射到人眼的光波波长所决定,不同波长的光波反映出不同的色调(色相),给人以不同颜色的感觉,如红光(波长范围为780~627nm)、橙光(627~589nm)、黄光(589~570nm)、绿光(570~500nm)、青光(500~490nm)、蓝光(490~450nm)、紫光(450~380nm)就是不同的色相。

注意:波长>780nm为红外线,波长<380nm为紫外线,都是不可见光。

明度(lightness value,或称亮度、色值)是指色彩的明亮和深暗程度,若物体表面的反射率高,它的亮度就大,亮度是人的视觉对反射光强度的感觉,常将亮度分为11个级别,白色的亮度最大,为10级;黑色的亮度最小,为0级;1~3为暗调,4~6为中间调,7~9为明调。

饱和度(saturation chroma,或称彩度、纯度)是指色彩的浓、淡程度,反映了彩色的纯洁性。饱和度高的色彩纯度高,色彩鲜明,如粉红色的饱和度就比纯红色的要小,单色的可见光是最饱和的彩色,掺入白光成分越多就越不饱和,颜色的饱和度为零时,则失去色调的感觉。

(2)光线的三原色原理。

根据光线的三原色原理,任何一种色彩都能用红、黄、蓝三种色彩拼合而成,而不同的颜色互相混合可以产生不同于原来颜色的新颜色,在具体应用中,常分为颜色色光的混合(颜色色光的相加混合)及颜色色料的混合(颜色色料的相减混合)。

色光就是在日常生产中的所谓底色,因为每种色母粒除了本身的色相给人以红、黄、蓝、橙、绿等不同的颜色印象外,还带有各自的色光,即与被确定的标准色相比较,还带有的一种较为次要的颜色。当两种或两种以上的色光同时作用于人眼的时候,就会在视神经产生另一种色光的感觉,这种由两种或多种色光混合后产生的综合的视觉效果,称为色光加色法。

3. 色差的两种表现方式

产品的色差常分为色调差异与色饱和度差异这两种表现形式。色调差异就是颜色不同,其中还分为因色光不同产生的差异及因色料不同产生的差异。色光差异是指颜色类似,但在观察时发现其底色(是一种隐约可见的光线)不同的现象。色差的表象不同,引起这种差异的原因也是不同的。

当出现色调差异时,基本是无法通过改变添加比例来纠正,因为是用错了色母粒所致,唯一的方法只能是改用正确色母粒。

色饱和度差异,即同一色调,但饱和度不同,也就是颜色的深浅不同,这是最常见的色差。出现这类型色差时,一般可以通过修正色母粒的添加比例来纠正。

目前,长期以来要客观地测量或评价有色的非织造布产品与目标颜色之间的色差,被认为是一项既困难而又迫切的课题。在目前普遍没有配备计算机测色系统的现实状况下,生产厂家一般仍是采用人工视觉评判的方法来对色差作定性的评价,而无法用量化的数字来表征、传递产品的颜色质量信息。

因此,要准确判断产品的色差,相关人员对颜色的认识,对颜色的识别分辨能力,对有颜色产品的生产管理经验就特别重要。

(二)影响产品出现色差的因素

1. 聚合物原料与色母粒对产品色差的影响

生产非织造布的PP聚合物熔体一般都是无色透明的,只有添加了其他有颜色的添加剂后,非织造布产品才呈现特定的颜色,才会出现色差。而在使用消光或半消光的PET原料生产非织造布时,由于含有二氧化钛成分,产品会呈浅白色,会对产品的颜色饱和度产生影响,但色母粒仍是引起色差的最主要原因。

(1)添加剂牌号或添加比例变化。添加剂牌号或添加比例变化是整批产品出现色差的主要原因。当整批产品的色调与目标颜色不一样时,主要是着色母粒方面的问题,较多的原因是着色母粒选择错误,或色母粒性能发生了变化,或添加比例不当;如色母粒的牌号不同,制造工艺、颜料、配比发生了变化;同型号不同批次色母粒的有效成分含量差别过大,着色性能差异过大;粒径尺寸不同或堆积密度不同,造成配比前后不一致等。

如果产品出现色光差异,是无法通过调整工艺得到改善的,唯一的方法是改用合适的色母粒才能获得解决。

(2)添加剂的耐热性影响。一般情形下,熔体温度的变化不会引起产品出现明显的色差,但当温度变化较大,或熔体在系统内的停留时间过长时,不仅聚合物会发生降解,颜色会变黄,色母粒也会发生变化,导致产品出现明显的色差。

当纺丝系统在运行过程中因故停机,而停机时间又较长,恢复生产初期最容易出现这种情况。但这种色差会有明显的时间性,经过一段时间运行后,系统恢复稳定状态后,就不会继续出现。

在不同生产线或不同的纺丝系统,使用同一牌号和同样添加比例,生产同一类产品时,由于熔体温度及熔体在系统内的停留时间不同,也容易出现这种色差,但只有不同生产线生产的产品才出现这种情况,而且在没有进行调整前,这种差异会一直存在。

纤维的色相或非织造布的色相与纤维的直径、纤维断(截)面形状、聚丙烯原料流动性、螺杆挤出机长径比、工艺温度、热轧机轧辊的轧点大小及热熔比、非织造布产品的定量规格等有关,因此,同一种色母粒产品,在不同的生产线使用,其效果存在差异是很难免的。所以色母粒供应商在进行配色的时候,一定要根据客户送来的非织造布产品样本,进行详细分析,才有可能为非织造布企业提供所需要的色母粒产品。

(3)原料性能变化。由于原料的熔融指数对纤维的细度有很大的影响,当MFI发生变化,而变化幅度又较大时,如果色母粒的加入量不作相应的调整,产品就会出现色差。如聚合物原料的MFI变大,纤维会更容易被牵伸变细,其折射率变大,而颜色则会变浅;如果聚合物原料的MFI变小,流动性能变差,纤维会变粗,则产品的颜色会变深。

2. 工艺方面的原因

各种着色母粒的投入比例不当,工艺参数(如熔体温度,热轧温度,成网速度)与所参照的产品差别过大等。另外,还与产品定量(定量大,色调会较深),纤维牵伸程度(纤维牵伸越充分,纤度越小,其光学折射率会发生变化,色调会较浅)等有关。

(1)产品均匀度的影响。当产品定量的均匀度较差,云斑现象严重时,定量较大位置的色调会较深,而定量较小地方的色调会较浅,使云斑现象变得更为严重,云斑现象便转变为色斑(布面出现的深浅不一的颜色)表现出来,并容易被误认为布面上存在色差,其实这是产品的均匀度问题。

SMS 型产品的颜色是各层纤网颜色的色光相加的效果，如果 SMS 产品中的 M 层颜色较浅，而 S 层的均匀度又较差，则这种云斑状色斑现象会更为明显，在有云斑位置颜色会较深，而稀网部位的颜色会较浅，这种现象同样也容易被误认为是色差。

(2)产品结构的影响。生产 SMS 产品时，由于 M 层纤网的着色要求比 S 层高，而且 M 层的着色费用也较高(着色剂的单价较高，加入比例也较大，即用量也大)，对纺丝稳定性影响明显，因此，经常会减少了添加剂的用量，M 层纤网的色调往往会比 S 层浅。

由于 SMS 产品的颜色是多层纤网的色光相加后的合成效果，在这种情况下，如 S 层纤网的不均匀度偏大，产品的色差同样会以产品布面色调深浅不一的色斑表现出来；在稀网位置产品的颜色较浅，而在纤网定量较大的位置，产品的颜色就较深。

由于 SMS 产品结构的特殊性，即使是总定量规格(g/m^2)相同的产品，当各层纤网的定量比例不同时，也就是熔喷层纤网的占比不一样时，如一种是 17.6%(7∶3∶7)，而在生产过程为了满足较高的静水压要求，将熔喷纤网的占比调整为 20%(2∶1∶2)时，在各层纤网的色母粒加入比例一样的情况下，产品的颜色也随之发生变化，会存在批色差现象。

3. 设备方面的原因

机型不同，设备的结构不同，如多组分计量方式(量杯或螺杆)、搅拌方式(连续或间歇)，熔体通道长度，热轧机花辊的热熔比(轧点密度)差异，轧辊温度的差异，都容易使产品出现色差。

当生产线的有关设备曾进行过重大的改进或维修等，在这种情况下即使色母粒加入比例都一样，仍会存在批色差现象。

4. 管理及操作方法方面的原因

当出现批产品色差时，更多的原因是有关人员未能及时在生产过程中将产品与目标颜色进行比对，或虽有比对但判断错误或未能采取相应的纠正措施所造成的。

如果在不规范的条件(如在普通的日光灯，或水银灯光源)下进行对色工作，很容易产生错误判断，而导致整批产品出现色差。

(三)色差的不同表现

1. 同一批产品自身的颜色出现差异时的原因

(1)色母粒方面的原因。在生产过程中改用不同批次、不同品牌的着色剂，甚至是误用其他着色剂等，这些都是引起色差的根源。

除了其所含的有效成分会有差异外，不同批次色母粒往往由于粒径不同，长短尺寸差异，存在连粒(在长度方向连在一起)，并粒(颗粒并排粘连)，颗粒中空现象等，影响了容重的一致性，当配比没有进行调整前，就容易出现色差现象。

色母粒的主要成分是颜料，而每一批颜料的色相会不可避免存在差异，其着色强度、分散性不同，加上色母粒生产过程中也必然存在工艺上的偏差，这就导致不同批次色母粒的色相有差异，生产商难于生产出没有色差的色母粒。由于存放环境及温度的不同，即使同一批次生产的产品，前后发货的色母粒也会存在差异。因此，不同批次的色母粒一般不宜混用，即使同一色调但品牌不同的色母粒也不宜混用。

基于上述这种认识，在使用色母粒(或其他添加剂)时，有的企业就按“先到货先使用”的原则，独立使用每一批次的色母粒，当前一批次的存货全部使用完后，才换用后一批次的色母粒，这就便于库存原辅料的管理，即使在新旧批次转换过程中可能会出现色差，但却容易在生产现场被发现，因为在这一时刻，现场人员都会高度注意显色过程，及时进行纠正或调整。

但有的企业则认为即使不同批次的色母粒存在色差，但这种差异一般不是很大，因此就采用在旧批次色母粒即将消耗完时，将剩余的色母粒与新批次的色母粒均匀混合后再投入系统使用，这种方法能及时将旧批次色母粒用完，由于两批原料被混合，还可以减少转换颜色过程中可能出现的色差的程度，不会形成可见的颜色突变现象。但这个方式增加了将不同批次色母粒混合的工作，可能还需要增加搅拌设备，较为麻烦。

(2)工艺方面的原因。有可能是在生产期间，曾对有关的工艺参数，如色母粒的配比、生产线运行速度、多组分计量混料装置的料面高度等进行过调整或重新设定。

(3)样品表面状态差异。颜色是光线反射到人的眼睛以后感觉到的色调。因此，人眼观察到的颜色与物体表面的光学特性有关，如物体表面的平整度，粗糙度，光亮度都会影响光线的反射状态。

对于利用热轧机固结纤网的产品，与花辊接触的产品表面，有很多凹陷的刻花点，凹凸不平，由于光线被吸收，观察到就是较深的颜色；而与光辊接触这个表面，平整光滑，会反射更多的光线，就会观察到较为明亮的颜色，也就是较浅的颜色。

因此，在生产过程进行比色、对色作业时，只能用表面状态相同或相近的样品进行比对，否则会容易发生误判。同样道理，当热轧机的花辊热熔比有较大差异时，观察到的颜色也是存在差异的。

其次是样品的厚度，也就是在样品的定量(g/m^2)规格不同，而色母粒添加比例一样的两个样品，定量较大的产品会吸收较多的光线，看起来色调就较深，而定量较小的样品，会有较多光线穿透，看起来就觉得较为透明、色调较浅。这也是在生产过程中，生产同样色调的产品，较薄的产品要添加更多色母粒的原因。

(4)设备方面的原因。主要是集中在多组分混料装置工作不正常这一点上。如混料装置料斗的料位变化太大，特别是设定料位过高时，容易堵塞色母粒组分的入口通道，使色母粒的加入配比变化。

当混料桶内料位过高时，会影响添加剂进入混料桶；若采用转盘式计量时，则可能堵塞添加剂进入，而采用螺杆式计量时，则会使添加剂难以在料桶内分散开，导致混料不均，有时多，有时少，有的地方较多，有的地方较少，产品的颜色或功能就会出现波动。

由于各种添加剂的密度(比重)会有较大的差异，在搅拌桨的作用下，密度较大的添加剂会被甩到料斗的外圆靠近料斗壁的部位，或趋向沉积在料斗底部；而密度较低的添加剂会在搅拌过程中，漂浮在混料斗表面，这种现象导致纺丝熔体中的添加剂含量出现较大的波动，使产品的性能或颜色发生变化。

因此，料斗的容量，搅拌桨的运行模式(是连续搅拌还是间歇搅拌)，搅拌桨的转动速度等都会对这种情况产生影响。目前，料斗的直径和容量不会太大，避免不同半径位置的速度差异太大，而搅拌桨多以间歇搅拌的方式运行，搅拌桨的旋转速度一般≤35r/min。

其次，当搅拌桨的搅拌作用不均匀时，会使色母粒的加入量出现变动。另外若生产线曾发生过中途停机，而停机时间又较长，也会引起颜色变化。

(5)生产管理方面的原因。有可能是引入了额外回收，而又没有控制好回收物料的数量

(比例),导致颜色无法保持均衡一致所造成。在产品调色过程中,由于生产系统尚未进入完全稳定状态,特别是产品的色调未稳定显现前,就将仍处于过渡状态的产品当成了正常产品,而后续跟踪检测比对工作周期又过长(或过短),甚至没有进行及时的检测所造成。

由于有的着色母粒存在较为明显的迁移现象,加有这种色母粒的产品在生产线下线以后,在现场即时与样品比对时其颜色会符合要求,而在经过一段时间后(短的几小时,长的约一天),产品的颜色还会发生明显的变化。

一般情况下,这种变化更多的是饱和度方面的改变,即产品的颜色会变深。这将导致现场调色工作十分困难,通常可以根据经验,预先调整(增加或减少,但较多情况是减少)色母粒的加入比例来进行生产。这种情况下,在现场对色会与样品有差异,但经过一段时间后,产品就会符合要求了。但这样做,需有丰富的生产经验支持,否则极易产生大批量不合格品。

2. 同一批产品中出现的短时、局部的色差原因

(1)设备方面的原因。大多数原因是多组分配料或搅拌系统运行不正常造成,最常见的现象是计量螺杆或搅拌桨电动机因过载跳停。

对于转色生产过程仓促,没有将系统彻底清理干净,或熔体通道中存在有盲区或死角的熔体制备系统,则有可能在熔体制备系统或纺丝箱体熔体分配流道中,残留有其他以往曾生产过颜色的旧熔体,随机进入新的熔体中,使产品突然出现短时的、局部的,甚至是莫名其妙的色差。

这种变化有一个明显的特征,即不是颜色的饱和度(深浅)变化,而更多的是色调变化,突然出现另外一种颜色。这种不规则的变色现象甚至可延续到后继批次的产品中。这种不规则的变色现象不容易在布面观察到,但可在卷绕机上布卷的两个端面看出来,就是在均匀的布卷端面,会突然出现一圈异样颜色的产品。

这种色差是以一圈色调不同的状态存在,而且出现的时间很短,受影响的产品长度也很有限。为了消除这种现象,要求每次完成有颜色的产品生产任务后,要进行彻底的排色,或在排色过程中使用较低 MFI 的切片,用较高的温度将熔体制备系统冲洗干净。

(2)系统内残留添加剂的影响。由于一些功能性添加剂(如抗静电母粒等),载体树脂熔融指数可达 120 左右,远高于普通纺粘法用色母粒和切片原料的熔融指数,更易流动和分散,对颜色有较明显的稀释、冲洗作用。当添加这些母粒生产有颜色的功能性产品时,会对产品的色调有一定的影响,有时这种作用可能会将一些残存在熔体通道内的其他颜色冲刷出来,造成了产品会出现短时的颜色变化。

3. 同定量规格不同生产批次(或日期)的产品出现色差的原因

除了上述第一类型色差所陈述的各种影响因素外,还有可能是因为各批产品的时间跨度较大,原始的参照样本颜色发生了变化,或按参照样本顺次传递的方式(即将上批产品作为本批次产品的样本)选择样本时,没有及时发现批次间隔较远的产品所出现的色差等原因造成。

4. 产品经过存放或在使用后出现色差的原因

其原因多与着色剂的使用环境及其应用适应性,如耐光性、耐候性、稳定性、耐迁移性等性能有关。

尽管引起产品出现色差的原因有很多,也有多种解决途径,但归纳起来,更多的是主观上的原因。如调色配方制定,产品色调与目标色调比对判断,生产过程中产品的颜色检查及发现色差后,能否及时找出原因并采取行之有效的纠正措施,既能使存在的色差得到纠正,又不会使产品的颜色出现另一类型的差异。

在生产过程中往往存在明知产品还有明显的色差,但相关的人员却抱着侥幸的心理,为了减少过渡性不良产品的数量,以为在转色时能给以覆盖,从而提前转色,导致出现色差的现象。

为了能真正减少过渡产品,降低出现色差的风险,要求从事产品调色工艺的有关人员,必须对非织造布的着色的基本原理有较为充分的了解,并通过不断地生产实践,增加工作经验的积累。在目前非织造布行业还未普遍采用计算机调色的情况下,这些经验显得更加宝贵和重要。

五、熔体纺丝成网非织造布的颜料迁移

颜料的迁移是指有颜色的非织造产品,在与其他物体接触后,使这些物体染上颜色的一种现象,迁移的本质是着色剂从聚合物表面转移、渗透到其他介质的过程,非织造布发生颜料迁移的主要原因有如下的可能性:

(1)在非织造布着色系统中存在颜料过饱和现象。

(2)在非织造布着色系统中存在能够运动的颜料分子。

(3)在非织造布着色系统中还存在不能充分结晶的颜料。

着色非织造布产品中的颜料发生迁移,会影响产品的应用性能,如果迁移严重的话,可使产品失去应用价值,更为严重的是还会沾污其他产品,影响其应用性能,而用作卫生医疗制品的非织造布材料,是不允许发生任何迁移现象的。

为了防止产品发生严重的颜料迁移,对于一些要求较严格的产品,就要选用较高沾色牢度等级的色母料。在标准 GB/T 251—2008《纺织品　色牢度试验　评定沾色用灰色样卡》中,将沾色牢度分为 5 个等级,其中 1 级最差,5 级最好。

第十三节　与产品质量有关的技术标准

与非织造布材料质量有关的标准很多,有国家标准、行业标准、地方标准、团体标准、企业标准、国际标准、国外标准等,按其用途可分为几类,分别是:

产品技术要求:用于规定产品的应用领域,产品的主要质量指标。

产品质量检测方法:规定了各项检测项目的具体实施细节和方法。

相关的制品标准:以非织造布为材料制造的各种制品,也就是一些商品的技术标准等。

所有的技术标准都会根据技术进步和实施过程发现的问题,不断进行优化或改进,会有多种版本。因此,下列各种标准都没有标注其制订的年份日期,在实际使用中必须注意其不同时间所适用的版本。

一、产品技术要求(发布时间截至 2022 年)

(1)FZ/T 64078《熔喷法非织造布》

(2)GB/T 38014《纺织品　手术防护用非织造布》

(3)FZ/T 64012《卫生用水刺法非织造布》

(4)FZ/T 64033《纺粘热轧法非织造布》

(5)FZ/T 64034《纺粘/熔喷/纺粘(SMS)法非织造布》

(6)FZ/T 64046《热风法非织造布》
(7)FZ/T 64052《短纤热轧非织造布》
(8)FZ/T 64047《浆粕气流成网非织造布》
(9)FZ/T 64005《卫生用薄型非织造布》
(10)FZ/T 64051《美妆用非织造布》
(11)GB/T 38462《纺织品　隔离衣用非织造布》
(12)FZ/T 64079《面膜用竹炭粘胶纤维非织造布》
(13)GB/T 17639《土工合成材料长丝纺粘针刺非织造土工布》
(14)GB/T 18840《沥青防水卷材用胎基》
(15)FZ/T 64092《纺粘弹性非织造布》

二、产品质量检测标准(国家标准)

GB/T 24218 系列标准规定了非织造布各项性能的试验方法。

(1)GB/T 24218.1《纺织品　非织造布试验方法　第 1 部分:单位面积质量的测定》

(2)GB/T 24218.2《纺织品　非织造布试验方法　第 2 部分:厚度的测定》

(3)GB/T 24218.3《纺织品　非织造布试验方法　第 3 部分:断裂强力和断裂伸长率的测定(条样法)》

(4)GB/T 3917.3《纺织品　织物撕破性能　第 3 部分:梯形试样撕破强力的测定》

(5)GB/T 24218.5《纺织品　非织造布试验方法　第 5 部分:耐机械穿透性的测定(钢球顶破法)》

(6)GB/T 24218.6《纺织品　非织造布试验方法　第 6 部分:吸收性的测定》

(7)GB/T 18318.1《纺织品　弯曲性能的测定　第 1 部分:斜面法》

(8)GB/T 23329《纺织品　织物悬垂性的测定》

(9)GB/T 24218.8《纺织品　非织造布试验方法　第 8 部分:液体穿透时间的测定(模拟尿液)》

(10)GB/T 24218.10《纺织品　非织造布试验方法　第 10 部分:干态落絮的测定》

(11)GB/T 24218.11《纺织品　非织造布试验方法　第 11 部分:溢流量的测定》

(12)GB/T 24218.12《纺织品　非织造布试验方法　第 12 部分:受压吸收性的测定》

(13)GB/T 24218.13《纺织品　非织造布试验方法　第 13 部分:液体多次穿透时间的测定》

(14)GB/T 24218.14《纺织品　非织造布试验方法　第 14 部分:包覆材料返湿量的测定》

(15)GB/T 24218.15《纺织品　非织造布试验方法　第 15 部分:透气性的测定》

(16)GB/T 24218.16《纺织品　非织造布试验方法　第 16 部分:抗渗水性的测定(静水压法)》

(17)GB/T 24218.17《纺织品　非织造布试验方法　第 17 部分:抗渗水性的测定(喷淋冲击法)》

(18)GB/T 24218.18《纺织品　非织造布试验方法　第 18 部分:断裂强力和断裂伸长率的测定(抓样法)》

(19)GB/T 24218.101《纺织品　非织造布试验方法　第101部分:抗生理盐水性能的测定(梅森瓶法)》

(20)GB/T 3923.1《纺织品　织物拉伸性能　第1部分:断裂强力和断裂伸长率的测定(条样法)》

(21)GB/T 4669《纺织品　机织物　单位长度质量和单位面积质量的测定》

(22)GB/T 4744《纺织品　防水性能的检测和评价　静水压法》

(23)GB/T 5453《纺织品　织物透气性的测定》

(24)GB/T 38398《纺织品　过滤性能　最易穿透粒径的测定》

(25)GB/T 38413《纺织品　细颗粒物过滤性能试验方法》

(26)GB/T 7573《纺织品　水萃取液pH值的测定》

(27)FZ/T 01153《非织造布　疵点的描述　术语》

(28)FZ/T 01154《非织造布粘结牢度试验方法》

(29)GB/T 7742.1《纺织品　织物胀破性能　第1部分:胀破强力和胀破扩张度的测定　液压法》

(30)GB 15979《一次性使用卫生用品卫生标准》

(31)GB/T 17632《土工布及其有关产品抗酸、碱液性能的试验方法》

三、产品质量检测标准(常用国外标准)

ISO 9073系列标准规定了非织造布各项性能的测试方法,国家标准GB/T 24218系列均是采用ISO 9073系列标准修改。具体如下:

(1)ISO 9073-1《纺织品　非织造布试验方法　第1部分:单位面积质量的测定》

(2)ISO 9073-2《纺织品　非织造布试验方法　第2部分:厚度的测定》

(3)ISO 9073-3《纺织品　非织造布试验方法　第3部分:断裂强力及断裂伸长的测定》

(4)ISO 9073-4《纺织品　非织造布测试方法　第4部分:撕破强力的测定》

(5)ISO 9073-6《纺织品　非织造布试验方法　第6部分:吸收性的测定》

(6)ISO 9073-7《纺织品　非织造品的试验方法　第7部分:抗弯强度的测定》

(7)ISO 9073-8《纺织品　非织造布的试验方法　第8部分:液体渗透时间的测定(模拟尿)》

(8)ISO 9073-9《纺织品　非织造布的试验方法　第9部分:悬垂系数的测定》

(9)ISO 9073-10《纺织品　非织造布试验方法　第10部分:落絮性能的测定》

(10)ISO 9073-11《纺织品　非织造布试验方法　第11部分:溢流量的测定》

(11)ISO 9073-13《纺织品　非织造布试验方法　第13部分:重复液体渗漏时间》

(12)ISO 9073-14《纺织品　非织造布试验方法　第14部分:表面材料回渗性》

(13)ISO 9073-15《纺织品　非织造布试验方法　第15部分:透气性的测定》

(14)ISO 9073-16《纺织品　非织造布试验方法　第16部分:抗渗水性的测定(静水压法)》

(15)ISO 9073-17《纺织品　非织造布试验方法　第17部分:水渗透性的测定(喷淋冲击)》

（16）ISO 9073-18《纺织品　非织造布试验方法　第 18 部分：抓样拉伸法测定非织造材料的断裂强力和伸长》

（17）ASTM D 5034《纺织织物断裂强度和伸长率试验方法（抓样试验）》

（18）ASTM D 5587《梯形法测定织物撕破强力的试验方法》

（19）ASTM D 737《纺织织物透气性试验方法》

（20）ASTM D 5035《纺织织物断裂强力和伸长率的试验方法（条样法）》

（21）AATCC 127《抗水性：静水压法》

四、产品功能性质量检测标准

（1）GB/T 33616《纺织品　非织造布可生物降解性能的评价　二氧化碳释放测定法》

（2）FZ/T 01130《非织造布　吸油性能的检测和评价》

（3）GB/T 40181《一次性卫生用非织造材料的可冲散性试验方法及评价》

（4）YY/T 0867《非织造布静电衰减时间的测试方法》

五、常用非织造制品质量检测标准

（1）GB/T 28004.1《纸尿裤　第 1 部分：婴儿纸尿裤》

（2）GB/T 28004.2《纸尿裤　第 2 部分：成人纸尿裤》

（3）GB/T 22875《纸尿裤和卫生巾用高吸收性树脂》

（4）GB/T 8939《卫生巾（护垫）》

（5）GB/T 30133《一次性卫生用品用面层》

（6）GB 24539《防护服装　化学防护服》

（7）GB/T 28408《防护服装　防虫防护服》

（8）GB 2626《呼吸防护　自吸过滤式防颗粒物呼吸器》

（9）GB 19082《医用一次性防护服技术要求》

（10）GB 19083《医用防护口罩技术要求》

（11）FZ/T 64063《医用贴弹性基布》

（12）YY 0469《医用外科口罩》

（13）YY/T 0969《一次性使用医用口罩》

（14）YY/T 1467《医用包扎敷料　救护绷带》

（15）YY/T 1633《一次性使用医用防护鞋套》

（16）YY/T 1642《一次性使用医用防护帽》

（17）YY/T 0472.1《医用非织造敷布试验方法　第 1 部分：敷布生产用非织造布》

（18）YY/T 0472.2《医用非织造敷布试验方法　第 2 部分：成品敷布》

（19）GB/T 32610《日常防护型口罩技术规范》

（20）YY/T 0506.1《病人、医护人员和器械用手术单、手术衣和洁净服　第 1 部分：制造厂、处理厂和产品的通用要求》

（21）YY/T 0506.2《病人、医护人员和器械用手术单、手术衣和洁净服　第 2 部分：性能要求和试验方法》

(22) YY/T 0698.2《最终灭菌医疗器械包装材料　第 2 部分:灭菌包裹材料 要求和试验方法》

六、非织造布后整理常用技术标准的制定部门(或机构)名称

产品的应用领域决定了产品的性能指标,因此,后整理产品的质量是由制品的性能决定的。目前后整理产品的质量指标的检测试验方法也有很多,执行的技术标准既有国家标准,也有行业标准,还有不少是国外的标准。

目前在卫生、医疗制品材料应用领域,常用到以下部门或机构制定的标准,其中不少国内制定的标准与国外的标准并没有重大差异,而在对外贸易活动中,还会用到相关国家或地区制定的标准。

中华人民共和国国家标准(GB、GB/T)

中华人民共和国纺织行业标准(FZ/T)

中华人民共和国医药行业标准(YY、YY/T)

国际标准化组织标准(ISO)

美国材料与试验协会标准(ASTM D)

美国医疗器械促进协会(AAMI)

美国纺织化学师与印染师协会标准(AATCC)

欧洲联盟标准(EN)

欧洲用即弃材料及非织造布协会/国际非织造织物和用即弃物品协会标准(EDANA/INDA、NWSP)

美国消防协会标准(NFPA)

参考文献

[1] 曹枚昕,赵斌,N. Dharmarajan,等. 威达美™丙烯基弹性体在吸水性卫生产品中的应用[J]. 纺织导报,2010(10):66-68,70.

[2] 阎蓓蒂. 聚烯烃用长效表面亲水、改性添加剂[J]. 化工新型材料,2006,34(S1):67-69.

[3] 秦伟明. 大容量、多孔细旦熔纺喷丝板微孔间距的设计[J]. 合成纤维,1999,28(6):42-46.

[4] 石艺涵,张星,黄晨,等. 医用外科口罩实际佩戴时间对其防护性能的影响[J]. 纺织导报,2021(11):68-71.

第十三章　公用工程与通用设备

公用工程是指在企业或生产线中，维持生产线正常运转的辅助设备的总称。通用设备则是指在国民经济各个领域都会使用的各种技术装备。

在熔体纺丝成网非织造布生产线中，有不少公用工程系统和通用设备，公用工程系统包括：供配电系统，给排水系统，制冷系统，压缩空气系统，燃气供给系统，蒸汽供给系统，原料储存系统等；在主流程中常用的通用设备包括：水泵、风机、导热油炉等。

生产线要正常运行，其安装使用环境、能源供应、配套公共工程等都要满足其性能要求。特别对于在国外使用的设备，或从国外引进的设备，这些条件尤其重要，否则可能导致重大损失。

环境对电气设备影响很大，对安装使用环境的一般要求包括生产线安装地点的海拔高度、大气压力、温度、湿度、盐雾、腐蚀性或可燃性气体、震动、粉尘、强弱电分布、电磁干扰等，这些条件会影响生产线性能的发挥与安全运行。

第一节　安装环境的条件

一、安装地点的要求

（一）安装地点的海拔高度

一般的机电设备规定在海拔 1000m 以下的场所使用。

安装地点的海拔高度对设备的性能影响很大，在高海拔地区，环境的温度、大气密度和气压较低。在低气压条件下，电器设备散热条件变差，绝缘性能降低、触点熄弧困难，容易产生电晕放电，性能参数发生变化，开关设备的载流能力降低，影响电器设备的可靠性，甚至无法正常工作。

在海拔高度 1000m 以下的场所，电气控制系统大量使用的变频器，可以在其额定功率正常运行使用，当海拔高度超过 1000m 后，变频器就需要降低功率运行。

生产线有各种类型的风机，其性能（如流量、压力）一般按标准状态（20℃，101.325kPa，293.15K）标定，安装在高海拔地区的风机，其质量流量、压力都会下降。或者说一般的设备在高海拔地区使用时，其性能会降低。

（二）周围气体和空气洁净度

生产线周边不能存在有腐蚀性、爆炸性或可燃性气体、粉尘及油雾。腐蚀性气体会腐蚀设备，特别是电气设备内的金属零件；电气设备运行时，或发生故障时会产生火花、电阻等现象使发热器件产生高温，如果环境内存在爆炸性气体，有可能成为火险或爆炸事故隐患。

尘埃和油雾过多，不仅会污染非织造布产品，还会附着、堆积在设备内部，导致绝缘能力降低，影响发热体散热，降低冷却进风量，使电气设备内的温度升高，不能稳定运行。离心风机的叶轮、管道被污染后成为污垢，增加气流阻力，影响风机的效率。

如果环境存在异味和恶臭，会污染产品，特别是熔喷非织造布和含有熔喷纤网的 SMS

产品。

(三)设备的环境空气温度

一般设备规定的环境空气温度不超过40℃,而且24h的平均温度不超过35℃;最低温度在-15~-5℃,避免阳光直射。

1. 高温对设备的影响

温度高会导致电动机温升异常,使电气设备的绝缘快速老化,缩短电气设备使用寿命。如果室内环境温度过高,或空气流动性差,会增加员工的劳动强度,影响设备的热量溢散,将会使设备的温升超过额定值,容易发生超温、过热跳闸。而高温使机械设备的配合间隙发生改变,轴承的温升太大会使设备发生故障。

在高温下运行的电子产品,其性能稳定性和运行可靠性下降,发生故障的概率升高,仪表的计量准确性会变差。对于在生产线中大量配置使用的各种风机,其排气压力会随着温度升高而降低,体积流量没有变化,但质量流量会减少。

2. 低温对设备的影响

温度过低会影响润滑油的流动性,影响润滑效果,增加运动阻力,甚至会导致设备过负荷而无法正常运转。低温也会影响继电器。低温有可能在设备上形成凝露,降低电气设备的绝缘性能,如果形成冰膜,会使设备不能正常动作。

一般而言,低温有利于设备的散热,在-10~-5℃环境温度下,对提高动力设备和电子设备的可靠性有好处。

(四)环境空气湿度

要求安装设备的环境,其空气的相对湿度在30%~90%,24h的湿度平均值不超过95%,月湿度平均值不超过90%。

湿度、盐雾对电气设备的绝缘耐压能力影响很大,湿度越高或盐雾越浓,设备的绝缘能力下降也越多。在有盐雾存在的环境,如在沿海地区使用的生产线,要配套专用湿热地区使用的产品。一般要求环境的空气相对湿度≤90%,无凝露,避免被太阳直晒。

(五)震动和冲击

震动和冲击会引起设备的紧固螺栓松动、电气接触不良。配置有称重式多组分计量混料装置时,振动幅度或振动加速度太大,会影响计量精度,甚至会引起误动作。因此,必须对设备的安装、使用环境提出具体的要求。

精密仪器、计量检测设备要远离振动源和冲击源,远离强电磁辐射源,还应使用适当的减震、抗震措施。而且在运行一段时间后,应对其进行检查和维护。振动加速度多被限制在0.3g以下。最大振幅不超过5.8m/s^2(0.6g)。

二、对电力能源的要求

虽然非织造布生产线在运行期间需要很多公用工程系统的支持,但除了供电系统企业无能为力去改变外,其他的工艺条件,如燃气压力、压缩空气压力、供水压力、供热等都是企业可调可控的。而能源供应条件则是会影响生产线能否运行,能否正常工作的因素。

(一)交流电源的频率对用电设备的影响

交流电能是最常用的能源,其技术参数主要是电源的频率,电源的电压等。目前,国内统一使用的是 50Hz、400V 的电源，而国外有的地区或国家还会使用其他频率和电压的电源，当电源的频率下降时，会使电动机的定子电流增加，功率因数下降，效率下降而导致电动机的温升增加。

目前在非织造布生产线中的电力拖动电动机，除了极少量会使用同步电动机或伺服电动机外，基本上都是交流异步电动机，随着电力拖动技术的进步，早期曾大量使用过的直流电动机，目前已很少在熔体纺丝成网非织造布生产线使用，即使是存量的直流传动设备，也逐渐被交流异步电动机替代。

1. 电动机的运行状态与负载的关系

电动机在额定电压、额定频率和额定负载下运行时，如果增加负载，电动机转速就会因阻力增大而降低，这时转子绕组切割磁力线的速度加快，转子绕组和定子绕组电流升高，发热量增加，容易出现很大的温升，导致电动机过热，甚至被烧毁。

当负载减小时电动机的转速加快，转子绕组切割磁力线的速度变慢，感应电流和定子电流会因此而减小，温升也随之减小。

当电动机空载运转，此时的定子电流也就是励磁电流，对电动机没有负面影响，但因为没有输出有用功，这时的功率因数和机械效率最低，会增加供电系统的电能损耗和降低设备运用率。

2. 电源频率的变化对电动机出力的影响

电源频率变化会影响电动机的输出扭矩，电动机正常运行只能以不超过额定电流为安全运行的先决条件，这时实际输出转矩会不等于额定转矩，远远达不到电动机的设计指标。当电源频率由 60Hz 变成 50Hz 时，转矩增加，电动机的出力提高，过载能力的增强，会导致额定运行指标因额定负载时电流大幅增大而恶化。

电源频率过低会增加电动机的铜损，转速、输出功率和功率因数下降，加快电动机的绝缘老化，缩短电动机的使用寿命。频率增高会增大铁芯涡流，铁损增大，铁芯过热，加上转速增大轴承磨损加剧，大大影响电机寿命。

如果额定电压不变，而仅降低电源频率，则电动机的磁通就会变大，趋于饱和，电动机将会产生过热，甚至导致电动机毁坏。因此，在生产线大量使用的变频调速系统，其电源电压会随着频率的变化，保持两者的比例关系不变，就是应用恒磁通调速。

对于仅是利用电流热效应的加热设备，受电源频率变化的影响很少，在常规频率变化范围，可以认为没有影响。对于利用电磁场效应工作的加热设备，电源频率也会影响设备的功率输出，频率升高，输出的功率增加。

3. 电源频率的变化会影响电动机的启动电流

启动电流增大，随时可能过载。电动机是感性负载，其电抗值正比于电源频率，电源频率越低，电抗值越低，且因铁心磁通密度很容易趋于极度饱和，磁路磁阻加大，电抗值更低，不仅仅导致启动电流的增加值增大 20%，是原启动电流的 1.2 倍，甚至导致失控。

4. 电源频率的变化会影响电动机的转速和输出功率

三相交流异步电动机的转速与电源的频率成正比，频率越高、转速越快，额定频率为 50Hz 的电动机在 60Hz 状态运转时，电动机的同步转速提高了 20%，处于超速状态，长时间在这种状态运行对电机的机械结构有影响。额定频率为 60Hz 的电动机在 50Hz 状态运转时，电动机的同步转速下降了约 17%，被拖动设备转速下降，工作能力和效率随之降低。

硅钢片的涡流损耗与电源频率的二次方成正比。原来设计在50Hz电源系统使用的设备，用在60Hz电源系统，由于电源频率增加，铁芯的涡流和磁滞损耗、发热量随之增加，存在超温烧毁的风险。所有带有电感线圈的电磁阀、电动机、变压器、电磁铁等设备都存在这个问题。

额定频率f为60Hz的电机运转在50Hz系统运行，若额定电压不变，由于主磁通与电压V及频率的比值(V/f)成正比，随着频率f降低，V/f增大，主磁通也随之增大，可能导致铁芯饱和，继而导致励磁电流增大，导致电流失真，对电动机的温升及绝缘会有一定的影响。

电动机的输出转矩与电源的频率成正比，电源的频率升高，电动机的输出转矩，也就是输出的功率随之增加。

如果电动机的空载电流已接近或超过原来的额定电流，则电动机不能在额定的频率使用，如果空载电流与原来的额定电流尚有较大差距，电机容量至少减少20%，且电机转差率加大，转速下降水平超过20%。

对于非织造布生产线中大量应用的变频调速技术，电动机设计的额定运行频率是一个输出负载特性的转变点，当电动机在额定频率或低于额定频率状态运行时，其负载转矩特性为恒转矩，即在这个频率区间运行时，电动机的输出转矩基本是一样的，但频率不能太低，否则电动机很难启动。

而在高于额定频率状态运行时，其负载转矩特性为恒功率，即在这个频率区间运行时，电动机的输出功率保持不变，即输出的转矩会随着频率（转速）的升高而减小。但最高运行频率还受电动机的结构强度限制，以免电动机在高速运行时损坏。

基于上述原因，应用变频调速的电动机，一般都是设计在额定频率以下运行。

（二）交流电源的电压对用电设备的影响

电源的电压对所有的用电设备都有影响，甚至会直接影响用电设备的使用寿命和安全。在供电行业的交流电压等级中，通常将1kV及以下称为低压，1kV以上、35kV及以下称为中压，但用电企业习惯将10kV、35kV称为高压。

三相交流电源的电压等级有很多，我国规定是电源端电压为400V（用电器端的电压是380V），在国外会有其他电压等级，一般情况下三相异步电动机只能在额定的电压下运行，但可以在较低的电压下使用。如标称电压400V的电动机可以在380V以下使用。当电源电压在额定电压的允许偏差内时，对电动机的运行没有明显的负面影响。

1. 电源电压低于额定电压时对电动机的影响

电动机的电磁转矩与外加电源电压的平方成正比，因此电源电压的变化会影响电动机的运行工况。

在电源电压低于额定电压时，定子铁芯的旋转磁场强度下降，导致转子绕组的感应电流减小，因为电动机的转矩是由转子绕组感应电流和旋转磁场共同作用的结果。也就是电压降低以后，将使电动机的转矩减小，在极端状态电动机很难起动甚至无法起动。

正常运行状态，如果电动机的负载不变，则电压下降后，电动机就会因转矩减小、输出功率下降，转速就会变慢，转差率增大。转子绕组切割磁力线的相对速度加快，感应电流和定子电流都会增加，使电动机在过电流状态运行，温升增加，而且功率因数和效率都会降低，电动机就会出现过热而无法运行。在电网每一天的负荷高峰段，就很容易出现这种低电压现象，如果不降低负荷，电动机就不宜在低于额定电压的状态运行使用。

2. 电源电压比额定电压高时对电动机的影响

电源电压高于电动机的额定电压时，电动机的励磁电流就会随外加电压的增加而增加，会导致电动机的铁损增大和功率因数下降，磁路高度饱和，激磁电流急剧上升使铁芯严重发热，损害电动机的绝缘。因而，电动机作业在额定电压下较为适合，通常不超过额外电压的±7%。

3. 电源电压比额定电压高时对加热装置的影响

当电加热装置是应用电流的热效应原理工作时，由于发热量与电压的平方成正比。因此，加热装置的发热量对电压变化很敏感，电压升高，发热量增加；电压降低，发热量减少。但因生产线中加热系统的装机功率会较大，而且都是自动温度控制，所以这种由于电压变化导致的功率波动对生产过程的影响不会很明显。

当电压升高时，加热系统的发热量较大，就可以在较短的时间内达到温度设定值，由于这时发热元件的表面负荷增大，会影响发热元件的使用寿命。当电压下降时，加热系统的发热量减小，就需要耗用较长的时间才能达到温度设定值，温度控制系统的反应灵敏性会较差。

正常情形下电网电压的波动，对加热系统的影响并不明显，但当波动幅度很大，或加热系统是在不同电压等级运行时，其后果就很严重，如曾有一个 3200mm 幅宽熔喷系统的空气电加热器，其铭牌标称数据是 400kW、460V、60Hz，后来改在 380V 系统使用时，总是感到升温速度很慢，控温过程反应迟钝。

后来经过计算，发觉在降低电压后，其实际功率才 273kW$\left(=400\times\frac{380^2}{460}\right)$，远低于常规配置的 450kW。因此，就无法正常使用了。这是引进欧美地区设备时要注意的问题。

电网每一天都存在有负荷高低不同的峰谷段，就很容易出现这种低电压或高电压现象，为了保持电压平稳，很多企业就专门配置带载自动调节电压的供电变压器。

三、用电质量的要求和管理

我国规定的供电交流电源频率为 50Hz，当电源频率不同时，如国外有不少地区使用 60Hz 频率的电源，其相应的电压等级电压值也不一样（都比 50Hz 系统高）。因此，原则上不同频率的设备是不能混用的。电源要求有稳定的频率，允许的变化范围与供电系统的容量有关，正常频率偏差允许值为±0. 2Hz，当系统容量较小时，频率偏差值可以为±0. 5Hz。

电源的频率、电压发生变化时，受影响最明显的是电动机的启动转矩、启动电流、转差率、功率因数、温升等，对生产线的生产效率、产量及设备安全运行都有影响。

大部分变频器要求电源电压的持续变化不超过±10%，短暂波动变化范围不超过+10%～-15%，三相电压的不平衡率≤1%～2%，电源的负序分量不超过正序分量的 5%，频率变化速度每秒不超过±1%。

而按相关的供用电营业条例规定，电网的电源电压变化范围为额定值的-10%～+7%（单相 220V），或±7%（10kV 及以下三相供电），允许的电源的频率变化范围在±0. 5Hz。

由于生产线的电气控制系统大量使用了各种对电源变化较为敏感的设备，当电源无法保证设备正常运行时，就要考虑在控制系统中配置电源净化设备或不停电电源系统（UPS）。

当企业配置有备用电源（如柴油发电机组）时，由于功率限制，当功率较大的用电设备直接启动时，容易造成系统电压波动，频率不稳定，对正在运行的设备产生干扰。在这种电源状态下,一些自动控制设备可能会产生误动作,甚至发生故障,这是运行中极需注意的事情。

由于在非织造布生产线中的用电负荷主要是电感性的,也有不少电阻性加热负载,这些负载除了在生产线启动初期会有较高的负载率,并有较大功率投入运行外,在保温阶段,其实际使用功率会较小。因此,生产线用电系统的自然功率因数会低于规定的0.90,必须设置无功补偿装置。

在规划供配电系统时,必须充分考虑为企业发展留下充分的容量和备用空间。电力是一种不能再生的消耗型能源,从保护生态的角度出发,要切实做好节约用电的工作,既保护环境,也能为企业节省费用。

在有条件的地方,利用太阳能光伏发电也是一条绿色发展的道路。一般可以利用厂房的屋顶布置光伏发电设备,再通过逆变装置转换为400V电源直接使用。在光伏发电系统容量较大时,也可以利用升压变压器转换为10kV电压并入电网,在满足自用的前提下,盈余的电量可以转化为收入。

在执行两部制电费的电网,用户每一个月的电费是由两部分构成的,其中一部分是按变压器容量(kV·A)收取的基本电费,只要变压器申报投入运行后就会产生基本电费,而与是否使用,或使用时间的长短、负荷的大小无关,只有办理了暂停手续后才停止收取该费用;另一部分为按实际用电量计算的电度电费,用电量越多,电度电费也越多。

为了鼓励地方企业发展、降低企业负担,在一些特殊地区可能仅根据用户申报的用电负荷收取基本电费,而与变压器的铭牌容量无关。

有时因为产品结构调整,或受市场销售因素的影响,企业的供电能力可能会有明显的富余。如果是使用多台变压器供电时,可根据本地电业部门的相关规定,将部分变压器申报暂停后退出运行,则可节省这部分变压器容量的基本电费。而在暂停到期,或需要恢复用电时,只需办理申报手续便可正常用电。

第二节 供电系统

熔体纺丝成网非织造布生产线主要以电力为能源,驱动各种设备运行,供电系统的功能是从公共电网获取电能,经过适当的变换和处理后,分配给用电设备,由于用电量较大,一般要由变压器直接供电(图13-1)。

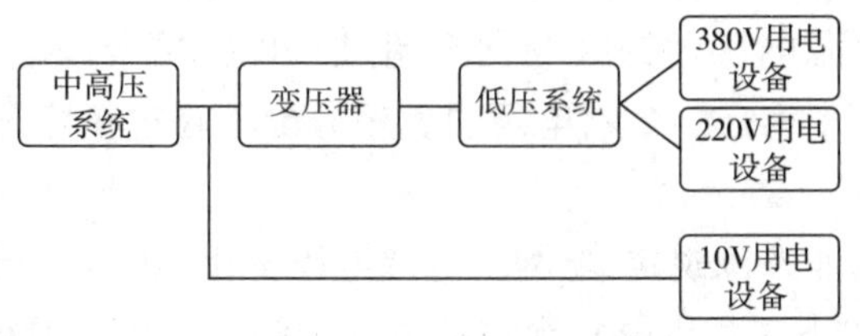

图13-1 生产线的电能分配

供电系统包括:高低压线路,变压器,电能计量,高、低压电能分配,安全防护装置,接地装置等。

一、供电或用电的重要性等级

电力是目前普遍使用的清洁能源，除了极少数企业有自备电源，自行发电外，绝大部分情况下都是由公共电网提供电力。按供电可靠性对企业生产过程的影响程度，常将企业的供电重要性分为以下三个等级。

（一）一级负荷

一级负荷若突然停电，可能会造成人员伤亡，或重大设备损毁，或给国民经济带来重大损失。

（二）二级负荷

二级负荷若突然停电，将产生大量废品、大量原材料报废、大量减产，或将发生重大设备损坏事故，但采取适当措施能避免。

（三）三级负荷

三级负荷是指一级负荷及二级负荷以外的用电设备。

非织造布生产企业供电的重要性等级一般定为三级，即停电时会产生一定数量的废品，但不至于造成重大损失的用电重要性等级。

二、供电或用电的电压等级

常用电源的电压等级分别为 35kV、10kV、6kV、3kV、0.66kV、0.4kV、0.23kV（即 35000V、10000V、660V、400V、230V，均为电源侧的电压）。而用电设备的电压则相对同一等级的电源电压稍低，如在 400V、230V 电源系统运行的设备，其额定电压分别为 380V、220V，电源电压与用电设备的额定电压两者之间是有区别的。

一些引进设备，或从其他渠道进入中国市场的用电设备，有可能存在使用其他频率和电压等级的情况，如在 60Hz 频率的供电系统，其低压侧的电压就与我国常用的 50Hz 系统完全不同；还有一些使用 2.3kV 电压的高压电机，或使用 110V 电压的低压电器等。

根据用电负荷容量的大小和供电电压的高低，企业的供配电系统的高压侧有不同的接线方案。一般情况下城市电网以 10kV 的电压向企业供电，再由企业用配电变压器降压为 380V/220V 供用电设备使用。其主接线见图 13-2 一次变压供配电系统。

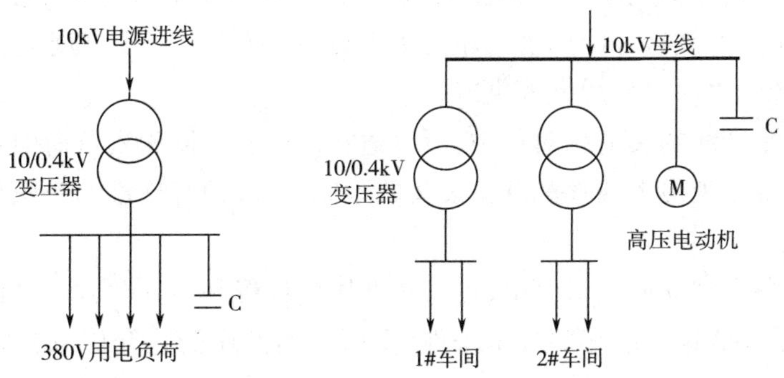

图 13-2　一次变压供配电系统

随着生产线纺丝系统数量的增加，配置水平的提高，幅宽增大，运行速度越来越快，生产线的装机容量也越来越大。如 SSS 型生产线的装机容量可达 3000kW，SSMMS 生产线的装机容量可达 5500kW，SMMMS 型生产线的装机容量可达 8000kW。而随着生产线中生产效率的提高，生产线中也会使用 10kV 高压电源的大功率设备。这一部分负荷就不需要经过变压器，而是直接从 10kV 电源引出（图 13-2 右）。

目前在供电电压 690V 及以下电压，我国的中小型异步电动机的最大功率为 315kW，如果电动机的功率更大，就要使用电压为 10kV 的高压电动机了，如有的幅宽较大生产线成网系统的大型风机的驱动电动机，聚酯生产线牵伸风压缩机的功率可达 630kW，这些设备都要使用 10kV 电源。

目前很多非织造布企业都会有多条生产线，总的用电负荷很大。在这种情况下，这时电网就可能需以 35kV 的电压向企业供电。由于总负荷很大，因此配电系统采用变压器深入负荷中心的布置方法，利用 10kV 高压电缆将电能馈送到设在生产线附近的各台车间变压器，经变压器降压后向 380V 用电负荷供电，其主接线见图 13-3。

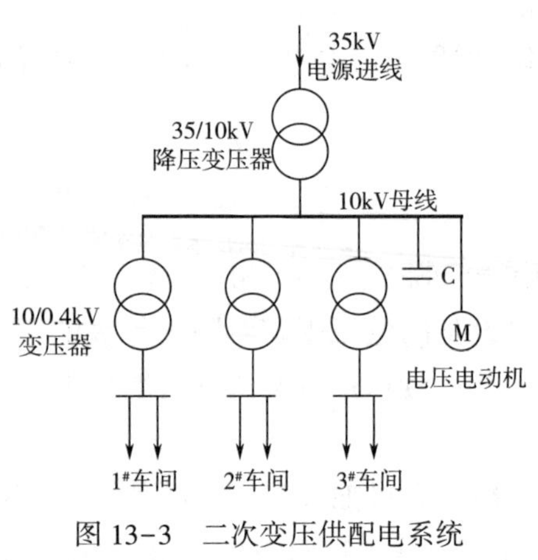

图 13-3　二次变压供配电系统

在这个系统中，电网的高压电源经 35/10kV 降压变压器降压后，变为 10kV，再经 10kV 母线分配到企业内的多台车间配电变压器，降压为 380/220V 供各种设备使用。另外，还有从 10kV 母线直接馈电给 10kV 高压电动机使用。

为了保障用电负荷用电，供电系统要有足够的供电容量。一般情况下，由于生产线中的设备不是同时使用，而且也不是都按最大功率运行，因此供电系统的容量，包括配电变压器的容量可小于生产线全部设备的装机容量，具体容量可根据电气专业的设计数据决定。

三、配电系统

（一）配电系统接线方案

由于生产线的规模、装机容量等有较大的差异，因此配电系统的低压侧接线方式也有较大的差别，有的按建筑物（车间）的分布馈电，在每一个车间再分配到用电设备；有的以生产线为单位馈电，在每一条生产线再分配到各工序的用电设备；有的生产线将用电负荷分为驱动及加热两类，每一条生产线以两路出线方式供电。

因为非织造布生产线的负荷相对集中，所以适宜采用变压器深入负荷中心的方式布置。由于受常规变压器容量系列最大功率和开关设备的限制，一般稍有规模的非织造布生产企业都采用多台变压器供电。

变压器既可以各自独立向负荷供电，也可在低压侧设置联络开关，增加负荷分配的灵活性。在理论上，只要满足并联运行的相关技术条件，变压器的低压侧是允许以并联方式运行的。目前，由于变压器容量越来越大，低压侧的额定电流会很大，一些地方的供电部门不同意采用并联方式运行。

低压配电系统常见的接线方案有下列几种，其特点、适用范围如下：

1. 树干式接线(图 13-4)

特点:线路有色金属消耗及配电设备较少,但主干线故障时造成的影响范围大,供电可靠性较低。

适用范围:一般适用于负荷容量不大,负荷分布较均匀,彼此邻近的负荷。

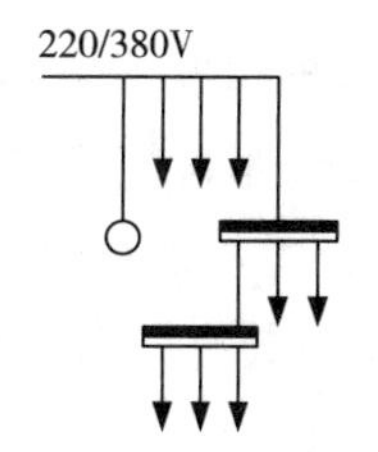

图 13-4　树干式接线

2. 放射式接线(图 13-5)

特点:线路之间互不影响,可靠性较高,但线路有色金属及配电设备需要量较多。

适用范围:一般用于供电负荷容量大、负荷集中或较重要的负荷。对于重要的负荷,可采用由不同母线,或不同电源供电的双回路放射式接线,互为备用。

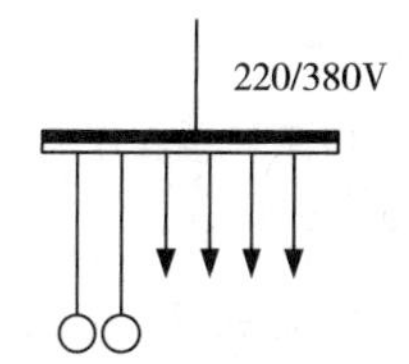

图 13-5　放射式接线

3. 环形接线(图 13-6)

特点:供电可靠性较高。任意一段线路故障,都不至于造成停电。但保护装置等配置复杂。一般采用闭环设置,开环运行。

适用范围:较多用于工厂各车间变电所低压侧之间的联络线,连成环形,互为备用。

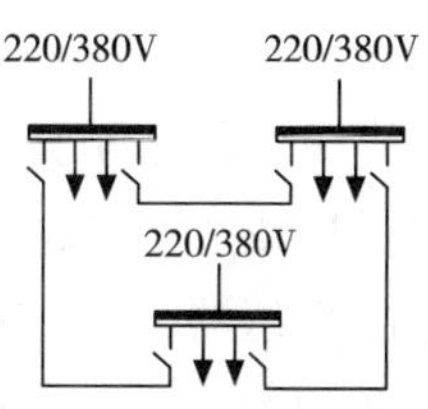

图 13-6　环形接线

(二)配电系统的接地型式

低压配电系统的接地型式有 IT、TT、TN-C、TN-S、TN-C-S 五种。在非织造布企业,一般的生产车间可采用低压侧出线为三相四线制的 TN-C 系统(3P+PEN),其 PE 线与 N 线合并为 PEN 线,这种方式投资较省,能够满足一般用电设备的要求。

由于非织造布生产线中有大量的电子设备及弱电系统,供电系统要选用抗电磁干扰能力较强的三相五线制 TN-S 系统,常用 3P+N+PE 表示系统,其中三根相线为 P(包括 A、B、C),一条中性线(N),一条保护地线(PE)。

保护接地就是将正常情况下不带电,而在绝缘材料损坏后,或其他情况下可能会意外带电的电器金属部分(即与带电部分相绝缘的金属结构部分),用导线与接地体可靠连接起来的一种保护接线方式。

由于 TN-S 系统的 PE 线(保护地线)与 N 线(中性线)是分开的,当其中某一设备发生单相接地故障时,对其他设备产生的电磁干扰较小。

各种功能的电线,都有相关标准规定其颜色,以便于识别:A 相线—黄色,B 相线—绿色,C 相线—红色,N 线—淡蓝色,PE 线—黄绿色。

(三)主配电变压器的选择

根据负荷特点和经济运行要求,选择变压器的数量和单台变压器的容量。

1. 变压器台数

满足以下条件之一时,宜配置两台,或多台变压器,变压器的容量不一定相同,以便在负荷较轻的季节,调节投入运行的变压器容量,节省用电:

(1)用电负荷季节性变化大,适于采用经济运行方式。

(2)有大量一级或二级负荷。

(3)集中用电负荷较大,例如大于1600kV·A。

其他情况下,宜配置一台主变压器,目前有的非织造布企业的生产线较多,用电量很大,实际上要分散配置多台变压器。

2. 变压器容量

(1)装有一台主变压器时,主变压器额定容量($S_{N\cdot T}$)不应小于总视在计算负荷(S_{30}),即$S_{N\cdot T}\geqslant S_{30}$。

(2)装有两台变压器时,主变压器额定容量($S_{N\cdot T}$)不应小于总视在计算负荷(S_{30})的60%~70%。

(3)$S_{N\cdot T}\geqslant(0.6\sim0.7)S_{30}$,同时,每台主变压器额定容量不应小于全部一、二级负荷的视在计算负荷之和$S_{30(\text{I}+\text{II})}$,即$S_{N\cdot T}\geqslant S_{30(\text{I}+\text{II})}$。

(4)单台主变压器容量上限。

随着开关技术的发展和大容量开关设备的出现,加上非织造布生产线的用电负荷很集中,线路距离短。目前熔体纺丝成网非织造布企业使用的10/0.4kV配电变压器,单台的最大容量可达2500kV·A。

变压器是一种可以满负荷运行的设备,但从运行管理费用和节省用电的角度考虑,并不主张在满负荷状态下使用,因为在这种状态变压器的损耗最大。除了要预留短期的发展容量外,新建厂房或生产线的变压器不能按满载状态选配,而是以接近经济运行的负载状态配置。不同型号的变压器,其经济运行的负载率也不相同。变电所主变压器台数和容量的选择,还应结合变电所的主接线方式综合考虑。

3. 供电变压器选型

在选择为生产线供电的变压器容量时,首先得确定生产线的实际负荷大小,以便获得进行负荷计算的基础数据。但出于各种原因,设备制造商经常无法提供这方面的信息,有的设备制造商甚至连生产线的总装机容量数据都缺失,导致选型过程只能凭经验进行。

目前有的设备制造厂家会推荐配套的变压器容量,但实际上是缺乏借鉴意义的。主要原因是同一幅宽规格的不同品牌生产线,其技术性能(主要是生产能力)、实际配套水平、各种设备的负载率等都会有很大的差异。另一个原因是变压器的负荷可能不仅仅是这条生产线,可能还要向其他较大容量的负荷供电,还有生产线所处的地理环境也会影响实际的用电负荷。在这种情形下,最好能让有工厂供电专业知识的技术人员进行变压器选型工作。

在非织造布企业,一般会使用以下几种方法进行变压器选型:

(1)需要系数法计算用电负荷。需要系数法是最常用的负荷计算方法,通过确定设备的容量,及各种设备在运行状态所消耗的功率,便可利用需要系数法计算出一条生产线的用电负荷。

不同类型的设备,其需要系数是不同的,与投入运行设备的负载状态、设备的效率、功率因数等有关。虽然在一条生产线中有很多设备,但这些设备并不一定是同时运行的,或同时以最大负荷运行的,因此,在计算生产线的总负荷时,还要考虑一个同时利用系数。当一个变压器同时向多条生产线供电时,也可以考虑其同时利用情况,以计算出总负荷值。

经过长期的统计分析,一个行业常用的一些设备都有与其对应的需要系数,而一些特殊设备也可按经验数据来确定其需要系数。在这种基础上再考虑其同时利用系数,便可按既定程序计算生产线的总用电负荷。具体的计算过程可参考有关工厂用电方面的资料。

选定配电变压器容量时,必须使变压器的容量大于总用电负荷,并使变压器处于经济负荷状态运行,按实际经验,变压器的容量约为总用电负荷的 1.25 倍,也就是变压器的负荷率在 80%左右。

按需要系数法和同时利用系数法计算出来的结果有较高的可靠性,其准确度则与这两个系数的选值关系很大。

(2)根据产品的能耗统计数据。经过长期的运行统计,虽然各类型的产品与生产工艺及设备品牌有关,但其单位产品能耗基本是在一定的范围的,例如一般的纺粘法非织造布产品,在应用宽狭缝低压牵伸工艺时的能耗为 900(kW·h)/t,在应用宽狭缝正压牵伸工艺时的能耗为 2000kW·h/t,在应用管式牵伸工艺时的能耗为 1200kW·h/t。

根据这个单位产品的能耗数据,加上已知的、由设备制造商提供的生产线生产能力数据(t/a)及年运行时间(h)或每年度的时间利用率(%),便可以计算出生产线每小时平均消耗的电功率。

由于在上述每一年的运行时间中,生产线并不一定是处于生产状态,而是处于能耗很低的工艺调整或设备调试、维护状态,还要考虑供电系统的功率因数(一般≥90%)等。因此,这个平均功率不是实际的负荷,变压器的容量必须大于这个平均负荷计算值,一般按宜大不宜小的原则,也会按 1.25 倍左右决定变压器的容量,保证变压器的安全运行,因为生产线可能还要配置在线后整理设备和其他辅助设备。

除了产品的能耗与纺丝牵伸工艺有较大的关联外,纤网的固结方式对能耗的影响也会很大,如应用水刺工艺固结纤网的能耗,有可能是利用热轧固结消耗能量的数倍。其次还与生产线中的纺丝系统数量有关。因此,这种按产品的能耗统计数据来选用变压器时,必须了解生产线所应用的具体工艺,生产线的具体构成等,否则风险(偏差)可能会很大。

(3)根据装机容量确定变压器容量。根据对现有的熔体纺丝成网非织造布生产线的用电负荷统计,其负荷约为生产线装机容量的 40%~60%,当仅知道生产线的总装机容量时,可根据这个规律决定变压器的容量。

其中配置完善、技术水平较高的生产线,可按较低比例选取,而一些配置简单、供货范围窄、技术水平偏低、设备的负载率较高的生产线,则要按较高的比例选取。

4. 变压器型式

变压器的更新换代很快,不断有新型变压器出现,代替性能相对落后的设备,国家在推广使用高效节能型变压器(图 13-7)。在新建的非织造布企业中,主要使用 S13、S15 及 SH15 系列油浸式变压器,S13-M 全封闭式变压器,SC11 型环氧树脂浇注干式变压器(表 13-1)。

(a) SCBH15 系列非晶合金变压器

(b) S13 系列油油浸式变压器

(c) 欧式箱式变压器

图 13-7　各种变压器

表 13-1　不同变压器型号及适用的环境

型式	型号	适用环境
油浸式变压器	S13,S13,S15	一般正常环境
全封闭式变压器	S9-M,S11-M・R	多尘或有腐蚀性气体环境
环氧树脂浇注干式变压器	SC11	多层或高层建筑内

第三节　制冷系统

一、制冷压缩机

(一)制冷压缩机的功能与配置

在纺粘法或熔喷法非织造布生产过程中,一方面需要提供大量的工艺冷空气对纤维进行冷却;另一方面为了控制工艺过程的稳定性,有的设备还需要温度稳定的冷却水或冷冻水。因此,生产线中要设置一个制冷系统(图 13-8)。

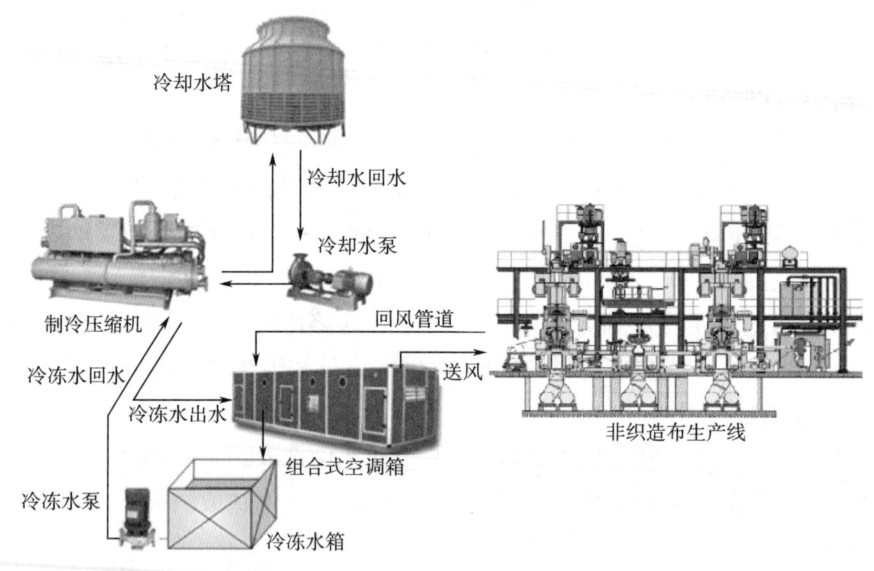

图 13-8　制冷系统流程及设备配置示意图

制冷机是制冷系统中的核心设备,随所使用的制冷介质或制冷方法的不同而不同,常用的机型有:氟利昂活塞式制冷机、螺杆式制冷压缩机、溴化锂蒸发式制冷机等。前两种以电力为能源,后者则以热蒸汽为动力。为了应对长时间连续运行时可能发生事故而引发的全生产线停产风险,一般都设置两台功能相同的制冷压缩机,并以"一用一备"的方式运行。

而随着制冷设备可靠性的提高,有的生产线仅配置一台制冷压缩机,或配置两台制冷量不同的设备,以便适应季节性温度变化,或实际负荷的需求,既可以两台设备同时投入运行,也可以仅启用其中的一台投入运行。既有较高的灵活性,也能降低运行成本,还使系统有较高的可靠性。

国产熔体纺丝成网非织造布生产线中配置的制冷系统多为冷水机组,这种系统的特点是制冷剂先将冷冻水的热量吸收,使冷冻水降温,再以冷冻水为载冷剂通过表冷器吸收空气的热量,使空气降温成为工艺用冷却风。冷水机组的运行工况稳定,受环境温、湿度变化的影响小,但管路复杂,启动时间长,反应较慢。

按照制冷方式分类,冷水机组一般分为压缩制冷、吸收制冷、热泵机组等类型。压缩制冷设备又分为活塞式、螺杆式和离心式冷水机组,以电为动力;吸收式制冷设备分为热水型、蒸汽型、直燃型三类,主要以热能为动力。

在生产线中配置的制冷系统还有直冷式,这种系统是由制冷剂在蒸发器中直接吸收空气的热量,使空气降温成为工艺用冷却风。直冷式冷风机组具有结构紧凑、反应快、操作简单的优点,可随时启动和停止运行,但工况易受环境影响(特别是其冷却器采用风冷式时),温度容易波动。

在熔体纺丝成网非织造布生产线中,目前较多配置的是螺杆式冷水机组,图 13-9 是常用的冷水机组系统原理图。

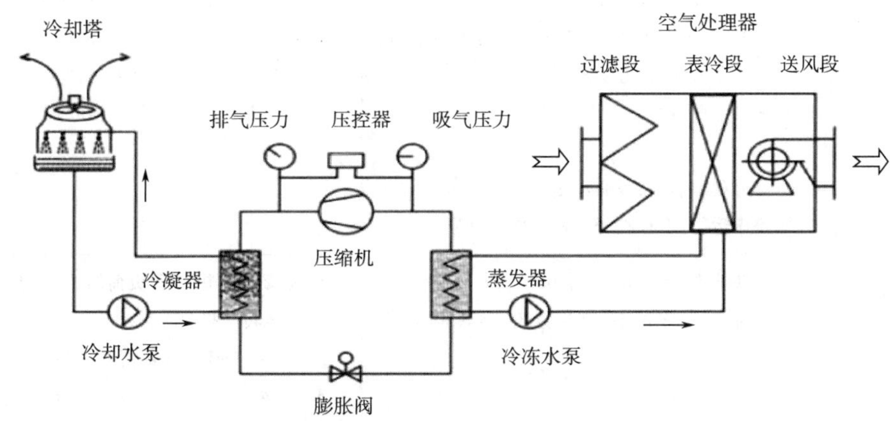

图 13-9　冷水机组系统原理图

制冷系统的制冷量主要与纺丝系统的熔体挤出量有关,熔体挤出量越大,需要交换的热量也越多,需要的制冷量也越大。由于机型、生产工艺和生产能力不同,所需要的制冷量也不一样。

对于同一个品牌的机型,制冷系统所需要的制冷量基本是与纺丝系统的幅宽成正比,幅宽越大,需要的制冷量也越大。生产线所处的地域或季节不同,由于新风(进风)的温度差异很大,实际配置的制冷系统制冷能力也不同。当环境温度已能满足工艺用冷却风温度时,甚至无需制冷系统开机运行,直接利用环境气流就能保障纺丝系统正常工作。

不同品牌的设备,生产过程的冷风温度也有所不同,目前,主流机型冷却风的温度大都在 12~16℃或 16~19℃,并有使用更高温度的趋势。若需更低的温度,如冷却风的温度低于 7℃后,则可能要增设一套深冷机组(即共需两台机组)。因此,配套的制冷机的制冷量也有很大的差异。

(二)不同制冷设备性能比较

1. 不同冷水机组性能比较

不同冷水机组性能比较如表 13-2 所示。

表 13-2　冷水机组性能比较表

名称	优点	缺点
活塞式冷水机组	1. 用材简单,可用一般金属材料,加工容易,造价低 2. 系统装置简单,润滑容易,不需要排气装置 3. 采用多机头,高速多缸,性能可得到改善	1. 零部件多,易损件多,维修复杂、频繁,维护费用高 2. 压缩比低,单机制冷量小 3. 单机头部分负荷下调节性能差,卸缸调节,不能无级调节 4. 属上下往复运动,振动较大 5. 单位制冷量重量指标较大
螺杆式冷水机组	1. 结构简单,运动部件少,易损件少,仅是活塞式的 1/10,故障率低,寿命长 2. 圆周运动平稳,低负荷运转时无"喘振"现象,噪声低,振动小 3. 压缩比可高达 20,EER 值高 4. 调节方便,可在 10%~100%范围内无级调节,部分负荷时效率高,节电显著 5. 体积小,重量轻,可做成立式全封闭大容量机组 6. 对湿冲程不敏感,没有液击危险 7. 属正压运行,不存在外气侵入腐蚀问题	1. 价格比活塞式高 2. 单机容量比离心式小,转速比离心式低 3. 润滑油系统较复杂,耗油量大 4. 大容量机组噪声比离心式高 5. 要求加工精度和装配精度高
离心式冷水机组	1. 叶轮转速高,输气量大,单机容量大 2. 易损件少,工作可靠,结构紧凑,运转平稳,振动小,噪声低 3. 单位制冷量重量指标小 4. 制冷剂中不混有润滑油,蒸发器和冷凝器的传热性能好 5. EER 值高,理论值可达 6. 99 6. 调节方便,在 30%~100%内可无级调节	1. 单级压缩机在低负荷时会出现喘振现象,在满负荷运转平稳 2. 对材料强度,加工精度和制造质量要求严格 3. 当运行工况偏离设计工况时,效率下降较快,制冷量随蒸发温度降低而减少的幅度比活塞式快 4. 离心负压系统,外气易侵入,有产生化学变化腐蚀管路的危险
模块化冷水机组	1. 系活塞式和螺杆式的改良型,它是由多个冷水单元组合而成 2. 机组体积小,重量轻,高度低,占地小 3. 安装简单,无需预留安装孔洞,现场组合方便,特别适用于改造工程	1. 价格较贵 2. 模块片数一般不宜超过 8 片
水源热泵机组	1. 节约能源,在冬季运行时,可回收热量 2. 无须冷冻机房,不要大的通风管道和循环水管,可不保温,降低造价 3. 便于计量 4. 安装便利,维修费低 5. 应用灵活,调节方便	1. 在过渡季节不能最大限度利用新风 2. 机组噪声较大 3. 机组多数暗装于吊顶内,给维修带来一定难度

续表

名称	优点	缺点
溴化锂吸收式冷水机组(蒸汽、热水和直燃型)	1. 运动部件少,故障率低,运动平稳,振动小,噪声低 2. 加工简单,操作方便,可实现 10%～100%无级调节 3. 溴化锂溶液无毒,对臭氧层无破坏作用 4. 可利用余热、废热及其他低品位热能 5. 运行费用少,安全性好 6. 以热能为动力,电能耗用少	1. 使用寿命比压缩式短 2. 节电不节能,耗汽量大,热效率低 3. 机组长期在真空下运行,外气容易侵入,若空气侵入,造成冷量衰减,故要求严格密封,给制造和使用带来不便 4. 机组排热负荷比压缩式大,对冷却水水质要求较高 5. 溴化锂溶液对碳钢具有强烈的腐蚀性,影响机组寿命和性能

2. 制冷能力与纺丝系统的关联性

制冷量除了与冷风温度有关外,主要还与生产线的产量相关,产量越高,冷却风的流量也越大,所需的制冷量也越大。另外,制冷系统的制冷量也与设备所在地域的气候(最高气温)有关,同样的生产线在寒冷、低温地区所配置的制冷量可较小,而在酷热、高温地区则需要更高的制冷量。

纺丝牵伸工艺不同,所需的制冷量也有差异。如一个 3.2m 幅宽的国产主流纺粘纺丝系统,所需的制冷量常在 233～349kW(20 万～30 万 kcal);而一个 3.2m 幅宽的熔喷纺丝系统的冷却风装置所需的制冷量常在 233kW(20 万 kcal)左右。

其他幅宽规格的纺丝系统,所配置的制冷系统能力基本上可以按比例计算。由于冷却条件不一样,对设备的价格、产品的能耗等经济指标也有很大的影响。

制冷系统除了制冷机外,还包括了制冷系统自身的冷却装置(如空气冷却机组的风冷却器、冷水机组的冷却水塔和循环水泵等)、空气处理器等。

3. 制冷专业常用计量单位

目前制冷行业使用的计量单位较多,常用的制冷量单位及换算关系如下:

(1)1kcal/h(大卡/小时)= 1.163W;

1×10^4kcal/h = 3.3069USRT(美国冷吨)= 3.968Btu/h(英热单位/小时)。

(2)1kW = 860kcal/h = 0.2834USRT = 3.9674Btu。

(3)1USRT = 3.517kW = 3024kcal/h。

(4)1Btu/h = 0.2931W = 0.252kcal/h,1W = 3.412Btu/h。

4. 冷冻水、冷却水系统管路安装要求

(1)机组所有的冷冻水管路、阀门都必须有有效的绝热保护,防止制冷量散失和产生冷凝水,腐蚀管道。

(2)机组的冷冻水系统和冷却水系统,必须装设水流开关,并与制冷压缩机联锁,防止流量太低或在水流不流动的状态运行,使系统内保持有足够的水量,防止制冷剂压力太高或内部产生冻结。

(3)两台或多台热交换器与冷水机组并联使用时,为了使每一台热交换器都能获得相应的流量，防止出现偏流现象，要尽量保持从冷水机组到各热交换器之间的管路阻力相等，有必要时需要安装平衡阀调整。

(4)蒸发器配置的水管，若采用封闭回路时，必须配置有膨胀水箱，以补偿由于温度变化所引起的体积膨胀或收缩现象，膨胀水箱的水面至少要比最大标高配管高出1000mm以上。

(5)冷冻水泵应该配置在蒸发器的入口一侧。

(6)为避免空气滞留在管道系统内形成气囊阻塞水流动，应在管网的最高位置设置自动排气阀，所有水平配置的水管，应沿着水流方向有一个向上1/250的坡度。

(7)设备与接管之间应该设置缓冲橡胶管或波纹管，以降低噪声和减少震动，并补偿相互之间中心线偏差。

(8)水管的重量不能施加到设备上，应按技术规范设置支架或吊架来承受管道的重量以减少运行期间可能存在的冲击。

(9)机组的冷冻水系统和冷却水系统进出口，宜装设相关的温度检测仪表和压力表，以便观察运行状态。

(10)冷水机组运行期间，必须保持冷冻水的流量不得低于额定流量的60%，以免发生故障或事故。

二、空气处理器

(一)空气处理器的功能与组成

空气处理器也叫空调器(air handling units，AHU)，主要是利用制冷压缩机冷媒吸收空气的热量，降温成为工艺所需的低温气流，在非织造布生产线中，这些低温气流主要用于高温熔体细流及初生纤维的冷却降温(图13-10和图13-11)。

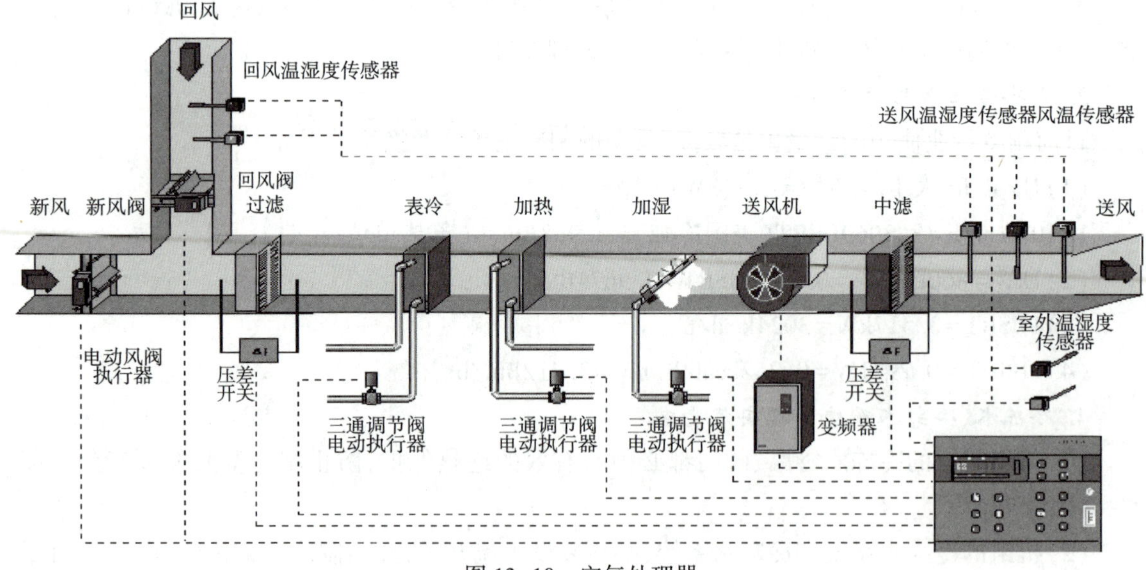

图13-10　空气处理器

目前，我国所用的空气处理器主要是与冷水机组配套使用，空气处理器的基础组成包括：空气过滤器、风门、表冷器、风机、加湿器、加热器、冷冻水流量自动调节阀等。

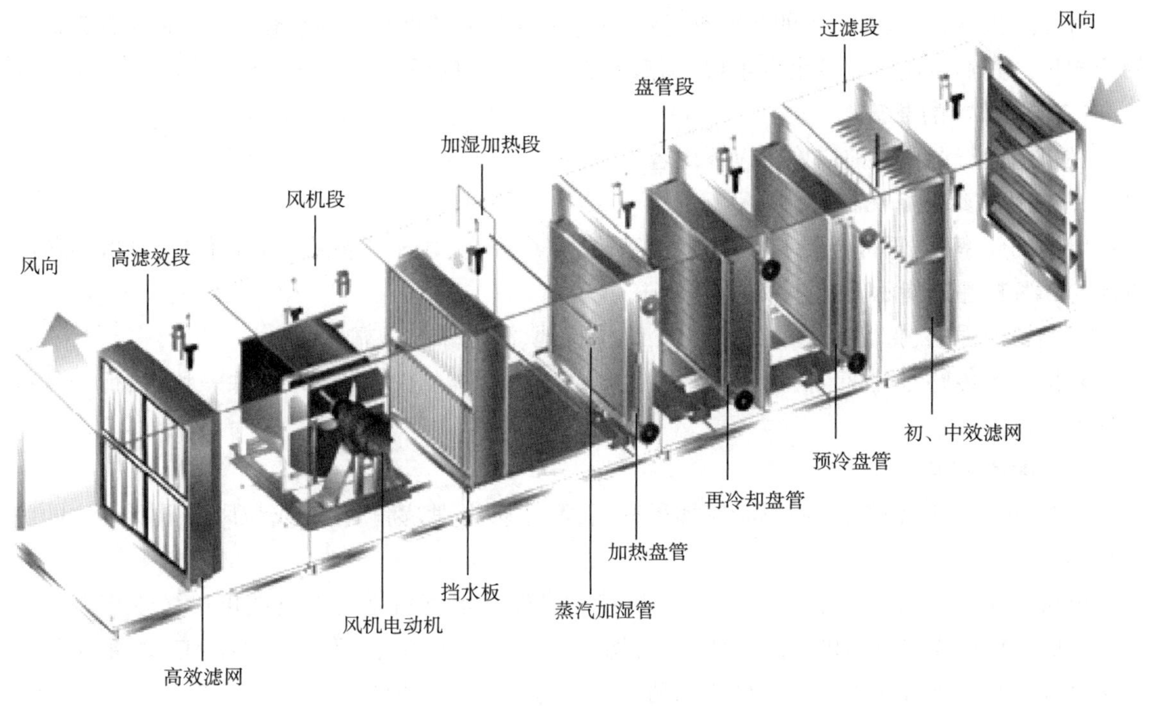

图 13-11　典型空气处理器结构

根据生产线的要求及设备安装地域，其中的配置会有所不同，如在南方地区使用的 PP 生产线的 AHU，内部就没有加热、加湿设备，而目前配置在纺丝系统的 AHU 普遍就没有内置的风机，而是将风机配置在 AHU 的箱体以外。随着冷风压力的提高，AHU 的主体材料也由用双层薄钢板夹泡沫保温材料的传统箱式结构，改为用不锈钢材料制造的圆筒状密封结构。

空气过滤器的过滤精度常分为初效（相当于 EU3、EU4，对粒径为 10μm 灰尘的过滤效率为 90%），中效（相当于 EU5、EU6，对粒径为 5μm 灰尘的过滤效率为 95%），高效（相当于 EU9 以上等级，对粒径为 1.0μm 灰尘的过滤效率为 99%）三个等级。EU 是较为常用的欧洲过滤效率等级标准，数字越大，过滤效率也越高。

非织造布生产线中的空气处理器所用的过滤器精度主要是 EU3 和 EU5 两个等级，高速纺丝对空气的洁净度要求较高，可以配置过滤精度等级更高的过滤器。常用的过滤材料是表层用纺粘法非织造布加强的熔喷法非织造布。

当一个空气处理器由多个过滤器构成时，过滤器的过滤精度等级是从新风入口到空调气流出口逐渐提高的。过滤器的过滤精度对气流的洁净度、过滤阻力、菌尘污染及表冷器换热效率、能源消耗、过滤材料的使用寿命等都有影响。

在过滤器的前后，常装有压差指示仪。当过滤装置前后的压差增大到一定值时，气流的流量就会明显减少，这时就要更换过滤器的过滤袋。

风门是一个风量调节装置，主要安装在空调器的入口，用于调节新风、回风的混合比例，调节方式有手动式、电动式、气动式几种。目前在设备上都装设了自动风门，可以根据设定值自动调节相关风门的开度，达到节能运行的目的。

直冷式机型，其压缩机中的制冷剂是利用蒸发器直接吸收空气的热量，使之降温成为低温的冷却风。其响应速度比冷水机组快，不需提前启动或延时停机，操作也较为方便。

（二）调试前的准备

在机组运行调试以前应检查以下内容：

1. 供电及控制系统检查

电源的频率、电压符合要求，线路连接正确，布线安全，端子紧固好，各种水泵、风机的转动方向与铭牌标注的指示转向一致、符合要求。

控制柜内强电、弱电接线检查和确认，确保接地、漏电保护可靠、灵敏。

转接到各传感器、执行器上的信号线、控制线、电源线与相关的设计文件一致，执行动作符合规范要求。

2. 风机状况检查

风机及电机轴承座内的润滑脂应加得适当，润滑脂为锂基润滑脂，或与风机上所标注的牌号相同。

风机 V 形传动带的松紧度要适中，风机传动带轮和电动机带轮的直线度应按规定调节对正。V 形带轮轴线与电动机轴线保持平行，切边长的挠曲距离与带轮的中心距有关，带轮的安装精度检查与调整方法可用一直尺放在两个带轮的同侧检查直线性，直线度≤2mm，若不正确，可拧松风机皮带轮固定螺钉并沿风机轴滑动风机带轮，并通过调节电机导轨上的调节螺栓来调节电机带轮的角度，使电机带轮与风机 V 形带轮的直线度≤2mm，可按图 13-12 的方法，进行带轮校准及 V 形带张紧度调整。

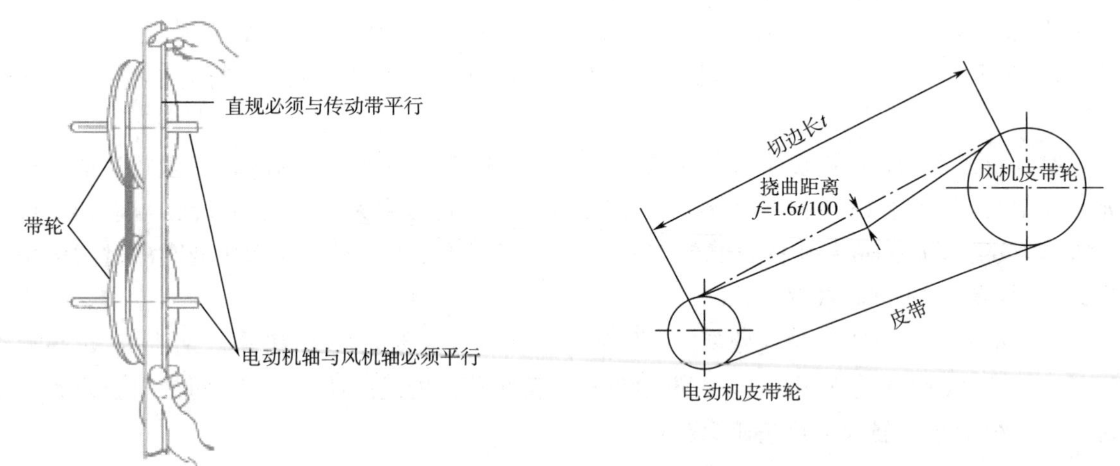

图 13-12　皮带轮校准及皮带张紧示意图

风机传动带张紧度的检查与调整方法：用一直尺放在两个带轮的上侧，与 V 形带轮相切，用一个手指以垂直于 V 形带的方向作用于皮带中段，检查 V 形带的最大挠曲距离，挠曲距离(f)与两 V 形带轮的切边长(t)的关系为 $f \leq 1.5t/100$，若不正确，可通过调节电机导轨上的调节螺栓来调节风机传动带的张紧度，并不能改变风机 V 形带轮与电动机 V 形带轮的直线度。

检查风机蜗壳内是否有施工遗留物品的方法：用手转动风机 V 形带轮，看风机叶轮是否碰擦风机壳，转动是否灵活，间隙是否符合风机厂家规定。风机出厂时已经调整好，如无大的碰撞和拆装，则不需要调整，现场组装的风机由风机制造商人员调整。

风机、电动机、轴承座、电机导轨以及风机与减震台座上的所有螺丝应全部紧固好。

3. 风机管网系统安全性检查

风机与风管之间的连接可靠、正确，管道内洁净；相关的控制阀门动作灵活，停机时应处于关闭状态，避免异物进入。

机组箱体结构是按照机组运行时机组内外压差进行设计的，启动前要检查机组进出口调节阀的位置，防止机组内外产生过高压差，以致机组的箱体永久变形甚至损坏机组。

对于自动控制新风阀、回风阀、排风阀联动的机组，各风阀的开关比例位置必须与控制器输出相一致。对于人工手动调节新风阀、回风阀和排风阀的机组，特别注意检查不得同时在关闭状态下启动风机。

4. 冷却水系统检查

水池水位、喷淋状态检查。调节自动补水阀的位置，使水池内的水位在正常水位，一般低于溢水口 10～15mm。用手按下自动补水阀的浮球，自动补水阀应能打开并自动补水。

喷淋洗涤用水为自来水，不能有任何杂物遗留在水池内。

检查喷淋水泵是否正向旋转。喷淋排管是否有松动、脱落等故障。喷嘴是否安装牢固，喷口方向是否符合设计文件和规范。喷淋前后挡水板的安装是否符合相关技术文件要求。

5. 冷冻水系统检查

冷冻水、热水与蒸气管路应符合给排水规范的要求。在进表冷器（热水加热器）之前应加管道过滤器，在管路的最高处安装自动排气阀，最低处设放水阀。在表冷器（热水加热器）的进、出水总管上安装温度计与压力表。

应先开启放气阀，向表冷器或加热器供水（气），将表冷器（热水加热器）管内空气排尽。

蒸气管路的安装应按规范执行。在进加热器之前应加管道过滤器、减压阀、温度计、压力表，最低处安装疏水器，所有疏水器都必须安装旁通阀，以便将管道中的凝结水排清。

管路使用的所有阀门必须确保合格，符合压力、流量等设计要求。所有水汽管路应按规范做好保温。

6. 过滤段的滤料检查

粗效过滤袋或过滤器（第一道过滤）安装正确，过滤袋与框架之间密封良好。如果系统中配置有中效、亚高效、高效等精过滤袋或过滤器，在正式运行以前，不要安装。

专业净化空调机组系统运行前应在回风、新风的吸入口处和粗、中效过滤器前设置临时用过滤器（如非织造布等），实行对系统的保护。对净化空调系统的检测和调整，应在系统进行全面清扫，且已运行 24h 以上达到稳定后进行。

7. 机组的清洁、密封、排水检查

要将空气处理器内部进行彻底清理并清扫干净。各功能段之间的间隔密封良好。机组凝结水、溢水、疏水等排水顺畅。并防止排水倒灌。

（三）空气处理器系统调试

1. 启动/关闭机组

（1）启动机组。合上总电源开关，然后分别给控制系统、风机、水泵、电加热器及空气处理器提供低压照明用电。

按照自动控制部分的操作方法和工艺要求详细检查空调机组各被控参数的设定是否正确。各个被控执行、驱动部分是否一一对应。

变频器的参数已经设定好,没有特殊情况不要随意修改。

(2)启动送风机至运转正常。

(3)启动回风机至运转正常。检查风机电机的运行电流是否超过额定电流。若超过额定值,应停机检查,排除原因后再重新启动。

工艺空调的送风机电流参数将随着自动控制系统的自动调节达到设定值。

启动水泵至运转正常,检查水泵电动机的运行电流是否超过额定电流。若超过额定值,应停机检查,排除原因后再重新启动。

检查蒸汽管道入口处压力,蒸汽压力保持在0.2~0.3MPa。

各风机、水泵运行正常后,打开各加热器出口疏水阀的旁通。

对自动控制机组,由自动控制系统按照控制程序向加热器供蒸汽。对手动控制的空气处理器,由操作人员手动逐步打开加热器进口阀门,慢慢向加热器送汽。送汽的速度和量以加热器不引起水击或无严重的水击为宜。

待加热器出口有热水或少量蒸汽排出时,再关闭旁通阀。

检查冷冻水入口处供水压力,供水压力保持在0.25~0.3MPa。

关闭冷冻水系统的旁通阀。

对自动控制机组,由自动控制系统按照控制程序向表冷器供水。对手动控制机组,由操作人员手动逐步打开表冷器进口阀门,慢慢向表冷器供水。

系统处于自动控制状态的各项参数,将随着机组的运行而达到各自的设定值。系统处于人工控制状态的各项参数,则由空调操作人员手动调节机组的各种设备,使之达到设计要求。

2. 关闭机组

(1)自动或手动关闭表冷器的冷冻水供水阀门。

(2)自动或手动关闭加热器的蒸汽入口阀门。

(3)手动打开加热器疏水阀的旁通阀,放清加热器管内的凝结水。停机后确保各个向空调机组提供蒸汽的阀门完全关闭,并且没有蒸汽泄漏进空调机组内。

(4)关闭水泵。

(5)关闭回风机。继续运行10~15min后,关闭送风机。

冬季停机必须关闭新、排风阀,将所有管路内的水排放干净,防止设备被冻坏。切断各控制柜的电源,结束停机操作。

三、运行管理

空气处理器与多个辅助系统相关联,运行管理涉及了制冷系统、冷却水系统、冷冻水系统、蒸汽或热水供给系统等,管理范围也较宽,因此,要做好运行状态巡回检查及数据记录。

机组正常运行后,应对空调机组的各设备运行状态进行巡回检查,并做好记录。巡回检查间隔为1h巡检一次,并记录设备运行参数,监测并判断技术状态是否正常。

1. 巡回检查记录内容

(1)送风机电流和电压。

(2)回风机电流和电压。

(3)冷却水泵及冷冻水泵电动机的电流和电压、运行频率及各变频器的运行频率。

(4)各种电动调节阀(冷冻水阀门执行器)的开关比例或阀门状态。

(5)蒸汽阀门执行器的开关比例。

(6)新风阀、回风阀、混风阀、送风阀、排风阀等风阀的开关比例。

(7)AHU 内过滤袋(过滤器)的空气阻力。

2. 设备运行状态监测

机组正常运行后,应加强对空调机组设备运行状态的巡回检查,如发现异常,及时记录并采取措施。

巡回检查的内容有气味、温升、颜色、震动、声响、跑冒滴漏等方面,包括:

(1)机组壳体有无变形、异常震动。

(2)机组内部有无异常噪声。

(3)机组有无漏风、漏水、漏气、漏电现象。

(4)风机有无异常噪声、震动,轴承箱润滑油位是否正常。

(5)水泵有无异常噪声、震动,轴端密封是否存在异常的漏水现象。

(6)各水池的附水箱内的过滤网是否堵塞,水位是否正常。

(7)AHU 的各风阀是否处在相对应的位置,是否与自动控制系统上显示的开关比例相符合。

(8)喷淋加湿洗涤室的雾化是否正常,喷嘴有无堵塞。

(9)风机传动带的张紧度是否适中(通过检修门上的检查窗观察传动带的跳动是否正常)。

(10)电气控制柜有无异常气味,导线或接线端子有无变色、冒烟等现象。

(11)控制柜的排气扇是否运转正常,过滤网是否堵塞,排风是否通畅。

(12)变频器的排风扇是否运转正常,排风是否畅通。

(13)各种精度过滤袋(过滤器)的即时空气过滤阻力为多少,注意过滤装置失效的最大阻力,作为进行清理或更换的依据。

四、水泵、管路系统的配管及安装要求

为使系统正常工作,水泵、管路配管的基本要求如下。

(1)为降低水泵的振动和噪声的传递,应根据减震要求,合理选用减震器,并在水泵的吸入端和排出端安装橡胶球形软接。

(2)水泵的吸入管和排出管上都要安装阀门,出口侧的阀门主要起到调节作用。阀门可选用截止阀或者蝶阀。

(3)单泵输水扬程>3m,或者泵组并联运行时都要安装止回阀。水泵出水管上的止回阀,是为了防止水泵突然断电时水的逆流,造成叶轮反转或防止发生水锤损坏水泵而设置的。止回阀的类型有旋启式止回阀、升降式止回阀、缓闭式止回阀等。

(4)为了方便管道清洗和排污,水泵的出水管和吸入管都要安装排水阀。

(5)水泵出水管要安装压力表和温度计。

(6)直线管路较长时,为考虑管路伸缩因素,可尽量利用转弯处的弯管进行补偿,不足时再考虑利用补偿器。

(7)在泵组并联运行的系统中,为减小水泵出水对管壁造成的冲击阻力和保障水流的顺畅性,并联泵组的出水支管和总管夹角为45°,能较大程度的减轻支管出水的撞击阻力,同时也能有效的改善水流的顺畅性。

(8)在空调管路系统施工中,无论是开式系统还是闭式系统,都要在管路的最低处安装排水、排污阀门,闭式系统都要在管路的最高处安装排空、排气阀。

(9)根据管道设计准则,水泵的配管管径要大于或等于水泵的入口口径。规范安装的管路,水泵的进出口端都安装有变径段。水泵出口安装变径段后可保障系统的设计流量、降低管道流速、减少能量损失。

水泵进口变径段能有效防止水泵吸入口产生汽化,改善水泵的汽蚀余量,从而避免发生汽蚀导致水泵叶轮损坏。也能适当改善水泵的吸上高度(吸程)。

(10)管子的最大吊点或支撑距离,要符合相关技术规范的要求。

第四节　供水系统

纺粘法和熔喷法非织造布产品本身并不需要水,当采用水刺工艺固结纺粘纤网时,水刺系统需要大量的工艺用水,而为了保证有些设备的正常运行,也需要提供冷却用水。另外消防安全系统,生活、清洁卫生也需要保证供水。因此生产企业要配置一个供水系统(图13-13)。

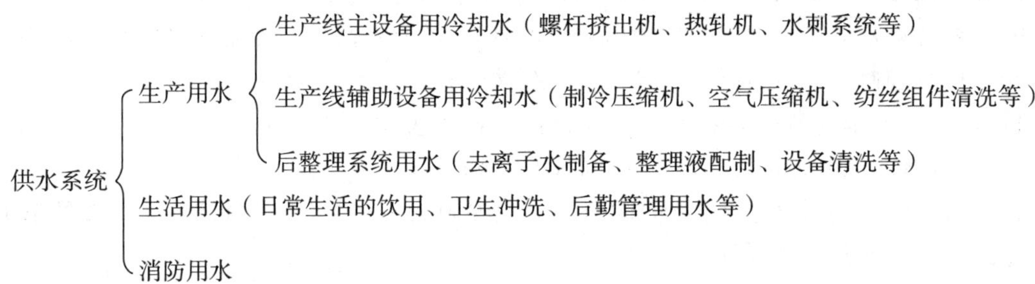

图13-13　供水系统

一、生产线的用水分类

(一)冷冻水

当制冷机为冷水机组时,产生为冷却风系统提供冷量的冷冻水。冷冻水是经过制冷机处理后,温度较低(一级制冷时约3~9℃,二级制冷、加有防冻液时可≤0℃)的水,这种水作为载冷剂使用,常称为工艺用水。有的设备会用到温度较低的冷却水,如果不能满足要求,也要用到冷冻水,如热轧机的冷布辊用水。

由于冷冻水是在一个闭合的回路里循环运行,虽然其消耗较少,但也要给予及时补充,常用去离子水当冷冻水使用,能有效减少系统内的结垢,提高热交换效率。

(二)冷却水

冷却水的功能是将设备运行时产生的多余热量带走,保障设备正常运行。冷却水可以是常温水,也可以是经降温处理的普通水(包括地下水)。

生产线中需用冷却水的设备主要有:螺杆挤出机、制冷机、热轧机、单体冷却器、后处理设备,有的导热油炉冷却系统,组件煅烧炉,高压水清洗机等;公共工程设备,如空气压缩机、压缩空气净化装置、动力设备等。

由于冷却水是在一个开放的系统里运行,会由于蒸发、飘散、泄漏等原因而消耗,因此,要配置自动补水装置,使系统保持有正常水量运行。

(三)工艺用水

生产线中的工艺用水主要是后整理过程中使用和消耗的水资源,如在功能整理过程中,用于配制后整理剂用水,这部分消耗的水资源量不大,一套与3200mm幅宽生产线配套的后整理设备,消耗的水量一般在每小时几百千克左右。

熔喷系统的水摩擦驻极系统在运行过程中,消耗的水量会较多,一套与1600mm幅宽熔喷生产线配套的离线水摩擦驻极设备,每小时消耗的水量接近5t。相对而言,如采用在线热驻极工艺,则实际消耗的水量可减少一半左右。

工艺用水的水源一般都是市政自来水系统,而工艺用水则是经过净化处理的高纯度去离子水,主要用于产品的后整理溶液配制,当配置有熔喷布的水驻极系统时,其消耗量很大。由于目前的技术水平和处理成本,工艺用水还没有办法循环使用。

当纺粘法非织造布生产线采用水刺固结纤网时,或通过水刺实现分裂型双组分纤维(SP型)的开纤及纤网固结时,就需要消耗工艺用水。由于配置的水刺头较多(可达11套),就需要配置数量较多的高压水泵,工艺用水量就较大,每小时循环水量可达百吨。但水刺系统会配置有一套水处理系统,可以将经净化处理的水循环使用,只有约5%的工艺用水在运行过程以蒸发的形式损耗掉。

二、水的用量

为了使水资源能得到有效利用,冷却水要采用循环方式使用,以最大限度节省水资源。冷却水在循环过程中会存在以下几种形式的损耗:蒸发损失,漂水损失,排污损失,泄漏损失。为了使系统能正常运行,必须补充损耗的水量。

冷却水系统的补水量为经验数据,根据冷水机组种类、所在地的气候、运行管理的不同,所需的补水量也不同。

补水量的估算要通过冷水机组的参数或机组制冷量计算出所需循环水量,然后乘以经验补水系数得到补水量。当选用逆流式冷却塔或横流式冷却塔时,空调冷却水的补水量占循环水量的比例为:电动制冷1.2%~1.6%,溴化锂吸收式制冷1.4%~1.8%。

据统计,一般情况下,视企业的设备技术水平和管理水平的高低,冷却水的综合损耗率约为每吨产品2~5m^3。

消防用水系统用以满足火灾发生时,扑灭火险用水的需要。根据《建筑设计防火规范》(GB 50016—2014)和《自动喷水灭火系统设计规范》(GB 50084—2017)等相关规范要求,纺粘法非织造布企业的消防用水量分为两部分:室外消防用水和室内消防用水。

其中室内消防用水包括室内消防栓和自动喷水灭火等系统运行时所需水量。《建筑设计防火规范》对应设置自动喷水灭火系统的场所有明确规定。

对于非织造布企业,每座占地面积大于1000m^2的原材料及成品库、建筑面积大于500m^2的可燃物地下仓库、设置有送回风道(管)的集中空气调节系统且总建筑面积大于3000m²的办公楼等应设置自动喷水灭火系统。

根据《建筑设计防火规范》,当室外消防给水采用高压或临时高压给水系统时,管道的供水压力应能保证用水总量达到最大,且水枪在任何建筑物的最高处时,水枪的充实水柱仍不小于10m;当采用低压给水系统时,室外消火栓栓口处的水压从室外设计地面算起不应小于0.1MPa。

消防用水量的估算要根据厂区面积、厂房面积等参数查阅相关消防规范来进行。

生活用水满足日常生活的饮用、卫生冲洗等需要。企业生活用水量通常按照企业员工人数估算,并综合考虑企业的具体运行情况,如食堂、浴室的设置等情况。一般按照每人每天40~100L估算。

三、水源

熔体纺丝成网非织造布生产企业的用水量一般不大,常以城市自来水管网为水源,通过贮水池、加压(泵)装置提供生活或生产用水。

一般要求水源压力为0.3MPa,水质控制为总硬度<10、pH为6.5~7.5,没有浮游生物和固形物,流量要能满足使用要求。如水质偏硬,则容易在设备的冷却水腔、管道内壁形成水垢,影响散热和减少流量,影响设备的正常运行。

因此在供水系统中要采取相应的措施来改善水质,通常采用的方法有:减少水的循环次数,定期排污,及时清理贮水池,药物处理或增设水处理设施等。

生活用水的水质应符合现行的国家标准《生活饮用水卫生标准》(GB 5749—2022)的要求。水压能保证生活用水点正常用水即可。

四、供水系统

(一)供水系统的组成

根据用途工业企业的给水系统可分为生产用水给水系统、生活用水给水系统以及消防用水给水系统。非织造企业中,生产用水系统及生活用水系统往往合并为同一个系统,消防给水系统可以根据情况与前两个系统合并,也可以自成独立系统。

企业可根据所在地区市政供水压力、自身的用水量、水压要求等条件,选择有水箱或无水箱供水系统。有水箱的供水系统示意图如图13-14所示。

供水压力应该能满足全厂最不利用水点用水设备的压力要求。供水压力可按以下公式计算:

$$H=H_1+H_2+H_3+H_4+H_5$$

式中:H——供水压力,kPa;

H_1——最不利点与供水点的静压差,kPa;

H_2——管路的沿程损失,kPa;

H_3——管路的局部损失,kPa;

H_4——水表的水头损失,kPa;

H_5——最不利点的需求水头,kPa。

当按直接供水的建筑层数确定给水管网水压时,其用户接管处的最小服务水头,一层为

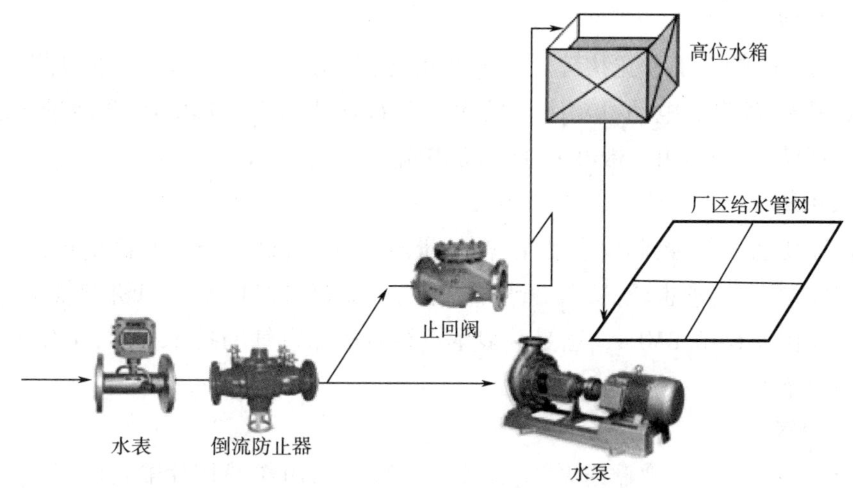

图 13-14　高位水箱供水系统示意图

10m,二层为 12m,二层以上每增加一层增加 4m 水头。

(二)给水管道与材质

给水系统的管材应根据水质、水压、敷设场所及敷设方式等因素综合考虑。给水系统采用的管材及配件应符合现行的产品标准要求。生活饮用水系统使用的材料必须达到饮用水卫生标准。管道内的工作压力不得大于相应材质管道所允许的工作压力。

埋地给水管道采用的管材应具有耐腐蚀和承受相应地面荷载的能力,可采用塑料给水管、有衬里的铸铁给水管、经可靠防腐处理的钢管等。

室内的给水管道应选用耐腐蚀和安装连接方便、可靠的管材,可采用塑料给水管、塑料和金属复合管、铜管、不锈钢管及经可靠防腐处理的钢管。

(三)管径、流速

选择给水管道管径及流速时,应根据平均小时流量、最大时平均秒流量等流量参数,以及压力损失等因素综合考虑。

冷却塔循环管道的流速宜采用下列数值:

循环干管管径≤250mm 时,为 1.5~2.0m/s;

250mm<管径<500mm 时,为 2.0~2.5m/s;

管径≥500mm 时,为 2.5~3.0m/s。

当循环水泵从冷却塔集水池中吸水时,吸水管的流速宜采用 1.0~1.2m/s。当循环水泵直接从循环管道吸水,吸水管直径≤250mm 时,流速宜为 1.0~1.5m/s;吸水管直径>250mm 时,流速宜为 1.5~2.0m/s。水泵出水管的流速可采用循环干管下限流速。

第五节　压缩空气

一、压缩空气的功能

生产线所需的压缩空气具有以下功能。

(一)工艺用气

如在一些管式牵伸系统和宽狭缝正压牵伸系统,要用压缩空气作为牵伸工艺气流,由于这种气流的用量很大,配套的电动机功率也较大。但对其洁净度(含水量、含油量)要求较低,视机型及工艺的差异,工作压力一般在0.1~2.0MPa。

(二)仪表用气

主要供各种气动设备、控制仪表使用,消耗量不大(一般每一个纺丝系统≈1m^3/min),但要求压力稳定,对洁净度要求也较高,其含水量、含油量都要严格控制。视机型及工艺的差异,气源工作压力一般在0.6~0.8MPa。这是一般生产线对压缩空气的技术要求,市场上供应的压缩机都能满足这个条件。

(三)动力用气

主要用于原料的正压气力输送系统,其流量较大。当用作湿切片输送时,经过一般常规处理(除油、除水、干燥)的压缩空气已能满足要求;当用作聚酯类聚合物(如PET、PLA、PA等)的原料干燥及干切片输送时,要在普通压缩空气的基础上,再经过特殊的(分子筛除水)干燥处理,使其露点下降至-40℃或更低才能满足使用要求。

一般原料输送系统的压缩空气压力≤0.4MPa。

产生、处理和贮存压缩空气的设备称为气源设备,由气源设备组成的系统称为气源系统。典型的气源系统包括:空气压缩机、贮气罐、后冷却器、油水分离器、过滤器、干燥器等设备。

一般情况下气源系统都是由买方根据生产线设备供应商提出的要求,自行配置并建设的。由于压缩空气的用途不同,对其质量的要求也不一样,配置要求也是不同的。

二、压缩空气的技术要求

对压缩空气的质量要求一般包括以下几个方面:

(一)压力

常用的法定计量单位为MPa,有时也还会用bar、psi、kg/m^{2}单位表示。非织造布生产线压缩空气系统(图13-15)的压力一般为0.7MPa,这是一个通用的压力等级。

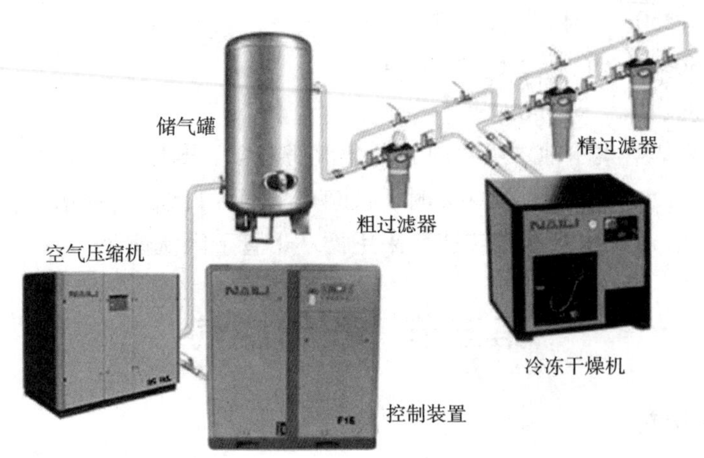

图13-15　压缩空气气源系统

(二)流量

指单位时间内产生的压缩空气量,是用吸入端标准状态的气流量表示的,单位为 m^3/min,L/min。非织造布生产线仪表及气动装置的压缩空气系统流量一般小于 10m^3/min;当使用压缩空气输送物料,或作为工艺(牵伸)气流时,系统的总流量可达 100m^3/min 或更大。

(三)含水量

指压缩空气的干燥程度,用 ppm 或 mg/m^3表示。当使用要求较高时则用露点温度表示,露点温度越低,空气的含水量越少、越干燥。如一般仪表用气的露点要求为 2℃,而输送干切片的压缩空气露点要求为-60~-40℃。

(四)含油量

指压缩空气中残留的油分含量,常用单位为 ppm 或 mg/m^3。性能良好的螺杆压缩机可以保证压缩空气的含油量仅在 3~5ppm 范围内。

压缩空气具有不同用途,对其质量要求也不一样,从而对设备的配置要求也是不同的。

三、常用空气压缩机的形式

按工作原理来分,常用的空气压缩机有往复活塞式、螺杆式、离心式几种,按冷却方式来分,空气压缩机有空气冷却式和水冷式两类。

(一)空气压缩机的机型

1. 往复活塞式空气压缩机

活塞式空气压缩机是最常用的一种通用设备(图 13-16),价格低廉、采购供应方便、维修容易。但其构造复杂,压缩空气的质量较差,排气温度高,压力波动大,易损的运动零件多,故障率也较高,噪声大,震动强,对环境影响大。

目前除了一些小排量机型或移动式设备还在大量使用外,在用气量较大的生产线已逐渐被其他机型替代。在非织造布生产线中当作仪表用气源的活塞式空气压缩机的排气量一般在 3~6m^3/min。

图 13-16　小型活塞式空气压缩机(移动式)

2. 螺杆式空气压缩机

螺杆式空气压缩机是较常用的一种通用设备(图 13-17),其制造技术已较为成熟,国内已有不少工厂能生产。其采购供应方便,但价格较高。一般都配置有净化系统,如油、水、气分离器和冷却器等。压缩空气的油、水分含量很低,压力稳定、无脉动,易损的运动零件少,运行平稳,可靠性高,故障率很低,噪声也较小。

螺杆式空气压缩机的结构精密,易损件(如各种滤芯)价格贵,维修技术要求也较高,但运行的经济性及性价比还是比活塞式空气压缩机优越的。

目前在供气量较大、对空气质量要求较高的场所,螺杆式空气压缩机已成为首选的机型,并已得到较为普遍的使用。在采用正压牵伸工艺的非织造布生产线中,配套的螺杆式空气压缩机的排气量可大于 40m^3/min,功率约 250kW。当用气量更大时,常用多台并联运行方式供气,或

图 13-17　螺杆式空气压缩机

选用排气量更大的机型，目前配套在 3200mm 幅宽纺丝系统用的空气压缩功率可达 750kW。

3. 离心式空气压缩机

离心式空气压缩机也是一种通用设备（图 13-18），其结构精密，易损的运动零件少，自动化程度高，运行平稳，压缩空气的质量很好（如不含油），压力稳定，可靠性很高，故障率很低。

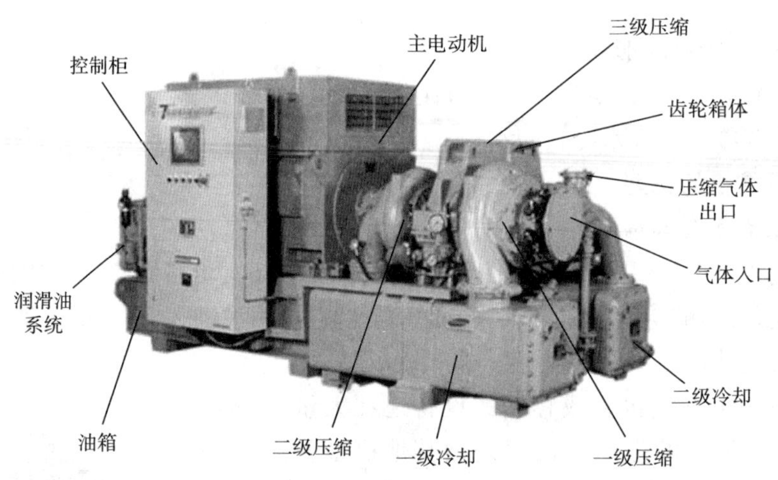

图 13-18　三级离心式空气压缩机

离心式空气压缩机的排气压力一般小于 1MPa，但排气量很大，制造技术要求很高，故单机价格高昂；运转速度很高（每分钟可达数万转），对管理、维修的技术要求也很高，其运行噪声对环境也有较大影响。因此，仅用于对空气质量要求较高、供气量很大的场所。

离心式空气压缩机一般配套于使用正压（压缩空气）牵伸工艺的生产线中，国内主要用于引进的生产线。在非织造布生产线中配置的离心式空气压缩机往往是一台功率很大的设备，其排气量可≥100m³/min，单机功率可达 1000kW。

当仅使用一台大容量的压缩机时，常设置容积较大的储气罐作为分气装置，分别向各个纺丝牵伸系统供气。

空气压缩机是一台连续运行的设备，要有较高的可靠性，但其能耗较大，对产品生产成本影响也较大，因此，要选用节能型产品，如磁悬浮压缩机、空气悬浮压缩机等新产品。

（二）空气压缩机的冷却方式

1. 水冷式空气压缩机

水冷式空压机是利用水的热容量较大，以及与空压机存在较大的温度差，将空压机运行时产生的热量带走，使设备能保持在设计的温度范围内正常运行，并可以适当降低排气温度。水冷式压缩机的特点如下：

冷却水的热容量很大，水的温度与空压机的温度差异较大，通过热交换能带走大量的热量，冷却效果好，耗水量较少，可使空气压缩机能保持稳定的工作温度，可以提高设备的可靠性和排气质量，而且受环境温度的影响很小。

水冷式空压机的优势受水资源的限制，在水资源较为贫乏的地区，或供水不正常的地区使用相对不便，有水资源消耗。由于一般的冷却水中可能含有钙、镁等离子，水质较硬，容易在机器的冷却腔内形成水垢，影响冷却器的冷却效率。

2. 风冷式空气空压机

空气压缩机是利用空气的高速流动带走设备运行时产生的热量，可以使空气压缩机保持在适合的温度范围内运行。因此，风冷型设备的最大优点就是可以随时运行使用，不受冷却因素制约，但冷却效果受环境温度影响较大，冷却效果不如水冷设备。

空气压缩机的冷却风扇会增加能量消耗，长期运行后，设备也会被污染，影响冷却效果。如果在封闭空间中使用，需加装进、排风设备。

四、空气净化处理设备

（一）后冷却器

压缩机输出的压缩空气温度可达 120℃以上，在此温度下，压缩空气中的水分完全呈气态存在。当温度下降后，压缩空气中的水分会以液态水析出，影响其他空气净化设备和用气设备的正常运行。

后冷却器的作用就是将压缩机出口的高温空气冷却至 40℃以下，使其中的大量水蒸气、油雾冷凝成液态水滴或油滴，并与压缩空气分离，以便将其清除出去。

常用的后冷却器有风冷式与水冷式两种，水冷式冷却器的出气温度较低，也较稳定；风冷式冷却器的出气温度受环境温度的影响较大，出气温度较高。当冷却器入口的空气温度超过100℃或处理量很大时，要选用水冷型后冷却器。

一般活塞式压缩机和离心式压缩机要另行配置冷却器，而螺杆式压缩机已有冷却器配置在机箱内。

（二）油水分离器

油水分离器的作用是将冷却后的空气中的液态水滴或油滴分离出来。一般的螺杆式压缩机已在机箱内配置油水分离器。

（三）主管道过滤器

主管道过滤器用来清除压缩空气中的油污、水分和灰尘，以提高下游干燥器的工作效率，延长精密过滤器的使用时间。

（四）干燥器

压缩空气经后冷却器、油水分离器、贮气罐、主管道过滤器得到初步净化后，仍含有一定量的水蒸气，其含量的多少取决于空气的温度、压力和相对湿度的大小。

对于一些要求提供更高质量压缩空气的用气（或气动）系统，必须在气源系统中设置压缩空气干燥装置（图 13-19）。用于输送干切片原料的压缩空气必须是水分含量很低的干空气。

分子筛微热空气加热器

图 13-19　干燥器

图 13-20　贮气罐

常用的干燥方法有：吸附法、冷冻法和膜析出法等。

(五)贮气罐

贮气罐的作用是消除活塞式空气压缩机排出气流的脉动，稳定气源系统管道的压力，缓解瞬间的大流量压缩空气需求对系统产生的影响。

此外，贮气罐还有进一步冷却压缩空气，分离压缩空气中的油分和水分的效果。因此在运行管理中，要经常通过排污阀将分离出的油、水混合液排放干净。

压缩空气气源系统中的各种容器，一般都要按压力容器监察规程来管理。

贮气罐一般都是立式安装(图 13-20)，并且放置在室外。在一些大型的多纺丝系统生产线中，大容量的贮气罐兼作分气缸使用，将牵伸压缩空气分配给各个系统，这时会采用卧式安装。

第六节　加热设备

一、导热油加热系统

(一)导热油加热系统的用途及工作原理

1. 油锅炉的用途及供热对象

在非织造布生产过程中，经常都需要对设备或物料进行加热，油锅炉就是生产线中较为常见的通用供热设备。油锅炉以导热油为热载体，利用循环油泵进行液相循环，通过管道将高温的导热油输送到用热设备后，通过热传导的方式把热量传递给设备，继而返回加热装置重新加热循环。

有的生产线的纺丝箱体、熔体管道、熔体过滤器和螺杆挤出机出料头都是采用导热油加热的；当产品采用热轧固结工艺时，热轧机的轧辊就是由油锅炉供热的；成网机的预压辊主要采用导热油加热;在产品后处理的干燥器中,油锅炉也是经常使用的热源。

油锅炉所使用的能源有多种选择,如电力、燃气、煤炭等。电力是最常用的,也是最清洁的能源,而燃气是一种加热费用相对较低的能源。

2. 导热油锅炉的工作原理

导热油加热系统是一个封闭式循环系统,其核心设备就是油锅炉。在非织造布生产线上,用的导热油加热装置有两类,一种是通用型的,结构较为简单,另一种是热轧机轧辊加热的专用系统,其结构较为复杂,但保护装置很完备。国内很多企业都是使用通用型导热油炉,而在引进设备中则会配置热轧机专用导热油锅炉。

图 13-21 为典型的热轧机用导热油锅炉原理图,其工作原理如下:

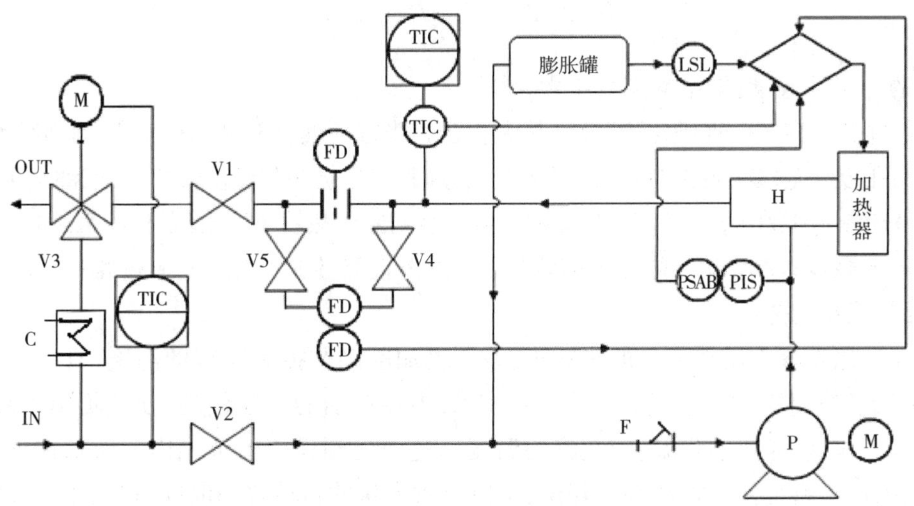

图 13-21　热轧机用导热油锅炉原理图

导热油经过过滤器 F 进入油泵 P 后,被加压随即进入加热器 H,被电加热器加热升温,高温油流经过孔板 FD、截止阀 V1、电动调节阀 V3 从 OUT 口输出到用热设备(如热轧机的轧辊),将热量传递给轧辊,温度下降了的导热油从 IN 口经截止阀 V2 流回油炉循环。

装在加热器出口的传感器用于检测出口油温,并利用温度控制器控制加热器的加热功率,使油温保持在设定值。

导热油加热系统的油泵一般是以固定转速运行的,在使用三通式自动调节阀(V3)时,系统是一个恒流量系统,泵的流量在任何时候都是一样的,而用热设备所需的热量与导热油的温度及流量成正相关。

导热油的温度越高、流量越大,用热设备所获得的热量也越多。用改变导热油的温度或流量的方法来调节用热设备的温度是两种最常用的技术措施。

由于配置在非织造布生产线上的导热油锅炉基本上都是以电力为能源,因此,通过改变输入的电功率就能调整导热油的温度。输入功率越大,导热油的温度也越高(图 13-22)。

在油温一定的情况下,改变导热油的流量也能调节用热设备的温度,电动(或气动)调节阀就是根据用热设备的温度进行流量控制的装置,正常情况下,油流全部进入用热设备,当用热设备的温度高于设定值时,调节阀的分流口会打开,将部分高温导热油分流到回油系统,减少进入

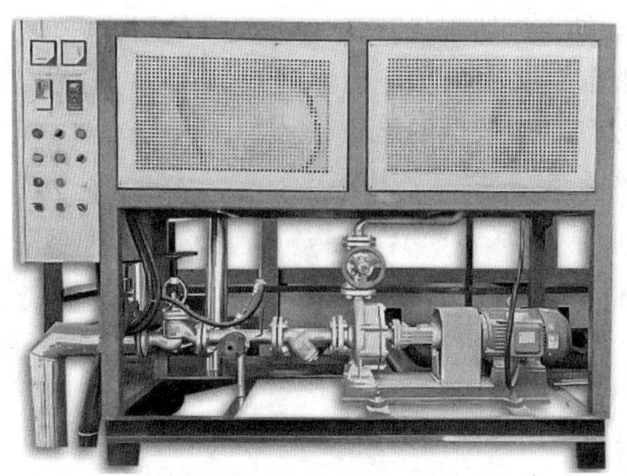

图 13-22 导热油锅炉外形图

用热设备的导热油流量,使温度恢复正常。

油锅炉设置了完备的连锁保护线路,其中装在膨胀罐的油位开关 LSL 在检测到缺油时,或装在主管道的孔板压差检测装置 FD 输出低流量信息时,或导热油的温度过高时,或油泵出口的压力传感器 PSAH 输出压力太高的信息时,保护线路都会切断加热系统的电源,保障系统的安全。

另外当油泵没有起动时,或运行过程中发生故障而终止运转时,电加热器将无法起动或同步切断电源、停止加热。

上述的加热系统常用于进口的热轧机,为了更加准确的控制轧辊的温度,有的机型还在电动阀 V3 的分流支路串联一个强制水冷却系统 C,当导热油的温度偏高,使轧辊出现超温后,冷却系统投入工作,将导热油降温,使轧辊的温度迅速回复到设定值范围内。而且在维修热轧机时,可以利用这个系统使导热油快速降温,可以节省大量的自然降温时间,提高了工作效率。但在 2016 年前后,设备制造商为了降低生产成本,这个冷却系统在部分机型已被省略。

由于这个系统同时具备控制电加热功率、控制进入热负荷的导热油流量、超温冷却三种控温手段。因此,能达到较高的控温精度。而国产导热油锅炉的配置则相对较为简单,仅有控制电加热功率这个功能。

(二)导热油加热系统的结构与组成

导热油锅炉系统主要由导热介质、加热器、温度控制系统、油泵、保护装置、管系、膨胀油箱等组成,其原理图如图 13-23 所示。

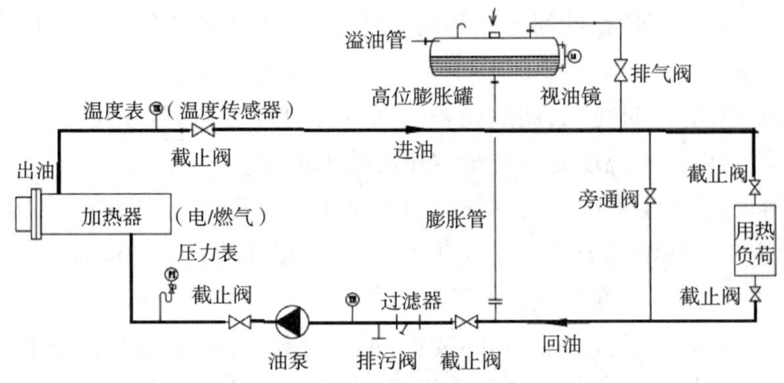

图 13-23 基本型导热油加热系统原理图

从图 13-23 可以看到，基本型导热油加热系统的主回路很简单，就是利用油泵使导热油在用热负载与加热器之间实现循环，油温通过安装在加热器出口的温度传感器检测，并反馈到温度控制系统实现闭环的温度控制。当系统的压力波动或管路中有空气时，可以打开排气阀排气。为了防止因为温度变化导致导热油的体积变化，在导热油泵的进油管道上有一条与高位膨胀油罐联通的膨胀管，可以使油泵的进油压力保持在正常状态。

从这个图上还可以看到，这种基本型导热油炉很简单，安全保护设施较少，要特别关注其运行安全性，如注意防止其主回路出现低流量运行状态。

图 13-24 为一个导热油加热系统的实际配置图，除了一些阀门配置不同以外，其原理与图 13-23是一样的。

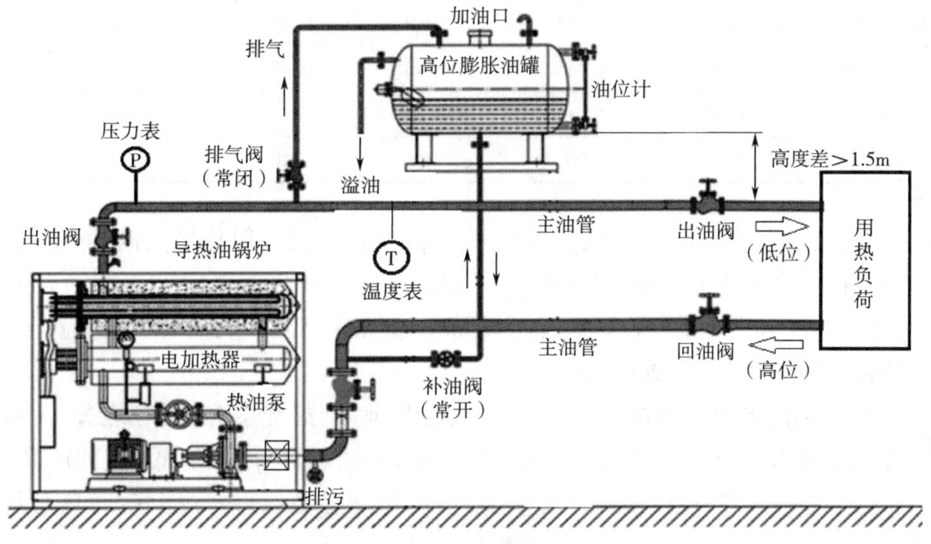

图 13-24　导热油加热系统示意图

1. 导热介质

（1）导热油的种类。导热油是一种导热介质，是常用的载热体，可以在较低的压力获得很高的温度，适宜用于 150～300℃的加热系统。根据导热油的生产方法，分为矿物油与合成油两种，还有一种加氢精炼油。矿物油是以石油化工产品为基础油，添加特殊助剂精炼而成，最高使用温度不超过 320℃，价格较低，应用范围广泛，这是非织造布生产线上广泛使用的导热介质，矿物油性能指标见表 13-3。

表 13-3　导热油（矿物油）性能指标

型号	300	320	330	340	350	备注
外观	清澈、淡黄色液体					目测
酸值（mgKOH/g）	≤0.02					GB/T 264
开口闪点（℃）	≥190	≥200	≥205	≥210	≥225	GB/T 267
凝点（℃）	-20					GB/T 510
馏程（2%）（℃）	≥320	≥340	≥350	≥360	≥370	ZBE 30006
运动黏度（50℃）（cst）	16～22		20～27		25～30	GB/T 265

续表

型号	300	320	330	340	350	备注
水分(%)	痕迹					GB/T 260
残炭(%)	≤0.02					GB/T 268
密度(20℃)(g/cm^3)	0.83~0.85		0.84~0.89		0.886~0.90	GB/T 1844
铜片腐蚀	一级					GB/T 5096
膨胀系数(10^{-4}/℃)	6.64~7.12	6.83~7.04	6.38~7.00	6.30~6.95	6.25~6.90	100~200℃
比热[kJ/(kg·℃)]	2.260	2.294	2.357	2.386	2.486	100℃
比热[kJ/(kg·℃)]	2.638	2.684	2.755	2.784	2.88	200℃
导热系数(kJ/MHR)	0.461	0.473	0.477	0.481	0.488	100℃
导热系数(kJ/MHR)	0.435	0.444	0.448	0.452	0.458	200℃
普兰特系数	229.135	229.456	230.324	230.346	230.401	20℃
最高使用温度(℃)	300	320	330	340	350	

合成导热油大都为芳香族化工产品,性能稳定,使用周期长,但价格较高,除了在一些引进设备上使用外,在传热设备上的应用也越来越广泛。

按使用性能的优劣排序是:合成油、加氢精炼油、矿物油,但合成油的价格最高。我国生产制造的导热油执行 GB 23971—2009 标准。

(2)合成导热油的特点。合成油具有化学成分明确;产品纯度高,无轻组分,无残炭,升温容易;在密封系统的高温中不容易产生裂解和缩合反应;流动性好,黏度低(有的产品 40℃黏度为 18cst),有利于传热和降低能耗;凝固温度低,低温启动容易;热传导性好,导热系数高(有的产品 300℃达 0.404kJ/MHR);自净性、分散性好,可防止管路及附件结垢堵塞,有利于降低系统阻力和热能损耗,使用寿命长等优点。

检测导热油的性能有两个用途,一是用来衡量新导热油的质量,二是用于监视在运行过程中油品的质量变化趋势。由于在使用过程中,导热油不可避免地会发生裂解、局部碳化,使油品的酸值和残炭含量升高,闪点也会发生改变。一般可依据以下检测结果判定导热油是否需要报废或更换:

酸值>0.5mgKOH/g,残炭>1.5%,闪点变化值>20%,黏度变化值>15%。

2. 电加热器

导热油锅炉可以使用电能、燃气、固态燃料等,在熔体纺丝成网非织造布领域,由于电能容易获得,控制技术成熟,因此,主要是使用电能为能源,加热器也就是电加热器。而随着城市燃气管网日趋完善,供应稳定,以燃气为能源的大型加热设备也越来越多。

电加热器是导热油锅炉中将电能转换为导热油热能的设备。油锅炉使用的是液体加热用的管状加热器,由于表面热负荷较大,不容许暴露在空气中,否则极容易烧毁。因此,在运行期间,电加热管必须完全浸没在导热油中,并要求导热油必须处于流动状态,而且是处于紊流状态流动,以吸收、带走电热管的热量。导热油吸收了电能后便被加热、升温,成为工艺所需的载热介质。

电加热管的数量较多,在使用三相电源时,其总数应为 3 的倍数(不包括装在加热器上的备用部分)，视总功率的大小，一般分为多组进行连接和控制，有的进口设备会分为4~5组，各组的功率相同，在运行时随机投入工作，使用寿命基本相同。

国产油锅炉常将电加热器分为主加热和辅助加热两组，两组的功率也不一样，如有的加热器主加热功率和辅助加热功率常按2∶1或3∶1的比例配置。

3. 温度控制系统

温度控制系统的作用是通过改变供给加热器能量(电能或燃气)的方法来控制、调节油锅炉输出的导热油的温度。常用的控制设备主要有调压器，调功器，固态继电器，自动调节阀等。

在用热设备一侧，可以通过改变进入设备的导热油温度来调节设备的温度，还可以利用自动流量控制阀，通过改变进入设备的导热油流量来调节温度。在非织造布生产线上，当由一台导热油锅炉向多个用热负荷供热时，如用一台油锅炉以并联方式向多个纺粘法系统的热压辊供油时，每一只压辊可以利用电动调节阀改变进入压辊的导热油流量独立控制温度。

在一些要求较高的温度控制系统，还可以用冷却的方法，使导热油通过旁路管道进入水冷却装置，适时降低导热油的温度，避免设备出现较大的温度差。

在引进的热轧机轧辊加热系统，为了精确控制轧辊的温度，会同时使用调节加热系统的加热功率，调节进入轧辊的导热油流量和在加热系统配置旁路冷却系统这三项技术措施。

4. 油泵

油泵是导热油循环系统的动力，利用油泵将导热油加压，使其按规定的流向流动，实现循环。由于系统的管网阻力基本恒定，而油泵驱动电机又以固定的转速运行。因此，导热油加热系统是一个恒流量系统。

非织造布生产线常用的导热油泵均为高温离心泵，是一种专用设备，适用的导热油黏度≤50cst，黏度太高，冷态启动时很容易发生超载。油泵的最高使用温度≤350℃，扬程≤50m，流量为15~50m^3/h。

在输送一些黏度较高的导热油时，会使用齿轮泵或螺杆泵。由于齿轮泵或螺杆泵的结构较为精密，而且都是容积式泵，输送的压力较高，但流量较小，而且应设置超压保护装置，这种导热油加热系统在一些应用特殊轧辊挠度补偿技术的热轧机上使用。

目前在热轧机上主要还是使用输出压力较高的离心泵，泵的扬程可达100m或更高，这时导热油不仅是热载体，还兼有密封、润滑及提供压力的功能，因此，其导热油加热系统是一个较为复杂的系统，图13-25是高温导热油泵的结构与泵组外形。

一般的导热油泵都是以恒定速度运行。当使用齿轮泵或螺杆泵输送黏度较高的导热油时，为了防止在启动阶段，因为温度较低，油的黏度太大引起电动机超负荷，这类电机常采用变频调速控制。在启动阶段，电动机低速运行，强制导热油在高黏度状态低速流动循环，用较小功率进行加热，在温度逐渐升高、黏度降低后才自动提高运行速度及加热功率。

目前油泵都使用能长期在高温环境(≤45℃)运行的高绝缘等级(B级或F级)交流电动机驱动，有的油锅炉曾采用屏蔽电动机传动，这种屏蔽电动机与油泵装在同一个密封机体内，就不存在油泵轴封位置向外漏油的现象，但维修这种电机需要专门的技术，一旦内部出现故障，现场较难处置。

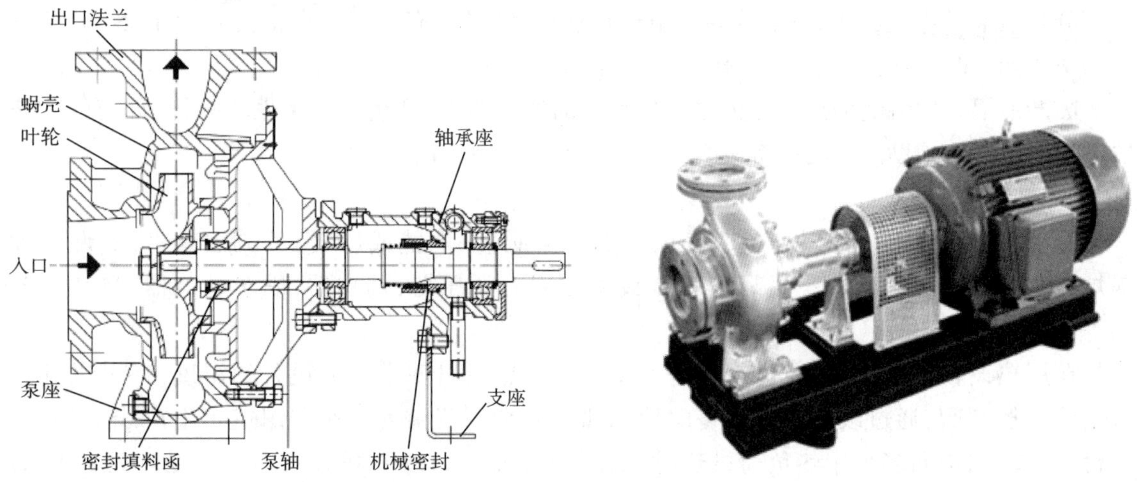

图 13-25　高温导热油泵的结构与泵组外形

图 13-26　导热油泵与连接管路

导热油泵还分为水冷却型和无水冷却型两种。目前,使用较多的是无水冷却型(图 13-26),采用自散热结构,当使用屏蔽电动机传动时,需要用水冷却电动机。

由于运行过程中,油泵的轴端密封会有少量的导热油滴漏,或在进行检修维护拆解管道时,会有导热油泄漏。为了避免这些导热油污染环境,在非织造布生产线上使用的导热油炉,一般使用一个金属盘子整体盛装油炉,这样就可控制污染范围,但必须及时清理盘子中积聚的导热油,以免成为安全隐患。

5. 保护装置

由于配置在生产线中使用的导热油炉是在无人值守的状态运行的,如果出现意外事故,除了会损坏设备外,还有可能成为火险隐患,业界就曾因导热油炉发生异常导致火灾的事故。因此,导热油加热系统必须配备有各种安全保护装置,保障系统的安全,保护功能一般包括:

(1)温度自动控制及超温保护。温度自动控制及超温保护是导热油炉的基本控制功能,通过测量导热油的温度,使出油温度控制在设定值±1℃的范围,并防止出现超温。测量导热油温度的传感器一般都是装在导热油炉加热器的出口,这是系统中温度最高的位置,能较为准确反映系统中的导热油温度。

(2)发热元件的超温保护。正常运行时,发热元件的表面温度要比导热油的温度更高,但都能保持在设计工作温度范围,如果导热油的流量低于设计流量,发热元件散发出的热量无法被导热油带走,温度就会升高,甚至导致发热元件超温损毁,这个保护功能是通过流量检测实现的。

(3)缺油或低油位保护。当系统内的导热油处于低油位状态时,缺油或低油位保护系统会切断加热器电源,防止在系统缺油(如发生泄漏),或系统处于低油位时,在导热油没有完全浸没电加热器的状态下运行,发生电加热器干烧事故。

缺油或低油位保护的传感器一般安装在系统中的高位膨胀罐上。

(4)低流量保护。低流量保护的功能是防止在导热油的流量低于设定值(包括处于不流动状态)时,电加热器内部出现局部高温,使导热油发生炭化、变质,甚至出现火灾危险。

只有流过电加热器的油流速度处于设计速度以上,并以紊流状态流动时,才能与电加热器进行有效的热交换,将电加热器发出的热能带走,系统才能安全运行。

如果油流的速度以低于设计速度的层流状态流动时,导热油将无法将电加热器发出的热量带走,贴近电热管表面的油膜温度将会很高,而导热油的使用寿命是与温度负相关的,温度越高,使用寿命越短。导热油很容易裂解变质,而电热管的实际温度也会超过设计值,很容易被烧坏。

低流量保护是利用串联在主回路管道中的孔板流量计,检测流量计的压差信号来实现的,这种功能包括在油泵出现故障停转、管道堵塞、阀门开度太小甚至关闭、过滤器堵塞、管道突然脱开等异常现象时,可以为系统提供可靠的保护。

应该注意的是市面上的一些导热油炉,基本上都没有低流量保护功能,而目前在一些简易型油锅炉上所采用的超压力保护或低压力保护是不能替代低流量保护的。

(5)程序保护。程序保护的功能主要体现在导热油泵与电加热器之间的安全连锁,即在油泵还没有启动运行,或运行后油压还没有达到额定值,或流量没有达到额定值之前,是不能向电加热器供电的;而在油泵停止运行后,加热器的电源也会随即被自动切断。

6. 管系

导热油炉的管系中包括了连接管道,过滤器,高位膨胀罐,阀门等。

(1)过滤器的作用是滤去导热油中的机械杂质,保护油泵的安全并使热交换装置保持较高的换热效率,过滤器一般安装在导热油泵的吸入口,而且一般还配置有一个排污阀,用于排除管道内残留的导热油,以便拆卸管道或进行其他维护作业。

(2)高位膨胀罐可为导热油在加热升温、降温过程中的体积变化提供自由空间,并自动排放导热油在运行过程中产生的气体,使系统正常工作,特别是首次充油后的启动运行,只有残留在系统内的空气全部通过膨胀罐排放干净后,才能建立稳定的压力,使系统正常运行。

高位膨胀罐对保障安全稳定运行有很大作用,除了肯定会有一支膨胀管和一支排气管外,有的高位膨胀罐还安装有视油镜(油位计),或安装检测油位的高位传感器及低位传感器、最高油位限制管、溢油排放管、紧急排油管等接口和管道。

专用膨胀罐外表的各种通径的接头或法兰,其伸入罐内的高度是各不相同的,因此,每一个接口对应的功能是不一样的,不能随意连接。然而一些低端产品没有这种差异,显然也就无法具备应有的特性(图 13-27)。

(3)阀门有多种作用,如:排气、排污、检查、截断等,在进行设备维修时有较大的作用,在正常运行情况下,主管道阀门、仪表的检修阀门都要处于全开状态。

(4)阀门的安装方向应与导热油的流向一致,但安装在油泵吸油口与高位膨胀罐之间的补油阀(膨胀阀)应该是双向的(有的系统就没有这个补油阀)。因为升温期间,系统内的导热油体积膨胀,压力升高,导热油会从系统流向膨胀罐;而在系统降温期间,系统内的导热油体积收缩,压力下降,导热油会从膨胀罐流向系统。

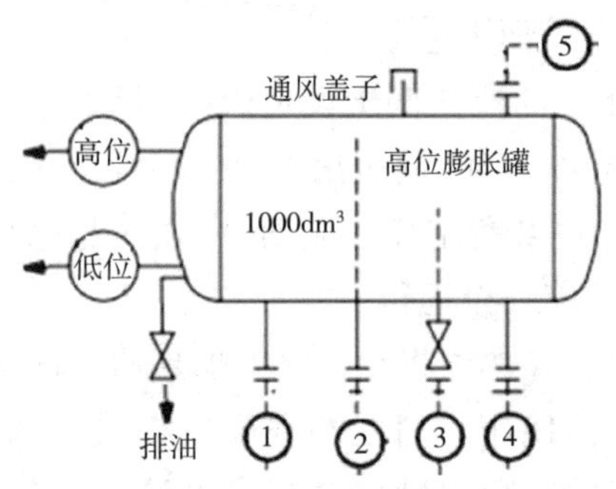

图 13-27　热轧机专用(左)与普通(右)加热系统的高位膨胀罐

①—膨胀管 DN40　②—溢流管 DN25　③—加油安全管 DN20　④—安全阀排油管 DN20　⑤—轧辊密封回油管 $\phi 12\times1.5$

(三)导热油炉的安装与使用

1. 对安装使用环境的要求

(1)海拔不超过 1000m。

(2)环境温度在-10~40℃范围内。

(3)环境最大相对湿度不大于 90%。

(4)周围没有导电尘埃、爆炸性气体以及能严重破坏金属和绝缘的腐蚀性的气体,无明显的震动。

2. 安装维护要求

(1)设备应水平安装,周边应留有维护、修理空间,与其他可燃性物体保持足够的防火间隔。

(2)出油及回油管道的通径应与设备的通径保持一致,管道连接均为 PN1.6 等级的平焊钢法兰,密封垫片应用缠绕石墨垫片或膨胀石墨复合垫片,在管网的最高点应装设排气阀和排气管。

(3)膨胀油箱不得安装在导热油炉的正上方,膨胀油箱的底部离导热油炉顶部的距离不得小于 1.5m,膨胀管应接在回油管路靠近导热油泵进油口一侧 1.5m 以内的管道上,管路不得存在变径缩径管段,膨胀管严禁安装阀门。膨胀管的走向要向上倾斜,防止气体在管道内滞留,管道也不能进行保温处理。

注意:有的热轧机导热油加热系统要求高位膨胀罐底部离油泵机座的高度>3m,而且离系统中最高油管的距离≥0.5m。

(4)安装管道的前后,必须要对管道及附件进行彻底的清理,与用热设备连接时,高温导热油要从设备的低位进入、回油从高位流出返回导热油炉,完工后要用导热油进行 0.75MPa 耐压试验。

(5)排气管道应向上倾斜,其坡度约 2%,排气管道应与膨胀罐的底部的法兰连接,这样可以避免排气阀开启后,在罐内产生大量气泡。

(6)管路在通过耐压试验后,应进行保温处理,禁止使用已被油脂污染的保温材料,因为这种保温材料在高温状态容易成为火险隐患。

(7)严格执行加注导热油的程序,根据实际用热温度或制造商推荐的型号选择导热油,严禁将不同牌号的导热油混合使用。

(8)可利用膨胀油罐的加油口从上往下进行重力加油,也可以利用低位的排油阀从下向上进行压力加油。加油期间要将主管路阀门(即与用热设备相连接的阀门)和排气阀打开,将系统内的空气排除。常温加油至膨胀罐视油镜(油位计)的中位高度,或相当于罐的1/3高度即可。

(9)当完成加注导热油工作,并确认没有泄漏现象后,启动油泵进行常温排气操作,如压力表出现压力波动,可适时中断运转,然后启动排气,直至压力稳定为止。如系统配置有低流量保护功能,要在常温排气阶段用人为方法进行试验,确认其有效性。

(10)常温排气结束后,可按不大于50℃/h的速率升温至120℃,然后保温运行约1~2小时(具体需用时间与系统的大小有关),进行升温排气。期间如出现压力波动或异常情况,应停机处理,并注意做好防溢油措施,在排油口放置适用的集油容器。首次升温时,要验证和确认油泵驱动系统与加热系统线路的连锁保护功能。

(11)进行第二阶段升温排气时,可按不大于5℃/h的速率升温至150~180℃,并在到达最高温度后保温运行1~2h。

(12)进行第三阶段升温排气时,可按不大于30~40℃/h的速率升温至生产过程所需的工作温度,并在温度到达后保温运行1~2h。

(13)升温排气过程中,系统内有可能发出撞击声,这是系统内仍有大量气体或导热油流动不畅所致,一般在将升温速率降低,让气体排出后便会消除。

系统的正常压力与管网阻力有关,每个系统都会有差异,一般的工作压力在0.1~0.5MPa,如油锅炉配置有压力保护装置,则要进行整定和验证。

(14)在系统正常运行时,膨胀油箱的油温不得高于70℃。如油温过高,则表明系统状态异常,或阀门状态不正常,最大可能是排气阀没有关闭或存在泄漏,导致有大量热油进入膨胀油箱,要及时检查、纠正。

当系统正常运行时,在厂房内是无法闻到导热油特有的气味的,一旦闻到导热油的异味,可基本确定是导热油温度偏高所致。

(15)如果导热油泵是使用屏蔽电机驱动,则必须保证屏蔽电机的冷却水供给,在油锅炉退出运行、停机前,必须按设备说明书的要求保持冷水系统正常工作,直到油温下降至所需的停机温度为止。

(16)矿物型导热油的开口闪点较低,一般为190~210℃,在升温及运行过程中,现场必须配置好扑救油类火险的消防器材,并须安排专人进行全程监控,到达工作温度后,要在停机后进行连接装置的热紧固。

(四)常用导热油锅炉的性能、规格

非织造布生产线中常用的导热油锅炉的性能及规格见表13-4和表13-5。

表13-4　非织造布生产线常用的导热油锅炉(纺丝箱用)性能

序号	项目	配套生产线规格			
		1600mm	2400mm	3200mm	4200mm
1	加热功率(kW)	48	60	90	110
2	最高温度(℃)	300	300	300	300

续表

序号	项目	配套生产线规格			
		1600mm	2400mm	3200mm	4200mm
3	控温精度(℃)	±1	±1	±1	±1
4	热效率(%)	90	90	90	90
5	油泵功率(kW)	3	5.5	7.5	11
6	油泵流量(m^3/h)	12.5	18	25	45
7	油泵压力(MPa)	0.3	0.3	0.4	0.4
8	入口通径 DN(mm)	50	50	65	80
9	出口通径 DN(mm)	40	40	50	65
10	导热油牌号	320			
11	工作制度	连续			
12	膨胀槽容量(L)	230	230	300	336
13	炉体外型长(mm)	1900	2000	2100	2300
14	炉体外型宽(mm)	650	650	650	650
15	炉体外型高(mm)	1350	1350	1750	1750
16	设备总质量(kg)	520	610	720	840

资料来源:江苏盐城瑞源加热设备科技有限公司。

不同厂商制造的生产线,所配套的导热油炉功率差异也较大,虽然选用较小的功率可降低设备购置费用,但冷态启动时间会较长,温度控制灵敏也会较差,反应迟钝。

表 13-5　非织造布生产线常用的导热油炉(热轧机用)性能

序号	项目	配套生产线规格				
		1600mm	1800mm	2400mm	3200mm	4200mm
1	加热功率(kW)	30	36	48	70	100
2	最高温度(℃)	280	280	280	280	280
3	控温精度(℃)	±1	±1	±1	±1	±1
4	热效率(%)	90	90	90	90	90
5	油泵功率(kW)	3	3	5.5	7.5	11
6	油泵流量(m^3/h)	12.5	12.5	18	30	45
7	油泵压力(MPa)	0.3	0.3	0.3	0.4	0.4
8	入口通径 DN(mm)	50	50	50	65	80
9	出口通径 DN(mm)	40	40	40	50	65
10	导热油牌号	320				
11	工作制度	连续				

续表

序号	项目	配套生产线规格				
		1600mm	1800mm	2400mm	3200mm	4200mm
12	膨胀槽容量(L)	250	250	300	300	370
13	炉体外型长(mm)	1900	1900	2000	2300	2300
14	炉体外型宽(mm)	650	650	650	650	700
15	炉体外型高(mm)	1350	1350	1350	1750	1750
16	设备总质量(kg)	520	520	610	720	840

资料来源:江苏盐城瑞源加热设备科技有限公司。

二、联苯加热系统

联苯加热系统又称联苯锅炉、热媒发生器等,是一种以联苯为导热介质的加热装置,是在化纤行业广泛使用的一种加热技术,一般为圆筒状卧式结构,用不锈钢材料制造,在熔体纺丝成网法非织造布生产线的纺丝系统,特别在使用聚酯原料的非织造布生产线中也有少量应用。

联苯加热系统是一个有压力的封闭系统,联苯蒸汽具有很强的渗透性,与其接触的设备都将处于一个相同的温度。因此,具有较为均匀的加热功能。但渗透性强、容易泄漏,有轻微毒性和刺激性气味,在工作温度下是易燃物体。

联苯蒸汽发生器为卧式圆形薄壁容器。装置主体由一个卧式圆筒体和两个椭圆封头焊接而成,其加工和验收方法按照中华人民共和国国家标准:GB 150.1~150.4—2011《压力容器》标准释义,以及 GB/T 17410—2008《有机热载体炉》等标准的要求。联苯加热器的运行则要符合国家劳动部颁布的《有机热载体炉安全技术监察规程》的相关规定(图 13-28)。

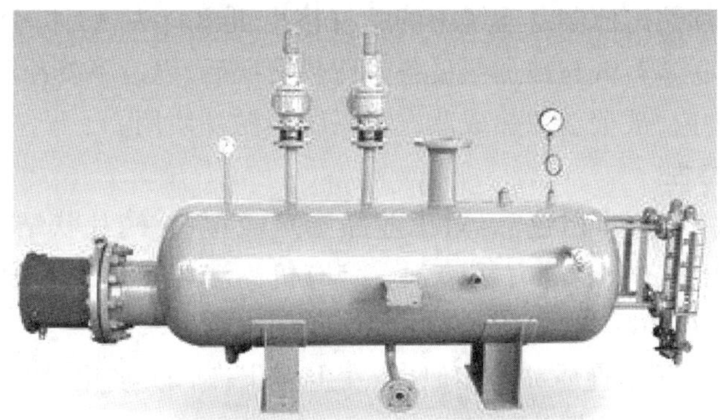

图 13-28 联苯加热器

通过表 13-6 介绍的几个联苯加热器的技术参数,可以对这种设备的外型及运行参数有一个基本的了解,其中的全容积是指联苯加热器的内部空间容积,而运行容积则是指在正常运行状态,在联苯加热器的内部的液态联苯容积,一般都小于全容积的 75%,这也是新设备,或运行中设备内的正常要求。

表 13-6 联苯加热器的主要技术参数

主要技术参数	设备型号		
	FFDF-21	FFDF-42	FFDF-80
外型尺寸(mm)	ϕ500×1100	ϕ600×1200	ϕ750×1860
全容积(m^3)	0.19	0.31	0.75
运行容积(m^3)	0.13	0.19	0.55
加热功率(kW)	21	42	80
设计温度(℃)	320	320	320
设计压力(MPa)	0.3	0.3	0.3
载热介质	联苯	联苯	联苯

(一)联苯加热系统的用途及工作原理

联苯蒸汽发生器是采用电热棒加热方式,通过电加热使联苯蒸汽发生器中的联苯蒸汽经联苯蒸汽管道向纺丝系统(包括纺丝箱体)供热,使其温度控制在工艺要求范围内,以保证正常纺丝。

本装置设有泄爆安全装置、高温报警和防干烧报警等安全装置,并具有连续稳定、安全可靠、控制灵敏、操作方便等特点。

联苯锅炉一般设置在低于纺丝箱体的位置,其输出的高温气态联苯从纺丝箱体的高位接口进入箱体的加热腔,在放热后会液化,然后依靠重力从纺丝箱体的低位接口流出,返回联苯锅炉实现自然循环。联苯加热系统采用电能加热,电加热器是浸泡在液相联苯中运行的,利用重力和气/液相转换实现循环,不需要特设循环泵。

在联苯加热系统内的联苯是循环使用的,电加热器将液相的联苯加热成为气相的联苯蒸汽,然后利用联苯蒸汽加热熔体制备系统中的螺杆挤出机出料头、熔体过滤器、纺丝泵、纺丝箱体及熔体管道等设备,联苯蒸汽与被加热设备进行热交换后,温度下降冷凝成液态联苯,然后依靠重力回流到联苯锅炉内,被重新加热成蒸汽在系统内循环使用。

(二)联苯的基本特性

(1)联苯(diphenyl)纯品为白色晶体,工业品则呈微黄色,鳞片状结晶,具有独特的气味。不溶于水、酸及碱,溶于醇、醚、苯等有机溶剂。是有机高温载热体的主要组分之一,一般含有73.5%的联苯醚和26.5%的联苯。

(2)易燃,对热稳定,化学性质和苯相似,能发生卤化、硝化、磺化、加氢等反应。遇明火、高热或与氧化剂接触,有引起燃烧爆炸的危险。

(3)熔点69.71℃,沸点254.25℃,闪点113℃,引燃温度540℃;相对密度(水的密度=1)1.04。相对蒸汽密度(空气的密度=1)5.80。工业常用的温度范围是250~360℃。

(4)属低毒类,对人有刺激性。其蒸汽能刺激眼、鼻、气管,引起食欲不振、呕吐等。对神经系统、心肌、消化系统和肾脏有一定毒性,可致过敏性或接触性皮炎,中毒主要表现为神经系统和消化系统症状。

(5)工作场所联苯的最高容许浓度≤1mg/m^3(与联苯醚共存)。对人类和其他动物的生殖系统产生毒性影响，大鼠经口 LD_{50} 为 3. 28g/kg(25%橄榄油溶液)，家兔为 240mg/kg。

(6)对环境有危害，对大气会造成污染。

(7)用途：工程塑料聚砜的原料，制三氯联苯、五氯联苯，作热载体、防腐剂，制染料等。

(8)处理联苯时，操作人员必须经过专门培训，严格遵守操作规程，建议操作人员佩戴自吸过滤式防尘口罩，戴化学安全防护眼镜，穿防毒物渗透工作服，戴防化学品手套。

(三)联苯加热系统的结构及特点

本装置的联苯循环使用，联苯蒸汽经管道进入螺杆挤出机的测量头、熔体管道、熔体过滤器、纺丝箱体放热冷凝后的液态联苯由回流管回流到联苯蒸汽发生器中循环使用。

联苯蒸汽发生器的功能是通过电热棒加热联苯，产生蒸汽供纺丝设备加热保温，其原理是采用联苯—联苯醚混合物这种热载体，其具有温度高，但压力低的物理性质。

联苯蒸汽发生器是由蒸汽发生器主体容器、电加热棒、液位计、机内配管、电接点压力表、防爆装置、安全阀、铂热电阻、支架、联苯温度控制柜等组成。

(1)本装置电热棒全部插在封头上，电热棒全部在筒体中心线以下，从图 13-29 可以看到电加热装置是偏向筒体下方配置的。而在加入联苯以后，液面必须在中心线上约 50mm 处，使电热棒完全浸没在联苯流体中。电热棒布置合理，热量利用充分，加热均匀，且控制精度也较高，一般可达到±1℃。

在联苯加热炉内，电热管把液相联苯加热升温，并成为高温联苯蒸汽，通过管道向上输送到高位的用热设备上部，蒸汽放热后温度降低成为液相联苯，由于密度增加，便聚集在用热设备下部，并在重力的作用下流回联苯加热器内，重新被加热成为联苯蒸汽，实现新的循环(图 13-29)。

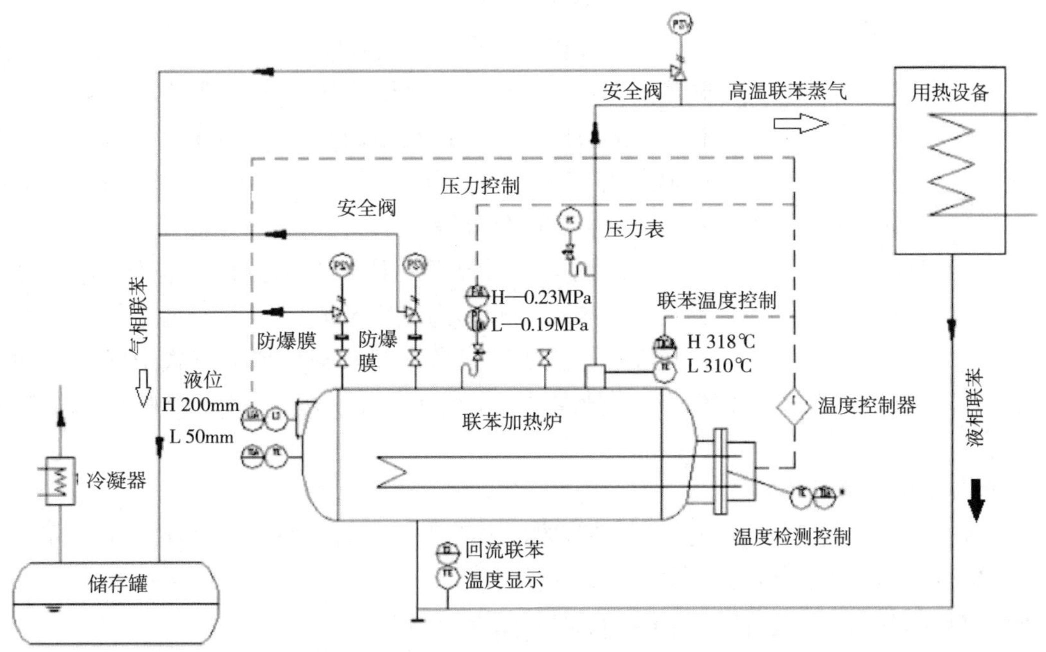

图 13-29　联苯加热器 PID 图

系统具有自动控温性能，有超温保护、低液位保护、高液位保护、超压保护等功能，除了配置有多个安全阀外，还配置有防爆膜，防止联苯炉发生超压爆炸事故，由防爆膜爆破或安全阀打开后排出的联苯蒸汽，也集中回流至储存罐，而不是排放到环境中，避免污染环境。

（2）最上面一组电热棒上端设置了防干烧温度检测元件，当液面低于最上层电热棒时，报警器就会动作，自动切断电源停止运行，有利于延长电热棒的使用寿命。

（3）在联苯蒸汽管出口处设置了汽相温度检测元件，检测并控制汽相温度。

（4）在装置上方设置了电接点压力表，当系统压力超过设定值时，电热棒自动停止加热。

（5）联苯蒸汽发生器密封性好，无环境空气的污染。

本装置设有泄爆安全装置、高温报警和防烧干报警等安全装置并具有连续稳定、安全可靠、控制灵敏、操作方便等特点。

（四）联苯加热系统的安装、维护管理

1. 联苯锅炉的定位

在非织造布生产线，联苯加热系统的温度与纺丝系统所使用的聚合物品种有关，使用PP原料时，纺丝熔体的加热温度在250℃左右，使用PET原料时，加热温度可达300℃，设备从冷态升温至正常工作温度会有较大的热膨胀量，因此，联苯锅炉本身就不一定将全部地脚螺栓都装上，只要能将其准确定位即可。

2. 管道连接

联苯是一种渗透性很强的物质，连接管道采用符合GB/T 8163—2018要求的流体输送用无缝钢管，应尽量减少管路中的活动连接，必须采用对接焊焊透，用氩弧焊封底，然后用电弧焊焊接，形成工艺要求的焊缝（图13-30）。

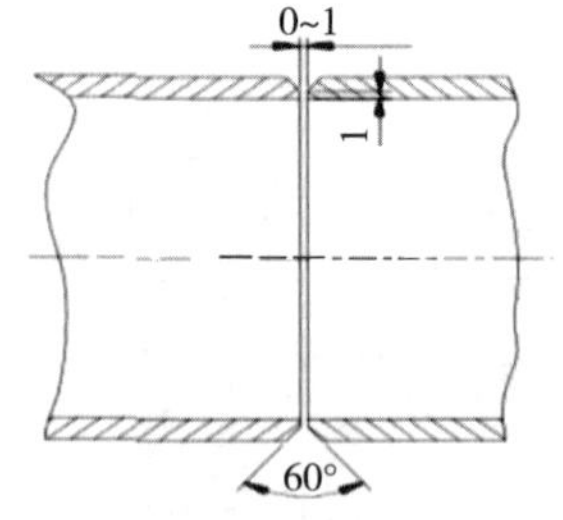

图13-30　联苯管道对接焊缝坡口形状

3. 设备与管道布置

由于液相联苯是依靠重力从用热设备流回联苯炉的，因此，联苯锅炉必须安装在被加热设备的下方，所有水平的管道必须有一定的坡度（≥1∶100），以利于液态联苯能依靠重力自流回锅炉内，管道不容许有任何死角，防止有联苯滞留而过热，引起联苯的聚合或碳化分解。

联苯醚运行系统不允许积存水分或其他低沸点介质，水及其他低沸点介质在高温联苯醚作用下会迅速气化导致系统超压爆炸。被加热设备夹套及其他加热方式中联苯醚的回流管线的入口应在设备夹套的最低处。若夹套、盘管或列管发生爆炸，联苯醚喷出后很容易引起燃烧。

4. 设备安装结果检查

（1）检查联苯管道安装是否达到了工艺要求；检查联苯管道及系统是否存在有泄漏现象。

（2）检查联苯系统的保温是否达到了工艺要求。

（3）检查联苯蒸汽发生器仪表和检测元件是否安装完毕。

（4）检查各控制线路是否正确无误；检查各控制仪表的设定是否正确。

（5）安装是否达到设计要求。

（6）检查装置的电热棒及其绝缘情况。

(7)气密性检查,在气密性试验前,应取下防爆片,安装上密封盲板,试验结束后拆下盲板,在通过全部试验后,再装回防爆片。

5. 正压试验

(1)向系统中通入压力为0.2MPa压缩空气。

(2)检验方法:用肥皂水涂刷在各接口处,观察有无气泡产生,若有气泡产生,将系统泄压至常压下,补焊漏点。重新通入压缩空气并检验,直到无气泡产生为止,同时将系统保压24h,压力表无明显变化为合格。

(3)将压缩空气压力调到0.25MPa,确认安全阀是否开启正常。

(4)上述工作完成后,重新安装防爆片。

(五)运行操作

1. 充灌联苯前的系统抽真空

当系统中存在空气时,联苯蒸汽的压力与其相对应的温度会不匹配,会影响加热效果。因此,在联苯加热系统升温前要进行抽真空操作。

将联苯锅炉及联苯管道清洗干净后,须用软管连接真空泵,打开抽真空的阀门,对系统进行抽真空,排除系统中的空气,直至使真空压力表显示-0.09MPa(750mmHg)后,关闭真空泵和阀门。在此状态下保持24h,如果系统的真空度无明显下降,则可认为已满足密封要求,并已将系统内的空气排除了。

2. 充灌联苯

在常温下,采用直接加入或真空吸入方法向联苯蒸汽发生器中加入联苯。下面介绍的真空加入法,是利用系统内的负压(真空)将联苯吸入锅炉内,充灌量以设备说明书的要求为准,一般情况下充灌量控制在75%左右即可。

具体操作过程如下:

(1)在联苯蒸汽排放口的阀门上方接上软管,软管将用于吸入液态联苯。

(2)关闭联苯接受罐上方排放管阀门,打开排放盒上的任意一个阀门,并将与真空泵入口相连接的阀门打开。

(3)启动真空泵,将联苯系统抽真空。

(4)当真空度达到一定程度,打开排放阀门,利用联苯系统内的负压将联苯从容器中吸入联苯蒸汽发生器内。

(5)联苯加入量:联苯蒸汽发生器中心线上50mm处(基准线面),首次加入量可高于此基准面,因为稍后的排水分试验中要排放出少量的联苯。

(6)联苯加完后,先关闭与真空泵连接的阀门,停止真空泵,然后拆下软管。

3. 联苯系统抽真空

(1)打开排放阀及与真空泵连接的阀门,关闭抽联苯等其他阀门。

(2)启动真空泵,当系统真空度大于750mmHg后,稳定1~2h,关闭抽真空阀门,打开其他阀门。

(3)准备做升温试验。

注意:由于设备品牌不同,联苯炉中各种阀门的位置或编号会有差别,实际操作应以操作说明书为准。

4. 排除水分

常温状态，联苯在水中的溶解度为0.07%（质量分数），在有水分存在的情况下，联苯有发生突然沸腾和压力剧增的危险，因此，在向联苯锅炉填充规定量的联苯后，打开排放阀，将联苯温度设定在110～130℃加热24h，进行排除水分的操作，然后才关闭排放阀。

5. 脱气操作

系统在升温过程中，会有其他气体释出，脱气操作就是要将这部分气体排出。当将联苯加热到0.02～0.03MPa时，打开排气阀，排气2～3次即可，对于低温联苯，每次排气时间≤15s，对于高温联苯，每次排气时间≤30s。

6. 补充联苯的方法

在联苯锅炉运行期间，如果发现炉内的联苯数量不足，低于额定液位时，要先降温停止系统的运行，然后进行充填联苯的操作。

7. 安全防爆膜

在联苯锅炉运行期间，必须使防爆膜下方的波纹管截止阀处于全开状态，为防爆膜爆破后提供畅通的泄压通道。

8. 首次升温操作

当联苯锅炉及系统的温度升高至200℃时，要对系统进行一次全面的热紧固，此后每升温50℃，就要再进行一次热紧固。

（1）准备好消防器材，准备好防毒面具和应急照明灯。

（2）按照工艺要求设定好各种仪器、仪表的温度、压力。

（3）开始进行升温试验。

（4）注意观察升温期间系统的状态；注意液面计的液面变化；注意真空压力表的显示值及压力变化情况；注意气相、液相联苯的温度变化情况；检测温度控制系统的运行情况；检查联苯热载体的泄漏情况。

（5）联苯加热控制系统检查确认后，接通电源，打开联苯炉加热开关，使联苯系统开始升温。

（6）联苯系统第一次升温时，为消除联苯蒸汽发生器、管道等在制造时产生的应力，升温时应尽可能缓慢，在升温过程中，要注意纺丝箱体（或被加热设备）与管道的运行状态，及时进行排气操作。要严格按表13-7的程序和要求进行。

表13-7 联苯加热系统首次升温操作方法

步骤	温度（℃）	升温速率（℃/h）	备注
1	常温～200	≤20	—
2	201～260	≤10	到达260℃后保温4h
3	261～300	≤5	到达300℃后保温4h
4	301～360	—	在360℃时保温

（7）在联苯升温过程中，应检查控制系统的功能，检查其加热系统的电压、电流，并做好记

录,如无异常,则继续向下一个更高的温度等级升温;如纺丝箱体(或被加热设备)的温度、排放的温度与锅炉的温度不一致,要先降温,使全部液态联苯回流到锅炉内,再采用升温排气的方法,使系统的温度达到均匀一致。

(8)在升温过程中,应经常检查确认有无异常情况发生,如泄漏、温控失灵等,并要经常对照所使用的标准压力—温度对照表,如在相同温度下,实际压力偏离 0.02MPa 以上时,要用系统中各部位的排放阀(J7、J10、J12)排出系统内的低沸点气体,带出的少量联苯蒸汽将在管道中冷凝后流入联苯贮罐内,联苯的标准压力—温度对照表见表 13-8。

表 13-8　联苯饱和蒸汽温度与压力对照表

饱和蒸汽温度(℃)	饱和蒸汽压力(MPa)	饱和蒸汽温度(℃)	饱和蒸汽压力(MPa)	饱和蒸汽温度(℃)	饱和蒸汽压力(MPa)
200	0.025	250	0.089	300	0.252
210	0.032	260	0.115	310	0.288
220	0.040	270	0.142	320	0.355
230	0.054	280	0.174	330	0.418
240	0.071	290	0.212	340	0.492

(9)在 300℃保温 4h 后,降温至 260℃,将联苯系统各部分的紧固螺栓再次进行热紧固。

(10)联苯升温试验完成后,根据升温过程获得的原始记录温度和联苯蒸汽压力数据,作出压力—温度曲线。

9. 供热与停炉操作

开始供热时,先开蒸汽阀再开回流阀;停炉时则先关闭回流阀再关闭蒸汽阀。

10. 联苯的储存

(1)联苯应用坚固、密封、清洁的铁桶包装、储存,轻装轻卸,保持包装完整。并于阴凉、通风的仓库处保存。

(2)联苯可燃,遇高温、明火、氧化剂有燃烧危险,应远离火种、热源,并与氧化剂、强酸类物质分开存放,禁止使用易产生火花的机械设备和工具。

(3)储备区应备有合适的材料收容泄漏物,要配备相应品种(雾状水、泡沫、干粉、二氧化碳、沙土等)和数量的消防器材及泄漏应急处理设备,应注意倒空的容器可能仍有有害物残留。

(六)常见故障及其排除方法

常见的故障及其排除方法见表 13-9。

表 13-9　常见故障及其排除方法

序号	故障	原因	排除方法
1	联苯系统压力与温度不符	系统内有空气,或有过多的低沸物	开启排放盒处阀门排放之
2	联苯蒸汽发生器防烧干报警	联苯液面低于电热棒	检查原因,增加联苯液

续表

序号	故障	原因	排除方法
3	联苯温度升不上去	1. 电热棒断 2. 电热棒回路接线松 3. 电源开关损坏 4. 固态继电器烧断 5. 无控制信号 6. 供电空气开关未合上	1. 更换 2. 紧固 3. 更换 4. 更换 5. 检查、修复直流板 6. 合上
4	联苯系统温度超高	1. 加热开关未断开 2. 固态继电器烧穿 3. 控温继电器不断开 4. 仪表设定高	1. 断开 2. 更换 3. 检查,更换 4. 高速调整下来
5	联苯蒸汽发生器直流电压板无 12V	1. 三端稳压器无输出 2. 变压器线圈断	1. 更换 2. 更换
6	联苯蒸汽发生器电加热棒	坏	更换

(七)常用联苯加热器的外型

联苯加热器的外型如图 13-31 所示。

图 13-31 联苯加热器外型

第七节 原料储存系统

纺粘法生产线的产量较大,选用的原料品牌会较多,因此,原料储存量较大。企业一般都是利用仓库存放生产用的包状原料的,这是最简单的原料储存方法,投资较省,但占地面积大,不利于自动化管理,而且存在大量的二次,甚至三次搬运工作。

在一些大企业,会使用大型储罐储存原料,能大幅度提高地面的利用率,卸料、进料、出料过程全部在管道系统内进行,能节省大量的包装材料费用和搬运费用,降低劳动强度,保障了原料的洁净和安全。

而随着国产大型散装运输罐车的出现，切片原料的散料状态配送，是未来的一个发展方向。在有罐车配送的地区，特别是原料耗用量较多的企业，建设大型储罐系统有很强的现实意义和明显的经济效益。但大型储罐系统的投资较大，运行管理要求也较高。图 13-32 为倾斜卸料的大型罐车。

图 13-32　倾斜卸料的大型罐车

原料储存系统包括：储罐、分配管网、风机或空气压缩机等（图 13-33）。

当原料用运载工具（罐车）运至企业以后，将罐车的卸料阀与卸料系统连接起来，卸载系统就投入运行，利用风机（或真空泵）的负压把罐车内的原料吸出，并临时在发料罐存放；发料罐底部有一个旋转出料阀，罐内的原料依靠自身的重力，进入出料阀，由于要把原料送到较高的储罐顶部，加上输送距离较远，这一部分主要是应用正压气流输送。

当出料阀将原料送入送料管时，原料就在压力气流的作用下，被输送到储罐顶部并进入大储罐内。原料与输送气流进入储罐后，切片原料在重力作用下，自然流向储罐的下方并慢慢堆积起来。当原料到达罐内一定高度后，高料位传感器发出信号，表示已充满料罐，就要停止进料。

而输送原料的气流进入储罐内以后，储罐内的压力升高，便会打开储罐顶部的排气阀，气流随即排放到大气中，由于排气阀与大气相连通，加上用于输送原料的气流是含有较多水分的环境空气。因此，一般的储罐是不适宜存放容易回潮的原料的。

料罐都是采用底部重力自流方式出料，为了防止原料起拱搭桥阻碍排料，料罐的底部都是设计为漏斗状。然后利用吸料装置的负压，把原料输送到所需要的纺丝系统（或切片预处理系统）。

在卸载端，还配置有一条旁路卸料管，可以利用用料端提供的负压，把原料从槽罐车内吸出，直接输送到所需要的纺丝系统（或切片预处理系统）。

当需要将原料发送给多个储罐时，应用岔道阀可以将管道简化、缩短，便于远程控制，这种发料系统都是正压输送系统（图 13-34）。

在储料罐的底部安装有一个旋转供料阀，利用正压的气流将供料阀排出的这些原料送入管道，然后根据指令通过相关的岔道阀 Vi 打开的通道流入对应的料斗。而储料罐内的原料是通过底部的出料阀门，利用负压把原料送至用料地点。

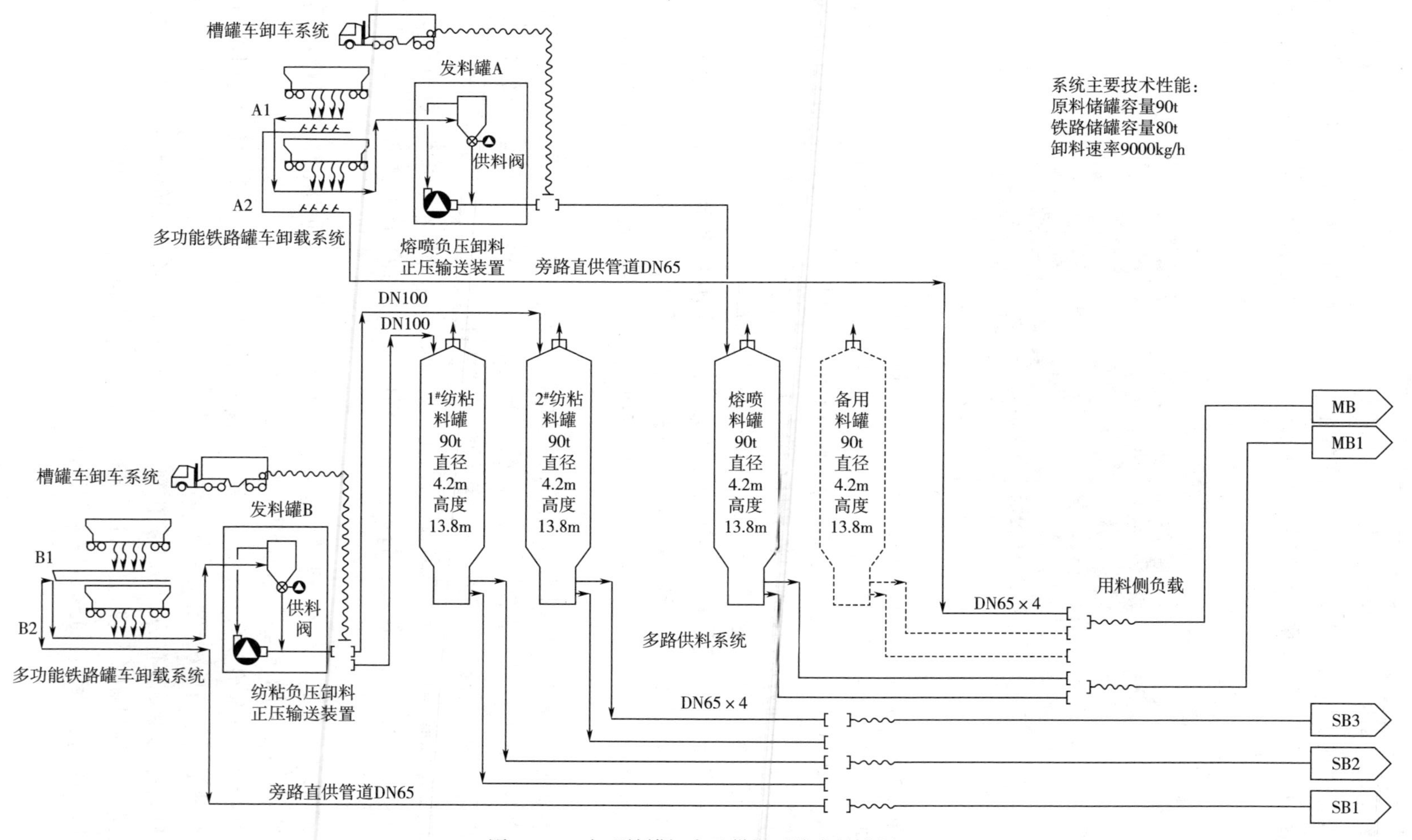

图13-33　大型储罐卸车及供料系统主管道图

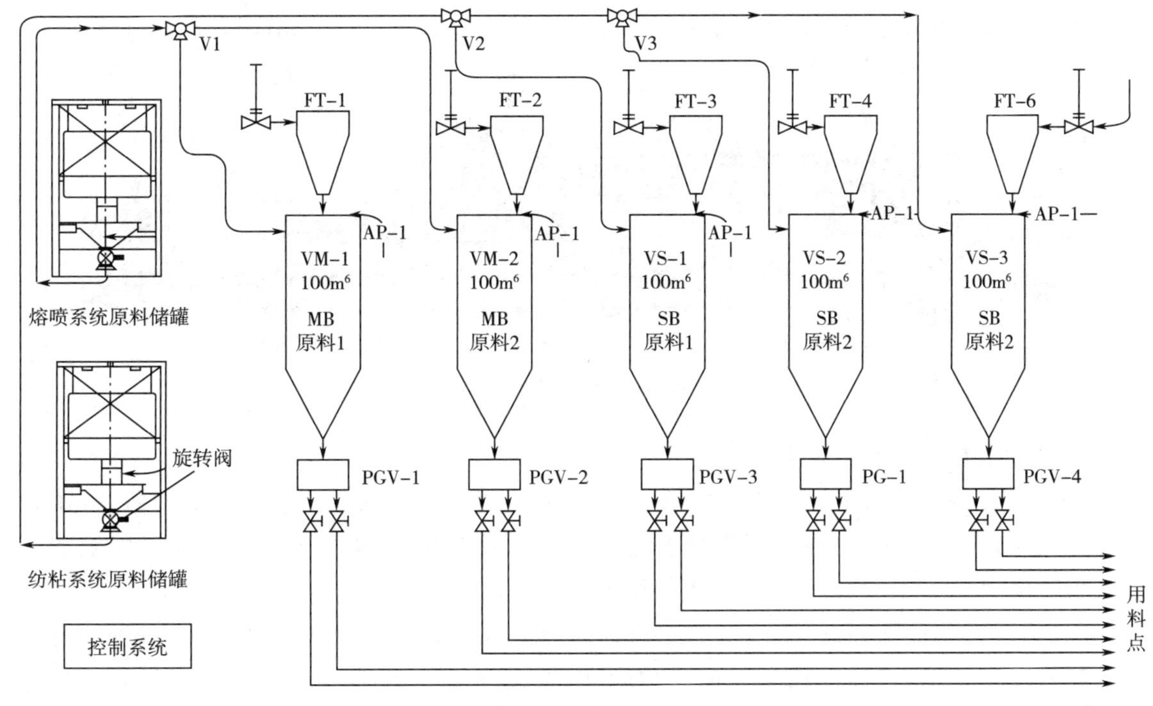

图 13-34　岔道阀正压发料及负压供料系统图

第八节　通风机与抽吸风机

一、非织造布生产过程使用的流体输送设备

在管式牵伸或宽狭缝正压牵伸的纺粘法纺丝系统，牵伸气流压力≥200kPa，这个压力已超出一般单级离心通风机的能力了。因此，在这些管式牵伸纺丝系统、宽狭缝正压牵伸纺丝系统中，一般要选用容积式风机作为牵伸风机，如罗茨鼓风机、螺旋风机、螺杆风机或离心式风机等，一般的离心式通风机就不适用。

在熔喷法非织造布生产线中，牵伸气流的压力较高，一般≥100kPa；而在一些高性能水驻极后整理的机械脱水系统，还会用到高压力的水环式真空泵、多级离心风机（压力>30kPa）等类型流体动力设备。

而在主流的宽狭缝低压牵伸纺粘法纺丝系统，冷却牵伸风机的压力一般≤18kPa。成网机中的抽吸风机压力≤10kPa，选用普通的离心通风机，或高压通风机即能满足要求。

在一些从意大利引进的管式牵伸纺粘法纺丝系统，曾使用压力较低，但流量较大的轴流式通风机作为成网机的抽吸风机，为了便于调节风机的流量，这种风机的叶轮设计为桨叶的螺距可调形式，也就是可变螺距型轴流风机。

轴流风机经常是作为管道的一个部分，直接串联在管道中，安装十分方便。图 13-35 是一条管式牵伸的纺粘法纺丝系统三层钢平台的设备布置，成网机采用双面抽吸风，即在抽吸风箱的两侧各配置有一台轴流式抽吸风机，风机直接串联在管道中，气流向上排放到周边环境。

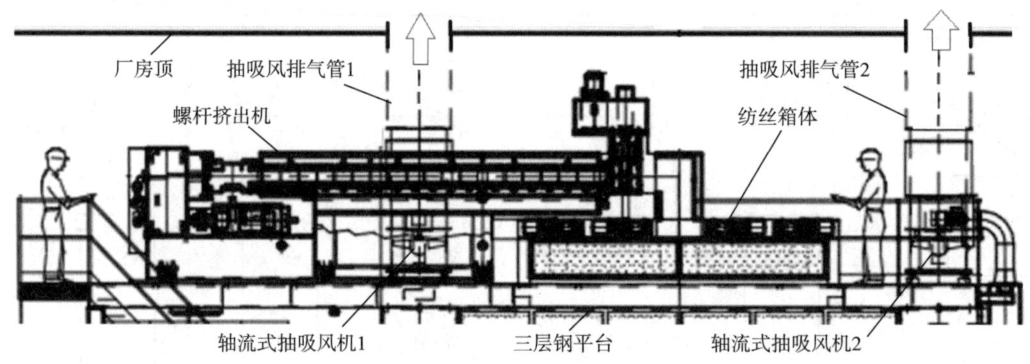

图 13-35　安装在管道中的轴流式抽吸风机

二、风机的标准工况和应用环境

目前，气体的标准状态有几种，第一种的定义是：气体的标准状态是温度为 0℃（273.15K），压强为 101.325kPa（1atm），这是科学技术领域较多采用的标准，常在计量单位前冠以 N，以示区别，如 Nm^3/h 就是在 0℃，一个标准大气压下的标准流量。

第二种气体标准状态是指风机进口处气体压力为 101.325kPa（相当于 1atm 或 760mmHg），温度 20℃（293.15K），密度 $1.205g/m^3$，相对湿度为 50%的状态，这是应用工程领域常用的标准，设备铭牌标示的技术性能就是在这种标准状态下的通风机技术指标，如 m^3/h 就是在上述规定状态下的流量。

每个系列的风机都有其适用的进风条件，通风机输送的介质为空气，如常用的 9-19、9-26、9-28 系列风机，其进风温度一般为 50℃，最高温度不超过 80℃，而引风机输送的介质为烟气，最高温度不得超过 250℃。

离心通风机的压力与气流的密度有关，温度会影响气流的密度，当风机设计工作温度低于实际温度时，由于气流的实际密度降低，在同样的工况下，风机的压力也随之下降，在运行过程中会感到吸力降低，对成网气流的控制能力也会变差。

由于一般风机是在 20℃标准状态下标定其参数的，将这种风机用作熔喷成网机抽吸风机时，由于抽吸风温度可能≥60℃，要比标准状态的温度更高，纺粘系统的抽吸气流温度也接近 40℃，这时气体的密度都会低于标准工况，将导致实际压力低于风机铭牌压力。而在用作纺粘系统的冷却吹风机时，介质的温度会低于 20℃，空气的密度增加，在同样的转速和体积流量（m^3/h）状态下，风机的质量流量（kg/h）会增加，驱动电动机的负荷会较重。

因此，在进行风机设备选型时必须进行修正，或根据实际工况的气流温度进行风机选型。如在气流温度较高的熔喷系统可以选引风机，就是风机牌号中带有“Y”字的机型，或制造商标注可在较高气体温度工作的机型。

抽吸风机所需要的压力取决于系统的管网阻力，但主要应考虑抽吸风箱的入口设计，这个问题在熔喷系统较为明显。在需要处理的空气流量相同的情形下，当抽吸风箱的入口较宽时，气流穿透纤网和接收装置时的速度较慢，就可以选用压力较低的风机，这时风机的压力一般≤8kPa，驱动电动机的功率也较小，其外型的显著特征是风机的蜗壳较为厚、宽（图 13-36 左）。

而对于抽吸风箱的入口较窄的系统，气流穿透纤网和接收装置时的速度较快，就要选用压力（全压）较高的风机，才能克服系统的阻力，风机的压力一般≥10kPa，驱动电动机的功率也较大，这种风机的外型显著特征是风机蜗壳的轴向尺寸较窄（图 13-36 右）。

图 13-36　低压大流量及高压大流量通风机的外型特征

通常各种纺粘纺丝系统抽吸风箱入口的宽度相差不会很大，仅会因系统在成网机所处位置的不同，即经过本系统时的纤网层数及透气阻力的不同，抽吸风机的压力会有明显的差异外，类似工况的不同系统，所配置抽吸风机的流量不会相差很大。

熔喷系统抽吸风箱入口尺寸，会由于产品应用领域的不同而有较大差异，最大宽度可能是最小宽度的 3～4 倍，甚至更大。当抽吸风箱的入口较窄时，主要用于生产高阻隔型，或高过滤效率的熔喷产品，抽吸风机的压力会较高（≥10kPa），个别机型可达 25kPa。

由于在熔体挤出量相同的条件下，相同纺丝工艺的不同纺丝系统，抽吸风机要处理的气流量相差不多，因此，与抽吸风箱入口较宽的机型比较，入口较窄系统的气流速度较快，配置的抽吸风机就需要有更高的压力，驱动电动机的功率也会较大，如在 3200mm 幅宽的国产熔喷纺丝系统，抽吸风机的功率会≥160kW，最大可达 280kW。

有的熔喷系统的抽吸风箱入口宽度是可以在线调节的，这样便增加了一个工艺调节措施，以获得适应市场需求的最佳品质产品。

进入抽吸风机的气流通常包括有牵伸气流、冷却气流、环境气流三部分。在应用封闭式纺丝通道的纺粘系统，主要包括冷却气流、牵伸气流及少量环境气流；而在应用半开放式纺丝通道的纺粘系统，主要包括冷却气流、牵伸气流及大量环境气流；在开放式纺丝系统，如管式牵伸系统、宽狭缝正压牵伸系统和熔喷系统，进入抽吸风机的气流主要是环境气流、牵伸气流及少量的冷却气流。

抽吸风机的流量与牵伸气流成正相关，即牵伸气流越大，抽吸气流也要越大。在熔喷系统中，抽吸气流的流量一般约为牵伸风流量的 5～10 倍，而熔喷纤网的透气阻力又较大，要求风机有较高的压力。因此，抽吸风机的功率很大，如在 3200mm 幅宽熔喷系统的抽吸风机，配置的驱动电机功率≥250kW。

在传统的宽狭缝低压牵伸纺粘系统中，由于纺丝通道处于封闭状态，抽吸风机的流量一般为牵伸气流流量的 1.1～1.3 倍，而纺粘纤网的阻力又较小，风机的压力也较低。因此，抽吸风机的功率也会小一些，如在 3200mm 幅宽纺粘系统的抽吸风机，风机配套电动机的功率一般≤110kW。

而在新型的低压牵伸纺粘系统，纺丝通道是半开放型，抽吸风机要抽入大量的环境气流，因此抽吸风机的流量可达牵伸气流的 1.5 倍或更多。

三、风机管道

熔体纺丝成网非织造布的纺丝、牵伸、成网过程，都是利用气流来实现的，因此，风机是生产线中的重要的流体机械，风机是通过管道与设备连接起来的，风机的质量和性能，管道的设计及安装质量，对系统的技术性能、产品质量、能源效率等都有重要的影响。

正确设计和安装的管道系统，能减少管网的阻力和损耗，提高气流的稳定性，减少压力和流量波动，在这方面涉及了大量的采暖、通风专业知识，但往往没有获得一些设备制造商及设计人员的足够关注，仅把工程外包给社会上会做钣金作业的人员了事，影响了风机及系统的运行效果。

1. 风机与管道的连接

风机与设备之间，是通过管道连接起来的，为了隔离风机运行时的震动和噪声，风机与管道之间必须使用软连接或柔性连接，就要在风机与管道之间配置如图 13-37 所示的软接头，配置软接头还可以补偿管道与风机之间的中线偏差，特别是当风机安装在减振器时，风管不会约束风机的自由运动。

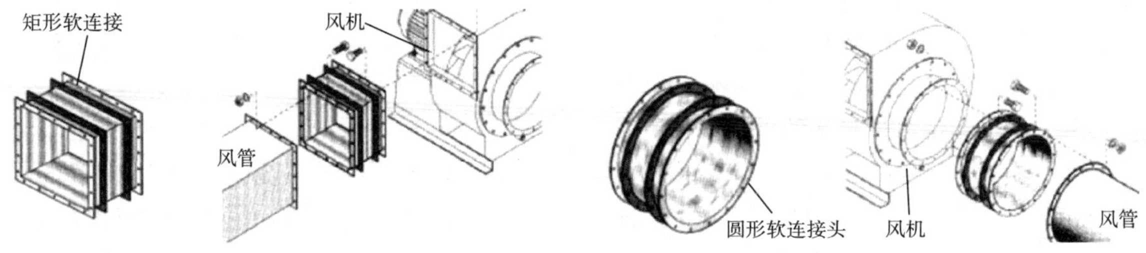

图 13-37　使用矩形软连接(左)和圆形软连接(右)的风机

管道与风机的吸入口法兰及排出口法兰之间一定要有软连接，这样既能降低法兰之间的对中精度和安装难度，便于连接，还可以避免风机在运行过程中产生的噪声和振动通过管道传导扩散(图 13-38~图 13-40)。

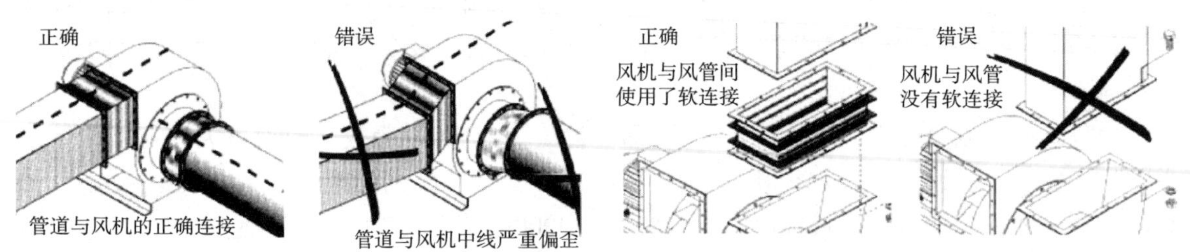

图 13-38　管道与风机接口之间要有软连接

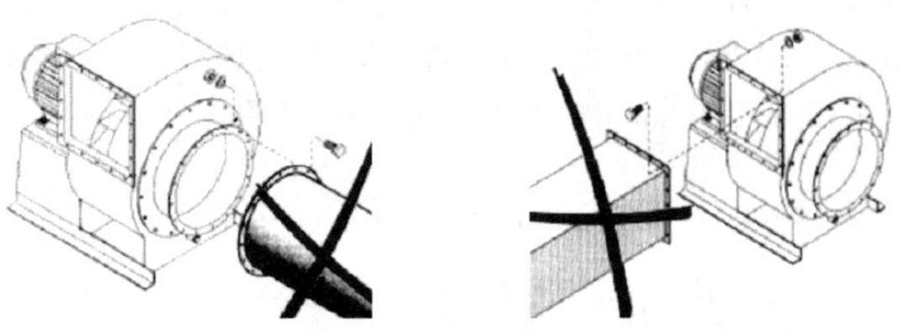

图 13-39　风机与管道之间的错误连接方法(没有软连接)

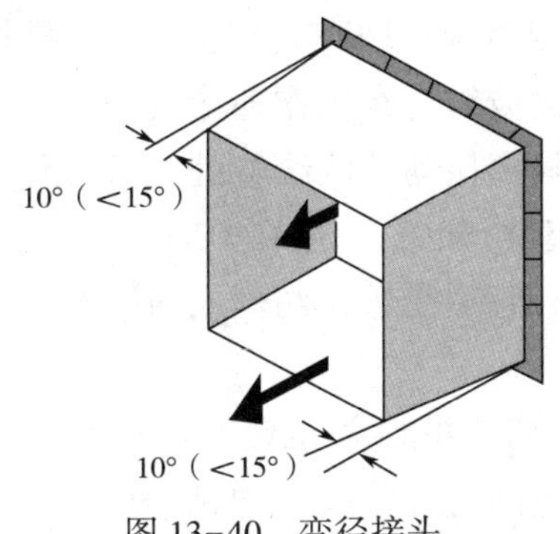

图 13-40　变径接头

2. 风机与固定设备之间的连接

风机出风口或吸风口一般还要与设备连接，当风机的吸风口与设备连接时，管道处于负压状态运行，当风机的出风口与设备连接时，管道处于正压状态运行。不论管道处于何种状态，管道的结构（材料的厚度、管道直径等）必须具备一定的强度和刚性，有时还要求制造管道的材料具有耐腐蚀功能。

在非织造布技术发展的初级阶段，曾使用过非金属材料制造的工艺气流管道，其截面多为方形或矩形，由于大截面的管道不方便运输。因此，很多管道是在现场制造的，施工周期长，现场条件较差。

目前基本上都是采用金属材料制造的管道，常用的材料有镀锌钢板、不锈钢板等，管道的截面有方形、矩形及圆形几种。由于圆形管道具有较高的强度和刚性，因此，圆形的螺旋镀锌管在工艺气流管道中获得广泛应用。

对于有防锈要求的埋地管道及牵伸气流管道，则要使用不锈钢管道；在正压牵伸系统，因为压力较高，管道及附件都要具有较好的抗氧化性能，并能在较高压力状态下长期安全运行。

3. 风机与运动设备之间的活动连接

对于一些熔喷纺丝系统或纺粘系统，由于需要进行 DCD 调节，设备可能处于运动（或移动）状态，与这些设备连接的牵伸气流管道或抽吸风管道就需要采用柔性连接或活动连接。

当熔喷系统采用升降成网机调节 DCD 时，抽吸风机与成网机之间一般有两种连接方式，一种是采用钢丝加强的塑料软管连接，这种方式较简单、安装要求很低、造价便宜，已在独立的熔喷生产线普遍应用。其缺点是软管容易被负压吸瘪，阻力增大，特别在管段较长的时候，软管可能出现不稳定的摆动。

另一种是采用活动套管连接，这种方式主要适用于管道通径（或截面）较大而压力较低，但需要有较大调节行程的设备。活动套管接头一般由专业厂家制造，调节过程灵活，密封可靠，但造价高，对安装要求较高，仅在一些引进设备上应用。

牵伸气流的压力较高，熔喷系统的牵伸气流还可能是高温气流，因此，在熔体纺丝成网非织造布生产线上，牵伸气流管道主要使用钢丝编织的不锈钢波纹管。这种波纹管常以 U 形布置，可以满足不同高度差的升降调节需求。如果需要保持纺丝系统在“在线”状态与“离线”状态之间移动时，仍须保持牵伸气流供给，则要求波纹管有足够的长度储备，以收纳系统移动过程中多余的长度或吐出更多的储备管段。

波纹管的造价较高、重量也较大,而且状态(形态)不容易控制,在运动过程中的反作用力较大,仅用于牵伸气流系统。短的波纹管常用作补偿接头,用于弥补管道间的中心线误差及补偿热胀冷缩的温度变化,还可以隔离振动。波纹管的正常工作压力≥1MPa,温度可在300℃或更高,通径与纺丝系统幅宽(或流量)相关,一般在DN150~DN350这个范围。

相关应用案例可参考本书第四章“熔喷法纺丝成网技术”。

4. 管道的走向和布置

管道的走向和布置会影响厂房内的设备布置,维护管理工作量,还会涉及对环境的影响。因为风机的排风管道流量大、流速高,会产生较强的噪声,成为噪声污染源,而垂直向上的新风管道既要有防止异物、小动物进入的防护措施,还要有防止雨雪倒灌的设施。

(1)单体抽吸排放管道。传统的单体抽吸排放管道,单体冷却器及单体抽吸风机基本上都是布置在高层平台上,风机的排放管道都是直接向上方排放的,这种配置方法管道较短,阻力也小,但这种配置方式会影响、限制厂房内的吊车活动范围,而且不便于布置其他的单体烟气净化设备。

而随着对排放气体的洁净度要求越来越严格,单体抽吸排放系统的冷却装置体积越来越大,已经难以按传统的方式直接布置在纺丝箱体的上方,为了解决这个问题,有一些采用宽狭缝低压牵伸的纺丝系统,就将单体冷却器和抽吸风机布置在地面,然后用管道将气流引向室外排放(图13-41)。

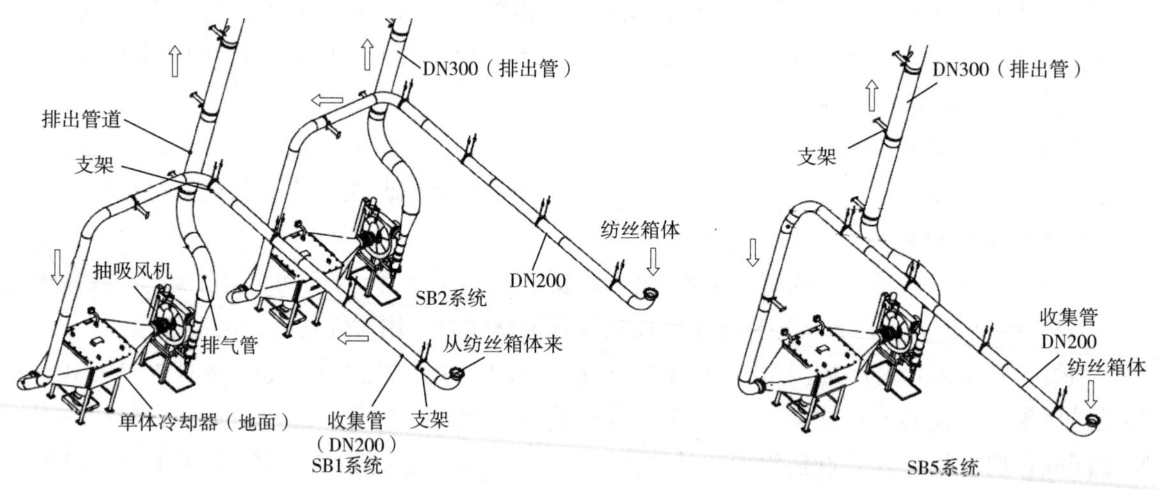

图13-41 SSMMS生产线的三个纺粘系统单体排放管道布置

采用这种方式布置的单体抽吸排放系统,布置在纺丝箱体上方的单体汇流管收集的单体烟气,用管道向下输送到收集管,这样既可以保持纺粘纺丝箱体周边环境的清洁,避免泄漏的单体污染三层钢平台,还可以较为自由地布置单体排放管的位置,消除了对厂房吊车的影响。

虽然这个系统的管道较长,阻力会较大,但流量并不大,加上配置管道的通径较大(风机入口侧的管道为DN200,排出侧的管道为DN300),实际的阻力还是较小,仅配置压力为5700Pa,流量为3300m^3/h的风机就可以满足正常的生产要求。

(2)成网机的抽吸风管道。成网机的抽吸风管道有三种布置方式,第一种是抽吸风机及相应的管道都布置在地面上，采用这种方式时，抽吸风箱大多仅有一侧与抽吸风机连接，而且管道会阻断物流通道；第二种是风机和管道都布置在地面以下的地下室，当采用这种布置方式时，抽吸风箱都采用双面抽吸方式，即抽吸风箱在 CD 方向有两个法兰与抽吸风机连接，可以减少抽吸风箱内不同位置的压力差异，有利于改善铺网均匀度（图 13-42）。

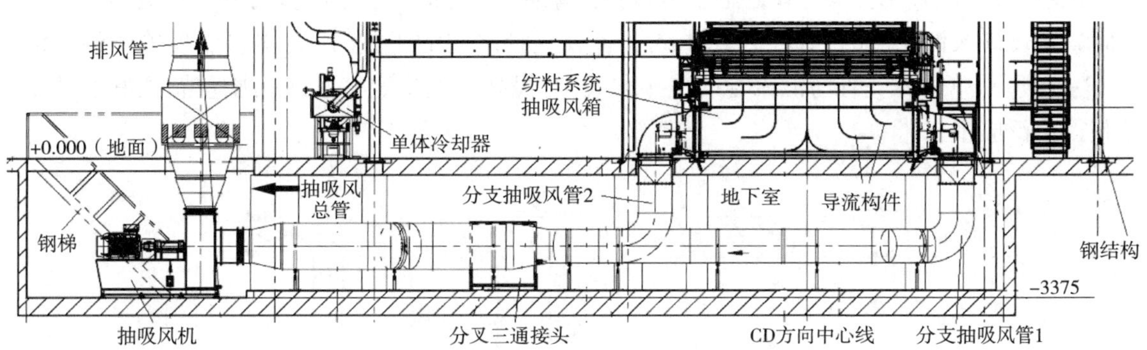

图 13-42　布置在地下室的抽吸风机及风管（双面抽吸）

在抽吸风箱内没有设计有相应的稳压分流机构时，第一种布置方式虽然有造价低、容易维护管理的特点，但在全幅宽方向的气流压力会有较大差异，难以控制成网气流的均匀性。虽然第二种布置方式有较好的工艺性能，但建造地下室会增加土建费用，因此，目前对幅宽在 3200mm 的生产线，基本上已经摒弃这个技术方案，而衍生出第三种布置方式，将风机放在地面上，将管道布置在预设在地面下的浅管沟内。

目前，新型的纺粘系统（包括独立的熔喷生产线）抽吸风装置，风机是放置在地面上，但管道并不是沿地面铺设，而是将抽吸风管布置在二层钢平台的下方（图 13-43），在跨越成网机后，然后向下与抽吸风箱的法兰连接，虽然仍是单端抽吸，但由于抽吸风箱内设计有相应的稳压、分流、导流机构，因此，仍可以保证成网的均匀度要求。这种方式整合了前述两种方式的优缺点，有可能成为以后的主流技术方案。

（3）多台风机共用的管道。当一条生产线配置有多个纺丝系统时，也必然有多套功能类似的系统，如抽吸风机的排气系统，单体排放系统等，有的生产线仅会配置一条截面积较大的排气管道，然后将各个纺丝系统的抽吸风排气汇流在一起，然后集中排放到室外。

当多台风机共用一条排气管道时，会产生互相干扰现象，排气压力较高的风机，会增加其他压力较低风机的排气背压（阻力），在这些风机停机时甚至产生气流倒灌，使风

图 13-43　布置在地面上的抽风管和单体冷却装置（单面抽吸）

机产生逆转，气流会从网带下方向上流动，将网带面上的纤网吹起，干扰正常铺网。

为了避免出现这种现象，除汇流总管的截面积不宜小于所有抽吸风机排气管截面积的总和外，还应避免总管的气流速度太高、阻力增加并产生强烈的噪声。另外，各台风机的气流进入总管时，应该向气流的流动方向倾斜一定的角度，能减少互相干扰。

在新型的纺粘系统，从纺丝通道上方收集的单体烟气，也是通过诸多的分支管道，并以一定的倾斜角度进入汇流管的，这种方式能减少各分支管之间的干扰，达到均匀抽吸单体的目的。图 13-44 所示单体分支管与汇流管的连接方式，对提高纺丝稳定性和产品质量有很好的效果，已获得广泛应用。

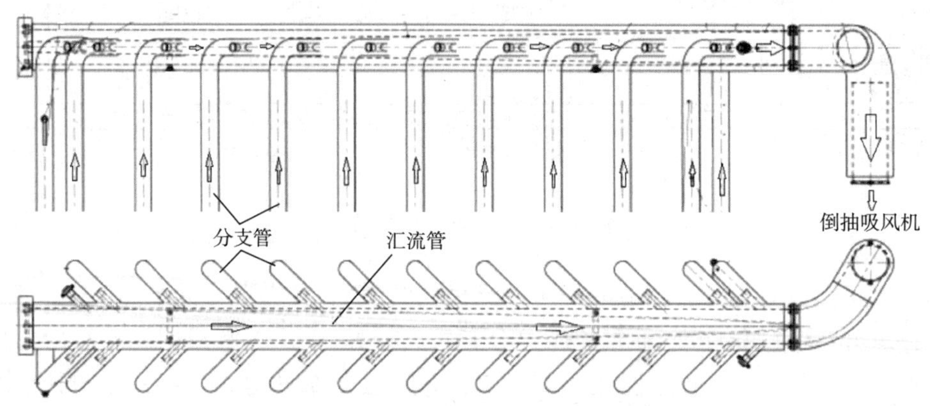

图 13-44　单体抽吸分支管与汇流管倾斜连接

5. 熔喷系统成网机抽吸气流的冷却功能

纺粘系统抽吸风机的主要功能是吸收冷却牵伸气流及环境气流，使纤维在接收装置上定位、均匀成网，除此就没有其他功能。而由于熔喷纤网是依靠余热自粘合成网的，纤维能得到快速、充分的冷却可以改善纤网的物理力学性能和手感。因此，抽吸风的流量越大，表示参与纤网冷却的气流也越多，冷却效果也会越好。

抽吸风机的排气温度反映了熔喷纤网的冷却效果，温度越高，冷却效果越差，产品的质量也越不稳定。熔喷抽吸风机吸入口的气流温度一般在 45～55℃，冬季环境温度较低，或抽吸风流量较大时，则排气温度较低。

当两侧的环境气流被吸入抽吸风箱时，会向中部挤压铺网气流。因此，偏大的抽吸气流会使成网宽度缩窄，尤其是在较大的 DCD 状态这种情况会特别严重。

横向的环境气流还有可能使网带上的熔喷布出现卷边现象，如果网带没有托板支撑，网带下方的气流会从下往上穿透网带将熔喷布（或熔喷纤网）吹起，而形成皱褶。

为了避免两侧横向气流干扰成网过程，可以在成网机的两侧设置一定高度的挡板，使环境气流改变流动方向，从以水平状态进入抽吸风箱改为翻越挡板后，以近似垂直的方向进入抽吸风箱。

抽吸气流偏小容易产生飞花，污染设备和环境。

熔喷系统是一个开放式纺丝系统，抽吸风机除了要吸收纺丝组件喷出的牵伸气流及冷却风外，还要将大量的环境空气（简称野风）吸走，并排放到室外。因此，会使车间内形成负压，对保持生产环境的清洁卫生不利,还会影响厂房的门窗启闭。

由于气流进入风机后压力升高,内能增加,温度会升高。因此,抽吸风机的排气温度则要比吸气温度高 4~6℃。风机的全压或转速越高,由于升压而引起的温升也越大。

尽管有环境空气冷却,熔喷系统牵伸气流到达接收装置时的温度仍可能≥80℃,进入抽吸风机后的排气温度仍可接近 60℃,气流及管道和风机辐射的热量对车间内环境影响较大,还会影响产品的质量,一般将这些热气流直接排到室外,由于气流中含有单体和短纤维,这种废气可能成为一个噪声和污染源,要妥善处置。

第九节　去离子水制备系统的运行管理

在熔体纺丝成网生产线的在线后整理系统、离线后整理系统、熔喷法非织造布的水驻极系统、冷冻水系统中都会用到去离子水。去离子水制备系统已经商品化,其工作原理和技术性能在本书第七章“非织造布产品的后整理与后加工”已有详细描述。

虽然市面上制备去离子水的机型有很多,但操作管理方法大同小异,应该参照设备制造商提供的作业指导书进行运行管理工作。去离子水设备的处理过程分为两步进行,第一步是超滤膜分离净化,其投入运行的条件见表 13-10,其运行原理如图 13-45 所示。

表 13-10　超滤膜分离净化系统投入运行的条件

运行条件	限值
最大跨膜压差(MPa)	0.2;执行跨膜压差 0.08
反洗最大跨膜压差(MPa)	0.15
最大进水压力(MPa)	0.30
最高进水温度(℃)	38
进水浊度(NTu)	≤10
进水 pH	2~13

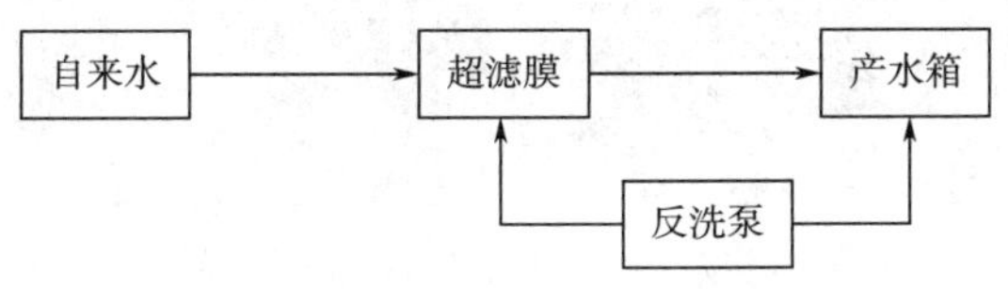

图 13-45　超滤膜系统运行原理示意图

第一步是利用超滤膜分离技术净化水质,移除水中的杂质,可以将水中的胶体、铁锈、悬浮物、泥沙、大分子有机物截留,这过程的净化水送到产水箱存放。在运行中,应始终保持超滤设备内部充满水,每一个班次都要提取水样检查水质。

去离子水设备是在自动状态运行的,不能长时间在手动模式进行生产性制水。正常停机时,仅需关闭电源开关,关闭进水阀,关闭反洗泵进水阀即可。

第二步是将超滤装置输出的原水送入反渗透(R 膜)纯水处理系统,其投入运行的条件见表 13-11,原水在经过反渗透膜时,其中的无机盐、重金属离子、有机物、胶体、细菌、病毒被阻截。输出的去离子水就可以用储水罐储存备用,也可以直接用作后整理配剂用水,或水摩擦驻极处理用水(图 13-46)。

表 13-11 反渗透膜纯水系统投入运行的条件

运行条件	限值
RO 膜最高操作压力(MPa)	4. 14
最高进水流量(m^3/h)	17
最大进水 SDI	15 : 5
进水自由氯气浓度(ppm)	<0. 1
进水温度(℃)	5~45
进水 pH	3~10
膜件最大压力降(MPa)	0. 1

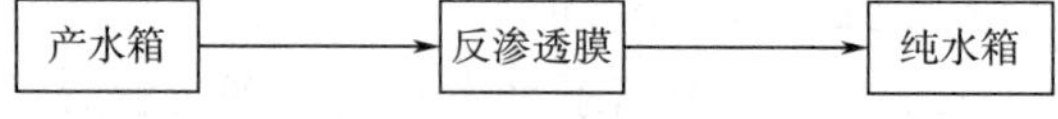

图 13-46 反渗透膜系统运行原理示意图

正常停机时,仅需关闭电源开关,关闭原水泵进水阀即可。

去离子水设备的出水电导率要求在 5μS 左右,有的企业甚至用到不大于 8μS。电导率越低,驻极处理效果越好,但运行费用就会越高(图 13-47)。

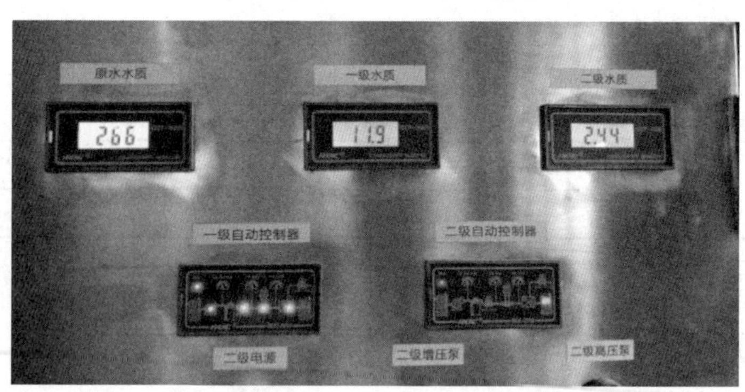

图 13-47 去离子水装置的水质显示

第十节 智能化工厂

一、企业管理常用的管理系统

智能化工厂是从聚合物原料的预处理,到非织造材料生产,直至分切成最终产品的全流程,实行自动化、数字化、智能化管理的工厂,还包括对订单计划到执行情况生产全过程的实时监控,直接生产成本的实时统计等。

在完整的 MES 运行数据,ERP 计划数据基础上专门定制的智能制造功能为企业提升了生产效率，稳定品质，降低能耗，实时掌控订单生产进度及成本，提高企业的竞争力，实现了非织造材料行业的智能工厂的功能。

（一）MES 系统

MES 系统（manufacturing execution system），即制造企业生产过程执行系统，是一套面向制造企业车间执行层的生产信息化管理系统，是确保产品生产质量的应用软件。可用来帮助企业监控从接获订单，原材料准备，生产，流程控制一直到产品完成的全过程，对影响生产的异常因素，通过人、机、料、法、环等方法进行分析和改善追踪，使整个生产现场完全透明化、精益化、最优化。

MES 系统是智能化工厂的一个基础系统，其功能可以归结为：

（1）优化企业现场生产管理执行模式，由过去用人手笔录数据变为电脑扫描，快速准确，强化生产过程控制，达到精细化管理目的。MES 系统还可以和 PLC（可编程逻辑控制器，programmable logic controller）、RFID（射频识别，radio frequency identification）、传感器、I/O（输入/输出，input/output）、HMI（人机交互界面，human machine interaction）等多种自动化的工业设备联机，从这些设备获取数据。

（2）加强各生产部门之间协同管理的能力，从过去的人工统计发布到电子看板管理，自动采集、自动发布，大大提高了工作效率，降低管理成本。MES 系统能兼容电脑、手机、平板等多种终端设备，可以随时随地了解系统的运行状态。

（3）提升生产流程的及时性，准确性，以往的现场管理，快的时候也只能对当天的业绩和状态做出评判，而现在则可以实现按小时，甚至按秒的时间间隔对现场管理做出实时评判。

（4）为企业的产品、中间产品和原材料等的质量检验工作提供有效和规范的支持。

（5）实时掌握计划、调度、质量、工艺、装备运行等的信息和状态，使现场生产过程完全透明化，使有关部门能及时发现问题和解决问题。

（6）MES 和 ERP 的联动交互，使上层决策人员及管理层能及时了解生产执行过程中存在的问题和进展情况，使上层决策者能更好了解实情，甚至在必要时对 ERP 计划做出相应的调整或改变，也可以对 MES 的过程做出修正或改动的指示。

（7）可以利用互联网技术，对生产机构在不同地域，乃至全球的生产执行情况一目了然，在显示屏清晰明白看到这些信息，对企业的整体活动效益做到运筹帷幄。

（二）ERP 系统

ERP（enterprise resource planning，企业资源计划）是一个企业管理概念。ERP 系统包括以下主要功能：供应链管理（SCM）、销售与市场、分销、客户服务、财务管理、制造管理、库存管理、工厂与设备维护、人力资源、报表、制造执行系统 MES、工作流服务和企业信息系统等。此外，还包括金融投资管理、质量管理、运输管理、项目管理、法规与标准和过程控制等补充功能。

在非织造布生产企业，ERP 系统的管理主要包括：生产控制（计划、制造）、物流管理（分销、采购、库存管理）、财务管理（会计核算、财务管理）和热力资源管理这四方面的内容。

1. 会计核算

传统的会计核算是通过人工记录来实现的，这样不仅对准确率和记录速度有影响，在查找某一数据的时候也不太方便。

ERP 系统的会计核算结合信息技术，对企业的会计相关数据进行统一管理并自动整合，减少了人工组织的环节,实现整个企业供应链的有效管理。

2. 财务管理

由于传统的财务数据都是依靠人工来进行记录的,这种数据在记录过程中也容易出现错误,而在核查时也不容易查找到。这样更容易产生记账错误,还会使财务数据产生登记不良的情况。

而使用 ERP 系统之后,企业的财务管理人员可通过 ERP 系统中的决策支持智能系统,利用财务管理功能来实现财务数据的记录,使财务数据能够更好地帮助经营者全面了解和掌握企业的经营状况,准确地分析和制定企业的发展方向,提供决策依据,有效控制和降低企业的运作成本。

企业的中层管理者可以通过 ERP 系统合理安排采购计划、生产计划、销售计划和资金使用计划,而企业的基层管理者可以通过 ERP 系统操作下达日常的工作指令。

3. 生产控制管理

生产控制管理是一个以计划为导向的先进的生产、管理方法。能够为企业提供一个先进的、完善的管理方法,首先,企业可以通过系统确定一个总生产计划,然后根据企业的实际情况来进行逐层细分,直至将生产管理计划完全分配到各个部门环节去执行。生产控制管理是 ERP 系统的核心功能。

它将企业的整个生产过程有机地结合在一起,使得企业能够有效地降低库存,提高效率。同时使原来各个分散的生产流程自动连接,能够前后连贯的进行,而不会出现生产脱节,耽误生产交货时间。

生产控制管理主要包括:制订主生产计划、物料需求计划、能力需求计划、车间控制、制造标准等方面的工作。

4. 物流管理

物流活动贯穿了商品产、供、销的全过程,将企业与供应商以及客户有机整合在一起,物流管理促进企业内部的管理及与企业外部的沟通工作,使企业与供应商,以及客户密切结合,不管是对内还是对外进行沟通,都可以为企业提供极大的便利。

在 ERP 系统中还有物流跟踪管理功能,通过这个功能就能够使货物的运输及跟踪更加合理,它能够贯穿产品的整个流通过程,在一定程度上确保了企业货物运输的便捷性,降低了企业的运输成本,实现了物质资源在空间上的高效流动,为企业带来了较大的经济效益。

物流管理可细分为:采购管理,分销管理(对于客户信息的管理和服务、对于销售订单的管理、对于销售的统计与分析),库存管理,批次跟踪管理等。

5. 采购管理

采购是企业成本控制的一个重要方面,ERP 系统的采购管理可以为企业确定合理的订货量、筛选优秀的供应商和保持最佳的安全储备。能够随时提供订购和验收的信息,跟踪和催促外购或委托加工的物料进程,保证货物及时到达。还可以建立供应商的档案,用最新的成本信息来调整库存成本。

6. 分销管理

销售是企业实现利润的环节,ERP 系统的分销管理是从产品的销售计划开始,对其销售产品、销售地区、销售客户各种信息的管理和统计,并可对销售数量、单价、金额、利润、绩效、客户服务做出全面的分析。分销管理大致分为对客户信息的管理、对销售订单的管理、对销售的统计这几方面的工作。

7. 库存控制

库存管理是企业中的一个小模块,经常会被企业管理者忽视,但是如果疏于管理也会对企业造成不小的影响。库存管理的目的是控制存储物料的数量,以保证稳定的物流支持正常的生产,但又最小限度地占用资源。ERP 系统的库存控制会结合其他模块的数据对企业的库存进行合理的控制,在保证生产所需的物资供应充足的同时避免企业的库存积压。

其实在 ERP 系统中最基本的功能就是库存管理功能。企业要想能够有效地控制成本,就需要从库存管理这方面进行控制,通过合理的系统管理就能够为企业提供准确的合理的订货量,并且还能够与供应商保持良好的合作关系,使企业的储备量更加安全。对于企业的订购货物以及验收的信息,还能够及时进行跟踪,确保货物准确无误地到达。

8. 人力资源管理

人才是企业的核心竞争能力,企业应该以人为本,重视人力资源管理。ERP 系统中的人力资源管理模块能够帮助企业有效地发掘人才、选拔人才、管理人才、降低用人成本,加强企业的核心竞争能力。

ERP 系统中的人力资源管理、财务管理系统及生产系统组成了一个高效的、具有高度集成性的企业资源系统。人力资源管理模块包括:人力资源规划的辅助决策、招聘管理、工资核算、工时管理、差旅核算等方面的内容。

二、生产线的数字化、智能化

(一)生产线的数字化、智能化概念

数字化是信息化的基本阶段,而智能化则是信息化的高级阶段。随着信息技术的快速发展,生产数字化、智能化已经成为不可避免的趋势,制造企业需要利用数字化/智能化管理平台、物联网技术,进行数据的在线收集,对设备运行状态、产品生产过程进行实时监控,从而预测生产趋势,对设备进行预防性维护。

工业自动化的革命使人们获得了更精细的控制系统和可视化产品。文本面板被具有良好屏幕分辨率和触摸屏控制的图形显示器所取代,也就是人机界面(HMI)。这不仅使程序员能够灵活地设计视觉上令人愉悦的屏幕,更重要的是,用户或操作员无须经常巡查工厂即可知道过程中发生了什么,一切都显示在操作员面前的图形界面上,利用远程控制即可获得可视化的支持和帮助,方便控制生产过程,调整质量。

数字化可以提高人工流程的效率。通过移动终端设备可随时与工厂车间的工作人员进行交流,提供包括生产线资料、产品描述、维护说明、技术培训等相关的信息,还可以通过视频会议、专家系统支持,利用网络摄像头排除故障,从而为每个员工提供超越自身能力,并在需要时超越整个业务的情境意识。

虚拟传感器监控运行过程,通过测量和评价过程参数,不断进行实时分析,以便向运营人员提供有用的见解、警报和建议,提供最佳调整方案。

智能化使设备成为一个专家系统,能预测设备的运行趋势,如喷丝板的剩余使用时间,传动系统轴承可能会失效的时间,成网机网带的透气性能变化等,以及参数变化可能对生产过程或

产品质量产生的影响。智能化也让设备具有与其他系统通信自主学习的功能,如预测设备的磨损、失效和剩余寿命等,以便让制造商能够通过减少不必要的计划性维护、部件更换成本和潜在的停机时间来降低其更换资产价值(RAV),更容易从计划性维护过渡到预测性维护,为智能生产铺平了道路。

收集从产品订单生成、生产指令下达,执行生产任务、过程控制、产品形成与输出的数据,直接链接到终端客户。非织造布的分级功能,可基于不同地区客户的特点,预测需求,有可能为客户提供量身定制的个性化产品。

智能化生产线是采用智能技术的生产实现模式,以智能系统为载体和平台,代替人的部分活动。利用终端设备对生产线的设备运行状态、生产流程进行直观访问,利用传感器技术、信息化技术、智能化技术、大数据分析技术、云计算分析技术,优化当前的生产过程或服务形式,帮助客户快速诊断、排除故障,提高生产效率和设备管理水平。

智能化强调整体自组织能力与个体的自主性,系统的建模需要大量的基础数据,系统的仿真需要实时数据支持,系统要具备一定的容错能力及学习能力。通过与物联网、移动应用、虚拟现实等新技术结合,不断将智能化生产线的功能进行扩展延伸。

(二)智能化生产线的主要特征

1. 柔性制造

柔性制造是区别于传统大规模量化生产的一种制造模式,柔性制造主要体现在生产线柔性和供应链柔性两个方面。

(1)生产线柔性具有小规模、个性化、周期可控的特点,可以快速完成生产线功能切换,生产市场需要的产品,甚至可以实现跨界转产。

(2)供应链柔性方面则体现在由产定销转变为由销定产,要求制造供应链具备根据顾客需求及时做出反应的能力,对于需方而言,代表了对未来变化的预期;对于供方而言,它是对自身所能承受的需求波动的估计。

柔性制造的生产方式可以帮助企业控制成本、减少库存,因此柔性制造对于企业在适应市场需求、提升生产效率和控制成本等方面具有巨大的优势。

2. 自学习和调整

智能化系统可以从专家或知识库直接获取知识,依据指令、状态变化和工作任务,不断学习和积累,完善并改进控制策略,在信息不完整或出现误差时,自我判断、自我调整,具备一定的容错能力。

从通信对象和过程来看,物与物、人与物、人与人之间的信息交互是物联网的核心。物联网的基本特征可概括为整体感知、可靠传输和智能处理。

(1)整体感知可利用射频识别、智能传感器等感知设备感知获取物理的各类信息。

(2)可靠传输是指通过互联网、无线网络的融合,将物体的信息实时、准确地传达,以便信息交流、分享。

(3)智能处理可使用各种智能技术,对感知和传送到的数据、信息进行分析处理,实现检测与控制的智能化。

(4)全面实时的感知。RFID(无线射频识别,它是自动识别技术的一种,使用方式是专用的扫描仪器)、传感器等感知设备广泛应用。由传感器构成信息感知单元,用来感知物体信息。

RFID 赋予物体电子编码，构成了完整的感知网，实现实时自动采集。智能传感器精度更高，具有判断、分析和信息处理能力，具备良好的可靠性和稳定性，并能够实现自我管理。

(5)模拟与预测。模型是智能系统的基础之一，通过模型可以在工厂进行模拟投产，检查缺陷，完善设计和施工；在工厂运营过程中对生产计划、生产运营、能源消耗等进行模拟，从而描述和预测工厂运行状态，发现瓶颈和问题，给出调整和改造建议。

(6)智能维护管理。通过对现场设备的实时监控和建模分析，可以自动生成维修计划，系统会自动提醒管理人员及时对设备进行维护，预防事故的发生。设备资产具有唯一的识别码，可以自动跟踪资产的数量和位置，合理安排采购计划和库存。

可见生产线的智能化不仅是生产线的硬件配置问题，还需要软件、企业资源管理等系统的支持，这是智能制造、智慧工厂的一个重要技术基础。

(三)智能化工厂的基本内容

除了企业管理层面的工作外，熔体纺丝成网非织造布生产线的智能化一般体现在以下过程：

(1)聚合物原料、辅料及助剂，包装材料的储存及库存管理。

(2)聚合物原料的预处理系统(干燥系统)自动运行。

(3)生产过程的原料自动分配与输送。

(4)产品配方的专家系统(菜单)，根据订单的个性化特点，自动设定优化该产品/批次对应的工艺参数，提升产能或降低能耗。

(5)熔体过滤器过滤元件使用周期预警。

(6)熔体压力—转速负反馈控制系统及超压保护。

(7)多纺丝系统生产线中各纺丝系统的纤网定量自动分配。

(8)纺丝组件使用周期预警。

(9)冷却(牵伸)气流的速度、温度自动控制。

(10)牵伸速度与抽吸风机的自动匹配。

(11)成网机速度与产品定量规格的自适应和优化。

(12)热轧机的温度、线压力与纤网规格自适应。

(13)产品疵点及缺陷的自动检测与统计分析。

(14)产品质量检测数据分析与统计，质量的可追溯性及变化趋势预报。

(15)卷绕机卷绕张力模式与自动控制，自动卸布卷及放置备用卷绕芯轴。

(16)母卷的存放及转移输送系统。

(17)离线分切机自动对刀系统及自动放置、插、拔卷绕杆。

(18)后整理溶液自动调配与后整理生产线运行参数的优化。

(19)子卷产品的自动分拣、堆叠组合、称重、贴标、包装系统。

(20)产品自动入库及堆垛。

(21)实时监控生产线设备的润滑状态及故障，自诊断与预警。

(22)对产品、物料与能源消耗进行管理，自动统计及分析，实时统计订单的直接生产成本，精准反馈的财务成本计算，实现生产线的数字化管理。

(23)实时用能的监控，异常报警，根据不同产品的单位能耗，利用分时电价的差别，降低能源消耗费用。

(24)订单的自动分类与整合,优化排产计划,减少转产次数,降低生产成本。

(25)设备的备品、备件及低值易耗品管理。

(26)生产线安全防护装置有效性的自动巡检及当前状态。

(27)环境保护设备的运行状态及记录。

(四)智能化带来的好处和效益

智能化生产管理系统是依托数字技术、自动化技术、传感器技术、信息技术、网络技术、现代管理与制造技术的一种先进管理方式。优化了生产现场管理、质量管理、仓储物流管理、财务管理和人力资源管理工作,使从产品订单的形成,直至产品交付的全过程的各个环节,都实现了智能化,过程透明化,装备数字化和生产信息集成化。

智能制造系统监视和控制了非织造布生产过程的每一个关键节点,增加了企业内部管理层与现场控制层的信息互联互通,增强了企业内部与市场的联系,提高了企业对市场的适应能力。这种精细化管理,提高了过程的可控性,降低了生产成本和资源占用,也提高了产品的质量和交付时间的准确性,提高了顾客的满意度。

实现智能化也改善了生产环境。一些日常的重复性工作将由系统或设备自动完成,减少了对人工的依赖,降低了员工的劳动强度,减少了对生产过程的人为干预,也降低了人力资源成本;增加了各个环节的沟通和衔接,提高了执行力,提高了企业的凝聚力和竞争优势,并可获得直接的经济效益。

非织造材料生产企业的典型成本包括:材料成本、能源成本、人力资源成本、设备折旧、财务成本、销售费用、利税等,这些都是被智能化管理系统所监管、控制的项目。因此,实施智能管理系统,可降低材料消耗,节约能源,减少人力资源支出,降低设备管理费用,能为企业带来可观的经济效益。

第十四章　非织造布的安全生产与职业健康

第一节　非织造布企业的安全生产

一、危险源和安全标志

危险源是指可能导致人员伤害或疾病、物质财产损失、工作环境破坏或这些情况组合的根源或状态因素。危险源辨识就是识别危险源，并确定其特性的过程。危险源辨识不但包括对危险源的识别，而且必须对其性质加以判断。

在熔体纺丝成网法非织造布生产线中，存在很多高温、有压力的系统和电力驱动运转的设备，生产流程是由上而下进行的，不少操作要在高层的平台上进行，生产过程有的物流运输作业要用到起重、运输设备，因此，在生产线中存在很多可能引发事故的危险源。

安全标志是由图形符号、安全色、几何形状（边框）或文字标志构成。安全标志是向工作人员警示工作场所或周围环境的危险状况，标识危险源的种类、危险程度等，指导人们采取合理行为的标志。

安全标志能够提醒工作人员预防危险，从而避免事故发生；当危险发生时，能够指示人们尽快逃离，或者采取正确、有效的措施，对危害加以遏制。安全标志不仅类型要与所警示的内容相吻合，而且设置的位置要符合相关规定，否则就难以真正充分发挥其警示作用。

在非织造布生产线中会用不同的标志标识危险源，用于表达特定安全信息，指示可能潜在的安全风险，这些标志符号已有国家标准规范（GB 2894—2008），全世界通用，解释的语言可能不同，但含义都是通用的。危险源和安全标志可分为禁止、警告、指令、提示、颜色五大类。

（一）禁止标志（带斜杠的红色白底圆环）

禁止标志的含义是不准或制止人们某些相关的不安全行为。凡是带斜杠的红色白底圆环的标志都是禁止进行的活动，我国规定的禁止标志共有28个，非织造布生产企业常用的禁止如图14-1所示。

图14-1　非织造布生产企业常用的禁止标志

（二）警告标志（黑三角黄底边框）

警告标志的含义是警告人们可能发生的危险，提醒人们对周围环境引起注意，以规避可能发生的危险，凡是带黑三角黄底边框的图形标志都是警告标志，我国规定的警告标志共有30个，非织造布生产企业常用的警告标志如图14-2所示。

图14-2　非织造布生产企业常用的警告标志

（三）指令标志（蓝底圆形边框）

指令标志的含义是必须遵守，强制人们必须做出某种动作或采用防范措施，凡是带蓝底圆形边框的图形都是指令性标志，带有一定的强制性，要求人们要按指示的要求去行动。指令标志共有15个，非织造布生产企业常用的指令标志如图14-3所示。

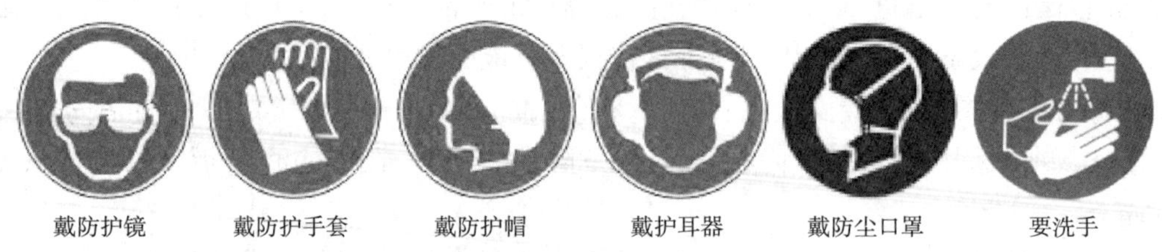

图14-3　非织造布生产企业常用的指令标志

（四）提示标志（绿底正方形）

提示标志的含义是示意目标的方向，向人们提供某种信息（如标明安全设施或场所等），凡是有绿底正方形的图形都是提示标志。提示标志共有13个，非织造布生产企业常用的提示标志如图14-4所示。

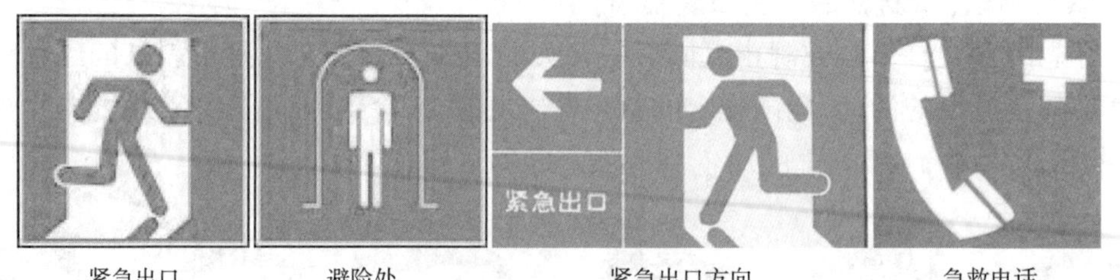

图14-4　非织造布生产企业常用的提示标志

（五）颜色标志

传递安全信息的颜色，有红、蓝、黄、绿四种，用不同的颜色表示安全程度，如：

红色表示危险、禁止、停止；如用于禁止标志，机器、车辆的紧急停止，停止按钮及禁止触动的部位。

黄色表示注意、警告；如用于警告、警戒标志，安全帽。

蓝色表示指令、必须遵守执行的规定；如用于指令标志。

绿色表示安全、通过等；如用于提示标志、启动按钮、安全通行等。

这些颜色标志除了用于安全标志外，还经常直接涂刷在设备上，以期引起注意。如经常用黄色在地面上画出物流通道或设备界限线；用黄黑色相间的斜线条作为运动物体（如吊车、起重设备）的警示色；其具体的使用实例见上述各种安全标志。

二、生产线中的危险源

（一）触电

电能是普及使用的一种能源，生产线中的设备都多采用电力驱动，目前在生产线使用的是频率为50Hz的交流电，供电电压有380V、220V两个规格。

高电压及带电物体是引起触电的主要危险源。从安全用电常识知道，安全电压是指不使用任何防护设备，接触带电体是不会对人体各部位造成任何损害的电压。我国的国家标准GB/T 3805—2008规定，安全电压的等级有42V、36V、24V、12V、6V五种。

安全电压与环境有关，在高温、有导电灰尘或灯具离地面高度低于2.4m等场所，电源电压不应高于36V；在潮湿和易触及带电体的场所，照明电源电压不应高于24V；在特别潮湿、地面导电良好的金属容器内工作的和易触及带电体的场所，照明电源电压不应高于12V，不管是交流电还是直流电，都有导致触电的危险，只是其作用机理和导致的伤害后果有所差异。

因为发生触电的风险与所处的环境及人体电阻有关，一般所说的安全电压并非绝对安全的，通常认为12V电压才是绝对安全的。

在非织造布生产线中，主要是使用电力能源，所用的电源电压有380V、220V。在配电变压器进线侧的电压达10kV，而在静电驻极设备中，还有高达60kV的高电压存在。这些电压都超过了正常的24V安全电压，是最普遍存在的危险源。

对生产线的操作人员而言，学习安全用电知识，远离缺乏保护的电气设备；要由有资质的人员从事电气设备的安装、维护工作是避免发生触电事故的有效措施。

在生产线中，凡有⚠标志的部位都是有触电危险的设备，必须注意规避出现触电的危险。安全用电的基本原则是：不接触低压带电体，不靠近高压带电体，未知设备应该视同带电设备处置，遵守安全用电制度等。

（二）高温危险

在非织造布生产线中，有大量的加热设备，存在大量有高温的零、部件和物体（如熔体、蒸汽、导热油）。

如聚合物熔体的温度一般为220~280℃，熔喷系统的牵伸风温度为250~300℃，正常条件下，各类型加热器自身的温度在350℃以上，煅烧纺丝组件时的温度为480℃，而在故障状态下，加热器的温度会上升至500℃或更高，甚至可以将铝加热套熔化，这些从空中滴落的高温液态铝液有致命的危险。

高温除了会造成严重灼伤外，还会引发火灾危险。熔喷系统的纺丝箱体经常会有飞花飘落、积聚，如果未能经常清理，时间长了就会炭化，如果遇遇高温，很容易发生阴燃，甚至明火燃烧。这是熔喷系统较为多见的事故，必须引起足够的关注。

在没有配置及正确使用防护用品的情况下，严禁触摸有⚠、🚫、⚠等类型标志的设备或部位。

除了加强设备的维护,防止加热系统失控导致严重超温事故外,在这些位置放置相应灭火器材,并保持这些消防器材的有效性是非常重要的。为了防止高温伤害,在刮板、换过滤网作业时还要戴防护眼镜。

在熔喷系统运行期间,如果牵伸风机突然发生故障,高温的熔体无法被牵伸为纤维,又没有得到充分冷却,会以熔体状态滴落在成网机的网带上,使网带发生局部变形,或造成网带大面积污染而报废。

由于熔喷工艺的特殊性,在进行刮板后收集的废丝中,或在成网机纺丝箱体下方收集的废丝中,经常还会在内部夹杂一些仍处于熔融状态的熔体,如果徒手去收集这些废丝,极易被高温熔体灼伤。

在故障状态,一些原来是常温的设备可能会出现异常的高温,这些都是设备维护管理过程中不容忽视的情况,平时不要触摸不熟悉的设备或部件外表,以免被高温灼伤。

(三)火灾隐患

从熔体过滤器、纺丝组件清理出的高温熔体,熔喷系统中含有高温熔体的废丝,或与其他可燃物体混杂堆放时,非常容易发生自燃而引起火险,这些是熔喷系统出现概率较高的事故隐患,必须引起足够的关注。

生产线中配置的导热油加热系统中,有大量的可燃性导热油,也是一个重大的火险隐患,按照有关运行规程,导热油加热系统要配置紧急排油、储油设备,以在紧急状态将导热油排放到安全场所,避免事故扩大。

(四)高压力危险

在熔体制备系统的螺杆挤出机、熔体过滤器、纺丝泵、纺丝箱体及熔体管道中都有压力在3~8MPa,温度在250℃的熔体。在运行中要避免出现高于设计值的熔体压力,要杜绝熔体泄漏现象。如没有及时清理泄漏出的熔体,遇到高温的加热元件后,会碳化,时间长了会产生阴燃或明火燃烧。

当用升降纺丝箱体的方法调节DCD时,一些活动连接的部位可能会出现泄漏、污染设备和成网机的现象。

在熔体过滤器进行换网作业时,压力会导致熔体从排气槽喷涌出来,产生伤害;在换网时,熔体过滤器的液压系统液压油压力≥10MPa,液压油发生泄漏不仅影响系统的正常工作,还会污染环境和产品,甚至形成火险隐患。

压力较高的牵伸风机,如罗茨式风机、螺杆式风机等一般为容积式风机,不容许出口压力太大,当出口阀门关闭或排气阻力太大的时候,会产生异常的压力,如果安全阀失灵,就会危及设备安全。

生产线的压缩空气系统用储气罐,制冷系统中的一些容器都属压力容器,在使用不当的情况下会发生爆炸事故。

(五)机械伤害

在非织造布生产线中,或日常设备维护工作中,有大量的运动、旋转设备或锋利的零部件,容易发生挤夹、卷绕、碰撞、拖拽、碾压、切割、穿刺等形式的伤害,这是生产过程中发生频度较高的一些安全事故。

设备的咬入方向、重物的下降区域、危险物品溅射范围、安全装置动作时的危险区、受力物件破损时残体的运动覆盖范围,设备警戒区域(黄线、护栏以内的区域)、运动设备前后方无避让空间的场所、安全防护性能差的设备、不熟悉的设备等都是容易发生事故的危险区域。

在有 标志的设备或场所,操作者一定要按安全规程作业,保持设备的完好及安全防护装置功能的有效性。

在开始进行设备维修工作前,一定要将设备的动力源(如电源、压力源等)切断,并在控制装置上悬挂警示标志,并严禁在还有压力存在的情况下拆卸、分解系统。图 14-5 为企业常用的防止机械伤害标志如图 14-5 所示。

图 14-5　企业常用的防止机械伤害标志

(六)起重运输作业过程中的风险

在非织造布生产线的设备安装及生产过程中,有大量的搬运、吊装作业。这些过程容易发生碰撞、挤压、砸压、撞击等形式的伤害。保证搬运、吊装过程安全的措施有两个方面:一是进行搬运、吊装作业的人员要按《起重运输安全操作规程》作业,二是其他人员要注意自身的安全环境,主动、合理地规避可能出现的风险,保障安全。图 14-6 为企业常用的运输作业风险标志。

图 14-6　企业常用的运输作业风险标志

(七)高空坠落

由于非织造布生产线是分多层、立体布置的,高空坠落是生产过程中潜在的危险。设备要按安全技术要求设置合格的防护栏;平台、走道、楼梯要有防滑措施;高层平台边缘要设置踢脚挡板;高空作业要有安全措施等。

对于容易出现空中坠物的区域,要进行封闭处理,或在下方设置防护网,挡板等,以防滑跌、坠落事故。在生产过程中,禁止攀爬设备,或在设备间跨越、跳跃,或抛掷物体,以免影响人员和设备安全。图 14-7 为企业常用的高空坠落风险标志。

(八)辐射危险

在有的非织造布生产线中,检测设备(主要是在线检测设备)会用到放射性物质,长时间受到超剂量的辐射会损害人体的免疫力;安装、维修设备时的电弧焊弧光会伤害人的眼睛和皮肤;

图 14-7　企业常用的高空坠落风险标志

长期在强电磁环境下工作也会影响健康。

(九)高温与噪声

成网机的抽风机流量较大,基本能将牵伸气流及抽吸区上方周围环境的气流抽走,但高温气流辐射的热量、纤维冷却过程放出的热量及设备散发的热量还是很多的,这部分热量会使车间温度升高。为了改善现场工作环境,生产线的厂房要装备性能较好的通风换气设备来降低室内温度。

此外,牵伸气流在运行期间会产生强度较高的噪声,特别是牵伸风机产生的噪声强度也很高。因此,在这些场所工作就要佩戴耳塞等劳动保护用品。

(十)爆炸

在非织造布生产线的压缩空气系统、制冷系统、液压系统、燃气系统中,都会配置有不少受压容器,其中有部分是要受安全部门监督的压力容器,如果因为意外原因,这些容器都存在发生爆炸的风险。

在生产含有木浆的复合型非织造布产品时,粉碎、加工木浆的过程中会有粉尘产生,当空气中的粉尘浓度达到临界状态时,就有发生爆炸的风险。

生产线中的一些以燃气为能源的设备,如果发生泄漏或燃烧系统操作失误,都有可能引起燃烧、爆炸。

在用煅烧炉清理纺丝组件时,煅烧炉内也会产生可燃气体混合物,遇到高温就有可能产生爆燃,也是一种安全风险。

(十一)原料、辅料的安全性

一般情形下,原料或化学品供应商应向用户提供一份化学品安全技术说明书(safety data sheet for chemical product,SDS),外国则称为物质安全技术说明书(material safety data sheet,MSDS),SDS 是化学品供应商向下游用户传递化学品基本危害信息(包括运输、操作处置、储存和应急行动信息)的一种载体。

我国于 2009 年 2 月开始实施的国家标准 GB/T 16483—2008《化学品安全技术说明书　内容和项目顺序》,提供了化学品(物质或混合物)在安全、健康和环境保护等方面的信息,推荐了防护措施和紧急情况下的应对措施。规范了化学品安全技术说明书的编制工作。

在一些国家及地区,化学品安全技术说明书又称物质安全技术说明书,因此,在日常工作中,会见到有 CDS 或 MSDS 这种名称的文件。但在我国这个标准中,统一使用化学品安全技术说明书这一名称,包括以下内容:

化学品及企业标识、危险性概述、成分/组成信息、急救措施、消防措施、泄漏应急处理、操作处置与储存、接触控制和个体防护、理化特性、稳定性和反应性、毒理学信息、生态学信息、废弃处置、运输信息、法规信息及其他信息。

所有接触、使用、管理这些物品的员工，都要了解 MSDS 报告的内容，正确、安全地做好本职工作。

PP 是一种可燃烧、但不易燃的物体，在引燃火焰离开后能继续燃烧，火焰的上端呈黄色、下端呈蓝色，有少量黑烟，燃烧熔融后滴落，散发出石油气味。这也是用燃烧法鉴别 PP 的一个方法。

正规企业大批量生产的 PP 原料是无毒的，有的企业可以提供 FDA（美国食品和药物管理局）认证，可用作卫生、医疗制品的原料。有的原料还经过皮肤接触致敏、生物兼容性、细胞毒性、溶血性试验，取得 SGS（通用公证行）认证，可以在卫生、医疗等领域安全使用。

有的聚合物粉尘会刺激人的皮肤、眼睛或呼吸系统；聚合物在熔融纺丝过程中会发生分解，排放出烟气或异味，污染环境；有的聚合物原料在熔融过程中会对设备产生腐蚀作用，要求设备具备防腐蚀功能；有的添加剂（辅料）会含有有害成分，如重金属等，会影响产品的安全性。

粒状的原辅料撒落在地面或操作平台后，如果不及时进行清理，会成为安全隐患，很容易导致人员滑倒，甚至引发高空坠落事故。

三、生产过程中容易发生的伤害和防范

在非织造布的生产过程中，要规避危险、避免出现安全事故，必须学会识别危险源，做好个人安全防护，远离危险区域或场所，保持各种安全防护装置的有效性，学会各种安全防护用品的正确使用方法，参加安全生产教育和培训，事故预案演练等活动。

要防止事故发生，除了要提高安全生产观念，加强操作技能培训，提高自我保护意识外，制定科学合理的作业指导，遵守安全操作规程也是非常重要的。

实践证明，假期过后、企业较长时间停产后的复工、复产时期，往往都是各类生产安全事故的高发期，因此，企业要落实做好每年的春节、五一及国庆节长假后的安全生产措施，杜绝事故发生。

因为生产工艺、设备品牌、技术含量等的差异，设备的结构或具体的操作方法也会不一样，以下的安全通则是根据共性而定的，要结合实际情况实施。而贯彻以预防为主的方针可以防患于未然，是实现安全生产的好方法。

（一）安全通则

（1）参与生产线设备管理、操作的员工，必须身体健康和心理健康，没有影响本人岗位正常工作的生理缺陷和精神障碍。

（2）全体人员应经过基本操作技能培训和考核，熟悉本工序（岗位）的工作职责和作业范围，服从管理和工作分配，遵守岗位责任制，提高安全生产意识。

（3）所有参与操作的人员要接受安全生产知识教育，掌握基本的安全常识和相应的规章制度，熟知本工序（岗位）的工作职责，落实岗位安全责任，并经全面考核合格后才能独立上岗操作。

（4）对新员工要落实传、帮、带制度，指定班组的对口负责人，在新员工没有熟悉本岗位的工作前，不得独立上岗顶班，不得进行与其资质不相称的作业（如维护喷丝板、吊装贵重物品、大型物件等）。

（5）每个生产班组必须设有安全负责人，如果没有另行指定，当班负责人就是本班次的安全负责人，要做好人员管理和生产指挥工作，上班期间要定期对各工作点进行检查巡视，纠正违章行为，保障各项工作安全。

（6）参与操作的人员要熟悉本岗位各种设备的性能、操作方法和工艺要求，严格按规程操作，增强自我保护意识，实现安全生产。

（7）操作人员应熟悉本岗位的各种安全装置（如放置、安装位置，功能及使用方法），并保持其完好。不得随意改变设备上安全保护装置的技术状态。

（8）上班期间各岗位人员应集中精神工作，禁止在生产时间离岗、脱岗、串岗、戏闹、聊天、玩手机或从事与生产任务无关的其他工作。

（9）当班人员必须合理穿戴和使用符合要求的防护用品。要穿戴无金属纽扣、上衣无口袋的紧袖口工作服装，冬季要穿戴没有外飘衣带、围巾的紧身服装，并必须符合安全生产要求；应穿戴有防滑功能、无金属鞋钉的平底鞋；员工的头发必须收拢在工作帽内。

（10）非工作人员或非当班人员未经允许不得进入工作现场或自行操作设备。所有进入现场的人员必须穿戴符合要求的服装、鞋、帽。要划定参观路线，防止外来参观人员超越安全界限接近设备。

（11）生产过程必须使用规范的劳动工具和用品，正常操作用的工具、量具、物料在使用后，不得堆放在机器上及操纵台上，不得采用抛、掷的方法传送物件。在机器运转期间，禁止攀爬、跨越设备。

（12）生产线上的所有人员身上不得有金属物品及有可能遗漏的硬物，也禁止将有可能影响产品安全的污染物带入生产现场。患病、精神欠佳及酒后不得参与生产活动。

（13）做好生产现场的5S工作，及时处理现场的各种物品，严格控制现场放置的油料、酒精及易燃物，不得多于二个班次的用量，做好事故及灾害预防工作，实现文明生产、安全生产。

（14）不得超能力、超负荷，或使用其他非常规的手段使设备运作，要合理选用、使用各种工具、量具和物料，并做好放置、保管、保养工作。

（15）熟悉本岗位的各种安全装置（如放置、安装位置、功能、使用方法），并保持其完好。不得随意改变设备上各种安全保护装置的技术状态，要注意保持车间内的消防设备的完好和有效。

（16）设备运转前必须做好清场工作，通知和确认所有人员处于安全区，所有装置具备安全运转条件。

（17）设备的维修工作应由熟练的维修工或在专业技术人员指导下进行。设备的维修工作应在设备停止运转，并只能在断开其动力供给（如电源、压缩空气等）及降温、泄压后进行，禁止在设备内部有压力，或在带电状态拆卸及维修设备。

（18）进行设备维修工作时，应在电源开关、阀门或控制装置上挂上“设备维修、不得开机”，“设备维修、不得合闸”，“禁止转动”类的警示标志。为了防止被他人误操作，电源开关或开关箱要上锁，并由专人保管钥匙。

（19）要进入设备内部，或必须在设备运行中才能进行的工作，必须做足安全措施（包括用电、照明与通风），并必须由称职的专人负责监护、指挥。

（20）国家劳动安全部门规定的特殊工种和特种作业要执行凭资质证书上岗制度，生产线上的特殊岗位、特殊过程的操作执行领导许可制度。

(21)在生产期间，操作人员要加强自我保护意识，应注意规避危险源及进入危险区域；要注意发扬团队精神，互相照顾，互相帮助，纠正违章行为，实现安全生产。

(22)出现突发事件要及时报告、迅速处理，降低事故的影响或损失。要及时总结教训，落实整改措施，避免事故重现。

(二)生产安全事故处理预案与训练

目前，国家高度重视安全生产工作，力求加强生产安全事故应急能力建设，发布了《生产安全事故应急条例》，规定发生生产安全事故后，生产经营单位应当立即启动预案，采取相应的应急救援措施，并按规定报告事故情况。

应急救援措施包括：迅速控制危险源，组织抢救遇险人员；根据事故危害程度，组织现场人员撤离，或在采取可能的应急措施后撤离；及时通知可能受到事故影响的单位和人员；采取必要措施，防止事故危害扩大和次生、衍生灾害发生。

根据需要请求邻近的应急救援队伍参与救援，并向参加救援的应急救援队伍提供相关技术资料、信息和处置方法、预案；维护事故现场秩序，保护事故现场和相关证据以及法律、法规规定的其他应急救援措施。

1. 安全事故处理预案的内容

安全生产事故紧急处理预案，其内容包括：组织机构及人员责任分工；事故性质判断，事故损失评判；人员或财产抢救方法；抢救现场具体分工；人员的疏散路线或指引，现场保护及警戒；抢救应急用品储备，应急用品的储备场所和使用方法；事后原因分析和事故处理等。

2. 常用联系电话

当企业发生自己无力应对的事故时，要及时向上级报告及与有关部门联系，争取社会力量救援。

常用紧急电话：公安报警电话 110、火警电话 119、医疗救护电话 120、交通事故报警电话 122。

当向有关部门报告后，要派人到相关路口为救援队伍引路。

第二节　职业健康

一、职业安全卫生风险

(一)非织造布生产过程的职业安全卫生风险

在非织造布的生产过程中，工人会在有一定噪声、高于常温的环境中工作。虽然生产过程不会产生有害气体，但也会产生一定浓度的废气、异味以及少量的废水排放。由于废品是可以再生回收、循环利用的，因此，废品对环境产生的负面影响极小。

在企业的生产、工作环境中，总是存在各种各样潜在的危险源，可能会损坏财物、危害环境、影响人体健康，甚至造成伤害事故。这些危险源种类多样。

人们将某一或某些危险引发事故的可能性和其可能造成的后果称为风险。风险可用发生概率、危害范围、损失大小等指标来评定。现代职业安全卫生管理的对象就是职业安全卫生风险。

建立职业安全健康管理体系，能有效地消除并尽可能降低员工在企业生产活动中遭受的风险；采用合理的职业安全健康管理原则与方法，可以控制其职业安全健康风险，持续改进职业安全健康绩效。

（二）职业健康安全体系标准和社会责任标准

贯彻、实施 OSHAS 18001 职业健康安全体系标准和 SA 8000 企业社会责任标准，是提升企业竞争力，参与国际市场竞争，促进社会进步、企业文明建设的重要措施，是以人为本精神的具体体现。贯彻、实施职业健康安全体系标准和社会责任标准是一个法律责任，主要措施包括：

1. 要对新员工进行职业危害教育

对于新员工（包括临时工、实习生），如果在工作中可能接触职业危害，在上岗前应对其进行职业危害教育，其内容包括岗位存在的职业危害因素、操作规程、发生职业危害时的应急处理、应急设施的使用，企业与职业病防治相关的规范等内容。

新员工必须经教育且书面考核合格后方准上岗操作。调换工种如涉及职业危害因素以及间断工作一定时间后的复工员工，均需重新培训考核后上岗。

2. 员工在职业健康工作中应尽的义务

接触职业危害人员必须严格遵守岗位操作规程，认真参加培训教育，按规定合理使用职业危害个体防护用品，保持职业危害防护设施有效，参加本企业组织的各种职业健康体检及医学观察，无正当理由者不得拒绝到符合国家规定的、与职业危害相关要求的岗位或作业。

3. 职业病防护措施

在非织造布企业与挥发性化学试剂、漂浮颗粒物接触的员工，如清洗喷丝板的雾化硅油，擦拭机器使用的清洗剂、除锈剂，超声波清洗用的清洗液，熔喷纺丝组件刮板等，必须佩戴防尘口罩或穿戴劳动防护用品。

在强噪声环境，如熔喷牵伸风机机房、熔喷系统成网机旁、正压牵伸系统的离心式压缩机旁、抽吸风机机房等场所工作时，要佩戴防噪声耳塞。

在强光环境或场所，如进行电弧焊接、高温切割等，要戴护目镜。

加强现场的排气、通风，降低室内环境的温度，降低污染物的浓度。如在纺丝箱体附近作业、更换纺丝组件、进行废料回收、纺丝组件煅烧处理等环境。

为了避免职业危害的长时间累积作业而导致患职业病，凡接触高度危害岗位、在超标噪声环境作业的员工，要建立定期轮换岗位制度，一般换岗周期不得多于两年。

4. 企业职业危害状况监测

为准确掌握企业内存在的职业危害源，要委托有资质的职业健康检测机构进行职业危害状况监测，对作业场所职业危害进行法定检测和评价，并在发现存在超出国家规定的职业危害时，采取改善对策，消除或降低对员工健康的影响。

5. 职业健康体检制度

按 2015 年国家卫生和计划生育委员会令第 5 号公布的《职业健康检查管理办法》相关规定，所有接触粉尘类，接触化学因素类，接触物理因素类，接触生物因素类，接触放射因素类及其他类（特殊作业等）职业病危害因素的岗位人员，开展相应的职业健康检查。

接触职业危害作业的劳动者，要进行上岗前、在岗期间、离岗时的健康检查。以监督、评价职业危害的状况、趋势及防护效果，确保公认的职业健康安全。职业健康体检委托具有相应资质的机构或单位进行。

新员工(包括新上岗、换岗)应进行岗前职业禁忌证体检,如果员工要从事接触职业危害的作业或特殊工种,必须在上岗前进行职业禁忌证的体检,经确认没有职业禁忌证后才可从事相应工作。

企业应为每一位接触职业危害的人员建立职业健康档案,档案中包括员工的职业史、职业病危害接触史、职业健康体检结果和职业病诊疗等资料。

二、生产环境控制

(一)生产车间内的环境

生产车间的环境包括:温度、湿度、气味、高浓粉尘、通风、照明、强辐射振动、噪声等,对于一般的非织造布材料生产车间环境,目前并没有相关的法律法规要求,但对相关的卫生、医疗制品生产厂房,则有明确的要求。有害工作环境是指劳动者进行生产活动时,有害于身体健康的环境空间的总称。

1. 生产车间的温度和湿度

从保证设备正常运行、产品的质量和员工职业健康、安全生产等角度,生产环境的温度、湿度、气味、通风、照明、噪声等都要符合相关的规定。如 2021 年 2 月 1 日施行的《工作场所职业卫生管理规定》,2022 年 6 月 5 日起施行的《中华人民共和国噪声污染防治法》都提出了相应的原则性要求,而在 GB 50514—2020《非织造布工厂技术标准》中则提出了具体要求(表 14-1 和表 14-2)。

表 14-1　纺丝成网法非织造布生产车间空气温度(℃)和相对湿度(*RH*,%)

序号	操作区域或车间名称	夏季		冬季		备注
		温度	相对湿度	温度	相对湿度	
1	纺丝	职业卫生	65±3	≥16	65±3	
2	梳理成网	职业卫生	70±5	≥16	70±3	
3	针刺固结	职业卫生	70±5	≥16	70±3	
4	其他固结	职业卫生		≥16		
5	物理检验室	20±2	65±3	20±2	65±2	检测区

在生产工艺无要求的车间,操作岗位的温度应根据夏季通风室外计算温度及其与工作地点的允许温差确定,且不得大于表 14-2 的规定。

表 14-2　车间操作岗位的劳动保护温度(℃)

夏季通风室外计算温度	≤22	23	24	25	26	27	28	29~32	≥33
允许最大温差	10	9	8	7	6	5	4	3	2
操作点温度	≤32	32						32~35	≥35

由于熔体纺丝成网非织造布生产线中有大量的加热设备,这些高温设备在运行过程中有大量的热量散发到空间,而且设备还可能抽走大量的室内气流。因此,为了改善生产环境,厂房较多采用局部降温的方法,对经常有人操作的位置局部送冷却风,而较少使用运行费用高昂的全

车间空调。

由于环境温度会影响开放式纺丝系统产出的纤维，特别是熔喷纤维及熔喷纤网的冷却过程，对产品的质量有较大影响，即使是这样，一般也只是要求纺丝系统配置冷却效果较好的冷却风装置，而没有必要把生产车间建成封闭的空调厂房。

因为建造封闭的空调厂房需要较大的投资和运行管理费用，而实际上对环境温度有较高要求的仅是纺丝成网这一环节，而操作员工并不需要在高温区域停留。

2. 通风、气味

厂房的通风也是影响现场温度的一个重要因素，在生产线运行期间，有时也会有一些烟雾或气味散发出来，因此要依靠合理的通风换气，保持生产现场的空气新鲜度，改善劳动环境。厂房的通风设计要充分利用空气对流的原理，排气扇要安装在高位、补风口要布置在较低位置，要防止在车间内形成干扰成网过程的穿堂风，并要落实防尘及空气净化措施。

为了保护室内环境的可控性，室内的气压要比室外稍高一点，呈微正压状态，这样就可以降低环境气流对室内空气的影响。

虽然纺丝系统产生的单体烟气，煅烧清理纺丝组件时排放的气体，后整理干燥过程产生的废气都排放到室外，对生产环境影响很小，但也要按照相关的法规要求，要经过净化、除异味后才能排放。

3. 厂房照明

非织造布生产厂房应有正常照明，安全照明，备用应急照明设施，应符合 GB 50034—2013《建筑照明设计标准》的要求及 GB 51309—2018《消防应急照明和疏散指示系统技术标准》的相关规定。

厂房照明应采用显色性好、使用寿命长的高效节能灯具，推广应用 LED 照明灯具，在设备运转区域的灯具应注意不会出现频闪效应。

4. 噪声

生产线在运行期间，必然会发出噪声，特别是一些转动速度较高的设备及风机类设备，会发出较强烈的噪声，成网机抽吸风机的排气噪声也是一个较为突出的问题，也是职业安全健康方面较为关注的项目。

将噪声强度较高的设备，集中放置在一个独立的封闭空间内，是降低现场噪声的一个重要方法。其次是在设备选型阶段，要尽量选用一些转速较低的低噪声设备；控制管道内的气流速度，管道与风机之间采用软连接，管道包覆吸音材料，排气出口配置消声装置；风机要安装在减震底座等，都是减少噪声污染的常用措施。

对于一些局部噪声强度较高的岗位，作业人员要佩戴耳塞等个人防护用品，降低噪声对健康的影响。

(二)生产车间卫生控制

当产品用于卫生医疗领域或其他有卫生条件要求的领域时，就要做好昆虫和小动物的控制工作，防止产品被污染。

防止昆虫或小动物进入生产现场，其主要的措施是做好厂房与环境边界的防护工作，堵塞所有昆虫或小动物进入生产现场的通道，进入车间必须走卫生通道等，电缆槽沟、开放的下水道、门窗也要有相应的防昆虫、防小动物进入的设施等。

在生产场所、仓库配置相应密度的灭蚊灯，是杀灭趋光性昆虫的有效措施，但放置灭蚊灯的位置要远离产品，灯的正面只能朝向室内，而正面不能有较强的光源，安装高度不能太高，以便于进行清理、检查和维护，这些都是安装灭蚊灯的基本要求。

厂房周边的绿化、植被不能种植有花粉产生或容易招引蚊蝇昆虫的品种，及时清理厂房周边容易滋生蚊虫的积水、污垢和垃圾等。

第三节　环境保护

一、生产车间的环境保护和污染治理

熔喷法纺丝系统和纺粘法纺丝系统在运行时，会产生强烈的噪声，并有大量的废气排放，一般情形下，排气含有很少量的单体和极少的短纤维，噪声也较大；在进行纺丝组件的煅烧、超声波清洗过程中，也有少量废水、烟气排放。

非织造布生产企业要进行的环境保护项目主要包括：室内的噪声处理，环境噪声治理；高温治理；生产过程的废水处理；废气和异味处理；节能措施等。

（一）噪声治理

噪声，是指在工业生产、建筑施工、交通运输和社会生活中产生的干扰周围生活环境的声音。噪声污染，是指超过噪声排放标准或者未依法采取防控措施产生噪声，并干扰他人正常生活、工作和学习的现象。我国相关法律规定，排放噪声的单位和个人应当采取有效措施，防止、减轻噪声污染。

噪声控制技术现在虽然已经成熟，要采取噪声控制的场所为数甚多，因此，在防止噪声污染的问题上，必须从技术、经济和效果等方面进行综合考虑。具体问题应当具体分析，噪声控制的内容包括：

1. 控制噪声源

非织造布生产企业在新建、改建、扩建可能产生噪声污染的建设项目前，应当依法进行环境影响评价。降低声源噪声，可以选用低噪声的生产设备和改进生产工艺，或者改变噪声源的运动方式（如用阻尼、隔振等措施，可以降低固体发声体的振动）。

非织造布生产过程的噪声主要来自各类型风机，如熔喷系统的牵伸风机，成网机的抽吸风机等，风机产生的噪声与转速有关，选用高效节能风机，或同样性能但转速较低的风机，其噪声的强度也较低。

采取减振或隔振措施：机器振动产生噪声辐射，一般采取减振或隔振措施，降噪效果为5~25dB。如机械运转使厂房的地面或墙壁振动而产生噪声辐射，可采用隔振机座或阻尼措施。

设置排气消声器：影响室外环境的噪声源是抽吸风机排出的正压气流，设置排气消声器能降低噪声强度。

排气避开噪声敏感区域和方向：如果企业附近有噪声敏感区域（如生活区，学校，办公场所和科研机构等），则风机的排气要进行规避，并尽量选在其下风方向。

2. 阻断噪声传播

在传声途径上降低噪声，控制噪声的传播，改变声源已经发出的噪声传播途径，如采用吸声、隔声、声屏障、隔振等措施，以及合理规划厂房及设备布局等。

设置专用的风机机房，将风机集中在机房内安装，利用机房的封闭环境屏蔽噪声。

非织造布生产线中，仅有局部区域，个别设备会产生较强的噪声，而工人并不需要长时间在这些场所停留、作业。设置隔声工作室，工人可以进入设置的隔声工作室，脱离噪声环境。

3. 在人耳处减弱噪声

在声源和传播途径上无法采取措施，或采取的声学措施仍不能达到预期效果时，就需要对受声者或受声器官采取防护措施。

如长期职业性噪声暴露的工人可以使用劳动保护用品，如戴防噪声耳塞、耳罩或头盔等护耳器具，能明显降低噪声对听力的伤害，是一个行之有效的措施。

（二）高温治理

生产线中存在不少高温设备，会散发不少热量污染环境，要降低环境温度，可以采用如下措施：

（1）选用高效节能的加热系统或加热器，提高热能利用效率，减少向环境散发热量。

（2）加强设备的保温措施，控制设备保温层表面与环境的温升，减少向环境散发热量。

（3）合理组织生产环境的气流，使热空气实现有效对流。

（4）在厂房内温度最高、含湿量大或有害物质浓度最大的区域设置排气设备。

（5）对高温岗位，可采用局部送风、降温的方法来降低温度。

（三）生产过程的废品处理

熔体纺丝成网产品的生产过程会用到各种物料，其中的主要原料是热塑性聚合物原料，因此，在生产过程中产生的不良品、废品、废丝等，绝大多数都是可以回收循环利用的，回收的方式有化学回收和物理回收两种，非织造布企业主要采用的是物理回收，具体的回收方式有多种，分别是：

1. 现场即时分散回收

由相关的 PP 生产线即时进行回收，即在哪里产生的废品，就在那里进行回收，这包括在分切过程中切出的边料，调试过程的过渡性产品，生产过程形成的废品等，这是最常见、也是最有效的回收方式，不仅能回收聚合物原料，还可以回收利用其中价格较高的添加剂等。

只有 PP 纺粘法纺丝系统才配置有回收设备，由于熔喷法喷丝板的特点，对纺丝熔体的灰分含量很敏感，会影响纺丝稳定性和喷丝板的使用周期，因此，熔喷法纺丝系统是不能进行回收作业的。

2. 集中造粒回收

集中整理后的 PP 材料由专用的回收设备进行回收，因为要在生产线上回收其他类型或颜色的材料（产品）需要相应的条件，如基本上是同一类型的聚合物原料、同一种颜色等，如颜色或类型不同，就可以将这部分物料集中在一起，在专用的回收系统以造粒的形式回收，这些粒料可以发送给合适的生产线当作原料来使用。

3. PP 熔喷材料与 PP 纺粘材料混合回收

只有 PP 纺粘法纺丝系统才配置有回收设备，熔喷法纺丝系统是不能进行回收作业的，因此，熔喷法纺丝系统产生的不良品只能以一定的比例，与 PP 材料混合在一起，放在 PP 纺丝系统回收，或集中后造粒回收。

4. 按废料处置PET材料

由于PET或其他聚合物对含水量很敏感,因此,一般的PET纺粘法纺丝系统没有配置回收设备,PET的不良品也不能直接回收,至今国内绝大部分PET非织造布生产企业都没有开展回收工作。

5. 作为工业废品交给专业机构处置或回收

对于PP非织造布企业,通过上述各种途径,基本上能将生产过程中产生的不良品的回收率提高到98%~99%的水平,剩余的部分主要是熔体硬块或已被严重污染的没有回收价值的废料,这些物料不能当作垃圾随意丢弃,应按有关规定,交由专业机构处置,避免对环境产生负面影响。

(四)生产过程的废水处理

熔体纺丝成网产品的生产流程不需要工艺用水,排放的废水主要是设备冷却水,以及极少量组件清洗及后整理加工排放的废水。由于熔喷法非织造布的水驻极工艺的应用,去离子水设备在运行过程中,也有废水排放,将使熔体纺丝成网非织造布生产企业的产品耗水量明显增加,而国家工信部等六个部门近期提出了在2025年前,单位产品的耗水量要下降15%,对能源消耗相对较多的非织造布企业而言,这是一个任重道远的工作。

目前非织造布企业使用的废水处理工艺主要是用药剂分离乳化物和用微生物来降低水体的COD(化学需氧量)。

生产过程产生的废水要集中收集,经处理符合排放标准以后,再排入指定的管道系统,或在企业内循环使用。

(五)废气和异味处理

在熔体纺丝成网非织造布的生产过程中,纺丝系统要吸入大量的环境气流,在实现其工艺目标后,这些气流会成为废气向环境排放。除了环境空气中已有的污染物(如粉尘及其他固态颗粒、气味)外,纺丝系统排出的气体中还增加了单体及短纤维等污染物,聚合物切片及添加剂还会挥发出异味,因此这些废气成分比原来的环境气流更加复杂。因为其流量大,流速高,同时还是高噪声污染源(特别是熔喷系统产生的废气)。因此,生产线的排气要经过净化及降噪处理后才能向环境合法排放。

非织造布企业的废气主要来自纺丝系统排放的单体烟气、组件煅烧排放的废气、后整理干燥系统排放废气。最终出风口各项污染物指标达到《大气污染物综合排放标准》(GB 16297—1996)、《恶臭污染物排放标准》(GB 14554—1993)的二级排放要求。

废水、废气治理工作一般是委托有资质的危险品、废品处理企业实施,并采用行业公认的效果较好的治理方案,工程完工后一定要进行验收,检验实际效果。新设备一般都有较好的效果,但经过一段时间的运行后,由于设备内积聚的物质会影响设备的性能,处理效果会随之降低,因此,一定要做好维护工作。

目前废气处理主要采用以下几个方式:

1. 紫外线(UV)光解废气处理

UV光解废气处理技术是在光解净化设备内,采用高能UV紫外线光束、氧化反应催化剂等,裂解氧化恶臭物质分子链,改变物质结构,将高分子污染物质裂解、氧化为低分子无害物质。

改变废气:如氨、三甲胺、硫化氢、甲硫氢、甲硫醇、甲硫醚、二甲基二硫醚、二硫化碳和苯乙烯，硫化物 H_2S、VOC 类，苯、甲苯、二甲苯的分子链结构，使有机或无机高分子恶臭化合物分子链，通过高能紫外线光束照射、催化剂的氧化反应、正氧离子的氧化反应，降解转变成低分子化合物，如 CO_2、H_2O 等。

经过光解处理的废气，其脱臭效率≥90%，脱臭效果大大超过国家 1993 年颁布的（GB 14554—1993）《恶臭污染的排放标准》，能使高浓度混合气体中呈游离状态的单分子被臭氧氧化结合成无害或低害的小分子化合物，如 CO_2、H_2O 等。

UV 光解系统主要依靠高能紫外线去裂解有机废气或恶臭气体分子，设备内部主体是石英材质的 UV 高能紫外线管，只产生高能紫外线，将电能转换为光能，不产生高热高温，有很高的安全性（图 14-8）。

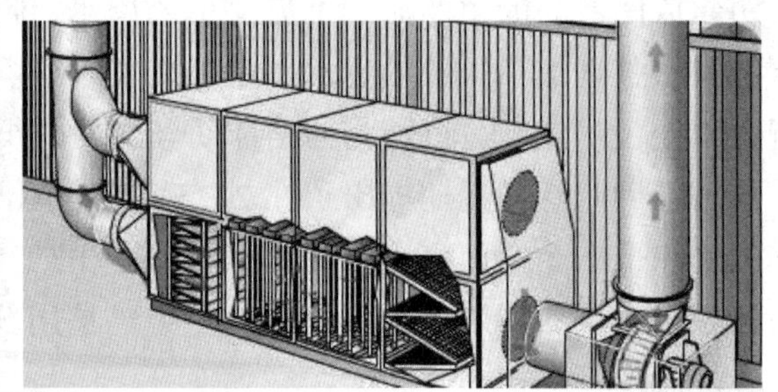

图 14-8　紫外线（UV）光解废气装置图

2. 高压静电捕集

废气经过高压静电场时，废气中的颗粒、尘埃和单体电荷，在电场作用下向带有电荷的金属线和管壁的集尘极运动，并失去电荷，在重力的作用下，落到电离捕捉器底部流出，从而使污染物得以降解去除，净化效率通常可达 85%以上。

有时仅使用一种方法还无法达到理想的处理效果，因此，实际上经常会同时使用多种措施，提高净化效果。如高压静电捕集+活性炭吸附等，使废气得到深度净化后达标排放，图 14-9 是安装在纺粘法单体排放系统中的净化设备收集的已经固化的单体。

图 14-9　在高压静电捕集装置中析出的固化烟气单体

3. 低温等离子体处理

低温等离子体是继固态、液态、气态之后的物质第四态，当外加电压达到气体的放电电压时，气体被击穿，产生包括电子、离子、原子和自由基在内的混合体。放电过程中虽然电子温度很高，但重粒子温度很低，整个体系呈现低温状态，所以称为低温等离子体。

低温等离子体降解污染物，主要是利用这些高能电子、自由基等活性粒子与废气中的污染物作用，使污染物分子在极短的时间内发生分解，并发生后续的各种反应以达到降解污染物的目的。

在低温等离子空气净化设备中，等离子体反应区富含能量极高的物质，如高能电子、离子、自由基和激发态分子等，废气中的污染物质可与这些具有较高能量的物质发生反应，使污染物质在极短的时间内发生分解，并发生后续的各种反应以达到降解污染物的目的，其流程如图 14-10所示。

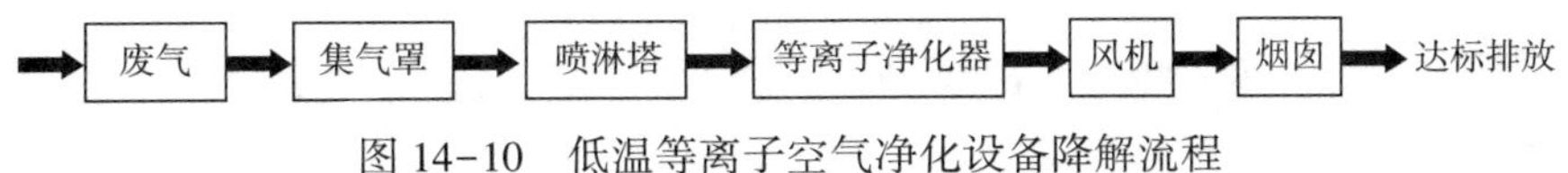

图 14-10　低温等离子空气净化设备降解流程

4. 活性炭吸附

由于活性炭表面存在着未平衡和未饱和的分子引力或化学键，因此当活性炭表面与气体接触时，就能吸引气体分子，使其浓聚并保持在固体表面，此现象称为吸附。

利用活性炭表面的吸附能力，使烟气与大表面的多孔性活性炭相接触，烟气中的污染物被吸附在活性炭表面，使其与气体混合物分离，达到净化目的。废气经空气过滤器除去微小悬浮颗粒后，进入吸附罐顶部，经过罐内活性炭吸附后，除去有害成分，成为符合排放标准的净化气体，就可以排放到室外环境中。

5. 高温裂解处理

根据很多聚合物在高温下会裂解这个特性，将废气导入一个高温裂解装置，在高达 700℃的气温中，气体就会发生裂解，成为无害的二氧化碳和水蒸气，就可以排放到大气环境了。在纺丝组件的煅烧处理过程中，会有一些成分复杂的废气产生。在煅烧炉炉膛的废气排出口，串联有一个可以产生 700℃高温的电加热器（图 14-11），废气在经过加热器时便发生裂解，最终转化为无害的 CO_2 和 H_2O 排放。

图 14-11　带电加热高温裂解装置的真空煅烧炉

6. 高温热力燃烧法

在高温（≥760℃）下可较彻底地将污染物净化，利用燃气与废气混合，形成完全燃烧，实现无害排放。在纺丝组件煅烧过程中产生的废气，可以使用高温热力燃烧进行处理。这种高温环境既可以使用电加热器获得，也可以通过燃烧可燃气体获得，图 14-12 为带专用后燃烧器的纺丝组件煅烧炉，燃烧器可以使用煤气或其他可燃气体助燃。

这种带后燃烧器的纺丝组件煅烧炉还有另一个重要的特点，就是炉膛的负压较小，只有 -80～-70Pa，容易保持炉盖的有效密封。其次是在加热煅烧过程中，炉膛充入了惰性气体（N_2 或 CO_2），保护纺丝组件不会在高温处理过程中发生氧化。但这种设备的运行费用也较高。因此，除了与引进的非织造布生产线配套使用外，在国内的企业中还极少使用这种设备。

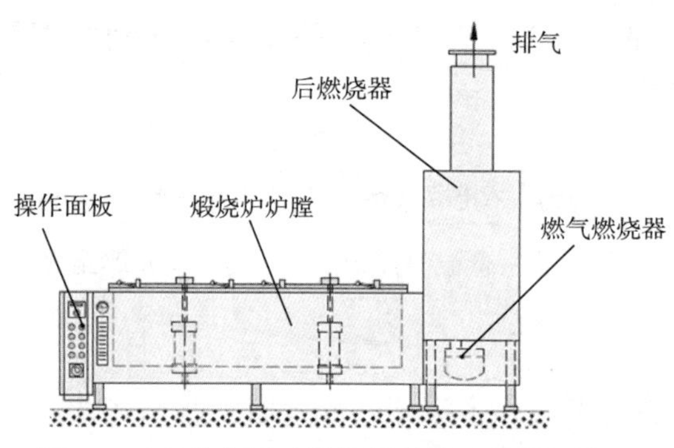

图 14-12　带专用后燃烧器的纺丝组件煅烧炉

二、社会生态环境保护

目前的非织造布基本都是用石油基聚合物生产的产品，中国每年有数以百万吨计的非织造产品被废弃。这些废弃物在自然环境下的日晒、雨淋、风化、微生物的作用下仍很难降解，只是形态发生变化，破碎或变成细小的非织造布或塑料碎片，或变成粒径或尺寸小于 5mm 的聚合物颗粒、纤维和薄膜等形态的微塑料。由于产量巨大，回收利用率低，已成为迫在眉睫需要应对的环境问题。

如果这些废弃物不经回收利用或处理就直接排放，将对环境产生巨大的危害。

目前，微塑料已对地球环境造成了污染，并有可能进入食物链，对人类产生危害。

由于很多制造非织造布的聚合物材料都是化学性能较为稳定的石油化学产品，当用这些材料制造的制品废弃后，由于很难降解，会成为污染源，会破坏生态环境。这些在生产过程中产生的废物，属工业固体废物，其贮存处置方法要符合生态环境部标准 HJ 1200—2021《排污许可证申请与核发技术规范　工业固体废物(试行)》的要求。

要减少这种污染，就要推广由可降解聚合物制造的产品，从源头上减少对地球环境产生的负面影响。

(一)可降解概念

可降解塑料是指在特定情境下或自然环境中可完全降解为二氧化碳、甲烷、水、矿化无机盐等对环境无害物。可降解塑料是一种新型高分子材料，可以来自石化原料，也可以来自生物质材料。

可降解塑料发生降解的条件包括光、氧、热、水、生物和微生物等多种因素，而在日常使用过程这些因素不会同时得到满足。因此，用可降解塑料制造的用品不会在使用过程中被降解掉。

从可降解的机理来看，可降解塑料可分为生物降解、光降解、生物+光降解(双降解)、氧化降解塑料等。从降解的最终结果来看，又可分为全降解和部分降解。

全降解并不是 100%降解，依据国家推荐标准 GB/T 19277.1、2，GB/T 19276.1、2 及 GB/T 28206 等检测方法，生物降解塑料的生物降解率应达到 90%以上。生物降解率达到 90%以上即认为是全降解。这是因为在堆肥、土壤等环境条件中发生降解时，生物降解塑料所含有机碳有一小部分(小于 10%)变成了生物死体或矿化无机盐。

多数可降解塑料在土壤、淡水或海水等自然环境中，温湿度合适的条件下，都会发生降解而最终被微生物完全分解成对环境无害的物质。

PBAT、PCL、PHA 等材料在土壤、海水等条件适宜的情况下，最快可在六个月内降解完全。PLA 材料在土壤、海水等自然环境中，也能发生降解。

可降解塑料不等同生物基塑料，可降解塑料更多的是从环境污染治理角度出发，考虑材料或制品经过使用废弃后，进入垃圾处理系统或泄漏到环境中后，能否完全降解，而且对环境无污染或者说不会对环境造成污染。因此，可降解性是对高分子聚合物材料而言的特性。

而生物基塑料更多的是从材料原料的来源角度出发，利用生物质等可再生资源来制造材料或制品，以节约化石资源的使用。因此。生物基塑料不等同于生物降解塑料。

总体来说，生物基塑料不一定是可降解的，它既可以是可降解的，也可以是不可降解的；而可降解塑料也不一定是生物基的，它既可以是生物基的，也可能是非生物基的。按具体应用的制造工艺，可分为：微生物合成型，如聚羟基酸酯等。化学合成型，如聚乳酸、聚丁二酸丁二酯、聚己内酯及其他脂肪族聚酯等。除了生物降解塑料，其他品种均不能快速降解且还会引起微塑料污染。

目前，生物基降解塑料制品的价格约是传统塑料制品的 2 倍左右。

（二）产品的可冲散性

按照国家推荐标准 GB/T 40181—2021《一次性卫生用非织造材料的可冲散性试验方法及评价》的定义，可冲散是指产品在预期使用条件下，能够保持抽水马桶及排水管道系统的畅通，与现有的污水输送、处理、再利用和处置等系统相容，在合理的时间内废弃物变得不可识别，具有可分散和降解的性能。目前，可冲散性是对卫生制品的一个重要要求。

可冲散性指的是仅在水力作用下丢弃的卫生制品分散为短纤维的过程，在这个过程中必须要有一个水力涡旋产生的冲击，从而使纤维制品分散为短纤维状，然后顺利地通过整个污水系统的流送过程。否则会堵塞下水道系统管道，影响城市污水系统的安全运行。

目前，可冲散产品主要应用于婴幼儿用干/湿巾、女性护理用干/湿巾、厕用干/湿巾等。产品的可冲散性可通过湿态断裂强力预试验、抽水马桶及排水管道清洁试验、晃动箱分解试验、家用泵试验等方式进行试验。

可冲散一次性卫生用非织造材料的标准编制，要坚持评价指标符合产品的应用需求和生产企业的实际水平，同时又能体现出行业平均先进水平，兼顾国内外市场行情，才有利于促进行业技术发展。

（三）生物降解材料

1. 可生物降解材料的定义

按美国材料试验协会（American Society for Testing and Materials，ASTM）规定生物降解聚合物是指在一定时间和适当的自然环境下能够被微生物或其分泌物在酶或化学分解的作用下发生降解的聚合物。

日本通产省生物降解塑料实用化研究委员会将生物降解材料定义为：使用中保持与现有材料相同程度的功能，使用后能被自然界中微生物作用分解成低分子化合物，并最终分解成水和二氧化碳的高分子材料。

生物降解材料是指在自然界中，如土壤和/或沙土等条件下，和/或特定条件如堆肥化条件下或厌氧消化条件下，或水性培养液中，有自然界存在的微生物作用引起降解，并最终完全降解变成二氧化碳(CO_2)或/和甲烷(CH_4)、水(H_2O)及其所含元素的矿化无机盐以及新生物质的一种高分子材料。

2. 对生物降解材料要求

(1)对单一成分材料,单一聚合物加工而成的材料生物分解率应≥60%。

(2)如果材料是混合物,应满足以下要求:有机成分≥51%。

(3)混合物中组分含量<1%的有机成分,也应可生物分解,但可以不提供生物分解能力证明,其总量应<5%。

生物分解率应≥60%,且材料中组分≥1%的有机成分的生物分解率应≥60%,或混合物的相对生物分解率≥90%。

降解率:生物降解率指的是塑料材料中的有机碳被分解成二氧化碳/甲烷的气体量与材料可以产生气体的理论量之比。降解塑料的生物降解率应≥90%。

3. 开发、使用可降解原料和可冲散的产品

生物基可降解材料是我国十三个五年计划到十四个五年计划以来,符合环境可持续发展的环保理念,未来重点发展的几种材料之一。这些原料大部分需要从粮食发酵而来,现在用得最多的是薯类(木薯、马铃薯)、淀粉(玉米淀粉、小麦淀粉)等。

有统计资料表明,用2.5t的玉米,就能做1t聚乳酸,转化率为2.5∶1,相比于生物基PE的6∶1的比例,这个转化率是相当高的。很多科学家都在研究以植物秸秆为原料生产聚乳酸,大概6t秸秆、稻草,就能得到1t聚乳酸。国内已有十几家企业生产生物降解原料。

目前,可降解塑料主要包括:聚乳酸(PLA)、聚对苯二甲酸-己二酸丁二醇酯(PBAT)、聚羟基脂肪酸酯(PHA)、聚已内酯(PCL)、聚丁二酸丁二醇酯(PBS)生物降解酯。聚乳酸作为生物降解材料中综合性能最好、性价比最高的一种,受到行业广泛的关注。

聚乳酸在绿色环保低碳等方面有其独特的优势,可生物降解,焚烧之后无有害气体排放。即使不做处理,埋在土里,几年时间就降解了,这个降解时间是通用石油基塑料的百分之一。

聚乳酸适合作为纤维的原料,已经在纺粘法、熔喷法非织造布方面得到应用。也适合制作一次性包装产品,如购物袋、垃圾袋、塑料袋。除此之外,还可用于制造医疗用品。目前,由于制品价格、供应链及对纺丝牵伸速度要求较高等问题,还没有得到普及应用。

在生活中,很多一次性卫生制品在使用过后,会进入垃圾处理系统或卫生间的下水道系统,如何杜绝下水道堵塞已经成为一个重要问题,而开发使用可降解,可冲散材料是一个有效的措施。

第四节　非织造布企业的能源消耗

熔体纺丝成网非织造布的生产过程要消耗大量的能量,主要有电能、燃气等,也会排放二氧化碳等气体。碳排放与经济发展密切相关,经济发展必然需要消耗能源。目前,我国的能源利用率与先进水平还存在一定差距,也就是在提升能源利用率方面还有较大的空间。

为了保护地球环境,我国政府已向全世界承诺,在2030年前实现碳达峰,就是我们国家的二氧化碳排放总量不再增长,达到峰值之后再慢慢减下去;到2060年实现碳中和,就是针对排放的二氧化碳,采取植树、节能减排等各种方式将其全部抵消掉。

国家工信部《"十四五"工业绿色发展规划》(工信部规〔2021〕178号)要求,到2025年,工业产业结构、生产方式绿色低碳转型取得显著成效,绿色低碳技术装备广泛应用,能源资源利用效率大幅提高,绿色制造水平全面提升,为2030年工业领域碳达峰奠定坚实基础。其中,碳排放强度持续下降,单位工业增加值二氧化碳排放降低18%。

由于人类活动所消耗的能源有一些是不可再生的,这些能源(如石化能源)终有一天会枯竭,除了开发新能源以外,还要合理利用能源,提高能源利用率,减少能源消耗。为了应对这个局面,有的地方对被认定的高耗能行业实行了阶梯电价政策,并在单位产品超能耗限额标准时实行惩罚性电价,用行政和经济手段促进节能活动。

熔体纺丝成网非织造布是一种对能源依赖程度很高而耗能又较多的产品,开展节能降耗活动既是社会责任,也是企业实现可持续发展的重要策略。

一、熔体纺丝成网非织造布的能耗组成

熔体纺丝成网非织造布的能耗主要由生产线直接消耗的能源,辅助设备消耗的能源,辅助生产系统和附属生产系统消耗的能源等部分组成。

熔体纺丝成网非织造布产品消耗的能量可分为两类,一类是用于加热(或冷却)的能量,另一类是驱动设备(电动机)运转的能量。随着产品特性的差异,及纺丝系统形式、生产线配置技术水平不同,两种能量在产品的能量消耗占比也不一样。

在熔喷法非织造布生产线,加热设备的装机容量会较大,占比为40%~50%,驱动设备的装机容量占比为50%~60%;在多纺丝系统的SMS生产线中,加热设备装机容量的占比,会随着实际配置熔喷系统数量的增多而变大。

从各种生产线的装机容量占比可以看到,生产线能耗的大头是电动机类负载,而又以风机类负载为主;加热类负载的占比相对较小。而从运行期间的能量消耗来看,电动机类设备的正常负载率为60%~80%,而加热类设备的正常负载率为30%~50%,由此可见,实际消耗的能量还是以电动机较多。

设备的负载率与设计有关,而产品的能耗与产品的应用领域、质量水平紧密相关,因此,不同质量特性的产品没有可比性。特别是对于有加热干燥过程的后整理产品,其加热干燥的能耗甚至会大幅度超过生产基布时的能耗。

如在纺粘法非织造布生产线以在线后整理方式生产卫生制品材料时,能耗可能要增加40%~50%;如果采用离线后整理工艺生产医疗制品材料时,由于采用液下浸轧上液,材料的带液量很大,仅后整理工序干燥产品增加的能耗就在1000kW·h/t左右;生产纺粘法双组分水刺布产品时,或应用离线水驻极工艺生产熔喷空气过滤材料时,产品的总能耗有可能接近6000kW·h/t。

二、非织造布的单位产量产品能耗计算

纺熔非织造布企业综合能耗的定义是:生产单位质量(t或kg)合格产品时,企业所消耗的所有能量(kgce)总和,这是考核企业的指标。

纺熔非织造布企业综合能耗具体计算公式如下:

$$E = \sum_{i=1}^{n} (q_i \times K_i)$$

式中：E——纺熔非织造布企业生产某产品各类能源消耗总量，kgce；

q_i——生产过程中消耗的第 i 类能源实物量；

K_i——第 i 类能源折标系数，见表 14-3；

n——消耗的能源种类数。

表 14-3　各种能源折算为标准煤的参考系数表

序号	能源名称	单位	平均低位发热量	折标煤系数
1	电力(当量值)	kW·h	3600kJ/(kW·h)或 860kcal/(kW·h)	0.1229kgce/(kW·h)
2	气田天然气	m^3	35544kJ/m^3或8500kcal/m^3	1.2143kgce/m^3
3	柴油	kg	42652kJ/kg或10200kcal/kg	1.4571kgce/kg
4	原煤	kg	20908kJ/kg或5000kcal/kg	0.7143kgce/kg
5	蒸汽(低压)	t	3763MJ/t或900Mcal/t	0.1286kgce/kg
6	新鲜水	t	2.51MJ/t或600kcal/t	0.0857kgce/kg
7	软化水	t	14.23MJ/t或3400kcal/t	0.4857kgce/kg
8	压缩空气	m^3	1.17kJ/m^3或280kcal/m^3	0.0400kgce/m^3

消耗的能量总和是指纺熔非织造布企业在统计报告期内，主要生产系统、辅助生产系统和附属生产系统的实际消耗的各种能源实物量，按规定的计算方法和单位分别折算后的总和。

其中主要生产系统用能，是指生产系统或生产装置用能，包括原料混合、干燥、挤出、纺丝、铺网、固结、在线后整理、分切、包装入库等工序。

辅助生产系统用能，是指为主要生产系统服务的动力、供电、供水、供风、采暖、制冷、仪表等辅助设备、公用工程等的用能，包括：压缩空气制备、循环水冷设备、生产车间的空调和取暖、照明、物流运输设备等。

附属生产系统用能，是指附属生产管理、指挥系统(厂部)和厂区内为生产服务的部门和单位，包括浴室、卫生间、开水站、厨房和食堂、保健站、休息室、更衣室等。

纺熔非织造布的单位产品能耗=生产纺熔非织造布的能耗总量/该种产品合格品总量。这是考核一种产品的指标，其中的能耗总量仅为生产系统和辅助生产系统的各种能源及耗能工质消耗量，而不包括附属生产系统的各种能源及耗能工质的消耗量。其具体计算公式如下：

$$e = \frac{E}{G}$$

式中：e——纺熔非织造布单位产品能耗，kgce/t；

E——纺熔非织造布企业生产某产品各类能源消耗总量，kgce；

G——纺熔非织造布企业生产合格品产量，t。

从以上公式可知，要降低产品的能耗有两个路径，一个是增加产量，也就是增加合格品的数量，这是减少能耗的主要方法，也是进行生产活动的终极目标。

其次是减少各种能量消耗，与企业的技术创新能力、设备的技术水平、综合管理水平有关。产品消耗的能量包括生产线直接消耗的能量，为生产过程提供支持的公用工程消耗的能量两个部分。

生产过程消耗的能源包括：电能、燃油、燃气、蒸汽、煤炭、水等。一般可以将消耗的各种能源换算为标准煤，这样就可以对单位产量产品的能耗进行量化评价。

降低单位产品的能耗既降低了产品的生产成本，增强了产品的竞争能力，对企业有直接的效益；也是一个环境友好的行为，每节省 1t 标准煤，就意味着减少了 2.5t 的碳排放，节省 1kW·h 电能，可减少 1kg 的 CO_2 排放，有良好的环保效益。

目前，已制订了纺织行业标准 FZ/T 07026—2022《纺熔非织造布企业综合能耗计算办法及基本定额》，各种能耗不得大于标准的要求。

第五节　熔体纺丝成网非织造布企业的节能活动

根据我国工信部、国家发改委在 2022 年 4 月 21 日发布的《关于产业用纺织品行业高质量发展的指导意见》，将充分应用质量、能耗、安全生产、环保等技术标准、法律法规淘汰落后产能，因此，将降低产品能耗工作提升至法律法规的层面，是势在必行的事情。

非织造布企业的节能活动要围绕两个主题进行，一个是总量控制，就是消耗的能源总量不会随生产能力(或产量)的增加成比例增加，另一个是控制单位产品的能量消耗不能超越限定的水平。

一、生产工艺节能

同一种产品会有多种生产工艺，在建造生产线前，就要选用低能耗的生产工艺和流程，主要包括聚合物原料，纺丝牵伸工艺，纤网固结，整理与加工路线等。纺粘法产品与熔喷法产品相比较，熔喷法产品的能耗较大。

一旦产品确定了工艺路线和采用的纺丝牵伸工艺，产品的能耗水平也就基本确定了。在设备选型阶段，要选用能耗较低的工艺路线。

(一)加工不同聚合物产品的能耗

聚合物不同，生产线的流程和工艺参数也是有较大差异的，如烯烃类聚合物(如 PE、PP)，原料无须进行干燥处理就可以直接使用，熔体的温度和牵伸速度也较低；而聚酯类聚合物(如 PET、PBT 及 PLA、PA 等)原料，在使用前必须进行干燥处理，熔体的温度和牵伸速度也较高，因此，消耗的能量肯定要比烯烃类聚合物多。

(二)不同纺丝牵伸工艺的能耗

除了与聚合物的品种有关外，非织造布的能耗主要与纺丝工艺有关。使用 PP 原料时，使用传统的埃克森熔喷工艺生产的产品，其单位能耗 2000~4000(kW·h)/t；而其他熔喷工艺，如双轴熔喷工艺、EG 熔喷工艺，由于这些系统的生产能力较高，而牵伸气流温度又较低，其能耗则要更低一些。

熔喷产品的能耗与应用领域有关，阻隔、过滤型熔喷材料的能耗在 2500~3000(kW·h)/t，保温、隔热、隔声、环保、吸收型熔喷产品的能耗在2000(kW·h)/t左右。

而在目前纺粘法纺丝系统应用的三种牵伸工艺中,不同的牵伸方式对产品的耗能影响很大。其中以宽狭风低压牵伸工艺消耗的能量最少,而以宽狭缝正压牵伸工艺所消耗的能量最多,而管式牵伸工艺消耗的能量在两者之间。

(三)工艺路线与能耗的关系

当产品可在线完成全部加工过程时,无论是设备配置数量、投资规模、占用厂房面积,还是耗费的能源费用,原材料的利用率、合格品率及管理费用等,都要比进行离线加工更低一些。因此,如果不是工艺必须,要降低生产成本和减少能源消耗,就要尽量选用在线生产工艺路线。

(四)生产线设备配置与能耗的关系

除了绝大多数熔喷法非织造布生产线仍是只有一个纺丝系统外,随着技术的发展,纺粘法非织造布生产线与纺粘/熔喷/纺粘法复合(SMS)生产线有向更多数量纺丝系统发展的趋势,而随着产业的发展,一个企业拥有的生产线数量也越来越多,生产线的应用逐渐趋向了专业化,由于不用频繁转换产品的品种,提高了设备利用率和合格品率,与此同时也降低了能耗。

因此,在非织造布产业起步初期,由于企业对仅有的生产线期望很高,希望这条生产线是一条什么都能生产的万能生产线,而随着企业所拥有生产线数量不断增加,大型企业基本摒弃了这种配置方案,这是一个技术进步的象征,尤其是早期曾出现过的一些带有X(预留机位)的生产线也就越来越少了,这是社会进步的结果。

因为这种带有X的生产线,在设计时必须在成网机上预留出一个系统的安装空间,这个空间的MD方向长度一般在4000~5000mm,在这个虚拟的X下游的所有纺丝系统的抽吸风机,都要按照加上真正的S或M以后的工况来配置能力更大的设备,显然在此之前,这些风机都要在负荷较轻的低能效状态运行,对节能是不利的。

当然,这些抽吸风机也可以按照实用工况配置,但当这个X兑现为真实的系统后。这些风机就不适用而要被替换了。而在一些高速机型,为了提高在这个空置X段位置纤网的抗干扰能力,可能还要配置相应的吸网区,在生产线运行时其吸网风机照样也要同步运行,把能量浪费了。

(五)优化工艺降低能耗

在满足产品质量要求的前提下,通过优化工艺也能降低能耗。在后整理加工过程中,如果工艺对烘干温度和停留时间没有严格要求,则采用较高的整理溶液浓度、小上液量、低风温、大风量干燥工艺,就比低浓度、大上液量、高风温、小风量更为节能。

在烘干过程中的排湿是很重要的,如果不合理降低干燥装置内部的湿度,产品是不会获得有效干燥的,有的干燥系统担心排湿过程会散失太多的热量,把排气量控制的很小,实际上这是适得其反的操作,因为会导致产品的含水量超标。

适度降低熔体的温度,不仅能降低加热能耗,同时也减少了冷却风能耗,其收益是双倍的。而适当降低牵伸速度,提高冷却风温度都能减少能耗。如宽狭缝低压纺粘法非织造布生产工艺,三十多年来的发展过程,除了其他技术进步外,冷却风温度的提高也是一个重要标志。

在20世纪90年代的宽狭缝低压牵伸纺丝系统,冷却风装置的温度一般在11~15℃,温度高于15℃后,产品的质量就明显变劣,纺丝稳定性下降。而当今的主流纺粘系统,冷却侧吹风的温度已经升高至18~20℃甚至更高,使其在单位生产能力从100kg/(m·h)大幅增加至

270kg/(m·h)的情形下,单位重量产品的能耗反而下降了接近30%。

优化生产过程的工艺参数,提高合格品率,用较少的能量生产同样数量的产品。这些参数包括:熔体的温度,冷却风温度,牵伸速度,风机转速,后整理液的浓度,轧液率,烘燥温度,热风温度和流量等。

能耗与纤维细度有较大关联,纤维越细、过滤效率越高或阻隔性能越好,产品的能耗也越大。

二、传动设备节能

国家发展改革委员会完善了《产业结构调整指导目录》(2019年版),其中属于淘汰类的高能耗设备有使用直流电机驱动的印染生产线,使用年限超过15年的国产和使用年限超过20年的进口印染前处理设备、拉幅和定型设备、圆网和平网印花机、连续染色机等。同时要选用高效节能设备,如选用高效节能电动机,变频调速技术,高能效比制冷系统,高效加热技术。

(一)淘汰高能耗电动机

在非织造布生产线中,配套设备的电动机总功率约占总装机功率的60%,因此,电动机的效率对产品的能耗影响很大。

目前仍在使用的Y、Y2、Y3等Y系列电动机,效率平均值为87.3%,国家已规定了停止使用的期限,将逐渐被YX3高效电动机,YE3超高效电动机等系列的节能电动机替代。而直流电动机也是一种在纺织印染领域不鼓励使用的设备。

高效节能电动机的购置成本约比普通电机高30%~50%,但购置高效节能电机所增加的费用可在一年左右通过节省的电费收回,而对于大部分电机,则可在一年半左右收回增加的投资,以后获得的就是节省电能的净收益。

(二)选用高效率的传动装置

非织造布生产线中的风机与驱动电动机之间,如果采用联轴器连接,其传动效率≥98%,如果使用V型带传动,传动效率仅有95%,两者相差约三个百分点。因此,在满足工艺要求的前提下,风机类设备要尽量选用联轴器传动的直联式机型,即型号中带有D的机型,日常的维护工作量也较少。

三、通风机械节能

离心式通风机是生产线中大量使用的设备。虽然已普遍使用效率较高的变频调速技术,但有一些早期机型仍使用阀门调节风量,在常用的70%~80%流量范围,其效率比变频调速方案低了20%~40%。因此,这一类设备的节能改造潜力很大。

风机的选型首要一点是要满足工艺要求,有的纺丝系统的风机选型仅注重风机的流量,而对风机的排风压力关注不足,普遍有流量偏大而压力偏低这种倾向。导致风机经常只能处于低频、轻载状态运行,影响了产品的质量。

在大部分常用工况,如果电动机的运行频率在30~45Hz,负载率在60%~80%,就可认为风机的选型是合理的。运行频率更低或更高都表示风机选型不当。

空气悬浮式离心鼓风机、磁悬浮离心鼓风机也进入了非织造布应用领域,这种风机的轴承利用了空气悬浮或磁悬浮技术,大幅度减少了轴承的摩擦损失,有较高的可靠性,设计工作寿命

20 年，具有机械效率高、高转速、低噪声、驱动功率小、启动电流小、能耗低、可选机型多等特点，是《国家工业节能技术装备推荐目录》推荐的节能产品，已获得实际应用。

其次配置在熔体纺丝成网法非织造布生产线中使用的离心式通风机，根据其叶轮弯曲形式主要有前弯式（前向式，叶片出口角度 $\beta > 90°$）、后弯式（后向式，叶片出口角度 $\beta < 90°$）和径向式（叶片出口角度 $\beta = 90°$）三种（图 14-13）。

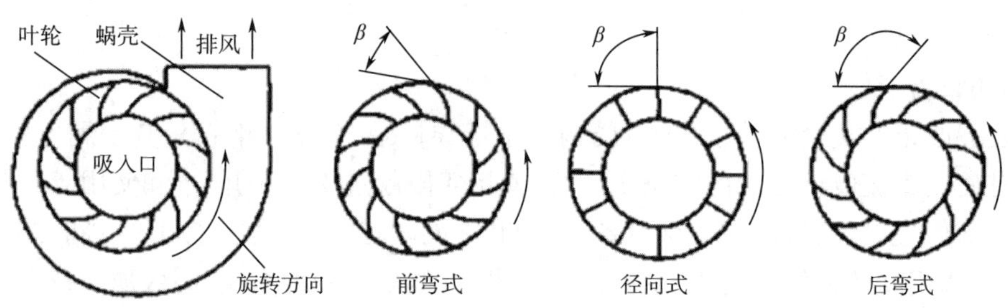

图 14-13　离心通风机的三种叶轮

各种形式的叶轮会有不同的流体动力学特征，其效率也不一样，也就是风机的效率与叶轮的形状有关。

使用前弯式叶轮的风机具有较高的全压（压力），因此，在业内常称为高压风机，其动压在全压力中所占比例很大，流动通道的能源损耗多，噪声较大，故效率较低，最高的静压效率为 60%~68%，在叶轮间容易聚集杂质，易结垢，其负载特性表明是一种容易发生过载的风机。

因此，这种风机可用于一般风量不大，而压力较高的领域，叶片一般较窄，数量多，在纺丝系统中的单体抽吸风机，成网机抽吸风机、冷却侧吹风机常用的 9-19、9-26、9-28 等系列统一设计的风机，系列高压离心风机就常用这种叶轮，均为前弯式叶轮离心通风机。

后弯式叶轮有优秀的空气动力学性能，风量大、噪声小、叶轮也较大、能量损失小，最高的静压效率约 80%，但压力较低，国内一般的后弯式叶轮的离心风机，因为其不易结垢的特点，应用十分广泛。

还有一种叶片断面为机翼型的后弯式叶轮，这种叶片形式能使风机的静压效率大幅度提高到 86%左右，也相应降低了风机的噪声。由于其独特的结构特点，虽然制造要求高，但在生产过程中仍获得应用。

后弯式叶轮风机常用作成网机的吸网风机、辅助风机、后整理烘干系统的循环风机等，应用十分广泛。常用的 4-72、4-73 等系列为后弯式叶轮离心通风机，具有较大的流量，可用作成网机开放区域溢流区的吸网风机等。

径向叶片风机是介于前弯和后弯叶片之间的风机，其强度和耐磨性较好，在非织造布生产线很少使用。

可见在流量和转速一定的情形下，后弯式叶轮的离心通风机所产生的压力较小，叶轮的直径较大，但有较高的效率；前弯式叶轮的离心通风机有较高的输出压力，叶轮直径较小，效率会较低。

由于后弯式叶轮离心通风机的效率要比前弯式叶轮离心通风机更高，因此，其电能消耗也比前弯式离心通风机更少，运行噪声也比前弯离心通风机更低。由于不同形状叶轮的风机效率相差近十多个至二十个百分点，对能耗影响很大，在能用后弯式叶轮离心通风机的场所，就不要选用前弯式叶轮的离心通风机。

在大部分常用工况，如果风机的驱动电动机的负载率在60%~80%，可认为风机是在经济区域运行，风机的选型是合理的。经过长时间运行，由于风机的叶轮、蜗壳，及管道会被污染，效率下降，能耗增加，因此，要定期清理风机和管道，使系统恢复正常的技术状态。

四、制冷系统节能

(一)选择高能效比的制冷设备

生产线使用的制冷机的压缩机，主要是往复式和螺杆式两种，一些大型生产线会用到离心式制冷压缩机。螺杆式压缩机的效率比往复式压缩机提高20%~30%，即螺杆式压缩机比往复式压缩机更节能。

能效等级是制冷机的一项重要指标，在GB 19577—2015《冷水机组能效限定值及能效等级》这个国家标准中，将能效等级分为数字1-3三级，数字越小，效率越高(表14-4)。

表14-4　GB 19577—2015《冷水机组能效限定值及能效等级》

类型	额定制冷量 CC (kW)	能效等级 COP，Level		
		1	2	3
		COP(W/W)	COP(W/W)	COP(W/W)
风冷式或蒸发冷却式	$CC \leq 50$	3.20	3.00	2.50
	$CC > 50$	3.40	3.20	2.70
水冷式	$CC \leq 528$	5.60	5.30	4.20
	$528 < CC \leq 1163$	6.00	5.60	4.70
	$CC > 1163$	6.30	5.80	5.20

能效比COP是制冷量(kW)与输入功率(kW)的比值，与能效等级相对应。COP值越大，表示输入同样的功率，可以输出更多的冷量，制冷机也越节能。表14-4是强制性的冷水机组能效比要求，因此，一般应选能效等级为1-2等级的节能产品。冷水机组的最低能效系数为4.20，低于此数值的设备属不合格产品，不得选用。

设备寿命期内的总费用包括了设备的初始购置费、运行费用和维护费用三项。据统计，制冷设备的初始购置费用仅占设备寿命期内的总费用1%~2%，虽然节能型设备的购置价格会较高，但使用高能效比的设备肯定比低能效比设备更为节能，也有可能更省钱。

纺熔非织造布生产线是长时间连续运行的设备，其可靠性会影响生产线的运行效益，较低可靠性的设备，会因故障停机或经常停机维修保养而产生重大经济损失。由于设备可靠性低，一些早期的生产线，都会配置两套制冷系统，以一用一备的状态运行使用。

随着技术进步，制冷系统的可靠性已有重大进步，经过对长期运行状态分析，只要设备选型得当，仅用一套制冷设备完全可以支持生产线长期安全运行。

由于存在机械摩擦损失，传统的制冷设备的输入能量利用率约为84.2%。而轴承使用磁悬浮技术的磁悬浮制冷机(图14-14)，主轴在运行时处于悬浮状态，与轴承座之间始终保证有一定的间隙(约 7μm),因此没有机械摩擦损失。

图 14-14　磁悬浮离心式制冷机组

由于没有机械摩擦,100%无油设计,没有了润滑剂,则不存在由于润滑不良而出现故障。磁悬浮离心制冷机组结构简洁,运行可靠,使用寿命可为传统设备的 2 倍;节能高效,COP 可高于 10~16,远高于传统机型,节能率可达 50%,具有明显的节能优势;启动电流仅有 2A 左右,降低对供电变压器的要求,启动过程对电网无冲击;机组结构产生的振动接近 0,运行噪声约 70dB(A),无须安装减振部件和隔声机房,降低用户的安装和降噪成本,运行环境友好。

由于减少了电动机损耗、变频损耗、轴承损耗,总损耗仅为传统制冷压缩机组的三分之一左右,能量的利用率可达 94.5%。

在设备的寿命期内,设备的购置费仅占总运行成本很小一部分,大量的费用都是消耗在运行过程中。目前,国产磁悬浮离心制冷机组已达到较高水平,并有较多产品或品牌供选择。因此,在制冷系统设备实际选型时,要综合考虑设备购置价格、运行维护费用,系统安全性,节能效益及投资回收期等因素。

(二)利用低温环境气流代替冷却气流

如果侧吹风系统能用低温环境气流替代部分或全部的制冷气流,就能减少制冷压缩机的能耗,北方企业在这方面的获益很明显,即使在南方地区,一年中也有几个月室外温度比工艺所需的冷却风温度低,也有应用这种气流的环境条件。

目前,自识别室外低温空气机自动切换制冷气流的技术已经获得应用,可以识别室外环境的温度,在吸入室外低温气流的同时,自动降低制冷压缩机的负荷,或是制冷压缩机卸载停机待命,可以节省制冷压缩机的能量消耗(图 14-15)。

这个系统用于纺粘法纺丝系统时,还可以在空气处理器的混合段设置一个比例控制阀,将部分回风送回到空气处理器,只要回风的温度低于室外新风的温度,阀门就会自动打开,将这部分气流送进空气处理器,从而降低制冷系统的负荷。

(三)利用环境低温水源

在有较低温度的江河水源、湖泊与水库水源、坑塘水源等地表水源或地下水源时,就可以用来替代制冷系统的冷冻水,这样制冷系统的制冷压缩机就可以不用开机运行,能节省大量电能。这些水源的温度较稳定,也可以供冷却风系统使用,不仅可供生产过程使用,也可以用作环境空调使用。

当然,要取用环境水源要符合相关法律法规的要求,并且还要有解决水中含悬浮物、胶态杂

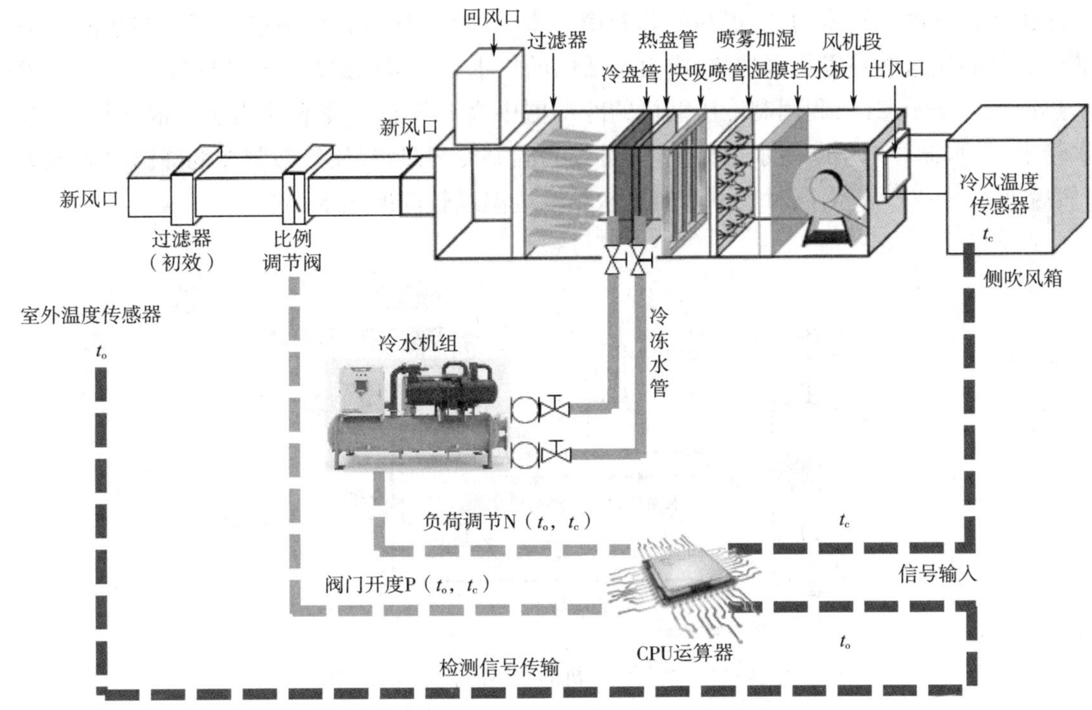

图 14-15　自识别室外低温空气机的冷却风系统

质较多,水质偏硬等的相应技术措施。

(四)冷却水系统的配置方式

冷却水主要供制冷系统、螺杆挤出机、热轧机等设备使用,冷却水系统必须采用循环使用的模式运行。

将冷却塔放置在高位,使冷却水的势能得到充分利用,循环水泵的入口就处于正压状态,可降低水泵的实际扬程和负荷。冷却水泵是24h连续运行的,其节省的电能积累起来也是很可观的。

五、设备余热利用

在空气压缩机、制冷压缩机运行过程中,除了有机械运动会产生热量外,气体被压缩内能增加的过程中要放出热量,使机器的温度升高,影响设备正常运行,另外压缩机排放的高温压缩气体也需要经过冷却才能提供使用。

因此,无论从保障设备正常安全运行,或工艺上的需要来说,都要将这部分热量移除,通常的方法是利用空气或水来带走这些热量,并排放到环境散发了。气体压缩机在这两个过程释放的热量是很可观的,约占压缩机消耗能量80%,这些热量排放到环境后,还会加剧了大气的温室效应,导致热污染。

空气压缩机余热回收是目前一种备受推崇的节能方式,也是非常环保的节能方式。利用过热交换等技术,可利用空气压缩机润滑油冷却器,或压缩机的后冷却器,用高温润滑油或压缩气体的热量将常温水加热,然后流入保温的储热水箱备用,达到热回收的目的。

通常情况下,这部分热量要由其他介质(空气或水)带走并排放掉。这些热量是由消耗驱动压缩机运转的电能转换的，要提高能源利用效率，就要充分回收利用这一部分的热能。最常用的措施是利用这些热量将水加热，成为生活用的热水或取暖的热源。图 14-16 为制冷压缩机的余热回收系统示意图，利用制冷压缩机的冷却器中高温气态制冷剂的热量将水加热，储存在热水箱中，热水循环泵不断使水循环流动，带走高温制冷剂热量，使气态制冷剂降温冷凝成为液态，然后进入下一个循环，同时也不断向热水箱输送温度较高的热水。

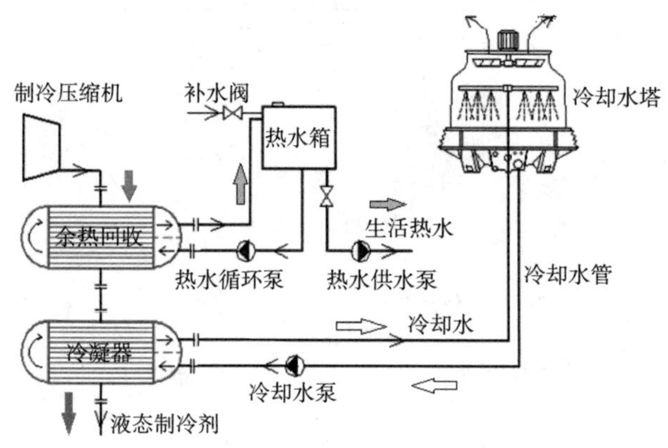

图 14-16 制冷压缩机的余热回收系统示意图

目前余热回收系统可以提供温度≥50℃的热水，可满足工厂生活用水和工艺用水的需求。回收的热量可达排放散失余热的 50%，约相当于压缩机轴功率的 40%左右，是一项经济效益明显、减少碳排放的环保行为。

六、加热系统节能

(一)螺杆加热节能技术

螺杆挤出机采用远红外线加热，可以提高加热器与套筒间的传热效率，而对加热器进行适当保温可以减少的散热损耗，这是螺杆挤出机节能降耗的两个重要手段。根据统计，采用远红外线加热后，比以前的电热圈接触式加热可降低能耗约 20%~30%。

这种改造方式适宜用于对剪切热及温度不敏感的聚烯烃类原料加工，如果螺杆是用于加工聚酯类对剪切热敏感的原料，必须将多余的热量散发到周边环境，使熔体温度控制在工艺要求范围，以免导致原料产生高温降解。

(二)设备的绝热、保温工作

在熔体纺丝成网非织造布生产线中，加热设备的装机容量近 40%。目前普遍存在加热设备的保温效能低下问题，导致能量消耗增多，车间环境温度升高，增加劳动强度，影响员工健康，还增加被灼伤的安全风险。

生产线中有不少表面温度高于 50℃的设备，如螺杆挤出机的出料头，熔体管道，过滤器，纺丝泵和纺丝箱体，导热油管路，熔喷系统牵伸气流管道等，必须采取有效的保温措施。

正常条件下，设备保温外壳的温度应控制在不高于设备所处的环境温度 25℃，即实测温度应≤(环境温度+25℃)。对于防止发生烫伤的保温层外表面温度，则不得超过 60℃，否则就要修正保温设计。

同样，对于温度低于常温的制冷设备和冷冻水、冷却风管道，也要求做好隔热、保温工作，防止能量损失。所有低温设备的表面要用不亲水的聚氨酯材料覆盖，并防止出现漏水腐蚀设备。隔热、保温层应用难燃或不燃的材料制造。

七、生产管理节能

（一）管理节能

在企业内部要建立能耗计量考核制度，加强对各种产品和设备的能耗监督及检查，及时发现问题，落实整改措施。

加强设备管理，提高设备利用率，增加有效生产时间；延长纺丝组件使用周期；合理组合产品、增加每批产品的数量，减少转换次数；提高员工技能，减少失误，提高合格品率，增加产量等。

选用高效照明技术和灯具也可以节省不少电能，如淘汰白炽灯，推广使用 LED 照明灯具，既能提高场所的亮度，又可以大幅度减少耗电量。

如果生产线的一些电动机负载率低于 30%，则可认为是典型的“大马拉小车”现象，既增加了设备购置费用，还增加了变压器、供电线路、开关电器的容量，电动机处于低效率、低功率因数状态运行，不利于节能。因此，要杜绝“大马拉小车”现象。

（二）利用峰谷电价节省电费

目前，为了充分发挥发电设备的利用率，满足在用电高峰时段的用电安全，国家电网实行峰谷电价政策，希望能避开高峰时段用电，鼓励在用电低谷时段多用电。如某电网的峰时段电价为 0.9857 元/（kW・h），平时段电价为 0.6021 元/（kW・h），谷时段电价为 0.3070 元/（kW・h），峰谷之间的电费单价比例可在 3 倍左右。

由于非织造布生产线是长时间连续运行的设备，不能为了节省电费而在电网的负荷峰段停止生产运行，到了电网的低谷段才开机生产，这样会得不偿失。因为在一天 24h 内，电网会有多个峰谷出现，这样做不仅会增加停机保温及开机升温要消耗的能量，还将产生大量不良品，而且严重降低了设备利用率，还缩短了喷丝板的使用周期，因此，是不可取的。

在夜间电力低电价的谷时段，利用生产线中的冷水机组、冷冻水循环水泵、冷却循环水泵等设备，和专门配置的蓄冷水罐或蓄冰罐，将蓄水罐中的水制冷到 5℃以下，或将蓄冰罐中的水制成冰。然后在白天电价较高的峰时段，将蓄藏的低温冷冻水或冰中的冷量释放出来，供空调系统制冷使用。这样，制冷压缩机就不用开机或仅以较轻负荷运行，从而达到节省电费的目的。

由于蓄冷和放冷过程要消耗能量、冷量储存、转换过程还有额外的能量损耗。即使是大型的抽水储能电站，其综合效率一般也仅在 75%左右，即有 25%的能量被损耗了。因此，该储冷或储冰方案并不能省电，但能减少接入电网的用电负荷或变压器的容量。对电网可达到削峰填谷的目的，有很好的社会效益，而对企业则收到降低电费支出这一直接的好处。

目前，蓄冷技术方案有多种，利用水蓄冷和利用冰蓄冷各有特点。水蓄冷制冷技术可以使用常规的设备，技术要求低，管理较简单，制冷设备的能效比（COP）较高，还可以结合企业内部的消防水池统一规划，投资回收期在两年左右，但蓄水罐体积庞大，占用空间多。

图 14-17 为一个水蓄冷的冷却风系统流程图。在电网的低谷时段（如下半夜），蓄冷机组运行，利用廉价的电能将水的温度降低，在提供给纺丝系统正常运行所需的冷冻水同时，将产生

的多余部分冷冻水存储在蓄冷罐中备用;而到了用电的峰段(如白天)蓄冷机组停止运行,纺丝系统所需的低温冷冻水则由蓄冷循环泵提供。

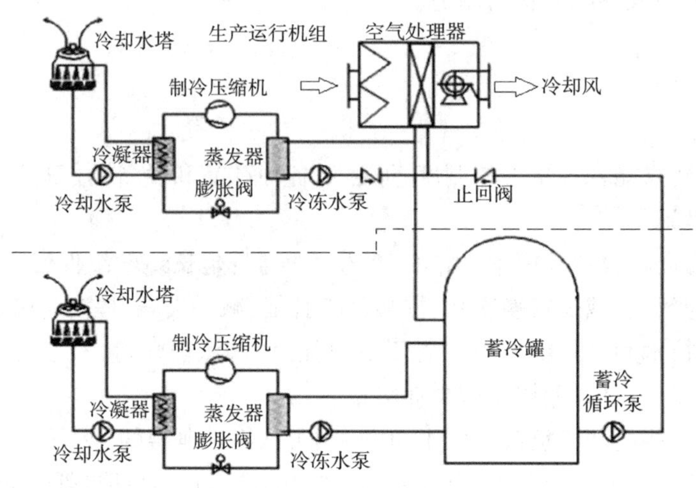

图 14-17 水蓄冷的冷却风系统

随着运行时间的增加,蓄冷罐内的水温会逐渐升高,无法向纺丝系统提供足够的冷量时,生产运行机组自动投入运行,补充所需要的冷量。这时生产运行机组就相当于一套备用系统,提高了系统的可靠性。

应用冰蓄冷制冷技术需要专用的制冷压缩机,技术要求高,初始投资较大,运行管理费用多,制冷设备的能效比(COP)较低,投资回收期较长(约四年),但蓄冰罐的体积仅为蓄水罐的10%~35%,占用空间很少,可以建造大型的系统。

国内有多条生产线应用水储冷技术,系统已正常运行了多年时间,对避免制冷机频繁加载、卸载,减少冷冻水,也就是冷却吹风温度的波动有明显的好处;而且能获得经济效益,根据应用地域和运行环境,系统的容量,可减少30%~70%的电费支出。

第六节 降低能耗的技术创新方法

除了上述一些节能降耗措施外,在有条件的地方还可以采用以下各种措施。

一、公用工程系统节能

节能变压器应用,无功补偿,变压器深入负荷中心。利用数字化、智能化、互联网技术加强能源在输送、分配、消耗方面的管理,改进、优化能源的使用。

熔喷法非织造布的单产能耗远比纺粘法产品高,而且与产品的用途有较强的相关性,一般在2000~3000kW·h/t,SMS复合产品的单产能耗与产品阻隔性能有关,一般在1500~2000kW·h/t。

目前,大多非织造布设备供应商不能提供准确的生产线能耗数据,也没有提供较为准确的供电变压器容量,因此,生产企业只能根据自身的经验,结合将来的发展需求,选用容量较大的变压器,也就没有进行更多的变压器经济运行模式的研究。

而合理选择节能型变压器,合理选用变压器的容量,使变压器在经济模式运行,可以减少变压器自身的损耗,也会有节能效果。

二、熔喷系统排出的热风利用

熔喷系统排出的热风温度接近60℃,在寒冷地区或冬季,在进行相应的净化处理后,可以将这部分高温气流引入其他厂房作为取暖热源,既能改善生产环境,减少碳排放,还节省了部分取暖费用。

三、屋顶光伏发电

在地理位置、气象条件合适的企业,经过综合评价、分析,可以用厂房的顶面设置分布式光伏电站,利用太阳能发电,以自发、自用、余电上网的方式运行。

光伏电站生产的绿色电力可以自用,减少从国家电网取用的电量,或直接将这些光伏电能馈送到电网,从而既可以节约煤炭化石能源的用量,还能减少二氧化碳排放,有效减少了大气污染。这也是国家鼓励企业使用的能源。

目前,非织造布产业内,已有一些企业建造了屋顶光伏发电装置(图14-18),不仅降低了产品的用电成本,还有隔热降温的效果。

图14-18　厂房屋顶上的光伏太阳能发电装置

四、熔喷系统牵伸风机的选型

熔喷系统牵伸风消耗的能量包括了气流的升压及升温两部分。风机的主要功能是升压,由于风机的排气温度比入口温度(或室温)高,因此,还兼有升温功能;而空气加热器的功能就是升温。

因此,牵伸气流的能耗除了与驱动牵伸风机的电机及空气加热器消耗的功率有关外,还与牵伸风机的排气温度高低有关,有的风机排气温度可达150℃,而另一些风机排气温度仅在90~110℃之间。两者间的温差为40~60℃。

显然，温度较高气流的能量是由驱动风机的机械能转换而来的，说明这种风机的效率较低，在其他应用领域，这些高温气流是无用的，甚至还要进行冷却后才使用。而排气温度较低的风机，转换为气流温升的无用消耗少了，其效率肯定是较高的，驱动电机的功率也较小，是一种节能风机。

然而从整个系统分析，这种驱动功率较小的风机，其排气温度低，同时也部分失去了对空气的升温功能，必然需要空气加热器以更大的功率来补偿，要权衡这种功率变化所带来的节能效果。

由于这种风机的购置价格会比一般设备高很多，因此，要评审在设备的寿命期内，能否从系统节省的电费中收回多支付的购置费用，否则就缺乏应用价值。不能仅凭风机的装机功率减少了就以为一定节能或可以省钱。

五、燃气能源的使用

燃气属一次能源，无须再经过转换就可以直接使用，利用率会较高。随着管道燃气的日益普及，使生产线利用燃气作为加热能源成为现实，除了可获得直接的经济效益外，还可以大幅度降低供电变压器的容量，减少固定电费支出，取得间接的效益。目前常用的燃气有管道天然气、液化石油气两种。

在生产线的熔体管道及纺丝箱体、热轧机轧辊、双组分纤网热风固结、后整理产品烘燥、导热油炉等设备，都有使用燃气加热的成功案例（图 14-19）。

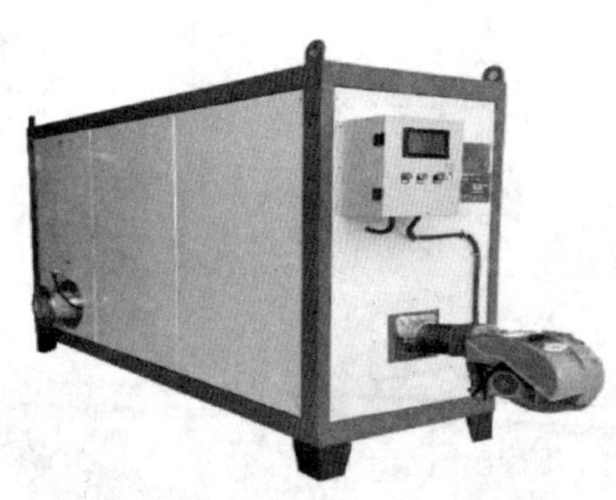

图 14-19　燃气空气加热器

但要注意使用燃气加热时，要遵守相应的安全使用要求，还要注意当地的燃气供应能力及负荷（燃气压力）的变化情况，避免在公共燃气系统用气高峰时段压力偏低，影响生产线正常运行。

在熔喷法纺丝系统中，使用燃气为加热介质的空气加热器已有成功案例，与使用电加热比较，使用燃气加热一般可以节省运行费用 1/3～1/2，根据燃气单价与电价的不同，可在一两年内收回进行燃气改造的费用。

六、新技术、新工艺的应用

随着技术的进步，不断有创新的节能技术出现，将一些适用的技术移植到熔体纺丝成网非织造布领域，也会获得良好的节能效果。

经过长时间的生产，聚合物切片原料干燥技术也在不断优化改进，目前业间已在使用第四代干燥技术，利用定速重载驱动搅拌，使还没有晶相化的湿切片原料进入料斗后，在对其进行结晶处理的同时加以搅拌，可防止原料结块并降低产品不良率。结晶后的原料通过分子筛微热干燥系统后，水分被低露点的干燥气流吸收移除，成为水分含量很低（≤35ppm）的原料供纺丝系统使用。

该技术可以比传统的干燥系统装机容量更小，能源效率更高，更为节能，而且降低了厂房设备安装高度要求。根据一些企业的应用数据统计，应用这种结晶干燥技术可以使单位产品的能耗降低 10%～20%，有良好的节能效果和经济效益。

附录　有关安全生产、职业健康和环境保护法规

[1]2021 年 6 月 10 日第十三届全国人民代表大会常务委员会第二十九次会议通过《中华人民共和国安全生产法》(2021 年 6 月修订版)。

[2]2018 年 12 月 5 日国务院第 33 次常务会议通过中华人民共和国国务院令 第708 号《生产安全事故应急条例》。

[3]2020 年 12 月 4 日第 2 次委务会议审议通过中华人民共和国国家卫生健康委员会令 第5 号《工作场所职业卫生管理规定》。

[4]2021 年 12 月 24 日第十三届全国人民代表大会常务委员会第三十二次会议通过《中华人民共和国噪声污染防治法》。

[5]HJ 1200—2021《排污许可证申请与核发技术规范 工业固体废物(试行)》。

[6]ISO 14000(OHSMS),OSHAS 18001《职业健康安全体系标准》。

[7]SA 8000《企业社会责任标准》。